20 万吨 / 年硫黄回收装置

140 万吨 / 年制氢装置

福建联合石化 170 万吨 / 年溶剂脱沥青装置

福建炼化 210 万吨 / 年加氢裂化装置

海南炼化 60 万吨 / 年对二甲苯装置

海南炼化 310 万吨 / 年渣油加氢处理装置

茂名石化 30 万吨 / 年聚丙烯装置

青岛炼化 300 万吨 / 年延迟焦化装置

全厂中央控制室（包括调度、计划管理）

泉州石化 60 万吨／年 C₅–C₆ 异构化装置

泉州石化 340 万吨／年催化裂化装置

泉州石化 1200 万吨／年常减压装置

神华百万吨级煤直接液化制油装置

延长集团延安石化厂180万吨/年 S Zorb 装置

液化天然气（LNG）接收站

"十二五"国家重点图书出版规划项目

石油炼制工程师手册(第Ⅲ卷)
石油炼制工艺基础数据与图表

刘家明　朱敬镐　陈开辈　蒋荣兴　王玉翠　主编

中国石化出版社

内 容 提 要

《石油炼制工艺基础数据与图表》全书共分十三章，内容涵盖烃类、石油馏分和常用物质的物性数据，它们的特性性质、热力学性质、相平衡和传递性质等的数据、图表、计算公式和推算或估算方法。

本书可供从事炼化工艺技术研发和工程设计人员阅读和参考，也可供从事炼化生产、管理和教学相关人员参考。

图书在版编目(CIP)数据

石油炼制工艺基础数据与图表/刘家明主编.—北京:中国石化出版社,2017.1
(石油炼制工程师手册)
ISBN 978-7-5114-3471-5

Ⅰ.①石… Ⅱ.①刘… Ⅲ.①石油炼制–生产工艺–手册 Ⅳ.①TE624-62

中国版本图书馆 CIP 数据核字(2017)第 034249 号

中国石化出版社出版发行

地址:北京市朝阳区吉市口路 9 号
邮编:100020　电话:(010)59964500
发行部电话:(010)59964526
http://www.sinopec-press.com
E-mail:press@sinopec.com
北京科信印刷有限公司印刷
全国各地新华书店经销

*

787×1092 毫米 16 开本 82 印张 4 彩页 2048 千字
2017 年 3 月第 1 版　2017 年 3 月第 1 次印刷
定价:480.00 元

《石油炼制工程师手册》
第Ⅲ卷《石油炼制工艺基础数据与图表》
撰稿人和审稿人

章节	题目	撰稿人	审稿人
第一章	烃类和常用物质的物理性质	朱敬镐	童以豪
第二章	烃类和石油馏分的物性数据	池琳	严醇
第三章	临界性质	王亚彪	黄绍明
第四章	蒸气压	陈开辈	蒋荣兴
第五章	密度	陈开辈	童以豪
第六章	热性质	彭颖	朱敬镐
第七章	气液相平衡常数	彭勃	朱敬镐
第八章	溶解度	李晋楼	陈开辈
第九章	黏度	陈开辈	罗家弼
第十章	导热系数	彭勃	王玉翠
第十一章	表面张力和界面张力	池琳	严醇
第十二章	扩散系数	王亚彪	陈开辈
第十三章	吸附平衡	李晋楼	罗家弼
附录		朱敬镐	黄绍明

序

中国炼油工业是国民经济的基础工业之一，担负着为社会提供燃动能源的重任，具有其他能源工业难以替代的作用，对国家能源安全、社会经济发展和建设节约型社会有重要影响。

我国炼油工业经过 60 多年的发展，已形成较为完整的工业体系，基本满足国民经济发展的需要。经过近年来的高速发展，2011 年我国原油加工能力达到 5.7 亿吨/年，居世界第二位；乙烯生产能力仅次于美国，达到 1531 万吨/年，乙烯原料主要由炼油厂提供。我国已经能够依靠自主技术设计和建设具有先进水平的千万吨级炼油厂和百万吨级乙烯装置。

在我国炼油工业的发展中，工程设计发挥了极为重要的作用。设计单位与科研院所、生产企业联合攻关，积极开展工程技术开发，充分发挥"桥梁"作用，努力将科研成果转为现实生产力，推动了我国炼油技术快速发展并达到较高水平。

炼油厂和炼油装置的工程设计，涉及众多学科和专业，是极为复杂的系统工程。设计单位组织广大设计人员创新设计理念、工程技术和设计方法，开展项目管理创新，大力开展基础工作，全面提升了设计水平和设计质量，取得了骄人的成绩，也积累了极其丰富的设计经验。

目前，我国炼油工业正面临石油资源不足、炼油厂大幅节能减排、油品质量快速升级、多产运输燃料与化工原料需求之间存在矛盾等系列挑战，为了提高炼油厂的国际竞争力，必须大力创新设计技术，进行规范化、程序化、标准化设计，使我国炼油厂、石油化工企业的生产运行符合"安全、高效、低碳"要求。

由长期从事石油化工工程设计与管理工作的中国石化集团(股份)公司副总工程师、中石化炼化工程(集团)股份有限公司总经理刘家明主编的《石油炼制工程师手册》(共四卷)，是我国第一套全面、系统反映炼油厂及其工艺装置设计与工程、工艺设计基础数据和标准规范的手册，是一套炼油厂设计专著，内容丰富，涵盖面广，集中体现了我国炼油工程技术与工程设计的成果。该套手册具有很强的科学性、理论性、创新性、系统性和实用性。

炼油工业界一直期盼有一套炼油厂设计手册。这套手册的出版不仅是我国炼油设计界的大事，也是我国炼油工业发展的大事，值得庆贺。它对推动我国炼油技术的发展和进步，提升炼油厂的设计水平，增强炼油厂的竞争力，提高炼油工业人才的技术素质，必将起到十分积极的作用。

袁晴棠

前　言

根据中国石化集团公司的指示精神，受中国石化出版社委托编写的这套《石油炼制工程师手册》为四卷成套书。第 I 卷《炼油厂设计与工程》，第 II 卷《炼油装置工艺与工程》，第 III 卷《石油炼制工艺基础数据与图表》，第 IV 卷《石油炼制常用设计标准与规范》。本册为第 III 卷，即《石油炼制工艺基础数据与图表》。

炼油工业是国民经济的支柱产业之一，我国炼油工业依靠独立自主、自力更生，不断创新和发展，目前总体技术处于世界先进水平，并仍在蓬勃发展中。我国的原油一次加工能力已居世界第二位，炼油企业和炼油厂的发展步伐明显加快，炼油厂的规模不断扩大，炼化一体化程度不断提高，炼油基地化发展迅速，在国际炼油业中的地位不断提升。炼油行业正坚定地走在装置大型化、炼化一体化、发展集约化的道路上。

我国炼油厂的设计经历了 50 余年的发展，迄今已积累了一套比较完整的技术和比较成熟的经验，尤其是近十年来，炼油业经过产业结构调整，自主创新和在引进、消化、吸收国外先进技术的基础上，积极进行科技开发，形成一批拥有自主知识产权的核心技术和专有技术并应用于设计、生产中，同时又充分考虑了原油劣质化、产品清洁化、资源利用最大化、能量消耗最小化的资源节约和环境友好的现代化炼油厂的设计和建设问题，促进了我国炼油工业的发展。一批新设计和改扩建的大型化的炼油厂和装置相继投产，如加氢型的海南炼油厂，加工重(劣)质原油的青岛炼油厂，炼化一体化的福建炼油厂和加工高酸原油的惠州炼油厂等。

本书第 I 卷《炼油厂设计与工程》是在近年来新建和改扩建炼油厂的设计过程及与国外公司合作、提高炼油厂设计水平的经验总结基础上编写的。内容包括：国内外主要原油的性质及根据原油(特别是劣质原油)的特点优化全厂总工艺加工方案，优化产品质量，降低加工损失，保证环境友好，满足现代化炼油厂的要求；炼油厂厂址选择、公用工程设置、高度自动化和信息化管理；炼油厂建设的经济分析及其可行性研究等。内容起点高，涵盖面广，理论结合实际，比较全面地反映了国内外炼油厂设计的工艺与工程的最新成果。

第 II 卷《炼油装置工艺与工程》结合近年来炼油装置工艺与工程技术的发展及其工业应用的最新成果，详细阐述了各种炼油装置加工工艺技术，包括最新工业应用案例、工艺与工程技术改进、国内外新工艺技术介绍以及产品清洁化与节能措施、新设备选型及设计、装置平面布置和管线布局等。对于从事或想了解目前乃至今后很长一段时间我国炼油厂装置设计的科研、技术、工程设计、生产操作和管理等相关人员，具有较高的参考价值，是广大炼油专业工作者不可多得的颇具实用价值的专业著作。

第Ⅲ卷《石油炼制工艺基础数据与图表》是《石油化工工艺计算图表》(1985)的修订版。内容包括纯烃及常用物质的基础性质、烃类和石油馏分的物性数据、临界性质、蒸气压、密度、热性质、气液相平衡常数、溶解度、黏度、导热系数、表面张力和界面张力、扩散系数、吸附平衡等。基本涵盖了烃类和石油馏分工艺计算常用的基础数据与图表。在尽可能收集最新资料的基础上，对原版内容进行了较大的更新和增减。本卷手册以手工计算公式和图表作为主要编制对象，可作为读者的工具书。

第Ⅳ卷《石油炼制常用设计标准与规范》着重阐述了中国标准体系(包括强制标准和推荐标准)，国内外标准代号，标准使用原则，并列出了在炼油厂工程建设中各专业常用的现行国家标准、行业标准和国外标准目录。为满足工程设计要求，还入选了有关的国家法律、行政法规和规范性文件，以及现行国家标准和石化标准。近年来许多国标、行标进行了修订更新，在选编时，力求反映石油化工发展的目标和行业的最新标准。

本书编著工作由一批长期工作在炼油厂设计一线的技术骨干和专家共同完成，他们具有较高的理论水平和丰富的实践经验，因而本书内容贴近设计和生产实际，不仅具有新颖性，而且具有实用价值。

本书在编写过程中得到了中国石化工程建设公司、中国石油化工股份有限公司石油化工科学研究院、中国石油化工集团公司经济技术研究院和中国石化出版社的大力支持。中国工程院袁晴棠院士为本书作序，中国工程院徐承恩院士对本书做了大量指导工作，谨在此表示感谢。

由于参与编写的专业面广，编写人员较多，在编制内容上会出现重复或遗漏，不妥之处请各位读者批评指正。

编 写 说 明

本卷是《石油化工工艺计算图表》(1985年) 的修订版。原书是在继承归国学者和设计人员多年积累的技术资料基础上, 参考当时国内外的文献资料编制而成, 成为石油炼制和石油化工设计人员, 以及相关人员的工具书之一, 曾得到广泛使用, 为我国石油工业的发展发挥了有益的作用。

如今, 过程设计计算已由手工计算演变为广泛地使用计算机软件完成。但是, 在设计过程中仍然不时需要使用图表或计算公式, 以寻获或验证某些基础数据, 而且, 不少石油炼制过程设计中使用的性质计算程序是基于这些图表或公式编制而成的, 技术人员需要了解其来源和适用范围。另一方面, 随着测试技术和估算方法的显著进步, 图表和计算方法本身也发生着变化。这些变化包括能够实施估算的性质关联式越来越多, 使用数值方法将图表数据拟合成关联式越来越普遍, 同时, 性质计算方法也更加趋于系统化, 往往覆盖到所有应用的物系、温度和压力范围。这些变化, 使得对于原书的修订工作具有非常现实的意义。

这次修订工作是在前人积累的资料基础上, 参阅相关资料, 从图表和计算公式两个方面进行更新和补充, 尽量保持原有图表的直观性, 增加计算公式的广泛通用性。在收入各种计算公式的同时, 本卷共编入457张图表, 其中新收入170张, 改国际单位制新制作的原图73张, 和复用原图216张。本卷较原书主要的更新和补充如下:

(1) 第一章扩展了烃类和常用物质的数量和性质, 以及炼油工业上常用冷热公用工程的种类。常见的物质总数达到将近700个, 其中烃类491个, 最大碳数由 C_{10} 扩展至 C_{30}。性质项由19项扩展至36项。并且基本上保持了数据在热力学上的一致性。

(2) 第二章烃类和石油馏分的物性由原有传统的平均沸点、相对分子质量、特性因数和偏心因子扩展到广泛的石油特性的估算。石油馏分蒸馏曲线的转换方法得到更新, 引入了目前常用的D2887模拟蒸馏曲线换算方法。

(3) 现代炼油工艺经常需要处理临界区域的工艺过程, 因此在第三章第一节中从理论上详细介绍混合物在临界区域的复杂表现和总体介绍本章真临界性质和假临界性质的计算方法。其它节中增添基团贡献法估算纯烃三项临界性质的方法, 完善已知组分和/或石油馏分临界性质的图表和计算方法, 并提供200多个物质的临界性质作为第一章的补充。

(4) 在完善烃类蒸汽压图表的基础上, 第四章增加297个烃类蒸汽压实验数据关联式。收入对应状态法和 Maxwell 和 Bonnell 法预测烃类蒸汽压图表和方程，原油、汽油和成品油蒸汽压计算公式，以及若干非烃类物质的蒸汽压关联式。

（5）在第五章的液体密度中，增加若干烃类饱和液体密度实验数据图表，收入目前更为流行的 Costald 液体密度计算方程，此外给出一些常用物质的液体密度关联式。收入了通用的气体密度对应状态方程。它与液体密度计算路线图构成全范围物质的密度解决方案。

（6）第六章热性质中最重要的不同在于焓和熵基准的改变。焓的基准由原来的纯物质饱和液体在−129℃下为 0，改变为纯物质理想气体在绝对温度零度（0K）下为 0；熵的基准由原来的纯物质理想气体在 0K 和 6894.76Pa（1psi）下的熵为 4186.8J/（kg·K），改变为纯物质理想气体在 0K 和 101325Pa 下的熵为 0。因此原有纯物质的焓和熵的图表基本上已全部更新。

收入了基团贡献法估算纯物质理想气体在 25℃下的生成热、熵和比热容，增加 40 个物质的理想气体热性质的关联式，使焓的计算范围得到全面扩充。

增加定容比热容的普遍化计算方法，以便于确定过程设计中必须的绝热指数的计算。收入 231 个纯物质定压比热容的温度关联式。

收入纯物质汽化热与对比温度的关联式和提供 180 个物质的关联系数。另外列出另一个常用物质汽化热与对比温度的关联式和提供 231 个物质的关联系数。同时收入 2 张重质烃的汽化热图表。

（7）第七章气液平衡常数的收敛压法中详细说明除氢气之外的非烃气体与烃体系的图解计算方法。状态方程法中收入纯烃逸度计算的对应状态方程算图和计算式，介绍使用 SRK-KD 状态方程计算烃-烃体系和烃-非烃体系的方法和有关参数。

（8）在第八章溶解度中主要增添了若干关联式或计算公式，其中包括纯烃和固体多环芳烃在水中的溶解度、水分别在纯烃及其混合物中的溶解度、水在油品中的溶解度、气体烃类和非烃气体在水中的亨利系数、烃类在含盐水中的溶解度、氨和硫化氢在水中的平衡浓度和 pH 值、以及在常温常压的平衡状况下天然气中含水量的计算。

（9）黏度计算中最重要的不同在于提出烃类黏度计算路线图，就是说，黏度计算解决方案能通过各种图表和计算公式来处理烃类（实际上包括油品及其他物质）在所有工况下的黏度计算，尽管可能还不是那么理想和完美。具体地说，在第九章中增加了不同黏度转换的计算公式、收入低压液体黏度计算式和 300 个物质实验值关联的公式系数、低压纯烃液体黏度的基团贡献法估算式、三个低压液体石油馏分黏度的关联式、低压石油馏分调和物黏度的计算公式和高压液体烃类及其混和物和石油馏分黏度计算公式。更新了溶有气体的液体烃类黏度计算公式。在气体黏度方面，更新了低压气体黏度计算式，收入了 302 个物质实验值关联的公式系数，以及低压石油馏分气体黏度关联式和高压气体黏度计算公式。

（10）在第十章导热系数中，更新和深化纯烃液体、液体烃类混合物和石油馏分的导热系数计算公式，更新纯烃气体和烃类气体混合物的计算公式。收入石油馏分气体导热系数的关联式。更新高压气体导热系数关联式。收入十种非烃气体导热系数图。总体上完成在全部工况下烃类导热系数计算的解决方案。

（11）第十一章表面张力中收入烃—水界面张力的两个计算方法，更新石油馏分表面张力算图，并分别增加一个石油馏分和一个非烃物质的表面张力关联式。

（12）在第十二章扩散系数中收入由分子回转半径计算非极性稀溶液二元扩散系数的方法，该式还应用于溶解气体在液体中扩散系数的计算。采用更实用的低压气体烃—烃体系二元扩散系数改进式，来替代原有的气体扩散理论模型原型公式，并增加低压空气—烃体系二元扩散系数公式。

（13）增加第十三章吸附平衡。该章收入物理吸附平衡的一些图表和计算方法，其中气体吸附包括纯物质的吸附，水的吸附，吸附热的数据和计算，吸附数据的关联方法以及气体混合物的吸附。液体吸附包括某些二元液体的吸附平衡和它们数据的关联。

（14）更新和增加附录收入的内容。

本卷数据的计量单位按标准采用国际单位制。只是在利用原有图表资料时，保留了原有的单位制，同时加注了单位换算，并在附录中提供各种单位换算表。

徐承恩院士自始至终对本卷编制工作给予具体指导和热情鼓励，并亲自审阅，谨在此表示衷心感谢。

目　录

第一章　烃类及常用物质的物理性质

第一节　烃类的主要物理性质

一、烃类的主要物理性质

按照烃族分类列表方式列出各个纯烃的主要物理性质[1~4]。详见表 1-1-1 烷烃的主要性质，表 1-1-2 环烷烃的主要性质，表 1-1-3 烯烃和二烯烃的主要性质，表 1-1-4 环烯烃和炔烃的主要性质，表 1-1-5 苯系衍生物的主要性质，表 1-1-6 稠环芳烃及其衍生物的主要性质。

在表 1-1-7 中按化学式排列，列出上述六个表中全部纯烃的中英文名称和它们所在各表的位置。

二、烃类的主要物理性质说明

（1）化合物的名称　基本上按照美国化学工程协会的物理性质设计研究院（DIPPR）所定义的"普通名称"命名习惯的中文译名列出。个别的，如稠环芳烃，按中文习惯名称列出。

（2）化学式　按照 DIPPR 所定义的化学式列出。

（3）相对分子质量基于国际纯粹与应用化学联合会（IUPAC）"Atomic Weight of the Elements"1986（102）报告。

（4）正常沸点（℃）　在 101.325kPa（标准大气压）下的物质的沸点。

（5）正常冰点（℃）　在 101.325kPa（标准大气压）下空气中的结冰点。

（6）临界性质　根据蒸气压曲线的 $P-T$ 图上一个纯物质气液相共存的平衡条件的定义。该曲线起始于三相点，终止于临界点。当共存相接近于临界点时，气液相的性质彼此接近，直到在临界压力和临界温度处彼此相等，并在这个条件下出现了单一的均相。因此，在临界点时的各项性质分别称为临界温度（℃）、临界压力（MPa）、临界体积（m³/kg）和临界压缩因数（无量纲）。

（7）偏心因数（无量纲）　偏心因数根据对比温度为 0.7 时的对比蒸气压的定义式所计算。当缺乏蒸气压数据时，使用第四章纯烃蒸气压预测方法计算。

（8）相对密度（无量纲）　15.6℃下物质的液体密度与同样温度下水的密度的比值。

（9）API 度（无量纲）　使用与 15.6℃下物质的液体相对密度相关联的 API 度定义式计算。

（10）液体密度（kg/m³）　是 101.325kPa、15.6℃下液体的密度。当 15.6℃处于或高于物质的沸点时，压力为该物质的饱和压力。对于在 15.6℃下处于固态的物质，该值是外推回到 15.6℃液体的密度值。

（11）液体折射率（无量纲）　又称折光率、折射指数。指在 25℃下波长为 589.26nm 的钠 D 光在空气中的速度与光在被空气饱和的纯物质液体中的速度之比。

（12）蒸气压（kPa）　一个物质在指定温度下气相与液相相平衡时的压力。表列数值是

37.78℃下的蒸气压。

（13）液体和气体的比热容[kJ/(kg·℃)]由在恒定压力下热容对于温度的偏导数所定义。表列的恒压比热容是理想气体和液体在 101.325kPa 和 15.6℃下的数值。当物质的正常沸点温度低于 15.6℃时，则压力为饱和蒸气压力。理想气体的比热容来自于分光镜数据，当缺乏此数据时，使用 Benson 的二次方法进行预测。

（14）液体的黏度(mm^2/s）分别列出在 101.325kPa、37.78℃ 和 98.89℃下的运动黏度。运动黏度由物质的动力黏度与密度之比所定义。

（15）汽化热（kJ/kg）由在平衡蒸气压力下实际气体的热焓与在相同温度和压力下的液体热焓的之差所定义。表列数值是在正常沸点下的实验数据。当无实验值时，由 Clapeyron 方程进行预测。

（16）液体的低热值（kJ/kg）又称净热值和净燃烧热。烃类的低热值是指烃类与氧气反应完全燃烧生成气体状态下的水和二氧化碳时热焓的变化。由于定义是燃烧反应中焓值的变化，因此低热值始终是正值。非烃类的标准燃烧产物除水和二氧化碳外，还包括气体状态下的 F_2、Cl_2、Br_2、I_2、SO_2 和 N_2。表列数值是 101.325kPa、25℃下的低热值。当在这个条件下处于气态的物质，则数值是气体的低热值。因而，该物质在 101.325kPa 和 25℃下的低热值应是表列数值与此状态下的汽化热的差值。在缺乏物质的生成热数据时，首先使用 Benson 的二次方法预测生成热，然后定义计算得到该物质的低热值。

（17）表面张力（10^{-5} N/cm）是由液体的自由表面所显示的张力。表列数值为 25℃ 的数据。

（18）溶解度参数[$(J/cm^3)^{0.5}$] 溶解度参数的定义是

$$\delta = \left(\frac{\Delta u^{VAP}}{V^L}\right)^{1/2} \tag{1-1-1}$$

式中　δ——组分的溶解度参数，$(J/cm^3)^{1/2}$；

Δu^{VAP}——汽化为理想气体时的内能变化值，J/mol；

V^L——25℃时液体摩尔体积，cm^3/mol。

内能变化值经近似处理后，上式演变为：

$$\delta = \left(\frac{\lambda - RT}{V^L}\right)^{1/2} \tag{1-1-2}$$

式中　δ——组分的溶解度参数，$(J/cm^3)^{1/2}$；

λ——25℃时组分的汽化热，J/mol；

R——气体常数，8.314J/(mol·K)；

T——绝对温度，298.15K；

V^L——25℃时液体摩尔体积，cm^3/mol。

（19）闪点（℃）液体或固体的闪点是它们通过汽化或升华产生足够的蒸气后在靠近液体或所使用的容器表面与空气形成可燃混合物的最低温度。

（20）生成热（kJ/kg）　25℃下理想气体的生成热可以由液体的生成热导出

$$\Delta H_f^{gas} = \Delta H_f^{liq} - \lambda \tag{1-1-3}$$

式中　ΔH_f^{gas}——25℃下理想气体生成热，kJ/kg；

ΔH_f^{liq}——25℃下液体生成热，kJ/kg；

λ——25℃时组分的汽化热，J/mol。

在忽略压力的影响时，烃类 C_aH_b 的液体生成热可以由低热值得到

$$\Delta H_f^{liq} = \Delta H_c + a\frac{MW(CO_2)}{MW(C_aH_b)}\Delta H_f(CO_2, gas) + \frac{bMW(H_2O)}{2MW(C_aH_b)}\Delta H_f(H_2O, gas)$$

$$(1-1-4)$$

式中　　　ΔH_f^{liq}——25℃下液体生成热，kJ/kg；

ΔH_c——25℃下低热值，kJ/kg；

MW——相对分子质量，kg/kmol；CO_2 44.01，H_2O 18.02；

$\Delta H_f(CO_2, gas)$——CO_2 生成热，-8935.48kJ/kg；

$\Delta H_f(H_2O, gas)$——H_2O 生成热，-13413.95kJ/kg。

通过前述低热值的标准燃烧产物使用类似公式可以获得非烃类的生成热。当缺乏实验数据时，使用 Benson 的二次方法来预测组分的生成热。

（21）Gibbs 生成自由能（kJ/kg）表中列出 25℃理想气体的 Gibbs 生成自由能。

（22）熔解热（kJ/kg）表中列出 25℃熔解热。

（23）燃烧限（%体）表中列出以体积分数表示的与空气的混合物的燃烧下限和燃烧上限。在缺乏实验值时，使用 Shebeko 等的方法[2]预测燃烧下限，和使用 DIPPR 编制的方法[3~5]预测燃烧上限。

（24）膨胀系数（1/℃）表中列出 15.6℃下的膨胀系数。它的定义为

$$\beta = \frac{1}{V}\left(\frac{\partial V}{\partial T}\right)_p$$

$$(1-1-5)$$

式中　β——膨胀系数，1/℃；

V——摩尔体积，m^3/mol；

T——温度，℃。

（25）苯胺点（℃）石油产品的苯胺点是苯胺和烃类的等体积混合物的临界溶解温度。它是石油产品与等体积新鲜蒸馏的苯胺完全互溶的最低温度。

（26）ASTM 辛烷值 发动机燃料的辛烷值表示该燃料在实验室发动机的规定条件下发生爆震的相对倾向。在数值上等于在实验条件下与试样抗爆性能相等时参考燃料中异辛烷的体积分数。

（27）Watson K 特性因数（无量纲）由中平均沸点和相对密度的定义式计算。参阅第二章的相关内容。

（28）自燃点（℃）引起化学品自动点燃的最低温度。

（29）OELs（职业接触限值）（mg/m³）即职业性有害因素的接触限制量值。它是指劳动者在职业活动过程中长期反复接触，对绝大多数接触者的健康不引起有害作用的容许接触水平。

化学有害因素的职业接触限值包括时间加权平均容许浓度（PC-TWA）、短时间接触容许浓度（PC-STEL）和最高容许浓度（MAC）三类。PC-TWA 表示以时间为权数规定的 8h 工作日、40h 工作周的平均容许接触浓度。PC-STEL 表示在遵守 PC-TWA 前提下容许短时间（15min）接触的浓度。MAC 表示工作地点在一个工作日内任何时间有毒化学物质均不应超过的浓度。

表 1-1-1　烷烃主要性质

组分序号	名　称	化学式	相对分子质量	正常沸点/℃	正常冰点/℃	临界性质			压缩因数	偏心因数
						温度/℃	压力/kPa	体积/(m³/kg)		
	烷烃，$C_1 \sim C_3$									
1	甲烷	CH_4	16.04	-161.49	-182.46[P]	-82.59	4599.1	0.00615	0.286	0.0115478
2	乙烷	C_2H_6	30.07	-88.60	-182.8	32.17	4872.11	0.00484	0.279	0.099493
3	丙烷	C_3H_8	44.1	-42.04	-187.68	96.68	4248.09	0.00454	0.276	0.152291
	烷烃，C_4H_{10}									
4	丁烷	C_4H_{10}	58.12	-0.50	-138.29[P]	151.97	3796.08	0.00439	0.274	0.200164
5	2-甲基丙烷(异丁烷)	C_4H_{10}	58.12	-11.72	-159.61	134.99	3648.08	0.00452	0.282	0.180771
	烷烃，C_5H_{12}									
6	正戊烷	C_5H_{12}	72.15	36.07	-129.73	196.55	3370.07	0.00434	0.27	0.251506
7	2-甲基丁烷(异戊烷)	C_5H_{12}	72.15	27.84	-159.9	187.28	3381.07	0.00424	0.27	0.227461
8	2,2-二甲基丙烷(新戊烷)	C_5H_{12}	72.15	9.50	-16.55	160.63	3199.07	0.00421	0.269	0.196363
	烷烃，C_6H_{14}									
9	正己烷	C_6H_{14}	86.18	68.73	-95.32	234.45	3025.07	0.00431	0.266	0.301261
10	2-甲基戊烷	C_6H_{14}	86.18	60.26	-153.6[P]	224.35	3010.06	0.00425	0.267	0.277438
11	3-甲基戊烷	C_6H_{14}	86.18	63.27	-162.9	231.28	3124.07	0.00425	0.273	0.273729
12	2,2-二甲基丁烷	C_6H_{14}	86.18	49.73	-98.87[P]	215.63	3081.07	0.00417	0.272	0.234967
13	2,3-二甲基丁烷	C_6H_{14}	86.18	57.98	-127.96[P]	226.83	3127.07	0.00415	0.269	0.246104
	烷烃，C_7H_{16}									

续表

组分序号	名称	化学式	相对密度 (15.6/15.6℃)	API度	液体密度 (15.6℃)/(kg/m³)	液体折射率 (25℃)	蒸气压 (37.78℃)/kPa	比热容 (15.6℃, 定压)/[kJ/(kg·℃)] 理想气体	比热容 液体	运动黏度/(mm²/s) 37.8℃	运动黏度 98.9℃	汽化热 (正常沸点下)/(kJ/kg)	低热值 (25℃)/(kJ/kg)	表面张力/(10⁻⁵ N/cm)
烷烃, $C_1 \sim C_3$														
1	甲烷	CH_4	0.2999	340.38	299.57^Z	1.00040	34474.0^Z	2.2028				509.01	49997.40	
2	乙烷	C_2H_6	0.3554	266.66	355.04	1.18489	5515.84^Z	1.7032	4.028			487.80	47480.26	0.54
3	丙烷	C_3H_8	0.5063	147.99	505.78	1.28614	1302.06	1.6215	2.631	0.178		424.76	46302.46	6.88
烷烃, C_4H_{10}														
4	丁烷	C_4H_{10}	0.5849	110.42	584.32	1.3292	356.08	1.649	2.366	0.253	0.169	385.20	45688.81	11.92
5	2-甲基丙烷(异丁烷)	C_4H_{10}	0.5644	119.22	563.83	1.31755	502.00	1.6134	2.3733	0.277	0.187	367.01	45544.93	9.84
烷烃, C_5H_{12}														
6	正戊烷	C_5H_{12}	0.6317	92.49	631.12	1.35472	107.45	1.6181	2.2724	0.330	0.224	357.56	44945.45	15.47
7	2-甲基丁烷(异戊烷)	C_5H_{12}	0.6265	94.37	625.84	1.35088	141.10	1.5957	2.2516	0.307		343.40	44870.61	14.45
8	2,2-二甲基丙烷(新戊烷)	C_5H_{12}	0.5973	105.4	596.72	1.33900	252.77	1.6171	2.3250			314.66	45021.00	10.89
烷烃, C_6H_{14}														
9	正己烷	C_6H_{14}	0.6651	81.25	664.44	1.37226	34.35	1.6033	2.2399	0.415		333.82	44705.34	17.91
10	2-甲基戊烷	C_6H_{14}	0.6577	83.65	657.04	1.36873	46.66	1.5897	2.2049	0.386		324.03	44636.30	16.87
11	3-甲基戊烷	C_6H_{14}	0.6693	79.93	668.60	1.37386	42.08	1.5687	2.1719	0.392		327.74	44662.1	17.58
12	2,2-二甲基丁烷	C_6H_{14}	0.6539	84.9	653.22	1.36595	67.91	1.5810	2.1505	0.471		306.24	44543.09	15.80
13	2,3-二甲基丁烷	C_6H_{14}	0.6662	80.91	665.51	1.37281	51.13	1.5535	2.1522	0.484		317.42	44618.64	16.87
烷烃, C_7H_{16}														

续表

组分序号	名 称	化学式	溶解度参数(25℃)/(J/cm³)^0.5	闪点/℃	理想气体生成热(25℃)/(kJ/kg)	理想气体Gibbs自由能(25℃,常压)/(kJ/kg)	熔解热(25℃)/(kJ/kg)	膨胀系数(15.6℃)	苯胺点/℃	辛烷值 马达法	辛烷值 研究法	燃烧限(体,在空气中)/% 下限	燃烧限(体,在空气中)/% 上限	Watson特性因数
烷烃，$C_1 \sim C_3$														
1	甲烷	CH_4	11.600		-4642.05	-3145.16	58.7					4.4	16.5	19.53
2	乙烷	C_2H_6	12.400		-2785.71	-1060.85	95.11			+0.05	+1.6	2.9	13.0	19.49
3	丙烷	C_3H_8	13.100		-2372.33	-552.74	79.94	0.00152		97.1	+1.8	2.0	9.5	14.74
烷烃，C_4H_{10}														
4	丁烷	C_4H_{10}	13.699		-2162.78	-287.13	80.22	0.00117	83.1	89.6	93.8	1.5	9.0	13.49
5	2-甲基丙烷(异丁烷)	C_4H_{10}	12.570		-2307.03	-356.94	78.22	0.00119	107.6	97.6	+0.1	1.8	8.4	13.78
烷烃，C_5H_{12}														
6	正戊烷	C_5H_{12}	14.399	-40.0	-2032.76	-122.07	116.49	0.00087	70.7	62.6	61.7	1.3	8.0	13.02
7	2-甲基丁烷(异戊烷)	C_5H_{12}	13.861	-57.15^P	-2128.89	-194.61	71.49	0.0009	77.0	90.3	92.3	1.3	8.0	13.01
8	2,2-二甲基丙烷(新戊烷)	C_5H_{12}	13.050	-32.15^P	-2327.93	-237.4	44.22	0.00104	102.2	80.2	85.5	1.4	7.5	13.37
烷烃，C_6H_{14}														
9	正己烷	C_6H_{14}	14.900	-21.65	-1935.91	-0.77	151.83	0.00075	68.6	26.0	24.8	1.05	7.68	12.79
10	2-甲基戊烷	C_6H_{14}	14.419	-35.15^P	-2024.16	-61.9	72.88	0.00078	73.8	73.5	73.4	1.2	7.0	12.83
11	3-甲基戊烷	C_6H_{14}	14.669	-32.15^P	-1994.59	-39.66	61.63	0.00075	69.3	74.3	74.5	1.2^P	7.7^P	12.64
12	2,2-二甲基丁烷	C_6H_{14}	13.771	-48.15	-2141.63	-101.41	6.72	0.00078	81.2	93.4	91.8	1.2	7.0	12.76
13	2,3-二甲基丁烷	C_6H_{14}	14.301	-29.15	-2050.25	-36.24	9.34	0.00075	71.9	94.3	+0.3	1.2	7.0	12.63
烷烃，C_7H_{16}														

续表

组分序号	名　称	化学式	自燃点/℃	OELs/(mg/m³)		
				MAC	PC-TWA	PC-STEL
	烷烃，C₁~C₃					
1	甲烷	CH_4	537			
2	乙烷	C_2H_6	472			
3	丙烷	C_3H_8	450			
	烷烃，C_4H_{10}					
4	丁烷	C_4H_{10}	288			
5	2-甲基丙烷(异丁烷)	C_4H_{10}	460			
	烷烃，C_5H_{12}					
6	正戊烷	C_5H_{12}	243		500	1000
7	2-甲基丁烷(异戊烷)	C_5H_{12}	420		500	1000
8	2,2-二甲基丙烷(新戊烷)	C_5H_{12}	450		500	1000
	烷烃，C_6H_{14}					
9	正己烷	C_6H_{14}	225		100	180
10	2-甲基戊烷	C_6H_{14}	306			
11	3-甲基戊烷	C_6H_{14}	278			
12	2,2-二甲基丁烷	C_6H_{14}	425			
13	2,3-二甲基丁烷	C_6H_{14}	420			
	烷烃，C_7H_{16}					

续表

组分序号	名 称	化学式	相对分子质量	正常沸点/℃	正常冰点/℃	临界性质				偏心因数
						温度/℃	压力/kPa	体积/(m³/kg)	压缩因数	
14	正庚烷	C_7H_{16}	100.2	98.43	-90.58	267.05	2740.06	0.00427	0.261	0.349469
15	2-甲基己烷	C_7H_{16}	100.2	90.05	-118.25^P	257.22	2734.06	0.00420	0.261	0.327728
16	3-甲基己烷	C_7H_{16}	100.2	91.85	-119.40	262.10	2814.06	0.00403	0.255	0.321624
17	3-乙基戊烷	C_7H_{16}	100.2	93.47	-118.60	267.49	2890.87	0.00415	0.268	0.309372
18	2,2-二甲基戊烷	C_7H_{16}	100.2	79.19	-123.81	247.35	2773.32	0.00415	0.267	0.287884
19	2,3-二甲基戊烷	C_7H_{16}	100.2	89.78	-190.55	264.20	2908.06	0.00392	0.256	0.295734
20	2,4-二甲基戊烷	C_7H_{16}	100.2	80.49	-119.24	246.64	2737.06	0.00417	0.265	0.301427
21	3,3-二甲基戊烷	C_7H_{16}	100.2	86.06	-134.45	263.25	2945.58	0.00413	0.273	0.267208
22	2,2,3-三甲基丁烷	C_7H_{16}	100.2	80.88	-24.58^P	258.02	2953.68	0.00397	0.266	0.250438
	烷烃，C_8H_{18}									
23	正辛烷	C_8H_{18}	114.23	125.68	-56.77	295.55	2490.06	0.00425^P	0.256	0.399552
24	2-甲基庚烷	C_8H_{18}	114.23	117.65	-108.99	286.49	2484.05	0.00427	0.261	0.377224
25	3-甲基庚烷	C_8H_{18}	114.23	118.93	-120.55	290.52	2546.06	0.00406	0.252	0.371838
26	4-甲基庚烷	C_8H_{18}	114.23	117.71	-120.95	288.59	2542.06	0.00417	0.259	0.370577
27	3-乙基己烷	C_8H_{18}	114.23	118.54		292.25	2610.05	0.00398	0.253	0.362780
28	2,2-二甲基己烷	C_8H_{18}	114.23	106.84	-121.18	276.65	2530.05	0.00418	0.265	0.337807
29	2,3-二甲基己烷	C_8H_{18}	114.23	115.61		290.25	2630.06	0.00410	0.263	0.347204
30	2,4-二甲基己烷	C_8H_{18}	114.23	109.43		280.35	2560.05	0.00413	0.263	0.343599
31	2,5-二甲基己烷	C_8H_{18}	114.23	109.11	-91.15	276.85	2490.06	0.00422	0.262	0.357589
32	3,3-二甲基己烷	C_8H_{18}	114.23	111.97	-126.10	288.85	2650.06	0.00388	0.251	0.320234

续表

组分序号	名　　称	化学式	相对密度(15.6/15.6℃)	API度	液体密度(15.6℃)/(kg/m³)	液体折射率(25℃)	蒸气压(37.78℃)/kPa	比热容(15.6℃,定压)/[kJ/(kg·℃)] 理想气体	比热容 液体	运动黏度/(mm²/s) 37.8℃	运动黏度 98.9℃	汽化热(正常沸点下)/(kJ/kg)	低热值(25℃)/(kJ/kg)	表面张力/(10⁻⁵ N/cm)
14	正庚烷	C_7H_{16}	0.6902	73.53	689.48	1.38511	11.12	1.5977	2.2060	0.505	0.352	317.51	44527.29	19.83
15	2-甲基己烷	C_7H_{16}	0.6822	75.91	681.56	1.38228	15.62	1.5846	2.1848	0.473		306.70	44475.92	18.79
16	3-甲基己烷	C_7H_{16}	0.6922	72.91	691.57	1.38609	14.67	1.5734	2.1545	0.448		309.48	44506.83	19.3
17	3-乙基戊烷	C_7H_{16}	0.7043	69.42	703.57	1.39084	13.82	1.6034	2.1528	0.441		309.24	44525.66	19.92
18	2,2-二甲基戊烷	C_7H_{16}	0.6818	76.04	681.11	1.37955	24.07	1.5988	2.1631	0.574		291.83	44388.75	17.46
19	2,3-二甲基戊烷	C_7H_{16}	0.6994	70.82	698.69	1.38946	16.18	1.5403	2.1342	0.518		304.08	44487.77	19.46
20	2,4-二甲基戊烷	C_7H_{16}	0.6764	77.70	675.71	1.37884	22.73	1.6388	2.1932	0.442		295.60	44430.36	17.64
21	3,3-二甲基戊烷	C_7H_{16}	0.6961	71.76	695.46	1.38842	19.09	1.5896	2.0990	0.563		296.57	44442.91	19.07
22	2,2,3-三甲基丁烷	C_7H_{16}	0.6954	71.98	694.71	1.38692	23.26	1.5673	2.0897	0.699		289.00	44406.18	18.99
	烷烃，C_8H_{18}													
23	正辛烷	C_8H_{18}	0.7073	68.56	706.60	1.39505	3.705	1.5940	2.1962	0.636	0.400	303.29	44391.07	21.13
24	2-甲基庚烷	C_8H_{18}	0.7029	69.82	702.16	1.39257	5.284	1.5811	2.1660	0.591	0.363	294.17	44349.93	20.18
25	3-甲基庚烷	C_8H_{18}	0.7092	68.03	708.47	1.39610	5.035	1.5675	2.1502	0.576	0.352	295.93	44373.18	20.74
26	4-甲基庚烷	C_8H_{18}	0.7096	67.92	708.87	1.39553	5.268	1.5774	2.1589	0.542	0.333	294.79	44379.45	20.56
27	3-乙基己烷	C_8H_{18}	0.7173	65.77	716.57	1.39919	5.141	1.6075	2.1597	0.533	0.326	294.73	44390.38	21.08
28	2,2-二甲基己烷	C_8H_{18}	0.7002	70.60	699.46	1.39104	8.412	1.5882	2.1514	0.615	0.362	281.60	44289.73	19.15
29	2,3-二甲基己烷	C_8H_{18}	0.7162	66.07	715.50	1.39880	5.936	1.5467	2.1166	0.583	0.366	290.28	44371.08	20.53
30	2,4-二甲基己烷	C_8H_{18}	0.7017	70.16	701.00	1.39291	7.563	1.6235	2.1682	0.706	0.414	284.11	44331.57	19.59
31	2,5-二甲基己烷	C_8H_{18}	0.6983	71.12	697.65	1.39004	7.566	1.5606	2.1408	0.583	0.370	286.35	44302.98	19.28
32	3,3-二甲基己烷	C_8H_{18}	0.7141	66.65	713.42	1.39782	7.106	1.6068	2.1152	0.586	0.365	285.54	44327.85	20.17

续表

组分序号	名称	化学式	溶解度参数(25℃)	闪点/℃	理想气体生成热(25℃)	理想气体Gibbs自由能(25℃,常压)	熔解热(25℃)	膨胀系数	苯胺点	辛烷值		燃烧限(体,在空气中)/%		Watson特性因数
										马达法	研究法	下限	上限	
14	正庚烷	C_7H_{16}	15.199	-4.15	-1871.46	81.43	140.26	0.00069	69.7	0.0	0.0	1.0	7.0	12.67
15	2-甲基己烷	C_7H_{16}	14.720	-23.15P	-1940.77	34.61	91.68	0.00068	74.0	46.4	42.4	1.0P	6.0P	12.72
16	3-甲基己烷	C_7H_{16}	14.949	-4.15	-1907.86	51.1	94.44P	0.00069	70.5	55.8	52.0	1.0P	7.0P	12.56
17	3-乙基戊烷	C_7H_{16}	15.039	-12.15P	-1888.21	113.49	95.42	0.0007	65.7	69.3	65.0	1.0P	7.0P	12.36
18	2,2-二甲基戊烷	C_7H_{16}	14.200	-23.15P	-2052.57	5.49	58.20	0.00072	77.6	95.6	92.8	1.0P	6.0P	12.60
19	2,3-二甲基戊烷	C_7H_{16}	14.820	-15.15P	-1935.79	57.02		0.0007	67.6	88.5	91.1	1.1	6.8	12.41
20	2,4-二甲基戊烷	C_7H_{16}	14.290	-12.15	-2011.28	33.97	68.33	0.00072	78.8	83.8	83.1	1.0P	6.5P	12.72
21	3,3-二甲基戊烷	C_7H_{16}	14.530	-19.15P	-1992.53	48.97	70.62	0.00065	70.5	86.6	80.8	1.0P	7.0P	12.42
22	2,2,3-三甲基丁烷	C_7H_{16}	14.250	-24.15P	-2038.81	46.67	22.60		72.2	+0.1	+1.8	1.0P	6.1P	12.37
	烷烃, C_8H_{18}													
23	正辛烷	C_8H_{18}	15.399	12.85	-1826.25	139.98	181.63	0.00062	70.6			0.8	6.5	12.66
24	2-甲基庚烷	C_8H_{18}	15.050	4.00	-1883.99	102.27	96.99	0.00061	73.9	23.0	20.6	0.9P	5.8P	12.65
25	3-甲基庚烷	C_8H_{18}	15.191	5.85P	-1859.14	111.60	100.85	0.00062	72.2	35.0	26.8	0.9P	5.8P	12.55
26	4-甲基庚烷	C_8H_{18}	15.140	6.00	-1854.33	137.53	95.00	0.00066	71.6	39.0	26.7	0.9P	5.8P	12.53
27	3-乙基己烷	C_8H_{18}	15.199	5.85P	-1843.39	147.24		0.00063	68.7	52.4	33.5	0.9P	5.8P	12.41
28	2,2-二甲基己烷	C_8H_{18}	14.579	-4.15P	-1964.91	91.33	59.42	0.00065	77.8	77.4	72.5	0.9P	5.5P	12.58
29	2,3-二甲基己烷	C_8H_{18}	15.019	5.33	-1870.43	135.51		0.00063	70.6	78.9	71.3	0.9P	5.9P	12.40
30	2,4-二甲基己烷	C_8H_{18}	14.651	10.00	-1918.02	99.30		0.00066	73.4	69.9	65.2	0.9P	5.9P	12.59
31	2,5-二甲基己烷	C_8H_{18}	14.741	-2.15P	-1946.63	84.51	113.08	0.00065	78.0	55.7	55.2	0.9P	5.9P	12.64
32	3,3-二甲基己烷	C_8H_{18}	14.880	-1.15P	-1924.58	117.14	62.35	0.00062	72.2	83.4	75.5	0.9P	5.5P	12.39

续表

组分序号	名　称	化学式	自燃点/℃	MAC	OELs/(mg/m³) PC-TWA	PC-STEL
14	正庚烷	C_7H_{16}	204		500	1000
15	2-甲基己烷	C_7H_{16}	280			
16	3-甲基己烷	C_7H_{16}	280			
17	3-乙基戊烷	C_7H_{16}				
18	2,2-二甲基戊烷	C_7H_{16}	377			
19	2,3-二甲基戊烷	C_7H_{16}	335			
20	2,4-二甲基戊烷	C_7H_{16}	337			
21	3,3-二甲基戊烷	C_7H_{16}	337			
22	2,2,3-三甲基丁烷	C_7H_{16}	450			
	烷烃，C_8H_{18}					
23	正辛烷	C_8H_{18}	206		500	
24	2-甲基庚烷	C_8H_{18}	247			
25	3-甲基庚烷	C_8H_{18}	239			
26	4-甲基庚烷	C_8H_{18}	237			
27	3-乙基己烷	C_8H_{18}	337			
28	2,2-二甲基己烷	C_8H_{18}	315			
29	2,3-二甲基己烷	C_8H_{18}	315			
30	2,4-二甲基己烷	C_8H_{18}	315			
31	2,5-二甲基己烷	C_8H_{18}	315			
32	3,3-二甲基己烷	C_8H_{18}	337			

续表

组分序号	名　称	化学式	相对分子质量	正常沸点/℃	正常冰点/℃	临界性质				偏心因数
						温度/℃	压力/kPa	体积/(m³/kg)	压缩因数	
33	3,4-二甲基己烷	C_8H_{18}	114.23	117.73		295.65	2690.06	0.00408	0.265	0.338129
34	2-甲基-3-乙基戊烷	C_8H_{18}	114.23	115.65	-114.95	293.85	2700.06	0.00388	0.254	0.329418
35	3-甲基-3-乙基戊烷	C_8H_{18}	114.23	118.27	-90.87	303.35	2810.06	0.00398	0.267	0.305027
36	2,2,3-三甲基戊烷	C_8H_{18}	114.23	109.85	-112.26	290.35	2730.06	0.00382	0.254	0.297083
37	2,2,4-三甲基戊烷	C_8H_{18}	114.23	99.24	-107.37	270.81	2568.06	0.00410	0.266	0.302204
38	2,3,3-三甲基戊烷	C_8H_{18}	114.23	114.77	-100.93	300.35	2820.06	0.00398	0.269	0.2903
39	2,3,4-三甲基戊烷	C_8H_{18}	114.23	113.47	-109.20	293.15	2730.06	0.00403	0.267	0.316137
40	2,2,3,3-四甲基丁烷	C_8H_{18}	114.23	106.29	100.81	294.85^P	2870.06^P	0.00404^P	0.28	0.244953
烷烃，C_9H_{20}										
41	正壬烷	C_9H_{20}	128.26	150.82	-53.49	321.45	2290.05	0.00424	0.252	0.44346
42	2-甲基辛烷	C_9H_{20}	128.26	143.28	-80.37	313.60	2290.05	0.00422^P	0.254	0.421169
43	3-甲基辛烷	C_9H_{20}	128.26	144.23	-107.60	317.00^P	2340.05^P	0.00412^P	0.252	0.412346
44	4-甲基辛烷	C_9H_{20}	128.26	142.44	-113.20	314.50^P	2340.05^P	0.00408^P	0.25	0.412925
45	3-乙基庚烷	C_9H_{20}	128.26	143.20	-114.90	316.85^P	2390.05^P	0.00412^P	0.257	0.407991
46	2,2-二甲基庚烷	C_9H_{20}	128.26	132.69	-113.00	303.65	2350.05	0.00405^P	0.254	0.389933
47	2,6-二甲基庚烷	C_9H_{20}	128.26	135.21	-102.90	305.85^P	2300.05^P	0.00405^P	0.248	0.392729
48	2,2,3-三甲基己烷	C_9H_{20}	128.26	133.58		313.85	2500.05	0.00397	0.261	0.318088
49	2,2,4-三甲基己烷	C_9H_{20}	128.26	126.54	-120.00	301.55	2440.06	0.00401	0.262	0.343672
50	2,2,5-三甲基己烷	C_9H_{20}	128.26	124.09	-105.76	294.90^P	2330.05^P	0.00405^P	0.256	0.359642
51	2,3,3-三甲基己烷	C_9H_{20}	128.26	137.68	-116.79	321.85	2570.06	0.00393	0.262	0.312365

续表

组分序号	名称	化学式	相对密度 (15.6/15.6℃)	API度	液体密度 (15.6℃)/(kg/m³)	液体折射率 (25℃)	蒸气压 (37.78℃)/kPa	比热容(15.6℃,定压)/[kJ/(kg·℃)] 理想气体	比热容 液体	运动黏度/(mm²/s) 37.8℃	运动黏度 98.9℃	汽化热(正常沸点下)/(kJ/kg)	低热值(25℃)/(kJ/kg)	表面张力/(10⁻⁵ N/cm)
33	3,4-二甲基己烷	C_8H_{18}	0.7243	63.87	723.55	1.40180	5.503	1.5292	2.0923	0.574	0.364	291.41	44378.99	21.21
34	2-甲基-3-乙基戊烷	C_8H_{18}	0.7240	63.94	723.29	1.40167	6.038	1.6317	2.1234	0.529	0.322	290.99	44382.01	21.05
35	3-甲基-3-乙基戊烷	C_8H_{18}	0.7317	61.89	730.96	1.40549	5.747	1.5824	2.1300	0.631	0.377	287.02	44368.76	21.53
36	2,2,3-三甲基戊烷	C_8H_{18}	0.7200	65.02	719.32	1.40066	7.875	1.5576	2.1049	0.680	0.398	279.86	44333.20	20.23
37	2,2,4-三甲基戊烷	C_8H_{18}	0.6988	70.98	698.16	1.38898	11.81	1.5861	2.0484	0.605	0.372	269.31	44313.44	18.34
38	2,3,3-三甲基戊烷	C_8H_{18}	0.7301	62.30	729.40	1.40522	6.664	1.5701	2.1125	0.702	0.362	283.43	44343.89	21.11
39	2,3,4-三甲基戊烷	C_8H_{18}	0.7240	63.94	723.28	1.40198	6.736	1.6110	2.1334	0.682	0.405	285.39	44349.93	20.68
40	2,2,3,3-四甲基丁烷	C_8H_{18}			721.29^A	1.46950	5.699	1.5787	1.8697^P			274.04	44301.35	20.95^P
	烷烃，C_9H_{20}													
41	正壬烷	C_9H_{20}	0.7220	64.47	721.34	1.40311	1.247	1.5897	2.1824	0.808	0.469	290.80	44292.29	22.40
42	2-甲基辛烷	C_9H_{20}	0.7176	65.70	716.85	1.40080	1.766	1.5801	2.1543	0.738	0.433	284.43	44249.75	21.44
43	3-甲基辛烷	C_9H_{20}	0.7247	63.74	724.03	1.40400	1.737	1.5694	2.1270	0.652	0.382	283.62	44266.25	21.92
44	4-甲基辛烷	C_9H_{20}	0.7243	63.86	723.60	1.40390	1.884	1.5741	2.1630	0.652	0.382	281.96	44258.35	21.92
45	3-乙基庚烷	C_9H_{20}	0.7303	62.26	729.58	1.40700	1.860	1.5980	2.1261	0.646	0.378	281.32	44286.47	22.37
46	2,2-二甲基庚烷	C_9H_{20}	0.7146	66.50	713.93	1.39930	2.890	1.5885	2.1753	0.842	0.472	273.04	44194.66	20.28
47	2,6-二甲基庚烷	C_9H_{20}	0.7137	66.75	713.02	1.39830	2.518	1.5702	2.1077	0.844	0.472	275.70	44208.61	20.49
48	2,2,3-三甲基己烷	C_9H_{20}	0.7336	61.39	732.86	1.40820	3.090					267.25	44233.48	21.41
49	2,2,4-三甲基己烷	C_9H_{20}	0.7197	65.12	718.96	1.40100	4.036					261.80	44232.08	20.09
50	2,2,5-三甲基己烷	C_9H_{20}	0.7119	67.26	711.22	1.39728	4.331	1.5493	2.1658	0.436	0.28	261.94	44150.96	19.59
51	2,3,3-三甲基己烷	C_9H_{20}	0.7419	59.24	741.13	1.41190	2.664						44246.03	21.95

续表

组分序号	名称	化学式	溶解度参数(25℃)/(J/cm³)^0.5	闪点/℃	理想气体生成热(25℃)/(kJ/kg)	理想气体Gibbs自由能(25℃,常压)/(kJ/kg)	熔解热(25℃)/(kJ/kg)	膨胀系数(15.6℃)	苯胺点/℃	辛烷值 马达法	辛烷值 研究法	燃烧限(体,在空气中)/% 下限	燃烧限(体,在空气中)/% 上限	Watson特性因数
33	3,4-二甲基己烷	C_8H_{18}	15.140	3.85[P]	−1860.54	146.45		0.00063	68.0	81.7	76.3	0.9[P]	5.9[P]	12.28
34	2-甲基-3-乙基戊烷	C_8H_{18}	15.170	1.85[P]	−1861.68	165.7	99.20	0.00063	67.2	88.1	87.3	0.9[P]	5.9[P]	12.26
35	3-甲基-3-乙基戊烷	C_8H_{18}	15.060	2.85[P]	−1879.61	197.54	94.80	0.00059	65.9[H]	88.7	80.8	0.9[P]	5.5[P]	12.16
36	2,2,3-三甲基戊烷	C_8H_{18}	14.689	−3.15[P]	−1924.23	155.08	75.48	0.00063	70.8	99.9	+1.2	1.0[P]	5.6[P]	12.27
37	2,2,4-三甲基戊烷	C_8H_{18}	14.080	−12.15	−1959.75	121.95	80.53	0.00065	79.4	100	100	0.95	6.0	12.52
38	2,3,3-三甲基戊烷	C_8H_{18}	14.921	0.15[P]	−1911.11	159.92	7.52	0.00059	67.0	99.4	+0.6	1.0[P]	5.6[P]	12.15
39	2,3,4-三甲基戊烷	C_8H_{18}	14.929	−0.15[P]	−1901.22	166.22	81.24	0.00063	68.3	95.9	+0.2	1.0[P]	6.0[P]	12.24
40	2,2,3,3-四甲基丁烷	C_8H_{18}	12.791	4.85	−1973.66	195.88	17.83					0.9[P]	5.3[P]	12.07
	烷烃，C_9H_{20}													
41	正壬烷	C_9H_{20}	15.600	30.85	−1782.27	194.64	120.66	0.00063	73.7			0.7	5.6	12.66
42	2-甲基辛烷	C_9H_{20}	15.320	22.85[P]	−1838.06	156.46	140.53	0.00063	73.7			0.85[P]	5.4[P]	12.66
43	3-甲基辛烷	C_9H_{20}	15.379	23.85[P]	−1820.92	159.89	132.73	0.00058	77.5			0.85[P]	5.4[P]	12.54
44	4-甲基辛烷	C_9H_{20}	15.299	21.85[P]	−1832.61	152.87	124.92	0.00059	75.0			0.85[P]	5.4[P]	12.53
45	3-乙基庚烷	C_9H_{20}	15.299	21.85[P]	−1803.47	194.33	124.67	0.00064	80.0			0.8[P]	5.4[P]	12.44
46	2,2-二甲基庚烷	C_9H_{20}	14.849	23.85	−1917.54	139.47	69.34	0.00072		60.5	50.3	0.8[P]	5.1[P]	12.60
47	2,6-二甲基庚烷	C_9H_{20}	14.990	25.85	−1891.83	142.59	101.29	0.00062	72.8[H]			0.8[P]	5.4[P]	12.64
48	2,2,3-三甲基己烷	C_9H_{20}	14.841		−1880.86	200.24	80.25	0.00055	72.2			0.8[P]	5.18[P]	12.29
49	2,2,4-三甲基己烷	C_9H_{20}	14.393		−1894.88	172.19	91.16	0.00058	77.8[H]			0.8[P]	5.18[P]	12.45
50	2,2,5-三甲基己烷	C_9H_{20}	14.380	12.85	−1972.08	108.62	48.36	0.00058	82.7			0.8[P]	5.2[P]	12.56
51	2,3,3-三甲基己烷	C_9H_{20}	14.966		−1864.49	217.38	70.90	0.00056				0.8[P]	5.18[P]	12.20

续表

组分序号	名　　称	化学式	自燃点/℃	MAC	PC-TWA	PC-STEL
					OELs/(mg/m³)	
33	3，4-二甲基己烷	C_8H_{18}	315			
34	2-甲基-3-乙基戊烷	C_8H_{18}	460			
35	3-甲基-3-乙基戊烷	C_8H_{18}				
36	2，2，3-三甲基戊烷	C_8H_{18}	430			
37	2，2，4-三甲基戊烷	C_8H_{18}	411			
38	2，3，3-三甲基戊烷	C_8H_{18}	430			
39	2，3，4-三甲基戊烷	C_8H_{18}	427			
40	2，2，3，3-四甲基丁烷	C_8H_{18}				
	烷烃，C_9H_{20}					
41	正壬烷	C_9H_{20}	205		500	
42	2-甲基辛烷	C_9H_{20}	220			
43	3-甲基辛烷	C_9H_{20}	220			
44	4-甲基辛烷	C_9H_{20}	220			
45	3-乙基庚烷	C_9H_{20}				
46	2，2-二甲基庚烷	C_9H_{20}	315			
47	2，6-二甲基庚烷	C_9H_{20}	280			
48	2，2，3-三甲基己烷	C_9H_{20}				
49	2，2，4-三甲基己烷	C_9H_{20}				
50	2，2，5-三甲基己烷	C_9H_{20}	350			
51	2，3，3-三甲基己烷	C_9H_{20}				

续表

组分序号	名 称	化学式	相对分子质量	正常沸点/℃	正常冰点/℃	临界性质 温度/℃	压力/kPa	体积/(m³/kg)	压缩因数	偏心因数
52	2,3,5-三甲基己烷	C_9H_{20}	128.26	131.36	-127.90	306.25	2410.05	0.00398	0.256	0.824798
53	2,4-三甲基己烷	C_9H_{20}	128.26	130.66	-113.37	307.85[P]	2460.05[P]	0.00398[P]	0.26	0.352203
54	3,4-三甲基己烷	C_9H_{20}	128.26	149.45	-101.08	328.15	2640.06	0.00390	0.264	0.323633
55	3-二乙基戊烷	C_9H_{20}	128.26	146.19	-33.03[P]	336.90[P]	2675.04[P]	0.00369[P]	0.249	0.33809
56	2,2-二甲基-3-乙基戊烷	C_9H_{20}	128.26	133.84	-99.47	316.85[P]	2570.06[P]	0.00398[P]	0.268	0.335271
57	2,4-二甲基-3-乙基戊烷	C_9H_{20}	128.26	136.72	-122.36	317.85[P]	2530.05[P]	0.00399[P]	0.264	0.353019
58	2,2,3,3-四甲基戊烷	C_9H_{20}	128.26	140.29	-9.89	337.70	2735.84	0.00373	0.257	0.27997
59	2,2,3,4-四甲基戊烷	C_9H_{20}	128.26	133.03	-121.09	319.00	2563.58	0.00382	0.255	0.310598
60	2,2,4,4-四甲基戊烷	C_9H_{20}	128.26	122.29	-66.20	298.20	2360.92	0.00393	0.25	0.315927
61	2,3,3,4-四甲基戊烷	C_9H_{20}	128.26	141.55	-102.12	334.55	2716.06	0.00384	0.265	0.312682
	烷烃，$C_{10}H_{22}$									
62	正癸烷	$C_{10}H_{22}$	142.29	174.16	-29.64	344.55	2110.04	0.00422[P]	0.247	0.492328
63	2-甲基壬烷	$C_{10}H_{22}$	142.29	167.00	-74.65	336.85[P]	2120.05[P]	0.00410[P]	0.244	0.472342
64	3-甲基壬烷	$C_{10}H_{22}$	142.29	167.80	-84.80	339.85[P]	2160.04[P]	0.00410[P]	0.247	0.464925
65	4-甲基壬烷	$C_{10}H_{22}$	142.29	165.70	-98.70	336.85[P]	2160.04[P]	0.00410[P]	0.248	0.465073
66	5-甲基壬烷	$C_{10}H_{22}$	142.29	165.15	-87.70	336.85[P]	2160.04[P]	0.00410[P]	0.248	0.456177
67	2,2-二甲基辛烷	$C_{10}H_{22}$	142.29	156.90		328.85[P]	2160.04[P]	0.00403[P]	0.248	0.428759
68	2,7-二甲基辛烷	$C_{10}H_{22}$	142.29	159.87	-54.00	330.85[P]	2130.05[P]	0.00404[P]	0.244	0.441982
69	2,2,5-三甲基庚烷	$C_{10}H_{22}$	142.29	150.75		325.75	2240.00[P]	0.00400[P]	.256[P]	.398000[P]
70	3,3,4-三甲基庚烷	$C_{10}H_{22}$	142.29	161.90		347.85	2410.05	0.00389	0.259	0.343124

续表

组分序号	名 称	化学式	相对密度 (15.6/15.6℃)	API度	液体密度 (15.6℃)/ (kg/m³)	液体折射率 (25℃)	蒸气压 (37.78℃) /kPa	比热容 (15.6℃,定压)/[kJ/(kg·℃)] 理想气体	液体	运动黏度/(mm²/s) 37.8℃	98.9℃	汽化热(正常沸点下)/(kJ/kg)	低热值 (25℃)/ (kJ/kg)	表面张力/(10⁻⁵ N/cm)
52	2,3,5-三甲基己烷	C₉H₂₀	0.7261	63.36	725.43	1.40370	3.236					268.03	44223.48	20.82
53	2,4,4-三甲基己烷	C₉H₂₀	0.7281	62.84	727.38	1.40515	3.482	1.5906	2.0565	0.828	0.412	264.09	44253.70	20.75
54	3,3,4-三甲基己烷	C₉H₂₀	0.7498	57.22	749.03	1.41540	1.718		2.1312	0.506	0.306	274.90	44273.22	22.79
55	3,3-二乙基戊烷	C₉H₂₀	0.7575	55.30	756.73	1.41837	1.948	1.6164	1.9812	0.814	0.454	267.79	44291.12	23.29
56	2,2-二甲基-3-乙基戊烷	C₉H₂₀	0.7390	59.97	738.30	1.40104	2.961	1.5275	2.0151	0.810	0.452	270.63	44312.28	21.92
57	2,4-二甲基-3-乙基戊烷	C₉H₂₀	0.7423	59.14	741.52	1.41146	2.651	1.5571	2.0742	0.815	0.360	268.63	44334.82	22.34
58	2,2,3,3-四甲基戊烷	C₉H₂₀	0.7607	54.52	759.93	1.42140	2.491	1.5841	1.9807	0.839	0.413	266.55	44268.58	22.94
59	2,2,3,4-四甲基戊烷	C₉H₂₀	0.7430	58.94	742.29	1.41246	3.278	1.5502	2.0338	0.812	0.358	253.51	44288.10	21.57
60	2,2,4,4-四甲基戊烷	C₉H₂₀	0.7236	64.06	722.87	1.40459	5.028	1.6103				270.39	44255.33	19.91
61	2,3,3,4-四甲基戊烷	C₉H₂₀	0.7588	54.98	758.07	1.42003	2.355	1.6335	2.0525	0.843	0.414		44273.92	22.89
	烷烃, C₁₀H₂₂													
62	正癸烷	C₁₀H₂₂	0.7342	61.22	733.51	1.40967	0.4206	1.5882	2.1856	1.015	0.554	278.19	44207.91	23.39
63	2-甲基壬烷	C₁₀H₂₂	0.7307	62.14	730.02	1.40750	0.5798	1.5780	2.1622	0.964	0.540	272.60	44171.18	22.41
64	3-甲基壬烷	C₁₀H₂₂	0.7369	60.51	736.21	1.41030	0.5957	1.5679	2.1217	0.926	0.516	273.29	44185.36	23.23
65	4-甲基壬烷	C₁₀H₂₂	0.7361	60.73	735.38	1.40950	0.6798	1.5734	2.1716	0.882	0.495	275.99	44185.36	23.14
66	5-甲基壬烷	C₁₀H₂₂	0.7363	60.67	735.62	1.41000	0.6647	1.5693	2.1576	0.899	0.504	269.39	44185.36	23.13
67	2,2-二甲基辛烷	C₁₀H₂₂	0.7285	62.75	727.74	1.40600	1.034	1.5852	2.1485	0.996	0.534	260.94	44114.93	21.31
68	2,7-二甲基辛烷	C₁₀H₂₂	0.7279	62.90	727.15	1.40620	0.8880	1.5694	2.1056	0.918	0.492	265.15	44131.90	21.88
69	2,2,5-三甲基庚烷	C₁₀H₂₂			726.13[A]			1.5640[A]	2.1534[A]			254.42	44411.01[A]	
70	3,3,4-三甲基庚烷	C₁₀H₂₂	0.7607	54.52	759.94	1.42130	0.9660					259.18	44186.76	26.21[P]

续表

组分序号	名　称	化学式	溶解度参数 (25℃)/(J/cm³)^0.5	闪点/℃	理想气体生成热 (25℃)/(kJ/kg)	理想气体Gibbs自由能 (25℃,常压)/(kJ/kg)	熔解热 (25℃)/(kJ/kg)	膨胀系数 (15.6℃)	苯胺点/℃	辛烷值 马达法	辛烷值 研究法	燃烧限(体,在空气中)/% 下限	燃烧限(体,在空气中)/% 上限	Watson特性因数
52	2,3,5-三甲基己烷	C_9H_{20}	14.769		-1889.43	161.28	77.92	0.00063	76.1			0.8P	5.49P	12.39
53	2,4,4-三甲基己烷	C_9H_{20}	14.589	9.85P	-1872.35	192.77	88.04	0.00054				0.8P	5.2P	12.35
54	3,3,4-三甲基己烷	C_9H_{20}	15.162		-1834.11	232.97	63.11	0.00065				0.8P	5.18P	12.10
55	3,3-二乙基戊烷	C_9H_{20}	15.219	20.85P	-1831.91	324.91	77.87	0.00052	65.0	91.6	84.0	0.7	5.7	12.02
56	2,2-二甲基-3-乙基戊烷	C_9H_{20}	14.831	12.85P	-1802.14	280.19	79.47	0.00055		99.5	+1.8	0.8P	5.2P	12.20
57	2,4-二甲基-3-乙基戊烷	C_9H_{20}	14.970	14.85P	-1776.04	282.84	56.1	0.00056	67.8	96.6	+0.5	0.8P	5.5P	12.17
58	2,2,3,3-四甲基戊烷	C_9H_{20}	15.109	15.85P	-1847.41	291.41	17.96	0.00052		95.0	+3.6	0.8	4.9	11.91
59	2,2,3,4-四甲基戊烷	C_9H_{20}	14.929	10.85P	-1831.05	274.27	3.98	0.00056				0.85P	5.3P	12.12
60	2,2,4,4-四甲基戊烷	C_9H_{20}	14.159	2.85P	-1887.93	265.70	75.76	0.00054	75.0			0.85P	5.0P	12.34
61	2,3,3,4-四甲基戊烷	C_9H_{20}	15.101	30.85	-1839.62	298.73	70.12	0.00057				0.8P	5.3P	11.95
烷烃,$C_{10}H_{22}$														
62	正癸烷	$C_{10}H_{22}$	15.700	45.85	-1752.10	233.04	201.85	0.00055	77.0			0.7	5.4	12.67
63	2-甲基壬烷	$C_{10}H_{22}$	15.379	40.85	-1801.69	199.54	122.92	0.00064	80.3H			0.7	5.0P	12.66
64	3-甲基壬烷	$C_{10}H_{22}$	15.469	37.85	-1786.80	202.14	132.05	0.00064	78.3H			0.7	5.0P	12.56
65	4-甲基壬烷	$C_{10}H_{22}$	15.500	37.85P	-1788.90	204.17		0.0006	78.3H			0.7	5.0P	12.56
66	5-甲基壬烷	$C_{10}H_{22}$	15.440	37.85P	-1789.04	215.34		0.0006	77.9H			0.7	5.0P	12.55
67	2,2-二甲基辛烷	$C_{10}H_{22}$	14.869	30.85P	-1875.29	182.61		0.00059				0.7	4.8P	12.60
68	2,7-二甲基辛烷	$C_{10}H_{22}$	15.060	32.85P	-1854.22P	183.24	121.51	0.00059	79.0H			0.7	5.1P	12.64
69	2,2,5-三甲基庚烷	$C_{10}H_{22}$			-1913.13	156.02	84.34							12.13
70	3,3,4-三甲基庚烷	$C_{10}H_{22}$	15.275		-1810.01	259.17	91.31	0.00057				0.72P	4.89P	

续表

组分序号	名 称	化学式	自燃点/℃	MAC	OELs/(mg/m³) PC-TWA	PC-STEL
52	2，3，5-三甲基己烷	C_9H_{20}				
53	2，4，4-三甲基己烷	C_9H_{20}				
54	3，3，4-三甲基己烷	C_9H_{20}				
55	3，3-二乙基戊烷	C_9H_{20}	290			
56	2，2-二甲基-3-乙基戊烷	C_9H_{20}				
57	2，4-二甲基-3-乙基戊烷	C_9H_{20}	390			
58	2，2，3，3-四甲基戊烷	C_9H_{20}	430			
59	2，2，3，4-四甲基戊烷	C_9H_{20}	430			
60	2，2，4，4-四甲基戊烷	C_9H_{20}	430			
61	2，3，3，4-四甲基戊烷	C_9H_{20}	430			
	烷烃，$C_{10}H_{22}$					
62	正癸烷	$C_{10}H_{22}$	201			
63	2-甲基壬烷	$C_{10}H_{22}$	214			
64	3-甲基壬烷	$C_{10}H_{22}$	212			
65	4-甲基壬烷	$C_{10}H_{22}$	212			
66	5-甲基壬烷	$C_{10}H_{22}$	212			
67	2，2-二甲基辛烷	$C_{10}H_{22}$	298			
68	2，7-二甲基辛烷	$C_{10}H_{22}$	227			
69	2，2，5-三甲基庚烷	$C_{10}H_{22}$				
70	3，3，4-三甲基庚烷	$C_{10}H_{22}$				

续表

组分序号	名　称	化学式	相对分子质量	正常沸点/℃	正常冰点/℃	临界性质			压缩因数	偏心因数
						温度/℃	压力/kPa	体积/(m³/kg)		
71	3,3,5-三甲基庚烷	$C_{10}H_{22}$	142.29	155.68		336.45	2320.05	0.00396	0.258	0.385256
72	2,2,3,3-四甲基己烷	$C_{10}H_{22}$	142.29	160.31	−54.00	349.85	2510.05	0.00387	0.267	0.366783
73	2,2,5-四甲基己烷	$C_{10}H_{22}$	142.29	137.46	−12.60	308.25	2190.05	0.00401	0.258	0.378004
74	2,4-二甲基-3-异丙基戊烷	$C_{10}H_{22}$	142.29	157.04	−81.70	338.15ᴾ	2300.05ᴾ	0.00390ᴾ	0.251	0.370667
	烷烃，$C_{11} \sim C_{30}$									
75	正十一烷	$C_{11}H_{24}$	156.31	195.93	−25.58	365.85	1950.04	0.00422ᴾ	0.242	0.530316
76	正十二烷	$C_{12}H_{26}$	170.34	216.32	−9.58	384.85	1820.04	0.00420ᴾ	0.238	0.576385
77	正十三烷	$C_{13}H_{28}$	184.37	235.47	−5.39	401.85	1680.04	0.00420ᴾ	0.232	0.617397
78	正十四烷	$C_{14}H_{30}$	198.39	253.58	5.86ᴾ	419.85	1570.04	0.00418	0.226	0.643017
79	正十五烷	$C_{15}H_{32}$	212.42	270.69	9.92	434.85	1480.03	0.00419ᴾ	0.224	0.68632
80	正十六烷	$C_{16}H_{34}$	226.45	286.86	18.16	449.85	1400.03	0.00417ᴾ	0.22	0.717404
81	正十七烷	$C_{17}H_{36}$	240.47	302.15	21.98	462.85	1340.03	0.00416ᴾ	0.219	0.769688
82	正十八烷	$C_{18}H_{38}$	254.50	316.71	28.16	473.85ᴾ	1270.03ᴾ	0.00417ᴾ	0.217	0.811359
83	正十九烷	$C_{19}H_{40}$	268.53	329.90	31.89	484.85ᴾ	1210.02ᴾ	0.00417ᴾ	0.215	0.852231
84	正二十烷	$C_{20}H_{42}$	282.55	343.78	36.43	494.85ᴾ	1160.02ᴾ	0.00414ᴾ	0.213	0.900878
85	正二十一烷	$C_{21}H_{44}$	296.58	356.50	40.50	504.85ᴾ	1110.02ᴾ	0.00415ᴾ	0.211	0.942004
86	正二十二烷	$C_{22}H_{46}$	310.61	386.60ᴾ	44.0	513.85ᴾ	1060.02ᴾ	0.00415ᴾ	0.209	0.97219
87	正二十三烷	$C_{23}H_{48}$	324.63	380.20ᴾ	47.5	522.85ᴾ	1020.02ᴾ	0.00416ᴾ	0.208	1.02617
88	正二十四烷	$C_{24}H_{50}$	338.66	391.30ᴾ	50.6	530.85ᴾ	980.02ᴾ	0.00416ᴾ	0.207	1.07102
89	正二十五烷	$C_{25}H_{52}$	352.69	401.90ᴾ	53.5	538.85ᴾ	950.02ᴾ	0.00414ᴾ	0.205	1.10526

续表

组分序号	名称	化学式	相对密度 (15.6/15.6℃)	API度	液体密度 (15.6℃)/(kg/m³)	液体折射率 (25℃)	蒸气压 (37.78℃)/kPa	比热容 (15.6℃,定压)/[kJ/(kg·℃)] 理想气体	液体	运动黏度/(mm²/s) 37.8℃	98.9℃	汽化热 (正常沸点下)/(kJ/kg)	低热值 (25℃)/(kJ/kg)	表面张力/(10⁻⁵ N/cm)
71	3,3,5-三甲基庚烷	$C_{10}H_{22}$	0.7469	57.95	746.16	1.41470	1.201					255.82^A	44181.87	24.32^P
72	2,2,3,3-四甲基己烷	$C_{10}H_{22}$	0.7684	52.66	767.61	1.42600	1.092					254.26	44190.94	27.33^P
73	2,2,5,5-四甲基己烷	$C_{10}H_{22}$	0.7228	64.24	722.19	1.40316	2.344					297.99	44023.11	21.26^P
74	2,4-二甲基-3-异丙基戊烷	$C_{10}H_{22}$	0.7624	54.11	761.62	1.42248	1.205					252.16	44330.17	26.44^P
	烷烃, C_{11}~C_{30}													
75	正十一烷	$C_{11}H_{24}$	0.7439	58.71	743.17	1.41507	0.1413	1.6043	2.1853	1.259	0.640	269.88	44136.78	24.22
76	正十二烷	$C_{12}H_{26}$	0.7524	56.57	751.66	1.41507	0.0490	1.6030	2.1814	1.545	0.747	260.70	44081.69	24.92
77	正十三烷	$C_{13}H_{28}$	0.7611	54.42	760.33	1.42246	0.0172	1.5875	2.1886	1.863	0.862	251.86	44030.09	25.55
78	正十四烷	$C_{14}H_{30}$	0.7665	53.11	765.72	1.42685	0.0062	1.5863	2.1842	2.229	0.988	241.75	43989.41	26.14
79	正十五烷	$C_{15}H_{32}$	0.7717	51.85	770.97	1.42979	0.0021	1.5851	2.1891	2.642	1.133	234.40	43952.22	26.71
80	正十六烷	$C_{16}H_{34}$	0.7760	51.09	774.22	1.43260	0.0007	1.5840	2.2013	3.123	1.286	226.79	43917.58	27.15
81	正十七烷	$C_{17}H_{36}$	0.7752	51.03	773.12	1.43480	<0.0007	1.5831	2.1970	3.605	1.441	223.70	43892.25	27.52
82	正十八烷	$C_{18}H_{38}$	0.7841	48.96	783.32	1.43690	<0.0007	1.5845	2.1869	4.162	1.582	215.82	43867.38	28.01
83	正十九烷	$C_{19}H_{40}$	0.7880	48.07	787.20	1.43880	<0.0007	1.5856	2.1631	4.609	1.794	209.76	43844.83	28.27
84	正二十烷	$C_{20}H_{42}$	0.7890	47.62	789.19	1.44050	<0.0007	1.5859	2.1146	5.317	1.989	202.95	43824.37	28.54
85	正二十一烷	$C_{21}H_{44}$	0.7954	46.41	794.57	1.44200					2.17	197.09	43669.57	27.75
86	正二十二烷	$C_{22}H_{46}$	0.7981	45.79	797.33	1.44340		1.6282	2.1630^P		2.41	191.66	43660.27^P	27.91^P
87	正二十三烷	$C_{23}H_{48}$	0.8123	42.70	811.47	1.44470		1.5978	2.1632^P		2.604	188.88	43620.75^P	29.18^P
88	正二十四烷	$C_{24}H_{50}$	0.8027	44.79	801.88	1.44590		1.6638	2.1628^P		2.883	185.51	43643.53^P	28.14^P
89	正二十五烷	$C_{25}H_{52}$	0.8048	44.31	804.04	1.44700		1.5998	2.1619^P		3.157	181.42	43607.97	28.29^P

续表

组分序号	名称	化学式	溶解度参数(25℃)/(J/cm³)^0.5	闪点/℃	理想气体生成热(25℃)/(kJ/kg)	理想气体Gibbs自由能(25℃,常压)/(kJ/kg)	熔解热(25℃)/(kJ/kg)	膨胀系数(15.6℃)	苯胺点/℃	辛烷值 马达法	辛烷值 研究法	燃烧限(体,在空气中)/% 下限	燃烧限(体,在空气中)/% 上限	Watson特性因数
71	3,3,5-三甲基庚烷	$C_{10}H_{22}$	14.845		-1825.46	227.57	98.33	0.00056	70.0[H]	88.7	86.4	0.72[P]	4.89[P]	12.29
72	2,2,3,3-四甲基己烷	$C_{10}H_{22}$	15.115		-1812.11	330.11	87.1	0.00053		92.4	+2.0	0.72[P]	4.7[P]	11.66
73	2,2,5,5-四甲基己烷	$C_{10}H_{22}$	14.164		-2008.07	135.56	68.83	0.00063	82.8[H]			0.72[P]	4.7[P]	
74	2,4-二甲基-3-异丙基戊烷	$C_{10}H_{22}$	15.489		-1667.96	439.68	4.21	0.00052				0.72[P]	5.16[P]	
	烷烃, $C_{11} \sim C_{30}$													
75	正十一烷	$C_{11}H_{24}$	15.897	65.0	-1728.94	263.15	141.95					0.7[P]	5.1[P]	12.71
76	正十二烷	$C_{12}H_{26}$	15.938	73.85	-1705.61	292.23	216.35					0.6	4.9[P]	12.74
77	正十三烷	$C_{13}H_{28}$	16.097	78.85	-1689.95	312.82	154.64					0.6[P]	4.7[P]	12.76
78	正十四烷	$C_{14}H_{30}$	16.140	100.00	-1674.58	332.41	226.26					0.5	4.5[P]	12.82
79	正十五烷	$C_{15}H_{32}$	16.216	113.85[P]	-1661.25	349.36	126.90					0.5[P]	4.3[P]	12.87
80	正十六烷	$C_{16}H_{34}$	16.197	135.00	-1651.28	362.59	235.71					0.5[P]	4.2[P]	12.93
81	正十七烷	$C_{17}H_{36}$	16.142	148.00	-1639.24	377.47	167.08					0.5[P]	4.0[P]	13.05
82	正十八烷	$C_{18}H_{38}$	16.075	165.00	-1630.06	389.14	242.54					0.4[P]	3.9[P]	13.01
83	正十九烷	$C_{19}H_{40}$	16.114	167.85	-1621.83	399.70	170.66					0.4[P]	3.8[P]	13.04
84	正二十烷	$C_{20}H_{42}$	16.036	166.85[P]	-1614.43	409.21	247.37					0.4[P]	3.7[P]	13.11
85	正二十一烷	$C_{21}H_{44}$		176.85[P]	-1609.98	414.19						0.4[P]	3.6[P]	13.13
86	正二十二烷	$C_{22}H_{46}$		184.85[P]	-1603.88[P]	420.52	166.32					0.4[P]	3.5[P]	13.16
87	正二十三烷	$C_{23}H_{48}$		193.85[P]	-1598.30[P]	427.95						0.4[P]	3.5[P]	13.44
88	正二十四烷	$C_{24}H_{50}$		201.85[P]	-1593.48[P]	434.37	162.15					0.3[P]	3.4[P]	13.23
89	正二十五烷	$C_{25}H_{52}$		201.85[P]	-1588.76[P]	440.11	163.77					0.3[P]	3.3[P]	13.28

续表

组分序号	名 称	化学式	自燃点/℃	MAC	OELs/(mg/m^3) PC-TWA	PC-STEL
71	3，3，5-三甲基庚烷	$C_{10}H_{22}$	382			
72	2，2，3，3-四甲基己烷	$C_{10}H_{22}$	441			
73	2，2，5，5-四甲基己烷	$C_{10}H_{22}$	479			
74	2，4-二甲基-3-异丙基戊烷	$C_{10}H_{22}$				
	烷烃，$C_{11} \sim C_{30}$					
75	正十一烷	$C_{11}H_{24}$	202			
76	正十二烷	$C_{12}H_{26}$	203			
77	正十三烷	$C_{13}H_{28}$	202			
78	正十四烷	$C_{14}H_{30}$	200			
79	正十五烷	$C_{15}H_{32}$	202			
80	正十六烷	$C_{16}H_{34}$	202			
81	正十七烷	$C_{17}H_{36}$	202			
82	正十八烷	$C_{18}H_{38}$	202			
83	正十九烷	$C_{19}H_{40}$	202			
84	正二十烷	$C_{20}H_{42}$	202			
85	正二十一烷	$C_{21}H_{44}$	202			
86	正二十二烷	$C_{22}H_{46}$	202			
87	正二十三烷	$C_{23}H_{48}$	202			
88	正二十四烷	$C_{24}H_{50}$	202			
89	正二十五烷	$C_{25}H_{52}$	202			

续表

组分序号	名 称	化学式	相对分子质量	正常沸点/℃	正常冰点/℃	临界性质 温度/℃	临界性质 压力/kPa	临界性质 体积/(m³/kg)	压缩因数	偏心因数	表面张力/(10⁻⁵ N/cm)
90	正二十六烷	$C_{26}H_{54}$	366.72	412.20[P]	56.1	545.85[P]	910.02[P]	0.00414[P]	0.203	1.15444	22.96
91	正二十七烷	$C_{27}H_{56}$	380.74	422.10[P]	59.0	552.85[P]	883.02[P]	0.00415[P]	0.203	1.21357	28.48[P]
92	正二十八烷	$C_{28}H_{58}$	394.77	431.60[P]	61.2	558.85[P]	850.02[P]	0.00413[P]	0.200	1.23752	27.01[P]
93	正二十九烷	$C_{29}H_{60}$	408.8	440.80[P]	63.7	564.85[P]	826.02[P]	0.00413[P]	0.200	1.26531	28.63[P]
94	正三十烷	$C_{30}H_{62}$	422.82	449.70[P]	65.5	570.85[P]	800.02[P]	0.00414[P]	0.200	1.30718	24.40

组分序号	名 称	化学式	相对密度(15.6/15.6℃)	液体密度(15.6℃)/(kg/m³)	API度	液体折射率(25℃)	蒸气压(37.78℃)/kPa	比热容(15.6℃,定压)/[kJ/(kg·℃)] 理想气体	比热容 液体	运动黏度/(mm²/s) 37.8℃	运动黏度 98.9℃	汽化热(正常沸点下)/(kJ/kg)	低热值(25℃)/(kJ/kg)
90	正二十六烷	$C_{26}H_{54}$	0.8067	805.88	43.91	1.44810		1.5965	2.1605[P]		3.461	178.63	43602.16[P]
91	正二十七烷	$C_{27}H_{56}$	0.8085	807.75	43.51	1.44906		1.5932	2.1587[P]		3.817	176.95	43570.78[P]
92	正二十八烷	$C_{28}H_{58}$	0.8077	806.90	43.69	1.44990		1.5974	2.1564[P]		3.940	172.27	43591.93[P]
93	正二十九烷	$C_{29}H_{60}$	0.8120	811.22	42.76	1.45086		1.5966	2.1537[P]		4.226	167.47	43563.11[P]
94	正三十烷	$C_{30}H_{62}$	0.8123	806.90	42.70	1.45150					4.640	164.78	43559.62[P]

组分序号	名 称	化学式	溶解度参数(25℃)/(J/cm³)^0.5	闪点/℃	理想气体生成热(25℃)/(kJ/kg)	理想气体Gibbs自由能(25℃,常压)/(kJ/kg)	熔解热(25℃)/(kJ/kg)	膨胀系数(15.6℃)	苯胺点/℃	辛烷值 马达法	辛烷值 研究法	燃烧限(体,在空气中)/% 下限	燃烧限 上限	Watson特性因数
90	正二十六烷	$C_{26}H_{54}$		201.85[P]	-1584.39[P]	445.83	165.58					0.3[P]	3.3[P]	13.30
91	正二十七烷	$C_{27}H_{56}$		227.85[P]	-1580.35[P]	450.41						0.3[P]	3.2[P]	13.34
92	正二十八烷	$C_{28}H_{58}$		201.85[P]	-1576.60[P]	455.41	163.81					0.3[P]	3.2[P]	13.40
93	正二十九烷	$C_{29}H_{60}$		237.85[P]	-1573.11[P]	459.35						0.3[P]	3.1[P]	13.41
94	正三十烷	$C_{30}H_{62}$		201.85[P]	-1569.85[P]	463.72	162.84					0.3[P]	3.1[P]	13.44

续表

组分序号	名 称	化学式	自燃点/℃	OELs/(mg/m³)		
				MAC	PC-TWA	PC-STEL
90	正二十六烷	$C_{26}H_{54}$	202			
91	正二十七烷	$C_{27}H_{56}$	202			
92	正二十八烷	$C_{28}H_{58}$	202			
93	正二十九烷	$C_{29}H_{60}$	202			
94	正三十烷	$C_{30}H_{62}$	202			

注：1. 上角标 A 表示液体密度和液体比热容为 25℃下，低热值由生成热计算得到；

2. 数据中的上角标下表示为：

E—在饱和压力下（三相点）；

G—在沸点条件下；

H—临界溶解温度，而不是苯胺点；

P—预测值；

S—预测值或实验值；

Y—气体状态下的净燃烧热；

Z—估算值；

W—固体状态下的净燃烧热。

3. 辛烷值中"+"号后的数字表示要达到异辛烷的辛烷值所需加入四乙基铅的毫升数。

表 1-1-2 环烷烃主要性质

组分序号	名称	化学式	相对分子质量	正常沸点/℃	正常冰点/℃	临界性质 温度/℃	临界性质 压力/kPa	临界性质 体积/(m³/kg)	临界性质 压缩因数	偏心因数
	烷基环丙烷, C₃~C₅									
95	环丙烷	C_3H_6	42.08	-32.78	-127.56	124.76	5495.12	0.00387	0.2700	0.12688
96	甲基环丙烷	C_4H_8	56.11	0.73	-177.30	357.15[P]	4545.65[P]	0.00407[P]	0.19829	0.1570
97	乙基环丙烷	C_5H_{10}	70.13	35.93	-149.22	208.79[P]	3923.44[P]	0.00405[P]	0.27778	0.2170
98	顺-1,2-二甲基环丙烷	C_5H_{10}	70.13	37.03	-140.87	210.51[P]	3923.44[P]	0.00405[P]	0.2768	0.2410
99	反-1,2-二甲基环丙烷	C_5H_{10}	70.13	28.21	-149.57					
	烷基环丁烷, C₄~C₆									
100	环丁烷	C_4H_8	56.11	12.51	-90.67[P]	186.78[P]	4980.11[P]	0.00374[P]	0.2730	0.18474
101	甲基环丁烷	C_5H_{10}	70.13	36.30		214.14[P]	4195.04[P]	0.00389[P]	0.28277	0.1830
102	乙基环丁烷	C_6H_{12}	84.16	70.60	-142.75	253.64[P]	3647.54[P]	0.00390[P]	0.27332	0.2250
	烷基环戊烷, C₅~C₇									
103	环戊烷	C_5H_{10}	70.13	49.25	-93.84	238.61	4502.10	0.00368	0.2730	0.195884
104	甲基环戊烷	C_6H_{12}	84.16	71.81	-142.42[P]	259.64	3785.08	0.00379	0.2730	0.230249
105	乙基环戊烷	C_7H_{14}	98.19	103.47	-138.44[P]	296.37	3398.07	0.00382	0.2690	0.271582
106	1,1-二甲基环戊烷	C_7H_{14}	98.19	87.85	-69.79[P]	273.85[P]	3445.08[P]	0.00367[P]	0.2730	0.272354
107	顺-1,2-二甲基环戊烷	C_7H_{14}	98.19	99.53	-53.89	292.00[P]	3445.12[P]	0.00377[P]	0.2710	0.266243
108	反-1,2-二甲基环戊烷	C_7H_{14}	98.19	91.87	-117.57	280.00[P]	3445.12[P]	0.00367[P]	0.2700	0.269784
109	顺-1,3-二甲基环戊烷	C_7H_{14}	98.19	90.77	-133.70	277.85[P]	3445.08[P]	0.00367[P]	0.2710	0.274260

续表

组分序号	名称	化学式	相对密度(15.6/15.6℃)/(kg/m³)	API度	液体密度(15.6℃)/(kg/m³)	液体折射率(25℃)	蒸气压(37.78℃)/kPa	比热容(15.6℃,定压)/[kJ/(kg·℃)] 理想气体	液体	运动黏度/(mm²/s) 37.8℃	98.9℃	汽化热(正常沸点下)/(kJ/kg)	低热值(25℃)/(kJ/kg)	表面张力/(10⁻⁵ N/cm)
	烷基环丙烷，C₃~C₅													
95	环丙烷	C_3H_6	0.6165	98.03	615.87	1.37990	1006.21	1.2731	2.0808	0.249		472.65	46530.26	11.68
96	甲基环丙烷	C_4H_8						1.4211	1.3231[P]				45707.17[P]	
97	乙基环丙烷	C_5H_{10}	0.6891	73.85	688.4	1.37560			1.4054[P]			511.7	44914.31	17.58[P]
98	顺-1，2-二甲基环丙烷	C_5H_{10}	0.6989	70.96	698.23	1.38000		1.4307	1.4048[P]			513.85	44891.53[P]	18.62[P]
99	反-1，2-二甲基环丙烷	C_5H_{10}	0.6748	78.19	674.14	1.36830		1.4649					44828.77	
	烷基环丁烷，C₄~C₆													
100	环丁烷	C_4H_8	0.6991	70.9	698.43	1.36200	235.55	1.2103	1.9098	0.353		427.14	45736.00	19.43
101	甲基环丁烷	C_5H_{10}	0.6977	71.3	697.03	1.38100		1.3623	1.4052[P]			516.89	44793.20[P]	16.38[P]
102	乙基环丁烷	C_6H_{12}	0.7327	61.61	732.02	1.39940		0.1418	1.4346[P]			481.81	44565.64[P]	19.58[P]
	烷基环戊烷，C₅~C₇													
103	环戊烷	C_5H_{10}	0.7502	57.12	749.43	1.40363	68.39	1.1391	1.7696	0.497		387.14	43757.43	21.78
104	甲基环戊烷	C_6H_{12}	0.7540	56.17	753.23	1.40700	31.06	1.2525	1.8439	0.565		346.44	43627.03	21.65
105	乙基环戊烷	C_7H_{14}	0.7712	51.98	770.44	1.41730	9.70	1.3085	1.8560	0.620	0.390	326.38	43601.00	23.33
106	1，1-二甲基环戊烷	C_7H_{14}	0.7593	54.85	758.57	1.41091	17.74	1.3178	1.8812	0.585		311.86	43512.43	21.20
107	顺-1，2-二甲基环戊烷	C_7H_{14}	0.7771	50.59	776.31	1.41963	11.37	1.3261	1.8849	0.570	0.365	322.76	43581.94	23.62
108	反-1，2-二甲基环戊烷	C_7H_{14}	0.7561	55.63	755.40	1.40941	15.12	1.3303	1.8645	0.587		317.51	43521.50	21.20
109	顺-1，3-二甲基环戊烷	C_7H_{14}	0.7496	57.28	748.83	1.40633	15.51	1.3304	1.8961	0.593		313.02	43531.73	20.93

续表

组分序号	名　称	化学式	溶解度参数(25℃)/(J/cm³)^0.5	闪点/℃	理想气体生成热(25℃)/(kJ/kg)	理想气体自由Gibbs能(25℃,常压)/(kJ/kg)	熔解热(25℃)/(kJ/kg)	膨胀系数(15.6℃)	苯胺点/℃	辛烷值 马达法	辛烷值 研究法	燃烧限(体,在空气中)/% 下限	燃烧限(体,在空气中)/% 上限	Watson特性因数
	烷基环丙烷，C₃~C₅													
95	环丙烷	C_3H_6	14.370		1265.79	2479.35	129.32					2.4	10.4	12.27
96	甲基环丙烷	C_4H_8			445.26	1825.57P				81.2	+0.2	1.86P	11.42P	9.32
97	乙基环丙烷	C_5H_{10}			45.60P			0.00082		83.8	+0.2	1.49P	9.57P	11.94
98	顺-1,2-二甲基环丙烷	C_5H_{10}			9.97	1591.71P		0.00078		84.3	+0.4	1.49P	9.79P	11.79
99	反-1,2-二甲基环丙烷	C_5H_{10}			-45.60	1506.21								
	烷基环丁烷，C₄~C₆													
100	环丁烷	C_4H_8	16.019		507.62	1998.43	19.40	0.00087				1.8P	11.1P	11.46
101	甲基环丁烷	C_5H_{10}	16.099	-64.15P	-96.90P			0.00074				1.49P	9.57P	11.79
102	乙基环丁烷	C_6H_{12}	16.251		-326.54P			0.00073	38.7H	63.9	41.1	1.2	7.7	11.64
	烷基环戊烷，C₅~C₇													
103	环戊烷	C_5H_{10}	16.549	-39.15P	-1097.60	553.58	8.68	0.0007	16.8	84.9	+0.1	1.4P	9.4P	11.12
104	甲基环戊烷	C_6H_{12}	16.099	-27.15	-1261.04	431.03	82.43	0.00071	33.0	80.0	91.3	1.2P	8.35P	11.32
105	乙基环戊烷	C_7H_{14}	16.251	-4.15P	-1291.57	455.97	70.05	0.00067	36.7	61.2	67.2	1.1	6.7	11.39
106	1,1-二甲基环戊烷	C_7H_{14}	15.461	-16.15P	-1407.40	397.85	11.01	0.00066	45.0H	89.3	92.3	1.1P	6.8P	11.41
107	顺-1,2-二甲基环戊烷	C_7H_{14}	16.161	-4.15P	-1318.41	465.45	16.90	0.00063	39.9			1.1P	7.3P	11.27
108	反-1,2-二甲基环戊烷	C_7H_{14}	15.760	-10.15P	-1391.23	390.50	73.09	0.00066	46.7			1.1P	7.3P	11.50
109	顺-1,3-二甲基环戊烷	C_7H_{14}	15.489	-14.15P	-1382.67	399.70	75.43	0.00065		73.1	79.2	1.1P	7.3P	11.59

续表

组分序号	名　称	化学式	自燃点/℃	MAC	OELs/(mg/m³) PC-TWA	PC-STEL
	烷基环丙烷，C₃~C₅					
95	环丙烷	C_3H_6	498			
96	甲基环丙烷	C_4H_8				
97	乙基环丙烷	C_5H_{10}				
98	顺-1，2-二甲基环丙烷	C_5H_{10}				
99	反-1，2-二甲基环丙烷	C_5H_{10}				
	烷基环丁烷，C₄~C₆					
100	环丁烷	C_4H_8	427			
101	甲基环丁烷	C_5H_{10}				
102	乙基环丁烷	C_6H_{12}				
	烷基环戊烷，C₅~C₇					
103	环戊烷	C_5H_{10}	361			
104	甲基环戊烷	C_6H_{12}	329			
105	乙基环戊烷	C_7H_{14}	260			
106	1，1-二甲基环戊烷	C_7H_{14}	414			
107	顺-1，2-二甲基环戊烷	C_7H_{14}	366			
108	反-1，2-二甲基环戊烷	C_7H_{14}				
109	顺-1，3-二甲基环戊烷	C_7H_{14}	366			

续表

组分序号	名　称	化学式	相对分子质量	正常沸点/℃	正常冰点/℃	临界性质 温度/℃	临界性质 压力/kPa	临界性质 体积/(m³/kg)	压缩因数	偏心因数
110	反-1，3-二甲基环戊烷	C_7H_{14}	98.19	91.73	-133.97	279.85[P]	3445.08[P]	0.00367[P]	0.2700	0.269949
	烷基环戊烷，C_8H_{16}									
111	正丙基环戊烷	C_8H_{16}	112.22	130.96	-117.34	322.85[P]	3020.07[P]	0.00381[P]	0.2610	0.326642
112	异丙基环戊烷	C_8H_{16}	112.22	126.43	-111.36	319.85[P]	3040.07[P]	0.00374[P]	0.2590	0.302996
113	1-甲基-1-乙基环戊烷	C_8H_{16}	112.22	121.52	-143.80	308.85[P]	3020.07[P]	0.00381[P]	0.2670	0.329811
114	顺-1-甲基-2-乙基环戊烷	C_8H_{16}	112.22	128.05	-105.95	318.57[P]	3021.93[P]	0.00381[P]	0.26277	0.327758
115	反-1-甲基-2-乙基环戊烷	C_8H_{16}	112.22	121.20	-105.93	308.48[P]	3021.93[P]	0.00381[P]	0.26733	0.329314
116	顺-1-甲基-3-乙基环戊烷	C_8H_{16}	112.22	121.11		308.32[P]	3021.93[P]	0.00381[P]	0.26741	0.327989
117	反-1-甲基-3-乙基环戊烷	C_8H_{16}	112.22	121.11		308.32[P]	3021.93[P]	0.00381[P]	0.26741	0.329113
118	1，1，2-三甲基环戊烷	C_8H_{16}	112.22	113.73	-21.64	297.43[P]	3021.93[P]	0.00381[P]	0.27251	0.332351
119	1，1，3-三甲基环戊烷	C_8H_{16}	112.22	104.89	-142.44	284.40[P]	3021.93[P]	0.00381[P]	0.27888	0.331788
120	1，顺-2，反-3-三甲基环戊烷	C_8H_{16}	112.22	123.00	-116.43	311.11[P]	3021.93[P]	0.00381[P]	0.26613	0.330670
121	1，顺-2，顺-3-三甲基环戊烷	C_8H_{16}	112.22	117.50	-112.00	302.99[P]	3021.93[P]	0.00381[P]	0.26988	0.332494
122	1，反-2，顺-3-三甲基环戊烷	C_8H_{16}	112.22	110.20	-112.71	292.54[P]	3021.93[P]	0.00381[P]	0.27487	0.331535
123	1，顺-2，顺-4-三甲基环戊烷	C_8H_{16}	112.22	117.00	-132.33	301.90[P]	3021.93[P]	0.00381[P]	0.27039	0.328066
124	1，顺-2，反-4-三甲基环戊烷	C_8H_{16}	112.22	116.73	-132.55	302.99[P]	3021.93[P]	0.00381[P]	0.26988	0.330584
125	1，反-2，顺-4-三甲基环戊烷	C_8H_{16}	112.22	109.29	-130.78	290.89[P]	3021.93[P]	0.00381[P]	0.27567	0.331024
	烷基环戊烷，C_9H_{18}									
126	正丁基环戊烷	C_9H_{18}	126.24	156.60	-107.97[P]	347.85[P]	2720.06[P]	0.00383[P]	0.25400	0.331880
127	异丁基环戊烷	C_9H_{18}	126.24	147.95	-115.23	351.18[P]	2912.33[P]	0.00362[P]	0.25616	0.268

续表

组分序号	名 称	化学式	相对密度 (15.6/15.6℃)	API度	液体密度 (15.6℃)/(kg/m³)	液体折射率 (25℃)	蒸气压 (37.78℃)/kPa	比热容 (15.6℃, 定压)/[kJ/(kg·℃)] 理想气体	液体	运动黏度/(mm²/s) 37.8℃	98.9℃	汽化热 (正常沸点下)/(kJ/kg)	低热值 (25℃)/(kJ/kg)	表面张力/(10⁻⁵ N/cm)
110	反-1,3-二甲基环戊烷	C_7H_{14}	0.7534	56.31	752.68	1.40813	15.21	1.3301	1.8762	0.589		315.65	43551.25	21.37
	烷基环戊烷，C_8H_{16}													
111	正丙基环戊烷	C_8H_{16}	0.7811	49.66	780.30	1.42389	3.25	1.3601	1.8901	0.726	0.461	310.77	43580.31	24.42
112	异丙基环戊烷	C_8H_{16}	0.7806	49.78	779.80	1.42350	4.11	1.3220	1.5140[P]	0.733	0.437	300.93	43587.75[P]	23.84
113	1-甲基-1-乙基环戊烷	C_8H_{16}	0.7853	48.70	784.48	1.42476	4.99	1.1327	1.5155[P]	0.725	0.435	295.89	43541.72	24.18
114	顺-1-甲基-2-乙基环戊烷	C_8H_{16}	0.7896	47.71	788.82	1.42695	3.79		1.5721[P]				43869.24[P]	24.83[P]
115	反-1-甲基-2-乙基环戊烷	C_8H_{16}	0.7734	51.46	772.64	1.41950	4.96		1.5744[P]				43869.24[P]	22.81[P]
116	顺-1-甲基-3-乙基环戊烷	C_8H_{16}	0.7712	51.97	770.48	1.41700	4.90		1.5745[P]				43869.24[P]	22.50[P]
117	反-1-甲基-3-乙基环戊烷	C_8H_{16}	0.7712	51.97	770.48	1.41700	5.10		1.5745[P]				43869.24[P]	22.50[P]
118	1,1,2-三甲基环戊烷	C_8H_{16}	0.7771	50.58	776.36	1.42051	6.89	1.5090	1.5772[P]				43767.43[P]	23.24[P]
119	1,1,3-三甲基环戊烷	C_8H_{16}	0.7528	56.47	752.03	1.40870	9.60	1.5090	1.5807[P]				43767.43[P]	20.42[P]
120	1,顺-2,反-3-三甲基环戊烷	C_8H_{16}	0.7837	49.05	782.95	1.42380	4.76		1.5738[P]				43869.24[P]	24.05[P]
121	1,反-2,顺-3-三甲基环戊烷	C_8H_{16}	0.7750	51.09	774.20	1.41910	5.86		1.5758[P]				43791.60[P]	22.99[P]
122	1,反-2,反-3-三甲基环戊烷	C_8H_{16}	0.7581	55.16	757.30	1.41140	7.86		1.5785[P]			310.01	43791.60[P]	21.02[P]
123	1,顺-2,顺-4-三甲基环戊烷	C_8H_{16}	0.7760	50.84	775.28	1.42000	5.79		1.5761[P]				43791.60[P]	23.06[P]
124	1,反-2,顺-4-三甲基环戊烷	C_8H_{16}	0.7680	52.74	767.25	1.41612	6.07	1.5571	1.5758[P]				43791.60[P]	22.18[P]
125	1,反-2,反-4-三甲基环戊烷	C_8H_{16}	0.7518	56.71	751.07	1.40812	8.01		1.5789[P]				43791.60[P]	20.33[P]
	烷基环戊烷，C_9H_{18}													
126	正丁基环戊烷	C_9H_{18}	0.7893	47.78	788.51	1.42930	1.08	1.3589	1.9032	0.912	0.515	286.32	43567.99	25.36
127	异丁基环戊烷	C_9H_{18}	0.7853	48.69	784.50	1.42730			1.6189[P]			395.90	43770.45[P]	24.29

续表

组分序号	名称	化学式	溶解度参数(25℃)/(J/cm³)^0.5	闪点/℃	理想气体(25℃)生成热/(kJ/kg)	理想气体Gibbs自由能(25℃,常压)/(kJ/kg)	熔解热(25℃)/(kJ/kg)	膨胀系数(15.6℃)	苯胺点/℃	辛烷值 马达法	辛烷值 研究法	燃烧限(体,在空气中)/% 下限	燃烧限(体,在空气中)/% 上限	Watson特性因数
110	反-1,3-二甲基环戊烷	C_7H_{14}	15.659	-13.15^P	-1359.77	422.60	75.44	0.00066	49.9	72.6	80.6	1.1^P	7.3^P	11.54
	烷基环戊烷，C_8H_{16}													
111	正丙基环戊烷	C_8H_{16}	16.359	15.85^P	-1318.93	475.92	89.52	0.00058	44.4	28.1	31.2	0.95	6.4^P	11.51
112	异丙基环戊烷	C_8H_{16}	15.940	9.85^P	-1342.17^P	472.45		0.00054		76.2	81.1	0.9^P	6.5^P	11.48
113	1-甲基-1-乙基环戊烷	C_8H_{16}	15.839	5.85^P	-1379.49	451.25		0.00059				0.9^P	6.1^P	11.36
114	顺-1-甲基-2-乙基环戊烷	C_8H_{16}			-700.88^P			0.00059	47.5^H			0.93^P	6.52^P	11.38
115	反-1-甲基-2-乙基环戊烷	C_8H_{16}			-700.88^P			0.00058	52.2^H			0.93^P	6.52^P	11.55
116	顺-1-甲基-3-乙基环戊烷	C_8H_{16}			-700.88^P			0.00058		59.8	57.6	0.93^P	6.52^P	11.59
117	反-1-甲基-3-乙基环戊烷	C_8H_{16}			-700.88^P			0.00058		59.8	57.6	0.93^P	6.52^P	11.59
118	1,1,2-三甲基环戊烷	C_8H_{16}			-892.03^P			0.00063				0.93^P	6.19^P	11.42
119	1,1,3-三甲基环戊烷	C_8H_{16}			-892.03^P			0.00066		83.5	87.7	0.93^P	6.19^P	11.70
120	1,顺-2,顺-3-三甲基环戊烷	C_8H_{16}			-700.88^P			0.00059	41.0			0.93^P	6.61^P	11.42
121	1,顺-2,反-3-三甲基环戊烷	C_8H_{16}			-892.03^P			0.00058	41.0			0.93^P	6.61^P	11.49
122	1,反-2,顺-3-三甲基环戊烷	C_8H_{16}			-892.03^P			0.00066	41.0			0.93^P	6.61^P	11.67
123	1,顺-2,顺-4-三甲基环戊烷	C_8H_{16}			-892.03^P			0.00063				0.93^P	6.61^P	11.48
124	1,顺-2,反-4-三甲基环戊烷	C_8H_{16}			-892.03^P			0.00057		79.5	89.2	0.93^P	6.61^P	11.59
125	1,反-2,顺-4-三甲基环戊烷	C_8H_{16}			-892.03^P			0.00066				0.93^P	6.61^P	11.75
	烷基环戊烷，C_9H_{18}													
126	正丁基环戊烷	C_9H_{18}	16.390	31.85^P	-1332.29	492.15	89.56	0.00054	48.7	-2.0	-3.0	0.8^P	5.9^P	11.63
127	异丁基环戊烷	C_9H_{18}			-776.37^P			0.00059		28.2	33.4	0.83^P	5.94^P	11.62

续表

组分序号	名　称	化学式	自燃点/℃	OELs/（mg/m³）		
				MAC	PC-TWA	PC-STEL
110	反-1，3-二甲基环戊烷	C_7H_{14}				
	烷基环戊烷，C_8H_{16}					
111	正丙基环戊烷	C_8H_{16}	269			
112	异丙基环戊烷	C_8H_{16}	369			
113	1-甲基-1-乙基环戊烷	C_8H_{16}				
114	顺-1-甲基-2-乙基环戊烷	C_8H_{16}				
115	反-1-甲基-2-乙基环戊烷	C_8H_{16}				
116	顺-1-甲基-3-乙基环戊烷	C_8H_{16}				
117	反-1-甲基-3-乙基环戊烷	C_8H_{16}				
118	1，1，2-三甲基环戊烷	C_8H_{16}				
119	1，1，3-三甲基环戊烷	C_8H_{16}				
120	顺-2，顺-3-三甲基环戊烷	C_8H_{16}				
121	顺-2，反-3-三甲基环戊烷	C_8H_{16}				
122	顺-2，反-3-三甲基环戊烷	C_8H_{16}				
123	顺-2，顺-4-三甲基环戊烷	C_8H_{16}				
124	顺-2，反-4-三甲基环戊烷	C_8H_{16}				
125	1，反-2，顺-4-三甲基环戊烷	C_8H_{16}				
	烷基环戊烷，C_9H_{18}					
126	正丁基环戊烷	C_9H_{18}	250			
127	异丁基环戊烷	C_9H_{18}				

续表

组分序号	名　　称	化学式	相对分子质量	正常沸点/℃	正常冰点/℃	临界性质				偏心因数
						温度/℃	压力/kPa	体积(m³/kg)	压缩因数	
128	1-甲基-1-正丙基环戊烷	C_9H_{18}	126.24	146.00		332.79P	2723.43P	0.00383P	0.26104	0.376
129	1,1-二乙基环戊烷	C_9H_{18}	126.24	150.50		339.29P	2723.43P	0.00383P	0.25827	0.373
130	顺-1,2-二乙基环戊烷	C_9H_{18}	126.24	153.56	-118.00	343.72P	2723.43P	0.00383P	0.25642	0.373
131	1,1-二甲基-2-乙基环戊烷	C_9H_{18}	126.24	138.00		321.22P	2723.43P	0.00383P	0.26612	0.373
	烷基环戊烷，$C_{10} \sim C_{25}$									
132	正戊基环戊烷	$C_{10}H_{20}$	140.27	180.50	-83.00	370.65P	2450.05P	0.00383P	0.24600	0.418408
133	正己基环戊烷	$C_{11}H_{22}$	154.30	202.90	-73.00	390.95P	2220.05P	0.00384P	0.23800	0.464571
134	正庚基环戊烷	$C_{12}H_{24}$	168.32	223.90	-53.00	409.45P	2010.04P	0.00384P	0.22900	0.510045
135	正辛基环戊烷	$C_{13}H_{26}$	182.35	243.50	-44.00	426.35P	1830.04P	0.00385P	0.22100	0.552493
136	正壬基环戊烷	$C_{14}H_{28}$	196.38	262.00	-29.00	441.75P	1670.04P	0.00385P	0.21300	0.595580
137	正癸基环戊烷	$C_{15}H_{30}$	210.40	279.38	-22.13	455.95P	1530.03P	0.00386P	0.20500	0.631425
138	正十一基环戊烷	$C_{16}H_{32}$	224.43	295.80	-10.00	469.05P	1400.03P	0.00386P	0.19600	0.674102
139	正十二基环戊烷	$C_{17}H_{34}$	238.46	311.20	-5.00	481.25P	1280.03P	0.00387P	0.18900	0.716324
140	正十三基环戊烷	$C_{18}H_{36}$	252.48	325.90	5.00	492.45P	1180.02P	0.00387P	0.18100	0.758228
141	正十四基环戊烷	$C_{19}H_{38}$	266.51	340.00	9.00	502.85P	1090.03P	0.00387P	0.17400	0.794943
142	正十五基环戊烷	$C_{20}H_{40}$	280.54	353.00	17.00	512.55P	1000.02P	0.00387P	0.16700	0.839524
143	正十六基环戊烷	$C_{21}H_{42}$	294.56	366.00	21.00	521.55P	920.02P	0.00388P	0.16000	0.875525
144	正十七基环戊烷	$C_{22}H_{44}$	308.59	377.00	27.00	538.01P	1190.61P	0.00389P	0.21171	0.906
145	正十八基环戊烷	$C_{23}H_{46}$	322.62	389.00	30.00	547.56P	1141.21P	0.00389P	0.20977	1.001
146	正十九基环戊烷	$C_{24}H_{48}$	336.65	400.00	35.00	556.04P	1095.71P	0.00389P	0.20810	0.966

续表

组分序号	名　称	化学式	相对密度 (15.6/15.6℃)	API度	液体密度 (15.6℃)/(kg/m³)	液体折射率 (25℃)	蒸气压 (37.78℃)/kPa	比热容 (15.6℃，定压)/[kJ/(kg·℃)]		运动黏度/(mm²/s)		汽化热 (正常沸点下)/(kJ/kg)	低热值 (25℃)/(kJ/kg)	表面张力/(10⁻⁵ N/cm)
								理想气体	液体	37.8℃	98.9℃			
128	1-甲基-1-正丙基环戊烷	C_9H_{18}	0.8036	44.58	802.84	1.43500			1.6196P			397.89	43839.48P	26.56P
129	1,1-二乙基环戊烷	C_9H_{18}	0.8027	43.79	806.43	1.43460			1.6182P			402.83	43839.48P	28.76P
130	顺-1,2-二乙基环戊烷	C_9H_{18}	0.8004	45.29	799.60	1.43300			1.6173P			406.13	43860.87P	26.20P
131	1,1-二甲基-2-乙基环戊烷	C_9H_{18}	0.7928	46.97	792.05	1.43000			1.6221P			389.15	43770.45P	25.16P
烷基环戊烷，$C_{10} \sim C_{25}$														
132	正戊基环戊烷	$C_{10}H_{20}$	0.7954	46.41	794.57	1.43360		1.4632	1.6587P	1.128	0.62		43554.51	26.30
133	正己基环戊烷	$C_{11}H_{22}$	0.8006	45.24	799.84	1.43700		1.4939	1.6989P	1.415	0.73		43543.12	26.90
134	正庚基环戊烷	$C_{12}H_{24}$	0.8051	44.26	804.28	1.44000		1.5194	1.7375P	1.748	0.85		43536.14	27.40
135	正辛基环戊烷	$C_{13}H_{26}$	0.8088	43.45	807.99	1.44250		1.5409	1.7748P	2.13	0.98		43527.78	28.00
136	正壬基环戊烷	$C_{14}H_{28}$	0.8121	42.73	811.34	1.44460		1.5594	1.8110P	2.57	1.12	240.84	43520.80	28.60
137	正癸基环戊烷	$C_{15}H_{30}$	0.8149	42.14	814.10	1.44659		1.5754	1.8464P	3.05	1.27		43515.92	28.89
138	正十一基环戊烷	$C_{16}H_{32}$	0.8175	41.58	816.74	1.44820		1.5894	1.8811P	3.63	1.44	226.55	43511.27	28.47P
139	正十二基环戊烷	$C_{17}H_{34}$	0.8197	41.12	818.89	1.44970		1.6017	1.9150P	4.25	1.61	220.41	43506.39	28.70P
140	正十三基环戊烷	$C_{18}H_{36}$	0.8217	40.70	820.93	1.45100		1.6128	1.9404P	4.95	1.78		43503.60	28.86P
141	正十四基环戊烷	$C_{19}H_{38}$	0.8235	40.32	822.73	1.45220		1.6226	1.9812P	5.71	1.98		43499.65	29.01P
142	正十五基环戊烷	$C_{20}H_{40}$	0.8252	39.97	824.41	1.45330		1.6315		6.56	2.19		43496.16	29.13P
143	正十六基环戊烷	$C_{21}H_{42}$	0.8267	39.67	825.84	1.45430		1.6395		7.49	2.40		43494.54	29.23P
144	正十七基环戊烷	$C_{22}H_{44}$	0.8280	39.40	827.16	1.45520						270.87	43846.69P	29.42P
145	正十八基环戊烷	$C_{23}H_{46}$	0.8293	39.13	828.48	1.45600						265.15	43843.67P	29.52P
146	正十九基环戊烷	$C_{24}H_{48}$	0.8303	38.89	829.44	1.45680						259.55	43842.04P	29.59P

续表

组分序号	名　　称	化学式	溶解度参数(25℃)/(J/cm³)^0.5	闪点/℃	理想气体生成热(25℃)/(kJ/kg)	理想气体Gibbs自由能(25℃,常压)/(kJ/kg)	熔解热(25℃)/(kJ/kg)	膨胀系数(15.6℃)	苯胺点/℃	辛烷值 马达法	辛烷值 研究法	燃烧限(体,在空气中)/% 下限	燃烧限(体,在空气中)/% 上限	Watson特性因数
128	1-甲基-1-正丙基环戊烷	C_9H_{18}			−786.97[P]			0.0006				0.83[P]	5.61[P]	11.34
129	1,1-二乙基环戊烷	C_9H_{18}			−786.97[P]			0.00055				0.83[P]	5.61[P]	11.33
130	顺-1,2-二乙基环戊烷	C_9H_{18}			−786.97[P]			0.0006	52.9			0.83[P]	5.61[P]	11.45
131	1,1-二甲基-2-乙基环戊烷	C_9H_{18}			−956.88[P]			0.00069				0.83[P]	5.68[P]	11.42
	烷基环戊烷, $C_{10} \sim C_{25}$													
132	正戊基环戊烷	$C_{10}H_{20}$	16.508		−1346.53	504.41						0.74[P]	5.47[P]	11.75
133	正己基环戊烷	$C_{11}H_{22}$	16.578		−1358.15	512.30						0.68[P]	5.2[P]	11.86
134	正庚基环戊烷	$C_{12}H_{24}$	16.637		−1367.33	519.50						0.62[P]	5.06[P]	11.96
135	正辛基环戊烷	$C_{13}H_{26}$	16.691		−1375.58	525.57						0.57[P]	5.01[P]	12.06
136	正壬基环戊烷	$C_{14}H_{28}$	16.729		−1382.14	530.77						0.53[P]	5.07[P]	12.06
137	正癸基环戊烷	$C_{15}H_{30}$	16.764		−1387.88	535.30	157.35					0.5[P]	5.24[P]	12.25
138	正十一基环戊烷	$C_{16}H_{32}$	16.797		−1393.74	538.79						0.47[P]	5.53[P]	12.33
139	正十二基环戊烷	$C_{17}H_{34}$	16.826		−1398.06	542.29						0.44[P]	5.95[P]	12.41
140	正十三基环戊烷	$C_{18}H_{36}$	16.852		−1402.36	545.43						0.41[P]	6.53[P]	12.48
141	正十四基环戊烷	$C_{19}H_{38}$	16.877		−1406.15	547.84						0.39[P]	7.33[P]	12.55
142	正十五基环戊烷	$C_{20}H_{40}$	16.895		−1409.22	550.36						0.37[P]	8.38[P]	12.68
143	正十六基环戊烷	$C_{21}H_{42}$	16.912		−1412.38	552.67						0.35[P]	9.79[P]	12.75
144	正十七基环戊烷	$C_{22}H_{44}$			−1124.34[P]							0.34[P]	11.67[P]	12.74
145	正十八基环戊烷	$C_{23}H_{46}$			−1139.60[P]							0.32[P]	14.20[P]	12.80
146	正十九基环戊烷	$C_{24}H_{48}$			−1153.61[P]							0.31[P]	17.63[P]	12.86

续表

组分序号	名　　称	化学式	自燃点/℃	OELs/（mg/m³）			
				MAC	PC-TWA	PC-STEL	
128	1-甲基-1-正丙基环戊烷	C_9H_{18}					
129	1,1-二乙基环戊烷	C_9H_{18}					
130	顺-1,2-二乙基环戊烷	C_9H_{18}					
131	1,1-二甲基-2-乙基环戊烷	C_9H_{18}					
	烷基环戊烷，$C_{10}\sim C_{25}$						
132	正戊基环戊烷	$C_{10}H_{20}$					
133	正己基环戊烷	$C_{11}H_{22}$					
134	正庚基环戊烷	$C_{12}H_{24}$					
135	正辛基环戊烷	$C_{13}H_{26}$					
136	正壬基环戊烷	$C_{14}H_{28}$					
137	正癸基环戊烷	$C_{15}H_{30}$					
138	正十一基环戊烷	$C_{16}H_{32}$					
139	正十二基环戊烷	$C_{17}H_{34}$					
140	正十三基环戊烷	$C_{18}H_{36}$					
141	正十四基环戊烷	$C_{19}H_{38}$					
142	正十五基环戊烷	$C_{20}H_{40}$					
143	正十六基环戊烷	$C_{21}H_{42}$					
144	正十七基环戊烷	$C_{22}H_{44}$					
145	正十八基环戊烷	$C_{23}H_{46}$					
146	正十九基环戊烷	$C_{24}H_{48}$					

续表

组分序号	名称	化学式	相对分子质量	正常沸点/℃	正常冰点/℃	临界性质				偏心因数
						温度/℃	压力/kPa	体积/(m³/kg)	压缩因数	
147	正二十基环戊烷	$C_{25}H_{50}$	350.67	410.00	38.00	563.45[P]	1053.71[P]	0.00389[P]	0.20669	1.075
	烷基环己烷，$C_6 \sim C_7$									
148	环己烷	C_6H_{12}	84.16	80.72	6.54	280.43	4073.09	0.00366	0.273	0.209609
149	甲基环己烷	C_7H_{14}	98.19	100.93	-126.57[P]	299.04	3471.08	0.00375	0.269	0.234982
	烷基环己烷，C_8H_{16}									
150	乙基环己烷	C_8H_{16}	112.22	131.80	-111.31	336.00[P]	3040.07[P]	0.00383[P]	0.258	0.245525
151	1,1-二甲基环己烷	C_8H_{16}	112.22	119.55	-33.49	318.00[P]	2938.49[P]	0.00401[P]	0.269	0.232569
152	顺-1,2-二甲基环己烷	C_8H_{16}	112.22	129.79	-49.99	333.00[P]	2938.49[P]	0.00410[P]	0.268	0.232443
153	反-1,2-二甲基环己烷	C_8H_{16}	112.22	123.43	-88.16	232.00[P]	2938.49[P]	0.00410[P]	0.273	0.237864
154	顺-1,3-二甲基环己烷	C_8H_{16}	112.22	120.09	-75.57	318.00[P]	2938.49[P]	0.00401[P]	0.269	0.236572
155	反-1,3-二甲基环己烷	C_8H_{16}	112.22	124.46	-90.08	324.85[P]	2938.49[P]	0.00410[P]	0.272	0.233460
156	顺-1,4-二甲基环己烷	C_8H_{16}	112.22	124.32	-87.43	325.00[P]	2938.49[P]	0.00410[P]	0.272	0.231140
157	反-1,4-二甲基环己烷	C_8H_{16}	112.22	119.36	-36.94	317.00[P]	2938.49[P]	0.00401[P]	0.269	0.237028
	烷基环己烷，$C_9 \sim C_{10}$									
158	正丙基环己烷	C_9H_{18}	126.24	156.75	-94.9	366.00[P]	2807.06[P]	0.00378[P]	0.252	0.259535
159	异丙基环己烷	C_9H_{18}	126.24	154.76	-89.39	353.85[P]	2850.06[P]	0.00368[P]	0.254	0.329509
160	正丁基环己烷	$C_{10}H_{20}$	140.27	180.98	-74.73	393.85[P]	2570.06[P]	0.00381[P]	0.247	0.274326
161	异丁基环己烷	$C_{10}H_{20}$	140.27	171.29		387.25[P]	3956.04[P]	0.00297[P]	0.30059	0.408373
162	仲丁基环己烷	$C_{10}H_{20}$	140.27	179.28		376.76[P]	2585.92[P]	0.00370[P]	0.24856	0.352
163	叔丁基环己烷	$C_{10}H_{20}$	140.27	171.57	-41.16	372.44[P]	2640.12[P]	0.00364[P]	0.25104	0.337978

续表

组分序号	名　称	化学式	相对密度 (15.6/15.6℃)	API度	液体密度 (15.6℃)/(kg/m³)	液体折射率 (25℃)	蒸气压 (37.78℃)/kPa	比热容 (15.6℃, 定压)/[kJ/(kg·℃)] 理想气体	比热容 液体	运动黏度/(mm²/s) 37.8℃	运动黏度 98.9℃	汽化热(正常沸点下)/(kJ/kg)	低热值(25℃)/(kJ/kg)	表面张力/(10⁻⁵N/cm)
147	正二十基环戊烷	$C_{25}H_{50}$	0.8315	38.68	830.64	1.45750						254.00	43839.95[P]	29.66[P]
	烷基环己烷, $C_6 \sim C_7$													
148	环己烷	C_6H_{12}	0.7823	49.38	781.51	1.42354	22.74	1.2252	1.8006	0.942		355.86	43412.02	24.64
149	甲基环己烷	C_7H_{14}	0.7748	51.13	774.04	1.42058	11.16	1.3313	1.8419	0.762	0.477	318.34	43328.57	23.30
	烷基环己烷, C_8H_{16}													
150	乙基环己烷	C_8H_{16}	0.7926	47.02	791.83	1.43073	3.33	1.3721	1.8476	0.863	0.512	303.72	43375.06	25.05
151	1,1-二甲基环己烷	C_8H_{16}	0.7854	48.67	784.58	1.42662	5.65	1.3333	1.8239	0.863	0.504	288.93	43316.25	23.65
152	顺-1,2-二甲基环己烷	C_8H_{16}	0.8006	45.23	799.85	1.43358	3.72	1.3522	1.8349	1.073	0.672	298.71	43378.08	25.19
153	反-1,2-二甲基环己烷	C_8H_{16}	0.7803	49.85	779.49	1.42470	4.87	1.3730	1.8246	0.864	0.504	292.69	43320.44	23.57
154	顺-1,3-二甲基环己烷	C_8H_{16}	0.7704	52.17	769.65	1.42063	5.39	1.3599	1.8254	0.890	0.513	291.41	43279.06	22.59
155	反-1,3-二甲基环己烷	C_8H_{16}	0.7892	47.80	788.42	1.42843	4.49	1.3606	1.8566	0.664	0.450	296.09	43343.45	24.15
156	顺-1,4-二甲基环己烷	C_8H_{16}	0.7873	48.23	786.53	1.42731	4.55	1.3606	1.8513	0.880	0.504	295.13	43344.14	23.94
157	反-1,4-二甲基环己烷	C_8H_{16}	0.7670	52.98	766.27	1.41853	5.65	1.3622	1.8347	0.749	0.472	289.23	43283.71	22.52
	烷基环己烷, $C_9 \sim C_{10}$													
158	正丙基环己烷	C_9H_{18}	0.7981	45.79	797.36	1.43478	1.17	1.4193	1.8778	1.001	0.576	288.55	43377.62	26.07
159	异丙基环己烷	C_9H_{18}	0.8064	43.98	805.58	1.43861	1.33	1.5701	1.8882	1.049	0.557	290.24	43364.60	25.70
160	正丁基环己烷	$C_{10}H_{20}$	0.8033	44.64	802.55	1.43855	0.40	1.4352	1.8899	1.254	0.688	276.03	43389.70	26.51
161	异丁基环己烷	$C_{10}H_{20}$	0.8161	41.88	815.31		0.63		1.5427[P]				43654.23[P]	25.34
162	仲丁基环己烷	$C_{10}H_{20}$	0.8172	41.65	816.40	1.4445			2.1533[P]			388.23	43654.23[P]	26.99
163	叔丁基环己烷	$C_{10}H_{20}$	0.8167	41.75	815.93	1.44470			1.5426[P]				43572.87[P]	26.18

续表

组分序号	名 称	化学式	溶解度参数(25℃)/(J/cm³)^0.5	闪点/℃	理想气体生成热(25℃)/(kJ/kg)	理想气体Gibbs自由能(25℃,常压)/(kJ/kg)	熔解热(25℃)/(kJ/kg)	膨胀系数(15.6℃)	苯胺点/℃	辛烷值 马达法	辛烷值 研究法	燃烧限(体,在空气中)/% 下限	燃烧限(体,在空气中)/% 上限	Watson特性因数
147	正二十基环戊烷	$C_{25}H_{50}$			-1166.49[P]							0.30[P]	22.34[P]	12.90
	烷基环己烷, $C_6 \sim C_7$													
148	环己烷	C_6H_{12}	16.760	-20	-1464.09	378.91	32.10	0.00068	31.0	77.2	83.0	1.3	8.0	11.00
149	甲基环己烷	C_7H_{14}	16.060	-6.0	-1575.54	278.16	68.84	0.00063	41.0	71.1	74.8	1.15	7.2[P]	11.31
	烷基环己烷, C_8H_{16}													
150	乙基环己烷	C_8H_{16}	16.341	22.0	-1527.32	352.22	74.36	0.00054	43.8	40.8	45.6	0.9	6.6	11.35
151	1,1-二甲基环己烷	C_8H_{16}	15.670	2.85[P]	-1611.92	313.74	18.25	0.00059	45.4	85.9	87.3	0.9[P]	6.1[P]	11.34
152	顺-1,2-二甲基环己烷	C_8H_{16}	16.251	21.85[P]	-1533.31	367.02	14.68	0.00055	41.7	78.6	80.9	0.9[P]	6.5[P]	11.22
153	反-1,2-二甲基环己烷	C_8H_{16}	15.780	16.85[P]	-1602.98	307.03	93.00	0.00058	48.3	78.7	80.9	0.9[P]	6.5[P]	11.45
154	顺-1,3-二甲基环己烷	C_8H_{16}	15.639	14.85[P]	-1645.45	265.67	96.32	0.00058	51.7	71.0	71.7	0.9[P]	6.5[P]	11.57
155	反-1,3-二甲基环己烷	C_8H_{16}	16.242	7.85[P]	-1572.43	323.43	88.04	0.00059	46.3	64.2	66.9	0.9[P]	6.5[P]	11.33
156	顺-1,4-二甲基环己烷	C_8H_{16}	15.981	15.85[P]	-1573.17	337.96	83.41	0.00059	46.9	68.2	67.2	0.9[P]	6.5[P]	11.36
157	反-1,4-二甲基环己烷	C_8H_{16}	15.500	11.85[P]	-1643.97	282.44	110.03	0.00062	52.7	62.2	68.3	0.9[P]	6.5[P]	11.61
	烷基环己烷, $C_9 \sim C_{10}$													
158	正丙基环己烷	C_9H_{18}	16.349	30.85[P]	-1530.19	375.07	82.26	0.0005	49.8	14.0	17.8	0.95[P]	5.9[P]	11.50
159	异丙基环己烷	C_9H_{18}	16.290	35.0	-1543.64	387.89		0.0005	48.9	61.1	62.8	0.8[P]	5.9[P]	11.37
160	正丁基环己烷	$C_{10}H_{20}$	16.400	47.85[P]	-1518.73	402.82	101.07	0.0005	54.4			0.85[P]	5.5[P]	11.64
161	异丁基环己烷	$C_{10}H_{20}$			-974.15[P]				57.4			0.74[P]	5.53[P]	11.37
162	仲丁基环己烷	$C_{10}H_{20}$			-815.86[P]							0.74[P]	5.47[P]	11.43
163	叔丁基环己烷	$C_{10}H_{20}$			-897.24[P]				53.6			0.74[P]	5.47[P]	11.37

续表

组分序号	名　　称	化学式	自燃点/℃	OELs/(mg/m³)		
				MAC	PC-TWA	PC-STEL
147	正二十基环戊烷	$C_{25}H_{50}$				
	烷基环己烷，$C_6 \sim C_7$					
148	环己烷	C_6H_{12}	245		250	
149	甲基环己烷	C_7H_{14}	250			
	烷基环己烷，C_8H_{16}					
150	乙基环己烷	C_8H_{16}	262			
151	1，1-二甲基环己烷	C_8H_{16}	304			
152	顺-1，2-二甲基环己烷	C_8H_{16}	304			
153	反-1，2-二甲基环己烷	C_8H_{16}	304			
154	顺-1，3-二甲基环己烷	C_8H_{16}	306			
155	反-1，3-二甲基环己烷	C_8H_{16}	306			
156	顺-1，4-二甲基环己烷	C_8H_{16}	304			
157	反-1，4-二甲基环己烷	C_8H_{16}	304			
	烷基环己烷，$C_9 \sim C_{10}$					
158	正丙基环己烷	C_9H_{18}	248			
159	异丙基环己烷	C_9H_{18}	283			
160	正丁基环己烷	$C_{10}H_{20}$	246			
161	异丁基环己烷	$C_{10}H_{20}$	274			
162	仲丁基环己烷	$C_{10}H_{20}$	277			
163	叔丁基环己烷	$C_{10}H_{20}$	342			

续表

组分序号	名　称	化学式	相对分子质量	正常沸点/℃	正常冰点/℃	临界性质				偏心因数
						温度/℃	压力/kPa	体积 (m³/kg)	压缩因数	
164	1-甲基-4-异丙基环己烷	$C_{10}H_{20}$	140.27	170.72		364.46[P]	2585.92[P]	0.00370[P]	0.25536	0.353
165	1,3-二甲基金刚烷	$C_{12}H_{20}$	164.29	203.09		434.85		0.00348		
	烷基环己烷，$C_{11} \sim C_{26}$									
166	正戊基环己烷	$C_{11}H_{22}$	154.30	203.70	-57.50	395.85[P]	2210.05[P]	0.00377[P]	0.232	0.449848
167	正己基环己烷	$C_{12}H_{24}$	168.32	224.70	-43.00	414.55[P]	2010.04[P]	0.00378[P]	0.224	0.493066
168	正庚基环己烷	$C_{13}H_{26}$	182.35	244.90	-30.50	431.55[P]	1830.04[P]	0.00379[P]	0.216	0.528
169	正辛基环己烷	$C_{14}H_{28}$	196.38	263.80	-20.40	447.15[P]	1670.04[P]	0.00380[P]	0.208	0.579258
170	正壬基环己烷	$C_{15}H_{30}$	210.40	281.50	-10.20	461.45[P]	1530.03[P]	0.00381[P]	0.201	0.620536
171	正癸基环己烷	$C_{16}H_{32}$	224.43	297.60	-1.73	478.10[P]	1650.04[P]	0.00382[P]	0.227	0.662663
172	正十一基环己烷	$C_{17}H_{34}$	238.46	313.10	5.80	486.75[P]	1290.03[P]	0.00382[P]	0.186	0.698756
173	正十二基环己烷	$C_{18}H_{36}$	252.48	327.70	12.50	497.95[P]	1180.02[P]	0.00383[P]	0.178	0.740211
174	正十三基环己烷	$C_{19}H_{38}$	266.51	341.50	18.50	508.35[P]	1090.03[P]	0.00383[P]	0.171	0.774887
175	正十四基环己烷	$C_{20}H_{40}$	280.54	354.00	24.60	518.05[P]	1000.02[P]	0.00384[P]	0.164	0.811505
176	正十五基环己烷	$C_{21}H_{42}$	294.56	367.00	29.70	527.05[P]	930.02[P]	0.00384[P]	0.21395	0.850591
177	正十六基环己烷	$C_{22}H_{44}$	308.59	379.00	33.70	535.35[P]	860.02[P]	0.00385[P]	0.151	0.889679
178	正十七基环己烷	$C_{23}H_{46}$	322.62	391.00	37.80	551.89[P]	1160.31[P]	0.00385[P]	0.21037	0.916807
179	正十八基环己烷	$C_{24}H_{48}$	336.65	402.00	40.50	560.26[P]	1113.31[P]	0.00386[P]	0.20867	0.950987
180	正十九基环己烷	$C_{25}H_{50}$	350.67	412.00	45.20	567.57[P]	1069.91[P]	0.00386[P]	0.20723	0.988673
181	正二十基环己烷	$C_{26}H_{52}$	364.70	422.00	48.50	575.05[P]	1029.81[P]	0.00386[P]	0.20575	1.02174
	环烷烃，$C_7 \sim C_{12}$									

续表

组分序号	名 称	化学式	相对密度(15.6/15.6℃)	API度	液体密度(15.6℃)/(kg/m³)	液体折射率(25℃)	蒸气压(37.78℃)/kPa	比热容(15.6℃,定压)/[kJ/(kg·℃)] 理想气体	比热容(15.6℃,定压)/[kJ/(kg·℃)] 液体	运动黏度/(mm²/s) 37.8℃	运动黏度/(mm²/s) 98.9℃	汽化热(正常沸点下)/(kJ/kg)	低热值(25℃)/(kJ/kg)	表面张力/(10⁻⁵ N/cm)
164	1-甲基-4-异丙基环己烷	$C_{10}H_{20}$	0.8586	33.3	857.75^P				1.5431^P			379.85	43592.40^P	33.88^P
165	1,3-二甲基金刚烷	$C_{12}H_{20}$			880.40^A							300.50		
	烷基环己烷, $C_{11} \sim C_{26}$													
166	正戊基环己烷	$C_{11}H_{22}$	0.8077	43.69	806.91	1.44160	0.13	1.4637	1.5601^P	1.556	0.770	264.48	43392.96	27.00
167	正己基环己烷	$C_{12}H_{24}$	0.8115	42.86	810.75	1.44410	0.04	1.4737	1.5833^P	1.940	0.890		43397.37	27.50
168	正庚基环己烷	$C_{13}H_{26}$	0.8148	42.17	813.98	1.44630	0.014	1.4823	1.6059^P	2.380	1.030		43400.63	27.90
169	正辛基环己烷	$C_{14}H_{28}$	0.8177	41.55	816.86	1.44840	0.004	1.4900	1.6284^P	2.900	1.170	238.25	43402.72	28.40
170	正壬基环己烷	$C_{15}H_{30}$	0.8202	41.02	819.37	1.44990	0.001	1.4964	1.6506^P	3.480	1.320		43407.83	28.90
171	正癸基环己烷	$C_{16}H_{32}$	0.8223	40.59	821.46	1.45141	<0.001	1.4937	1.9845	4.168	1.392	247.00	43410.62	29.34
172	正十一基环己烷	$C_{17}H_{34}$	0.8244	40.14	823.57	1.45270	<0.001	1.5071	1.6954^P	4.870	1.660	231.76	43412.95	28.98^P
173	正十二基环己烷	$C_{18}H_{36}$	0.8261	39.80	825.24	1.45390	<0.001	1.5114	1.7175^P	5.670	1.830		43396.91	29.15^P
174	正十三基环己烷	$C_{19}H_{38}$	0.8277	39.45	826.92	1.45500	<0.001	1.5155		6.580	2.030		43410.86	29.29^P
175	正十四基环己烷	$C_{20}H_{40}$	0.8291	39.18	828.24	1.45590	<0.001	1.5190		7.580	2.230		43416.43	29.51^P
176	正十五基环己烷	$C_{21}H_{42}$	0.8303	38.93	829.44	1.45680	<0.001	1.5224		8.670	2.450		43415.97	29.53^P
177	正十六基环己烷	$C_{22}H_{44}$	0.8316	38.66	830.76	1.45760	<0.001	1.5252		9.870	2.670		43414.34	29.61^P
178	正十七基环己烷	$C_{23}H_{46}$	0.8327	38.44	831.84	1.45830							43757.66^P	29.76^P
179	正十八基环己烷	$C_{24}H_{48}$	0.8337	38.22	832.91	1.45900							43759.06^P	29.83^P
180	正十九基环己烷	$C_{25}H_{50}$	0.8346	38.05	833.75	1.45960							43760.45^P	29.89^P
181	正二十基环己烷	$C_{26}H_{52}$	0.8355	37.85	834.71	1.42060							43761.38^P	29.95^P
	环烷烃, $C_7 \sim C_{12}$													

续表

组分序号	名称	化学式	溶解度参数(25℃)/(J/cm³)^0.5	闪点/℃	理想气体生成热(25℃)/(kJ/kg)	理想气体Gibbs自由能(25℃,常压)/(kJ/kg)	熔解热(25℃)/(kJ/kg)	膨胀系数(15.6℃)	苯胺点/℃	辛烷值 马达法	辛烷值 研究法	燃烧限(体,在空气中)/% 下限	燃烧限(体,在空气中)/% 上限	Watson特性因数
164	1-甲基-4-异丙基环己烷	$C_{10}H_{20}$			-968.78^P				56.5			0.74^P	5.86^P	10.81
165	1,3-二甲基金刚烷	$C_{12}H_{20}$												
	烷基环己烷, $C_{11}\sim C_{26}$													
166	正戊基环己烷	$C_{11}H_{22}$	16.504		-1518.12	415.35	116.52					0.68^P	5.2^P	11.77
167	正己基环己烷	$C_{12}H_{24}$	16.574		-1514.58	429.49	131.66					0.62^P	5.06^P	11.88
168	正庚基环己烷	$C_{13}H_{26}$	16.627		-1510.94	443.64	142.16					0.57^P	5.01^P	11.99
169	正辛基环己烷	$C_{14}H_{28}$	16.678		-1508.33	452.20	153.30					0.53^P	5.07^P	12.09
170	正壬基环己烷	$C_{15}H_{30}$	16.717		-1506.15	461.06	162.96					0.5^P	5.24^P	12.19
171	正癸基环己烷	$C_{16}H_{32}$	16.650	130.85^P	-1511.29	468.89	172.03					0.5^P	4.7^P	12.27
172	正十一基环己烷	$C_{17}H_{34}$	16.779		-1501.99	476.08	175.85					0.44^P	5.95^P	12.36
173	正十二基环己烷	$C_{18}H_{36}$	16.811		-1500.52	482.10	181.50					0.41^P	6.53^P	12.43
174	正十三基环己烷	$C_{19}H_{38}$	16.834		-1499.15	487.47	191.40					0.39^P	7.33^P	12.50
175	正十四基环己烷	$C_{20}H_{40}$	16.862		-1497.57	492.66	196.73					0.37^P	8.38^P	12.57
176	正十五基环己烷	$C_{21}H_{42}$			-1496.50	497.03						0.35^P	9.79^P	12.64
177	正十六基环己烷	$C_{22}H_{44}$			-1495.50	500.99						0.34^P	11.67^P	12.70
178	正十七基环己烷	$C_{23}H_{46}$			-1161.77^P							0.32^P	14.2^P	12.76
179	正十八基环己烷	$C_{24}H_{48}$			-1174.85^P							0.31^P	17.63^P	12.82
180	正十九基环己烷	$C_{25}H_{50}$			-1186.88^P							0.30^P	22.34^P	12.86
181	正二十基环己烷	$C_{26}H_{52}$			-1197.97^P							0.29^P	28.90^P	12.89
	环烷烃, $C_7\sim C_{12}$													

续表

组分序号	名　称	化学式	自燃点/℃	OELs/(mg/m³)		
				MAC	PC-TWA	PC-STEL
164	1-甲基-4-异丙基环己烷	$C_{10}H_{20}$				
165	1,3-二甲基金刚烷	$C_{12}H_{20}$	342			
	烷基环己烷，$C_{11} \sim C_{26}$					
166	正戊基环己烷	$C_{11}H_{22}$				
167	正己基环己烷	$C_{12}H_{24}$				
168	正庚基环己烷	$C_{13}H_{26}$				
169	正辛基环己烷	$C_{14}H_{28}$				
170	正壬基环己烷	$C_{15}H_{30}$				
171	正癸基环己烷	$C_{16}H_{32}$				
172	正十一基环己烷	$C_{17}H_{34}$				
173	正十二基环己烷	$C_{18}H_{36}$				
174	正十三基环己烷	$C_{19}H_{38}$				
175	正十四基环己烷	$C_{20}H_{40}$				
176	正十五基环己烷	$C_{21}H_{42}$				
177	正十六基环己烷	$C_{22}H_{44}$				
178	正十七基环己烷	$C_{23}H_{46}$				
179	正十八基环己烷	$C_{24}H_{48}$				
180	正十九基环己烷	$C_{25}H_{50}$				
181	正二十基环己烷	$C_{26}H_{52}$				
	环烷烃，$C_7 \sim C_{12}$					

续表

| 组分序号 | 名　称 | 化学式 | 相对分子质量 | 正常沸点/℃ | 正常冰点/℃ | 临界性质 | | | | 压缩因数 | 偏心因数 |
						温度/℃	压力/kPa	体积/(m³/kg)			
182	环庚烷	C_7H_{14}	98.19	118.79	-8.00	331.15	3840.31	0.00366[P]		0.274	0.243027
183	环辛烷	C_8H_{16}	112.22	150.69	14.83	366.85[P]	2480.07[P]	0.00353[P]		0.259	0.290432
184	环壬烷	C_9H_{18}	126.24	178.40	11.00	408.89	3343.98	0.00363		0.270	0.268
185	乙基环庚烷	C_9H_{18}	126.24	163.33	3.63	366.54[P]	2960.53[P]	0.00366[P]		0.257	0.352
186	二环已烷	$C_{12}H_{22}$	166.31	239.04		453.85[P]	2560.05[P]	0.00360[P]		0.253	0.427556
	十氢萘，$C_{10} \sim C_{12}$										
187	顺-十氢萘	$C_{10}H_{18}$	138.25	195.82	-42.95[P]	429.10	3240.07	0.00347		0.266	0.293876
188	反-十氢萘	$C_{10}H_{18}$	138.25	187.31	-30.36[P]	413.90	2970.07[P]	0.00347		0.250	0.272435
189	1-甲基-[顺-十氢萘]	$C_{11}H_{20}$	152.28	243.00		481.96[P]	2677.13[P]	0.00355[P]		0.2303	0.304
190	1-甲基-[反-十氢萘]	$C_{11}H_{20}$	152.28	235.00		470.25[P]	2677.13[P]	0.00355[P]		0.23393	0.304
191	1-乙基-[顺-十氢萘]	$C_{12}H_{22}$	166.31	260.00		456.13[P]	2439.53[P]	0.00358[P]		0.23946	0.396
192	1-乙基-[反-十氢萘]	$C_{12}H_{22}$	166.31	255.00		440.53[P]	2439.53[P]	0.00358[P]		0.24469	0.396
193	9-乙基-[顺-十氢萘]	$C_{12}H_{22}$	166.31	232.78		447.65[P]	2439.53[P]	0.00358[P]		0.24228	0.396
194	9-乙基-[反-十氢萘]	$C_{12}H_{22}$	166.31	225.00		436.26[P]	2439.53[P]	0.00358[P]		0.24617	0.396

续表

组分序号	名　　称	化学式	相对密度 (15.6/15.6℃)	API度	液体密度 (15.6℃)/(kg/m³)	液体折射率 (25℃)	蒸气压 (37.78℃)/kPa	比热容 (15.6℃, 定压)/[kJ/(kg·℃)] 理想气体	液体	运动黏度/(mm²/s) 37.8℃	98.9℃	汽化热 (正常沸点下)/(kJ/kg)	低热值 (25℃)/(kJ/kg)	表面张力/(10⁻⁵N/cm)
182	环庚烷	C_7H_{14}	0.8145	42.24	813.65	1.44240	5.46	1.2885	1.8037	1.480	0.808	341.44	43660.27	26.99
183	环辛烷	C_8H_{16}	0.8404	36.87	839.57	1.45860	1.54	1.2510	1.8833	2.125	0.882	324.35	43755.11	29.32
184	环壬烷	C_9H_{18}	0.8545	34.10	853.64	1.46440		1.5888				302.06	43830.65	34.94ᴾ
185	乙基环庚烷	C_9H_{18}	0.7992	45.56	798.39	1.47768		1.5084ᴾ				419.75	43933.16ᴾ	26.43ᴾ
186	二环己烷	$C_{12}H_{22}$	0.8900	27.49	889.13		0.04	1.2727	1.7634	2.917		267.50	42381.82	32.17
	十氢萘, $C_{10} \sim C_{12}$													
187	顺-十氢萘	$C_{10}H_{18}$	0.9018	25.41	900.92	1.47878	0.24	1.1611	1.6431	2.633	1.093	287.70	42590.79	31.71
188	反-十氢萘	$C_{10}H_{18}$	0.8755	30.13	874.60	1.46715	0.37	1.1649	1.6165	1.820	0.853	275.90	42509.44	29.44
189	1-甲基-[顺-十氢萘]	$C_{11}H_{20}$	1.0146	7.97	1013.59ᴾ				1.5451ᴾ			413.21		52.83ᴾ
190	1-甲基-[反-十氢萘]	$C_{11}H_{20}$				1.4698			1.5466ᴾ			405.77		49.28ᴾ
191	1-乙基-[顺-十氢萘]	$C_{12}H_{22}$							1.5619ᴾ			369.83		43.75ᴾ
192	1-乙基-[反-十氢萘]	$C_{12}H_{22}$							1.5643ᴾ			367.42		39.74ᴾ
193	9-乙基-[顺-十氢萘]	$C_{12}H_{22}$	0.8900	27.49	889.11	1.47800			1.5626ᴾ			371.66		31.74ᴾ
194	9-乙基-[反-十氢萘]	$C_{12}H_{22}$	0.8648	32.12	863.95	1.46400			1.5654ᴾ			364.91		28.21ᴾ

续表

组分序号	名称	化学式	溶解度参数(25℃)	闪点/℃	理想气体生成热(25℃)	理想气体Gibbs自由能(25℃,常压)	熔解热(25℃)	膨胀系数	苯胺点	辛烷值 马达法	辛烷值 研究法	燃烧限/(体,在空气中)/% 下限	燃烧限/(体,在空气中)/% 上限	Watson特性因数
182	环庚烷	C_7H_{14}	17.210	6.85[P]	-1211.52	645.15	19.20	0.00061		40.2	38.8	1.1[P]	7.1[P]	10.93
183	环辛烷	C_8H_{16}	17.370	30.0	-1120.33	801.24	21.46	0.00052		58.2	71.0	0.9[P]	6.3[P]	10.87
184	环壬烷	C_9H_{18}	17.575		-1051.22		15.30	0.00053				0.83[P]	5.79[P]	10.94
185	乙基环庚烷	C_9H_{18}			-285.84[P]							0.83[P]	5.87[P]	11.55
186	二环己烷	$C_{12}H_{22}$	16.989	74.0	-1634.46	255.90						0.7	5.1	10.94
	十氢萘，$C_{10} \sim C_{12}$													
187	顺-十氢萘	$C_{10}H_{18}$	17.630	57.80	-1223.33	618.89	68.66	0.00051	35.3			0.7	4.9	10.48
188	反-十氢萘	$C_{10}H_{18}$	17.010	57.80	-1316.80	532.30	104.27	0.00055	35.3			0.7	4.9	10.73
189	1-甲基-[顺-十氢萘]	$C_{11}H_{20}$										0.7[P]	5.72[P]	9.62
190	1-甲基-[反-十氢萘]	$C_{11}H_{20}$										0.7[P]	5.72[P]	
191	1-乙基-[顺-十氢萘]	$C_{12}H_{22}$										0.64[P]	5.52[P]	
192	1-乙基-[反-十氢萘]	$C_{12}H_{22}$										0.64[P]	5.52[P]	
193	9-乙基-[顺-十氢萘]	$C_{12}H_{22}$										0.64[P]	5.28[P]	10.89
194	9-乙基-[反-十氢萘]	$C_{12}H_{22}$										0.64[P]	5.28[P]	11.15

续表

组分序号	名称	化学式	自燃点/℃	OELs/(mg/m³)		
				MAC	PC-TWA	PC-STEL
182	环庚烷	C_7H_{14}	155			
183	环辛烷	C_8H_{16}	157			
184	环壬烷	C_9H_{18}				
185	乙基环庚烷	C_9H_{18}				
186	二环己烷	$C_{12}H_{22}$	245			
	十氢萘，$C_{10}\sim C_{12}$					
187	顺-十氢萘	$C_{10}H_{18}$	250		60	
188	反-十氢萘	$C_{10}H_{18}$	255		60	
189	1-甲基-[顺-十氢萘]	$C_{11}H_{20}$				
190	1-甲基-[反-十氢萘]	$C_{11}H_{20}$				
191	1-乙基-[顺-十氢萘]	$C_{12}H_{22}$				
192	1-乙基-[反-十氢萘]	$C_{12}H_{22}$				
193	9-乙基-[顺-十氢萘]	$C_{12}H_{22}$				
194	9-乙基-[反-十氢萘]	$C_{12}H_{22}$				

注：1. 上标标中的上角标 A 表示液体密度为在 50℃ 下；

2. 数据中的上角标的字母表示为：E—在饱和压力下（三相点）；G—在沸点条件下；H—临界溶解温度，而不是苯胺点；S—预测值或实验值；P—预测值；Y—气体状态下的净燃烧热；Z—估算值；W—固体状态下的净燃烧热；

3. 辛烷值列中"+"号后的数字表示要达到异辛烷值所需加入四乙基铅的毫升数。

表 1-1-3 烯烃和二烯烃主要性质

组分序号	名 称	化学式	相对分子质量	正常沸点/℃	正常冰点/℃	临界性质 温度/℃	临界性质 压力/kPa	临界性质 体积/(m³/kg)	压缩因数	偏心因数
	单烯烃，C₂和C₃									
195	乙烯	C_2H_4	28.05	-103.74	-169.15	9.19	5040.11	0.00467	0.281	0.0864516
196	丙烯	C_3H_6	42.08	-47.69	-185.26	92.42	4665.10	0.00448	0.289	0.139817
	单烯烃，C₄H₈									
197	正丁烯	C_4H_8	56.11	-6.25	-185.35	146.80	4043.09	0.00427	0.277	0.190540
198	顺-2-丁烯	C_4H_8	56.11	3.72	-138.89ᴾ	162.43	4243.09	0.00417	0.274	0.204776
199	反-2-丁烯	C_4H_8	56.11	0.88	-105.53	155.48	4100.09	0.00424	0.273	0.217664
200	异丁烯	C_4H_8	56.11	-6.9	-140.34	144.75	4000.09	0.00426	0.275	0.194273
	单烯烃，C₅H₁₀									
201	正戊烯	C_5H_{10}	70.13	29.96	-165.22	191.63	3513.08	0.00421	0.268	0.231150
202	顺-2-戊烯	C_5H_{10}	70.13	36.93	-151.40	202.05	3640.08	0.00416	0.269	0.245236
203	反-2-戊烯	C_5H_{10}	70.13	36.34	-140.26	201.05	3660.08	0.00418	0.272	0.248372
204	2-甲基-1-丁烯	C_5H_{10}	70.13	31.16	-137.57	191.85	3400.07	0.00416	0.257	0.229982
205	3-甲基-1-丁烯	C_5H_{10}	70.13	20.06	-168.49	177.22	3520.08	0.00431	0.284	0.229705
206	2-甲基-2-丁烯	C_5H_{10}	70.13	38.56	-133.76	197.85	3400.07	0.00416	0.254	0.275316
	单烯烃，C₆H₁₂									
207	正己烯	C_6H_{12}	84.16	63.48	-139.76ᴾ	230.88	3140.07	0.00421	0.265	0.280435
208	顺-2-己烯	C_6H_{12}	84.16	68.88	-141.15	239.85ᴾ	3160.07ᴾ	0.00427ᴾ	0.266	0.272185

续表

组分序号	名　　称	化学式	相对密度 (15.6/15.6℃)	API度	液体密度 (15.6℃)/(kg/m³)	液体折射率 (25℃)	蒸气压 (37.78℃)/kPa	比热容 (15.6℃，定压)/[kJ/(kg·℃)] 理想气体	比热容 液体	运动黏度/(mm²/s) 37.8℃	运动黏度 98.9℃	汽化热 (正常沸点下)/(kJ/kg)	低热值 (25℃)/(kJ/kg)	表面张力/(10⁻⁵ N/cm)
	单烯烃，C₂和C₃													
195	乙烯	C_2H_4	0.1388	888.0	138.66^P	1.3632		1.4983	5.7307^P			481.06	47128.57	
196	丙烯	C_3H_6	0.5192	141.04	518.67	1.3625	1578.14	1.5004	2.5805	0.180		438.47	45732.28	6.90
	单烯烃，C₄H₈													
197	正丁烯	C_4H_8	0.6001	104.31	599.47	1.3803	429.54	1.4829	2.2558			394.13	45255.07	12.12
198	顺-2-丁烯	C_4H_8	0.6290	93.45	628.40	1.3600	317.16	1.3886	2.2191	0.260		416.87	45132.11	13.99
199	反-2-丁烯	C_4H_8	0.6116	99.86	610.99	1.3520	344.16	1.5202	2.2498^P	0.267		405.46	45067.95	13.16
200	异丁烯	C_4H_8	0.6006	104.09	600.04	1.3926	439.98	1.5292	2.2920	0.244		395.28	44959.40	11.69
	单烯烃，C₅H₁₀													
201	正戊烯	C_5H_{10}	0.6456	87.67	644.99	1.36835	132.03	1.4996	2.1670			361.35	44593.77	15.46
202	顺-2-戊烯	C_5H_{10}	0.6610	82.57	660.34	1.3798	104.37	1.3738	2.1271			376.01	44501.25	16.80
203	反-2-戊烯	C_5H_{10}	0.6532	85.14	652.51	1.3761	106.43	1.5124	2.1999			374.26	44437.10	16.41
204	2-甲基-1-丁烯	C_5H_{10}	0.6558	84.28	655.13	1.3746	126.57	1.5335	2.2040			364.67	44398.51	15.88
205	3-甲基-1-丁烯	C_5H_{10}	0.6328	92.12	632.14	1.3611	181.82	1.6541	2.1832			345.06	44532.63	13.80
206	2-甲基-2-丁烯	C_5H_{10}	0.6637	81.70	663.03	1.3842	98.93	1.4625	2.1433	0.289		375.92	44297.40	16.85
	单烯烃，C₆H₁₂													
207	正己烯	C_6H_{12}	0.6790	76.90	678.32	1.38502	41.43	1.5110	2.1419	0.342		338.16	44402.46	17.89
208	顺-2-己烯	C_6H_{12}	0.6920	72.97	691.35	1.39473	33.83	1.4571	2.0841	0.362		342.28	44268.34	19.10

续表

组分序号	名称	化学式	溶解度参数(25℃)/(J/cm³)^0.5	闪点/℃	理想气体生成热(25℃)/(kJ/kg)	理想气体自由Gibbs自由能(25℃，常压)/(kJ/kg)	熔解热(25℃)/(kJ/kg)	膨胀系数(15.6℃)	苯胺点/℃	辛烷值 马达法	辛烷值 研究法	燃烧限(体，在空气中)/% 下限	燃烧限(体，在空气中)/% 上限	Watson特性因数
	单烯烃，C₂和C₃													
195	乙烯	C_2H_4	12.441		1870.54	2438.02	119.60			75.6	+0.03	2.3	32.3	48.49
196	丙烯	C_3H_6	13.151	-108.15	468.08	1475.96	71.45	0.00189		84.9	+0.2	2.0	11.0	14.26
	单烯烃，C₄H₈													
197	正丁烯	C_4H_8	13.846		-9.62	1251.60	68.68	0.00116		80.8	97.4	1.6	9.3	13.05
198	顺-2-丁烯	C_4H_8	14.720		-131.80	1146.15	130.44	0.00098		83.5	100	1.6	9.7	12.6
199	反-2-丁烯	C_4H_8	14.229		-195.92	1124.96	174.12	0.00107				1.8	9.7	12.92
200	异丁烯	C_4H_8	13.660		-304.57	1034.48	105.84	0.0012	14.9			1.8	8.8	13.03
	单烯烃，C₅H₁₀													
201	正戊烯	C_5H_{10}	14.481	-18.15	-303.51	1117.84	82.93	0.00089	19.0	77.1	90.9	1.5	8.7	12.66
202	顺-2-戊烯	C_5H_{10}	15.109	-47.15[P]	-374.75[P]	1049.58	101.54	0.00087	18.0			1.5[P]	10.6[P]	12.46
203	反-2-戊烯	C_5H_{10}	14.970	-48.15[P]	-443.15[P]	994.73	119.23	0.0009	18.0			1.5[P]	10.6[P]	12.60
204	2-甲基-1-丁烯	C_5H_{10}	14.700	-52.15[P]	-502.99	950.13	112.95	0.0009		81.9	+0.2	1.4	9.6[P]	12.48
205	3-甲基-1-丁烯	C_5H_{10}	13.959	-62.15[P]	-393.27	1083.64	76.52	0.00095				1.5[S]	9.1[S]	12.77
206	2-甲基-2-丁烯	C_5H_{10}	15.170	-47.15[P]	-595.61	861.36	108.47	0.00087	12.8	84.7	97.3	1.4	9.6[P]	12.43
	单烯烃，C₆H₁₂													
207	正己烯	C_6H_{12}	15.011	-31.15[P]	-498.72	1037.69	111.18	0.00076	22.8	63.4	76.4	1.0[P]	7.5[P]	12.46
208	顺-2-己烯	C_6H_{12}	15.320	-27.15[P]	-574.36	952.79	105.38	0.00073	26.0			1.2[P]	9.0[P]	12.29

续表

组分序号	名　　称	化学式	自燃点/℃	OELs/(mg/m³)		
				MAC	PC-TWA	PC-STEL
	单烯烃，C₂和C₃					
195	乙烯	C_2H_4	450			
196	丙烯	C_3H_6	455		100	
	单烯烃，C₄H₈					
197	正丁烯	C_4H_8	384			
198	顺-2-丁烯	C_4H_8	325			
199	反-2-丁烯	C_4H_8	324			
200	异丁烯	C_4H_8	465			
	单烯烃，C₅H₁₀					
201	正戊烯	C_5H_{10}	273			
202	顺-2-戊烯	C_5H_{10}	251			
203	反-2-戊烯	C_5H_{10}	265			
204	2-甲基-1-丁烯	C_5H_{10}	365			
205	3-甲基-1-丁烯	C_5H_{10}	365			
206	2-甲基-2-丁烯	C_5H_{10}	365			
	单烯烃，C₆H₁₂					
207	正己烯	C_6H_{12}	253			
208	顺-2-己烯	C_6H_{12}	245			

续表

组分序号	名　称	化学式	相对分子质量	正常沸点/℃	正常冰点/℃	临界性质				偏心因数
						温度/℃	压力/kPa	体积/(m³/kg)	压缩因数	
209	反-2-己烯	C_6H_{12}	84.16	67.87	-132.98	239.85^P	3160.07^P	0.00428^P	0.267	0.261253
210	顺-3-己烯	C_6H_{12}	84.16	66.45	-137.82	235.85^P	3170.07^P	0.00417^P	0.263	0.278699
211	反-3-己烯	C_6H_{12}	84.16	67.09	-113.42	235.85^P	3170.07^P	0.00417^P	0.263	0.285358
212	2-甲基-1-戊烯	C_6H_{12}	84.16	62.10	-135.73	233.85^P	3160.07^P	0.00427^P	0.269	0.240620
213	3-甲基-1-戊烯	C_6H_{12}	84.16	54.18	-152.95	221.85^P	3290.07^P	0.00408^P	0.274	0.264031
214	4-甲基-1-戊烯	C_6H_{12}	84.16	53.86	-153.64	222.85^P	3220.07^P	0.00410^P	0.269	0.238917
215	2-甲基-2-戊烯	C_6H_{12}	84.16	67.30	-135.08	240.85^P	3160.07^P	0.00431^P	0.268	0.244478
216	顺-3-甲基-2-戊烯	C_6H_{12}	84.16	67.70	-134.84	241.85^P	3290.27^P	0.00408^P	0.264	0.258474
217	反-3-甲基-2-戊烯	C_6H_{12}	84.16	70.44	-138.45	243.85^P	3190.07^P	0.00408^P	0.255	0.262659
218	顺-4-甲基-2-戊烯	C_6H_{12}	84.16	56.38	-134.85	225.85^P	3220.07^P	0.00411^P	0.269	0.244178
219	反-4-甲基-2-戊烯	C_6H_{12}	84.16	58.60	-140.80	277.85^P	3220.07^P	0.00411^P	0.267	0.255237
220	2-乙基-1-丁烯	C_6H_{12}	84.16	64.67	-131.54	238.85^P	3160.07^P	0.00433^P	0.270	0.227716
221	2,3-二甲基-1-丁烯	C_6H_{12}	84.16	55.61	-157.26	226.85^P	3220.07^P	0.00415^P	0.270	0.226929
222	3,3-二甲基-1-丁烯	C_6H_{12}	84.16	41.25	-115.20	206.85^P	3290.07^P	0.00396^P	0.275	0.225718
223	2,3-二甲基-2-丁烯	C_6H_{12}	84.16	73.20	-74.23	250.85^P	3160.07^P	0.00442^P	0.270	0.233283
	单烯烃，C_7H_{14}									
224	正庚烯	C_7H_{14}	98.19	93.64	-118.88	264.14	2830.06	0.00421	0.262	0.331019
225	顺-2-庚烯	C_7H_{14}	98.19	98.41	-109.15	275.85^P	2840.06^P	0.00432^P	0.264	0.294154
226	反-2-庚烯	C_7H_{14}	98.19	97.95	-109.48	269.85^P	2850.06^P	0.00413^P	0.256	0.337166
227	顺-3-庚烯	C_7H_{14}	98.19	95.75	-136.64	271.85^P	2840.06^P	0.00429^P	0.264	0.294912

续表

组分序号	名 称	化学式	相对密度(15.6/15.6℃)	API度	液体密度(15.6℃)/(kg/m³)	液体折射率(25℃)	蒸气压(37.78℃)/kPa	比热容(15.6℃,定压)/[kJ/(kg·℃)] 理想气体	液体	运动黏度/(mm²/s) 37.8℃	98.9℃	汽化热(正常沸点下)/(kJ/kg)	低热值(25℃)/(kJ/kg)	表面张力/(10⁻⁵ N/cm)
209	反-2-己烯	C_6H_{12}	0.6825	75.83	681.80	1.39073	35.12	1.5386	2.1415	0.367		345.50	44249.05	18.08
210	顺-3-己烯	C_6H_{12}	0.6848	75.13	684.11	1.39189	37.06	1.4311	2.0606	0.366		342.97	44326.45	17.93
211	反-3-己烯	C_6H_{12}	0.6823	75.89	681.60	1.39137	36.0	1.5413	2.1425	0.368		345.59	44243.47	17.64
212	2-甲基-1-戊烯	C_6H_{12}	0.6844	75.25	683.72	1.38912	43.44	1.5728	2.1910	0.364		366.69	44196.75	17.58
213	3-甲基-1-戊烯	C_6H_{12}	0.6723	78.96	671.68	1.38133	58.11	1.6522	2.2592	0.356		324.17	44338.31	16.30
214	4-甲基-1-戊烯	C_6H_{12}	0.6687	80.11	668.03	1.37974	58.72	1.4658	2.0714	0.358		325.52	44314.60	15.92
215	2-甲基-2-戊烯	C_6H_{12}	0.6909	73.32	690.18	1.39739	35.69	1.4663	2.0694	0.346		343.18	44094.48	17.91
216	顺-3-甲基-2-戊烯	C_6H_{12}	0.6980	71.24	697.27	1.39876	35.42	1.4663	2.0895	0.343		343.36	44148.17	18.67
217	反-3-甲基-2-戊烯	C_6H_{12}	0.7023	69.97	701.63	1.40166	31.83	1.4662	2.1801	0.340		349.59	44136.32	19.14
218	顺-4-甲基-2-戊烯	C_6H_{12}	0.6741	78.40	673.46	1.38498	53.41	1.5541	2.1568	0.356		326.67	44231.62	16.10
219	反-4-甲基-2-戊烯	C_6H_{12}	0.6737	78.57	672.91	1.38583	49.12	1.6424	2.2477	0.356		330.68	44177.92	16.08
220	2-乙基-1-丁烯	C_6H_{12}	0.6944	72.26	693.75	1.39380	39.33	1.5475	2.1207	0.345		336.61	44230.69	18.62
221	2,3-二甲基-1-丁烯	C_6H_{12}	0.6828	75.72	682.17	1.38729	54.99	1.6650	2.2331	0.347		326.21	44146.54	17.05
222	3,3-二甲基-1-丁烯	C_6H_{12}	0.6580	83.56	657.31	1.37313	90.27	1.4676	2.1953	0.362		307.84	44231.38	13.90
223	2,3-二甲基-2-丁烯	C_6H_{12}	0.7129	66.99	712.17	1.44235	28.80	1.4319	2.0420	0.332		349.19	44060.54	19.96
单烯烃, C_7H_{14}														
224	正庚烯	C_7H_{14}	0.7015	70.20	700.83	1.39713	13.53	1.5183	2.1383	0.432	0.304	320.84	44262.53	19.81
225	顺-2-庚烯	C_7H_{14}	0.7119	67.27	711.17	1.40420	11.64	1.4614	2.0643	0.446		317.13	44196.75	20.81
226	反-2-庚烯	C_7H_{14}	0.7057	69.01	705.01	1.40200	11.78	1.5240	2.1180	0.450		322.90	44172.11	20.10
227	顺-3-庚烯	C_7H_{14}	0.7073	68.55	706.62	1.40330	12.77	1.4483	2.0522	0.448		321.43	44205.82	19.93

续表

组分序号	名　　称	化学式	溶解度参数(25℃)/(J/cm³)^0.5	闪点/℃	理想气体生成热(25℃)/(kJ/kg)	理想气体自由Gibbs能(25℃,常压)/(kJ/kg)	熔解热(25℃)/(kJ/kg)	膨胀系数(15.6℃)	苯胺点/℃	辛烷值 马达法	辛烷值 研究法	燃烧限(体,在空气中)/% 下限	燃烧限(体,在空气中)/% 上限	Watson特性因数
209	反-2-己烯	C_6H_{12}	15.340	-27.15[P]	-638.95	908.97	98.21	0.00072	26.0	80.8	92.7	1.2[P]	9.0[P]	12.45
210	顺-3-己烯	C_6H_{12}	15.240	-28.15[P]	-565.33	986.75	97.92	0.00073	27.0[H]			1.2[P]	9.0[P]	12.39
211	反-3-己烯	C_6H_{12}	15.289	-12.00	-646.31	922.15	131.51	0.00077	27.0[H]	80.1	94.0	1.2[P]	9.0[P]	12.45
212	2-甲基-1-戊烯	C_6H_{12}	15.060	-32.15[P]	-703.49	866.45	83.63	0.00077		81.5	94.2	1.2[P]	9.0[P]	12.35
213	3-甲基-1-戊烯	C_6H_{12}	14.440	-28.00	-587.18	974.28	42.73	0.00075		81.2	96.0	1.2[P]	9.4[P]	12.47
214	4-甲基-1-戊烯	C_6H_{12}	14.481	-39.15[P]	-607.96[P]	984.37	42.31	0.00079		80.9	95.7	1.2[P]	9.4[P]	12.53
215	2-甲基-2-戊烯	C_6H_{12}	15.379	-27.15[P]	-792.92	813.29	95.57	0.00073		83.0	97.8	1.2[P]	9.4[P]	12.29
216	顺-3-甲基-2-戊烯	C_6H_{12}	15.410	-28.15[P]	-738.22	817.42	70.30	0.00074				1.2[P]	8.6[P]	12.17
217	反-3-甲基-2-戊烯	C_6H_{12}	15.710	-27.0	-749.74	794.03	91.41	0.0007		81.0	97.2	1.2[P]	8.6[P]	12.13
218	顺-4-甲基-2-戊烯	C_6H_{12}	14.610	-36.15[P]	-658.78	914.14	87.61	0.00076		84.5	99.7	1.2[P]	9.1[P]	12.46
219	反-4-甲基-2-戊烯	C_6H_{12}	14.730	-34.15[P]	-708.46	882.84	85.12	0.0008		82.6	98.0	1.2[P]	9.1[P]	12.50
220	2-乙基-1-丁烯	C_6H_{12}	15.199	-30.15[P]	-663.75	930.54	90.10	0.00074		79.4	98.3	1.2[P]	9.0[P]	12.20
221	2,3-二甲基-1-丁烯	C_6H_{12}	14.669	-37.15[P]	-769.07	851.05	64.81	0.00077		82.8	+0.1	1.2[P]	9.1[P]	12.30
222	3,3-二甲基-1-丁烯	C_6H_{12}	13.699	-28.00	-718.39	959.91	12.72	0.0009		93.3	+1.7	1.2[P]	9.0[P]	12.57
223	2,3-二甲基-2-丁烯	C_6H_{12}	15.870	-23.15[P]	-815.28	827.20	76.76	0.00071		80.5	97.4	1.2[P]	8.1[P]	11.98
单烯烃，C₇H₁₄														
224	正庚烯	C_7H_{14}	15.309	0.00	-639.17	965.17	126.46	0.0007	27.2	50.7	54.5	0.8[P]	6.9[P]	12.41
225	顺-2-庚烯	C_7H_{14}	15.371	-8.15[P]	-704.31	907.87		0.00067				1.1[P]	7.8[P]	12.28
226	反-2-庚烯	C_7H_{14}	15.461	-1.15	-759.27[P]	852.91	119.23	0.00066		68.8	73.4	1.1[P]	7.8[P]	12.39
227	顺-3-庚烯	C_7H_{14}	15.549	-9.15[P]	-699.22	909.90		0.00071	34.9		90.2	1.1[P]	7.8[P]	12.33

续表

组分序号	名　称	化学式	自燃点/℃	MAC	OELs/(mg/m³) PC-TWA	PC-STEL
209	反-2-己烯	C_6H_{12}	245			
210	顺-3-己烯	C_6H_{12}	280			
211	反-3-己烯	C_6H_{12}	295			
212	2-甲基-1-戊烯	C_6H_{12}	300			
213	3-甲基-1-戊烯	C_6H_{12}	352			
214	4-甲基-1-戊烯	C_6H_{12}	300			
215	2-甲基-2-戊烯	C_6H_{12}				
216	顺-3-甲基-2-戊烯	C_6H_{12}				
217	反-3-甲基-2-戊烯	C_6H_{12}				
218	顺-4-甲基-2-戊烯	C_6H_{12}				
219	反-4-甲基-2-戊烯	C_6H_{12}				
220	2-乙基-1-丁烯	C_6H_{12}	315			
221	2,3-二甲基-1-丁烯	C_6H_{12}	360			
222	3,3-二甲基-1-丁烯	C_6H_{12}	357			
223	2,3-二甲基-2-丁烯	C_6H_{12}	405.6			
	单烯烃，C_7H_{14}					
224	正庚烯	C_7H_{14}	260			
225	顺-2-庚烯	C_7H_{14}	239.4			
226	反-2-庚烯	C_7H_{14}	244.4			
227	顺-3-庚烯	C_7H_{14}	290			

续表

组分序号	名称	化学式	相对分子质量	正常沸点/℃	正常冰点/℃	临界性质			压缩因数	偏心因数
						温度/℃	压力/kPa	体积/(m³/kg)		
228	反-3-庚烯	C_7H_{14}	98.19	95.67	-136.63	266.85P	2850.06P	0.00413P	0.258	0.334056
229	2-甲基-1-己烯	C_7H_{14}	98.19	91.84	-102.87	264.85P	2870.06P	0.00405P	0.255	0.309375
230	3-甲基-1-己烯	C_7H_{14}	98.19	83.90	-128.15P	254.85P	2950.06P	0.00405P	0.267	0.305734
231	4-甲基-1-己烯	C_7H_{14}	98.19	86.73	-141.45	260.85P	3040.07P	0.00405P	0.273	0.302408
232	5-甲基-1-己烯	C_7H_{14}	98.19	85.31	-130.35	254.79P	2868.93P	0.00405P	0.25993	0.311102
233	2-甲基-2-己烯	C_7H_{14}	98.19	95.41		269.67P	2868.93P	0.00405P	0.2528	0.312813
234	顺-3-甲基-2-己烯	C_7H_{14}	98.19	97.26	-118.51	274.32P	2951.33P	0.00405P	0.25785	0.309569
235	反-3-甲基-2-己烯	C_7H_{14}	98.19	95.18	-129.30	271.25P	2951.33P	0.00405P	0.25931	0.309095
236	顺-4-甲基-2-己烯	C_7H_{14}	98.19	86.31		258.14P	2951.33P	0.00405P	0.26571	0.308107
237	反-4-甲基-2-己烯	C_7H_{14}	98.19	87.56	-125.69	259.98P	2951.33P	0.00405P	0.26479	0.308265
238	顺-5-甲基-2-己烯	C_7H_{14}	98.19	89.50		260.97P	2868.93P	0.00405P	0.25692	0.312040
239	反-5-甲基-2-己烯	C_7H_{14}	98.19	88.11	-124.34	258.92P	2868.93P	0.00405P	0.25791	0.311325
240	顺-2-甲基-3-己烯	C_7H_{14}	98.19	86.00		255.81P	2868.93P	0.00405P	0.25943	0.312273
241	反-2-甲基-3-己烯	C_7H_{14}	98.19	85.90	-141.56	255.66P	2868.93P	0.00405P	0.25950	0.311243
242	顺-3-甲基-3-己烯	C_7H_{14}	98.19	95.40		271.57P	2951.33P	0.00405P	0.25915	0.306675
243	反-3-甲基-3-己烯	C_7H_{14}	98.19	93.54		268.82P	2951.33P	0.00405P	0.26047	0.306543
244	2-乙基-1-戊烯	C_7H_{14}	98.19	94.00	-105.15P	269.85P	2950.06P	0.00405P	0.26000	0.308512
245	3-乙基-1-戊烯	C_7H_{14}	98.19	84.11	-127.48	256.85P	3030.06P	0.00405P	0.27400	0.301588
246	3-乙基-2-戊烯	C_7H_{14}	98.19	96.01		274.23P	3037.23P	0.00405P	0.26531	0.305582
247	2,3-二甲基-1-戊烯	C_7H_{14}	98.19	84.28	-134.30	260.70P	3057.63P	0.00397P	0.26845	0.275023

续表

组分序号	名　称	化学式	相对密度(15.6/15.6℃)	API度	液体密度(15.6℃)/(kg/m³)	液体折射率(25℃)	蒸气压(37.78℃)/kPa	比热容(15.6℃,定压)/[kJ/(kg·℃)] 理想气体	比热容 液体	运动黏度/(mm²/s) 37.8℃	运动黏度 98.9℃	汽化热(正常沸点下)/(kJ/kg)	低热值(25℃)/(kJ/kg)	表面张力/(10⁻⁵ N/cm)
228	反-3-庚烯	C_7H_{14}	0.7026	69.90	701.89	1.40170	12.62	1.5074	2.1048	0.452		320.46	44172.11	19.42ᴾ
229	2-甲基-1-己烯	C_7H_{14}	0.7075	68.51	706.77	1.40083	14.52		1.8674ᴾ	0.406		316.35	44121.21	19.63ᴾ
230	3-甲基-1-己烯	C_7H_{14}	0.6959	71.84	695.18	1.39380	19.42			0.413		312.78	44233.01	18.33ᴾ
231	4-甲基-1-己烯	C_7H_{14}	0.7030	69.78	702.29	1.39730	17.39	1.5222	2.1084	0.451		311.68	44273.69	19.14ᴾ
232	5-甲基-1-己烯	C_7H_{14}	0.6965	71.65	695.83	1.39400	18.62						44203.72	18.78ᴾ
233	2-甲基-2-己烯	C_7H_{14}	0.7126	67.07	711.89	1.40790	13.10						44025.67ᵞ	20.24ᴾ
234	顺-3-甲基-2-己烯	C_7H_{14}	0.7203	64.95	719.56	1.41000	12.41						44041.94ᵞ	21.14ᴾ
235	反-3-甲基-2-己烯	C_7H_{14}	0.7188	63.35	718.12	1.40910	13.10						44032.88ᵞ	20.97ᴾ
236	顺-4-甲基-2-己烯	C_7H_{14}	0.7040	69.51	703.26	1.39990	17.93						44139.57ᵞ	19.26ᴾ
237	反-4-甲基-2-己烯	C_7H_{14}	0.7013	70.26	700.63	1.39980	17.24						44090.76ᵞ	18.96ᴾ
238	顺-5-甲基-2-己烯	C_7H_{14}	0.7065	68.79	705.78	1.40100	15.86						44118.18ᵞ	19.47ᴾ
239	反-5-甲基-2-己烯	C_7H_{14}	0.6971	71.48	696.43	1.39790	16.55						44072.39ᵞ	18.50ᴾ
240	顺-2-甲基-3-己烯	C_7H_{14}	0.6981	71.20	697.39	1.39900	15.58						44128.41ᵞ	18.40ᴾ
241	反-2-甲基-3-己烯	C_7H_{14}	0.6941	72.36	693.44	1.39740	17.93						44075.41ᵞ	17.84ᴾ
242	顺-3-甲基-3-己烯	C_7H_{14}	0.7180	65.58	717.28	1.40995	12.42		1.8672ᴾ				44063.33ᵞ	20.41ᴾ
243	反-3-甲基-3-己烯	C_7H_{14}	0.7144	66.57	713.69	1.40820	13.49		1.8673ᴾ				44101.91ᵞ	20.04ᴾ
244	2-乙基-1-戊烯	C_7H_{14}	0.7122	67.18	711.50	1.40200	13.69			0.402		318.85	44141.43	20.20
245	3-乙基-1-戊烯	C_7H_{14}	0.6994	70.83	698.67	1.39550	19.17			0.409		312.21	44263.69	18.66
246	3-乙基-2-戊烯	C_7H_{14}	0.7249	63.69	724.23	1.41220	12.41		1.8672ᴾ			315.11	44473.59ᵞ	21.70ᴾ
247	2,3-二甲基-1-戊烯	C_7H_{14}	0.7097	67.88	709.01	1.40060	19.31						44079.61ᵞ	20.29ᴾ

续表

组分序号	名　　称	化学式	溶解度参数(25℃)/(J/cm³)^0.5	闪点/℃	理想气体生成热(25℃)/(kJ/kg)	理想气体Gibbs自由能(25℃,常压)/(kJ/kg)	熔解热(25℃)/(kJ/kg)	膨胀系数(15.6℃)	苯胺点/℃	辛烷值 马达法	辛烷值 研究法	燃烧限(体,在空气中)/% 下限	燃烧限(体,在空气中)/% 上限	Watson特性因数
228	反-3-庚烯	C_7H_{14}	15.340	-6.00	-752.15[P]	856.98	106.46	0.0007	34.9	79.3	89.8	1.1[P]	7.8[P]	12.42
229	2-甲基-1-己烯	C_7H_{14}	15.271	-6.00	-786.04	839.78	132.01	0.00071		78.8	90.7	1.0[P]	7.8[P]	12.29
230	3-甲基-1-己烯	C_7H_{14}	15.011	-6.00	-678.76	939.72		0.00069		73.5	82.2	1.0[P]	8.2[P]	12.40
231	4-甲基-1-己烯	C_7H_{14}	15.011	-15.15[P]	-678.87	939.42	76.65	0.00066		74.0	83.6	1.1[P]	8.1[P]	12.31
232	5-甲基-1-己烯	C_7H_{14}	14.933		-710.40[P]			0.0007		64.0	75.5	1.06[P]	8.1[P]	12.41
233	2-甲基-2-己烯	C_7H_{14}	15.402		-873.25[P]		93.68	0.00067		79.2	91.6	1.06[P]	7.46[P]	12.24
234	顺-3-甲基-2-己烯	C_7H_{14}	15.485		-857.98[P]		114.76	0.00072		80.0	92.4	1.06[P]	7.46[P]	12.13
235	反-3-甲基-2-己烯	C_7H_{14}	15.471		-860.02[P]			0.00067		79.6	91.5	1.06[P]	7.46[P]	12.13
236	顺-4-甲基-2-己烯	C_7H_{14}	15.113		-770.46[P]			0.0007			98.6	1.06[P]	7.87[P]	12.29
237	反-4-甲基-2-己烯	C_7H_{14}	15.084		-819.30[P]		72.39	0.0007		83.0	96.8	1.06[P]	7.46[P]	12.35
238	顺-5-甲基-2-己烯	C_7H_{14}	15.133		-791.82[P]			0.00053				1.06[P]	7.87[P]	12.28
239	反-5-甲基-2-己烯	C_7H_{14}	15.037		-837.61[P]		63.88	0.0007		81.0	94.4	1.06[P]	7.46[P]	12.43
240	顺-2-甲基-3-己烯	C_7H_{14}	14.966		-785.71[P]			0.00052				1.06[P]	7.87[P]	12.39
241	反-2-甲基-3-己烯	C_7H_{14}	14.906		-838.64[P]		55.36	0.00074		82.0	97.9	1.06[P]	7.87[P]	12.46
242	顺-3-甲基-3-己烯	C_7H_{14}	15.659		-829.48[P]			0.00081			96.0	1.06[P]	7.46[P]	12.15
243	反-3-甲基-3-己烯	C_7H_{14}	15.477		-796.91[P]			0.00076		81.4	96.4	1.06[P]	7.46[P]	12.19
244	2-乙基-1-戊烯	C_7H_{14}	15.451	-10.15[P]	-759.68	861.25		0.00067				1.0[P]	7.8[P]	12.23
245	3-乙基-1-戊烯	C_7H_{14}	15.019	-17.15[P]	-652.40	983.69	51.10	0.0007		81.6	95.6	1.0[P]	8.1[P]	12.34
246	3-乙基-2-戊烯	C_7H_{14}	15.537		-895.12[P]			0.00068		80.6	93.7	1.06[P]	7.46[P]	12.04
247	2,3-三甲基-1-戊烯	C_7H_{14}	15.076		-837.61[P]		72.39	0.00071		84.2	99.9	1.06[P]	7.87[P]	12.16

续表

组分序号	名　称	化学式	自燃点/℃	OELs/(mg/m³) MAC	OELs/(mg/m³) PC-TWA	OELs/(mg/m³) PC-STEL
228	反-3-庚烯	C_7H_{14}	304			
229	2-甲基-1-己烯	C_7H_{14}	270			
230	3-甲基-1-己烯	C_7H_{14}	305			
231	4-甲基-1-己烯	C_7H_{14}				
232	5-甲基-1-己烯	C_7H_{14}	298			
233	2-甲基-2-己烯	C_7H_{14}				
234	顺-3-甲基-2-己烯	C_7H_{14}				
235	反-3-甲基-2-己烯	C_7H_{14}				
236	顺-4-甲基-2-己烯	C_7H_{14}				
237	反-4-甲基-2-己烯	C_7H_{14}				
238	顺-5-甲基-2-己烯	C_7H_{14}				
239	反-5-甲基-2-己烯	C_7H_{14}				
240	顺-2-甲基-3-己烯	C_7H_{14}				
241	反-2-甲基-3-己烯	C_7H_{14}				
242	顺-3-甲基-3-己烯	C_7H_{14}				
243	反-3-甲基-3-己烯	C_7H_{14}				
244	2-乙基-1-戊烯	C_7H_{14}	327			
245	3-乙基-1-戊烯	C_7H_{14}	327			
246	3-乙基-2-戊烯	C_7H_{14}				
247	2，3-二甲基-1-戊烯	C_7H_{14}				

续表

组分序号	名称	化学式	相对分子质量	正常沸点/℃	正常冰点/℃	临界性质				偏心因数
						温度/℃	压力/kPa	体积/(m³/kg)	压缩因数	
248	2,4-二甲基-1-戊烯	C_7H_{14}	98.19	81.61	-124.06	252.83[P]	2887.62[P]	0.00397[P]	0.25732	0.287077
249	3,3-二甲基-1-戊烯	C_7H_{14}	98.19	77.48	-134.38	253.50[P]	3120.03[P]	0.00396[P]	0.27696	0.259867
250	3,4-二甲基-1-戊烯	C_7H_{14}	98.19	80.80		255.50[P]	3057.63[P]	0.00397[P]	0.27109	0.275374
251	4,4-二甲基-1-戊烯	C_7H_{14}	98.19	72.52	-136.60	242.13[P]	2944.83[P]	0.00396[P]	0.26718	0.274676
252	2,3-二甲基-2-戊烯	C_7H_{14}	98.19	97.40	-118.27	280.30[P]	3057.63[P]	0.00397[P]	0.25894	0.278429
253	2,4-二甲基-2-戊烯	C_7H_{14}	98.19	83.30	-127.70	255.33[P]	2887.62[P]	0.00397[P]	0.25610	0.285189
254	顺-3,4-二甲基-2-戊烯	C_7H_{14}	98.19	89.25	-113.40	268.12[P]	3057.63[P]	0.00397[P]	0.26477	0.275225
255	反-3,4-二甲基-2-戊烯	C_7H_{14}	98.19	91.50	-124.24	271.49[P]	3057.63[P]	0.00397[P]	0.26313	0.277401
256	顺-4,4-二甲基-2-戊烯	C_7H_{14}	98.19	80.43	-135.46	253.92[P]	2944.83[P]	0.00396[P]	0.26160	0.275457
257	反-4,4-二甲基-2-戊烯	C_7H_{14}	98.19	76.74	-115.24	248.42[P]	2944.83[P]	0.00396[P]	0.26395	0.270544
258	3-甲基-2-乙基-1-丁烯	C_7H_{14}	98.19	86.37		261.82[P]	2970.83[P]	0.00397[P]	0.26028	0.280798
259	2,3,3-三甲基-1-丁烯	C_7H_{14}	98.19	77.89	-109.85	257.85[P]	3140.07[P]	0.00388[P]	0.27100	0.240641
单烯烃, C_8H_{16}										
260	正辛烯	C_8H_{16}	112.22	121.29	-101.70[P]	293.50	2568.06[P]	0.00410[P]	0.251	0.376405
261	顺-2-辛烯	C_8H_{16}	112.22	125.64	-100.20	298.85[P]	2590.06[P]	0.00411[P]	0.251	0.388932
262	反-2-辛烯	C_8H_{16}	112.22	125.00	-87.7	303.85[P]	2580.05[P]	0.00431[P]	0.260	0.338412
263	顺-3-辛烯	C_8H_{16}	112.22	122.90	-126.00	295.85[P]	2590.06[P]	0.00411	0.252	0.379994
264	反-3-辛烯	C_8H_{16}	112.22	123.30	-110.00	300.85[P]	2580.05[P]	0.00428[P]	0.260	0.343849
265	顺-4-辛烯	C_8H_{16}	112.22	122.54	-118.70	294.85[P]	2590.06[P]	0.00411[P]	0.253	0.385401
266	反-4-辛烯	C_8H_{16}	112.22	122.26	-93.78	299.85[P]	2580.05[P]	0.00428[P]	0.260	0.339318

续表

组分序号	名　　称	化学式	相对密度 (15.6/15.6℃)	API度	液体密度 (15.6℃)/ (kg/m³)	液体折射率 (25℃)	蒸气压 (37.78℃) /kPa	比热容(15.6℃,定压)/[kJ/(kg·℃)]		运动黏度/ (mm²/s)		汽化热 (正常沸点下)/ (kJ/kg)	低热值 (25℃)/ (kJ/kg)	表面张力 /(10⁻⁵ N/cm)
								理想气体	液体	37.8℃	98.9℃			
248	2,4-二甲基-1-戊烯	C_7H_{14}	0.6987	71.03	697.99	1.39577	21.84		1.8682^P			297.23	44058.21^Y	19.01^P
249	3,3-二甲基-1-戊烯	C_7H_{14}	0.7019	70.09	701.22	1.39580	24.27						44198.61^Y	19.38^P
250	3,4-二甲基-1-戊烯	C_7H_{14}	0.7022	70.02	701.46	1.39650	21.58						44170.02^Y	19.42^P
251	4,4-二甲基-1-戊烯	C_7H_{14}	0.6872	74.42	686.49	1.38895	30.92		1.8692^P				44123.30^Y	17.75^P
252	2,3-二甲基-2-戊烯	C_7H_{14}	0.7323	61.74	731.54	1.41850	12.41						44002.19^Y	22.61^P
253	2,4-二甲基-2-戊烯	C_7H_{14}	0.6995	70.78	698.83	1.40090	19.78		1.8681^P			308.30	43996.15^Y	18.75^P
254	顺-3,4-二甲基-2-戊烯	C_7H_{14}	0.7180	65.58	717.28	1.40780	15.86					310.85	44037.76^Y	20.87^P
255	反-3,4-二甲基-2-戊烯	C_7H_{14}	0.7212	64.69	720.52	1.41010	15.17						44037.76^Y	21.26^P
256	顺-4,4-二甲基-2-戊烯	C_7H_{14}	0.7040	69.51	703.26	1.39989	23.10		1.8683^P			296.80	44180.25^Y	19.24^P
257	反-4,4-二甲基-2-戊烯	C_7H_{14}	0.6935	72.53	692.84	1.39525	25.55		1.8687^P			300.21	44011.26^Y	18.09^P
258	3-甲基-2-乙基-1-丁烯	C_7H_{14}	0.7134	66.84	712.73	1.40244	17.93		1.8678^P				44436.40^Y	20.70^P
259	2,3,3-三甲基-1-丁烯	C_7H_{14}	0.7096	67.90	708.91	1.40007	25.39			0.42		298.12	44069.14	17.36
	单烯烃, C_8H_{16}													
260	正辛烯	C_8H_{16}	0.7181	65.54	717.42	1.40260	4.53	1.5250	2.1171	0.566	0.359	304.46	44176.99	21.29
261	顺-2-辛烯	C_8H_{16}	0.7289	62.62	728.20	1.41250	4.13		2.1175	0.575	0.349	304.06	44056.35	22.34
262	反-2-辛烯	C_8H_{16}	0.7239	63.96	723.20	1.41070	4.20	1.5323	2.0999	0.557	0.350	299.84	44083.09^P	21.70
263	顺-3-辛烯	C_8H_{16}	0.7253	63.61	724.54	1.41110	4.56			0.556	0.349	301.61	44096.33^P	21.56
264	反-3-辛烯	C_8H_{16}	0.7194	65.20	718.68	1.41020	4.44	1.5183	2.0927	0.561	0.352	298.88	44083.09^P	20.86
265	顺-4-辛烯	C_8H_{16}	0.7252	63.61	724.52	1.41240	4.58		1.8965^P	0.556	0.349	299.97	44096.33^P	21.55
266	反-4-辛烯	C_8H_{16}	0.7182	65.52	717.49	1.40930	4.59	1.5183	2.0895	0.561	0.353	300.26	44083.32^P	20.67

续表

组分序号	名称	化学式	溶解度参数(25℃)/(J/cm³)^0.5	闪点/℃	理想气体生成热(25℃)/(kJ/kg)	理想气体Gibbs自由能(25℃,常压)/(kJ/kg)	熔解热(25℃)/(kJ/kg)	膨胀系数(15.6℃)	苯胺点/℃	辛烷值 马达法	辛烷值 研究法	燃烧限(体,在空气中)/% 下限	燃烧限(体,在空气中)/% 上限	Watson特性因数
248	2,4-二甲基-1-戊烯	C_7H_{14}	14.685		-822.37^P		89.43	0.00074		84.6	99.2	1.06^P	7.87^P	12.33
249	3,3-二甲基-1-戊烯	C_7H_{14}	14.792		-745.01^P		76.65	0.00066		86.1	+0.3	1.06^P	7.74^P	12.22
250	3,4-二甲基-1-戊烯	C_7H_{14}	14.896		-761.28^P		63.88	0.00066		80.9	98.9	1.06^P	8.2^P	12.25
251	4,4-二甲基-1-戊烯	C_7H_{14}	14.078		-818.27^P		89.43	0.00073		85.4	+0.4	1.06^P	7.74^P	12.42
252	2,3-二甲基-2-戊烯	C_7H_{14}	15.616		-892.59^P		68.13	0.00069		80.0	97.5	1.06^P	7.08^P	11.93
253	2,4-二甲基-2-戊烯	C_7H_{14}	14.966		-918.02^P		68.13	0.0007		85.3	100.0	1.06^P	8.03^P	12.33
254	顺-3,4-二甲基-2-戊烯	C_7H_{14}	15.264		-871.20^P		89.43	0.00072		82.2	96.0	1.06^P	7.58^P	12.08
255	反-3,4-二甲基-2-戊烯	C_7H_{14}	15.399		-871.20^P		89.43	0.00072		90.2	+0.5	1.06^P	7.58^P	12.05
256	顺-4,4-二甲基-2-戊烯	C_7H_{14}	14.601		-754.17^P		59.62	0.0007		90.2	+0.5	1.06^P	7.87^P	12.22
257	反-4,4-二甲基-2-戊烯	C_7H_{14}	14.552		-918.04^P		68.13	0.00074		90.9	+0.5	1.06^P	7.87^P	12.36
258	3-甲基-2-乙基-1-丁烯	C_7H_{14}	15.115		-846.57^P			0.00071		82.0	97.0	1.06^P	7.87^P	12.05
259	2,3,3-三甲基-1-丁烯	C_7H_{14}	14.640	-17.0	-870.21	870.92	8.09	0.00071	35.2	90.9	+0.5	1.0^P	7.4^P	12.09
	单烯烃，C_8H_{16}													
260	正辛烯	C_8H_{16}	15.520	20.85	-744.51	917.28	137.78	0.00058	32.5	34.7	28.7	0.8	6.8	12.42
261	顺-2-辛烯	C_8H_{16}	15.500	20.85	-797.06^P	871.42		0.00064	38.5	56.5	56.3	0.9^P	6.9^P	12.28
262	反-2-辛烯	C_8H_{16}	15.410	21.11	-848.71^P	820.21		0.00063	38.5^H	56.5	56.3	0.9^P	6.9^P	12.36
263	顺-3-辛烯	C_8H_{16}	15.410	16.85	-797.06^P	867.14		0.00054				0.9^P	6.9^P	12.32
264	反-3-辛烯	C_8H_{16}	15.371	8.85^P	-842.48^P	821.10		0.00067		68.1	72.5	0.9^P	6.9^P	12.42
265	顺-4-辛烯	C_8H_{16}	15.271	16.85	-797.06^P	882.28		0.00045				0.9^P	6.9^P	12.31
266	反-4-辛烯	C_8H_{16}	15.410	7.85^P	-842.48^P	837.13		0.00063		74.3	73.3	0.9^P	6.9^P	12.43

续表

组分序号	名　称	化学式	自燃点/℃	OELs/(mg/m³)		
				MAC	PC-TWA	PC-STEL
248	2,4-二甲基-1-戊烯	C_7H_{14}				
249	3,3-二甲基-1-戊烯	C_7H_{14}				
250	3,4-二甲基-1-戊烯	C_7H_{14}				
251	4,4-二甲基-1-戊烯	C_7H_{14}				
252	2,3-二甲基-2-戊烯	C_7H_{14}				
253	2,4-二甲基-2-戊烯	C_7H_{14}				
254	顺-3,4-二甲基-2-戊烯	C_7H_{14}				
255	反-3,4-二甲基-2-戊烯	C_7H_{14}				
256	顺-4,4-二甲基-2-戊烯	C_7H_{14}				
257	反-4,4-二甲基-2-戊烯	C_7H_{14}				
258	3-甲基-2-乙基-1-丁烯	C_7H_{14}				
259	2,3,3-三甲基-1-丁烯	C_7H_{14}	377			
	单烯烃, C_8H_{16}					
260	正辛烯	C_8H_{16}	230			
261	顺-2-辛烯	C_8H_{16}	234			
262	反-2-辛烯	C_8H_{16}	244			
263	顺-3-辛烯	C_8H_{16}	265			
264	反-3-辛烯	C_8H_{16}	275			
265	顺-4-辛烯	C_8H_{16}	266			
266	反-4-辛烯	C_8H_{16}	279			

续表

组分序号	名称	化学式	相对分子质量	正常沸点/℃	正常冰点/℃	临界性质				偏心因数
						温度/℃	压力/kPa	体积/(m³/kg)	压缩因数	
267	2-甲基-1-庚烯	C_8H_{16}	112.22	119.22	-87.37	293.85P	2600.06P	0.00404P	0.250	0.355130
268	3-甲基-1-庚烯	C_8H_{16}	112.22	111.00		283.26P	2670.23P	0.00404P	0.26135	0.355179
269	4-甲基-1-庚烯	C_8H_{16}	112.22	112.80		285.87P	2670.23P	0.00404P	0.26013	0.355504
270	反-6-甲基-2-庚烯	C_8H_{16}	112.22	117.00		290.17P	2603.72P	0.00404P	0.25172	0.359761
271	反-3-甲基-3-庚烯	C_8H_{16}	112.22	121.00		297.75P	2670.23P	0.00404P	0.25472	0.355744
272	2-乙基-1-己烯	C_8H_{16}	112.22	120.00		300.85P	3070.07P	0.00356P	0.257	0.37909
273	3-乙基-1-己烯	C_8H_{16}	112.22	110.30		284.04P	2739.23P	0.00404P	0.26773	0.354509
274	4-乙基-1-己烯	C_8H_{16}	112.22	113.00		287.97P	2739.23P	0.00404P	0.26586	0.352360
275	2,3-二甲基-1-己烯	C_8H_{16}	112.22	110.50		287.85P	2760.06P	0.00397P	0.263	0.325141
276	2,3-二甲基-2-己烯	C_8H_{16}	112.22	121.77	-115.10	304.27P	2755.53P	0.00396P	0.25530	0.32723
277	顺-2,2-二甲基-3-己烯	C_8H_{16}	112.22	105.43	-137.35	279.41P	2665.03P	0.00395P	0.25744	0.322478
278	2,3,3-三甲基-1-戊烯	C_8H_{16}	112.22	108.31	-69.00	295.21P	2975.43P	0.00388P	0.27440	0.273129
279	2,4,4-三甲基-1-戊烯	C_8H_{16}	112.22	101.44	-93.45	279.85P	2630.06P	0.00414P	0.266	0.269544
280	2,4,4-三甲基-2-戊烯	C_8H_{16}	112.22	104.91	-106.31	284.85P	2630.06P	0.00419P	0.266	0.264970
	单烯烃，$C_9 \sim C_{20}$									
281	1-壬烯	C_9H_{18}	126.24	146.87	-81.37	320.10	2330.05	0.00418	0.249	0.417123
282	1-癸烯	$C_{10}H_{20}$	140.27	170.60	-66.26P	343.25	2218.05	0.00416	0.253	0.479961
283	1-十一烯	$C_{11}H_{22}$	154.30	192.67	-49.16P	364.85P	2030.04P	0.00416P	0.246	0.517489
284	1-十二烯	$C_{12}H_{24}$	168.32	213.36	-35.22P	384.45	1930.04	0.00406P	0.241	0.570505
285	1-十三烯	$C_{13}H_{26}$	182.35	232.78	-23.07	401.85P	1770.04P	0.00415P	0.238	0.606340

续表

组分序号	名　称	化学式	相对密度 (15.6/15.6℃)	API度	液体密度 (15.6℃)/(kg/m³)	液体折射率 (25℃)	蒸气压 (37.78℃)/kPa	比热容(15.6℃，定压)/[kJ/(kg·℃)] 理想气体	比热容 液体	运动黏度/(mm²/s) 37.8℃	运动黏度 98.9℃	汽化热(正常沸点下)/(kJ/kg)	低热值(25℃)/(kJ/kg)	表面张力/(10⁻⁵ N/cm)
267	2-甲基-1-庚烯	C_8H_{16}	0.7250	63.68	724.24	1.40940	5.21	1.5668	2.0022	0.478	0.308	295.78	44065.19ᵖ	21.22
268	3-甲基-1-庚烯	C_8H_{16}	0.7149	66.44	714.17	1.40400	6.89						44112.37ᵖ	20.24ᵖ
269	4-甲基-1-庚烯	C_8H_{16}	0.7209	64.79	720.16	1.40800	6.48						44124.93ᵖ	20.96ᵖ
270	反-6-甲基-2-庚烯	C_8H_{16}	0.7221	64.47	721.35	1.41000	5.58						44005.68ᵖ	20.70ᵖ
271	反-3-甲基-3-庚烯	C_8H_{16}	0.7329	61.58	732.14	1.41600	4.83					326.78ᵖ	43959.19ᵖ	21.58ᵖ
272	2-乙基-1-己烯	C_8H_{16}	0.7315	61.94	730.76	1.41320	5.03	1.5453	2.1347	0.547	0.345	303.80	44083.09ᵖ	25.38
273	3-乙基-1-己烯	C_8H_{16}	0.7197	65.12	718.96	1.40500	6.89						44127.71ᵖ	20.74ᵖ
274	4-乙基-1-己烯	C_8H_{16}	0.7305	62.21	729.74	1.41000	6.41						44142.82ᵖ	22.01ᵖ
275	2,3-二甲基-1-己烯	C_8H_{16}	0.7258	63.47	725.05	1.40890	6.99	1.5039	1.9981	0.417	0.278	292.65	44056.35ᵖ	20.32
276	2,3-二甲基-2-己烯	C_8H_{16}	0.7452	58.38	744.48	1.42440	4.69						43932.69ᵖ	23.55ᵖ
277	顺-2,2-二甲基-3-己烯	C_8H_{16}	0.7171	65.81	716.44	1.40740	9.03		1.8959ᵖ				44124.00ᵖ	11.93ᵖ
278	2,3,3-三甲基-1-戊烯	C_8H_{16}	0.7398	59.76	739.09	1.41510	7.58	1.5712	2.0663	0.368	0.255	275.94	44045.66ᵖ	23.21ᵖ
279	2,4,4-三甲基-1-戊烯	C_8H_{16}	0.7193	65.22	718.59	1.40600	10.76	1.5640	2.0972	0.365	0.252	284.33	43969.88	19.25
280	2,4,4-三甲基-2-戊烯	C_8H_{16}	0.7260	63.40	725.30	1.41350	8.88						43998.48	19.68
	单烯烃，$C_9 \sim C_{20}$													
281	1-壬烯	C_9H_{18}	0.7330	61.53	732.31	1.41333	1.52	1.5299	2.1090	0.700	0.429	291.67	44080.30	22.56
282	1-癸烯	$C_{10}H_{20}$	0.7450	58.44	744.25	1.41913	0.51	1.5338	2.1072	0.885	0.503	280.80	44015.91	23.06
283	1-十一烯	$C_{11}H_{22}$	0.7541	56.14	753.36	1.42383	0.17	1.5367	2.1052	1.085	0.592	271.01	43963.38	24.40
284	1-十二烯	$C_{12}H_{24}$	0.7625	54.08	761.71	1.42782	0.068	1.5393	2.1113	1.336	0.684	257.29	43920.84	25.17
285	1-十三烯	$C_{13}H_{26}$	0.7705	52.14	769.75	1.43118	0.021	1.5414	2.1246	1.613	0.783	252.23	43882.72ᵖ	25.79

续表

组分序号	名称	化学式	溶解度参数(25℃)/(J/cm³)^0.5	闪点/℃	理想气体(25℃)生成热/(kJ/kg)	理想气体Gibbs自由能(25℃,常压)/(kJ/kg)	熔解热(25℃)/(kJ/kg)	膨胀系数(15.6℃)	苯胺点/℃	辛烷值 马达法	辛烷值 研究法	燃烧限(体,在空气中)/% 下限	燃烧限(体,在空气中)/% 上限	Watson特性因数
267	2-甲基-1-庚烯	C_8H_{16}	15.181	10.00	-851.38[P]	828.49		0.00063		66.3	70.2	0.9[P]	6.9[P]	12.28
268	3-甲基-1-庚烯	C_8H_{16}			-804.21[P]			0.00067				0.93[P]	7.16[P]	12.37
269	4-甲基-1-庚烯	C_8H_{16}			-791.75[P]			0.00063				0.93[P]	7.16[P]	12.29
270	反-6-甲基-2-庚烯	C_8H_{16}			-903.95[P]			0.00054		65.5	71.3	0.93[P]	6.97[P]	12.31
271	反-3-甲基-3-庚烯	C_8H_{16}			-937.80[P]			0.00064				0.93[P]	6.64[P]	12.13
272	2-乙基-1-己烯	C_8H_{16}	15.420	5.85[P]	-863.85[P]	812.87		0.00064				0.9[P]	6.9[P]	12.18
273	3-乙基-1-己烯	C_8H_{16}			-789.08[P]			0.00067				0.93[P]	7.16[P]	12.28
274	4-乙基-1-己烯	C_8H_{16}			-773.92[P]			0.0005				0.93[P]	7.0[P]	12.13
275	2,3-二甲基-1-己烯	C_8H_{16}	15.129	7.85	-870.08[P]	824.13		0.00068		83.6	96.3	0.9[P]	7.0[P]	12.18
276	2,3-二甲基-2-己烯	C_8H_{16}			-966.30[P]			0.00065		79.3	97.1	0.93[P]	6.34[P]	11.98
277	顺-2,2-二甲基-3-己烯	C_8H_{16}			-810.44[P]			0.00063		88.0	+0.7	0.93[P]	6.66[P]	12.27
278	2,3,3-三甲基-1-戊烯	C_8H_{16}	14.520	-9.15	-897.72[P]	773.01	78.21	0.00069		85.7	+0.6	0.93[P]	6.66[P]	11.92
279	2,4,4-三甲基-1-戊烯	C_8H_{16}			-983.18			0.00063		86.5	+0.6	0.9[P]	6.7[P]	12.19
280	2,4,4-三甲基-2-戊烯	C_8H_{16}	14.980	-17.15	-934.20	832.68	60.62	0.00063	32.2	86.2	+0.3	0.9[P]	6.4[P]	12.12
	单烯烃，$C_9 \sim C_{20}$													
281	1-壬烯	C_9H_{18}	15.721	26.85[P]	-823.28	882.65	143.05	0.00059	38.0			0.6[P]	6.0[P]	12.43
282	1-癸烯	$C_{10}H_{20}$	15.819	47.00	-888.43	853.52	98.49	0.0006	44.1			0.55	5.7	12.45
283	1-十一烯	$C_{11}H_{22}$	15.960	70.85	-941.08	829.68	110.15					0.5[P]	5.3[P]	12.50
284	1-十二烯	$C_{12}H_{24}$	16.089	48.45	-981.99	812.79	118.33					0.4[P]	5.0[P]	12.55
285	1-十三烯	$C_{13}H_{26}$	16.073	79.00	-1022.65[P]	785.34	125.36					0.4[P]	4.7[P]	12.58

续表

组分序号	名　　称	化学式	自燃点/℃	OELs/(mg/m³)		
				MAC	PC-TWA	PC-STEL
267	2-甲基-1-庚烯	C_8H_{16}	251			
268	3-甲基-1-庚烯	C_8H_{16}				
269	4-甲基-1-庚烯	C_8H_{16}	275			
270	反-6-甲基-2-庚烯	C_8H_{16}				
271	反-3-甲基-3-庚烯	C_8H_{16}				
272	2-乙基-1-己烯	C_8H_{16}	327			
273	3-乙基-1-己烯	C_8H_{16}	279			
274	4-乙基-1-己烯	C_8H_{16}				
275	2，3-二甲基-1-己烯	C_8H_{16}	317			
276	2，3-二甲基-2-己烯	C_8H_{16}				
277	顺-2，2，二甲基-3-己烯	C_8H_{16}				
278	2，3，3-三甲基-1-戊烯	C_8H_{16}				
279	2，4，4-三甲基-1-戊烯	C_8H_{16}	391			
280	2，4，4-三甲基-2-戊烯	C_8H_{16}	308			
	单烯烃，C₉~C₂₀					
281	1-壬烯	C_9H_{18}	244			
282	1-癸烯	$C_{10}H_{20}$	235			
283	1-十一烯	$C_{11}H_{22}$	236.8			
284	1-十二烯	$C_{12}H_{24}$	255			
285	1-十三烯	$C_{13}H_{26}$	230			

续表

组分序号	名　称	化学式	相对分子质量	正常沸点/℃	正常冰点/℃	临界性质 温度/℃	压力/kPa	体积/(m³/kg)	压缩因数	偏心因数
286	1-十四烯	$C_{14}H_{28}$	196.38	251.10	-12.85	418.85[P]	1660.03[P]	0.00416[P]	0.236	0.644885
287	1-十五烯	$C_{15}H_{30}$	210.40	268.46	-3.73	434.85[P]	1570.04[P]	0.00416[P]	0.233	0.681504
288	1-十六烯	$C_{16}H_{32}$	224.43	284.87	4.36	448.85[P]	1480.03[P]	0.00416[P]	0.230	0.724224
289	1-十七烯	$C_{17}H_{34}$	238.46	300.33	11.25	462.85[P]	1410.03[P]	0.00416[P]	0.229	0.750312
290	1-十八烯	$C_{18}H_{36}$	252.48	314.82	17.61	474.85[P]	1340.03[P]	0.00416[P]	0.226	0.794275
291	1-十九烯	$C_{19}H_{38}$	266.51	329.02	23.40	486.85[P]	1280.03[P]	0.00413[P]	0.223	0.832458
292	1-二十烯	$C_{20}H_{40}$	280.54	342.39	28.61	497.85[P]	1220.03[P]	0.00413[P]	0.221	0.880365
	双烯烃，$C_3 \sim C_5$									
293	丙二烯	C_3H_4	40.06	-34.50	-136.28	120.00	5090.11[P]	0.00412[P]	0.257	0.131481
294	1,2-丁二烯	C_4H_6	54.09	10.85	-136.20	178.85[P]	4360.09[P]	0.00407[P]	0.255	0.165877
295	1,3-丁二烯	C_4H_6	54.09	-4.41	-108.90	152.02	4277.09	0.00407	0.267	0.189465
296	1,2-戊二烯	C_5H_8	68.12	44.86	-137.26	226.85[P]	3800.08[P]	0.00405[P]	0.252	0.154153
297	顺-1,3-戊二烯	C_5H_8	68.12	44.07	-140.80[P]	225.85[P]	3740.08[P]	0.00405[P]	0.249	0.146995
298	反-1,3-戊二烯	C_5H_8	68.12	42.02	-87.44	226.85[P]	3740.08[P]	0.00405[P]	0.248	0.116159
299	1,4-戊二烯	C_5H_8	68.12	25.96	-148.29	205.85[P]	3740.08[P]	0.00445[P]	0.285	0.0836524
300	2,3-戊二烯	C_5H_8	68.12	48.25	-125.65	223.85[P]	3800.08[P]	0.00443[P]	0.271	0.218362
301	3-甲基-1,2-丁二烯	C_5H_8	68.12	40.85	-113.62	216.85[P]	3830.08[P]	0.00427[P]	0.274	0.187439
302	2-甲基-1,3-丁二烯	C_5H_8	68.12	34.06	-145.88[P]	210.85[P]	3950.11[P]	0.00405[P]	0.264	0.158323
	双烯烃，$C_6 \sim C_{10}$									
303	2,3-二甲基-1,3-丁二烯	C_6H_{10}	82.15	68.76	-76.02	252.83	3519.90	0.00383	0.254	0.214241

续表

组分序号	名称	化学式	相对密度(15.6/15.6℃)	API度	液体密度(15.6℃)/(kg/m³)	液体折射率(25℃)	蒸气压(37.78℃)/kPa	比热容(15.6℃,定压)/[kJ/(kg·℃)] 理想气体	液体	运动黏度/(mm²/s) 37.8℃	98.9℃	汽化热(正常沸点下)/(kJ/kg)	低热值(25℃)/(kJ/kg)	表面张力/(10^{-5} N/cm)
286	1-十四烯	$C_{14}H_{28}$	0.7755	50.95	774.77	1.43412	0.0076	1.5433	2.1214	1.935	0.906	243.70	43851.11^P	26.35
287	1-十五烯	$C_{15}H_{30}$	0.7804	49.82	779.63	1.43669	0.0028	1.5449	2.1203	2.316	1.025	236.28	43823.44^P	26.88
288	1-十六烯	$C_{16}H_{32}$	0.7856	48.61	784.84	1.43907	0.00069	1.5464	2.1358	2.746	1.174	226.20	43801.13	27.32
289	1-十七烯	$C_{17}H_{34}$	0.7886	47.92	787.86	1.44100	<0.0006	1.5476	2.1202	3.224	1.313	218.50	43778.12^P	27.73
290	1-十八烯	$C_{18}H_{36}$	0.7923	47.10	791.47	1.44280	<0.0006	1.5486	1.5759^P	3.755	1.481	212.74	43759.29^P	28.08
291	1-十九烯	$C_{19}H_{38}$	0.7954	46.40	794.62	1.44500	<0.0006	1.5499	2.0686^P	4.373	1.655	207.19	43742.32^P	28.42
292	1-二十烯	$C_{20}H_{40}$	0.7981	45.80	797.30	1.44590	<0.0006	1.5506	1.9750	5.063	1.842	202.85	43604.95^P	28.73
双烯烃，$C_3 \sim C_5$														
293	丙二烯	C_3H_4	0.5943	106.59	593.74	1.41690	974.02	1.4376	2.0704^P	0.215		499.13	46302.23	9.40
294	1,2-丁二烯	C_4H_6	0.6576	83.68	656.93	1.42050	252.50	1.4345	2.2650	0.265	0.225	440.14	45480.08	14.94
295	1,3-丁二烯	C_4H_6	0.6281	93.79	627.47	1.42930	409.06	1.4250	2.2361	0.203	0.127	414.54	44506.60	12.45
296	1,2-戊二烯	C_5H_8	0.6977	71.31	697.00	1.41773	79.30	1.4400	2.0646	0.267		394.44	44697.44	18.48
297	顺-1,3-戊二烯	C_5H_8	0.6964	71.69	695.75	1.43291	81.51	1.3863	2.1130	0.267		391.64	43852.04	18.33
298	反-1,3-戊二烯	C_5H_8	0.6811	76.24	680.47	1.42669	87.61	1.4142	2.1527	0.273		389.79	44569.59	16.75
299	1,4-戊二烯	C_5H_8	0.6663	80.88	665.61	1.38542	150.96	1.4000	2.1210			359.31	44241.84	15.52
300	2,3-戊二烯	C_5H_8	0.7002	70.57	699.55	1.42509	69.97	1.5171	2.2064	0.266		407.26	44569.59	18.27
301	3-甲基-1,2-丁二烯	C_5H_8	0.6916	73.10	690.92	1.41692	91.13	1.4390	2.2037	0.266		391.08	44481.73	16.49
302	2-甲基-1,3-丁二烯	C_5H_8	0.6864	74.64	685.76	1.41852	115.00	1.4640	2.1884			375.90	43780.91	16.38
双烯烃，$C_6 \sim C_{10}$														
303	2,3-二甲基-1,3-丁二烯	C_6H_{10}	0.7323	61.72	731.62	1.43620	34.21			0.326		352.07	43645.16	19.81

续表

组分序号	名称	化学式	溶解度参数(25℃)/(J/cm³)^0.5	闪点/℃	理想气体生成热(25℃)/(kJ/kg)	理想气体 Gibbs 自由能(25℃,常压)/(kJ/kg)	熔解热(25℃)/(kJ/kg)	膨胀系数(15.6℃)	苯胺点/℃	辛烷值 马达法	辛烷值 研究法	燃烧限(体,在空气中)/% 下限	燃烧限(体,在空气中)/% 上限	Watson 特性因数
286	1-十四烯	$C_{14}H_{28}$	16.105	110.00	-1054.94P	770.02	129.66					0.4P	4.5P	12.65
287	1-十五烯	$C_{15}H_{30}$	16.120	111.85P	-1082.93P	756.79	140.72					0.3P	4.3P	12.71
288	1-十六烯	$C_{16}H_{32}$	16.071	132.00	-1111.38	746.07	134.70					0.3P	4.1P	12.75
289	1-十七烯	$C_{17}H_{34}$	15.999	134.85P	-1128.61P	743.33	131.59					0.3P	4.0P	12.82
290	1-十八烯	$C_{18}H_{36}$	15.985	148.00P	-1147.84P	729.83	129.28					0.3P	3.8P	12.86
291	1-十九烯	$C_{19}H_{38}$	15.989	156.85P	-1165.05P	723.34	125.86					0.3P	3.7P	12.91
292	1-二十烯	$C_{20}H_{40}$		166.85P	-1180.18P	716.79	125.02					0.3P	3.6P	12.97
	双烯烃, $C_3 \sim C_5$													
293	丙二烯	C_3H_4	14.010		4751.70	5008.62						2.1	22.6P	12.70
294	1,2-丁二烯	C_4H_6	16.210	-64.15P	2998.51	3669.16	128.84	0.00098				2.0P	12.0P	12.16
295	1,3-丁二烯	C_4H_6	15.600	-40.15P	2018.22	2766.09	147.76	0.00113				2.0	11.5	12.50
296	1,2-戊二烯	C_5H_8	16.109	-40.15P	2064.03	3008.97		0.00083				1.5P	12.3P	11.90
297	顺-1,3-戊二烯	C_5H_8	16.019	-41.15P	1214.45	2212.65	82.87	0.00082				1.6P	13.1P	11.91
298	反-1,3-戊二烯	C_5H_8	15.749	-43.15P	1112.56	2142.25	104.99	0.00085				1.6P	13.1P	12.15
299	1,4-戊二烯	C_5H_8	14.550	-55.15P	1560.67	2509.87	89.25	0.00083				1.6P	13.1P	12.21
300	2,3-戊二烯	C_5H_8	16.470	-37.15P	1952.23	2922.41		0.00083				1.6P	12.1P	11.90
301	3-甲基-1,2-丁二烯	C_5H_8	15.860	-43.15P	1893.70	2897.47	116.93	0.00086		42.4	61.0	1.6P	15.2P	11.95
302	2-甲基-1,3-丁二烯	C_5H_8	15.330	-53.89	1111.02	2140.40	72.25	0.00086		81.0	99.1	2.0	9.0	11.96
	双烯烃, $C_6 \sim C_{10}$													
303	2,3-二甲基-1,3-丁二烯	C_6H_{10}	16.011	-22.02	549.22P	1753.60						1.31		11.61

续表

组分序号	名　称	化学式	自燃点/℃	MAC	OELs/(mg/m³) PC-TWA	PC-STEL
286	1-十四烯	$C_{14}H_{28}$	235			
287	1-十五烯	$C_{15}H_{30}$	230			
288	1-十六烯	$C_{16}H_{32}$	240			
289	1-十七烯	$C_{17}H_{34}$	230			
290	1-十八烯	$C_{18}H_{36}$	250			
291	1-十九烯	$C_{19}H_{38}$	230			
292	1-二十烯	$C_{20}H_{40}$	230			
	双烯烃，$C_3 \sim C_5$					
293	丙二烯	C_3H_4				
294	1,2-丁二烯	C_4H_6				
295	1,3-丁二烯	C_4H_6	420		5	
296	1,2-戊二烯	C_5H_8				
297	顺-1,3-戊二烯	C_5H_8				
298	反-1,3-戊二烯	C_5H_8				
299	1,4-戊二烯	C_5H_8				
300	2,3-戊二烯	C_5H_8				
301	3-甲基-1,2-丁二烯	C_5H_8				
302	2-甲基-1,3-丁二烯	C_5H_8	220			
	双烯烃，$C_6 \sim C_{10}$					
303	2,3-二甲基-1,3-丁二烯	C_6H_{10}				

续表

组分序号	名　称	化学式	相对分子质量	正常沸点/℃	正常冰点/℃	临界性质 温度/℃	临界性质 压力/kPa	临界性质 体积/(m³/kg)	临界性质 压缩因数	偏心因数
304	1,2-己二烯	C_6H_{10}	82.15	76.00		253.23P	3353.93P	0.00402P	0.25335	0.271
305	1,5-己二烯	C_6H_{10}	82.15	59.46	−140.68	233.85	3350.07P	0.00413P	0.269	0.232144
306	2,3-己二烯	C_6H_{10}	82.15	68.00		241.17P	3353.93P	0.00402P	0.25929	0.271
307	3-甲基-1,2-戊二烯	C_6H_{10}	82.15	70.00		250.23P	3495.44P	0.00393P	0.25913	0.228
308	2-甲基-1,5-己二烯	C_7H_{12}	96.17	88.11		415.18P	3018.43P	0.00393P	0.19920	0.288
309	2-甲基-2,4-己二烯	C_7H_{12}	96.17	111.50		477.66P	3018.43P	0.00393P	0.18262	0.287
310	2,6-辛二烯	C_8H_{14}	110.20	124.50		491.74P	2708.73P	0.00400P	0.18775	0.370
311	2,6-二甲基-1,5-庚二烯	C_9H_{16}	124.23	142.78		536.10P	2555.03P	0.00386P	0.18224	0.345
312	3,7-二甲基-1,6-辛二烯	$C_{10}H_{18}$	138.25	161.11		568.64P	2339.42P	0.00387P	0.17882	0.445

续表

组分序号	名　称	化学式	相对密度 (15.6/15.6℃)	API度	液体密度 (15.6℃)/ (kg/m³)	液体折射率 (25℃)	蒸气压 (37.78℃) /kPa	比热容[15.6℃,定压)/[kJ/(kg·℃)] 理想气体	比热容 液体	运动黏度/(mm²/s) 37.8℃	运动黏度 98.9℃	汽化热 (正常沸点下)/ (kJ/kg)	低热值 (25℃)/ (kJ/kg)	表面张力/(10⁻⁵ N/cm)
304	1,2-己二烯	C_6H_{10}	0.7198	65.09	719.08	1.42520			1.8404P			499.59	43167.49P	19.99P
305	1,5-己二烯	C_6H_{10}	0.6975	71.37	696.79	1.40100	48.46		1.8428P	0.326		335.02	44039.39P	18.37
306	2,3-己二烯	C_6H_{10}	0.6849	75.10	684.21	1.39200			1.8415P			486.36	38085.09P	15.58P
307	3-甲基-1,2-戊二烯	C_6H_{10}	0.7197	65.12	718.96	1.42200			1.8412P			489.31	44751.13P	19.09P
308	2-甲基-1,5-己二烯	C_7H_{12}	0.7234	64.11	722.67				1.8727P			587.72	37821.03P	20.52P
309	2-甲基-2,4-己二烯	C_7H_{12}	0.7480	57.86	747.24				1.8798P			650.58	36378.48P	22.65P
310	2,6-辛二烯	C_8H_{14}	0.7473	57.86	746.52				1.9621P			597.71	44077.04P	14.69P
311	2,6-二甲基-1,5-庚二烯	C_9H_{16}	0.7712	51.97	771.48				1.9754P			562.15	40396.75P	25.11P
312	3,7-二甲基-1,6-辛二烯	$C_{10}H_{18}$	0.7610	54.43	760.30				2.0345P			537.65	43946.41P	23.46P

续表

组分序号	名　称	化学式	溶解度参数(25℃)/(J/cm³)^0.5	闪点/℃	理想气体生成热(25℃)/(kJ/kg)	理想气体Gibbs自由能(25℃,常压)/(kJ/kg)	熔解热(25℃)/(kJ/kg)	膨胀系数(15.6℃)	苯胺点/℃	辛烷值 马达法	辛烷值 研究法	燃烧限(体,在空气中)/% 下限	燃烧限(体,在空气中)/% 上限	Watson特性因数
304	1,2-己二烯	C₆H₁₀			-800.67ᴾ			0.00072				1.31ᴾ		11.90
305	1,5-己二烯	C₆H₁₀	15.029	-46.00	1023.13	2165.48		0.00078		37.6	71.1	1.3ᴾ	10.9ᴾ	12.08
306	2,3-己二烯	C₆H₁₀			2601.03ᴾ			0.00085				1.31ᴾ		12.41
307	3-甲基-1,2-戊二烯	C₇H₁₂			833.75ᴾ			0.00081				1.31ᴾ		11.83
308	2-甲基-1,5-戊二烯	C₇H₁₂			1058.23ᴾ			0.00071				1.11ᴾ	9.23ᴾ	11.98
309	2-甲基-2,4-戊二烯	C₇H₁₂			651.72ᴾ			0.00058				1.11ᴾ	9.0ᴾ	11.83
310	2,6-辛二烯	C₈H₁₄			418.89ᴾ			0.00058				0.97ᴾ	7.97ᴾ	11.97
311	2,6-二甲基-1,5-庚二烯	C₉H₁₆			76.07ᴾ			0.00053				0.86ᴾ	7.03ᴾ	11.77
312	3,7-二甲基-1,6-辛二烯	C₁₀H₁₈			-524.74ᴾ			0.00056				0.77ᴾ	6.31ᴾ	12.1

续表

组分序号	名　称	化学式	自燃点/℃	OEIs/(mg/m³) MAC	OEIs/(mg/m³) PC-TWA	OEIs/(mg/m³) PC-STEL
304	1,2-己二烯	C₆H₁₀				
305	1,5-己二烯	C₆H₁₀	319			
306	2,3-己二烯	C₆H₁₀				
307	3-甲基-1,2-戊二烯	C₇H₁₂				
308	2-甲基-1,5-戊二烯	C₇H₁₂				
309	2-甲基-2,4-戊二烯	C₇H₁₂				
310	2,6-辛二烯	C₈H₁₄				
311	2,6-二甲基-1,5-庚二烯	C₉H₁₆				
312	3,7-二甲基-1,6-辛二烯	C₁₀H₁₈				

注：1. 数据中的上角标的字母表示为：E—在饱和压力下（三相点）；G—在沸点条件下；H—临界溶解温度，而不是苯胺点；S—预测值或实验值；P—预测值；W—固体状态下的净燃烧热；Z—估算值；W—固体状态下的净燃烧热；Y—气体状态下的净燃烧热；

2. 辛烷值列中"+"号后的数字表示要达到该异辛烷值所需加入四乙基铅的毫升数。

表 1-1-4　环烯烃和炔烃主要性质

组分序号	名　称	化学式	相对分子质量	正常沸点/℃	正常冰点/℃	临界性质				偏心因数
						温度/℃	压力/kPa	体积/(m³/kg)	压缩因数	
	烷基环戊烯，$C_5 \sim C_8$									
313	环戊烯	C_5H_8	68.12	44.23	-135.02^P	233.85	4802.10	0.00360	0.279	0.195859
314	1-甲基-环戊烯	C_6H_{10}	82.15	75.49	-126.53	272.46^P	4131.84^P	0.00370^P	0.27652	0.229
315	1-乙基-环戊烯	C_7H_{12}	96.17	106.33	-118.40	305.22^P	3593.23^P	0.00373^P	0.26803	0.237
316	3-乙基-环戊烯	C_7H_{12}	96.17	97.77		305.22^P	5380.05^P	0.00295^P	0.31740	0.311
317	1-正丙基-环戊烯	C_8H_{14}	110.20	131.22		326.92^P	2943.13^P	0.00375^P	0.24288	0.327
	烷基环己烯，$C_6 \sim C_8$									
318	环己烯	C_6H_{10}	82.15	82.97	-103.48^P	287.25	4350.09^P	0.00354^P	0.272	0.212302
319	1-甲基-环己烯	C_7H_{12}	96.17	110.30	-120.40	316.45^P	3794.64^P	0.00362^P	0.26945	0.255
320	1-乙基-环己烯	C_8H_{14}	110.20	136.99	-109.96	342.27^P	3334.24^P	0.00366^P	0.26273	0.269
	环戊二烯，$C_5 \sim C_{10}$									
321	环戊二烯	C_5H_6	66.10	41.50	-85.00	233.85^P	5150.11^P	0.00340^P	0.275	0.202005
322	双环戊二烯	$C_{10}H_{12}$	132.31	169.85	32.00	386.85^P	3030.06^P	0.00337^P	0.248	0.288011
	不饱和环烯，$C_{10}H_{16}$									
323	α-蒎烯	$C_{10}H_{16}$	136.24	156.14	-64.00	370.85	2760.06^P	0.00333	0.234	0.220949
324	β-蒎烯	$C_{10}H_{16}$	136.24	166.04	-61.54	369.85^P	2760.06^P	0.00363^P	0.255	0.324932
	炔烃，$C_2 \sim C_4$									
325	乙炔	C_2H_2	26.04	-83.80	-80.75	35.17	6139.14	0.00434	0.271	0.1873

续表

组分序号	名　称	化学式	相对密度 (15.6/15.6℃)	API度	液体密度 (15.6℃)/(kg/m³)	液体折射率 (25℃)	蒸气压 (37.78℃)/kPa	比热容(15.6℃,定压)/[kJ/(kg·℃)] 理想气体	液体	运动黏度/(mm²/s) 37.8℃	98.9℃	汽化热(正常沸点下)/(kJ/kg)	低热值(25℃)/(kJ/kg)	表面张力/(10⁻⁵ N/cm)
	烷基环戊烯，C₅~C₈													
313	环戊烯	C_5H_8	0.7773	50.54	776.52	1.41940	80.95	1.1453	1.7571	0.388	0.260	394.57	43121.70	22.11
314	1-甲基-环戊烯	C_6H_{10}	0.7854	48.66	784.62	1.43020			1.8405P			508.55	42976.65	22.21P
315	1-乙基-环戊烯	C_7H_{12}	0.8030	44.71	802.24	1.43840			1.8668P			473.85	43094.50	24.56P
316	3-乙基-环戊烯	C_7H_{12}	0.7878	48.11	787.02	1.42910			1.8671P			499.73	43232.57	22.78P
317	1-正丙基-环戊烯	C_8H_{14}	0.8061	44.03	805.35				1.8971P			433.07	43137.04	25.11P
	烷基环己烯，C₆~C₈													
318	环己烯	C_6H_{10}	0.8159	41.93	815.08	1.44377	20.77	1.1849	1.7677	0.664	0.396	370.09	42968.98	26.02
319	1-甲基-环己烯	C_7H_{12}	0.8166	41.78	815.78	1.44784			1.4569P			482.55	42858.10	25.43P
320	1-乙基-环己烯	C_8H_{14}	0.8269	39.62	826.08	1.45437			1.4837P				42934.81	27.03P
	环戊二烯，C₅~C₁₀													
321	环戊二烯	C_5H_6	0.8082	43.58	807.39	1.44040	89.89	1.0965	1.8752	0.348	0.230	385.33	42300.47P	21.66
322	双环戊二烯	$C_{10}H_{12}$	1.0032	9.55	1002.17	1.50610	0.78	1.1287	1.7896P	0.795	0.455	283.38	41839.53P	30.69
	不饱和环烯，C₁₀H₁₆													
323	α-蒎烯	$C_{10}H_{16}$	0.8652	32.05	864.33	1.46590	1.22	0.9980	1.5894	1.412	0.701	272.81	42911.80	25.68
324	β-蒎烯	$C_{10}H_{16}$	0.8750	30.22	874.11	1.47680	0.83		1.5785	1.451	0.658	274.51	42985.25	26.85
	炔烃，C₂~C₄													
325	乙炔	C_2H_2	0.4177	207.30	417.24			1.6580				640.28	48244.31	1.19

续表

组分序号	名　　称	化学式	溶解度参数(25℃)/(J/cm³)^0.5	闪点/℃	理想气体生成热(25℃)/(kJ/kg)	理想气体Gibbs自由能(25℃,常压)/(kJ/kg)	熔解热(25℃)/(kJ/kg)	膨胀系数(15.6℃)	苯胺点/℃	辛烷值 马达法	辛烷值 研究法	燃烧限(体,在空气中)/% 下限	燃烧限(体,在空气中)/% 上限	Watson特性因数
	烷基环戊烯, C$_5$~C$_8$													
313	环戊烯	C$_5$H$_8$	16.889	−29.15	485.60	1621.12	49.40	0.00078	−25.6	69.7	93.3	1.5^P	12.1^P	10.68
314	1-甲基-环戊烯	C$_6$H$_{10}$			1043.98^P			0.00068	−7.0	72.9	93.6	1.31^P	9.82^P	10.90
315	1-乙基-环戊烯	C$_7$H$_{12}$			−204.71^P			0.00065	1.2	72.0	90.3	1.11^P	8.38^P	10.97
316	3-乙基-环戊烯	C$_7$H$_{12}$			−84.17^P			0.00064		71.4	90.8	1.11^P	8.71^P	11.09
317	1-正丙基-环戊烯	C$_8$H$_{14}$			−366.36^P			0.00055	14.2			0.97^P	7.35^P	11.16
	烷基环己烯, C$_6$~C$_8$													
318	环己烯	C$_6$H$_{10}$	17.419	−30.00	−55.96	1310.24	40.10	0.00066	−20.0	63.0	83.9	1.2	4.8	10.57
319	1-甲基-环己烯	C$_7$H$_{12}$			−377.38^P			0.00066		72.0	89.2	1.11^P	8.38^P	10.82
320	1-乙基-环己烯	C$_8$H$_{14}$	17.413		−509.95^P			0.00057		70.5	85.0	0.97^P	7.35^P	10.93
	环戊二烯, C$_5$~C$_{10}$													
321	环戊二烯	C$_5$H$_6$	16.860	−48.15^P	1977.45	2636.59						1.7^P	14.6^P	10.24
322	双环戊二烯	C$_{10}$H$_{12}$	17.800	32.22	1482.34	2834.66	3.79					1.0	8.3^P	9.24
	不饱和环烃, C$_{10}$H$_{16}$													
323	α-蒎烯	C$_{10}$H$_{16}$	16.269	30.00	207.59	1584.44						0.8	6.6^P	10.61
324	β-蒎烯	C$_{10}$H$_{16}$	16.650	30.85	283.88	1811.83						0.8^P	6.7^P	1.57
	炔烃, C$_2$~C$_4$													
325	乙炔	C$_2$H$_2$	18.780	−18.15	8758.44	8086.02	128.60					2.5	80.0	16.72

续表

组分序号	名　称	化学式	自燃点/℃	OELs/(mg/m³) MAC	OELs/(mg/m³) PC-TWA	PC-STEL
	烷基环戊烯，C₅~C₈					
313	环戊烯	C_5H_8	395			
314	1-甲基-环戊烯	C_6H_{10}				
315	1-乙基-环戊烯	C_7H_{12}				
316	3-乙基-环戊烯	C_7H_{12}				
317	1-正丙基-环戊烯	C_8H_{14}				
	烷基环己烯，C₆~C₈					
318	环己烯	C_6H_{10}	310			
319	1-甲基-环己烯	C_7H_{12}				
320	1-乙基-环己烯	C_8H_{14}				
	环戊二烯，C₅~C₁₀					
321	环戊二烯	C_5H_6	640		25	
322	双环戊二烯	$C_{10}H_{12}$	510			
	不饱和环烃，C₁₀H₁₆					
323	α-蒎烯	$C_{10}H_{16}$	255			
324	β-蒎烯	$C_{10}H_{16}$	255			
	炔烃，C₂~C₄					
325	乙炔	C_2H_2	305			

续表

组分序号	名　　称	化学式	相对分子质量	正常沸点/℃	正常冰点/℃	临界性质 温度/℃	临界性质 压力/kPa	临界性质 体积/(m³/kg)	压缩因数	偏心因数
326	丙炔(甲基乙炔)	C_3H_4	40.06	-23.21	-102.70	129.24	5628.12	0.00409	0.276	0.216117
327	2-丁炔(二甲基乙炔)	C_4H_6	54.09	26.98	-32.24	200.05ᴾ	4870.11ᴾ	0.00409ᴾ	0.274	0.238542
328	1-丁炔(乙基乙炔)	C_4H_6	54.09	8.07	-125.72	170.05ᴾ	4950.11ᴾ	0.00410ᴾ	0.298	0.246864
329	乙烯基乙炔	C_4H_4	52.08	5.10		180.85ᴾ	4860.10ᴾ	0.00394ᴾ	0.264	0.106852
	炔烃，C₅~C₁₀									
330	1-戊炔	C_5H_8	68.12	40.18	-105.70	208.05ᴾ	4170.09ᴾ	0.00407ᴾ	0.289	0.289925
331	2-戊炔	C_5H_8	68.12	56.12	-109.32	245.85ᴾ	4030.09ᴾ	0.00405ᴾ	0.258	0.175199
332	3-甲基-1-丁炔	C_5H_8	68.12	29.00	-89.70	190.05ᴾ	4200.09ᴾ	0.00404ᴾ	0.300	0.308085
333	1-己炔	C_6H_{10}	82.15	71.33	-131.90	243.05ᴾ	3620.08ᴾ	0.00392ᴾ	0.272	0.322699
334	1-庚炔	C_7H_{12}	96.17	99.78	-80.93	285.85ᴾ	3140.07ᴾ	0.00401ᴾ	0.261	0.272805
335	1-辛炔	C_8H_{14}	110.20	126.20	-79.60	311.85ᴾ	2820.06ᴾ	0.00400ᴾ	0.256	0.323356
336	1-壬炔	C_9H_{16}	124.23	150.70	-50.00	324.85ᴾ	2610.05ᴾ	0.00400ᴾ	0.261	0.348
337	1-癸炔	$C_{10}H_{18}$	138.25	174.00	-44.00	326.56ᴾ	2370.05ᴾ	0.00399ᴾ	0.254	0.434

续表

组分序号	名　称	化学式	相对密度 (15.6/15.6℃)	API度	液体密度 (15.6℃)/(kg/m³)	液体折射率 (25℃)	蒸气压 (37.78℃)/kPa	比热容(15.6℃，定压)/[kJ/(kg·℃)] 理想气体	液体	运动黏度(mm²/s) 37.8℃	98.9℃	汽化热(正常沸点下)/(kJ/kg)	低热值(25℃)/(kJ/kg)	表面张力/(10⁻⁵ N/cm)
326	丙炔(甲基乙炔)	C_3H_4	0.6212	96.30	620.54	1.38630	822.92	1.4835		0.221	0.191	554.64	46112.79	11.51
327	2-丁炔(二甲基乙炔)	C_4H_6	0.6965	71.65	695.85	1.38930	148.21	1.4157	2.2924	0.278		489.20	44689.53	21.08
328	1-丁炔(乙基乙炔)	C_4H_6	0.6599	82.91	659.29	1.40090	286.48	1.4664	2.4914	0.293	0.236	454.41	45535.63	17.07
329	乙烯基乙炔	C_4H_4	0.6889	73.89	688.24	1.41610	310.62	1.3768	1.3782	0.275		467.23	45327.36[P]	17.08
	炔烃，$C_5 \sim C_{10}$													
330	1-戊炔	C_5H_8	0.7016	70.18	700.90	1.38220	93.08	1.5219	2.3530	0.469	0.341	400.74	44760.43	18.79
331	2-戊炔	C_5H_8	0.7160	66.14	715.25	1.40090	53.54	1.4087	2.0536	0.302	0.209	414.62	44439.19	22.23
332	3-甲基-1-丁炔	C_5H_8	0.6719	79.08	671.28	1.36950	136.36	1.5043	2.3543	0.477	0.293[P]	381.73	44686.98	15.68
333	1-己炔	C_6H_{10}	0.7210	64.75	720.29	1.39570	30.47	1.5301	2.2779	0.607	0.417	370.40	44538.21	20.54
334	1-庚炔	C_7H_{12}	0.7378	60.28	737.12	1.40600	10.32	1.5349	2.0933	0.657	0.431	333.76	44388.28	22.13
335	1-辛炔	C_8H_{14}	0.7511	56.89	750.38	1.41380	3.49	1.5394	2.0676	0.806	0.506	317.20	44267.88	23.67
336	1-壬炔	C_9H_{16}	0.7622	54.14	761.50	1.41950	3.47	1.5470				405.06	44161.65	24.50
337	1-癸炔	$C_{10}H_{18}$	0.7712	51.97	770.48	1.42490	0.48	1.7091				382.70	44090.52	25.40

续表

组分序号	名称	化学式	溶解度参数(25℃)/(J/cm³)^0.5	闪点/℃	理想气体生成热(25℃)/(kJ/kg)	理想气体自由Gibbs能(25℃,常压)/(kJ/kg)	熔解热(25℃)/(kJ/kg)	膨胀系数(15.6℃)	苯胺点/℃	辛烷值 马达法	辛烷值 研究法	燃烧限(体,在空气中)/% 下限	燃烧限(体,在空气中)/% 上限	Watson特性因数
326	丙炔(甲基乙炔)	C_3H_4	18.389		4612.02	4835.01						1.7	39.9[P]	12.34
327	2-丁炔(二甲基乙炔)	C_4H_6	17.480	−49.15[P]	2691.82	3416.05	170.90	0.00087		70.2	85.9	2.0[P]	41.8[P]	11.69
328	1-丁炔(乙基乙炔)	C_4H_6	16.580		3052.09	3736.59	111.58					2.0[P]	32.9[P]	12.08
329	乙烯基乙炔	C_4H_4	17.221		5845.35	5872.36						2.2	31.7	11.53
	炔烃, $C_5 \sim C_{10}$													
330	1-戊炔	C_5H_8	16.109	−34.15	2118.45	3085.26		0.00087				1.6[P]	22.3[P]	11.78
331	2-戊炔	C_5H_8	16.950	−30.15	1835.31	2797.70		0.0008				1.6[P]	25.3[P]	11.73
332	3-甲基-1-丁炔	C_5H_8	15.181	−52.15[P]	2024.56	3039.77		0.00076				1.6[P]	22.8[P]	12.15
333	1-己炔	C_6H_{10}	16.330	−21.15	1504.88	2658.19						1.3[P]	16.6[P]	11.83
334	1-庚炔	C_7H_{12}	16.150	−2.15	1070.30[P]	2358.80		0.00069				1.1[P]	13.2[P]	11.87
335	1-辛炔	C_8H_{14}	16.300	16.00	746.34[P]	2131.12		0.00061		51.5	50.5	1.0[P]	10.9[P]	11.93
336	1-壬炔	C_9H_{16}			496.33	1959.60		0.00062				0.86[P]	9.39[P]	11.99
337	1-癸炔	$C_{10}H_{18}$			296.37	1820.87		0.00058				0.82[P]	8.35[P]	12.06

续表

组分序号	名 称	化学式	自燃点/℃	MAC	OELs/(mg/m³)	
					PC–TWA	PC–STEL
326	丙炔（甲基乙炔）	C_3H_4	340			
327	2-丁炔（二甲基乙炔）	C_4H_6	323			
328	1-丁炔（乙基乙炔）	C_4H_6	319			
329	乙烯基乙炔	C_4H_4				
	炔烃，$C_5 \sim C_{10}$					
330	1-戊炔	C_5H_8	282			
331	2-戊炔	C_5H_8	302			
332	3-甲基-1-丁炔	C_5H_8	295			
333	1-己炔	C_6H_{10}	268			
334	1-庚炔	C_7H_{12}	255			
335	1-辛炔	C_8H_{14}	244			
336	1-壬炔	C_9H_{16}	233			
337	1-癸炔	$C_{10}H_{18}$	224			

注：1. 数据中的上角标的字母表示为：E—在饱和压力下（三相点）；G—在沸点条件下；H—临界溶解温度，而不是苯胺点；P—预测值；S—预测值或实验值；Y—气体状态下的净燃烧热；Z—估算值，W—固体状态下的净燃烧热；

2. 辛烷值列中"+"号后的数字表示要达到异辛烷的辛烷值所需加入四乙基铅的毫升数。

续表

表1-1-5 苯系衍生物的主要性质

组分序号	名称	化学式	相对分子质量	正常沸点/℃	正常冰点/℃	临界性质				偏心因数
						温度/℃	压力/kPa	体积(m³/kg)	压缩因数	
	烷基苯，C_6和C_7									
338	苯	C_6H_6	78.11	80.09	5.53	289.01	4898.11	0.00332	0.271	0.210024
339	甲苯	C_7H_8	92.14	110.63	−94.97	318.65	4106.09	0.00343	0.264	0.262122
	烷基苯，C_8H_{10}									
340	乙苯	C_8H_{10}	106.17	136.20	−94.95	344.05	3606.08	0.00352	0.263	0.302604
341	1,2-二甲基苯(邻二甲苯)	C_8H_{10}	106.17	144.43	−25.17	357.18	3734.08	0.00348	0.263	0.310448
342	1,3-二甲基苯(间二甲苯)	C_8H_{10}	106.17	139.12	−47.85	343.90	3536.07	0.00354	0.259	0.325855
343	1,4-二甲基苯(对二甲苯)	C_8H_{10}	106.17	138.36	13.26	343.08	3511.07	0.00357	0.260	0.321495
	烷基苯，C_9H_{12}									
344	正丙基苯	C_9H_{12}	120.19	159.24	−99.60[P]	365.23	3200.07	0.00366	0.265	0.344720
345	异丙基苯	C_9H_{12}	120.19	152.41	−96.01	357.95	3209.07	0.00355	0.261	0.325809
346	1-甲基-2-乙基苯	C_9H_{12}	120.19	165.18	−80.80[P]	378.00[P]	3039.81[P]	0.00383[P]	0.258	0.293233
347	1-甲基-3-乙基苯	C_9H_{12}	120.19	161.33	−95.54	364.00[P]	2840.06[P]	0.00408[P]	0.263	0.322552
348	1-甲基-4-乙基苯	C_9H_{12}	120.19	162.01	−62.32	367.08	3233.07	0.00355[P]	0.259	0.366325
349	1,2,3-三甲基苯	C_9H_{12}	120.19	176.12	−25.36	391.38	3454.25	0.00344[P]	0.259	0.366405
350	1,2,4-三甲基苯	C_9H_{12}	120.19	169.38	−43.82	375.98	3232.07	0.00358	0.258	0.377346
351	1,3,5-三甲基苯	C_9H_{12}	120.19	164.74	−44.73	364.21	3127.07	0.00360	0.256	0.399043
	烷基苯，$C_{10}H_{14}$									

续表

组分序号	名　称	化学式	相对密度 (15.6/15.6℃)	API度	液体密度 (15.6℃)/(kg/m³)	液体折射率 (25℃)	蒸气压 (37.78℃)/kPa	比热容(15.6℃,定压)[kJ/(kg·℃)] 理想气体	比热容 液体	运动黏度/(mm²/s) 37.8℃	运动黏度 98.9℃	汽化热(正常沸点下)/(kJ/kg)	低热值(25℃)/(kJ/kg)	表面张力/(10⁻⁵ N/cm)
	烷基苯，C$_6$和C$_7$													
338	苯	C$_6$H$_6$	0.8832	28.72	882.30	1.49792	22.16	1.0141	1.7219	0.593	0.331	393.40	40120.61	28.21
339	甲苯	C$_7$H$_8$	0.8741	30.39	873.20	1.49396	7.10	1.0872	1.6725	0.560	0.343	363.29	40498.56	27.92
	烷基苯，C$_8$H$_{10}$													
340	乙苯	C$_8$H$_{10}$	0.8737	30.46	872.89	1.49320	2.57	1.1577	1.6866	0.654	0.397	335.70	40899.53	28.59
341	1，2-二甲基苯(邻二甲苯)	C$_8$H$_{10}$	0.8849	28.41	884.02	1.50295	1.82	1.2103	1.7305	0.741	0.424	345.83	40786.56	29.60
342	1，3-二甲基苯(间二甲苯)	C$_8$H$_{10}$	0.8691	31.32	868.21	1.49464	2.26	1.1454	1.6933	0.594	0.364	340.75	40775.17	28.26
343	1，4-二甲基苯(对二甲苯)	C$_8$H$_{10}$	0.8654	32.00	864.59	1.49325	2.37	1.1417	1.6754	0.617	0.370	338.11	40786.56	27.93
	烷基苯，C$_9$H$_{12}$													
344	正丙基苯	C$_9$H$_{12}$	0.8683	31.46	867.48	1.48951	1.00	1.2264	1.7542	0.798	0.453	316.41	41191.01	28.50
345	异丙基苯	C$_9$H$_{12}$	0.8682	31.48	867.34	1.48890	1.29	1.2071	1.7362	0.747	0.423	309.14	41164.98	27.69
346	1-甲基-2-乙基苯	C$_9$H$_{12}$	0.8851	29.36	884.25	1.50208	0.75	1.2478	1.7306	0.835	0.419	316.53	41124.07	29.66
347	1-甲基-3-乙基苯	C$_9$H$_{12}$	0.8692	31.30	868.30	1.49406	0.86	1.1911	1.6685	0.786	0.420	315.39	41105.01	28.54
348	1-甲基-4-乙基苯	C$_9$H$_{12}$	0.8655	31.99	864.67	1.49244	0.87	1.1626	1.7020	0.671	0.417	317.96	41095.94	28.30
349	1，2，3-三甲基苯	C$_9$H$_{12}$	0.8985	25.99	897.59	1.51150	0.49	1.2862	1.7734	0.832	0.398	331.30	41023.65	30.75
350	1，2，4-三甲基苯	C$_9$H$_{12}$	0.8805	29.21	879.62	1.50237	0.63	1.2447	1.7598	0.874	0.442	326.93	40993.22	29.19
351	1，3，5-三甲基苯	C$_9$H$_{12}$	0.8698	31.19	868.91	1.49684	0.78	1.1869	1.7109	0.727	0.387	322.86	40982.74	27.97
	烷基苯，C$_{10}$H$_{14}$													

续表

组分序号	名称	化学式	溶解度参数(25℃)/(J/cm³)^0.5	闪点/℃	理想气体生成热(25℃)/(kJ/kg)	理想气体Gibbs自由能(25℃,常压)/(kJ/kg)	熔解热(25℃)/(kJ/kg)	膨胀系数(15.6℃)	苯胺点/℃	辛烷值 马达法	辛烷值 研究法	燃烧限(体,在空气中)/% 下限	燃烧限(体,在空气中)/% 上限	Watson特性因数
	烷基苯，C_6和C_7													
338	苯	C_6H_6	18.731	-11.15	1060.33	1658.04	126.33	0.00066	-30.0	+2.8		1.4	7.1	9.74
339	甲苯	C_7H_8	18.319	4.85	544.14	1325.37	72.08	0.0006	-30.0	+0.3	+5.8	1.2	7.1	10.11
	烷基苯，C_8H_{10}													
340	乙苯	C_8H_{10}	17.980	15.00	281.64	1230.56	86.59	0.00054	-30.0	97.9	+0.8	1.0	6.7	10.34
341	1,2-二甲基苯(邻二甲苯)	C_8H_{10}	18.389	16.85	179.60	1148.38	128.22	0.00055	-20.0	100		1.0	6.0	10.28
342	1,3-二甲基苯(间二甲苯)	C_8H_{10}	18.049	25.00	163.03	1117.89	109.08	0.00054	-30.0	+2.8	+4.0	1.1	7.0	10.42
343	1,4-二甲基苯(对二甲苯)	C_8H_{10}	17.900	25.00	196.72	1142.74	161.31	0.00054	-30.0	+1.2	+3.4	1.1	7.0	10.45
	烷基苯，C_9H_{12}													
344	正丙基苯	C_9H_{12}	17.660	30.0	65.68	1144.07	77.18	0.00054	-30.0	98.7	+1.5	0.88	6.0	10.59
345	异丙基苯	C_9H_{12}	17.439	43.85	33.26	1146.98	64.74	0.00054	-15.0	99.3	+2.1	0.88	6.5	10.54
346	1-甲基-2-乙基苯	C_9H_{12}	18.010	40.85^P	10.81	1090.86	85.73	0.0005		92.1	+0.2	0.9^P	5.5^P	10.44
347	1-甲基-3-乙基苯	C_9H_{12}	17.859	38.00^P	-14.97	1051.20	63.34	0.00054		100.0	+1.8	0.9^P	5.5^P	10.60
348	1-甲基-4-乙基苯	C_9H_{12}	17.779	36.00	-26.61	1054.27	111.19	0.00054		97.0		0.9^P	5.5^P	10.65
349	1,2,3-三甲基苯	C_9H_{12}	18.340	51.10	-78.99	1048.45	68.09	0.00045		+0.6	+0.5	0.88^P	5.2^P	10.37
350	1,2,4-三甲基苯	C_9H_{12}	18.070	45.50	-114.74	973.62	109.85	0.00049		+0.6	+1.4	0.88^P	5.2^P	10.53
351	1,3,5-三甲基苯	C_9H_{12}	17.959	44.40	-132.20	981.94	79.24	0.00054	-30.0	+0.6	+6.0	0.88	7.29	10.62
	烷基苯，$C_{10}H_{14}$													

续表

组分序号	名 称	化学式	自燃点/℃	MAC	OELs/(mg/m³) PC-TWA	OELs/(mg/m³) PC-STEL
	烷基苯，C_6和C_7					
338	苯	C_6H_6	560		6	10
339	甲苯	C_7H_8	480		50	100
	烷基苯，C_8H_{10}					
340	乙苯	C_8H_{10}	430		100	150
341	1，2-二甲基苯(邻二甲苯)	C_8H_{10}	463		50	100
342	1，3-二甲基苯(间二甲苯)	C_8H_{10}	465		50	100
343	1，4-二甲基苯(对二甲苯)	C_8H_{10}	528		50	100
	烷基苯，C_9H_{12}					
344	正丙基苯	C_9H_{12}	456			
345	异丙基苯	C_9H_{12}	424			
346	1-甲基-2-乙基苯	C_9H_{12}	440			
347	1-甲基-3-乙基苯	C_9H_{12}	480			
348	1-甲基-4-乙基苯	C_9H_{12}	475			
349	1，2，3-三甲基苯	C_9H_{12}	470			
350	1，2，4-三甲基苯	C_9H_{12}	515			
351	1，3，5-三甲基苯	C_9H_{12}	550			
	烷基苯，$C_{10}H_{14}$					

续表

组分序号	名　　称	化学式	相对分子质量	正常沸点/℃	正常冰点/℃	临界性质 温度/℃	临界性质 压力/kPa	临界性质 体积(m³/kg)	压缩因数	偏心因数
352	正丁基苯	$C_{10}H_{14}$	134.22	183.31	-87.85^P	387.40	2887.06	0.00370	0.261	0.393793
353	异丁基苯	$C_{10}H_{14}$	134.22	172.79	-51.45	377.00	3040.07	0.00340^P	0.256	0.379669
354	仲丁基苯	$C_{10}H_{14}$	134.22	173.33	-75.43	391.39	2950.06	0.00370^P	0.265	0.279149
355	叔丁基苯	$C_{10}H_{14}$	134.22	169.15	-57.88	386.85^S	2970.07^S	0.00367^P	0.266	0.267406
356	1-甲基-2-正丙基苯	$C_{10}H_{14}$	134.22	184.80	-60.20	388.85^P	2940.07^P	0.00359^P	0.257	0.407014
357	1-甲基-3-正丙基苯	$C_{10}H_{14}$	134.22	181.80	-82.58	380.85^P	2810.06^P	0.00359^P	0.249	0.412785
358	1-甲基-4-正丙基苯	$C_{10}H_{14}$	134.22	183.3	-63.60	382.85^P	2810.06^P	0.00359^P	0.248	0.413441
359	1-甲基-2-异丙基苯	$C_{10}H_{14}$	134.22	178.18	-71.51	388.85^P	2930.06^P	0.00364^P	0.260	0.337173
360	1-甲基-3-异丙基苯	$C_{10}H_{14}$	134.22	175.08	-63.71	383.85^P	2930.06^P	0.00361^P	0.260	0.341126
361	1-甲基-4-异丙基苯	$C_{10}H_{14}$	134.22	177.13	-67.90	380.00	2800.06	0.00370	0.256	0.366752
362	1,2-二乙基苯	$C_{10}H_{14}$	134.22	183.46	-31.22	394.85^P	2880.06^P	0.00374^P	0.260	0.339547
363	1,3-二乙基苯	$C_{10}H_{14}$	134.22	181.14	-83.89	389.85^P	2880.06^P	0.00364^P	0.255	0.354019
364	1,4-二乙基苯	$C_{10}H_{14}$	134.22	183.79	-42.83	384.81	2803.06	0.00370^P	0.255	0.402977
365	1,2-二甲基-3-乙基苯	$C_{10}H_{14}$	134.22	193.96	-49.51	406.85^P	2880.06^P	0.00378^P	0.258	0.362112
366	1,2-二甲基-4-乙基苯	$C_{10}H_{14}$	134.22	189.78	-66.93	393.85^P	2880.06^P	0.00365^P	0.254	0.411361
367	1,3-二甲基-2-乙基苯	$C_{10}H_{14}$	134.22	190.04	-16.26	397.85^P	3020.07^P	0.00359^P	0.261	0.406602
368	1,3-二甲基-4-乙基苯	$C_{10}H_{14}$	134.22	188.44	-62.88	391.85^P	2880.06^P	0.00359^P	0.251	0.413957
369	1,3-二甲基-5-乙基苯	$C_{10}H_{14}$	134.22	183.78	-84.33	381.85^P	2750.06^P	0.00359^P	0.243	0.416938
370	1,4-二甲基-2-乙基苯	$C_{10}H_{14}$	134.22	186.83	-53.63^P	389.85^P	2880.06^P	0.00359^P	0.252	0.411418
371	1,2,3,4-四甲基苯	$C_{10}H_{14}$	134.22	205.04	-9.26	419.85^P	3110.07^P	0.00354^P	0.256	0.417172

续表

组分序号	名　称	化学式	相对密度 (15.6/15.6℃)	API度	液体密度 (15.6℃)/(kg/m³)	液体折射率 (25℃)	蒸气压 (37.78℃)/kPa	比热容 (15.6℃, 定压)/[kJ/(kg·℃)] 理想气体	比热容 液体	运动黏度/(mm²/s) 37.8℃	运动黏度 98.9℃	汽化热(正常沸点下)/(kJ/kg)	低热值(25℃)/(kJ/kg)	表面张力/(10⁻⁵ N/cm)
352	正丁基苯	$C_{10}H_{14}$	0.8660	31.90	865.11	1.48742	0.33	1.2540	1.7823	0.948	0.519	301.67	41429.96	28.64
353	异丁基苯	$C_{10}H_{14}$	0.8577	33.47	856.87	1.48400	0.57	1.3005	1.7996	0.990	0.517	295.26	41382.31	26.98
354	仲丁基苯	$C_{10}H_{14}$	0.8657	31.96	864.80	1.48779	0.52	1.2757	1.6778	0.958	0.500	293.32	41407.65	28.02
355	叔丁基苯	$C_{10}H_{14}$	0.8713	30.90	870.46	1.49024	0.64	1.2773	1.7496	0.975	0.509	284.69	41375.57	27.63
356	1-甲基-2-正丙基苯	$C_{10}H_{14}$	0.8780	29.65	877.18	1.49740	0.32		1.5384P	0.966	0.456	302.46	41363.02	31.59
357	1-甲基-3-正丙基苯	$C_{10}H_{14}$	0.8659	31.91	865.05	1.49120	0.35		1.5390P	0.999	0.502	301.42	41334.66	29.94
358	1-甲基-4-正丙基苯	$C_{10}H_{14}$	0.8637	32.33	862.86	1.48980	0.34		1.5387P	0.982	0.528	301.50	41343.73	29.55
359	1-甲基-2-异丙基苯	$C_{10}H_{14}$	0.8812	29.09	880.28	1.49830	0.45	1.2763	1.7435	0.974	0.598	293.18	41356.28	31.01
360	1-甲基-3-异丙基苯	$C_{10}H_{14}$	0.8655	32.00	864.61	1.49050	0.51	1.2641	1.7349	0.807	0.513	291.11	41316.76	28.88
361	1-甲基-4-异丙基苯	$C_{10}H_{14}$	0.8608	32.89	859.93	1.48850	0.45	1.2597	1.7359	0.797	0.475	294.31	41321.18	28.66
362	1,2-二乙基苯	$C_{10}H_{14}$	0.8839	28.59	883.03	1.50106	0.62	1.3270	1.7695	1.068	0.502	299.65	41392.08	29.76
363	1,3-二乙基苯	$C_{10}H_{14}$	0.8683	31.45	867.49	1.49310	0.37	1.2836	1.7347	0.975	0.519	297.75	41354.89	28.63
364	1,4-二乙基苯	$C_{10}H_{14}$	0.8663	31.83	865.49	1.49245	0.32	1.2791	1.7628	0.977	0.521	301.89	41362.32	28.47
365	1,2-二甲基-3-乙基苯	$C_{10}H_{14}$	0.8966	26.33	895.68	1.50950	0.20	1.3265	1.8148	1.079	0.488	310.00	41302.59	33.82
366	1,2-二甲基-4-乙基苯	$C_{10}H_{14}$	0.8788	29.52	877.91	1.50090	0.24		1.5373P	1.066	0.514	310.49	41263.30	31.29
367	1,3-二甲基-2-乙基苯	$C_{10}H_{14}$	0.8948	26.63	893.93	1.50850	0.23		1.5374P	1.081	0.489	311.18	41307.93	33.42
368	1,3-二甲基-4-乙基苯	$C_{10}H_{14}$	0.8807	29.16	879.87	1.50150	0.27		1.5375P	0.976	0.499	304.91	41278.18	31.51
369	1,3-二甲基-5-乙基苯	$C_{10}H_{14}$	0.8692	31.29	868.35	1.49580	0.32		1.5346P	1.013	0.487	303.24	41248.43	29.95
370	1,4-二甲基-2-乙基苯	$C_{10}H_{14}$	0.8816	29.01	880.72	1.50200	0.29		1.5352P	1.062	0.513	303.75	41270.74	31.62
371	1,2,3,4-四甲基苯	$C_{10}H_{14}$	0.9084	24.28	907.47	1.51810	0.11	1.3589	1.7744	1.364	0.554	321.46	41230.53	35.95

续表

组分序号	名称	化学式	溶解度参数(25℃)/(J/cm³)^0.5	闪点/℃	理想气体生成热(25℃)/(kJ/kg)	理想气体Gibbs自由能(25℃,常压)/(kJ/kg)	熔解热(25℃)/(kJ/kg)	膨胀系数(15.6℃)	苯胺点/℃	辛烷值 马达法	辛烷值 研究法	燃烧限(体,在空气中)/% 下限	燃烧限(体,在空气中)/% 上限	Watson特性因数
352	正丁基苯	$C_{10}H_{14}$	17.499	50.00	-97.83	1082.58	83.69	0.00054	-30.0	94.5	+0.4	0.8	5.8	10.82
353	异丁基苯	$C_{10}H_{14}$	17.270	55.00	-160.45	1033.44	93.16	0.00053		98.0	+1.6	0.8	6.0	10.84
354	仲丁基苯	$C_{10}H_{14}$	17.051	51.85	-125.83	1081.32	73.33	0.00054		95.7	+0.7	0.8	6.9	10.74
355	叔丁基苯	$C_{10}H_{14}$	17.131	60.00	-161.05	1116.46	62.59	0.00054		+0.8	+3.0	0.7	5.7	10.64
356	1-甲基-2-正丙基苯	$C_{10}H_{14}$	17.630	52.85[P]	-147.27[P]	1049.82	109.97	0.00049		92.2	+0.3	0.8[P]	5.1[P]	10.68
357	1-甲基-3-正丙基苯	$C_{10}H_{14}$	17.509	51.85[P]	-179.74[P]	1006.64	78.82	0.00054		+0.04	+1.8	0.8[P]	5.1[P]	10.80
358	1-甲基-4-正丙基苯	$C_{10}H_{14}$	17.460	52.85[P]	-172.29[P]	1028.97	85.67	0.00054				0.8[P]	5.1[P]	10.84
359	1-甲基-2-异丙基苯	$C_{10}H_{14}$	17.390	53.00[P]	-196.56	1012.59	74.58	0.00055		96.0	+0.6	0.8[P]	5.2[P]	10.59
360	1-甲基-3-异丙基苯	$C_{10}H_{14}$	17.131	50.00[P]	-230.07	968.67	102.10	0.00054				0.8[P]	5.2[P]	10.76
361	1-甲基-4-异丙基苯	$C_{10}H_{14}$	17.290	46.85	-215.92	994.13	72.05	0.00054		97.7	+1.4	0.7	5.6	10.83
362	1,2-二乙基苯	$C_{10}H_{14}$	17.761	57.22	-117.12	1073.65	125.13	0.0005				0.8[P]	5.1[P]	10.60
363	1,3-二乙基苯	$C_{10}H_{14}$	17.460	55.85	-156.36	1024.51	81.78	0.00054		97.0	+3.0	0.8[P]	5.1[P]	10.77
364	1,4-二乙基苯	$C_{10}H_{14}$	17.540	56.00	-163.80[P]	1031.21	79.00	0.00054		95.2	+0.6	0.8	6.1	10.81
365	1,2-二甲基-3-乙基苯	$C_{10}H_{14}$	18.299	65.00[P]	-190.98	1030.46	101.72	0.00056		91.9	+0.4	0.8[P]	4.9[P]	10.53
366	1,2-二甲基-4-乙基苯	$C_{10}H_{14}$	17.990	57.85[P]	-238.93	948.56	89.87	0.00055				0.8[P]	4.9[P]	10.71
367	1,3-二甲基-2-乙基苯	$C_{10}H_{14}$	18.139	57.85[P]	-195.30	1026.74	109.70	0.00056				0.8[P]	4.9[P]	10.52
368	1,3-二甲基-4-乙基苯	$C_{10}H_{14}$	17.650	56.85[P]	-229.32	957.50	96.43	0.00055		95.9	+0.6	0.8[P]	4.9[P]	10.67
369	1,3-二甲基-5-乙基苯	$C_{10}H_{14}$	17.570	52.85[P]	-263.57	947.07	66.78	0.00054		+0.2	+2.7	0.8[P]	4.9[P]	10.78
370	1,4-二甲基-2-乙基苯	$C_{10}H_{14}$	17.609	55.85[P]	-239.60	947.82	113.28	0.00049		96.0	+0.6	0.8[P]	4.9[P]	10.65
371	1,2,3,4-四甲基苯	$C_{10}H_{14}$	18.860	68.00	-246.07	985.79	83.61	0.00045		+0.02	+0.5	0.8[P]	4.6[P]	10.47

续表

组分序号	名　称	化学式	自燃点/℃	MAC	OELs/(mg/m³)		PC-STEL
					PC-TWA		
352	正丁基苯	$C_{10}H_{14}$	410				
353	异丁基苯	$C_{10}H_{14}$	428				
354	仲丁基苯	$C_{10}H_{14}$	418				
355	叔丁基苯	$C_{10}H_{14}$	450				
356	1-甲基-2-正丙基苯	$C_{10}H_{14}$					
357	1-甲基-3-正丙基苯	$C_{10}H_{14}$					
358	1-甲基-4-正丙基苯	$C_{10}H_{14}$	397				
359	1-甲基-2-异丙基苯	$C_{10}H_{14}$					
360	1-甲基-3-异丙基苯	$C_{10}H_{14}$	436				
361	1-甲基-4-异丙基苯	$C_{10}H_{14}$	435				
362	1,2-二乙基苯	$C_{10}H_{14}$	395				
363	1,3-二乙基苯	$C_{10}H_{14}$	450				
364	1,4-二乙基苯	$C_{10}H_{14}$	430				
365	1,2-二甲基-3-乙基苯	$C_{10}H_{14}$					
366	1,2-二甲基-4-乙基苯	$C_{10}H_{14}$					
367	1,3-二甲基-2-乙基苯	$C_{10}H_{14}$					
368	1,3-二甲基-4-乙基苯	$C_{10}H_{14}$					
369	1,3-二甲基-5-乙基苯	$C_{10}H_{14}$					
370	1,4-二甲基-2-乙基苯	$C_{10}H_{14}$					
371	1,2,3,4-四甲基苯	$C_{10}H_{14}$	427				

续表

组分序号	名　　称	化学式	相对分子质量	正常沸点/℃	正常冰点/℃	临界性质				偏心因数
						温度/℃	压力/kPa	体积/(m³/kg)	压缩因数	
372	1，2，3，5-四甲基苯	$C_{10}H_{14}$	134.22	198.00	-23.69	405.85^P	2970.07^P	0.00359^P	0.254	0.424160
373	1，2，4，5-四甲基苯	$C_{10}H_{14}$	134.22	196.84	79.23	402.00	2940.07	0.00359^P	0.252	0.434059
	烷基苯，$C_{12}\sim C_{14}$									
374	1，3-二异丙基苯	$C_{12}H_{18}$	162.28	203.18	-63.13	410.85^P	2450.05^P	0.00370^P	0.258	0.358687
375	1，4-二异丙基苯	$C_{12}H_{18}$	162.28	210.50	-17.07	415.85^P	2450.05^P	0.00369^P	0.256	0.390023
376	1，3，5-三乙基苯	$C_{12}H_{18}$	162.28	215.78		405.85^P	2435.00^P	0.00385^P	0.269	0.527000
377	1，4-二叔丁基苯	$C_{14}H_{22}$	190.33	237.28	77.65	434.85	2300.00	0.00386	0.286	0.506000
	正构烷基苯，$C_{11}\sim C_{22}$									
378	正戊基苯	$C_{11}H_{16}$	148.25	205.46	-75.00	406.75^P	2604.06^P	0.00371^P	0.253	0.437782
379	正己基苯	$C_{12}H_{18}$	162.28	226.11	-61.15	424.85^P	2380.05^P	0.00365^P	0.243	0.478964
380	正庚基苯	$C_{13}H_{20}$	176.30	246.10	-48.00	440.85^P	2180.05^P	0.00368^P	0.238	0.527166
381	正辛基苯	$C_{14}H_{22}$	190.33	264.40	-36.00	455.85^P	2020.05^P	0.00369^P	0.234	0.567041
382	正壬基苯	$C_{15}H_{24}$	204.36	282.05	-24.15	467.85^P	1895.04^P	0.00368^P	0.232	0.633063
383	正癸基苯	$C_{16}H_{26}$	218.38	297.89^P	-14.38	479.85^P	1770.04^P	0.00372^P	0.230	0.679718
384	正十一基苯	$C_{17}H_{28}$	232.41	313.25^P	-5.15	490.85^P	1672.04^P	0.00373^P	0.228	0.733305
385	正十二基苯	$C_{18}H_{30}$	246.44	327.61^P	2.78	506.85^P	1560.03^P	0.00375^P	0.222	0.733309
386	正十三基苯	$C_{19}H_{32}$	260.46	341.28^P	10.00	516.85^P	1480.03^P	0.00375^P	0.220	0.779866
387	正十四基苯	$C_{20}H_{34}$	274.49	354.00^P	16.00	526.85^P	1400.03^P	0.00375^P	0.217	0.812954
388	正十五基苯	$C_{21}H_{36}$	288.52	366.00^P	22.00	535.85^P	1330.03^P	0.00378^P	0.216	0.856716
389	正十六基苯	$C_{22}H_{38}$	302.54	378.00^P	27.00	544.85^P	1270.03^P	0.00377^P	0.213	0.899552

续表

组分序号	名　　　称	化学式	相对密度 (15.6/15.6℃)	API度	液体密度 (15.6℃)/(kg/m³)	液体折射率 (25℃)	蒸气压 (37.78℃)/kPa	比热容(15.6℃,定压)/[kJ/(kg·℃)] 理想气体	液体	运动黏度/(mm²/s) 37.8℃	98.9℃	汽化热(正常沸点下)/(kJ/kg)	低热值(25℃)/(kJ/kg)	表面张力/(10⁻⁵ N/cm)
372	1,2,3,5-四甲基苯	C$_{10}$H$_{14}$	0.8948	26.64	893.88	1.51070	0.16	1.3086	1.7709	1.108	0.481	317.24	41188.69	33.46
373	1,2,4,5-四甲基苯	C$_{10}$H$_{14}$	0.8918	27.17	890.88	1.50930		1.3280				315.55	40998.08	25.23
烷基苯,C$_{12}$~C$_{14}$														
374	1,3-二异丙基苯	C$_{12}$H$_{18}$	0.8629	32.48	862.07	1.48748	0.13		1.7346	1.705	0.823	256.30	41692.16^P	28.68
375	1,4-二异丙基苯	C$_{12}$H$_{18}$	0.8606	32.92	859.78	1.48758	0.083		1.7578	0.793	0.438	264.34	41692.16^P	28.82
376	1,3,5-三乙基苯	C$_{12}$H$_{18}$			839.11^A			1.3443				364.93^P		
377	1,4-二叔丁基苯	C$_{14}$H$_{22}$			805.90^A									
正构烷基苯,C$_{11}$~C$_{22}$														
378	正戊基苯	C$_{11}$H$_{16}$	0.8624	32.58	861.51	1.48560	0.11	1.2820	1.7956	1.186	0.632	286.43	41619.17	29.09
379	正己基苯	C$_{12}$H$_{18}$	0.8622	32.62	861.33	1.48420	0.039	1.3067	1.8153	1.444	0.735	274.21	41776.54^P	29.87
380	正庚基苯	C$_{13}$H$_{20}$	0.8617	32.71	860.84	1.48320	0.014	1.3275	1.7905^P	1.774	0.858	259.22	41908.57^P	29.78
381	正辛基苯	C$_{14}$H$_{22}$	0.8602	32.99	859.38	1.48240	0.0048	1.3542	1.8048^P	2.106	0.976	251.51	42020.84^P	30.11
382	正壬基苯	C$_{15}$H$_{24}$	0.8596	33.12	858.73	1.48170	0.0014	1.3606	1.8403^P	2.532	1.109	247.12	42118.00^P	30.35
383	正癸基苯	C$_{16}$H$_{26}$	0.8590	33.23	858.12	1.48112	0.0007	1.3738	1.8496	3.000	1.247	236.11	42202.61	30.52
384	正十一基苯	C$_{17}$H$_{28}$	0.8587	33.29	857.84	1.48070	<0.0007	1.3856	1.9175	3.547	1.400	232.81	42277.22^P	31.03
385	正十二基苯	C$_{18}$H$_{30}$	0.8595	33.13	858.68	1.48030	<0.0007	1.3958	1.8861	4.185	1.556	224.29	42243.24^P	31.25
386	正十三基苯	C$_{19}$H$_{32}$	0.8584	33.35	857.52	1.48000	<0.0007	1.4051	1.9137	4.857	1.726	221.93	42401.81	31.84
387	正十四基苯	C$_{20}$H$_{34}$	0.8587	33.29	857.84	1.47970	<0.0007	1.4134	1.5595^P	5.711	1.885	218.20	42454.81^P	32.07
388	正十五基苯	C$_{21}$H$_{36}$	0.8587	33.29	857.84	1.47940	<0.0007	1.4197	1.5515	6.572	2.086	213.99	42502.23^P	31.97
389	正十六基苯	C$_{22}$H$_{38}$	0.8586	33.31	857.72	1.47920	<0.0007	1.4277	1.5419^P	7.414	2.294	210.15	42545.47^P	30.65^P

续表

组分序号	名　　称	化学式	溶度参数(25℃)/(J/cm³)^0.5	闪点/℃	理想气体生成热(25℃)/(kJ/kg)	理想气体自由Gibbs能(25℃,常压)/(kJ/kg)	熔解热(25℃)/(kJ/kg)	膨胀系数(15.6℃)	苯胺点/℃	辛烷值 马达法	辛烷值 研究法	燃烧限(体,在空气中)/% 下限	燃烧限(体,在空气中)/% 上限	Watson特性因数
372	1,2,3,5-四甲基苯	$C_{10}H_{14}$	18.330	63.33	-301.84	916.55	79.78	0.0005		+0.2		0.8[P]	4.6[P]	10.58
373	1,2,4,5-四甲基苯	$C_{10}H_{14}$	17.131	54.44	-350.68	876.34	156.51	0.00044				0.8[P]	4.6[P]	10.61
	烷基苯，C₁₂~C₁₄													
374	1,3-二异丙基苯	$C_{12}H_{18}$	16.580	76.67[S]	-477.89[P]	890.04						0.7[P]	4.9[P]	11.01
375	1,4-二异丙基苯	$C_{12}H_{18}$	16.930	81.00[P]	-477.89[P]	910.23						0.7[P]	4.9[P]	11.09
376	1,3,5-三乙基苯	$C_{12}H_{18}$												
377	1,4-二叔丁基苯	$C_{14}H_{22}$					118.11							
	正构烷基苯，C₁₁~C₂₂													
378	正戊基苯	$C_{11}H_{16}$	17.470	65.00	-227.92[P]	1035.43	102.91					0.8[P]	5.5[P]	11.03
379	正己基苯	$C_{12}H_{18}$	17.429	80.00	-335.51[P]	997.04	113.57					0.7[P]	5.3[P]	11.19
380	正庚基苯	$C_{13}H_{20}$	17.370	95.00	-425.98[P]	964.76	123.33					0.7[P]	5.1[P]	11.35
381	正辛基苯	$C_{14}H_{22}$	17.370	107.00	-503.12[P]	936.71	131.81					0.7[P]	4.9[P]	11.50
382	正壬基苯	$C_{15}H_{24}$	17.390	98.95	-569.66[P]	913.01	141.43					0.6[P]	4.7[P]	11.63
383	正癸基苯	$C_{16}H_{26}$	17.280	106.85	-627.62[P]	892.35	149.61					0.6[P]	4.6[P]	11.75
384	正十一基苯	$C_{17}H_{28}$	17.210	143.85[P]	-678.62[P]	873.75	155.07					0.6[P]	4.4[P]	11.86
385	正十二基苯	$C_{18}H_{30}$	17.030	140.85	-723.81[P]	857.68	163.17					0.6[P]	4.3[P]	11.94
386	正十三基苯	$C_{19}H_{32}$	16.871	164.85[P]	-764.14[P]	843.33	168.86					0.5[P]	4.2[P]	12.05
387	正十四基苯	$C_{20}H_{34}$	16.639	173.85[P]	-800.35[P]	830.45	173.65					0.5[P]	4.1[P]	12.13
388	正十五基苯	$C_{21}H_{36}$	16.490	182.85[P]	-832.99[P]	818.48	178.25					0.5[P]	4.0[P]	12.20
389	正十六基苯	$C_{22}H_{38}$	16.390	192.85[P]	-862.65[P]	807.95	182.43					0.5[P]	3.9[P]	12.28

续表

组分序号	名　　称	化学式	自燃点/℃	MAC	OELs/(mg/m³) PC-TWA	PC-STEL
372	1，2，3，5－四甲基苯	$C_{10}H_{14}$	427			
373	1，2，4，5－四甲基苯	$C_{10}H_{14}$	427			
	烷基苯，$C_{12}\sim C_{14}$					
374	1，3－二异丙基苯	$C_{12}H_{18}$	449			
375	1，4－二异丙基苯	$C_{12}H_{18}$	449			
376	1，3，5－三乙基苯	$C_{12}H_{18}$	367			
377	1，4－二叔丁基苯	$C_{14}H_{22}$	223			
	正构烷基苯，$C_{11}\sim C_{22}$					
378	正戊基苯	$C_{11}H_{16}$	430			
379	正己基苯	$C_{12}H_{18}$				
380	正庚基苯	$C_{13}H_{20}$				
381	正辛基苯	$C_{14}H_{22}$				
382	正壬基苯	$C_{15}H_{24}$				
383	正癸基苯	$C_{16}H_{26}$				
384	正十一基苯	$C_{17}H_{28}$				
385	正十二基苯	$C_{18}H_{30}$				
386	正十三基苯	$C_{19}H_{32}$				
387	正十四基苯	$C_{20}H_{34}$				
388	正十五基苯	$C_{21}H_{36}$				
389	正十六基苯	$C_{22}H_{38}$				

续表

组分序号	名　称	化学式	相对分子质量	正常沸点/℃	正常冰点/℃	临界性质				偏心因数
						温度/℃	压力/kPa	体积/(m³/kg)	压缩因数	
	环己基苯，$C_{12}H_{16}$									
390	环己基苯	$C_{12}H_{16}$	160.26	240.12	6.99	470.85P	2880.06P	0.00330P	0.246	0.378294
	烯基苯，$C_8 \sim C_{10}$									
391	苯乙烯	C_8H_8	104.15	145.16	-30.61	362.85P	3840.09P	0.00338P	0.256	0.297097
392	顺-1-丙烯基苯	C_9H_{10}	118.18	178.88	-61.68	397.85P	3360.07P	0.00344P	0.245	0.341093
393	反-1-丙烯基苯	C_9H_{10}	118.18	178.26	-29.33	396.85P	3360.07P	0.00344P	0.245	0.339306
394	2-丙烯基苯	C_9H_{10}	118.18	165.50	-23.20	380.85P	3360.07P	0.00338P	0.247	0.322970
395	1-甲基-2-乙烯基苯	C_9H_{10}	118.18	169.81	-68.57	385.85P	3470.08P	0.00344P	0.258	0.341159
396	1-甲基-3-乙烯基苯	C_9H_{10}	118.18	171.60	-86.34	383.85P	3290.07P	0.00344P	0.245	0.348736
397	1-甲基-4-乙烯基苯	C_9H_{10}	118.18	172.78	-34.13	391.85P	3360.07P	0.00365P	0.262	0.317536
398	1-甲基-4-(反-1-正丙烯基)苯	$C_{10}H_{12}$	132.21	201.00	-18.00	413.43P	2936.03P	0.00350P	0.23782	0.408
399	1-乙基-2-乙烯基苯	$C_{10}H_{12}$	132.21	187.29	-75.50	397.36P	3079.43P	0.00350P	0.25542	0.423
400	1-乙基-3-乙烯基苯	$C_{10}H_{12}$	132.21	190.05	-101.00	397.50P	2936.03P	0.00350P	0.24347	0.403
401	1-乙基-4-乙烯基苯	$C_{10}H_{12}$	132.21	192.30	-49.70	400.83P	2936.03P	0.00350P	0.24227	0.403
402	2-苯基-1-丁烯	$C_{10}H_{12}$	132.21	182.00		392.85P	3010.06P	0.00343P	0.247	0.353568
	苯基苯，$C_{12} \sim C_{14}$									
403	联苯	$C_{12}H_{10}$	154.21	255.00	69.22	516.11	3850.08	0.00326	0.295	0.365368
404	1-甲基-2-苯基苯	$C_{13}H_{12}$	168.24	255.30	0.00	502.65P	3520.08P	0.00320P	0.294	0.406
405	1-甲基-3-苯基苯	$C_{13}H_{12}$	168.24	272.70	4.70	527.85P	3520.08P	0.00320P	0.284	0.461
406	1-甲基-4-苯基苯	$C_{13}H_{12}$	168.24	270.00	48.00	520.25P	3520.08P	0.00320P	0.287	0.461

续表

组分序号	名　称	化学式	相对密度 (15.6/15.6℃)	API度	液体密度 (15.6℃)/(kg/m³)	液体折射率 (25℃)	蒸气压 (37.78℃)/kPa	比热容 (15.6℃, 定压)/[kJ/(kg·℃)] 理想气体	液体	运动黏度 (mm²/s) 37.8℃	98.9℃	汽化热 (正常沸点下)/(kJ/kg)	低热值 (25℃)/(kJ/kg)	表面张力/(10⁻⁵ N/cm)
	环己基苯，$C_{12}H_{16}$													
390	环己基苯	$C_{12}H_{16}$	0.9475	17.84	946.58	1.52393	0.019	1.1227	1.6060	2.009	0.794	290.89	41018.07	34.60
	烯基苯，$C_8 \sim C_{10}$													
391	苯乙烯	C_8H_8	0.9097	24.04	908.83	1.54395	1.70	1.1411	1.7219	0.664	0.378	355.71	40481.59	30.87
392	顺-1-丙烯基苯	C_9H_{10}	0.9138	23.35	912.88	1.54020	0.47	1.1105	1.5916	0.649	0.367	339.17	40784.70ᴾ	32.78
393	反-1-丙烯基苯	C_9H_{10}	0.9129	23.50	911.99	1.54780	0.42	1.1828	1.6788	0.648	0.366	339.33	40750.99ᴾ	32.49
394	2-丙烯基苯	C_9H_{10}	0.9138	23.35	912.88	1.53580	0.76	1.1473	1.6800	0.840	0.469	325.53	40771.22	31.59
395	1-甲基-2-乙烯基苯	C_9H_{10}	0.9165	22.89	915.59	1.54130	0.55	1.1973	1.6976	0.807	0.405	338.73	40759.36ᴾ	33.70
396	1-甲基-3-乙烯基苯	C_9H_{10}	0.9164	22.92	915.45	1.53850	0.56	1.1973	1.7038	0.744	0.396	333.38	40742.39ᴾ	33.58
397	1-甲基-4-乙烯基苯	C_9H_{10}	0.9264	21.25	925.45	1.53950	0.54	1.1973	1.6918	0.739	0.426	333.70	40783.77	34.46
398	1-甲基-4-(反-1-正丙烯基)苯	$C_{10}H_{12}$	0.9104	23.93	909.48	1.54100	0.21		1.5355ᴾ			447.40	41336.06ᴾ	32.27ᴾ
399	1-乙基-2-乙烯基苯	$C_{10}H_{12}$	0.9103	23.95	909.36	1.53560	0.23		1.5379ᴾ			433.99	41424.85ᴾ	32.76ᴾ
400	1-乙基-3-乙烯基苯	$C_{10}H_{12}$	0.8990	25.90	898.10	1.53250			1.5374ᴾ			434.15	41424.85ᴾ	32.73ᴾ
401	1-乙基-4-乙烯基苯	$C_{10}H_{12}$	0.8969	26.26	896.06	1.53480	0.20		1.5370ᴾ			437.84	41424.85ᴾ	30.86ᴾ
402	2-苯基-1-丁烯	$C_{10}H_{12}$	0.8954	26.53	894.53	1.52620	0.36		1.6979	0.948	0.492	303.67	41045.73ᴾ	31.54
	苯基苯，$C_{12} \sim C_{14}$													
403	联苯	$C_{12}H_{10}$	1.0324	5.57	1031.33	1.58728		1.0304			0.988	316.19	39087.85	
404	1-甲基-2-苯基苯	$C_{13}H_{12}$	1.0159	7.78	1014.93	1.58900		1.0950		1.5687ᴾ		402.99	39878.63ᴾ	38.69ᴾ
405	1-甲基-3-苯基苯	$C_{13}H_{12}$	1.0185	7.44	1017.45	1.60160		1.0777		1.5622ᴾ		416.29	39878.63ᴾ	39.11ᴾ
406	1-甲基-4-苯基苯	$C_{13}H_{12}$	1.1009	-2.97	1099.83ᴾ			1.0777				411.79	39878.63ᴾ	53.47ᴾ

续表

组分序号	名　称	化学式	溶解度参数(25℃)/(J/cm³)^0.5	闪点/℃	理想气体生成热(25℃)/(kJ/kg)	理想气体Gibbs自由能(25℃,常压)/(kJ/kg)	熔解热(25℃)/(kJ/kg)	膨胀系数(15.6℃)	苯胺点/℃	辛烷值 马达法	辛烷值 研究法	燃烧限(体,在空气中)/% 下限	燃烧限(体,在空气中)/% 上限	Watson特性因数
环己基苯, C₁₂H₁₆														
390	环己基苯	$C_{12}H_{16}$	18.731	98.85	-104.14	1180.44	95.38					0.7^P	5.4^P	10.28
烯基苯, C₈~C₁₀														
391	苯乙烯	C_8H_8	19.019	31.85	1414.32	2052.39	105.06	0.00057		+0.2	+3.0	1.1	6.1	10.00
392	顺-1-丙烯基苯	C_9H_{10}	18.929	37.85	1025.75	1834.17		0.00057		91.7	+0.5	1.0^P	6.7^P	10.22
393	反-1-丙烯基苯	C_9H_{10}	18.900	52.00	991.08	1808.80		0.00057		92.1	+0.4	1.0^P	6.7^P	10.22
394	2-丙烯基苯	C_9H_{10}	18.330	40.00	1000.38^P	1837.55		0.00057			+2.1	0.7	6.1	10.11
395	1-甲基-2-乙烯基苯	C_9H_{10}	18.970	47.00	1001.23	1810.24		0.00052		+0.1		1.0^P	6.7^P	10.12
396	1-甲基-3-乙烯基苯	C_9H_{10}	18.720	51.00	976.70	1770.75		0.00046				0.7	11.0	10.13
397	1-甲基-4-乙烯基苯	C_9H_{10}	18.919	45.85	969.43	1778.36		0.00052				1.9	6.1	10.03
398	1-甲基-4-(反-1-正丙烯基)苯	$C_{10}H_{12}$			805.86^P			0.00051				0.85^P	8.55^P	10.42
399	1-乙基-2-乙烯基苯	$C_{10}H_{12}$			805.23^P			0.00051				0.85^P		10.32
400	1-乙基-3-乙烯基苯	$C_{10}H_{12}$			648.67^P			0.00056				0.85^P		10.47
401	1-乙基-4-乙烯基苯	$C_{10}H_{12}$			648.67^P			0.00056				0.85^P		10.51
402	2-苯基-1-丁烯	$C_{10}H_{12}$	17.820	51.85^P	699.97^P	1657.81						0.9^P	6.2^P	10.45
苯基苯, C₁₂~C₁₄														
403	联苯	$C_{12}H_{10}$	19.250	112.85	1182.15	1816.00	121.04					0.6	5.8	9.52
404	1-甲基-2-苯基苯	$C_{13}H_{12}$			437.66^P							0.69^P	8.76^P	9.68
405	1-甲基-3-苯基苯	$C_{13}H_{12}$		0.00	818.91^P							0.69^P	8.76^P	9.76
406	1-甲基-4-苯基苯	$C_{13}H_{12}$			818.91^P							0.69^P	8.76^P	9.02

续表

组分序号	名　　　称	化学式	自燃点/℃	OELs/(mg/m³)			
				MAC	PC–TWA	PC–STEL	
	环己基苯，C₁₂H₁₆						
390	环己基苯	$C_{12}H_{16}$	407				
	烯基苯，C₈~C₁₀						
391	苯乙烯	C_8H_8	490		50	100	
392	顺-1-丙烯基苯	C_9H_{10}	575				
393	反-1-丙烯基苯	C_9H_{10}	575				
394	2-丙烯基苯	C_9H_{10}					
395	1-甲基-2-乙烯基苯	C_9H_{10}					
396	1-甲基-3-乙烯基苯	C_9H_{10}	489				
397	1-甲基-4-乙烯基苯	C_9H_{10}	538				
398	1-甲基-4-(反-1-正丙烯基)苯	$C_{10}H_{12}$					
399	1-乙基-2-乙烯基苯	$C_{10}H_{12}$	361				
400	1-乙基-3-乙烯基苯	$C_{10}H_{12}$	384				
401	1-乙基-4-乙烯基苯	$C_{10}H_{12}$	362				
402	2-苯基-1-丁烯	$C_{10}H_{12}$					
	苯基苯，C₁₂~C₁₄						
403	联苯	$C_{12}H_{10}$	540		1.5		
404	1-甲基-2-苯基苯	$C_{13}H_{12}$					
405	1-甲基-3-苯基苯	$C_{13}H_{12}$					
406	1-甲基-4-苯基苯	$C_{13}H_{12}$					

续表

组分序号	名　　称	化学式	相对分子质量	正常沸点/℃	正常冰点/℃	临界性质			压缩因数	偏心因数
						温度/℃	压力/kPa	体积/(m³/kg)		
407	1-乙基-4-苯基苯	$C_{14}H_{14}$	182.26	283.00	47.00	532.94[P]	3130.07[P]	0.00325[P]	0.277	0.491
408	1-甲基-4(4-甲苯基)-苯	$C_{14}H_{14}$	182.26	293.00	121.00	520.00[P]	2539.62[P]	0.00326[P]	0.22883	0.483
	二苯基烷烃, $C_{13} \sim C_{24}$									
409	二苯基甲烷	$C_{13}H_{12}$	168.24	264.27	25.24	494.85	2920.07	0.00325	0.250	0.461542
410	1,1-二苯基乙烷	$C_{14}H_{14}$	182.27	273.63	-17.95	501.85[P]	2680.06[P]	0.00331[P]	0.251	0.456636
411	1,2-二苯基乙烷	$C_{14}H_{14}$	182.27	280.50	51.19	506.85[P]	2650.06[P]	0.00338[P]	0.252	0.488475
412	1,1-二苯基丙烷	$C_{15}H_{16}$	196.29	283.22	13.70	501.15[P]	2390.05[P]	0.00368[P]	0.268	0.536
413	1,2-二苯基丙烷	$C_{15}H_{16}$	196.29	283.66	0.25	503.83[P]	2401.42[P]	0.00327[P]	0.23839	0.536
414	1,1-二苯基丁烷	$C_{16}H_{18}$	210.32	294.29	-25.20	505.15[P]	2200.05[P]	0.00369[P]	0.264	0.574
415	1,1-二苯基戊烷	$C_{17}H_{20}$	224.35	307.89	-12.02	513.25[P]	2040.05[P]	0.00373[P]	0.261	0.624
416	1,1-二苯基己烷	$C_{18}H_{22}$	238.37	321.03	-11.54	521.25[P]	1900.04[P]	0.00374[P]	0.257	0.673
417	1,1-二苯基庚烷	$C_{19}H_{24}$	252.40	334.00	13.00	529.55[P]	1780.04[P]	0.00378[P]	0.254	0.728635
418	1,1-二苯基辛烷	$C_{20}H_{26}$	266.43	346.00	-4.00	536.85[P]	1670.04[P]	0.00381[P]	0.251	0.695
419	1,1-二苯基壬烷	$C_{21}H_{28}$	280.45	357.00	15.00	543.35[P]	1570.04[P]	0.00384[P]	0.249	0.758
420	1,1-二苯基癸烷	$C_{22}H_{30}$	294.48	367.00	3.00	548.85[P]	1490.04[P]	0.00389[P]	0.250	0.721
421	1,1-二苯基十一烷	$C_{23}H_{32}$	308.50	377.00	21.00	555.31	1410.03	0.00392	0.248	0.760
422	1,1-二苯基十二烷	$C_{24}H_{34}$	322.53	386.00	10.00	559.65[P]	1340.03[P]	0.00395[P]	0.247	0.760
423	1,1-二苯基十三烷	$C_{25}H_{36}$	336.56	395.00	27.00	564.85[P]	1280.03[P]	0.00399[P]	0.247	0.933
424	1,1-二苯基十四烷	$C_{26}H_{38}$	350.59	403.00	18.00	569.05[P]	1220.03[P]	0.00403[P]	0.247	1.00319
425	1,1-二苯基十五烷	$C_{27}H_{40}$	364.62	411.00	33.00	573.55[P]	1170.03[P]	0.00408[P]	0.247	0.921

续表

组分序号	名　称	化学式	相对密度(15.6/15.6℃)	API度	液体密度(15.6℃)/(kg/m³)	液体折射率(25℃)	蒸气压(37.78℃)/kPa	比热容(15.6℃,定压)/[kJ/(kg·℃)] 理想气体	比热容 液体	运动黏度/(mm²/s) 37.8℃	运动黏度 98.9℃	汽化热(正常沸点下)/(kJ/kg)	低热值(25℃)/(kJ/kg)	表面张力/(10⁻⁵ N/cm)
407	1-乙基-4-苯基苯	$C_{14}H_{14}$	1.0377	4.87	1036.63^P								40181.27^P	43.91^P
408	1-甲基-4(4-甲基基)-苯	$C_{14}H_{14}$	1.1220	-5.38	1120.87							385.12	36198.80	60.22
	二苯基烷烃,C_{13}～C_{24}													
409	二苯基甲烷	$C_{13}H_{12}$	1.0101	8.58	1009.15	1.57520	0.0055	1.0474		2.188	0.983	293.59	39540.19	37.57
410	1,1-二苯基乙烷	$C_{14}H_{14}$	1.0041	9.43	1003.06	1.57020	0.0048	1.0888	1.5626	2.895	1.154	276.36	39751.25	36.99
411	1,2-二苯基乙烷	$C_{14}H_{14}$	0.9914	11.22	990.47	1.57040^S		1.0895	1.5614	2.810	1.171	279.29	39916.75	
412	1,1-二苯基丙烷	$C_{15}H_{16}$	0.9910	11.29	990.01	1.56200			1.5782^P					37.85^P
413	1,2-二苯基丙烷	$C_{15}H_{16}$	0.9817	12.63	980.78	1.55620			1.5779^P				40499.49^P	36.44^P
414	1,1-二苯基丁烷	$C_{16}H_{18}$	0.9793	12.98	978.38	1.55460			1.5809^P			342.03		37.17^P
415	1,1-二苯基戊烷	$C_{17}H_{20}$	0.9700	14.38	969.04	1.54890			1.5798^P			328.93		36.74^P
416	1,1-二苯基己烷	$C_{18}H_{22}$	0.9605	15.82	959.57	1.54280			1.5769^P			317.34		36.09^P
417	1,1-二苯基庚烷	$C_{19}H_{24}$	0.9542	16.79	952.86	1.53810			1.5720^P					35.77^P
418	1,1-二苯基辛烷	$C_{20}H_{26}$	0.9468	17.94	945.91	1.53360			1.5661^P			297.63		35.32^P
419	1,1-二苯基壬烷	$C_{21}H_{28}$	0.9413	18.82	940.40	1.52990			1.5593^P			288.70		35.01^P
420	1,1-二苯基癸烷	$C_{22}H_{30}$	0.9364	19.61	935.48	1.52660			1.5520^P			280.26		34.74^P
421	1,1-二苯基十一烷	$C_{23}H_{32}$	0.9322	20.29	931.29	1.52380								
422	1,1-二苯基十二烷	$C_{24}H_{34}$	0.9284	20.92	927.46	1.52130			1.5344^P			265.39		34.31^P
423	1,1-二苯基十三烷	$C_{25}H_{36}$	0.9248	21.51	923.86	1.51900			1.5254^P			265.83		40.51^P
424	1,1-二苯基十四烷	$C_{26}H_{38}$	0.9224	21.91	921.47	1.51820			1.5176^P					47.71^P
425	1,1-二苯基十五烷	$C_{27}H_{40}$	0.9190	22.47	918.11	1.51510			1.5101^P			265.62		56.40^P

续表

组分序号	名 称	化学式	溶解度参数(25℃)/(J/cm³)^0.5	闪点/℃	理想气体生成热(25℃)/(kJ/kg)	理想气体Gibbs自由能(25℃,常压)/(kJ/kg)	熔解热(25℃)/(kJ/kg)	膨胀系数(15.6℃)	苯胺点/℃	辛烷值 马达法	辛烷值 研究法	燃烧限(体,在空气中)/% 下限	燃烧限(体,在空气中)/% 上限	Watson特性因数
407	1-乙基-4-苯基苯	$C_{14}H_{14}$			812.58^P							0.63^P	8.58^P	9.64
408	1-甲基-4(4-甲苯基)-苯	$C_{14}H_{14}$			755.91							0.63^P	8.67^P	8.97
	二苯基烷烃,$C_{13} \sim C_{24}$													
409	二苯基甲烷	$C_{13}H_{12}$	19.590	130.00	933.78	1675.10	109.01^S					0.7	5.2	9.79
410	1,1-二苯基乙烷	$C_{14}H_{14}$	18.870	129.89	636.02	1480.39	96.49					0.6^P	5.2^P	9.90
411	1,2-二苯基乙烷	$C_{14}H_{14}$	18.309	128.89	784.06	1628.43	167.47					0.6^P	5.2^P	10.07
412	1,1-二苯基丙烷	$C_{15}H_{16}$										0.58^P	8.6^P	10.10
413	1,2-二苯基丙烷	$C_{15}H_{16}$			591.12^P							0.58^P	8.6^P	10.19
414	1,1-二苯基丁烷	$C_{16}H_{18}$										0.54^P	8.85^P	10.28
415	1,1-二苯基戊烷	$C_{17}H_{20}$										0.5^P	9.31^P	10.46
416	1,1-二苯基己烷	$C_{18}H_{22}$										0.47^P	10.03^P	10.65
417	1,1-二苯基庚烷	$C_{19}H_{24}$										0.44^P	11.03^P	10.80
418	1,1-二苯基辛烷	$C_{20}H_{26}$										0.42^P	12.41^P	10.95
419	1,1-二苯基壬烷	$C_{21}H_{28}$										0.4^P	14.27^P	11.08
420	1,1-二苯基癸烷	$C_{22}H_{30}$										0.38^P	16.77^P	11.30
421	1,1-二苯基十一烷	$C_{23}H_{32}$												
422	1,1-二苯基十二烷	$C_{24}H_{34}$										0.34^P	24.69^P	11.40
423	1,1-二苯基十三烷	$C_{25}H_{36}$										0.34^P	24.40^P	11.50
424	1,1-二苯基十四烷	$C_{26}H_{38}$										0.34^P	24.13^P	11.58
425	1,1-二苯基十五烷	$C_{27}H_{40}$										0.34^P	23.88^P	11.66

续表

组分序号	名　　称	化学式	自燃点/℃	MAC	OELs/(mg/m³)		PC-STEL
					PC-TWA		
407	1-乙基-4-苯基苯	$C_{14}H_{14}$					
408	1-甲基-4(4-甲苯基)-苯	$C_{14}H_{14}$					
	二苯基烷烃，$C_{13} \sim C_{24}$						
409	二苯基甲烷	$C_{13}H_{12}$	485				
410	1，1-二苯基乙烷	$C_{14}H_{14}$	440				
411	1，2-二苯基乙烷	$C_{14}H_{14}$	480				
412	1，1-二苯基丙烷	$C_{15}H_{16}$					
413	1，2-二苯基丙烷	$C_{15}H_{16}$					
414	1，1-二苯基丁烷	$C_{16}H_{18}$					
415	1，1-二苯基戊烷	$C_{17}H_{20}$					
416	1，1-二苯基己烷	$C_{18}H_{22}$					
417	1，1-二苯基庚烷	$C_{19}H_{24}$					
418	1，1-二苯基辛烷	$C_{20}H_{26}$					
419	1，1-二苯基壬烷	$C_{21}H_{28}$					
420	1，1-二苯基癸烷	$C_{22}H_{30}$					
421	1，1-二苯基十一烷	$C_{23}H_{32}$					
422	1，1-二苯基十二烷	$C_{24}H_{34}$					
423	1，1-二苯基十三烷	$C_{25}H_{36}$					
424	1，1-二苯基十四烷	$C_{26}H_{38}$					
425	1，1-二苯基十五烷	$C_{27}H_{40}$					

续表

组分序号	名　称	化学式	相对分子质量	正常沸点/℃	正常冰点/℃	临界性质 温度/℃	临界性质 压力/kPa	临界性质 体积/(m³/kg)	压缩因数	偏心因数
426	1,1-二苯基十六烷	$C_{28}H_{42}$	378.64	418.00	26.00	576.95[P]	1130.02[P]	0.00411[P]	0.249	0.853
	二苯基烯烃, $C_{14}H_{12}$									
427	顺-1,2-二苯基乙烯	$C_{14}H_{12}$	180.25	280.85[P]	2.50	510.85[P]	2740.06[P]	0.00331[P]	0.251	0.475803
428	反-1,2-二苯基乙烯	$C_{14}H_{12}$	180.25	306.50	124.20	546.85[P]	2740.06[P]	0.00337[P]	0.244	0.487424
	苯基炔烃, C_8 和 C_{14}									
429	苯基乙炔	C_8H_6	102.14	142.85	-44.85	376.85[P]	4280.09[P]	0.00325[P]	0.263	0.226363
430	二苯基炔	$C_{14}H_{10}$	178.23	299.85[S]	62.50	555.85[P]	2900.06[P]	0.00343[P]	0.256	0.383595
	二苯基苯, $C_{18}H_{14}$									
431	1,2-二苯基苯	$C_{18}H_{14}$	230.31	337.50	56.20	617.80	3900.08	0.00327	0.396	0.481734
432	1,3-二苯基苯	$C_{18}H_{14}$	230.31	376.85[P]	86.85	651.70	3510.07	0.00333	0.351	0.558777
433	1,4-二苯基苯	$C_{18}H_{14}$	230.31	376.00	211.85	652.80	3320.07	0.00331	0.329	0.523983

续表

组分序号	名　称	化学式	相对密度 (15.6/15.6℃)	API度	液体密度 (15.6℃)/(kg/m³)	液体折射率 (25℃)	蒸气压 (37.78℃)/kPa	比热容(15.6℃,定压)/[kJ/(kg·℃)] 理想气体	比热容(15.6℃,定压)/[kJ/(kg·℃)] 液体	运动黏度/(mm²/s) 37.8℃	运动黏度/(mm²/s) 98.9℃	汽化热(正常沸点下)/(kJ/kg)	低热值(25℃)/(kJ/kg)	表面张力/(10⁻⁵ N/cm)
426	1,1-二苯基十六烷	$C_{28}H_{42}$	0.9173	22.75	916.43	1.51400			1.5037[P]			264.97		65.73[P]
	二苯基烯烃, $C_{14}H_{12}$													
427	顺-1,2-二苯基乙烯	$C_{14}H_{12}$	1.0184	7.44	1017.43	1.60320	0.028	1.0290	1.4889	3.901	1.446	280.67	39607.14	39.14
428	反-1,2-二苯基乙烯	$C_{14}H_{12}$	1.0184	7.44	1017.43	1.62640			1.0631			304.24	39348.66	
	苯基炔烃, C_8 和 C_{14}													
429	苯基乙炔	C_8H_6	0.9336	20.06	932.72	1.54650	2.13	1.0919	1.7190	0.821	0.461	349.61	40650.58	32.70
430	二苯基炔	$C_{14}H_{10}$	0.9762	13.45	975.23			1.0262	1.582			285.65	40080.62[P]	
	二苯基苯, $C_{18}H_{14}$													
431	1,2-二苯基苯	$C_{18}H_{14}$	1.0821		1080.99			1.0271			4.683	254.24	39282.41[P]	
432	1,3-二苯基苯	$C_{18}H_{14}$	1.0902		1089.15			1.0271			3.588	278.10	39282.41[P]	
433	1,4-二苯基苯	$C_{18}H_{14}$	1.0996		1098.54			1.0271				272.58	39282.41[P]	

续表

组分序号	名　称	化学式	溶解度参数(25℃)/(J/cm³)^0.5	闪点/℃	理想气体生成热(25℃)/(kJ/kg)	理想气体Gibbs自由能(25℃,常压)/(kJ/kg)	熔解热(25℃)/(kJ/kg)	膨胀系数(15.6℃)	苯胺点/℃	辛烷值 马达法	辛烷值 研究法	燃烧限(体,在空气中)/% 下限	燃烧限(体,在空气中)/% 上限	Watson特性因数
426	1,1—二苯基十六烷 **二苯基烯烃, C₁₄H₁₂**	$C_{28}H_{42}$						0.00048				0.34^P	23.65^P	11.72
427	顺-1,2—二苯基乙烯	$C_{14}H_{12}$	19.230	120.85^P	1403.81	2082.43						0.7^P	5.3^P	9.81
428	反-1,2—二苯基乙烯 **苯基炔烃, C₈和 C₁₄**	$C_{14}H_{12}$	18.649	144.85^P	1309.00	1978.20	154.29					0.7^P	5.3^P	9.81
429	苯基乙炔	C_8H_6	18.810	31.00	3202.46	3541.01						1.2^P	11.9^P	9.73
430	二苯基乙炔 **二苯基苯, C₁₈H₁₄**	$C_{14}H_{10}$	18.209	131.85^P	2411.63^P	2858.32	120.10					0.7^P	5.3^P	10.35
431	1,2—二苯基苯	$C_{18}H_{14}$	18.450	162.85	1200.21^P	1835.46	74.59					0.5^P	5.3^P	9.54
432	1,3—二苯基苯	$C_{18}H_{14}$	19.150	190.85	1200.21^P	1835.46	104.53					0.5^P	5.3^P	9.67
433	1,4—二苯基苯	$C_{18}H_{14}$	17.231	206.85	1200.21^P	1839.80	146.34					0.5^P	5.3^P	9.58

续表

组分序号	名　称	化学式	自燃点/℃	OELs/(mg/m³) MAC	OELs/(mg/m³) PC-TWA	OELs/(mg/m³) PC-STEL
426	1,1—二苯基十六烷 **二苯基烯烃, C₁₄H₁₂**	$C_{28}H_{42}$				
427	顺-1,2—二苯基乙烯	$C_{14}H_{12}$				
428	反-1,2—二苯基乙烯 **苯基炔烃, C₈和 C₁₄**	$C_{14}H_{12}$				
429	苯基乙炔	C_8H_6	490			
430	二苯基乙炔 **二苯基苯, C₁₈H₁₄**	$C_{14}H_{10}$				
431	1,2—二苯基苯	$C_{18}H_{14}$	530			
432	1,3—二苯基苯	$C_{18}H_{14}$	555			
433	1,4—二苯基苯	$C_{18}H_{14}$	535			

注：1. 上角标 A 表示液体密度组分 376 为在 50℃下，377 为在 100℃下；

2. 数据列中的上角标的字母表示为：E—在饱和压力下(三相点)；G—在沸点条件下(三相点)；H—临界溶温度，而不是苯胺点；S—预测值或实验值；P—预测值；Z—估算值；W—固体状态下的净燃烧热；

3. 辛烷值列中"+"号后的数字表示要达到异辛烷值的辛烷值所需加入四乙基铅的毫升数。

续表

表 1-1-6　稠环芳烃及其衍生物主要性质

组分序号	名　称	化学式	相对分子质量	正常沸点/℃	正常冰点/℃	临界性质				偏心因数
						温度/℃	压力/kPa	体积/(m³/kg)	压缩因数	
	烷基萘，$C_{10} \sim C_{20}$									
434	萘	$C_{10}H_8$	128.17	217.99	80.28	475.20	4051.09	0.00322	0.269	0.302169
435	1-甲基萘	$C_{11}H_{10}$	142.20	244.68	-30.48	498.89	3660.08P	0.00327	0.265	0.347775
436	2-甲基萘	$C_{11}H_{10}$	142.20	241.11	34.85	487.85	3500.08P	0.00327P	0.257	0.371584
437	1-乙基萘	$C_{12}H_{12}$	156.23	258.33	-13.81	502.85P	3000.07P	0.00333P	0.242	0.362617
438	2-乙基萘	$C_{12}H_{12}$	156.23	257.90	-7.40	497.85P	3170.07P	0.00333P	0.257P	0.421298
439	1,2-二甲基萘	$C_{12}H_{12}$	156.23	266.30	-1.00	514.85P	3200.07P	0.00331P	0.253	0.412707
440	1,4-二甲基萘	$C_{12}H_{12}$	156.23	267.30	7.66	514.85P	3100.07P	0.00331P	0.245	0.490515
441	1,6-二甲基萘	$C_{12}H_{12}$	156.23	266.35	-16.15	510.85	3100.00	0.00331P	0.246	0.417678
442	2,6-二甲基萘	$C_{12}H_{12}$	156.23	262.00	111.40	503.85P	3170.07P	0.00333P	0.255	0.419584
443	2,7-二甲基萘	$C_{12}H_{12}$	156.23	263.00	97.00	504.85P	3170.07P	0.00333P	0.255	0.455435
444	1-正丙基萘	$C_{13}H_{14}$	170.25	272.78	-8.60	508.85P	2970.07P	0.00305P	0.238	0.459691
445	2-正丙基萘	$C_{13}H_{14}$	170.25	273.50	-3.00	505.72P	2845.72P	0.00338P	0.2528	0.495136
446	1-正丁基萘	$C_{14}H_{16}$	184.28	289.39	-19.72	518.85P	2680.06P	0.00342P	0.257	0.500976
447	2-正丁基萘	$C_{14}H_{16}$	184.28	288.00	-5.00	514.58P	2581.12P	0.00342P	0.24844	
448	1-正戊基萘	$C_{15}H_{18}$	198.31	306.00	-24.36	529.61P	2444.92P	0.00346P	0.2511	0.587382
449	1-正己基萘	$C_{16}H_{20}$	212.34	322.00	-18.00	539.85P	2250.05P	0.00349P	0.247	
450	2-正己基萘	$C_{16}H_{20}$	212.34	323.00	-5.50	538.38P	2157.72P	0.00349P	0.23881	

续表

组分序号	名　称	化学式	相对密度 (15.6/ 15.6℃)	API 度	液体密度 (15.6℃)/ (kg/m³)	液体折射率 (25℃)	蒸气压 (37.78℃) /kPa	比热容(15.6℃,定压)/[kJ/(kg·℃)] 理想气体	液体	运动黏度/(mm²/s) 37.8℃	98.9℃	汽化热 (正常沸点下)/ (kJ/kg)	低热值 (25℃)/ (kJ/kg)	表面张力/(10⁻⁵ N/cm)
	烷基萘，C_{10}~C_{20}													
434	萘	$C_{10}H_8$	1.0281	6.13	1027.08	1.93200		0.9900			0.775	335.93	38835.19	
435	1-甲基萘	$C_{11}H_{10}$	1.0242	6.66	1023.20	1.61512	0.023	1.0786	1.5503	2.184	0.920	327.83	39322.86	40.27
436	2-甲基萘	$C_{11}H_{10}$	1.0082	8.85	1007.21	1.60190ᴾ	0.026	1.0902		1.771	0.775	325.52	39233.60	35.45
437	1-乙基萘	$C_{12}H_{12}$	1.0115	8.40	1010.46	1.60400	0.0097		1.5550ᴾ	2.602	0.987	307.14	39474.41	37.95
438	2-乙基萘	$C_{12}H_{12}$	0.9961	10.55	995.14	1.59770	0.012		1.5551ᴾ	2.016	0.849	305.93	39703.37ᴾ	36.54
439	1,2-二甲基萘	$C_{12}H_{12}$	1.0219	6.96	1020.92	1.61430			1.5529ᴾ				41500.16ᴾ	38.81
440	1,4-二甲基萘	$C_{12}H_{12}$	1.0209	7.11	1019.84	1.66140			1.5526ᴾ				41500.16ᴾ	42.47ᴾ
441	1,6-二甲基萘	$C_{12}H_{12}$			998.10ᴬ			1.1476					39999.85	
442	2,6-二甲基萘	$C_{12}H_{12}$									1.130	311.85	39452.79	
443	2,7-二甲基萘	$C_{12}H_{12}$						1.1613				312.28	39454.65	
444	1-正丙基萘	$C_{13}H_{14}$	0.9943	10.81	993.30	1.59300	0.0055		1.5622ᴾ	3.141	1.121	288.11	40031.00	36.16
445	2-正丙基萘	$C_{13}H_{14}$	0.9808	12.77	979.82	1.58500			1.5619ᴾ				41760.50ᴾ	35.24
446	1-正丁基萘	$C_{14}H_{16}$	0.9805	12.82	979.51	1.57970	0.0014	1.1730	1.6072	3.871	1.280	285.03	40265.42ᴾ	35.24
447	2-正丁基萘	$C_{14}H_{16}$	0.9698	14.41	968.80	1.57470			1.5659ᴾ				41914.15ᴾ	34.90
448	1-正戊基萘	$C_{15}H_{18}$	0.9705	14.31	969.52	1.57040			1.5665ᴾ			377.88	42046.17ᴾ	34.70
449	1-正己基萘	$C_{16}H_{20}$	0.9544	16.75	953.50	1.56150	<0.0007		1.5648ᴾ	5.010	1.447	266.15	40701.48ᴾ	34.39
450	2-正己基萘	$C_{16}H_{20}$	0.9521	17.12	951.18	1.56010			1.5643ᴾ			362.48	42162.63ᴾ	33.54

续表

组分序号	名称	化学式	溶解度参数(25℃)/(J/cm³)^0.5	闪点/℃	理想气体生成热(25℃)/(kJ/kg)	理想气体Gibbs自由能(25℃,常压)/(kJ/kg)	熔解热(25℃)/(kJ/kg)	膨胀系数(15.6℃)	苯胺点/℃	辛烷值 马达法	辛烷值 研究法	燃烧限(体,在空气中)/% 下限	燃烧限(体,在空气中)/% 上限	Watson特性因数
	烷基萘,$C_{10} \sim C_{20}$													
434	萘	$C_{10}H_8$	19.451	80.00	1174.04	1747.11	148.17	0.00019				0.88	5.9	9.34
435	1-甲基萘	$C_{11}H_{10}$	20.120	82.0	821.55	1531.35	48.88					0.8^P	5.3^P	9.54
436	2-甲基萘	$C_{11}H_{10}$	19.729	97.00	815.92^P	1520.11	84.45					0.8^P	5.3^P	9.67
437	1-乙基萘	$C_{12}H_{12}$	19.850	111.00	619.85	1442.47						0.7^P	5.2^P	9.74
438	2-乙基萘	$C_{12}H_{12}$	19.441	104.00	613.43	1436.65						0.7^P	5.2^P	9.89
439	1,2-二甲基萘	$C_{12}H_{12}$			469.70^P							0.74^P	8.68^P	9.81
440	1,4-二甲基萘	$C_{12}H_{12}$			391.55^P							0.74^P	8.68^P	9.86
441	1,6-二甲基萘	$C_{12}H_{12}$			510.80	1349.96								
442	2,6-二甲基萘	$C_{12}H_{12}$	18.049	107.85	537.14^P	1373.39						0.7^P	5.0^P	
443	2,7-二甲基萘	$C_{12}H_{12}$	18.299	108.85^P	536.05^P	1372.75	149.26^A					0.7^P	5.0^P	
444	1-正丙基萘	$C_{13}H_{14}$	19.091	113.85^P	438.35	1366.36						0.7^P	5.1^P	10.00
445	2-正丙基萘	$C_{13}H_{14}$			-345.80^P							0.67^P	8.06^P	10.27
446	1-正丁基萘	$C_{14}H_{16}$	19.099	127.85^P	287.69^P	1302.60						0.6^P	5.1^P	10.24
447	2-正丁基萘	$C_{14}H_{16}$			278.63^P							0.62^P	8.05^P	10.24
448	1-正戊基萘	$C_{15}H_{18}$			147.80^P							0.57^P	8.09^P	10.57
449	1-正己基萘	$C_{16}H_{20}$	18.720	151.85^P	67.77^P	1217.09						0.5^P	5.1^P	10.72
450	2-正己基萘	$C_{16}H_{20}$			138.04^P							0.53^P	8.56^P	10.75

续表

组分序号	名称	化学式	自燃点/℃	OELs/(mg/m³) MAC	OELs/(mg/m³) PC-TWA	OELs/(mg/m³) PC-STEL
	烷基萘，$C_{10} \sim C_{20}$					
434	萘	$C_{10}H_8$	526		50	75
435	1-甲基萘	$C_{11}H_{10}$	529			
436	2-甲基萘	$C_{11}H_{10}$	529			
437	1-乙基萘	$C_{12}H_{12}$	480			
438	2-乙基萘	$C_{12}H_{12}$	477			
439	1,2-二甲基萘	$C_{12}H_{12}$				
440	1,4-二甲基萘	$C_{12}H_{12}$				
441	1,6-二甲基萘	$C_{12}H_{12}$				
442	2,6-二甲基萘	$C_{12}H_{12}$				
443	2,7-二甲基萘	$C_{12}H_{12}$				
444	1-正丙基萘	$C_{13}H_{14}$	414			
445	2-正丙基萘	$C_{13}H_{14}$				
446	1-正丁基萘	$C_{14}H_{16}$	360			
447	2-正丁基萘	$C_{14}H_{16}$				
448	1-正戊基萘	$C_{15}H_{18}$	307			
449	1-正己基萘	$C_{16}H_{20}$				
450	2-正己基萘	$C_{16}H_{20}$				

组分序号	名　　称	化学式	相对分子质量	正常沸点/℃	正常冰点/℃	临界性质 温度/℃	临界性质 压力/kPa	临界性质 体积/(m³/kg)	临界性质 压缩因数	偏心因数
451	1-正庚基萘	$C_{17}H_{22}$	226.36	337.00	-8.00	553.94P	2078.62P	0.00352P	0.24052	
452	1-正辛基萘	$C_{18}H_{24}$	240.39	352.00	-2.00	560.11P	1933.52P	0.00354P	0.23745	
453	1-正壬基萘	$C_{19}H_{26}$	254.42	365.85	11.00	575.85P	1680.04P	0.00393P	0.238	0.616778
454	2-正壬基萘	$C_{19}H_{26}$	254.42	369.00	11.00	577.04P	1760.01P	0.00356P	0.2245	
455	1-正癸基萘	$C_{20}H_{28}$	268.44	378.85P	15.00	585.85P	1580.03P	0.00399P	0.237	0.641493
	四氢化萘，C_{10}~C_{20}									
456	1,2,3,4-四氢化萘	$C_{10}H_{12}$	132.21	207.62	-35.75	447.00	3620.08P	0.00334	0.267	0.328416
457	1-甲基-(1,2,3,4-四氢化萘)	$C_{11}H_{14}$	146.23	220.59		446.25P	3057.33P	0.00339P	0.25307	
458	1-乙基-(1,2,3,4-四氢化萘)	$C_{12}H_{16}$	160.26	239.57		460.00P	2752.42P	0.00343P	0.24843	
459	2,2-二甲基-(1,2,3,4-四氢化萘)	$C_{12}H_{16}$	160.26	230.00		446.32P	2752.42P	0.00343P	0.25516	
460	2,6-二甲基-(1,2,3,4-四氢化萘)	$C_{12}H_{16}$	160.26	237.78	20.00	454.96P	2707.33P	0.00343P	0.24606	
461	6,7-二甲基-(1,2,3,4-四氢化萘)	$C_{12}H_{16}$	160.26	252.00	10.00	475.85P	2775.33P	0.00343P	0.2452	
462	1-正丙基-(1,2,3,4-四氢化萘)	$C_{13}H_{18}$	174.29	256.40		471.31P	2502.52P	0.00347P	0.24473	
463	6-正丙基-(1,2,3,4-四氢化萘)	$C_{13}H_{18}$	174.29	263.00		477.98P	2465.02P	0.00347P	0.23892	
464	1-正丁基-(1,2,3,4-四氢化萘)	$C_{14}H_{20}$	188.30	273.13						
465	6-正丁基-(1,2,3,4-四氢化萘)	$C_{14}H_{20}$	188.30	281.00						
466	1-正戊基-(1,2,3,4-四氢化萘)	$C_{15}H_{22}$	202.33	289.63						
467	6-正戊基-(1,2,3,4-四氢化萘)	$C_{15}H_{22}$	202.33	297.00						
468	1-正己基-(1,2,3,4-四氢化萘)	$C_{16}H_{24}$	216.37	305.00P		505.85P	1890.04P	0.00356P	0.225	0.588792
469	1-正庚基-(1,2,3,4-四氢化萘)	$C_{17}H_{26}$	230.39	321.00		518.00P	1835.42P	0.00358P	0.23039	

续表

组分序号	名　称	化学式	相对密度 (15.6/15.6℃)	API度	液体密度 (15.6℃)/(kg/m³)	液体折射率 (25℃)	蒸气压 (37.78℃)/kPa	比热容(15.6℃,定压)/[kJ/(kg·℃)] 理想气体	液体	运动黏度/(mm²/s) 37.8℃	98.9℃	汽化热(正常沸点下)/(kJ/kg)	低热值(25℃)/(kJ/kg)	表面张力/(10⁻⁵ N/cm)
451	1-正庚基萘	C₁₇H₂₂	0.9537	16.87	952.74	1.55650			1.5595ᴾ			351.61	42262.81ᴾ	34.18
452	1-正辛基萘	C₁₈H₂₄	0.9468	17.94	945.91	1.55060			1.5555ᴾ			338.05	42351.37ᴾ	33.84
453	1-正壬基萘	C₁₉H₂₆	0.9408	18.90	939.91	1.54550	<0.0007	1.3025	1.7206	9.392	2.209	229.26	41244.24ᴾ	35.56
454	2-正壬基萘	C₁₉H₂₆	0.9339	20.21	932.97	1.54420			1.7427ᴾ			222.20	42430.87ᴾ	38.05ᴾ
455	1-正癸基萘	C₂₀H₂₈	0.9354	19.78	934.46	1.54120	<0.0007	1.3169	1.7307	10.789	2.473		41322.81ᴾ	35.16
	四氢化萘，C₁₀～C₂₀													
456	1, 2, 3, 4-四氢化萘	C₁₀H₁₂	0.9748	13.65	973.88	1.53919	0.12	1.1081	1.6129	1.663	0.767	320.04	40497.86	33.16
457	1-甲基-(1, 2, 3, 4-四氢化萘)	C₁₁H₁₄	0.9623	15.54	961.37	1.53330			1.5498ᴾ			425.53	41105.01ᴾ	34.96ᴾ
458	1-乙基-(1, 2, 3, 4-四氢化萘)	C₁₂H₁₆	0.9569	16.37	955.98	1.52980			1.5605ᴾ			402.94	41339.08ᴾ	35.55ᴾ
459	2, 2-二甲基-(1, 2, 3, 4-四氢化萘)	C₁₂H₁₆	0.9404	18.97	939.44	1.51800			1.5636ᴾ			394.31	39940.69ᴾ	32.89ᴾ
460	2, 6-二甲基-(1, 2, 3, 4-四氢化萘)	C₁₂H₁₆	0.9464	18.02	945.43	1.52400			1.5610ᴾ			401.63	41243.31ᴾ	33.77ᴾ
461	6, 7-二甲基-(1, 2, 3, 4-四氢化萘)	C₁₂H₁₆	0.9584	16.15	957.41	1.53600			1.5567ᴾ			416.54	41218.91ᴾ	35.70ᴾ
462	1-正丙基-(1, 2, 3, 4-四氢化萘)	C₁₃H₁₈	0.9480	17.75	947.11	1.52550			1.5683ᴾ			382.79	39090.41ᴾ	35.15ᴾ
463	6-正丙基-(1, 2, 3, 4-四氢化萘)	C₁₃H₁₈	0.9401	19.01	939.20	1.52410			1.5657ᴾ			388.43	28862.39ᴾ	34.17ᴾ
464	1-正丁基-(1, 2, 3, 4-四氢化萘)	C₁₄H₂₀	0.9328	19.32	937.28	1.51980								
465	6-正丁基-(1, 2, 3, 4-四氢化萘)	C₁₄H₂₀	0.9334	20.09	932.49	1.52100								
466	1-正戊基-(1, 2, 3, 4-四氢化萘)	C₁₅H₂₂	0.9310	20.49	930.09	1.51580								
467	6-正戊基-(1, 2, 3, 4-四氢化萘)	C₁₅H₂₂	0.9277	21.04	926.74	1.51680	<0.0007							
468	1-正己基-(1, 2, 3, 4-四氢化萘)	C₁₆H₂₄	0.9251	21.45	924.20	1.51270			1.5744ᴾ	2.905	1.271	247.09	41614.99ᴾ	35.09
469	1-正庚基-(1, 2, 3, 4-四氢化萘)	C₁₇H₂₆	0.9203	22.25	919.43	1.51010			1.5711ᴾ			328.05	42085.92ᴾ	33.86ᴾ

续表

组分序号	名　称	化学式	溶解度参数(25℃)/(J/cm³)^0.5	闪点/℃	理想气体生成热(25℃)/(kJ/kg)	理想气体Gibbs自由能(25℃,常压)/(kJ/kg)	熔解热(25℃)/(kJ/kg)	膨胀系数(15.6℃)	苯胺点/℃	辛烷值 马达法	辛烷值 研究法	燃烧限(体,在空气中)/% 下限	燃烧限(体,在空气中)/% 上限	Watson特性因数
451	1-正庚基萘	$C_{17}H_{22}$			-357.43^P							0.49^P	8.77^P	10.94
452	1-正辛基萘	$C_{18}H_{24}$			-61.40^P							0.46^P	9.45^P	11.10
453	1-正壬基萘	$C_{19}H_{26}$	17.409	175.85^P	-186.58^P	1112.76						0.4^P	5.1^P	11.14
454	2-正壬基萘	$C_{19}H_{26}$			-58.01^P							0.44^P	10.62^P	11.13
455	1-正癸基萘	$C_{20}H_{28}$	17.200	184.85^P	-253.89^P	1085.56						0.4^P	5.1^P	11.46
	四氢化萘，$C_{10}\sim C_{20}$													
456	1，2，3，4-四氢化萘	$C_{10}H_{12}$	19.340	70.85	201.15	1263.12	94.25	0.00043	-20.0	81.9	96.4	0.84	5.0	9.78
457	1-甲基-(1，2，3，4-四氢萘)	$C_{11}H_{14}$			-251.63^P							0.77^P	7.73^P	10.13
458	1-乙基-(1，2，3，4-四氢萘)	$C_{12}H_{16}$			-100.97^P							0.69^P	7.29^P	10.31
459	2，2-二甲基-(1，2，3，4-四氢萘)	$C_{12}H_{16}$			-28.47^P							0.69^P	7.06^P	10.43
460	2，6-二甲基-(1，2，3，4-四氢萘)	$C_{12}H_{16}$			-113.49^P							7.29^P		10.41
461	6，7-二甲基-(1，2，3，4-四氢萘)	$C_{12}H_{16}$			-291.17^P							7.22^P		10.37
462	1-正丙基-(1，2，3，4-四氢萘)	$C_{13}H_{18}$			-434.22^P								7.04^P	10.51
463	6-正丙基-(1，2，3，4-四氢萘)	$C_{13}H_{18}$			-457.26^P								6.97^P	10.64
464	1-正丁基-(1，2，3，4-四氢萘)	$C_{14}H_{20}$												10.60
465	6-正丁基-(1，2，3，4-四氢萘)	$C_{14}H_{20}$												10.70
466	1-正戊基-(1，2，3，4-四氢萘)	$C_{15}H_{22}$												10.79
467	6-正戊基-(1，2，3，4-四氢萘)	$C_{15}H_{22}$				989.80								10.87
468	1-正己基-(1，2，3，4-四氢萘)	$C_{16}H_{24}$	17.710	137.85^P	-475.27^P							0.5^P	5.1^P	10.95
469	1-正庚基-(1，2，3，4-四氢萘)	$C_{17}H_{26}$			-568.05^P								7.75^P	11.24

续表

组分序号	名　称	化学式	自燃点/℃	MAC	OELs/(mg/m³)	
					PC-TWA	PC-STEL
451	1-正庚基萘	$C_{17}H_{22}$				
452	1-正辛基萘	$C_{18}H_{24}$				
453	1-正壬基萘	$C_{19}H_{26}$	303			
454	2-正壬基萘	$C_{19}H_{26}$				
455	1-正癸基萘	$C_{20}H_{28}$	294			
	四氢化萘，$C_{10}\sim C_{20}$					
456	1,2,3,4-四氢化萘	$C_{10}H_{12}$	384			
457	1-甲基-(1,2,3,4-四氢化萘)	$C_{11}H_{14}$				
458	1-乙基-(1,2,3,4-四氢化萘)	$C_{12}H_{16}$				
459	2,2-二甲基-(1,2,3,4-四氢化萘)	$C_{12}H_{16}$				
460	2,6-二甲基-(1,2,3,4-四氢化萘)	$C_{12}H_{16}$				
461	6,7-二甲基-(1,2,3,4-四氢化萘)	$C_{12}H_{16}$				
462	1-正丙基-(1,2,3,4-四氢化萘)	$C_{13}H_{18}$				
463	6-正丙基-(1,2,3,4-四氢化萘)	$C_{13}H_{18}$				
464	1-正丁基-(1,2,3,4-四氢化萘)	$C_{14}H_{20}$				
465	6-正丁基-(1,2,3,4-四氢化萘)	$C_{14}H_{20}$				
466	1-正戊基-(1,2,3,4-四氢化萘)	$C_{15}H_{22}$				
467	6-正戊基-(1,2,3,4-四氢化萘)	$C_{15}H_{22}$				
468	1-正己基-(1,2,3,4-四氢化萘)	$C_{16}H_{24}$				
469	1-正庚基-(1,2,3,4-四氢化萘)	$C_{17}H_{26}$				

续表

组分序号	名称	化学式	相对分子质量	正常沸点/℃	正常冰点/℃	临界性质			压缩因数	偏心因数
						温度/℃	压力/kPa	体积/(m³/kg)		
470	1-正辛基-(1,2,3,4-四氢萘)	$C_{18}H_{28}$	244.42	335.00		527.82^P	1720.62^P	0.00360^P	0.22757	
471	1-正壬基-(1,2,3,4-四氢萘)	$C_{19}H_{30}$	258.45	348.00		549.72^P	1619.31^P	0.00362^P	0.22152	
472	1-正癸基-(1,2,3,4-四氢萘)	$C_{20}H_{32}$	272.47	361.00		545.88^P	1529.31^P	0.00364^P	0.22255	
	茚，$C_9 \sim C_{10}$									
473	茚	C_9H_8	116.16	182.62	-1.45^P	413.85^P	3820.08^P	0.00317^P	0.246	0.333766
474	1-甲基茚	$C_{10}H_{10}$	130.19	198.50		429.85^P	3460.07^P	0.00335^P	0.258	0.334861
475	2-甲基茚	$C_{10}H_{10}$	130.19	206.30	79.98	437.85^P	3460.07^P	0.00335^P	0.255	0.350814
	二氢化茚，$C_9 \sim C_{10}$									
476	2,3-二氢化茚	C_9H_{10}	118.18	177.97	-51.41	411.75	3950.09	0.00335^P	0.275	0.337173
477	1-甲基-2,3-二氢化茚	$C_{10}H_{12}$	132.21	190.60		420.95^P	3530.08^P	0.00339^P	0.274	0.309213
478	2-甲基-2,3-二氢化茚	$C_{10}H_{12}$	132.21	191.40		422.15^P	3530.08^P	0.00339^P	0.274	
479	4-甲基-2,3-二氢化茚	$C_{10}H_{12}$	132.21	205.50		443.25^P	3530.08^P	0.00339^P	0.266	
480	5-甲基-2,3-二氢化茚	$C_{10}H_{12}$	132.21	202.00		438.05^P	3530.08^P	0.00339^P	0.268	
	稠环芳烃，$C_{12} \sim C_{18}$									
481	1,8-亚乙基萘(苊烯)	$C_{12}H_8$	152.20	270.00	89.50	518.85^P	3200.07^P	0.00357^P	0.264	0.398701
482	苊	$C_{12}H_{10}$	154.21	277.39	93.41	530.00^P	3100.07^P	0.00359^P	0.257	0.381147
483	芴	$C_{13}H_{10}$	166.22	297.29	114.79	596.85^P	4700.10^P	0.00241^P	0.260	0.349259
484	蒽	$C_{14}H_{10}$	178.23	342.03	215.78^P	599.85	2900.06^P	0.00311^P	0.221	0.485671
485	菲	$C_{14}H_{10}$	178.23	336.88	99.23^P	596.10	2900.06^P	0.00311^P	0.222	0.469466
486	芘	$C_{16}H_{10}$	202.26	394.80	150.66	662.85^P	2610.05^P	0.00326^P	0.221	0.507416

续表

组分序号	名　称	化学式	相对密度(15.6/15.6℃)	API度	液体密度(15.6℃)/(kg/m³)	液体折射率(25℃)	蒸气压(37.78℃)/kPa	比热容(15.6℃,定压)/[kJ/(kg·℃)] 理想气体	比热容 液体	运动黏度/(mm²/s) 37.8℃	运动黏度 98.9℃	汽化热(正常沸点下)/(kJ/kg)	低热值(25℃)/(kJ/kg)	表面张力/(10^{-5} N/cm)
470	1-正辛基-(1,2,3,4-四氢萘)	$C_{18}H_{28}$	0.9161	22.95	915.23	1.50800			1.5668^P			317.57	42183.08^P	33.67^P
471	1-正壬基-(1,2,3,4-四氢萘)	$C_{19}H_{30}$	0.9124	23.58	911.52	1.50610			1.5540^P			313.52	42269.55^P	33.53^P
472	1-正癸基-(1,2,3,4-四氢萘)	$C_{20}H_{32}$	0.9093	24.11	908.40	1.50450			1.5538^P			299.29	42349.05^P	33.44^P
	茚，C_9~C_{10}													
473	茚	C_9H_8	1.0036	9.49	1002.63	1.57400	0.34	1.0208	1.5833	1.356	0.631	349.38	39741.26	37.79
474	1-甲基茚	$C_{10}H_{10}$	0.9754	13.58	974.40	1.55870	0.18		1.5501			321.65	40529.94^P	33.95
475	2-甲基茚	$C_{10}H_{10}$	0.9794	12.97	978.47	1.56270	0.12		1.4654			331.44	39992.76^P	34.52
	二氢化茚，C_9~C_{10}													
476	2,3-二氢化茚	C_9H_{10}	0.9686	14.58	967.69	1.53580	0.46	1.0613	1.5851	1.165	0.615	334.18	40274.02	34.10
477	1-甲基-2,3-二氢化茚	$C_{10}H_{12}$	0.9437	18.44	942.79	1.52410			1.5373^P			439.71	40816.78^P	31.93^P
478	2-甲基-2,3-二氢化茚	$C_{10}H_{12}$	0.9464	18.02	945.43	1.51930			1.5371^P			440.63	40816.78^P	32.31^P
479	4-甲基-2,3-二氢化茚	$C_{10}H_{12}$	0.9608	15.78	959.81	1.53330			1.5348^P			459.07	40766.80^P	34.33^P
480	5-甲基-2,3-二氢化茚	$C_{10}H_{12}$	0.9495	17.53	948.55	1.53110			1.5363^P				40769.36^P	32.74^P
	稠环芳烃，C_{12}~C_{18}													
481	1,8-亚乙基萘(苊烯)	$C_{12}H_8$	0.9008	25.58	899.95	1.40170		0.9504			0.712	328.17	38582.29	
482	苊	$C_{12}H_{10}$				1.64200		1.0382			1.383	329.82	38891.44	
483	芴	$C_{13}H_{10}$				1.64700		0.9637			1.049	319.34	38628.54	
484	蒽	$C_{14}H_{10}$				1.72900		0.9995				308.64	38393.31	
485	菲	$C_{14}H_{10}$				1.54800		1.0093			1.787	313.26	38285.46	
486	芘	$C_{16}H_{10}$	1.1913		1190.11	1.77000		0.9620				299.76	37704.81	

续表

组分序号	名　称	化学式	溶解度参数(25℃)/(J/cm^3)$^{0.5}$	闪点/℃	理想气体生成热(25℃)/(kJ/kg)	理想气体Gibbs自由能(25℃,常压)/(kJ/kg)	熔解热(25℃)/(kJ/kg)	膨胀系数(15.6℃)	苯胺点/℃	辛烷值 马达法	辛烷值 研究法	燃烧限(体,在空气中)/% 下限	燃烧限(体,在空气中)/% 上限	Watson特性因数
470	1-正辛基-(1, 2, 3, 4-四氢萘)	$C_{18}H_{28}$			-620.12^P								8.39^P	11.37
471	1-正壬基-(1, 2, 3, 4-四氢萘)	$C_{19}H_{30}$			-672.36^P								9.29^P	11.50
472	1-正癸基-(1, 2, 3, 4-四氢萘)	$C_{20}H_{32}$			-706.52^P								10.48^P	11.61
	茚, C₉~C₁₀													
473	茚	C_9H_8	20.310	54.85^P	1404.69	2012.75	87.87	0.0005		+0.7	+2.3	1.0^P	7.2^P	9.33
474	1-甲茚	$C_{10}H_{10}$	19.119	64.85^P	1467.68^P	2279.81		0.00024				0.9^P	6.6^P	9.71
475	2-甲茚	$C_{10}H_{10}$	19.649	70.85^P	882.76^P	1681.07		0.00037				0.9^P	6.4^P	9.72
	二氢化茚, C₉~C₁₀													
476	2, 3-二氢化茚	C_9H_{10}	19.420	48.50	513.30	1410.51		0.00042		89.8	+0.3	1.0^P	6.1^P	9.63
477	1-甲基-2, 3-二氢化茚	$C_{10}H_{12}$			251.12^P			0.00024				0.85^P	8.42^P	10.12
478	2-甲基-2, 3-二氢化茚	$C_{10}H_{12}$			39.85^P			0.00053				0.85^P	8.42^P	10.10
479	4-甲基-2, 3-二氢化茚	$C_{10}H_{12}$			39.85^P			0.00049				0.85^P	8.39^P	10.00
480	5-甲基-2, 3-二氢化茚	$C_{10}H_{12}$			-8.54^P			0.00053				0.85^P	8.39^P	10.00
	稠环芳烃, C₁₂~C₁₈													
481	1, 8-亚乙基萘(苊烯)	$C_{12}H_8$	18.270	117.85^P	1704.58	2153.71	45.57					0.8^P	5.3^P	11.02
482	苊	$C_{12}H_{10}$		119.85^P	1004.46	1868.20	139.27					0.8^P	5.3^P	9.52
483	芴	$C_{13}H_{10}$		120.85	1123.67	1744.12	117.86					0.7^P	5.2^P	10.581
484	蒽	$C_{14}H_{10}$	17.751	120.85	1290.17	1859.83	164.89					0.6	5.2	
485	菲	$C_{14}H_{10}$	19.909	170.85	1128.12	1694.37	92.43					0.7^P	5.2^P	
486	芘	$C_{16}H_{10}$	19.639	198.85	1111.73	1616.70	85.87					0.6^P	5.3^P	8.93

续表

组分序号	名　　称	化学式	自燃点/℃	MAC	OELs/(mg/m³) PC-TWA	PC-STEL
470	1-正辛基-(1,2,3,4-四氢萘)	$C_{18}H_{28}$				
471	1-正壬基-(1,2,3,4-四氢萘)	$C_{19}H_{30}$				
472	1-正癸基-(1,2,3,4-四氢萘)	$C_{20}H_{32}$				
	茚，$C_9 \sim C_{10}$					
473	茚	C_9H_8			50	
474	1-甲基茚	$C_{10}H_{10}$				
475	2-甲基茚	$C_{10}H_{10}$				
	二氢化茚，$C_9 \sim C_{10}$					
476	2,3-二氢化茚	C_9H_{10}				
477	1-甲基-2,3-二氢化茚	$C_{10}H_{12}$				
478	2-甲基-2,3-二氢化茚	$C_{10}H_{12}$				
479	4-甲基-2,3-二氢化茚	$C_{10}H_{12}$				
480	5-甲基-2,3-二氢化茚	$C_{10}H_{12}$				
	稠环芳烃，$C_{12} \sim C_{18}$					
481	1,8-亚乙基萘（苊烯）	$C_{12}H_8$				
482	苊	$C_{12}H_{10}$				
483	芴	$C_{13}H_{10}$				
484	蒽	$C_{14}H_{10}$	540			
485	菲	$C_{14}H_{10}$				
486	芘	$C_{16}H_{10}$				

续表

组分序号	名　称	化学式	相对分子质量	正常沸点/℃	正常冰点/℃	临界性质				偏心因数
						温度/℃	压力/kPa	体积/(m³/kg)	压缩因数	
487	萤蒽	$C_{16}H_{10}$	202.26	382.80	110.18^P	631.85^P	2610.05^P	0.00324^P	0.227	0.587526
488	1,2,5,6-二苯并萘(屈)	$C_{18}H_{12}$	228.29	441.00	258.00	705.85^P	2390.05^P	0.00328^P	0.220	0.603008
489	三亚苯(苯稠[9,10]菲)	$C_{18}H_{12}$	228.29	448.40	198.10	740.00^Z	2400.05^Z	0.00662^Z	0.200^Z	0.309
490	苯并蒽	$C_{18}H_{12}$	228.29	443.00	160.40	706.00^Z	2400.05^Z	0.00662^Z	0.200^Z	
491	萘并萘(丁省)	$C_{18}H_{12}$	228.29	443.00	357.00	714.00^Z	2400.05^Z	0.00662^Z	0.200^Z	

续表

组分序号	名　称	化学式	相对密度(15.6/15.6℃)	API度	液体密度(15.6℃)/(kg/m³)	液体折射率(25℃)	蒸气压(37.78℃)/kPa	比热容(15.6℃,定压)/[kJ/(kg·℃)]		运动黏度(mm²/s)		汽化热(正常沸点下)/(kJ/kg)	低热值(25℃)/(kJ/kg)	表面张力/(10⁻⁵ N/cm)
								理想气体	液体	37.8℃	98.9℃			
487	萤蒽	$C_{16}H_{10}$				1.73900		1.0253				284.40	38021.17	
488	1,2,5,6-二苯并萘(屈)	$C_{18}H_{12}$	1.2013	-13.71	1200.10	1.78500		0.9879			4.949	301.92	37994.90	
489	三亚苯(苯稠[9,10]菲)	$C_{18}H_{12}$				1.75600							39178.04^W	
490	苯并蒽	$C_{18}H_{12}$						1.0085					38629.24^W	
491	萘并萘(丁省)	$C_{18}H_{12}$											38599.72^W	

续表

组分序号	名　称	化学式	溶解度参数(25℃)/(J/cm³)⁰·⁵	闪点/℃	理想气体生成热(25℃)/(kJ/kg)	理想气体自由Gibbs能(25℃,常压)/(kJ/kg)	熔解热(25℃)/(kJ/kg)	膨胀系数(15.6℃)	苯胺点/℃	辛烷值		燃烧限(气体,在空气中)/%		Watson特性因数
										马达法	研究法	下限	上限	
487	萤蒽	$C_{16}H_{10}$	19.279	183.85^P	1427.46	1908.23	92.66					0.6^P	5.3^P	
488	1,2,5,6-二苯并萘(屈)	$C_{18}H_{12}$	18.919		1181.05	1764.13	114.84					0.5^P	5.3^P	
489	三亚苯(苯稠[9,10]菲)	$C_{18}H_{12}$			1181.04									
490	苯并蒽	$C_{18}H_{12}$			1271.66									
491	萘并萘(丁省)	$C_{18}H_{12}$			1241.01	1807.90								

续表

组分序号	名　　称	化学式	自燃点/℃	OELs/(mg/m^3)		
				MAC	PC-TWA	PC-STEL
487	蒈蒽	$C_{16}H_{10}$				
488	1,2,5,6-二苯并萘(屈)	$C_{18}H_{12}$				
489	三亚苯(苯稠[9,10]菲)	$C_{18}H_{12}$				
490	苯并蒽	$C_{18}H_{12}$	557			
491	萘并萘(丁省)	$C_{18}H_{12}$	557			

注：1. 上角标 A 表示液体密度为在 20℃ 下；

2. 数据中的上角标的字母表示为：E—在饱和压力下(三相点)；G—在沸点条件下；H—临界溶解温度，而不是苯胺点；P—预测值；S—预测值或实验值；Y—气体状态下的净燃烧热；Z—估算值；W—固体状态下的净燃烧热。

3. 辛烷值列中"+"号后的数字表示要达到异辛烷所需加入四乙基铅的毫升的毫升数。

表 1-1-7 烃类组分化学式检索及中英文名对照表

编号	化学式	中 文 名 称	英 文 名 称	组分序号	所在表号
1	CH_4	甲烷	methane	1	表 1-1-1
2	C_2H_2	乙炔	acetylene	325	表 1-1-4
3	C_2H_4	乙烯	ethylene	195	表 1-1-3
4	C_2H_6	乙烷	ethane	2	表 1-1-1
5	C_3H_4	丙二烯	propadiene	293	表 1-1-3
6	C_3H_4	丙炔(甲基乙炔)	methylacetylene	326	表 1-1-4
7	C_3H_6	环丙烷	cyclopropane	95	表 1-1-2
8	C_3H_6	丙烯	propylene	196	表 1-1-3
9	C_3H_8	丙烷	propane	3	表 1-1-1
10	C_4H_4	乙烯基乙炔	vinylacetylene	329	表 1-1-4
11	C_4H_6	1，2-丁二烯	1，2-butadiene	294	表 1-1-3
12	C_4H_6	1，3-丁二烯	1，3-butadiene	295	表 1-1-3
13	C_4H_6	2-丁炔(二甲基乙炔)	dimethylacetylene	327	表 1-1-4
14	C_4H_6	1-丁炔(乙基乙炔)	ethylacetylene	328	表 1-1-4
15	C_4H_8	甲基环丙烷	methylcyclopropane	96	表 1-1-2
16	C_4H_8	环丁烷	cyclobutane	100	表 1-1-2
17	C_4H_8	正丁烯	1-butene	197	表 1-1-3
18	C_4H_8	顺-2-丁烯	*cis*-2-butene	198	表 1-1-3
19	C_4H_8	反-2-丁烯	*trans*-2-butene	199	表 1-1-3
20	C_4H_8	异丁烯	isobutene	200	表 1-1-3
21	C_4H_{10}	丁烷	*n*-butane	4	表 1-1-1
22	C_4H_{10}	2-甲基丙烷(异丁烷)	isobutane	5	表 1-1-1
23	C_5H_6	环戊二烯	cyclopentadiene	321	表 1-1-4
24	C_5H_8	1，2-戊二烯	1，2-pentadiene	296	表 1-1-3
25	C_5H_8	顺-1，3-戊二烯	*cis*-1，3-pentadiene	297	表 1-1-3
26	C_5H_8	反-1，3-戊二烯	*trans*-1，3-pentadiene	298	表 1-1-3
27	C_5H_8	1，4-戊二烯	1，4-pentadiene	299	表 1-1-3
28	C_5H_8	2，3-戊二烯	2，3-pentadiene	300	表 1-1-3
29	C_5H_8	3-甲基-1，2-丁二烯	3-methyl-1，2-butadiene	301	表 1-1-3
30	C_5H_8	2-甲基-1，3-丁二烯	2-methyl-1，3-butadiene	302	表 1-1-3
31	C_5H_8	环戊烯	cyclopentene	313	表 1-1-4
32	C_5H_8	1-戊炔	1-pentyne	330	表 1-1-4
33	C_5H_8	2-戊炔	2-pentyne	331	表 1-1-4
34	C_5H_8	3-甲基-1-丁炔	3-methyl-1-butyne	332	表 1-1-4
35	C_5H_{10}	乙基环丙烷	ethylcyclopropane	97	表 1-1-2
36	C_5H_{10}	顺-1，2-二甲基环丙烷	*cis*-1，2-dimethylcyclopropane	98	表 1-1-2

续表

编号	化学式	中 文 名 称	英 文 名 称	组分序号	所在表号
37	C_5H_{10}	反-1，2-二甲基环丙烷	*trans*-1，2-dimethylcyclopropane	99	表1-1-2
38	C_5H_{10}	甲基环丁烷	methylcyclobutane	101	表1-1-2
39	C_5H_{10}	环戊烷	cyclopentane	103	表1-1-2
40	C_5H_{10}	正戊烯	1-pentene	201	表1-1-3
41	C_5H_{10}	顺-2-戊烯	*cis*-2-pentene	202	表1-1-3
42	C_5H_{10}	反-2-戊烯	*trans*-2-pentene	203	表1-1-3
43	C_5H_{10}	2-甲基-1-丁烯	2-methyl-1-butene	204	表1-1-3
44	C_5H_{10}	3-甲基-1-丁烯	3-methyl-1-butene	205	表1-1-3
45	C_5H_{10}	2-甲基-2-丁烯	2-methyl-2-butene	206	表1-1-3
46	C_5H_{12}	正戊烷	*n*-pentane	6	表1-1-1
47	C_5H_{12}	2-甲基丁烷(异戊烷)	isopentane	7	表1-1-1
48	C_5H_{12}	2，2-二甲基丙烷(新戊烷)	neopentane	8	表1-1-1
49	C_6H_6	苯	benzene	338	表1-1-5
50	C_6H_{10}	2，3-二甲基-1，3-丁二烯	2，3-dimethyl-1，3-butadiene	303	表1-1-3
51	C_6H_{10}	1，2-己二烯	1，2-hexadiene	304	表1-1-3
52	C_6H_{10}	1，5-己二烯	1，5-hexadiene	305	表1-1-3
53	C_6H_{10}	2，3-己二烯	2，3-hexadiene	306	表1-1-3
54	C_6H_{10}	3-甲基-1，2-戊二烯	3-methyl-1，2-pentadiene	307	表1-1-3
55	C_6H_{10}	1-甲基-环戊烯	1-methyl-cyclopentene	314	表1-1-4
56	C_6H_{10}	环己烯	cyclohexene	318	表1-1-4
57	C_6H_{10}	1-己炔	1-hexyne	333	表1-1-4
58	C_6H_{12}	乙基环丁烷	ethylcyclobutane	102	表1-1-2
59	C_6H_{12}	甲基环戊烷	methylcyclopentane	104	表1-1-2
60	C_6H_{12}	环己烷	cyclohexane	148	表1-1-2
61	C_6H_{12}	正己烯	1-hexene	207	表1-1-3
62	C_6H_{12}	顺-2-己烯	*cis*-2-hexene	208	表1-1-3
63	C_6H_{12}	反-2-己烯	*trans*-2-hexene	209	表1-1-3
64	C_6H_{12}	顺-3-己烯	*cis*-3-hexene	210	表1-1-3
65	C_6H_{12}	反-3-己烯	*trans*-3-hexene	211	表1-1-3
66	C_6H_{12}	2-甲基-1-戊烯	2-methyl-1-pentene	212	表1-1-3
67	C_6H_{12}	3-甲基-1-戊烯	3-methyl-1-pentene	213	表1-1-3
68	C_6H_{12}	4-甲基-1-戊烯	4-methyl-1-pentene	214	表1-1-3
69	C_6H_{12}	2-甲基-2-戊烯	2-methyl-2-pentene	215	表1-1-3
70	C_6H_{12}	顺-3-甲基-2-戊烯	*cis*-3-methyl-2-pentene	216	表1-1-3
71	C_6H_{12}	反-3-甲基-2-戊烯	*trans*-3-methyl-2-pentene	217	表1-1-3
72	C_6H_{12}	顺-4-甲基-2-戊烯	*cis*-4-methyl-2-pentene	218	表1-1-3
73	C_6H_{12}	反-4-甲基-2-戊烯	*trans*-4-methyl-2-pentene	219	表1-1-3

编号	化学式	中 文 名 称	英 文 名 称	组分序号	所在表号
74	C_6H_{12}	2-乙基-1-丁烯	2-ethyl-1-butene	220	表 1-1-3
75	C_6H_{12}	2，3-二甲基-1-丁烯	2，3-dimethyl-1-butene	221	表 1-1-3
76	C_6H_{12}	3，3-二甲基-1-丁烯	3，3-dimethyl-1-butene	222	表 1-1-3
77	C_6H_{12}	2，3-二甲基-2-丁烯	2，3-dimethyl-2-butene	223	表 1-1-3
78	C_6H_{14}	正己烷	n-hexane	9	表 1-1-1
79	C_6H_{14}	2-甲基戊烷	2-methylpentane	10	表 1-1-1
80	C_6H_{14}	3-甲基戊烷	3-methylpentane	11	表 1-1-1
81	C_6H_{14}	2，2-二甲基丁烷	2，2-dimethylbutane	12	表 1-1-1
82	C_6H_{14}	2，3-二甲基丁烷	2，3-dimethylbutane	13	表 1-1-1
83	C_7H_8	甲苯	toluene	339	表 1-1-5
84	C_7H_{12}	2-甲基-1，5-己二烯	2-methyl-1，5-hexadiene	308	表 1-1-3
85	C_7H_{12}	2-甲基-2，4-己二烯	2-methyl-2，4-hexadiene	309	表 1-1-3
86	C_7H_{12}	1-乙基-环戊烯	1-ethylcyclopentene	315	表 1-1-4
87	C_7H_{12}	3-乙基-环戊烯	3-ethylcyclopentene	316	表 1-1-4
88	C_7H_{12}	1-甲基-环己烯	1-methylcyclohexene	319	表 1-1-4
89	C_7H_{12}	1-庚炔	1-heptyne	334	表 1-1-4
90	C_7H_{14}	乙基环戊烷	ethylcyclopentane	105	表 1-1-2
91	C_7H_{14}	1，1-二甲基环戊烷	1，1-dimethylcyclopentane	106	表 1-1-2
92	C_7H_{14}	顺-1，2-二甲基环戊烷	cis-1，2-dimethylcyclopentane	107	表 1-1-2
93	C_7H_{14}	反-1，2-二甲基环戊烷	$trans$-1，2-dimethylcyclopentane	108	表 1-1-2
94	C_7H_{14}	顺-1，3-二甲基环戊烷	cis-1，3-dimethylcyclopentane	109	表 1-1-2
95	C_7H_{14}	反-1，3-二甲基环戊烷	$trans$-1，3-dimethylcyclopentane	110	表 1-1-2
96	C_7H_{14}	甲基环己烷	methylcyclohexane	149	表 1-1-2
97	C_7H_{14}	环庚烷	cycloheptane	182	表 1-1-2
98	C_7H_{14}	正庚烯	1-heptene	224	表 1-1-3
99	C_7H_{14}	顺-2-庚烯	cis-2-heptene	225	表 1-1-3
100	C_7H_{14}	反-2-庚烯	$trans$-2-heptene	226	表 1-1-3
101	C_7H_{14}	顺-3-庚烯	cis-3-heptene	227	表 1-1-3
102	C_7H_{14}	反-3-庚烯	$trans$-3-heptene	228	表 1-1-3
103	C_7H_{14}	2-甲基-1-己烯	2-methyl-1-hexene	229	表 1-1-3
104	C_7H_{14}	3-甲基-1-己烯	3-methyl-1-hexene	230	表 1-1-3
105	C_7H_{14}	4-甲基-1-己烯	4-methyl-1-hexene	231	表 1-1-3
106	C_7H_{14}	5-甲基-1-己烯	5-methyl-1-hexene	232	表 1-1-3
107	C_7H_{14}	2-甲基-2-己烯	2-methyl-2-hexene	233	表 1-1-3
108	C_7H_{14}	顺-3-甲基-2-己烯	cis-3-methyl-2-hexene	234	表 1-1-3
109	C_7H_{14}	反-3-甲基-2-己烯	$trans$-3-methyl-2-hexene	235	表 1-1-3
110	C_7H_{14}	顺-4-甲基-2-己烯	cis-4-methyl-2-hexene	236	表 1-1-3

编号	化学式	中文名称	英文名称	组分序号	所在表号
111	C_7H_{14}	反-4-甲基-2-己烯	*trans*-4-methyl-2-hexene	237	表1-1-3
112	C_7H_{14}	顺-5-甲基-2-己烯	*cis*-5-methyl-2-hexene	238	表1-1-3
113	C_7H_{14}	反-5-甲基-2-己烯	*trans*-5-methyl-2-hexene	239	表1-1-3
114	C_7H_{14}	顺-2-甲基-3-己烯	*cis*-2-methyl-3-hexene	240	表1-1-3
115	C_7H_{14}	反-2-甲基-3-己烯	*trans*-2-methyl-3-hexene	241	表1-1-3
116	C_7H_{14}	顺-3-甲基-3-己烯	*cis*-3-methyl-3-hexene	242	表1-1-3
117	C_7H_{14}	反-3-甲基-3-己烯	*trans*-3-methyl-3-hexene	243	表1-1-3
118	C_7H_{14}	2-乙基-1-戊烯	2-ethyl-1-pentene	244	表1-1-3
119	C_7H_{14}	3-乙基-1-戊烯	3-ethyl-1-pentene	245	表1-1-3
120	C_7H_{14}	3-乙基-2-戊烯	3-ethyl-2-pentene	246	表1-1-3
121	C_7H_{14}	2，3-二甲基-1-戊烯	2，3-dimethyl-1-pentene	247	表1-1-3
122	C_7H_{14}	2，4-二甲基-1-戊烯	2，4-dimethyl-1-pentene	248	表1-1-3
123	C_7H_{14}	3，3-二甲基-1-戊烯	3，3-dimethyl-1-pentene	249	表1-1-3
124	C_7H_{14}	3，4-二甲基-1-戊烯	3，4-dimethyl-1-pentene	250	表1-1-3
125	C_7H_{14}	4，4-二甲基-1-戊烯	4，4-dimethyl-1-pentene	251	表1-1-3
126	C_7H_{14}	2，3-二甲基-2-戊烯	2，3-dimethyl-2-pentene	252	表1-1-3
127	C_7H_{14}	2，4-二甲基-2-戊烯	2，4-dimethyl-2-pentene	253	表1-1-3
128	C_7H_{14}	顺-3，4-二甲基-2-戊烯	*cis*-3，4-dimethyl-2-pentene	254	表1-1-3
129	C_7H_{14}	反-3，4-二甲基-2-戊烯	*trans*-3，4-dimethyl-2-pentene	255	表1-1-3
130	C_7H_{14}	顺-4，4-二甲基-2-戊烯	*cis*-4，4-dimethyl-2-pentene	256	表1-1-3
131	C_7H_{14}	反-4，4-二甲基-2-戊烯	*trans*-4，4-dimethyl-2-pentene	257	表1-1-3
132	C_7H_{14}	3-甲基-2-乙基-1-丁烯	3-methyl-2-ethyl-1-butene	258	表1-1-3
133	C_7H_{14}	2，3，3-三甲基-1-丁烯	2，3，3-trimethyl-1-butene	259	表1-1-3
134	C_7H_{16}	正庚烷	*n*-heptane	14	表1-1-1
135	C_7H_{16}	2-甲基己烷	2-methylhexane	15	表1-1-1
136	C_7H_{16}	3-甲基己烷	3-methylhexane	16	表1-1-1
137	C_7H_{16}	3-乙基戊烷	3-ethylpentane	17	表1-1-1
138	C_7H_{16}	2，2-二甲基戊烷	2，2-dimethylpentane	18	表1-1-1
139	C_7H_{16}	2，3-二甲基戊烷	2，3-dimethylpentane	19	表1-1-1
140	C_7H_{16}	2，4-二甲基戊烷	2，4-dimethylpentane	20	表1-1-1
141	C_7H_{16}	3，3-二甲基戊烷	3，3-dimethylpentane	21	表1-1-1
142	C_7H_{16}	2，2，3-三甲基丁烷	2，2，3-trimethylbutane	22	表1-1-1
143	C_8H_6	苯基乙炔	phenylacetylene	429	表1-1-5
144	C_8H_8	苯乙烯	styrene	391	表1-1-5
145	C_8H_{10}	乙苯	ethylbenzene	340	表1-1-5
146	C_8H_{10}	1，2-二甲基苯(邻二甲苯)	*o*-xylene	341	表1-1-5
147	C_8H_{10}	1，3-二甲基苯(间二甲苯)	*m*-xylene	342	表1-1-5

编号	化学式	中 文 名 称	英 文 名 称	组分序号	所在表号
148	C_8H_{10}	1，4-二甲基苯（对二甲苯）	p-xylene	343	表 1-1-5
149	C_8H_{14}	2，6-辛二烯	2，6-octadiene	310	表 1-1-3
150	C_8H_{14}	1-正丙基-环戊烯	1-n-propylcyclopentene	317	表 1-1-4
151	C_8H_{14}	1-乙基-环己烯	1-ethylcyclohexene	320	表 1-1-4
152	C_8H_{14}	1-辛炔	1-octyne	335	表 1-1-4
153	C_8H_{16}	正丙基环戊烷	n-propylcyclopentane	111	表 1-1-2
154	C_8H_{16}	异丙基环戊烷	isopropylcyclopentane	112	表 1-1-2
155	C_8H_{16}	1-甲基-1-乙基环戊烷	1-methyl-1-ethylcyclopentane	113	表 1-1-2
156	C_8H_{16}	顺-1-甲基-2-乙基环戊烷	cis-1-methyl-2-ethylcyclopentane	114	表 1-1-2
157	C_8H_{16}	反-1-甲基-2-乙基环戊烷	$trans$-1-methyl-2-ethylcyclopentane	115	表 1-1-2
158	C_8H_{16}	顺-1-甲基-3-乙基环戊烷	cis-1-methyl-3-ethylcyclopentane	116	表 1-1-2
159	C_8H_{16}	反-1-甲基-3-乙基环戊烷	$trans$-1-methyl-3-ethylcyclopentane	117	表 1-1-2
160	C_8H_{16}	1，1，2-三甲基环戊烷	1，1，2-trimethylcyclopentane	118	表 1-1-2
161	C_8H_{16}	1.1，3-三甲基环戊烷	1，1，3-trimethylcyclopentane	119	表 1-1-2
162	C_8H_{16}	1，顺-2，顺-3-三甲基环戊烷	1，c-2，c-3-trimethylcyclopentane	120	表 1-1-2
163	C_8H_{16}	1，顺-2，反-3-三甲基环戊烷	1，c-2，t-3-trimethylcyclopentane	121	表 1-1-2
164	C_8H_{16}	1，反-2，顺-3-三甲基环戊烷	1，t-2，c-3-trimethylcyclopentane	122	表 1-1-2
165	C_8H_{16}	1，顺-2，顺-4-三甲基环戊烷	1，c-2，c-4-trimethylcyclopentane	123	表 1-1-2
166	C_8H_{16}	1，顺-2，反-4-三甲基环戊烷	1，c-2，t-4-trimethylcyclopentane	124	表 1-1-2
167	C_8H_{16}	1，反-2，顺-4-三甲基环戊烷	1，t-2，c-4-trimethylcyclopentane	125	表 1-1-2
168	C_8H_{16}	乙基环己烷	ethylcyclohexane	150	表 1-1-2
169	C_8H_{16}	1，1-二甲基环己烷	1，1-dimethylcyclohexane	151	表 1-1-2
170	C_8H_{16}	顺-1，2-二甲基环己烷	cis-1，2-dimethylcyclohexane	152	表 1-1-2
171	C_8H_{16}	反-1，2-二甲基环己烷	$trans$-1，2-dimethylcyclohexane	153	表 1-1-2
172	C_8H_{16}	顺-1，3-二甲基环己烷	cis-1，3-dimethylcyclohexane	154	表 1-1-2
173	C_8H_{16}	反-1，3-二甲基环己烷	$trans$-1，3-dimethylcyclohexane	155	表 1-1-2
174	C_8H_{16}	顺-1，4-二甲基环己烷	cis-1，4-dimethylcyclohexane	156	表 1-1-2
175	C_8H_{16}	反-1，4-二甲基环己烷	$trans$-1，4-dimethylcyclohexane	157	表 1-1-2
176	C_8H_{16}	环辛烷	cyclooctane	183	表 1-1-2
177	C_8H_{16}	正辛烯	1-octene	260	表 1-1-3
178	C_8H_{16}	顺-2-辛烯	cis-2-octene	261	表 1-1-3
179	C_8H_{16}	反-2-辛烯	$trans$-2-octene	262	表 1-1-3
180	C_8H_{16}	顺-3-辛烯	cis-3-octene	263	表 1-1-3
181	C_8H_{16}	反-3-辛烯	$trans$-3-octene	264	表 1-1-3

续表

编号	化学式	中 文 名 称	英 文 名 称	组分序号	所在表号
182	C_8H_{16}	顺-4-辛烯	*cis*-4-octene	265	表1-1-3
183	C_8H_{16}	反-4-辛烯	*trans*-4-octene	266	表1-1-3
184	C_8H_{16}	2-甲基-1-庚烯	2-methyl-1-heptene	267	表1-1-3
185	C_8H_{16}	3-甲基-1-庚烯	3-methyl-1-heptene	268	表1-1-3
186	C_8H_{16}	4-甲基-1-庚烯	4-methyl-1-heptene	269	表1-1-3
187	C_8H_{16}	反-6-甲基-2-庚烯	*trans*-6-methyl-2-heptene	270	表1-1-3
188	C_8H_{16}	反-3-甲基-3-庚烯	*trans*-3-methyl-3-heptene	271	表1-1-3
189	C_8H_{16}	2-乙基-1-己烯	2-ethyl-1-hexene	272	表1-1-3
190	C_8H_{16}	3-乙基-1-己烯	3-ethyl-1-hexene	273	表1-1-3
191	C_8H_{16}	4-乙基-1-己烯	4-ethyl-1-hexene	274	表1-1-3
192	C_8H_{16}	2，3-二甲基-1-己烯	2，3-dimethyl-1-hexene	275	表1-1-3
193	C_8H_{16}	2，3-二甲基-2-己烯	2，3-dimethyl-2-hexene	276	表1-1-3
194	C_8H_{16}	顺-2，2-二甲基-3-己烯	*cis*-2，2-dimethyl-3-hexene	277	表1-1-3
195	C_8H_{16}	2，3，3-三甲基-1-戊烯	2，3，3-trimethyl-1-pentene	278	表1-1-3
196	C_8H_{16}	2，4，4-三甲基-1-戊烯	2，4，4-trimethyl-1-pentene	279	表1-1-3
197	C_8H_{16}	2，4，4-三甲基-2-戊烯	2，4，4-trimethyl-2-pentene	280	表1-1-3
198	C_8H_{18}	正辛烷	*n*-octane	23	表1-1-1
199	C_8H_{18}	2-甲基庚烷	2-methylheptane	24	表1-1-1
200	C_8H_{18}	3-甲基庚烷	3-methylheptane	25	表1-1-1
201	C_8H_{18}	4-甲基庚烷	4-methylheptane	26	表1-1-1
202	C_8H_{18}	3-乙基己烷	3-ethylhexane	27	表1-1-1
203	C_8H_{18}	2，2-二甲基己烷	2，2-dimethylhexane	28	表1-1-1
204	C_8H_{18}	2，3-二甲基己烷	2，3-dimethylhexane	29	表1-1-1
205	C_8H_{18}	2，4-二甲基己烷	2，4-dimethylhexane	30	表1-1-1
206	C_8H_{18}	2，5-二甲基己烷	2，5-dimethylhexane	31	表1-1-1
207	C_8H_{18}	3，3-二甲基己烷	3，3-dimethylhexane	32	表1-1-1
208	C_8H_{18}	3，4-二甲基己烷	3，4-dimethylhexane	33	表1-1-1
209	C_8H_{18}	2-甲基-3-乙基戊烷	2-methyl-3-ethylpentane	34	表1-1-1
210	C_8H_{18}	3-甲基-3-乙基戊烷	3-methyl-3-ethylpentane	35	表1-1-1
211	C_8H_{18}	2，2，3-三甲基戊烷	2，2，3-trimethylpentane	36	表1-1-1
212	C_8H_{18}	2，2，4-三甲基戊烷	2，2，4-trimethylpentane	37	表1-1-1
213	C_8H_{18}	2，3，3-三甲基戊烷	2，3，3-trimethylpentane	38	表1-1-1
214	C_8H_{18}	2，3，4-三甲基戊烷	2，3，4-trimethylpentane	39	表1-1-1
215	C_8H_{18}	2，2，3，3-四甲基丁烷	2，2，3，3-tetramethylbutane	40	表1-1-1
216	C_9H_8	茚	indene	473	表1-1-6
217	C_9H_{10}	顺-1-丙烯基苯	*cis*-1-propenyl benzene	392	表1-1-5
218	C_9H_{10}	反-1-丙烯基苯	*trans*-1-propenyl benzene	393	表1-1-5
219	C_9H_{10}	2-丙烯基苯	2-propenyl benzene	394	表1-1-5
220	C_9H_{10}	1-甲基-2-乙烯基苯	1-methyl-2-ethenyl benzene	395	表1-1-5
221	C_9H_{10}	1-甲基-3-乙烯基苯	1-methyl-3-ethenyl benzene	396	表1-1-5
222	C_9H_{10}	1-甲基-4-乙烯基苯	1-methyl-4-ethenyl benzene	397	表1-1-5

编号	化学式	中 文 名 称	英 文 名 称	组分序号	所在表号
223	C_9H_{10}	2，3-二氢化茚	2，3-dihydroindene	476	表 1-1-6
224	C_9H_{12}	正丙基苯	n-propylbenzene	344	表 1-1-5
225	C_9H_{12}	异丙基苯	isopropylbenzene	345	表 1-1-5
226	C_9H_{12}	1-甲基-2-乙基苯	o-ethyltoluene	346	表 1-1-5
227	C_9H_{12}	1-甲基-3-乙基苯	m-ethyltoluene	347	表 1-1-5
228	C_9H_{12}	1-甲基-4-乙基苯	p-ethyltoluene	348	表 1-1-5
229	C_9H_{12}	1，2，3-三甲基苯	1，2，3-trimethylbenzene	349	表 1-1-5
230	C_9H_{12}	1，2，4-三甲基苯	1，2，4-trimethylbenzene	350	表 1-1-5
231	C_9H_{12}	1，3，5-三甲基苯	1，3，5-trimethylbenzene	351	表 1-1-5
232	C_9H_{16}	2，6-二甲基-1，5-庚二烯	2，6-dimethyl-1，5-heptadiene	311	表 1-1-3
233	C_9H_{16}	1-壬炔	1-nonyne	336	表 1-1-4
234	C_9H_{18}	正丁基环戊烷	n-butylcyclopentane	126	表 1-1-2
235	C_9H_{18}	异丁基环戊烷	isobutylcyclopentane	127	表 1-1-2
236	C_9H_{18}	1-甲基-1-正丙基环戊烷	1-methyl-1-n-propylcyclopentane	128	表 1-1-2
237	C_9H_{18}	1，1-二乙基环戊烷	1，1-diethylcyclopentane	129	表 1-1-2
238	C_9H_{18}	顺-1，2-二乙基环戊烷	cis-1，2-diethylcyclopentane	130	表 1-1-2
239	C_9H_{18}	1，1-二甲基-2-乙基环戊烷	1，1-dimethyl-2-ethylcyclopentane	131	表 1-1-2
240	C_9H_{18}	正丙基环己烷	n-propylcyclohexane	158	表 1-1-2
241	C_9H_{18}	异丙基环己烷	isopropylcyclohexane	159	表 1-1-2
242	C_9H_{18}	环壬烷	cyclononane	184	表 1-1-2
243	C_9H_{18}	乙基环庚烷	ethylcycloheptane	185	表 1-1-2
244	C_9H_{18}	1-壬烯	1-nonene	281	表 1-1-3
245	C_9H_{20}	正壬烷	n-nonane	41	表 1-1-1
246	C_9H_{20}	2-甲基辛烷	2-methyloctane	42	表 1-1-1
247	C_9H_{20}	3-甲基辛烷	3-methyloctane	43	表 1-1-1
248	C_9H_{20}	4-甲基辛烷	4-methyloctane	44	表 1-1-1
249	C_9H_{20}	3-乙基庚烷	3-ethylheptane	45	表 1-1-1
250	C_9H_{20}	2，2-二甲基庚烷	2，2-dimethylheptane	46	表 1-1-1
251	C_9H_{20}	2，6-二甲基庚烷	2，6-dimethylheptane	47	表 1-1-1
252	C_9H_{20}	2，2，3-三甲基己烷	2，2，3-trimethylhexane	48	表 1-1-1
253	C_9H_{20}	2，2，4-三甲基己烷	2，2，4-trimethylhexane	49	表 1-1-1
254	C_9H_{20}	2，2，5-三甲基己烷	2，2，5-trimethylhexane	50	表 1-1-1
255	C_9H_{20}	2，3，3-三甲基己烷	2，3，3-trimethylhexane	51	表 1-1-1
256	C_9H_{20}	2，3，5-三甲基己烷	2，3，5-trimethylhexane	52	表 1-1-1
257	C_9H_{20}	2，4，4-三甲基己烷	2，4，4-trimethylhexane	53	表 1-1-1
258	C_9H_{20}	3，3，4-三甲基己烷	3，3，4-trimethylhexane	54	表 1-1-1
259	C_9H_{20}	3，3-二乙基戊烷	3，3-diethylpentane	55	表 1-1-1
260	C_9H_{20}	2，2-二甲基-3-乙基戊烷	2，2-dimethyl-3-ethylpentane	56	表 1-1-1

编号	化学式	中 文 名 称	英 文 名 称	组分序号	所在表号
261	C_9H_{20}	2，4-二甲基-3-乙基戊烷	2，4-dimethyl-3-ethylpentane	57	表 1-1-1
262	C_9H_{20}	2，2，3，3-四甲基戊烷	2，2，3，3-tetramethylpentane	58	表 1-1-1
263	C_9H_{20}	2，2，3，4-四甲基戊烷	2，2，3，4-tetramethylpentane	59	表 1-1-1
264	C_9H_{20}	2，2，4，4-四甲基戊烷	2，2，4，4-tetramethylpentane	60	表 1-1-1
265	C_9H_{20}	2，3，3，4-四甲基戊烷	2，3，3，4-tetramethylpentane	61	表 1-1-1
266	$C_{10}H_8$	萘	naphthalene	434	表 1-1-6
267	$C_{10}H_{10}$	1-甲基茚	1-methylindene	474	表 1-1-6
268	$C_{10}H_{10}$	2-甲基茚	2-methylindene	475	表 1-1-6
269	$C_{10}H_{12}$	双环戊二烯	dicyclopentadiene	322	表 1-1-4
270	$C_{10}H_{12}$	1-甲基-4-(反-1-正丙烯基)苯	1-methyl-4-(*trans*-1-*n*-propenyl)benzene	398	表 1-1-5
271	$C_{10}H_{12}$	1-乙基-2-乙烯基苯	1-ethyl-2-ethenyl benzene	399	表 1-1-5
272	$C_{10}H_{12}$	1-乙基-3-乙烯基苯	1-ethyl-3-ethenyl benzene	400	表 1-1-5
273	$C_{10}H_{12}$	1-乙基-4-乙烯基苯	1-ethyl-4-ethenyl benzene	401	表 1-1-5
274	$C_{10}H_{12}$	2-苯基-1-丁烯	2-phenyl-1-butene	402	表 1-1-5
275	$C_{10}H_{12}$	1，2，3，4-四氢化萘	1，2，3，4-tetrahydronaphthalene	456	表 1-1-6
276	$C_{10}H_{12}$	1-甲基-2，3-二氢化茚	1-methyl-2，3-dihydroindene	477	表 1-1-6
277	$C_{10}H_{12}$	2-甲基-2，3-二氢化茚	2-methyl-2，3-dihydroindene	478	表 1-1-6
278	$C_{10}H_{12}$	4-甲基-2，3-二氢化茚	4-methyl-2，3-dihydroindene	479	表 1-1-6
279	$C_{10}H_{12}$	5-甲基-2，3-二氢化茚	5-methyl-2，3-dihydroindene	480	表 1-1-6
280	$C_{10}H_{14}$	正丁基苯	*n*-butylbenzene	352	表 1-1-5
281	$C_{10}H_{14}$	异丁基苯	isobutylbenzene	353	表 1-1-5
282	$C_{10}H_{14}$	仲丁基苯	*sec*-butylbenzene	354	表 1-1-5
283	$C_{10}H_{14}$	叔丁基苯	*tert*-butylbenzene	355	表 1-1-5
284	$C_{10}H_{14}$	1-甲基-2-正丙基苯	1-methyl-2-*n*-propylbenzene	356	表 1-1-5
285	$C_{10}H_{14}$	1-甲基-3-正丙基苯	1-methyl-3-*n*-propylbenzene	357	表 1-1-5
286	$C_{10}H_{14}$	1-甲基-4-正丙基苯	1-methyl-4-*n*-propylbenzene	358	表 1-1-5
287	$C_{10}H_{14}$	1-甲基-2-异丙基苯	*o*-cymene	359	表 1-1-5
288	$C_{10}H_{14}$	1-甲基-3-异丙基苯	*m*-cymene	360	表 1-1-5
289	$C_{10}H_{14}$	1-甲基-4-异丙基苯	*p*-cymene	361	表 1-1-5
290	$C_{10}H_{14}$	1，2-二乙基苯	*o*-diethylbenzene	362	表 1-1-5
291	$C_{10}H_{14}$	1，3-二乙基苯	*m*-diethylbenzene	363	表 1-1-5
292	$C_{10}H_{14}$	1，4-二乙基苯	*p*-diethylbenzene	364	表 1-1-5
293	$C_{10}H_{14}$	1，2-二甲基-3-乙基苯	1，2-dimethyl-3-ethylbenzene	365	表 1-1-5
294	$C_{10}H_{14}$	1，2-二甲基-4-乙基苯	1，2-dimethyl-4-ethylbenzene	366	表 1-1-5
295	$C_{10}H_{14}$	1，3-二甲基-2-乙基苯	1，3-dimethyl-2-ethylbenzene	367	表 1-1-5
296	$C_{10}H_{14}$	1，3-二甲基-4-乙基苯	1，3-dimethyl-4-ethylbenzene	368	表 1-1-5

编号	化学式	中文名称	英文名称	组分序号	所在表号
297	$C_{10}H_{14}$	1，3-二甲基-5-乙基苯	1，3-dimethyl-5-ethylbenzene	369	表1-1-5
298	$C_{10}H_{14}$	1，4-二甲基-2-乙基苯	1，4-dimethyl-2-ethylbenzene	370	表1-1-5
299	$C_{10}H_{14}$	1，2，3，4-四甲基苯	1，2，3，4-tetramethylbenzene	371	表1-1-5
300	$C_{10}H_{14}$	1，2，3，5-四甲基苯	1，2，3，5-tetramethylbenzene	372	表1-1-5
301	$C_{10}H_{14}$	1，2，4，5-四甲基苯	1，2，4，5-tetramethylbenzene	373	表1-1-5
302	$C_{10}H_{16}$	α-蒎烯	*alpha*-pinene	323	表1-1-4
303	$C_{10}H_{16}$	β-蒎烯	*beta*-pinene	324	表1-1-4
304	$C_{10}H_{18}$	顺-十氢萘	*cis*-decahydronaphthalene	187	表1-1-2
305	$C_{10}H_{18}$	反-十氢萘	*trans*-decahydronaphthalene	188	表1-1-2
306	$C_{10}H_{18}$	3，7-二甲基-1，6-辛二烯	3，7-dimethyl-1，6-octadiene	312	表1-1-3
307	$C_{10}H_{18}$	1-癸炔	1-decyne	337	表1-1-4
308	$C_{10}H_{20}$	正戊基环戊烷	*n*-pentylcyclopentane	132	表1-1-2
309	$C_{10}H_{20}$	正丁基环己烷	*n*-butylcyclohexane	160	表1-1-2
310	$C_{10}H_{20}$	异丁基环己烷	isobutylcyclohexane	161	表1-1-2
311	$C_{10}H_{20}$	仲丁基环己烷	*sec*-butylcyclohexane	162	表1-1-2
312	$C_{10}H_{20}$	叔丁基环己烷	*tert*-butylcyclohexane	163	表1-1-2
313	$C_{10}H_{20}$	1-甲基-4-异丙基环己烷	1-methyl-4-isopropylcyclohexane	164	表1-1-2
314	$C_{10}H_{20}$	1-癸烯	1-decene	282	表1-1-3
315	$C_{10}H_{22}$	正癸烷	*n*-decane	62	表1-1-1
316	$C_{10}H_{22}$	2-甲基壬烷	2-methylnonane	63	表1-1-1
317	$C_{10}H_{22}$	3-甲基壬烷	3-methylnonane	64	表1-1-1
318	$C_{10}H_{22}$	4-甲基壬烷	4-methylnonane	65	表1-1-1
319	$C_{10}H_{22}$	5-甲基壬烷	5-methylnonane	66	表1-1-1
320	$C_{10}H_{22}$	2，2-二甲基辛烷	2，2-dimethyloctane	67	表1-1-1
321	$C_{10}H_{22}$	2，7-二甲基辛烷	2，7-dimethyloctane	68	表1-1-1
322	$C_{10}H_{22}$	2，2，5-三甲基庚烷	2，2，5-trimethylheptane	69	表1-1-1
323	$C_{10}H_{22}$	3，3，4-三甲基庚烷	3，3，4-trimethylheptane	70	表1-1-1
324	$C_{10}H_{22}$	3，3，5-三甲基庚烷	3，3，5-trimethylheptane	71	表1-1-1
325	$C_{10}H_{22}$	2，2，3，3-四甲基己烷	2，2，3，3-tetramethylhexane	72	表1-1-1
326	$C_{10}H_{22}$	2，2，5，5-四甲基己烷	2，2，5，5-tetramethylhexane	73	表1-1-1
327	$C_{10}H_{22}$	2，4-二甲基-3-异丙基戊烷	2，4-dimethyl-3-isopropylpentane	74	表1-1-1
328	$C_{11}H_{10}$	1-甲基萘	1-methylnaphthalene	435	表1-1-6
329	$C_{11}H_{10}$	2-甲基萘	2-methylnaphthalene	436	表1-1-6
330	$C_{11}H_{14}$	1-甲基-(1，2，3，4-四氢化萘)	1-methyl-[1，2，3，4-tetrahydronaphthalene]	457	表1-1-6
331	$C_{11}H_{16}$	正戊基苯	*n*-pentylbenzene	378	表1-1-5

续表

编号	化学式	中 文 名 称	英 文 名 称	组分序号	所在表号
332	$C_{11}H_{20}$	1-甲基-[顺-十氢萘]	1-methyl-[cis-decahydronaphthalene]	189	表 1-1-2
333	$C_{11}H_{20}$	1-甲基-[反-十氢萘]	1-methyl-[trans-decahydronaphthalene]	190	表 1-1-2
334	$C_{11}H_{22}$	正己基环戊烷	n-hexylcyclopentane	133	表 1-1-2
335	$C_{11}H_{22}$	正戊基环己烷	n-pentylcyclohexane	166	表 1-1-2
336	$C_{11}H_{22}$	1-十一烯	1-undecene	283	表 1-1-3
337	$C_{11}H_{24}$	正十一烷	n-undecane	75	表 1-1-1
338	$C_{12}H_8$	1，8-亚乙基萘(苊烯)	acenaphthalene	481	表 1-1-6
339	$C_{12}H_{10}$	联苯	biphenyl	403	表 1-1-5
340	$C_{12}H_{10}$	苊	acenaphthene	482	表 1-1-6
341	$C_{12}H_{12}$	1-乙基萘	1-ethylnaphthalene	437	表 1-1-6
342	$C_{12}H_{12}$	2-乙基萘	2-ethylnaphthalene	438	表 1-1-6
343	$C_{12}H_{12}$	1，2-二甲基萘	1，2-dimethylnaphthalene	439	表 1-1-6
344	$C_{12}H_{12}$	1，4-二甲基萘	1，4-dimethylnaphthalene	440	表 1-1-6
345	$C_{12}H_{12}$	1，6-二甲基萘	1，6-dimethylnaphthalene	441[A]	表 1-1-6
346	$C_{12}H_{12}$	2，6-二甲基萘	2，6-dimethylnaphthalene	442	表 1-1-6
347	$C_{12}H_{12}$	2，7-二甲基萘	2，7-dimethylnaphthalene	443	表 1-1-6
348	$C_{12}H_{16}$	环己基苯	cyclohexylbenzene	390	表 1-1-5
349	$C_{12}H_{16}$	1-乙基-(1，2，3，4-四氢化萘)	1-ethyl-[1，2，3，4-tetrahydronaphthalene]	458	表 1-1-6
350	$C_{12}H_{16}$	2，2-二甲基-(1，2，3，4-四氢萘)	2，2-dimethyl-[1，2，3，4-tetrahydronaphthalene]	459	表 1-1-6
351	$C_{12}H_{16}$	2，6-二甲基-(1，2，3，4-四氢萘)	2，6-dimethyl-[1，2，3，4-tetrahydronaphthalene]	460	表 1-1-6
352	$C_{12}H_{16}$	6，7-二甲基-(1，2，3，4-四氢萘)	6，7-dimethyl-[1，2，3，4-tetrahydronaphthalene]	461	表 1-1-6
353	$C_{12}H_{18}$	1，3-二异丙基苯	1，3-diisopropylbenzene	374	表 1-1-5
354	$C_{12}H_{18}$	1，4-二异丙基苯	1，4-diisopropylbenzene	375	表 1-1-5
355	$C_{12}H_{18}$	1，3，5-三乙基苯	1，3，5-triethylbenzene	376	表 1-1-5
356	$C_{12}H_{18}$	正己基苯	n-hexylbenzene	379	表 1-1-5
357	$C_{12}H_{20}$	1，3-二甲基金刚烷	1，3-dimethyladamantane	165	表 1-1-2
358	$C_{12}H_{22}$	二环己烷	bicyclohexyl	186	表 1-1-2
359	$C_{12}H_{22}$	1-乙基-[顺-十氢萘]	1-ethyl-[cis-decahydronaphthalene]	191	表 1-1-2
360	$C_{12}H_{22}$	1-乙基-[反-十氢萘]	1-ethyl-[trans-decahydronaphthalene]	192	表 1-1-2
361	$C_{12}H_{22}$	9-乙基-[顺-十氢萘]	9-ethyl-[cis-decahydronaphthalene]	193	表 1-1-2
362	$C_{12}H_{22}$	9-乙基-[反-十氢萘]	9-ethyl-[trans-decahydronaphthalene]	194	表 1-1-2
363	$C_{12}H_{24}$	正庚基环戊烷	n-heptylcyclopentane	134	表 1-1-2
364	$C_{12}H_{24}$	正己基环己烷	n-hexylcyclohexane	167	表 1-1-2
365	$C_{12}H_{24}$	1-十二烯	1-dodecene	284	表 1-1-3

编号	化学式	中 文 名 称	英 文 名 称	组分序号	所在表号
366	$C_{12}H_{26}$	正十二烷	n-dodecane	76	表1-1-1
367	$C_{13}H_{10}$	芴	fluorene	483	表1-1-6
368	$C_{13}H_{12}$	1-甲基-2苯基苯	1-methyl-2-phenylbenzene	404	表1-1-5
369	$C_{13}H_{12}$	1-甲基-3苯基苯	1-methyl-3-phenylbenzene	405	表1-1-5
370	$C_{13}H_{12}$	1-甲基-4苯基苯	1-methyl-4-phenylbenzene	406	表1-1-5
371	$C_{13}H_{12}$	二苯基甲烷	diphenylmethane	409	表1-1-5
372	$C_{13}H_{14}$	1-正丙基萘	1-n-propylnaphthalene	444	表1-1-6
373	$C_{13}H_{14}$	2-正丙基萘	2-n-propylnaphthalene	445	表1-1-6
374	$C_{13}H_{18}$	1-正丙基-(1，2，3，4-四氢萘)	1-n-propyl-[1，2，3，4-tetrahydronaphthalene]	462	表1-1-6
375	$C_{13}H_{18}$	6-正丙基-(1，2，3，4-四氢萘)	6-n-propyl-[1，2，3，4-tetrahydronaphthalene]	463	表1-1-6
376	$C_{13}H_{20}$	正庚基苯	n-heptylbenzene	380	表1-1-5
377	$C_{13}H_{26}$	正辛基环戊烷	n-octylcyclopentane	135	表1-1-2
378	$C_{13}H_{26}$	正庚基环己烷	n-heptylcyclohexane	168	表1-1-2
379	$C_{13}H_{26}$	1-十三烯	1-tridecene	285	表1-1-3
380	$C_{13}H_{28}$	正十三烷	n-tridecane	77	表1-1-1
381	$C_{14}H_{10}$	二苯基乙炔	diphenylacetylene	430	表1-1-5
382	$C_{14}H_{10}$	蒽	anthracene	484	表1-1-6
383	$C_{14}H_{10}$	菲	phenanthrene	485	表1-1-6
384	$C_{14}H_{12}$	顺-1，2-二苯基乙烯	cis-1，2-diphenylethene	427	表1-1-5
385	$C_{14}H_{12}$	反-1，2-二苯基乙烯	trans-1，2-diphenylethene	428	表1-1-5
386	$C_{14}H_{14}$	1-乙基-4-苯基苯	1-ethyl-4-phenylbenzene	407	表1-1-5
387	$C_{14}H_{14}$	1-甲基-4(4-甲苯基)-苯	1-methyl-4(4-methylphenyl)-benzene	408	表1-1-5
388	$C_{14}H_{14}$	1，1-二苯基乙烷	1，1-diphenylethane	410	表1-1-5
389	$C_{14}H_{14}$	1，2-二苯基乙烷	1，2-diphenylethane	411	表1-1-5
390	$C_{14}H_{16}$	1-正丁基萘	1-n-butylnaphthalene	446	表1-1-6
391	$C_{14}H_{16}$	2-正丁基萘	2-n-butylnaphthalene	447	表1-1-6
392	$C_{14}H_{20}$	1-正丁基-(1，2，3，4-四氢萘)	1-n-butyl-[1，2，3，4-tetrahydronaphthalene]	464	表1-1-6
393	$C_{14}H_{20}$	6-正丁基-(1，2，3，4-四氢萘)	6-n-butyl-[1，2，3，4-tetrahydronaphthalene]	465	表1-1-6
394	$C_{14}H_{22}$	1，4-二叔丁基苯	1，4-di-tert-butylbenzene	377	表1-1-5
395	$C_{14}H_{22}$	正辛基苯	n-octylbenzene	381	表1-1-5
396	$C_{14}H_{28}$	正壬基环戊烷	n-nonylcyclopentane	136	表1-1-2
397	$C_{14}H_{28}$	正辛基环己烷	n-octylcyclohexane	169	表1-1-2
398	$C_{14}H_{28}$	1-十四烯	1-tetradecene	286	表1-1-3
399	$C_{14}H_{30}$	正十四烷	n-tetradecane	78	表1-1-1

续表

编号	化学式	中 文 名 称	英 文 名 称	组分序号	所在表号
400	$C_{15}H_{16}$	1，1-二苯基丙烷	1，1-diphenylpropane	412	表 1-1-5
401	$C_{15}H_{16}$	1，2-二苯基丙烷	1，2-diphenylpropane	413	表 1-1-5
402	$C_{15}H_{18}$	1-正戊基萘	1-n-pentylnaphthalene	448	表 1-1-6
403	$C_{15}H_{22}$	1-正戊基-(1，2，3，4-四氢萘)	1-n-pentyl-［1，2，3，4-tetrahydronaphthalene］	466	表 1-1-6
404	$C_{15}H_{22}$	6-正戊基-(1，2，3，4-四氢萘)	6-n-pentyl-［1，2，3，4-tetrahydronaphthalene］	467	表 1-1-6
405	$C_{15}H_{24}$	正壬基苯	n-nonylbenzene	382	表 1-1-5
406	$C_{15}H_{30}$	正癸基环戊烷	n-decylcyclopentane	137	表 1-1-2
407	$C_{15}H_{30}$	正壬基环己烷	n-nonylcyclohexane	170	表 1-1-2
408	$C_{15}H_{30}$	1-十五烯	1-pentadecene	287	表 1-1-3
409	$C_{15}H_{32}$	正十五烷	n-pentadecane	79	表 1-1-1
410	$C_{16}H_{10}$	芘	pyrene	486	表 1-1-6
411	$C_{16}H_{10}$	萤蒽	fluoranthene	487	表 1-1-6
412	$C_{16}H_{18}$	1，1-二苯基丁烷	1，1-diphenylbutane	414	表 1-1-5
413	$C_{16}H_{20}$	1-正己基萘	1-n-hexylnaphthalene	449	表 1-1-6
414	$C_{16}H_{20}$	2-正己基萘	2-n-hexylnaphthalene	450	表 1-1-6
415	$C_{16}H_{24}$	1-正己基-(1，2，3，4-四氢萘)	1-n-hexyl-［1，2，3，4-tetrahydronaphthalene］	468	表 1-1-6
416	$C_{16}H_{26}$	正癸基苯	n-decylbenzene	383	表 1-1-5
417	$C_{16}H_{32}$	正十一基环戊烷	n-undecylcyclopentane	138	表 1-1-2
418	$C_{16}H_{32}$	正癸基环己烷	n-decylcyclohexane	171	表 1-1-2
419	$C_{16}H_{32}$	1-十六烯	1-hexadecene	288	表 1-1-3
420	$C_{16}H_{34}$	正十六烷	n-hexadecane	80	表 1-1-1
421	$C_{17}H_{20}$	1，1-二苯基戊烷	1，1-diphenylpentane	415	表 1-1-5
422	$C_{17}H_{22}$	1-正庚基萘	1-n-heptylnaphthalene	451	表 1-1-6
423	$C_{17}H_{26}$	1-正庚基-(1，2，3，4-四氢萘)	1-n-heptyl-［1，2，3，4-tetrahydronaphthalene］	469	表 1-1-6
424	$C_{17}H_{28}$	正十一基苯	n-undecylbenzene	384	表 1-1-5
425	$C_{17}H_{34}$	正十二基环戊烷	n-dodecylcyclopentane	139	表 1-1-2
426	$C_{17}H_{34}$	正十一基环己烷	n-undecylcyclohexane	172	表 1-1-2
427	$C_{17}H_{34}$	1-十七烯	1-heptadecene	289	表 1-1-3
428	$C_{17}H_{36}$	正十七烷	n-heptadecane	81	表 1-1-1
429	$C_{18}H_{12}$	1，2，5，6-二苯并萘(屈)	chrysene	488	表 1-1-6
430	$C_{18}H_{12}$	三亚苯(苯稠[9，10]菲)	triphenylene	489	表 1-1-6
431	$C_{18}H_{12}$	苯并蒽	benzanthracene	490	表 1-1-6
432	$C_{18}H_{12}$	萘并萘(丁省)	naphthacene	491	表 1-1-6
433	$C_{18}H_{14}$	1，2-二苯基苯	1，2-diphenylbenzene	431	表 1-1-5

编号	化学式	中 文 名 称	英 文 名 称	组分序号	所在表号
434	$C_{18}H_{14}$	1，3-二苯基苯	1，3-diphenylbenzene	432	表 1-1-5
435	$C_{18}H_{14}$	1，4-二苯基苯	1，4-diphenylbenzene	433	表 1-1-5
436	$C_{18}H_{22}$	1，1-二苯基己烷	1，1-diphenylhexane	416	表 1-1-5
437	$C_{18}H_{24}$	1-正辛基萘	1-n-octylnaphthalene	452	表 1-1-6
438	$C_{18}H_{28}$	1-正辛基-（1，2，3，4-四氢萘）	1-n-octyl-［1，2，3，4-tetrahydronaphthalene］	470	表 1-1-6
439	$C_{18}H_{30}$	正十二基苯	n-dodecylbenzene	385	表 1-1-5
440	$C_{18}H_{36}$	正十三基环戊烷	n-tridecylcyclopentane	140	表 1-1-2
441	$C_{18}H_{36}$	正十二基环己烷	n-dodecylcyclohexane	173	表 1-1-2
442	$C_{18}H_{36}$	1-十八烯	1-octadecene	290	表 1-1-3
443	$C_{18}H_{38}$	正十八烷	n-octadecane	82	表 1-1-1
444	$C_{19}H_{24}$	1，1-二苯基庚烷	1，1-diphenylheptane	417	表 1-1-5
445	$C_{19}H_{26}$	1-正壬基萘	1-n-nonylnaphthalene	453	表 1-1-6
446	$C_{19}H_{26}$	2-正壬基萘	2-n-nonylnaphthalene	454	表 1-1-6
447	$C_{19}H_{30}$	1-正壬基-（1，2，3，4-四氢萘）	1-n-nonyl-［1，2，3，4-tetrahydronaphthalene］	471	表 1-1-6
448	$C_{19}H_{32}$	正十三基苯	n-tridecylbenzene	386	表 1-1-5
449	$C_{19}H_{38}$	正十四基环戊烷	n-tetradecylcyclopentane	141	表 1-1-2
450	$C_{19}H_{38}$	正十三基环己烷	n-tridecylcyclohexane	174	表 1-1-2
451	$C_{19}H_{38}$	1-十九烯	1-nonadecene	291	表 1-1-3
452	$C_{19}H_{40}$	正十九烷	n-nonadecane	83	表 1-1-1
453	$C_{20}H_{26}$	1，1-二苯基辛烷	1，1-diphenyloctane	418	表 1-1-5
454	$C_{20}H_{28}$	1-正癸基萘	1-n-decylnaphthalene	455	表 1-1-6
455	$C_{20}H_{32}$	1-正癸基-（1，2，3，4-四氢萘）	1-n-decyl-［1，2，3，4-tetrahydronaphthalene］	472	表 1-1-6
456	$C_{20}H_{34}$	正十四基苯	n-tetradecylbenzene	387	表 1-1-5
457	$C_{20}H_{40}$	正十五基环戊烷	n-pentadecylcyclopentane	142	表 1-1-2
458	$C_{20}H_{40}$	正十四基环己烷	n-tetradecylcyclohexane	175	表 1-1-2
459	$C_{20}H_{40}$	1-二十烯	1-eicosene	292	表 1-1-3
460	$C_{20}H_{42}$	正二十烷	n-eicosane	84	表 1-1-1
461	$C_{21}H_{28}$	1，1-二苯基壬烷	1，1-diphenylnonane	419	表 1-1-5
462	$C_{21}H_{36}$	正十五基苯	n-pentadecylbenzene	388	表 1-1-5
463	$C_{21}H_{42}$	正十六基环戊烷	n-hexadecylcyclopentane	143	表 1-1-2
464	$C_{21}H_{42}$	正十五基环己烷	n-pentadecylcyclohexane	176	表 1-1-2
465	$C_{21}H_{44}$	正二十一烷	n-heneicosane	85	表 1-1-1
466	$C_{22}H_{30}$	1，1-二苯基癸烷	1，1-diphenyldecane	420	表 1-1-5
467	$C_{22}H_{38}$	正十六基苯	n-hexadecylbenzene	389	表 1-1-5
468	$C_{22}H_{44}$	正十七基环戊烷	n-heptadecylcyclopentane	144	表 1-1-2

编号	化学式	中 文 名 称	英 文 名 称	组分序号	所在表号
469	$C_{22}H_{44}$	正十六基环己烷	n-hexadecylcyclohexane	177	表 1-1-2
470	$C_{22}H_{46}$	正二十二烷	n-docosane	86	表 1-1-1
471	$C_{23}H_{32}$	1，1-二苯基十一烷	1，1-diphenylundecane	421	表 1-1-5
472	$C_{23}H_{46}$	正十八基环戊烷	n-octadecylcyclopentane	145	表 1-1-2
473	$C_{23}H_{46}$	正十七基环己烷	n-heptadecylcyclohexane	178	表 1-1-2
474	$C_{23}H_{48}$	正二十三烷	n-tricosane	87	表 1-1-1
475	$C_{24}H_{34}$	1，1-二苯基十二烷	1，1-diphenyldodecane	422	表 1-1-5
476	$C_{24}H_{48}$	正十九基环戊烷	n-nonadecylcyclopentane	146	表 1-1-2
477	$C_{24}H_{48}$	正十八基环己烷	n-octadecylcyclohexane	179	表 1-1-2
478	$C_{24}H_{50}$	正二十四烷	n-tetracosane	88	表 1-1-1
479	$C_{25}H_{36}$	1，1-二苯基十三烷	1，1-diphenyltridecane	423	表 1-1-5
480	$C_{25}H_{50}$	正二十基环戊烷	n-eicosylcyclopentane	147	表 1-1-2
481	$C_{25}H_{50}$	正十九基环己烷	n-nonadecylcyclohexane	180	表 1-1-2
482	$C_{25}H_{52}$	正二十五烷	n-pentacosane	89	表 1-1-1
483	$C_{26}H_{38}$	1，1-二苯基十四烷	1，1-diphenyltetradecane	424	表 1-1-5
484	$C_{26}H_{52}$	正二十基环己烷	n-eicosylcyclohexane	181	表 1-1-2
485	$C_{26}H_{54}$	正二十六烷	n-hexacosane	90	表 1-1-1
486	$C_{27}H_{40}$	1，1-二苯基十五烷	1，1-diphenylpentadecane	425	表 1-1-5
487	$C_{27}H_{56}$	正二十七烷	n-heptacosane	91	表 1-1-1
488	$C_{28}H_{42}$	1，1-二苯基十六烷	1，1-diphenylhexadecane	426	表 1-1-5
489	$C_{28}H_{58}$	正二十八烷	n-octacosane	92	表 1-1-1
490	$C_{29}H_{60}$	正二十九烷	n-nonacosane	93	表 1-1-1
491	$C_{30}H_{62}$	正三十烷	n-triacontane	94	表 1-1-1

第二节　常用物质的主要物理性质

一、常用气体和有机物的物理性质

按照分类列表方式列出各个组分的主要物理性质[1,3,4]。依次为：

表 1-2-1 常用气体的物理性质；

表 1-2-2 含硫有机物的物理性质；

表 1-2-3 含氧有机物的物理性质；

表 1-2-4 含氮有机物的物理性质；

表 1-2-5 卤素有机物的物理性质；

表 1-2-6 有机溶剂和其他化合物的物理性质。

在表 1-2-7 中按化学式排列，列出上述六个表中全部组分的中英文名称和组分所在位置。

各项性质的含义同第一节的烃类的主要物理性质说明。

表 1-2-1　常用气体的物理性质

组分序号	名　称	化学式	相对分子质量	正常沸点/℃	正常冰点/℃	临界性质			压缩因数	偏心因数
						温度/℃	压力/kPa	体积/(m³/kg)		
492	空气		28.95	-194.48	-214.00	-140.70	3774.08	0.00316	0.313	0.0073879
493	氨	NH_3	17.03	-33.43	-77.74	132.50	11280.24	0.00426	0.242	0.252608
494	氩	Ar	39.95	-185.87	-189.37	-122.29	4898.11	0.00187	0.291	0
495	溴	Br_2	159.81	58.75	-7.25	311.00	10300.21	0.00084^S	0.286	0.128997
496	一氧化碳	CO	28.01	-191.45	-205.00	-140.23	3499.08	0.00337	0.299	0.0481621
497	二氧化碳	CO_2	44.01	-78.48	-56.57	31.06	7383.16	0.00214	0.274	0.223621
498	羰基硫	COS	60.08	-50.15	-138.80	105.65	6349.14	0.00225	0.272	0.0970119
499	氯	Cl_2	70.91	-34.03	-101.03	144.00	7710.18	0.00175	0.276	0.0688183
500	氟	F_2	38.00	-188.20	-219.61	-129.03^P	5172.51^P	0.00175^P	0.287	0.0530336
501	氦-3	He	3.02	-269.95	-272.14	-269.84	117.00	0.02404	0.308	-0.471523
502	氦-4	He	4.0	-268.93	-271.39	-267.95	227.50	0.01432	0.302	-0.390032
503	氢	H_2	2.02	-252.76	-259.20	-239.96	1313.03	0.03182	0.305	-0.215993
504	溴化氢	HBr	80.91	-66.70	-86.81	90.00	8552.17	0.00124	0.283	0.073409
505	氯化氢	HCl	36.46	-85.00	-114.18	51.50	8310.16	0.00222	0.249	0.131544
506	氰化氢	HCN	27.03	25.70	-13.24	183.50	5390.12	0.00514	0.197	0.409913
507	氟化氢	HF	20.01	19.52	-83.26	188.00	6480.14	0.00345	0.117	0.382283

续表

组分序号	名称	化学式	相对分子质量	正常沸点/℃	正常冰点/℃	临界性质				偏心因数
						温度/℃	压力/kPa	体积/(m³/kg)	压缩因数	
508	硫化氢	H_2S	34.08	-60.35	-85.47	100.38	8963.10	0.00289	0.284	0.0941677
509	氪	Kr	83.80	-153.35	-157.37	-63.80	5502.07	0.00109	0.288	0.00127474
510	氖	Ne	20.18	-246.06	-248.60	-228.75	2635.06	0.00207	0.300	-0.0395988
511	氮	N_2	28.01	-195.81	-210.00	-146.95	3400.07	0.00318	0.289	0.0377215
512	一氧化氮	NO	30.01	-151.77	-161.00	-93.00	6480.14	0.00193	0.251	0.582944
513	氧化亚氮	N_2O	44.01	-88.48	-90.82	36.42	7245.12	0.00221	0.274	0.140894
514	二氧化氮	NO_2	46.01	21.00	-11.25	158.00	10132.74	0.00179	0.233	0.851088
515	四氧化二氮	N_2O_4	92.01	29.07	-11.25	158.00	10132.74	0.00090^{S}	0.233	1.00741
516	氧	O_2	32.00	-182.96	-218.79	-118.57	5043.11	0.00229	0.288	0.0221798
517	臭氧	O_3	48.00	-111.30	-193.00	-12.15	5570.12	0.00185	0.228	0.211896
518	二氧化硫	SO_2	64.06	-10.02	-73.15	157.60	7884.27	0.00190	0.269	0.245381
519	三氧化硫	SO_3	80.06	44.75	16.80	217.70	8210.19	0.00159	0.255	0.423960
520	氙	Xe	131.29	-108.12	-111.79	16.59	5840.50	0.00090	0.286	0

续表

组分序号	名称	化学式	相对密度 (15.6/15.6℃)	API度	液体密度 (15.6℃)/ (kg/m³)	液体折射率 (25℃)	蒸气压 (37.78℃)/ kPa	比热容 (15.6℃, 定压)/[kJ/(kg·℃)] 理想气体	比热容 液体	运动黏度/(mm²/s) 37.8℃	运动黏度 98.9℃	汽化热 (正常沸点下)/ (kJ/kg)	低热值 (25℃)/ (kJ/kg)	表面张力/(10⁻⁵ N/cm)
492	空气		0.8748	30.26	873.89^G	1.00102		1.0012				207.27		
493	氨	NH_3	0.6165	98.02	615.89	1.32500	1456.33	2.0725	4.6168	0.199	0.137	1368.90	18591.44^P	20.21
494	氩	Ar				1.00026		0.5203	0.4791	0.281		161.05		
495	溴	Br_2	3.1398	−86.43	3136.67	1.64800	47.81	0.2252				186.28		40.96
496	一氧化碳	CO				1.00031		1.0400				214.00	10096.80	
497	二氧化碳	CO_2	0.8172	41.65	816.41	1.00041		0.8350	3.6422			289.20		0.57
498	羰基硫	COS	1.0310	5.75	1029.98	1.37850	1728.29	0.6840	1.3465			309.60	9120.26	7.87
499	氯	Cl_2	1.4236	−32.10	1422.18	1.37860	1088.05	0.4771				287.66		17.32
500	氟	F_2				1.20000		0.8194				172.36		
501	氦-3	He				1.00002		6.8920				8.5		
502	氦-4	He				1.00003		5.1932				20.81		
503	氢	H_2				1.00013		14.2438				444.45	119879.26^P	
504	溴化氢	HBr	1.8065	−53.17	1804.69	1.00056	3278.33	0.3600	0.7544			221.14	852.72	9.20
505	氯化氢	HCl	0.8478	35.48	846.58	1.32870	6268.92	0.7993		0.092		448.46	783.90	3.30
506	氰化氢	HCN	0.6943	72.29	693.67	1.25940	156.57	1.3100	2.6175			995.67	23047.84	17.76
507	氟化氢	HF	0.9661	14.96	965.16	1.15740	186.47	1.4563	2.5302			375.77	7612.62^P	8.40

续表

组分序号	名称	化学式	相对密度(15.6/15.6℃)	API度	液体密度(15.6℃)/(kg/m³)	液体折射率(25℃)	蒸气压(37.78℃)/kPa	比热容(15.6℃,定压)/[kJ/(kg·℃)] 理想气体	液体	运动黏度/(mm²/s) 37.8℃	98.9℃	汽化热(正常沸点下)/(kJ/kg)	低热值(25℃)/(kJ/kg)	表面张力/(10⁻⁵ N/cm)
508	硫化氢	H_2S	0.8012	45.10	800.44	1.00585	2722.98	1.0000	2.1199	0.145		549.42	15188.78[P]	9.28
509	氪	Kr				1.00039		0.2480				108.30		
510	氖	Ne				1.00006		1.0301				85.13		
511	氮	N_2				1.20530		1.0396				198.64		
512	一氧化氮	NO				1.33050		0.9880				450.59	3005.72[P]	
513	氧化亚氮	N_2O	0.8175	41.58	816.73	1.19300		0.8687				371.99	1862.97[P]	1.33
514	二氧化氮	NO_2	1.4619	−34.71	1460.43	1.40000	121.13	0.7977	3.0628	0.245	0.115	828.80	718.91[P]	26.38
515	四氧化二氮	N_2O_4	1.4515	−34.02	1450.09	1.40000	141.21	0.8663	1.5314			314.32	97.69[P]	
516	氧	O_2	1.1421	−7.61	1141.00[G]	1.22100		0.9158				211.91		
517	臭氧	O_3						0.8102				288.30	2970.48[P]	
518	二氧化硫	SO_2	1.3945	−30.03	1393.13	1.35700	605.12	0.6175	1.3643	0.167	0.085	393.11		21.69
519	三氧化硫	SO_3	1.9269	−58.07	1924.97	1.40520	71.86	0.6240		0.641		508.13	1234.75[P]	33.08
520	氙	Xe	1.4151	−31.51	1413.69	1.00064		0.1583				96.08		

续表

组分序号	名称	化学式	溶解度参数(25℃)/(J/cm³)^0.5	闪点/℃	理想气体生成热(25℃)/(kJ/kg)	理想气体Gibbs自由能(25℃,常压)/(kJ/kg)	熔解热(25℃)/(kJ/kg)	燃烧限(体,在空气中)/% 下限	燃烧限(体,在空气中)/% 上限	自燃点/℃	OLEs/(mg/m³) MAC	OLEs/(mg/m³) PC-TWA	OLEs/(mg/m³) PC-STEL
492	空气		12.750		0.00	0.00							
493	氨	NH₃	29.219		−2693.26	−926.35	331.94	16.0	25.0	651		20	30
494	氩	Ar	14.131		0.00	0.00	29.56						
495	溴	Br₂	23.590		193.29	19.64	65.97					0.6	2
496	一氧化碳	CO	6.402		−3943.47	−4893.21	29.95	12.5	74.0	609		20	30
497	二氧化碳	CO₂	14.561		−8935.58	−8955.11	196.85					9000	18000
498	羰基硫	COS	18.129		−2362.12	−2814.58	78.72	12.0	29.0				
499	氯	Cl₂	20.120		0.00	0.00	90.18				1		
500	氟	F₂	15.209		0.00	0.00	13.42						
501	氦-3	He											
502	氦-4	He	1.222		0.00	0.00	12.49						
503	氢	H₂	6.648		0.00	0.00	58.07	4.0	75.0	520			
504	溴化氢	HBr	20.900		−448.22	−658.81	29.69				10		
505	氯化氢	HCl	22.000		−2530.13	−2612.07	55.38				7.5		
506	氰化氢	HCN	24.810	−18.15	4997.28	4612.05	311.21	6.0	41.0		1[c]		

续表

组分序号	名 称	化学式	溶解度参数(25℃)/(J/cm³)^0.5	闪点/℃	理想气体生成热(25℃)/(kJ/kg)	理想气体Gibbs自由能(25℃,常压)/(kJ/kg)	熔解热(25℃)/(kJ/kg)	燃烧限(体,在空气中)/% 下限	燃烧限(体,在空气中)/% 上限	自燃点/℃	OLEs/(mg/m³) MAC	OLEs/(mg/m³) PC-TWA	OLEs/(mg/m³) PC-STEL
507	氟化氢	HF	15.590		-13651.79	-13756.69	228.80				2^c		
508	硫化氢	H₂S	18.000		-604.91	-980.53	69.70	4.3	45.5	260	10		
509	氪	Kr	15.281		0.00	0.00	19.56						
510	氖	Ne	9.439				16.25						
511	氮	N₂	9.081		0.00	0.00	25.67						
512	一氧化氮	NO	23.120		3005.76	2883.19	76.64					15	
513	氧化亚氮	N₂O	20.310		1863.01	2365.03	148.49						
514	二氧化氮	NO₂	33.490		720.75	1114.97	159.14					5	10
515	四氧化二氮	N₂O₄			98.61	1061.32							
516	氧	O₂	8.183		0.00	0.00	13.85						
517	臭氧	O₃	18.739		2970.48	3397.15	41.68^P				0.3		
518	二氧化硫	SO₂	12.269		-4630.41	-4681.41	115.47					5	10
519	三氧化硫	SO₃	31.130		-4939.30	-4630.13	94.02					1	2
520	氙	Xe	15.909		0.00	0.00	17.47						

注：数据中的上角标的字母表示为：C—分别按氯或氟含量计；E—在饱和压力下（三相点）；G—在沸点条件下；H—临界溶解温度，而不是苯胶点；S—预测值或实验值；Y—气体状态下的净燃烧热；Z—估算值；W—固体状态下的净燃烧热。

表1-2-2　含硫有机物的物理性质

组分序号	名称	化学式	相对分子质量	正常沸点/℃	正常冰点/℃	临界性质				偏心因数
						温度/℃	压力/kPa	体积/(m³/kg)	压缩因数	
	含硫有机物									
521	二硫化碳	CS_2	76.14	46.25	-111.57	278.83	7900.06	0.00227	0.298	0.1023
522	甲硫醇	CH_4S	48.11	5.96	-122.97	196.83	7229.89	0.00306	0.272	0.147315
523	二甲基二硫	$C_2H_6S_2$	94.20	109.74	-84.71	334.65ᴾ	5071.06ᴾ	0.00275ᴾ	0.260	0.226109
524	二甲基硫醚	C_2H_6S	62.14	37.33	-98.27	229.83	5530.32	0.00328	0.269	0.187232
525	乙硫醇	C_2H_6S	62.14	35.00	-147.89	225.83	5490.33	0.00333	0.274	0.186558
526	甲基乙基硫醚	C_3H_8S	76.16	66.66	-105.92	259.83	4536.78	0.00343ᴾ	0.267	0.232344
527	1-丙硫醇	C_3H_8S	76.16	67.72	-113.20	263.83	4619.52ᴾ	0.00349ᴾ	0.275	0.223316
528	异丙硫醇	C_3H_8S	76.16	52.56	-130.54	243.83	4633.31	0.00339	0.278	0.199807
529	乙基甲基二硫醚	$C_3H_8S_2$	108.23	135.05	-81.28	353.89	4247.20	0.00290	0.256	0.285077
530	正丁硫醇	$C_4H_{10}S$	90.19	98.46	-115.69	296.83	3957.62ᴾ	0.00359ᴾ	0.271	0.267149
531	叔丁硫醇	$C_4H_{10}S$	90.19	64.22	1.11	255.83ᴾ	4061.04ᴾ	0.00340ᴾ	0.283	0.199443
532	2-丁硫醇	$C_4H_{10}S$	90.19	84.98	-140.13ᴾ	279.83ᴾ	3930.04ᴾ	0.00350ᴾ	0.270	0.241028
533	2-甲基-1-丙硫醇	$C_4H_{10}S$	90.19	88.49	-144.84ᴾ	284.83ᴾ	3950.72ᴾ	0.00350ᴾ	0.269	0.245391
534	二乙基硫醚	$C_4H_{10}S$	90.19	92.10	-103.95	284.65	3900.04	0.00352	0.267	0.278345
535	甲基异丙基硫醚	$C_4H_{10}S$	90.19	84.76	-101.51	277.83	3923.14	0.00344	0.266	0.251034
536	甲基正丙基硫醚	$C_4H_{10}S$	90.19	95.54	-112.98	289.83	3923.14	0.00353	0.2665	0.280790
537	二乙基二硫醚	$C_4H_{10}S_2$	122.25	153.98	-101.52	368.83	3647.35	0.00302	0.252	0.316859
538	2-甲基噻吩	C_5H_6S	98.17	112.56	-63.36	333.83	4709.15	0.00278	0.255	0.232664

续表

组分序号	名　　称	化学式	相对分子质量	正常沸点/℃	正常冰点/℃	临界性质			压缩因数	偏心因数
						温度/℃	压力/kPa	体积/(m³/kg)		
539	3-甲基噻吩	C_5H_6S	98.17	115.44	-68.96	338.83	4798.78	0.00278	0.2575	0.235796
540	2-甲基四氢噻吩	$C_5H_{10}S$	102.20	132.47	-100.71	358.33	4316.14	0.00296	0.249	0.242307
541	3-甲基四氢噻吩	$C_5H_{10}S$	102.20	138.33	-81.16	367.33	4336.83	0.00296	0.247	0.244394
542	甲基正丁基硫醚	$C_5H_{12}S$	104.22	123.42	-97.85[P]	317.83[P]	3392.24[P]	0.00360[P]	0.259	0.325282
543	乙基正丙基硫醚	$C_5H_{12}S$	104.22	118.50	-117.04	310.83	3378.45	0.00360	0.261	0.321419
544	正戊硫醇	$C_5H_{12}S$	104.22	126.64	-75.70	324.33[P]	3426.72[P]	0.00368[P]	0.264	0.317273
545	2-戊硫醇	$C_5H_{12}S$	104.22	112.90	-111.95	307.83	3447.40	0.00360	0.268	0.291660
546	乙基异丙基硫醚	$C_5H_{12}S$	104.22	107.38	-122.19	297.83	3378.45	0.00352	0.261	0.296051
547	乙基正丙基二硫醚	$C_5H_{12}S_2$	136.28	173.70	-58.72	382.33	3192.29	0.00311	0.248	0.369859
548	2,3-二甲基噻吩	C_6H_8S	112.19	141.60		361.83	4040.35	0.00292	0.251	0.280868
549	2,4-二甲基噻吩	C_6H_8S	112.19	140.70		360.83	4040.35	0.00292	0.251	0.278653
550	2,5-二甲基噻吩	C_6H_8S	112.19	136.80		354.83	4040.35	0.00292	0.254	0.278803
551	2-乙基噻吩	C_6H_8S	112.19	134.00		350.83	4040.35	0.00292	0.255	0.277086
552	3,4-二甲基噻吩	C_6H_8S	112.19	145.00		367.83	4040.35	0.00292	0.249	0.276268
553	3-乙基噻吩	C_6H_8S	112.19	140.90	-89.11	360.83	4040.35	0.00292	0.251	0.280447
554	甲基正戊基硫醚	$C_6H_{14}S$	118.24	145.00	-94.00	342.78	2999.24	0.00365	0.253	0.327616
555	正己硫醇	$C_6H_{14}S$	118.24	152.66	-80.53	349.83[P]	3047.50[P]	0.00374[P]	0.260	0.363301
556	二异丙基硫醚	$C_6H_{14}S$	118.24	120.01	-78.08	307.83	3019.92	0.00352	0.260	0.316651
557	二正丙基硫醚	$C_6H_{14}S$	118.24	142.83	-102.71	333.83	2992.34	0.00365	0.256	0.367938
558	乙基正丁基硫醚	$C_6H_{14}S$	118.24	144.24	-95.13	335.83	2992.34	0.00365	0.255	0.368375

续表

组分序号	名称	化学式	相对分子质量	正常沸点/℃	正常冰点/℃	临界性质				偏心因数
						温度/℃	压力/kPa	体积/(m³/kg)	压缩因数	
559	异丙基正丙基硫醚	$C_6H_{14}S$	118.24	132.05	-96.87	321.83	3026.82	0.00359	0.259	0.344649
560	二正丙基二硫醚	$C_6H_{14}S_2$	150.31	195.85	-85.48	401.83	2819.97	0.00319	0.241	0.407830
561	2,3,4-三甲基噻吩	$C_7H_{10}S$	126.22	172.70		393.83	3523.24	0.00303	0.243	0.323343
562	2,3,5-三甲基噻吩	$C_7H_{10}S$	126.22	164.50		381.83	3523.24	0.00303	0.248	0.321681
563	2-正丙基噻吩	$C_7H_{10}S$	126.22	160.50		375.83[S]	3523.24	0.00303	0.250	0.321766
564	1-庚硫醚	$C_7H_{16}S$	132.27	176.92	-43.23	372.83[P]	2737.24[P]	0.00379[P]	0.255	0.408304
565	乙基正戊基硫醚	$C_7H_{16}S$	132.27	169.83	-71.10	361.67	2702.76	0.00370	0.250	0.410550
566	苯并噻吩(硫茚)	C_8H_6S	134.20	220.90[S]	31.35	490.83[S]	4760.17	0.00282	0.284	0.297600
567	2-正丁基噻吩	$C_8H_{12}S$	140.25	183.78		395.56[P]	3123.34	0.00312	0.246[P]	0.371698
568	3-乙基-2,5-二甲基噻吩	$C_8H_{12}S$	140.25	184.00		396.11	3123.34	0.00312	0.246	0.370155
569	2-甲基苯并噻吩	C_9H_8S	148.23	241.52		503.33[P]	4081.72	0.00277	0.260[P]	0.341500
570	2-正戊基噻吩	$C_9H_{14}S$	154.27	207.11		416.11[P]	2813.08	0.00320	0.242[P]	0.420384
571	2,3-二甲基苯并噻吩	$C_{10}H_{10}S$	162.25	260.56		513.89	3578.40	0.00280	0.249	0.390504
572	2-乙基苯并噻吩	$C_{10}H_{10}S$	162.25	260.56	9.22	513.89	3578.40	0.00280	0.249	0.390504
573	3-乙基苯并噻吩	$C_{10}H_{10}S$	162.25	264.44[P]		519.44[P]	3578.40	0.00280	0.246[P]	0.391517
574	2-正丙基苯并噻吩	$C_{11}H_{12}S$	176.28	278.89[P]		525.00[P]	3171.61	0.00284	0.240	0.434673
575	二苯并噻吩(硫芴)	$C_{12}H_8S$	184.26	331.46	98.67	623.89	3860.40	0.00278	0.265	0.392216
576	2-正丁基苯并噻吩	$C_{12}H_{14}S$	190.31	297.22		536.67[P]	2847.55	0.00286	0.231[P]	0.480550
577	4,6-二甲基二苯并噻吩	$C_{14}H_{12}S$	212.31	371.11	155.00	646.11	3047.50	0.00284	0.240	0.484434
578	噻吩	C_4H_4S	84.14	84.16	-38.21	306.83	5699.93	0.00260	0.259	0.189619
579	四氢噻吩	C_4H_8S	88.17	121.12	-96.16	358.83	5371.0[P]	0.00281[P]	0.253	0.175257

续表

组分序号	名称	化学式	相对密度 (15.6/15.6℃)	API度	液体密度 (15.6℃)/(kg/m³)	液体折射率 (25℃)	蒸气压 (37.78℃)/kPa	比热容(15.6℃,定压)/[kJ/(kg·℃)] 理想气体	液体	运动黏度/(mm²/s) 37.8℃	98.9℃	汽化热(正常沸点下)/(kJ/kg)	低热值(25℃)/(kJ/kg)	表面张力/(10⁻⁵N/cm)
	含硫有机物													
521	二硫化碳	CS_2	1.2715	-20.21	1270.17	1.62400	76.20	0.5954	1.0002	0.262	0.232	354.71	14144.24	31.67
522	甲硫醇	CH_4S	0.8758	30.07	874.85		301.66	1.0678	1.8649	0.265	0.214	511.05	23939.45	27.12
523	二甲基二硫	$C_2H_6S_2$	1.0685	0.92	1067.41	1.52300	7.19	0.9846	1.5425	0.468	0.264	359.65	21699.11	33.14
524	二甲基硫醚	C_2H_6S	0.8540	34.19	853.16	1.43200	102.82	1.1710	1.6976	0.304	0.229	437.13	28072.31	24.17
525	乙硫醇	C_2H_6S	0.8335	38.26	832.67	1.42800	111.56	1.2078	1.8798	0.314	0.230	431.37	27949.12	21.80
526	甲基乙基硫醚	C_3H_8S	0.8477	35.42	846.81	1.43700	36.29	1.2233	1.8799	0.381	0.264	387.77	30908.14	18.93
527	1-丙硫醇	C_3H_8S	0.8462	35.72	845.26	1.43500	35.06	1.2205	1.8780	0.413	0.285	388.56	30798.89	24.15
528	异丙硫醇	C_3H_8S	0.8196	41.14	818.77	1.42300	60.61	1.2351	1.8894	0.399	0.273	400.65	30719.86	21.37
529	乙基甲基二硫醚	$C_3H_8S_2$	1.0360	5.04	1035.30	1.44000	2.50	0.8893	1.5994			336.30	33388.55	33.16
530	正丁硫醇	$C_4H_{10}S$	0.8374	37.48	836.51	1.44000	11.31	1.2825	1.8879	0.505	0.326	356.82	32770.02	25.33
531	叔丁硫醇	$C_4H_{10}S$	0.8052	44.23	804.39	1.42000	40.43	1.3854	1.9212	0.623	0.340	316.18	32593.36	15.77
532	2-丁硫醇	$C_4H_{10}S$	0.8341	38.14	833.27	1.43400	18.93	1.2982	1.8798	0.520	0.347	340.02	32697.96	17.01
533	2-甲基-1-丙硫醇	$C_4H_{10}S$	0.8393	37.10	829.20	1.43600	16.50	1.2887	1.8832	0.509	0.338	344.84	32697.76	23.50
534	二乙基硫醚	$C_4H_{10}S$	0.8418	36.60	840.94	1.44000	14.27	1.2641	1.8804	0.453	0.296	352.49	32828.13	24.63

续表

组分序号	名　称	化学式	相对密度 (15.6/15.6℃)	API度	液体密度 (15.6℃)/(kg/m³)	液体折射率 (25℃)	蒸气压 (37.78℃) kPa	比热容 (15.6℃, 定压)/[kJ/(kg·℃)]		运动黏度/(mm²/s)		汽化热 (正常沸点下)/(kJ/kg)	低热值 (25℃)/(kJ/kg)	表面张力/(10⁻⁵ N/cm)
								理想气体	液体	37.8℃	98.9℃			
535	甲基异丙基硫醚	C$_4$H$_{10}$S	0.8335	38.27	832.67	1.43634	18.73	1.2949	1.8933			343.06	32813.02	23.35
536	甲基正丙基硫醚	C$_4$H$_{10}$S	0.8476	35.44	846.69	1.44200	12.36	1.2745	1.8820	0.462	0.300	357.65	32842.07	16.80
537	二乙基二硫醚	C$_4$H$_{10}$S$_2$	0.9974	10.36	996.36	1.50500	1.20	1.1354	1.6564	0.684	0.357	309.40	26640.46	30.50
538	2-甲基噻吩	C$_5$H$_6$S	1.0250	6.50	1024.40	1.51700	6.32	0.9422	1.5072	0.569	0.334	348.16	30915.11	30.74
539	3-甲基噻吩	C$_5$H$_6$S	1.0270	6.24	1026.19	1.51800	5.65	0.9465	1.5148	0.549	0.352	351.75	31300.97	31.32
540	2-甲基四氢噻吩	C$_5$H$_{10}$S	0.9599	15.91	958.97	1.49020	3.07	1.0731	1.4712	0.601	0.377	346.09	32993.86	31.59
541	3-甲基四氢噻吩	C$_5$H$_{10}$S	0.9599	15.91	958.97	1.49020	2.43	1.0844	1.7065	0.583	0.356	351.78	32993.86	31.96
542	甲基正丁基硫醚	C$_5$H$_{12}$S	0.8469	35.57	846.09	1.44500	4.08	1.3121	1.9031			335.51	34278.58	25.83
543	乙基正丙基硫醚	C$_5$H$_{12}$S	0.8420	36.55	841.13	1.44350	4.87	1.3024	1.9037			330.63	34241.39	25.43
544	正戊硫醇	C$_5$H$_{12}$S	0.8462	35.71	845.38	1.44400	3.63	1.3256	1.9113	0.634	0.391	336.12	34199.55	25.98
545	2-戊硫醇	C$_5$H$_{12}$S	0.8375	37.46	836.63	1.43860	6.35	1.3376	1.8193			321.61	34413.16	24.53
546	乙基异丙基硫醚	C$_5$H$_{12}$S	0.8297	39.05	828.79	1.43820	7.83	1.1733	1.8857			316.82	34231.86	23.36
547	乙基正丙基二硫醚	C$_5$H$_{12}$S$_2$	0.9795	12.95	978.56		0.46	1.0439	1.4234			293.46	28356.59	29.36
548	2,3-二甲基噻吩	C$_6$H$_8$S	0.9999	10.00	998.99	1.51660	2.00	1.0233	1.6521			326.49	32349.29	28.96
549	2,4-二甲基噻吩	C$_6$H$_8$S	0.9967	10.43	996.00	1.50780	2.05	1.0233	1.6454			325.38	32349.29	28.61

续表

组分序号	名称	化学式	相对密度 (15.6/15.6℃)	API度	液体密度 (15.6℃)/(kg/m³)	液体折射率 (25℃)	蒸气压 (37.78℃)/kPa	比热容(15.6℃,定压)/[kJ/(kg·℃)] 理想气体	比热容(15.6℃,定压)/[kJ/(kg·℃)] 液体	运动黏度/(mm²/s) 37.8℃	运动黏度/(mm²/s) 98.9℃	汽化热(正常沸点下)/(kJ/kg)	低热值(25℃)/(kJ/kg)	表面张力/(10⁻⁵ N/cm)
550	2,5-二甲基噻吩	C_6H_8S	0.9907	11.37	989.41	1.51040	2.60	1.0233	1.6454			332.38	32349.29	
551	2-乙基噻吩	C_6H_8S	1.0031	9.56	1002.11		2.72	1.0392	1.4570	0.756	0.463	319.84	32469.70	31.54
552	3,4-二甲基噻吩	C_6H_8S	1.0090	8.74	1007.98	1.51870	1.86	1.0475	1.6521			328.30	33249.29	30.02
553	3-乙基噻吩	C_6H_8S	0.9990	10.14	987.25	1.51200	2.06	1.0195	1.5948			325.84	32469.70	28.89
554	甲基正戊基硫醚	$C_6H_{14}S$	0.8477	35.42	845.73	1.44820	1.78	1.3536	1.9753			306.66	35352.47	26.93
555	正己硫醇	$C_6H_{14}S$	0.8470	35.56	846.09	1.44700	1.26	1.3555	1.9294	0.732	0.419	316.55	35317.61	27.01
556	二异丙基硫醚	$C_6H_{14}S$	0.8195	41.17	818.70	1.43623	4.83	1.4053	1.9619			286.95	35315.98	21.94
557	二正丙基硫醚	$C_6H_{14}S$	0.8418	36.60	840.94	1.44600	1.83	1.3375	1.8826	0.672	0.389	311.12	35352.47	25.74
558	乙基正丁基硫醚	$C_6H_{14}S$	0.8478	35.41	846.90	1.44630	1.65	1.3355	1.9226			312.66	35335.97	26.42
559	异丙基正丙基硫醚	$C_6H_{14}S$	0.8316	38.66	830.72	1.44140	2.84	1.1801	1.9222			300.29	35325.97	23.93
560	二正丙基二硫醚	$C_6H_{14}S_2$	0.9650	15.13	964.00	1.49600	0.23	1.2172	1.7300	0.546	1.115	280.98	29783.10	30.41
561	2,3,4-三甲基噻吩	$C_7H_{10}S$	0.9759	13.48	975.03	1.51830	0.54	1.0865	1.7543			313.01	33499.19	27.83
562	2,3,5-三甲基噻吩	$C_7H_{10}S$	0.9759	13.48	975.03	1.50880	0.76	1.0865	1.7601			307.01	33511.05	27.80
563	2-正丙基噻吩	$C_7H_{10}S$	0.9729	1.94	971.91		0.89	1.0957	1.5056	0.904	0.53	304.53	33690.73	31.28
564	1-庚硫醚	$C_7H_{16}S$	0.8469	35.58	845.97	1.45000	0.41	1.3810	1.9449	0.884	0.482	303.16	36186.95	27.25

续表

组分序号	名　称	化学式	相对密度 (15.6/15.6℃)	API度	液体密度 (15.6℃)/(kg/m³)	液体折射率 (25℃)	蒸气压 (37.78℃) kPa	比热容 (15.6℃, 定压)/[kJ/(kg·℃)]		运动黏度/(mm²/s)		汽化热 (正常沸点下)/(kJ/kg)	低热值 (25℃)/(kJ/kg)	表面张力/(10⁻⁵ N/cm)
								理想气体	液体	37.8℃	98.9℃			
565	乙基正戊基硫醚	$C_7H_{16}S$	0.8414	36.67	840.58		0.53	1.3976	1.9502			298.39	36194.39	26.85
566	苯并噻吩（硫茚）	C_8H_6S	1.2197	-15.49	1218.51	1.63300	0.08	0.9644		2.062	1.477	327.97	32309.78	
567	2-正丁基噻吩	$C_8H_{12}S$	0.9584	16.15	957.41	1.50900	0.35	1.1413		1.133	0.635	286.44	34664.67	30.14
568	3-乙基-2，5-二甲基噻吩	$C_8H_{12}S$	1.0692	0.85	1067.65	1.50700	0.31	1.1476	1.5554	0.948	0.532	290.83	34509.63	
569	2-甲基苯并噻吩	C_9H_8S	1.1186	-5.00	1117.50			0.9713				321.21	32817.43	
570	2-正戊基噻吩	$C_9H_{14}S$	0.9478	17.79	946.87		0.13	1.1166	1.6015			273.03	35461.72	30.58
571	2，3-二甲基苯并噻吩	$C_{10}H_{10}S$	1.0320	5.68	1030.51		0.01	1.0471	1.5671			302.53	33672.60	30.07
572	2-乙基苯并噻吩	$C_{10}H_{10}S$	1.0520	2.98	1051.12	1.60830	0.01	1.0279	1.5278			302.53	33742.56	33.59
573	3-乙基苯并噻吩	$C_{10}H_{10}S$	1.0520	2.98	1051.14		0.01	0.9508	1.3486	2.378	1.152	304.90	33742.56	37.99
574	2-正丙基苯并噻吩	$C_{11}H_{12}S$	1.0210	7.15	1019.48		0.0	1.0948	1.4516	2.490	1.180	289.18	34513.35	35.77
575	二苯并噻吩（硫芴）	$C_{12}H_8S$	1.1824	-11.83	1181.01			0.8161				302.27	33458.05	
576	2-正丁基苯并噻吩	$C_{12}H_{14}S$	0.9959	10.72	993.96		0.0	1.1422	1.5269	3.595	1.551	278.33	35170.70	34.35
577	4，6-二甲基二苯并噻吩	$C_{14}H_{12}S$	1.0860	-1.22	1085.03			1.0174			3.410	285.19	34383.88	
578	噻吩	C_4H_4S	1.0707	0.66	1069.57	1.52600	18.75	0.8356	1.4554	0.510	0.315	375.78	28941.66	31.31
579	四氢噻吩	C_4H_8S	1.0030	9.53	1002.23	1.50200	4.70	0.9948	1.5623	0.844	0.484	392.60	31363.73	35.09

续表

组分序号	名称	化学式	溶解度参数(25℃)/(J/cm³)^0.5	闪点/℃	理想气体生成热(25℃)/(kJ/kg)	理想气体Gibbs自由能(25℃,常压)/(kJ/kg)	熔解热(25℃)/(kJ/kg)	燃烧限(体,在空气中)/% 下限	上限	自燃点/℃	OLEs/(mg/m³) MAC	PC-TWA	PC-STEL
	含硫有机物												
521	二硫化碳	CS_2	20.400	−30.00	1534.27	876.72	57.74	1.3	50.0	90		5	10
522	甲硫醇	CH_4S	20.278	−56.15	−476.00	−203.70	122.72	3.9	22.0	325		1	
523	二甲基二硫	$C_2H_6S_2$	20.067	6.85	−256.90	160.93	97.58	1.9P	27.8P	205			
524	二甲基硫醚	C_2H_6S	18.536	−36.00	−599.33	117.52	128.50	2.2	19.7				
525	乙硫醇	C_2H_6S	18.256	−48.15P	−745.14	−77.48	80.07	2.8	18.0	299		1	
526	甲基乙基硫醚	C_3H_8S	18.017	−15.00	−782.53	150.60	128.16	1.8P	13.9				
527	1−丙硫醇	C_3H_8S	18.027	−20.00	−886.26	33.91P	71.91	1.8P	14.6P	287			
528	异丙硫醇	C_3H_8S	16.975	−35.00	−996.55	−28.62	75.31	2.8					
529	乙基甲基二硫醚	$C_3H_8S_2$	19.572		−456.22	111.03				204			
530	正丁硫醇	$C_4H_{10}S$	17.806	1.67	−973.51	126.29	115.98	1.4P	11.3	272		2	
531	叔丁硫醇	$C_4H_{10}S$	15.794	−26.00	−1211.90	11.16	27.52	1.4P					
532	2−丁硫醇	$C_4H_{10}S$	17.006	−23.00	−1071.08	56.77	71.82	1.4P					
533	2−甲基−1−丙硫醇	$C_4H_{10}S$	17.245	−9.00	−1074.41	66.33	55.24	1.4P					
534	二乙基硫醚	$C_4H_{10}S$	17.497	−10.00	−926.50	196.70	131.98	1.4P	11.5				

续表

组分序号	名称	化学式	溶解度参数(25℃)/(J/cm³)^0.5	闪点/℃	理想气体生成热(25℃)/(kJ/kg)	理想气体Gibbs自由能(25℃,常压)/(kJ/kg)	熔解热(25℃)/(kJ/kg)	燃烧限(体,在空气中)/% 下限	上限	自燃点/℃	OLEs/(mg/m³) MAC	PC-TWA	PC-STEL
535	甲基异丙基硫醚	$C_4H_{10}S$	17.071		-1001.88	139.42				260			
536	甲基正丙基硫醚	$C_4H_{10}S$	17.716	-3.15	-912.53	198.81	109.90	1.4	11.5				
537	二乙基二硫醚	$C_4H_{10}S_2$	18.636	40.00	-611.02	182.57	76.94	1.2	14.9				
538	2-甲基噻吩	C_5H_6S	19.387	7.00	859.23	1260.07	96.45	1.3	10.5				
539	3-甲基噻吩	C_5H_6S	19.557	11.00	849.86	1247.85	107.37	1.3	10.5				
540	2-甲基四氢噻吩	$C_5H_{10}S$	18.982		-628.30	437.00							
541	3-甲基四氢噻吩	$C_5H_{10}S$	19.203		-592.04	473.26							
542	甲基正丁基硫醚	$C_5H_{12}S$	17.577	15.85ᴾ	-978.74	258.21	119.46	1.2ᴾ	10.8	241			
543	乙基正丙基硫醚	$C_5H_{12}S$	17.403	17.85	-1001.16	233.03	101.46						
544	正戊硫醇	$C_5H_{12}S$	17.656	17.85	-1040.15	186.54	168.21	1.2ᴾ	9.6	259			
545	2-戊硫醇	$C_5H_{12}S$	16.995		-1122.94	116.21				269			
546	乙基异丙基硫醚	$C_5H_{12}S$	16.734		-1123.80	133.86							
547	乙基正丙基二硫醚	$C_5H_{12}S_2$	18.391		-704.07	203.76				193			
548	2,3-二甲基噻吩	C_6H_8S	19.011		462.33	1059.31				259			
549	2,4-二甲基噻吩	C_6H_8S	18.935		462.33	1059.31							

续表

组分序号	名称	化学式	溶解度参数(25℃)/(J/cm³)^0.5	闪点/℃	理想气体生成热(25℃)/(kJ/kg)	理想气体Gibbs自由能(25℃,常压)/(kJ/kg)	熔解热(25℃)/(kJ/kg)	燃烧限(体,在空气中)/% 下限	燃烧限(体,在空气中)/% 上限	自燃点/℃	OLEs/(mg/m³) MAC	OLEs/(mg/m³) PC-TWA	OLEs/(mg/m³) PC-STEL
550	2,5-二甲基噻吩	C_6H_8S	18.655		462.33	1059.32				281			
551	2-乙基噻吩	C_6H_8S	18.757		526.02	1138.14				291			
552	3,4-二甲基噻吩	C_6H_8S	19.177		454.43	1049.29							
553	3-乙基噻吩	C_6H_8S	18.976		518.35	1150.20				232			
554	甲基正戊基硫醚	$C_6H_{14}S$	17.133		-1036.28	251.77							
555	正己硫醇	$C_6H_{14}S$	17.456	20.00	-1092.66	233.33	152.31	1.0^P	9.4^P	247			
556	二异丙基硫醚	$C_6H_{14}S$	16.013		-1194.23	199.35	87.98	1.0	8.6	246			
557	二正丙基硫醚	$C_6H_{14}S$	17.116	27.85	-1059.68	282.13	102.67						
558	乙基正丁基硫醚	$C_6H_{14}S$	17.376		-1071.50	255.96							
559	异丙基正丙基硫醚	$C_6H_{14}S$	16.686		-1132.54	220.81							
560	二正丙基二硫醚	$C_6H_{14}S_2$	17.955	66.00	-780.39	256.07	91.88	0.9	10.3				
561	2,3,4-三甲基噻吩	$C_7H_{10}S$	18.817		147.14	895.15				296			
562	2,3,5-三甲基噻吩	$C_7H_{10}S$	18.555		154.34	904.06				276			
563	2-正丙基噻吩	$C_7H_{10}S$	18.413		334.95	1101.34							
564	1-庚硫醇	$C_7H_{16}S$	17.505	46.00	-1130.26	273.83	191.88	0.9^P	8.5^P	236			

续表

组分序号	名称	化学式	溶解度参数(25℃)/(J/cm³)^0.5	闪点/℃	理想气体(25℃)生成热/(kJ/kg)	理想气体Gibbs自由能(25℃,常压)/(kJ/kg)	熔解热(25℃)/(kJ/kg)	燃烧限(体,在空气中)/% 下限	上限	自燃点/℃	OLEs/(mg/m³) MAC	PC-TWA	PC-STEL
565	乙基正戊基硫醚	$C_7H_{16}S$	17.268		-1101.55	262.65				229			
566	苯并噻吩(硫茚)	C_8H_6S	21.477		1239.18	1810.70	88.13			357			
567	2-正丁基噻吩	$C_8H_{12}S$	18.041		155.04	1046.75							
568	3-乙基-2,5-二甲基噻吩	$C_8H_{12}S$	19.232		-13.25	910.27							
569	2-甲基苯并噻吩	C_9H_8S	20.947		900.26	1386.76				363			
570	2-正戊基噻吩	$C_9H_{14}S$	17.814		7.21	1005.46							
571	2,3-二甲基苯并噻吩	$C_{10}H_{10}S$	19.866		625.04	1243.39				300			
572	2-乙基苯并噻吩	$C_{10}H_{10}S$	20.057		695.47	1444.63				284			
573	3-乙基苯并噻吩	$C_{10}H_{10}S$	20.161		686.18	1315.27							
574	2-正丙基苯并噻吩	$C_{11}H_{12}S$	19.590		512.14	1255.87				279			
575	二苯并噻吩(硫芴)	$C_{12}H_8S$	20.018	157.85	1157.18	1532.51	117.11	0.7					
576	2-正丁基苯并噻吩	$C_{12}H_{14}S$	19.244		374.47	1207.01				266			
577	4,6-二甲基二苯并噻吩	$C_{14}H_{12}S$	20.615		693.99	1323.96				465			
578	噻吩	C_4H_4S	20.126	-14.90	1371.97	1505.79	60.44	1.6	14.9	395			
579	四氢噻吩	C_4H_8S	20.437	12.0	-382.88	520.56	83.37	1.5	9.0				

注:数据中的上角标的字母表示为:E—在饱和压力下(三相点);G—在沸点条件下;H—临界溶解温度,而不是苯胺点;P—预测值;S—预测值或实验值;Y—气体状态下的净燃烧热;Z—估算值;W—固体状态下的净燃烧热。

表 1-2-3 含氧有机物的物理性质

组分序号	名　称	化学式	相对分子质量	正常沸点/℃	正常冰点/℃	临界性质			压缩因数	偏心因数
						温度/℃	压力/kPa	体积/(m³/kg)		
	醇类和酚类									
580	甲醇	CH_4O	32.04	64.70	-97.68	239.49	8097.18	0.00368	0.224	0.563991
581	乙醇	C_2H_6O	46.07	78.29	-114.10	240.77	6148.13	0.00363	0.240	0.645245
582	正丙醇	C_3H_8O	60.10	97.20	-126.20	263.63	5175.11	0.00364	0.254	0.621751
583	异丙醇	C_3H_8O	60.10	82.26	-87.87P	235.15	4762.10	0.00366	0.248	0.667714
584	正丁醇	$C_4H_{10}O$	74.12	117.66	-89.30	289.90	4423.10	0.00371	0.260	0.593487
585	异丁醇	$C_4H_{10}O$	74.12	107.66	-108.00	274.63	4300.09	0.00368	0.258	0.584822
586	仲丁醇	$C_4H_{10}O$	74.12	99.55	-114.70	262.90	4179.09	0.00363	0.252	0.572168
587	叔丁醇	$C_4H_{10}O$	74.12	82.42	25.92P	233.06	3973.09	0.00371	0.260	0.611465
588	1-戊醇	$C_5H_{12}O$	88.15	137.80	-77.59P	313.00	3880.08P	0.00370P	0.260	0.593760
589	2-戊醇	$C_5H_{12}O$	88.15	119.00	-73.15P	287.25	3710.08P	0.00371P	0.260	0.562469
590	2-甲基-1-丁醇	$C_5H_{12}O$	88.15	128.70	-283.14	291.85P	3880.08P	0.00371P	0.270	0.678405
591	2-甲基-2-丁醇	$C_5H_{12}O$	88.15	102.00	-8.80	270.55	3710.08P	0.00371P	0.268	0.479470
592	3-甲基-2-丁醇	$C_5H_{12}O$	88.15	111.50		300.85P	3960.08P	0.00371P	0.271	0.350965
593	2,2-二甲基-1-丙醇	$C_5H_{12}O$	88.15	113.10	54.00	276.85P	3880.08P	0.00371P	0.277	0.603558
594	4-甲基-2-戊醇	$C_6H_{14}O$	102.18	131.70		301.25	3470.08P	0.00372P	0.276	0.572972

续表

组分序号	名　称	化学式	相对分子质量	正常沸点/℃	正常冰点/℃	临界性质			压缩因数	偏心因数
						温度/℃	压力/kPa	体积/(m³/kg)		
595	苯酚	C_6H_6O	94.11	181.84	40.91[P]	421.10	6130.13	0.00243	0.243	0.443460
596	邻甲酚	C_7H_8O	108.14	191.00	31.04[P]	424.40	5010.11	0.00261	0.244	0.433850
597	间甲酚	C_7H_8O	108.14	202.28	12.24[P]	432.70	4560.10	0.00289	0.242	0.448034
598	对甲酚	C_7H_8O	108.14	201.98	34.78[P]	431.50	5150.11	0.00256	0.244	0.507210
	醚类									
599	二甲醚	C_2H_6O	46.07	−24.84	−141.49	126.95	5370.12	0.00369	0.2744	0.200221
600	甲乙醚	C_3H_8O	60.10	7.35	−113.15[P]	164.65	4400.10	0.00368	0.267	0.222171
601	二乙醚	$C_4H_{10}O$	74.12	34.43	−116.30	193.55	3640.08	0.00378	0.263	0.281065
602	甲基叔丁基醚	$C_5H_{12}O$	88.15	55.20	−108.60	223.95	3430.07	0.00373	0.273	0.266059
603	甲基叔戊基醚	$C_6H_{14}O$	102.18	86.36		260.85	3040.07[P]	0.00378	0.264	0.298071
604	二异丙醚	$C_6H_{14}O$	102.18	68.30	−85.50	226.90	2880.06	0.00378	0.267	0.338683
605	乙基叔丁基醚	$C_6H_{14}O$	102.18	72.80	−94.00	240.85[P]	3040.07[P]	0.00374[P]	0.272	0.295672
606	四氢呋喃	C_4H_8O	72.11	65.97	−108.50	267.00	5190.12	0.00311	0.259	0.225354
607	氧芴（二苯并呋喃）	$C_{12}H_8O$	168.20	284.71	82.50	564.65[P]	3200.07[P]	0.00317[P]	0.245	0.275284
	醛类									
608	甲醛	CH_2O	30.03	−19.10	−92.00	134.85[P]	6590.15[P]	0.00383[P]	0.223	0.281846
609	乙醛	C_2H_4O	44.05	20.85	−123.00	192.85	5550.12[P]	0.00350	0.221	0.290734

续表

组分序号	名　称	化学式	相对分子质量	正常沸点/℃	正常冰点/℃	临界性质					偏心因数
						温度/℃	压力/kPa	体积/(m³/kg)	压缩因数		
610	正丙醛	C_3H_6O	58.08	48.00	-103.15	231.25	4920.11^P	0.00351	0.239		0.255909
611	正丁醛	C_4H_8O	72.11	74.80	-96.40	264.05	4320.10	0.00358	0.250		0.277417
612	丙烯醛	C_3H_4O	56.06	52.69	-87.70	232.85^P	5000.11^P	0.00351^P	0.234		0.319832
613	反-巴豆醛	C_4H_6O	70.09	102.22	-76.50	295.85^P	4250.09^P	0.00357^P	0.225		0.338231
614	异丁烯醛（2-甲基丙烯醛）	C_4H_6O	70.09	68.00	-81.00	256.85^P	4250.09^P	0.00364^P	0.246		0.245619
酮类											
615	丙酮	C_3H_6O	58.08	56.29	-94.70	235.05	4701.10	0.00360	0.233		0.306527
616	甲乙酮	C_4H_8O	72.11	79.64	-86.67^P	262.35	4150.09	0.00370	0.249		0.323369
617	二乙基酮（戊酮-3）	$C_5H_{10}O$	86.13	101.99	-38.97	287.80	3740.08	0.00390	0.269		0.344846
618	甲基正丙基酮	$C_5H_{10}O$	86.13	102.31	-76.86	287.93	3694.08	0.00349	0.238		0.343288
619	甲基正丁基酮	$C_6H_{12}O$	100.16	127.70	-55.80	313.90	3323.53	0.00368^P	0.251		0.396703
620	甲基异丁基酮	$C_6H_{12}O$	100.16	116.50	-84.00	298.25	3270.07	0.00368^P	0.254		0.389202
有机酸类											
621	甲酸	CH_2O_2	46.03	100.56	8.40	314.85	5810.12^P	0.00272	0.149		0.317268
622	乙酸	$C_2H_4O_2$	60.05	117.90	16.66	318.8	5786.12	0.00299	0.211		0.466521
623	丙酸	$C_3H_6O_2$	74.08	141.17	-20.70	327.66	4617.10	0.00315	0.215		0.574521
624	正丁酸	$C_4H_8O_2$	88.11	163.27	-5.20	342.55	4046.09	0.00331	0.232		0.680909

续表

组分序号	名 称	化学式	相对分子质量	正常沸点/℃	正常冰点/℃	临界性质 温度/℃	临界性质 压力/kPa	临界性质 体积/(m³/kg)	压缩因数	偏心因数
625	2-甲基丙酸	$C_4H_8O_2$	88.11	154.50	-46.00	331.85	3700.08	0.00331	0.215	0.614050
626	正戊酸	$C_5H_{10}O_2$	102.13	185.80	-34.00	366.01	3572.08	0.00329	0.226	0.698449
627	2-甲基丁酸	$C_5H_{10}O_2$	102.13	177.00		369.85^P	3890.09^P	0.00340^P	0.252	0.589443
628	3-甲基丁酸	$C_5H_{10}O_2$	102.13	175.10	-29.30	360.85	3890.09	0.00329	0.248	0.647958
629	正己酸	$C_6H_{12}O_2$	116.16	205.70	-3.00	385.95	3308.07^P	0.00325^P	0.228	0.738020
有机酯类										
630	甲酸甲酯	$C_2H_4O_2$	60.05	31.75	-99.00	214.05	6000.13	0.00286	0.255	0.255551
631	乙酸甲酯	$C_3H_6O_2$	74.08	56.94	-98.00	233.40	4750.10	0.00308	0.257	0.331255
632	甲酸乙酯	$C_3H_6O_2$	74.08	54.31	-79.60	235.25	4740.11	0.00309	0.257	0.284736
633	乙酸乙酯	$C_4H_8O_2$	88.11	77.06	-83.55	250.15	3880.08	0.00325	0.255	0.366409
634	甲酸正丙酯	$C_4H_8O_2$	88.11	80.82	-92.90	264.85	4020.09^P	0.00323	0.256	0.308779
635	乙酸乙烯酯	$C_4H_6O_2$	86.09	72.50	-92.80	245.98	3958.08^P	0.00314^P	0.248	0.351307
636	正丁酸甲酯	$C_5H_{10}O_2$	102.13	102.75	-85.80	281.35	3473.08	0.00333	0.256	0.377519
637	乙酸正丙酯	$C_5H_{10}O_2$	102.13	101.50	-95.00	276.58	3360.07	0.00338	0.254	0.388902
638	乙酸异丙酯	$C_5H_{10}O_2$	102.13	88.50	-73.40	258.85	3290.07	0.00329	0.250	0.367774
639	乙酸正丁酯	$C_6H_{12}O_2$	116.16	126.00	-73.50	306.00	3110.07^P	0.00335^P	0.251	0.410061
640	乙酸正戊酯	$C_7H_{14}O_2$	130.19	148.00	-70.80	326.75	2770.06	0.00340^P	0.245	0.447773

续表

组分序号	名　称	化学式	相对密度 (15.6/15.6℃)	API度	液体密度 (15.6℃)/(kg/m³)	液体折射率 (25℃)	蒸气压 (37.78℃)/kPa	比热容(15.6℃,定压)/[kJ/(kg·℃)] 理想气体	液体	运动黏度/(mm²/s) 37.8℃	98.9℃	汽化热(正常沸点下)/(kJ/kg)	低热值(25℃)/(kJ/kg)	表面张力/10⁻⁵ N/cm
醇类和酚类														
580	甲醇	CH_4O	0.7993	45.52	798.54	1.32652	31.89	1.3549	2.4779	0.59	0.327	1099.47	19904.5	22.22
581	乙醇	C_2H_6O	0.795	46.48	794.25	1.35941	16.04	1.3804	2.3629	1.1	0.458	838.38	26790.15	22.1
582	正丙醇	C_3H_8O	0.8092	43.36	808.41	1.3837	6.08	1.3856	2.3222	1.85	0.615	692.57	30661.05	23.4
583	异丙醇	C_3H_8O	0.7909	47.42	790.1	1.3752	12.67	1.4535	2.5077	1.871	0.742	654.92	30431.39	21.01
584	正丁醇	$C_4H_{10}O$	0.8142	42.29	813.41	1.3971	2.19	1.4153	2.3208	2.335	0.753	582.49	33112.64	24.37
585	异丁醇	$C_4H_{10}O$	0.8063	44.0	805.46	1.3938	3.35	1.4416	2.36	2.87	0.586	563.97	33018.27	22.56
586	仲丁醇	$C_4H_{10}O$	0.8157	41.97	814.9	1.3949	5.53	1.4948	2.5138	2.51	0.547	554.73	32907.62	23.01
587	叔丁醇	$C_4H_{10}O$	0.7945	4.66	793.67	1.3852	12.24	1.4908		3.079	0.884	525.91	32679.83	19.81
588	1-戊醇	$C_5H_{12}O$	0.8203	41.0	819.5	1.408	0.84	1.4391	2.3006	3.067	0.635	508.27	34696.75	25.3
589	2-戊醇	$C_5H_{12}O$	0.8132	42.5	812.44	1.4044	1.99		2.6873	2.75	0.832	483.87	34594.7	23.45
590	2-甲基-1-丁醇	$C_5H_{12}O$	0.8223	40.57	821.52	1.4086	1.12		2.4474	3.393	0.623	502.63	34713.95	25.05
591	2-甲基-2-丁醇	$C_5H_{12}O$	0.814	42.34	813.15	1.4024	4.99		2.7112	2.719	0.61	448.66	34454.08	22.3
592	3-甲基-2-丁醇	$C_5H_{12}O$	0.8232	40.39	822.37	1.4075	2.96		2.6892	2.68	1.071	465.97	34600.52	24.67
593	2,2-二甲基-1-丙醇	$C_5H_{12}O$				1.3915						468.78	35138.62	
594	4-甲基-2-戊醇	$C_6H_{14}O$	0.8122	42.73	811.36	1.409	1.59		2.6586	3.124	0.697	401.89	35791.1	22.63

续表

组分序号	名　　称	化学式	相对密度 (15.6/15.6℃)	API度	液体密度 (15.6℃)/(kg/m³)	液体折射率 (25℃)	蒸气压 (37.78℃) kPa	比热容 (15.6℃, 定压)/[kJ/(kg·℃)] 理想气体	液体	运动黏度/(mm²/s) 37.8℃	98.9℃	汽化热 (正常沸点下)/(kJ/kg)	低热值 (25℃)/(kJ/kg)	表面张力/(10⁻⁵ N/cm)
595	苯酚	C_6H_6O				1.5496	0.17	1.0752			1.112	493.52	31016.92	
596	邻甲酚	C_7H_8O	1.0488	3.42	1047.74	1.5442	0.11	1.1413		4.086	1.037	427.8	32603.12	
597	间甲酚	C_7H_8O	1.038	4.82	1036.94	1.5396	0.05	1.1101	2.0398	6.72	1.237	445.61	32601.49	36.48
598	对甲酚	C_7H_8O				1.5391	0.04	1.1184		7.161	1.345	446.82	32552.91	
	醚类													
599	二甲醚	C_2H_6O	0.6719	79.11	671.20	1.29840	843.25	1.3987				462.41	28816.14	11.36
600	甲乙醚	C_3H_8O	0.7053	69.13	704.59	1.34410	304.24	1.4988	2.4882			399.48	32117.78	15.10
601	二乙醚	$C_4H_{10}O$	0.7196	65.14	718.89	1.34954	114.06	1.5395	2.3266	0.287	0.189	361.02	33753.02	16.42
602	甲基叔丁基醚	$C_5H_{12}O$	0.7459	58.21	745.14	1.36630	55.14	1.4165	2.0925	0.403	0.264	316.60	35199.99	19.30
603	甲基叔戊基醚	$C_6H_{14}O$	0.7752	51.03	774.47	1.38590	17.81		2.0377	0.367		300.03	36308.28	22.59
604	二异丙基醚	$C_6H_{14}O$	0.7311	62.05	730.34	1.36550	33.75		2.0884	0.396		284.93	36213.68	17.26
605	乙基叔丁基醚	$C_6H_{14}O$	0.7456	58.28	744.85	1.37290	28.60		2.0540	0.437		290.89	36256.45ᵖ	19.78
606	四氢呋喃	C_4H_8O	0.8908	27.34	889.95	1.40496	36.75	1.0209	1.6864	0.464	0.310	413.73	32222.84	26.53
607	氧芴(二苯并呋喃)	$C_{12}H_8O$				1.64800		0.8963				270.30	33748.37	
	醛类													
608	甲醛	CH_2O	0.7518	56.72	751.05		759.50	1.1689				767.65	17533.19	27.38

续表

组分序号	名称	化学式	相对密度 (15.6/15.6℃)	API度	液体密度 (15.6℃)/(kg/m³)	液体折射率 (25℃)	蒸气压 (37.78℃) kPa	比热容(15.6℃,定压)/[kJ/(kg·℃)]		运动黏度/(mm²/s)		汽化热(正常沸点下)/(kJ/kg)	低热值(25℃)/(kJ/kg)	表面张力/(10⁻⁵ N/cm)
								理想气体	液体	37.8℃	98.9℃			
609	乙醛	C_2H_4O	0.7877	48.15	786.88	1.32830	178.93	1.2313	2.4713			563.36	25055.65	20.76
610	正丙醛	C_3H_6O	0.8028	44.76	802.01	1.35930	70.14	1.3682	2.2851	0.362		492.09	29004.88	21.96
611	正丁醛	C_4H_8O	0.8074	43.74	806.65	1.37660	26.24	1.4079	2.2151	0.469	0.370	430.42	31924.85	24.95
612	丙烯醛	C_3H_4O	0.8453	35.90	844.45	1.40170	59.98	1.2407	2.1005	0.362		510.01	27571.86	23.14
613	反-巴豆醛	C_4H_6O	0.8572	33.57	856.39	1.43470	8.43	1.3097	2.0524	0.453	0.305	491.38	30734.27	25.61
614	异丁烯醛(2-甲基丙烯醛)	C_4H_6O	0.8436	36.23	842.81	1.40980	34.39		1.7641	0.472		424.09	30654.31[P]	22.53
	酮类													
615	丙酮	C_3H_6O	0.7980	45.81	797.25	1.35596	51.85	1.2534	2.1475	0.354		508.56	28545.34	23.04
616	甲乙酮	C_4H_8O	0.8105	43.08	809.73	1.37640	21.83	1.4012	2.1816	0.441	0.282	437.31	31432.76[P]	23.96
617	二乙基酮(戊酮-3)	$C_5H_{10}O$	0.8196	41.15	818.75	1.39002	9.22	1.4760	2.1982	0.488	0.312	388.47	33419.23	24.71
618	甲基正丙基酮	$C_5H_{10}O$	0.8130	42.55	812.17	1.38800	8.94	1.3670	2.1180	0.519	0.332	388.14	33409.47	23.85
619	甲基正丁基酮	$C_6H_{12}O$	0.8162	41.86	815.44	1.39870	2.90	1.4467	2.1098	0.623	0.359	365.41	34821.10	25.28
620	甲基异丁基酮	$C_6H_{12}O$	0.8054	44.19	804.61	1.39330	5.22	1.4407	2.0961	0.590	0.343	347.44	34821.10[P]	23.5
	有机酸类													
621	甲酸	CH_2O_2	1.2263	-16.11	1225.08	1.36930	10.28	0.9763	2.1448	1.056	0.495	479.04	4592.27	37.11
622	乙酸	$C_2H_4O_2$	1.0537	2.79	1052.62	1.36980	4.15	1.0350	2.0324	0.905	0.481	398.07	13555.93[P]	27.04
623	丙酸	$C_3H_6O_2$	0.9984	10.22	997.43	1.38430	1.11	1.1789	2.0140	0.886	0.507	419.69	18819.28	26.20

续表

组分序号	名　称	化学式	相对密度 (15.6/15.6℃)	API度	液体密度 (15.6℃)/(kg/m³)	液体折射率 (25℃)	蒸气压 (37.78℃)/kPa	比热容 (15.6℃,定压)/[kJ/(kg·℃)] 理想气体	液体	运动黏度/(mm²/s) 37.8℃	98.9℃	汽化热 (正常沸点下)/(kJ/kg)	低热值 (25℃)/(kJ/kg)	表面张力/(10⁻⁵ N/cm)
624	正丁酸	$C_4H_8O_2$	0.9606	15.81	959.61	1.39580	0.27		1.9824	1.284	0.628	403.22	22772.39	26.15
625	2-甲基丙酸	$C_4H_8O_2$	0.9535	16.89	952.60	1.39080	0.45		2.0174	1.089	0.570	391.55	22689.60	24.54
626	正戊酸	$C_5H_{10}O_2$	0.9416	18.77	940.72	1.40600	0.075	1.3168	2.0165	1.721	0.789	413.21	25601.89	26.81
627	2-甲基丁酸	$C_5H_{10}O_2$	0.9410	18.88	940.04	1.40510	0.17			1.563	0.726	455.78	26223.22ᴾ	27.03
628	3-甲基丁酸	$C_5H_{10}O_2$	0.9352	19.81	934.24	1.40220	0.16		1.9214	1.747	0.742	389.46	25590.04	25.04
629	正己酸	$C_6H_{12}O_2$	0.9281	20.96	927.22	1.41480	0.016		2.0135	2.403	1.023	393.49	27792.45	27.5
有机酯类														
630	甲酸甲酯	$C_2H_4O_2$	0.9817	12.65	980.68	1.34150	126.25	1.0725	1.9438	0.303		468.80	14850.62	24.24
631	乙酸甲酯	$C_3H_6O_2$	0.9411	18.85	940.20	1.35890	49.15	1.1290	1.8827	0.351	0.223	410.86	19709.22	24.53
632	甲酸乙酯	$C_3H_6O_2$	0.9284	20.91	927.53	1.35750	55.01	1.1826	1.9514	0.372		404.51	20329.24	23.08
633	乙酸乙酯	$C_4H_8O_2$	0.9056	24.76	904.68	1.37040	22.48	1.2693	1.9129	0.427	0.258	365.58	23376.94ᴾ	23.24
634	甲酸正丙酯	$C_4H_8O_2$	0.9110	23.82	910.10	1.37500	19.92	1.2147	1.9014	0.478	0.296	365.96	23150.09	23.94
635	乙酸乙烯酯	$C_4H_6O_2$	0.9386	19.25	937.71	1.39340	26.92	1.1235	1.9330	0.391		366.49	22635.86	22.96
636	正丁酸甲酯	$C_5H_{10}O_2$	0.9034	25.13	902.50	1.38470	8.26		1.8330	0.529	0.322	336.29	26281.79ᴾ	24.56
637	乙酸正丙酯	$C_5H_{10}O_2$	0.8932	26.93	892.28	1.38280	8.61	1.9043	1.9024	0.552	0.318	333.67	26144.88ᴾ	23.85
638	乙酸异丙酯	$C_5H_{10}O_2$	0.8800	29.29	879.15	1.37500	14.74		1.8512	0.540		320.42	26007.97ᴾ	21.75
639	乙酸正丁酯	$C_6H_{12}O_2$	0.8867	28.09	885.80	1.39180	3.13	1.3331	1.9328	0.667	0.387	313.96	28218.52	24.75
640	乙酸正戊酯	$C_7H_{14}O_2$	0.8810	29.11	880.14	1.40080	1.25		1.9815	0.822	0.426	295.42	29891.66ᴾ	25.25

续表

组分序号	名　　称	化学式	溶解度参数(25℃)/(J/cm³)^0.5	闪点/℃	理想气体生成热(25℃)/(kJ/kg)	理想气体Gibbs自由能(25℃,常压)/(kJ/kg)	熔解热(25℃)/(kJ/kg)	燃烧限(体,在空气中)/% 下限	上限	自燃点/℃	MAC	PC-TWA	PC-STEL
醇类和酚类													
580	甲醇	CH_4O	29.590	10.85	-6267.03	-5062.52	99.62	7.3	36.0	464		25	50
581	乙醇	C_2H_6O	26.130	12.85	-5096.65	-3641.08	107.96	4.3	19.0	423			
582	正丙醇	C_3H_8O	24.450	15.00	-4243.78	-2658.02	87.98	2.0	12.0	371		200	300
583	异丙醇	C_3H_8O	23.410	11.85	-4534.78	-2884.68	89.50	2.0	12.0	455.6		350	700
584	正丁醇	$C_4H_{10}O$	23.349	28.85	-3702.26	-2026.39	126.26	1.4	11.2	343		100	
585	异丁醇	$C_4H_{10}O$	22.909	27.85	-3818.20	-2099.41	85.38	1.7	10.9	408			
586	仲丁醇	$C_4H_{10}O$	22.541	23.85	-3948.98	-2286.60	80.64	1.7	9.8	390			
587	叔丁醇	$C_4H_{10}O$	21.599	11.11	-4211.87	-2349.46	90.49	2.4	8.0	478			
588	1-戊醇	$C_5H_{12}O$	22.579	32.78	-3386.76	-1655.44	111.42	1.2	10.0	300			
589	2-戊醇	$C_5H_{12}O$	21.700	33.85	-3557.54	-1805.97	96.23ᴾ	1.5ᴾ	9.7ᴾ	343			
590	2-甲基-1-丁醇	$C_5H_{12}O$	22.109	50.00	-3424.72	-1663.23		1.4	9.0	385			
591	2-甲基-2-丁醇	$C_5H_{12}O$	20.840	40.56	-3737.80	-1872.86	50.57	1.2	9.0	435			
592	3-甲基-2-丁醇	$C_5H_{12}O$	21.610	39.44	-3562.28	-1772.62		1.5ᴾ	9.9ᴾ	375		100	
593	2,2-二甲基-1-丙醇	$C_5H_{12}O$	19.269	37.00	-3617.30ᴾ	-1761.49	113.26	1.5ᴾ	9.1ᴾ	420			
594	4-甲基-2-戊醇	$C_6H_{14}O$	19.289	40.85	-3373.33	-1547.28		1.0	5.5				
595	苯酚	C_6H_6O	24.630	79.85	-1023.62	-346.56	121.94	1.5ˢ	9.1	715		10	

续表

组分序号	名称	化学式	溶解度参数(25℃)/(J/cm³)^0.5	闪点/℃	理想气体生成热(25℃)/(kJ/kg)	理想气体Gibbs自由能(25℃,常压)/(kJ/kg)	熔解热(25℃)/(kJ/kg)	燃烧限(体,在空气中)/% 下限	上限	自燃点/℃	OLEs/(mg/m³) MAC	PC-TWA	PC-STEL
596	邻甲酚	C_7H_8O	22.870	80.85	-1188.115	-327.42	146.38	1.4	7.6^P	599		10	
597	间甲酚	C_7H_8O	23.899	94.85	-1222.62	-371.41	99.07	1.1	7.6^P	559		10	
598	对甲酚	C_7H_8O	24.030	94.85	-1158.39	-292.58	117.58	1.1	7.6^P	559		10	
	醚类												
599	二甲醚	C_2H_6O	15.119	-41.15	-3993.58	-2446.90	107.31	3.3	27.3	350			
600	甲乙醚	C_3H_8O	15.371	-37.15	-3598.57	-1947.28	132.91^P	2.0	10.1	190			
601	二乙醚	$C_4H_{10}O$	15.420	-45.00	-3398.90	-1646.19	97.85	1.9	48.0	160		300	500
602	甲基叔丁基醚	$C_5H_{12}O$	15.070	-28.15	-3214.03	-1332.09	86.31	2.0	15.1	460			
603	甲基叔戊基醚	$C_6H_{14}O$	15.479	-11.00	-2986.98	-1112.05		1.2^P	9.1^P	460			
604	二异丙醚	$C_6H_{14}O$	14.450	-28.15	-3121.96	-1220.61		1.4	21.0	443			
605	乙基叔丁基醚	$C_6H_{14}O$	14.800	-19.15	-3070.13	-1190.29		1.2^P	9.1^P	312			
606	四氢呋喃	C_4H_8O	18.970	-14.15	-2552.59	-1104.44	122.42	2.0	11.8	224		300	
607	氧芴(二苯并呋喃)	$C_{12}H_8O$	18.229	111.85^P	495.53	1182.38	134.87	0.81^P	6.4^P				
	醛类												
608	甲醛	CH_2O	23.819	-53.15^P	-3614.46	-3414.77	352.27^P	7.0	73.0	424	0.5		
609	乙醛	C_2H_4O	19.909	-38.15	-3770.25	-3019.38	73.41	4.0	60.0	130	45		
610	正丙醛	C_3H_6O	19.320	-30.0	-3205.55	-2143.92	147.48^P	2.6	16.1	207			

续表

组分序号	名　称	化学式	溶解度参数(25℃)/(J/cm³)^0.5	闪点/℃	理想气体生成热(25℃)/(kJ/kg)	理想气体Gibbs自由能(25℃,常压)/(kJ/kg)	熔解热(25℃)/(kJ/kg)	燃烧限(体,在空气中)/% 下限	上限	自燃点/℃	MAC	OLEs/(mg/m³) PC-TWA	PC-STEL
611	正丁醛	C_4H_8O	18.659	-11.00	-2868.88	-1611.83	153.99	2.5	12.5	216		5	10
612	丙烯醛	C_3H_4O	20.179	-26.00	-1458.09^P	-1012.47	18.20^P	2.8	31.0	234	0.3		
613	反-巴豆醛	C_4H_6O	21.010	8.00	-1434.34	-584.58	126.49^P	2.1	15.5	232	12		
614	异丁烯醛(2-甲基丙烯醛)	C_4H_6O	18.731	2.00	-1611.14^P	-824.10		2.1^P	14.6^P				
	酮类												
615	丙酮	C_3H_6O	19.729	-18.15	-3711.42	-2603.33	98.43	2.6	12.8	465		300	450
616	甲乙酮	C_4H_8O	18.880	-6.15	-3312.36	-2037.31	139.09	1.8	10.0	516		300	600
617	二乙基酮(戊酮-3)	$C_5H_{10}O$	18.409	12.85	-2992.23	-1559.35	134.73	1.5	8.0	452		700	900
618	甲基正丙基酮	$C_5H_{10}O$	18.291	6.85	-3007.32	-1604.59	123.25	1.5	8.2	452			
619	甲基正丁基酮	$C_6H_{12}O$	18.139	25.0	-2791.94	-1297.87		1.2	8.0	423			
620	甲基异丁基酮	$C_6H_{12}O$	17.429	15.85	-2873.50^P	-1346.95		1.4	7.5	448			
	有机酸类												
621	甲酸	CH_2O_2	21.470	48.00	-8220.47	-7621.20	268.35	15.7^P	38.0	462		10	20
622	乙酸	$C_2H_4O_2$	19.060	42.85	-7202.31	-6233.81	195.31	5.4	16.0	427		10	20
623	丙酸	$C_3H_6O_2$	19.490	54.85	-6117.82	-4946.86	143.81	2.9^P	14.8^P	475		30	
624	正丁酸	$C_4H_8O_2$	20.179	71.85	-5396.78	-4083.30	125.41	2.19	13.4	443			
625	2-甲基丙酸	$C_4H_8O_2$	18.849	56.00	-5490.92^P	-4107.13	57.02	2.0	9.2	420			

续表

组分序号	名称	化学式	溶解度参数(25℃)/(J/cm³)^0.5	闪点/℃	理想气体生成热(25℃)/(kJ/kg)	理想气体Gibbs自由能(25℃,常压)/(kJ/kg)	熔解热(25℃)/(kJ/kg)	燃烧限(体,在空气中)/% 下限	燃烧限(体,在空气中)/% 上限	自燃点/℃	OLEs/(mg/m³) MAC	OLEs/(mg/m³) PC-TWA	OLEs/(mg/m³) PC-STEL
626	正戊酸	$C_5H_{10}O_2$	21.090	96.00	-4795.51	-3381.62	138.75	1.6^P	9.6^P	400			
627	2-甲基丁酸	$C_5H_{10}O_2$	22.620	74.85	-4872.83^P	-3423.70		1.6^P	9.8^P				
628	3-甲基丁酸	$C_5H_{10}O_2$	20.079	74.85^P	-5036.23	-3591.01	71.64	1.6^P	9.8^P	416			
629	正己酸	$C_6H_{12}O_2$	21.669	101.85	-4403.99	-2907.88	129.76	1.3^P	8.2^P	380			
	有机酯类												
630	甲酸甲酯	$C_2H_4O_2$	20.501	-19.15	-5864.36	-4909.16	124.74	5.9	20.0	456			
631	乙酸甲酯	$C_3H_6O_2$	19.351	-10.00	-5556.63	-4373.53	107.63^P	3.1	16.0	502		200	500
632	甲酸乙酯	$C_3H_6O_2$	19.070	-20.00	-5238.25	-4088.88	124.31	2.7	13.5	455			
633	乙酸乙酯	$C_4H_8O_2$	18.350	-4.15	-5041.74	-3720.34	119.13	2.2	11.4	427		200	300
634	甲酸正丙酯	$C_4H_8O_2$	18.471	-3.15	-4623.23	-3330.16	149.90^P	2.1^P	11.3^P	455		200	300
635	乙酸乙烯酯	$C_4H_6O_2$	18.579	-8.15	-3655.40	-2645.50	62.40^P	2.6	13.4	427		10	15
636	正丁酸甲酯	$C_5H_{10}O_2$	18.029	13.85	-4410.01	-2987.28	112.67^P	1.6^P	8.8^P	450			
637	乙酸正丙酯	$C_5H_{10}O_2$	17.890	14.85	-4547.96	-3135.05	109.73^P	2.0	8.0	460			
638	乙酸异丙酯	$C_5H_{10}O_2$	17.149	1.85	-4713.32	-3265.17	87.00^P	1.76^S	7.2^S				
639	乙酸正丁酯	$C_6H_{12}O_2$	17.589	21.85	-4177.72	-2689.36	124.06^P	1.7	7.6	421		200	300
640	乙酸正戊酯	$C_7H_{14}O_2$	17.360	23.00	-3880.33^P	-2329.74	12.68^P	1.1	7.5	360		100	200

注：数据中的上角标的字母表示为：E—在饱和压力下；G—在沸点条件下（三相点）；H—临界溶解温度，而不是苯胺点；S—预测值或实验值；Y—气体状态下的净燃烧热，Z—估算值；W—固体状态下的净燃烧热。

表1-2-4　含氮有机物的物理性质

组分序号	名　称	化学式	相对分子质量	正常沸点/℃	正常冰点/℃	临界性质				压缩因数	偏心因数
						温度/℃	压力/kPa	体积/(m³/kg)			
	有机胺类										
641	甲胺	CH_5N	31.06	-6.33	-93.46	156.90	7460.17	0.00496[P]		0.321	0.281417
642	乙胺	C_2H_7N	45.08	16.58	-81.00	183.00	5620.12	0.00459		0.307	0.284788
643	正丙胺	C_3H_9N	59.11	47.85	-83.00	223.80	4740.11	0.00440		0.298	0.279839
644	异丙胺	C_3H_9N	59.11	31.77	-95.20	198.70	4540.10	0.00374		0.256	0.275913
645	正丁胺	$C_4H_{11}N$	73.14	77.40	-49.10	258.75	4200.09	0.00424		0.294	0.329168
646	异丁胺	$C_4H_{11}N$	73.14	37.73	-84.60	240.58[P]	4215.09[P]	0.00427[P]		0.3085	0.362734
647	仲丁胺	$C_4H_{11}N$	73.14	63.00	-104.50	241.15	4000.09[P]	0.00424[P]		0.290	0.281523
648	叔丁胺	$C_4H_{11}N$	73.14	44.40	-66.96	210.75	3840.09	0.00401		0.280	0.274841
	其他含氮有机化合物										
649	尿素	CH_4N_2O	60.06	191.85[P]	132.70	431.85[P]	9050.18[P]	0.00363[P]		0.337	0.337886
650	乙腈	C_2H_3N	41.05	81.60	-43.83	272.35	4830.10	0.00421[S]		0.184	0.348477
651	吗啉	C_4H_9NO	87.12	128.00	-3.10	344.85[P]	5340.12[P]	0.00317[P]		0.287	0.238615
652	嘧啶	C_5H_5N	79.10	115.26	-41.62	346.80	5630.12	0.00321		0.277	0.377520
653	苯胺	C_6H_7N	93.13	184.00	-6.02[P]	425.85	5310.11	0.00290		0.247	0.376282
654	吲哚	C_8H_7N	117.15	253.00	53.00	516.85[P]	4300.09[P]	0.00368[P]		0.282	0.328679
655	喹啉	C_9H_7N	129.16	237.60	-14.90	509.00	4660.10[P]	0.00363[P]		0.336	0.288502
656	异喹啉	C_9H_7N	129.16	243.25	26.30	530.00	4980.11[P]	0.00312[P]		0.301	0.493802
657	咔唑	$C_{12}H_9N$	167.21	354.72	244.80	625.85[P]	3260.07[P]	0.00288[P]		0.210	0.440017
658	吖啶	$C_{13}H_9N$	179.22	346.00	110.09[P]	631.85[P]	3640.08[P]	0.00303[P]		0.263	

续表

组分序号	名称	化学式	相对密度 (15.6/15.6℃)	API度	液体密度 (15.6℃)/(kg/m³)	液体折射率 (25℃)	蒸气压 (37.78℃) kPa	比热容 (15.6℃,定压)/[kJ/(kg·℃)] 理想气体	液体	运动黏度/(mm²/s) 37.8℃	98.9℃	汽化热 (正常沸点下)/(kJ/kg)	低热值 (25℃)/(kJ/kg)	表面张力/(10⁻⁵ N/cm)
有机胺类														
641	甲胺	CH_5N	0.6681	80.29	667.46	1.34910	539.93	1.6702	26.7954	0.257		839.35	31375.58	19.41
642	乙胺	C_2H_7N	0.6888	73.93	688.13	1.36270	221.06	1.5810	2.9491			606.23	35186.74	19.17
643	正丙胺	C_3H_9N	0.7241	63.92	723.38	1.38510	69.94	1.5857	2.7415	0.463		499.12	36602.09	21.38
644	异丙胺	C_3H_9N	0.6949	72.14	694.18	1.37058	126.19	1.6065	2.7544	0.421	0.290	474.67	36460.07	17.40
645	正丁胺	$C_4H_{11}N$	0.7496	57.27	748.85	1.39870	22.37	1.5759	2.6174	0.664		439.77	37934.93	23.62
646	异丁胺	$C_4H_{11}N$	0.7388	60.04	738.02	1.39450	32.74	1.5605	2.4835	0.636		419.82	37872.17	21.70
647	仲丁胺	$C_4H_{11}N$	0.7293	62.51	728.63	1.39070	40.40		2.3237	0.580		410.01	37800.58	21.11
648	叔丁胺	$C_4H_{11}N$	0.6977	71.31	697.00	1.37610	80.93	1.6006	2.6076	0.561		377.22	37625.08	16.86
其他含氮有机化合物														
649	尿素	CH_4N_2O	1.2313	-16.58	1230.11			1.0792	2.0085				9044.04	
650	乙腈	C_2H_3N	0.7874	48.19	786.67	1.34160	21.13	1.2480	2.2097	0.398		735.08	28978.85	28.66
651	吗啉	C_4H_9NO	1.0055	9.23	1004.49	1.45212	2.74		1.9925	1.582	0.687	436.50	28218.06^P	37.16
652	嘧啶	C_5H_5N	0.9886	11.64	987.58	1.50745	5.38	0.9526	1.6534	0.762	0.456	445.78	33758.60	36.72
653	苯胺	C_6H_7N	1.0249	6.56	1023.89	1.58364	0.22	1.1528	2.0502	2.516	0.879	474.85	34757.42	42.38
654	吲哚	C_8H_7N	1.1101	-4.03	1109.04	1.63000	0.0055	0.9741		5.014	1.405	425.66	34813.67	41.62
655	喹啉	C_9H_7N	1.0975	-2.57	1096.39	1.62480	0.02	0.9673	1.5051	2.275	0.818	365.87	35159.54	42.53
656	异喹啉	C_9H_7N				1.62080	0.02	0.9629		2.515	0.996	366.57	35075.17	
657	咔唑	$C_{12}H_9N$										351.87	35471.74	
658	吖啶	$C_{13}H_9N$						0.9413				321.30	35594.21	

续表

组分序号	名称	化学式	溶解度参数(25℃)/(J/cm³)⁰·⁵	闪点/℃	理想气体生成热(25℃)/(kJ/kg)	理想气体Gibbs自由能(25℃,常压)/(kJ/kg)	熔解热(25℃)/(kJ/kg)	燃烧限(体,在空气中)/% 下限	上限	自燃点/℃	OLEs/(mg/m³) MAC	PC-TWA	PC-STEL
有机胺类													
641	甲胺	CH_5N	23.099	0.00	−739.12	1031.93	197.73	4.9	20.7	430		5	10
642	乙胺	C_2H_7N	19.490	−46.15^P	−1045.14	801.53	207.64^P	3.5	14.0	384		9	18
643	正丙胺	C_3H_9N	18.551	−12.15	−1191.89^P	704.99	198.18^P	2.0	10.4	318			
644	异丙胺	C_3H_9N	17.370	−37.00	−1416.74	539.65	123.95	2.0	10.4	400		12	24
645	正丁胺	$C_4H_{11}N$	18.309	−12.15	−1257.08	673.63	202.61^P	1.7	9.8	312	15		
646	异丁胺	$C_4H_{11}N$	17.660	−17.80	−1349.99	629.90	136.76^P	1.6^P	11.6^P	378			
647	仲丁胺	$C_4H_{11}N$	17.290	−28.89	−1423.53	555.12	122.25^P	1.6^P	11.6^P	378			
648	叔丁胺	$C_4H_{11}N$	15.739	−9.0	−1637.91	394.47	12.05	1.7	8.9	378			
其他含氮有机化合物													
649	尿素	CH_4N_2O			−4090.21	−2632.50	246.84^S	5.6^P	35.3^P			5	10
650	乙腈	C_2H_3N	24.051	5.85	1802.36	2236.35	217.22	4.4	16.0	524		30	
651	吗啉	C_4H_9NO	21.790	37.78	−1789.43^P	183.53	105.68	1.8	10.8	310		60	
652	嘧啶	C_5H_5N	21.569	20.00	1773.40	2406.61	100.02	1.8	12.4	482			
653	苯胺	C_6H_7N	24.120	70.00	934.66	1789.91	113.31	1.3	11.0	617		3	
654	吲哚	C_8H_7N	23.431		1335.88	2024.29	76.87		8.1^P				
655	喹啉	C_9H_7N	21.939	101.11	1719.99	2270.88	83.65	1.0^P	7.79^P	480			
656	异喹啉	C_9H_7N	21.980	107.00	1612.44	2164.10			7.8^P	477			
657	咔唑	$C_{12}H_9N$	20.820		1252.70	2157.55	176.11		5.5^P				
658	吖啶	$C_{13}H_9N$	20.200	168.85^P	1631.00	2236.56	95.91	0.8^P	6.3^P				

注：数据中的上角标的字母表示为：E—在饱和压力下（三相点）；G—在沸点；H—临界昇解温度，而不是某胺熔点；Y—气体状态下的净燃烧热；Z—估算值；W—固体状态下的净燃烧热。

表1-2-5　卤素有机物的物理性质

组分序号	名　称	化学式	相对分子质量	正常沸点/℃	正常冰点/℃	临界性质				偏心因数
						温度/℃	压力/kPa	体积/(m³/kg)	压缩因数	
	卤素有机物									
659	三氟氯甲烷	$CClF_3$	104.46	-81.41	-181.00	28.85	3870.09	0.00173	0.278	0.171662
660	二氯二氟甲烷	CCl_2F_2	120.91	-29.79	-158.00	111.80	4125.09	0.00179	0.280	0.179718
661	三氯氟甲烷	CCl_3F	137.37	23.82	-111.11	198.05	4408.09	0.00181	0.279	0.189365
662	四氯化碳	CCl_4	153.82	76.64	-22.82	283.20	4560.10	0.00179	0.272	0.192552
663	四氟化碳	CF_4	88.00	-128.06	-183.59	-45.65	3740.08	0.00159	0.277	0.179102
664	氯二氟甲烷	$CHClF_2$	86.47	-40.83	-157.42	96.15	4971.11	0.00192	0.269	0.219249
665	二氯氟甲烷	$CHCl_2F$	102.92	8.90	-135.00	178.43	5184.11	0.00190	0.271	0.204837
666	氯仿	$CHCl_3$	119.38	61.18	-63.52	263.25	5472.12	0.00200	0.293	0.221902
667	三氟甲烷	CHF_3	70.01	-82.16	-155.18	26.15	4858.10	0.00190	0.260	0.263959
668	二氯甲烷	CH_2Cl_2	84.93	39.75	-95.14	236.85	6080.13	0.00218^P	0.265	0.198622
669	氯甲烷	CH_3Cl	50.49	-24.22	-97.70	143.10	6680.14	0.00283	0.276	0.153068
670	氟甲烷	CH_3F	34.03	-78.33	-141.80	44.27	5875.24	0.00332	0.252	0.198007
671	氯乙烯	C_2H_3Cl	62.50	-13.90	-153.79	158.85^P	5670.12^P	0.00286^P	0.283	0.100107
672	1,1,1-三氯乙烷	$C_2H_3Cl_3$	133.40	74.08	-30.05^P	271.85	4300.09	0.00211^P	0.267	0.218252
673	1,1,2-三氯乙烷	$C_2H_3Cl_3$	133.40	113.85	-36.65	328.85^P	4480.10^P	0.00211^P	0.252	0.259135
674	1,1,1-三氟乙烷	$C_2H_3F_3$	84.04	-47.40	-111.33^P	73.10	3758.22	0.00231	0.253	0.256484
675	1,1-二氯乙烷	$C_2H_4Cl_2$	98.96	57.30	-96.96	249.85	5070.11	0.00243	0.280	0.233943
676	1,2-二氯乙烷	$C_2H_4Cl_2$	98.96	83.44	-35.66	288.45	5370.12	0.00222	0.253	0.286595
677	1,1-二氟乙烷	$C_2H_4F_2$	66.05	-25.80	-117.00	113.29	4519.90	0.00271	0.252	0.258370
678	氯乙烷	C_2H_5Cl	64.51	12.27	-136.40	187.20	5270.12	0.00310	0.275	0.190241
679	氟乙烷	C_2H_5F	48.06	-37.70	-143.20	102.16	5028.11	0.00341^P	0.264	0.219987
680	1,2-二氯丙烷	$C_3H_6Cl_2$	112.99	96.37	-100.44	298.85^P	4240.10^P	0.00258^P	0.259	0.256391

续表

卤素有机物

组分序号	名　称	化学式	相对密度 (15.6/15.6℃)	API度	液体密度 (15.6℃)/(kg/m³)	液体折射率 (25℃)	蒸气压 (37.78℃)/kPa	比热容(15.6℃,定压)/[kJ/(kg·℃)] 理想气体	液体	运动黏度/(mm²/s) 37.8℃	98.9℃	汽化热(正常沸点下)/(kJ/kg)	低热值(25℃)/(kJ/kg)	表面张力/(10⁻⁵N/cm)
659	三氟氯甲烷	CClF₃	0.9794	12.98	978.43	1.19900		0.6293				149.13	3008.02[P]	0.23
660	二氯二氟甲烷	CCl₂F₂	1.3440	−26.21	1342.63	1.28500	908.84	0.5896	0.9560	0.159	0.106	168.02	810.02[P]	8.65
661	三氯氟甲烷	CCl₃F	1.5017	−37.27	1500.20	1.37940	162.49	0.5604	0.8754	0.265	0.194	181.87	762.42[P]	17.95
662	四氯化碳	CCl₄	1.6022	−43.19	1600.65	1.45730	26.05	0.5356	0.8557	0.488	0.269	193.43	1723.60[P]	26.29
663	四氟化碳	CF₄				1.15100		0.6803				133.16	6127.96[P]	
664	氯二氟甲烷	CHClF₂	1.2286	−16.33	1227.41	1.25600	1444.76	0.6524	1.2160	0.148		236.11	379.31[P]	8.09
665	二氯一氟甲烷	CHCl₂F	1.3921	−29.86	1390.73	1.35400	276.55	0.5864	1.0456	0.219	0.169	242.21	2243.90[P]	17.91
666	氯仿	CHCl₃	1.5017	−37.27	1500.18	1.44310	44.15	0.5430	0.9453	0.327		246.97	3181.12	26.68
667	三氟甲烷	CHF₃	0.8886	27.74	887.71	1.21500		0.7188	1.5159			239.27	2606.77[P]	0.06
668	二氯甲烷	CH₂Cl₂	1.3374	−25.70	1336.05	1.42120	94.73	0.5931	1.1791	0.285	0.206	333.80	6046.53	27.22
669	氯甲烷	CH₃Cl	0.9332	20.13	932.29	1.33620	816.95	0.7919	1.5816	0.173	0.123	426.80	13368.46	15.15
670	氟甲烷	CH₃F	0.6190	97.09	618.41	1.17400	5106.47	1.0861	1.3260	0.177	0.132	510.19	15325.04[P]	1.90
671	氯乙烯	C₂H₃Cl	0.9199	22.31	919.03	1.36600	570.05	0.8422	1.0734	0.512	0.296	360.80	18836.18[P]	15.84
672	1,1,1-三氯乙烷	C₂H₃Cl₃	1.3464	−26.41	1345.09	1.43130	28.42	0.6785	1.1195	0.622	0.335	222.84	7304.61[P]	25.05
673	1,1,2-三氯乙烷	C₂H₃Cl₃	1.4513	−34.00	1449.82	1.46890	5.87					257.95	7255.17[P]	33.75
674	1,1,1-三氟乙烷	C₂H₃F₃	0.9915	11.21	990.54	1.20600	1738.36	0.9120	1.2702	0.117		228.98	4915.83[P]	5.58
675	1,1-二氯乙烷	C₂H₄Cl₂	1.1838	−11.97	1182.60	1.41380	50.74	0.7530	1.2965	0.356		294.08	11213.47[P]	24.81
676	1,2-二氯乙烷	C₂H₄Cl₂	1.2616	−19.34	1260.33	1.44210	18.95	0.7886	1.2844	0.543	0.298	324.78	11158.94	31.51
677	1,1-二氟乙烷	C₂H₄F₂	0.9218	22.01	920.88	1.24340	858.58	1.0115	1.6201	0.169		318.17	11648.63[P]	10.16
678	氯乙烷	C₂H₅Cl	0.9037	25.08	902.82	1.36520	242.49	0.9451		0.266	0.207	383.38	19903.50	18.19
679	氟乙烷	C₂H₅F	0.7308	62.14	730.03	1.26210	1284.43		1.2029			418.05	23434.58[P]	9.25
680	1,2-二氯丙烷	C₃H₆Cl₂	1.1638	−9.91	1162.62	1.43680	12.40	0.8528	1.3693	0.566		282.96	15098.22[P]	28.58

续表

组分序号	名称	化学式	溶解度参数(25℃)/(J/cm³)^0.5	闪点/℃	理想气体生成热(25℃)/(kJ/kg)	理想气体Gibbs自由能(25℃,常压)/(kJ/kg)	熔解热(25℃)/(kJ/kg)	燃烧限(体,在空气中)/% 下限	上限	自燃点/℃	OLEs/(mg/m³) MAC	PC-TWA	PC-STEL
	卤素有机物												
659	三氟氯甲烷	$CClF_3$	14.280		-6772.69	-6384.76							
660	二氯二氟甲烷	CCl_2F_2	15.011		-4063.24	-3741.66						5000	
661	三氯氟甲烷	CCl_3F	15.580		-2100.28	-1814.38	50.31						
662	四氯化碳	CCl_4	17.550		-622.46	-347.84	17.84					15	25
663	四氟化碳	CF_4	13.861		-10596.51	-10089.37	8.09						
664	氯二氟甲烷	$CHClF_2$	17.380	-78.17P	-5566.04	-5206.59	47.92		26.9	632			
665	二氯氟甲烷	$CHCl_2F$	17.570	-36.17P	-2750.75	-2454.61	57.94		54.7	552			
666	氯仿	$CHCl_3$	18.919		-861.41	-583.83	80.12		35.3			20	
667	三氟甲烷	CHF_3	17.679	-112.17P	-9949.37P	-9457.79	57.94		19.1	615			
668	二氯甲烷	CH_2Cl_2	20.370		-1123.93	-811.41	54.11	15.9	22.2P			200	
669	氯甲烷	CH_3Cl	19.719		-1622.31	-1156.76	129.71	8.1	17.2	632		60	120
670	氟甲烷	CH_3F	20.200		-6879.96	-6178.16				542		10	
671	氯乙烯	C_2H_3Cl	17.769	-78.15	454.91	670.78	76.47	3.6	33.0	472			
672	1,1,1-三氯乙烷	$C_2H_3Cl_3$	17.249	-16.12P	-1065.99	-570.90	17.60	8.0	10.5	537		900	
673	1,1,2-三氯乙烷	$C_2H_3Cl_3$	19.889	31.38P	-1063.74	-606.56	85.20	8.6P	18.4	460			
674	1,1,1-三氟乙烷	$C_2H_3F_3$	15.580		-8756.67	-7936.19	73.67	9.2		458			
675	1,1-二氯乙烷	$C_2H_4Cl_2$	18.299	-12.00	-1306.86	-733.06	79.44	5.4	11.4	458			
676	1,2-二氯乙烷	$C_2H_4Cl_2$	20.259	12.85	-1310.70	-746.74	89.12	6.2	16.1	413		7	15
677	1,1-二氟乙烷	$C_2H_4F_2$	17.059	-50.0	-7577.13	-6707.14		3.7	18.0				
678	氯乙烷	C_2H_5Cl	17.740		-1738.94	-937.15	69.51	3.8	15.4	529			
679	氟乙烷	C_2H_5F	17.570		-5497.87P	-4414.51			17.3P				
680	1,2-二氯丙烷	$C_3H_6Cl_2$	18.399	13.00	-1439.95	-709.18		3.4	14.5	557		350	500

注：数据中的上角标的字母表示为：E—在饱和压力下（三相点）；F—在沸点条件下（三相点）；G—在沸点条件下；H—临界溶解温度；S—预测值或实验值；P—预测值；Y—气体状态下的净燃烧热；Z—估算值；W—固体状态下的净燃烧热。

表 1-2-6　有机溶剂和其他化合物的物理性质

组分序号	名称	化学式	相对分子质量	正常沸点/℃	正常冰点/℃	临界性质 温度/℃	临界性质 压力/kPa	临界性质 体积/(m³/kg)	压缩因数	偏心因数
	其他化合物									
681	水	H_2O	18.02	100.00	0.00	373.98	22055.5	0.00311	0.229	0.344861
682	硫酸	H_2SO_4	98.08	336.85^P	10.31	650.85	6400.14^P	0.00180	0.147	0.855954
683	氢氧化钠	$NaOH$	40.00	1556.85^P	322.85	2546.85^P	25000.54^P	0.00500^P	0.213	
684	碳酸丙烯酯	$C_3H_6CO_3$	102.09	241.70	−49.20	504.85^P	5410.12^P	0.00241^P	0.206	0.441891
685	糠醛	$C_5H_4O_2$	96.09	161.70	−36.50	397.00	5660.12	0.00262^P	0.256	0.367784
686	1,2-丙二醇	$C_3H_8O_2$	76.10	187.60	−60.00	352.85^P	6100.13^P	0.00314^P	0.280	1.106510
687	二甘醇	$C_4H_{10}O_3$	106.12	245.00	−10.45	471.45	4600.10^P	0.00294^P	0.232	0.621104
688	四甘醇	$C_8H_{18}O_5$	194.23	329.55^P	−5.0	521.85^P	2590.06^P	0.00290^P	0.221	0.917442
689	乙醇胺(MEA)	C_2H_7NO	61.08	170.00	10.50	405.05	7124.12^P	0.00368^P	0.284	0.446737
690	二乙醇胺(DEA)	$C_4H_{11}NO_2$	105.14	268.39	28.00	463.45	4270.09^P	0.00332^P	0.243	0.952882
691	二甘醇胺(DGA)	$C_4H_{11}NO_2$	105.14	233.09	−12.50	461.85^P	5900.13^P	0.00323^P	0.327	0.559773
692	甲基二乙醇胺(MDEA)	$C_5H_{13}NO_2$	119.16	244.85^P	−21.00	401.85^P	3880.08^P	0.00309^P	0.254	1.164900
693	三乙醇胺(TEA)	$C_6H_{15}NO_3$	149.19	335.39	21.20	498.95	2743.06^P	0.00316^P	0.202	1.284110
694	二异丙醇胺	$C_6H_{15}NO_2$	133.19	248.75	45.00	398.85	3600.08	0.00341^P	0.293	1.389140
695	N,N-二甲基甲酰胺	C_3H_7NO	73.09	152.00	−60.43	376.45	4420.10^P	0.00358	0.214	0.317710
696	N-甲基-2-吡咯烷酮	C_5H_9NO	99.13	204.27	−24.00	448.65	4780.10^P	0.00313	0.247	0.395027
697	二甲基亚砜	C_2H_6OS	78.14	190.85^P	18.52	455.85^P	5650.12^P	0.00291^P	0.212	0.280551
698	环丁砜	$C_4H_8O_2S$	120.17	287.30	27.40	579.85^P	5030.11^P	0.00250^P	0.213	0.382349
699	SELEXOL	SELEXOL	280.00^S	270.00^S	−28.89^S					

续表

组分序号	名　　称	化学式	相对密度 (15.6/15.6℃)	API度	液体密度 (15.6℃)/ (kg/m³)	液体折射率 (25℃)	蒸气压 (37.78℃) kPa	比热容 (15.6℃,定压)/[kJ/(kg·℃)] 理想气体	比热容 液体	运动黏度/(mm²/s) 37.8℃	运动黏度 98.9℃	汽化热 (正常沸点下)/ (kJ/kg)	低热值 (25℃)/ (kJ/kg)	表面张力/ (10⁻⁵ N/cm)
	其他化合物													
681	水	H_2O	1.0000	10.00	997.44	1.33250	6.56	1.8618	4.1956	0.706	0.000	2263.22		72.82
682	硫酸	H_2SO_4	1.8393	-54.57	1837.48	1.41828	0.000	0.8455		8.340		5.93	199.71[P]	52.42
683	氢氧化钠	NaOH				1.43300[S]		1.2103						
684	碳酸丙烯酯	$C_3H_6CO_3$	1.2097	-14.53	1208.50	1.41970	0.017			1.631	0.800	492.23	16325.92	41.34
685	糠醛	$C_5H_4O_2$	1.1645	-10.08	1164.21	1.52345	0.67	0.9991	1.6225	1.147	0.702	433.32	23467.82	42.92
686	1,2-丙二醇	$C_3H_8O_2$	1.0407	4.46	1039.69	1.43160	0.052	1.3123	2.4524	20.065	2.807	715.48	21637.69	35.53
687	二甘醇	$C_4H_{10}O_3$	1.1218	-5.36	1120.66	1.44600	0.0028	1.2308	2.2716	16.002	2.431	534.16	20293.58	48.09
688	四甘醇	$C_8H_{18}O_5$	1.1316	-6.45	1130.43	1.45700	0.000		2.1297	23.02		339.20	22346.25	46.61
689	乙醇胺(MEA)	C_2H_7NO	1.0204	7.17	1019.38	1.45210	0.14	1.3668		12.266	2.193	814.30	22299.11	48.37
690	二乙醇胺(DEA)	$C_4H_{11}NO_2$				1.47470	0.000			208.316	9.328	614.08	22912.28	
691	二甘醇胺(DGA)	$C_4H_{11}NO_2$	1.0602	1.96	1059.17	1.46100	0.0090		2.3885	18.536	2.109	513.04	23477.82[P]	40.43
692	甲基二乙醇胺(MDEA)	$C_5H_{13}NO_2$	1.0431	4.16	1042.03	1.4685	0.0034			45.539	4.906	528.80	25662.10[P]	39.45
693	三乙醇胺(TEA)	$C_6H_{15}NO_3$				1.48350	0.000	1.3126		219.826	11.285	487.15	23517.10	47.13
694	二异丙醇胺	$C_6H_{15}NO_2$				1.45950				0.395		533.19	27911.69[P]	
695	N,N-二甲基甲酰胺	C_3H_7NO	0.9541	16.18	953.14	1.42690	1.16	1.2466	2.0426	0.753	0.468	540.65	24455.25	34.41
696	N-甲基-2-吡咯烷酮	C_3H_9NO	1.0347	5.25	1033.71	1.46900	0.11			1.556	0.701	452.03	28163.43	40.33
697	二甲基亚砜	C_2H_6OS				1.47730	0.19	1.1184		1.451	0.680	560.83	20533.09[P]	42.95
698	环丁砜	$C_4H_8O_2S$				1.48330	0.0021		2.162	6.686	2.162	445.67	19933.41[P]	85.49
699	SELEXOL	SELEXOL												

续表

组分序号	名称	化学式	溶解度参数(25℃)/(J/cm³)^0.5	闪点/℃	理想气体生成热(25℃)/(kJ/kg)	理想气体Gibbs自由能(25℃,常压)/(kJ/kg)	熔解热(25℃)/(kJ/kg)	燃烧限(体,在空气中)/% 下限	燃烧限(体,在空气中)/% 上限	自燃点/℃	OLEs/(mg/m³) MAC	OLEs/(mg/m³) PC-TWA	OLEs/(mg/m³) PC-STEL
其他化合物													
681	水	H_2O	47.809		-13413.95	-12680.40	332.93						
682	硫酸	H_2SO_4	28.409		-7491.08	-6658.63	109.14					1	2
683	氢氧化钠	NaOH			-4941.14	-5009.86	165.17				2		
684	碳酸丙烯酯	$C_3H_6CO_3$	26.261	131.85	-5702.02	-4458.84	149.39	2.4[P]	18.7[P]	316			
685	糠醛	$C_5H_4O_2$	23.611	60.00	-1570.49	-1069.18		2.1	19.3	421		5	
686	1,2-丙二醇	$C_3H_8O_2$	29.520	98.85	-5535.50	-3992.40	99.54[P]	2.6	12.5	363			
687	二甘醇	$C_4H_{10}O_3$	27.779	123.85	-5378.97	-3851.53	154.62[P]	2.0[P]	17.1[P]				
688	四甘醇	$C_8H_{18}O_5$	23.691	195.85	-4543.24	-2880.82	188.54[P]	1.0[P]	11.0[P]				
689	乙醇胺(MEA)	C_2H_7NO	31.830	85.00	-3381.67	-1690.02	335.78[P]	3.1[P]	21.6[P]	662		8	15
690	二乙醇胺(DEA)	$C_4H_{11}NO_2$	29.260	151.85	-3882.59	-2145.70	238.96	1.8[P]	13.4[P]				
691	二甘醇胺(DGA)	$C_4H_{11}NO_2$	26.559	123.85	-3469.40[P]	-1777.47		2.6	11.7				
692	甲基二乙醇胺(MDEA)	$C_5H_{13}NO_2$	28.139	126.67	-3186.81[P]	-1417.29		1.4[P]	10.0[P]				
693	三乙醇胺(TEA)	$C_6H_{15}NO_3$	27.429	179.85	-3760.88	-2005.53	182.37[P]	1.2[P]	9.9[P]				
694	二异丙醇胺	$C_6H_{15}NO_2$	26.610	123.85	-3406.43[P]	-1613.17		1.2[P]	9.8[P]	374			
695	N,N-二甲基甲酰胺	C_3H_7NO	23.961	57.85	-2620.93	-1208.60	221.15	2.2	15.2	445		20	
696	N-甲基-2-吡咯烷酮	C_5H_9NO	23.161	95.00	-2088.77	-656.47		2.18	12.24				
697	二甲基亚砜	C_2H_6OS	26.750	87.85	-1924.39	-1041.63	178.47	2.6	28.5	215			
698	环丁砜	$C_4H_8O_2S$	26.109	173.00	-3099.37[P]	-2021.62	11.25						
699	SELEXOL	SELEXOL		151.11[S]									

注：数据中的上角标的字母表示为：E—在饱和压力下（三相点）；G—在沸点条件下；H—临界溶解温度，而不是苯胺点；P—预测值或实验值；S—预测值；Y—气体状态下的净燃烧热；Z—估算值；W—固体状态下的净燃烧热。

表 1-2-7　化学组分化学式检索及中英文对照表

编号	化 学 式	中 文 名 称	英 文 名 称	组分序号	所在表号
		无机物			
1		空气	air	492	表 1-2-1
2	Ar	氩	argon	494	表 1-2-1
3	Br_2	溴	bromine	495	表 1-2-1
4	CO	一氧化碳	carbon monoxide	496	表 1-2-1
5	CO_2	二氧化碳	carbon dioxide	497	表 1-2-1
6	COS	羰基硫	carbonyl sulfide	498	表 1-2-1
7	Cl_2	氯	chlorine	499	表 1-2-1
8	CS_2	二硫化碳	carbon disulfide	521	表 1-2-2
9	F_2	氟	fluorine	500	表 1-2-1
10	H_2	氢	hydrogen	503	表 1-2-1
11	He	氦-3	helium-3	501	表 1-2-1
12	He	氦-4	helium-4	502	表 1-2-1
13	HBr	溴化氢	hydrogen bromide	504	表 1-2-1
14	HCl	氯化氢	hydrogen chloride	505	表 1-2-1
15	HCN	氰化氢	hydrogen cyanide	506	表 1-2-1
16	HF	氟化氢	hydrogen fluoride	507	表 1-2-1
17	H_2O	水	water	681	表 1-2-6
18	H_2S	硫化氢	hydrogen sulfide	508	表 1-2-1
19	H_2SO_4	硫酸	sulfuric acid	682	表 1-2-6
20	Kr	氪	krypton	509	表 1-2-1
21	N_2	氮	nitrogen	511	表 1-2-1
22	$NaOH$	氢氧化钠	sodium hydroxide	683	表 1-2-6
23	Ne	氖	neon	510	表 1-2-1
24	NH_3	氨	ammonia	493	表 1-2-1
25	NO	一氧化氮	nitric oxide	512	表 1-2-1
26	N_2O	氧化亚氮	nitrous oxide	513	表 1-2-1
27	NO_2	二氧化氮	nitrogen dioxide	514	表 1-2-1
28	N_2O_4	四氧化二氮	nitrogen tetroxid	515	表 1-2-1
29	O_2	氧	oxygen	516	表 1-2-1
30	O_3	臭氧	ozone	517	表 1-2-1
31	SO_2	二氧化硫	sulfur dioxide	518	表 1-2-1
32	SO_3	三氧化硫	sulfur trioxide	519	表 1-2-1
33	Xe	氙	xenon	520	表 1-2-1

续表

编号	化 学 式	中 文 名 称	英 文 名 称	组分序号	所在表号
		有机物			
34	$CClF_3$	三氟氯甲烷	chlorotrifluoromethane	659	表 1-2-5
35	CCl_2F_2	二氯二氟甲烷	dichlorodifluoromethane	660	表 1-2-5
36	CCl_3F	三氯氟甲烷	trichlorofluoromethane	661	表 1-2-5
37	CCl_4	四氯化碳	carbon tetrachloride	662	表 1-2-5
38	CF_4	四氟化碳	carbon tetrafluoride	663	表 1-2-5
39	$CHClF_2$	氯二氟甲烷	chlorodifluoromethane	664	表 1-2-5
40	$CHCl_2F$	二氯氟甲烷	dichlorofluoromethane	665	表 1-2-5
41	$CHCl_3$	氯仿	chloroform	666	表 1-2-5
42	CHF_3	三氟甲烷	trifluoromethane	667	表 1-2-5
43	CH_2Cl_2	二氯甲烷	dichloromethane	668	表 1-2-5
44	CH_2O	甲醛	formaldehyde	608	表 1-2-3
45	CH_2O_2	甲酸	formic acid	621	表 1-2-3
46	CH_3Cl	氯甲烷	methyl chloride	669	表 1-2-5
47	CH_3F	氟甲烷	methyl fluoride	670	表 1-2-5
48	CH_4N_2O	尿素	urea	649	表 1-2-4
49	CH_4O	甲醇	methanol	580	表 1-2-3
50	CH_4S	甲硫醇	methyl mercaptan	522	表 1-2-2
51	CH_5N	甲胺	methylamine	641	表 1-2-4
52	C_2H_3Cl	氯乙烯	vinyl chloride	671	表 1-2-5
53	$C_2H_3Cl_3$	1，1，1-三氯乙烷	1，1，1-trichloroethane	672	表 1-2-5
54	$C_2H_3Cl_3$	1，1，2-三氯乙烷	1，1，2-trichloroethane	673	表 1-2-5
55	$C_2H_3F_3$	1，1，1-三氟乙烷	1，1，1-trifluoroethane	674	表 1-2-5
56	C_2H_3N	乙腈	acetonitrile	650	表 1-2-4
57	$C_2H_4Cl_2$	1，1-二氯乙烷	1，1-dichloroethane	675	表 1-2-5
58	$C_2H_4Cl_2$	1，2-二氯乙烷	1，2-dichloroethane	676	表 1-2-5
59	$C_2H_4F_2$	1，1-二氟乙烷	1，1-difluoroethane	677	表 1-2-5
60	C_2H_4O	乙醛	acetaldehyde	609	表 1-2-3
61	$C_2H_4O_2$	乙酸	acetic acid	622	表 1-2-3
62	$C_2H_4O_2$	甲酸甲酯	methyl formate	630	表 1-2-3
63	C_2H_5Cl	氯乙烷	ethyl chloride	678	表 1-2-5
64	C_2H_5F	氟乙烷	ethyl fluoride	679	表 1-2-5
65	C_2H_6O	乙醇	ethanol	581	表 1-2-3
66	C_2H_6O	二甲醚	dimethyl ether	599	表 1-2-3
67	C_2H_6OS	二甲基亚砜	dimethyl sulfoxide	697	表 1-2-6
68	C_2H_6S	二甲基硫醚	dimethyl sulfide	524	表 1-2-2
69	C_2H_6S	乙硫醇	ethyl mercaptan	525	表 1-2-2
70	$C_2H_6S_2$	二甲基二硫	2，3-dithiabutane	523	表 1-2-2

编号	化 学 式	中 文 名 称	英 文 名 称	组分序号	所在表号
71	C_2H_7N	乙胺	ethylamine	642	表 1-2-4
72	C_2H_7NO	乙醇胺(MEA)	monoethanolamine	689	表 1-2-6
73	C_3H_4O	丙烯醛	acrolein	612	表 1-2-3
74	$C_3H_6Cl_2$	1,2-二氯丙烷	1,2-dichloropropane	680	表 1-2-5
75	$C_3H_6CO_3$	碳酸丙烯酯	propylene carbonate	684	表 1-2-6
76	C_3H_6O	正丙醛	n-propionaldehyde	610	表 1-2-3
77	C_3H_6O	丙酮	acetone	615	表 1-2-3
78	$C_3H_6O_2$	丙酸	propionic acid	623	表 1-2-3
79	$C_3H_6O_2$	乙酸甲酯	methyl acetate	631	表 1-2-3
80	$C_3H_6O_2$	甲酸乙酯	ethyl formate	632	表 1-2-3
81	C_3H_7NO	N,N-二甲基甲酰胺	n,n-dimethylformamide	695	表 1-2-6
82	C_3H_8O	正丙醇	n-propanol	582	表 1-2-3
83	C_3H_8O	异丙醇	isopropanol	583	表 1-2-3
84	C_3H_8O	甲乙醚	methyl ethyl ether	600	表 1-2-3
85	$C_3H_8O_2$	1,2-丙二醇	1,2-propylene glycol	686	表 1-2-6
86	C_3H_8S	甲基乙基硫醚	2-thiabutane	526	表 1-2-2
87	C_3H_8S	1-丙硫醇	1-propanethiol	527	表 1-2-2
88	C_3H_8S	异丙硫醇	isopropyl mercaptan	528	表 1-2-2
89	$C_3H_8S_2$	乙基甲基二硫醚	ethyl methyl disulfide	529	表 1-2-2
90	C_3H_9N	正丙胺	n-propylamine	643	表 1-2-4
91	C_3H_9N	异丙胺	isopropylamine	644	表 1-2-4
92	C_3H_9NO	n-甲基-2-吡咯烷酮	n-methyl-2-pyrrolidone	696	表 1-2-6
93	C_4H_4S	噻吩	thiophene	578	表 1-2-2
94	C_4H_6O	反-巴豆醛	$trans$-crotonaldehyde	613	表 1-2-3
95	C_4H_6O	异丁烯醛(2-甲基丙烯醛)	methacrolein	614	表 1-2-3
96	$C_4H_6O_2$	乙酸乙烯酯	vinyl acetate	635	表 1-2-3
97	C_4H_8O	四氢呋喃	tetrahydrofuran	606	表 1-2-3
98	C_4H_8O	正丁醛	n-butyraldehyde	611	表 1-2-3
99	C_4H_8O	甲乙酮	methyl ethyl ketone	616	表 1-2-3
100	$C_4H_8O_2$	正丁酸	n-butyric acid	624	表 1-2-3
101	$C_4H_8O_2$	2-甲基丙酸	2-methylpropionic acid	625	表 1-2-3
102	$C_4H_8O_2$	乙酸乙酯	ethyl acetate	633	表 1-2-3
103	$C_4H_8O_2$	甲酸正丙酯	n-propyl formate	634	表 1-2-3
104	$C_4H_8O_2S$	环丁砜	sulfolane	698	表 1-2-6
105	C_4H_8S	四氢噻吩	tetrahydrothiophene	579	表 1-2-2
106	C_4H_9NO	吗啉	morpholine	651	表 1-2-4
107	$C_4H_{10}O$	正丁醇	n-butanol	584	表 1-2-3

续表

编号	化 学 式	中文名称	英文名称	组分序号	所在表号
108	$C_4H_{10}O$	异丁醇	isobutanol	585	表 1-2-3
109	$C_4H_{10}O$	仲丁醇	*sec*-butanol	586	表 1-2-3
110	$C_4H_{10}O$	叔丁醇	*tert*-butanol	587	表 1-2-3
111	$C_4H_{10}O$	二乙醚	diethyl ether	601	表 1-2-3
112	$C_4H_{10}O_3$	二甘醇	diethylene glycol	687	表 1-2-6
113	$C_4H_{10}S$	正丁硫醇	*n*-butanethiol	530	表 1-2-2
114	$C_4H_{10}S$	叔丁硫醇	*tert*-butanethiol	531	表 1-2-2
115	$C_4H_{10}S$	2-丁硫醇	2-butanethiol	532	表 1-2-2
116	$C_4H_{10}S$	2-甲基-1-丙硫醇	2-methyl-1-propanethiol	533	表 1-2-2
117	$C_4H_{10}S$	二乙基硫醚	3-thiapentane	534	表 1-2-2
118	$C_4H_{10}S$	甲基异丙基硫醚	methyl isopropylsulfide	535	表 1-2-2
119	$C_4H_{10}S$	甲基正丙基硫醚	methyl propyl sulfide	536	表 1-2-2
120	$C_4H_{10}S_2$	二乙基二硫醚	diethyl disulfide	537	表 1-2-2
121	$C_4H_{11}N$	正丁胺	*n*-butylamine	645	表 1-2-4
122	$C_4H_{11}N$	异丁胺	isobutylamine	646	表 1-2-4
123	$C_4H_{11}N$	仲丁胺	*sec*-butylamine	647	表 1-2-4
124	$C_4H_{11}N$	叔丁胺	*tert*-butylamine	648	表 1-2-4
125	$C_4H_{11}NO_2$	二乙醇胺(DEA)	diethanolamine	690	表 1-2-6
126	$C_4H_{11}NO_2$	二甘醇胺(DGA)	diglycolamine	691	表 1-2-6
127	$C_5H_4O_2$	糠醛	furfural	685	表 1-2-6
128	C_5H_5N	嘧啶	pyridine	652	表 1-2-4
129	C_5H_6S	2-甲基噻吩	2-methylthiophene	538	表 1-2-2
130	C_5H_6S	3-甲基噻吩	3-methylthiophene	539	表 1-2-2
131	$C_5H_{10}O$	二乙基酮(戊酮-3)	diethyl ketone	617	表 1-2-3
132	$C_5H_{10}O$	甲基正丙基酮	methyl-*n*-propyl ketone	618	表 1-2-3
133	$C_5H_{10}O_2$	正戊酸	*n*-pentanoic acid	626	表 1-2-3
134	$C_5H_{10}O_2$	2-甲基丁酸	2-methylbutyric acid	627	表 1-2-3
135	$C_5H_{10}O_2$	3-甲基丁酸	3-methylbutyric acid	628	表 1-2-3
136	$C_5H_{10}O_2$	正丁酸甲酯	methyl *n*-butyrate	636	表 1-2-3
137	$C_5H_{10}O_2$	乙酸正丙酯	*n*-propyl acetate	637	表 1-2-3
138	$C_5H_{10}O_2$	乙酸异丙酯	isopropyl acetate	638	表 1-2-3
139	$C_5H_{10}S$	2-甲基四氢噻吩	2-methyltetrahydrothiophene	540	表 1-2-2
140	$C_5H_{10}S$	3-甲基四氢噻吩	3-methyl tetrahydrothiophene	541	表 1-2-2
141	$C_5H_{12}O$	1-戊醇	1-pentanol	588	表 1-2-3
142	$C_5H_{12}O$	2-戊醇	2-pentanol	589	表 1-2-3
143	$C_5H_{12}O$	2-甲基-1-丁醇	2-methyl-1-butanol	590	表 1-2-3
144	$C_5H_{12}O$	2-甲基-2-丁醇	2-methyl-2-butanol	591	表 1-2-3

编号	化 学 式	中 文 名 称	英 文 名 称	组分序号	所在表号
145	$C_5H_{12}O$	3-甲基-2-丁醇	3-methyl-2-butanol	592	表1-2-3
146	$C_5H_{12}O$	2，2-二甲基-1-丙醇	2，2-dimethyl-1-propanol	593	表1-2-3
147	$C_5H_{12}O$	甲基叔丁基醚	methyl-tert-butyl ether	602	表1-2-3
148	$C_5H_{12}S$	甲基正丁基硫醚	2-thiahexane	542	表1-2-2
149	$C_5H_{12}S$	乙基正丙基硫醚	3-thiahexane	543	表1-2-2
150	$C_5H_{12}S$	正戊硫醇	1-pentanethiol	544	表1-2-2
151	$C_5H_{12}S$	2-戊硫醇	2-pentanethiol	545	表1-2-2
152	$C_5H_{12}S$	乙基异丙基硫醚	ethyl isopropyl sulfide	546	表1-2-2
153	$C_5H_{12}S_2$	乙基正丙基二硫醚	ethyl propyl disulfide	547	表1-2-2
154	$C_5H_{13}NO_2$	甲基二乙醇胺（MDEA）	methyl diethanolamine	692	表1-2-6
155	C_6H_6O	苯酚	phenol	595	表1-2-3
156	C_6H_7N	苯胺	aniline	653	表1-2-4
157	C_6H_8S	2，3-二甲基噻吩	2，3-dimethylthiophene	548	表1-2-2
158	C_6H_8S	2，4-二甲基噻吩	2，4-dimethylthiophene	549	表1-2-2
159	C_6H_8S	2，5-二甲基噻吩	2，5-dimethylthiophene	550	表1-2-2
160	C_6H_8S	2-乙基噻吩	2-ethylthiophene	551	表1-2-2
161	C_6H_8S	3，4-二甲基噻吩	3，4-dimethylthiophene	552	表1-2-2
162	C_6H_8S	3-乙基噻吩	3-ethylthiophene	553	表1-2-2
163	$C_6H_{12}O$	甲基正丁基酮	methyl-n-butyl ketone	619	表1-2-3
164	$C_6H_{12}O$	甲基异丁基酮	methyl isobutyl ketone	620	表1-2-3
165	$C_6H_{12}O_2$	正己酸	n-hexanoic acid	629	表1-2-3
166	$C_6H_{12}O_2$	乙酸正丁酯	n-butyl acetate	639	表1-2-3
167	$C_6H_{14}O$	4-甲基-2-戊醇	4-methyl-2-pentanol	594	表1-2-3
168	$C_6H_{14}O$	甲基叔戊基醚	methyl-tert-amyl ether	603	表1-2-3
169	$C_6H_{14}O$	二异丙醚	diisopropylether	604	表1-2-3
170	$C_6H_{14}O$	乙基叔丁基醚	tert-butyl ethyl ether	605	表1-2-3
171	$C_6H_{14}S$	甲基正戊基硫醚	2-thiaheptane	554	表1-2-2
172	$C_6H_{14}S$	正己硫醇	1-hexanethiol	555	表1-2-2
173	$C_6H_{14}S$	二异丙基硫醚	di-isopropyl sulfide	556	表1-2-2
174	$C_6H_{14}S$	二正丙基硫醚	dipropyl sulfide	557	表1-2-2
175	$C_6H_{14}S$	乙基正丁基硫醚	ethyl butyl sulfide	558	表1-2-2
176	$C_6H_{14}S$	异丙基正丙基硫醚	isopropyl propylsulfide	559	表1-2-2
177	$C_6H_{14}S_2$	二正丙基二硫醚	dipropyl disulfide	560	表1-2-2
178	$C_6H_{15}NO_3$	三乙醇胺（TEA）	triethanolamine	693	表1-2-6
179	$C_6H_{15}NO_2$	二异丙醇胺	diisopropanolamine	694	表1-2-6
180	C_7H_8O	邻甲酚	o-cresol	596	表1-2-3
181	C_7H_8O	间甲酚	m-cresol	597	表1-2-3

续表

编号	化 学 式	中文名称	英文名称	组分序号	所在表号
182	C_7H_8O	对甲酚	p-cresol	598	表1-2-3
183	$C_7H_{10}S$	2，3，4-三甲基噻吩	2，3，4-trimethylthiophene	561	表1-2-2
184	$C_7H_{10}S$	2，3，5-三甲基噻吩	2，3，5-trimethylthiophene	562	表1-2-2
185	$C_7H_{10}S$	2-正丙基噻吩	2-propylthiophene	563	表1-2-2
186	$C_7H_{14}O_2$	乙酸正戊酯	n-pentyl acetate	640	表1-2-3
187	$C_7H_{16}S$	1-庚硫醚	1-heptanethiol	564	表1-2-2
188	$C_7H_{16}S$	乙基正戊基硫醚	ethyl pentyl sulfide	565	表1-2-2
189	C_8H_6S	苯并噻吩(硫茚)	benzothiophene	566	表1-2-2
190	C_8H_7N	吲哚	indole	654	表1-2-4
191	$C_8H_{12}S$	2-正丁基噻吩	2-n-butylthiophene	567	表1-2-2
192	$C_8H_{12}S$	3-乙基-2，5-二甲基噻吩	3-ethyl-2，5-dimethylthiophene	568	表1-2-2
193	$C_8H_{18}O_5$	四甘醇	tetraethylene glycol	688	表1-2-6
194	C_9H_7N	喹啉	quinoline	655	表1-2-4
195	C_9H_7N	异喹啉	isoquinoline	656	表1-2-4
196	C_9H_8S	2-甲基苯并噻吩	2-methylbenzothiophene	569	表1-2-2
197	$C_9H_{14}S$	2-正戊基噻吩	2-n-pentylthiophene	570	表1-2-2
198	$C_{10}H_{10}S$	2，3-二甲基苯并噻吩	2，3-dimethylbenzothiophene	571	表1-2-2
199	$C_{10}H_{10}S$	2-乙基苯并噻吩	2-ethylbenzothiophene	572	表1-2-2
200	$C_{10}H_{10}S$	3-乙基苯并噻吩	3-ethylbenzothiophene	573	表1-2-2
201	$C_{11}H_{12}S$	2-正丙基苯并噻吩	2-propylbenzothiophene	574	表1-2-2
202	$C_{12}H_8O$	氧芴(二苯并呋喃)	dibenzofuran	607	表1-2-3
203	$C_{12}H_8S$	二苯并噻吩(硫芴)	dibenzothiophene	575	表1-2-2
204	$C_{12}H_9N$	咔唑	dibenzopyrrole	657	表1-2-4
205	$C_{12}H_{14}S$	2-正丁基苯并噻吩	2-n-butylbenzothiophene	576	表1-2-2
206	$C_{13}H_9N$	吖啶	acridine	658	表1-2-4
207	$C_{14}H_{12}S$	4，6-二甲基二苯并噻吩	4，6-dimethyldibenzothiophene	577	表1-2-2
208	SELEXOL	SELEXOL	selexol	699	表1-2-6

二、常用制冷剂和加热介质的性质

石化工业中最常用的冷却介质是水和空气。当水和空气不能满足工艺对于冷却温度的要求时，需要使用制冷剂。当前所使用的制冷剂大致有五类：

1. 卤代烃

即由卤素全部或部分取代烷烃中氢原子的烃类。作为制冷剂，按卤素类型和取代氢原子的程度大致又可以分为五类：

(1)全氟代烃(简称FC) 烷烃中全部氢原子被氟原子取代，如CF_4；

(2)氯氟烃(CFC) 烷烃中全部氢原子由卤素原子所取代，如CCl_2F_4；

(3)氢氟烃(HFC) 烷烃中部分氢原子被氟原子所取代，如CH_2F_4；

(4)氢氯氟烃(HCFC)烷烃中部分氢原子由卤素原子所取代，如 $CHClF_4$；

(5)氢氯烃(HCC)烷烃中部分氢原子被氯原子所取代，如 CH_3Cl。

2. 烃类

如甲烷、乙烯、丙烷和丙烯。

3. 环状有机化合物

如八氟环丁烷和二氯六氟环丁烷。

4. 混合制冷剂

由两种或多种制冷剂按某个比例混合在一起的制冷剂。又分为共沸混合制冷剂和非共沸混合制冷剂两类。前者平衡气化时液相和气相的组成相同，沸点保持恒定。后者则不是。如共沸混合制冷剂 CHF_2Cl/CF_2Cl_2 75/25 和非共沸混合制冷剂 $CHF_2Cl/C_2H_4F_2/C_2HF_4Cl$ 53/13/34。

5. 无机化合物

这类制冷剂包括氨、水、盐水和二氧化碳等。

在石化工业中最常用的制冷剂是氨、丙烷、丙烯、乙烯等。它们的热性质可以参考附录二。由于引用文献的焓基准与本书的不一致，因此附录二中所列的比焓和比熵的数值与本书第六章的也不一致，使用时需要注意。

1930 年美国杜邦公司最早研发生产氯氟烃，以氟利昂(Freon)作为商品名，并以名字后面的代码表示不同的化学物质。1957 年美国采暖、制冷、空调工程师学会统一了代号编码原则，并在 1960 年得到国际标准化组织(ISO)的认可。同一编码均以制冷剂英文的第一个字母 R 开头。表 1-2-8 列出常用制冷剂的一般性质和编号[5]。表 1-2-9 列出制冷剂按使用温度条件的分类[5]。某些制冷剂的热性质可见附录二。同样由于引用文献的焓基准与本书的不一致，因此附录二中所列的比焓和比熵的数值与本书第六章的也不一致，使用时需要特别注意。

研究表明含氯的氟利昂对大气臭氧层具有极强的破坏作用，而且，大气中的氯氟烃能稳定地吸收太阳热，导致大气温度上升，加剧温室效应。因此保护臭氧层，控制氯氟烃的使用是一件刻不容缓的大事。

消耗臭氧潜能值和温室效应潜能值分别用 ODP 和 GWP 来表示。ODP 是臭氧衰减指数，规定 R11 的 ODP=1，作为基准。其值越小，则环境特性越好。目前认为 ODP 值小于或等于 0.05，可以接受。GWP 是温室影响指数，规定 CO_2 的 GWP=1，作为基准。其值越小，则环境特性也越好。目前认为 GWP 值小于或等于 0.5 可以接受。表 1-2-10 列出常用制冷剂的 ODP 和 GWP 的数值[6]。

1987 年 9 月加拿大蒙特利尔国际保护臭氧层会议上通过了《关于消耗臭氧层物质的蒙特利尔协议书》，提出限制使用氯氟烃。1992 年在哥本哈根召开的"蒙特利尔议定书缔约国第四次会议"上，进一步修正并调整了淘汰受控物质的时间表(表 1-2-11[5])。并加快了 HCFC 的替代步伐(表 1-2-12[5])。该时间表是针对经济发达国家的，对于发展中国家(包括中国)，《议定书》最新规定 2010 年全部停止使用 CFC 物质；HCFC 物质 2016 年开始接受限制，2040 年全部停止使用。

石化工业中最常用的加热介质是各个压力等级的水蒸气，水蒸气的热性质可见附录一水蒸气性质表。该数据表具有十分高的精度，数据全部符合国际水蒸气性质协会(IAPS)1985 年公布的饱和水和饱和水蒸气性质骨架表以及水和过热水蒸气的比体积和比焓骨架表中规定的允许误差要求。在超出骨架表范围要求的 800~1000℃ 区间，数据与德国 U. Grigull 等出版的"Steam Tables in SI-Units"（1990）完全一致。并在附录一表5中列出饱和状态下水和蒸汽的传递性质。当加热温度需要超过200℃以上至300℃左右时，不时会考虑到使用熔盐和导热油等热载体作为传热介质。表1-2-13列出熔盐混合物的性质[7]。导热油是相近于重柴油或润滑油馏分的油品，目前尚没有国家标准，按照各生产企业或地方的标准生产（表1-2-14至表1-2-16[8,9]）。实际使用时，其性质除参考质量标准外，可以近似地采用同馏分油的油品性质。当加热温度超过300℃时，一般需要使用火力加热设备。对于燃料和烟气的有关性质可以参阅本卷第六章第八节燃烧热的内容。表1-2-17列出常规石油产品的安全性质参考值[7,3]。

表 1-2-8　制冷剂编号及一般性质

名称	符号	分子式	相对分子质量	正常沸点/℃	凝点/℃	临界温度/℃	临界压力/MPa	临界体积/($10^{-3}m^3$/kg)	绝热指数(20℃, 103.25kPa)
三氟二氯乙烷	R123	$C_2HF_3Cl_2$	152.9	27.9	-107	183.8	3.67	1.818	1.09
四氟乙烷	R134a	$C_2H_2F_4$	102.0	-26.2	-101.0	-101.1	4.06	-1.942	1.11
一氟三氯甲烷	Rll	$CFCl_3$	137.39	23.7	-111.0	198.0	4.37	1.805	1.135
二氟二氯甲烷	R12	CF_2Cl_2	120.92	-29.8	-155.0	-112.04	4.12	1.793	1.138
三氟一氯甲烷	R13	CF_3Cl	104.47	-81.5	-180.0	28.78	3.86	1.721	1.105(10℃)
三氟一溴甲烷	R13B1	CF_3Br	148.9	-58.7	-168	67	3.91	1.343	1.12(0℃)
四氟甲烷	R14	CF_4	88.01	-128.0	-184.0	-45.5	3.75	1.58	1.22(-80℃)
一氟二氯甲烷	R21	$CHFCl_2$	102.92	8.90	-135.0	178.5	5.166	1.915	1.12
二氟一氯甲烷	R22	CHF_2Cl	86.48	-40.84	-160.0	96.13	4.986	1.905	1.194(10℃)
三氟甲烷	R23	CHF_3	70.01	82.2	-160.0	25.9	4.68	1.905	1.19(0℃)
二氯甲烷	R30	CH_2Cl_2	84.94	40.7	-96.7	245	5.95	2.12	1.18(30℃)
二氟甲烷	R32	CH_2F_2	52.02	-51.2	-78.4	59.5			
氯甲烷	R40	CH_3Cl	50.49	-23.74	-97.6	143.1	6.68	2.70	1.2(30℃)
甲烷	R50	CH_4	16.04	-161.5	-182.8	-82.5	4.65	6.17	1.31(15.6℃)
三氟三氯乙烷	R113	$C_2F_3Cl_3$	187.39	47.68	-36.6	214.1	3.415	1.735	1.08(60℃)
四氟二氯乙烷	R114	$C_2F_4Cl_2$	170.91	3.5	-94.0	145.8	3.275	1.715	1.092(10℃)
五氟一氯乙烷	R115	C_2F_5Cl	154.48	-38	-106.0	80.0	3.24	1.680	1.091(30℃)
六氟乙烷	R116	C_2F_6	138.02	-78.2	-100.6	24.3	3.26		
二氟一氯乙烷	R142	$C_2H_3F_2Cl$	100.48	-9.25	-130.8	136.45	4.15	2.35	1.12(0℃)
三氟乙烷	R143	$C_2H_3F_3$	84.04	-47.6	-111.3	73.1	3.776	2.305	
二氟乙烷	R152	$C_2H_4F_2$	66.05	-25	-117.0	113.5	4.49	2.74	
乙烷	R170	C_2H_6	30.06	-88.6	-183.2	32.1	4.933	4.7	1.18(15.6℃)
丙烷	R290	C_3H_8	44.1	-42.17	-187.1	96.8	4.256	4.46	1.13(15.6℃)
八氟环丁烷	RC318	$C-C_4F_8$	200.04	-5.97	-40.2	115.39	2.783	1.613	1.03(0℃)
R12 和 R152a 的共沸混合物	R500	CF_2Cl_2/$C_2H_4F_2$ 73.8/26.2	99.30	-33.3	-158.9	105.5	4.30	2.008	1.127(30℃)

名称	符号	分子式	相对分子质量	正常沸点/℃	凝点/℃	临界温度/℃	临界压力/MPa	临界体积/(10^{-3} m³/kg)	绝热指数(20℃, 103.25kPa)
R22 和 R12 的共沸物	R501	CHF_2Cl/CF_2Cl_2 75/25	93.1	-43		100.0			
R22 与 R115 的共沸物	R502	CHF_2Cl/C_2F_2Cl 48.8/51.2	111.64	-45.6		90.0	42.66	1.788	1.133(30℃)
R23 和 R13 的共沸物	R503	CHF_3/CF_3Cl 40.1/59.9	87.24	-88.7		19.49	4.168		1.21(-34℃)
R32 和 R115 的共沸物	R504	CH_2F_2/C_2F_5Cl 48.2/51.8	79.2	-57.2		66.1	4.844		1.16
正丁烷	R600	C_4H_{10}	58.08	-0.6	-135	153.0	3.530	4.29	1.10(15.6℃)
异丁烷	R600a	C_4H_{10}	58.08	-11.73	-160	135	3.645		
氨	R717	NH_3	17.03	-33.35	-77.7	132.4	11.52	4.13	1.32
水	R718	H_2O	18.02	100.0	0	374.12	21.2	3.0	1.33(0℃)
二氧化碳	R744	CO_2	44.01	-78.52	-56.6	31.0	7.38	2.456	1.295
乙烯	R1150	C_2H_4	28.05	-103.7	-169.5	9.5	5.06	4.62	1.22(15.6℃)
丙烯	R1270	C_3H_6	42.08	-47.7	-185	91.4	46.0	4.28	1.15(15.6℃)

表 1-2-9　制冷剂的分类

类　别	制冷剂举例	标准蒸发温度/℃	30℃时冷凝压力/kPa
高温制冷剂	R123, R21, R113, R114	>0	≤300
中温制冷剂	氨，丙烷，丙烯，R134a, R22	-60～0	300～2000
低温制冷剂	甲烷，乙烯，R13, R14	≤-60	

表 1-2-10　常用制冷剂的 ODP 和 GWP 值

制冷剂	名称	ODP	GWP	制冷剂	名称	ODP	GWP
R11	一氟三氯甲烷	1	1	R124	四氟一氯乙烷	0.016～0.024	0.092～0.1
R12	二氟二氯甲烷	0.9～1.0	2.8～3.4	R125	五氟乙烷	0	0.52～0.65
R13	三氟一氯甲烷	1		R134a	四氟乙烷	0	0.24～0.29
R22	二氟一氯甲烷	0.04～0.06	0.32～0.37	R141b	二氯一氟乙烷	0.071～0.11	0.084～0.097
R113	三氟三氯乙烷	0.8～0.9	1.3～1.4	R142b	二氟一氯乙烷	0.05～0.06	0.34～0.39
R114	四氟二氯乙烷	0.6～0.8	3.7～4.1	R143a	三氟乙烷		0.72～0.76
R115	五氟一氯乙烷	0.3～0.5	7.4～7.6	R152a	二氟乙烷	0	0.026～0.033
R123	三氟二氯乙烷	0.013～0.022	0.017～0.020				

表 1-2-11　CFC 淘汰期限

限期	年消耗量(以 1986 年消耗量为基准)
1994 年前	减少 75%
1996 年前	减少 100%

表 1-2-12　HCFC 淘汰期限

限　期	年消耗量(以 1989 年消耗量为基准)	
	蒙特利尔议定书最新要求	欧盟共同体最新要求
2000 年前		减 25%
2004 年前	减 35%	减 60%
2008 年前		减 80%
2010 年前	减 65%	
2012 年前		减 95%
2014 年前		减 100%
2015 年前	减 90%	
2020 年前	减 95%	
2030 年前	减 100%	

表 1-2-13　熔盐的性质[①]

温度/℃	密度/(kg/m³)	导热系数/[W/(m·K)]	黏度/Pa·s	热熔/(kJ/kg)	普朗特数
150	1976	0.441	0.017770	337.9	57.4
160	1967	0.440	0.014661	352.1	47.5
170	1959	0.438	0.012288	366.3	39.9
180	1951	0.437	0.010474	380.6	34.1
190	1943	0.436	0.009032	394.8	29.5
200	1934	0.435	0.007885	409.1	25.8
210	1926	0.434	0.006953	423.3	22.8
220	1919	0.433	0.006188	437.5	20.1
230	1911	0.430	0.005560	451.8	18.1
240	1903	0.428	0.005021	466.0	16.7
250	1895	0.426	0.004570	480.2	15.3
260	1887	0.419	0.004187	494.5	14.2
270	1879	0.413	0.003854	508.7	13.3
280	1871	0.407	0.003560	522.9	12.4
290	1864	0.400	0.003315	537.2	11.8
300	1856	0.393	0.003089	551.4	11.2
320	1841	0.381	0.002716	579.9	10.1

续表

温度/℃	密度/(kg/m³)	导热系数/[W/(m·K)]	黏度/Pa·s	热焓/(kJ/kg)	普朗特数
340	1826	0.369	0.002432	608.3	9.39
360	1812	0.356	0.002187	636.8	8.74
380	1797	0.343	0.002001	665.3	8.30
400	1783	0.330	0.001835	693.8	7.91
420	1769	0.317	0.001697	734.8	7.60
440	1755	0.305	0.001579	750.7	7.37
460	1741	0.292	0.001478	775.0	7.20
480	1728	0.279	0.001391	807.6	7.09
500	1715	0.266	0.001313	836.1	7.02
520	1701	0.254	0.001246	864.6	7.00
540	1688	0.241	0.001187	892.6	7.00

①熔盐组成为 $NaNO_2$ ∶ KNO_2 ∶ $NaNO_3$ =40% ∶ 53% ∶ 7%。相对分子质量89.2，熔点142℃，熔融热75.4kJ/kg。

表 1-2-14　YD 系列导热油技术要求(Q/SH 001.11.002-91)[①]

项　目		YD-300	YD-325	YD-340	试验方法
馏程	5%馏出温度/℃　≮	250	300	240	GB/T 255
	95%馏出温度/℃　≯	360	345	310	
	残留量及损失/%　≯	2	2	2	
运动黏度(50℃)/(mm²/s)　≯		6.5	7.0	3.0	GB/T 265
闪点(开口)/℃　≮		130	140	110	GB/T 267
凝点/℃　≯		−10	−10	−10	GB/T 510
腐蚀(50℃,3h)/级　≯		1	1	1	GB/T 5096
水分/%　≯		0.5	0.5	0.5	GB/T 260
硫含量/(mg/kg)　≯		1200	1500	1000	YY-02
外观		桔黄透明	棕黄透明	浅黄透明	目测

①中国石化北京燕山分公司企业标准。

表 1-2-15　SD 系列导热油质量指标(Q/YYBH25-91)[①]

项　目		质量指标			试 验 方 法
		SD-280	SD-300	SD-320	
外观		黄色透明	淡黄色透明	黄色透明	目测
运动黏度(50℃)/(mm²/s)		26~32	4.5~8.5	9.5~11.5	GB/T 265
酸值/(mgKOH/g)　≯		0.05	0.05	0.05	GB/T 264
水溶性酸或碱		无	无	无	GB/T 259
闪点(开口)/℃　≯		185	145	165	GB/T 267
燃点/℃　≮		235	165	205	GB/T 267

续表

项 目		质量指标			试验方法
		SD-280	SD-300	SD-320	
凝点/℃	≯	-3	-5	-5	GB/T 510
残炭/%	≯	0.05	0.03	0.03	GB/T 268
水分		无	无	无	GB/T 260
腐蚀(铜片,100℃,3h)		合格	合格	合格	SH/T 0195
机械杂质		无	无	无	注②
馏程					SH/T 0165
2%	≮	320	300	320	
98%	≯	440	380	410	
热氧化安定性		通过	通过	通过	SH/T 0219

① 上海市石油总公司企业标准;

② 将油样摇匀倒入 100mL 量筒中静止 5min,应透明,无悬浮物,底部无沉淀。

表 1-2-16　32 号导热油质量指标(Q/SH 010.72-91)①

项 目		质量指标	试 验 方 法
运动黏度(40℃)/(mm²/s)		28.8~35.2	GB/T 265
凝点/℃	≯	-5	GB/T 3535
酸值/(mgKOH/g)	≯	0.1	GB/T 264
闪点(开口)/℃	≮	180	GB/T 267
水分/%		无	GB/T 260
机械杂质/%	≯	0.01	GB/T 511
残炭(未加剂)/%	≯	0.15	GB/T 268
铜片腐蚀(100℃,3h)/级	≯	1	GB/T 5096

①中国石化茂名分公司企业标准。

表 1-2-17　油品的安全性质

名 称	相对密度(d_4^{20})	相对分子质量	闪点/℃	爆炸极限(体)/% 下限	爆炸极限(体)/% 上限	自燃点(空气中)/℃	卫生容许最高浓度/(mg/m³)
石油气(干气)		~25		~3	~13	650~750	
液化石油气		44~58					1000
车用汽油	0.72~0.775	~110		1	6	510~530	300
喷气燃料	0.775~0.83	150~200	≮38	1.4	7.5		300
煤油	0.84	~200	≮38	1.4	7.5	380~425	300
车用柴油	0.79~0.85	~220	≮45~55				
重柴油	0.84~0.88		>120			300~330	
减压蜡油,馏程/℃							
350~400	0.87~0.88	~300	>120			300~380	
400~450	~0.89	~400	>120			300~380	
450~500	0.90~0.91	~500	>120			300~380	
500~535	0.90~0.92	~550	>120			300~380	
减压渣油	~0.94		>120			230~240	

参 考 文 献

［1］American Petroleum Institute. API Technical Data Book，Petroleum Refining，8ᵗʰ Edition. Washington DC，2010.

［2］Poling，B E，J M Prausnitz，J P O'Connell. The Properties of Gases and Liquids，5ᵗʰ Edition. New York：McGraw-Hill，2001.

［3］GBZ 2.1—2007. 工作场所有害因素职业接触限值 第 1 部分：化学有害因素.

［4］王松汉. 石油化工设计手册(第 1 卷). 北京：化学工业出版社，2002.

［5］丁云飞，陈晓、吴佐莲. 冷热源工程. 北京：化学工业出版社，2009.

［6］胡大鹏，陈淑花. 制冷技术及应用. 北京：中国石化出版社，2010.

［7］北京石油设计院. 石油化工工艺计算图表. 北京：烃加工出版社，1985.

［8］中国石化集团公司炼化部技术监督处. 石油化工产品企业标准汇编. 北京：中国石化出版社，2000.

［9］周养群. 中国油品及石油精细化学品手册. 北京：化学工业出版社，2000.

第二章 烃类和石油馏分的物性数据

烃类和石油馏分的物性数据包括沸点和平均沸点、特性因数、偏心因数、各种蒸馏曲线及临界常数。这些物性数据常用来关联其他性质，以满足工艺设计的要求。[1-3]

第一节 烃类和石油馏分的特性性质

一、偏心因数

偏心因数是表征物质分子大小和形状的一个特征参数，用于关联物质的物理性质及热力学性质。可用下式来定义：

$$\omega = -\lg P_r^* - 1.000 \tag{2-1-1}$$

式中　ω——偏心因数；

$P_r^* = P^*/P_c$，对比温度下的对比饱和蒸气压；

P^*——当 $T = 0.7T_c$ 时的饱和蒸气压（绝），kPa；

P_c——临界压力（绝），kPa；

T——温度，K；

T_c——临界温度，K。

其中，纯烃的偏心因数可由下式进行计算[4]：

$$\omega = \frac{\ln P_r^* - 5.92714 + 6.09648/T_r + 1.28862(\ln T_r) - 0.169347\, T_r^6}{15.2518 - 15.6875/T_r - 13.4721(\ln T_r) + 0.43577\, T_r^6} \tag{2-1-2}$$

式中　ω——纯烃的偏心因数；

$P_r^* = P^*/P_c$，对比饱和蒸气压；

P^*——对应 T 的饱和蒸气压（绝），kPa；

P_c——临界压力（绝），kPa；

$T_r = T/T_c$，对比温度值；

T——温度，K；

T_c——临界温度，K。

通过查纯物质的性质无法得到碳氢化合物的偏心因数，若需确定碳氢化合物的偏心因数，首先应通过查纯物质的性质获得临界温度（T_c）和临界压力（P_c）；然后查得该纯组分的常压沸点，可设定上述温度 T 为常压沸点温度，P^* 等于 101.3kPa（绝）；若无法得到常压沸点，可以利用第四章的方法预测对比温度 $T_r = 0.7$ 时该物质气相的蒸气压；最后利用式（2-1-2）或图 2-1-1 预测偏心因数 ω[4]。

偏心因数不能用实验测定，其准确性取决于物质的临界性质（温度、压力）和蒸气压等数据的精确度，应用常压沸点计算时，平均误差约为 1.3%。

【例 2-1-1】　计算 1-丁烯的偏心因数。

解：

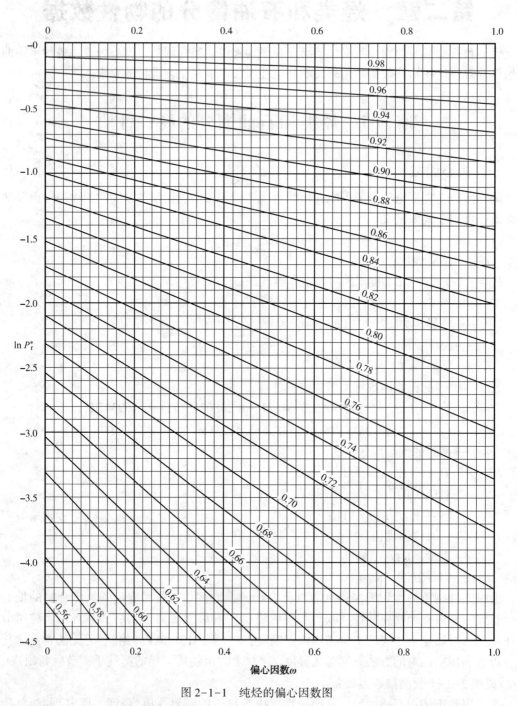

图 2-1-1　纯烃的偏心因数图

（1）查第一章表1-1-3烯烃和二烯烃主要性质得正丁烯，$T_c = 146.8℃$，$P_c = 4043.69kPa$，正常沸点为$-6.25℃$。

（2）常压沸点下的对比蒸气压为

$$P_r = \frac{101.35}{4043.69} = 0.0251$$

则对比温度

$$T_r = \frac{-6.25+273.15}{146.8+273.15} = 0.636$$

则

$$\omega = \frac{\ln 0.0251 - 5.92714 + 6.09648/0.636 + 1.28862(\ln 0.636) - 0.169347(0.636)^6}{15.2518 - 15.6875/0.636 - 13.4721(\ln 0.636) + 0.43577(0.636)^6}$$

$$= \frac{-0.6207}{-3.2884} = 0.1888$$

（3）通过表1-1-3查得，在$T_r = 0.7$时，$\omega = 0.1905$；

（4）利用图2-1-1查得，$T_r = 0.636$，$\ln P_r^* = -3.6809$，$\omega = 0.19$。

三种方法得到的结果是一致的。

对于烃类混合物的偏心因数，若已知其组成和各纯组分的性质，偏心因数应该按下式计算：

$$\omega = \sum_{i=1}^{n} x_i \omega_i \tag{2-1-3}$$

式中　n——混合物中组分的个数；

　　　x_i——组分i的摩尔组成；

　　　ω_i——组分i的偏心因数。

这个方程是高度简化的，但能满足大部分的工况。目前没有其他的公式可替代。

对于石油馏分，可用图2-1-2求取其偏心因数。该图基于下述假定，即在对比常压沸点（T_b/T_c）和对比温度0.7之间（其中T_b为常压沸点温度），其对比蒸气压与对比温度的倒数成直线关系。因此当对比常压沸点偏离0.7越远，误差越大。对比常压沸点小于0.7时，求得的偏心因数数值偏高，反之则偏低。也可以应用第四章石油馏分的蒸气压预测方法，由相对密度和正常沸点，通过计算其对比温度为0.7时的蒸气压后，由式（2-1-1）计算其偏心因数[4]。

二、沸点和平均沸点

烃类的沸点可从第一章有关部分查得。对于石油及烃类混合物，一般应用平均沸点的概念。以下五种平均沸点通常是通过纯物质的沸点计算得到的，它们之间有显著的区别[5]。

1. 体积平均沸点（VABP）

$$VABP = \sum_{i=1}^{n} x_{vi} T_{bi} \tag{2-1-4}$$

式中　VABP——体积平均沸点，℃；

　　　x_{vi}——组分i的体积分数；

　　　T_{bi}——组分i的常压沸点，℃。

2. 实分子平均沸点（MABP）

$$MABP = \sum_{i=1}^{n} x_i T_{bi} \tag{2-1-5}$$

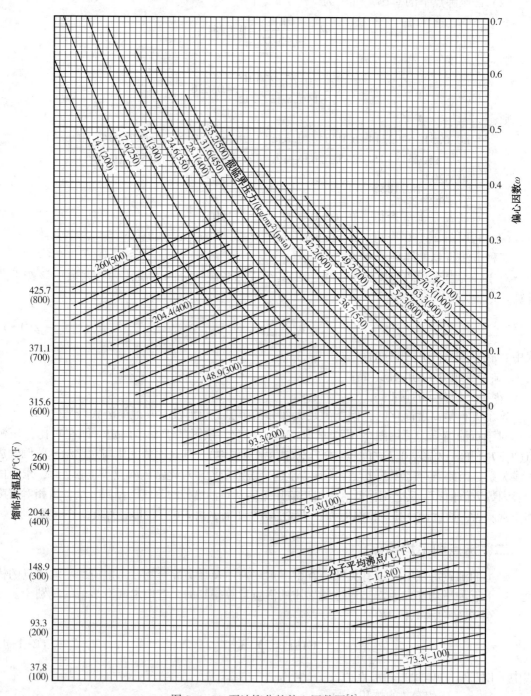

图 2-1-2 石油馏分的偏心因数图[1]

式中　$MABP$——实分子平均沸点,℃;

　　　　x_i——组分 i 的摩尔分数;

　　　　T_{bi}——组分 i 的常压沸点,℃。

3. 质量平均沸点($WABP$)

$$WABP = \sum_{i=1}^{n} x_{Wi} T_{bi} \tag{2-1-6}$$

式中　$WABP$——质量平均沸点,℃;

　　　　x_{Wi}——组分 i 的质量分数;

　　　　T_{bi}——组分 i 的常压沸点,℃;

4. 立方平均沸点($CABP$)

$$CABP = \left[\sum_{i=1}^{n} x_{vi} (T_{bi})^{1/3} \right]^3 \tag{2-1-7}$$

式中　$CABP$——立方平均沸点,℃;

　　　　x_{vi}——组分 i 的体积分数;

　　　　T_{bi}——组分 i 的常压沸点,℃。

5. 中平均沸点($MeABP$)

$$MeABP = \frac{MABP+CABP}{2} \tag{2-1-8}$$

式中　$MeABP$——中平均沸点,℃。

石油馏分作为复杂混合物,很难得到组成分析的数据。特别是体积、摩尔和质量分数,因此通常根据常压恩氏蒸馏(ASTM D86)馏出体积(包括损失在内)的 10%、30%、50%、70%、90%沸点的算术平均值作为体积平均沸点:

$$VAPB = (T_{10}+T_{30}+T_{50}+T_{70}+T_{90})/5$$

$$VAPB = \frac{\sum_i (T_i)}{5}(i = 10,\ 30,\ 50,\ 70,\ 90) \tag{2-1-9}$$

式中　　　　　　$VAPB$——体积平均沸点,℃;

T_{10}、T_{30}、T_{50}、T_{70}、T_{90}——恩氏蒸馏(ASTM D86)曲线 10%、30%、50%、70%及 90%馏出点的温度,℃;

通过下式,可计算恩氏蒸馏(ASTM D86)曲线的斜率

$$SL = (T_{90}-T_{10})/(90-10) \tag{2-1-10}$$

式中　SL——ASTM D86 蒸馏曲线的近似斜率,℃/%;

T_{10}、T_{90}——恩氏蒸馏 10%及 90%点的温度,℃。

通过体积平均沸点和恩氏蒸馏(ASTM D86)曲线的斜率,查图 2-1-3 求得其他平均沸点的值。

当然,还可以采用经验公式进行计算[6]:

$$t_w = t_v + \Delta_1 \tag{2-1-11}$$

$$t_m = t_v - \Delta_2 \tag{2-1-12}$$

$$t_{CM} = t_v - \Delta_3 \tag{2-1-13}$$

$$t_{Me} = t_v - \Delta_4 \tag{2-1-14}$$

其中:　　　$\ln \Delta_1 = -3.64991 - 0.02706 (t_v)^{0.6667} + 5.16388 (SL)^{0.25} \tag{2-1-15}$

　　　　　$\ln \Delta_2 = -1.15158 - 0.011810 (t_v)^{0.6667} + 3.70612 (SL)^{0.333} \tag{2-1-16}$

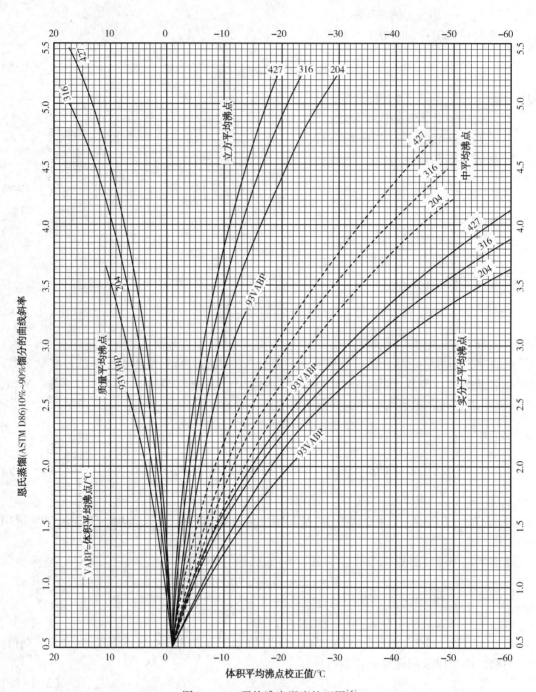

图 2-1-3　平均沸点温度校正图[5]

$$\ln \Delta_3 = -0.82368 - 0.08997\,(t_v)^{0.45} + 2.4568\,(SL)^{0.45} \qquad (2-1-17)$$

$$\ln \Delta_4 = -1.53181 - 0.01280\,(t_v)^{0.6667} + 3.64606\,(SL)^{0.333} \qquad (2-1-18)$$

式中　t_w——质量平均沸点($WABP$),℃;

　　　t_m——实分子平均沸点($MABP$),℃;

　　　t_v——体积平均沸点($VABP$),℃;

　　　t_{CM}——立方平均沸点($CABP$),℃;

　　　t_{Me}——中平均沸点($MeABP$),℃;

　　　SL——ASTM D86 蒸馏曲线的近似斜率,℃/%。

应特别注意,对于相对分子质量高的减压恩氏蒸馏曲线(ASTM D1160)需应用本章第二节的方法转化为常压恩氏蒸馏曲线(ASTM D86),再进行计算。

【例 2-1-2】　利用恩氏蒸馏(ASTM D86)曲线(图 2-1-3),确定石油馏分的实分子平均沸点($MABP$)、质量平均沸点($WABP$)、立方平均沸点($CABP$)和中平均沸点($MeABP$)。

蒸馏(体)/%	10	30	50	70	90
温度/℃	65	110	138.89	162.78	188.33

解:

(1)可求得体积平均沸点($VABP$),再通过体积平均沸点($VABP$),计算其他平均沸点:

$$VABP = \frac{65 + 110 + 138.89 + 162.78 + 188.33}{5} = 133℃$$

$$SL = \frac{188.33 - 65}{90 - 10} = 1.54℃/\%$$

(2)利用式(2-1-11)~式(2-1-18)可计算得到各平均沸点:

1)$\ln \Delta_1 = -3.64991 - 0.02706 \times (133)^{0.6667} + 5.16388 \times (1.54)^{0.25}$

　　　$= 1.3974$

　　$\Delta_1 = 4.045$

　　　$t_w = 133 + 4.045 = 137℃$

2)$\ln \Delta_2 = -1.15158 - 0.011810 \times (133)^{0.6667} + 3.70612 \times (1.54)^{0.333}$

　　　$= 2.81987$

　　$\Delta_2 = 16.77$

　　　$t_m = 133 - 16.77 = 116℃$

3)$\ln \Delta_3 = -0.82368 - 0.08997 \times (133)^{0.45} + 2.4568 \times (1.54)^{0.45}$

　　　$= 1.3475$

　　$\Delta_3 = 3.845$

　　　$t_{CM} = 133 - 3.845 = 129℃$

4)$\ln \Delta_4 = -1.53181 - 0.01280 \times (133)^{0.6667} + 3.64606 \times (1.54)^{0.333}$

　　　$= 2.3445$

　　$\Delta_4 = 10.428$

　　　$t_{Me} = 133 - 10.428 = 122℃$

综上所述,可得到以下结果:

$$WABP = 137℃$$

$$MABP = 116℃$$
$$CABP = 129℃$$
$$MeABP = 122℃$$

三、特性因数

特性因数 K 是表征烃类及石油馏分化学性质的一种指标，可用式(2-1-19)定义：

$$K = \frac{(1.8MeABP + 491.67)^{1/3}}{d_{15.6}^{15.6}} \quad (2-1-19)$$

式中　　K——特性因数；

$MeABP$——中平均沸点，℃（对石油馏分来说，最早用的是实分子平均沸点[7]，之后改为立方平均沸点[5]，最近建议用中平均沸点[8,9]）；

$d_{15.6}^{15.6}$——相对密度。

特性因数 K 是表征链状烷烃含量的一个参数，对于石油馏分，K 值越高，相应饱和度越大。

对已知组成的烃类混合物，其特性因数可用式(2-1-20)来表示：

$$K = \sum_{i=1}^{n} x_{wi} K_i \quad (2-1-20)$$

式中　　K——特性因数；

K_i——组分 i 的特性因数；

x_{wi}——组分 i 的质量分数。

对于石油馏分，利用其他性质——苯胺点、相对分子质量和碳氢比等参数，通过图 2-1-4来查特性因数 K[1]。有时，该图也用于求取除特性因数 K 之外的性质，例如由 API 度和中平均分子沸点求取石油馏分的相对分子质量。由于该图同时关联着苯胺点及碳氢比，因此可由苯胺点及相对密度求取特性因数及相对分子质量，因此可由相对密度及特性因数求取相对分子质量、碳氢比及苯胺点。由相对密度及中平均沸点求得的特性因数值与由式(2-1-19)所得相同；由相对密度及特性因数求得的相对分子质量，其平均误差小于 2%；求苯胺点的平均误差小于 4.5℃；求碳氢比的误差不详，此图不能外延。使用图 2-1-4 来预测除特性因数 K 以外的性质时，其预测值的精确性将会低于本章所介绍的专门方法。

图 2-1-4 可用于求取特性因数，但对相对分子质量高的石油馏分，由于常压蒸馏时有裂解反应的发生，难以取得可靠的中平均沸点数据。那么可以由易于得到的黏度值（38℃ 和 99℃），通过图 2-1-5 来确定相对分子质量[10]，再查图 2-1-4 得到特性因数数据。同时不推荐由 API 度与 C/H 质量比或苯胺点通过上图确定特性因数 K 值。

当遇到不能用这些图表预测 K 值的重石油馏分时，可采用 Woodle 关联式[11]，利用 API 度、闪点、苯胺点或折射率来估算 K 值。

用特性因数关联石油馏分的物理性质和热力学性质一般可以得到满意的结果。但对于含大量烯烃、二烯烃或芳香烃的馏分，例如催化裂化循环油、催化重整油及其他合成油，特性因数并不能准确地表征其特性。

【例 2-1-3】　已知某石油馏分的 API 度为 34.5，38℃ 时的运动黏度为 $170mm^2/s$，99℃ 时的运动黏度为 $5.27mm^2/s$，确定该石油馏分的 K 值。

解：

(1) 利用式(2-1-24)和式(2-1-26)预测该馏分的相对分子质量：

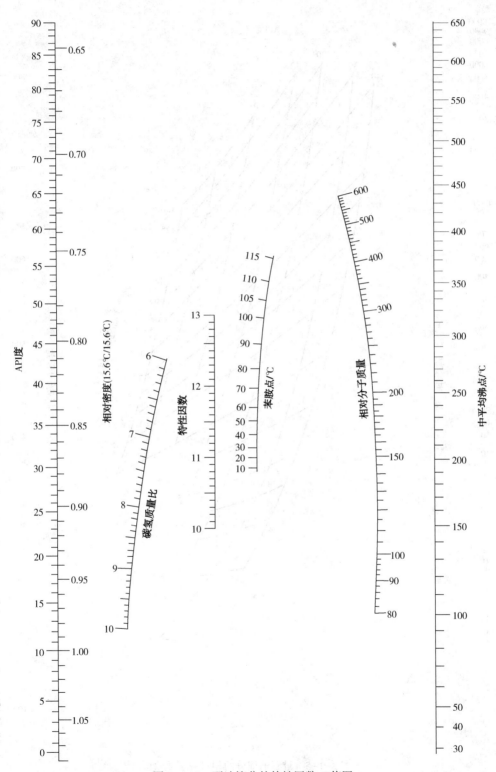

图 2-1-4　石油馏分的特性因数 K 值图

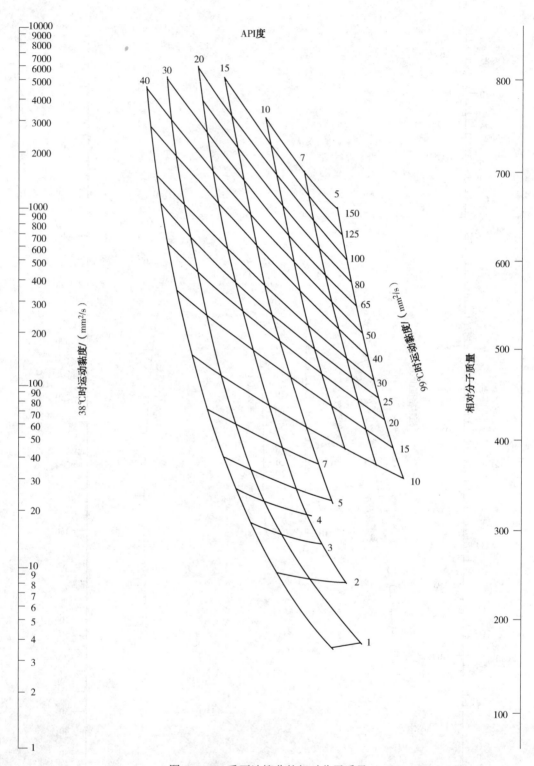

图 2-1-5　重石油馏分的相对分子质量

$$d_{15.6}^{15.6} = 0.7717 \times 170^{0.1157} \times 5.27^{-0.1616} = 1.069$$

$$M = 223.56 \times 170^{(-1.2435+1.1228 \times 1.069)} \times 5.27^{(3.4758-3.038 \times 1.069)} \times 1.069^{-0.6665}$$
$$= 250$$

（2）查图 2-1-4，由 $M = 250$，API 度 = 34.5，可知 $K = 11.85$。

（3）查图 2-1-4，由 $M = 250$，API 度 = 34.5，可知 $MeABP = 301.6℃$，利用式（2-1-19）计算得到：

$$K = \frac{(301.6 \times 1.8 + 491.67)^{1/3}}{1.068}$$
$$= 11.89$$

两种方法得到的 K 值基本一致。

四、相对分子质量

对于许多的关联式，相对分子质量是一个重要的输入参数。包括轻烃在内的纯物质的相对分子质量是可以由第一章中物质的基础数据得到的。混合物的相对分子质量，可由式（2-1-21）计算。混合物中含有石油馏分时可作为其中一个组分进行计算。

$$M = \sum x_i M_i = \frac{\sum G_i}{\sum N_i} \tag{2-1-21}$$

式中　M——混合物的相对分子质量；

x_i——组分 i 的摩尔分数, %；

M_i——组分 i 的相对分子质量；

G_i——组分 i 的质量；

N_i——组分 i 的摩尔数。

石油馏分的相对分子质量可使用本节相应的方法进行计算。

（一）石油馏分的相对分子质量

石油馏分的相对分子质量可用式（2-1-22）求得[12]：

$$M = 42.9654 [\exp(2.097 \times 10^{-4}(MeABP+273.15) - 7.78712 d_{15.6}^{15.6} + 2.08476 \times 10^{-3}$$
$$(MeABP+273.15) d_{15.6}^{15.6})] (MeABP+273.15)^{1.26007} (d_{15.6}^{15.6})^{4.98308} \tag{2-1-22}$$

式中　M——石油馏分的相对分子质量；

$MeABP$——石油馏分的中平均沸点, ℃，通过查图 2-1-3 可得；

$d_{15.6}^{15.6}$——相对密度，15.6℃/15.6℃。

可通过下述步骤计算获得某石油馏分的相对分子质量：

（1）获得石油馏分的相对密度；

（2）查图 2-1-3 获得中平均沸点；

（3）利用式（2-1-22）计算得到该馏分的相对分子质量。

本方法对于 635 个实验数据点进行测试时，$M < 300$ 的数据点，相对分子质量平均误差为 3.4%，而 $M > 300$ 的，平均误差为 4.7%。

也可利用图 2-1-6 查得相对分子质量，相应参数可以通过下式估算，但精确性稍低于式（2-1-22）计算值。图中石油馏分的特性因数 K 按式（2-1-19）计算，其 API 度按下式计算：

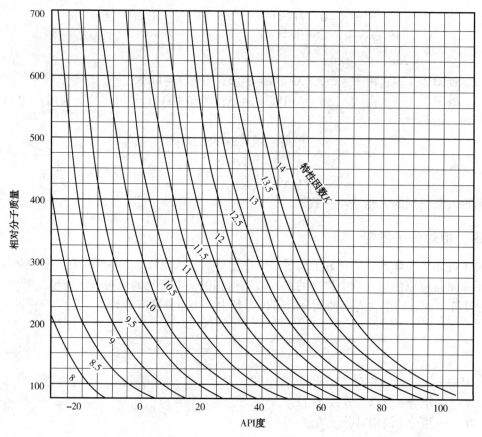

图 2-1-6　石油馏分的相对分子质量

$$API \, 度 = \frac{141.5}{d_{15.6}^{15.6}} - 131.5 \qquad (2-1-23)$$

应用式(2-1-22)来估算相对相对分子质量，有一定的适用范围：

	参数适用范围
相对分子质量	70~700
沸点/℃	32.2~565.6
API 度	14.4~93.1
相对密度	0.63~0.97

此参数适用范围可安全地外推至沸点温度为816℃。

【例 2-1-4】　已知某石油馏分有如下性质：

相对密度 $d_{15.6}^{15.6} = 0.8160$，馏程(ASTM D86)为：

馏程(体)/%	10	30	50	70	90
温度/℃	108.3	135.6	171.1	211.7	265

解：

(1) 根据式(2-1-9)计算体积平均沸点：

$$VABP = \frac{108.3 + 135.6 + 171.1 + 211.7 + 265}{5} = 178℃$$

（2）根据式（2-1-10）计算恩氏蒸馏曲线的斜率：

$$SL = \frac{265-108.3}{90-10} = 1.96℃/\%$$

（3）查图2-1-3可知，中平均沸点：

$$MeABP = 165℃ ;$$

（4）利用式（2-1-22）计算，得到：

$$M = 42.9654 \times \exp[2.097\times10^{-4}(165+273.15)-7.78712\times0.8160+$$
$$2.28476\times10^{-3}(165+273.15)\times0.8160]\times(165+273.15)^{1.26007}\times0.8160^{4.98308}$$
$$= 134$$

（5）实验值为137。两数值比较接近。

也可估算 K 值和 API 度后，查图2-1-6得到相对分子质量。图2-1-6是与式（2-1-22）等值的图形表示。

$$K = \frac{(165\times1.8+491.67)^{1/3}}{0.8160} = 11.32$$

$$API 度 = \frac{141.5}{0.8160}-131.5 = 41.9$$

查图2-1-6得，$M = 140$。

（二）重质石油馏分的相对分子质量

对于重质石油馏分或无法获得中平均沸点的情况，相对分子质量可用式（2-1-24）来计算[12]：

$$M = 223.56\nu_{38}^{(-1.2435+1.1228\times d_{15.6}^{15.6})}\nu_{99}^{(3.4758-3.038\times d_{15.6}^{15.6})}d_{15.6}^{15.6}{}^{-0.6665} \quad (2-1-24)$$

式中　M——石油馏分的相对分子质量；

　　　ν_{38}——38℃时石油馏分的运动黏度，mm^2/s；

　　　ν_{99}——99℃时石油馏分的运动黏度，mm^2/s；

　　　$d_{15.6}^{15.6}$——相对密度，15.6℃/15.6℃。

可利用以下步骤来计算重质石油馏分的相对分子质量

（1）利用实验数据或估算方法获得38℃和99℃下的运动黏度；

（2）获得石油馏分的相对密度。

1）API度已知，则

$$d_{15.6}^{15.6} = 141.5/(API 度+131.5) \quad (2-1-25)$$

2）已知黏度 ν_{38} 和 ν_{99}，可用式（2-1-26）估算相对密度 $d_{15.6}^{15.6}$

$$d_{15.6}^{15.6} = 0.7717\nu_{38}^{0.1157}\nu_{99}^{-0.1616} \quad (2-1-26)$$

3）通过图2-1-7可以得到API度与动力黏度（ν_{38} 和 ν_{99}）之间的对应关系，从而获得API度。

（3）使用式（2-1-24）或其等值的图2-1-5计算重质石油馏分的相对分子质量。

式（2-1-24）适用于相对分子质量范围在200~800。

【例2-1-5】 已知某石油馏分的 API 度为22.5，38℃时的运动黏度为55.1mm^2/s，99℃时运动黏度为5.87mm^2/s，求该馏分的相对分子质量和 K 值。

解：

（1）由 API 度计算相对密度 $d_{15.6}^{15.6}$：

$$d_{15.6}^{15.6} = \frac{141.5}{22.5+131.5} = 0.9188$$

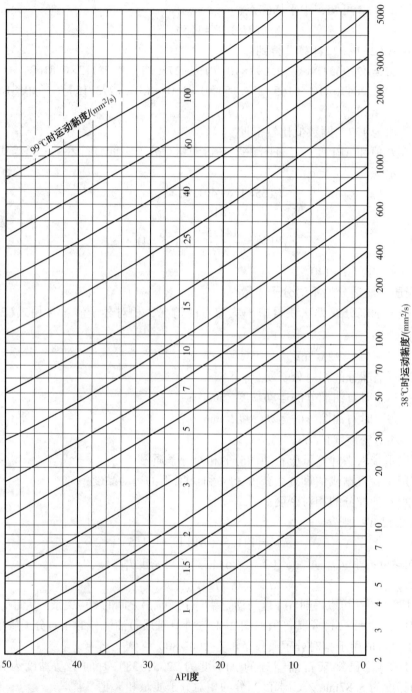

图 2-1-7　API 度与黏度关系图

（2）利用式（2-1-24）计算得到：

$M = 223.56 \times (55.1)^{(-1.2435+1.1228\times0.9188)} \times (5.87)^{(3.4758-3.083\times0.9188)} \times (0.9188)^{-0.6665} = 340$

其测得的实验数据为349。

利用 图2-1-5 查得：$M = 332$

（3）如果 API 度未知时，利用式（2-1-26）估算相对密度：

$$d_{15.6}^{15.6} = 0.7717 \times 55.1^{0.1157} \times 5.87^{-0.1616} = 0.9219$$

（4）利用式（2-1-23）计算 API 度：

$$API 度 = \frac{141.5}{0.9219} - 131.5 = 21.99$$

也可利用 图2-1-5 查得 API 度 = 22。

（5）$M = 340$，API 度 = 22，利用图2-1-4 查得 $K = 11.58$。

相对于38℃和99℃黏度，ASTM 蒸馏曲线更能表征石油馏分的性质。因此，当以上两种性质可供选择时，应优先选用蒸馏数据。采用方法（一）来估算石油馏分的相对分子质量。

方法（二）仅适用于石油馏分的相对分子质量的估算，若需估算合成烃类混合物的相对分子质量，可能会得到错误的结果。

应用方法（二）估算的相对分子质量范围为200~800。

五、石油馏分的烃族组成

石油中的烃类主要是由烷烃、环烷烃和芳香烃以及在分子中兼有这三类烃结构的混合烃构成。利用式（2-1-27）~式（2-1-29）可以预测轻质石油馏分和重质石油馏分中的烷烃、环烷烃和芳香烃的含量[10,12,13]。

$$x_p = a + b(R_i) + c(VG) \tag{2-1-27}$$
$$x_n = d + e(R_i) + f(VG) \tag{2-1-28}$$
$$x_a = g + h(R_i) + i(VG) \tag{2-1-29}$$

式中 a，b，c，…，i——不同相对分子质量范围所对应的经验参数，如下表：

常 数	轻 馏 分	重 馏 分
相对分子质量范围	70~200	200~600
a	−13.359	+2.5737
b	+14.4591	+1.0133
c	−1.41344	−3.573
d	+23.9825	+2.464
e	−23.333	−3.6701
f	+0.81517	+1.96312
g	−9.6235	−4.0377
h	+8.8739	+2.6568
i	+0.59827	+1.60988

x_p，x_n，x_a——分别代表了馏分中链状烃、环烷烃和芳烃的摩尔组成；

R_i——折射率截距，可用式（2-1-30）计算：

$$R = n - d_{20}/2 \tag{2-1-30}$$

式中　　n——折射率，101.325kPa(绝)，20℃；

　　　　d_{20}——液体密度，101.325kPa(绝)，20℃，g/cm³。

重石油馏分的黏重常数 VGC，可用式(2-1-31)和式(2-1-32)计算：

$$VGC = \frac{10\,d_{15.6}^{15.6} - 1.0752\lg(\nu_{38}-38)}{10-\lg(\nu_{38}-38)} \tag{2-1-31}$$

$$VGC = \frac{d_{15.6}^{15.6} - 24 - 0.022\lg(\nu_{99}-35.5)}{0.755} \tag{2-1-32}$$

式中　　$d_{15.6}^{15.6}$——相对密度，15.6℃/15.6℃；

　　　　ν——38℃或99℃下的赛氏通用黏度，s。

轻质石油馏分的黏重常数 VGF，见式(2-1-33)和式(2-1-34)：

$$VGF = -1.816 + 3.484\,d_{15.6}^{15.6} - 0.1156\ln\nu_{38} \tag{2-1-33}$$

$$VGF = -1.948 + 3.535\,d_{15.6}^{15.6} - 0.1613\ln\nu_{99} \tag{2-1-34}$$

式中　　ν——38℃或99℃下的动力黏度，mm²/s。

可利用下述步骤进行计算得到石油馏分的烃族组成：

(1) 获得该馏分的相对密度 $d_{15.6}^{15.6}$(15.6℃/15.6℃)、密度 d_{20}(20℃)和折射率 n(20℃)。若密度、折射率等数据未知，可以利用本章第六小节的计算方法估算折射率；利用式(2-1-38)估算密度。

(2) 利用本章第四小节的计算方法估算相对分子质量，同时不论组分轻重，均能采用图2-1-6估算相对分子质量。

(3) 利用式(2-1-31)、式(2-1-32)或式(2-1-33)、式(2-1-34)计算黏重常数，若无法获得黏度的实验数据，可采用后续章节中的估算方法估算黏度。

(4) 利用式(2-1-30)计算折射率截距 R_i。

(5) 利用式(2-1-27)、式(2-1-28)、式(2-1-29)分别计算馏分中烷烃、环烷烃和芳香烃的摩尔含量，三个数值加合为1。

式(2-1-27)、式(2-1-28)、式(2-1-29)中的参数具有以下的适用范围：

	轻 馏 分	重 馏 分
相对分子质量	78~214	233~571
R_i	1.04~1.08	1.04~1.06
VGC 或 VGF	0.57~1.52	0.79~0.98
x_p	0.02~0.93	0.10~0.81
x_n	0.02~0.46	0.13~0.64
x_a	0.01~0.93	0.0~0.31

对于85种轻石油馏分的测试表明，x_p 和 x_a 的平均偏差分别为 0.04 和 0.06(摩尔分率)；对于72种重石油馏分的测试表明，x_p 和 x_a 的平均偏差分别为 0.02 和 0.04(摩尔分率)。

式(2-1-27)、式(2-1-28)、式(2-1-29)或可用于石油馏分的相对分子质量低至70的情况，但不适用于超出上述参数范围外的估算。

对于高芳烃含量的石油馏分，需要确定芳烃的确切类型。可用式(2-1-35)来估算馏分中单环芳烃的摩尔组成。

$$x_{ma} = -62.8245 + 59.90816\,R_i - 0.0248335m \tag{2-1-35}$$

式中　x_{ma}——单环芳烃的摩尔组成；

R_i——折射率截距，计算可参考式(2-1-30)；

m——相对分子质量 M 影响因数。

$$m = M(n - 1.4750) \qquad (2-1-36)$$

式中　n——折射率，101.325kPa(绝)，20℃。

式(2-1-35)用于石油馏分的相对分子质量小于 250 的情况。其他芳烃类型(双环或多环)可以用式(2-1-37)来计算：

$$x_{\mathrm{pa}} = x_{\mathrm{a}} - x_{\mathrm{ma}} \qquad (2-1-37)$$

式中　x_{pa}——双环或多环芳烃的摩尔组成；

x_{a}——芳烃的摩尔组成。

当石油馏分的相对分子质量大于 300 时，除可用第五章的方法外，还可用式(2-1-38)来方便地估算密度 $d_{20}(20℃)$。

$$d_{20} = 2.83085 M^{0.03975} I^{1.13543} \qquad (2-1-38)$$

式中　d_{20}——液体密度，101.325kPa(绝)，20℃，$\mathrm{g/cm^3}$；

M——石油馏分相对分子质量；

I——黄氏因数(20℃)，计算式如下：

$$I = (n^2 - 1)/(n^2 + 2) \qquad (2-1-39)$$

其中　n——折射率，[101.325kPa(绝)，20℃]。

【例 2-1-7】　已知某石油馏分的相对密度 $d_{15.6}^{15.6}$ 为 0.9046，折射率为 1.5002，液体密度 d_{20} 为 0.90，中平均沸点为 426℃，38℃赛氏通用黏度为 336s，计算该馏分的烃族组成。

解：

(1) 由式(2-1-22)，计算该组分的相对分子质量为：

$M = 42.9654[\exp(2.097 \times 10^{-4}(426 + 273.15) - 7.78712 \times 0.9046 + 2.08476 \times 10^{-3}(426 + 273.15) \times 0.9046)](426 + 273.15)^{1.26007} \times 0.9046^{4.98308}$

$= 378$

(2) 该组分较重，采用式(2-1-31)和式(2-1-32)计算黏重常数：

$$VGC = \frac{10 \times 0.9046 - 1.0752 \times \lg(336 - 38)}{[10 - \lg(336 - 38)]}$$

$$= 0.8485$$

(3) 利用式(2-1-30)计算折射率截距为：

$$R_i = 1.5002 - 0.9/2 = 1.05$$

(4) 利用式(2-1-27)、式(2-1-28)、式(2-1-29)，计算得到烷烃、环烷烃和芳香烃的摩尔分数分别为：

$$x_{\mathrm{p}} = 2.5737 + 1.0133 \times 1.05 - 3.573 \times 0.8485$$
$$= 0.606$$

$$x_{\mathrm{n}} = 2.464 - 3.6701 \times 1.05 + 1.96312 \times 0.8485$$
$$= 0.276$$

$$x_{\mathrm{a}} = -4.0377 + 2.6568 \times 1.05 + 1.60988 \times 0.8485$$
$$= 0.118$$

$$\sum x = x_p + x_n + x_a = 1$$

该馏分的烷烃、环烷烃和芳香烃的摩尔分数实验数据分别为 0.59、0.28 和 0.13。

六、石油馏分的折射率

石油馏分的折射率是一种重要的物理性质，在估算其他性质时经常要用到。折射率可以用式(2-1-40)计算得到[10,12]：

$$n = \left[\frac{1+2I}{1-I}\right]^{1/2} \qquad (2-1-40)$$

其中 I 值可通过式(2-1-41)来计算：

$$I = 2.3435 \times 10^{-2} \exp\left[7.029 \times 10^{-4}(MeABP+273.15) + 2.468 \times d_{15.6}^{15.6} - 1.0267 \times 10^{-3}(MeABP+273.15) \times d_{15.6}^{15.6}\right] \times (MeABP+273.15)^{0.0572} \times (d_{15.6}^{15.6})^{-0.720} \qquad (2-1-41)$$

式中　　n——折射率(20℃)；

　　　　I——修正后的黄氏因数(20℃)；

　$MeABP$——中平均沸点，℃；

$d_{15.6}^{15.6}$——相对密度，15.6℃/15.6℃。

可利用以下步骤进行计算：

(1) 利用式(2-1-8)或图2-1-3获得该组分的中平均沸点，同时获得组分的相对密度；

(2) 利用式(2-1-41)计算修正后的黄氏因数；

(3) 利用式(2-1-40)计算折射率。

式(2-1-40)中的参数具有以下的适用范围：

	参数适用范围
中平均沸点/℃	37.8~510
相对密度(15.6℃/15.6℃)	0.63~0.97
折射率(20℃)	1.35~1.55

该方法也可利用正常沸点代替中平均沸点来估算纯烃的折射率。

式(2-1-40)计算得到的折射率的数值与实验数据的平均绝对误差百分率为 0.3%。

【例2-1-8】　已知某馏分在20℃下的相对密度为0.732，中平均沸点为91.3℃，计算该组分的折射率。

解：

(1) 利用式(2-1-41)计算得到黄氏因数为：

$I = 2.3435 \times 10^{-2} \exp\left[(7.029 \times 10^{-4}(91.3+273.15) + 2.468 \times 0.732 - 1.0267 \times 10^{-3}\right.$

$(91.3+273.15) \times 0.732)\left.\right] \times (91.3+273.15)^{0.0572} \times 0.732^{-0.720}$

$= 0.246$

(2) 利用式(2-1-40)计算得到折射率为：

$$n = \left[\frac{1+2 \times 0.246}{1-0.246}\right]^{1/2}$$

$$= 1.406$$

该馏分折射率的实验数据为 1.4074。

七、石油馏分的闪点

(一) 石油馏分的闪点

在规定条件(标准压力，1atm)，石油馏分加热到它的蒸气与火焰接触时会发生闪火现象的最低温度称为该馏分的闪点。

可用式(2-1-42)计算闭口杯法闪点[Pensky-Martens Closed Cup(ASTM D93)][14]：

$$FP_c = 0.69 \times T_{10\%} - 71.18 \qquad (2-1-42)$$

可用式(2-1-43)计算开口杯法闪点[Cleveland Open Cup (ASTM D92)][14]：

$$FP_o = 0.68 \times T_{10\%} - 66.58 \qquad (2-1-43)$$

式中　FP_c——闭口杯法闪点,℃；

　　　FP_o——开口杯法闪点,℃；

　　　$T_{10\%}$——石油馏分的恩氏蒸馏(ASTM D86)10%温度,℃。

可通过以下步骤计算石油馏分的闪点：

(1) 根据需要的闪点类型，确定适合的预测方法(开口杯法或闭口杯法)；

(2) 获得组分恩氏蒸馏(ASTM D86)10%点对应的温度；

(3) 利用式(2-1-42)或式(2-1-43)计算闪点。

式(2-1-42)和式(2-1-43)中的参数具有以下的适用范围：

	参数适用范围
闪点温度/℃	-17.8~232.2
ASTM D86 沸点/℃	65.6~454.4

式(2-1-42)和式(2-1-43)中在适用范围内可进行合理的外推。由于馏分轻端决定了闪点，因此采用石油馏分的恩氏蒸馏(ASTM D86)5%温度计算闪点更为准确，但由于缺乏数据而未能进行此关联。

由式(2-1-42)和式(2-1-43)预测的石油馏分的闪点与实验值的平均绝对误差分别在5.3℃和1.8℃以内。

【例2-1-9】　已知某石油馏分的恩氏蒸馏(ASTM D86)10%对应的温度为206℃，计算其开口杯法闪点。

解：

利用式(2-1-43)计算得到：

$$FP_o = 0.68 \times 206 - 66.58$$
$$= 73.5℃$$

该馏分的开口杯法闪点的实验数据为74℃。

(二) 石油混合物的闪点

Wickey-Chittenden 调和模型可以计算石油混合物的闪点[15]。该模型首先要求通过式(2-1-44)计算闪点混合指数：

$$\lg FPBI_i = -6.1188 + \frac{2414.0}{FP_i + 230.556} \qquad (2-1-44)$$

式中　$FPBI_i$——i 组分的闪点混合指数；

　　　FP_i——i 组分的闪点,℃。

混合物的闪点指数由式(2-1-45)计算:

$$FPB\,I_B = \sum_{i=1}^{n} x_{v_i} FPBI_i \tag{2-1-45}$$

式中　$FPBI_B$——混合物的闪点指数;

　　　　x_{vi}——i 组分的体积分数;

　　　　n——组分数。

混合物的闪点由式(2-1-46)得到:

$$FP_B = \frac{2414.0}{\lg(FPBI_B)+6.1188} - 230.556 \tag{2-1-46}$$

式中　FP_B——混合物的闪点,℃。

可通过以下步骤计算混合物闪点:

(1) 确定混合物中各组分的闪点和体积分数;

(2) 利用式(2-1-44)计算混合物中各组分的闪点混合指数;

(3) 利用式(2-1-45)计算混合物的闪点指数;

(4) 利用式(2-1-46)计算混合物的闪点。

对于混合闪点范围在 26~284℃ 的二元和三元混合物,Wickey. R. O 和 Chittenden. D. H 对上述方法进行了验证[15]。据报道尽管对于闪点相差达到 174℃ 的组分混合物利用上述方法结果良好,但是不建议将本方法用于计算石脑油和沥青的混合物的闪点。这种计算方法也不适合开口杯法闪点和闭口杯法闪点的互混。当用于三种组分以上混合物闪点的计算时也要慎重。

【例 2-1-10】　已知石油混合物中 X 组分的体积分数为 25%,闪点为 78℃；Y 组分的体积分数为 75%,闪点为 163℃,确定混合物的闪点。

解:

(1) 利用式(2-1-44)计算 X 组分的闪点混合指数:

$$\lg FBPI_X = -6.1188 + \frac{2414.0}{78+230.556}$$
$$= 1.7047$$
$$FBPI_X = 50.669$$

(2) 利用式(2-1-44)计算 Y 组分的闪点混合指数:

$$\lg FBPI_Y = -6.1188 + \frac{2414.0}{163+230.556}$$
$$= 0.015$$
$$FBPI_Y = 1.035$$

(3) 利用式(2-1-45)计算混合物的闪点指数:

$$FPBI_B = 0.25 \times 50.669 + 0.75 \times 1.035 = 13.444$$

(4) 利用式(2-1-46)计算混合物的闪点:

$$FP_B = \frac{2414.0}{\lg(13.444)+6.1188} - 230.556$$
$$= 102.5\ ℃$$

八、石油馏分的倾点

在规定条件下,石油馏分能够流动的最低温度称为倾点。

倾点是一个条件试验值，并不等于实际使用的流动极限。但是，倾点越低，油品的低温性越好。

若已知运动黏度(ν_{38})，利用式(2-1-47)计算倾点[14]：

$$PP = 258.71 - 75.56\exp(-0.15\nu_{38}) - 317.78 d_{15.6}^{15.6} + 0.00844\nu_{38} + 0.139(MeABP) \quad (2-1-47)$$

若运动黏度(ν_{38})未知，利用式(2-1-48)计算倾点[14]：

$$PP = 5.391\times10^{-7}\times(MeABP+273.15)^{5.49}10^{-[0.8568\times(MeABP+273.15)^{0.315}+0.1335]} - 272.37$$
$$(2-1-48)$$

式中　PP——石油馏分的倾点，℃；

　　　ν_{38}——石油馏分的运动黏度(38℃)，mm²/s；

　　　$d_{15.6}^{15.6}$——相对密度，15.6℃/15.6℃；

　$MeABP$——中平均沸点，℃。

若已知石油馏分的浊点(cloud point)，也可预测倾点，详见本节之十二的(二)。

可通过以下步骤计算石油馏分的倾点：

(1) 获得石油馏分的相对密度、中平均沸点和38℃时的运动黏度；

(2) 若38℃时的运动黏度已知，则利用式(2-1-47)计算；

(3) 若38℃时的运动黏度未知，则利用式(2-1-48)计算。

式(2-1-47)和式(2-1-48)中的参数具有以下的适用范围：

项　目	参数适用范围
倾点/℃	-39.8~54.6
中平均沸点/℃	171.3~560.2
运动黏度/(mm²/s)	2~960
相对密度(15.6℃/15.6℃)	0.8~1.0

式(2-1-47)和式(2-1-48)的使用范围可适当地外推。

式(2-1-47)计算得到的倾点的数值与实验数据的平均误差为3.83℃(取自280组实验数据)。式(2-1-47)中运动黏度应为实测值，而不是估算值。如果无法得到黏度数据，则计算时应采用式(2-1-48)。式(2-1-48)计算得到的倾点的数值与实验数据的平均误差为5.5℃(取自428组实验数据)。

【例2-1-11】　已知某石油馏分的中平均沸点为267℃，相对密度为0.839，38℃时的运动黏度为3mm²/s，确定该石油馏分的倾点。

解：

利用式(2-1-47)计算得到：

$PP = 258.71 - 75.56\exp(-0.15\times3) - 317.78\times0.839 + 0.00844\times3 + 0.139\times267$

$\quad = -18.95℃$

该馏分倾点的实验数据为-20.37℃。

九、石油馏分的苯胺点

石油馏分在规定的条件下和等体积的苯胺完全混溶时的最低温度称为苯胺点。

各种烃类在苯胺中的溶解度不同，芳烃最容易，环烷烃次之，烷烃最差，即芳烃的苯胺点最低、环烷烃居中，烷烃最高。因此，苯胺点越低，说明石油馏分中芳烃含量越高，利用苯胺点可以算出轻质油品中芳烃含量、柴油指数和轻质油的低发热量[16]。

可以利用式(2-1-49)计算苯胺点[14]：

$$AP = -1007.62 - 0.139MeABP + 59.889K + 482.61 d_{15.6}^{15.6} \qquad (2-1-49)$$

式中　AP——石油馏分的苯胺点，℃；

　　　$MeABP$——中平均沸点，℃；

　　　$d_{15.6}^{15.6}$——相对密度，15.6℃/15.6℃；

　　　K——特性因数。

若已知石油馏分的烟点(smoke point)，也可预测出苯胺点，详见本节之十的第(二)部分。

可通过以下步骤计算石油馏分的苯胺点：

(1) 获得石油馏分的相对密度和中平均沸点；

(2) 获得特性因数 K，可用式(2-1-19)计算；

(3) 利用式(2-1-49)计算苯胺点。

式(2-1-49)中的参数具有以下的适用范围：

	参数适用范围
中平均沸点/℃	93.3~593.3
相对密度，15.6℃/15.6℃	0.7~1.0
苯胺点/℃	37.8~115.6

当中平均沸点低于399℃，式(2-1-49)计算得到的苯胺点的数值与实验数据的平均误差为2.3℃(取自343组实验数据)。当中平均沸点大于399℃，计算得到的苯胺点的数值与实验数据的平均误差为2.6℃(取自475组实验数据)。当中平均沸点大于399℃，应用此公式估算纯物质及石油馏分的苯胺点要慎重。

也可通过查图2-1-4来获得苯胺点的数值，其平均误差为4.8℃(取自48组实验数据)。

【例2-1-12】　已知某石油馏分的相对密度为0.8304，中平均沸点为299℃，计算该馏分的苯胺点。

解：

(1) 利用式(2-1-19)计算得到：

$$K = (299 \times 1.8 + 491.67)^{1/3} / 0.8304 = 12.16$$

(2) 利用式(2-1-49)计算得到：

$$AP = -1007.62 - 0.139 \times 299 + 59.889 \times 12.16 + 482.61 \times 0.8304$$
$$= 79.8℃$$

该馏分苯胺点的实验数据为81.9℃。

十、石油馏分的烟点

(一) 石油馏分的烟点计算

烟点是煤油和喷气燃料一个重要的指标。烟点是标准条件下，燃烧石油馏分产生的无烟火焰的最大高度(mm)。

利用式(2-1-50)可估算石油馏分的烟点[14]：

$$\ln SP = -1.854 + 0.474K - 0.003024MeABP \qquad (2-1-50)$$

式中　SP——石油馏分的烟点，mm；

MeABP——中平均沸点,℃;

K——特性因数。

可通过以下步骤计算石油馏分的烟点:

(1) 获得石油馏分的相对密度和中平均沸点;

(2) 获得特性因数 K,可用式(2-1-19)计算;

(3) 利用式(2-1-50)计算烟点。

式(2-1-50)中的参数具有以下的适用范围:

	参数适用范围
烟点/mm	15~33
相对密度(15.6℃/15.6℃)	0.7~0.86
中平均沸点/℃	93.3~287.8

本估算公式不适用于相对密度低($d_{15.6}^{15.6} < 0.8$),中平均沸点高($MeABP > 538℃$)的馏分。

式(2-1-50)计算得到的烟点的数值与实验数据的平均误差为6.3%。

【例2-1-13】 已知某石油馏分的相对密度为0.853,中平均沸点212.5℃,计算该馏分的烟点。

解:

(1) 利用式(2-1-19)计算:

$$K = (212.5 \times 1.8 + 491.67)^{1/3} / 0.853 = 11.21$$

(2) 利用式(2-1-50)计算烟点:

$$\ln SP = -1.854 + 0.474 \times 11.21 - 0.003024 \times 212.5$$
$$= 2.817$$
$$SP = 16.72 \text{mm}$$

该馏分烟点的实验数据为17mm。

(二) 石油馏分的烟点及苯胺点的关联计算

式(2-1-51)和式(2-1-52)分别为估算烟点和苯胺点的计算式[14]:

$$SP = -3500 + 3522 d_{15.6}^{15.6} \times (1.002635 + 1.48212 \times 10^{-4} AP) - 3021 \times \ln(d_{15.6}^{15.6}) \quad (2-1-51)$$

$$AP = 6.744 \times 10^3 \times \left[\frac{SP + 3500 + 3021 \times \ln(d_{15.6}^{15.6})}{3522 \times d_{15.6}^{15.6}} - 1 \right] - 17.78 \quad (2-1-52)$$

式(2-1-52)由式(2-1-51)推导而来,并进行了一定程度的简化。

式中 SP——石油馏分的烟点,mm;

$d_{15.6}^{15.6}$——石油馏分的相对密度,15.6℃/15.6℃;

AP——石油馏分的苯胺点,℃。

可通过以下步骤计算石油馏分的烟点及苯胺点:

(1) 获得石油馏分的相对密度 $d_{15.6}^{15.6}$、烟点或苯胺点。

(2) 利用式(2-1-51)或式(2-1-52)计算烟点或苯胺点。

式(2-1-51)中的参数具有以下的适用范围:

	参数适用范围
烟点/mm	15~42

苯胺点/℃	44.4~76.7
相对密度(15.6℃/15.6℃)	0.76~0.86

式(2-1-51)计算得到的烟点数值与实验数据的平均绝对误差为 1.7mm，平均绝对偏差百分数为 7.3%。只有通过本章第九节及第十节第一部分的方法计算得到的烟点及苯胺点才能使用式(2-1-51)和式(2-1-52)进行关联计算。

【例 2-1-14】 已知某石油馏分的相对密度 $d_{15.6}^{15.6}$ 为 0.839，苯胺点为 53.4℃，计算该馏分的烟点。

解：

利用式(2-1-51)计算得到：

$$SP = -3500+3522×0.839×(1.002635+1.48212×10^{-4}×53.4)-3021×\ln(0.839)$$
$$= 16.45mm$$

该馏分烟点的实验数据为 16.7mm。

十一、石油馏分的结晶点(冰点)

石油馏分的结晶点(冰点)是指随着温度升高(降低)，油品中出现肉眼可见的结晶体逐渐减少至消失(出现)，固体和液体能共存的最高温度。

利用式(2-1-53)可估算石油馏分的结晶点(冰点)[14]：

$$FRP = -1638.04+1014.4\,d_{15.6}^{15.6}+68.05K-0.135MeABP \qquad (2-1-53)$$

式中　　FRP——石油馏分的结晶点(冰点)，℃；

　　　$MeABP$——中平均沸点，℃；

　　　　K——石油馏分的特性因数；

　　$d_{15.6}^{15.6}$——石油馏分的相对密度，15.6℃/15.6℃。

可通过以下步骤获得石油馏分的结晶点(冰点)：

(1) 获得石油馏分的相对密度和中平均沸点；

(2) 利用式(2-1-19)计算特性因数 K；

(3) 利用式(2-1-53)计算该馏分的结晶点(冰点)。

式(2-1-53)中的参数具有以下的适用范围：

	参数适用范围
结晶点/℃	-95.4~10.2
相对密度(15.6℃/15.6℃)	0.74~0.90
中平均沸点/℃	129.6~345.6

式(2-1-53)计算得到的结晶点(冰点)数值与实验数据的平均误差为 4.0℃。

【例 2-1-15】 已知某石油馏分的中平均沸点为 212.7℃，相对密度 $d_{15.6}^{15.6}$ 为 0.799，计算该馏分的结晶点(冰点)。

解：

(1) 利用式(2-1-19)计算：

$$K = (212.7×1.8+491.67)^{1/3}/0.799 = 11.97$$

(2) 利用式(2-1-53)计算：

$$FRP = -1638.04+1014.4×0.799+68.05×11.97-0.135×212.7$$
$$= -41.7℃$$

该馏分结晶点(冰点)的实验数据为-45.9℃。

十二、石油馏分的浊点

(一) 石油馏分浊点的计算

石油馏分在标准状态下冷却至开始出现混浊的温度为其浊点。混浊是由于固体石蜡开始固化形成结晶从油样中析出。燃料油、润滑油等的浊点越低,则其所含的水分或固体石蜡越少。

利用式(2-1-54)可估算石油馏分的浊点[14]:

$$CP = 0.5556 \times 10^A - 273.15$$

$$A = -6.0086 + 5.49 \lg(MeABP + 273.15) - 0.85682(MeABP + 273.15)^{0.315} - 0.133 d_{15.6}^{15.6}$$

$$(2-1-54)$$

式中　CP——石油馏分的浊点,℃;

　　$MeABP$——中平均沸点,℃;

　　$d_{15.6}^{15.6}$——相对密度,15.6℃/15.6℃。

可通过以下步骤获得石油馏分的浊点:

(1) 获得石油馏分的中平均沸点和相对密度;

(2) 利用式(2-1-54)计算石油馏分的浊点。

式(2-1-54)中的参数具有以下的适用范围:

	参数适用范围
浊点/℃	-64.8~38.0
相对密度(15.6℃/15.6℃)	0.77~0.93
中平均沸点/℃	171.3~407.4

该式也可适当外推至适用范围之外。

式(2-1-54)计算得到的浊点数值与实验数据的平均误差为4.1℃。

【例2-1-16】 已知某石油馏分的中平均沸点为177.7℃,相对密度为0.787,计算该馏分的浊点。

解:

利用式(2-1-54)计算得:

$$A = -6.0086 + 5.49 \lg(177.7 + 273.15) - 0.85682(177.7 + 273.15)^{0.315} - 0.133 \times 0.787$$
$$= 2.58369$$

$$CP = 0.5556 \times 10^{2.58369} - 273.15$$
$$= -60.11℃$$

该馏分浊点的实验数据为-60.15℃。

(二) 石油馏分的浊点与倾点的关联计算

式(2-1-55)为估算石油馏分倾点或浊点的关联式[14]:

$$PP = 0.9895 \times CP - 2.09 \qquad (2-1-55)$$

式中　PP——石油馏分的倾点,℃

　　CP——石油馏分的浊点,℃

可通过以下步骤计算石油馏分的倾点或者浊点:

(1) 获得石油馏分的倾点或浊点;

（2）利用式（2-1-55）计算石油馏分的倾点或浊点。

式（2-1-55）中的参数具有以下的适用范围：

	参数适用范围
浊点/℃	-67.6~43.5
倾点/℃	-67.6~43.5

该方法仅适用于缺少数据的条件下，对倾点及浊点的简单估算，若有足够的数据，则尽可能采用 2.8 节及本节前半部分提到的方法进行计算。

式（2-1-55）计算得到的倾点及浊点数值与实验数据的平均绝对偏差为 1.2℃（取自 213 组实验数据）。

【例 2-1-17】 已知某石油馏分的浊点为 45.7℃，计算该石油馏分的倾点。

解：

利用式（2-1-55）计算得到：

$$PP = 0.9895 \times 45.7 - 2.09$$
$$= 43.13℃$$

该馏分倾点（凝点）的实验数据为 40.7℃。

十三、石油馏分的十六烷指数和十六烷值

石油馏分的十六烷值表示柴油在柴油机中燃烧时自燃性的指标。其大小与柴油组分的性质有关。一般说来，烷烃的十六烷值最大，芳香烃的最小，环烷烃和烯烃则介于两者之间。将柴油样品与用十六烷值很大的正十六烷（规定为 100）和十六烷值很小的 1-甲基萘（规定为 0）配成的混合液在标准柴油机中进行比较。自燃性与样品相等的混合液中所含正十六烷的百分数，即为该样品的十六烷值。

柴油的十六烷值可按式（2-1-56）~ 式（2-1-58）计算[1]

$$CN = 0.85P + 0.1N + 0.2A \tag{2-1-56}$$

式中　　CN——十六烷值；

　　　　P——柴油中烷烃百分数；

　　　　N——柴油中环烷烃百分数；

　　　　A——柴油中芳香烃百分数。

$$CN = 29.26 - 0.1779X + 0.005809 X^2 \tag{2-1-57}$$

式中　　X——试样的苯胺点和密度（d_{20}）之比。

$$CN = 2/3 \times CI + 14 \tag{2-1-58}$$

式中　　CI——十六烷指数。

式（2-1-57）适用于从大庆、大港和胜利原油加工得到的直馏和催化裂化柴油。但计算值大于 70 时，偏离实测值较大。

石油馏分的十六烷指数是表示柴油馏分在发动机中自燃性能的计算值，故又可称为计算的十六烷值。它的数值亦等价于十六烷与 1-甲基萘混合物中十六烷的百分数。它由柴油馏分的相对密度和中平均温度进行计算，参见式（2-1-59）[14]。

利用式（2-1-59）可计算石油馏分的十六烷指数：

$$CI = 365.784 - 6.7788\text{API 度} + 0.3348(MeABP + 17.78) + 3.503\text{API 度}$$
$$\times \lg(MeABP + 17.78) - 193.816 \times \lg(MeABP + 17.78) \tag{2-1-59}$$

式中　　CI——石油馏分的十六烷指数；

API 度——*API* 度；

MeABP——中平均沸点,℃。

可通过以下步骤获得石油馏分的十六烷指数：

(1) 获得石油馏分的 *API* 度和中平均沸点；

(2) 利用式(2-1-59)计算该馏分的十六烷指数。

式(2-1-59)中的参数具有以下的适用范围：

<table>
<tr><td></td><td>数值范围</td></tr>
<tr><td>*API* 度</td><td>27~47</td></tr>
<tr><td>中平均沸点/℃</td><td>182. 2~371. 1</td></tr>
</table>

使用式(2-1-59)计算馏分的十六烷指数，不推荐用于中平均沸点小于121℃的馏分。式(2-1-59)计算得到的十六烷指数与实验数据的平均偏差为 2.9%(取自 150 组数据)。

【例 2-1-18】 已知某石油馏分的 API 度为 32.3，中平均沸点(ASTM D86)为 325℃，计算该馏分的十六烷指数。

解：

利用式(2-1-59)计算得到：

$$CI = 365.784 - 6.7788 \times 32.3 + 0.3348(325 + 17.78) + 3.503 \times 32.3$$
$$\times lg(325 + 17.78) - 193.816 \times lg(325 + 17.78)$$
$$= 57.1$$

该馏分十六烷指数的实验数据为 56。

第二节　石油馏分蒸馏曲线及其转换

一、石油馏分蒸馏曲线的种类

石油及其馏分的气-液平衡关系不是以其详细的化学组成来表示，而是以宏观的方法通过实验室蒸馏来测定的。

石油和石油馏分的气-液平衡关系可以通过几种实验室蒸馏方法来取得，即：恩氏蒸馏、实沸点蒸馏、模拟蒸馏和平衡蒸发。所得的结果可用馏分组成数据来表达，也可以用蒸馏曲线(馏出温度——馏出百分率)来表示。

恩氏蒸馏(ASTM)和实沸点(TBP)蒸馏曲线用于确定石油馏分或其他复杂混合物中的可挥发性组分。这两种都是由一批蒸馏曲线组成的，每条曲线代表着在蒸馏过程中得到的某个馏分宽度。

(一) 恩氏蒸馏曲线(ASTM)

恩氏蒸馏(ASTM D86)和(ASTM D1160)曲线是一种快速的简单蒸馏，使用没有塔盘和回流的蒸馏釜与冷凝器，仅有的回流是由设备的热损失产生的。恩氏蒸馏(ASTM)是在规格化的仪器及试验条件下进行的渐次汽化蒸馏试验，基本上没有精馏作用。将其馏出温度对馏出体积百分数作图，就得到了恩氏蒸馏(ASTM)曲线。恩氏蒸馏(ASTM)由于操作更为简单、费用低、需要的试样少，时间短[仅为实沸点(TBP)蒸馏的 1/10]等特点，应用更为广泛。

恩氏蒸馏(ASTM)已经实现了标准化，而实沸点蒸馏(TBP)操作步骤和实验设备都不尽相同。下面介绍一下常用的恩氏蒸馏(ASTM)曲线。

(1) ASTM D86：该方法应用于汽油、航空汽油、航空燃料、石脑油、煤油、柴油、直馏燃料油及相类似的石油产品。一般在常压下进行(101.3kPa)，且温度不需要修正。馏出温度对应于馏出体积分率作图，得到 ASTM D86 蒸馏曲线。

（2）ASTM D1160：该方法应用于重石油产品。在绝压最低至 0.133kPa(1mmHg)，液体最高加热至 398.9℃，部分或全部渐次汽化，并在试验压力下冷凝。该方法可在 1.33kPa［1mmHg(绝)］到 6.65kPa［50mmHg(绝)］之间进行，温度用热电偶测量。同样，用馏出温度对应于馏出体积分率作图，得到 ASTM D1160 曲线。

（3）ASTM D3710 曲线：该方法应用于确定汽油的沸点范围。一般适用于常压下，终馏点不高于 260℃。它是一种不同于 ASTM D2887 的气相色谱方法，该曲线是采用馏出温度对应于馏出体积分数作图。

（二）模拟蒸馏曲线(ASTM D2887)

ASTM D2887：模拟蒸馏是利用气相色谱得到的最为简单、重复性和一致性好，明确描述石油馏分沸点范围的一种方法。这种方法适用于常压下终馏点不超过 537.8℃的所有石油馏分。该方法还要求油品的初馏点至少为 38℃。图 2-2-1 表示出了为 ASTM D86 和 ASTM D2887 曲线的典型关系。模拟蒸馏曲线是采用馏出温度对应于馏出质量分率作图。

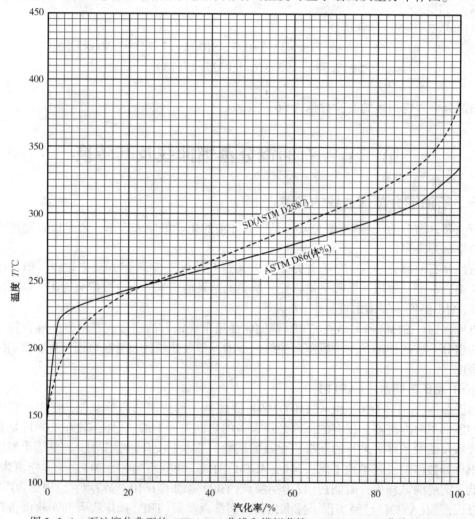

图 2-2-1　石油馏分典型的 ASTM D86 曲线和模拟蒸馏(ASTM D2887)曲线的关系

在 ASTM D86、D1160 和 D2887 蒸馏中，在蒸馏设备的底部都会有残留物质，残留物质的量为最初的装料体积与蒸馏出的物质与残留物质的和的差值。通常被称为"损失"，一般认为"损失"是进料中的未被冷凝下来的挥发物质。当恩氏蒸馏曲线转化为实沸点蒸馏曲线时，相应温度下的收率是馏出物和损失之和。

在加热条件下，石油馏分会发生热裂解。热裂解的数量和裂解程度除了和化学组成相关，还和沸点、时间、压力和温度相关。以前，认为需对 D86 曲线 246.1℃以上的点进行裂解修正，并有相关的修正公式，现在则不推荐进行修正。

（三）实沸点蒸馏曲线（TBP）

实沸点蒸馏一般是在 15 到 100 块理论板的分馏塔中以较高的回流比（5 或更高）进行的。由于分馏的精度很高，故可精确反映混合物中各种组分的分布，并反映出沸点的真实情况。因此实沸点蒸馏常用于原油评价、确定各种馏分的收率等。但其缺点是没有规范化的设备和统一的操作步骤。不过不同实验室得到的结果相差很小。图 2-2-2 为实沸点曲线与 ASTM D86 曲线的比较。

近些年出现了用气相色谱分析来得到原油和石油馏分的模拟实沸点数据的方法。例如：ASTM D2892 和 ASTM D5236。

ASTM D2892：该方法应用于雷氏蒸气压小于 82.7kPa 的稳定石油原料。一般应用含 14~18 块理论板的分馏柱，操作时回流比为 5。这种方法是实沸点蒸馏的一种，可以适用于沸点高于轻石脑油，而低于 399℃的任何石油产品。

ASTM D5236：该方法适用于初馏点高于 150℃的重烃类混合物，如重质原油、石油馏分、渣油及合成油的蒸馏过程。在全封闭的条件下，使用一个带有低压降雾沫分离器的蒸馏釜进行操作。由本方法获得的标准蒸馏曲线的切割温度最高能达到 565℃（对应于常压下），可能是常规蒸馏方法所能得到的最高温度。

应该注意，不同蒸馏方法得到的蒸馏曲线和馏分性质不能直接进行比较。

（四）平衡蒸发曲线（EFV）

平衡蒸发是在一定压力下确定温度-体积收率的相互关系的实验方法。在一定的平衡蒸发设备中，将油品在一定的压力下加热至一定温度，将平衡的汽液两相分开，即得到该温度下的汽化率。一系列的平衡蒸发实验即可作出平衡蒸发曲线（EFV）。平衡蒸发曲线（EFV）上的每一个点都代表了一个平衡分离过程。一定数量的平衡蒸发实验才能确定平衡蒸发曲线的形状。通常至少需要五个点。根据平衡蒸发曲线可以确定不同汽化率下的温度、泡点温度和露点温度等。图 2-2-2 中比较了石脑油-航煤组分的平衡蒸发曲线（EFV）与恩氏蒸馏曲线（ASTM）、实沸点蒸馏曲线（TBP）的区别。由于为了获得平衡蒸发曲线而进行的平衡闪蒸汽化实验工作量大，耗时长，因此一般通过其他曲线转换得到。

对于上述描述的 ASTM 标准蒸馏方法，其中恩氏蒸馏和实沸点蒸馏方法，我国已建立基本相对应的国家标准（见表 2-2-1），而模拟蒸馏方法至今尚无相应的国家标准。

表 2-2-1　与 ASTM 标准蒸馏方法相对应的国家标准

ASTM 标准	中国国家标准	标准名称
ASTM D86：2007a	GB/T 6536—2010	石油产品常压蒸馏特性测定法
ASTM D1160-95	GB/T 9168—1997	石油产品减压蒸馏特性测定法
ASTM D2892：2005	GB/T 17380—2009	原油蒸馏标准试验方法 15-理论板蒸馏柱
ASTM D5236-95	GB/T 17475—1998	重烃类混合物蒸馏试验方法 （真空釜式蒸馏法）

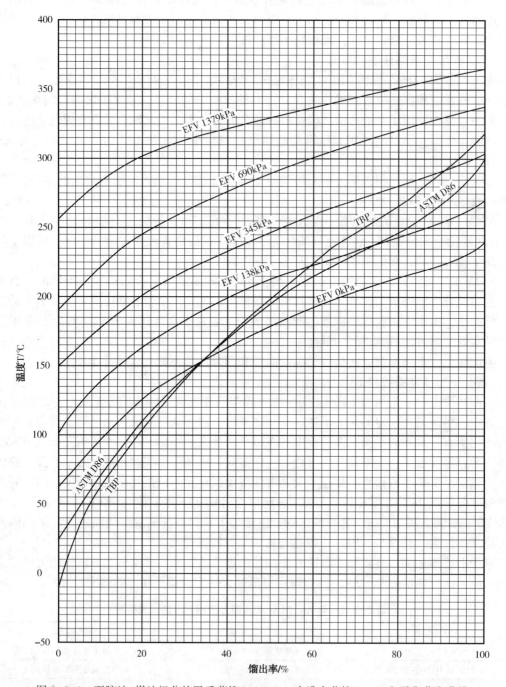

图 2-2-2　石脑油-煤油组分的恩氏蒸馏(ASTM)、实沸点蒸馏(TBP)和平衡蒸发曲线

二、蒸馏曲线的转换路径

由于取得三种蒸馏曲线数据所需花费的实验工作量有很大的差别，在实际工作中，往往需要从较易获得的恩氏蒸馏或实沸点蒸馏曲线换算得到平衡蒸发数据。此外，工作中也需要在这几种蒸馏曲线间的相互转换。

蒸馏曲线的转换一般分为半理论和经验两种方法。

蒸馏曲线转换的半理论方法，一般是将石油馏分分为一系列窄馏分，每一窄馏分用一个平均沸点来表示，并把它看成是一种虚拟的多组分混合物的一个组分。这种将石油馏分演变成一组窄馏分构成的多元混合物的方法，是现代石油气液平衡计算的基础。基于这种方法，可以容易地完成各种蒸馏曲线的转换。但是，由于这种转换计算需要通过较复杂的数学模型进行复杂的计算才能完成，一般都是通过计算机软件来实现的。因此，在本章中主要介绍利用经验方法进行的转换。表 2-2-2 为各种蒸馏曲线转换的相互关系。图 2-2-3 为各种曲线之间的转换路径。

表 2-2-2　各种蒸馏曲线转换的相互关系总结表

已有的数据		想要的数据		转化方法步骤（图 2-2-3）
品种	压力/kPa	品种	压力/kPa	
ASTM D2887(SD)	101.325	ASTM D86	101.325	4
ASTM D86	101.325	TBP	101.325	1
ASTM D1160	1.3332	TBP	1.3332	2
ASTM D1160	1.3332	TBP	101.325	2，5
ASTM D1160	1.3332	ASTM D86	101.325	2，5，1
TBP	1.3332	TBP	101.325	5
ASTM D2887(SD)	101.325	TBP	101.325	3
ASTM D1160	0.1333	TBP	101.325	5，2，5
ASTM D1160	0.1333	ASTM D86	101.325	5，2，5，1
ASTM D1160	13.332	TBP	101.325	5，2，5
ASTM D1160	13.332	ASTM D86	101.325	5，2，5，1
平衡蒸发曲线	101.325	ASTM D86	101.325	6
平衡蒸发曲线	101.325	TBP	101.325	7

备注：ASTM D86 只有在压力为 101.325kPa 下的温度有效。

本章中的转换步骤是相互关联的，在大多数情况是一致的。另外，所有预测的蒸馏曲线都具有合理的形状。图 2-2-3 和表 2-2-2 给出了各种曲线间转换的方法。值得注意的是，在某些情况下，有两种方法可以选择。以下分别介绍各种蒸馏曲线的转换步骤。

步骤 1 可以实现恩氏蒸馏曲线（ASTM D86）和实沸点蒸馏曲线（TBP）的转换。

步骤 2 可以实现 1.33kPa 压力下恩氏蒸馏曲线（ASTM D1160）与 TBP 曲线的转换。利用步骤 5 还可以将低于常压的实沸点蒸馏曲线（TBP）转换为常压下 TBP 曲线。仅在没有 ASTM D86 或模拟蒸馏曲线的情况下，才推荐用这种方法来获得 TBP 蒸馏曲线。虽然转换方法较合理，但因没有足够多的实验室数据，此方法未能经实验验证。

步骤 3 可以非常精确地实现模拟蒸馏曲线（ASTM D2887）和实沸点蒸馏曲线（TBP）的转换。模拟蒸馏曲线（ASTM D2887）和实沸点蒸馏曲线（TBP）作用相当，在很多炼油厂，已经用 D2887 直接作为 TBP 的输入, 用于模拟和计算。模拟蒸馏曲线与实沸点蒸馏曲线也可通过两步进行(步骤4和步骤1), 结果稍有偏差。详见第五节。

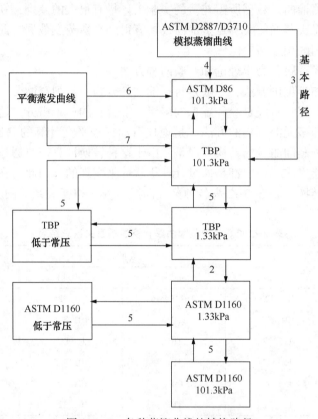

图 2-2-3　各种蒸馏曲线的转换路径

步骤 4 可以实现模拟蒸馏曲线(ASTM D2887)和恩氏蒸馏曲线(ASTM D86)的转换。该转换步骤不能用于石油馏分的 D86 蒸馏温度高于 316℃ 的情况。从 D2887 转换到 D86 有两种方法可以选择, 详见第六节。转换方法来源于煤油, 航空燃料和柴油组分数据。

平衡蒸发曲线比 ASTM 和 TBP 曲线数据的复现性强, 但通常用不同类型的仪器, 在操作中也存在一定的差异。在第七章中将介绍利用 SRK 方程进行闪蒸和相平衡常数 K 的计算[17]。

需要强调的是, 对于下面介绍的一些蒸馏曲线换算图表, 虽然目前应用较为广泛, 但是不能盲目依赖。首先, 这些图表的基础数据有很大的局限性: 原油性质、馏分宽窄等都不具有代表性; 其次, 各种蒸馏设备没有标准化, 数据符合程度较低。当所需换算的油品性质、馏分范围、蒸馏条件与图表绘制的基础数据有较大的差别时, 就难免导致较大的误差, 甚至无法应用。最后, 这些图表只适用于含很多组分而具有平滑的蒸馏曲线的烃类馏分, 对于由少量的沸点相差悬殊的组分组成的混合物不能应用。因此, 在使用这些图表时必须对转换曲线的局限性有足够的认识。

三、恩氏蒸馏曲线(ASTM D86)与常压下实沸点蒸馏曲线(TBP)的互换

式(2-2-1)可用于 ASTM D86 曲线 50% 点温度转换为 TBP 曲线 50% 点温度[14]。

$$TBP(50) = 0.8851 \times [ASTM\ D86(50) + 17.78]^{1.0258} - 17.78 \qquad (2-2-1)$$

式中　TBP(50)——TBP 曲线 50%(体)温度,℃;

ASTM D86(50)——已知的 ASTM D86 曲线 50%(体)温度,℃。

式(2-2-2)可用于确定相邻切割点之间的差值。

$$Y_i = A \times (X_i)^B$$

$$X_i = \left(\frac{Y_i}{A}\right)^{\frac{1}{B}} \tag{2-2-2}$$

式中　Y_i——TBP 曲线相邻切割点的温度差值,℃;

　　　X_i——ASTM D86 曲线相邻切割点的温度差值,℃;

　　　A、B——与切割点范围有关的常数,详见表 2-2-3。

表 2-2-3　与切割点范围有关的常数 A 和 B

i	切点范围	A	B	最大允许 X_i,℃
1	100%~90%	0.17396	1.6606	-
2	90%~70%	2.6339	0.75497	37.8
3	70%~50%	2.2744	0.82002	65.6
4	50%~30%	2.6956	0.80076	121.1
5	30%~10%	4.1481	0.71644	121.1
6	10%~0%	5.8589	0.60244	37.8

可利用表 2-2-4 中的公式可有效估算 TBP 曲线中任意切割点温度。

第一步:利用式(2-2-1)计算 TBP 曲线 50%(体)切割点温度;

第二步:利用式(2-2-2)计算 TBP 曲线中所需的温差;

第三步:利用表 2-2-4 中的算式计算 TBP 曲线中需要的切割点温度。

表 2-2-4　TBP 曲线切割点温度估算

换 算 公 式
$TBP(0) = TBP(50) - Y_4 - Y_5 - Y_6$
$TBP(10) = TBP(50) - Y_4 - Y_5$
$TBP(30) = TBP(50) - Y_4$
$TBP(70) = TBP(50) + Y_3$
$TBP(90) = TBP(50) + Y_3 + Y_2$
$TBP(100) = TBP(50) + Y_3 + Y_2 + Y_1$

同样,可以将 TBP 曲线转换为 ASTM D86 曲线。例如:式(2-2-1)可变为:

$$ASTMD86(50) = \exp\left[\frac{\ln\left(\frac{TBP(50)+17.78}{0.8851}\right)}{1.0258}\right] - 17.78 \tag{2-2-3}$$

其他的公式也可以进行相应的变化,实现 TBP 曲线转换为 ASTM D86 曲线。不再一一赘述。

该步骤的目的是用手算或计算机来实现常压 TBP 曲线和恩氏蒸馏(ASTM D86)曲线之间的转换。

由于高沸点馏分的实验数据会发散,因此要保证 ASTM D86 曲线 50%切割点的温度不高于 248.9℃。有实验表明也可外推至 ASTM D86 曲线 50%切割点的温度为 315.6℃。但外推数据时，要慎重。同时，初馏点和终馏点有可能缺少或不够准确。这些数值只能做粗略的估算。

估算数据与实验数据的偏差见表 2-2-5。

表 2-2-5 估算数据与实验数据的偏差

馏出体积分数/%	TBP（估算）-TBP（实验）	
	平均误差/℃	偏差/℃
0	12.2	-4.3
10	5	-1
30	3.2	-0.2
50	2.6	-0.06
70	3.1	-0.6
90	3.9	-1.3
100	2.3	-2.2

在研究中使用了 71 组数据。平均误差是指多组估算数据与实验数据差值的总和除以数据组数，即多组估算数据与实验数据差值的算术平均数。偏差是指各组估算数据与实验数据实际的差值的加和。

此方法是由众多的实验数据推导而得，被认为是适用于各种蒸馏曲线的相互转换的最好方法。还可以根据进一步的实验数据，修正公式中的常数。另外，在使用前，也可用自己的数据校核此关联式。

【例 2-2-1】 ASTM D86 曲线实验数据见下表，请将恩氏蒸馏（ASTM D86）曲线转换为实沸点蒸馏（TBP）曲线。作为比较，常压下 TBP 曲线实验数据也列在下表中。

ASTM D86 曲线和 TBP 曲线实验数据

馏出体积分数/%	10	30	50	70	90
ASTM D86/℃	176.7	193.3	206.7	222.8	242.8
TBP/℃	160.6	188.3	209.4	230.6	255.0

解：

（1）根据式（2-2-1）计算可得：

$$TBP(50) = 0.8851 \times (206.7 + 17.78)^{1.0258} - 17.78$$
$$= 210.7℃$$

（2）根据式（2-2-2）中公式计算 30%切割点温度：

$$X_4 = 206.7 - 193.3 = 13.4$$
$$Y_4 = 2.6956 \times 13.4^{0.80076}$$
$$= 21.5℃$$

（3）应用表 2-2-4 中 TBP 曲线切割点估算中的公式估算 30%点的温度。

$$TBP(30) = TBP(50) - Y_4 = 210.7 - 21.5 = 189.2℃$$

（4）同样，根据式（2-2-2）和表 2-2-4 计算其他切割点的温度：

$$Y_2 = 25.3℃$$

$$Y_3 = 22.2℃$$

$$Y_5 = 31.0℃$$

$$TBP(10) = 158.2℃$$

$$TBP(70) = 232.9℃$$

$$TBP(90) = 258.2℃$$

另外，实验测定的 TBP 温度可以转换为 ASTM D86 曲线，仅以 30% 和 50% 点的转换为例：

解：

（1）利用式（2-2-3）转换 TBP 曲线 50% 点温度

$$ASTMD86(50) = \exp\left[\frac{\ln\left(\frac{209.4+17.78}{0.8851}\right)}{1.0258}\right] - 17.78$$

$$= 205.5℃$$

利用式（2-2-2）确定 50% 点至 30% 点 ASTM 曲线的增量

$$Y_4 = 209.4 - 188.3 = 21.1$$

$$X_4 = \left(\frac{21.1}{2.6956}\right)^{\frac{1}{0.80076}}$$

$$= 13.1℃$$

（2）ASTM D86(30) = ASTM D86(50) $-X_4$

$$= 205.5 - 13.1$$

$$= 192.4℃$$

四、ASTM D1160 与 1.33kPa 压力下 TBP 曲线的互换

在 1.33kPa（绝）下，利用图 2-2-4 实现 ASTM D1160 曲线与 TBP 曲线的转换[1]。互换计算时，认为 ASTM D1160 的 50%（体）点的温度与 1.33kPa 下 TBP 的 50%（体）点的温度相等，即 ASTM D1160(50) = 1.33kPa TBP(50)。

由于缺乏数据，无法评估偏差。但已有的参考资料表明该方法预测的数据与实际数值相差不超过 13.9 ℃。

【例 2-2-2】　利用下面所列的石油馏分在 1.33kPa 压力下 ASTM D1160 曲线对应温度来估算 1.33kPa 压力下 TBP 曲线。

馏出体积分数/%	10	30	50	70	90
温度/℃	148.9	204.4	246.1	287.8	343.3

解：

（1）利用图 2-2-4，找出 1.33kPa 压力下 TBP 曲线与 1.33kPa 压力下 ASTM D1160 曲线各段之间温度差的对应关系。

曲线段（体）/%	1.33kPa ASTM D1160/℃	1.33kPa TBP/℃
10~30	55.5	58.9

续表

曲线段(体)/%	1.33kPa ASTM D1160/℃	1.33kPa TBP/℃
30~50	41.7	45.6
50~70	41.7	41.7
70~90	55.5	55.6

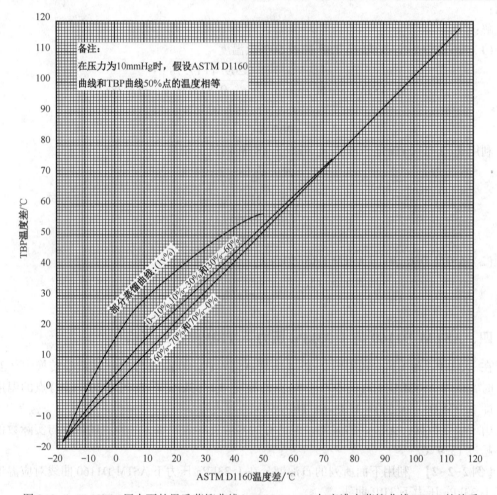

图 2-2-4　1.33kPa 压力下的恩氏蒸馏曲线(ASTM D1160)与实沸点蒸馏曲线(TBP)的关系

（2）因此 TBP 曲线可以通过计算得到。假设 1.33kPa 压力下 TBP 曲线与 1.33kPa 压力下 ASTM D1160 曲线 50% 的温度是一致的，故 50% 点的温度为 246.1℃：

30% 点温度 = 246.1-45.6 = 200.5℃

70% 点温度 = 246.1+41.7 = 287.8℃

10% 点温度 = 200.5-58.9 = 141.6℃

90% 点温度 = 287.8+55.6 = 343.4℃

五、ASTM D2887 转换为常压 TBP 曲线

一般认为，实沸点蒸馏曲线(TBP)50%(体)的温度与模拟蒸馏曲线(ASTM D2887)50%

的温度相一致，见式(2-2-4)[14]

$$TBP(50) = SD(50) \tag{2-2-4}$$

式中　TBP(50)——TBP 曲线中 50%(体)切割点对应温度,℃;

　　　SD(50)——模拟蒸馏曲线中 50%切割点对应温度,℃。

用式(2-2-5)来确定相邻切割点间的差值[14]:

$$W_i = C V_i^D \tag{2-2-5}$$

式中　W_i——实沸点蒸馏曲线两个切割点之间的差值,℃;

　　　V_i——模拟蒸馏曲线两个切割点之间的差值,℃;

　　C, D——与切割范围相关的常数,见表 2-2-6。

表 2-2-6　与切割范围相关的常数 C 和 D

i	切割点范围	C	D	最大允许 V_i/℃
1	100%~95%	0.03849	1.9733	16.7
2	95%~90%	0.90427	0.8723	22.2
3	90%~70%	0.37475	1.2938	41.7
4	70%~50%	0.25088	1.3975	41.7
5	50%~30%	0.08055	1.6988	41.7
6	30%~10%	0.021746	2.0253	41.7
7	10%~5%	0.20312	1.4296	22.2

利用表 2-2-7 中的公式可有效估算 TBP 曲线中任何切割点温度:

第一步:利用式(2-2-4)计算 TBP 曲线 50%(体)切割点温度;

第二步:利用式(2-2-5)计算 TBP 曲线中所需的温差;

第三步:利用表 2-2-7 中的算式计算 TBP 曲线中需要的切割点温度。

表 2-2-7　TBP 曲线切割点温度估算

换 算 公 式
$TBP(5) = TBP(50) - W_5 - W_6 - W_7$
$TBP(10) = TBP(50) - W_5 - W_6$
$TBP(30) = TBP(50) - W_5$
$TBP(70) = TBP(50) + W_4$
$TBP(90) = TBP(50) + W_4 + W_3$
$TBP(95) = TBP(50) + W_4 + W_3 + W_2$
$TBP(100) = TBP(50) + W_4 + W_3 + W_2 + W_1$

该步骤的目的是用手算或计算机来实现模拟蒸馏(ASTM D2887)曲线转换为常压 TBP 曲线。

本方法适用于实沸点蒸馏曲线(TBP)50%切割点温度在 121.1℃ 到 371.1℃ 之间,不推荐进行数据外推。同时,终馏点有可能不够准确,这些数值只能做粗略的估算。

估算数据与实验数据之间的误差见表 2-2-8。

表 2-2-8　估算数据与实验数据之间的误差

蒸馏体积分数/%	TBP(估算)－TBP(实验)	
	平均误差/℃	偏差/℃
5	12.1	1.2
10	10.9	0.1
30	6.8	0.6
50	5.3	0.3
70	6.1	-0.8
90	7.0	-0.8
95	6.7	-1.4
100	4.5	-4.4

采用了 21 组数据推导出本方法，其中 100%点只有 8 组数据。初馏点没有包含其中，因为数据很发散，故关联性不强。

此方法是由众多的实验数据推导而得，被认为是适用于各种蒸馏曲线的相互转换的最好方法。还可以根据进一步的实验数据，修正公式中的常数。另外，用户在使用前，也可用自己的数据核算此关联式。

表 2-2-9 中为两种转换方法的误差分析对比。二步法指将模拟蒸馏(SD)数据转换为 ASTM D86 数据，再由 ASTM D86 数据转换为 TBP 数据；一步法指直接将模拟蒸馏(SD)数据转换为 TBP 数据。测试了同时具有 ASTM D86、TBP 和 SD 的 19 组数据，认为对于 TBP 低于 315.6℃的馏分，两种方法给出等效的结果。因此二步法要求终馏点低于 315.6℃。

表 2-2-9　模拟蒸馏(SD)数据转换为 TBP 数据的两种方法误差分析(一步法和二步法)

体积分数/%	数据点/℃	二步法误差/℃		一步法误差/℃	
		平均	偏离	平均	偏离
0	18	17.9	-16.1		
10	19	6.8	-5.1	10.9	0.1
30	19	4.7	-1.5	6.8	0.6
50	19	4.1	0.2	5.3	0.3
70	19	5.0	1.3	6.1	-0.8
90	19	6.3	1.7	7.0	-0.8
100	8	3.1	2.5	4.5	-4.4

【例 2-2-3】　下表中给出了某石油馏分的模拟蒸馏(SD)数据用来估算常压 TBP 曲线，实验 TBP 温度值也列在该表中，作为比较。

蒸馏体积分数/%	5	10	30	50	70	90	95
SD/℃	145.0	151.7	162.2	168.9	173.3	181.7	187.2
TBP/℃	160.6	161.1	163.3	166.7	169.4	173.9	175.6

解：

(1) 利用式(2-2-4)

$$TBP(50) = SD(50) = 168.9℃$$

（2）利用式（2-2-5）

其中 $V_5 = 6.7℃$

$$W_5 = 0.08055 \times (6.7)^{1.6988}$$
$$= 2.04℃$$

（3）利用表 2-2-7 估算 30% 的温度

$$\text{TBP}(30) = \text{TBP}(50) - W_5$$
$$= 168.9 - 2.04$$
$$= 166.86℃$$

同样利用上述式（2-2-5）和表 2-2-7 计算其他点的温度：

$W_2 = 4.0℃$　　$\text{TBP}(95) = 168.9 + 1.99 + 5.88 + 4 = 180.8℃$

$W_3 = 5.88℃$　　$\text{TBP}(90) = 168.9 + 1.99 + 5.88 = 176.8℃$

$W_4 = 1.99℃$　　$\text{TBP}(70) = 168.9 + 1.99 = 170.9℃$

$W_6 = 2.54℃$　　$\text{TBP}(10) = 168.9 - 2.04 - 2.54 = 164.3℃$

$W_7 = 3.08℃$　　$\text{TBP}(5) = 168.9 - 2.04 - 2.54 - 3.08 = 161.2℃$

六、ASTM D2887 转换为 ASTM D86

恩氏蒸馏曲线（ASTM D86）数据的 50%（体）切割点对应的温度可以由模拟蒸馏（ASTM D2887）数据的 50% 切割点对应的温度计算得到[14]：

$$\text{ASTM}(50) = 0.79424 \times [\text{SD}(50) + 17.78]^{1.0395} - 17.78 \qquad (2\text{-}2\text{-}6)$$

式中　ASTM(50)——ASTM D86 曲线中 50%（体）切割点对应温度，℃；

　　　SD(50)——模拟蒸馏（SD）曲线中 50% 切割点对应温度，℃。

用式（2-2-7）来确定相邻切割点间的差值[14]：

$$U_i = E\,T_i^{F} \qquad (2\text{-}2\text{-}7)$$

式中　U_i——ASTM D86 蒸馏曲线两个切割点之间的差值，℃；

　　　T_i——模拟蒸馏（SD）曲线两个切割点之间的差值，℃；

　　E，F——与切割范围相关的常数，见表 2-2-10。

表 2-2-10　与切割范围相关的常数 E 和 F

i	切割点范围	E	F	最大允许 $T_i/℃$
1	100%～90%	2.1309	0.65962	55.6
2	90%～70%	0.35326	1.2341	55.6
3	70%～50%	0.19121	1.4287	55.6
4	50%～30%	0.10949	1.5386	55.6
5	30%～10%	0.08227	1.5176	83.3
6	10%～0%	0.32810	1.1259	83.3

利用表 2-2-11 中的公式可有效估算 ASTM D86 曲线中任何切割点温度：

第一步：利用式（2-2-6）计算 ASTM D86 曲线 50%（体）切割点温度；

第二步：利用式（2-2-7）计算 ASTM D86 曲线中所需的温差；

第三步：利用表 2-2-11 中的算式计算 ASTM D86 曲线中需要的切割点温度。

表 2-2-11　ASTM D86 曲线切割点温度估算

换 算 公 式
$ASTM(0) = ASTM(50) - U_4 - U_5 - U_6$
$ASTM(10) = ASTM(50) - U_4 - U_5$
$ASTM(30) = ASTM(50) - U_4$
$ASTM(70) = ASTM(50) + U_3$
$ASTM(90) = ASTM(50) + U_3 + U_2$
$ASTM(100) = ASTM(50) + U_3 + U_2 + U_1$

该步骤的目的是用手算或计算机来实现模拟蒸馏(ASTM D2887)曲线转换为常压 ASTM D86 曲线。

推导本方法时使用了 ASTM D86 曲线 50% 切割点温度在 65.6℃ 到 315.6℃ 之间的数据。尽管外延计算结果比较让人满意，但不推荐应用于超出上述温度范围的蒸馏数据。有数据表明，沸点超过 315.6℃ 时，误差明显增大。由于初馏点和终馏点不精确，转换后这两点的温度只能作为粗略估算，而不应用于设计。

ASTM D86 曲线估算数据与实验数据之间的误差见表 2-2-12。

表 2-2-12　估算数据与实验数据之间的误差

蒸馏体积分数/%	TBP(估算)-TBP(实验)	
	平均误差/℃	偏差/℃
0	11.9	4.4
10	4.8	1.8
30	2.9	0.5
50	4.3	<0.06
70	2.5	-0.06
90	5.3	-1.0
100	10.8	-5.3

此方法是由 125 组实验数据推导而得，被认为是适用于各种蒸馏曲线的相互转换的最好方法。还可以根据进一步的实验数据，修正公式中的常数。另外，用户在使用前，也可用自己的数据核算此关联式。该转换方法还可以用于 ASTM D3710 数据转换为 ASTM D86 数据，但可靠性未知。

【例 2-2-4】　下表中给出了某石油馏分的模拟蒸馏(SD)数据用来估算常压 ASTM D86 曲线，实验 ASTM D86 曲线温度值也列在该表中，作为比较。

体积分数/%	0	10	30	50	70	90	100
SD/℃	25.0	33.9	64.4	101.7	140.6	182.2	208.9
ASTM D86/℃	40.0	56.7	72.8	97.8	131.7	168.3	198.9

解：

由给出数据可知：SD(50) = 101.7℃

利用式(2-2-6)

$$ASTM(50) = 0.79424 \times [101.7+17.78]^{1.0395}-17.78$$
$$= 96.85℃$$

利用式(2-2-7)

由给出数据可知：
$$T_4 = 37.3℃$$
$$U_4 = 0.10949 \times 37.3^{1.5386}$$
$$= 28.68℃$$

利用表 2-2-11 估算 30% 的温度
$$ASTM(30) = 96.85-28.68$$
$$ASTM(30) = 68.17℃$$

同样利用上述式(2-2-7)和表 2-2-11 计算其他点的温度：

$U_1 = 18.60℃$　　　$ASTM(100) = 96.85+35.73+35.17+18.60 = 186.4℃$

$U_2 = 35.17℃$　　　$ASTM(90) = 96.85+35.73+35.17 = 167.8℃$

$U_3 = 35.73℃$　　　$ASTM(70) = 96.85+35.73 = 132.6℃$

$U_5 = 14.72℃$　　　$ASTM(10) = 96.85-28.68-14.72 = 53.5℃$

$U_6 = 3.85℃$　　　$ASTM(0) = 96.85-28.68-14.72-3.85 = 49.6℃$

七、常压和低于常压蒸馏数据的互换

本方法应用于常压(760mmHg)和低于常压(通常为 1mmHg，10mmHg，100mmHg)的恩氏蒸馏曲线(ASTM)和实沸点蒸馏曲线(TBP)之间的转换。

(一) 低于常压

第一步：假定石油馏分的 K 值为 12，利用第四章第三节之二的查图预测法转换数据。

第二步：由于 K 值为 12，不需要 K 值校正。

(二) 常压下

第一步：如果石油馏分的相对密度和中平均沸点已知或可计算得到，那么用式(2-1-19)计算 K 值，否则假定 K 值为 12。

第二步：遵循第四章第三节之二的查图预测法转换数据。

该步骤的目的是用手算或计算机来实现从一个压力到另一个压力(最高到常压)的 ASTM 曲线和 TBP 蒸馏曲线之间的转换。

如果 K 值为 12，对于芳香族馏分，误差值会更大。

【例 2-2-5】　下表中为 API 度为 31.4 的 Saudi Arabian(沙特)原油的扩展 TBP 数据。四个 TBP 实验数据也在下表中列出：

测量的 TBP 值/℃	压力/kPa	蒸馏体积分数/%	API 度
232.2	101.325	30	44.5
122.2	1.33	34	40.8
239.4	1.33	58	26.3
206.1	0.133	62	24.7

在 0.133kPa，1.33kPa 和 101.325kPa 下将以上数据转换为蒸馏曲线温度。

解：

尽管在这个例子中并不是必要条件，但可以从图 4-3-3 纯烃和石油窄馏分蒸气压图中根据估算 K=12 直接读出结果。在一个压力下测量的温度可以转化为其他两个压力下的蒸馏曲线温度，以下为结果汇总：

蒸馏体积分数/%	30	34	58	62
压力/kPa	TBP/℃			
101.325	232.2①	255.6	394.4	416.7
1.33	103.3	122.2①	239.4①	258.9
0.133	79.4	79.4	187.8	206.1①

①实验值。

每个压力下均显示出良好的一致性。这个例子中，利用式(2-1-19)可以计算出第一个点所对应的 K 值，并可应用于第四章第三节之二的查图预测法中。

$$K = \frac{(1.8 \times 232.2 + 491.67)^{1/3}}{[141.5/(131.5 + 44.5)]}$$
$$= 12.05$$

假如整个原油的 $MeABP$ 为 325℃，可知原油的 K 为 11.8。可以用作在低于常压蒸馏时估算数据的依据。

八、平衡蒸发曲线

在一定的平衡蒸发设备中，将油品在一定的压力下加热至一定温度，将平衡的气液两相分开，即得到该温度下的汽化率。一系列的平衡蒸发试验(至少五次以上)即可作出平衡蒸发曲线。根据平衡蒸发曲线可以确定不同汽化率下的温度(例如分馏塔的汽化段温度)和泡点(塔底和侧线温度)、露点(塔顶温度)温度等。但是平衡蒸发曲线的绘制需要做大量的工作，一般可通过恩氏蒸馏曲线和实沸点蒸馏曲线来换算得到。

(一) 常压恩氏蒸馏曲线和平衡蒸发曲线的相互换算

利用图 2-2-5 和图 2-2-6 进行常压恩氏蒸馏曲线(ASTM)和平衡蒸发曲线之间的转换[1]。

利用图 2-2-5，由 ASTM D86 曲线中 50% 点温度和 10% 与 70% 点温度之间的斜率求得两种曲线 50% 点的差值，获得平衡蒸发 50% 点的温度。再将 ASTM D86 蒸馏曲线分为若干线段(如 0~10%、10%~30%、30%~50%、50%~70%、70%~90% 和 90%~100%)，用每段温度差值，在图 2-2-6 上的相应曲线上获得与平衡蒸发曲线相应段的温度差。然后，以两种蒸馏曲线 50% 点温度和温差为基点，完成加减运算获得相应馏出点的温度。

1985 年 Raizi 提出使用式(2-2-8)或式(2-2-9)实现常压恩氏蒸馏 ASTM D86 曲线与常压平衡汽化曲线的相互换算[10]。

$$t_{EFV} = a \, (t_{D86})^b \, d_{15.6}^{15.6} \tag{2-2-8}$$
$$t_{D86} = a^{(-1/b)} \, (t_{EFV})^{(1/b)} \, d_{15.6}^{15.6(-c/b)} \tag{2-2-9}$$

式中　t_{D86}——ASTM D86 各馏出体积分数下的温度，℃；

t_{EFV}——常压平衡汽化曲线各馏出体积分数下的温度，℃；

$d_{15.6}^{15.6}$——相对密度，15.6℃/15.6℃。

当缺乏相对密度数据，同时又不能使用其他密度推算方法估算时，可以使用下列公式估算：

$$d_{15.6}^{15.6} = 0.083423 \, (t_{D86,10})^{0.10731} \, (t_{D86,50})^{0.26288} \tag{2-2-10}$$

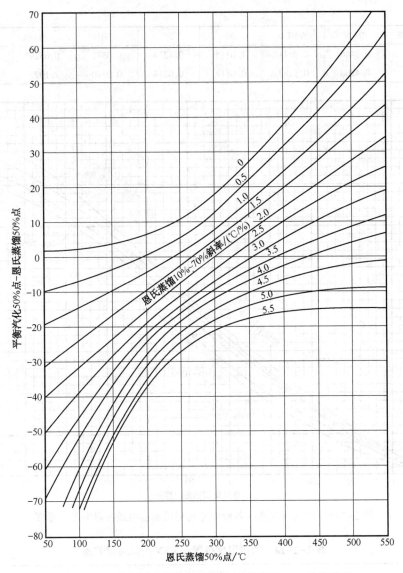

图 2-2-5　常压恩氏蒸馏 50%点与平衡蒸发 50%点关系图

$$d_{15.6}^{15.6} = 0.091377 \, (t_{EFV,10})^{-0.01534} (t_{EFV,50})^{0.36844} \qquad (2-2-11)$$

式中　$t_{D86,10}$——ASTM D86 馏出 10%体积下的温度，K；

　　　$t_{D86,50}$——ASTM D86 馏出 50%体积下的温度，K；

　　　$t_{EFV,10}$——EFV 10%体积下的温度，K；

　　　$t_{EFV,50}$——EFV 50%体积下的温度，K；

　　a，b，c——与馏出体积有关的关联系数，数值列于表 2-2-13。

　　本换算方法仅适用于表 2-2-14 中所列的温度范围，偶尔在端点处会发生严重误差。使用文献数据评价平衡汽化估算值和实验值之间的温度偏差也见表 2-2-14。

表 2-2-13　关联系数 a、b 和 c 的值

馏出量(体)/%	0~5	10	30	50	70	90	95~100
a	2.97481	1.44594	0.85060	3.26805	8.28734	10.62656	7.99502

馏出量(体)/%	0~5	10	30	50	70	90	95~100
b	0.8466	0.9511	1.0315	0.8274	0.6871	0.6529	0.6949
c	0.4208	0.1287	0.0817	0.6214	0.9340	1.1025	1.0737

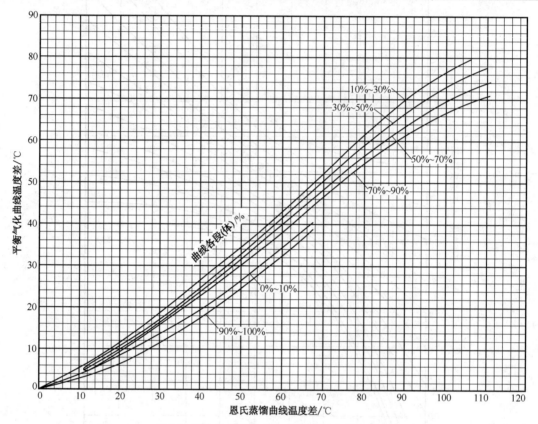

图 2-2-6　平衡汽化曲线各段温差与恩氏蒸馏曲线各段温差关系图

表 2-2-14　适用温度范围和 EFV 测试温度偏差

馏出量(体)/%	适用温度范围/℃		测试 EFV 偏差温度/℃
	ASTM D86	EFV	
0	10~265.6	48.9~298.9	10.0
10	62.8~322.2	79.4~348.9	4.4
30	93.3~340.6	97.8~358.9	4.4
50	112.8~354.4	106.7~366.7	6.1
70	131.1~399.4	118.3~375.6	7.2
90	162.8~465.0	133.9~404.4	5.6
100	187.8~484.4	146.1~433.3	6.1(95%)

据若干实验数据核对，计算值与实验值之间的偏差在 8.3℃ 以内。

（二）常压实沸点蒸馏曲线与平衡汽化曲线的换算

利用图 2-2-7 和图 2-2-8 进行常压实沸点蒸馏曲线(TBP)和平衡蒸发曲线之间的转换[1]。

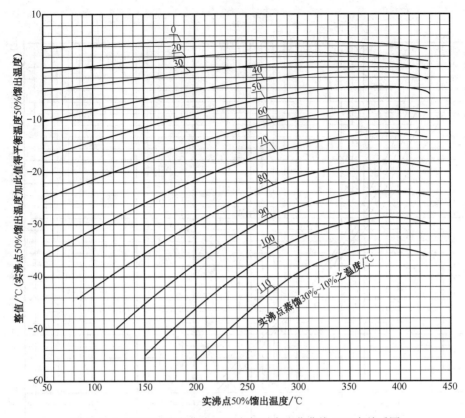

图 2-2-7 常压实沸点曲线 50% 点与平衡汽化曲线 50% 点关系图

可通过以下步骤进行转换：

首先在图 2-2-7 上将实沸点蒸馏曲线 50% 点温度和 30%～10% 之间温差求得平衡汽化曲线 50% 点温度的换算。再将该蒸馏曲线分为若干线段（如 0～10%，10%～30%，30%～50%，50%～70%，70%～90% 和 90%～100%），用每段温度差值，在图 2-2-8 上的相应曲线上获得与平衡蒸发曲线相应段的温度差。然后，以两种蒸馏曲线 50% 点温度和温差为基点，完成加减运算获得相应馏出点的温度。

需要指出，从 1987 年起美国石油学会编制的石油炼制技术数据手册中不再发布由常压实沸点蒸馏曲线直接转换为常压平衡汽化曲线的换算图表或关联式。认为要完成这样的转换需要先由常压实沸点蒸馏曲线转换为常压恩氏蒸馏 ASTM D86 曲线，然后再由 ASTM D86 曲线转换为常压平衡汽化曲线。本书列出转换图表仅作为介绍和参考[18]。

九、蒸馏曲线坐标纸

（一）恩氏蒸馏曲线坐标纸

图 2-2-9 和图 2-2-10 为恩氏蒸馏曲线坐标纸，其横轴为正态概率坐标，纵轴为算术坐标[1]。对于较窄的馏分，绘出的恩氏蒸馏曲线十分接近于直线；对于较宽的馏分也比较接近于直线。因此可以通过不完全的恩氏蒸馏数据在该图上作出直线，从而读出其他各点馏出温度。适用于馏分不太宽，组成均匀的直馏或裂化油品。

实沸点蒸馏数据在该图上绘制时，也接近于一条直线。

本图也可用来从恩氏蒸馏数据换算实沸点蒸馏数据。

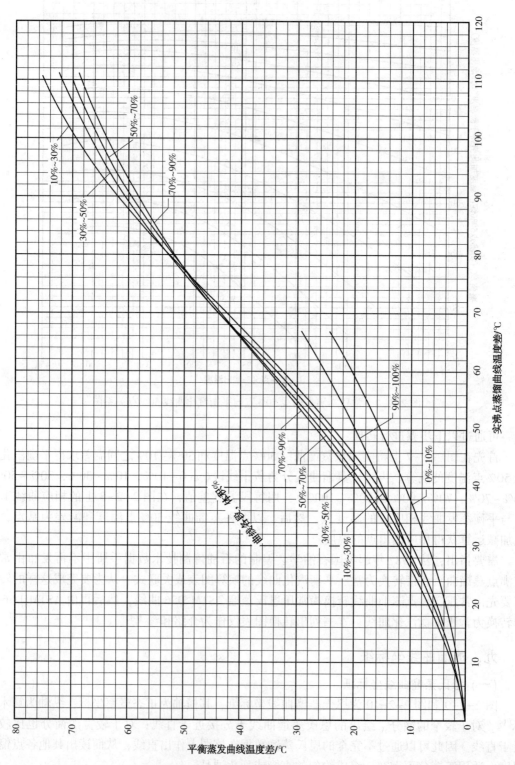

图 2-2-8 常压平衡汽化曲线各段温度差与实沸点蒸馏各段温度差关系图

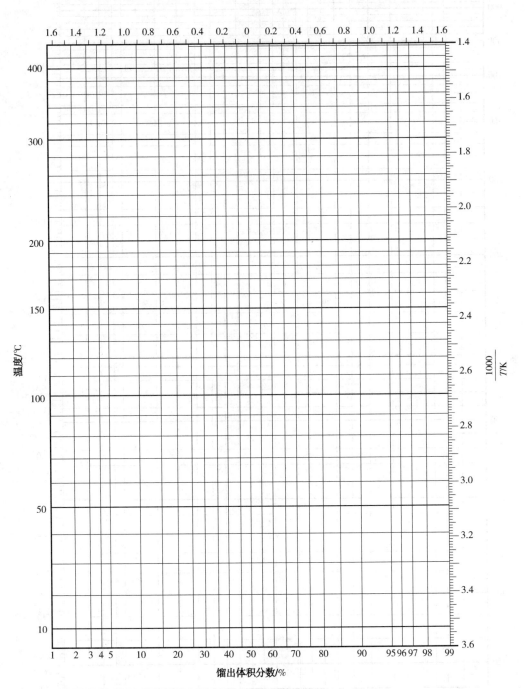

图 2-2-9 恩氏蒸馏曲线坐标纸(0~400℃)

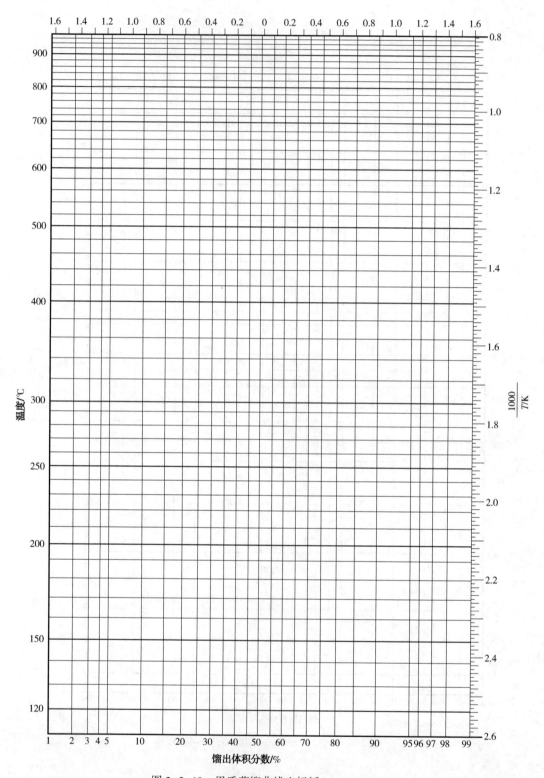

图 2-2-10　恩氏蒸馏曲线坐标纸（110~900℃）

可通过以下步骤进行转换[19]:

首先将恩氏蒸馏数据在图上标绘,得到一条直线;在此直线上读出 50%、84%、16%点温度。然后由式(2-2-12)求出实沸点 50%、84% 及 16%点的温度

$$t_{50}^{T} = t_{50}^{x} + \Delta t$$

$$t_{84}^{T} = t_{50}^{T} + \alpha(t_{84}^{x} - t_{50}^{x}) \qquad (2-2-12)$$

$$t_{16}^{T} = t_{50}^{T} - \alpha(t_{84}^{x} - t_{16}^{x})$$

式中　t_{50}^{T}、t_{84}^{T}、t_{16}^{T}——实沸点 50%、84%、16%点温度,℃;

　　　t_{50}^{x}、t_{84}^{x}、t_{16}^{x}——恩氏蒸馏 50%、84%、16%点温度,℃;

　　　Δt——实沸点与恩氏温度 50%点温度差,℃;

　　　α——系数。

求出三点实沸点数据后,即可在图 2-2-9 上绘出实沸点蒸馏曲线(也是一条直线)。

Δt 和 α 值视油品而异,需要由实验求定;目前尚未掌握其规律性。下面列出某些原油的 Δt 和 α 值。

原油来源	Δt	α	原油来源	Δt	α
大庆原油	88	0.71	胜利原油	55	0.67

此方法求出的数据与实测值比较,误差最大约 20%。

(二) 平衡蒸发曲线坐标纸

图 2-2-11 和图 2-2-12 为平衡蒸发曲线坐标纸,主要用来绘制石油馏分的相图,从而确定高于常压条件下的平衡蒸发数据[1]。

此图的纵坐标是压力的对数值,横坐标是绝对温度的倒数。

此法只适用于临界温度以下,而且不能用于减压。此法有时能产生重大误差。

根据实验数据校核,当所采用的常压平衡蒸发数据为实验值时,误差小于 11℃。若采用的常压平衡蒸发数据系用经验方法换算得到的,则误差在 14℃ 以内。接近临界区时,此图不可靠。

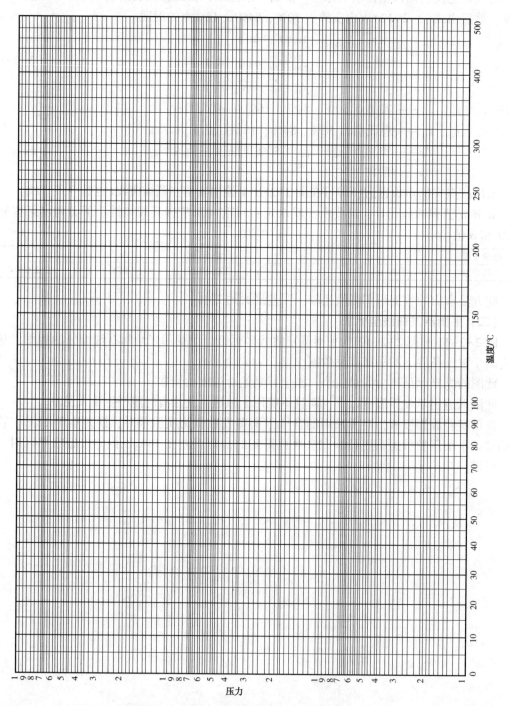

图 2-2-11 平衡蒸发曲线坐标纸(0~500℃)

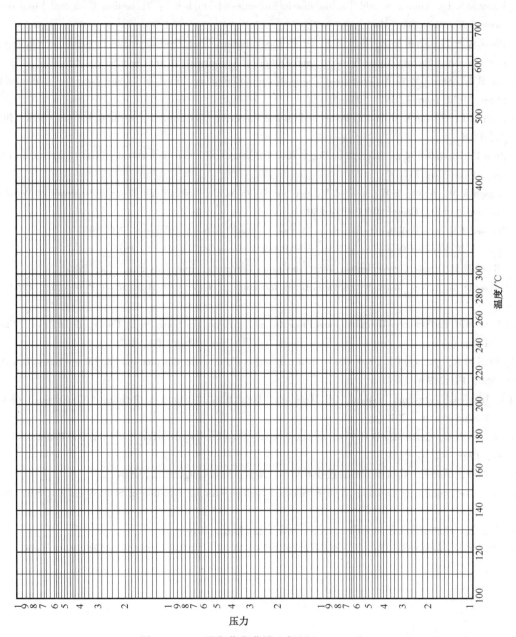

图 2-2-12　平衡蒸发曲线坐标纸(100~700℃)

参 考 文 献

[1] 北京石油设计院编. 石油化工工艺计算图表. 北京：烃加工出版社，1985

[2] Pitzer K S. The Volumetric and Thermodynamic Properties of Fluids−Ⅰ：Theoretical Basis and Virial coefficients. J Am Chem Soc，1995，77：3427

[3] Pitzer K S. Lippmann D Z, Curl R F, et al. The Volumetric and Thermodynamic Properties of Fluids−Ⅱ：Compressibility Factor, Vapor Pressure, and Entropy of Vaporization. J Am Chem Soc，1955，77：3433

[4] Lee B L, Kesler M G. A Generalized Thermodynamic Correlation Based on Three−Parameter Corresponding States. AIChE Journal，1975：21：510

[5] Smith R L, Watson K M. Boiling Points and Critical Properties of Hydrocarbon Mixtures. Ind Eng Chem，1937：29：1408

[6] Zhou P. Correlation of the Average Boiling Points of Petroleum Fraction With Pseudocritical Constants. Int Chem Eng，1984，24：731

[7] Watson K M, Nelson E F. Improved Methods for Approximating Critical and Thermal Properties of Petroleum Fractions. Ind Eng Chem，1933，25：880

[8] Maxwell J B. Data Book on Hydrocarbons. D. Van Nostrand Co. Inc. , Princeton, NJ, 1950

[9] Winm F W. Physical Properties by Nomogram. Petrol Refiner，1957，36(2)：157

[10] Riaze M R. Private Commenication. The Pennylvania University, University Park, Pa, 1985

[11] Woodle R A. New Ways to Estimate Characterization of Lube Cuts. Hydocarbon Processing，1980，59(7)：171

[12] Riazi M R. Prediction of Thermophysical Properties of Petroleum Fractions. Ph. D. Thesis, department of Chemical Engineering, The Pennsylvania State University, University Park, PA, 1979

[13] Riazi M R, Daubert T E. Prediction of the Composition of Petroleum Fraction. Ind Eng Chem Process Des Dev，1980，19：289

[14] American Petroleum Institute. API Technical Data Book, Petroleum Refining, 8th Edition, Chapter 2. Washington DC, 2010

[15] Wickey R O, Chittenden D H. Flash Points of Blends Correlated. Hydocarbon Processing and Petroleum Refiner，1963，42(6)：157

[16] 唐孟海，胡兆灵. 常减压蒸馏装置技术问答. 北京：中国石化出版社，2004

[17] Soave G. Equilibrium Constants from a Modified Redlich−Kwong Equation of State. Chem Eng Sci，1972，27：1197

[18] 李志强. 原油蒸馏工艺与工程. 北京：中国石化出版社，2010

[19] 上海化工学院炼油教研组. 石油炼制设计数据图表集(上). 上海：上海化工学院出版社，1978

第三章 临 界 性 质

第一节 纯物质和混合物的临界性质

一、纯物质的临界性质

纯物质气、液两相的平衡条件可在压力温度图(见图 3-1-1)上用蒸气压曲线 AC 表示。此曲线从气、液、固三相平衡点 A 开始,随着压力和温度的上升达到临界点 C 为止。曲线 AC 的左方是液相区,右下方是气相区。当共存的气、液两相逐渐趋近临界点 C 时,气、液两相的性质逐渐接近,直到临界点 C 时,气、液两相性质完全相同,变为单一的均匀相。此时的温度、压力及其比体积称之为临界温度、临界压力及临界比体积。当温度高于物质的临界温度时,不论加多大的压力,也不能使其液化,因此可以认为临界温度是物质能够处于液态的最高温度[1]。而临界压力是在临界温度下使物质液化所需要的最低压力。

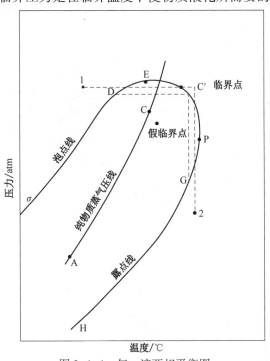

图 3-1-1 气、液两相平衡图

注:1atm=101325Pa。

纯化合物和混合物的实际试验数据或真临界温度和压力数据对于决定物质的存在相态和反应器、传质设备(例如蒸馏塔、萃取器等)可能的操作范围是非常重要的。纯化合物的临界性质对于用对应状态原理计算物质的假临界性质和计算混合物的热力学和体积性质也是必需的[2]。假临界性质或摩尔平均性质在任何情况下都无法测得,只能通过计算获取。

许多纯烃和非烃物质的临界温度和压力在第一章纯组分性质表中给出,临界压缩因数在

第一章和第二章中给出。

二、混合物的临界性质

(一) 混合物的临界状态和两相包迹线

与纯物质在单个温度下汽化不同，在压力恒定的情况下，同系物的液体混合物的汽化在一个温度范围内发生。因此，多组分液相的汽化需要温度压力图上的两条曲线而不是一条曲线来描述沸腾状态。为了说明该问题，图 3-1-2 给出了某假定的液相混合物温度压力图的一部分。图中，两相区域被包迹线 L P_M C T_M V 封闭，包迹线由泡点曲线 L P_M C 和露点曲线 V T_M C 组成。两线的交点 C 是临界点，在该点，共存的气液两相变成一个性质相同的相。

泡点和露点曲线的重要意义将在下面以穿过包迹线的等压或等温线说明，泡点和露点曲线是相交的。

如图 3-1-2 所示，连接 1、2 两点间的恒压曲线(Case Ⅰ)与泡点线相交于 A 点，从'1'点性质均一的液相区域开始，随着温度的升高混合物的聚集状态保持不变，直到温度达到 A 点；到 A 点后，开始出现气相，随着温度进一步升高，混合物中液相数量减少气相数量增加。在相反方向上，从'2'点性质均一的气相区域开始，随着温度的降低混合物的聚集状态保持不变，直到温度达到 B 点气相出现冷凝；随着温度进一步降低，气相冷凝增加，直到达到位于泡点线上的 A 点，系统全部变为液相。

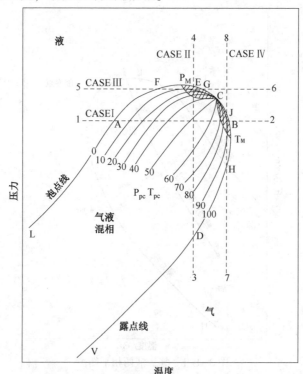

图 3-1-2　含有恒定组分的混合物在近临界点的压力温度图

Case Ⅱ给出了一个恒温汽化(或冷凝)的典型例子，在该例子中，点'3'和点 D 之间的轨迹位于性质均一的气相区域；在露点曲线上的点 D 和泡点曲线上的点 E 之间，随着压力的增加冷凝发生，直到达到 E 点成为全部的液相；从点 E 到点'4'，混合物的聚集状态随着压力的升高保持恒定，不再变化。

混合物温度-压力图的一个重要特征是定义了包括气液两相区域的包迹线，包迹线具温度和压力的最大值，该温度和压力最大值不一定在临界点重合。如图 3-1-2 所示，最大压力和最大温度分别是 P_M 和 T_M 点，最大压力 P_M 与临界冷凝点相对应，是临界冷凝压力的缩写；相应地，最大温度 T_M 用于表示临界冷凝温度。Ettar 和 Kay[3]，Grieves 和 Thodos[4]，Silverman 和 Thodos[2] 已经发表过估计最大值的相关文献。

点 P_M 和 T_M 在泡点和露点曲线上使以下情况成为可能：

（1）形成一条高于临界压力的等压线，如 Case Ⅲ，其穿越泡点线两次而不穿过露点线；

（2）形成一条高于临界温度的等温线，如 Case Ⅳ，其穿越露点线两次而不穿过泡点线。

这些可能性产生了不同于 Case Ⅰ 和 Case Ⅱ 的汽化和冷凝现象，Case Ⅰ 和 Case Ⅱ 轨迹上的温度和压力分别低于临界压力和临界温度。例如在 Case Ⅲ 中，点'5'和'6'之间的等压线压力介于临界压力和最大压力之间，在点 F 和 G 两点穿过泡点曲线。正因为如此，不管温度升高还是降低，和泡点曲线的起始交叉点与气相初始汽化点一致。由于必须在不穿越露点曲线的情况下回到均一的液相范围内，所以从第一个交叉点到第二个交叉点，汽化必须从零开始增加，直到最大，最后再降至零第二次穿过泡点曲线。在这种情况下，点 F 和 G 之间的等压线在最大汽化点和 G 之间，究竟是升温冷凝还是降温汽化，取决于发生的方向。这种反常的行为在 Sage 和 Lacey[5] 的著作中被称为"等压逆向汽化"。

在 Case Ⅳ 中，点'7'和'8'之间是一等温线，其温度在临界温度和露点曲线上的最高温度之间，位于性质均一的气相区域。该等温线与露点曲线相交于 H 和 J 点，产生有点类似于 Case Ⅲ 中提及的不规则汽化和冷凝现象[6]。

（二）临界轨迹及其类型

1. 临界轨迹

图 3-1-2 中的两相包迹线代表了已知组分混合物的压力和温度的关系。混合物组分的变化反映在图上就是包迹线所封闭的两相区域的变化；临界温度和临界压力、最大温度和最大压力、泡点和露点曲线的斜率等都将不同。

图 3-1-3 反映了组成变化对两相包迹线和相关变量的影响。该图给出了乙烷和正庚烷三种组成的温度压力图[7]。在图 3-1-3 中三个两相包迹线上，C_c 代表了两相混合物中乙烷质量分数为 9.78% 时的包迹线，该线与图 3-1-2 中超临界混合物的包迹线极为相似。C_a 和 C_b 代表了上述的所有变量显著不同的两种情况。和三条包迹线的温度和压力的最大值相比，临界点位置的变化是我们关心的重点。将图 3-1-3 中的三条包迹线和图 3-1-2 进行对比表明，临界点可以在包迹线末端(图 3-1-2 上 A 和 H 点之间)的任何位置。当混合物的轻组分含量相对较高时，临界点将会出现在图 3-1-2 上的点 A 和 E 之间。当易挥发组分的浓度小于不易挥发组分的浓度时，临界点很可能位于图 3-1-2 上的 E 和 H 之间。临界点相对位置变化的一个结果是，临界凝结压力、临界凝结温度等先前描述逆行现象的参数对每个 Case 都不同；如果考虑到轻重组分间的全部组分范围，图 3-1-2 中的逆行现象只是 8 种可能性里面的 2 种[5]。

图 3-1-3 中的虚线，连接乙烷和正庚烷的临界点、和对每个组成包迹线在临界点相切，即称为临界轨迹。在临界轨迹上，对于每个临界温度只对应一个临界压力，并且每个临界点仅与一个组成相关联。

实际上，多组分系统的临界轨迹比两组分系统更重要。将先前两组分体系的规则和图 3-1-3 结合起来，就能容易地用来描述多组分系统。只需要设想用表示已知组成混合物的温度-压力图的包迹线代替二元体系的一个或两个蒸气压曲线。然后，用表示混合物临界点，如图 3-1-2 中的点 C，的临界轨迹的每个目标点，可以被认为是一个假组分的临界点。

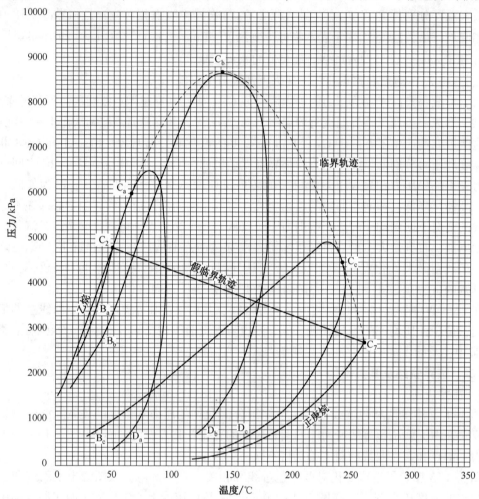

图 3-1-3　三种组成下乙烷-正庚烷体系的临界轨迹和相包迹线[7]

注：符号：C，临界点；B，泡点线；D，露点线

曲线上的点	乙烷含量(质)/%
C_2	100.0
C_a	90.22
C_b	50.25
C_c	9.78
C_7	0.00

　　只要混合物中起替代作用的假组分组成保持不变，与之相关的临界轨迹就将保持固定，所有中间组成的温度压力包迹线都可以被定义为两组分混合物。在由不同挥发度的纯组分组成的混合物中，或许选择两个假组分用以建立混合物临界轨迹的目标点，如此，最易挥发组分的蒸气压曲线就提供了虚拟的二元混合物中一个组分的温度-压力关系。之后，另一组分也需要建立临界轨迹，其定义了组成所研究的混合物中其余所有组分组成的多组分混合物的温度压力关系的两相包迹线。这意味着，在温度-压力图上，如图 3-1-3 所示，两元系中重组分的蒸气压曲线被一混合物的两相包迹线代替，该混合物将所有较重的组分放在一起作

为一个假组分。与此同时，轻的纯组分的蒸气压曲线继续用于代表虚拟二元系统中更易挥发组分的温度压力关系。

混合物作为假组分必须严格固定组成，以便使代表中间组成的包迹线定义为两个虚拟组分组成的二元混合物。虚拟组分混合物的任何组成的变化将明显移动用作临界轨迹的目标点，实际上，就成了一个不同的系统。

2. 临界轨迹的类型

图 3-1-3 中呈现的临界轨迹是典型的众所周知的体系。因此，大部分预测烃类混合物临界温度和压力的方法都预先假定形成了那一类临界轨迹类型的体系。为了方便起见，这类常见的临界轨迹类型在本章中参作为 I 型。

至少还有四种其他类型的临界轨迹，它们不能应用预测临界温度和压力的有效关联式。到目前为止，文献报道的四种临界轨迹中的两种适用于含有甲烷的二元系统，但除了与某些组分如乙烷、丙烷、丁烷和乙烯由于在相似条件下的相似性质外，对这类现象的研究并不充分。Kay[8] 就指出这种不寻常的性质存在于包含甲烷和正己烷或更大分子同系物的二元体系中。当二元体系中含有乙烷时，不同于 I 型轨迹的情况仅发生在当第二组分含有 20 个或更多碳原子时。对于丙烷和正丁烷，这些性质始于更高的相对分子质量。

在没有实验数据，至少在二元混合的情况下，可以预见：当重组分有一个融化点等于或大于轻组分的临界温度时，混合物的临界轨迹将偏离 I 型。无论加入二元组分的中间挥发组分是否确定，这种偏离都一直存在。存在疑问的是，中间挥发组分的存在使混合物的临界轨迹正常化，当这些终端组分组成一个二元混合物时将会形成一个不规则的临界轨迹。如果中间挥发组分大量存在并且集中分布，多组分混合物的临界轨迹将可能出现 I 型。

以下这些是已知不规则临界轨迹的类型：

II 型：甲烷-正庚烷体系[9~10]。临界轨迹从正庚烷的临界点开始到更低的温度，结束点的温度低于甲烷的临界温度，压力高于甲烷的临界压力。临界轨迹的终点是另一个两液相临界轨迹与一个固相临界轨迹的交点。

III 型：甲烷-正癸烷体系[11]。临界轨迹从正癸烷的临界点开始到更低温度，结束点的临界温度和压力均高于甲烷的临界值。临界轨迹的终了临界点也是一个气液固临界轨迹的三相点。图 3-1-4 是系统的温度-压力图，显示了上述的不规则行为。可以预测，所有含有甲烷和一个凝点高于正癸烷组分的两元体系都有类似的性质。

IV 型：两元共沸体系。有些临界轨迹上有最低临界温度，如图 3-1-5 所示的乙炔-乙烯体系[12]。

V 型：苯-水体系[13]。气液临界轨迹从苯的临界点开始，到三相临界点结束。三相临界点是三相共存的最高温度点，在临界点之上，富烃液相消失。几个烃水体系三相临界点的实验值在第八章中以表列出。

3. 组分尺度、形状和化学性质对临界轨迹的影响

过剩临界性质定义为混合物的真临界性质与纯组分的摩尔平均临界性质之差。过剩临界性质、临界轨迹与理想混合物性质的偏差，对研究临界性质的趋势是有益的。因为这些偏差放大了所研究的因素的影响。过剩临界性质的增加标示了混合物非理想性的增加和临界轨迹曲线曲率的增加。

Kay 的研究表明：过剩临界性质以比较复杂的方式受组分分子的大小、形状和化学性质差异的影响[14]。

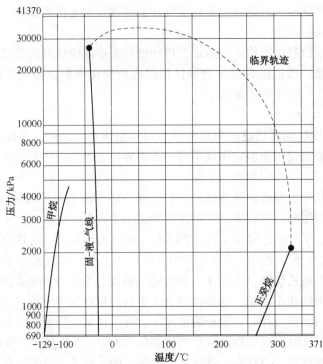

图 3-1-4　甲烷-正癸烷体系的临界轨迹[11]

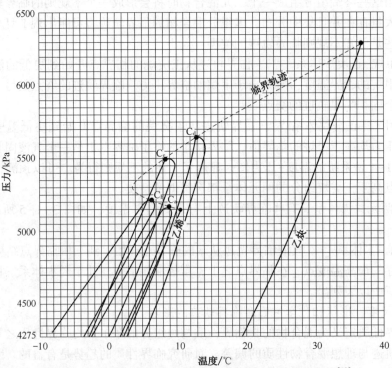

图 3-1-5　四种组成乙炔-乙烯体系的临界轨迹和相包迹线[12]

曲线上的点	乙烯(摩尔)/%
C_a	未知
C_b	18
C_c	未知
C_d	30

　　通过对大量二元数据的研究，Kay[14]注意到临界轨迹曲线和过剩临界性质下述的趋势是因为体系含有一个共同的组分。

　　(1) 组分属于同系物体系的 $P\text{-}T$ 临界轨迹系统。体系的组分具有大致相同分子质量的情况，临界轨迹曲线近似于一条直线(图3-1-6a)。随着相对分子尺寸差别的增加，轨迹曲线变成一条向下凹的曲线，并且出现最大压力点。随着相对分子尺寸差别的进一步增加，最大压力值增加，并且可能获得一个相对于纯组分的临界压力非常高的值。

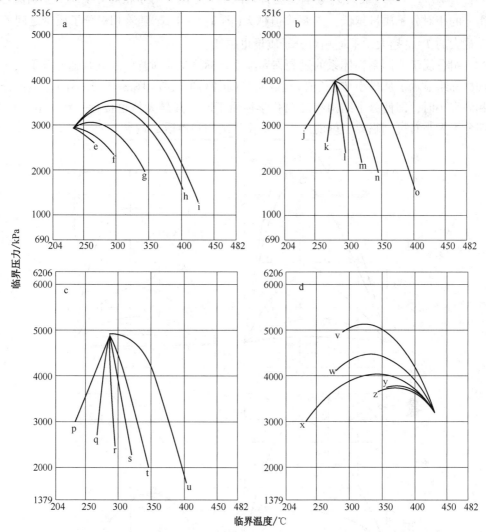

图 3-1-6　由一个共同组分和一个类似同系物组成的二元混合物的临界轨迹

e—正己烷-正庚烷；f—正己烷-正辛烷；g—正己烷-正癸烷；h—正己烷-正十三烷；i—正己烷-正十四烷；
j—环己烷-正己烷；k—环己烷-正庚烷；l—环己烷-正辛烷；m—环己烷-正壬烷；n—环己烷-正癸烷；
o—环己烷-正十三烷；p—苯-正己烷；q—苯-正庚烷；r—苯-正辛烷；s—苯-正壬烷；t—苯-正癸烷；u—苯-正十三烷；
v—顺十氢化萘-苯；w—顺十氢化萘-环己烷；x—顺十氢化萘-正己烷；y—顺十氢化萘-邻二甲苯；z—顺十氢化萘-乙苯

　　(2) 组分不属于同系物体系的 $P\text{-}T$ 临界轨迹系统。当分子大小相同时，临界轨迹的趋势和同系物体系大致相同，尽管化学性质和分子结构的不同起一定作用，但不明显(图3-1-6b、c)。因为正己烷和正庚烷的临界温度低于环己烷，随着烷烃相对分子质量的增加，临界轨迹从环己烷的一侧穿到另一侧。同样的关系在苯-烷烃系列里可被观察到。然而，苯-烷烃系列的临界轨迹不同于环己烷-烷烃系列，因为苯-正辛烷有一个最小温度点即临界共沸点存在。分子大小相近但完全是非同系物的是：正己烷、环己烷、和苯(图 3-1-6d)。因此，它们含有一个共同组分的临界轨迹上的差别可以原则上认为是因为分子结构和化学性质的不同。对于邻二甲苯和乙基苯同样适用，它们具有相同的相对分子质量，但是分子结构不同。

(3) 组分属于同系物体系的过剩临界温度。过剩临界温度 T_c^e，作为组成函数的标绘不必要对称(图 3-1-7a)。最大 T_c^e 朝着更易挥发的组分移动。对于相对分子质量差别恒定的情况，组分的相对分子质量越低，T_c^e 最大值越大(图 3-1-8b)。随着相对分子质量之间差别的增加，最大的 T_c^e 也越大，平均相对分子质量也越低。

(4) 组分属于非同系物体系的过剩临界温度。标绘是非对称的，并且随着分子大小差别的增加，标绘显示了从最小 T_c^e(负值)到最大 T_c^e(正值)的转变(图 3-1-7b，c)。当组分分子具有相同大小时，即使分子结构和(或)化学性质不同，其最大值也接近一致(图 3-1-7d)。这表明分子大小对过剩临界温度的影响大于化学结构和性质。

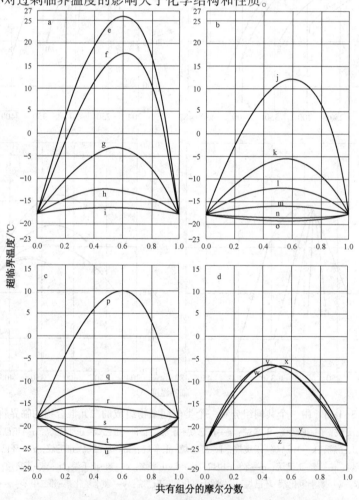

图 3-1-7　有代表性的二元组分混合物的过剩临界温度

e—正己烷-正十四烷；f—正己烷-正十三烷；g—正己烷-正癸烷；h—正己烷-正辛烷；i—正己烷-正庚烷；

j—环己烷-正十三烷；k—环己烷-正癸烷；l—环己烷-正壬烷；m—环己烷-正辛烷；n—环己烷-正庚烷；

o—环己烷-正己烷；p—苯-正十三烷；q—苯-正癸烷；r—苯-正壬烷；s—苯-正辛烷；t—苯-正庚烷；u—苯-正己烷；

v—顺十氢化萘-环己烷；w—顺十氢化萘-苯；x—顺十氢化萘-正己烷；y—顺十氢化萘-乙苯；z—顺十氢化萘-邻二甲苯

（5）组分属于同系物体系的过剩临界压力。给出了对于过剩临界温度的应用同样的趋势（图3-1-8c、d和图3-1-9c）。

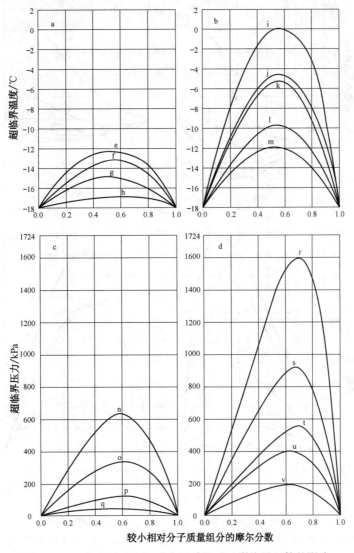

图3-1-8　分子尺寸和相对分子质量对过剩临界函数的影响

e—丙烷-正庚烷；f—正丁烷-正辛烷；g—正己烷-正辛烷；h—正癸烷-正十二烷；i—丙烷-正庚烷；j—环丁烷-正辛烷；k—环戊烷-正壬烷；l—环己烷-正癸烷；m—环壬烷-正十三烷；n—丙烷-正戊烷；o—正丁烷-正己烷；p—正己烷-正辛烷；q—正癸烷-正十二烷；r—丙烷-正庚烷；s—正丁烷-正辛烷；t—正戊烷-正壬烷；u—正己烷-正癸烷；v—正壬烷-正十三烷

（6）组分属于非同系物体系的过剩临界压力。对于环己烷和苯与正构烷烃的体系，体系的标绘是高度非对称的(图3-1-9a、b)。随着烷烃相对分子质量的减小，Pc^e变得更负，直到Pc^e成为较小负的正庚烷二元系后发生反转。随着分子大小差别的加大，曲线出现了Pc^e的最小值和最大值都存在的转变。顺-十氢化萘和正己烷、环己烷、苯系统都出现了Pc^e的最大值（正值）(图3-1-9d)。正如在其他二元体系中观察到的，最大值向着具有高摩尔百分数、低相对分子质量的组分偏移。正己烷的最大值是最大的，苯和环己烷的最大值是几乎相同。这是预料之中的，因为正己烷在分子尺度、结构和化学性质上都有别于顺-十氢化萘；而苯和环己烷在分子尺度上有别于顺-十氢化萘，但同时都有一个环状结构。苯和顺-十氢化萘化学性质的不同似乎可以忽略。对于同分异构体乙基苯和邻二甲苯的过剩临界压力实际上是一样的。

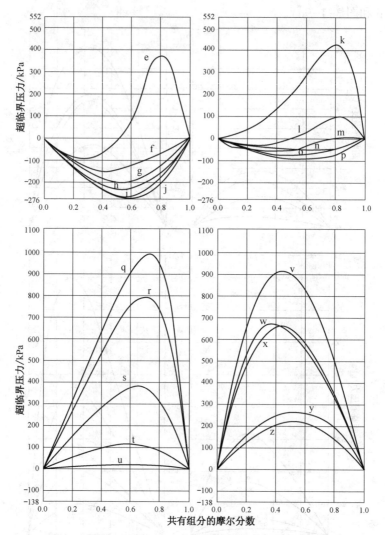

图 3-1-9　有代表性的二元组分混合物的过剩临界压力

e—苯-正十三烷；f—苯-正癸烷；g—苯-正壬烷；h—苯-正辛烷；i—苯-正辛烷；j—苯-正庚烷；k—环己烷-正十三烷；
l—环己烷-正癸烷；m—环己烷-正壬烷；n—环己烷-正己烷；o—环己烷-正辛烷；p—苯-正庚烷；q—正己烷-正十四烷；
r—正己烷-正十三烷；s—正己烷-正癸烷；t—正己烷-正辛烷；u—正己烷-正庚烷；v—顺十氢化萘-正己烷；
w—顺十氢化萘-苯；x—顺十氢化萘-环己烷；y—顺十氢化萘-乙苯；z—顺十氢化萘-邻二甲苯

三、临界性质的计算

本节前面部分讨论的临界性质实际上都是指真临界性质，它对于决定临界区域物质的相态，从而确定工艺设备可能的操作范围是十分重要的。需要强调本章后面介绍的真临界性质的计算方法只适用于临界轨迹属于 I 型的体系，即常见的正常类型，或者说，计算方法认为组分体系是属于 I 型临界轨迹的。而目前，在炼油工艺计算中经常涉及的临界性质主要是指所有的假临界性质。

运用对应状态原理计算烃类混合物性质的相互关系需要知道对比温度和对比压力。对于纯物质，也就是物质的温度和压力除以纯组分化合物的临界温度和压力。对于烃类混合物，对应状态关联式的使用需要使用假临界温度和假临界压力。假临界性质并不是由实验数据确定的，而是由 Kay 的经验方程[15]计算获得。

已知组分混合物的假临界性质是纯组分的临界性质及其摩尔分数的乘积之和。

$$J_{pc} = \sum_{i=1}^{n} x_i J_{ci} \qquad (3-1-1)$$

式中　J_{pc}——混合物的假临界性质；

n——混合物中的组分数；

x_i——纯组分 i 在混合物中所占的摩尔分数；

J_{ci}——纯组分 i 的临界性质。

基于这个计算方法，属于 I 型包迹线的混合物，假临界温度和压力总是小于相同混合物的所谓真临界性质值。例如，在图 3-1-2 中，点 (P_{pc}, T_{pc}) 代表了混合物的假临界温度和压力，在同一张温度压力图上，点 C 表示了混合物的真临界性质值。同理，如图 3-1-3 所示，在全部组成范围上，混合物的假临界性质点的轨迹是一条直线。

对于组分未知混合物，假临界性质可被特定关联式定义。式(3-4-3)定义的假临界温度就是这种关联式的一个例子。本手册的其他章节还有许多其他获得临界性质的方法。但是，当假临界温度和压力不是用式(3-1-1)计算时，计算值可以认为是混合物对应温度和对应压力，并且只能用在特定的计算中。

（一）临界温度

许多纯组分化合物的实验临界性质已在本书第一章和相关章节列出。为了预测其他纯组分化合物的临界温度，可用式(3-2-1)~(3-2-3)或式(3-2-4)。当一个化合物的所有临界性质都需要计算时，式(3-2-1)~(3-2-3)可能更为适用。式 3-2-4 只是一个简单的回归方程。

式(3-3-4)~(3-3-6)用于计算已知组分混合物的真临界温度。对于二元烃-烃体系、二元烃-非烃体系和多组分混合物分别有相应的推荐方法和限制条件。

天然气混合物的真临界温度计算可依据图 3-3-4。天然气含有大量的甲烷，同时含有相当可观的氢气、氦气、氮气和二氧化碳。

式(3-4-1)和式(3-4-2)给出了石油馏分真临界温度的计算方法。式(3-4-3)用相对密度和中平均沸点作为输入参数给出了石油馏分假临界温度的计算方法。

图 3-4-1 给出了已知组成的烃类和一种或多种石油馏分混合物的真临界参数和假临界参数的计算方法。该法不能作为式(3-3-4)~(3-3-6)或式(3-4-1)~(3-4-2)的替代方法。

（二）临界压力

本书第一章已收集一些物质的临界压力实验值。纯组分的临界压力可用式(3-2-1)~(3-2-3)计算。该法是基团贡献法，所需的基团贡献列于表 3-2-2 中。

已知组分的真临界压力可通过式(3-3-7)~(3-3-9)进行手算。对于混合物中只含烃类的系统，该法更为精确。混合物中含有甲烷和无机气体时应用该式受到限制。

用图 3-4-1 可以计算石油馏分的真临界压力。运用该法时需要已知馏分的 ASTM 曲线斜率、ASTM 体积平均沸点和 API 度。这些性质常通过标准检验试验方法获得，或者从标准检验试验方法结果计算得来。当运用该法时常会用到第二章的内容。

（三）临界体积

实验的临界体积数据在本书第一章中列出。纯组分化合物的临界体积计算可由式(3-2-1)~(3-2-3)或式(3-2-5)计算。当一个化合物的所有临界性质都想获得时，式(3-2-1)~

(3-2-3)更为适用。如果已知临界温度和临界压力时，式(3-2-5)计算起来更为简单。

式(3-3-10)~(3-3-15)用于计算已知组分混合物的临界体积。本书没有给出建议的天然气和石油馏分临界体积的计算方法。

关于石油馏分临界体积的计算，Hall 和 Yarborough[16]给出了一个方法。由于该法的实验数据很少，在本此处不作评价。

第二节　纯烃的临界性质

烃类和几种常用溶剂的临界常数可在第一章有关数据表中查到，或用本章图 3-2-1 和图 3-2-2 估计。纯烃的临界性质也可按以下公式求得。

对于许多烃类化合物，纯组分性质表给出了临界性质的实验数据。但是，对于含有 12 个碳原子甚至更多的烃类化合物，包括链烷烃在内，其测量的临界性质因为热分解而变得并不可靠。因此，需要用计算的方法确定纯烃的临界性质。

一、基团贡献法计算纯烃的 T_c、P_c、V_c[17~18]

(一) 计算公式

以下公式用于计算纯烃的临界压力。公式基于基团贡献法，所以必须知道化合物的结构。

$$P_c = \frac{99974.6M}{\left(0.339 + \sum \Delta_P - 0.026\Delta\text{Platt\#}\right)^2} \tag{3-2-1}$$

式中　P_c——纯烃的临界压力(绝压)，Pa；

M——相对分子质量；

$\sum \Delta_P$——各基团的临界压力之和；

$\Delta\text{Platt\#}$——化合物中烷基链的 Platt 数减去同碳原子正链烷烃 Platt 数。Platt 数是指四个碳原子三个键分开的基团个数，用于表征分子中支链的自由度。正构链烷烃的 Platt 数等于碳原子数减去 3。

采用基团贡献法计算纯烃的临界温度和临界比体积的公式如下所示：

$$T_c = T_b \left[1 + \frac{1}{\left(1.242 + \sum \Delta_T - 0.023\Delta\text{Plat\#}\right)} \right] \tag{3-2-2}$$

$$V_c = 1 \times 10^{-3} \left[40 + \sum \Delta_V \right] \tag{3-2-3}$$

式中　T_c——纯烃的临界温度，K；

V_c——化合物的临界体积，$m^3/(kg \cdot mol)$；

T_b——化合物的沸点，K。

采用基团贡献法的计算步骤：

(1) 从纯组分性质表中查出相对分子质量和沸点；

(2) 确定化合物的基团结构；

(3) 从表 3-2-2 中查出需要的基团贡献值；

(4) 计算 $\sum \Delta_P$、$\sum \Delta_T$、$\sum \Delta_V$；

(5) 根据式(3-2-1)、式(3-2-2)、式(3-2-3)计算需要的临界性质。

（二）适用性

基团贡献法适用于所有已知化合物结构的烃类化合物。该法曾用于计算 $C_1 \sim C_{20}$ 的烷烃和 $C_3 \sim C_{14}$ 的所有其他族类化合物的临界性质。结果表明，12 个碳原子以上的化合物的临界压力和临界体积的计算准确性可能存在疑问。其中，环烷烃的计算结果偏差最大。

基团贡献法的计算精度如表 3-2-1 所示。

表 3-2-1　基团贡献法的计算精度

项　　目	P_c	T_c	V_c
平均相对误差/%	2.2	0.7	3.4
平均偏差	70.3kPa	4.2K	0.013m³/kg·mol
最大相对误差/%	18.7	8.0	15.6
最大误差	1143.2kPa	54.5K	0.087m³/kg·mol

（三）计算示例

【例 3-2-1】　计算 2，2，3-三甲基戊烷的临界性质。

根据纯组分性质表，查出 2，2，3 三甲基戊烷的相对分子质量是 114.230，沸点是 383.00K。根据表 3-2-2 查出基团贡献：

基团编号	出现次数	$\sum \Delta_P$	$\sum \Delta_T$	$\sum \Delta_V$
1	5	5(0.226)	5(0.138)	5(55.1)
2	1	0.226	0.138	55.1
3	1	0.220	0.095	47.1
4	1	0.196	0.018	38.1
合计		1.772	0.941	415.8

$\Delta \text{Platt}\# = 8 - 5 = 3$

$$P_c = \frac{99974.6 \times 114.230}{(0.339 + 1.772 - 0.026 \times 3)^2} = 2763090 \text{Pa}$$

$$T_c = 383.00 \left[1 + \frac{1}{(1.242 + 0.941 - 0.023 \times 3)} \right] = 564.17 \text{K}$$

$V_c = 1 \times 10^{-3} [40 + 415.8] = 0.456 \text{m}^3/(\text{kg} \cdot \text{mol}) = 3.99 \times 10^{-3} \text{m}^3/\text{kg}$

实验数据：$T_c = 563.50 \text{K}$　$P_c = 2730.06 \text{kPa}$　$V_c = 3.82 \times 10^{-3} \text{m}^3/\text{kg}$

【例 3-2-2】　计算 2-甲基-1-丁烯的临界性质。

根据纯组分性质表，查出 2-甲基-1-丁烯的相对分子质量是 70.13，沸点是 304.31K。根据表 3-2-2 查出基团贡献：

基团编号	出现次数	$\sum \Delta_P$	$\sum \Delta_T$	$\sum \Delta_V$
1	2	2(0.226)	2(0.138)	2(55.1)
2	1	0.226	0.138	55.1
5	1	0.1935	0.113	45.1
7	1	0.1875	0.700	37.1
合计		1.0590	0.597	247.5

$\Delta Platt\# = 2-2 = 0$

$$P_c = \frac{99974.6 \times 70.13}{(0.339+1.059-0.026\times0)^2} = 3587395Pa$$

$$T_c = 304.31\left[1+\frac{1}{(1.242+0.597-0.023\times0)}\right] = 469.79K$$

$$V_c = 1\times10^{-3}[40+247.5] = 0.2875m^3/kg\cdot mol = 4.10\times10^{-3}m^3/kg$$

实验数据：$T_c = 465.00K$　　$P_c = 3400.07kPa$　　$V_c = 4.16\times10^{-3}m^3/kg$

【例 3-2-3】 计算顺式十氢化萘的临界性质。

根据纯组分性质表，查出十氢化萘的相对分子质量是 138.25，沸点是 468.97K，根据表 3-2-2 查出基团贡献：

基团编号	出现次数	$\sum\Delta_P$	$\sum\Delta_T$	$\sum\Delta_V$
11	8	8(0.1820)	8(0.090)	8(44.5)
13	2	2(0.1820)	8(0.030)	8(44.5)
合计		1.820	0.780	445

没有烷基支链，因此 $\Delta Plattl = 0$

$$P_c = \frac{99974.6 \times 138.25}{(0.339+1.820-0.026\times0)^2} = 2965170Pa$$

$$T_c = 468.97\left[1+\frac{1}{(1.242+0.780-0.023\times0)}\right] = 700.90K$$

$$V_c = 1\times10^{-3}[40+445] = 0.485m^3/(kg\cdot mol) = 3.51\times10^{-3}m^3/kg$$

实验数据：$T_c = 702.25K$　　$P_c = 3240.07kPa$　　$V_c = 3.47\times10^{-3}m^3/kg$

【例 3-2-4】 计算叔丁基苯的临界性质。

根据纯组分性质表，查出叔丁基苯的相对分子质量是 134.22，沸点是 442.30K。根据表 3-2-2 查出基团贡献：

基团编号	出现次数	$\sum\Delta_P$	$\sum\Delta_T$	$\sum\Delta_V$
1	3	3(0.2260)	3(0.138)	3(55.1)
4	1	0.1960	0.018	38.1
18	1	0.9240	0.458	222
合计		1.7980	0.890	425.4

$\Delta Platt\# = 0-1 = -1$

$$P_c = \frac{99974.6 \times 134.220}{[0.339+1.7980-0.026\times(-1)]^2} = 2868097Pa$$

$$T_c = 442.30\left[1+\frac{1}{[1.242+0.890-0.023\times(-1)]}\right] = 647.54K$$

$$V_c = 1\times10^{-3}[40+425.4] = 0.4654m^3/(kg\cdot mol) = 3.47\times10^{-3}m^3/kg$$

实验数据：$T_c = 660K$　　$P_c = 2970.07kPa$　　$V_c = 3.67\times10^{-3}m^3/kg$

【例 3-2-5】 计算蒽的临界性质。

已知蒽的相对分子质量是 178.23，沸点是 614.35K。根据表 3-2-2 查出基团贡献：

基团编号	出现次数	$\sum \Delta_P$	$\sum \Delta_T$	$\sum \Delta_V$
19	1	0.894	0.448	222
29	2	2(0.515)	2(0.220)	2(148)
合计		1.924	0.888	518

没有烷基支链，因此 $\Delta Platt\# = 0$

$$P_c = \frac{99974.6 \times 178.233}{[0.339 + 1.924 - 0.026 \times (-1)]^2} = 3400840 Pa$$

$$T_c = 614.35 \left[1 + \frac{1}{[1.242 + 0.888 - 0.023 \times (-1)]}\right] = 899.70K$$

$$V_c = 1 \times 10^{-3}[40 + 518] = 0.5574 m^3/(kg \cdot mol) = 3.13 \times 10^{-3} m^3/kg$$

实验数据： $T_c = 869K$ 　 $P_c = 3340.03kPa$ 　 $V_c = 3.11 \times 10^{-3} m^3/kg$

（四）基团贡献表

表 3-2-2　基 团 贡 献 表

序　号	基团结构	ΔP_i	ΔT_i	ΔV_i
1	—CH₃	0.2260	0.138	55.1
2	＼CH₂	0.2260	0.138	55.1
3	＼CH—	0.2200	0.095	47.1
4	＼C✕	0.1960	0.018	38.1
5	＝CH₂	0.1935	0.113	45.1
6	＝CH—	0.1935	0.113	45.1
7	＝C＜	0.1875	0.070	37.1
8	＝C＝	0.1610	0.088	35.1
9	≡CH	0.1410	0.038	35.1
10	≡C—	0.1410	0.038	35.1

环贡献

11	＼CH₂	0.1820	0.090	44.5

序　号	基团结构	ΔP_i	ΔT_i	ΔV_i
12	＼CH—	0.1820	0.090	44.5
13	CH—（稠环①）	0.1820	0.030	44.5
14	C	0.1820	0.090	44.5
15	=C—	0.1495	0.075	37.0
16	=C＜	0.1495	0.075	37.0
17	=C=	0.1170	0.060	29.5
芳香基				
18		0.9240	0.458	222
19		0.8940	0.448	222
20		0.9440	0.488	222
21		0.9440	0.488	222
22		0.8640	0.438	222
23		0.9140	0.478	222
24		0.8340	0.428	222
25		0.8840	0.468	222
26		0.8840	0.468	222
27		0.8040	0.418	222
28		0.7240	0.368	222

续表

序　号	基团结构	ΔP_i	ΔT_i	ΔV_i
29	（稠环①）	0.5150	0.220	148

① 稠环中 >CH— 和 ＜ 的基团贡献是从很少的数据计算得来的，其可靠性要差于表中的其他值。

二、由相对密度和常压沸点计算纯烃的 T_c

（一）计算公式

纯烃的临界温度可用式（3-2-4）计算。该式适用于烷烃 $C_1 \sim C_{20}$ 和其他烃类 $C_3 \sim C_{14}$，对较大相对分子质量的烃类，其计算结果精度较低。该式的平均误差约为 2.8K（0.84%），最大误差为 55.6K（7%）。利用该式时，烃类的沸点和相对密度应采用实验数据，否则将招致更大的误差[19]。

$$\lg T_c = A + B\lg d + C\lg T_b - 0.25527(1-C) \tag{3-2-4}$$

式中　T_c——纯烃的临界温度，°K；

d——纯烃相对密度（15.6℃）；

T_b——纯烃常压下沸点，°K；

A、B、C——常数（见表3-2-3）

表3-2-3　纯烃临界温度计算式的常数

名　称	A	B	C	名　称	A	B	C
烷烃	1.47115	0.43684	0.56224	炔烃	0.79782	0.30381	0.79987
环烷烃	0.70612	-0.07165	0.81196	二烯烃	0.14890	-0.39618	0.99481
烯烃	1.18325	0.27749	0.65563	芳香烃	1.14144	0.22732	0.66929

（二）计算示例

【例3-2-6】　计算正辛烷的临界温度。从纯组分性质表中查得：T_b = 398.83K，d = 0.7066。

从表3-2-3中查得：A = 1.47115，B = 0.43684，C = 0.56224。

$\lg T_c$ = 1.47115+0.43684lg0.7066+0.56224lg398.83-0.25527（1-0.56224）= 2.756

$$T_c = 569.88K$$

从纯组分性质表中查到正辛烷的临界温度为 568.70K。

三、由 T_c、P_c 和 ω 计算 V_c[20~21]

（一）计算公式

纯烃临界比体积可用式（3-2-5）计算。该式适用于烷烃 $C_3 \sim C_{18}$ 和其他烃类 $C_3 \sim C_{11}$，用于计算环烷烃和芳烃分子时效果较差，对较大相对分子质量的烃类，其计算结果精度较低。该式的平均误差约为 0.015m³/(kg·mol)（3.26%），最大误差为 0.114m³/(kg·mol)（20%）。利用该式时，烃类的临界温度和临界压力应采用实验数据，否则将招致更大的误差。

$$V_c = \frac{R\,T_c}{P_c(3.411+1.2789\omega)} \tag{3-2-5}$$

式中　V_c——临界比体积，$m^3/(kg \cdot mol)$；

　　　R——气体常数，$0.082053\ atm \cdot m^3/(kmol \cdot K)$；

　　　T_c——临界温度，K；

　　　P_c——临界压力(大气压，绝)；

　　　ω——偏心因数。

(二) 计算示例

【例 3-2-7】　计算正壬烷的临界体积，从纯组分性质表查得：

$T_c = 594.6K$，$P_c = 22.60atm$，$\omega = 0.44346$

$$V_c = \frac{0.082053 \times 594.6}{22.60(3.411 + 1.2789 \times 0.44346)} = 0.543 m^3/(kg \cdot mol)。$$

从纯组分性质表中查得正壬烷临界体积的实验值为 $0.5438 m^3/(kg \cdot mol)$。

烃类的临界密度可从第一章有关表中查到，一般物质的临界密度可用图 3-2-3 求得。

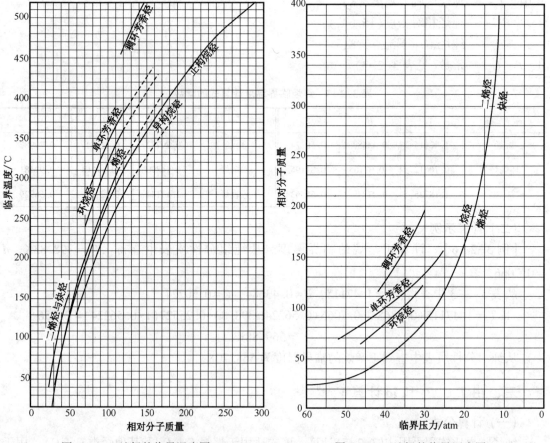

图 3-2-1　纯烃的临界温度图　　　　　　　图 3-2-2　纯烃的临界压力图

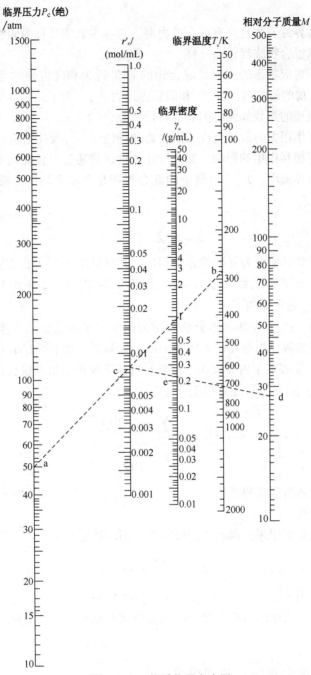

图 3-2-3　物质临界密度图

用法：联 a，b 得 c，联 c，d 得 e，e 点即为所求值。

第三节　已知组分混合物的临界性质

一、已知组分混合物的假临界性质

基于对应状态原理混合规则的应用，假定混合物在对比状态下的行为和纯组分在相应状态的行为一样。

当对比参数是临界性质并且具有混合能力时，这些参数即被称为假临界性质。因为这些值并不如设想的和真混合物临界性质一样。

对于混合物应用对应状态的假定是混合物的 PVT 行为和纯组分的行为一致，即纯组分的 T_c 和 P_c 等于混合物的假临界温度 T_{cm} 和假临界压力 P_{cm}。为了达到准确估计的目的，对于其他符合对应状态原理的参数如偏心因数也可进行混合。

基于分子间相互作用力的假设允许对混合物和纯组分一样使用对应状态原理。但是，有必要考虑不同物系间相互作用的影响。如上所述，这通常通过混合规则来完成。

因此，对于假临界温度，T_{cm}，最简单的混合规则是摩尔平均法，通常也被称为 Kay 规则[15]，可以满足需要。

$$T_{cm} = \sum_{i=1}^{n} y_i \, T_{ci} \qquad (3-3-1)$$

将用式（3-3-1）和其他更为复杂的方法相比，其计算结果相差在 2% 以内；对于所有纯组分的临界性质，计算结果并无不同。因此，对于 $0.5 < T_{ci}/T_{ij} < 2$ 和 $0.5 < P_{ci}/P_{ij} < 2$ 的情况，应用 Kay 规则计算 T_{cm} 是足够的[22]。

对于假临界压力，P_{cm}，采用纯组分临界压力的摩尔平均通常已不能满足需要。这是因为，对于大多数系统临界压力存在最大或最小值。除非混合物中所有组分含有相似的临界压力和（或）临界体积。能够基于两参数或三参数对应状态原理给出可接受的 P_{cm} 值的最简单的计算方法是修正的 Prausnitz 和 Gunn 规则[23]。

$$P_{cm} = \frac{Z_{cm} R T_{cm}}{V_{cm}} = \frac{\left(\sum_{i=1}^{n} y_i Z_{ci}\right) R \left(\sum_{i=1}^{n} y_i T_{ci}\right)}{\sum_{i=1}^{n} y_i V_{ci}} \qquad (3-3-2)$$

式中，混合物的所有假临界性质 Z_{cm}，T_{cm}，和 V_{cm}，均由摩尔平均法（Kay 规则）计算获得，R 为通用气体常数。

对于三参数对应状态原理，混合物的假临界压缩因数通常由摩尔平均法[24]给出。

$$\omega_{cm} = \sum_{i=1}^{n} y_i \, \omega_{ci} \qquad (3-3-3)$$

虽然也有其他规则[25]，然而，在式（3-3-1）~（3-3-3）中没有经验的二元（或更高级）交互作用参数，当采用简单的假混合参数根据对应状态原理计算混合物的性质时，能获得较好的效果。

二、已知组分混合物的真临界温度

（一）计算公式

可用 Li 方程[26]式（3-3-4）计算已知组分混合物的临界温度。在此之前，纯组分的临界体积必须已知或者估算出来，该式适用于组分已知的大部分烃类。式（3-3-4）可用于预测包含任意数量组分混合物的真临界温度。

$$T_{cm} = \sum_{i=1}^{n} \Theta_i \, T_{ci} \qquad (3-3-4)$$

其中 Θ_i 可由式（3-3-5）、式（3-3-6）计算：

$$\Theta_i = \frac{x_i V_{ci}}{V_{pc}} \tag{3-3-5}$$

$$V_{pc} = \sum_{i=1}^{n} x_i V_{ci} \tag{3-3-6}$$

式中 T_{cm}——混合物的真临界温度，K；

Θ_i——组分 i 的体积分数；

T_{ci}——组分 i 的临界温度，K；

x_i——组分 i 的摩尔分数；

V_{ci}——组分 i 的摩尔临界体积，$m^3/(kg \cdot mol)$；

V_{pc}——摩尔平均临界体积，$m^3/(kg \cdot mol)$。

（二）适用性

方程要求使用实验的临界温度和临界体积值。如果采用的是估计值，计算的准确性会受到影响。

1. 已知二元烃-烃体系

当混合物中甲烷的摩尔分数达到 0.5 以上时，式(3-3-4)不适用。当混合物中组分间相对分子质量的比超过 2.5 时，式(3-3-4)的计算误差增加。

2. 已知二元烃-非烃体系

当混合物中含有氢气、CO_2(或 CO)的摩尔分数在 0.3 以上或氮气的摩尔分数在 0.45 以上时式(3-3-4)不适用。

3. 已知多组分体系

式(3-3-4)可用于多组分体系中甲烷摩尔含量在 0.10~0.15 的情况。

（三）计算误差

1. 已知二元烃-烃体系

临界温度的计算误差平均是 0.6%(2.9K)。对于非甲烷混合物最大偏差可达 8.33K。当混合物中甲烷的摩尔分数在 0.5 以上时，误差最高可达 55.6K，平均误差是 5.7%(17.2K)。

2. 已知二元烃-非烃体系

临界温度的计算误差平均是 5%(20K)。如果混合物中含有氢气或者氮气的摩尔分数在 0.45 以上时，绝对偏差的范围是 55.6~111K。混合中二氧化碳的摩尔分数在 0.3 以上时，已知的偏差是 27.8K。

3. 已知多组分体系

对于非甲烷系统，临界温度的平均计算误差是 1.2%(4.4K)。通常，对含有甲烷的系统误差会高一些；误差随着组分个数的增加而变大。

（四）计算示例

【例3-3-1】 计算混合物的临界温度，混合物组成(摩尔分数)为：1-己烯 30%，正辛烷 41.5%，正癸烷 28.5%。

查得纯组分的性质为：

性　　质	1-己烯	正辛烷	正癸烷
临界温度/K	504.03	568.70	617.70
临界比体积/(m^3/kg)	4.21×10^{-3}	4.25×10^{-3}	4.22×10^{-3}
相对分子质量	84.16	114.23	142.29

将临界体积的单位进行换算：

$$V_{c1} = (4.21 \times 10^{-3})(84.16) = 0.354 \mathrm{m^3/(kg \cdot mol)}$$

$$V_{c2} = (4.25 \times 10^{-3})(114.23) = 0.485 \mathrm{m^3/(kg \cdot mol)}$$

$$V_{c3} = (4.22 \times 10^{-3})(142.29) = 0.600 \mathrm{m^3/(kg \cdot mol)}$$

根据式(3-3-6)：

$$V_{Pc} = (0.3)(0.354) + (0.415)(0.485) + (0.285)(0.600) = 0.478 \mathrm{m^3/(kg \cdot mol)}$$

根据式(3-3-5)：

$$\Theta_1 = \frac{(0.3)(0.354)}{0.478} = 0.222$$

$$\Theta_2 = \frac{(0.415)(0.485)}{0.478} = 0.421$$

$$\Theta_3 = \frac{(0.285)(0.600)}{0.478} = 0.358$$

根据式(3-3-4)计算临界温度：

$$T_{cm} = (0.222)(504.03) + (0.421)(568.70) + (0.358)(617.70) = 572.45 \mathrm{K}$$

实验值为 573.25K[14]。

三、已知组分混合物的真临界压力

(一) 计算公式

可用式(3-3-7)计算已知混合物的临界压力。在此之前，纯组分的临界温度和临界压力、混合物的真临界温度必须知道或者估算出来，该式适用于大部分组分。该式适用于计算含有任意组分混合物的真临界压力[27]。

$$P_{cm} = P_{pc} + P_{pc} \left[5.808 + 4.93 \left(\sum_{i=1}^{n} x_i \omega_i \right) \right] \left(\frac{T_{cm} - T_{pc}}{T_{pc}} \right) \qquad (3-3-7)$$

其中，假临界温度和假临界压力的值为摩尔平均值：

$$T_{pc} = \sum_{i=1}^{n} x_i T_{ci} \qquad (3-3-8)$$

$$P_{pc} = \sum_{i=1}^{n} x_i P_{ci} \qquad (3-3-9)$$

式中 P_{cm} ——混合物的真临界压力(绝)，Pa；

P_{pc} ——混合物的假临界压力(绝)，Pa；

n ——混合物的组分数；

x_i ——组分 i 的摩尔分数；

ω_i ——组分 i 的偏心因数；

T_{cm} ——混合物的真临界温度，K；

T_{pc} ——混合物的假临界温度，K；

T_{ci} ——组分 i 的临界温度，K；

P_{ci} ——组分 i 的临界压力(绝)，Pa。

(二) 适用性

方程要求使用每个组分实验的临界温度和临界体积值。如果采用的是预测值，计算的准确性会受到影响。

1. 已知二元烃-烃体系

方程不适用于含有甲烷的混合物；当用于乙烷和芳烃混合物、环烷烃和相对分子质量大的烷烃（C_9 及以上）体系时，方程的可靠性降低。

2. 已知二元烃-非烃体系

方程不适用于含有非烃气体（如 CO_2、H_2）的体系。

3. 已知多组分体系

方程对于不含甲烷的多组分体系计算结果合理。该方程首先用于二元体系，目前已能用于含有多达 8 种组分的混合物。

（三）计算误差

1. 已知二元烃-烃体系

对于不含甲烷的体系，临界压力的计算误差为 3.8%（206.8kPa）。对于含有甲烷的体系最大偏差可达 50%（4895.3kPa）。

2. 已知二元烃-非烃体系

对于至少含有一种非烃气体（无机气体）的二元体系，临界压力的平均计算误差约为 22%（5240.0kPa）。

3. 已知多组分体系

临界压力的平均计算误差为 4.6%（510.2kPa）。

（四）计算示例

【例 3-3-2】　计算乙苯-正辛烷混合物的临界压力，其中乙苯的摩尔分数为 30%。混合物的实验计算温度为 580.04K[28]。

查得纯组分的性质为：

性　　质	乙　　苯	正　辛　烷
临界温度/K	617.20	568.70
临界压力/Pa	3606080	2490060
偏心因数	0.3026	0.3996

根据式（3-3-8）：

$T_{pc} = (0.30)(617.20) + (0.70)(568.70) = 583.25K$

根据式（3-3-9）：

$P_{pc} = (0.30)(3606080) + (0.70)(2490060) = 2824866Pa$

摩尔平均偏心因数为：

$$\sum_{i=1}^{n} x_i \omega_i = (0.30)(0.3026) + (0.70)(0.3996) = 0.3705$$

根据式（3-3-7）计算临界压力：

$$P_{cm} = 2824866 + 2824866 [5.808 + 4.93(0.3705)] \left(\frac{580.04 - 583.25}{583.25} \right) = 2706171Pa$$

实验值是 2782724Pa。

四、分别含有 CH_4、CO_2 和 H_2S 的二元系混合物的真临界压力图

真临界压力图适用于一个组分是 CH_4、CO_2 或 H_2S 的二元系混合物（图 3-3-1～图 3-3-3）。

图形查得的结果和实验数据相比最大误差为1%。数据引自文献：

甲烷-乙烷[29]，甲烷-丙烷[30~32,11]，甲烷-正丁烷[33,5]，甲烷-2-甲基丙烷[34]，甲烷-正戊烷[35,5]，甲烷-正庚烷[36]，甲烷-乙烷[37]。

二氧化碳-甲烷[38]，二氧化碳-丙烷[39,34]，二氧化碳-正丁烷[40]，二氧化碳-正戊烷[35]，二氧化碳-正癸烷[41]，二氧化碳-硫化氢[42]。

硫化氢-甲烷[34]，硫化氢-乙烷[43]，硫化氢-丙烷[44]，硫化氢-正戊烷[34]，硫化氢-正癸烷[34]。

对于氢气系统，引自不同数据源的数据不尽一致，为方便使用，本书引用了如下数据：氢气-甲烷[45]，氢气-丙烷[34]，氢气-正己烷[46]。

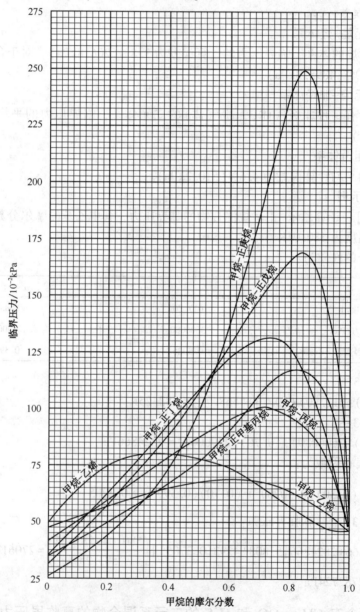

图 3-3-1　含有甲烷的二元组分混合物的临界压力

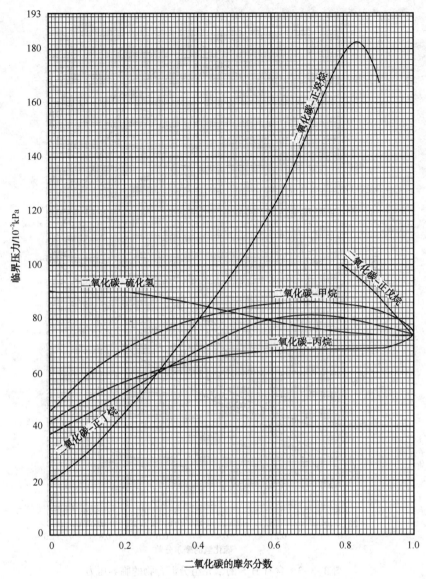

图 3-3-2 含有 CO_2 的二元组分混合物的临界压力

五、已知组分混合物的真临界体积[47]

（一）计算公式

Chueh-Prausnitz 方程，[式(3-3-10)~(3-3-15)]用于计算已知混合物的真临界体积。在此之前，纯组分的临界体积必须已知或者估算出来，该式适用于大部分组分。该式可应用于计算含有任意组分或混合物的真临界体积。

对于二元混合物：

$$V_{cm} = \Theta_1 V_{c1} + \Theta_2 V_{c2} + 2\Theta_1 \Theta_2 \nu_{12} \tag{3-3-10}$$

通常：

$$V_{cm} = \sum_i^n \Theta_i V_{ci} + \sum_i^n \sum_j^n \Theta_i \Theta_j \nu_{ij} (i \neq j) \tag{3-3-11}$$

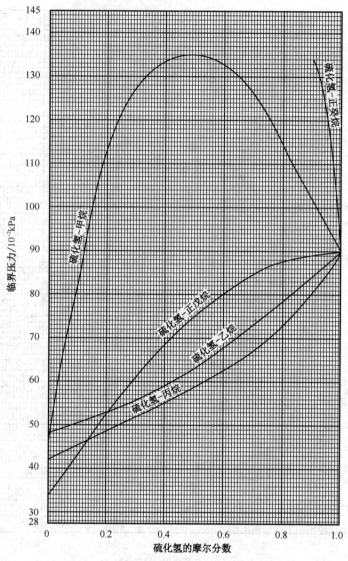

图 3-3-3　含有 H_2S 的二元组分混合物的临界压力

$$\Theta_j = \frac{x_j \, V_{cj}^{2/3}}{\sum\limits_{i=1}^{n} x_i \, V_{ci}^{2/3}} \qquad (3-3-12)$$

$$\nu_{ij} = \frac{V_{ij}(V_{ci}+V_{cj})}{2.0} \qquad (3-3-13)$$

$$V_{ij} = -1.4684(\eta_{ij}) + C \qquad (3-3-14)$$

$$\eta_{ij} = abs\left(\frac{V_{ci}-V_{cj}}{V_{ci}+V_{cj}}\right) \qquad (3-3-15)$$

式中　　　Θ——表面分数;

　　　C——0.1559(当组分 i 或 j 有一个为非烃类时), 0(当组分 i 和 j 均为烃类时);

　　V_{cm}——混合物的真临界体积, $m^3/(kg \cdot mol)$;

　　V_c——组分 i 的摩尔临界体积, $m^3/(kg \cdot mol)$;

n——混合物中的组分数；

i、j——任意两个组分；

ν_{12}、ν_{ij}、η_{ij}——关联式参数。

（二）适用性

方程要求使用每个组分实验的临界体积值。如果采用的是预测值，计算的误差变大。

（三）计算误差

对于不含有甲烷的烃-烃二元体系临界体积的计算平均误差大约为 8%$[0.0188m^3/(kg\cdot mol)]$；对于含有甲烷的烃-烃二元体系临界体积的计算平均误差大约为 11%$[0.0109m^3/(kg\cdot mol)]$。已知最大误差接近 40%。

对于至少含有一种非烃物质的二元混合物，临界体积的计算误差约为 9%$[0.00624m^3/(kg\cdot mol)]$。

（四）计算示例

【例 3-3-3】 计算正丁烷-正庚烷混合物的临界体积，其中正丁烷的摩尔分数为 63%。查得纯组分的性质为：

性 质	正 丁 烷	正 庚 烷
临界体积/（m³/kg）	4.39×10^{-3}	4.27×10^{-3}
相对分子质量	58.124	100.205

换算为摩尔单位：

$V_{c1}=(4.39\times10^{-3})(58.124)=0.255m^3/(kg\cdot mol)$

$V_{c2}=(4.27\times10^{-3})(100.205)=0.428m^3/(kg\cdot mol)$

根据式（3-3-12）：

$$\Theta_1=\frac{(0.63)(0.255)^{2/3}}{(0.63)(0.255)^{\frac{2}{3}}+(0.37)(0.428)^{\frac{2}{3}}}=0.547$$

$$\Theta_2=\frac{(0.37)(0.428)^{2/3}}{(0.63)(0.255)^{\frac{2}{3}}+(0.37)(0.428)^{\frac{2}{3}}}=0.453$$

根据式（3-3-15）：

$$\eta_{12}=\left|\frac{0.255-0.428}{0.255+0.428}\right|=0.253$$

根据式（3-3-14）：

$$V_{12}=-1.4684(0.253)=-0.3715$$

根据式（3-3-13）：

$$\nu_{12}=\frac{[-0.3715(0.255+0.428)]}{2.0}=-0.127$$

根据式（3-3-10）：

$V_{cm}=(0.547)(0.255)+(0.453)(0.428)+(2.0)(0.547)(0.453)(-0.127)=0.270m^3/(kg\cdot mol)$

实验值是 $0.283m^3/(kg\cdot mol)$[24]。

六、天然气混合物的真临界温度

天然气混合物（甲烷含量在 60%以上）的临界温度可由图 3-3-4 查得。在查图之前，混合物的 API 度和摩尔平均沸点必须已知。对于甲烷浓度较低的混合物,该法计算误差较大;当混合物中 N_2 浓度超过 10%(摩尔)或者 CO_2 浓度超过 3%(摩尔)时,该法不再适用。使用该法计算天然气混合物临界温度的误差为±2.2K,最大误差可达 16.7K。

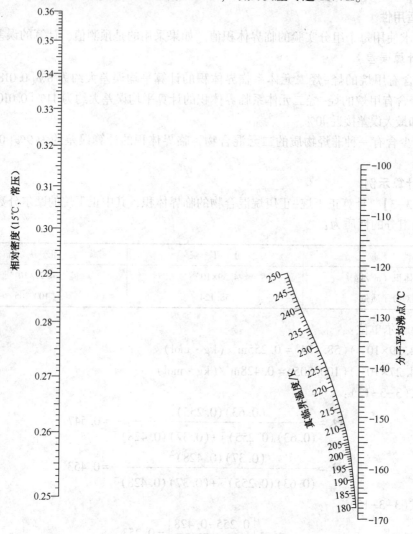

图 3-3-4　天然气混合物的真临界温度

第四节　石油馏分的临界性质

一、石油馏分的真临界温度

(一)计算公式

石油馏分的真临界性质可用式(3-4-1)和式(3-4-2)计算。计算之前必须已知馏分的相对密度和体积平均沸点[28]。

$$T_c = 358.79 + 0.9259\Delta - 0.3959 \times 10^{-3}\Delta^2 \tag{3-4-1}$$

$$\Delta = d \times (1.8\,t_{体} - 359.67) \tag{3-4-2}$$

式中　T_c——石油馏分的真临界温度，K；

　　　d——相对密度(15.6℃/15.6℃)；

　　　$t_体$——体积平均沸点，K。

上式适用于石油馏分临界温度 561~811K、临界压力 1724~4826kPa、相对密度(15.6℃/15.6℃)0.660~0.975 等参数范围；适用于中大陆直馏汽油、裂解石脑油、中大陆煤油、中大陆汽油、环烷基蜡油、宾夕法尼亚原油馏分、近期北坡原油馏分等的混合料。如果超出上述范围计算误差将变大。采用该式的计算误差约为±3.3K，最大误差为 12.2K。

（二）计算示例

【例 3-4-1】　计算北坡石脑油的临界温度。其相对密度为 0.7762(15.6℃/15.6℃)，体积平均沸点为 416.7K。

根据式(3-4-2)：

$\Delta = 0.7762(1.8 \times 416.7 - 359.67) = 303$

$T_c = 358.79 + 0.9259 \times 303 - 0.3959 \times 10^{-3} \times 303^2 = 602.98K$

实验值为 606.9K。

二、石油馏分的真临界压力

石油馏分的真临界压力可用图 3-4-1 查得。该图适用于石油馏分临界温度 561~811K、临界压力 1724~4826kPa、相对密度(15.6℃/15.6℃)0.660~0.975 等参数范围；适用于中大陆直馏汽油、裂解石脑油、中大陆煤油、中大陆汽油、环烷基蜡油、宾夕法尼亚原油馏分、近期北坡原油馏分等的混合料。如果超出上述范围计算误差将变大。采用该图查得临界压力的误差为±110kPa(3%)，最大偏差可达 414kPa[48]。

三、石油馏分的假临界温度

（一）计算公式

式(3-4-3)用于计算石油馏分的假临界温度。在此之前，石油馏分的相对密度和中平均沸点必须已知或者估算出来[49]。

$$T_{pc} = 9.5233 \left[\exp(-9.3145 \times 10^{-4} T_b - 0.54444S + 6.4791 \times 10^{-4} T_b S) \right] T_b^{0.81067} S^{0.53691}$$

$$(3-4-3)$$

式中　T_{pc}——石油馏分的假临界温度，K；

　　　T_b——中平均沸点，K；

　　　S——相对密度(15.6℃/15.6℃)。

式 3-4-3 以图的形式表示在图 3-4-2 中，查图之前需知道特性因数 K 和 API 度的值。其中：

$$K = 1.216 \frac{T_b^{1/3}}{S}$$

$$\text{API 度} = \frac{141.5}{S} - 131.5$$

式(3-4-3)适用于相对分子质量 70~295、正常沸点 299.8~616.5K、API 度 6.6~95 等参数范围。其误差约为 0.8%。

图 3-4-2 中的虚线部分代表的是外推值，需谨慎使用。

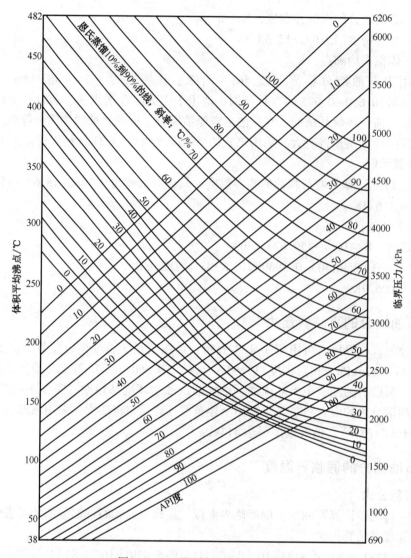

图 3-4-1　石油馏分的真临界压力

（二）计算示例

【例 3-4-2】　根据相对密度（0.8160，15.6℃/15.6℃）和以下的 ASTM D86 数据计算某石油馏分的假临界温度：

馏程（体）/%	10	30	50	70	90
温度/K	381	409	444	485	538

根据图 2-1-3 平均沸点温度校正图，该馏分的中平均沸点为 438K。

根据式（3-4-3），假临界温度为：

$$T_{pc} = 9.5233 [\exp(-9.3145 \times 10^{-4} \times 438 - 0.54444 \times 0.8160 +$$
$$6.4791 \times 10^{-4} \times 438 \times 0.8160)](438)^{0.81067}(0.8160)^{0.53691} = 636K$$

因为假临界温度是人为定义的而不是测量的，所以没有实验数据与计算数据比较。可以从图 3-4-2 查得。

$$K = 1.216 \times \frac{438^{1/3}}{0.8160} = 11.3$$

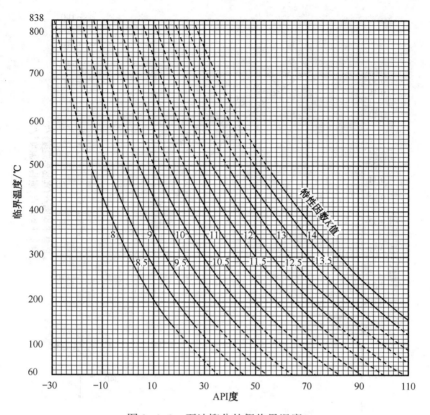

图 3-4-2　石油馏分的假临界温度

$$API \; 度 = \frac{141.5}{0.8160} - 131.5 = 41.9$$

使用图 3-4-2 得到：

$$T_{pc} = 360℃ = 637K$$

四、已知烃类+石油馏分混合物的假临界温度和真临界温度[50]

估算该混合物的真、假临界温度的方法是一种经验的方法，其准确度不详。这一方法是将已知烃组成按单体烃考虑，并将石油馏分处理为一个或多个虚拟组分，用恩氏蒸馏数据、分子量及相对密度来表示其特性，从而可将整个混合物作为已知组成的多组分考虑，最终计算出该混合物所需相对密度来表示其特性，从而可将整个混合物作为已知组成的多组分考虑，最终计算出该混合物所需各项的平均性质。但在计算甲烷、乙烷和乙烯的性质时，必须采用下列有效相对密度数值：

有效相对密度(288.15K, 1atm)

甲烷	0.2476
乙烷	0.4107
乙烯	0.4107

利用图 3-4-3 和图 3-4-4，可分别用摩尔平均沸点和相对密度从该图查得混合物的假临界温度；利用质量平均沸点和相对密度从该图查得混合物的真临界温度。详见例 3-4-3。

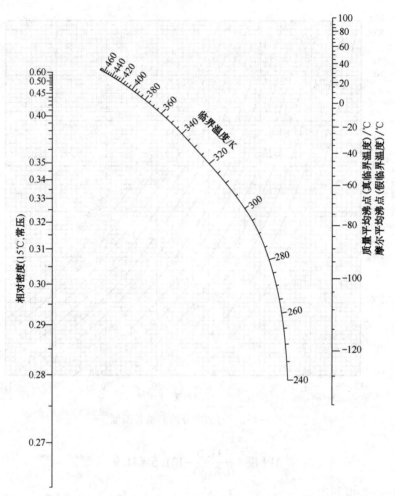

图 3-4-3　石油馏分真、假临界温度图(相对密度小于 0.6)

注：用质量平均沸点及平均相对密度从图上查得真临界温度；

用摩尔平均沸点及平均相对密度从图上查得假临界温度。

【例 3-4-3】　某油井井口原油组成如下，试求其真、假临界温度。

	摩尔分数
甲烷	0.3223
乙烷	0.0424
丙烷	0.0335
2-甲基丙烷	0.0108
正丁烷	0.0148
总戊烷	0.0218
己烷以上	0.554

己烷以上相对密度(288.15K)为 0.8348，相对分子质量为 172，恩氏蒸馏数据

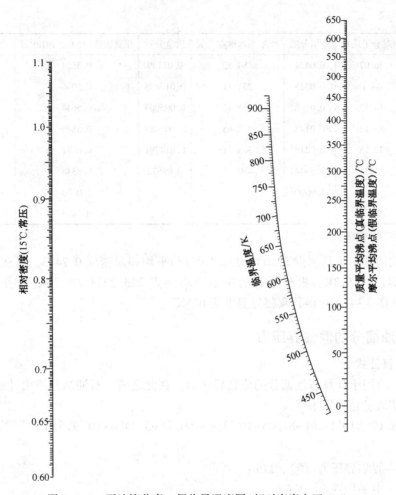

图 3-4-4 石油馏分真、假临界温度图(相对密度大于 0.6)

注：用质量平均沸点及平均相对密度从图上查得真临界温度；

用摩尔平均沸点及平均相对密度从图上查得假临界温度。

馏出(体)/%	10	30	50	70	90
馏出温度/K	385.15	462.15	521.15	584.15*	656.15*

*从减压蒸馏换算得到。

解：己烷以上体积平均沸点

$$t_体 = \frac{385.15+462.15+521.15+584.15+656.15}{5} = 521.75K$$

恩氏蒸馏曲线 10%到 90%的斜率 =(656.15−385.15)/(90−10)= 3.39

从图 2-1-3 平均沸点温度校正图，可求得其摩尔平均沸点为 196℃，质量平均沸点为 259℃。

计算原油全馏分的性质如表 3-4-1 所示。

表 3-4-1 原油全馏分的性质

项 目	相对分子质量	摩尔分数	摩尔平均沸点[①]/K	质量分数	相对密度(15℃，101kPa)	质量平均沸点/K
甲烷	16.04	0.3223	111.66	0.048615	0.2999	111.66

项　　目	相对分子质量	摩尔分数	摩尔平均沸点[①]/K	质量分数	相对密度(15℃，101kPa)	质量平均沸点/K
乙烷	30.07	0.0424	184.55	0.01199	0.3554	184.55
丙烷	44.1	0.0335	231.11	0.013893	0.5036	231.11
2-甲基丙烷	58.12	0.0108	261.43	0.005903	0.5644	261.43
正丁烷	58.12	0.0148	272.65	0.008089	0.5849	272.65
总戊烷	72.15	0.0218	305.11	0.014791	0.6291	305.11
己烷以上	172	0.5544	469.15	0.89672	0.8348	532.15
总计		1.0000			1.0000	
原油平均值	106.34		325.16		0.7433	496.30

①纯烃即为其常压沸点。

根据原油的摩尔平均沸点 52.0℃(325.16K)和平均相对密度 0.7433，可从图 3-4-4 查得其假临界温度为 513K，根据原有的质量平均沸点 223.2℃(496.30K)和平均相对密度 0.7433，可从图 3-4-4 查得其真临界温度为 655K。

五、石油馏分的假临界压力

(一) 计算公式

式(3-4-4)用于计算石油馏分的假临界压力。在此之前，石油馏分的相对密度和中平均沸点必须已知或者估算出来[45]。

$$P_{pc} = 3.196 \times 10^7 [\exp(-8.505 \times 10^{-3} T_b - 4.8014S + 5.7490 \times 10^{-3} T_b S)] T_b^{-0.4844} S^{4.0846}$$

$$(3-4-4)$$

式中　　P_{pc}——假临界压力(绝)，kPa；

　　　　T_b——中平均沸点，K；

　　　　S——相对密度(15.6℃/15.6℃)。

式 3-4-4 以图的形式表示在图 3-4-5 中，查图之前需知道特性因数 K 和 API 度的值。其中：

$$K = 1.216 \frac{T_b^{1/3}}{S}$$

$$API 度 = \frac{141.5}{S} - 131.5$$

式(3-4-4)适用于相对分子质量 70～295、正常沸点 299.8～616.5K、API 度 6.6～95 等参数范围。其平均误差约为 2.6%。

图 3-4-5 中的虚线部分代表的是外推值，需谨慎使用。

(二) 计算示例

【例 3-4-4】 根据相对密度(0.8160，15.6℃/15.6℃)和以下的 ASTM D86 数据计算某石油馏分的假临界压力：

馏程(体)/%	10	30	50	70	90
温度/K	381	409	444	485	538

根据图 2-1-2 平均沸点温度校正图，该馏分的中平均沸点为 438K。

根据式(3-4-3)，假临界压力为：

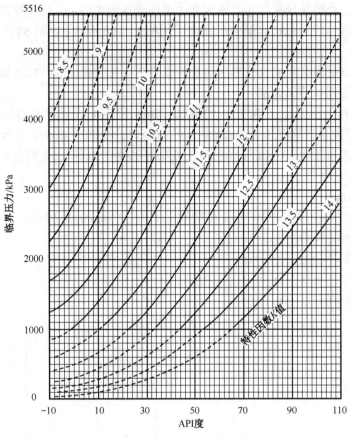

图 3-4-5　石油馏分的假临界压力

$$P_{pc} = 3.196 \times 10^7 [\exp(-8.505 \times 10^{-3} \times 438 - 4.8014 \times 0.8160 +$$
$$5.7490 \times 10^{-3} \times 438 \times 0.8160)](438)^{-0.4844}(0.8160)^{4.0846} = 2737.5 kPa$$

因为假临界压力是人为定义的而不是测量的，所以没有实验数据与计算数据比较。可以从图 3-4-5 查得。

$$K = 1.216 \times \frac{438^{1/3}}{0.8160} = 11.3$$

$$API 度 = \frac{141.5}{0.8160} - 131.5 = 41.9$$

使用图 3-4-5 得到

$$P_{pc} = 2750 kPa$$

六、真实组分+石油馏分混合物的假临界压力和真临界压力[50]

方法适用于已知烃类和石油馏分混合物的真临界压力和假临界压力计算。例如，混合物中的挥发性组分为已知组成的纯烃，其余为石油馏分。石油馏分用 ASTMD86 曲线和 API 度表示。

(一) 计算步骤

(1) 根据本节第 4 部分计算出混合物的真临界温度和假临界温度，计算真临界温度与假临界温度的比值。

（2）根据混合物的质量平均相对密度和中平均沸点用式(3-4-4)计算其假临界压力。

（3）根据假临界压力和临界温度的比值，用图 3-4-6 或式(3-4-5)计算混合物的真临界压力。

烃类和石油馏分混合物的真临界压力和假临界压力可用式(3-4-5)计算，其真临界温度和假临界温度可参照本节第四部分。

对于临界压力在 6895kPa(绝)以内的情况，根据图 3-4-6 计算查得的混合物的真临界压力误差在 5%以内；当临界压力超过 6895kPa(绝)时，根据图 3-4-6 计算查得误差的程度还不明确。对于临界压力 13790kPa(绝)以上或临界温度在 311K 以下的富甲烷体系会有严重误差。

图 3-4-6 是基于式(3-4-5)：

$$\ln P_c = 0.052073 + 5.656282\ln(T_c/T_{pc}) + 1.001047\ln P_{pc} \qquad (3-4-5)$$

式中　　P_c——真临界压力(绝)，kPa；

　　　　P_{pc}——假临界压力(绝)，kPa；

　　　　T_c——真临界温度，K；

　　　　T_{pc}——假临界温度，K。

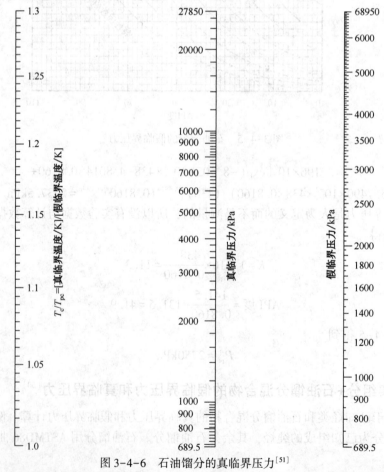

图 3-4-6　石油馏分的真临界压力[51]

（二）计算示例

【例 3-4-5】　计算【例 3-4-3】中原油的真临界压力和假临界压力。此例中其真临界温度为655K，假临界温度为513K。

（1）步骤一：

$$\frac{T_c}{T_{pc}} = \frac{655}{513} = 1.277$$

（2）步骤二：

使用式(3-4-4)计算该原油的假临界压力P_{pc}。

根据己烷以上馏分体积平均沸点248.6℃(521.75K)和恩氏蒸馏10%到90%斜率3.39℃/%，由图2-1-3得到该馏分的立方平均沸点238℃(511.15K)。按式(2-1-7)，计算该原油的立方平均沸点如下表：

物　　质	质量分数/%	相对密度	体积分数/%	立方平均沸点/K	立方平均沸点$^{1/3}$	体积分数×立方平均沸点$^{1/3}$
甲烷	0.0486	0.2999	0.1205	111.66	4.8154	0.5802
乙烷	0.012	0.3554	0.0251	184.55	5.6934	0.1428
丙烷	0.0139	0.5036	0.0205	231.11	6.1368	0.1258
2-甲基丙烷	0.0059	0.5644	0.0078	261.43	6.3942	0.0497
正丁烷	0.0081	0.5849	0.0103	272.65	6.4844	0.0667
总戊烷	0.0148	0.6291	0.0175	305.11	6.7321	0.1176
己烷以上	0.8967	0.8348	0.7984	511.15	7.9956	6.3837
原油	1	0.7433	1	416.2467		7.4665

原油立方平均沸点 = 7.4665^3 = 416.25K

由例(3-4-3)已知该原油的摩尔平均沸点为325.16K，则原油中平均沸点T_b = (325.16+416.25)/2 = 370.71K。

带入式(3-4-4)得，

P_{pc} = $3.196×10^7$ [exp ($-8.505×10^{-3}$ × 370.71 -4.8014 × 0.7433 + $5.7490×10^{-3}$ × 370.71 × 0.7433)] $(370.71)^{-0.4844}$ $(0.7433)^{4.0846}$ = 3181.8kPa

（3）步骤三：

将上两个步骤结果带入式(3-4-5)得：

$\ln P_c$ = 0.052073+5.656282ln(1.277)+1.001047ln3181.8

P_c = 13477kPa

该原油的真临界压力为13477kPa。

第五节　其他物质的临界性质

表3-5-1　无机和有机化合物的临界常数及偏心因数[52]

序号	名　　称	分子式	相对分子质量	T_c/K	P_c/MPa	V_c/[m³/(K·mol)]	Z_c	ω
1	甲烷	CH_4	16.043	190.564	4.59	0.099	0.286	0.011
2	乙烷	C_2H_6	30.070	305.32	4.85	0.146	0.279	0.098

续表

序号	名　称	分子式	相对分子质量	T_c/K	P_c/MPa	V_c/ $[m^3/(K \cdot mol)]$	Z_c	ω
3	丙烷	C_3H_8	44.097	369.83	4.21	0.200	0.273	0.149
4	正丁烷	C_4H_{10}	58.123	425.12	3.77	0.255	0.272	0.197
5	正戊烷	C_5H_{12}	72.150	469.7	3.36	0.315	0.271	0.251
6	正己烷	C_6H_{14}	86.177	507.6	3.04	0.373	0.269	0.304
7	正庚烷	C_7H_{16}	100.204	540.2	2.72	0.428	0.259	0.346
8	正辛烷	C_8H_{18}	114.231	568.7	2.47	0.486	0.254	0.396
9	正壬烷	C_9H_{20}	128.258	594.6	2.31	0.540	0.252	0.446
10	正癸烷	$C_{10}H_{22}$	142.285	617.7	2.09	0.601	0.245	0.488
11	正十一烷	$C_{11}H_{24}$	156.312	639	1.95	0.658	0.242	0.530
12	正十二烷	$C_{12}H_{26}$	170.338	658	1.82	0.718	0.239	0.577
13	正十三烷	$C_{13}H_{28}$	184.365	675	1.68	0.779	0.233	0.617
14	正十四烷	$C_{14}H_{30}$	198.392	693	1.57	0.830	0.226	0.643
15	正十五烷	$C_{15}H_{32}$	212.419	708	1.47	0.888	0.222	0.685
16	正十六烷	$C_{16}H_{34}$	226.446	723	1.41	0.943	0.221	0.721
17	正十七烷	$C_{17}H_{36}$	240.473	736	1.34	0.998	0.219	0.771
18	正十八烷	$C_{18}H_{38}$	254.500	747	1.26	1.059	0.214	0.806
19	正十九烷	$C_{19}H_{40}$	268.527	758	1.21	1.119	0.215	0.851
20	正二十烷	$C_{20}H_{42}$	282.553	768	1.17	1.169	0.215	0.912
21	2-甲基丙烷	C_4H_{10}	58.123	408.14	3.62	0.261	0.278	0.177
22	2-甲基丁烷	C_5H_{12}	72.150	460.43	3.37	0.304	0.268	0.226
23	2，3-二甲基丁烷	C_6H_{14}	86.177	499.98	3.13	0.358	0.269	0.246
24	2-甲基戊烷	C_6H_{14}	86.177	497.5	3.02	0.366	0.267	0.279
25	2，3-二甲基戊烷	C_7H_{16}	100.204	537.35	2.88	0.396	0.255	0.292
26	2，3，3-三甲基戊烷	C_8H_{18}	114.231	573.5	2.81	0.455	0.268	0.289
27	2，2，4-三甲基戊烷	C_8H_{18}	114.231	543.96	2.56	0.465	0.264	0.301
28	乙烯	C_2H_4	28.054	282.34	5.03	0.132	0.283	0.086
29	丙烯	C_3H_6	42.081	365.57	4.63	0.188	0.286	0.137
30	1-丁烯	C_4H_8	56.108	419.95	4.04	0.241	0.279	0.190
31	顺-2-丁烯	C_4H_8	56.108	435.58	4.24	0.233	0.273	0.204
32	反-2-丁烯	C_4H_8	56.108	428.63	4.08	0.237	0.272	0.216
33	1-戊烯	C_5H_{10}	70.134	464.78	3.56	0.295	0.271	0.236
34	1-己烯	C_6H_{12}	84.161	504.03	3.14	0.354	0.265	0.280
35	1-庚烯	C_7H_{14}	98.188	537.29	2.82	0.413	0.261	0.330
36	1-辛烯	C_8H_{16}	112.215	566.65	2.57	0.460	0.251	0.377
37	1-壬烯	C_9H_{18}	126.242	593.25	2.33	0.528	0.249	0.417
38	1-癸烯	$C_{10}H_{20}$	140.269	616.4	2.21	0.584	0.252	0.478

续表

序号	名　　称	分子式	相对分子质量	T_c/K	P_c/MPa	V_c/ $[m^3/(K \cdot mol)]$	Z_c	ω
39	2-甲基丙烯	C_4H_8	56.108	417.9	3.98	0.238	0.272	0.192
40	2-甲基-1-丁烯	C_5H_{10}	70.134	465	3.45	0.292	0.261	0.237
41	2-甲基-2-丁烯	C_5H_{10}	70.134	471	3.38	0.292	0.252	0.272
42	1，2-丁二烯	C_4H_6	54.092	452	4.36	0.220	0.255	0.166
43	1，3-丁二烯	C_4H_6	54.092	425.17	4.30	0.220	0.268	0.192
44	2-甲基-1，3-丁二烯	C_5H_8	68.119	484	3.85	0.277	0.265	0.158
45	乙炔	C_2H_2	26.038	308.32	6.15	0.113	0.271	0.188
46	甲基乙炔	C_3H_4	40.065	402.39	5.62	0.164	0.276	0.216
47	二甲基乙炔	C_4H_6	54.092	473.2	4.87	0.221	0.274	0.239
48	3-甲基-1-丁炔	C_5H_8	68.119	463.2	4.20	0.275	0.300	0.308
49	1-戊炔	C_5H_8	68.119	481.2	4.17	0.277	0.289	0.290
50	2-戊炔	C_5H_8	68.119	519	4.02	0.276	0.257	0.174
51	1-己炔	C_6H_{10}	82.145	516.2	3.64	0.322	0.273	0.335
52	2-己炔	C_6H_{10}	82.145	549	3.53	0.331	0.256	0.221
53	3-己炔	C_6H_{10}	82.145	544	3.54	0.334	0.261	0.219
54	1-庚炔	C_7H_{12}	96.172	559	3.13	0.386	0.260	0.272
55	1-辛炔	C_8H_{14}	110.199	585	2.82	0.441	0.256	0.323
56	乙烯基乙炔	C_4H_4	52.076	454	4.89	0.205	0.265	0.109
57	环戊烷	C_5H_{10}	70.134	511.76	4.50	0.257	0.272	0.196
58	甲基环戊烷	C_6H_{12}	84.161	532.79	3.78	0.319	0.272	0.230
59	乙基环戊烷	C_7H_{14}	98.188	569.52	3.40	0.374	0.269	0.271
60	环己烷	C_6H_{12}	84.161	553.58	4.10	0.308	0.274	0.212
61	甲基环己烷	C_7H_{14}	98.188	572.19	3.48	0.368	0.269	0.236
62	1，1-二甲基环己烷	C_8H_{16}	112.215	591.15	2.94	0.450	0.269	0.233
63	乙基环己烷	C_8H_{16}	112.215	609.15	3.04	0.430	0.258	0.246
64	环戊烯	C_5H_8	68.119	507	4.81	0.245	0.279	0.196
65	1-甲基环戊烯	C_6H_{10}	82.145	542	4.13	0.303	0.278	0.232
66	环己烯	C_6H_{10}	82.145	560.4	4.39	0.291	0.274	0.216
67	苯	C_6H_6	78.114	562.16	4.88	0.261	0.273	0.209
68	甲苯	C_7H_8	92.141	591.8	4.10	0.314	0.262	0.262
69	邻二甲苯	C_8H_{10}	106.167	630.33	3.74	0.374	0.267	0.311
70	间二甲苯	C_8H_{10}	106.167	617.05	3.53	0.377	0.259	0.325
71	对二甲苯	C_8H_{10}	106.167	616.23	3.50	0.381	0.260	0.320
72	乙苯	C_8H_{10}	106.167	617.2	3.60	0.375	0.263	0.301
73	正丙苯	C_9H_{12}	120.194	638.32	3.20	0.440	0.265	0.344
74	1，2，4-三甲苯	C_9H_{12}	120.194	649.13	3.25	0.430	0.259	0.380

续表

序号	名　称	分子式	相对分子质量	T_c/K	P_c/MPa	V_c/ $[m^3/(K \cdot mol)]$	Z_c	ω
75	异丙苯	C_9H_{12}	120.194	631.1	3.18	0.429	0.260	0.322
76	1，3，5-三甲苯	C_9H_{12}	120.194	637.36	3.11	0.433	0.254	0.397
77	对异丙基甲苯	$C_{10}H_{14}$	134.221	653.15	2.80	0.497	0.256	0.366
78	萘	$C_{10}H_8$	128.174	748.35	3.99	0.413	0.265	0.296
79	联苯	$C_{12}H_{10}$	154.211	789.26	3.86	0.502	0.295	0.367
80	苯乙烯	C_8H_8	104.152	636	3.82	0.352	0.254	0.295
81	间三联苯	$C_{18}H_{14}$	230.309	924.85	3.53	0.768	0.352	0.561
82	甲醇	CH_4O	32.042	512.64	8.14	0.117	0.224	0.566
83	乙醇	C_2H_6O	46.069	513.92	6.12	0.168	0.240	0.643
84	1-丙醇	C_3H_8O	60.096	536.78	5.12	0.220	0.252	0.617
85	1-丁醇	$C_4H_{10}O$	74.123	563.05	4.34	0.276	0.256	0.585
86	2-丁醇	$C_4H_{10}O$	74.123	536.05	4.20	0.270	0.254	0.574
87	2-丙醇	C_3H_8O	60.096	508.3	4.79	0.221	0.250	0.670
88	2-甲基-2-丙醇	$C_4H_{10}O$	74.123	506.21	3.99	0.276	0.262	0.613
89	1-戊醇	$C_5H_{12}O$	88.150	586.15	3.87	0.327	0.260	0.592
90	2-甲基-1-丁醇	$C_5H_{12}O$	88.150	565	3.87	0.327	0.270	0.678
91	3-甲基-1-丁醇	$C_5H_{12}O$	88.150	577.2	3.90	0.327	0.266	0.586
92	1-己醇	$C_6H_{14}O$	102.177	611.35	3.46	0.381	0.259	0.572
93	1-庚醇	$C_7H_{16}O$	116.203	631.9	3.18	0.435	0.263	0.592
94	环己醇	$C_6H_{12}O$	100.161	650	4.25	0.322	0.253	0.371
95	乙二醇	$C_2H_6O_2$	62.068	719.7	7.71	0.191	0.246	0.487
96	1，2-丙二醇	$C_3H_8O_2$	76.095	626	6.04	0.239	0.277	1.102
97	苯酚	C_6H_6O	94.113	694.25	6.06	0.229	0.240	0.438
98	邻甲酚	C_7H_8O	108.140	697.55	5.06	0.282	0.246	0.438
99	间甲酚	C_7H_8O	108.140	705.85	4.52	0.312	0.240	0.444
100	对甲酚	C_7H_8O	108.140	704.65	5.15	0.277	0.244	0.507
101	二甲醚	C_2H_6O	46.069	400.1	5.27	0.171	0.271	0.192
102	甲基乙基醚	C_3H_8O	60.096	437.8	4.47	0.221	0.271	0.229
103	甲基正丙基醚	$C_4H_{10}O$	74.123	476.3	3.77	0.276	0.263	0.264
104	甲基异丙基醚	$C_4H_{10}O$	74.123	464.5	3.89	0.276	0.278	0.280
105	甲基正丁基醚	$C_5H_{12}O$	88.150	510	3.31	0.329	0.257	0.335
106	甲基异丁基醚	$C_5H_{12}O$	88.150	497	3.41	0.331	0.273	0.310
107	甲基叔丁基醚	$C_5H_{12}O$	88.150	497.1	3.41	0.329	0.272	0.264
108	乙醚	$C_4H_{10}O$	74.123	466.7	3.64	0.281	0.264	0.281
109	乙基丙基醚	$C_5H_{12}O$	88.150	500.23	3.37	0.336	0.273	0.347
110	乙基异丙基醚	$C_5H_{12}O$	88.150	489	3.41	0.329	0.276	0.306

序号	名　称	分子式	相对分子质量	T_c/K	P_c/MPa	V_c/ $[m^3/(K \cdot mol)]$	Z_c	ω
111	甲基苯基醚	C_7H_8O	108.140	645.6	4.27	0.337	0.268	0.353
112	二苯醚	$C_{12}H_{10}O$	170.211	766.8	3.10	0.503	0.244	0.441
113	甲醛	CH_2O	30.026	408	6.59	0.115	0.223	0.282
114	乙醛	C_2H_4O	44.053	466	5.57	0.154	0.221	0.292
115	1-丙醛	C_3H_6O	58.080	504.4	4.92	0.204	0.239	0.256
116	1-丁醛	C_4H_8O	72.107	537.2	4.32	0.258	0.250	0.278
117	1-戊醛	$C_5H_{10}O$	86.134	566.1	3.97	0.313	0.264	0.347
118	1-己醛	$C_6H_{12}O$	100.161	591	3.46	0.369	0.260	0.387
119	1-庚醛	$C_7H_{14}O$	114.188	617	3.18	0.421	0.261	0.427
120	1-辛醛	$C_8H_{16}O$	128.214	638.1	2.97	0.474	0.265	0.474
121	1-壬醛	$C_9H_{18}O$	142.241	658	2.74	0.527	0.264	0.514
122	1-癸醛	$C_{10}H_{20}O$	156.268	674.2	2.60	0.580	0.269	0.582
123	丙酮	C_3H_6O	58.080	508.2	4.71	0.210	0.234	0.307
124	甲基乙基酮	C_4H_8O	72.107	535.5	4.12	0.267	0.247	0.320
125	2-戊酮	$C_5H_{10}O$	86.134	561.08	3.71	0.301	0.239	0.345
126	甲基异丙基酮	$C_5H_{10}O$	86.134	553	3.84	0.313	0.261	0.349
127	2-己酮	$C_6H_{12}O$	100.161	587.05	3.31	0.369	0.250	0.395
128	甲基异丁基酮	$C_6H_{12}O$	100.161	571.4	3.27	0.369	0.254	0.389
129	3-甲基-2-戊酮	$C_6H_{12}O$	100.161	573	3.32	0.371	0.259	0.386
130	3-戊酮	$C_5H_{10}O$	86.134	560.95	3.70	0.336	0.267	0.340
131	乙基异丙基酮	$C_6H_{12}O$	100.161	567	3.34	0.369	0.262	0.394
132	二异丙基酮	$C_7H_{14}O$	114.188	576	3.06	0.416	0.266	0.411
133	环己酮	$C_6H_{10}O$	98.145	653	4.01	0.311	0.230	0.308
134	甲基苯酮	C_8H_8O	120.151	709.5	3.85	0.386	0.252	0.365
135	甲酸(蚁酸)	CH_2O_2	46.026	588	5.81	0.125	0.148	0.317
136	乙酸(醋酸)	$C_2H_4O_2$	60.053	591.95	5.74	0.179	0.208	0.463
137	丙酸	$C_3H_6O_2$	74.079	600.81	4.61	0.232	0.214	0.574
138	正丁酸	$C_4H_8O_2$	88.106	615.7	4.07	0.291	0.231	0.682
139	异丁酸	$C_4H_8O_2$	88.106	605	3.68	0.291	0.213	0.612
140	苯甲酸(安息香酸)	$C_7H_6O_2$	122.123	751	4.47	0.347	0.248	0.603
141	乙酸酐	$C_4H_6O_3$	102.090	606	3.97	0.290	0.229	0.450
142	甲酸甲酯	$C_2H_4O_2$	60.053	487.2	5.98	0.173	0.255	0.254
143	乙酸甲酯	$C_3H_6O_2$	74.079	506.55	4.69	0.229	0.256	0.326
144	丙酸甲酯	$C_4H_8O_2$	88.106	530.6	4.03	0.284	0.259	0.349
145	正丁酸甲酯	$C_5H_{10}O_2$	102.133	554.5	3.48	0.340	0.257	0.378
146	甲酸乙酯	$C_3H_6O_2$	74.079	508.4	4.71	0.231	0.257	0.282

序号	名　称	分子式	相对分子质量	T_c/K	P_c/MPa	V_c/ $[m^3/(K \cdot mol)]$	Z_c	ω
147	乙酸乙酯	$C_4H_8O_2$	88.106	523.3	3.85	0.287	0.254	0.363
148	丙酸乙酯	$C_5H_{10}O_2$	102.133	546	3.34	0.345	0.254	0.391
149	正丁酸乙酯	$C_6H_{12}O_2$	116.160	571	2.94	0.403	0.249	0.399
150	甲酸正丙酯	$C_4H_8O_2$	88.106	538	4.03	0.286	0.257	0.310
151	乙酸正丙酯	$C_5H_{10}O_2$	102.133	549.73	3.37	0.349	0.257	0.390
152	乙酸正丁酯	$C_6H_{12}O_2$	116.160	579.15	3.11	0.389	0.251	0.410
153	苯甲酸甲酯	$C_8H_8O_2$	136.150	693	3.59	0.436	0.272	0.421
154	苯甲酸乙酯	$C_9H_{10}O_2$	150.177	698	3.22	0.489	0.271	0.477
155	乙酸乙烯酯	$C_4H_6O_2$	86.090	519.13	3.93	0.270	0.246	0.348
156	甲胺	CH_5N	31.057	430.05	7.41	0.154	0.319	0.279
157	二甲胺	C_2H_7N	45.084	437.2	5.26	0.180	0.260	0.293
158	三甲胺	C_3H_9N	59.111	433.25	4.10	0.254	0.289	0.210
159	乙胺	C_2H_7N	45.084	456.15	5.59	0.202	0.298	0.283
160	二乙胺	$C_4H_{11}N$	73.138	496.6	3.67	0.301	0.268	0.300
161	三乙胺	$C_6H_{15}N$	101.192	535.15	3.04	0.389	0.266	0.316
162	正丙胺	C_3H_9N	59.111	496.95	4.74	0.260	0.298	0.280
163	二(正)丙胺	$C_6H_{15}N$	101.192	550	3.11	0.401	0.273	0.446
164	异丙胺	C_3H_9N	59.111	471.85	4.54	0.221	0.256	0.276
165	二异丙胺	$C_6H_{15}N$	101.192	523.1	3.20	0.417	0.307	0.388
166	苯胺	C_6H_7N	93.128	699	5.35	0.270	0.248	0.381
167	N-甲基苯胺	C_7H_9N	107.155	701.55	5.19	0.373	0.332	0.480
168	N,N-二甲基苯胺	$C_8H_{11}N$	121.182	687.15	3.63	0.465	0.295	0.403
169	环氧乙烷	C_2H_4O	44.053	469.15	7.26	0.142	0.264	0.201
170	呋喃	C_4H_4O	68.075	490.15	5.55	0.218	0.297	0.205
171	噻吩	C_4H_4S	84.142	579.35	5.71	0.219	0.260	0.195
172	吡啶	C_5H_5N	79.101	619.95	5.64	0.254	0.278	0.239
173	甲酰胺	CH_3NO	45.041	771	7.75	0.163	0.197	0.410
174	N,N-二甲基甲酰胺	C_3H_7NO	73.095	649.6	4.37	0.262	0.212	0.312
175	乙酰胺	C_2H_5NO	59.068	761	6.57	0.215	0.223	0.419
176	N-甲基乙酰胺	C_3H_7NO	73.095	718	5.00	0.267	0.224	0.437
177	乙腈	C_2H_3N	41.053	545.5	4.85	0.173	0.185	0.340
178	丙腈	C_3H_5N	55.079	564.4	4.19	0.229	0.205	0.325
179	正丁腈	C_4H_7N	69.106	582.25	3.79	0.278	0.217	0.371
180	腈苯, 苯甲腈	C_7H_5N	103.123	699.35	4.21	0.339	0.245	0.352
181	甲硫醇	CH_4S	48.109	469.95	7.23	0.145	0.268	0.158
182	乙硫醇	C_2H_6S	62.136	499.15	5.49	0.206	0.273	0.188

续表

序号	名　称	分子式	相对分子质量	T_c/K	P_c/MPa	V_c/ [m³/(K·mol)]	Z_c	ω
183	正丙硫醇	C_3H_8S	76. 163	536. 6	4. 63	0. 254	0. 263	0. 232
184	正丁硫醇	$C_4H_{10}S$	90. 189	570. 1	3. 97	0. 307	0. 257	0. 272
185	异丁硫醇	$C_4H_{10}S$	90. 189	559	4. 06	0. 307	0. 268	0. 253
186	仲丁硫醇	$C_4H_{10}S$	90. 189	554	4. 06	0. 307	0. 271	0. 251
187	二甲基硫醚	C_2H_6S	62. 136	503. 04	5. 53	0. 200	0. 264	0. 194
188	甲基乙硫醚	C_3H_8S	76. 163	533	4. 26	0. 254	0. 244	0. 209
189	二乙基硫醚	$C_4H_{10}S$	90. 189	557. 15	3. 96	0. 320	0. 273	0. 294
190	氟代甲烷	CH_3F	34. 033	317. 42	5. 88	0. 113	0. 252	0. 198
191	氯代甲烷	CH_3Cl	50. 488	416. 25	6. 69	0. 142	0. 275	0. 154
192	氯仿	$CHCl_3$	119. 377	536. 4	5. 55	0. 238	0. 296	0. 228
193	四氯化碳	CCl_4	153. 822	556. 35	4. 54	0. 274	0. 270	0. 191
194	溴化甲烷	CH_3Br	94. 939	467	8. 00	0. 156	0. 321	0. 192
195	氟代乙烷	C_2H_5F	48. 060	375. 31	5. 01	0. 164	0. 263	0. 218
196	氯乙烷	C_2H_5Cl	64. 514	460. 35	5. 46	0. 155	0. 221	0. 206
197	溴乙烷	C_2H_5Br	108. 966	503. 8	6. 29	0. 215	0. 323	0. 259
198	1-氯丙烷	C_3H_7Cl	78. 541	503. 15	4. 58	0. 247	0. 270	0. 228
199	2-氯丙烷	C_3H_7Cl	78. 541	489	4. 51	0. 247	0. 274	0. 196
200	1，1-二氯丙烷	$C_3H_6Cl_2$	112. 986	560	4. 24	0. 292	0. 266	0. 253
201	1，2-二氯丙烷	$C_3H_6Cl_2$	112. 986	572	4. 23	0. 291	0. 259	0. 256
202	氯乙烯	C_2H_3Cl	62. 499	432	5. 75	0. 179	0. 287	0. 106
203	氟(代)苯	C_6H_5F	96. 104	560. 09	4. 54	0. 269	0. 262	0. 247
204	氯苯	C_6H_5Cl	112. 558	632. 35	4. 53	0. 308	0. 265	0. 251
205	溴苯	C_6H_5Br	157. 010	670. 15	4. 52	0. 324	0. 263	0. 251
206	空气		28. 951	132. 45	3. 79	0. 092	0. 318	0. 000
207	氢气	H_2	2. 016	33. 19	1. 32	0. 064	0. 307	-0. 215
208	氦	He	4. 003	5. 2	0. 23	0. 058	0. 305	-0. 388
209	氖	Ne	20. 180	44. 4	2. 67	0. 042	0. 300	-0. 038
210	氩	Ar	39. 948	150. 86	4. 90	0. 075	0. 292	0. 000
211	氟	F_2	37. 997	144. 12	5. 17	0. 067	0. 287	0. 053
212	氯	Cl_2	70. 905	417. 15	7. 79	0. 124	0. 279	0. 073
213	溴	Br_2	159. 808	584. 15	10. 28	0. 135	0. 286	0. 128
214	氧气	O_2	31. 999	154. 58	5. 02	0. 074	0. 287	0. 020
215	氮气	N_2	28. 014	126. 2	3. 39	0. 089	0. 288	0. 037
216	氨	NH_3	17. 031	405. 65	11. 30	0. 072	0. 241	0. 253
217	联氨(肼)	N_2H_4	32. 045	653. 15	14. 73	0. 158	0. 429	0. 315
218	一氧化二氮	N_2O	44. 013	309. 57	7. 28	0. 098	0. 277	0. 143

续表

序号	名称	分子式	相对分子质量	T_c/K	P_c/MPa	V_c/$[m^3/(K \cdot mol)]$	Z_c	ω
219	一氧化氮	NO	30.006	180.15	6.52	0.058	0.252	0.585
220	氰	C_2N_2	52.036	400.15	5.94	0.195	0.348	0.276
221	一氧化碳	CO	28.010	132.92	3.49	0.095	0.300	0.048
222	二氧化碳	CO_2	44.010	304.21	7.39	0.095	0.277	0.224
223	二硫化碳	CS_2	76.143	552	8.04	0.160	0.280	0.118
224	氟化氢	HF	20.006	461.15	6.49	0.069	0.117	0.383
225	氯化氢	HCl	36.461	324.65	8.36	0.082	0.253	0.134
226	溴化氢	HBr	80.912	363.15	8.46	0.100	0.280	0.069
227	氢氰酸	HCN	27.026	456.65	5.35	0.139	0.195	0.407
228	硫化氢	H_2S	34.082	373.53	9.00	0.099	0.287	0.096
229	二氧化硫	SO_2	64.065	430.75	7.86	0.123	0.269	0.244
230	三氧化硫	SO_3	80.064	490.85	8.19	0.127	0.255	0.423
231	水	H_2O	18.015	647.13	21.94	0.056	0.228	0.343

注：本表作为第一章数据的补充，在本书引用数据时，首先使用第一章列出的数据。

参 考 文 献

[1] 北京石油设计院. 石油化工工艺计算图表. 北京：烃加工出版社，1985

[2] Silverman E D, Thodos G. Cricondentherms and Cricondenbars. Ind Eng Chem, 1962：299

[3] Ettar D O. Kay W B. Critical Temperature and Pressure of Hydrocarbons. J Chem Eng, 1961：409

[4] Grieves R B, Thodos G. The Cricondentherm and Multicomponent Hydrocarbon Mixtures. Soc Petrol Eng J, 1963, 3：287

[5] Sage B H, Lacey W N. Volumetric and Phase Behavior of Hydrocarbons, 291-4. Stanford University Press, Palo Alto, Calif, 1939

[6] Katz D L, Kutata F. Retrograde Condensation. Ind Eng Chem, 1940, 32：817

[7] Kay W B. Vapor-Liquid Equilibria Relations in the Ethane-n-Heptane Systems. Ind Eng Chem, 1938, 30：459

[8] Kay W B. The Critical Locus Curve and the Phase Behavior of Mixtures. Accounts Chem Res, 1968：1344

[9] Chang H L, Hurt L J, Kobayashi R. Vapor-Liquid Equilibria of Light Hydrocarbons at Low Temperatures and High Pressures：The Methane-n-Heptane system. AIChE J, 1966, 12：1212

[10] Kohn J P. Heterogeneous Phase and Volumetric Behavior of the Methane-n-Hepthane System at Low Temperatures. AIChE Journal, 1961, 7：514

[11] Sage B H, Lacey W N. Monograph for API Research Project Number 37：Some Properties of the Lighter Hydrocarbons, Hydrogen Sulfide, and Carbon Dioxide. Am Petrol Inst, Washington D C, 1955

[12] Churchill S W, Collamore W G, Kaiz D L. Phase Behavior of the Acetylene-Ethylene System. Oil Gas J, 1942,

[13] Tsonopoulos C, Wilson G M. High-Temperature Mutual Solubilities of Hydrocarbons and Water. Part 1：Benzene, Cyclohexane and N-Hexane. AIChE J, 1983, 29：990

[14] Kay W B, Pak S C. Critical Properties of Hydrocarbon Mixtures. The Ohil State University Research Foundation, Rep. API Project No. PPC, 1971

[15] Kay W B. Density of Hydrocarbon Gases and Vapors at High Temperature and Pressure. Ind Eng Chem, 1936, 28: 1014

[16] Hall K R, Yarborough L. New Simple Correlation for Predicting Critical Volume. Chem Eng, 1971

[17] American Petroleum Institute. API Technical Data Book, Petroleum Refining, 8th Edition. Washington DC, 2010.

[18] Ambrose D. Correlation and Estimation of Vapor-Liquid Critical Properties-II. Critical Pressures and Critical Volumes of Organic Compounds. Nat'l Phys Lab Report Chem, 1979

[19] Nokay R. Estimate Petrochemical Properties. Chem Eng, 1959, 66(4): 147

[20] Riedel L. Eine Neue Universelle Dampfdruckformel. Chem Ingr Tech, 1954, 26: 679

[21] Riedel L. The Equation of State of Real Gases. Chem Ingr Tech, 1956, 28: 557

[22] Reid R C, T W Leland Jr. AIChE J, 1965, 11: 228, 1966, 12: 1227

[23] Prausnitz J M, R D Gunn. AIChE J, 1958, 4: 430, 494

[24] Joffe J. Ind Eng Chem Fundam, 1971, 10: 532

[25] Brule' M R, C T Lin, L L Lee, K E Starling. AIChE J, 1982, 28: 616

[26] Li C C. Critical Temperature Estimattion for Simple Mixtures. Can J Chem Eng, 1971, 49: 709; 1972, 50: 152

[27] Kreglewski A, Kay W B. The Critical Constants of Conformal Mixtures. J Phys Chem, 1969, 73: 3359

[28] Kay W B. Vapor-Liquid Equilibria Relations in Binary Systems: n-Butane-n-Heptane Systems. Ind Eng Chem, 1941, 33: 590

[29] Ellington R T, Eakin B E, Parent J D, et al. Vapor-Liquid Phase Equilibria in the Binary Systems of Methane, Ethane, and Nitrogen. Thermodynamic and Transport Properties of Gases, Liquids, and Solids, 180-5. McGraw-Hill Book Publishing Co Inc New York, 1959

[30] Akers W W, Burns J F, Fairchild W R. Low-Temperature Phase Equilibria Methane-Propane System. *Ind Eng Chem*, 1954, 46: 2531

[31] Reamer H H, Sage B H, Lacey W N. Phase Equilibria in Hydrocarbon Systems: Volumetric and Phase Behavoir of the Methane-Propane system. Ind Eng Chem, 1950, 42: 534

[32] Roess L C. Determination of Critical Temperature and Pressure of Petroleum Fractions by a Flow Method. J Inst Petrol Tech, 1936, 22: 665

[33] Elliot D G, Chen R J, Chappelear P S, et al. Vapor-Liquid Equilibrium of the Methanen-Butane System at Low Temperatures and High Pressures. J Chem Eng, 1973

[34] Olds R H, Sage B H, Lacey W N. Methane-Isobutane System. Ind Eng Chem, 1942, 34: 1008

[35] Chen R J, Chappelear P S, Kobayashi R. Dew Point Loci for Methane-n-Pentane Binary System. J Chem Eng, 1974, 19: 58

[36] Reamer H H, Sage B H. Phase Equilibria in Hydrocarbon Systems: Volumetric and Phase Behavoir of the Methane-n-Hepthane System. Chem Eng, 1956, 1: 29

[37] Gutter M, Newitt D M, Ruhemann M. Two-Phase Equilibrium in Binary and Ternary Systems II: The System Methane-Ethylene, III: The System Methane-Ethane-Ethylene. Proc Roy Soc, 1940, 176A: 140

[38] Sage B H, Lacey W N. Monograph for API Research Project Number 37: Thermodynamic Properties of the Lighter Paraffin Hydrocarbons and Nitrogen. Am Petrol Inst, Washington D C, 1960

[39] Poettmann F H, Katz D L. Phase Behavior of Binary Carbon Dioxide-Paraffin. Ind Eng Chem, 1945, 37: 847

[40] Olds R H, Reamer H H, Sage B H, et al. Phase Equilibrium in Hydrocarbon System. Ind Eng Chem, 1949, 41: 475

[41] Reamer H H, Sage B H. Phase Equilibria in Hydrocarbon Systems: Volumetric and Phase Behavoir of the n-

Decane-CO$_2$ systems. J Chem Eng, 1965, 10: 49

[42] Bierlein J A, Kay W B. Phase Equilibrium Properties of System Carbon Dioxide-Hydrogen Suifide. Ind Eng Chem, 1953: 45: 618

[43] Kay W B, Brice B D. Liquid-Vapor Equilibrium Relations in Ethane-Hydrogen Sulphide Syatem. Ind Eng Chem, 1953: 45: 615

[44] Kay W B, Rambosek G M. Vapor-Liquid Equilibrium Relations in Binary Systems: Propane-Hydrogen Sulphide System. Ind Eng Chem, 1953, 45: 221

[45] Benham A L, Katz D L. Vapor-Liquid Equilibria for Hydrocarbon Systems at Low Temperatures. AIChE Journal, 1957, 3: 33

[46] Nichols W B, Reamer H H, Sage B H. Volumetric and Phase Behavior in the Hydrogen-n-Hexane System. AIChE Journal, 1957, 3: 262

[47] Chueh P L, Prausnitz J M. Vapor-Liquid Equilibria at High Pressures: Calculations of Critical Tempperatures, Volumes, and Pressures of Nonpolar Mixtures. AIChE Journal, 1967, 13: 1107

[48] Edmister W C, Pollock D H. Phase Relations for Petroleum Fractions. *Chem Eng Progr*, 1948, 44: 905

[49] Riazi M R. Prediction of Thermophysical Properties of Petroleum Fractions. Ph. D. Thesis, Department of Chemical Engneering, The Pennasylvania State University, University Park Pa, 1979

[50] Hadden S T. in Hydrocarbon Systems, PartII. Chem Eng Progr, 1948, 44: 135

[51] Smith R L, Waston KM. Boiling Points and Critical Properties of Hydrocarbon Mixtures. Ind Eng Chem, 1937: 29: 1408

[52] Perry's Chemical Engineers' Handbook. The McGraw-Hill Companies Inc.

第四章 蒸 气 压

第一节 概 述

在一定温度下，物质的气相与其液相处于平衡状态时的气相压力称为饱和蒸气压，简称蒸气压。蒸气压常用于纯物质，偶尔也用于混合物。但对于混合物来说，除温度影响蒸气压外，混合物组成对其平衡蒸气压也有影响。在一定的温度下，应根据混合物的气相、液相或总的组成以确定其蒸气压。

纯物质的蒸气压只与温度有关，可用式(4-1-1)表示[1]：

$$\lg \frac{P_2}{P_1} = \frac{\Delta H}{2.3R}\left(\frac{1}{T_2} - \frac{1}{T_1}\right) \tag{4-1-1}$$

式中　P_1、P_2——纯物质在温度 T_1、T_2 时的蒸气压(绝)，atm；

　　　ΔH——纯物质在 T_1、T_2 间的平均蒸发潜热，kcal/kmol；

　　　R——气体常数，1.987kcal/(kmol·K)。

第二节　纯烃的蒸气压

一般常用纯烃的蒸气压与温度的关系见图4-2-1~图4-2-11[2]，这些图都是基于实验数据制作的。图的坐标一般是蒸气压的对数值对修正后的温度倒数值，其平均误差在2%以内，虚线部分为延长线，没有实验数据，直线一端的"O"为临界点。

对于纯物质，在其确定的温度范围内，其蒸气压可用式(4-2-1)来计算[3]。

$$\ln P = A + \frac{B}{T} + C\ln T + D\,T^2 + \frac{E}{T^2} \tag{4-2-1}$$

式中　　　　　P——纯物质的蒸气压，MPa；

　　　　　　　T——温度，K；

A，B，C，D，E——关联系数，可从表4-2-1中查得[2]。

表4-2-1给出了纯物质的上述公式中的关联系数，也给出了上述公式对每种物质的适用温度范围，同时在表中还给出了在公式回归中与实验数据的最大和平均误差百分数。

务必请注意：上述公式只有在表4-2-1给出的适用温度范围内使用才正确。

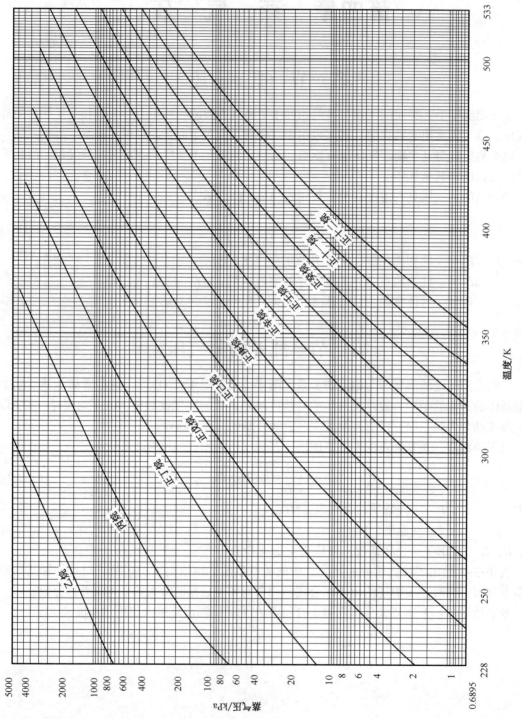

图4-2-1　正构烷烃蒸气压图（高温区）

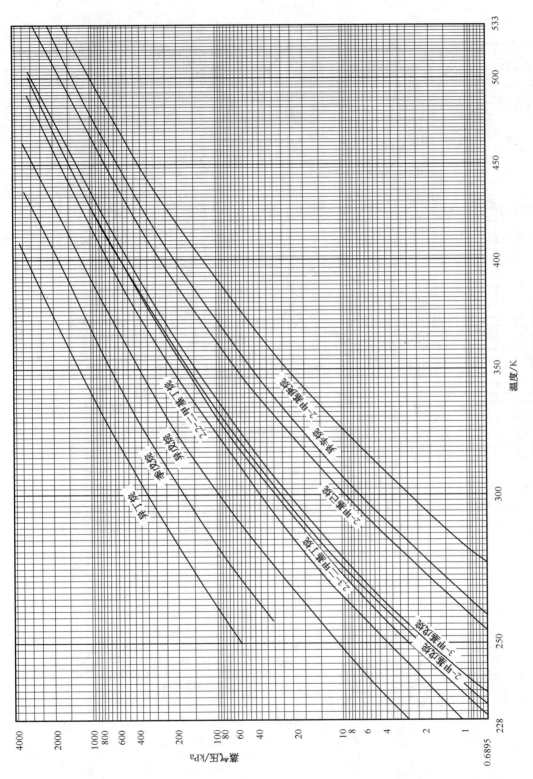

图4-2-2　支链烷烃蒸气压图

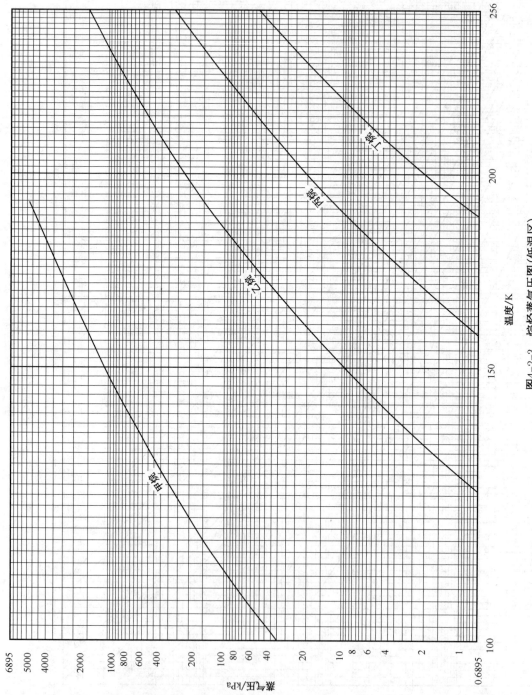

图4-2-3 烷烃蒸气压图(低温区)

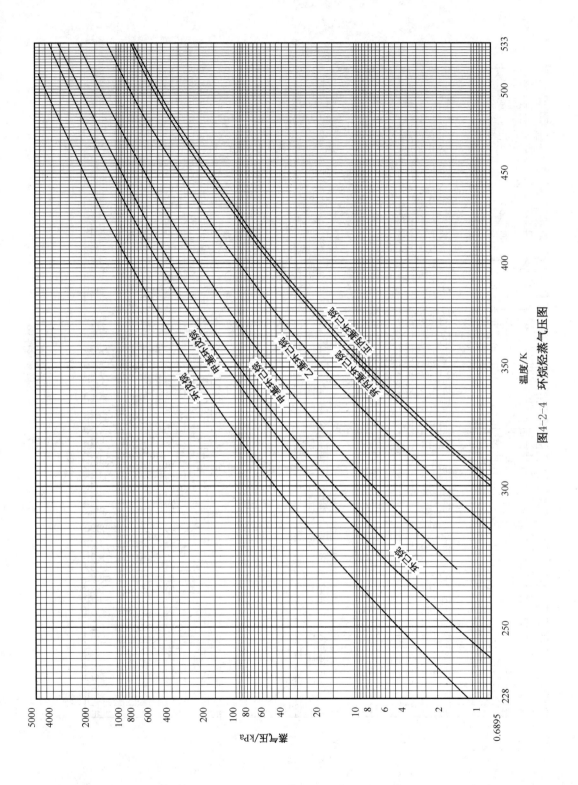

图4-2-4　环烷烃蒸气压图

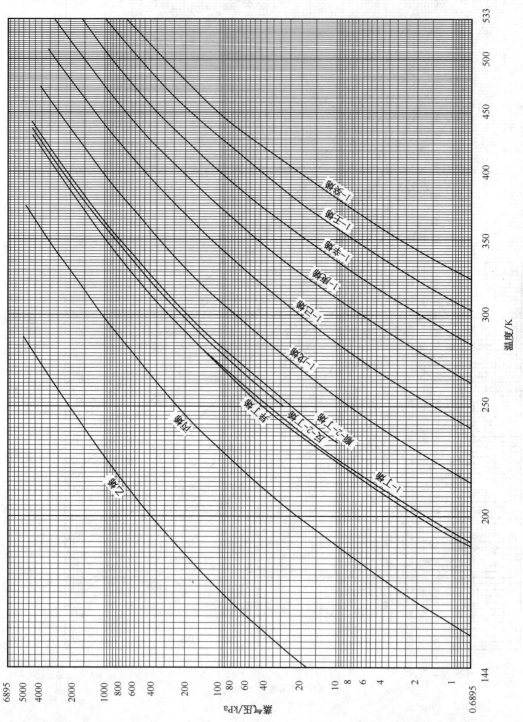

图4-2-5 烯烃蒸气压图

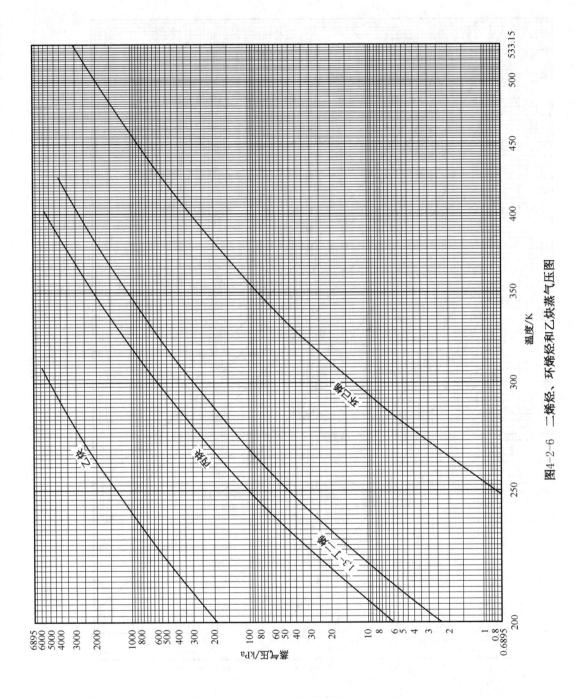

图4-2-6　二烯烃、环烯烃和乙炔蒸气压图

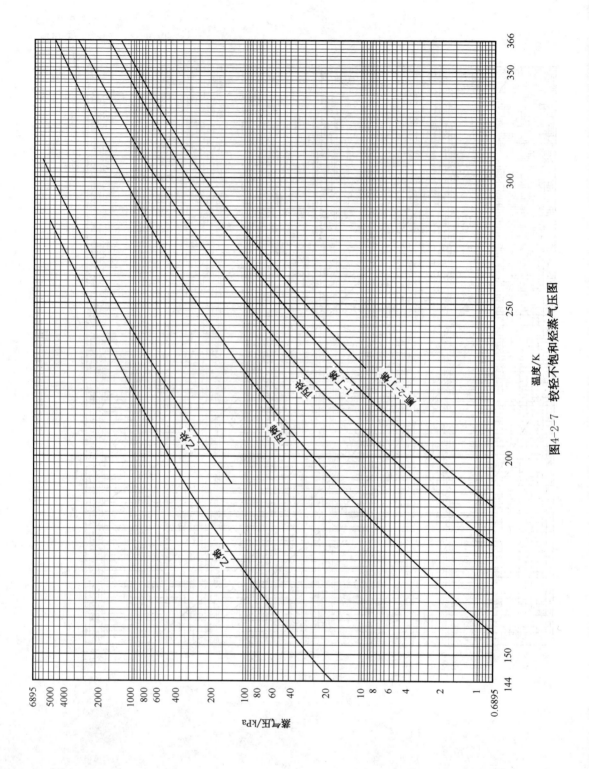

图4-2-7　较轻不饱和烃蒸气压图

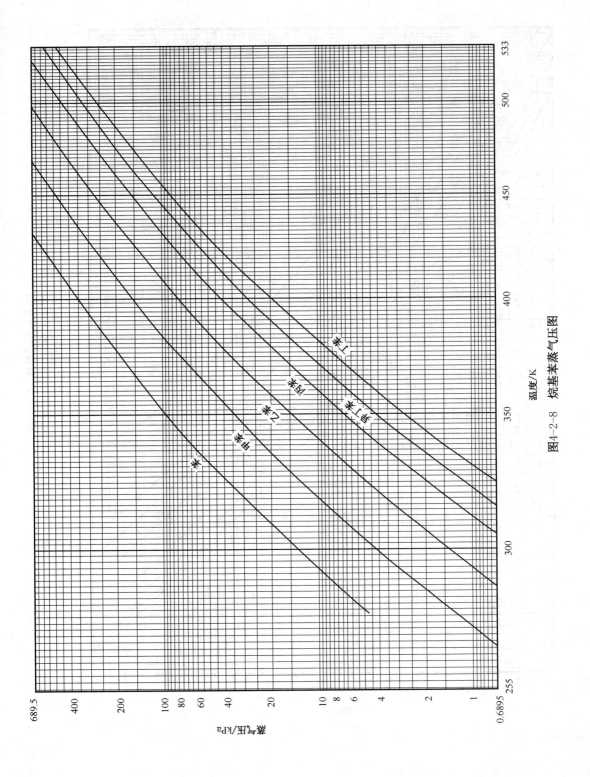

图4-2-8　烷基苯蒸气压图

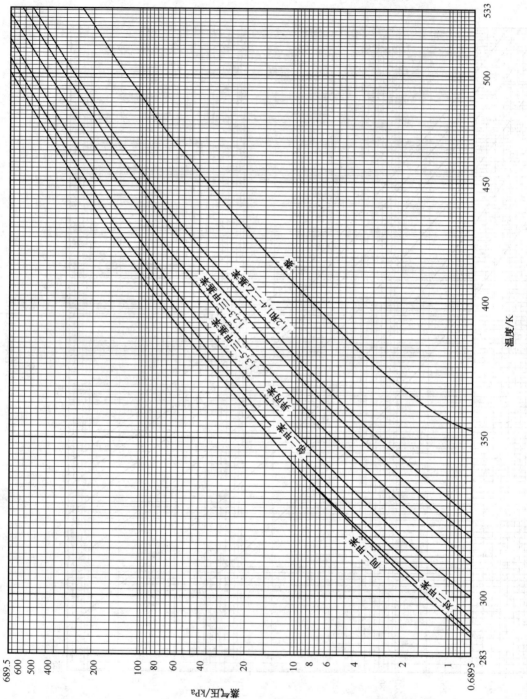

图4-2-9　芳香烃蒸气压图

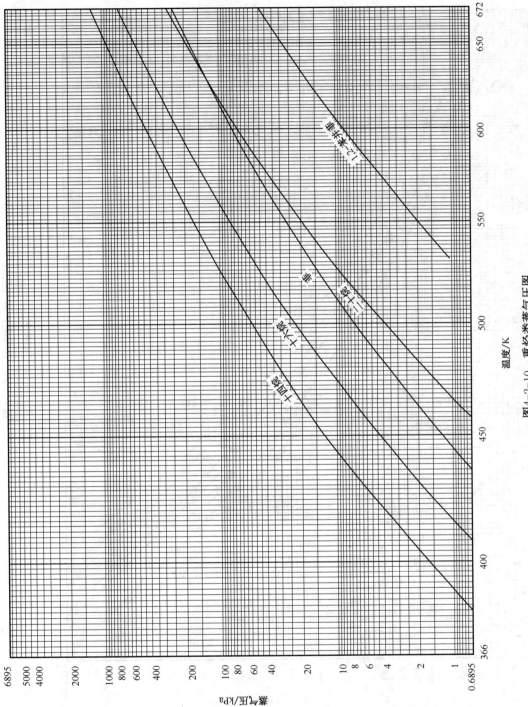

图4-2-10 重烃类蒸气压图

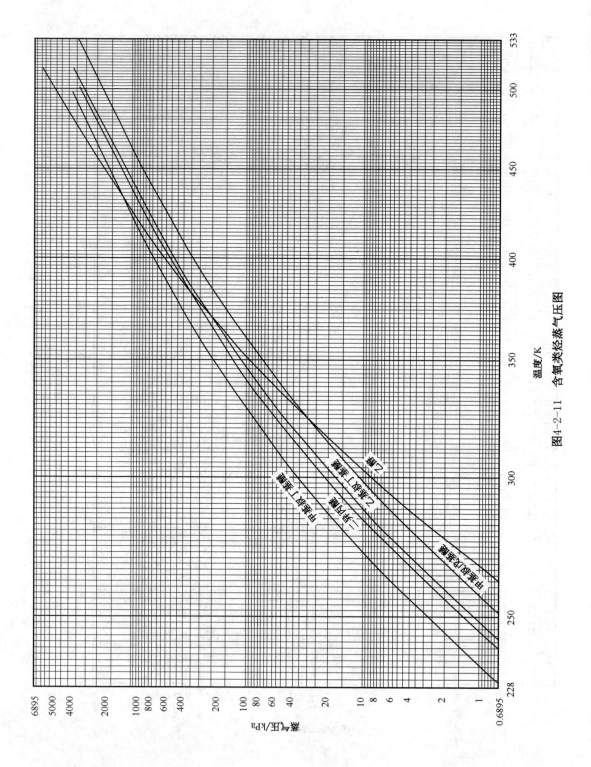

图4-2-11 含氧类烃蒸气压图

表 4-2-1 式(4-2-1)系数表

序号	物质名称	A	B	C	D	E	TPT	适用温度范围/K T_{min}	T_{max}	T_c	最大误差/%	平均误差/%
非烃类												
1	氧	3.2007E+01	-1.2368E+03	-4.7268E+00	5.6768E-05	1.9118E+03	54	54	169	154	1.8	0.1
2	氢	-8.6802E+00	-3.6179E+01	2.9071E+00	9.3617E-05	-2.6512E+02	14	14	36	33	6.0	0.9
3	水	6.8321E+01	-7.9494E+03	-8.5005E+00	4.6368E-06	5.4093E+04	273	273	711	647	0.5	0.1
4	二氧化氮	-1.5273E+02	7.4767E+03	2.3645E+01	-9.4281E-06	-7.4130E+05	262	262	472	431	3.0	0.2
5	一氧化氮	2.8435E+02	-8.9267E+03	-4.7164E+01	2.3357E-04	1.4438E+05	109	109	197	180	6.0	0.8
6	一氧化二氮	1.1005E+02	-5.9383E+03	-1.6248E+01	3.1695E-05	1.1997E+05	182	182	339	309	9.3	1.5
7	氨	2.9313E+01	-2.9558E+03	-3.3757E+00	6.5224E-06	-6.6062E+04	196	196	444	406	1.2	0.4
8	氯	-6.1183E+00	-1.0449E+03	1.8891E+00	-1.3207E-07	-1.2242E+05	172	172	458	417	2.8	0.5
9	氯化氢	5.3590E+01	-3.3691E+03	-7.4875E+00	1.9023E-05	1.9711E+04	159	159	356	324	4.9	0.6
10	硫化氢	-4.7481E+01	1.3357E+03	8.1971E+00	-6.5678E-06	-2.1414E+05	188	188	411	373	7.3	1.0
11	一氧化碳	8.3544E+01	-2.2487E+03	-1.4175E+01	1.5738E-04	2.0388E+04	68	68	144	133	10.2	0.9
12	二氧化碳	3.1551E+02	-1.5538E+04	-1.4992E+01	6.9177E-06	5.5929E+05	217	217	333	304	0.8	0.1
13	二氧化硫	1.6205E+02	-1.1262E+04	-2.3014E+01	2.0385E-05	3.6704E+05	198	203	472	431	3.3	0.8
烃类												
14	甲烷	2.6708E+01	-1.3775E+03	-3.6440E+00	3.1020E-05	1.7202E+03	91	91	208	191	0.3	0.0
15	乙烷	3.8325E+01	-2.5985E+03	-5.1827E+00	1.5258E-05	-3.2281E+02	91	91	336	306	0.3	0.0
16	丙烷	5.0230E+01	-3.6806E+03	-6.8654E+00	1.2572E-05	5.6846E+03	86	86	417	370	2.4	0.9
17	正丁烷	5.1947E+01	-4.3321E+03	-6.9583E+00	9.3678E-06	-1.4431E+03	135	135	467	425	6.5	0.4
18	异丁烷	1.1326E+02	-7.1422E+03	-1.6433E+01	2.1614E-05	1.2110E+05	113	250	433	408	2.3	1.1
19	正戊烷	6.0320E+01	-4.9890E+03	-8.1965E+00	9.5687E-06	-3.7306E+04	143	147	517	469	4.5	0.8
20	异戊烷	5.7935E+01	-4.9932E+03	-7.7859E+00	8.7953E-06	2.2542E+02	113	178	506	461	0.3	0.1
21	新戊烷	1.0110E+02	-7.4483E+03	-1.4236E+01	1.4771E-05	1.7119E+05	257	257	478	434	3.3	0.2

续表

序号	物 质 名 称	A	B	C	D	E	TPT	适用温度范围/K		T_c	最大误差/%	平均误差/%
								T_{min}	T_{max}			
22	正己烷	$-2.3882\text{E}+01$	$2.3580\text{E}+02$	$4.2014\text{E}+00$	$-1.3711\text{E}-07$	$-4.2096\text{E}+05$	178	178	556	507	2.9	0.8
23	异己烷	$4.5306\text{E}+01$	$-4.5301\text{E}+03$	$-5.8437\text{E}+00$	$6.1511\text{E}-06$	$-8.2796\text{E}+04$	119	200	547	498	4.5	0.2
24	3-甲基戊烷	$6.5647\text{E}+01$	$-5.6950\text{E}+03$	$-8.8909\text{E}+00$	$8.7820\text{E}-06$	$-3.0788\text{E}+04$	110	192	556	504	4.8	0.8
25	2,2-二甲基丁烷	$5.4785\text{E}+01$	$-1.4198\text{E}+03$	$9.6386\text{E}+01$	$1.5847\text{E}-06$	$-2.4217\text{E}+05$	174	203	536	489	0.3	0.1
26	2,3-二甲基丁烷	$5.3241\text{E}+01$	$-4.9941\text{E}+03$	$-7.0300\text{E}+00$	$6.9803\text{E}-06$	$-4.6343\text{E}+04$	145	183	550	500	1.9	0.1
27	正庚烷	$1.2732\text{E}+01$	$-2.4431\text{E}+03$	$-1.0907\text{E}+00$	$2.6250\text{E}-06$	$-3.2512\text{E}+05$	183	183	606	540	4.2	0.3
28	异庚烷	$7.2449\text{E}+01$	$-6.5839\text{E}+03$	$-9.7568\text{E}+00$	$7.9879\text{E}-06$	$-1.9733\text{E}+04$	155	222	583	531	1.9	0.2
29	3-甲基己烷	$4.6600\text{E}+01$	$-4.7903\text{E}+03$	$-6.0086\text{E}+00$	$5.6703\text{E}-06$	$-1.4268\text{E}+05$	154	228	556	535	4.9	0.3
30	2,4-二甲基戊烷	$4.9764\text{E}+01$	$-4.8797\text{E}+03$	$-6.5031\text{E}+00$	$6.2940\text{E}-06$	$-1.1005\text{E}+05$	154	211	572	520	2.8	0.3
31	2,2-二甲基戊烷	$1.3508\text{E}+02$	$-1.0654\text{E}+04$	$-1.8944\text{E}+01$	$1.4393\text{E}-05$	$2.7028\text{E}+05$	149	194	572	521	1.2	0.1
32	2,3-二甲基戊烷	$8.3361\text{E}+01$	$-7.5311\text{E}+03$	$-1.1289\text{E}+01$	$8.4930\text{E}-06$	$6.8840\text{E}+04$		203	589	537	11.6	0.6
33	3,3-二甲基戊烷	$8.4408\text{E}+01$	$-7.5583\text{E}+03$	$-1.1465\text{E}+01$	$8.7370\text{E}-06$	$8.7522\text{E}+04$	139	192	589	537	2.9	0.2
34	2,2,3-三甲基丁烷	$4.6483\text{E}+01$	$-4.8151\text{E}+03$	$-5.9961\text{E}+00$	$5.6308\text{E}-06$	$-8.5691\text{E}+04$	248	248	583	531	1.0	0.1
35	3-乙基戊烷	$6.9434\text{E}+01$	$-6.5178\text{E}+03$	$-9.2765\text{E}+00$	$7.2599\text{E}-06$	$-2.0149\text{E}+04$	154	217	594	541	0.7	0.1
36	正辛烷	$7.7007\text{E}+01$	$-6.5000\text{E}+03$	$8.8309\text{E}+00$	$6.5079\text{E}-06$	$-1.2204\text{E}+05$	216	286	625	569	3.2	0.4
37	2,2-二甲基己烷	$4.6383\text{E}+01$	$-4.8317\text{E}+03$	$-5.9785\text{E}+00$	$5.4108\text{E}-06$	$-1.7698\text{E}+05$	152	236	606	550	0.8	0.1
38	2,3-二甲基己烷	$5.2910\text{E}+01$	$-5.4427\text{E}+03$	$-6.8866\text{E}+00$	$5.6972\text{E}-06$	$-1.5051\text{E}+05$		281	619	563	0.6	0.1
39	2,4-二甲基己烷	$4.5912\text{E}+01$	$-4.8697\text{E}+03$	$-5.8896\text{E}+00$	$5.2209\text{E}-06$	$-1.7747\text{E}+05$		278	608	553	0.6	0.1
40	2,5-二甲基己烷	$5.3010\text{E}+01$	$-5.3407\text{E}+03$	$-6.9233\text{E}+00$	$5.9065\text{E}-06$	$-1.4965\text{E}+05$	182	256	606	550	0.9	0.1
41	3,3-二甲基己烷	$8.0670\text{E}+00$	$-3.9883\text{E}+03$	$0.0000\text{E}+00$	$0.0000\text{E}+00$	$0.0000\text{E}+00$	147	385	562	562		
42	3,4-二甲基己烷	$7.9172\text{E}+01$	$-7.5383\text{E}+03$	$-1.0613\text{E}+01$	$7.3276\text{E}-06$	$7.3583\text{E}+03$		286	625	569	0.5	0.1
43	2-甲基庚烷	$1.0947\text{E}+02$	$-9.6556\text{E}+03$	$-1.4990\text{E}+01$	$9.8898\text{E}-06$	$1.3694\text{E}+05$	164	208	614	559	1.9	0.2
44	3-甲基庚烷	$9.2388\text{E}+01$	$-8.4700\text{E}+03$	$-1.2513\text{E}+01$	$8.3699\text{E}-06$	$5.5519\text{E}+04$	153	217	564	564	2.7	0.1
45	4-甲基庚烷	$6.4250\text{E}+01$	$-6.3172\text{E}+03$	$-8.4932\text{E}+00$	$6.3912\text{E}-06$	$-1.0139\text{E}+05$	152	250	617	562	0.8	0.1

续表

序号	物质名称	A	B	C	D	E	TPT	适用温度范围/K T_{min}	适用温度范围/K T_{max}	T_c	最大误差/%	平均误差/%
46	2,2,4-三甲基戊烷	5.1455E+01	-5.2811E+03	-6.6958E+00	5.7627E-06	-1.0037E+05	166	225	597	544	5.0	0.4
47	2,2,3-三甲基戊烷	6.3200E+01	-6.2817E+03	-8.3493E+00	6.2781E-06	-5.0991E+04	161	217	619	563	0.6	0.1
48	2,3,3-三甲基戊烷	6.5008E+01	6.5956E+03	-8.5698E+00	6.1482E-06	-2.0528E+04	172	244	631	573	0.7	0.1
49	2,3,4-三甲基戊烷	8.1648E+01	-7.7706E+03	-1.0961E+01	7.4708E-06	5.1198E+04	164	200	622	566	2.0	0.2
50	2,2,3,3-四甲基丁烷	7.7820E+00	-3.8213E+03	0.0000E+00	0.0000E+00	0.0000E+00	374	374	568	568		
51	3-乙基己烷	7.1313E+01	-6.8806E+03	-9.4986E+00	6.8445E-06	-5.7448E+04		283	622	566	0.6	0.1
52	2-甲基-3-乙基戊烷	7.1022E+01	-6.9089E+03	-9.4517E+00	6.7593E-06	-3.0817E+04	158	250	622	567	0.7	0.1
53	3-甲基-3-乙基戊烷	6.0197E+01	-6.2689E+03	-7.8703E+00	5.7196E-06	-5.5472E+04	182	222	633	577	0.6	0.1
54	正壬烷	2.4886E+02	-2.0988E+04	-3.4697E+01	1.7920E-05	9.0494E+05	219	261	656	596	1.4	0.2
55	2-甲基辛烷	2.8124E+02	-2.3484E+04	-3.9304E+01	2.0068E-05	1.1198E+06	193	303	644	587	1.3	0.3
56	3-甲基辛烷	1.3472E+02	-1.1835E+04	-1.8536E+01	1.0923E-05	2.2423E+05	166	269	667	590	1.9	0.4
57	4-甲基辛烷	-2.1553E+01	5.8422E+02	3.6412E+00	9.3429E-07	-7.3552E+05	160	244	644	588	3.1	0.8
58	2,2-二甲基庚烷	-1.4735E+02	1.0017E+04	2.1659E+01	-8.1810E-06	-1.3766E+06	160	256	633	577	1.6	0.4
59	2,6-二甲基庚烷	3.4614E+02	-2.8647E+04	-4.8507E+01	2.4155E-05	1.5547E+06	170	303	636	579	2.7	0.4
60	3,3-二乙基戊烷	3.7844E+01	-4.7844E+03	-4.6574E+00	3.9295E-06	-2.2688E+05	240	240	669	610	0.0	0.0
61	2,2,5-三甲基己烷	2.5327E+01	-3.4171E+03	-2.9266E+00	3.3793E-06	-3.2071E+05	167	250	625	568	0.0	0.0
62	2,4,4-三甲基己烷	5.8045E+01	-5.9739E+03	-7.6172E+00	5.9409E-06	-1.3006E+05	160	244	639	581	0.1	0.0
63	2,2,3,3-四甲基戊烷	6.6161E+00	-2.4558E+03	-1.5629E-01	1.1536E-05	-3.7963E+05	263	263	672	611	0.1	0.0
64	2,2,3,4-四甲基戊烷	2.7373E+01	-3.8591E+03	-3.1691E+00	3.0964E-06	-2.6995E+05	152	236	650	592	0.2	0.0
65	2,2,4,4-四甲基戊烷	3.4120E+01	-4.2089E+03	-4.1731E+00	3.9159E-06	-2.2244E+05	207	256	628	571	0.1	0.0
66	2,3,3,4-四甲基戊烷	3.6775E+01	-4.5273E+03	-4.0967E+00	3.4033E-06	-2.3034E+05	171	250	667	608	0.0	0.0
67	3-乙基庚烷	-8.2596E+01	4.0427E+03	1.2721E+01	-5.7578E-06	-8.8583E+05	158	256	647	590	4.0	0.7
68	2,2-二甲基-3-乙基戊烷	2.3187E+02	-1.9492E+04	-3.2343E+01	1.7138E-05	8.6614E+05	174	244	647	590	1.6	0.3
69	2,4-二甲基-3-乙基戊烷	9.3492E+01	-8.6089E+03	-1.2694E+01	8.3841E-06	3.0721E+04	151	250	650	591	1.6	0.4

续表

序号	物质名称	A	B	C	D	E	TPT	适用温度范围/K		T_c	最大误差/%	平均误差/%
								T_{min}	T_{max}			
70	正癸烷	9.4312E+01	-9.1411E+03	-1.2659E+01	7.2236E-06	8.3139E-01	243	286	681	618	3.8	0.5
71	2-甲基壬烷	-5.2383E+01	3.4408E+03	7.8999E+00	-5.4004E-07	-1.1056E+06	198	278	669	610	2.4	0.4
72	3-甲基壬烷	2.0659E+02	-1.8409E+04	-2.8491E+01	1.3792E-05	7.1432E+05	188	269	672	613	2.3	0.4
73	4-甲基壬烷	1.4254E+02	-1.3327E+04	-1.9413E+01	9.8726E-06	3.3562E+05	174	261	689	610	2.2	0.4
74	5-甲基壬烷	-1.3071E+02	1.0101E+04	1.8881E+01	-4.6867E-06	-1.6473E+06	186	278	669	610	1.7	0.3
75	2,2-二甲基辛烷	-7.7319E+01	4.4327E+03	1.1715E+01	-3.8381E-06	-1.0366E+06		314	661	602	1.9	0.6
76	正十一烷	8.0077E+01	-7.8389E+03	-1.0691E+01	6.4784E-06	-2.9104E+05	248	322	703	639	4.2	0.2
77	正十二烷	1.5302E+02	-1.4439E+04	-2.0822E+01	9.6419E-06	1.9913E+05	263	286	722	658	2.3	0.2
78	正十三烷	7.6781E+02	-7.3078E+04	-1.0554E+02	3.4943E-05	5.7503E+06	268	333	714	676	9.0	1.5
79	正十四烷	1.1655E+02	-1.1151E+04	-1.5743E+01	7.6240E-06	-3.1139E+05	279	369	692	692	0.3	0.1
80	正十五烷	1.7767E+02	-1.6991E+04	-2.4158E+01	9.9828E-06	1.4376E+05	283	383	739	707	0.2	0.1
81	正十六烷	1.5683E+02	-1.5852E+04	-2.1090E+01	8.1739E-06	2.7195E+04	291	294	769	721	5.4	0.3
82	正十七烷	-7.4190E+01	7.7489E+03	1.0397E+01	6.9459E-09	-2.5295E+06	295	311	806	733	3.3	0.5
83	正十八烷	3.9631E+02	-3.8209E+04	-5.4134E+01	1.7623E-05	1.8850E+06	301	317	745	745	6.5	1.8
84	正十九烷	2.2148E+02	-2.2882E+04	-2.9766E+01	9.3451E-06	4.8966E+05	306	369	769	756	2.7	0.5
85	正二十烷	1.9444E+02	-2.3132E+04	-2.5400E+01	5.5997E-06	6.9148E+05	309	344	806	767	7.8	1.2
86	正二十四烷	7.4102E+02	-7.7983E+04	-1.0011E+02	2.5435E-05	5.9231E+06	324	444	867	810	4.0	0.7
87	正二十八烷	1.7199E+01	-9.2378E+01	-2.2044E+00	2.9265E-06	-3.1534E+06	334	417	925	843	5.7	1.1
环烷烃												
88	环戊烷	6.8495E+01	-6.1883E+03	-9.1663E+00	7.9007E-06	5.5358E+04	179	203	561	512	4.0	0.6
89	甲基环戊烷	5.9629E+01	-5.6994E+03	-7.8750E+00	6.7379E-06	-2.1577E+04	131	178	586	533	2.0	0.1
90	乙基环戊烷	2.8260E+01	-3.7604E+03	-3.2937E+00	3.4548E-06	-2.1552E+04	134	183	625	569	1.6	0.1
91	1,1-二甲基环戊烷	3.0155E+01	-3.4491E+03	-3.7135E+00	5.1322E-06	-2.2051E+05	203	203	600	547	0.8	0.1
92	顺-1,2-二甲基环戊烷	4.0706E+01	-4.5153E+03	-5.1353E+00	4.9047E-06	-1.6052E+05	219	250	619	565	0.1	0.0

续表

序号	物质名称	A	B	C	D	E	TPT	适用温度范围/K		T_c	最大误差/%	平均误差/%
								T_{min}	T_{max}			
93	反-1,2-二甲基环戊烷	4.0778E+01	-4.3577E+03	-5.1929E+00	5.4361E-06	-1.6187E+05	156	200	608	553	0.2	0.0
94	顺-1,3-二甲基环戊烷	-5.7739E+02	3.7478E+04	8.4819E+01	-5.0862E-05	-2.8256E+06	139	264	551	551	3.2	1.2
95	反-1,3-二甲基环戊烷	5.3505E+01	-5.2851E+03	-7.0262E+00	6.4580E-06	-9.5543E+04	139	200	608	553	0.2	0.0
96	正丙基环戊烷	-2.1908E+01	-4.3424E+02	4.0133E+00	-1.5237E-06	-5.1352E+05	156	244	661	603	0.2	0.0
97	异丙基环戊烷	1.4524E+02	-1.2634E+04	-2.0062E+01	1.1965E-05	3.7701E+05	162	208	653	593	5.9	0.3
98	环己烷	1.4840E+02	-1.2553E+04	-2.0538E+01	1.2689E-05	4.6741E+05	279	279	608	553	4.2	0.7
99	甲基环己烷	3.4533E+01	-4.2302E+03	-4.1195E+00	3.8530E-06	-1.6420E+05	147	269	628	572	0.9	0.2
100	乙基环己烷	-8.5724E+00	-1.5031E+03	2.1065E+00	-6.1434E-07	-4.1840E+05	162	228	669	609	0.2	0.0
101	1,1-二甲基环己烷	3.2850E+00	-2.1899E+03	3.4784E-01	6.8694E-07	-3.3639E+05	239	269	650	591	0.1	0.0
102	顺-1,2-二甲基环己烷	-2.0988E+01	-5.4619E+02	3.8753E+00	-1.5295E-06	-4.7787E+05	223	261	667	606	0.2	0.0
103	反-1,2-二甲基环己烷	-5.4963E+00	-1.6498E+03	1.6340E+00	-1.2092E-07	-3.7596E+05	185	244	656	596	0.1	0.0
104	顺-1,3-二甲基环己烷	-7.3662E+00	-1.5391E+03	1.9288E+00	-5.0324E-07	-3.7969E+05	198	256	650	591	0.4	0.0
105	反-1,3-二甲基环己烷	-6.0137E+00	-1.6698E+03	1.7475E+00	-5.8440E-07	-3.8630E+05	183	256	656	598	1.4	0.1
106	顺-1,4-二甲基环己烷	-6.8585E+00	-1.6253E+03	1.8701E+00	-6.3945E-07	-3.8444E+05	186	222	658	598	0.1	0.0
107	反-1,4-二甲基环己烷	1.7980E+00	-2.1298E+03	5.7787E-01	4.8675E-07	-3.3704E+05	236	236	647	590	0.3	0.0
108	正丙基环己烷	-2.9274E+01	-2.3246E+01	5.0718E+00	-2.2826E-06	-6.0849E+05	178	228	703	639	0.4	0.0
109	异丙基环己烷	6.7482E+01	-7.2267E+03	-8.8263E+00	5.3606E-06	-6.9985E+04	184	208	689	627	3.9	0.1
110	正丁基环己烷	-9.2145E+01	5.0826E+03	1.3943E+01	-6.0627E-06	-1.1120E+06	198	286	733	667	0.2	0.0
111	正癸基环己烷	8.2347E+01	-9.1367E+03	-1.0776E+01	4.7437E-06	-5.7898E+05	272	333	825	751	3.0	0.3
112	环庚烷	7.2752E+01	-7.1806E+03	-9.6615E+00	6.4560E-06	-3.4833E+03	265	265	664	604	0.9	0.1
113	环辛烷	7.3572E+01	-7.6183E+03	-9.7188E+00	5.9976E-06	-3.3216E+04	288	288	703	640	2.3	0.2
114	1-甲基-1-乙基环戊烷	1.1404E+02	-9.9717E+03	-1.5703E+01	1.0776E-05	1.7568E+05	129	183	639	582	1.7	0.1
烯烃												
115	乙烯	3.7196E+01	-2.3292E+03	-5.0837E+00	1.7685E-05	-4.3028E+03	104	104	311	282	8.9	0.6

续表

序号	物质名称	A	B	C	D	E	TPT	适用温度范围/K		T_c	最大误差/%	平均误差/%
								T_{min}	T_{max}			
116	丙烯	5.3519E+01	-3.7763E+03	-7.3821E+00	1.3624E-05	1.2490E+04	88	88	400	366	5.4	0.2
117	正丁烯	1.2866E+02	-8.0817E+03	-1.8703E+01	2.3137E-05	1.5484E+05	88	125	461	420	2.1	0.4
118	顺-2-丁烯	-2.4595E+02	1.4091E+04	3.7157E+01	-2.6528E-05	-1.0853E+06	134	228	478	436	2.6	0.5
119	反-2-丁烯	-3.0138E+02	1.7153E+04	4.5490E+01	-3.4101E-05	-1.2231E+06	168	244	472	429	2.4	0.5
120	异丁烯	-6.7846E+01	2.6715E+03	1.0982E+01	-7.6597E-06	-3.7293E+05	133	172	458	418	6.0	1.4
121	1-戊烯	-7.6787E+00	-8.2444E+02	1.8865E+00	1.4867E-06	-2.5795E+05	108	167	511	465	6.6	0.3
122	顺-2-戊烯	3.6081E+01	-3.5626E+03	-4.5720E+00	6.3109E-06	-1.2102E+05	122	192	522	475	0.1	0.0
123	反-2-戊烯	3.6451E+01	-3.7441E+03	-4.5719E+00	5.9376E-06	-9.5059E+04	133	183	522	474	0.2	0.0
124	2-甲基-1-丁烯	2.9342E+01	-3.1406E+03	-3.5712E+00	5.5692E-06	-1.3022E+05	136	192	500	465	0.6	0.1
125	2-甲基-2-丁烯	1.7178E+01	-2.7256E+03	-1.6702E+00	3.3942E-06	-1.4215E+05	139	178	517	471	3.4	0.3
126	3-甲基-1-丁烯	8.0280E+01	-6.0817E+03	-1.1206E+01	1.3062E-05	6.0910E+04	104	156	494	451	0.5	0.0
127	1-己烯	2.8637E+01	-3.3573E+03	-3.4267E+00	4.6338E-06	-1.7438E+05	133	228	556	504	0.0	0.0
128	顺-2-己烯	-1.4126E+01	-1.2541E+03	3.0846E+00	-9.9805E-06	-2.6481E+05	132	192	556	513	1.7	0.1
129	反-2-己烯	-1.2982E+01	-8.4761E+02	2.7644E+00	-7.7789E-07	-3.3188E+05	140	208	556	513	0.2	0.0
130	顺-3-己烯	9.4154E+01	-7.8233E+03	-1.2963E+01	1.0677E-05	1.0460E+05	136	192	556	509	1.2	0.1
131	反-3-己烯	9.4034E+01	-7.8556E+03	-1.2928E+01	1.0583E-05	1.0498E+05	160	194	558	509	0.7	0.0
132	2-甲基-1-戊烯	-8.2238E+01	-1.3597E+03	1.5731E+01	-8.4120E-08	-2.8519E+05	137	208	556	507	0.0	0.0
133	2-甲基-2-戊烯	-1.3388E+01	-1.0761E+03	2.9290E+00	-1.9457E-06	-3.0044E+05	138	183	556	514	0.1	0.0
134	3-甲基-1-戊烯	1.1502E+02	-8.6000E+03	-1.6255E+01	1.5386E-05	1.5567E+05	120	167	544	495	1.0	0.1
135	3-甲基-2-戊烯	4.7629E+01	-5.0176E+03	-6.0614E+00	5.1451E-06	-5.2123E+04	138	192	556	515	0.9	0.1
136	4-甲基-1-戊烯	1.7265E+01	-2.6969E+03	-1.7230E+00	3.0781E-06	-1.7758E+05	119	183	544	496	0.1	0.0
137	4-甲基-顺-2-戊烯	7.7155E+00	-2.0714E+03	-3.0876E-01	1.8078E-06	-2.3081E+05	138	208	547	499	0.1	0.0
138	4-甲基-反-2-戊烯	1.6594E+01	-2.7427E+03	-1.5772E+00	2.4428E-06	-1.9054E+05	132	178	550	501	0.2	0.0
139	2,3-二甲基-2-丁烯	-3.1022E+01	-3.2128E+01	5.5452E+00	-4.1171E-06	-3.7262E+05	199	236	575	524	0.2	0.0

续表

序号	物 质 名 称	A	B	C	D	E	TPT	适用温度范围/K T_{min}	适用温度范围/K T_{max}	T_c	最大误差/%	平均误差/%
140	2,3-二甲基-1-丁烯	-7.2202E+00	-1.2773E+03	1.9466E+00	-4.3014E-07	-2.6148E+05	116	192	550	500	0.1	0.0
141	3,3-二甲基-1-丁烯	-3.2526E-01	-1.0953E+03	7.0272E-01	2.8260E-06	-2.7684E+05	158	208	528	480	0.6	0.1
142	2-乙基-1-丁烯	-6.0174E+01	1.7108E+03	9.8874E+00	-7.6697E-06	-4.4204E+05	142	208	564	512	0.2	0.0
143	1-庚烯	3.1361E+01	-3.7748E+03	-3.7807E+00	4.2256E-06	-2.1567E+05	154	217	589	537	2.8	0.1
144	顺-2-庚烯	1.2034E+02	-1.0530E+04	-1.6515E+01	1.0438E-05	2.7618E+05	164	269	603	549	3.2	0.3
145	反-2-庚烯	-2.3694E+01	2.2285E+02	4.1093E+00	4.0267E-07	-4.9090E+05	164	236	597	543	2.6	0.4
146	顺-3-庚烯	-5.3963E+01	2.2909E+03	8.5495E+00	-3.1684E-06	-6.3123E+05	137	228	600	545	2.7	0.5
147	反-3-庚烯	1.6574E+02	-1.3051E+04	-2.3309E+01	1.6374E-05	3.9265E+05	137	217	586	540	3.6	0.5
148	2-甲基-1-己烯	2.3207E+02	-1.8113E+04	-3.2761E+01	2.0680E-05	7.7269E+05	171	261	592	538	2.9	0.4
149	3-甲基-1-己烯	-1.7442E+02	1.0444E+04	2.6125E+01	-1.4382E-05	-1.1272E+06	145	236	581	528	3.6	0.5
150	4-甲基-1-己烯	1.8616E+01	-5.8589E+03	-8.3730E+01	7.0483E-06	-7.1145E+04	132	217	556	534	2.0	0.4
151	2-乙基-1-戊烯	-2.7244E+02	1.8264E+04	3.9967E+01	-1.9906E-05	-1.7451E+06	168	250	594	543	1.7	0.5
152	3-乙基-1-戊烯	6.5216E+01	-6.2533E+03	-8.6226E+00	6.5866E-06	-1.9778E+04	146	228	583	530	2.0	0.5
153	2,3,3-三甲基-1-丁烯	1.7660E+01	-2.7896E+03	-1.7982E+00	2.8949E-06	-2.2442E+05	163	231	583	531	0.0	0.0
154	1-辛烯	2.8714E+01	-3.7701E+03	-3.3698E+00	3.5679E-06	-2.8916E+05	172	250	625	567	1.9	0.1
155	反-2-辛烯	4.7053E+02	-3.7364E+04	-6.6525E+01	3.4733E-05	2.1876E+06	186	289	633	577	3.7	0.4
156	反-3-辛烯	2.8482E+02	-2.3298E+04	-3.9971E+01	2.1584E-05	1.1624E+06	163	269	631	574	2.2	0.7
157	反-4-辛烯	-1.7111E+01	-4.7551E+01	3.0969E+00	6.9793E-07	-5.7633E+05	179	269	631	573	2.7	0.4
158	2-乙基-1-己烯	7.3948E+01	-6.7528E+03	-1.0022E+01	8.6489E-06	-8.0877E+04		286	631	574	1.6	0.7
159	2,4,4-三甲基-1-戊烯	-2.8000E+00	-1.7198E+03	1.2587E+00	4.0302E-08	-3.3160E+05	179	256	608	553	5.1	0.3
160	2,4,4-三甲基-2-戊烯	-4.8747E+01	1.4702E+03	7.9609E+00	-4.5587E-06	-5.7574E+05	167	264	614	558	0.3	0.0
161	1-壬烯	2.2267E+01	-3.4149E+03	-2.4234E+00	2.6819E-06	-3.9889E+05	192	236	653	593	0.0	0.0
162	1-癸烯	4.9562E+01	-5.4008E+03	-6.3613E+00	4.6701E-06	-3.6173E+05	207	244	678	617	2.5	0.2
163	1-十一烯	-3.9910E+01	2.4442E+03	6.1206E+00	1.6206E-07	-1.1427E+06	224	286	700	638	1.4	0.2

续表

序号	物　质　名　称	A	B	C	D	E	TPT	适用温度范围/K		T_c	最大误差/%	平均误差/%
								T_{min}	T_{max}			
164	1-十二烯	4.5216E+01	-4.7936E+03	-5.8273E+00	4.6345E-06	-6.3799E+05	238	278	714	657	2.5	0.2
165	1-十三烯	6.9420E+02	-6.0356E+04	-9.6850E+01	3.9985E-05	3.9938E+06	250	311	675	675	2.2	0.3
166	1-十四烯	-1.4678E+01	-1.4417E+02	2.7062E+00	2.8086E-07	-1.1985E+06	261	322	761	692	2.7	0.2
167	1-十五烯	-2.4016E+01	7.4583E+02	4.0036E+00	-3.1183E-07	-1.3962E+06	269	383	769	708	1.2	0.1
168	1-十六烯	6.0204E+02	-5.7189E+04	-8.2708E+01	2.7900E-05	3.9068E+06	278	328	769	722	2.2	0.3
169	1-十七烯	3.1132E+02	-2.7708E+04	-4.3021E+01	1.7236E-05	7.5469E+05	284	389	800	736	4.6	1.1
170	1-十八烯	-6.2857E+02	5.9400E+04	8.7131E+01	-2.5006E-05	-7.5025E+06	291	350	748	748	4.5	0.3
171	1-十九烯	-1.1881E+02	1.0918E+04	1.6837E+01	-3.4529E-06	-2.9453E+06	297	417	833	760	0.0	0.0
172	1-二十烯	8.8635E+01	-9.3150E+03	-1.1651E+01	4.7343E-06	-1.0425E+06	302	400	800	771	0.5	0.1
173	环戊烯	4.2991E+01	-4.3114E+03	-5.4969E+00	6.1116E-06	-6.5485E+04	138	167	556	507	0.1	0.0
174	环己烯	8.5267E+00	-2.2434E+03	-4.4456E-01	2.0153E-06	-2.7415E+05	169	200	617	561	0.2	0.0
175	环庚烯	-1.9318E+02	1.0397E+04	2.9159E+01	-1.7536E-05	-1.0638E+06	217	231	639	598	3.0	0.2
176	环辛烯	-6.5928E+02	4.6475E+04	9.5371E+01	-4.6280E-05	-3.7994E+06	214	269	632	632	3.5	0.6
	二烯烃和炔烃											
177	环戊二烯	8.0320E+00	-3.2413E+03	0.0000E+00	0.0000E+00	0.0000E+00	188	269	507	507	4.1	0.7
178	1,3-丁二烯	4.6209E+01	-3.8374E+03	-6.1491E+00	9.3137E-06	-3.5426E+04	164	164	467	425	0.3	0.1
179	异戊二烯	1.8501E+01	-3.0356E+03	-1.7274E+00	1.0567E-06	-1.0519E+05	127	156	533	484	0.4	0.1
180	3-甲基-1,2-丁二烯	3.1797E+01	-3.9454E+03	-3.6571E+00	2.2743E-06	-7.0932E+04	159	178	539	490	0.4	0.1
181	1,2-戊二烯	2.1359E+01	-3.4039E+03	-2.0689E+00	2.6328E-07	-1.0613E+05	136	161	550	500	1.1	0.1
182	顺-1,3-戊二烯	2.4126E+01	-3.6071E+03	-2.4652E+00	3.8031E-07	-8.8880E+04	132	172	550	499	0.1	0.0
183	反-1,3-戊二烯	5.6568E+00	-2.5536E+03	3.0418E-01	-2.3149E-06	-1.3548E+05	186	186	550	500	0.1	0.0
184	1,4-戊二烯	-2.4617E+01	-4.9688E+02	4.7644E+00	-6.1401E-06	-2.3470E+05	125	167	528	479	0.1	0.0
185	2,3-戊二烯	4.4299E+01	-4.7186E+03	-5.5160E+00	3.9441E-06	-4.8806E+04	148	178	547	497	0.3	0.0
186	1,3-环己二烯	6.7668E+01	-6.4511E+03	-8.9729E+00	6.6669E-06	1.4001E+04	161	189	614	558	2.9	0.2

续表

序号	物质名称	A	B	C	D	E	TPT	适用温度范围/K		T_c	最大误差/%	平均误差/%
								T_{min}	T_{max}			
187	2,3-二甲基-1,3-丁二烯	4.2418E+01	-4.7921E+03	-5.2431E+00	3.7124E-06	-6.2691E+04	197	197	578	526	0.9	0.1
188	1,5-己二烯	-4.8310E+01	2.5814E+03	7.5104E+00	-2.1494E-07	-5.8991E+05	132	217	558	507	0.4	0.0
189	反反-2,4-己二烯	1.5847E+02	-1.2886E+04	-2.2111E+01	1.4635E-05	4.4370E+05	228	269	589	535	1.8	0.2
190	1,5-环辛二烯	8.8052E+01	-5.9272E+03	-1.2523E+01	1.1122E-05	-4.6469E+05	204	294	708	645	0.1	0.0
191	乙炔	-2.3943E+01	-4.0164E+01	4.7923E+00	-4.9235E-06	-1.0827E+05	192	192	339	308	2.5	0.4
192	丙炔	-3.1003E+01	8.1317E+02	5.4266E+00	-7.7248E-07	-2.7816E+05	171	171	433	402	2.4	0.6
193	2-丁炔	2.4520E+01	-3.1604E+03	-2.6926E+00	3.7134E-06	-1.1294E+05	241	241	519	473	1.0	0.1
194	3-甲基-1-丁炔	1.6157E+02	-1.0568E+04	-2.3463E+01	2.5763E-05	2.5224E+05	183	222	508	463	3.3	0.5
195	1-戊炔	5.6318E+01	-3.9717E+03	-8.0047E+00	1.6171E-05	-1.4882E+05	167	222	481	481	3.2	0.4
196	1-己炔	3.2153E+02	-2.2849E+04	-4.6241E+01	3.3835E-05	1.0241E+06	141	222	567	516	5.1	0.9
197	2-己炔	-2.1274E+01	-1.9758E+02	3.9321E+00	-1.5706E-06	-4.3253E+05	184	222	603	549	1.8	0.3
198	3-己炔	-2.4660E+01	-7.2256E+02	4.6763E+00	-3.7613E-06	-3.2330E+05	170	222	597	544	3.8	0.7
芳烃												
199	苯	5.2970E+01	-5.2931E+03	-6.8729E+00	5.7316E-06	-8.3154E+04	279	279	617	562	1.6	0.3
200	甲苯	6.8876E+01	-6.9672E+03	-9.0609E+00	6.1272E-06	-7.5586E+00	178	244	625	592	3.0	0.3
201	乙苯	7.7314E+01	-8.0033E+03	-1.0180E+01	5.9247E-06	3.0675E+04	178	236	667	617	0.8	0.1
202	间二甲苯	8.1173E+01	-8.3800E+03	-1.0716E+01	6.2260E-06	5.6972E+04	226	250	678	617	3.7	0.2
203	邻二甲苯	6.4453E+01	-7.0339E+03	-8.3543E+00	5.1338E-06	-6.6333E+04	248	248	692	631	2.2	0.3
204	对二甲苯	8.8794E+01	-8.8528E+03	-1.1840E+01	6.9641E-06	8.7639E+04	287	287	678	616	7.6	0.4
205	正丙基苯	9.6731E+01	-9.7100E+03	-1.2917E+01	6.9407E-06	1.0109E+05	173	236	667	638	5.5	0.4
206	1,2,3-三甲基苯	1.9494E+01	-3.5974E+03	-1.9801E+00	2.2846E-06	-4.3278E+05	248	286	731	664	0.2	0.0
207	1,2,4-三甲基苯	4.1153E+01	-5.4336E+03	-5.0110E+00	3.4402E-06	-2.5595E+05	229	278	714	649	8.4	0.6
208	间乙基苯	-5.3657E+01	1.7223E+03	8.5867E+00	-3.8886E-06	-7.5867E+05	178	261	700	637	0.3	0.0
209	邻乙基苯	-6.3435E+01	2.5227E+03	9.9613E+00	-4.4693E-06	-8.3481E+05	192	264	717	651	0.3	0.0

续表

序号	物质名称	A	B	C	D	E	TPT	适用温度范围/K T_{min}	T_{max}	T_c	最大误差/%	平均误差/%
210	对乙基苯	1.5834E+02	-1.4621E+04	-2.1658E+01	1.0878E-05	4.7198E+05	211	286	703	640	16.6	1.1
211	正丁基苯	4.9312E+01	-5.8444E+03	-6.2372E+00	4.1064E-06	-3.0411E+05	186	233	714	661	8.0	0.7
212	异丁基苯	7.5742E+01	-7.7322E+03	-1.0057E+01	6.3624E-06	-1.2106E+05	222	294	714	650	0.0	0.0
213	仲丁基苯	-2.0037E+02	1.4331E+04	2.9108E+01	-1.1508E-05	-1.8591E+06	198	294	731	664	1.1	0.2
214	叔丁基苯	-1.0016E+02	5.9539E+03	1.5025E+01	-6.1029E-06	-1.1609E+06	215	294	725	660	0.4	0.0
215	间二乙苯	-2.9365E+01	1.9651E+02	5.0066E+00	-1.5372E-06	-7.5824E+05	189	294	728	663	1.3	0.1
216	邻二乙苯	-3.2094E+01	4.2085E+02	5.3867E+00	-1.7132E-06	-7.8136E+05	242	311	733	668	1.1	0.0
217	对二乙苯	3.9846E+01	-5.1670E+03	-4.8767E+00	3.4503E-06	-3.5083E+05	231	294	722	658	0.0	0.0
218	间伞花烃(间甲基异丙基苯)	1.8225E+02	-1.7269E+04	-2.4843E+01	1.0791E-05	7.0151E+05	209	294	722	657	2.7	0.6
219	邻伞花烃(邻甲基异丙基苯)	2.3544E+02	-2.2424E+04	-3.2146E+01	1.2755E-05	1.1894E+06	202	294	728	662	2.9	0.6
220	对伞花烃(对甲基异丙基苯)	-3.6804E+01	8.2700E+02	6.0257E+00	-1.6600E-06	-7.6985E+05	205	256	717	653	7.6	1.4
221	2-乙基二甲苯	1.0946E+02	-1.1149E+04	-1.4626E+01	7.0383E-06	1.2551E+05	257	278	736	671	0.5	0.1
222	2-乙基对二甲苯	2.6995E+02	-2.4979E+04	-3.7098E+01	1.5406E-05	1.3169E+06	219	294	728	663	3.6	0.8
223	3-乙基二甲苯	-4.0553E+01	9.7344E+02	6.5988E+00	-2.2030E-06	-8.5086E+05	224	278	747	680	0.2	0.1
224	4-乙基二甲苯	2.2490E+02	-2.1640E+04	-3.0650E+01	1.2341E-05	1.0855E+06	210	261	731	665	6.3	0.7
225	4-乙基邻二甲苯	1.1892E+02	-1.1992E+04	-1.5947E+01	7.5968E-06	2.0271E+05	206	261	733	667	0.1	0.1
226	5-乙基间二甲苯	-3.1664E+01	3.8179E+02	5.2938E+00	-1.0564E-06	-7.6466E+05	189	264	722	655	8.0	0.8
227	1,2,3,5-四甲基苯	6.1788E+01	-7.3128E+03	-7.8927E+00	4.3047E-06	-2.0684E+05	249	286	747	679	9.6	0.4
228	1,2,4,5-四甲基苯	#VALUE!	-8.8256E+03	-1.0592E+0.1	5.5258E-06	-8.5506E+04	352	352	742	675	0.2	0.0
229	正戊基苯	5.0983E+01	-5.8372E+03	-6.5266E+00	4.3675E-06	-4.1278E+05	198	311	747	680	1.8	0.2
230	正己基苯	5.1124E+00	-1.8880E+03	-1.1324E-01	1.9260E-06	-8.4642E+05	212	333	767	698	1.8	0.2
231	间二异丙基苯	-6.9533E+00	-2.9754E+03	2.1799E+00	-2.2487E-06	-4.5781E+05	210	250	753	684	0.5	0.1
232	对二异丙基苯	5.6736E+02	-5.1447E+04	-7.8451E+01	2.8444E-05	3.5130E+06	256	322	758	689	3.7	0.8
233	正庚基苯	1.7685E+02	-1.7321E+04	-2.4005E+01	9.9750E-06	4.3512E+05	225	356	769	714	2.0	0.2

续表

序号	物 质 名 称	A	B	C	D	E	TPT	适用温度范围/K		T_c	最大误差/%	平均误差/%
								T_{min}	T_{max}			
234	正辛基苯	4.3644E+02	-3.9321E+04	-6.0463E+01	2.4283E-05	2.1747E+06	237	311	729	729	7.4	0.7
235	苯乙烯	-5.6945E+00	-1.4143E+03	1.5959E+00	5.8958E-07	-5.1645E+05	243	243	700	636	0.2	0.0
236	α-甲基苯乙烯	1.0088E+03	-8.2172E+04	-1.4246E+02	6.8069E-05	5.7522E+06	250	294	719	654	8.3	1.6
237	间甲基苯乙烯	-2.0043E+03	1.4027E+05	2.9086E+02	-1.7526E-04	-1.0323E+07	187	286	657	657	1.7	0.4
238	邻甲基苯乙烯	-2.5717E+02	1.5819E+04	3.8134E+01	-2.2266E-05	-1.7334E+06	204	278	725	659	0.4	0.1
239	对甲基苯乙烯	7.6422E+01	-8.4406E+03	-9.9434E+00	4.8743E-06	-1.9171E+04	239	294	667	661	1.1	0.3
240	正壬基苯	3.4563E+02	-3.2767E+04	-4.7432E+01	1.7764E-05	1.6500E+06	249	311	800	741	1.7	0.3
241	正癸基苯	-3.9345E+00	-1.0772E+03	1.1753E+00	1.0985E-06	-1.3634E+06	259	333	828	753	0.1	0.0
242	正十一烷基苯	9.9743E+01	-1.3168E+04	-1.2607E+01	2.7160E-06	-5.4139E+04	268	383	833	764	1.2	0.2
243	正十二烷基苯	1.9151E+02	-2.1165E+04	-2.5483E+01	8.0984E-06	5.6367E+05	276	333	850	774	10.5	1.7
244	正十三烷基苯	4.0783E+01	-4.0634E+04	-5.5467E+01	1.7260E-05	2.1252E+06	283	417	861	783	2.0	0.4
245	异丙基苯	-3.8140E+00	-1.7094E+03	1.3672E+00	2.4740E-07	-5.0333E+05	177	228	694	631	3.9	0.2
246	均三甲苯	1.9002E+01	-3.4953E+03	-1.9092E+00	2.3862E-06	-4.1343E+05	228	286	700	637	0.6	0.2
247	苯基乙炔	8.8130E+00	-4.6184E+03	0.0000E+00	0.0000E+00	0.0000E+00	228	310	650	650		
248	顺-β-甲基苯乙烯(顺-1-丙烯基苯)	-1.1168E+02	4.6895E+03	1.7160E+01	-8.6968E-06	-8.4068E+05	212	294	739	671	1.9	0.1
249	反-β-甲基苯乙烯(反-1-丙烯基苯)	9.5680E+00	-5.3526E+03	0.0000E+00	0.0000E+00	0.0000E+00	244	326	670	670	0.6	
250	间二乙烯基苯	7.0573E+02	-5.4170E+04	-1.0078E+02	5.9522E-05	3.1759E+06	206	303	761	692	7.5	1.6
251	2-苯基-1-丁烯	1.0058E+01	-5.5872E+03	0.0000E+00	0.0000E+00	0.0000E+00		347	666	666		
252	环己基苯	5.5589E+02	-5.1065E+04	-7.6632E+01	2.6147E-05	3.3528E+06	280	283	817	744	4.4	0.9
多环芳烃												
253	顺-十氢化萘	4.4508E+01	-5.3913E+03	-5.6255E+00	3.9091E-06	-3.4537E+05	230	230	769	702	6.7	0.8
254	反-十氢化萘	-9.0694E+01	4.9472E+03	1.3668E+01	-5.2712E-06	-1.0680E+06	243	253	756	687	8.2	0.6
255	1,2,3,4-四氢化萘	8.8747E+00	-3.1959E+03	-3.9853E-01	8.6919E-07	-5.2188E+05	237	237	792	720	5.6	1.2
256	茚满	1.0194E+02	-1.0662E+04	-1.3535E+01	6.4512E-06	1.6741E+05	222	311	753	685	0.9	0.2

续表

序号	物质名称	A	B	C	D	E	TPT	适用温度范围/K		T_c	最大误差/%	平均误差/%
								T_{min}	T_{max}			
257	苯	1.4953E+01	-2.4709E+03	-1.5385E+00	2.8676E-06	-6.2278E+05	272	272	756	687	0.9	1.8
258	联苯	1.7579E+02	-1.9063E+04	-2.3404E+01	7.4611E-06	7.4429E+05	342	350	867	789	11.8	1.7
259	萘	-2.6753E+01	-1.1806E+02	4.5702E+00	-9.5308E-07	-8.1685E+05	353	353	822	748	10.6	0.7
260	1-甲基萘	1.3660E+02	-1.5542E+04	-1.7999E+01	6.1664E-06	5.2463E+05	243	261	850	772	9.0	1.6
261	2-甲基萘	2.6574E+01	-4.6852E+03	-2.9343E+00	2.0904E-06	-5.2614E+05	308	308	833	761	2.6	0.2
262	2, 6-二甲基萘	-5.4952E+01	7.9522E+03	7.0441E+00	4.5888E-06	-2.2832E+06	383	383	856	777	0.1	0.0
263	2, 7-二甲基萘	6.0586E+01	-8.2067E+03	-7.5713E+00	3.2224E-06	-2.6263E+05	369	369	856	778	11.7	1.2
264	1-乙基萘	2.9949E+01	-5.5553E+03	-3.2399E+00	1.1693E-06	-5.0367E+05	259	322	853	776	10.9	0.5
265	1-正丁基萘	1.0764E+01	-7.3439E+03	0.0000E+00	0.0000E+00	0.0000E+00	253	387	792	792		
266	蒽	-3.4483E+02	3.5118E+04	4.7152E+01	-8.7603E-06	-5.3043E+06	489	492	961	873	5.6	0.5
267	菲	2.3902E+02	-2.6287E+04	-3.2012E+01	9.5551E-06	1.2917E+06	372	372	956	869	0.9	0.2
268	芘	-3.7887E+01	7.8217E+02	5.8834E+00	-4.4200E-07	-1.6248E+06	424	424	1028	936	1.3	0.5
269	屈	2.7351E+02	-3.6544E+04	-3.5427E+01	6.2840E-06	2.5248E+06	531	531	979	979	0.3	0.1
270	苊	-5.7282E+01	1.4356E+03	8.9947E+00	-2.9403E-06	-1.0572E+06	367	367	883	803	0.1	0.0
271	苊	6.7699E+02	-6.8372E+04	-9.2447E+01	2.9993E-05	5.7031E+06	388	425	667	870	1.9	0.4
272	双环己烷	3.7742E+02	-3.5536E+04	-5.1859E+01	1.8900E-05	2.1698E+06	277	297	800	727	0.8	0.3
273	芴蒽	1.1594E+02	-1.5032E+04	-1.5111E+01	5.2102E-06	1.9919E+05	383	383	994	905	0.6	0.2
274	顺-均二苯乙烯	4.1003E+02	-3.9306E+04	-5.6152E+01	1.8799E-05	2.3235E+06	276	356	861	784	9.9	5.0
275	1, 1-二苯乙烷	-3.6140E+02	3.0273E+04	5.0940E+01	-1.5346E-05	-3.8201E+06	255	356	775	775	1.3	0.4
276	1, 2-二苯乙烷	-1.8464E+02	1.1777E+04	2.7021E+01	-1.0236E-05	-1.9440E+06	324	333	780	780	1.3	0.2
277	间三联苯	1.6118E+02	-2.0686E+04	-2.0875E+01	5.0252E-06	6.0796E+05	360	360	1017	925	0.6	0.1
278	邻三联苯	4.0223E+02	-4.4908E+04	-5.3736E+01	1.3082E-05	3.2954E+06	329	394	978	891	0.2	0.8
芳香胺												
279	吡啶	3.8731E+01	-4.9438E+03	-4.6438E+00	3.2698E-06	-1.6581E+05	232	236	667	620	1.5	0.2

续表

序号	物质名称	A	B	C	D	E	TPT	适用温度范围/K		T_c	最大误差/%	平均误差/%
								T_{min}	T_{max}			
280	异喹啉	-3.0809E+01	-2.4526E+02	5.2051E+00	-1.2042E-06	-8.5179E+05	299	299	869	803	0.7	0.2
281	喹啉	-5.3702E+01	3.0471E+03	8.1295E+00	-1.1652E-06	-1.2899E+06	258	303	833	782	0.5	0.2
282	咔唑	-1.1677E+03	1.3357E+05	1.5662E+02	-2.8271E-05	-1.7792E+07	518	518	989	899	3.8	0.8
283	吖啶	2.7468E+01	-7.3928E+03	-2.5771E+00	-1.5656E-07	-4.4889E+05	383	383	905	905	22.4	2.2
其他胺												
284	吲哚	2.7699E+02	-2.7047E+04	-3.7600E+01	1.2299E-05	1.2006E+06	274	281	869	790	11.7	1.6
含硫化合物												
285	噻吩	3.7330E+01	-4.1904E+03	-4.6098E+00	4.4262E-06	-1.7338E+05	235	235	625	579	8.5	0.9
286	四氢噻吩	-1.2529E+01	-1.3062E+03	2.7316E+00	-1.0118E-06	-4.0670E+05	177	236	694	632	2.1	0.1
287	甲硫醇	8.2637E+01	-5.5894E+03	-1.1680E+01	1.4488E-05	-1.9901E+04	150	181	517	470	14.6	3.1
288	巯基硫	-4.2083E+01	1.0664E+03	7.2808E+00	-4.8457E-06	-2.0481E+05	134	134	417	379	7.3	1.5
289	乙硫醇	9.1126E+01	-7.4372E+03	-1.2516E+01	1.0823E-05	1.3425E+05	125	192	550	499	6.3	0.4
含氧化合物												
290	甲醇	6.9673E+01	-7.1061E+03	-8.3164E+00	6.0407E-06	4.7019E+04	176	176	564	513	5.9	0.7
291	乙醇	1.3126E+02	-1.2245E+04	-1.7506E+01	8.7950E-06	3.4821E+05	159	194	564	514	4.9	0.5
292	异丙醇	3.0097E+01	-5.5169E+03	-2.6438E+00	-2.8718E-06	-1.2343E+05	186	186	558	512	8.5	1.6
293	叔丁醇	9.7393E+02	-6.7878E+04	-1.4068E+02	9.0600E-05	3.7410E+06	299	299	556	506	11.5	1.4
294	甲基叔丁基醚	1.0363E+02	-8.3794E+03	-1.4339E+01	1.1492E-05	1.5569E+05	164	172	547	497	8.4	1.3
295	乙基叔丁基醚	8.0224E+01	-7.1583E+03	-1.0829E+01	8.5769E-06	5.4444E+04	179	179	564	514	8.0	4.6
296	二异丙醚	8.6337E+01	-6.9817E+03	-1.1937E+01	1.1264E-05	1.5595E+04	188	188	550	500	23.5	2.7
297	甲基叔戊基醚	8.9908E+01	-8.0950E+03	-1.2173E+01	8.4421E-06	1.1077E+05	158	158	589	534	1.6	0.4

注：TPT、T_c—分别为三相点温度，临界温度，K。

第三节 蒸气压的预测

一、公式计算预测法

当知道或可估算纯烃或石油窄馏分的临界性质时,式(4-3-1)[4]可以用来预测其蒸气压。

$$\lg P_r = (\lg P_r)^{(0)} + \omega (\lg P_r)^{(1)} \tag{4-3-1}$$

式中　　　　　　　P_r——对比蒸气压 P/P_c;

　　　　P、P_c——蒸气压和临界压力(绝),atm;

$(\lg P_r)^{(0)}$、$(\lg P_r)^{(1)}$——与对比温度有关的校正项,可从图4-3-1查得[4]。也可从式(4-3-2)和式(4-3-3)算得[2];

　　　　　　　ω——偏心因数。

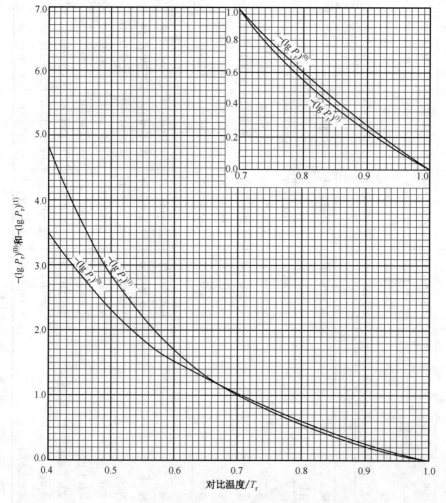

图4-3-1　烃类蒸气压校正项图

$$(\lg P_r)^{(0)} = 5.92714 - 6.09648/T_r - 1.28862 \ln T_r + 0.169347 T_r^6 \qquad (4\text{-}3\text{-}2)$$

$$(\lg P_r)^{(1)} = 15.2518 - 15.6875/T_r - 13.4721 \ln T_r + 0.43577 T_r^6 \qquad (4\text{-}3\text{-}3)$$

式中　T_r——对比温度 T/T_c；

T、T_c——温度和临界温度，K。

式(4-3-1)只适用于非极性物质，对比温度需大于 0.3，低于临界点，而且不能用于物质冰点以下蒸汽压的估算，对比温度 T_r 在 0.5~0.95 范围内公式计算最为可靠。在已知物质临界性质时，式(4-3-1)的平均误差在 3.5% 以内，如果估算物质的临界性质和偏心因数，则其误差将增大。

二、查图预测法

如果无法取得也无法估算物质的临界性质，但知其或可得到其常压沸点和 K（Watson）值时，可用图 4-3-2~图 4-3-8 查得其蒸气压[2]。

上述查图预测法的过程如下：

第一步：求得物质的常压沸点和 K 值。

第二步：假设 $T'_b = T_b$，从相应图上查得蒸气压（此处 T_b 为常压沸点，T'_b 是修正到 $K = 12$ 的常压沸点）。对于环烷烃、烯烃、炔烃和低相对分子质量（<C_5）烷烃，不需用 K 值修正，对其他烃类物质，进入到第三步。

第三步：用第二步查得的蒸气压，在图 4-3-8 中查得 K 修正值 Δt（当蒸气压高于大气压时，查得的是修正因数），用真的常压沸点减去 Δt 得到修正后的常压沸点 T'_b。

第四步：用第三步得到的 T'_b 重新做步骤 2，这样不断重复迭代，直至步骤三所用的蒸气压值和步骤二读出的蒸气压值的差值在给定的误差之内。此时的蒸气压值即为预测的物质蒸气压值

上述迭代过程可用计算机程序计算。图 4-3-2~图 4-3-7 可用下述公式表示[2]：

当 $X > 0.0022$　（$P < 266.6$Pa）时：

$$\lg P = \frac{3091.909X - 8.860275}{43X - 0.987672} \qquad (4\text{-}3\text{-}4)$$

当 $0.0013 \leqslant X \leqslant 0.0022$　（266.6Pa $\leqslant P \leqslant$ 101.325kPa）时：

$$\lg P = \frac{2866.610X - 8.060861}{95.76X - 0.972546} \qquad (4\text{-}3\text{-}5)$$

当 $X < 0.0013$　（$P > 101.325$kPa）时：

$$\lg P = \frac{2846.581X - 8.514964}{36X - 0.989679} \qquad (4\text{-}3\text{-}6)$$

$$X = \frac{\dfrac{T'_b}{T} - 0.0005161(T'_b)}{748.1 - 0.3861(T'_b)} \qquad (4\text{-}3\text{-}7)$$

式中　T'_b——修正到 $K = 12$ 的常压沸点，K；

T——温度，K。

图 4-3-8 用下述公式：

$$\Delta T = T_b - T'_b = 1.39f(K-12)\lg\frac{P}{760} \qquad (4\text{-}3\text{-}8)$$

$$f = \frac{1.8T_b - 659.7}{200} \qquad (4\text{-}3\text{-}9)$$

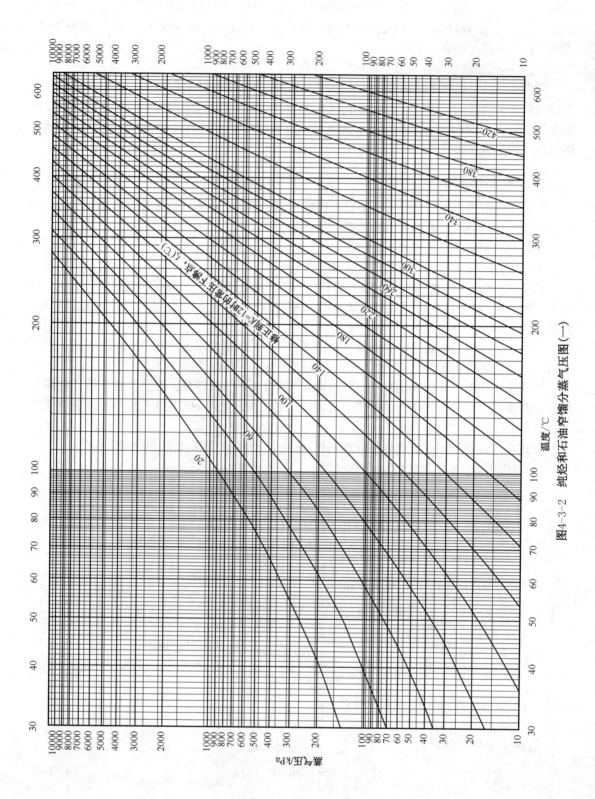

图4-3-2　纯烃和石油窄馏分蒸气压图（一）

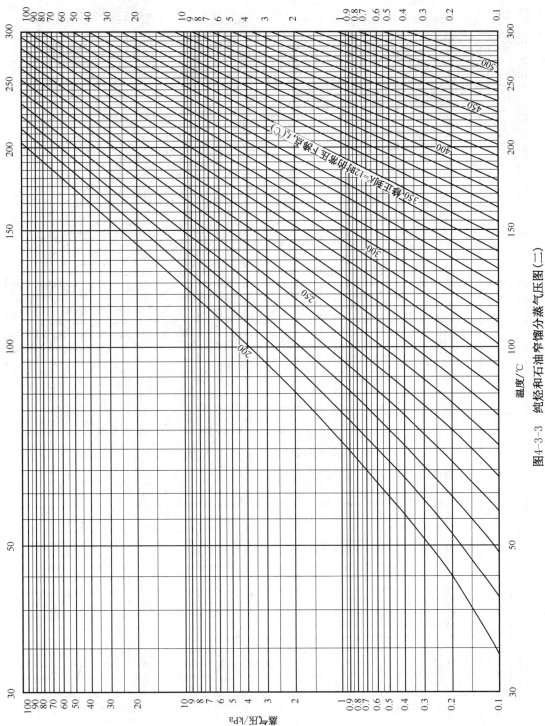

图 4-3-3 纯烃和石油窄馏分蒸气压图（二）

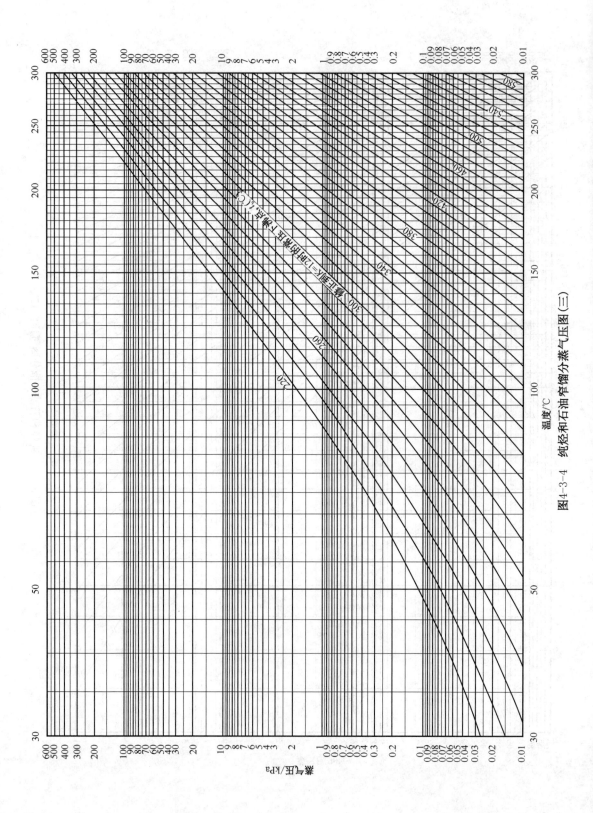

图4-3-4　纯烃和石油馏分蒸气压图(三)

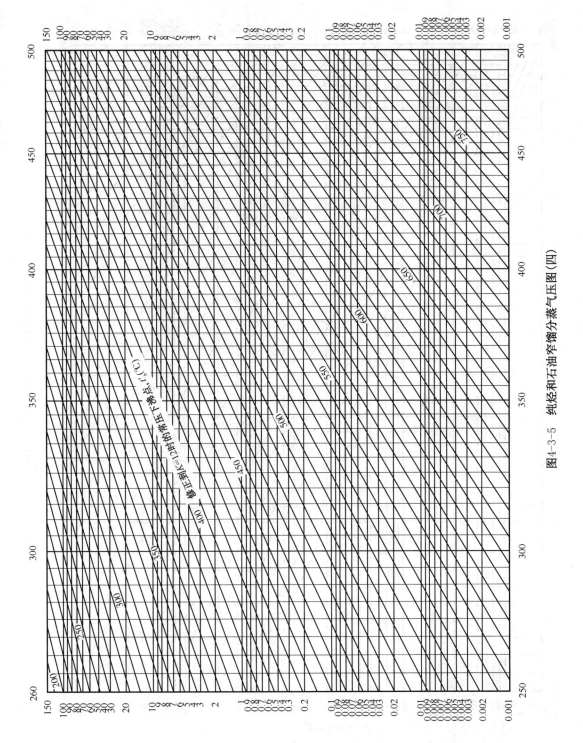

图4-3-5　纯烃和石油窄馏分蒸气压图（四）

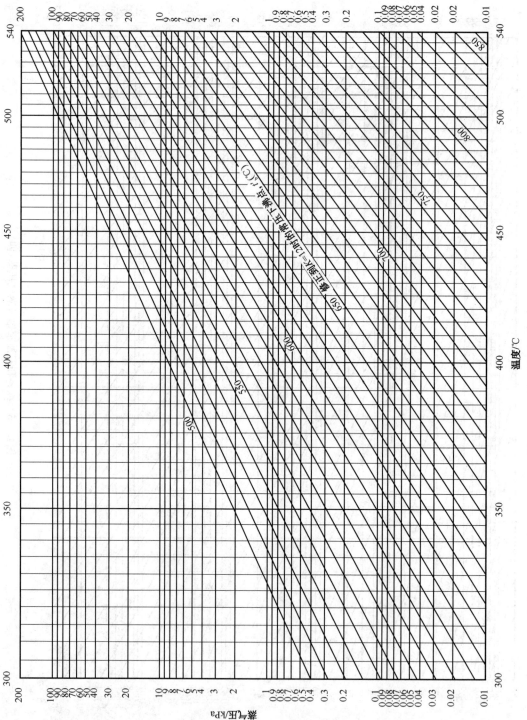

图4-3-6 纯烃和石油窄馏分蒸气压图 (五)

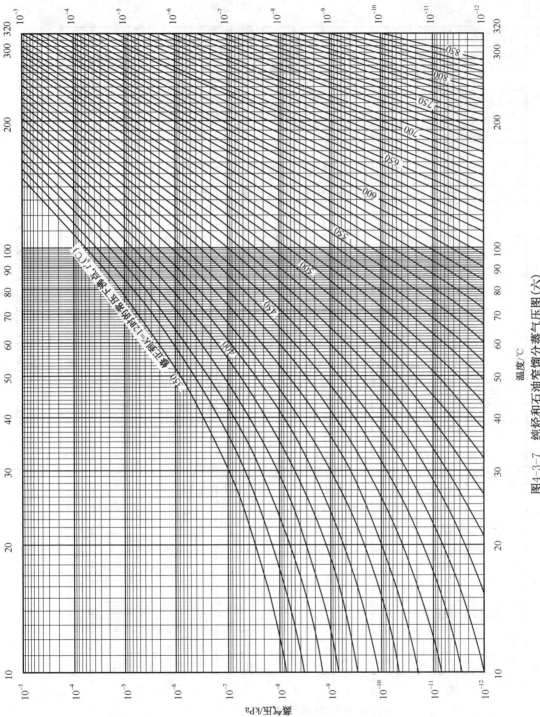

图4-3-7　纯烃和石油窄馏分蒸气压图（六）

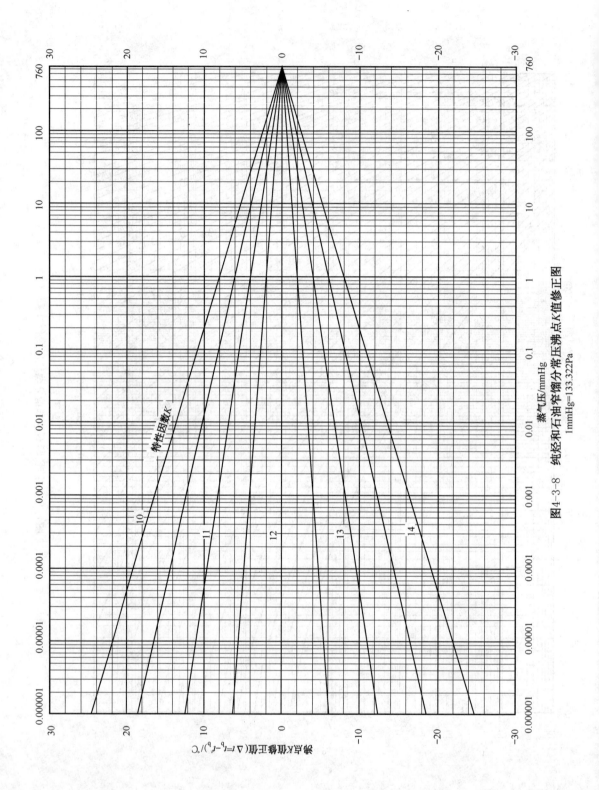

图4-3-8　纯烃和石油窄馏分常压沸点 K 值修正图

1mmHg=133.322Pa

式中　T_b——常压沸点，K；

　　　　f——修正系数。对于所有蒸气压低于大气压的物质和所有常压沸点大于 204.4℃
　　　　（400℉）的物质，$f=1$；对于所有常压沸点小于 93.3℃（200℉）的物质，$f=0$；
　　　　对于常压沸点在 93.3~204.4℃（200~400℉）且蒸气压高于大气压的物质，f 用
　　　　式(4-3-9)计算。

　　　　K——特性因数（Watson）。

　　如知道蒸气压估算物质的常压沸点时，可从图 4-3-2~图 4-3-7 上查得 T_b'，再加上从图
4-3-8 上查得的 K 修正值，即可得到常压沸点，不需要进行迭代过程。

　　查图预测法仅可用于纯烃和石油窄馏分（实沸点馏程小于 28℃）。对于纯烃，蒸气压 $P>$
133.3Pa 时，平均误差为 8%，蒸气压为 $1.33×10^{-4}$~133.3Pa 时，平均误差为 30%，蒸气压
再低时，可靠性未知。对于石油窄馏分可靠性也未知。查图预测法用于蒸气压接近大气压的
物质时最为可靠。

　　【例 4-3-1】　计算 1，2，3，4-四氢化萘在 150℃时的蒸气压。

　　解：从纯物质性质知，1，2，3，4-四氢化萘的沸点为 207.61℃，Watson$K$ 值为 9.78。

　　第一次迭代，假设 $T_b'=T_b=207.61$℃，用此值和给定的温度 150℃，从图 4-3-2 中查得
蒸气压第一次估算值为 20.2kPa。用此蒸气压值（152mmHg）和 K 值（9.78）从图 4-3-8 查得
$\Delta t=2.22$℃。第二次迭代时，$T_b'=T_b-\Delta t=207.61-2.22=205.39$℃。

　　用新的 $T_b'=205.39$℃从图 4-3-2 中查得蒸气压第二次估算值为 20.3kPa（160mmHg），从
图 4-3-8 查得新的 $\Delta t=2.17$℃，因此第三次迭代时，$T_b'=T_b-\Delta t=207.61-2.17=205.44$℃。

　　用新的 $T_b'=205.44$℃从图 4-3-2 中查得蒸气压第三次估算值为 20.3kPa，此值与第二次
估算值相同，因此迭代结束。

　　从上解得，估算的 1，2，3，4-四氢化萘 150℃时的蒸气压为 20.3kPa，其实验值
为 21.58kPa。

　　【例 4-3-2】　某石油馏分 1.33kPa 时 TBP 蒸馏曲线如下：

馏出点(体)/%	10	30	50	70	90
馏出温度/℃	176.67	193.33	218.33	260.00	315.56

估算 10%~30% 部分（Watson$K$ 为 12.5）的平均常压沸点。

　　解：10%~30% 部分在 1.33kPa 的平均沸点是 185℃，从图 4-3-3 中查得 $T_b'=331.11$℃，
从图 4-3-8 中查得 $\Delta t=-1.33$℃，因此，平均常压沸点 $=T_b'+\Delta t=331.11-1.33=329.78$℃。

三、两种预测方法的比较

　　公式计算预测法和查图预测法的对比结果见表 4-3-1[2]

表 4-3-1　公式计算法和查图法预测蒸气压结果对比表

族 类 名 称	样品数	公式法(Lee Kesler) 误差/%		查图法(Maxwell Bonnell) 误差/%	
		偏差	平均	偏差	平均
正构烷烃	22	0.5	3.1	-0.9	3.8
一甲基烷烃	16	-0.1	1.8	0.2	1.4
二甲基烷烃	16	-1.2	1.5	0.1	3.0

族 类 名 称	样品数	公式法（Lee Kesler）误差/%		查图法（Maxwell Bonnell）误差/%	
		偏差	平均	偏差	平均
其他支链烷烃	20	-1.3	1.6	-0.4	4.6
环烷烃	4	-1.5	2.0	1.3	3.1
带取代基的环戊烷	10	-2.9	4.0	-1.9	2.9
带取代基的环已烷	13	1.9	3.5	-3.5	5.4
萘烷	3	10.6	14.7	-4.6	13.7
正构烯烃	18	-0.3	2.3	-1.5	3.9
其他直链烯烃	13	-0.8	1.2	0.6	1.9
一甲基烯烃	13	-1.1	2.8	1.1	2.0
其他支链烯烃	10	1.8	3.8	0.4	1.8
环烯烃	4	-2.2	3.7	-1.9	3.6
二烯烃	13	12.7	14.5	3.9	4.5
炔烃	8	-1.1	5.3	1.0	8.0
正构烷基苯	14	-1.9	2.9	-0.2	1.9
带取代基的烷基苯	25	-0.6	3.3	1.3	1.9
带不饱和侧链的芳烃	13	-0.5	3.4	4.7	6.0
萘类	8	-1.9	3.7	2.0	3.3
稠环芳烃	6	-12.9	13.7	-16.5	17.1
多环芳烃	6	5.2	12.7	-4.0	15.6
茚	2	-6.0	6.1	3.8	4.3
噻吩	2	2.3	2.6	3.0	3.7
氮环类	5	-4.4	5.2	-4.1	10.0
总计	264				

第四节　雷特蒸气压和真实蒸气压

石油馏分的蒸气压一般分为两种情况：一种是指其汽化率为零时的蒸气压，即泡点蒸气压或称之为真实蒸气压；另一种是指在特定的仪器中，于规定的条件（38℃，气相体积/液相体积=4）下测得的蒸气压，称之为雷特蒸气压，常用来表示油品的挥发性能。当知道油品的雷特蒸气压时，可求其不同温度下的真实蒸气压。

一、汽油和成品油的雷特蒸气压和真实蒸气压

汽油和成品油可用图 4-4-1 查其真实蒸气压[2]。此图为经验图，其准确性不详。图中的恩氏蒸馏曲线 10% 斜率为 15% 与 5% 馏出温度的斜率。

$$恩氏蒸馏 10\% 斜率 = (t_{15\%} - t_{5\%})/10, ℃/\%$$

如果缺少恩氏蒸馏数据时，可采用下述近似值：

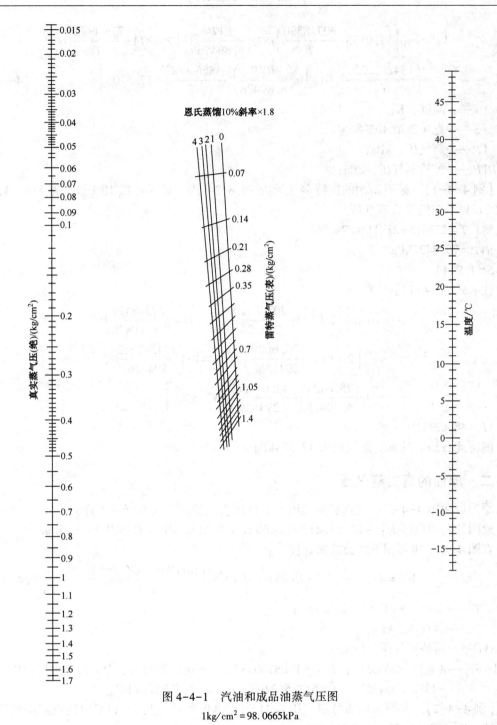

图 4-4-1 汽油和成品油蒸气压图

$1kg/cm^2 = 98.0665kPa$

车用汽油	1.7,℃/%
航空汽油	1.1,℃/%
轻汽油馏分(雷特蒸气压 62.0~96.7kPa)	1.9,℃/%
汽油馏分(雷特蒸气压 13.7~55.2kPa)	1.4,℃/%

图 4-4-1 也可用下述公式来计算[5]：

$$VP = \exp\left[\left(1.0133 - \frac{307.8320}{T}\right)\sqrt{S}\lg\left(\frac{RVP}{6.89476}\right) - \left(2.4874 - \frac{776.6609}{T}\right)\sqrt{S}\right.$$
$$\left. + \left(\frac{1342.2222}{T} - 2.013\right)\lg\left(\frac{RVP}{6.89476}\right) - \frac{4856.6667}{T} + 17.5708\right] \qquad (4-4-1)$$

式中　T——温度，K；

　　　S——恩氏蒸馏 10% 斜率；

　　　VP——蒸气压，kPa；

　　RVP——雷特蒸气压，kPa；

【例 4-4-1】　某石脑油的雷特蒸气压为 75.8424kPa，恩氏蒸馏 10% 斜率为 1.9444，估算其 21.11℃时的真实蒸气压。

解：$T = 273.15 + 21.11 = 294.26$K

$RVP = 75.8424$kPa

$S = 1.9444$

代入式(4-4-1)：

$$VP = \exp\left[\left(1.0133 - \frac{307.8320}{294.26}\right)\sqrt{1.9444}\lg\left(\frac{75.8424}{6.89476}\right)\right.$$
$$\left. - \left(2.4874 - \frac{776.6609}{294.26}\right)\sqrt{1.9444} + \left(\frac{1342.2222}{294.26} - 2.013\right)\right.$$
$$\left. \lg\left(\frac{75.8424}{6.89476}\right) - \frac{4856.6667}{294.26} + 17.5708\right]$$

$VP = 48.631$kPa

图得此石脑油的真实蒸气压为 47.574kPa。

二、原油的真实蒸气压

原油可用图 4-4-2 查其真实蒸气压[2]。此图为经验图，其准确性不详。

此图的使用范围为：$-17.8℃ < T(℃) < 60℃$ 及 $0.0138 \text{ MPa} < RVP < 0.1038 \text{ MPa}$

查图 4-4-2 也可用下述公式来计算[2]：

$$\ln P = A + B\ln(RVP) + C(RVP) + DT + \frac{E + F\ln(RVP) + G(RVP)^4}{T} \qquad (4-4-2)$$

式中　T——温度，K（K=℃+273.15）；

　　　P——蒸气压，kPa；

　　RVP——雷特蒸气压，kPa；

$A \sim F$——$A = 11.80303565$；$B = -1.08100387$；$C = 0.00771528$；$D = 0.008123688$；$E = -4382.89642576$；$F = 613.56249332$；$G = -1.672271 \times 10^{-7}$。

【例 4-4-2】　某原油的雷特蒸气压为 41.36856kPa，估算其 21.11℃时的真实蒸气压。

解：$T = 273.15 + 21.11 = 294.26$ K

$RVP = 41.36856$kPa

代入式(4-4-2)：

$$\ln P = 11.80303565 - 1.08100387\ln(41.36856) + 0.00771528(41.36856) + 0.008123688 \times 294.26$$
$$+ \frac{-4382.89642576 + 613.56249332\ln 41.36856 - 0.0000001672271(41.36856)^4}{294.26} \qquad (4-4-3)$$

$P = 28.623$kPa

查图得此原油的真实蒸气压为 28.958kPa。

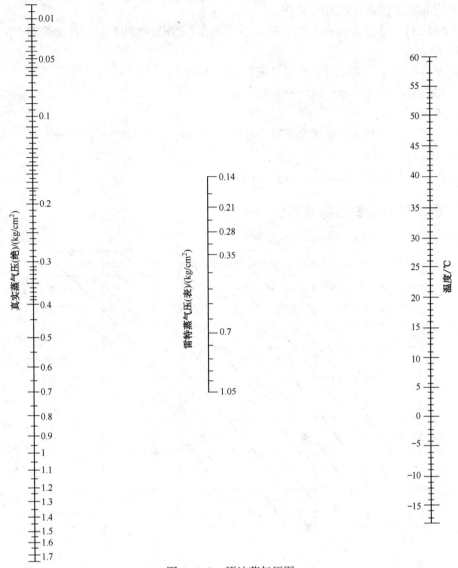

图 4-4-2　原油蒸气压图

$1kg/cm^2 = 98.0665kPa$

三、混合物流的雷特蒸气压

当知道各股物流的雷特蒸气压和体积分率时，可用式(4-4-3)[2]来计算其混合物流的雷特蒸气压。

$$RVP_b = \left(\sum_i v_i RVP_i^a \right)^{1/a} \tag{4-4-4}$$

式中　RVP_b——混合物流的雷特蒸气压，MPa；

　　　$a = 1.2$；

　　　　v_i——i 物流的体积分数；

　　　RVP_i——i 物流的雷特蒸气压，MPa；

对于纯物质，RVP_i 取值为纯物质在 37.8℃时的真实蒸气压。

本方法仅可用于纯组分和石油馏分，不能用于性质很不相似的组分混合物。对可适用的体系，平均准确度在 0.0069MPa 以内。

【例 4-4-3】 某混合物由 7.56L 乙基叔丁基醚（ETBE）和 92.44L 异戊烷混合而成，估算其雷特蒸气压。

解：查得乙基叔丁基醚的雷特蒸气压为：28.598kPa

异戊烷的雷特蒸气压为：141.096kPa

代入式（4-4-3）：

$$RVP_b = [(0.0756(28.598)^{1.2} + 0.9244(141.096)^{1.2}]^{1/1.2} \tag{4-4-5}$$

$RVP_b = 133.475$kPa

此混合物的雷特蒸气压实验值为 131.0kPa。

四、汽油和润滑油的蒸气压

汽油的蒸气压可从图 4-4-3 中查得[2]。

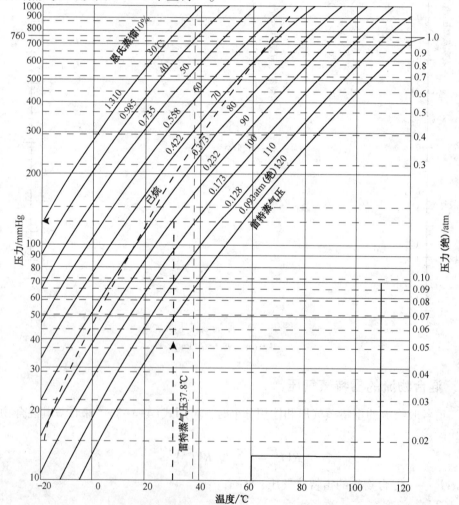

图 4-4-3　汽油蒸气压图

汽油是复杂的烃类混合物，汽油蒸气压可近似地由恩氏蒸馏 10% 点或雷特蒸气压推出，纯烃的蒸气压曲线更陡（己烷）。

例：已知恩氏蒸馏 10%＝90℃，雷特蒸气压 0.232atm（绝），求出 30℃ 的蒸气压 130mmHg

1atm＝101.325kPa，　1mmHg＝0.133322kPa

润滑油的蒸气压可从图 4-4-4 中查得[2]。

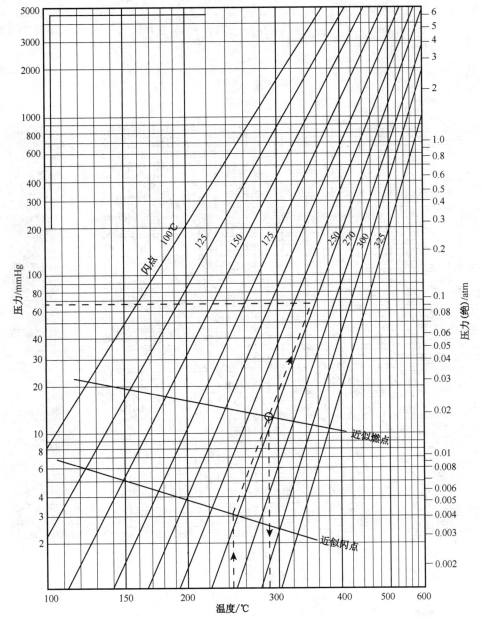

图 4-4-4　润滑油蒸气压图

润滑油是复杂的烃类混合物，润滑油蒸气压可通过一个数值(闪点)近拟地推出。纯烃的蒸气压曲线更陡。

例：已知闪点 245℃，求出燃点~286℃，350℃的蒸气压 67mmHg

1atm＝101.325kPa，1mmHg＝0.133322kPa

第五节　非烃类的蒸气压

常用的一些有机化合物和溶剂的蒸气压见图 4-5-1～图 4-5-8[2]。这些图一般均由实验数据绘制。

其他一些非烃类化合物和部分无机气体的蒸气压可采用式(4-5-1)计算[6]。式中的关联系数可由表4-5-1中查得[18]。

$$P_s = \exp(C_1 + C_2/T + C_3 \times \ln(T) + C_4 \times T^{C_5}) \qquad (4-5-1)$$

式中　T——温度，K；

　　　P_s——蒸气压，Pa。

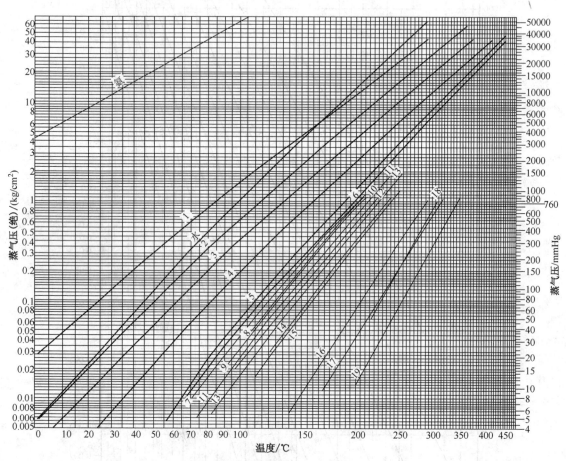

图4-5-1　芳香烃卤素和氮化物蒸气压图

$1kg/cm^2 = 98.0665kPa$，$1mmHg = 0.133322kPa$

芳香烃卤化物类

1—氟苯 C_6H_5F；3—氯苯 C_6H_5Cl；4—溴苯 C_6H_5Br

芳香烃胺类

2—吡啶 C_5H_5N；5—苯胺 $C_6H_5NH_2$；6—二甲基苯胺 $C_6H_5N(CH_3)$；7—苯甲胺 $C_6H_5NHCH_3$；8—邻-甲苯胺 $C_5H_4CH_3NH_2$；9—对-甲苯胺 $C_5H_4CH_3NH_2$；10—间-甲苯胺 $C_5H_4CH_3NH_2$；12—二乙氨基胺 $C_6H_5H(C_2H_5)_2$；18—二苯胺 $(C_6H_5)_2NH$

芳香烃硝基物类

11—硝基苯 $C_6H_5NO_2$；13—邻-硝基甲苯 $C_6H_4CH_3NO_2$；14—间-硝基甲苯 $C_6H_4CH_3NO_2$；15—对-硝基甲苯 $C_6H_4CH_3NO_2$；16—邻-硝基苯胺 $NO_2C_6H_4NH_2$；17—间-硝基苯胺 $C_6NO_2H_4NO_2$；19—对-硝基苯胺 $NO_2C_6H_4NH_2$

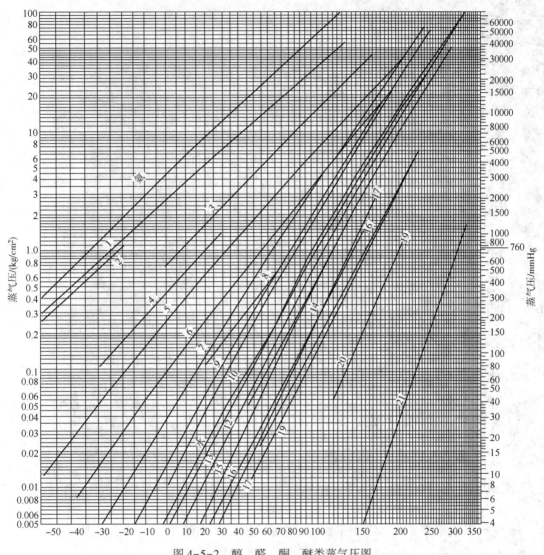

图 4-5-2　醇、醛、酮、醚类蒸气压图

$1kg/cm^2 = 98.0665kPa$，$1mmHg = 0.133322kPa$

醇

7—甲醇 CH_3OH；9—乙醇 C_2H_5OH；10—2-甲基-2-丙醇 C_4H_9OH（叔丁醇）；10—2-丙醇（异丙醇）；11—1-丙醇 C_3H_7OH；11—3-丙烯醇 C_3H_5OH（丙烯醇）；12—2-丁醇 C_4H_9OH（仲丁醇）；13—2-甲基-1-丙醇 C_4H_9OH（异丁醇）；18—环己醇 $C_6H_{11}OH$；20—1,2-乙二醇 $(CH_2OH)_2$；21—1,2,3-丙三醇 $C_3H_8O_3$（甘油）

醛

2-甲醛 $HCHO$；4—乙醛 CH_3CHO；19—糠醛 $C_5H_4O_2$

酮

6—丙酮 $(CH_3)_2CO$；8—丁酮 $(CH_3)_2CH_2CO$（甲乙酮）

醚

1—二甲醚 $(CH_3)_2O$；3—甲乙醚 $CH_3OC_2H_5$；5—二乙醚 $(C_2H_5)_2O$

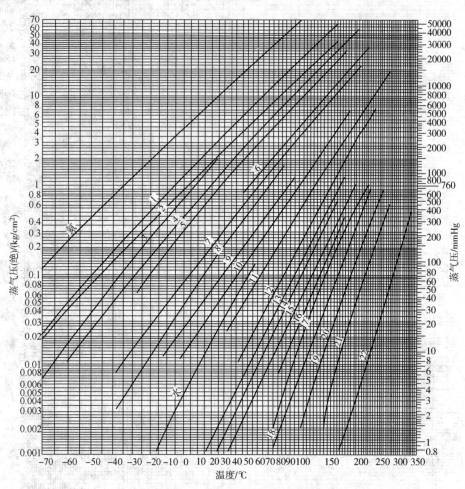

图 4-5-3　烷基酸、胺类蒸气压图

$1kg/cm^2 = 98.0665kPa$，$1mmHg = 0.133322kPa$

烷基酸

5—氢氰酸 HCN；10—甲酸 HCOOH（蚁酸）；11—乙酸 CH_3COOH（醋酸）；12—丙酸 C_2H_5COOH；13—异丁酸 C_3H_7COOH；14—丁酸 C_3H_7COOH；15—异戊酸 C_4H_9COOH；16—戊酸 C_4H_9COOH；17—异己酸 $C_5H_{11}COOH$；18—己酸 $C_5H_{11}COOH$；20—辛酸 $C_7H_{15}COOH$；21—癸酸 $C_9H_{19}COOH$；22—己二酸 $C_6H_{19}O_4$

胺类

1—甲胺 CH_3NH_2；2—二甲胺$(CH_3)_2NH$；3—三甲胺$(CH_3)_3N$；4—乙胺 $C_2H_5NH_2$；6—丙胺 $CH_3(CH_2)_2NH_2$；7—二乙胺$(C_2H_5)_2NH$；8—异丁胺 $C_4H_9NH_2$；9—三乙胺$(C_2H_5)_3N$；19—甲酰胺 $HCO—NH_2$

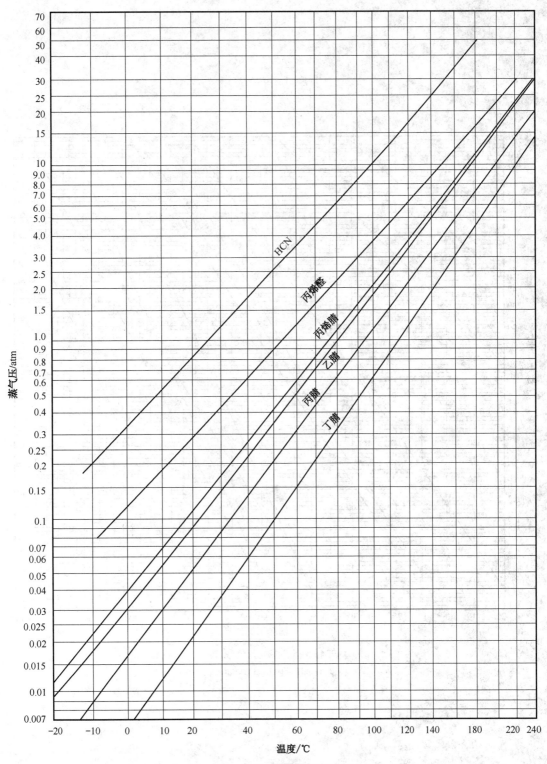

图 4-5-4 腈类蒸气压图

1atm＝101.325kPa

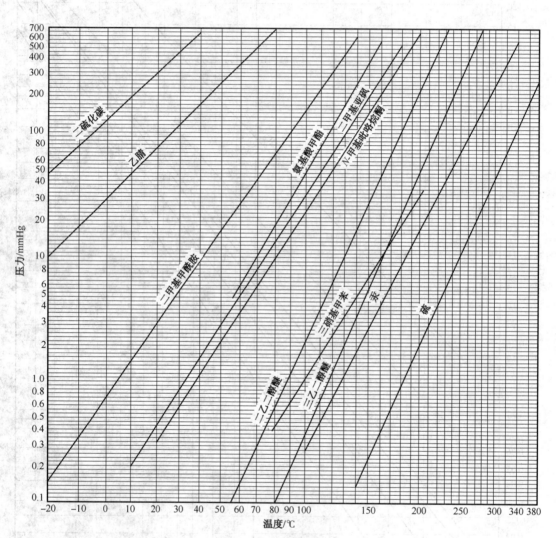

图 4-5-5 溶剂蒸气压图

1mmHg = 0.133322kPa

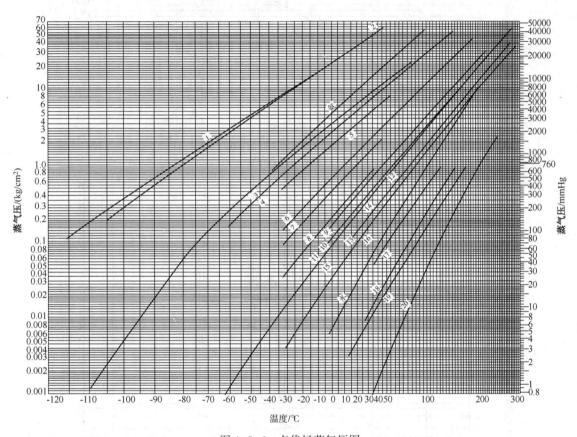

图 4-5-6　卤代烃蒸气压图

1kg/cm² = 98.0665kPa，1mmHg = 0.133322kPa

1—三氟一氯甲烷 CF₃Cl(氟利昂-13)；2——氟甲烷 CH₃F(氟化甲烷)；3—二氟二氯甲烷 CF₂Cl₂(氟利昂-12)；

4—氯甲烷 CH₃Cl；5—氯乙烯 CH₂CHCl；6—氯乙烷 C₂H₅Cl；7——氟三氯甲烷 CFCl₃(氟利昂-11)；8—二氯甲烷 CH₂Cl₂；

9——氯甲烷 C₃H₇Cl；10—1,1-二氯乙烷 C₂H₄Cl₂；11—三氯甲烷 CHCl₃(氯仿)；12—三氯乙烷 CH₃CCl₃；

13—四氯化碳 CCl₄；14——氯丁烷 C₄H₉Cl；15—1,2 二氯乙烷 C₂H₄Cl₂；16—三氯乙烯 CCl₂CHCl；17—四氯乙烯 C₂Cl₄；

18—四氯乙烷，对称(CHCl₂)₂；19—五氯乙烷 CCl₂CHCl₂；20—六氯乙烷 C₂Cl₆

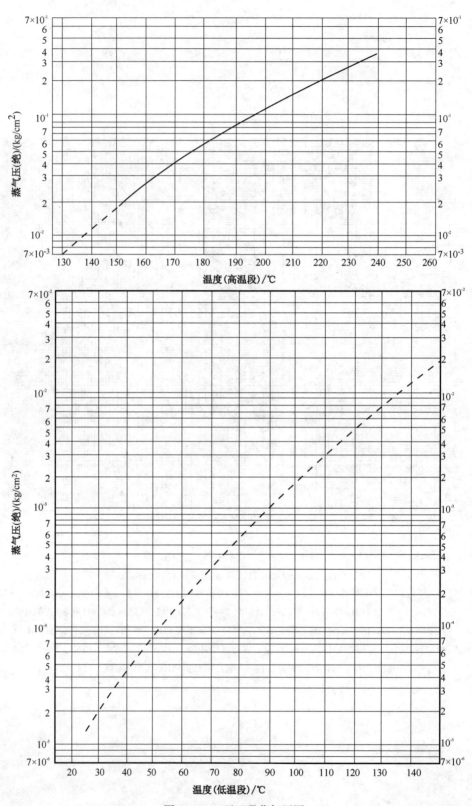

图 4-5-7　环丁砜蒸气压图

$1kg/cm^2 = 98.0665kPa$

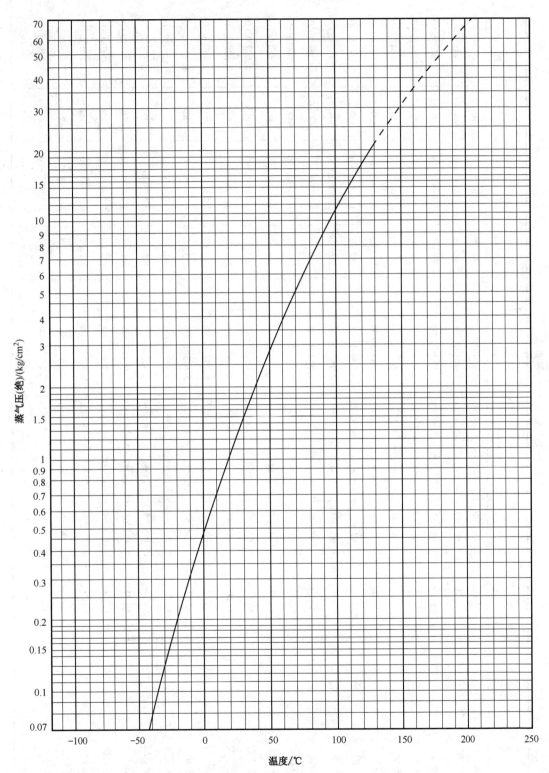

图 4-5-8　氢氟酸蒸气压图

1kg/cm² = 98.0665kPa

表 4-5-1 式(4-5-1) 系数表

序号	物质名称	化学分子式	C_1	C_2	C_3	C_4	C_5	适用温度范围			
								T_{min}/K	T_{min}时 P_s	T_{max}/K	T_{max}时 P_s
1	甲烷	CH_4	39.205	-1324.4	-3.4366	3.1019E-05	2	90.69	1.1687E+04	190.56	4.5897E+06
2	乙烷	C_2H_6	51.857	-2598.7	-5.1283	1.4913E-05	2	90.35	1.1273E+00	305.32	4.8522E+06
3	丙烷	C_3H_8	59.078	-3492.6	-6.0669	1.0919E-05	2	85.47	1.6788E-04	369.83	4.2135E+06
4	正丁烷	C_4H_{10}	66.343	-4363.2	-7.046	9.4509E-06	2	134.86	6.7441E-01	425.12	3.7699E+06
5	正戊烷	C_5H_{12}	78.741	-5420.3	-8.8253	9.6171E-06	2	143.42	6.8642E-02	469.7	3.3642E+06
6	正己烷	C_6H_{14}	104.65	-6995.5	-12.702	1.2381E-05	3	177.83	9.0169E-01	507.6	3.0449E+06
7	正庚烷	C_7H_{16}	87.829	-6996.4	-9.8802	7.2099E-06	2	182.57	1.8269E-01	540.2	2.7192E+06
8	正辛烷	C_8H_{18}	96.084	-7900.2	-11.003	7.1802E-06	2	216.38	2.1083E+00	568.7	2.4673E+06
9	正壬烷	C_9H_{20}	109.35	-9030.4	-12.882	7.8544E-06	2	219.66	4.3058E-01	594.6	2.3054E+06
10	正癸烷	$C_{10}H_{22}$	112.73	-9749.6	-13.245	7.1266E-06	2	243.51	1.3930E+00	617.7	2.0908E+06
11	正十一烷	$C_{11}H_{24}$	131	-11143	-15.855	8.1871E-06	2	247.57	4.0836E-01	639	1.9493E+06
12	正十二烷	$C_{12}H_{26}$	137.47	-11976	-16.698	8.0906E-06	2	263.57	6.1534E-01	658	1.8223E+06
13	正十三烷	$C_{13}H_{28}$	137.45	-12549	-16.543	7.1275E-06	2	267.76	2.5096E-01	675	1.6786E+06
14	正十四烷	$C_{14}H_{30}$	140.47	-13231	-16.859	6.5877E-06	2	279.01	2.5268E-01	693	1.5693E+06
15	正十五烷	$C_{15}H_{32}$	135.57	-13478	-16.022	5.6136E-06	2	283.07	1.2884E-01	708	1.4743E+06
16	正十六烷	$C_{16}H_{34}$	156.06	-15015	-18.941	6.8172E-06	2	291.31	9.2265E-02	723	1.4106E+06
17	正十七烷	$C_{17}H_{36}$	156.95	-15557	-18.966	6.4559E-06	2	295.13	4.6534E-02	736	1.3438E+06
18	正十八烷	$C_{18}H_{38}$	157.68	-16093	-18.954	5.9272E-06	2	301.31	3.3909E-02	747	1.2555E+06
19	正十九烷	$C_{19}H_{40}$	182.54	-17897	-22.498	7.4008E-06	2	305.04	1.5909E-02	758	1.2078E+06
20	正二十烷	$C_{20}H_{42}$	203.66	-19441	-25.525	8.8382E-06	2	309.58	9.2574E-03	768	1.1746E+06
21	异丁烷	C_4H_{10}	100.18	-4841.9	-13.541	2.0063E-02	1	113.54	1.4051E-02	408.14	3.6199E+06
22	异戊烷	C_5H_{12}	72.35	-5010.9	-7.883	8.9795E-06	2	113.25	1.1569E-04	460.43	3.3709E+06
23	2,3-二甲基丁烷	C_6H_{14}	77.235	-5695.9	-8.5109	8.0163E-06	2	145.19	1.5081E-02	499.98	3.1255E+06

续表

序号	物 质 名 称	化学分子式	C_1	C_2	C_3	C_4	C_5	适用温度范围			
								T_{min}/K	T_{min}时 P_s	T_{max}/K	T_{max}时 P_s
24	异己烷	C_6H_{14}	77.36	-5791.7	-8.4912	7.7939E-06	2	119.55	9.2204E-06	497.5	3.0192E+06
25	2,3-二甲基戊烷	C_7H_{16}	78.282	-6347	-8.502	6.4169E-06	2	160	1.2631E-02	537.35	2.8823E+06
26	2,3,3-三甲基戊烷	C_8H_{18}	83.105	-6903.7	-9.1858	6.4703E-06	2	172.22	1.6820E-02	573.5	2.8116E+06
27	2,2,4-三甲基戊烷	C_8H_{18}	87.868	-6831.7	-9.9783	7.7729E-06	2	165.78	1.6187E-02	543.96	2.5630E+06
28	乙烯	C_2H_4	74.242	-2707.2	-9.8462	2.2457E-02	1	104	1.2361E+02	282.34	5.0296E+06
29	丙烯	C_3H_6	57.263	-3382.4	-5.7707	1.0431E-05	2	87.89	9.3867E-04	365.57	4.6346E+06
30	正丁烯	C_4H_8	68.49	-4350.2	-7.4124	1.0503E-05	2	87.8	7.1809E-07	419.95	4.0391E+06
31	顺-2-丁烯	C_4H_8	102.62	-5260.3	-13.764	1.9183E-02	1	134.26	2.4051E-01	435.58	4.2388E+06
32	反-2-丁烯	C_4H_8	70.589	-4530.4	-7.7229	1.0928E-05	2	167.62	7.4729E+01	428.63	4.0811E+06
33	1-戊烯	C_5H_{10}	120.15	-6192.4	-16.597	2.1922E-02	1	107.93	3.5210E-06	464.78	3.5557E+06
34	1-己烯	C_6H_{12}	85.3	-6171.7	-9.702	8.9604E-06	2	133.39	2.5272E-04	504.03	3.1397E+06
35	1-庚烯	C_7H_{14}	92.68	-7055.2	-10.679	8.4459E-06	2	154.27	1.2810E-03	537.29	2.8225E+06
36	1-辛烯	C_8H_{16}	97.57	-7836	-11.272	7.7267E-06	2	171.45	2.7570E-03	566.65	2.5735E+06
37	1-壬烯	C_9H_{18}	144.45	-9676.2	-19.446	1.8031E-02	1	191.78	8.5514E-03	593.25	2.3308E+06
38	1-癸烯	$C_{10}H_{20}$	78.808	-8367.9	-7.9553	8.7442E-18	6	206.89	1.7308E-02	616.4	2.2092E+06
39	2-甲基丙烯	C_4H_8	102.5	-5021.8	-13.88	2.0296E-02	1	132.81	6.2213E-01	417.9	3.9760E+06
40	2-甲基-1-丁烯	C_5H_{10}	97.33	-5631.8	-12.589	1.5395E-02	1	135.58	1.9687E-02	465	3.4544E+06
41	2-甲基-2-丁烯	C_5H_{10}	82.605	-5606.6	-9.4236	1.0512E-05	2	139.39	1.9447E-02	471	3.3769E+06
42	1,2-丁二烯	C_4H_6	39.714	-3769.9	-2.6407	6.9379E-18	6	136.95	4.4720E-01	452	4.3613E+06
43	1,3-丁二烯	C_4H_6	73.522	-4564.3	-8.1958	1.1580E-05	2	164.25	6.9110E+01	425.17	4.3041E+06
44	2-甲基-1,3-丁二烯	C_5H_8	79.656	-5239.6	-9.4314	9.5850E-03	1	127.27	2.4768E-03	484	3.8509E+06
45	乙炔	C_2H_2	172.06	-5318.5	-27.223	5.4619E-02	1	192.4	1.2603E+05	308.32	6.1467E+06
46	丙炔	C_3H_4	119.42	-5364.5	-16.81	2.5523E-02	1	170.45	3.7264E+02	402.39	5.6206E+06

续表

序号	物质名称	化学分子式	C_1	C_2	C_3	C_4	C_5	适用温度范围			
								T_{min}/K	T_{min}时P_s	T_{max}/K	T_{max}时P_s
47	2-丁炔	C_4H_6	66.592	−4999.8	−6.8387	6.6793E−06	2	240.91	6.1212E+03	473.2	4.8699E+06
48	3-甲基-1-丁炔	C_5H_8	69.459	−5250	−7.1125	7.9289E−17	6	183.45	4.3551E+01	463.2	4.1986E+06
49	1-戊炔	C_5H_8	82.805	−5683.8	−9.4301	1.0767E−05	2	167.45	2.3990E+00	481.2	4.1701E+06
50	2-戊炔	C_5H_8	137.29	−7447.1	−19.01	2.1415E−02	1	163.83	2.0462E−01	519	4.0198E+06
51	1-己炔	C_6H_{10}	133.2	−7492.9	−18.405	2.2062E−02	1	141.25	3.9157E−04	516.2	3.6352E+06
52	2-己炔	C_6H_{10}	123.71	−7639	−16.451	1.6495E−02	1	183.65	5.4026E−01	549	3.5301E+06
53	3-己炔	C_6H_{10}	47.091	−5104	−3.6371	5.1621E−04	1	170.05	2.1950E−01	544	3.5397E+06
54	1-庚炔	C_7H_{12}	66.447	−6395.6	−6.3848	1.1250E−04	6	192.22	6.7026E−01	559	3.1343E+06
55	1-辛炔	C_8H_{14}	82.353	−7240.6	−9.1843	5.8038E−03	1	193.55	1.0092E−01	585	2.8202E+06
56	乙烯基乙炔①	C_4H_4	55.682	−4439.3	−5.0136	1.9650E−17	6	173.15	6.6899E+01	454	4.8874E+06
57	环戊烷	C_5H_{10}	51.434	−4770.6	−4.3515	1.9605E−17	6	179.28	9.4420E+00	511.76	4.5028E+06
58	甲基环戊烷	C_6H_{12}	79.673	−6086.6	−8.7933	7.4046E−06	2	130.73	6.7059E−05	532.79	3.7808E+06
59	乙基环戊烷	C_7H_{14}	88.622	−7011	−10.038	7.4481E−06	2	134.71	3.7061E−06	569.52	3.3970E+06
60	环己烷	C_6H_{12}	116.51	−7103.3	−15.49	1.6959E−02	1	279.69	5.3802E+03	553.58	4.0958E+06
61	甲基环己烷	C_7H_{14}	92.611	−7077.8	−10.684	8.1239E−06	2	146.58	1.5256E−04	572.19	3.4828E+06
62	1,1-二甲基环己烷	C_8H_{16}	81.184	−6927	−8.8498	5.4580E−06	2	239.66	6.0584E+01	591.15	2.9387E+06
63	乙基环己烷	C_8H_{16}	80.208	−7203.2	−8.6023	4.5901E−06	2	161.84	3.5747E−04	609.15	3.0411E+06
64	环戊烯	C_5H_8	49.88	−4649.7	−4.1191	1.9564E−17	6	138.13	1.6884E−02	507	4.8062E+06
65	1-甲基环戊烯	C_6H_{10}	52.732	−5286.9	−4.4509	1.0883E−17	6	146.62	3.9787E−03	542	4.1303E+06
66	环己烯	C_6H_{10}	88.184	−6624.9	−10.059	8.2566E−06	2	169.67	1.0377E−01	560.4	4.3922E+06
67	苯	C_6H_6	83.918	−6517.7	−9.3453	7.1182E−06	2	278.68	4.7620E+03	562.16	4.8819E+06
68	甲苯	C_7H_8	80.877	−6902.4	−8.7761	5.8034E−06	2	178.18	4.2348E−02	591.8	4.1012E+06
69	邻二甲苯	C_8H_{10}	90.356	−7948.7	−10.081	5.9756E−06	2	247.98	2.1968E+01	630.33	3.7424E+06

续表

序号	物　质　名　称	化学分子式	C_1	C_2	C_3	C_4	C_5	适用温度范围			
								T_{min}/K	T_{min}时P_s	T_{max}/K	T_{max}时P_s
70	间二甲苯	C_8H_{10}	84.782	-7598.3	-9.2612	5.5445E-06	2	225.3	3.2099E+00	617.05	3.5286E+06
71	对二甲苯	C_8H_{10}	85.475	-7595.8	-9.378	5.6875E-06	2	286.41	5.8144E+02	616.23	3.4984E+06
72	乙苯	C_8H_{10}	88.09	-7688.3	-9.7708	5.8844E-06	2	178.15	4.0140E-03	617.2	3.5968E+06
73	正丙基苯	C_9H_{12}	136.83	-9544.8	-18.190	1.6590E-02	1	324.18	2.0014E+03	638.32	3.2001E+06
74	1，2，4-三甲基苯	C_9H_{12}	60.658	-7260.4	-5.3772	4.5816E-18	6	229.33	7.9735E-01	649.13	3.2533E+06
75	异丙基苯	C_9H_{12}	143.62	-9687.7	-19.305	1.7703E-02	1	177.14	3.8034E-04	631.1	3.1837E+06
76	1，3，5-三甲基苯	C_9H_{12}	48.603	-6545.2	-3.6412	1.9307E-18	6	228.42	1.1889E+00	637.36	3.1119E+06
77	对异丙基甲苯	$C_{10}H_{14}$	107.71	-9402.7	-12.545	6.6661E-06	2	205.25	9.9261E-03	653.15	2.7957E+06
78	萘	$C_{10}H_8$	62.447	-8109	-5.5571	2.0800E-18	6	353.43	9.9229E+02	748.35	3.9941E+06
79	联苯	$C_{12}H_{10}$	76.811	-9878.5	-7.4384	2.0436E-18	6	342.2	9.3752E+01	789.26	3.8615E+06
80	苯乙烯	C_8H_8	105.93	-8685.9	-12.42	7.5583E-06	2	242.54	1.0613E+01	636	3.8234E+06
81	间三联苯	$C_{18}H_{14}$	88.044	-13367	-8.6482	8.7874E-19	6	360	1.0112E+00	924.85	3.5297E+06
82	甲醇	CH_4O	81.768	-6876	-8.7078	7.1926E-06	2	175.47	1.1147E-01	512.64	8.1402E+06
83	乙醇	C_2H_6O	74.475	-7164.3	-7.327	3.1340E-06	2	159.05	4.8459E-04	513.92	6.1171E+06
84	1-丙醇	C_3H_8O	88.134	-8498.6	-9.0766	8.3303E-18	6	146.95	3.0828E-07	536.78	5.1214E+06
85	1-丁醇	$C_4H_{10}O$	93.173	-9185.9	-9.7464	4.7796E-18	6	184.51	5.7220E-04	563.05	4.3392E+06
86	2-丁醇	$C_4H_{10}O$	152.54	-11111	-19.025	1.0426E-05	2	158.45	1.1323E-06	536.05	4.2014E+06
87	2-丙醇	C_3H_8O	76.964	-7623.8	-7.4924	5.9436E-18	6	185.28	3.6606E-02	508.3	4.7908E+06
88	叔丁醇	$C_4H_{10}O$	172.31	-11590	-22.118	1.3709E-05	2	298.97	5.9356E+03	506.21	3.9910E+06
89	正戊醇	$C_5H_{12}O$	168.96	-12659	-21.366	1.1591E-05	2	195.56	3.1816E-04	586.15	3.8657E+06
90	2-甲基-1-丁醇	$C_5H_{12}O$	410.44	-20262	-62.366	6.3353E-02	1	203	3.7992E-04	565	3.8749E+06
91	3-甲基-1-丁醇	$C_5H_{12}O$	107.02	-10237	-11.695	6.8003E-18	6	155.95	2.1036E-08	577.2	3.9013E+06
92	正己醇	$C_6H_{14}O$	117.31	-11239	-13.149	9.3676E-18	6	228.55	3.7401E-02	611.35	3.4557E+06

续表

序号	物质名称	化学分子式	C_1	C_2	C_3	C_4	C_5	适用温度范围			
								T_{min}/K	T_{min}时P_s	T_{max}/K	T_{max}时P_s
93	正庚醇	$C_7H_{16}O$	160.08	-14095	-19.211	1.7043E-17	6	239.15	1.6990E-02	631.9	3.1810E+06
94	环己醇	$C_6H_{12}O$	135.01	-12238	-15.702	1.0349E-17	6	296.6	7.9382E+01	650	4.2456E+06
95	乙二醇	$C_2H_6O_2$	79.276	-10105	-7.521	7.3408E-19	6	260.15	2.4834E-01	719.7	7.7100E+06
96	1,2-丙二醇	$C_3H_8O_2$	212.8	-15420	-28.109	2.1564E-05	2	213.15	9.2894E-05	626	6.0413E+06
97	苯酚	C_6H_6O	95.444	-10113	-10.09	6.7603E-18	6	314.06	1.8798E+02	694.25	6.0585E+06
98	邻甲酚	C_7H_8O	210.88	-13928	-29.483	2.5182E-02	1	304.19	6.5326E+01	697.55	5.0583E+06
99	间甲酚	C_7H_8O	95.403	-10581	-10.004	4.3032E-18	6	285.39	5.8624E+00	705.85	4.5221E+06
100	对甲酚	C_7H_8O	118.53	-11957	-13.293	8.6988E-18	6	307.93	3.4466E+01	704.65	5.1507E+06
101	二甲醚	C_2H_6O	44.704	-3525.6	-3.4444	5.4574E-17	6	131.65	3.0496E+00	400.1	5.2735E+06
102	甲乙醚	C_3H_8O	205.79	-9834.5	-28.739	3.5317E-05	2	160	5.3423E-01	437.8	4.4658E+06
103	甲丙醚	$C_4H_{10}O$	50.83	-4781.7	-4.1773	9.4076E-18	6	133.97	4.8875E-03	476.3	3.7721E+06
104	甲基异丙基醚	$C_4H_{10}O$	55.096	-4793.2	-4.8689	2.9518E-17	6	127.93	2.4971E-03	464.5	3.8892E+06
105	甲基正丁基醚	$C_5H_{12}O$	102.04	-6954.9	-12.278	1.2131E-05	2	157.48	1.9430E-02	510	3.3089E+06
106	甲基异丁基醚	$C_5H_{12}O$	58.165	-5362.1	-5.2568	2.0194E-17	6	150	1.9801E-02	497	3.4130E+06
107	甲基叔丁基醚	$C_5H_{12}O$	55.875	-5131.6	-4.9604	1.9123E-17	6	164.55	5.3566E-01	497.1	3.4106E+06
108	二乙醚	$C_4H_{10}O$	136.9	-6954.3	-19.254	2.4508E-02	1	156.85	3.9545E-01	466.7	3.6412E+06
109	正丙基乙基醚	$C_5H_{12}O$	143.11	-8353.7	-18.751	2.0620E-05	2	145.65	7.3931E-04	500.23	3.3729E+06
110	乙基异丙基醚	$C_5H_{12}O$	57.723	-5236.9	-5.2136	2.2998E-17	6	140	4.3092E-03	489	3.4145E+06
111	苯甲醚	C_7H_8O	128.06	-9307.7	-16.693	1.4919E-02	1	235.65	2.4466E+00	645.6	4.2731E+06
112	二苯醚	$C_{12}H_{10}O$	59.969	-8585.5	-5.1538	1.9983E-18	6	300.03	7.0874E+00	766.8	3.0971E+06
113	甲醛	CH_2O	101.51	-4917.2	-13.765	2.2031E-02	1	181.15	8.8700E+02	408	6.5935E+06
114	乙醛	C_2H_4O	193.69	-8036.7	-29.502	4.3678E-02	1	150.15	3.2320E-01	466	5.5652E+06
115	1-丙醛	C_3H_6O	80.581	-5896.1	-8.9301	8.2236E-06	2	170	1.3133E+00	504.4	4.9189E+06

续表

序号	物质名称	化学分子式	C_1	C_2	C_3	C_4	C_5	适用温度范围			
								T_{min}/K	T_{min}时P_s	T_{max}/K	T_{max}时P_s
116	1-丁醛	C_4H_8O	99.33	-7083.6	-11.733	1.0027E-05	2	176.75	3.1699E-01	537.2	4.3232E+06
117	1-戊醛	$C_5H_{10}O$	149.58	-8890	-20.697	2.2101E-02	1	182	5.2282E-02	566.1	3.9685E+06
118	1-己醛	$C_6H_{12}O$	81.507	-7776.8	-8.4516	1.5143E-17	6	217.15	1.2473E+00	591	3.4607E+06
119	1-庚醛	$C_7H_{14}O$	107.17	-9070.3	-12.503	7.4446E-06	2	229.8	1.1177E+00	617	3.1829E+06
120	1-辛醛	$C_8H_{16}O$	250.25	-16162	-33.927	2.2349E-05	2	246	4.1640E-01	638.1	2.9704E+06
121	1-壬醛	$C_9H_{18}O$	337.71	-18506	-50.224	4.7345E-02	1	255.15	3.4172E-01	658	2.7430E+06
122	1-癸醛	$C_{10}H_{20}O$	201.64	-15133	-26.264	1.4625E-05	2	267.15	4.8648E-01	674.2	2.5989E+06
123	丙酮	C_3H_6O	69.006	-5599.6	-7.0985	6.2237E-06	2	178.45	2.7851E+00	508.2	4.7091E+06
124	甲乙酮	C_4H_8O	72.698	-6143.6	-7.5779	5.6476E-06	2	186.48	1.3904E+00	535.5	4.1201E+06
125	2-戊酮	$C_5H_{10}O$	84.635	-7078.4	-9.3	6.2702E-06	2	196.29	7.5235E-01	561.08	3.7062E+06
126	甲基异丙酮	$C_5H_{10}O$	308.74	-13693	-47.557	5.7002E-02	1	181.15	2.2648E-02	553	3.8413E+06
127	2-己酮	$C_6H_{12}O$	65.841	-7042	-6.1376	7.2196E-18	6	217.35	1.5111E+00	587.05	3.3120E+06
128	甲基异丁基酮	$C_6H_{12}O$	153.23	-10055	-19.848	1.6426E-05	2	189.15	3.3536E-02	571.4	3.2659E+06
129	3-甲基-2-戊酮	$C_6H_{12}O$	64.641	-6457.4	-6.218	3.4543E-06	2	167.15	3.2662E-03	573	3.3213E+06
130	3-戊酮	$C_5H_{10}O$	44.286	-5415.1	-3.0913	1.8580E-18	6	234.18	7.3422E+01	560.95	3.6993E+06
131	乙基异丙基酮	$C_6H_{12}O$	206.77	-12537	-27.894	2.2462E-05	2	200	6.0339E-02	567	3.3424E+06
132	二异丙基酮	$C_7H_{14}O$	96.919	-8014.2	-11.093	7.3452E-06	2	204.81	3.9036E-01	576	3.0606E+06
133	环己酮	$C_6H_{10}O$	95.118	-8300.4	-10.796	6.5037E-06	2	242	6.9667E-01	653	4.0126E+06
134	甲基苯基酮	C_8H_8O	62.688	-8088.8	-5.5434	2.0774E-18	6	292.81	3.5899E+01	709.5	3.8451E+06
135	甲酸	CH_2O_2	50.323	-5378.2	-4.203	3.4697E-06	2	281.45	2.4024E+03	588	5.8074E+06
136	乙酸	$C_2H_4O_2$	53.27	-6304.5	-4.2985	8.8865E-18	6	289.81	1.2769E+03	591.95	5.7390E+06
137	丙酸	$C_3H_6O_2$	54.552	-7149.4	-4.2769	1.1843E-18	6	252.45	1.3142E+01	600.81	4.6080E+06
138	丁酸	$C_4H_8O_2$	93.815	-9942.2	-9.8019	9.3124E-18	6	267.95	6.7754E+00	615.7	4.0705E+06

续表

序号	物质名称	化学分子式	C_1	C_2	C_3	C_4	C_5	适用温度范围			
								T_{min}/K	T_{min} 时 P_s	T_{max}/K	T_{max} 时 P_s
139	异丁酸	$C_4H_8O_2$	110.38	-10540	-12.262	1.4310E-17	6	227.15	7.8244E-02	605	3.6834E+06
140	苯甲酸	$C_7H_6O_2$	88.513	-11829	-8.6826	2.3248E-19	6	395.45	7.9550E+02	751	4.4691E+06
141	乙酸酐	$C_4H_6O_3$	100.95	-8873.2	-11.451	6.1316E-06	2	200.15	2.1999E-02	606	3.9702E+06
142	甲酸甲酯	$C_2H_4O_2$	77.184	-5606.1	-8.392	7.8468E-06	2	174.15	6.8808E+00	487.2	5.9829E+06
143	乙酸甲酯	$C_3H_6O_2$	61.267	-5618.6	-5.6473	2.1080E-17	6	175.15	1.0170E+00	506.55	4.6948E+06
144	丙酸甲酯	$C_4H_8O_2$	70.717	-6439.7	-6.9845	2.0129E-17	6	185.65	6.3409E-01	530.6	4.0278E+06
145	丁酸甲酯	$C_5H_{10}O_2$	71.87	-6885.7	-7.0944	1.4903E-17	6	187.35	1.3435E-01	554.5	3.4797E+06
146	甲酸乙酯	$C_3H_6O_2$	73.833	-5817	-7.809	6.3200E-06	2	193.55	1.8119E+01	508.4	4.7080E+06
147	乙酸乙酯	$C_4H_8O_2$	66.824	-6227.6	-6.41	1.7914E-17	6	189.6	1.4318E+00	523.3	3.8502E+06
148	丙酸乙酯	$C_5H_{10}O_2$	105.64	-8007	-12.477	9.0000E-06	2	199.25	7.7988E-01	546	3.3365E+06
149	丁酸乙酯	$C_6H_{12}O_2$	57.661	-6346.5	-5.032	8.2534E-18	6	175.15	1.0390E-02	571	2.9352E+06
150	甲酸正丙酯	$C_4H_8O_2$	104.08	-7535.9	-12.348	9.6020E-06	2	180.25	2.1101E-01	538	4.0310E+06
151	乙酸正丙酯	$C_5H_{10}O_2$	115.16	-8433.9	-13.934	1.0346E-05	2	178.15	1.7113E-02	549.73	3.3657E+06
152	乙酸正丁酯	$C_6H_{12}O_2$	71.34	-7285.8	-6.9459	9.9895E-18	6	199.65	1.4347E-01	579.15	3.1097E+06
153	苯甲酸甲酯	$C_8H_8O_2$	82.976	-9226.1	-8.4427	5.9115E-18	6	260.75	1.8653E+00	693	3.5896E+06
154	苯甲酸乙酯	$C_9H_{10}O_2$	53.024	-7676.8	-4.1593	1.6850E-18	6	238.45	1.4385E-01	698	3.2190E+06
155	乙酸乙烯酯	$C_4H_6O_2$	57.406	-5702.8	-5.0307	1.1042E-17	6	180.35	7.0586E-01	519.13	3.9298E+06
156	甲胺	CH_5N	75.206	-5082.8	-8.0919	8.1130E-06	2	179.69	1.7671E+02	430.05	7.4139E+06
157	二甲胺	C_2H_7N	71.738	-5302	-7.3324	6.4200E-17	6	180.96	7.5575E+01	437.2	5.2583E+06
158	三甲胺	C_3H_9N	134.68	-6055.8	-19.415	2.8619E-02	1	156.08	9.9206E+00	433.25	4.1020E+06
159	乙胺	C_2H_7N	81.56	-5596.9	-9.0779	8.7920E-06	2	192.15	1.5183E+02	456.15	5.5937E+06
160	二乙胺	$C_4H_{11}N$	49.314	-4949	-3.9256	9.1978E-18	6	223.35	3.7411E+02	496.6	3.6744E+06
161	三乙胺	$C_6H_{15}N$	56.55	-5681.9	-4.9815	1.2363E-17	6	158.45	1.0646E-02	535.15	3.0373E+06

续表

序号	物 质 名 称	化学分子式	C_1	C_2	C_3	C_4	C_5	适用温度范围			
								T_{min}/K	T_{min}时P_s	T_{max}/K	T_{max}时P_s
162	正丙胺	C_3H_9N	58.398	-5312.7	-5.2876	1.9913E-06	2	188.36	1.3004E+01	496.95	4.7381E+06
163	二正丙胺	$C_6H_{15}N$	54	-6018.5	-4.4981	9.9684E-18	6	210.15	3.6942E+00	550	3.1113E+06
164	异丙胺	C_3H_9N	136.66	-7201.5	-18.934	2.2255E-02	1	177.95	7.7251E+00	471.85	4.5404E+06
165	二异丙胺	$C_6H_{15}N$	462.84	-18227	-73.734	9.2794E-02	1	176.85	4.4724E-03	523.1	3.1987E+06
166	苯胺	C_6H_7N	66.287	-8207.1	-6.0132	2.8414E-18	6	267.13	7.1322E+00	699	5.3514E+06
167	N-甲基苯胺	C_7H_9N	70.843	-8517.5	-6.7007	5.6411E-18	6	216.15	1.0207E-02	701.55	5.1935E+06
168	N,N-二甲基苯胺	$C_8H_{11}N$	51.352	-7160	-4.0127	8.1481E-07	2	275.6	1.7940E+01	687.15	3.6262E+06
169	环氧乙烯	C_2H_4O	91.944	-5293.4	-11.682	1.4902E-02	1	160.65	7.7879E+00	469.15	7.2553E+06
170	呋喃	C_4H_4O	74.738	-5417	-8.0636	7.4700E-06	2	187.55	5.0026E+01	490.15	5.5497E+06
171	噻吩	C_4H_4S	89.171	-6860.3	-10.104	7.4769E-06	2	234.94	1.8538E+02	579.35	5.7145E+06
172	吡啶	C_5H_5N	82.154	-7211.3	-8.8646	5.2528E-06	2	231.51	2.0535E+01	619.95	5.6356E+06
173	甲酰胺	CH_3NO	100.3	-10763	-10.946	3.8503E-06	2	275.6	1.0350E+00	771	7.7514E+06
174	N,N-二甲基甲酰胺	C_3H_7NO	82.762	-7955.5	-8.8038	4.2431E-06	2	212.72	1.9532E-01	649.6	4.3653E+06
175	乙酰胺	C_2H_5NO	125.81	-12376	-14.589	5.0824E-06	2	353.33	3.3637E+02	761	6.5688E+06
176	N-甲基乙酰胺	C_3H_7NO	79.128	-9523.9	-7.7355	3.1616E-18	6	301.15	2.8618E+01	718	4.9973E+06
177	乙腈	C_2H_3N	58.302	-5385.6	-5.4954	5.3634E-06	2	229.32	1.8694E+02	545.5	4.8517E+06
178	丙腈	C_3H_5N	82.699	-6703.5	-9.1506	7.5424E-06	2	180.26	1.6936E-01	564.4	4.1906E+06
179	正丁腈	C_4H_7N	66.32	-6714.9	-6.3087	1.3516E-17	6	161.25	6.1777E-04	582.25	3.7870E+06
180	苯甲腈	C_7H_5N	55.463	-7430.8	-4.548	1.7501E-18	6	260.4	5.1063E+00	699.35	4.2075E+06
181	甲硫醇	CH_4S	54.15	-4337.7	-4.8127	4.5000E-17	6	150.18	3.1479E+00	469.95	7.2309E+06
182	乙硫醇	C_2H_6S	65.551	-5027.4	-6.6853	6.3208E-06	2	125.26	1.1384E-03	499.15	5.4918E+06
183	丙硫醇	C_3H_8S	62.165	-5624	-5.8595	2.0597E-17	6	159.95	6.5102E-02	536.6	4.6272E+06
184	丁硫醇	$C_4H_{10}S$	65.382	-6262.4	-6.2585	1.4943E-17	6	157.46	2.3532E-03	570.1	3.9730E+06

续表

序号	物质名称	化学分子式	C_1	C_2	C_3	C_4	C_5	适用温度范围			
								T_{min}/K	T_{min}时P_s	T_{max}/K	T_{max}时P_s
185	异丁硫醇	$C_4H_{10}S$	61.736	-5909.2	-5.7554	1.5119E-17	6	128.31	4.7502E-06	559	4.0603E+06
186	仲丁硫醇	$C_4H_{10}S$	60.649	-5785.9	-5.6113	1.5877E-17	6	133.02	3.3990E-05	554	4.0598E+06
187	二甲基硫醚	C_2H_6S	83.485	-5711.7	-9.4999	9.8449E-06	2	174.88	7.9009E+00	503.04	5.5324E+06
188	甲基乙基硫醚	C_3H_8S	79.07	-6114.1	-8.631	6.5333E-06	2	167.23	2.2456E-01	533	4.2610E+06
189	二乙基硫醚	$C_4H_{10}S$	60.867	-5969.6	-5.5979	1.4530E-17	6	169.2	4.3401E-02	557.15	3.9629E+06
190	氟代甲烷	CH_3F	59.123	-3043.7	-6.1845	1.6637E-05	2	131.35	4.3287E+02	317.42	5.8754E+06
191	氯代甲烷	CH_3Cl	64.697	-4048.1	-6.8066	1.0371E-05	2	175.43	8.7091E+02	416.25	6.6905E+06
192	三氯甲烷	$CHCl_3$	146.43	-7792.3	-20.614	2.4578E-02	1	207.15	5.2512E+01	536.4	5.5543E+06
193	四氯化碳	CCl_4	78.441	-6128.1	-8.5766	6.8465E-06	2	250.33	1.1225E+03	556.35	4.5436E+06
194	溴代甲烷	CH_3Br	72.586	-4698.6	-7.9966	1.1553E-05	2	179.47	1.9544E+02	467	7.9972E+06
195	氟代乙烷	C_2H_5F	56.639	-3576.5	-5.5801	8.9969E-06	2	129.95	8.3714E+00	375.31	5.0060E+06
196	氯乙烷	C_2H_5Cl	70.159	-4786.7	-7.5387	9.3370E-06	2	134.8	1.1658E-01	460.35	5.4578E+06
197	溴乙烷	C_2H_5Br	62.217	-5113.3	-5.9761	4.7174E-17	6	154.55	3.7155E-01	503.8	6.2903E+06
198	1-氯丙烷	C_3H_7Cl	79.24	-5718.8	-8.789	8.4486E-06	2	150.35	6.9630E-02	503.15	4.5812E+06
199	2-氯丙烷	C_3H_7Cl	46.854	-4445.5	-3.6533	1.3260E-17	6	155.97	9.0844E-01	489	4.5097E+06
200	1,1-二氯丙烷	$C_3H_6Cl_2$	83.495	-6661.4	-9.2386	6.7652E-06	2	200	4.5248E+00	560	4.2394E+06
201	1,2-二氯丙烷	$C_3H_6Cl_2$	65.955	-6015.6	-6.5509	4.3172E-06	2	172.71	8.2532E-02	572	4.2319E+06
202	氯乙烯	C_2H_3Cl	91.432	-5141.7	-10.981	1.4318E-05	2	119.36	1.9178E-02	432	5.7495E+06
203	氟苯	C_6H_5F	51.915	-5439	-4.2896	8.7527E-18	6	230.94	1.5142E+02	560.09	5.5437E+06
204	氯苯	C_6H_5Cl	54.144	-6244.4	-4.5343	4.7030E-18	6	227.95	8.4456E+00	632.35	4.5293E+06
205	溴苯	C_6H_5Br	63.749	-7130.2	-5.879	5.2136E-18	6	242.43	7.8364E+00	670.15	4.5196E+06
206	空气③		21.662	-692.39	-0.39208	4.7574E-03	1	59.15	5.6421E+03	132.45	3.7934E+06
207	氢气	H_2	12.69	-94.896	1.1125	3.2915E-04	2	13.95	7.2116E+03	33.19	1.3154E+06
208	氦-4④	He	11.533	-8.99	0.6724	2.7430E-01	1	1.76	1.4625E+03	5.2	2.2845E+05
209	氖	Ne	29.755	-271.06	-2.6081	5.2700E-04	2	24.56	4.3800E+04	44.4	2.6652E+06

续表

序号	物质名称	化学分子式	C_1	C_2	C_3	C_4	C_5	适用温度范围			
								T_{min}/K	T_{min}时 P_s	T_{max}/K	T_{max}时 P_s
210	氩	Ar	42.127	−1093.1	−4.1425	5.7254E−05	2	83.78	6.8721E+04	150.86	4.8963E+06
211	氟	F_2	42.393	−1103.3	−4.1203	5.7815E−05	2	53.48	2.5272E+02	144.12	5.1674E+06
212	氯	Cl_2	71.334	−3855	−8.5171	1.2378E−02	1	172.12	1.3660E+03	417.15	7.7930E+06
213	溴	Br_2	108.26	−6592	−14.16	1.6043E−02	1	265.85	5.8534E+03	584.15	1.0276E+07
214	氧	O_2	51.245	−1200.2	−6.4361	2.8405E−02	1	54.36	1.4754E+02	154.58	5.0206E+06
215	氮	N_2	58.282	−1084.1	−8.3144	4.4127E−02	1	63.15	1.2508E+04	126.2	3.3906E+06
216	氨	NH_3	90.483	−4669.7	−11.607	1.7194E−02	1	195.41	6.1111E+03	405.65	1.1301E+07
217	肼	N_2H_4	76.858	−7245.2	−8.22	6.1557E−03	1	274.69	4.0847E+02	653.15	1.4731E+07
218	一氧化二氮	N_2O	96.512	−4045	−12.277	2.8860E−05	2	182.3	8.6908E+04	309.57	7.2782E+06
219	一氧化氮	NO	72.974	−2650	−8.261	9.7000E−15	6	109.5	2.1956E+04	180.15	6.5156E+06
220	氰	C_2N_2	88.589	−5059.9	−10.483	1.5403E−05	2	245.25	7.3385E+04	400.15	5.9438E+06
221	一氧化碳	CO	45.698	−1076.6	−4.8814	7.5673E−05	2	68.15	1.5430E+04	132.92	3.4940E+06
222	二氧化碳	CO_2	140.54	−4735	−21.268	4.0909E−02	1	216.58	5.1867E+05	304.21	7.3896E+06
223	二硫化碳	CS_2	67.114	−4820.4	−7.5303	9.1695E−03	1	161.11	1.4944E+00	552	8.0408E+06
224	氟化氢	HF	59.544	−4143.8	−6.1764	1.4161E−05	2	189.79	3.3683E+02	461.15	6.4872E+06
225	氯化氢	HCl	104.27	−3731.2	−15.047	3.1340E−02	1	158.97	1.3522E+04	324.65	8.3564E+06
226	溴化氢②	HBr	29.315	−2424.5	−1.1354	2.3806E−18	6	185.15	2.9501E+04	363.15	8.4627E+06
227	氰化氢	HCN	36.75	−3927.1	−2.1245	3.8948E−17	6	259.83	1.8687E+04	456.65	5.3527E+06
228	硫化氢	H_2S	85.584	−3839.9	−11.199	1.8848E−02	1	187.68	2.2873E+04	373.53	8.9988E+06
229	二氧化硫	SO_2	47.365	−4084.5	−3.6469	1.7990E−17	6	197.67	1.6743E+03	430.75	7.8596E+06
230	三氧化硫	SO_3	180.99	−12060	−22.839	7.2350E−17	6	289.95	2.0934E+04	490.85	8.1919E+06
231	水	H_2O	73.649	−7258.2	−7.3037	4.1653E−06	2	273.16	6.1056E+02	647.13	2.1940E+07

①加热剧烈分解。遇空气或氧气生成易爆炸的过氧化物。加压和加热情况下聚合。

②超过分解温度，系数是假定的。

③在范围点。

④温度低于2.2K，表现为超流体特性。

注：本书引用数据时，首先考虑使用第一章列出的数据。

参 考 文 献

［1］北京石油设计院. 石油化工工艺计算图表. 北京：烃加工出版社，1985

［2］API TECHNICAL DATA BOOK. 8th Edition. N. Y：API Publishing Services，2006

［3］Riedel L. Eine Neue Universelle Damfdruck-formal. Chem. Ing. Tech. ，1954，26：83

［4］Lee B I，Kesler M G. A Generalized Themodynamic Correlation Based on Three - Parameter Corresponding States. AIChE J，1975，21：510

［5］Emission Factor Documentation for AP - 42，Section 7. 1，Organic Liquid Storage Tanks，Final Report. September 2006：3~37

［6］Robert H perry，Don W Green. PERRY'S CHEMICAL ENGINEERS' HANDBOOK. 7th Edition. The McGraw-Hill Companies Inc，1997：2~51

第五章 密 度

第一节 引 言

一、密度定义及转换

物质的密度是该物质单位体积的质量，一般以 ρ 表示，其单位通常用 g(质)/cm³ 或 kg (质)/m³。

物质的相对密度是该物质的密度与规定温度、压力下标准物质密度之比，一般以 d 表示，系一无因次值。液体相对密度所用标准物质为 4℃ 或 15.6℃(60℉)水，例如 d_4^t 即表示物质在 t℃温度时的密度与 4℃水密度之比(相对密度)，$d_{15.6}^{15.6}$ 即表示物质在 15.6℃温度时的密度与 15.6℃水密度之比；气体相对密度所用标准物质为标准状态(0℃，101.325kPa)下的空气。

我国常用的液体相对密度是 d_4^{20}，欧美各国则常用 $d_{15.6}^{15.6}$ 表示。d_4^{20} 与 $d_{15.6}^{15.6}$ 之间可按下式进行换算：

$$d_{15.6}^{15.6} = d_4^{20} + \Delta d \tag{5-1-1}$$

其中校正值 Δd 的范围为 0.0037~0.0051，具体可从表 5-1-1 中查得。

表 5-1-1 $d_{15.6}^{15.6}$ 与 d_4^{20} 换算表

相对密度 $d_{15.6}^{15.6}$ 或 d_4^{20}	校正值	相对密度 $d_{15.6}^{15.6}$ 或 d_4^{20}	校正值
0.700~0.710	0.0051	0.830~0.840	0.0044
0.710~0.720	0.0050	0.840~0.850	0.0043
0.720~0.730	0.0050	0.850~0.860	0.0042
0.730~0.740	0.0049	0.860~0.870	0.0042
0.740~0.750	0.0049	0.870~0.880	0.0041
0.750~0.760	0.0048	0.880~0.890	0.0041
0.760~0.770	0.0048	0.890~0.900	0.0040
0.770~0.780	0.0047	0.900~0.910	0.0040
0.780~0.790	0.0046	0.910~0.920	0.0039
0.790~0.800	0.0046	0.920~0.930	0.0038
0.800~0.810	0.0045	0.930~0.940	0.0038
0.810~0.820	0.0045	0.940~0.950	0.0037
0.820~0.830	0.0044		

注：$d_{15.6}^{15.6} = d_4^{20} +$ 校正值；$d_4^{20} = d_{15.6}^{15.6} -$ 校正值；$d_4^t = 0.9990\, d_{15.6}^t$。

液体油品 API 度是欧美各国表示油品相对密度的条件性单位，它与相对密度的关系如下：

$$API度 = \frac{141.5}{d_{15.6}^{15.6}} - 131.5 \qquad (5-1-2)$$

式中 $d_{15.6}^{15.6}$——油品在 15.6℃时的相对密度。

除可用公式计算外，API 度与 $d_{15.6}^{15.6}$ 的换算可方便地用表 5-1-2 查得。

表 5-1-2　$d_{15.6}^{15.6}$ 与 API 度换算表

API 度	$\frac{1}{10}$ API 度									
	0	1	2	3	4	5	6	7	8	9
0	1.0760	1.0752	1.0744	1.0736	1.0728	1.0720	1.0712	1.0703	1.0695	1.0687
1	1.0679	1.0671	1.0663	1.0655	1.0647	1.0639	1.0631	1.0623	1.0615	1.0607
2	1.0599	1.0591	1.0583	1.0575	1.0568	1.0560	1.0552	1.0544	1.0536	1.0528
3	1.0520	1.0513	1.0505	1.0497	1.0489	1.0481	1.0447	1.0466	1.0458	1.0451
4	1.0443	1.0435	1.0427	1.0420	1.0412	1.0440	1.0397	0.0389	1.0382	1.0374
5	1.0366	1.0359	1.0351	1.0344	1.0336	1.0328	1.0321	1.0313	1.0306	1.0298
6	1.0291	1.0283	1.0276	1.0269	1.0261	1.0254	1.0246	1.0239	1.0231	1.0224
7	1.0217	1.0209	1.0202	1.0195	1.0187	1.0180	1.0173	1.0165	1.0158	1.0151
8	1.0143	1.0136	1.0129	1.0122	1.0114	1.0107	1.0100	1.0093	1.0086	1.0078
9	1.0071	1.0064	1.0057	1.0050	1.0043	1.0035	1.0028	1.0021	1.0014	1.0007
10	1.0000	0.9993	0.9986	0.9979	0.9972	0.9965	0.9958	0.9951	0.9944	0.9937
11	0.9930	0.9923	0.9916	0.9909	0.9902	0.9895	0.9888	0.9881	0.9874	0.9868
12	0.9861	0.9854	0.9847	0.9840	0.9833	0.9826	0.9820	0.9813	0.9806	0.9799
13	0.9792	0.9786	0.9779	0.9772	0.9765	0.9759	0.9752	0.9745	0.9738	0.9732
14	0.9725	0.9718	0.9712	0.9705	0.9698	0.9692	0.9685	0.9697	0.9672	0.9665
15	0.9659	0.9652	0.9646	0.9639	0.9632	0.9626	0.9619	0.9613	0.9606	0.9600
16	0.9593	0.9587	0.9580	0.9574	0.9567	0.9561	0.9554	0.9548	0.9541	0.9535
17	0.9529	0.9522	0.9516	0.9509	0.9503	0.9497	0.9490	0.9484	0.9478	0.9471
18	0.9465	0.9459	0.9452	0.9446	0.9440	0.9433	0.9427	0.9421	0.9415	0.9408
19	0.9402	0.9396	0.9390	0.9383	0.9377	0.9371	0.9365	0.9358	0.9352	0.9346
20	0.9340	0.9334	0.9328	0.9321	0.9315	0.9309	0.9303	0.9297	0.9291	0.9285
21	0.9279	0.9273	0.9267	0.9260	0.9254	0.9248	0.9242	0.9236	0.9230	0.9224
22	0.9218	0.9212	0.9206	0.9200	0.9194	0.9188	0.9182	0.9176	0.9170	0.9165
23	0.9159	0.9153	0.9147	0.9141	0.9135	0.9129	0.9123	0.9117	0.9111	0.9106
24	0.9100	0.9094	0.9088	0.9082	0.9076	0.9071	0.9065	0.9059	0.9053	0.9047
25	0.9042	0.9036	0.9030	0.9024	0.9018	0.9013	0.9007	0.9001	0.8996	0.8990
26	0.8984	0.8978	0.8973	0.8967	0.8961	0.8956	0.8950	0.8944	0.8939	0.8933
27	0.8927	0.8922	0.8916	0.8911	0.8905	0.8899	0.8894	0.8888	0.8883	0.8877
28	0.8871	0.8866	0.8860	0.8855	0.8849	0.8844	0.8838	0.8833	0.8827	0.8822
29	0.8816	0.8811	0.8805	0.8800	0.8794	0.8789	0.8783	0.8778	0.8772	0.8767
30	0.8762	0.8756	0.8751	0.8745	0.8740	0.8735	0.8729	0.8724	0.8718	0.8713

API 度	$\frac{1}{10}$ API 度									
	0	1	2	3	4	5	6	7	8	9
31	0.8708	0.8702	0.8697	0.8692	0.8686	0.8681	0.8676	0.8670	0.8665	0.8660
32	0.8654	0.8649	0.8644	0.8639	0.8633	0.8628	0.8623	0.8618	0.8612	0.8607
33	0.8602	0.8597	0.8591	0.8586	0.8581	0.8576	0.8571	0.8565	0.8560	0.8555
34	0.8550	0.8545	0.8540	0.8534	0.8529	0.8524	0.8519	0.8514	0.8509	0.8504
35	0.8498	0.8493	0.8488	0.8483	0.8478	0.8473	0.8468	0.8463	0.8458	0.8453
36	0.8448	0.8443	0.8438	0.8433	0.8428	0.8423	0.8418	0.8413	0.8408	0.8403
37	0.8398	0.8393	0.8388	0.8383	0.8378	0.8373	0.8368	0.8463	0.8358	0.8353
38	0.8348	0.8343	0.8338	0.8333	0.8328	0.8324	0.8319	0.8314	0.8309	0.8304
39	0.8299	0.8294	0.8289	0.8285	0.8280	0.8275	0.8270	0.8265	0.8260	0.8256
40	0.8251	0.8246	0.8241	0.8236	0.8232	0.8227	0.8222	0.8217	0.8212	0.8208
41	0.8203	0.8198	0.8193	0.8189	0.8184	0.8179	0.8174	0.8170	0.8165	0.8160
42	0.8156	0.8151	0.8146	0.8142	0.8137	0.8132	0.8128	0.8123	0.8118	0.8114
43	0.8109	0.8104	0.8100	0.8095	0.8090	0.8086	0.8081	0.8076	0.8072	0.8067
44	0.8063	0.8058	0.8054	0.8049	0.8044	0.8040	0.8035	0.8031	0.8026	0.8022
45	0.8017	0.8012	0.8008	0.8003	0.7999	0.7994	0.7990	0.7985	0.7981	0.7976
46	0.7972	0.7967	07963	0.7958	0.7954	0.7949	0.7945	0.7941	0.7936	0.7932
47	0.7927	0.7923	0.7918	0.7914	0.7909	0.7905	0.7901	0.7896	0.7892	0.7887
48	0.7883	0.7879	0.7874	0.7870	0.7865	0.7861	0.7857	0.7852	0.7848	0.7844
49	0.7839	0.7835	0.7831	0.7826	0.7822	0.7818	0.7813	0.7809	0.7805	0.7800
50	0.7796	0.7792	0.7788	0.7783	0.7779	0.7775	0.7770	0.7766	0.7762	0.7758
51	0.7753	0.7749	0.7745	0.7741	0.7736	0.7732	0.7728	0.7724	0.7720	0.7715
52	0.7711	0.7707	0.7703	0.7699	0.7694	0.7690	0.7686	0.7682	0.7678	0.7674
53	0.7669	0.7665	0.7661	0.7657	0.7653	0.7649	0.7645	0.7640	0.7636	0.7632
54	0.7628	0.7624	0.7620	0.7616	0.7612	0.7608	0.7603	0.7599	0.7595	0.7591
55	0.7587	0.7583	0.7579	0.7575	0.7571	0.7567	0.7563	0.7559	0.7555	0.7551
56	0.7547	0.7543	0.7539	0.7535	0.7531	0.7527	0.7523	0.7519	0.7515	0.7511
57	0.7507	0.7503	0.7499	0.7495	0.7491	0.7487	0.7483	0.7479	0.7475	0.7471
58	0.7467	0.7463	0.7459	0.7455	0.7451	0.7447	0.7443	0.7440	0.7436	0.7432
59	0.7428	0.7424	0.7420	0.7416	0.7412	0.7408	0.7405	0.7401	0.7397	0.7393
60	0.7389	0.7385	0.7381	0.7377	0.7374	0.7370	0.7366	0.7362	0.7358	0.7354
61	0.7351	0.7347	0.7343	0.7339	0.7335	0.7332	0.7328	0.7324	0.7320	0.7316
62	0.7313	0.7309	0.7305	0.7301	0.7298	0.7294	0.7290	0.7286	0.7283	0.7279
63	0.7275	0.7271	0.7268	0.7264	0.7260	0.7256	0.7253	0.7249	0.7245	0.7242
64	0.7238	0.7234	0.7230	0.7227	0.7223	0.7219	0.7216	0.7212	0.7208	0.7205
65	0.7201	0.7197	0.7194	0.7190	0.7186	0.7183	0.7179	0.7175	0.7172	0.7168

续表

API 度	$\frac{1}{10}$ API 度									
	0	1	2	3	4	5	6	7	8	9
66	0.7165	0.7161	0.7157	0.7154	0.7150	0.7146	0.7143	0.7139	0.7136	0.7132
67	0.7128	0.7125	0.7121	0.7118	0.7114	0.7111	0.7107	0.7103	0.7100	0.7096
68	0.7093	0.7089	0.7086	0.7082	0.7079	0.7075	0.7071	0.7068	0.7064	0.7061
69	0.7057	0.7054	0.7050	0.7047	0.7043	0.7040	0.7036	0.7033	0.7029	0.7026
70	0.7022	0.7019	0.7015	0.7012	0.7008	0.7005	0.7001	0.6998	0.6995	0.6991
71	0.6988	0.6984	0.6981	0.6977	0.6974	0.6970	0.6967	0.6964	0.6960	0.6957
72	0.6953	0.6950	0.6946	0.6943	0.6940	0.6936	0.6933	0.6929	0.6926	0.6923
73	0.6919	0.6916	0.6913	0.6909	0.6906	0.6902	0.6899	0.6896	0.6892	0.6889
74	0.6886	0.6882	0.6879	0.6876	0.6872	0.6869	0.6866	0.6862	0.6859	0.6856
75	0.6852	0.6849	0.6846	0.6842	0.6839	0.6836	0.6832	0.6829	0.6826	0.6823
76	0.6819	0.6816	0.6813	0.6809	0.6806	0.6803	0.6800	0.6796	0.6793	0.6790
77	0.6787	0.6783	0.6780	0.6777	0.6774	0.6770	0.6767	0.6764	0.6761	0.6757
78	0.6754	0.6751	0.6748	0.6745	0.6741	0.6738	0.6735	0.6732	0.6728	0.6725
79	0.6722	0.6719	0.6716	0.6713	0.6709	0.6706	0.6703	0.6700	0.6697	0.6693
80	0.6690	0.6687	0.6684	0.6681	0.6678	0.6675	0.6671	0.6668	0.6665	0.6662
81	0.6659	0.6656	0.6653	0.6649	0.6646	0.6643	0.6640	0.6637	0.6634	0.6631
82	0.6628	0.6625	0.6621	0.6618	0.6615	0.6612	0.6609	0.6606	0.6503	0.6600
83	0.6597	0.6594	0.6591	0.6588	0.6584	0.6581	0.6578	0.6575	0.6572	0.6569
84	0.6566	0.6563	0.6560	0.6557	0.6554	0.6551	0.6548	0.6545	0.6542	0.6539
85	0.6536	0.6533	0.6530	0.6527	0.6524	0.6521	0.6518	0.6515	0.6512	0.6509
86	0.6506	0.6503	0.6500	0.6497	0.6494	0.6491	0.6488	0.6485	0.6482	0.6479
87	0.6476	0.6473	0.6470	0.6467	0.6464	0.6461	0.6458	0.6455	0.6452	0.6449
88	0.6446	0.6444	0.6441	0.6438	0.6435	0.6432	0.6429	0.6426	0.6423	0.6420
89	0.6417	0.6414	0.6411	0.6409	0.6406	0.6403	0.6400	0.6397	0.6394	0.6391
90	0.6388	0.6385	0.6382	0.6380	0.6377	0.6374	0.6371	0.6368	0.6365	0.6362
91	0.6360	0.6357	0.6354	0.6351	0.6348	0.6345	0.6342	0.6340	0.6337	0.6334
92	0.6331	0.6328	0.6325	0.6323	0.6320	0.6317	0.6314	0.6311	0.6309	0.6306
93	0.6303	0.6300	0.6297	0.6294	0.6292	0.6289	0.6286	0.6283	0.6281	0.6278
94	0.6275	0.6272	0.6269	0.6267	0.6264	0.6261	0.6258	0.6256	0.6253	0.6250
95	0.6247	0.6244	0.6242	0.6239	0.6236	0.6233	0.6231	0.6228	0.6225	0.6223
96	0.6220	0.6217	0.6214	0.6212	0.6209	0.6206	0.6203	0.6201	0.6198	0.6195
97	0.6193	0.6190	0.6187	0.6184	0.6182	0.6179	0.6176	0.6174	0.6171	0.6168
98	0.6166	0.6163	0.6160	0.6158	0.6155	0.6152	0.6150	0.6147	0.6144	0.6141
99	0.6139	0.6136	0.6134	0.6131	0.6128	0.6126	0.6123	0.6120	0.6118	0.6115
100	0.6112	0.6110	0.6107	0.6104	0.6102	0.6099	0.6097	0.6094	0.6091	0.6089
101	0.6086	0.6083	0.6081	0.6078	0.6076	0.6073	0.6070	0.6068	0.6065	0.6063
102	0.6060	0.6057	0.6055	0.6052	0.6050	0.6047	0.6044	0.6042	0.6039	0.6037
103	0.6034	0.6032	0.6029	0.6026	0.6024	0.6021	0.6019	0.6016	0.6014	0.6011

API 度	$\frac{1}{10}$ API 度									
	0	1	2	3	4	5	6	7	8	9
104	0.6008	0.6006	0.6003	0.6001	0.5998	0.5996	0.5993	0.5991	0.5988	0.5986
105	0.5983	0.5981	0.5978	0.5976	0.5973	0.5970	0.5968	0.5965	0.5963	0.5960
106	0.5958	0.5955	0.5953	0.5950	0.5948	0.5945	0.5943	0.5940	0.5938	0.5935
107	0.5933	0.5930	0.5928	0.5925	0.5923	0.5921	0.5918	0.5916	0.5913	0.5911
108	0.5908	0.5906	0.5903	0.5901	0.5898	0.5896	0.5893	0.5891	0.5888	0.5886
109	0.5884	0.5881	0.5879	0.5876	0.5874	0.5871	0.5869	0.5867	0.5864	0.5862
110	0.5859	0.5857	0.5854	0.5852	0.5850	0.5847	0.5845	0.5842	0.5840	0.5837
111	0.5835	0.5833	0.5830	0.5828	0.5825	0.5823	0.5821	0.5818	0.5816	0.5813
112	0.5811	0.5809	0.5806	0.5804	0.5802	0.5799	0.5797	0.5794	0.5792	0.5790
113	0.5787	0.5785	0.5783	0.5780	0.5778	0.5776	0.5773	0.5771	0.5768	0.5766
114	0.5764	0.5761	0.5759	0.5757	0.5754	0.5752	0.5750	0.5747	0.5745	0.5743
115	0.5740	0.5738	0.5736	0.5733	0.5731	0.5729	0.5726	0.5724	0.5722	0.5719
116	0.5717	0.5715	0.5713	0.5710	0.5708	0.5706	0.5703	0.5701	0.5699	0.5696
117	0.5694	0.5692	0.5690	0.5687	0.5685	0.5683	0.5680	0.5678	0.5676	0.5674
118	0.5671	0.5669	0.5667	0.5665	0.5661	0.5660	0.5658	0.5655	0.5653	0.5651
119	0.5649	0.5646	0.5644	0.5642	0.5640	0.5637	0.5635	0.5633	0.5631	0.5628

二、液体体系密度计算路线

纯液体(常压、受压)、液体混合物、石油馏分等液体体系的密度计算路线可根据图 5-1-1 来选择。

三、气体体系密度常规计算

气体的密度随温度和压力而变化，在不同的条件下，可选择适宜的状态方程计算气体的密度。

（1）当压力较低(低于 0.4~0.5MPa)时，气体的密度一般可按理想气体方程计算。

$$PV = \frac{W}{M}RT \tag{5-1-3}$$

$$\rho = \frac{PM}{RT} \tag{5-1-4}$$

式中　P——压力(绝)，MPa；

　　　W——气体质量，kg；

　　　V——气体体积，m^3；

　　　M——气体相对分子质量；

　　　T——温度，K；

　　　R——气体常数，$8.314 \times 10^3 MPa \cdot m^3/(kmol \cdot K)$；

　　　ρ——气体密度，kg/m^3。

（2）当压力较高(高于 0.4~0.5MPa)时，气体的密度需按真实气体计算，一般可用压缩系数法。

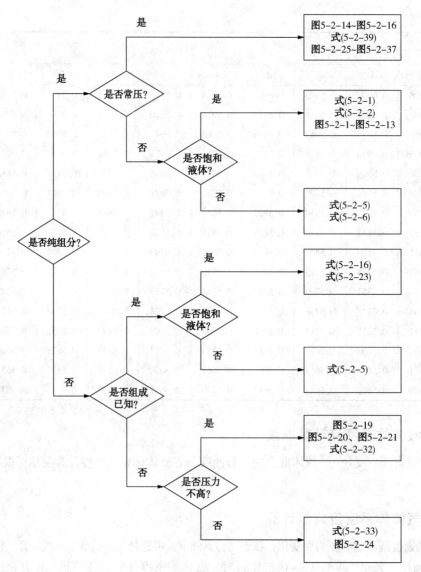

图 5-1-1　液体密度计算路线图

$$PV=\frac{W}{M}ZRT \tag{5-1-5}$$

$$\rho=\frac{PM}{ZRT} \tag{5-1-6}$$

式中　Z——气体压缩系数。

第二节　液体体系的密度

一、纯烃液体的密度

1. 查图法

常用烃类的饱和液体的相对密度可从图 5-2-1 至图 5-2-13 查得[1]。这些图由实验数据绘制(虚线部分是实验数据的延长值)。在实线部分,最大误差为1.0%,在比临界温度低37.8℃以下部分,估计最大误差为0.5%。

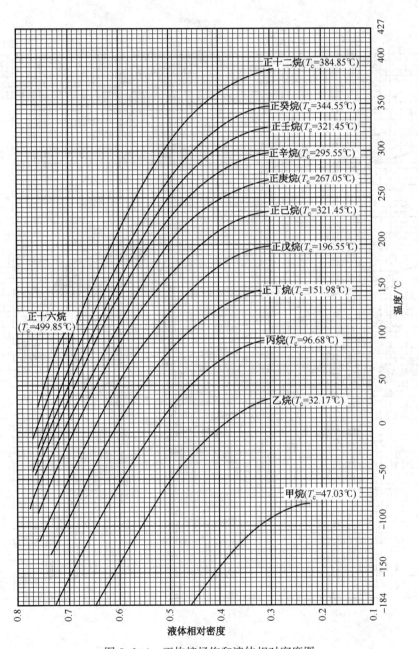

图 5-2-1 正构烷烃饱和液体相对密度图

常压下烃类液体的相对密度可从图 5-2-14 至图 5-2-16 查得[1,2]。这些图同样由实验数据绘制，在适用的温度范围内，最大误差为 1.0%。

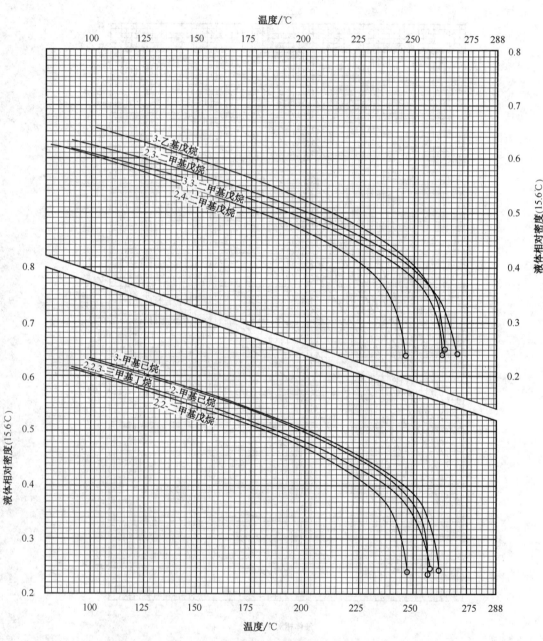

图 5-2-2　异构庚烷饱和液体相对密度图

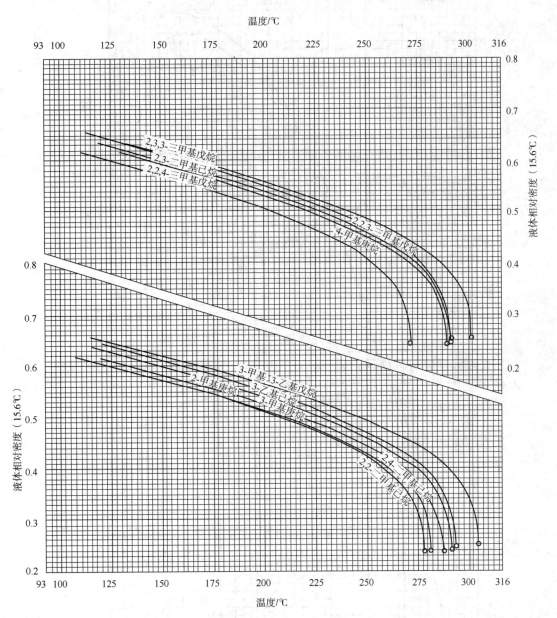

图 5-2-3　异构辛烷饱和液体相对密度图(一)

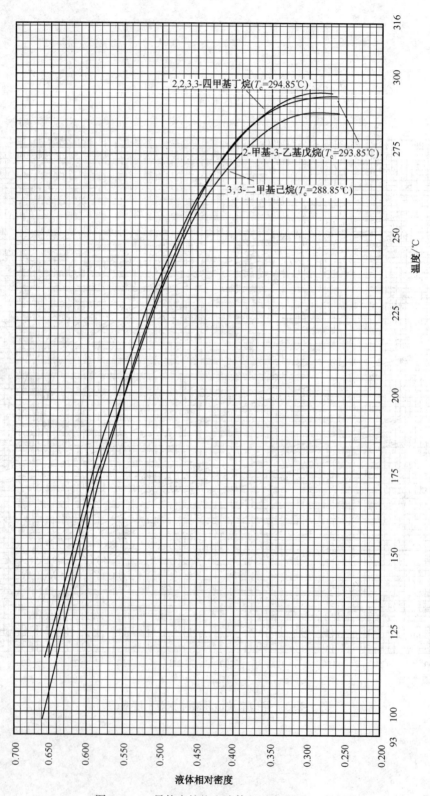

图 5-2-4 异构辛烷饱和液体相对密度图(二)

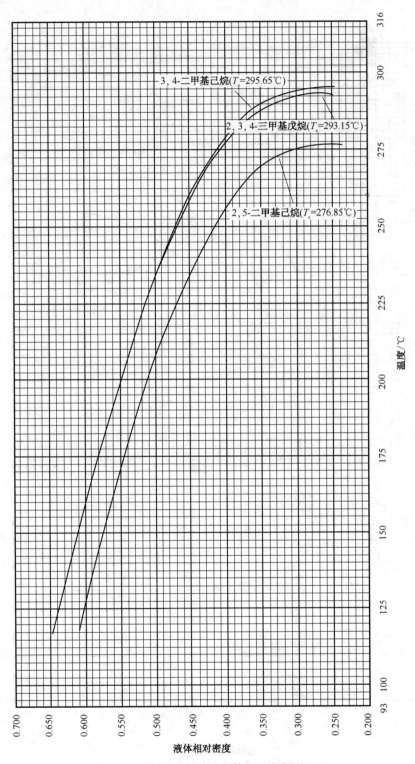

图 5-2-5　异构辛烷饱和液体相对密度图(三)

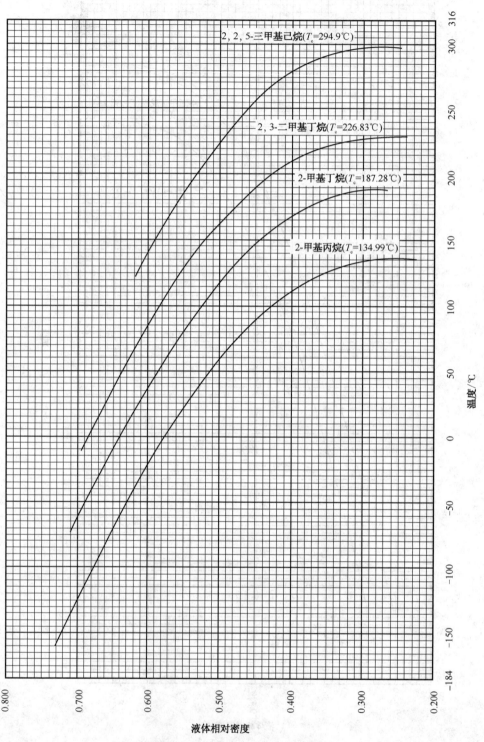

图 5-2-6　支链烷烃饱和液体相对密度图

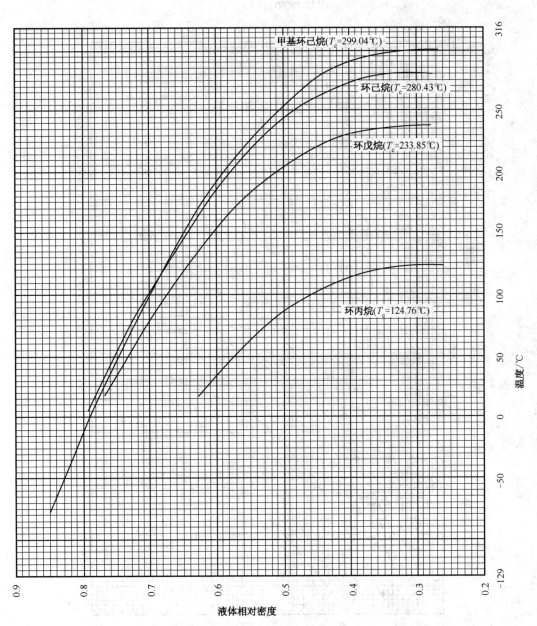

图 5-2-7 环烷烃饱和液体相对密度图

图 5-2-8　1，3-丁二烯饱和液体相对密度图

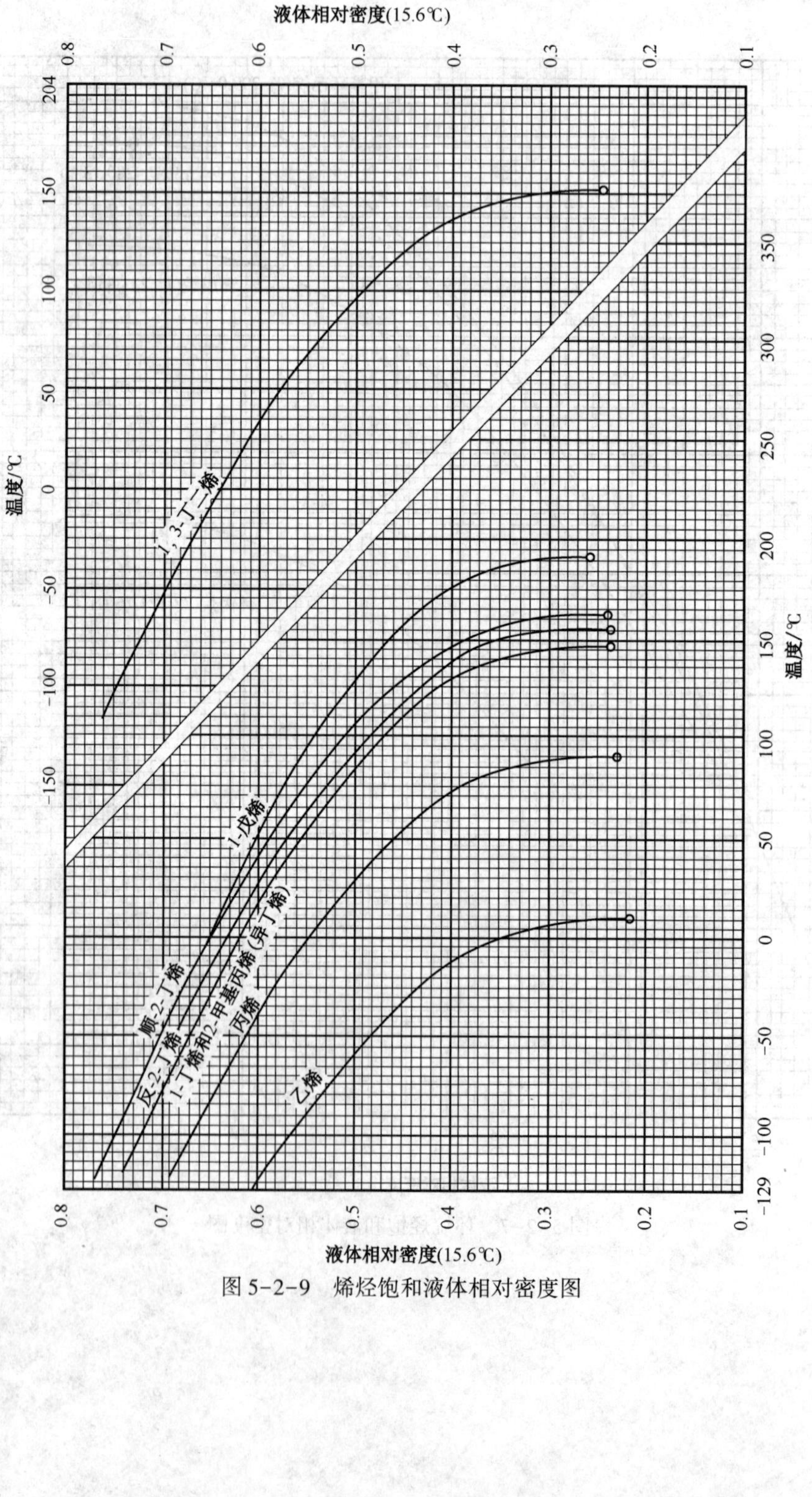

液体相对密度(15.6℃)

图 5-2-9　烯烃饱和液体相对密度图

图 5-2-10 二甲苯饱和液体相对密度图

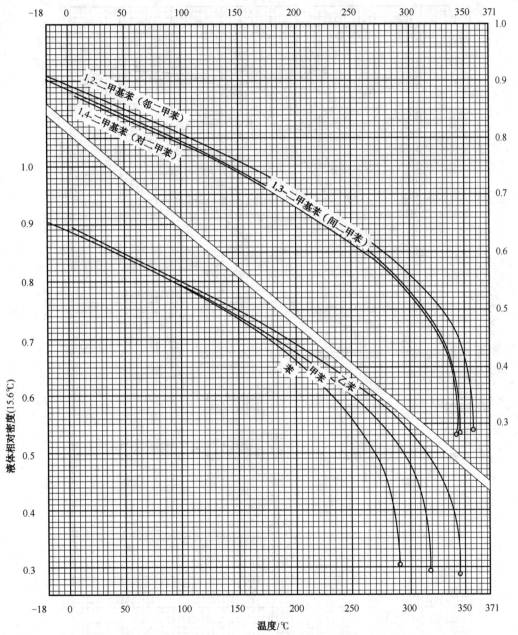

图 5-2-11 芳香烃饱和液体相对密度图(一)

图 5-2-12　芳香烃饱和液体相对密度图(二)

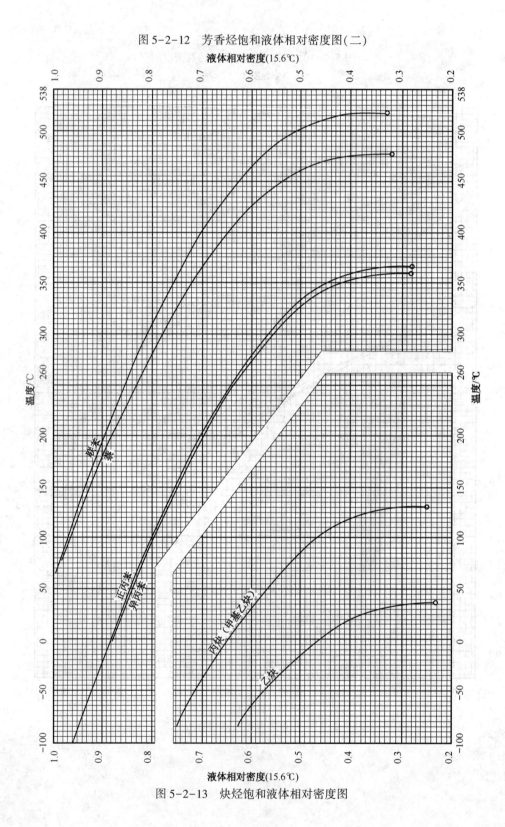

图 5-2-13　炔烃饱和液体相对密度图

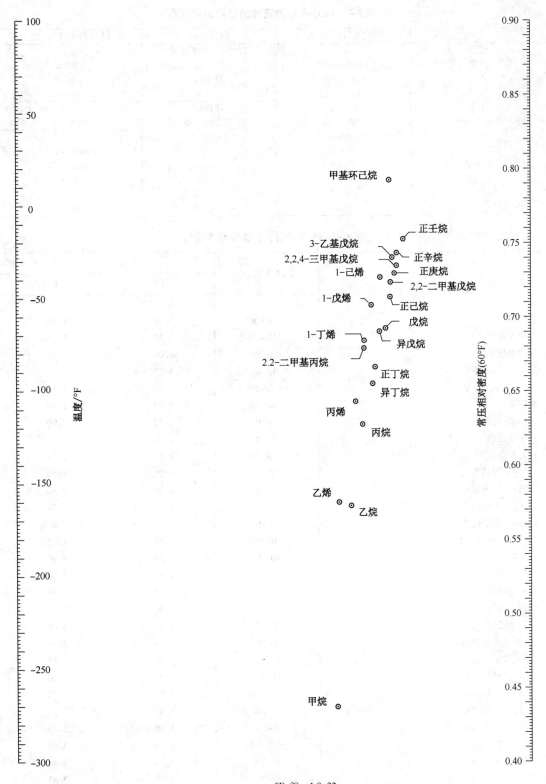

$°F = ℃ × 1.8 + 32$

图 5-2-14　烃类常压液体相对密度图

图 5-2-14 中各烃类液体的适用温度范围

物质名称	适用温度范围/℃	物质名称	适用温度范围/℃
烷烃		2，2-二甲基戊烷	−80~0
甲烷	−180~−170	正辛烷	−50~0
乙烷	−130~−90	异辛烷	−100~0
丙烷	−110~−50	正壬烷	−50~0
丁烷	−80~−20	**环烷烃**	
异丁烷	−90~−10	甲基环己烷	−120~0
戊烷	−90~0	**烯烃**	
异戊烷	−50~10	乙烯	−160~−110
新戊烷	0~10	丙烯	−180~−50
正己烷	−90~0	1-丁烯	−110~−10
正庚烷	−90~0	1-戊烯	−90~0
3-己基戊烷	−110~0	1-己烯	−60~0

图 5-2-15 中的 X、Y 值和温度范围

烃	温度范围/℃	座 标	
		X	Y
烷烃			
正己烷	−10~60	0.08	1.20
2-甲基戊烷	−10~60	1.10	0.85
3-甲基戊烷	−10~60	1.00	1.35
2，2-二甲基丁烷	0~30	1.25	0.73
2，3-二甲基丁烷	−10~50	1.00	1.18
正庚烷	−10~90	1.40	2.35
2-甲基己烷	0~60	1.22	2.00
3-甲基己烷	10~40	1.30	2.40
3-乙基戊烷	−10~90	1.13	2.88
2，2-二甲基戊烷	−10~70	1.25	1.80
2，3-二甲基戊烷	0~50	1.30	2.80
2，4-二甲基戊烷	0~50	1.15	1.75
3，3-二甲基戊烷	0~50	1.25	2.70
2，2，3-三甲基丁烷	−10~50	1.13	1.75
正辛烷	−10~120	1.25	3.20
2-甲基庚烷	0~60	1.51	3.00
3-甲基庚烷	0~60	1.35	3.30
4-甲基庚烷	−10~60	1.50	3.31
3-乙基己烷	0~60	1.40	3.68
2，2-二甲基己烷	0~50	1.43	2.84
2，3-二甲基己烷	0~50	1.35	3.58
2，4-二甲基己烷	0~50	1.20	3.00
2，5-二甲基己烷	−10~100	1.33	2.73
3，3-二甲基己烷	0~50	1.42	3.55
3，4-二甲基己烷	0~60	1.10	3.85
2-甲基-3-乙基戊烷	−10~50	1.10	3.85
3-甲基-3-乙基戊烷	0~50	1.31	4.40
2，2，3-三甲基戊烷	0~50	1.45	3.81
2，2，4-三甲基戊烷	−10~90	1.30	2.65
2，3，3-三甲基戊烷	0~50	1.51	4.33
2，3，4-三甲基戊烷	0~50	1.45	3.95

续表

烃	温度范围/℃	座 标	
		X	Y
正壬烷	−10~120	1.45	3.90
正癸烷	−10~120	1.63	4.45
4-正丙基庚烷	0~99	1.56	4.80
正十一烷	−10~130	1.68	5.08
2-甲基癸烷	0~99	1.72	4.95
正十二烷	0~120	1.78	5.54
正十三烷	0~120	1.80	5.92
5-正丁基壬烷	0~99	1.75	6.10
正十四烷	10~150	1.82	6.28
7-甲基十三烷	0~99	1.90	6.32
2,2,3,3,5,6,6-七甲基庚烷	0~99	2.01	8.28
正十五烷	10~150	1.80	6.58
正十六烷	0~150	1.88	6.87
2-甲基十五烷	0~99	1.95	6.75
正十七烷	30~180	1.90	7.10
正十八烷	30~120	1.95	7.35
正十九烷	40~100	2.05	7.55
正廿烷	40~170	2.35	7.85
正廿一烷	40~170	2.23	7.98
正廿三烷	0~99	2.15	8.18
正廿四烷	0~99	2.17	8.33
正廿六烷	0~99	2.20	8.63
正三十烷	100~300	2.30	8.98
正四十烷	150~300	2.40	9.70
烯烃			
1-戊烯	−10~10	0.71	0.31
1-己烯	−10~60	0.90	1.69
1-庚烯	0~90	1.13	2.83
1-辛烯	0~120	1.39	3.73
1-壬烯	0~120	1.58	4.50
1-癸烯	0~120	1.57	5.04
1-十一烯	0~120	1.60	5.51
1-十二烯	0~120	1.80	6.00
1-十三烯	0~120	1.80	6.37
1-十四烯	0~120	1.85	6.70
1-十五烯	0~40	1.88	6.98
1-十六烯	10~120	1.93	7.23
1-十七烯	20~120	1.90	7.42
1-十八烯	20~120	1.92	7.61
1-十九烯	30~120	1.97	7.80
1-廿烯	30~120	1.95	7.95

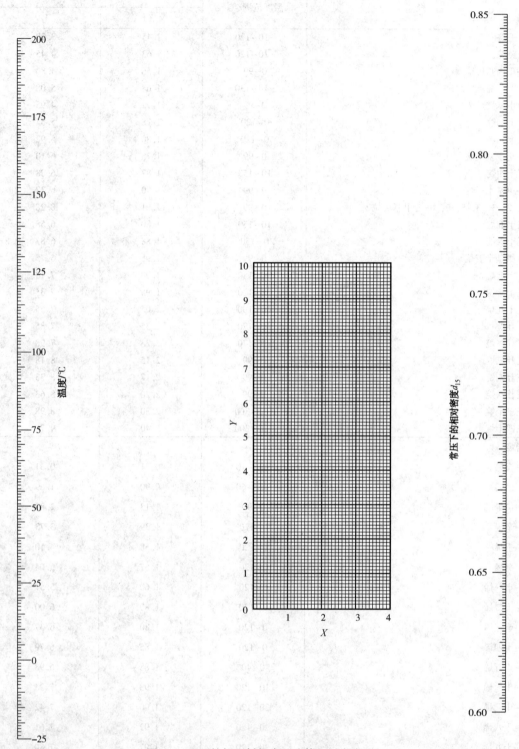

图 5-2-15　烷烃和烯烃常压液体相对密度图

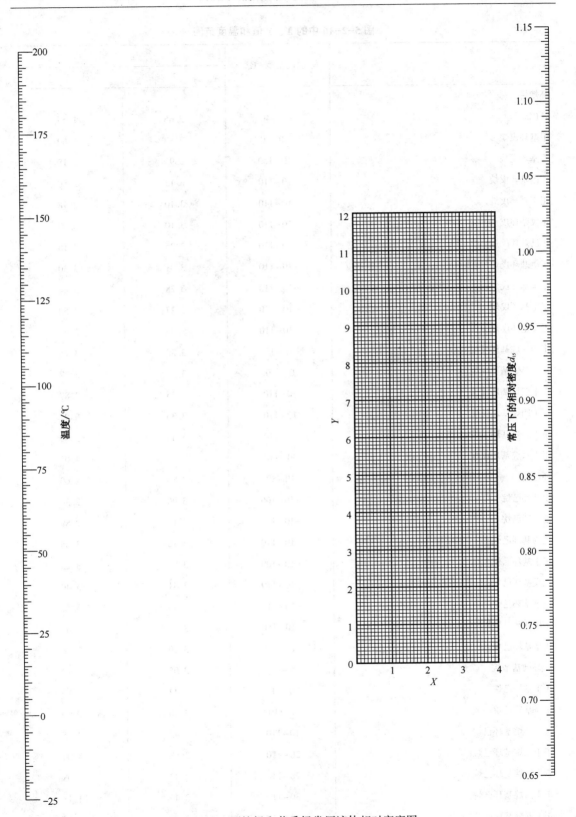

图 5-2-16　环烷烃和芳香烃常压液体相对密度图

图 5-2-16 中的 X、Y 值和温度范围

烃	温度范围/℃	座　标	
		X	Y
环烷烃			
环戊烷	−10~40	2.65	1.55
甲基环戊烷	−10~70	2.80	1.60
乙基环戊烷	−10~100	2.95	2.18
正丙基环戊烷	−10~110	3.13	2.50
正丁基环戊烷	−10~110	3.10	2.78
正戊基环戊烷	−10~110	3.10	3.00
正己基环戊烷	−10~110	3.25	3.15
正庚基环戊烷	−10~110	3.31	3.30
正辛基环戊烷	−10~110	3.28	3.44
正壬基环戊烷	−10~110	3.27	3.50
正癸基环戊烷	−10~110	3.35	3.63
正十一烷基环戊烷	−10~110	3.30	3.75
正十二烷基环戊烷	0~110	3.43	3.77
正十三烷基环戊烷	10~110	3.35	3.87
正十四烷基环戊烷	10~110	3.30	3.92
正十五烷基环戊烷	20~110	3.40	3.99
正十六烷基环戊烷	30~110	3.43	4.02
环己烷	10~80	2.86	2.60
甲基环己烷	−10~100	3.00	2.30
乙基环己烷	−10~110	3.12	2.89
正丙基环己烷	−10~110	3.18	3.05
正丁基环己烷	−10~100	3.23	3.23
正戊基环己烷	−10~110	3.41	3.40
正己基环己烷	−10~110	3.40	3.51
正庚基环己烷	−10~110	3.42	3.61
正辛基环己烷	−10~110	3.50	3.70
2-环己基辛烷	0~99	2.05	3.10
正壬基环己烷	20~110	3.42	3.80
正癸基环己烷	0~110	3.40	3.90
正十一烷基环己烷	10~110	3.45	3.95
正十二烷基环己烷	20~110	3.58	4.00
正十三烷基环己烷	20~110	3.43	4.08
正十四烷基环己烷	30~110	3.46	1.11
正十五烷基环己烷	30~110	3.44	4.17
正十六烷基环己烷	40~110	3.38	4.22

续表

烃	温度范围/℃	座标	
		X	Y
1-环己基甘烷	0~99	2.34	3.43
顺-0，3，3-二环辛烷	0~66	1.57	4.31
螺〔4，5〕癸烷	0~99	1.81	4.65
螺〔5，6〕十二烷	0~99	2.01	5.50
二环戊烷	0~99	1.85	4.25
螺〔5，5〕十一烷	0~99	2.06	5.09
二环己烷	20~99	2.12	5.00
顺-十氢萘	0~99	1.92	5.13
反-十氢萘	0~99	1.88	4.42
2-正丁基十氢萘	0~99	2.08	4.70
2-癸基十氢萘	0~99	2.26	4.53
1，2，3，4，5，6，7，8-八氢蒽	0~99	2.20	9.30
全氢化蒽	0~99	2.04	6.37
全氢化菲	0~99	2.20	6.80
9-正十二烷基全氢化蒽	0~99	2.28	5.74
2-正十二烷基全氢化菲	20~99	2.60	5.70
9-正十二烷基全氢化菲	0~99	2.31	5.57
芳香烃			
苯	10~80	0.82	4.29
甲苯	-10~110	1.37	4.11
乙基苯	-10~110	1.41	4.08
邻二甲苯	-10~257	1.50	4.60
间二甲苯	-10~70	1.50	4.11
对二甲苯	20~70	1.54	4.04
正丙基苯	-10~120	1.52	4.09
异丙基苯	-10~90	1.54	4.09
1-甲基-2-乙基苯	10~40	1.71	4.70
1-甲基-3-乙基苯	10~40	1.60	4.20
1-甲基-4-乙基苯	0~80	1.64	4.09
1，2，3-三甲基苯	0~40	1.70	5.10
1，2，4-三甲基苯	0~70	1.61	4.52
1，2，5-三甲基苯	0~100	1.60	4.10
正丁基苯	-10~99	1.68	4.08
正戊基苯	-10~180	2.80	4.05
正己基苯	-10~180	1.84	4.06
正庚基苯	-10~180	1.89	4.05

续表

烃	温度范围/℃	座　标	
		X	Y
正辛基苯	−10~180	1.93	4.05
正壬基苯	−10~180	2.01	4.05
正癸基苯	−10~180	2.03	4.05
正十一烷基苯	−10~180	2.07	4.05
正十二烷基苯	10~110	2.07	4.06
正十三烷基苯	4~180	2.10	4.07
正十四烷基苯	20~180	2.10	4.07
正十五烷基苯	30~180	2.10	4.07
正十六烷基苯	30~180	2.11	4.08
1，3-二正癸基苯	0~99	2.30	4.02
1，4-二正癸基苯	0~99	2.31	4.02
二苯基甲烷	38~99	1.77	8.45
1，2-二苯基乙烷	0~99	1.82	7.98
1，1-二苯基乙烷	0~99	1.81	8.27
1，1-二苯基庚烷	0~99	2.01	6.91
1，1-二苯基十四烷	20~99	2.24	6.08
1，1-二苯基-1-庚烯	0~99	1.95	7.27
1，2-二苯基苯	0~99	1.73	10.60
1，3-二苯基苯	0~99	1.69	11.10
萘	60~200	1.69	9.00
1-甲基萘	0~150	2.30	8.99
2-甲基萘	0~99	1.79	8.49
1-乙基萘	0~140	2.08	8.72
2-乙基萘	0~140	2.31	8.28
1，2-二甲基萘	0~140	2.11	9.07
1，6-二甲基萘	0~140	2.10	8.59
1-正丙基萘	0~140	2.18	8.25
1-正丁基萘	0~140	2.01	7.74
2-正丁基萘	0~99	1.96	7.37
1-叔丁基萘	0~99	1.99	8.20
2-叔丁基萘	0~99	1.92	7.43
1-正戊基萘	0~140	2.13	7.51
1-正己基萘	0~140	2.10	7.20
1-正辛基萘	0~140	2.00	6.71
1-正壬基萘	0~80	2.13	6.59
1-正癸基萘	0~80	2.19	6.46

续表

烃	温度范围/℃	座　标	
		X	Y
2-正丁基-2-正己基萘	0~99	2.05	6.41
9-正丁基-1-正己基萘	0~99	2.20	6.38
1-正十一烷基萘	20~80	2.09	6.29
1-正十二烷基萘	20~80	2.10	6.12
1-α-萘基十五烷	0~99	2.27	5.98
9-正丁基蒽	0~99	2.18	10.20
9-正十二烷基蒽	0~99	2.29	7.91
菲	101~170	2.25	12.22
4.5-二甲基菲	0~99	2.03	11.59

2. 公式计算法

(1) 修正 Rackett 方程[1]

$$\frac{1}{\rho_s} = \left(\frac{R T_c}{P_c}\right) Z_{RA}^{[1.0+(1.0-T_r)^{2/7}]} \tag{5-2-1}$$

式中　ρ_s——温度 T 时饱和液体密度，$kmol/m^3$；

　　　　R——气体常数，8.314×10^{-3} MPa·m^3/(kmol·K)；

　　　　T_r——对比温度，T/T_c；

　　　　T——温度，K；

　　　　T_c——临界温度，K；

　　　　P_c——临界压力，MPa；

　　　　Z_{RA}——经验常数(可从表 5-2-1 中查得)[1]。

注：$1kmol/m^3 = 1 \times 10^{-3} \times M$　g/mL，M 为相对分子质量。

计算步骤如下：

步骤一：从纯物质性质得到临界温度和临界压力。

步骤二：从表 5-2-1 中查得 Z_{RA}。如果物质未在表 5-2-1 中列出，但知道其一个或多个实验值的饱和液体密度，可利用式(5-2-1)反算出 Z_{RA}；如果物质未在表 5-2-1 中列出且没有饱和液体密度的实验值，则其临界压缩因数可做为 Z_{RA} 的估算值。

步骤三：计算对比温度，利用式(5-2-1)计算密度。

【例5-2-1】　计算丙烷在-1.11℃时的饱和液体密度。

解：从第一章纯物质性质可知丙烷的临界温度和临界压力分别为：

$T_c = 96.68℃ = 369.83K$

$P_c = 4.24809MPa$

丙烷的相对分子质量为：$M = 44.10$

表 5-2-1 中查得：$Z_{RA} = 0.2763$

$$T_r = \frac{-1.11+273.15}{369.83} = 0.736$$

代入式(5-2-1)：

$$\frac{1}{\rho_s} = \left[\frac{(8.314 \times 10^{-3})(369.83)}{4.24809} \right] 0.2763^{[1.0+(1.0-0.736)^{2/7}]}$$

$$\frac{1}{\rho_s} = 0.08302 \, m^3/kmol$$

$$\rho_s = 12.045 \, kmol/m^3$$

$$= 12.045 \times 44.10 = 531.2 \, kg/m^3 = 0.5312 \, g/mL$$

实验数据为 0.5315g/mL。

表 5-2-1　式(5-2-1)和式(5-2-2)参数表

液 体 名 称	Z_{RA}	ω_{SRK}	$V^*/(m^3/kmol)$
烃类化合物			
烷烃			
甲烷	0.2880	0.0108	0.09939
乙烷	0.2819	0.0990	0.1458
丙烷	0.2763	0.1517	0.2001
正丁烷	0.2730	0.1931	0.2544
异丁烷	0.2760	0.1770	0.2568
正戊烷	0.2685	0.2486	0.3113
异戊烷	0.2718	0.2275	0.3096
新戊烷	0.2763	0.1964	0.3126
正己烷	0.2637	0.3047	0.3682
异己烷	0.2673	0.2781	0.3677
3-甲基戊烷	0.2690	0.2773	0.3633
2，2-二甲基丁烷	0.2733	0.2339	0.3634
2，3-二甲基丁烷	0.2704	0.2476	0.3610
正庚烷	0.2610	0.3494	0.4304
异庚烷	0.2637	0.3282	0.4274
3-甲基己烷	0.2632	0.3216	0.4231
3-乙基戊烷	0.2664	0.3094	0.4163
2，2-二甲基戊烷	0.2673	0.2879	0.4225
2，3-二甲基戊烷	0.2636	0.2923	0.4127
2，4-二甲基戊烷	0.2661	0.3018	0.4251
3，3-二甲基戊烷	0.2735	0.2672	0.4137
2，2，3-三甲基丁烷	0.2728	0.2503	0.4125
正辛烷	0.2569	0.3962	0.4904
2-甲基庚烷	0.2581	0.3769	0.4889
3-甲基庚烷	0.2576	0.3716	0.4837
4-甲基庚烷	0.2588	0.3711	0.4841
3-乙基己烷	0.2585	0.3678	0.4550
2，2-二甲基己烷	0.2639	0.3378	0.4829

续表

液 体 名 称	Z_{RA}	ω_{SRK}	$V^*/(m^3/kmol)$
2，3-二甲基己烷	0.2622	0.3472	0.4765
2，4-二甲基己烷	0.2658	0.3436	0.4811
2，5-二甲基己烷	0.2614	0.3576	0.4858
3，3-二甲基己烷	0.2601	0.3196	0.4429
3，4-二甲基己烷	0.2632	0.3381	0.4722
2-甲基-3-乙基戊烷	0.2612	0.3308	0.4429
3-甲基-3-乙基戊烷	0.2666	0.3047	0.4550
2，2，3-三甲基戊烷	0.2673	0.2970	0.4679
2，2，4-三甲基戊烷	0.2682	0.3031	0.4789
2，3，3-三甲基戊烷	0.2686	0.2903	0.4632
2，3，4-三甲基戊烷	0.2656	0.3161	0.4689
2，2，3，3-四甲基丁烷	0.2745	0.2171	0.4569
正壬烷	0.2555	0.4368	0.5529
2，2，5-三甲基己烷	0.2637	0.3567	0.5408
正癸烷	0.2527	0.4842	0.6192
正十一烷	0.2500	0.5362	0.68652
正十二烷	0.2471	0.5452	0.75582
正十三烷	0.2468	0.6186	0.83173
正十四烷	0.2270	0.5701	0.90221
正十五烷	0.2420	0.7083	0.97725
正十六烷	0.2386	0.7471	1.0539
正十七烷	0.2343	0.7645	1.1208
正十八烷	0.2292	0.7946	1.1989
正十九烷		0.8196	1.2715
正二十烷	0.2281	0.9119	1.3754
环烷烃			
环丙烷	0.2743	0.1348	0.1610
环丁烷	0.2761	0.1866	
环戊烷	0.2709	0.1943	0.2600
甲基环戊烷	0.2712	0.2302	0.3181
1，1-二甲基环戊烷		0.2721	0.3754
顺-1，2-二甲基环戊烷		0.2662	0.3706
反-1，2-二甲基环戊烷		0.2698	0.3784
顺-1，3-二甲基环戊烷		0.2737	0.3825
反-1，3-二甲基环戊烷		0.2678	0.3796
环己烷	0.2729	0.2149	0.3090
甲基环己烷	0.2702	0.2350	0.3709

液 体 名 称	Z_{RA}	ω_{SRK}	$V^*/(m^3/kmol)$
环庚烷	0.2696	0.2430	
环辛烷	0.2667	0.2537	
烯烃			
乙烯	0.2813	0.0852	0.1310
丙烯	0.2783	0.1424	0.1829
正丁烯	0.2735	0.1867	0.2377
顺-2-丁烯	0.2705	0.2030	0.2311
反-2-丁烯	0.2722	0.2182	0.2367
异丁烯	0.2727	0.1893	0.2369
1-戊烯	0.2692	0.2330	0.2951
顺-2-戊烯	0.2687	0.2406	0.2875
反-2-戊烯	0.2705	0.2373	0.2929
2-甲基-1-丁烯	0.2607	0.2287	0.2887
3-甲基-1-丁烯	0.2739	0.2286	0.2940
2-甲基-2-丁烯	0.2571	0.2767	0.2883
1-己烯	0.2654	0.2800	0.3509
1-庚烯	0.2614	0.3310	0.4113
1-辛烯	0.2565	0.3747	0.4710
1-壬烯	0.2533	0.4171	0.5333
1-癸烯	0.2519	0.4645	0.6013
二烯烃和炔烃			
丙二烯	0.2707	0.1594	0.1470
1，2-丁二烯	0.2686	0.2509	0.2183
1，3-丁二烯	0.2713	0.1932	0.2202
1，2-戊二烯	0.2677	0.2235	0.2692
顺-1，3-戊二烯		0.1470	0.2691
反-1，3-戊二烯		0.1162	0.2742
2-甲基-1，3-丁二烯	0.2680	0.1583	0.2691
乙炔	0.2707	0.1873	0.1128
丙炔	0.2703	0.2161	0.1609
丁炔	0.2709	0.2469	0.2154
2-丁炔	0.2691	0.1305	0.2106
芳烃			
苯	0.2696	0.2108	0.2564
甲苯	0.2645	0.2641	0.3137
乙苯	0.2619	0.3036	0.3702
邻二甲苯	0.2626	0.3127	0.3673

续表

液 体 名 称	Z_{RA}	ω_{SRK}	$V^* /(\mathrm{m^3/kmol})$
间二甲苯	0.2594	0.3260	0.3731
对二甲苯	0.2590	0.3259	0.3740
正丙基苯	0.2599	0.3462	0.4298
异丙基苯	0.2616	0.3377	0.4271
正丁基苯	0.2578	0.3917	0.4921
联苯	0.2746	0.3659	0.4921
萘	0.2611	0.3019	0.3834
有机物			
羧酸			
甲酸	0.2049	0.4730	0.1170
乙酸	0.2242	0.4624	0.1741
丙酸	0.2486	0.5131	
丁酸	0.2482	0.6041	
异丁酸	0.2403	0.6181	
戊酸	0.2475	0.6269	
己二酸	0.2295	0.6701	0.4844
硬酯酸	0.2352	1.2312	1.3430
醇类和二醇类			
甲醇	0.2340	0.5656	0.1198
乙醇	0.2523	0.6371	0.1752
1-丙醇	0.2537	0.6279	0.2305
2-丙醇	0.2508	0.6689	0.2313
1-丁醇	0.2570	0.5945	0.2841
2-丁醇	0.2568	0.5885	0.2730
1-戊醇	0.2588	0.5938	0.3437
3-戊醇	0.2666	0.7094	0.3434
正己醇	0.2612		
1-癸醇	0.2627		
十二烷醇		1.1256	0.8283
乙二醇	0.2477	1.2280	0.2120
二甘醇	0.2494	1.2006	0.3522
甘油	0.1918	1.9845	0.4119
苯酚	0.2767	0.4259	0.2809
醛类和酮类			
甲醛	0.2231	0.2816	0.1001
乙醛	0.2387	0.3167	0.1519
糠醛	0.2448	0.4442	0.2622

液 体 名 称	Z_{RA}	ω_{SRK}	$V^*/(m^3/kmol)$
乙烯酮		0.0967	0.1450
丙酮	0.2448	0.3064	0.2080
甲乙酮	0.2524	0.3241	0.2523
二乙基酮	0.2557	0.3502	0.3034
甲基异丙基酮		0.3456	0.3156
甲基异丁基酮	0.2589	0.3967	0.3758
酰胺类			
甲酰胺	0.1983	0.4730	0.1305
N-甲基甲酰胺	0.2110	0.3965	0.1893
N, N-二甲基甲酰胺	0.2242	0.3672	0.2399
乙酰胺	0.2243	0.4624	0.1830
丙酰胺		0.5131	0.2406
胺和苯胺类			
甲胺	0.2597	0.2813	0.1223
乙胺	0.2640	0.2851	0.1772
丙胺	0.2644	0.2957	
异丙胺	0.2685	0.2785	
丁胺	0.2666	0.3295	
异丁胺	0.2735	0.3627	
二甲胺	0.2642	0.3044	0.1812
二乙胺	0.2568	0.3045	0.2906
二丙胺	0.2691		
三甲胺	0.2788		
三乙胺	0.2693	0.3196	0.4026
苯胺	0.2607	0.4041	0.2901
N-甲基苯胺	0.2849		
N, N-二甲基苯胺	0.2558		
酯类			
甲酸甲酯	0.2581	0.2537	
甲酸乙酯	0.2587	0.2849	
甲酸正丙酯	0.2593	0.3180	
乙酸甲酯	0.2553	0.3254	0.2262
乙酸乙酯	0.2538	0.3611	0.2853
乙酸乙烯酯	0.2608	0.3384	0.2669
乙酸正丙酯	0.2544	0.3941	
丙酸甲酯	0.2568		
丙酸乙酯	0.2546		

液 体 名 称	Z_{RA}	ω_{SRK}	$V^*/(\text{m}^3/\text{kmol})$
丁酸甲酯	0.2564	0.3807	
异丁酸甲酯	0.2585		
丙烯酸甲酯	0.2560	0.3373	0.2640
丙烯酸乙酯	0.2583	0.3908	0.3245
醚类			
二甲醚	0.2738	0.2036	0.1692
甲乙醚	0.2683	0.2189	0.2216
甲基正丁基醚	0.2655	0.3137	0.3372
甲基异丁基醚		0.3049	0.3379
甲基乙烯基醚		0.2489	0.2011
二乙醚	0.2643	0.2846	0.2812
乙基乙烯基醚		0.2673	0.2477
二异丙醚	0.2699	0.3300	0.3957
卤化物			
氟代甲烷	0.2491	0.2125	0.1054
二氟甲烷	0.2465		
三氟甲烷	0.2587	0.2672	
四氟化碳	0.2801	0.1855	
1,1-二氟乙烷	0.2534		
1,1,1-三氟乙烷	0.2518	0.2529	
八氟环丁烷	0.2705		
全氟正丁烷	0.2699		
氟苯	0.2662	0.2434	0.2702
六氟苯	0.2567		
六氟丙酮	0.2664		
三氟乙腈	0.2664		
氯代甲烷	0.2679	0.1529	0.1363
二氯甲烷	0.2619	0.1916	0.1767
三氯甲烷	0.2751	0.2129	0.2245
四氯化碳	0.2721	0.1926	0.2754
氯乙烷	0.2640	0.2876	0.1858
氯苯	0.2650	0.2461	0.3056
氯二氟甲烷	0.2680	0.2192	0.1637
氯三氟甲烷	0.2797	0.1800	0.1807
三氯氟甲烷	0.2757	0.1837	0.2460
二氯二氟甲烷	0.2779	0.1796	0.2147
溴乙烷	0.2896	0.2266	0.2064

续表

液 体 名 称	Z_{RA}	ω_{SRK}	$V^*/(m^3/kmol)$
溴苯	0.2637	0.2481	0.3204
碘苯	0.2646		
含氮化合物			
乙腈	0.2010	0.3382	0.1606
丙腈	0.2156		
丁腈	0.2286		
苄腈	0.2466	0.3566	0.3257
硝基甲烷	0.2313	0.3295	0.1626
硝基苯	0.2473	0.4348	0.3339
含氧化合物			
环氧乙烷	0.2593	0.2114	0.1345
环氧丙烷	0.2622		
含硫化合物			
二甲基硫醚	0.2713	0.1893	0.2010
甲基乙基硫醚	0.2689	0.2435	0.2569
甲基正丙基硫醚	0.2653	0.2770	0.3129
二乙基硫醚	0.2671	0.2938	0.3137
甲基异丙基硫醚	0.2728	0.2494	0.3133
甲基正丁基硫醚	0.2620	0.3220	0.3716
乙基正丙基硫醚	0.2643	0.3250	0.3728
甲基仲丁基硫醚	0.2688	0.2946	0.3715
甲基异丁基硫醚	0.2683	0.2933	0.3705
乙基异丙基硫醚	0.2713	0.2940	0.3730
甲基叔丁基硫醚	0.2720	0.2387	0.3666
乙基正丁基硫醚	0.2611	0.3730	0.4335
二正丙基硫醚	0.2615	0.3741	0.4332
正丙基异丙基硫醚	0.2677	0.3428	0.4328
乙基仲丁基硫醚	0.2658	0.3398	0.4288
乙基异丁基硫醚	0.2665	0.3421	0.4316
乙基叔丁基硫醚	0.2704	0.2848	0.4276
二异丙基硫醚	0.2747	0.3098	0.4327
二正丁基硫醚	0.2561	0.4824	0.5616
二异戊基硫醚	0.2589	0.6181	0.70132
二烯丙基硫醚	0.2525	0.1031	0.3732
无机物			
氨	0.2466	0.2520	0.07011
氩	0.2933		0.07541

液 体 名 称	Z_{RA}	ω_{SRK}	$V^* /(m^3/kmol)$
二氧化碳	0.2729	0.2276	0.09383
二硫化碳	0.2850	0.1921	0.1690
一氧化碳	0.2898	0.0663	0.09214
氯	0.2781	0.0690	0.1223
氟	0.2886	0.0558	0.06692
氢	0.3218		0.06424
溴化氢	0.2855	0.0693	0.09920
氯化氢	0.2673	0.1322	0.08384
氟化氢	0.1473	0.3826	0.05862
硫化氢	0.2818	0.0827	0.09939
氪	0.2901	0.0013	0.09171
氖	0.3005		0.04251
一氧化氮	0.2652	0.5846	0.06649
氮	0.2893	0.0403	0.09015
二氧化氮	0.2419	0.8486	0.09114
一氧化二氮	0.2748	0.1418	0.09801
氧	0.2890	0.0218	0.07379
光气	0.2792		
二氧化硫	0.2667	0.2451	0.1204
三氧化硫	0.2513	0.4215	0.1222
氙	0.2829	0.0115	0.1135

（2）COSTALD 方程[3]

$$\frac{1}{\rho_s} = V^* V_R^{(0)} (1-\omega_{SRK} V_R^{(1)}) \qquad (5-2-2)$$

$$V_R^{(0)} = 1+a (1-T_r)^{1/3}+b (1-T_r)^{2/3}+c (1-T_r)+d (1-T_r)^{4/3} \qquad (5-2-3)$$

$$V_R^{(1)} = \frac{(e+f T_r+g T_r^2+h T_r^3)}{(T_r-1.00001)} \qquad (5-2-4)$$

式中　ρ_s——温度 T 时饱和液体密度，kmol/m³；

　　　V^*——特性体积，m³/kmol（可从表 5-2-1 查得）；

　　ω_{SRK}——S-R-K 方程中用的根据气体压力数据优化后的偏心因数（可从表 5-2-1 查得）；

　　　T_r——对比温度，T/T_c；

　　　T——温度，K；

　　　T_c——临界温度，K；

　　　$a=-1.52816$　　　$c=-0.81446$　　　$e=-0.296123$　　　$g=-0.0427258$

　　　$b=1.43907$　　　$d=0.190454$　　　$f=0.386914$　　　$h=-0.0480645$

注：1kmol/m³ = 10⁻³×Mg/mL，M 为相对分子质量。

计算步骤如下：

步骤一：从纯物质性质得到临界温度。

步骤二：从表5-2-1中查得 V^* 和 ω_{SRK}。如果物质未在表5-2-1中列出，则可用其偏心因数代替 ω_{SRK}，用临界体积值代替 V^*。

步骤三：计算对比温度，利用式(5-2-2)~式(5-2-4)计算密度。

【例5-2-2】 计算丙烷在-1.11℃时的饱和液体密度。

解：从第一章纯物质性质可知丙烷的临界温度和临界压力分别为：

$T_c = 96.68℃ = 369.83K$

丙烷的相对分子质量为：$M = 44.10$

从表5-2-1中查得：$\omega_{SRK} = 0.1517$，$V^* = 0.2001kmol/m^3$

$$T_r = \frac{-1.11+273.15}{369.83} = 0.736$$

用式(5-2-3)和式(5-2-4)计算 $V_R^{(0)}$ 和 $V_R^{(1)}$：

$$V_R^{(0)} = 1+(-1.52816)(1-0.736)^{1/3}+(1.43907)(1-0.736)^{2/3}+$$
$$(-0.81446)(1-0.736)+(0.190454)(1-0.736)^{4/3}$$
$$= 0.4291$$

$$V_R^{(1)} = \frac{(-0.296123+(0.386914)(0.736)+(-0.0427258)(0.736)^2+(-0.0480645)(0.736)^3)}{(0.736-1.00001)}$$

$$= 0.2033$$

利用式(5-2-2)计算：

$$\frac{1}{\rho_s} = (0.2001)(0.4291)(1-(0.1517)(0.2033))$$

$$= 0.08321m^3/kmol$$

$$\rho_s = 12.0171kmol/m^3$$

$$= 12.017×10^{-3}×44.10 = 0.5300g/mL$$

实验数据为 0.5315g/mL。

二、受压纯烃液体的密度

在不是很高的压力下，压力对液体相对密度的影响很小，一般可以忽略不计。但压力很高时，其对液体密度的影响则必须考虑。计算受压纯烃液体的密度方法可采用查图法或公式法。

1. 查图法[2]

在高温和高压条件下，已知一个任意条件(一般可用20℃，1绝对大气压)的相对密度 d_1 时，可用图5-2-17[2]和图5-2-18[2]查得已知条件及所求条件下的校正因数或膨胀系数，再按下式计算所求相对密度 d_2。

$$\frac{d_2}{d_1} = \frac{K_2}{K_1} \tag{5-2-5}$$

$$\frac{d_2}{d_1} = \frac{\phi_2}{\phi_1} \tag{5-2-6}$$

式中　d_1，d_2——已知条件和所求条件下液体相对密度；

　　　K_1，K_2——从图5-2-17查得已知条件和所求条件下的校正系数；

　　　ϕ_1，ϕ_2——从图5-2-18查得已知条件和所求条件下的膨胀系数。

图 5-2-17 和图 5-2-18 的准确度相近。求纯烃相对密度时，平均误差为 1%，但 $T_r >$ 0.95 时，误差可达 10%。图 5-2-17 中的饱和线在内插时可视为 $P_r = 0$。

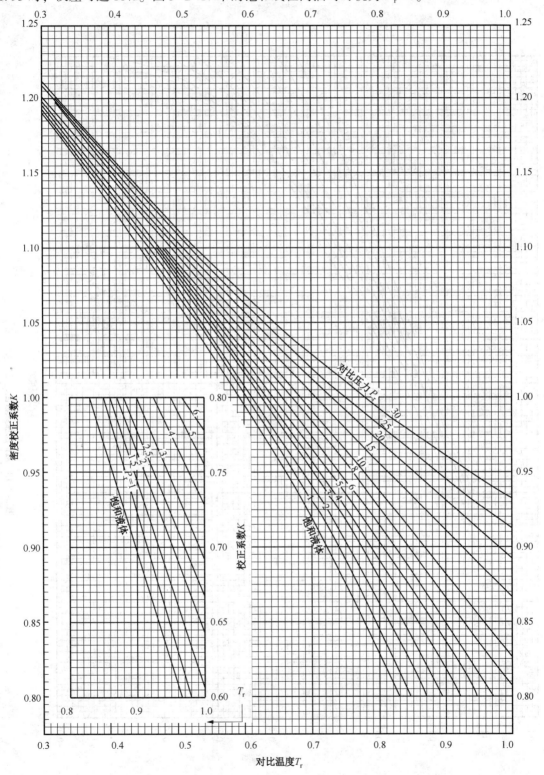

图 5-2-17 液体相对密度通用列线图

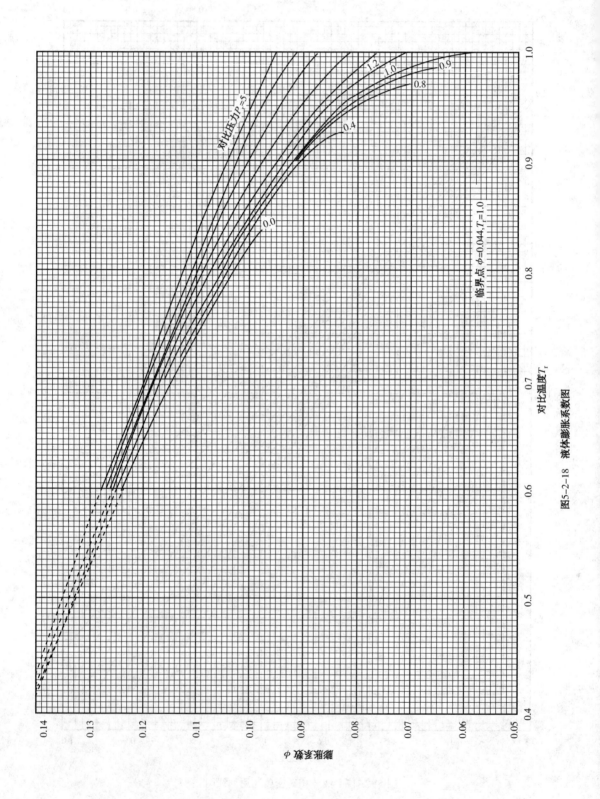

图5-2-18　液体膨胀系数图

【例5-2-3】　估算壬烷在104.44℃和6.89MPa下的液体密度。

解：从第一章纯物质性质知壬烷相关性质如下：

$T_c = 321.5℃$

$P_c = 2.29MPa$

$\rho_{15.6} = 0.7199g/mL$

因此，参考点（下标为1的点）的条件为：15.6℃和常压。

$$T_{r1} = \frac{15.6+273.15}{321.5+273.15} = 0.486 \quad T_{r2} = \frac{104.44+273.15}{321.5+273.15} = 0.635$$

$$P_{r1} = \frac{1.0133}{2.29} = 0.443 \quad P_{r2} = \frac{6.89}{2.29} = 3.01$$

查图5-2-17得：$K=1.077$，$K_2=0.998$

利用式（5-2-5）计算：

$$\rho_2 = \frac{0.998}{1.077} \times 0.7199 = 0.6671g/mL$$

实验值为0.6585g/mL。

2. 公式计算法[4]

下列公式可用来计算压力下纯液体的密度，其适宜范围为从饱和压力至680atm。

$$\frac{1}{\rho} = \frac{1}{\rho_s}\left(1 - C\ln\frac{B+P}{B+P_s}\right) \tag{5-2-7}$$

$$\frac{B}{P_c} = -1 + a\,(1-T_r)^{1/3} + b\,(1-T_r)^{2/3} + d(1-T_r) + e\,(1-T_r)^{4/3} \tag{5-2-8}$$

$$e = \exp(f + g\,\omega_{SRK} + h\,\omega_{SRK}^2) \tag{5-2-9}$$

$$C = j + k\,\omega_{SRK} \tag{5-2-10}$$

式中　ρ——温度T和压力P时的液体密度，$kmol/m^3$；

　　　ρ_s——温度T时饱和液体密度，$kmol/m^3$；

　　　P——压力，MPa；

　　　P_s——温度T时的饱和蒸气压，MPa；

　　　P_c——临界压力，MPa；

　　　T_r——对比温度，T/T_c；

　　　T——温度，K；

　　　T_c——临界温度，K；

　　ω_{SRK}——S-R-K方程中用的根据气体压力数据优化后的偏心因数（可从表5-2-1查得）；

$a = -9.070217 \quad\quad d = -135.1102 \quad\quad g = 0.250047 \quad\quad j = 0.0861488$

$b = 62.45326 \quad\quad f = 4.79594 \quad\quad h = 1.14188 \quad\quad k = 0.0344483$

注：$1kmol/m^3 = 10^{-3} \times M$ g/mL，M为相对分子质量。

计算步骤如下：

步骤一：从纯物质性质得到临界压力和临界温度。

步骤二：从表5-2-1中查得ω_{SRK}。如果物质未在表5-2-1中列出，则可用其偏心因数代替ω_{SRK}。

步骤三：计算对比温度。

步骤四：得到饱和液体密度。

步骤五：得到液体的饱和蒸气压。

步骤六：将饱和液体密度、对比温度、液体的饱和蒸气压、临界压力、ω_{SRK}代入式(5-2-7)~(5-2-10)计算所求条件下的液体密度。

上述公式在T_r<0.95时结果良好，用几个非烃物质验证计算结果也比较满意。对纯烃液体，平均偏差1.2%，对13种非烃液体平均偏差为2.1%。

【例5-2-4】 估算辛烷在100℃和30.41MPa下的液体密度。

解：从第一章纯物质性质知辛烷相关性质如下：

$T_c = 295.55℃$

$P_c = 2.49MPa$

相对分子质量为：$M = 114.232$

从表5-2-1中查得：$\omega_{SRK} = 0.3962$，$Z_{RA} = 0.2569$

$$T_r = \frac{100+273.15}{295.55+273.15} = 0.656$$

利用式(5-2-1)求得：$\dfrac{1}{\rho_s} = 0.17914 m^3/kmol$

利用第四章的方法求得：$P_s = 0.04647MPa$

利用式(5-2-7)~式(5-2-10)计算液体密度：

$C = 0.0861488+(0.0344483)(0.3962) = 0.099797$

$e = \exp[4.79594+0.250047(0.3962)+1.14188(0.3962)^2] = 159.85$

$B = 2.49[-1-9.070217(0.344)^{1/3}+62.45326(0.344)^{2/3}-135.1102(0.344)+159.85(0.344)^{4/3}]$

$\qquad = 38.22$

$$\frac{1}{\rho} = 0.17914\left(1-0.099797\ln\frac{38.22+30.41}{38.22+0.04746}\right) = 0.16869 m^3/kmol$$

$\rho = 5.92791 kmol/m^3$

$\quad = 5.92791\times10^{-3}\times114.232 = 0.6772 g/mL$

实验值为0.6769g/mL。

三、液体混合物的密度

属性相近的液体和油品，其混合物的相对密度可按加和法则计算，见下式：

$$d_m = \sum_{i=1}^{n} x_{vi} d_i \tag{5-2-11}$$

式中　d_m——混合物相对密度；

$\quad d_i$——i组分相对密度；

$\quad x_{vi}$——i组分体积分数。

混合物液体密度可按下式计算：

$$\rho_m = \frac{1}{\sum\limits_{i=1}^{n} \dfrac{x_{wi}}{\rho_i}} \tag{5-2-12}$$

或

$$\rho_m = \frac{\sum\limits_{i=1}^{n} x_{mi} M_i}{\sum\limits_{i=1}^{n} \dfrac{x_{mi} M_i}{\rho_i}} \tag{5-2-13}$$

式中　ρ_m——混合液体密度，kg/m³；

　　　ρ_i——i 组分液体密度，kg/m³；

　　　x_{wi}——i 组分质量分数；

　　　x_{mi}——i 组分摩尔分数；

　　　M_i——i 组分相对分子质量。

对属性相差较远的烃类混合液和油品，在临界条件以前，也可按上式计算其相对密度或密度，误差不大。但对属性或分子量相差很大的烃类混合液或油品，按加和性计算混合液的相对密度就有一定的误差，推荐用过剩分子体积进行修正[2]，见下：

$$V_E = V_m - \sum x_i V_i \tag{5-2-14}$$

式中　V_E——过剩摩尔体积，L/kmol；

　　　V_m——混合物的真实摩尔体积，L/kmol；

　　　x_i——i 组分的摩尔分数；

　　　V_i——i 组分的摩尔体积，L/kmol。

过剩体积可以是正值或负值，随组分的性质及温度、压力而定，尚未找到其中普遍化的关系。轻质烃类(丙烷、丁烷、天然汽油或其他石油馏分)与原油混合时体积收缩率的数据可从图 5-2-19 中查得[2]。当轻组分浓度在 21% 以下时相当准确，轻组分浓度高于 50% 时就不再适用。

图 5-2-19 是根据下式作出的[2]：

$$S = 2.14 \times 10^{-3} C^{-0.0704} G^{1.76} \tag{5-2-15}$$

式中　S——收缩率，占轻组分体积分数；

　　　C——在混合物中轻组分的液相体积分数；

　　　G——轻组分与原油的 API 度差。

【例 5-2-5】　95000m³ 原油(API 度为 30.7)与 5000m³ 天然汽油(API 度为 86.5)混合，求混合后的体积。

解：轻组分的体积分率 = 5000/(95000+5000) = 5%

API 度差 = 86.5-30.7 = 55.8

从图 5-2-19 中查得收缩率为 2.3%(按轻组分计)，则混合后的体积 = 95000+5000(1-0.023) = 99885m³。

按式(5-2-15)计算收缩率：

$S = 2.14 \times 10^{-3} \times 5^{-0.0704} \times 55.8^{1.76}$

　 $= 2.266$

除用上述加和法则计算混合物密度外，对已知组分液体混合物在泡点下的密度及已知组分烃类混合物在受压条件下的密度可采用下述方法计算。

(一) 已知组分液体混合物在泡点下的密度

1. Packett 方程[5]

$$\frac{1}{\rho_{bp}} = R\left(\sum_{i=1}^{n} x_i \frac{T_{c_i}}{P_{c_i}}\right) Z_{RA_m}^{[1+(1-T_r)^{2/7}]} \tag{5-2-16}$$

$$Z_{RA_m} = \sum_{i=1}^{n} x_i Z_{RA_i} \tag{5-2-17}$$

$$T_r = T/T_{mc} \tag{5-2-18}$$

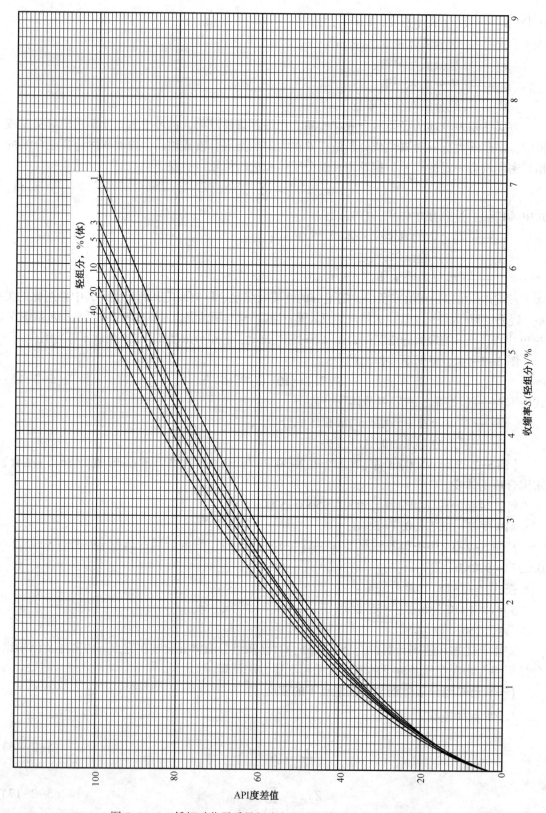

图 5-2-19　低相对分子质量烃类与原油混合时的体积收缩率图

$$T_{\mathrm{mc}} = \sum_{i=1}^{n} \sum_{j=1}^{n} \phi_i \phi_j T_{\mathrm{c}_{ij}} \qquad (5\text{-}2\text{-}19)$$

$$\phi_i = \frac{x_i V_{\mathrm{c}_i}}{\sum_{j=1}^{n} x_j V_{\mathrm{c}_j}} \qquad (5\text{-}2\text{-}20)$$

$$T_{\mathrm{c}_{ij}} = \sqrt{T_{\mathrm{c}i} T_{\mathrm{c}j}}\,(1-k_{ij}) \qquad (5\text{-}2\text{-}21)$$

$$k_{ij} = 1.0 - \left[\frac{\sqrt{V_{\mathrm{c}_i}^{1/3} V_{\mathrm{c}_j}^{1/3}}}{(V_{\mathrm{c}_i}^{1/3}+V_{\mathrm{c}_j}^{1/3})/2} \right]^3 \qquad (5\text{-}2\text{-}22)$$

式中　ρ_{bp}——泡点下的液体密度，$\mathrm{kmol/m^3}$；

　　　R——气体常数，$8.314\times10^{-3}\mathrm{MPa \cdot m^3/(kmol \cdot K)}$；

　　　x_i——i 组分的摩尔分数；

　　　T_{c_i}——i 组分的临界温度，K；

　　　P_{c_i}——i 组分的临界压力，MPa；

　　　V_{c_i}——i 组分的临界体积，$\mathrm{m^3/kmol}$；

　　　T_{r}——对比温度，T/T_{c}；

　　　T——温度，K；

　　Z_{RA_i}——i 组分的经验常数，可从表5-2-1中查得。

注：$1\mathrm{kmol/m^3} = 10^{-3}\times M\ \mathrm{g/mL}$，$M$ 为相对分子质量。

计算步骤如下：

步骤一：从纯物质性质得到各组分的临界温度、临界压力、临界体积和相对分子质量，从表5-2-1中得得各组分的 Z_{RA_i}。如果表中未查得，可用 i 组分的密度实验值用式(5-2-1)计算出 Z_{RA} 的值；如果 i 组分的密度实验值也没有，则用 Z_{c_i} 代替。

步骤二：用式(5-2-17)计算 $Z_{\mathrm{RA_m}}$。

步骤三：通过式(5-2-19)~式(5-2-22)计算混合物对应温度。如果是手算，可用摩尔平均临界温度代替混合物对应温度。

步骤四：计算对比温度。

步骤五：利用式(5-2-16)计算混合物泡点液体密度。

本方法仅适用于 T_r 不大于 0.95 的范围。或可适用于含氢气、硫化氢、二氧化碳和氮气这样无机气体的混合物，但当二氧化碳或氮气含量(摩尔分数)超过 0.5 或氢气含量(摩尔分数)超过 0.45 时，不能用此方法计算混合物的密度。无机物的 Z_{RA} 可从表5-2-1中查得。

本方法只是用二元系混合物数据进行了验证，计算误差约 2.5%，但当接近临界温度时，误差可能会高达 20%。对于含无机物的混合液体，计算误差约 4%，接近临界区域时，误差可能会高达 30%。对含有超过 50%(摩尔分数)二氧化碳或氢气的混合液体，可预见的误差范围为 15%~30%。

如果手算时使用摩尔平均假临界温度代替混合物对应温度，平均误差为 7%。

【例5-2-6】　估算乙烷和正庚烷混合物在 32.78℃ 时的泡点密度，混合物中含 58.71%(mol)的乙烷。

解：从第一章纯物质性质知各组分相关性质如下：

性质	乙烷	正庚烷
临界温度/℃	32.17	267.05
临界压力/MPa	4.87211	2.74006
临界体积/(m³/kg)	0.00484	0.00427
相对分子质量	30.070	100.205

从表 5-2-1 中查得：Z_{RA_1}（乙烷）= 0.2819，Z_{RA_2}（正庚烷）= 0.2610

$T_{c_1} = 305.93K$

$T_{c_2} = 540.20K$

$Z_{RA_m} = (0.5871)(0.2819) + (0.4129)(0.2610) = 0.2733$

根据式（5-2-20）：

$$\phi_1 = \frac{(0.5871)(0.00484)(30.070)}{(0.5871)(0.00484)(30.070) + (0.4129)(0.00427)(100.205)}$$

$$= 0.3260$$

对于二元体系：

$$\phi_2 = 1 - \phi_1$$

$$= 1 - 0.3260$$

$$= 0.6740$$

利用式（5-2-22），采用摩尔临界体积：

$$k_{12} = k_{21} = 1.0 - \left[\frac{\sqrt{(0.00484 \times 30.070)^{1/3}(0.00427 \times 100.205)^{1/3}}}{((0.00484 \times 30.070)^{1/3} + (0.00427 \times 100.205)^{1/3})/2} \right]^3 = 0.04705$$

$$k_{11} = k_{22} = 0$$

利用式（5-2-21）：

$$T_{c_{11}} = 32.17 + 273.15 = 305.32K$$

$$T_{c_{22}} = 267.05 + 273.15 = 540.20K$$

$$T_{c_{12}} = T_{c_{21}} = \sqrt{(305.32)(540.20)}\,(1 - 0.04705) = 387.0K$$

利用式（5-2-19）：

$$T_{mc} = (0.3260)^2(305.32) + (0.6740)^2(540.20) + (2.0)(0.3260)(0.6740)(387.0)$$

$$= 447.9K$$

$$T_r = \frac{32.78 + 273.15}{447.9} = 0.6830$$

利用式（5-2-16）求泡点密度：

$$\frac{1}{\rho_{bp}} = (8.314 \times 10^{-3}) \left(\frac{(0.5871)(305.32)}{4.87211} + \frac{(0.4129)(540.20)}{2.74006} \right) (0.2733)^{[1+(1-0.6830)^{2/7}]}$$

$$= 0.1055 m^3/kmol$$

$$\rho_{bp} = 9.4789 kmol/m^3$$

$$= 9.4789 \times 10^{-3} \times [(0.5871)(30.070) + (0.4129)(100.205)] = 0.5600 g/mL$$

实验值为 0.5720g/mL。

2. COSTALD 方程[6]

$$\frac{1}{\rho_{bp}} = V_m^* V_R^{(0)} (1 - \omega_{SRK_m} V_R^{(1)}) \tag{5-2-23}$$

$$V_m^* = \left(\frac{1}{4}\right) \left[\sum_{i=1}^{n} x_i V_i^* + 3 \left(\sum_{i=1}^{n} x_i V_i^{*\,2/3} \right) \left(\sum_{i=1}^{n} x_i V_i^{*\,1/3} \right) \right] \tag{5-2-24}$$

$$\omega_{SRK_m} = \sum_{i=1}^{n} x_i \omega_{SRK_i} \tag{5-2-25}$$

$$T_r = \frac{T}{T_{mc}} \tag{5-2-26}$$

$$T_{mc} = \left(\sum_{i=1}^{n} \sum_{j=1}^{n} x_i x_j V_{ij}^* T_{cij} \right) / V_m^* \tag{5-2-27}$$

$$V_{ij}^* T_{cij} = (V_i^* T_{ci} V_j^* T_{cj})^{1/2} \tag{5-2-28}$$

$$V_R^{(0)} = 1 + a (1-T_r)^{1/3} + b (1-T_r)^{2/3} + c(1-T_r) + d (1-T_r)^{4/3} \tag{5-2-29}$$

$$V_R^{(1)} = \frac{(e + f T_r + g T_r^2 + h T_r^3)}{(T_r - 1.00001)} \tag{5-2-30}$$

式中　ρ_{bp}——泡点液体密度，$kmol/m^3$；

　　V^*——特性体积，$m^3/kmol$（可从表5-2-1查得）；

　　ω_{SRK_i}——S-R-K方程中根据气体压力数据优化后的偏心因数（可从表5-2-1查得）；

　　x_i——i组分的摩尔分数；

　　T_r——对比温度，T/T_c；

　　T——温度，K；

　　T_{ci}——i组分的临界温度，K；

　　$a = -1.52816$　　　$c = -0.81446$　　　$e = -0.296123$　　　$g = -0.0427258$

　　$b = 1.43907$　　　$d = 0.190454$　　　$f = 0.386914$　　　$h = -0.0480645$

注：$1kmol/m^3 = 1 \times 10^{-3} \times M$ g/mL，M 为相对分子质量。

计算步骤如下：

步骤一：从纯物质性质得到各组分的临界温度和分子量，从表5-2-1中查得各组分的 V^* 和 ω_{SRK}。如果物质未在表5-2-1中列出，则可用其偏心因数代替 ω_{SRK}，用临界体积值代替 V^*。

步骤二：用式(5-2-24)计算 V_m^*，用式(5-2-25)计算 ω_{SRK_m}。

步骤三：通过式(5-2-27)和式(5-2-28)计算混合物对应温度。

步骤四：计算对比温度，并通过式(5-2-29)和式(5-2-30)计算 $V_R^{(0)}$ 和 $V_R^{(1)}$。

步骤五：利用式(5-2-23)计算混合物泡点液体密度。

本方法也仅适用于 T_r 不大于0.95的范围。或可适用于含氢气、硫化氢、二氧化碳和氮气这样无机气体的混合物。无机物的 ω_{SRK} 和 V^* 值可从表5-2-1中查得。

本方法只是用二元系混合物数据进行了验证，计算误差约2.4%，但当接近临界区域时，误差会更大。对于含无机物的混合液体，计算误差约4%。

【例5-2-7】　估算甲烷和正癸烷混合物在71.11℃时的泡点密度，混合物中含20% (mol)的甲烷。

解：从第一章纯物质性质表和表 5-2-1 中知各组分相关性质如下：

性质	甲烷	正癸烷
临界温度/℃	-82.59	344.55
相对分子质量	16.043	142.286
$V_i^*/(m^3/kg)$	0.09939	0.6192
ω_{SRK}	0.0108	0.4842

$T_{c_1} = -82.59 + 273.15 = 190.56K$

$T_{c_2} = 344.55 + 273.15 = 617.70K$

根据式(5-2-24)计算摩尔平均特性体积：

$$V_m^* = \left(\frac{1}{4}\right)\{(0.2)(0.09939) + (0.8)(0.6192) + 3[(0.2)(0.09939)^{2/3} + (0.8)(0.6192)^{2/3}]$$

$$\times [(0.2)(0.09939)^{1/3} + (0.8)(0.6192)^{1/3}]\}$$

$$= 0.4913 m^3/kmol$$

根据式(5-2-25)计算 ω_{SRK_m}：

$$\omega_{SRK_m} = (0.2)(0.0108) + (0.8)(0.4842)$$

$$= 0.3895$$

根据式(5-2-27)和式(5-2-28)计算 T_{cm}：

$$V_{12}^* T_{c12} = V_{21}^* T_{c21} = [(0.09939)(190.56)(0.6192)(617.70)]^{1/2}$$

$$= 85.112$$

$$T_{mc} = [(0.2)^2(0.09939)(190.56) + (2)(0.2)(0.8)(85.112) + (0.8)^2(0.6192)(617.70)]/0.4193$$

$$= 555.2 K$$

利用式(5-2-26)，计算对比温度：

$$T_r = \frac{71.11 + 273.15}{555.2} = 0.620$$

根据式(5-2-29)和式(5-2-30)计算 $V_R^{(0)}$ 和 $V_R^{(1)}$：

$$V_R^{(0)} = 1 - 1.52816(1 - 0.620)^{1/3} + 1.43907(1 - 0.620)^{2/3} - 0.81446(1 - 0.620) + 0.190454(1 - 0.620)^{4/3}$$

$$= 0.391$$

$$V_R^{(1)} = \frac{[-0.296123 + (0.386914)(0.620) - (0.0427258)(0.620)^2 - (0.0480645)(0.620)^3]}{(0.620 - 1.00001)}$$

$$= 0.221$$

利用式(5-2-23)求泡点密度：

$$\frac{1}{\rho_{bp}} = (0.4913)(0.391)[1 - (0.3895)(0.221)]$$

$$= 0.1756 m^3/kmol$$

$$\rho_{bp} = 5.6955 kmol/m^3$$

$$= 5.6955 \times 10^{-3} \times [(0.2)(16.043) + (0.8)(142.286)] = 0.6666 g/mL$$

实验值为 0.670g/mL。

(二) 已知组分烃类混合物在受压条件下的密度

基于关系式 $\dfrac{d_2}{d_1} = \dfrac{K_2}{K_1} =$ 常数，已知混合物在某个条件下的密度，可计算出混合物在受压条件下的密度。K_1 和 K_2 由图 5-2-17 查得。

计算步骤：

第一步：得到混合物中各纯物质的临界性质 T_c、P_c，如果混合物参考点的密度不知道，可查得混合物中各组分在 15.6℃ 和 101.325kPa 时的密度。

第二步：计算混合物的假临界温度和假临界压力(参考点和计算条件点)。如果只是知道混合物中各个组分的参考点，可利用式(5-2-12)或式(5-2-13)计算混合物在 15.6℃ 和 101.325kPa 时的平均密度。

第三步：从图 5-2-17 中查得 K_1 和 K_2。

第四步：利用关系式 $\dfrac{d_2}{d_1} = \dfrac{K_2}{K_1} =$ 常数计算出 d_2。

对于含有轻烃(如丁烷)的混合物，计算步骤需稍有不同，因为这些轻烃在 15.6℃ 和 101.325kPa 时为气体，查得的只是轻烃在 15.6℃ 和饱和蒸气压时的密度，因而在计算混合物平均密度时需将各组分参考点均换算到最轻组分饱和蒸气压的压力条件。对于含有甲烷的混合物，可用修正 Rackett 方程法计算混合物的参考点密度。对于乙烷和乙烯，参考点选取为 -34.4℃，对应的性质如下：

名　称	蒸气压/MPa	密　度	
		g/mL	lb/ft³
乙烷	0.93	0.4741	29.60
乙烯	1.65	0.4510	28.16

上述计算中，在接近临界点区域，使用假临界温度和假临界压力，可能会导致大的误差，建议在此区域使用真实的临界温度和临界压力值。

上述计算使用体积平均密度作为参考点，计算平均误差稍超过 2%；当 T_r 接近 0.95 时，误差可达 15%。

【例 5-2-8】　一液体混合物含有 60.52%(摩尔)的乙烯和 39.48%(摩尔)的正庚烷，并知其在 9.44℃ 和 2.76MPa 下的密度是 0.6015g/mL，估算其在 72.61℃ 和 6.21MPa 下的液体密度。

解：从第一章纯物质性质知组分相关性质如下：

T_c(乙烯) = 9.19℃

P_c(乙烯) = 5.04011MPa

T_c(正庚烷) = 267.05℃

P_c(正庚烷) = 2.74006MPa

混合物假临界性质计算如下：

$T_{pc} = (0.6052)(9.19) + (0.3948)(267.05) = 110.99$ ℃

$P_{pc} = (0.6052)(5.04011) + (0.3948)(2.74006) = 4.13$ MPa

$$T_{r1} = \frac{9.44 + 273.15}{110.99 + 273.15} = 0.736 \quad T_{r2} = \frac{72.61 + 273.15}{110.99 + 273.15} = 0.900$$

$$P_{r1} = \frac{2.76}{4.13} = 0.668 \quad P_{r2} = \frac{6.21}{4.13} = 1.50$$

查图 5-2-17 得：$K_1 = 0.900$，$K_2 = 0.756$

利用式(5-2-5)计算：

$$\rho_2 = \frac{0.756}{0.900} \times 0.6015 = 0.5053\text{g/mL}$$

实验值为 0.5150g/mL。

【例 5-2-9】　一液体混合物含有 20%(摩尔)的乙烷和 80%(摩尔)的正癸烷，估算其在 71.11℃ 和 20.68MPa 下的液体密度。

解：从第一章纯物质性质知组分相关性质如下：

性质	乙烷	正癸烷
临界温度/℃	32.17	344.55
临界压力/MPa	4.87211	2.11004
15.6℃密度/(g/mL)		0.73351
相对分子质量	30.07	142.29

根据前面所述，乙烷的参考点选取为-34.4℃，性质如下：

名　称	蒸气压/	密　度	
	MPa	g/mL	lb/ft³
乙烷	0.93	0.4741	29.60

因此正癸烷的密度也必须修正到乙烷的参考点：

$$T_{r1} = \frac{15.6+273.15}{344.55+273.15} = 0.467 \quad T_{r2} = \frac{-34.4+273.15}{344.55+273.15} = 0.387$$

$$P_{r1} = \frac{0.1013}{2.11004} = 0.048 \quad P_{r2} = \frac{0.93}{2.11004} = 0.44$$

查图 5-2-17 得：$K_1 = 1.092$，$K_2 = 1.142$

利用式(5-2-5)计算：

$$\rho_2 = \frac{1.142}{1.092} \times 0.73351 = 0.7671\text{g/mL}$$

混合物在-34.4℃ 和 0.93MPa 条件下的密度为：

$$\rho_1 = \frac{(0.2)(30.07)+(0.8)(142.29)}{\dfrac{(0.2)(30.07)}{0.4741}+\dfrac{(0.8)(142.29)}{0.7671}} = 0.7440\text{g/mL}$$

混合物假临界性质计算如下：

$$T_{pc} = (0.2)(32.17)+(0.8)(344.55) = 282.07 \ ℃$$

$$P_{pc} = (0.2)(4.87211)+(0.8)(2.11004) = 2.66\text{MPa}$$

$$T_{r1} = \frac{-34.4+273.15}{282.07+273.15} = 0.430 \quad T_{r2} = \frac{71.11+273.15}{282.07+273.15} = 0.620$$

$$P_{r1} = \frac{0.93}{2.66} = 0.350 \quad P_{r2} = \frac{20.68}{2.66} = 7.77$$

查图 5-2-17 得：$K_1 = 1.115$，$K_2 = 1.028$

利用式(5-2-5)计算：

$$\rho_2 = \frac{1.028}{1.115} \times 0.7440 = 0.6859 \text{g/mL}$$

实验值为 0.6899g/mL。

【**例5-2-10**】　估算甲烷和正癸烷混合物在 71.11℃ 和 20.68MPa 下的液体密度，混合物中含 20%（摩尔）的甲烷。已知混合物此时的饱和蒸气压是 5.48MPa。

解：从第一章纯物质性质表和表 5-2-1 中知各组分相关性质如下：

性质	甲烷	正癸烷
临界温度/℃	-82.59	344.55
临界压力/MPa	4.5991	2.11004
相对分子质量	16.043	142.286

从【例5-2-7】计算可知：

$\rho_1 = \rho_{bp} = 0.6666 \text{g/mL}$

混合物假临界性质计算如下：

$T_{pc} = (0.2)(-82.59) + (0.8)(344.55) = 259.12 \text{ ℃}$

$P_{pc} = (0.2)(4.5991) + (0.8)(2.11004) = 2.61 \text{MPa}$

$T_{r1} = \dfrac{71.11 + 273.15}{259.12 + 273.15} = 0.647 \quad T_{r2} = \dfrac{71.11 + 273.15}{259.12 + 273.15} = 0.647$

$P_{r1} = \dfrac{5.48}{2.61} = 2.10 \quad P_{r2} = \dfrac{20.68}{2.61} = 7.92$

查图 5-2-17 得：$K_1 = 0.983$，$K_2 = 1.014$

利用式(5-2-5)计算：

$$\rho_2 = \frac{1.014}{0.983} \times 0.6666 = 0.6876 \text{g/mL}$$

文献值为 0.6924g/mL。

四、石油馏分的液体密度

1. 常压下液体石油馏分的密度

常压下液体石油馏分的密度可以从图 5-2-20 或图 5-2-21 中查得[2]。

图 5-2-20 的误差在 101.325MPa 时约 0.3%，图 5-2-21 的误差未知。

为方便计算，图 5-2-20 可用下式代替[6]：

$$\rho = A \left[(d_{15.6}^{15.6})^2 - \frac{(B \times d_{15.6}^{15.6} - C + D \times MeABP)(T - E)}{MeABP} \right]^{1/2} \qquad (5\text{-}2\text{-}31)$$

式中　T——温度，K；

　$MeABP$——中平均沸点，K；

　$d_{15.6}^{15.6}$——相对密度，15.6℃/15.6℃；

　ρ——密度，g/mL。

$A = 0.9990$

$B = 1.2655$

$C = 0.5098$

$D = 1.442 \times 10^{-4}$

$E = 288.71$

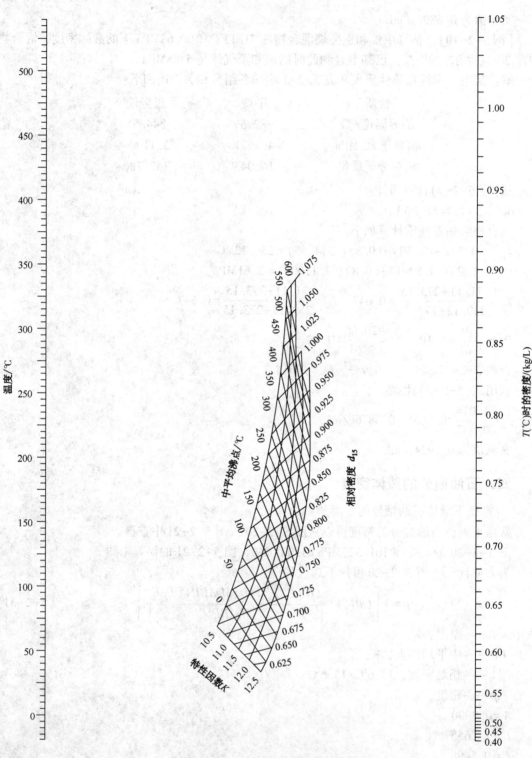

图 5-2-20　石油馏分常压密度图

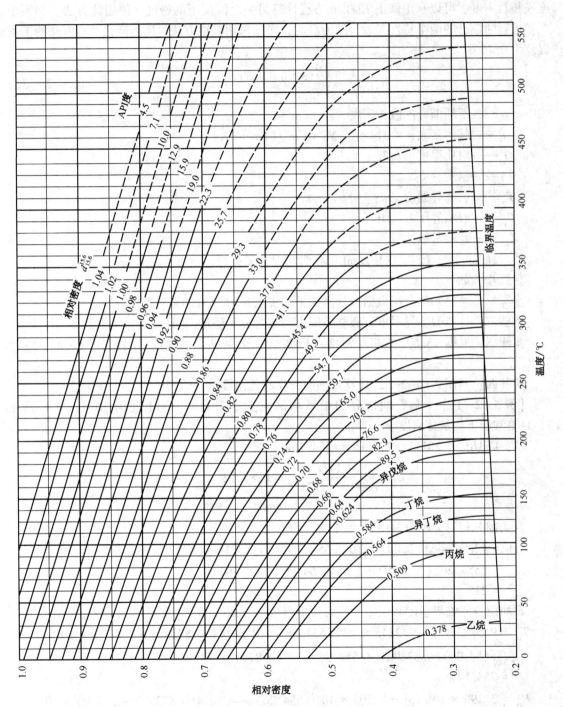

图 5-2-21　石油相对密度图

2. 低压下液体石油馏分的密度[7]

对于石油馏分在饱和压力或稍高于大气压的压力情况下，如果已知其在某温度下的 API 度或相对密度，可以利用修正 Rackett 方程计算另一个温度下的密度。使用此方法，必须至少知道石油馏分的两个特性参数。压力高时，必须采用其他方法对压力修正。本方法的平均误差为 0.75%。

$$\frac{1}{\rho} = \left(\frac{RT_{pc}}{P_{pc}}\right) Z_{RA}^{[1.0+(1.0-T_r)2/7]} \tag{5-2-32}$$

式中　　ρ——石油馏分的液体密度，kmol/m³；

　　　　R——气体常数，8.314×10⁻³MPa·m³/(kmol·K)；

　　　　T_r——对比温度，T/T_{pc}；

　　　　T——温度，K；

　　　T_{pc}——假临界温度，K；

　　　P_{pc}——假临界压力，MPa；

　　　Z_{RA}——经验常数。

注：1kmol/m³=1×10⁻³×M g/mL，M 为相对分子质量。

计算步骤如下：

步骤一：从已知的分析数据，计算中平均沸点和 15.6℃ 的相对密度。

步骤二：计算假临界温度、假临界压力和相对分子质量。

步骤三：根据 15.6℃ 的相对密度或所知的一个温度下的密度，利用式(5-2-32)计算 Z_{RA}。

步骤四：利用式(5-2-32)计算石油馏分在其他温度点时的密度。

【例5-2-11】　某石油馏分的中平均沸点为 281.11℃，API 度为 30.6，估算其在 71.11℃ 常压下的液体密度。

解：$MeABP$ = 281.11+273.15 = 554.26K

$$d_{15.6}^{15.6} = \frac{141.5}{30.6 + 131.5} = 0.87292$$

$$\rho_{15.6} = 0.87292 × 0.99904 = 0.87208 g/mL$$

石油馏分相对分子质量用式(2-1-22)的方法计算如下：

M = 42.9654exp[2.097 × 10⁻⁴(554.26) − 7.78712(0.87292) + 2.08476 × 10⁻³
　　　(554.26)(0.87292)](554.26)¹·²⁶⁰⁰⁷(0.87292)⁴·⁹⁸³⁰⁸

　　= 215.1

石油馏分假临界温度和假临界压力分别由第三章式(3-4-3)和式(3-4-4)计算如下：

T_{pc} = 9.5233exp[− 9.3145 × 10⁻⁴(554.26) − 0.54444(0.87292) + 6.4791 × 10⁻⁴
　　　(554.26)(0.87292)](554.26)⁰·⁸¹⁰⁶⁷(0.87292)⁰·⁵³⁶⁹¹

　　= 753.14K

P_{pc} = 3.196 × 10⁷exp[− 8.505 × 10⁻³(554.26) − 4.8014(0.87292) + 5.7490 × 10⁻³
　　　(554.26)(0.87292)](554.26)⁻⁰·⁴⁸⁴⁴(0.87292)⁴·⁰⁸⁴⁶

　　= 1883.5kPa = 1.8835MPa

$$T_r = \frac{15.6 + 273.15}{753.14} = 0.3834$$

利用式(5-2-32)计算 Z_{RA}：

$$\ln Z_{RA} = \ln\left[\frac{215.1 \times 10^{-3}}{0.87208}\left(\frac{1.8835}{0.008314 \times 753.14}\right)\right]\left[\frac{1}{1.0 + (1.0 - 0.3834)2/7}\right]$$

$$Z_{RA} = 0.2490$$

在71.11℃时：

$$T_r = \frac{71.11 + 273.15}{753.14} = 0.4571$$

$$\frac{1}{\rho} = \left(\frac{0.008314 \times 753.14}{1.8835}\right)(0.2490)^{[1.0+(1.0-0.4571)2/7]} = 0.25752\text{m}^3/\text{kmol}$$

$$\rho = 3.8832\text{kmol/m}^3$$

$$= 3.8832 \times 10^{-3} \times 215.1 = 0.8353\text{g/mL}$$

实验值为0.8343g/mL。

3. 高压下液体石油馏分的密度

(1) 查图法[2]

任意温度和压力下的石油馏分液体密度可用下式计算：

$$\frac{\rho_0}{\rho} = 1.0 - \frac{P}{B_T} \tag{5-2-33}$$

式中　ρ——温度 T 和压力 P 下的密度，kg/L；

P——压力，MPa；

ρ_0——常压下温度 T 时的密度，kg/L；

B_T——等温正割体积模数，$B_T = -\frac{1}{\rho_0}\left(\frac{\Delta P}{\Delta V}\right)_T$

在知道油品常压下的密度时，先由图5-2-22查得 B_{138} 值(压力为138MPa)，再由图5-2-23纵坐标上找出 B_{138} 值的点，作水平线与图中等压线压力为138MPa线相交，从该点作垂直线与所求压力的线相交，再由此交点作水平线交于纵座标某点，即求得 B_T 值。然后按公式计算油品在高压下的密度。本方法计算误差约为1.5%。

在高温和高压条件下，烃类和油品的相对密度也由图5-2-24上查得[2]。

【例5-2-12】　求某石油馏分在20℃及37.33MPa(表)条件下的密度。

解：已知其特性因数 $K=12.28$，API度 $=31.4$，

从图5-2-20查得20℃常压密度 $\rho_0=0.865$kg/L

从图5-2-22查得20℃和138MPa时的校正模数 $B_{138}=2337$MPa，再根据此值从图5-2-23查得 $B_T=1998.6$MPa，代入式(5-2-33)，得：

$$\frac{\rho_0}{\rho} = 1.0 - \frac{37.33}{1998.6} = 0.9813$$

$$\rho = 0.865/0.9813 = 0.8815\text{kg/L}$$

实验值为0.8838kg/L。

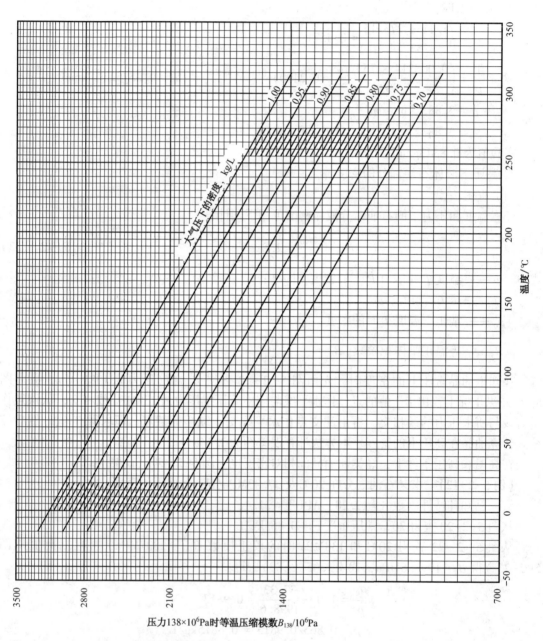

图 5-2-22　油品高压密度校正模数图(一)

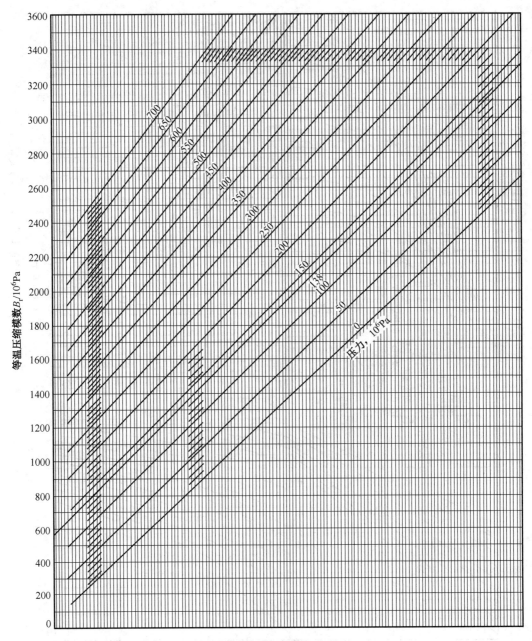

图 5-2-23　油品高压密度校正模数图(二)

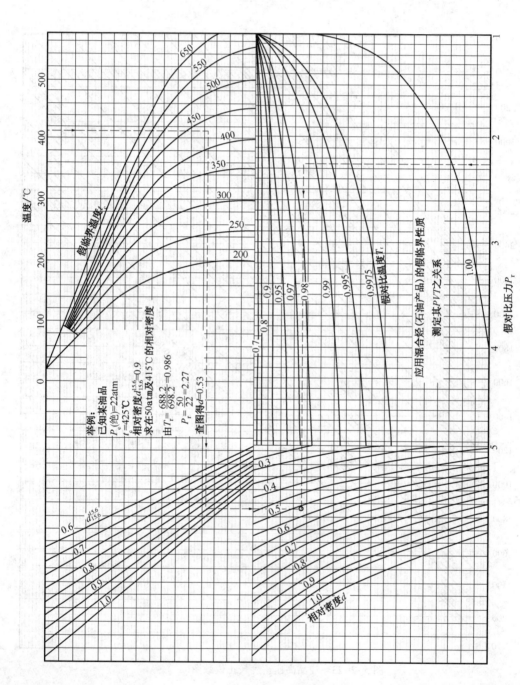

图5-2-24　烃类和油品的相对密度与温度、压力关系图

（2）公式计算法[7]

根据大量数据的回归，上述查图法可用下述公式代替计算。此方法平均误差约 1.7%，当接近临界点时，误差可达 5%。

$$\lg B_{138} = -1.098 \times 10^{-3}T + 2.7737 + 0.7133\rho_0 \qquad (5-2-34)$$

$$B_T = mX + B_1 \qquad (5-2-35)$$

$$X = \frac{B_{138} - B_{1,138}}{m_{138}} = \frac{B_{138} - 689.476}{159.752} \qquad (5-2-36)$$

$$B_1 = 104.8 + 4.70P - 3.7430(10^{-3})P^2 + 2.2321(10^{-6})P^3 \qquad (5-2-37)$$

$$m = 149.24 + 0.0734P + 2.0977(10^{-5})P^2 \qquad (5-2-38)$$

式中　B_{138}——压力为 138MPa 时的校正模数。

T——温度,℃；

P——压力，MPa；

ρ_0——常压下温度 T 时的密度，kg/dm³；

B_T——等温正割体积模数；

m——直线的斜率；

B_1——等温正割体积模数线与 Y 轴的交点；

$B_{1,138}$——图 5-2-23 中与 138MPa 的等温正割体积模数线相交的正割体积模数（689.476MPa）；

m_{138}——138MPa 的等温正割体积模数线的斜率（159.75）。

计算步骤如下：

步骤一：计算石油馏分常压下温度 T 时的密度 ρ_0。

步骤二：利用式(5-2-34)计算 B_{138}。

步骤三：利用式(5-2-36)计算 X。

步骤四：利用式(5-2-37)和式(5-2-38)计算 B_1 和 m。

步骤五：利用式(5-2-35)计算 B_T。

步骤六：利用式(5-2-33)计算 ρ。

【例 5-2-13】　某石油馏分的 Watson K 值为 12.28，API 度为 31.4，估算其在 20℃ 及 37.23MPa 下密度。

解：利用式(5-2-31)石油馏分常压 20℃ 时的相对密度为 0.865。

利用式(5-2-34)计算 B_{138}：

$$\lg B_{138} = -1.098 \times 10^{-3}(20) + 2.7737 + 0.7133(0.865) = 3.37$$

$$B_{138} = 2337 \text{MPa}$$

利用式(5-2-36)计算 X：

$$X = \frac{2337 - 689.476}{159.75} = 10.31$$

利用式(5-2-37)和式(5-2-38)计算 B_1 和 m：

$B_1 = 104.8 + 4.70(37.23) - 3.7430(10^{-3})(37.23)^2 + 2.2321(10^{-6})(37.23)^3$

　　$= 274.7\text{MPa}$

$m = 149.24 + 0.0734(37.23) + 2.0977(10^{-5})(37.23)^2$

　　$= 152.00$

利用式(5-2-35)计算 B_T：

$$B_T = mX + B_1 = (152.00)(10.31) + 274.7$$

$$= 1841.8\text{MPa}$$

利用式(5-2-33)计算 ρ：

$$\frac{\rho_0}{\rho} = 1.0 - \frac{37.23}{1841.8} = 0.9798$$

$$\rho = 0.865/0.9798 = 0.8828\text{kg/L}$$

实验值为 0.8838kg/L。

五、常用物质液体密度

一些有机液体的相对密度可从图 5-2-25 中查得，一些常用溶剂的相对密度可从图 5-2-26中查得，其他一些常用物质的密度或相对密度可从图 5-2-27~图 5-2-37 查得[2]。

某些常用纯物质的密度可采用式(5-2-39)计算[8]。式中的关联系数可由表 5-2-2 中查得。

$$\rho = \frac{M}{1000} \times \frac{C_1}{C_2^{\left[1+\left(1-\frac{T}{C_3}\right)^{C_4}\right]}} \tag{5-2-39}$$

式中　　　　　ρ ——密度，g/cm^3；

　　　　　　　M——相对分子质量；

C_1，C_2，C_3，C_4——关联系数，由表 5-2-2 得到；

　　　　　　　T——温度，K。

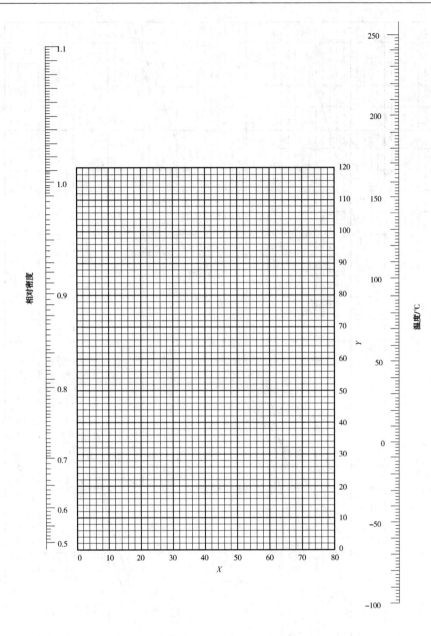

各种液体在图中的 *X*、*Y* 值

名称	X	Y	名称	X	Y	名称	X	Y	名称	X	Y
乙炔	20.8	10.1	十一烷	14.4	39.2	甲酸乙酯	37.6	68.4	氟苯	41.9	86.7
乙烷	10.8	4.4	十二烷	14.3	41.4	甲酸丙酯	33.8	66.7	癸烷	16.0	38.2
乙烯	17.0	3.5	十三烷	15.3	42.4	丙烷	14.2	12.2	氨	22.4	24.6
乙醇	24.2	48.6	十四烷	15.8	43.3	丙酮	26.1	47.8	氯乙烷	42.7	62.4
乙醚	22.6	35.8	三乙胺	17.9	37.0	丙醇	23.8	50.8	氯甲烷	52.3	62.9
乙丙醚	20.0	37.0	三氢化磷	28.0	22.1	丙酸	35.0	83.5	氯苯	41.7	105.0
乙硫醇	32.0	55.5	己烷	13.5	27.0	丙酸甲酯	36.5	68.3	氰丙烷	20.1	44.6
乙硫醚	25.7	55.3	壬烷	16.2	36.5	丙酸乙酯	32.1	63.9	氰甲烷	21.8	44.9
二乙胺	17.8	33.5	六氢吡啶	27.5	60.0	戊烷	12.6	22.6	环己烷	19.6	44.0
二氧化碳	78.6	45.4	甲乙醚	25.0	34.4	异戊烷	13.5	22.5	醋酸	40.6	93.5
异丁烷	13.7	16.5	甲醇	25.8	49.1	辛烷	12.7	32.5	乙酸甲酯	40.1	70.3
丁酸	31.3	78.7	甲硫醇	37.3	59.6	庚烷	12.6	29.8	乙酸乙酯	35.0	65.0
丁酸甲酯	31.5	65.5	甲硫醚	31.9	57.4	苯	32.7	63.0	乙酸丙酯	33.0	65.5
异丁酸	31.5	75.9	甲醚	27.2	30.1	苯酚	35.7	103.8	甲苯	27.0	64.0
丁酸(异)甲酯	33.0	64.1	甲酸甲酯	46.4	74.6	苯胺	33.5	92.5	异戊醇	20.5	52.0

图 5-2-25　有机液体相对密度图

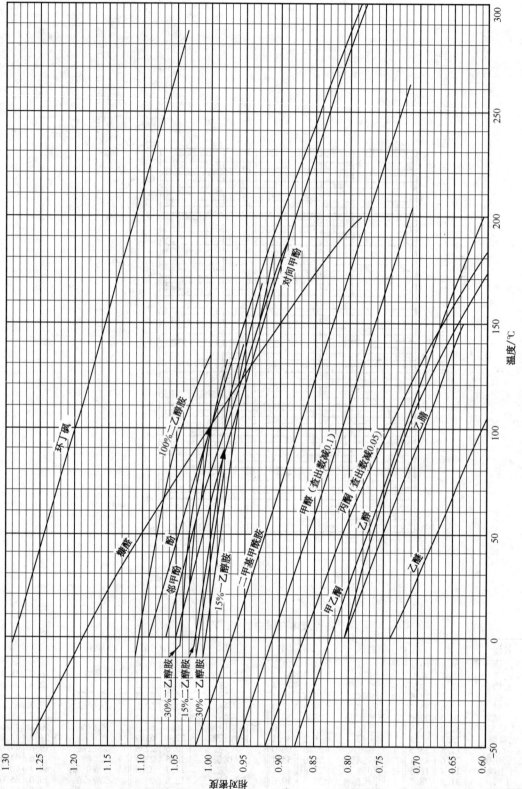

图5-2-26 常用溶剂相对密度图

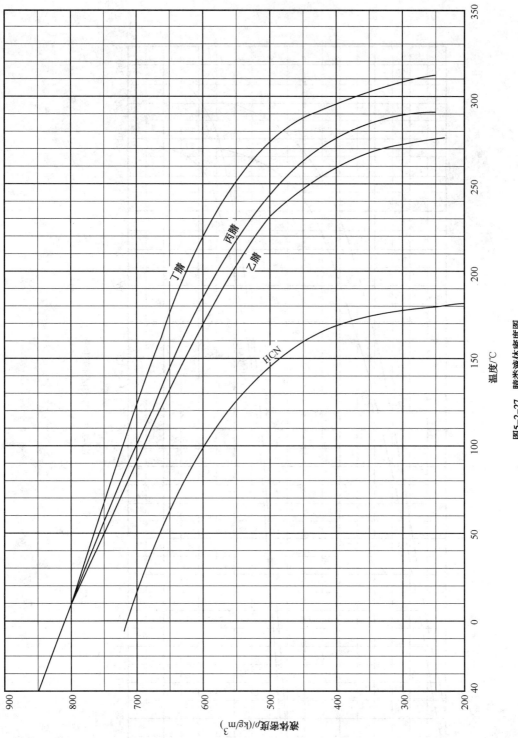

图5-2-27 腈类液体密度图

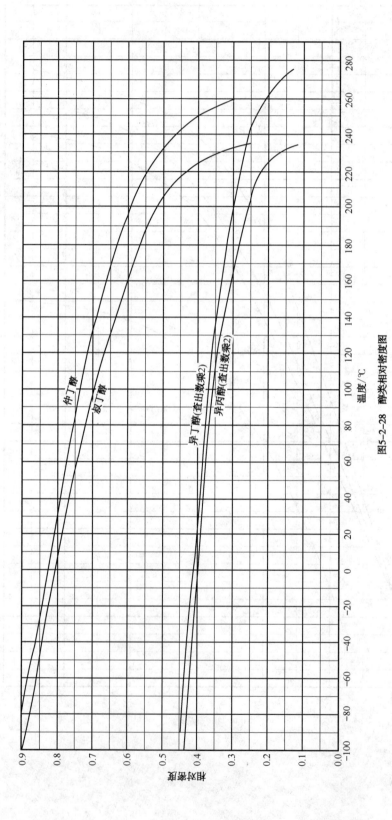

图5-2-28　醇类相对密度图

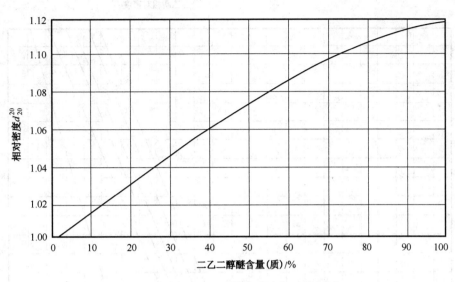

图 5-2-29 二乙二醇醚水溶液相对密度图

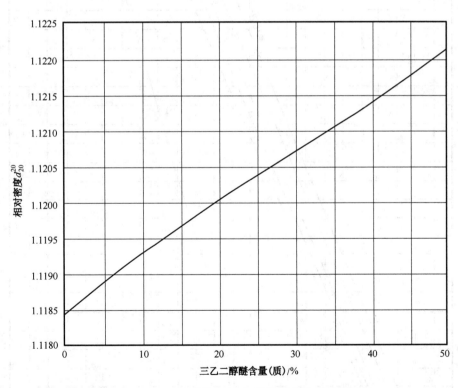

图 5-2-30 二乙二醇醚-三乙二醇醚混合液相对密度图

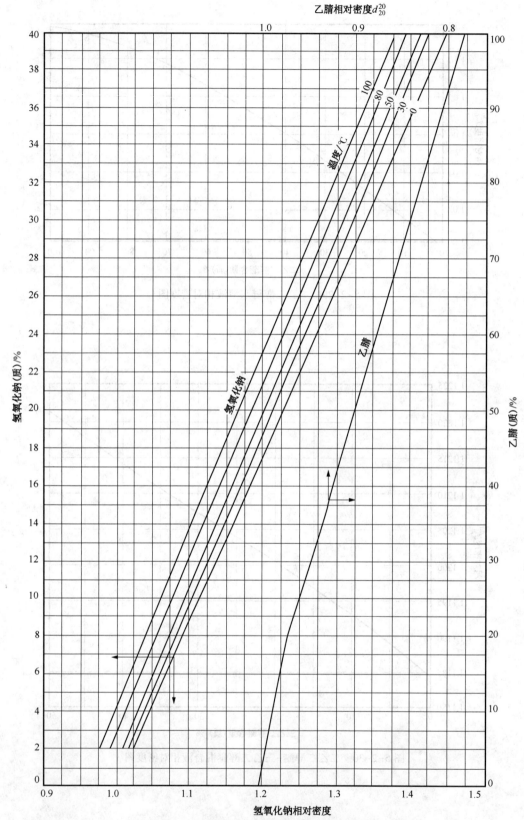

图 5-2-31　乙腈和氢氧化钠水溶液相对密度图

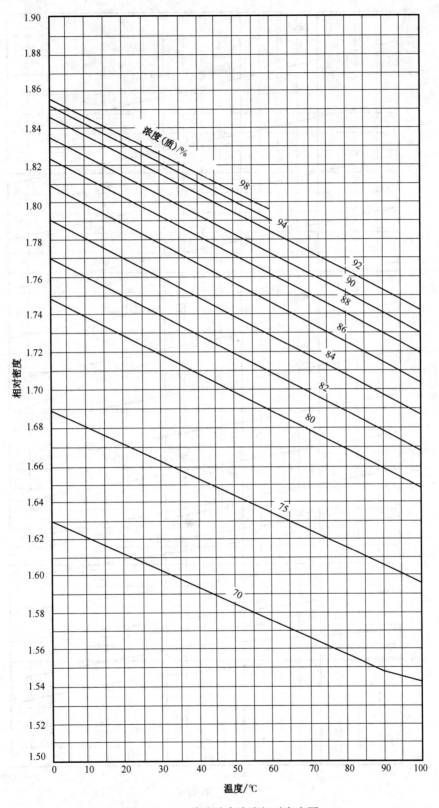

图 5-2-32　浓硫酸水溶液相对密度图

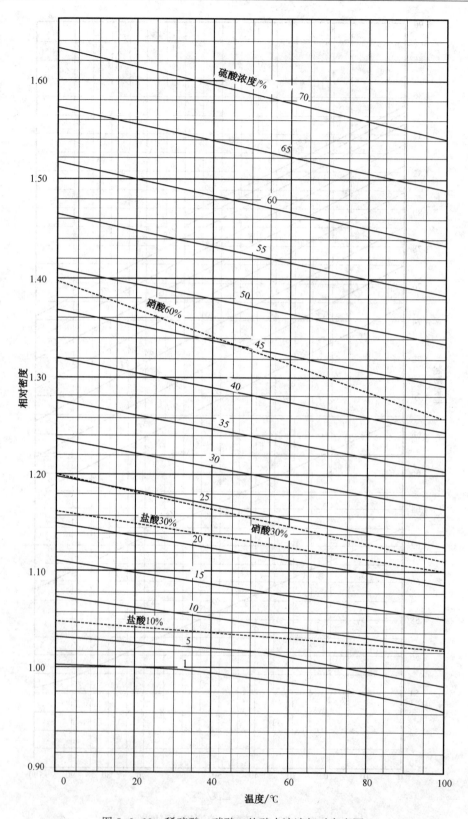

图 5-2-33　稀硫酸、硝酸、盐酸水溶液相对密度图

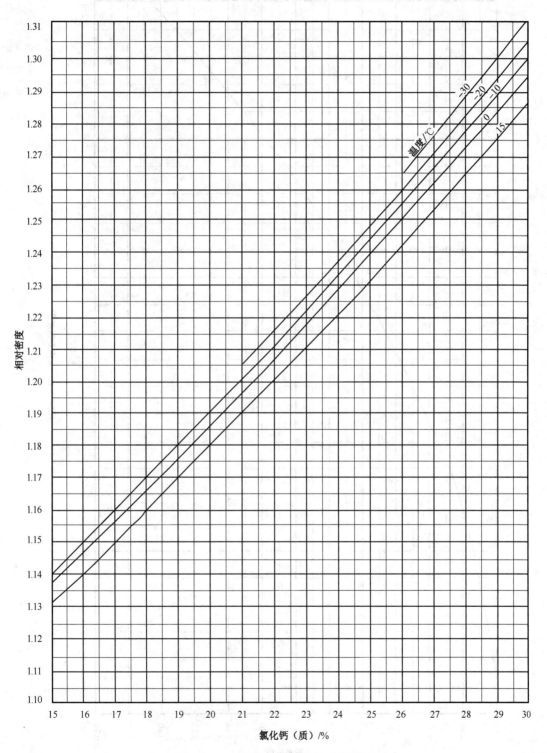

图 5-2-34 氯化钙水溶液相对密度图

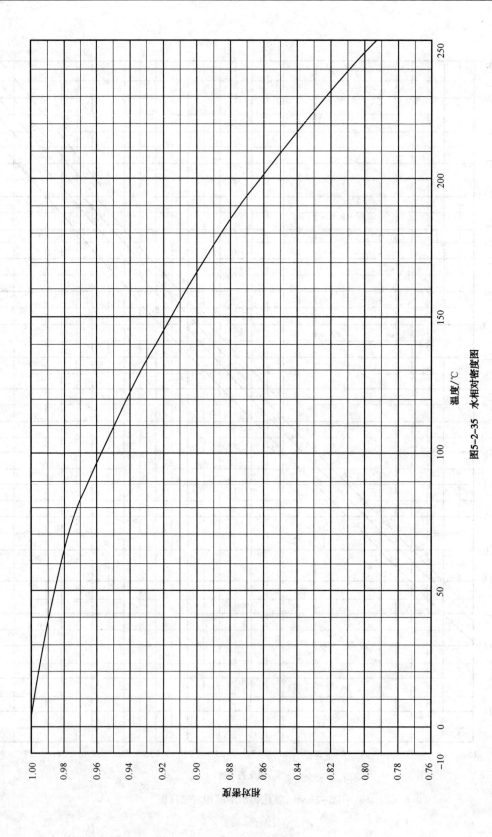

图5-2-35　水相对密度图

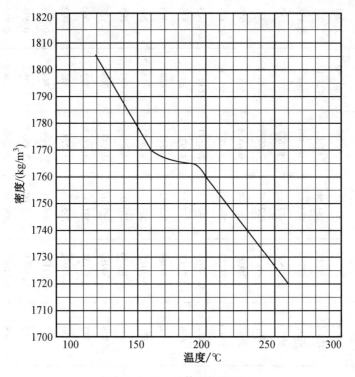

图 5-2-36　液体硫密度图

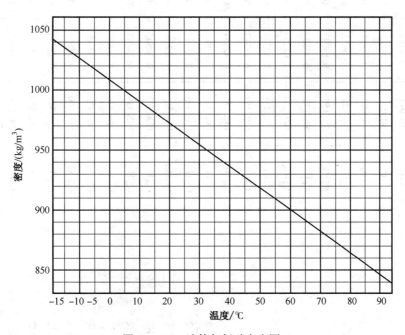

图 5-2-37　液体氢氟酸密度图

表 5-2-2　式 (5-2-39) 关联系数表

序号	物质名称	化学分子式	相对分子质量	C_1	C_2	C_3	C_4	适用温度范围			
								T_{min}	T_{min} 时 ρ	T_{max}	T_{max} 时 ρ
1	甲烷	CH_4	16.043	2.9214	0.28976	190.56	0.28881	90.69	28.18	190.56	10.082
2	乙烷	C_2H_6	30.070	1.9122	0.27937	305.32	0.29187	90.35	21.64	305.32	6.845
3	丙烷	C_3H_8	44.097	1.3757	0.27453	369.83	0.29359	85.47	16.583	369.83	5.011
4	正丁烷	C_4H_{10}	58.123	1.0677	0.27188	425.12	0.28688	134.86	12.62	425.12	3.927
5	正戊烷	C_5H_{12}	72.150	0.84947	0.26726	469.7	0.27789	143.42	10.474	469.7	3.178
6	正己烷	C_6H_{14}	86.177	0.70824	0.26411	507.6	0.27537	177.83	8.747	507.6	2.682
7	正庚烷	C_7H_{16}	100.204	0.61259	0.26211	540.2	0.28141	182.57	7.6998	540.2	2.337
8	正辛烷	C_8H_{18}	114.231	0.53731	0.26115	568.7	0.28034	216.38	6.6558	568.7	2.058
9	正壬烷	C_9H_{20}	128.258	0.48387	0.26147	594.6	0.28281	219.66	6.007	594.6	1.851
10	正癸烷	$C_{10}H_{22}$	142.285	0.42831	0.25745	617.7	0.28912	243.51	5.3811	617.7	1.664
11	正十一烷	$C_{11}H_{24}$	156.312	0.39	0.25678	639	0.2913	247.57	4.9362	639	1.519
12	正十二烷	$C_{12}H_{26}$	170.338	0.35541	0.25511	658	0.29368	263.57	4.5132	658	1.393
13	正十三烷	$C_{13}H_{28}$	184.365	0.3216	0.2504	675	0.3071	267.76	4.2035	675	1.284
14	正十四烷	$C_{14}H_{30}$	198.392	0.30545	0.2535	693	0.30538	279.01	3.8924	693	1.205
15	正十五烷	$C_{15}H_{32}$	212.419	0.28445	0.25269	708	0.30786	283.07	3.6471	708	1.126
16	正十六烷	$C_{16}H_{34}$	226.446	0.26807	0.25287	723	0.31143	291.31	3.4187	723	1.060
17	正十七烷	$C_{17}H_{36}$	240.473	0.2545	0.254	736	0.31072	295.13	3.2241	736	1.002
18	正十八烷	$C_{18}H_{38}$	254.500	0.23864	0.25272	747	0.31104	301.31	3.0466	747	0.944
19	正十九烷	$C_{19}H_{40}$	268.527	0.22451	0.25133	758	0.3133	305.04	2.8933	758	0.893
20	正二十烷	$C_{20}H_{42}$	282.553	0.21624	0.25287	768	0.31613	309.58	2.7496	768	0.855
21	异丁烷	C_4H_{10}	58.123	1.0463	0.27294	408.14	0.27301	113.54	12.575	408.14	3.833
22	异戊烷	C_5H_{12}	72.150	0.9079	0.2761	460.43	0.28673	113.25	10.776	460.43	3.288
23	2,3-二甲基丁烷	C_6H_{14}	86.177	0.76929	0.27524	499.98	0.27691	145.19	9.0343	499.98	2.795
24	异己烷	C_6H_{14}	86.177	0.73335	0.2687	497.5	0.28361	119.55	9.2041	497.5	2.729

续表

序号	物质名称	化学分子式	相对分子质量	C_1	C_2	C_3	C_4	适用温度范围			
								T_{min}	T_{min}时ρ	T_{max}	T_{max}时ρ
25	2,3-二甲基戊烷	C_7H_{16}	100.204	0.7229	0.28614	537.35	0.2713	160.00	7.8746	537.35	2.526
26	2,3,3-三甲基戊烷	C_8H_{18}	114.231	0.6028	0.27446	573.5	0.2741	172.22	7.0934	573.5	2.196
27	2,2,4-三甲基戊烷	C_8H_{18}	114.231	0.5886	0.27373	543.96	0.2846	165.78	6.9163	543.96	2.150
28	乙烯	C_2H_4	28.054	2.0961	0.27657	282.34	0.29147	104.00	23.326	282.34	7.579
29	丙烯	C_3H_6	42.081	1.4094	0.26465	365.57	0.295	87.89	18.143	365.57	5.326
30	正丁烯	C_4H_8	56.108	1.0972	0.2649	419.95	0.29043	87.80	14.326	419.95	4.142
31	顺-2-丁烯	C_4H_8	56.108	1.1609	0.27104	435.58	0.2816	134.26	13.895	435.58	4.283
32	反-2-丁烯	C_4H_8	56.108	1.1426	0.27095	428.63	0.2854	167.62	13.1	428.63	4.217
33	1-戊烯	C_5H_{10}	70.134	0.9038	0.26648	464.78	0.2905	107.93	11.543	464.78	3.392
34	1-己烯	C_6H_{12}	84.161	0.7389	0.26147	504.03	0.2902	133.39	9.6388	504.03	2.826
35	1-庚烯	C_7H_{14}	98.188	0.63734	0.26319	537.29	0.27375	154.27	8.1759	537.29	2.422
36	1-辛烯	C_8H_{16}	112.215	0.5871	0.27005	566.65	0.27187	171.45	7.1247	566.65	2.174
37	1-壬烯	C_9H_{18}	126.242	0.4945	0.26108	593.25	0.27319	191.78	6.333	593.25	1.894
38	1-癸烯	$C_{10}H_{20}$	140.269	0.44244	0.25838	616.4	0.28411	206.89	5.7131	616.4	1.712
39	2-甲基丙烯	C_4H_8	56.108	1.1454	0.2725	417.9	0.28186	132.81	13.506	417.9	4.203
40	2-甲基-1-丁烯	C_5H_{10}	70.134	0.91619	0.26752	465	0.28164	135.58	11.332	465	3.425
41	2-甲基-2-丁烯	C_5H_{10}	70.134	0.93322	0.27251	471	0.26031	139.39	11.218	471	3.425
42	1,2-丁二烯	C_4H_6	54.092	1.187	0.26114	452	0.3065	136.95	15.123	452	4.546
43	1,3-丁二烯	C_4H_6	54.092	1.2384	0.2725	425.17	0.28813	164.25	14.061	425.17	4.545
44	2-甲基-1,3-丁二烯①	C_5H_8	68.119	0.95673	0.26488	484	0.28571	127.27	12.205	484	3.612
45	乙炔	C_2H_2	26.038	2.4091	0.27223	308.32	0.28477	192.40	23.692	308.32	8.850
46	丙炔	C_3H_4	40.065	1.6086	0.26448	402.39	0.279	170.45	19.027	402.39	6.082
47	2-丁炔	C_4H_6	54.092	1.1717	0.25895	473.2	0.27289	240.91	13.767	473.2	4.525
48	3-甲基-1-丁炔	C_5H_8	68.119	0.94575	0.26008	463.2	0.30807	183.45	11.519	463.2	3.636

续表

序号	物质名称	化学分子式	相对分子质量	C_1	C_2	C_3	C_4	适用温度范围			
								T_{min}	T_{min}时ρ	T_{max}	T_{max}时ρ
49	1-戊炔	C_5H_8	68.119	0.8491	0.2352	481.2	0.353	167.45	12.532	481.2	3.610
50	2-戊炔	C_5H_8	68.119	0.92099	0.25419	519	0.31077	163.83	12.24	519	3.623
51	1-己炔	C_6H_{10}	82.145	0.84427	0.27185	516.2	0.2771	141.25	10.23	516.2	3.106
52	2-己炔	C_6H_{10}	82.145	0.76277	0.25248	549	0.31611	183.65	10.133	549	3.021
53	3-己炔①	C_6H_{10}	82.145	0.78045	0.26065	544	0.28571	170.05	10.021	544	2.994
54	1-庚炔	C_7H_{12}	96.172	0.67366	0.26003	559	0.29804	192.22	8.4987	559	2.591
55	1-辛炔	C_8H_{14}	110.199	0.59229	0.26118	585	0.29357	193.55	7.478	585	2.268
56	乙烯基乙炔②	C_4H_4	52.076	1.2703	0.26041	454	0.297	173.15	15.664	454	4.878
57	环戊烷	C_5H_{10}	70.134	1.124	0.28859	511.76	0.2506	179.28	11.883	511.76	3.895
58	甲基环戊烷	C_6H_{12}	84.161	0.84798	0.27042	532.79	0.28276	130.73	10.492	532.79	3.136
59	乙基环戊烷	C_7H_{14}	98.188	0.7193	0.26936	569.52	0.2777	134.71	9.018	569.52	2.670
60	环己烷	C_6H_{12}	84.161	0.8908	0.27396	553.58	0.2851	279.69	9.3797	553.58	3.252
61	甲基环己烷	C_7H_{14}	98.188	0.735	0.27041	572.19	0.2927	146.58	9.018	572.19	2.718
62	1,1-二甲基环己烷	C_8H_{16}	112.215	0.55873	0.25143	591.15	0.27758	239.66	7.3417	591.15	2.222
63	乙基环己烷	C_8H_{16}	112.215	0.61587	0.26477	609.15	0.28054	161.84	7.8679	609.15	2.326
64	环戊烯	C_5H_8	68.119	1.1035	0.27035	507	0.28699	138.13	13.47	507	4.082
65	1-甲基环戊烯	C_6H_{10}	82.145	0.88824	0.26914	542	0.27874	146.62	10.98	542	3.300
66	环己烯	C_6H_{10}	82.145	0.92997	0.27056	560.4	0.28943	169.67	11.16	560.4	3.437
67	苯	C_6H_6	78.114	1.0162	0.2655	562.16	0.28212	278.68	11.421	562.16	3.828
68	甲苯	C_7H_8	92.141	0.8488	0.26655	591.8	0.2878	178.18	10.495	591.8	3.184
69	邻二甲苯	C_8H_{10}	106.167	0.69883	0.26113	630.33	0.27429	247.98	8.6285	630.33	2.676
70	间二甲苯	C_8H_{10}	106.167	0.69555	0.26204	617.05	0.27602	225.30	8.6505	617.05	2.654
71	对二甲苯	C_8H_{10}	106.167	0.6816	0.25963	616.23	0.2768	286.41	8.1616	616.23	2.625
72	乙苯	C_8H_{10}	106.167	0.6952	0.26037	617.2	0.2844	178.15	9.0568	617.2	2.670

续表

序号	物质名称	化学分子式	相对分子质量	C_1	C_2	C_3	C_4	适用温度范围			
								T_{min}	T_{min}时ρ	T_{max}	T_{max}时ρ
73	正丙基苯	C_9H_{12}	120.194	0.57695	0.25395	638.32	0.283	183.15	7.8942	638.32	2.272
74	1，2，4-三甲基苯	C_9H_{12}	120.194	0.60394	0.25955	649.13	0.27716	229.33	7.6895	649.13	2.327
75	异丙基苯	C_9H_{12}	120.194	0.604	0.25912	631.1	0.2914	177.14	7.9496	631.1	2.331
76	1，3，5-三甲基苯	C_9H_{12}	120.194	0.59879	0.25916	637.36	0.27968	228.42	7.6154	637.36	2.311
77	对异丙基甲苯	$C_{10}H_{14}$	134.221	0.51036	0.25383	653.15	0.28816	205.25	6.8779	653.15	2.011
78	萘⑥	$C_{10}H_8$	128.174	0.61674	0.25473	748.35	0.27355	333.15	7.7543	748.35	2.421
79	联苯	$C_{12}H_{10}$	154.211	0.5039	0.25273	789.26	0.281	342.20	6.4395	789.26	1.994
80	苯乙烯	C_8H_8	104.152	0.7397	0.2603	636	0.3009	242.54	9.1088	636	2.842
81	间三联苯	$C_{18}H_{14}$	230.309	0.30826	0.23669	924.85	0.29678	360.00	4.5223	924.85	1.302
82	甲醇	CH_4O	32.042	2.288	0.2685	512.64	0.2453	175.47	27.912	512.64	8.521
83	乙醇	C_2H_6O	46.069	1.648	0.27627	513.92	0.2331	159.05	19.413	513.92	5.965
84	1-丙醇	C_3H_8O	60.096	1.235	0.27136	536.78	0.24	146.95	15.231	536.78	4.551
85	1-丁醇	$C_4H_{10}O$	74.123	0.965	0.2666	563.05	0.24419	184.51	12.016	563.05	3.620
86	2-丁醇	$C_4H_{10}O$	74.123	0.966	0.26064	536.05	0.2746	158.45	12.57	536.05	3.706
87	2-丙醇	C_3H_8O	60.096	1.24	0.27342	508.3	0.2353	185.28	14.547	508.3	4.535
88	叔丁醇	$C_4H_{10}O$	74.123	0.9212	0.2544	506.21	0.276	298.97	10.555	506.21	3.621
89	正戊醇	$C_5H_{12}O$	88.150	0.8164	0.2673	586.15	0.2506	195.56	10.057	586.15	3.054
90	2-甲基-1-丁醇	$C_5H_{12}O$	88.150	0.82046	0.26829	565	0.2322	203.00	10.017	565	3.058
91	3-甲基-1-丁醇	$C_5H_{12}O$	88.150	0.837	0.27375	577.2	0.22951	155.95	10.204	577.2	3.058
92	正己醇	$C_6H_{14}O$	102.177	0.70617	0.26901	611.35	0.2479	228.55	8.4506	611.35	2.625
93	正庚醇	$C_7H_{16}O$	116.203	0.60481	0.2632	631.9	0.273	239.15	7.421	631.9	2.298
94	环己醇	$C_6H_{12}O$	100.161	0.8243	0.26546	650	0.2848	296.60	9.4693	650	3.105
95	乙二醇	$C_2H_6O_2$	62.068	1.3151	0.25125	719.7	0.2187	260.15	18.31	719.7	5.234
96	1，2-丙二醇	$C_3H_8O_2$	76.095	1.0923	0.26106	626	0.20459	213.15	14.363	626	4.184

续表

序号	物质名称	化学分子式	相对分子质量	C_1	C_2	C_3	C_4	适用温度范围			
								T_{min}	T_{min}时ρ	T_{max}	T_{max}时ρ
97	苯酚	C_6H_6O	94.113	1.3798	0.31598	694.25	0.32768	314.06	11.244	694.25	4.367
98	邻甲酚	C_7H_8O	108.140	1.0861	0.30624	697.55	0.30587	304.19	9.5751	697.55	3.547
99	间甲酚	C_7H_8O	108.140	0.9061	0.28268	705.85	0.2707	285.39	9.6115	705.85	3.205
100	对甲酚	C_7H_8O	108.140	1.1503	0.31861	704.65	0.30104	307.93	9.4494	704.65	3.610
101	二甲醚	C_2H_6O	46.069	1.5693	0.2679	400.1	0.2882	131.65	18.95	400.1	5.858
102	甲乙醚	C_3H_8O	60.096	1.2635	0.27878	437.8	0.2744	160.00	13.995	437.8	4.532
103	甲丙醚	$C_4H_{10}O$	74.123	1.0124	0.27942	476.3	0.2555	133.97	11.696	476.3	3.623
104	甲基异丙基醚	$C_4H_{10}O$	74.123	1.0318	0.28478	464.5	0.2444	127.93	11.568	464.5	3.623
105	甲基正丁基醚	$C_5H_{12}O$	88.150	0.8281	0.27245	510	0.2827	157.48	9.8068	510	3.040
106	甲基异丁基醚①	$C_5H_{12}O$	88.150	0.8252	0.27282	497	0.2857	150.00	9.7673	497	3.025
107	甲基异叔丁基醚	$C_5H_{12}O$	88.150	0.82157	0.27032	497.1	0.2829	164.55	9.7682	497.1	3.039
108	二乙醚	$C_4H_{10}O$	74.123	0.9554	0.26847	466.7	0.2814	156.85	11.487	466.7	3.559
109	乙基正丙基醚	$C_5H_{12}O$	88.150	0.7908	0.266	500.23	0.292	145.65	9.8474	500.23	2.973
110	乙基异丙基醚	$C_5H_{12}O$	88.150	0.82049	0.26994	489	0.30381	140.00	9.9117	489	3.040
111	苯甲醚	C_7H_8O	108.140	0.77488	0.26114	645.6	0.28234	235.65	9.6675	645.6	2.967
112	二苯醚	$C_{12}H_{10}O$	170.211	0.52133	0.26218	766.8	0.31033	300.03	6.2648	766.8	1.988
113	甲醛③	CH_2O	30.026	1.9415	0.22309	408	0.28571	181.15	30.945	408	8.703
114	乙醛	C_2H_4O	44.053	1.6994	0.26167	466	0.2913	150.15	21.499	466	6.494
115	1-丙醛	C_3H_6O	58.080	1.296	0.26439	504.4	0.29471	170.00	15.929	504.4	4.902
116	1-丁醛	C_4H_8O	72.107	1.0361	0.26731	537.2	0.28397	176.75	12.589	537.2	3.876
117	1-戊醛	$C_5H_{10}O$	86.134	0.83871	0.26252	566.1	0.29444	182.00	10.534	566.1	3.195
118	1-己醛	$C_6H_{12}O$	100.161	0.71899	0.26531	591	0.27628	217.15	8.7243	591	2.710
119	1-庚醛	$C_7H_{14}O$	114.188	0.62649	0.26376	617	0.29221	229.80	7.6002	617	2.375
120	1-辛醛	$C_8H_{16}O$	128.214	0.56833	0.26939	638.1	0.26975	246.00	6.6637	638.1	2.110

续表

序号	物质名称	化学分子式	相对分子质量	C_1	C_2	C_3	C_4	适用温度范围			
								T_{min}	T_{min}时ρ	T_{max}	T_{max}时ρ
121	1-壬醛	$C_9H_{18}O$	142.241	0.49587	0.26135	658	0.30736	255.15	6.0165	658	1.897
122	1-癸醛	$C_{10}H_{20}O$	156.268	0.46802	0.27146	674.2	0.26869	267.15	5.3834	674.2	1.724
123	丙酮	C_3H_6O	58.080	1.2332	0.25886	508.2	0.2913	178.45	15.683	508.2	4.764
124	甲乙酮	C_4H_8O	72.107	0.93767	0.25035	535.5	0.29964	186.48	12.663	535.5	3.745
125	2-戊酮	$C_5H_{10}O$	86.134	0.90411	0.27207	561.08	0.30669	196.29	10.398	561.08	3.323
126	甲基异丙酮①	$C_5H_{10}O$	86.134	0.8374	0.26204	553	0.2857	181.15	10.565	553	3.196
127	2-己酮	$C_6H_{12}O$	100.161	0.70659	0.26073	587.05	0.2963	217.35	8.7505	587.05	2.710
128	甲基异丁基酮	$C_6H_{12}O$	100.161	0.71791	0.26491	571.4	0.28544	189.15	8.8579	571.4	2.710
129	3-甲基-2-戊酮①	$C_6H_{12}O$	100.161	0.6969	0.2587	573	0.2857	167.15	9.1722	573	2.694
130	3-戊酮	$C_5H_{10}O$	86.134	0.71811	0.24129	560.95	0.27996	234.18	10.102	560.95	2.976
131	乙基异丙基酮	$C_6H_{12}O$	100.161	0.66469	0.24527	567	0.34305	200.00	9.0933	567	2.710
132	二异丙基酮	$C_7H_{14}O$	114.188	0.56213	0.23385	576	0.2618	204.81	8.7779	576	2.404
133	环己酮	$C_6H_{10}O$	98.145	0.8663	0.26941	653	0.2977	242.00	10.081	653	3.216
134	甲基苯基酮	C_8H_8O	120.151	0.64417	0.24863	709.5	0.28661	292.81	8.5581	709.5	2.591
135	甲酸	CH_2O_2	46.026	1.938	0.24225	588	0.24435	281.45	26.806	588	8.000
136	乙酸	$C_2H_4O_2$	60.053	1.4486	0.25892	591.95	0.2529	289.81	17.492	591.95	5.595
137	丙酸	$C_3H_6O_2$	74.079	1.1041	0.25659	600.81	0.26874	252.45	13.933	600.81	4.303
138	丁酸	$C_4H_8O_2$	88.106	0.89213	0.25938	615.7	0.24909	267.95	11.087	615.7	3.440
139	异丁酸	$C_4H_8O_2$	88.106	0.88575	0.25736	605	0.26265	227.15	11.42	605	3.442
140	苯甲酸①	$C_7H_6O_2$	122.123	0.71587	0.24812	751	0.2857	395.45	8.8935	751	2.885
141	乙酸酐	$C_4H_6O_3$	102.090	0.86852	0.25187	606	0.31172	200.15	11.643	606	3.448
142	甲酸甲酯	$C_2H_4O_2$	60.053	1.525	0.2634	487.2	0.2806	174.15	18.811	487.2	5.790
143	乙酸甲酯	$C_3H_6O_2$	74.079	1.13	0.2593	506.55	0.2764	175.15	14.175	506.55	4.358
144	丙酸甲酯	$C_4H_8O_2$	88.106	0.9147	0.2594	530.6	0.2774	185.65	11.678	530.6	3.526

续表

序号	物质名称	化学分子式	相对分子质量	C_1	C_2	C_3	C_4	适用温度范围			
								T_{min}	T_{min}时ρ	T_{max}	T_{max}时ρ
145	丁酸甲酯	$C_5H_{10}O_2$	102.133	0.76983	0.26173	554.5	0.26879	187.35	9.7638	554.5	2.941
146	甲酸乙酯	$C_3H_6O_2$	74.079	1.1343	0.26168	508.4	0.2791	193.55	14.006	508.4	4.335
147	乙酸乙酯	$C_4H_8O_2$	88.106	0.8996	0.25856	523.3	0.278	189.60	11.478	523.3	3.479
148	丙酸乙酯	$C_5H_{10}O_2$	102.133	0.7405	0.25563	546	0.2795	199.25	9.6317	546	2.897
149	丁酸乙酯	$C_6H_{12}O_2$	116.160	0.63566	0.25613	571	0.27829	175.15	8.4912	571	2.482
150	甲酸正丙酯	$C_4H_8O_2$	88.106	0.915	0.26134	538	0.28	180.25	11.59	538	3.501
151	乙酸正丙酯	$C_5H_{10}O_2$	102.133	0.73041	0.25456	549.73	0.27666	178.15	9.7941	549.73	2.869
152	乙酸正丁酯	$C_6H_{12}O_2$	116.160	0.669	0.26028	579.15	0.309	199.65	8.3747	579.15	2.570
153	苯甲酸甲酯	$C_8H_8O_2$	136.150	0.53944	0.23519	693	0.2676	260.75	8.2133	693	2.294
154	苯甲酸乙酯	$C_9H_{10}O_2$	150.177	0.4883	0.23878	698	0.28487	238.45	7.2924	698	2.045
155	乙酸乙烯酯	$C_4H_6O_2$	86.090	0.9591	0.2593	519.13	0.27448	180.35	12.287	519.13	3.699
156	甲胺	CH_5N	31.057	1.39	0.21405	430.05	0.2275	179.69	25.378	430.05	6.494
157	二甲胺	C_2H_7N	45.084	1.5436	0.27784	437.2	0.2572	180.96	16.964	437.2	5.556
158	三甲胺	C_3H_9N	59.111	1.0116	0.25683	433.25	0.2696	156.08	13.144	433.25	3.939
159	乙胺	C_2H_7N	45.084	1.1477	0.23182	456.15	0.26053	192.15	17.588	456.15	4.951
160	二乙胺	$C_4H_{11}N$	73.138	0.85379	0.25675	496.6	0.27027	223.35	10.575	496.6	3.325
161	三乙胺	$C_6H_{15}N$	101.192	0.7035	0.27386	535.15	0.2872	158.45	8.2843	535.15	2.569
162	正丙胺	C_3H_9N	59.111	0.9195	0.23878	496.95	0.2461	188.36	13.764	496.95	3.851
163	二正丙胺	$C_6H_{15}N$	101.192	0.659	0.26428	550	0.2766	210.15	7.9929	550	2.494
164	异丙胺	C_3H_9N	59.111	1.2801	0.2828	471.85	0.2972	177.95	13.561	471.85	4.527
165	二异丙胺	$C_6H_{15}N$	101.192	0.6181	0.25786	523.1	0.271	176.85	8.0541	523.1	2.397
166	苯胺	C_6H_7N	93.128	1.0405	0.2807	699	0.29236	267.13	11.176	699	3.707
167	N-甲基苯胺	C_7H_9N	107.155	0.6527	0.24324	701.55	0.25374	216.15	9.7244	701.55	2.683
168	N，N-二甲基苯胺	$C_8H_{11}N$	121.182	0.4923	0.22868	687.15	0.2335	275.60	7.9705	687.15	2.153

续表

序号	物质名称	化学分子式	相对分子质量	C_1	C_2	C_3	C_4	适用温度范围			
								T_{min}	T_{min}时ρ	T_{max}	T_{max}时ρ
169	环氧乙烷	C_2H_4O	44.053	1.836	0.26024	469.15	0.2696	160.65	23.477	469.15	7.055
170	呋喃	C_4H_4O	68.075	1.1339	0.24741	490.15	0.2612	187.55	15.702	490.15	4.583
171	噻吩	C_4H_4S	84.142	1.2875	0.28195	579.35	0.3077	234.94	13.431	579.35	4.566
172	吡啶	C_5H_5N	79.101	0.9815	0.24957	619.95	0.29295	231.51	13.193	619.95	3.933
173	甲酰胺⑤	CH_3NO	45.041	1.2486	0.20352	771	0.25178	275.60	25.488	771	6.135
174	N,N-二甲基甲酰胺	C_3H_7NO	73.095	0.89615	0.23478	649.6	0.28091	212.72	13.954	649.6	3.817
175	乙酰胺	C_2H_5NO	59.068	1.016	0.21845	761	0.26116	353.33	16.936	761	4.651
176	N-甲基乙酰胺	C_3H_7NO	73.095	0.88268	0.23568	718	0.27379	301.15	13.012	718	3.745
177	乙腈	C_2H_3N	41.053	1.3064	0.22597	545.5	0.28678	229.32	20.628	545.5	5.781
178	丙腈	C_3H_5N	55.079	1.0224	0.23452	564.4	0.2804	180.26	16.027	564.4	4.360
179	正丁腈	C_4H_7N	69.106	0.87533	0.24331	582.25	0.28586	161.25	13.047	582.25	3.598
180	苯甲腈	C_7H_5N	103.123	0.73136	0.24793	699.35	0.2841	260.40	10.009	699.35	2.950
181	甲硫醇	CH_4S	48.109	1.9323	0.28018	469.95	0.28523	150.18	21.564	469.95	6.897
182	乙硫醇	C_2H_6S	62.136	1.3047	0.2694	499.15	0.27866	125.26	16.242	499.15	4.843
183	丙硫醇	C_3H_8S	76.163	1.0714	0.27214	536.6	0.29481	159.95	12.716	536.6	3.937
184	丁硫醇	$C_4H_{10}S$	90.189	0.89458	0.27463	570.1	0.28512	157.46	10.585	570.1	3.257
185	异丁硫醇	$C_4H_{10}S$	90.189	0.88801	0.27262	559	0.29522	128.31	10.851	559	3.257
186	仲丁硫醇	$C_4H_{10}S$	90.189	0.89137	0.27365	554	0.2953	133.02	10.761	554	3.257
187	二甲基硫醚	C_2H_6S	62.136	1.4029	0.27991	503.04	0.2741	174.88	15.556	503.04	5.012
188	甲基乙基硫醚	C_3H_8S	76.163	1.067	0.27101	533	0.29363	167.23	12.672	533	3.937
189	二乙基硫醚	$C_4H_{10}S$	90.189	0.82413	0.26333	557.15	0.27445	169.20	10.476	557.15	3.130
190	氟代甲烷	CH_3F	34.033	2.1854	0.24725	317.42	0.27558	131.35	29.526	317.42	8.839
191	氯代甲烷	CH_3Cl	50.488	1.817	0.25877	416.25	0.2833	175.43	22.347	416.25	7.022
192	三氯甲烷	$CHCl_3$	119.377	1.0841	0.2581	536.4	0.2741	209.63	13.702	536.4	4.200

续表

序号	物质名称	化学分子式	相对分子质量	C_1	C_2	C_3	C_4	适用温度范围			
								T_{min}	T_{min}时ρ	T_{max}	T_{max}时ρ
193	四氯化碳	CCl_4	153.822	0.99835	0.274	556.35	0.287	250.33	10.843	556.35	3.644
194	溴化甲烷	CH_3Br	94.939	1.6762	0.26141	467	0.28402	179.47	20.64	467	6.412
195	氟代乙烷	C_2H_5F	48.060	1.6525	0.27099	375.31	0.2442	129.95	19.785	375.31	6.098
196	氯乙烷	C_2H_5Cl	64.514	2.176	0.3377	460.35	0.3361	134.80	16.934	460.35	6.444
197	溴乙烷	C_2H_5Br	108.966	1.1908	0.25595	503.8	0.29152	154.55	15.833	503.8	4.653
198	1-氯丙烷	C_3H_7Cl	78.541	1.087	0.26832	503.15	0.28055	150.35	13.328	503.15	4.051
199	2-氯丙烷	C_3H_7Cl	78.541	1.1202	0.27669	489	0.27646	155.97	12.855	489	4.049
200	1,1-二氯丙烷①	C_3H_6Cl2	112.986	0.91064	0.26561	560	0.28571	200.00	11.03	560	3.429
201	1,2-二氯丙烷	C_3H_6Cl2	112.986	0.89833	0.26142	572	0.2868	172.71	11.526	572	3.436
202	氯乙烯	C_2H_3Cl	62.499	1.5115	0.2707	432	0.2716	119.36	18.481	432	5.584
203	氟苯	C_6H_5F	96.104	1.0146	0.27277	560.09	0.28291	230.94	11.374	560.09	3.720
204	氯苯	C_6H_5Cl	112.558	0.8711	0.26805	632.35	0.2799	227.95	10.385	632.35	3.250
205	溴苯	C_6H_5Br	157.010	0.8226	0.26632	670.15	0.2821	242.43	9.9087	670.15	3.089
206	空气		28.951	2.8963	0.26733	132.45	0.27341	59.15	33.279	132.45	10.834
207	氢气	H_2	2.016	5.414	0.34893	33.19	0.2706	13.95	38.487	33.19	15.516
208	氦-4④	He	4.003	7.2475	0.41865	5.2	0.24096	2.20	37.115	5.2	17.312
209	氖	Ne	20.180	7.3718	0.3067	44.4	0.2786	24.56	61.796	44.4	24.036
210	氩	Ar	39.948	3.8469	0.2881	150.86	0.29783	83.78	35.491	150.86	13.353
211	氟	F_2	37.997	4.2895	0.28587	144.12	0.28776	53.48	44.888	144.12	15.005
212	氯	Cl_2	70.905	2.23	0.27645	417.15	0.2926	172.12	24.242	417.15	8.067
213	溴	Br_2	159.808	2.1872	0.29527	584.15	0.3295	265.85	20.109	584.15	7.408
214	氧	O_2	31.999	3.9143	0.28772	154.58	0.2924	54.35	40.77	154.58	13.605
215	氮	N_2	28.014	3.2091	0.2861	126.2	0.2966	63.15	31.063	126.2	11.217
216	氨	NH_3	17.031	3.5383	0.25443	405.65	0.2888	195.41	43.141	405.65	13.907

续表

序号	物质名称	化学分子式	相对分子质量	C_1	C_2	C_3	C_4	适用温度范围			
								T_{min}	T_{min}时ρ	T_{max}	T_{max}时ρ
217	肼	N_2H_4	32.045	1.0516	0.16613	653.15	0.1898	274.69	31.934	653.15	6.330
218	一氧化二氮	N_2O	44.013	2.781	0.27244	309.57	0.2882	182.30	27.928	309.57	10.208
219	一氧化氮	NO	30.006	5.246	0.3044	180.15	0.242	109.50	44.487	180.15	17.234
220	氰	C_2N_2	52.036	1.0761	0.20984	400.15	0.20635	245.25	18.513	400.15	5.128
221	一氧化碳	CO	28.010	2.897	0.27532	132.92	0.2813	68.15	30.18	132.92	10.522
222	二氧化碳	CO_2	44.010	2.768	0.26212	304.21	0.2908	216.58	26.828	304.21	10.560
223	二硫化碳	CS_2	76.143	1.7968	0.28749	552	0.3226	161.11	19.064	552	6.250
224	氟化氢	HF	20.006	2.5635	0.1766	461.15	0.3733	189.79	60.203	461.15	14.516
225	氯化氢	HCl	36.461	3.342	0.2729	324.65	0.3217	158.97	34.854	324.65	12.246
226	溴化氢①	HBr	80.912	2.832	0.2832	363.15	0.28571	185.15	27.985	363.15	10.000
227	氰化氢	HCN	27.026	1.3413	0.18589	456.65	0.28206	259.83	27.202	456.65	7.216
228	硫化氢	H_2S	34.082	2.7672	0.27369	373.53	0.29015	187.68	29.13	373.53	10.111
229	二氧化硫	SO_2	64.065	2.106	0.25842	430.75	0.2895	197.67	25.298	430.75	8.150
230	三氧化硫	SO_3	80.064	1.4969	0.19013	490.85	0.4359	289.95	24.241	490.85	7.873
231	水⑦	H_2O	18.015	5.459	0.30542	647.13	0.081	273.16	55.583	333.15	54.703

① 使用改进的 Rackett 方程: $\rho = (P_c/RT_c)/ZRA^{1+[1-(T/T_c)]^{2/7}}$。

② 加热剧烈分解。遇空气或氧气生成易爆炸的过氧化物。加压和加热情况下聚合。

③ 假想的纯液体。

④ 温度低于 2.2K，表现为超流体特性。

⑤ 超过分解温度，系数是假定的。

⑥ 下限是对过冷液体而言的。

⑦ 当温度在 333.15K 和 403.15K 之间时，使用下述系数: $C_1=4.9669E+00$, $C_2=2.7788E-01$, $C_3=6.4713E+02$, $C_4=1.8740E-01$;
当温度在 403.15K 和 647.13K 之间时，使用下述系数: $C_1=4.3910E+00$, $C_2=2.4870E-01$, $C_3=6.4713E+02$, $C_4=2.5340E-01$。

注: 本书引用数据时，首先考虑使用第一章列出的数据。

第三节　气体体系的密度

一、纯烃和非极性气体的密度

根据式(5-1-6)，计算真实气体的密度，需知道压缩系数。对绝大多数气体来说，压缩系数可近似地看作是对比温度 T_r 和对比压力 P_r 的函数，可从图 5-3-1 查得[2]。对一般气体烃类而言，该图能满足工程计算之用。对氢、氦、氖、氩等气体，应由图 5-3-2 查得其压缩系数[2]。

实际上，压缩系数不单纯是对比温度和对比压力的函数。如果要求精确计算，需按式(5-3-1)计算[9]。

$$Z = Z^{(0)} + \omega Z^{(1)} \tag{5-3-1}$$

式中　Z——所求压缩系数；

$Z^{(0)}$——简单流体的压缩系数，可从图 5-3-3 和图 5-3-4 查得[9]；

$Z^{(1)}$——非简单流体压缩系数校正值，可从图 5-3-5 和图 5-3-6 查得[9]。

ω——偏心因子。

对于饱和蒸气，上式中 $Z^{(0)}$ 和 $Z^{(1)}$ 的值应由表 5-3-1 查得(不能用图 5-3-3～图 5-3-6)。

表 5-3-1　饱和蒸气的 $Z^{(0)}$ 及 $Z^{(1)}$ 值

P_r	$Z^{(0)}$	$Z^{(1)}$	P_r	$Z^{(0)}$	$Z^{(1)}$
1.00	0.291	-0.080	0.65	0.615	-0.069
0.99	0.35	-0.083	0.60	0.640	-0.063
0.98	0.38	-0.085	0.55	0.665	-0.056
0.97	0.40	-0.087	0.50	0.688	-0.049
0.96	0.41	-0.088	0.45	0.711	-0.041
0.95	0.42	-0.089	0.40	0.734	-0.033
0.94	0.43	-0.089	0.35	0.758	-0.025
0.92	0.45	-0.090	0.30	0.783	-0.018
0.90	0.47	-0.091	0.25	0.809	-0.012
0.85	0.50	-0.090	0.20	0.835	-0.008
0.80	0.53	-0.087	0.15	0.864	-0.005
0.75	0.56	-0.081	0.10	0.896	-0.002
0.70	0.59	-0.075	0.05	0.935	0.000

对于非饱和气体，若想得到准确的 $Z^{(0)}$ 和 $Z^{(1)}$ 的值，可以用表 5-3-2 和表 5-3-3 对 P_r 和 T_r 双内插法查得数据。在接近饱和状态时，这种内插法会有问题。如果准确度稍差的数据可以用的话，可从图 5-3-3～图 5-3-6 快速查得。

上述计算方法通常误差小于 1%，在临界区域，误差可达 30%。在图 5-3-3 中表示出了最不可靠的区域。本方法对极性物质不准确。

表 5-3-2[9]中的虚线表示液体(向右和上方)和气体(向左和下方)的压缩因子的不连续性。不能通过这条虚线进行内插，在虚线附近，可在对比温度恒定条件下对对比压力进行必需的外插。

对于氢气，需采用 $T_c = -231.48℃$，$P_c = 2.10MPa$ 计算对比温度和对比应力。

将图 5-3-5 和图 5-3-6 对对比压力外延至很小值时，可看出，当压力趋于 0 时，$Z^{(0)}$ 趋于 1，$Z^{(1)}$ 趋于 0。在很多工程应用场合，当 P_r 在 0~0.2 时，$Z^{(0)}$ 和 $Z^{(1)}$ 的值可分别取为 1 和 0。此时若想得到更为精确的值，可用下式计算[1]：

$$Z = 1 + \frac{P_r}{T_r}[(0.1445 + 0.073\omega) - (0.330 - 0.46\omega) T_r^{-1} -$$

$$(0.1385 + 0.50\omega) T_r^{-2} - (0.0121 + 0.097\omega) T_r^{-3} - 0.0073\omega T_r^{-8}] \quad (5-3-2)$$

【例 5-3-1】 计算异丁烷在 154.44℃ 及 8.62MPa 时的压缩因数。

解：从第一章纯烃性质知：

$$T_c = 134.99℃$$

$$P_c = 3.65MPa$$

$$\omega = 0.1770$$

$$T_r = \frac{154.44 + 273.15}{134.99 + 273.15} = 1.048$$

$$P_r = \frac{8.62}{3.65} = 2.363$$

从表 5-3-2 对 T_r、P_r 双插值，求 $Z^{(0)}$：

$T_r = 1.04$ 时

$$Z^{(0)} = 0.362 + (0.386 - 0.362)\frac{2.363 - 2.2}{2.4 - 2.2} = 0.382$$

$T_r = 1.05$ 时

$$Z^{(0)} = 0.367 + (0.390 - 0.367)\frac{2.363 - 2.2}{2.4 - 2.2} = 0.386$$

最终：

$$Z^{(0)} = 0.382 + (0.386 - 0.382)\frac{1.048 - 1.04}{1.05 - 1.04} = 0.385$$

同样从表 5-3-3 对 T_r、P_r 双插值，求出 $Z^{(1)} = -0.061$

$$Z = 0.385 + (0.1770)(-0.061) = 0.374$$

此压缩因子的实验值为 0.377。

表 5-3-2　简单流体压缩系数表，$Z^{(0)}$

对比温度	对比压力									
	0.20	0.40	0.60	0.80	0.90	1.00	1.10	1.20	1.30	1.40
0.30	0.058	0.116	0.174	0.231	0.260	0.289	0.318	0.347	0.376	0.405
0.35	0.052	0.104	0.156	0.208	0.234	0.260	0.286	0.312	0.338	0.364
0.40	0.048	0.095	0.143	0.190	0.214	0.238	0.262	0.285	0.309	0.333
0.45	0.044	0.088	0.132	0.176	0.198	0.220	0.242	0.264	0.286	0.308
0.50	0.041	0.082	0.124	0.165	0.185	0.206	0.226	0.246	0.267	0.287
0.55	0.039	0.078	0.117	0.155	0.175	0.194	0.213	0.232	0.252	0.271
0.60	0.037	0.074	0.111	0.148	0.166	0.184	0.203	0.221	0.239	0.257
0.65	0.036	0.071	0.106	0.141	0.159	0.176	0.194	0.211	0.229	0.246
0.70	0.034	0.069	0.103	0.137	0.153	0.170	0.187	0.204	0.221	0.237
0.75	0.034	0.067	0.100	0.133	0.149	0.166	0.182	0.198	0.214	0.230
0.80	0.854	0.066	0.099	0.131	0.147	0.163	0.178	0.194	0.210	0.226
0.85	0.881	0.066	0.098	0.130	0.146	0.161	0.177	0.192	0.208	0.223
0.90	0.901	0.780	0.101	0.132	0.148	0.163	0.178	0.193	0.209	0.223
0.95	0.917	0.821	0.697	0.141	0.156	0.171	0.185	0.200	0.214	0.229
0.98	0.925	0.840	0.736	0.589	0.175	0.184	0.197	0.210	0.223	0.237
0.99	0.928	0.845	0.747	0.614	0.507	0.196	0.204	0.215	0.228	0.241
1.00	0.930	0.851	0.757	0.635	0.548	0.289	0.217	0.224	0.234	0.246
1.01	0.932	0.856	0.767	0.654	0.578	0.465	0.249	0.237	0.243	0.253
1.02	0.934	0.861	0.776	0.671	0.604	0.515	0.360	0.263	0.257	0.262
1.03	0.936	0.866	0.785	0.686	0.626	0.550	0.444	0.317	0.279	0.276
1.04	0.938	0.870	0.793	0.700	0.645	0.579	0.494	0.386	0.316	0.296
1.05	0.940	0.874	0.800	0.713	0.662	0.603	0.531	0.444	0.363	0.325
1.06	0.942	0.878	0.807	0.725	0.667	0.624	0.561	0.488	0.411	0.360
1.07	0.944	0.882	0.814	0.736	0.691	0.642	0.586	0.522	0.454	0.398
1.08	0.945	0.886	0.820	0.746	0.705	0.659	0.608	0.552	0.491	0.435
1.09	0.947	0.890	0.827	0.756	0.717	0.674	0.627	0.577	0.522	0.469
1.10	0.948	0.893	0.832	0.765	0.728	0.688	0.645	0.598	0.549	0.500
1.11	0.950	0.896	0.838	0.773	0.738	0.701	0.661	0.618	0.573	0.528
1.12	0.951	0.899	0.843	0.781	0.748	0.713	0.675	0.636	0.594	0.552
1.13	0.953	0.902	0.848	0.789	0.757	0.724	0.689	0.652	0.613	0.575
1.15	0.955	0.908	0.858	0.803	0.774	0.744	0.713	0.680	0.647	0.613
1.20	0.961	0.920	0.878	0.833	0.810	0.786	0.761	0.736	0.711	0.686
1.25	0.966	0.931	0.894	0.857	0.838	0.818	0.798	0.778	0.758	0.738
1.30	0.970	0.940	0.908	0.876	0.860	0.844	0.827	0.811	0.795	0.778
1.40	0.977	0.953	0.930	0.906	0.894	0.883	0.871	0.859	0.848	0.837
1.50	0.982	0.964	0.946	0.928	0.919	0.910	0.902	0.893	0.885	0.877
1.60	0.986	0.971	0.958	0.944	0.937	0.931	0.924	0.918	0.912	0.906
1.70	0.989	0.977	0.967	0.956	0.951	0.946	0.941	0.937	0.932	0.928
1.80	0.991	0.982	0.974	0.966	0.962	0.958	0.955	0.951	0.948	0.944
2.00	0.944	0.989	0.984	0.980	0.977	0.975	0.973	0.971	0.970	0.968
2.50	0.999	0.998	0.997	0.997	0.997	0.997	0.997	0.997	0.997	0.997
3.00	1.001	1.002	1.003	1.004	1.005	1.006	1.007	1.007	1.008	1.009
3.50	1.002	1.004	1.005	1.008	1.009	1.010	1.011	1.012	1.013	1.014
4.00	1.002	1.004	1.007	1.009	1.010	1.011	1.013	1.014	1.015	1.017

对比温度	对比压力											
	1.60	1.70	1.80	2.00	2.20	2.40	2.60	2.80	3.00	3.20	3.40	3.60
0.30	0.462	0.491	0.520	0.578	0.653	0.693	0.750	0.807	0.865	0.922	0.979	1.037
0.35	0.416	0.442	0.468	0.520	0.571	0.623	0.674	0.726	0.778	0.829	0.880	0.932
0.40	0.380	0.404	0.427	0.474	0.522	0.569	0.616	0.663	0.709	0.756	0.803	0.850
0.45	0.351	0.373	0.395	0.438	0.482	0.525	0.569	0.612	0.655	0.698	0.741	0.784
0.50	0.328	0.348	0.369	0.409	0.450	0.490	0.530	0.571	0.611	0.651	0.691	0.731
0.55	0.309	0.328	0.347	0.385	0.423	0.461	0.499	0.537	0.575	0.612	0.650	0.687
0.60	0.293	0.312	0.330	0.366	0.402	0.438	0.473	0.509	0.545	0.580	0.616	0.651
0.65	0.281	0.298	0.315	0.350	0.384	0.418	0.452	0.486	0.520	0.553	0.587	0.620
0.70	0.270	0.287	0.303	0.336	0.369	0.402	0.434	0.467	0.499	0.531	0.563	0.595
0.75	0.262	0.278	0.294	0.326	0.358	0.389	0.420	0.451	0.482	0.513	0.544	0.574
0.80	0.257	0.272	0.288	0.318	0.349	0.379	0.409	0.439	0.469	0.499	0.528	0.558
0.85	0.253	0.268	0.283	0.313	0.343	0.372	0.401	0.430	0.459	0.488	0.516	0.544
0.90	0.253	0.268	0.282	0.311	0.340	0.369	0.397	0.425	0.453	0.480	0.508	0.535
0.95	0.257	0.272	0.286	0.314	0.342	0.369	0.396	0.423	0.450	0.477	0.503	0.529
0.98	0.264	0.278	0.291	0.318	0.345	0.372	0.398	0.425	0.451	0.477	0.503	0.528
0.99	0.267	0.280	0.294	0.320	0.347	0.373	0.399	0.426	0.451	0.477	0.503	0.528
1.00	0.271	0.284	0.297	0.323	0.349	0.375	0.401	0.427	0.452	0.478	0.503	0.528
1.01	0.276	0.288	0.301	0.326	0.352	0.377	0.403	0.428	0.453	0.479	0.504	0.528
1.02	0.282	0.293	0.305	0.330	0.355	0.380	0.405	0.430	0.455	0.480	0.504	0.529
1.03	0.290	0.300	0.311	0.334	0.358	0.382	0.407	0.432	0.456	0.481	0.505	0.530
1.04	0.300	0.308	0.318	0.339	0.362	0.386	0.410	0.434	0.458	0.482	0.507	0.531
1.05	0.313	0.318	0.326	0.345	0.367	0.390	0.413	0.437	0.460	0.484	0.508	0.532
1.06	0.330	0.331	0.336	0.352	0.372	0.394	0.417	0.440	0.463	0.486	0.510	0.533
1.07	0.351	0.347	0.348	0.361	0.379	0.399	0.421	0.443	0.466	0.489	0.512	0.535
1.08	0.375	0.365	0.363	0.371	0.386	0.405	0.426	0.447	0.469	0.492	0.514	0.537
1.09	0.401	0.386	0.380	0.382	0.395	0.412	0.431	0.452	0.473	0.495	0.517	0.539
1.10	0.427	0.409	0.399	0.395	0.404	0.419	0.437	0.456	0.477	0.498	0.520	0.541
1.11	0.454	0.432	0.419	0.410	0.415	0.427	0.444	0.462	0.481	0.502	0.523	0.544
1.12	0.480	0.456	0.439	0.425	0.427	0.436	0.451	0.468	0.486	0.506	0.526	0.547
1.13	0.505	0.479	0.460	0.442	0.439	0.446	0.459	0.474	0.492	0.511	0.530	0.550
1.15	0.549	0.523	0.502	0.476	0.467	0.498	0.477	0.489	0.504	0.521	0.539	0.558
1.20	0.636	0.613	0.593	0.561	0.540	0.531	0.530	0.534	0.542	0.554	0.567	0.582
1.25	0.699	0.681	0.663	0.633	0.610	0.595	0.587	0.585	0.588	0.594	0.603	0.613
1.30	0.747	0.732	0.717	0.691	0.669	0.653	0.642	0.636	0.634	0.636	0.641	0.648
1.40	0.815	0.804	0.794	0.755	0.759	0.745	0.734	0.725	0.720	0.718	0.718	0.720
1.50	0.861	0.854	0.846	0.833	0.821	0.810	0.801	0.794	0.789	0.785	0.784	0.784
1.60	0.894	0.889	0.884	0.874	0.865	0.857	0.851	0.845	0.841	0.838	0.836	0.836
1.70	0.919	0.915	0.911	0.904	0.898	0.892	0.888	0.884	0.881	0.879	0.878	0.878
1.80	0.938	0.935	0.933	0.928	0.923	0.919	0.916	0.914	0.912	0.911	0.910	0.910
2.00	0.965	0.963	0.962	0.960	0.958	0.957	0.956	0.955	0.955	0.955	0.956	0.957
2.50	0.998	0.998	0.999	1.000	1.001	1.002	1.004	1.006	1.008	1.010	1.013	1.015
3.00	1.001	1.012	1.013	1.015	1.018	1.020	1.023	1.026	1.028	1.031	1.035	1.038
3.50	1.017	1.018	1.019	1.022	1.025	1.028	1.031	1.034	1.037	1.040	1.043	1.047
4.00	1.019	1.021	1.022	1.025	1.028	1.031	1.034	1.037	1.040	1.043	1.047	1.050

对比温度	对比压力										
	3.80	4.00	4.50	5.00	6.00	7.00	8.00	10.00	11.00	12.00	14.00
0.30	1.094	1.151	1.294	1.437	1.721	2.005	2.288	2.851	3.131	3.411	3.967
0.35	0.983	1.034	1.162	1.290	1.545	1.779	2.051	2.554	2.804	3.053	3.548
0.40	0.897	0.943	1.060	1.176	1.407	1.637	1.866	2.321	2.547	2.772	3.219
0.45	0.827	0.870	0.977	1.084	1.297	1.508	1.718	2.134	2.340	2.546	2.954
0.50	0.771	0.811	0.910	1.009	1.206	1.402	1.596	1.980	2.171	2.360	2.735
0.55	0.725	0.762	0.855	0.948	1.131	1.314	1.494	1.852	2.029	2.205	2.553
0.60	0.686	0.721	0.809	0.896	1.069	1.240	1.409	1.744	1.909	2.073	2.398
0.65	0.654	0.687	0.770	0.853	1.016	1.177	1.337	1.652	1.807	1.961	2.266
0.70	0.627	0.659	0.738	0.816	0.971	1.124	1.275	1.573	1.720	1.865	2.152
0.75	0.605	0.635	0.711	0.785	0.933	1.079	1.222	1.505	1.644	1.781	2.053
0.80	0.587	0.616	0.688	0.760	0.901	1.040	1.177	1.446	1.578	1.708	1.966
0.85	0.573	0.601	0.670	0.739	0.874	1.007	1.138	1.394	1.520	1.645	1.890
0.90	0.562	0.589	0.656	0.722	0.852	0.979	1.105	1.350	1.470	1.589	1.823
0.95	0.556	0.582	0.646	0.709	0.834	0.956	1.076	1.311	1.426	1.540	1.763
0.98	0.554	0.579	0.642	0.703	0.825	0.944	1.061	1.290	1.402	1.513	1.731
0.99	0.553	0.578	0.640	0.702	0.822	0.941	1.057	1.284	1.395	1.504	1.721
1.00	0.553	0.578	0.640	0.700	0.820	0.937	1.052	1.277	1.387	1.496	1.710
1.01	0.553	0.578	0.639	0.699	0.818	0.934	1.048	1.271	1.380	1.488	1.701
1.02	0.553	0.578	0.638	0.698	0.816	0.931	1.044	1.265	1.373	1.480	1.691
1.03	0.554	0.578	0.638	0.697	0.814	0.928	1.040	1.259	1.367	1.473	1.682
1.04	0.555	0.578	0.638	0.696	0.812	0.925	1.036	1.254	1.360	1.465	1.672
1.05	0.555	0.579	0.638	0.696	0.810	0.922	1.032	1.248	1.354	1.458	1.664
1.06	0.556	0.580	0.638	0.695	0.808	0.920	1.029	1.243	1.348	1.451	1.655
1.07	0.558	0.581	0.638	0.695	0.807	0.917	1.026	1.238	1.342	1.444	1.646
1.08	0.559	0.582	0.639	0.695	0.806	0.915	1.022	1.233	1.336	1.438	1.638
1.09	0.561	0.583	0.639	0.695	0.805	0.913	1.019	1.288	1.330	1.431	1.630
1.10	0.563	0.585	0.640	0.695	0.804	0.911	1.017	1.223	1.325	1.425	1.622
1.11	0.565	0.587	0.641	0.695	0.803	0.909	1.014	1.219	1.319	1.419	1.614
1.12	0.568	0.589	0.643	0.696	0.802	0.907	1.011	1.214	1.314	1.413	1.606
1.13	0.571	0.592	0.644	0.697	0.802	0.906	1.009	1.210	1.309	1.407	1.599
1.15	0.577	0.597	0.648	0.699	0.801	0.903	1.004	1.202	1.299	1.395	1.585
1.20	0.599	0.616	0.660	0.707	0.803	0.899	0.995	1.184	1.278	1.370	1.552
1.25	0.626	0.640	0.678	0.719	0.807	0.898	0.989	1.170	1.259	1.348	1.522
1.30	0.657	0.668	0.700	0.736	0.816	0.900	0.986	1.158	1.244	1.328	1.496
1.40	0.724	0.730	0.750	0.776	0.840	0.911	0.987	1.142	1.220	1.298	1.453
1.50	0.785	0.788	0.801	0.820	0.870	0.930	0.995	1.134	1.205	1.276	1.419
1.60	0.837	0.839	0.848	0.862	0.902	0.952	1.008	1.132	1.197	1.262	1.394
1.70	0.878	0.880	0.887	0.898	0.932	0.975	1.024	1.134	1.193	1.253	1.374
1.80	0.911	0.913	0.920	0.930	0.954	0.996	1.040	1.139	1.192	1.247	1.359
2.00	0.959	0.961	0.968	0.977	1.002	1.033	1.069	1.152	1.196	1.243	1.339
2.50	1.018	1.021	1.030	1.039	1.061	1.087	1.114	1.176	1.210	1.244	1.316
3.00	1.041	1.045	1.054	1.063	1.085	1.108	1.132	1.185	1.213	1.241	1.300
3.50	1.050	1.054	1.063	1.072	1.092	1.114	1.136	1.183	1.208	1.233	1.284
4.00	1.053	1.057	1.066	1.075	1.094	1.114	1.134	1.177	1.200	1.222	1.268

表 5-3-3 非简单流体压缩系数校正表，$Z^{(1)}$

对比温度	对比压力										
	0.20	0.40	0.60	0.80	0.90	1.00	1.10	1.20	1.30	1.40	1.50
0.30	−0.016	−0.032	−0.048	−0.064	−0.073	−0.081	−0.089	−0.097	−0.105	−0.113	−0.121
0.35	−0.018	−0.037	−0.055	−0.074	−0.083	−0.092	−0.101	−0.110	−0.120	−0.129	−0.138
0.40	−0.019	−0.038	−0.057	−0.076	−0.085	−0.095	−0.104	−0.113	−0.123	−0.132	−0.141
0.45	−0.019	−0.037	−0.056	−0.074	−0.084	−0.093	−0.102	−0.111	−0.120	−0.130	−0.139
0.50	−0.018	−0.036	−0.054	−0.072	−0.080	−0.089	−0.098	−0.107	−0.116	−0.124	−0.133
0.55	−0.017	−0.034	−0.051	−0.068	−0.077	−0.085	−0.093	−0.102	−0.110	−0.118	−0.126
0.60	−0.016	−0.033	−0.049	−0.065	−0.072	−0.080	−0.088	−0.096	−0.104	−0.111	−0.119
0.65	−0.016	−0.031	−0.046	−0.061	−0.069	−0.076	−0.083	−0.091	−0.098	−0.105	−0.112
0.70	−0.015	−0.029	−0.044	−0.058	−0.065	−0.072	−0.079	−0.085	−0.092	−0.099	−0.106
0.75	−0.014	−0.028	−0.042	−0.055	−0.062	−0.068	−0.074	−0.081	−0.087	−0.093	−0.100
0.80	−0.116	−0.027	−0.040	−0.053	−0.059	−0.065	−0.071	−0.077	−0.083	−0.088	−0.094
0.85	−0.072	−0.027	−0.039	−0.051	−0.057	−0.062	−0.068	−0.073	−0.078	−0.084	−0.089
0.90	−0.044	−0.112	−0.040	−0.050	−0.055	−0.060	−0.065	−0.070	−0.075	−0.079	−0.084
0.95	−0.026	−0.059	−0.111	−0.054	−0.057	−0.061	−0.064	−0.068	−0.071	−0.075	−0.079
0.98	−0.018	−0.039	−0.064	−0.110	−0.069	−0.064	−0.064	−0.066	−0.068	−0.071	−0.074
0.99	−0.016	−0.034	−0.053	−0.080	−0.114	−0.068	−0.064	−0.065	−0.066	−0.069	−0.071
1.00	−0.014	−0.029	−0.044	−0.059	−0.067	−0.088	−0.061	−0.061	−0.063	−0.065	−0.068
1.01	−0.012	−0.024	−0.035	−0.043	−0.042	−0.021	0.008	−0.047	−0.054	−0.059	−0.062
1.02	−0.010	−0.020	−0.028	−0.030	−0.026	−0.006	0.089	0.023	−0.031	−0.045	−0.052
1.03	−0.009	−0.016	−0.021	−0.020	−0.013	0.005	0.059	0.116	0.032	−0.015	−0.034
1.04	−0.007	−0.012	−0.015	−0.011	−0.003	0.014	0.053	0.121	0.103	0.039	−0.002
1.05	−0.005	−0.009	−0.010	−0.003	0.006	0.022	0.053	0.106	0.136	0.095	0.045
1.06	−0.004	−0.006	−0.005	0.003	0.013	0.028	0.055	0.097	0.139	0.123	0.091
1.07	−0.003	−0.003	0.000	0.009	0.019	0.034	0.057	0.092	0.133	0.148	0.126
1.08	−0.002	−0.001	0.004	0.015	0.025	0.039	0.060	0.090	0.126	0.152	0.148
1.09	0.000	0.002	0.007	0.019	0.029	0.044	0.063	0.090	0.122	0.150	0.159
1.10	0.001	0.004	0.011	0.024	0.034	0.048	0.066	0.090	0.118	0.147	0.163
1.11	0.002	0.006	0.014	0.027	0.038	0.051	0.068	0.090	0.116	0.143	0.163
1.12	0.003	0.008	0.016	0.031	0.041	0.054	0.071	0.091	0.115	0.140	0.161
1.13	0.004	0.010	0.019	0.034	0.044	0.057	0.073	0.092	0.114	0.138	0.159
1.15	0.005	0.013	0.024	0.040	0.050	0.062	0.077	0.094	0.114	0.134	0.155
1.20	0.008	0.019	0.033	0.050	0.060	0.072	0.085	0.099	0.115	0.131	0.148
1.25	0.011	0.024	0.039	0.057	0.067	0.078	0.090	0.103	0.116	0.130	0.144
1.30	0.013	0.027	0.043	0.061	0.071	0.082	0.093	0.105	0.117	0.129	0.142
1.40	0.015	0.031	0.048	0.066	0.076	0.086	0.096	0.106	0.117	0.128	0.138
1.50	0.016	0.032	0.050	0.068	0.077	0.086	0.096	0.106	0.115	0.125	0.134
1.60	0.016	0.033	0.050	0.068	0.077	0.086	0.094	0.103	0.112	0.121	0.130
1.70	0.016	0.033	0.050	0.067	0.075	0.084	0.092	0.101	0.109	0.118	0.126
1.80	0.016	0.032	0.049	0.065	0.073	0.082	0.090	0.098	0.106	0.114	0.122
2.00	0.016	0.031	0.046	0.062	0.069	0.077	0.084	0.092	0.099	0.106	0.113
2.50	0.013	0.027	0.040	0.053	0.059	0.065	0.072	0.078	0.084	0.090	0.096
3.00	0.012	0.023	0.035	0.046	0.051	0.057	0.062	0.067	0.072	0.078	0.083
3.50	0.010	0.020	0.030	0.040	0.045	0.050	0.054	0.059	0.064	0.068	0.073
4.00	0.009	0.018	0.027	0.036	0.040	0.044	0.049	0.053	0.057	0.061	0.065

对比温度	对比压力											
	1.60	1.70	1.80	2.00	2.20	2.40	2.60	2.80	3.00	3.20	3.40	3.60
0.30	-0.129	-0.137	-0.145	-0.161	-0.177	-0.193	-0.209	-0.255	-0.241	-0.257	-0.273	-0.289
0.35	-0.147	-0.156	-0.165	-0.183	-0.202	-0.220	-0.238	-0.256	-0.274	-0.292	-0.310	-0.328
0.40	-0.151	-0.160	-0.169	-0.188	-0.206	-0.225	-0.243	-0.262	-0.280	-0.298	-0.316	-0.335
0.45	-0.148	-0.157	-0.166	-0.184	-0.202	-0.220	-0.238	-0.246	-0.273	-0.291	-0.309	-0.326
0.50	-0.142	-0.150	-0.159	-0.176	-0.193	-0.210	-0.227	-0.244	-0.261	-0.278	-0.294	-0.311
0.55	-0.134	-0.143	-0.151	-0.167	-0.183	-0.199	-0.215	-0.231	-0.246	-0.262	-0.278	-0.293
0.60	-0.127	-0.134	-0.142	-0.157	-0.172	-0.187	-0.202	-0.217	-0.231	-0.246	-0.260	-0.274
0.65	-0.119	-0.127	-0.134	-0.148	-0.162	-0.175	-0.189	-0.203	-0.216	-0.229	-0.243	-0.256
0.70	-0.112	-0.119	-0.125	-0.138	-0.151	-0.164	-0.177	-0.189	-0.201	-0.214	-0.226	-0.238
0.75	-0.106	-0.112	-0.118	-0.130	-0.142	-0.153	-0.165	-0.176	-0.187	-0.198	-0.209	-0.220
0.80	-0.100	-0.105	-0.111	-0.122	-0.132	-0.143	-0.153	-0.164	-0.174	-0.184	-0.193	-0.203
0.85	-0.094	-0.099	-0.104	-0.114	-0.123	-0.133	-0.142	-0.151	-0.160	-0.169	-0.178	-0.186
0.90	-0.088	-0.093	-0.097	-0.106	-0.114	-0.122	-0.131	-0.139	-0.146	-0.154	-0.162	-0.169
0.95	-0.082	-0.086	-0.090	-0.097	-0.104	-0.111	-0.118	-0.124	-0.137	-0.138	-0.144	-0.151
0.98	-0.077	-0.080	-0.083	-0.089	-0.096	-0.102	-0.108	-0.114	-0.120	-0.126	-0.132	-0.138
0.99	-0.074	-0.077	-0.080	-0.086	-0.092	-0.098	-0.104	-0.110	-0.116	-0.122	-0.128	-0.134
1.00	-0.071	-0.074	-0.076	-0.082	-0.088	-0.094	-0.100	-0.106	-0.112	-0.118	-0.123	-0.129
1.01	-0.065	-0.069	-0.072	-0.078	-0.084	-0.090	-0.096	-0.101	-0.107	-0.113	-0.118	-0.124
1.02	-0.057	-0.062	-0.065	-0.072	-0.079	-0.085	-0.091	-0.096	-0.102	-0.108	-0.113	-0.119
1.03	-0.044	-0.051	-0.056	-0.065	-0.072	-0.079	-0.085	-0.091	-0.097	-0.102	-0.108	-0.113
1.04	-0.023	-0.035	-0.044	-0.056	-0.064	-0.072	-0.078	-0.085	-0.090	-0.096	-0.102	-0.107
1.05	0.010	-0.012	-0.026	-0.043	-0.054	-0.063	-0.071	-0.077	-0.084	-0.090	-0.095	-0.101
1.06	0.051	0.020	-0.001	-0.027	-0.042	-0.053	-0.062	-0.070	-0.076	-0.083	-0.089	-0.094
1.07	0.090	0.056	0.029	-0.007	-0.028	-0.041	-0.052	-0.061	-0.068	-0.075	-0.081	-0.087
1.08	0.122	0.090	0.061	0.017	-0.010	-0.027	-0.040	-0.050	-0.059	-0.066	-0.073	-0.079
1.09	0.145	0.119	0.091	0.043	0.011	-0.011	-0.027	-0.039	-0.049	-0.057	-0.064	-0.071
1.10	0.160	0.142	0.118	0.070	0.033	0.007	-0.012	-0.026	-0.037	-0.047	-0.055	-0.062
1.11	0.168	0.158	0.139	0.095	0.056	0.026	0.004	-0.012	-0.025	-0.036	-0.045	-0.053
1.12	0.172	0.169	0.156	0.117	0.078	0.047	0.022	0.003	-0.012	-0.024	-0.034	-0.042
1.13	0.173	0.176	0.169	0.137	0.100	0.067	0.040	0.019	0.003	-0.011	-0.022	-0.032
1.15	0.171	0.182	0.183	0.167	0.137	0.105	0.007	0.053	0.033	0.017	0.003	-0.008
1.20	0.164	0.178	0.189	0.199	0.193	0.176	0.154	0.131	0.109	0.090	0.072	0.056
1.25	0.158	0.172	0.184	0.203	0.211	0.209	0.200	0.186	0.169	0.152	0.135	0.119
1.30	0.155	0.167	0.179	0.199	0.214	0.211	0.222	0.217	0.208	0.196	0.184	0.170
1.40	0.149	0.160	0.170	0.189	0.206	0.220	0.231	0.237	0.240	0.239	0.236	0.231
1.50	0.144	0.153	0.163	0.181	0.197	0.212	0.225	0.235	0.243	0.249	0.253	0.254
1.60	0.139	0.148	0.156	0.173	0.189	0.203	0.216	0.228	0.238	0.247	0.254	0.259
1.70	0.134	0.142	0.150	0.166	0.181	0.195	0.208	0.220	0.230	0.240	0.249	0.256
1.80	0.129	0.137	0.145	0.159	0.173	0.187	0.199	0.211	0.222	0.232	0.242	0.250
2.00	0.120	0.127	0.134	0.148	0.160	0.173	0.185	0.196	0.207	0.217	0.227	0.236
2.50	0.102	0.108	0.113	0.124	0.135	0.146	0.156	0.166	0.176	0.185	0.194	0.203
3.00	0.088	0.093	0.098	0.108	0.117	0.126	0.135	0.144	0.153	0.161	0.169	0.177
3.50	0.077	0.082	0.086	0.095	0.103	0.112	0.120	0.128	0.136	0.143	0.151	0.158
4.00	0.069	0.073	0.077	0.085	0.093	0.100	0.108	0.115	0.122	0.129	0.136	0.142

续表

对比温度	对比压力										
	3.80	4.00	4.50	5.00	6.00	7.00	8.00	10.00	11.00	12.00	14.00
0.30	-0.304	-0.320	-0.360	-0.400	-0.479	-0.557	-0.636	-0.792	-0.869	-0.946	-1.100
0.35	-0.346	-0.363	-0.408	-0.452	-0.540	-0.628	-0.715	-0.886	-0.791	-1.056	-1.223
0.40	-0.353	-0.371	-0.416	-0.460	-0.549	-0.636	-0.723	-0.894	-0.978	-1.061	-1.225
0.45	-0.344	-0.361	-0.405	-0.448	-0.533	-0.616	-0.699	-0.861	-0.940	-1.019	-1.173
0.50	-0.328	-0.344	-0.385	-0.425	-0.505	-0.583	-0.660	-0.810	-0.883	-0.955	-1.097
0.55	-0.308	-0.324	-0.362	-0.399	-0.473	-0.545	-0.615	-0.752	-0.819	-0.885	-1.013
0.60	-0.288	-0.303	-0.337	-0.372	-0.439	-0.505	-0.569	-0.693	-0.753	-0.812	-0.928
0.65	-0.269	-0.282	-0.313	-0.345	-0.406	-0.465	-0.523	-0.635	-0.689	-0.742	-0.845
0.70	-0.249	-0.261	-0.290	-0.318	-0.374	-0.427	-0.479	-0.579	-0.627	-0.674	-0.766
0.75	-0.231	-0.241	-0.267	-0.293	-0.342	-0.390	-0.436	-0.525	-0.568	-0.610	-0.691
0.80	-0.213	-0.222	-0.245	-0.268	-0.312	-0.355	-0.396	-0.474	-0.512	-0.549	-0.621
0.85	-0.195	-0.203	-0.224	-0.244	-0.283	-0.320	-0.356	-0.425	-0.459	-0.491	-0.555
0.90	-0.177	-0.184	-0.202	-0.219	-0.253	-0.286	-0.318	-0.379	-0.408	-0.437	-0.493
0.95	-0.157	-0.163	-0.179	-0.194	-0.224	-0.253	-0.280	-0.334	-0.360	-0.385	-0.434
0.98	-0.144	-0.150	-0.164	-0.178	-0.206	-0.232	-0.258	-0.308	-0.331	-0.355	-0.401
0.99	-0.139	-0.145	-0.159	-0.173	-0.200	-0.225	-0.251	-0.299	-0.322	-0.345	-0.390
1.00	-0.135	-0.140	-0.154	-0.167	-0.193	-0.219	-0.243	-0.290	-0.313	-0.335	-0.379
1.01	-0.129	-0.135	-0.148	-0.161	-0.187	-0.212	-0.236	-0.282	-0.304	-0.326	-0.368
1.02	-0.124	-0.130	-0.143	-0.156	-0.181	-0.205	-0.228	-0.273	-0.295	-0.316	-0.357
1.03	-0.119	-0.124	-0.137	-0.150	-0.174	-0.198	-0.221	-0.265	-0.286	-0.307	-0.347
1.04	-0.113	-0.118	-0.131	-0.143	-0.167	-0.191	-0.213	-0.256	-0.277	-0.297	-0.337
1.05	-0.106	-0.112	-0.125	-0.137	-0.161	-0.184	-0.205	-0.248	-0.268	-0.288	-0.326
1.06	-0.010	-0.105	-0.118	-0.130	-0.154	-0.176	-0.198	-0.239	-0.259	-0.278	-0.316
1.07	-0.093	-0.098	-0.111	-0.124	-0.147	-0.169	-0.190	-0.231	-0.250	-0.269	-0.306
1.08	-0.085	-0.091	-0.104	-0.117	-0.140	-0.162	-0.183	-0.222	-0.241	-0.260	-0.296
1.09	-0.077	-0.083	-0.097	-0.109	-0.133	-0.154	-0.175	-0.214	-0.233	-0.251	-0.286
1.10	-0.069	-0.075	-0.089	-0.102	-0.125	-0.147	-0.167	-0.206	-0.224	-0.242	-0.276
1.11	-0.060	-0.066	-0.081	-0.094	-0.118	-0.139	-0.160	-0.197	-0.215	-0.233	-0.267
1.12	-0.050	-0.057	-0.073	-0.086	-0.110	-0.132	-0.152	-0.189	-0.207	-0.224	-0.257
1.13	-0.040	-0.048	-0.064	-0.078	-0.103	-0.124	-0.144	-0.181	-0.198	-0.215	-0.247
1.15	-0.018	-0.027	-0.046	-0.061	-0.087	-0.108	-0.128	-0.164	-0.181	-0.197	-0.228
1.20	0.043	0.030	0.005	-0.014	-0.044	-0.007	-0.088	-0.123	-0.139	-0.154	-0.183
1.25	0.104	0.090	0.061	0.037	0.001	-0.025	-0.047	-0.082	-0.098	-0.112	-0.139
1.30	0.157	0.144	0.113	0.087	0.047	0.018	-0.006	-0.042	-0.058	-0.072	-0.097
1.40	0.225	0.217	0.196	0.174	0.134	0.101	0.075	0.035	0.019	0.005	-0.019
1.50	0.254	0.252	0.244	0.231	0.201	0.172	0.146	0.106	0.090	0.076	0.052
1.60	0.263	0.265	0.267	0.263	0.247	0.255	0.204	0.167	0.152	0.138	0.116
1.70	0.262	0.267	0.276	0.279	0.275	0.263	0.248	0.218	0.204	0.192	0.171
1.80	0.257	0.264	0.277	0.285	0.290	0.287	0.279	0.258	0.247	0.237	0.218
2.00	0.244	0.252	0.268	0.282	0.300	0.310	0.313	0.310	0.305	0.300	0.290
2.50	0.211	0.219	0.237	0.254	0.283	0.305	0.323	0.348	0.356	0.362	0.371
3.00	0.185	0.193	0.210	0.227	0.256	0.282	0.304	0.338	0.353	0.365	0.385
3.50	0.165	0.172	0.189	0.204	0.233	0.258	0.281	0.319	0.336	0.350	0.376
4.00	0.149	0.155	0.171	0.186	0.213	0.238	0.260	0.299	0.316	0.332	0.360

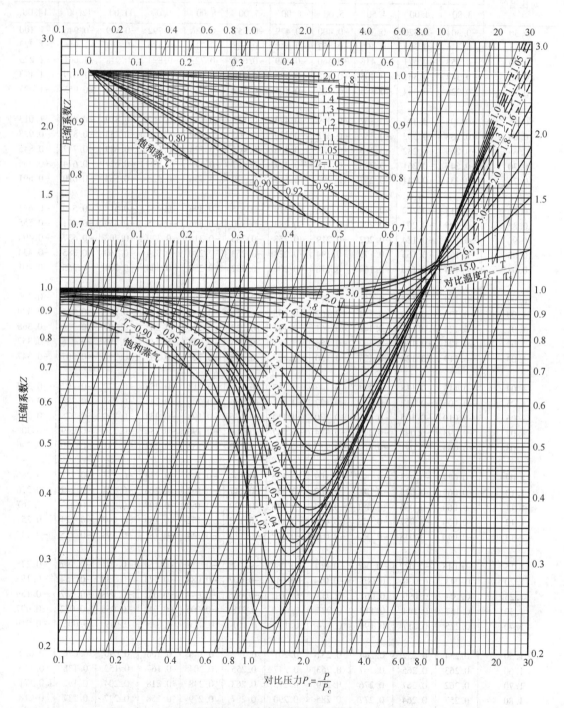

图 5-3-1　气体通用压缩系数图

注：本图用于氢、氮、氖、氩时，只有在 T_r 大于 2.5 时才适用，此时对于氢和氦还应将临界温度加 8K，临界压力增加 8atm。

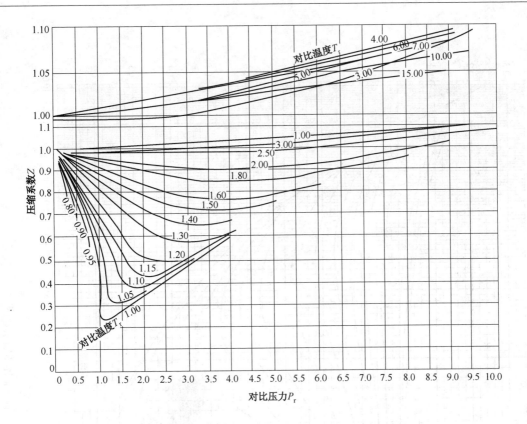

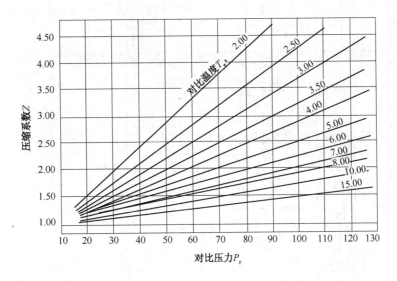

气体	临界性质		临界性质校正值	
	P_c/大气压	T_c/K	P_c/大气压	T_c/K
氢 H_2	12.98	33.19	+0.0	+0.0
氦 He	2.96	5.22	+1.3	+1.2
氖 Ne	25.9	44.42	-0.8	-3.2
氩 Ar	48.0	151.12	+2.5	-7.4

图 5-3-2　氢、氦、氖、氩压缩系数图

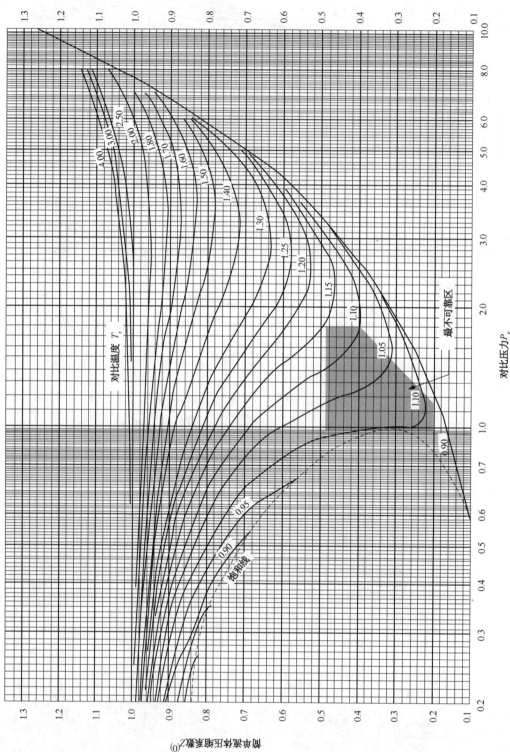

图5-3-3　简单流体压缩系数图

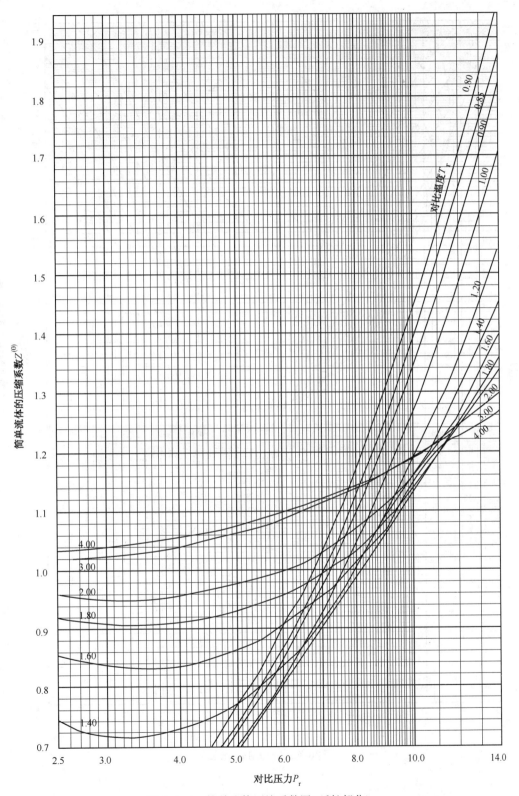

图 5-3-4　简单流体压缩系数图(延长部分)

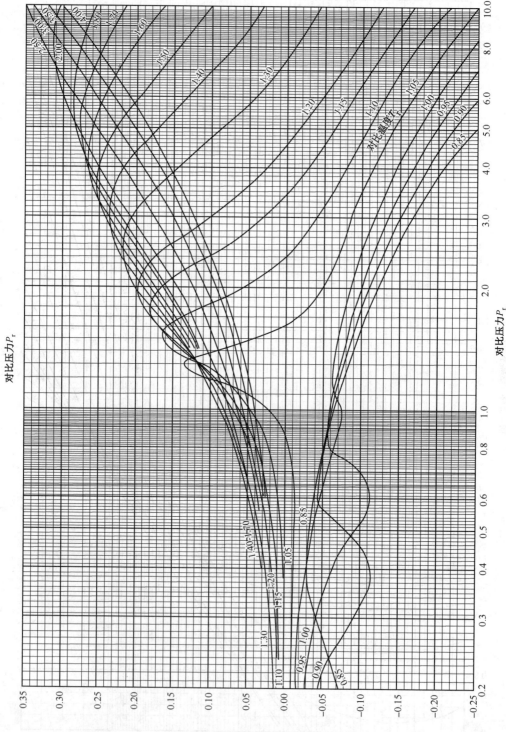

图5-3-5　非简单流体压缩系数校正图

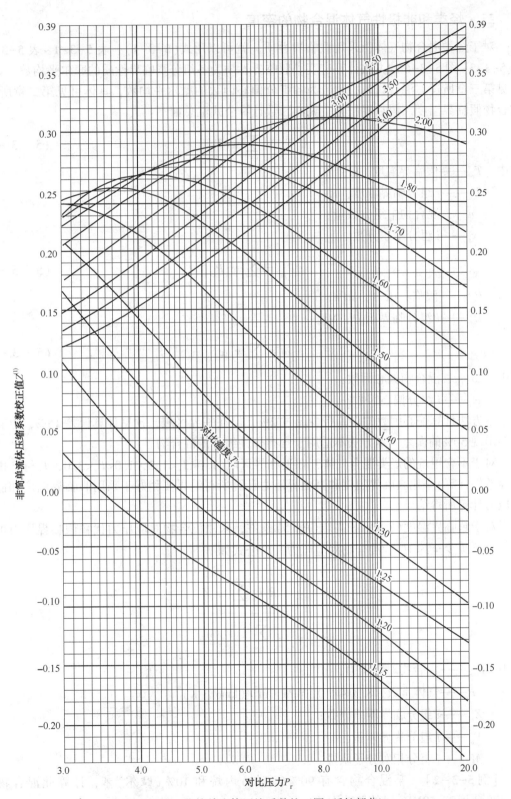

图 5-3-6　非简单流体压缩系数校正图(延长部分)

二、烃类和非极性气体混合物的密度

对于烃类混合物气体，采用假临界性质，就可以用式(5-3-1)、表5-3-1~表5-3-3、图5-3-3~图5-3-6的方法计算密度。假临界性质为各组分真临界性质的摩尔平均数，具体可见第三章所述。混合物偏心因数为各组分偏心因数的摩尔平均数，具体可见第二章所述。混合物假临界温度、假临界压力、偏心因数计算公式汇总如下：

$$T_{pc} = \sum_{i=1}^{n} x_i T_{ci} \qquad (5-3-3)$$

式中　T_{pc}——假临界温度，K；

T_{ci}——i 组分临界温度，K；

n——混合物中组分数量；

x_i——i 组分摩尔分数。

$$P_{pc} = \sum_{i=1}^{n} x_i P_{ci} \qquad (5-3-4)$$

式中　P_{pc}——假临界压力，MPa；

P_{ci}——i 组分临界压力，MPa。

$$\omega = \sum_{i=1}^{n} x_i \omega_i \qquad (5-3-5)$$

式中　ω——混合物偏心因数；

ω_i——i 组分偏心因数。

本方法计算偏心因数的误差极少超过2%，但在临界区域，预见计算误差15%，也有可能会出现50%的误差。本方法不适用于含有极性组分的混合物。

对于不含甲烷的烃类混合气体，在近临界区域($1.0<T_r<1.2$，$1.0<P_r<3.0$，T_r 和 P_r 由假临界条件计算)采用真临界温度和真临界压力计算所得结果要稍好于采用假临界温度和假临界压力计算所得结果。

对于超临界温度($T_r>1$)和高压($P_r>5$)条件，采用混合物对应压力代替假临界压力可使计算误差减少至约1%。混合物对应压力计算公式如下[1]：

$$P_{mc} = \frac{R T_{pc} \sum_{i=1}^{n} x_i Z_{ci}}{\sum_{i=1}^{n} x_i V_{ci} M_i} \qquad (5-3-6)$$

式中　P_{mc}——混合物对应压力，MPa；

R——气体常数，8.314×10^{-3}MPa·m³/(kmol·K)

Z_{ci}——i 组分临界压缩因数；

V_{ci}——i 组分临界体积，m³；

M_i——i 组分相对分子质量。

【例5-3-2】　某混合物含有90%(摩尔)丙烷和10%(摩尔)苯，计算此混合物在237.78℃及27.58MPa时的压缩因数。

解：从第一章纯烃性质知组分的临界性质和偏心因数数据如下：

组分名称	摩尔分率	临界温度 /℃	临界压力 /MPa	偏心因数
丙烷	0.90	96.68	4.248	0.152291
苯	0.10	289.01	4.898	0.210024
摩尔平均值		115.91	4.31	0.1581

$$T_r = \frac{237.78 + 273.15}{115.91 + 273.15} = 1.313$$

$$P_r = \frac{27.58}{4.31} = 6.393$$

从表 5-3-2 对 T_r、P_r 双插值，求出 $Z^{(0)} = 0.851$

同样从表 5-3-3 对 T_r、P_r 双插值，求出 $Z^{(1)} = 0.047$

$$Z = 0.851 + (0.1581)(0.047) = 0.858$$

此压缩因数的实验值为 0.857。

【例 5-3-3】　某石油馏分的 API 度为 53.9，求其在 293.33℃ 及 1.241 MPa 条件下完全汽化形成的气体的压缩因数。石油馏分的恩氏蒸馏（D86）数据如下：

馏出体积分数/%	10	30	50	70	90
温度 /℃	65.56	110.00	146.11	177.22	232.22

解：用第二、三章的方法，求得油品假临界性质、偏心因数和相对分子质量如下：

$$T_{pc} = 317.29℃$$

$$P_{pc} = 2.888MPa$$

$$\omega = 0.333$$

$$M = 116.5$$

$$T_r = \frac{293.33 + 273.15}{317.29 + 273.15} = 0.9594$$

$$P_r = \frac{1.241}{2.888} = 0.430$$

从表 5-3-2 对 T_r、P_r 双插值，求出 $Z^{(0)} = 0.826$

同样从表 5-3-3 对 T_r、P_r 双插值，求出 $Z^{(1)} = -0.041$

$$Z = 0.826 + (0.333)(-0.041) = 0.812$$

三、常用气体密度图

常用烃类和油品的饱和蒸气的密度可从图 5-3-7 和图 5-3-8 查得[2]。

对于非饱和气体，根据对比状态原理，可由图 5-3-9 和图 5-3-10 查得相应的对比密度或对比体积[2]，再从相关图表或公式求出其临界密度或临界体积，即可计算出所求气体的密度。

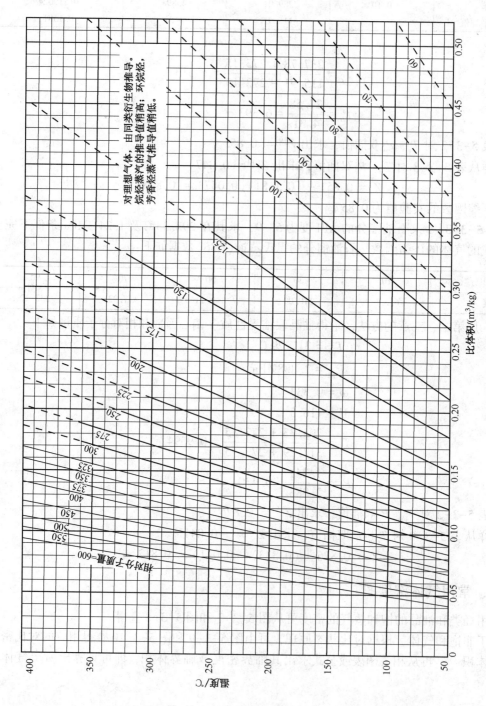

图5-3-7　饱和油品蒸气常压比体积图

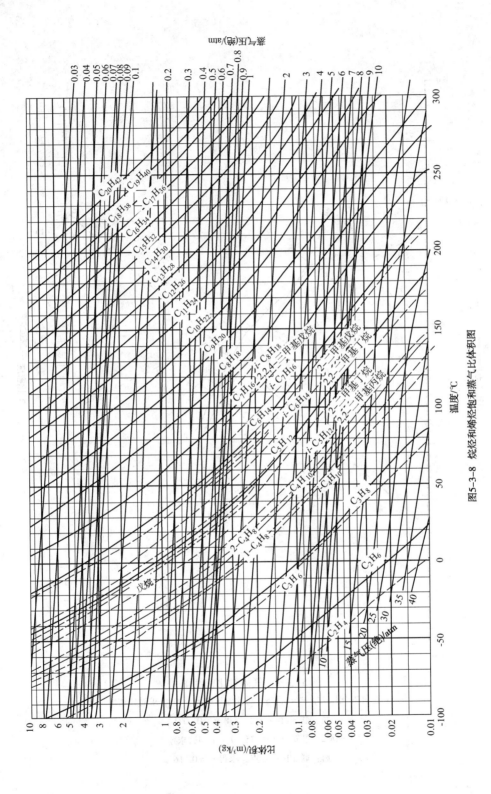

图5-3-8 烷烃和烯烃饱和蒸气比体积图

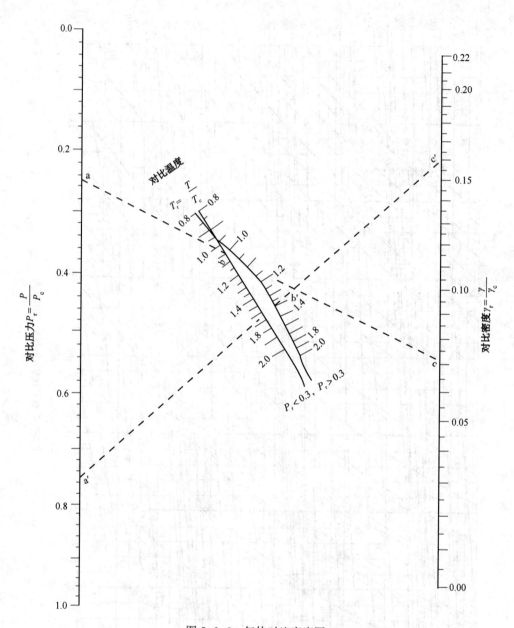

图 5-3-9　气体对比密度图

例1：已知对比压力，$P_r = 0.25$，对比温度 $T_r = 1.05$，求对比密度 γ_r

解：联 ab 得 c 点，求得 $\gamma_r = 0.071$

例2：已知 $P_r = 0.75$，$T_r = 1.4$，求 γ_r

解：联 a′b′ 得 c′ 点，求得 $\gamma_r = 0.16$

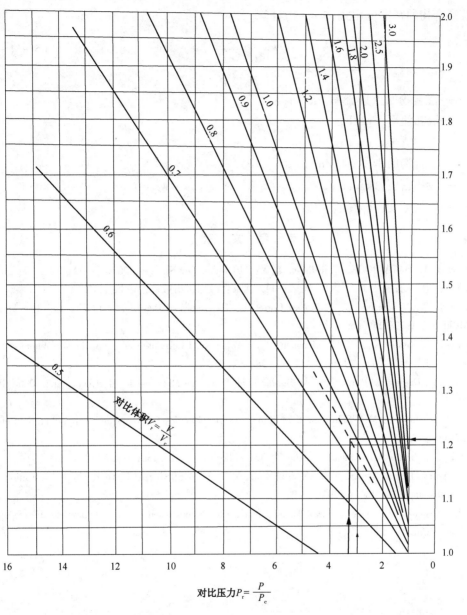

图 5-3-10　烃类在大于临界条件下的对比压力、温度、体积关系图

例：已知苯的临界体积 $V_c = 0.00328 m^3/kg$，求苯 406℃ 和 164atm(绝)下之比体积。

解：$T_r = 1.209$，$P_r = 3.31$，查得 $V_r = 0.77$

故 $V = 0.77 \times 0.00328 = 0.00253 m^3/kg$(实验结果为 $0.00250 m^3/kg$)

第四节　气液两相体系的密度

气-液混合物的密度可用式(5-4-1)计算。

$$\rho_m = \frac{G_m}{\dfrac{G_L}{\rho_L} + \dfrac{G_V}{\rho_V}} \qquad (5-4-1)$$

式中　　G_m——混合物的重量流率，kg/h；

G_L——液相流率，kg/h；

G_V——气相流率，kg/h；

ρ_m——混合物的密度，kg/m^3；

ρ_L——液相密度，kg/m^3；

ρ_V——气相密度，kg/m^3。

参 考 文 献

[1] API TECHNICAL DATA BOOK. 8th Edition. N. Y：API Publishing Services，2006：6~21

[2] 北京石油设计院. 石油化工工艺计算图表【M】. 北京：烃加工出版社，1985：119

[3] Hankinson R. W., Thomson, G. H. A New Correlation for Staturated Densities of Liquids and their Mixtures [J]. AIChE J., 1979, 25：653

[4] Thomson G. H., Brobst K. R., Hankinson R. W., AnImproved Correlation for Densities of Compressed Liquids and Liquid Mixtures[J]. AIChE J., 1982, 28：671

[5] Spencer C. F., Danner R. P. prediction of Bubble Point Density of Mixtures[J]. J. Chem. Eng. Data, 1973, 18：230

[6] Ritter R. B., Lenoir J. M., Schweppe J. L. Find Specific Gravities by Nomograph [J]. Petrol. Refiner, 1958, 37(11)：225

[7] Spencer C. F., Private Communication. The M. W. Kellogg Co., Houston, Texas, 1983

[8] Robert H. perry, Don w. Green. PERRY'S CHEMICAL ENGINEERS' HANDBOOK [M]. 7th Edition. The McGraw-Hill Companies, Inc., 1997：2~94

[9] Lee B. I., Kesler M. G. A Generalized Themodynamic Correlation Based on Three-Parameter Corresponding States [J]. AIChE J., 1975, 21：510

第六章 热性质

第一节 引 言

本章主要介绍非反应体系中纯烃及其混合物热性质(包括焓、熵、热容、汽化热等)的计算方法。体系的温度变化、压力变化、相变和化学变化通常伴随着热效应。热效应的大小可以用所涉物质的焓、比热容和熵等来度量,如比热容这样的热性质经常与其他物性或人为变量(如导热系数、Prandtl 准数等)关联。

本章首先介绍焓值的计算,包括理想气体、液体和真实气体及其混合物、石油馏分的焓值计算;接着介绍了比热容的计算,包含定压比热容和定容比热容,涉及体系包含液体和真实气体及其混合物、液体和气体石油馏分、及其他常用物质如有机溶剂、二乙二醇、腈类、液氨等;然后是汽化热计算,包括纯烃及烃类混合物、石油馏分和其他常用物质等体系;接着介绍纯烃及烃类混合物的液体、气体熵的计算,以及非反应体系生成热;最后介绍纯烃、石油馏分、合成燃料、炼厂气、燃料油和烟气的燃烧热计算。

焓(非反应体系)是单位质量物质自基准状态变化至另一状态时增减的热量,是状态函数,其基准态可任意选定,本书规定理想气体在绝对零度时的焓为 0。

熵是度量系统无序度的函数,也是状态函数,本书规定理想气体在 0K 和 101.325kPa 时的熵为 0。

物质的汽化热为等温时该物质的饱和蒸气和饱和液体的焓差。

由于本章所涉焓数据不包括生成热,反应热需要通过合理的设计反应路径来计算,不可采用产物的反应物与产物的焓值简单相减计算反应热。

第二节 理想气体的热性质

一、纯理想气体焓、熵和比热容的计算[1]

(一) 纯理想气体的焓

纯理想气体的焓只是温度的函数,可按式(6-2-1)计算:

$$H^0 = 2.326A + 4.187BT + 7.536CT^2 + 13.565DT^3 + 24.415ET^4 + 43.951FT^5$$

$$(6-2-1)$$

式中 H^0——理想气体在 T K 时的焓,kJ/kg;

               T——温度,K;

A, B, C, D, E, F——系数,其数值见表6-2-1。

(二) 纯理想气体的比热容

纯理想气体的比热容,可按式(6-2-2)计算:

$$C_p^0 = 4.1868B + 15.0725CT + 40.6957DT^2 + 97.6697ET^3 + 219.7568FT^4$$

$$(6-2-2)$$

式中　　　　　　　C_p^0——理想气体在温度 T K 时的定压比热容，kJ/（kg·K）；

　　　　　　　　　T——温度，K；

　　B，C，D，E，F——系数，其数值见表6-2-1。

　　理想气体的定容比热容，可按式（6-2-3）计算：

$$C_v^0 = C_p^0 - \frac{R}{M} \qquad (6-2-3)$$

式中　C_v^0——理想气体在温度 T K 时的定容比热容，kJ/（kg·K）；

　　　R——理想气体常数，其值为 8.314 kJ/（kg·mol·K）；

　　　M——相对分子质量。

（三）纯理想气体的熵

　　纯理想气体的熵，可按式（6-2-4）计算：

$$S^0 = 2.4609B\ln T + 15.0725CT + 20.3478DT^2 + 32.5566ET^3 + 54.9392FT^4 + 4.1868G \qquad (6-2-4)$$

　　式中　S^0——理想气体在 T K 和 101.325kPa 时的熵，kJ/（kg·K）；

　　　　　T——温度，K；

　　B，C，D，E，F，G——系数，其数值见表6-2-1。

　　按照规定在 $T=0$K 时，理想气体的熔应该为 0，那样，系数 A 的值也必须为 0。但是，当系数 A 不为零时，能够改善在较高温度下的拟合情况。基于同样的考虑，在熵计算公式（6-2-4）中，系数 B 和 G 也必须为 0，使熵在 0K 时为 0。但是在 $T=0$K 时，$\ln T = -\infty$，考虑到 0K 和 0.56K 时的熵差非常小，为方便起见，在式（6-2-4）中，规定 0.56K 时的熵为零。

　　表6-2-1 列出了上述三个公式中所需系数值；为方便使用，根据式（6-2-1）、式（6-2-2）和式（6-2-4）以及表6-2-1 中的系数，计算了 180 种纯物质在不同温度下的理想气体熔、比热容和熵值，分别列于表6-2-2~表6-2-4 中。

　　在关联的温度范围内，采用该方法计算的理想气体熔和熵的误差均小于 1%，比热容的误差小于 5%。应该注意上述公式应该在关联的温度范围内使用。由于多项式的性质，当方程用于规定的温度范围之外时，方程外推的结果可能会产生较大的误差。

　　在只有物理变化过程的熔差计算时，不同化合物可以使用不同的熔基准。

二、纯理想气体在 25℃时的生成热、熵和比热容的估算方法[2]

　　纯理想气体在 25℃时的生成热、熵和比热容的估算可根据二阶基团贡献法，分别按照式（6-2-5）、式（6-2-6）和式（6-2-7）进行：

$$\Delta H_{f25}^0 = (\sum \Delta H_{fi})/M \qquad (6-2-5)$$

$$S_{25}^0 = (\sum S_i + R\ln n - R\ln\sigma)/M \qquad (6-2-6)$$

$$C_p^0 = (\sum \Delta C_{pi})/M \qquad (6-2-7)$$

式中　ΔH_{f25}^0——纯理想气体在 25℃下的生成熔，kJ/kg；

　　$\sum \Delta H_{fi}$——25℃时，纯理想气体中每个基团对其生成熔的贡献（其数值见表6-2-5）之和，kJ/（kg·mol）；

　　　　　M——纯理想气体的相对分子质量；

　　　S_{25}^0——纯理想气体在 25℃和 101.325kPa 时的熵，kJ/（kg·K）；

$\sum S_i$——25℃时，纯理想气体中每个基团对熵的贡献（其数值见表6-2-5）之和，kJ/(kg·mol·K)；

R——气体常数，其值为8.314kJ/(kg·mol·K)；

n——该纯物质中旋光异构体数目；

σ——纯物质的对称数；

C_p^0——纯理想气体的比热容，kJ/(kg·K)；

$\sum \Delta C_{pi}$——所求温度下纯理想气体中每个基团对比热容的贡献之和，kJ/(kg·K)。

纯物质的理想气体中各基团对其生成热、比热容和熵的贡献值见表6-2-5。每个基团的关键原子是由与它键接的其他原子所给定的。举例来说，C—(C)(H₃)是指与另一个碳原子键合的—CH₃基团。该命名法首先识别第一个多价原子，然后是它的配位体。可以用该方法处理的是只有两个或更多多价原子的分子。

在表6-2-5中所使用的其他符号和应遵循的规则列于该表底部的注脚中。对于理想气体的熵，两个修正项必须要应用。第一个修正项适用于同分异构体。如果纯物质具有n个这样的异构体，所有相同的能量含量，修正项$Rlnn$必须添加到给定的方程式(6-2-6)中。

对于旋转熵的第二个修正项起因于分子中难以区分的原子，称之为一个对称校正。这种起因于旋转熵的校正是在式(6-2-6)中减去$Rln\sigma$项得到。一个分子的对称数σ是分子对称性的度量。它是两个组成部分的乘积，一个是外部的对称数，另一个是内部的对称数。外部对称数定义为能够由整个分子简单刚性旋转所获得一个分子中同一原子（或基团）独立排列的总数。同时一个分子可以具有内部对称性。当分子含有这样的一个多原子基团，它与一个可转动的单键相连接时，会出现这样的内部对称性的情况。这样基团称为一个终端旋转体。如果一个终端旋转体具有一个以上不能分辨的构象，在对分子的其余部分绕与连接它的这个单键的同一直线的轴完成一个完整旋转时，内部对称性就出现。如果存在n个这样的构象，这些坐标轴称为n倍的对称轴线，和这个旋转体的内部对称数是n。这个分子总的内部对称数是所有旋转体对称数的乘积。下面给出估算对称数的几个例子。

【例6-2-1】 计算正丁烷的对称数

该化合物能以结构式$CH_3CH_2CH_2CH_3$来表示。结构式中的两个末端甲基基团的每一个都有三重的内部对称性。因此，由末端甲基基团产生的正丁烷内部对称数是3×3=9。然后，甲基基团可以有称为"假原子"Y的单位"原子"来取代。那么，分子就可以用YCH₂—CH₂Y表示。在每个CH₂Y基团（$\sigma_{int}=1$）的对称性已经确定后，它由另一个"假原子"Z来代替，得到刚性的假分子Z—Z。这个假分子仍然有末端对末端的外部对称性，因而它的外部对称数是2。所以，正丁烷总对称数是2×9=18。

【例6-2-2】 计算1,4-二叔丁基苯的对称数

1,4-二叔丁基苯可以用下面的分子结构模型表示：

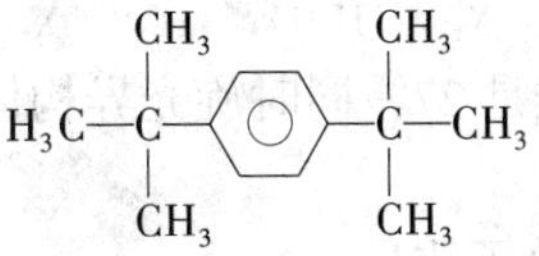

6个末端甲基基团的每一个有三重的内部对称性。因此，该化合物来自这6个末端基团的内部对称数是3⁶。然后，这些甲基基团用假原子Y替代，分子演变为：

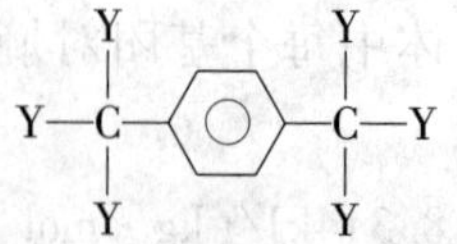

两个 CY_3 基团都有三重的内部对称性。因此，该化合物来自这 2 个末端基团的内部对称数是 3^2。苯环有两重内部对称性。，则该化合物来自苯环的内部对称数是 2。最后，每个 CY_3 基团和苯环分别由假原子 Z 和 B 代替，刚性假分子 Z-B-Z 仍有末端对末端的外部对称性，因而它的外部对称数是 2。结果，1，4-二叔丁基苯的总对称数是 $3^6 \times 3^2 \times 2 \times 2 = 26244$。

【例 6-2-3】 计算 3-甲基己烷的对称数

下述模型能表示为 3-甲基己烷：

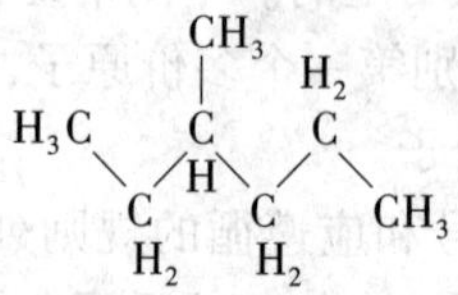

每个末端甲基基团都具有三重的内部对称性。因此这三个末端基团对于该化合物内部对称性的贡献是 $3 \times 3 \times 3 = 27$。在用假原子 Y 取代这三个基团后，该分子可以表达为：

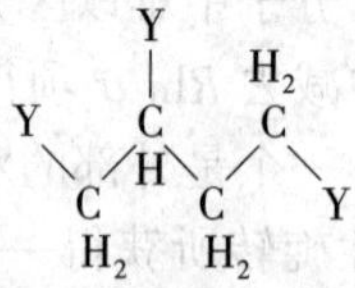

每个 $-CH_2Y$ 末端基团还能由假原子 X 取代，但是没有进一步获得对称性。生成的分子能表示为：

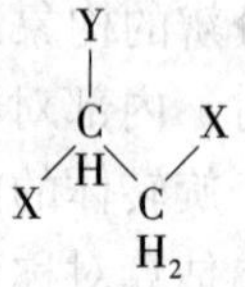

现在，$-CH_2X$ 末端基团可以用假原子 Z 置换，结果未得到进一步的对称性，进而导致结构为：

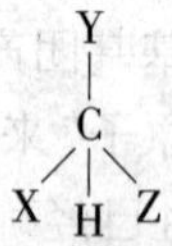

剩下的假分子包含一个非对称性的取代的碳（它上面附有四个不同的基团），因此这个分子是具有两个可能的异构体的旋光化合物：

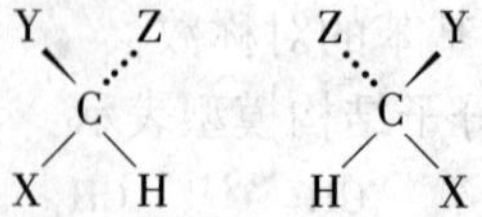

结果，3-甲基己烷总的对称数是 27，同时旋光异构体的数目是 2。

本方法的计算步骤：

① 获得所计算化合物的相对分子质量；

② 画出该化合物的化学结构式并标识重要的多价原子；

③ 从表 6-2-5 查到构成该化合物的基团贡献值。在需要计算理想气体熵时进入下一步 ④，否则跳至 ⑤；

④ 分别确定该化合物的旋光异构体数目 n 和对称数 σ；

⑤（五）分别使用式(6-2-5)、式(6-2-6)和式(6-2-7)估算理想气体生成热、熵和比热容。

Seaton 和 Freedman[3]等曾利用该法编制的软件，与实验数据进行计算比较。他们得出本方法计算除芳烃外的所有烃类的理想气体在25℃时比热容值得平均误差在±2.25kJ/(kg·mol·K)之内，或平均误差约0.6%。所有芳烃的在±28.05kJ/(kg·mol·K)之内，或平均误差约5.5%。本方法所有烃类的熵的平均误差小于±13.82kJ/(kg·mol·K)或约2%。生成热的平均误差为1907kJ/(kg·mol)之内或约3.2%。对于理想气体的生成热接近零的化合物，虽然绝对偏差小于1163(kJ/kg·mol)，但是误差可高达90%。因此应该小心地使用由该方法得到的生成热。

【例6-2-4】　计算乙苯在25℃下的生成热。乙苯的相对分子质量为106.17。

解：由表6-2-5可查得组成乙苯的各基团对其25℃时的生成热的贡献：

基团	基团数	$\Delta H_{fi}/[\mathrm{kJ}/(\mathrm{kg}\cdot\mathrm{mol})]$	基团	基团数	$\Delta H_{fi}/[\mathrm{kJ}/(\mathrm{kg}\cdot\mathrm{mol})]$
$C-(H)_3(C)$	1	-42170.6	$C_B-(C)$	1	23050.4
$C-(C_B)(C)(H)_2$	1	-20330.4	$C_B-(H)$	5	13810.2

$$\Delta H_{f77}^0 = \frac{\sum \Delta H_{fi}}{M} = \frac{-42170.6 - 20330.4 + 23050.4 + 5 \times 13810.2}{106.17} = 278.80\mathrm{kJ/kg}$$

第一章表1-1-5中组分号340的乙苯在25℃下的生成热是281.64kJ/kg。

例6-2-5　计算2-戊烯在25℃和101.325kPa时(理想气体)的熵。2-戊烯的相对分子质量为70.135。

解：2-戊烯的结构式为 $CH_3CH=CHCH_2CH_3$，其中包含5个多价原子，两个 CH_3 基团的对称数 σ 是9，不存在旋光异构体，其旋光异构体数目 n 为1。

由表6-2-5查得，组成2-戊烯的各基团对其25℃时的熵的贡献：

基团	基团数	$S_i/[\mathrm{kJ}/(\mathrm{kg}\cdot\mathrm{mol}\cdot\mathrm{K})]$	基团	基团数	$S_i/[\mathrm{kJ}/(\mathrm{kg}\cdot\mathrm{mol}\cdot\mathrm{K})]$
$C-(H)_3(C)$	2	127.24	$C-(C_d)(C)(H)_2$	1	40.99
$C_d-(H)(C)$	2	33.37			

$$S_{25}^0 = \frac{\sum S_i + R\ln(n) - R\ln(\sigma)}{M}$$

$$= \frac{2 \times 127.24 + 2 \times 33.37 + 40.99 + 8.314 \times \ln(1) - 8.314 \times \ln(9)}{70.135}$$

$$= 4.90\mathrm{kJ}/(\mathrm{kg}\cdot\mathrm{mol}\cdot\mathrm{K})$$

实验值为4.890kJ/(kg·mol·K)。

【例6-2-6】　计算丙烯在26.7℃时(理想气体)的比热容。丙烯的相对分子质量为42.08。

解：丙烯的结构式为 CH_3CHCH_2，从表6-2-5查得组成丙烯的各基团对其26.7℃时的比热容的贡献：

基团	基团数	$C_{pi}/[\mathrm{kJ}/(\mathrm{kg}\cdot\mathrm{mol}\cdot\mathrm{K})]$	基团	基团数	$C_{pi}/[\mathrm{kJ}/(\mathrm{kg}\cdot\mathrm{mol}\cdot\mathrm{K})]$
$C-(H)_3(C)$	1	25.92	$C_d-(H)_2$	1	21.35
$C_d-(H)(C)$	1	17.42			

$$C_p^0 = \frac{\sum \Delta C_{pi}}{M} = \frac{25.92 + 17.42 + 21.35}{42.08} = 1.537 \text{kJ}/(\text{kg} \cdot \text{K})$$

实验值为 1.524 kJ/(kg·K)。

三、任何温度下理想气体熵、生成热和焓的计算

理想气体在任何温度下的熵可以通过过其 25℃ 下的熵按式(6-2-8)计算

$$S_T^0 = S_{298.15}^0 + \int_{298.15}^{T} \frac{C_p^0}{T} \text{d}T \tag{6-2-8}$$

式中　S_T^0——理想气体在温度 T K 和压力 101.325kPa 时的熵，kJ/(kg·K)；

　　$S_{298.15}^0$——理想气体在 25℃ 和 101.325kPa 时的熵，kJ/(kg·K)；

　　C_p^0——理想气体等压比热容，kJ/(kg·K)；

　　T——温度，K。

同理，理想气体在任何温度下的生成热也可以通过其 25℃ 下的生成热按式(6-2-9)计算

$$\Delta H_{fT}^0 = \Delta H_{f298.15}^0 + \int_{298.15}^{T} \Delta C_p^0 \text{d}T \tag{6-2-9}$$

式中　ΔH_{fT}^0——理想气体在温度 T K 时的生成热，kJ/(kg·mol)；

　　$\Delta H_{f298.15}^0$——理想气体在 25℃ 时的生成热，kJ/(kg·mol)；

　　ΔC_p^0——理想气体 $C_n H_m$ 的等压比热容与组成该理想气体的元素 $\left(n\text{C} + \dfrac{m}{2} \text{H}_2 \right)$ 的等

　　　　　　压比热容之差，kJ/(kg·mol·K)；

　　T——温度，K。

与熵和生成热的计算不同，理想气体在任何温度下的焓通过其在基准态的焓按式(6-2-10)计算：

$$H_T^0 = \int_0^T C_p^0 \text{d}T \tag{6-2-10}$$

式中　H_T^0——理想气体在温度 TK 时的焓，kJ/kg；

　　T——温度，K。

任何温度下理想气体生成热、焓和熵的一般计算步骤：

(一) 理想气体生成热

(1) 从第一章中获得要计算的化合物 25℃ 理想气体生成热 $\Delta H_{f298.15}^0$；

(2) 从表6-2-1 获得式(6-2-2)的烃类气体比热容方程系数后，代入式(6-2-9) C_p^0 项；

(3) 由式(6-2-9)计算温度 T 下的理想气体生成热 ΔH_{fT}^0。

(二)理想气体焓

(1) 从表6-2-1 查得式(6-2-2)烃类理想气体比热容方程系数后，代入式(6-2-10) C_p^0 项；

(2) 由式(6-2-10)计算温度 T 下的理想气体焓 H_T^0。

(三)理想气体熵

(1) 由表6-2-1 得到要计算化合物的式(6-2-4)系数，计算获得 $S_{298.15}^0$；

（2）使用式(6-2-2)代入式(6-2-8) C_p^0 项；

（3）按式(6-2-8)计算 S_T^0 。

上述计算步骤中均涉及 C_p^0 的计算。当表 6-2-1 包含所计算的化合物时，就可以方便地完成计算。在未能直接获得式(6-2-2)的 C_p^0 系数时，最简单的方法是认为 C_p^0 近似为一个常数，此时只要获得一个理想气体比热容数值，如从第一章物质主要性质表中 15.6℃下的理想气体比热容，就可以进行上述各项计算。但是在许多情况下，这样简化方法可能导致理想气体焓和熵准确度不高。较好的方法是利用其他途径获得各个温度下的理想气体比热容数值后，将数据拟合至一个 C_p^0 -T 的多项关联式中，如

$$C_p^0 = a_0 + a_1 T + a_2 T_2 + a_3 T_3$$

其中 a_x 是多项式系数。然后代入式(6-2-8)~(6-2-10)中完成计算。

【例 6-2-7】 计算正丁烷在 366.5K 时的理想气体生成焓。

解：由第一章表 1-1-1 烷烃主要性质中组分号 4 正丁烷在 25℃下的理想气体生成热可得，$\Delta H_{f298.15}^0$ =-2162.78kJ/kg

ΔC_p^0 即为正丁烷 C_4H_{10} 的理想气体比热容和组成正丁烷的元素(4C+10/2 H_2)的理想气体比热容之差

由式(6-2-2)计算理想气体比热容

$$C_p^0 = 4.1868B + 15.07CT + 40.70DT^2 + 97.67ET^3 + 219.76FT^4$$

$$
\begin{aligned}
\int_{298.15}^{T} \Delta C_p^0 \mathrm{d}T = & \int_{298.15}^{366.5} 4.1868(B_{C_4H_{10}} - 4B_C - 5B_{H_2}) + 15.07(C_{C_4H_{10}} - 4C_C - 5C_{H_2})T \\
& + 40.70(D_{C_4H_{10}} - 4D_C - 5D_{H_2})T^2 + 97.67(E_{C_4H_{10}} - 4E_C - 5E_{H_2})T^3 \\
& + 219.76(F_{C_4H_{10}} - 4F_C - 5F_{H_2})T^4 \mathrm{d}T \\
= & \ 4.1868 \times (B_{C_4H_{10}} - 4B_C - 5B_{H_2}) \times (366.5 - 298.15) \\
& + \frac{15.07 \times (C_{C_4H_{10}} - 4C_C - 5C_{H_2})}{2} \times (366.5^2 - 298.15^2) \\
& + \frac{40.70 \times (D_{C_4H_{10}} - 4D_C - 5D_{H_2})}{3} \times (366.5^3 - 298.15^3) \\
& + \frac{97.67 \times (E_{C_4H_{10}} - 4E_C - 5E_{H_2})}{4} \times (366.5^4 - 298.15^4) \\
& + \frac{219.76 \times (F_{C_4H_{10}} - 4F_C - 5F_{H_2})}{5} \times (366.5^5 - 298.15^5) \\
= & -5013.30 \text{kJ/kg}
\end{aligned}
$$

$$\Delta H_{fr}^0 = \Delta H_{f298.15}^0 + \int_{298.15}^{T} \Delta C_p^0 \mathrm{d}T = -2162.78 - 5013.30 = -7176.08 \text{kJ/kg}$$

表 6-2-1　理想气体焓、热容和熵的计算式中的系数[4]

序号	化合物	A	B	C×10³	D×10⁶	E×10¹⁰	F×10¹⁴	G	适用温度/K
	非烃类								
1	氧	-0.344660	0.221724	-0.020517	0.030639	-0.108606	0.130606	0.148409	50~1500
2	氢	12.326740	3.199617	0.392786	-0.293452	1.090069	-1.387867	-3.938247	155.6~1222.2
3	水	-1.930010	0.447642	-0.021898	0.030496	-0.056618	0.027722	-0.300251	50~1500
4	二氧化氮	4.686880	0.146150	0.037653	0.017707	-0.108665	0.162378	0.283892	200~1500
5	一氧化氮	-1.909090	0.271852	-0.068518	0.057998	-0.184719	0.215118	0.020486	200~1500
6	一氧化二氮	-3.017600	0.277091	-0.077208	0.064415	-0.206458	0.242625	-0.005597	50~1500
7	氨	-0.311420	0.115372	-0.022245	0.043406	-0.163075	0.214582	-0.070992	50~1500
8	氯	0.517170	0.089158	0.031847	-0.012924	0.022930	-0.011016	0.162110	50~1500
9	氯化氢	-0.571330	0.191144	-0.000327	-0.001732	0.025985	-0.050924	0.021243	50~1500
10	氟化氢	-1.850590	0.347603	0.001154	-0.002951	0.022672	-0.030697	-0.110944	50~1500
11	硫化氢	-0.232790	0.237448	-0.023234	0.038812	-0.113287	0.114841	-0.040641	50~1500
12	氮气	-0.656650	0.254098	-0.016624	0.015302	-0.030995	0.015167	0.048679	50~1500
13	碳	4.115520	-0.047746	0.203743	0.019721	-0.332358	0.620434	1.192299	155.6~1222.2
14	一氧化碳	-0.355910	0.252843	-0.015400	0.016079	-0.034341	0.017573	0.105618	50~1500
15	二氧化碳	0.096880	0.158843	-0.033712	0.148105	-0.966203	2.073832	0.151147	50~1000
16	二氧化硫	0.414420	0.118071	0.014712	0.026964	-0.148819	0.230436	0.159456	50~1500
	烷烃								
17	甲烷	-2.838570	0.538285	-0.211409	0.339276	-1.164322	1.389612	-0.502869	50~1500
18	乙烷	-0.014220	0.264612	-0.024568	0.291402	-1.281033	1.813482	0.083346	50~1500
19	丙烷	0.687150	0.160304	0.126084	0.181430	-0.918913	1.354850	0.260903	50~1500
20	正丁烷	7.228140	0.099687	0.266548	0.054073	-0.429269	0.669580	0.345974	200~1500
21	异丁烷	1.459560	0.099070	0.238736	0.091593	-0.594050	0.909645	0.307636	50~1500
22	正戊烷	9.042090	0.111829	0.228515	0.086331	-0.544649	0.818450	0.183189	200~1500

续表

序号	化合物	A	B	$C\times10^3$	$D\times10^6$	$E\times10^{10}$	$F\times10^{14}$	G	适用温度/K
23	2-甲基丁烷	17.694120	0.015946	0.382449	-0.027557	-0.143035	0.295677	0.641619	200~1500
24	2,2-二甲基丙烷	-23.914530	0.181771	0.186909	0.092161	-0.475718	0.660301	-0.365907	222.2~1500
25	正己烷	12.991820	0.089705	0.265348	0.057782	-0.452211	0.702597	0.212408	200~1500
26	2-甲基戊烷	19.103600	0.010162	0.389255	-0.025941	-0.178608	0.366104	0.588399	200~1500
27	3-甲基戊烷	21.696350	-0.001822	0.405498	-0.044657	-0.089536	0.224160	0.658639	200~1500
28	2,2-二甲基丁烷	11.617410	0.023136	0.359313	-0.002491	-0.235082	0.420190	0.467414	200~1500
29	正庚烷	13.082050	0.089776	0.260917	0.063445	-0.484706	0.755464	0.157764	200~1500
30	2-甲基己烷	20.147370	0.011463	0.389516	-0.030615	-0.159370	0.339983	0.528295	200~1500
31	3-甲基己烷	22.894590	-0.007434	0.414553	-0.046168	-0.111909	0.281091	0.639109	200~1500
32	2,4-二甲基戊烷	23.914500	-0.063570	0.544058	-0.147876	0.249146	-0.189132	0.820740	200~1500
33	正辛烷	15.332970	0.077802	0.279364	0.052031	-0.463118	0.750735	0.174173	200~1500
34	2,2-二甲基己烷	16.652270	0.003286	0.400755	-0.033987	-0.149256	0.328690	0.471538	200~1500
35	2-甲基庚烷	20.268990	0.016116	0.378939	-0.020128	-0.210256	0.419425	0.465431	200~1500
36	2,2,4-三甲基戊烷	17.460270	-0.032220	0.464247	-0.085495	0.051399	0.045420	0.624474	200~1500
37	正壬烷	19.095780	0.061466	0.295738	0.050780	-0.503704	0.848630	0.226279	200~1000
38	正癸烷	-3.024280	0.203437	-0.035383	0.407345	-2.307689	4.299200	-0.457468	200~1000
39	正十一烷	-2.377610	0.199863	-0.029626	0.402826	-2.291446	4.270709	-0.461827	200~1000
40	正十二烷	-1.837580	0.196878	-0.024818	0.399053	-2.277880	4.246912	-0.465470	200~1000
41	正十三烷	-23.339410	0.330217	-0.320974	0.701209	-3.720878	6.853602	-1.103921	200~1000
42	正十四烷	-0.986870	0.192186	-0.017244	0.393129	-2.256622	4.209626	-0.471240	200~1000
43	正十五烷	-0.622910	0.190048	-0.013239	0.389122	-2.236181	4.164349	-0.472513	200~1000
44	正十六烷	-0.347070	0.188657	-0.011549	0.388674	-2.240635	4.181579	-0.475584	200~1000
45	正十七烷	-0.083160	0.187198	-0.009200	0.386828	-2.233993	4.169921	-0.477366	200~1000
46	正十八烷	0.151600	0.185900	-0.007110	0.385186	-2.228085	4.159551	-0.478953	200~1000

续表

序号	化合物	A	B	$C\times10^3$	$D\times10^6$	$E\times10^{10}$	$F\times10^{14}$	G	适用温度/K
47	正十九烷	0.361870	0.184737	-0.005238	0.383715	-2.222792	4.150258	-0.480373	200~1000
48	正二十烷	0.551220	0.183696	-0.003553	0.382405	-2.218106	4.142040	-0.481671	200~1000
	环烷烃								
49	环戊烷	65.577480	-0.210728	0.549487	-0.127210	0.148891	-0.049979	1.784199	298.3~1500
50	甲基环戊烷	53.863130	-0.160798	0.528471	-0.122492	0.143652	-0.048477	1.458054	300~1500
51	乙基环戊烷	53.733740	-0.151983	0.526866	-0.122455	0.144922	-0.049176	1.362836	298.3~1500
52	1,1-二甲基环戊烷	49.518580	-0.159547	0.544201	-0.129201	0.153318	-0.052336	1.345071	298.3~1500
53	顺1,2-二甲基环戊烷	49.588300	-0.157366	0.543721	-0.130258	0.157058	-0.054828	1.349308	298.3~1500
54	反1,2-二甲基环戊烷	47.937730	-0.150159	0.536333	-0.127413	0.152454	-0.052736	1.312533	298.3~1500
55	顺1,3-二甲基环戊烷	74.824060	-0.263777	0.708088	-0.243091	0.492262	-0.375579	1.885986	298.3~1500
56	反1,3-二甲基环戊烷	47.937730	-0.150159	0.536333	-0.127413	0.152454	-0.052736	1.312533	298.3~1500
57	正丙基环戊烷	49.549530	-0.134814	0.516969	-0.119192	0.139474	-0.046762	1.231808	298.3~1500
58	正丁基环戊烷	45.719410	-0.119338	0.506778	-0.115469	0.133007	-0.043871	1.118668	298.3~1500
59	正戊基环戊烷	44.466080	-0.113758	0.507115	-0.116885	0.136755	-0.045807	1.063567	298.3~1500
60	正己基环戊烷	34.763160	-0.068707	0.438218	-0.063803	-0.056052	0.213899	0.818223	298.3~1500
61	正庚基环戊烷	40.281630	-0.096564	0.496322	-0.113028	0.130027	-0.042755	0.935257	298.3~1500
62	正辛基环戊烷	38.487560	-0.089408	0.491578	-0.111251	0.126833	-0.041333	0.882953	298.3~1500
63	正壬基环戊烷	37.088960	-0.083696	0.488039	-0.110047	0.124860	-0.040450	0.840365	298.3~1500
64	正癸基环戊烷	36.797580	-0.082206	0.489298	-0.111199	0.127503	-0.041753	0.821483	298.3~1500
65	正十一烷基环戊烷	35.542900	-0.077146	0.485702	-0.109795	0.124958	-0.040585	0.785373	298.3~1500
66	正十二烷基环戊烷	34.642070	-0.073464	0.483446	-0.108999	0.123565	-0.039955	0.757637	298.3~1500
67	正十三烷基环戊烷	33.624190	-0.069420	0.480548	-0.107856	0.121507	-0.039039	0.728940	298.3~1500
68	正十四烷基环戊烷	32.711950	-0.065763	0.477923	-0.106838	0.119682	-0.038196	0.703300	298.3~1500
69	正十五烷基环戊烷	32.777810	-0.065814	0.479723	-0.108056	0.122331	-0.039493	0.697140	298.3~1500

续表

序号	化合物	A	B	$C \times 10^3$	$D \times 10^6$	$E \times 10^{10}$	$F \times 10^{14}$	G	适用温度/K
70	正十六烷基环戊烷	32.092820	-0.063061	0.477871	-0.107379	0.121180	-0.038968	0.677189	298.3~1500
71	环己烷	53.501790	-0.180876	0.508006	-0.076884	-0.046037	0.205246	1.471986	298.3~1500
72	甲基环己烷	47.672960	-0.177223	0.563285	-0.130074	0.146894	-0.047528	1.397798	298.3~1500
73	乙基环己烷	28.708680	-0.097402	0.450512	-0.047454	-0.146379	0.344710	0.965896	298.3~1500
74	顺1,2-二甲基环己烷	49.005610	-0.184825	0.578987	-0.139052	0.165220	-0.056352	1.394370	298.3~1500
75	反1,2-二甲基环己烷	34.108500	-0.123764	0.496098	-0.082332	-0.018875	0.170332	1.071009	298.3~1500
76	顺1,3-二甲基环己烷	43.557430	-0.163082	0.554184	-0.126381	0.140997	-0.045132	1.270138	298.3~1500
77	反1,3-二甲基环己烷	39.047340	-0.142819	0.522885	-0.105124	0.066596	0.053809	1.181052	298.3~1500
78	顺1,4-二甲基环己烷	38.820030	-0.141711	0.520887	-0.103460	0.060189	0.062940	1.163341	298.3~1500
79	反1,4-二甲基环己烷	35.802880	-0.124783	0.484105	-0.065509	-0.096568	0.289247	1.071392	298.3~1500
80	正丙基环己烷	34.596990	-0.139692	0.545106	-0.124672	0.121919	0.006066	1.137964	298.3~1500
81	正丁基环己烷	27.777350	-0.104640	0.501568	-0.098563	0.044503	0.095948	0.941401	298.3~1500
82	正戊基环己烷	35.606470	-0.130846	0.545812	-0.130347	0.146372	-0.026105	1.059857	298.3~1500
83	正己基环己烷	31.804210	-0.113195	0.530842	-0.126817	0.152983	-0.053251	0.954365	298.3~1500
84	正庚基环己烷	38.376080	-0.136637	0.570466	-0.155364	0.244699	-0.163049	1.062385	298.3~1500
85	正辛基环己烷	23.416310	-0.078811	0.501148	-0.117512	0.143483	-0.052264	0.752050	298.3~1500
86	正壬基环己烷	26.827450	-0.080179	0.490600	-0.102232	0.077924	0.034676	0.761376	298.3~1500
87	正癸基环己烷	30.327240	-0.093692	0.516222	-0.122255	0.146125	-0.050234	0.821064	298.3~1500
88	正十一烷基环己烷	26.542120	-0.077165	0.497413	-0.113098	0.127814	-0.041470	0.729510	298.3~1500
89	正十二烷基环己烷	27.450080	-0.078271	0.500043	-0.114808	0.131510	-0.043342	0.730516	298.3~1500
90	正十三烷基环己烷	27.089920	-0.075076	0.497754	-0.114254	0.131121	-0.043307	0.709193	298.3~1500
91	正十四烷基环己烷	28.272740	-0.077823	0.502799	-0.117485	0.138405	-0.046933	0.719256	298.3~1500
92	正十六烷基环己烷	23.716040	-0.057750	0.479582	-0.105986	0.115257	-0.035856	0.608111	298.3~1500

烯烃

续表

序号	化合物	A	B	$C \times 10^3$	$D \times 10^6$	$E \times 10^{10}$	$F \times 10^{14}$	G	适用温度/K
93	乙烯	24.777890	0.149526	0.163711	0.081958	-0.471884	0.696487	0.724912	200~1500
94	丙烯	13.119350	0.101630	0.233045	0.040160	-0.336681	0.523905	0.614079	200~1500
95	1-丁烯	0.021100	0.150654	0.106076	0.174335	-0.907745	1.376122	0.192208	50~1500
96	顺2-丁烯	15.371860	0.087036	0.202530	0.077714	-0.482652	0.720262	0.493754	200~1500
97	反2-丁烯	0.420560	0.116378	0.251491	-0.001354	-0.094933	0.094502	0.262571	50~1500
98	异丁烯	17.101190	0.034046	0.357493	-0.049693	-0.040393	0.167197	0.672585	300~1200
99	1-戊烯	16.426300	0.058019	0.295278	0.016073	-0.308613	0.536302	0.498981	200~1500
100	1-己烯	25.702110	0.000744	0.414783	-0.086219	0.089230	-0.025785	0.676778	300~1500
101	2,3-二甲基-2-丁烯	21.239160	-0.002264	0.386478	-0.063466	0.020236	0.037897	0.655573	298.3~1000
102	1-庚烯	15.169400	0.070400	0.270375	0.048420	-0.460901	0.770283	0.290136	200~1500
103	1-辛烯	15.510220	0.070598	0.268690	0.054241	-0.494952	0.827719	0.242965	200~1500
104	1-壬烯	15.542390	0.071539	0.266637	0.058718	-0.519155	0.867090	0.202033	200~1500
105	1-癸烯	15.984190	0.070216	0.268691	0.059597	-0.530242	0.889698	0.179420	200~1500
106	1-十一烯	15.568880	0.073301	0.262671	0.066235	-0.559018	0.931865	0.140825	200~1500
107	1-十二烯	16.225220	0.070200	0.268850	0.062401	-0.548326	0.920076	0.135657	200~1500
108	1-十三烯	32.458580	-0.003498	0.390681	-0.028259	-0.236119	0.516396	0.484666	200~1500
109	1-十四烯	32.491790	-0.003026	0.389451	-0.026129	-0.246772	0.532887	0.468244	200~1500
110	1-十五烯	31.657040	0.000942	0.382950	-0.020097	-0.271611	0.569150	0.435922	200~1500
111	1-十六烯	30.940440	0.004825	0.375959	-0.013757	-0.296732	0.604768	0.405981	200~1500
112	1-十七烯	31.318490	0.003461	0.377872	-0.014100	-0.299521	0.613176	0.403316	200~1500
113	1-十八烯	-10.090940	0.249452	-0.161684	0.524217	-2.698972	4.358817	-0.753949	200~1500
114	1-十九烯	30.896070	0.005787	0.374044	-0.010005	-0.317527	0.640219	0.375369	200~1500
115	1-二十烯	32.378530	-0.001427	0.387073	-0.020184	-0.280514	0.589310	0.403696	200~1500
116	环戊烷	62.691750	-0.179455	0.492283	-0.115583	0.136016	-0.045932	1.662440	298.3~1500

续表

序号	化合物	A	B	$C\times10^3$	$D\times10^6$	$E\times10^{10}$	$F\times10^{14}$	G	适用温度/K
117	环己烷	54.532970	-0.209611	0.610743	-0.190753	0.354636	-0.289202	1.640899	298.3~1500
	二烯烃和炔烃								
118	丙二烯	18.361880	0.064536	0.322053	-0.069246	0.057220	0.025332	0.730150	200~1500
119	1,2-丁二烯	0.440480	0.126319	0.194031	0.042964	-0.335375	0.525823	0.277235	50~1500
120	1,3-丁二烯	27.531700	-0.034752	0.436667	-0.093701	0.024419	0.157627	1.020997	200~1500
121	2-甲基-1,3-丁二烯	1.588910	0.080012	0.229500	0.073338	-0.591042	1.017696	0.333091	50~1500
122	乙炔	23.109930	0.079893	0.449477	-0.228328	0.664194	-0.775377	0.944160	50~1500
123	甲基乙炔	2.196030	0.158653	0.163091	0.056813	-0.419391	0.700912	0.292895	50~1500
124	乙基乙炔	1.565570	0.110472	0.215075	0.045394	-0.415039	0.716067	0.346183	50~1500
	芳香烃								
125	苯	49.947580	-0.185637	0.532277	-0.182310	0.366890	-0.320047	1.490507	298.3~1500
126	甲苯	21.182620	-0.053111	0.345610	-0.043630	-0.098553	0.268913	0.815513	200~1500
127	乙苯	-0.663910	0.088434	0.046933	0.271858	-1.595941	2.912195	0.117621	50~1000
128	1,3-二甲苯	27.972610	-0.074891	0.397055	-0.085137	0.066249	0.032141	0.886455	255.6~1500
129	1,2-二甲苯	17.854430	-0.028388	0.353686	-0.064719	0.019559	0.073749	0.622218	255.6~1500
130	1,4-二甲苯	30.378850	-0.089324	0.420827	-0.099918	0.109269	-0.016277	0.943017	255.6~1500
131	正丙基苯	-0.781200	0.073143	0.152545	0.126579	-0.740937	1.151730	0.132171	50~1500
132	1,2,3-三甲基苯	15.471100	-0.034259	0.375725	-0.069957	0.012633	0.105501	0.606223	200~1500
133	1,2,4-三甲基苯	-1.464320	0.085479	0.119514	0.151165	-0.823392	1.258938	0.071196	200~1500
134	1,3,5-三甲基苯	10.055400	0.017854	0.257505	0.020521	-0.294373	0.493834	0.374331	200~1500
135	正丁基苯	36.376650	-0.092404	0.455186	-0.112976	0.140446	-0.050386	0.922288	298.3~1500
136	1-甲基-3-(1-甲基乙基)苯	22.446520	-0.065407	0.424037	-0.099706	0.115973	-0.038965	0.764244	298.3~1500
137	1-甲基-2-异丙基苯	16.340580	-0.035565	0.398366	-0.089303	0.098081	-0.030870	0.591736	298.3~1500
138	1-甲基-4-(1-甲基乙基)苯	24.030700	-0.066272	0.421653	-0.098417	0.113743	-0.037993	0.762517	298.3~1500

续表

序号	化合物	A	B	$C\times10^3$	$D\times10^6$	$E\times10^{10}$	$F\times10^{14}$	G	适用温度/K
139	正戊基苯	37.847910	-0.092455	0.463822	-0.115993	0.144308	-0.051474	0.902494	298.3~1500
140	正己基苯	39.401520	-0.093922	0.473347	-0.119748	0.150020	-0.053823	0.893994	298.3~1500
141	正庚基苯	40.552050	-0.094278	0.479905	-0.122063	0.153042	-0.054941	0.882581	298.3~1500
142	正辛基苯	42.293630	-0.097640	0.489551	-0.126207	0.160091	-0.058091	0.888550	298.3~1500
143	苯乙烯	33.234080	-0.118427	0.482843	-0.163803	0.336417	-0.306069	1.081899	298.3~1500
144	2-丙烯基苯	18.760710	-0.044688	0.383149	-0.092104	0.109604	-0.037767	0.682131	298.3~1500
145	顺-β-丙烯基苯	18.760710	-0.044688	0.383149	-0.092104	0.109604	-0.037767	0.682131	298.3~1500
146	反-β-丙烯基苯	21.272560	-0.068012	0.427946	-0.126552	0.231605	-0.199378	0.786938	298.3~1500
	双环芳烃和多环烃								
147	顺十氢化萘	51.451760	-0.213219	0.561864	-0.130329	0.120895	0.031828	1.443221	298.3~800
148	反十氢化萘	37.767190	-0.137133	0.407634	0.021426	-0.598259	1.348281	1.072922	298.3~1000
149	四氢萘	21.545720	-0.082693	0.381575	-0.050661	-0.102749	0.293269	0.801675	200~1500
150	茚满	19.544340	-0.061946	0.332976	-0.021706	-0.192968	0.402953	0.750056	200~1500
151	茚	15.800910	-0.050974	0.318303	-0.033397	-0.128175	0.305331	0.688134	200~1500
152	联苯	20.561320	-0.079112	0.377095	-0.080226	0.027676	0.112650	0.736230	200~1500
153	萘	21.132950	-0.089001	0.373372	-0.074257	-0.000981	0.157004	0.811384	200~1500
154	1-甲基萘	15.294030	-0.060979	0.363719	-0.072494	0.014571	0.115694	0.660165	200~1500
155	2-甲基萘	2.281330	0.027830	0.161116	0.116306	-0.752686	1.238854	0.256574	100~1500
156	蒽	16.947920	-0.078136	0.364606	-0.073799	0.002109	0.150965	0.657611	200~1500
157	菲	19.005730	-0.098493	0.409633	-0.113097	0.152590	-0.058884	0.753785	200~1500
158	芘	20.948960	-0.109445	0.407239	-0.113284	0.149536	-0.048596	0.768521	273.3~1500
159	䓛	27.581030	-0.145584	0.474426	-0.158943	0.299300	-0.234769	0.929176	298.3~1500
160	三甲苯	32.152400	-0.168955	0.489280	-0.164079	0.309324	-0.244120	1.032563	298.3~1500
161	苯并蒽	29.228290	-0.146524	0.489509	-0.173485	0.354541	-0.309334	0.944425	298.3~1500

续表

序号	化合物	A	B	$C\times10^3$	$D\times10^6$	$E\times10^{10}$	$F\times10^{14}$	G	适用温度/K
162	二氢苊	19.879790	-0.100071	0.416104	-0.110769	0.144535	-0.054018	0.798573	200~1500
163	芴	21.348510	-0.094029	0.366216	-0.062926	-0.051881	0.231530	0.774193	200~1500
164	二苯并蒽	33.897260	-0.153818	0.473385	-0.148635	0.229107	-0.099253	0.950583	298.3~1500
165	萘酚	26.799160	-0.129663	0.457404	-0.148741	0.269951	-0.203373	0.855733	273.3~1500
166	1,8-亚乙基萘	15.926040	-0.064420	0.324182	-0.049153	-0.069069	0.228975	0.647119	200~1500
	氧化物								
167	甲醇	3.537020	0.256237	-0.027743	0.165361	-0.667814	0.882285	0.148672	200~1500
168	乙醇	14.347350	0.103480	0.205724	0.041409	-0.336212	0.530062	0.572151	200~1500
169	正丙醇	12.473540	0.075054	0.244696	0.025281	-0.295276	0.485248	0.542199	200~1500
170	异丙醇	2.177300	0.096216	0.230521	0.042312	-0.395535	0.657488	0.366166	50~1500
171	正丁醇	13.092780	0.037725	0.309675	-0.008328	-0.209249	0.398992	0.603162	200~1500
172	仲丁醇	0.262640	0.092726	0.264972	0.000769	-0.176410	0.288125	0.294683	50~1500
173	叔丁醇	2.894550	0.047434	0.362895	-0.083564	0.154580	-0.190135	0.399910	50~1500
174	苯酚	20.525430	-0.070346	0.390899	-0.108383	0.138892	-0.033135	0.865535	200~1500
175	甲基乙基甲酮	-3.460490	0.138613	0.173055	0.041290	-0.292081	0.437094	0.054672	200~1500
176	甲基乙基醚	-2.492640	0.132270	0.209627	0.030048	-0.252348	0.370820	0.162690	200~1500
177	二乙基醚	-3.759410	0.126485	0.220809	0.034970	-0.287956	0.426852	0.060993	200~1500
178	甲基叔丁基醚	1.006260	0.060415	0.275103	0.006843	-0.213698	0.347006	0.291800	200~1500
179	甲基叔戊基醚	49.315660	0.008386	0.408794	-0.088558	0.095505	-0.029017	0.502288	300~1500
180	二异丙醚	35.537790	0.033412	0.372370	-0.074073	0.073731	-0.020103	0.358291	300~1500

表 6-2-2　理想气体的焓

序号	物质名称	T_{min}	T_{min} 下的焓 (kJ/kg)	温度/℃													T_{max} 下的焓 (kJ/kg)	T_{max}
				-128.9	-17.8	25	37.8	93.3	148.9	204.4	260	315.6	426.7	537.8	815.6	1204.4		
1	氧	-223.33	45.29	131.21	232.20	271.44	283.24	334.87	387.21	440.38	494.39	549.31	661.79	777.60	1078.35	1514.52	1539.90	1226.67
2	氢	-117.78	2170.66		3589.70	4202.58	4386.14	5186.38	5989.29	6794.10	7600.39	8407.97	10027.56	11655.54	15793.97		17831.49	948.89
3	水	-223.33	88.85	263.98	470.01	549.86	573.82	678.49	784.32	891.51	1000.22	1110.68	1337.33	1572.30	2199.02	3166.35	3224.31	1226.67
4	二氧化氮	-73.33	146.14		188.75	223.16	233.69	280.93	330.45	382.18	436.01	491.85	608.94	732.29	1060.00	1547.60	1576.58	1226.67
5	一氧化氮	-73.33	208.15		264.02	306.71	319.43	374.74	430.22	486.16	542.65	599.87	716.73	836.85	1149.09	1604.21	1630.92	1226.67
6	一氧化二氮	-223.33	49.64	150.84	264.00	306.75	319.50	374.81	430.26	486.13	542.58	599.76	716.54	836.68	1149.02	1604.00	1630.75	1226.67
7	氨	-223.33	23.07	67.15	120.00	141.16	147.61	176.31	206.27	237.60	270.40	304.64	377.46	455.75	671.26	1012.90	1034.23	1226.67
8	氯	-223.33	20.45	59.62	109.58	129.70	135.79	162.68	190.13	218.02	246.28	274.84	332.59	390.86	537.19	744.08	756.13	1226.67
9	氯化氢	-223.33	38.68	114.16	202.87	237.02	247.23	291.61	336.08	380.65	425.38	470.34	561.08	653.23	891.76	1244.96	1265.50	1226.67
10	氟化氢	-223.33	68.48	205.99	367.74	429.98	448.59	529.42	610.29	691.19	772.18	853.27	1015.99	1179.72	1596.19	2205.09	2240.98	1226.67
11	硫化氢	-223.33	48.80	140.86	249.74	292.38	305.22	361.71	419.52	478.74	539.54	602.01	732.22	869.57	1242.50	1821.81	1856.54	1226.67
12	氮气	-223.33	51.38	150.12	265.30	309.64	322.89	380.63	438.64	497.02	555.89	615.27	735.92	859.31	1180.14	1652.94	1680.41	1226.67
13	碳	-117.78	16.19		60.06	87.92	97.25	143.03	196.90	258.23	326.41	400.68	564.75	744.83	1234.40		1480.17	948.89
14	一氧化碳	-223.33	51.85	150.28	265.42	309.80	323.08	381.02	439.31	498.06	557.38	617.32	739.29	864.27	1189.81	1668.53	1696.23	1226.67
15	二氧化碳	-223.33	33.08	96.06	178.05	212.83	223.60	272.35	324.20	378.86	435.89	494.88	617.13	743.46			972.54	726.67
16	二氧化硫	-223.33	26.00	75.64	139.21	165.38	173.40	209.27	246.79	285.93	326.62	368.69	456.57	548.33	787.14	1134.85	1155.90	1226.67
	烷烃																	
17	甲烷	-223.33	102.65	298.35	530.65	625.06	654.07	785.09	925.19	1075.47	1236.71	1409.29	1788.94	2213.04	3438.51	5443.24	5567.47	1226.67
18	乙烷	-223.33	55.38	166.73	324.50	396.07	418.77	524.91	643.56	775.00	919.16	1075.72	1423.55	1812.11	2913.05	4689.59	4803.68	1226.67
19	丙烷	-223.33	37.82	124.84	267.33	335.38	357.20	460.15	576.31	705.50	847.36	1001.29	1342.54	1722.35	2793.77	4507.14	4615.53	1226.67
20	正丁烷	-73.33	184.92		262.74	331.99	354.23	459.08	576.99	707.47	849.96	1003.80	1342.66	1717.98	2777.00	4462.83	4566.62	1226.67

续表

序号	物质名称	T_{min}	T_{min} 下的焓 (kJ/kg)	温度/℃													T_{max} 下的焓 (kJ/kg)	T_{max}
				-128.9	-17.8	25	37.8	93.3	148.9	204.4	260	315.6	426.7	537.8	815.6	1204.4		
21	异丁烷	-223.33	28.77	104.00	241.88	309.71	331.57	435.05	552.05	682.14	824.75	979.20	1320.44	1699.07	2765.23	4455.18	4559.80	1226.67
22	正戊烷	-73.33	190.92		267.42	335.41	357.23	460.31	576.43	705.22	846.17	998.66	1335.47	1709.39	2765.79	4445.97	4549.66	1226.67
23	2-甲基丁烷	-73.33	166.29		238.86	305.22	326.76	429.26	545.68	675.26	817.24	970.85	1309.95	1686.51	2756.56	4477.95	4583.39	1226.67
24	2,2-二甲基丙烷	-51.11	194.10		247.09	321.48	345.08	455.36	577.89	712.57	859.13	1017.20	1366.01	1754.61	2868.53	4685.36	4797.92	1226.67
25	正己烷	-73.33	189.92		265.51	333.04	354.78	457.50	573.33	701.77	842.24	994.04	1328.63	1699.23	2742.60	4392.22	4493.40	1226.67
26	2-甲基戊烷	-73.33	166.82		239.34	305.80	327.38	430.26	547.17	677.31	819.82	973.89	1313.28	1688.86	2747.86	4432.11	4535.08	1226.67
27	3-甲基戊烷	-73.33	166.01		237.16	302.59	323.87	425.35	540.82	669.40	810.31	962.70	1298.81	1671.46	2726.85	4409.52	4511.70	1226.67
28	2,2-二甲基丁烷	-73.33	153.59		225.81	291.91	313.40	415.77	532.35	662.44	805.33	960.26	1303.30	1685.46	2775.28	4538.66	4647.45	1226.67
29	正庚烷	-73.33	189.36		264.58	331.83	353.48	455.85	571.29	699.33	839.33	990.62	1323.88	1692.51	2726.74	4353.21	4452.95	1226.67
30	2-甲基己烷	-73.33	169.98		242.41	308.68	330.20	432.61	548.82	678.03	819.40	972.10	1308.07	1679.46	2725.15	4385.38	4486.72	1226.67
31	3-甲基己烷	-73.33	166.59		237.86	303.52	324.89	426.87	542.89	672.07	813.52	966.33	1302.65	1674.29	2720.01	4376.28	4477.04	1226.67
32	2,4-二甲基戊烷	-73.33	151.31		224.41	292.52	314.73	420.84	541.42	675.26	821.26	978.38	1322.44	1700.90	2765.39	4458.06	4560.11	1226.67
33	正辛烷	-73.33	188.96		263.72	330.78	352.41	454.68	570.15	698.15	838.05	989.13	1321.35	1688.02	2713.25	4325.02	4424.29	1226.67
34	2,2-二甲基己烷	-73.33	158.07		230.39	296.84	318.45	421.47	538.61	669.05	811.96	966.45	1306.88	1683.81	2748.81	4446.78	4550.78	1226.67
35	2-甲基庚烷	-73.33	171.91		244.35	310.57	332.06	434.31	550.35	679.33	820.42	972.78	1307.77	1677.48	2714.57	4352.98	4453.13	1226.67
36	2,2,4-三甲基戊烷	-73.33	144.51		215.83	282.00	303.59	406.75	524.32	655.35	798.91	954.14	1296.23	1675.41	2751.67	4478.18	4583.04	1226.67
37	正壬烷	-73.33	188.71		262.40	328.99	350.50	452.61	568.17	696.45	836.71	988.06	1320.30	1685.62			2362.42	726.67
38	正癸烷	-73.33	188.45		263.47	329.90	351.25	452.50	567.26	695.12	835.29	986.71	1318.51	1681.55			2358.56	726.67
39	正十一烷	-73.33	188.27		263.12	329.45	350.78	451.96	566.66	694.45	834.52	985.80	1317.21	1679.51			2354.32	726.67
40	正十二烷	-73.33	188.10		262.81	329.08	350.41	451.50	566.15	693.89	833.89	985.06	1316.09	1677.83			2350.81	726.67
41	正十三烷	-73.33	187.99		264.35	330.59	351.81	452.08	565.89	693.08	832.94	984.27	1315.72	1676.67			2348.20	726.67

续表

序号	物质名称	T_{min}	T_{min}下的焓 (kJ/kg)	温度/℃ −128.9	−17.8	25	37.8	93.3	148.9	204.4	260	315.6	426.7	537.8	815.6	1204.4	T_{max}下的焓 (kJ/kg)	T_{max}
42	正十四烷	−73.33	187.87		262.37	328.52	349.81	450.82	565.40	693.05	832.91	983.94	1314.44	1675.25			2345.37	726.67
43	正十五烷	−73.33	187.78		262.19	328.29	349.57	450.54	565.08	692.68	832.52	983.48	1313.81	1674.32			2343.11	726.67
44	正十六烷	−73.33	187.71		262.02	328.08	349.36	450.31	564.82	692.40	832.19	983.08	1313.18	1673.32			2341.27	726.67
45	正十七烷	−73.33	187.61		261.88	327.92	349.18	450.08	564.56	692.12	831.89	982.71	1312.65	1672.48			2339.53	726.67
46	正十八烷	−73.33	187.54		261.74	327.76	349.01	449.89	564.36	691.89	831.61	982.38	1312.16	1671.74			2337.99	726.67
47	正十九烷	−73.33	187.50		261.63	327.59	348.85	449.71	564.15	691.66	831.36	982.10	1311.72	1671.06			2336.60	726.67
48	正二十烷	−73.33	187.45		261.53	327.48	348.74	449.57	564.01	691.49	831.15	981.87	1311.39	1670.53			2335.46	726.67
	环烷烃																	
49	环戊烷	25.00	214.90			214.90	230.25	307.12	399.63	506.48	626.58	758.81	1055.77	1390.11	2351.34	3902.11	3996.17	1226.67
50	甲基环戊烷	26.67	239.69				254.51	338.18	436.82	549.28	674.47	811.31	1116.24	1457.07	2429.59	3988.10	4082.39	1226.67
51	乙基环戊烷	25.00	247.18			247.18	264.56	349.85	450.08	564.08	690.73	829.01	1136.71	1480.26	2459.69	4030.18	4125.28	1226.67
52	1,1-二甲基环戊烷	25.00	237.30			237.30	254.98	341.85	443.94	560.01	688.91	829.54	1142.04	1490.26	2478.83	4051.50	4146.31	1226.67
53	顺1,2-二甲基环戊烷	25.00	239.55			239.55	257.28	344.32	446.50	562.59	691.42	831.91	1143.92	1491.36	2477.30	4046.83	4141.57	1226.67
54	反1,2-二甲基环戊烷	25.00	240.69			240.69	258.51	345.78	448.03	564.10	692.82	833.12	1144.62	1491.43	2475.74	4043.41	4138.03	1226.67
55	顺1,3-二甲基环戊烷	25.00	241.09			241.09	258.44	344.62	446.82	563.40	692.80	833.68	1145.55	1491.63			2145.28	726.67
56	反1,3-二甲基环戊烷	25.00	240.69			240.69	258.51	345.78	448.03	564.10	692.82	833.12	1144.62	1491.43	2475.74	4043.41	4138.03	1226.67
57	正丙基环戊烷	25.00	253.32			253.32	271.19	358.39	460.31	575.82	703.80	843.26	1152.90	1497.98	2479.86	4050.67	4145.66	1226.67
58	正丁基环戊烷	25.00	258.14			258.14	276.37	365.13	468.41	585.06	714.03	854.38	1165.46	1511.66	2495.39	4066.41	4161.31	1226.67
59	正戊基环戊烷	25.00	261.98			261.98	280.49	370.34	474.64	592.24	722.08	863.22	1175.63	1522.78	2507.70	4079.23	4174.18	1226.67
60	正己基环戊烷	25.00	265.14			265.14	283.93	374.88	479.90	598.11	728.50	870.18	1183.79	1532.15	2517.42	4084.56	4179.97	1226.67
61	正庚基环戊烷	25.00	267.74			267.74	286.70	378.37	484.22	603.22	734.29	876.48	1190.65	1539.20	2526.40	4098.21	4193.02	1226.67

续表

序号	物质名称	T_{min}	T_{min}下的焓 (kJ/kg)	温度/℃ -128.9	-17.8	25	37.8	93.3	148.9	204.4	260	315.6	426.7	537.8	815.6	1204.4	T_{max}下的焓 (kJ/kg)	T_{max}
62	正辛基环戊烷	25.00	269.91			269.91	289.05	381.42	487.90	607.43	738.97	881.57	1196.42	1545.53	2533.59	4105.23	4199.97	1226.67
63	正壬基环戊烷	25.00	271.82			271.82	291.10	384.07	491.09	611.06	742.99	885.95	1201.35	1550.88	2539.66	4111.54	4206.25	1226.67
64	正癸基环戊烷	25.00	273.47			273.47	292.87	386.30	493.74	614.13	746.46	889.76	1205.79	1555.76	2545.03	4117.12	4211.88	1226.67
65	正十一烷基环戊烷	25.00	274.93			274.93	294.42	388.32	496.18	616.92	749.55	893.11	1209.54	1559.86	2549.71	4121.77	4216.46	1226.67
66	正十二烷基环戊烷	25.00	276.16			276.16	295.77	390.07	498.27	619.32	752.20	896.02	1212.84	1563.46	2553.82	4125.91	4220.58	1226.67
67	正十三烷基环戊烷	25.00	277.28			277.28	296.98	391.65	500.18	621.50	754.62	898.62	1215.82	1566.69	2557.57	4129.77	4224.42	1226.67
68	正十四烷基环戊烷	25.00	278.30			278.30	298.08	393.09	501.90	623.46	756.78	900.97	1218.45	1569.56	2560.78	4133.01	4227.61	1226.67
69	正十五烷基环戊烷	25.00	279.21			279.21	299.05	394.28	503.32	625.13	758.69	903.07	1220.89	1572.25	2563.68	4135.96	4230.61	1226.67
70	正十六烷基环戊烷	25.00	280.03			280.03	299.94	395.44	504.72	626.72	760.44	904.97	1223.03	1574.58	2566.34	4138.80	4233.42	1226.67
71	环己烷	25.00	210.90			210.90	227.20	308.64	406.33	519.18	646.11	786.02	1100.73	1455.40	2472.69	4099.84	4198.51	1226.67
72	甲基环己烷	25.00	223.30			223.30	241.09	328.90	432.68	551.12	683.07	827.38	1148.95	1508.20	2530.38	4153.80	4251.28	1226.67
73	乙基环己烷	25.00	227.74			227.74	246.23	336.52	442.08	561.89	694.98	840.31	1163.79	1524.66	2546.66	4164.32	4262.66	1226.67
74	顺1，2-二甲基环己烷	25.00	224.53			224.53	242.48	331.04	435.63	554.98	687.84	833.01	1156.06	1516.34	2538.87	4161.34	4258.94	1226.67
75	反1，2-二甲基环己烷	25.00	227.67			227.67	246.16	336.59	442.52	562.87	696.49	842.40	1167.02	1529.08	2555.87	4181.76	4279.96	1226.67
76	顺1，3-二甲基环己烷	25.00	226.48			226.48	244.67	334.04	439.19	558.94	692.05	837.47	1161.11	1522.38	2550.01	4182.36	4280.38	1226.67
77	反1，3-二甲基环己烷	25.00	226.64			226.64	244.86	334.15	438.98	558.19	690.63	835.26	1157.02	1516.03	2535.68	4152.80	4250.14	1226.67
78	顺1，4-二甲基环己烷	25.00	226.64			226.64	244.86	334.18	439.01	558.19	690.63	835.24	1157.02	1516.06	2535.63	4152.75	4250.14	1226.67
79	反1，4-二甲基环己烷	25.00	226.97			226.97	245.25	334.99	440.40	560.42	693.98	839.99	1165.18	1528.13	2555.96	4182.11	4280.85	1226.67
80	正丙基环己烷	25.00	229.06			229.06	248.00	340.36	448.08	569.91	704.71	851.29	1175.86	1536.08	2553.57	4168.08	4265.77	1226.67
81	正丁基环己烷	25.00	235.79			235.79	255.04	348.50	456.87	579.03	713.92	860.45	1184.67	1544.43	2560.45	4172.46	4270.17	1226.67
82	正戊基环己烷	25.00	241.34			241.34	260.58	354.18	462.92	585.55	720.85	867.76	1192.28	1551.76	2565.45	4173.43	4270.73	1226.67

续表

序号	物质名称	T_{min}	T_{min} 下的焓 (kJ/kg)	温度/℃														T_{max} 下的焓 (kJ/kg)	T_{max}
				-128.9	-17.8	25	37.8	93.3	148.9	204.4	260	315.6	426.7	537.8	815.6	1204.4		
83	正己基环己烷	25.00	245.88			245.88	265.37	359.85	469.13	592.01	727.38	874.18	1198.19	1557.00	2569.57	4174.88	4271.64	1226.67
84	正庚基环己烷	25.00	249.83			249.83	269.33	363.92	473.53	596.80	732.55	879.67	1203.93	1562.48	2573.03	4175.43	4271.92	1226.67
85	正辛基环己烷	25.00	252.56			252.56	272.58	368.83	479.27	602.78	738.29	884.85	1207.58	1564.48	2572.50	4179.18	4276.43	1226.67
86	正壬基环己烷	25.00	256.05			256.05	275.89	371.58	481.64	605.04	740.71	887.64	1211.66	1570.23	2581.01	4179.85	4276.24	1226.67
87	正癸基环己烷	25.00	258.51			258.51	278.40	374.30	484.67	608.36	744.25	891.34	1215.35	1573.53	2582.80	4180.69	4276.94	1226.67
88	正十一烷基环己烷	25.00	260.67			260.67	280.72	377.14	487.78	611.57	747.43	894.39	1218.05	1575.88	2584.69	4179.36	4275.13	1226.67
89	正十二烷基环己烷	25.00	262.63			262.63	282.70	379.23	490.02	613.90	749.88	896.95	1220.70	1578.53	2586.73	4180.32	4276.03	1226.67
90	正十三烷基环己烷	25.00	264.44			264.44	284.56	381.35	492.27	616.29	752.34	899.41	1223.12	1580.79	2588.39	4181.39	4277.13	1226.67
91	正十四烷基环己烷	25.00	266.12			266.12	286.26	383.14	494.20	618.34	754.48	901.65	1225.43	1582.98	2589.69	4182.32	4278.20	1226.67
92	正十六烷基环己烷	25.00	268.72			268.72	289.05	386.53	497.90	622.13	758.25	905.28	1228.68	1585.93	2592.53	4181.97	4277.24	1226.67
烯烃																		
93	乙烯	-73.33	239.34		312.17	375.32	395.40	489.06	593.08	707.19	831.10	964.31	1256.55	1579.14	2486.32	3927.39	4016.36	1226.67
94	丙烯	-73.33	188.99		259.79	322.27	342.27	436.17	541.23	657.02	783.09	918.84	1217.12	1546.83	2476.34	3955.05	4045.76	1226.67
95	1-丁烯	-223.33	33.87	114.04	244.14	306.03	325.87	419.33	524.56	641.37	769.37	907.95	1213.93	1552.55	2497.84	4001.94	4098.33	1226.67
96	顺 2-丁烯	-73.33	176.33		241.48	299.73	318.47	407.33	507.86	619.71	742.48	875.64	1170.56	1499.08	2431.13	3920.20	4012.20	1226.67
97	反 2-丁烯	-223.33	30.08	110.74	248.02	312.80	333.41	429.63	536.40	653.40	780.21	916.49	1215.77	1547.55	2492.74	3987.98	4076.18	1226.67
98	异丁烯	26.67	306.19				323.87	419.73	527.37	646.04	775.07	913.70	1217.14	1551.27	2492.90		2903.91	926.67
99	1-戊烯	-73.33	176.43		246.30	309.10	329.36	425.14	533.09	652.63	783.00	923.56	1232.10	1572.18	2524.14	4027.90	4120.40	1226.67
100	1-己烯	26.67	312.22				330.10	427.40	537.09	658.33	790.30	932.19	1242.89	1585.05	2548.43	4075.53	4167.34	1226.67
101	2,3-二甲基-2-丁烯	25.00	283.38			283.38	302.96	396.07	501.62	618.83	746.92	885.18	1189.30	1525.71			2157.64	726.67
102	1-庚烯	-73.33	179.31		250.21	313.89	334.43	431.59	541.19	662.65	795.26	938.26	1252.01	1597.14	2556.31	4059.20	4152.34	1226.67

续表

序号	物质名称	T_{min}	T_{min}下的焓 (kJ/kg)	温度/℃													T_{max}下的焓 (kJ/kg)	T_{max}
				-128.9	-17.8	25	37.8	93.3	148.9	204.4	260	315.6	426.7	537.8	815.6	1204.4		
103	1-辛烯	-73.33	180.26		251.37	315.31	335.92	433.54	543.72	665.86	799.23	943.05	1258.52	1605.28	2566.66	4069.69	4163.08	1226.67
104	1-壬烯	-73.33	180.89		252.23	316.36	337.06	435.01	545.63	668.26	802.19	946.59	1263.34	1611.26	2574.50	4077.90	4171.43	1226.67
105	1-癸烯	-73.33	181.50		252.95	317.24	337.99	436.26	547.24	670.30	804.70	949.61	1267.34	1616.12	2580.38	4083.98	4177.64	1226.67
106	1-十一烯	-73.33	181.92		253.53	317.96	338.76	437.22	548.42	671.77	806.49	951.77	1270.29	1619.94	2585.55	4089.14	4182.90	1226.67
107	1-十二烯	-73.33	182.33		254.02	318.57	339.41	438.12	549.63	673.28	808.35	953.96	1273.11	1623.29	2589.76	4093.30	4187.02	1226.67
108	1-十三烯	-73.33	186.43		255.44	318.96	339.64	438.15	550.05	674.40	810.17	956.35	1276.16	1626.22	2592.48	4096.47	4189.11	1226.67
109	1-十四烯	-73.33	186.71		255.79	319.38	340.08	438.71	550.77	675.28	811.24	957.68	1277.97	1628.52	2595.55	4099.49	4192.16	1226.67
110	1-十五烯	-73.33	186.71		256.02	319.78	340.50	439.31	551.54	676.24	812.42	959.08	1279.83	1630.82	2598.39	4102.26	4195.04	1226.67
111	1-十六烯	-73.33	186.78		256.25	320.10	340.85	439.75	552.10	676.89	813.19	960.01	1281.13	1632.52	2600.74	4104.91	4197.83	1226.67
112	1-十七烯	-73.33	187.03		256.51	320.38	341.15	440.15	552.61	677.56	814.03	961.01	1282.46	1634.13	2602.55	4107.37	4200.46	1226.67
113	1-十八烯	-73.33	183.64		256.51	320.80	341.50	439.78	551.79	677.24	815.19	964.36	1289.34	1636.85	2598.93	3880.38	3986.52	1226.67
114	1-十九烯	-73.33	187.22		256.88	320.89	341.71	440.89	553.54	678.70	815.42	962.66	1284.67	1636.85	2606.09	4111.14	4204.35	1226.67
115	1-二十烯	-73.33	187.59		257.09	321.08	341.90	441.15	553.91	679.24	816.10	963.45	1285.65	1637.96	2607.60	4112.10	4205.02	1226.67
116	环戊烯	25.00	212.83			212.83	226.99	297.68	382.23	479.53	588.52	708.24	976.31	1277.16	2138.21	3519.04	3602.54	1226.67
117	环己烯	25.00	212.53			212.53	229.13	311.12	407.89	517.95	640.02	772.90	1066.84	1392.48	2310.55	3764.57	3851.89	1226.67
	二烯烃和炔烃																	
118	丙二烯	-73.33	186.54		255.21	315.52	334.73	424.38	523.35	630.95	746.46	869.27	1134.34	1421.76	2215.34	3455.63	3530.51	1226.67
119	1,2-丁二烯	-223.33	31.19	109.34	238.16	298.49	317.64	407.00	505.95	614.15	731.15	856.48	1129.87	1429.72	2265.68	3580.12	3660.71	1226.67
120	1,3-丁二烯	-73.33	156.52		220.90	280.40	299.77	392.00	496.41	611.92	737.48	872.08	1164.67	1482.89	2356.28	3706.19	3788.20	1226.67
121	2-甲基-1,3-丁二烯	-223.33	24.89	90.57	213.20	273.61	293.05	384.97	488.48	602.99	727.78	862.06	1155.58	1476.56	2359.44	3756.10	3845.86	1226.67
122	乙炔	-223.33	78.57	164.10	315.31	384.84	406.61	506.18	612.69	725.03	842.31	963.80	1217.45	1483.10	2193.74	3282.49	3346.05	1226.67

续表

序号	物质名称	T_{min}	T_{min}下的焓 (kJ/kg)	温度/℃														T_{max}下的焓 (kJ/kg)	T_{max}
				−128.9	−17.8	25	37.8	93.3	148.9	204.4	260	315.6	426.7	537.8	815.6	1204.4		
123	丙炔	−223.33	41.47	128.60	263.95	325.76	345.25	435.43	534.28	641.39	756.34	878.57	1142.57	1428.67	2212.65	3445.33	3523.09	1226.67
124	1-丁炔	−223.33	30.89	105.69	233.99	294.96	314.38	405.28	506.25	616.81	736.36	864.27	1142.41	1445.60	2281.17	3599.01	3682.09	1226.67
	芳香烃																	
125	苯	25.00	182.43			182.43	196.15	263.84	343.57	433.98	533.91	642.30	880.88	1143.50	1877.21	3027.63	3096.34	1226.67
126	甲苯	−73.33	103.90		151.77	197.41	212.46	285.17	369.09	463.43	567.38	680.12	928.95	1203.98	1973.86	3183.96	3257.83	1226.67
127	乙苯	−223.33	18.28	68.83	162.49	210.48	226.16	301.61	388.74	487.11	595.92	714.29	975.33	1262.06			1793.29	726.67
128	1,3-二甲苯	−17.78	161.80		161.80	208.50	223.92	298.47	384.51	481.13	587.48	702.71	956.89	1238.06	2029.52	3280.28	3355.80	1226.67
129	1,2-二甲苯	−17.78	170.82		170.82	220.46	236.65	314.10	402.40	500.74	608.39	724.64	980.20	1262.29	2055.78	3309.72	3385.43	1226.67
130	1,4-二甲苯	−17.78	160.73		160.73	207.46	222.95	297.87	384.49	481.83	588.96	705.03	960.84	1243.50	2037.96	3291.70	3367.31	1226.67
131	正丙基苯	−223.33	16.56	70.83	173.01	224.32	240.95	320.34	410.96	512.51	624.46	746.13	1015.50	1313.84	2143.05	3442.03	3524.30	1226.67
132	1,2,3-三甲基苯	−73.33	113.04		168.59	220.36	237.27	318.17	410.37	513.09	625.44	746.67	1012.74	1305.74	2126.26	3418.97	3497.27	1226.67
133	1,2,4-三甲基苯	−73.33	117.56		173.12	223.36	239.65	317.31	406.14	505.83	615.95	735.87	1002.06	1297.74	2122.23	3421.37	3504.25	1226.67
134	1,3,5-三甲基苯	−73.33	117.11		171.05	220.62	236.76	313.87	401.93	500.39	608.69	726.17	985.99	1274.39	2086.90	3371.92	3450.77	1226.67
135	正丁基苯	25.00	236.48			236.48	253.28	334.45	428.05	533.00	648.32	773.11	1047.65	1350.52	2200.25	3537.83	3618.24	1226.67
136	1-甲基-3-(1-甲基乙基)苯	25.00	221.23			221.23	238.20	319.78	413.24	517.67	632.13	755.78	1027.58	1327.30	2168.68	3491.13	3570.35	1226.67
137	1-甲基-2-异丙基苯	25.00	230.48			230.48	248.00	331.55	426.59	532.19	647.56	771.88	1044.56	1344.82	2187.36	3511.22	3590.40	1226.67
138	1-甲基-4-(1-甲基乙基)苯	25.00	222.64			222.64	239.48	320.48	413.35	517.16	630.99	754.06	1024.69	1323.35	2162.71	3483.71	3562.88	1226.67
139	正戊基苯	25.00	244.62			244.62	261.79	344.69	440.19	547.19	664.68	791.72	1070.96	1378.66	2240.30	3592.59	3673.76	1226.67
140	正己基苯	25.00	251.53			251.53	269.02	353.46	450.61	559.40	678.79	807.79	1091.15	1402.99	2274.61	3638.73	3720.54	1226.67
141	正庚基苯	25.00	257.39			257.39	275.14	360.81	459.34	569.59	690.54	821.19	1107.92	1423.25	2303.34	3677.51	3759.83	1226.67
142	正辛基苯	25.00	262.35			262.35	280.33	366.99	466.69	578.24	700.57	832.64	1122.34	1440.67	2327.76	3710.44	3793.23	1226.67

续表

序号	物质名称	T_{min}	T_{min} 下的焓 (kJ/kg)	-128.9	-17.8	25	37.8	93.3	148.9	204.4	260	315.6	426.7	537.8	815.6	1204.4	T_{max} 下的焓 (kJ/kg)	T_{max}
									温度/℃									
143	苯乙烯	25.00	200.43			200.43	215.64	289.14	373.69	468.15	571.47	682.70	925.70	1191.70	1931.95	3089.66	3158.58	1226.67
144	α-甲基苯乙烯	25.00	213.71			213.71	229.74	306.38	393.63	490.64	596.57	710.66	960.45	1234.85	2001.31	3200.17	3271.90	1226.67
145	顺-β-甲基苯乙烯	25.00	213.71			213.71	229.74	306.38	393.63	490.64	596.57	710.66	960.45	1234.85	2001.31	3200.17	3271.90	1226.67
146	反-β-甲基苯乙烯	25.00	210.27			210.27	226.39	303.68	391.77	489.69	596.52	711.45	962.68	1238.24	2007.84	3211.01	3282.44	1226.67
	双环芳烃和多环烃																	
147	顺十氢化萘	25.00	185.64			185.64	201.36	279.91	374.11	482.64	604.29	737.83	1036.44				1335.79	526.67
148	反十氢化萘	25.00	187.52			187.52	203.36	282.19	376.48	485.11	606.92	740.74	1039.79	1374.10			2008.17	726.67
149	四氢萘	-73.33	90.04		137.05	182.85	198.06	272.23	358.60	456.31	564.43	682.07	942.54	1231.10	2040.06	3312.44	3390.25	1226.67
150	茚满	-73.33	90.92		136.33	180.29	194.89	265.88	348.55	442.10	545.77	658.70	909.14	1187.12	1966.93	3193.07	3268.32	1226.67
151	茚	-73.33	85.95		130.12	172.40	186.36	253.91	332.04	419.98	517.00	622.30	854.80	1111.71	1829.11	2951.08	3019.58	1226.67
152	联苯	-73.33	86.67		130.95	173.71	187.85	256.35	335.50	424.35	522.02	627.69	859.76	1114.73	1822.44	2923.61	2990.34	1226.67
153	萘	-73.33	79.13		120.95	161.82	175.43	241.58	318.47	405.16	500.76	604.41	832.59	1083.77	1781.43	2867.46	2933.49	1226.67
154	1-甲基萘	-73.33	86.36		133.14	177.66	192.31	262.98	344.22	435.17	534.98	642.86	879.76	1140.32	1865.82	2998.71	3067.31	1226.67
155	2-甲基萘	-173.33	30.49	51.45	133.47	176.75	190.96	259.44	338.62	428.01	526.95	634.74	873.22	1136.22	1858.56	2993.18	3067.40	1226.67
156	蒽	-73.33	75.92		118.65	160.00	173.71	240.07	316.85	403.09	497.95	600.55	825.84	1073.12	1757.47	2818.01	2882.37	1226.67
157	菲	-73.33	73.52		116.39	158.10	171.94	238.97	316.45	403.33	498.67	601.59	827.10	1074.21	1758.91	2819.85	2883.39	1226.67
158	芘	0.00	123.39			147.21	160.31	224.04	298.03	381.28	472.80	571.78	788.79	1026.69	1685.27	2705.31	2766.58	1226.67
159	屈	25.00	148.82			148.82	162.21	227.60	303.73	389.46	483.67	585.38	808.00	1051.53	1725.47	2771.35	2833.82	1226.67
160	三甲苯	25.00	138.56			138.56	151.35	214.36	288.49	372.46	465.17	565.63	786.28	1028.41	1700.44	2744.76	2807.12	1226.67
161	苯并蒽	25.00	157.35			157.35	171.03	237.76	315.17	402.05	497.30	599.92	823.98	1068.56	1744.56	2793.28	2855.71	1226.67
162	二氢苊	-73.33	76.41		120.37	163.19	177.40	246.37	326.17	415.82	514.35	620.90	854.87	1112.06	1827.95	2941.80	3008.51	1226.67

续表

序号	物质名称	T_{min}	T_{min} 下的焓 (kJ/kg)	温度/℃ −128.9	−17.8	25	37.8	93.3	148.9	204.4	260	315.6	426.7	537.8	815.6	1204.4	T_{max} 下的焓 (kJ/kg)	T_{max}
163	芴	−73.33	74.32	114.62		154.42	167.70	232.67	308.54	394.40	489.37	592.57	820.33	1071.44	1768.94	2853.27	2919.40	1226.67
164	二苯并蒽	25.00	155.03			155.03	168.19	232.76	308.36	393.67	487.64	589.20	811.54	1054.44	1724.07	2771.60	2835.69	1226.67
165	萘酚	0.00	133.81			158.61	172.24	238.58	315.52	401.91	496.69	598.94	822.56	1067.07	1743.19	2790.00	2852.43	1226.67
166	1,8-亚乙基萘	−73.33	75.25	115.93		155.21	168.24	231.37	304.50	386.86	477.67	576.12	793.09	1032.14	1696.21	2726.95	2789.54	1226.67
	氧化物																	
167	甲醇	−73.33	229.88		299.63	357.23	375.16	457.15	546.14	642.39	746.02	856.94	1099.80	1368.22	2125.79	3332.45	3407.30	1226.67
168	乙醇	−73.33	185.29		251.46	309.57	328.13	415.07	512.00	618.55	734.29	858.64	1131.06	1431.00	2271.12	3598.91	3680.51	1226.67
169	正丙醇	−73.33	167.29		232.62	290.80	309.45	397.44	496.20	605.25	724.03	852.01	1132.94	1442.93	2313.31	3691.91	3776.53	1226.67
170	异丙醇	−223.33	29.61	100.83	227.25	288.14	307.61	399.09	501.25	613.57	735.46	866.29	1151.85	1464.47	2329.20	3677.18	3760.36	1226.67
171	正丁醇	−73.33	153.72		219.36	278.65	297.80	388.49	490.81	604.08	727.62	860.71	1152.62	1474.10	2373.86	3795.06	3882.17	1226.67
172	伯丁醇	−223.33	25.00	98.20	228.71	291.33	311.31	405.00	509.30	623.78	747.85	881.04	1172.28	1492.84	2392.77	3807.04	3892.13	1226.67
173	叔丁醇	−223.33	23.35	89.23	218.69	282.07	302.38	397.63	503.67	619.85	745.53	880.09	1173.60	1496.22	2404.82	3825.53	3908.50	1226.67
174	苯酚	−73.33	95.46	141.77		185.68	200.11	269.37	348.48	436.45	532.37	635.41	859.76	1104.08	1776.22	2815.82	2878.48	1226.67
175	甲基乙基甲酮	−73.33	163.59		231.95	290.84	309.47	396.07	491.55	595.64	707.99	828.22	1090.40	1378.34	2184.83	3457.91	3535.55	1226.67
176	甲基乙基醚	−73.33	170.47		243.25	306.36	326.38	419.68	522.93	635.81	757.92	888.85	1175.21	1490.77	2379.86	3788.06	3873.38	1226.67
177	二乙基醚	−73.33	166.47		240.39	304.82	325.31	421.07	527.37	643.90	770.21	905.79	1202.77	1530.25	2452.13	3907.76	3995.89	1226.67
178	甲基叔丁基醚	−73.33	135.81		201.87	261.02	280.05	369.97	471.20	583.17	705.40	837.29	1127.48	1448.72	2355.72	3789.67	3876.40	1226.67
179	甲基叔戊基醚	26.67	371.93				389.79	486.69	595.57	715.54	845.82	985.57	1290.65	1625.43	2563.08	4039.83	4128.40	1226.67
180	二异丙醚	26.67	351.50				369.20	464.90	571.96	689.66	817.24	954.05	1252.73	1581.00	2504.58	3971.35	4059.65	1226.67

注：理想气体在 0K 时的焓为 0kJ/kg。

表 6-2-3　理想气体的定压热容

序号	物质名称	T_{min}	T_{min}下的定压热容/[kJ·(kg·K)]	-128.9	-17.8	25	37.8	93.3	148.9	204.4	260	315.6	426.7	537.8	815.6	1204.4	T_{max}下的定压热容/[kJ·(kg·K)]	T_{max}
1	氧	-223.33	0.9157	0.9064	0.9144	0.9211	0.9236	0.9353	0.9491	0.9646	0.9805	0.9965	1.0279	1.0559	1.1041	1.1396	1.1430	1226.67
2	氢	-117.78	14.0664		14.2937	14.3582	14.3741	14.4311	14.4713	14.5010	14.5253	14.5487	14.6082	14.7028	15.1407		15.4250	948.89
3	水	-223.33	1.8606	1.8506	1.8619	1.8719	1.8757	1.8937	1.9163	1.9427	1.9724	2.0046	2.0762	2.1541	2.3580	2.6025	2.6134	1226.67
4	二氧化氮	-73.33	0.7465		0.7880	0.8202	0.8294	0.8709	0.9115	0.9504	0.9872	1.0220	1.0840	1.1342	1.2158	1.3008	1.3092	1226.67
5	一氧化氮	-73.33	1.0124		1.0002	0.9960	0.9956	0.9965	1.0023	1.0115	1.0233	1.0371	1.0664	1.0953	1.1476	1.1987	1.2041	1226.67
6	一氧化二氮	-223.33	1.1082	1.0408	1.0027	0.9969	0.9960	0.9960	1.0011	1.0103	1.0224	1.0362	1.0664	1.0957	1.1472	1.2004	1.2062	1226.67
7	氨	-223.33	0.4706	0.4668	0.4882	0.5016	0.5062	0.5275	0.5514	0.5769	0.6033	0.6297	0.6808	0.7272	0.8189	0.9538	0.9663	1226.67
8	氯	-223.33	0.3961	0.4325	0.4652	0.4756	0.4781	0.4890	0.4982	0.5058	0.5116	0.5162	0.5225	0.5254	0.5275	0.5414	0.5430	1226.67
9	氯化氢	-223.33	0.8001	0.7988	0.7980	0.7984	0.7984	0.7997	0.8014	0.8039	0.8072	0.8114	0.8223	0.8369	0.8817	0.9244	0.9244	1226.67
10	氟化氢	-223.33	1.4558	1.4562	1.4553	1.4553	1.4553	1.4553	1.4558	1.4570	1.4587	1.4612	1.4683	1.4796	1.5227	1.6115	1.6169	1226.67
11	硫化氢	-223.33	0.9805	0.9734	0.9906	1.0027	1.0069	1.0283	1.0526	1.0798	1.1091	1.1401	1.2041	1.2682	1.4118	1.5587	1.5659	1226.67
12	氮气	-223.33	1.0530	1.0396	1.0354	1.0367	1.0375	1.0413	1.0475	1.0551	1.0643	1.0743	1.0978	1.1233	1.1853	1.2355	1.2364	1226.67
13	碳	-117.78	0.2860		0.5891	0.7122	0.7482	0.8985	1.0387	1.1677	1.2841	1.3879	1.5571	1.6768	1.8213		1.8682	948.89
14	一氧化碳	-223.33	1.0488	1.0379	1.0367	1.0392	1.0400	1.0454	1.0534	1.0626	1.0731	1.0848	1.1112	1.1384	1.2029	1.2464	1.2464	1226.67
15	二氧化碳	-223.33	0.6536	0.6908	0.7909	0.8353	0.8487	0.9064	0.9596	1.0065	1.0454	1.0768	1.1200	1.1551			1.3046	726.67
16	二氧化硫	-223.33	0.5079	0.5451	0.6004	0.6234	0.6305	0.6607	0.6904	0.7185	0.7453	0.7695	0.8101	0.8399	0.8721	0.9429	0.9542	1226.67
	烷烃																	
17	甲烷	-223.33	2.1273	2.0486	2.1642	2.2542	2.2847	2.4363	2.6109	2.8018	3.0036	3.2104	3.6212	4.0063	4.7658	5.5613	5.6195	1226.67
18	乙烷	-223.33	1.1175	1.2657	1.5960	1.7522	1.8012	2.0218	2.2504	2.4811	2.7080	2.9266	3.3247	3.6576	4.2144	5.0861	5.1828	1226.67
19	丙烷	-223.33	0.7834	1.0739	1.5018	1.6806	1.7346	1.9720	2.2090	2.4409	2.6641	2.8759	3.2557	3.5697	4.0930	4.8387	4.9170	1226.67
20	正丁烷	-73.33	1.2778		1.5240	1.7120	1.7677	2.0063	2.2370	2.4585	2.6691	2.8671	3.2230	3.5232	4.0566	4.6469	4.6938	1226.67

续表

序号	物质名称	T_{min}	T_{min}下的定压热容/[kJ/(kg·K)]	温度/℃														T_{max}下的定压热容/[kJ/(kg·K)]	T_{max}
				-128.9	-17.8	25	37.8	93.3	148.9	204.4	260	315.6	426.7	537.8	815.6	1204.4		
21	异丁烷	-223.33	0.6033	0.9956	1.4897	1.6818	1.7392	1.9854	2.2253	2.4564	2.6758	2.8818	3.2498	3.5550	4.0721	4.6813	4.7369	1226.67
22	正戊烷	-73.33	1.2577		1.4968	1.6814	1.7367	1.9737	2.2056	2.4292	2.6431	2.8449	3.2079	3.5131	4.0449	4.6411	4.6913	1226.67
23	2-甲基丁烷	-73.33	1.1648		1.4461	1.6546	1.7158	1.9724	2.2161	2.4463	2.6628	2.8654	3.2293	3.5404	4.1236	4.7265	4.7646	1226.67
24	2,2-二甲基丙烷	-51.11	1.5248		1.6546	1.8234	1.8740	2.0955	2.3157	2.5322	2.7428	2.9463	3.3256	3.6622	4.3166	5.0405	5.0903	1226.67
25	正己烷	-73.33	1.2368		1.4842	1.6730	1.7287	1.9682	2.2002	2.4221	2.6322	2.8299	3.1832	3.4780	3.9871	4.5310	4.5758	1226.67
26	2-甲基戊烷	-73.33	1.1610		1.4474	1.6588	1.7208	1.9804	2.2257	2.4564	2.6716	2.8721	3.2272	3.5240	4.0583	4.6143	4.6532	1226.67
27	3-甲基戊烷	-73.33	1.1359		1.4231	1.6345	1.6961	1.9548	2.1989	2.4279	2.6423	2.8420	3.1983	3.5006	4.0562	4.5829	4.6134	1226.67
28	2,2-二甲基丁烷	-73.33	1.1589		1.4398	1.6500	1.7116	1.9724	2.2219	2.4589	2.6829	2.8931	3.2724	3.5973	4.2077	4.8726	4.9178	1226.67
29	正庚烷	-73.33	1.2305		1.4775	1.6663	1.7224	1.9615	2.1930	2.4145	2.6239	2.8202	3.1686	3.4566	3.9415	4.4656	4.5113	1226.67
30	2-甲基己烷	-73.33	1.1610		1.4440	1.6534	1.7141	1.9699	2.2115	2.4380	2.6490	2.8453	3.1929	3.4830	4.0043	4.5431	4.5804	1226.67
31	3-甲基己烷	-73.33	1.1355		1.4273	1.6416	1.7040	1.9644	2.2094	2.4384	2.6511	2.8479	3.1954	3.4851	4.0022	4.5180	4.5523	1226.67
32	2,4-二甲基戊烷	-73.33	1.1518		1.4754	1.7061	1.7719	2.0440	2.2935	2.5217	2.7310	2.9228	3.2603	3.5445	4.0851	4.5808	4.6025	1226.67
33	正辛烷	-73.33	1.2192		1.4717	1.6634	1.7199	1.9611	2.1930	2.4137	2.6209	2.8144	3.1556	3.4344	3.9008	4.4430	4.4920	1226.67
34	2,2-二甲基己烷	-73.33	1.1560		1.4457	1.6596	1.7220	1.9837	2.2307	2.4627	2.6791	2.8805	3.2377	3.5378	4.0846	4.6599	4.6988	1226.67
35	2-甲基庚烷	-73.33	1.1623		1.4432	1.6513	1.7120	1.9670	2.2077	2.4334	2.6435	2.8382	3.1811	3.4646	3.9599	4.4874	4.5272	1226.67
36	2,2,4-三甲基戊烷	-73.33	1.1296		1.4348	1.6571	1.7212	1.9896	2.2404	2.4740	2.6917	2.8939	3.2544	3.5630	4.1474	4.7035	4.7323	726.67
37	正壬烷	-73.33	1.1953		1.4574	1.6550	1.7137	1.9607	2.1968	2.4196	2.6272	2.8186	3.1506	3.4143			3.7267	726.67
38	正癸烷	-73.33	1.2431		1.4620	1.6446	1.7003	1.9448	2.1855	2.4154	2.6276	2.8198	3.1388	3.3871			3.8041	726.67
39	正十一烷	-73.33	1.2393		1.4599	1.6429	1.6986	1.9435	2.1843	2.4137	2.6260	2.8169	3.1338	3.3792			3.7882	726.67
40	正十二烷	-73.33	1.2359		1.4578	1.6412	1.6973	1.9423	2.1834	2.4124	2.6243	2.8148	3.1296	3.3725			3.7748	726.67
41	正十三烷	-73.33	1.2900		1.4675	1.6333	1.6860	1.9259	2.1704	2.4066	2.6247	2.8194	3.1296	3.3587			3.8004	726.67

续表

序号	物质名称	T_{min}	T_{min}下的定压热容/[kJ/(kg·K)]	温度/℃ -128.9	-17.8	25	37.8	93.3	148.9	204.4	260	315.6	426.7	537.8	815.6	1204.4	T_{max}下的定压热容/[kJ/(kg·K)]	T_{max}
42	正十四烷	-73.33	1.2309		1.4545	1.6391	1.6952	1.9410	2.1822	2.4108	2.6218	2.8110	3.1234	3.3620			3.7539	726.67
43	正十五烷	-73.33	1.2292		1.4532	1.6383	1.6944	1.9402	2.1813	2.4099	2.6209	2.8102	3.1213	3.3582			3.7426	726.67
44	正十六烷	-73.33	1.2276		1.4524	1.6375	1.6940	1.9397	2.1809	2.4095	2.6197	2.8085	3.1187	3.3545			3.7384	726.67
45	正十七烷	-73.33	1.2259		1.4511	1.6366	1.6931	1.9393	2.1805	2.4087	2.6188	2.8072	3.1167	3.3511			3.7317	726.67
46	正十八烷	-73.33	1.2246		1.4503	1.6362	1.6927	1.9389	2.1801	2.4082	2.6180	2.8064	3.1146	3.3482			3.7258	726.67
47	正十九烷	-73.33	1.2234		1.4495	1.6354	1.6919	1.9385	2.1796	2.4078	2.6176	2.8056	3.1133	3.3457			3.7204	726.67
48	正二十烷	-73.33	1.2221		1.4491	1.6349	1.6915	1.9385	2.1792	2.4074	2.6172	2.8047	3.1116	3.3432			3.7162	726.67
	环烷烃																	
49	环戊烷	25.00	1.1656			1.1656	1.2359	1.5282	1.7978	2.0461	2.2739	2.4836	2.8508	3.1581	3.7208	4.2207	4.2450	1226.67
50	甲基环戊烷	26.67	1.3046				1.3636	1.6446	1.9033	2.1420	2.3614	2.5623	2.9157	3.2104	3.7514	4.2316	4.2546	1226.67
51	乙基环戊烷	25.00	1.3260			1.3260	1.3934	1.6735	1.9314	2.1688	2.3873	2.5879	2.9404	3.2347	3.7777	4.2689	4.2927	1226.67
52	1,1-二甲基环戊烷	25.00	1.3498			1.3498	1.4189	1.7044	1.9670	2.2081	2.4288	2.6310	2.9835	3.2753	3.8012	4.2550	4.2768	1226.67
53	顺1,2-二甲基环戊烷	25.00	1.3540			1.3540	1.4227	1.7070	1.9678	2.2077	2.4271	2.6276	2.9777	3.2674	3.7907	4.2513	4.2739	1226.67
54	反1,2-二甲基环戊烷	25.00	1.3603			1.3603	1.4281	1.7095	1.9686	2.2064	2.4242	2.6239	2.9722	3.2615	3.7853	4.2467	4.2693	1226.67
55	顺1,3-二甲基环戊烷	25.00	1.3201			1.3201	1.3955	1.7011	1.9741	2.2177	2.4363	2.6327	2.9701	3.2523	3.7853		3.6580	726.67
56	反1,3-二甲基环戊烷	25.00	1.3603			1.3603	1.4281	1.7095	1.9686	2.2064	2.4242	2.6239	2.9722	3.2615	3.7853	4.2467	4.2693	1226.67
57	正丙基环戊烷	25.00	1.3636			1.3636	1.4302	1.7057	1.9603	2.1943	2.4099	2.6080	2.9559	3.2469	3.7832	4.2638	4.2869	1226.67
58	正丁基环戊烷	25.00	1.3946			1.3946	1.4599	1.7317	1.9824	2.2140	2.4267	2.6226	2.9672	3.2561	3.7878	4.2588	4.2814	1226.67
59	正戊基环戊烷	25.00	1.4151			1.4151	1.4805	1.7509	2.0005	2.2303	2.4417	2.6360	2.9772	3.2632	3.7895	4.2617	4.2848	1226.67
60	正己基环戊烷	25.00	1.4411			1.4411	1.5039	1.7664	2.0122	2.2404	2.4514	2.6461	2.9885	3.2728	3.7798	4.2777	4.3099	1226.67
61	正庚基环戊烷	25.00	1.4511			1.4511	1.5152	1.7811	2.0268	2.2533	2.4623	2.6540	2.9915	3.2745	3.7953	4.2559	4.2781	1226.67

续表

序号	物质名称	T_{min}/℃	T_{min}下的定压热容/[kJ/(kg·K)]	温度/℃ -128.9	-17.8	25	37.8	93.3	148.9	204.4	260	315.6	426.7	537.8	815.6	1204.4	T_{max}下的定压热容/[kJ/(kg·K)]	T_{max}
62	正辛基环戊烷	25.00	1.4654			1.4654	1.5290	1.7932	2.0373	2.2625	2.4702	2.6607	2.9969	3.2787	3.7970	4.2525	4.2739	1226.67
63	正壬基环戊烷	25.00	1.4771			1.4771	1.5403	1.8033	2.0461	2.2701	2.4769	2.6666	3.0011	3.2820	3.7991	4.2517	4.2730	1226.67
64	正癸基环戊烷	25.00	1.4855			1.4855	1.5487	1.8112	2.0536	2.2776	2.4836	2.6729	3.0061	3.2854	3.7995	4.2530	4.2747	1226.67
65	正十一烷基环戊烷	25.00	1.4951			1.4951	1.5579	1.8192	2.0603	2.2831	2.4882	2.6770	3.0095	3.2879	3.8008	4.2509	4.2722	1226.67
66	正十二烷基环戊烷	25.00	1.5026			1.5026	1.5654	1.8259	2.0662	2.2885	2.4928	2.6812	3.0124	3.2904	3.8020	4.2496	4.2705	1226.67
67	正十三烷基环戊烷	25.00	1.5102			1.5102	1.5730	1.8321	2.0716	2.2931	2.4970	2.6846	3.0153	3.2929	3.8037	4.2483	4.2689	1226.67
68	正十四烷基环戊烷	25.00	1.5173			1.5173	1.5793	1.8376	2.0762	2.2969	2.5004	2.6875	3.0174	3.2946	3.8045	4.2471	4.2676	1226.67
69	正十五烷基环戊烷	25.00	1.5211			1.5211	1.5834	1.8418	2.0804	2.3011	2.5041	2.6909	3.0199	3.2963	3.8045	4.2483	4.2693	1226.67
70	正十六烷基环戊烷	25.00	1.5265			1.5265	1.5889	1.8464	2.0846	2.3044	2.5071	2.6934	3.0220	3.2979	3.8054	4.2483	4.2689	1226.67
71	环己烷	25.00	1.2401			1.2401	1.3126	1.6157	1.8983	2.1612	2.4049	2.6293	3.0233	3.3503	3.9239	4.4250	4.4539	1226.67
72	甲基环己烷	25.00	1.3569			1.3569	1.4294	1.7283	2.0038	2.2571	2.4895	2.7026	3.0744	3.3821	3.9318	4.3765	4.3961	1226.67
73	乙基环己烷	25.00	1.4143			1.4143	1.4817	1.7656	2.0314	2.2793	2.5087	2.7202	3.0907	3.3942	3.9155	4.4083	4.4422	1226.67
74	顺1,2-二甲基环己烷	25.00	1.3678			1.3678	1.4407	1.7425	2.0197	2.2734	2.5058	2.7177	3.0857	3.3892	3.9285	4.3815	4.4033	1226.67
75	反1,2-二甲基环己烷	25.00	1.4126			1.4126	1.4817	1.7706	2.0398	2.2889	2.5192	2.7306	3.1007	3.4060	3.9394	4.4049	4.4321	1226.67
76	顺1,3-二甲基环己烷	25.00	1.3871			1.3871	1.4587	1.7547	2.0277	2.2789	2.5100	2.7218	3.0928	3.4005	3.9532	4.4003	4.4200	1226.67
77	反1,3-二甲基环己烷	25.00	1.3909			1.3909	1.4608	1.7509	2.0197	2.2680	2.4966	2.7068	3.0739	3.3783	3.9172	4.3689	4.3920	1226.67
78	顺1,4-二甲基环己烷	25.00	1.3909			1.3909	1.4608	1.7509	2.0197	2.2680	2.4966	2.7068	3.0744	3.3783	3.9168	4.3710	4.3940	1226.67
79	反1,4-二甲基环己烷	25.00	1.3971			1.3971	1.4671	1.7597	2.0323	2.2856	2.5192	2.7340	3.1079	3.4139	3.9377	4.4259	4.4589	1226.67
80	正丙基环己烷	25.00	1.4465			1.4465	1.5160	1.8045	2.0695	2.3132	2.5355	2.7390	3.0920	3.3825	3.9021	4.3832	4.4100	1226.67
81	正丁基环己烷	25.00	1.4733			1.4733	1.5407	1.8200	2.0783	2.3166	2.5359	2.7369	3.0882	3.3779	3.8954	4.3823	4.4112	1226.67
82	正戊基环己烷	25.00	1.4717			1.4717	1.5407	1.8250	2.0859	2.3249	2.5431	2.7424	3.0882	3.3733	3.8858	4.3652	4.3915	1226.67

续表

序号	物质名称	T_{min}	T_{min}下的定压热容/[kJ/(kg·K)]	温度/℃													T_{max}下的定压热容/[kJ·(kg·K)]	T_{max}
				-128.9	-17.8	25	37.8	93.3	148.9	204.4	260	315.6	426.7	537.8	815.6	1204.4		
83	正己基环己烷	25.00	1.4926			1.4926	1.5596	1.8376	2.0930	2.3274	2.5426	2.7390	3.0823	3.3670	3.8837	4.3434	4.3660	1226.67
84	正庚基环己烷	25.00	1.4909			1.4909	1.5596	1.8418	2.0997	2.3346	2.5489	2.7436	3.0823	3.3628	3.8757	4.3308	4.3518	1226.67
85	正辛基环己烷	25.00	1.5340			1.5340	1.5981	1.8635	2.1085	2.3341	2.5418	2.7323	3.0672	3.3486	3.8728	4.3639	4.3886	1226.67
86	正壬基环己烷	25.00	1.5211			1.5211	1.5860	1.8552	2.1043	2.3346	2.5464	2.7407	3.0811	3.3641	3.8728	4.3258	4.3497	1226.67
87	正癸基环己烷	25.00	1.5232			1.5232	1.5889	1.8602	2.1097	2.3396	2.5498	2.7424	3.0794	3.3595	3.8686	4.3204	4.3425	1226.67
88	正十一烷基环己烷	25.00	1.5366			1.5366	1.6006	1.8669	2.1131	2.3396	2.5481	2.7398	3.0760	3.3566	3.8669	4.2990	4.3187	1226.67
89	正十二烷基环己烷	25.00	1.5382			1.5382	1.6027	1.8694	2.1152	2.3417	2.5502	2.7411	3.0765	3.3557	3.8640	4.2978	4.3178	1226.67
90	正十三烷基环己烷	25.00	1.5433			1.5433	1.6073	1.8728	2.1177	2.3434	2.5510	2.7415	3.0756	3.3540	3.8615	4.2978	4.3178	1226.67
91	正十四烷基环己烷	25.00	1.5445			1.5445	1.6090	1.8748	2.1202	2.3454	2.5527	2.7428	3.0752	3.3524	3.8577	4.3028	4.3245	1226.67
92	正十六烷基环己烷	25.00	1.5600			1.5600	1.6228	1.8828	2.1235	2.3459	2.5510	2.7398	3.0719	3.3503	3.8577	4.2781	4.2965	1226.67
烯烃																		
93	乙烯	-73.33	1.2184		1.4043	1.5487	1.5922	1.7798	1.9640	2.1432	2.3153	2.4786	2.7742	3.0250	3.4688	3.9821	4.0256	1226.67
94	丙烯	-73.33	1.1690		1.3800	1.5407	1.5881	1.7920	1.9891	2.1780	2.3580	2.5276	2.8336	3.0932	3.5613	4.0641	4.1018	1226.67
95	1-丁烯	-223.33	0.7272	0.9843	1.3678	1.5278	1.5763	1.7886	1.9992	2.2048	2.4011	2.5858	2.9115	3.1732	3.5885	4.2973	4.3794	1226.67
96	顺2-丁烯	-73.33	1.0664		1.2791	1.4440	1.4930	1.7053	1.9125	2.1131	2.3048	2.4865	2.8139	3.0907	3.5772	4.1177	4.1625	1226.67
97	反2-丁烯	-223.33	0.6766	1.0308	1.4377	1.5901	1.6354	1.8280	2.0147	2.1956	2.3693	2.5359	2.8453	3.1208	3.6442	3.9666	3.9712	1226.67
98	异丁烯	26.67	1.5692				1.6148	1.8334	2.0390	2.2316	2.4108	2.5778	2.8763	3.1313	3.6191		3.7765	926.67
99	1-戊烯	-73.33	1.1371		1.3779	1.5583	1.6111	1.8355	2.0490	2.2512	2.4409	2.6168	2.9278	3.1849	3.6300	4.1416	4.1839	1226.67
100	1-己烯	26.67	1.5860				1.6341	1.8656	2.0813	2.2814	2.4669	2.6389	2.9454	3.2063	3.6961	4.1219	4.1407	1226.67
101	2,3-二甲基-2-丁烯	25.00	1.5043			1.5043	1.5596	1.7903	2.0072	2.2098	2.3995	2.5757	2.8906	3.1577			3.5140	726.67
102	1-庚烯	-73.33	1.1551		1.3971	1.5797	1.6337	1.8627	2.0817	2.2889	2.4828	2.6624	2.9751	3.2272	3.6362	4.1654	4.2178	1226.67

续表

序号	物质名称	T_{min}	T_{min}下的定压热容/[kJ/(kg·K)]	温度/℃														T_{max}下的定压热容/[kJ/(kg·K)]	T_{max}
				-128.9	-17.8	25	37.8	93.3	148.9	204.4	260	315.6	426.7	537.8	815.6	1204.4		
103	1-辛烯	-73.33	1.1581		1.4017	1.5864	1.6408	1.8719	2.0930	2.3019	2.4970	2.6775	2.9906	3.2402	3.6383	4.1747	4.2299	1226.67
104	1-壬烯	-73.33	1.1614		1.4059	1.5918	1.6462	1.8790	2.1014	2.3115	2.5075	2.6883	3.0019	3.2502	3.6413	4.1805	4.2379	1226.67
105	1-癸烯	-73.33	1.1627		1.4093	1.5960	1.6509	1.8849	2.1085	2.3195	2.5163	2.6976	3.0103	3.2573	3.6417	4.1864	4.2450	1226.67
106	1-十一烯	-73.33	1.1660		1.4122	1.5994	1.6542	1.8887	2.1131	2.3249	2.5225	2.7043	3.0178	3.2644	3.6438	4.1901	4.2504	1226.67
107	1-十二烯	-73.33	1.1664		1.4147	1.6027	1.6580	1.8937	2.1185	2.3308	2.5284	2.7105	3.0233	3.2686	3.6454	4.1876	4.2475	1226.67
108	1-十三烯	-73.33	1.1003		1.3816	1.5876	1.6471	1.8966	2.1290	2.3438	2.5406	2.7197	3.0254	3.2657	3.6517	4.1454	4.1922	1226.67
109	1-十四烯	-73.33	1.1015		1.3829	1.5893	1.6492	1.8991	2.1319	2.3471	2.5447	2.7239	3.0296	3.2699	3.6530	4.1462	4.1939	1226.67
110	1-十五烯	-73.33	1.1066		1.3867	1.5927	1.6525	1.9021	2.1353	2.3509	2.5485	2.7281	3.0342	3.2732	3.6526	4.1512	4.2006	1226.67
111	1-十六烯	-73.33	1.1099		1.3892	1.5943	1.6542	1.9037	2.1369	2.3530	2.5510	2.7310	3.0375	3.2770	3.6534	4.1567	4.2073	1226.67
112	1-十七烯	-73.33	1.1095		1.3896	1.5956	1.6555	1.9058	2.1395	2.3559	2.5539	2.7340	3.0405	3.2787	3.6534	4.1634	4.2149	1226.67
113	1-十八烯	-73.33	1.2146		1.4160	1.5922	1.6471	1.8929	2.1390	2.3739	2.5887	2.7763	3.0501	3.1820	3.1179	4.6419	4.9140	1226.67
114	1-十九烯	-73.33	1.1129		1.3925	1.5985	1.6584	1.9092	2.1432	2.3601	2.5586	2.7390	3.0451	3.2833	3.6542	4.1675	4.2207	1226.67
115	1-二十烯	-73.33	1.1082		1.3913	1.5989	1.6592	1.9113	2.1457	2.3626	2.5611	2.7411	3.0467	3.2841	3.6563	4.1562	4.2065	1226.67
116	环戊烯	25.00	1.0781			1.0781	1.1409	1.4005	1.6396	1.8598	2.0612	2.2462	2.5690	2.8378	3.3243	3.7472	3.7677	1226.67
117	环己烯	25.00	1.2648			1.2648	1.3335	1.6132	1.8656	2.0930	2.2977	2.4824	2.7980	3.0551	3.5203	3.9205	3.9368	1226.67
	二烯烃和炔烃																	
118	丙二烯	-73.33	1.1329		1.3364	1.4830	1.5248	1.6998	1.8610	2.0101	2.1470	2.2722	2.4924	2.6758	3.0145	3.3587	3.3787	1226.67
119	1,2-丁二烯	-223.33	0.6791	0.9785	1.3406	1.4792	1.5202	1.6957	1.8656	2.0281	2.1826	2.3274	2.5866	2.8035	3.1820	3.6086	3.6446	1226.67
120	1,3-丁二烯	-73.33	1.0207		1.2929	1.4876	1.5437	1.7731	1.9824	2.1725	2.3442	2.4983	2.7583	2.9613	3.2950	3.6752	3.7057	1226.67
121	2-甲基-1,3-丁二烯	-223.33	0.5146	0.8805	1.3272	1.4972	1.5470	1.7605	1.9640	2.1558	2.3341	2.4970	2.7758	2.9919	3.3314	4.0009	4.0779	1226.67
122	乙炔	-223.33	0.6506	1.1380	1.5600	1.6873	1.7220	1.8581	1.9724	2.0691	2.1508	2.2215	2.3396	2.4405	2.6741	2.8634	2.8575	1226.67

续表

序号	物质名称	T_{min}	T_{min} 下的定压热容/[kJ·(kg·K)]	温度/℃														T_{max} 下的定压热容/[kJ·(kg·K)]	T_{max}
				-128.9	-17.8	25	37.8	93.3	148.9	204.4	260	315.6	426.7	537.8	815.6	1204.4		
123	丙炔	-223.33	0.7926	1.0559	1.3816	1.5068	1.5441	1.7024	1.8548	2.0000	2.1361	2.2625	2.4828	2.6599	2.9592	3.4725	3.5270	1226.67
124	1-丁炔	-223.33	0.6289	0.9579	1.3507	1.4989	1.5424	1.7283	1.9054	2.0729	2.2295	2.3735	2.6243	2.8253	3.1615	3.7099	3.7669	1226.67
	芳香烃																	
125	苯	25.00	1.0454			1.0454	1.1020	1.3310	1.5349	1.7166	1.8778	2.0214	2.2634	2.4568	2.7993	3.0865	3.0970	1226.67
126	甲苯	-73.33	0.7419		0.9793	1.1526	1.2029	1.4122	1.6069	1.7869	1.9527	2.1039	2.3660	2.5770	2.9329	3.3101	3.3394	1226.67
127	乙苯	-223.33	0.4312	0.6590	1.0408	1.2029	1.2519	1.4641	1.6714	1.8673	2.0478	2.2098	2.4765	2.6749			2.9534	726.67
128	1,3-二甲苯	-17.78	1.0006		1.0006	1.1811	1.2330	1.4482	1.6467	1.8292	1.9967	2.1499	2.4170	2.6368	3.0296	3.3892	3.4093	1226.67
129	1,2-二甲苯	-17.78	1.0752		1.0752	1.2435	1.2920	1.4943	1.6818	1.8560	2.0172	2.1654	2.4267	2.6444	3.0375	3.3968	3.4168	1226.67
130	1,4-二甲苯	-17.78	0.9990		0.9990	1.1844	1.2376	1.4570	1.6584	1.8430	2.0113	2.1650	2.4313	2.6498	3.0392	3.3930	3.4122	1226.67
131	正丙基苯	-223.33	0.4333	0.7252	1.1204	1.2786	1.3260	1.5307	1.7312	1.9234	2.1047	2.2730	2.5653	2.7939	3.1326	3.6697	3.7346	1226.67
132	1,2,3-三甲基苯	-73.33	0.8767		1.1208	1.2979	1.3486	1.5604	1.7568	1.9381	2.1047	2.2571	2.5238	2.7432	3.1326	3.5119	3.5358	1226.67
133	1,2,4-三甲基苯	-73.33	0.9043		1.0978	1.2510	1.2975	1.4989	1.6977	1.8899	2.0725	2.2425	2.5389	2.7721	3.1200	3.6953	3.7656	1226.67
134	1,3,5-三甲基苯	-73.33	0.8633		1.0777	1.2393	1.2866	1.4880	1.6806	1.8627	2.0339	2.1935	2.4752	2.7076	3.1049	3.5311	3.5659	1226.67
135	正丁基苯	25.00	1.2862			1.2862	1.3427	1.5763	1.7899	1.9854	2.1637	2.3258	2.6067	2.8374	3.2477	3.6103	3.6287	1226.67
136	1-甲基-3-(1-甲基乙基)苯	25.00	1.3013			1.3013	1.3553	1.5784	1.7840	1.9724	2.1457	2.3040	2.5799	2.8081	3.2167	3.5571	3.5730	1226.67
137	1-甲基-2-异丙基苯	25.00	1.3440			1.3440	1.3955	1.6102	1.8083	1.9912	2.1596	2.3140	2.5858	2.8123	3.2217	3.5554	3.5701	1226.67
138	1-甲基-4-(1-甲基乙基)苯	25.00	1.2908			1.2908	1.3448	1.5675	1.7727	1.9615	2.1344	2.2931	2.5699	2.7993	3.2109	3.5546	3.5705	1226.67
139	正戊基苯	25.00	1.3151			1.3151	1.3724	1.6090	1.8254	2.0235	2.2035	2.3672	2.6498	2.8809	3.2892	3.6446	3.6626	1226.67
140	正己基苯	25.00	1.3394			1.3394	1.3976	1.6379	1.8568	2.0566	2.2383	2.4032	2.6871	2.9182	3.3226	3.6722	3.6902	1226.67
141	正庚基苯	25.00	1.3599			1.3599	1.4189	1.6613	1.8824	2.0842	2.2672	2.4329	2.7185	2.9496	3.3520	3.6944	3.7120	1226.67
142	正辛基苯	25.00	1.3758			1.3758	1.4357	1.6810	1.9046	2.1081	2.2923	2.4593	2.7453	2.9764	3.3754	3.7162	3.7342	1226.67

续表

序号	物质名称	T_{min}	T_{min} 下的定压热容/[kJ/(kg·K)]	-128.9	-17.8	25	37.8	93.3	148.9	204.4	260	315.6	426.7	537.8	815.6	1204.4	T_{max} 下的定压热容/[kJ/(kg·K)]	T_{max}
									温度/℃									
143	苯乙烯	25.00	1.1639			1.1639	1.2158	1.4264	1.6144	1.7827	1.9335	2.0683	2.2977	2.4836	2.8215	3.0974	3.1062	1226.67
144	α-甲基苯乙烯	25.00	1.2301			1.2301	1.2782	1.4779	1.6609	1.8288	1.9824	2.1227	2.3660	2.5665	2.9224	3.2205	3.2347	1226.67
145	顺-β-甲基苯乙烯	25.00	1.2301			1.2301	1.2782	1.4779	1.6609	1.8288	1.9824	2.1227	2.3660	2.5665	2.9224	3.2205	3.2347	1226.67
146	反-β-甲基苯乙烯	25.00	1.2376			1.2376	1.2874	1.4913	1.6768	1.8451	1.9984	2.1369	2.3777	2.5761	2.9370	3.2109	3.2192	1226.67
	双环芳烃和多环烃																	
147	顺十氢化萘	25.00	1.1937			1.1937	1.2648	1.5587	1.8284	2.0750	2.3002	2.5045	2.8583				3.1208	526.67
148	反十氢化萘	25.00	1.2050			1.2050	1.2736	1.5613	1.8296	2.0775	2.3040	2.5096	2.8613	3.1472			3.5617	726.67
149	四氢萘	-73.33	0.7147		0.9751	1.1643	1.2192	1.4474	1.6596	1.8552	2.0348	2.1981	2.4798	2.7059	3.0823	3.4855	3.5177	1226.67
150	茚满	-73.33	0.6954		0.9378	1.1162	1.1681	1.3850	1.5885	1.7773	1.9519	2.1114	2.3873	2.6080	2.9697	3.3691	3.4034	1226.67
151	茚	-73.33	0.6829		0.9060	1.0689	1.1162	1.3134	1.4972	1.6668	1.8229	1.9657	2.2106	2.4062	2.7260	3.0681	3.0966	1226.67
152	联苯	-73.33	0.6774		0.9136	1.0831	1.1317	1.3318	1.5148	1.6814	1.8326	1.9686	2.1997	2.3823	2.6837	2.9910	3.0141	1226.67
153	萘	-73.33	0.6326		0.8696	1.0400	1.0886	1.2904	1.4750	1.6433	1.7957	1.9330	2.1654	2.3480	2.6448	2.9588	2.9839	1226.67
154	1-甲基萘	-73.33	0.7247		0.9563	1.1233	1.1715	1.3699	1.5520	1.7191	1.8715	2.0097	2.2466	2.4363	2.7574	3.0752	3.0974	1226.67
155	2-甲基萘	-173.33	0.3994	0.5451	0.9353	1.0886	1.1342	1.3301	1.5190	1.6973	1.8631	2.0143	2.2676	2.4556	2.7089	3.0005	3.3800	1226.67
156	蒽	-73.33	0.6527		0.8830	1.0484	1.0957	1.2912	1.4700	1.6324	1.7794	1.9117	2.1348	2.3090	2.5887	2.8839	2.9077	1226.67
157	菲	-73.33	0.6502		0.8893	1.0584	1.1066	1.3038	1.4821	1.6425	1.7869	1.9163	2.1344	2.3069	2.5958	2.8529	2.8680	1226.67
158	芘	0.00	0.9043			1.0006	1.0484	1.2426	1.4181	1.5759	1.7170	1.8430	2.0549	2.2207	2.4949	2.7486	2.7645	1226.67
159	䓛	25.00	1.0216			1.0216	1.0722	1.2774	1.4604	1.6224	1.7660	1.8933	2.1055	2.2718	2.5565	2.8056	2.8173	1226.67
160	三甲苯	25.00	0.9743			0.9743	1.0266	1.2380	1.4264	1.5935	1.7413	1.8723	2.0905	2.2613	2.5519	2.8001	2.8110	1226.67
161	苯并蒽	25.00	1.0459			1.0459	1.0965	1.3013	1.4821	1.6421	1.7836	1.9083	2.1164	2.2797	2.5644	2.8047	2.8139	1226.67
162	二氢苊	-73.33	0.6661		0.9123	1.0873	1.1371	1.3419	1.5278	1.6961	1.8485	1.9850	2.2182	2.4045	2.7210	2.9944	3.0095	1226.67

续表

序号	物质名称	T_{min}/℃	T_{min} 下的定压热容/[kJ/(kg·K)]	温度/℃													T_{max} 下的定压热容/[kJ/(kg·K)]	T_{max}/℃
				-128.9	-17.8	25	37.8	93.3	148.9	204.4	260	315.6	426.7	537.8	815.6	1204.4		
163	芴	-73.33	0.6046		0.8432	1.0157	1.0651	1.2703	1.4583	1.6303	1.7861	1.9263	2.1637	2.3484	2.6415	2.9622	2.9898	1226.67
164	二苯并蒽	25.00	1.0040			1.0040	1.0555	1.2653	1.4516	1.6169	1.7626	1.8908	2.1018	2.2634	2.5359	2.8717	2.8968	1226.67
165	萘酚	0.00	0.9408			1.0417	1.0915	1.2929	1.4733	1.6337	1.7760	1.9025	2.1139	2.2801	2.5627	2.8039	2.8148	1226.67
166	1,8-亚乙基萘	-73.33	0.6230		0.8390	0.9960	1.0413	1.2288	1.4022	1.5608	1.7057	1.8367	2.0599	2.2353	2.5154	2.8056	2.8294	1226.67
	氧化物																	
167	甲醇	-73.33	1.2091		1.3050	1.3892	1.4160	1.5378	1.6668	1.7986	1.9314	2.0616	2.3057	2.5196	2.9010	3.3482	3.3888	1226.67
168	乙醇	-73.33	1.0965		1.2858	1.4302	1.4729	1.6559	1.8326	2.0021	2.1625	2.3132	2.5828	2.8089	3.2058	3.6534	3.6902	1226.67
169	正丙醇	-73.33	1.0718		1.2803	1.4382	1.4842	1.6818	1.8715	2.0524	2.2228	2.3823	2.6670	2.9052	3.3260	3.7899	3.8263	1226.67
170	异丙醇	-223.33	0.5803	0.9295	1.3448	1.5014	1.5479	1.7438	1.9318	2.1097	2.2764	2.4309	2.7005	2.9178	3.2716	3.7212	3.7652	1226.67
171	正丁醇	-73.33	1.0630		1.2983	1.4729	1.5240	1.7388	1.9423	2.1336	2.3120	2.4773	2.7687	3.0099	3.4328	3.9017	3.9381	1226.67
172	仲丁醇	-223.33	0.5878	0.9609	1.3850	1.5416	1.5876	1.7832	1.9703	2.1487	2.3170	2.4752	2.7604	3.0028	3.4399	3.8175	3.8397	1226.67
173	叔丁醇	-223.33	0.4639	0.9219	1.3976	1.5646	1.6128	1.8137	2.0021	2.1784	2.3438	2.4983	2.7788	3.0225	3.4843	3.7346	3.7317	1226.67
174	苯酚	-73.33	0.7180		0.9454	1.1062	1.1518	1.3385	1.5064	1.6580	1.7932	1.9138	2.1164	2.2751	2.5406	2.8106	2.8290	1226.67
175	甲基乙基甲酮	-73.33	1.1480		1.3130	1.4398	1.4775	1.6396	1.7970	1.9490	2.0942	2.2320	2.4815	2.6950	3.0802	3.4788	3.5085	1226.67
176	甲基乙基醚	-73.33	1.2163		1.4034	1.5462	1.5885	1.7698	1.9460	2.1160	2.2789	2.4334	2.7151	2.9584	3.4076	3.8259	3.8519	1226.67
177	二乙基醚	-73.33	1.2309		1.4302	1.5818	1.6270	1.8196	2.0067	2.1868	2.3584	2.5213	2.8173	3.0706	3.5286	3.9528	3.9804	1226.67
178	甲基叔丁基醚	-73.33	1.0781		1.2992	1.4654	1.5144	1.7216	1.9205	2.1097	2.2885	2.4568	2.7591	3.0158	3.4755	3.8895	3.9155	1226.67
179	甲基叔戊基醚	26.67	1.5839				1.6308	1.8548	2.0624	2.2546	2.4325	2.5967	2.8868	3.1321	3.5860	3.9762	3.9938	1226.67
180	二异丙醚	26.67	1.5713				1.6157	1.8271	2.0252	2.2094	2.3815	2.5414	2.8282	3.0744	3.5450	3.9641	3.9829	1226.67

表6-2-4　理想气体的焓

序号	物质名称	T_{min}	T_{min}下的焓 [kJ/(kg·K)]	温度/℃													T_{max}下的焓 [kJ/(kg·K)]	T_{max}
				-128.9	-17.8	25	37.8	93.3	148.9	204.4	260	315.6	426.7	537.8	815.6	1204.4		
1	氧	-223.33	4.7847	5.7506	6.2693	6.4112	6.4498	6.6026	6.7353	6.8534	6.9606	7.0581	7.2327	7.3855	7.7016	8.0341	8.0504	1226.67
2	氢	-117.78	59.7854		66.8255	69.0428	69.6453	72.0121	74.0515	75.8426	77.4399	78.8818	81.4048	83.5689	87.9831		89.7734	948.89
3	水	-223.33	7.1615	9.1293	10.1873	10.4762	10.5545	10.8643	11.1327	11.3713	11.5866	11.7833	12.1359	12.4469	13.1093	13.8650	13.9039	1226.67
4	二氧化氮	-73.33	4.9157		5.1033	5.2276	5.2624	5.4018	5.5274	5.6426	5.7489	5.8481	6.0298	6.1927	6.5360	6.9061	6.9245	1226.67
5	一氧化氮	-73.33	6.6214		6.8680	7.0221	7.0640	7.2277	7.3683	7.4927	7.6045	7.7062	7.8875	8.0458	8.3719	8.7131	8.7295	1226.67
6	一氧化二氮	-223.33	5.1418	6.2848	6.8672	7.0217	7.0636	7.2273	7.3679	7.4919	7.6036	7.7054	7.8863	8.0445	8.3703	8.7090	8.7257	1226.67
7	氨	-223.33	1.8619	2.3572	2.6281	2.7047	2.7256	2.8106	2.8864	2.9559	3.0208	3.0815	3.1941	3.2971	3.5203	3.7719	3.7849	1226.67
8	氯	-223.33	2.3819	2.8186	3.0739	3.1468	3.1669	3.2464	3.3159	3.3783	3.4340	3.4851	3.5751	3.6521	3.8075	3.9708	3.9791	1226.67
9	氯化氢	-223.33	3.6898	4.5377	4.9932	5.1171	5.1506	5.2816	5.3947	5.4939	5.5823	5.6626	5.8037	5.9264	6.1801	6.4607	6.4749	1226.67
10	氟化氢	-223.33	6.0851	7.6296	8.4603	8.6855	8.7466	8.9857	9.1909	9.3709	9.5313	9.6761	9.9290	10.1463	10.5884	11.0682	11.0925	1226.67
11	硫化氢	-223.33	4.2877	5.3227	5.8812	6.0357	6.0776	6.2446	6.3916	6.5230	6.6432	6.7546	6.9568	7.1385	7.5304	7.9754	7.9980	1226.67
12	氮气	-223.33	4.9794	6.0897	6.6813	6.8416	6.8852	7.0556	7.2030	7.3332	7.4496	7.5555	7.7431	7.9064	8.2459	8.6156	8.6340	1226.67
13	碳	-117.78	4.3488		4.5607	4.6612	4.6917	4.8265	4.9630	5.0991	5.2335	5.3654	5.6187	5.8544	6.3593		6.5607	948.89
14	一氧化碳	-223.33	5.1950	6.3016	6.8931	7.0535	7.0970	7.2683	7.4165	7.5471	7.6648	7.7715	7.9612	8.1266	8.4712	8.8455	8.8639	1226.67
15	二氧化碳	-223.33	3.6069	4.3116	4.7294	4.8550	4.8902	5.0342	5.1648	5.2854	5.3972	5.5006	5.6853	5.8439			6.0713	726.67
16	二氧化硫	-223.33	2.9044	3.4587	3.7836	3.8782	3.9046	4.0105	4.1056	4.1927	4.2730	4.3476	4.4836	4.6042	4.8525	5.1079	5.1205	1226.67
	烷烃																	
17	甲烷	-223.33	7.8934	10.0994	11.2889	11.6301	11.7256	12.1124	12.4675	12.8007	13.1189	13.4254	14.0115	14.5671	15.8311	17.2969	17.3710	1226.67
18	乙烷	-223.33	5.3298	6.5674	7.3688	7.6271	7.7016	8.0148	8.3150	8.6064	8.8903	9.1678	9.7033	10.2103	11.3345	12.5893	12.6542	1226.67
19	丙烷	-223.33	4.2165	5.1673	5.8871	6.1328	6.2044	6.5084	6.8023	7.0891	7.3688	7.6422	8.1684	8.6654	9.7686	11.0088	11.0728	1226.67
20	正丁烷	-73.33	4.7420		5.0844	5.3344	5.4073	5.7167	6.0156	6.3053	6.5867	6.8605	7.3851	7.8791	8.9836	10.2539	10.3192	1226.67

续表

序号	物质名称	T_{min}	T_{min} 下的熵 [kJ/(kg·K)]	温度/℃													T_{max} 下的熵 [kJ/(kg·K)]	T_{max}
				-128.9	-17.8	25	37.8	93.3	148.9	204.4	260	315.6	426.7	537.8	815.6	1204.4		
21	异丁烷	-223.33	3.3390	4.1474	4.8420	5.0874	5.1590	5.4642	5.7606	6.0495	6.3309	6.6055	7.1331	7.6304	8.7379	9.9931	10.0575	1226.67
22	正戊烷	-73.33	4.2684		4.6046	4.8504	4.9220	5.2260	5.5203	5.8063	6.0847	6.3560	6.8768	7.3683	8.4670	9.7217	9.7858	1226.67
23	2-甲基丁烷	-73.33	4.2065		4.5251	4.7646	4.8353	5.1380	5.4332	5.7208	6.0018	6.2752	6.8010	7.2984	8.4226	9.7477	9.8168	1226.67
24	2,2-二甲基丙烷	-51.11	3.7304		3.9523	4.2207	4.2986	4.6239	4.9346	5.2335	5.5232	5.8042	6.3443	6.8563	8.0181	9.3906	9.4622	1226.67
25	正己烷	-73.33	3.9356		4.2680	4.5117	4.5833	4.8864	5.1799	5.4650	5.7426	6.0127	6.5302	7.0179	8.1056	9.3449	9.4086	1226.67
26	2-甲基戊烷	-73.33	3.8619		4.1805	4.4204	4.4912	4.7947	5.0911	5.3805	5.6622	5.9365	6.4623	6.9585	8.0696	9.3608	9.4274	1226.67
27	3-甲基戊烷	-73.33	3.8967		4.2090	4.4451	4.5150	4.8148	5.1075	5.3930	5.6719	5.9432	6.4644	6.9572	8.0675	9.3680	9.4354	1226.67
28	2,2-二甲基丁烷	-73.33	3.6023		3.9197	4.1583	4.2291	4.5310	4.8265	5.1154	5.3980	5.6740	6.2053	6.7098	7.8519	9.2005	9.2708	1226.67
29	正庚烷	-73.33	3.6990		4.0298	4.2726	4.3438	4.6457	4.9383	5.2226	5.4989	5.7682	6.2835	6.7688	7.8456	9.0632	9.1251	1226.67
30	2-甲基己烷	-73.33	3.6396		3.9578	4.1973	4.2680	4.5699	4.8646	5.1519	5.4311	5.7033	6.2241	6.7144	7.8122	9.0866	9.1523	1226.67
31	3-甲基己烷	-73.33	3.7020		4.0151	4.2521	4.3225	4.6231	4.9174	5.2042	5.4839	5.7564	6.2777	6.7688	7.8678	9.1436	9.2097	1226.67
32	2,4-二甲基戊烷	-73.33	3.3955		3.7166	3.9624	4.0357	4.3488	4.6545	4.9521	5.2410	5.5216	6.0562	6.5586	7.6874	9.0263	9.0962	1226.67
33	正辛烷	-73.33	3.5198		3.8481	4.0905	4.1613	4.4631	4.7558	5.0401	5.3164	5.5848	6.0989	6.5812	7.6489	8.8551	8.9170	1226.67
34	2,2-二甲基己烷	-73.33	3.2322		3.5496	3.7895	3.8606	4.1646	4.4615	4.7512	5.0338	5.3089	5.8368	6.3346	7.4521	8.7575	8.8249	1226.67
35	2-甲基庚烷	-73.33	3.4667		3.7849	4.0239	4.0943	4.3961	4.6905	4.9768	5.2557	5.5270	6.0462	6.5339	7.6212	8.8727	8.9371	1226.67
36	2,2,4-三甲基戊烷	-73.33	3.1518		3.4650	3.7041	3.7748	4.0792	4.3773	4.6687	4.9526	5.2293	5.7602	6.2626	7.3985	8.7466	8.8166	1226.67
37	正壬烷	-73.33	3.3825		3.7066	3.9469	4.0177	4.3187	4.6113	4.8965	5.1732	5.4424	5.9561	6.4364			7.1749	726.67
38	正癸烷	-73.33	3.2665		3.5960	3.8359	3.9059	4.2040	4.4937	4.7759	5.0505	5.3168	5.8209	6.2835			6.9786	726.67
39	正十一烷	-73.33	3.1744		3.5031	3.7426	3.8125	4.1102	4.3999	4.6821	4.9563	5.2226	5.7259	6.1877			6.8810	726.67
40	正十二烷	-73.33	3.0974		3.4256	3.6647	3.7346	4.0319	4.3216	4.6034	4.8780	5.1435	5.6467	6.1077			6.7994	726.67
41	正十三烷	-73.33	3.0279		3.3637	3.6023	3.6718	3.9666	4.2530	4.5326	4.8052	5.0690	5.5655	6.0148			6.6721	726.67

续表

序号	物质名称	T_{min}	T_{min}下的熵 [kJ/(kg·K)]	温度/℃ -128.9	-17.8	25	37.8	93.3	148.9	204.4	260	315.6	426.7	537.8	815.6	1204.4	T_{max}下的熵 [kJ/(kg·K)]	T_{max}
42	正十四烷	-73.33	2.9760		3.3034	3.5420	3.6115	3.9092	4.1985	4.4803	4.7541	5.0200	5.5220	5.9821			6.6712	726.67
43	正十五烷	-73.33	2.9274		3.2544	3.4926	3.5625	3.8598	4.1487	4.4305	4.7047	4.9702	5.4721	5.9323			6.6202	726.67
44	正十六烷	-73.33	2.8847		3.2113	3.4495	3.5194	3.8167	4.1056	4.3873	4.6612	4.9266	5.4286	5.8879			6.5745	726.67
45	正十七烷	-73.33	2.8470		3.1732	3.4114	3.4813	3.7782	4.0675	4.3492	4.6231	4.8881	5.3897	5.8485			6.5348	726.67
46	正十八烷	-73.33	2.8135		3.1397	3.3775	3.4474	3.7443	4.0331	4.3149	4.5887	4.8538	5.3553	5.8138			6.4992	726.67
47	正十九烷	-73.33	2.7834		3.1091	3.3473	3.4168	3.7137	4.0030	4.2844	4.5582	4.8232	5.3244	5.7828			6.4673	726.67
48	正二十烷	-73.33	2.7566		3.0823	3.3201	3.3896	3.6865	3.9754	4.2571	4.5305	4.7956	5.2967	5.7548			6.4389	726.67
	环烷烃																	
49	环戊烷	25.00	4.1772			4.1772	4.2274	4.4543	4.6888	4.9262	5.1640	5.3997	5.8607	6.3036	7.3198	8.5373	8.6009	1226.67
50	甲基环戊烷	26.67	4.0465				4.0951	4.3421	4.5921	4.8420	5.0895	5.3336	5.8071	6.2588	7.2871	8.5109	8.5746	1226.67
51	乙基环戊烷	25.00	3.8657			3.8657	3.9226	4.1742	4.4284	4.6817	4.9325	5.1791	5.6568	6.1119	7.1477	8.3807	8.4448	1226.67
52	1,1-二甲基环戊烷	25.00	3.6588			3.6588	3.7166	3.9729	4.2320	4.4899	4.7449	4.9957	5.4809	5.9423	6.9878	8.2233	8.2874	1226.67
53	顺1,2-二甲基环戊烷	25.00	3.7300			3.7300	3.7882	4.0449	4.3040	4.5619	4.8169	5.0677	5.5521	6.0127	7.0552	8.2882	8.3522	1226.67
54	反1,2-二甲基环戊烷	25.00	3.7371			3.7371	3.7958	4.0532	4.3124	4.5703	4.8253	5.0752	5.5592	6.0185	7.0598	8.2911	8.3548	1226.67
55	顺1,3-二甲基环戊烷	25.00	3.7388			3.7388	3.7958	4.0499	4.3095	4.5686	4.8249	5.0761	5.5613	6.0215			6.7491	726.67
56	反1,3-二甲基环戊烷	25.00	3.7371			3.7371	3.7958	4.0532	4.3124	4.5703	4.8253	5.0752	5.5592	6.0185	7.0598	8.2911	8.3548	1226.67
57	正丙基环戊烷	25.00	3.7300			3.7300	3.7886	4.0457	4.3040	4.5611	4.8140	5.0627	5.5437	6.0009	7.0393	8.2723	8.3363	1226.67
58	正丁基环戊烷	25.00	3.6237			3.6237	3.6835	3.9456	4.2073	4.4669	4.7219	4.9722	5.4554	5.9139	6.9543	8.1873	8.2513	1226.67
59	正戊基环戊烷	25.00	3.5391			3.5391	3.5998	3.8653	4.1294	4.3911	4.6478	4.8994	5.3846	5.8448	6.8860	8.1199	8.1839	1226.67
60	正己基环戊烷	25.00	3.4683			3.4683	3.5303	3.7987	4.0650	4.3275	4.5854	4.8374	5.3239	5.7845	6.8207	8.0320	8.0948	1226.67
61	正庚基环戊烷	25.00	3.4127			3.4127	3.4746	3.7451	4.0135	4.2781	4.5372	4.7910	5.2791	5.7409	6.7847	8.0186	8.0826	1226.67

续表

序号	物质名称	T_{min}	T_{min}下的熵 [kJ/(kg·K)]	温度/℃													T_{max}下的熵 [kJ/(kg·K)]	T_{max}
				-128.9	-17.8	25	37.8	93.3	148.9	204.4	260	315.6	426.7	537.8	815.6	1204.4		
62	正辛基环戊烷	25.00	3.3633			3.3633	3.4261	3.6990	3.9691	4.2345	4.4949	4.7491	5.2381	5.7007	6.7454	7.9792	8.0428	1226.67
63	正壬基环戊烷	25.00	3.3214			3.3214	3.3850	3.6593	3.9306	4.1973	4.4585	4.7131	5.2029	5.6664	6.7119	7.9457	8.0093	1226.67
64	正癸基环戊烷	25.00	2.8854			3.2854	3.3490	3.6249	3.8975	4.1650	4.4267	4.6821	5.1732	5.6367	6.6830	7.9168	7.9809	1226.67
65	正十一烷基环戊烷	25.00	3.2536			3.2536	3.3176	3.5948	3.8682	4.1366	4.3991	4.6549	5.1464	5.6107	6.6574	7.8913	7.9553	1226.67
66	正十二烷基环戊烷	25.00	3.2255			3.2255	3.2900	3.5684	3.8426	4.1119	4.3748	4.6310	5.1230	5.5877	6.6348	7.8691	7.9327	1226.67
67	正十三烷基环戊烷	25.00	3.2008			3.2008	3.2653	3.5450	3.8200	4.0897	4.3530	4.6097	5.1025	5.5676	6.6151	7.8494	7.9131	1226.67
68	正十四烷基环戊烷	25.00	3.1795			3.1795	3.2444	3.5249	3.8008	4.0708	4.3350	4.5921	5.0849	5.5500	6.5984	7.8322	7.8963	1226.67
69	正十五烷基环戊烷	25.00	3.1585			3.1585	3.2238	3.5048	3.7811	4.0520	4.3162	4.5737	5.0673	5.5329	6.5812	7.8155	7.8791	1226.67
70	正十六烷基环戊烷	25.00	3.1401			3.1401	3.2054	3.4876	3.7648	4.0357	4.3003	4.5582	5.0522	5.5178	6.5666	7.8008	7.8645	1226.67
71	环己烷	25.00	3.5445			3.5445	3.5981	3.8380	4.0859	4.3363	4.5875	4.8366	5.3244	5.7933	6.8634	8.1224	8.1873	1226.67
72	甲基环己烷	25.00	3.4981			3.4981	3.5563	3.8154	4.0784	4.3417	4.6030	4.8600	5.3595	5.8356	6.9162	8.1911	8.2568	1226.67
73	乙基环己烷	25.00	3.4093			3.4093	3.4700	3.7363	4.0038	4.2697	4.5330	4.7918	5.2930	5.7694	6.8421	8.0830	8.1471	1226.67
74	顺1,2-二甲基环己烷	25.00	3.3394			3.3394	3.3984	3.6597	3.9247	4.1901	4.4527	4.7118	5.2134	5.6907	6.7721	8.0470	8.1128	1226.67
75	反1,2-二甲基环己烷	25.00	3.3076			3.3076	3.3683	3.6350	3.9038	4.1709	4.4351	4.6951	5.1987	5.6777	6.7588	8.0194	8.0843	1226.67
76	顺1,3-二甲基环己烷	25.00	3.3009			3.3009	3.3607	3.6241	3.8908	4.1571	4.4204	4.6796	5.1820	5.6610	6.7474	8.0290	8.0952	1226.67
77	反1,3-二甲基环己烷	25.00	3.3528			3.3528	3.4127	3.6760	3.9419	4.2069	4.4686	4.7265	5.2260	5.7012	6.7772	8.0395	8.1048	1226.67
78	顺1,4-二甲基环己烷	25.00	3.3013			3.3013	3.3612	3.6245	3.8904	4.1554	4.4171	4.6750	5.1745	5.6497	6.7253	7.9872	8.0521	1226.67
79	反1,4-二甲基环己烷	25.00	3.2527			3.2527	3.3126	3.5772	3.8447	4.1110	4.3752	4.6352	5.1393	5.6187	6.6985	7.9503	8.0148	1226.67
80	正丙基环己烷	25.00	3.3239			3.3239	3.3859	3.6584	3.9314	4.2023	4.4690	4.7302	5.2343	5.7112	6.7864	8.0500	8.1157	1226.67
81	正丁基环己烷	25.00	3.2686			3.2686	3.3319	3.6073	3.8824	4.1537	4.4204	4.6817	5.1849	5.6610	6.7324	7.9876	8.0525	1226.67
82	正戊基环己烷	25.00	3.2247			3.2247	3.2879	3.5638	3.8397	4.1123	4.3798	4.6419	5.1460	5.6220	6.6934	7.9545	8.0202	1226.67

续表

序号	物质名称	T_{min}	T_{min}下的熵 [kJ/(kg·K)]	温度/℃													T_{max}下的熵 [kJ/(kg·K)]	T_{max}
				-128.9	-17.8	25	37.8	93.3	148.9	204.4	260	315.6	426.7	537.8	815.6	1204.4		
83	正己基环己烷	25.00	3.1870			3.1870	3.2511	3.5299	3.8071	4.0800	4.3480	4.6097	5.1129	5.5885	6.6595	7.9202	7.9855	1226.67
84	正庚基环己烷	25.00	3.1564			3.1564	3.2201	3.4993	3.7773	4.0516	4.3199	4.5825	5.0865	5.5622	6.6331	7.9001	7.9658	1226.67
85	正辛基环己烷	25.00	3.1275			3.1275	3.1929	3.4771	3.7572	4.0319	4.2998	4.5611	5.0627	5.5354	6.6013	7.8632	7.9290	1226.67
86	正壬基环己烷	25.00	3.1053			3.1053	3.1707	3.4529	3.7321	4.0063	4.2747	4.5364	5.0397	5.5144	6.5816	7.8310	7.8955	1226.67
87	正癸基环己烷	25.00	3.0840			3.0840	3.1493	3.4323	3.7124	3.9871	4.2563	4.5184	5.0216	5.4964	6.5636	7.8188	7.8837	1226.67
88	正十一烷基环己烷	25.00	3.0660			3.0660	3.1321	3.4164	3.6969	3.9724	4.2412	4.5029	5.0057	5.4801	6.5469	7.7988	7.8632	1226.67
89	正十二烷基环己烷	25.00	3.0505			3.0505	3.1162	3.4009	3.6819	3.9574	4.2266	4.4887	4.9915	5.4659	6.5318	7.7833	7.8477	1226.67
90	正十三烷基环己烷	25.00	3.0358			3.0358	3.1020	3.3875	3.6689	3.9444	4.2136	4.4761	4.9789	5.4525	6.5184	7.7690	7.8335	1226.67
91	正十四烷基环己烷	25.00	3.0233			3.0233	3.0894	3.3750	3.6568	3.9327	4.2023	4.4644	4.9676	5.4412	6.5059	7.7565	7.8214	1226.67
92	正十六烷基环己烷	25.00	3.0007			3.0007	3.0672	3.3549	3.6375	3.9134	4.1830	4.4451	4.9471	5.4206	6.4849	7.7326	7.7967	1226.67
烯烃																		
93	乙烯	-73.33	7.2683		7.5890	7.8172	7.8829	8.1592	8.4230	8.6763	8.9212	9.1578	9.6100	10.0341	10.9778	12.0542	12.1095	1226.67
94	丙烯	-73.33	5.8025		6.1140	6.3397	6.4050	6.6821	6.9484	7.2059	7.4550	7.6962	8.1584	8.5926	9.5635	10.6822	10.7400	1226.67
95	1-丁烯	-223.33	3.7313	4.6084	5.2662	5.4897	5.5546	5.8305	6.0968	6.3560	6.6080	6.8542	7.3256	7.7682	8.7383	9.8126	9.8683	1226.67
96	顺2-丁烯	-73.33	4.8739		5.1602	5.3704	5.4324	5.6945	5.9490	6.1973	6.4397	6.6767	7.1326	7.5647	8.5340	9.6460	9.7033	1226.67
97	反2-丁烯	-223.33	3.4813	4.3547	5.0489	5.2829	5.3503	5.6346	5.9055	6.1655	6.4163	6.6591	7.1234	7.5626	8.5591	9.7234	9.7820	1226.67
98	异丁烯	26.67	5.2356				5.2934	5.5764	5.8494	6.1131	6.3681	6.6151	7.0862	7.5279	8.5193		8.8760	926.67
99	1-戊烯	-73.33	4.4146		4.7215	4.9484	5.0149	5.2976	5.5714	5.8368	6.0943	6.3443	6.8224	7.2704	8.2652	9.4023	9.4609	1226.67
100	1-己烯	26.67	4.5787				4.6369	4.9241	5.2025	5.4721	5.7330	5.9863	6.4686	6.9220	7.9407	9.1381	9.2001	1226.67
101	2,3-二甲基-2-丁烯	25.00	4.3099			4.3099	4.3744	4.6490	4.9170	5.1774	5.4307	5.6773	6.1492	6.5946			7.2934	726.67
102	1-庚烯	-73.33	3.7928		4.1043	4.3342	4.4016	4.6884	4.9660	5.2360	5.4977	5.7518	6.2371	6.6909	7.6886	8.8082	8.8655	1226.67

续表

序号	物质名称	T_{min}	T_{min}下的熵 [kJ/(kg·K)]	温度/℃													T_{max}下的熵 [kJ/(kg·K)]	T_{max}
				-128.9	-17.8	25	37.8	93.3	148.9	204.4	260	315.6	426.7	537.8	815.6	1204.4		
103	1-辛烯	-73.33	3.5990		3.9113	4.1424	4.2098	4.4979	4.7771	5.0484	5.3118	5.5672	6.0550	6.5109	7.5099	8.6248	8.6822	1226.67
104	1-壬烯	-73.33	3.4478		3.7610	3.9925	4.0604	4.3497	4.6298	4.9019	5.1665	5.4232	5.9130	6.3702	7.3700	8.4825	8.5398	1226.67
105	1-癸烯	-73.33	3.3268		3.6408	3.8732	3.9410	4.2312	4.5125	4.7855	5.0510	5.3084	5.7996	6.2576	7.2582	8.3694	8.4264	1226.67
106	1-十一烯	-73.33	3.2280		3.5429	3.7752	3.8435	4.1340	4.4158	4.6896	4.9555	5.2138	5.7062	6.1651	7.1661	8.2744	8.3313	1226.67
107	1-十二烯	-73.33	3.1455		3.4608	3.6940	3.7623	4.0532	4.3359	4.6105	4.8772	5.1359	5.6292	6.0889	7.0912	8.2003	8.2572	1226.67
108	1-十三烯	-73.33	3.0920		3.3951	3.6245	3.6923	3.9829	4.2668	4.5427	4.8111	5.0711	5.5668	6.0282	7.0388	8.1781	8.2367	1226.67
109	1-十四烯	-73.33	3.0325		3.3360	3.5655	3.6333	3.9247	4.2086	4.4849	4.7537	5.0141	5.5102	5.9725	6.9836	8.1216	8.1806	1226.67
110	1-十五烯	-73.33	2.9797		3.2841	3.5144	3.5822	3.8740	4.1583	4.4355	4.7043	4.9655	5.4621	5.9247	6.9354	8.0709	8.1295	1226.67
111	1-十六烯	-73.33	2.9337		3.2389	3.4692	3.5374	3.8292	4.1139	4.3911	4.6603	4.9216	5.4186	5.8816	6.8923	8.0253	8.0839	1226.67
112	1-十七烯	-73.33	2.8943		3.1991	3.4298	3.4981	3.7903	4.0750	4.3526	4.6222	4.8839	5.3813	5.8448	6.8559	7.9884	8.0470	1226.67
113	1-十八烯	-73.33	2.8634		3.1836	3.4156	3.4834	3.7727	4.0553	4.3325	4.6025	4.8646	5.3583	5.8000	6.6415	7.3788	7.4224	1226.67
114	1-十九烯	-73.33	2.8261		3.1317	3.3628	3.4311	3.7237	4.0093	4.2873	4.5573	4.8194	5.3177	5.7816	6.7927	7.9235	7.9821	1226.67
115	1-二十烯	-73.33	2.7985		3.1037	3.3348	3.4030	3.6961	3.9816	4.2601	4.5305	4.7926	5.2917	5.7556	6.7684	7.9026	7.9612	1226.67
116	环戊烯	25.00	4.2534			4.2534	4.2998	4.5083	4.7227	4.9387	5.1544	5.3679	5.7841	6.1826	7.0933	8.1777	8.2342	1226.67
117	环己烯	25.00	3.7836			3.7836	3.8385	4.0800	4.3254	4.5703	4.8119	5.0493	5.5065	5.9390	6.9149	8.0751	8.1358	1226.67
	二烯烃和炔烃																	
118	丙二烯	-73.33	5.5634		5.8653	6.0834	6.1462	6.4108	6.6620	6.9011	7.1297	7.3487	7.7607	8.1412	8.9794	9.9491	9.9993	1226.67
119	1, 2-丁二烯	-223.33	3.6890	4.5393	5.1908	5.4085	5.4717	5.7355	5.9863	6.2266	6.4577	6.6805	7.1037	7.4990	8.3711	9.3613	9.4119	1226.67
120	1, 3-丁二烯	-73.33	4.6591		4.9417	5.1569	5.2201	5.4922	5.7573	6.0139	6.2622	6.5021	6.9559	7.3771	8.2974	9.3428	9.3969	1226.67
121	2-甲基-1, 3-丁二烯	-223.33	3.0786	3.7828	4.4003	4.6185	4.6821	4.9534	5.2155	5.4696	5.7158	5.9545	6.4075	6.8283	7.7401	8.7571	8.8107	1226.67
122	乙炔	-223.33	5.7857	6.7010	7.4663	7.7175	7.7891	8.0835	8.3539	8.6039	8.8367	9.0540	9.4500	9.8055	10.5738	11.4844	11.5321	1226.67

续表

序号	物质名称	T_{min}	T_{min}下的焓 [kJ/(kg·K)]	温度/℃													T_{max}下的焓 [kJ/(kg·K)]	T_{max}
				-128.9	-17.8	25	37.8	93.3	148.9	204.4	260	315.6	426.7	537.8	815.6	1204.4		
123	丙炔	-223.33	4.3409	5.2950	5.9813	6.2048	6.2685	6.5348	6.7855	7.0234	7.2503	7.4676	7.8758	8.2518	9.0661	9.9784	10.0261	1226.67
124	1-丁炔	-223.33	3.6949	4.5050	5.1531	5.3733	5.4370	5.7054	5.9612	6.2065	6.4426	6.6700	7.1004	7.4990	8.3669	9.3449	9.3960	1226.67
	芳香烃																	
125	苯	-25.00	3.4487		3.2088	3.4487	3.4935	3.6932	3.8954	4.0964	4.2944	4.4878	4.8592	5.2084	5.9909	6.9158	6.9639	1226.67
126	甲苯	-73.33	3.1095		3.3197	3.4843	3.5337	3.7480	3.9607	4.1705	4.3760	4.5766	4.9622	5.3256	6.1337	7.0610	7.1088	1226.67
127	乙苯	-223.33	2.2073	2.7541	3.2243	3.3976	3.4487	3.6710	3.8912	4.1085	4.3216	4.5301	4.9279	5.2955			5.8469	726.67
128	1,3-二甲苯	-17.78	3.2088		3.2088	3.3775	3.4282	3.6480	3.8661	4.0809	4.2915	4.4966	4.8914	5.2636	6.0993	7.0765	7.1268	1226.67
129	1,2-二甲苯	-17.78	3.1539		3.1539	3.3331	3.3863	3.6149	3.8389	4.0574	4.2701	4.4774	4.8743	5.2473	6.0843	7.0610	7.1113	1226.67
130	1,4-二甲苯	-17.78	3.1493		3.1493	3.3180	3.3687	3.5902	3.8096	4.0260	4.2379	4.4447	4.8420	5.2168	6.0566	7.0397	7.0903	1226.67
131	正丙基苯	-223.33	2.0524	2.6352	3.1489	3.3344	3.3888	3.6228	3.8523	4.0775	4.2982	4.5142	4.9295	5.3197	6.1718	7.1029	7.1506	1226.67
132	1,2,3-三甲基苯	-73.33	2.7700		3.0141	3.2008	3.2565	3.4951	3.7288	3.9569	4.1793	4.3953	4.8081	5.1958	6.0608	7.0652	7.1171	1226.67
133	1,2,4-三甲基苯	-73.33	2.8675		3.1116	3.2929	3.3465	3.5755	3.8004	4.0214	4.2383	4.4510	4.8609	5.2473	6.0922	7.0150	7.0627	1226.67
134	1,3,5-三甲基苯	-73.33	2.7930		3.0300	3.2088	3.2619	3.4893	3.7124	3.9310	4.1449	4.3539	4.7562	5.1359	5.9842	6.9534	7.0033	1226.67
135	正丁基苯	25.00	3.2837			3.2837	3.3390	3.5785	3.8158	4.0491	4.2772	4.4996	4.9262	5.3277	6.2266	7.2779	7.3323	1226.67
136	1-甲基-3-(1-甲基乙基)苯	25.00	3.2142			3.2142	3.2699	3.5106	3.7480	3.9800	4.2065	4.4271	4.8492	5.2465	6.1362	7.1749	7.2285	1226.67
137	1-甲基-2-异丙基苯	25.00	3.1795			3.1795	3.2368	3.4834	3.7246	3.9595	4.1876	4.4091	4.8328	5.2306	6.1215	7.1611	7.2143	1226.67
138	1-甲基-4-(1-甲基乙基)苯	25.00	3.1757			3.1757	3.2310	3.4700	3.7057	3.9364	4.1617	4.3811	4.8014	5.1971	6.0851	7.1226	7.1758	1226.67
139	正戊基苯	25.00	3.2330			3.2330	3.2896	3.5341	3.7765	4.0143	4.2467	4.4732	4.9069	5.3147	6.2266	7.2896	7.3445	1226.67
140	正己基苯	25.00	3.1954			3.1954	3.2527	3.5018	3.7484	3.9900	4.2266	4.4564	4.8965	5.3101	6.2325	7.3047	7.3600	1226.67
141	正庚基苯	25.00	3.1640			3.1640	3.2222	3.4750	3.7246	3.9699	4.2094	4.4422	4.8877	5.3055	6.2371	7.3173	7.3730	1226.67
142	正辛基苯	25.00	3.1368			3.1368	3.1958	3.4516	3.7045	3.9523	4.1943	4.4301	4.8801	5.3017	6.2408	7.3282	7.3843	1226.67

续表

序号	物质名称	T_{min}	T_{min}下的熵/[kJ/(kg·K)]	-128.9	-17.8	25	37.8	93.3	148.9	204.4	260	315.6	426.7	537.8	815.6	1204.4	T_{max}下的熵/[kJ/(kg·K)]	T_{max}
								温度/℃										
143	苯乙烯	25.00	3.3151			3.3151	3.3649	3.5822	3.7966	4.0068	4.2115	4.4100	4.7880	5.1418	5.9306	6.8601	6.9086	1226.67
144	α-甲基苯乙烯	25.00	3.2452			3.2452	3.2979	3.5240	3.7455	3.9611	4.1705	4.3739	4.7621	5.1255	5.9365	6.8785	6.9271	1226.67
145	顺-β-甲基苯乙烯	25.00	3.2452			3.2452	3.2979	3.5240	3.7455	3.9611	4.1705	4.3739	4.7621	5.1255	5.9365	6.8785	6.9271	1226.67
146	反-β-甲基苯乙烯	25.00	3.2192			3.2192	3.2720	3.5002	3.7237	3.9415	4.1529	4.3580	4.7487	5.1146	5.9323	6.8894	6.9388	1226.67
	双环芳烃和多环烃																	
147	顺十氢化萘	25.00	2.7319			2.7319	2.7834	3.0153	3.2540	3.4951	3.7359	3.9737	4.4372				4.8366	526.67
148	反十氢化萘	25.00	2.7089			2.7089	2.7608	2.9927	3.2314	3.4721	3.7124	3.9498	4.4104	4.8475			5.5320	726.67
149	四氢萘	-73.33	2.4250		2.6314	2.7964	2.8466	3.0652	3.2841	3.5010	3.7149	3.9243	4.3279	4.7089	5.5576	6.5322	6.5825	1226.67
150	茚满	-73.33	2.5950		2.7943	2.9530	3.0007	3.2104	3.4198	3.6274	3.8322	4.0331	4.4213	4.7876	5.6032	6.5331	6.5812	1226.67
151	茚	-73.33	2.5539		2.7478	2.9006	2.9463	3.1455	3.3436	3.5391	3.7309	3.9180	4.2785	4.6176	5.3692	6.2249	6.2693	1226.67
152	联苯	-73.33	2.2052		2.3995	2.5535	2.6000	2.8022	3.0028	3.2004	3.3934	3.5818	3.9419	4.2789	5.0250	5.8791	5.9231	1226.67
153	萘	-73.33	2.2688		2.4522	2.5996	2.6444	2.8395	3.0346	3.2272	3.4160	3.6006	3.9549	4.2869	5.0208	5.8598	5.9030	1226.67
154	1-甲基萘	-73.33	2.2990		2.5045	2.6649	2.7130	2.9215	3.1275	3.3298	3.5270	3.7196	4.0872	4.4317	5.1962	6.0746	6.1203	1226.67
155	2-甲基萘	-173.33	1.9435	2.1152	2.5255	2.6821	2.7285	2.9303	3.1305	3.3289	3.5236	3.7149	4.0817	4.4250	5.1627	5.9578	5.9997	1226.67
156	蒽	-73.33	1.8669		2.0545	2.2035	2.2483	2.4443	2.6389	2.8307	3.0183	3.2008	3.5504	3.8774	4.5975	5.4173	5.4592	1226.67
157	菲	-73.33	1.8753		2.0633	2.2140	2.2592	2.4572	2.6536	2.8466	3.0354	3.2188	3.5692	3.8971	4.6222	5.4575	5.5006	1226.67
158	芘	0.00	1.8929			1.9762	2.0189	2.2069	2.3944	2.5795	2.7608	2.9375	3.2745	3.5898	4.2873	5.0899	5.1313	1226.67
159	䓛	25.00	1.9293			1.9293	1.9732	2.1658	2.3593	2.5498	2.7361	2.9178	3.2640	3.5877	4.3053	5.1422	5.1854	1226.67
160	三甲苯	25.00	1.8053			1.8053	1.8472	2.0331	2.2211	2.4078	2.5916	2.7708	3.1141	3.4357	4.1516	4.9877	5.0313	1226.67
161	苯并蒽	25.00	2.0143			2.0143	2.0591	2.2558	2.4522	2.6456	2.8345	3.0174	3.3662	3.6915	4.4129	5.2574	5.3013	1226.67
162	二氢苊	-73.33	2.0453		2.2378	2.3923	2.4392	2.6427	2.8449	3.0442	3.2393	3.4294	3.7928	4.1336	4.8914	5.7682	5.8134	1226.67

续表

序号	物质名称	T_{min}	T_{min}下的熵 [kJ/(kg·K)]	温度/℃													T_{max}下的熵 [kJ/(kg·K)]	T_{max}
				-128.9	-17.8	25	37.8	93.3	148.9	204.4	260	315.6	426.7	537.8	815.6	1204.4		
163	芴	-73.33	1.9758		2.1524	2.2960	2.3396	2.5313	2.7235	2.9140	3.1020	3.2858	3.6387	3.9703	4.7030	5.5349	5.5777	1226.67
164	二苯并蒽	25.00	1.8104			1.8104	1.8539	2.0444	2.2358	2.4258	2.6117	2.7926	3.1384	3.4604	4.1705	4.9982	5.0417	1226.67
165	萘酚	0.00	1.8933			1.9804	2.0247	2.2207	2.4158	2.6080	2.7955	2.9781	3.3260	3.6505	4.3698	5.2050	5.2482	1226.67
166	1,8-亚乙基萘	-73.33	2.0574		2.2358	2.3777	2.4204	2.6067	2.7918	2.9747	3.1543	3.3298	3.6660	3.9816	4.6787	5.4692	5.5098	1226.67
氧化物																		
167	甲醇	-73.33	6.9714		7.2788	7.4868	7.5455	7.7879	8.0131	8.2266	8.4314	8.6282	9.0033	9.3550	10.1367	11.0155	11.0603	1226.67
168	乙醇	-73.33	5.5911		5.8820	6.0922	6.1529	6.4096	6.6553	6.8919	7.1205	7.3420	7.7636	8.1584	9.0351	10.0353	10.0864	1226.67
169	正丙醇	-73.33	4.8705		5.1577	5.3679	5.4290	5.6890	5.9394	6.1814	6.4163	6.6440	7.0790	7.4873	8.3966	9.4400	9.4936	1226.67
170	异丙醇	-223.33	3.5215	4.2894	4.9270	5.1473	5.2109	5.4809	5.7397	5.9892	6.2300	6.4627	6.9045	7.3156	8.2162	9.2227	9.2742	1226.67
171	正丁醇	-73.33	4.3765		4.6649	4.8793	4.9421	5.2096	5.4688	5.7204	5.9649	6.2015	6.6541	7.0782	8.0207	9.1034	9.1595	1226.67
172	仲丁醇	-223.33	3.1803	3.9682	4.6268	4.8529	4.9187	5.1950	5.4596	5.7141	5.9595	6.1965	6.6482	7.0715	8.0165	9.1025	9.1578	1226.67
173	叔丁醇	-223.33	2.8374	3.5349	4.1868	4.4158	4.4824	4.7637	5.0325	5.2913	5.5400	5.7799	6.2362	6.6645	7.6283	8.7563	8.8132	1226.67
174	苯酚	-73.33	2.9839		3.1870	3.3457	3.3930	3.5973	3.7983	3.9938	4.1835	4.3673	4.7156	5.0397	5.7510	6.5678	6.6101	1226.67
175	甲基乙基甲酮	-73.33	4.1931		4.4937	4.7064	4.7675	5.0233	5.2653	5.4964	5.7188	5.9327	6.3388	6.7181	7.5609	8.5256	8.5750	1226.67
176	甲基乙基醚	-73.33	4.5908		4.9111	5.1389	5.2046	5.4801	5.7422	5.9930	6.2341	6.4673	6.9112	7.3273	8.2589	9.3341	9.3889	1226.67
177	二乙基醚	-73.33	4.0595		4.3844	4.6172	4.6846	4.9672	5.2368	5.4956	5.7451	5.9867	6.4468	6.8785	7.8436	8.9518	9.0083	1226.67
178	甲基叔丁基醚	-73.33	3.5404		3.8305	4.0440	4.1064	4.3719	4.6285	4.8772	5.1192	5.3537	5.8033	6.2274	7.1783	8.2756	8.3317	1226.67
179	甲基叔戊基醚	26.67	4.0185				4.0767	4.3631	4.6390	4.9057	5.1636	5.4127	5.8866	6.3304	7.3219	8.4804	8.5402	1226.67
180	二异丙醚	26.67	3.9348				3.9925	4.2751	4.5469	4.8085	5.0610	5.3047	5.7686	6.2036	7.1799	8.3301	8.3895	1226.67

注：理想气体在 0K 和 101.325kPa 时的熵为 0kJ/(kg·K)。

表 6-2-5　各基团对理想气体的生成热、熵和比热容的贡献值[4,5]

序号	温度/℃	$\Delta H_{\mathrm{fi}}/$ [kJ/(kg·mol)] 25℃	$S_i/$ [kJ/(kg·mol·K)] 25℃	$C_{\mathrm{pi}}/$[kJ/(kg·mol·K)]						
				26.7	126.7	226.7	326.7	526.7	726.7	1226.7
1	C—(H)$_3$(C)	−42170.6	127.24	25.92	32.78	39.31	45.13	54.47	61.80	73.56
2	C—(H)$_2$(C)$_2$	−20710.2	39.40	23.03	29.10	34.54	39.10	46.31	51.62	59.62
3	C—(H)(C)$_3$	−7950.0	−50.49	19.01	25.12	30.02	33.66	38.94	42.04	46.72
4	C—(C)$_4$	2090.1	−146.87	18.30	25.67	30.77	33.95	36.68	36.63	33.95
5	C$_d$—(H)$_2$	26190.5	115.51	21.35	26.63	31.40	35.55	42.12	47.14	55.18
6	C$_d$—(H)(C)	35940.7	33.37	17.42	21.06	24.33	27.21	32.03	35.34	40.24
7	C$_d$-(C)$_2$	43260.8	−53.13	17.17	19.30	20.89	22.02	24.28	25.46	26.63
8	C$_d$—(C$_d$)(H)	28370.5	26.67	18.67	24.24	28.26	31.07	34.96	37.60	41.74
9	C$_d$—(C$_d$)(C)	37150.6	−61.09	(18.42)	(22.48)	(29.81)	(25.87)	(27.21)	(27.72)	(28.14)
10	C$_d$—(C$_B$)(H)	28370.5	26.67	18.67	24.24	28.26	31.07	34.96	37.60	41.74
11	C$_d$—(C$_B$)(C)	36150.7	(−61.08)	(18.42)	(22.48)	(29.81)	(25.87)	(27.21)	(27.72)	(28.14)
12	C$_d$—(C$_t$)(H)	28370.5	26.67	18.67	24.24	28.26	31.07	34.96	37.60	41.74
13	C$_d$—(C$_B$)$_2$	33470.7	−53.13							
14	C$_d$—(C$_d$)$_2$	19250.4	−36.80							
15	C—(C$_d$)(C)(H)$_2$	−19920.3	40.99	21.44	28.68	34.79	39.69	46.93	52.21	60.08
16	C—(C$_d$)$_2$(H)$_2$	−17950.2	(42.66)	(19.68)	(28.47)	(35.17)	(40.15)	(47.27)	(52.71)	(60.25)
17	C—(C$_d$)(C$_B$)(H)$_2$	−17950.2	(42.66)	(19.68)	(28.47)	(35.17)	(40.15)	(47.27)	(52.71)	(60.25)
18	C—(C$_t$)(C)(H)$_2$	−19920.3	43.08	20.72	27.47	33.20	37.97	45.43	51.00	59.41
19	C—(C$_B$)(C)(H)$_2$	−20330.4	39.06	24.45	31.82	37.51	41.87	48.06	52.46	57.57
20	C—(C$_d$)(C)$_2$(H)	−6190.2	(−48.90)	(17.42)	(24.74)	(30.73)	(34.29)	(39.57)	(42.62)	(47.19)
21	C—(C$_t$)(C)$_2$(H)	−7200.1	(−46.81)	(16.71)	(23.49)	(28.68)	(32.53)	(38.06)	(41.41)	(46.52)
22	C—(C$_B$)(C)$_2$(H)	−4100.0	(−50.83)	(20.43)	(27.88)	(33.03)	(36.76)	(38.43)	(37.47)	(31.90)
23	C—(C$_d$)(C)$_3$	7030.1	(−145.28)	(16.71)	(25.29)	(31.11)	(34.54)	(37.30)	(37.47)	(34.42)
24	C—(C$_B$)(C)$_3$	11760.3	(−147.21)	(18.30)	(28.43)	(33.03)	(36.76)	(38.43)	(37.47)	(31.90)
25	C$_t$—(H)	112681.9	103.33	22.06	25.08	27.13	28.72	31.23	33.29	37.01
26	C$_t$—(C)	115271.9	26.59	13.10	14.57	15.95	17.12	19.26	20.60	26.59
27	C$_t$—(C$_d$)	122172.0	(26.92)	(10.76)	(14.82)	(14.65)	(20.60)	(22.36)	(23.03)	(24.28)
28	C$_t$—(C$_B$)	(122171.99)	26.92	10.76	14.82	14.65	20.60	22.36	23.03	24.28
29	C$_B$—(H)	13810.2	48.23	13.57	18.59	22.86	26.38	31.57	35.21	40.70
30	C$_B$—(C)	23050.4	−32.15	11.18	13.15	15.41	17.38	20.10	22.78	25.04
31	C$_B$—(C$_d$)	23770.3	−32.66	15.03	16.62	18.34	19.76	22.11	23.49	24.07
32	[C$_B$—(C$_t$)]	23770.3	−32.66	15.03	16.62	18.34	19.76	22.11	23.49	24.07

续表

序号	温度/℃	$\Delta H_{fi}/$ [kJ/(kg·mol)] 25℃	$S_i/$ [kJ/(kg·mol·K)] 25℃	$C_{pi}/[$kJ/(kg·mol·K)$]$						
				26.7	126.7	226.7	326.7	526.7	726.7	1226.7
33	C_B—(C_B)	20750.2	-36.13	13.94	17.67	20.47	22.06	24.12	24.87	(25.33)
34	C_a	143092.5	25.12	16.33	18.42	19.68	20.93	22.19	23.03	23.86
35	C_{BF}—$(C_B)_2(C_{BF})$	20080.4	-20.93	12.56	15.49	17.58	19.26	21.77	23.03	
36	C_{BF}—$(C_B)(C_{BF})_2$	15480.2	-20.93	12.56	15.49	17.58	19.26	21.77	23.03	
37	C_{BF}—$(C_{BF})_3$	6280.2	5.86	8.37	12.14	14.65	16.75	19.68	21.35	
38	烷基左旋校正	3350.1								
39	烯基左旋校正	2090.1								
40	顺式校正	4180.1①	②	-5.61	-4.56	-3.39	-2.55	-1.63	-1.09	0.00
41	邻位校正	2380.0	-6.74	4.69	5.65	5.44	4.90	3.68	2.76	-0.21
42	1,5位H原子相斥校正③	6280.2								
	环状结构校正④	115481.9								
43	环丙烷(6)	224683.9	134.31	-12.77	-10.59	-8.79	-7.95	-7.41	-6.78	(-6.36)
44	环丙烯(2)	109621.8	140.59							
45	环丁烷(8)	124682.2	124.68	-19.30	-16.29	-13.15	-11.05	-7.87	-5.78	-2.81
46	环丁烯(2)	26360.6	121.33	-10.59	-9.17	-7.91	-7.03	6.20	5.57	-5.11
47	环戊烷(10)	24690.5	114.22	-27.21	-23.03	-18.84	-15.91	-11.72	-8.08	-1.55
48	环戊烯(2)	25100.3	107.94	-25.04	-22.40	-20.47	-17.33	-11.85	-9.46	-4.52
49	环戊二烯(2)	-1510.0	117.15	-14.44	-11.85	-8.96	-6.91	-5.36	-4.35	
50	环己烷(6)	5860.1	78.67	-24.28	-17.17	-12.14	-5.44	4.61	9.21	13.82
51	环己烯(2)	20080.4	89.97	-17.92	-12.73	-8.29	-5.99	-1.21	0.04	3.39
52	1,3-环己二烯	2090.1	100.4413							
53	1,4-环己二烯	26780.4	106.2610							
54	环庚烷(1)	22590.3	66.5283	-37.9743						
55	环庚烯	27610.6	63.1788							
56	1,3-环庚二烯	19660.5	81.1821							
57	1,3,5-环庚三烯(1)	41420.7	99.1434							
58	环辛烷(8)	25100.3	69.0403	-44.1289						
59	顺-环辛烯	64021.1	64.8535							
60	反-环辛烯	37240.7	62.7601							
61	1,3,5-环辛三烯	71551.2	88.2996							
62	环辛四烯	53560.8	115.4719							
63	环壬烷	41420.7	51.0371							

续表

序号	温度/℃	$\Delta H_{fi}/$ [kJ/(kg·mol)] 25℃	$S_i/$ [kJ/(kg·mol·K)] 25℃	$C_{pi}/$[kJ/(kg·mol·K)]						
				26.7	126.7	226.7	326.7	526.7	726.7	1226.7
64	顺-环壬烯	53560.8	46.8503							
65	反-环壬烯	52720.9	46.8503							
66	环癸烷	18410.3								
67	环十二烷	265684.6								
68	螺戊烷(4)	124262.1	282.8602							
69	二环庚二烯	246024.3								
70	亚联苯基	67781.3								
71	双环-(2,2,1)-庚烷	280334.9								
72	双环-(1,1,0)-丁烷(2)	231384.0	289.5172							
73	双环-(2,1,0)-戊烷	136822.3	270.7185							
74	双环-(3,1,0)-己烷	120922.0	254.8086							
75	双环-(4,1,0)-庚烷	123852.1	232.1999							
76	双环-(5,1,0)-辛烷	130122.3	211.7265							
77	双环-(6,1,0)-壬烷	171543.0	205.8650							
78	亚甲基环丙烷	171531.0								

① 当基团中有一个叔丁基时，顺式校正为 4000.07；当基团中有两个叔丁基时，顺式校正为 -10001.80；当一个键连接两个顺式校正，总的校正为 3000.05；

② 2-丁烯的值为 23.50，其他 2-烯烃为 0，3-烯烃为 -11.70；

③ 1,5 位 H 原子相斥校正指的是在诸如 2,2,4,4-四甲基戊烷的化合物中，与 1,5 碳原子相连的氢原子之间的排斥力，并且彼此仅是紧靠着甲基；

④ 大部分情况下，ΔH_i 的校正等于环张力能(ring-strain energy)。

注：C_d 代表双键碳原子，C_t 代表三键碳原子，C_B 代表苯环上的碳原子，C_a 代表丙二烯的碳原子。

当多价原子 X 是任何原子，如 C_d，C_t，C_B，O 和 S 时，基团 C-(X)(H) 的贡献值即为基团 C-(C)(H) 的贡献值

C_{BF} 代表稠环上的碳原子，如萘、蒽等；$C_{BF}-(C_{BF})_3$ 表示石墨中的基团。括号中的数据是根据 Benson(1976)的预测数据转换而成。

在环状结构校正部分，环名称后面括号内的数字为不等于 1 的对称数。

第三节　液体和真实气体的焓

一、纯烃的温焓图和焓熵图

图 6-3-1~图 6-3-17 为 17 种纯烃的焓图。

图 6-3-18~图 6-3-24 为 7 种纯烃(甲烷、乙烷、丙烷、丁烷、2 甲基-丙烷、乙烯和丙烯)的焓-熵图。图中纵坐标为焓，横坐标为熵，并具有等压线、等温线和饱和蒸气线，这些图用于计算纯烃的等熵膨胀和压缩过程的热效应较为方便。

这些算图的可靠性与使用计算方法得到的相同。

二、纯烃液体和气体焓的计算[4]

压力对纯烃焓的影响，可按式(6-3-1)计算：

$$\left(\frac{\widetilde{H}^0 - \widetilde{H}}{R T_c}\right) = \left(\frac{\widetilde{H}^0 - \widetilde{H}}{R T_c}\right)^{(0)} + \omega \left(\frac{\widetilde{H}^0 - \widetilde{H}}{R T_c}\right)^{(1)} \qquad (6-3-1)$$

式中　$\left(\dfrac{\widetilde{H}^0 - \widetilde{H}}{R T_c}\right)$——压力对焓的影响，无因次项；

$\left(\dfrac{\widetilde{H}^0 - \widetilde{H}}{R T_c}\right)^{(0)}$——简单流体焓的压力校正项，可由表6-3-1或图6-3-25查得；

$\left(\dfrac{\widetilde{H}^0 - \widetilde{H}}{R T_c}\right)^{(1)}$——非简单流体焓的压力校正项，可由表6-3-2或图6-3-26~图6-3-27
查得；

T_r——对比温度，T/T_c；

T——温度，K；

T_c——临界温度，K；

P_r——对比压力，P/P_c；

P——压力，Pa；

P_c——临界压力，Pa；

ω——偏心因数；

R——气体常数，其值为8.314kJ/(kg·mol·K)。

压力校正后纯烃的总焓按式(6-3-2)计算：

$$H = H^0 - \frac{R T_c}{M}\left(\frac{\widetilde{H}^0 - \widetilde{H}}{R T_c}\right) \qquad (6-3-2)$$

式中　H——基于基准态(0K时理想气体的焓为0 kJ/kg)的总焓，kJ/kg；

$\widetilde{H}$——相似摩尔数量的基于基准态的总焓，kJ/(kg·mol)；

H^0——理想气体的焓，kJ/kg；

$\widetilde{H}^0$——相似摩尔数量的理想气体焓，kJ/(kg·mol)；

R——气体常数，其值为8.314 kJ/(kg·mol·K)；

M——相对分子质量。

因此，纯烃液体和气体焓的计算步骤：

(1) 从第一章获得所计算物质的相对分子质量、临界压力、临界温度和偏心因数；

(2) 计算在所求焓值点的对比温度和对比压力；

(3) 获得式(6-3-1)简单流体和非简单流体的压力校正项 $\left(\dfrac{\widetilde{H}^0 - \widetilde{H}}{R T_c}\right)^{(0)}$ 和 $\left(\dfrac{\widetilde{H}^0 - \widetilde{H}}{R T_c}\right)^{(1)}$。

如果要获得较精确的计算值，则使用表6-3-1和表6-3-2，采取对比温度 T_r 和对比压力 P_r 双线性内插。但是在接近饱和状态时，双线性内插方法不合适。若精度稍逊的值可以接受时，则可以迅速地从图6-3-25~图6-3-27获得；

（4）使用式(6-3-1)计算压力对焓影响的无因次项；

（5）由式(6-2-1)计算理想气体焓 H^0；

（6）应用式(6-3-2)计算物质的总焓。

需要注意的是，本方法一般不适用于极性物质。压力对焓影响的计算结果与实验值之差一般小于 7kJ/kg，但在临界区，误差会高达 34.9 kJ/kg。随着临界性质不确定性的增加，该法计算的准确性降低。压力对烃类混合物焓的影响采用假临界参数和混合偏心因数计算。

表6-3-1 和表6-3-2 中的虚线表示液体焓(右上)和气体焓(左下)之间的突变性，作内插时不应跨越此线，总是只使用应用到所计算相态的数据。在该虚线附近，在一定的对比温度下，可以将对比压力外延。

图6-3-25 中的两相边界线不能用于馏 和气体或饱和液体(即在其蒸气气压下)，仅适用于偏心因数为零以及随着偏心度增加，在恒定的对比温度下，对比蒸气压降低的情况。最好的方法是从第四章中得到蒸汽压值，并按均相进行计算。

在 $\left(\dfrac{\widetilde{H}^0 - \widetilde{H}}{R T_c}\right)^{(0)}$ 和 $\left(\dfrac{\widetilde{H}^0 - \widetilde{H}}{R T_c}\right)^{(1)}$ 随对比压力和(或)对比温度变化较快的区域，尽管表的数值十分接近，但是从表中插值可能不够精确。出现这种情况时，应直接从图中读取数据，或者将图作为指导内插关联式从表中获得结果。

对于气体，当压力接近零，$\left(\dfrac{\widetilde{H}^0 - \widetilde{H}}{R T_c}\right)^{(0)}$ 和 $\left(\dfrac{\widetilde{H}^0 - \widetilde{H}}{R T_c}\right)^{(1)}$ 项亦接近零，查图时可以向外延伸至较低的对比压力。在许多工程应用中，这些极限值可以使用至对比压力为0~0.2的所有情况。如(稀少地)要求比外插值更精确，可用式(6-3-3)[6]计算。

$$\left(\frac{\widetilde{H}^0 - \widetilde{H}}{R T_c}\right) = -P_r\big[(0.1445 + 0.073\omega) - (0.660 - 0.92\omega) T_r^{-1} - (0.4155 +$$

$$1.5\omega) T_r^{-2} - (0.0484 + 0.388\omega) T_r^{-3} - 0.0657\omega\, T_r^{-8}\big] \qquad (6-3-3)$$

符号含义同式(6-3-1)。

【例6-3-1】 计算环己烷在 422.0K 和 6894.8kPa 时的焓。

解：已知 $M = 84.2$，$T_c = 553.5$K，$P_c = 4074.8$ kPa，$\omega = 0.2149$

$T_r = 422.0/553.5 = 0.762$，$P_r = 6894.8/4074.8 = 1.69$

由表6-3-1 确定 $\left(\dfrac{\widetilde{H}^0 - \widetilde{H}}{R T_c}\right)^{(0)}$

当 $T_r = 0.75$，$P_r = 1.69$ 时，$\left(\dfrac{\widetilde{H}^0 - \widetilde{H}}{R T_c}\right)^{(0)} = 4.632 + (4.618 - 4.632) \times$

$\left(\dfrac{1.69 - 1.50}{1.80 - 1.50}\right) = 4.623$

当 $T_r = 0.80$，$P_r = 1.69$ 时，$\left(\dfrac{\widetilde{H}^0 - \widetilde{H}}{R T_c}\right)^{(0)} = 4.478 + (4.467 - 4.478) \times$

$\left(\dfrac{1.69 - 1.50}{1.80 - 1.50}\right) = 4.471$

根据以上两项插值，当 $T_r = 0.762$，$P_r = 1.69$ 时

$$\left(\frac{\widetilde{H}^0 - \widetilde{H}}{R\,T_c}\right)^{(0)} = 4.623 + (4.471 - 4.623) \times \left(\frac{0.762 - 0.75}{0.8 - 0.75}\right) = 4.587$$

同理，由表 6-3-2 计算 $\left(\dfrac{\widetilde{H}^0 - \widetilde{H}}{R\,T_c}\right)^{(1)} = 5.720$

由式(6-3-1)计算 $\left(\dfrac{\widetilde{H}^0 - \widetilde{H}}{R\,T_c}\right) = 4.587 + 0.2149 \times 5.720 = 5.816$

由式(6-2-1)计算理想气体环己烷焓 $H^0 = 407.52$ kJ/kg

由式(6-3-2)计算压力校正后的环己烷的焓：

$$H = 407.52 - \frac{8.314 \times 553.5}{84.2} \times 5.816 = 89.66 \text{kJ/kg}$$

三、液体和气体烃类混合物的焓

当采用假临界参数计算对应状态时，使用各纯组分的参数与其在混合物的摩尔分率乘积的加和(即性质的摩尔平均值)后获得混合物的假临界温度、压力和偏心因数，然后计算混合物对比温度和压力。

式(6-3-1)和式(6-3-2)同样适用于计算烃类混合物的焓。式(6-3-1)中的压力校正项可从表 6-3-1 和表 6-3-2，或图 6-3-25~图 6-3-27 中查得；式(6-3-2)中的 H^0 为理想气体混合物的焓，按式(6-3-4)计算：

$$H^0 = \sum_{i=1}^{n} x_{wi} H_i^0 \tag{6-3-4}$$

式中　H^0——理想气体混合物的焓，kJ/kg；

　　　H_i^0——理想气体混合物中组分 i 的焓，kJ/kg；

　　　x_{wi}——理想气体混合物中组分 i 的质量分数；

　　　n——混合物中的组分数。

具体计算步骤：

(1) 从第一章获得各个组分的相对分子质量、临界压力、临界温度、假临界偏心因数。对于氢气，规定 $T_c = 41.67$K，$P_c = 2102.9$kPa 和 $\omega = 0$；

(2) 计算混合物的假临界温度、假临界压力和偏心因数。对于具有真实组分和石油馏分的混合物，应用第三章第四节真实组分和石油馏分混合物的假临界性质的方法计算。由第二章第一节石油馏分的偏心因数计算方法计算混合物中石油馏分的偏心因数，再与混合物中的其他组分一起计算混合物的假偏心因数。然后计算混合物的对比温度和对比压力；

(3) 由式(6-2-1)计算各组分的理想气体焓 H_i^0 后，按式(6-3-4)计算混合物的理想气体焓 H^0。对于具有石油馏分的烃类混合物，石油馏分部分的理想气体焓由本章本节后面的石油馏分的焓中描述的方法获得，不进行压力校正。计算混合物的相对分子质量，如果具有部分石油馏分时，使用第二章石油馏分相对分子质量的方法计算之；

(4) 获得式(6-3-1)简单流体和非简单流体的压力校正项 $\left(\dfrac{\widetilde{H}^0 - \widetilde{H}}{R\,T_c}\right)^{(0)}$ 和 $\left(\dfrac{\widetilde{H}^0 - \widetilde{H}}{R\,T_c}\right)^{(1)}$。

如果较精确的计算值，则使用表 6-3-1 和表 6-3-2，采取对比温度 T_r 和对比压力 P_r 双线性内插。但是在接近饱和状态时，这样的内插可能是不满意的。若精度稍逊的值可以接受时，则可以迅速地从图 6-3-25~图 6-3-27 获得；

（5）使用式（6-3-1）计算压力对焓影响的无因次项；

（6）应用式（6-3-2）计算物质的总焓。

由此可见，本方法可以适用于含有非极性非烃类组分的烃类混合物的焓的计算，而且既可以处理烃类混合物，又可以处理含有石油馏分的真实组分混合物。需要注意的是，该方法不适用于含极性组分的烃类混合物。

压力对混合物焓的影响的计算值与实验值之间的偏差一般小于 7kJ/kg。对于含有分子大小和形状差别很大的混合物，临界区的计算误差可能高至 46.5kJ/kg。在这些情况下使用简单的临界性质摩尔平均值时，经常导致很高的误差。

在十分宽广的温度和压力范围内，比较了将近 4000 数据点的已知组分的烃类混合物，该方法的总平均误差为 9.30 kJ/kg，大部分小于 7 kJ/kg。没有测试烃类与未定义组分的混合物的可靠性。

对不含甲烷的烃类混合物，在其假对比温度大于 1.0 但小于 1.2，和假对比压力大于 1.0 但小于 3.0 的区域内，用真临界性质所得的结果稍优于用假临界性质所得的结果。

在超临界温度（$T_r > 1$）和高压（$P_r > 5$）情况下，采用由式（6-3-5）[7]计算的对应状态压力代替假临界压力可减小误差。

$$P_{mc} = \frac{R\, T_{pc} \sum_{i=1}^{n} x_i\, Z_{ci}}{\sum_{i=1}^{n} x_i\, V_{ci}\, M_i} \qquad (6-3-5)$$

式中　P_{mc}——混合物的对应状态压力，kPa；

　　　R——气体常数，其值为 8.314kPa·m³/(kg·mol·K)；

　　　Z_{ci}——组分 i 的临界压缩因子；

　　　V_{ci}——组分 i 的临界体积，m³/kg；

　　　M_i——组分 i 的相对分子质量。

如果使用 Lee-Kesler 等的对应状态规则，在大部分温度和压力条件下能够获得更为可靠的混合物的焓值。但是少许精确度上的优越性不能抵消由于使用这些对应状态规则所增加的工作量。

【例 6-3-2】　计算由 39.2%（mol）正戊烷和 60.8%（mol）正辛烷组成的气体混合物在 583.15K 和 9.65MPa 时的总焓。

解：该混合物的临界性质、相对分子质量、偏心因数以及根据式（6-2-1）计算的理想气体焓值汇总如下：

	摩尔分率	临界温度		临界压力/MPa	偏心因数	相对分子质量	质量分数	理想气体焓 H^0/(kJ/kg)
		℃	K					
正戊烷	0.392	196.5	469.65	3.37	0.2486	72.2	0.290	982.97
正辛烷	0.608	295.7	568.82	2.49	0.3962	114.2	0.710	973.56
摩尔平均			529.95	2.83	0.3383	97.7		
质量平均							1.000	976.29

对比温度 $T_r = 583.15/529.95 = 1.1$，$P_r = 9.65/2.83 = 3.41$

由表6-3-1确定 $\left(\dfrac{\widetilde{H}^0 - \widetilde{H}}{R T_c}\right)^{(0)} = 3.360$

由表6-3-2确定 $\left(\dfrac{\widetilde{H}^0 - \widetilde{H}}{R T_c}\right)^{(1)} = 2.209$

由式(6-3-1)计算 $\left(\dfrac{\widetilde{H}^0 - \widetilde{H}}{R T_c}\right) = 3.360+0.3383×2.209=4.107$

理想气体混合物的焓为976.29 kJ/kg，由式(6-3-2)计算该混合物的焓：

$$H = 976.29 - \frac{8.314 \times 529.95}{97.7} \times 4.107 = 791.08\text{kJ/kg}$$

四、石油馏分的焓[4]

图6-3-28~图6-3-31可确定特性因数分别为10.0、11.0、11.8和12.5的石油馏分的焓和总汽化热。石油馏分在0~1大气压时的焓可直接从图中读取；馏分在0~1大气压时的汽化热可由气体焓和液体焓之差求得，超过1个大气压的汽化热(潜热)应为压力校正后的气体焓和液体焓之差；采用式(6-3-1)进行压力校正，其中气相的压力校正项即为式(6-3-1)计算结果，液相的压力校正项为所求温度和压力下的压力校正项与所求温度和临界压力下的压力校正项之差，但对比温度小于0.8和对比压力小于1.0的液相可不作压力校正。

石油馏分焓的计算步骤：

(1) 应用有效的馏分分析数据，由第二章第一节石油馏分的特性因数计算方法，确定馏分的特性因数K_{wat}；

(2) 依靠第三章第四节石油馏分的临界性质中的方法，计算假临界温度和假临界压力，然后计算对比温度和对比压力；

(3) 根据馏分特性因数K_{wat}可以从图6-3-28~图6-3-31中的馏分API度实线中直接读出在0~1大气压下的焓值。如果馏分是处于$T_r<0.8$和$P_r<1.0$状态下的液相，则直接按馏分特性因数K_{wat}线性内插，获得所求的焓值。否则继续步骤(4)；

(4) 依靠第二章第一节内容获得馏分的相对分子质量和偏心因数；

(5) 对于气相，使用式(6-3-1)通过相关的表或图算出每个图的压力校正项。对于液体，将所求的温度和压力下式(6-3-1)压力校正项与所求温度和临界压力下式(6-3-1)压力校正项之差作为该液体的压力校正项。但是，处于$T_r<0.8$和$P_r<1.0$状态下的液相不作校正；

(6) 在每个图的压力影响焓都校正后，由馏分特性因数K_{wat}值线性内插得到所求焓值；

(7) 汽化热的求取由所求温度和压力下气相和液相焓值之差得到。

在临界区外，该方法对液体的误差约为7kJ/kg，对气体的误差约为11.6kJ/kg；在临界区内，液体的误差约为23.3kJ/kg，气体的误差约为34.9kJ/kg，有时可高达93kJ/kg。本方法的精确度很大程度上取决于假临界参数、相对分子质量和偏心因数的准确性。认为这个方法在临界区内是不可靠的。

若已知石油馏分的ASTM蒸馏数据并分析了其分子类型，推荐使用虚拟组分方法[8]来计算该馏分的焓，该方法在临界区和非临界区内的误差都为7kJ/kg。

【例6-3-3】 计算平均沸点为481.6K和API度为43.5(相对密度为0.8086)的石油馏

分在 588.7K 和 344.7kPa 时的焓。

解：特性因数和临界参数

$$K = \frac{1.216 \times (481.6)^{1/3}}{0.8086} = 11.8$$

从第三章第四节石油馏分的临界性质中的方法得到该馏分的临界性质：

$$T_c = 672.6K$$

$$P_c = 2165.0kPa$$

对比温度 $T_r = 588.7/672.6 = 0.875$

对比压力 $P_r = 344.7/2165.0 = 0.159$

从图 6-3-30，在 API 度 40~50 内插得到在 588.7K 时理想气体的焓为 1207kJ/kg。

由第二章第一节计算得：该石油馏分的相对分子质量为 168，偏心因数为 0.422

由式(6-3-1)得压力校正项 $\left(\dfrac{\widetilde{H}^0 - \widetilde{H}}{R\,T_c}\right) = 0.325$

由式(6-3-2)计算该石油馏分的总焓

$$H = 1207 - \frac{8.314 \times 672.6}{168} \times 0.325 = 1196kJ/kg$$

实验值为 1200 kJ/kg。

五、非烃组分的焓图[10]

图 6-3-32 溶剂饱和液体焓图

图 6-3-33 溶剂饱和蒸气焓图

图 6-3-34 甲醇焓图

图 6-3-35 氢及其他气体焓图

图 6-3-36 氨的压焓图(4 ~120atm)

图 6-3-37 氨的压焓图(0.07~20atm)(一)

图 6-3-38 氨的压焓图(0.07~20atm)(二)

图 6-3-39 氢的压焓图(-110~+300℃)

图 6-3-40 氢的压焓图(-250~+110℃)

图 6-3-41 空气的湿焓图

图 6-3-42 二氧化碳的压焓图

表 6-3-1　简单流体压力对焓的校正项 $\left(\dfrac{\tilde{H}^0 - \tilde{H}}{R T_c}\right)$ [0] [9]

对比温度	对比压力																
	0.20	0.40	0.60	0.80	0.90	1.00	1.10	1.20	1.50	1.80	2.00	2.50	3.00	4.00	6.00	8.00	10.00
0.30	6.032	6.022	6.011	5.999	5.993	5.987	5.981	5.975	5.957	5.939	5.927	5.897	5.866	5.805	5.688	5.567	5.446
0.35	5.893	5.880	5.870	5.858	5.852	5.845	5.839	5.833	5.814	5.796	5.783	5.752	5.720	5.658	5.531	5.406	5.278
0.40	5.753	5.738	5.725	5.712	5.706	5.700	5.693	5.687	5.667	5.648	5.635	5.602	5.572	5.507	5.377	5.245	5.113
0.45	5.603	5.591	5.578	5.565	5.558	5.552	5.545	5.539	5.519	5.500	5.487	5.454	5.421	5.355	5.222	5.087	4.951
0.50	5.454	5.441	5.428	5.415	5.408	5.402	5.395	5.389	5.369	5.350	5.336	5.303	5.270	5.203	5.066	4.930	4.791
0.55	5.303	5.291	5.278	5.265	5.259	5.253	5.246	5.240	5.220	5.201	5.187	5.154	5.121	5.054	4.918	4.779	4.638
0.60	5.153	5.141	5.129	5.117	5.111	5.104	5.098	5.092	5.073	5.054	5.041	5.008	4.975	4.910	4.774	4.635	4.493
0.65	5.002	4.991	4.980	4.968	4.963	4.957	4.951	4.945	4.927	4.909	4.896	4.865	4.833	4.769	4.635	4.496	4.354
0.70	4.848	4.838	4.828	4.818	4.813	4.808	4.803	4.797	4.781	4.764	4.753	4.723	4.693	4.631	4.500	4.363	4.221
0.75	4.687	4.679	4.672	4.664	4.659	4.655	4.651	4.646	4.632	4.618	4.608	4.582	4.554	4.495	4.369	4.234	4.094
0.80	0.345	4.507	4.504	4.499	4.497	4.494	4.491	4.488	4.478	4.467	4.459	4.437	4.413	4.361	4.242	4.111	3.973
0.85	0.300	4.309	4.313	4.316	4.316	4.317	4.316	4.316	4.313	4.307	4.302	4.287	4.269	4.225	4.116	3.991	3.857
0.90	0.264	0.596	4.074	4.094	4.101	4.108	4.113	4.118	4.127	4.131	4.132	4.129	4.119	4.086	3.991	3.874	3.744
0.95	0.235	0.516	0.885	3.763	3.798	3.825	3.847	3.865	3.904	3.929	3.940	3.955	3.958	3.943	3.866	3.758	3.634
0.98	0.221	0.478	0.797	1.273	3.434	3.544	3.607	3.652	3.736	3.784	3.806	3.839	3.854	3.853	3.790	3.690	3.569
0.99	0.216	0.466	0.773	1.206	1.579	3.376	3.491	3.558	3.670	3.731	3.758	3.799	3.818	3.823	3.765	3.667	3.548
1.00	0.212	0.455	0.750	1.151	1.455	2.593	3.326	3.441	3.598	3.674	3.706	3.757	3.782	3.792	3.740	3.644	3.526
1.01	0.208	0.445	0.728	1.102	1.366	1.796	3.014	3.283	3.516	3.612	3.652	3.713	3.744	3.760	3.714	3.621	3.505
1.02	0.203	0.434	0.708	1.060	1.295	1.627	2.318	3.039	3.422	3.546	3.595	3.668	3.705	3.729	3.688	3.598	3.483
1.03	0.200	0.425	0.689	1.022	1.235	1.515	1.953	2.657	3.313	3.474	3.534	3.621	3.665	3.696	3.663	3.575	3.462
1.04	0.196	0.416	0.671	0.987	1.184	1.429	1.768	2.285	3.183	3.394	3.468	3.572	3.624	3.664	3.637	3.552	3.441

续表

对比温度	对比压力																
	0.20	0.40	0.60	0.80	0.90	1.00	1.10	1.20	1.50	1.80	2.00	2.50	3.00	4.00	6.00	8.00	10.00
1.05	0.192	0.407	0.654	0.955	1.138	1.359	1.642	2.034	3.030	3.307	3.398	3.521	3.583	3.630	3.611	3.529	3.420
1.06	0.188	0.398	0.638	0.926	1.098	1.299	1.546	1.864	2.857	3.211	3.322	3.468	3.539	3.597	3.584	3.507	3.399
1.07	0.185	0.390	0.623	0.899	1.060	1.247	1.467	1.738	2.677	3.107	3.241	3.413	3.495	3.563	3.558	3.484	3.378
1.08	0.182	0.382	0.608	0.873	1.027	1.200	1.401	1.639	2.504	2.994	3.154	3.355	3.449	3.528	3.532	3.460	3.357
1.09	0.178	0.374	0.595	0.849	0.995	1.158	1.343	1.557	2.344	2.876	3.061	3.294	3.402	3.492	3.505	3.438	3.336
1.10	0.175	0.367	0.581	0.827	0.966	1.120	1.292	1.487	2.203	2.756	2.965	3.231	3.353	3.456	3.478	3.415	3.315
1.11	0.172	0.360	0.569	0.806	0.939	1.085	1.246	1.426	2.079	2.637	2.866	3.166	3.303	3.420	3.451	3.392	3.294
1.12	0.169	0.353	0.556	0.786	0.914	1.053	1.204	1.372	1.971	2.523	2.767	3.099	3.252	3.383	3.424	3.369	3.273
1.13	0.166	0.346	0.545	0.767	0.890	1.022	1.166	1.323	1.876	2.414	2.668	3.029	3.199	3.345	3.397	3.346	3.253
1.15	0.160	0.334	0.523	0.732	0.846	0.968	1.098	1.239	1.719	2.216	2.479	2.888	3.091	3.268	3.342	3.299	3.211
1.20	0.148	0.305	0.474	0.657	0.755	0.857	0.964	1.076	1.443	1.835	2.079	2.537	2.807	3.066	3.201	3.182	3.107
1.25	0.137	0.281	0.434	0.596	0.681	0.769	0.861	0.955	1.255	1.573	1.781	2.225	2.528	2.855	3.057	3.065	3.003
1.30	0.127	0.259	0.399	0.545	0.620	0.698	0.778	0.860	1.116	1.383	1.560	1.964	2.274	2.645	2.909	2.946	2.899
1.40	0.110	0.224	0.341	0.463	0.525	0.588	0.652	0.716	0.915	1.118	1.253	1.576	1.857	2.255	2.613	2.706	2.692
1.50	0.097	0.196	0.297	0.400	0.452	0.505	0.558	0.611	0.774	0.937	1.046	1.309	1.549	1.926	2.329	2.469	2.486
1.60	0.086	0.173	0.261	0.350	0.395	0.440	0.485	0.531	0.667	0.804	0.894	1.114	1.318	1.659	2.070	2.241	2.285
1.70	0.076	0.153	0.231	0.309	0.348	0.387	0.427	0.466	0.583	0.700	0.777	0.964	1.139	1.441	1.838	2.027	2.092
1.80	0.068	0.137	0.206	0.275	0.309	0.344	0.378	0.413	0.515	0.616	0.683	0.844	0.996	1.264	1.636	1.830	1.908
2.00	0.056	0.111	0.167	0.222	0.249	0.276	0.303	0.330	0.411	0.489	0.541	0.665	0.782	0.993	1.305	1.489	1.577
2.50	0.035	0.070	0.104	0.137	0.154	0.170	0.187	0.203	0.250	0.296	0.326	0.398	0.465	0.585	0.771	0.890	0.954
3.00	0.023	0.045	0.067	0.088	0.099	0.109	0.119	0.129	0.159	0.187	0.205	0.248	0.288	0.357	0.460	0.520	0.545
3.50	0.015	0.029	0.043	0.056	0.063	0.069	0.075	0.081	0.099	0.116	0.127	0.152	0.174	0.211	0.258	0.274	0.264
4.00	0.009	0.017	0.026	0.033	0.037	0.041	0.044	0.048	0.058	0.067	0.072	0.085	0.095	0.109	0.116	0.098	0.061

表6-3-2　非简单流体压力对焓的校正项 $\left(\dfrac{\bar{H}^0 - \bar{H}}{RT_c}\right)$ [1] [9]

对比温度	对比压力																
	0.20	0.40	0.60	0.80	0.90	1.00	1.10	1.20	1.50	1.80	2.00	2.50	3.00	4.00	6.00	8.00	10.00
0.30	11.093	11.080	11.073	11.065	11.062	11.058	11.054	11.051	11.040	11.029	11.022	11.005	10.988	10.955	10.904	10.842	10.782
0.35	10.660	10.658	10.649	10.646	10.644	10.642	10.641	10.639	10.634	10.629	10.626	10.618	10.610	10.594	10.565	10.550	10.529
0.40	10.116	10.122	10.122	10.123	10.123	10.123	10.123	10.124	10.125	10.125	10.126	10.128	10.123	10.125	10.132	10.140	10.151
0.45	9.517	9.519	9.521	9.523	9.524	9.525	9.526	9.527	9.530	9.533	9.535	9.541	9.546	9.558	9.582	9.626	9.661
0.50	8.873	8.877	8.881	8.885	8.887	8.889	8.891	8.893	8.900	8.906	8.910	8.921	8.932	8.955	9.001	9.056	9.111
0.55	8.212	8.218	8.224	8.230	8.234	8.236	8.239	8.243	8.252	8.262	8.268	8.284	8.301	8.330	8.391	8.460	8.530
0.60	7.573	7.578	7.584	7.590	7.593	7.591	7.595	7.599	7.611	7.623	7.631	7.651	7.672	7.708	7.785	7.861	7.948
0.65	6.953	6.959	6.965	6.972	6.975	6.979	6.982	6.986	6.993	7.006	7.015	7.038	7.061	7.104	7.194	7.284	7.375
0.70	6.360	6.367	6.374	6.380	6.384	6.388	6.391	6.392	6.405	6.419	6.428	6.452	6.477	6.525	6.626	6.730	6.836
0.75	5.795	5.802	5.809	5.816	5.820	5.824	5.828	5.832	5.845	5.858	5.868	5.892	5.918	5.972	6.086	6.203	6.321
0.80	0.267	5.267	5.272	5.278	5.282	5.285	5.289	5.293	5.306	5.321	5.331	5.357	5.385	5.444	5.569	5.695	5.826
0.85	0.401	4.752	4.753	4.757	4.760	4.763	4.767	4.770	4.784	4.800	4.811	4.841	4.874	4.938	5.078	5.219	5.358
0.90	0.308	0.751	4.254	4.248	4.248	4.249	4.251	4.254	4.268	4.286	4.299	4.334	4.371	4.450	4.610	4.766	4.914
0.95	0.241	0.542	0.994	3.737	3.719	3.712	3.711	3.713	3.730	3.755	3.774	3.823	3.873	3.972	4.160	4.334	4.498
0.98	0.209	0.457	0.776	1.324	3.397	3.332	3.322	3.327	3.363	3.406	3.434	3.504	3.568	3.687	3.897	4.084	4.257
0.99	0.200	0.433	0.722	1.154	1.618	3.164	3.150	3.164	3.223	3.278	3.313	3.392	3.464	3.591	3.810	4.002	4.178
1.00	0.191	0.410	0.675	1.034	1.306	2.348	2.888	2.952	3.065	3.143	3.186	3.279	3.358	3.495	3.724	3.920	4.100
1.01	0.183	0.389	0.632	0.940	1.138	1.375	1.866	2.594	2.880	2.995	3.051	3.161	3.251	3.399	3.638	3.841	4.023
1.02	0.175	0.370	0.594	0.863	1.020	1.180	1.078	1.723	2.651	2.831	2.906	3.041	3.142	3.303	3.552	3.761	3.947
1.03	0.167	0.352	0.559	0.797	0.928	1.053	1.080	0.978	2.345	2.645	2.748	2.915	3.031	3.206	3.468	3.682	3.872
1.04	0.160	0.334	0.527	0.741	0.853	0.956	1.004	0.888	1.940	2.430	2.574	2.783	2.917	3.108	3.384	3.604	3.796

续表

对比温度	对比压力																
	0.20	0.40	0.60	0.80	0.90	1.00	1.10	1.20	1.50	1.80	2.00	2.50	3.00	4.00	6.00	8.00	10.00
1.05	0.153	0.318	0.498	0.691	0.789	0.877	0.928	0.878	1.496	2.181	2.381	2.645	2.800	3.011	3.300	3.525	3.723
1.06	0.146	0.303	0.471	0.647	0.734	0.811	0.860	0.845	1.135	1.902	2.167	2.500	2.680	2.911	3.216	3.448	3.649
1.07	0.140	0.289	0.446	0.607	0.685	0.753	0.800	0.802	0.894	1.613	1.937	2.347	2.556	2.811	3.133	3.372	3.575
1.08	0.134	0.275	0.423	0.571	0.641	0.703	0.747	0.757	0.749	1.345	1.700	2.188	2.429	2.711	3.050	3.297	3.504
1.09	0.129	0.263	0.401	0.538	0.602	0.658	0.699	0.714	0.666	1.117	1.471	2.022	2.299	2.609	2.967	3.222	3.433
1.10	0.123	0.251	0.381	0.507	0.566	0.617	0.655	0.673	0.617	0.933	1.261	1.853	2.167	2.507	2.885	3.145	3.362
1.11	0.118	0.239	0.361	0.479	0.533	0.580	0.615	0.634	0.583	0.790	1.078	1.685	2.032	2.404	2.803	3.072	3.292
1.12	0.113	0.228	0.344	0.453	0.503	0.546	0.579	0.598	0.556	0.680	0.923	1.520	1.896	2.301	2.721	2.998	3.223
1.13	0.108	0.218	0.327	0.429	0.475	0.515	0.546	0.564	0.532	0.598	0.795	1.364	1.761	2.197	2.639	2.925	3.155
1.15	0.099	0.199	0.296	0.385	0.425	0.459	0.486	0.503	0.487	0.488	0.604	1.083	1.497	1.990	2.478	2.782	3.018
1.20	0.080	0.158	0.232	0.297	0.325	0.349	0.368	0.381	0.381	0.350	0.361	0.591	0.934	1.489	2.084	2.431	2.692
1.25	0.065	0.126	0.182	0.230	0.250	0.267	0.280	0.289	0.292	0.265	0.251	0.326	0.546	1.047	1.708	2.097	2.381
1.30	0.052	0.100	0.142	0.177	0.191	0.203	0.212	0.218	0.218	0.196	0.178	0.182	0.300	0.694	1.360	1.781	2.086
1.40	0.032	0.060	0.083	0.100	0.107	0.111	0.114	0.115	0.108	0.088	0.070	0.034	0.044	0.228	0.774	1.215	1.547
1.50	0.018	0.032	0.042	0.048	0.049	0.049	0.048	0.046	0.032	0.010	-0.008	-0.052	-0.078	-0.023	0.348	0.748	1.080
1.60	0.007	0.012	0.013	0.011	0.008	0.005	0.001	-0.004	-0.023	-0.047	-0.065	-0.113	-0.151	-0.163	0.056	0.381	0.688
1.70	0.000	-0.003	-0.009	-0.017	-0.021	-0.027	-0.033	-0.040	-0.063	-0.090	-0.109	-0.158	-0.202	-0.248	-0.142	0.102	0.369
1.80	-0.006	-0.015	-0.025	-0.037	-0.044	-0.051	-0.059	-0.067	-0.094	-0.122	-0.143	-0.194	-0.241	-0.306	-0.278	-0.107	0.112
2.00	-0.015	-0.030	-0.047	-0.065	-0.075	-0.085	-0.094	-0.105	-0.136	-0.168	-0.190	-0.244	-0.295	-0.379	-0.442	-0.383	-0.255
2.50	-0.025	-0.049	-0.075	-0.100	-0.112	-0.125	-0.138	-0.150	-0.188	-0.226	-0.250	-0.310	-0.367	-0.469	-0.616	-0.690	-0.704
3.00	-0.029	-0.058	-0.086	-0.114	-0.128	-0.142	-0.156	-0.170	-0.211	-0.252	-0.278	-0.342	-0.403	-0.514	-0.694	-0.819	-0.899
3.50	-0.031	-0.062	-0.092	-0.122	-0.137	-0.152	-0.167	-0.181	-0.224	-0.267	-0.294	-0.361	-0.425	-0.544	-0.744	-0.899	-1.014
4.00	-0.032	-0.064	-0.096	-0.127	-0.143	-0.158	-0.173	-0.188	-0.233	-0.277	-0.306	-0.375	-0.442	-0.567	-0.782	-0.957	-1.097

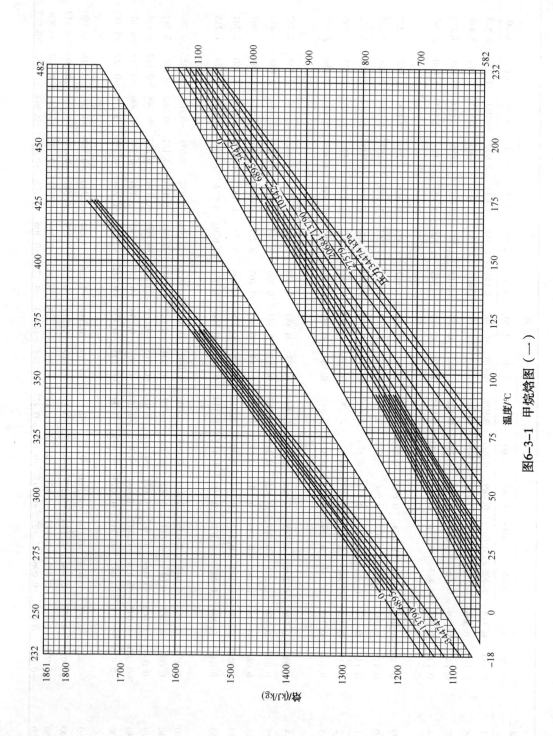

图6-3-1　甲烷焓图（一）

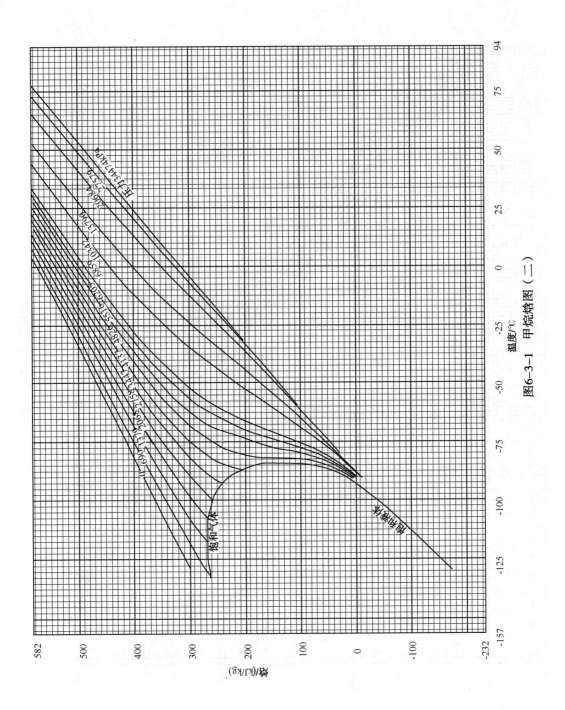

图6-3-1 甲烷焓图（二）

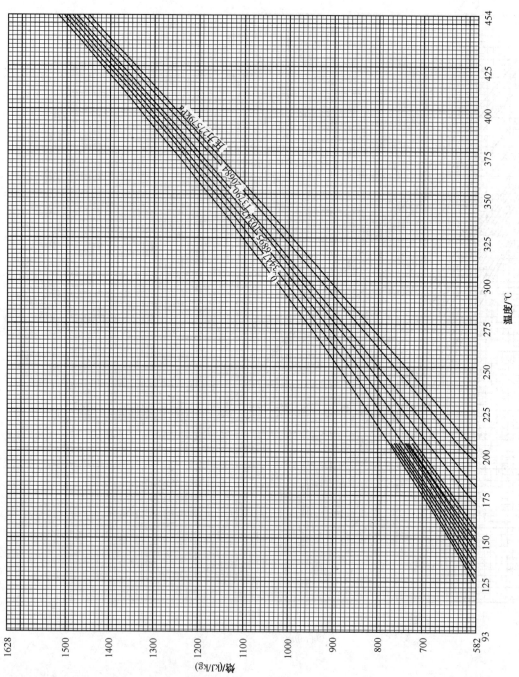

图6-3-2　乙烷焓图（一）

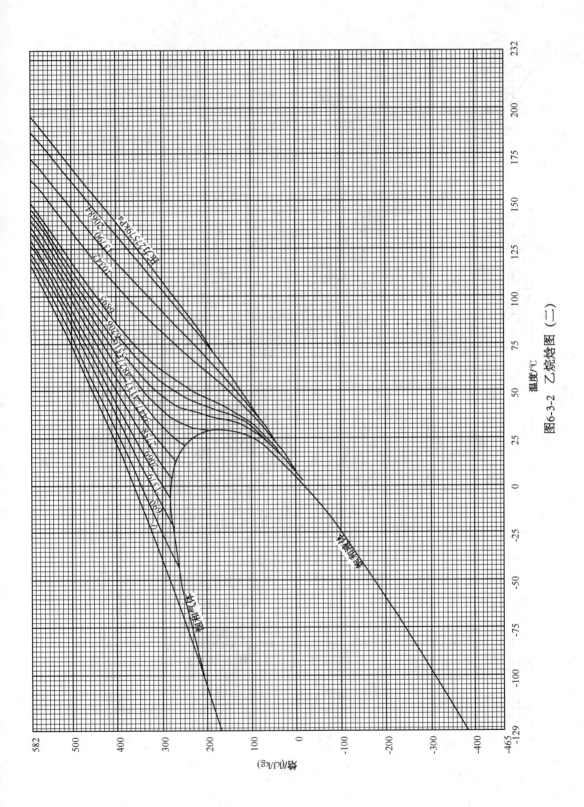

图6-3-2　乙烷焓图（二）

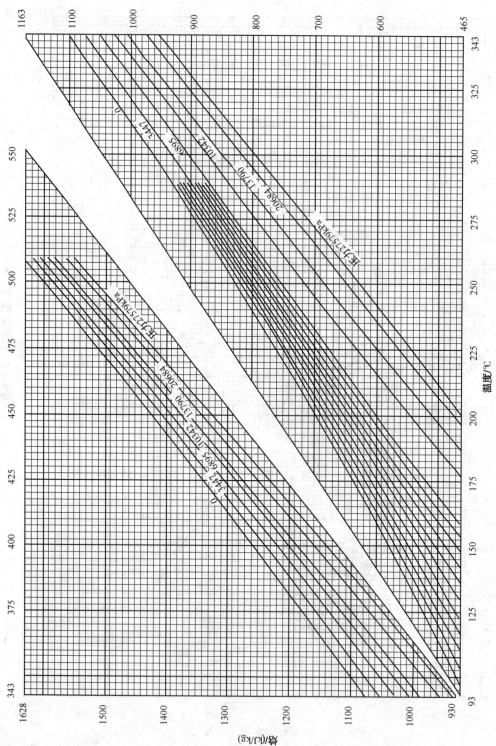

图6-3-3　丙烷焓图（一）

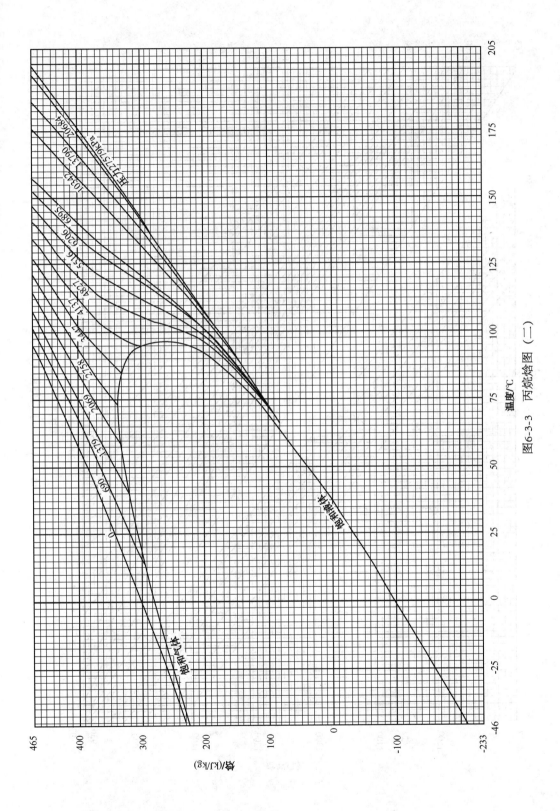

图6-3-3 丙烷焓图 (二)

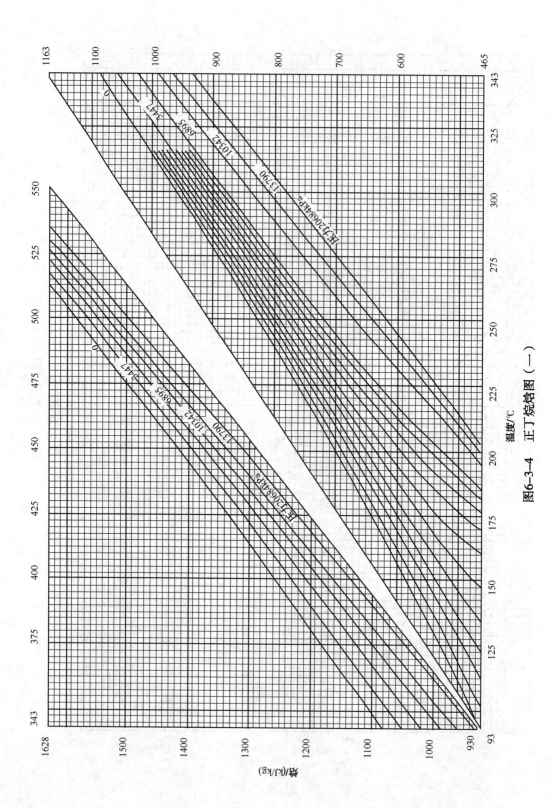

图6-3-4　正丁烷焓图（一）

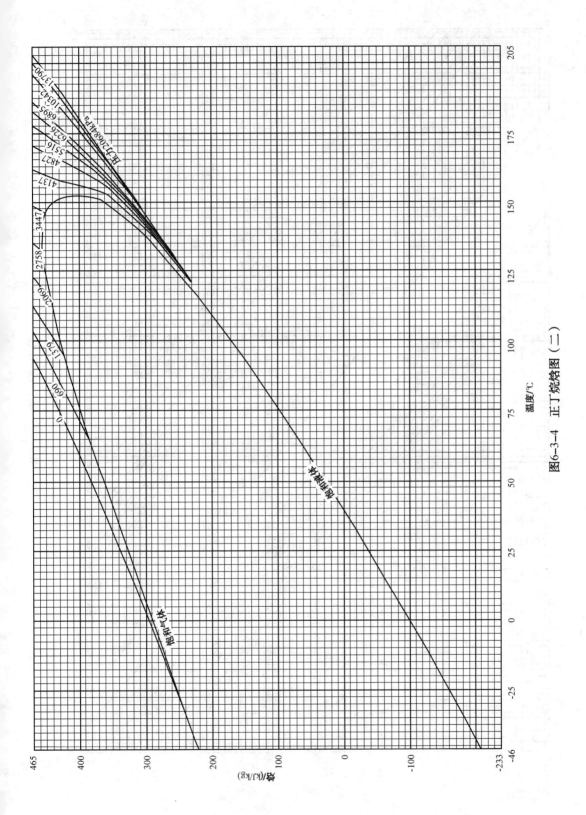

图6-3-4　正丁烷焓图（二）

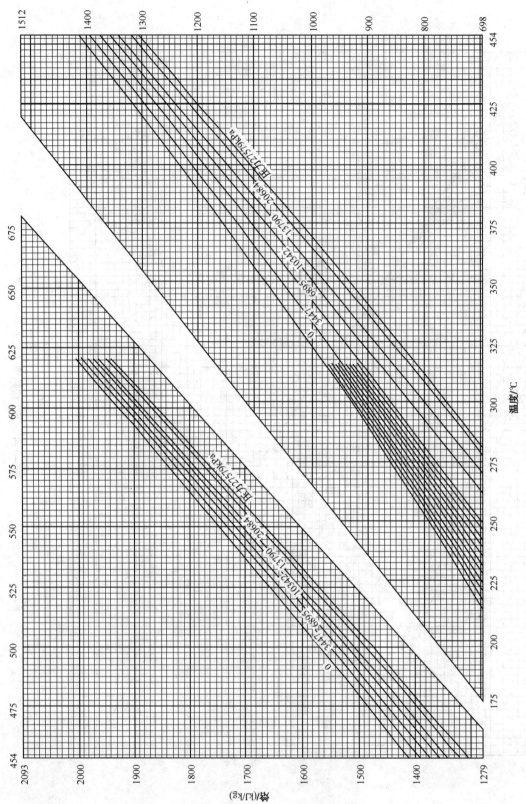

图6-3-5 异丁烷焓图（一）

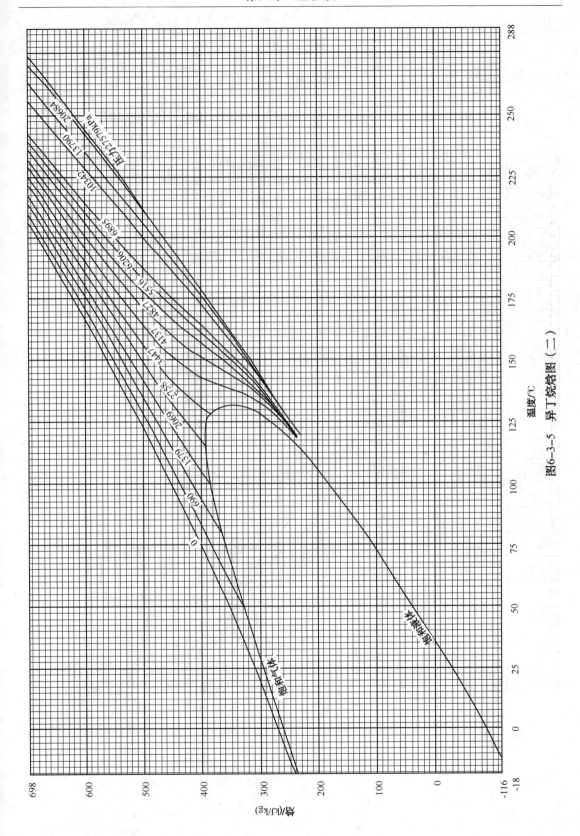

图6-3-5 异丁烷焓图（二）

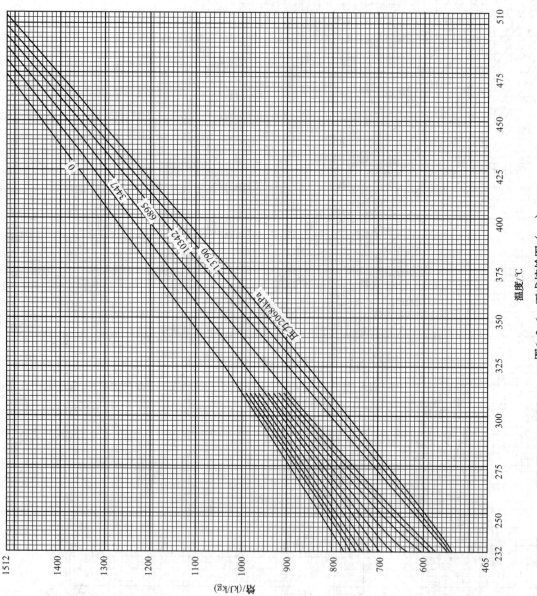

图6-3-6　正戊烷焓图（一）

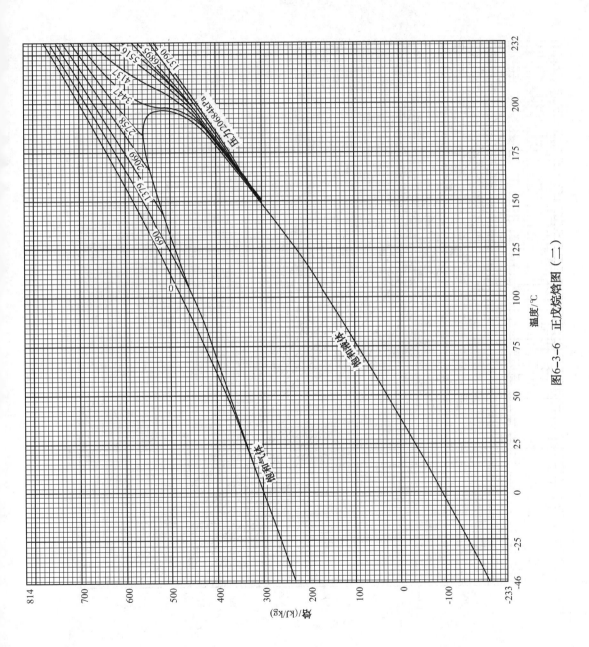

图6-3-6　正戊烷焓图（二）

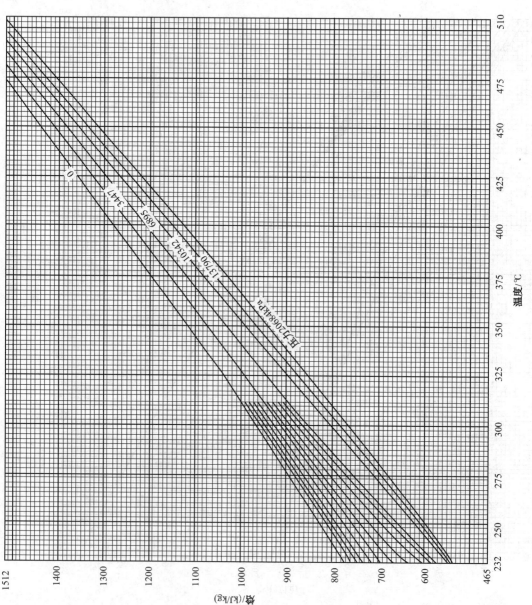

图6-3-7　异戊烷焓图（一）

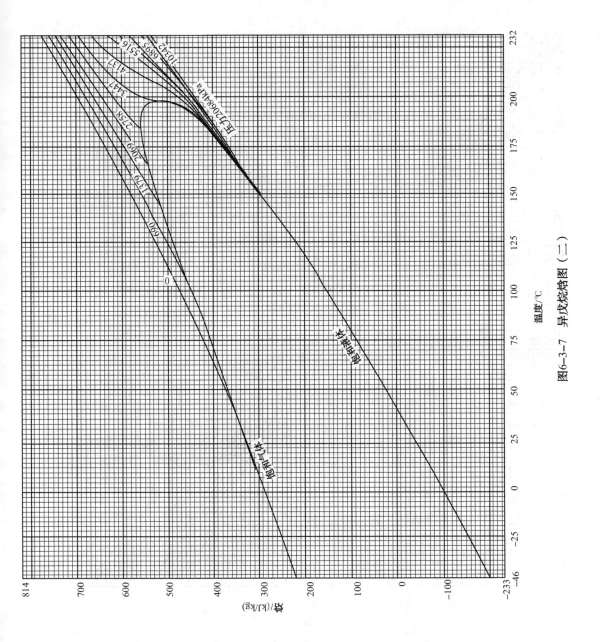

图6-3-7　异戊烷焓图（二）

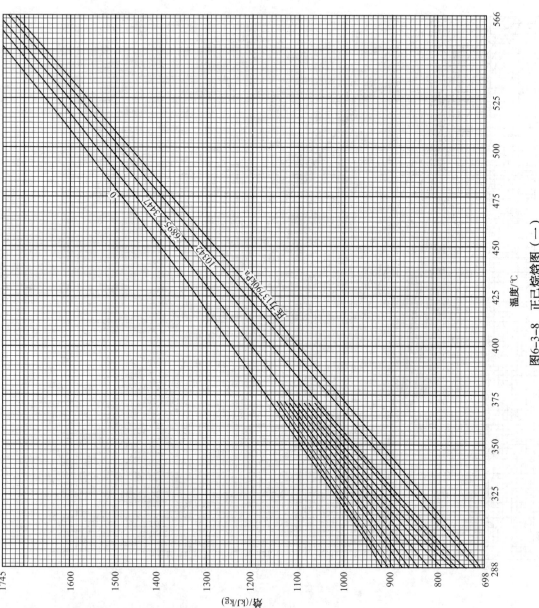

图6-3-8　正己烷焓图（一）

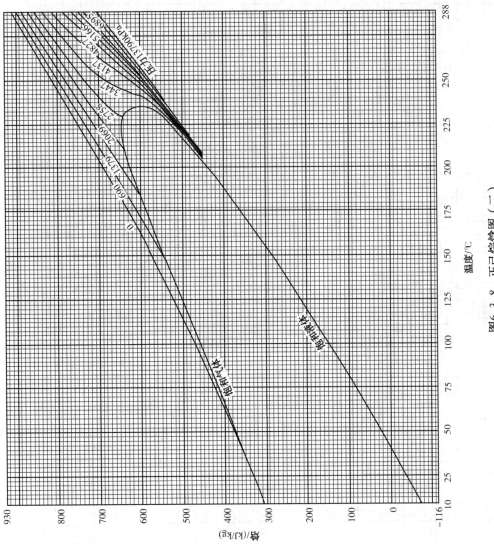

图6-3-8 正己烷焓图（二）

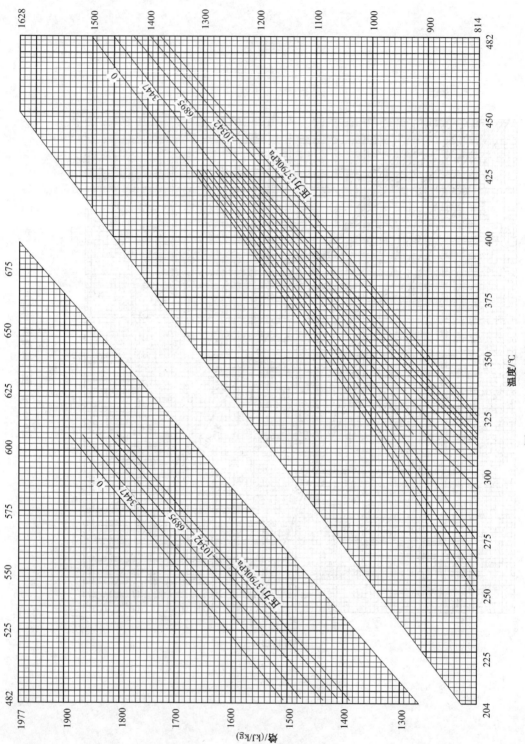

图6-3-9　正庚烷焓图（一）

温度/℃

焓/（kJ/kg）

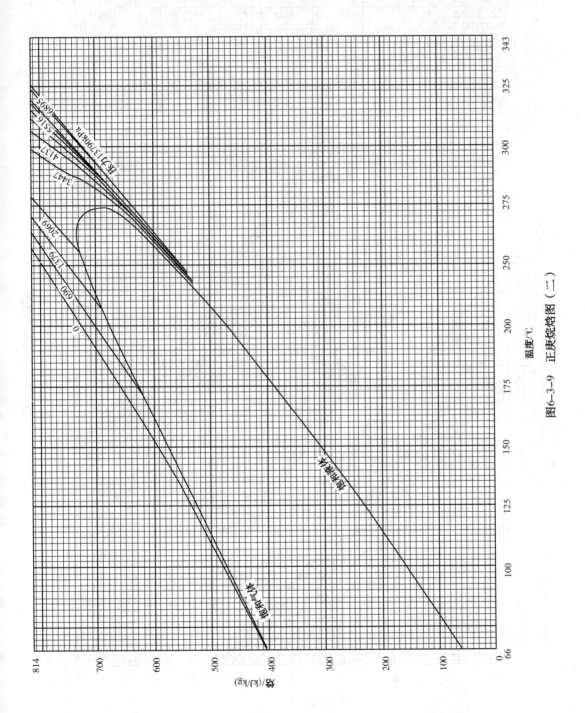

图6-3-9　正庚烷焓图（二）

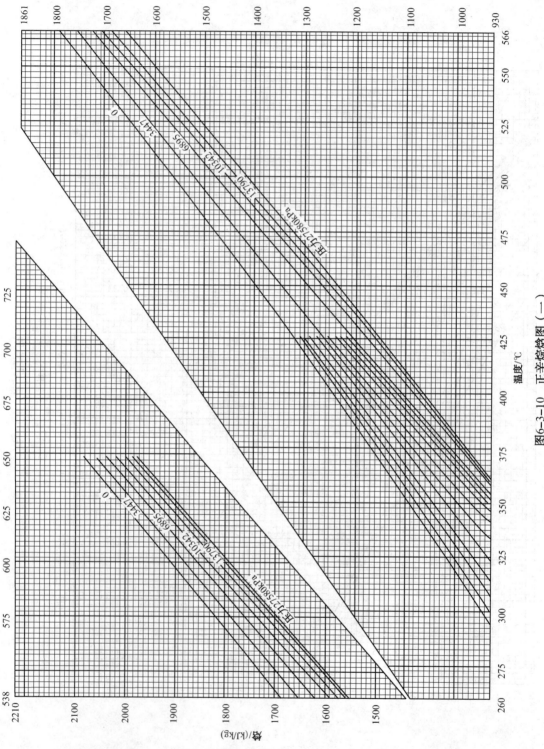

图6-3-10　正辛烷焓图（一）

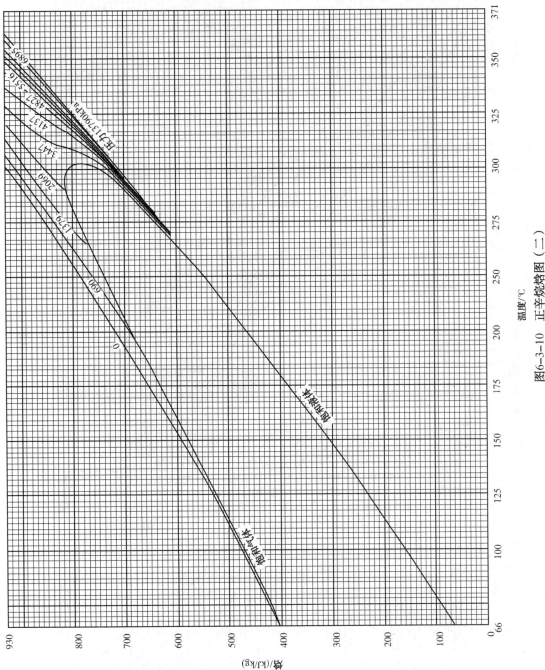

图6-3-10　正辛烷焓图（二）

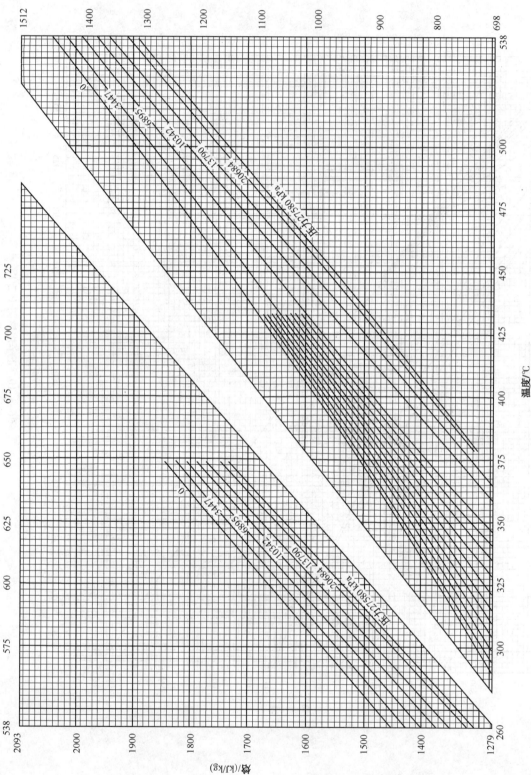

图6-3-11 环己烷焓图（一）

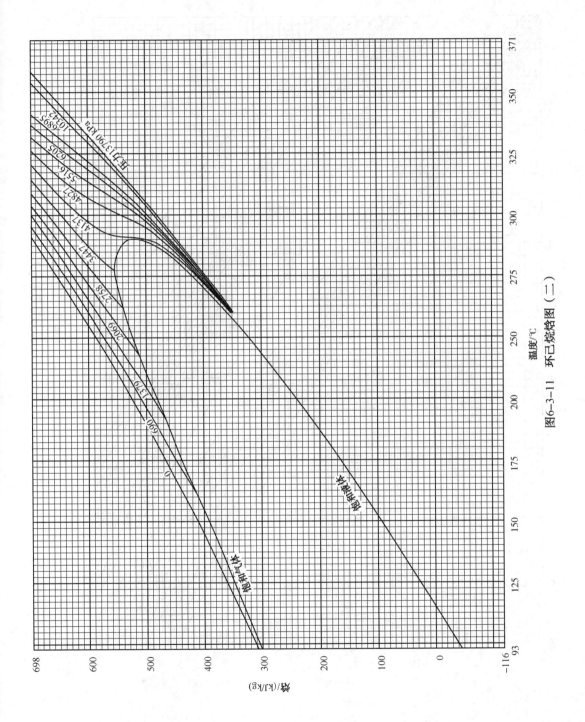

图6-3-11　环己烷焓图（二）

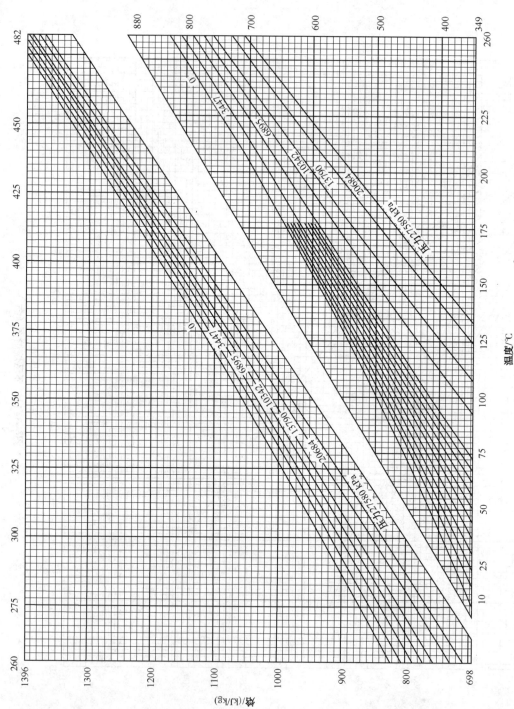

图6-3-12　乙烯焓图（一）

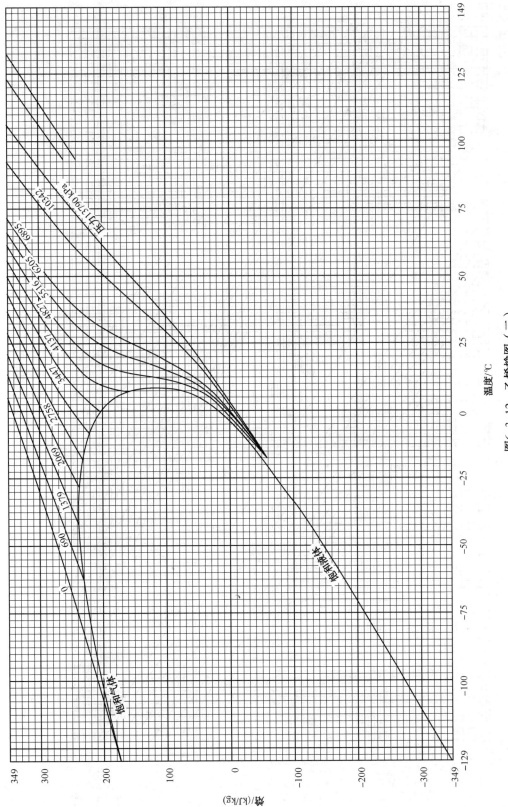

图6-3-12 乙烯焓图（二）

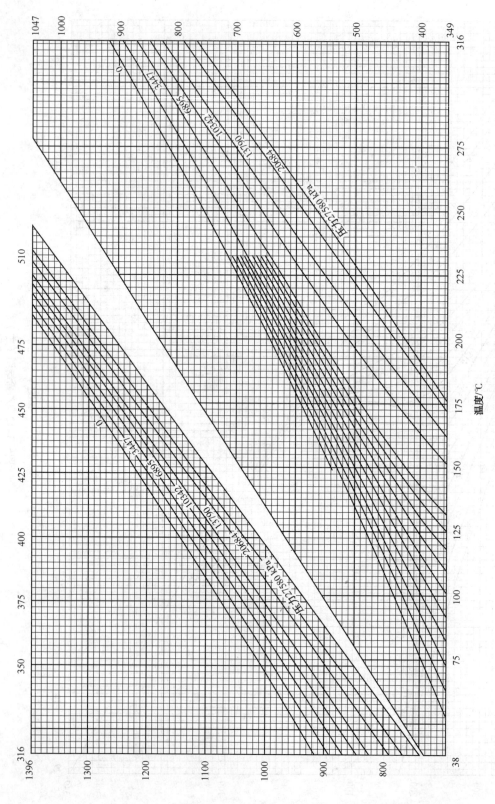

图6-3-13　丙烯焓图（一）

温度/℃

焓/(kJ/kg)

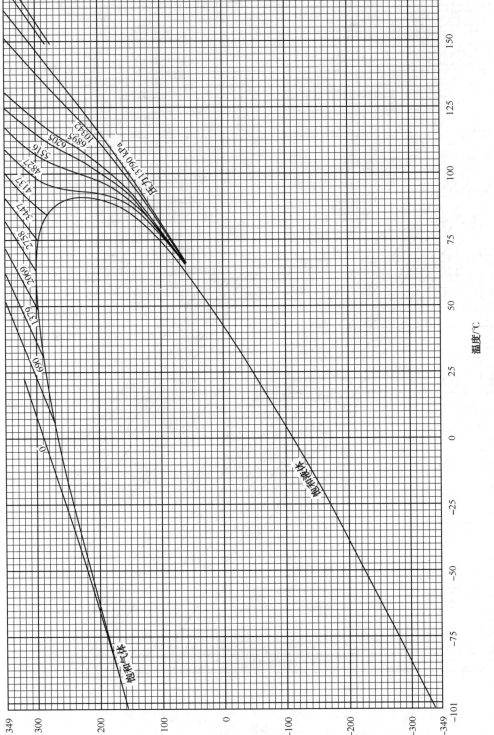

图6-3-13　丙烯焓图（二）

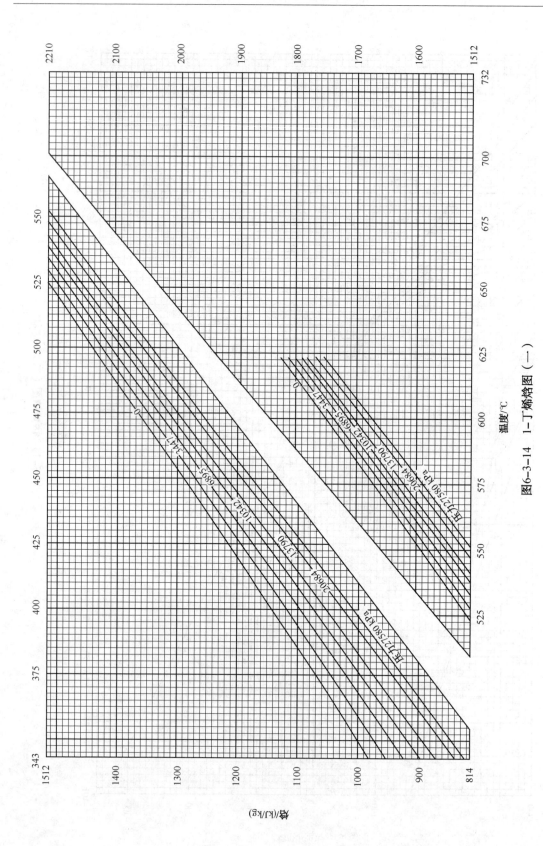

图6-3-14 1-丁稀焓图（一）

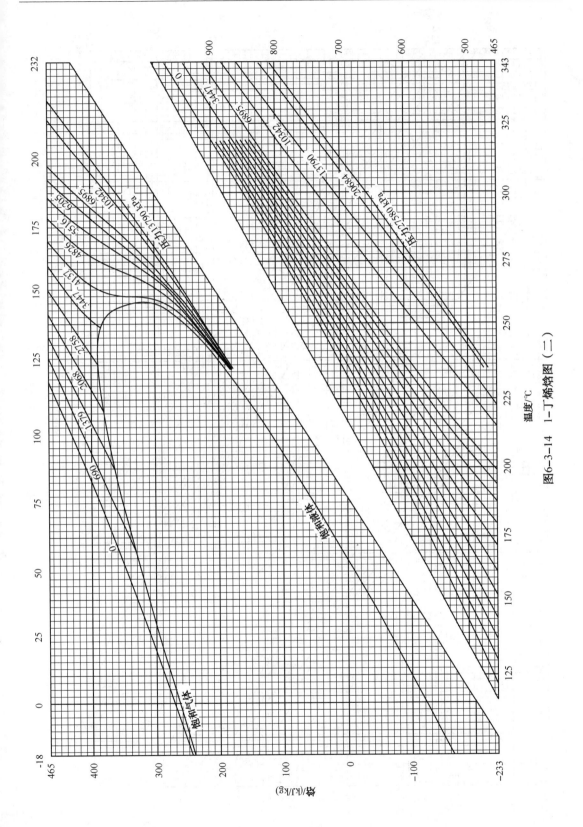

图6-3-14 1-丁烯焓图 (二)

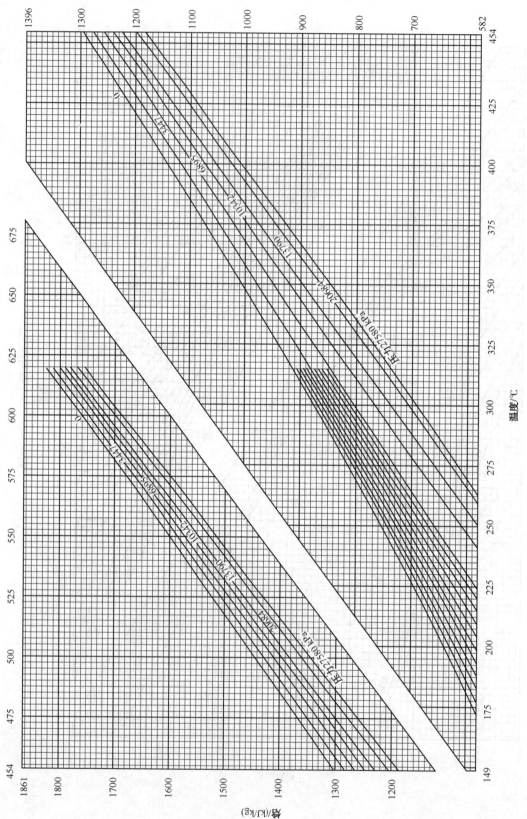

图6-3-15　异丁烯焓焓图（一）

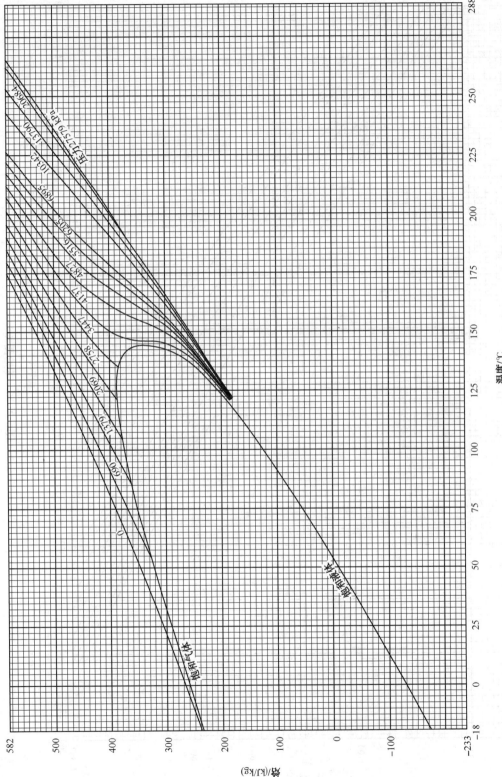

图6-3-15　异丁烯焓图（二）

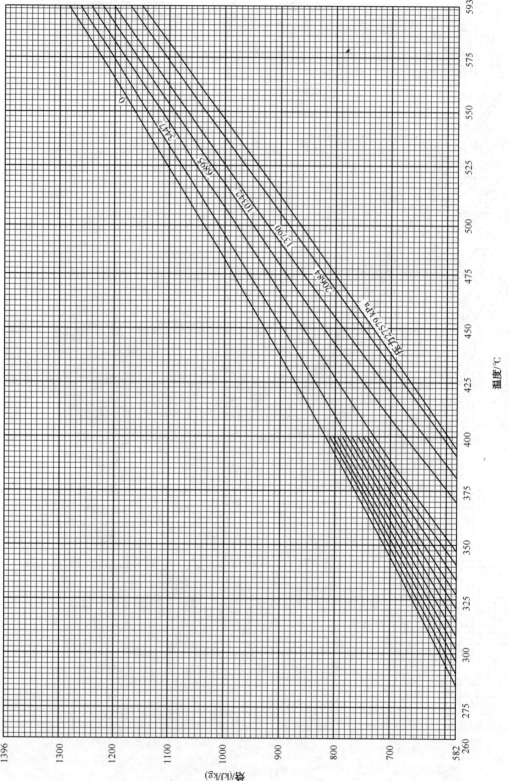

图6-3-16 苯熔图（一）

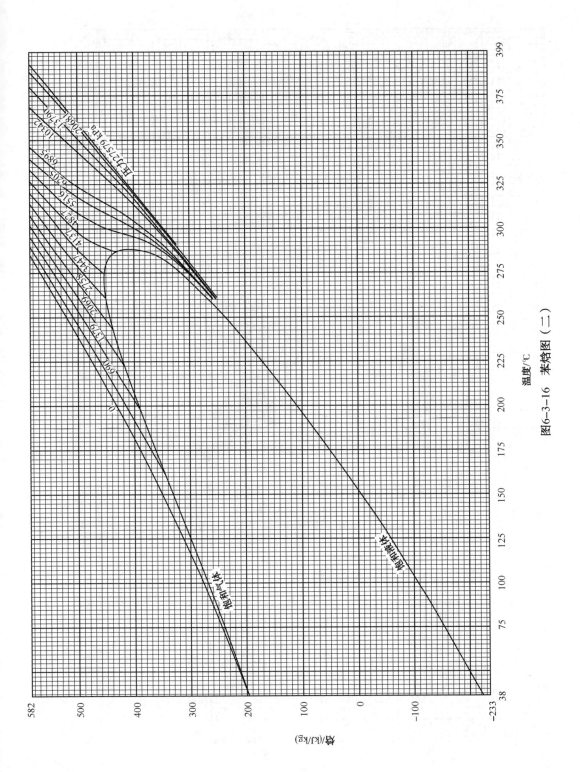

图6-3-16　苯焓图（二）

温度/℃

焓/(kJ/kg)

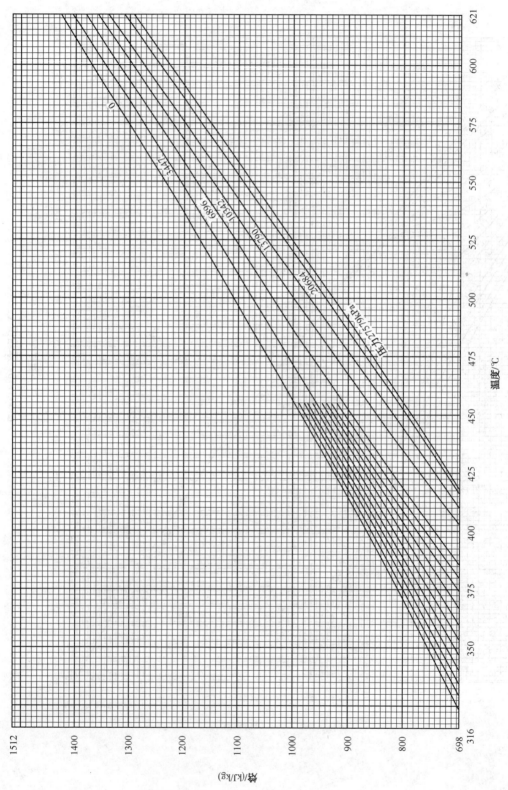

图6-3-17　甲苯焓图（一）

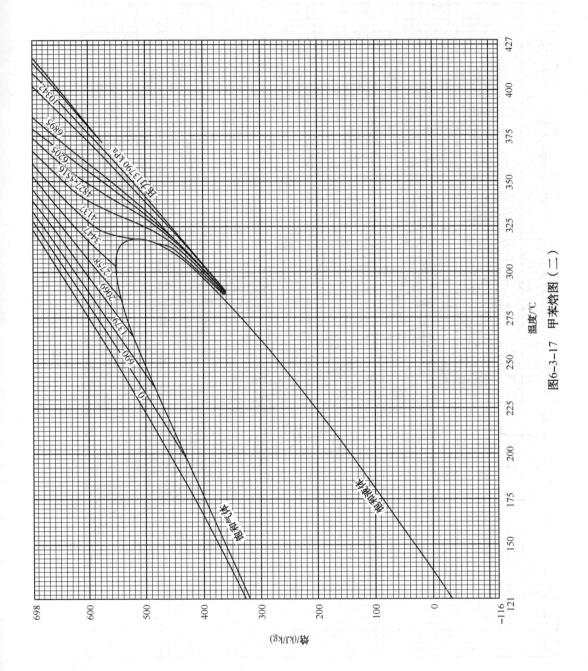

图6-3-17　甲苯焓图（二）

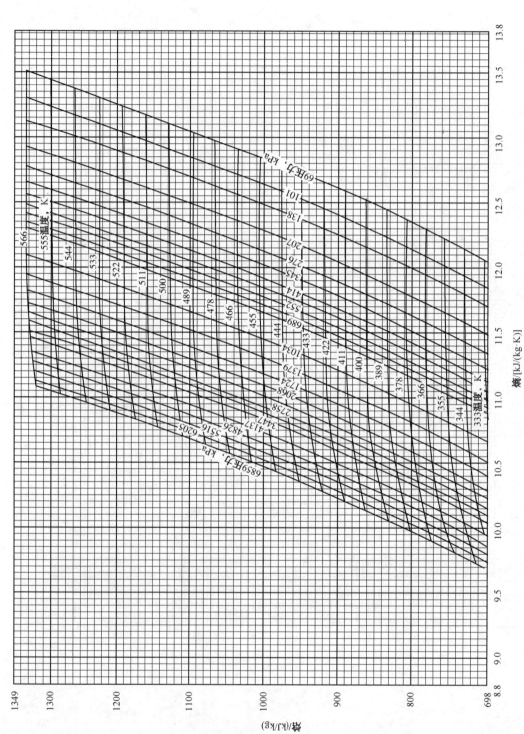

图6-3-18　甲烷焓-熵图（一）

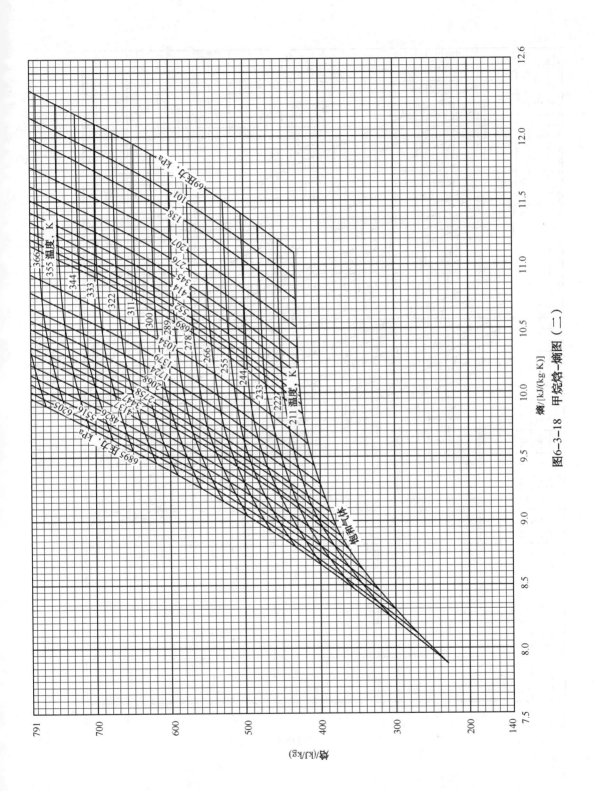

图6-3-18 甲烷焓-熵图（二）

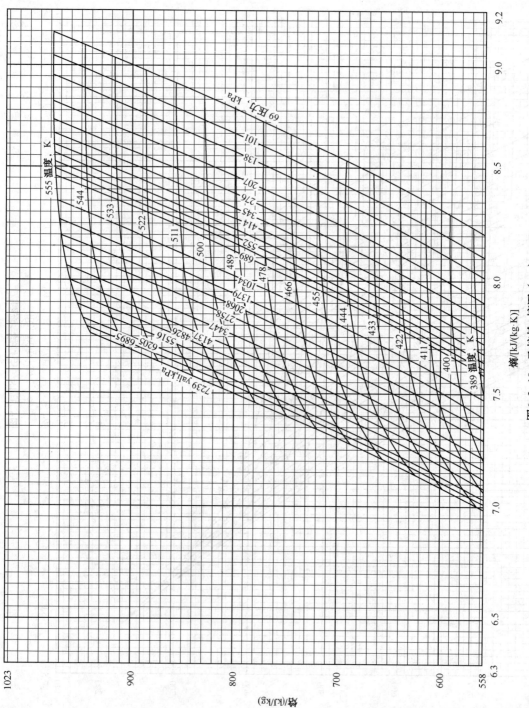

图6-3-19 乙烷焓—熵图（一）

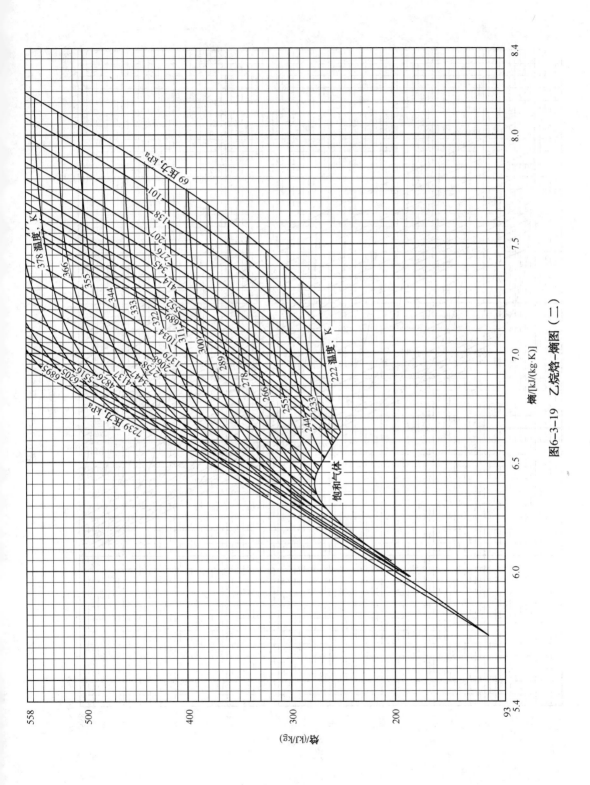

图6-3-19 乙烷焓-熵图（二）

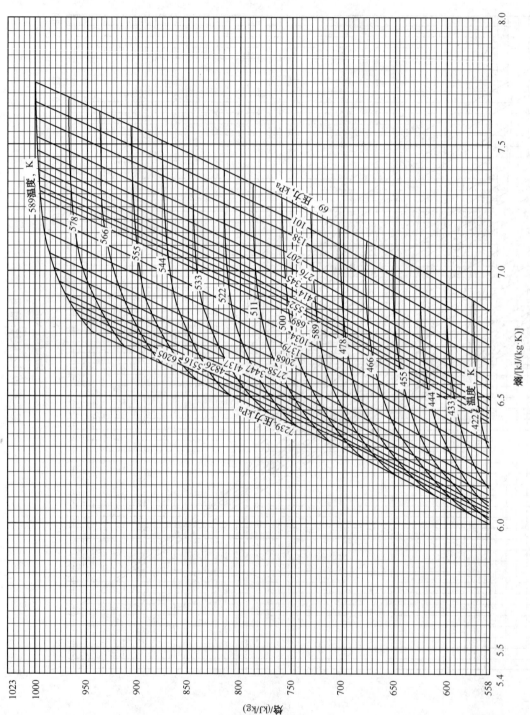

图6-3-20 丙烷焓-熵图（一）

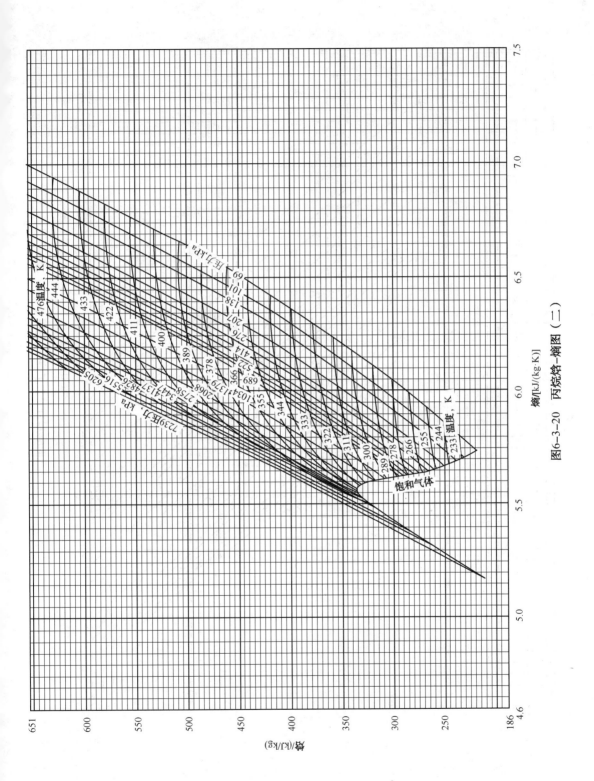

图6-3-20　丙烷焓-熵图（二）

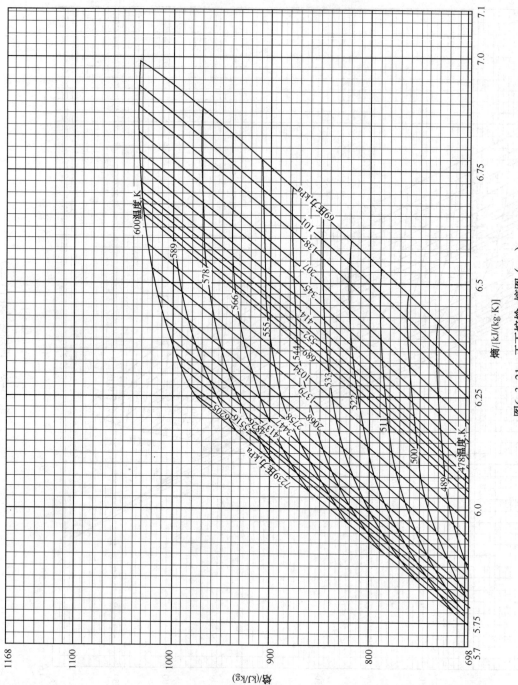

图6-3-21 正丁烷焓-熵图（一）

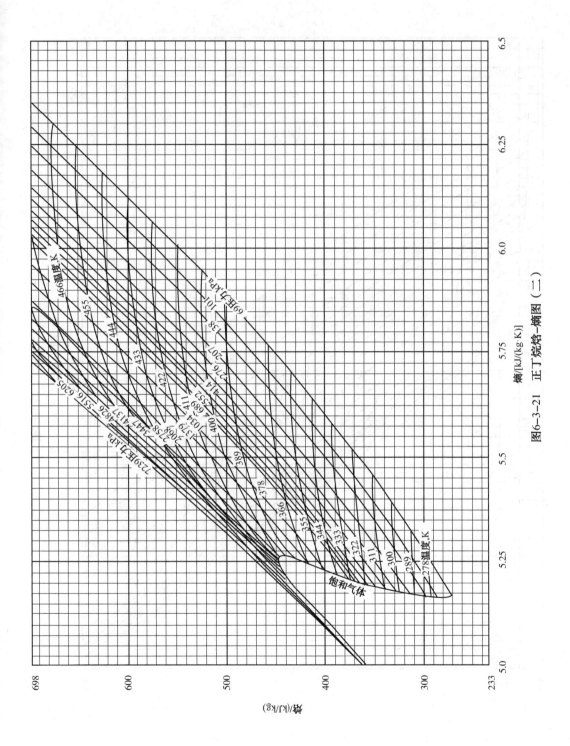

图6-3-21 正丁烷焓-熵图 (二)

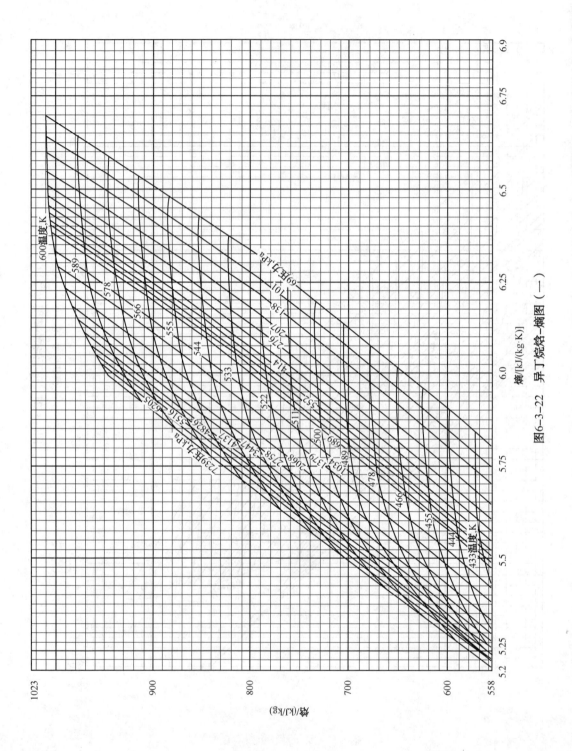

图6-3-22 异丁烷焓-熵图（一）

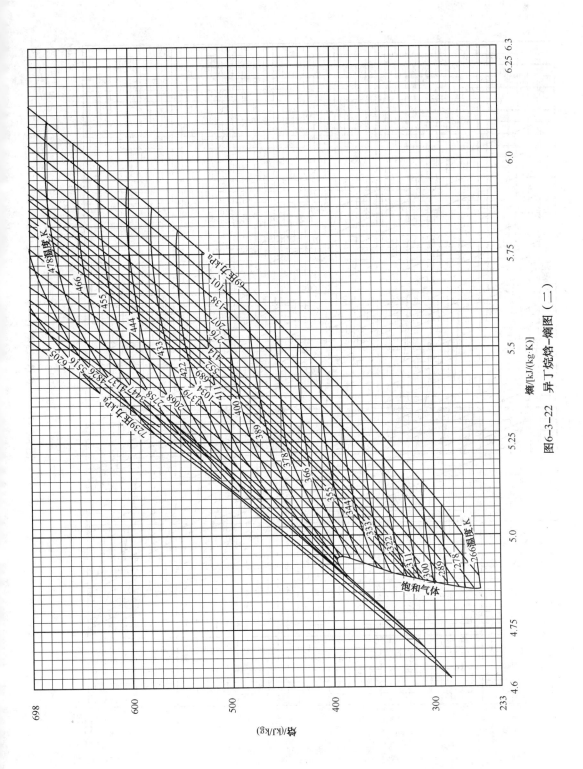

图6-3-22　异丁烷焓-熵图（二）

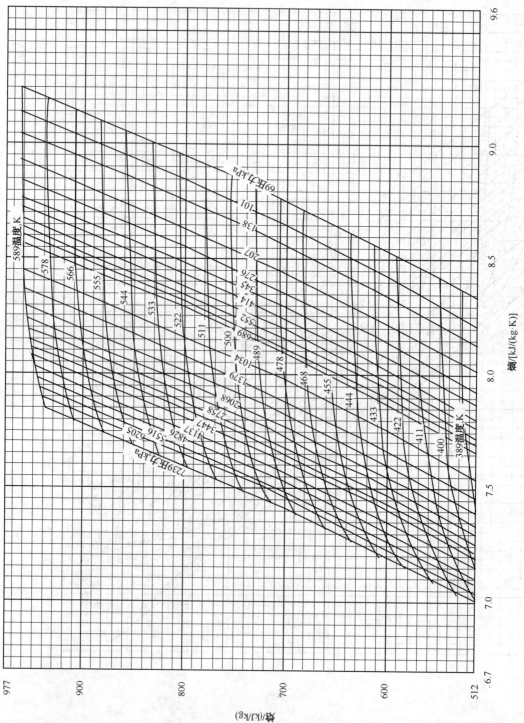

图6-3-23　乙烯焓-熵图（一）

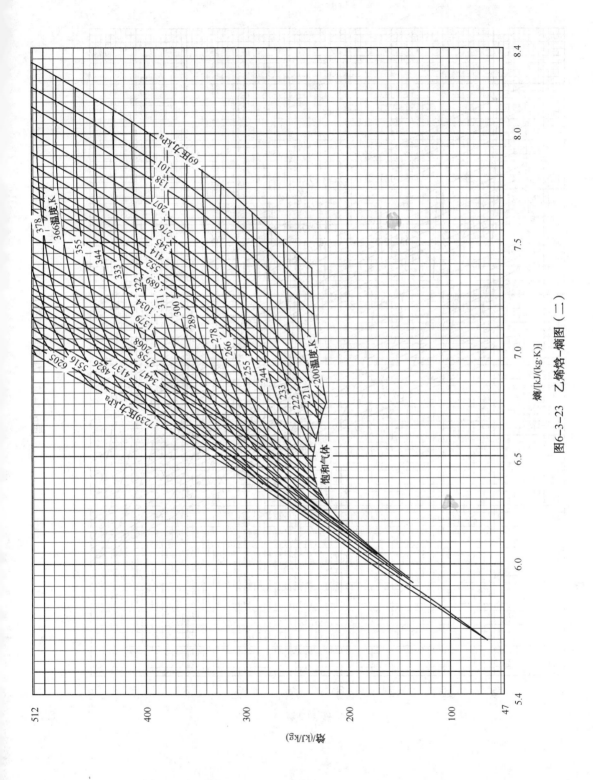

图6-3-23　乙烯焓-熵图（二）

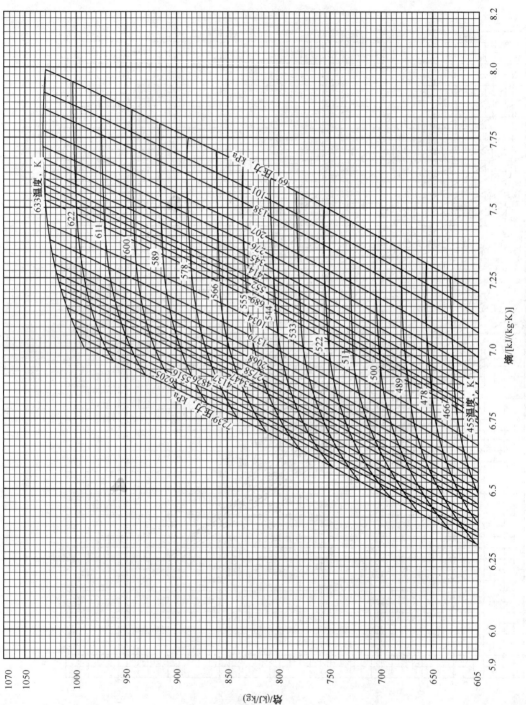

图6-3-24 丙烯焓-熵图（一）

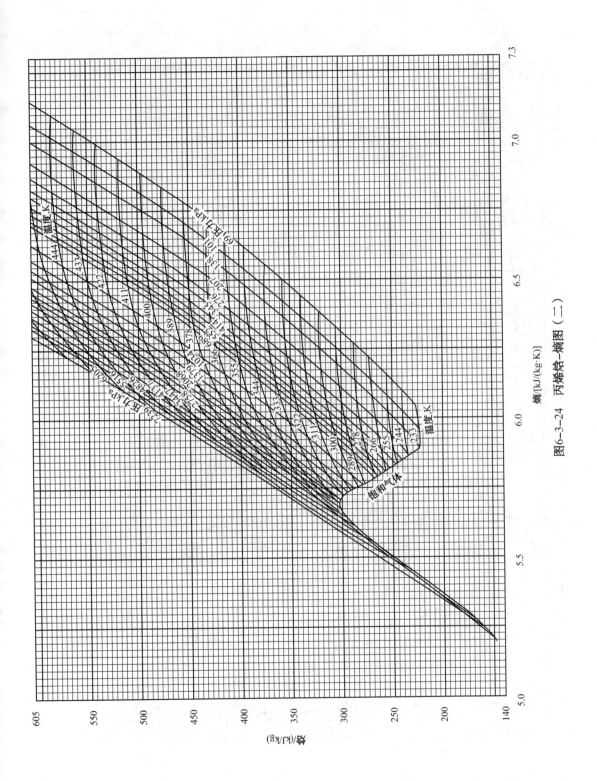

图6-3-24 丙烯焓-熵图（二）

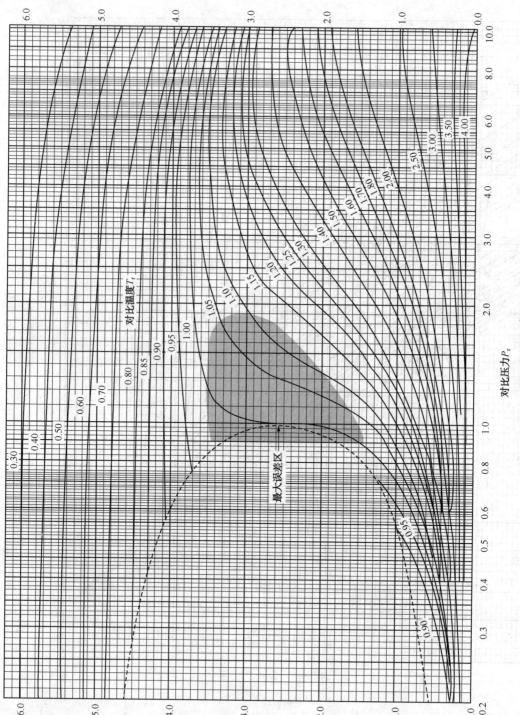

对比压力 P_r

图6-3-25　简单流体的压力校正项图

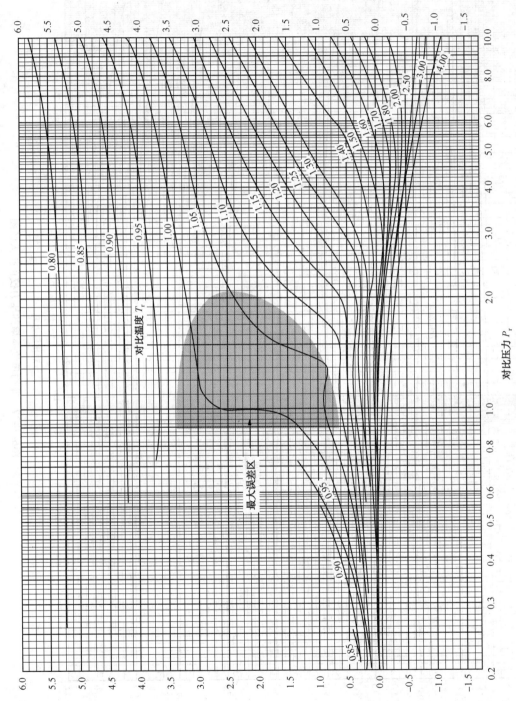

图6-3-26　非简单流体焓的压力校正项图

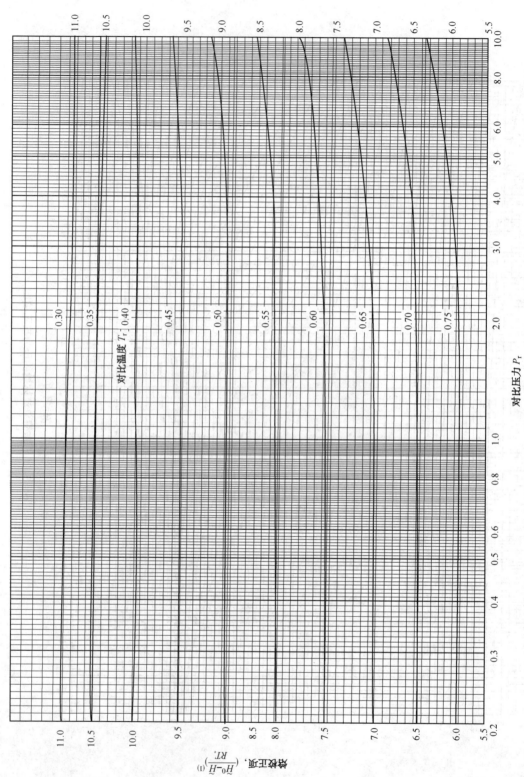

图6-3-27　非简单流体焓的压力校正扩大区图

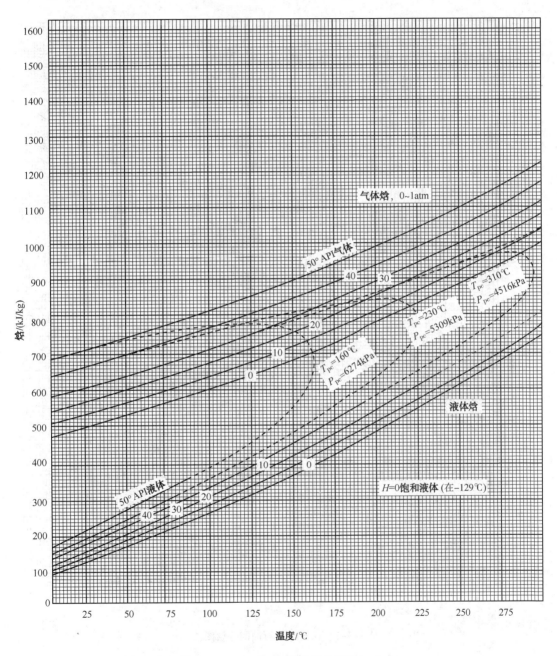

图 6-3-28　$K=10.0$ 石油馏分焓图（一）

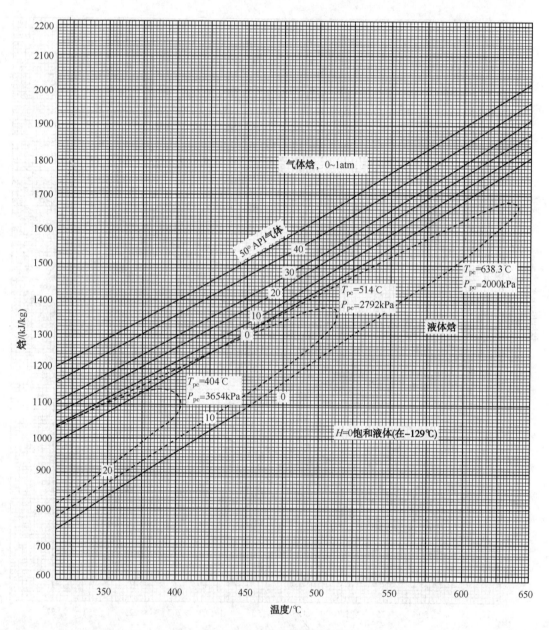

图 6-3-28　$K = 10.0$ 石油馏分焓图(二)

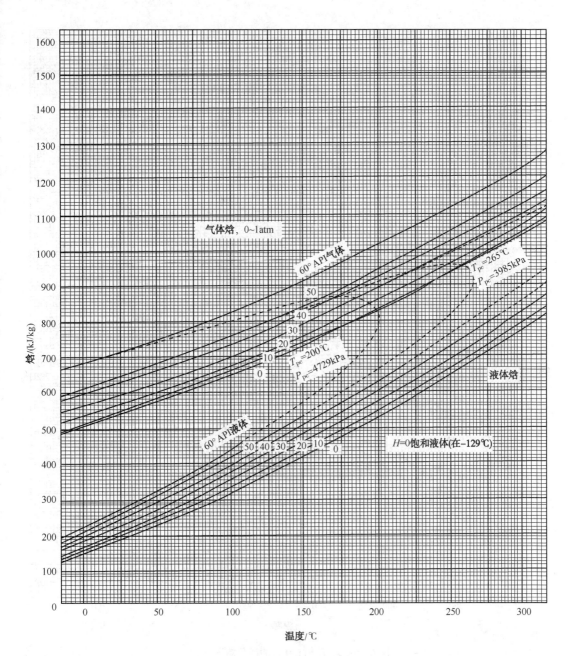

图 6-3-29 $K=11.0$ 石油馏分焓图(一)

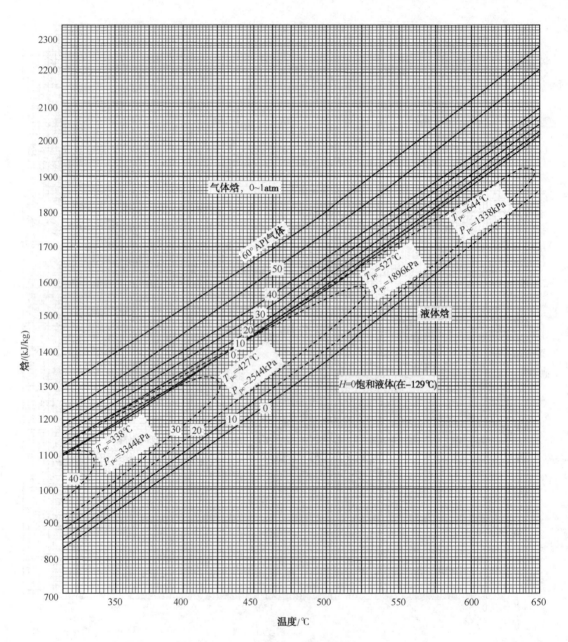

图 6-3-29 $K = 11.0$ 石油馏分焓图(二)

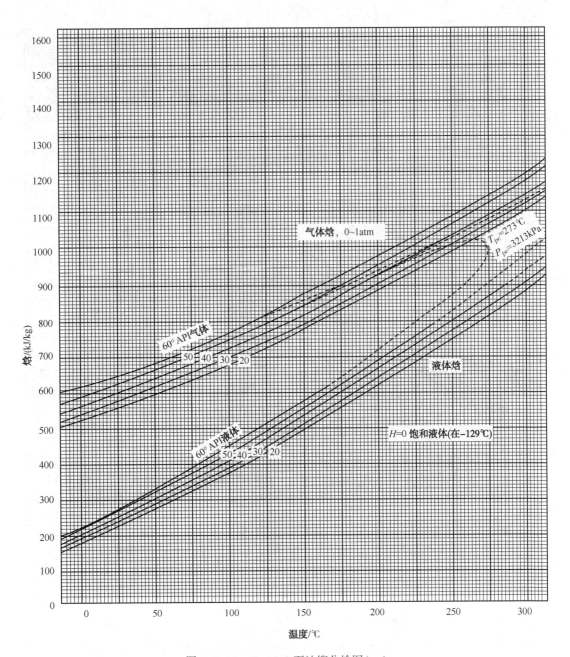

图 6-3-30 $K=11.8$ 石油馏分焓图(一)

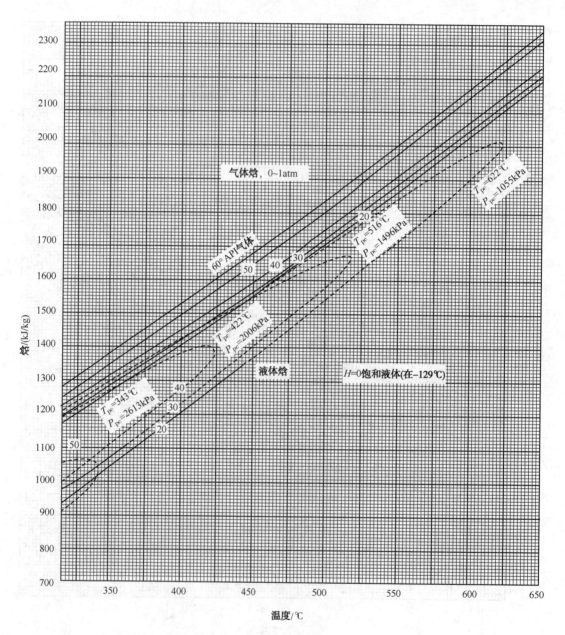

图 6-3-30　K=11.8 石油馏分焓图(二)

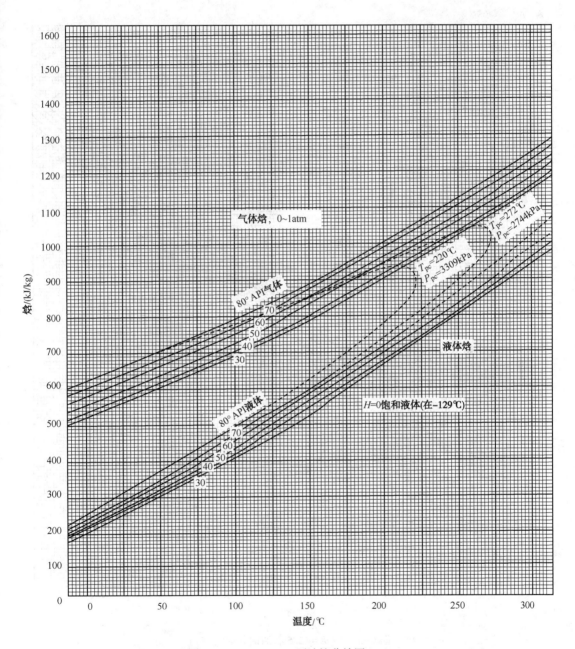

图 6-3-31　$K = 12.5$ 石油馏分焓图(一)

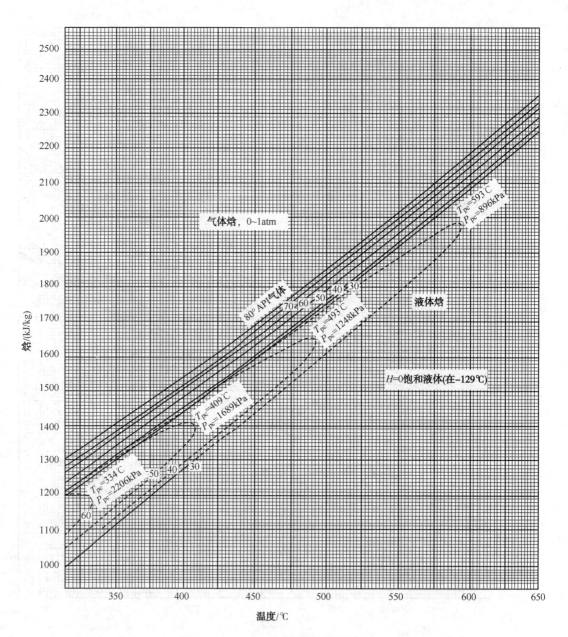

图 6-3-31　K = 12.5 石油馏分焓图(二)

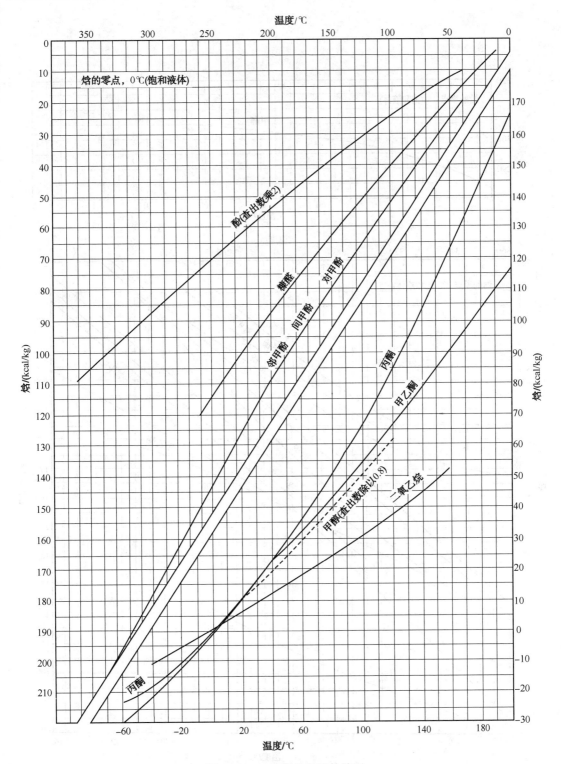

图 6-3-32 溶剂饱和液体焓图

注：1kcal/kg=4.1868kJ/kg

液体邻甲酚的焓可按间甲酚的焓值作如下校正，
在100℃时减去0.4kcal/kg；200℃时减去0.8kcal/kg；
300℃时减去1.2kcal/kg；350℃时减去1.2kcal/kg。

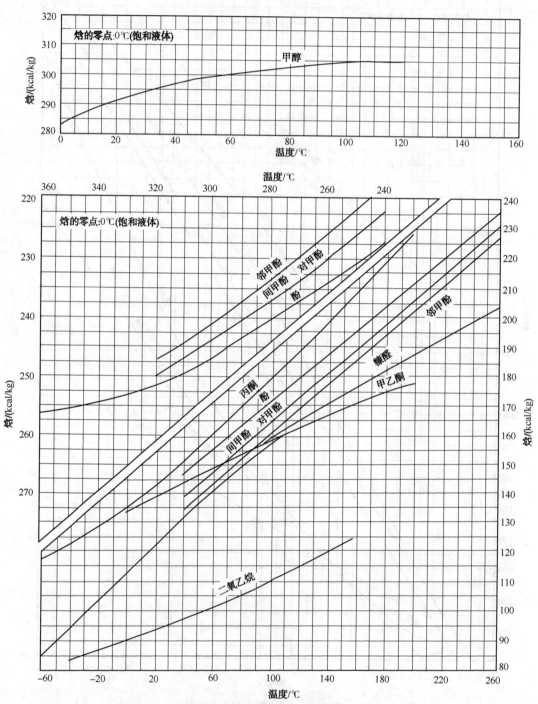

图 6-3-33　溶剂饱和蒸气焓图

注：1kcal/kg = 4.1868kJ/kg

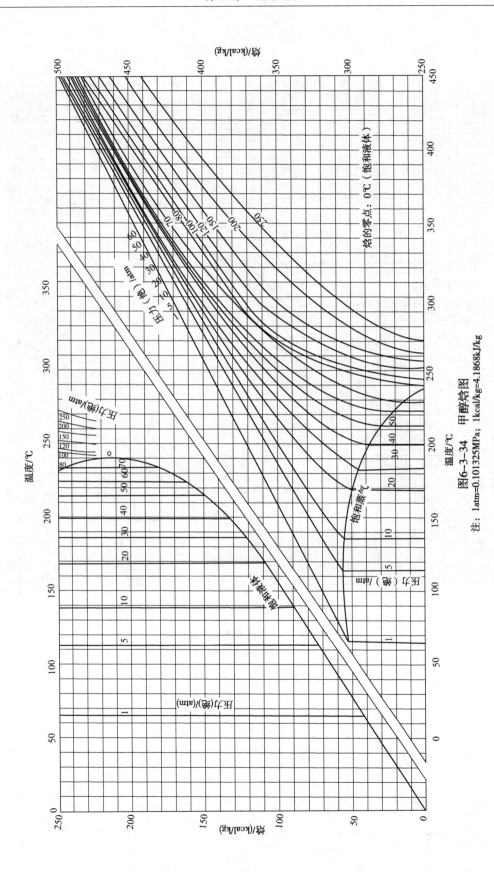

图6-3-34 甲醇焓图

注：1atm=0.101325MPa；1kcal/kg=4.1868kJ/kg

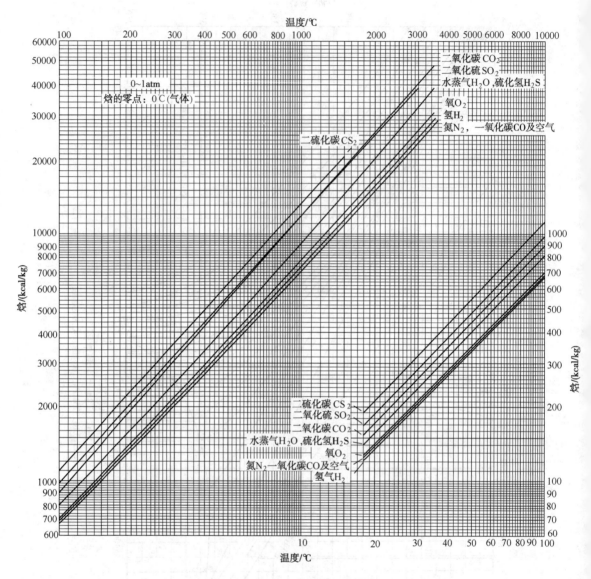

图 6-3-35　氢及其他常用气体焓图
注：1kcal/kg=4.1868kJ/kg

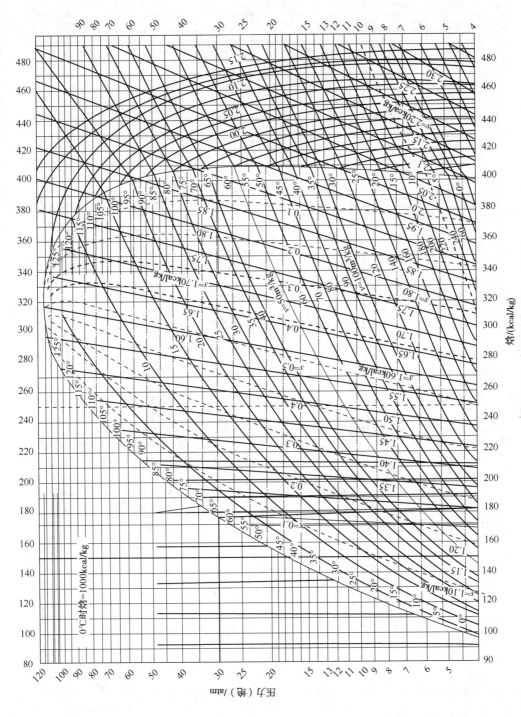

图6-3-36 氨的压焓图(4~120atm)

注：1atm=0.101325MPa; 1kcal/kg=4.1868kJ/kg

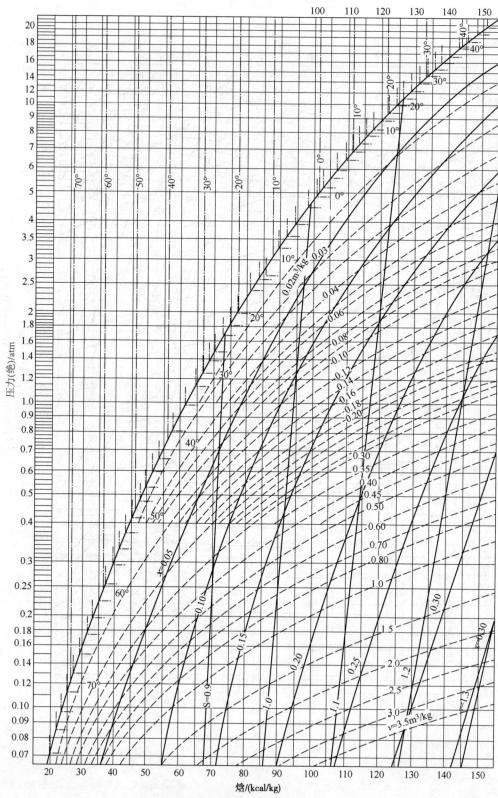

图 6-3-37　氨的压焓图(0.07~20atm)(一)

注：1atm＝0.101325MPa；1kal/kg＝4.1868kJ/kg

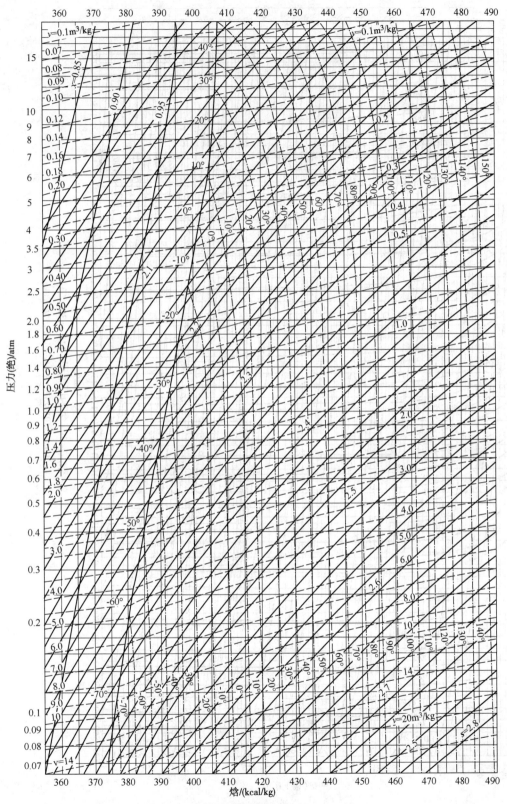

图 6-3-38　氨的压熔图（0.07~20atm）（二）

注：1atm=0.101325MPa；1kcal/kg=4.1868kJ/kg

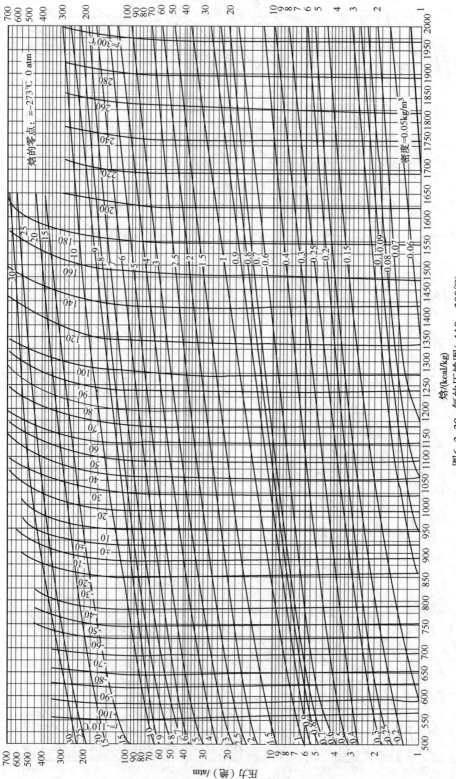

图6-3-39　氢的压焓图(-110~+300℃)

注：1atm=0.101325MPa；1kcal/kg=4.1868kJ/kg

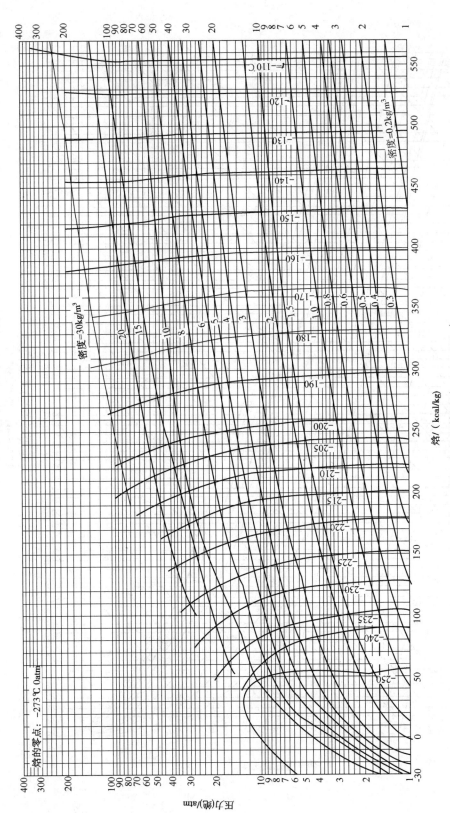

图6-3-40 氢的压焓图（-250~110℃）
注：1atm=0.101325MPa；1kcal/kg=4.1868kJ/kg

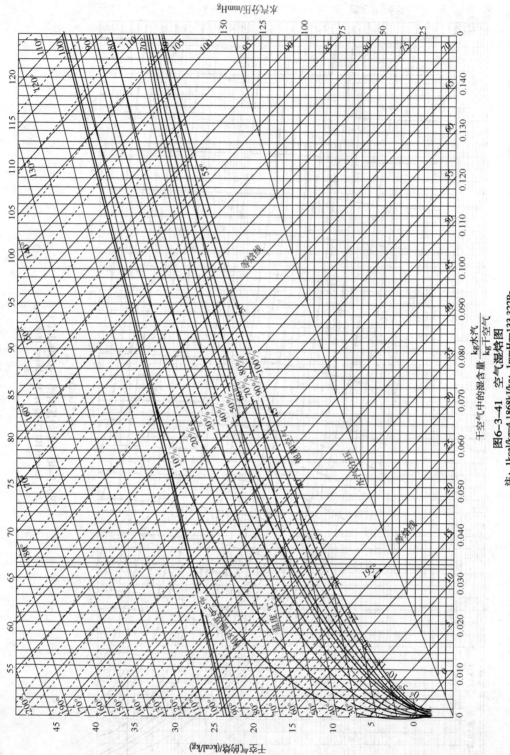

图6-3-41 空气湿焓图

注: 1kcal/kg=4.1868kJ/kg; 1mmHg=133.322Pa

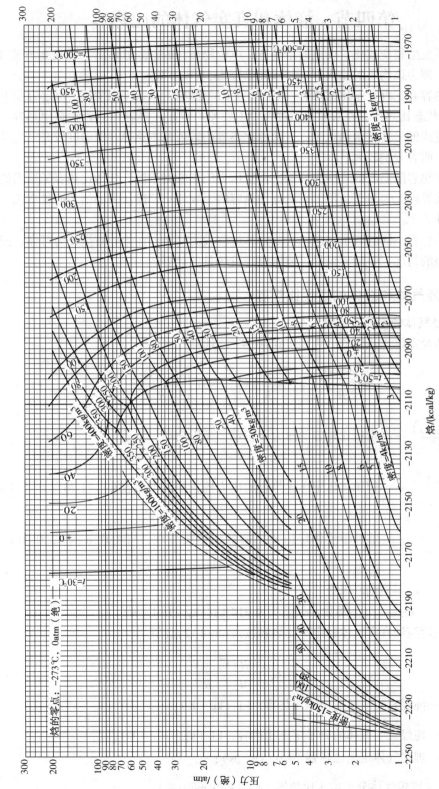

图6-3-42 二氧化碳压焓图

注：1atm=0.101325MPa；1kcal/kg=4.1868kJ/kg

第四节　液体和真实气体的比热容

在系统不发生相变或化学反应的条件下，单位物质(按重量或摩尔计)温度每升高1℃所需要的热量，即为该物质的比热容，其国际单位为 J/(kg·K)。

常用比热容有三种：定压比热容(恒定压力下的比热容)、定容比热容(恒定容积下的比热容)和饱和状态比热容。在石油加工过程中主要使用定压比热容和饱和状态比热容，当物质的温度接近或低于其正常沸点时，这两种比热容的数值基本相等，但温度较高，尤其是接近临界点时，两者差别较大。

物质的比热容随温度的升高而增加，但受压力的影响则不同，气体比热容随压力的升高而增加，在临界区尤为显著，压力对液体比热容的影响较小，随压力的增大而稍有减小，一般可忽略不计。

由于比热容有不同的表示方法，且其计算过程较为复杂，而焓的数据较为可靠，因此除了焓变非常小的情况，一般建议尽可能用焓进行热量的计算。

一、纯烃气体和液体的定压比热容

(一)纯烃气体的定压比热容

压力对纯烃定压比热容的影响，按式(6-4-1)计算

$$\left(\frac{\widetilde{C}_p^0 - \widetilde{C}_p}{R}\right) = \left(\frac{\widetilde{C}_p^0 - \widetilde{C}_p}{R}\right)^{(0)} + \omega \left(\frac{\widetilde{C}_p^0 - \widetilde{C}_p}{R}\right)^{(1)} \tag{6-4-1}$$

式中　$\left(\dfrac{\widetilde{C}_p^0 - \widetilde{C}_p}{R}\right)$ ——定压比热容的压力校正项，无因次项；

$\left(\dfrac{\widetilde{C}_p^0 - \widetilde{C}_p}{R}\right)^{(0)}$ ——简单流体定压比热容的压力校正项，可由表6-4-1和图6-4-1查得；

$\left(\dfrac{\widetilde{C}_p^0 - \widetilde{C}_p}{R}\right)^{(1)}$ ——非简单流体定压比热容的压力校正项，可由表6-4-2和图6-4-2查得；

ω ——偏心因数；

R ——气体常数，其值为 8.314 kJ/(kg·mol·K)。

压力校正后纯烃真实气体的定压比热容按式(6-4-2)计算

$$C_p = C_p^0 - \frac{R}{M}\left(\frac{\widetilde{C}_p^0 - \widetilde{C}_p}{R}\right) \tag{6-4-2}$$

式中　C_p ——纯烃真实气体的定压比热容，kJ/(kg·K)；

$\widetilde{C}_p$ ——纯烃真实气体的分子定压比热容，kJ/(kg·mol·K)；

C_p^0 ——理想气体定压比热容，kJ/(kg·K)；

$\widetilde{C}_p^0$ ——理想气体分子定压比热容，kJ/(kg·mol·K)；

M ——相对分子质量。

计算步骤：

（1）从第一章获得所求组分的相对分子质量、临界压力、临界温度和偏心因数。计算所求比热容状态下的对比温度 T_r 和压力 P_r；

（2）获得式(6-4-1)中的简单流体定压比热容的压力校正项和非简单流体定压比热容的压力校正项。若希望较精确的计算值，则使用表6-4-1和表6-4-2数值，在 T_r 和 P_r 下进行双线性内插。当接近饱和状态时，插值方法或许不好。如果可以接受精度稍差的值，则可以迅速地从图6-4-1和图6-4-2得到；

（3）通过式(6-4-1)计算无因次的压力影响项；

（4）由本章第二节计算得到所求组分的理想气体比热容；

（5）从式(6-4-2)计算真实气体的比热容。

本计算方法是用于预测在真实气体状态下纯烃的等压比热容，不适用于极性物质。在非临界区，压力影响的计算结果与实验值之差极少超过 0.209 kJ/(kg·K)，在临界区相差 1.256kJ/(kg·K) 或更大。这个方法的误差随纯组分临界性质不确定性的增加而增加。

表6-4-1和表6-4-2中的虚线表示液体比热容(右上)和气体比热容(左下)之间的突变性，内插时不能跨越此线，始终使用只用到气相的数据。在该线附近，在一定的对比温度下，可以将对比压力外延。图6-4-1中的两相边界线不能用于饱和气体和饱和液体(即在其蒸气压下)，仅适用于偏心因数为零以及随着偏心度增加，在恒定的对比温度下，对比蒸气压降低的情况。最好的方法是从第四章得到蒸汽压值，并按照均相计算。

在 $\left(\dfrac{\widetilde{H}^0 - \widetilde{H}}{R T_c}\right)^{(0)}$ 和 $\left(\dfrac{\widetilde{H}^0 - \widetilde{H}}{R T_c}\right)^{(1)}$ 随对比压力和(或)对比温度变化较快的区域，应直接从图中读取数据。尽管表的数值十分接近，但是从表中线性插值或许不够精确。出现这种情况时，应直接从图中读取数据，或者将图作为指导内插关联式从表中获得结果。

当压力接近零，$\left(\dfrac{\widetilde{C}_p^0 - \widetilde{C}_p}{R}\right)^{(0)}$ 和 $\left(\dfrac{\widetilde{C}_p^0 - \widetilde{C}_p}{R}\right)^{(1)}$ 项亦接近零，图6-4-1和图6-4-2可外延至较低的对比压力。在许多工程应用中，这些极限值可以使用至对比压力为0~0.2的所有情况。如(稀少地)要求比外插值更精确时，可用式(6-4-3)[6]计算。

$$\left(\frac{\widetilde{C}_p^0 - \widetilde{C}_p}{R}\right) = -P_r\left[(0.660 - 0.92\omega)T_r^{-2} + (0.831 + 3.0\omega)T_r^{-3} + \right.$$

$$\left. (0.145 + 1.16\omega)T_r^{-4} + 0.526\omega T_r^{-9}\right] \qquad (6-4-3)$$

【例6-4-1】　计算 423.15K 和 15.789MPa 时丙烯(真实气体)的定压比热容。

解：已知 M = 42.08，$T_c = 364.8$K，$P_c = 4.613$MPa，$\omega = 0.1424$

$T_r = 423.15/364.8 = 1.16$，$P_r = 15.789/4.613 = 3.42$

由表6-4-1确定 $\left(\dfrac{\widetilde{C}_p^0 - \widetilde{C}_p}{R}\right)^{(0)}$

当 $T_r = 1.15$，$P_r = 3.42$ 时，$\left(\dfrac{\widetilde{C}_p^0 - \widetilde{C}_p}{R}\right)^{(0)} = -5.535 + [-4.545 - (-5.535)] \times \left(\dfrac{3.42 - 3.00}{3.50 - 3.00}\right) =$

-4.703

当 $T_r = 1.20$，$P_r = 3.42$ 时，$\left(\dfrac{\widetilde{C}_p^0 - \widetilde{C}_p}{R}\right)^{(0)} = -5.709 + [-4.808 - (-5.709)] \times$

$\left(\dfrac{3.42 - 3.00}{3.50 - 3.00}\right) = -4.952$

根据以上两项插值，当 $T_r = 1.16$，$P_r = 3.42$ 时

$$\left(\frac{\widetilde{C}_p^0 - \widetilde{C}_p}{R}\right)^{(0)} = -4.703 + [-4.952 - (-4.703)] \times \left(\frac{1.16 - 1.15}{1.20 - 1.15}\right) = -4.753$$

同理，由表 6-4-2 计算 $\left(\dfrac{\widetilde{C}_p^0 - \widetilde{C}_p}{R}\right)^{(1)} = -11.333$

由式(6-4-1)计算 $\left(\dfrac{\widetilde{C}_p^0 - \widetilde{C}_p}{R}\right) = -4.753 + 0.1424 \times (-11.333) = -6.367$

由式(6-2-2)计算理想气体丙烯定压比热容 $C_p^0 = 2.00\ \text{kJ/(kg·K)}$

由式(6-4-2)计算压力校正后的丙烯的定压比热容：

$$C_p = 2.00 - \frac{8.314}{42.08} \times (-6.367) = 3.258\,\text{kJ/(kg·K)}$$

实验值为 $3.148\ \text{kJ/(kg·K)}$

(二) 纯烃液体的定压比热容[4]

温度介于冰点和正常沸点之间的纯烃液体的定压比热容值可由图 6-4-3～图 6-4-8 查得，上述图均由实验数据绘制，数据应用到饱和蒸气压(所以压力是变化的)，其误差在 3% 以内。但是，在这些低压条件下，饱和液体比热容等于在工程设计所要求限制内的等压比热容。而且，在能使用焓替代的地方，计算中应避免使用比热容，除非焓的变化是非常小。

低于正常沸点的纯烃液体的定压比热容可由图 6-4-9 查得，该图只适用于碳原子数不小于 5 的液体烃类，其平均误差约为 2.5%，最高可达 20%。

当对比温度高于 0.45 时，或温度高于正常沸点时，纯烃液体的定压比热容按式(6-4-1)和式(6-4-2)计算，相应的表和图应用在液相区，计算步骤相同，只是其中的气相变为液相，同样地不要在相的边界之间进行内插。该法应用于液体时，平均误差为 3%，很少超过 5%，偶尔可达 15%，温度越接近临界温度误差越大。计算误差随纯组分临界性质和偏心因数不确定性的增加而增加。由于外推至相的边界使得饱和液相的误差经常较高。

该方法计算液体比热容时要求同时已知温度和压力，然而，如果只具有温度时，那么饱和液体比热容可求，从第四章获得蒸气压，然后作为温度和压力都已知的情况继续计算。

【例 6-4-2】 计算 4-甲基庚烷在 308.15K 时的饱和状态比热容。

解：由第一章表 1-1-1 得到 4-甲基庚烷的沸点 $T_b = 177.71℃$，

图 6-4-9 要求的温度比 $B = 308.15/(177.71 + 273.15) = 0.788$，碳原子数为 8，属异构烷烃。

在图 6-4-9 上，由碳数纵轴 $n = 8$ 与异构烷烃刻度条的 0.788 点做直线，并延长至右侧比热容轴可得 4-甲基庚烷液体比热容为 $2.231\,\text{kJ/(kg·K)}$，实验值为 $2.244\,\text{kJ/(kg·K)}$。

【例 6-4-3】 计算正庚烷在 500K 下的饱和液体比热容

解：已知正庚烷的相对分子质量为 100.2，$T_c = 540.3\text{K}$，$P_c = 2735.8\text{kPa}$，$\omega = 0.3494$ 和

此温度下的蒸气压 $P = 1503.1\mathrm{kPa}$。

对比温度 $T_r = 500/540.3 = 0.925$，和对比压力 $P_r = 1503.1/2735.8 = 0.55$。

由表 6-4-1 确定 $\left(\dfrac{\widetilde{C}_p^0 - \widetilde{C}_p}{R}\right)^{(0)}$。由于所计算的点处在虚线表示的两相边界上，因此必须应用外推的方法，读取相邻对比压力较高的点的数值进行计算。

当 $T_r = 0.90$，$P_r = 0.6$ 时，$\left(\dfrac{\widetilde{C}_p^0 - \widetilde{C}_p}{R}\right)^{(0)} = -5.679 + [-5.679 - (-5.095)]$

$\left(\dfrac{0.55 - 0.80}{0.60 - 0.80}\right) = -6.409$

当 $T_r = 0.95$，$P_r = 0.8$ 时，$\left(\dfrac{\widetilde{C}_p^0 - \widetilde{C}_p}{R}\right)^{(0)} = -9.316 + [-9.316 - (-7.127)] \times$

$\left(\dfrac{0.55 - 1.00}{0.80 - 1.00}\right) = -14.241$

根据以上两项插值，当 $T_r = 0.925$，$P_r = 0.55$ 时

$\left(\dfrac{\widetilde{C}_p^0 - \widetilde{C}_p}{R}\right)^{(0)} = -6.409 + [-14.241 - (-6.409)] \times \left(\dfrac{0.925 - 0.90}{0.95 - 0.90}\right) = -10.325$

同理，由表 6-4-2 计算 $\left(\dfrac{\widetilde{C}_p^0 - \widetilde{C}_p}{R}\right)^{(1)} = -8.046$

由式(6-4-1)计算 $\left(\dfrac{\widetilde{C}_p^0 - \widetilde{C}_p}{R}\right) = -10.325 + 0.3494 \times (-8.046) = -13.136$

由式(6-2-2)计算理想气体正庚烷定压比热容 $C_p^0 = 2.500\mathrm{kJ/(kg \cdot K)}$

由式(6-4-2)计算压力校正后的正庚烷的定压比热容：

$$C_p = 2.500 - \frac{8.314}{100.2} \times (-13.136) = 3.590\mathrm{kJ/(kg \cdot K)}$$

实验值为 $3.349\mathrm{kJ/(kg \cdot K)}$。实验值和计算值之间的符合程度不是很好，这可能是由于在线性外插时的不准确的原因。

二、烃类混合物的定压比热容

(一)液体烃类混合物

组分已知的液体烃类混合物的定压比热容，按式(6-4-4)计算

$$C = \sum_{i=1}^{n} x_{wi} C_i \tag{6-4-4}$$

式中　C——液体混合物的定压比热容或饱和状态比热容，$\mathrm{kJ/(kg \cdot K)}$；

C_i——组分 i 的定压比热容，可由纯烃液体定压比热容计算方法得到；

x_{wi}——组分 i 的质量分数。

该方法适用于组分已知的液体烃类混合物。这个方法假定混合热为 0，这仅仅对同类相近碳数的混合物是正确的。虽然在工程设计所要求的限制内这对大部分烃类是可接受的，但在应用于两种或两种以上不同烃族且均具有相当含量的体系混合时必须特别注意。

严格地说，对所有组分具有相同温度和压力的液体烃类混合物，该方法仅能计算定压比热容，如果组分间的蒸气压差别不明显，也可用来计算液体混合物饱和状态比热容。例如，在低温或很高的温度下，物质的挥发度接近相等。该方法不适用于对比温度大于 0.95 的液体烃类混合物，在那个区域，现有的方法没有可靠的。

该方法的可靠性取决于考虑的体系和组成。通常计算值大约平均要大 5%。误差最大的情况出现在体系组成的中点，例如对于苯-二苯基甲烷体系的误差大约达到 17%。而对于苯-环己烷和环戊烷-2,2-二甲基丁烷体系，该方法预测得很好，误差约 3%。

对于能使用焓替代的场合，计算中应避免使用比热容，除非焓差非常小的情况。

【例 6-4-4】 计算由 55.2%（mol）苯和 44.8%（mol）环己烷组成的混合物在 295.4K 和常压时的定压比热容。

解： 已知苯的相对分子质量为 78.11，环己烷的相对分子质量为 84.16

$$苯的质量分数 = \frac{78.11 \times 0.522}{78.11 \times 0.522 + 84.16 \times 0.448} = 0.534$$

$$环己烷的质量分数 = 1 - 0.534 = 0.466$$

由图 6-4-5 可知，苯的定压比热容为 1.714kJ/(kg·K)

由图 6-4-6 可知，环己烷的定压比热容为 1.821kJ/(kg·K)

由式(6-4-4)计算该混合物的定压比热容

$$C_p = 0.534 \times 1.714 + 0.466 \times 1.821 = 1.764kJ/(kg·K)$$

实验值为 1.767kJ/(kg·K)。

(二)气体烃类混合物

应用假临界参数计算对应状态，获得气体烃类混合物的假临界性质和假偏心因数后，式(6-4-1)和(6-4-2)也可计算气体烃类混合物的定压比热容。式(6-4-1)中的压力校正项可从表 6-4-1 和表 6-4-2，或图 6-4-1~图 6-4-2 中查得；式(6-4-2)中的 C_p^0 为理想气体混合物的定压比热容，按式(6-4-5)[7]计算：

$$C_p^0 = \sum_{i=1}^{n} x_{wi} C_{pi}^0 \qquad (6-4-5)$$

式中　　C_p^0——理想气体混合物的定压比热容，kJ/(kg·K)；

　　　　C_{pi}^0——理想气体混合物中组分 i 的定压比热容，kJ/(kg·K)；

　　　　x_{wi}——组分 i 的质量分数。

计算步骤与气体烃类定压比热容的相同，只是在第 4 步骤计算组分理想气体定压比热容 C_{pi}^0 后，还要使用式(6-4-5)计算 C_p^0。

需要注意的是，如果混合物中含氢气，那么氢气的临界性质为：$T_c = 41.67K$，$P_c = 2102.9kPa$，$\omega = 0$。该方法主要适用于已知组分的气体烃类混合物，或者是已知组分的物质和石油馏分的混合物，不适用于含极性组分的混合物。对不含甲烷的烃类混合物，在其假对比温度大于 1.0 但小于 1.2，和假对比压力大于 1.0 但小于 3.0 的区域内，用真临界性质计算所得的结果稍优于用假临界性质所得的结果。

在非临界区，该方法得到的压力对比热容影响与实验值的误差为 0.209kJ/(kg·K)，在临界区误差为 1.256kJ/(kg·K)，甚至可能达到 20.93kJ/(kg·K) 或更大。该方法对未知组分的气体烃类混合物的误差未知。

在超临界温度($T_r > 1$)和高压($P_r > 5$)条件下，采用由式(6-3-5)计算的对应状态压力代替假临界压力可减小误差。

如果使用 Lee-Kesler 等的混合物对应状态规则，在大部分温度和压力条件下能够获得更为可靠的压力对混合物比热容的影响。但是少许精确度上的优越性不能抵消由于使用这些对应状态规则所增加的工作量。

【例 6-4-5】 计算由 47.25%(mol)的甲烷和 52.75%(mol)的丙烷组成的混合物在 427.6K 和 10.34MPa 时的定压比热容。

解： 该混合物的临界性质、相对分子质量、偏心因数以及根据式(6-2-2)计算的理想气体定压比热容汇总如下：

	摩尔分率	临界温度		临界压力/MPa	偏心因数	相对分子质量	质量分数	理想气体定压比热容 C_p^0/[kJ/(kg·K)]
		℃	K					
甲烷	0.4725	-82.6	190.6	4.60	0.0108	16.04	0.2457	2.629
丙烷	0.5275	96.7	369.8	4.25	0.1517	44.09	0.7543	2.232
摩尔平均			285.2	4.42	0.0851	30.84		
重量平均							1.000	2.330

对比温度 $T_r = 427.6/285.2 = 1.50$，对比压力 $P_r = 10.34/4.42 = 2.34$

由表 6-4-1 确定 $\left(\dfrac{\widetilde{C}_p^0 - \widetilde{C}_p}{R}\right)^{(0)} = -2.093$

由表 6-4-2 确定 $\left(\dfrac{\widetilde{C}_p^0 - \widetilde{C}_p}{R}\right)^{(0)} = -0.693$

由式(6-4-1)计算 $\left(\dfrac{\widetilde{C}_p^0 - \widetilde{C}_p}{R}\right) = -2.093 + 0.0851 \times (-0.693) = -2.152$

理想气体混合物的定压比热容 2.330 kJ/(kg·K)，由式(6-3-2)计算该混合物的定压比热容：

$$C_p = 2.330 - \frac{8.314}{30.84} \times (-2.152) = 2.910 \text{kJ/(kg·K)}$$

实验值为 2.909 kJ/(kg·K)。

三、液体和气体石油馏分比热容的估算

(一) 液体石油馏分[4]

液体石油馏分的定压比热容可用图 6-4-10 或图 6-4-11 查得，也可按式(6-4-6)计算：
当 $T_r \leqslant 0.85$ 时，

$$C_p = 4.1868A_1 + 7.54A_2T + 13.57A_3T^2 \tag{6-4-6}$$

式中 C_p——液体石油馏分的定压比热容，kJ/(kg·K)

$A_1 = -1.1726 + (0.023722 + 0.024907d)K + (1.14982 - 0.046535K)/d$

$A_2 = (10^{-4})(1.0 + 0.82463K)(1.12172 - 0.27634/d)$

$A_3 = (-10^{-8})(1.0 + 0.82463K)(2.9027 - 0.70958/d)$

T——温度，K；

T_r——对比温度，T/T_{pc}；

T_{pc}——假临界温度，K；

K——特性因数；

d——15.6℃时的相对密度。

该方法适用于对比温度不高于 0.85 的液体石油馏分。测试 135 点数据，其平均绝对误差和平均绝对百分误差为 0.04 kJ/(kg·K) 和 1.7%。当对比温度小于 0.6 时计算结果更准确。该方法与石油馏分的焓计算基本方法在热力学上是一致的。如果对该馏分的分子类型进行了分析，推荐采用 Huang 和 Daubert 的虚拟组分方法[8]。

【例 6-4-6】 计算一直馏石油馏分在常压和 435.9K 时的定压比热容。

解：已知 API 度为 44.4

恩氏蒸馏数据为：

馏出体积分数/%	10	30	50	70	90
馏出温度/K	424.3	429.3	433.7	438.15	444.8

计算：由第五章密度转换表可将 API 度转换得到相对密度 $d=0.8044$。

从第二章关于石油馏分沸点的表徵和特性因子的定义，可计算得到体积平均沸点为 434K，$K=11.45$，分子平均沸点为 432.6K。根据第三章第四节石油馏分临界性质可算得 $T_{pc}=627.6$，$T_r=0.694$。

由于 $T_r<0.85$，可用式(6-4-6)计算该馏分的定压比热容

$A_1 = -1.17126 + (0.023722 + 0.024907 \times 0.8044) \times 11.45 +$

$\qquad (1.14982 - 0.046535 \times 11.45)/0.8044$

$\quad = 0.09678$

$A_2 = 0.0001 \times (1 + 0.82463 \times 11.45) \times (1.12172 - 0.27634/0.8044) = 0.000813$

$A_3 = (-10^{-8}) \times (1 + 0.82463 \times 11.45) \times (2.9027 - 0.70958/0.8044) = -2.1099 \times 10^{-7}$

$C_p = 4.1868 \times 0.09678 + 7.54 \times 0.000813 \times 435.9 + 13.57 \times (-2.1099 \times 10^{-7}) \times 435.9^2$

$\quad = 2.53 kJ/(kg·K)$

(二)石油馏分蒸气[4]

石油馏分蒸气的定压比热容可按式(6-4-7)计算

$$C_p = 4.1868A_1 + 7.54A_2T + 13.57A_3T^2 - \frac{R}{M}\left(\frac{\widetilde{C_p^0} - \widetilde{C_p}}{R}\right) \qquad (6-4-7)$$

式中　C_p——气体石油馏分的定压比热容，kJ/(kg·K)；

$A_1 = -0.35644 + 0.02972 K + A_4(0.29502 - 0.24846/d)$

$A_2 = -(10^{-4})[2.9247 - (1.5524 - 0.05543K)K + A_4(6.0283 - 5.0694/d)]$

$A_3 = -(10^{-7})(1.6946 + 0.0844 A_4)$

当 $10<K<12.8$ 且 $0.7<d<0.885$ 时，

$$A_4 = \left[\left(\frac{12.8}{K} - 1.0\right)\left(1.0 - \frac{10.0}{K}\right)(d - 0.885)(d - 0.70)(10^4)\right]^2$$

其他条件下 $A_4=0$；

T——温度，K；

K——特性因数；

d——15.6℃下的相对密度；

R——气体常数，其值为 8.314kJ/(kg·mol·K)；

M——相对分子质量；

$\left(\dfrac{\widetilde{C}_p^0 - \widetilde{C}_p}{R}\right)$——压力校正项，可由式(6-4-1)和式(6-4-2)求得。

计算步骤：

(1) 使用石油馏分分析数据，通过第二章第一节的方法计算特性因子 K；

(2) 从第三章第四节石油馏分临界性质的方法，计算馏分的假临界温度和压力；

(3) 由第二章第一节的方法，计算馏分的相对分子质量和偏心因数；

(4) 计算对比温度和对比压力；

(5) 根据式(6-4-1)计算比热容的压力影响项 $\left(\dfrac{\widetilde{C}_p^0 - \widetilde{C}_p}{R}\right)$；

(6) 用式(6-4-7)计算所求的石油馏分蒸气比热容。

该方法不适用于近临界区的石油馏分蒸气。该方法没有用实验值检验，但是它与石油馏分焓的计算(精确的)基本方法在热力学上是一致的。如果对该馏分的分子类型进行了分析，推荐采用 Huang 和 Daubert 的虚拟组分方法[8]。

【例 6-4-7】　计算一直馏石油馏分在 1413.4kPa 和 747K 时的定压比热容。

解：已知 API 度为 44.4

恩氏蒸馏数据为：

馏出体积分数/%	10	30	50	70	90
馏出温度/K	424.3	429.3	433.7	438.15	444.8

计算得：$d = 0.8044$，体积平均沸点为 434K，$K = 11.45$

分子平均沸点为 432.6K，$T_c = 627.6K$，$P_c = 2723.4kPa$

相对分子质量为 131，偏心因数为 0.3532

$$T_r = 747/627.6 = 1.19,\quad P_r = 1413.4/2723.4 = 0.52$$

由式(6-4-1)，可知 $\left(\dfrac{\widetilde{C}_p^0 - \widetilde{C}_p}{R}\right) = -1.107$

根据式(6-4-7)

$A_4 = \left[(12.8/11.45 - 1) \times (1 - 10/11.45) \times (0.8044 - 0.885) \times (0.8044 - 0.7) \times 10^4\right]^2$

$\quad = 1.5785$

$A_1 = -0.35644 + 0.02972 \times 11.45 + 1.5785 \times (0.29502 - 0.24846/0.8044)$

$\quad = -0.03802$

$A_2 = -10^{-4} \times [2.9247 - (1.5524 - 0.05543 \times 11.45) \times 11.45 + 1.5785 \times (6.0283 -$

$\quad\quad 5.0694/0.8044)]$

$\quad = 0.000802$

$A_3 = -10^{-7} \times (1.6946 + 0.0844 \times 1.5785) = -1.8278 \times 10^{-7}$

$$C_p = 4.1868 \times (-0.03802) + 7.54 \times 0.000802 \times 747 + 13.57 \times (-1.8278 \times 10^{-7}) \times$$

$$747^2 - \frac{8.314}{131} \times (-1.107)$$

$$= 3.04 \text{kJ/(kg · K)}$$

四、纯烃气体和液体的绝热指数和定容比热容的计算[4]

压力对纯烃定容比热容的影响，可采用式(6-4-8)计算

$$\left(\frac{\widetilde{C}_v^0 - \widetilde{C}_v}{R}\right) = \left(\frac{\widetilde{C}_v^0 - \widetilde{C}_v}{R}\right)^{(0)} + \omega \left(\frac{\widetilde{C}_v^0 - \widetilde{C}_v}{R}\right)^{(1)} \tag{6-4-8}$$

式中　$\left(\dfrac{\widetilde{C}_v^0 - \widetilde{C}_v}{R}\right)$——纯烃定容比热容的压力校正项，无因次项；

$\left(\dfrac{\widetilde{C}_v^0 - \widetilde{C}_v}{R}\right)^{(0)}$——简单流体定容比热容的压力校正项，可通过表6-4-3或图6-4-12查得；

$\left(\dfrac{\widetilde{C}_v^0 - \widetilde{C}_v}{R}\right)^{(1)}$——非简单流体定容比热容的压力校正项，可通过表6-4-4或图6-4-13查得；

　　　　ω——偏心因数；

　　　　R——气体常数，其值为8.314 kJ/(kg·mol·K)。

压力校正后的纯烃真实气体的定容比热容按式(6-4-9)求得

$$C_v = C_p^0 - \frac{R}{M}\left[1 + \left(\frac{\widetilde{C}_v^0 - \widetilde{C}_v}{R}\right)\right] \tag{6-4-9}$$

式中　C_v——真实气体的定容比热容，kJ/(kg·K)；

　　　$\widetilde{C}_v$——相似摩尔数量的真实气体的定容比热容，kJ/(kg·mol·K)；

　　　$\widetilde{C}_v^0$——相似摩尔数量的理想气体的定容比热容，kJ/(kg·mol·K)；

　　　C_p^0——理想气体的定压比热容，kJ/(kg·K)；

　　　R——气体常数，其值为8.314kJ/(kg·mol·K)；

　　　M——相对分子质量。

绝热指数 κ 可用式(6-4-10)计算

$$\kappa = \frac{C_p}{C_v} \tag{6-4-10}$$

式中　C_p——真实气体 定压比热容，kJ/(kg·K)；

　　　C_v——真实气体 定容比热容，kJ/(kg·K)。

计算步骤：

(1) 从第一章获得所计算组分的相对分子质量、临界温度、临界压力和偏心因数；

(2) 计算所求条件下的对比温度和对比压力；

(3) 获得简单流体定容比热容的压力校正项和非简单流体定容比热容的压力校正项。若

希望较精确的计算值，则使用表6-4-3和表6-4-4数值，在T_r和P_r下进行双线性内插。当接近饱和状态时，插值方法或许不好。如果可以接受精度稍差的值，则可以迅速地从图6-4-12和图6-4-13得到；

（4）使用式(6-4-8)计算定容比热容的无因次压力影响项；

（5）根据式(6-2-2)计算理想气体比热容C_p^0；

（6）由式(6-4-8)计算真实气体的等容比热容C_v；

（7）由式(6-4-2)计算真实气体的等压比热容C_p；

（8）由步骤6和7的结果，由式(6-4-10)计算绝热指数k。

式(6-4-9)不适用于极性物质。一般情况下，计算值和实验值之间误差小于2%，但在临界区，误差可达10%，更有甚者，可高达100%。该方法的误差随着临界性质不确定性的增加而增加。

表6-4-3和表6-4-4中的虚线表示液体比热容(右上)和气体比热容(左下)之间的突变性，内插时不能跨越此线，始终只使用用于同样相态的数据。在该线附近在一定的对比温度下，可以将对比压力外延。

图6-4-12中的两相边界线不能用于饱和气体和饱和液体(即在其蒸气压下)，仅适用于偏心因数为零以及随着偏心度增加，在恒定的对比温度下，对比蒸气压降低的情况。最好的方法是从第四章得到蒸气压值，并按照均相计算。

在简单流体校正项随对比压力和(或)对比温度变化十分迅速的区域，尽管表中数据十分接近，但是从表中线性插值或许不够精确。出现这种情况时，应直接用图，或者将图作为指导内插关联式从表中获得结果。

当对比压力低于表6-4-3和表6-4-4的校正范围(即对比压力介于0和0.2之间)时，可按式(6-4-11)计算真实气体的绝热指数

$$k = \frac{C_p}{C_v} \cong \frac{C_p^0}{C_p^0 - \dfrac{R}{M}} \qquad (6-4-11)$$

该式是忽略分子和分母非理想性校正的简单修改式。

【例6-4-8】　计算丙烯在423.15K和15789kPa时的绝热指数

解：已知丙烯的$M = 42.08$，$T_c = 364.8K$，$P_c = 4.613MPa$，$\omega = 0.1424$

则$T_r = 423.15/364.8 = 1.16$，$P_r = 15.789/4.613 = 3.42$

由表6-4-3确定$\left(\dfrac{\widetilde{C}_v^0 - \widetilde{C}_v}{R} \right)^{(0)}$

当$T_r = 1.15$，$P_r = 3.42$时，$\left(\dfrac{\widetilde{C}_v^0 - \widetilde{C}_v}{R} \right)^{(0)} = -0.427 + [-0.416 - (-0.427)] \times$

$\left(\dfrac{3.42 - 3.00}{3.50 - 3.00} \right) = -0.418$

当$T_r = 1.20$，$P_r = 3.42$时，$\left(\dfrac{\widetilde{C}_v^0 - \widetilde{C}_v}{R} \right)^{(0)} = -0.444 + [-0.425 - (-0.444)] \times$

$\left(\dfrac{3.42 - 3.00}{3.50 - 3.00} \right) = -0.428$

根据以上两项插值，当$T_r = 1.16$，$P_r = 3.42$时

$$\left(\frac{\widetilde{C}_v^0 - \widetilde{C}_v}{R}\right)^{(0)} = -0.418 + [-0.428 - (-0.418)] \times \left(\frac{1.16 - 1.15}{1.20 - 1.15}\right) = -0.42$$

同理，由表6-4-4计算 $\left(\frac{\widetilde{C}_v^0 - \widetilde{C}_v}{R}\right)^{(1)} = -1.796$

由式(6-4-8)计算 $\left(\frac{\widetilde{C}_v^0 - \widetilde{C}_v}{R}\right) = -0.42 + 0.1424 \times (-1.796) = -0.676$

由式(6-2-2)计算理想气体丙烯定压比热容 $C_p^0 = 1.99 \text{kJ/(kg·K)}$

由式(6-4-9)计算丙烯的定容比热容

$$C_v = 1.99 - \frac{8.314}{42.08} \times (1 - 0.676) = 1.926 \text{kJ/(kg·K)}$$

从例6-4-1可知，该条件下丙烯的定压比热容为3.248kJ/(kg·K)

由式(6-4-10)计算丙烯在该条件下的绝热指数

$$\kappa = \frac{3.248}{1.926} = 1.69$$

实验值为1.69。计算结果与实验值精确地符合。

五、烃类气体混合物的绝热指数和定容比热容的计算

结合前述所介绍的方法，烃类气体混合物的定容比热容和绝热指数的计算可按下述步骤进行：

(1) 获取混合物中每个组分的相对分子质量、临界温度、临界压力和偏心因数(对 H_2，$T_c = 41.67K$，$P_c = 2102.9kPa$，$\omega = 0$)；

(2) 应用混合物组分性质的摩尔平均值，计算假临界温度、假临界压力和混合物偏心因数。对于具有真实组分和石油馏分的混合物，应用第三章第四节真实组分和石油馏分混合物的假临界性质的方法计算。由第二章第一节石油馏分的偏心因数计算方法计算混合物中的石油馏分的偏心因数，再与混合物中的其他组分一起计算混合物的假偏心因数。然后计算对比温度和对比压力；

(3) 按式(6-4-5)计算理想气体混合物的定压比热容；并计算该混合物的相对分子质量；

(4) 按式(6-4-1)确定定压比热容的压力校正项；按式(6-4-2)计算该混合物的定压比热容；

(5) 按式(6-4-8)确定定容比热容的压力校正项；按式(6-4-9)计算该混合物的定容比热容；

(6) 由式(6-4-10)计算绝热指数。

该方法不适用于含有极性组分的混合物。在非临界区，该计算方法与实验值的平均误差为2%。在临界区，误差为15%，有时可高达100%。最大不确定性的区域与图6-4-12中指出的区域相同。

对于不含有甲烷的烃-烃混合物，在近临界区，使用真临界温度和压力得到结果会比使用假临界性质要稍微好一点。近临界区大致定义为假对比状态的边界：$1.0 < T_r < 1.2$，$1.0 < P_r < 3.0$。真临界性质的计算参见第三章。需要注意的是虽然在近临界区的假对比温度已大于1，但是在这个区域里可能存在液相。在超临界温度($T_r > 1$)和高压($P_r > 5$)条件下，用对应状态压力(式6-3-5)代替假临界压力可减小误差。如果使用 Lee-Kesler 等的混合物对应状态规则，在大部分温度和压力条件下能够获得更为可靠的压力对混合物比热容的影响。但是少许精确度上的优越性不能抵消由于使用这些对应状态规则所增加的工作量。

【例6-4-9】 计算由 47.25%(mol)甲烷和 52.75%(mol)丙烷组成的烃类混合物在

427.6K 和 10342kPa 时的绝热指数。

解：该混合物的临界性质、相对分子质量、偏心因数和计算的理想气体焓值汇总如下：

	摩尔分率	临界温度		临界压力/MPa	偏心因数	相对分子质量	质量分数	理想气体定压比热容 C_p^0 / [kJ/(kg·K)]
		℃	K					
甲烷	0.4725	-82.6	190.6	4.60	0.0108	16.04	0.2457	2.629
丙烷	0.5275	96.7	369.8	4.25	0.1517	44.09	0.7543	2.232
摩尔平均			285.2	4.42	0.0851	30.84		
质量平均							1.000	2.330

对比温度 $T_r = 427.6/285.2 = 1.50$，$P_r = 10.34/4.42 = 2.34$

由表 6-4-3，$\left(\dfrac{\widetilde{C}_v^0 - \widetilde{C}_v}{R}\right)^{(0)} = -0.271$

由表 6-4-4，$\left(\dfrac{\widetilde{C}_v^0 - \widetilde{C}_v}{R}\right)^{(1)} = -0.550$

由式(6-4-8)计算 $\left(\dfrac{\widetilde{C}_v^0 - \widetilde{C}_v}{R}\right) = -0.271 + 0.0851 \times (-0.550) = -0.318$

由式(6-4-9)计算该混合物的定容比热容

$$C_v = 2.330 - \frac{8.314}{30.84} \times (1 - 0.318) = 2.146 \text{kJ/(kg·K)}$$

由例 6-4-4 可知，该混合物在该条件下的定压比热容为 2.909 kJ/(kg·K)

由式(6-4-10)计算混合物在该条件下的绝热指数

$$\kappa = \frac{2.909}{2.146} = 1.36$$

六、其他常用物质的比热容[10]

表 6-4-5 列出了部分液体的定压比热容；

图 6-4-14～图 6-4-22 为部分溶剂、有机物质、常用酸碱和氨的比热图，上述图一般均由实验数据绘制。

图 6-4-14 有机溶剂的比热容图；

图 6-4-15 二乙二醇醚水溶液的比热容图；

图 6-4-16 三乙二醇醚水溶液的比热容图；

图 6-4-17 腈类液体比热容图；

图 6-4-18 一般液体的比热容图；

图 6-4-19 常用水溶液的比热容图；

图 6-4-20 液氨比热容图；

图 6-4-21 氯化钙水溶液的比热容图；

图 6-4-22 液体氢氟酸的比热容图。

表 6-4-1　简单流体定压比热容的压力校正项 $\left(\dfrac{\bar{C}_p^0 - \bar{C}_p}{R}\right)^{[0]\,[9]}$

对比温度	对比压力														
	0.20	0.40	0.60	0.80	1.00	1.20	1.50	2.00	2.50	3.00	3.50	4.00	5.00	8.00	10.00
0.30	-2.814	-2.830	-2.842	-2.854	-2.866	-2.878	-2.896	-2.927	-2.958	-2.989	-3.020	-3.051	-3.122	-3.326	-3.466
0.35	-2.816	-2.823	-2.835	-2.844	-2.853	-2.861	-2.875	-2.897	-2.920	-2.944	-2.968	-2.992	-3.042	-3.202	-3.313
0.40	-2.933	-2.935	-2.940	-2.945	-2.951	-2.956	-2.965	-2.979	-2.994	-3.014	-3.031	-3.048	-3.085	-3.206	-3.293
0.45	-2.991	-2.993	-2.995	-2.997	-2.999	-3.002	-3.006	-3.014	-3.023	-3.032	-3.043	-3.054	-3.079	-3.165	-3.232
0.50	-3.003	-3.001	-3.000	-2.998	-2.997	-2.996	-2.995	-2.995	-2.996	-2.999	-3.002	-3.007	-3.019	-3.075	-3.122
0.55	-2.997	-2.990	-2.984	-2.978	-2.973	-2.968	-2.961	-2.951	-2.944	-2.938	-2.934	-2.933	-2.934	-2.958	-2.988
0.60	-2.999	-2.986	-2.974	-2.963	-2.952	-2.942	-2.927	-2.907	-2.889	-2.874	-2.863	-2.854	-2.840	-2.833	-2.847
0.65	-3.036	-3.014	-2.993	-2.973	-2.955	-2.938	-2.914	-2.878	-2.848	-2.822	-2.801	-2.782	-2.753	-2.712	-2.709
0.70	-3.138	-3.099	-3.065	-3.033	-3.003	-2.975	-2.937	-2.881	-2.833	-2.792	-2.757	-2.728	-2.681	-2.603	-2.582
0.75	-3.351	-3.284	-3.225	-3.171	-3.122	-3.076	-3.015	-2.928	-2.855	-2.795	-2.743	-2.699	-2.629	-2.507	-2.469
0.80	-1.032	-3.647	-3.537	-3.440	-3.354	-3.277	-3.176	-3.038	-2.928	-2.838	-2.763	-2.700	-2.601	-2.430	-2.373
0.85	-0.794	-4.404	-4.158	-3.957	-3.790	-3.647	-3.470	-3.240	-3.067	-2.931	-2.824	-2.736	-2.599	-2.370	-2.292
0.90	-0.633	-1.858	-5.679	-5.095	-4.677	-4.359	-4.000	-3.585	-3.303	-3.096	-2.938	-2.812	-2.626	-2.327	-2.227
0.95	-0.518	-1.375	-3.341	-9.316	-7.127	-6.010	-5.050	-4.180	-3.680	-3.351	-3.115	-2.936	-2.684	-2.300	-2.175
0.98	-0.463	-1.181	-2.563	-7.350	-13.270	-8.611	-6.279	-4.742	-4.005	-3.560	-3.258	-3.037	-2.733	-2.292	-2.151
1.00	-0.431	-1.076	-2.218	-5.156	-13.183	-13.282	-7.686	-5.255	-4.279	-3.729	-3.369	-3.114	-2.773	-2.289	-2.138
1.02	-0.403	-0.986	-1.951	-4.025	-13.183	-31.366	-10.067	-5.923	-4.603	-3.920	-3.494	-3.200	-2.816	-2.288	-2.125

续表

对比温度	对比压力														
	0.20	0.40	0.60	0.80	1.00	1.20	1.50	2.00	2.50	3.00	3.50	4.00	5.00	8.00	10.00
1.05	-0.365	-0.872	-1.648	-3.047	-6.458	-20.232	-16.448	-7.296	-5.203	-4.259	-3.710	-3.346	-2.891	-2.290	-2.110
1.10	-0.313	-0.724	-1.297	-2.168	-3.649	-6.510	-13.256	-9.787	-6.415	-4.927	-4.128	-3.627	-3.033	-2.303	-2.093
1.15	-0.271	-0.612	-1.058	-1.670	-2.553	-3.885	-6.985	-9.094	-7.154	-5.535	-4.545	-3.919	-3.186	-2.323	-2.083
1.20	-0.237	-0.525	-0.885	-1.345	-1.951	-2.758	-4.430	-6.911	-6.720	-5.709	-4.808	-4.147	-3.326	-2.347	-2.079
1.25	-0.209	-0.456	-0.753	-1.117	-1.565	-2.122	-3.185	-5.085	-5.727	-5.377	-4.786	-4.230	-3.424	-2.370	-2.077
1.30	-0.185	-0.400	-0.651	-0.946	-1.297	-1.711	-2.458	-3.850	-4.707	-4.793	-4.515	-4.139	-3.452	-2.389	-2.077
1.40	-0.149	-0.315	-0.502	-0.711	-0.946	-1.208	-1.650	-2.462	-3.172	-3.573	-3.679	-3.612	-3.282	-2.393	-2.068
1.50	-0.122	-0.255	-0.399	-0.557	-0.728	-0.912	-1.211	-1.747	-2.256	-2.647	-2.877	-2.971	-2.917	-2.335	-2.038
1.60	-0.101	-0.210	-0.326	-0.449	-0.580	-0.719	-0.938	-1.321	-1.695	-2.016	-2.255	-2.406	-2.508	-2.218	-1.978
1.70	-0.086	-0.176	-0.271	-0.371	-0.475	-0.583	-0.752	-1.043	-1.328	-1.586	-1.798	-1.956	-2.128	-2.059	-1.889
1.80	-0.073	-0.150	-0.229	-0.311	-0.397	-0.484	-0.619	-0.848	-1.073	-1.282	-1.463	-1.611	-1.805	-1.882	-1.778
1.90	-0.063	-0.129	-0.196	-0.265	-0.336	-0.409	-0.519	-0.706	-0.889	-1.060	-1.214	-1.345	-1.538	-1.704	-1.656
2.00	-0.055	-0.112	-0.170	-0.229	-0.289	-0.350	-0.443	-0.598	-0.749	-0.893	-1.024	-1.140	-1.320	-1.536	-1.531
2.50	-0.031	-0.062	-0.093	-0.124	-0.155	-0.187	-0.233	-0.309	-0.383	-0.454	-0.521	-0.584	-0.695	-0.920	-0.997
3.00	-0.020	-0.039	-0.058	-0.078	-0.097	-0.116	-0.144	-0.190	-0.234	-0.277	-0.317	-0.356	-0.427	-0.592	-0.668
3.50	-0.013	-0.027	-0.040	-0.053	-0.066	-0.079	-0.098	-0.128	-0.158	-0.187	-0.214	-0.240	-0.289	-0.410	-0.472
4.00	-0.010	-0.019	-0.029	-0.038	-0.048	-0.057	-0.071	-0.093	-0.114	-0.135	-0.154	-0.173	-0.209	-0.300	-0.350

表 6-4-2 非简单流体定压热容的压力校正项 $\left(\dfrac{\bar{C}_p^0 - \bar{C}_p}{R}\right)$ [11] [9]

对比温度	对比压力														
	0.20	0.40	0.60	0.80	1.00	1.20	1.50	2.00	2.50	3.00	3.50	4.00	5.00	8.00	10.00
0.30	-8.382	-8.282	-8.192	-8.102	-8.011	-7.921	-7.785	-7.557	-7.331	-7.103	-6.875	-6.646	-6.270	-4.922	-4.020
0.35	-9.712	-9.646	-9.568	-9.499	-9.429	-9.360	-9.256	-9.081	-8.905	-8.728	-8.551	-8.372	-8.013	-6.988	-6.285
0.40	-11.439	-11.394	-11.343	-11.291	-11.240	-11.188	-11.110	-10.980	-10.848	-10.709	-10.574	-10.440	-10.170	-9.351	-8.803
0.45	-12.613	-12.573	-12.532	-12.491	-12.451	-12.409	-12.347	-12.242	-12.136	-12.029	-11.921	-11.812	-11.592	-10.966	-10.533
0.50	-13.084	-13.055	-13.025	-12.995	-12.964	-12.933	-12.886	-12.806	-12.723	-12.638	-12.553	-12.466	-12.288	-11.770	-11.419
0.55	-13.021	-13.001	-12.981	-12.960	-12.939	-12.917	-12.882	-12.823	-12.760	-12.695	-12.628	-12.554	-12.407	-11.966	-11.673
0.60	-12.668	-12.653	-12.637	-12.620	-12.590	-12.575	-12.550	-12.506	-12.458	-12.407	-12.348	-12.289	-12.165	-11.772	-11.527
0.65	-12.145	-12.137	-12.128	-12.117	-12.105	-12.092	-12.060	-12.026	-11.986	-11.943	-11.891	-11.838	-11.728	-11.376	-11.141
0.70	-11.557	-11.564	-11.563	-11.559	-11.553	-11.536	-11.524	-11.495	-11.458	-11.415	-11.369	-11.315	-11.208	-10.875	-10.661
0.75	-10.967	-10.995	-11.011	-11.019	-11.024	-11.022	-11.013	-10.985	-10.946	-10.898	-10.846	-10.791	-10.677	-10.338	-10.132
0.80	-1.947	-10.490	-10.536	-10.566	-10.583	-10.590	-10.587	-10.556	-10.506	-10.446	-10.380	-10.312	-10.176	-9.799	-9.591
0.85	-2.247	-9.999	-10.153	-10.245	-10.297	-10.321	-10.324	-10.278	-10.200	-10.110	-10.012	-9.916	-9.740	-9.302	-9.075
0.90	-1.563	-5.486	-9.793	-10.180	-10.349	-10.409	-10.401	-10.279	-10.111	-9.940	-9.779	-9.641	-9.389	-8.845	-8.592
0.95	-1.142	-3.215	-9.389	-9.993	-11.420	-11.607	-11.386	-10.865	-10.419	-10.055	-9.757	-9.518	-9.136	-8.436	-8.152
0.98	-0.962	-2.506	-5.711	-20.918	-14.884	-14.882	-13.420	-11.856	-10.939	-10.323	-9.878	-9.536	-9.037	-8.213	-7.905
1.00	-0.863	-2.162	-4.477	-10.511	∞	-25.650	-16.895	-13.081	-11.513	-10.617	-10.020	-9.587	-8.990	-8.071	-7.747
1.02	-0.778	-1.884	-3.648	-7.044	-15.109	-115.101	-26.192	-15.095	-12.347	-11.024	-10.218	-9.676	-8.960	-7.939	-7.595

续表

对比温度	对比压力														
	0.20	0.40	0.60	0.80	1.00	1.20	1.50	2.00	2.50	3.00	3.50	4.00	5.00	8.00	10.00
1.05	-0.669	-1.559	-2.812	-4.679	-7.173	-2.279	-41.806	-20.337	-14.170	-11.856	-10.631	-9.870	-8.939	-7.745	-7.377
1.10	-0.528	-1.174	-1.968	-2.919	-3.877	-4.002	-3.928	-19.681	-16.918	-13.389	-11.417	-10.246	-8.933	-7.443	-7.031
1.15	-0.424	-0.910	-1.460	-2.048	-2.587	-2.844	-2.236	-7.716	-12.827	-12.810	-11.489	-10.325	-8.849	-7.155	-6.702
1.20	-0.345	-0.722	-1.123	-1.527	-1.881	-2.095	-1.963	-2.966	-7.165	-9.498	-9.934	-9.566	-8.508	-6.844	-6.384
1.25	-0.283	-0.582	-0.887	-1.182	-1.435	-1.605	-1.622	-1.697	-3.792	-6.167	-7.509	-7.989	-7.787	-6.502	-6.064
1.30	-0.235	-0.476	-0.715	-0.938	-1.129	-1.264	-1.327	-1.289	-2.167	-3.855	-5.296	-6.186	-6.758	-6.112	-5.735
1.40	-0.166	-0.329	-0.484	-0.624	-0.743	-0.833	-0.904	-0.905	-1.059	-1.652	-2.520	-3.362	-4.524	-5.184	-5.035
1.50	-0.120	-0.235	-0.342	-0.437	-0.517	-0.580	-0.639	-0.666	-0.706	-0.907	-1.307	-1.822	-2.823	-4.158	-4.289
1.60	-0.089	-0.173	-0.249	-0.317	-0.374	-0.419	-0.466	-0.499	-0.520	-0.600	-0.785	-1.066	-1.755	-3.200	-3.545
1.70	-0.068	-0.130	-0.187	-0.236	-0.278	-0.312	-0.349	-0.380	-0.398	-0.439	-0.532	-0.686	-1.129	-2.410	-2.867
1.80	-0.052	-0.100	-0.143	-0.180	-0.212	-0.238	-0.267	-0.296	-0.312	-0.337	-0.390	-0.480	-0.764	-1.804	-2.287
1.90	-0.041	-0.078	-0.111	-0.140	-0.164	-0.185	-0.209	-0.234	-0.249	-0.267	-0.301	-0.358	-0.545	-1.359	-1.817
2.00	-0.032	-0.062	-0.088	-0.110	-0.130	-0.146	-0.166	-0.187	-0.202	-0.217	-0.241	-0.279	-0.407	-1.037	-1.446
2.50	-0.012	-0.023	-0.033	-0.042	-0.049	-0.056	-0.065	-0.076	-0.086	-0.095	-0.106	-0.118	-0.155	-0.360	-0.544
3.00	-0.006	-0.011	-0.016	-0.020	-0.024	-0.028	-0.033	-0.041	-0.048	-0.055	-0.063	-0.071	-0.092	-0.192	-0.285
3.50	-0.003	-0.006	-0.009	-0.012	-0.015	-0.017	-0.021	-0.026	-0.032	-0.038	-0.044	-0.051	-0.067	-0.133	-0.190
4.00	-0.002	-0.004	-0.006	-0.008	-0.010	-0.012	-0.015	-0.019	-0.024	-0.029	-0.035	-0.041	-0.054	-0.104	-0.146

表6-4-3　简单流体定容热容的压力校正项 $\left(\dfrac{\tilde{C}_v^0 - \tilde{C}_v}{R}\right)^{[0]\,[9]}$

对比温度	对比压力														
	0.20	0.40	0.60	0.80	1.00	1.20	1.50	2.00	2.50	3.00	3.50	4.00	5.00	8.00	10.00
0.30	13.097	13.057	13.018	12.979	12.940	12.900	12.842	12.745	12.649	12.553	12.458	12.364	12.176	11.627	11.271
0.35	7.696	7.662	7.629	7.596	7.563	7.530	7.481	7.400	7.320	7.240	7.161	7.083	6.928	6.477	6.187
0.40	4.602	4.573	4.545	4.516	4.488	4.460	4.418	4.348	4.279	4.211	4.144	4.077	3.946	3.567	3.326
0.45	2.769	2.743	2.718	2.693	2.668	2.644	2.607	2.546	2.486	2.427	2.369	2.311	2.198	1.874	1.670
0.50	1.651	1.629	1.606	1.584	1.562	1.540	1.507	1.453	1.400	1.348	1.297	1.246	1.147	0.867	0.691
0.55	0.956	0.935	0.915	0.895	0.874	0.855	0.825	0.777	0.729	0.683	0.637	0.592	0.504	0.258	0.105
0.60	0.516	0.497	0.478	0.460	0.441	0.423	0.396	0.352	0.309	0.267	0.226	0.185	0.107	-0.112	-0.246
0.65	0.236	0.218	0.201	0.184	0.166	0.150	0.125	0.084	0.045	0.007	-0.031	-0.068	-0.138	-0.334	-0.453
0.70	0.057	0.041	0.024	0.008	-0.008	-0.024	-0.047	-0.085	-0.121	-0.156	-0.190	-0.224	-0.288	-0.464	-0.571
0.75	-0.057	-0.073	-0.088	-0.104	-0.119	-0.134	-0.155	-0.190	-0.224	-0.256	-0.288	-0.318	-0.377	-0.537	-0.632
0.80	-0.232	-0.145	-0.160	-0.175	-0.189	-0.202	-0.223	-0.255	-0.286	-0.316	-0.345	-0.373	-0.427	-0.572	-0.658
0.85	-0.184	-0.195	-0.208	-0.221	-0.234	-0.246	-0.265	-0.294	-0.323	-0.350	-0.377	-0.403	-0.452	-0.584	-0.662
0.90	-0.149	-0.322	-0.248	-0.257	-0.267	-0.278	-0.293	-0.319	-0.345	-0.369	-0.393	-0.416	-0.461	-0.581	-0.652
0.95	-0.122	-0.259	-0.422	-0.311	-0.308	-0.311	-0.320	-0.338	-0.358	-0.379	-0.400	-0.420	-0.460	-0.568	-0.633
0.98	-0.109	-0.230	-0.367	-0.539	-0.364	-0.346	-0.341	-0.350	-0.366	-0.384	-0.402	-0.420	-0.457	-0.559	-0.620
1.00	-0.102	-0.212	-0.336	-0.483	-0.638	-0.390	-0.363	-0.360	-0.371	-0.386	-0.403	-0.420	-0.454	-0.551	-0.610
1.02	-0.095	-0.197	-0.310	-0.438	-0.595	-0.499	-0.395	-0.373	-0.378	-0.389	-0.403	-0.419	-0.451	-0.543	-0.600

续表

对比温度	对比压力														
	0.20	0.40	0.60	0.80	1.00	1.20	1.50	2.00	2.50	3.00	3.50	4.00	5.00	8.00	10.00
1.05	-0.086	-0.177	-0.276	-0.384	-0.505	-0.619	-0.483	-0.400	-0.390	-0.395	-0.405	-0.417	-0.445	-0.531	-0.584
1.10	-0.073	-0.149	-0.230	-0.316	-0.406	-0.498	-0.575	-0.470	-0.420	-0.408	-0.409	-0.416	-0.436	-0.510	-0.557
1.15	-0.063	-0.127	-0.195	-0.265	-0.337	-0.409	-0.502	-0.517	-0.458	-0.427	-0.416	-0.416	-0.428	-0.488	-0.531
1.20	-0.054	-0.110	-0.167	-0.225	-0.284	-0.343	-0.425	-0.496	-0.477	-0.444	-0.425	-0.417	-0.420	-0.467	-0.505
1.25	-0.047	-0.095	-0.144	-0.193	-0.243	-0.293	-0.363	-0.446	-0.465	-0.448	-0.429	-0.418	-0.412	-0.447	-0.480
1.30	-0.041	-0.083	-0.125	-0.168	-0.210	-0.252	-0.313	-0.393	-0.432	-0.436	-0.425	-0.414	-0.405	-0.429	-0.457
1.40	-0.032	-0.064	-0.097	-0.129	-0.161	-0.193	-0.238	-0.305	-0.354	-0.380	-0.389	-0.389	-0.384	-0.394	-0.414
1.50	-0.026	-0.051	-0.077	-0.102	-0.127	-0.151	-0.187	-0.241	-0.285	-0.317	-0.336	-0.347	-0.353	-0.362	-0.376
1.60	-0.021	-0.041	-0.062	-0.082	-0.102	-0.121	-0.150	-0.193	-0.231	-0.262	-0.284	-0.300	-0.316	-0.331	-0.343
1.70	-0.017	-0.034	-0.050	-0.067	-0.083	-0.099	-0.122	-0.158	-0.190	-0.217	-0.239	-0.256	-0.278	-0.301	-0.312
1.80	-0.014	-0.028	-0.042	-0.055	-0.069	-0.082	-0.101	-0.131	-0.158	-0.182	-0.202	-0.219	-0.242	-0.273	-0.283
1.90	-0.012	-0.023	-0.035	-0.046	-0.057	-0.068	-0.084	-0.110	-0.133	-0.153	-0.172	-0.187	-0.211	-0.246	-0.257
2.00	-0.010	-0.020	-0.030	-0.039	-0.049	-0.058	-0.071	-0.093	-0.113	-0.131	-0.147	-0.161	-0.184	-0.221	-0.233
2.50	-0.005	-0.010	-0.014	-0.019	-0.024	-0.028	-0.035	-0.045	-0.056	-0.065	-0.074	-0.082	-0.097	-0.129	-0.142
3.00	-0.003	-0.005	-0.008	-0.011	-0.013	-0.016	-0.020	-0.026	-0.031	-0.037	-0.042	-0.047	-0.057	-0.079	-0.090
3.50	-0.002	-0.003	-0.005	-0.007	-0.008	-0.010	-0.012	-0.016	-0.020	-0.023	-0.026	-0.030	-0.036	-0.051	-0.059
4.00	-0.001	-0.002	-0.003	-0.004	-0.005	-0.006	-0.008	-0.011	-0.013	-0.015	-0.018	-0.020	-0.024	-0.035	-0.041

表 6-4-4　非简单流体定容定容热容的压力校正项 $\left(\dfrac{\tilde{C}_v^0 - \tilde{C}_v}{R}\right)^{[1][9]}$

对比温度	对比压力														
	0.20	0.40	0.60	0.80	1.00	1.20	1.50	2.00	2.50	3.00	3.50	4.00	5.00	8.00	10.00
0.30	-49.637	-49.486	-49.337	-49.187	-49.037	-48.888	-48.664	-48.291	-47.921	-47.551	-47.181	-46.813	-46.178	-44.068	-42.688
0.35	-33.253	-33.138	-33.022	-32.908	-32.792	-32.678	-32.507	-32.223	-31.940	-31.658	-31.378	-31.099	-30.545	-28.976	-27.942
0.40	-23.327	-23.236	-23.145	-23.054	-22.964	-22.874	-22.739	-22.517	-22.296	-22.077	-21.859	-21.644	-21.218	-19.978	-19.180
0.45	-16.880	-16.804	-16.728	-16.653	-16.578	-16.503	-16.391	-16.207	-16.024	-15.844	-15.665	-15.488	-15.138	-14.163	-13.531
0.50	-12.480	-12.416	-12.352	-12.288	-12.225	-12.163	-12.069	-11.914	-11.762	-11.611	-11.461	-11.314	-11.023	-10.212	-9.697
0.55	-9.382	-9.327	-9.272	-9.218	-9.164	-9.110	-9.030	-8.898	-8.767	-8.639	-8.512	-8.386	-8.140	-7.448	-7.018
0.60	-7.192	-7.140	-7.089	-7.039	-6.981	-6.933	-6.862	-6.745	-6.631	-6.518	-6.407	-6.297	-6.084	-5.478	-5.115
0.65	-5.622	-5.573	-5.525	-5.478	-5.431	-5.385	-5.311	-5.204	-5.099	-4.996	-4.895	-4.797	-4.605	-4.071	-3.744
0.70	-4.503	-4.456	-4.409	-4.363	-4.318	-4.269	-4.205	-4.101	-4.001	-3.904	-3.810	-3.717	-3.540	-3.057	-2.767
0.75	-3.717	-3.669	-3.622	-3.576	-3.532	-3.487	-3.422	-3.318	-3.219	-3.124	-3.032	-2.944	-2.775	-2.326	-2.061
0.80	-0.892	-3.144	-3.093	-3.043	-2.995	-2.948	-2.880	-2.773	-2.671	-2.575	-2.483	-2.395	-2.230	-1.797	-1.551
0.85	-0.907	-2.824	-2.765	-2.708	-2.654	-2.602	-2.527	-2.411	-2.303	-2.201	-2.105	-2.015	-1.848	-1.426	-1.188
0.90	-0.683	-1.581	-2.632	-2.559	-2.490	-2.426	-2.335	-2.199	-2.075	-1.962	-1.858	-1.764	-1.590	-1.165	-0.932
0.95	-0.527	-1.154	-1.995	-2.638	-2.528	-2.431	-2.302	-2.121	-1.969	-1.836	-1.717	-1.612	-1.424	-0.986	-0.756
0.98	-0.455	-0.976	-1.610	-2.533	-2.739	-2.570	-2.379	-2.141	-1.957	-1.806	-1.675	-1.559	-1.360	-0.910	-0.679
1.00	-0.414	-0.878	-1.420	-2.109	-3.589	-2.809	-2.496	-2.188	-1.973	-1.803	-1.661	-1.537	-1.328	-0.868	-0.637
1.02	-0.378	-0.793	-1.263	-1.819	-2.549	-3.485	-2.711	-2.266	-2.007	-1.814	-1.657	-1.525	-1.305	-0.834	-0.602

续表

对比温度	对比压力														
	0.20	0.40	0.60	0.80	1.00	1.20	1.50	2.00	2.50	3.00	3.50	4.00	5.00	8.00	10.00
1.05	-0.330	-0.686	-1.073	-1.503	-1.990	-2.573	-3.149	-2.454	-2.092	-1.853	-1.671	-1.522	-1.282	-0.793	-0.559
1.10	-0.266	-0.545	-0.837	-1.142	-1.459	-1.785	-2.310	-2.643	-2.270	-1.955	-1.725	-1.545	-1.271	-0.747	-0.509
1.15	-0.217	-0.440	-0.667	-0.896	-1.126	-1.352	-1.681	-2.173	-2.221	-2.002	-1.770	-1.574	-1.274	-0.722	-0.478
1.20	-0.179	-0.359	-0.539	-0.718	-0.893	-1.061	-1.299	-1.665	-1.889	-1.872	-1.730	-1.564	-1.270	-0.705	-0.460
1.25	-0.148	-0.296	-0.441	-0.584	-0.721	-0.852	-1.034	-1.305	-1.522	-1.615	-1.582	-1.483	-1.241	-0.692	-0.448
1.30	-0.124	-0.246	-0.365	-0.480	-0.590	-0.695	-0.839	-1.048	-1.224	-1.341	-1.375	-1.340	-1.175	-0.676	-0.439
1.40	-0.088	-0.174	-0.256	-0.334	-0.408	-0.478	-0.573	-0.708	-0.821	-0.912	-0.974	-1.002	-0.966	-0.625	-0.416
1.50	-0.064	-0.125	-0.184	-0.239	-0.291	-0.340	-0.405	-0.499	-0.574	-0.636	-0.686	-0.719	-0.737	-0.545	-0.379
1.60	-0.047	-0.092	-0.135	-0.175	-0.212	-0.247	-0.294	-0.361	-0.414	-0.457	-0.492	-0.519	-0.546	-0.452	-0.330
1.70	-0.036	-0.069	-0.101	-0.130	-0.158	-0.183	-0.218	-0.266	-0.305	-0.335	-0.360	-0.379	-0.403	-0.359	-0.274
1.80	-0.027	-0.052	-0.076	-0.099	-0.119	-0.138	-0.164	-0.199	-0.228	-0.250	-0.267	-0.281	-0.299	-0.278	-0.220
1.90	-0.021	-0.040	-0.058	-0.075	-0.091	-0.105	-0.125	-0.151	-0.172	-0.189	-0.201	-0.211	-0.223	-0.211	-0.171
2.00	-0.016	-0.031	-0.045	-0.058	-0.070	-0.081	-0.096	-0.116	-0.132	-0.144	-0.153	-0.159	-0.167	-0.158	-0.129
2.50	-0.005	-0.010	-0.014	-0.018	-0.021	-0.024	-0.028	-0.033	-0.037	-0.039	-0.041	-0.041	-0.040	-0.027	-0.014
3.00	-0.002	-0.003	-0.004	-0.005	-0.006	-0.007	-0.008	-0.009	-0.010	-0.010	-0.009	-0.008	-0.005	0.008	0.018
3.50	0.000	-0.001	-0.001	-0.001	-0.001	-0.002	-0.002	-0.001	-0.001	0.000	0.001	0.002	0.005	0.016	0.024
4.00	0.000	0.000	0.000	0.000	0.000	0.000	0.001	0.001	0.002	0.003	0.004	0.006	0.008	0.017	0.023

表 6-4-5　液体定压比热容[11]

序号	物质名称	分子式	相对分子质量	C1	C2	C3	C4	C5	T_{min}/K	T_{min}时的 $C_p \times 1E{-}05$/[J/(kmol·K)]	T_{max}/K	T_{max}时的 $C_p \times 1E{-}05$/[J/(kmol·K)]
1	甲烷①	CH_4	16.043	6.5708E+01	3.8883E+01	-2.5795E+04	6.1407E+02	0	90.69	0.5361	190	14.9780
2	乙烷①	C_2H_6	30.070	4.4009E+01	8.9718E+01	9.1877E+04	-1.8860E+03	0	92	0.6855	290	1.2444
3	丙烷①	C_3H_8	44.097	6.2983E+01	1.1363E+05	6.3321E+05	-8.7346E+02	0	85.47	0.8488	360	2.6079
4	正丁烷①	C_4H_{10}	58.123	6.4730E+01	1.6184E+01	9.8341E+05	-1.4315E+03	0	134.86	1.138	420	5.0822
5	正戊烷	C_5H_{12}	72.150	1.5908E+05	-2.7050E+02	9.9537E-01	0	0	143.42	1.4076	390	2.0498
6	正己烷	C_6H_{14}	86.177	1.7212E+05	-1.8378E+02	8.8734E-01	0	0	177.83	1.675	460	2.7534
7	正庚烷①	C_7H_{16}	100.204	6.1260E+01	3.1441E+01	1.8246E+01	-2.5479E+03	0	182.57	1.9989	520	4.0657
8	正辛烷	C_8H_{18}	114.231	2.2483E+05	-1.8663E+02	9.5891E-01	0	0	216.38	2.2934	460	3.4189
9	正壬烷	C_9H_{20}	128.258	3.8308E+05	-1.1398E+02	2.7101E+00	0	0	219.66	2.6348	325	2.9890
10	正癸烷	$C_{10}H_{22}$	142.285	2.7862E+05	-1.9791E+02	1.0737E+00	0	0	243.51	2.9409	460	4.1478
11	正十一烷	$C_{11}H_{24}$	156.312	2.9398E+05	-1.1498E+02	9.6936E-01	0	0	247.57	3.2493	433.42	4.2624
12	正十二烷	$C_{12}H_{26}$	170.338	5.0821E+05	-1.3687E+03	3.1015E+00	0	0	263.57	3.6292	330	3.9429
13	正十三烷	$C_{13}H_{28}$	184.365	3.5018E+05	-1.0470E+02	1.0022E+00	0	0	267.76	3.94	508.62	5.5619
14	正十四烷	$C_{14}H_{30}$	198.392	3.5314E+05	2.9130E+01	8.6116E-01	0	0	279.01	4.2831	526.73	6.0741
15	正十五烷	$C_{15}H_{32}$	212.419	3.4691E+05	2.1954E+02	6.5632E-01	0	0	283.07	4.6165	543.84	6.6042
16	正十六烷	$C_{16}H_{34}$	226.446	3.7035E+05	2.3147E+02	6.8632E-01	0	0	291.31	4.9602	560.01	7.1521
17	正十七烷	$C_{17}H_{36}$	240.473	3.7697E+05	3.4782E+02	5.7895E-01	0	0	295.13	5.3005	575.3	7.6869
18	正十八烷	$C_{18}H_{38}$	254.500	3.9943E+05	3.7464E+02	5.8156E-01	0	0	301.31	5.6511	589.86	8.2276
19	正十九烷	$C_{19}H_{40}$	268.527	3.4257E+05	7.6208E+02	2.0481E-01	0	0	305.04	5.9409	603.05	8.7663
20	正二十烷	$C_{20}H_{42}$	282.553	3.5272E+05	8.0732E+02	2.1220E-01	0	0	309.58	6.2299	616.93	9.3154
21	2-甲基丙烷	C_4H_{10}	58.123	1.7237E+05	-1.7839E+03	1.4759E+01	-4.7909E-02	5.8050E-05	113.54	0.9961	380	2.0725
22	2-甲基丁烷	C_5H_{12}	72.150	1.0830E+05	1.4600E+02	-2.9200E-01	1.5100E-03	0	113.25	1.2328	310	1.7048

续表

序号	物质名称	分子式	相对分子质量	$C1$	$C2$	$C3$	$C4$	$C5$	T_{min}/K	T_{min}时的 $C_p \times$ 1E-05/[J/(kmol·K)]	T_{max}/K	T_{max}时的 $C_p \times$ 1E-05/[J/(kmol·K)]
23	2,3-二甲基丁烷	C_6H_{14}	86.177	1.2945E+05	1.8500E+01	6.0800E-01	0	0	145.19	1.4495	331.13	2.0224
24	2-甲基戊烷	C_6H_{14}	86.177	1.4222E+05	-4.7830E+01	7.3900E-01	0	0	119.55	1.4706	333.41	2.0842
25	2,3-二甲基戊烷②	C_7H_{16}	100.204	1.4642E+05	5.9200E+01	6.0400E-01	0	0	90	1.5664	380	2.5613
26	2,3,3-三甲基戊烷	C_8H_{18}	114.231	3.8862E+05	-1.4395E+02	3.2187E+00	0	0	280	2.3791	320	2.5757
27	2,2,4-三甲基戊烷	C_8H_{18}	114.231	9.5275E+04	6.9670E+02	-1.3765E+02	2.1734E-03	0	165.78	1.8285	520	3.9095
28	乙烯	C_2H_4	28.054	2.4739E+05	-4.4280E+03	4.0936E+01	-1.6970E-01	2.6816E-04	103.97	0.7013	252.7	0.9758
29	丙烯	C_3H_6	42.081	1.1720E+05	-3.8632E+02	1.2348E+00	0	0	87.89	0.9279	298.15	1.1178
30	1-丁烯	C_4H_8	56.108	1.3589E+05	-4.7739E+02	2.1835E+00	-2.2230E-03	0	87.8	1.093	300	1.2917
31	顺-2-丁烯	C_4H_8	56.108	1.2668E+05	-6.5470E+01	-6.4000E-01	2.9120E-03	0	134.26	1.134	350	1.5022
32	反-2-丁烯	C_4H_8	56.108	1.1276E+05	-1.0470E+02	5.2140E-01	0	0	167.62	1.0986	274.03	1.2322
33	1-戊烯	C_5H_{10}	70.134	1.5467E+05	-4.2600E+02	1.9640E+00	-1.8038E-03	0	107.93	1.293	310	1.5761
34	1-己烯	C_6H_{12}	84.161	1.9263E+05	-5.7116E+02	2.4004E+00	-1.9758E-03	0	133.39	1.5446	336.63	1.9700
35	1-庚烯	C_7H_{14}	98.188	1.8997E+05	-1.5670E+02	4.3300E-01	1.5222E-03	0	154.27	1.7955	330	2.3032
36	1-辛烯	C_8H_{16}	112.215	3.7930E+05	-2.1175E+02	8.2362E-01	-9.0093E-03	0	171.45	2.1295	315	2.4793
37	1-壬烯	C_9H_{18}	126.242	2.5875E+05	-3.5450E+02	1.3126E+00	0	0	191.78	2.3904	420.02	3.4142
38	1-癸烯	$C_{10}H_{20}$	140.269	3.1950E+05	-5.7621E+02	1.7087E+00	0	0	206.89	2.7343	443.75	4.0027
39	2-甲基丙烯	C_4H_8	56.108	8.7680E+04	2.1710E+02	-9.1530E-01	2.2660E-03	0	132.81	1.0568	343.15	1.4596
40	2-甲基-1-丁烯③	C_5H_{10}	70.134	1.4951E+05	-2.4763E+02	9.1849E-01	0	0	135.58	1.3282	304.31	1.5921
41	2-甲基-2-丁烯③	C_5H_{10}	70.134	1.5160E+05	-2.6672E+02	9.0847E-01	0	0	139.39	1.3207	311.71	1.5673
42	1,2-丁二烯	C_4H_6	54.092	1.3515E+05	-3.1114E+02	9.7007E-01	-1.5230E-04	0	136.95	1.1034	290	1.2279
43	1,3-丁二烯	C_4H_6	54.092	1.2886E+05	-3.2310E+02	1.0150E+00	3.2000E-05	0	165	1.0333	350	1.4148
44	2-甲基-1,3-丁二烯	C_5H_8	68.119	1.4148E+05	-2.8870E+02	1.0910E+00	0	0	130.32	1.2239	307.2	1.5575

续表

序号	物质名称	分子式	相对分子质量	$C1$	$C2$	$C3$	$C4$	$C5$	T_{min}/K	T_{mint} 时的 $C_p \times 1E{-}05$/[J/(kmol·K)]	T_{max}/K	T_{max} 时的 $C_p \times 1E{-}05$/[J/(kmol·K)]
45	乙炔	C_2H_2	26.038	2.0011E+05	−1.1988E+03	3.0027E+00	0	0	192.4	0.8061	250	0.8808
46	甲基乙炔	C_3H_4	40.065	7.9791E+04	8.9490E+01	0	0	0	200	0.9769	249.94	1.0216
47	二甲基乙炔	C_4H_6	54.092	8.8153E+04	1.2416E+02	0	0	0	240.91	1.1806	300.13	1.2542
48	3-甲基-1-丁炔	C_5H_8	68.119	1.0520E+05	1.9110E+02	0	0	0	200	1.4342	299.49	1.6243
49	1-戊炔	C_5H_8	68.119	8.6200E+04	2.5660E+02	0	0	0	200	1.3752	313.33	1.6660
50	2-戊炔	C_5H_8	68.119	6.8671E+04	2.4666E+02	0	0	0	200	1.18	329.27	1.4989
51	1-己炔	C_6H_{10}	82.145	9.3000E+04	3.2600E+02	0	0	0	200	1.582	344.48	2.0530
52	2-己炔	C_6H_{10}	82.145	9.4860E+04	2.5415E+02	0	0	0	200	1.711	357.67	1.8576
53	3-己炔	C_6H_{10}	82.145	8.2795E+04	2.8340E+02	0	0	0	300	1.6781	354.35	1.8322
54	1-庚炔	C_7H_{12}	96.172	8.5122E+04	4.0247E+02	0	0	0	192.22	1.6248	372.93	2.3522
55	1-辛炔	C_8H_{14}	110.199	9.1748E+04	4.7140E+02	0	0	0	193.55	1.8299	399.35	2.8000
56	乙烯基乙炔④	C_4H_4	52.076	6.8720E+04	1.3500E+02	0	0	0	200	0.9572	278.25	1.0628
57	环戊烷	C_5H_{10}	70.134	1.2253E+05	−4.0380E+02	1.7344E+00	−1.0975E−03	0	179.28	0.9956	322.4	1.3584
58	甲基环戊烷	C_6H_{12}	84.161	1.5592E+05	−4.9000E+02	2.1383E+00	−1.5585E−03	0	130.73	1.2492	366.48	1.8682
59	乙基环戊烷	C_7H_{14}	98.188	1.7852E+05	−5.1835E+02	2.3255E+00	−1.6818E−03	0	134.71	1.4678	301.82	1.8767
60	环己烷	C_6H_{12}	84.161	−2.2060E+05	3.1183E+03	−9.4216E+00	1.0687E−02	0	279.69	1.4836	400	2.0323
61	甲基环己烷	C_7H_{14}	98.188	1.3134E+05	−6.3100E+01	8.1250E−01	0	0	146.58	1.3955	320	1.9435
62	1,1-二甲基环己烷	C_8H_{16}	112.215	1.3450E+05	8.7650E+01	8.1151E−01	0	0	239.66	1.8321	392.7	2.6309
63	乙基环己烷	C_8H_{16}	112.215	1.3236E+05	7.2740E+01	6.4738E−01	0	0	161.84	1.6109	404.95	2.6798
64	环戊烯	C_5H_8	68.119	1.2538E+05	−3.4970E+02	1.1430E+00	0	0	138.13	0.9888	317.38	1.2953
65	1-甲基环戊烯	C_6H_{10}	82.145	5.3271E+04	3.2792E+02	0	0	0	200	1.1885	348.64	1.6760
66	环己烯	C_6H_{10}	82.145	1.0585E+05	−6.0000E+01	6.8000E−01	0	0	169.67	1.1525	356.12	1.7072

续表

序号	物质名称	分子式	相对分子质量	C1	C2	C3	C4	C5	T_{min}/K	T_{mint}时的 $C_p \times 1E-05$/[J/(kmol·K)]	T_{max}/K	T_{max}时的 $C_p \times 1E-05$/[J/(kmol·K)]
67	苯	C_6H_6	78.114	1.2944E+05	-1.6950E+02	6.4781E-01	0	0	278.68	1.3251	353.24	1.5040
68	甲苯	C_7H_8	92.141	1.4014E+05	-1.5230E+02	6.9500E-01	0	0	178.18	1.3507	500	2.3774
69	1,2-二甲苯	C_8H_{10}	106.167	3.6500E+04	1.0175E+03	-2.6300E+00	3.0200E-03	0	248	1.7315	415	2.2166
70	1,3-二甲苯	C_8H_{10}	106.167	1.7555E+05	-2.9950E+02	1.0880E+00	0	0	225.3	1.633	360	2.0873
71	1,4-二甲苯	C_8H_{10}	106.167	-3.5500E+04	1.2872E+03	-2.5990E+00	2.4260E-03	0	286.41	1.7697	600	3.2520
72	乙苯	C_8H_{10}	106.167	1.3316E+05	4.4507E+01	3.9645E-01	0	0	178.15	1.5367	370	2.1781
73	丙基苯	C_9H_{12}	120.194	2.3477E+05	-8.0022E+02	3.4037E+00	-3.1739E-03	0	173.59	1.8182	370	2.4389
74	1,2,4-三甲基苯	C_9H_{12}	120.194	1.7880E+05	-1.2847E+02	8.3741E-01	0	0	229.33	1.9338	350	2.3642
75	异丙基苯	C_9H_{12}	120.194	1.8290E+05	-1.7400E+02	9.1200E-01	0	0	177.14	1.8069	500	3.2390
76	1,3,5-三甲基苯	C_9H_{12}	120.194	1.4805E+05	1.9700E+01	6.2260E-01	0	0	228.42	1.8503	350	2.3121
77	对甲基异丙基苯	$C_{10}H_{14}$	134.221	1.4560E+05	2.4870E+02	1.8700E-01	0	0	205.25	2.0452	450.28	2.9550
78	萘	$C_{10}H_8$	128.174	2.9800E+04	5.2750E+02	0	0	0	353.43	2.1623	491.14	2.8888
79	联苯	$C_{12}H_{10}$	154.211	1.2177E+05	4.2930E+02	0	0	0	342.2	2.6868	533.37	3.5075
80	苯乙烯	C_8H_8	104.152	1.1334E+05	2.9020E+02	-6.0510E-01	1.3567E-03	0	242.54	1.6749	418.31	2.2816
81	间三联苯	$C_{18}H_{14}$	230.309	1.9567E+05	5.9407E+02	0.0000E+00	0	0	360	4.0954	650	5.8182
82	甲醇	CH_4O	32.042	1.0580E+05	-3.6223E+02	9.3790E-01	0	0	175.47	0.7112	400	1.1097
83	乙醇	C_2H_6O	46.069	1.0264E+05	-1.3963E+02	-3.0341E-02	2.0386E-03	0	159.05	0.8787	390	1.6450
84	1-丙醇	C_3H_8O	60.096	1.5876E+05	-6.3500E+02	1.9690E+00	0	0	146.95	1.0797	400	2.1980
85	1-丁醇	$C_4H_{10}O$	74.123	1.9120E+05	-7.3040E+02	2.2998E+00	0	0	184.51	1.3473	390.81	2.5701
86	2-丁醇	$C_4H_{10}O$	74.123	2.0670E+05	-1.0204E+03	3.2900E+00	0	0	158.45	1.2762	372.7	2.8340
87	2-丙醇	C_3H_8O	60.096	7.2355E+05	-8.0950E+03	3.6662E+01	-6.6395E-02	4.4064E-05	185.28	1.1189	480	2.8122
88	2-甲基-2-丙醇	$C_4H_{10}O$	74.123	-9.2546E+05	7.8949E+03	-1.7661E+01	1.3617E-02	0	298.96	2.2016	460	2.9455

续表

序号	物质名称	分子式	相对分子质量	C1	C2	C3	C4	C5	T_{min}/K	T_{mint}时的 $C_p \times 1E-05$/[J/(kmol·K)]	T_{max}/K	T_{max}时的 $C_p \times 1E-05$/[J/(kmol·K)]
89	1-戊醇	$C_5H_{12}O$	88.150	2.0120E+05	-6.5130E+02	2.2750E+00	0	0	200.14	1.6198	389.15	2.9227
90	2-甲基-1-丁醇	$C_5H_{12}O$	88.150	8.2937E+04	4.5998E+02	0	0	0	250	1.9793	401.85	2.6778
91	3-甲基-1-丁醇	$C_5H_{12}O$	88.150	-5.3777E+04	8.8342E+02	0	0	0	295.52	2.0729	350	2.5542
92	1-己醇	$C_6H_{14}O$	102.177	4.8466E+05	-2.7613E+03	6.5555E+00	0	0	228.55	1.9599	320	2.7233
93	1-庚醇	$C_7H_{16}O$	116.203	4.3790E+05	-2.0947E+03	5.2090E+00	0	0	239.15	2.3487	370	3.7597
94	环己醇	$C_6H_{12}O$	100.161	-4.0000E+04	8.5300E+02	-1.8486E+00	0	0	296.6	2.13	434	3.3020
95	乙二醇	$C_2H_6O_2$	62.068	3.5540E+04	4.3678E+02	0.0000E+00	0	0	260.15	1.3666	493.15	2.0598
96	1,2-丙二醇	$C_3H_8O_2$	76.095	5.8080E+04	4.4520E+02	0.0000E+00	0	0	213.15	1.5297	460.75	2.6321
97	苯酚	C_6H_6O	94.113	1.0172E+05	3.1761E+02	0	0	0	314.06	2.0147	425	2.3670
98	邻甲酚	C_7H_8O	108.140	-1.8515E+05	3.1480E+03	-8.0367E+00	7.2540E-03	0	304.2	2.3297	400	2.5243
99	间甲酚	C_7H_8O	108.140	-2.4670E+05	3.2568E+03	-7.4202E+00	6.0467E-03	0	285.39	2.1895	400	2.5578
100	对甲酚	C_7H_8O	108.140	2.5998E+05	-1.1123E+03	4.9427E+00	-5.4367E-03	0	307.93	2.274	400	2.5794
101	二甲醚	C_2H_6O	46.069	1.1010E+05	-1.5747E+02	5.1853E-01	0	0	131.65	0.9836	250	1.0314
102	甲基乙基醚	C_3H_8O	60.096	1.2977E+05	-3.3196E+02	1.3869E+00	0	0	218.9	1.2356	328.35	1.7030
103	甲基正丙基醚	$C_4H_{10}O$	74.123	1.4411E+05	-1.0209E+02	5.8113E-01	0	0	133.97	1.4086	312.2	1.6888
104	甲基异丙基醚	$C_4H_{10}O$	74.123	1.4344E+05	-1.5407E+02	7.2550E-01	0	0	127.93	1.356	310	1.6540
105	甲基正丁基醚	$C_5H_{12}O$	88.150	1.7785E+05	-1.7157E+02	7.4379E-01	0	0	157.48	1.6928	343.35	2.0663
106	甲基异丁基醚	$C_5H_{12}O$	88.150	5.1380E+04	4.5040E+02	0	0	0	300	1.865	370	2.1803
107	甲基叔丁基醚	$C_5H_{12}O$	88.150	1.4012E+05	-9.0000E+00	5.6300E-01	0	0	164.55	1.5388	328.35	1.9786
108	二乙醚	$C_4H_{10}O$	74.123	4.4400E+04	1.3010E+03	-5.5000E+00	8.7630E-03	0	156.92	1.4698	460	3.3202
109	乙基丙基醚	$C_5H_{12}O$	88.150	1.0368E+05	7.2630E+02	-2.6047E+00	4.0957E-03	0	145.65	1.6686	320	2.0358
110	乙基异丙基醚	$C_5H_{12}O$	88.150	1.0625E+05	2.9215E+02	0	0	0	298.15	1.9335	326.15	2.0153

续表

序号	物质名称	分子式	相对分子质量	C1	C2	C3	C4	C5	T_{min}/K	T_{min}时的 $C_p \times 1E-05$/[J/(kmol·K)]	T_{max}/K	T_{max}时的 $C_p \times 1E-05$/[J/(kmol·K)]
111	甲基苯基醚	C_7H_8O	108.140	1.5094E+05	9.3455E+01	2.3602E-01	0	0	298.15	1.9978	484.2	2.5153
112	二苯醚	$C_{12}H_{10}O$	170.211	1.3416E+05	4.4767E+02	0	0	0	300.03	2.6847	570	3.8933
113	甲醛⑤	CH_2O	30.026	6.1900E+04	2.8300E+01	0	0	0	204	0.6767	234	0.6852
114	乙醛	C_2H_4O	44.053	1.1510E+05	-4.3300E+02	1.4250E+00	0	0	150.15	0.8221	294	1.1097
115	1-丙醛	C_3H_6O	58.080	9.9306E+04	1.1573E+02	0	0	0	200	1.2245	328.75	1.3735
116	1-丁醛	C_4H_8O	72.107	6.5682E+04	1.3291E+03	-7.1579E+00	1.2755E-02	0	176.75	1.4741	300	1.6459
117	1-戊醛	$C_5H_{10}O$	86.134	1.1205E+05	2.5778E+02	0	0	0	200	1.6361	376.15	2.0901
118	1-己醛	$C_6H_{12}O$	100.161	1.1770E+05	3.2952E+02	0	0	0	217.15	1.8926	401.45	2.4999
119	1-庚醛	$C_7H_{14}O$	114.188	2.2236E+05	-1.0517E+02	6.5074E-01	0	0	229.8	2.3256	381.25	2.7685
120	1-辛醛	$C_8H_{16}O$	128.214	1.3065E+05	4.6361E+02	0	0	0	246	2.447	447.15	3.3795
121	1-壬醛	$C_9H_{18}O$	142.241	1.3682E+05	5.3129E+02	0	0	0	255.15	2.7238	468.15	3.8554
122	1-癸醛	$C_{10}H_{20}O$	156.268	1.5046E+05	5.8663E+02	0	0	0	267.15	3.0718	488.15	4.3682
123	丙酮	C_3H_6O	58.080	1.3560E+05	-1.7700E+02	2.8370E-01	6.8900E-04	0	178.45	1.1696	329.44	1.3271
124	甲基乙基酮	C_4H_8O	72.107	1.3230E+05	2.0087E+02	-9.5970E-01	1.9533E-03	0	186.48	1.4905	373.15	1.7511
125	2-戊酮	$C_5H_{10}O$	86.134	1.9459E+05	-2.6386E+02	7.6808E-01	0	0	196.29	1.7239	375.46	2.0380
126	甲基异丙基酮	$C_5H_{10}O$	86.134	1.8361E+05	-2.6885E+02	8.6080E-01	0	0	181.15	1.6316	367.55	2.0108
127	2-己酮	$C_6H_{12}O$	100.161	2.7249E+05	-7.9070E+02	2.5834E+00	-2.0040E-03	0	220.87	2.0228	382.62	2.3590
128	甲基异丁基酮	$C_6H_{12}O$	100.161	1.2492E+05	3.0410E+02	0	0	0	298.15	2.1559	390	2.4352
129	3-甲基-2-戊酮	$C_6H_{12}O$	100.161	9.9815E+04	3.4672E+02	0	0	0	298.15	2.0319	390.55	2.3523
130	3-戊酮	$C_5H_{10}O$	86.134	1.9302E+05	-1.7643E+02	5.6690E-01	0	0	234.18	1.8279	375.14	2.0661
131	乙基异丙基酮	$C_6H_{12}O$	100.161	8.3630E+04	3.9900E+02	0	0	0	298.15	2.0259	425	2.5320
132	二异丙基酮	$C_7H_{14}O$	114.188	1.7927E+05	2.8370E+01	5.3750E-01	0	0	204.81	2.0763	410	2.8126

续表

序号	物质名称	分子式	相对分子质量	$C1$	$C2$	$C3$	$C4$	$C5$	T_{min}/K	T_{min}时的 $C_p \times 1E-05$/[J/(kmol·K)]	T_{max}/K	T_{max}时的 $C_p \times 1E-05$/[J/(kmol·K)]
133	环己酮	$C_6H_{10}O$	98.145	1.0980E+05	2.6150E+02	0	0	0	290	1.8563	486.5	2.3702
134	甲基苯基甲酮	C_8H_8O	120.151	7.2692E+04	3.3783E+02	3.5572E-01	0	0	298.2	2.0506	532.12	3.5318
135	甲酸	CH_2O_2	46.026	7.8060E+04	7.1540E+01	0	0	0	281.45	0.982	380	1.0525
136	乙酸	$C_2H_4O_2$	60.053	1.3964E+05	-3.2080E+02	8.9850E-01	0	0	289.81	1.2213	391.05	1.5159
137	丙酸	$C_3H_6O_2$	74.079	2.1366E+05	-7.0270E+02	1.6605E+00	0	0	252.45	1.4209	414.32	2.0756
138	正丁酸	$C_4H_8O_2$	88.106	2.3770E+05	-7.4640E+02	1.8290E+00	0	0	267.95	1.6902	436.42	2.6031
139	异丁酸	$C_4H_8O_2$	88.106	1.2754E+05	-6.5350E+01	8.2867E-01	0	0	270	1.7031	427.65	2.5114
140	苯甲酸③	$C_7H_6O_2$	122.123	-5.4800E+03	6.4712E+02	0	0	0	395.45	2.5042	450	2.8572
141	乙酸酐	$C_4H_6O_3$	102.090	3.6600E+04	5.1100E+02	0	0	0	250	1.6435	350	2.1545
142	甲酸甲酯	$C_2H_4O_2$	60.053	1.3020E+05	-3.9600E+02	1.2100E+00	0	0	174.15		304.9	1.2195
143	乙酸甲酯	$C_3H_6O_2$	74.079	6.1260E+04	2.7090E+02	0	0	0	253.4	1.2991	373.4	1.6241
144	丙酸甲酯	$C_4H_8O_2$	88.106	7.1140E+04	3.3550E+02	0	0	0	300	1.7179	390	2.0198
145	丁酸甲酯	$C_5H_{10}O_2$	102.133	1.0293E+05	1.2910E+02	6.2516E-01	0	0	277.25	1.8678	415.87	2.6474
146	甲酸乙酯	$C_3H_6O_2$	74.079	8.0000E+04	2.2360E+02	0	0	0	254.2	1.3684	374.2	1.6367
147	乙酸乙酯	$C_4H_8O_2$	88.106	2.2623E+05	-6.2480E+02	1.4720E+00	0	0	189.6	1.6068	350.21	1.8796
148	丙酸乙酯	$C_5H_{10}O_2$	102.133	7.6330E+04	4.0010E+02	0	0	0	298.15	1.9562	410	2.4037
149	丁酸乙酯	$C_6H_{12}O_2$	116.160	8.2434E+04	4.2245E+02	2.0992E-01	0	0	285.5	2.0015	428.25	3.0185
150	甲酸丙酯	$C_4H_8O_2$	88.106	7.5700E+04	3.2610E+02	0	0	0	298.15	1.7293	398.15	2.0554
151	乙酸丙酯	$C_5H_{10}O_2$	102.133	8.3400E+04	3.8410E+02	0	0	0	274.7	1.8891	404.7	2.3885
152	乙酸丁酯	$C_6H_{12}O_2$	116.160	1.1730E+05	3.5220E+02	0	0	0	289.58	2.1929	429.58	2.6860
153	苯甲酸甲酯	$C_8H_8O_2$	136.150	1.1950E+05	2.9400E+02	0	0	0	260.75	1.9616	472.65	2.5846
154	苯甲酸乙酯	$C_9H_{10}O_2$	150.177	1.2450E+05	3.7060E+02	0	0	0	238.45	2.1287	486.55	3.0482

续表

序号	物质名称	分子式	相对分子质量	$C1$	$C2$	$C3$	$C4$	$C5$	T_{min}/K	T_{min}时的 $C_p \times 1E-05$/[J/(kmol·K)]	T_{max}/K	T_{max}时的 $C_p \times 1E-05$/[J/(kmol·K)]
155	乙酸乙烯酯	$C_4H_6O_2$	86.090	1.3630E+05	-1.0617E+02	7.5175E-01	0	0	259.56	1.5939	389.35	2.0892
156	甲胺	CH_5N	31.057	9.2520E+04	3.7450E+01	0	0	0	179.69	0.9925	266.82	1.0251
157	二甲胺	C_2H_7N	45.084	-2.1487E+05	3.7872E+03	-1.3781E+01	1.6924E-02	0	180.96	1.1947	298.15	1.3779
158	三甲胺	C_3H_9N	59.111	1.3605E+05	-2.8800E+02	9.9130E-01	0	0	156.08	1.1525	276.02	1.3208
159	乙胺	C_2H_7N	45.084	1.2170E+05	3.8993E+01	0	0	0	192.15	1.2919	289.73	1.3300
160	二乙胺	$C_4H_{11}N$	73.138	1.0133E+05	2.4318E+02	0	0	0	223.35	1.5564	328.6	1.8124
161	三乙胺	$C_6H_{15}N$	101.192	1.1148E+05	3.6813E+02	0	0	0	200	1.8511	361.92	2.4471
162	正丙胺	C_3H_9N	59.111	1.3953E+05	7.8000E+01	0	0	0	188.36	1.5422	340	1.6605
163	二丙胺	$C_6H_{15}N$	101.192	4.9120E+04	5.6224E+02	0	0	0	277.9	2.0537	407.9	2.7846
164	异丙胺	C_3H_9N	59.111	-3.2469E+04	1.9771E+03	-7.0145E+00	8.6913E-03	0	177.95	1.4621	320	1.6671
165	二异丙胺	$C_6H_{15}N$	101.192	9.8434E+04	4.2904E+02	0	0	0	275	2.1642	357.05	2.5162
166	苯胺	C_6H_7N	93.128	1.4150E+05	1.7120E+02	0	0	0	267.13	1.8723	457.15	2.1976
167	N-甲基苯胺	C_7H_9N	107.155	1.2850E+05	1.0020E+02	3.7400E-01	0	0	216.15	1.6763	469.02	2.5777
168	N,N-二甲基苯胺	$C_8H_{11}N$	121.182	4.1860E+04	5.2750E+02	0	0	0	343.58	2.231	513.58	3.1277
169	环氧乙烷	C_2H_4O	44.053	1.4471E+05	-7.5887E+02	2.8261E+00	-3.0640E-03	0	160.65	0.8303	283.85	0.8693
170	呋喃	C_4H_4O	68.075	1.1437E+05	-2.1569E+02	7.2691E-01	0	0	187.55	0.9949	304.5	1.1609
171	噻吩	C_4H_4S	84.142	8.1350E+04	1.2980E+02	-3.9000E-03	0	0	234.94	1.1163	357.31	1.2723
172	吡啶	C_5H_5N	79.101	1.0785E+05	-3.4787E+01	3.9565E-01	0	0	231.51	1.21	388.41	1.5403
173	甲酰胺⑥	CH_3NO	45.041	6.3400E+04	1.5060E+02	0	0	0	292	1.0738	493	1.3765
174	N,N-二甲基甲酰胺	C_3H_7NO	73.095	1.4790E+05	-1.0600E+02	3.8400E-01	0	0	273.82	1.4767	466.44	1.8200
175	乙酰胺	C_2H_5NO	59.068	1.0230E+05	1.2870E+02	0	0	0	354.15	1.4788	571	1.7579
176	N-甲基乙酰胺	C_3H_7NO	73.095	6.2600E+04	2.4340E+02	0	0	0	359	1.4998	538.5	1.9367

续表

序号	物质名称	分子式	相对分子质量	C1	C2	C3	C4	C5	T_{min}/K	T_{mint}时的 $C_p \times$ 1E-05/ [J/(kmol·K)]	T_{max}/K	T_{max}时的 $C_p \times$ 1E-05/ [J/(kmol·K)]
177	乙腈	C_2H_3N	41.053	9.7582E+04	-1.2220E+02	3.4085E-01	0	0	229.32	0.8748	354.75	0.9713
178	丙腈	C_3H_5N	55.079	1.1819E+05	-1.2098E+02	4.2075E-01	0	0	180.26	1.1005	370.5	1.3112
179	正丁腈	C_4H_7N	69.106	1.0400E+05	1.7400E+02	0	0	0	161.25	1.3206	390.75	1.7199
180	苯甲腈	C_7H_5N	103.123	7.6900E+04	3.1420E+02	0	0	0	260.4	1.5872	464.15	2.2274
181	甲硫醇	CH_4S	48.109	1.1530E+05	-2.6323E+02	6.0412E-01	0	0	150.18	0.8939	298.15	0.9052
182	乙硫醇	C_2H_6S	62.136	1.3467E+05	-2.3439E+02	5.9656E-01	0	0	125.26	1.1467	315.25	1.2007
183	正丙硫醇	C_3H_8S	76.163	1.6733E+05	-3.1910E+02	8.1270E-01	0	0	159.95	1.3708	340.87	1.5299
184	正丁硫醇	$C_4H_{10}S$	90.189	2.3219E+05	-8.0435E+02	2.7063E+00	-2.3017E-03	0	157.46	1.6365	390	1.9359
185	异丁硫醇	$C_4H_{10}S$	90.189	1.7336E+05	-2.1732E+02	7.0933E-01	0	0	128.31	1.5715	361.64	1.8754
186	仲丁硫醇③	$C_4H_{10}S$	90.189	1.9789E+05	-4.9154E+02	1.7219E+00	-1.2499E-03	0	133.02	1.6003	370	1.8844
187	二甲基硫醚	C_2H_6S	62.136	1.4695E+05	-3.8006E+02	1.2035E+00	-8.4787E-04	0	174.88	1.1276	310.48	1.1959
188	甲基乙基硫醚	C_3H_8S	76.163	1.6124E+05	-2.8861E+02	7.8179E-01	0	0	167.23	1.3484	339.8	1.5344
189	(二)乙硫醚	$C_4H_{10}S$	90.189	2.3852E+05	-1.0384E+03	4.0587E+00	-4.4691E-03	0	181.95	1.5703	322.08	1.7579
190	氟代甲烷②	CH_3F	34.033	7.4746E+04	-1.3232E+02	5.3772E-01	0	0	140	0.6676	220	0.7166
191	氯代甲烷	CH_3Cl	50.488	9.6910E+04	-2.0790E+02	3.7456E-01	4.8800E-04	0	175.43	0.746	373.15	0.9684
192	三氯甲烷	$CHCl_3$	119.377	1.2485E+05	-1.6634E+02	4.3209E-01	0	0	233.15	1.0956	366.48	1.2192
193	四氯化碳	CCl_4	153.822	-7.5270E+05	8.9661E+03	-3.0394E+01	3.4455E-02	0	250.33	1.2763	388.71	1.6374
194	溴代甲烷	CH_3Br	94.939	1.2973E+05	-5.9654E+02	2.1600E+00	-2.4234E-03	0	184.45	0.7798	276.71	0.7870
195	氟代乙烷	C_2H_5F	48.060	8.3303E+04	6.5454E+01	0	0	0	200	0.9639	281.48	1.0173
196	氯乙烷	C_2H_5Q	64.514	1.2790E+05	-3.4515E+02	9.1500E-01	0	0	134.8	0.98	340	1.1632
197	溴乙烷	C_2H_5Br	108.966	9.4364E+04	-1.0912E+02	4.4032E-01	0	0	160	0.8818	320	1.0453
198	1-氯丙烷	C_3H_7Cl	78.541	9.6344E+04	1.1752E+02	0	0	0	230	1.2337	319.67	1.3391

续表

序号	物质名称	分子式	相对分子质量	C1	C2	C3	C4	C5	T_{min}/K	T_{min}时的 $C_p \times$ 1E−05/ [J/(kmol·K)]	T_{max}/K	T_{max}时的 $C_p \times$ 1E−05/ [J/(kmol·K)]
199	2−氯丙烷	C_3H_7Cl	78.541	6.9362E+04	2.1501E+02	0	0	0	200	1.1236	308.85	1.3577
200	1，1−二氯丙烷	$C_3H_6Cl_2$	112.986	7.0010E+04	2.6660E+02	0	0	0	280	1.4466	420	1.8198
201	1，2−二氯丙烷	$C_3H_6Cl_2$	112.986	1.1094E+05	8.3496E+00	4.7218E−01	0	0	286	1.5195	429	2.0142
202	氯乙烯	C_2H_3Cl	62.499	−1.0320E+04	3.2280E+02	0	0	0	200	0.5424	400	1.1880
203	氟苯	C_6H_5F	96.104	−9.9120E+05	1.1734E+04	−4.0669E+01	4.7333E−02	0	239.99	1.3675	319.99	1.5018
204	氯苯	C_6H_5Cl	112.558	−1.3075E+06	1.5338E+04	−5.3974E+01	6.3483E−02	0	227.95	1.3617	360	1.8101
205	溴苯	C_6H_5Br	157.010	1.2160E+05	−9.4500E+00	3.5800E−01	0	0	293.15	1.496	495.08	2.0467
206	空气		28.951	−2.1446E+05	9.1851E+02	−1.0612E+02	4.1616E−01	0	75	0.5307	115	0.7132
207	氢①	H_2	2.016	6.6653E+01	6.7659E+03	−1.2363E+02	4.7827E+02	0	13.95	0.1262	32	1.3122
208	氦②	He	4.003	3.8722E+05	−4.6557E+05	2.1180E+05	−4.2494E+04	3.2129E+03	2.2	0.1087	4.6	0.2965
209	氖	Ne	20.180	1.0341E+06	−1.3877E+06	7.1540E+05	−1.6255E+02	1.3841E+00	24.56	0.3666	40	0.6980
210	氩	Ar	39.948	1.3439E+05	−1.9894E+03	1.1043E+01	0	0	83.78	0.4523	135	0.6708
211	氟	F_2	37.997	−9.4585E+04	7.5299E+03	−1.3960E+02	1.1301E+00	−3.3241E−03	58	0.5541	98	0.5966
212	氯	Cl_2	70.905	6.3936E+04	4.6350E+01	−1.6230E−01	0	0	172.12	0.6711	239.12	0.6574
213	溴	Br_2	159.808	3.7570E+04	3.2850E+02	−6.7000E−01	0	0	265.9	0.7755	305.37	0.7541
214	氧	O_2	31.999	1.7543E+05	−6.1523E+03	1.1392E+02	−9.2382E−01	2.7963E−03	54.36	0.5365	142	0.9066
215	氮	N_2	28.014	2.8197E+04	−1.2281E+04	2.4800E+02	−2.2182E+00	7.4902E−03	63.15	0.5593	112	0.7960
216	氨①	NH_3	17.031	6.1289E+04	8.0925E+04	7.9940E+02	−2.6510E+03	0	203.15	0.7575	401.15	4.1847
217	联氨	N_2H_4	32.045	7.9815E+04	5.0929E+01	4.3379E−02	0	0	274.69	0.9708	653.15	1.3158
218	一氧化二氮	N_2O	44.013	6.7556E+04	5.4373E+01	0	0	0	182.3	0.7747	200	0.7843
219	一氧化氮	NO	30.006	−2.9796E+06	7.6602E+04	−6.5259E+02	1.8879E+00	0	109.5	0.6229	150	1.9909
220	氰	C_2N_2	52.036	3.1322E+06	−2.4320E+04	4.8844E+01	0	0	245.25	1.0557	300	2.3216

续表

序号	物质名称	分子式	相对分子质量	C1	C2	C3	C4	C5	T_{min}/K	T_{min}时的 $C_p \times 1E-05$/[J/(kmol·K)]	T_{max}/K	T_{max}时的 $C_p \times 1E-05$/[J/(kmol·K)]
221	一氧化碳①	CO	28.010	6.5429E+01	2.8723E+04	-8.4739E+02	1.9596E+02	0	68.15	0.5912	132	6.4799
222	二氧化碳	CO₂	44.010	-8.3043E+06	1.0437E+05	-4.3333E+02	6.0052E-01	0	220	0.7827	290	1.6603
223	二硫化碳	CS₂	76.143	8.5600E+04	-1.2200E+02	5.6050E-01	-1.4520E-03	2.0080E-06	161.11	0.7577	552	1.3125
224	氟化氢	HF	20.006	6.2520E+04	-2.2302E+02	6.2970E-01	0	0	189.79	0.4288	292.67	0.5119
225	氯化氢	HCl	36.461	4.7300E+04	9.0000E+01	0	0	0	165	0.6215	185	0.6395
226	溴化氢	HBr	80.912	5.7720E+04	9.9000E+00	0	0	0	185.15	0.5955	206.45	0.5976
227	氰化氢	(HCN)	27.026	9.5398E+04	-1.9752E+02	3.8830E-01	0	0	259.83	0.7029	298.85	0.7105
228	硫化氢	H₂S	34.082	6.4666E+01	4.9354E+04	2.2493E+01	-1.6230E+03	0	187.68	0.6733	370	4.9183
229	二氧化硫	SO₂	64.065	8.5743E+04	5.7443E+00	0	0	0	197.67	0.8888	350	0.8775
230	三氧化硫	SO₃	80.064	2.5809E+05	0	0	0	0	303.15	2.5809	303.15	2.5809
231	水①	H₂O	18.015	2.7637E+05	-2.0901E+03	8.1250E+00	-1.4116E-02	9.3701E-06	273.16	0.7615	533.15	0.8939

① 定压比热容计算公式为：$C_p = C1^2/t + C2 - (2 \times C1 \times C4) t - (C1 \times C4) t^2 - (C3^{2/3} - (C3 \times C4/2)) t^3 - (C3 \times C4/2) t^4 - (C4^{2/5}) t^5$，其中 $t = (1 - T_r)$，T_r 为对比温度，其值为 T/T_c；

② 系数只适用于单质，当温度高于473K时，系数的准确性有待确认；

③ 计算的比热容为饱和态比热容；

④ 系数有待确认；物质在加热时容易分解；

⑤ 系数有待确认和基于预测数据；

⑥ 系数有待确认；

⑦ 该物质在2.2K以下时表现出超流体性质。

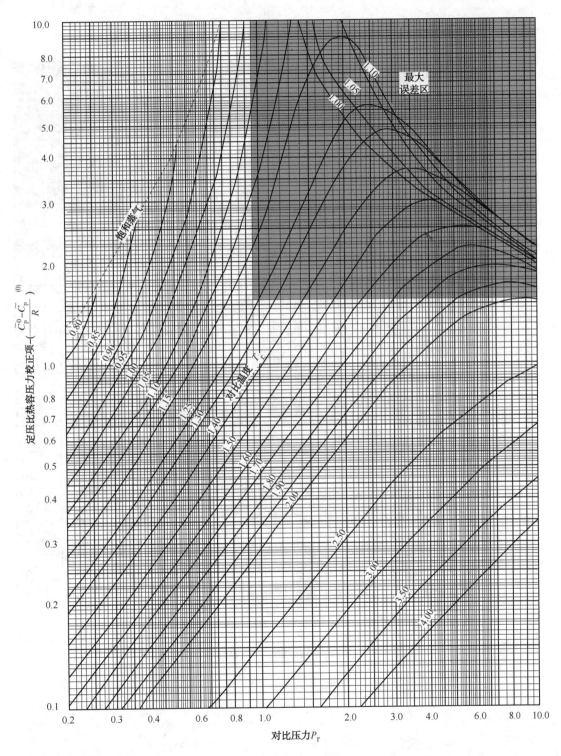

图 6-4-1 简单流体定压比热容的压力校正项

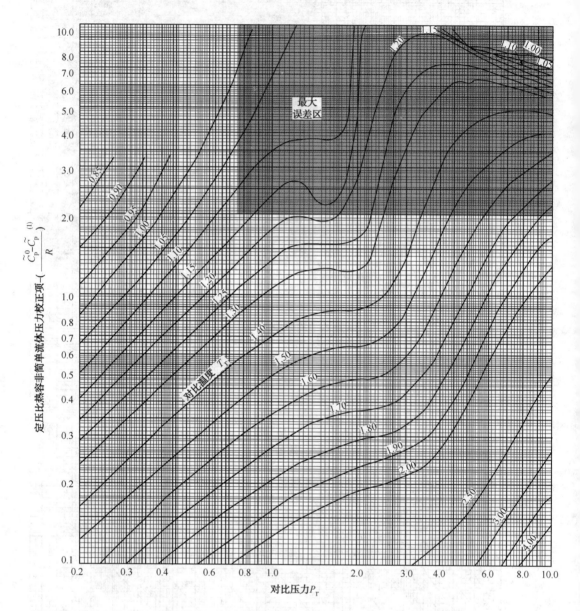

图 6-4-2 非简单流体定压比热容的压力校正项

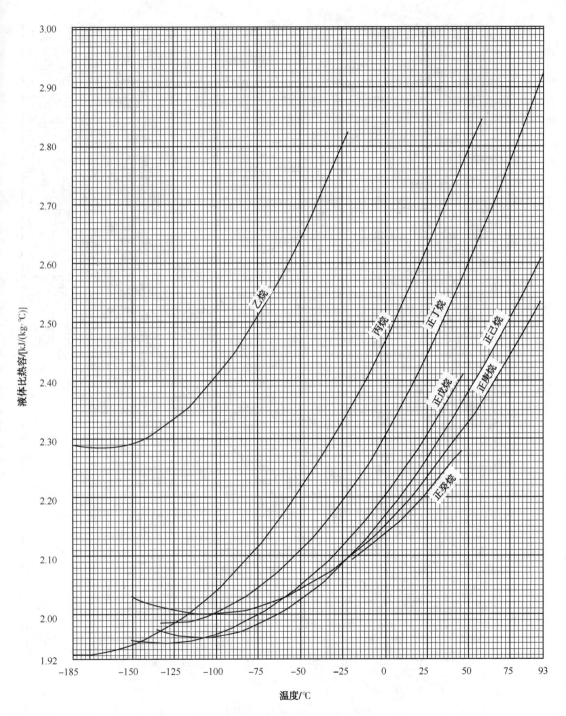

图 6-4-3　正构烷烃的液体比热容

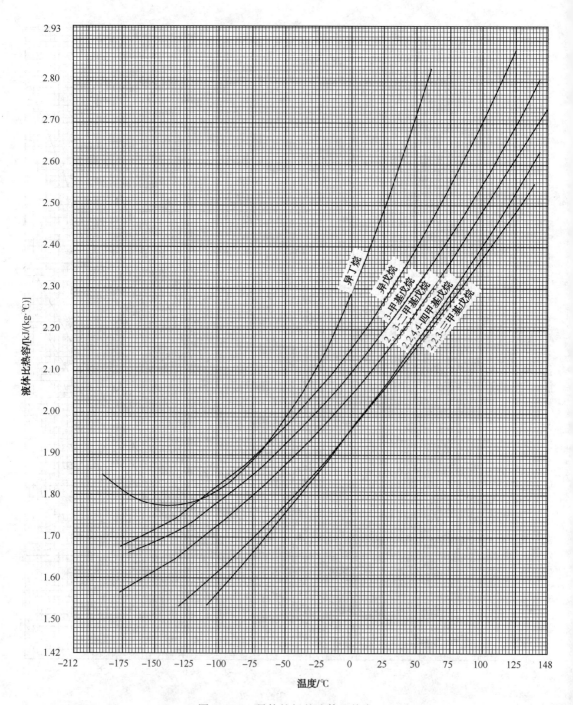

图 6-4-4　异构烷烃的液体比热容

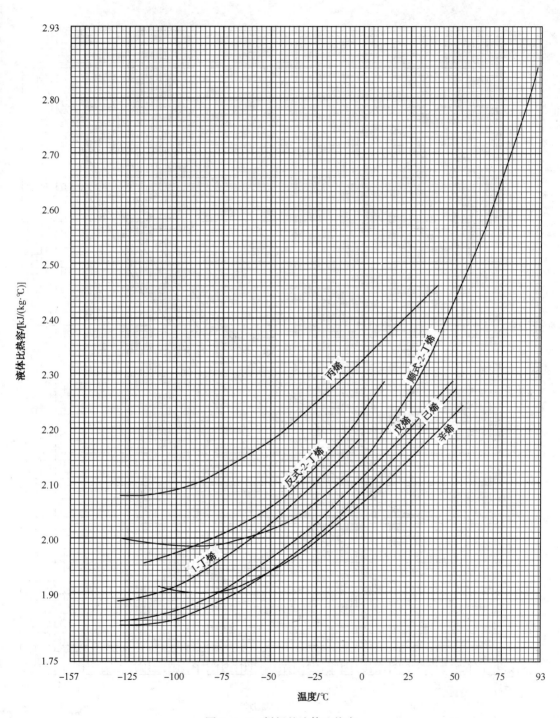

图 6-4-5 烯烃的液体比热容

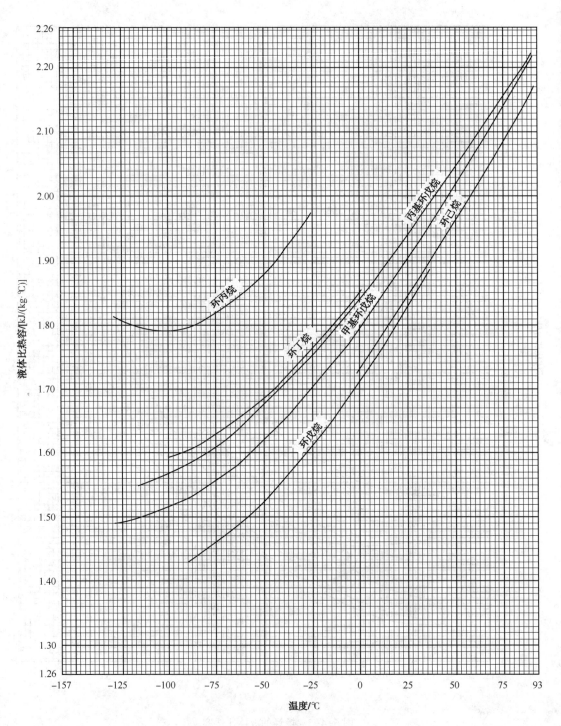

图 6-4-6　环烷烃的液体比热容

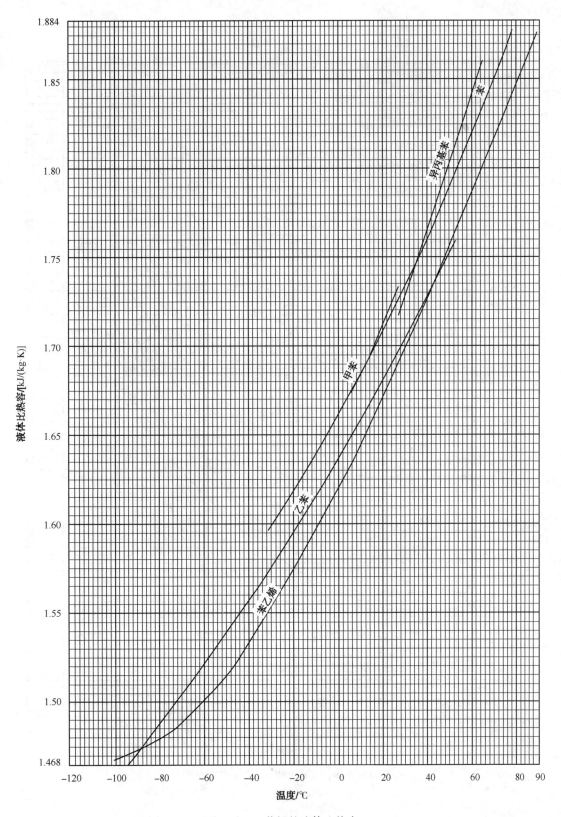

图 6-4-7　芳烃的液体比热容

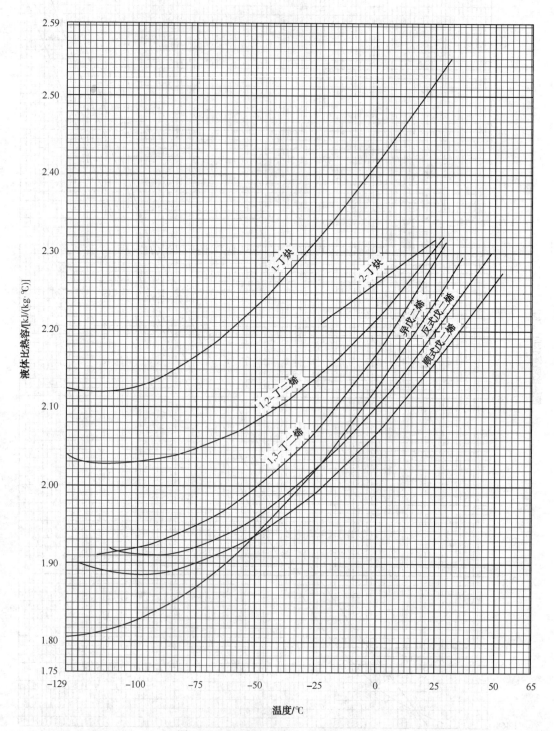

图 6-4-8　二烯烃和炔烃的液体比热容

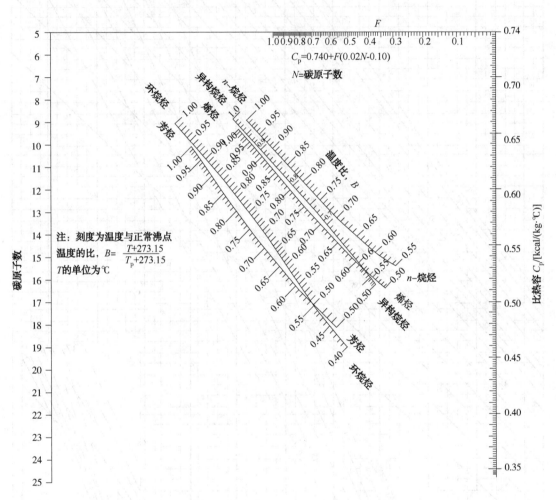

图 6-4-9　正常沸点以下纯烃的液体比热容[10]

注：1kcal/（kg·℃）= 4.1868kJ/（kg·℃）

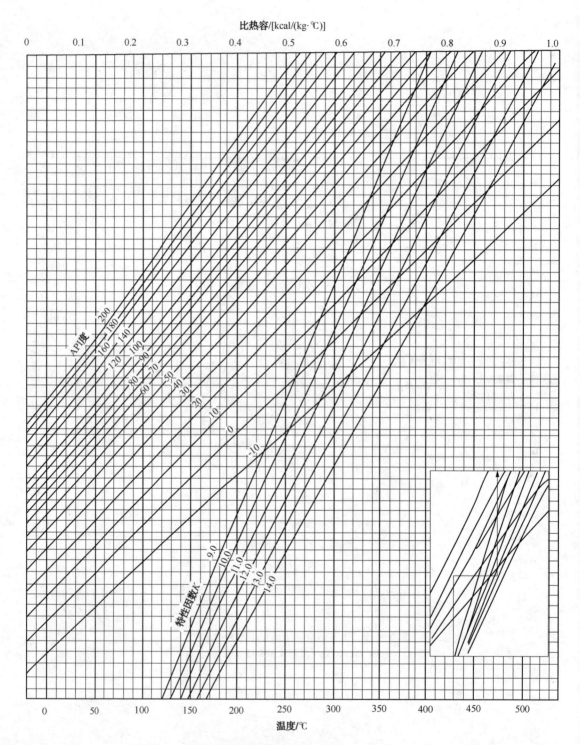

图 6-4-10　石油馏分液体比热容[10]

注：1kcal/(kg·℃)=4.1868kJ/(kg·℃)

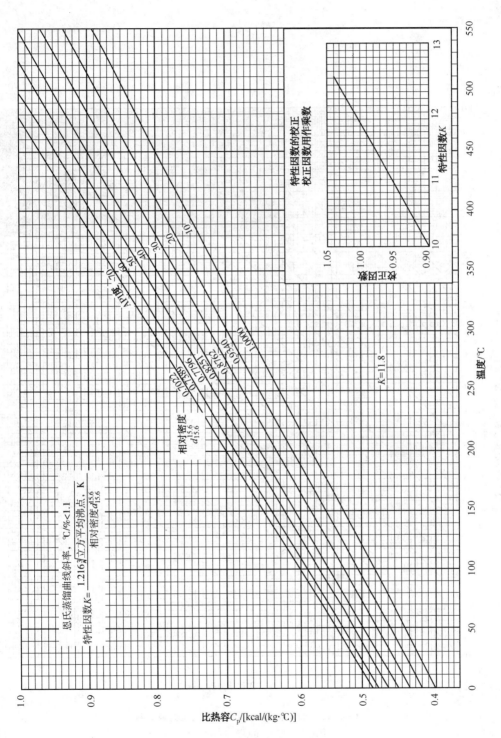

图 6-4-11 石油馏分液体比热容[10]

注：1kcal/(kg·℃)= 4.1868kJ/(kg·℃)

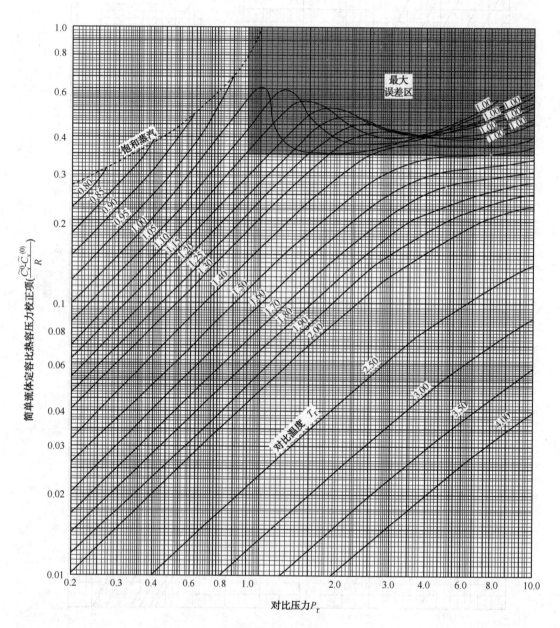

图 6-4-12　简单流体定容比热容的压力校正项

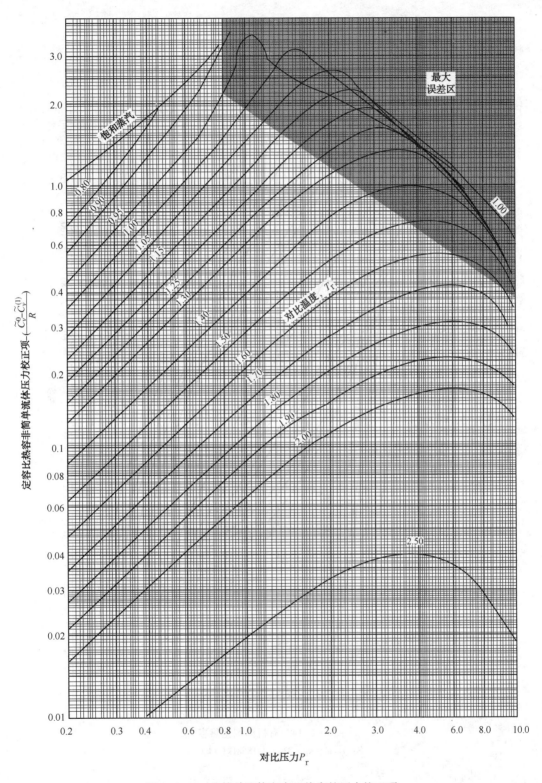

图 6-4-13　非简单流体定容比热容的压力校正项

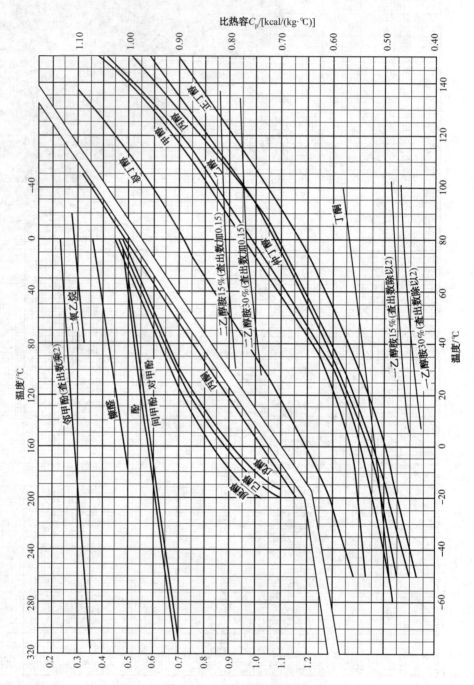

图 6-4-14　有机溶剂比热容

注：1kcal/(kg·℃)=4.18681kJ/(kg·℃)

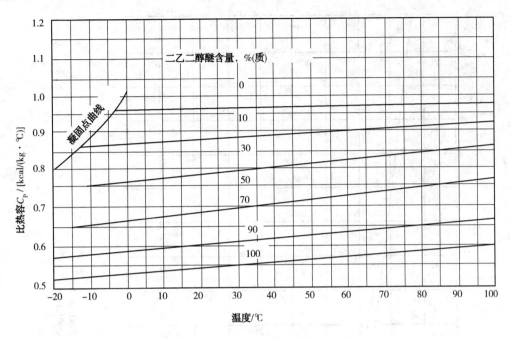

图 6-4-15　二乙二醇醚水溶液比热容

注：1kcal/(kg·℃)=4.18681kJ/(kg·℃)

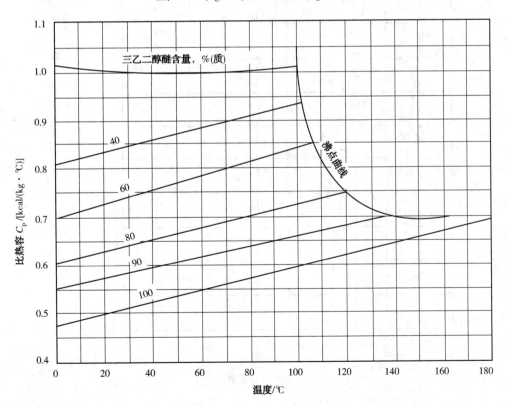

图 6-4-16　三乙二醇水溶液比热容

注：1kcal/(kg·℃)=4.18681kJ/(kg·℃)

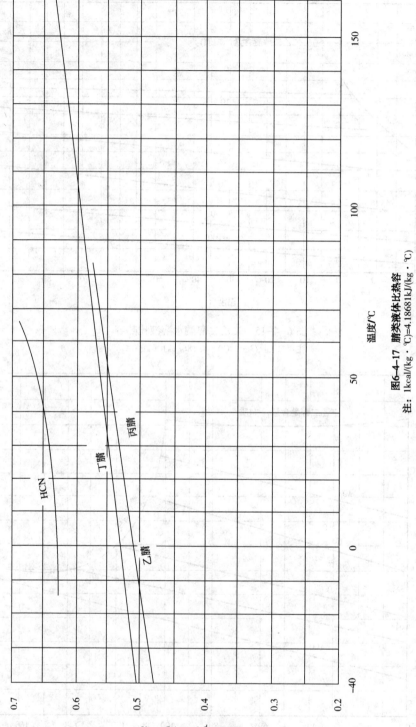

图6-4-17　腈类液体比热容

注：1kcal/(kg · ℃)=4.1868 1kJ/(kg · ℃)

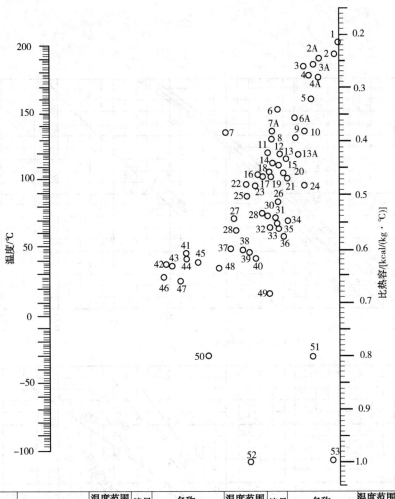

图 6-4-18　一般液体比热容

注：1kcal/(kg·℃)= 4.18681kJ/(kg·℃)

编号	名称	温度范围/℃	编号	名称	温度范围/℃	编号	名称	温度范围/℃
1	溴乙烷	5~25	23	苯	10~80	45	丙醇	-20~100
2	二硫化碳	-100~25	24	硫酸乙酯	-50~25	46	乙醇(95%)	20~80
3	四氯化碳	10~60	25	乙苯	0~100	47	异丙醇	-20~50
4	氯仿	0~50	26	醋酸戊酯	0~100	48	盐酸(30%)	20~100
5	二氯甲烷	-40~50	27	苯甲基醇	-20~30	49	盐水(25%CaCl₂)	-40~20
6	氟里昂-12	-40~15	28	庚烷	0~60	50	乙醇(50%)	20~80
7	碘乙烷	0~100	29	醋酸(100%)	0~80	51	盐水(25%NaCl)	-40~20
8	氯化苯	0~100	30	苯胺	0~130	52	氨	-70~50
9	硫酸(98%)	10~45	31	异丙醚	-80~20	53	水	10~200
10	苯甲基氯	-30~30	32	丙酮	20~50			
11	二氧化硫	-20~100	33	辛烷	-50~25	3	过氯乙烯	-30~140
12	硝基苯	0~100	34	壬烷	-50~25	6A	二氯乙烷	-30~60
13	氯乙烷	-30~40	35	己烷	-80~20	13A	氯甲烷	-80~20
14	萘	90~200	36	乙醚	-100~25	16	联苯醚A	0~200
15	联苯	80~120	37	戊醇	-50~25	23	甲苯	0~60
16	二苯基醚	0~200	38	甘油	-40~20	2A	氟里昂-11	-20~70
17	对二甲苯	0~100	39	乙二醇	-40~200			
18	间二甲苯	0~100	40	甲醇	-40~20	4A	氟里昂-21	-20~70
19	邻二甲苯	0~100	41	异戊醇	10~100	7A	氟里昂-22	-20~60
20	吡啶	-50~25	42	乙醇(100%)	30~80	3A	氟里昂-113	-20~70
21	癸烷	-80~25	43	异丁醇	0~100			
22	二苯基甲烷	30~100	44	丁醇	0~100			

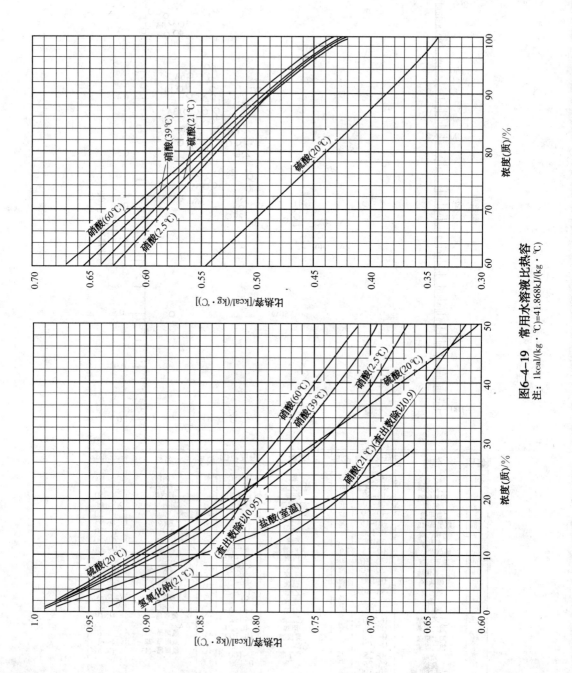

图6-4-19　常用水溶液比热容

注：1kcal/(kg·℃)=41.868kJ/(kg·℃)

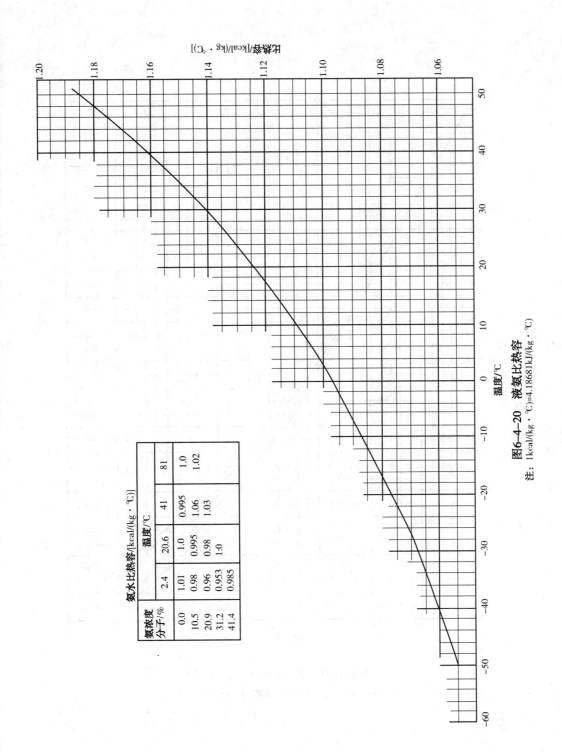

氨水比热容/[kcal/(kg・℃)]

氨浓度 分子/%	温度/℃			
	2.4	20.6	41	81
0.0	1.01	1.0	0.995	1.0
10.5	0.98	0.995	1.06	1.02
20.9	0.96	0.98	1.03	
31.2	0.953	1.0		
41.4	0.985			

图6-4-20 液氨比热容

注：1kcal/(kg・℃)=4.1868kJ/(kg・℃)

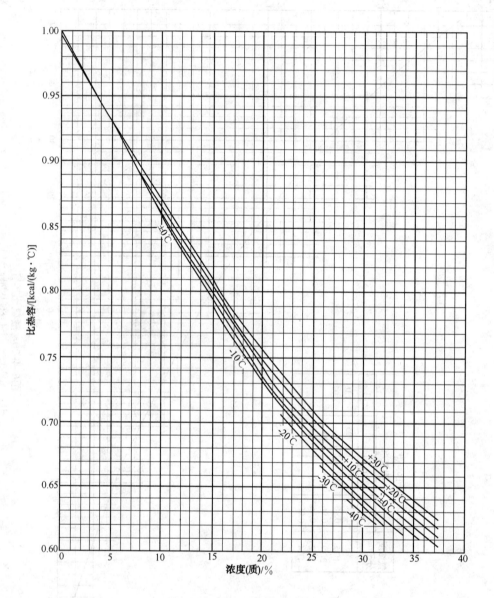

图 6-4-21　氯化钙水溶液比热容

注：1kal/(kg·℃)=4.18681kJ/(kg·℃)

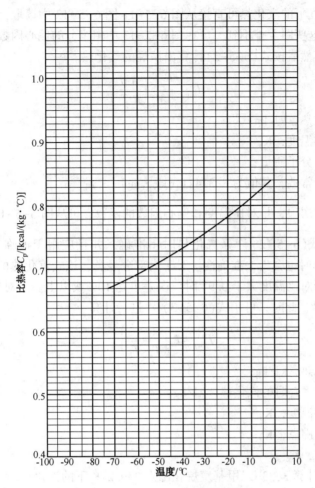

图 6-4-22　液体氢氟酸比热容

注：1kal/(kg·℃)=4.18681kJ/(kg·℃)

第五节　汽　化　热

任何物质的汽化热为等温时该物质的饱和蒸气和饱和液体的焓差。汽化热随汽化压力和温度升高而逐渐减小，在较高的温度范围时，汽化热急剧减小，至临界温度，汽化热等于零。

一、纯烃汽化热的计算[4]

当纯烃的温度高于正常沸点，且对比温度小于 0.9 时，其在饱和蒸气压时的汽化热可按式(6-5-1)计算：

$$H_{vap} = 2.326A (1-T_r)^{B+CT_r} \tag{6-5-1}$$

式中　H_{vap}——纯烃在对比温度为 T_r 时的气化热，kJ/kg；

　　　　T_r——对比温度；

A，B，C——系数，其值可由表 6-5-1 查得；

式(6-5-1)的计算误差在 3% 以内。如果该式用于指定温度范围外时，可能有较大误差。

部分纯烃在正常沸点时的汽化热(预测值)可从表 6-5-1 查得。

纯烃在不同温度下的汽化热可直接从图 6-5-1~图 6-5-12 中读取，其误差在 3% 以内。如果纯烃汽化热在这些图上查不到，可在图 6-5-13 中由组分的偏心因数 ω 和对比温度 T_r 查得 $[\lambda M/RT_c]$ 的值，然后按式(6-5-2)计算出该烃的气化热。

$$H_{vap} = \frac{R\,T_c}{M}\left(\frac{\lambda M}{R\,T_c}\right) \tag{6-5-2}$$

式中　H_{vap}——汽化热，kJ/kg；

　　　　T_c——临界温度，K；

　　　　M——相对分子质量；

　　　　R——气体常数，其值为 8.314kJ/(kg·mol·K)；

$\left(\dfrac{\lambda M}{R\,T_c}\right)$——无因次项，是对比温度和偏心因数的函数，可从图 6-5-13 中查得。

极性组分应用式(6-5-2)计算汽化热时不准确，并且应用于近临界区($1.0 < T_r < 1.2$，$1.0 < P_r < 3.0$)的计算时也会失去准确性。对于大部分烃类，该式汽化热的计算值与实验值的误差小于 2%，但当对比温度大于 0.97 时，误差可达 10% 或以上。当对比温度小于 0.4 时，图 6-1-13 不能外延，此时，可用式(6-5-3)[12] 进行计算

$$H_{vap} = L_b\left(\frac{T_c - T}{T_c - T_b}\right)^{0.38} \tag{6-5-3}$$

式中　H_{vap}——汽化热，kJ/kg；

　　　　L_b——在温度 T_b 时的汽化热，kJ/kg；

　　　　T_c——临界温度，K；

　　　　T_b——正常沸点，K；

　　　　T——温度，K。

【例 6-5-1】　计算 3,3-二甲基庚烷在沸点 359.21K 下的汽化热。

解：已知 3,3-二甲基庚烷的性质：

相对分子质量 $M = 100.2$；临界温度 $T_c = 536.40$K；偏心因数 $\omega = 0.2672$；

则对比温度 $T_r = T_b/T_c = 359.21/536.4 = 0.670$

由图 6-1-13 得到 $\lambda M/(RT_c) = 6.6$ 因此，$H_{vap} = \dfrac{8.314 \times 536.40 \times 6.6}{100.2} = 293.7$kJ/kg

由 API 纯组分性质程序提供的数据是 296.8kJ/kg。

二、烃类混合物汽化热的计算

混合物的汽化热有三种：当温度或压力一定时，混合物完全汽化为具有相同组分的气体所需要的热，称为恒温或恒压积分汽化热；当温度和压力一定时，混合物部分汽化，形成组成不同的气相和液相(两相总组成和混合物的一致)，且汽化热随组成变化而变，这种情况称之为微分汽化热。为计算目的，积分汽化热只有一个相态存在，初始时是液相而最终是气相。

下面的程序用来计算这些汽化热。不管潜热的变化而需要气液平衡数据。

(1) 三种汽化热的计算都必须已知进料组成 x_{fi}。积分汽化热进入步骤 2，微分汽化热去步骤 5；

(2) 对于恒压积分汽化热必须已知压力，而恒温必须已知温度。在这两个情况下，在两相中每个组分的摩尔分数都与进料中的相等；

（3）恒压积分汽化热还须已知露点和泡点温度（$\sum \dfrac{y_i}{K_i} = 1$ 为露点温度，$\sum K_i x_i = 1$ 为泡点温度）；恒温积分汽化热须已知露点和泡点压力（$\sum \dfrac{y_i}{K_i} = 1$ 为露点压力，$\sum K_i x_i = 1$ 为泡点压力）；如果没有这些实验数据，应通过第七章的方法计算获得；

（4）在已知泡点和露点的温度和压力，以及体系的组成后，通过本章第三节液体和气体烃类混合物的焓中的计算方法分别算出液体和气体的焓。计算中注意求混合焓时需要使用组分的质量分数 x_{wi} 或 y_{wi}。积分汽化热就是这两个值简单的差值。如果混合物初始条件不处于泡点或露点状态下，则需要使用同一个计算方法进行温度或压力对焓影响附加计算；

（5）为了计算微分汽化热，必须已知汽化温度和压力。如果没有从其他来源知道该条件下平衡气液两相的组成，可以从第七章的方法进行计算。在体系温度和压力下获得各个组分的相平衡常数 K_i，通过联立求解下列方程，同时求得液相组分摩尔分率 x_i，气相组分摩尔分率 y_i，每摩尔进料中的液体摩尔数 L，和每摩尔进料中的气体摩尔数 V。

$$\sum x_i = 1$$
$$\sum y_i = 1$$
$$y_i = K_i x_i$$
$$x_{fi} = x_i L + y_i V$$

（6）在知道温度、压力和所有相的组成后，由本章第三节液体和气体烃类混合物焓的计算方法分别算出液体、气体和进料的焓。计算中注意求混合焓时需要使用组分的质量分率 x_{wi} 或 y_{wi}。微分汽化热按式（6-5-4）计算：

$$H_{\text{dif}} = \frac{M_f}{M_v V}\left(\frac{M_L H_L L + M_v H_v V}{M_f} - H_f\right) \tag{6-5-4}$$

式中　　　　H_{dif}——微分汽化热，kJ/kg（气）；

　　M_f、M_L、M_v——进料、平衡液体和平衡气体的平均相对分子质量；

　　H_f、H_L、H_v——进料、平衡液体和平衡气体的焓，kJ/kg；

　　　　　　　L——每摩尔进料中平衡液体的摩尔分率；

　　　　　　　V——每摩尔进料中平衡气体的摩尔分率。

每 kg 进料需要的热量是 $M_v V H_{\text{dif}}/M_f$，注意这个热量不是每 kg 汽化量的热量。微分汽化热的计算是假定进料处于饱和状态，如果进料不在饱和状态，需加上进料达到饱和状态时的显热。

本计算方法的使用取决于相平衡状况的确定，因此本方法的使用难点在于可靠地预测相平衡关系，其可靠性和可用性随着相平衡关系不确定性的增加而降低。另外，由本法得到的结果不必在热力学上与对应于相平衡常数 K 的逸度一致。

【例 6-5-2】　计算 40%（mol）丙烯和 60%（mol）2-甲基丙烷组成的混合物在 1.379MPa 时的恒压积分汽化热。已知 1.379MPa 时该混合物的露点和泡点温度分别为 66℃和 57.8℃。

解：由于是全汽化过程，因此 $x_1 = y_1 = x_{f1}$，$x_2 = y_2 = x_{f2}$

将该混合物的临界性质、相对分子质量、偏心因子和计算的理想气体焓值汇总如下：

	摩尔分率	临界性质		临界压力/MPa	偏心因数	相对分子质量	质量分数	理想气体焓 H^0/(kJ/kg)	
		℃	K					57.8℃	66℃
丙烯	0.4	91.6	364.8	4.613	0.1424	42.08	0.326	374.46	388.26
2-甲基丙烷	0.6	135	408.2	3.648	0.1770	58.12	0.674	366.90	382.09
摩尔平均			390.8	4.034	0.1632	51.70			
质量平均								369.37	384.09

对比压力 $P_r = 1.379/4.034 = 0.342$

根据式(6-3-1)和式(6-3-2)计算出的气相和液相焓如下表:

	温度/℃	对比温度	$\left(\dfrac{\widetilde{H}^0 - \widetilde{H}}{R T_c}\right)^0$	$\left(\dfrac{\widetilde{H}^0 - \widetilde{H}}{R T_c}\right)^{(1)}$	$\left(\dfrac{\widetilde{H}^0 - \widetilde{H}}{R T_c}\right)$	$H^0 - H$	H^0	H
液体	57.8	0.847	4.320	4.906	5.102	320.64	369.37	48.73
气体	66	0.868	0.508	0.392	0.659	41.42	384.09	342.67

恒压积分汽化热为: $342.67 - 48.73 = 293.94$ kJ/kg

【例 6-5-3】　计算 50%(mol)丙烯和 50%(mol)2-甲基丙烷混合物的微分汽化热,进料处在其泡点 53.4℃ 和 1.379MPa。在 58.3℃ 和 1.379MPa 时,平衡气体含 60%(mol)丙烯,平衡液体含 38.8%(mol)丙烯。

解:按照计算步骤 5 和 6,由物料平衡确定 L 和 V 值

对丙烯　　$0.5 = 0.388L + 0.6V$

对 2-甲基丙烷 $0.5 = 0.612L + 0.4V$

联立解得: $L = 0.472$, $V = 0.528$

将该混合物的临界性质、相对分子质量、偏心因数和计算的理想气体焓值汇总如下

	摩尔分率	临界温度/K	临界压力/MPa	偏心因数	相对分子质量	质量分数	理想气体焓 H^0/(kJ/kg)
进料							
丙烯	0.5	364.8	4.613	0.1424	42.08	0.420	367.30
2-甲基丙烷	0.5	408.2	3.648	0.1770	58.12	0.580	359.04
摩尔平均		386.5	4.1305	0.1597	50.10		
质量平均						1.000	362.51
液体							
丙烯	0.388	364.8	4.613	0.1424	42.08	0.315	375.39
2-甲基丙烷	0.612	408.2	3.648	0.1770	58.12	0.685	367.93
摩尔平均		391.4	4.022	0.1636	51.90		
质量平均						1.000	370.28
气体							
丙烯	0.6	364.8	4.613	0.1424	42.08	0.521	375.16
2-甲基丙烷	0.4	408.2	3.648	0.1770	58.12	0.479	367.93
摩尔平均		382.2	4.227	0.1562	48.50		
质量平均						1.000	371.70

	对比温度	对比压力	$\left(\dfrac{\tilde{H}^0-\tilde{H}}{RT_c}\right)^{(0)}$	$\left(\dfrac{\tilde{H}^0-\tilde{H}}{RT_c}\right)^{(1)}$	$\left(\dfrac{\tilde{H}^0-\tilde{H}}{RT_c}\right)$	H^0-H	H^0	H
进料	0.845	0.334	4.328	4.803	5.095	326.80	362.51	35.71
液体	0.847	0.343	4.320	4.783	5.102	319.83	370.28	50.45
气体	0.868	0.326	0.483	0.630	0.5814	38.09	371.70	333.61

用式(6-5-2)计算：

$$L_{dif}=\frac{50.1}{48.5\times0.528}\times\left(\frac{51.9\times50.45\times0.472+48.5\times333.61\times0.528}{50.1}-35.71\right)=312.01\text{kJ/kg}$$

算式中括号内的数值为每公斤进料所要求的热量，即 159.48kJ/kg。

三、石油馏分汽化热的计算

石油馏分在 0~1atm 时的气液相焓也可从图 6-3-28~图 6-3-31 中直接查得，两者之差即为石油馏分的汽化热；超过 1atm 的汽化热（潜热）应为压力校正后的气体焓和液体焓之差；采用式(6-3-1)进行压力校正，其中气相的压力校正项即为式(6-3-1)计算结果，液相的压力校正项为所求温度和压力下的压力校正项与所求温度和临界压力下的压力校正项之差，对比温度小于 0.8 和对比压力小于 1.0 的液相可不作压力校正。

图 6-3-28~图 6-3-31 仅适用于计算 ASTM D86 蒸馏曲线斜率小于 2 的石油馏分的汽化热。

根据石油馏分的中平均沸点、API 度和相对分子质量这三个性质中的任意两个就可以从图 6-5-14 直接查得汽化热，并可用图 6-5-15 进行压力校正。

图 6-5-14 石油馏分在常压下汽化潜热与中平均沸点关系图。

图 6-5-15 石油馏分汽化潜热校正图。

四、其他物质的汽化热

常用物质的汽化热可从表 6-5-2 查得。

五、数据和图表

表 6-5-1 纯组分在正常沸点时的汽化热[4]

序号	物质名称	A	B	C	正常沸点时的汽化热 （预测值）/(kJ/kg)	T_{br}
1	氧	103.1272	-0.1008	0.4141	211.9	0.583
2	氢	94.3533	-2.0460	2.1284	443.6	0.612
3	水	1123.3800	-0.0577	0.3870	2266.5	0.576
4	二氧化氮①					
5	一氧化氮	305.7095	0.4059	0.0000	451.2	0.673
6	一氧化二氮	226.9691	0.3839	0.0000	372.4	0.596
7	氨	706.8605	-0.0170	0.3739	1369.8	0.591
8	氯	149.1104	0.0720	0.2580	287.5	0.573
9	氯化氢	260.7684	0.3466	0.0000	449.2	0.579
10	氟化氢②					
11	硫化氢	324.1932	0.3736	0.0000	550.1	0.569
12	氮气	98.4169	-0.1137	0.4281	198.6	0.612

续表

序号	物质名称	A	B	C	正常沸点时的汽化热 （预测值）/（kJ/kg）	T_{br}
13	碳	2998.0000	0.0000	0.0000	6973.3	
14	一氧化碳	115.9663	0.0670	0.2844	214.0	0.614
15	二氧化碳	148.8386	-0.6692	0.9386	278.4	0.839
16	二氧化硫	246.8814	0.3998	0.0000	393.8	0.610
17	甲烷	245.4093	-0.1119	0.4127	508.9	0.586
18	乙烷	252.8613	0.0045	0.3236	488.7	0.603
19	丙烷	262.3463	0.3649	0.0000	426.6	0.624
20	正丁烷	244.4772	0.3769	0.0000	386.3	0.641
21	异丁烷	234.4630	0.3853	0.0000	367.5	0.640
22	正戊烷	232.4351	0.3838	0.0000	358.0	0.658
23	2-甲基丁烷	224.9082	0.3952	0.0000	343.6	0.654
24	2，2-二甲基丙烷	203.4247	0.3852	0.0000	315.2	0.651
25	正己烷	221.5256	0.3861	0.0000	334.2	0.673
26	2-甲基戊烷	213.6254	0.3839	0.0000	324.5	0.670
27	3-甲基戊烷	226.7045	0.4134	0.0000	334.7	0.666
28	2，2-二甲基丁烷	198.3207	0.3773	0.0000	306.8	0.660
29	正庚烷	213.6732	0.3834	0.0000	318.0	0.687
30	2-甲基己烷	214.4420	0.4083	0.0000	311.2	0.684
31	3-甲基己烷	210.1199	0.3929	0.0000	311.5	0.681
32	2，4-二甲基戊烷	201.2104	0.3968	0.0000	297.5	0.680
33	正辛烷	210.2515	0.4004	0.0000	301.4	0.701
34	2，2-二甲基己烷	196.5371	0.4063	0.0000	283.5	0.691
35	2-甲基庚烷	195.2322	0.3669	0.0000	292.4	0.698
36	2，2，4-三甲基戊烷	182.3280	0.3837	0.0000	272.4	0.684
37	正壬烷	200.9626	0.3827	0.0000	290.3	0.711
38	正癸烷	198.3833	0.3909	0.0000	279.1	0.723
39	正十一烷	196.4374	0.3932	0.0000	271.2	0.734
40	正十二烷	194.8972	0.4068	0.0000	260.5	0.743
41	正十三烷	191.1433	0.4160	0.0000	248.6	0.752
42	正十四烷	188.4746	0.4180	0.0000	241.0	0.760
43	正十五烷	185.5884	0.4185	0.0000	233.5	0.769
44	正十六烷	183.7068	0.4211	0.0000	227.0	0.777
45	正十七烷	182.5114	0.4329	0.0000	218.4	0.784
46	正十八烷	179.5560	0.4169	0.0000	217.2	0.791
47	正十九烷	178.1126	0.4275	0.0000	209.1	0.797
48	正二十烷	175.1340	0.4089	0.0000	208.9	0.804

续表

序号	物质名称	A	B	C	正常沸点时的汽化热（预测值）/（kJ/kg）	T_{br}
49	环戊烷	222.5846	0.1808	0.1706	388.7	0.629
50	甲基环戊烷	226.8672	0.3967	0.0000	348.9	0.647
51	乙基环戊烷	215.8747	0.3912	0.0000	328.7	0.661
52	1,1-二甲基环戊烷	115.5163	-0.9248	1.1921	311.7	0.66
53	顺-1,2-二甲基环戊烷	208.6613	0.3772	0.0000	323.3	0.659
54	反-1,2-二甲基环戊烷	208.4801	0.3911	0.0000	318.0	0.659
55	顺-1,3-二甲基环戊烷	199.5349	0.3631	0.0000	313.3	0.66
56	反-1,3-二甲基环戊烷	213.0377	0.4061	0.0000	319.6	0.659
57	正丙基环戊烷	212.8665	0.4262	0.0000	308.4	0.67
58	正丁基环戊烷	275.4507	0.3800	0.0000	409.6	0.691
59	正戊基环戊烷	190.0597	0.3800	0.0000	278.2	0.704
60	正己基环戊烷	185.4138	0.3800	0.0000	267.3	0.715
61	正庚基环戊烷	181.5795	0.3800	0.0000	258.0	0.726
62	正辛基环戊烷	178.0279	0.3800	0.0000	249.3	0.736
63	正壬基环戊烷	174.3558	0.3800	0.0000	241.0	0.745
64	正癸基环戊烷	171.0520	0.3800	0.0000	233.3	0.754
65	正十一烷基环戊烷	168.2895	0.3800	0.0000	226.6	0.762
66	正十二烷基环戊烷	165.7482	0.3800	0.0000	220.5	0.77
67	正十三烷基环戊烷	163.8960	0.3800	0.0000	215.6	0.776
68	正十四烷基环戊烷	161.9075	0.3800	0.0000	210.3	0.783
69	正十五烷基环戊烷	160.1913	0.3800	0.0000	205.9	0.79
70	正十六烷基环戊烷	158.7055	0.3800	0.0000	201.7	0.795
71	环己烷	229.8033	0.3974	0.0000	356.3	0.639
72	甲基环己烷	216.6662	0.4152	0.0000	324.2	0.653
73	乙基环己烷	207.6320	0.4212	0.0000	304.7	0.664
74	顺-1,2-二甲基环己烷	202.7341	0.4162	0.0000	299.1	0.664
75	反-1,2-二甲基环己烷	196.3589	0.4051	0.0000	293.1	0.665
76	顺-1,3-二甲基环己烷	197.7475	0.4155	0.0000	291.9	0.665
77	反-1,3-二甲基环己烷	203.1727	0.4261	0.0000	296.6	0.664
78	顺-1,4-二甲基环己烷	201.7707	0.4232	0.0000	295.6	0.664
79	反-1,4-二甲基环己烷	193.6710	0.4035	0.0000	289.6	0.665
80	正丙基环己烷	204.2059	0.4438	0.0000	289.4	0.672
81	正丁基环己烷	201.8372	0.4645	0.0000	276.1	0.68
82	正戊基环己烷	182.5940	0.3800	0.0000	264.5	0.712
83	正己基环己烷	178.5765	0.3800	0.0000	254.9	0.723
84	正庚基环己烷	175.2076	0.3800	0.0000	246.6	0.733

序号	物质名称	A	B	C	正常沸点时的汽化热（预测值）/（kJ/kg）	T_{br}
85	正辛基环己烷	171.6877	0.3800	0.0000	238.4	0.742
86	正壬基环己烷	168.9411	0.3800	0.0000	231.4	0.751
87	正癸基环己烷	194.0552	0.4892	0.0000	224.7	0.759
88	正十一烷基环己烷	173.5641	0.3800	0.0000	231.9	0.767
89	正十二烷基环己烷	160.9615	0.3800	0.0000	212.4	0.774
90	正十三烷基环己烷	158.7360	0.3800	0.0000	207.0	0.781
91	正十四烷基环己烷	156.6797	0.3800	0.0000	202.1	0.787
92	正十六烷基环己烷	152.5495	0.3800	0.0000	192.6	0.799
93	乙烯	292.0070	0.3746	0.0000	481.7	0.599
94	丙烯	232.1358	0.0169	0.3209	438.5	0.619
95	1-丁烯	247.6992	0.3745	0.0000	394.5	0.636
96	顺-2-丁烯	262.2957	0.3755	0.0000	417.5	0.635
97	反-2-丁烯	255.5193	0.3734	0.0000	406.1	0.639
98	异丁烯	250.9264	0.3829	0.0000	395.9	0.637
99	1-戊烯	231.5605	0.3737	0.0000	362.9	0.652
100	1-己烯	221.1042	0.3789	0.0000	338.7	0.667
101	2.3-二甲基-2-丁烯	239.2781	0.4237	0.0000	351.9	0.66
102	1-庚烯	210.8677	0.3683	0.0000	321.5	0.682
103	1-辛烯	206.9942	0.3834	0.0000	304.9	0.696
104	1-壬烯	204.2958	0.3951	0.0000	292.1	0.707
105	1-癸烯	296.0599	1.3340	-0.8609	277.5	0.719
106	1-十一烯	205.1131	0.4326	0.0000	270.5	0.73
107	1-十二烯	201.3730	0.4366	0.0000	259.8	0.74
108	1-十三烯	193.4836	0.4217	0.0000	251.0	0.749
109	1-十四烯	190.5748	0.4176	0.0000	245.2	0.757
110	1-十五烯	186.8204	0.4253	0.0000	234.7	0.764
111	1-十六烯	185.7821	0.4294	0.0000	228.6	0.772
112	1-十七烯	174.9562	0.3929	0.0000	224.7	0.779
113	1-十八烯	174.9541	0.3834	0.0000	220.0	0.798
114	1-十九烯	184.2029	0.4355	0.0000	216.1	0.792
115	1-二十烯	186.9909	0.4689	0.0000	205.2	0.798
116	环戊烯	216.5020	-0.0601	0.4474	405.4	0.626
117	环己烯	191.1420	-0.2570	0.6532	378.9	0.635
118	丙二烯	316.0717	0.3819	0.0000	514.5	0.607
119	1，2-丁二烯	239.7495	0.0569	0.2459	448.0	0.639
120	1，3-丁二烯	259.1584	0.3728	0.0000	415.0	0.632

续表

序号	物质名称	A	B	C	正常沸点时的汽化热（预测值)/(kJ/kg)	T_{br}
121	2-甲基-1，3-丁二烯	248.3961	0.4251	0.0000	376.3	0.634
122	乙炔	435.6519	0.5898	−0.1820	643.4	0.612
123	丙炔	352.2841	0.3999	0.0000	555.7	0.621
124	1-丁炔	310.9989	0.4633	0.0000	453.6	0.634
125	苯	280.2326	0.6775	−0.2695	394.0	0.628
126	甲苯	234.2188	0.3859	0.0000	363.8	0.648
127	乙苯	221.5322	0.3922	0.0000	336.1	0.663
128	1，2 二甲苯	224.3245	0.3771	0.0000	346.3	0.662
129	1，3-二甲苯	221.3366	0.3726	0.0000	341.2	0.668
130	1，4 二甲苯	217.8657	0.3657	0.0000	338.7	0.667
131	正丙基苯	215.1583	0.3967	0.0000	319.4	0.677
132	1.2.3-三甲基苯	210.5804	0.3453	0.0000	331.7	0.676
133	1，2，4-三甲基苯	206.9811	0.3417	0.0000	325.4	0.681
134	1，3，5-三甲基苯	215.0747	0.3649	0.0000	327.3	0.687
135	正丁基苯	202.0640	0.3808	0.0000	300.5	0.691
136	1-甲基-3-异丙基苯	197.1546	0.3949	0.0000	291.4	0.682
137	1-甲基-2-异丙基苯	199.3313	0.3988	0.0000	293.5	0.681
138	1-甲基-4-异丙基苯	205.9973	0.4107	0.0000	296.3	0.689
139	正戊基苯	186.9743	0.3460	0..0000	285.4	0.703
140	正己基苯	194.2433	0.3887	0.0000	277.0	0.715
141	正庚基苯	198.5426	0.4100	0.0000	270.7	0.727
142	正辛基苯	196.0697	0.4281	0.0000	256.8	0.738
143	苯乙烯	236.6309	0.4056	0.0000	356.1	0.657
144	α-甲基苯乙烯	212.0578	0.3714	0.0000	326.3	0.67
145	顺-β-甲基苯乙烯	304.9155	0.3800	0.0000	463.3	0.673
146	反-β-甲基苯乙烯	313.0157	0.3800	0.0000	475.7	0.673
147	顺-十氢化萘	199.8238	0.4337	0.0000	288.2	0.667
148	反-十氢化萘	163.4746	−0.1327	0.6115	279.6	0.67
149	四氢萘	209.3076	0.3800	0.0000	320.3	0.667
150	茚满	226.1078	0.4197	0.0000	334.9	0.658
151	茚	244.6698	0.4391	0.0000	352.6	0.663
152	联苯	216.5243	0.4146	0.0000	318.2	0.669
153	萘	159.7099	−0.3910	0.7281	338.4	0.656
154	1-甲基萘	215.4768	0.3806	0.0000	328.2	0.67
155	2-甲基萘	220.8594	0.4045	0.0000	325.6	0.675
156	蒽	193.0150	0.3078	0.0000	307.3	0.707

续表

序号	物质名称	A	B	C	正常沸点时的汽化热 （预测值）/（kJ/kg）	T_{br}
157	菲	192.1107	0.3120	0.0000	304.9	0.705
158	芘	220.6525	0.4639	0.0000	287.3	0.713
159	屈	280.0508	0.9850	-0.5456	302.1	0.729
160	三亚苯③	177.8219	0.3885	0.0000	246.3	0.737
161	苯并蒽④					
162	苉	200.4099	0.2976	0.0000	330.3	0.685
163	芴	203.7910	0.3688	0.0000	319.8	0.655
164	二苯并蒽④					
165	萘并萘④					
166	1，8-亚乙基萘	377.5027	2.2047	-2.4427	475.7	0.686
167	甲醇	703.6990	0.3683	0.0000	1101.4	0.659
168	乙醇	531.4554	0.3358	0.0000	839.7	0.683
169	正丙醇	453.1339	0.3571	0.0000	693.6	0.69
170	异丙醇	451.5979	0.3919	0.0000	655.9	0.699
171	正丁醇	392.4680	0.1796	0.2870	582.7	0.694
172	伯丁醇	421.2259	0.4773	0.0000	555.4	0.695
173	叔丁醇	448.8389	0.5644	0.0000	526.6	0.702
174	苯酚	334.1205	0.4246	0.0000	494.3	0.655
175	甲乙酮	275.8726	0.3550	0.0000	438.0	0.658
176	甲乙醚	253.5272	0.3830	-0.0065	400.1	0.64
177	乙醚	234.8804	0.3944	-0.0125	360.5	0.658
178	甲基叔丁基醚	243.3696	0.7516	-0.3332	318.7	0.66
179	甲基叔戊基醚	194.7963	0.3593	0.0416	299.8	0.673
180	二异丙醚	204.4259	0.5118	-0.0998	285.6	0.682

注：T_{br} 为正常沸点时的对比温度。

① 二氧化氮在对比温度为 0.8462 时，汽化热为 828.54kJ/kg；

② 氟化氢在对比温度为 0.6344 时，汽化热为 408.21kJ/kg；

③ 三亚苯的临界温度为 634.85℃，正常沸点为 395.85℃；

④ 无实验数据或可靠的预测方法。

表6-5-2 常见物质汽化热[11]

序号	物质名称	分子式	相对分子质量	C1 ×1E-07	C2	C3	C4	T_c/K	T_{min}/K	T_{min}时的汽化热/(×1E-7)/(J/kmol)	T_{max}/K	T_{max}时的汽化热/(J/kmol)
1	甲烷	CH_4	16.043	1.0194	0.26087	-0.14694	0.22154	190.564	90.69	0.8724	190.56	0
2	乙烷	C_2H_6	30.070	2.1091	0.60646	-0.55492	0.32799	305.320	90.35	1.7879	305.32	0
3	丙烷	C_3H_8	44.097	2.9209	0.78237	-0.77319	0.39246	369.830	85.47	2.4787	369.83	0
4	正丁烷	C_4H_{10}	58.123	3.6238	0.8337	-0.82274	0.39613	425.120	134.86	2.8684	425.12	0
5	正戊烷	C_5H_{12}	72.150	3.9109	0.38681	0	0	469.700	143.42	3.3968	469.7	0
6	正己烷	C_6H_{14}	86.177	4.4544	0.39002	0	0	507.600	177.83	3.7647	507.6	0
7	正庚烷	C_7H_{16}	100.204	5.0014	0.38795	0	0	540.200	182.57	4.2619	540.2	0
8	正辛烷	C_8H_{18}	114.231	5.518	0.38467	0	0	568.700	216.38	4.5898	568.7	0
9	正壬烷	C_9H_{20}	128.258	6.037	0.38522	0	0	594.600	219.66	5.0545	594.6	0
10	正癸烷	$C_{10}H_{22}$	142.285	6.6126	0.39797	0	0	617.700	243.51	5.4168	617.7	0
11	正十一烷	$C_{11}H_{24}$	156.312	7.2284	0.40607	0	0	639.000	247.57	5.924	639	0
12	正十二烷	$C_{12}H_{26}$	170.338	7.7337	0.40681	0	0	658.000	263.57	6.2802	658	0
13	正十三烷	$C_{13}H_{28}$	184.365	8.4339	0.4257	0	0	675.000	267.76	6.8015	675	0
14	正十四烷	$C_{14}H_{30}$	198.392	9.0539	0.44467	0	0	693.000	279.01	7.2002	693	0
15	正十五烷	$C_{15}H_{32}$	212.419	9.6741	0.45399	0	0	708.000	283.07	7.6728	708	0
16	正十六烷	$C_{16}H_{34}$	226.446	10.156	0.45726	0	0	723.000	291.31	8.0225	723	0
17	正十七烷	$C_{17}H_{36}$	240.473	10.473	0.4374	0	0	736.000	295.13	8.3699	736	0
18	正十八烷	$C_{18}H_{38}$	254.500	10.969	0.44327	0	0	747.000	301.31	8.7246	747	0
19	正十九烷	$C_{19}H_{40}$	268.527	11.674	0.45865	0	0	758.000	305.04	9.2185	758	0
20	正二十烷	$C_{20}H_{42}$	282.553	12.86	0.50351	0.32986	-0.42184	768.000	309.58	9.5933	768	0
21	2-甲基丙烷	C_4H_{10}	58.123	3.1667	0.3855	0	0	408.140	113.54	2.7927	408.14	0
22	2-甲基丁烷	C_5H_{12}	72.150	3.77	0.3952	0	0	460.430	113.25	3.372	460.43	0
23	2,3-二甲基丁烷	C_6H_{14}	86.177	4.1404	0.38124	0	0	499.980	145.19	3.6328	499.98	0
24	2-甲基戊烷	C_6H_{14}	86.177	4.278	0.384	0	0	497.500	119.55	3.8495	497.5	0

续表

序号	物质名称	分子式	相对分子质量	C1 ×1E-07	C2	C3	C4	T_c/K	T_{min}/K	T_{min}时的汽化热/(×1E-7)/(J/kmol)	T_{max}/K	T_{max}时的汽化热/(J/kmol)
25	2,3-二甲基戊烷	C_7H_{16}	100.204	4.6536	0.37579	0	0	537.350	160	4.0747	537.35	0
26	2,3,3-三甲基戊烷	C_8H_{18}	114.231	4.991	0.383	0	0	573.500	172.22	4.353	573.5	0
27	2,3,4-三甲基戊烷	C_8H_{18}	114.231	4.7721	0.37992	0	0	543.960	165.78	4.1565	543.96	0
28	乙烯	C_2H_4	28.054	2.8694	0.3746	0	0.5012	282.340	104	1.6025	282.34	0
29	丙烯	C_3H_6	42.081		0.8375	-0.9216	0	365.570	87.89	2.4031	365.57	0
30	1-丁烯	C_4H_8	56.108	3.23	0.3747	0	0	419.950	87.8	2.9582	419.95	0
31	顺2-丁烯	C_4H_8	56.108	3.419	0.3754	0	0	435.580	134.26	2.9773	435.58	0
32	反2-丁烯	C_4H_8	56.108	3.332	0.3736	0	0	428.630	167.62	2.7684	428.63	0
33	1-戊烯	C_5H_{10}	70.134	3.774	0.37647	0	0	464.780	107.93	3.4166	464.78	0
34	1-己烯	C_6H_{12}	84.161	4.3236	0.3788	0	0	504.030	133.39	3.8483	504.03	0
35	1-庚烯	C_7H_{14}	98.188	4.812	0.3685	0	0	537.290	154.27	4.2478	537.29	0
36	1-辛烯	C_8H_{16}	112.215	5.398	0.3835	0	0	566.650	171.45	4.7013	566.65	0
37	1-壬烯	C_9H_{18}	126.242	5.994	0.3953	0	0	593.250	191.78	5.1366	593.25	0
38	1-癸烯	$C_{10}H_{20}$	140.269	6.4898	0.39187	0	0	616.400	206.89	5.5289	616.4	0
39	2-甲基丙烯	C_4H_8	56.108	3.272	0.383	0	0	417.900	132.81	2.8262	417.9	0
40	2-甲基-1-丁烯	C_5H_{10}	70.134	3.9091	0.39866	0	0	465.000	135.58	3.4072	465	0
41	2-甲基-2-丁烯	C_5H_{10}	70.134	3.9121	0.3634	0	0	471.000	139.39	3.4437	471	0
42	1,2-丁二烯	C_4H_6	54.092	3.522	0.395	0	0	452.000	136.95	3.054	452	0
43	1,3-丁二烯	C_4H_6	54.092	3.258	0.373	0	0	425.170	164.25	2.7155	425.17	0
44	2-甲基-1,3-丁二烯	C_5H_8	68.119	3.931	0.425	0	0	484.000	127.27	3.4529	484	0
45	乙炔	C_2H_2	26.038	2.3795	0.375	0	0	308.320	192.4	1.6488	308.32	0
46	甲基乙炔	C_3H_4	40.065	3.2775	0.3997	0	0	402.390	170.45	2.6297	402.39	0
47	二甲基乙炔	C_4H_6	54.092	3.856	0.3737	0	0	473.200	240.91	2.9557	473.2	0
48	3-甲基-1-丁炔	C_5H_8	68.119	3.792	0.3565	0	0	463.200	183.45	3.1681	463.2	0

续表

序号	物质名称	分子式	相对分子质量	C1 ×1E-07	C2	C3	C4	T_c/K	T_{min}/K	T_{min}时的汽化热/(×1E-7)/(J/kmol)	T_{max}/K	T_{max}时的汽化热/(J/kmol)
49	1-戊炔	C_5H_8	68.119	3.954	0.3512	0	0	481.200	167.45	3.4025	481.2	0
50	2-戊炔	C_5H_8	68.119	4.4158	0.44347	0	0	519.000	163.83	3.7321	519	0
51	1-己炔	C_6H_{10}	82.145	4.574	0.3698	0	0	516.200	141.25	4.064	516.2	0
52	2-己炔	C_6H_{10}	82.145	4.911	0.4392	0	0	549.000	183.65	4.1067	549	0
53	3-己炔	C_6H_{10}	82.145	4.808	0.436	0	0	544.000	170.05	4.0831	544	0
54	1-庚炔	C_7H_{12}	96.172	5.0514	0.41163	0	0	559.000	192.22	4.247	559	0
55	1-辛炔	C_8H_{14}	110.199	5.6306	0.4148	0	0	585.000	193.55	4.7663	585	0
56	乙烯基乙炔①	C_4H_4	52.076	3.649	0.4	0.043	0	454.000	173.15	2.9876	454	0
57	环戊烷	C_5H_{10}	70.134	3.89	0.361	0	0	511.760	179.28	3.3292	511.76	0
58	甲基环戊烷	C_6H_{12}	84.161	4.36	0.38531	0	0	532.790	130.73	3.9118	532.79	0
59	乙基环戊烷	C_7H_{14}	98.188	4.8288	0.37809	0	0	569.520	134.71	4.3604	569.52	0
60	环己烷	C_6H_{12}	84.161	4.494	0.3974	0	0	553.580	279.69	3.3977	553.58	0
61	甲基环己烷	C_7H_{14}	98.188	4.7534	0.39461	0	0	572.190	146.58	4.2295	572.19	0
62	1,1-二甲基环己烷	C_8H_{16}	112.215	5.0402	0.4036	0	0	591.150	239.66	4.0862	591.15	0
63	乙基环己烷	C_8H_{16}	112.215	5.3832	0.41763	0	0	609.150	161.84	4.7318	609.15	0
64	环戊烯	C_5H_8	68.119	3.8107	0.3543	0	0	507.000	138.13	3.4046	507	0
65	1-甲基环戊烯	C_6H_{10}	82.145	4.3541	0.36805	0	0	542.000	146.62	3.8769	542	0
66	环己烯	C_6H_{10}	82.145	4.4405	0.37479	0	0	560.400	169.67	3.8791	560.4	0
67	苯	C_6H_6	78.114	4.75	0.45238	0.0534	-0.1181	562.160	278.68	3.4909	562.16	0
68	甲苯	C_7H_8	92.141	5.0144	0.3859	0	0	591.800	178.18	4.367	591.8	0
69	1,2-二甲苯	C_8H_{10}	106.167	5.533	0.377	0	0	630.330	247.98	4.5826	630.33	0
70	1,3-二甲苯	C_8H_{10}	106.167	5.46	0.3726	0	0	617.050	225.3	4.6097	617.05	0
71	1,4-二甲苯	C_8H_{10}	106.167	5.374	0.3656	0	0	616.230	286.41	4.2761	616.23	0
72	乙苯	C_8H_{10}	106.167	5.464	0.392	0	0	617.200	178.15	4.7811	617.2	0

续表

序号	物质名称	分子式	相对分子质量	C_1 ×1E-07	C_2	C_3	C_4	T_c/K	T_{min}/K	T_{min} 时的汽化热/(×1E-07)/(J/kmol)	T_{max}/K	T_{max} 时的汽化热/(J/kmol)
73	丙基苯	C_9H_{12}	120.194	5.7663	0.3956	-8.91E-03	0	638.320	215.03	5.0574	574.54	24695000
74	1,2,4-三甲基苯	C_9H_{12}	120.194	5.9126	0.35632	0	0	649.130	229.33	5.0621	649.13	0
75	异丙基苯	C_9H_{12}	120.194	5.795	0.3956	0	0	631.100	177.14	5.0869	631.1	0
76	1,3,5-三甲基苯	C_9H_{12}	120.194	6.038	0.37999	0	0	637.360	228.42	5.101	637.36	0
77	对甲基异丙基苯	$C_{10}H_{14}$	134.221	6.3314	0.40289	0	0	653.150	205.25	5.4387	653.15	0
78	萘	$C_{10}H_8$	128.174	7.051	0.4612	0	0	748.350	353.43	5.2508	748.35	0
79	联苯	$C_{12}H_{10}$	154.211	7.5736	0.3975	0	0	789.260	342.2	6.042	789.26	0
80	苯乙烯	C_8H_8	104.152	5.726	0.4055	0	0	636.000	242.54	4.7128	636	0
81	间三联苯	$C_{18}H_{14}$	230.309	10.123	0.3767	0	0	924.850	360	8.407	924.85	0
82	甲醇	CH_4O	32.042	5.239	0.3682	0	0	512.640	175.47	4.49	512.64	0
83	乙醇	C_2H_6O	46.069	5.69	0.3359	0	0	513.920	159.05	5.0245	513.92	0
84	1-丙醇	C_3H_8O	60.096	6.33	0.3575	0	0	536.780	146.95	5.646	536.78	0
85	1-丁醇	$C_4H_{10}O$	74.123	6.739	0.173	0.2915	0	563.050	184.51	6.0575	563.05	0
86	2-丁醇	$C_4H_{10}O$	74.123	7.256	0.4774	0	0	536.050	158.45	6.1383	536.05	0
87	2-戊醇	C_3H_8O	60.096	6.308	0.3921	0	0	508.300	185.28	5.2807	508.3	0
88	2-甲基-2-丙醇	$C_4H_{10}O$	74.123	7.732	0.5645	0	0	506.210	298.97	4.6703	506.21	0
89	1-戊醇	$C_5H_{12}O$	88.150	8.31	0.511	0	0	586.150	195.56	6.7533	586.15	0
90	2-甲基-1-丁醇	$C_5H_{12}O$	88.150	7.7839	0.45313	0	0	565.000	203	6.3619	565	0
91	3-甲基-1-丁醇	$C_5H_{12}O$	88.150	8.0815	0.50185	0	0	577.200	155.95	6.8999	577.2	0
92	1-己醇	$C_6H_{14}O$	102.177	8.598	0.513	0	0	611.350	228.55	6.7623	611.35	0
93	1-庚醇	$C_7H_{16}O$	116.203	9.69	0.572	0	0	631.900	239.15	7.3822	631.9	0
94	环己醇	$C_6H_{12}O$	100.161	9.244	0.64825	0	0	650.000	296.6	6.2273	650	0
95	乙二醇	$C_2H_6O_2$	62.068	8.29	0.4266	0	0	719.700	260.15	6.8461	719.7	0
96	1,2-丙二醇	$C_3H_8O_2$	76.095	8.07	0.295	0	0	626.000	213.15	7.1374	626	0

续表

序号	物质名称	分子式	相对分子质量	C1 ×1E-07	C2	C3	C4	T_c/K	T_{min}/K	T_{min}时的汽化热/(×1E-7)/(J/kmol)	T_{max}/K	T_{max}时的汽化热/(J/kmol)
97	苯酚	C_6H_6O	94.113	7.306	0.4246	0	0	694.250	314.06	5.6577	694.25	0
98	邻甲酚	C_7H_8O	108.140	7.1979	0.40317	0	0	697.550	304.19	5.7135	697.55	0
99	间甲酚	C_7H_8O	108.140	8.0082	0.45514	0	0	705.850	285.39	6.3326	705.85	0
100	对甲酚	C_7H_8O	108.140	8.4942	0.50234	0	0	704.650	307.93	6.3649	704.65	0
101	二甲醚	C_2H_6O	46.069	2.994	0.3505	0	0	400.100	131.65	2.6032	400.1	0
102	甲基乙基醚	C_3H_8O	60.096	3.53	0.376	0	0	437.800	160	2.9751	437.8	0
103	甲基正丙基醚	$C_4H_{10}O$	74.123	3.9795	0.3729	0	0	476.300	133.97	3.5184	476.3	0
104	甲基异丙基醚	$C_4H_{10}O$	74.123	3.9305	0.3711	0	0	464.500	127.93	3.4876	464.5	0
105	甲基正丁基醚	$C_5H_{12}O$	88.150	4.5328	0.3824	0	0	510.000	157.48	3.9358	510	0
106	甲基异丁基醚	$C_5H_{12}O$	88.150	4.2678	0.37995	0	0	497.000	150	3.7232	497	0
107	甲基叔丁基醚	$C_5H_{12}O$	88.150	4.2024	0.37826	0	0	497.100	164.55	3.6096	497.1	0
108	二乙醚	$C_4H_{10}O$	74.123	4.06	0.3868	0	0	466.700	156.85	3.4651	466.7	0
109	乙基丙基醚	$C_5H_{12}O$	88.150	5.438	0.60624	0	0	500.230	145.65	4.414	500.23	0
110	乙基异丙基醚	$C_5H_{12}O$	88.150	4.258	0.37221	0	0	489.000	140	3.7556	489	0
111	甲基苯基醚	C_7H_8O	108.140	5.8662	0.37127	0	0	645.600	235.65	4.956	645.6	0
112	二苯醚	$C_{12}H_{10}O$	170.211	6.8243	0.30877	0	0	766.800	300.03	5.8546	766.8	0
113	甲醛	CH_2O	30.026	3.076	0.2954	0	0	408.000	181.15	2.5863	408	0
114	乙醛	C_2H_4O	44.053	4.607	0.62	0	0	466.000	150.15	3.6199	466	0
115	1-丙醛	C_3H_6O	58.080	4.1492	0.36751	0	0	504.400	170	3.5675	504.4	0
116	1-丁醛	C_4H_8O	72.107	4.6403	0.3849	0	0	537.200	176.75	3.9797	537.2	0
117	1-戊醛	$C_5H_{10}O$	86.134	5.1478	0.37541	0	0	566.100	182	4.4502	566.1	0
118	1-己醛	$C_6H_{12}O$	100.161	5.6661	0.38533	0	0	591.000	217.15	4.7495	591	0
119	1-庚醛	$C_7H_{14}O$	114.188	6.1299	0.37999	0	0	617.000	229.8	5.1353	617	0
120	1-辛醛	$C_8H_{16}O$	128.214	6.8347	0.41039	0	0	638.100	246	5.5966	638.1	0

续表

序号	物质名称	分子式	相对分子质量	C1 ×1E-07	C2	C3	C4	T_c/K	T_{min}/K	T_{min} 时的汽化热/(×1E-7)/(J/kmol)	T_{max}/K	T_{max} 时的汽化热/(J/kmol)
121	1-壬醛	$C_9H_{18}O$	142.241	7.3363	0.41735	0	0	658.000	255.15	5.9779	658	0
122	1-癸醛	$C_{10}H_{20}O$	156.268	7.9073	0.4129	0	0	674.200	267.15	6.4201	674.2	0
123	丙酮	C_3H_6O	58.080	4.215	0.3397	0	0	508.200	178.45	3.639	508.2	0
124	甲基乙基酮	C_4H_8O	72.107	4.622	0.355	0	0	535.500	186.48	3.9704	535.5	0
125	2-戊酮	$C_5H_{10}O$	86.134	5.174	0.39422	0	0	561.080	196.29	4.3663	561.08	0
126	甲基异丙酮	$C_5H_{10}O$	86.134	5.14	0.3858	0	0	553.000	250	4.0753	553	0
127	2-己酮	$C_6H_{12}O$	100.161	5.677	0.3817	0	0	587.050	217.35	4.7584	587.05	0
128	甲基异丁基甲酮	$C_6H_{12}O$	100.161	5.4	0.383	0	0	571.400	189.15	4.6294	571.4	0
129	3-甲基-2-戊酮	$C_6H_{12}O$	100.161	5.113	0.3395	0	0	573.000	167.15	4.548	573	0
130	3-戊酮	$C_5H_{10}O$	86.134	5.2359	0.40465	0	0	560.950	234.18	4.2075	560.95	0
131	乙基异丙基甲酮	$C_6H_{12}O$	100.161	5.388	0.40616	0	0	567.000	200	4.5154	567	0
132	二异丙基酮	$C_7H_{14}O$	114.188	5.598	0.3774	0	0	576.000	204.81	4.7426	576	0
133	环己酮	$C_6H_{10}O$	98.145	5.55	0.3538	0	0	653.000	242	4.7114	653	0
134	甲基苯基甲酮	C_8H_8O	120.151	6.6104	0.37425	0	0	709.500	292.81	5.4166	709.5	0
135	蚁酸	CH_2O_2	46.026	2.37	1.999	-5.1503	3.331	588.000	281.45	1.9532	588	0
136	乙酸	$C_2H_4O_2$	60.053	2.0265	0.11911	-1.3487	1.4227	591.950	289.81	2.3185	591.95	0
137	丙酸	$C_3H_6O_2$	74.079	2.729	0.06954	-1.0423	1.1152	600.810	252.45	2.9964	600.81	0
138	正丁酸	$C_4H_8O_2$	88.106	7.4996	2.333	-3.8644	2.016	615.700	267.95	4.1566	615.7	0
139	异丁酸	$C_4H_8O_2$	88.106	4.4967	1.1615	-2.4573	1.5823	605.000	227.15	3.6179	605	0
140	苯甲酸②	$C_7H_6O_2$	122.123	10.19	0.478	0	0	751.000	395.45	7.1277	751	0
141	乙酸酐	$C_4H_6O_3$	102.090	6.352	0.3986	0	0	606.000	200.15	5.4139	606	0
142	甲酸甲酯	$C_2H_4O_2$	60.053	4.103	0.3825	0	0	487.200	174.15	3.4644	487.2	0
143	乙酸甲酯	$C_3H_6O_2$	74.079	4.492	0.3685	0	0	506.550	175.15	3.8418	506.55	0
144	丙酸甲酯	$C_4H_8O_2$	88.106	5.008	0.3959	0	0	530.600	185.65	4.2231	530.6	0

续表

序号	物质名称	分子式	相对分子质量	C1 ×1E-07	C2	C3	C4	T_c/K	T_{min}/K	T_{min} 时的汽化热 ($\times$1E-7)/(J/kmol)	T_{max}/K	T_{max} 时的汽化热/(J/kmol)
145	丁酸甲酯	$C_5H_{10}O_2$	102.133	5.3781	0.39523	0	0	554.500	187.35	4.5694	554.5	0
146	甲酸乙酯	$C_3H_6O_2$	74.079	4.5909	0.4123	0	0	508.400	193.55	3.7679	508.4	0
147	乙酸乙酯	$C_4H_8O_2$	88.106	4.933	0.3847	0	0	523.300	189.6	4.149	523.3	0
148	丙酸乙酯	$C_5H_{10}O_2$	102.133	5.3325	0.401	0	0	546.000	199.25	4.4449	546	0
149	丁酸乙酯	$C_6H_{12}O_2$	116.160	5.6419	0.37985	0	0	571.000	175.15	4.909	571	0
150	甲酸丙酯	$C_4H_8O_2$	88.106	4.9687	0.4025	0	0	538.000	180.25	4.2162	538	0
151	乙酸丙酯	$C_5H_{10}O_2$	102.133	5.4327	0.407	0	0	549.730	178.15	4.6322	549.73	0
152	乙酸丁酯	$C_6H_{12}O_2$	116.160	5.78	0.3935	0	0	579.150	199.65	4.8943	579.15	0
153	苯甲酸甲酯	$C_8H_8O_2$	136.150	6.965	0.4061	0	0	693.000	260.75	5.75	693	0
154	苯甲酸乙酯	$C_9H_{10}O_2$	150.177	6.34	0.2911	0	0	698.000	238.45	5.6137	698	0
155	乙酸乙烯酯	$C_4H_6O_2$	86.090	4.77	0.3765	0	0	519.130	180.35	4.0619	519.13	0
156	甲胺	ch_5n	31.057	3.858	0.404	0	0	430.050	179.69	3.1006	430.05	0
157	二甲胺	C_2H_7N	45.084	4.09	0.42005	0	0	437.200	180.96	3.2678	437.2	0
158	三甲胺	C_3H_9N	59.111	3.305	0.354	0	0	433.250	156.08	2.8216	433.25	0
159	乙胺	C_2H_7N	45.084	4.275	0.5857	-0.332	0.169	456.150	192.15	3.2955	456.15	0
160	二乙胺	$C_4H_{11}N$	73.138	4.6133	0.42628	0	0	496.600	223.35	3.5761	496.6	0
161	三乙胺	$QH^{\cdot}N$	101.192	4.664	0.3663	0	0	535.150	158.45	4.1011	535.15	0
162	正丙胺	C_3H_9N	59.111	4.4488	0.39494	0	0	496.950	188.36	3.6857	496.95	0
163	二丙胺	$QH^{\cdot}N$	101.192	5.428	0.3665	0	0	550.000	210.15	4.55	550	0
164	异丙胺	C_3H_9N	59.111	4.4041	0.43325	0	0	471.850	177.95	3.5874	471.85	0
165	二异丙胺	$QH^{\cdot}N$	101.192	5.007	0.4362	0	0	523.100	176.85	4.1823	523.1	0
166	苯胺	C_6H_7N	93.128	7.195	0.458	0	0	699.000	267.13	5.771	699	0
167	N-甲基苯胺	C_7H_9N	107.155	6.386	0.3104	0	0	701.550	216.15	5.6961	701.55	0
168	N,N-二甲基苯胺	$C_8H_{11}N$	121.182	6.79	0.4053	0	0	687.150	275.6	5.5162	687.15	0

续表

序号	物质名称	分子式	相对分子质量	C1 ×1E-07	C2	C3	C4	T_c/K	T_{min}/K	T_{min} 时的汽化热/(×1E-7)/(J/kmol)	T_{max}/K	T_{max} 时的汽化热/(J/kmol)
169	环氧乙烷	C_2H_4O	44.053	3.6652	0.37878	0	0	469.150	160.65	3.1271	469.15	0
170	呋喃	C_4H_4O	68.075	4.005	0.3995	0	0	490.150	196.29	3.2647	490.15	0
171	噻吩	C_4H_4S	84.142	4.5793	0.38557	0	0	579.350	234.94	3.7472	579.35	0
172	吡啶	C_5H_5N	79.101	5.174	0.38865	0	0	619.950	231.51	4.3144	619.95	0
173	甲酰胺③	CH_3NO	45.041	7.358	0.3564	0	0	771.000	275.7	6.2844	771	0
174	N,N-二甲基甲酰胺	C_3H_7NO	73.095	5.9217	0.37996	0	0	649.600	212.72	5.0931	649.6	0
175	乙酰胺	C_2H_5NO	59.068	8.107	0.42	0	0	761.000	353.15	6.2386	761	0
176	N-甲基乙酰胺	C_3H_7NO	73.095	7.3402	0.38974	0	0	718.000	301.15	5.9384	718	0
177	乙腈	C_2H_3N	41.053	4.3511	0.34765	0	0	545.500	229.32	3.5996	545.5	0
178	丙腈	C_3H_5N	55.079	4.9348	0.41873	0	0	564.400	180.26	4.2005	564.4	0
179	正丁腈	C_4H_7N	69.106	5.22	0.165	0.6692	-0.539	582.250	161.25	4.7223	582.25	0
180	苯甲腈	C_7H_5N	103.123	6.2615	0.35427	0	0	699.350	260.4	5.3091	699.35	0
181	甲硫醇	CH_4S	48.109	3.4448	0.37427	0	0	469.950	150.18	2.9825	469.95	0
182	乙硫醇	C_2H_6S	62.136	3.844	0.37534	0	0	499.150	125.26	3.4489	499.15	0
183	正丙硫醇	C_3H_8S	76.163	4.4782	0.41073	0	0	536.600	159.95	3.8723	536.6	0
184	正丁硫醇	$C_4H_{10}S$	90.189	4.9702	0.41199	0	0	570.100	157.46	4.3505	570.1	0
185	异丁硫醇	$C_4H_{10}S$	90.189	4.742	0.40535	0	0	559.000	128.31	4.2664	559	0
186	仲丁硫醇	$C_4H_{10}S$	90.189	4.6432	0.399	0	0	554.000	133.02	4.1614	554	0
187	二甲基硫醚	C_2H_6S	62.136	3.869	0.3694	0	0	503.040	174.88	3.3042	503.04	0
188	甲基乙基硫醚	C_3H_8S	76.163	4.474	0.4097	0	0	533.000	167.23	3.8344	533	0
189	(二)乙硫醚	$C_4H_{10}S$	90.189	4.7182	0.3643	0	0	557.150	169.2	4.1353	557.15	0
190	氟代甲烷	CH_3F	34.033	2.4708	0.37014	0	0	317.420	131.35	2.0276	317.42	0
191	氯代甲烷	CH_3Cl	50.488	2.9745	0.353	0	0	416.250	175.43	2.452	416.25	0
192	三氯甲烷	$CHCl_3$	119.377	4.186	0.3584	0	0	536.400	209.63	3.5047	536.4	0

续表

序号	物质名称	分子式	相对分子质量	C1 ×1E-07	C2	C3	C4	T_c/K	T_{min}/K	T_{min}时的汽化热/(×1E-7)/(J/kmol)	T_{max}/K	T_{max}时的汽化热/(J/kmol)
193	四氯甲烷	CCl_4	153.822	4.3252	0.37688	0	0	556.350	250.33	3.4528	556.35	0
194	溴代甲烷	CH_3Br	94.939	3.169	0.3015	0	0	467.000	179.47	2.7379	467	0
195	氟代乙烷	C_2H_5F	48.060	2.7617	0.32162	0	0	375.310	129.95	2.4089	375.31	0
196	氯乙烷	C_2H_5Q	64.514	3.524	0.3652	0	0	460.350	134.8	3.1052	460.35	0
197	溴乙烷	C_2H_5Br	108.966	3.9004	0.38012	0	0	503.800	154.55	3.3933	503.8	0
198	1-氯丙烷	C_3H_7Cl	78.541	3.989	0.37956	0	0	503.150	150.35	3.4862	503.15	0
199	2-氯丙烷	C_3H_7Cl	78.541	3.8871	0.38043	0	0	489.000	155.97	3.3586	489	0
200	1,1-二氯丙烷	$C_3H_6Cl_2$	112.986	4.774	0.39204	0	0	560.000	200	4.0147	560	0
201	1,2-二氯丙烷	$C_3H_6Cl_2$	112.986	4.675	0.36529	0	0	572.000	172.71	4.0997	572	0
202	氯乙烯	C_2H_3Cl	62.499	3.4125	0.4513	0	0	432.000	119.36	2.9491	432	0
203	氟苯	C_6H_5F	96.104	4.582	0.3717	0	0	560.090	230.94	3.7605	560.09	0
204	氯苯	C_6H_5Cl	112.558	5.148	0.36614	0	0	632.350	227.95	4.3707	632.35	0
205	溴苯	C_6H_5Br	157.010	5.552	0.37694	0	0	670.150	242.43	4.6875	670.15	0
206	空气		28.951	0.8474	0.3822	0	0	132.450	59.15	0.6759	132.45	0
207	氢	H_2	2.016	0.1013	0.698	-1.817	1.447	33.190	13.95	0.0913	33.19	0
208	氦	He	4.003	0.0125	1.3038	-2.6954	1.7098	5.200	2.2	0.0097	5.2	0
209	氖	Ne	20.180	0.2389	0.3494	0	0	44.400	24.56	0.1803	44.4	0
210	氩	Ar	39.948	0.8731	0.3526	0	0	150.860	83.78	0.6561	150.86	0
211	氟	F_2	37.997	0.8876	0.34072	0	0	144.120	53.48	0.7578	144.12	0
212	氯	Cl_2	70.905	3.068	0.8458	-0.9001	0.453	417.150	172.12	2.2878	417.15	0
213	溴	Br_2	159.808	4	0.351	0	0	584.150	265.85	3.2323	584.15	0
214	氧	O_2	31.999	0.9008	0.4542	-0.4096	0.3183	154.580	54.36	0.7742	154.58	0
215	氮	N_2	28.014	0.7491	0.40406	-0.317	0.27343	126.200	63.15	0.6024	126.2	0
216	氨	NH_3	17.031	3.1523	0.3914	-0.2289	0.2309	405.650	195.41	2.5298	405.65	0

续表

序号	物质名称	分子式	相对分子质量	C1 ×1E-07	C2	C3	C4	T_c/K	T_{min}/K	T_{min}时的汽化热/(×1E-7)/(J/kmol)	T_{max}/K	T_{max}时的汽化热/(J/kmol)
217	联氨	N_2H_4	32.045	5.9794	0.9424	-1.398	0.8862	653.150	274.69	4.5238	653.15	0
218	一氧化二氮	N_2O	44.013	2.3215	0.384	0	0	309.570	182.3	1.6502	309.57	0
219	一氧化氮	NO	30.006	2.131	0.4056	0	0	180.150	109.5	1.4578	180.15	0
220	氰	C_2N_2	52.036	3.384	0.3707	0	0	400.150	245.25	2.3803	400.15	0
221	一氧化碳	CO	28.010	0.8585	0.4921	-0.326	0.2231	132.920	68.13	0.6517	132.5	915280
222	二氧化碳	CO_2	44.010	2.173	0.382	-0.4339	0.42213	304.210	216.58	1.5202	304.21	0
223	二硫化碳	CS_2	76.143	3.496	0.2986	0	0	552.000	161.11	3.1537	552	0
224	氟化氢	HF	20.006	13.451	13.36	-23.383	10.785	461.150	277.56	0.7104	461.15	0
225	氯化氢	HCl	36.461	2.2093	0.3466	0	0	324.650	158.97	1.7498	324.65	0
226	溴化氢	HBr	80.912	2.485	0.39	0	0	363.150	185.15	1.8817	363.15	0
227	氰化氢	HCN	27.026	3.349	0.2053	0	0	456.650	259.83	2.8176	456.65	0
228	硫化氢	H_2S	34.082	2.5676	0.37358	0	0	373.530	187.68	1.9782	373.53	0
229	二氧化硫	SO_2	64.065	3.676	0.4	0	0	430.750	197.670	2.875	430.750	0.000
230	三氧化硫	SO_3	80.064	7.337	0.5647	0	0	490.850	289.950	4.430	490.850	0.000
231	水	H_2O	18.015	5.2053	0.3199	-0.212	0.25795	647.130	273.160	4.473	647.130	0.000

注：表中汽化热的计算公式 $\Delta H_v = C1 \times (1-T_r)^{C2+C3 \times T_r + C4 \times T_r \times T_r}$；其中，C1、C2、C3、C4 为系数，$T_r$ 为对比温度，其值为 T/T_c。

① 系数的准确性有待确认；该物质加热时剧烈分解；

② 只适用于单体；

③ 当温度高于分解温度时，系数的准确信有待确认。

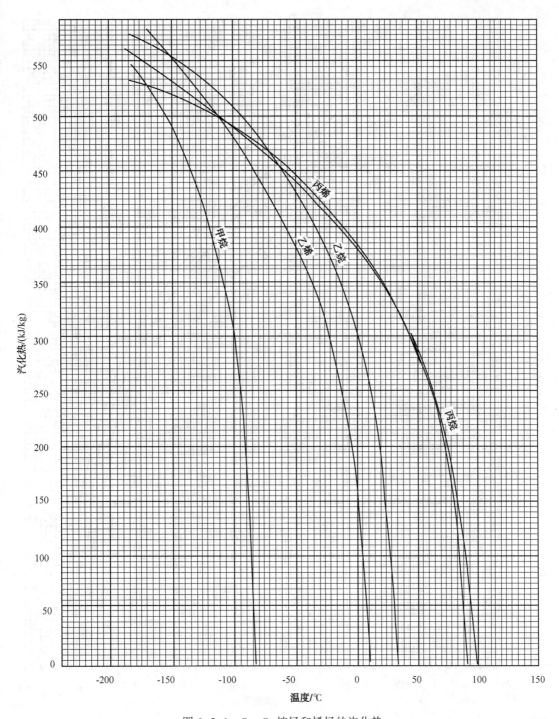

图 6-5-1　$C_1 \sim C_3$ 烷烃和烯烃的汽化热

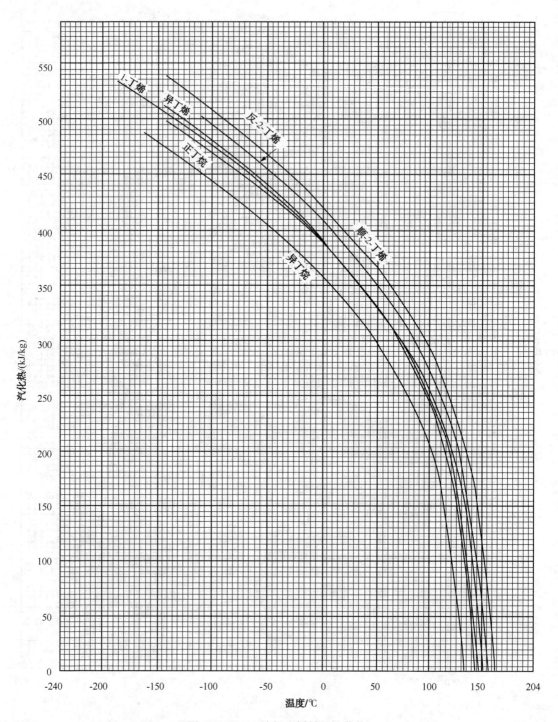

图 6-5-2　C₄ 烷烃和烯烃的汽化热

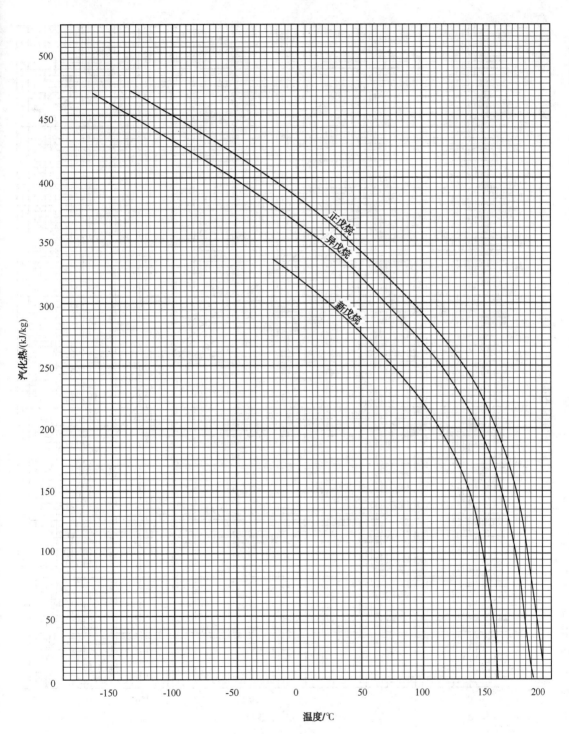

图 6-5-3 C₅烷烃的汽化热

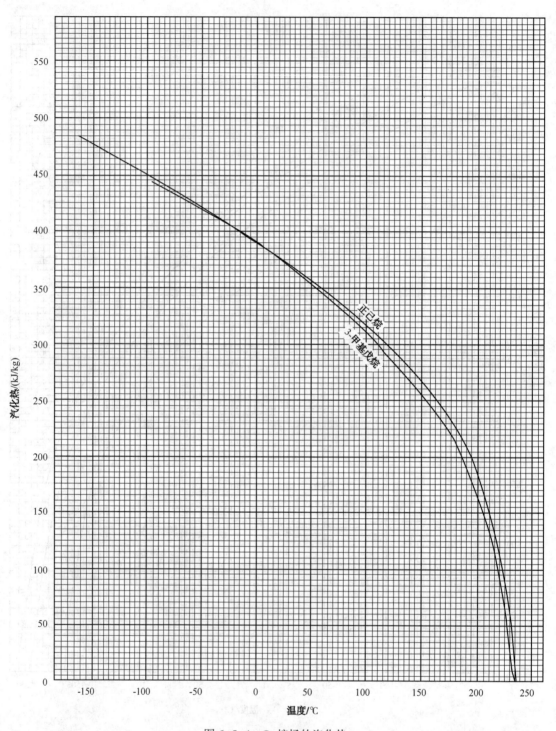

图 6-5-4　C₆ 烷烃的汽化热

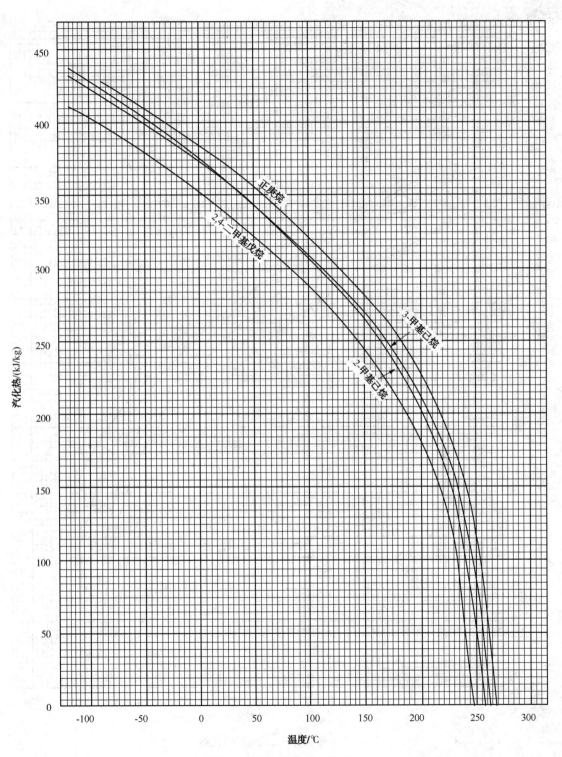

图 6-5-5 C₇烷烃的汽化热

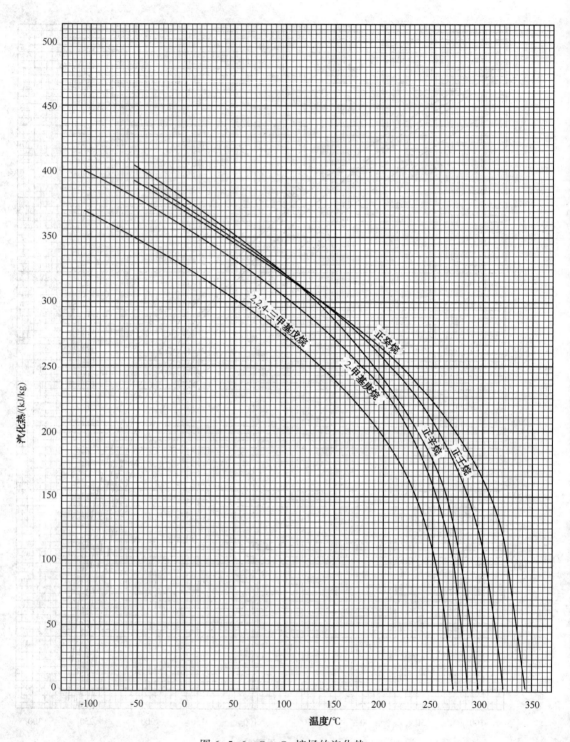

图 6-5-6　$C_8 \sim C_{10}$ 烷烃的汽化热

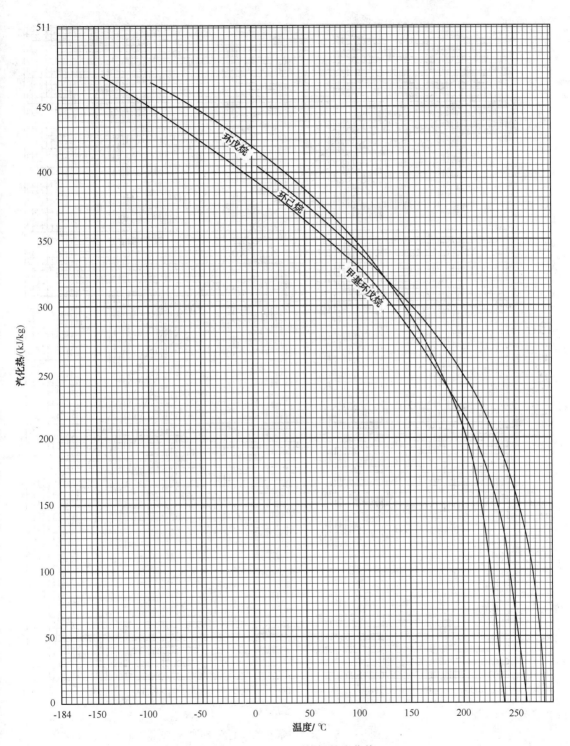

图 6-5-7 $C_5 \sim C_6$ 环烷烃的汽化热

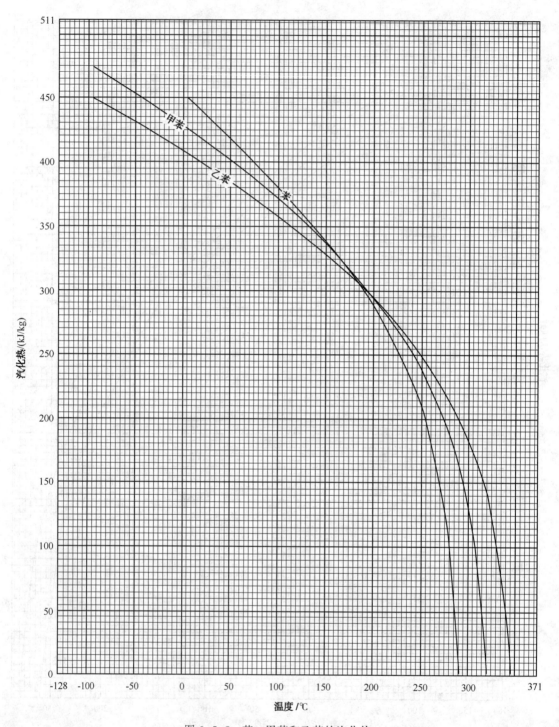

图 6-5-8 苯、甲苯和乙苯的汽化热

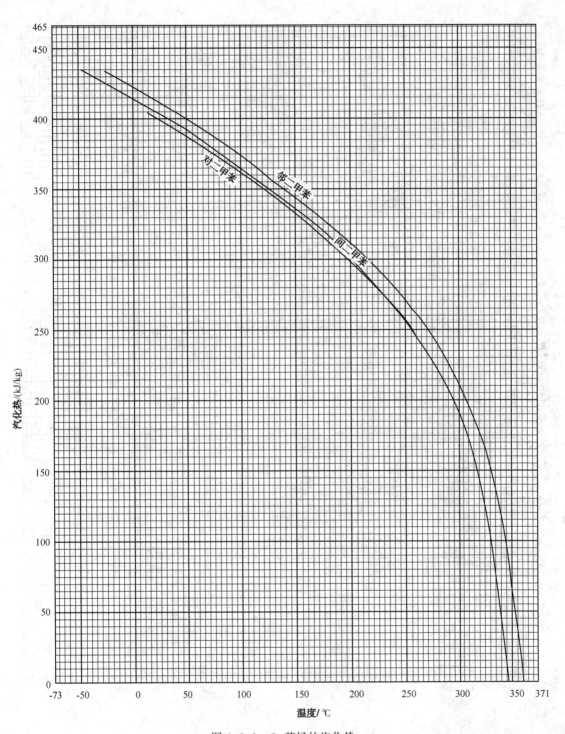

图 6-5-9 C_8 芳烃的汽化热

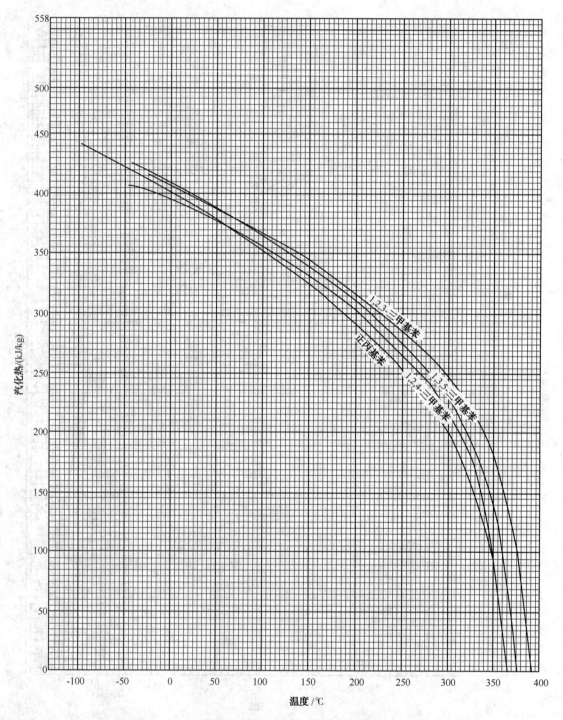

图 6-5-10　C₉ 芳烃的汽化热

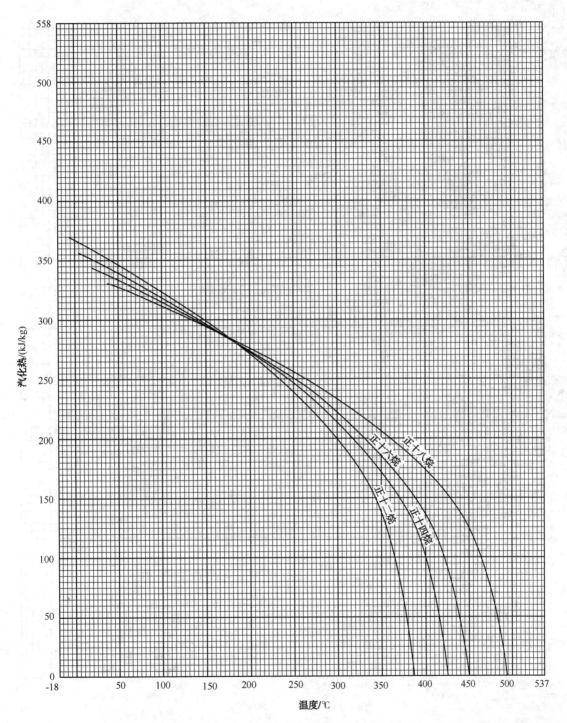

图 6-5-11 重质烷烃的汽化热

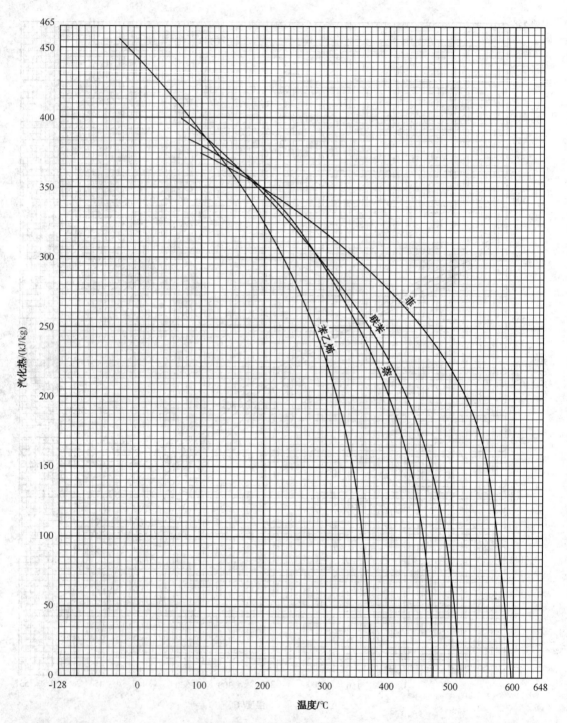

图 6-5-12　重质芳烃的汽化热

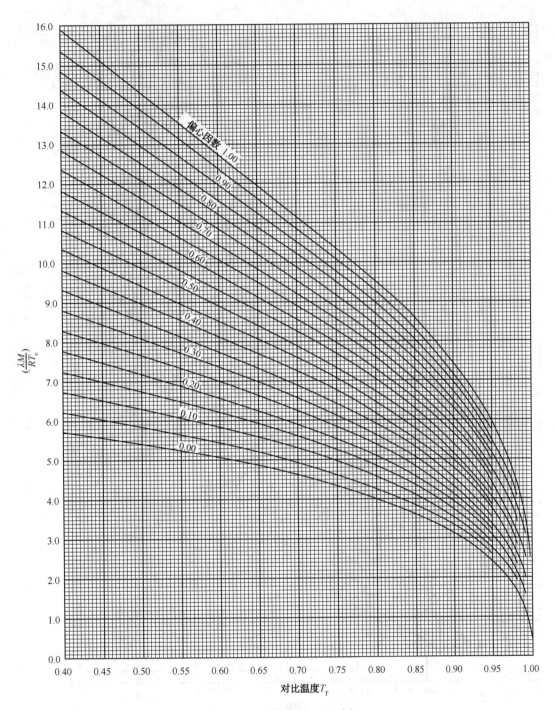

图 6-5-13 纯烃的汽化热[9]

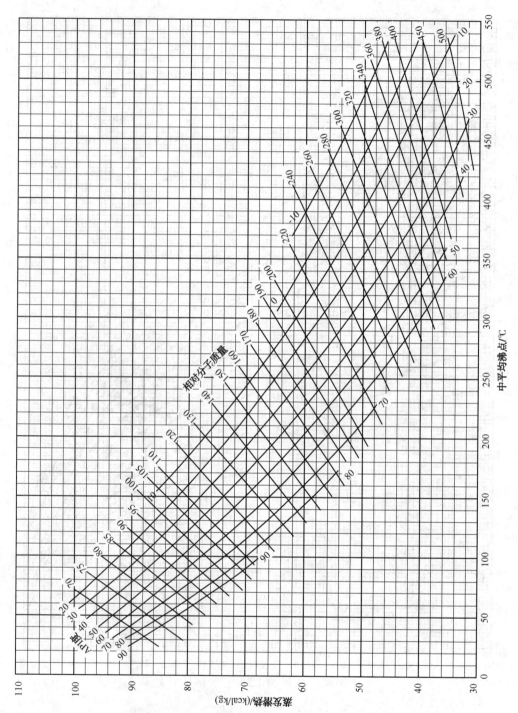

图6-5-14　石油馏分在常压下汽化热与中平均沸点关系图

注：1kal/kg=4.1868kJ/kg

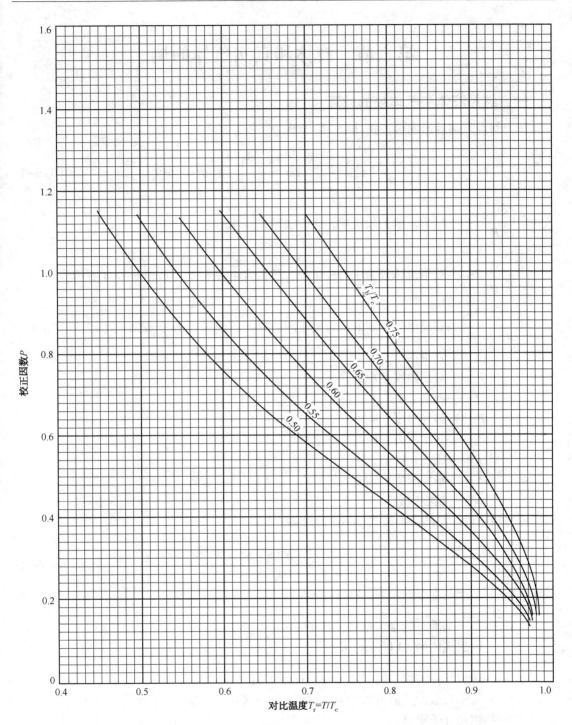

图 6-5-15　石油馏分汽化潜热校正图[10]

$$蒸发潜热 L = P \cdot L_b \cdot \frac{T}{T_b}$$

式中　L—在温度 TK 时蒸发潜热；

　　　　L_b—在常压下蒸发潜热；

　　　　T_b—在常压下沸点 K；

　　　　P—校正因数。

第六节　液体和真实气体的熵

一、纯烃液体和气体熵的计算

压力对纯烃熵的影响可按式(6-6-1)计算

$$\left(\frac{\tilde{S}^0-\tilde{S}}{R}\right)=\left(\frac{\tilde{S}^0-\tilde{S}}{R}\right)^{(0)}+\omega\left(\frac{\tilde{S}^0-\tilde{S}}{R}\right)^{(1)}+\ln P-4.619 \qquad (6\text{-}6\text{-}1)$$

式中　$\left(\dfrac{\tilde{S}^0-\tilde{S}}{R}\right)$——压力对熵的校正项，无因次项；

　　　$\left(\dfrac{\tilde{S}^0-\tilde{S}}{R}\right)^{(0)}$——简单流体熵的压力校正项，其值可由表 6-6-1 或图 6-6-1 查得；

　　　$\left(\dfrac{\tilde{S}^0-\tilde{S}}{R}\right)^{(1)}$——非简单流体熵的压力校正项，其值可由表 6-6-2 或图 6-6-2 和图 6-6-3 查得；

　　　T_r——对比温度，T/T_c；
　　　T——温度，K；
　　　T_c——临界温度，K；
　　　P_r——对比压力，P/P_c；
　　　P——压力，kPa；
　　　P_c——临界压力，kPa；
　　　ω——偏心因数。

压力校正后纯烃的总熵按式(6-6-2)计算

$$S=S^0-\frac{R}{M}\left(\frac{\tilde{S}^0-\tilde{S}}{R}\right) \qquad (6\text{-}6\text{-}2)$$

式中　S——基于基准态的总熵，kJ/(kg·K)；

　　　$\tilde{S}$——基于基准态的摩尔总熵，kJ/(kg·mol·K)；

　　　S^0——理想气体熵，kJ/(kg·K)；

　　　$\tilde{S}^0$——理想气体的摩尔熵，kJ/(kg·mol·K)；

　　　R——气体常数，其值为 8.314kJ/(kg·mol·K)；

　　　M——相对分子质量。

计算步骤：

(1) 从第一章获得所求组分的相对分子质量、临界压力、临界温度和偏心因数。计算所求熵的状态下的对比温度 T_r 和压力 P_r；

(2) 获得式(6-6-1)中的简单流体熵的压力校正项和非简单流体熵的压力校正项。若希望较精确的计算值，则使用表 6-6-1 和表 6-6-2 数值，在 T_r 和 P_r 下进行双线性内插。当接近饱和状态时，插值方法或许不好。如果可以接受精度稍差的值，则可以迅速地从图 6-6-1

至图 6-6-3 得到；

　　（3）通过式（6-6-1）计算无因次的压力影响项；

　　（4）由本章第二节计算得到所求组分的理想气体熵；

　　（5）从式（6-6-2）计算液体或真实气体的熵。

　　需要注意的是，该方法通常用来确定液态纯烃或真实气体状态纯烃的熵，不适用于极性物质。

　　本方法没有与实验值进行比较，但是它与压缩因数、焓和逸度的（精确的）基本方法在热力学上是一致的。因此除了在临界区之外，这个方法应该十分可靠。图 6-1-1 和图 6-1-2 已指示了这个最大不确定性的区域。这个方法的可靠性随着临界性质不确定性的增加而增加。

　　表 6-6-1 和表 6-6-2 中的虚线表示液相（右上方）和气相（左下方）之间熵的突变，作内插时不得跨越此线；始终使用只应用到所求的相的数据。在该线附近，在一定的对比温度下，可以将对比压力外延。

　　图 6-6-1 上的两相边界线不能用于饱和气体或饱和液体（即在其饱和蒸气压下），仅适用于偏心因数为零以及随着偏心度增加，在恒定对比温度下，对比蒸气压降低的情况。最好的方法是从第四章获得蒸气压，并按均相进行计算。

　　在 $\left(\dfrac{\widetilde{S}^0-\widetilde{S}}{R}\right)^{(0)}$ 和随对比压力和（或）对比温度变化较快的区域，应直接从图中读取数据。尽管表的数值十分接近，但是从表中线性插值或许不够精确。出现这种情况时，应直接从图中读取数据，或者将图作为指导内插关联式从表中获得结果。

　　当压力接近 101.325kPa 时，$\left(\dfrac{\widetilde{S}^0-\widetilde{S}}{R}\right)^{(0)}$ 和 $\left(\dfrac{\widetilde{S}^0-\widetilde{S}}{R}\right)^{(1)}$ 接近零，图 6-6-1~图 6-6-4 可以外推至更低的对比压力。在许多工程应用中，式（6-1-1）的这些极限值可以使用至对比压力为 0~0.2 的所有情况，但是该式的 $\ln P$ 项必须保留。如果要求比外推更精确的结果，可按式（6-6-3）[6] 计算压力校正项

$$\left(\frac{\widetilde{S}^0-\widetilde{S}}{R}\right)=-P_r\left[-(0.330-0.46\omega)\,T_r^{-2}+(0.2770+1.0\omega)\,T_r^{-3}-(0.0363+0.29\omega)\,T_r^{-4}-0.00584\omega\,T_r^{-9}\right]$$

$$(6-6-3)$$

　　【例 6-6-1】　计算 2-甲基丙烷在 519.3K 和 27579kPa 时的熵

　　解：已知 $M=58.1$，$T_c=408.15K$，$P_c=3648.02kPa$，$\omega=0.1770$

　　对比温度为 $T_r=519.3/408.15=1.272$

　　对比压力为 $P_r=27579/3648.02=7.56$

　　由表 6-6-1 确定 $\left(\dfrac{\widetilde{S}^0-\widetilde{S}}{R}\right)^{(0)}$

　　当 $T_r=1.25$ 时，$\left(\dfrac{\widetilde{S}^0-\widetilde{S}}{R}\right)^{(0)}=1.694+(1.669-1.694)\times\left(\dfrac{7.56-6.00}{8.00-6.00}\right)=1.675$

　　当 $T_r=1.30$ 时，$\left(\dfrac{\widetilde{S}^0-\widetilde{S}}{R}\right)^{(0)}=1.578+(1.576-1.578)\times\left(\dfrac{7.56-6.00}{8.00-6.00}\right)=1.576$

根据以上两项插值

$$\left(\frac{\widetilde{S}^0-\widetilde{S}}{R}\right)^{(0)}=1.675+(1.576-1.675)\times\left(\frac{1.272-1.25}{1.30-1.25}\right)=1.631$$

同理，由表6-6-2确定$\left(\dfrac{\widetilde{S}^0-\widetilde{S}}{R}\right)^{(1)}$

当$T_r=1.25$时，$\left(\dfrac{\widetilde{S}^0-\widetilde{S}}{R}\right)^{(1)}=1.659+(1.963-1.659)\times\left(\dfrac{7.56-6.00}{8.00-6.00}\right)=1.896$

当$T_r=1.30$时，$\left(\dfrac{\widetilde{S}^0-\widetilde{S}}{R}\right)^{(1)}=1.385+(1.716-1.385)\times\left(\dfrac{7.56-6.00}{8.00-6.00}\right)=1.643$

根据以上两项插值

$$\left(\frac{\widetilde{S}^0-\widetilde{S}}{R}\right)^{(1)}=1.896+(1.643-1.896)\times\left(\frac{1.272-1.25}{1.30-1.25}\right)=1.785$$

由式(6-6-1)计算压力对熵的影响

$$\left(\frac{\widetilde{S}^0-\widetilde{S}}{R}\right)=1.631+0.1770\times1.785+\ln27579-4.619=7.553$$

由式(6-2-4)计算理想气体的熵，

$$S^0=2.46B+4.19B\ln T+15.07CT+20.35DT^2+32.56ET^3+54.94FT^4+4.1868G$$

式中各系数由表6-2-1查得

$$S^0=2.46\times0.09907+4.19\times0.09907\times\ln519.3+15.07\times0.238736\times10^{-3}\times519.3$$
$$+20.35\times0.091593\times10^{-6}\times519.3^2+32.56\times(-0.59405)\times10^{-10}\times519.3^3$$
$$+54.94\times0.909645\times10^{-14}\times519.3^4+4.1868\times0.307636$$

$$=6.264\ \text{kJ}/(\text{kg}\cdot\text{K})$$

最后，由式(6-2-2)计算得到2-甲基丙烷的总熵为：

$$S=S^0-\frac{R}{M}\left(\frac{\widetilde{S}^0-\widetilde{S}}{R}\right)$$
$$=6.264-\frac{8.314}{58.1}\times7.553=5.183\text{kJ}/(\text{kg}\cdot\text{K})$$

二、气体烃类混合物的熵

用假临界参数计算对应状态时，使用各纯组分的参数与其在混合物的摩尔分率乘积的加和（即性质的摩尔平均值）后获得混合物的假临界温度、压力和偏心因数，然后计算混合物对比温度和压力。式(6-6-1)和式(6-6-2)也可计算已知组分气体烃类混合物的熵。

式(6-6-1)中的压力校正项可从表6-6-1和表6-6-2，或图6-1-1~图6-1-3中查得；式(6-6-2)中的理想气体熵S^0为理想气体混合物的熵，按式(6-6-4)计算：

$$S^0 = \sum_{i=1}^{n} \left[x_{wi} S_i^0 - \frac{R}{\bar{M}}(x_i \ln x_i) \right] \tag{6-6-4}$$

式中　S^0——理想气体混合物的熵，kJ/(kg·K)；

　　　x_{wi}——组分i的质量分数；

　　　R——气体常数，其值为8.314 kJ/(kg·mol·K)；

　　　$\bar{M}$——混合物摩尔平均的相对分子质量，其值为$\sum x_i M_i$；

　　　M_i——组分i的相对分子质量；

　　　x_i——组分i的摩尔分数。

具体计算步骤：

(1) 从第一章获得各个组分的相对分子质量、临界压力、临界温度和偏心因数。对于氢气，规定取$T_c = 41.67K$，$P_c = 2102.9kPa$，和$\omega = 0$；

(2) 计算混合物的假临界温度和压力，以及偏心因数，然后计算混合物的对比温度和对比压力；

(3) 由式(6-2-4)计算各组分的理想气体熵S_i^0后，按式(6-6-4)计算混合物的理想气体熵S_0；计算混合物的相对分子质量；

(4) 获得式(6-6-1)中的简单流体熵的压力校正项和非简单流体熵的压力校正项。若希望较精确的计算值，则使用表6-6-1和表6-6-2数值，在T_r和P_r下进行双线性内插。当接近饱和状态时，插值方法或许不好。如果可以接受精度稍差的值，则可以迅速地从图6-6-1至图6-6-3得到；

(5) 通过式(6-6-1)计算无因次的压力影响项；

(6) 从式(6-6-2)计算真实气体的熵。

本方法仅适用于气体烃类混合物。混合物中可以包含非极性非烃类的组分。但是不能应用于含极性组分的混合物。

本方法没有与实验值进行比较，但是它与压缩因数、焓和比热容的方法在热力学上是一致的。在非临界区，该方法十分可靠，最大误差区见图6-1-1和图6-1-2。

对不含甲烷的烃类混合物，在其假对比温度大于1.0但小于1.2，和假对比压力大于1.0但小于3.0的区域内，用真临界性质所得的结果稍优于用假临界性质所得的结果。真临界性质的计算参见第三章。需要注意的是虽然在这个区域的假对比温度已大于1，但是在这个区域里可能存在液相。

在超临界温度($T_r > 1$)和高压($P_r > 5$)时，采用由式(6-3-5)[7]计算的对应状态压力代替假临界压力可减小误差。如果使用Lee-Kesler等的混合物对应状态规则，在大部分温度和压力条件下能够获得更为可靠的熵。但是少许精确度上的优越性不能抵消由于使用这些对应状态规则所增加的工作量。

【例6-6-2】　计算由47.25%(mol)甲烷和52.75%(mol)丙烷组成的烃类混合物在427.6K和10342.1kPa时的熵。

解：该混合物的临界性质、相对分子质量、偏心因子和计算的理想气体焓值汇总如下：

	摩尔分率	临界性质		临界压力/MPa	偏心因数	相对分子质量	质量分数	理想气体熵/[kJ/(kg·K)]
		℃	K					
甲烷	0.4725	-82.6	190.6	4.6	0.0108	16.04	0.2457	12.512
丙烷	0.5275	96.7	369.8	4.25	0.1517	44.09	0.7543	6.834
摩尔平均			285.2	4.42	0.0851	30.84		
质量平均							1.000	8.229

对比温度为 427.6/285.2 = 1.50

对比压力为 10.3421/4.42 = 2.34

由式(6-6-4)计算理想气体混合物的熵

$$S^0 = 8.229 - 8.314 \times (0.4725 \times \ln 0.4725 + 0.5275 \times \ln 0.5275)/30.84$$
$$= 8.415 \text{kJ/(kg·K)}$$

由表 6-6-1 和表 6-6-2 查得

$$\left(\frac{\widetilde{S}^0 - \widetilde{S}}{R}\right)^{(0)} = 0.611 \quad \left(\frac{\widetilde{S}^0 - \widetilde{S}}{R}\right)^{(1)} = 0.176$$

由式(6-6-1)可得

$$\left(\frac{\widetilde{S}^0 - \widetilde{S}}{R}\right) = 0.611 + 0.0851 \times 0.176 + \ln 10342.1 - 4.619 = 5.251$$

由式(6-6-2)计算得到混合物的总熵

$$S = 8.415 - 8.314 \times 5.251/30.84 = 6.999 \text{ kJ/(kg·K)}$$

表 6-6-1　简单流体熵的压力校正项 $\left(\dfrac{\bar{S}^0-\bar{S}}{R}\right)^{[0]\,[9]}$

对比温度	对比压力																
	0.20	0.40	0.60	0.80	0.90	1.00	1.10	1.20	1.50	1.80	2.00	2.50	3.00	4.00	6.00	8.00	10.00
0.30	8.635	7.961	7.574	7.304	7.196	7.099	7.013	6.935	6.740	6.584	6.497	6.319	6.182	5.983	5.752	5.634	5.578
0.35	8.205	7.529	7.140	6.869	6.760	6.663	6.576	6.497	6.299	6.141	6.052	5.870	5.728	5.521	5.272	5.136	5.060
0.40	7.821	7.144	6.755	6.483	6.373	6.275	6.188	6.109	5.909	5.750	5.660	5.475	5.330	5.117	4.856	4.708	4.619
0.45	7.472	6.794	6.404	6.132	6.022	5.924	5.837	5.757	5.557	5.397	5.306	5.120	4.974	4.757	4.489	4.332	4.234
0.50	7.156	6.479	6.089	5.816	5.706	5.608	5.520	5.441	5.240	5.080	4.989	4.802	4.656	4.438	4.165	4.003	3.899
0.55	6.870	6.193	5.803	5.531	5.421	5.324	5.236	5.157	4.956	4.796	4.706	4.519	4.373	4.154	3.880	3.715	3.607
0.60	6.610	5.933	5.544	5.273	5.163	5.066	4.979	4.900	4.700	4.541	4.451	4.266	4.120	3.902	3.629	3.463	3.353
0.65	6.368	5.694	5.306	5.036	4.927	4.830	4.743	4.665	4.467	4.309	4.220	4.036	3.892	3.677	3.406	3.241	3.131
0.70	6.140	5.467	5.082	4.814	4.706	4.610	4.524	4.446	4.250	4.095	4.007	3.826	3.684	3.473	3.207	3.044	2.935
0.75	5.917	5.248	4.866	4.600	4.494	4.399	4.314	4.238	4.045	3.893	3.807	3.630	3.491	3.286	3.027	2.868	2.761
0.80	0.294	5.026	4.649	4.388	4.283	4.191	4.108	4.034	3.846	3.698	3.615	3.444	3.310	3.112	2.862	2.709	2.605
0.85	0.239	4.785	4.418	4.166	4.065	3.976	3.897	3.825	3.646	3.505	3.425	3.262	3.135	2.947	2.710	2.563	2.463
0.90	0.199	0.463	4.145	3.912	3.820	3.738	3.665	3.599	3.434	3.304	3.231	3.081	2.964	2.789	2.567	2.429	2.334
0.95	0.168	0.377	0.671	3.556	3.493	3.433	3.378	3.326	3.193	3.085	3.023	2.893	2.790	2.634	2.432	2.304	2.215
0.98	0.153	0.337	0.580	0.971	3.116	3.142	3.129	3.106	3.019	2.935	2.884	2.774	2.682	2.541	2.353	2.233	2.148
0.99	0.148	0.326	0.555	0.903	1.228	2.972	3.011	3.010	2.953	2.881	2.835	2.732	2.646	2.510	2.327	2.209	2.126
1.00	0.144	0.315	0.532	0.847	1.104	2.186	2.846	2.893	2.879	2.824	2.784	2.690	2.609	2.479	2.302	2.186	2.105
1.01	0.139	0.304	0.510	0.799	1.015	1.391	2.535	2.736	2.798	2.763	2.730	2.647	2.571	2.448	2.276	2.164	2.083
1.02	0.135	0.294	0.491	0.757	0.945	1.225	1.850	2.495	2.706	2.697	2.673	2.602	2.533	2.416	2.251	2.141	2.062

续表

对比温度	对比压力																
	0.20	0.40	0.60	0.80	0.90	1.00	1.10	1.20	1.50	1.80	2.00	2.50	3.00	4.00	6.00	8.00	10.00
1.03	0.131	0.285	0.472	0.720	0.887	1.116	1.493	2.122	2.599	2.627	2.614	2.556	2.494	2.385	2.226	2.119	2.042
1.04	0.128	0.276	0.455	0.686	0.837	1.033	1.314	1.763	2.474	2.550	2.550	2.509	2.455	2.353	2.201	2.097	2.021
1.05	0.124	0.267	0.439	0.656	0.794	0.965	1.194	1.523	2.328	2.467	2.483	2.461	2.415	2.322	2.176	2.075	2.001
1.06	0.121	0.259	0.423	0.628	0.755	0.908	1.103	1.362	2.164	2.376	2.411	2.410	2.374	2.290	2.151	2.053	1.981
1.07	0.118	0.252	0.409	0.603	0.720	0.859	1.029	1.244	1.995	2.277	2.335	2.358	2.332	2.257	2.126	2.031	1.961
1.08	0.114	0.244	0.396	0.579	0.689	0.816	0.967	1.151	1.883	2.173	2.254	2.304	2.289	2.225	2.102	2.010	1.942
1.09	0.111	0.237	0.383	0.557	0.660	0.777	0.914	1.076	1.686	2.064	2.169	2.248	2.246	2.192	2.077	1.989	1.922
1.10	0.108	0.230	0.371	0.537	0.633	0.742	0.867	1.012	1.557	1.954	2.081	2.191	2.202	2.159	2.077	1.989	1.922
1.11	0.106	0.224	0.359	0.518	0.609	0.711	0.826	0.957	1.445	1.847	1.991	2.132	2.156	2.126	2.028	1.947	1.884
1.12	0.103	0.218	0.348	0.500	0.586	0.682	0.788	0.908	1.348	1.744	1.902	2.071	2.110	2.093	2.004	1.926	1.866
1.13	0.100	0.212	0.338	0.483	0.565	0.655	0.754	0.865	1.264	1.647	1.815	2.010	2.064	2.060	1.980	1.906	1.847
1.15	0.096	0.201	0.319	0.452	0.527	0.607	0.695	0.790	1.126	1.474	1.649	1.885	1.968	1.992	1.931	1.865	1.810
1.20	0.085	0.177	0.277	0.389	0.449	0.512	0.580	0.651	0.890	1.149	1.308	1.587	1.727	1.820	1.812	1.766	1.722
1.25	0.076	0.157	0.244	0.338	0.389	0.441	0.496	0.553	0.737	0.935	1.065	1.332	1.499	1.648	1.694	1.669	1.637
1.30	0.068	0.140	0.217	0.298	0.341	0.385	0.431	0.478	0.628	0.785	0.891	1.127	1.299	1.484	1.578	1.576	1.556
1.40	0.056	0.114	0.174	0.237	0.270	0.303	0.337	0.372	0.478	0.589	0.663	0.839	0.990	1.194	1.359	1.399	1.402
1.50	0.046	0.094	0.143	0.194	0.220	0.246	0.272	0.299	0.381	0.464	0.520	0.654	0.777	0.967	1.163	1.235	1.260
1.60	0.039	0.079	0.120	0.162	0.183	0.204	0.225	0.247	0.312	0.378	0.421	0.528	0.628	0.794	0.995	1.088	1.130
1.70	0.033	0.067	0.102	0.137	0.154	0.172	0.190	0.208	0.261	0.315	0.350	0.437	0.519	0.662	0.855	0.958	1.013

续表

对比温度	0.20	0.40	0.60	0.80	0.90	1.00	1.10	1.20	1.50	1.80	2.00	2.50	3.00	4.00	6.00	8.00	10.00
						对比压力											
1.80	0.029	0.058	0.088	0.117	0.132	0.147	0.162	0.177	0.222	0.267	0.296	0.369	0.438	0.561	0.739	0.845	0.908
2.00	0.022	0.044	0.067	0.089	0.100	0.111	0.123	0.134	0.167	0.200	0.221	0.274	0.325	0.417	0.564	0.665	0.733
2.50	0.013	0.026	0.038	0.051	0.057	0.064	0.070	0.076	0.094	0.112	0.124	0.153	0.181	0.233	0.323	0.396	0.453
3.00	0.008	0.017	0.025	0.033	0.037	0.041	0.045	0.049	0.061	0.072	0.080	0.098	0.116	0.150	0.209	0.260	0.303
3.50	0.006	0.012	0.017	0.023	0.026	0.029	0.031	0.034	0.042	0.050	0.056	0.068	0.081	0.104	0.147	0.183	0.216
4.00	0.004	0.009	0.013	0.017	0.019	0.021	0.023	0.025	0.031	0.037	0.041	0.050	0.059	0.077	0.108	0.136	0.162

表6-6-2　非简单流体熵的压力校正项 $\left(\dfrac{\bar{S}^0-\bar{S}}{R}\right)$ [1][9]

对比温度	0.2	0.4	0.6	0.8	0.9	1	1.1	1.2	1.5	1.8	2	2.5	3	4	6	8	10
						对比压力											
0.30	16.744	16.705	16.665	16.626	16.606	16.586	16.567	16.547	16.488	16.429	16.390	16.292	16.195	16.001	15.652	15.286	14.925
0.35	15.387	15.360	15.333	15.306	15.292	15.279	15.265	15.251	15.211	15.171	15.144	15.077	15.011	14.880	14.623	14.390	14.153
0.40	13.972	13.953	13.934	13.915	13.905	13.896	13.886	13.877	13.849	13.821	13.803	13.758	13.714	13.626	13.458	13.297	13.144
0.45	12.551	12.537	12.523	12.509	12.502	12.496	12.489	12.482	12.462	12.443	12.430	12.398	12.366	12.306	12.192	12.094	11.999
0.50	11.192	11.182	11.172	11.162	11.158	11.153	11.148	11.143	11.129	11.116	11.107	11.085	11.063	11.023	10.949	10.890	10.836
0.55	9.942	9.935	9.928	9.921	9.917	9.914	9.910	9.907	9.897	9.888	9.882	9.867	9.853	9.828	9.786	9.756	9.732
0.60	8.823	8.817	8.811	8.806	8.803	8.799	8.797	8.794	8.788	8.781	8.777	8.768	8.760	8.746	8.728	8.720	8.720
0.65	7.829	7.824	7.819	7.815	7.813	7.811	7.809	7.807	7.801	7.796	7.794	7.789	7.784	7.780	7.781	7.792	7.811
0.70	6.951	6.945	6.941	6.937	6.935	6.933	6.932	6.930	6.926	6.923	6.922	6.920	6.919	6.922	6.939	6.967	7.002
0.75	6.173	6.167	6.162	6.158	6.156	6.155	6.153	6.152	6.149	6.147	6.147	6.147	6.149	6.159	6.192	6.235	6.285

续表

对比温度	对比压力																
	0.2	0.4	0.6	0.8	0.9	1	1.1	1.2	1.5	1.8	2	2.5	3	4	6	8	10
0.80	0.313	5.475	5.468	5.462	5.460	5.458	5.457	5.455	5.453	5.452	5.452	5.455	5.461	5.479	5.527	5.585	5.648
0.85	0.408	4.853	4.841	4.832	4.829	4.826	4.824	4.822	4.820	4.820	4.822	4.829	4.839	4.866	4.932	5.006	5.082
0.90	0.301	0.744	4.269	4.249	4.243	4.238	4.235	4.232	4.230	4.233	4.236	4.250	4.267	4.307	4.397	4.488	4.578
0.95	0.228	0.517	0.961	3.697	3.672	3.658	3.651	3.647	3.648	3.659	3.669	3.697	3.728	3.790	3.910	4.021	4.125
0.98	0.196	0.429	0.734	1.270	3.337	3.264	3.248	3.247	3.268	3.298	3.318	3.366	3.412	3.494	3.637	3.762	3.875
0.99	0.186	0.405	0.680	1.098	1.556	3.093	3.073	3.082	3.126	3.169	3.195	3.254	3.306	3.397	3.549	3.679	3.795
1.00	0.177	0.382	0.632	0.977	1.242	2.276	2.810	2.868	2.967	3.032	3.067	3.140	3.200	3.301	3.463	3.597	3.717
1.01	0.169	0.361	0.590	0.883	1.074	1.306	1.795	2.513	2.783	2.885	2.933	3.023	3.094	3.205	3.377	3.517	3.640
1.02	0.161	0.342	0.552	0.807	0.958	1.113	1.015	1.655	2.557	2.723	2.790	2.904	2.986	3.110	3.293	3.439	3.565
1.03	0.153	0.324	0.518	0.744	0.868	0.989	1.017	0.927	2.259	2.542	2.636	2.781	2.878	3.016	3.211	3.362	3.491
1.04	0.147	0.308	0.488	0.689	0.796	0.895	0.944	0.841	1.868	2.334	2.467	2.654	2.767	2.921	3.129	3.286	3.419
1.05	0.140	0.292	0.460	0.642	0.735	0.820	0.872	0.831	1.443	2.096	2.283	2.522	2.655	2.827	3.049	3.212	3.348
1.06	0.134	0.278	0.434	0.600	0.682	0.757	0.808	0.800	1.100	1.831	2.080	2.384	2.542	2.734	2.969	3.138	3.279
1.07	0.128	0.265	0.410	0.562	0.636	0.703	0.751	0.760	0.874	1.561	1.864	2.241	2.426	2.640	2.891	3.067	3.211
1.08	0.122	0.252	0.389	0.528	0.596	0.656	0.701	0.718	0.740	1.311	1.644	2.092	2.308	2.546	2.814	2.996	3.144
1.09	0.117	0.240	0.369	0.498	0.559	0.614	0.657	0.678	0.663	1.101	1.432	1.940	2.188	2.453	2.738	2.926	3.078
1.10	0.112	0.229	0.350	0.470	0.527	0.577	0.617	0.640	0.618	0.933	1.241	1.786	2.067	2.360	2.662	2.858	3.013
1.11	0.108	0.219	0.333	0.445	0.497	0.544	0.581	0.605	0.588	0.803	1.075	1.633	1.945	2.267	2.588	2.791	2.950
1.12	0.103	0.209	0.317	0.421	0.470	0.513	0.549	0.572	0.564	0.705	0.936	1.486	1.823	2.174	2.515	2.725	2.888
1.13	0.099	0.200	0.302	0.400	0.445	0.486	0.519	0.542	0.542	0.632	0.822	1.347	1.703	2.082	2.443	2.660	2.827

续表

对比温度	对比压力																
	0.2	0.4	0.6	0.8	0.9	1	1.1	1.2	1.5	1.8	2	2.5	3	4	6	8	10
1.15	0.091	0.183	0.275	0.361	0.401	0.437	0.467	0.489	0.502	0.535	0.654	1.100	1.471	1.900	2.301	2.534	2.708
1.20	0.075	0.149	0.220	0.286	0.316	0.343	0.366	0.385	0.412	0.417	0.447	0.680	0.992	1.473	1.966	2.236	2.430
1.25	0.062	0.122	0.179	0.231	0.255	0.276	0.294	0.310	0.339	0.348	0.357	0.464	0.674	1.113	1.659	1.963	2.175
1.30	0.052	0.102	0.148	0.190	0.209	0.226	0.241	0.254	0.282	0.294	0.300	0.351	0.481	0.835	1.385	1.716	1.944
1.40	0.037	0.072	0.104	0.133	0.146	0.158	0.168	0.178	0.200	0.213	0.220	0.240	0.290	0.488	0.951	1.295	1.544
1.50	0.027	0.053	0.076	0.097	0.106	0.115	0.123	0.130	0.147	0.160	0.166	0.181	0.206	0.315	0.656	0.973	1.222
1.60	0.021	0.040	0.057	0.073	0.080	0.086	0.092	0.098	0.112	0.123	0.129	0.142	0.159	0.224	0.467	0.736	0.969
1.70	0.016	0.031	0.044	0.056	0.061	0.067	0.071	0.076	0.087	0.097	0.102	0.114	0.127	0.173	0.347	0.566	0.775
1.80	0.013	0.024	0.035	0.044	0.049	0.053	0.057	0.060	0.070	0.078	0.083	0.094	0.105	0.140	0.269	0.447	0.628
2.00	0.008	0.016	0.023	0.029	0.032	0.035	0.038	0.040	0.048	0.054	0.058	0.067	0.077	0.101	0.182	0.301	0.434
2.50	0.004	0.007	0.010	0.014	0.015	0.017	0.018	0.020	0.024	0.028	0.031	0.037	0.044	0.060	0.103	0.161	0.230
3.00	0.002	0.004	0.006	0.008	0.009	0.010	0.011	0.012	0.015	0.018	0.020	0.026	0.031	0.044	0.074	0.113	0.158
3.50	0.001	0.003	0.004	0.006	0.007	0.007	0.008	0.009	0.011	0.014	0.015	0.019	0.024	0.034	0.059	0.088	0.122
4.00	0.001	0.002	0.003	0.005	0.005	0.006	0.006	0.007	0.009	0.011	0.012	0.016	0.020	0.028	0.049	0.073	0.100

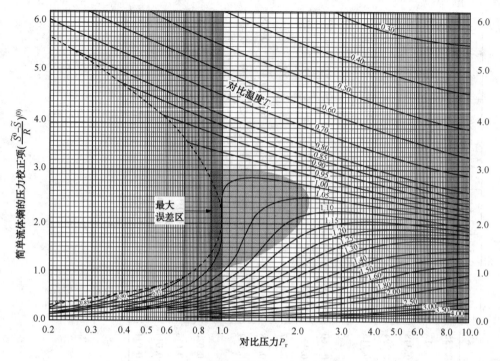

图 6-6-1　简单流体熵的压力校正项图

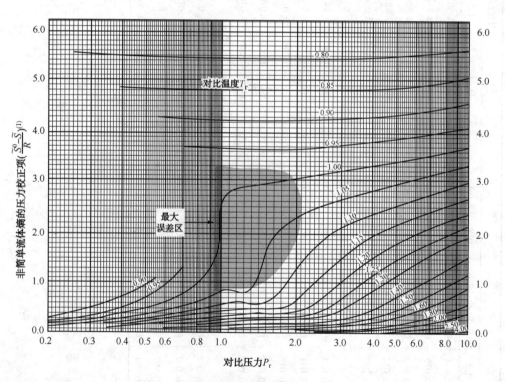

图 6-6-2　非简单流体熵的压力校正项图

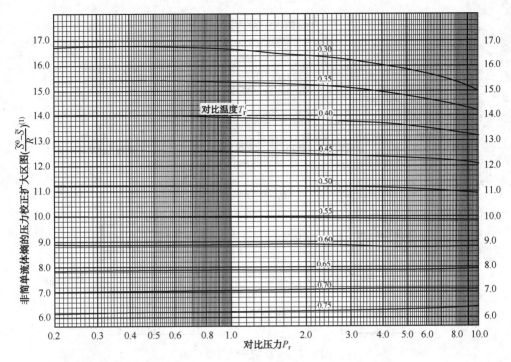

图 6-6-3　非简单流体熵的压力校正扩大区图

第七节　生　成　热

　　本书介绍的熵的计算方法主要应用于非反应体系，而计算反应体系的熵变需要设计必要的中间步骤。对均相气相（或液相）混合物转化为另一种均相气相（或液相）混合物的反应体系，当反应物和生成物处于不同的温度和压力时，其生成热可通过下图所示步骤进行计算，即该反应体系的生成热是图中实线闭合回路中各步熵变的代数和，图中虚线表示中间步骤采用不同的基准态，但无论采用哪种基准态，最终计算结果是一致的。

　　温度对反应体系（理想气体）熵的影响（步骤 B 和 B′）采用式（6-2-1）计算；压力对反应体系熵的影响（步骤 C 和 C′）按照本章第三节第三部分（液体和气体烃类混合物的熵）介绍的方法计算；反应体系在理想气体状态时的反应热（步骤 A 和 A′）可根据反应前后各组分的标准生成热按式（6-7-1）计算。

$$\Delta H_r^0 = \sum_j x_{w_j} \Delta H_{f,0,j} - \sum_i x_{w_i} \Delta H_{f,0,i} \tag{6-7-1}$$

式中　ΔH_r^0——基于 1kg 反应物下的理想气体混合物的反应热，kJ/kg 反应物；

　　　　j——生成物的组分；

　　　　i——反应物的组分；

　　　　x_w——组分的质量分数；

　　　　$\Delta H_{f,0}$——组分的生成热，定义为元素从 25℃ 标准态转变成本书基准态（0K，理想气体状态）下的化合物所需的生成热，可从表 6-7-1 查得，kJ/kg。

反应体系所需总反应热按式（6-7-2）计算

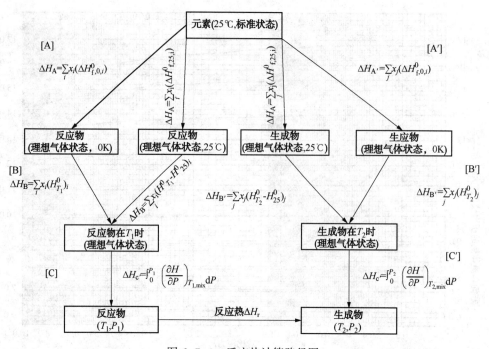

图 6-7-1　反应热计算路径图

$$\Delta H_r = -\Delta H_{BC} + \Delta H_r^0 + \Delta H_{B'C'} \qquad (6-7-2)$$

式中　ΔH_r——反应体系所需反应热，kJ/kg；

　　ΔH_{BC}——压力校正后反应物的焓差，kJ/kg；

　　$\Delta H_{B'C'}$——压力校正后生成物的焓差，kJ/kg。

由此，归纳如下计算步骤：

（1）分别使用式（6-2-1）和本章第三节之三"液体和气体烃类混合物的焓"的方法计算出反应物和生成物的总焓。对于反应物就是图 6-7-1 之步骤 B+C，对于生成物为 B′+C′；

（2）从表 6-7-1 查得每个物质的基准态生成热（该表的最右列）后，使用式（6-7-2）计算理想气体的反应热；

（3）按照式（6-7-2）计算反应的总焓变。该计算值意味着图 6-7-1 实线回路每个步骤热效应的代数和。如果该代数和为负，则反应为放热反应。

该方法适用于均相且组分已知的反应体系，其准确性与采用的计算方法的误差和反应体系的本质有关。如果反应是由式（6-7-1）在大的生成热之间得到小的差值，那么结果的精确度较低。单独的生成热数据精确到约 1% 之内。

标准生成热定义为 25℃ 为基准态的元素转变成 25℃ 为基准态的化合物的焓变；本书基准态生成热定义为 25℃ 为基准态的元素转变成 0K 理想气体状态下的化合物的焓变，因此在已知标准生成热的情况下，本书基准态生成热可按式（6-7-3）计算。

$$\Delta H_{f,0} = \Delta H_{f,25} - \Delta H_{25}^0 \qquad (6-7-3)$$

式中　$\Delta H_{f,0}$——基准态生成热，kJ/kg；

　　$\Delta H_{f,25}$——标准生成热（25℃）；

　　ΔH_{25}^0——基于本书基准态，组分（为理想气体状态）在 25℃ 时的焓。

【例 6-7-1】　计算下表所列反应过程单位质量进料的总焓变：

	乙烯	苯	甲苯	乙苯	1，2-二甲苯	1，3-二甲苯	1，4-二甲苯	温度/K	压力/kPa
反应物(mol)/%				9.70	42.60	46.70	1.00	755.4	1379
产物(mol)/%	2.25	0.47	3.56	9.09	31.21	44.52	8.90	766.5	1310

解：反应物和产物的临界性质、偏心因数、相对分子质量、理想气体焓和基准态生成热等数值汇总如下：

	摩尔分数	临界温度/K	临界压力/kPa	偏心因数	相对分子质量	质量分数	理想气体焓 H^0/(kJ/kg)	基准态生成热 $\Delta H_{f,0}$/(kJ/kg)
反应物								
乙苯	0.097	617.15	3613	0.3011	106.17	0.097	1115.48	71.3
1，2-二甲苯	0.426	630.37	3730	0.3136	106.17	0.426	1138.69	-28.77
1，3-二甲苯	0.467	617.04	3544	0.3311	106.17	0.467	1093.96	-57.31
1，4-二甲苯	0.010	616.26	3509	0.3243	106.17	0.010	1098.69	-37.63
摩尔平均		622.72	3630	0.3207	106.17			
质量平均						1.000	1115.15	-32.48
生成物								
乙烯	0.0225	282.37	5033	0.0852	28.05	0.0061	1446.23	1496.48
苯	0.0047	562.15	4895	0.2108	78.11	0.0035	1035.47	878.60
甲苯	0.0356	591.82	4109	0.2641	92.14	0.0316	1090.73	347.11
乙苯	0.0909	617.15	3613	0.3036	106.17	0.0930	1144.30	71.34
1，2-二甲苯	0.3121	630.37	3730	0.3127	106.17	0.3193	1146.11	-28.77
1，3-二甲苯	0.4452	617.04	3544	0.3260	106.17	0.4554	1122.20	-57.31
1，4-二甲苯	0.0890	616.26	3509	0.3259	106.17	0.0911	1127.09	-37.63
摩尔平均		612.46	3665	0.3116	103.78			
质量平均						1.000	1133.00	-8.90

采用式(6-3-1)和式(6-3-2)计算反应物和生成物的压力校正后的焓值：

	对比温度	对比压力	$\left(\dfrac{\widetilde{H}^0-\widetilde{H}}{RT_c}\right)^{(0)}$	$\left(\dfrac{\widetilde{H}^0-\widetilde{H}}{RT_c}\right)^{(1)}$	$\left(\dfrac{\widetilde{H}^0-\widetilde{H}}{RT_c}\right)$	H^0-H	H^0	H
反应物	1.21	0.380	0.285	0.145	0.332	16.19	1115.15	1098.96
产物	1.25	0.357	0.250	0.113	0.285	13.98	1133.00	1119.02

由上表可知，$\Delta H_{BC}=1098.96$，$\Delta H_{B'C'}=1119.02$

由式(6-7-1)可知：

$$\Delta H_r^0 = -8.90-(-32.48)=23.58\text{kJ/kg}$$

由式(6-7-2)可知反应体系总的焓变为：

$$\Delta H_r = -1098.96+23.58+1119.02=43.64\text{kJ/kg}$$

表 6-7-1 生成热[4]

序号	物质名称	25℃时的生成热/(kJ/kg)	25℃时的焓/(kJ/kg)	基准态生成热/(kJ/kg)
1	氧	0.00	271.44	-271.44
2	氢	0.00	4202.59	-4202.59
3	水	-13422.93	549.87	-13972.79
4	二氧化氮	721.22	223.16	498.07
5	一氧化氮	3007.77	306.71	2701.07
6	一氧化二氮	1864.27	306.75	1557.51
7	氨	-2695.07	141.16	-2836.23
8	氯	0.00	129.70	-129.70
9	氯化氢	-2531.83	237.02	-2768.85
10	氟化氢	-13660.92	429.98	-14090.91
11	硫化氢	-605.32	292.38	-897.70
12	氮气	0.00	309.64	-309.64
13	碳	0.00	87.92	-87.92
14	一氧化碳	-3946.11	309.80	-4255.91
15	二氧化碳	-8941.56	212.83	-9154.39
16	二氧化硫	-4633.51	165.38	-4798.89
17	甲烷	-4645.16	625.07	-5270.23
18	乙烷	-2787.57	396.07	-3183.64
19	丙烷	-2373.92	335.39	-2709.30
20	正丁烷	-2164.23	331.99	-2496.22
21	异丁烷	-2308.58	309.71	-2618.29
22	正戊烷	-2034.13	335.41	-2369.54
23	2-甲基丁烷	-2130.31	305.22	-2435.53
24	2,2-二甲基丙烷	-2329.49	321.48	-2650.97
25	正己烷	-1937.21	333.04	-2270.25
26	2-甲基戊烷	-2025.50	305.80	-2331.30
27	3-甲基戊烷	-1995.92	302.59	-2298.51
28	2,2-二甲基丁烷	-2143.06	291.91	-2434.97
29	正庚烷	-1872.71	331.83	-2204.54
30	2-甲基己烷	-1942.07	308.68	-2250.75
31	3-甲基己烷	-1909.13	303.52	-2212.65
32	2,4-二甲基戊烷	-2012.64	292.52	-2305.16
33	正辛烷	-1827.47	330.78	-2158.25
34	2,2-二甲基己烷	-1885.25	296.84	-2182.09
35	2-甲基庚烷	-1966.24	310.57	-2276.81
36	2,2,4-三甲基戊烷	-1961.05	282.00	-2243.05
37	正壬烷	-1783.46	328.99	-2112.45
38	正癸烷	-1753.27	329.90	-2083.17
39	正十一烷	-1730.10	329.45	-2059.56

序号	物质名称	25℃时的生成热/（kJ/kg）	25℃时的焓/（kJ/kg）	基准态生成热/（kJ/kg）
40	正十二烷	−1706.75	329.08	−2035.83
41	正十三烷	−1691.07	330.59	−2021.67
42	正十四烷	−1675.70	328.52	−2004.22
43	正十五烷	−1662.37	328.29	−1990.66
44	正十六烷	−1652.39	328.08	−1980.47
45	正十七烷	−1640.34	327.92	−1968.26
46	正十八烷	−1631.15	327.76	−1958.91
47	正十九烷	−1622.92	327.59	−1950.51
48	正二十烷	−1615.52	327.48	−1943.00
49	环戊烷	−1098.34	214.90	−1313.24
50	甲基环戊烷	−1261.88	237.28	−1499.15
51	乙基环戊烷	−1292.44	247.18	−1539.63
52	1，1−二甲基环戊烷	−1408.35	237.30	−1645.65
53	顺−1，2−二甲基环戊烷	−1319.31	239.55	−1558.86
54	反−1，2−二甲基环戊烷	−1392.16	240.69	−1632.85
55	顺−1，3−二甲基环戊烷	−1383.60	241.09	−1624.69
56	反−1，3−二甲基环戊烷	−1360.69	240.69	−1601.38
57	正丙基环戊烷	−1319.82	253.32	−1573.14
58	正丁基环戊烷	−1333.17	258.14	−1591.31
59	正戊基环戊烷	−1347.43	261.98	−1609.41
60	正己基环戊烷	−1359.06	265.14	−1624.20
61	正庚基环戊烷	−1368.25	267.75	−1635.99
62	正辛基环戊烷	−1376.50	269.91	−1646.41
63	正壬基环戊烷	−1383.06	271.82	−1654.88
64	正癸基环戊烷	−1388.81	273.47	−1662.28
65	正十一烷基环戊烷	−1394.67	274.93	−1669.60
66	正十二烷基环戊烷	−1399.00	276.17	−1675.16
67	正十三烷基环戊烷	−1403.30	277.28	−1680.58
68	正十四烷基环戊烷	−1407.09	278.31	−1685.40
69	正十五烷基环戊烷	−1410.16	279.21	−1689.37
70	正十六烷基环戊烷	−1413.32	280.03	−1693.35
71	环己烷	−1465.08	210.90	−1675.98
72	甲基环己烷	−1576.59	223.30	−1799.88
73	乙基环己烷	−1528.34	227.74	−1756.08
74	顺−1，2−二甲基环己烷	−1534.32	224.53	−1758.85
75	反−1，2−二甲基环己烷	−1604.06	227.67	−1831.73
76	顺−1，3−二甲基环己烷	−1646.55	226.48	−1873.03

序号	物质名称	25℃时的生成热/(kJ/kg)	25℃时的焓/(kJ/kg)	基准态生成热/(kJ/kg)
77	反-1，3-二甲基环己烷	−1573.49	226.65	−1800.14
78	顺-1，4-二甲基环己烷	−1574.21	226.65	−1800.86
79	反-1，4-二甲基环己烷	−1645.06	226.97	−1872.03
80	正丙基环己烷	−1531.21	229.06	−1760.27
81	正丁基环己烷	−1519.74	235.79	−1755.53
82	正戊基环己烷	−1519.13	241.35	−1760.48
83	正己基环己烷	−1515.60	245.88	−1761.48
84	正庚基环己烷	−1511.95	249.84	−1761.78
85	正辛基环己烷	−1509.34	252.56	−1761.90
86	正壬基环己烷	−1507.15	256.05	−1763.20
87	正癸基环己烷	−1512.30	258.51	−1770.81
88	正十一烷基环己烷	−1502.99	260.67	−1763.67
89	正十二烷基环己烷	−1501.53	262.63	−1764.15
90	正十三烷基环己烷	−1500.15	264.44	−1764.60
91	正十四烷基环己烷	−1498.57	266.12	−1764.69
92	正十六烷基环己烷	−1496.50	268.72	−1765.22
93	乙烯	1871.80	375.32	1496.48
94	丙烯	468.39	322.27	146.12
95	1-丁烯	−9.63	306.03	−315.66
96	顺-2-丁烯	−131.88	299.73	−431.61
97	反-2-丁烯	−196.06	312.80	−508.86
98	异丁烯	−304.78	303.29	−608.06
99	1-戊烯	−303.71	309.10	−612.81
100	1-己烯	−499.04	309.26	−808.31
101	2，3-二甲基-2-丁烯	−815.82	283.38	−1099.20
102	1-庚烯	−639.60	313.89	−953.50
103	1-辛烯	−745.02	315.31	−1060.33
104	1-壬烯	−823.82	316.36	−1140.18
105	1-癸烯	−889.02	317.24	−1206.26
106	1-十一烯	−941.70	317.96	−1259.67
107	1-十二烯	−982.64	318.57	−1301.21
108	1-十三烯	−1023.32	318.96	−1342.29
109	1-十四烯	−1055.66	319.38	−1375.04
110	1-十五烯	−1083.66	319.78	−1403.44
111	1-十六烯	−1112.13	320.10	−1432.23
112	1-十七烯	−1129.37	320.38	−1449.75
113	1-十八烯	−1148.60	320.80	−1469.40

续表

序号	物质名称	25℃时的生成热/(kJ/kg)	25℃时的焓/(kJ/kg)	基准态生成热/(kJ/kg)
114	1-十九烯	-1165.84	320.89	-1486.73
115	1-二十烯	-1180.96	321.08	-1502.04
116	环戊烯	485.92	212.83	273.10
117	环己烯	-56.01	212.53	-268.54
118	丙二烯	4754.88	315.52	4439.36
119	1，2-丁二烯	3000.52	298.50	2702.02
120	1，3-丁二烯	2019.57	280.40	1739.17
121	2-甲基-1，3-丁二烯	1111.76	273.61	838.15
122	乙炔	8764.30	384.84	8379.46
123	丙炔	4615.11	325.76	4289.35
124	1-丁炔	3054.13	294.96	2759.17
125	苯	1061.03	182.43	878.60
126	甲苯	544.52	197.41	347.11
127	乙苯	281.82	210.48	71.34
128	1，3-二甲苯	179.73	208.50	-28.77
129	1，2二甲苯	163.15	220.46	-57.31
130	1，4二甲苯	169.82	207.46	-37.63
131	正丙基苯	65.73	224.32	-158.59
132	1.2.3-三甲基苯	-79.04	220.37	-299.40
133	1，2，4-三甲基苯	-114.81	223.37	-338.18
134	1，3，5-三甲基苯	-132.28	220.62	-352.90
135	正丁基苯	-97.90	236.48	-334.39
136	1-甲基-3-异丙基苯	-230.23	221.23	-451.45
137	1-甲基-2-异丙基苯	-196.69	230.48	-427.17
138	1-甲基-4-异丙基苯	-216.06	222.64	-438.71
139	正戊基苯	-228.06	244.63	-472.69
140	正己基苯	-335.73	251.53	-587.27
141	正庚基苯	-426.26	257.40	-683.66
142	正辛基苯	-503.46	262.35	-765.81
143	苯乙烯	1415.25	200.43	1214.82
144	α-甲基苯乙烯	1001.04	213.71	787.33
145	顺-β-甲基苯乙烯	1026.44	213.71	812.73
146	反-β-甲基苯乙烯	991.74	210.27	781.47
147	顺-十氢化萘	-1224.15	185.64	-1409.79
148	反-十氢化萘	-1317.68	187.52	-1505.20
149	四氢萘	201.29	182.85	18.45
150	茚满	513.65	180.29	333.36

续表

序号	物质名称	25℃时的生成热/(kJ/kg)	25℃时的焓/(kJ/kg)	基准态生成热/(kJ/kg)
151	茚	1405.63	172.40	1233.22
152	联苯	1182.96	173.71	1009.25
153	萘	1174.84	161.82	1013.02
154	1-甲基萘	822.10	177.66	644.44
155	2-甲基萘	816.47	176.75	639.72
156	蒽	1291.02	160.01	1131.02
157	菲	1128.88	158.10	970.78
158	苊	1112.48	147.21	965.27
159	䓛	1181.84	148.82	1033.02
160	三亚苯	1181.84	138.56	1043.28
161	二萘嵌苯	1272.42	157.35	1115.06
162	芘	1005.13	163.19	841.94
163	芴	1124.41	154.42	969.99
164	二苯并蒽	1284.02	155.03	1128.99
165	萘并萘	1241.85	158.61	1083.24
166	1,8-亚乙基萘	1705.73	155.21	1550.51
167	甲醇	-6271.22	357.23	-6628.45
168	乙醇	-5100.06	309.57	-5409.62
169	正丙醇	-4246.62	290.80	-4537.42
170	异丙醇	-4537.82	288.14	-4825.96
171	正丁醇	-3704.74	278.65	-3983.39
172	伯丁醇	-3951.62	291.33	-4242.95
173	叔丁醇	-4214.69	282.07	-4496.76
174	苯酚	-1024.30	185.68	-1209.99
175	甲乙酮	-3314.57	290.84	-3605.42
176	甲乙醚	-3600.97	306.36	-3907.33
177	乙醚	-3401.17	304.82	-3705.99
178	甲基叔丁基醚	-3216.18	261.02	-3477.21
179	甲基叔戊基醚	-2988.98	369.02	-3358.00
180	二异丙醚	-3124.05	348.60	-3472.65

注：基准态为 0K 理想气体的焓值为 0kJ/kg。在 25℃下由元素生成化合物的焓变化由下式计算：

$$\Delta H_{f,0} = \Delta H_{f,25} - H_{25}^0$$

反应	焓变
元素(标准态，25℃)——化合物(理想气体，25℃)	$\Delta H_{f,25}$
化合物(理想气体，25℃)——化合物(基准态)	$-H_{25}^0$
元素(标准态，25℃)——化合物(基准态)	$\Delta H_{f,0} = \Delta H_{f,25} - H_{25}^0$

第八节　燃　烧　热

一、纯物质的燃烧热

物质在氧气的作用下完全燃烧放出的热称为燃烧热，又称热值。烃类完全燃烧的反应式为：

$$C_aH_b+\left(a+\frac{b}{4}\right)O_2 \rightarrow \frac{b}{2}H_2O+a(CO_2)$$

标准热值定义为物质在 25℃ 和 1atm 时完全燃烧放出的热，燃烧初始温度和产物的最终温度均为 25℃，并且燃烧生成的水为液体。

高热值(亦称总热值)与标准热值的差别是燃烧初始温度和产物最终温度为 15.6℃。高热值和标准热值之差即为燃料和燃烧产物从 15.6℃ 变化到 25℃ 时的显热差，但这个显热差与热值相比，通常可忽略不计。

低热值(亦称净热值)是燃料完全燃烧放出的热，燃烧初始温度和产物最终温度均为 15.6℃，并且燃烧产物是水蒸气和二氧化碳。

如果燃料中不含水分，高热值和低热值的关系可用式(6-8-1)表示。

$$Q_L=Q_H-CL_{H_2O} \tag{6-8-1}$$

式中　Q_L、Q_H——燃料的低热值和高热值，kJ/kg 燃料；

　　　C——每公斤燃料生成的水量，kg；

　　　L_{H_2O}——水在 15.6℃ 和其饱和蒸汽压时的汽化热，kJ/kg。

表 6-8-1 列出了 136 个纯物质的高热值、低热值和标准热值(均为重量热值)；表 6-8-2 列出了部分纯物质的高热值和低热值(均为体积热值)；表 6-8-3 列出了部分有机物的低热值。

二、石油馏分和合成燃料的热值计算[4]

石油馏分和合成燃料的高热值和低热值可分别按式(6-8-2)和式(6-8-3)计算：

$$Q'_H=41105+154.9G-0.735\,G^2-0.0033\,G^3 \tag{6-8-2}$$

$$Q'_L=39067+126.8G-0.505\,G^2-0.0044\,G^3 \tag{6-8-3}$$

式中　Q'_H——燃料在 15.6℃ 时的高热值，kJ/kg；

　　　Q'_L——燃料在 15.6℃ 时的低热值，kJ/kg；

　　　G——API 度。

如果燃料中存在水分或杂质含量与说明表 6-8-1(或说明表 6-8-2)所列数据差别较大时，按式(6-8-4)和式(6-8-5)分别对高热值和低热值进行校正。

$$Q_H=Q'_H-0.01(Q'_H)(\%H_2O+\%S_e+\%\text{inert}S_e)+94.2(\%S_e) \tag{6-8-4}$$

$$Q_L=Q'_L-0.01(Q'_L)(\%H_2O+\%S_e+\%\text{inert}S_e)+94.2(\%S_e)-24.49(\%H_2O) \tag{6-8-5}$$

式中　Q_H——校正后的高热值，kJ/kg；

　　　Q_L——校正后的低热值，kJ/kg；

　%H_2O——燃料中水的质量分数；

　　%S_e——燃料中硫的质量分数与说明表 6-8-1(或说明表 6-8-2)中 S%(质量)之差；

%inert S_e——燃料中惰性物质的质量分数与说明表6-8-1(或说明表6-8-2)中惰性物(质量分数)之差。

该方法计算的高热值平均误差为418.6 kJ/kg(燃料),低热值的平均误差为476.8 kJ/kg(燃料)。

说明表6-8-1 燃料油的基础组成

API度	S%(质量)	惰性物%(质量)	C/H质量比
0	2.95	1.15	8.80
5	2.35	1.00	8.55
10	1.80	0.95	8.06
15	1.35	0.85	7.69
20	1.00	0.75	7.65
25	0.70	0.70	7.17
30	0.40	0.65	6.79
35	0.30	0.60	6.50

注: API度大于35, 可忽略杂质校正。

说明表6-8-2 气体燃料

公称高热值 (15.6℃)/(kJ/m³)	实际高热值		实际低热值/ (kJ/kg)	S%[1](质量)	惰性气%[2] (质量)	烃类相对分子质量
	15.6℃, kJ/m³	kJ/kg				
37257.00	38637	50707	45822	4.72	5.38	16.5
44708.40	46499	50242		3.88	4.42	20.4
52159.80	54323	50009		3.32	3.78	24.3
59611.20	62185	49544	45124	2.9	3.30	28.2
67062.60	70009	48846		2.52	2.88	32.1
74514.00	77871	48381		2.29	2.61	36.1

[1] S%(质量)相当于H_2S 2.5%(mol)。

[2] 惰性气%(质量)相当于$CO_2$1.25%(mol)和空气1.25%(mol)。

【例6-8-1】 计算API度为11.3的燃料油的高热值和低热值。该燃料油含1.49%(质)硫, 1.67%(质)惰性物质和0.3%水(质)。

解: 由说明表6-8-1可知, API度为11.3的燃料油的平均硫含量为1.68%(质), 因此%S_e=1.49-1.68=-0.19; 同理, 平均惰性物质含量为0.92%(质), 因此%inert S_e=1.67-0.92=0.75

由式(6-8-2)和式(6-8-4)计算Q'_H和Q_H

$$Q'_H = 41105+154.9\times11.3-0.735\times11.3^2-0.0033\times11.3^3 = 42757$$

$Q_H = 42757-0.01\times42757\times(0.3-0.19+0.75)+94.2\times(-0.19) = 42371$ kJ/kg(燃料)

实验值为42073 kJ/kg(燃料)

由式(6-8-3)和式(6-8-5)计算Q'_L和Q_L

$$Q'_L = 39067+126.8\times11.3-0.505\times11.3^2-0.0044\times11.3^3 = 40429$$

$Q_L = 40429-0.01\times40429\times(0.3-0.19+0.75)+94.2(-0.19)-24.49\times0.3 = 40056$kJ/kg(燃料)

实验值为39840kJ/kg(燃料)

三、炼厂气和燃料油的热值计算

燃料所需氧分子大都由空气供给，为了保证燃料完全燃烧，通常需要加入过量空气。燃料气燃烧的有效热值(烟气排出温度为 t)与高热值及烟气组成之间的关系见式(6-8-6)：

$$(H_t - H_{15.6}) = Q_H - \sum_{i=1}^{n} d_i (H_t - H_{15.6})_i \tag{6-8-6}$$

式中　$(H_t - H_{15.6})$——燃料为15.6℃，烟气出口为 t ℃时燃烧的有效热量，kJ/kg 燃料；

　　　$(H_t - H_{15.6})_i$——烟气组分 i 由 15.6℃ 至 t ℃时的焓差，kJ/kg 燃料；

　　　Q_H——燃料的高热值，kJ/kg 燃料；

　　　n——烟气的总组分数；

　　　d_i——每公斤燃料得到烟气组分 i 的公斤数。

燃料中所含水分的焓差 $(H_t - H_{15.6})_{H_2O}$ 为 15.6℃ 至 t ℃时的显热和汽化热之和。

图 6-8-1~图 6-8-7[4] 为以表说明表 6-8-1 和说明表 6-8-2 的燃料组成为基础，按上述关系式所绘制的图。这些图不适用于含水的燃料，燃料中硫和惰性物质含量有一定的裕量。

图 6-8-1~图 6-8-2 为炼厂气有效热值图，这两张图使用烷烃气体混合物进行绘制的。对某一燃料气，只需选择与其高热值数值相近的图即可读出其有效热值，不需插值，误差极小；若要校正杂质含量的变化，需以燃料气中烃类质量分数按比例校正；H_2S 可看成一半是烃，一半为惰性物。

图 6-8-3~图 6-8-7 为 API 度分别为 0、5、10、15 和 20 的燃料油的有效热值图。这些图使用说明表 6-8-1 的平均杂质含量进行绘制的。对某一燃料油，也只需选择与其 API 度相近的图即可读出其有效热值；如果燃料油中杂质含量与说明表 6-8-1 所列数据差别较大，需以其烃类质量分数按比例校正；杂质硫当惰性物处理。

【例 6-8-2】　计算含 H_2S 8%(质)、惰性物质 12%(质)、高热值为 44715kJ/m³(15.6℃)的炼厂气在过剩空气 100%，烟气出口温度为 1093℃燃烧时的有效热值。

解：由于高热值更接近于 37259kJ/m³ 而不是 59614kJ/m³，应采用图 6-8-1，并进行杂质校正。

由图 6-8-1 查得未校正的有效热值为 4536 kJ/kg(燃料)。从说明表 6-8-2 可知，相应的杂质含量为 3.88%+4.42%=8.3%(质)，而炼厂气杂质为 8%/2+12%=16%(质)(H_2S 按一半计)。

校正后炼厂气有效热值为 4536×(100-16)/(100-8.3)= 4155 kJ/kg(燃料)

四、烟气数量和焓值

炼厂气和燃料油完全燃烧生成的烟气量可按式(6-8-7)计算

$$\frac{烟气量(kg)}{燃料量(kg)} = \frac{64.1 x_{wS}}{32.1} + \frac{44.0\left(\dfrac{C}{H}\right)(1-x_{wS}-x_{wi})}{12.0\left(\dfrac{C}{H}+1\right)} + \frac{18.01(1-x_{wS}-x_{wi})}{2\left(\dfrac{C}{H}+1\right)} \tag{6-8-7}$$

$$+\left[\frac{x_{wS}}{32.1} + \frac{\left(\dfrac{C}{H}\right)(1-x_{wS}-x_{wi})}{12.0\left(\dfrac{C}{H}+1\right)} + \frac{(1-x_{wS}-x_{wi})}{4\left(\dfrac{C}{H}+1\right)}\right]\left[\frac{(79)(28.0)}{21} + \frac{(29.0)(\%Ex\ Air)}{21}\right]$$

式中　x_{wS}——硫的质量分率；

　　　x_{wl}——惰性物质的质量分率；

　　　$\dfrac{C}{H}$——碳氢质量比；

%ExAir——过剩空气摩尔分数。

烟气中二氧化碳(不含水)的摩尔分数由式(6-8-8)计算：

$$\%CO_2 = \cfrac{\left(\dfrac{C}{H}\right)(1-x_{wS}-x_{wi})}{12.0\left(\dfrac{C}{H}+1\right)\left\{\left[\cfrac{\dfrac{x_{wS}}{32.1}+\dfrac{\left(\dfrac{C}{H}\right)(1-x_{wS}-x_{wi})}{12.0\left(\dfrac{C}{H}+1\right)}+\left(\dfrac{79}{21}+\dfrac{\%ExAir}{21}\right)}{\cdots}\right] \left[\cfrac{x_{wS}}{32.1}+\dfrac{\left(\dfrac{C}{H}\right)(1-x_{wS}-x_{wi})}{12.0\left(\dfrac{C}{H}+1\right)}+\left(\dfrac{1-x_{wS}-x_{wi}}{4\left(\dfrac{C}{H}+1\right)}\right)\right]\right\}} \tag{6-8-8}$$

对炼厂气，计算中需要考虑烟气中含有惰性气体(如 CO_2 和空气)。

图6-8-8为烟气组分 H_2O、CO、CO_2 和 SO_3 在低压(<0.3447MPa)下的温焓图；图6-8-9为烟气组分空气、O_2 和 N_2 在低压(<0.3447MPa)下的温焓图，其中空气的焓曲线是假定其含21%(体)的 O_2 和79%(体)的 N_2 所作出。图6-8-8和图6-8-9是使用温度高于15.6℃的理想气体状态下组分的温焓对应关系，其焓值由本章第二节的式(6-2-1)算出后，转换至15.6℃理想气体为0的基准状态。并且未进行高温下分子离解的校正。图6-8-8～图6-8-9的平均误差为1%。

五、固体燃料的热值

固体燃料的等容高热值由按式(6-8-9)计算

$$Q_v = 340.95C + 1322.98H + 68.38S - 15.31A - 119.86(O+N) \tag{6-8-9}$$

式中　Q_v——定容高热值(干基)，kJ/kg；

　　　C——碳的质量分数(干基)；

　　　H——氢的质量分数(干基)；

　　　S——总硫的质量分数(干基)；

　　　A——灰分的质量分数(干基)；

$(O+N)$——氧和氮的质量百分数之和(干基)。

固体燃料的等压高热值和等压低热值分别用式(6-8-10)和式(6-8-11)计算

$$Q_{P,H} = Q_v + 6.05H - 0.77O \tag{6-8-10}$$

$$Q_{P,L} = Q_v - 214.4H - 0.77O - 24.42M \tag{6-8-11}$$

式中　$Q_{P,H}$——等压高热值，kJ/kg；

　　　$Q_{P,L}$——等压低热值，kJ/kg；

　　　M——固体燃料中的水分百分含量；

Q_v、H、O 均为湿基。

固体燃料(如煤)的具体计算步骤:

(1) 获得固体燃料的元素分析和水分百分数;

(2) 使用式(6-8-9)和式(6-9-10)计算高热值;

(3) 从式(6-8-9)和式(6-9-11)计算低热值。

该方法计算的高热值的平均误差为 267.49kJ/kg。

说明表 6-8-3 列出了无烟煤、烟煤、次烟煤和褐煤的热值范围。

说明表 6-8-3 煤的分类

		粘结性	固定炭[①]/%		挥发分[①]/%		高热值[②]/(kJ/kg)	
			≥	<	>	≤	≥	<
无烟煤	高煤化无烟煤	无	98			2		
	无烟煤	无	92	98	2	8		
	半无烟煤	无	86	92	8	14		
烟煤	低挥发烟煤	有	78	86	14	22		
	中挥发烟煤	有	69	78	22	31		
	高挥发烟煤 A	有		69	31		32564[③]	
	高挥发烟煤 B	有					30238[③]	32564
	高挥发烟煤 C	有					26749	30238
		一般			.		24423	26749
次烟煤	次烟煤 A	无					24423	26749
	次烟煤 B	无					22097	24423
	次烟煤 C	无					19306	22097
褐煤	褐煤 A	无					14654	19306
	褐煤 B	无						14654

① 干无灰基;

② 高热值为湿无灰基高热值,湿指的是煤含内在水,但在煤表面不含挥发性水;

③ 固定碳含量不小于69%(干无灰基)的煤应根据其固定碳含量分类。

【例 6-8-3】 计算某煤的高热值,其组成(干基)为:

组分	碳	氢	氮	硫	灰分	氧
含量/%	68.92	5.01	1.01	6.66	10.84	7.57

由式(6-8-9)得:

$$Q_v = 340.95 \times 68.92 + 1322.98 \times 5.01 + 68.38 \times 6.66 - 15.31 \times 10.84$$
$$- 119.86 \times (7.57 + 1.01)$$
$$= 29387 \text{kJ/kg}$$

由式(6-8-10)得

$$Q_{P,H} = 29387 + 6.05 \times 5.04 - 0.77 \times 7.57 = 29412 \text{kJ/kg}$$

实验值为 29710kJ/kg

表 6-8-4　纯组分的燃烧热(重量热值) [4]

序号	物质名称	15.6℃时的高热值/(kJ/kg)	15.6℃时的低热值/(kJ/kg)	标准热值/(kJ/kg)
	非烃			
1	氢(气)	141530	119619	141379
2	一氧化碳(气)	10111	10111	10104
3	氨(气)	20541	16643	20511
4	硫化氢(气)	16494	15196	16484
5	硫化碳(气)	9125	9125	9127
6	二硫化碳(气)	14130	14130	14135
7	二氧化硫(气)	2219	2219	2219
	烷烃			
8	甲烷(气)	55554	50035	55498
9	乙烷(气)	51923	47509	51879
10	丙烷(气)	50342	46327	50300
11	正丁烷(气)	49528	45718	49488
12	2-甲基丙烷(气)	49383	45576	49344
13	正戊烷	48651	44969	48618
14	2-甲基丁烷	48574	44894	48544
15	2,2-二甲基丙烷(气)	48727	45048	48690
16	正己烷	48320	44727	48290
17	2-甲基戊烷	48251	44655	48218
18	3-甲基戊烷	48265	44671	48234
19	2,2-二甲基丁烷	48160	44564	48127
20	正庚烷	48085	44550	48055
21	2-甲基己烷	48025	44492	47995
22	3-甲基己烷	48060	44524	48030
23	2,4-二甲基戊烷	47976	44443	47946
24	正辛烷	47899	44413	47869
25	2-甲基庚烷	47862	44375	47832
26	2,2-二甲基己烷	47792	44303	47762
27	2,2,4-三甲基戊烷	47818	44331	47788
28	正壬烷	47767	44315	47739
29	正癸烷	47653	44231	47625
30	正十一烷	47560	44161	47532
31	正十二烷	47485	44106	47457
32	正十三烷	47420	44059	47392
33	正十四烷	47369	44022	47341
34	正十五烷	47320	43987	47295

序号	物质名称	15.6℃时的高热值/ (kJ/kg)	15.6℃时的低热值/ (kJ/kg)	标准热值/ (kJ/kg)
35	正十六烷	47278	43954	47250
36	正十七烷	47250	43936	47218
37	正十八烷	46971	43666	46941
38	正十九烷	47013	43717	46985
39	正二十烷	46913	43624	46885
	环烷烃			
40	环戊烷	46943	43787	46913
41	甲基环戊烷	46801	43645	46771
42	乙基环戊烷	47937	44782	47909
43	1，1-二甲基环戊烷	46699	43545	46671
44	顺1，2-二甲基环戊烷	46757	43601	46729
45	反1，2-二甲基环戊烷	46692	43536	46664
46	顺1，3-二甲基环戊烷	46708	43552	46680
47	反1，3-二甲基环戊烷	46720	43564	46692
48	正丙基环戊烷	46753	43596	46725
49	正丁基环戊烷	46611	43454	46583
50	正戊基环戊烷	46746	43589	46718
51	正己基环戊烷	46739	43582	46711
52	正庚基环戊烷	46734	43580	46708
53	正辛基环戊烷	46729	43575	46704
54	正壬基环戊烷	46727	43573	46701
55	正癸基环戊烷	46727	43573	46701
56	正十一烷基环戊烷	46725	43568	46697
57	正十二烷基环戊烷	46722	43568	46697
58	正十三烷基环戊烷	46722	43566	46697
59	正十四烷基环戊烷	46720	43566	46694
60	正十五烷基环戊烷	46720	43564	46692
61	环己烷	46585	43431	46557
62	甲基环己烷	46494	43338	46467
63	乙基环己烷	46548	43394	46520
64	1，1-二甲基环己烷	46490	43333	46462
65	顺1，2-二甲基环己烷	46550	43396	46522
66	反1，2-二甲基环己烷	46492	43338	46464
67	顺1，3-二甲基环己烷	46450	43296	46422
68	反1，3-二甲基环己烷	46515	43359	46487
69	顺1，4-二甲基环己烷	46515	43361	46487

序号	物质名称	15.6℃时的高热值/ （kJ/kg）	15.6℃时的低热值/ （kJ/kg）	标准热值/ （kJ/kg）
70	反1，4-二甲基环己烷	46457	43301	46429
71	正丙基环己烷	46553	43399	46525
72	正丁基环己烷	46567	43410	46539
73	正戊基环己烷	46583	43426	46555
74	正己基环己烷	46592	43438	46564
75	正庚基环己烷	46599	43445	46571
76	正辛基环己烷	46606	43450	46578
77	正壬基环己烷	46613	43457	46585
78	正癸基环己烷	46578	43422	46550
79	正十一烷基环己烷	46604	43447	46576
80	正十二烷基环己烷	46629	43473	46604
81	正十三烷基环己烷	46634	43478	46606
82	正十四烷基环己烷	46636	43482	46611
	烯烃			
83	乙烯（气）	50325	47169	50293
84	丙烯（气）	48916	45759	48883
85	1-丁烯（气）	48434	45280	48402
86	2-丁烯（气）	48313	45157	48281
87	反2-丁烯（气）	48248	45092	48216
88	2-甲基丙烯（气）	48139	44985	48109
89	1-戊烯	47771	44617	47746
90	1-己烯	47576	44420	47550
91	2，3-二甲基-2-丁烯	47236	44080	47211
92	1-庚烯	47436	44280	47411
93	1-辛烯	47332	44175	47306
94	1-壬烯	47257	44101	47232
95	1-癸烯	47176	44020	47150
96	1-十一烯	47134	43980	47108
97	1-十二烯	47099	43943	47074
98	1-十三烯	47064	43910	47039
99	1-十四烯	47034	43878	47008
100	1-十五烯	47013	43857	46988
101	1-十六烯	46985	43829	46960
102	1-十七烯	46978	43824	46953
103	1-十八烯	46957	43803	46932
104	1-十九烯	46929	43775	46904
105	1-二十烯	46787	43633	46762
	二烯烃和炔烃			
106	丙二烯（气）	48504	46292	48483

续表

序号	物质名称	15.6℃时的高热值/ (kJ/kg)	15.6℃时的低热值/ (kJ/kg)	标准热值/ (kJ/kg)
107	1，2-丁二烯(气)	47964	45511	47941
108	1，3-丁二烯(气)	46983	44529	46960
109	乙炔(气)	49967	48267	49956
110	丙炔(气)	48362	46152	48344
111	1-丁炔(气)	48018	45564	47995
	芳香烃			
112	苯	41833	40133	41821
113	甲苯	42438	40517	42424
114	乙苯	43001	40917	42984
115	1，2-二甲苯	42887	40803	42871
116	1，3-二甲苯	42877	40793	42861
117	1，4-二甲苯	42889	40805	42873
118	正丙基苯	43417	41207	43401
119	异丙基苯	43401	41191	43382
120	1-甲基-2-乙苯	43359	41149	43340
121	1-甲基-3-乙苯	43345	41135	43326
122	1-甲基-4-乙苯	43329	41119	43310
123	1，2，3-三甲基苯	43264	41054	43247
124	1，2，4-三甲基苯	43236	41026	43219
125	1，3，5-三甲基苯	43212	41003	43194
126	正丁基苯	43759	41452	43740
127	正戊基苯	44045	41656	44027
128	正己基苯	44259	41803	44238
129	正庚基苯	44441	41931	44420
130	正辛基苯	44606	42047	44582
131	正壬基苯	44738	42138	44717
132	正癸基苯	44864	42229	44843
133	正十一烷基苯	44969	42301	44945
134	正十二烷基苯	45073	42380	45050
135	正十三烷基苯	45164	42445	45141
136	正十四烷基苯	45248	42508	45224

表 6-8-5　纯组分的燃烧热(体积热值)[4]

序号	物质名称	15.6℃时的高热值/(kJ/m³)	15.6℃时的低热值/(kJ/m³)
1	氢	12068	10198
2	一氧化碳	11953	11953
3	氨	14766	11964
4	硫化氢	23726	21860
5	硫化碳	23142	23142

续表

序号	物质名称	15.6℃时的高热值/(kJ/m³)	15.6℃时的低热值/(kJ/m³)
6	二硫化碳	45411	45411
7	二氧化硫	5999	5999
8	甲烷	37613	33876
9	乙烷	65904	60300
10	丙烷	93706	86232
11	正丁烷	121498	112157
12	2-甲基丙烷	121144	111803
13	正戊烷	148160	136949
14	2-甲基丁烷	147929	136722
15	2，2-二甲基丙烷	148395	137187
16	正己烷	175773	162695
17	正庚烷	203367	188422
18	正辛烷	230949	214134
19	环戊烷	138957	129616
20	甲基环戊烷	166253	155042
21	乙基环戊烷	198676	185598
22	正丙基环戊烷	221452	206507
23	环己烷	165489	154278
24	甲基环己烷	192696	179618
25	乙基环己烷	220487	205542
26	乙烯	59584	55847
27	丙烯	86880	81277
28	1-丁烯	114713	107239
29	顺2-丁烯	114422	106952
30	反2-丁烯	114269	106795
31	2-甲基丙烯	114012	106538
32	1-戊烯	141412	132072
33	1-己烯	169003	157795
34	1-庚烯	196600	183522
35	1-辛烯	224198	209250
36	丙二烯	82014	78277
37	1，2-丁二烯	109508	103904
38	1，3-丁二烯	107268	101665
39	乙炔	54920	53053
40	丙炔	81776	78039
41	1-丁炔	109631	104023
42	苯	137925	132321

续表

序号	物质名称	15.6℃时的高热值/(kJ/m^3)	15.6℃时的低热值/(kJ/m^3)
43	甲苯	165046	157572
44	1，2-二甲苯	192193	182852
45	1，3-二甲苯	192152	182811
46	1，4-二甲苯	192204	182863

表 6-8-6 常见有机物的燃烧热(25℃，101.325kPa)

序号	物质名称	化学式	相对分子质量	标准低热值/($J/kmol \times 1E-09$)
1	萘	$C_{10}H_8$	128.174	-4.9809
2	联苯	$C_{12}H_{10}$	154.211	-6.0317
3	苯乙烯	C_8H_8	104.152	-4.2190
4	间三联苯	$C_{18}H_{14}$	230.309	-9.0530
5	甲醇	CH_4O	32.042	-0.6382
6	乙醇	C_2H_6O	46.069	-1.2350
7	1-丙醇	C_3H_8O	60.096	-1.8438
8	1-丁醇	$C_4H_{10}O$	74.123	-2.4560
9	2-丁醇	$C_4H_{10}O$	74.123	-2.4408
10	2-丙醇	C_3H_8O	60.096	-1.8300
11	2-甲基-2-丙醇	$C_4H_{10}O$	74.123	-2.4239
12	1-戊醇	$C_5H_{12}O$	88.150	-3.0605
13	2-甲基-1-丁醇	$C_5H_{12}O$	88.150	-3.0620
14	3-甲基-1-丁醇	$C_5H_{12}O$	88.150	-3.0623
15	1-己醇	$C_6H_{14}O$	102.177	-3.6766
16	1-庚醇	$C_7H_{16}O$	116.203	-4.2860
17	环己醇	$C_6H_{12}O$	100.161	-3.4639
18	乙二醇	$C_2H_6O_2$	62.068	-1.0590
19	1，2-丙二醇	$C_3H_8O_2$	76.095	-1.6476
20	苯酚	C_6H_6O	94.113	-2.9210
21	邻甲酚	C_7H_8O	108.140	-3.5280
22	间甲酚	C_7H_8O	108.140	-3.5278
23	对甲酚	C_7H_8O	108.140	-3.5226
24	二甲醚	C_2H_6O	46.069	-1.3284
25	甲基乙基醚	C_3H_8O	60.096	-1.9314
26	甲基正丙基醚	$C_4H_{10}O$	74.123	-2.5174
27	甲基异丙基醚	$C_4H_{10}O$	74.123	-2.5311

序号	物质名称	化学式	相对分子质量	标准低热值/ (J/kmol × 1E-09)
28	甲基正丁基醚	$C_5H_{12}O$	88.150	-3.1282
29	甲基异丁基醚	$C_5H_{12}O$	88.150	-3.1220
30	甲基叔丁基醚	$C_5H_{12}O$	88.150	-3.1049
31	二乙醚	$C_4H_{10}O$	74.123	-2.5035
32	乙基丙基醚	$C_5H_{12}O$	88.150	-3.1200
33	乙基异丙基醚	$C_5H_{12}O$	88.150	-3.1030
34	甲基苯基醚	C_7H_8O	108.140	-3.6072
35	二苯醚	$C_{12}H_{10}O$	170.211	-5.8939
36	甲醛	CH_2O	30.026	-0.5268
37	乙醛	C_2H_4O	44.053	-1.1045
38	1-丙醛	C_3H_6O	58.080	-1.6857
39	1-丁醛	C_4H_8O	72.107	-2.3035
40	1-戊醛	$C_5H_{10}O$	86.134	-2.9100
41	1-己醛	$C_6H_{12}O$	100.161	-3.5200
42	1-庚醛	$C_7H_{14}O$	114.188	-4.1360
43	1-辛醛	$C_8H_{16}O$	128.214	-4.7400
44	1-壬醛	$C_9H_{18}O$	142.241	-5.3500
45	1-癸醛	$C_{10}H_{20}O$	156.268	-5.9590
46	丙酮	C_3H_6O	58.080	-1.6590
47	甲乙酮	C_4H_8O	72.107	-2.2680
48	2-戊酮	$C_5H_{10}O$	86.134	-2.8796
49	甲基异丙基酮	$C_5H_{10}O$	86.134	-2.8770
50	2-己酮	$C_6H_{12}O$	100.161	-3.4900
51	甲基异丁基酮	$C_6H_{12}O$	100.161	-3.4900
52	3-甲基-2-戊酮	$C_6H_{12}O$	100.161	-3.4900
53	3-戊酮	$C_5H_{10}O$	86.134	-2.8804
54	乙基异丙基酮	$C_6H_{12}O$	100.161	-3.4860
55	二异丙基酮	$C_7H_{14}O$	114.188	-4.0950
56	环己酮	$C_6H_{10}O$	98.145	-3.2990
57	甲基苯基酮	C_8H_8O	120.151	-3.9730
58	甲酸	CH_2O_2	46.026	-0.2115
59	乙酸	$C_2H_4O_2$	60.053	-0.8146
60	丙酸	$C_3H_6O_2$	74.079	-1.3950

续表

序号	物质名称	化学式	相对分子质量	标准低热值/($J/kmol \times 1E-09$)
61	正丁酸	$C_4H_8O_2$	88.106	-2.0077
62	异丁酸	$C_4H_8O_2$	88.106	-2.0004
63	苯甲酸[②]	$C_7H_6O_2$	122.123	-3.0951
64	乙酸酐	$C_4H_6O_3$	102.090	-1.6750
65	甲酸甲酯	$C_2H_4O_2$	60.053	-0.8924
66	乙酸甲酯	$C_3H_6O_2$	74.079	-1.4610
67	丙酸甲酯	$C_4H_8O_2$	88.106	-2.0780
68	丁酸甲酯	$C_5H_{10}O_2$	102.133	-2.6860
69	甲酸乙酯	$C_3H_6O_2$	74.079	-1.5070
70	乙酸乙酯	$C_4H_8O_2$	88.106	-2.0610
71	丙酸乙酯	$C_5H_{10}O_2$	102.133	-2.6740
72	丁酸乙酯	$C_6H_{12}O_2$	116.160	-3.2840
73	甲酸丙酯	$C_4H_8O_2$	88.106	-2.0410
74	乙酸丙酯	$C_5H_{10}O_2$	102.133	-2.6720
75	乙酸丁酯	$C_6H_{12}O_2$	116.160	-3.2800
76	苯甲酸甲酯	$C_8H_8O_2$	136.150	-3.7720
77	苯甲酸乙酯	$C_9H_{10}O_2$	150.177	-4.4100
78	乙酸乙烯酯	$C_4H_6O_2$	86.090	-1.9500
79	甲胺	CH_5N	31.057	-0.9751
80	二甲胺	C_2H_7N	45.084	-1.6146
81	三甲胺	C_3H_9N	59.111	-2.2449
82	乙胺	C_2H_7N	45.084	-1.5874
83	二乙胺	$C_4H_{11}N$	73.138	-2.8003
84	三乙胺	$C_6H_{15}N$	101.192	-4.0405
85	正丙胺	C_3H_9N	59.111	-2.1650
86	二丙胺	$C_6H_{!5}N$	101.192	-4.0189
87	异丙胺	C_3H_9N	59.111	-2.1566
88	二异丙胺	C_6H_5N	101.192	-3.9900
89	苯胺	C_6H_7N	93.128	-3.2390
90	N-甲基苯胺	C_7H_9N	107.155	-3.9000
91	N，N-二甲基苯胺	$C_8H_{11}N$	121.182	-4.5250
92	环氧乙烷	C_2H_4O	44.053	-1.2180
93	呋喃	C_4H_4O	68.075	-1.9959

序号	物质名称	化学式	相对分子质量	标准低热值/ $(J/kmol \times 1E-09)$
94	噻吩	C_4H_4S	84.142	−2.4352
95	吡啶	C_5H_5N	79.101	−2.6721
96	甲酰胺	CH_3NO	45.041	−0.5021
97	N, N-二甲基甲酰胺	C_3H_7NO	73.095	−1.7887
98	乙酰胺	C_2H_5NO	59.068	−1.0741
99	N-甲基乙酰胺	C_3H_7NO	73.095	−1.7100
100	乙腈	C_2H_3N	41.053	−1.1904
101	丙腈	C_3H_5N	55.079	−1.8007
102	正丁腈	C_4H_7N	69.106	−2.4148
103	苯甲腈	C_7H_5N	103.123	−3.5224
104	甲硫醇	CH_4S	48.109	−1.1517
105	乙硫醇	C_2H_6S	62.136	−1.7366
106	正丙硫醇	C_3H_8S	76.163	−2.3458
107	正丁硫醇	$C_4H_{10}S$	90.189	−2.9554
108	异丁硫醇	$C_4H_{10}S$	90.189	−2.9490
109	仲丁硫醇	$C_4H_{10}S$	90.189	−2.9490
110	二甲基硫醚	C_2H_6S	62.136	−1.7449
111	甲基乙基硫醚	C_3H_8S	76.163	−2.3531
112	（二）乙硫醚	$C_4H_{10}S$	90.189	−2.9607
113	氟代甲烷	CH_3F	34.033	−0.5219
114	氯代甲烷	CH_3Cl	50.488	−0.6754
115	三氯甲烷	$CHCl_3$	119.377	−0.3800
116	四氯甲烷	CCl_4	153.822	−0.2653
117	溴代甲烷	CH_3Br	94.939	−0.7054
118	氟代乙烷	C_2H_5F	48.060	−1.1270
119	氯乙烷	C_2H_5Cl	64.514	−1.2849
120	溴乙烷	C_2H_5Br	108.966	−1.2850
121	1-氯丙烷	C_3H_7Cl	78.541	−1.8670
122	2-氯丙烷	C_3H_7Cl	78.541	−1.8630
123	1，1-二氯丙烷	$C_3H_6Cl_2$	112.986	−1.7200
124	1，2-二氯丙烷	$C_3H_6Cl_2$	112.986	−1.7070
125	氯乙烯	C_2H_3Cl	62.499	−1.1780
126	氟苯	C_6H_5F	96.104	−2.8145

续表

序号	物质名称	化学式	相对分子质量	标准低热值/ (J/kmol × 1E-09)
127	氯苯	C_6H_5Cl	112.558	-2.9760
128	溴苯	C_6H_5Br	157.010	-3.0192
129	空气		28.951	0.0000
130	氢	H_2	2.016	-0.2418
131	氦	He	4.003	0.0000
132	氖	Ne	20.180	0.0000
133	氩	Ar	39.948	0.0000
134	氟	F_2	37.997	0.0000
135	氯	Cl_2	70.905	0.0000
136	溴	Br_2	159.808	0.0000
137	氧	O_2	31.999	0.0000
138	氮	N_2	28.014	0.0000
139	氨	NH_3	17.031	-0.3168
140	联氨	N_2H_4	32.045	-5.3420
141	一氧化二氮	N_2O	44.013	-0.0820
142	一氧化氮	NO	30.006	-0.0902
143	氰	C_2N_2	52.036	-1.0961
144	一氧化碳	CO	28.010	-0.2830
145	二氧化碳	CO_2	44.010	0.0000
146	二硫化碳	CS_2	76.143	-1.0769
147	氟化氢	HF	20.006	0.1524
148	氯化氢	HCl	36.461	-0.0286
149	溴化氢	HBr	80.912	-0.0690
150	氰化氢	HCN	27.026	-0.6233
151	硫化氢	H_2S	34.082	-0.5180
152	二氧化硫	SO_2	64.065	0.0000
153	三氧化硫	SO_3	80.064	0.0989
154	水	H_2O	18.015	0.0000

注：燃烧产物为 CO_2(气)、H_2O(气)、F_2(气)、Cl_2(气)、Br_2(气)、I_2(气)、SO_2(气)、N_2(气)、H_3PO_4(固)和
SiO_2(白硅石)。

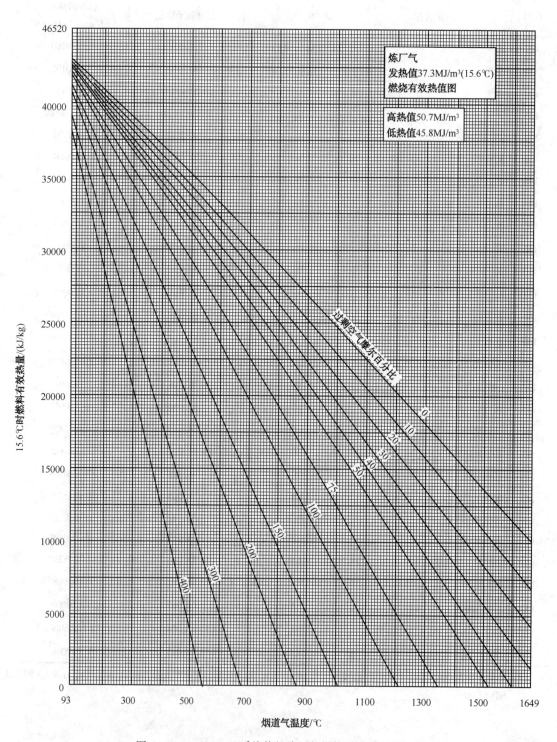

图 6-8-1　37259kJ/m³热值的炼厂气燃烧的有效热值图

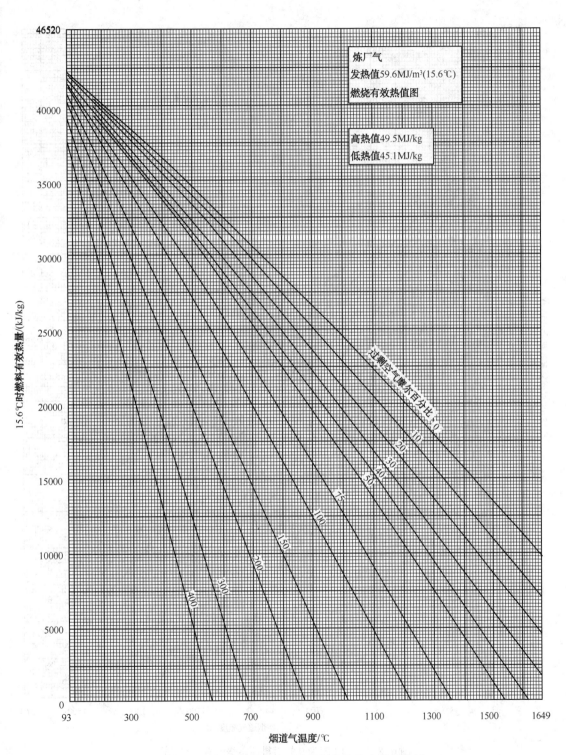

图 6-8-2 59614kJ/m³热值的炼厂气燃烧的有效热值图

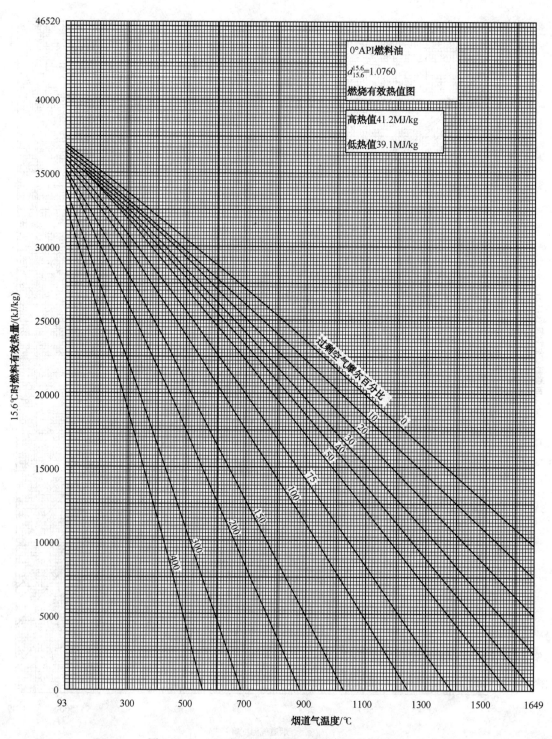

图 6-8-3　API 度为 0 的燃料油燃烧的有效热值图

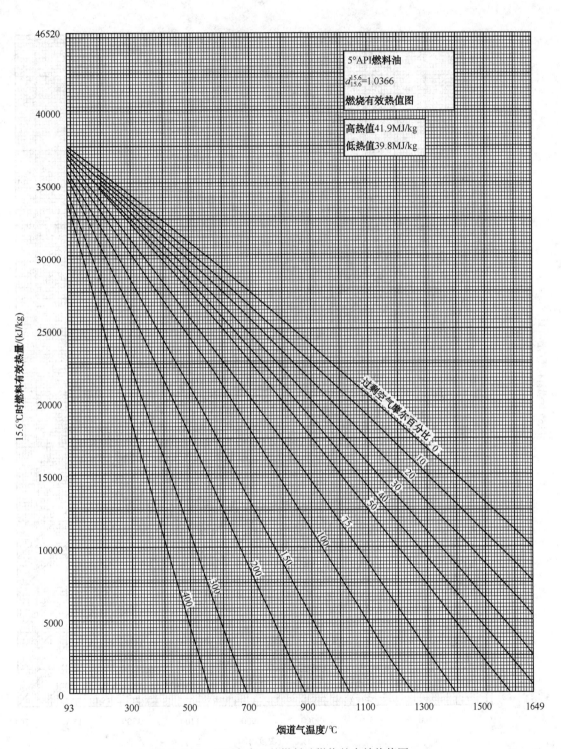

图 6-8-4 API 度为 5 的燃料油燃烧的有效热值图

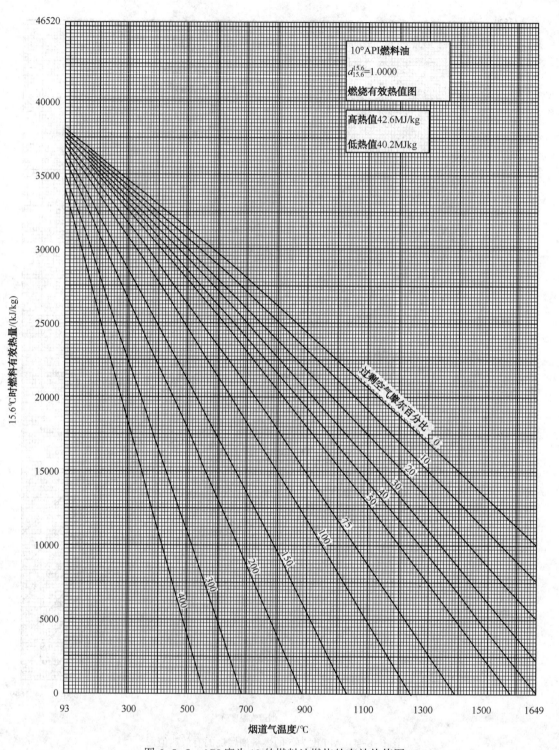

图 6-8-5 API 度为 10 的燃料油燃烧的有效热值图

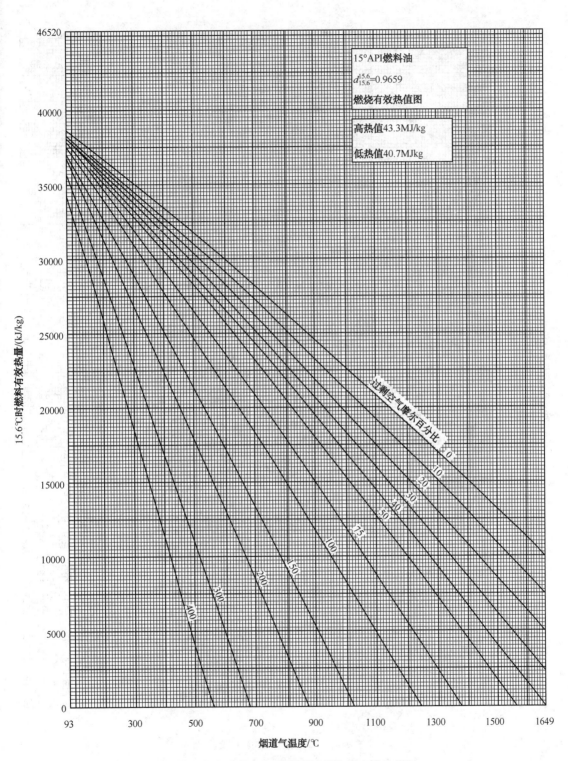

图 6-8-6 API 度为 15 的燃料油燃烧的有效热值图

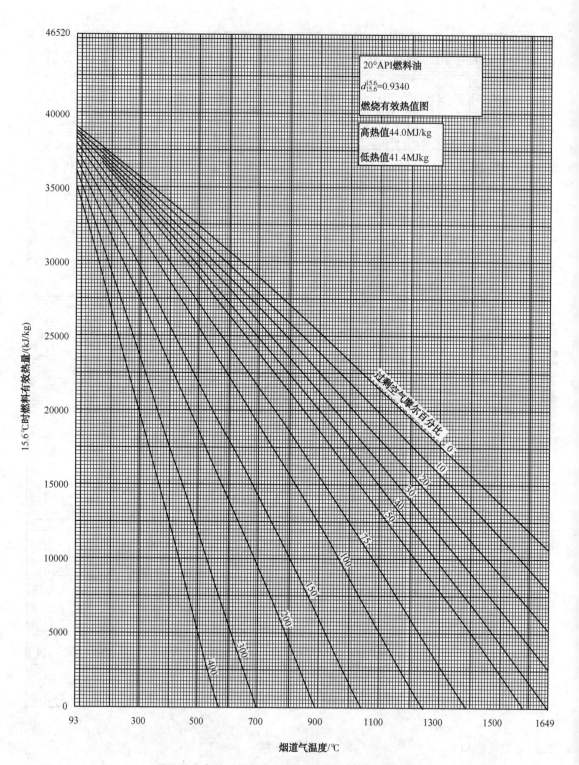

图 6-8-7 API 度为 20 的燃料油燃烧的有效热值图

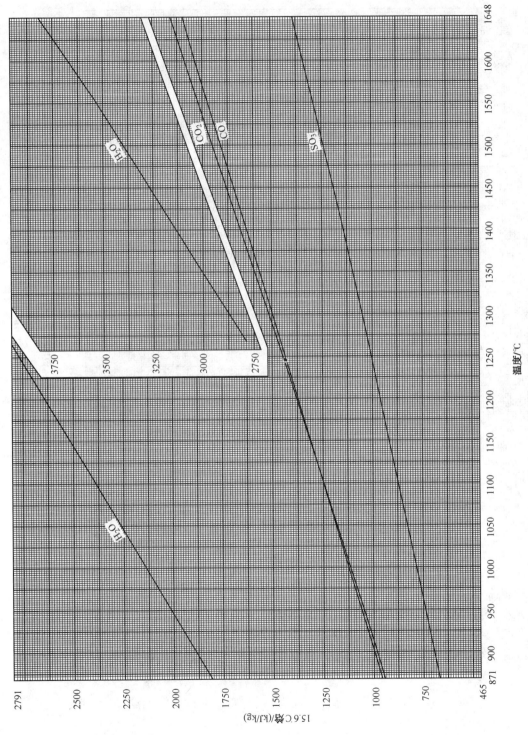

图6-8-8a 低压烟气组分的温焓图：H_2O、CO、CO_2和SO_3

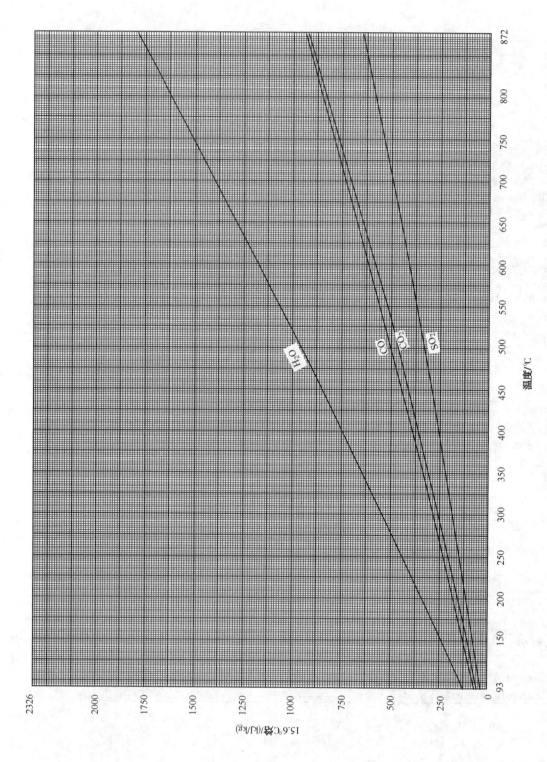

图6-8-8b 低压烟气组分的温焓图: H_2O、CO、CO_2和SO_2

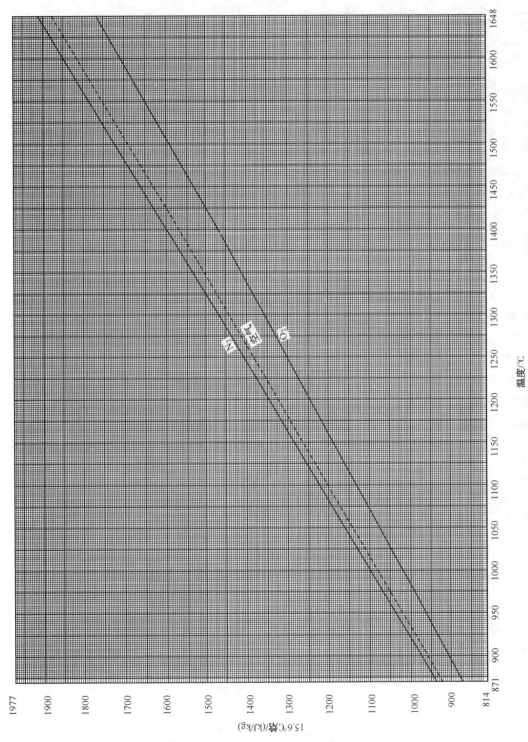

图6-8-9b 低压烟气组分的温焓图：空气、O_2和N_2

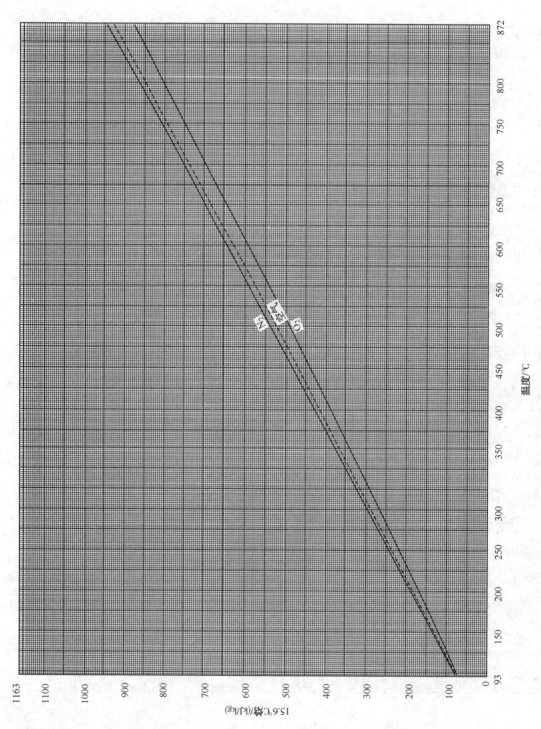

图6-8-9a　低压烟气组分的温焓图：空气、O_2和N_2

参 考 文 献

［1］Passut C A，Danner R P. Correlation of Ideal Gas Enthalpy，Heat Capacity and Entropy Id Eng Chem Process Des & Develop，1972，11，543～546

［2］Benson S W，Cruickshank，F R，Golden，et al. Additivity Rules for the Estimation of Thermochemical Properties. Chem. Rev. 1969，69(3)：279～324

［3］Seaton W H，Freedman E. Computer Implementation of Second-Order Additivity Method for the Estimation of Chemical Thermodynamic Data[65] Annual Meeting. AIChe，New York，1972.

［4］Americal Petroleum Institute & EPCOM International，API Technical Data Book，8th Edition，8. 1version，2011

［5］Benson S W. Thermochemical Kinetics. New York：Wiley，1976

［6］Pitzer K S，Curl R F Jr. The Volumetric and Thermodynamic Properties of Fluids. III. Empirical Equation for the Second Virial Coefficient J Am Chem Soc，1957，79(13)：2369～2370

［7］Prausnitz J M，Gunn R D. Volumetric properties of nonpolar gaseous mixtures. AIChE Journal，1958，4(4)：430～435

［8］Huang P K，Daubert T E. Prediction of the Enthalpy of Petroleum Fractions. The Pseudocompound Method. Ind Eng Chem Proc Des and Develop，1974，13(4)：359～362

［9］Lee B I，Kesler M G. A Generalized Thermodynamic Correlation Based on Three-Parameter Corresponding States. AIChE Journal，1975，21(3)：510～527

［10］北京石油设计院. 石油化工工艺计算图表. 北京：烃加工出版社，1985

［11］Perry R H，GREEN DW. Perry's Chemical Engineerings' Handbook 7th Edition，1999

［12］Watson K M. Prediction of Critical Temperatures and Heats of Vaporization. Ind Eng Chem，1931，23(4)：360～364

第七章　气液相平衡常数

体系中气液相处于相平衡时，组分 i 的气液相平衡常数为 $K_i = y_i/x_i$。对理想体系，气相和液相分别符合道尔顿定律和拉乌尔定律，其相平衡常数定义为：

$$K_i = \frac{y_i}{x_i} = \frac{P_i^*}{P} \tag{7-0-1}$$

在相平衡时，

$$\sum \frac{y_i}{K_i} = 1 \text{（饱和气体）} \tag{7-0-2}$$

$$\sum K_i x_i = 1 \text{（饱和液体）} \tag{7-0-3}$$

式中　K_i——组分 i 在给定温度和压力下的气液相平衡常数；

y_i——组分 i 在气相中的摩尔分数；

x_i——组分 i 在液相中的摩尔分数；

P_i^*——纯组分 i 的饱和蒸气压，kPa；

P——体系总压，kPa。

式(7-0-1)适用于理想体系，对由沸点相近的同系物构成的低压体系(约<206.8kPa)也同样适用。

理想体系的 K_i 是温度和压力的函数，非理想体系的 K_i 是温度、压力和组成的函数，需要使用逸度进行计算。一般工程计算中，相平衡常数的计算方法较多，本章将介绍三种常用的计算相平衡常数方法：列线图法、收敛压法和状态方程法。

第一节　列线图法

列线图法一般适用于理想溶液体系，其相平衡常数 K_i 与组成无关，仅为温度和压力的函数[1]。图 7-1-1~图 7-1-4[1,2]为低碳烃体系气液相平衡常数列线图，其中图 7-1-1 适用于收敛压接近于 340atm 的混合物，计算其他收敛压时最好采用收敛压法，图 7-1-4 用于 K 值估算。

图 7-1-3 和图 7-1-4 的平均误差为 8%~15%。混合物各组分的 K 值宜在同一图上查出，串用以上诸图可能会产生较大的误差。

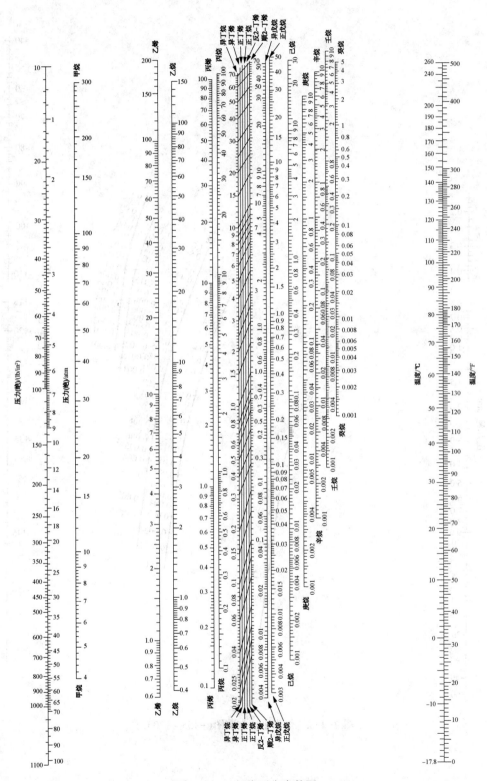

图 7-1-1　烃类平衡常数图

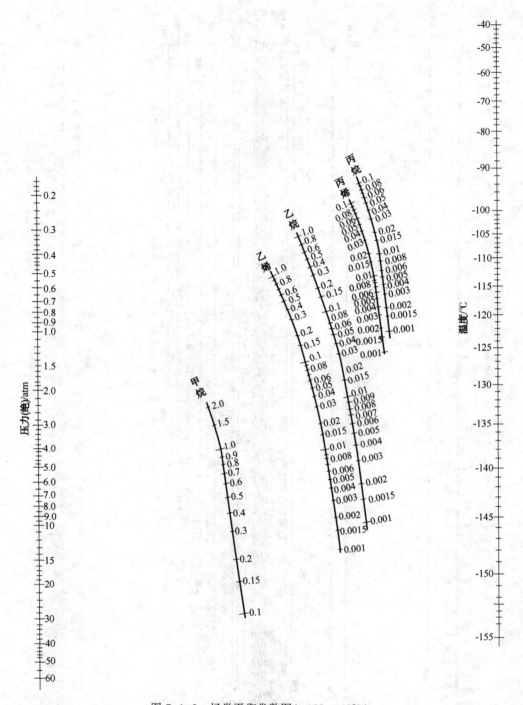

图 7-1-2 烃类平衡常数图(-155～-40℃)

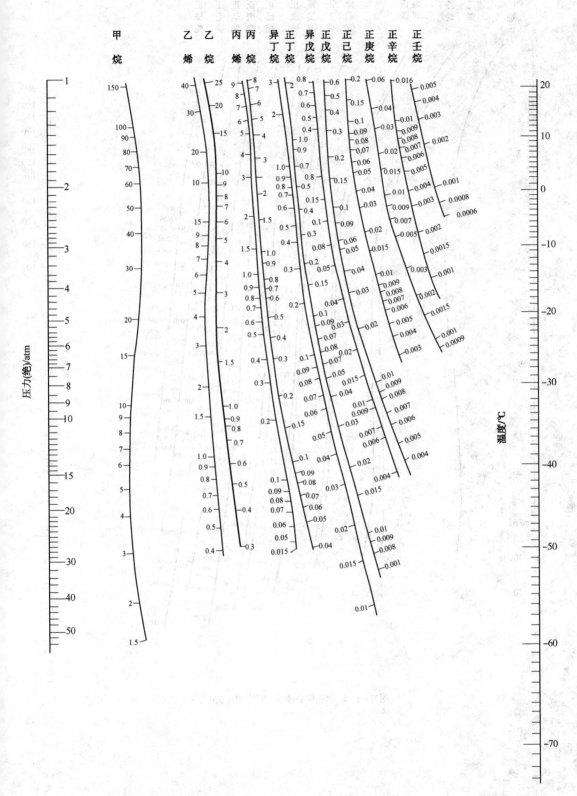

图 7-1-3　烃类平衡常数图(-70~20℃)

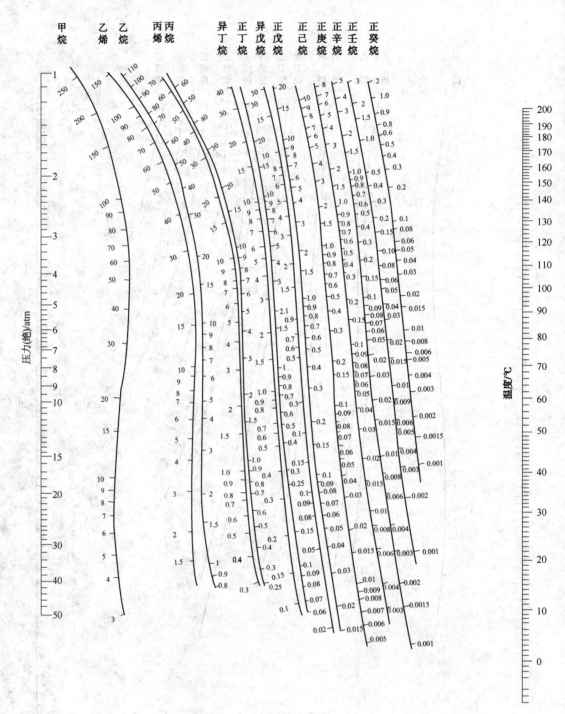

图 7-1-4　烃类平衡常数图(0~200℃)

第二节　收 敛 压 法

一、烃类体系的气液相平衡常数

收敛压法可用于非理想溶液体系，考虑温度、压力和组成对体系中组分相平衡常数的影响，故计算结果较列线图准确。该方法适用于体系压力不超过 34.4738MPa，温度在 110.9~699.8K 范围内，且组分已知的烃类混合物和石油馏分，不适用于由沸点相近的烃类二元混合物或可能形成共沸物的烃类混合物。该方法计算步骤如下：

（一）先求系统的收敛压力 P_{cv}

收敛压是混合物组成和温度的函数，但它一般只包括对气相活度系数校正。石油馏分的收敛压可从图 7-2-1 中查出；烃类混合物的收敛压可按轻组分和平均重组分从图 7-2-2~图 7-2-12 查出。如果系统的操作温度低于最轻组分的临界温度，则以最轻组分的临界压力作为系统的收敛压。

"最轻组分"为液相中除氢外，摩尔分数不小于 0.001 的最轻组分。

"平均重组分"为除轻组分外，其余组分中碳原子数最少和最多的两组分的碳原子数平均值（如果为小数则进一位取整数值）的组分。液相中摩尔分数低于 0.02 的最重组分可以忽略不计。

若体系操作温度低于最轻组分的临界温度，则以最轻组分的临界压力作为系统的收敛压。

图 7-2-2 为烃体系的临界轨迹，图 7-2-3~图 7-2-4 中的虚线表示作为研究者报告的受限数据或预测数据；图 7-2-5~图 7-2-12 中的虚线是根据本书第三章介绍的方法预测的收敛压。

图 7-2-2~图 7-2-12 中 C_1~C_{16} 的下标表示碳原子数，$C_2^=$ 表示乙烯，$C_3^=$ 表示丙烯，1-$C_4^=$ 表示 1-丁烯，2-甲基烷烃用 i-C_n 表示，其他支链烃以其名称表示。

【例 7-2-1】　求由甲烷（C_1）至癸烷（C_{10}）组成的体系在 310.93K 时的收敛压。

解：轻组分为甲烷

平均重组分为：$\dfrac{C_2+C_{10}}{2}=C_6$

由图 7-2-3 查得 $P_{cv}=19.995$MPa。

【例 7-2-2】　丙烷（C_3）至壬烷（C_9）组成的混合物应采用哪张图确定其收敛压。

解：轻组分为丙烷（C_3）

平均重组分为 $\dfrac{C_4+C_9}{2}=C_{6.5}$，取 C_7

所以，应采用图 7-2-6 确定该混合物的收敛压。

【例 7-2-3】　下表所示混合物 A 和 B 应分别采用哪张图以确定其收敛压

组分	摩尔分数（混合物 A）[①]		摩尔分数（混合物 B）[①]	
H_2	0.0009	忽略不计	0.17×10^{-14}	忽略不计
CH_4	0.018	轻组分	0.67×10^{-14}	

组分	摩尔分数(混合物 A)[①]	摩尔分数(混合物 B)[①]
C_2H_6	0.051 ⎫	0.43×10^{-5}　忽略不计
C_3H_8	0.080 ⎪	0.61×10^{-4}　忽略不计
C_4H_{10}	0.274 ⎬平均重组分	0.009　　　　最轻组分
C_5H_{12}	0.363 ⎪	0.049
C_6H_{14}	0.168 ⎪	0.130
C_7H_{16}	0.045 ⎭	0.186
$C_8(107.2℃)$[②]	0.21×10^{-4} ⎫	0.188 ⎫
$C_9(135℃)$[②]	0.16×10^{-6} ⎪忽略不计	0.103 ⎬平均重组分
$C_{10}(162.8℃)$[②]	0.32×10^{-22} ⎪	0.083 ⎪
$C_{11}(190.6℃)$[②]	0.17×10^{-83} ⎭	0.252 ⎭
总计	≈1.000	≈1.000
平均重组分	$\dfrac{C_2+C_7}{2}=C_{4.5}$ 取 C_5	$\dfrac{C_5+C_{11}}{2}=C_8$
适用的图	图 7-2-3	图 7-2-7

① 混合物的数据来自计算机逐板计算结果；

② 括号内是沸程宽度 27.8℃ 石油馏分的中沸点温度。

（二）根据收敛压及操作压力求 K

根据系统的收敛压 P_{cv} 及操作压力 P_{op}，由图 7-2-13 可以确定其所属区域，然后根据不同的区域按下述方法求 K。

1. 属于 A 区

在图 7-2-15～图 7-2-17 中确定出由体系操作压力 P_{op} 和操作温度 T_{op} 所确定的操作点；从该点与需求 K 值的组分点或该组分的正常沸点引直线，交 K 值轴于一点，该点所示之值即为所求 K 值；采用图 7-2-15 确定轻烃中甲烷的 K 值时需乘以该图附图所示的校正系数。

【例 7-2-4】 未稳定的汽油中的甲烷组分在 310.9K 和 1.379MPa 时的 K 值。

解：由图 7-2-1 中的曲线 D 可知，该体系的 $P_{cv}=20.68$MPa；

由图 7-2-14 可知，该体系属于 A 区。因此，根据该体系操作温度、操作压力以及 C_7～C_{12} 馏分中的甲烷组分可从图 7-2-16 直接读出其 $K=14.7$。

【例 7-2-5】 上例所述未稳定汽油中正常沸点为 360.9K 组分的 K 值。

解：同例 7-2-4，310.9K 和 1.379MPa 的操作条件属于 A 区。从图 7-2-16 直接读出其 $K=0.0188$。

【例 7-2-6】 求某原油体系中正癸烷在 533.15K 和 0.6895MPa 时的 K 值，该体系包含甲烷和其他所有重组分。

解：由图 7-2-1 中的曲线 M 可查得该体系在 533.15K 时其 $P_{cv}=48.26$MPa；由图 7-2-14 可知，该收敛压和操作压力下，该体系属于 A 区。

由第一章表 1-1-1 纯组分主要性质表中可查得组分 62 的正癸烷的正常沸点为 174.16℃ $=447.3$K，大于 372K，因此由图 7-2-17 查得其 $K=0.8$。

【例 7-2-7】 求例 7-2-4 所述体系中中沸点为 644.26K 的馏分的 K 值

解：同例 7-2-4，由图 7-2-17 查得其 $K=0.009$。

2. 属于 B 区

计算步骤：

（1）根据系统操作温度 T_{op}，从图 7-2-1～图 7-2-13 确定其收敛压 P_{cv}；

（2）根据系统操作压力 P_{op} 和收敛压 P_{cv}，由图 7-2-14 确定其栅格压 P_g；

（3）在图 7-2-15～图 7-2-17 中确定出由体系操作压力 P_{op} 和操作温度 T_{op} 所确定的操作点 A，并将该点与 $K=1.0$ 的点连成直线；

（4）在上步的直线上确定出压力为 P_g 的点，将该点与所需组分的点引直线，交 K 轴于一点，该点所示之值即为所求 K 值。

该方法同样也适用于操作温度低于或等于轻组分的临界温度的体系。

【例 7-2-8】　求脱丙烷后，终馏点为 477.6K 的汽油馏分中正丁烷在 477.6K 和 0.6895MPa 时的 K 值。

解：由图 7-2-1 中的曲线 A 查得该体系的 $P_{cv}=4.6884$MPa；

由图 7-2-13 可知，在该操作压力和收敛压力下，该体系属于 B 区。

由图 7-2-14 查得其栅格压 $P_g=0.8067$MPa；

由 $T_{op}=477.6$K 和 $P_{op}=0.6895$MPa 在图 7-2-16 确定出 A 点，并将其与 $K=1$ 的点连成直线；在此直线上定出 $P_g=0.8067$MPa 的点，之后将该点与正丁烷组分连成直线并与 K 值轴相交，即得 $K=5.75$。

【例 7-2-9】　计算操作压力为 1.1376MPa 的汽油稳定塔的再沸器温度。再沸器的液相组成见下表，假定该汽油的性质与图 7-2-1 所示油品的性质相近。

解：试算 1：假设再沸器温度为 449.8K

由图 7-2-1 中的曲线 B 丙烷-汽油线查得其 $P_{cv}=46.4811$MPa。

由图 7-2-14 可知，在该操作压力和收敛压力下，该体系属于 B 区。

由图 7-2-18 查得其栅格压 $P_g=1.3100$MPa。

由图 7-2-16 和图 7-2-17 确定其 K 值；然后根据气液相组成与 K 值的关系求出相应的气相组成，结果见下表。

由表中结果可知，气相组成之和小于 1，说明应将假设的再沸器温度提高并进行第二次试算。试差过程比较简单，在此就不一一列出。

组分	液相组成（摩尔分数）	K	$y=Kx$
C_3	0.0013	5.32	0.0069
n-C_4	0.0759	3.00	0.2277
n-C_5	0.1802	1.70	0.3063
n-C_6	0.2570	1.01	0.2596
n-C_7	0.1460	0.600	0.0876
112.7℃[①]	0.1043	0.420	0.0438
140.6℃[①]	0.0918	0.245	0.0225
168.3℃[①]	0.0901	0.138	0.0124
196.1℃[①]	0.0534	0.074	0.0042
总计	1.0000		0.9709

① 沸程宽度 27.8℃的石油馏分的中平均温度。

【例 7-2-10】 计算甲烷-乙烷体系中甲烷和乙烷在 199.82K 和 0.6895MPa 时的 K 值。

解：由图 7-2-3 可查得该体系 $P_{cv}=5.1711$MPa；

由图 7-2-14 可知，该体系属于 B 区；

由图 7-2-18 确定其栅格压 $P_g=0.7929$MPa；

同例 7-2-6 的步骤，栅格压要求进行校正，从图 7-2-15 中确定甲烷的 $K=6.20×1.047=6.49$（其中 1.047 为校正因数），乙烷的 $K=0.337$。

3. 属于 C 区（一般较少遇到）

将复杂多组分混合物分割成临界温度低于和高于操作温度的两组组分，从第一章至第三章查得或求得所有组分的临界温度、临界压力、临界体积和偏心因数。

当混合物仅有三个组分时，最轻组分为假轻组分，假重组分按属于 B 区的方法计算。

当甲烷为混合物中的最轻组分，并且重组分的临界温度又高于正己烷时，采用 152.78K 和 4136.9kPa 作为甲烷的临界常数。

（1）假轻组分

使用临界温度低于操作温度（$T_c < T_{op}$）这一组组分，从该组组分的两个最轻组分（分别用 1 和 2 表示）开始计算。

① 计算摩尔分数

$$X_1 = \frac{x_1}{x_1 + x_2} \tag{7-2-1}$$

$$X_2 = 1 - X_1 \tag{7-2-2}$$

式中　x_1，x_2——两个最轻组分 1 和 2 在这一组组分中的摩尔分数；

X_1，X_2——两个最轻组分 1 和 2 在该两组分体系中的摩尔分数。

② 按式（7-2-3）计算该二元混合物的真临界温度

$$T_c = \sum \theta_i T_{ci} \tag{7-2-3}$$

$$\theta_i = \frac{X_i V_{ci}}{\sum X_i V_{ci}} \tag{7-2-4}$$

式中　T_c——二元混合物的真临界温度，K；

T_{ci}——组分 i 的临界温度，K；

θ_i——组分 i 的体积分数；

X_i——组分 i 的摩尔分数；

V_{ci}——组分 i 的摩尔临界体积，$m^3/kmol$。

③ 按式（7-2-5）计算混合物的真临界压力

$$P_c = P_{pc}\left[1 + \frac{(5.808 + 4.93\omega)(T_c - T_{pc})W}{T_{pc}}\right] \tag{7-2-5}$$

式中　P_c——二元混合物的真临界压力，kPa；

$P_{pc} = \sum X_i P_{ci}$（假临界压力），kPa；

$T_{pc} = \sum X_i T_{ci}$（假临界温度），K；

$\omega = \sum X_i \omega_i$；

$W = 2.23 - 8.65\omega + 12.42\omega^2$。

④ 按式(7-2-6)计算该二元混合物的假临界体积

$$V_c = \sum X_i V_{ci} \qquad (7-2-6)$$

将该二元组分看做混合物中的最轻纯组分，其摩尔分数为 $x = (x_1 + x_2)$，其临界温度、临界压力、临界体积和偏心因子即为上述计算值。

如果在这一组的组分中没有其他组分，这就是假轻组分；如果有其他组分存在，就以此二元组分作为最轻组分，重复步骤①~②，直至所有 $T_c < T_{op}$ 组分做完为止。

（2）假重组分

使用临界温度高于操作温度（$T_c > T_{op}$）这一组组分，从该组组分的两个最重组分（分别用 1 和 2 表示）开始，按照假轻组分所示①~④步骤进行计算。

将该二元组分看作混合物中的最重纯组分，该重组分的摩尔分数为 $x = (x_1 + x_2)$，其临界温度、临界压力、临界体积和偏心因数即为上述计算值。如果在这一组的组分中没有其他组分，这就是假重组分；如果有其他组分存在，就以此二元组分作为最重组分，重复假轻组分所示步骤①~④，直至所有 $T_c > T_{op}$ 组分做完为止。

（3）计算收敛压力

确定了假轻组分和假重组分后，按式(7-2-5)计算收敛压力，式中的组成按式(7-2-7)和式(7-2-8)计算：

$$X_l = \frac{V_{ch}(T_{op} - T_{ch})}{[V_{cl}(T_{cl} - T_{op}) + V_{ch}(T_{op} - T_{ch})]} \qquad (7-2-7)$$

$$X_h = 1.0 - X_l \qquad (7-2-8)$$

式中　V_{cl}——假轻组分的临界体积；

　　　V_{ch}——假重组分的临界体积；

　　　T_{cl}——假轻组分的临界温度；

　　　T_{ch}——假重组分的临界温度。

图 7-2-15~图 7-2-16 适用于具有确定组分、且正常沸点低于 372.04K 的烃类体系；图 7-2-17 适用于具有较高沸点的纯烃体系或由实沸点蒸馏曲线表征的石油馏分。

此方法对于不含甲烷的烷烃、烯烃和环烷烃组成的混合物由图 7-2-15~图 7-2-16 确定的 K 值的平均误差为 7%；而对于含甲烷组分的体系和芳烃体系确定的 K 值的平均误差分别为 15% 和 14%。由图 7-2-17 确定的重烃混合物 K 值的平均误差不超过 15%。

【例 7-2-11】　计算某混合物在 10.3421MPa 时的露点温度和平衡液相组成，气相中甲烷、丙烷和戊烷的摩尔分数分别为 0.689、0.108 和 0.203。

解：由于液相组分未知，所以需要先进行试算。先假设露点温度，然后计算收敛压和液相组成，以验证假设条件，重复步骤，直至计算值与假设条件相符后，才不需进一步试算时为止。

试算 1：假设露点温度为 394.3K

由图 7-2-3 中的 $C_1 \sim C_5$ 临界轨迹可确定收敛压 $P_{cv} = 12.9621$MPa，由图 7-2-18 确定其栅格压 $P_g = 20.2706$MPa。

由图 7-2-16 查 K 值（按 B 区方法）

组分	相对分子质量	API 度	K_i (394.3K)	y_i	$x_i = y_i / K_i$
C_1	16		1.86[①]	0.689	0.3704
C_3	44.1	147.2	0.86	0.108	0.1256
$n-C_5$	72.2	92.8	0.44	0.203	0.4614
小计				1.000	0.9574

① 在 API 度为 90 的溶剂中的甲烷 K 值。

因为 $\sum x_i < 1$，需另假设露点温度，重新进行试算。

试算 2：假设温度为 380.4K，估计液相组成并计算收敛压。

已知各个组分的性质如下表所列：

组分	临界温度T_{ci}/ K	临界压力P_{ci}/ MPa	偏心因数ω_i	临界体积V_{ci}/ （m³/kmol）
C_1	190.8	4.6043	0.0108	0.0989
C_3	370.0	4.2492	0.1517	0.2023
$n-C_5$	469.8	3.6480	0.2486	0.3041

因为是三元体系，假轻组分是甲烷，假重组分是 C_3 和 $n-C_5$ 的混合物；

由式(7-2-1)计算的假重组分的相关参数如下：

组 分	X_i	$X_i V_{ci}$	$\theta_i = \dfrac{X_i V_{ci}}{\sum X_i V_{ci}}$
C_3	0.214	0.0433	0.1534
$n-C_5$	0.786	0.2390	0.8466
小计	1.000	0.2823	1.000

$$T_{ch} = \sum \theta_i T_{ci} = 0.1534 \times 370.0 + 0.8466 \times 469.8 = 454.5K$$

$$T_{pc} = \sum X_i T_{ci} = 0.214 \times 370.0 + 0.786 \times 469.8 = 448.4K$$

$$p_{pc} = \sum X_i P_{ci} = 0.214 \times 4.2492 + 0.786 \times 3.6480 = 3.7767MPa$$

$$\omega = \sum X_i \omega_i = 0.214 \times 0.1517 + 0.786 \times 0.2486 = 0.2279$$

$$W = 2.23 - 8.65\omega + 12.42\omega^2 = 2.23 - 8.65 \times 0.2279 + 12.42 \times 0.2279^2 = 0.9037$$

由式(7-2-5)计算P_c

$$P_c = 3.7767 \left[1 + \frac{(5.808 + 4.93 \times 0.2279) \times (454.5 - 448.4) \times 0.9037}{448.4} \right]$$

$$= 4.0985MPa$$

小结以上结果

组分	T_{ci}	P_{ci}	ω_i	V_{ci}
假轻组分	190.8	4.6043	0.0108	0.0989
假重组分	454.5	4.0985	0.2279	0.2823

假二元混合物在 $T_{op}=380.4K$ 时的组成由式(7-2-7)计算

$$X_1 = \frac{0.2823 \times (380.4-454.5)}{[0.0989 \times (190.8-380.4) + 0.2823 \times (380.4-454.5)]} = 0.527$$

$$X_h = 1 - 0.527 = 0.473$$

因此

$$T_{pc} = \sum X_i T_{ci} = 0.527 \times 190.8 + 0.473 \times 454.5 = 315.5K$$

$$P_{pc} = \sum X_i P_{ci} = 0.527 \times 4.6043 + 0.473 \times 4.0985 = 4.3651MPa$$

$$\omega = \sum X_i \omega_i = 0.527 \times 0.0108 + 0.473 \times 0.2279 = 0.1135$$

$$W = 2.23 - 8.65 \times 0.1135 + 12.42 \times 0.1135^2 = 1.408$$

该组成是 $T_{op}=T_c$ 时临界混合物的组成，其收敛压相当于真实临界压力，因此由式(7-2-5)计算 P_{cv}

$$P_{cv} = 4.3651 \left[1 + \frac{(5.808 + 4.93 \times 0.1135) \times (380.4 - 315.5) \times 1.408}{315.5} \right]$$

$$= 12.4155MPa$$

查图 7-2-14，在 $P_{cv} = 12.4155MPa$ 和系统压力为 10.3421MPa 时的栅格压 $P_g = 21.7185MPa$。

由 $P_g = 21.7185MPa$ 按 B 区的方法从图 7-2-16 读出下列 K 值

组分	K_i	y_i	$x_i = y_i / K_i$
C_1	1.73[①]	0.689	0.398
C_3	0.82	0.108	0.131
$n\text{-}C_5$	0.435	0.203	0.467
总计		1.000	0.997

① 在 API 度为 100 溶剂中的甲烷 K 值。

由于 $\sum x_i \approx 1$，收敛压不再变化，计算完成。由于 $n\text{-}C_5/C_3$ 的比值由试算 1 到 2 的过程中基本上是常数，假重组分的性质将不变，即收敛压和栅格压力也将维持不变，因此上表最后一列即为在露点温度 380.4K 时的平衡液相组成。

二、氢-烃体系的气液相平衡常数

(一) 氢-烃或氢-烃-非烃体系的气液相平衡常数

氢-烃或氢-烃-非烃体系的气液相平衡常数的计算步骤：

(1) 根据体系操作温度 T_{op} 和操作压力 P_{op}，由图 7-2-15~图 7-2-17 确定包含甲烷在内的各种烃类组分的 K' 值；

(2) 由图 7-2-22 或图 7-2-23 确定非烃组分的 K' 值；

(3) 确定体系的气液组成；计算不含氢的液相分子平均沸点 $MABP_L$ 和总气相的分子平均沸点 $MABP_V$；

(4) 由 $MABP_L$、T_{op} 和 P_{op} 在图 7-2-18 确定氢的气液相平衡常数 K_{H_2} 值；

(5) 由 $MABP_V$ 和 P_{op} 在图 7-2-19 确定氢存在时除甲烷外的烃组分气液相平衡常数的校正因数 φ_1；如果体系含有甲烷，由图 7-2-20 中的插图确定烃组分在甲烷存在时的气液相平衡常数的校正系数 C；

(6) 计算所有烃组分校正后的 K 值（甲烷和非烃组分不需校正）

$K = K'\varphi_1 C$；

(7) 按 (2) 的步骤确定环烷烃和芳烃存在时氢的 K 值的校正系数，在这种情况下，氢的 K 值为第 4 步查得的 K 值乘以该校正系数；

(8) 重复第 (2) 步至第 (7) 步，直至该体系的组成在可接受的误差范围内。

系统中的甲烷和非烃组分的 K 值不需校正，其他烃类组分的 K 值必须校正。

若体系只是甲烷和氢的二元混合物，可直接从图 7-2-20 中查出甲烷的 K 值，该图适用于 0.0689 ~ 34.48MPa，温度为 88.7 ~ 172.0K，与实验值的平均误差为 8.3%。

该方法要求体系操作压力不高于 68.9476MPa，操作温度在 88.7 ~ 755.4K 范围内，但不得高于液相中烃类假临界温度的 0.9 倍，对于烃类混合物其分子平均沸点不得高于 644.3K。

当氢在气相中的摩尔分数低于 5%，并且压力低于 10.34MPa 时，烃类组分的 K 值不需用图 7-2-19 进行校正，而由图 7-2-15 ~ 图 7-2-17 直接查出。

图 7-2-18 适用于 0.0689 ~ 68.95MPa，温度为 88.7 ~ 755.4K，与实验值的平均误差为 12%；图 7-2-19 适用于 0.0689 ~ 31.03MPa，温度为 110.9 ~ 699.8K，与实验值的平均误差为 23%。

使用氢在烷烃、烯烃、环烷烃和芳烃的数据研发了这些算图的原始关联式及其测试。基于有限的数据研发了氢-环烷烃和氢-芳烃体系的关联式，并加以提供。

【例 7-2-12】　计算氢-乙烯-乙烷体系在 199.8K 和 6.8948MPa 条件下，各组分的 K 值。进料中氢、乙烯和乙烷的摩尔分数分别为 0.3225、0.4168 和 0.2607。

解：在该操作条件下，对单纯的烃类混合物由图 7-2-15 查得 $K'_{C_2H_4} = 0.180$，$K'_{C_2H_6} = 0.102$；因体系的气液组成未知，可先假设体系的 MABP，再用试算法核算气液相组成。

首先从第一章查得三个组分的正常沸点：

组　分	组分序号	正常沸点/℃	正常沸点/K
H_2	503	−252.76	20.39
C_2H_4	195	−103.74	169.41
C_2H_6	2	−88.60	184.55

试算 1：

假设无氢液体的 $MABP_L = 183.15K$（该值介于乙烷和乙烯的沸点之间），由图 7-2-18 查得在 199.8K 和 6.8948MPa 时，$K_{H_2} = 22.7$。

假设总气相的 $MABP_V = 88.7K$（该值介于氢和乙烯的沸点之间），由图 7-2-19 查得在 199.8K 和 6.8948MPa 时，$\varphi_1 = 0.85$，所以

$K_{C_2H_4} = 0.180 \times 0.85 = 0.153$

$K_{C_2H_6} = 0.102 \times 0.85 = 0.0867$

这些 K 值是否正确，取决于假设的 MABP 是否正确，为此要进行气液相组成校核。

在试算 1 中假设气液比 $\dfrac{V}{L} = \dfrac{50}{50}$，但由试算得到的 K 值计算的气液比 $\dfrac{V}{L} = \dfrac{61.5}{38.5}$，两者不符；

同时假设 $MABP_L = 183.15K$ 和 $MABP_V = 88.7K$，与由气液组成计算的 $MABP_L = 175.5K$ 和 $MABP_V = 50.65K$ 也不相符(见下表)，因此需要进行下一次的试算，直至试算 4，可认为计算的气液组成与假设值相符，因此各组分的 K 值分别为 $K_{H_2} = 20.8$，$K_{C_2H_4} = 0.0828$，$K_{C_2H_6} = 0.0467$。

组成	摩尔分数/%	正常沸点/K	假设条件下的 K 值	试算 1 设 V/L=50/50		假设条件下的 K 值	试算 2 设 V/L=33/67		假设条件下的 K 值	试算 3 设 V/L=31/69		假设条件下的 K 值	试算 4 设 V/L=31/69	
				液相	气相		液相	气相		液相	气相		液相	气相
H_2	32.25	20.39	22.7	1.36①	30.89①	21	2.8	29.45	20.8	3.12	29.13	20.8	3.12	29.13
C_2H_4	41.68	169.41	0.153	36.15	5.53	0.112	39.51	2.17	0.09	40.08	1.6	0.0828	40.19	1.49
C_2H_6	26.07	184.55	0.0867	23.99	2.08	0.0632	25.29	0.78	0.051	25.48	0.59	0.0467	25.53	0.54
总计	100.00			61.50	38.50		67.6	32.40		68.68	31.32		68.84	31.16
			假设	计算		假设	计算		假设	计算		假设	计算	
$MABP_L$			183.15	175.45②		175.45	175.3		175.3	175.3		175.3	175.3	
$MABP_V$			88.7	50.66②		50.66	34.4		34.4	31.1		31.1	30.4	

表中计算举例：

① $K_{H_2} = \dfrac{y}{x}$

即 $22.7 = \dfrac{\dfrac{V_{H_2}}{50}}{\dfrac{L_{H_2}}{50}} = \dfrac{V_{H_2}}{L_{H_2}} = \dfrac{32.25 - L_{H_2}}{L_{H_2}}$

$L_{H_2} = 1.36$，$V_{H_2} = 32.25 - 1.36 = 30.89$

② $MABP_V = \dfrac{n_{H_2}}{n_{总}} BP_{H_2} + \dfrac{n_{C_2H_4}}{n_{总}} BP_{C_2H_4} + \dfrac{n_{C_2H_6}}{n_{总}} BP_{C_2H_6}$

$\quad = \dfrac{30.89}{38.50} \times 20.39 + \dfrac{5.53}{38.50} \times 169.41 + \dfrac{2.08}{38.50} \times 184.55$

$\quad = 50.66K$

$MABP_L = \dfrac{n_{C_2H_4}}{n_{总}} BP_{C_2H_4} + \dfrac{n_{C_2H_6}}{n_{总}} BP_{C_2H_6}$

$\quad = \dfrac{36.15}{61.50 - 1.36} \times 169.41 + \dfrac{23.99}{61.50 - 1.36} \times 184.55$

$\quad = 175.45K$

【例 7-2-13】　计算由 34.62%(mol)H_2、41.61%(mol)CH_4 和 23.77%(mol)C_2H_4 组成的混合物在 199.8K 和 3.4474MPa 条件下的闪蒸结果。

解：由图 7-2-12 查得烃类混合物在 199.8K 和 3.4474MPa 时的 K 值

$K_{CH_4} = 1.52 \times 1.047 = 1.59$

$K'_{C_2H_6} = 0.102 \times 0.85 = 0.112$

试算 1：

假设 $MABP_L = 144.3K$，由图 7-2-18 查得在该操作条件下 $K_{H_2} = 26.5$；

假设 $MABP_V = 33.15K$，由图 7-2-19 查得在该操作条件下 $\varphi_1 = 0.69$；假设液相中含 25%（mol）CH_4，由图 7-2-19 中的插图查得甲烷存在时的校正系数 C 为 1.18，所以

$$K_{C_2H_6} = K'_{C_2H_6} \times \varphi_1 \times C = 0.112 \times 0.69 \times 1.18 = 0.0912$$

同例 7-2-12 的方法，进行试差计算，直至假设和计算的气液相组成在允许的误差范围内。试差结果见下表。

组成	摩尔分数/%	正常沸点/K	假设条件下的 K 值	试算 1 设 $V/L=70/30$		假设条件下的 K 值	试算 2 设 $V/L=74/26$	
				液相	气相		液相	气相
H_2	34.62	20.39	26.5	0.55	34.07	35.2	0.34	34.28
CH_4	41.61	111.66	1.59	8.83	32.78	1.59	7.53	34.08
C_2H_6	23.77	184.55	0.0912	19.60	4.17	0.117	17.83	5.94
总计	100.00			28.98	71.02		25.70	74.30
				假设	计算		假设	计算
$MABP_L$			144.3	162.0		162.0	163.0	
$MABP_V$			33.15		72.1		72.1	75.3

（二）含环烷烃和芳烃体系中氢的 K 值

当体系中含环烷烃和芳烃时，氢的 K 值按如下步骤计算：

① 确定无氢存在下液相的 MABP 和相对密度，$C_1 \sim C_4$ 烃和非烃采用表观相对密度，表观相对密度计算所需的摩尔体积可查表 7-2-1。

② 根据正构烷烃的正常沸点和相对密度确定在 MABP 时的相对密度，该相对密度称之为当量正构烷烃相对密度；

③ 由图 7-2-24 确定真实或当量烷烃液相的假溶解度参数，对二元混合物可直接采用表 7-2-1 代替图 7-2-24，未列入表 7-2-1 的组分，可按式（7-2-10）计算；

④ 按式（7-2-9）计算氢 K 值的校正因数

$$\ln \varphi_2 = \left\{ \frac{V_{H_2}}{RT} \left[(\delta_{H_2} - \tilde{\delta})^2 - (\delta_{H_2} - \tilde{\delta}_*)^2 \right] \right\} \tag{7-2-9}$$

式中　φ_2——校正因数；

V_{H_2}——31.0cm³/mol；

δ_{H_2}——6.65 (J/cm³)$^{1/2}$；

R——8.314J/(mol·K)；

T——温度，K；

$\tilde{\delta}$——真实无氢液体的假溶解度参数，(J/cm³)$^{1/2}$；

$\tilde{\delta}_*$——当量正构烷烃的假溶解度参数，(J/cm³)$^{1/2}$。

溶解度参数按式（7-2-10）计算

$$\delta = \sqrt{\left(\Delta H_v - \frac{RT}{M} \right) \rho} \tag{7-2-10}$$

式中　ΔH_v——25℃时的汽化热，cal/g；

T——298.15K;

M——相对分子质量;

R——8.314J/(mol·K);

ρ——25℃时的密度,g/cm³。

⑤ 根据氢-烃或氢-烃-非烃体系的气液相平衡常数计算方法中查得氢的 K 值乘以φ_2即为含烷烃和芳烃体系中氢的 K 值。

该方法已用有限的数据进行了测试,发现该法与氢的 K 值实验数据的平均误差为10%～15%。该方法的使用范围与(一)的相同,即该方法要求体系操作压力不高于68.9476MPa,操作温度在88.7～755.4 K范围内,但不得高于液相中烃类假临界温度的0.9倍,对于烃类混合物其分子平均沸点不得高于644.3K。

【例7-2-14】 计算由 H_2、H_2S 和轻馏分油组成的混合物中 H_2 的 K 值,该混合物的操作温度和操作压力分别为 310.9K 和 3.4474MPa,液相中含 $H_2$1.7%(mol)、H_2S15.65%(mol)和轻馏分油82.65%(mol)。

轻馏分油相对密度为 0.797,分子平均沸点为 422.6K,相对分子质量为127;H_2S 的沸点为 212.8K,表观相对密度为 0.789(由表 7-2-1 查出),相对分子质量为 34。

无氢液相的 MABP 按下式确定

$$x_{i,无H_2} = \frac{x_i}{1-x_{H_2}}$$

$$x_{H_2S,无H_2} = \frac{0.1565}{1-0.017} = 0.1592$$

$$x_{油,无H_2} = 1-0.1592 = 0.8408$$

$$MABP_{无H_2} = \sum (x_{i,无H_2}) \times T_{b_i}$$

式中 T_{b_i}——正常沸点,K

$$MABP_{无H_2} = 0.1592 \times 212.8 + 0.8408 \times 422.6 = 389.2K$$

$$相对密度(15.6℃) = \frac{1}{\sum (M_{i,无H_2}) / 相对密度}$$

$$M_{i,无H_2} = \frac{x_i M_i}{\sum x_i M_i}$$

$$M_{H_2S,无H_2} = \frac{0.1592 \times 34.0}{0.1592 \times 34.0 + 0.8408 \times 127.0} = 0.048$$

$$相对密度(15.6℃) = 1 / \left(\frac{0.0482}{0.789} + \frac{1-0.0482}{0.797} \right) = 0.7966$$

因为$MABP_{无H_2} = 389.2K$,所以当量正构烷烃位于正庚烷($T_b = 371.6K$,相对密度 = 0.6882)和正辛烷($T_b = 398.8K$,相对密度 = 0.7068)之间,用沸点内插法求得平均相对密度:

$$相对密度 = 0.6882 + \frac{389.2-371.6}{398.8-371.6} \times (0.7068-0.6882) = 0.7002$$

由$MABP_{无H_2} = 389.2K$、相对密度 0.7966 和相对密度 0.7002 查图 7-2-21

$$\tilde{\delta} = 8.06 \ (cal/cm^3)^{1/2} = 16.49 (J/cm^3)^{1/2}$$

$$\tilde{\delta}_* = 7.51 (cal/cm^3)^{1/2} = 15.37 (J/cm^3)^{1/2}$$

根据式(7-2-9)得

$$\ln \varphi_2 = \left\{ \frac{31.0}{8.314 \times 310.9} \times [(6.65-16.49)^2 - (6.65-15.37)^2] \right\} = 0.2493$$

$$\varphi_2 = 1.283$$

由图 8B1.2，查得氢的 $K' = 41.0$，因此校正后的

$$K = 41.0 \times 1.283 = 52.60$$

实验值为 50.9。

（三）非烃气体-烃体系的气液相平衡常数

除氢气外的非烃气体和烃组成的体系的气液相平衡常数的计算步骤：

（1）在图 7-2-22 或图 7-2-23 中确定组分点；

（2）根据体系操作温度和操作压力，在图 7-2-22 或图 7-2-23 中确定温度-压力点；

（3）在图上将每个组分点和温度-压力点连成直线，并与 K 值轴相交，该交点即为所求组分的 K' 值；

（4）如果上述 K' 值为参考体系 K 值，需按式(7-2-11)计算 K 值校正因数

$$\ln \varphi_3 = \left\{ \frac{1}{RT} [V_1(\delta_1 - \tilde{\delta})^2 - V_2(\delta_2 - \tilde{\delta}_*)^2] \right\} \tag{7-2-11}$$

式中　φ_3——校正因数；

　　　V_1——真实体系中非烃气体的分子体积，其值可从表 7-2-1 中查出；

　　　V_2——参考体系中非烃气体的分子体积，其值可从表 7-2-1 中查出；

　　　δ_1——真实体系中非烃气体的溶解度参数，$(J/cm^3)^{1/2}$，其值可从表 7-2-1 中查出；

　　　δ_2——参考体系中非烃气体的溶解度参数，$(J/cm^3)^{1/2}$，其值可从表 7-2-1 中查出；

　　　R——8.314J/(mol·K)；

　　　T——温度，K；

　　　$\tilde{\delta}$——真实体系中烃的假溶解度参数，$(J/cm^3)^{1/2}$，二元混合物的 $\tilde{\delta}$ 值可从表 7-2-1 中查出；

　　　$\tilde{\delta}_*$——参考体系中烃的溶解度参数，$(cal/cm^3)^{1/2}$。

二元体系的校正因数可按式(7-2-9)计算。

（5）真实体系的 K 值

$$K = \varphi_3 K' \tag{7-2-12}$$

当真实体系和参考体系含有相同的非烃气体时，该方法的误差较小；通过参考体系来计算真实体系的 K 值时，这一方法仅适用于具有高度超临界性质的非烃气体(包括 N_2、CO 和 O_2)。图上标注的其他流体不能用作为参考体系。

对超临界流体，基于 N_2 和 CO 的数据该方法的误差为 15%，对于其他溶质的外推会导致更大的误差；对亚临界流体，H_2S 的平均误差为 11%，CO_2 的平均误差为 14%，其他的为 18%。

【例 7-2-15】 求在 473.15K 和 3.4474MPa 条件下时 CO 在正辛烷中的 K 值。

解：由图 7-2-23 可知，丙烷中 CO 在该操作条件下的 $K' = 8.1$

由于该体系为二元体系，可从表 7-2-1 查出相关组分的溶解度参数和分子体积。由表 7-2-1 可知，不含 CO 的真实体系的 $\delta = 15.37(J/cm^3)^{1/2}$，CO 的 $\delta = 6.40(J/cm^3)^{1/2}$，$V =$

$35.2cm^3/mol$，丙烷的 $\delta = 13.10(J/cm^3)^{1/2}$

由式(7-2-9)

$$\ln \varphi_2 = \frac{35.2}{8.314 \times 473.15}[(6.40-15.37)^2 - (6.40-13.10)^2] = 0.3183$$

$$\varphi_2 = 1.375$$

$$K = 1.375 \times 8.1 = 11.14$$

实验值为 11.49。

【例7-2-16】 计算在 477.6K 和 1.2866MPa 条件下时 H_2S 在正壬烷中的 K 值。

解：由图 7-2-23 可知，H_2S 的 $K = 8.0$(实验值为 8.53)。

【例7-2-17】 计算轻石油馏分中 O_2 的 K 值。该石油馏分的相对密度为 0.80，分子平均沸点为 449.8K，体系条件为 310.9K 和 1.7237MPa。

解：图 7-2-23 不能直接得到 O_2 的 K 值。选择 N_2 和 n-C_4H_{10} 组成的混合物为参考体系，该体系中 N_2 的 $K' = 22$。

由图 7-2-21 可查得轻石油馏分的溶解度参数，由表 7-2-1 可查得 O_2、N_2 和 n-C_4H_{10} 的溶解度参数和摩尔体积，相关数据汇总如下：

组 分	摩尔体积/(cm^3/mol)	溶解度参数/($J/cm^3)^{1/2}$
O_2	28.4	8.18
N_2	53	9.08
n-C_4H_{10}		13.85
轻石油馏分		16.37

将 O_2 作为组分1，N_2 作为组分2，由式(7-2-11)可得

$$\ln \varphi_3 = \frac{1}{8.314 \times 310.9} \times [28.4 \times (8.18-16.37)^2 - 53 \times (9.08-13.85)^2] = 0.2704$$

$$\varphi_3 = 1.3105$$

所以，该体系的 $K = 22 \times 1.3105 = 28.83$

表 7-2-1 烃和非烃的溶解度参数和有效摩尔体积

组分	溶解度参数/($J/cm^3)^{1/2}$	摩尔体积/(cm^3/mol)
氧	8.18	28.4
氢	6.65	31.0
水	45.63	18.0
硫化氢	18.01	43.1
氮	9.08	53.0
一氧化碳	6.40	35.2
二氧化碳	14.57	44.0
二氧化硫	12.28	45.2
甲烷	11.62	52.0
乙烷	12.38	68.0
丙烷	13.10	84.0

组分	溶解度参数/$(J/cm^3)^{1/2}$	摩尔体积/(cm^3/mol)
正丁烷	13.85	99.45
异丁烷	13.05	102.9
正戊烷	14.45	114.3
异戊烷	13.87	115.2
新戊烷	12.73	120.8
正己烷	15.00	129.5
2-甲基戊烷	14.43	130.9
3-甲基戊烷	14.88	130.6
2，2-二甲基丁烷	13.77	133.7
2，3-二甲基丁烷	14.36	131.2
正庚烷	15.20	145.2
正辛烷	15.37	161.8
正壬烷	15.47	177.35
正癸烷	15.47	193.3
正十一烷	16.02	212.2
正十二烷	16.04	228.6
正十三烷	16.14	244.9
正十四烷	16.23	261.3
正十五烷	16.29	277.7
正十六烷	16.35	294.1
正十七烷	16.41	310.4
环戊烷	16.70	92.2
甲基环戊烷	16.19	111.6
乙基环戊烷	16.35	127.3
环己烷	16.70	107.6
甲基环己烷	16.27	126.7
乙基环己烷	16.37	141.7
乙烯	12.44	61.0
丙烯	13.16	79.0
1-丁烯	14.20	93.4
异丁烯	14.10	93.3
顺-2-丁烯	15.02	89.3
反-2-丁烯	14.61	91.8
1，3-丁二烯	14.86	88.0
1-戊烯	14.61	108.6
顺-2-戊烯	15.16	106.3
反-2-戊烯	14.98	107.5

续表

组分	溶解度参数/$(J/cm^3)^{1/2}$	摩尔体积/(cm^3/mol)
2-甲基-1-丁烯	14.69	106.9
3-甲基-1-丁烯	13.89	110.9
2-甲基-2-丁烯	15.24	104.9
1-己烯	15.06	124.3
1-庚烯	15.45	140.0
丙二烯	14.02	61.6
1,2-丁二烯	16.06	82.2
苯	18.70	88.5
甲苯	18.35	105.4
乙苯	18.05	121.4
邻二甲苯	18.46	120.0
间二甲苯	18.09	122.2
对二甲苯	17.84	122.5

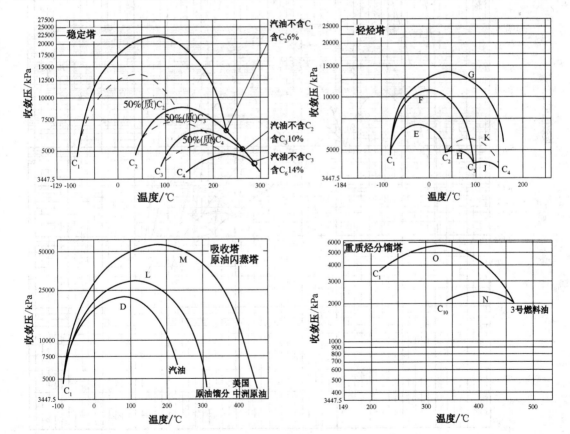

图 7-2-1 典型炼油厂混合物的收敛压图

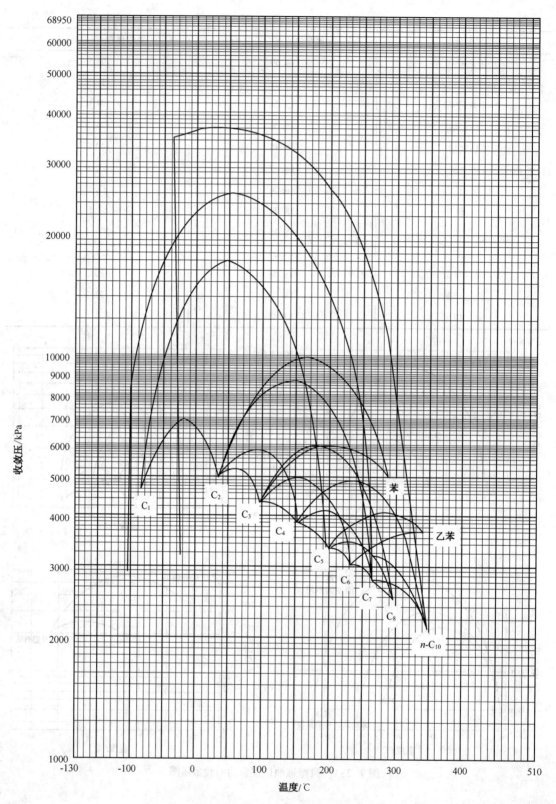

图 7-2-2　典型氢-烃二元混合物的收敛压图

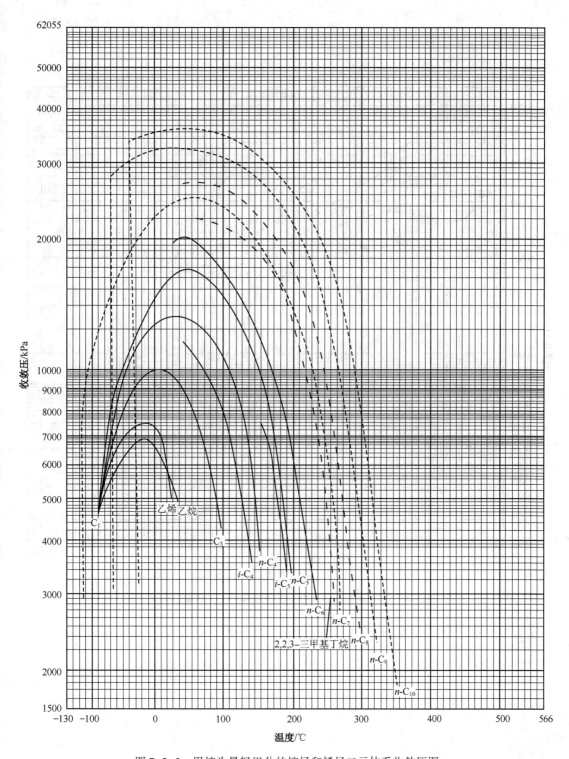

图 7-2-3 甲烷为最轻组分的烷烃和烯烃二元体系收敛压图

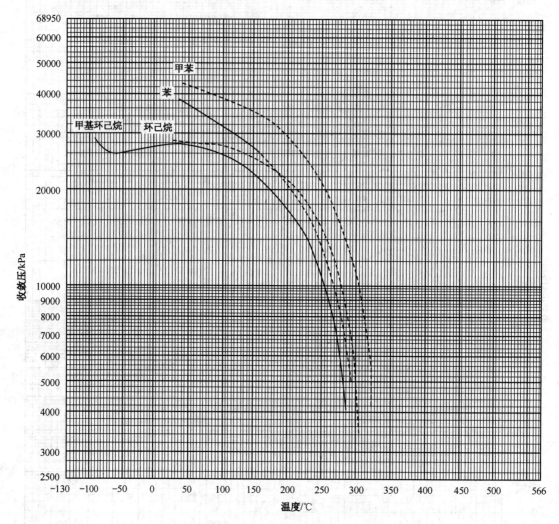

图 7-2-4　甲烷为最轻组分的环烷烃和芳烃二元体系的收敛压图

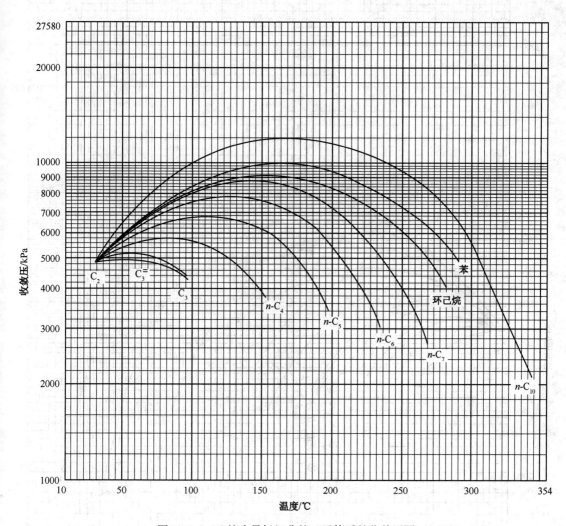

图 7-2-5　乙烷为最轻组分的二元体系的收敛压图

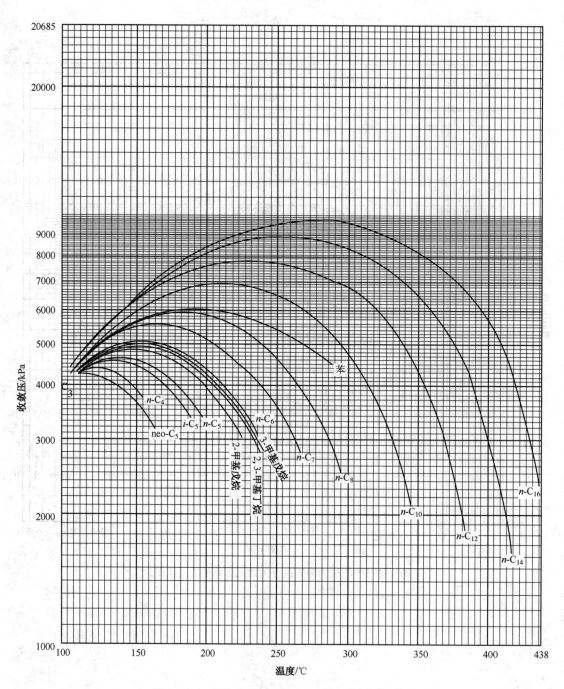

图 7-2-6　丙烷为最轻组分的二元体系的收敛压图

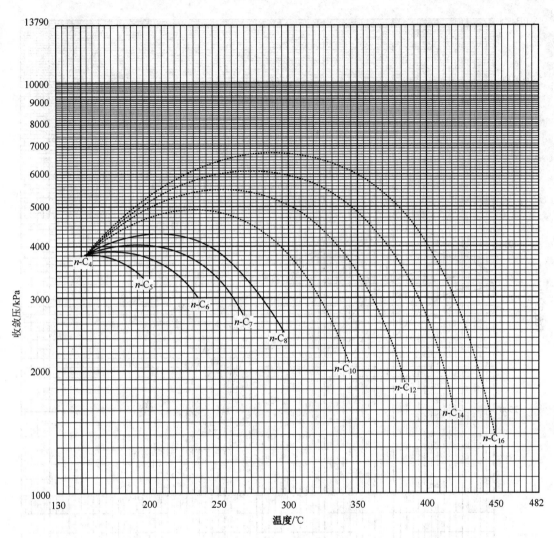

图 7-2-7 正丁烷为最轻组分的二元体系的收敛压图

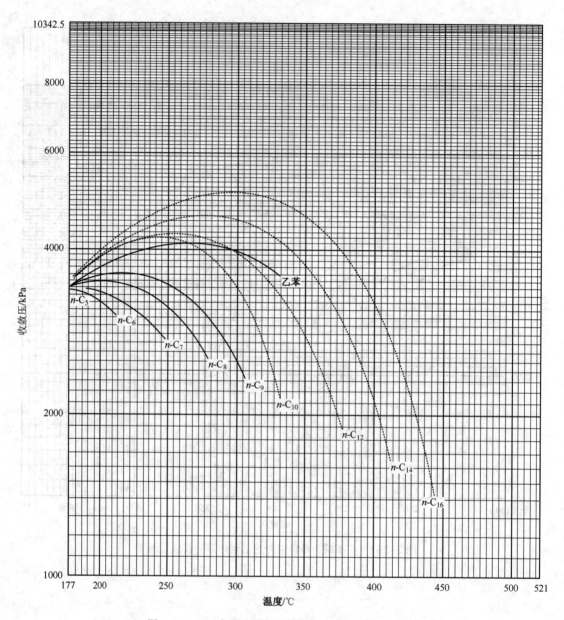

图 7-2-8　正戊烷为最轻组分的二元体系的收敛压图

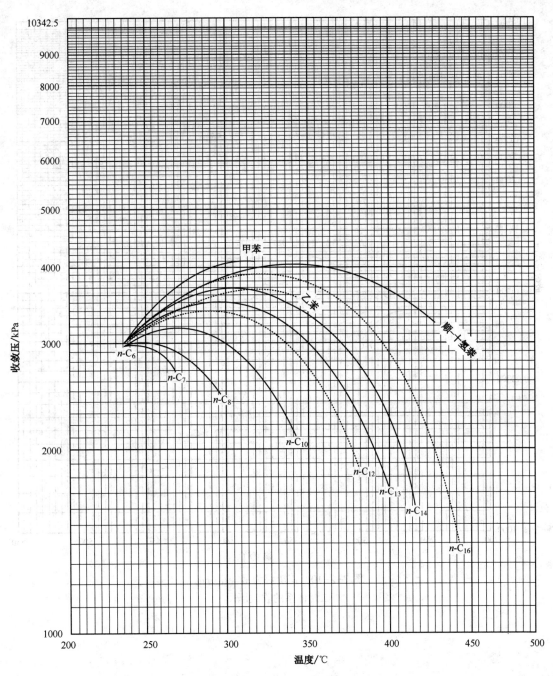

图 7-2-9　正己烷为最轻组分的
二元体系的收敛压图

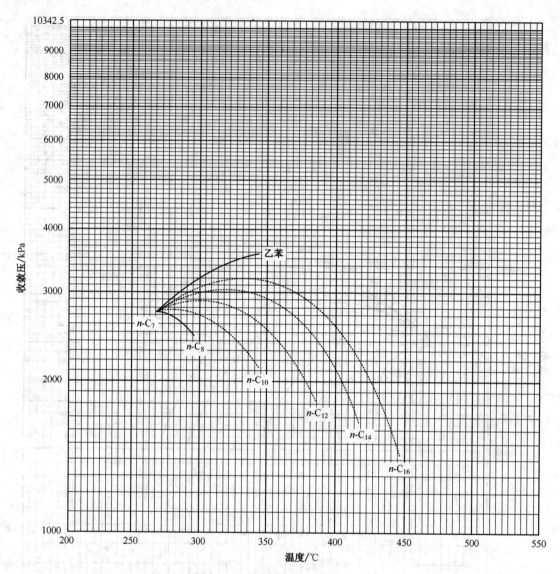

图 7-2-10　正庚烷为最轻组分的
二元体系的收敛压图

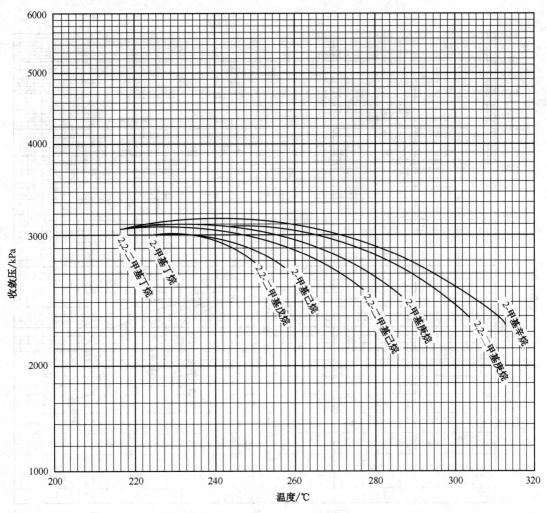

图 7-2-11　异己烷为最轻组分的
二元体系的收敛压图

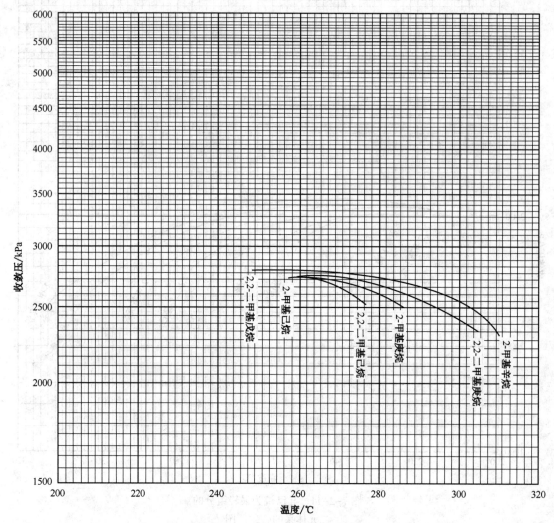

图 7-2-12　异庚烷为最轻组分的
二元体系的收敛压图

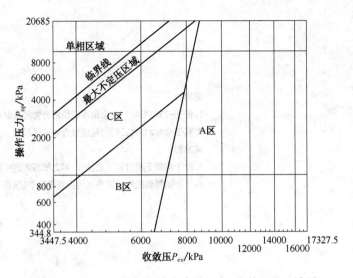

图 7-2-13　K 诺模图的压力参数要求-收敛压法区域图

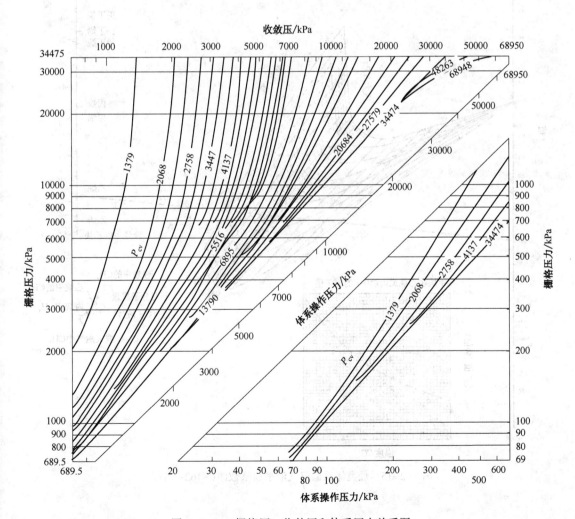

图 7-2-14　栅格压、收敛压和体系压力关系图

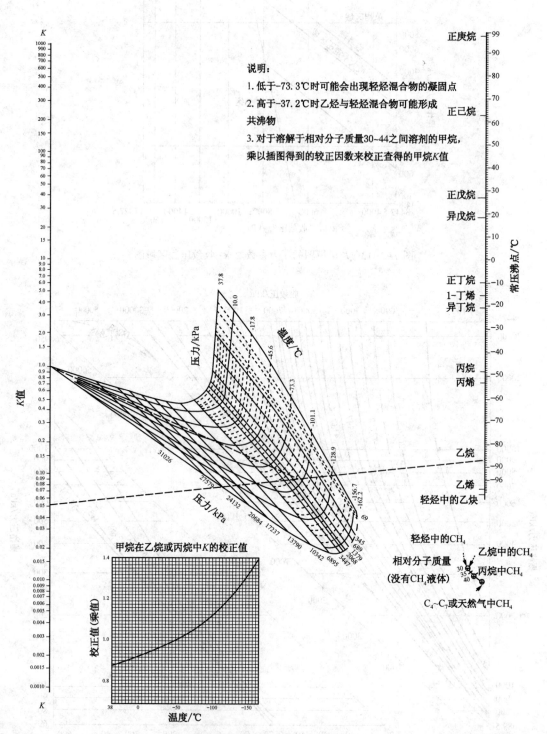

图 7-2-15 烃类体系低温气液平衡常数图(-162~38℃)

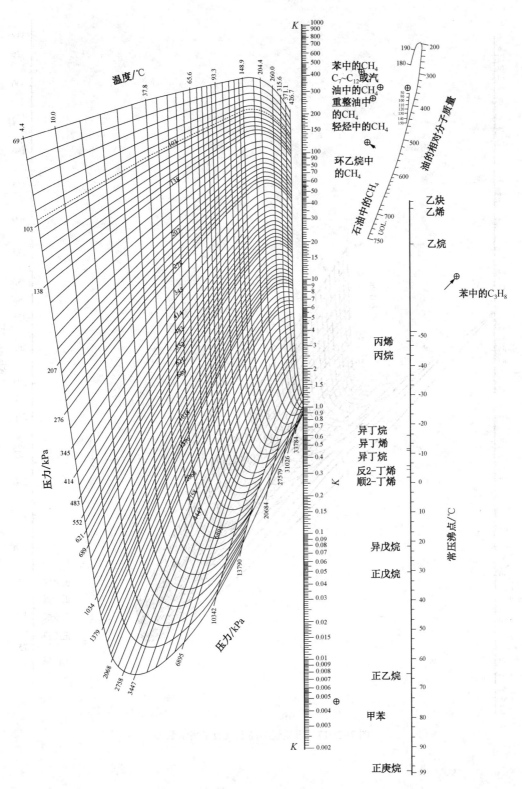

图 7-2-16 烃类体系高温气液平衡常数图（4~427℃）

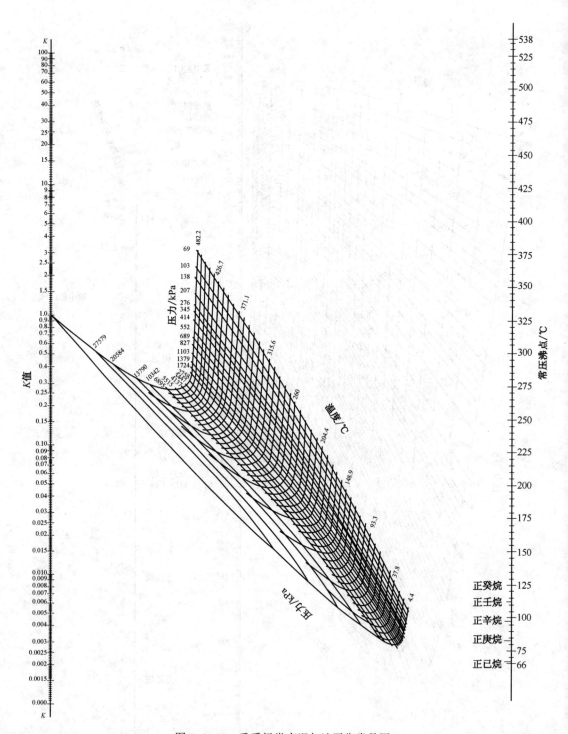

图 7-2-17　重质烃类高温气液平衡常数图

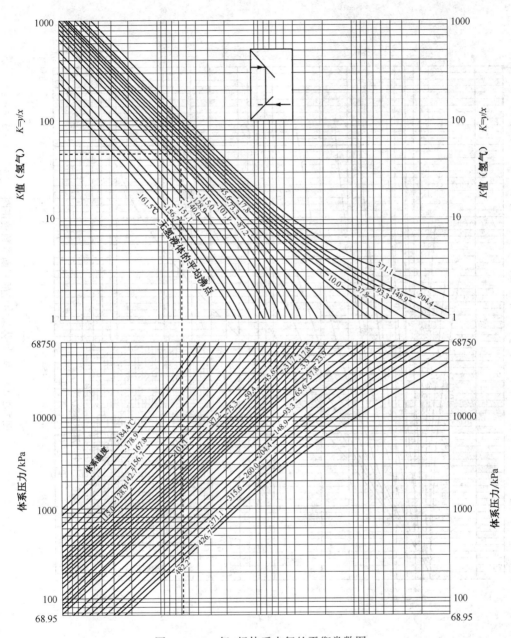

图 7-2-18 氢-烃体系中氢的平衡常数图

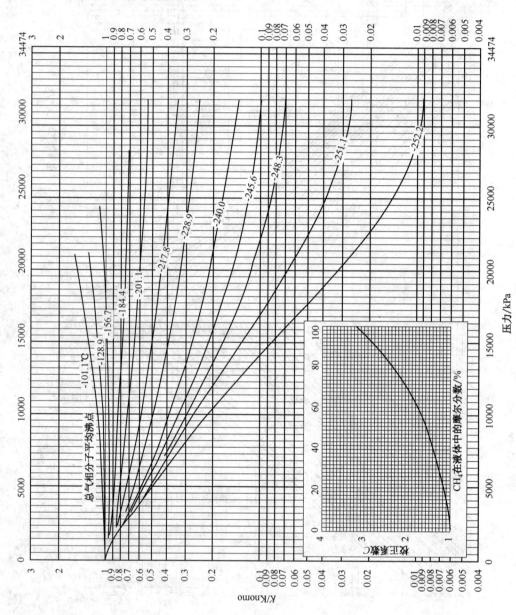

图7-2-19　氢-烃体系中烃的平衡常数校正图

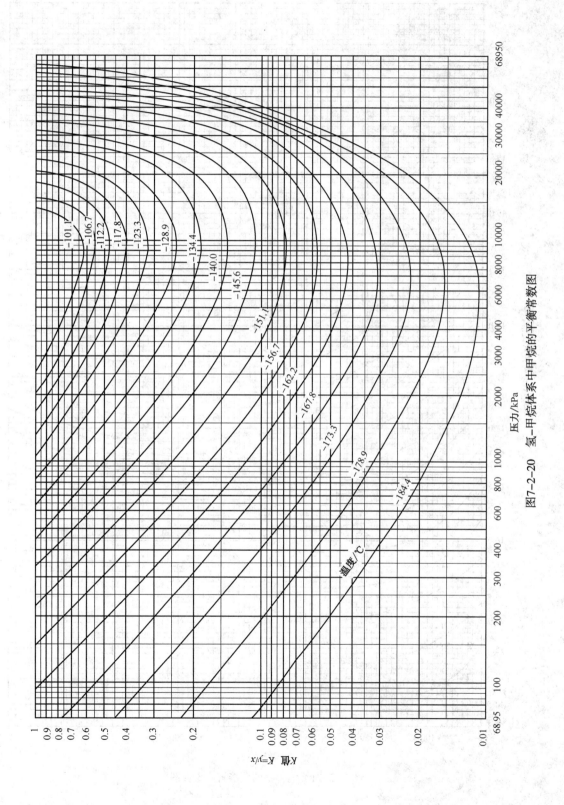

图7-2-20　氢-甲烷体系中甲烷的平衡常数图

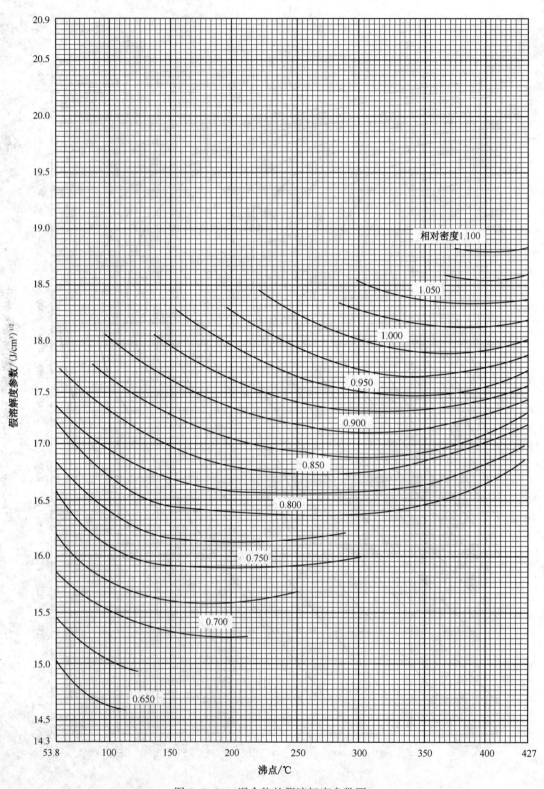

图 7-2-21　混合物的假溶解度参数图

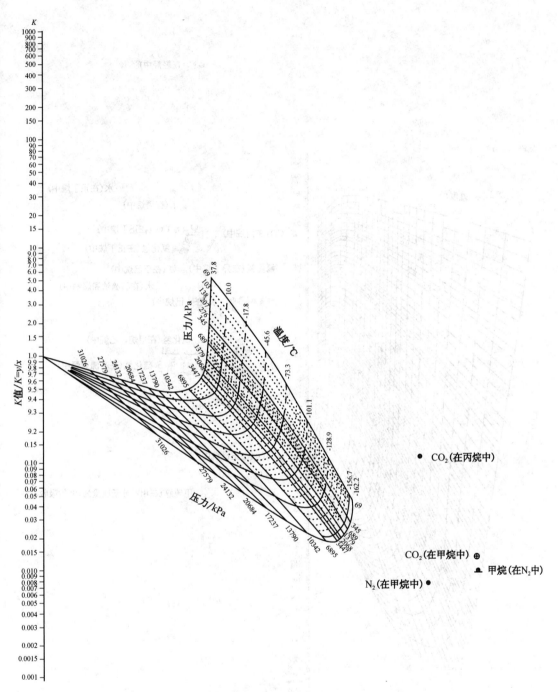

图 7-2-22 烃-非烃体系低温气液平衡常数图(-162~38℃)

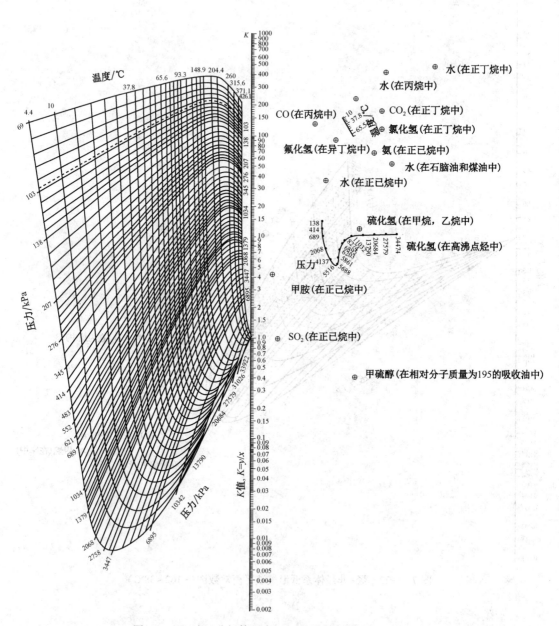

图 7-2-23　烃-非烃体系高温气液平衡常数图(4~427℃)

第三节　状态方程法

一、纯烃的逸度

式(7-0-1)可以适用于理想或由同系物构成的低压体系(小于206.8kPa)，为使该式更具普遍性，引入逸度的概念来进行气液相平衡常数的计算。

纯烃的逸度是温度和压力的函数，可按式(7-3-1)计算：

$$\lg \frac{f}{P} = \left(\lg \frac{f}{P} \right)^{(0)} + \omega \left(\lg \frac{f}{P} \right)^{(1)} \qquad (7-3-1)$$

式中
f——纯烃在温度 T 和压力 P 时的逸度，kPa；

T——温度，K；

T_r——对比温度，T/T_c；

T_c——临界温度，K；

P——压力，kPa；

P_r——对比压力，P/P_c；

P_c——临界压力，kPa；

$\left(\lg \dfrac{f}{P} \right)^{(0)}$——简单流体的逸度系数项，可从表7-3-1或图7-3-1和图7-3-2查出；

$\left(\lg \dfrac{f}{P} \right)^{(1)}$——逸度系数校正项，可从表7-3-2或图7-3-3和图7-3-4查出；

ω——偏心因数。

计算步骤：

(1) 从第一章获得所计算组分的相对分子质量、临界压力、临界温度和偏心因数；

(2) 计算在所求逸度值点的对比温度和对比压力；

(3) 获得式(7-3-1)简单流体和非简单流体的压力校正项 $\left(\lg \dfrac{f}{P} \right)^{(0)}$ 和 $\left(\lg \dfrac{f}{P} \right)^{(1)}$。如果期望较精确的计算值，则使用表7-3-1和表7-3-2，采取对比温度 T_r 和对比压力 P_r 双线性内插。但是接近饱和状态时，这样的内插可能是不适宜的。若可以接受精度稍逊的值时，则可以迅速地从图7-3-1~图7-3-4获得；

(4) 使用式(7-3-1)计算 $\lg(f/P)$，获得所求的逸度 f。

式(7-3-1)仅适用于计算纯烃在液相或真实气相状态时的逸度，对于极性物质的计算是不准确的。该方法并没有用实验数据进行比较，但是它在热力学上与压缩因数、焓和比热容的(精确的)主要方法是一致的。因此，在临界区之外，该方法应该是十分可靠的。其可靠性随着纯组分临界性质可靠性的下降而下降。

表7-3-1和表7-3-2中的虚线表示气相逸度(往左和往下)和液相逸度(往右和往上)的不连续性，作内插时不应跨越此线，应用表中数值仅限于所计算的相态。在该线附近，必要时在一定的对比温度下，可以将对比压力外延。

在 $\left(\lg \dfrac{f}{P} \right)^{(0)}$ 和 $\left(\lg \dfrac{f}{P} \right)^{(1)}$ 随对比压力和(或)对比温度变化较快的区域，尽管表中数值十分接近，但是从表中插值可能不够精确。出现这种情况时，应直接从图中读取数据，或者将图作为内插关联式的指导从表中获得结果。

当压力接近零，$\left(\lg\dfrac{f}{P}\right)^{(0)}$ 和 $\left(\lg\dfrac{f}{P}\right)^{(1)}$ 项亦接近零，气相的逸度可以向外延伸至较低的对比压力。在许多工程应用中，这些限制值可被用于对比压力在 $0\sim0.2$ 之间。

【例 7-3-1】 计算异丁烷在 460.9K 和 27579kPa 下的逸度。

解：由第一章表 1-1-1 烷烃主要性质的组分序号 7 查得异丁烷的临界温度 $T_c = 134.99℃ = 408.14K$，临界压力 $P_c = 3648.08kPa$，偏心因子 $\omega = 0.180771$。

所以，对比温度 $T_r = 460.9/408.14 = 1.13$，对比压力 $P_r = 27579/3648.08 = 7.56$。

为了从表 7-3-1 确定 $\left(\lg\dfrac{f}{P}\right)^{(0)}$，首先在对比压力下进行内插。图 7-3-1 说明不能安全地进行线性内插；因此必须从图 7-3-1 中取值。得到：

在 $T_r = 1.10$，$[\log(f/P)]^{(0)} = -0.493$，

在 $T_r = 1.15$，$[\log(f/P)]^{(0)} = -0.435$，

由此得到，

$$[\lg(f/P)]^{(0)} = -0.493 + [-0.435 - (-0.493)]\left(\frac{1.13 - 1.10}{1.15 - 1.10}\right) = -0.458$$

类似地得到，$[\lg(f/P)]^{(1)} = 0.033$

由式 7-3-1 得到，$\lg(f/P) = -0.458 + 0.180771 \times 0.033 = -0.452$

$$f/P = 0.353$$

$$f = 0.353 \times 27579 = 9735kPa$$

对于由式(7-0-1)表示的理想体系的气液相平衡常数，在引入逸度之后，可以将逸度作为相平衡计算更方便和更普遍化的函数，这样相平衡常数 K_{ideal} 定义为：

$$K_{ideal} = \frac{f_i^L}{f_i^V} \tag{7-3-2}$$

式中　f_i^L——在体系温度和压力下，组分 i 在纯液相状态下的逸度；

　　　f_i^V——在体系温度和压力下，组分 i 在纯气相状态下的逸度。

逸度可以通过式(7-3-1)计算或查图获得。理想体系的 K 值只是温度和压力的函数。虽然理想 K 值是许多实际的物理状态很好地近似，但该式不能满足高压、低温和复杂混合物体系，特别是在高压情况下混合物组成对气液相平衡常数影响很大。为解决这个问题，可以使用两个方法来把组成的影响结合进平衡数据的计算中：

(1) 引入第三参数，即收敛压，在第二节中已详细介绍；

(2) 进一步的逸度的关系式。

当体系中气相和液相达到平衡时，任一组分在液相中的逸度等于其在气相中的逸度，即 $\bar{f}_i^L = \bar{f}_i^V$。

气相逸度定义为按式(7-3-3)计算：

$$\bar{f}_i^V = \varphi_i^V y_i P \tag{7-3-3}$$

式中　$\bar{f}_i^V$——组分 i 在气相中的逸度，kPa；

　　　φ_i^V——组分 i 在气相中的逸度系数；

　　　y_i——组分 i 在气相中摩尔分数；

P——体系总压，kPa。

液相逸度可按两个等价式，式(7-3-4)计算：

$$\bar{f}_i^L = \gamma_i^L x_i \upsilon_i P = \varphi_i^L x_i P \tag{7-3-4}$$

式中　γ_i^L——组分 i 在液体混合物中的活度系数；

　　　x_i——组分 i 在液体混合物中的摩尔分数；

　　　υ_i——组分 i 在纯液体状态下的逸度系数，其值为 $= \dfrac{f_i^L}{P}$；

　　　φ_i^L——组分 i 在液体混合物中的逸度系数；

　　　P——体系总压，kPa.。

组分 i 的 K 值按式(7-3-5)计算

$$K_i = \frac{y_i}{x_i} = \frac{\gamma_i^L \upsilon_i}{\varphi_i^v} = \frac{\varphi_i^L}{\varphi_i^v} \tag{7-3-5}$$

目前式(7-3-5)获得极其广泛的使用。在如液相模型采用像 Chao-Seader 的正规溶液方程，液相逸度由含有活度系数的公式进行计算。若使用如 Redlich-Kwong-Soave(RKS)那样的状态方程时，液相逸度由液相逸度系数进行计算。两种情况下状态方程都可以用于气相的计算。这些逸度关系式的计算通常都需要通过使用计算机进行复杂运算才能完成。后面以 RKS 方程的一种改进式 API SRK-KD 状态方程为例说明状态方程法的计算方法。

二、RKS 方程计算烃-烃和烃-非烃体系的相平衡常数

API SRK-KD 状态方程[3]适用于烃-烃和烃-非烃体系的相平衡计算。其非烃组分可以是氢气、硫化氢、二氧化碳、一氧化碳、氮气和含氧化合物等。可应用于广泛的各种混合物和各种温度条件下。使用时，烃-烃和烃-非烃体系的气液相平衡常数可以通过 RKS 方程按下述步骤计算：

① 假设各组分 K 值，根据假设的一组 K 值和已知的进料组成进行闪蒸计算，计算出初始的气液相组成；

② 根据上述气液相组成，计算 RKS 方程中与组成有关的参数。根据已知的温度和压力，确定饱和液体和饱和气体的体积；

③ 由状态方程，计算气液相中各组分逸度；

④ 校对逸度，如果所有组份在各相中的逸度相等，即可停止计算；如果两者不等，返回第①步更新 K 值并重复上述步骤。

上述步骤同样用于泡点和露点的计算。

API SRK-KD 方程的下列方程应用于完成上述的各项计算。

(一) 各相的体积

根据各相的组成、温度和压力，状态方程必须求解出气液相体积。气液相的压缩因数按式(7-3-6)计算。该式可整理成 V 的三次方方程，当该三次方程求解后可得到三个根，其中最大的为气相体积，最小的为液相体积。

$$Z = \frac{V}{V-b} - \frac{\alpha a}{RT(V+b)} \tag{7-3-6}$$

式中　Z——压缩因数；

　　　V——分子体积，$kmol/m^3$；

T——温度，K；

R——气体常数，其值为 8.314kJ/(kmol·K)；

α——与温度有关的函数；

a——能量常数；

b——体积常数。

（二）逸度系数

$$\ln \varphi_i^N = \frac{b_i}{b}(z-1) - \ln(Z-B) - \frac{A}{B}\left[\frac{2\sum x_j \alpha_{ij} a_{ij}}{a\alpha} - \frac{b_j}{b}\right]\ln\left(1 + \frac{B}{Z}\right) \qquad (7-3-7)$$

式中　φ_i^N——组分 i 在气相或液相中的逸度系数，N 表示气相或液相；

　　b_i——组分 i 的体积常数；

　　α_{ij}——组分 i 和组分 j 二元对的温度常数；

　　a_{ij}——组分 i 和组分 j 二元对的能量常数。

　　$A = a\alpha p / R^2 T^2$

　　$B = bp / RT$

（三）纯组分的方程常数

根据临界温度、临界压力和偏心因数，可计算所有纯组分的方程常数；H_2 采用如下临界性质：$T_c = 33.21K$，$P_c = 1296.9kPa$，$\omega = -0.220$。

方程中的临界常数项 a_i 和 b_i，分别按式(7-3-8)和式(7-3-9)计算

$$a_i = 0.42747 R^2 T_{ci}^2 / P_{ci} \qquad (7-3-8)$$

$$b_i = 0.08664R T_{ci} / P_{ci} \qquad (7-3-9)$$

式中　a_i——组分 i 的能量常数；

　　b_i——组分 i 的体积常数；

　　T_{ci}——组分 i 的临界温度，K；

　　P_{ci}——组分 i 的临界压力，kPa；

　　R——气体常数，其值为 8.314 kJ/(kmol·K)。

对所有流体，α_i 按式(7-3-10)计算

$$\alpha_i = \left[1 + S_{1_i}\left(1 - \sqrt{T_{r_i}}\right) + S_{2_i}\frac{\left(1 - \sqrt{T_{r_i}}\right)}{\sqrt{T_{r_i}}}\right]^2 \qquad (7-3-10)$$

式中　T_{r_i}——组分 i 的对比温度；

　S_{1_i}，S_{2_i}——组分 i 的纯组分参数，可分别从表 7-3-3 和表 7-3-4 中查出

如果组分 i 的 S_1 和 S_2 不能从表中查得，则 S_2 可设为零，S_1 按式(7-3-11)计算

$$S_{1_i} = 0.48508 + 1.5517 \omega_i - 0.15613 \omega_i^2 \qquad (7-3-11)$$

式中　ω_i——组分 i 的偏心因数。

（四）组成平均参数

组成平均参数 αa 和 b 分别按式(7-3-12)和式(7-3-13)计算

$$\alpha a = \sum \sum x_i x_j \alpha_{ij} a_{ij} \qquad (7-3-12)$$

$$b = \sum x_i b_i \qquad (7-3-13)$$

式中交叉混合参数 $\alpha_{ij} a_{ij}$ 按式(7-3-14)计算

$$\alpha_{ij}a_{ij} = (1-k_{ij})\sqrt{\alpha_i\alpha_j a_i a_j} \tag{7-3-14}$$

式中　k_{ij}——组分 i 和组分 j 之间的二元相互作用参数。

（五）二元相互作用参数

表 7-3-5 和表 7-3-7 可查得部分组分间的二元相互作用参数值；H_2、H_2S、CO、CO_2 和 N_2 的二元相互作用参数值可分别按式(7-3-15)~式(7-3-19)计算；CH_4 和含六个或六个以上碳原子的组分之间的二元相互作用参数值可按式(7-3-20)计算；沸点相近的组分之间的二元相互作用参数值见表 7-3-6；其他烃-烃之间的二元相互作用参数值为 0。

$$H_2S: \qquad k_{ij} = 0.0316 \mid \delta_i - \delta_j \mid \tag{7-3-15}$$

$$N_2: \qquad k_{ij} = 0.0403 \mid \delta_i - \delta_j \mid \tag{7-3-16}$$

$$CO_2: \qquad k_{ij} = 0.1 \tag{7-3-17}$$

$$CO: \qquad k_{ij} = 0.0 \tag{7-3-18}$$

$$H_2: \qquad k_{ij} = \frac{1}{344.23\exp(-0.48586\,T_r)+1} \tag{7-3-19}$$

$$CH_4: \qquad k_{ij} = 0.014 \mid \delta_i - \delta_j \mid \tag{7-3-20}$$

式中　δ_i，δ_j——组分 i 和组分 j 的溶解度参数，$(J/cm^3)^{1/2}$，可从表 7-2-1 查得；

T_r——H_2 的对比温度。

式(7-3-20)不适用于与甲烷的溶解度参数之差大于 7.16$(J/cm^3)^{1/2}$ 的组分；氨和烃体系的二元相互作用参数值最好采用相近条件下的实验数据，如果没有实验数据，氨和烃体系的二元相互作用参数值可取 0.18。

API RKS-KD 方程对于含有氢气、硫化氢、二氧化碳、一氧化碳、氮气、甲醇、乙醇、异丙醚和甲基叔丁基醚的混合物，应从表 7-3-5、表 7-3-7 直接得到推荐的二元相互作用参数。使用普遍化关联式，式(7-3-15)~式(7-3-19)时，应从表 7-2-1 或式(7-2-10)获得溶解度参数。

该方程限于烃类和非烃类，氢气、硫化氢、二氧化碳、一氧化碳、氮气。在使用有实验数据确定的二元相互作用参数的情况下，如含氧化合物的其他非烃化合物可以加入。但是，这些非烃化合物的预测不如表 7-3-5 和表 7-3-7 准确。

API RKS-KD 方程已对十分广泛的混合物进行了测试，并发现它可应用于所有温度范围。当混合物的液相对比温度大于 0.5 的情况下，这个方程一般是十分精确的。压力低于 20.68MPa 条件下，它也是十分精确的。但是，当将该方程用至混合物临界点附近时，应该小心。

RKS 方程预测除甲烷外的两组分或多组分烃类混合物的 K 值误差在 10% 以内。对于含甲烷的体系，当使用优化的二元相互作用参数时，计算的 K 值平均误差为 9% 左右。一般地，较轻组分的预测好于较重组分。对于含非烃组分的混合物，当使用优化的二元相互作用参数时，计算的非烃的 K 值误差为 10%~15%，烃的 K 值误差小于 10%。含甲醇或乙醇的混合物，计算的醇类的 K 值误差为 30%，烃类误差为 10%，该方程不适用于醇类组分在液相中质量百分数大于 20% 的情形；对 MTBE 或异丙醚与烃的混合物，所有组分的 K 值误差为 10% 左右，当醚的浓度在液相超过 20%(mol) 时，应该小心地使用。当烃类组分在混合物中占据大部时，含有烃类和非烃类的多元体系的预测 K 值误差相似于二元体系。但是烃类含量相对小的体系，预测的误差十分大。

表 7-3-1　简单流体 $\left(\lg\dfrac{f}{P}\right)^{(0)}$ 项

对比温度	对比压力														
	0.20	0.40	0.60	0.80	1.00	1.20	1.50	2.00	2.50	3.00	3.50	4.00	5.00	8.00	10.00
0.30	-4.982	-5.261	-5.412	-5.512	-5.583	-5.637	-5.696	-5.758	-5.792	-5.807	-5.811	-5.805	-5.782	-5.612	-5.461
0.35	-3.749	-4.026	-4.183	-4.285	-4.359	-4.416	-4.479	-4.547	-4.588	-4.610	-4.621	-4.622	-4.607	-4.477	-4.352
0.40	-2.850	-3.128	-3.283	-3.387	-3.463	-3.521	-3.587	-3.660	-3.704	-3.735	-3.750	-3.757	-3.752	-3.650	-3.545
0.45	-2.163	-2.445	-2.602	-2.707	-2.785	-2.845	-2.914	-2.991	-3.040	-3.072	-3.092	-3.102	-3.105	-3.028	-2.939
0.50	-1.629	-1.912	-2.070	-2.177	-2.256	-2.318	-2.388	-2.468	-2.521	-2.556	-2.578	-2.592	-2.600	-2.544	-2.468
0.55	-1.204	-1.488	-1.647	-1.755	-1.836	-1.898	-1.970	-2.052	-2.107	-2.144	-2.169	-2.187	-2.201	-2.160	-2.096
0.60	-0.859	-1.144	-1.305	-1.414	-1.495	-1.558	-1.631	-1.716	-1.773	-1.812	-1.840	-1.859	-1.878	-1.851	-1.796
0.65	-0.576	-0.862	-1.023	-1.133	-1.214	-1.278	-1.352	-1.439	-1.498	-1.539	-1.569	-1.589	-1.612	-1.596	-1.549
0.70	-0.341	-0.627	-0.789	-0.899	-0.981	-1.045	-1.120	-1.209	-1.269	-1.312	-1.342	-1.365	-1.391	-1.385	-1.344
0.75	-0.144	-0.430	-0.592	-0.703	-0.785	-0.850	-0.926	-1.015	-1.077	-1.121	-1.153	-1.176	-1.204	-1.206	-1.171
0.80	-0.059	-0.264	-0.426	-0.537	-0.620	-0.685	-0.761	-0.851	-0.913	-0.958	-0.991	-1.016	-1.046	-1.056	-1.026
0.85	-0.049	-0.123	-0.285	-0.396	-0.479	-0.544	-0.620	-0.711	-0.774	-0.819	-0.853	-0.879	-0.911	-0.926	-0.901
0.90	-0.041	-0.086	-0.166	-0.276	-0.359	-0.424	-0.500	-0.591	-0.654	-0.700	-0.735	-0.761	-0.794	-0.814	-0.793
0.95	-0.035	-0.072	-0.113	-0.176	-0.258	-0.322	-0.398	-0.488	-0.551	-0.599	-0.632	-0.659	-0.693	-0.718	-0.699
0.98	-0.032	-0.065	-0.101	-0.142	-0.206	-0.270	-0.344	-0.434	-0.407	-0.548	-0.578	-0.604	-0.639	-0.666	-0.649
1.00	-0.030	-0.061	-0.095	-0.132	-0.176	-0.238	-0.312	-0.401	-0.463	-0.509	-0.544	-0.570	-0.605	-0.633	-0.617
1.02	-0.028	-0.057	-0.088	-0.122	-0.161	-0.210	-0.282	-0.370	-0.432	-0.477	-0.512	-0.538	-0.573	-0.602	-0.587
1.05	-0.025	-0.052	-0.080	-0.110	-0.143	-0.180	-0.242	-0.327	-0.388	-0.433	-0.467	-0.493	-0.529	-0.559	-0.546
1.10	-0.022	-0.045	-0.069	-0.093	-0.120	-0.148	-0.193	-0.267	-0.324	-0.368	-0.401	-0.427	-0.462	-0.494	-0.482

续表

对比温度	对比压力														
	0.20	0.40	0.60	0.80	1.00	1.20	1.50	2.00	2.50	3.00	3.50	4.00	5.00	8.00	10.00
1.15	-0.019	-0.039	-0.059	-0.080	-0.102	-0.125	-0.160	-0.220	-0.272	-0.312	-0.344	-0.369	-0.403	-0.436	-0.426
1.20	-0.017	-0.034	-0.051	-0.069	-0.088	-0.106	-0.135	-0.184	-0.229	-0.266	-0.296	-0.319	-0.352	-0.385	-0.377
1.25	-0.015	-0.030	-0.045	-0.060	-0.076	-0.092	-0.116	-0.157	-0.195	-0.227	-0.254	-0.276	-0.308	-0.340	-0.332
1.30	-0.013	-0.026	-0.039	-0.052	-0.066	-0.080	-0.100	-0.134	-0.167	-0.195	-0.219	-0.239	-0.269	-0.300	-0.293
1.40	-0.010	-0.020	-0.030	-0.040	-0.051	-0.061	-0.076	-0.101	-0.125	-0.146	-0.165	-0.181	-0.205	-0.232	-0.226
1.50	-0.008	-0.016	-0.024	-0.032	-0.039	-0.047	-0.059	-0.077	-0.095	-0.111	-0.125	-0.138	-0.157	-0.178	-0.173
1.60	-0.006	-0.012	-0.019	-0.025	-0.031	-0.037	-0.046	-0.060	-0.073	-0.085	-0.096	-0.105	-0.120	-0.136	-0.129
1.70	-0.005	-0.010	-0.015	-0.020	-0.024	-0.029	-0.036	-0.046	-0.056	-0.065	-0.074	-0.081	-0.092	-0.102	-0.094
1.80	-0.004	-0.008	-0.012	-0.015	-0.019	-0.023	-0.028	-0.036	-0.044	-0.050	-0.056	-0.061	-0.069	-0.074	-0.066
1.90	-0.003	-0.006	-0.009	-0.012	-0.015	-0.018	-0.022	-0.028	-0.033	-0.038	-0.043	-0.046	-0.052	-0.052	-0.043
2.00	-0.002	-0.005	-0.007	-0.009	-0.012	-0.014	-0.017	-0.021	-0.025	-0.029	-0.032	-0.034	-0.037	-0.034	-0.024
2.50	0.000	-0.001	-0.001	-0.002	-0.002	-0.002	-0.002	-0.003	-0.003	-0.002	-0.001	0.000	0.003	0.017	0.031
3.00	0.000	0.001	0.001	0.002	0.002	0.003	0.003	0.005	0.007	0.009	0.011	0.013	0.018	0.038	0.053
3.50	0.001	0.001	0.002	0.003	0.004	0.005	0.006	0.008	0.011	0.013	0.016	0.019	0.025	0.046	0.061
4.00	0.001	0.002	0.003	0.004	0.005	0.006	0.007	0.010	0.013	0.016	0.018	0.022	0.028	0.049	0.064

表 7-3-2　烃的逸度系数校正项$\left(\lg\dfrac{f}{P}\right)^{(1)}$

对比温度	对比压力														
	0.20	0.40	0.60	0.80	1.00	1.20	1.50	2.00	2.50	3.00	3.50	4.00	5.00	8.00	10.00
0.30	-8.787	-8.785	-8.792	-8.798	-8.805	-8.812	-8.822	-8.839	-8.856	-8.874	-8.892	-8.910	-8.953	-9.057	-9.126
0.35	-6.545	-6.555	-6.555	-6.562	-6.570	-6.578	-6.589	-6.608	-6.627	-6.646	-6.665	-6.684	-6.721	-6.841	-6.918
0.40	-4.916	-4.930	-4.939	-4.948	-4.956	-4.965	-4.978	-5.000	-5.022	-5.036	-5.056	-5.076	-5.116	-5.235	-5.313
0.45	-3.734	-3.742	-3.750	-3.758	-3.766	-3.773	-3.785	-3.804	-3.823	-3.842	-3.861	-3.880	-3.917	-4.037	-4.113
0.50	-2.846	-2.854	-2.862	-2.870	-2.877	-2.885	-2.897	-2.916	-2.935	-2.954	-2.972	-2.991	-3.027	-3.137	-3.208
0.55	-2.167	-2.174	-2.182	-2.190	-2.198	-2.206	-2.218	-2.237	-2.256	-2.275	-2.294	-2.309	-2.343	-2.443	-2.509
0.60	-1.649	-1.656	-1.663	-1.670	-1.673	-1.681	-1.692	-1.711	-1.730	-1.749	-1.764	-1.781	-1.813	-1.903	-1.966
0.65	-1.246	-1.252	-1.258	-1.264	-1.271	-1.277	-1.285	-1.302	-1.320	-1.337	-1.352	-1.368	-1.398	-1.483	-1.536
0.70	-0.927	-0.934	-0.940	-0.946	-0.952	-0.956	-0.966	-0.982	-0.998	-1.013	-1.029	-1.042	-1.070	-1.150	-1.200
0.75	-0.675	-0.682	-0.687	-0.693	-0.700	-0.705	-0.714	-0.728	-0.743	-0.756	-0.770	-0.783	-0.810	-0.884	-0.931
0.80	-0.009	-0.482	-0.487	-0.493	-0.499	-0.504	-0.513	-0.526	-0.539	-0.552	-0.564	-0.576	-0.600	-0.666	-0.710
0.85	-0.028	-0.321	-0.326	-0.332	-0.338	-0.343	-0.351	-0.364	-0.377	-0.389	-0.399	-0.410	-0.432	-0.492	-0.530
0.90	-0.018	-0.039	-0.199	-0.204	-0.210	-0.215	-0.222	-0.235	-0.246	-0.256	-0.266	-0.277	-0.297	-0.351	-0.383
0.95	-0.011	-0.023	-0.037	-0.103	-0.108	-0.114	-0.121	-0.132	-0.142	-0.152	-0.161	-0.170	-0.187	-0.235	-0.265
0.98	-0.008	-0.016	-0.025	-0.035	-0.059	-0.064	-0.071	-0.081	-0.091	-0.099	-0.108	-0.116	-0.132	-0.176	-0.203
1.00	-0.006	-0.012	-0.018	-0.025	-0.031	-0.036	-0.042	-0.052	-0.060	-0.069	-0.077	-0.084	-0.099	-0.140	-0.166
1.02	-0.004	-0.009	-0.013	-0.017	-0.019	-0.015	-0.018	-0.026	-0.034	-0.041	-0.048	-0.056	-0.069	-0.108	-0.132
1.05	-0.002	-0.005	-0.006	-0.007	-0.007	-0.002	0.008	0.007	0.001	-0.005	-0.011	-0.017	-0.029	-0.063	-0.086
1.10	0.000	0.001	0.002	0.004	0.007	0.012	0.025	0.041	0.044	0.042	0.039	0.035	0.027	-0.001	-0.019

续表

对比压力

对比温度	0.20	0.40	0.60	0.80	1.00	1.20	1.50	2.00	2.50	3.00	3.50	4.00	5.00	8.00	10.00
1.15	0.002	0.005	0.008	0.011	0.016	0.022	0.034	0.056	0.069	0.074	0.075	0.074	0.069	0.050	0.036
1.20	0.003	0.007	0.012	0.017	0.023	0.029	0.041	0.063	0.082	0.093	0.098	0.101	0.102	0.091	0.081
1.25	0.004	0.009	0.015	0.021	0.027	0.034	0.046	0.068	0.088	0.103	0.113	0.119	0.125	0.124	0.118
1.30	0.005	0.011	0.017	0.023	0.030	0.038	0.049	0.071	0.091	0.109	0.122	0.131	0.142	0.150	0.148
1.40	0.006	0.013	0.020	0.027	0.034	0.041	0.053	0.074	0.094	0.112	0.128	0.142	0.161	0.186	0.191
1.50	0.007	0.014	0.021	0.028	0.036	0.043	0.055	0.074	0.094	0.112	0.129	0.143	0.167	0.206	0.218
1.60	0.007	0.014	0.021	0.029	0.036	0.043	0.055	0.074	0.092	0.110	0.126	0.142	0.167	0.216	0.234
1.70	0.007	0.014	0.021	0.029	0.036	0.043	0.054	0.072	0.090	0.107	0.123	0.138	0.165	0.220	0.242
1.80	0.007	0.014	0.021	0.028	0.035	0.042	0.053	0.070	0.087	0.104	0.120	0.134	0.161	0.220	0.246
1.90	0.007	0.014	0.021	0.028	0.034	0.041	0.052	0.068	0.085	0.101	0.116	0.130	0.157	0.217	0.246
2.00	0.007	0.013	0.020	0.027	0.034	0.040	0.050	0.066	0.082	0.097	0.112	0.126	0.152	0.214	0.244
2.50	0.006	0.012	0.018	0.023	0.029	0.035	0.043	0.057	0.070	0.083	0.095	0.108	0.130	0.190	0.222
3.00	0.005	0.010	0.015	0.020	0.025	0.030	0.037	0.049	0.061	0.072	0.083	0.093	0.114	0.168	0.199
3.50	0.004	0.009	0.013	0.018	0.022	0.026	0.033	0.043	0.053	0.063	0.073	0.082	0.101	0.150	0.179
4.00	0.004	0.008	0.012	0.016	0.020	0.023	0.029	0.038	0.048	0.057	0.065	0.074	0.090	0.136	0.163

表 7-3-3 式(7-3-10)中的 S_1 值

组分	S_1	组分	S_1	组分	S_1
水	1.243997	乙醇	1.678665	叔丁醇	0.745244
氨	0.975515	正丙醇	0.169684	甲基叔丁基醚	0.956082
羰基硫	0.59245	异丙醇	0.140334	乙基叔丁基醚	0.886894
甲硫醇	0.529899	正丁醇	0.29395	甲基叔戊基醚	0.905443
乙硫醇	0.763226	异丁醇	0.703883	二异丙基醚	1.025312
甲醇	1.828343	仲丁醇	0.601957		

表 7-3-4 式(7-3-10)中的 S_2 值

化合物名称	S_2	化合物名称	S_2	化合物名称	S_2	化合物名称	S_2
非烃化合物		烷烃		烯烃		芳烃	
氢	-0.025891	正癸烷	0.003324	反-2-己烯	0.004891	正丙基苯	-0.007551
水	-0.201789①	正十一烷	-0.012698	顺-3-己烯	-0.005113	异丙基苯	-0.008698
氨	-0.087598	正十二烷	-0.001931	反-3-己烯	0.000441	1,2,3-三甲基苯	-0.014458
硫化氢	0.010699	正十四烷	0.010085	2-甲基-1-戊烯	0.005190	1,2,4-三甲基苯	-0.010675
氮	-0.011016	正十五烷	-0.033625	2-甲基-2-戊烯	0.011483	1,3,5-三甲基苯	-0.014912
一氧化碳	-0.025280	正十六烷	-0.002741	3-甲基-1-戊烯	-0.012116	间乙基甲苯	0.036093
二氧化碳	-0.004474	正十八烷	-0.003612	4-甲基-1-戊烯	-0.000858	邻乙基甲苯	0.047885
氩	-0.011721	正二十烷	-0.014476	顺-3-甲基-2-戊烯	0.034720	对乙基甲苯	0.036093
烷烃		环烷烃		反-3-甲基-2-戊烯	-0.024994	1-甲基-3-乙烯基苯	-0.036510
甲烷	-0.012223	环丙烷	-0.017047	顺-4-甲基-2-戊烯	0.001675	正丁基苯	-0.005215
乙烷	-0.012416	环丁烷	-0.014555	反-4-甲基-2-戊烯	0.000704	异丁基苯	-0.013419
丙烷	-0.003791	环戊烷	-0.003383	2,3-二甲基-2-丁烯	0.016761	仲丁基苯	0.018480
正丁烷	0.003010	甲基环戊烷	-0.001461	2,3-二甲基-1-丁烯	0.004265	叔丁基苯	0.018084
异丁烷	0.006209	乙基环戊烷	-0.002891	3,3-二甲基-1-丁烯	-0.008468	间二乙苯	0.010750

续表

化合物名称	S_2	化合物名称	S_2	化合物名称	S_2	化合物名称	S_2
正戊烷	-0.000636	1,1-二甲基环戊烷	-0.013551	2-乙基-1-丁烯	0.015833	邻二乙苯	0.011193
异戊烷	-0.005345	顺-1,2-二甲基环戊烷	-0.006564	1-庚烯	-0.006221	对二乙苯	-0.006384
新戊烷	0.000695	反-1,2-二甲基环戊烷	-0.009015	2-甲基-1-庚烯	0.018598	间甲基异丙基苯	0.004533
正己烷	-0.007459	顺-1,3-二甲基环戊烷	-0.001337	顺-3-甲基-3-庚烯	0.005120	对甲基异丙基苯	0.000849
2-甲基戊烷	-0.003898	反-1,3-二甲基环戊烷	-0.017759	2,4-二甲基-1-戊烯	-0.001891	1,2,3,4-四甲基苯	-0.005169
3-甲基戊烷	-0.009786	正丙基环戊烷	0.012036	2,4-二甲基-2-戊烯	0.008488	1,2,3,5-四甲基苯	0.019944
2,2-二甲基丁烷	-0.006195	异丙基环戊烷	-0.008055	顺-4,4-二甲基-2-戊烯	-0.005706	1,2,4,5-四甲基苯	-0.014791
2,3-二甲基丁烷	-0.004579	1-甲基-1-乙基环戊烷	-0.014972	2,3,3-三甲基-1-丁烯	0.000205	1,4-二异丙基苯	0.022869
正庚烷	-0.003031	1,1,2-三甲基环戊烷	-0.022620	3-甲基-2-乙基-1-丁烯	0.006036	正癸基苯	0.011198
2-甲基己烷	-0.002132	1,1,3-三甲基环戊烷	-0.024026	1-辛烯	-0.002307	苯乙烯	0.019670
3-甲基己烷	-0.002806	1,顺-2,反-4-三甲基环戊烷	-0.026470	2,4,4-三甲基-1-戊烯	0.004362	二环芳烃和其他环烃	
2,2-二甲基戊烷	-0.003786	正癸基环戊烷	0.003368	1-壬烯	-0.000564	顺-十氢化萘	-0.006020
2,3-二甲基戊烷	-0.001338	环己烷	-0.004637	1-癸烯	-0.005588	反-十氢化萘	0.011339
2,4-二甲基戊烷	0.000811	甲基环己烷	-0.000172	1-十一烯	0.010786	1,2,3,4-四氢化萘	0.018025
3,3-二甲基戊烷	-0.004779	1,1-二甲基环己烷	0.007389	1-十二烯	0.008653	茚	-0.028120
3-乙基戊烷	0.000168	顺-1,2-二甲基环己烷	0.014432	1-十三烯	0.005573	萘	-0.005006
正辛烷	-0.000821	反-1,2-二甲基环己烷	0.007290	1-十四烯	0.008227	1-甲基萘	0.056699
2,2-二甲基己烷	-0.000599	顺-1,3-二甲基环己烷	0.010622	1-十五烯	0.000957	2-甲基萘	-0.000472
2,3-二甲基己烷	-0.002424	顺-1,4-二甲基环己烷	0.014903	1-十六烯	0.010177	2,6-二甲基萘	-0.014329
2,4-二甲基己烷	-0.001943	反-1,4-二甲基环己烷	0.007723	1-十八烯	0.021612	氧茚	0.045513
2,5-二甲基己烷	-0.001621	正丙基环己烷	0.021283	二烯烃和炔烃		二环己烷	-0.020675
3,3-二甲基己烷	-0.001728	异丙基环己烷	-0.033961	1,3-丁二烯	-0.009137	环己烯	-0.006625
3,4-二甲基己烷	-0.001744	正丁基环己烷	0.028388	1,2-戊二烯	0.011814	联苯	0.000398
2-甲基庚烷	-0.002094	仲丁基环己烷	0.025957	顺-1,3-戊二烯	0.043579	二苯基甲烷	0.000798

续表

化合物名称	S_2	化合物名称	S_2	化合物名称	S_2	化合物名称	S_2
3-甲基庚烷	-0.004039	叔丁基环己烷	-0.000764	反-1,3-戊二烯	0.052253	含硫化合物	
4-甲基庚烷	-0.002870	正癸基环己烷	-0.003096	1,4-戊二烯	0.057869	甲硫醇	0.141244
2,2,3-三甲基戊烷	-0.001434	环庚烷	-0.004421	2,3-戊二烯	0.023742	乙硫醇	0.003516
2,2,4-三甲基戊烷	-0.004045	环辛烷	0.467088	3-甲基-1,2-丁二烯	0.026266	羰基硫	0.026420
2,3,3-三甲基戊烷	-0.003849	烯烃		2-甲基-1,3-丁二烯	0.023298	含氧化合物	
2,3,4-三甲基戊烷	-0.004313	乙烯	-0.002805	1,3-环己二烯	0.010481	甲醇	-0.430885
2,2,3,3-四甲基丁烷	0.035734	丙烯	-0.006163	1,5-己二烯	-0.016851	乙醇	-0.216396
3-乙基己烷	-0.002745	1-丁烯	0.001178	反,反-2,4-己二烯	0.000656	正丙醇	1.188769
2-甲基-3-乙基戊烷	-0.002499	顺-2-丁烯	-0.005287	乙炔	0.001831	异丙醇	1.269059
3-甲基-3-乙基戊烷	-0.004598	反-2-丁烯	-0.016832	丙炔	-0.002337	正丁醇	1.005612
正壬烷	0.005435	异丁烯	0.000612	二甲基乙炔	-0.109294	异丁醇	0.503560
3,3-二乙基戊烷	-0.009265	1-戊烯	-0.003670	3-己炔	0.022376	仲丁醇	0.600508
2,2,3-三甲基己烷	0.012650	顺-2-戊烯	-0.002330	芳烃		叔丁醇	0.484002
2,2,5-三甲基己烷	-0.000017	反-2-戊烯	-0.001574	苯	-0.000318	甲基叔丁基醚	-0.053074
2,2,3,3-四甲基戊烷	0.002328	2-甲基-1-丁烯	-0.003510	甲苯	-0.005125	乙基叔丁基醚	0.046280
2,2,3,4-四甲基戊烷	-0.002088	2-甲基-2-丁烯	-0.011281	乙苯	-0.004227	甲基叔戊基醚	0.010549
2,2,4,4-四甲基戊烷	-0.001878	3-甲基-1-丁烯	-0.004255	间二甲苯	-0.005645	二异丙基醚	-0.033494
2,3,3,4-四甲基戊烷	-0.005733	1-己烯	-0.003219	邻二甲苯	-0.006569		
		顺-2-己烯	0.003966	对二甲苯	-0.010556		

① 仅适用于水在烃中含量低的情形。

表 7-3-5　部分组分间的二元相互作用参数

组分/组分	H_2S	N_2	CO	CO_2	H_2	CH_4
H_2S		0.148	0.070	0.109		0.091
N_2	0.148		(0.011)[①]	−0.046	0.009	0.040
CO	0.070	(0.011)[①]		−0.082	0.004	0.015
CO_2	0.109	−0.046	−0.082		−0.046	0.097
H_2		0.009	0.004	−0.046		0.002
甲烷	0.091	0.040	0.015	0.097	0.002	
乙烷	0.085	0.020		0.132	0.032	0.003
丙烷	0.087	0.086	0.040	0.130	0.135	
正丁烷	0.056	0.060		0.134	0.194	
异丁烷	0.055	0.085		0.129		
正戊烷	0.066	0.092		0.145	(0.202)[②]	0.018
2-甲基丁烷	0.080	0.107		0.137		
新戊烷	0.042			0.111		
正己烷	0.068	0.155		0.117	0.211	0.026
正庚烷	0.019			0.121	(0.505)[①]	0.015
正辛烷			0.190	0.123	1.000	0.054
2，2，4-三甲基戊烷					0.634	
正壬烷	0.054			(0.099)[①]		
正癸烷	0.003	0.124	0.629	0.134	0.853	0.042
正十六烷			0.256	0.147	0.044	0.033
正二十八烷				0.106	−0.041	
环丙烷				(0.110)[①]		
环戊烷				0.136		
环己烷	0.079			0.083	0.361	0.036
甲基环己烷	0.078	0.090		0.103	0.604	
乙基环己烷	0.055	0.092		0.096		0.002
正丙基环己烷	0.036					
异丙基环己烷	0.042					
乙烯		0.044		0.057	0.076	
丙烯		0.085		0.069	0.178	
1-丁烯				(0.061)[①]		
苯	0.009	0.170	0.072	0.096	0.530	0.039
甲苯	0.014	0.219		0.096		0.061
间二甲苯	0.022	0.230		0.076	0.906	0.042
对二甲苯				0.096		
乙苯				0.126		

组分/组分	H₂S	N₂	CO	CO₂	H₂	CH₄
苯乙烯				0.067		
正丙基苯				(0.070)[①]		
异丙基苯				0.090		
异丙烯基苯				0.090		
1，2，4-三甲基苯				0.076		
1，3，5-三甲基苯		0.225		0.058		0.044
对二异丙苯					0.327	
p-甲基异丙基苯					0.610	
二苯基甲烷				0.134	0.767	0.114
1-甲基萘				0.116	0.740	0.088
1，2，3，4-四氢化萘		0.304		0.155	0.898	0.171
菲				0.230	1.000	0.253
9，10-二氢菲					0.784	0.129

① 为一个温度点下的数据，或许不能应用于宽阔的温度范围；

② 为估算数据。

表 7-3-6　沸点相近的组分之间的二元相互作用参数

二元体系	乙烷 乙烯	丙烷 丙烯	正丁烷 异丁烷	正丁烷 1-丁烯	异丁烷 异丁烯	正己烷 1-己烯
k_{ij}	0.0157	0.0073	−0.0047	0.0042	0.0024	0.0030

表 7-3-7　烃类与常用含氧化合物的二元相互作用参数

组分/组分	甲醇	乙醇	甲基叔丁基醚	二异丙醚
正丁烷	0.2015	0.0709	0.0183	
异丁烷	0.2411			
正戊烷	0.1746			
异戊烷			0.0163	
正己烷	0.0932		0.0183	
2，3-二甲基丁烷	0.0777			
2-甲基戊烷	0.1432			
3-甲基戊烷	0.1144			
正庚烷		0.0759		0.0077
正辛烷	0.0786	0.0960	0.0172	
2，2，4-三甲基戊烷	0.0616	0.0399	0.0236	
正壬烷		0.0863		
正十一烷		0.0356		
甲基环戊烷	0.0980	0.0852		
环己烷	0.1374	0.1100		−0.0112

续表

组分/组分	甲醇	乙醇	甲基叔丁基醚	二异丙醚
甲基环己烷	0.0716	0.0774	0.0293	
1-丁烯			0.0010	
异丁烯			-0.0169	
1-己烯	0.0759			
1-庚烯	0.0707		-0.0008	
2，4-二甲基-2-戊烯	0.0454			
1-辛烯	0.0675			
环己烯	0.1122			
1，3-丁二烯			-0.0052	
苯	0.1147	0.1108	-0.0099	-0.0154
甲苯	0.1330	0.1145	-0.0009	-0.0110
对二甲苯		0.1413		
间二甲苯	0.0997			
乙苯	0.0976	0.1284		-0.0088
甲醇			-0.0340	

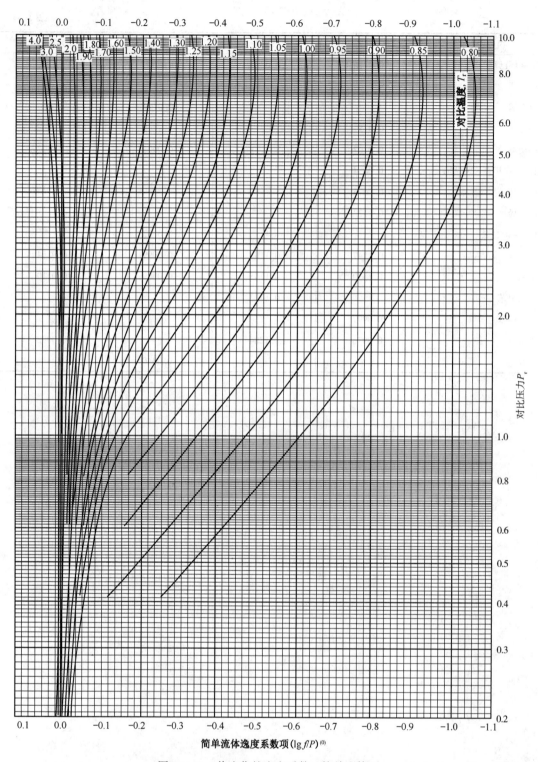

图 7-3-1 普遍化的逸度系数，简单流体项

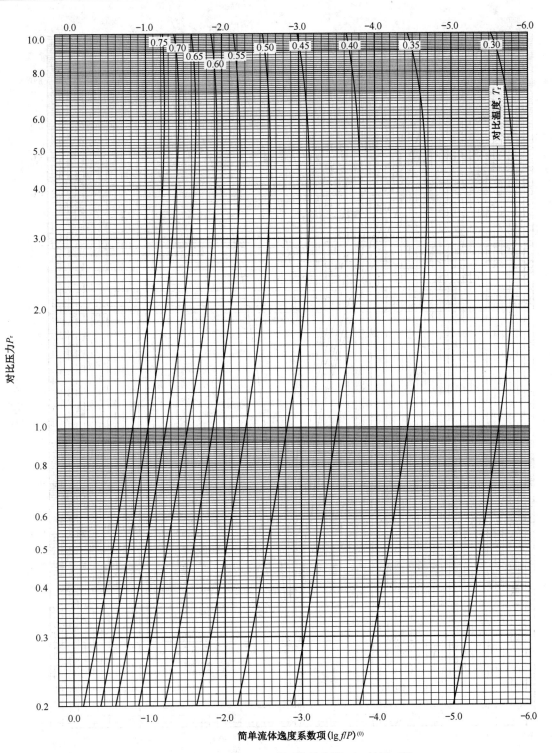

图 7-3-2　普遍化的逸度系数，简单流体项，扩展区域

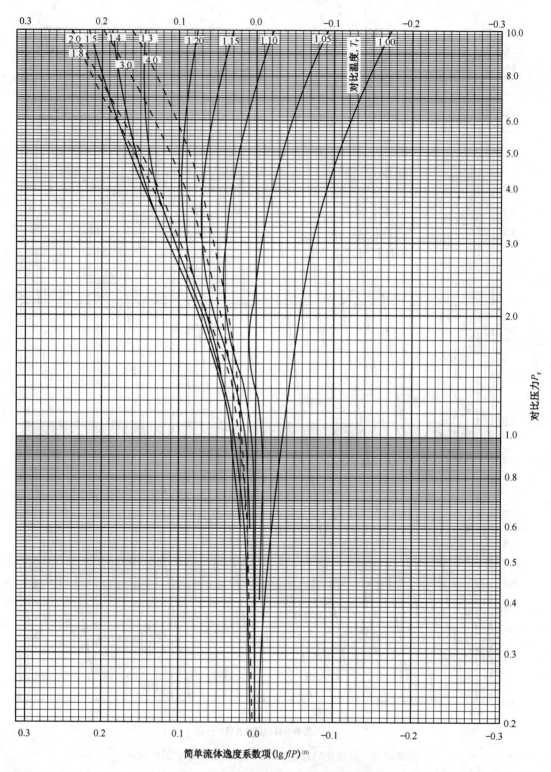

图 7-3-3　普遍化的逸度系数，校正项

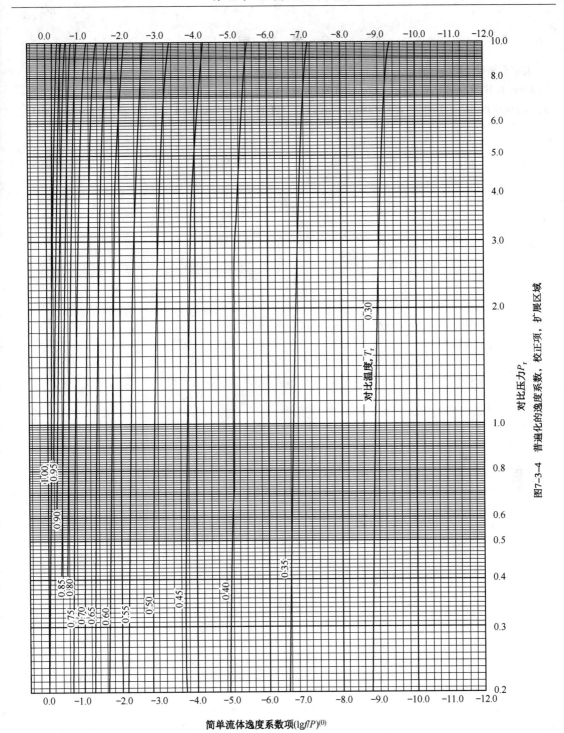

图7-3-4　普遍化的逸度系数，校正项，扩展区域

对比压力P_r

简单流体逸度系数项$(\lg f/P)^{(0)}$

参 考 文 献

［1］北京石油设计院. 石油化工工艺计算图表. 北京：烃加工出版社，1985

［2］Perry R H，Green D W. Perry´s Chemical Engineers´ Handbook Seventh Edition，1999

［3］Americal Petroleum Institute & EPCOM International. API Technical Data Book，8th Edition，8. 1version. 2011

第八章 溶 解 度

第一节 引 言

石油和天然气工业中，含水体系包括三种状态：气态、液态和固态。这些系统的特点是，在一定的条件下在液相中部分互溶。

一、气体在液体中的溶解度

气体在液体中的溶解度与气体的性质、溶剂的性质、系统的压力及温度都有关系。对于轻质烃类或其他气体，当系统温度高于其临界温度时，它不可能以液相存在，此时的溶解度问题是气(溶质)-液(溶剂)相平衡问题。对于二元系统来说此时有两个自由度，即溶解度是温度和压力的函数。在大多数情况下，气体溶于液体是放热过程，其溶解度随温度的升高而降低。在一定的温度下，气体的溶解度一般随压力的升高而增加。在理想溶液中，溶质的溶解度与其分压成正比，即亨利定律：

$$P_i = H X_i \tag{8-1-1}$$

式中　P_i——溶质的分压(绝)，kPa；

　　　X_i——溶质在溶液中摩尔分数(溶解度)；

　　　H——亨利常数，kPa/摩尔分数。

这个定律特别适用于气体分压不大于 101.325kPa(1atm)时的条件，当大于 101.325kPa 时，亨利常数要受到气体分压的影响。

二、液体和液体的相互溶解度

在所有的水-烃二元体系中，各相之间的关系由温度、压力和组成构成的三维相图描述。水和烃之间的相互溶解，在低压下是气-液平衡体系，在高压下是液-液平衡体系，在中压下是气-液-液平衡体系。

在二元系统中，当气-液-液三相处于平衡时，只存在一个自由度，即在每个温度下只有一个三相溶解度和一个压力。在水烃二元体系中，由于相互溶解度很小，故该两组分的蒸气压之和近似于这三相压力。在气-液-液平衡条件下，水在烃类和石油馏分中的溶解度见图8-2-1。当压力高于水和烃类蒸气压之和时，就成为液-液两相系统。

压力在气-液两相区对溶解度有明显的影响，但在液-液两相区对溶解度的影响很小。故气-液-液系统的溶解度数值适用于液-液系统，气-液平衡系统的溶解度则小于气-液-液系统的溶解度。

纯烃中含少量的杂质或微量的其他成分，可显著地改变其溶解度特性，例如在烃类系统中，含有很少量的芳烃杂质(对水有较强的亲和力)的烷烃，其对水的溶解能力将增加，其溶解度远远超过通过碳氢化合物摩尔平均溶解度计算得到的值。

第二节　烃类-水体系的互溶溶解度

一、纯烃在水中的溶解度

(一) 液烃在水中的溶解度

公式 8.2.1[3] 用来计算在三相平衡压力下(即气-液-液平衡条件下)液态烃在水中的溶解度。稍高的压力条件下(无气相),液态烃在水中的溶解度与在三相平衡压力条件下基本相同。

$$\ln x_{\mathrm{hc}} = a_1 + \frac{a_2}{T} + a_3 \ln T \tag{8-2-1}$$

其中　　x_{hc}——富水相中烃类组分的摩尔分数;

a_1,a_2,a_3——组分的特性参数(见表 8-2-1);

T——绝对温度,K。

表 8-2-1 还包括方程(8-2-1)回归时使用的每种烃数据的温度范围,数据点数和来源;平均绝对偏差的百分数(ADD)和偏差的百分数(Bias,正偏差表示计算值一般高于实验值);和 25℃下的溶解度计算值。如果需要的话,一般允许向下外推至 0℃ 和向上外推至 149℃(炼厂减轻水污染所用的最高温度)。

计算过程

第一步:从表 8-2-1 中得到烃的参数 a_1,a_2 和 a_3。

第二步:通过公式(8-2-1)计算溶解度。

方程(8-2-1)可在气-液-液三相平衡的压力 P_3 下使用,此时,气相、富烃液相和水相处于平衡状态。但是,由于压力对于水在富烃液相中的溶解度的影响非常小,因此在压力适当地高于 P_3 压力时(此时不存在气相),水在烃中的溶解度将仅仅稍高于方程(8-2-1)的计算值。注意,当压力大于 P_3 时,水在烃中的溶解度随压力的提高而下降。在压力低于 P_3 时,将存在气相与富烃液相之间的平衡,此时,压力能显著地影响水的液体摩尔分数。应谨慎使用该方程,应使用原始数据与之对照。

同族烃类在水中的溶解度随碳数的增加而急速地下降。此外,对于同碳数的烃类,支链烃的溶解度大于正构直链烃,且溶解度随着支链度的增加成比例地增加。二甲苯 25℃ 时的溶解度在乙苯同温度溶解度值的 ±10%,但是只有 1,2-二甲苯的溶解度大于乙苯,具体见表 8-2-1。

Grant Wilson[23] 建议了一个近似普遍化的关联式用于计算液体烃在水中的溶解度:

$$\lg x_{\mathrm{hc}} = -\frac{814.7}{T} + \left(0.271 - \frac{289.96}{T}\right) \times CN - \left(1.533 - \frac{1402.1}{T}\right) \times HCT \tag{8-2-1a}$$

式中　　x_{hc}——富水相中烃类组分的摩尔分数;

T——温度,K;

CN——分子中碳原子数目;

HCT——烷烃为 0、烯烃为 0.348、环烷烃为 0.333、烷基苯为 1、烷基萘为 1.385。

文献[23] 表明方程(8-2-1a)在 93℃ 至 204℃ 范围内应用十分好,在这个温度范围外结果迅速偏离实际值。

表8-2-1　公式(8-2-1)中烃类在水中的溶解度参数

	a_1	a_2	a_3	T范围/℃	点数	数据来源（参考文献）	%AAD	%Bias	x_{hc}/25℃①
直链烷烃									
丙烷	-289.988	13458.42	41.50287	12.2~96.1	15	112	1.63	0.02	2.29E-04
丁烷	-269.758	11917.91	38.58146	37.8~137.8	10	124, 24	5.79	0.22	4.71E-05
戊烷	-323.597	14537.47	47.97436	0~150	23	68, 139, 157, 172, 174	12.27	7.45	1.013E-05
己烷	-374.908	16326.02	53.89582	0~200	34	31, 115, 126, 139, 157, 172, 174, 219	22.25	-10.20	2.108E-06
庚烷	-396.94	17232.3	56.95927	0~150.6	22	18, 115, 139, 157, 172, 174	13.10	0.46	4.512E-07
辛烷	-415.756	17975.39	59.55451	0~279.4	22	89, 115, 139, 172, 174	24.16	-12.30	9.696E-08
壬烷②	-433.434	18767.82	61.94	15~136.7	8	99, 174, 272	30.27	-21.29	2.32E-08
支链烷烃									
单甲基异构体						在25℃下正构烷烃相应的溶解度乘以1.3			
二甲基异构体						在25℃下正构烷烃相应的溶解度乘以2.0			
三甲基异构体						在25℃下正构烷烃相应的溶解度乘以2.7			
环戊烷	-217.521	9357.489	30.89572	25~153.3	8	139, 174	2.65	0.07	4.09E-05
烷基环己烷									
环己烷	-301.366	12924.45	43.298	16.1~150	11	202, 219	8.66	-2.80	1.21E-05
甲基环己烷	-327.664	14073.29	47.1467	25~149.4	11	174, 202, 276	10.91	-4.81	2.65E-06
乙基环己烷	-355.868	15222.13	50.9954	1.1~279.4	29	89, 256, 269	19.33	-8.76	6.40E-07
丁基环己烷	-409.63	17519.81	58.6928	37.8~204.4	5	257, 276	15.85	-1.55	7.10E-08
1-直链烯烃									
1-丁烯	-211.179	9442.194	30.038	37.8~143.9	9	29, 127	3.66	0.08	2.33E-04
1-己烯	-268.791	11353.7	38.4871	20~221.1	8	31, 126, 139, 257	9.13	5.91	1.09E-05
1-辛烯	-337.727	14263.07	48.3494	25~260	6	138, 257	20.41	-5.37	5.50E-07
烷基苯									

续表

	a_1	a_2	a_3	T 范围/℃	数据来源		%AAD	%Bias	x_{hc}/25℃①
					点数	参考文献			
苯	-180.358	7524.83	25.8585	5~250	101	2, 4, 8, 20, 30, 62, 217, 219, 247, 248, 271, 280	4.08	-2.32	4.104E-04
甲苯	-201.678	8399.812	28.8553	0.6~275	39	4, 20, 30, 247, 249	4.50	-0.72	1.190E-0.4
乙苯	-223.087	9274.792	31.8721	0~204.4	54	6,30,89,111,114,139,150,172,190,191,213,250,277	5.3	0.29	3.089E-05
丙基苯	-304.679	12774.71	43.8994	10~45	8	277	3.43	0.58	8.200E-06
丁基苯	-346.295	14524.67	49.913	7.2~100	19	250, 277	12.04	-9.11	1.860E-06
戊基苯	-387.92	16274.64	55.9266	7.2~45	11	277	4.95	-0.49	4.182E-07
己基苯	-429.433	18024.6	61.9402	5~45	32	271, 277	4.85	-1.73	1.020E-07
其他烷基苯									
1, 2-二甲基苯	由与乙苯的偏差计算			15~45	5	191, 213,	7.47	7.47	1.205E-05
1, 3-二甲基苯	由与乙苯的偏差计算			0.6~45	12	20, 191, 213	5.62	-5.62	8.837E-06
1, 4-二甲基苯	由与乙苯的偏差计算			15~100	11	20, 191, 213, 250	4.05	-2.59	4.018E-06
异丙基苯	-242.144	9910.476	34.67748	25~80	12	74,	0.08	-0.01	1.205E-05
1, 3, 5-三甲基苯	-228.819	9083.109	32.77122	30~100	8	250	3.10	0.07	8.837E-06
1, 3-二乙基苯	-7.19013	12082.5	41.11214	37.8~276.7	6	257	3.32	0.09	4.018E-06
二异丙基苯	-284.466	11119.29	40.74593	37.8~276.7	6	257	5.89	0.22	3.006E-07
乙烯苯	-265.353	10710.51	38.54914	7.2~65	11	6, 122	4.40	1.77	5.590E-05
多环烃类									
1-甲基萘	-203.261	7001.838	29.35657	8.3~277.2	21	202, 257	6.17	0.28	3.670E-06
1-乙基萘	-228.152	8373.511	32.71111	8.3~276.7	20	202, 257	4.55	0.15	1.132E-06

① 下述烃类在水中的溶解度数据还可参考下述文献：正丁烷[246]，正己烷[243, 268]，正庚烷[268]，正辛烷[268]，2，2-二甲基己烷和2，5-二甲基己烷[256]，2，2，4-三甲基戊烷[274]，环己烷[253, 267]，甲基环己烷[269]，顺式或反式1，2-二甲基环己烷[256, 258]，1-己烯[275]，1-己烯[253, 262, 267, 270, 274, 275]，甲苯[244, 254, 262, 265, 274, 286]，乙苯[254, 270]，正丁基苯[254]，间二甲苯[269, 274]，对二甲苯[262, 263]，1-甲基-2-异丙基苯，1-甲基-3-异丙基苯，1-甲基-4-异丙基苯[254]。

② 正丁烷的相关参数可参考文献[283]。根据公式(1)，正丁烷在25℃时的溶解度，30℃时的溶解热限定为0(最小溶解度)，溶液的比热通过表1的外推法得到(也可见文献[284]中的图5)。

(二) 固体多环芳烃在水中的溶解度

式(8-2-2)[3]可应用于固体多环芳烃在水中的溶解度的计算。

$$\ln x_{hc} = a_1 + \frac{a_2}{T} + a_3 \ln T \qquad (8-2-2)$$

式中　　x_{hc}——固体多环芳烃在水中的摩尔分数；

a_1，a_2，a_3——组分的特性参数(见表8-2-2)；

　　　　T——绝对温度，K。

表8-2-2中包括了式(8-2-2)所需的一些参数。如果温度范围很窄(低于28℃时)，表中仅给出特性参数 a_1 和 a_2。式(8-2-2)在烃类熔点以下的温度适用。方程的数据是在接近常压下获得的，但是压力对于烃类在水中的溶解度影响非常小。如果烃类三个参数表8-2-2均给出，那么，温度可以外推到约93℃，只要温度处于该烃的熔点之下。如果只给出两个参数，那么，温度最高只能外推到约38℃，最低到0℃。

除了蒽的绝对偏差超过15%，表中组分的平均绝对偏差小于10%。不过观察所有的数据，它们的波动很宽。例如，25℃下蒽在水中的溶解度数据的覆盖范围达到 4.14×10^{-9} ~ 8.07×10^{-9}。

计算过程

第一步：从表8-2-2中查到烃类对应的 a_1，a_2，a_3；

第二步：根据式(8-2-2)计算溶解度。

【例8-2-1】　计算芴50℃下在水中的溶解度。

1. 从表8-2-2中获得芴的方程参数：

$a_1 = -350.153$，$a_2 = 11311.83$，$a_3 = 52.08392$。

$T = 50 + 273.15 = 323.15$K。

2. 将数据代入式(8-2-2)得：

$$\ln x_{hc} = -350.153 + \frac{11311.83}{323.15} + 52.08392 \ln 323.15 = -14.2011$$

$x_{hc} = 6.8005 \times 10^{-7}$

50℃下芴在水中唯一的实验数据是芴在水中的摩尔分数 6.82×10^{-7}。

表8-2-2 固体多环芳烃在水中的溶解度参数

化合物	a_1	a_2	a_3	T范围/℃	点数	数据来源参考文献	%AAD	%Bias	x_{hc}/25℃①
萘	−343.262	11954.96	51.01156	0~75	63	202，271	6.66	1.18	4.39E−06
苊①	−307.237	9855.856	45.56672	0~75	20	202	6.32	0.86	4.75E−07
联苯	−305.961	9796.661	45.48078	0~64.4	35	202	4.11	0.80	8.55E−07
芴	−350.153	11311.83	52.08392	0~75	27	202，271	3.67	0.12	1.93E−07
蒽①	−386.207	11720.48	57.53558	0~75	45	202，271	14.83	1.72	5.16E−09
菲	−23895.8	9716.967	47.9872	0~75	43	202，271	5.40	0.25	1.10E−07
2-甲基蒽①	−1.36328	−5532.11		22.8~31.1	10	202	9.74	1.30	2.24E−09
1-甲基菲	−1.55187	−4748.08		6.7~30	8	202	2.04	0.03	2.57E−08
荧蒽	−0.84491	−5038.66		8.3~30	10	202，271	7.05	0.39	1.97E−08
芘①	−350.402	10800.22	51.93974	0~75	38	202，271	5.74	0.43	1.19E−08
苯并蒽①	−2.55072	−5505.87		6.7~30	16	202，271	6.21	0.59	7.45E−10
屈	−7.53314	−4511.27		6.7~30	8	202，271	4.13	0.92	1.44E−10
苯并芘	−11.8263	−2930.9		8.3~31.7	10	202	3.41	0.08	3.93E−10

① 已报道的固体多环芳烃在水中的溶解度相关数据见文献：范[260]，蒽[255，260，273]，2-甲基蒽和9-二甲基蒽[255]，芘[273]，9，10-二甲基蒽[255]，屈[273]，苯并芘[260]。

② AAD是平均绝对偏差的百分数，Bias是偏差的百分数。

（三）环境条件下常用烃类及非烃类 25℃时的溶解度

环境条件下常用烃类及非烃类 25℃时的溶解度可从表 8-2-3 中查得。表中溶解度数据均为从一个或多个实验数据所得，可靠性同所用的参考文献。

表 8-2-3　纯烃在室温 25℃下的溶解度

化合物	建议值	平衡条件[①]	参考文献
烃类			
甲烷	2.60E-05	2	139
乙烷	3.35E-05	2	139, 227
丙烷	2.63E-05	2	139, 227
正丁烷	2.15E-05	2	150, 227
异丁烷	1.58E-05	2	139, 183
正戊烷	9.87E-06	3	139, 174, 205
异戊烷	1.20E-05	3	89
新戊烷	1.08E-05	2	230
正己烷	1.98E-06	3	31, 139, 170, 174, 205, 209, 210, 211
2, 2, 4 - 三甲基戊烷	3.86E-07	3	139
环丙烷	4.00E-04	2	94
丙烯	8.58E-05	2	128
1 - 丁烯	7.15E-05	2	139
1 - 戊烯	3.81E-05	3	139
反-2 - 戊烯	5.23E-05	3	139
3 - 甲基-1 - 丁烯	8.47E-05	2	139
1, 3 - 丁二烯	2.53E-04	2	147
1, 3 - 戊二烯[②]	1.70E-04	1	139
乙炔	7.48E-04	2	94
丙炔	1.64E-03	2	97
乙烯基乙炔	6.85E-04	2	230
苯	4.16E-04	3	62, 81, 139, 210
甲苯	1.04E-04	3	81, 202
乙苯	2.84E-05	3	6, 83, 111, 139, 202, 213
邻二甲苯	2.94E-05	3	139, 192
间二甲苯	2.77E-05	3	5, 213
对二甲苯	3.05E-05	3	5, 213
二甲苯混合物[③]	2.92E-05	3	
异丙苯	8.64E-06	3	212

化合物	建议值	平衡条件①	参考文献
苯乙烯	5.39E-05	3	122
联苯	7.05E-07	4	225
萘	4.30E-06	4	197
有机化合物			
甲醇	无限可溶		237
乙醇	无限可溶		237
异丁醇	1.95E-02	1	199
正己醇⑦	1.00E-04	1	199
苯酚	1.74E-02	1	199, 205
2-甲基-2-己醇	1.51E-03	1	199
3-甲基-3-己醇	1.85E-03	1	199
邻甲酚	4.08E-03	1	199
间甲酚	3.63E-03	1	199
对甲酚	3.23E-03	1	199
2,3-二甲基-2-戊醇	2.39E-03	1	199
2,4-二甲基-2-戊醇	2.08E-03	1	199
2,2-二甲基-3-戊醇	1.27E-03	1	199
2,3-二甲基-3-戊醇	2.55E-03	1	199
2,3-二甲基-3-戊醇	1.09E-03	1	199
3-乙基-3-戊醇	2.61E-03	1	199
2,2,3-三甲基-3-戊醇	9.55E-04	1	199
乙二醇	无限可溶		237
丙烯醛⑦	6.83E-02	1	199
乙醚	1.47E-02	1	199
甲基正丁基醚	1.82E-03	1	199
甲基仲丁基醚	3.27E-03	1	199
甲基叔丁基醚	8.10E-03	1	199, 205, 240
乙基,正-丙基甲醚	3.83E-03	1	199
乙基异丙醚	4.91E-03	1	199
二-正丙基醚	8.65E-04	1	199
甲基异丁基醚	2.25E-03	1	199
甲基异丙基醚	1.58E-02	1	199
甲基正丙基醚	7.42E-03	1	199
N-丙基异丙醚	4.41E-04	1	199
羰基硫化物	3.90E-04	2	69, 230, 237

续表

化合物	建议值	平衡条件[①]	参考文献
甲硫醇	4.90E-03	2	69
乙硫醇	3.00E-03	1	69
二硫化碳	4.45E-04	2	237
乙酰胺[⑦]	4.42E-01	1	199
苯胺	7.30E-03	1	205
喹啉	8.90E-04	1	125
N，N-二甲基甲酰胺	无限可溶		85
二硝基甲苯	2.67E-05	1	199
硝基苯[⑦]	2.89E-04	1	199
对苯二胺	6.17E-03	1	199
三乙胺	1.34E-02	1	199，205
二氯甲烷	4.17E-03	1	205
二氯甲烷[⑦]	4.30E-03	1	199
1，1，2 - 三氯乙烷[⑤]	6.01E-04	1	199
四氯乙烷	3.16E-04	1	199
1，4 - 二氯苯	9.82E-06	1	199
环氧氯丙烷[⑥]	1.29E-02	1	199
乙基氯化物[④]	1.61E-03	1	199
二氯乙烷	1.61E-03	1	199
二乙基氯化物	9.39E-04	1	199
甲基氯仿[⑤]	1.82E-04	1	199
1，2 - 二氯丙烷	4.45E-04	1	199
四氯化碳	9.24E-05	1	199
甲基乙基酮	7.72E-02	1	205
甲基异丁基酮	3.30E-03	1	205
甲基碘	1.73E-03	1	199
二溴乙烷[⑦]	4.00E-04	1	199
对苯二酚[⑦]	1.26E-02	1	199
环氧丙烷	8.02E-02	1	237
邻苯二甲酸酐	7.53E-04	1	199
苯醌	2.28E-03	1	199
邻甲苯胺[⑤]	2.74E-03	1	199
无机物			
氨	1.88E-01	2	93，230
氯	1.63E-03	2	228，230
氢	1.35E-05	2	24，44，230

化合物	建议值	平衡条件[①]	参考文献
氯化氢	3.42E-01	2	93
硫化氢	1.76E-03	2	34，230
一氧化氮	3.48E-05	2	230
磷	1.48E-04	1	230
二氧化硫	2.46E-02	2	20，230
硫酸	无限可溶		
四氯化钛	与水反应		89
砷化氢	1.61E-04	2	230

① 平衡条件：

1. 富水—富烃平衡区域。

2. 富水—气平衡区域。

3. 富水—富液态烃—气平衡区域。

4. 富水—固态烃平衡区域。

② 由1，4-戊二烯得；

③ 从其他二甲苯值的平均值得；

④ 在18℃下取值；

⑤ 在20℃下取值；

⑥ 在30℃下取值；

⑦ 根据20℃和30℃下的值，由内插法求得25℃下的值。

（四）烃类在室温25℃气-液-液平衡下的溶解度

式(8-2-3)[3]可用于计算烃类在室温25℃气-液-液平衡下的溶解度。

$$-\lg x_{hc} = a_1 + a_2 C + a_3 C^2 \tag{8-2-3}$$

式中　　x_{hc}——烃类的溶解度，摩尔分数；

a_1，a_2，a_3——组分的特性参数(见表8-2-4)；

C——烃类的碳数。

计算过程：

第一步，从表8-2-4中查到烃类对应的a_1，a_2，a_3；

第二步，确定烃类的碳数，根据式(8-2-3)计算溶解度。

式(8-2-3)仅适用于纯烃，不能扩展到烃类混合物，而且也不能应用于表8-2-4中未列入的烃类中。该式的计算值与实验值比较的平均误差在10%以内。

【例8-2-2】　计算苯在25℃下在气-液-液平衡状态时在水中的溶解度。

1. 从表8-2-4找出苯的在公式中的参数：

$a_1 = -0.4628$，$a_2 = 0.6916$，$a_3 = -0.8410 \times 10^{-2}$。

2. 苯的碳数为6，即$C = 6$。

$$-\lg x_{hc} = -0.4628 + 0.6916 \times 6 - 0.8410 \times 10^{-2} \times 6^2 = 3.38404$$

$x_{hc} = 4.13 \times 10^{-4}$。

25℃下苯在水中的溶解度实验值是苯在水中的摩尔分数4.11×10^{-4}

表 8-2-4 式(8-2-3)的相关参数

烃类	参数		
	a_1	a_2	$a_3(10^2)$
正构烷烃	1.6708	0.6386	0.5538
带有一个支链的烷烃	9.6776	-2.2691	26.3567
带有两个支链的烷烃	0.0000	1.0157	-2.0577
环烷烃	4.4465	-0.3285	6.3729
带有一个支链的环烷烃	11.8697	-2.5294	23.2027
烯烃	8.4469	-1.6631	17.2448
环烯烃	0.4247	0.5682	1.2414
炔烃	-0.9415	0.9839	-0.7961
苯或正构烷基苯	-0.4628	0.6916	-0.8410

二、水在纯液体烃中的溶解度

① 在给定温度范围下水在纯液体烃中的溶解度可通过式(8-2-4)及表 8-2-5 得出。

$$\ln x_w = a_1 + \frac{a_2}{T} \qquad (8-2-4)$$

式中　x_w——在富烃相中水的摩尔分数;

　　a_1,a_2——组分的特性参数(见表 8-2-5);

　　　　T——绝对温度,K

式(8-2-4)用于计算在气-液-液三相平衡的压力下水在纯液体烃中的溶解度,或者在稍高压力下(不存在气相)水的溶解度。

表 8-2-5 中包括了式(8-2-4)所需的一些参数。该表还包括拟合公式中使用的每个烃类数据的温度范围、数据点数和来源、平均绝对偏差(AAD)百分数、偏差(bias,正值表示计算值平均地高于实验值)和富烃液相存在的最高温度 T_{3c} 下水在富烃相质量分率($X_{w,3c}$)的实验值(参考)和计算值。由于当接近富烃相存在的最高温度时溶解度向上倾斜,因此用式(8-2-4)计算的质量溶解度显著地低于实验值,特别是对碳数大于 5 的烃。

表 8-2-5 给出各种烃的有效温度范围。上述温度范围有限外推,在下述情况下是可以接受的:在 0℃ 以下水的稳定相是固态,如果温度外推不超过 6℃,相态的变化对溶解度影响很小。温度外推至距富烃液相存在的最高温度 38℃ 以内一般是允许的。如果希望计算接近富烃液相存在的最高温度的溶解度,则需要使用更复杂的计算公式,如文献[89]的式 6。

式(8-2-4)可在气-液-液三相平衡的压力下使用,此时,气相、富烃液相和水相处于平衡状态。但是,由于压力对于水在富烃液相中的溶解度的影响非常小,因此在适当地高于三相平衡的压力下的溶解度(此时不存在气相)基本等于式(8-2-4)的计算值。以水在苯中的溶解度作为一个示例,由 Thompson 和 Snyder 提供的数据显示,在 38℃ 下,当压力由 6.9MPa 提高至 34.5MPa 时,水的溶解度降低了 10%[214]。在压力低于三相平衡的压力时,将存在气相与富烃液相之间的平衡,此时,压力能显著地影响水的液体摩尔分数。对于这种情况,应谨慎使用该方程,使用原始数据与之对照。

水在同族烃类的溶解度对于烃的分子结构是十分不敏感的。例如,对于同碳数的烃类,水在支链烷烃中的溶解度与在正构烷烃中的溶解度的偏差在 10% 以内;水在二甲苯中的溶解度与在乙苯中的溶解度也是这种情况。因此,表 8-2-5 中的参数 a_1 和 a_2 能够估算水在同族同碳数烃中的溶解度。

石油炼制工艺基础数据和图表

表 8-2-5　式(8-2-4)中烃类在水中的溶解度参数

名称	a_1	a_2	温度范围/℃	数据来源 点数	数据来源 文献	%ADD	%Bias	T_{3c}/℃	Ref	$x_{w,3c}$ 实验值	$x_{w,3c}$ 计算值
正构烷烃											
丙烷	7.84827	-4709.76	0~94.4	25	109, 275, 276	5.70	-0.26	96.5	112	0.00998(109)	0.0075
丁烷	7.34412	-4508.48	25~148.9	13	176, 223,	6.85	-0.19	152	179	0.0483(176)	0.0384
戊烷	6.95193	-4381.37	0~150	7	18, 67, 169	7.81	1.89	191.2	233	0.187(230)	0.0834
正己烷①	6.69807	-4291.18	0~200	9	30, 169, 183, 216, 278	8.49	0.49	221.9	233	0.342(230)	0.140
正庚烷②	6.76126	-4290.7	0~50		见文献280 表7			246.8	245		
辛烷	6.83937	-4290.17	0~234.4	9	30, 88, 169, 278 见文献280 表6	6.76	0.40	265.9	89	0.527(88)	0.327
壬烷②	6.67858	-4234.73	25	1	192			280.8	245		
癸烷	6.47656	-4179.29	25~250	12	78, 192, 254, 278	9.75	0.63	293.6	257	0.706(254)	0.407
十六烷	6.41816	-4083.84	25~300	5	192, 278	2.86	0.08	335.2	245	0.750(254)	0.515
烷基环己烷											
环己烷	6.52382	-4329.8	10~243.3	20	70, 72, 107, 178, 183, 216, 255	10.44	1.18	255.1	233	0.384(230)	0.188
甲基环己烷③	6.61534	-4329.8	4.4~260	12	56, 78, 153, 273	43.54	-7.77	255.8	181	0.493(178)	0.190
乙基环己烷②	6.73185	-4329.8	37.8~279.4	6	88	7.59	-7.18	271.1	187	0.603(88)	0.375
丙基环己烷								288.2	89		
丁基环己烷	6.74601	-4329.8	37.8~276.7	8	254, 273	7.25	0.05	311.2	257	0.750(254)	0.515
直链、1-烯烃											
丙烯	6.61939	-3968.98	0~41.1	9	64, 275	8.75	0.94	92.2	128	0.0096(125)	0.0143
1-丁烯	6.44349	-3968.98	37.8~137.8	8	124, 223	7.53	5.14	147.2	127	0.0514(124)	0.0499
1-己烯①	6.62134	-3968.98	37.8~202.2	4	254	5.25	0.16	220.2	257	0.312(254)	0.189
1-辛烯	6.59697	-4089.26	37.8~260	5	254	12.92	-4.62	266.1	257	0.517(254)	0.373
1-癸烯	6.50659	-4089.26	101.1~201.7	3	254	6.13	-3.25	295.8	257	0.700(254)	0.506
1,3-丁二烯	4.08105	-3051.01	0~60		拟合曲线见文献238a	0.88	0.01				

续表

	a_1	a_2	温度范围/℃	数据来源		%ADD	%Bias	T_{3c}/℃	Ref	$x_{w,3c}$	
				点数	文献					实验值	计算值
烷基苯											
苯	5.01662	−3226.91	5.6~225	126	199, 216, 3, 244, 245, 277	5.92	0.32	269.3	233	0.555(230)	0.394
		0						268.3	182	0.6012(179)	0.3896
甲苯	5.00877	−3271.6	0~250	57	199, 3, 244, 246, 273	14.10	3.93	285	187		
乙苯	4.91089	−3266.58	0~262.8	18	56, 88, 169, 247	12.83	1.14	294.9	69	0.691(88)	0.432
1,3,5-三甲基苯	4.26359	−3102.14	20~100	11	56, 247	3.75	0.10				
C_{10}(正丁基苯+同二乙基苯)	4.86209	−3271.41	29.4~260	22	78, 247, 254, 273 见文献281表9	10.73	4.35	309.4	257	0.776(254)	0.471
对二异丙基苯	5.62942	−3542.54	37.8~276.7	6	254	5.63	0.23	316.8	257	0.833(254a)	0.687
苯乙烯	4.16630	−2923.66	6.1~51.1	10	119	5.52	0.22				
多环碳氢化合物											
顺十氢萘	5.29501	−3773.97	20~302.8	9	56, 78, 254	12.35	1.03	325.9	257	0.791(254a)	0.365
四氢萘	5.72195	−3665.09	101.1~302.8	5	248, 254	13.91	1.15	322.8	257	0.939(254a)	0.652
1-甲基萘	4.78711	−3125.48	0~300	13	56, 248, 254	11.41	0.89	316.3	257	0.922(254a)	0.597
1-乙基萘	4.75428	−3147.31	37.8~276.7	6	254	4.92	0.14	321.3	257	0.927(254a)	0.583
x-三联苯	3.80410	−2540.94	93.3~301.7	9	263	3.51	0.09				

① 其他报道的水在烃类中的溶解度见文献：[243]（正己烷），[275]（1-己烯），[262, 275]（苯），[244, 262]（甲苯），和[262]（对二甲苯）。用乙苯的参数得出的结果与新的对二甲苯的数据偏差小于13%，而与三甲苯和二甲苯早期的数据[26, 172, 250]偏差小于5%。

② 庚烷和壬烷的参数可通过文献[280]所述的内插法得到；通过文献[283]公式 Eq. 5 得到的25℃下的溶解度，庚烷的参数 a_2 可由己烷和辛烷内插法得到；壬烷的参数 a_2 可由辛烷和癸烷内插法得到。

③ 甲基环己烷的参数 a_1 是通过将水在25℃下溶解度（通过文献[284]的 Eq. 8 计算得到）代入方程（8-2-4）得出的。所有的烷基环己烷参数 a_2 是一样的。

使用式(8-2-4)计算的溶解度的绝对平均偏差一般约为10%。但是，来自质量很差数据的绝对平均偏差可能十分大。如水在正丁烷中溶解度计算值的绝对平均偏差仅约7%，而使用文献[19]数据将是85%。

计算过程：

第一步，从表8-2-5中查到烃类对应的a_1，a_2；

第二步，根据式(8-2-4)计算溶解度。

【例8-2-3】　计算40℃气-液-液平衡时水在苯中的溶解度。

(1) 由表8-2-5获得水在苯中溶解度的参数：

$a_1 = 5.01662$，$a_2 = -3226.91$。

(2) 温度$T = 40℃ = 313.15K$。

$\ln x_w = a_1 + a_2/T = 5.01662 + (-3226.91)/313.15 = -5.2881$

$x_w = 0.005052$

用于公式回归的40℃下的实验溶解度数值是在0.00448~0.00508。

三、水在纯烃和烃类混合物中的溶解度

当不能通过式(8-2-4)和式(8-2-6)计算溶解度时，可通过式(8-2-5)，Hibbard-Schalla关联式[3]，由氢碳比预测水在纯烃和烃类类混合物中的溶解度，此公式可用于在未定义的烃类混合物或油品中的溶解度。

$$\lg x_w = -\left(4200\frac{H}{C} + 1050\right)\left(\frac{1.8}{T} - 0.0016\right) \tag{8-2-5}$$

式中　x_w——在富烃相中水的摩尔分数；

　　　H/C——烃类的氢碳比；

　　　T——绝对温度，K。

式(8-2-5)一般能用于0℃至气-液-液三相临界终点温度(富烃液相能存在的最高温度)以下38℃范围内，压力的适用范围见公式8-2-4。该式很好地适用于烷烃、C_3以上烯烃、和烷基苯及苯乙烯。然而对于烷基环己烷和顺-十氢萘表现非常差，同时对四氢萘和烷基萘表现也不太好。由于公式对含有环己环的化合物偏差最大，故可考虑将公式仅对烷基环己烷、环烷烃及环烷基芳烃作合理修正。

式(8-2-5)对于环烷环的改进：水在环烷烃中的溶解度稍微小于在相应的烷烃中的溶解度。但该式的预测为水在环烷烃(C_nH_{2n})中更比在烷烃(C_nH_{2n+2})中易溶，并且与碳数无关。因此，通过将环烷烃的分子式中的H调整为大于$2n+2$(n为C原子数)能改善水在环烷烃中的溶解度计算值。当表8-2-4中的三个烷基环己烷采用人为的原子化学式C_nH_{2n+4}计算时，其水的溶解度的绝对平均误差由96.5%降低至14.7%。

对于顺-十氢萘和四氢萘中，部分偏差可能由高温下实验数据的质量问题[257]引起的。当顺-十氢萘(和烷基萘)将化学式由C_nH_{2n-2}调整为C_nH_{2n+2}，即增加4个H，绝对平均误差由93.2%降为48.5%。类似地，仅将四氢萘增加2个H，即四氢萘及烷基四氢萘的化学式变为C_nH_{2n-6}，则误差由35.2%降为23.7%。对含有环己基环组分化学式的调整改善了式(8-2-5)总体的可靠性，但是这个改进未证明适用于其他的环烷烃。

除了丙烯和带环烷基的烃之外，用式(8-2-5)计算的水在烃类组分的溶解度的绝对平均偏差一般小于20%。

计算过程：

第一步，对于纯烃，计算氢碳比，对于组成不确定的混合烃，氢碳比可从图2-1-3得到；

第二步，根据式(8-2-5)计算溶解度。

【例8-2-4】 计算20℃下水在异戊烷中的溶解度

(1)计算异戊烷的氢碳比：

H和C的原子量分别为1.008和12.01，则氢碳比为

$$H/C = (12 \times 1.008)/(5 \times 12.01) = 0.2014$$

(2)由式(8-2-5)计算溶解度：

$$\lg x_w = -[(4200 \times 0.2014 + 1050][1.8/(20 + 273.15) - 0.0016] = -3.42964$$

$x_w = 0.000368$ 摩尔分数。

一个实验值是0.000376摩尔分数[19]。

【例8-2-5】 计算123.9℃下水在一种润滑油中的溶解度。该润滑油的API度为29.3，中平均沸点为407.2℃。

(1)由API度和中平均沸点从图2-1-3得到碳氢比为6.6。

(2)由式(8-2-5)计算溶解度：

$$\lg x_w = -[(4200/6.6 + 1050][1/(123.9 + 273.15) - 0.0016] = -1.5491$$

$x_w = 0.0282$ 摩尔分数。

一个实验值是0.0252摩尔分数[76]。

四、水在油品中的溶解度

式(8-2-6)用来计算给定温度范围内，三相(气-液-液)平衡压力或稍高压力下(无气相，水的溶解度与三相平衡压力下基本上相同)，水在未知组成的液态烃类混合物中的溶解度。

$$\ln x_w = a_1 + a_2/T \tag{8-2-6}$$

式中 x_w——未知组成的液体烃类混合物中的水的摩尔分数；

a_1，a_2——组分的特性参数(见表8-2-6)；

T——绝对温度，K。

表8-2-6中还包含未知组成的烃类混合物的其他性质(API度、平均相对分子质量、Waston特性因数)、回归方程中使用数据的温度范围、数据点的个数和来源、平均绝对偏差(AAD)、偏差(Bias，正偏差表明计算值一般高于实验值)。

计算步骤：

第一步，对于未知组成的烃类混合物，通过表8-2-6查得参数a_1和a_2；

第二步，根据式(8-2-6)计算溶解度。

表8-2-6给出每种油品的有效温度范围。下列情况下，超出此温度范围有限的外推是可以接受的。在0℃以下，水的稳定相态是固态，如外推温度不超过6℃，那么相态的变化应该只对溶解度有很小的影响。温度向上外推，一般是允许外推到三相平衡临界点温度(T_{3c}，富烃相能存在的最高温度)之上约38℃处。如果不知道T_{3c}，可以使用跟未知组成的烃类混合物性质接近的纯烃进行估算。

式(8-2-6)可在气-液-液三相平衡的压力下使用，此时，气相、富烃液相和水相处于

平衡状态。但是，由于压力对于水在富烃液相中的溶解度的影响很小，因此在适当高于三相平衡的压力下水的溶解度(此时不存在气相)基本等于式(8-2-6)的计算值。在压力低于三相平衡的压力时，将存在气相与富烃液相之间的平衡，此时，压力能显著地影响水的液体摩尔分数。对于这种情况，应谨慎使用该方程，应使用原始数据与之对照。

关于未知组成的烃类混合物与已知组成的烃类之间的关系。未知组成的烃类混合物的有效特征信息提供了混合物中烷烃和芳烃相对量的一些信息。例如，石脑油馏分的性质类似于正癸烷的性质；润滑油接近于 C_{30} 烷烃。水在煤系芳香溶剂中的溶解度可很好地由水在1-甲基萘的溶解度来表示。正如表8-2-6中所示，一组参数拟合了水在两种煤油样品[76,77]中的溶解度，同时另一组参数拟合了润滑油[76]和石蜡[77]的数据。此外，因为参数 a_2 与溶解热有关($a_2=-H_{sol}/R$，H_{sol} 为溶解热，R 为气体常数)，所以溶解度数据的拟合提供了另一种校核方法。即 a_2 的绝对数值对烷烃和环烷烃约为4170，对于芳烃，一般是3330以下(除了在三相平衡临界点温度附近，因此时溶解度曲线变得很陡)。这在筛查溶解度数据时可能是十分有用的。

虽然使用式(8-2-6)计算的溶解度的绝对平均偏差小于10%(见表8-2-6)，但这仅仅是对于表8-2-6给出的未知组成的烃类混合物。

【例8-2-6】 计算在气-液-液平衡条件下，215℃时，水在润滑中的溶解度。

(1) 从表8-2-6找出合适的参数是：

$a_1=6.33472$，$a_2=-3980.47$。

(2) 温度 $T=215+273.15=488.15$

将上述数据代入式(8-2-6)得：

$$\ln x_w = 6.33472 + (-3980.47)/488.15 = -1.81947$$

$x_w=0.162$ 摩尔分数

报道的水在215℃下在润滑油中的溶解度两个实验数据分别是0.173和0.183。

【例8-2-7】 计算25℃下水在一种车用汽油中的溶解度。该车用汽油摩尔组成为：烷烃60%，烯烃5%，环烷烃5%和芳烃30%。汽油平均碳数为7。

解：由于PONA分析已知，水在车用汽油中的溶解度可以很可靠地使用式(8-2-6A)进行计算：

$$\ln x_{w,m} = \sum x_i^{hc} \ln x_{w,i} \qquad (8-2-6A)$$

式中　$x_{w,m}$——水在混合物中的溶解度(摩尔分数)；

　　　x_i^{hc}——烃族组分 i 在无水的混合物中的摩尔分数；

　　　$x_{w,i}$——水在纯烃族组分 i 中的溶解度(摩尔分数)。

1. 由于已知该车用汽油的平均碳数为7，因此它的PONA组分 i 分别可以由庚烷、庚烯、甲基环己烷和甲苯来表示。

由式(8-2-4)和表8-2-5得到：

庚烷：$\ln x_w = 6.76126 + (-4290.70)/(25+273.15) = -7.62982$，$x_w = 4.857 \times 10^{-4}$；

庚烯：$\ln x_w = 6.609155 + (-4089.26)/(25+273.15) = -7.10629$，$x_w = 8.199 \times 10^{-4}$；

甲基环己烷：$\ln x_w = 6.61534 + (-4329.8)/(25+273.15) = -7.90688$，$x_w = 3.682 \times 10^{-4}$；

甲苯：$\ln x_w = 5.00877 + (-3271.6)/(25+273.15) = -5.96423$，$x_w = 2.569 \times 10^{-3}$。

水在庚烯中式(8-2-4)参数 a_1 设置为已烯的和辛烯的 a_1 算术平均值。

2. 将上述计算结果和已知的组成代入式(8-2-6A)，得到：

$$\ln x_{w,m} = 0.6\ln(4.857 \times 10^{-4}) + 0.05\ln(8.199 \times 10^{-4}) + 0.05\ln(3.682 \times 10^{-4})$$
$$+ 0.30\ln(2.569 \times 10^{-3}) = -7.11788$$
$$x_{w,m} = 8.105 \times 10^{-4}$$

由计算结果可见，由于汽油中含有 5%(mol)烯烃，特别是含有 30%(mol)芳烃，因此水在汽油中的溶解度比在庚烷中的高出将近 70%。

表 8-2-6　水在未知组成液体烃类混合物中溶解度的参数

油品名称	相对密度 (API)	平均相对 分子质量	Waston 特性因数[①]	a_1	a_2	温度范围/ ℃	数据来源		%ADD	%Bias
							点数	文献		
航空汽油[②]	70.6	95	12.2	6.31813	-4168.13	0~37.8	9	38, 242	9.99	0.66
石脑油	54.2	147	12.2	6.28057	-4004.5	158.9~222.2	4	76	1.51	0.02
煤油[75]	41.9	173	11.8	6.22015	-4021.49	17.8~263.9	23	76, 77	8.50	0.48
煤油[75]	47.2	170	12.0							
润滑油[75]	29.3	434	12.4	6.33472	-3980.47	16.1~281.1	22	76, 77	5.48	0.25
石蜡[76]	28.8	350	12.1							
柴油[③]	37.0	200	11.7	8.27790	-5117.09	200~328.3	7	259	4.60	0.14
重柴油[③]	38.2	200	11.8	7.67509	-4788.6	200~332.8	6	259	5.04	0.19
柴油[③]	39.2	225	12.0	7.46718	-4663.75	200~337.2	6	259	1.78	0.03
加氢异构化油[③]	40.6	187	11.9	8.13573	-5018.47	200~327.8	7	259	4.48	0.13
宽馏程石油馏分[③]	36.0	253	12.4	7.10395	-4505.29	250~348.9	6	259	3.43	0.12
煤系溶剂油	14.4	187	10.0	4.18192	-2879.27	40~200	3	285	8.22	0.50

① Waston 特性因数，$K_w = (NBP/°R)^{(1/3)}/S$，S(相对密度 15.6/15.6℃) = 141.5/(API+131.5)；

② 直馏产品：相对密度=0.70，初馏点=40℃，终馏点=145℃[252]；

③ 溶解随温度增加的速率很陡，这与接近 T_{3c} 时的溶解曲线的形状特征一致（T_{3c} 是每种馏分温度范围的上端点）。

水在烃类和石油馏分中的溶解度，参见图 8-2-1[287]。

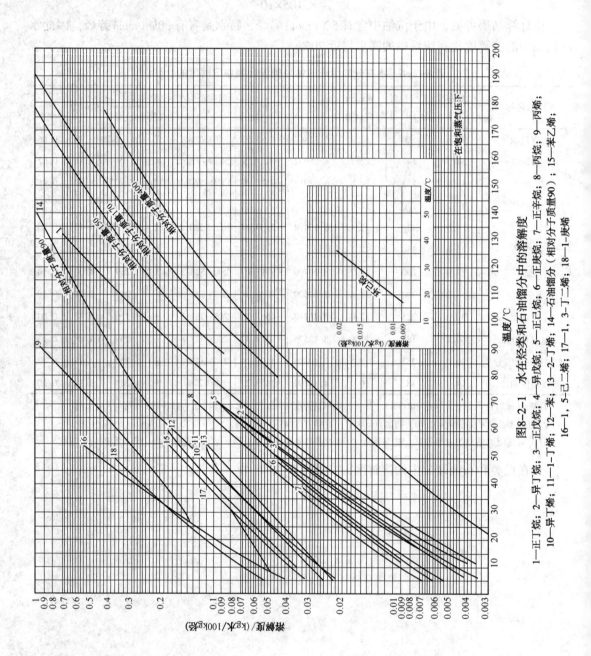

图8-2-1 水在烃类和石油馏分中的溶解度

1—正丁烷；2—异丁烷；3—正戊烷；4—异戊烷；5—正己烷；6—正庚烷；7—正辛烷；8—丙烷；9—丙烯；
10—异丁烯；11—1-丁烯；12—苯；13—2-丁烯；14—石油馏分（相对分子质量90）；15—苯乙烯；
16—1，5-己二烯；17—1，3-丁二烯；18—1-庚烯

第三节　烃类和非烃气体在水中的溶解度

一、气体烃和非烃气体在水中的亨利系数

根据式(8-3-1)[3]计算气体在水中的亨利系数:

$$\ln H = \frac{B_1}{T} + B_2 \ln T + B_3 T + B_4 \qquad (8-3-1)$$

式中　　　　H——亨利系数,MPa/mol 气体;

T——绝对温度,K;

B_1、B_2、B_3、B_4——系数。

计算步骤:

第一步:从表8-3-1中查到B_1、B_2、B_3、B_4系数;

第二步:根据式(8-3-1)计算特定温度下气体在水中的亨利系数;

式(8-3-1)仅可在表8-3-1所示的各组分的压力范围内应用。文献[55]所示的计算方法可用于在高压下,由对式(8-3-1)计算的亨利系数进行修正实现。

在表8-3-1所给定的温度和压力范围内,式(8-3-1)计算的亨利系数与实验数据的误差在10%以内。每种气体的计算误差见表8-3-1。

【例8-3-1】

计算在25℃和0.101325MPa(PP_{gas})分压下,硫化氢在水中的溶解度。

计算过程:

从表8-3-1,可以查到硫化氢的B_1、B_2、B_3、B_4系数;

$B_1 = -36591.5$,　　$B_2 = -215.13$,$B_3 = 0.3346$,$B_4 = 1252.72$

$T = 25 + 273.15 = 298.15$

根据式(8-3-1):

$$\ln H = \frac{-36591.5}{298.15} - 215.13 \ln 298.15 + 0.3346 \times 298.15 + 1252.72 = 4.0285$$

得到$H = 56.18$MPa/mol 气体

则硫化氢在水中的溶解度为:

$X = PP_{gas}/H = 1/554.72 = 0.0018$

表8-3-1　B_1、B_2、B_3、B_4系数

气体	温度范围/℃	压力范围/kPa	B_1	B_2	B_3	B_4	平均误差
氧气	0~70	20.7~117.2	56502.7	385.375	-0.6367212	-2186.97	3.5
氢气	0~100	62.1~117.2	65.4	15.373	-0.0416862	-66.42	4.1
硫化氢	0~60	34.5~448.3	-36591.5	-215.127	0.3345732	1252.72	2.0
氮气	0~100	20.7~220.7	14006.1	118.943	-0.2224278	-649.20	5.7
氨气	20~316	2.76~3917	-6190.1	-7.893	0.0023112	63.00	19.0
一氧化碳	0~260	101.4~13779	-4812.6	-5.654	-0.021654	63.55	4.7
二氧化碳	0~200	13.8~475.9	26004.8	191.186	-0.3164274	-1077.02	17.3

续表

气体	温度范围/℃	压力范围/kPa	B_1	B_2	B_3	B_4	平均误差
甲硫醇	38~316	303.4~14255	-7656.4	-12.347	-0.0107424	102.26	33.2
二氧化硫	10~70	0~220.7	352720.3	2296.520	-3.6856872	-13168.00	22.6
氨气	0~275	101.4~1000	-9770.8	-42.873	0.0362538	275.84	16.2
氩气	0~295	96.6~2968	-13108.2	-51.464	0.042552	332.79	7.1
一氧化二氮	0~25	101.4	130031.3	946.088	-1.6793352	-5320.39	1.7
一氧化氮	0~80	101.4	-13067.9	-54.228	0.0544608	344.63	0.3
氯气	10~25	2.86~101.4	-58743.9	0.000	-0.6669216	399.70	23.9
溴	0~60	101.4	17059.1	156.042	-0.2843298	-859.44	0.5
碘	0~124	101.4	-3549.8	-12.490	-0.028899	100.02	0.4
甲烷	1~171	101.4~3103	-19537.0	-92.170	0.1073052	566.99	3.6
乙烷	5.6~171	101.4~2759	-8006.3	-11.467	-0.0230904	107.11	7.5
丙烷	5~154	101.4~2759	-39162.2	-181.505	0.2059416	1109.38	5.3
正丁烷	3.3~171	101.4~2759	-11418.1	-22.455	-0.0181602	180.10	6.2
异丁烷	5~104	101.4~1034	-52318.1	-293.567	0.429534	1728.83	5.3

表 8-3-2　　H_2S 在水中的亨利系数[287]

压力/	在不同温度（℃）下的亨利常数 /（atm/mol）						
atm	5	10	20	30	40	50	60
1	312	364	478	604	735	865	981
2	319	369	480	606	739	877	1002
3	326	372	483	609	742	883	1011

注：1atm=0.101325MPa。

二、气体烃和非烃气体在水中的溶解度

表 8-3-3　　几种常见气体在水中的溶解度[287]

温度/℃	氯 Cl_2/λ[①]	溴 Br_2/a[②]	氨 NH_3/y[③]	溴化氢 HBr/λ	氯化氢 HCl/λ	二氧化硫 SO_2/λ
0	4.610	60.5	87.5	612	507	79.79
5	3.58	45.8	77.1		491	67.48
10	3.148	35.1	67.9	582	474	56.65
15	2.680	27.0	59.7		459	47.28
20	2.299	21.3	52.6		442	39.37
25	2.019	17.0	46.2	533	426	32.79
30	1.799	13.8	40.3		412	27.16
40	1.438	9.4	30.7		386	18.77
50	1.225	6.5	22.9	469	362	
60	1.023	4.9			339	
80	0.683	3.0	16.4			
100	0.00		7.4	345		

①λ 为总压（而非分压）等于 101.325kPa 下时的吸收系数。

②α 为吸收系数，当气体分压为 101.325kPa 时，单位体积的水所吸收的气体体积数（折合成 760mmHg 和 0℃来计算）。

③y 为在所给的温度下当气体总压力（气体分压与吸收温度下液体的饱和蒸气压之和）为 101.325kPa 时，100g 纯溶剂所吸收的气体克数。

表8-3-4　气体在水中的溶解度[287]

$T/℃$	O$_2$		N$_2$(+1.185%Ar)		空气	H$_2$	Ar	He	Kr	Ne	Xe	CO$_2$	
	$a^{①}\times10^2$	$k\times10^{-7}$	$a\times10^2$	$k^{②}\times10^{-7}$	$a\times10^2$	$k\times10^{-7}$	$k\times10^{-7}$	$k\times10^{-7}$	$k\times10^{-7}$	$k\times10^{-7}$	$k\times10^{-7}$	a	$k\times10^{-7}$
0	4.890	1.934	2.354	4.016	2.881	4.42	1.65	10.0	0.853	7.68	0.392	1.713	0.0555
5	4.286	2.205	2.086	4.535	2.543	4.62						1.424	
10	3.802	2.486	1.861	5.079	2.264	4.82	2.18	10.5	1.20	8.49	0.555	1.194	0.0788
15	3.415	2.766	1.685	5.606	2.045	5.01						1.019	
20	3.102	3.041	1.545	6.109	1.869	5.20	2.58	10.9	1.52	9.14	0.742	0.878	0.108
25	2.831	3.314	1.434	6.574	1.724	5.37						0.759	
30	2.608	3.610	1.342	7.022	1.607	5.51	3.02	11.1	1.85	9.45	0.945	0.665	0.139
35	2.44	3.850	1.256	7.483	1.504	5.63						0.592	
40	2.306	4.068	1.184	7.923	1.419	5.78	3.49	10.9	2.18	9.80	1.16	0.530	0.173
45	2.187	4.281	1.130	8.285	1.352	5.80						0.479	
50	2.090	4.470	1.088	8.586	1.298	5.82	3.76	10.5	2.43	10.0	1.31	0.436	0.217
60	1.946	4.777	1.023	9.078	1.216	5.80	3.92	10.3	2.66		1.46	0.359	0.258
70	1.833	5.043	0.977	9.462	1.156	5.77	4.12	9.88	2.83		1.59		
80	1.761	5.224	0.958	9.591	1.126	5.73	4.25		2.94		1.66		
90	1.723	5.310	0.95	9.61	1.11	5.71							
100	1.700	5.33	0.95	9.54	1.11	5.66							

$T/℃$	CO	H$_2$S	NO	N$_2$O	CH$_4$		C$_2$H$_2$		C$_2$H$_4$		C$_2$H$_6$	C$_3$H$_6$
	$a\times10^2$	a	$a\times10^2$	$k\times10^{-7}$	$a\times10^2$	$k\times10^{-7}$	a	$k\times10^{-7}$	a	$k\times10^{-7}$	$k\times10^{-7}$	$k\times10^{-7}$
0	3.537	4.670	7.381	0.074	5.563	1.699	1.730	0.0555	0.226	0.370	0.954	0.23
5	3.149	3.977	6.461		4.805	1.968	1.49		0.191		1.177	0.27
10	2.816	3.399	5.709	0.108	4.177	2.257	1.31	0.0716	0.162	0.552	1.438	0.339
15	2.543	2.945	5.147		3.690	2.560	1.15		0.139		1.716	0.39
20	2.319	2.582	4.795	0.155	3.303	2.853	1.03	0.09	0.122	0.753	1.997	0.44
25	2.142	2.282	4.323		3.006	3.136	0.93		0.108		2.297	
30	1.998	2.037	4.004	0.210	2.762	3.408	0.84	0.112	0.098	1.0	2.597	
35	1.877	1.831	3.734		2.546	3.69					2.909	
40	1.775	1.660	3.507	0.246	2.369	3.94		0.133		1.23	3.21	
45	1.690	1.516	3.311		2.238	4.18					3.51	
50	1.615	1.392	3.152	0.279	2.134	4.38					3.79	
60	1.488	1.190	2.954		1.954	4.75					4.28	
70	1.440	1.022	2.810		1.825	5.06					4.73	
80	1.430	0.917	2.700		1.170	5.18					5.02	
90	1.420	0.84	2.650		1.735	5.26					5.2	
100	1.410	0.81	2.630		1.70	5.3					5.2	

注：1. a 为吸收系数，在 $t℃$ 和气体分压为 760mmHg(1mmHg=133.322Pa) 下溶解在单位体积水中的气体体积数。

2. k 为常数，$k=P/X$。式中 P 为气体分压(mmHg)，X 为摩尔浓度。

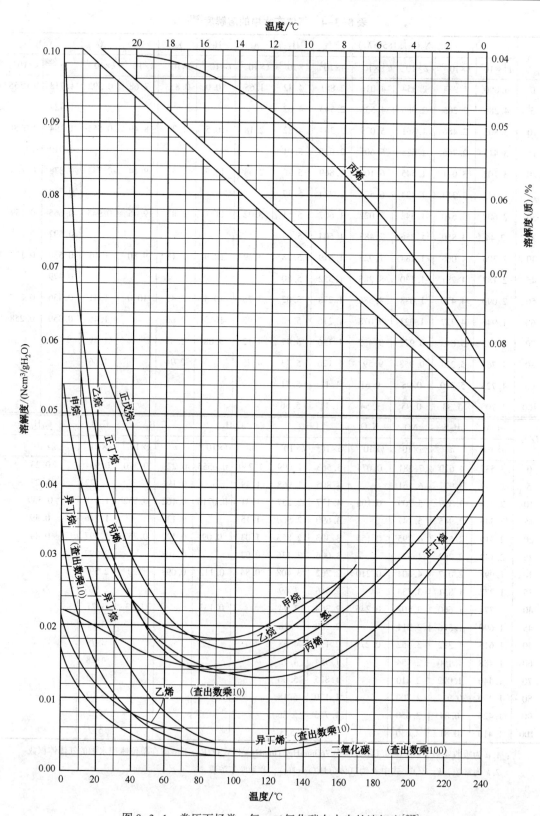

图 8-3-1　常压下烃类、氢、二氧化碳在水中的溶解度[287]

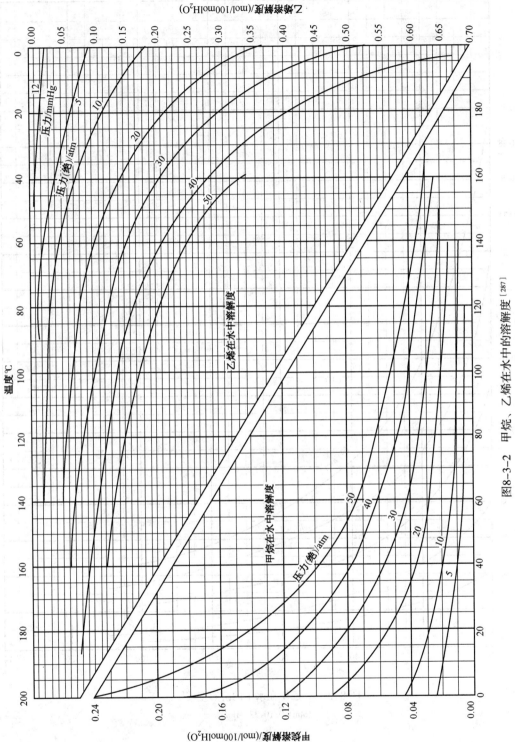

图8-3-2　甲烷、乙烯在水中的溶解度 [287]

（1atm=0.101325MPa）

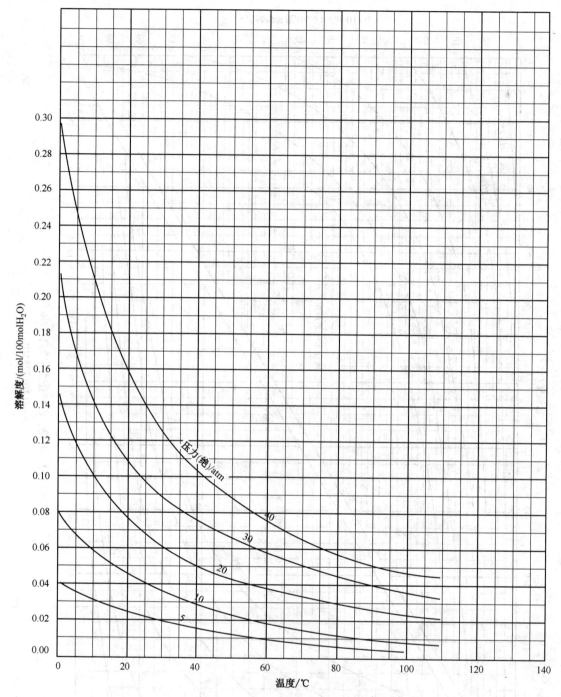

图 8-3-3　乙烷在水中的溶解度[287]

（1atm＝0.101325MPa）

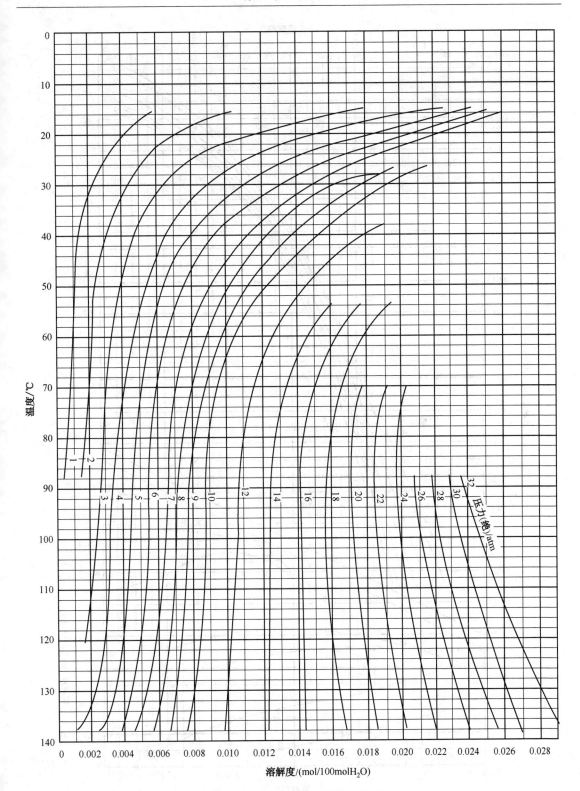

图 8-3-4　丙烷在水中的溶解度[287]

(1atm=0. 101325MPa)

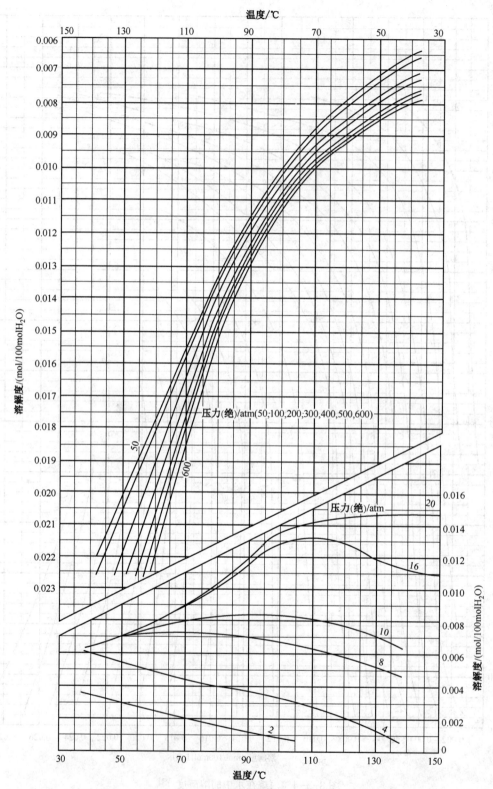

图 8-3-5　正丁烷在水中的溶解度[287]

（1atm = 0. 101325MPa）

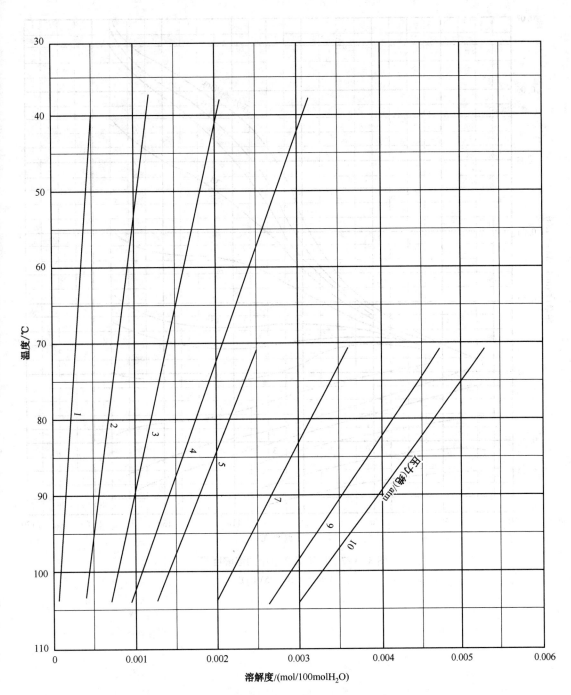

图 8-3-6 异丁烷在水中的溶解度[287]

（1atm=0.101325MPa）

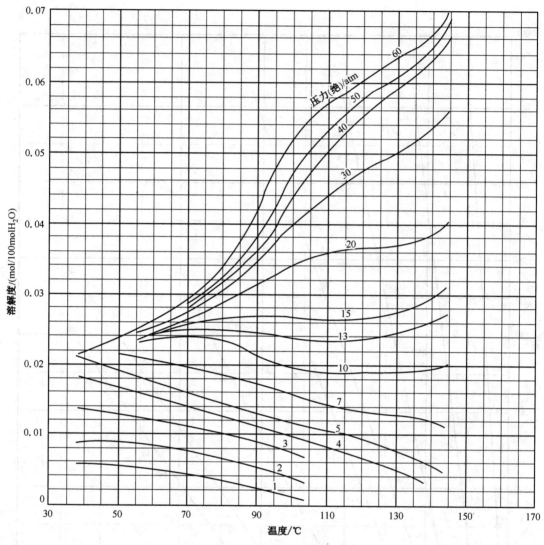

图 8-3-7　1-丁烯在水中的溶解度[287]

(1atm=0.101325MPa)

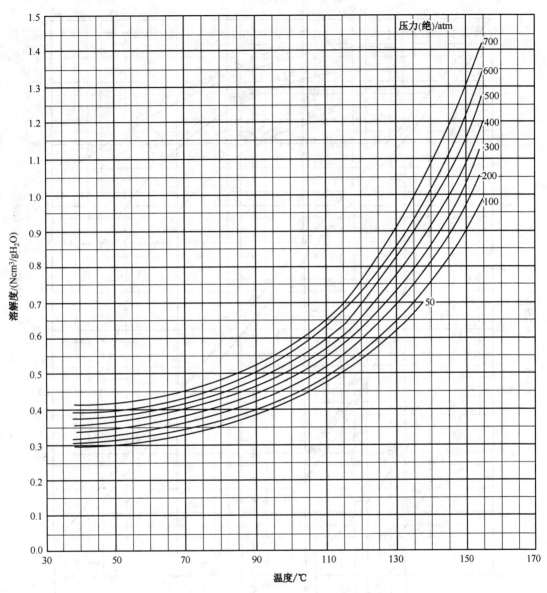

图 8-3-8　异丁烯在水中的溶解度[287]

（1atm＝0.101325MPa）

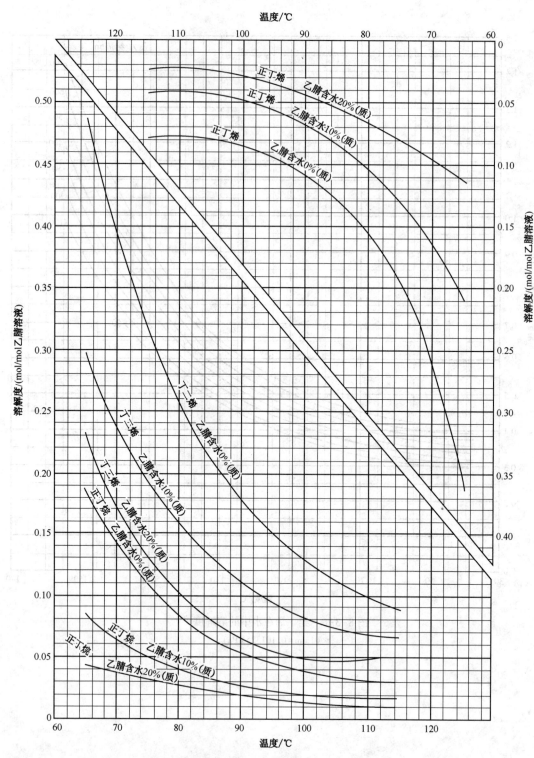

图 8-3-9　0.709MPa 下正丁烷、正丁烯和丁二烯在乙腈水中的溶解度[287]

总压力：0.709MPa(绝)　乙腈：馏程 81~82℃，纯度 95%

正丁烷：纯度 98%~99.8%　丁二烯：纯度 97.75%~98.6%

正丁烯：	成分	丁烷	1-丁烯	2-顺丁烯	2-反丁烯	1,3-丁二烯
	%(体积)	2.35	39.68	25.68	31.47	0.82

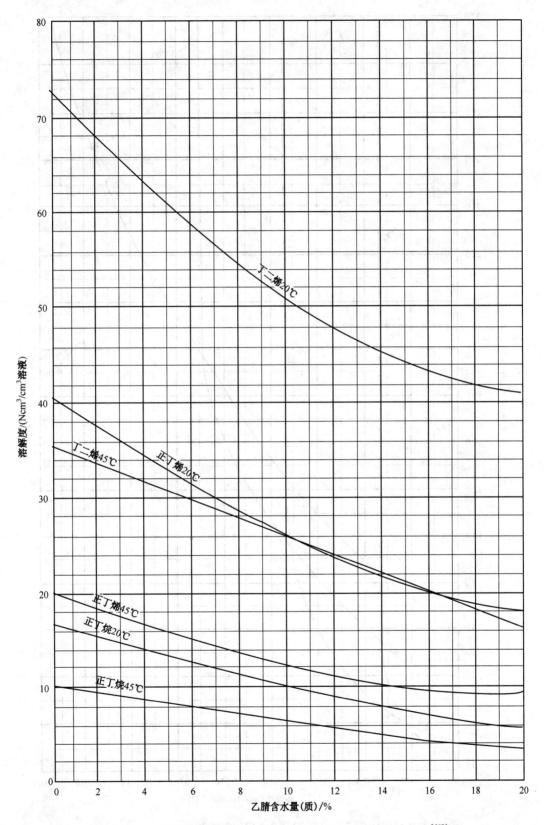

图 8-3-10 常压下正丁烷、正丁烯和丁二烯在乙腈水中的溶解度[287]

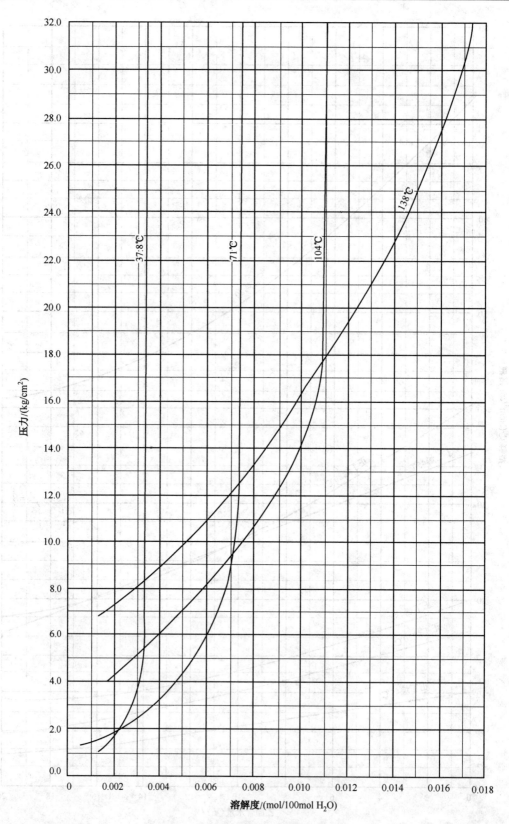

图 8-3-11　己烷在水中的溶解度[287]

$(1kg/cm^2 = 10^5 Pa)$

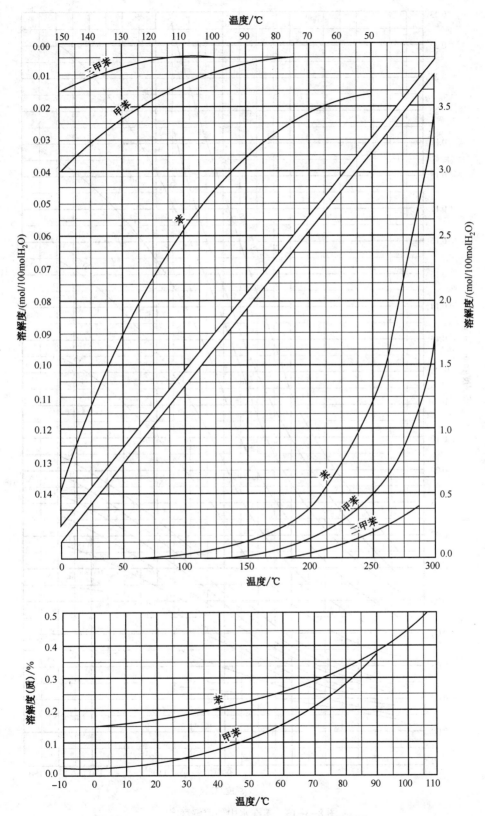

图 8-3-12　常压下芳香烃在水中的溶解度[287]

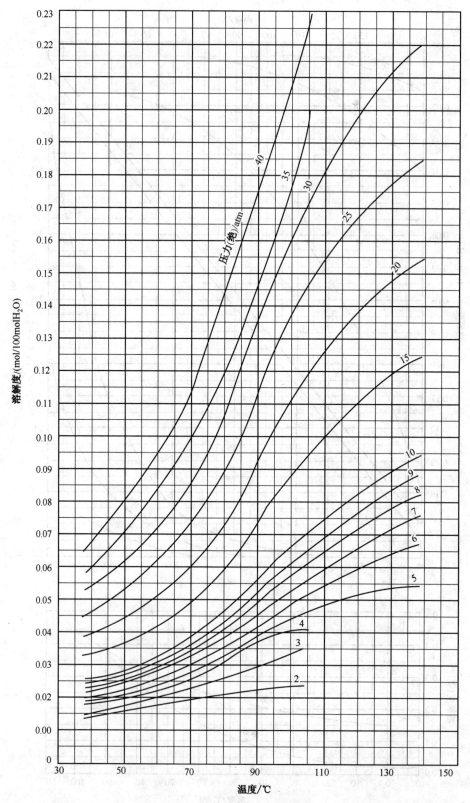

图 8-3-13　苯在水中的溶解度[287]

（1atm＝0.10325MPa）

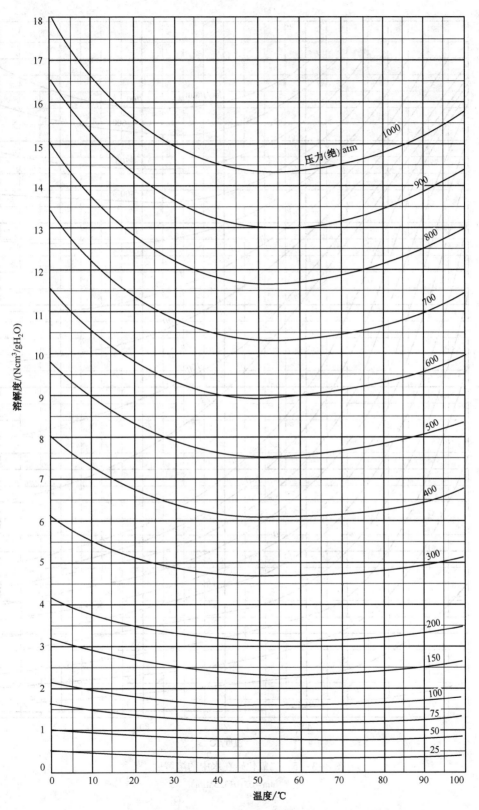

图 8-3-14　氢在水中的溶解度[287]

（1atm=0.101325MPa）

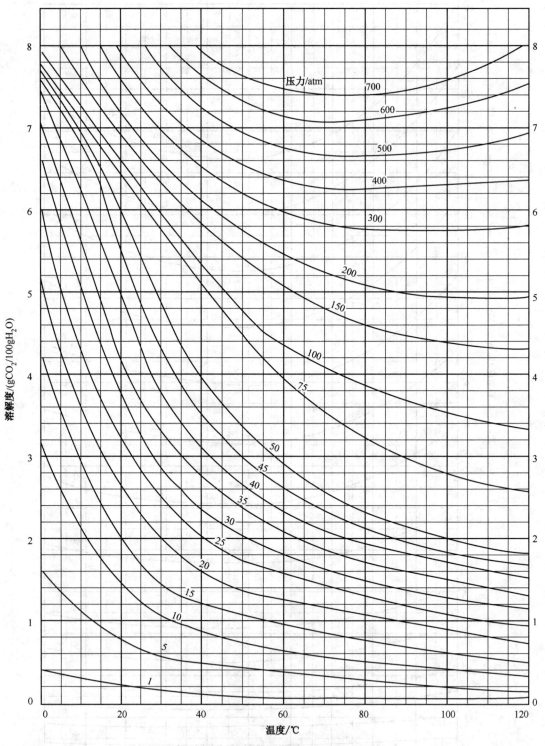

图 8-3-15　二氧化碳在水中的溶解度[287]

（1atm＝0.101325MPa）

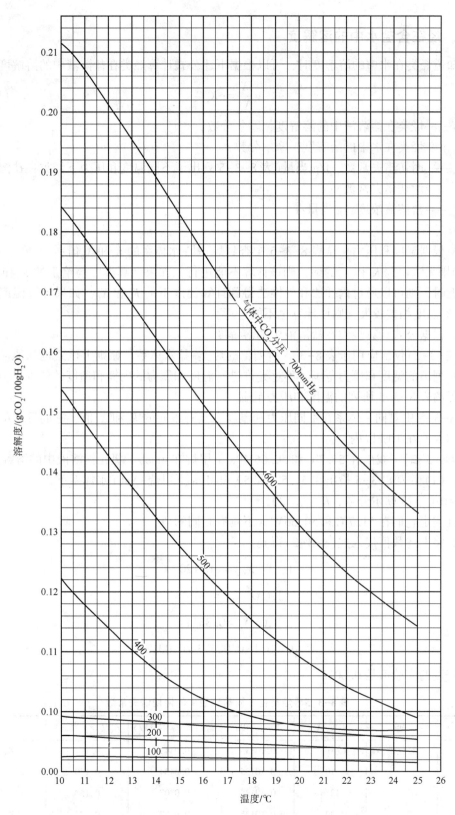

图 8-3-16 低压下二氧化碳在水中的溶解度[287]

（1mmHg=133.322Pa）

三、烃在含盐水中的溶解度

当知道烃类在水中的溶解度时，可以根据下述公式计算烃类在盐溶液中的溶解度[3]。

$$\lg \frac{X}{X_0} = -K_s C_s \tag{8-3-2}$$

式中　X——烃类在盐溶液中的溶解度，摩尔分数；

　　　X_0——烃类在水中的溶解度，摩尔分数；

　　　K_s——谢切诺夫常数，l/g 当量(表 8-3-5 列出了不同温度和压力下烃类在盐溶液中的谢切诺夫常数)；

　　　C_s——盐溶液浓度，g 当量/l。

计算过程：

(1) 根据温度和压力，从表 8-3-5 中查到烃-盐-水体系的 K_s 和 X_0 值；

(如果无法得到 K_s 和 X_0 的话，则该计算不能进行；如果计算温度与给定的 K_s 和 X_0 温度基本相近时，则可以通过内插法和外推法得到计算温度下的 K_s 和 X_0；如果计算温度与给定的 K_s 和 X_0 温度相差较大，则该计算也不能进行)

(2) 根据公式计算烃类在盐溶液中的溶解度。

式(8-3-2)仅能应用于表 8-3-5 所列出的烃类-盐水体系。原则上该式也只能应用于表 8-3-5 所列出的温度和压力范围，不过允许进行温度和压力的内插和适度的外推，但是不能应用于远离表 8-3-5 所列的温度和压力范围。

表 8-3-5 中对同一体系在不同压力和温度下具有不同的 K_s 和 X_0 值。它们反映的数值与实验值的误差在 10% 以内。

【例 8-3-2】　找出在 51.7℃ 和 50.66MPa 下甲烷在 4mol/L 氯化钠溶液中的溶解度。

解：(1) 由表 8-3-5 检出在 51.5℃ 和 50.66MPa 下甲烷-NaCl 水体系下，

$X_0 = 0.00373$ 摩尔分数，$K_s = 0.120$，

并且假定它们在 51.7℃ 和 50.66MPa 下具有相同的值。

(2) 将上述数值代入式(8-3-2)得到

$$\lg(X/X_0) = -0.120 \times 4$$

$$\lg(X/X_0) = -0.48$$

$$X/X_0 = 0.3311$$

$$X = 0.3311 \times 0.00373 = 0.00124$$

溶解度的实验值是 0.0013[160]。

表 8-3-5　烃类在不同盐溶液中的谢切诺夫常数

烃类	盐	温度/℃	压力/MPa	$X_0 \times 10^3$(摩尔分数)	K_s/(L/g 当量)	文　献
甲烷	氯化钠	0	0.10135	0.0449	0.194	58, 235
		10	0.10135	0.0434	0.170	235
		12.6	0.10135	0.0307	0.153	150
		30	0.10135	0.0183	0.127	150, 235
		49.4	0.10135	0.0175	0.111	150

续表

烃类	盐	温度/℃	压力/MPa	$X_0 \times 10^3$(摩尔分数)	K_s/(L/g 当量)	文 献
		71.7	0.10135	0.0155	0.102	150
		30	2.0684	0.457	0.114	54
		30	2.7579	0.599	0.113	54
		30	4.4474	0.738	0.10	54
		30	4.1369	0.864	0.096	54
		51.5	10.1353	1.430	0.122	163
		51.5	20.2706	2.280	0.119	163
		51.5	30.4059	2.870	0.122	163
		51.5	40.5412	3.340	0.121	163
		51.5	50.6765	3.730	0.120	163
		51.5	60.8118	4.090	0.119	163
		102.5	20.2706	2.210	0.109	163
		102.5	30.4059	2.870	0.108	163
		102.5	40.5412	3.330	0.112	163
		102.5	50.6765	3.850	0.120	163
		102.5	60.8118	4.190	0.112	163
		125	10.1353	1.430	0.132	163
		125	20.2706	2.320	0.117	163
		125	30.4059	2.960	0.121	163
		125	40.5412	3.430	0.119	163
		125	50.6765	3.960	0.124	163
		125	60.8118	4.300	0.121	163
甲烷	氯化钙	25	2.0684	0.501	0.132	54
		25	2.7579	0.650	0.109	54
		25	3.4474	0.802	0.105	54
		25	4.1369	0.939	0.103	54
		30	2.7579	0.599	0.091	54
		30	3.4474	0.734	0.084	54
		30	3.4474	0.734	0.084	54
甲烷	氯化锂	12.6	0.10135	0.037	0.130	150
		29.9	0.10135	0.183	0.097	150
		49.4	0.10135	0.0175	0.082	150
		71.7	0.10135	0.0155	0.077	150
甲烷	碘化钾	12.6	0.10135	0.0307	0.130	150
		29.9	0.10135	0.0183	0.097	150
		49.4	0.10135	0.0175	0.071	150
		71.7	0.10135	0.0155	0.054	150

烃类	盐	温度/℃	压力/MPa	$X_0 \times 10^3$(摩尔分数)	K_s/(L/g 当量)	文　献
乙烷	氯化钠	0.0	0.10135	0.0161	0.198	45
		12.6	0.10135	0.0411	0.184	150
		20.0	0.10135	0.0403	0.175	45
		29.9	0.10135	0.0272	0.162	150
		49.4	0.10135	0.0202	0.145	150
		71.7	0.10135	0.0166	0.135	150
丙烷	氯化钠	12.6	0.10135	0.0396	0.216	150
		29.9	0.10135	0.0234	0.194	150
		49.4	0.10135	0.0157	0.178	150
		71.7	0.10135	0.0123	0.165	150
丙烷	氯化锂	12.6	0.10135	0.0396	0.175	150
		29.9	0.10135	0.0234	0.152	150
		49.4	0.10135	0.0157	0.138	150
		71.7	0.10135	0.0123	0.138	150
丙烷	碘化钾	12.6	0.10135	0.0396	0.121	150
		29.9	0.10135	0.0234	0.102	150
		49.4	0.10135	0.0157	0.085	150
		71.7	0.10135	0.0123	0.067	150
正丁烷	氯化钠	0.0	0.10135[①]	0.059	0.283	185
		10.0	0.10135[①]	0.0407	0.301	185
		12.6	0.10135	0.0342	0.243	150
		20.0	0.10135[①]	0.0259	0.250	185
		29.9	0.10135	0.0192	0.217	150
		49.4	0.10135	0.0114	0.194	150
		71.7	0.10135	0.0083	0.150	150
正丁烷	碘化钾	12.6	0.10135	0.0342	0.109	150
		29.9	0.10135	0.0192	0.098	150
		49.4	0.10135	0.0114	0.080	150
		71.7	0.10135	0.0083	0.059	150
正丁烷	氯化钾	12.6	0.10135	0.0342	0.200	150
		29.9	0.10135	0.0192	0.182	150
		49.4	0.10135	0.0114	0.164	150
		71.7	0.10135	0.0083	0.144	150
正丁烷	氯化氢	12.6	0.10135	0.0342	0.080	150
		29.9	0.10135	0.0192	0.049	150
		49.4	0.10135	0.0114	0.031	150
		71.7	0.10135	0.0083	0.028	150

续表

烃类	盐	温度/℃	压力/MPa	$X_0 \times 10^3$(摩尔分数)	K_s/(L/g 当量)	文　献
正丁烷	氯化钡	12.6	0.10135	0.0347	0.250	150
		29.9	0.10135	0.0192	0.210	150
		49.4	0.10135	0.0114	0.180	150
		71.7	0.10135	0.0083	0.165	150
正丁烷	氯化镧	12.6	0.10135	0.0347	0.182	150
		29.9	0.10135	0.0192	0.154	150
		49.4	0.10135	0.0114	0.154	150
		71.7	0.10135	0.0083	0.140	150
正戊烷	氯化钠	25.0	②	0.00964	0.227	174
乙烯	氯化钠	12.6	0.10135	0.103	0.140	150
		25.0	0.10135 ①	0.080	0.140	162
		29.9	0.10135	0.0722	0.127	150
		49.4	0.10135	0.0540	0.114	150
		71.7	0.10135	0.0445	0.101	150
乙烯	氯化锂	12.6	0.10135	0.103	0.104	150
		29.9	0.10135	0.0722	0.089	150
		49.4	0.10135	0.0540	0.082	150
		71.7	0.10135	0.0445	0.083	150
乙烯	碘化钾	12.6	0.10135	0.103	0.070	150
		29.9	0.10135	0.0722	0.061	150
		49.4	0.10135	0.0540	0.050	150
		71.7	0.10135	0.0445	0.036	150
乙烯	氯化镧	12.6	0.10135	0.1030	0.112	150
		29.9	0.10135	0.0722	0.100	150
		49.4	0.10135	0.540	0.105	150
		71.7	0.10135	0.0445	0.091	150
乙烯	氯化钡	25.0	0.10135ª	0.080	0.137	162
乙烯	硝酸铵	25.0	0.10135ª	0.080	0.051	162
乙烯	硫酸钠	25.0	0.10135ª	0.080	0.198	162
乙烯	亚硫酸钠	25.0	0.10135	0.080	0.172	162
乙烯	氢氧化钾	15.0	0.10135	0.1005	0.177	17
乙烯	氢氧化钠	15.0	0.10135	0.1005	0.195	17
乙烯	氢氧化铵	15.0	0.10135	0.1005	0.0156	17
乙烯	硫酸钠	15.0	0.10135	0.1005	0.225	17
乙烯	氢氧化钡	15.0	0.10135	1.020	-0.057	17
乙烯	氢氧化铵	15.0	0.10135	1.020	-0.0032	17

烃类	盐	温度/℃	压力/MPa	$X_0 \times 10^3$(摩尔分数)	K_s/(L/g 当量)	文　　献
乙烯	氢氧化钠	15.0	0.10135	1.020	0.165	17
乙烯	氢氧化钾	15.0	0.10135	1.020	0.137	17
乙烯	硫酸钠	15.0	0.10135	1.020	0.267	17
乙烯	硫酸	15.0	0.10135	1.020	0.0650	17
甲基环戊烷	氯化钠	25.0	②	0.0402	0.225	174
苯	硫酸钠	25.0	②	0.410	0.274	142
苯	氯化钡	25.0	②	0.410	0.167	142
苯	氢氧化钠	25.0	②	0.410	0.256	142
苯	氟化钠	30.0	②	0.426	0.254	194
苯	氯化钠	25.0	②	0.410	0.195	132, 138, 142
苯	氯化钾	25.0	②	0.410	0.166	142
苯	溴化钠	25.0	②	0.410	0.155	142
苯	氯化锂	25.0	②	0.410	0.141	142
苯	RbCl	25.0	②	0.410	0.140	142
苯	溴化钾	25.0	②	0.410	0.119	142
苯	硝酸钠	25.0	②	0.410	0.119	142
苯	高氯酸钠	25.0	②	0.410	0.106	142
苯	氯化铵	25.0	②	0.410	0.095	142
苯	碘化钠	25.0	②	0.410	0.095	142
苯	氯化铯	25.0	②	0.410	0.088	142
苯	氯化氢	25.0	②	0.410	0.048	142
苯	溴化铵	25.0	②	0.426	0.041	194
苯	C&I	25.0	②	0.410	-0.006	142
苯	$KO_2C_7H_5$	30.0	②	0.426	-0.006	194
苯	高氯酸	25.0	②	0.410	-0.041	142
苯	四甲基溴化铵	30.0	②	0.426	-0.240	194
甲苯	氯化钠	25.0	②	0.101	0.205	174
乙苯	氯化钠	25.0	②	0.0260	0.242	150
萘	硫酸钠	25.0	②	0.00420	0.356	165
萘	氯化钠	25.0	②	0.00420	0.260	56, 138, 165
萘	氯化钾	25.0	②	0.00420	0.204	165
萘	氯化锂	25.0	②	0.00420	0.180	165
萘	溴化钠	25.0	②	0.00420	0.169	165
萘	高氯酸钠	25.0	②	0.00520	0.101	165
萘	氯化氢	25.0	②	0.00420	0.046	165
萘	高氯酸	25.0	②	0.00420	-0.081	165
萘	硫酸钠	0.1	②	0.0016	0.367	165

续表

烃类	盐	温度/℃	压力/MPa	$X_0 \times 10^3$(摩尔分数)	K_s/(L/g 当量)	文 献
萘	氯化钠	0.1	②	0.0016	0.232	165
萘	氯化锂	0.1	②	0.0016	0.191	165
萘	溴化钠	0.1	②	0.0016	0.166	165
萘	氯化氢	0.1	②	0.0016	0.055	165
联苯	硫酸钠	25.0	②	0.00086	0.423	165
联苯	氯化钠	25.0	②	0.00086	0.275	56，165
联苯	氯化钾	25.0	②	0.00086	0.253	165
联苯	氯化锂	25.0	②	0.00086	0.218	165
联苯	溴化钠	25.0	②	0.00086	0.209	165
联苯	高氯酸钠	25.0	②	0.00086	0.114	165
联苯	氯化氢	25.0	②	0.00086	0.071	165
联苯	高氯酸	25.0	②	0.00086	−0.116	165
菲	氯化钠	25.0	②	0.000108	−0.336	56，197
芴	氯化钠	25.0	②	0.000214	0.267	138
蒽	氯化钠	25.0	②	0.00076	0.238	138，197
2-甲基蒽	氯化钠	25.0	②	0.37×10^{-5}	0.336	138
1-甲基菲	氯化钠	25.0	②	0.25×10^{-4}	0.211	138
芘	氯化钠	25.0	②	0.12×10^{-4}	0.286	138，197
荧蒽	氯化钠	25.0	②	0.23×10^{-4}	0.339	138
䓛	氯化钠	25.0	②	0.16×10^{-4}	0.336	138
1，2-苯并蒽	氯化钠	25.0	②	0.11×10^{-3}	0.354	138
1-甲基萘	氯化钠	25.0	②	0.0038	0.191	197
1-乙基萘	氯化钠	25.0	②	0.00115	0.269	197
苯并芘	氯化钠	25.0	②	0.34×10^{-6}	0.426	197

① 气体分压。

② 系统压力。

四、氨和硫化氢的二元和三元酸性体系在水中的平衡浓度

1. 气体在水溶液中平衡浓度的计算

下述两个公式可以应用于计算二元或三元体系氨在硫化氢在水溶液中的平衡浓度及分压，其中二元体系应用式(8-3-3)[3]，三元体系应用式(8-3-4)[3]。计算过程中需要的参数有操作温度和气体的分压。

$$\lg(PP) = A_1 \times PPM^2 + A_2 \times PPM + A_3 \times T + A_4 \qquad (8-3-3)$$

$$\lg(PP) = C_1 \times PPM^2 + C_2 \times PPM + C_3 \times Z_M + C_4 \qquad (8-3-4)$$

式中 PP——气体分压，kPa；

$PPM = \lg(ppm)$；

ppm——组分浓度，μg/g；

　　　　T——温度，K；

　　　　Z_M——摩尔分数的函数。

　　以上公式适用于温度 26.7~148.9℃，浓度低于 10% 的情况，若超出此范围时，不推荐使用以上公式。

　　在公式的适用范围内，式(8-3-3)和式(8-3-4)的平均误差分别为 7.72% 和 8.41%；两公式的偏差分别为 -0.38% 及 -0.49%。

　　对于三元体系，公式通过逆杠杆规则在表 8-3-6 所列的温度间进行插值。

　　式(8-3-4)中的参数 Z_M 为摩尔分数的函数，实际的函数从表 8-3-6 选定，可能的函数为：

$$1.\ \frac{1}{M^2},\ 2.\ \lg M,\ 3.\ 1-\frac{M^2}{6}+\frac{M^4}{120}$$

式中　　M——mol(NH$_3$)/mol(H$_2$S)。

　　函数 3 也可以表示为：$\sin M/M$

　　计算步骤

　　二元体系：

　　(1) 从表 8-3-6 中查到常数 A_1、A_2、A_3 和 A_4；

　　(2) 计算在操作温度和气体分压下的平衡浓度(ppm)；

　　三元体系：

　　(1) 确定操作温度，以及氨和硫化氢的初始分压假设值；

　　(2) 计算及氨/硫化氢的摩尔比；

　　(3) 在温度和摩尔比确定的基础上，选择和计算 Z 值；

　　(4) 利用气体分压、Z 值和从表 8-3-6 中查到的参数根据式(8-3-4)计算选定组分的分压；

　　(5) 对另一组分重复步骤 2~4；

　　(6) 重复步骤 2~6 直至分压值收敛。

【例 8-3-3】　二元体系

　　求出氨气在 120℃、分压为 24.4kPa 条件下，水溶液中的平衡浓度。

　　通过式(8-3-3)及表 8-3-6 中的常数，在以上操作条件下，氨气的浓度为 10085.42μg/g，文献[232]给出实验浓度为 8770μg/g。

【例 8-3-4】　三元体系

　　求出氨在 120℃，硫化氢的分压为 82.5mmHg，浓度为 7000μg/g 条件下的浓度。通过式(8-3-4)及表 8-3-6 中的常数，mol(NH$_3$)/mol(H$_2$S) 为 5.57，文献[82]给出的实验数据是 4.8。

表 8-3-6　式(8-3-3)及式(8-3-4)中平衡参数

二元体系							
组分				A_1	A_2	A_3	A_4
氨				0.01129	0.9568	0.01294	-7.71008
硫化氢				-0.00322	1.0318	0.00446	-2.83239

				三元体系			
组分	温度/K	摩尔比	Z_M	C_1	C_2	C_3	C_4
氨	278.69	0.7~20	1	0.02998	0.838845	−2.41891	−3.7553
氨	278.69	0.1~0.7	2	0.13652	0.074081	2.03207	−4.7434
硫化氢	278.69	0.1~1	3	−0.00562	1.028528	14.99733	−9.7926
硫化氢	278.69	1.4~4.0	2	0.00227	0.980646	−5.08954	−3.1856
硫化氢	278.69	4~50	2	0.00138	0.881842	−1.95023	−3.6356
氨	290.92	0.7~20	1	0.03894	0.775221	−2.12148	−3.4723
氨	290.92	0.1~0.7	2	0.06415	0.659240	2.24410	−5.3875
硫化氢	290.92	0.1~1	3	−0.00487	1.025371	13.43722	−8.8231
硫化氢	290.92	1.1~3	2	0.01018	0.915687	−4.78715	−2.8186
硫化氢	290.92	4~50	2	0.00668	0.849756	−1.99575	−3.2884
氨	302.03	0.7~20	1	0.02393	0.881656	−1.95646	−3.4419
氨	302.03	0.1~0.7	2	0.09581	0.420378	2.35778	−4.5784
硫化氢	302.03	0.1~1	3	0.00308	0.976347	12.25942	−8.0644
硫化氢	302.03	1.1~3	2	0.00562	0.932481	−4.47363	−2.5442
硫化氢	302.03	4~50	2	0.01577	0.778382	−1.92991	−2.8697
氨	318.69	0.7~20	1	0.02580	0.856844	−1.63793	−3.1489
氨	318.69	0.1~0.7	2	0.07081	0.625739	2.21841	−4.4548
硫化氢	318.69	0.1~0.9	2	−0.02064	1.090006	−1.18881	−1.9679
硫化氢	318.69	1~2	2	0.00144	0.961073	−5.41766	−2.1668
硫化氢	318.69	3~50	2	0.01306	0.813499	−2.07292	−2.4596
氨	346.47	1.6~20	2	0.06548	0.621031	0.43391	−2.7757
氨	346.47	1.1~1.5	2	0.05838	0.683411	3.51063	−3.3221
氨	346.47	0.5~1	2	−0.07626	1.462759	4.63424	−4.3936
硫化氢	346.47	1.5~0.5	2	0.00398	0.997000	−3.52606	−2.0125
硫化氢	346.47	1.6~20	2	−0.00651	1.037056	−2.23911	−2.355
氨	357.58	1.5~20	2	0.05840	0.647857	0.51602	−2.7071
氨	357.58	1~1.4	2	0.02447	0.864904	4.68450	−3.3937
氨	357.58	0.5~0.9	2	−0.08280	1.479719	4.07894	−4.1758
硫化氢	357.58	0.5~1.5	2	0.00892	0.957002	−3.32037	−1.8685
硫化氢	357.58	1.6~20	2	0.00674	0.910272	−2.09003	−1.9588
氨	368.69	1.6~20	2	0.04542	0.756870	0.32949	−2.6792

续表

组分	温度/K	摩尔比	Z_M	C_1	C_2	C_3	C_4
氨	368.69	1~1.5	2	0.03659	0.790904	3.61330	-3.1161
氨	368.69	0.5~0.9	2	-0.07386	1.445958	3.23802	-4.0227
硫化氢	368.69	0.5~20	2	0.00000	1.002832	-2.53789	-1.8309
氨	379.81	1.6~20	2	0.04603	0.728930	0.32155	-2.4403
氨	379.81	1.5~1	2	0.03493	0.796292	3.04598	-2.912
氨	379.81	0.5~0.9	2	-0.07354	1.437440	3.12314	-3.7667
硫化氢	379.81	0.5~1.5	2	0.00871	0.964568	-2.59456	-1.6612
硫化氢	379.81	1.6~20	2	-0.01035	1.054256	-2.19733	-1.8717
氨	390.92	1.5~20	2	0.04484	0.728061	0.45238	-2.4294
氨	390.92	0.9~1.4	2	0.00193	0.998553	3.38263	-3.0676
氨	390.92	0.5~0.8	2	-0.06773	1.391080	3.02873	-3.5447
硫化氢	390.92	0.5~20	2	0.00000	1.000692	-2.22968	-1.6683

2. 硫化氢的溶解度

表 8-3-7　稀氨水上方硫化氢平衡分压的计算值[287]

（一）20℃ Pa					
液相中 H_2S 浓度/	氨水浓度，滴度①				
（kmol/m³）	2.0	4.0	6.0	8.0	10.0
0.001	1.71×10^{-2}	8.47×10^{-3}	5.63×10^{-3}	4.21×10^{-3}	3.37×10^{-3}
0.01	1.87	8.88×10^{-1}	5.81×10^{-1}	4.32×10^{-1}	3.44×10^{-1}
0.02	8.36	3.85	2.37	1.76	1.40
0.03	21.46	8.84	5.57	4.07	3.21
0.04	44.53	16.67	10.29	7.41	5.80
0.05	82.93	27.73	16.67	11.87	9.27
0.06	149.32	42.66	24.93	17.60	13.60

（二）30℃ Pa					
液相中 H_2S 浓度/	氨水浓度，滴度①				
（kmol/m³）	2.0	4.0	6.0	8.0	10.0
0.001	3.39×10^{-2}	1.68×10^{-2}	1.12×10^{-2}	8.40×10^{-3}	6.71×10^{-3}
0.01	3.75	1.76	1.56	8.60×10^{-1}	6.84×10^{-1}
0.02	16.67	7.41	4.76	3.52	2.79
0.03	42.66	17.60	11.09	8.07	6.36
0.04	88.26	33.06	20.40	14.67	114.79
0.05	164	54.93	32.80	23.46	18.27
0.06	295	83.99	49.06	34.66	26.80

注：①1 滴度＝1/20 克当量浓度。

氨水吸收硫化氢在平衡时有下列关系：

$$P_{H_2S} = \frac{133.322C^2}{(A-C)K}$$

式中　P_{H_2S}——气相中硫化氢分压，Pa；

C——氨水中硫化氢浓度，kmol/m³；

A——氨水中总氨浓度，kmol/m³；

$(A-C)$——氨水中游离氨浓度，kmol/m³；

K——平衡常数，其值为 $\lg K = a + 0.089C$

式中 C 同上，a 为常数，其值为：

温度/℃	20	40	60
a	-1.11	-1.70	-2.19

根据上述关系计算得到表 8-3-7。

表 8-3-8　硫化氢在水中的溶解度(气相分压，101.325kPa)[287]

温度/℃	H₂S 溶解度		温度/℃	H₂S 溶解度		温度/℃	H₂S 溶解度		温度/℃	H₂S 溶解度	
	Ncm³/cm³H₂O	g/100gH₂O		Ncm³/cm³H₂O	g/100gH₂O		Ncm³/cm³H₂O	g/100gH₂O		Ncm³/cm³H₂O	g/100gH₂O
0	4.670	0.7066	20	2.582	0.3846	40	1.660	0.2361	70	1.022	0.1101
5	3.977	0.6001	25	2.282	0.3375	45	0.516	0.2110	80	0.917	0.0765
10	3.399	0.5112	30	2.037	0.2983	50	1.392	0.1883	90	0.84	0.041
15	2.945	0.4411	35	1.831	0.2661	60	1.190	0.1480	100	0.81	0.040

表 8-3-9　硫化氢水系统的气液平衡组成[287]

压力/MPa	H₂S 浓度摩尔分数		平衡浓度比值气∶液		压力/MPa	H₂S 浓度摩尔分数		平衡浓度比值气∶液	
	气相	液相	H₂S	H₂O		气相	液相	H₂S	H₂O
37.78℃					71.11℃				
0.712	0.9894	0.0082	120.6	0.0107	4.274	0.9865	0.0310	31.82	0.0139
1.070	0.9925	0.0123	80.69	0.0076	4.987	0.9868	0.0364	27.11	0.0136
1.435	0.9940	0.0165	60.24	0.0061	104.44℃				
1.781	0.9949	0.0207	48.06	0.0052	1.425	0.9046	0.0077	117.47	0.0961
2.137	0.9954	0.0250	39.82	0.0047	2.849	0.9477	0.0156	60.75	0.0531
2.778	0.9960	0.0333	26.62	①	4.274	0.9597	0.0230	41.73	0.0412
71.11℃					5.700	0.9647	0.0301	32.05	0.0364
0.712	0.9493	0.0050	189.90	0.0051	7.124	0.9664	0.0371	25.97	0.0349
1.099	0.9643	0.0076	126.88	0.0360	137.78℃				
1.425	0.9726	0.0102	95.35	0.0277	1.424	0.7375	0.0057	129.40	0.2640
1.781	0.9771	0.0128	76.34	0.0232	2.647	0.8589	0.0127	67.63	0.1429
2.137	0.9801	0.0154	63.64	0.0202	4.274	0.8984	0.0191	47.04	0.1036
2.849	0.9837	0.0206	47.75	0.0166	5.700	0.9155	0.0250	36.63	0.0867
3.562	0.9856	0.0258	38.20	0.0150	7.124	0.9248	0.0308	30.03	0.0766

① 三相平衡(硫化氢、富液两个液相和气相)。

3. 硫化氢在水中的溶解度[287]

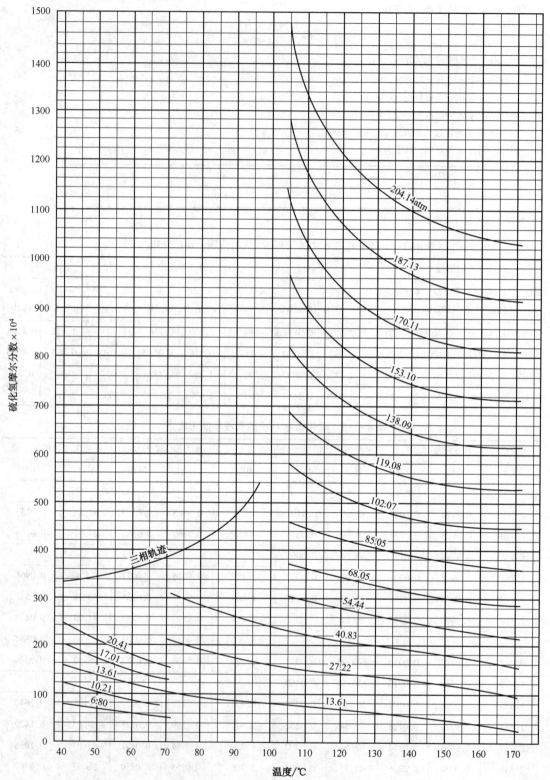

图 8-3-17　硫化氢在水中的溶解度[287]

（1atm＝0.101325MPa）

4. pH 值的计算

下述公式可以计算二元或三元体系中氨与硫化氢在水溶液中的 pH 值，其中二元体系的 pH 计算公式见式(8-3-5)[3]，需要的参数有操作温度、选定组分的浓度(μg/g)；三元体系的 pH 计算公式见式(8-3-6)[3]，需要的参数有操作温度、水溶液中氨与硫化氢的摩尔比等。

$$pH = A_1 \times PPM + A_2 \times T + A_3 \tag{8-3-5}$$

$$\lg pH = C_1 \times \lg(\lg M) + C_2 \times \lg M + C_3 \times T + C_4 \tag{8-3-6}$$

式中　　　　　$PPM = \lg(ppm)$；

　　　　　　　ppm——组分浓度，μg/g；

　　　　　　　T——绝对温度，K；

　　　　　　　M——水溶液中氨/硫化氢摩尔比；

A_1，A_2，A_3，C_1，C_2，C_3，C_4——公式系数，参见表表 8-3-10。

表 8-3-10　式(8-3-5)及式(8-3-6)中的参数

二元体系参数			
	A_1	A_2	A_3
氨	0.480	−0.01908	15.236
硫化氢	−0.505	−0.00342	6.807
三元体系参数			
$C_1 = -0.0084$			
$C_2 = 0.1129$			
$C_3 = -0.000576$			
$C_4 = 1.0689$			

计算步骤：

(1) 针对不同的体系选择对应的计算公式；

(2) 从表 8-3-10 获得相应的参数；

(3) 根据选定的公式，计算操作温度下的 pH 值；

式(8-3-5)和式(8-3-6)适用于气体浓度低于 10%(质量分数)。氨/水和硫化氢/水二元溶液的温度范围分别限于 26.7～148.9℃ 和 26.7～93.3℃。三元体系的温度范围是 26.7～65.6℃。不推荐外推于这些温度范围之外。该两式计算 pH 值的误差范围在±5%。

【例 8-3-5】　计算在操作温度 26.7℃ 和 NH_3/H_2S 摩尔比 2.0 条件下氨-硫化氢-水三元体系的 pH 值。

解：(1) 选择使用式(8-3-6)；

(2) 由表 8-3-10 获得 $C_1 \sim C_4$ 参数；

(3) 由已知温度 $T = 26.7℃ = 299.8K$，一并代入式(8-3-6)得

$$\lg pH = -0.0084 \times \lg(\lg 2.0) + 0.1129 \lg 2.0 - 0.000576 \times 299.8 + 1.0689$$

$$\lg pH = 0.93458$$

$$pH = 8.60$$

在这样条件下的实验 pH 值为 9.73[80]。

第四节　天然气含水量和水合物的生成

一、天然气中的含水量

图 8-4-1 显示了天然气与液体水接触平衡条件下，天然气的水含量。此图表适用于天然气相对密度≤0.8 的情况下(空气的相对密度为 1.0)。盐度修正图表用于液态水含盐的条件。如需使用盐度校正，从主图表读出的水含量应乘以校正因数 C，校正因数 C 对应于适当盐浓度的液体水相。分子量校正图表请参照文献[144]，但是研究发现对于几种烃类气体系统，绝对误差高达 110%，相对密度与误差之间没有明显的关系。对于相对密度≤0.8 的天然气，图表值与文献公布数据的标准偏差为 4%，可以忽略不计。图中虚线为根据现有文献数据的外推值。

下述公式用于计算常压 15.6℃时，平衡条件下天然气中的水含量[3]：

$$Y=(-0.02227Wt+1)\times16.0185\times10^{\left[-2.3205(2.1615+\lg P)^{0.53}-\frac{2160}{T}+6.9\right]} \qquad (8-4-1)$$

式中　Y——在 15.6℃和 0.101325MPa 下天然气的含水量，kg/m^3；

　　　　T——绝对温度，K；

　　　　P——压力，MPa；

　　　　Wt——盐水中的固体质量分数。

该公式的适用范围为常压下 15.6℃下相对密度≤0.8 的天然气。当天然气相对密度≤0.8 时，此公式的估算的可靠性为 9.5%，偏差为-0.9%。

【例 8-4-1】　求在 37.8℃及 2.068MPa 下，液态水含盐为 0.4%(质量分数)，平衡条件下天然气中的水含量。

对于纯水，水含量由图 8-4-1 得出，为 $2.563\times10^{-3}kgH_2O/m^3$ 天然气，再从盐度校正表上的查得，校正系数 C 为 0.99。因此校正后的水含量为 $2.563\times10^{-3}\times0.99=2.537\times10^{-3}$ kgH_2O/m^3 天然气。

通过式(8-4-1)计算：

$$Y=(-0.02227\times0.4+1)\times16.0185\times10^{\left[-2.3205(2.1615+\lg2.068)^{0.53}-\frac{2160}{37.8+273.15}+6.9\right]}$$

$$Y=0.002519$$

得出的水含量为 $2.519\times10^{-3}\ kgH_2O/m^3$ 天然气。

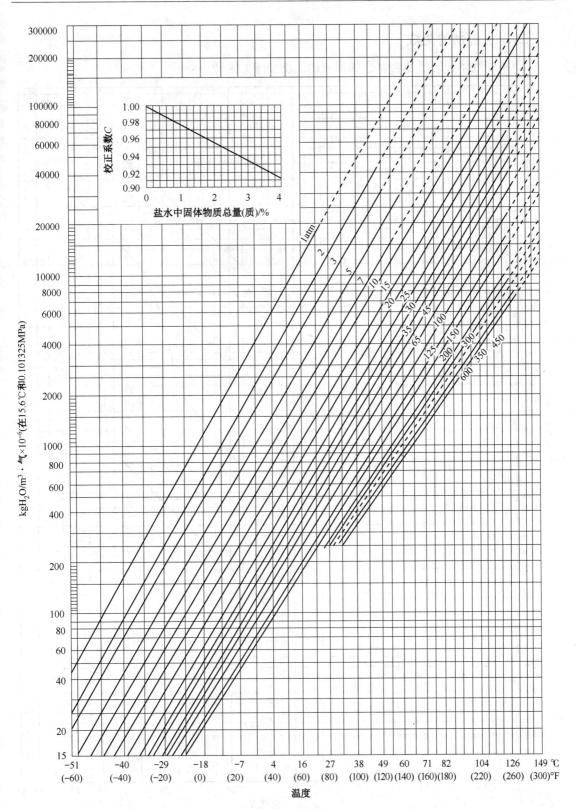

图 8-4-1　天然气与液体水接触时的含水量图[3,287]

（1atm＝0.101325MPa）

二、水合物的生成

1. 某些气体和轻烃适合水合物形成的温度和压力区域

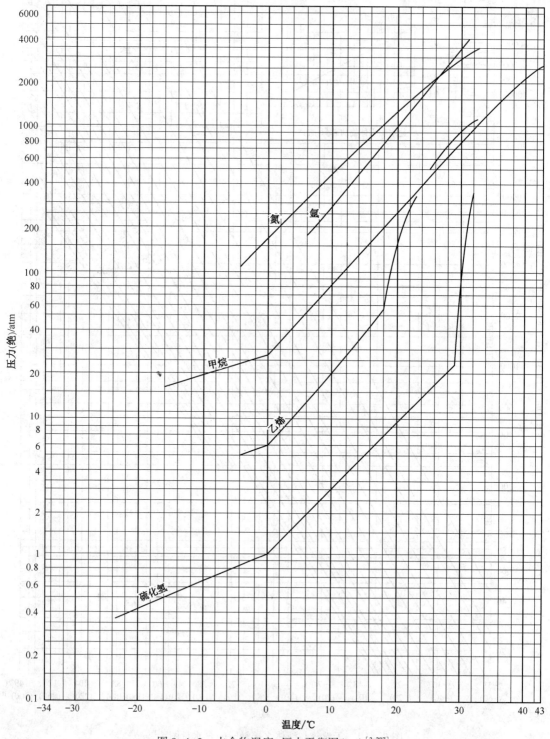

图 8-4-2　水合物温度-压力平衡图(一)[3,287]

(1atm=0.101325MPa)

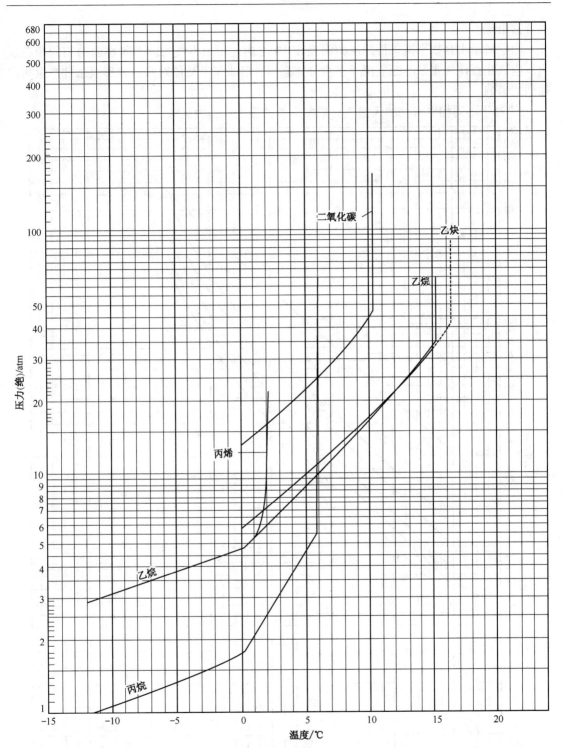

图 8-4-3　水合物温度-压力平衡图（二）[3,287]

（1atm=0.101325MPa）

　　这两张图指示有利于形成气体水合物的压力-温度区间（在适当曲线的上方和左边）。应注意，在图中显示了平衡条件，但是，由于水合物体系典型地表现出亚稳定倾向，因此亚稳态水合物相可能出现在远离水合物的区域。相反，在有利于形成水合物的区域里也不总是有水合物出现。

　　图中显示水合物平衡条件的压力误差在 2% 之内。图中虚线对应于非水合物相的相态变化。应该注意该两张图不能应用于多组分体系。并且少量杂质能对水合物形成条件产生非常强烈的影响。

　　2. 对于不同相对密度的天然气形成水合物的温度和压力区域

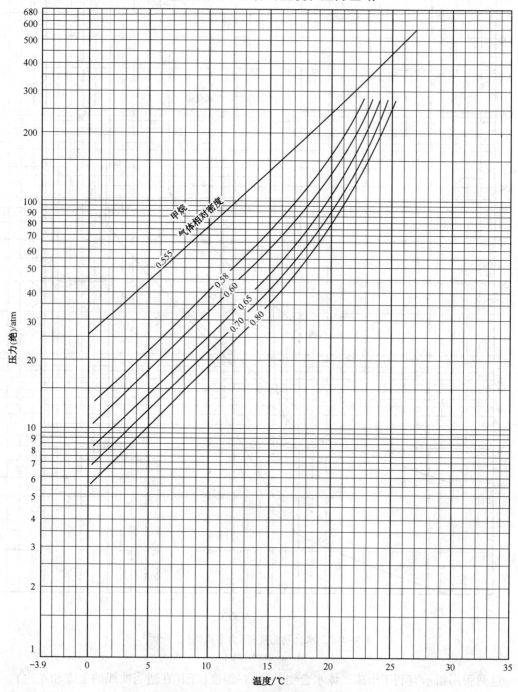

图 8-4-4　天然气水合物平衡图[3,287]

（1atm＝0.101325MPa）

　　图中曲线指示有利于形成气体水合物的压力-温度区间(在适当曲线的上方和左边)。每条曲线应用于不同的相对密度(空气为 1.0)。该图可应用的天然气组成限于 N_2、CO_2 或 H_2S 不超过 3%(mol)，比乙烷重的烃类不大于 7%(mol)。

　　对于水合物的平衡条件，相对密度确实不能令人满意地表征一种天然气。因此对于不含有合适数量 N_2、CO_2、H_2S 和大于乙烷的烃类的天然气，该图预测的数据与出版的实验值之间平均压力误差是 10%，最大值可达 40%。从可靠性的角度，该图仅能作为一个指导。

3. 各种相对密度天然气不形成水合物的允许膨胀量

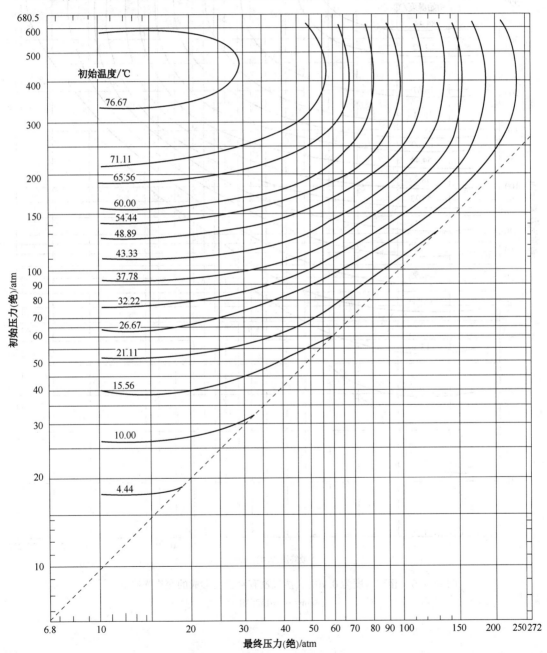

图 8-4-5　相对密度为 0.6 的天然气没有水合物形成的允许膨胀量[3,287]

(1atm = 0.101325MPa)

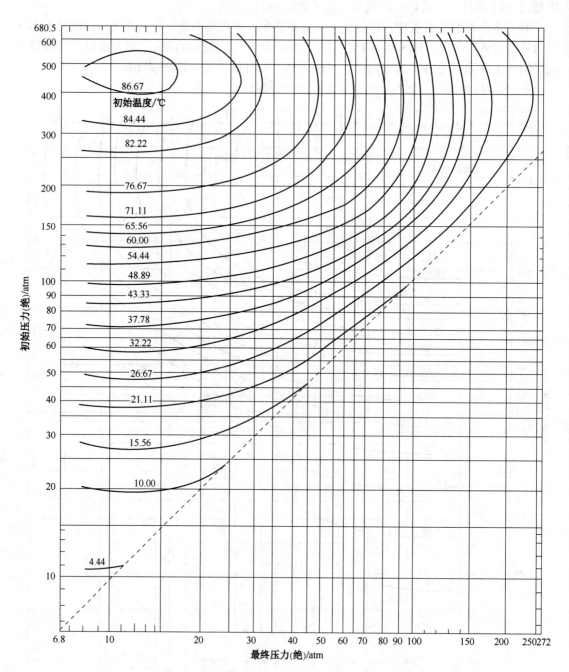

图 8-4-6　相对密度为 0.7 的天然气没有水合物形成的允许膨胀量[3,287]

(1atm=0.101325MPa)

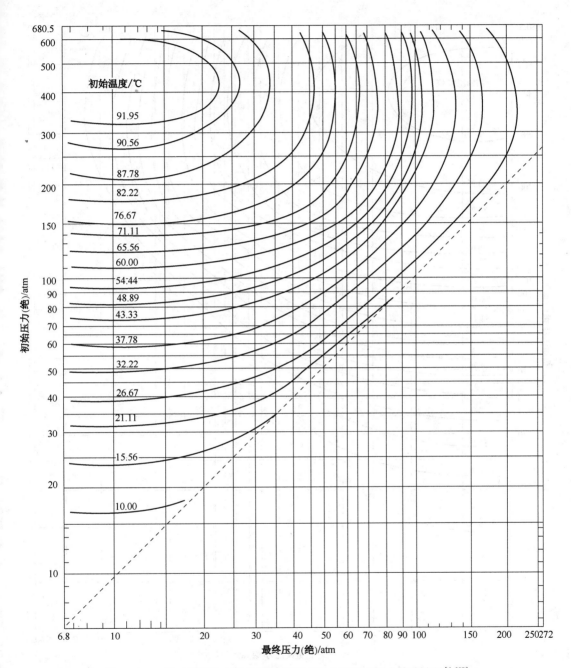

图 8-4-7 相对密度为 0.8 的天然气没有水合物形成的允许膨胀量[3,287]

（1atm=0.101325MPa）

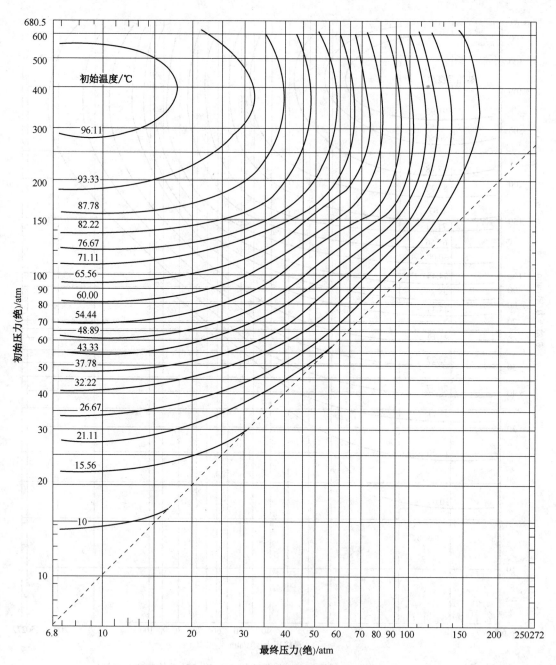

图 8-4-8　相对密度为 0.9 的天然气没有水合物形成的允许膨胀量[3,287]

（1atm＝0.101325MPa）

图 8-4-5~图 8-4-8 表示在水合物生成之前能允许天然气的膨胀量。这些图仅限用于甲烷占优势的天然气。对于除 0.6、0.7、0.8 和 0.9 之外的相对密度，应该使用上述四张图数值的线性内插。

对于甲烷为主的混合物的预测的平均误差应为 10%。当 N_2 和重于乙烷的烃类存在显著数量时，将出现更大的误差。

【例 8-4-2】　若相对密度等于 0.8 的天然气，初始压力在 68.05atm（绝）和 37.78℃下绝热膨胀，最早在什么压力下将出现水合物？

解：由图 8-4-7 从纵轴初始压力 68.05 引水平线与 37.78℃ 等温线的相交，再从交点处引垂直线与横轴最终压力相交，读出压力值为 30atm。说明该天然气没有膨胀到 30atm 以下，就没有形成水合物的危险。

【例 8-4-3】　若例 8-4-2 中的天然气温度为 43.33℃，则最早在什么压力下将出现水合物？

解：如同上例一样求解，但是从纵轴初始压力 68.05 引水平线与 43.33℃ 等温线没有相交，这表明该天然气此时的绝热膨胀不能冷到足以生成水合物。

【例 8-4-4】　相对密度为 0.8 的天然气，初始压力为 102.1atm（绝），绝热膨胀到 40.8atm（绝）。问初始温度必须达到多少摄氏度才能避免生成水合物？

解：由图 8-4-7 从纵轴初始压力 102.1 引水平线与从横轴最终压力 40.8 向上引垂直线相交，在交点处读出温度为 48.89℃。说明初始温度在 48.9℃ 以上，该天然气从 102.1atm 绝热膨胀到 40.8atm 时，不会形成水合物。反之，初始温度在该温度以下，将会生成水合物。

4. 第三物质对于水合物生成的影响

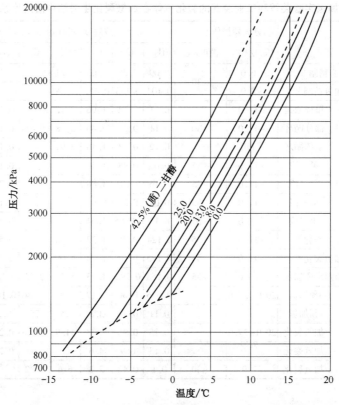

图 8-4-9　液相水中二甘醇对相对密度为 0.595 的天然气水合物形成的影响[3]

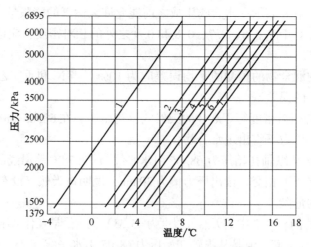

图 8-4-10　液相中可溶性物质对水合物形成的典型影响[3]

1—氨；2—甲醇；3—乙醇或钙氯化钙；4—丙醇；5—碳酸氢铵；6—丙酮；7—纯净水

注：图中曲线 1~6 均为 10%（质）水的溶液。

第五节　其他体系的溶解度

一、某些气体和轻烃在油中的溶解度

表 8-5-1　加氢实验装置和工业装置的裂化气体在加氢裂化生成油中溶解度系数数据[287]

过程名称			分离器操作条件		溶解度系数(1atm)/(m³/t 生成油)								
			压力/MPa	温度/℃	H_2	C_1	C_2	C_3	C_4	N_2	CO	CO_2	H_2S
大庆油焦化柴油加氢精制①			~6.0	~30	0.09	0.28	1.03	1.21	1.27				
大庆油焦化汽柴油加氢精制①			~7.0		0.104	0.153	0.432	3.100					
大庆油直馏蜡油一段加氢裂化①	单程通过		~11.0	~30	0.11	0.58	1.96	3.12	9.41	0.15			
	部分循环		~11.0		0.11	0.53	2.40	3.18		0.13			
	全部循环		~110		0.12	0.63	1.46	2.91		0.14			
大庆油直馏蜡油二段加氢裂化②	第一段部分裂解	第一段	~11.0	~35	0.09	0.48	1.46			0.12			
		第二段	~11.0	~35	0.16	0.795	1.88			0.25			
	第一段精制	第一段	~11.0	~35	0.08	0.31	0.68			0.10			
		第二段	~11.0	~35	0.13	-0.65	1.64			0.16			
大庆直馏蜡油一段加氢裂化②			~11.0	~35	0.124	0.75	1.32	4.78		0.51			4.5
大庆直馏蜡油一段加氢裂化③			~11.0	~35	0.175	0.67	1.74	4.09		0.33			4.46
页岩油全馏分高压液相固定床加氢			~20.0	~35	0.158	0.392	1.23	1.36	2.52	0.101	0.478	0.601	
高压固定床气相加氢④	预加氢		20.0~27.0		0.096	0.60	2.17	5.06	13.86	0.157	0.16	0.524	3.0
	预加氢				0.11	0.70	3.8	15	75	0.2	0.2	6	6
	加氢裂化		20.0~27.0		0.15	0.96	7.34	11.9	30.66	0.26	0.26	5.75	5.75
	加氢裂化				0.13	0.9	4.6	20	100	0.27	0.27	8	8
	加氢裂化		27.0	~30	0.1	0.42	2.3	6.6	13.2		0.1		1.8

① 小型试验；

② 中型试验；

③ 半工业装置；

④ 工厂数据。

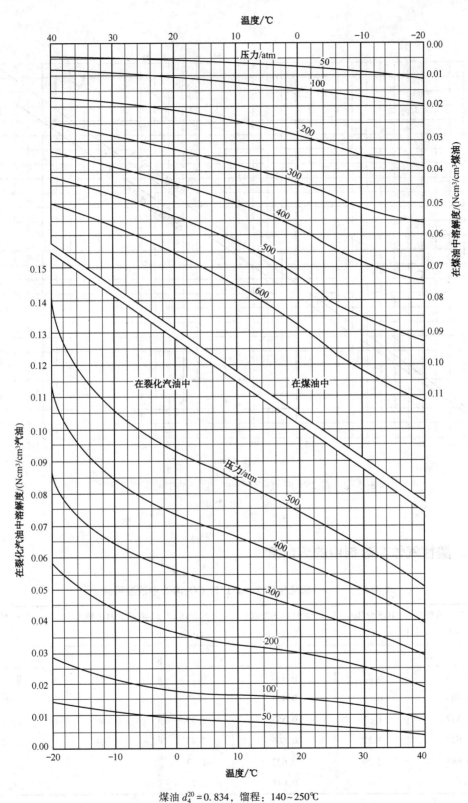

煤油 $d_4^{20} = 0.834$，馏程：140~250℃

图 8-5-1　氢在裂化汽油煤油中的溶解度[287]

（1atm＝0.101325MPa）

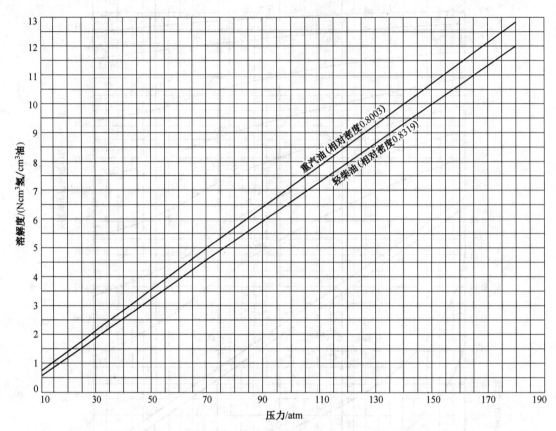

图 8-5-2　在 25℃时氢在轻柴油、重汽油中的溶解度图[287]

（1atm＝0. 101325MPa）

二、酸性气体在溶剂中的溶解度

表 8-5-2　（一）硫化氢在 2mol/L K_2CO_3 溶液中的溶解度[287]

溶液中 H_2S 浓度/ （mol/L）	H_2S 分压/ kPa	溶液中 H_2S 浓度/ （mol/L）	H_2S 分压/ kPa	溶液中 H_2S 浓度/ （mol/L）	H_2S 分压/ kPa
25℃		40℃		60℃	
0. 356	0. 32	0. 330	0. 37	0. 362	0. 49
0. 466	0. 69	0. 457	0. 87	0. 478	1. 09
0. 587	1. 35	0. 553	1. 39	0. 468	1. 11
0. 670	2. 32	0. 606	2. 40	0. 564	1. 72
0. 685	2. 29	0. 622	2. 13		
		0. 618	2. 17		

表 8-5-2 （二）硫化氢在 1mol/L Na₂CO₃ 溶液中的溶解度[287]

溶液中 H₂S 浓度/(mol/L)	H₂S 分压/kPa	溶液中 H₂S 浓度/(mol/L)	H₂S 分压/kPa	溶液中 H₂S 浓度/(mol/L)	H₂S 分压/kPa
20℃		45℃		60℃	
0.170	0.23	0.142	0.21	0.135	0.24
0.223	0.51	0.199	0.49	0.185	0.48
0.261	0.84	0.235	0.80	0.242	1.07
0.294	1.20	0.265	1.15	0.281	1.57
0.319	1.53	0.286	1.48		
0.340	1.85	0.302	1.77		

注：硫化氢在碳酸钾及碳酸钠溶液中溶解度计算公式：（20~60℃）

对 2mol/L K₂CO₃ 溶液度：$P_{H_2S}=0.0952(t+43)C^{2.88}$

对 1mol/L Na₂CO₃ 溶液度：$P_{H_2S}=0.72(t+48)C^{3.04}$

式中　P_{H_2S}——硫化氢分压，kPa；

　　　t——温度，℃；

　　　C——硫化氢在溶液中的浓度，mol/L。

表 8-5-3 硫化氢在一乙醇胺水溶液中的溶解度(molH₂S/mol 胺)[287]

温度/℃	H₂S 分压/kPa	0.6	1.0	1.5	2.0	3.0	4.0	5.0
		一乙醇胺水溶液中的溶解度/(mol/L)						
25	93.3	1.148	1.086	1.050	1.033	1.011	0.998	0.991
	80.0	1.126	1.072	1.041	1.025	1.004	0.991	0.984
	66.7	1.101	1.058	1.032	1.016	0.996	0.980	0.974
	53.3	1.080	1.042	1.020	1.006	0.985	0.971	0.963
	40.0	1.053	1.022	1.002	0.990	0.970	0.955	0.945
	26.7	1.027	0.998	0.979	0.966	0.946	0.931	0.918
	13.3	0.986	0.956	0.934	0.919	0.893	0.870	0.852
	6.7	0.934	0.902	0.876	0.856	0.819	0.784	0.753
	3.3	0.866	0.833	0.802	0.777	0.730	0.687	0.643
45	93.3	1.124	1.051	1.011	0.988	0.958	0.940	0.927
	80.0	1.097	1.033	0.996	0.975	0.948	0.928	0.914
	66.7	1.070	1.012	0.980	0.960	0.934	0.913	0.899
	53.3	1.045	0.993	0.961	0.943	0.918	0.897	0.880
	40.0	1.011	0.967	0.939	0.921	0.891	0.869	0.850
	26.7	0.971	0.929	0.900	0.880	0.846	0.819	0.800
	13.3	0.908	0.864	0.826	0.795	0.748	0.714	0.684
	6.7	0.826	0.782	0.742	0.706	0.648	0.601	0.564
	3.3	0.731	0.686	0.631	0.601	0.533	0.487	0.453
60	93.3	1.083	1.040	0.998	0.968	0.934	0.909	0.891
	80.0	1.056	1.011	0.970	0.944	0.910	0.844	0.865
	66.7	1.027	0.984	0.945	0.916	0.880	0.858	0.837

续表

温度/	H$_2$S 分压/	一乙醇胺水溶液中的溶解度/(mol/L)						
℃	kPa	0.6	1.0	1.5	2.0	3.0	4.0	5.0
60	53.3	0.995	0.952	0.912	0.885	0.848	0.821	0.801
	40.0	0.960	0.916	0.876	0.847	0.810	0.778	0.753
	26.7	0.908	0.863	0.822	0.793	0.751	0.714	0.683
	13.3	0.811	0.757	0.708	0.674	0.624	0.581	0.547
	6.7	0.694	0.634	0.576	0.532	0.474	0.425	0.386
	3.3	0.551	0.490	0.433	0.388	0.331	0.291	0.285

表 8-5-4　加压下硫化氢在 2mol/L、3.5mol/L 二乙醇胺溶液中的溶解度[287]

温度/℃	压力(绝)/MPa			液相中摩尔比,酸性气体/乙二胺		
	H$_2$S	CO$_2$	总压	H$_2$S/DEA	CO$_2$/DEA	总比值
	(一)2mol/L					
25	0.00245	0	0.00245	0.440	0.003	0.443
	0.0221	0	0.0221	0.731	0.003	0.734
	0.0275	痕量	0.0275	0.761	0.004	0.765
	0.0998	0.000069	0.0998	0.888	0.003	0.891
	0.222	0.00014	0.222	0.944	0.001	0.945
	0.282	0.0013	0.284	0.994	0.008	1.002
	0.363	0.00069	0.364	1.005	0.003	1.008
	0.460	0.0037	0.463	1.087	0.002	1.089
	0.517	0.00049	0.517	1.111	0.001	1.112
	0.652	0.00083	0.653	1.140	0.002	1.142
	0.703	0.0010	0.704	1.188	0.002	1.190
	0.900	0.0013	0.901	1.256	0.002	1.258
	0.937	0.0008	0.938	1.326	0.002	1.328
	1.268	0.0091	1.277	1.398	0.010	1.408
	1.422	0.0022	1.424	1.467	0.001	1.468
	1.525	0.0024	1.528	1.547	0.002	1.549
50	0.00541	0	0.00541	0.331	0.002	0.333
	0.0219	0	0.0219	0.542	0.003	0.545
	0.0324	痕量	0.0324	0.635	0.009	0.644
	0.0339	痕量	0.0339	0.641	0.002	0.643
	0.0427	痕量	0.0427	0.646	0.005	0.651
	0.0660	痕量	0.0660	0.724	0.002	0.726
	0.186	0.00062	0.187	0.842	0.004	0.846
	0.301	0.00055	0.301	0.910	0.002	0.912
	0.614	0.0012	0.615	0.978	0.002	0.980
	0.903	0.0035	0.907	1.028	0.004	1.032

续表

温度/℃	压力(绝)/MPa			液相中摩尔比，酸性气体/乙二胺		
	H_2S	CO_2	总压	H_2S/DEA	CO_2/DEA	总比值
50	0.910	0.0012	0.912	1.030	0.001	1.031
	1.001	0.0068	1.008	1.023	0.005	1.028
	1.138	0.0015	1.140	1.180	0.001	1.181
	1.332	0.0041	1.336	1.255	0.003	1.258
	1.373	0.0016	1.375	1.227	0.001	1.228
	1.656	0.0054	1.661	1.310	0.003	1.313
	1.729	0.0114	1.740	1.275	0.006	1.281
	1.893	0.0022	1.895	1.347	0.001	1.348
75	0.00325	0	0.00325	0.159	0.002	0.161
	0.00770	0	0.00770	0.226	0.002	0.228
	0.0134	痕量	0.0134	0.316	0.002	0.318
	0.0151	0	0.0151	0.354	0.001	0.355
	0.0372	痕量	0.0372	0.445	0.002	0.447
	0.0630	痕量	0.0630	0.530	0.001	0.531
	0.128	0.00014	0.129	0.639	0.002	0.641
	0.229	0.00014	0.229	0.783	0.001	0.784
	0.476	0.00069	0.477	0.905	0.001	0.906
	0.709	0.0014	0.709	0.938	0.001	0.939
	0.974	0.0015	0.976	1.012	0.001	1.013
	1.140	0.0015	1.141	1.079	0.001	1.080
	1.152	0.0015	1.153	1.080	0.001	1.081
	1.365	0.0029	1.368	1.062	0.001	1.063
	1.475	0.0019	1.477	1.117	0.001	1.118
	1.779	0.0032	1.782	1.200	0.001	1.201
	2.000	0.0029	2.003	1.274	0.001	1.275
100	0.0110	痕量	0.0110	0.150	0.002	0.152
	0.0577	0.00014	0.0578	0.314	0.001	0.315
	0.176	0.00042	0.177	0.506	0.002	0.508
	0.430	0.00089	0.431	0.694	0.001	0.695
	0.890	0.0016	0.891	0.873	0.002	0.875
	1.435	0.0020	1.437	1.053	0.001	1.054
	1.896	0.0015	1.898	1.127	0.001	1.128
	1.969	0.0031	1.972	1.131	0.001	1.132
120	0.0252	0.00069	0.0259	0.162	0.003	1.165
	0.0745	0.00069	0.0752	0.256	0.002	0.258
	0.342	0.0013	0.343	0.521	0.001	0.522

温度/℃	压力(绝)/MPa			液相中摩尔比，酸性气体/乙二胺		
	H_2S	CO_2	总压	H_2S/DEA	CO_2/DEA	总比值
120	0.689	0.0016	0.690	0.680	0.001	0.681
	1.043	0.0018	1.044	0.812	0.001	0.813
	1.517	0.0022	1.519	0.975	0.001	0.976
	1.917	0.0025	1.919	1.062	0.001	1.063
	1.926	0.0020	1.928	1.070	0.001	1.071
(二) 3.5mol/L						
25	0.00083	痕量	0.00083	0.201	0.003	0.204
	0.0039	痕量	0.0039	0.352	0.002	0.354
	0.0068	痕量	0.0068	0.449	0.001	0.450
	0.0169	痕量	0.0169	0.613	0.002	0.615
	0.0359	痕量	0.0359	0.681	0.001	0.682
	0.0484	痕量	0.0484	0.711	0.002	0.713
	0.0999	0	0.0999	0.785	0.000	0.785
	0.111	0	0.111	0.790	0.000	0.790
	0.266	0	0.266	0.875	0.000	0.875
	0.390	0	0.390	0.948	0.000	0.948
	0.733	0.00027	0.733	1.020	0.001	1.021
	1.037	0.00034	1.038	1.103	0.001	1.104
	1.358	0.00049	1.359	1.120	0.001	1.121
	1.756	0.0049	1.761	1.206	0.001	1.207
50	0.00074	痕量	0.00074	0.064	0.003	0.067
	0.0051	痕量	0.0051	0.200	0.003	0.203
	0.0218	痕量	0.0218	0.387	0.002	0.389
	0.0668	痕量	0.0668	0.616	0.002	0.618
	0.124	痕量	0.124	0.713	0.001	0.713
	0.220	痕量	0.220	0.776	0.000	0.776
	0.392	痕量	0.392	0.858	0.000	0.858
	0.672	0.0003	0.673	0.918	0.000	0.918
	0.935	0.0004	0.936	0.975	0.000	0.975
	1.386	0.0008	1.386	1.039	0.000	1.039
	1.986	0.0001	1.987	1.097	0.001	1.098
75	0.00236	痕量	0.00236	0.072	0.002	0.074
	0.0123	0.00014	0.0124	0.198	0.003	0.201
	0.0595	0.00020	0.0597	0.396	0.002	0.398
	0.167	0.00034	0.167	0.614	0.002	0.616
	0.307	0.00020	0.307	0.723	0.000	0.723

续表

温度/℃	压力(绝)/MPa			液相中摩尔比，酸性气体/乙二胺		
	H_2S	CO_2	总压	H_2S/DEA	CO_2/DEA	总比值
75	0.590	0.00042	0.590	0.831	0.000	0.831
	0.871	0.00069	0.872	0.855	0.000	0.855
	1.441	0.00012	1.443	0.945	0.000	0.945
	2.105	0.00011	2.107	1.042	0.001	1.043
100	0.0055	0.00068	0.0061	0.069	0.002	0.071
	0.0339	0.00042	0.0343	0.193	0.003	0.196
	0.139	0.00062	0.140	0.391	0.002	0.393
	0.226	0.00076	0.227	0.478	0.002	0.480
	0.357	0.00062	0.358	0.582	0.001	0.583
	0.513	0.00027	0.513	0.675	0.000	0.675
	0.601	0.00089	0.602	0.688	0.001	0.689
	0.921	0.0012	0.922	0.762	0.001	0.763
	1.363	0.0017	1.365	0.830	0.00	0.830
	2.076	0.00076	2.077	0.927	0.00	0.927
120	0.0133	0.00049	0.0138	0.069	0.002	0.071
	0.0782	0.0015	0.0797	0.187	0.003	0.190
	0.253	0.0016	0.254	0.365	0.001	0.366
	0.362	0.0037	0.365	0.440	0.001	0.441
	0.678	0.00089	0.679	0.618	0.000	0.618
	0.750	0.0015	0.752	0.625	0.001	0.626
	1.238	0.0014	1.239	0.725	0.000	0.725
	2.003	0.0014	2.005	0.836	0.000	0.836

注：本表数据为圆整值。

表 8-5-5　加压下硫化氢在 0.5～5mol/L 二乙醇胺溶液中的溶解度[287]

DEA 浓度/(mol/L)	H_2S 分压(绝)/atm	液相中摩尔比，H_2S/DEA					
		25℃	50℃	75℃	100℃	120℃	140℃
0.5	$6.8948×10^{-5}$	0.188	0.083	0.010[①]			
	$2.06843×10^{-4}$	0.247	0.121	0.042[①]			
	$4.13686×10^{-4}$	0.294	0.159	0.070			
	$6.8948×10^{-4}$	0.333	0.193	0.091	0.032[①]		
	$2.06843×10^{-3}$	0.432	0.285	0.170	0.088	0.042[①]	0.020[①]
	$4.13686×10^{-3}$	0.502	0.355	0.231	0.137	0.083	0.048[①]
	$6.8948×10^{-3}$	0.559	0.414	0.286	0.180	0.122	0.071[①]
	$2.06843×10^{-2}$	0.685	0.557	0.423	0.295	0.221	0.160[①]
	$4.13686×10^{-2}$	0.780	0.658	0.522	0.394	0.310	0.238[①]
	$6.8948×10^{-2}$	0.861	0.740	0.613	0.480	0.391	0.317[①]

DEA 浓度/ (mol/L)	H_2S 分压(绝)/ atm	液相中摩尔比，H_2S/DEA					
		25℃	50℃	75℃	100℃	120℃	140℃
0.5	$2.06843×10^{-1}$	1.094	0.966	0.850	0.722	0.616	$0.520^{①}$
	$4.13686×10^{-1}$	1.446	1.200	1.066	0.950	0.815	$0.705^{①}$
	$6.8948×10^{-1}$	1.921	1.500	1.278	1.175	1.020	$0.900^{①}$
	1.37895	3.040	2.255	1.765	1.600	1.509	$1.390^{①}$
	2.06843		2.250	1.970	1.853		$1.780^{①}$
2.0	$6.8948×10^{-5}$	0.068	0.028	$0.005^{①}$			
	$2.06843×10^{-4}$	0.111	0.066	$0.020^{①}$			
	$4.13686×10^{-4}$	0.168	0.100	$0.036^{①}$			
	$6.8948×10^{-4}$	0.229	0.136	$0.055^{①}$	$0.023^{①}$		
	$2.06843×10^{-3}$	0.396	0.222	0.119	$0.054^{①}$	$0.020^{①}$	
	$4.13686×10^{-3}$	0.508	0.310	0.178	$0.090^{①}$	$0.048^{①}$	$0.028^{①}$
	$6.8948×10^{-3}$	0.587	0.382	0.230	0.120	$0.079^{①}$	$0.046^{①}$
	$2.06843×10^{-2}$	0.738	0.552	0.370	0.202	0.140	$0.100^{①}$
	$4.13686×10^{-2}$	0.812	0.660	0.469	0.280	0.199	$0.150^{①}$
	$6.8948×10^{-2}$	0.865	0.730	0.546	0.348	0.248	$0.190^{①}$
	$2.06843×10^{-1}$	0.950	0.870	0.733	0.533	0.413	$0.326^{①}$
	$4.13686×10^{-1}$	1.030	0.936	0.850	0.683	0.560	$0.441^{①}$
	$6.8948×10^{-1}$	1.190	1.002	0.945	0.808	0.680	$0.555^{①}$
	1.37895	1.473	1.215	1.107	1.030	0.927	$0.808^{①}$
	2.06843	1.760	1.400	1.280	1.178	1.102	$1.012^{①}$
3.5	$6.8948×10^{-5}$	$0.040^{①}$	$0.012^{①}$				
	$2.06843×10^{-4}$	$0.081^{①}$	$0.038^{①}$				
	$4.13686×10^{-4}$	0.130	0.070	$0.020^{①}$			
	$6.8948×10^{-4}$	0.194	0.087	$0.040^{①}$	$0.020^{①}$		
	$2.06843×10^{-3}$	0.279	0.154	0.070	$0.036^{①}$	$0.014^{①}$	
	$4.13686×10^{-3}$	0.361	0.226	0.109	0.057	$0.031^{①}$	
	$6.8948×10^{-3}$	0.452	0.278	0.146	0.078	0.050	$0.029^{①}$
	$2.06843×10^{-2}$	0.630	0.417	0.252	0.148	0.092	$0.055^{①}$
	$4.13686×10^{-2}$	0.707	0.522	0.338	0.220	0.134	$0.086^{①}$
	$6.8948×10^{-2}$	0.755	0.620	0.423	0.282	0.175	$0.122^{①}$
	$2.06843×10^{-1}$	0.849	0.773	0.652	0.465	0.332	$0.246^{①}$
	$4.13686×10^{-1}$	0.940	0.851	0.765	0.615	0.479	$0.365^{①}$
	$6.8948×10^{-1}$	1.020	0.920	0.830	0.712	0.600	$0.482^{①}$
	1.37895	1.155	1.040	0.945	0.840	0.747	$0.653^{①}$
	2.06843	1.278	1.138	1.040	0.926	0.846	$0.762^{①}$
5.0	$6.8948×10^{-5}$	$0.020^{①}$					

续表

DEA 浓度/ (mol/L)	H₂S 分压(绝)/ atm	液相中摩尔比，H₂S/DEA					
		25℃	50℃	75℃	100℃	120℃	140℃
5.0	$2.06843×10^{-4}$	0.062①	0.027①				
	$4.13686×10^{-4}$	0.108	0.050	0.107			
	$6.8948×10^{-4}$	0.152	0.072	0.028	0.010①		
	$2.06843×10^{-3}$	0.281	0.143	0.061	0.024①		
	$4.13686×10^{-3}$	0.373	0.203	0.087	0.040	0.017①	
	$6.8948×10^{-3}$	0.444	0.251	0.114	0.055	0.027	
	$2.06843×10^{-2}$	0.609	0.381	0.211	0.112	0.061	0.031①
	$4.13686×10^{-2}$	0.716	0.490	0.298	0.171	0.099	0.054①
	$6.8948×10^{-2}$	0.779	0.580	0.379	0.227	0.138	0.080①
	$2.06843×10^{-1}$	0.870	0.780	0.595	0.415	0.283	0.180
	$4.13686×10^{-1}$	0.918	0.848	0.738	0.600	0.453	0.287
	$6.8948×10^{-1}$	0.988	0.890	0.805	0.702	0.560	0.431①
	1.37895	1.140	1.002	0.940	0.811	0.692	0.606①
	2.06843	1.300	1.110	1.010	0.891	0.771	0.694①

注：本表数据为圆整值

① 为外推值。

表8-5-6 H₂S 在 MDEA 水溶液中的溶解度[101]

H₂S 分压/kPa	液相中摩尔分数/(molH₂S/molMDEA)	H₂S 分压/kPa	液相中摩尔分数/(molH₂S/molMDEA)
40℃，35%(质)MDEA 水溶液		100℃，35%(质)MDEA 水溶液	
0.00183	0.00410	0.551	0.021
0.00242	0.00478	1.175	0.030
0.0055	0.00671	2.263	0.033
0.0141	0.0108	3.578	0.044
0.0305	0.0158	4.000	0.053
0.0682	0.0247	9.181	0.065
0.097	0.0324	14.62	0.104
0.0178	0.0425	21.80	0.143
0.295	0.0507	22.25	0.153
0.445	0.073	64.74	0.279
0.651	0.0746	104.9	0.334
0.605	0.0883	301.7	0.548
1.036	0.1008	40℃，50%(质)MDEA 水溶液	
1.409	0.125	0.0626	0.0220
1.813	0.145	0.102	0.0233
2.281	0.1616	0.210	0.0294
2.589	0.1755	0.361	0.0369

续表

H_2S 分压/kPa	液相中摩尔分数/($molH_2S$/molMDEA)	H_2S 分压/kPa	液相中摩尔分数/($molH_2S$/molMDEA)
3.381	0.2123	0.644	0.0530
3.29	0.215	1.094	0.0757
17.8	0.473	1.338	0.0863
45.2	0.664	1.830	0.1015
86.1	0.83	2.077	0.1106
103	0.869	2.374	0.1210
313	1.077	3.062	0.1463
		4.024	0.1719
		4.863	0.1945
		5.871	0.2140

注：MDEA 是甲基二乙醇胺的英文名缩写。

表 8-5-7　CO_2 在 MDEA 水溶液中的溶解度[101]

CO_2 分压/kPa	液相中摩尔分数/($molCO_2$/molMDEA)	密度/(kg/m^3)	CO_2 分压/kPa	液相中摩尔分数/($molCO_2$/molMDEA)
40℃，35%(质)MDEA 水溶液			100℃，35%(质)MDEA 水溶液	
0.004	0.002	1027	0.963	0.0077
0.0063	0.0036		1.35	0.0094
0.009	0.0051		1.72	0.013
0.033	0.011		5.56	0.025
0.040	0.013		5.02	0.027
0.056	0.016		9.84	0.034
0.069	0.017		15.6	0.048
0.146	0.027		19.1	0.064
0.224	0.039		36.5	0.087
0.415	0.059	1037	65.9	0.107
0.719	0.077	1047	103.	0.134
1.10	0.106	1049	125.	0.160
1.26	0.118	1047	217.	0.219
2.16	0.166	1046	262.	0.231
3.82	0.230	1053	236.	0.271
4.43	0.249	1061		
5.89	0.296	1065		
8.29	0.336	1072		
12.0	0.394	1082		
19.1	0.519	1096		
25.1	0.570	1097		
100.0	0.795	1116		

注：MDEA 是甲基二乙醇胺的英文名缩写。

表 8-5-8　H$_2$S 和 CO$_2$ 混合气体在 MDEA 水溶液中的溶解度[102]

P/kPa	P_{N_2}/kPa	P_{CO_2}/kPa	P_{H_2S}/kPa	α_{CO_2}/(molCO$_2$/molMDEA)	α_{H_2S}/(molH$_2$S/molMDEA)
40℃					
8800	273	8120	397	1.128	0.0836
7560	15.4	5300	2240	0.934	0.481
6540	199	6040	288	1.205	0.0821
6500	0	4600	1890	0.854	0.554
6150	221	5890	25.5	1.072	0.0319
6150	233	3710	2390	0.690	0.777
6000	0	5320	668	1.101	0.214
3600	105	2790	692	0.903	0.336
3050	0	2150	885	0.755	0.498
3000	104	2870	12.6	1.182	0.0806
2000	0	1080	908	0.505	0.699
1820	44.4	1210	556	0.681	0.485
1340	223	1080	25.5	1.072	0.0319
1330	47.2	1010	259	0.829	0.285
1300	15.2	820	455	0.627	0.507
700	17.3	642	34.7	0.999	0.0642
600	3.3	295	295	0.409	0.509
500	10.9	481	2.37	0.965	0.00589
400	292	97.7	4.42	0.697	0.0394
260	225	11.7	16.9	0.145	0.305
250	227	3.17	13.4	0.0474	0.305
250	224	18.2	1.40	0.337	0.0405
250	232	0.392	11.4	0.00641	0.300
250	233	0.172	11.2	0.00286	0.299
250	235	0.118	8.70	0.00239	0.258
210	201	2.38	0.677	0.0785	0.0395
200	193	0.880	0.419	0.0393	0.0400
200	194	0.0860	0.295	0.00563	0.0401
200	189	0.0805	4.56	0.00209	0.179
70℃					
15000	30	10450	4420	0.777	0.622
10200	17	7230	2910	0.685	0.658
7170	0	5090	2050	0.625	0.655
100℃					
13160	0	9540	3520	0.538	0.706
10020	22	5880	4090	0.346	0.957

续表

P/kPa	P_{N_2}/kPa	P_{CO_2}/kPa	P_{H_2S}/kPa	$\alpha_{CO_2}/(molCO_2/molMDEA)$	$\alpha_{H_2S}/(molH_2S/molMDEA)$
10000	88	9710	88.9	0.998	0.0320
8170	13	5890	2170	0.463	0.669
7410	29	2860	4410	0.176	1.171
7000	0	6790	109	0.901	0.0513
5490	22	625	4750	0.0369	1.298
5160	23	28	5020	0.00223	1.431
5100	23	114	4870	0.00737	1.417
5090	24	42.7	4930	0.00316	1.423
2900	0	2710	100	0.634	0.0836
2400	28	2270	14.5	0.642	0.0172
1800	6.8	52.3	1590	0.00649	0.950
560	12.3	29	320	0.00997	0.477
400	0.5	258	53.1	0.150	0.119
360	0.2	271	0.588	0.213	0.00231
350	51	205	6.59	0.157	0.0218
300	154	15.2	42.8	0.0116	0.132
300	0.3	209	2.21	0.164	0.00785
280	185	5.98	0.995	0.0130	0.109
250	158	3.43	0.781	0.00960	0.107
250	160	0.126	1.54	0.000406	0.0205
250	159	2.07	0.912	0.00566	0.0123
250	170	1.59	0.234	0.00532	0.00583

注：MDEA 是甲基二乙醇胺的英文名缩写。

表 8-5-9　二氧化碳在碳酸钾水溶液中的溶解度[287]

（一）CO_2 在 30%（2.814mol/L）K_2CO_3 水溶液中的溶解度

CO_2溶解度/ （mol/molK_2CO_3）	温度/℃					
	120		140		170	
	P_{CO_2}	$P_总$	P_{CO_2}	$P_总$	P_{CO_2}	$P_总$
0.3	0.08	1.7	0.24	3.30	0.44	7.66
0.4	0.20	1.94	0.56	3.70	0.90	8.16
0.5	0.64	2.50	1.22	4.42	1.90	8.96
0.6	1.60	3.44	2.50	5.66	3.52	9.92
0.65	2.4	4.29				
0.7			4.56	7.82	5.84	10.80
0.8			7.04	10.16	8.24	
0.85			8.26	11.32	9.50	

（二）CO_2 在 40%（4.09 mol/L）K_2CO_3 水溶液中的溶解度

CO_2溶解度/ ($mol/molK_2CO_3$)	温度/℃							
	110		120		140		170	
	P_{CO_2}	P总	P_{CO_2}	P总	P_{CO_2}	P总	P_{CO_2}	P总
0.3			0.08	1.66	0.26	3.26	0.64	6.16
0.4	0.16	1.16	0.40	1.94	0.70	3.76	1.50	7.04
0.5	0.48	1.50	0.90	2.54	1.40	4.56	2.76	8.28
0.6	1.48	2.00	1.84	3.64				
0.7	1.84	2.84	3.16	4.92	4.05	7.02	7.60	12.80
0.75					5.10	8.00		
0.76							9.70	
0.8	3.08	4.24						
0.85	3.88	5.12						

表 8-5-10 加压下二氧化碳在一乙醇胺和三乙醇胺水溶液中的溶解度[287]

（$molCO_2$/mol 胺）

CO_2分压/ MPa	一乙醇胺浓度/（mol/L）			三乙醇胺浓度/（mol/L）			
	0.516	2.3	7.07	0.534	2.68	6.32	13.91
25℃							
0.294	1.16	0.921	0.742	1.20	0.898	0.791	
0.538	1.32	1.030	0.802	1.29	0.975	0.892	
1.56	1.86	1.150	0.933	1.97	1.110	1.040	
2.55			0.983				
2.85				2.4			
4.12	2.88	1.40	1.06	2.78	1.36	1.22	
50℃							
0.285	1.02	0.816	0.681	0.915	0.647	0.526	0.309
0.527	1.13	0.900	0.697	1.12	0.768	0.614	0.428
1.36	1.44						
1.56		1.03	0.817	1.43	1.00	0.828	0.619
4.10	2.29	1.21	0.930	2.06	1.19	1.04	0.730
75℃							
0.255	0.885	0.701	0.594	0.570	0.367	0.262	
0.501	0.990	0.764	0.635	0.752	0.496	0.341	
1.53	1.28	0.931	0.723	1.15	0.768	0.580	
3.37	1.73						
4.07		1.11	0.827	1.68	1.01	0.828	

表 8-5-11　加压下二氧化碳在二乙醇胺水溶液中的溶解度(mol CO_2/mol 胺) [287]

DEA 溶液当量浓度	CO_2分压(绝)/MPa	温度/℃						
		0	25	50	75	100	120	140
0.5	$6.1611×10^{-4}$	0.680	0.475	0.302	0.098			
	$2.178×10^{-3}$	0.776	0.580	0.418	0.212	0.058		
	$6.1611×10^{-3}$	0.875	0.688	0.536	0.340	0.165		
	$0.2178×10^{-1}$	0.982	0.802	0.662	0.465	0.312	0.140	0.030
	$0.6161×10^{-1}$	1.098	0.925	0.803	0.608	0.480	0.328	0.200
	0.2178	1.350	1.065	0.963	0.767	0.665	0.545	0.420
	0.6161	1.942	1.368	1.180	0.980	0.882	0.800	0.698
	2.178		2.080	1.680	1.361	1.240	1.165	1.080
	6.161		2.695	2.340	2.080	1.880	1.800	
2.0	$6.1611×10^{-4}$	0.543	0.402	0.258	0.086			
	$2.178×10^{-3}$	0.622	0.480	0.340	0.163	0.035		
	$6.1611×10^{-3}$	0.708	0.568	0.440	0.248	0.112		
	$0.2178×10^{-1}$	0.798	0.663	0.532	0.365	0.220	0.100	
	$0.6161×10^{-1}$	0.892	0.765	0.638	0.486	0.348	0.212	0.093
	0.2178	1.020	0.875	0.752	0.620	0.490	0.343	0.230
	0.6161	1.135	1.026	0.887	0.770	0.645	0.507	0.395
	2.178	1.285	1.172	1.053	0.947	0.830	0.701	0.598
	6.161		1.392	1.281	1.180	1.075	0.946	0.840
3.5	$6.1611×10^{-4}$	0.513	0.387	0.243	0.085			
	$2.178×10^{-3}$	0.588	0.453	0.314	0.160	0.027		
	$6.1611×10^{-3}$	0.645	0.525	0.392	0.238	0.090		
	$0.2178×10^{-1}$	0.725	0.600	0.467	0.334	0.183	0.083	
	$0.6161×10^{-1}$	0.806	0.690	0.562	0.433	0.295	0.175	0.060
	0.2178	0.902	0.788	0.663	0.540	0.412	0.285	0.160
	0.6161	1.001	0.910	0.782	0.660	0.538	0.422	0.302
	2.178	1.133	1.030	0.920	0.800	0.678	0.568	0.455
	6.161		1.190	1.082	0.983	0.855	0.752	0.650
5.0	$6.1611×10^{-4}$	0.493	0.378	0.240	0.084			
	$2.178×10^{-3}$	0.551	0.430	0.308	0.158	0.022		
	$6.1611×10^{-3}$	0.610	0.490	0.376	0.230	0.080		
	$0.2178×10^{-1}$	0.673	0.554	0.444	0.315	0.164	0.073	
	$0.6161×10^{-1}$	0.746	0.629	0.525	0.398	0.265	0.153	0.035
	0.2178	0.822	0.708	0.608	0.485	0.363	0.253	0.122
	0.6161	0.920	0.818	0.702	0.580	0.460	0.355	0.241
	2.178	1.020	0.919	0.809	0.691	0.597	0.464	0.360
	6.161		1.050	0.940	0.836	0.721	0.602	0.515

续表

DEA溶液当量浓度	CO₂分压(绝)/MPa	温度/℃						
		0	25	50	75	100	120	140
6.5	6.1611×10⁻⁴	0.485	0.372	0.237	0.083			
	2.178×10⁻³	0.533	0.424	0.297	0.157	0.020		
	6.1611×10⁻³	0.582	0.475	0.356	0.225	0.078		
	0.2178×10⁻¹	0.638	0.524	0.419	0.290	0.160	0.065	
	0.6161×10⁻¹	0.695	0.587	0.484	0.362	0.250	0.138	0.015
	0.2178	0.758	0.650	0.555	0.440	0.338	0.222	0.090
	0.6161	0.833	0.737	0.638	0.524	0.425	0.320	0.198
	2.178	0.920	0.822	0.725	0.620	0.528	0.423	0.310
	6.161		0.932	0.840	0.740	0.638	0.532	0.440
8.0	6.1611×10⁻⁴	0.483	0.368	0.235	0.082			
	2.178×10⁻³	0.522	0.420	0.298	0.156	0.019		
	6.1611×10⁻³	0.568	0.472	0.355	0.221	0.077		
	0.2178×10⁻¹	0.617	0.525	0.413	0.290	0.158	0.058	
	0.6161×10⁻¹	0.668	0.580	0.479	0.362	0.245	0.126	
	0.2178	0.728	0.640	0.540	0.435	0.330	0.200	0.060
	0.6161	0.782	0.702	0.615	0.520	0.402	0.290	0.169
	2.178	0.850	0.773	0.680	0.598	0.499	0.383	0.275
	6.161		0.855	0.770	0.683	0.959	0.485	0.400

表 8-5-12　二氧化碳在环丁砜–乙醇胺水溶液中的溶解度[287]

LCO₂/L 溶液(30℃)

CO₂平衡分压(绝)/kPa	乙醇胺* 10%	乙醇胺* 20%	10%乙醇胺+30%环丁砜	20%乙醇胺+30%环丁砜	20%乙醇胺+64%环丁砜
98.1	30.1	45.1	37.6	49.6	53.0
166.7	34.3	49.9	41.1	55.0	60.0
294.2	40.5	56.5	44.2	60.2	63.6
431.5	45.0	61.0	49.7	63.4	67.6
568.8	46.3	64.5	55.7	71.5	74.1
823.8				76	83.4

表 8-5-13　含硫化氢、二氧化碳的乙醇胺溶液(15.3%质)上的硫化氢、二氧化碳分压[287]

(一)

温度/℃	P_{H₂S}/kPa	气相中分压比　R_r=H₂S分压/CO₂分压						
		R_r=0.01	R_r=0.05	R_r=0.10	R_r=0.50	R_r=1.0	R_r=10	R_r=∞
		溶液中 H₂S 浓度/(mol H₂S/mol 胺)						
40	0.13	0.0013	0.0035	0.0050	0.0120	0.0178	0.0500	0.128
	0.4	0.0022	0.0057	0.0084	0.0208	0.030	0.0825	0.212
	1.3	0.0039	0.0100	0.0149	0.0380	0.0540	0.1450	0.374

（一）

温度/℃	P_{H_2S}/kPa	气相中分压比 R_r = H_2S 分压/CO_2 分压						
		R_r = 0.01	R_r = 0.05	R_r = 0.10	R_r = 0.50	R_r = 1.0	R_r = 10	R_r = ∞
		溶液中 H_2S 浓度/($molH_2S$/mol 胺)						
40	4.0	0.0064	0.0166	0.0250	0.0630	0.0910	0.2400	0.578
	13.3	0.0107	0.0279	0.0415	0.1050	0.1510	0.3900	0.802
	40.0	0.0167	0.0430	0.0638	0.1550	0.2200	0.5500	0.931
	133.3		0.0625	0.0920	0.2170	0.3050	0.7300	1.00
60	0.13	0.0019	0.0049	0.0070	0.0172	0.0239	0.0643	0.085
	0.4	0.0029	0.0074	0.0108	0.0260	0.0363	0.0940	0.137
	1.3	0.0044	0.0115	0.0172	0.0414	0.0565	0.1420	0.240
	4.0	0.0066	0.0175	0.0260	0.0621	0.0850	0.2080	0.386
	13.3	0.0102	0.0272	0.0405	0.0980	0.1360	0.3140	0.600
	40.0		0.0410	0.0610	0.1480	0.2040	0.4320	0.790
	133.3			0.0940	0.2170	0.2900	0.5500	0.970
100	0.13	0.0017	0.0034	0.0046	0.0095	0.0118	0.0224	0.029
	0.4	0.0030	0.0061	0.0082	0.0163	0.0207	0.0390	0.050
	1.3	0.0056	0.0114	0.0155	0.0301	0.0381	0.0720	0.091
	4.0	0.0098	0.0200	0.0270	0.0525	0.0665	0.1260	0.160
	13.3	0.0176	0.0360	0.0483	0.0945	0.1200	0.2250	0.279
	40.0		0.0585	0.0780	0.1510	0.1910	0.3700	0.439
	133.3			0.2250	0.2880	0.5820	0.680
120	0.13	0.0013	0.0024	0.0031	0.0058	0.0078	0.0115	0.012
	0.4	0.0026	0.0050	0.0065	0.0122	0.0160	0.0245	0.025
	1.3	0.0056	0.0107	0.0140	0.0265	0.0352	0.0520	0.056
	4.0	0.0110	0.0210	0.0278	0.0535	0.0705	0.0980	0.101
	13.3		0.0429	0.0573	0.1110	0.1380	0.1800	0.182
	40.0			0.1010	0.1850	0.2250	0.3020	0.312
	133.3				0.3000	0.3630	0.5000	0.520

（二）

温度/℃	P_{H_2S}/mmHg	液相中浓度比 R_L = ($molH_2S$/mol 胺)/($molCO_2$/mol 胺)					
		R_L = 0.01	R_L = 0.05	R_L = 0.10	R_L = 0.50	R_L = 1.0	R_L = ∞
		溶液中 H_2S 浓度/(H_2S mol/mol 胺)					
40	0.13	0.0047	0.0190	0.0327	0.0863	0.1140	0.128
	0.4	0.0055	0.0225	0.0395	0.1160	0.1630	0.212
	1.3	0.0066	0.0263	0.0468	0.1510	0.2220	0.374
	4.0	0.0077	0.0301	0.0540	0.1820	0.2720	0.579
	13.3	0.0092	0.0351	0.0619	0.2120	0.3260	0.802
	40.0		0.0399	0.0710	0.2450	0.3720	0.931
	133.3		0.0464	0.0830	0.2700	0.4250	1.00

二

温度/℃	P_{H_2S}/mmHg	液相中浓度比 $R_L = (molH_2S/mol\ 胺)/(molCO_2/mol\ 胺)$					
		$R_L = 0.01$	$R_L = 0.05$	$R_L = 0.10$	$R_L = 0.50$	$R_L = 1.0$	$R_L = \infty$
		溶液中 H_2S 浓度/(mol H_2S/mol 胺)					
60	0.13	0.0037	0.0145	0.0237	0.0650	0.0775	0.085
	0.4	0.0046	0.0184	0.0304	0.0845	0.1130	0.137
	1.3	0.0059	0.0234	0.0396	0.1125	0.1600	0.240
	4.0	0.0074	0.0288	0.0492	0.1450	0.2120	0.386
	13.3	0.0092	0.0355	0.0605	0.1840	0.2750	0.600
	40.0		0.0431	0.0730	0.2190	0.3230	0.790
	133.3		0.0910	0.2620	0.3840	0.970	
100	0.13	0.0024	0.0067	0.0103	0.0220	0.0247	0.029
	0.4	0.0036	0.0101	0.0155	0.0340	0.0407	0.050
	1.3	0.0056	0.0155	0.0239	0.0540	0.0675	0.091
	4.0	0.0082	0.0288	0.0349	0.0810	0.1040	0.160
	13.3		0.0343	0.0524	0.1250	0.1650	0.279
	40.0		0.0503	0.0762	0.1800	0.2430	0.439
	133.3			0.2480	0.3340	0.680	
120	0.13	0.0016	0.0031	0.0040	0.0072	0.0088	0.012
	0.4	0.0030	0.0059	0.0078	0.0146	0.0184	0.025
	1.3	0.0059	0.0120	0.0163	0.0312	0.0393	0.056
	4.0	0.00110	0.0228	0.0308	0.0590	0.075	0.101
	13.3		0.0424	0.0558	0.1075	0.1400	0.182
	40.0			0.0935	0.1800	0.2325	0.312
	133.3			0.3120	0.4050	0.520	

表 8-5-14 硫化氢加二氧化碳在 15.2%(质)一乙醇胺溶液中的溶解度[287]

温度/℃	液体组成/(mol/mol 胺)		气体组成(分压)/kPa	
	H_2S	CO_2	H_2S	CO_2
25	0.155	0.413	0.68	
	0.303	0.398	19.3	3.1
	0.431	0.321	12.5	
	0.533	0.505	159.3	46.9
40	0.0059	0.174	0.0055	
	0.0135	0.191	0.015	
	0.367	0.233	5.3	
	0.493	0.394	198.6	
60	0.0057	0.176	0.023	
	0.0064	0.386	0.32	

续表

温度/℃	液体组成/(mol/mol 胺)		气体组成(分压)/kPa	
	H_2S	CO_2	H_2S	CO_2
60	0.0130	0.191	0.071	
	0.244	0.595	121.3	198.6
100	0.0054	0.389	1.1	28.9
	0.0057	0.167	0.08	2.0
	0.0073	0.186	0.28	2.0
	0.0131	0.194	0.17	4.0
	0.0411	0.233	2.3	4.0
	0.0757	0.082	3.3	
120	0.0545	0.0675	3.7	1.6
	0.133	0.166	33.5	34.0

表 8-5-15　硫化氢加二氧化碳在 25%(质)二乙醇胺溶液中的溶解度[287]

温度/℃	液体组成/(mol/mol 胺)		气体组成(分压)/kPa		温度/℃	液体组成/(mol/mol 胺)		气体组成(分压)/kPa	
	H_2S	CO_2	H_2S	CO_2		H_2S	CO_2	H_2S	CO_2
37.78	0.0042	0.0676	0.013		65.6	0.0040	0.065	0.065	
	0.0045	0.0990	0.017			0.0041	0.080	0.087	
	0.0074	0.130	0.025			0.0097	0.109	0.21	
	0.0077	0.081	0.027			0.0099	0.062	0.15	
	0.0095	0.212	0.073			0.0126	0.107	0.12	
	0.0125	0.113	0.052			0.0128	0.238	0.43	
	0.0122	0.230	0.13			0.0291	0.074	0.45	
	0.058	0.221	0.71			0.0294	0.127	0.51	
	0.059	0.214	0.55			0.0512	0.233	1.60	4.0
	0.062	0.109	0.33			0.0594	0.115	0.65	
	0.106	0.734	129.3	324.0		0.105	0.654	48.0	393.3
	0.111	0.715	35.6	38.7		0.113	0.457	19.3	60.0
	0.120	0.478	8.4	13.6		0.114	0.495	17.1	50.0
	0.124	0.211	3.1			0.118	0.215	6.3	6.7
	0.124	0.227	2.1	2.266474		0.120	0.108	4.3	1.5
	0.127	0.118	1.3			0.147	0.596	41.3	157.3
	0.152	0.605	21.7	54.1		0.209	0.452	60.0	102.7
	0.220	0.930	333.3	1266.6		0.214	0.666	157.3	605.3
	0.237	0.310	9.2	3.3		0.252	0.285	28.5	15.7
	0.239	0.527	37.3	49.3		0.256	0.842	333.3	1866.5
	0.251	0.160	3.6			0.257	0.129	14.3	3.1
	0.384	0.630	230.6	320.0		0.375	0.567	240.0	480.0

温度/℃	液体组成/(mol/mol 胺)		气体组成(分压)/kPa		温度/℃	液体组成/(mol/mol 胺)		气体组成(分压)/kPa	
	H_2S	CO_2	H_2S	CO_2		H_2S	CO_2	H_2S	CO_2
37.78	0.442	0.112	11.5		65.5	0.413	0.410	136.0	132.9
	0.442	0.216	22.3	7.7		0.437	0.207	58.7	24.4
	0.441	0.410	88.5	61.3		0.443	0.116	42.8	6.0
	0.523	0.600	380.0	420.0		0.510	0.506	380.0	506.6
	0.585	0.381	212.0	108.0		0.526	0.252	166.7	74.7
	0.607	0.281	81.3	22.0		0.576	0.298	214.6	122.7
	0.631	0.258	141.3	20.0		0.624	0.114	97.3	11.5
	0.635	0.144	44.0	3.5		0.636	0.218	137.3	42.7
	0.861	0.264	1218.6	401.3		0.855	0.156	866.6	445.3
	0.966	0.688	1999.8	1533.2		0.924	0.547	2199.8	2119.8
	1.020	0.119	853.3	134.7		0.990	0.118	1178.6	258.6
51.67	0.250	0.890	340.0	1413.2		0.976	0.272	1359.9	546.6
	0.977	0.277	1133.2	520.0		1.010	0.140	1199.9	265.3
	1.050	0.161	999.9	193.3	79.44	0.255	0.770	306.6	186.7
79.44	0.920	0.238	1399.9	693.3	107.2	0.172	0.730	200.0	1933.2
	0.920	0.139	1266.6	273.3		0.370	0.127	1426.5	428.0
93.33	0.0113	0.214	0.81	22.9		0.922	0.210	1639.9	839.9
	0.0125	0.109	0.61		121.11	0.0056	0.185	0.85	90.7
	0.0314	0.054	0.35			0.0135	0.107	1.35	
	0.0327	0.085	0.95	4.0		0.0391	0.349	31.1	413.3
	0.0334	0.063	0.91			0.0472	0.378	22.8	450.6
	0.0710	0.122	5.3	8.5		0.0532	0.448	37.3	633.3
	0.107	0.543	59.3	526.6		0.0627	0.197	28.0	122.4
	0.114	0.353	29.3	117.3		0.0736	0.238	24.7	189.3
	0.129	0.123	13.5	15.6		0.0874	0.650	86.7	1959.8
	0.129	0.533	56.0	378.6		0.124	0.282	44.1	120.0
	0.156	0.474	74.7	366.6		0.126	0.273	78.7	314.6
	0.183	0.354	60.8	162.7		0.157	0.132	69.3	100.0
	0.196	0.245	38.3	52.0		0.176	0.070	76.0	42.7
	0.196	0.117	30.7	20.3		0.488	0.218	454.6	425.3
	0.255	0.710	293.3	1799.8		0.825	0.117	1466.5	466.6
	0.496	0.207	266.6	197.3		0.840	0.210	1653.2	959.9
	0.881	0.395	2186.5	2199.8		0.822	0.405	2013.2	2293.1
	0.915	0.123	1386.5	350.6					
	0.935	0.230	1506.5	759.9					

表 8-5-16　硫化氢二氧化碳和它们的混合物在 30%(质)二乙醇胺溶液中的溶解度[287]

温度/℃	液体组成/(mol/mol 胺)		气体组成(分压)/kPa	
	H_2S	CO_2	H_2S	CO_2
	仅有 H_2S			
26.67	0.081		0.076	
	0.231		0.52	
	0.311		0.92	
	0.406		1.73	
37.78	0.0083		0.0013	
	0.048		0.083	
	0.199		0.75	
	0.616		10.7	
93.33	0.0089		0.036	
	0.0509		1.28	
	0.207		14.3	
	0.570		166.7	
	仅有 CO_2			
93.33		0.404		22.7
		0.452		57.3
		0.501		118.4
		0.567		453.3
	H_2S 和 CO_2 混合物			
37.78	0.0128	0.119	0.0053	
	0.197	0.331	8.7	
	0.277	0.405	82.7	23.3
65.56	0.0128	0.113	0.017	
	0.205	0.324	21.3	
	0.291	0.403	173.3	82.7
93.33	0.0130	0.116	0.43	
	0.196	0.304	62.7	
	0.280	0.392	289.3	229.3

表 8-5-17　硫化氢二氧化碳和它们的混合物在 50%(质)二乙醇胺溶液中的溶解度[287]

温度/℃	液体组成/(mol/mol 胺)		气体组成(分压)/kPa		温度/℃	液体组成/(mol/mol 胺)		气体组成(分压)/kPa	
	H_2S	CO_2	H_2S	CO_2		H_2S	CO_2	H_2S	CO_2
	仅有 H_2S					仅有 CO_2			
37.78	0.0111		0.012		37.78		0.400		9.2
	0.0522		0.39				0.585		78.7
	0.212		3.2				0.739		466.6
	0.553		25.3				0.745		440.0
60a	0.0053		0.009				0.186		28.0
	0.124		4.4		93.33		0.222		36.0
	0.587		86.7				0.311		81.3
93.33	0.011		0.45				0.411		217.3
	0.055		4.1			H_2S 和 CO_2 混合物			
	0.211		38.7		37.78	0.0026	0.111	0.016	
	0.566		276.0			0.260	0.438	69.3	60.0
	仅有 CO_2				65.56	0.0030	0.114	0.85	
25a		0.458		6.0		0.0028	0.116	0.35	8.5
		0.602		56.0	93.33	0.233	0.390	240.0	560.0

注：a 值在 60℃和 25℃是 54.5%(质)的 DEA。

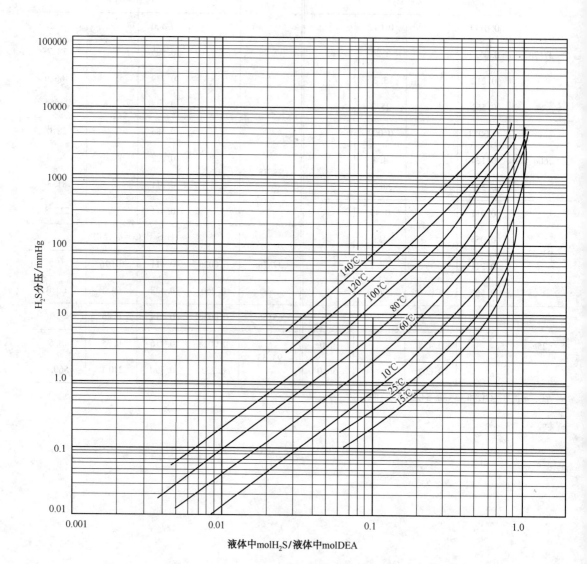

图 8-5-3　硫化氢在 15%(质)的一乙醇胺-硫化氢混合物溶液中溶解度图[287]

(1mmHg=133.322Pa)

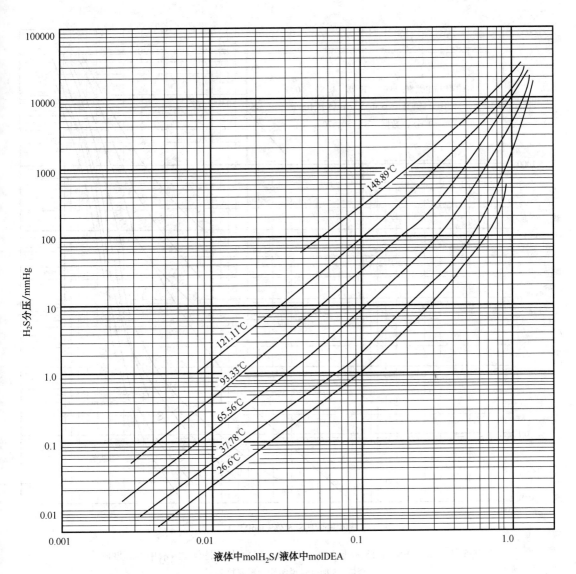

图 8-5-4　硫化氢在 25%（质）的二乙醇胺-硫化氢混合物溶液中溶解度图[287]

（1mmHg = 133.322Pa）

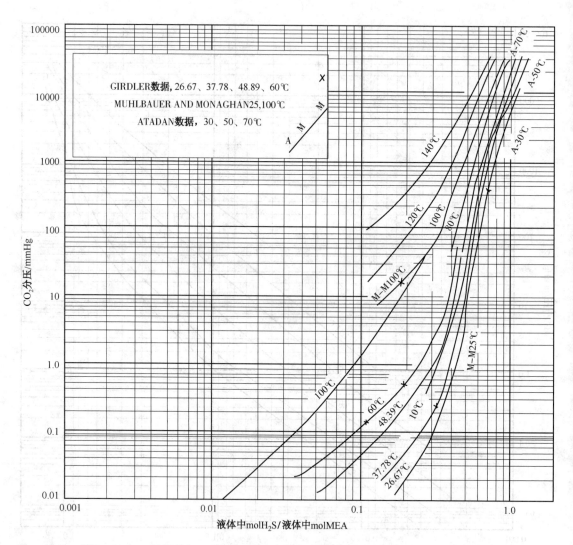

图 8-5-5　二氧化碳在 15%（质）的一乙醇胺-二氧化碳混合物溶液中溶解度图[287]

注：未加符号说明的为研究数据

（1mmHg＝133.322Pa）

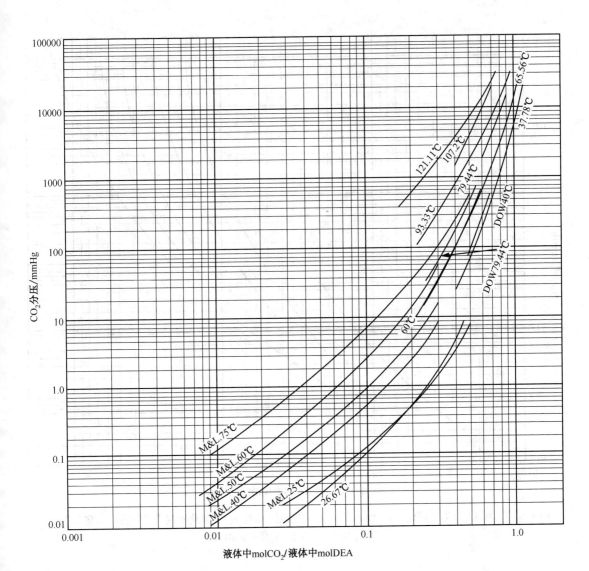

图 8-5-6　二氧化碳在 25%(质)的二乙醇胺-二氧化碳混合物溶液中溶解度图[287]
注：M&L 为 MLTZIN & LEIES　未加标注的为研究数据。
（1mmHg＝133.322Pa）

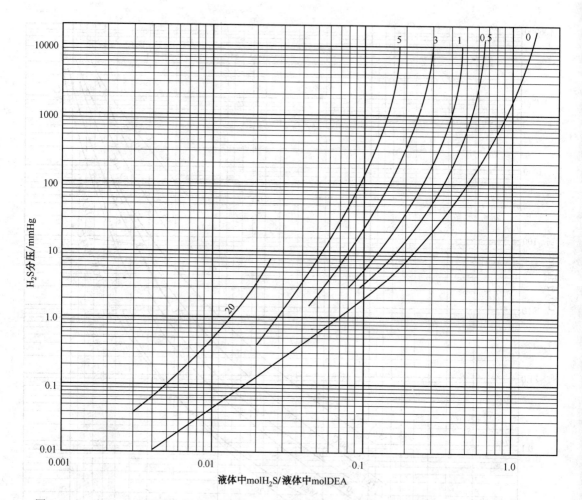

图 8-5-7　在 37.78℃下硫化氢在 25%(质) 的二乙醇胺-硫化氢-二氧化碳混合物溶液中溶解度图[287]

参数：液体中 $molCO_2$/液体中 $molH_2S$

（1mmHg = 133.322Pa）

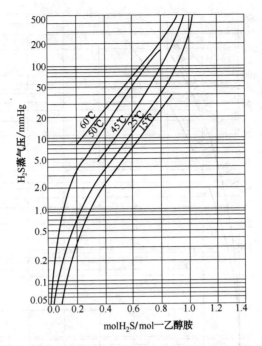

图 8-5-8　硫化氢蒸气压与 12.2%(质)一乙醇胺溶液中硫化氢含量关系图[287]
(1mmHg=133.322Pa)

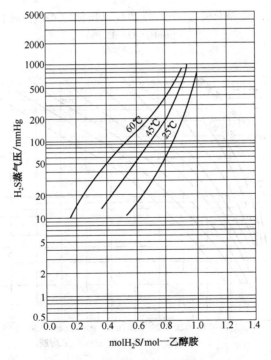

图 8-5-9　硫化氢蒸气压与 30.2%(质)一乙醇胺溶液中硫化氢含量关系图[287]
(1mmHg=133.322Pa)

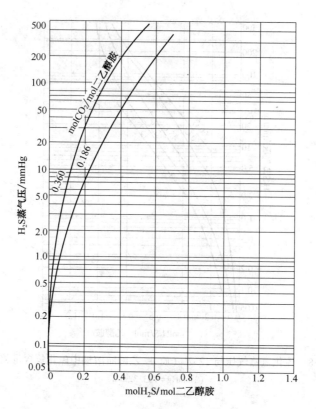

图 8-5-10　二氧化碳对含有二氧化碳与硫化氢的 20.5%（质）二乙醇胺溶液上硫化氢蒸气压的影响[287]

（1mmHg＝133.322Pa）

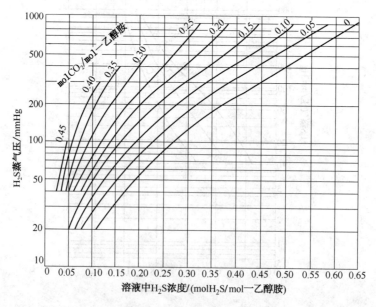

图 8-5-11　100℃下溶解二氧化碳对 15.3%（质）一乙醇胺溶液上硫化氢蒸气压的影响[287]

（1mmHg＝133.322Pa）

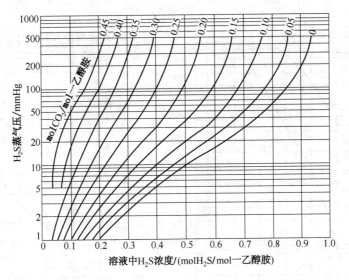

图 8-5-12 25℃下溶解二氧化碳对 15.3%（质）一乙醇胺溶液上硫化氢蒸气压的影响[287]

（1mmHg＝133.322Pa）

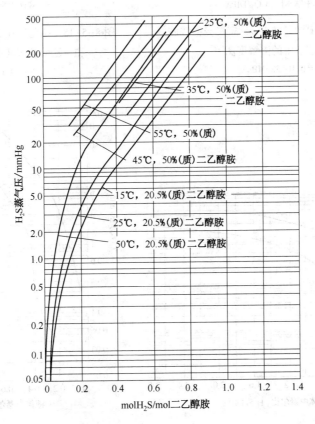

图 8-5-13 硫化氢蒸气压对 20.5%（质）与 50%（质）乙二胺溶液中硫化氢浓度的影响[287]

（1mmHg＝133.322Pa）

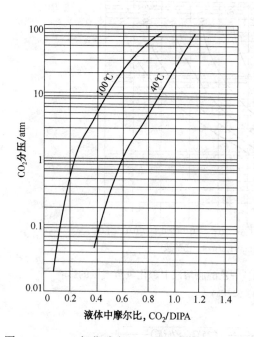

图 8-5-14　二氧化碳在 2.5 kmol/m³ 二异丙醇胺
和一乙醇胺溶液中的溶解度图[287]

（1atm=0.101325MPa）

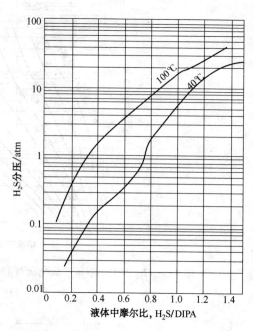

图 8-5-15　硫化氢在 2.5kmol/m³ 二异丙醇胺
和一乙醇胺溶液中的溶解度图[287]

（1atm=0.101325MPa）

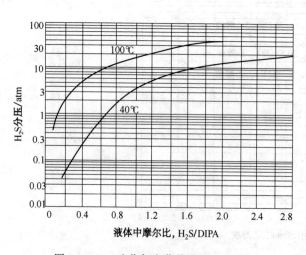

图 8-5-16　硫化氢在萨菲诺[40%（质）
二异丙醇胺、40%（质）环丁砜、20%
（质）水]溶液中溶解度图[287]

（1atm=0.101325MPa）

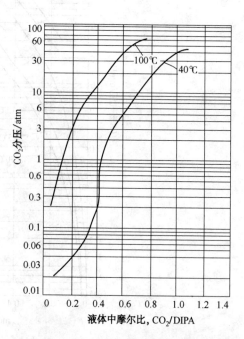

图 8-5-17　二氧化碳在萨菲诺[40%（质）
二异丙醇胺、40%（质）环丁砜、20%
（质）水]溶液中溶解度图[287]

（1atm=0.101325MPa）

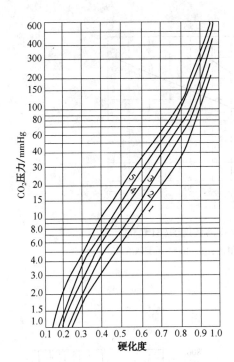

图 8-5-18 碳酸钠水溶液上的二氧化碳分压[287]

1—20℃；2—30℃；3—40℃；4—50℃；5—60℃

（硬化度指总碱中呈 $NaHCO_3$ 的分率）

（1mmHg＝133.322Pa）

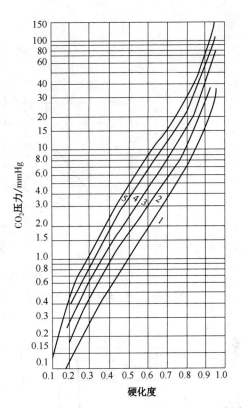

图 8-5-19 碳酸钾水溶液上的二氧化碳分压[287]

1—0℃；2—10℃；3—20℃；4—30℃；5—40℃

（硬化度指总碱中呈 $KHCO_3$ 的分率）

（1mmHg＝133.322Pa）

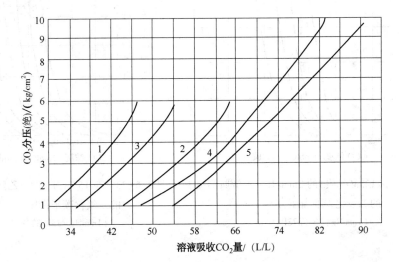

图 8-5-20 二氧化碳在环丁砜—乙醇胺水溶液中溶解度图（30℃）[287]

1—10%乙醇胺；2—20%乙醇胺；3—10%乙醇胺+30%环丁砜；

4—20%乙醇胺+30%环丁砜；5—20%乙醇胺+64%环丁砜

（1kg/cm² ＝0.1MPa）

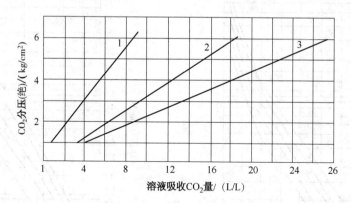

图 8-5-21 二氧化碳在环丁砜水溶液中溶解度图(31℃)[287]

1—30%环丁砜水溶液；2—60%环丁砜水溶液；3—100%环丁砜溶液

($1kg/cm^2 = 0.1MPa$)

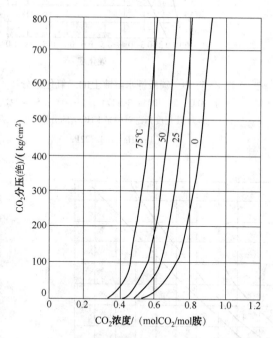

图 8-5-22 在 12.3%(质)的 2mol/L 一乙醇胺溶液上
的二氧化碳平衡压力[287]

($1mmHg = 133.322Pa$)

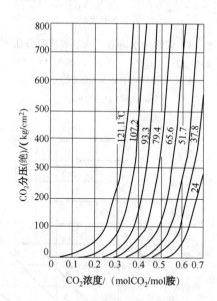

图 8-5-23 在 15%(质)的一乙醇胺溶液上
的二氧化碳平衡压力[287]

($1mmHg = 133.322Pa$)

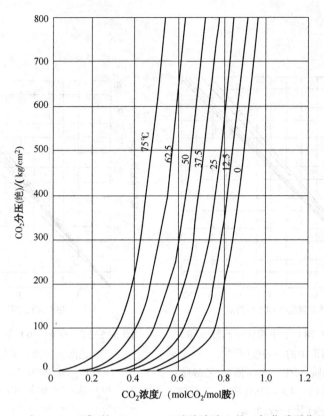

图 8-5-24　在 20.6%（质）的 2mol/L 二乙醇胺溶液上的二氧化碳平衡压力[287]

（1mmHg=133.322Pa）

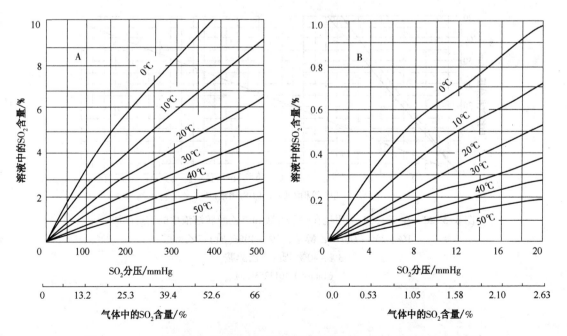

图 8-5-25　二氧化硫在水溶液中的溶解度与气相中的二氧化硫分压的关系[287]

A—SO₂压力为 500mmHg；B—SO₂压力为 20mmHg

（1mmHg=133.322Pa）

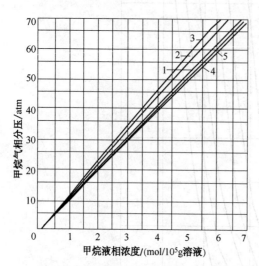

图 8-5-26　在 37.78℃下甲烷在一乙醇胺和
二乙醇胺溶液中的溶解度图[287]

1%~5%(质)二乙醇胺；2%~25%(质)二乙醇胺；

3%~40%(质)二乙醇胺；4%~15%(质)一乙醇胺；

5%~40%(质)一乙醇胺

（1atm=0.101325MPa）

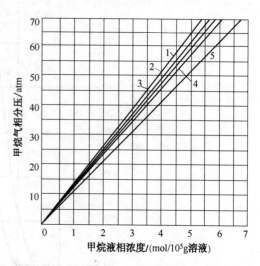

图 8-5-27　　在 65.56℃下甲烷在一乙醇胺和
二乙醇胺溶液中的溶解度图[287]

1%~5%(质)二乙醇胺；2%~25%(质)二乙醇胺；

3%~40%(质)二乙醇胺；4%~15%(质)一乙醇胺；

5%~40%(质)一乙醇胺

（1atm=0.101325MPa）

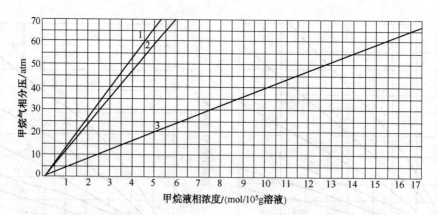

图 8-5-28　在 93.33℃下甲烷在一乙醇胺和二乙醇胺溶液中的溶解度图[287]

1%~25%(质)二乙醇胺；2%~40%(质)二乙醇胺；

3%~40%(质)一乙醇胺

（1atm=0.101325MPa）

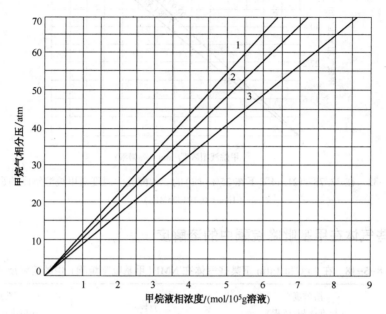

图 8-5-29 121.11℃下甲烷在一乙醇胺和二乙醇胺溶液中溶解度图[287]

1%~25%(质)二乙醇胺；2%~40%(质)二乙醇胺；

3%~40%(质)一乙醇胺

(1atm＝0.101325MPa)

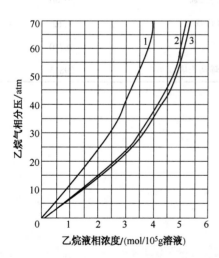

图 8-5-30 在 37.78℃下乙烷在一乙醇胺和
二乙醇胺溶液中的溶解度图[287]

1%~5%(质)二乙醇胺；2%~25%(质)二乙醇胺；

3%~15%(质)一乙醇胺

(1atm＝0.101325MPa)

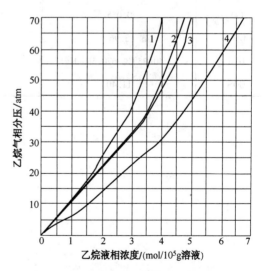

图 8-5-31 在 65.56℃下乙烷在一乙醇胺和
二乙醇胺溶液中的溶解度图[287]

1%~5%(质)二乙醇胺；2%~25%(质)二乙醇胺；

3%~15%(质)一乙醇胺；4%~40%(质)一乙醇胺

(1atm＝0.101325MPa)

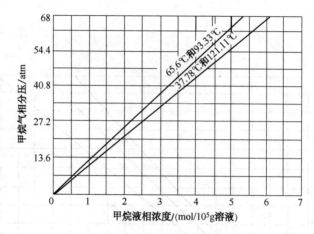

图 8-5-32　在 37.78~121.11℃ 下在 25%(质)的二乙醇胺中温度对甲烷溶解度的影响[287]

(1atm=0.101325MPa)

三、某些气体在甲基吡咯烷酮中的溶解度

表 8-5-18　在 20℃ 和 1atm 下某些气体在 NMP(甲基吡咯烷酮) 中的溶解度[287]

名称	溶解度/ (标准体积/体积)	名称	溶解度/ (标准体积/体积)
H_2	0.050	C_2H_2	38.70
N_2	0.050	C_2H_4	2.24
O_2	0.055	C_3H_4(甲基乙炔)	86.00
CO	0.055	C_3H_4(丙二烯)	30.40
CO_2	3.96	C_3H_6(丙烯)	8.62
H_2S	32.40(25℃, 670.5mmHg)	C_4H_2(丁二炔)	487.0
COS	11.40	C_4H_4(乙烯基乙炔)	298.5

四、氟化氢的溶解度

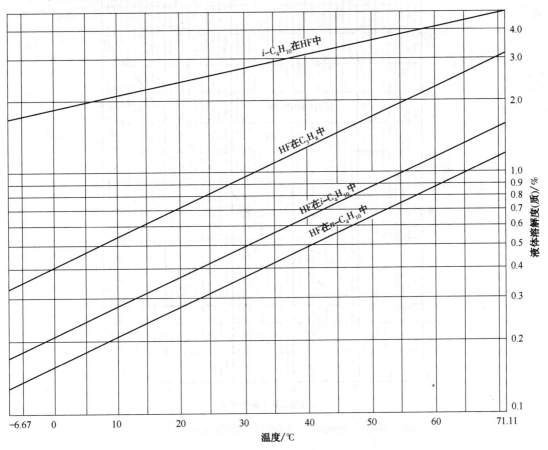

图 8-5-33 氟化氢在 C₃ 和 C₄ 饱和烃中的液体溶解度图[287]

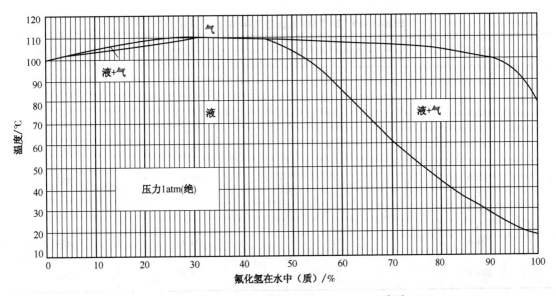

图 8-5-34 氟化氢-水混合物的温度-浓度图[287]

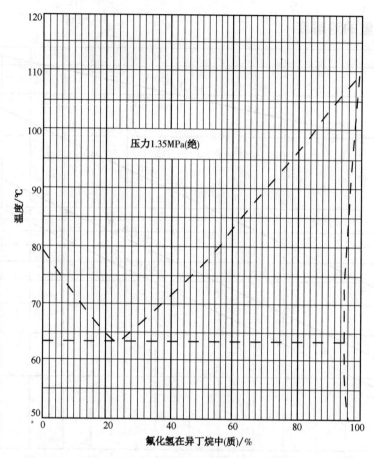

图 8-5-35　氟化氢-异丁烷混合物的温度-浓度图[287]

五、某些物质在水中的溶解度

表 8-5-19　环丁砜-水的液气平衡(P =1atm)[287]

温度/℃	液相中水(质)/%	气相中水(质)/%	相对挥发度
206.8	0.55	59.6	267
132.0	5.0		
121.0	6.2	97.5	600
115.6	8.9	97.9	477
114.0	10.0		
106.4	19.0	99.1	469
103.2	39.4	99.5	306

表8-5-20 (NH₄)₂SO₃-NH₄HSO₃饱和液成分与NH₃:SO₂比及温度的关系[287]

NH₃:SO₂ 分子比	结晶相	在下列温度下溶液中NH₃和SO₂含量(质)/%									
		20℃		25℃		30℃		40℃		60℃	
		NH₃	SO₂	NH₃	SO₂	NH₃	SO₂	NH₃	SO₂	NH₃	SO₂
3	(NH₄)₂SO₃	10.66	20.06	11.13	20.95	11.60	21.84	12.55	23.63	14.44	27.19
		11.02	21.05	11.3	21.5	11.82	22.22	13.17	26.21	15.21	27.6
		11.05	22.43			12.29	29.12	13.32	28.85	15.03	28.93
		11.25	23.65	11.8	27.0	12.96	36.75	13.59	29.49	14.67	30.53
		11.40	25.38	11.9	29.7			13.5	32.08	15.4	34.15
				12.2	31.4						
		12.37	31.51	12.8	36.3			13.72	33.81	15.75	40.92
		12.79	36.48	13.5	42.2	14.34	45.07	13.94	38.12	16.12	41.1
		13.51	40.14					14.34	40.26	16.61	44.16
2	(NH₄)₂SO₃+ (NH₄)₂S₂O₅	14.01	43.8	14.9	49.6	15.01	50.17	15.2	46.51	16.96	45.02
	(NH₄)₂S₂O₅	13.75	45.0			14.6	50.42	14.19	51.18	16.38	46.99
		13.34	47.18			13.30	50.38	14.05	51.56	16.3	47.47
						13.7	50.83			15.9	53.29
		13.09	48.05			13.63	51.72			15.4	55.08
1	(NH₄)₂S₂O₅	12.94	48.7	13.25	49.9	13.47	50.7	13.75	51.8	14.78	55.6

表8-5-21 碳酸盐在水中的溶解度(g/100g溶液)[287]

溶质	固体	温度/℃												
		0	10	20	30	40	50	60	70	80	90	100		
碳酸钠	Na₂CO₃·10H₂O	6.86	11.98	21.58	39.7									
	Na₂CO₃·7H₂O	20.3		33.5	43.5									
	Na₂CO₃·H₂O					48.9	47.4	46.2	45.2	44.5	44.5	44.5		
重碳酸钠	NaHCO₃	6.39	8.20	9.57	11.09	12.7	14.45	16.0		19.7		23.6	125℃ 29.7	150℃ 37.4
碳酸钾	K₂CO₃·1.5H₂O	(107.3)	(109)	111.5	114	117	121.2	127	133.1	140	147.5	156	120℃ 181	135℃ 205
重碳酸钾	KHCO₃	22.6	27.7	33.3	39.1	45.3	52.0	60.0						

第六节　溶液的凝点

表 8-6-1　硫酸水溶液的凝点[287]

H₂SO₄ (质)/%	凝点/℃	H₂SO₄ (质)/%	凝点/℃	H₂SO₄ (质)/%	凝点/℃	H₂SO₄ (质)/%	凝点/℃
1	−0.2	48	−38.5	66	−37.75	87	+4.1
4	−1.2	50	−34.2	67	−40.3	88	+0.5
8	−3.7	52	−30.9	…	<−39	89	−4.2
10	−5.5	54	−28.3	76	−28.1	90	−10.2
12	−7.6	56	−25.9	77	−19.4	91	−17.3
14	−9.9	57	−24.8	78	−13.6	92	−25.6
16	−12.6	57.6	−24.4	79	−8.2	93	−35.0
18	−15.7	58	−24.5	80	−3.0	93.3	−37.8
20	−19.0	59	−24.85	81	+1.5	94	−30.8
22	−22.7	60	−25.8	82	+4.8	95	−21.8
24	−26.7	61	−27.15	83	+7.0	96	−13.6
26	−31.1	62	−28.85	84	+8.0	97	−6.3
28	−35.9	63	−30.8	84.5	+8.3	98	+0.1
30	−41.2	64	−33.0	85	+7.9	99	+5.7
…	<−41	65	−35.3	86	+6.6	100	+10.45

表 8-6-2　盐酸水溶液凝点[287]

HCl (质)/%	凝点/℃	HCl (质)/%	凝点/℃	HCl (质)/%	凝点/℃	HCl (质)/%	凝点/℃
(7.7)	−10	24.8	−86	44	−27.5	57.3	−23.2
(12)	−20	(28.2)	−60	(50.7)	−20	(60)	−20
17.4	−40	32.7	−40	50.3	−17.7	66	−15.3
21.3	−60	36.5	−30	18.3(熔点)		100	−111.3(熔点)
24.2	−80	40.3	−24.9(熔点)	(55)	−20		

表 8-6-3　硝酸水溶液凝点[287]

HNO₃ (质)/%	凝点/℃	HNO₃ (质)/%	凝点/℃	HNO₃ (质)/%	凝点/℃	HNO₃ (质)/%	凝点/℃
13.9	−10	34.1	−40	69.7	−40	88.8	−60
22.9	−20	40.0	−30	70.5	−42	89.95	−66.3
27.8	−30	49.2	−20	72.5	−40	91.9	−60
31.5	−40	53.8	−18.5(熔点)	77.75	−38(熔点)	94.8	−50
32.7	−42.28	58.5	−20	82.4	−40	100	−41.2(熔点)

表 8-6-4 磷酸水溶液凝点(℃)[287]

磷酸 水溶液 H₃PO₄	溶质在溶液中的质量分数/%									
	1	2	4	6	8	10	15	20	25	30
	-0.24	-0.46	0.94	-1.44	-2.08	-2.77	-4.70	-6.99	-9.75	-13.08

表 8-6-5 甲酸水溶液凝点(℃)[287]

甲酸 水溶液 HCOOH	溶质在溶液中的质量分数/%										
	1	2	4	6	8	10	15	20	25	30	35
	-0.39	-0.81	-1.67	-2.53	-3.41	-4.30	-6.60	-9.00	-11.51	-14.18	-17.04

表 8-6-6 醋酸水溶液凝点[287]

CH₃COOH (质)/%	凝点/ ℃	CH₃COOH (质)/%	凝点/ ℃	CH₃COOH (质)/%	凝点/ ℃	CH₃COOH (质)/%	凝点/ ℃
6.5	-2.1	55.5	-22.3	87.0	-0.2	94.3	+8.2
11.9	-3.9	61.9	-24.2	89.2	+2.7	96.0	+10.2
16.2	-5.2	66.4	-20.5	90.1	+3.6	970	+11.8
30.1	-10.9	80.7	-7.4	90.9	+4.3	98.0	+13.3
41.5	-15.9	82.7	-5.1	91.4	+5.3	99.0	+14.8
50.6	-19.8	84.7	-2.6	92.6	+6.3	99.5	+15.7

表 8-6-7 氨水溶液凝点[287]

NH₃ (质)/%	凝点/ ℃	NH₃ (质)/%	凝点/ ℃	NH₃ (质)/%	凝点/ ℃	NH₃ (质)/%	凝点/ ℃
8.75	-10	31.8	-90	50.8	-80	78.8	-90
14.5	-20	33.2	-100	56.1	-88.3	80.0	-92.5
21.2	-40	38.6	-90	61.7	-80	82.9	-90
25.9	-60	45.1	-80	65.28	-78.2	95.45	-80
29.8	-80	48.08	-79(熔点)	70.4	-80	100	-77.73(熔点)

表 8-6-8 氢氧化铵水溶液凝点(℃)[287]

氢氧 化铵 水溶液	溶质在溶液中的质量分数/%										
	1	2	4	6	8	10	15	20	25	30	35
	-0.57	-1.15	-2.32	-3.71	-4.81	-6.02	-9.66	-14.41	-20.70	-28.91	-39.96

表 8-6-9　硫酸盐水溶液凝点(℃)[287]

溶液名称	溶质在溶液中的质量分数/%							
	1	2	4	6	8	10	15	20
硫酸钠溶液	-0.32	-0.61	-1.13	-1.56				
硫酸钾溶液	-0.26	-0.50	-0.95					
硫酸铜溶液	-0.14	-0.26	-0.49	-0.70	-0.93	-1.18		
硫酸锌溶液	-0.15	-0.28	-0.53	-0.77	-1.01	-1.27	-2.07	
硫酸锰溶液	-0.15	-0.29	-0.57	-0.88	-1.12	-1.41	-2.37	-3.77
硫酸镁溶液	-0.18	-0.35	-0.70	-1.03	-1.35	-1.82	-1.82	
硫酸铵溶液	-0.33	-0.63	-1.21	-1.77	-2.32	-2.89	-4.37	

表 8-6-10　氯化钠水溶液凝点[287]

gNaCl/100gH$_2$O	凝点/℃	gNaCl/100gH$_2$O	凝点/℃
1.5	-0.9	17.5	-9.8
3.0	-1.8	17.5	-11.0
4.5	-2.6	19.3	-12.2
5.9	-3.5	21.2	-13.6
9.0	-4.4	23.1	-15.1
10.6	-5.4	25.0	-16.0
12.3	-6.4	26.9	-18.2
14.0	-7.5	29.0	-20.0
15.7	-8.6	30.1	-21.2

表 8-6-11　氯化钾水溶液凝点(℃)[287]

氯化钾 水溶液	溶质在溶液中的质量分数/%					
	1	2	4	6	8	10
	-0.46	-0.92	-1.85	-2.80	-3.79	-4.81

表 8-6-12　氯化钙水溶液凝点[287]

CaCl$_2$/ (g/100gH$_2$O)	凝点/ ℃	CaCl$_2$/ (g/100gH$_2$O)	凝点/ ℃	CaCl$_2$/ (g/100gH$_2$O)	凝点/ ℃	CaCl$_2$/ g(100gH$_2$O)	凝点/ ℃
0.1	0.0	10.4	-5.2	21.7	-14.2	34.6	-31.2
1.3	-0.6	11.7	-6.1	23.3	-15.7	36.2	-34.6
2.6	-1.2	13.0	-7.1	24.9	-17.4	37.9	-38.6
3.7	-1.8	14.4	-8.1	26.5	-19.2	39.7	-43.6
5.0	-2.4	15.9	-9.1	28.0	-21.2	41.9	-50.1
6.3	-3.0	17.3	-10.2	29.6	-23.3	42.7	-55.0
7.6	-3.7	18.8	-11.4	31.2	-25.7		
9.0	-4.4	20.2	-12.2	32.9	-28.3		

表 8-6-13　氯化镁水溶液凝点[287]

MgCl$_2$/(g/100gH$_2$O)	凝点/℃	MgCl$_2$/(g/100gH$_2$O)	凝点/℃	MgCl$_2$/(g/100gH$_2$O)	凝点/℃	MgCl$_2$/(g/100gH$_2$O)	凝点/℃
0.2	0.0	6.5	-4.0	13.1	-10.3	20.5	-22.9
1.4	-0.7	7.8	-5.0	14.5	-12.3	22.0	-26.0
2.7	-1.4	9.1	-6.0	16.0	-14.5	23.6	-29.1
3.9	-2.2	10.4	-7.2	17.5	-17.1	25.2	-32.2
5.2	-3.1	11.7	-8.7	19.1	-19.9	25.9	-33.6

表 8-6-14　碳酸钠水溶液凝点[287]

浓度 Na$_2$CO$_3$/%	温度/℃	浓度 Na$_2$CO$_3$/%	温度/℃
0~37	-2.1	45.7~85.5	35.4
37~45.7	+32.0	85.5 以上	100.0

表 8-6-15　碳酸氢钠水溶液凝点(℃)[287]

碳酸氢钠水溶液 NaHCO$_3$	溶质在溶液中的质量分数/%			
	1	2	4	6
	-0.43	-0.83	-1.59	-2.25

表 8-6-16　甘油水溶液凝点[287]

甘油/%	10	20	30	40	50	60	70	80
凝点/℃	-1.6	-5	-9.5	-15.4	-23.0	-34.7	-38.9	-20.3

表 8-6-17　甲醇水溶液凝点[287]

CH$_3$OH(质)/%	1	2	4	6	8	10	15	20	25	30	35
凝点/℃	-0.56	-1.14	-2.37	-3.71	-5.13	-6.57	-10.51	-15.05	-20.18	-25.79	-31.81

表 8-6-18　乙醇水溶液凝点[287]

C$_2$H$_5$OH(质)/%	11.3	18.8	20.3	22.1	24.2	26.7	29.9	33.8	39	46.3	56.1	71.9
凝点/℃	-5.0	-9.4	-10.9	-12.2	-14	-16.0	-18.9	-23.6	-28.7	-33.9	-41.0	-51.3

表 8-6-19　乙二醇水溶液凝点[287]

C$_2$H$_4$O$_2$(质)/%	12.5	17.0	25.0	32.5	38.5	44.0	49.0	52.4
凝点/℃	-3.9	-6.7	-12.2	-17.8	-23.3	-28.9	-34.4	-40.4

表 8-6-20　二乙二醇水溶液凝点[287]　　　　　　　　　　　　℃

二乙二醇(质)/%	0	10	20	30	40	50	60	64	70	80	90	100
凝点/℃	0	−2	−4	−8	−15	−25	−42	~−52	~−47	~−37	−24	−8

表 8-6-21　丙二醇水溶液凝点[287]

名称	溶质在溶液中的质量分数/%			
	1	2	4	6
丙二醇水溶液	−0.24	−0.49	−1.02	−1.58

表 8-6-22　环丁砜水溶液凝点[287]

溶液组成(质)/%			凝点/℃
环丁砜	一乙醇胺	水	
64.0	30.0	6.0	+6~+7
45.0	30.0	25.0	−6.5~−7
30.0	30.0	40.0	−28.5~−29.5
15.0	30.0	55.0	−21~−21.5

参 考 文 献

[1] Aldrich E W. Solubility of Water in Aviation Gasolines, Ind Eng Chem, 1931, Anal Ed 3: 348

[2] Alexander D M. Solubility of Benzene in Water. J Phys Chem, 1959, 63: 1021

[3] American Petroleum Institute & EPCOM International, API Technical Data Book, 8th Edition, 8. 1 version, 2011

[4] Anderson F, Prausnitz J. Mutual Solubilities and Vapor Pressures for Binary and Ternary Aqueous Systems Containing Benzene, Toluene, m-Xylene, Thiophene and Pyridine in the Region 100-200 C. Fluid Phase Equil, 1986, 32: 63

[5] Andrews L J, Keefer R M. Cation Complexes of Compounds Containing Carbon-Carbon Double Bonds. J Am Chem Soc, 1949, 71: 3644

[6] Andrews L J, Keefer R M. Cation Complexes of Compounds Containing Carbon-Carbon Double Bonds: VII. Further Studies on the Argentation of Substituted Benzenes. J Am Chem Soc, 1950, 72: 5034

[7] Anthony R G, McKetta J J. Phase Equilibrium in the Ethylene-Ethane-Water System. J Chem Eng Data, 1967, 12: 21

[8] Arnold D S, Plank C A, Erickson E E. Solubility of Benzene in Water. Chem Eng Data Ser, 1958, 3: 253

[9] Arnold G B, Coghlan C A. Toluene Extraction from Petroleum with Water. Ind Eng Chem, 1950, 42: 177

[10] Azarnoosh A, Mcketta J J. Solubility of Propane in Water. Petrol Refiner, 1958, 37(11): 275

[11] Ararnoosh A, Mcketta J J. Solubility of Propylene in Water. J Chem Eng Data, 1959, 4: 211

[12] Baker E G. Origin and Migration of Oil. Science 1959, 129: 871

[13] Barbaudy J. J Chim Phys, 1926, 23: 289

[14] Battino R, Clever H L. The Solubility of Gases in Liquids. Chem Rev, 1966, 66: 395

[15] Ben-Naim A, Wilf J, Yaacobi M. J Phys Chem, 1973, 77: 95

[16] Berkengeim T I. Application of the Fischer Method for the Determination of the Solubility of Water in Organic Compounds and in Their Mixtures at Various Temperatures, Zavodsk Lab, 1942, 10: 592; CA 406961

[17] Bilitzer J. Uber die Saure Natur des Acetylens. Z Physik Chem, 1902, 40: 535

[18] Bittrich H J, Gedan H, Feix G. Z Phys Chem, Leipzig 1979, 260: 1009-B

[19] Black C, Joris G G, Taylor H S. The Solubility of Water in Hydrocarbons. J Chem Phys, 1948, 16: 537

[20] Bohon R L, Claussen W F. The Solubility of Aromatic Hydrocarbons in Water. J Am Chem Soc, 1951, 73: 1571

[21] Bradbury E J, McNulty D, Savage F L, McSweeney E E. The Solubility of Ethylene in Water. Ind Eng Chem, 1952, 44: 211

[22] Bradley R S, Dew M J, Munro D C. Solubility of Benzene and Toluene in Water and Aqueous Salt Solutions under Pressure. High Temperatures-High Pressures, 1973, 5(2): 169

[23] Brady C J, Cunningham J R, Wilson G M. Water-Hydrocarbon Liquid-Liquid-Vapor Equilibrium Measurements to 530F. Gas Proc Assoc Res Rep 62, 1812 First Place, Tulsa, OK 74103 (1982)

[24] Braun L. Uber die Absorption von Stickstoff und von Wasserstoff inWasserigen Losungen Verschieden Dissociierter Stoffe. Z Physik Chem, 1900, 33: 721

[25] Brollos K, Peter K, Schneider G M. Ber Bunsenges Phys Chem, 1970, 74: 682

[26] Brooker P J, Ellison M. Determination of the Water Solubility of Organic Compounds by a Rapid Turbidimetric Method. Chem Ind (London), 1974, 19: 285

[27] Brooks W B, Gibbs G B, McKetta J J. Mutual Solubilities of Light Hydrocarbon Water Systems. Petrol Refiner, 1951, 30(10): 118

[28] Brooks W B, Haughn J E, McKetta J J. The 1-Butene-Water System in the Vapor and Three-Phase Regions.

Petrol Refiner, 1955, 34(8): 129

[29] Brooks W B, McKetta J J. The Solubility of 1-Butene in Water. Petrol Refiner, 1955, 34(2): 143

[30] Brown R L, Wasik S P. Method of Measuring the Solubilities of Hydrocarbons in Aqueous Solutions. J Res Natl Bur Stand, SecA, 1974, 78(4): 453

[31] Budantseva L S, Lesteva T M, Nenstov M S. Zh Fiz Khim, 1976, 50: 1344; Deposited Doc. 1976, Viniti438-76

[32] Bunakov N G, kharlampovich G D. The Solubility of Acidic Gases (Carbon Dioxide and Hydrogen Sulfide) in Aqueous Ammonium Orthophosphate Solutions (Communication II). Zh Prikl Khim, 1965, 38: 1915

[33] Burd S D. Phase Equilibria of Partially Miscible Mixtures of Hydrocarbons and Water. Ph D thesis, The Pennsylvania State Univ, University Park, Pa(1968)

[34] Chemoglazova F S, Simulin Yu N. Zh Fiz Khim, 1976, 50: 809; Deposited doe 1976, Viniti 3528-75

[35] Chey W, Calder G V. Method for Determining Solubility of Slightly Soluble Organic Compounds. J Chem Eng Data, 1972, 17: 199

[36] Christian S D, Affsprung H E, Johnson J R, Worley J D. J Chem Educ, 1963, 40: 419

[37] Claussen W F, Polglasse M F. Solubilities and Structures in Aqueous Aliphatic Hydrocarbon Solutions. J Am Chem Soc, 1952, 74: 4817

[38] Clifford C W. The Solubility of Water in Gasoline and in Certain Other Organic Liquids Determined by the Calcium Chloride Method. Ind Eng Chem, 1921, 13: 631

[39] Coan C R, King A D Jr. Solubility of Water in Compressed Carbon Dioxide, Nitrous Oxide and Ethane: Evidence of Hydration of CO_2 and N_2O in the Gas Phase. J Am Chem Soc, 1971, 93: 1857

[40] Connolly J F, Solubility of Hydrocarbons in Water Near the Critical Solution Temperatures. J Chem Eng Data, 1966, 11: 13

[41] Crampton A B, Finn R F, Kolfenbach J J. What Happens to the Dissolved Water in Aviation Fuels?" Preprint No 104, Soc Automotive Engrs, New York(1953)

[42] Culberson O L, Horn A, McKetta J J. Phase Equilibria in Hydrocarbon-Water Systems: I. The Solubility of Ethane in Water at Pressures to 1200 Pounds per Square Inch. Trans AIME, 1950, 189: 1

[43] Culberson O L, Mcketta J J. Phase Equilibria in Hydrocarbon-Water systems: II. The Solubility of Ethane in Water at Pressures to 10, 000 Psi. Trans AIME, 1950, 189: 319

[44] Culberson O L, Mcketta J J. Phase Equilibria in Hydrocarbon Water Systems: III. The Solubility of Methane in Water at Pressures to 10, 000 psi. Trans AIME, 1951, 192: 223

[45] Danneil A, Todheide K, Franck E V. Verdampfungsgleichwichte und Kritische Kurven in den Systemen Athan/Wasser and n-Butan/Wasser bei Hohen Drucken. Chem Ing Tech, 1967, 39(13): 816

[46] Davis J E, McKetta J J. Solubility of Ethylene in Water. J Chem Eng Data, 1960, 5: 374

[47] Davis J E, Mcketta J J. Solubility of Methane in Water. Petrol Refiner, 1960, 39(3): 205

[48] Davis D S. Solubility of Methane in Water. Ind Chemist, 1961, 37: 117

[49] Davis D S. Solubility of Propane in Water. Chem Process Eng, 1960, 41: 52

[50] DeLoos Th W, Wijen A J M, Diepen G A M. J Chem Thermodyn, 1980, 12: 193

[51] DeLoos Th W, Ponders W G, Lichtenthaler R N. J Chem Thermodyn, 1982, 14: 83

[52] Derr R B, Willmore C B. Dehydration of Organic Liquids with Activated Alummia. Ind Eng Chem, 1939, 31: 866

[53] Diepen G A M, Scheffer F E C. The Solubility of Water in Supercritical Ethene. Rec Tray Chim, 1950, 69: 604

[54] Duffy J R, Smith N O, Nagy B. Solubility of Natural Gases in Aqueous Salt Solution: 1. Liquidus Surfaces in the System $CH_4-H_2O-NaCl-CaCl_2$ at Room Temperature and at Pressures Below 1000 Psia. Geochimica et Cosmochimica Acta, 1961, 24: 23

[55] Edwards T J, newman J, Prausnitz J M. Thermodynamics Volatile Weak Electrolytes. AIChE J, 1975, 21: 248

[56] Eganhouse R P, Calder J A. The Solubility of Medium Molecular Weight Aromatic Hydrocarbons and the Effects of Hydrocarbons CO−Solutes and Salinity. Geochimica et Cosmochimica Acts, 1976, 40: 555

[57] Eaglin B A, plate A F, Tugolukov V M, Pryanishnikova M A. Solubility of Water in Individual Hydrocarbons. Khim i Tekhnol Topliva I Masel, 1965, 10(9): 42; CA 63 14608f

[58] Enns T, Scholander P F, Bradstreet E D. Effect of Hydrostatic Pressure on Gases Dissolved in Water. J phys Char, 1965, 69: 389

[59] Farkas E J. Now Method for Determination of Hydrocarbon−in−water Solubilities. Anal Chem, 1965, 37 (9): 1173

[60] Filippov T S, Furman A A. Zh Prikl Khim, 1952, 25: 895

[61] Franks F. Solute Water Interactions and the Solubility Behaviour of Long−Chain Paraffin Hydrocarbons. Nature, 1966, 210(503): 87

[62] Franks F, Gent M, Johnson H H. The Solubility of Benzene in Water. J Chem Soc, 1963, 2716

[63] Frolich P K, Tauch E J, Hogan J J, Peer A A. Solubility of Gases in Liquids at High Pressures. Ind Eng Chem, 1931, 23: 548

[64] Fuhner H. Water Solubility in Homolgous Serier. Chem Ber 57B, 1924, 510

[65] Gantry R M, Gunther V H. Water Solubility in Liquid Propane. Oil Gas J, 1955, 53 (43): 131

[66] Gester G C. Design and Operation of a Light Hydrocarbon Distillation Drier. Chem Eng Progr, 1947, 43: 117

[67] Ghanem N A, Marek M, Eaner J. Solubility of Water in n−Heptane. Int J Appl Radial Isotop, 1970, 21 (4): 239

[68] Gillespie P C, Wilson G M. Vapor−Liquid and Liquid−Liquid Equilibria: Water−Methane, Water−Carbon Dioxide, Water−Hydrogen Sulfide, Water−n−Pentane, and Water − Methane−n−Pentane. Gas Pros Assoc Res Rep, 48, 1812 First Place, Tulsa, OK 74103(1982)

[69] Gillespie P C, Wilson G M. Sulfur−Compounds and Water V−L−E and Mutual Solubility MESH−H_2O; ETSH −H_2O; CS_2−H_2O and COS−H_2O. Gas Proc Assoc Res Rep 78, 1812 First Place, Tulsa, OK 74103(1984)

[70] Ginzburg D M, Markel S A, Detinich L P. The System NaCl−NH_4Cl−NH_3−CO_2−H_2O at P = 1atm. Zh Prikl Khim, 1972, 45: 1687

[71] Glasoe P K, Schultz S D. Solubility of Water and Duetrium at Various Temperatures. J Chem Eng Data, 1972, 17: 66

[72] Glew D N, Robertson R E. The Spectrophotometric Determination of the Solubility of Cumene in Water by a Kinetic Method. J Cheer, 1956, 60: 332

[73] Goldman S. Determination and Statistical Mechanical Interpretation of the Solubility of Water in Benzene, Carbon Tetrachloride and Cyclohexane. Can J Chem, 1974, 52(9): 1668

[74] Greer P S. Solubility of Water in Liquid Butadiene. Copolymer Process Development Rept No 83, Office of Rubber Reserve, Washington, DC(1943)

[75] Griswold J, Chew J N, Klecka M E. Ind Erg Chem, 1950, 42: 1246

[76] Griswold J, Kasch J E. Hydrocarbon−Water Solubility at Elevated Temperatures and Pressures. Ind Eng Chem, 1942, 34: 804

[77] Groshuff E. Solubilities of Water in Benzene, Petroleum, and Paraffm Oil. Z Elekrochem, 1911, 17: 348; CA 5 2550

[78] Gross P M, Saylor J H. The Solubilities of Certain Slightly Soluble Organic Compounds in Water. J Am Chem Soc, 1931, 53: 1744

[79] Guerrant R P. Hydrocarbon−Water Solubilities at High Temperaturesunder Vapor−Liquid−Liquid Equilibrium

Conditions. MS thesis, The Pennsylvania State University, University Park, Pa(1946)

[80] Guseva A N, Parnov E I. Radiokhimiya, 1963, 5: 507

[81] Guseva A N, Parnov E I. The Solubility of Aromatic Hydrocarbons in Water. Vestn Mosk Univ, Ser Ⅱ, Khim, 1963, 18(1): 76; CA 58 9673f

[82] Guseva A N, Parnov E I. Isothermal Cross-Sections of the Sections of the Systems Cyclanes-Water. Vestn Mosk Univ, Ser II, Khim, 1964, 19(1): 77; CA 60 13924c

[83] Guseva A N, Parnov E I. Isothermal Cross-Sections for Binary Systems of Monocyclic Arenes Waters at 25, 100 and 200℃. Zh Fiz Khim, 1964, 38(3): 808; Ross J Phys Chem (English trans), 1964, 38(3): 439; CA 61 2530c

[84] Hales J M, Sutter S L. Solubility of Sulfur Dioxide in Water at Low Concentrations. Atm Environment, 1973, 7: 997

[85] Handling Chemicals Safely, Dutch Association of Safety Experts, 1980

[86] Hayduk Walter. Ethane. AC Soy Data Ser. 9, Elsevier, New York, 1982

[87] Hayduk Walter. Ethene. IUPAC Sol Data Ser. 57, Elsevier, New York, 1999

[88] Hayduk Walter. Propane, Butane, and 2-methylpropane. IUPAC Sol Data Ser 24, Elsevier, New York, 1986

[89] Heidman J L, Tsonpoulos C, Brady C J, Wilson G M. High-Temperture Mutual Solubilities of Hydrocarbons and Water. AIChE J, 1985, 31: 376

[90] Hibbard R R, Schalla R L. Solubility of Water in Hydrocarbons. Natal Advisory Comm Aerson, RM E 52D24, 1952

[91] Hill A E, Miller F W, Jr. Ternary Systems: Ⅲ. Silver Perchlorate, Toluene, and Water. J Am Chem Soc, 1925, 47: 2702

[92] Hooper H, Prausnitz J. Vapor-Liquid Equilibria for Toluene in Water and for Water in n-Heptane or Cyclohexane in the Region 70-250F. Fractionation Research, Inc Topical Report No 105&105S, 1988

[93] Horvath A L. Physical Properties of Inorganic Compounds. Crane, Russak & Company, Inc. New York, 1975

[94] Inga R F, McKetta J J. Solubility of Cyclopropane in Water. Petrol Refiner 1961, 40(3): 191

[95] Inga R F, McKetta J J. Solubility of Propyne in Water. J Chem Eng Data, 1961, 6: 337

[96] Jaeger A. The Solubilities of Light Hydrocarbons in Superheated Water. Brennstoff-Chem, 1923, 4: 259

[97] Johnson J R, Christian S D, Affspring H E. The Molecular Complexity of Water in Organic Solvents: Part Ⅱ. J Chem Soc, 1966, 77

[98] Jones J R, Monk C B. J Chem Soc, 1963, 2633

[99] Johnson J A, Vejrosta J, Novak J. Fluid Phase Equil, 1982, 9: 279

[100] Joris G G, Taylor H S. The Use of Tritium in the Determination of the Solubility of Water in Solvents: The Solubility of Water in Benzene. J Chem Phys, 1948, 16(1): 45

[101] Jou Fang-Yuan, John J, Alan E Mather, Frederick D Otto. The Solubility of Carbon Dioxide and Hydrogen Sulfide in a 35 wt% Aqueous Solution of Methyldiethanolamine. Can J Chem Engng, 1993, 71(4): 264

[102] Jou Fang-Yuan, Frederick D Otto, Alan E Mather. The Solubility of Mixtures of H_2S and CO_2 in an MDEA Solution. Can J Chem Engng, 1997, 75(12): 1138

[103] Kabadi V N, Dapper R P. Homograph Solves for Solubilities of Hydrocarbons in Water. Hydrocarbon Process, 1979, 58(5): 245

[104] Kabadi V N, Danner R P. Modified Soave-Redlich-Kwong Equation of State for Phase Equilibrium Calculations for Water Hydrocarbon Systems. Ind Eng Chem Proc Des Dev, 1985, 24: 537

[105] Karlsson R. Solubility of Water in Benzene. J Chem Eng Data, 1973, 18(3): 280

[106] Katan T, Camps A B. Vapor Pressure of Ammonia in Aqueous Potassium Hydroxide Solutions. J Chem Eng Data, 1963, 8: 874

[107] Kazaryan T S, Ryabtsev N I. Solubility of Propylene, Isobutylene, Isobutane, and n-Butane in Water and A-queous (Sodium Chloride) Solutions. Neft Khoz, 1969, 47(10): 34

[108] Kelley D F, Hoffpauir M A, Meriwether J R. Solubility of Aromatic Hydrocarbons in Water and Sodium Chloride Solutions of Different Ionic Strengths: Benzene and Toluene. J Chem Eng Data, 1980, 29: 87

[109] Khazanova P E. Tr Gos Inst Azotn, Promyshl, 1954, 4: 5

[110] Kirchnerova J, Cave G C. Can J Chem, 1974, 54: 3909

[111] Klevens H B. Solubilization of Polycyclic Hydrocarbons. J Phys Colloid Chem, 1950, 54: 283

[112] Kobayashi R, Katz D. Vapor-Liquid Equilibria for Binary Hydrocarbon-Water Systems. Ind Erg Chem, 1953, 45: 440

[113] Korenman I M, Aref Eva R P. Patent USSP 553524 C A 87 87654. 1977. 04. 05

[114] Korenman I M, Aref Eva R P. Zh Prikl Khim, 1978, 51: 957

[115] Krasnoshchekova R Y, Gubergrits M. Solubility of Paraffin Hydrocarbons in Fresh and Sea Water. Neftekhimiya, 1973, 13(6): 885

[116] Kresheck G C, Schneider H, Scheraga H A. The Effect of D_2O on the Thermal Stability of Proteins: Thermodynamic Parameters for the Transfer of Model Campounds from H_2O to D_2O. J Phys Chem, 1965, 69 (9): 3132

[117] Krynitsky J A, Crellin J W, Carhart H W. The Behavior of Water in Jet Fuels and the Clgging of Micronic Filters at Low Temperatures. NRL Rept No 3604, Naval Res Lab, Washington, DC, 1950

[118] Krzyzanowska T, Szeliga J. Nafta Katowice, 1978, 12: 413

[119] Kudchadker A P, McKetta J J. Solubility of Cyclohexane in Water. AIChE J, 1961, 7: 707

[120] Kudchadker A P, McKetta J J. Solubility of Hexane in Water. Hydrocarbon Process, Petrol Refiner, 1961, 40(9): 231

[121] Kudchadker A P, McKetta J J. Solubility of Benzene in Water. Hydrocarbon Process. Petrol Refiner, 1962, 41(3): 191

[122] Lane W H. Determination of the Solubility of Styrene in Water and Water in Styrene. Ind Eng Chem, Anal Ed 1946, 18: 295

[123] Lannung A, Gjaldbaek J C. The Solubility of Methane in Hydrocarbons, Alcohols, Water and Others Solvenrs. Acta Chem, Stand, 1960, 14(5): 1124

[124] LeBreton J G, McKetta J J. Low Pressure Solubility of n-Butane in Water. Hydrocarbon Process Petro Refiner, 1964, 43(6): 136

[125] Leet W A, Lin H, Chao K. Mutual Solubilities in Six Binary Mixtures of Water+a Heavy Hydrocarbon or a Derivative. J Chem Eng Data, 1987, 32: 37

[126] Leionen P J, Mackay D. Multicomponcnt Solubility of Hydrocarbons in Water. Can J Chem Eng, 1973, 51 (2): 230

[127] Leland T W, McKetta J J, Kobe K A. Phase Equilibrium in 1-Buttene-Water and Correlation of Hydrocarbon Water Solubility Data. Ind Eng Chem, 1955, 47: 1265

[128] Li C C, McKetta J J. Vapor-Liquid Equilibrium in the Propylene Water System. J Chem Erg Data, 1963, 8 (2): 271

[129] Li Y H, Tsui T F. The Solubility of CO_2 in Water and Sea Water. J Geophys Res, 1971, 76(18): 4208

[130] Linek J, Hala E. Liquid-Vapour Equilibrium in Systems of Electrolytic Components: IV. The System K_2O-SO_2-H_2O at 60, 70, 80 and 90℃. Coll Czech Chem Commun, 1967, 32: 3817

[131] Long F A, McDevit W F. Activity Coefficients of Non-electrolyte Solutes in Aqueous Salt Solutions. Chem Rev, 1952, 51: 128

[132] Mackay D, Shiu W Y. The Determination of the Solubility of Hydrocarbons in Aqueous Sodium Chloride Solu-

tions. Can J Chem Eng, 1975, 53(2): 239

[133] Mackay D, Shiu W Y. Aqueous Solubility of Polynuclear Armatic Hydrocarbons. J Chem Eng Data, 1977, 22: 399

[134] Malinin S D, Savelyeva. The Solubility of CO_2 in NaCl and $CaCl_2$ Solutions at 25, 50 and 75°Under Eleceted CO_2 Pressures. Geochemistry Internationa, 1972, 19: 410

[135] Markham A E, Kobe K A. Solubility of Gases in Liquids. Chem Rev, 1941, 28: 519

[136] Massaldi Ha, King C J. Simple Technique to Determine Solubilities of Sparingly Soluble Organics: Solubility and Activity Coefficients of d-Limonene, n-Hexylacetate in Water and Sucrose Solutions. J Chem Eng Data, 1973, 18: 393

[137] May WE, Wasik S P, Freeman D H. Determination of the Aqueous Solubility of Polynuclear Aromatic Hydrocarbons by a Coupled Column Liquid Chromatographic Techinque. Anal Chem, 1978, 50: 175

[138] May W E, Wasik S P, Freeman D H. Determination of the Solubility Behavior of Some Polycyclic Aromatic Hydrocarbons in Water. Anal Chem, 1978, 50: 997

[139] McAuliffe C. Solubility in Water of Paraffin, Cycloparaffin, Olefin, Acetylene, Cycloolefin, and Aromatic Hydrocarbons. J Phys Chem, 1966, 70(4): 1267

[140] McBain J W, O'Connor J J. The Effect of Potassium Oleate upon the Solubility of Hydrocarbon Vapors in Water. J Am Chem Soc, 1941, 63: 875

[141] McDevit W F, Long FA. The Activity Coefficient of Benzene in Aqueous Salt Solutions. J Am Chem Aoc, 1952, 74: 1773

[142] McKetta J J, Katz D L. Methane-n-Butane-Water System in Two-and Three-Phase Regions. Ind Eng Chem, 1948, 40: 853

[143] McKetta J J, Katz D L. Methane-n-Butane-Water System in Two-and Three-Phase Regions. Ind Eng Chem, 1948, 40: 853

[144] McKetta J J, Wehe A H. Chart Simplifies Dew-Point and Hydrate Formation Problems. Petrol Refiner, 1958, 37(8): 153

[145] Meadows R W, Spedding D J. The Solubility of Very Low Concentration of Very Low Concentration of Carbon Monoxide in Aqueous Solution. Tellus, 1974, 26(1-2): 143

[146] Michels A, Gerver W J, Bijl A. The Infulence of Pressure m the Solubility of Gases. Physica, 1936, 3: 797

[147] Monrad C C. Butadiene Specifications and Analysis. Subject No HC-470, Rept No 2, Rubber Reserver Rept No 176, Office of Rubber Reserve, Washington, DC, 1944

[148] Monsanto Chemical Co, Texas Division, Texas City, Texas. Ethylbenzene. Technical Data Rept TX-12

[149] Morrison T J, Billet F. Measurement of Gas Solubilities. J Chem Soc, 1948, 2033

[150] Morrison T J, Billet F. The Salting Out of Non-Electrolytes: Pat II. The Effect of Variation in Non-Electrolyte. J Chem Soc, 1952, 3819

[151] Moule D D, Thurston W M. A Method for the Determination of Water in Non-Polar Liquids: The Solubility of Water in Benzene. Can J Chem, 1966, 44: 1361

[152] Murzin V I, Afans'eva N L. Solubility of Water in Liquefied Ethanenear Its Critical Point. Zh Fiz Khim, 1968, 42(8): 1942

[153] Namiot A T, Beider S Y. The Water Solubilities of n-Pentane and n-Hexane. Khim i Tekhnol Topliva Masel, 1960, 5(7): 52; CA54 23709

[154] Namiot A Yu, Skripka V G, Letter Yu G. Zh Fiz Khim, 1976, 50: 2718; Deposited Doc 1976, Viniti 1213-76

[155] Natarajan G S, Venkatachalam K A. Solubilities of Some Olefine in Aqueous Solutions. J Chem Eng Data, 1972, 17: 328

[156] Naval Res Lab, Washington, DC. Report on the Solubility of water in Hydrocarbons and Gasolines. NRL Rept

No P-1573(1939)

[157] Nelson H D, DeLigny C L. Rec Trav Chim Pays-Bas, 1968, 87: 528

[158] Niini A. The Determination of the Reciprocal Solubilities of Water and Certain Organic Liquids by Mesas of a Pychnometer and Refractometer. Suomen Kemistilehti, 1938, 11a: 19; CA 32 4861

[159] Novoshinskeya N S, Vyrodov I P, Yunoshev V K. Influence of the Cationic Composition of Solutions on the Solubility of Oxygen. Zh Prikl Khim, 1976, 49: 1190

[160] O' Grady T M. Liquid-Liquid Equilibria for the Benzene-n-Heptane-Water System in the Critical Solution Region. J Chem Eng Data, 1967, 12: 9

[161] Olds R H, Sage B H, Lacey W N. Phase Equilibria in Hydrocarbon Systems-Composition of the Dew-Point Gas of the Methane-Water System. Ind Eng Chem, 1942, 34: 1223

[162] Onda K, Soda E, Kobayashi T, Kito S, Ito K. Salting Out Parameters of Gas Solubility in Aqueous. J Chem Jap, 1970, 3(1): 18

[163] O'Sullivan T D, Smith N O. The Solubility and Partial Molar Volume of N_2 and Methane in Water and in Aqueous Sodium Chloride from 50 to 125℃ and 100-600atm. J phys Chem, 1970, 74(7): 1460

[164] Pavia R A. The Solubility of Water in Benzene. MS Thesis, North Carolina State College, 1958

[165] Paul M A. The Solubilities of Naphthalene and Biphenyl in Aqueous Solutions of Electrolytes. J Am Chem Soc, 1952, 74: 5274

[166] Pavlova S P, Pavlova S Yu, Serafimov L A, Hofman L S. Promyshlemont Sinteticheskogo Kauchula, 1966, 3: 18

[167] Pearlman R S, Yalkowaky S H, Banerjee S. Water Solubilities of Polynuclear Aromatic and Heteroarmatic Compounds. J Phy Chem Ref Data, 1984, 13(2): 555

[168] Petrol Refining Lab, Unpublished work, The Pennsylvania Univ, University Park, PA(1944)

[169] Pierotti R A, Liabastre A A. Structure and Properties of Water Solutions. US Nat Tech Inform Serv, PB Rep No 21163, 113P, 1972

[170] Plenkin R M, Pryanikova R O, Efremova G D. Zh Fiz Khim, 1971, 45: 2389; Deposited Doc 1971, Viniti 3028-71

[171] Poettman F H, Dean M R. Water Content of Propane. Petro Refiner, 1946, 25(12): 635

[172] Polak J, Lu B C Y. Mutual Solubilities of Hydrcarbons and Water at 0℃ and 25℃. Can J Chem, 1973, 51: 4108

[173] Pray H A, Stephan D F. US Atomic Energy Commission, BMI-840, 1953

[174] Price L C. Aqueous Solubility of Petroleum as Applied to Its Origin and Primary Migration. Bull Am Assoc Petrol Geolgists, 1976, 60(2): 213

[175] Price L C. Aqueous Solubility of Petroleum as Applied to Its Origin and Primary Migration: Reply. Bull Am Assoc Petrol Geolgists, 1977, 61: 2149

[176] Price L C. Aqueous Solubility of Methane at Elevated Pressures and Temperatures. Bull Am Assoc Petrol Geolgosts, 1979, 63: 1527

[177] Pryor W A, Jentoft R E. The Solubility of m-and p-xylene in Water and Aqueous Ammonia from 0-300. J Chem Data, 1961, 6: 36

[178] Reamer H H, Olds R H, Sage B H, Lacey W N. Phase Equilibria in Hydrocarbon Systems-Composition of Dew-Point Gas in Ethane-Water System. Ind Eng Chem, 1943, 35: 790

[179] Reamer H H, Olds R H, Sage B H, Lacey W N. Phase Equilibria in Hydrocarbon Systems-Composition of the Co-existing Phases of n-Butane-Water System in the Three-Phase Region. Ind Eng Chem, 1944, 36: 381

[180] Reamer H H, Sage B H, Lacey W N. Phase Equilibria in Hydrocarbon Systems - n-Butane-Water System

in the Two-Phase Region. Ind Eng Chem, 1952, 44: 609

[181] Rebert C J, Hayworthy K E. The Gas and Liquid Solubility Relation in Hydrocarbon-Water Systems. AIChE J, 1967, 13: 118

[182] Rebert C J, Kay W B. The Phase Behavior and Solubility Relations of Benzene-Water Systems. AIChE J, 1959, 5: 285

[183] Reed C D, McKetta J J. The Solubility of i-Butane in Water. Petro Refiner, 1959, 38(4): 159

[184] Reed C D, McKetta J J. The Solubility of 1, 3-Butadiene in Water. J Chem Eng Data, 1959, 4: 294

[185] Rice P A, Gale R P, Barduhn A J. Solubility of Butane in Water and Salt Solutions at Low Temperetures. J Chem Eng Data, 1976, 21: 204

[186] Roddy J W, Coleman C F. Solubility of Water in Hydrocarbons as a Function of Water Activity. Talanta, 1968, 15(11): 1281

[187] Roof J G. Three-Phase Critical Point in Hydrocarbon-Water Systems. J Chem Eng Data, 1970, 15: 301

[188] Rosenbaum C K, Walton J H. The Use of Calcium Hydride for Determination of Solubilities of water in Benzene, Carbon Tetrachloride, and Phenylmethane. J Am Chem Soc, 1930, 52: 3568

[189] Sanchez M, Letz H. Phasengleichgewichte der Systemen Wasser-Propen undasser-Athen bei hohen Drucken and Temperature. High Temperature-High Pressures, 1973, 5: 689

[190] Sanemasa L, Araki M, Deguchi T, Nagai H. Chem Lett, 1981, 225

[191] Sanemasa L, Araki M, Deguchi T, Nagai H. Bull Chem Soc Jpn, 1982, 55: 1054

[192] Sanmasa L, Masatake A, Deguchi T, Nagai H. Solubility Measurements of Benzene and the Alkylbenzenes in Water by Making Use of Solute Vapor. Bull Chem Jpn, 1982, 55: 1054

[193] Sawamura S, Suzuki K, Tanigushi Y. Effect of Pressure on the Solubilities of o-, m-and p-Xylene in Water. J Sol Chem, 1987, 16(8): 649

[194] Saylor J H, Whitten A L, Clairborne L, Gross P M. The Solubilities of Benzene, Nitrobenzene and Ethylene Chloride in Aqueous Salt Solutions. J Am Chem Soc, 1952, 74: 1778

[195] Schatzberg P. Solubilities of Water in Several Normal Alkaner from C_7 to C_{16}. J Phys Chem, April 1963, 67: 776

[196] Schneider G. Phase Equilibria in Binary Fluid Systems of Hydrocarbons with Carbon Dioxide, Water and Methane. Chem Eng Prog Symp Ser, 1968, 64: 88

[197] Schwarz F P. Determination of temperature Dependence of Solubilities of Polycylic Aromatic Hydrocarbons in Aqueous Solutions by a Fluorescence Method. J Chem Eng Data, 1977, 22: 273

[198] Scharwz F P. Measurement of the Solubilities of Slightly Soluble Organic Liquids in Water by Elution Chromatography. Anal Chem, 1980, 52: 10

[199] Seidell A. Solubilities of Organic Compounds, 3rd, 2 Volumes. D Van Nostrand Company, Inc, New York (1941). (Data interpolated as in(x)vs1/T)

[200] Setchenow J. Z Phys Chem, 1889, 4: 117

[201] Sharp W E, Kennedy G C. The System $CaO-CO_2-H_2O$ in the Two Phase Region Calcite+Aqueous Solutions. J Geol, 1965, 73: 391

[202] Shaw D, et al. Hydrocarbonwith Water and Seawater. IUPAC Solubility Data Serier 37-38. Elsevier, New York, 1989

[203] Simpson L B, Lovell F P. The Solubility of Methyl, Ethyl, and Vinyl Acetylene in Several Solvents. J Chem Eng Data, 1962, 7: 498

[204] Soave G. Equilibrium Constants from a Modified Redlich-Kwong Equation of State. Chem Eng Sci, 1972, 27: 1197

[205] Sorensen J M, Arlt W. Liquid-Liquid Equilibrium Data Collection. Dechema Chemistry Data Series Vol V,

Scholium International, Port Washington , 1979

[206] Stavely L A K, Jeffes J H E, Moy J A E. The Hydrogen Bond and the Hydration of Organic Molecules. Trans Faraday Soc, 1943, 39: 5

[207] Stavely L A K, Johns R G S, Moor B C. J Chem Soc, 1951, 2516

[208] Stewart P, Munjal P. Solubility of Carbon Dioxide in Pure Water, Synthetic Sea Water, and Synthetic Sea Water Concentrates at-5 to 25℃ and 10 to 45 Atm Pressure. J Chem Eng Data, 1970, 15: 67

[209] Sugi H, Nitta T, Hatayama T. J Chem Eng Jap, 1976, 9: 12

[210] Sultanov R G, Skripka V G, Namist A Yu. Gaz Pro, 1971, 4: 6

[211] Sultanov R G, SkriPka V G, Namist A Yu. Zh Fiz Khim, 1972, 46: 2170

[212] Sutton C, Calder J A. Solubility of Higher Molercular Weight n-Paraffins in Distilled Water and Sea Water. Enviromental Science & Technolgy, 1974, 8(7): 654

[213] Sutton C, Calder J A. Solubility of Alkylbenzenes in Distilled Water and Sea Water at 25℃. J Chem Eng Data, 1975, 20: 320

[214] Talenouchi S, Kennedy G C. The Solubility of Carbon Dioxide in NaCl Solutions at High Temperatures and Pressure. Am J Sci, 1965, 263: 445

[215] Tarassenkov D N, Poloshintzewa E N. Solubility of Water in Benzene, Toluene, and Cyclohexane. Chem Ber, 1932, 65B: 184; CA 26 2363

[216] Tarassenkov D N, Poloshintzewa E N. Solubility of Water in Liquid Hydrocarbons. Zh Obshch Khim, Khim Ser, 1931, 1: 71; CA 25 4762

[217] Thompson W H, Snyder J R. Mutual Solubilities of Benzene and Water. J Chem Eng Data, 1964, 9: 516

[218] Timmermans J. Physico-chemical Constant of Pure Organic Compounds. Elsevier, New York, 1950

[219] Tsonopoulos C, Wilson G M. High Temperature Mutual Solubililies of Hydrocarbons and Water. AIChE J, 1983, 29: 990

[220] [deleted]

[221] Udovenko V V, Aleksandrova L P. Zh Fiz Khim, 1963, 37: 52

[222] Usher F L. The Influence of Nonelectrolytes on the Solubility of Carbon Dioxide in Water. J Chem Soc, 1910, 97: 60

[223] Uspenskii S P. Neft Khoz, 1929, 11-12: 713

[224] Udovenko V M, Gurikov Y V, Legin E K. Solubility of Non-Electrolytes in D_2O and the Structure of Water. Dokl Akad Nauk SSSR, 1967, 172(1): 126

[225] Wauchope R D, Gentaen F W. Temperature Dependence of Solubilities in Water and Heats of Fusion of Soild Aromatic Hydrocarbons. J Chem Eng Data, 1972, 17: 38

[226] Wehe A H, McKetta J J. n-Butane-1-Butene-Water Syatem in the Three-Phase Region. J Chem Eng Data, 1961, 6: 167

[227] Wetlaufer D B, Malik S K, Stoller L, Coffin R L, Non-Polar Participation in the Denaturation of Proteins by Urea and Guanidinium Salts: Model Compound Studies. J Am Chem Soc, 1964, 86: 508

[228] Whitney R P, Vivian J E. Solubility of Chlorine in Water. Ind Eng Chem, 1941, 33: 741

[229] Wilhelm E, Battino R. Thermodynamic Functions of the Solubilities of Gases in Liquids at 25℃. Chem Rev, 1973, 73: 1

[230] Wilhelm E, Battino R, WilcocK R J. Low-Pressure Solubility of Gases in Liquid Water. Chem Rev, 1977, 77: 219

[231] Wilson G M. Wilco Research Company API Report, Washington DC, 1979

[232] Wilson G M, Owens R S, Roe M W. Sour Water Equilibria. Gas Proc Assoc Res Rep, 34, 1812 First Place, Tulsa, OK 74103, 1978

[233] Wilson H L, Wilding V W, Wilson G M. Three Phase Critical End Point Measurements on Water−Hydrocarbon Mixtures. API Report, Washington DC, June 1985

[234] Wishnia A. The Hydrophobic Contribution to Micelle Formation: The Solubility of Ethane, Propane, Butane, and Pentane in Ethane, Propane, Butane, and Pentane in Sodium Dodecyl Sulfate Solution. J Phys Chem, 1963, 67: 2079

[235] Yamamoto S, Alcauskas J B, Crozier T E. Solubility of Methane in Distilled Water and Seawater. J Chem Eng Data, 1976, 21: 78

[236] Yasunishi A. Solubilities of Sparingly Soluble Gases in Aqueous Sodium Sulfate and Sulfite Solutions. J Chem Eng Japan, 1977, 10: 89

[237] Yaws C L, Yang Haur−Chung. Water Solubility Data for Organic Compounds. Pollution Eng, 1990, 22: 10

[238] Vejrsta J, Novak J, Johnson J A. Fluid Phase Equil, 1982, 8: 25

[239] Young A S. Methane IUPAC Sol Data Ser 27−28, Elsevier, New York, 1987

[240] Zikmundova D, et al. Liquid−Liquid and Vapor−Equilibria in the System tert−Butyl Ether+Tetrahydrofuran+Water. Fluid Phase Equil, 1990, 54: 93

[241] American Petroleum Institute. Technical Data Book−Petroleum Refining, 1st Ed, API, Washington, DC, 1966; Figure 9A1. 1

[242] Anglo−Iranian Company. Sunbury Report No 1968, September 16, 1942

[243] Barrufet M A, Liu K, Rahman S, Wu C. Simultaneous vapor−liquid−liquid equilibria and phase molar densities of a quaternary system of propane+pentane+octane+water. J Chem Eng Data, 1996, 41: 918

[244] Brown J S, Hallett J P, Bush D, Eckert C A. Liquid−liquid equilibria for binary mixture of water+acetophenone+1−octanol, +anisole, +toluene from 370K to 550K . J Chem Eng Data, 2000, 45: 846

[245] Brunner E. Fluid Mixtures at High Pressures. IX. Phase Separation and Critical Phenomena in 23(n−Alkane +Water) Mixtures. J Chem Thermodyn, 1990, 22: 335

[246] Carroll J J, Jou F−Y, Mather A E. Fluid phase equilibria in the system−butane+water. Fluid Phase Equil, 1997, 140: 157

[247] Chandler K, Eason B, Liotta C L, Eckert C A. Phase Equilibria for Binary Aqueous Systems from a Near−Critical Water Reaction Apparatus. I&EC Research, 1998, 37: 3515

[248] Chen H, Wagner J. An Apparatus and Procedure for Measuring Mutual Solubilities of Hydrocarbons+Water: Benzene+Water from 303 to 373K. J Chem Eng Data, 1994, 39: 470

[249] Chen H, Wagner J. An Efficient and Reliable Gas Chromatographic Method for Measuring Liquid−Liquid Mutual Solubilities in Alkylbenzene+Water Mixture: Toluene+Water from303 to 373K. J Chem Eng Data, 1994, 39: 475

[250] Chen H, Wagner J. Mutual Solubilities of Alkylbenzene+Water Systems at Temperatures from 303 to 373K: Ethylbenzene, p−Xylene, 1. 3. 5−Trimethylbenzene, and Butylbenzene. J Chem Eng Data, 1994, 39: 679

[251] Christensen S P, Paulatitis M E. Phase Equilibria for Tetralin−Water and 1−Mehtylnaphthalene−Water Mixtures at Elevated Temperatures and Pressures. Fluid Phase Equil, 1992, 71: 63

[252] Clifford C W. The Calcium Chloride Method for the Determination of Water in Gasoline and in Certain Other Substances. Ind Eng Chem, 1931, 13: 628

[253] de Hemptinne J−C, Delepine H, Jose C, Jose J. Aqueous Solubility of Hydrocarbon Mixtures. Rev Inst Fr Pet, 1998, 53: 409

[254] Dohányosová P, Fenclocá D, Vrbka P, Dohnal V. Measurement of Aqueous Solubility of Hydrophobic Volatile Organic Compounds by Solute Vapor Absorption Techenique: Toluene, Ethylbenzene, Propylbenzene, and Butylbenzene at Temperatures from 273K to 328K. J Chem Eng Data, 2001, 46: 1533

[255] Dohányosová P, Dohnal V, Fenclová D. Temperature Dependence of Aqueous Solubility of Anthracenes: Ac-

curate Determination by a New Generator Column Apparatus. Fluid Phase Equil, 2003, 214: 151

[256] Dohányosová P, Sarrute S, Dohnal V, Majer V, Costa Gomes M. Aqueous Solubility and Related Thermody-namic Functions of Nonaromatic Hydrocarbons as a Function of Molecular Structure. I&EC Research, 2004, 43: 2805

[257] Economou I G, Heidman J L, Tsonpoulos C, Wilson G M. Mutual Solubilities of Hydrocarbons and Water. III. 1-Hexene, 1-Octene, C_{10}–C_{12} Hydrocarbons. AIChE J, 1997, 43: 535

[258] Gregory M D, Christian S D, Affsprung H E. The Hydration of Amines in Organic Solvent. J Phys Chem, 1967, 71: 2283

[259] Gubkina G F, Lotter Yu G, Skripka V G. Phase Equilibria between Hydrocarbon Liquid and Gas Phases in Petroleum Product/Water Systems at High Temperatures. Khim Tekhnol Topl Masel, 1974, (6): 17

[260] Haines R I S, Sandler S I. Aqueous Solubilities and Infinite Dilution Activity Coefficients of Several Polycyclic Aromatic Hydrocarbons. J Chem Eng Data, 1995, 40: 833

[261] Jou F-Y, Mather A E. Vapor−Liquid−Liquid Equilibrium Locus of the System Pentane+Water. J Chem Eng Data, 2000, 45: 728

[262] Jou F-Y, Mather A E. Liquid−Liquid Equilibria for Binary Mixtures of Water+Benzene, Water+Toluene, and Water+p-Xylene from 273 to 458K. J Chem Eng Data, 2003, 48: 750

[263] Knauss K G, Copenhaver S A. The Solubility of p-Xylene in Water as a Function of Temperature and Pres-sure and Calculated Thermodynamic Quantities. Gelchim Cosmochim, 1995, Acta59: 2443

[264] Lun R, Varhanickova D, Shiu W-Y, Mackay D. Aqueous Solubilities and Octanol−Water Partition Coeffi-cients of Cymenes and Chlorocymenes. J Chem Eng Data, 1997, 42: 951

[265] Ma J H Y, Hung H, Shiu D-Y, Mackay D. Temperature Dependence of Aqueous Solubility of Selected Chlorobenzenes and Chlorotoluenes. J Chem Eng Data, 2001, 46: 619

[266] Mandel H. The Maximum Solubility of Water in Polyphenelys. US At Energy Comm NAA-SR-6466, 1961

[267] Marche C, Delépine H, Ferronato C, Jose J. Apparatus for the on-line GC Determination of Hydrocarbon Solubility in Water: Benzene and Cyclohexane from 70 ℃ to 150℃. J Chem Eng Data, 2003, 48: 398

[268] Marche C, Ferronato C, Jose J. Solubilities of n-Alkanes(C_6 toC_8) in Water from 30℃ to 180 ℃. J Chem Eng Data, 2003, 48: 967

[269] Marche C, Ferronato C, Jose J. Solubilities of aAlkylcychexanes in Water from 30℃ to 180℃. J Chem Eng Data, 2004, 49: 937

[270] Mathis J, Gizir A M, Yang Y. Solubility of Alkylbenzenes and a Model for Predicting the Solubility of Liquid Organics in High-Temperature Water. J Chem Eng Data, 2004, 49: 1269

[271] May W E, Wasik S P, Miller M M, Tewari Y B, Brown-Thomas J M, Goldberg R N. Solution Thermody-namics of Some Slightly Soluble Hydrocarbon in Water. J Chem Eng Data, 1983, 28: 197

[272] McAuliffe C. Solubility in Water of Normal C_9 and C_{10} Alkane Hydrocarbons. Science, 1969, 163: 478

[273] Miller D J, Hawthorne S B, Gizir A M, Clifford A A. Solubility of Polycyclic Aromatic Hydrocarbons in Sub-critical Water from 298K to 498K. J Chem Eng Data, 1998, 43: 1043

[274] Miller D J, Hawthorne S B. Solubility of Liquid Organics of Environmental Interest in Subcritical(Hot/Liq-uid) Water from 298K to 473K. J Chem Eng Data, 2000, 45: 78

[275] Neely B J, Ratzlaff D W, Wagner J, Robinson Jr R L. MutualSolubilities of Hydrocarbon−Water Systems. Proceedings of the Sixth International Petroleum Environmental Conference, Albuquerque, NM, Nov. 7, 2000

[276] Ng H-J, Chen C-J. Mutual Solubility in Water-Hydrocarbon Systems. Gas Proc Assoc Res Rep 150, Tulsa, OK, 1995

[277] Owens J W, Wasik S P, DeVoe H. Aqueous Solubilities and Enthalpies of Solution of n-Alkylbenzenes. J

Chem Eng Data, 1986, 31: 47

[278] Parrish W R, Pollin A G, Schmidt T W. Properties of Ethane-Propane Mixes, Water Solubility and Liquid Densities. Proceedings 61st Gas Proc Assoc Annual Conv, 164, 1982

[279] Song K Y, Kobayashi R. The Water Content of Ethane, Propane and Their Mixtures in Equilibrium with Liquid Water or Hydrate. Fluid Phase Equil, 1999, 95: 281

[280] Stevenson R L, LaBracio D S, Beaton T A, Thies M. Fluid Phase Equilibria and Critical Phenomena for the Dodecane-Water and Aqualane-Water Systems at Elevated Temperatures and Pressures. Fluid Phase Equil, 1994, 93: 317

[281] Sultanov R G, Skripka V G. Solubility of Water in n-Alkanes at Elevated Temperatures and Pressures. Russ J Phys Chem, 1972, 46: 1245; VINITI Document No. 4386-72. (This may be the same as 210, Which has an extra author, the wrong year, and does not mention supplementary document.)

[282] Sultanov R G, Skripka V G. Zh Fiz Khim, 1973, 47: 1035; see202

[283] Tsonopoulos C. Thermodynamic Analysis of the Mutual Solubilities of Normal Alkanes and Water. Fluid Phase Equil, 1999, 156: 21

[284] Tsonopoulos C. Thermodynamic Analysis of the Mutual Solubilities of Hydrocarbons and Water. Fluid Phase Equil, 2001, 186: 185

[285] Wilson G M. unpublished data, 1979

[286] Yang Y, Miller D J, Hawthorne S B. Toluene Solubility in Water and Organic Partitioning from Gasoline and Diesel Fuel into Water at Elevated Temperatures and Pressures. J Chem Eng Data, 1997, 42: 908

[287] 北京石油设计院. 石油化工工艺计算图表. 北京: 烃加工出版社, 1985

第九章　黏　　度

第一节　前　　言

黏度是流体抗剪切能力的量度。当流动的流体上任一微分体积单元上的剪切力与垂直于流动方向的速度成正比时，该流体为牛顿型流体。几乎所有的气体和极大多数的烃类液体都是牛顿型流体，而低 UOP K 值的极重沥青表现出非牛顿型流体特性。其他常见的非牛顿型流体有聚合物、浆状物、糊状物、含蜡油(waxy oil)及硅基酯等。本章所介绍的方法适用于牛顿型流体。

黏度是温度、压力和分子形状的函数，对非牛顿型流体，还是局部速度梯度的函数，它有三种表示方法。

1. 绝对黏度(又称物理黏度或动力黏度)

绝对黏度是流体在某一点的剪切应力除以该点的速度梯度得到的商，其单位是帕斯卡秒($Pa \cdot s$)。习惯上使用厘米克秒制的绝对黏度单位，即泊(P)[克(质)/厘米·秒]，常用单位是厘泊(0.01P，cP)。1泊等于0.1帕斯卡秒，1厘泊等于0.001帕斯卡秒。本章计算中采用泊或厘泊，将不再加注单位说明。

2. 运动黏度

运动黏度是流体绝对黏度与其密度之比(均在同一条件下)，其单位是二次方米每秒(m^2/s)。习惯上使用厘米克秒制的运动黏度单位，即沲(St)(厘米²/秒)，常用单位是厘沲(0.01St，mm^2/s)。1沲等于10^{-4}二次方米每秒，1厘沲等于10^{-6}二次方米每秒。本章计算中采用沲或厘沲，将不再加注单位说明。

3. 条件黏度

常用的条件黏度有恩氏、赛氏、雷氏等，均为在各种不同的特定条件下所测得的黏度。

各种特定条件下烃类黏度计算路线可见图9-1-1。

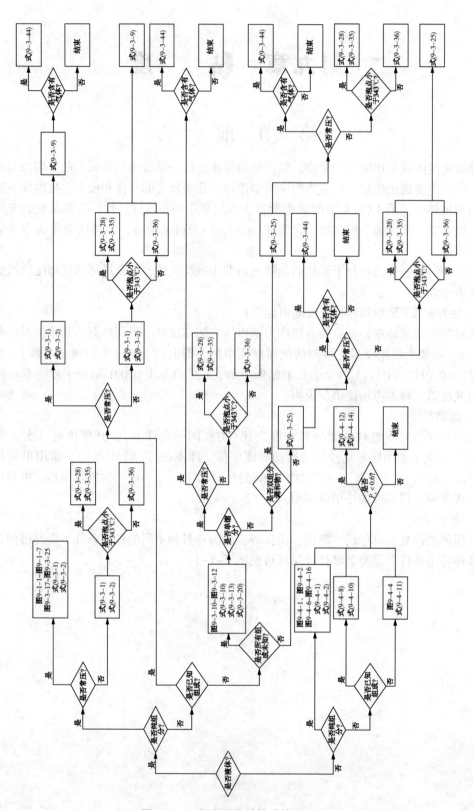

图 9-1-1　烃类黏度计算路线图(一)

第二节 不同黏度之间的换算

各种不同黏度之间可以相互换算，换算办法可用查图法和公式法。

一、查图换算法[1]

不同黏度之间的相互换算可用图 9-2-1 和图 9-2-2 查得，该图误差在 1% 以内。

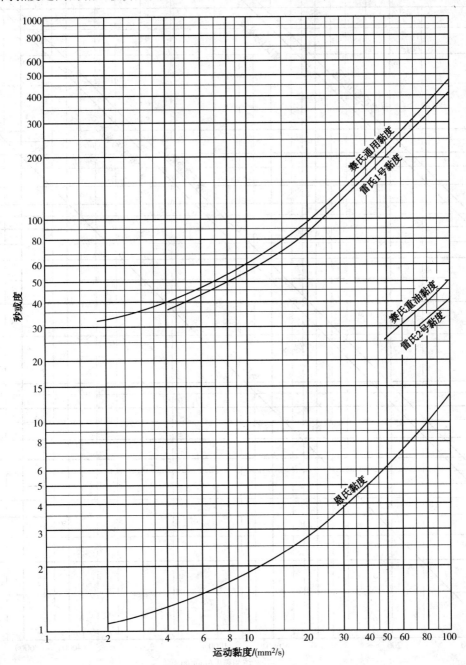

图 9-2-1 黏度换算图(一)

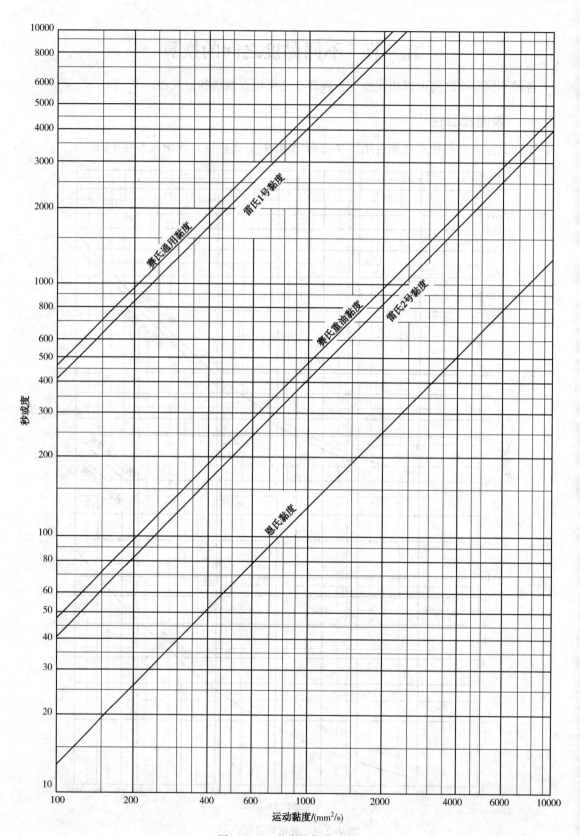

图 9-2-2　黏度换算图(二)

二、公式换算法

(一) 运动黏度转换为赛氏通用黏度[2]

将某温度下运动黏度(厘泊)转换为同样温度下的赛氏通用黏度(s，SUS)，可采用下述公式来计算。当运动黏度小于75mm²/s，使用式(9-2-1)，当运动黏度大于75mm²/s，使用式(9-2-2)。

$$SUS_t = (SUS_{eq})(A) \tag{9-2-1}$$

式中　SUS_t——温度t时的赛氏通用黏度，s。

SUS_{eq}——温度t时的等效赛氏通用黏度，s(从表9-2-1中查得)。37.8℃(100℉)时，等效赛氏通用黏度等于实际的赛氏通用黏度。

t——温度，℃。

A——系数，当温度t时的运动黏度小于75mm²/s时从表9-2-2查得。

$$SUS_t = \nu_t B \tag{9-2-2}$$

式中　ν_t——温度t时的运动黏度，mm²/s。

B——系数，当温度t时的运动黏度大于75mm²/s时从表9-2-2查得。

为了方便使用计算机计算，37.8℃时的赛氏通用黏度可采用式(9-2-3)计算，温度t时的赛氏通用黏度可采用式(9-2-4)计算。

$$SUS_{eq} = 4.6324\nu_t + \frac{1.0 + 0.03264\nu_t}{(3930.2 + 262.7\nu_t + 23.97\nu_t^2 + 1.646\nu_t^3) \times 10^{-5}} \tag{9-2-3}$$

$$SUS_t = [1 + 0.000061 \times (1.8t - 68)]SUS_{eq} \tag{9-2-4}$$

上述运动黏度转换为赛氏通用黏度的计算方法在21.1~148.9℃(70~300℉)范围内平均偏差为0.17%，最大偏差为0.5%。

表 9-2-1　运动黏度与等效赛氏通用黏度的转换表

运动黏度/(mm²/s)	等效赛氏通用黏度/s	运动黏度/(mm²/s)	等效赛氏通用黏度/s	运动黏度/(mm²/s)	等效赛氏通用黏度/s	运动黏度/(mm²/s)	等效赛氏通用黏度/s
1.82	32.0	2.70	35.0	4.30	40.2	6.80	48.1
1.84	32.1	2.80	35.3	4.40	40.5	7.00	48.8
1.86	32.1	2.90	35.6	4.50	40.8	7.20	49.4
1.88	32.3	3.00	36.0	4.60	41.1	7.40	50.1
1.90	32.3	3.10	36.3	4.70	41.4	7.60	50.7
1.92	32.3	3.20	36.6	4.80	41.8	7.80	51.4
1.94	32.4	3.30	36.9	4.90	42.1	8.00	52.1
1.96	32.5	3.40	37.3	5.00	42.4	8.20	52.7
1.98	32.5	3.50	37.6	5.20	43.0	8.40	53.4
2.00	32.6	3.60	37.9	5.40	43.7	8.60	54.1
2.10	32.9	3.70	38.2	5.60	44.3	8.80	54.7
2.20	33.3	3.80	38.6	5.80	44.9	9.00	55.4
2.30	33.6	3.90	38.9	6.00	45.6	9.20	56.1
2.40	34.0	4.00	39.2	6.20	46.2	9.40	56.8
2.50	34.3	4.10	39.5	6.40	46.9	9.60	57.5
2.60	34.6	4.20	39.8	6.60	47.5	9.80	58.1

运动黏度/ (mm²/s)	等效赛氏通 用黏度/s	运动黏度/ (mm²/s)	等效赛氏通 用黏度/s	运动黏度/ (mm²/s)	等效赛氏通 用黏度/s	运动黏度/ (mm²/s)	等效赛氏通 用黏度/s
10.00	58.8	17.60	87.8	25.50	121.6	44.50	207
10.20	59.5	17.80	88.7	26.00	123.7	45.00	210
10.40	60.2	18.00	89.5	26.50	126.0	45.50	212
10.60	60.9	18.20	90.3	27.00	128.2	46.00	214
10.80	61.7	18.40	91.1	27.50	130.4	46.50	216
11.00	62.4	18.60	92.0	28.00	132.6	47.00	219
11.20	63.1	18.80	92.8	28.50	134.8	47.50	221
11.40	63.8	19.00	93.6	29.00	137.0	48.00	223
11.60	64.5	19.20	94.5	29.50	139.3	48.50	226
11.80	65.3	19.40	95.3	30.00	141.5	49.00	228
12.00	66.0	19.60	96.1	30.50	143.8	49.50	230
12.20	66.7	19.80	97.0	31.00	146.0	50.0	233
12.40	67.5	20.00	97.8	31.50	148.2	51.0	237
12.60	68.2	20.20	98.7	32.00	150.5	52.0	242
12.80	69.0	20.40	99.5	32.50	152.7	53.0	246
13.00	69.7	20.60	100.4	33.00	155.0	54.0	251
13.20	70.5	20.80	101.2	33.50	157.2	55.0	256
13.40	71.2	21.00	102.1	34.00	159.5	56.0	260
13.60	72.0	21.20	102.9	34.50	161.8	57.0	265
13.80	72.7	21.40	103.8	35.00	164.0	58.0	269
14.00	73.5	21.60	104.6	35.50	166.3	59.0	274
14.20	74.3	21.80	105.5	36.00	168.6	60.0	279
14.40	75.1	22.00	106.3	36.50	170.8	61.0	283
14.60	75.8	22.20	107.2	37.00	173.1	62.0	288
14.80	76.6	22.40	108.1	37.50	175.4	63.0	292
15.00	77.4	22.60	108.9	38.00	177.6	64.0	297
15.20	78.2	22.80	109.8	38.50	179.9	65.0	302
15.40	79.0	23.00	110.6	39.00	182.2	66.0	306
15.60	79.8	23.20	111.5	39.50	184.5	67.0	311
15.80	80.6	23.40	112.4	40.00	186.8	68.0	315
16.00	81.4	23.60	113.2	40.50	187.0	69.0	320
16.20	82.2	23.80	114.1	41.00	191.3	70.0	325
16.40	83.0	24.00	115.0	41.50	193.6	71.0	329
16.60	83.8	24.20	115.9	42.00	195.9	72.0	334
16.80	84.6	24.40	116.7	42.50	198.2	73.0	339
17.00	85.4	24.60	117.6	43.00	200	74.0	343
17.20	86.2	24.80	118.5	43.50	203	75.0	348
17.40	87.0	25.00	119.4	44.00	205		

表 9-2-2　运动黏度与赛氏通用黏度的转换系数表[2]

温度/℉	转换系数		温度/℉	转换系数	
	A	B		A	B
0	0.994	4.604	180	1.005	4.655
10	0.995	4.607	190	1.005	4.658
20	0.995	4.610	200	1.006	4.661
30	0.996	4.613	210	1.007	4.664
40	0.996	4.615	220	1.007	4.666
50	0.997	4.618	230	1.008	4.669
60	0.998	4.621	240	1.009	4.672
70	0.998	4.624	250	1.009	4.675
80	0.999	4.627	260	1.010	4.678
90	0.999	4.630	270	1.010	4.680
100	1.000	4.632	280	1.011	4.683
110	1.001	4.635	290	1.012	4.686
120	1.001	4.638	300	1.012	4.689
130	1.002	4.641	310	1.013	4.692
140	1.002	4.644	320	1.013	4.695
150	1.003	4.647	330	1.014	4.697
160	1.004	4.649	340	1.015	4.700
170	1.004	4.652	350	1.015	4.703

注：使用上表需将温度单位换算为℉，℉ = ℃ × 1.8 + 32。

（二）运动黏度转换为赛氏重油黏度[2]

利用式(9-2-5)和式(9-2-6)可以将 50℃(122℉)和 98.9℃(210℉)时的运动黏度(ν, mm²/s)换算为相应 50℃(122℉)和 98.9℃(210℉)时的赛氏重油黏度(SFS，s)。

$$SFS_{50℃} = 0.4717 \nu_{50℃} + \frac{13924}{\nu_{50℃}^2 - 72.59 \nu_{50℃} + 6816} \tag{9-2-5}$$

$$SFS_{98.9℃} = 0.4792 \nu_{98.9℃} + \frac{5610}{\nu_{98.9℃}^2 + 2130} \tag{9-2-6}$$

上述转换计算平均误差为 0.3%。

除用上述公式计算外，也可由表 9-2-3 中快速查得赛氏重油黏度值。

（三）运动黏度转换为雷氏黏度或恩氏黏度[3]

将运动黏度转换为雷氏 1 号黏度[60℃(140℉)]、雷氏 2 号黏度或恩氏黏度可采用下式计算。

$$R = A\nu + \frac{1}{B + C\nu + D\nu^2 + E\nu^3} \tag{9-2-7}$$

式中　R——流出时间，s 或恩氏度。

　　　ν——运动黏度，mm²/s；

　　　$A \sim E$——常数，见下列表。

	雷氏 1 号黏度(60℃)	雷氏 2 号黏度	恩氏黏度
A	4.0984	0.40984	0.13158
B	0.038014	0.38014	1.1326
C	0.001919	0.01919	0.0104
D	0.0000278	0.000278	0.00656
E	0.00000521	0.0000521	0.0
ν(mm²/s)的范围	>4.0	>73	>1.0

表 9-2-3　运动黏度与赛氏重油黏度的转换表

运动黏度/ (mm²/s)	赛氏重油黏度/s		运动黏度/ (mm²/s)	赛氏重油黏度/s		运动黏度/ (mm²/s)	赛氏重油黏度/s	
	50℃	98.9℃		50℃	98.9℃		50℃	98.9℃
48	25.1		125	60.0	60.2	350	165.2	167.8
49	25.6		130	62.3	62.6	355	167.6	170.2
50	26.0	25.2	135	64.6	65.0	360	169.9	172.6
51	26.5	25.6	140	66.9	67.3	365	172.3	174.9
52	27.0	26.1	145	69.2	69.7	370	174.6	177.3
53	27.4	26.5	150	71.5	72.1	375	177.0	179.7
54	27.9	27.0	155	73.8	74.5	380	179.4	182.1
55	28.3	27.4	160	76.1	76.9	385	181.7	184.5
56	28.8	27.9	165	78.5	79.3	390	184.1	186.9
57	29.2	28.4	170	80.8	81.6	395	186.4	189.3
58	29.7	28.8	175	83.1	84.0	400	188.8	191.7
59	30.1	29.3	180	85.4	86.4	405	191.1	194.1
60	30.6	29.7	185	87.8	88.8	410	193.5	196.5
61	31.1	30.2	190	90.1	91.2	415	195.8	198.9
62	31.5	30.6	195	92.4	93.6	420	198.2	201
63	32.0	31.1	200	94.8	96.0	425	201	204
64	32.4	31.6	205	97.1	98.4	430	203	206
65	32.9	32.0	210	99.4	100.8	435	205	208
66	33.3	32.5	215	101.8	103.1	440	208	211
67	33.8	33.0	220	104.1	105.5	445	210	213
68	34.2	33.4	225	106.5	107.9	450	212	216
69	34.7	33.9	230	108.8	110.3	455	215	218
70	35.1	34.3	235	111.2	112.7	460	217	220
71	35.6	34.8	240	113.5	115.1	465	219	223
72	36.0	35.3	245	115.9	117.5	470	222	225
73	36.5	35.7	250	118.2	119.9	475	224	228
74	36.9	36.2	255	120.5	122.3	480	226	230
75	37.4	36.7	260	122.9	124.7	485	229	232
76	37.8	37.1	265	125.2	127.1	490	231	235
78	38.7	38.1	270	127.6	129.5	495	234	237
80	39.6	39.0	275	129.9	131.9	500	236	240
82	40.5	39.9	280	132.3	134.2	505	238	242
84	41.4	40.9	285	134.6	136.6	510	241	244
86	42.3	41.8	290	137.0	139.0	515	243	247
88	43.2	42.7	295	139.3	141.1	520	245	249
90	44.1	43.7	300	141.7	143.8	525	248	252
92	45.0	44.6	305	144.0	146.2	530	250	254
94	45.9	45.6	310	146.4	148.6	535	252	256
96	46.8	46.5	315	148.8	151.0	540	255	259
98	47.7	47.4	320	151.1	153.4	545	257	261
100	48.6	48.4	325	153.5	155.8	550	259	264
105	50.9	50.7	330	155.8	158.2	555	262	266
110	53.2	53.1	335	158.2	160.6	560	264	268
115	55.4	55.5	340	160.5	163.0	565	267	271
120	57.7	57.8	345	162.9	165.4	570	269	273

续表

运动黏度/	赛氏重油黏度/s		运动黏度/	赛氏重油黏度/s		运动黏度/	赛氏重油黏度/s	
(mm²/s)	50℃	98.9℃	(mm²/s)	50℃	98.9℃	(mm²/s)	50℃	98.9℃
575	271	276	700	330	335	850	401	407
580	274	278	705	333	338	860	406	412
585	276	280	710	335	340	870	410	417
590	278	283	715	337	343	880	415	422
595	281	285	720	340	345	890	420	426
600	283	288	725	342	347	900	425	431
605	285	290	730	344	350	920	434	441
610	288	292	735	347	352	940	443	450
615	290	295	740	349	355	960	453	460
520	292	297	745	351	357	980	462	470
625	295	300	750	354	359	1000	472	479
630	297	302	755	356	362	1020	481	489
635	300	304	760	359	364	1040	491	498
640	302	307	765	361	367	1060	500	508
645	304	309	770	363	369	1080	509	518
650	307	311	775	366	371	1100	519	527
655	309	314	780	368	374	1120	528	537
660	311	316	785	370	376	1140	538	546
665	314	319	790	373	379	1160	547	556
670	316	321	795	375	381	1180	557	565
675	318	323	800	377	383	1200	566	575
680	321	326	810	382	388	1220	575	585
685	323	328	820	387	393	1240	585	594
690	326	331	830	392	398	1260	594	604
695	328	333	840	396	403	1280	604	613
						1300	613	623

（四）各种条件黏度转换为运动黏度[3]

采用式(9-2-8)可以将各种条件黏度，如雷氏 1 号黏度[60℃(140℉)]、雷氏 2 号黏度、50℃赛氏重油黏度、98.9℃赛氏重油黏度或赛氏通用黏度，转换为运动黏度(mm²/s)。

$$\nu = FR - \frac{GR}{R^3 + H} \qquad (9-2-8)$$

式中　　ν——运动黏度，mm²/s；

R——被转换的条件黏度，s 或恩氏度。

F、G、H——常数，见下列表。

	雷氏1号黏度(60℃)	雷氏2号黏度	恩氏黏度	50℃赛氏重油黏度	98.9℃赛氏重油黏度	等效赛氏通用黏度
F	0.244	2.44	7.60	2.12	2.09	0.22
G	8000	3410	18.0	1000	2088	7336
H	12500	9550	1.7273	8001	5187	12813
R(s 或恩氏度)的范围	>35	>31	>1.000	>25	>25	>32

为了使用非37.8℃下的赛氏通用黏度进行计算，必须将温度 t 时的赛氏通用黏度转换为温度 t 时的等效赛氏通用黏度。换算可通过式(9-2-9)进行。

$$SUS_{eq} = \frac{SUS_t}{1.0 + 0.000061(1.8t - 68)} \qquad (9-2-9)$$

式中　SUS_{eq}——温度 t 时的等效赛氏通用黏度，s；

　　　SUS_t——温度 t 时的赛氏通用黏度，s；

　　　t——温度，℃。

该方程计算的可靠性在1%以内。

【例9-2-1】　93.3℃赛氏通用黏度为300s的油品，求其同样温度下的运动黏度。

解：1. 使用式(9-2-9)将赛氏通用黏度换算为同温下的等效赛氏通用黏度。

$$SUS_{eq} = \frac{300}{1.0 + 0.000061(1.8 \times 93.3 - 68)} = 298s$$

2. 查得常数。

$F = 0.22$

$G = 7336$

$H = 12813$

3. 使用式(9-2-8)计算运动黏度，mm^2/s。

$$\nu = 0.22 \times 298 - \frac{7336 \times 298}{298^3 + 12813} = 65.48 mm^2/s$$

第三节　液体体系的黏度

一、纯烃液体的黏度

(一) 查图法

常用纯烃的黏度与温度的关系见图9-3-1~图9-3-7[4]，这些图都是根据实验数据绘制的，其误差估计为1%。

如果已知两个温度下黏度实验值，可用图9-3-8、图9-3-9求得其他温度下的黏度[5]。该两张图适用于石油馏分和纯烃等牛顿型流体，纯烃的误差约为4%，芳烃较烷烃的误差大。当所求温度下黏度偏离实验值很远时，其误差增大。

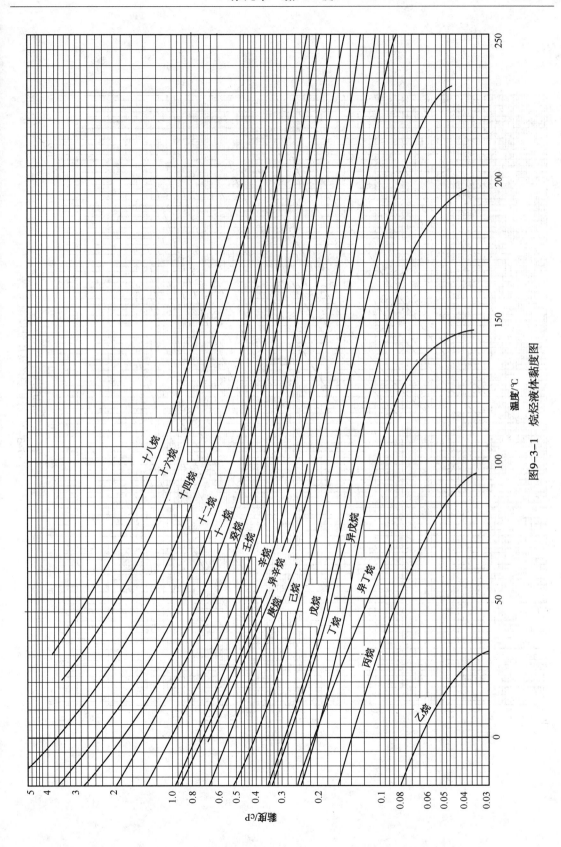

图9-3-1 烷烃液体黏度图

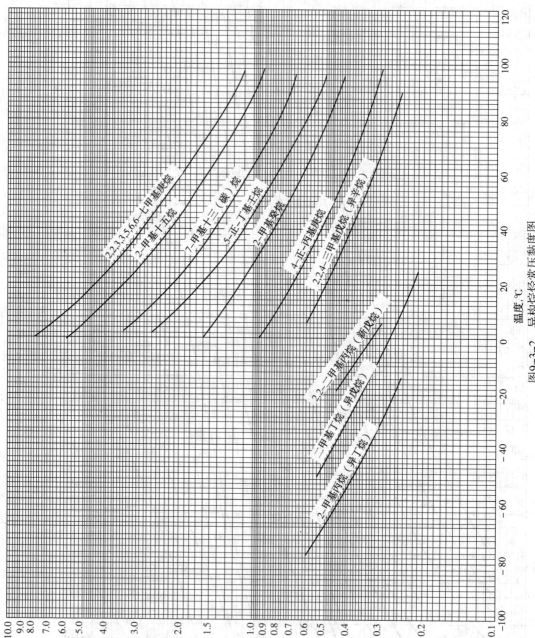

图9-3-2　异构烷烃常压黏度图

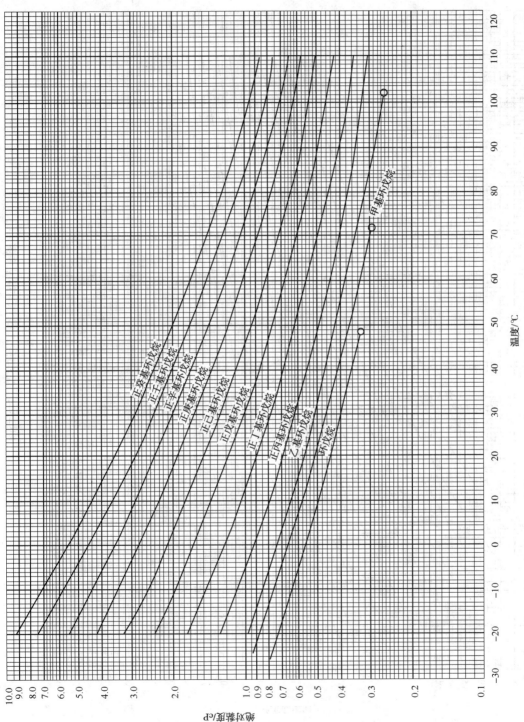

图9-3-3　烷基环戊烷常压液体黏度图

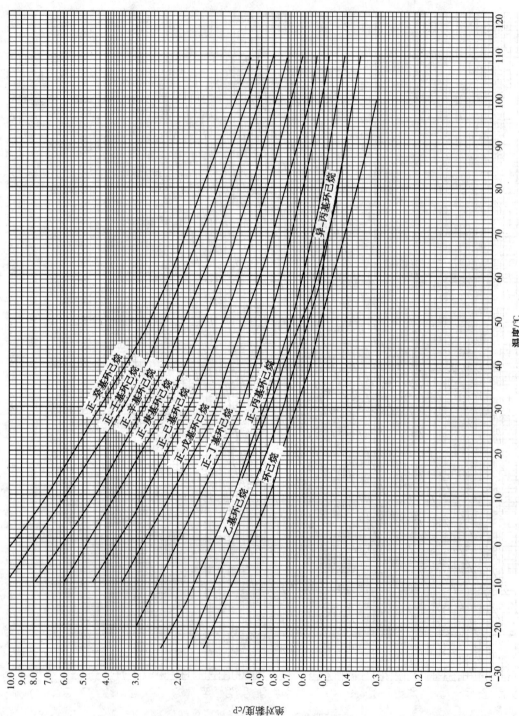

图9-3-4 烷基环己烷常压液体黏度图

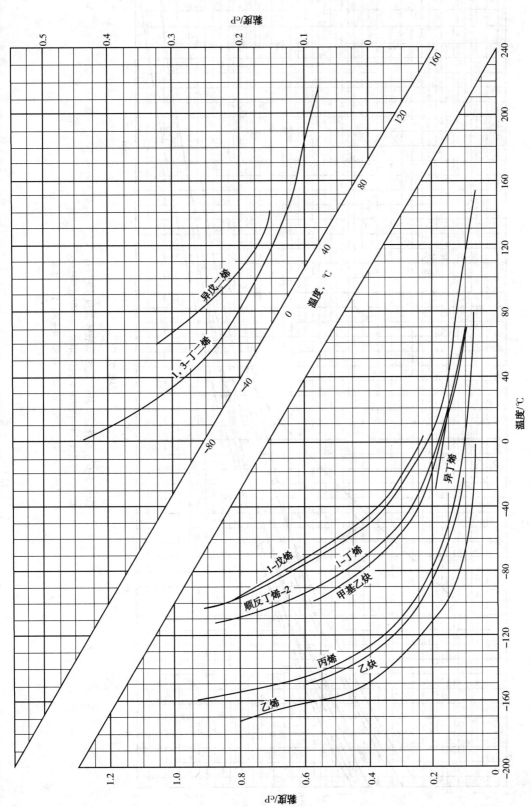

图9-3-5　烯烃、二烯烃、炔烃常压液体黏度图

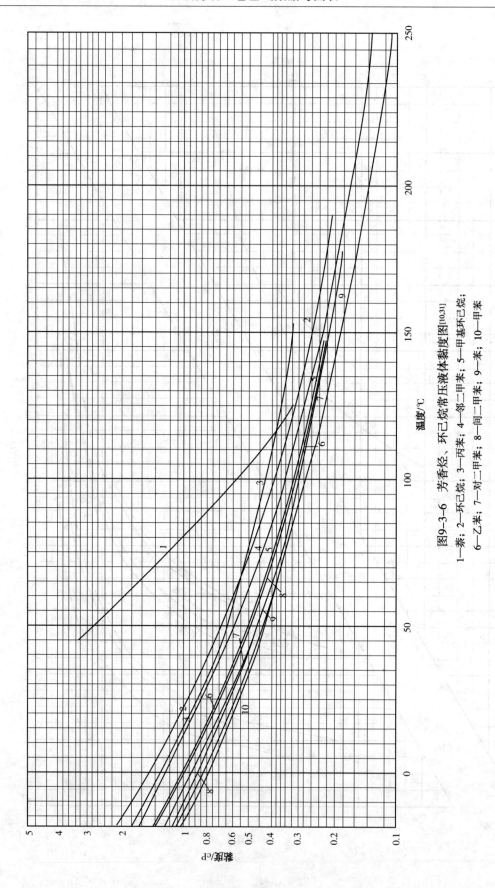

图9-3-6　芳香烃、环己烷常压液体黏度图[10.31]

1—苯；2—环己烷；3—丙苯；4—邻二甲苯；5—甲基环己烷；

6—乙苯；7—对二甲苯；8—间二甲苯；9—苯；10—甲苯

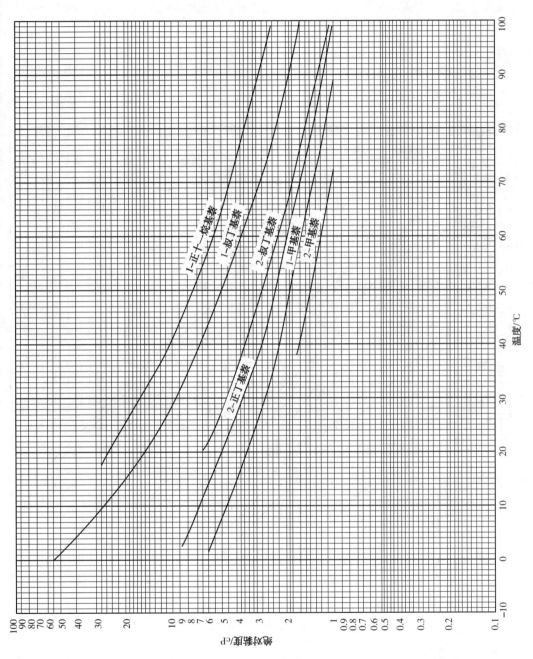

图9-3-7　萘常压液体黏度图[8]

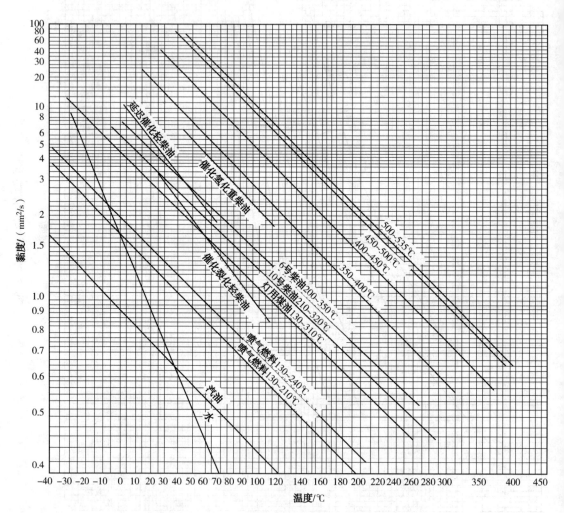

图 9-3-8　油品黏度、温度关系图(低黏度)

(图中油品均为大庆原油馏分)

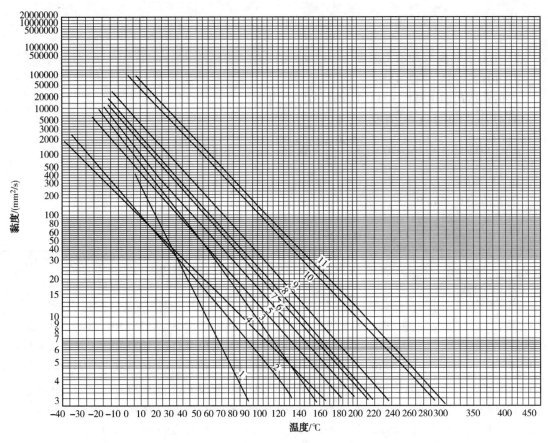

图 9-3-9 油品黏度、温度关系图(高黏度)

1—江汉原油；2—大港原油；3—胜利原油；4—大庆原油；5—大庆原油>283℃之重油；6—大庆原油>327℃之重油；

7—大庆原油>335℃之重油；8—大庆原油>450℃之残油；9—大庆原油>535℃之脱沥青残油；

10—大庆原油>500℃之残油；11—大庆原油>525℃之残油；

(二)公式计算法[6]

低压纯烃液体在一定温度范围内的黏度可采用式(9-3-1)计算。

$$\mu = 1000\exp\left(A + \frac{B}{T} + C\ln T + D\,T^E\right) \tag{9-3-1}$$

式中 μ——绝对黏度，cP；

T——温度，K($K = ℃ + 273.15$)；

$A \sim E$——关联系数，可从表9-3-1中查得。

上述计算只有在每种物质的适用温度范围内(见表9-3-1)才正确。在整个温度范围内的平均误差小于5%，一般小于2%。

【例9-3-1】 求癸烷在40℃时的液体黏度。

解：1. 从表9-3-1中查得关联系数 $A \sim E$。

$A = -16.470$

$B = 1534.0$

$C = 0.7511$

$D = 0$

$E = 0$

2. 将温度转换为开尔文温度。

$T = 40 + 273.15 = 313.15K$

此值在适用温度范围(243.3~448.3K)之内。

3. 使用式(9-3-1)计算黏度,cP。

$$\mu = 1000\exp\left[-16.470 + \frac{1534.3}{313.15} + 0.7511\ln(313.15) + 0\right]$$

$\mu = 0.707cP$

实验值是 0.696cP。

表 9-3-1　式(9-3-1)关联系数表

序号	物质名称	A	B	C	D	E	适用温度范围/K 最低	最高	Q
	非碳氢化合物								
1	氧	-4.1480E+00	9.4039E+01	-1.2070E+00	0.0000E+00	0.0000E+00	54.4	150.0	x
2	氢	-1.1660E+01	2.4700E+01	-2.6100E-01	-4.1000E-16	1.0000E+01	13.9	32.8	x
3	水	-5.2840E+01	3.7040E+03	5.8660E+00	-5.8791E-29	1.0000E+01	273.3	646.1	x
4	二氧化氮	5.7010E+00	1.6810E+02	-2.4670E+00	-8.1699E-27	1.0000E+01	261.7	400.0	x
5	一氧化氮	2.9680E+01	-4.5830E+02	-7.1030E+00	-1.2100E-23	1.0000E+01	109.4	180.0	x
6	一氧化二氮	-3.2900E+01	1.3910E+03	3.3430E+00	-1.4700E-25	1.0000E+01	182.2	300.0	x
7	氨	-6.7430E+00	5.9828E+02	-7.3410E-01	-3.6901E-27	1.0000E+01	195.6	393.3	x
8	氯	-2.5680E+01	9.7489E+02	2.5570E+00	-4.2999E-26	1.0000E+01	190.0	300.0	x
9	氯化氢	7.1320E+01	-2.5420E+03	-1.2680E+01	0.0000E+00	0.0000E+00	233.3	313.3	x
10	硫化氢	-1.0900E+01	7.6211E+02	-1.1860E-01	0.0000E+00	0.0000E+00	187.8	350.0	x
11	氮	1.6000E+01	-1.8160E+02	-5.1550E+00	0.0000E+00	0.0000E+00	63.3	123.9	x
12	一氧化碳	-4.9730E+00	9.7672E+01	-1.1090E+00	0.0000E+00	0.0000E+00	68.3	131.1	x
13	二氧化碳	1.8770E+01	-4.0290E+02	-4.6850E+00	-6.9999E-26	1.0000E+01	219.4	304.4	x
14	二氧化硫	4.6220E+01	-1.3780E+03	-8.7470E+00	0.0000E+00	0.0000E+00	225.0	400.0	P
	烷烃								
15	甲烷	-6.1570E+00	1.7810E+02	-9.5240E-01	-9.0611E-24	1.0000E+01	90.6	187.8	P
16	乙烷	-3.4130E+00	1.9700E+02	-1.2190E+00	-9.2022E-24	1.0000E+01	90.6	300.0	x
17	丙烷	-6.9280E+00	4.2080E+02	-6.3280E-01	-1.7130E-26	1.0000E+01	85.6	360.0	x
18	正丁烷	-7.2470E+00	5.3480E+02	-5.7470E-01	-4.6620E-27	1.0000E+01	135.0	420.0	P
19	异丁烷	-1.8340E+01	1.0200E+03	1.0980E+00	-6.1001E-27	1.0000E+01	190.0	400.0	x
20	正戊烷	-2.0380E+01	1.0500E+03	1.4870E+00	-2.0170E-27	1.0000E+01	143.3	465.0	x
21	异戊烷	-1.2600E+01	8.8911E+02	2.0470E-01	0.0000E+00	0.0000E+00	150.0	310.0	x
22	新戊烷	-5.6060E+01	3.0290E+03	6.5860E+00	0.0000E+00	0.0000E+00	256.7	303.9	x
23	正己烷	-2.0710E+01	1.2080E+03	1.4990E+00	0.0000E+00	0.0000E+00	177.8	343.3	x

续表

序号	物质名称	A	B	C	D	E	适用温度范围/K		Q
							最低	最高	
24	异己烷	-1.2860E+01	9.4689E+02	2.6190E-01	0.0000E+00	0.0000E+00	119.4	333.3	x
25	3-甲基戊烷	-3.3390E+00	5.2910E+02	-1.1570E+00	0.0000E+00	0.0000E+00	220.0	336.7	x
26	2，2-二甲基丁烷	2.4040E+01	-4.9880E+02	-5.3230E+00	0.0000E+00	0.0000E+00	220.0	322.8	x
27	2，3-二甲基丁烷	7.2560E+00	2.2140E+02	-2.7950E+00	0.0000E+00	0.0000E+00	220.0	331.1	x
28	正庚烷	-2.4450E+01	1.5330E+03	2.0090E+00	0.0000E+00	0.0000E+00	182.8	373.3	x
29	异庚烷	-1.2220E+01	1.0210E+03	1.5190E-01	0.0000E+00	0.0000E+00	155.0	363.3	x
30	3-甲基己烷	-1.1130E+01	9.8128E+02	-2.2380E-02	0.0000E+00	0.0000E+00	153.9	365.0	x
31	3-乙基戊烷	-1.0960E+01	9.7600E+02	-4.9010E-02	0.0000E+00	0.0000E+00	154.4	366.7	P
32	2，2-二甲基戊烷	-1.1730E+01	1.1120E+03	4.7670E-02	0.0000E+00	0.0000E+00	149.4	352.2	P
33	2，3-二甲基戊烷	-1.2080E+01	1.1120E+03	9.6540E-02	0.0000E+00	0.0000E+00	160.0	362.8	P
34	2，4-二甲基戊烷	-1.2530E+01	1.1280E+03	1.3140E-01	0.0000E+00	0.0000E+00	153.9	353.9	P
35	3，3-二甲基戊烷	-1.1727E+01	1.1124E+03	4.7674E-02	0.0000E+00	0.0000E+00	138.9	359.4	x
36	2，2，3-三甲基丁烷	-8.7570E+00	9.7100E+02	-3.5240E-01	0.0000E+00	0.0000E+00	248.3	353.9	P
37	正辛烷	-2.0460E+01	1.4970E+03	1.3790E+00	0.0000E+00	0.0000E+00	216.1	398.9	x
38	异辛烷	-1.1340E+01	1.0740E+03	1.3050E-02	0.0000E+00	0.0000E+00	163.9	390.6	x
39	3-甲基庚烷	-1.1300E+01	1.0730E+03	3.9760E-03	0.0000E+00	0.0000E+00	152.8	392.2	x
40	4-甲基庚烷	-1.1430E+01	1.0740E+03	1.5360E-02	0.0000E+00	0.0000E+00	152.2	391.1	x
41	3-乙基己烷	-8.1370E+00	9.0900E+02	-4.6680E-01	0.0000E+00	0.0000E+00	272.2	391.7	x
42	2，2-二甲基己烷	-1.1831E+01	1.1789E+03	4.5656E-02	0.0000E+00	0.0000E+00	152.2	380.0	x
43	2，3-二甲基己烷	-1.1106E+01	1.0259E+03	0.0000E+00	0.0000E+00	0.0000E+00	271.7	388.9	x
44	2，4-二甲基己烷	-1.1530E+01	1.1750E+03	1.9380E-02	0.0000E+00	0.0000E+00	272.2	382.8	P
45	2，5-二甲基己烷	-1.2930E+01	1.1070E+03	2.6800E-01	0.0000E+00	0.0000E+00	200.0	382.2	x
46	3，3-二甲基己烷	-1.1110E+01	1.0270E+03	0.0000E+00	0.0000E+00	0.0000E+00	180.0	385.0	x
47	3，4-二甲基己烷	-1.1040E+01	1.0030E+03	0.0000E+00	0.0000E+00	0.0000E+00	272.2	391.1	x
48	2-甲基-3-乙基戊烷	-1.1230E+01	1.0680E+03	-1.5830E-02	0.0000E+00	0.0000E+00	158.3	388.9	P
49	3-甲基-3-乙基戊烷	-8.6450E+00	9.8561E+02	-3.8850E-01	0.0000E+00	0.0000E+00	182.2	391.7	P
50	2，2，3-三甲基戊烷	-1.2780E+01	1.2200E+03	2.1090E-01	0.0000E+00	0.0000E+00	161.1	382.8	x
51	2，2，4-三甲基戊烷	-1.2770E+01	1.1300E+03	2.3460E-01	-3.7069E-28	1.0000E+01	165.6	541.1	x
52	2，3，3-三甲基戊烷	-4.0310E+00	9.9078E+02	-1.1770E+00	0.0000E+00	0.0000E+00	172.2	387.8	P
53	2，3，4-三甲基戊烷	-9.1420E+00	1.0210E+03	-3.1030E-01	0.0000E+00	0.0000E+00	163.9	386.7	P
54	2，2，3，3-四甲基丁烷	5.5350E+00	6.3239E+02	-2.6580E+00	0.0000E+00	0.0000E+00	373.9	453.9	P
55	正壬烷	-2.1150E+01	1.6580E+03	1.4540E+00	0.0000E+00	0.0000E+00	219.4	423.9	x
56	2-甲基辛烷	-1.1283E+01	1.1517E+03	1.7447E-03	0.0000E+00	0.0000E+00	192.8	416.1	x
57	3-甲基辛烷	-1.1320E+01	1.1490E+03	-1.0080E-02	0.0000E+00	0.0000E+00	165.6	417.2	P
58	4-甲基辛烷	-1.1280E+01	1.1480E+03	-1.7130E-02	0.0000E+00	0.0000E+00	160.0	415.6	P
59	3-乙基庚烷	-1.1410E+01	1.1520E+03	3.7060E-03	0.0000E+00	0.0000E+00	158.3	416.1	P

序号	物质名称	A	B	C	D	E	适用温度范围/K		Q
							最低	最高	
60	2，2-二甲基庚烷	$-1.1510E+01$	$1.2470E+03$	$1.1060E-02$	$0.0000E+00$	$0.0000E+00$	160.0	406.1	P
61	2，6-二甲基庚烷	$-1.1430E+01$	$1.2440E+03$	$-1.5250E-03$	$0.0000E+00$	$0.0000E+00$	170.0	408.3	P
62	2，2，5-三甲基己烷	$-1.1290E+01$	$9.9000E+02$	$1.0060E-03$	$0.0000E+00$	$0.0000E+00$	167.2	397.2	P
63	2，4，4-三甲基己烷	$-1.1371E+01$	$1.1630E+03$	$-9.8090E+00$	$0.0000E+00$	$0.0000E+00$	160.0	460.0	P
64	3，3-二乙基戊烷	$-1.1670E+01$	$1.0890E+03$	$4.8880E-02$	$0.0000E+00$	$0.0000E+00$	240.0	419.4	P
65	2，2-二甲基-3-乙基戊烷	$-1.1540E+01$	$1.2480E+03$	$1.4090E-02$	$0.0000E+00$	$0.0000E+00$	173.9	407.2	P
66	2，4-二甲基-3-乙基戊烷	$-1.1440E+01$	$1.2440E+03$	$-1.9340E-04$	$0.0000E+00$	$0.0000E+00$	150.6	410.0	P
67	2，2，3，3-四甲基戊烷	$-3.4770E+00$	$1.2080E+03$	$-1.3620E+00$	$0.0000E+00$	$0.0000E+00$	263.3	483.3	P
68	2，2，3，4-四甲基戊烷	$-6.5310E+00$	$1.1960E+03$	$-8.2230E-01$	$0.0000E+00$	$0.0000E+00$	152.2	406.1	P
69	2，2，4，4-四甲基戊烷	$-5.1630E+00$	$1.3080E+03$	$-1.1340E+00$	$0.0000E+00$	$0.0000E+00$	207.2	395.6	P
70	2，3，3，4-四甲基戊烷	$-6.0350E+00$	$1.1720E+03$	$-8.9060E-01$	$0.0000E+00$	$0.0000E+00$	171.1	481.1	P
71	正癸烷	$-1.6470E+01$	$1.5340E+03$	$7.5110E-01$	$0.0000E+00$	$0.0000E+00$	243.3	448.3	x
72	2-甲基壬烷	$-1.0980E+01$	$1.2180E+03$	$-3.8780E-02$	$0.0000E+00$	$0.0000E+00$	198.3	440.0	x
73	3-甲基壬烷	$-1.0580E+01$	$1.2000E+03$	$-1.0350E-01$	$0.0000E+00$	$0.0000E+00$	188.3	441.1	x
74	4-甲基壬烷	$-1.0830E+01$	$1.2080E+03$	$-7.2880E-02$	$0.0000E+00$	$0.0000E+00$	174.4	438.9	x
75	5-甲基壬烷	$-1.1210E+01$	$1.2250E+03$	$-1.2520E-02$	$0.0000E+00$	$0.0000E+00$	185.6	438.3	x
76	2，7-二甲基辛烷	$-1.1650E+01$	$1.3185E+03$	$1.2876E-02$	$0.0000E+00$	$0.0000E+00$	218.9	432.8	P
77	正十一烷	$-1.9320E+01$	$1.7930E+03$	$1.1430E+00$	$0.0000E+00$	$0.0000E+00$	247.8	468.9	x
78	正十二烷	$-2.0610E+01$	$1.9430E+03$	$1.3200E+00$	$0.0000E+00$	$0.0000E+00$	263.3	489.4	x
79	正十三烷	$-2.1010E+01$	$2.0430E+03$	$1.3690E+00$	$0.0000E+00$	$0.0000E+00$	267.8	508.9	x
80	正十四烷	$-2.0490E+01$	$2.0880E+03$	$1.2850E+00$	$0.0000E+00$	$0.0000E+00$	278.9	528.3	x
81	正十五烷	$-1.9300E+01$	$2.0890E+03$	$1.1090E+00$	$0.0000E+00$	$0.0000E+00$	283.3	543.9	x
82	正十六烷	$-2.0180E+01$	$2.2040E+03$	$1.2290E+00$	$0.0000E+00$	$0.0000E+00$	291.1	563.9	x
83	正十七烷	$-1.9990E+01$	$2.2450E+03$	$1.1980E+00$	$0.0000E+00$	$0.0000E+00$	295.0	575.6	x
84	正十八烷	$-2.2690E+01$	$2.4660E+03$	$1.5700E+00$	$0.0000E+00$	$0.0000E+00$	301.1	590.0	x
85	正十九烷	$-1.6400E+01$	$2.1200E+03$	$6.8810E-01$	$0.0000E+00$	$0.0000E+00$	305.0	603.3	x
86	正二十烷	$-1.8310E+01$	$2.2840E+03$	$9.5480E-01$	$0.0000E+00$	$0.0000E+00$	309.4	616.7	x
87	正二十四烷	$-2.0610E+01$	$2.5360E+03$	$1.2940E+00$	$-7.0442E-30$	$1.0000E+01$	323.9	793.3	x
88	正二十八烷	$-2.3170E+01$	$2.7920E+03$	$1.6620E+00$	$-4.7419E-30$	$1.0000E+01$	334.4	723.3	x
	环烷烃								
89	环丙烷	$-3.1201E+00$	$2.9225E+02$	$-1.1604E+00$	$0.0000E+00$	$0.0000E+00$	145.6	320.0	x
90	环戊烷	$-3.2610E+00$	$6.1422E+02$	$-1.1560E+00$	$0.0000E+00$	$0.0000E+00$	225.0	325.0	x
91	甲基环戊烷	$-1.8550E+00$	$6.1261E+02$	$-1.3770E+00$	$0.0000E+00$	$0.0000E+00$	248.3	353.3	x
92	乙基环戊烷	$-6.8940E+00$	$8.1861E+02$	$-5.9410E-01$	$0.0000E+00$	$0.0000E+00$	253.3	378.3	x
93	1，1-二甲基环戊烷	$-1.0910E+01$	$9.9122E+02$	$-4.0600E-03$	$0.0000E+00$	$0.0000E+00$	203.3	361.1	P
94	顺-1，2-二甲基环戊烷	$-1.1140E+01$	$9.9972E+02$	$3.0640E-02$	$0.0000E+00$	$0.0000E+00$	219.4	372.8	P

续表

序号	物质名称	A	B	C	D	E	适用温度范围/K		Q
							最低	最高	
95	反-1,2-二甲基环戊烷	-1.0760E+01	9.8528E+02	-2.6510E-02	0.0000E+00	0.0000E+00	155.6	365.0	P
96	顺-1,3-二甲基环戊烷	-1.0990E+01	9.9328E+02	8.3040E-03	0.0000E+00	0.0000E+00	139.4	363.9	P
97	反-1,3-二甲基环戊烷	-1.0960E+01	9.9250E+02	3.3790E-03	0.0000E+00	0.0000E+00	139.4	365.0	P
98	正丙基环戊烷	-2.3300E+01	1.6180E+03	1.8470E+00	0.0000E+00	0.0000E+00	200.0	403.9	x
99	异丙基环戊烷	-1.0500E+01	1.0840E+03	-8.2650E-02	0.0000E+00	0.0000E+00	161.7	399.4	P
100	1-甲基-1-乙基环戊烷	-1.1030E+01	1.1060E+03	-3.5270E-03	0.0000E+00	0.0000E+00	129.4	394.4	P
101	环己烷	-6.9310E+01	4.0860E+03	8.5250E+00	0.0000E+00	0.0000E+00	285.0	353.9	x
102	甲基环己烷	-1.5920E+01	1.4440E+03	6.6120E-01	2.1830E-27	1.0000E+01	200.0	393.3	x
103	乙基环己烷	-2.2110E+01	1.6730E+03	1.6410E+00	0.0000E+00	0.0000E+00	200.0	405.0	x
104	1,1-二甲基环己烷	-1.0720E+01	1.1410E+03	-4.7740E-02	0.0000E+00	0.0000E+00	239.4	392.8	P
105	顺-1,2-二甲基环己烷	-7.4200E+01	4.1940E+03	9.3440E+00	0.0000E+00	0.0000E+00	250.0	402.8	x
106	反-1,2-二甲基环己烷	-1.1340E+01	1.1690E+03	4.5130E-02	0.0000E+00	0.0000E+00	185.0	396.7	x
107	顺-1,3-二甲基环己烷	-8.4710E+00	1.0510E+03	-3.8660E-01	0.0000E+00	0.0000E+00	197.8	393.3	x
108	反-1,3-二甲基环己烷	-3.9930E+01	2.3470E+03	4.3210E+00	0.0000E+00	0.0000E+00	200.0	397.8	x
109	顺-1,4-二甲基环己烷	-7.4860E+00	1.0120E+03	-5.3450E-01	0.0000E+00	0.0000E+00	185.6	397.2	x
110	反-1,4-二甲基环己烷	-3.5560E+01	2.2450E+03	3.6330E+00	0.0000E+00	0.0000E+00	250.0	392.8	x
111	正丙基环己烷	-3.1230E+01	2.1790E+03	2.9730E+00	0.0000E+00	0.0000E+00	248.3	430.0	x
112	异丙基环己烷	-9.3030E+00	1.2220E+03	-3.0040E-01	0.0000E+00	0.0000E+00	183.9	427.8	x
113	正丁基环己烷	-3.9820E+01	2.6870E+03	4.2270E+00	0.0000E+00	0.0000E+00	253.3	453.9	x
114	正癸基环己烷	-2.7670E+01	2.9210E+03	2.1910E+00	0.0000E+00	0.0000E+00	271.7	420.0	x
115	环庚烷	-1.4080E+00	8.0528E+02	-1.3810E+00	0.0000E+00	0.0000E+00	265.0	475.0	x
116	环辛烷	-4.4840E+01	3.4140E+03	4.7930E+00	0.0000E+00	0.0000E+00	287.8	423.9	x
	烯烃								
117	乙烯	1.8880E+00	7.8861E+01	-2.1550E+00	0.0000E+00	0.0000E+00	103.9	250.0	x
118	丙烯	-9.1480E+00	5.0090E+02	-3.1740E-01	0.0000E+00	0.0000E+00	87.8	320.0	x
119	正丁烯	-2.6720E+00	3.3610E+02	-1.2860E+00	0.0000E+00	0.0000E+00	120.0	266.7	x
120	顺-2-丁烯	-1.0350E+01	5.2230E+02	-1.1850E-02	0.0000E+00	0.0000E+00	134.4	276.7	P
121	反-2-丁烯	-1.0330E+01	5.2140E+02	-1.3180E-02	0.0000E+00	0.0000E+00	167.8	273.9	P
122	异丁烯	-1.0380E+01	5.9961E+02	-4.6090E-02	0.0000E+00	0.0000E+00	132.8	266.1	P
123	1-戊烯	-8.8600E+00	6.2978E+02	-3.1630E-01	0.0000E+00	0.0000E+00	120.0	303.3	x
124	顺-2-戊烯	-1.0740E+01	6.6189E+02	1.1130E-02	0.0000E+00	0.0000E+00	121.7	310.0	P
125	反-2-戊烯	-1.0810E+01	6.6411E+02	2.3410E-02	0.0000E+00	0.0000E+00	132.8	309.4	P
126	2-甲基-1-丁烯	-1.0750E+01	7.0550E+02	-1.1110E-02	0.0000E+00	0.0000E+00	135.6	304.4	P
127	3-甲基-1-丁烯	-4.5430E+01	2.2890E+03	5.1340E+00	0.0000E+00	0.0000E+00	273.3	305.6	x
128	2-甲基-2-丁烯	-8.4450E+00	6.3922E+02	-3.8410E-01	0.0000E+00	0.0000E+00	139.4	311.7	x
129	1-己烯	-6.9090E+00	6.5689E+02	-6.2830E-01	0.0000E+00	0.0000E+00	160.0	336.7	x

序号	物质名称	A	B	C	D	E	适用温度范围/K		Q
							最低	最高	
130	顺-2-己烯	-1.0760E+01	7.8550E+02	-1.5900E-02	0.0000E+00	0.0000E+00	132.2	342.2	P
131	反-2-己烯	-1.0860E+01	7.8872E+02	3.7830E-04	0.0000E+00	0.0000E+00	140.0	341.1	P
132	顺-3-己烯	-1.0820E+01	7.8739E+02	-6.5940E-03	0.0000E+00	0.0000E+00	135.6	339.4	P
133	反-3-己烯	-1.0890E+01	7.8978E+02	4.2550E-03	0.0000E+00	0.0000E+00	160.0	340.0	P
134	2-甲基-1-戊烯	-1.1520E+01	9.9139E+02	0.0000E+00	0.0000E+00	0.0000E+00	230.0	335.0	x
135	3-甲基-1-戊烯	-1.0920E+01	8.0250E+02	-6.0240E-03	0.0000E+00	0.0000E+00	120.0	327.2	P
136	4-甲基-1-戊烯	-1.0950E+01	8.0411E+02	-4.6560E-04	0.0000E+00	0.0000E+00	119.4	327.2	P
137	2-甲基-2-戊烯	-1.0910E+01	8.0278E+02	-6.5430E-03	0.0000E+00	0.0000E+00	138.3	340.6	P
138	3-甲基-顺-2-戊烯	-1.0810E+01	7.9928E+02	-2.2340E-02	0.0000E+00	0.0000E+00	138.3	341.1	P
139	4-甲基-顺-2-戊烯	-1.0980E+01	8.0511E+02	4.6230E-03	0.0000E+00	0.0000E+00	138.3	329.4	P
140	4-甲基-反-2-戊烯	-1.0950E+01	8.0378E+02	-5.2600E-04	0.0000E+00	0.0000E+00	132.2	331.7	P
141	2-乙基-1-丁烯	-1.0880E+01	8.0178E+02	-1.1200E-02	0.0000E+00	0.0000E+00	141.7	337.8	P
142	2，3-二甲基-1-丁烯	-1.0880E+01	7.9700E+02	-1.0150E-02	0.0000E+00	0.0000E+00	116.1	328.9	P
143	3，3-二甲基-1-丁烯	-1.1000E+01	8.0050E+02	8.5490E-03	0.0000E+00	0.0000E+00	157.8	314.4	P
144	2，3-二甲基-2-丁烯	-1.0970E+01	7.9928E+02	2.9180E-03	0.0000E+00	0.0000E+00	198.9	346.1	P
145	1-庚烯	-2.1870E+01	1.3770E+03	1.6210E+00	0.0000E+00	0.0000E+00	180.0	368.3	x
146	顺-2-庚烯	-1.1080E+01	9.1428E+02	9.1050E-03	0.0000E+00	0.0000E+00	163.9	371.7	P
147	反-2-庚烯	-1.0930E+01	9.0822E+02	-1.3850E-02	0.0000E+00	0.0000E+00	163.9	371.1	P
148	顺-3-庚烯	-1.1050E+01	9.1322E+02	4.1890E-03	0.0000E+00	0.0000E+00	136.7	368.9	P
149	反-3-庚烯	-1.1050E+01	9.1339E+02	4.5800E-03	0.0000E+00	0.0000E+00	136.7	368.9	P
150	2-甲基-1-己烯	-1.1000E+01	8.9478E+02	-1.0950E-02	0.0000E+00	0.0000E+00	170.6	365.0	P
151	3-甲基-1-己烯	-1.1160E+01	9.0011E+02	1.3460E-02	0.0000E+00	0.0000E+00	145.0	357.2	P
152	4-甲基-1-己烯	-1.1060E+01	9.1361E+02	6.9580E-03	0.0000E+00	0.0000E+00	131.7	360.0	P
153	2-乙基-1-戊烯	-1.1130E+01	8.9911E+02	8.5540E-03	0.0000E+00	0.0000E+00	167.8	367.2	P
154	3-乙基-1-戊烯	-1.1040E+01	8.9678E+02	-4.1290E-03	0.0000E+00	0.0000E+00	145.6	357.2	P
155	2，3，3-三甲基-1-丁烯	-1.0580E+01	7.2528E+02	1.7650E-02	0.0000E+00	0.0000E+00	163.3	351.1	P
156	1-辛烯	-8.6270E+00	8.8250E+02	-3.5630E-01	0.0000E+00	0.0000E+00	200.0	394.4	x
157	反-2-辛烯	-1.1320E+01	1.0360E+03	2.5690E-02	0.0000E+00	0.0000E+00	185.6	398.3	P
158	反-3-辛烯	-1.0980E+01	1.0230E+03	-2.6040E-02	0.0000E+00	0.0000E+00	163.3	396.7	P
159	反-4-辛烯	-1.1190E+01	1.0310E+03	6.3720E-03	0.0000E+00	0.0000E+00	179.4	395.6	P
160	2-乙基-1-己烯	-5.5490E+00	7.4572E+02	-8.1890E-01	0.0000E+00	0.0000E+00	200.0	393.3	x
161	2，4，4-三甲基-1-戊烯	-1.0880E+01	8.5178E+02	-2.1430E-02	0.0000E+00	0.0000E+00	179.4	374.4	P
162	2，4，4-三甲基-2-戊烯	-1.1060E+01	8.5889E+02	5.3890E-03	0.0000E+00	0.0000E+00	166.7	378.3	P
163	1-壬烯	-2.1920E+01	1.6030E+03	1.5970E+00	0.0000E+00	0.0000E+00	220.0	420.0	x
164	1-癸烯	-1.5860E+01	1.4310E+03	6.8110E-01	0.0000E+00	0.0000E+00	206.7	443.9	x
165	1-十一烯	-2.9580E+01	2.1850E+03	2.6870E+00	0.0000E+00	0.0000E+00	223.9	465.6	x

序号	物质名称	A	B	C	D	E	适用温度范围/K 最低	适用温度范围/K 最高	Q
166	1-十二烯	-3.1070E+01	2.3650E+03	2.8840E+00	0.0000E+00	0.0000E+00	237.8	486.7	x
167	1-十三烯	-3.2780E+01	2.5460E+03	3.1160E+00	0.0000E+00	0.0000E+00	250.0	506.1	x
168	1-十四烯	-4.3580E+01	3.1440E+03	4.6950E+00	0.0000E+00	0.0000E+00	260.6	524.4	x
169	1-十五烯	-3.9220E+01	3.0240E+03	4.0340E+00	0.0000E+00	0.0000E+00	269.4	541.7	x
170	1-十六烯	-4.4250E+01	3.3370E+03	4.7660E+00	0.0000E+00	0.0000E+00	277.8	557.8	x
171	1-十七烯	-4.0100E+01	3.2150E+03	4.1400E+00	0.0000E+00	0.0000E+00	283.3	573.3	x
172	1-十八烯	-3.3970E+01	2.9680E+03	3.2380E+00	0.0000E+00	0.0000E+00	290.6	587.8	x
173	1-十九烯	-4.0880E+01	3.3840E+03	4.2360E+00	0.0000E+00	0.0000E+00	296.7	602.2	x
174	1-二十烯	-4.6260E+01	3.7210E+03	5.0110E+00	0.0000E+00	0.0000E+00	301.7	615.6	x
175	环戊烯	-4.1510E+00	5.9978E+02	-1.0310E+00	0.0000E+00	0.0000E+00	138.3	405.6	x
176	环己烯	-1.1640E+01	1.1540E+03	6.6510E-02	0.0000E+00	0.0000E+00	200.0	373.3	x
177	环庚烯	-9.6540E+00	9.7728E+02	-8.1040E-02	0.0000E+00	0.0000E+00	217.2	387.8	P
178	环辛烯	-1.0450E+01	1.1600E+03	1.5440E-02	0.0000E+00	0.0000E+00	213.9	416.1	x
	二烯烃和炔烃								
179	1，3-丁二烯	1.7840E+01	-3.1020E+02	-4.5060E+00	0.0000E+00	0.0000E+00	250.0	400.0	x
180	1，2-戊二烯	-1.0620E+01	6.1100E+02	6.0980E-03	0.0000E+00	0.0000E+00	136.1	317.8	P
181	顺-1，3-戊二烯	-1.0390E+01	6.0250E+02	-3.0370E-02	0.0000E+00	0.0000E+00	186.1	317.2	P
182	反-1，3-戊二烯	-1.0260E+01	5.9728E+02	-4.9440E-02	0.0000E+00	0.0000E+00	221.7	315.0	P
183	1，4-戊二烯	-1.0650E+01	6.1139E+02	1.0150E-02	0.0000E+00	0.0000E+00	125.0	298.9	P
184	2，3-戊二烯	-1.0690E+01	6.1300E+02	1.6700E-02	0.0000E+00	0.0000E+00	147.8	321.7	P
185	3-甲基-1，2-丁二烯	-1.0480E+01	6.4839E+02	-4.1950E-02	0.0000E+00	0.0000E+00	159.4	313.9	P
186	2-甲基-1，3-丁二烯	6.6350E+00	7.8539E+00	-2.6490E+00	0.0000E+00	0.0000E+00	272.8	307.2	P
187	2，3-二甲基-1，3-丁二烯	-1.6390E+00	4.0830E+02	-1.4010E+00	0.0000E+00	0.0000E+00	197.2	341.7	x
188	1，5-己二烯	-1.0750E+01	7.3372E+02	-4.9010E-03	0.0000E+00	0.0000E+00	132.2	332.8	P
189	环戊二烯	-3.6980E+00	5.9389E+02	-1.1180E+00	0.0000E+00	0.0000E+00	188.3	398.3	P
190	乙炔	6.2240E+00	-1.5180E+02	-2.6550E+00	0.0000E+00	0.0000E+00	193.3	273.3	x
191	丙炔	-2.8740E+00	3.0130E+02	-1.2270E+00	0.0000E+00	0.0000E+00	170.6	373.3	P
192	2-丁炔	1.0836E-01	3.0020E+02	-1.6830E+00	0.0000E+00	0.0000E+00	241.1	371.1	P
193	1-戊炔	-1.7270E+00	4.2430E+02	-1.3420E+00	0.0000E+00	0.0000E+00	167.2	377.8	P
194	3-甲基-1-丁炔	-1.8840E+00	4.3360E+02	-1.3240E+00	0.0000E+00	0.0000E+00	183.3	363.9	P
195	1-己炔	-4.7260E+00	5.9439E+02	-8.6250E-01	0.0000E+00	0.0000E+00	141.1	412.2	P
196	1，3-环己二烯	-1.0060E+01	1.0640E+03	-1.7360E-01	0.0000E+00	0.0000E+00	180.0	354.4	x
197	反，反-2，4-己二烯	-1.0530E+01	7.2400E+02	-3.8540E-02	0.0000E+00	0.0000E+00	228.3	355.0	P
198	1，5-环辛二烯	-3.7760E+00	8.9378E+02	-1.1670E+00	0.0000E+00	0.0000E+00	203.9	513.9	P
199	2-己炔	-3.7460E+00	6.2422E+02	-1.0840E+00	0.0000E+00	0.0000E+00	183.9	435.0	P
200	3-己炔	-4.2680E+00	6.4761E+02	-1.0090E+00	0.0000E+00	0.0000E+00	170.0	432.2	P

序号	物质名称	A	B	C	D	E	适用温度范围/K 最低	适用温度范围/K 最高	Q
	芳香烃								
201	苯	-4.3338E+01	1.0380E+03	-6.1810E+01	-1.1020E-28	1.0000E+01	278.9	545.0	x
202	甲苯	-6.0670E+01	3.1490E+03	7.4820E+00	-5.7092E-27	1.0000E+01	178.3	383.9	x
203	乙苯	-1.0450E+01	1.0480E+03	-7.1500E-02	0.0000E+00	0.0000E+00	248.3	413.3	x
204	邻二甲苯	-1.5680E+01	1.4040E+03	6.6410E-01	0.0000E+00	0.0000E+00	247.8	418.3	x
205	间二甲苯	-9.6470E+00	9.8300E+02	-1.9280E-01	0.0000E+00	0.0000E+00	225.6	413.3	x
206	对二甲苯	-6.3400E+00	8.5628E+02	-6.9210E-01	0.0000E+00	0.0000E+00	286.7	413.3	x
207	正丙基苯	-1.8280E+01	1.5500E+03	1.0450E+00	0.0000E+00	0.0000E+00	200.0	432.2	x
208	异丙基苯	-2.4962E+01	1.8079E+03	2.0556E+00	0.0000E+00	0.0000E+00	200.0	400.0	P
209	邻乙基苯	-1.1810E+01	1.4220E+03	7.1100E-04	0.0000E+00	0.0000E+00	192.2	438.3	P
210	间乙基苯	-1.1470E+01	1.3060E+03	-7.5200E-03	0.0000E+00	0.0000E+00	177.8	434.4	P
211	对乙基苯	-2.4160E+01	1.6870E+03	1.9620E+00	0.0000E+00	0.0000E+00	220.0	435.0	x
212	1，2，3-三甲基苯	-1.1760E+01	1.4830E+03	-4.0390E-02	0.0000E+00	0.0000E+00	267.8	449.4	x
213	1，2，4-三甲基苯	-4.9070E+00	1.0670E+03	-9.9550E-01	0.0000E+00	0.0000E+00	229.4	442.8	x
214	1，3，5-三甲基苯	-1.9760E+01	1.7170E+03	1.1940E+00	0.0000E+00	0.0000E+00	228.3	437.8	P
215	正丁基苯	-2.3800E+01	1.8870E+03	1.8480E+00	0.0000E+00	0.0000E+00	200.0	456.7	x
216	异丁基苯	-1.1680E+01	1.3650E+03	3.4470E-02	0.0000E+00	0.0000E+00	221.7	446.1	P
217	仲丁基苯	-1.2460E+02	6.1300E+03	1.7030E+01	0.0000E+00	0.0000E+00	197.8	360.0	x
218	叔丁基苯	-1.1510E+01	1.3570E+03	8.8110E-03	0.0000E+00	0.0000E+00	215.0	442.2	P
219	邻伞花烃(邻甲基异丙基苯)	-6.9800E+00	8.6828E+02	-5.0430E-01	0.0000E+00	0.0000E+00	250.0	529.4	P
220	间伞花烃(间甲基异丙基苯)	-3.2350E+00	6.1761E+02	-1.0520E+00	0.0000E+00	0.0000E+00	209.4	525.6	P
221	对伞花烃(对甲基异丙基苯)	-2.7010E+01	1.9040E+03	2.3660E+00	0.0000E+00	0.0000E+00	205.0	450.6	x
222	邻二乙苯	-1.1960E+01	1.5410E+03	2.2320E-03	0.0000E+00	0.0000E+00	241.7	456.7	P
223	间二乙苯	-1.1170E+01	1.3030E+03	-2.0740E-02	0.0000E+00	0.0000E+00	189.4	454.4	P
224	对二乙苯	-1.1180E+01	1.3030E+03	-1.8160E-02	0.0000E+00	0.0000E+00	230.6	456.7	P
225	1，2，3，5-四甲基苯	-1.2340E+01	1.6880E+03	-4.1460E-03	0.0000E+00	0.0000E+00	249.4	471.1	P
226	1，2，4，5-四甲基苯	-1.1270E+01	1.5290E+03	-1.0760E-01	0.0000E+00	0.0000E+00	352.2	470.0	P
227	正戊基苯	-7.8290E+01	4.4840E+03	9.9270E+00	-2.3490E-27	1.0000E+01	220.0	478.3	x
228	正己基苯	-8.8060E+01	5.0320E+03	1.1360E+01	-2.6390E-27	1.0000E+01	220.0	499.4	x
229	正庚基苯	-9.5724E+01	5.4770E+03	1.2480E+01	-2.8510E-27	1.0000E+01	225.0	519.4	x
230	正辛基苯	-9.4614E+01	5.5678E+03	1.2260E+01	-1.8370E-27	1.0000E+01	237.2	537.8	x
231	正壬基苯	-1.0510E+02	6.1272E+03	1.3820E+01	-2.8910E-27	1.0000E+01	248.9	555.0	x
232	正癸基苯	-1.0710E+02	6.3311E+03	1.4080E+01	-2.7260E-27	1.0000E+01	253.3	571.1	x
233	正十一烷基苯	-1.0260E+02	6.2200E+03	1.3380E+01	-2.4450E-27	1.0000E+01	258.3	586.7	x
234	正十二烷基苯	-8.8250E+01	5.6472E+03	1.1230E+01	-1.8200E-27	1.0000E+01	268.3	600.6	x
235	正十三烷基苯	-4.5740E+01	3.6870E+03	4.9450E+00	-5.8391E-28	1.0000E+01	328.3	614.4	x

序号	物质名称	A	B	C	D	E	适用温度范围/K		Q
							最低	最高	
236	环己基苯	-4.3530E+00	1.4700E+03	-1.1600E+00	0.0000E+00	0.0000E+00	280.0	513.3	P
237	苯乙烯	-2.2670E+01	1.7580E+03	1.6700E+00	0.0000E+00	0.0000E+00	242.8	418.3	x
238	顺-β-甲基苯乙烯	-1.1320E+01	1.2030E+03	-2.2410E-04	0.0000E+00	0.0000E+00	211.7	452.2	P
239	反-β-甲基苯乙烯	-1.1320E+01	1.2020E+03	-5.6920E-04	0.0000E+00	0.0000E+00	243.9	451.7	P
240	1-甲基-2-乙烯基苯	-1.1763E+01	1.4200E+03	-6.2920E-03	0.0000E+00	0.0000E+00	204.4	442.8	P
241	1-甲基-3-乙烯基苯	-1.1360E+01	1.3020E+03	-2.3720E-02	0.0000E+00	0.0000E+00	186.7	445.0	P
242	1-甲基-4-乙烯基苯	-1.1080E+01	1.1840E+03	-6.4290E-03	0.0000E+00	0.0000E+00	238.9	446.1	P
243	2-苯基-1-丁烯	-1.1380E+01	1.3510E+03	-1.0610E-02	0.0000E+00	0.0000E+00	250.0	455.0	P
244	2-乙基间二甲苯	-1.2310E+01	1.6230E+03	2.1660E-02	0.0000E+00	0.0000E+00	256.7	463.3	P
245	2-乙基对二甲苯	-1.2010E+01	1.5050E+03	3.1590E-02	0.0000E+00	0.0000E+00	219.4	460.0	P
246	3-乙基邻二甲苯	-1.2150E+01	1.6150E+03	-6.7560E-04	0.0000E+00	0.0000E+00	223.9	467.2	P
247	4-乙基间二甲苯	-1.1470E+01	1.3820E+03	-9.4950E-03	0.0000E+00	0.0000E+00	210.0	461.7	P
248	4-乙基邻二甲苯	-1.1680E+01	1.4890E+03	-1.8190E-02	0.0000E+00	0.0000E+00	206.1	462.8	P
249	5-乙基间二甲苯	-1.1910E+01	1.5060E+03	1.9150E-03	0.0000E+00	0.0000E+00	188.9	456.7	P
250	间二异丙基苯	-1.1470E+01	1.5290E+03	0.0000E+00	0.0000E+00	0.0000E+00	225.0	476.1	x
251	对二异丙基苯	-1.1130E+01	1.2250E+03	-2.0810E-02	0.0000E+00	0.0000E+00	256.1	483.9	P
252	苯乙炔	-2.7210E+00	8.0139E+02	-1.2290E+00	0.0000E+00	0.0000E+00	228.3	520.0	x
253	间二乙烯基苯	-1.1600E+01	1.3080E+03	7.8810E-03	0.0000E+00	0.0000E+00	206.1	472.8	P
254	α-甲基苯乙烯	-1.1632E+01	1.2516E+03	7.1692E-02	0.0000E+00	0.0000E+00	250.0	438.9	P
255	异丙基苯	-2.4962E+01	1.8079E+03	2.0556E+00	0.0000E+00	0.0000E+00	200.0	400.0	x
	多环化合物								
256	双环己烷	2.4520E+02	-9.6289E+03	-3.8360E+01	0.0000E+00	0.0000E+00	276.7	360.0	x
257	顺-十氢化萘	-4.4650E+01	3.4020E+03	4.8160E+00	0.0000E+00	0.0000E+00	230.0	468.9	x
258	反-十氢化萘	-2.7210E+01	2.3250E+03	2.3130E+00	0.0000E+00	0.0000E+00	242.8	460.6	x
259	联苯	-7.0860E+00	1.3770E+03	-6.0210E-01	0.0000E+00	0.0000E+00	342.2	723.3	x
260	1,1-二苯乙烷	-1.1440E+02	6.9389E+03	1.5020E+01	0.0000E+00	0.0000E+00	265.0	400.0	x
261	1,2-二苯乙烷	-1.1720E+01	1.8210E+03	0.0000E+00	0.0000E+00	0.0000E+00	324.4	553.9	x
262	顺-1,2-二苯乙烯	-1.1870E+01	1.9670E+03	4.4030E-04	0.0000E+00	0.0000E+00	275.6	553.9	P
263	1,2-三联苯	-4.7800E+01	5.0700E+03	4.8710E+00	0.0000E+00	0.0000E+00	329.4	723.3	P
264	1,3-三联苯	-2.1530E+01	2.9580E+03	1.3480E+00	0.0000E+00	0.0000E+00	360.0	723.3	P
265	萘	-1.9310E+01	1.8230E+03	1.2180E+00	0.0000E+00	0.0000E+00	353.3	633.3	x
266	1-甲基萘	6.0165E+01	-4.4498E+03	-9.7003E+00	1.1023E+08	-3.0000E+00	242.8	517.8	x
267	2-甲基萘	-6.3280E+01	4.2190E+03	7.5550E+00	0.0000E+00	0.0000E+00	307.8	514.4	x
268	1-乙基萘	-9.9344E+01	6.2528E+03	1.2770E+01	0.0000E+00	0.0000E+00	270.0	531.7	x
269	1-正丁基萘	-1.2690E+01	2.2070E+03	0.0000E+00	0.0000E+00	0.0000E+00	275.0	400.0	x
270	1,2,3,4-四氢化萘	-4.5330E+01	3.2420E+03	4.9580E+00	0.0000E+00	0.0000E+00	250.0	480.6	x

续表

序号	物质名称	A	B	C	D	E	适用温度范围/K		Q
							最低	最高	
271	茚	-1.9360E+01	1.9470E+03	1.1280E+00	0.0000E+00	0.0000E+00	271.7	455.6	x
272	苊	2.0430E+01	1.0380E+02	-4.6070E+00	0.0000E+00	0.0000E+00	366.7	550.6	x
273	芴	4.1850E+00	7.2328E+02	-2.1490E+00	0.0000E+00	0.0000E+00	387.8	570.6	x
274	蒽	-2.7430E+02	2.1060E+04	3.6180E+01	0.0000E+00	0.0000E+00	488.9	595.0	x
275	菲	-2.2470E+01	2.5670E+03	1.5750E+00	0.0000E+00	0.0000E+00	372.2	613.3	x
276	芘	-1.1910E+01	2.4300E+03	0.0000E+00	0.0000E+00	0.0000E+00	423.9	667.8	x
277	荧蒽	-2.6810E+01	3.2110E+03	2.1610E+00	0.0000E+00	0.0000E+00	383.3	656.1	x
278	䓛	-1.3010E+01	2.8460E+03	0.0000E+00	0.0000E+00	0.0000E+00	588.9	713.9	x
279	茚满	-4.8630E+01	3.2092E+03	5.5000E+00	0.0000E+00	0.0000E+00	250.0	451.1	x
280	2,6-二甲基萘	-1.1860E+01	1.9600E+03	-4.3390E-02	0.0000E+00	0.0000E+00	383.3	535.0	P
281	2,7-二甲基萘	-1.1910E+01	1.9630E+03	-3.6050E-02	0.0000E+00	0.0000E+00	368.9	536.1	P
	胺类								
282	吡啶	-5.1580E+01	3.1360E+03	5.9730E+00	0.0000E+00	0.0000E+00	231.7	388.3	x
283	喹啉	-5.1160E+01	3.9420E+03	5.6580E+00	0.0000E+00	0.0000E+00	273.9	510.6	x
284	咔唑	0.0000E+00	0.0000E+00	0.0000E+00	0.0000E+00	0.0000E+00	0.0	0.0	P
285	吖啶	0.0000E+00	0.0000E+00	0.0000E+00	0.0000E+00	0.0000E+00	0.0	0.0	P
286	异喹啉	-4.2470E+01	3.3610E+03	4.4870E+00	0.0000E+00	0.0000E+00	299.4	516.7	x
287	吲哚	2.7950E+01	4.4390E+02	-6.0250E+00	0.0000E+00	0.0000E+00	326.1	526.1	x
	含硫化合物								
288	羰基硫	-8.4160E+00	4.8080E+02	-3.2590E-01	0.0000E+00	0.0000E+00	134.4	222.8	P
289	甲硫醇	-1.0630E+01	6.4500E+02	2.5880E-02	0.0000E+00	0.0000E+00	150.0	278.9	P
290	乙硫醇	-9.7571E+00	7.2939E+02	-1.4910E-01	0.0000E+00	0.0000E+00	125.0	308.3	P
291	噻吩	-1.6670E+01	1.3430E+03	8.3880E-01	0.0000E+00	0.0000E+00	250.0	393.3	x
292	四氢噻吩	-1.0840E+01	1.1650E+03	0.0000E+00	0.0000E+00	0.0000E+00	293.3	303.3	P
	含氧化合物								
293	甲醇	-2.5320E+01	1.7890E+03	2.0690E+00	0.0000E+00	0.0000E+00	175.6	337.8	x
294	乙醇	7.8750E+00	7.8200E+02	-3.0420E+00	0.0000E+00	0.0000E+00	200.0	440.0	x
295	异丙醇	-8.2300E+00	2.2820E+03	-9.8490E-01	0.0000E+00	0.0000E+00	187.2	355.6	x
296	叔丁醇	-2.1640E+02	1.3210E+04	2.9250E+01	-2.4634E-27	1.0000E+01	298.3	451.1	P
297	甲基叔丁基醚	-8.4220E+00	8.5728E+02	-4.3180E-01	0.0000E+00	0.0000E+00	180.0	450.0	P
298	乙基叔丁基醚	-1.1509E+09	1.0760E+03	-2.0800E-03	0.0000E+00	0.0000E+00	178.9	346.1	P
299	二异丙醚	-1.1500E+01	9.9300E+02	2.2000E-02	0.0000E+00	0.0000E+00	187.8	341.7	P
300	甲基叔戊基醚	-1.1280E+01	9.9200E+02	-1.8890E-02	0.0000E+00	0.0000E+00	160.0	359.4	P

注：Q列，x表示系数是根据实验数据回归的；P表示系数是根据预测的数据回归的。

(三) 基团贡献估算法[7]

当不能用查图法及式(9-3-1)得出纯烃液体的黏度时，可采用基团贡献法估算。

$$\lg\mu = B\left(\frac{1}{T} - \frac{1}{T_0}\right) \tag{9-3-2}$$

式中　μ ——绝对黏度，cP；

　　　T ——温度，K（K = ℃ + 273.15）；

　　　B 和 T_0 用下面方法计算。

$$N^* = N + \sum_i n_i \Delta N_i \tag{9-3-3}$$

式中　N^* ——等价链长；

　　　N ——分子中实际碳原子数；

　　　ΔN_i ——i 功能团的结构因数，从表9-3-2中查得。

　　　n_i ——功能团 i 在分子中的个数。

$$T_0 = 28.86 + 37.439\,N^* - 1.3547\,N^{*2} + 0.02076\,N^{*3} \qquad N^* \leqslant 20 \tag{9-3-4}$$

$$T_0 = 238.59 + 8.164\,N^* \qquad N^* > 20 \tag{9-3-5}$$

$$B = B_a + \sum_i n_i \Delta B_i \tag{9-3-6}$$

$$B_a = 24.79 + 66.885\,N^* - 1.3173\,N^{*2} - 0.00377\,N^{*3} \qquad N^* \leqslant 20 \tag{9-3-7}$$

$$B_a = 530.59 + 13.740\,N^* \qquad N^* > 20 \tag{9-3-8}$$

式中　ΔB_i 为功能团 i 的贡献值，可从表9-3-2中查得。

如果结构或功能团 ΔN_i 在分子中出现 n_i 次，则 $n_i\Delta N_i$ 修正必须加在一起，而贡献值 ΔB_i 只用一次。

使用本方法计算黏度步骤如下：

步骤一：从表9-3-2中计算 ΔN_i；

步骤二：用式(9-3-3)计算 N^*；

步骤三：用式(9-3-4)或式(9-3-5)计算 T_0；

步骤四：用式(9-3-7)或式(9-3-8)计算 B_a；

步骤五：用 N^* 和表9-3-2计算 ΔB_i；

步骤六：用 ΔB_i 通过式(9-3-6)计算 B；

步骤七：用式(9-3-2)计算液体黏度。

本方法经1700个数据点评估，平均误差为12%。对同系列物质的第一个误差通常更大。本方法不适用于对比温度大于0.7(约相当于常压沸点)的条件。

【例9-3-2】 求顺-1，4-二甲基环己烷在0℃时的液体黏度。

解：1. 顺-1，4-二甲基环己烷分子中有两个功能团：环己烷和正构烷烃，$N = 8$。$T = 0 + 273.15 = 273.15$K。

2. 从表9-3-2中可查得：

　　　　对环己烷，$\Delta N_i = 1.48$

　　　　对正构烷烃，$\Delta N_i = 0$

3. 用式(9-3-3)计算 N^*。

$$N^* = 8 + 1.48 + 2 \times 0 = 9.48$$

4. 由于 $N^* \leqslant 20$，用式(9-3-4)计算 T_0。

$$T_0 = 28.86 + 37.439(9.48) - 1.3547(9.48^2) + 0.02076(9.48^3) = 279.72$$

5. 由于 $N^* \leqslant 20$，用式(9-3-7)计算 B_a。

$$B_a = 24.79 + 66.885(9.48) - 1.3173(9.48^2) - 0.00377(9.48^3) = 537.26$$

6. 用 N^* 和表9-3-2计算 ΔB_i。

对环已烷，$\Delta B_i = -272.85 + 25.041(9.48) = -35.46$

对正构烷烃，$\Delta B_i = 0$

7. 用式(9-3-6)计算 B。

$$B = 537.26 + (-35.46) = 501.80$$

8. 用式(9-3-2)计算液体黏度。

$$\lg\mu = 501.8\left(\frac{1}{273.15} - \frac{1}{279.72}\right) = 0.043$$

$$\mu = 1.104 \text{ cP}$$

实验值是 1.224cP。

表9-3-2 纯烃黏度计算的功能团结构因数和贡献值

功能团名称	ΔN_i	ΔB_i	备注
正构烷烃	0	0	
异构烷烃	$1.389 - 0.238N$	15.51	
异构位置有两个甲基的饱和烃	$2.139 - 0.238N$	15.51	
正构烯烃	$-0.152 - 0.042N$	$-44.94 + 5.410 N^*$	
正构二烯烃	$-0.304 - 0.084N$	$-44.94 + 5.410 N^*$	
异构烯烃	$1.237 - 0.280N$	$-36.01 + 5.410 N^*$	
异构二烯烃	$1.085 - 0.322N$	$-36.01 + 5.410 N^*$	
异构位置有两个甲基的烯烃	$2.626 - 0.518N$	$-36.01 + 5.410 N^*$	异构位置每增多一个 CH_3 基团，ΔN 增加 $1.389 - 0.238N$
异构位置有两个甲基的二烯烃	$2.474 - 0.560N$	$-36.01 + 5.410 N^*$	异构位置每增多一个 CH_3 基团，ΔN 增加 $1.389 - 0.238N$
环戊烷	$0.205 + 0.069N$	$-45.96 + 2.224 N^*$	$N < 16$；$N = 5$，6时，不建议用
	$3.971 - 0.172N$	$-339.67 + 23.135 N^*$	$N \geqslant 16$
环已烷	1.48	$-272.85 + 25.041 N^*$	$N < 17$；$N = 6$，7时，不建议用
	$6.517 - 0.311N$	$-272.85 + 25.041 N^*$	$N \geqslant 17$
烷基苯①②③	0.60	$-140.04 + 13.869 N^*$	$N < 16$；$N = 6$，7时，不建议用
	$3.055 - 0.161N$	$-140.04 + 13.869 N^*$	$N \geqslant 16$
聚苯①	$-5.340 + 0.815N$	$-188.40 + 9.558 N^*$	

① 如果苯环在多个位置上有取代基，需作下述修正：

邻位	$\Delta N = 0.51$	$\Delta B = 54.84$
间位	$\Delta N = 0.11$	$\Delta B = 27.25$
对位	$\Delta N = -0.04$	$\Delta B = -17.57$

② 对烷基苯，烃链在异构位置上每多一个甲基，则 ΔN 每个减 0.24，ΔB 每个增 8.93。

③ 对烷基苯，每增加一个芳香环，则按下述方法修正一次：

ΔN_i	ΔB_i	备注
0.60	—140.04+13.869 N^*	N<16
3.055-0.161N	—140.04+13.869 N^*	$N\geqslant 16$

二、烃类混合物的液体黏度

对于互溶的已知组分烃类混合物的液体黏度(也可以是多组分纯烃混合物与石油馏分形成的混合物),可用式(9-3-9)估算。

$$\mu_m = (\sum_{i=1}^{n} x_i \mu_i^{1/3})^3 \tag{9-3-9}$$

式中　μ_m——混合的液体黏度,cP;

μ_i——i 组分的黏度,cP;

n——混合液体中的组分数;

x_i——i 组分的摩尔分数。

此估算方法需知道各组分在相同温度和相同压力下的黏度值。它能用于相对分子质量和通用特性相似组分的液体混合物的黏度计算。对两种性质不相似的液体混合物,计算结果可能高也可能低,取决于具有最低黏度-温度系数液体的黏度。对于石油馏分的混合物或不确定组成的烃类混合物,不建议用此方法计算。

经过1300个数据点验证,平均误差为5.7%。对相同化学类型的组分体系(如烷烃—烷烃)误差通常小于等于3%;对烷烃和芳烃、烷烃和环烷烃的混合物,误差为10%~15%。对于纯烃与石油馏分的混合物,准确度未知。

【例9-3-3】 一混合物含有25%(mol)丙烷、50%(mol)正戊烷和25%(mol)环己烷,估算其在71.1℃和34.47MPa下的黏度。

解:1. 从第一章纯烃性质可查出丙烷、戊烷、环己烷的临界温度、临界压力和偏心因数如下:

组分名称	临界温度/℃	临界压力/MPa	偏心因数
丙烷	96.68	4.24809	0.152291
戊烷	196.55	3.37007	0.251506
环己烷	280.43	4.07309	0.209609

2. 用本章后面所述的式(9-3-28)求高压下烃类黏度的方法求出各组分的黏度为:

组分名称	黏度/cP
丙烷	0.109
戊烷	0.218
环己烷	0.630

3. 用式(9-3-9)计算混合物黏度。

$$\mu_m = [(0.25)(0.109)^{1/3}+(0.50)(0.218)^{1/3}+(0.25)(0.630)^{1/3}]^3$$
$$= 0.256 \text{ cP}$$

三、石油馏分的液体黏度

(一) 查图法[8]

在没有实验值时,石油馏分运动黏度和绝对黏度可分别用图9-3-10和图9-3-11估算,其平均误差约为 20%，馏分沸点越高，误差越大，25℃ 时的渣油运动黏度或沥青的针入度可用图 9-3-12 估计。

如果已知石油馏分的 API 度和 37.8℃ 或 98.9℃ 一个温度点的运动黏度，可从图 2-1-7 中查得另一个温度点（98.9℃ 或 37.8℃）的运动黏度。

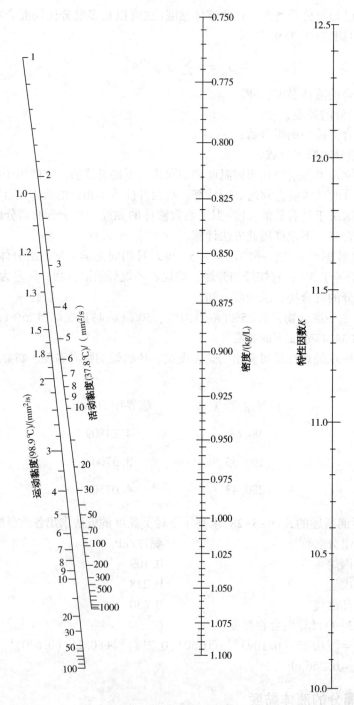

图 9-3-10　石油馏分常压液体黏度图

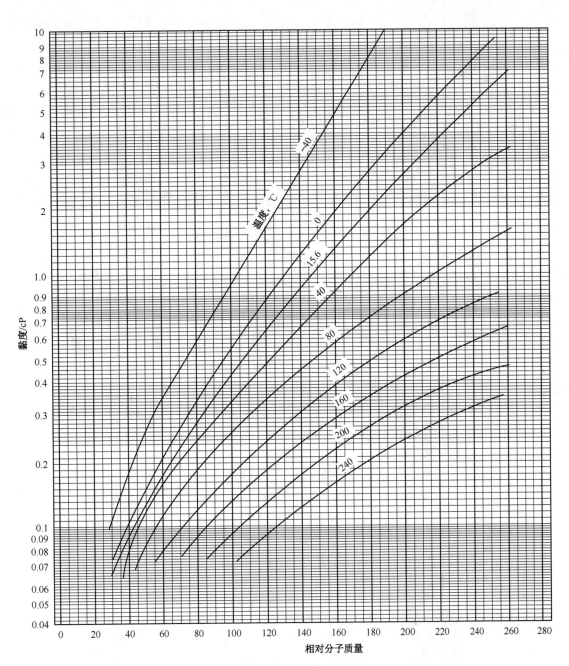

图 9-3-11 烃类液体黏度图

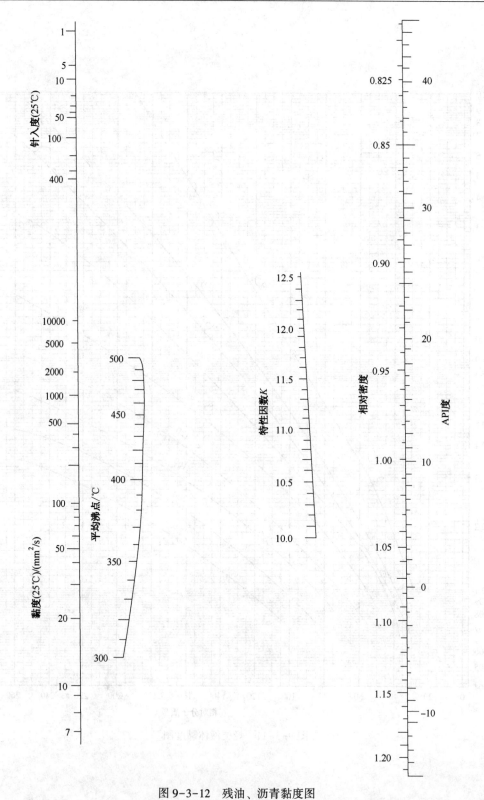

图 9-3-12　残油、沥青黏度图

注：已知相对密度、特性因数和平均沸点中的任意两个数值，联直线即可求得其黏度或针入度值。

(二) 公式计算法

1. 已知 37.8℃(100℉)下的石油馏分运动黏度，计算其他温度下的运动黏度[9]

如果已知石油馏分在 37.8℃(100℉)下的运动黏度，可用式(9-3-10)计算其低压下在其他温度下的运动黏度。

$$\lg \nu = B \left[\frac{310.93}{(T + 273.15)} \right]^S - 0.86960 \tag{9-3-10}$$

$$B = \lg\nu_0 + 0.86960 \tag{9-3-11}$$

$$S = 0.28008 \lg\nu_0 + 1.8616 \tag{9-3-12}$$

式中 ν——温度 T 时的运动黏度，mm^2/s；

T——温度，℃；

ν_0——37.8℃(100℉)下的石油馏分黏度，mm^2/s；

本方法经 1300 个数据点验证，平均误差约为 5.6%。对 API 度大于 30 的轻质烷烃馏分，上述方法计算结果良好，对于重质馏分，计算结果将显著变差。

【例 9-3-4】 已知苏门答腊原油在 37.8℃下的运动黏度为 1.38mm^2/s。求该原油在 98.9℃下的运动黏度。

解：(1) 由式 9-3-12 计算 S

$$S = 0.28008 \lg1.38 + 1.8616 = 1.9008$$

并由式 9-3-11 计算 B

$$B = \lg1.38 + 0.86960 = 1.0095$$

(2) 由式 9-3-10 确定 98.9℃下的运动黏度 ν

$$\lg\nu = 1.0095 \left(\frac{310.93}{98.9 + 273.15} \right)^{1.9008} - 0.86960 = -0.1519$$

$$\nu = 0.705 mm^2/s$$

苏门答腊原油在 98.9℃下的实验值为 0.668mm^2/s。

2. 石油馏分 37.8℃(100℉)和 98.9℃(210℉)下液体黏度计算[10]

如果知道石油馏分或煤液化油馏分的平均沸点和相对密度或 API 度，可用下述方法计算馏分低压下在 37.8℃(100℉)和 98.9℃(210℉)下液体黏度。

在 37.8℃：

$$\nu_{37.8} = \nu_{ref} + \nu_{cor} \tag{9-3-13}$$

$$\lg \nu_{ref} = -1.35579 + 1.46891 \times 10^{-3} T_b + 2.71676 \times 10^{-6} T_b^2 \tag{9-3-14}$$

$$\lg\nu_{cor} = A_1 + A_2 K \tag{9-3-15}$$

$$A_1 = c_1 + c_2 T_b + c_3 T_b^2 + c_4 T_b^3 \tag{9-3-16}$$

$$A_2 = d_1 + d_2 T_b + d_3 T_b^2 + d_4 T_b^3 \tag{9-3-17}$$

$$K = 1.2164 \frac{T_b^{1/3}}{d_{15.6}^{15.6}} \tag{9-3-18}$$

在 98.9℃：

$$\lg \nu_{98.9} = B_1 + B_2 T_b + B_3 \lg (T_b \nu_{37.8}) \tag{9-3-19}$$

式中 $c_1 = 3.49310 \times 10$；

$c_2 = -1.59191 \times 10^{-1}$；

$c_3 = 2.18218 \times 10^{-4}$；

$c_4 = -5.91330 \times 10^{-7}$；

$d_1 = -2.92649$；

$d_2 = 1.25713 \times 10^{-2}$；

$d_3 = -1.65223 \times 10^{-5}$；

$d_4 = 4.37037 \times 10^{-9}$；

$B_1 = -1.79301$；

$B_2 = 4.33928 \times 10^{-4}$；

$B_3 = 0.511300$；

$\nu_{37.8}$——37.8℃下液体黏度，mm^2/s；

$\nu_{98.9}$——98.9℃下液体黏度，mm^2/s；

T_b——中平均沸点，K（K = ℃ + 273.15）；

$d_{15.6}^{15.6}$——相对密度。

上述计算方法仅可用于牛顿型流体在低压下黏度的计算，并在平均沸点为 65.6~648.9℃、API 度为 4~75 范围内经过验证，超过验证范围使用此方法一定要小心。图 9-3-13 表示出了本方法的适用范围，打阴影部分是不适用区域。

经 700 个数据点验证，本方法的总平均误差为 14%，对于轻、中馏分计算结果要好于重馏分。对于 API 度大于 30 的石油馏分，平均误差为 8%；对于煤液化油馏分，经过 252 个数据点验证，平均误差为 35%，如果其 API 度大于 30，则误差减少为 8%。

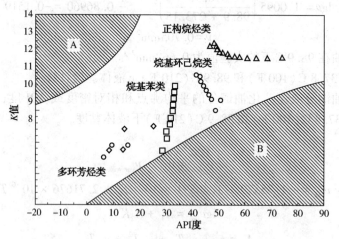

图 9-3-13　式(9-3-10)适应范围图

(阴影区不适用)

3. 知道两个温度下的黏度计算任意温度下的液体黏度[10]

如果知道石油馏分任意两点温度下的运动黏度，可以采用下述方法估算其他温度下的运动黏度。

$$\nu = Z - 0.7 - \exp[-0.7487 - 3.295(Z - 0.7) + 0.6119(Z - 0.7)^2 - 0.3193(Z - 0.7)^3]$$

$$(9-3-20)$$

$$Z = \text{antilg}[\,\text{antilg}[\,\lg\lg Z_1 + B(\lg T - \lg T_1)\,]\,] \tag{9-3-21}$$

$$B = (\lg\lg(Z_1) - \lg\lg(Z_2))/(\lg T_1 - \lg T_2) \tag{9-3-22}$$

$$Z_1 = \nu_1 + 0.7 + \exp[\,-1.47 - 1.84\nu_1 - 0.51\,\nu_1^2\,] \tag{9-3-23}$$

$$Z_2 = \nu_2 + 0.7 + \exp[\,-1.47 - 1.84\nu_2 - 0.51\,\nu_2^2\,] \tag{9-3-24}$$

式中　ν——温度 T 时的运动黏度，mm^2/s；

　　　T——温度，$K(K = ℃ + 273.15)$；

　　　ν_1——温度 T_1 时的运动黏度，mm^2/s；

　　　ν_2——温度 T_2 时的运动黏度，mm^2/s；

　T_1、T_2——对应 ν_1 和 ν_2 的两点温度，$K(K = ℃ + 273.15)$。

　　上述方法仅适用于牛顿型流体，在远离实验点使用时要小心。当温度高于 246.1℃ 时，由于油品裂解，使上述计算结果不可靠。

　　温度低时，计算偏差相当大。某些聚合物、含蜡油和某些硅基酯的实际黏度要比用上述方法预测的值大很多。物质的芳香性越高，则误差越大。某些大分子量纯烃、精制矿物油在低温时的实际黏度要比采用上述方法预测的值小很多。经评估，对纯物质计算平均误差小于 4%。

【例 9-3-5】　某煤液化油馏分的 API 度为 4.70，中平均沸点为 341.83℃。计算该馏分在 151.1℃ 下的运动黏度。

　　解：（1）由式 9-3-18 确定特性因数 K

$$d_{15.6}^{15.6} = \frac{141.5}{4.70 + 131.5} = 1.0389$$

$$T_{\text{b}} = 341.83 + 273.15 = 614.98K$$

$$K = 1.2164 \times \frac{614.98^{1/3}}{1.0389} = 9.957$$

　　（2）由式 9-3-13～式 9-3-17 计算 37.8℃ 下的运动黏度

$$\lg\nu_{\text{ref}} = -1.35579 + 1.46891 \times 10^{-3} \times 614.98 + 2.71676 \times 10^{-6} \times 614.98^2$$

$$\nu_{\text{ref}} = 3.76\,mm^2/s$$

$$A_1 = 3.49310 \times 10 - 1.59191 \times 10^{-1} \times 614.98 + 2.18218 \times 10^{-4} \times 614.98^2$$
$$- 5.91330 \times 10^{-8} \times 614.98^3$$

$$A_1 = 5.808$$

$$A_2 = -2.92649 + 1.25713 \times 10^{-2} \times 614.98 - 1.65223 \times 10^{-5} \times 614.98^2$$
$$+ 4.37037 \times 10^{-9} \times 614.98^3$$

$$A_2 = -0.4276$$

$$\lg\nu_{\text{cor}} = 5.808 - 0.4276 \times 9.957 = 1.550$$

$$\nu_{\text{cor}} = 35.51\,mm^2/s$$

$$\nu_{37.8} = 3.76 + 35.51 = 39.27\,mm^2/s$$

　　（3）由式 9-3-19 计算 98.9℃ 下的运动黏度

$$\lg\nu_{98.9} = -1.79301 + 4.33928 \times 10^{-4} \times 614.98 + 0.511300\,\lg(614.98 \times 39.27)$$
$$= 0.7148$$

$$\nu_{98.9} = 5.19\,mm^2/s$$

（4）根据式 9-3-20~式 9-3-24，由 37.8℃和 98.9℃下的运动黏度计算 151.1℃下的运动黏度。计算过程为：

$T_1 = 37.8 + 273.15 = 310.95$ K， $\nu_1 = 39.27 \text{mm}^2/\text{s}$，

$T_2 = 98.9 + 273.15 = 372.05$ K， $\nu_2 = 5.19 \text{mm}^2/\text{s}$，

$T = 151.1 + 273.15 = 424.25$ K。

$Z_1 = 39.27 + 0.7 + \exp(-1.47 - 1.84 \times 39.27 - 0.51 \times 39.27^2) = 39.27$

$Z_2 = 5.19 + 0.7 + \exp(-1.47 - 1.84 \times 5.19 - 0.51 \times 5.19^2) = 5.89$

$B = (\text{lglg}39.97 - \text{lglg}5.89) / (\text{lg}310.95 - \text{lg}372.05) = -4.0820$

$Z = \text{antilg}[\text{antilg}[\text{lglg}39.97 - 4.0820(\text{lg}424.25 - \text{lg}310.95)]]$

$\quad = \text{antilg}[\text{antilg}(0.204590 - 0.550790)] = 2.82234$

$\nu = 2.82234 - 0.7 - \exp[-0.7487 - 3.295(2.82234 - 0.7) + 0.6119(2.82234 - 0.7)^2$

$\quad -3 - 0.3193(2.82234 - 0.7)^3] = 2.82234 - 0.7 - 0.0003$

$\nu = 2.1220 \text{mm}^2/\text{s}$

该煤液化油在 151.1℃下运动黏度的实验值为 1.78mm²/s。

【例 9-3-6】　计算 2-甲基壬烷在 20℃下的运动黏度。已知它在 0℃ 时为 1.644mm²/s，在 40℃是为 0.925mm²/s。

解：（1）已知数据为：

$\qquad T_1 = 0 + 273.15 = 273.15$ K， $\nu_1 = 1.644 \text{mm}^2/\text{s}$，

$\qquad T_2 = 40 + 273.15 = 313.15$ K， $\nu_2 = 0.925 \text{mm}^2/\text{s}$，

$\qquad T = 20 + 273.15 = 293.15$ K。

（2）由式 9-3-23 和式 9-3-24 计算 Z_1 和 Z_2

$\qquad Z_1 = 1.644 + 0.7 + \exp(-1.47 - 1.84 \times 1.644 - 0.51 \times 1.644^2)$

$\qquad\quad = 1.644 + 0.7 + 0.0028 = 2.3468$

$\qquad Z_2 = 0.925 + 0.7 + \exp(-1.47 - 1.84 \times 0.925 - 0.51 \times 0.925^2)$

$\qquad\quad = 0.925 + 0.7 + 0.0271 = 1.6521$

（3）由式 9-3-22 计算 B

$\qquad B = (\text{lglg}2.3468 - \text{lglg}1.6521) / (\text{lg}273.15 - \text{lg}313.15)$

$\qquad\quad = -3.8791$

（4）由式 9-3-21 计算 Z

$Z = \text{antilg}[\text{antilg}[\text{lglg}2.3468 - 3.8791(\text{lg}293.15 - \text{lg}273.15)]]$

$\quad = \text{antilg}[\text{antilg}[-0.55028]] = 1.9127$

（5）由式 9-3-20 计算 ν

$\nu = 1.9127 - 0.7 - \exp[-0.7487 - 3.295(1.9127 - 0.7) + 0.6119(1.9127 - 0.7)^2$

$\quad -4 - 0.3193(1.9127 - 0.7)^3] = 1.9127 - 0.7 - 0.0121$

$\nu = 1.201 \text{mm}^2/\text{s}$

2-甲基壬烷在 40℃下运动黏度的实验值是 1.199mm²/s。

四、石油馏分调合物的液体黏度

如果已知两种烃类液体分别在两个温度点时的黏度值（低黏度液体标记为 L、较高标记

为 H)，并知道混合物中每个组分的质量分数，可采用下述方法精确估算这两种烃类液体调合物的黏度[11]。

$$\ln\ln(\nu+0.7)=m\ln T+b \qquad (9-3-25)$$

$$\ln T_x=w_L\ln T_L+w_H\ln T_1 \qquad (9-3-26)$$

$$\ln T_y=w_L\ln T_2+w_H\ln T_H \qquad (9-3-27)$$

式中　ν ——烃类调合物的运动黏度，mm^2/s；

　　　T——温度，K（K = ℃ +273.15）；

　　m，b—— 预测调合物黏度公式中的参数；

　　　w_L——较低黏度组分的质量分数；

　　　w_H——较高黏度组分的质量分数；

　　　T_L——L 组分黏度等于 H 组分在温度 T_1 时黏度的温度值，K；

　　　T_H——H 组分黏度等于 L 组分在温度 T_2 时黏度的温度值，K；

　　　T_x——调合物在恒定黏度（H 组分在温度 T_1 时的黏度）的温度值，K；

　　　T_y——调合物在恒定黏度（L 组分在温度 T_2 时的黏度）的温度值，K。

计算步骤：

步骤一：利用 L 组分 T_1 和 T_2 时的黏度，采用式(9-3-25)计算出 m_L 和 b_L。同样的方法计算出 H 组分的 m_H 和 b_H。

步骤二：采用式(9-3-25)，利用 m_L 和 b_L 和 H 组分在温度 T_1 时的黏度，计算出 T_L。

步骤三：采用式(9-3-25)，利用 m_H 和 b_H 和 L 组分在温度 T_2 时的黏度，计算出 T_H。

步骤四：采用式(9-3-26)计算出 T_x。

步骤五：采用式(9-3-27)计算出 T_y。

步骤六：采用式(9-3-25)，根据调合物两点温度 T_x 和 T_y 及对应的黏度值，计算出调合物的参数 m 和 b。

步骤七：利用式(9-3-25)及上步计算出的参数 m 和 b，计算调合物在任意温度 T 时的黏度。

本方法适用低压下调合物黏度的计算。经近 300 种调合物验证，平均误差为 3.3%。对于很轻油品和很重油品的调合物，误差增大为约 11.1%。此方法可扩展用于三组分的调合物，对 20 种三组分调合物，平均偏差为 9.9%。

【例 9-3-7】　求两种原油调合油在 40℃的黏度。这两种原油的数据如下：

	T_1/℃	黏度/(mm^2/s)	T_2/℃	黏度/(mm^2/s)
原油 1	10	14.22	50	4.85
原油 2	10	163.40	50	24.98

原油 1 的质量分数为 60%，原油 2 的质量分数为 40%。

解：1. 标记原油 1 为 L 组分，标记原油 2 为 H 组分。采用式(9-3-25)计算出 m_L 和 b_L。

$T_1 = 10+273.15 = 283.15K$

$T_2 = 50+273.15 = 323.15K$

$\mathrm{lnln}(14.22+0.7)=m_{\mathrm{L}}\mathrm{ln}283.15+b_{\mathrm{L}}$

$\mathrm{lnln}(4.85+0.7)=m_{\mathrm{L}}\mathrm{ln}323.15+b_{\mathrm{L}}$

$m_{\mathrm{L}}=-3.4474$　　　　$b_{\mathrm{L}}=20.4583$

同样的方法计算出 H 组分的 m_{H} 和 b_{H}。

$\mathrm{m_{H}}=-3.4206$　　　　$\mathrm{b_{H}}=20.9420$

2. 采用式(9-3-25)，利用 m_{L} 和 b_{L} 和 H 组分在温度 T_1 时的黏度，计算出 T_{L}。

$\mathrm{lnln}(163.40+0.7)=-3.4474\mathrm{ln}T_{\mathrm{L}}+20.4583$

$T_{\mathrm{L}}=235.51\mathrm{K}$

3. 采用式(9-3-25)，利用 m_{H} 和 b_{H} 和 L 组分在温度 T_2 时的黏度，计算出 T_{H}。

$\mathrm{lnln}(4.85+0.7)=-3.4206\mathrm{ln}T_{\mathrm{H}}+20.9420$

$T_{\mathrm{H}}=389.48\mathrm{K}$

4. 采用式(9-3-26)计算出 T_{x}。

$\mathrm{ln}T_{\mathrm{x}}=0.6\mathrm{ln}235.51+0.4\mathrm{ln}283.15$

$T_{\mathrm{x}}=253.52\mathrm{K}$

5. 采用式(9-3-27)计算出 T_{y}。

$\mathrm{ln}T_{\mathrm{y}}=0.6\mathrm{ln}323.15+0.4\mathrm{ln}389.48$

$T_{\mathrm{y}}=348.21\mathrm{K}$

6. 采用式(9-3-25)，根据调合物两点温度 $T_{\mathrm{x}}=253.52\mathrm{K}$ 和 $T_{\mathrm{y}}=348.21\mathrm{K}$ 及对应的黏度 $\nu_{\mathrm{x}}=163.4\mathrm{mm}^2/\mathrm{s}$ 和 $\nu_{\mathrm{y}}=4.85\mathrm{mm}^2/\mathrm{s}$ 值，计算出调合物的参数 m 和 b。

$\mathrm{lnln}(163.4+0.7)=m\mathrm{ln}253.52+b$

$\mathrm{lnln}(4.85+0.7)=m\mathrm{ln}348.21+b$

$m=-3.4366\quad b=22.6527$

7. 利用式(9-3-25)及上步计算出的参数 m 和 b，计算调合物在温度 40℃时的黏度。

$T=40+273.15=313.15\mathrm{K}$

$\mathrm{lnln}(\nu+0.7)=-3.4366\mathrm{ln}313.15+22.6527$

$\nu=11.10\mathrm{mm}^2/\mathrm{s}$

实测值为 10.79mm^2/s。

五、高压下烃类和石油馏分的液体黏度

(一) 高压下<C_{20}纯烃液体黏度[12]

在 4MPa 以下，压力对液体黏度的影响不大。高于 4MPa 时，液体黏度随压力升高而增大。

高压下低相对分子质量($<C_{20}$)烃类液体可用式(9-3-28)计算。

$$\mu_{\mathrm{r}}=\mu_{\mathrm{r}}^{(0)}+\omega\mu_{\mathrm{r}}^{(1)} \tag{9-3-28}$$

式中　μ_{r}——对比黏度，即 $\mu_{\mathrm{r}}=\mu/\mu_{\mathrm{c}}$；

　　　μ——液体黏度，cP；

　　　μ_{c}——临界黏度，cP；

　　　$\mu_{\mathrm{r}}^{(0)}$——简单流体的对比黏度，见表 9-3-3[13]；

　　　$\mu_{\mathrm{r}}^{(1)}$——非简单流体对比黏度的校正值，见表 9-3-4[13]；

ω——偏心因数。

如果已知临界黏度 μ_c（见表9-3-5）[13]，则高压下黏度 μ 为：

$$\mu = \mu_r \times \mu_c \tag{9-3-29}$$

如果为 μ_c 未知数，但已知一参考温度与压力下的黏度 μ' 及其对比黏度 μ'_r，则高压下黏度 μ 为：

$$\mu = \mu_r \frac{\mu'}{\mu'_r} \tag{9-3-30}$$

上述计算平均误差为5%。为了方便计算，$\mu_r^{(0)}$ 和 $\mu_r^{(1)}$ 可采用下述回归公式计算，此时平均误差稍高于8%。

$$\mu_r^{(0)} = A_1 \lg P_r + A_2 (\lg P_r)^2 + A_3 P_r + A_4 P_r^2 + A_5 \tag{9-3-31}$$

$$A_n = (a_n T_r^{b_n} + c_n T_r^{d_n} + e_n) \tag{9-3-32}$$

$a_1 = 3.0294$	$a_2 = -0.0380$	$a_3 = -0.1415$	$a_4 = 0.0028$	$a_5 = 0.0107$
$b_1 = 9.040$	$b_2 = -7.2309$	$b_3 = 27.2842$	$b_4 = 69.4404$	$b_5 = -7.4626$
$c_1 = 0.0032$	$c_2 = 0.0229$	$c_3 = 0.0778$	$c_4 = -0.0042$	$c_5 = -85.8276$
$d_1 = 10.9399$	$d_2 = 11.7631$	$d_3 = -4.3406$	$d_4 = 3.3586$	$d_5 = 0.1392$
$e_1 = -0.3689$	$e_2 = 0.5781$	$e_3 = 0.0014$	$e_4 = 0.0062$	$e_5 = 87.3164$

$$\mu_r^{(1)} = B_1 P_r + B_2 \ln P_r + B_3 \tag{9-3-33}$$

$$B_n = (f_n T_r^{g_n} + h_n T_r^{i_n} + j_n \ln T_r + k_n T_r + l_n) \tag{9-3-34}$$

当 $0.45 \leqslant P_r \leqslant 0.75$ 时：

$f_1 = -0.2462$	$f_2 = -0.3199$	$f_3 = 4.7217$
$g_1 = 0.0484$	$g_2 = 17.0626$	$g_3 = -1.9831$
$h_1 = 0.0$	$h_2 = 0.0$	$h_3 = 19.2008$
$i_1 = 0.0$	$i_2 = 0.0$	$i_3 = -1.7595$
$j_1 = -0.7275$	$j_2 = -0.0695$	$j_3 = 65.5728$
$k_1 = -0.0588$	$k_2 = 0.1267$	$k_3 = 0.6110$
$l_1 = 0.0079$	$l_2 = -0.0101$	$l_3 = -19.1590$

当 $0.75 < P_r \leqslant 1.00$ 时：

$f_1 = -0.0214$	$f_2 = -0.3588$	$f_3 = 3.7166$
$g_1 = 0.0484$	$g_2 = 5.0537$	$g_3 = -2.5689$
$h_1 = 0.0$	$h_2 = 0.0$	$h_3 = 52.1358$
$i_1 = 0.0$	$i_2 = 0.0$	$i_3 = 0.3514$
$j_1 = -0.1827$	$j_2 = -0.1321$	$j_3 = -13.0750$
$k_1 = -0.0183$	$k_2 = 0.0204$	$k_3 = 0.6358$
$l_1 = 0.0090$	$l_2 = -0.0075$	$l_3 = -56.6687$

上列式中　T——温度，K；

　　　　　P——压力，MPa；

T_c——临界温度，K；

P_c——临界压力，MPa；

T_r——对比温度；

P_r——对比压力；

A_n，a_n，b_n，c_n，d_n，e_n，B_n，f_n，g_n，h_n，i_n，j_n，k_n，l_n——相应方程中的参数。

除用上述方法计算外，也可以采用下式(9-3-35)进行计算[13]。该式不能用于系统压力大于 680atm 的条件。在 340atm 时，其平均误差约为 5%；直到 680atm 时，其平均误差约为 8%。并且此式也可用于气-液混合溶液。

$$\lg \frac{\mu}{\mu_0} = 0.0147P(0.0239 + 0.01638\mu_0^{0.278}) \tag{9-3-35}$$

式中 μ、μ_0——高压及常压液相黏度，cP；

P——系统压力（表），atm。

【例 9-3-8】 正癸烷在 137.8℃、1atm 时的黏度是 0.2720cP，估算正癸烷在 137.8℃、10.34MPa 时的黏度。

解：1. 从第一章纯烃性质可知，正癸烷的临界温度是 344.55℃，临界压力为 2.11MPa，偏心因数为 0.4932，因此：

$$T_r = \frac{137.8 + 273.15}{344.55 + 273.15} = 0.665$$

$$P_r = \frac{10.34}{2.11} = 4.90$$

2. 采用式(9-3-31)和式(9-3-32)，计算出 $\mu_r^{(0)}$；采用式(9-3-33)和式(9-3-34)，计算出 $\mu_r^{(1)}$。

$$\mu_r^{(0)} = 8.04$$

$$\mu_r^{(1)} = 4.91$$

3. 由第一章纯烃性质得正癸烷偏心因数为 0.4923，采用式(9-3-28)，计算出对比黏度。

$$\mu_r = 8.04 + (0.4923)(4.91) = 10.46$$

4. 正癸烷在 137.8℃、1atm 时接近饱和，因此参考点可假定为饱和值。此时采用式(9-3-31)和式(9-3-32)，计算出 $\mu_r^{(0)}$；采用式(9-3-33)和式(9-3-34)，计算出 $\mu_r^{(1)}$。

$$\mu_r^{(0)} = 7.25$$

$$\mu_r^{(1)} = 4.15$$

5. 采用式(9-3-28)计算出参考点的对比黏度。

$$\mu'_r = 7.25 + (0.4923)(4.15) = 9.29$$

6. 采用式(9-3-30)，估算正癸烷在 137.8℃、10.34MPa 时的黏度。

$$\mu = 10.46 \frac{0.2720}{9.29} = 0.306$$

实测值为 0.310cP。

表 9-3-3 简单流体的对比黏度 $\mu_r^{(0)}$

对比温度 T_r	饱和蒸气压下	对 比 压 力, P_r											
		1.00	2.00	3.00	4.00	5.00	6.00	7.00	8.00	10.00	12.00	14.00	16.00
0.45	16.5	17.1	17.8	18.5	19.1	19.7	20.2	20.7	21.2	22.0	22.8	23.5	24.1
0.50	13.0	13.6	14.2	14.8	15.3	15.8	16.2	16.6	17.0	17.6	18.2	18.7	19.1
0.55	10.5	11.1	11.6	12.0	12.4	12.8	13.2	13.5	13.8	14.3	14.8	15.2	15.6
0.60	8.20	8.70	9.10	9.50	9.90	10.3	10.7	11.0	11.4	11.9	12.4	12.7	13.0
0.65	6.90	7.30	7.60	8.00	8.30	8.70	9.10	9.50	9.80	10.4	10.9	11.2	11.5
0.70	5.80	6.10	6.40	6.70	7.00	7.30	7.60	7.90	8.20	8.70	9.20	9.70	10.2
0.75	4.80	5.00	5.30	5.60	5.90	6.20	6.50	6.70	6.90	7.30	7.70	8.00	8.30
0.80	3.90	4.30	4.60	4.80	5.00	5.20	5.40	5.60	5.80	6.20	6.60	6.90	7.20
0.85	3.20	3.45	3.75	4.15	4.45	4.65	4.85	5.05	5.30	5.70	6.10	6.40	6.70
0.90	2.70	2.90	3.30	3.68	4.00	4.25	4.50	4.73	4.95	5.35	5.75	6.05	6.35
0.95	2.10	2.18	2.80	3.20	3.60	3.83	4.08	4.30	4.47	5.00	5.30	5.70	6.10
0.96	2.03	2.05	2.46	3.11	3.51	3.75	4.00	4.21	4.43	4.92	5.22	5.61	6.00
0.97	1.90	1.95	2.42	3.02	3.42	3.67	3.92	4.12	4.39	4.84	5.14	5.52	5.90
0.98	1.70	1.80	2.40	2.93	3.33	3.59	3.85	4.03	4.34	4.76	5.06	5.43	5.80
0.99	1.50	1.60	2.35	2.84	3.24	3.50	3.78	3.94	4.29	4.68	4.98	5.34	5.70
1.00	1.00	1.00	2.30	2.75	3.15	3.42	3.70	3.85	4.25	4.60	4.90	5.25	5.60

	对比压力				
	1.10	1.20	1.30	1.40	1.50
1.00	1.15	1.30	1.47	1.60	1.72

表 9-3-4 非简单流体对比黏度校正值 $\mu_r^{(1)}$

对比温度 T_r	饱和蒸气压下	对 比 压 力, P_r											
		1.00	2.00	3.00	4.00	5.00	6.00	7.00	8.00	10.00	12.00	14.00	16.00
0.45	30.0	30.3	30.8	31.1	31.5	31.8	32.1	32.3	32.5	32.9	33.1	33.4	33.7
0.50	20.0	20.4	21.2	22.1	22.4	23.1	23.2	23.5	23.8	24.4	24.8	25.1	25.6
0.55	11.5	11.8	12.2	12.6	13.0	13.3	13.6	14.0	14.3	15.0	15.3	15.5	15.6
0.60	6.70	6.80	6.90	7.00	7.10	7.20	7.30	7.50	7.60	7.90	8.30	8.70	9.00
0.65	4.40	5.10	5.20	5.30	5.40	5.50	5.50	5.50	5.50	5.50	5.60	5.90	6.10
0.70	3.60	3.70	3.80	3.90	4.00	4.10	4.10	4.10	4.10	4.20	4.20	4.10	3.90
0.75	2.35	2.50	2.50	2.50	2.50	2.50	2.40	2.40	2.40	2.20	2.00	1.90	1.80
0.80	1.65	1.50	1.50	1.50	1.50	1.50	1.50	1.50	1.50	1.50	1.40	1.40	1.40
0.85	1.05	1.05	1.05	0.95	0.90	0.90	0.95	0.90	0.90	0.90	0.80	0.70	0.60
0.90	0.40	0.40	0.35	0.12	0.00	0.00	0.00	0.00	0.00	-0.10	-0.10	-0.20	-0.20
0.95	-0.10	-0.08	-0.17	-0.38	-0.50	-0.50	-0.55	-0.60	-0.65	-0.80	-0.92	-1.14	-1.20

对比温度 T_r	饱和蒸气压下	对 比 压 力, P_r											
		1.00	2.00	3.00	4.00	5.00	6.00	7.00	8.00	10.00	12.00	14.00	16.00
0.96	-0.13	-0.05	-0.04	-0.41	-0.60	-0.67	-0.70	-0.75	-0.85	-0.98	-1.00	-1.18	-1.25
0.97	-0.15	-0.10	-0.06	-0.45	-0.70	-0.72	-0.75	-0.78	-0.88	-1.06	-1.08	-1.23	-1.31
0.98	-0.10	-0.10	-0.07	-0.49	-0.75	-0.77	-0.80	-0.83	-0.94	-1.15	-1.16	-1.28	-1.37
0.99	-0.15	-0.10	-0.25	-0.53	-0.79	-0.81	-0.90	-0.93	-1.05	-1.24	-1.23	-1.33	-1.43
1.00	0.00	0.00	-0.33	-0.56	-0.85	-0.90	-0.97	-0.98	-1.15	-1.32	-1.31	-1.37	-1.48

	对比压力				
	1.10	1.20	1.30	1.40	1.50
1.00	-0.07	-0.10	-0.13	-0.17	-0.21

表 9-3-5　烷烃的临界黏度

名称	临界黏度/cP	名称	临界黏度/cP	名称	临界黏度/cP
甲烷	0.0140	正庚烷	0.0273	正十四烷	0.0337
乙烷	0.0200	正辛烷	0.0282	正十五烷	0.0348
丙烷	0.0237	正壬烷	0.0291	正十六烷	0.0355
正丁烷	0.0245	正癸烷	0.0305	正十七烷	0.0362
异丁烷	0.0270	正十一烷	0.0309	正十八烷	0.0370
正戊烷	0.0255	正十二烷	0.0315	正十九烷	0.0375
新戊烷	0.0350	正十三烷	0.0328	正二十烷	0.0388
正己烷	0.0264				

（二）　高压下纯烃及其混合物或石油馏分液体黏度[14]

对于大相对分子质量（≥C_{20}）纯烃及其混合物或石油馏分，可采用式（9-3-36）来估算其在高压下的黏度。

$$\lg \frac{\mu_p}{\mu_a} = 0.14504P(-0.0102 + 0.04042\mu_a^{0.181}) \tag{9-3-36}$$

式中　μ_p——在给定温度和压力时的黏度，cP；

μ_a——在给定温度和 1atm 时的黏度，cP；

P——压力（表），MPa。

上式应在不超过 137.89MPa 下使用。经 1279 个数据点评估，平均误差为 9.5%。

【**例 9-3-9**】　计算某润滑油抽提油在 68.534MPa（绝）和 49℃下的黏度。已知其在常压和 49℃下的黏度是 52.70cP。

解：由式 9-3-36 得

$$\lg \frac{\mu_p}{52.70} = 0.14504 \times (68.534 - 0.101325) \times (-0.0102 + 0.04042 \times 52.70^{0.181})$$

= 0.721

$\mu_p = 52.70 \times 10^{0.721} = 277.2$ cP

该油品在此条件下的实验值是 281cP。

对高相对分子质量烃类及石油馏分在高压下的黏度，也可以方便地用图9-3-14 和图9-3-15 查得[15]，其平均误差为 12%

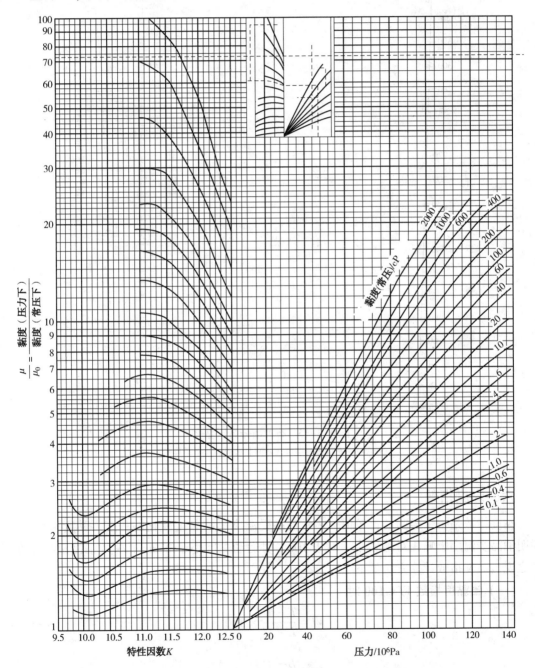

图 9-3-14　高相对分子质量烃类及石油馏分的高压黏度图

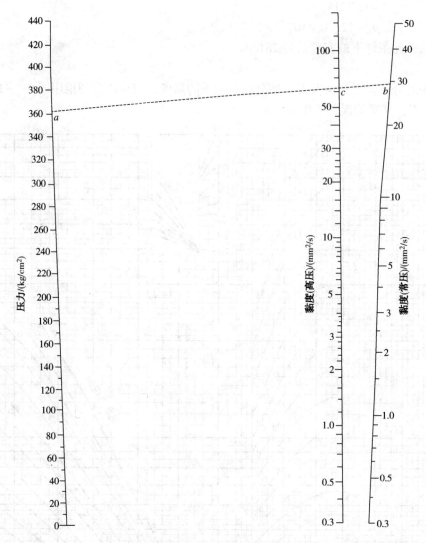

图 9-3-15　石油馏分高压黏度

（已知 a、b 联直线即可在 c 轴上求得高压下黏度值）

六、黏度指数

黏度指数是一个经验的比较值，表示油品受温度影响黏度变化的程度。黏度指数越大，说明油品受温度影响相对地较小。对于 100℃时运动黏度小于 2.0mm²/s 的油品没有黏度指数之说。黏度指数计算方法如下[16]。

（一）当黏度指数 VI≤100 时

$$VI = \frac{L - U}{L - H} \times 100 \tag{9-3-37}$$

$$VI = \frac{L - U}{D} \times 100 \tag{9-3-38}$$

式中　L——与试样 100℃时运动黏度相同、黏度指数为 0 的石油产品在 40℃时的运动黏度，

$\mathrm{mm^2/s}$；

　　H——与试样100℃时运动黏度相同、黏度指数为100的石油产品在40℃时的运动黏度，$\mathrm{mm^2/s}$；

　　U——试样40℃时的运动黏度，$\mathrm{mm^2/s}$；

　　D=*L*-*H*。

　　上述 *L*、*H* 及 *D* 值可从表9-3-6中查出。如果试样100℃时运动黏度大于70$\mathrm{mm^2/s}$，可用式(9-3-39)和式(9-3-40)计算 *L* 和 *D* 值。

$$L=0.8353Y^2+14.67Y-216 \tag{9-3-39}$$

$$D=0.6669Y^2+2.82Y-119 \tag{9-3-40}$$

式中　*Y*——试样100℃时的运动黏度，$\mathrm{mm^2/s}$。

（二）当黏度指数 *VI*>100 时

$$VI=\frac{\mathrm{antilg}N-1}{0.00715}+100 \tag{9-3-41}$$

$$N=\frac{\lg H-\lg U}{\lg Y} \tag{9-3-42}$$

式中　*U*、*Y*、*H*——见前。

　　H 值可从表9-3-6中查得，如果试样100℃时运动黏度大于70$\mathrm{mm^2/s}$，可用式(9-3-43)计算 *H* 值。

$$H=0.1684Y^2+11.85Y-97 \tag{9-3-43}$$

　　黏度指数也可以从图9-3-16求得，其结果与上述方法近似。

【例9-3-10】 某油品在40℃和100℃时的运动黏度分别为22.83$\mathrm{mm^2/s}$和5.05$\mathrm{mm^2/s}$。求该油品的黏度指数。

　　解：假定 *VI*≤100，则查表9-3-6得到

　　L=41.11，*D*=12.13，*H*=28.98。

　　由式9-3-38得

$$VI=\frac{41.11-22.83}{12.13}\times100=150.7$$

　　VI 大于100，因此必须使用式9-3-41计算，由式9-3-42得

$$N=\frac{\lg28.98-\lg22.83}{\lg5.05}=0.1473$$

　　由式9-3-41得到

$$VI=\frac{\mathrm{antilg}0.1473-1}{0.00715}+100=156.5$$

　　该油品的黏度指数应为157。

表 9-3-6 计算黏度指数用的 *L*、*D* 和 *H* 的运动黏度值

100℃运动黏度/(mm²/s)	*L*	*D=L-H*	*H*	100℃运动黏度/(mm²/s)	*L*	*D=L-H*	*H*
2.00	7.994	1.600	6.394	5.60	50.87	16.55	34.32
2.10	8.640	1.746	6.894	5.70	52.64	17.35	35.29
2.20	9.309	1.899	7.410	5.80	54.42	18.16	36.26
2.30	10.00	2.056	7.944	5.90	56.20	18.97	37.23
2.40	10.71	2.214	8.496	6.00	57.97	19.78	38.19
2.50	11.45	2.387	9.063	6.10	59.74	20.57	39.17
2.60	12.21	2.563	9.647	6.20	61.52	21.37	40.15
2.70	13.00	2.75	10.25	6.30	63.32	22.19	41.13
2.80	13.80	2.93	10.87	6.40	65.18	23.04	42.14
2.90	14.63	3.13	11.50	6.50	67.12	23.94	43.18
3.00	15.49	3.34	12.15	6.60	69.16	24.92	44.24
3.10	16.36	3.540	12.82	6.70	71.29	25.96	45.33
3.20	17.26	3.75	13.51	6.80	73.48	27.04	46.44
3.30	18.18	3.97	14.21	6.90	75.72	28.21	47.51
3.40	19.12	4.19	14.93	7.00	78.00	29.43	48.57
3.50	20.09	4.43	15.66	7.10	80.25	30.64	49.61
3.60	21.08	4.66	16.42	7.20	82.39	31.70	50.69
3.70	22.09	4.90	17.19	7.30	84.53	32.75	51.78
3.80	23.13	5.16	17.97	7.40	86.66	33.78	52.88
3.90	24.19	5.42	18.77	7.50	88.85	34.87	53.98
4.00	25.32	5.75	19.56	7.60	91.04	35.95	55.09
4.10	26.50	6.13	20.37	7.70	93.20	37.00	56.20
4.20	27.75	6.54	21.21	7.80	95.43	38.12	57.31
4.30	29.07	7.02	22.05	7.90	97.72	39.27	58.45
4.40	30.48	7.56	22.92	8.00	100.0	40.40	59.60
4.50	31.96	8.15	23.81	8.10	102.3	41.56	60.74
4.60	33.52	8.81	24.71	8.20	104.6	42.71	61.89
4.70	35.13	9.50	25.63	8.30	106.9	43.85	63.05
4.80	36.79	10.22	26.57	8.40	109.2	45.02	64.18
4.90	38.50	10.97	27.53	8.50	111.5	46.18	65.32
5.00	40.23	11.74	28.49	8.60	113.9	47.42	66.48
5.10	41.99	12.53	29.46	8.70	116.2	48.56	67.64
5.20	43.76	13.33	30.43	8.80	118.5	49.71	68.79
5.30	45.53	14.13	31.40	8.90	120.9	50.96	69.94
5.40	47.31	14.94	32.37	9.00	123.3	52.20	71.10
5.50	49.09	15.75	33.34	9.10	125.7	53.43	72.27

100℃运动黏度/(mm²/s)	L	D=L-H	H	100℃运动黏度/(mm²/s)	L	D=L-H	H
9.20	128.0	54.58	73.42	12.8	225.7	107.0	118.7
9.30	130.4	55.83	74.57	12.9	228.8	108.7	120.1
9.40	132.8	57.07	75.73	13.0	231.9	110.4	121.5
9.50	135.3	58.39	76.91	13.2	238.1	113.9	124.2
9.6	137.7	59.62	78.08	13.4	244.3	117.3	127.0
9.7	140.1	60.83	79.27	13.6	250.6	120.8	129.8
9.8	142.7	62.24	80.46	13.8	257.0	124.4	132.6
9.9	145.2	63.53	81.67	14.0	263.3	127.9	135.4
10.0	147.7	64.83	82.87	14.2	269.8	131.6	138.2
10.1	150.3	66.22	84.08	14.4	276.3	135.3	141.0
10.2	152.9	67.60	85.30	14.6	283.0	139.1	143.9
10.3	155.4	68.89	86.51	14.8	289.7	142.9	146.8
10.4	158.0	70.28	87.72	15.0	296.5	146.8	149.7
10.5	160.6	71.65	88.95	15.2	303.4	150.8	152.6
10.6	163.2	73.01	90.19	15.4	310.3	154.7	155.6
10.7	165.8	74.40	91.40	15.6	317.5	158.9	158.6
10.8	168.5	75.85	92.65	15.8	324.6	163.0	161.6
10.9	171.2	77.28	93.92	16.0	331.9	167.3	164.6
11.0	173.9	78.71	95.19	16.2	339.2	171.5	167.7
11.1	176.6	80.15	96.45	16.4	346.6	175.9	170.7
11.2	179.4	81.69	97.71	16.6	354.1	180.3	173.8
11.3	182.1	83.13	98.97	16.8	361.7	184.7	177.0
11.4	184.9	84.70	100.2	17.0	369.4	189.2	180.2
11.5	187.6	86.10	101.5	17.2	377.1	193.8	183.3
11.6	190.4	87.6	102.8	17.4	384.9	198.4	186.5
11.7	193.3	89.2	104.1	17.6	392.7	203.0	189.7
11.8	196.2	90.8	105.4	17.8	400.7	207.8	192.9
11.9	199.0	92.30	106.7	18.0	408.6	212.4	196.2
12.0	201.9	93.9	108.0	18.2	416.7	217.3	199.4
12.1	204.8	95.4	109.4	18.4	424.9	222.3	202.6
12.2	207.8	97.1	110.7	18.6	433.2	227.3	205.9
12.3	210.7	98.7	112.0	18.8	441.5	232.2	209.3
12.4	213.6	100.3	113.3	19.0	449.9	237.2	212.7
12.5	216.6	101.9	114.7	19.2	458.4	242.3	216.1
12.6	219.6	103.6	116.0	19.4	467.0	247.6	219.4
12.7	222.6	105.2	117.4	19.6	475.7	252.9	222.8

100℃运动黏度/(mm²/s)	L	$D=L-H$	H	100℃运动黏度/(mm²/s)	L	$D=L-H$	H
19.8	483.9	257.7	226.2	35.0	1356	823.5	532.5
20.0	493.2	263.7	229.5	36.0	1427	871.4	555.6
20.2	501.5	268.5	233.0	37.0	1501	921.7	579.3
20.4	510.8	274.4	236.4	38.0	1575	971.9	603.1
20.6	519.9	279.8	240.1	39.0	1651	1023.9	627.1
20.8	528.8	285.3	243.5	40.0	1730	1078.2	651.8
21.0	538.4	291.3	247.1	41.0	1810	1133.4	676.6
21.2	547.5	296.8	250.7	42.0	1892	1190.1	701.9
21.4	556.7	302.5	254.2	43.0	1978	1249.8	728.2
21.6	566.4	308.6	257.8	44.0	2064	1309.8	754.2
21.8	575.6	314.1	261.5	45.0	2152	1371.1	780.9
22.0	585.2	320.3	264.9	46.0	2243	1434.8	808.2
22.2	595.0	326.4	268.6	47.0	2333	1497.5	835.5
22.4	604.3	332.0	272.3	48.0	2426	1563	863.0
22.6	614.2	338.4	275.8	49.0	2521	1630.1	890.9
22.8	624.1	344.5	279.6	50.0	2618	1698.4	919.6
23.0	633.6	350.3	283.3	51.0	2717	1768.8	948.2
23.2	643.4	356.6	286.8	52.0	2817	1839.5	977.5
23.4	653.8	363.3	290.5	53.0	2918	1911	1007
23.6	663.3	368.9	294.4	54.0	3020	1984	1036
23.8	673.7	375.8	297.9	55.0	3126	2060	1066
24.0	683.9	382.1	301.8	56.0	3233	2136	1097
24.2	694.5	388.9	305.6	57.0	3340	2213	1127
24.4	704.2	394.8	309.4	58.0	3452	2293	1159
24.6	714.9	401.9	313.0	59.0	3563	2373	1190
24.8	725.7	408.7	317.0	60.0	3676	2454	1222
25.0	736.5	415.6	320.9	61.0	3792	2538	1254
26.0	790.4	449.9	340.5	62.0	3908	2622	1286
27.0	847.0	486.5	360.5	63.0	4026	2707	1319
28.0	904.1	523.5	380.6	64.0	4147	2795	1352
29.0	963.4	562.3	401.1	65.0	4268	2882	1386
30.0	1023	601.3	421.7	66.0	4392	2973	1419
31.0	1086	642.8	443.2	67.0	4517	3063	1454
32.0	1151	686.1	464.9	68.0	4645	3157	1488
33.0	1217	730.0	487.0	69.0	4773	3250	1523
34.0	1286	776.4	509.6	70.0	4905	3347	1558

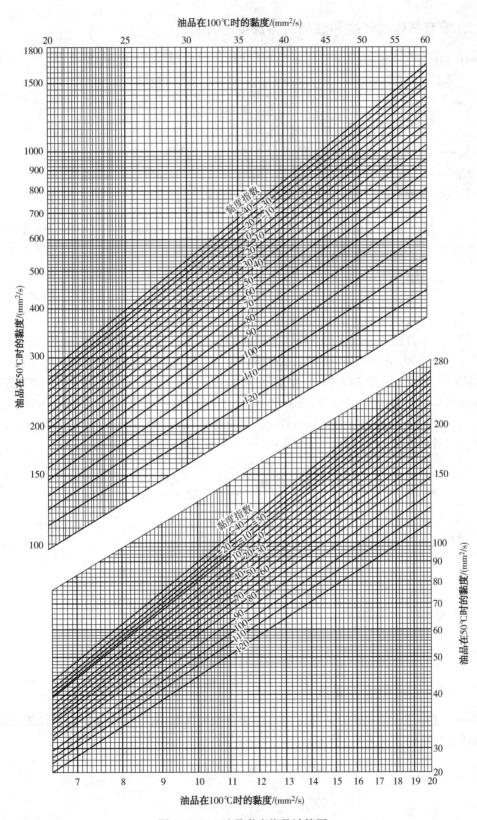

图 9-3-16　油品黏度指数计算图

七、溶有气体的烃类和油品液体黏度的计算

溶有气体的液体烃在 37.8℃ 和饱和压力下的黏度可用式(9-3-44)估算[17]。

$$\frac{\mu_m}{\mu_a} = \left[\frac{1.651 GLR + 137.0 \mu_a^{\frac{1}{3}} + 538.4}{\mu_a^{\frac{1}{3}}(137.0 + 4.890 GLR) + 538.4}\right]^3 \qquad (9-3-44)$$

式中　μ_m——37.8℃ 和饱和压力下的饱和液体的黏度，cP；

　　　μ_a——37.8℃ 和 1 大气压下的不含气体的液体的黏度，cP；

　　GLR——气/液比，其单位需换算成 15.6℃ 和 1atm 下 m^3 气体/m^3 液体。

计算其他温度下的黏度，使用关联式(9-3-45)。

$$\lg \mu_t = -1.209 + \frac{1.209 + \lg(\mu_m)}{t + 95} \times 132.8 \qquad (9-3-45)$$

式中　μ_t——所求温度下液体的黏度，cP；

　　　t——温度，℃。

本方法在温度超过 260℃ 时不能使用，饱和压力应不超过 34.47MPa.

经过 227 个数据点验证，其平均误差约为 15%。验证时所用的气体有轻烃类气体(如甲烷、乙烷、丙烷)和非烃类气体(如二氧化碳、氦气、氮气)，气液比最高为 178.1m^3/m^3。

【例 9-3-11】　估算 30%(mol)甲烷和 70%(mol)正癸烷在 37.8℃ 饱和溶液的黏度。混合液体饱和压力约为 6.89MPa。15.6℃ 和 1atm 时甲烷气体的密度为 0.04229kgmol/m^3，癸烷液体在 15.6℃ 时的密度为 5.1564kgmol/m^3，癸烷液体在 37.8℃ 和 1atm 时的黏度为 0.728cP。

解：1. 计算气/液比，GLR。

$$GLR = \frac{\left(\dfrac{1}{0.04229}\right)(0.3)}{\left(\dfrac{1}{5.1564}\right)(0.7)} = 52.3 \ m^3/\ m^3$$

2. 采用式(9-3-44)和式 μ_m。

$$\frac{\mu_m}{0.728} = \left\{\frac{1.651(52.3) + 137.0(0.728)^{\frac{1}{3}} + 538.4}{(0.728)^{\frac{1}{3}}[137.0 + 4.890(52.3)] + 538.4}\right\}^3$$

$$\mu_m = 0.430 cP$$

实测值为 0.518cP。

八、非烃化合物液体黏度

图 9-3-17~图 9-3-25 为某些常用非烃化合物液体黏温图[18]，这些图表大部分都是根据实验数据绘制的，其误差大约在 1%~2%。

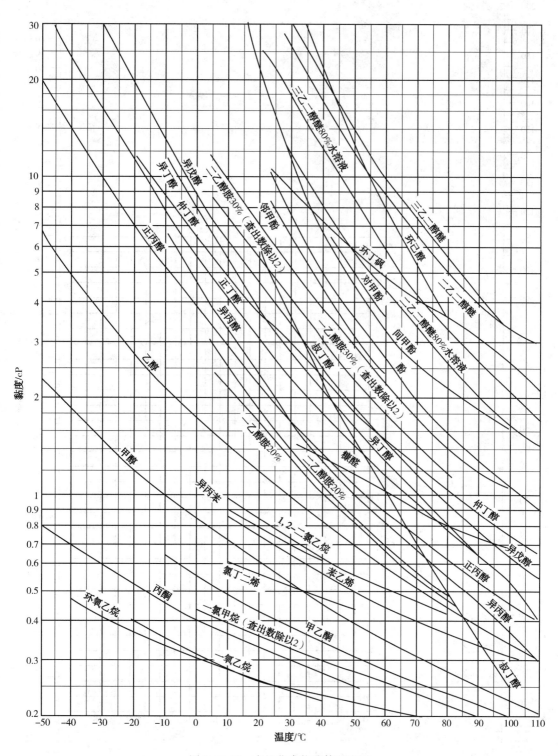

图 9-3-17 有机化合物液体黏度图

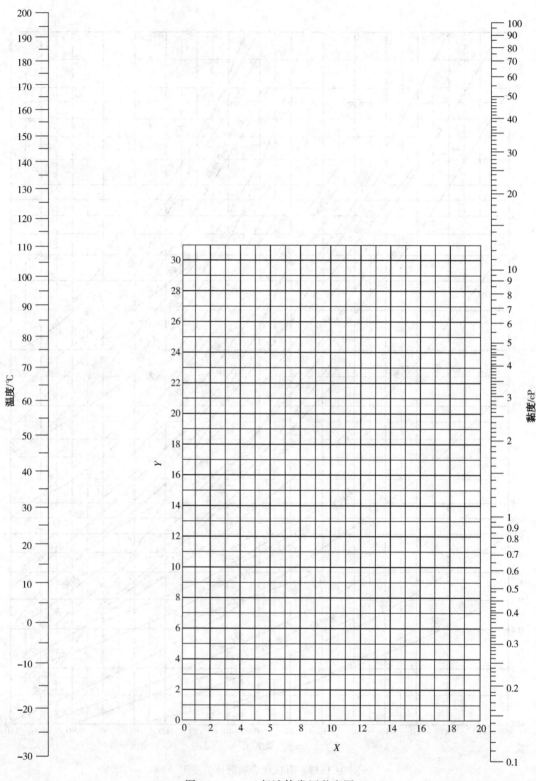

图 9-3-18　一般液体常压黏度图

各种液体在图 9-3-18 中的 *X*，*Y* 值：

序号	名 称	X	Y	序号	名 称	X	Y
1	水	10.2	13.0	49	丙烯溴（3-溴-1-丙烯）	14.4	9.6
2	盐水（25%NaCl）	10.2	16.6	50	丙烯碘（3-碘-1-丙烯）	14.0	11.7
3	盐水（25%CaCl₂）	6.6	15.9	51	1，1-二氯乙烷	14.1	8.7
4	氨（100%）	12.6	2.0	52	噻吩	13.2	11.0
5	氨水（26%）	10.1	13.9	53	苯	12.5	10.9
6	二氧化碳	11.6	0.3	54	甲苯	13.7	10.4
7	二氧化硫	15.2	7.1	55	邻二甲苯	13.5	12.1
8	二硫化碳	16.1	7.5	56	间二甲苯	13.9	10.6
9	二氧化氮	12.9	8.6	57	对二甲苯	13.9	10.9
10	溴	14.2	13.2	58	氟化苯	13.7	10.4
11	钠	16.4	13.9	59	氯化苯	12.3	12.4
12	汞	18.4	16.4	60	碘化苯	12.8	15.9
13	硫酸（110%）	7.2	27.4	61	乙苯	13.2	11.5
14	硫酸（100%）	8.0	25.1	62	硝基苯	10.6	16.2
15	硫酸（98%）	7.0	24.8	63	氯化甲苯（邻）	13.0	13.3
16	硫酸（60%）	10.2	21.3	64	氯化甲苯（间）	13.3	12.5
17	硝酸（95%）	12.8	13.8	65	氯化甲苯（对）	13.3	12.5
18	硝酸（60%）	10.8	17.0	66	溴化甲苯	20.0	15.9
19	盐酸（31.5%）	13.0	6.6	67	乙烯基甲苯	13.4	12.0
20	氢氧化钠（50%）	3.2	25.8	68	硝基甲苯	11.0	17.0
21	戊烷	14.9	5.2	69	苯胺	8.1	18.7
22	己烷	14.7	7.0	70	酚	6.9	20.8
23	庚烷	14.1	8.4	71	间甲酚	2.5	20.8
24	辛烷	13.7	10.0	72	联苯	12.0	18.3
25	环己烷	9.8	12.9	73	萘	7.9	18.1
26	氯甲烷（甲基氯）	15.0	3.8	74	甲醇（100%）	12.4	10.5
27	碘甲烷（甲基碘）	14.3	9.3	75	甲醇（90%）	12.3	11.8
28	甲硫醚（甲基硫）	15.3	6.4	76	甲醇（40%）	7.8	15.5
29	二溴甲烷	12.7	15.8	77	乙醇（100%）	10.5	13.8
30	二氯甲烷	14.6	8.9	78	乙醇（95%）	9.8	14.3
31	三氯甲烷	14.4	10.2	79	乙醇（40%）	6.5	16.6
32	四氯化碳	12.7	13.1	80	丙醇	9.1	16.5
33	溴乙烷（乙基溴）	14.5	8.1	81	丙烯醇	10.2	14.3
34	氯乙烷（乙基氯）	14.8	6.0	82	异丙醇	8.2	16.0
35	碘乙烷（乙基碘）	14.7	10.3	83	丁醇	8.6	17.2
36	硫乙烷（乙基硫）	13.8	8.9	84	异丁醇	7.1	18.0
37	二氯乙烷	13.2	12.2	85	戊醇	7.5	18.4
38	四氯乙烷	11.9	15.7	86	环己醇	2.9	24.3
39	五氯乙烷	10.9	17.3	87	辛醇	6.6	21.1
40	溴乙烯	11.9	15.7	88	乙二醇	6.0	23.6
41	氯乙烯	12.7	12.2	89	二甘醇	5.0	24.7
42	三氯乙烯	14.8	10.5	90	甘油（100%）	2.0	30.0
43	氯丙烷（丙基氯）	14.4	7.5	91	甘油（50%）	6.9	19.6
44	溴丙烷（丙基溴）	14.5	9.6	92	三甘醇	4.7	24.8
45	碘丙烷（丙基碘）	14.1	11.6	93	乙醛	15.2	4.8
46	异丙基溴（2-溴丙烷）	14.1	9.2	94	甲乙酮	13.9	8.6
47	异丙基氯（2-氯丙烷）	13.9	7.1	95	甲丙酮	14.3	9.5
48	异丙基碘（2-碘丙烷）	13.7	11.2	96	二乙酮	13.5	9.2

序号	名　称	X	Y	序号	名　称	X	Y
97	丙酮(100%)	14.5	7.2	123	2-乙基丙烯酸己酯	9.0	15.0
98	丙酮(35%)	7.9	15.0	124	草酸二乙酯	11.0	16.4
99	甲酸	10.7	15.8	125	草酸二丙酯	10.3	17.7
100	醋酸(100%)	12.1	14.2	126	乙烯基醋酸酯	14.0	8.8
101	醋酸(70%)	9.5	17.0	127	乙醚	14.5	5.3
102	醋酸酐	12.7	12.8	128	乙丙醚	14.0	7.0
103	丙酸	12.8	13.8	129	二丙醚	13.2	8.6
104	丙烯酸	12.3	13.9	130	茴香醚(苯甲醚)	12.3	13.5
105	丁酸	12.1	15.3	131	三氯化砷	13.9	14.5
106	异丁酸	12.2	14.4	132	三溴化磷	13.8	16.7
107	甲酸甲酯	14.2	7.5	133	三氯化磷	16.2	10.9
108	甲酸乙酯	14.2	8.4	134	四氯化锡	13.5	12.8
109	甲酸丙酯	13.1	9.7	135	四氯化钛	14.4	12.3
110	醋酸甲酯	14.2	8.2	136	硫酰氯	15.2	12.4
111	醋酸乙酯	13.7	9.1	137	氯磺酸	11.2	18.1
112	醋酸丙酯	13.1	10.3	138	乙腈	14.4	7.4
113	醋酸丁酯	12.3	11.0	139	丁二腈	10.1	20.8
114	醋酸戊酯	11.8	12.5	140	氟里昂-11	14.4	9.0
115	丙酸甲酯	13.5	9.0	141	氟里昂-12	16.8	15.6
116	丙酸乙酯	13.2	9.9	142	氟里昂-21	15.7	7.5
117	丙烯酸丁酯	11.5	12.6	143	氟里昂-22	17.2	4.7
118	丁酸甲酯	13.2	10.3	144	氟里昂-113	12.5	11.4
119	异丁酸甲酯	12.3	9.7	145	煤油	10.2	16.9
120	丙烯酸甲酯	13.0	9.5	146	亚麻仁油	7.5	27.2
121	丙烯酸乙酯	12.0	10.4	147	松脂精(松节油)	11.5	14.9
122	2-乙基丙烯酸丁酯	11.2	14.0				

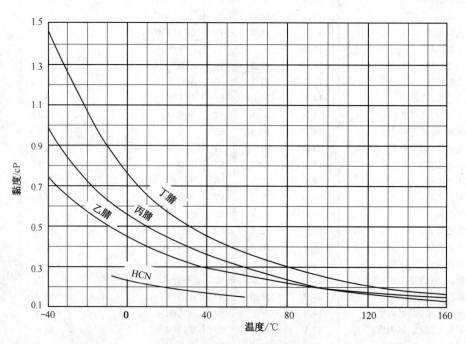

图 9-3-19　腈类液体黏度图

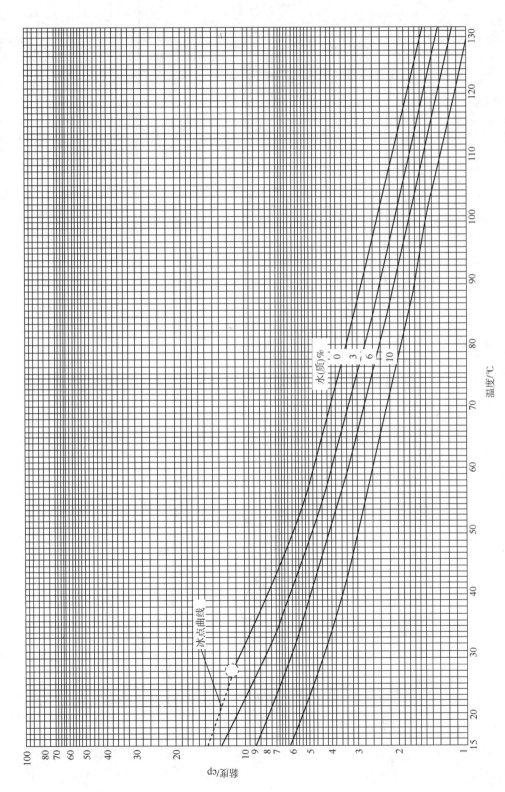

图9-3-20　环丁砜水溶液黏度图

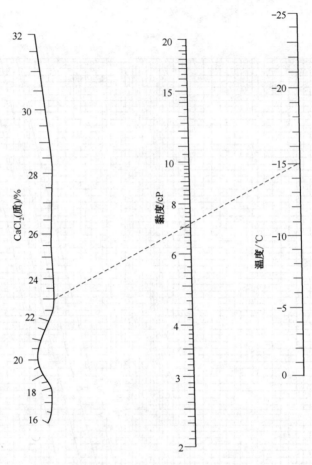

图 9-3-21　氯化钙水溶液黏度图

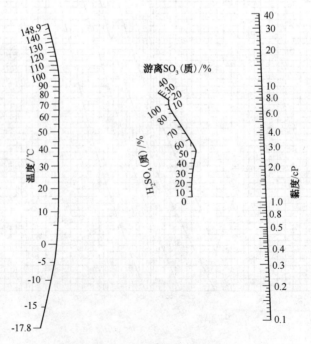

图 9-3-22　硫酸水溶液黏度图

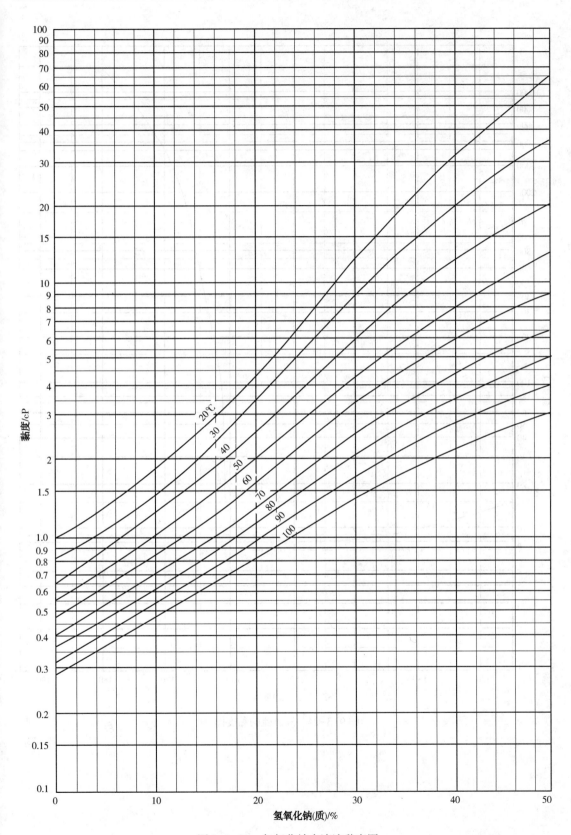

图 9-3-23　氢氧化钠水溶液黏度图

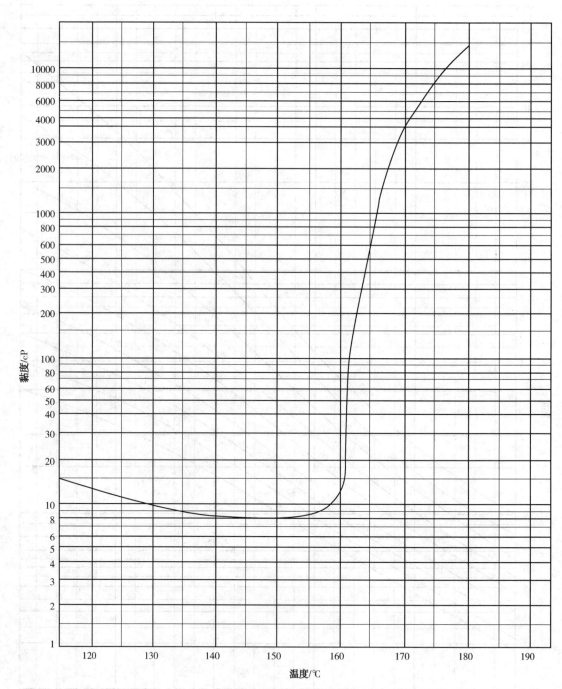

图 9-3-24　液体硫的黏度图

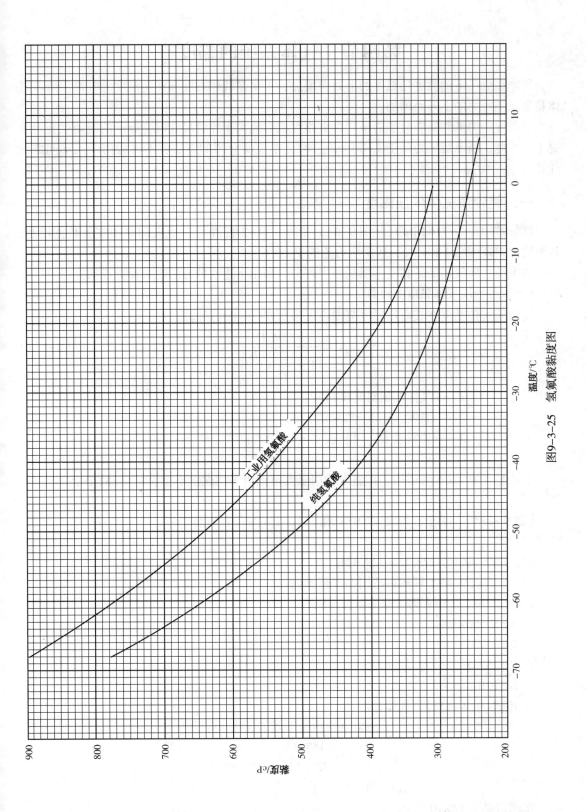

图9-3-25　氢氟酸黏度图

第四节　气体系统的黏度

气体在低压下的黏度随温度的上升而增加，不是像液体黏度那样随温度上升而下降。气体黏度也随压力的上升而增加。

当系统压力低到物质分子的平均自由路程相对地大于导管尺寸时，分子的流动就变得重要了。因此，当系统压力低于 1.4kPa(绝)时，本节所介绍的方法就不再适用于流动问题的计算。

一、纯物质气体低压黏度

部分常用纯烃气体黏度可从图 9-4-1 和图 9-4-2 查得[19]，这些图系由实验数据绘制，其平均误差范围在 1%~2%，适用压力范围 $P_r < 0.6$。

如果纯物质气体低压黏度不能从图中查得，采用下述两种方法之一计算或估算。

(一) 纯物质气体黏度的计算

纯物质气体黏度在其适用温度范围内可采用式(9-4-1)计算[20]。

$$\mu = \frac{1000A\,T^B}{\left(1 + \dfrac{C}{T} + \dfrac{D}{T^2}\right)} \tag{9-4-1}$$

式中　　　　　μ——气体的绝对黏度，cP；

　　　　　　　T——温度，K(K=℃+273.15)；

　　　　A，B，C，D——关联系数，可从表 9-4-1 中查得[20]。

上式只在 $P_r < 0.6$ 时适用。在整个适用温度范围内平均误差小于 5%，一般小于 2%。

【例 9-4-1】　求正已烷在 49.97℃和 101.325kPa 下的气体黏度。

解：1. $T = 49.97 + 273.15 = 323.12K$

　　　　查表 9-4-1 可知在适用温度范围内。

2. 从表 9-4-1 中查得关联系数 A，B，C，D。

$A = 1.750 \times 10^{-7}$

$B = 0.7074$

$C = 157.1$

$D = 0.0$

3. 用式(9-4-1)计算气体黏度。

$$\mu = \frac{1000(1.475 \times 10^{-7})(323.12)^{0.7074}}{1 + \dfrac{157.1}{323.12} + \dfrac{0}{(323.12)^2}}$$

$$\mu = 7.02 \times 10^{-3} \text{ cP}$$

实测值是 7.14×10⁻³ cP。

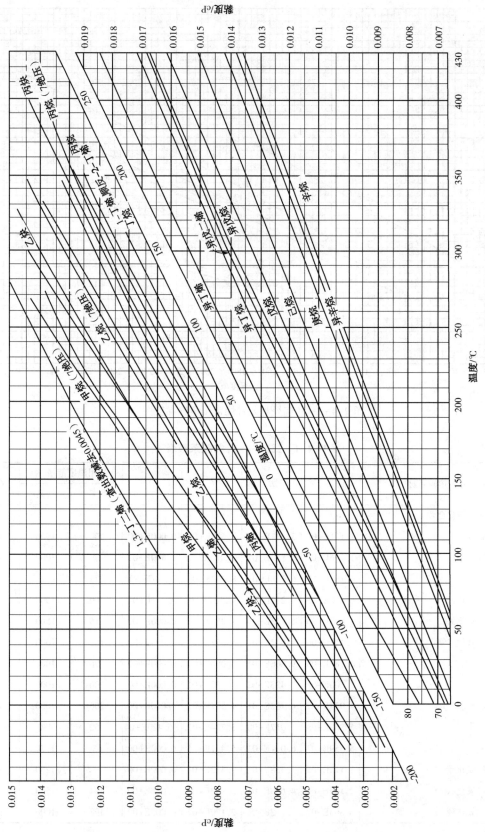

图9-4-1　烷烃、烯烃、二烯烃、炔烃常压蒸气黏度图

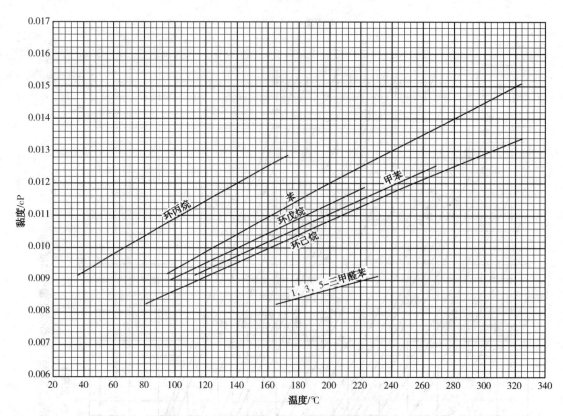

图 9-4-2　环烷烃和芳香烃常压蒸气黏度图

表 9-4-1　式 (9-4-1) 关联系数表

序号	物质名称	A	B	C	D	适用温度范围/K		Q
						最低	最高	
	非碳氢化合物							
1	氧	1.101E-06	5.634E-01	9.628E+01	0.000E+00	54	1500	x
2	氢	1.796E-07	6.850E-01	-5.889E-01	1.400E+02	14	3000	x
3	水	6.184E-07	6.778E-01	8.472E+02	-7.407E+04	273	1073	x
4	二氧化氮	6.130E-08	9.222E-01	-2.850E+02	7.441E+04	300	1000	x
5	一氧化氮	1.468E-06	5.123E-01	1.254E+02	0.000E+00	110	1500	x
6	一氧化二氮	2.115E-06	4.642E-01	3.057E+02	0.000E+00	182	1000	x
7	氨	4.186E-08	9.806E-01	3.080E+01	0.000E+00	196	1000	x
8	氯	2.600E-07	7.423E-01	9.828E+01	0.000E+00	200	1000	x
9	氯化氢	4.924E-07	6.702E-01	1.577E+02	0.000E+00	200	1000	x
10	硫化氢	5.860E-08	1.017E+00	3.724E+02	-6.420E+04	250	480	x
11	氮	6.559E-07	6.081E-01	5.471E+01	0.000E+00	63	1970	x
12	一氧化碳	1.113E-06	5.338E-01	9.472E+01	0.000E+00	68	1250	x
13	二氧化碳	2.148E-06	4.600E-01	2.900E+02	0.000E+00	194	1500	x
14	二氧化硫	6.863E-07	6.112E-01	2.170E+02	0.000E+00	198	1000	x

续表

序号	物质名称	A	B	C	D	适用温度范围/K		Q
						最低	最高	
15	三氧化硫	3.906E-06	3.845E-01	4.701E+02	0.000E+00	298	694	x
16	空气	1.424E-06	5.039E-01	1.083E+02	0.000E+00	80	2000	x
	烷烃							
17	甲烷	5.255E-07	5.901E-01	1.057E+02	0.000E+00	91	1000	x
18	乙烷	2.590E-07	6.799E-01	9.889E+01	0.000E+00	91	1000	x
19	丙烷	2.500E-07	6.861E-01	1.793E+02	-8.241E+03	86	1000	x
20	正丁烷	2.298E-07	6.944E-01	2.277E+02	-1.460E+04	135	1000	x
21	异丁烷	6.915E-07	5.214E-01	2.290E+02	0.000E+00	150	1000	x
22	正戊烷	6.341E-08	8.476E-01	4.172E+01	0.000E+00	143	1000	x
23	异戊烷	1.149E-06	4.572E-01	3.626E+02	-4.969E+03	113	1000	x
24	新戊烷	4.864E-07	5.678E-01	2.129E+02	0.000E+00	257	1000	x
25	正己烷	1.750E-07	7.074E-01	1.571E+02	0.000E+00	178	1000	P
26	异己烷	1.116E-06	4.537E-01	3.747E+02	0.000E+00	119	1000	P
27	3-甲基戊烷	1.485E-06	4.251E-01	4.563E+02	0.000E+00	110	1000	P
28	2,2-二甲基丁烷	1.936E-07	6.826E-01	1.023E+02	0.000E+00	174	1000	x
29	2,3-二甲基丁烷	6.857E-07	5.254E-01	2.788E+02	0.000E+00	145	1000	x
30	正庚烷	6.672E-08	8.284E-01	8.578E+01	0.000E+00	183	1000	x
31	异庚烷	1.013E-06	4.561E-01	3.598E+02	0.000E+00	155	1000	P
32	3-甲基己烷	4.522E-07	5.548E-01	2.106E+02	0.000E+00	154	1000	P
33	3-乙基戊烷	6.834E-07	5.148E-01	3.130E+02	0.000E+00	367	1000	P
34	2,2-二甲基戊烷	4.470E-07	5.674E-01	2.304E+02	0.000E+00	352	1000	P
35	2,3-二甲基戊烷	5.037E-07	5.446E-01	2.274E+02	0.000E+00	160	1000	P
36	2,4-二甲基戊烷	1.861E-07	6.761E-01	1.003E+02	0.000E+00	154	1000	x
37	3,3-二甲基戊烷	9.357E-07	4.817E-01	3.854E+02	0.000E+00	359	1000	P
38	2,2,3-三甲基丁烷	3.683E-09	1.222E+00	-1.239E+02	0.000E+00	343	535	x
39	正辛烷	3.118E-08	9.292E-01	5.509E+01	0.000E+00	216	1000	x
40	2-甲基庚烷	4.459E-07	5.535E-01	2.222E+02	0.000E+00	164	1000	x
41	3-甲基庚烷	6.721E-06	2.145E-01	8.156E+02	0.000E+00	153	1000	x
42	4-甲基庚烷	4.200E-06	2.726E-01	6.556E+02	0.000E+00	152	1000	x
43	3-乙基己烷	3.754E-07	5.744E-01	1.960E+02	0.000E+00	392	1000	P
44	2,2-二甲基己烷	1.854E-06	3.847E-01	5.286E+02	0.000E+00	380	1000	P
45	2,3-二甲基己烷	4.452E-07	5.616E-01	2.449E+02	0.000E+00	389	1000	P
46	2,4-二甲基己烷	1.349E-06	4.216E-01	4.437E+02	0.000E+00	383	1000	P
47	2,5-二甲基己烷	8.389E-07	4.783E-01	3.444E+02	0.000E+00	382	1000	P
48	3,3-二甲基己烷	3.029E-07	6.021E-01	1.584E+02	0.000E+00	385	1000	P
49	3,4-二甲基己烷	6.427E-07	5.177E-01	3.113E+02	0.000E+00	391	1000	P

序号	物质名称	A	B	C	D	适用温度范围/K		Q
						最低	最高	
50	2-甲基-3-乙基戊烷	5.654E-07	5.252E-01	2.547E+02	0.000E+00	389	1000	P
51	3-甲基-3-乙基戊烷	5.062E-07	5.514E-01	2.735E+02	0.000E+00	182	1000	P
52	2，2，3-三甲基戊烷	4.677E-07	5.509E-01	2.237E+02	0.000E+00	161	1000	P
53	2，2，4-三甲基戊烷(异辛烷)	1.107E-07	7.460E-01	7.239E+01	0.000E+00	166	1000	x
54	2，3，3-三甲基戊烷	8.242E-07	4.931E-01	3.714E+02	0.000E+00	388	1000	P
55	2，3，4-三甲基戊烷	6.787E-07	5.142E-01	3.255E+02	0.000E+00	387	1000	P
56	2，2，3，3-四甲基丁烷	8.145E-07	5.026E-01	3.803E+02	0.000E+00	374	1000	P
57	正壬烷	1.034E-07	7.730E-01	2.205E+02	0.000E+00	219	1000	x
58	2-甲基辛烷	5.479E-07	5.195E-01	2.687E+02	0.000E+00	193	1000	P
59	3-甲基辛烷	4.950E-07	5.315E-01	2.461E+02	0.000E+00	166	1000	P
60	4-甲基辛烷	3.270E-07	5.848E-01	1.839E+02	0.000E+00	160	1000	P
61	3-乙基庚烷	4.849E-07	5.401E-01	2.540E+02	0.000E+00	158	1000	P
62	2，2-二甲基庚烷	6.535E-07	5.009E-01	2.889E+02	0.000E+00	160	1000	P
63	2，6-二甲基庚烷	5.003E-07	5.276E-01	2.360E+02	0.000E+00	170	1000	P
64	2，2，5-三甲基己烷	1.928E-06	3.698E-01	5.173E+02	0.000E+00	167	1000	P
65	2，4，4-三甲基己烷	3.167E-07	6.016E-01	1.954E+02	0.000E+00	160	1000	P
66	3，3-二乙基戊烷	3.853E-07	5.693E-01	1.984E+02	0.000E+00	419	1000	P
67	2，2-二甲基-3-乙基戊烷	2.981E-07	6.173E-01	2.050E+02	0.000E+00	174	1000	P
68	2，4-二甲基-3-乙基戊烷	2.726E-06	3.431E-01	7.128E+02	-9.969E+03	151	1000	P
69	2，2，3，3-四甲基戊烷	1.041E-06	4.540E-01	3.999E+02	0.000E+00	413	1000	P
70	2，2，3，4-四甲基戊烷	1.025E-06	4.509E-01	3.795E+02	0.000E+00	406	1000	P
71	2，2，4，4-四甲基戊烷	4.399E-07	5.488E-01	2.133E+02	0.000E+00	396	1000	P
72	2，3，3，4-四甲基戊烷	3.278E-07	6.045E-01	2.150E+02	0.000E+00	171	1000	P
73	正癸烷	2.641E-08	9.487E-01	7.100E+01	0.000E+00	243	1000	x
74	2-甲基壬烷	7.780E-07	4.636E-01	3.161E+02	0.000E+00	198	1000	P
75	3-甲基壬烷	5.488E-07	5.112E-01	2.657E+02	0.000E+00	188	1000	P
76	4-甲基壬烷	4.527E-07	5.373E-01	2.382E+02	0.000E+00	174	1000	P
77	5-甲基壬烷	4.927E-07	5.267E-01	2.523E+02	0.000E+00	186	1000	P
78	2，7-二甲基辛烷	6.026E-08	8.274E-01	7.394E+01	0.000E+00	219	1000	P
79	正十一烷	3.594E-08	9.052E-01	1.250E+02	0.000E+00	248	1000	x
80	正十二烷	6.344E-08	8.287E-01	2.195E+02	0.000E+00	263	1000	x
81	正十三烷	3.558E-08	8.987E-01	1.653E+02	0.000E+00	268	1000	x
82	正十四烷	4.457E-08	8.684E-01	2.282E+02	-4.352E+03	279	1000	x
83	正十五烷	4.083E-08	8.766E-01	2.127E+02	0.000E+00	283	1000	x
84	正十六烷	1.246E-07	7.322E-01	3.950E+02	6.000E+03	291	1000	x
85	正十七烷	3.151E-07	6.328E-01	6.922E+02	0.000E+00	295	1000	P

序号	物质名称	A	B	C	D	适用温度范围/K		Q
						最低	最高	
86	正十八烷	3.209E−07	6.184E−01	7.089E+02	0.000E+00	301	1000	P
87	正十九烷	3.046E−07	6.222E−01	7.056E+02	0.000E+00	305	1000	P
88	正二十烷	2.925E−07	6.246E−01	7.028E+02	0.000E+00	309	1000	P
86	正二十四烷	2.667E−07	6.253E−01	7.000E+02	0.000E+00	324	1000	P
90	正二十八烷	2.587E−07	6.188E−01	6.983E+02	0.000E+00	334	1000	P
	环烷烃							
91	环丙烷	1.758E−06	4.265E−01	3.703E+02	0.000E+00	146	1000	P
92	环戊烷	2.362E−07	6.746E−01	1.390E+02	0.000E+00	179	1000	x
93	甲基环戊烷	9.080E−07	4.950E−01	3.559E+02	0.000E+00	131	1000	P
94	乙基环戊烷	2.169E−06	3.812E−01	5.778E+02	0.000E+00	134	1000	P
95	1,1−二甲基环戊烷	5.523E−06	2.806E−01	8.878E+02	0.000E+00	203	1000	P
96	顺−1,2−二甲基环戊烷	8.890E−07	4.933E−01	3.715E+02	0.000E+00	373	1000	P
97	反−1,2−二甲基环戊烷	1.530E−06	4.285E−01	4.791E+02	0.000E+00	365	1000	P
98	顺−1,3−二甲基环戊烷	2.386E−06	3.800E−01	6.517E+02	−1.269E+04	139	1000	P
99	反−1,3−二甲基环戊烷	3.635E−06	3.279E−01	7.661E+02	−1.028E+04	139	1000	P
100	正丙基环戊烷	2.605E−06	3.459E−01	5.856E+02	0.000E+00	156	1000	x
101	异丙基环戊烷	1.152E−06	4.843E−01	7.189E+02	−4.136E+04	162	1000	P
102	1−甲基−1−乙基环戊烷	3.022E−06	3.424E−01	7.567E+02	−1.364E+04	129	1000	P
103	环己烷	6.770E−08	8.367E−01	3.670E+01	0.000E+00	279	900	x
104	甲基环己烷	6.528E−07	5.294E−01	3.106E+02	0.000E+00	147	1000	P
105	乙基环己烷	4.106E−07	5.714E−01	2.301E+02	0.000E+00	162	1000	P
106	1,1−二甲基环己烷	7.822E−07	4.994E−01	3.716E+02	0.000E+00	393	1000	P
107	顺−1,2−二甲基环己烷	8.459E−07	4.870E−01	3.980E+02	0.000E+00	403	1000	P
108	反−1,2−二甲基环己烷	9.910E−07	4.723E−01	4.369E+02	0.000E+00	397	1000	P
109	顺−1,3−二甲基环己烷	1.244E−06	4.427E−01	4.731E+02	0.000E+00	393	1000	P
110	反−1,3−二甲基环己烷	2.365E−06	3.679E−01	6.750E+02	0.000E+00	398	1000	P
111	顺−1,4−二甲基环己烷	2.374E−06	3.675E−01	6.767E+02	0.000E+00	397	1000	P
112	反−1,4−二甲基环己烷	1.410E−06	4.276E−01	5.054E+02	0.000E+00	393	1000	P
113	正丙基环己烷	9.798E−07	4.542E−01	3.859E+02	0.000E+00	178	1000	P
114	异丙基环己烷	5.712E−07	5.261E−01	2.799E+02	0.000E+00	184	1000	P
115	正丁基环己烷	5.351E−07	5.209E−01	2.771E+02	0.000E+00	198	1000	P
116	正癸基环己烷	3.376E−07	5.448E−01	2.073E+02	0.000E+00	272	1000	P
117	环庚烷	1.354E−06	4.476E−01	4.991E+02	0.000E+00	392	1000	P
118	环辛烷	9.859E−07	4.699E−01	3.975E+02	0.000E+00	288	1000	P
	烯烃							
119	乙烯	2.079E−06	4.163E−01	3.527E+02	0.000E+00	169	1000	x

序号	物质名称	A	B	C	D	适用温度范围/K		Q
						最低	最高	
120	丙烯	8.339E−07	5.270E−01	2.834E+02	0.000E+00	88	1000	x
121	正丁烯	1.032E−06	4.896E−01	3.474E+02	0.000E+00	175	1000	x
122	顺−2−丁烯	1.090E−06	4.791E−01	3.386E+02	0.000E+00	134	1000	x
123	反−2−丁烯	1.050E−06	4.867E−01	3.587E+02	0.000E+00	168	1000	x
124	异丁烯	7.676E−06	2.664E−01	9.822E+02	0.000E+00	133	1000	x
125	1−戊烯	1.671E−06	4.111E−01	4.303E+02	0.000E+00	108	1000	P
126	顺−2−戊烯	5.183E−07	5.582E−01	2.236E+02	0.000E+00	122	1000	P
127	反−2−戊烯	4.322E−07	5.840E−01	2.003E+02	0.000E+00	133	1000	P
128	2−甲基−1−丁烯	6.485E−07	5.164E−01	2.292E+02	0.000E+00	136	1000	P
129	3−甲基−1−丁烯	1.429E−06	4.435E−01	4.247E+02	0.000E+00	104	1000	x
130	2−甲基−2−丁烯	5.164E−07	5.421E−01	1.943E+02	0.000E+00	139	1000	P
131	1−己烯	1.314E−06	4.322E−01	4.021E+02	0.000E+00	133	1000	P
132	顺−2−己烯	1.062E−06	4.585E−01	3.700E+02	0.000E+00	342	1000	P
133	反−2−己烯	6.340E−07	5.245E−01	2.818E+02	0.000E+00	341	1000	P
134	顺−3−己烯	1.476E−06	4.197E−01	4.614E+02	−7.840E+03	136	1000	P
135	反−3−己烯	5.390E−07	5.426E−01	2.400E+02	0.000E+00	160	1000	P
136	2−甲基−1−戊烯	1.239E−06	4.425E−01	4.035E+02	0.000E+00	335	1000	P
137	3−甲基−1−戊烯	2.804E−06	3.570E−01	6.594E+02	−1.123E+04	120	1000	P
138	4−甲基−1−戊烯	7.146E−07	5.151E−01	2.906E+02	0.000E+00	327	1000	P
139	2−甲基−2−戊烯	6.880E−07	5.144E−01	2.975E+02	0.000E+00	341	1000	P
140	3−甲基−顺−2−戊烯	3.744E−06	3.109E−01	7.206E+02	−8.642E+03	138	1000	P
141	4−甲基−顺−2−戊烯	6.302E−07	5.294E−01	2.690E+02	0.000E+00	329	1000	P
142	4−甲基−反−2−戊烯	7.686E−07	5.030E−01	2.994E+02	0.000E+00	332	1000.	P
143	2−乙基−1−丁烯	6.493E−07	5.238E−01	2.934E+02	0.000E+00	338	1000	P
144	2,3−二甲基−1−丁烯	1.308E−06	4.394E−01	4.096E+02	0.000E+00	329	1000	P
145	3,3−二甲基−1−丁烯	4.563E−07	5.814E−01	2.190E+02	0.000E+00	158	1000	P
146	2,3−二甲基−2−丁烯	5.444E−07	5.441E−01	2.727E+02	0.000E+00	346	1000	P
147	1−庚烯	5.737E−07	5.294E−01	2.671E+02	0.000E+00	154	1000	P
148	顺−2−庚烯	2.453E−06	3.508E−01	5.983E+02	0.000E+00	372	1000	P
149	反−2−庚烯	6.402E−07	5.096E−01	2.690E+02	0.000E+00	164	1000	P
150	顺−3−庚烯	1.098E−06	4.486E−01	3.982E+02	0.000E+00	369	1000	P
151	反−3−庚烯	3.186E−06	3.173E−01	6.611E+02	−6.265E+03	137	1000	P
152	2−甲基−1−己烯	5.247E−07	5.354E−01	2.322E+02	0.000E+00	171	1000	P
153	3−甲基−1−己烯	2.293E−06	3.699E−01	5.994E+02	−8.519E+03	145	1000	P
154	4−甲基−1−己烯	2.961E−06	3.480E−01	7.256E+02	−1.238E+04	132	1000	P
155	2−乙基−1−戊烯	4.286E−07	5.672E−01	2.163E+02	0.000E+00	168	1000	P

续表

序号	物质名称	A	B	C	D	适用温度范围/K		Q
						最低	最高	
156	3-乙基-1-戊烯	3.215E-06	3.395E-01	7.528E+02	-1.173E+04	146	1000	P
157	2,3,3-三甲基-1-丁烯	5.095E-06	2.852E-01	8.772E+02	-6.821E+03	163	1000	P
158	1-辛烯	3.725E-07	5.730E-01	2.013E+02	0.000E+00	172	1000	P
159	反-2-辛烯	5.337E-07	5.310E-01	2.760E+02	0.000E+00	398	1000	P
160	反-3-辛烯	1.490E-06	4.040E-01	4.758E+02	0.000E+00	397	1000	P
161	反-4-辛烯	5.770E-07	5.219E-01	2.846E+02	0.000E+00	179	1000	P
162	2-乙基-1-己烯	8.112E-07	4.911E-01	3.180E+02	0.000E+00	393	1000	P
163	2,4,4-三甲基-1-戊烯	1.089E-06	4.520E-01	4.069E+02	0.000E+00	374	1000	P
164	2,4,4-三甲基-2-戊烯	6.835E-07	5.089E-01	3.197E+02	0.000E+00	378	1000	P
165	1-壬烯	5.784E-07	5.079E-01	2.691E+02	0.000E+00	192	1000	P
166	1-癸烯	5.994E-07	5.019E-01	3.040E+02	0.000E+00	207	1000	P
167	1-十一烯	4.764E-07	5.252E-01	2.575E+02	0.000E+00	224	1000	P
168	1-十二烯	5.240E-07	5.072E-01	2.686E+02	0.000E+00	238	1000	P
169	1-十三烯	6.618E-07	4.701E-01	3.103E+02	0.000E+00	250	1000	P
170	1-十四烯	5.732E-07	4.839E-01	2.906E+02	0.000E+00	261	1000	P
171	1-十五烯	5.176E-07	4.915E-01	2.739E+02	0.000E+00	269	1000	P
172	1-十六烯	3.640E-07	5.313E-01	2.206E+02	0.000E+00	278	1000	P
173	1-十七烯	3.937E-07	5.188E-01	2.367E+02	0.000E+00	284	1000	P
174	1-十八烯	4.497E-07	4.962E-01	2.536E+02	0.000E+00	291	1000	P
175	1-十九烯	3.862E-07	5.112E-01	2.288E+02	0.000E+00	297	1000	P
176	1-二十烯	3.464E-07	5.214E-01	2.147E+02	0.000E+00	302	1000	P
177	环戊烯	3.026E-07	6.499E-01	1.671E+02	0.000E+00	138	1000	P
178	环己烯	1.333E-06	4.537E-01	4.450E+02	0.000E+00	169	1000	P
179	环庚烯	7.839E-08	8.236E-01	7.550E+01	0.000E+00	217	1000	P
180	环辛烯	5.710E-08	8.602E-01	5.466E+01	0.000E+00	214	1000	P
	二烯烃和炔烃							
181	1,3-丁二烯	2.696E-07	6.715E-01	1.347E+02	0.000E+00	164	1000	x
182	1,2-戊二烯	5.744E-07	5.286E-01	2.139E+02	0.000E+00	136	1000	P
183	顺-1,3-戊二烯	4.563E-07	5.551E-01	1.787E+02	0.000E+00	317	1000	P
184	反-1,3-戊二烯	5.036E-07	5.417E-01	1.904E+02	0.000E+00	315	1000	P
185	1,4-戊二烯	4.136E-06	3.186E-01	7.856E+02	0.000E+00	299	1000	P
186	2,3-戊二烯	2.928E-06	3.480E-01	6.594E+02	-8.981E+03	148	1000	P
187	3-甲基-1,2-丁二烯	4.082E-07	5.923E-01	2.082E+02	0.000E+00	159	1000	P
188	2-甲基-1,3-丁二烯	3.383E-07	6.415E-01	2.010E+02	0.000E+00	307	1000	P
189	2,3-二甲基-1,3-丁二烯	5.743E-07	5.425E-01	2.251E+02	0.000E+00	197	1000	x
190	1,5-己二烯	3.302E-06	3.315E-01	6.989E+02	-9.630E+03	132	1000	P

序号	物质名称	A	B	C	D	适用温度范围/K		Q
						最低	最高	
191	环戊二烯	5.736E−07	5.699E−01	2.483E+02	0.000E+00	188	1000	P
192	乙炔	1.202E−06	4.952E−01	2.914E+02	0.000E+00	192	600	x
193	丙炔	1.163E−06	4.787E−01	3.160E+02	0.000E+00	171	800	x
194	2-丁炔	1.939E−06	4.093E−01	4.927E+02	0.000E+00	241	1000	P
195	1-戊炔	3.252E−06	3.616E−01	7.589E+02	−1.364E+04	167	1000	P
196	3-甲基-1-丁炔	3.608E−06	3.646E−01	8.644E+02	−1.994E+04	183	1000	P
197	1-己炔	3.405E−06	3.367E−01	7.328E+02	−1.123E+04	141	1000	P
198	1,3-环己二烯	3.201E−06	3.688E−01	8.106E+02	−1.827E+04	161	1000	P
199	反,反-2,4-己二烯	6.210E−07	5.114E−01	2.404E+02	0.000E+00	228	1000	P
200	1,5-环辛二烯	4.604E−07	5.767E−01	2.694E+02	0.000E+00	204	1000	P
201	2-己炔	5.556E−07	5.337E−01	2.444E+02	0.000E+00	184	1000	P
202	3-己炔	5.212E−07	5.444E−01	2.370E+02	0.000E+00	170	1000	P
	芳香烃							
203	苯	3.135E−08	9.676E−01	7.900E+00	0.000E+00	279	1000	x
204	甲苯	8.727E−07	4.940E−01	3.238E+02	0.000E+00	178	1000	x
205	乙苯	3.878E−07	5.927E−01	2.277E+02	0.000E+00	178	1000	P
206	邻二甲苯	3.808E−06	3.152E−01	7.744E+02	0.000E+00	248	1000	P
207	间二甲苯	4.310E−07	5.749E−01	2.386E+02	0.000E+00	226	1000	P
208	对二甲苯	5.766E−07	5.382E−01	2.870E+02	0.000E+00	287	1000	P
209	正丙基苯	1.630E−06	4.117E−01	5.472E+02	0.000E+00	173	1000	P
210	异丙基苯	4.181E−06	3.052E−01	8.800E+02	0.000E+00	177	1000	P
211	邻乙基甲苯	5.326E−07	5.372E−01	2.948E+02	0.000E+00	438	1000	P
212	间乙基甲苯	2.103E−06	3.693E−01	6.272E+02	0.000E+00	178	1000	P
213	对乙基甲苯	5.941E−07	5.307E−01	3.013E+02	0.000E+00	211	1000	P
214	1,2,3-三甲基苯	6.172E−07	5.281E−01	3.140E+02	0.000E+00	449	1000	P
215	1,2,4-三甲基苯	1.739E−06	3.970E−01	5.364E+02	0.000E+00	229	1000	P
216	1,3,5-三甲基苯	5.950E−06	2.803E−01	1.145E+03	4.401E+04	228	1000	P
217	正丁基苯	9.965E−07	4.632E−01	4.328E+02	0.000E+00	186	1000	P
218	异丁基苯	5.955E−08	8.243E−01	0.000E+00	0.000E+00	222	1000	P
219	仲丁基苯	1.223E−06	4.428E−01	4.965E+02	0.000E+00	198	1000	P
220	叔丁基苯	7.298E−07	5.087E−01	3.846E+02	0.000E+00	215	1000	P
221	邻伞花烃(邻甲基异丙苯)	4.430E−07	5.644E−01	2.714E+02	0.000E+00	273	1000	P
222	间伞花烃(间甲基异丙苯)	1.442E−06	4.194E−01	5.108E+02	0.000E+00	448	1000	P
223	对伞花烃(对甲基异丙苯)	7.555E−07	4.915E−01	3.526E+02	0.000E+00	205	1000	P
224	邻二乙苯	5.064E−08	8.411E−01	0.000E+00	0.000E+00	457	1000	P
225	间二乙苯	1.849E−06	3.819E−01	5.526E+02	0.000E+00	189	1000	P

| 序号 | 物质名称 | A | B | C | D | 适用温度范围/K | | Q |
						最低	最高	
226	对二乙苯	5.700E-08	8.210E-01	0.000E+00	0.000E+00	231	1000	P
227	1，2，3，5-四甲基苯	6.639E-07	5.078E-01	3.321E+02	0.000E+00	249	1000	P
228	1，2，4，5-四甲基苯	3.975E-07	5.690E-01	2.300E+02	0.000E+00	352	1000	P
229	正戊基苯	4.264E-07	5.574E-01	2.590E+02	0.000E+00	198	1000	P
230	正己基苯	5.593E-07	5.109E-01	2.872E+02	0.000E+00	212	1000	P
231	正庚基苯	4.319E-07	5.358E-01	2.456E+02	0.000E+00	225	1000	P
232	正辛基苯	5.430E-07	4.989E-01	2.771E+02	0.000E+00	237	1000	P
233	正壬基苯	4.873E-07	5.090E-01	2.618E+02	0.000E+00	249	1000	P
234	正癸基苯	4.633E-07	5.106E-01	2.561E+02	0.000E+00	259	1000	P
235	正十一烷基苯	4.361E-07	5.141E-01	2.476E+02	0.000E+00	268	1000	P
236	正十二烷基苯	3.749E-07	5.239E-01	2.188E+02	0.000E+00	276	1000	P
237	正十三烷基苯	3.529E-07	5.276E-01	2.104E+02	0.000E+00	283	1000	P
238	环己基苯	8.051E-07	4.778E-01	3.714E+02	0.000E+00	280	1000	P
239	苯乙烯	6.386E-07	5.254E-01	2.951E+02	0.000E+00	243	1000	P
240	顺-β-甲基苯乙烯	3.944E-08	8.983E-01	3.404E+01	0.000E+00	212	1000	P
241	反-β-甲基苯乙烯	5.053E-08	8.657E-01	5.778E+01	0.000E+00	244	1000	P
242	1-甲基-2-乙烯基苯	4.854E-07	5.582E-01	2.703E+02	0.000E+00	204	1000	P
243	1-甲基-3-乙烯基苯	8.351E-07	4.740E-01	3.255E+02	0.000E+00	187	1000	P
244	1-甲基-4-乙烯基苯	5.518E-07	5.413E-01	3.110E+02	0.000E+00	239	1000	P
245	2-苯基-1-丁烯	6.122E-07	5.142E-01	2.882E+02	0.000E+00	250	1000	P
246	2-乙基间二甲苯	4.423E-06	2.904E-01	8.950E+02	0.000E+00	257	1000	P
247	2-乙基对二甲苯	8.817E-07	4.699E-01	3.697E+02	0.000E+00	219	1000	P
248	3-乙基邻二甲苯	5.334E-07	5.349E-01	3.069E+02	0.000E+00	467	1000	P
249	4-乙基间二甲苯	3.722E-06	2.959E-01	7.528E+02	0.000E+00	210	1000	P
250	4-乙基邻二甲苯	4.733E-07	5.489E-01	2.687E+02	0.000E+00	206	1000	P
251	5-乙基间二甲苯	4.639E-07	5.403E-01	2.342E+02	0.000E+00	189	1000	P
252	间二异丙基苯	1.200E-06	4.337E-01	4.878E+02	0.000E+00	476	1000	P
253	对二异丙基苯	8.050E-07	4.804E-01	3.921E+02	0.000E+00	484	1000	P
254	苯乙炔	5.816E-08	8.626E-01	5.639E+01	0.000E+00	228	1000	P
255	间二乙烯基苯	4.644E-07	5.628E-01	2.763E+02	0.000E+00	206	1000	P
256	α-甲基苯乙烯	7.145E-07	4.983E-01	3.033E+02	0.000E+00	250	1000	P
257	异丙基苯	4.181E-06	3.052E-01	8.800E+02	0.000E+00	177	1000	P
	多环化合物							
258	双环己烷	1.061E-06	4.522E-01	5.722E+02	-3.302E+04	512	1000	P
259	顺-十氢化萘	7.277E-07	5.136E-01	4.044E+02	0.000E+00	230	1000	P
260	反-十氢化萘	6.688E-07	5.043E-01	3.210E+02	0.000E+00	243	1000	P

序号	物质名称	A	B	C	D	适用温度范围/K 最低	适用温度范围/K 最高	Q
261	联苯	1.962E−07	7.043E−01	2.838E+02	0.000E+00	342	1000	P
262	1，1-二苯乙烷	4.035E−06	2.915E−01	9.072E+02	0.000E+00	546	1000	P
263	1，2-二苯乙烷	8.036E−07	4.763E−01	3.930E+02	0.000E+00	554	1000	P
264	顺-1，2-二苯乙烯	8.464E−07	4.751E−01	4.234E+02	0.000E+00	276	1000	P
265	1，2-三联苯	6.822E−08	8.047E−01	1.398E+02	0.000E+00	329	1000	P
266	1，3-三联苯	6.757E−08	8.069E−01	1.431E+02	0.000E+00	360	1000	P
267	萘	6.432E−07	5.389E−01	4.002E+02	0.000E+00	353	1000	P
268	1-甲基萘	2.622E−07	6.426E−01	2.352E+02	0.000E+00	243	1000	P
269	2-甲基萘	2.964E−06	3.391E−01	7.833E+02	0.000E+00	308	1000	P
270	1-乙基萘	4.565E−07	5.443E−01	2.736E+02	0.000E+00	259	1000	P
271	1-正丁基萘	4.193E−07	5.655E−01	3.118E+02	0.000E+00	253	1000	P
272	1，2，3，4-四氢化萘	5.078E−07	5.614E−01	3.285E+02	0.000E+00	237	1000	P
273	茚	7.837E−07	4.912E−01	3.242E+02	0.000E+00	272	1000	P
274	苊	1.556E−06	4.064E−01	6.300E+02	0.000E+00	551	1000	P
275	芴	5.705E−07	5.621E−01	3.734E+02	0.000E+00	571	1000	P
276	蒽	7.318E−08	7.532E−01	1.000E+00	0.000E+00	489	1000	P
277	菲	4.347E−07	5.272E−01	2.383E+02	0.000E+00	372	1000	P
278	芘	4.050E−07	5.278E−01	2.509E+02	0.000E+00	424	1000	P
279	荧蒽	1.087E−06	4.131E−01	4.444E+02	0.000E+00	383	1000	P
280	屈	3.461E−07	5.430E−01	2.373E+02	0.000E+00	531	1000	P
281	茚满	5.251E−06	2.849E−01	9.550E+02	0.000E+00	222	1000	P
282	2，6-二甲基萘	8.455E−07	4.833E−01	4.367E+02	0.000E+00	383	1000	P
283	2，7-二甲基萘	1.665E−06	4.005E−01	6.033E+02	0.000E+00	369	1000	P
	胺类							
284	吡啶	5.240E−08	9.008E−01	6.272E+01	0.000E+00	232	1000	P
285	喹啉	1.373E−06	4.835E−01	9.239E+02	−6.790E+04	511	1000	P
286	咔唑	3.847E−08	9.177E−01	8.211E+01	0.000E+00	628	1000	P
287	吖啶	4.599E−08	8.768E−01	6.906E+01	0.000E+00	383	1000	P
288	异喹啉	5.423E−08	8.712E−01	6.322E+01	0.000E+00	299	1000	P
289	吲哚	3.178E−08	9.531E−01	3.785E+01	0.000E+00	326	1000	P
	含硫化合物							
290	羰基硫	2.241E−05	2.043E−01	1.373E+03	0.000E+00	134	1000	P
291	甲硫醇	1.637E−07	7.671E−01	1.080E+02	0.000E+00	150	1000	P
292	乙硫醇	8.599E−08	8.427E−01	5.817E+01	0.000E+00	125	1000	P
293	噻吩	1.030E−06	5.497E−01	5.694E+02	0.000E+00	235	1000	P
294	四氢噻吩	1.645E−07	7.440E−01	1.447E+02	0.000E+00	394	1000	P

序号	物质名称	A	B	C	D	适用温度范围/K		Q
						最低	最高	
	含氧化合物							
295	甲醇	3.066E-07	6.965E-01	2.050E+02	0.000E+00	240	1000	x
296	乙醇	1.061E-07	8.066E-01	5.270E+01	0.000E+00	200	1000	x
297	异丙醇	1.993E-07	7.233E-01	1.780E+02	0.000E+00	186	1000	x
298	叔丁醇	9.605E-07	4.856E-01	3.810E+02	0.000E+00	299	1000	P
299	甲基叔丁基醚	1.544E-07	7.360E-01	1.082E+02	0.000E+00	164	1000	P
300	乙基叔丁基醚	1.253E-07	7.542E-01	9.972E+01	0.000E+00	179	1000	P
301	二异丙醚	1.691E-07	7.114E-01	1.240E+02	0.000E+00	188	1000	P
302	甲基叔戊基醚	3.852E-06	3.408E-01	9.656E+02	-2.849E+04	160	1000	P

注：Q 列，x 表示系数是根据实验数据回归的，P 表示系数是根据预测的数据回归的。

（二）低压下纯烃气体和氢气黏度的估算

低压下纯烃气体和氢气黏度的估算采用以下各式进行[21]。

$$\mu = \frac{N}{\xi} \tag{9-4-2}$$

$$\xi = 0.217361 \frac{T_c^{1/6}}{M^{1/2} P_c^{2/3}} \tag{9-4-3}$$

对烃类气体，计算 N：

$$N = 3.400 \times 10^{-4} T_r^{0.94} \qquad \text{当} \ T_r \leqslant 1.5 \ \text{时} \tag{9-4-4}$$

$$N = 1.778 \times 10^{-4} (4.58 T_r - 1.67)^{0.625} \qquad \text{当} \ T_r > 1.5 \ \text{时} \tag{9-4-5}$$

对于氢气，采用下面两式计算黏度 μ：

$$\mu = 6.429 \times 10^{-5} T^{0.94} \qquad \text{当} \ T_r \leqslant 1.5 \ \text{时} \tag{9-4-6}$$

$$\mu = 9.071 \times 10^{-4} [(1.375 \times 10^{-1}) T - 1.67]^{0.625} \qquad \text{当} \ T_r > 1.5 \ \text{时} \tag{9-4-7}$$

式中　μ——气体黏度，cP；

　　　T_c——临界温度，K（K=℃+273.15）；

　　　T——温度，K（K=℃+273.15）；

　　　T_r——对比温度，$T_r = T / T_c$；

　　　P_c——临界压力，MPa；

　　　M——相对分子质量。

上述方法应在 P_r 小于 0.6 的条件下使用。经 800 个数据点验证，平均误差为 3.0%；对于大于正癸烷的正构烷烃其误差要大一些，在 5%~8%。

【例 9-4-2】　求丙烷在 80℃和 0.101325MPa 下的气体黏度。

解：1.　从第一章纯烃性质找到丙烷的临界温度、临界压力和相对分子质量。

$T_c = 96.68$℃

$P_c = 4.25$MPa

$M = 44.1$

2. 用式(9-4-3)计算 ξ。

$$\xi = 0.217361 \frac{(96.68 + 273.15)^{1/6}}{(44.1)^{1/2}(4.25)^{2/3}}$$

$$\xi = 0.03342$$

3. 计算 T_r。

$$T_r = T/T_c = (80+273.15)/(96.68+273.15)$$

$$T_r = 0.9549$$

4. $T_r < 1.5$，用式(9-4-4)计算 N。

$$N = 3.400 \times 10^{-4}(0.9549)^{0.94} = 3.256 \times 10^{-4}$$

5. 用式(9-4-2)计算黏度 μ。

$$\mu = \frac{N}{\xi} = \frac{3.256 \times 10^{-4}}{0.03342} = 0.0097 \text{ cP}$$

实测值是 0.0095 cP。

二、气体混合物的低压黏度

已知组成气体混合物的低压黏度可采用式(9-4-8)计算[22]。该式适用于烃类、氢气及非极性气体混合物，同时应在 $P_r < 0.6$ 条件下应用。

$$\mu_m = \sum_{i=1}^{n} \frac{\mu_i}{1 + \sum_{\substack{i=1 \\ j \neq 1}}^{n} \phi_{ij} \frac{x_j}{x_i}} \tag{9-4-8}$$

式中　μ_m——气体混合物黏度，cP；

　　　μ_i——i 组分的黏度，cP；

　x_i，x_j——i 组分和 j 组分的摩尔分数；

　　　n——混合物中组分数；

　　ϕ_{ij}——i 组分对 j 组分的相互作用参数，可查图9-4-3，也可用式(9-4-9)计算。

$$\phi_{ij} = \frac{\left[1 + \left(\frac{\mu_i}{\mu_j}\right)^{0.5}\left(\frac{M_j}{M_i}\right)^{0.25}\right]^2}{\sqrt{8}\left[1 + \frac{M_i}{M_j}\right]^{0.5}} \tag{9-4-9}$$

式中　M_i，M_j——i 组分和 j 组分的相对分子质量。

经 364 个数据点验证，平均偏差约为 3%。验证显示，上述方法对双组分混合物和多组分混合物的可靠性相当。

在一般工程计算中，烃类气体混合物和非极性气体混合物的低压黏度也可用式(9-4-10)计算。该式计算较为方便，且准确度与式(9-4-8)的准确度相近。但该式不能用于黏度—组成曲线中存在"极大"值的混合物。

$$\mu_m = \frac{\sum y_i \mu_i (M_i)^{0.5}}{\sum y_i (M_i)^{0.5}} \tag{9-4-10}$$

式中　y_i——混合物中 i 组分的摩尔分数；

　　　其他同前。

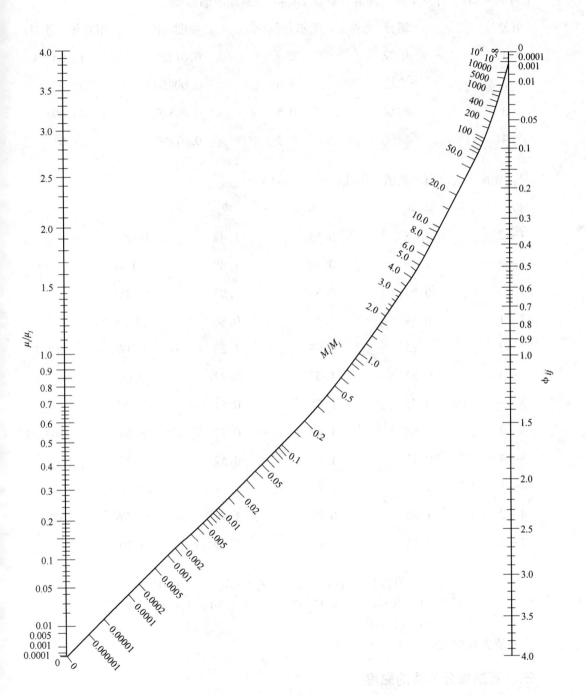

图 9-4-3　气体混合物黏度相互作用参数图

【例 9-4-3】　计算下述气体混合物在 29.4℃及常压下的黏度。

组分号	组分	摩尔分数/%	黏度/cP	相对分子质量
1	甲烷	95.6	0.01125	16.04
2	乙烷	3.6	0.00950	30.07
3	丙烷	0.5	0.00840	44.09
4	氮气	0.3	0.01790	28.01

解：先按下表求出各数值，再代入式(9-4-8)。

(ij)	μ_i/μ_j	M_i/M_j	Φ_{ij}		
1—2	1.18	0.53	1.48	0.056	
1—3	1.34	0.36	1.88	0.010	0.069
1—4	0.63	0.57	1.03	0.003	
2—1	0.84	1.87	0.66	17.53	
2—3	1.13	0.68	1.29	0.18	17.77
2—4	0.53	1.07	0.72	0.06	
3—1	0.75	2.75	0.51	97.51	
3—2	0.88	1.47	0.77	5.54	103.39
3—4	0.47	1.57	0.57	0.34	
4—1	1.59	1.75	0.94	299.54	
4—2	1.88	0.93	1.48	17.76	320.50
4—3	2.13	0.64	1.92	3.20	

$$\mu_m = \frac{0.01125}{1+0.069} + \frac{0.00950}{1+17.77} + \frac{0.00840}{1+103.39} + \frac{0.01790}{1+320.50}$$

$$= 0.01117 \text{cP}$$

实验值为 0.01120 cP。

三、石油馏分气体的黏度

未知组成的烃类混合物气体黏度或石油馏分的气体黏度可从图 9-4-4 查得[23]，也可以采用下式计算[24]。

$$\mu = A + \sqrt{T}(B - C\sqrt{M}) + D \times M \tag{9-4-11}$$

式中　μ——混合物的绝对黏度，cP；

　　　T——温度，K（K = ℃ + 273.15）；

　　　M——相对分子质量。

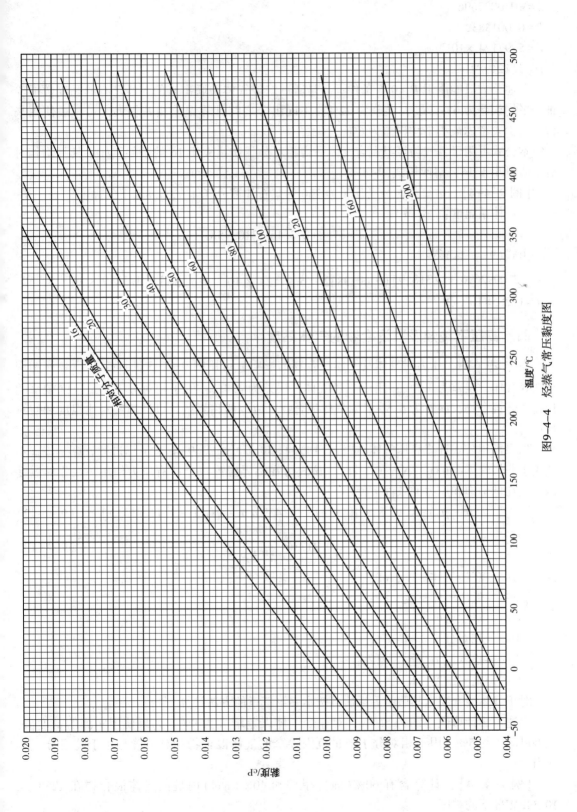

图9-4-4 烃蒸气常压黏度图

$A = -0.0092696$

$B = 0.0013832$

$C = 5.97124 \times 10^{-5}$

$D = 1.1249 \times 10^{-5}$

上述公式只能用于 $P_r < 0.6$ 条件下，是通过烷烃气体关联出来的。经已有的黏度数据验证，平均误差为 6%，最大误差为 22%。不同组分之间计算误差相差很大，对一般使用来说，至少要考虑最小平均误差为 6%。

本公式可用于氢气与烃类混合气体平均相对分子质量大于 16 的条件，如果其平均相对分子质量小于 16，请使用式(9-4-8)。

【例 9-4-4】 估算相对分子质量为 250 的某石油馏分气体在 37.8℃下的黏度。

解：体系温度：

$$T = 37.8 + 273.15 = 310.95K$$

由式(9-4-11)得：

$$\mu = -0.0092696 + \sqrt{310.95}\left(0.0013832 - 5.97124 \times 10^{-5} \times \sqrt{250}\right) + 1.1249 \times 10^{-5} \times 250$$

$$\mu = 1.285 \times 10^{-3} \text{ cP}$$

四、高压下纯烃及其混合物的气体黏度

当 $P_r > 0.6$ 时，压力对气体及气体混合物的影响，可用图 9-4-5 进行校正[25]。该图用于纯烃气体，误差为 4.8%；用于非烃气体，误差为 4.4%；用于相对分子质量范围较窄的烃类气体混合物，误差为 5.5%。对气体混合物，应取假临界条件以计算假对比温度和假对比压力。

如果需用公式计算高压气体(或混合物)的黏度，可采式(9-4-12)[26]进行计算。该式不能用于非烃气体(如 O_2、N_2、CO_2 等)。该式可在临界温度以上所有压力使用，在临界温度以下应在低于饱和压力的条件下使用。

$$(\mu - \mu_1)\xi = 10.8 \times 10^{-5}[\exp(1.439\rho_r) - \exp(-1.11\rho_r^{1.858})] \qquad (9-4-12)$$

$$\xi = 0.217361 \frac{T_c^{1/6}}{M^{1/2} P_c^{2/3}} \qquad (9-4-13)$$

式中　μ——高压气体黏度，cP；

　　　μ_1——低压气体黏度，cP；

　　　ρ_r——对比密度；

　　　M——相对分子质量；

　　　P_c——临界压力(绝)，MPa；

　　　T_c——临界温度，K。

对于气体混合物，其假临界性质可按本书第三章的方法计算。

上述方法计算误差约为 5.3%，对非烃气体误差增大为 9%。如果使用实测的密度值，误差可减少约 5%。用于相对分子质量范围较窄的气体混合物计算精确与用于纯组分气体相当。

【例 9-4-4】 计算含有 60%(mol)甲烷和 40%(mol)丙烷的气体混合物在 125℃及 10.342MPa 下的黏度。

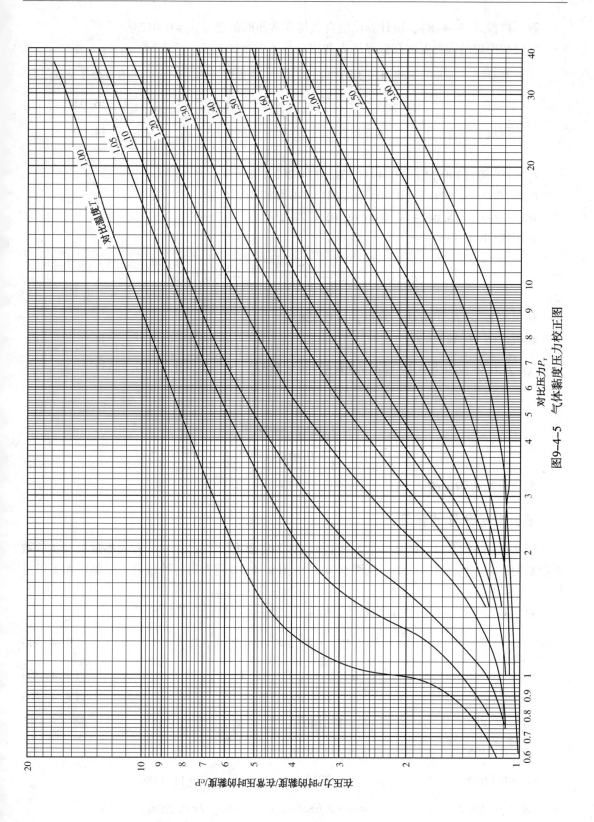

图9-4-5　气体黏度压力校正图

解：根据式(9-4-8)，可计算出混合气体在常压时的黏度 $\mu_1 = 0.0123$cP。

甲烷和丙烷的临界温度和临界压力和相对分子质量如下：

组分	临界压力/MPa	临界温度/K	相对分子质量
甲烷	4.5991	190.56	16.04
丙烷	4.2481	369.83	44.10

$T_{pc} = (0.60)(190.56) + (0.40)(369.83) = 262.27$K

$P_{pc} = (060)(4.5991) + (0.40)(4.2481) = 4.4587$MPa

$M_m = (0.60)(16.04) + (0.40)(44.10) = 27.264$

利用式(9-4-13)：

$$\xi = 0.217361 \frac{262.27^{1/6}}{27.264^{1/2} \, 4.4587^{2/3}} = 0.0389$$

利用本书第五章的方法，求得 $\rho_r = 0.5283$

利用式(9-4-12)：

$$(\mu - \mu_1)\xi = 10.8 \times 10^{-5} \{ \exp[(1.439)(0.5283)] - \exp[-1.11(0.5283)^{1.858}] \}$$

$$= 1.5405 \times 10^{-4}$$

$$(\mu - \mu_1) = 3.96 \times 10^{-3}$$

$$\mu = 0.0163 \text{ cP}$$

实验值是 0.0167cP。

五、非烃气体的黏度

图 9-4-6~图 9-4-16 为一些常用非烃气体黏度温度图[27]，这些图表大都是根据实验数据绘制的，误差约为 1%~2%。从图 9-4-10~图 9-4-16 可查得各种压力下的黏度而不需进行压力校正。

对于高压下($P_r > 0.6$)的非烃气体，可采用式(9-4-14)计算其黏度[28]。

$$\frac{\mu}{\mu_0} = A_1(h \, P_r^j) + A_2(k \, P_r^l + m \, P_r^n + p \, P_r^q) \tag{9-4-14}$$

$$A_n = (a_n T_r^{b_n} + c_n T_r^{d_n} + e_n T_r^{f_n} + g_n) \tag{9-4-15}$$

$$\mu = (\mu/\mu_0)\mu_0 \tag{9-4-16}$$

$a_1 = 83.8970$	$a_2 = 1.5140$	$h = 1.5071$
$b_1 = 0.0105$	$b_2 = -11.3036$	$j = -0.4487$
$c_1 = 0.6030$	$c_2 = 0.3018$	$k = 11.4789$
$d_1 = -0.0822$	$d_2 = -0.6856$	$l = 0.2606$
$e_1 = 0.9017$	$e_2 = 2.0636$	$m = -12.6843$

$f_1 = -0.1200$	$f_2 = -2.7611$	$n = 0.1773$
$g_1 = -85.3080$	$g_2 = 0$	$p = 1.6953$
		$q = -0.1052$

式中　　　μ/μ_0——黏度比；

μ——在 T 和 P 时的黏度，cP；

μ_0——在 T 和 1 个 atm 时的黏度，cP；

T——温度，K；

T_c——临界温度，K；

T_r——对比温度，$T_r = T/T_c$；

P——压力，MPa；

P_c——临界压力，MPa；

P_r——对比压力，$P_r = P/P_c$；

a_1，a_2，$\cdots q$——常数，见上所列。

上述方法不仅用于估算非烃气体在高压下的黏度，对于烃类气体也可适用。平均误差稍高于 7%。

【例 9-4-5】　计算氮气在 -50℃ 和 11.56MPa（绝）下的黏度。

解：1. 由式（9-4-1）计算氮气在 -50℃ 和 1 大气压时的黏度：

$$A = 6.559 \times 10^{-7},\ B = 0.6081,\ C = 54.71,\ D = 0,$$

$$T = -50 + 273.15 = 223.15\text{K}$$

$$\mu = \frac{1000A\,T^B}{1 + \dfrac{C}{T} + \dfrac{D}{T^2}} = \frac{1000 \times 6.559 \times 10^{-7} \times 223.15^{0.6081}}{1 + \dfrac{54.71}{22315} + \dfrac{0}{223.15^2}} = 0.0141\text{cP}$$

2. 由第一章表 1-2-1 得氮气的临界温度和临界压力如下。

$T_c = -146.95℃$

$P_c = 3.40\ \text{MPa}$

$T_r = (-50 + 273.15)/(-146.95 + 273.15) = 1.768$

$P_r = 11.56/3.40 = 3.4$

3. 利用式（9-4-14）和式（9-4-15）计算得 μ/μ_0。

$$\mu/\mu_0 = 1.41$$

4. 利用式（9-4-16）计算黏度 μ。

$$\mu = (\mu/\mu_0) \cdot \mu_0 = (1.410)(0.0141) = 0.0199\ \text{cP}$$

实测值是 0.01869 cP。

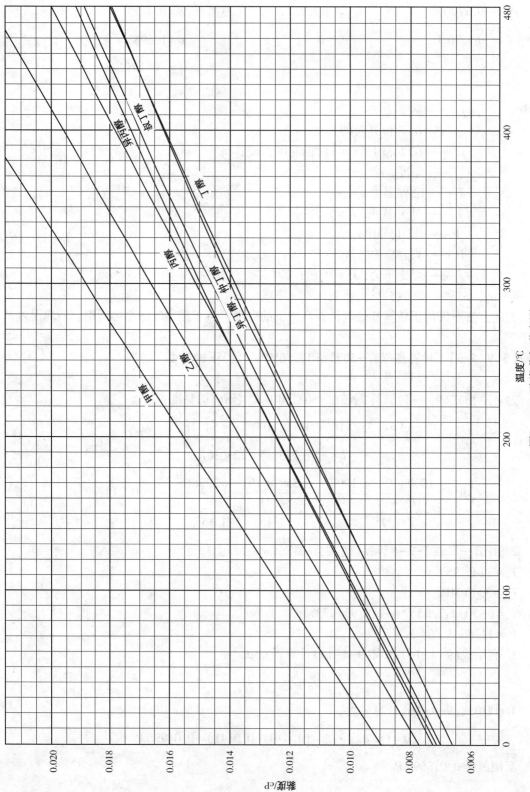

图9-4-6　醇类蒸气黏度图

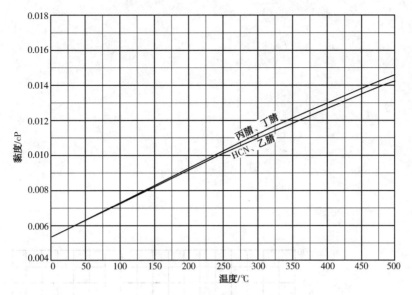

图 9-4-7 腈类蒸气黏度图

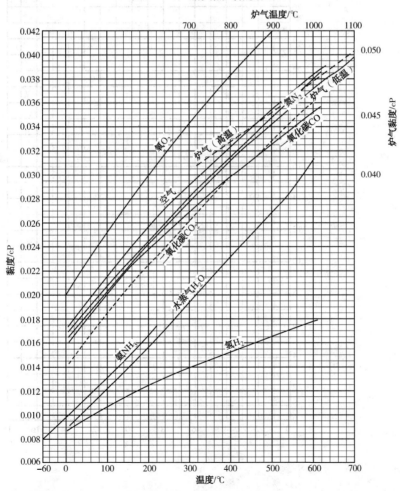

图 9-4-8 常压气体常压黏度图

注：炉气（高温）段为上、右座标，其他为下、左座标。

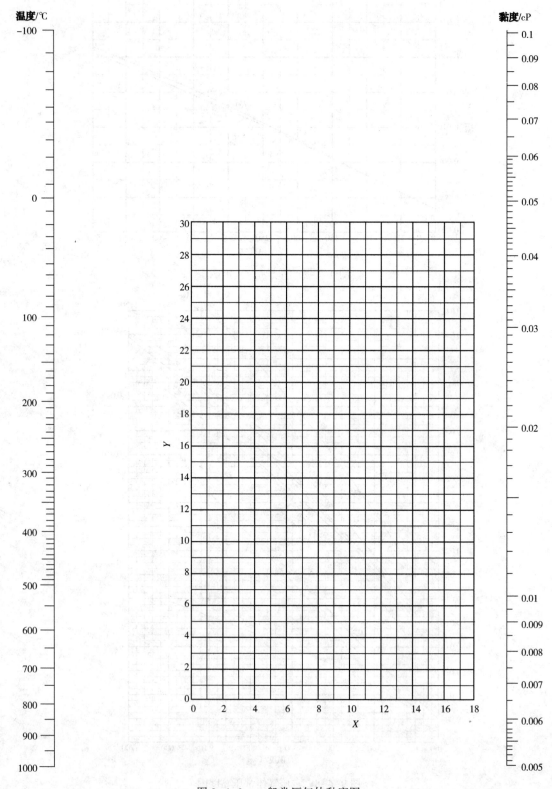

图 9-4-9　一般常压气体黏度图

各种气体在图 **9-4-9** 中的 X、Y 值：

序号	名　称	X	Y
1	空气	11.0	20.0
2	氧	11.0	21.3
3	氮	10.6	20.0
4	氩	10.5	22.4
5	氦	10.9	20.5
6	氖	9.3	23.0
7	氢	11.2	12.4
8	$3H_2 + 1N_2$	11.2	17.2
9	水蒸气	8.0	16.0
10	二氧化碳	9.5	18.7
11	一氧化碳	11.0	20.0
12	氨	8.4	16.0
13	硫化氢	8.6	18.0
14	二氧化硫	9.6	17.0
15	二硫化碳	8.0	16.0
16	一氧化二氮	8.8	19.0
17	一氧化氮	10.9	20.5
18	氟	7.3	23.8
19	氯	9.0	18.4
20	溴	8.9	19.2
21	碘	9.0	18.4
22	氯化氢	8.8	18.7
23	溴化氢	8.8	20.9
24	碘化氢	9.0	21.3
25	氰化氢	9.8	14.9
26	氰	9.2	15.2
27	亚硝酰氯	8.0	17.6
28	汞	5.3	22.9
29	甲烷	9.9	15.5
30	乙烷	9.1	14.5
31	乙烯	9.5	15.1
32	乙炔	9.8	14.9
33	丙烷	9.7	12.9
34	丙烯	9.0	13.8
35	丁烯	9.2	13.7
36	丁炔	8.9	13.0

序号	名　称	X	Y
37	戊烷	7.0	12.8
38	己烷	8.6	11.8
39	2，3，3-三甲苯丁烷	9.5	10.5
40	环己烷	9.2	12.0
41	氯化乙烷	8.5	15.6
42	三氯甲烷(氯仿)	8.9	15.7
43	苯	8.5	13.2
44	甲苯	8.6	12.4
45	甲醇	8.5	15.6
46	乙醇	9.2	14.2
47	丙醇	8.4	13.4
48	醋酸	7.7	14.3
49	丙酮	8.9	13.0
50	乙醚	8.9	13.0
51	醋酸乙酯	8.5	13.2
52	氟利昂-11	10.6	15.1
53	氟利昂-12	11.1	16.0
54	氟利昂-21	10.8	15.3
55	氟利昂-22	10.1	17.0
56	氟利昂-113	11.3	14.0

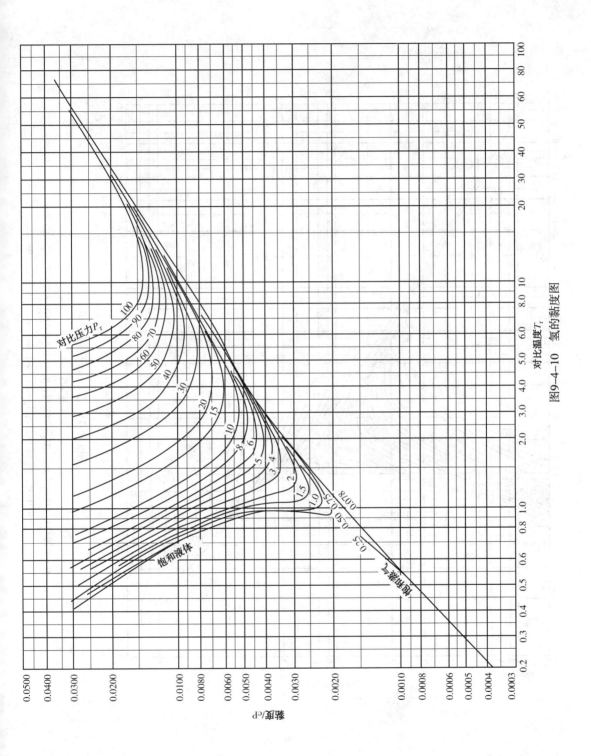

图9-4-10　氢的黏度图

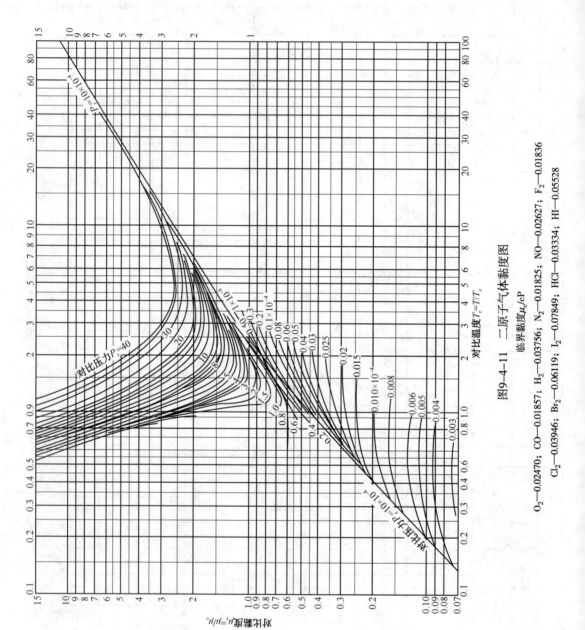

图9-4-11　二原子气体黏度图

临界黏度 μ_c/cP

O_2—0.02470; CO—0.01857; H_2—0.03756; N_2—0.01825; NO—0.02627; F_2—0.01836

Cl_2—0.03946; Br_2—0.06119; I_2—0.07849; HCl—0.03334; HI—0.05528

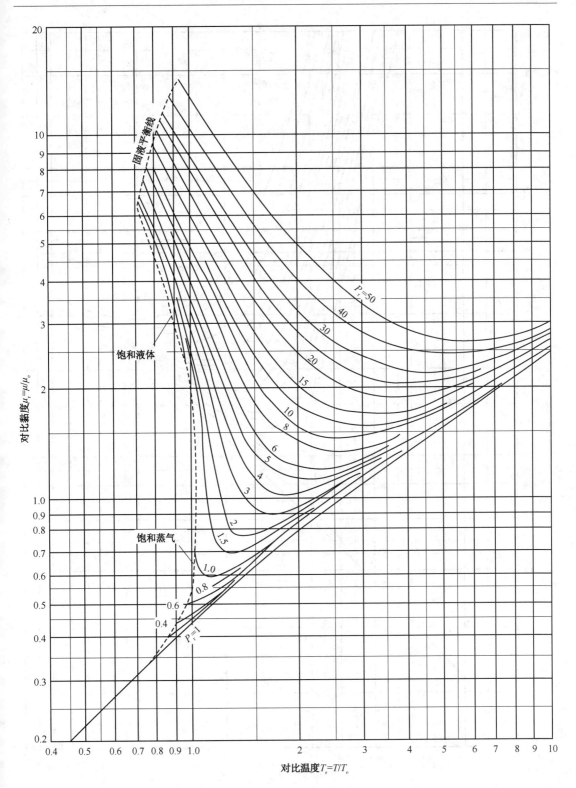

图 9-4-12　二氧化碳黏度图

二氧化碳的临界参数：

临界温度　$T_c = 304.2K$　　　临界压力　$P_c = 7.383MPa$

临界压缩系数　$Z_c = 0.274$　　　临界黏度　$\mu_c = 3.335 \times 10^{-2} cP$

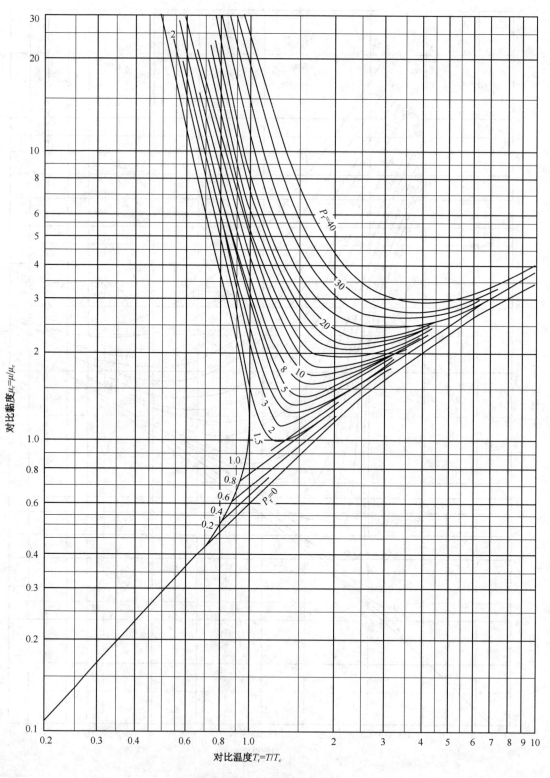

图 9-4-13　氨的黏度图

氨的临界参数：

$$T_c = 405.65\text{K} \qquad P_c = 11.28\text{MPa} \qquad Z_c = 0.242 \qquad \mu_c = 2.39 \times 10^{-2}\text{cP}$$

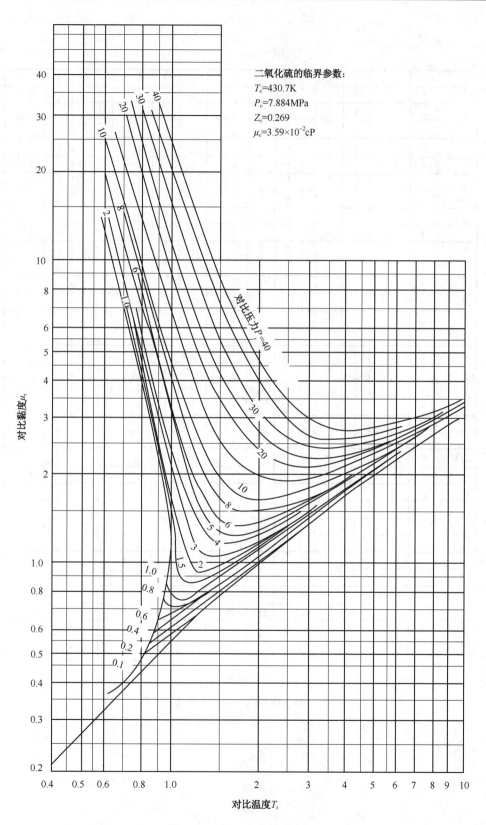

二氧化硫的临界参数:
T_c=430.7K
P_c=7.884MPa
Z_c=0.269
μ_c=3.59×10^{-2}cP

图 9-4-14 二氧化硫黏度图

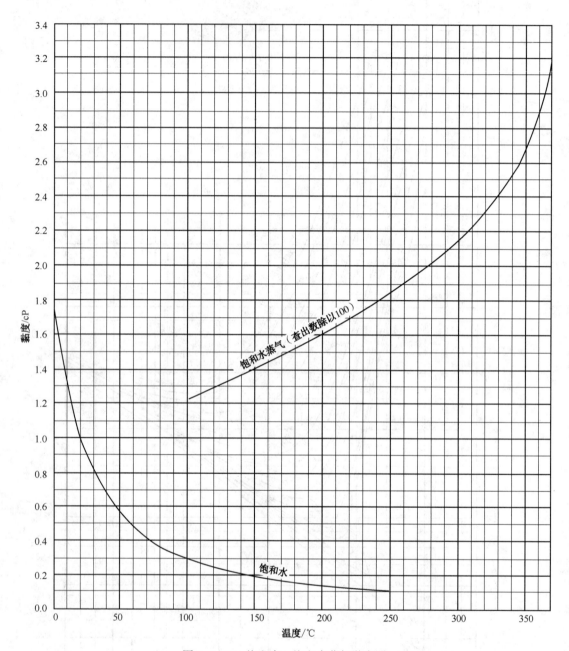

图 9-4-15　饱和水、饱和水蒸气黏度图

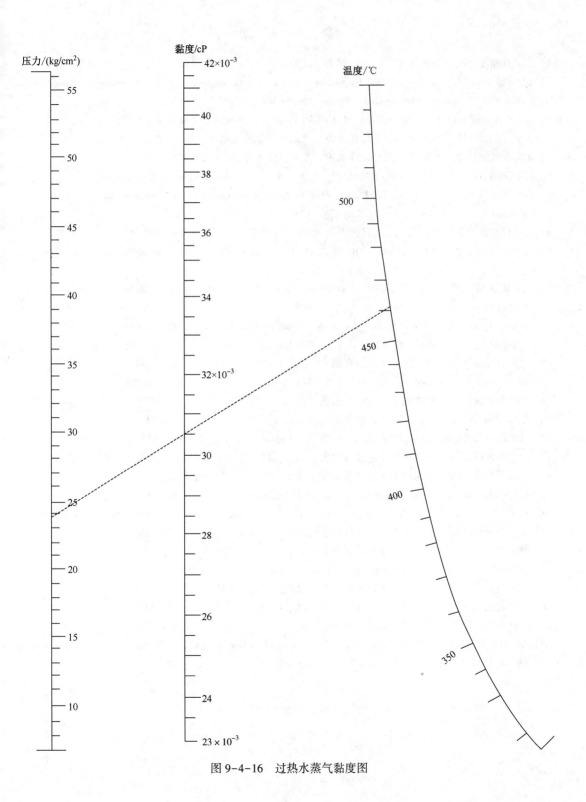

图 9-4-16　过热水蒸气黏度图

参 考 文 献

[1] 北京石油设计院. 石油化工工艺计算图表. 北京：烃加工出版社，1985：386

[2] ASTM D 2161-82 Standard Method for Conversion of Kinematic Viscosity of Saybolt Universal Viscosity or to Saybolt Furol Viscosity. Philadelphia：Am Soc Testing Mater，1982

[3] API Technical Data Book. 8th Edition. N. Y：API Publishing Services，2006：11~15

[4] 北京石油设计院. 石油化工工艺计算图表. 北京：烃加工出版社，1985：388

[5] 北京石油设计院. 石油化工工艺计算图表. 北京：烃加工出版社，1985：398

[6] API TECHNICAL DATA BOOK. 8th Edition. N. Y：API Publishing Services，2006：11~18

[7] Van Velzeu D.，Cardozo R. L，Langenkamp H A. Liquid viscosity - Temperature - Chemical Constitution Relation for Organic Compounds. Ind Eng Chem Fundamentals，1972，11：20

[8] 北京石油设计院. 石油化工工艺计算图表. 北京：烃加工出版社，1985：395

[9] Singh B，Mutyala S，PUttagunta V R. Viscosity Range from one Test. Hydrocarbon Processing，1990，69(9)：39

[10] ASTM D 342-93 Standard Viscosity-Temperature Charts for Liquid Petroleum Products. Philadelphia：Am Soc Testing Mater，1982

[11] Twu C H，Bulls J W Viscosity Blending Tested. Hydrocarbon Processing，1981，60(4)：217

[12] API Technical Data Book. 8th Edition. N. Y：API Publishing Services，2006：11~48

[13] 北京石油设计院. 石油化工工艺计算图表. 北京：烃加工出版社，1985：379

[14] API Technical Data Book. 8th Edition. N. Y：API Publishing Services，2006：11~55

[15] 北京石油设计院. 石油化工工艺计算图表. 北京：烃加工出版社，1985：402

[16] 北京石油设计院. 石油化工工艺计算图表. 北京：烃加工出版社，1985：382

[17] API Technical Data Book. 8th Edition. N. Y：API Publishing Services，2006：11~62

[18] 北京石油设计院. 石油化工工艺计算图表. 北京：烃加工出版社，1985：406

[19] 北京石油设计院. 石油化工工艺计算图表. 北京：烃加工出版社，1985：421

[20] API Technical Data Book. 8th Edition. N. Y：API Publishing Services，2006：11~65

[21] Stiel L T，Thodos G. The Viscosity of Nonpolar Gases at Normal Pressure. AIChE J，1961，7(4)：611

[22] 北京石油设计院. 石油化工工艺计算图表. 北京：烃加工出版社，1985：418

[23] 北京石油设计院. 石油化工工艺计算图表. 北京：烃加工出版社，1985：423

[24] Bicher L B. Viscosities of Natural Gases. Trans. AIME，1994，155：246

[25] 北京石油设计院. 石油化工工艺计算图表. 北京：烃加工出版社，1985：425

[26] 北京石油设计院. 石油化工工艺计算图表. 北京：烃加工出版社，1985：420

[27] 北京石油设计院. 石油化工工艺计算图表. 北京：烃加工出版社，1985：426

[28] Carr N L，Parent J D，Peck R E. Viscosity of Gase and Gas Mixtures at High Pressure. Chem Eng Progr Symp Ser No. 16，1955，51：19

第十章　导热系数

物质的导热系数是表示热量依靠传导而通过静止的固体、液体或气体层难易程度的物理量。傅里叶热传导公式中的比例常数 λ 被定义为导热系数，单位为 W/(m·K)。

物质的导热系数与其分子排列的有序度有关，随物质的化学组成、物理状态及系统的温度、压力等不同而变化。对简单化合物，导热系数递增的次序为：气体、液体、无定性固体、晶体。但亦有例外，如氢气比液体苯高，水比木炭高。

液体和气体体系导热系数的计算框图分别见图 10-0-1 和图 10-0-2，本章将详细介绍框图中所示的各个计算方法。

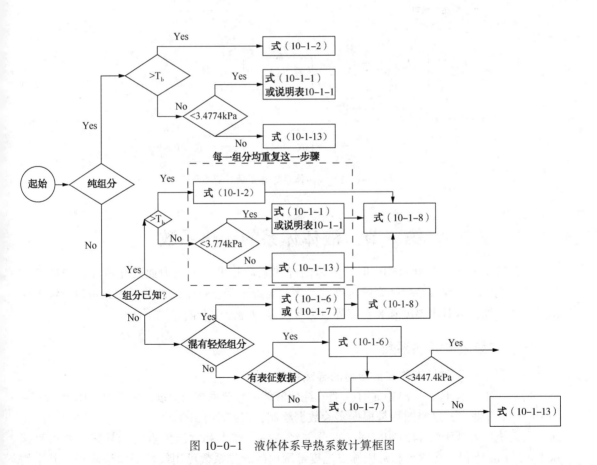

图 10-0-1　液体体系导热系数计算框图

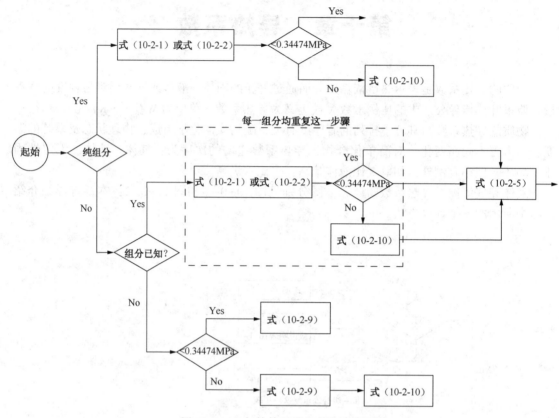

图 10-0-2　气体体系导热系数计算框图

第一节　液体体系的导热系数

当系统压力低于 3.4474MPa 时，液体的导热系数几乎不随压力而变化；在物质冰点和常压沸点之间时，导热系数随系统温度的升高而直线下降，这个线性关系大致可以持续至对比温度 0.8 处；从对比温度 0.8 至临界点，导热系数随温度升高急剧下降[1]。

一、纯烃液体导热系数

(一)沸点以下纯烃液体在低压时的导热系数

当系统压力低于 3.4474MPa 时，部分纯烃液体的导热系数与温度的关系可从图 10-1-1～图 10-1-4 查得[2]，这些图均是根据实验数据绘制，误差小于 1%。

当系统压力低于 3.4474MPa 时，部分纯烃液体在冰点和常压沸点时的导热系数可直接从表 10-1-1 查得，在冰点和常压沸点温度范围内的导热系数可用线性插值法求得，其平均误差为 5%，但该方法不能用于沸点以上温度。在接近冰点的几度范围内，由于固化过程分子的聚集，导热系数会比简单插值法计算值增加快得多，计算中通常可以忽略该现象。

表 10-1-1 液体纯烃的导热系数[3]

化合物名称	冰点		常压沸点	
	T_f/K	$\lambda_f/[W/(m \cdot K)]$	T_b/K	$\lambda_b/[W/(m \cdot K)]$
甲烷	90.69	0.22464	111.66	0.18830
丙烷	85.47	0.21305	231.11	0.12890
正丁烷	134.86	0.18692	272.65	0.11762
2-甲基丙烷	113.54	0.16315	261.43	0.10900
正戊烷	143.42	0.17826	309.22	0.10858
正己烷	177.83	0.16225	341.88	0.10422
2-甲基戊烷	119.55	0.15997	333.41	0.09995
3-甲基戊烷	110.25	0.16454	336.42	0.10102
2，2-二甲基丁烷	174.28	0.13453	322.88	0.09495
2，3-二甲基丁烷	145.19	0.14216	331.13	0.09683
正庚烷	182.57	0.15983	371.58	0.10251
2，4-二甲基戊烷	153.91	0.13512	353.64	0.08982
正辛烷	216.38	0.15196	398.83	0.09811
2，2，4-三甲基戊烷	165.78	0.12842	372.39	0.08150
正壬烷	219.66	0.15116	423.97	0.09716
2，2，5-三甲基己烷	167.39	0.12812	397.24	0.08219
正癸烷	243.51	0.14557	447.31	0.09457
正十一烷	247.57	0.14604	469.08	0.09297
正十二烷	263.57	0.14353	489.47	0.09093
正十三烷	267.76	0.14406	508.62	0.08955
正十四烷	279.01	0.14225	526.73	0.08820
正十五烷	283.07	0.14460	543.83	0.08742
正十六烷	291.31	0.14379	560.02	0.08484
正十七烷	295.13	0.14403	575.30	0.08191
正十八烷	301.31	0.14598	589.86	0.08094
正十九烷	305.04	0.14529	603.05	0.07968
正二十烷	309.58	0.14881	616.93	0.08011
正二十一烷	313.35	0.14984	629.65	0.07989
正二十二烷	317.15	0.15126	641.75	0.08089
正二十三烷	320.65	0.15154	653.35	0.08107
正二十四烷	323.75	0.15299	664.45	0.08188
环戊烷	179.31	0.15841	322.40	0.11980
甲基环戊烷	130.73	0.16047	344.96	0.10704
环己烷	279.69	0.12819	353.87	0.10959
甲基环己烷	146.58	0.14489	374.08	0.09349

化合物名称	冰点		常压沸点	
	T_f/K	$\lambda_f/[W/(m \cdot K)]$	T_b/K	$\lambda_b/[W/(m \cdot K)]$
2-甲基丙烯	132.81	0.18743	266.25	0.11722
1-己烯	133.39	0.17722	336.63	0.10739
反-2-己烯	140.17	0.16552	341.02	0.11002
1-庚烯	154.27	0.16691	366.79	0.10434
反-2-庚烯	163.67	0.16134	371.10	0.10654
反-3-庚烯	136.52	0.16760	368.82	0.10659
1-辛烯	171.45	0.15543	394.44	0.10498
反-2-辛烯	185.45	0.15716	398.15	0.10422
1-壬烯	191.78	0.15666	420.02	0.09230
1-癸烯	206.89	0.15282	443.75	0.09612
环己烯	169.67	0.16525	356.12	0.11665
2-甲基-1,3-丁二烯	133.15①	0.18155①	307.21	0.11798
苯	278.68	0.14938	353.24	0.12657
甲苯	178.18	0.16158	383.78	0.11166
乙苯	178.20	0.15760	409.35	0.10247
1,2-二甲基苯	247.98	0.14301	417.58	0.10400
1,3-二甲基苯	225.30	0.14754	412.27	0.10348
1,4-二甲基苯	286.41	0.13264	411.51	0.10312
正丙基苯	173.55	0.15277	432.39	0.10135
异丙基苯	177.14	0.14863	413.15②	0.09927②
1,2,4-三甲基苯	229.33	0.14403	442.53	0.09910
1,3,5-三甲基苯	228.42	0.15062	437.89	0.10433
正丁基苯	185.30	0.15009	456.46	0.09571
叔丁基苯	215.27	0.13039	442.30	0.09578
联苯	342.37	0.13882	528.15	0.11064
邻三联苯	329.35	0.13304	610.65	0.10258
间三联苯	360.00	0.13524	650.00	0.11509
对三联苯	485.00	0.12946	649.15	0.10827

① 下限温度和该温度下的导热系数;
② 上限温度和该温度下的导热系数。

【例 10-1-1】　计算正己烷在常压和 293.15K 时的导热系数。

解：从表 10-1-1 可知，正己烷在冰点($T_f=177.83K$)时，其导热系数 $\lambda_f=0.1623$ W/(m·K)；在常压沸点($T_b=341.9K$)时，其导热系数 $\lambda_b=0.1042$ W/(m·K)

所以 293.15K 时的导热系数可根据上述两个温度点的导热系数线性插值得到

$$\lambda = 0.1623 - \left(\frac{293.15 - 177.83}{341.9 - 177.83}\right) \times (0.1623 - 0.1042) = 0.1215 \text{ W/(m·K)}$$

实验值是 0.1217 W/(m·K)。

(二) 低压下纯烃液体导热系数计算的普遍化方法[3]

当系统压力低于 3.4474MPa，对比温度在 0.25~0.80 时，如果从图 10-1-2~图 10-1-5 和说明表 10-1-1 中找不到所需数据，纯烃液体的导热系数可按式（10-1-1）计算：

$$\lambda = \frac{0.108 C M^n}{V_m} \frac{3 + 20(1 - T_r)^{2/3}}{3 + 20\left(1 - \dfrac{293.15}{T_c}\right)^{2/3}} \qquad (10-1-1)$$

式中　λ——导热系数，W/(m·K)；

　C——系数，其值见说明表 10-1-2；

　n——系数，其值见说明表 10-1-2；

　M——相对分子质量；

　V_m——293.15K 时的摩尔体积，$m^3/kmol$；

　T_r——对比温度，T/T_c；

　T_c——临界温度，K；

　T——温度，K。

说明表 10-1-2　式（10-1-1）中的 n 和 C 值

	n	C
直链烃	1.001	$1.676×10^{-3}$
支链烃和环状烃	0.7717	$4.079×10^{-3}$

计算步骤：

1. 从第一章获得所计算组分的临界温度 T_c 和相对分子质量，计算对比温度（$T_r = T/T_c$）；

2. 由说明表 10-1-2 中确定系数 n 和 C；

3. 根据第五章中的方法，确定该组分在 20℃（293.15K）时的密度，并计算 20℃下的摩尔体积；

4. 由式（10-1-1）计算该组分的导热系数。

该方法的平均误差为 5%，最大误差为 20%。

【例 10-1-2】　计算正丁基苯在 333.15K 和 101.325kPa 时的导热系数

解：从第一章表 1-1-5 得 $M = 134.22$，$T_c = 660.55K$。

则 $T_r = 333.15/660.55 = 0.5044$

已知 293.15K 时的密度为 861.15 kg/m^3，

则 $V_m = 134.22/861.15 = 0.1559$ $m^3/kmol$

确定 $n = 0.7717$，$C = 4.079×10^{-3}$

由式（10-1-1）可知

$$\lambda = \frac{0.108 × (4.079 × 10^{-3}) × (134.22)^{0.7717}}{0.1559} \frac{3 + 20 × (1 - 0.5044)^{2/3}}{3 + 20 × \left(1 - \dfrac{293.15}{660.55}\right)^{2/3}}$$

$$= 0.1164 \text{ W/(m·K)}$$

该状态下的实验值为 0.1182W/(m·K)。

(三) 沸点以上纯烃液体导热系数[4]

当体系温度在正常沸点以上时，纯烃液体任何压力下的导热系数按式（10-1-2）计算：

$$\lambda = \frac{-3.2607 \times 10^{-6} P_r^2 + 2.4957 \times 10^{-3} P_r + 1.7307 \times \alpha\exp(\beta\rho_r)}{k} \quad (10-1-2)$$

$$\alpha = \frac{7.137 \times 10^{-3}}{\beta^{3.322}} \quad (10-1-3)$$

$$\beta = 0.4 + \frac{0.986}{\exp(0.58k)} \quad (10-1-4)$$

$$k = \frac{(1.8 T_c)^{1/6} M^{1/2}}{(P_c/101.352)^{2/3}} \quad (10-1-5)$$

式中　　λ——导热系数，$W/(m \cdot K)$；

　　　　ρ_r——对比密度，$\rho/\rho_c = \rho V_c$；

　　　　ρ——密度，kg/m^3；

　　　　ρ_c——临界密度，kg/m^3；

　　　　V_c——临界体积，m^3/kg；

　　　　T_c——临界温度，K；

　　　　M——相对分子质量；

　　　　P_r——对比压力，P/P_c；

　　　　P_c——临界压力，kPa；

　　　　P——压力，kPa。

计算步骤：

1. 从第一章获得所计算组分的临界温度、临界压力、临界体积和相对分子质量；计算对比压力，$P_r = P/P_c$；

2. 由第六章方法确定组分的密度；计算对比密度，$\rho_r = \rho V_c$；

3. 按照式(10-1-5)确定 k、由式(10-1-4)计算 β、然后从式(10-1-3)得到 α；

4. 最后使用式(10-1-2)计算导热系数 λ。

该方法的平均误差为8%，最大误差为32%。

【例 10-1-3】　计算 433.15K 和 20.0016MPa 时正庚烷(液体)的导热系数。

解：已知 $T_c = 540.19K$，$P_c = 2.74MPa = 2740kPa$，$V_c = 0.004267 \ m^3/kg$，$M = 100.2$

则　　$P_r = 20.0016/2.74 = 7.3$

已知　$\rho = 607.95 \ kg/m^3$，

则　　$\rho_r = 607.95 \times 0.004267 = 2.594$

由式(10-1-5)可知

$$k = \frac{(1.8 \times 540.19)^{1/6} \times 100.2^{1/2}}{(2740/101.352)^{2/3}} = 3.497$$

由式(10-1-3)和式(10-1-4)可知

$$\beta = 0.4 + \frac{0.986}{\exp(0.58 \times 3.497)} = 0.5297$$

$$\alpha = \frac{7.137 \times 10^{-3}}{0.5297^{3.322}} = 0.05892$$

由式(10-1-2)可知

$$\lambda = \frac{-3.2607 \times 10^{-6} \times 7.3^2 + 2.4957 \times 10^{-3} \times 7.3 + 1.7307 \times 0.05892\exp(0.5297 \times 2.594)}{3.497}$$

$$= 0.1204 \ W/(m \cdot K)$$

实验值为 0.1104 W/(m·K)。

二、液体烃类混合物和液体石油馏分的导热系数

(一) 已表征的液体石油馏分的导热系数[3]

当体系压力低于 3.4474MPa 时，已表征液体石油馏分的导热系数按式(10-1-6)计算：

$$\lambda = 1.1861(MeABP)^{0.2904} \times (0.02151 - 1.671 \times 10^{-5} \times T) \qquad (10-1-6)$$

式中　　λ ——导热系数，W/(m·K)；

　MeABP——中平均沸点，K；

　　　T ——温度，K。

该方法适用于中平均沸点在 337~858K 的已表征液体石油馏分；若中平均沸点未知，可根据该馏分的特性因数 K、苯胺点、碳氢质量比和相对分子质量中的任意两个性质估算中平均沸点。与实验数据相比，该方法的平均误差为 6%左右，最大误差为 24%。

【例 10-1-4】　计算中平均沸点为 359.3K 的液体石油馏分在 295.3K 时的导热系数。

解：由式(10-1-6)可知

$\lambda = 1.1861(359.3)^{0.2904} \times (0.02151 - 1.671 \times 10^{-5} \times 295.3) = 0.1086 \ W/(m \cdot K)$

在此状态下该石油馏分导热系数实验值是 0.1108 W/(m·K)。

(二) 未知组成的液体石油馏分的导热系数[3]

当体系压力低于 3.4474MPa 时，未表征液体石油馏分在 255~589K 时的导热系数按式(10-1-7)计算：

$$\lambda = 0.1638 - 1.277 \times 10^{-4} T \qquad (10-1-7)$$

式中　　λ ——导热系数，W/(m·K)；

　　　T ——温度，K。

虽然该方法为石油馏分的计算而研发，但是它也适用于低压下(<3.4474MPa)任何液体烃的导热系数的快速估算，也适用于含有高于其临界温度的组分的体系。这个算法过于简单，因为它没有按分子类型和相对分子质量做出修正，因而，对组分已知的混合物，应该优先使用式(10-1-8)。该方法的平均误差为 10%，最大可达 40%。

【例 10-1-5】　计算液体石油馏分在 561.3K 和常压下的导热系数。

解：由式(10-1-7)

$$\lambda = 0.1638 - 1.277 \times 10^{-4} \times 561.3 = 0.0921 \ W/(m \cdot K)。$$

(三) 液体烃类混合物的导热系数[5]

组分已知的液体烃类混合物在任何温度和压力下的导热系数可根据各纯组分的导热系数等性质按式(10-1-8)计算：

$$\lambda_m = \sum_i \sum_j \phi_i \phi_j \lambda_{ij} \qquad (10-1-8)$$

$$\lambda_{ij} = 2\left(\frac{1}{\lambda_i} + \frac{1}{\lambda_j}\right)^{-1} \qquad (10-1-9)$$

$$\phi_i = \frac{x_i V_i}{\sum_j x_j V_j} \qquad (10-1-10)$$

$$\sum_i \phi_i = 1 \qquad (10-1-11)$$

对二元混合物，式(10-1-8)变为：

$$\lambda_m = \phi_i^2 \lambda_i + 2 \phi_i \phi_j \lambda_{ij} + \phi_j^2 \lambda_j \qquad (10-1-12)$$

式中　　λ_m——混合物的导热系数 W/(m·K)，$\lambda_{ij} = \lambda_{ji}$，$\lambda_{ii} = \lambda_i$；

　　λ_i，λ_j——纯组分 i 和纯组分 j 的导热系数，W/(m·K)；

　　ϕ_i，ϕ_j——纯组分 i 和纯组分 j 的体积分数；

　　V_i，V_j——纯组分 i 和纯组分 j 的摩尔体积，m^3/(kg·mol)；

　　x_i，x_j——纯组分 i 和纯组分 j 的摩尔分数。

计算步骤：

1. 从第一章获得相对分子质量等基础性质后，计算混合物中每个纯组分的导热系数。纯组分在低压时(<3.4474MPa)的导热系数按式(10-1-1)计算或根据表10-1-1中的数据插值计算，高压下的导热系数按式(10-1-13)计算，临界点附近的导热系数按式(10-1-2)计算。

2. 从第五章计算每个组分的密度，并由相对分子质量计算它的摩尔体积；

3. 用式(10-1-9)计算 λ_{ij}；

4. 由式(10-1-10)计算混合物中每个组分的体积分率，并用式(10-1-11)校核其加和为1；

5. 使用式(10-1-8)计算该混合物的导热系数。

与实验数据相比，该方法的计算结果的平均误差为5%。对于具有可靠纯烃导热系数的烃类体系，其误差极少超过15%。

【例10-1-6】 计算由68%(mol)正庚烷和32%(mol)环戊烷组成的混合物在273.15K和1atm时的导热系数。实验测得正庚烷和环戊烷在该条件下的导热系数分别为0.1322 W/(m·K)和0.1407 W/(m·K)。

解：已知正庚烷为组分 i，环戊烷为组分 j，在体系的状态下

$$M_i = 100.2，M_j = 70.13，\rho_i = 702.41 \text{ kg/m}^3，\rho_j = 762.48 \text{ kg/m}^3$$

则　$V_i = 100.2/702.41 = 0.143 \text{ m}^3$/(kg·mol)，$V_j = 70.13/762.48 = 0.0920 \text{ m}^3$/(kg·mol)

由式(10-1-9)可知，$\lambda_{ij} = 2 \times \left(\dfrac{1}{0.1322} + \dfrac{1}{0.1407} \right)^{-1} = 0.1363$ W/(m·K)。

由式(10-1-10)可知

$$\phi_i = \frac{0.68 \times 0.143}{0.68 \times 0.143 + 0.32 \times 0.092} = 0.7676，\phi_j = \frac{0.32 \times 0.092}{0.68 \times 0.143 + 0.32 \times 0.092} = 0.2324$$

由(10-1-12)可知

$$\lambda_m = 0.7676^2 \times 0.1322 + 2 \times 0.7676 \times 0.2324 \times 0.1363 + 0.2324^2 \times 0.140$$
$$= 0.1341 \text{ W}/(\text{m·K})$$

实验值为 0.1335 W/(m·K)。

(四) 轻烃和石油馏分混合物的导热系数[3]

当体系压力低于3.4474MPa时，组分已知的轻烃和液体石油馏分的混合物的导热系数按下述步骤计算：

1. 由式(10-1-6)或式(10-1-7)计算液体石油馏分的导热系数；

2. 由式(10-1-8)计算组分已知的轻烃混合物的导热系数；

3. 将液体石油馏分和轻烃混合物作为两个虚拟组分，按式(10-1-12)计算由这两个部

分组成的混合物的导热系数。

【例 10-1-7】　计算由 60%(mol)液体石油馏分、15%(mol)正戊烷、10%(mol)正己烷和 15%(mol)苯组成的混合物在 1atm 和 288.7K 时的导热系数。

解：已知液体石油馏分的 MeABP = 359.3K，相对密度为 0.698，$M = 94.257$。

则该液体石油馏分的密度为 $0.698 \times 997.47 = 696.23 \text{kg/m}^3$，摩尔体积 $V = 94.257/696.23 = 0.1354 \text{ m}^3/\text{kmol}$

由式(10-1-7)确定该石油馏分的导热系数：

$$\lambda = 0.1637 - 1.278 \times 10^{-4} \times 288.7 = 0.1268 \text{ W/(m·K)}$$

轻烃混合物的分子分率归一后的各组分的分子分率分别为：37.5%(mol)正戊烷(该组分以 1 表示)，25%(mol)正己烷(该组分以 2 表示)和 37.5%(mol)苯(该组分以 3 表示)。根据说明表 10-1-1 中的相关数据，线性插值得到轻烃混合物中各组分在体系条件下的导热系数分别为 $\lambda_1 = 0.1172 \text{W/(m·K)}$，$\lambda_2 = 0.1230 \text{W/(m·K)}$，$\lambda_3 = 0.1463 \text{W/(m·K)}$。

根据第五章第二节液体密度计算方法得到，轻烃混合物分子体积及各组分的摩尔体积分别为 $V = 0.1082 \text{ m}^3/(\text{kg·mol})$，$V_1 = 0.1143 \text{m}^3/(\text{kg·mol})$，$V_2 = 0.1289 \text{ m}^3/(\text{kg·mol})$，$V_3 = 0.0885 \text{m}^3/(\text{kg·mol})$

由式(10-1-9)可知

$$\lambda_{12} = 2 \times \left(\frac{1}{0.1172} + \frac{1}{0.1230} \right)^{-1} = 0.1200 \text{ W/(m·K)}$$

$$\lambda_{13} = 2 \times \left(\frac{1}{0.1172} + \frac{1}{0.1463} \right)^{-1} = 0.1301 \text{ W/(m·K)}$$

$$\lambda_{23} = 2 \times \left(\frac{1}{0.1463} + \frac{1}{0.1230} \right)^{-1} = 0.1336 \text{ W/(m·K)}$$

由式(10-1-10)确定轻烃混合物中各组分的体积分数：

$$\phi_1 = \frac{0.375 \times 0.1143}{0.375 \times 0.1143 + 0.25 \times 0.1289 + 0.375 \times 0.0885} = 0.3959$$

$$\phi_2 = \frac{0.25 \times 0.1289}{0.375 \times 0.1143 + 0.25 \times 0.1289 + 0.375 \times 0.0885} = 0.2976$$

$$\phi_3 = \frac{0.375 \times 0.0885}{0.375 \times 0.1143 + 0.25 \times 0.1289 + 0.375 \times 0.0885} = 0.3065$$

$$\Sigma \Phi_i = \Phi_1 + \Phi_2 + \Phi_3 = 0.3959 + 0.2976 + 0.3065 = 1$$

由式(10-1-8)确定轻烃混合物的导热系数：

$$\lambda_m = \Sigma\Sigma \Phi_i \Phi_j \lambda_{ij}$$

$$\lambda_m = \Phi_1^2 \lambda_1 + \Phi_2^2 \lambda_2 + \Phi_3^2 \lambda_3 + 2 \Phi_1 \Phi_2 \lambda_{12} + 2 \Phi_1 \Phi_3 \lambda_{13} + 2 \Phi_2 \Phi_3 \lambda_{23}$$

$$\begin{aligned} \lambda_m = &\ 0.3959^2 \times 0.1172 + 0.2976^2 \times 0.1230 + 0.3065^2 \times 0.1463 \\ &+ 2 \times 0.3959 \times 0.2976 \times 0.1200 + 2 \times 0.3959 \times 0.3065 \times 0.1301 \\ &+ 2 \times 0.2976 \times 0.3065 \times 0.1336 \\ = &\ 0.1272 \text{W/(m·K)} \end{aligned}$$

将液体石油馏分(以 i 表示)和轻烃混合物(以 j 表示)作为两虚拟组分，按式(10-1-12)计算由这两虚拟组分组成的混合物的导热系数

$$\lambda_{ij} = 2 \times \left(\frac{1}{0.1268} + \frac{1}{0.1272} \right)^{-1} = 0.1270 \text{ W/(m·K)}$$

由式(10-1-10)确定俩虚拟组分的体积分率

$$\phi_i = \frac{0.6 \times 0.1354}{0.6 \times 0.1354 + 0.4 \times 0.1082} = 0.6524$$

$$\phi_j = \frac{0.4 \times 0.1082}{0.6 \times 0.1354 + 0.4 \times 0.1082} = 0.3476$$

$$\Sigma \Phi_i = \Phi_1 + \Phi_2 = 0.6524 + 0.3476 = 1$$

由式(10-1-12)确定导热系数

$$\lambda_m = 0.6524^2 \times 0.1268 + 2 \times 0.6524 \times 0.3476 \times 0.1270$$
$$+ 0.3476^2 \times 0.1272$$
$$= 0.1269 \text{ W/(m · K)}$$

三、高压液体烃类导热系数[3]

当体系对比温度在 0.4~0.8 之间，且压力高于 3.4474MPa 时，液体烃的导热系数按式(10-1-13)计算。

$$\lambda_2 = \lambda_1 \frac{C_2}{C_1} \tag{10-1-13}$$

$$C = 17.77 + 0.065 P_r - 7.764 T_r - \frac{2.065 T_r^2}{\exp(0.2 P_r)} \tag{10-1-14}$$

式中　λ_2——所求温度和压力下的导热系数，W/(m · K)；

λ_1——所求温度和低压(通常为常压)下的导热系数，W/(m · K)；

C_1，C_2——根据式(10-1-14)计算的导热因数，计算所需温度和压力分别为 λ_1 和 λ_2 所对应的温度和压力；

P_r——对比压力，P/P_c；

P——压力，kPa；

P_c——临界压力，kPa；

T_r——对比温度，T/T_c；

T——温度，K；

T_c——临界温度，K。

该方法的平均误差为 5%。最大误差为 25%。高压导热系数 λ_2 的最终值也取决于低压导热系数 λ_1 输入的误差。

【例 10-1-8】　计算 303.9833K 和 151.988MPa 时甲苯(液体)的导热系数。已知在 303.9833K 和常压时的导热系数 $\lambda_1 = 0.1285$ W/(m · K)[6]。

解：已知 $T_c = 591.7889$K，$P_c = 4.1086$MPa

则　$T_r = 303.9833/591.7889 = 0.5137$

$$P_{r1} = 0.1013/4.1086 = 0.0247，\quad P_{r2} = 151.988/4.1086 = 36.993$$

由式(10-1-14)

$$C_1 = 17.77 + 0.065 \times 0.0247 - 7.764 \times 0.5137 - \frac{2.065 \times 0.5137^2}{\exp(0.2 \times 0.0247)} = 13.2410$$

$$C_2 = 17.77 + 0.065 \times 36.993 - 7.764 \times 0.5137 - \frac{2.065 \times 0.5137^2}{\exp(0.2 \times 36.993)} = 16.1858$$

由式(10-1-13)确定导热系数

$$\lambda_2 = 0.1285 \times \frac{16.1858}{13.2410} = 0.1571 \ W/(m \cdot K)$$

实验值为 $0.1633 \ W/(m \cdot K)$ [6]。

四、非烃类的导热系数

（一）一般物质的导热系数

非烃类物质的导热系数可根据钱学森公式(10-1-15)估算

$$\lambda = 0.0097 \frac{\rho_L^{0.167}}{M^{0.667} Z^{0.5}} \qquad (10\text{-}1\text{-}15)$$

$$Z = \frac{V_L}{R T_b \left(101.6 - 82.4 \dfrac{T}{T_b}\right)} \qquad (10\text{-}1\text{-}16)$$

式中　λ ——液体导热系数，$W/(m \cdot K)$；

ρ_L ——液体密度，kg/m^3；

M —— 相对分子质量；

Z ——液体压缩系数，按式(10-1-16)计算；

V_L ——液体的摩尔体积，$m^3/kmol$；

T_b，T——液体沸点及所求温度，K；

R ——气体常数，$0.082atm \cdot m^3/(kmol \cdot K)$。

（二）醇类、腈类和水及其溶液的导热系数图

醇类、腈类和水及其溶液的导热系数可从图 10-1-5~图 10-1-8 查得[2]。

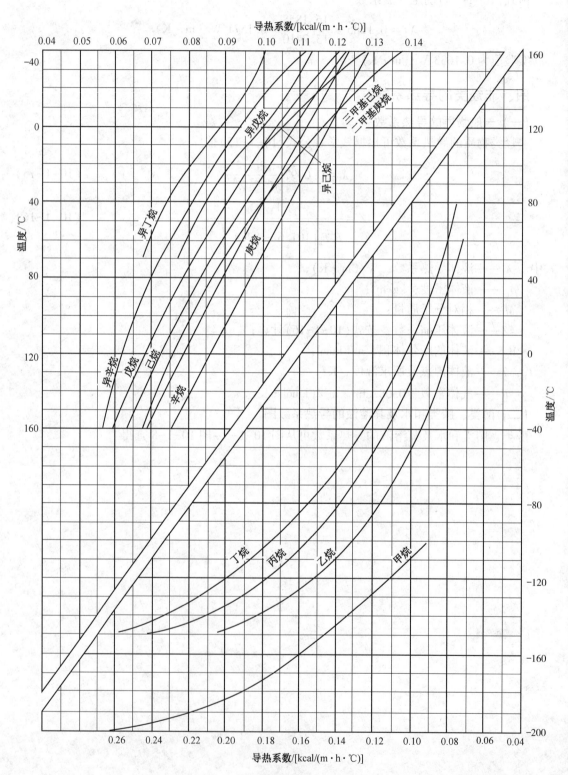

图 10-1-1 烷烃液体导热系数图

$1\text{kcal}/(\text{m} \cdot \text{h} \cdot \text{℃}) = 1.163\text{W}/(\text{m} \cdot \text{K})$

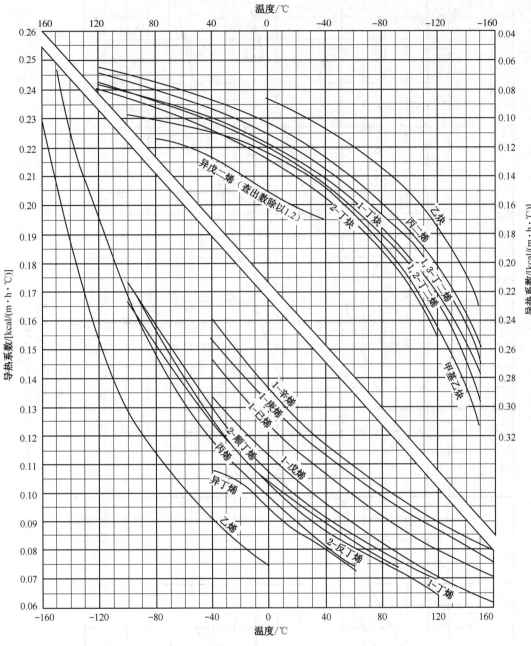

图 10-1-2 烯烃、二烯烃和炔烃液体导热系数图

1kcal/(m·h·℃) = 1.163W/(m·K)

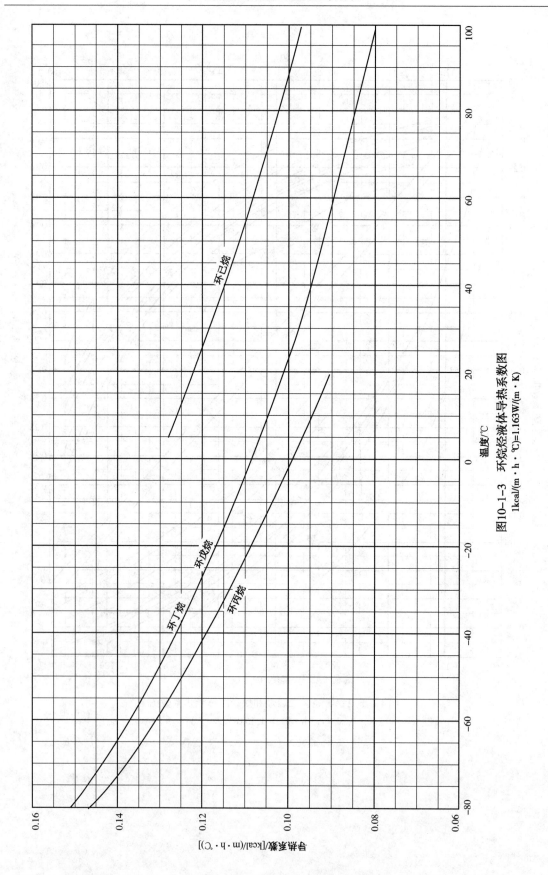

图10-1-3　环烷烃液体导热系数图
1kcal/(m·h·℃)=1.163W/(m·K)

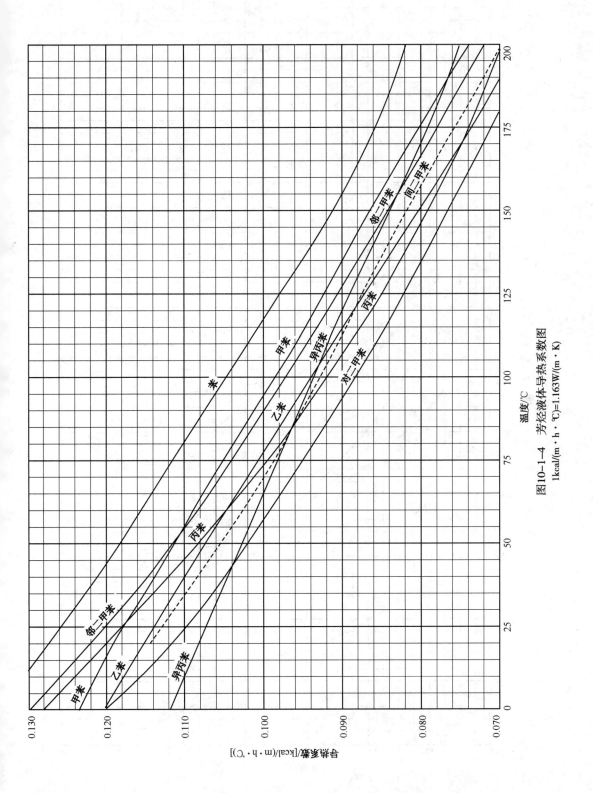

图10-1-4　芳烃液体导热系数图

1kcal/(m·h·℃)=1.163W/(m·K)

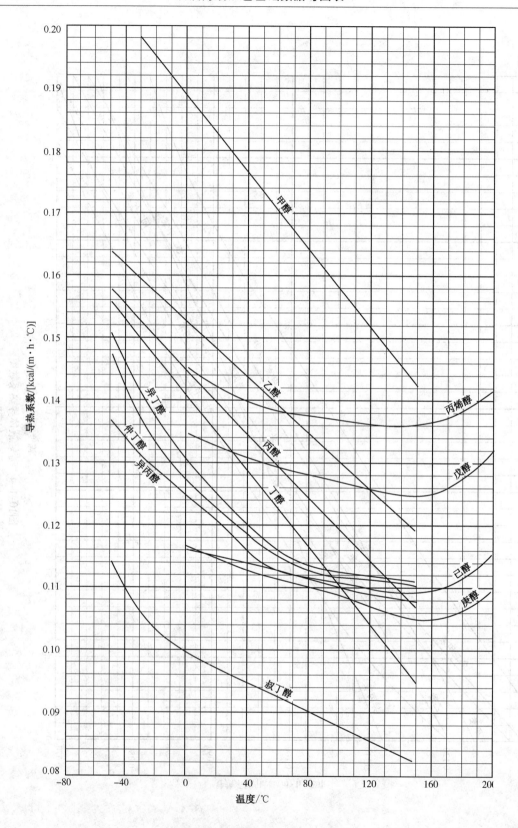

图 10-1-5　醇类液体导热系数图

1kcal/(m · h · ℃) = 1.163W/(m · K)

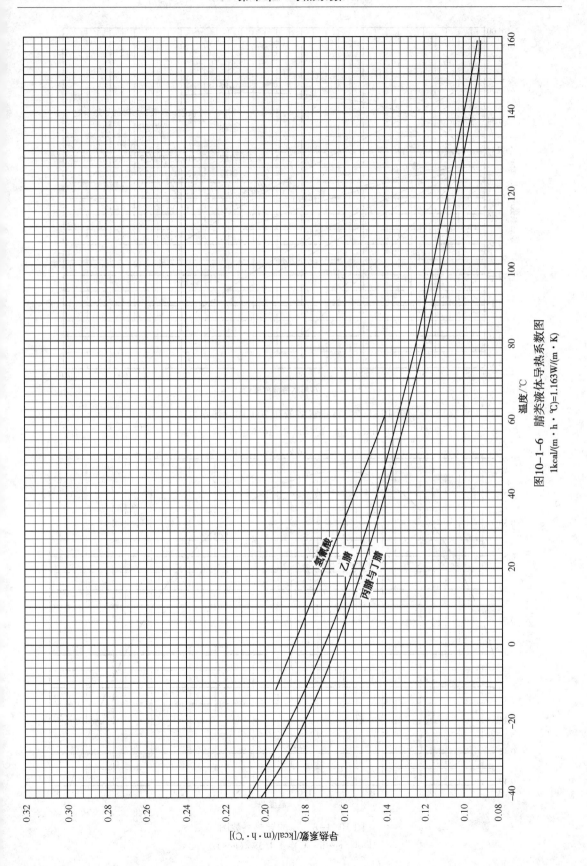

图10-1-6　腈类液体导热系数图

$1kcal/(m \cdot h \cdot ℃)=1.163W/(m \cdot K)$

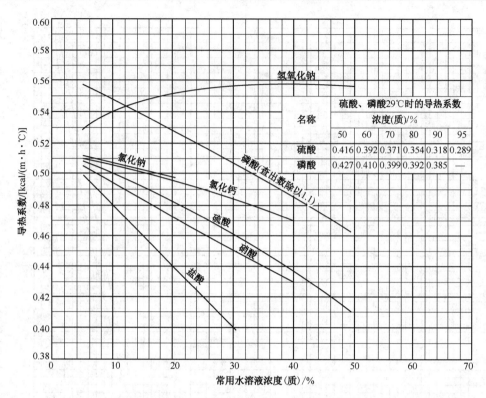

图 10-1-7　常用水溶液在 20℃时导热系数图

1kcal/(m·h·℃) = 1.163W/(m·K)

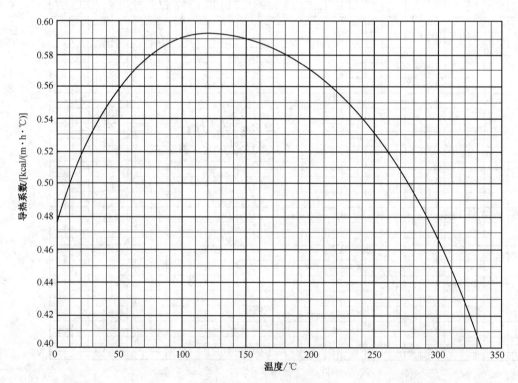

图 10-1-8　水的导热系数图

1kcal/(m·h·℃) = 1.163W/(m·K)

第二节　气体导热系数

理想气体的导热系数仅为温度的函数，当压力低于 0.3447MPa 时，气体一般可看作是理想气体。

一、纯烃气体的导热系数

(一) 低压时纯烃气体的导热系数[3]

当体系压力低于 0.3447MPa 时，纯烃气体其导热系数可按式(10-2-1)计算：

$$\lambda = A + BT + CT^2 \tag{10-2-1}$$

式中　λ ——导热系数，W/(m·K)；

　　　T——温度，K；

A，B，C——系数，可从表 10-2-1 查出。

该方法适用的温度范围见说明表 10-2-1。与实验值相比，平均误差在 5% 以内。

表 10-2-1　式(10-2-1)中所需的 A，B，C 的值

化合物名称	$A \times 10^3$	$B \times 10^5$	$C \times 10^8$	适用的温度范围/K
甲烷	-0.7643	9.753	7.486	97.04~799.82
乙烷	-14.44	9.623	7.649	273.15~727.59
丙烷	-6.49	4.829	11.053	233.15~810.93
正丁烷	0.00139	0.614	15.931	273.15~444.26
正戊烷	3.27	-0.676	15.578	273.15~444.26
正己烷	1.47	0.654	12.224	273.15~683.15
正庚烷	-4.71	2.788	9.449	377.59~694.26
正辛烷	-11.05	5.077	6.589	416.48~672.04
正壬烷	-8.76	4.099	6.937	449.82~677.59
正癸烷	-22.49	8.623	2.636	449.82~677.59
正十一烷	-12.45	4.485	6.230	472.04~672.04
正十二烷	-25.35	8.778	2.271	516.48~666.48
正十三烷	-18.88	6.631	3.572	527.59~666.48
正十四烷	-38.12	12.537	-1.307	547.04~655.37
正十五烷	-39.72	13.283	-2.523	566.48~644.26
正十六烷	-49.39	15.923	-4.643	583.15~644.26
2-甲基丙烷	1.19	-0.092	17.557	273.15~373.15
2-甲基丁烷	38.24	-21.627	47.064	322.04~373.15
乙烯	-1.73	3.939	11.995	177.59~588.71
丙烯	-8.44	6.138	8.086	294.26~644.26
1-丁烯	25.73	-14.279	36.954	294.26~373.15
1-己烯	-8.60	4.974	7.352	349.82~616.48

化合物名称	$A\times10^3$	$B\times10^5$	$C\times10^8$	适用的温度范围/K
1-庚烯	-14.57	7.514	3.886	373.15~627.59
1-辛烯	-14.33	7.311	3.398	410.93~494.26
乙炔	6.32	2.048	11.428	273.15~477.59
环丙烷	32.91	-18.181	42.203	322.04~422.04
环己烷	-2.01	0.154	14.423	372.04~633.15
苯	-20.69	9.620	0.897	372.04~666.48
甲苯	-31.24	13.264	-1.542	422.04~660.93
乙苯	-33.83	13.244	-1.295	455.37~677.59
1,2-二甲苯	-14.30	8.962	0.533	460.93~694.26
1,3-二甲苯	6.83	-0.649	10.542	483.15~699.82
1,4-二甲苯	-23.47	9.958	1.351	449.82~688.71
正丙基苯	-30.12	9.695	7.099	455.37~616.48
异丙基苯	-75.78	29.445	-11.417	455.37~622.04

【例 10-2-1】　计算 1-庚烯在 404K 和 1atm 时的导热系数。

解：从表 10-2-1 可知，$A=-14.57\times10^{-3}$，$B=7.514\times10^{-5}$，$C=3.886\times10^{-8}$

由式(10-2-1)确定导热系数

$$\lambda = -14.57\times10^{-3}+7.514\times10^{-5}\times404+3.886\times10^{-8}\times404^2$$
$$= 0.0221 \text{ W/(m·K)}$$

实验值为 0.0227 W/(m·K)。

(二) 纯烃气体导热系数计算的普遍化方法[7]

当体系压力低于 0.3447MPa 时，如果体系温度超出式(10-2-1)的适用范围或在表 10-2-1 中查不到相关系数，纯烃气体可按下述方法计算其导热系数。

1. 对甲烷和环状烃，当对比压力低于 1.0 时，按式(10-2-2)计算

$$\lambda = 4.91\times10^{-4}\frac{T_r C_p}{k} \tag{10-2-2}$$

2. 对甲烷和环状烃，当对比压力高于 1.0 时，按式(10-2-3)计算

$$\lambda = 1.104\times10^{-4}(14.52\,T_r - 5.14)^{2/3}\frac{C_p}{k} \tag{10-2-3}$$

$$k = 1.103\,T_c^{1/6}\,M^{1/2}\left(\frac{101.352}{P_c}\right)^{2/3} \tag{10-2-4}$$

3. 除甲烷和环状烃外，其他烃在任何温度下的导热系数均按式(10-2-3)计算。

式中　λ ——导热系数，W/(m·K)；

T_r ——对比温度，T/T_c；

T ——温度，K；

T_c ——临界温度，K；

C_p ——定压比热容，kJ/(kg·K)；

M ——相对分子质量；

P_c——临界压力，kPa。

计算步骤：

1. 从第一章获得组分的临界温度、临界压力和相对分子质量，并计算该条件下的对比温度；

2. 从第六章第四节计算纯烃气体的定压热容；

3. 由式(10-2-4)计算系数 k；

4. 根据对比温度和分子类型选择式(10-2-2)或式(10-2-3)计算组分的气体导热系数。

该方法的平均误差为5%，最大误差为40%。在具有相关数据的情况下，应该优先使用式(10-2-1)计算纯烃气体的导热系数。

【例 10-2-2】　计算2-甲基丁烷在373.15K和0.1013MPa时的导热系数。

解：从第一章表1-1-1烷烃主要性质表的组分序号7得到2-甲基丁烷 $T_c = 460.43$K，$P_c = 3381.05$KPa，$M = 72.15$；

则 $T_r = 373.15/460.43 = 0.810$。

从第六章第四节纯烃气体的定压比热容中式(6-4-1)计算获得2-甲基丁烷 $C_p = 144.40$ kJ/(kg·K)

由式(10-2-4)可知

$$k = 1.103 \times (460.43)^{1/6} \times 72.15^{1/2} \times \left(\frac{101.352}{3381.05}\right)^{2/3} = 2.512$$

由式(10-2-3)可知

$$\lambda = 1.104 \times 10^{-4} \times (14.52 \times 0.810 - 5.14)^{2/3} \times \frac{144.40}{2.512} = 0.0224 \text{ W/(m·K)}$$

实验值为 0.0231 W/(m·K)。

二、烃类混合物的导热系数[8]

组分已知的烃类蒸气在任何温度和压力下的导热系数可根据各组分在体系条件下的导热系数按式(10-2-5)计算：

$$\lambda_m = \sum_1^n \frac{\lambda_i}{\frac{1}{y_i} \sum_{j=1}^n y_j A_{ij}} \tag{10-2-5}$$

式中　λ_m——气体混合物导热系数，W/(m·K)；

λ_i——组分 i 的导热系数，W/(m·K)；

n——组分数；

y_i，y_j——组分 i 和组分 j 的摩尔分数。

A_{ij} 按式(10-2-6)计算，注意 $A_{ij} \neq A_{ji}$

$$A_{ij} = \frac{1}{4} \left\{ 1 + \left[\frac{\mu_i}{\mu_j} \left(\frac{M_j}{M_i}\right)^{3/4} \frac{\left(1 + 0.5556 \times \frac{S_i}{T}\right)}{\left(1 + 0.5556 \times \frac{S_j}{T}\right)} \right]^{1/2} \right\}^2 \frac{\left(1 + 0.5556 \times \frac{S_{ij}}{T}\right)}{\left(1 + 0.5556 \times \frac{S_i}{T}\right)} \tag{10-2-6}$$

$$S_i = 2.7 T_{bi} \tag{10-2-7}$$

$$S_{ij} = \sqrt{S_i S_j} \tag{10-2-8}$$

式中　μ_i，μ_j——组分 i 和组分 j 的黏度，10^{-3}Pa·s；

　　　M_i，M_j——组分 i 和组分 j 的相对分子质量；

　　　S_i——组分 i 的萨瑟兰常数，但氢、氘和氦的 S_i，S_j 均为 78.89K；S_{ij} 按式(10-2-8)计算；

　　　T_b——正常沸点，K；

　　　T——温度，K。

计算步骤：

1. 从第一章得到混合物中的纯组分的相对分子质量和正常沸点；

2. 由式(10-2-1)或式(10-2-2)计算纯组分的导热系数；若在高压下则需作压力校正；

3. 由式(10-2-7)和式(10-2-8)计算萨瑟兰常数 S_i、S_j 和 S_{ij}；

4. 据第九章第三节的方法计算纯组分的动力黏度 μ_i 和 μ_j；

5. 按式(10-2-6)计算因数 A_{ij}；

6. 由式(10-2-5)计算混合物的导热系数。

该方法对于许多非烃气体混合物，并且包括含有极性物质的混合物也可以获得可靠的结果。该方法平均误差为 5%，最大误差为 40%。

对于组成已知的量子气体(氢、氦和氘)和组成未知的烃类的混合物的导热系数只能用该方法计算。计算时需将所有烃组分作为一个虚拟组分，使用后面描述的石油馏分导热系数方法，式(10-2-9)计算后，然后再使用式(10-2-5)将全部混合物合在一起完成其导热系数的计算。

【例 10-2-3】　计算由 29.96%(mol)正戊烷(组分 1)和 70.04%(mol)正己烷(组分 2)组成的混合物在 373.15K 和 101.325kPa 时的导热系数。正戊烷和正己烷在该条件下的导热系数实验值[9]分别为 0.02215 W/(m·K)和 0.02016 W/(m·K)。

解：从第一章表 1-1-1 烷烃主要性质表的组分序号 6 和组分序号 9 分别查得：

正戊烷 $M_1 = 72.15$，$T_{b1} = 309.22$K，和 $K = 0.008631$ cP

正己烷 $M_2 = 86.18$，$T_{b2} = 341.88$K；

则 $S_1 = 2.7 \times 309.22 = 834.9$K，$S_2 = 2.7 \times 341.88 = 923.1$K，

$$S_{12} = S_{21} = \sqrt{834.9 \times 923.1} = 877.89;$$

从第九章第三节纯烃气体黏度计算方法可算得 $\mu_1 = 0.008631$cP，$\mu_2 = 0.008129$cP；

$$A_{11} = A_{22} = 1$$

$$A_{12} = \frac{1}{4} \times \left\{ 1 + \left[\frac{0.008631}{0.008129} \times \left(\frac{86.18}{72.15} \right)^{3/4} \times \frac{\left(1 + 0.5556 \times \frac{834.9}{373.15} \right)^{1/2}}{\left(1 + 0.5556 \times \frac{923.1}{373.15} \right)} \right] \right\}^2 \times \frac{\left(1 + 0.5556 \times \frac{877.89}{373.15} \right)}{\left(1 + 0.5556 \times \frac{834.9}{373.15} \right)} = 1.102$$

$$A_{21} = \frac{1}{4} \times \left\{ 1 + \left[\frac{0.008129}{0.008631} \times \left(\frac{72.15}{86.18} \right)^{3/4} \times \frac{\left(1 + 0.5556 \times \frac{923.1}{373.15} \right)^{1/2}}{\left(1 + 0.5556 \times \frac{834.9}{373.15} \right)} \right] \right\}^2 \times \frac{\left(1 + 0.5556 \times \frac{877.89}{373.15} \right)}{\left(1 + 0.5556 \times \frac{923.1}{373.15} \right)} = 0.9087$$

由式(10-2-5)

$$\lambda_m = \frac{0.02215}{\frac{1}{0.2996} \times (0.7004 \times 1.102 + 0.2996 \times 1.0)} + \frac{0.02016}{\frac{1}{0.7004} \times (0.2996 \times 0.9087 + 0.7004 \times 1.0)}$$

=0.02071 W/(m·K)

实验值为 0.02056 W/(m·K)[9]。

三、石油馏分蒸气的导热系数[3]

当体系压力低于 0.3447MPa，且温度在 255～811K 时，石油馏分蒸汽的导热系数按式（2-10-9）计算

$$\lambda = - 0.023758 + \frac{0.39293}{M} + \frac{0.52314}{M^2} + T\left(1.0208 + \frac{1.3047}{M} + \frac{57.4059}{M^2}\right) \times 10^{-4}$$

$$(10-2-9)$$

式中　λ——导热系数，W/(m·K)；

　　　　T——温度，K；

　　　　M——相对分子质量。

该方法适用于相对分子质量在 15～150，且组分未知的石油馏分蒸气，不能用于计算量子气体(氢气、氦气和氖气)和烃的混合物的导热系数。该方法是一个十分简化的方法，因此其他方法可用时不推荐使用该方法。该法的平均误差为 10%，当用于含有量子气体的烃类混合物时，平均误差可达 25%。

高压下石油馏分蒸汽的导热系数按照式(10-2-10)进行校正。

【例 10-2-4】　计算气相石油馏分在低压和 508.15K 时的导热系数，其相对分子质量为 138。

解：由式(10-2-9)

$$\lambda = - 0.023758 + \frac{0.39293}{138} + \frac{0.52314}{138^2} + 508.15 \times \left(1.0208 + \frac{1.3047}{138} + \frac{57.4059}{138^2}\right) \times 10^{-4}$$

=0.03162 W/(m·K)

四、高压下烃类气体的导热系数[3]

当压力高于 0.3447MPa 时，纯烃的导热系数按式(10-2-10)计算

$$\frac{\lambda}{\lambda^*} = \frac{C'_v}{C_v}\left(\frac{\lambda}{\lambda^*}\right)' + \frac{C''_v}{C_v}\left(\frac{\lambda}{\lambda^*}\right)'' \qquad (10-2-10)$$

$$\left(\frac{\lambda}{\lambda^*}\right)' = 1.0 + \left(\frac{4.18}{T_r^4} + 0.537 \times \frac{P_r}{T_r^2}\right)[1.0 - \exp(A P_r^B)] + 0.510 \times \frac{P_r}{T_r^3} \times \exp(A P_r^B)$$

$$(10-2-11)$$

$$A = - 0.0617\exp\left(\frac{1.91}{T_r^9}\right) \qquad (10-2-12)$$

$$B = 2.29\exp\left(\frac{1.34}{T_r^{16}}\right) \qquad (10-2-13)$$

$$\left(\frac{\lambda}{\lambda^*}\right)''_{\text{非环烃}} = 1.0 + \frac{1.0}{T_r^5}\left(\frac{P_r^4}{2.44\ T_r^{20} + P_r^4}\right) + 0.012 \times \frac{P_r}{T_r} \qquad (10-2-14)$$

$$\left(\frac{\lambda}{\lambda^*}\right)''_{\text{环状烃}} = 1.0 + \frac{0.520}{T_r^4}\left(\frac{P_r^5}{5.38 + P_r^5}\right) + 0.009 \times \frac{P_r}{T_r} \qquad (10-2-15)$$

$$C_v' = 20.787 - R\left[1 + \left(\frac{\widetilde{C}_v^0 - \widetilde{C}_v}{R}\right)^0\right] \tag{10-2-16}$$

式中　　λ ——所求温度和压力下的导热系数，W/(m·K)；

　　　　λ^* ——所求温度和低压(通常为常压)下的导热系数，W/(m·K)；

　　　　C_v ——真实气体的定容比热容，按式(6-4-9)计算，kJ/(kg·K)；

　　　　C_v' ——真实气体的位移定容比热容，根据式(10-2-16)计算，kJ/(kg·K)；

　　　　C_v'' ——真实气体的内部定容比热容，其值为 $C_v - C_v'$，kJ/(kg·K)；

　　　　$\left(\dfrac{\lambda}{\lambda^*}\right)'$ ——位移定容比热容对导热系数比的贡献，无因次，为 T_r 和 P_r 的函数，按式(10-2-11)计算；

　　　　$\left(\dfrac{\lambda}{\lambda^*}\right)''$ ——内部定容比热容对导热系数比的贡献，无因次，为 T_r 和 P_r 的函数，非环状烃按式(10-2-14)计算，环状烃按式(10-2-15)计算；

　　　　$\left(\dfrac{\widetilde{C}_v^0 - \widetilde{C}_v}{R}\right)^0$ ——简单流体定容比热容的压力校正项，可从表6-4-3查得；

　　　　R ——气体常数，8.314 kJ/(kmol·K)；

　　　　T_r ——对比温度，T/T_c；

　　　　T ——温度，K；

　　　　T_c ——临界温度，K；

　　　　P_r ——对比压力，P/P_c；

　　　　P ——压力，MPa；

　　　　P_c ——临界压力，MPa。

计算步骤：

(1) 从第一章获得组分的临界温度 T_c 和临界压力 P_c，并计算对比温度和对比压力；

(2) 由本节的方法，计算气体组分在该温度和低压下的导热系数。若为混合物时，需要计算其混合物的导热系数 λ^*；

(3) 由第六章第四节的方法，计算定容比热容 C_v 和 $\left(\dfrac{\widetilde{C}_v^0 - \widetilde{C}_v}{R}\right)^0$。并由式(10-2-16)计算位移定容比热容，和由 $C_v'' = C_v - C_v'$，获得内部定容比热容；

(4) 按照式(10-2-12)和式(10-2-13)计算方程的系数 A 和 B。进而由式(10-2-11)确定位移定容比热容对导热系数比的贡献 $\left(\dfrac{\lambda}{\lambda^*}\right)'$；

(5) 根据化合物类型，使用式(10-2-14)式(10-2-15)计算内部定容比热容对导热系数比的贡献 $\left(\dfrac{\lambda}{\lambda^*}\right)''$；

(6) 从式(10-2-10)和在第(2)步中得到的低压导热系数 λ^*，计算获得高压下的气体导热系数 λ。

在非临界区，该方法的平均误差为10%，在临界区，误差可达20%，甚至高达70%。

【例10-2-5】　计算正庚烷在573.15K和9.9974MPa时的气相导热系数。

解：从第一章表 1-1-1 组分序号 14 查得正庚烷 $T_c = 540.2K$，$P_c = 2.74MPa$

则 $T_r = 573.15/540.2 = 1.061$，$P_r = 9.997/2.74 = 3.65$；

由第六章可得到，正庚烷的 $C_v = 278.51 kJ/(kg \cdot K)$，$\left(\dfrac{\widetilde{C}_v^0 - \widetilde{C}_v}{R}\right)^0 = -0.409$；

由式（10-2-16），$C'_v = 20.787 - 8.314 \times (1 - 0.409) = 15.87 \; kJ/(kg \cdot K)$

$C''_v = C_v - C'_v = 278.51 - 15.87 = 262.64 \; kJ/(kg \cdot K)$

由式（10-2-1）确定 λ^*

$$\lambda^* = -4.71 \times 10^{-3} + 2.788 \times 10^{-5} \times 573.15 + 9.449 \times 10^{-8} \times 573.15^2$$
$$= 0.0423 \; W/(m \cdot K)$$

由式（10-2-12），$A = -0.0617 \exp\left(\dfrac{1.91}{1.061^9}\right) = -0.189$

由式（10-2-13），$B = 2.29 \exp\left(\dfrac{1.34}{1.061^{16}}\right) = 3.85$

由式（10-2-11）

$$\left(\frac{\lambda}{\lambda^*}\right)' = 1.0 + \left(\frac{4.18}{1.061^4} + 0.537 \times \frac{3.65}{1.061^2}\right) \times [1.0 - \exp(-0.189 \times 3.65^{3.85})]$$

$$+ 0.510 \times \frac{3.65}{1.061^3} \times \exp(-0.189 \times 3.65^{3.85})$$

$$= 6.04 \; K$$

由式（10-2-14）

$$\left(\frac{\lambda}{\lambda^*}\right)''_{\text{非环烃}} = 1.0 + \frac{1.0}{1.061^5} \times \left(\frac{3.65^4}{2.44 \times 1.061^{20} + 3.65^4}\right) + 0.012 \times \frac{3.65}{1.061} = 1.753$$

由式（10-2-10）

$$\frac{\lambda}{\lambda^*} = \frac{15.87}{278.51} \times 6.04 + \frac{262.64}{278.51} \times 1.753 = 1.997$$

所以 $\lambda = 1.997 \times 0.0423 = 0.08448 \; W/(m \cdot K)$

实验值为 $0.08330 \; W/(m \cdot K)$。

五、非烃气体的导热系数

（一）非烃气体的导热系数[3]

N_2、CO、O_2、H_2、SO_2（气体）、H_2S 和 SO_3 的导热系数可根据体系温度和压力按式（10-2-17）计算：

$$\lambda = A + BT + CT^2 + DP + E\frac{P}{T^{1.2}} + \frac{F}{(0.058P - 0.0018T)^{0.015}} + G\ln P \quad (10\text{-}2\text{-}17)$$

式中

λ ——导热系数，$W/(m \cdot K)$；

T ——温度，K；

P ——压力，kPa；

A, B, C, D, E, F, G ——与组分有关的常数，可从表 10-2-3 查得。

该方法适用的温度和压力，以及误差见表 10-2-2。

表 10-2-2　式(10-2-17)的适用条件及平均误差

组分	温度/K	压力/kPa	平均误差/%
N_2	255. 576~1366. 776	103. 422~68948	1. 69
CO	255. 576~1366. 776	103. 422~68948	1. 81
O_2	255. 576~1366. 776	103. 422~103422	1. 88
H_2	144. 456~1255. 656	103. 422~68948	1. 72
SO_2(气)	533. 376~1366. 776	103. 422~68948	2. 98
H_2S	255. 576~1366. 776	101. 325	<0. 5
SO_3	255. 576~1366. 776	101. 325	3. 81

表 10-2-3　式(10-2-17)中的常数值

组分	$A×10^3$	$B×10^5$	$C×10^9$	$D×10^8$	$E×10^3$	$F×10^3$	$G×10^3$
N_2	7. 894	5. 02	0. 00	0. 0643	0. 657	4. 275	0. 00
CO	3. 041	4. 83	0. 00	0. 5221	0. 713	9. 692	0. 00
O_2	1. 030	5. 33	0. 00	−0. 5271	0. 728	12. 106	0. 00
H_2	2. 421	62. 31	−201. 87	0. 0000	0. 000	0. 000	2. 94
SO_2(气)	44. 698	4. 21	0. 00	−11. 0449	1. 272	−4. 554	0. 00
H_2S	−2. 613	7. 01	1. 86	0. 0000	0. 000	0. 000	0. 00
SO_3	−1. 765	4. 17	23. 38	0. 0000	0. 000	0. 000	0. 00

【例 10-2-6】　计算 O_2 在 547. 04K 和 41886kPa 时的导热系数。

解：从表 10-2-3 可知 O_2 的各个常数值：

$A = 1. 030×10^{-3}$,

$B = 5. 33×10^{-5}$,

$C = 0. 000$,

$D = −0. 5271×10^{-8}$,

$E = 0. 728×10^{-3}$,

$F = 12. 106×10^{-3}$,

$G = 0. 000$。

由表 10-2-2 可知，可用式(10-2-17)计算 O_2 在该条件下的导热系数

$$\lambda = 1. 030 × 10^{-3} + 5. 33 × 10^{-5} × 547. 04 + 0 × 547. 04^2 - 0. 527 × 10^{-8} ×41886$$
$$+ 0. 728 × 10^{-3}\frac{41886}{547. 04^{1.2}} + \frac{12. 106 × 10^{-3}}{(0. 058 × 41886 - 0. 0018 × 547. 04)^{0. 015}} +0×41886$$
$$=0. 05653W/(m · K)$$

(二) 非烃气体导热系数图

图 10-2-1~图 10-2-16 为一些常用气体在不同温度和压力下的导热系数图[2,3]。其中图 10-2-1~图 10-2-10 为 N_2、CO、O_2、H_2、CO_2、SO_2、NH_3、H_2O、和 SO_3 在不同温度和压力下的导热系数，其平均误差为 1. 5%~3. 0%，常压下的最大误差稍小于 5%，而高压时误差不大于 5%。除了图 10-2-9 和图 10-2-16 之外，其余的图都是对比条件下的气体导热系数图，其中图 10-2-12~图 10-2-16 的平均误差约为 3%。

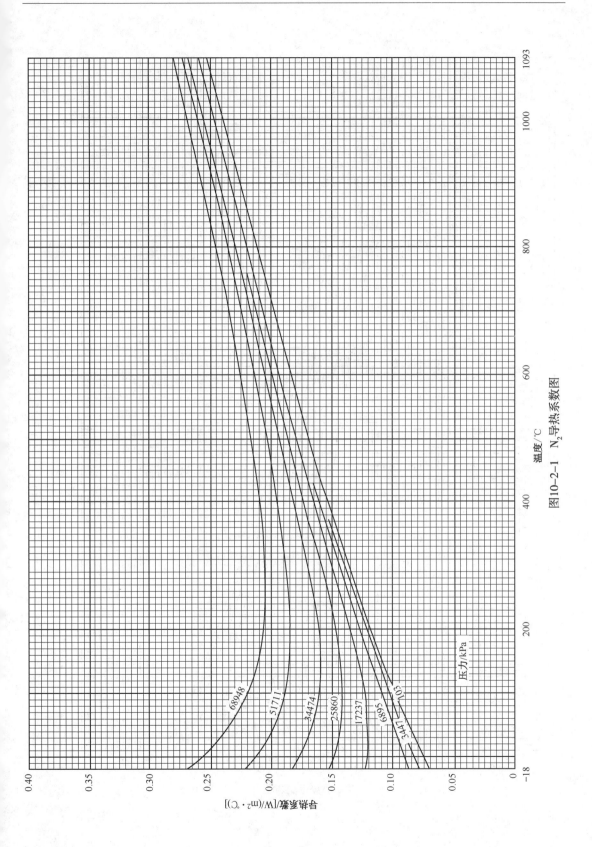

图10-2-1 N₂导热系数图

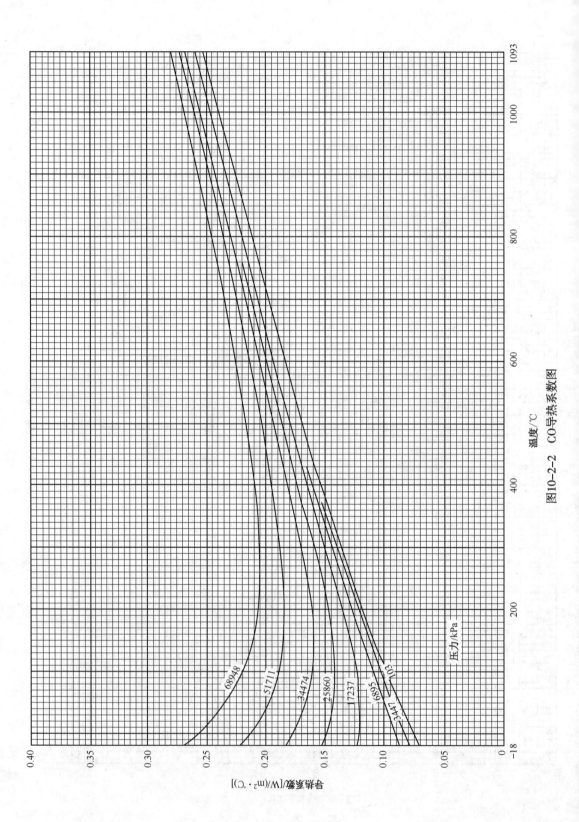

图10-2-2　CO导热系数图

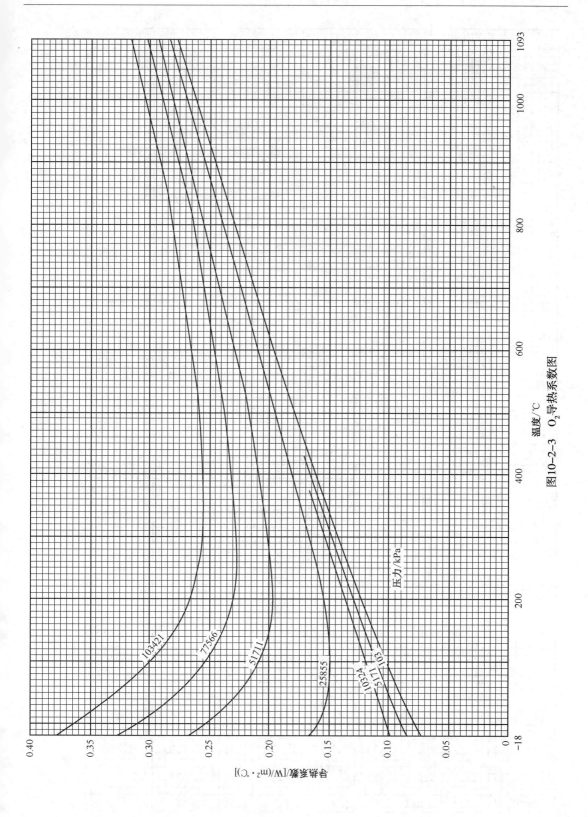

图10-2-3　O_2导热系数图

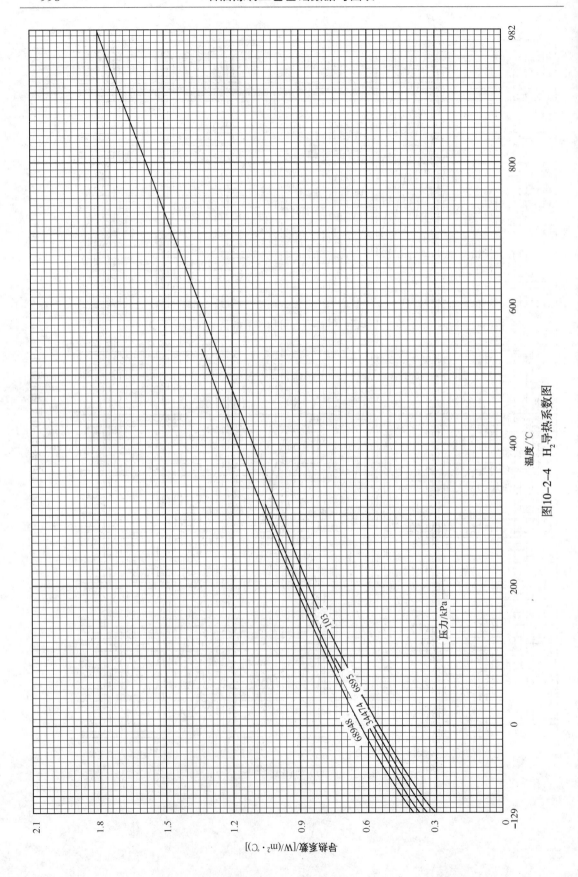

图10-2-4 H₂导热系数图

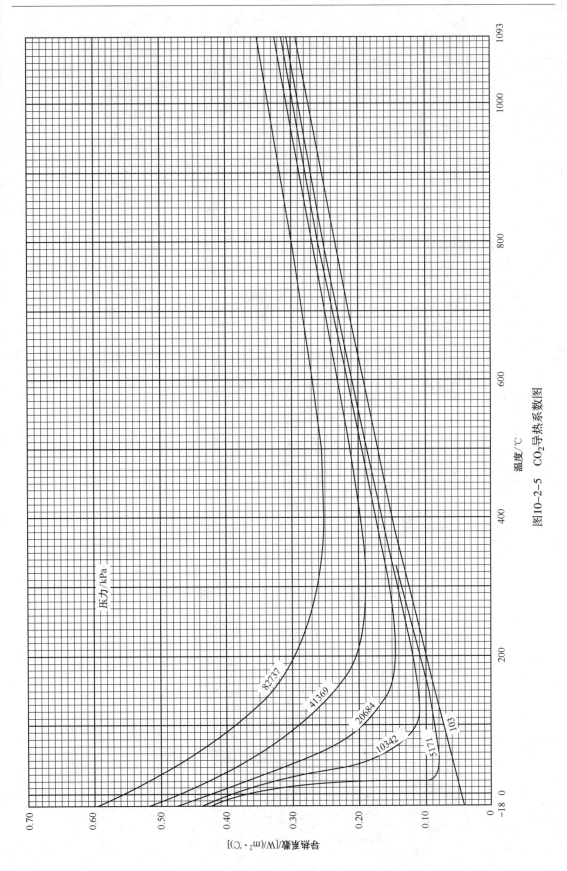

图10-2-5　CO_2导热系数图

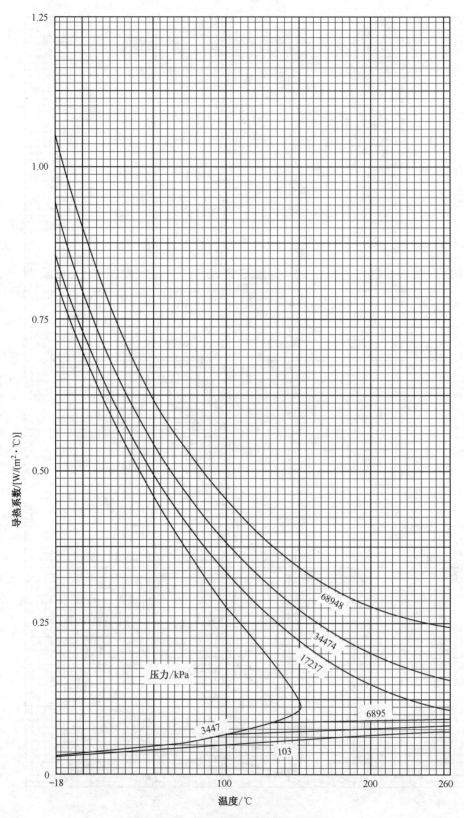

图 10-2-6   低温度范围 SO$_2$ 导热系数图

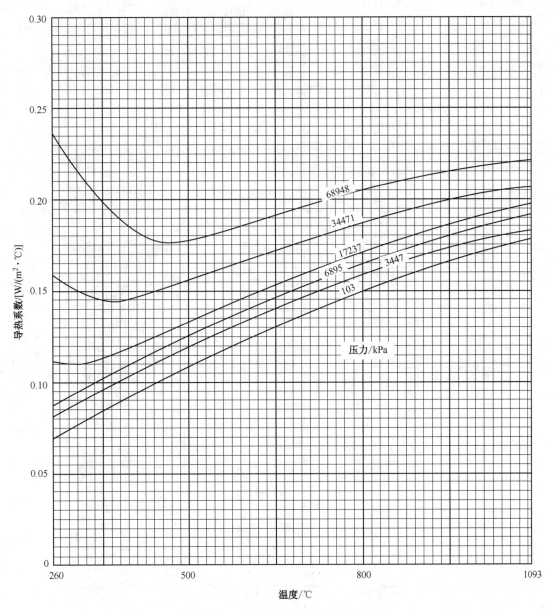

图 10-2-7　高温度范围 SO_2 导热系数图

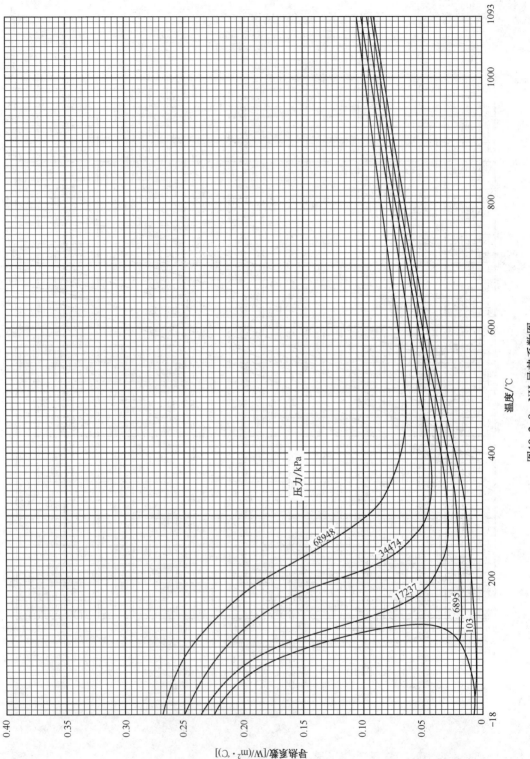

图10-2-8　NH₃导热系数图

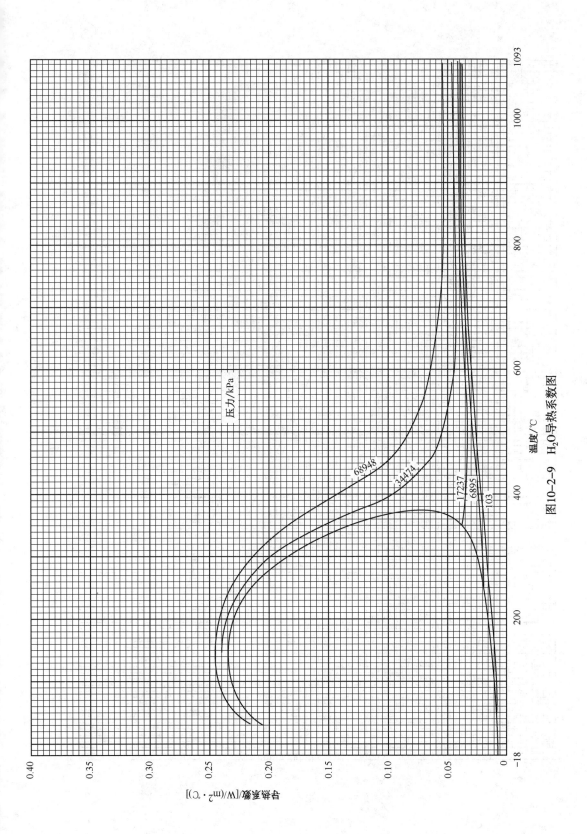

图10-2-9　H_2O导热系数图

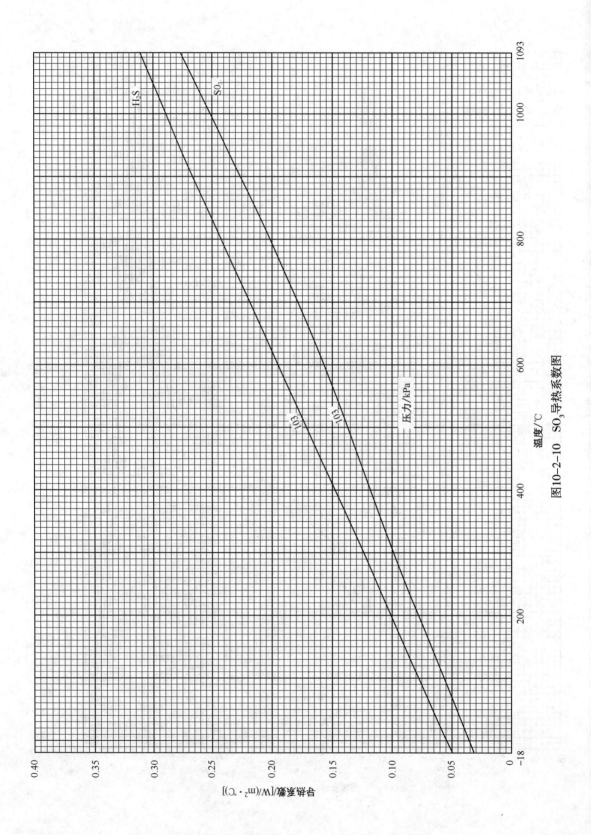

图10-2-10　SO₃导热系数图

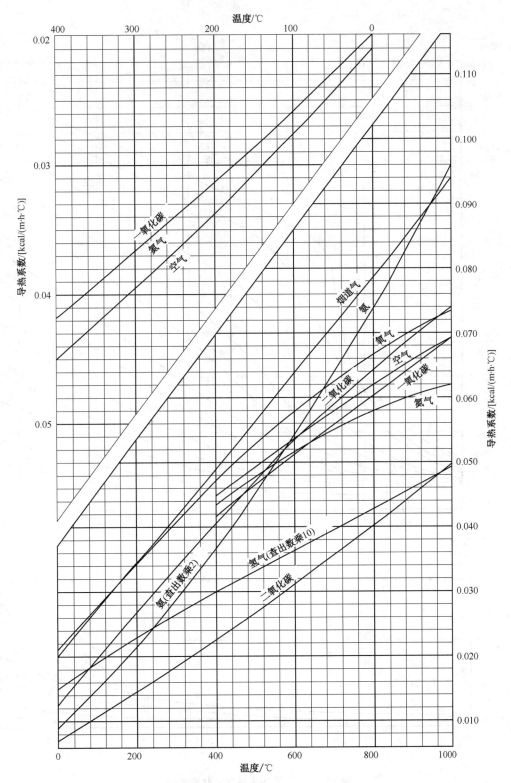

图 10-2-11　常用气体导热系数图

烟道气性质：$P = 0.101325\text{MPa}$，$Y_{CO_2} = 0.13$，$Y_{H_2O} = 0.11$，$Y_{N_2} = 0.76$

$1\text{kcal}/(\text{m} \cdot \text{h} \cdot ℃) = 1.163\text{W}/(\text{m} \cdot \text{K})$

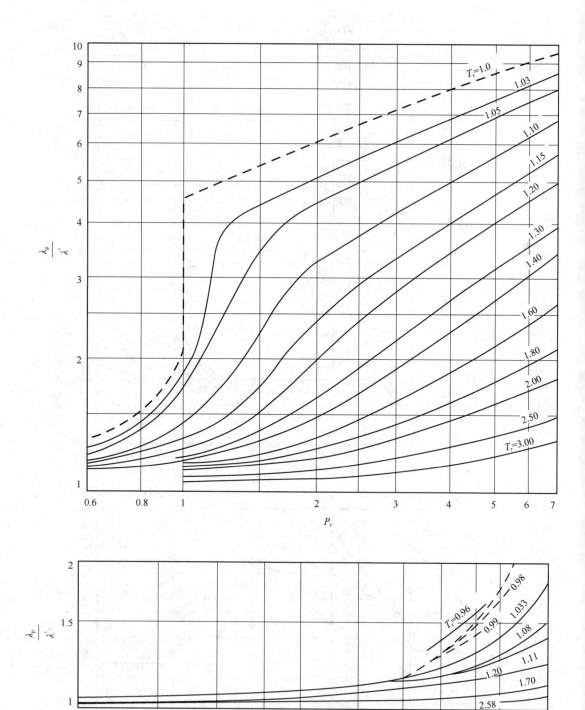

图 10-2-12　高压下气体导热系数图

λ_p——高压下有机化合物气体导热系数；

$\lambda°$——低压下有机化合物气体导热系数

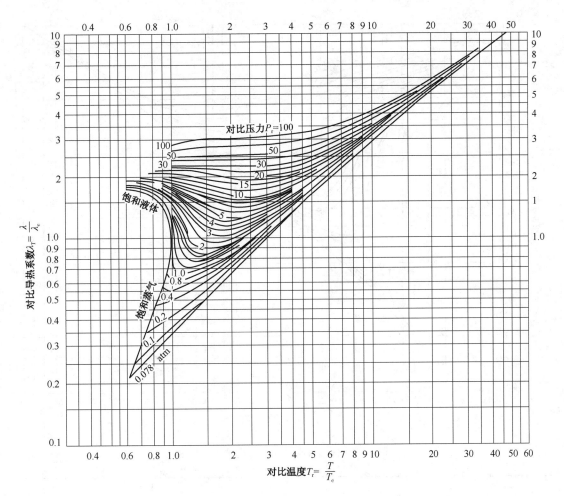

图 10-2-13 H₂对比导热系数图

$T_c = 33.3K$, $P_c = 12.97MPa$, $\lambda_c = 0.0665W/(m \cdot K)$

1atm = 0.1013MPa

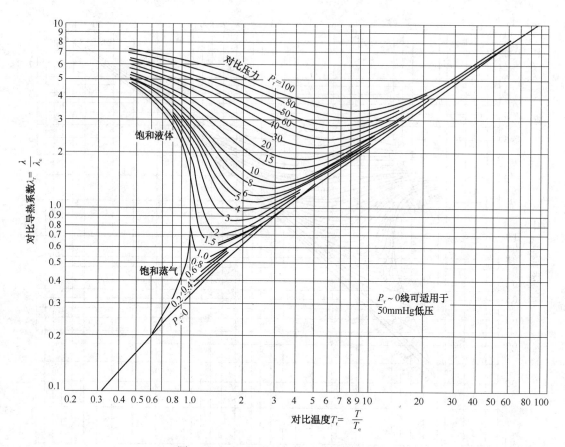

图 10-2-14 双原子气体对比导热系数图

气体	T_c/K	P_c/MPa	$\lambda_c/$ $[W/(m \cdot K)]$	气体	T_c/K	P_c/MPa	$\lambda_c/$ $[W/(m \cdot K)]$
NO	180	64.8	0.0494	Br_2	584	103.4	0.0284
N_2	126.2	33.9	0.0358	I_2	785	117.5	0.0265
O_2	154.8	50.8	0.0435	HCl	324.6	82.6	0.0470
CO	133	35.0	0.0361	HF	503.4	95.8	0.1089
F_2	144	55.7	0.0399	HBr	363.2	85.1.	0.0344
Cl_2	417	77.1	0.0402				

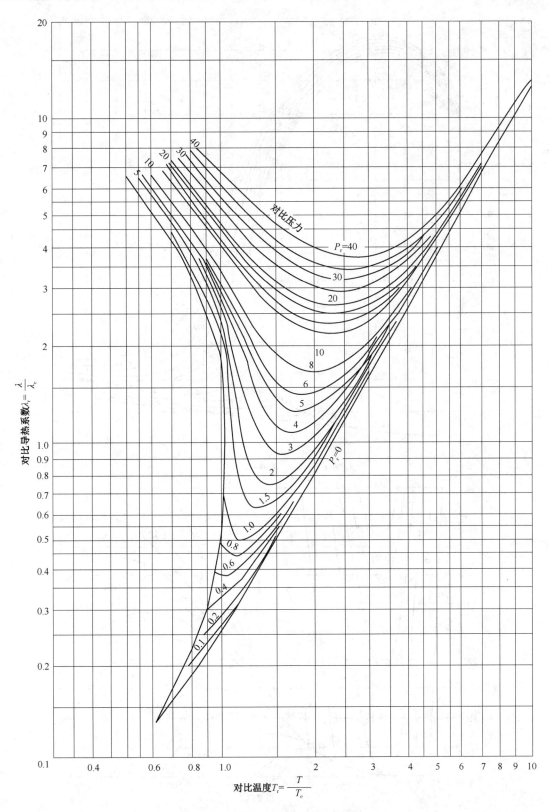

图 10-2-15　NH₃对比导热系数图

$T_c = 405.5K$，$P_c = 112.8MPa$，$\lambda_c = 14.49W/(m \cdot K)$

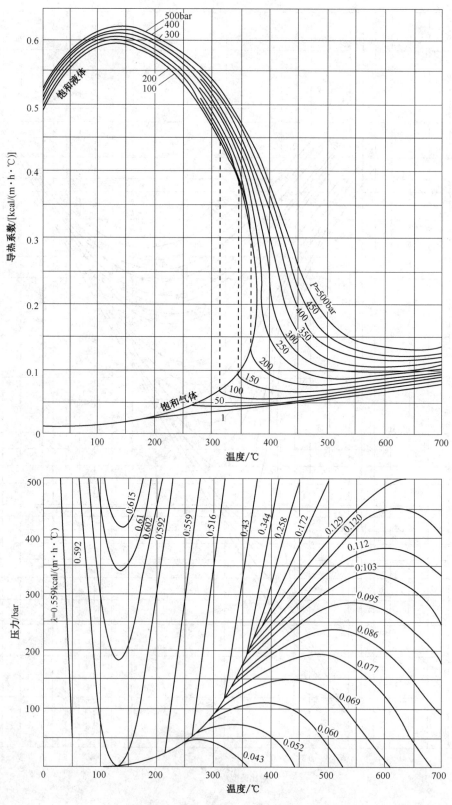

图 10-2-16　水蒸气导热系数图

1bar = 10^5 Pa

参 考 文 献

[1] Scheffy W J, Johnson E F. Thermal Conductivities of Liquids at High Temperatures. J Chem Eng Data, 1961, 6 (2): 245~249

[2] 北京石油设计院. 石油化工工艺计算图表. 北京：烃加工出版社，1985

[3] API Technical Data Book 8th Edition, 2006

[4] Kanitkar D, Thodos G. The Thermal conductivity of Liquid Hydrocarbons. Can J Chem Eng, 1969, 47(5): 427~430

[5] Li C C. Thermal Conductivity of Liquid Mixtures. AIChE Journal, 1976, 22(5): 927~930

[6] Kandioti R, McLaughlin E, Pittman J F T. Thermal ConducTivity of Liquid Toluene at High Pressures. Chem. Soc, Faraday Trans. I, 1973, 69: 1953~1956

[7] Misic D, Thodos G. The Thermal Conductivity of Hydrocarbon Gases at Normal Pressures. AIChE Journal, 1961, 7(2): 264~267

[8] Lindsay A L, Bromley L A. Thermal Conductivity of Gas Mixtures. Ind Eng Chem, 1950, 42(8): 1508~1511

[9] Gray P, Holland S, Maczek A O S. Thermal Conductivities of Binary Mixtures of Organic Vapours and Inert Diluents. Trans Faraday Soc, 1970, 66: 107~126

第十一章　表面张力和界面张力

第一节　概　　述

在气-液共存系统中，液体内部分子受到的合力为零。然而，位于气-液表面的液体分子所受到的吸引力是不平衡的。液体内部分子对表面层中分子的吸引力，远大于液面上蒸气分子对它的吸引力，使表面层中的分子受到指向液体内部的拉力，因而液体表面的分子总是趋于向液体内部移动，力图缩小表面积。为使系统增加 1cm² 表面积，需克服引力做表面功，由做功引起系统吉布斯自由能的增加称为表面吉布斯自由能。这种引起液体表面收缩的单位长度上的力，称为表面张力。水平液面时，表面张力的方向与液面平行。

由于我们总会遇到起泡、润湿、乳化和形成液滴等现象，特别是表面张力的数据常用于泡罩/塔板、蒸馏塔和萃取塔的设计。因此，理解表面张力的特性变得越来越重要。

液体的表面张力受温度、压力、液体性质及与其接触相性质的影响。对大多数液体来说，在临界温度时，表面张力等于零。

本章以后各节主要介绍各种物质的表面张力与温度的关系图及算式，因此在本节中首先讨论压力对于物质表面张力的影响。

一、压力对表面张力的影响

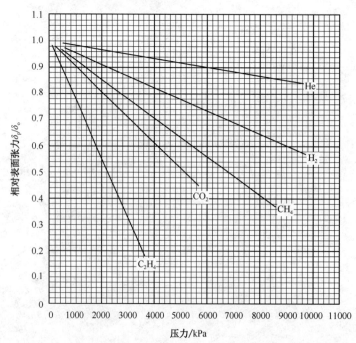

压力对表面张力的影响一般与溶解度有关，压力升高，溶解度增大，表面张力下降。理论研究已经证明上述结论的正确性，很多研究者也通过其他方法验证了这一结果[1]。Slowinski 是最先报道这一成果的研究者，他发现气相的临界温度（或液体的沸点）越高，那么随着压力的升高，表面张力的下降越显著[2]。图 11-1-1 表明了在正己烷与某些气体的体系中压力对正己烷表面张力的影响。

图 11-1-2 也是表面张力与压力的关系图，该图

图 11-1-1　压力对表面张力的影响(25℃下正己烷与某些气体体系)[2]

σ_p——常压下正己烷表面张力；σ_o——高压下正己烷表面张力

比图 11-1-1 的压力范围更宽。从图 11-1-2 中可以看出，在氮气气氛下，很多长链烷烃的表面张力与压力的关系是独立的。同时，在氮气气氛下，正己烷与正壬烷的表面张力随着压力的增大而增加。

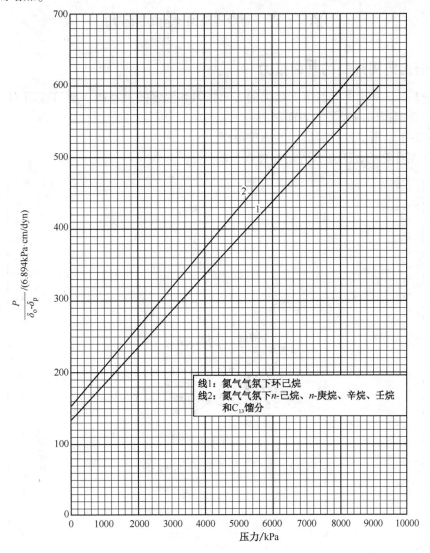

图 11-1-2　压力对表面张力的影响(22℃下某些氮-烃体系)[3]

P——压力，kPa，σ_o——常压下烃的表面张力，dyn/cm；σ_p——高压下烃的表面张力，dyn/cm

将以上结果用于超出所研究的体系范围时，那么取得的结果将是错误的。例如两组分具有相当的挥发性时，那么又将不符合上述结论。

液体的沸点或临界温度越高，表面张力随压力升高而下降的趋势越显著。但至今尚未得出一个压力对表面张力的普遍化关联式，以描述其定量关系。

二、其他因素的影响

液体表面张力还与接触的气相性质有关，不同的气相分子对液体表面层分子作用力不同，因此表面张力也不同。通常所指液体表面张力数据是指该液体与其本身饱和蒸气或空气接触时的数据。

　　液体表面张力数据可由实验测定，本章所列纯物质表面张力与温度关系图均系由实验数据绘制，平均误差约为 1%~4%。另外，本章也介绍了一些半经验公式，可用作估算表面张力。

第二节　烃类的表面张力

一、低温范围烃类的表面张力

　　图 11-2-1 是常压下低温范围烃类的表面张力和温度的关系图。通过查图 11-2-1 可以得到常压下低温范围内烃类的表面张力。

　　表 11-2-1 给出了每种烃适用的温度范围。

　　使用此图计算的表面张力可精确到 0.5 dyn/cm。

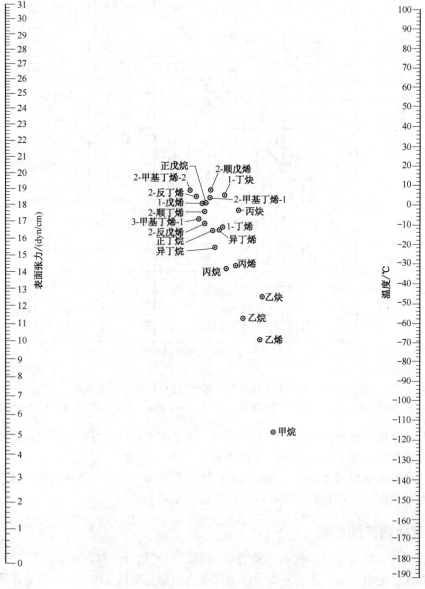

图 11-2-1　液体烃类常压表面张力图(低温区)[4]

【例 11-2-1】　查找-23.3℃温度下正丁烷的表面张力。

解：（1）查表 11-2-1，-23.3℃处于正丁烷的适用温度范围中；

（2）在图 11-2-1 中查得该温度所对应的表面张力数值为 17.6dyn/cm；

实验值为 17.62 dyn/cm。两者基本一致。

二、高温范围烃类的表面张力

图 11-2-2 是常压下高温范围烃类的表面张力和温度的关系图。通过查图 11-2-2 可以得到常压下高温范围内烃类的表面张力。

表 11-2-2 给出了每种烃坐标位置和适用的温度范围。

使用此图计算的表面张力可精确到 0.5dyn/cm。

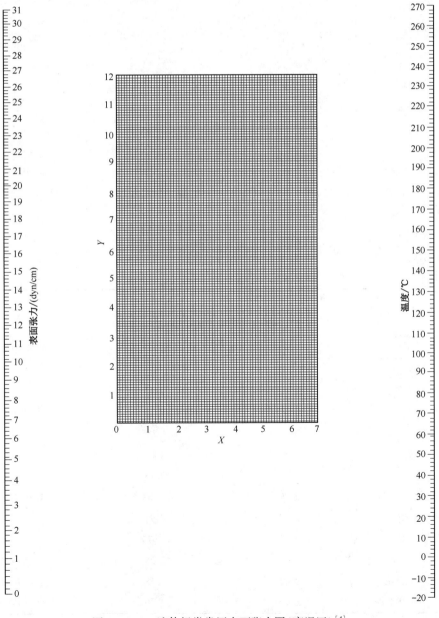

图 11-2-2　液体烃类常压表面张力图(高温区)[4]

表 11-2-1　适用温度范围(一)[5]

组　分	X	Y	温度范围/℃
甲烷			−180~(−160)
乙烷			−108.2~38.4
丙烷			−71~(−39.1)
叔丁烷			−36.1~29.7
2-丁烷			−36.3~23.3
正戊烷			−20~40
乙烯			−112.4~(−88.3)
丙烯			−62~(−22.9)
1-丁烯			−55~20
顺-丁烯			−10~20
反-2-丁烯			−50~20
2-甲基丙烯			−55~20
1-戊烯			−30~25
顺-2-戊烯			−70~80
反-2-戊烯			−70~80
2-甲基-1-丁烯			0~30
3-甲基-1-丁烯			0~25
2-甲基-2-丁烯			−70~80
乙炔			−81.7~56
丙炔			−38.4~(−11.5)
1-丁烯			−31.3~8.9

表 11-2-2　适用温度范围(二)[5]

组　分	X	Y	温度范围/℃
烷烃			
正己烷	2.925	2.43	−10~60
2-甲基戊烷	2.875	2.15	0~60
3-甲基戊烷	3.07	2.265	0~40
2,2-二甲基丁烷	2.80	1.83	0~40
2,3-二甲基丁烷	2.90	2.13	0~50
正庚烷	2.70	3.20	0~220
2-甲基己烷	2.67	2.92	−10~90
3-甲基己烷	2.70	3.075	−10~90
3-乙基戊烷	2.70	3.25	−10~90
2,2-二甲基戊烷	2.62	2.53	−10~70
2,3-二甲基戊烷	2.715	3.10	−10~80

组　分	X	Y	温度范围/℃
2，4-二甲基戊烷	2.675	2.53	-10~80
3，3-二甲基戊烷	2.66	3.015	-10~80
2，2，3-甲基丁烷	2.59	2.79	-10~80
正辛烷	2.625	3.73	-10~160
2-甲基庚烷	2.58	3.475	0~100
3-甲基庚烷	2.60	3.615	0~100
4-甲基庚烷	2.59	3.58	0~100
3-乙基己烷	2.62	3.71	0~100
2，2-二甲基己烷	2.41	3.21	0~100
2，3-二甲基己烷	2.47	3.63	0~100
2，4-二甲基己烷	2.46	3.33	0~100
2，5-二甲基己烷	2.48	3.23	0~100
3，3-二甲基己烷	2.38	3.58	0~100
3，4-二甲基己烷	2.50	3.865	0~100
2-甲基-3-乙基戊烷	2.50	3.775	0~100
3-甲基-3-乙基戊烷	2.425	4.00	0~100
2，2，3-三甲基戊烷	2.35	3.60	0~100
2，2，4-三甲基戊烷	2.37	2.975	0~90
2，3，3-三甲基戊烷	2.37	3.90	0~100
2，3，4-三甲基戊烷	2.425	3.71	0~100
正壬烷	2.495	4.25	-30~150
2-甲基辛烷	2.55	3.88	0~60
3-甲基辛烷	2.50	4.07	0~60
4-甲基辛烷	2.50	4.07	0~60
3-乙基庚烷	2.56	4.17	0~60
4-乙基庚烷	2.56	4.17	0~60
2，2-二甲基庚烷	2.48	3.59	0~60
2，3-二甲基庚烷	2.17	4.29	0~60
2，4-二甲基庚烷	2.47	3.76	0~60
2，5-二甲基庚烷	2.47	3.76	0~60
2，6-二甲基庚烷	2.47	3.585	0~60
3，3-二甲基庚烷	2.48	3.98	0~60
3，4-二甲基庚烷	2.46	4.24	0~60
3，5-二甲基庚烷	2.46	3.92	0~60
4，4-二甲基庚烷	2.48	3.98	0~60
2-甲基-3-乙基己烷	2.46	4.24	0~60
2-甲基-4-乙基己烷	2.46	3.92	0~60

组　分	X	Y	温度范围/℃
3-甲基-3-乙基己烷	2.50	4.36	0~60
3-甲基-4-乙基己烷	2.50	4.36	0~60
2，2，3-三甲基己烷	2.40	4.00	0~60
2，2，4-甲基己烷	2.05	3.80	0~60
2，2，5-甲基己烷	2.27	3.48	0~60
2，3，3-甲基己烷	2.44	4.12	0~60
2，3，4-甲基己烷	2.46	4.42	0~60
2，3，5-甲基己烷	2.24	3.90	0~60
2，4，4-甲基己烷	2.01	4.06	0~60
3，3，4-甲基己烷	2.60	4.26	0~60
3，3-二乙基己烷	2.25	4.73	0~60
2，2-二甲基-3-乙基戊烷	2.45	4.11	0~60
2，3-二甲基-2-乙基戊烷	2.50	4.56	0~60
2，4-二甲基-3-乙基戊烷	2.46	4.24	0~60
2，2，3，3-四甲基戊烷	2.34	4.54	0~60
2，2，3，4-四甲基戊烷	2.20	4.18	0~60
2，2，4，4-四甲基戊烷	2.37	3.51	0~60
2，3，3，4-四甲基戊烷	2.25	4.59	0~60
正癸烷	2.39	4.64	−20~120
2，7-二甲基辛烷	2.35	4.16	13~86.1
4，5-二甲基辛烷	2.25	4.62	21.5~86.8
3，4-二乙基己烷	2.26	4.64	22~88.5
正十一烷	2.25	5.06	−20~120
正十二烷	2.18	5.34	0~120
正十三烷	2.13	5.56	0~120
正十四烷	2.10	5.79	10~120
正十五烷	2.06	6.01	20~120
正十六烷	2.03	6.16	20~120
正十七烷	1.985	6.35	20~120
正十八烷	1.94	6.53	20~120
正十九烷	2.04	6.54	20~120
正二十烷	1.98	6.72	20~120
正二十六烷	1.68	7.55	91.7~158.3
正六十烷	0.75	8.375	115.4~190.6
环烷烃			
环戊烷	3.27	3.38	0~40
甲基环戊烷	3.33	3.34	0~60

组　分	X	Y	温度范围/℃
乙基环戊烷	2.70	4.32	0~60
1，1-二甲基环戊烷	2.75	3.62	0~60
正癸基环戊烷	2.16	6.68	0~100
环己烷	3.21	4.19	10~60
甲基环己烷	2.90	4.10	0~50
乙基环己烷	2.84	4.77	0~60
1，1-二甲基环己烷	2.71	4.39	0~50
顺-1，2-二甲基环己烷	2.95	4.68	0~60
反-1，2-二甲基环己烷	2.74	4.38	0~60
顺-1，3-二甲基环己烷	2.71	4.11	0~60
反-1，3-二甲基环己烷	2.73	4.55	0~60
顺-1，4二甲基环己烷	2.54	4.65	0~60
反-1，4-二甲基环己烷	2.71	4.09	0~60
正丙基环己烷	2.70	5.10	20~40
异丙基环己烷	2.52	5.32	20~40
1，1，3，-三甲基环己烷	2.40	4.50	20~40
正丁基环己烷	2.42	5.59	20~40
异丁基环己烷	2.50	5.15	20~40
仲丁基环己烷	2.32	5.82	20~40
叔丁基环己烷	2.40	5.50	20~40
正癸基环己烷	1.99	6.99	10~100
亚甲基环己烷	2.97	4.65	17.5~61.5
1-甲基-3-亚甲基环己烷	2.69	4.62	16.1~61.7
1-甲基-4-亚甲基环己烷	2.65	4.66	16.1~87.2
甲基环十五烷	1.72	7.92	34.4~78.9
烯烃			
1-己烯	2.97	2.44	0~60
1-庚烯	2.76	3.21	0~80
1-辛烯	2.66	3.77	0~100
1-壬烯	2.45	4.32	0~100
1-癸烯	2.39	4.71	0~100
1-十一烯	2.30	5.07	0~100
1-十二烯	2.21	5.39	0~100
1-十三烯	2.16	5.61	0~100
1-十四烯	2.10	5.89	0~100
1-十五烯	2.09	6.03	0~100
1-十六烯	2.05	6.22	10~100

续表

组　分	X	Y	温度范围/℃
1-十七烯	2.01	6.40	20~100
1-十八烯	2.00	6.52	20~100
1-十九烯	1.92	6.71	25~100
1-二十烯	1.90	6.82	25~100
环烯烃			
环戊烯	3.90	3.00	−13.3~35
环己烯	3.41	4.40	−10~70
环己二烯	3.42	4.61	20~61.1
甲基环己烯	2.75	5.05	11.4~61
炔烃			
1-庚炔	2.90	3.80	20~60
1-辛炔	2.82	4.23	20~60
1-壬炔	2.67	4.745	20~85
1-癸炔	2.53	5.16	20~85
1-十一炔	2.43	5.47	20~85
1-十二炔	2.35	5.74	20~85
1-十三炔	2.35	5.84	20~85
3-环己基-1-丙炔	2.44	6.445	20~85
芳烃			
苯	3.51	5.00	10~240
甲苯	3.05	5.37	0~100
乙苯	2.76	5.85	0~100
邻二甲苯	2.82	6.08	0~100
间二甲苯	2.85	5.61	0~100
对二甲苯	2.70	5.69	20~100
正丙基苯	2.70	5.90	0~100
异丙基苯	2.56	5.80	20~90
1-甲基-2-乙基苯	2.75	6.21	20~40
1-甲基-3-乙基苯	2.16	5.45	20~40
1-甲基-4-乙基苯	2.65	5.85	10~100
1，2，3-三甲基苯	2.60	5.70	20~40
1，2，4-三甲基苯	2.60	6.25	20~100
1，3，5-三甲基苯	2.67	5.91	0~100
正丁基苯	2.64	6.02	15~40
异丁基苯	2.70	5.46	20~40
仲丁基苯	2.35	6.12	20~40
叔丁基苯	2.44	5.90	20~40

组　　分	X	Y	温度范围/℃
1，2-二乙基苯	2.79	6.20	20~40
1，3-二乙基苯	2.71	5.91	20~40
1，4-二乙基苯	2.71	5.87	20~40
1-甲基-4-异丙基苯	2.22	5.82	11.9~172.8
正戊基苯	2.33	6.42	13.2~41.7
正己基苯	2.13	6.79	20~40
正癸基苯	1.68	7.44	12.2~100

【例 11-2-2】　查找 82℃ 温度下乙苯的表面张力。

解：

(1)表 11-2-2 给出了乙苯的适用温度范围，82℃处于适用温度范围中；

(2)在图 11-2-2 中查找 82℃ 出对应的表面张力数值 22.4dyn/cm；

实验值为 22.6dyn/cm，两者基本一致。

三、纯烃表面张力的估算

一般烃类和常用物质的表面张力可从图 11-2-1 和图 11-2-2 中查得。但由于缺少实验数据，有些化合物不包含在以上图中，这些化合物的表面张力可以按式(11-2-1)来计算[4]。

$$\sigma = \left[\frac{P}{M} (\rho_L - \rho_V) \right]^4 \tag{11-2-1}$$

式中　σ——表面张力，dyn/cm；

　　　P——等张比容，根据基团贡献法计算，可以通过基团贡献法计算纯烃的等张比容值。表 11-2-4 列出了结构基团的等张比容值；

　　　M——相对分子质量；

　　　ρ_L——系统温度下，饱和液体的密度，g/mL；

　　　ρ_V——系统温度下，饱和气体的密度，g/mL。

上式适用于非极性物质，对比温度小于 0.9，其平均误差在 2.3% 以内。因为存在 15%~20% 的误差，甲烷和乙烷的表面张力不能用此法计算。对于极性物质，尚缺少可靠的表面张力计算方法，如果用上式计算，有时将带来较大的误差。

表 11-2-3　结构基团的等张比容[4]

基　　因	等张比容	基　　因	等张比容
—$(CH_2)_n$ 中的 CH_2：		单键 C—C	0.0
$\quad n<12$	40.0	半极性键	0.0
$\quad n>12$	40.3	单链	-9.5
C	9.0	氢桥	-14.4
H	15.5	支链，每个支链	-3.7
H(在 OH 中)	10.0	另-另相邻	-1.6

续表

基 因	等张比容	基 因	等张比容
H(在 HN 中)	12.5	另-特相邻	-2.0
O	19.8	特-特相邻	-4.5
O$_2$(在酯中)	54.8	烷基:	
N	17.5	1-甲基乙基	133.3
S	49.1	1-甲基丙基	171.9
P	40.5	1-甲基丁基	211.7
F	26.1	2-甲基丙基	173.3
Cl	55.2	1-乙基丙基	209.5
Br	68.0	1,1-二甲基乙基	170.4
I	90.3	1,1-二甲基丙基	207.5
双键 C=C		1,2-二甲基丙基	207.9
端点(环中双键也用此值)	19.1	1,1,2-三甲基丙基	243.5
2,3-位	17.7	环:	
3,4-位(更高的位也用此值)	16.3	三元环	12.5
叁键 C≡C	40.6	四元环	6.0
酮中(RCOR′)的炭键:		五元环	3.0
总炭数 C=3	22.3	六元环	0.8
4	20.0	七元环	4.0
5	18.5	苯环上的不同位置:	
6	17.3	邻-间	1.8~3.4
7	17.3	邻-对	0.2~0.5
8	15.1	邻-对	2.0~3.8
9	14.1		
10	13.0		
11	12.6		

可通过以下步骤估算纯烃的表面张力：

步骤1：查到纯组分的相对分子质量和饱和蒸气、饱和液体的密度；

步骤2：查表11-2-3得到结构基团的等张比容；

步骤3：利用式(11-2-1)计算表面张力。

【例11-2-3】 计算82.2℃温度下乙苯的表面张力。

解：

(1)根据第一章，可知乙苯的相对分子质量为106.17；

(2)根据第五章，饱和乙苯液体的密度是 0.812g/mL，饱和蒸气的密度是 0.00063 g/mL；

(3)查表11-2-3，各基团等张比容贡献值如下：

7个碳原子 $[P] = 7 \times 9.0 = 63.0$

8 个氢原子　　　　　　　　　$[P] = 8 \times 15.5 = 124$

3 个双键(环中)　　　　　　$[P] = 3 \times 19.1 = 57.3$

1 个闭合六元环　　　　　　$[P] = 1 \times 0.8 = 0.8$

1 个-CH_2-基团　　　　　　$[P] = 1 \times 40 = 40$

合计(乙苯)　　　　　　　　$[P] = 285.1$

(4) 根据式(11-2-1)计算得 82.2℃下乙苯的表面张力:

$$\sigma = \left[\left(\frac{285.1}{106.17} \right) \times (0.812 - 0.00063) \right]^4 = 22.5 \text{ dyn/cm}$$

实验值为 22.6dyn/cm, 两者基本一致。

四、低压下烃类混合物的表面张力

当系统压力小于或等于常压时, 用式(11-2-2)进行估算[4]。

$$\sigma_m = \sum_{i=1}^{n} x_i \sigma_i \qquad (11-2-2)$$

式中　σ_m——混合物的表面张力, dyn/cm;

　　　σ_i——i 组分的表面张力, dyn/cm;

　　　x_i——i 组分在液相中的摩尔分数;

　　　n——混合物中组分数。

符号 i 和 m 分别表示某一组分和混合物。

可利用以下步骤估算低压下烃类混合物的表面张力:

步骤 1: 利用图 11-2-1、图 11-2-2 或者式(11-2-1)所述纯烃表面张力的估算方法计算得到纯组分的表面张力;

步骤 2: 根据式(11-2-2)计算混合物的表面张力。

压力高于常压时, 用此法计算表面张力不准确; 如果某组分在操作温度或操作压力下是气态时, 不能用此法计算表面张力; 若体系内含非烃类, 那么此法不适用, 特别是各组分的表面张力差异大于 10dyn/cm 时, 误差很大。

使用此法计算的表面张力有 2%~7%的误差。误差的大小根据混合物中各组分之间的差异性而不同, 混合物中各组分的差异越大, 计算的误差越大。若混合物中都是链式烷烃或者都是芳烃, 计算的表面张力误差小于 2%, 若是链式烷烃和芳烃的混合物, 计算的平均误差将大于或等于 7%。萘与链式烷烃或芳烃的混合物, 计算的平均误差约为 3%。

【例 11-2-4】　计算常压下苯-环己烷混合物($X_苯 = 0.379$)25℃温度下的表面张力。

(1) 从图 11-2-1 查到苯在 25℃下的表面张力为 28.2dyn/cm, 环己烷是 24.3dyn/cm;

(2) 代入式(11-2-2)计算,

$$\sigma_m = [0.379 \times 28.2 + (1 - 0.379) \times 24.3] = 25.8 \text{ dyn/cm}$$

实验值为 25.4dyn/cm。

五、高压下烃类混合物的表面张力

当体系压力大于常压时, 用式(11-2-3)进行估算[4]。

$$\sigma_m = \left\{ \sum_{i=1}^{n} \left[P_i \left(\frac{\rho_L}{M_L} x_i - \frac{\rho_V}{M_V} y_i \right) \right] \right\}^4 \qquad (11-2-3)$$

式中　σ_m——混合物的表面张力，dyn/cm；

$\quad n$——混合物中组分的数目；

$\quad P_i$——i 组分的等张比容；

$\quad \rho_L$——混合液体的密度，g/mL；

$\quad \rho_V$——混合气体的密度，g/mL；

$\quad M_L$——混合物中液体的相对分子质量；

$\quad M_V$——混合物中气体的相对分子质量；

$\quad x_i$——i 组分在液相中的摩尔分数；

$\quad y_i$——i 组分在气相中的摩尔分数。

符号 i 和 m 分别表示某一组分和混合物。

当上面的公式应用于接近常压或者低于常压时，气相参数 ρ_V、M_V、y_i 可以忽略，这对精度的影响很小。

可以利用以下步骤估算高压下烃类混合物的表面张力：

步骤 1：如果必要，根据第七章计算液相和气相的组成；

步骤 2：如果必要，根据第五章估算混合液体和混合蒸气的密度；

步骤 3：利用本节中式(11-2-1)纯烃表面张力的估算方法计算等张比容；

步骤 4：计算液相和气相的分子量；

步骤 5：使用式(11-2-3)计算混合物的表面张力。

对于含甲烷的混合物，只有当液相或者气相的密度根据实验测得或者准确的方法计算得到，才可以用式(11-2-3)计算混合物的表面张力。每个参数的任意一点误差都会对表面张力计算带来较大的误差。第五章的方法可以相当精确的计算蒸气的密度。然而，用第五章的方法计算液体甲烷的密度经常是偏高 50%。

一种比较可行的方法是在用本方法之前，固定液相中甲烷摩尔分数进行恒温闪蒸计算，用合适的状态方程估算甲烷气相摩尔分数、液相密度和气相密度等参数。

此法不能用于含联苯或类似联苯的物质的混合物的表面张力的计算。

对于不含甲烷的体系，使用此法计算的表面张力有 3% 的平均误差；对于含甲烷的体系，如果组成及密度都准确，那么平均计算误差为 8%；即使参数存在的小误差也会降低此法的准确度。

【例 11-2-5】已知在 7.64MPa(a)，10℃下，甲烷-丙烷混合物液相中甲烷分子分率 $x_{甲烷}=0.418$，气相中甲烷分子分率 $y_{甲烷}=0.788$，饱和液相密度 $\rho_L=0.393$ g/mL，饱和气相密度 $\rho_V=0.112$ g/mL；求甲烷-丙烷混合物的表面张力。

解：

(1)根据纯烃表面张力的估算方法获得甲烷的等张比容是 71，丙烷的等张比容是 151。根据第一章的数据计算液相和气相的平均相对分子质量：

$$M_L = 0.418 \times 16.04 + 0.582 \times 44.1 = 32.37$$

$$M_V = 0.788 \times 16.04 + 0.212 \times 44.1 = 21.99$$

(2)根据式(11-2-3)计算的混合液体的表面张力

$$\sigma_m = \left\{ 71 \times \left[\left(\frac{0.393}{32.37} \right) \times 0.418 - \left(\frac{0.112}{21.99} \right) \times 0.788 \right] + 151 \times \left[\left(\frac{0.393}{32.37} \right) \times 0.582 - \left(\frac{0.112}{21.99} \right) \times 0.212 \right] \right\}^4$$

$$= 0.920 \text{dyn/cm}$$

实验值为 0.98dyn/cm，数值较接近。

第三节　石油及其馏分的表面张力

一、石油馏分表面张力图

使用图 11-3-1 是计算纯烃类化合物的表面张力的简便方法，适用于烃类化合物在温度超过正常沸点时饱和蒸气压下的表面张力，这种方法计算甲烷和乙烷的表面张力非常准确。

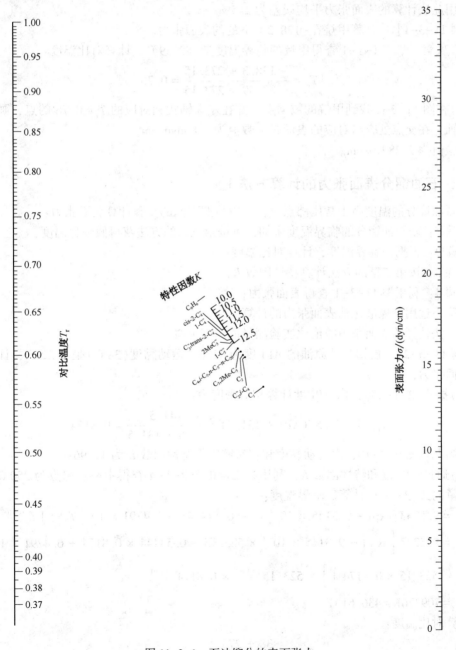

图 11-3-1　石油馏分的表面张力

可以利用以下步骤计算石油馏分的表面张力：

步骤 1：根据第一章纯组分性质表查得化合物的临界温度；

步骤 2：计算对比温度；

步骤 3：如果需要计算的碳氢化合物的数据点未出现在图 11-3-1 上，则由第二章求得特性因数 K；

步骤 4：由图 11-3-1 查得该馏分的表面张力。

此方法只有处在体系的饱和蒸气压下才准确。不要沿着纵坐标或者对角线外推数据。此法不能用于稠环芳烃的化合物。

使用此法计算的表面张力平均误差为 2.5%。

【例 11-3-1】　计算甲烷在 -128.3℃ 下的的表面张力。

（1）从第一章表 1-1-1 查得甲烷的临界温度是 -82.59℃，计算对比温度：

$$T_r = \frac{-128.3 + 273.15}{-82.59 + 273.15} = 0.76$$

（2）在图 11-3-1 找到甲烷的数据点，并在左纵轴找到对应的 $T_r = 0.76$ 的点，画直线交与右纵轴，在交点处查出对应的表面张力数值为 6.80dyn/cm。

实验值为 7.28dyn/cm。

二、石油馏分表面张力的计算方法 I

当石油馏分的温度高于常压沸点时，可以按照下面的步骤计算表面张力：

步骤 1：若石油馏分的临界温度未知，可按第三章的方法获得假临界温度；

步骤 2：根据假临界温度，计算对比温度；

步骤 3：按第二章的方法计算特性因数 K；

步骤 4：利用图 11-3-1 查得表面张力；

此法不适用于煤液化油表面张力的计算。

按此法估算的表面张力数值比实验测量值约高 10%。

【例 11-3-2】　已知，某原油的 API 度为 41.6，运动黏度（38℃）是 2.22cSt，计算该原油的表面张力，

（1）据式（2-1-25），由 API 度计算相对密度为：

$$d_{15.6}^{15.6} = 141.5/(API + 131.5) = \frac{141.5}{41.6 + 131.5} = 0.8174$$

查第九章图 9-3-10，由运动黏度和相对密度得特性因数 K 为 11.96；

（2）通过 API 度和特性因数 K，利用第二章中图 2-1-4 查得中平均沸点为 250℃，再利用第三章的式（3-4-3）计算假临界温度：

$$T_{pc} = 9.5233 \left[\exp(-9.3145 \times 10^{-4} T_b - 0.54444S + 6.4791 \times 10^{-4} T_b S) \right] T_b^{0.81067} S^{0.53691}$$

$$= 9.5233 \left[\exp \left(-9.3145 \times 10^{-4} \times 523.15 - 0.54444 \times 0.8174 + 6.4791 \times 10^{-4} \times \right. \right.$$

$$\left. \left. 523.15 \times 0.8174 \right) \right] \times 523.15^{0.81067} \times 0.8174^{0.53691}$$

$$= 709.76K = 436.61℃$$

计算对比温度：

$$T_r = \frac{38 + 273.15}{436.61 + 273.15} = 0.44$$

（3）用图 11-3-1 估算得原油的表面张力为 27.6dyn/cm。

实验值为 28.5dyn/cm。

三、石油馏分表面张力的计算方法 II

此方法可以来估算组成未知的原油和石油馏分的表面张力。尽管利用本节第二部分的方法可以较准确的得到表面张力数值，但式(11-3-1)更加适于计算机应用[7]。

$$\sigma = 673.7 \left[(T_c - T) / (T_c + 273.15) \right]^{1.232} / K \qquad (11-3-1)$$

式中　　σ——液体的表面张力，dyn/cm；

　　　　T_c——真临界温度或假临界温度，℃；

　　　　T——体系的温度，℃；

　　　　K——特性因数。

可按下述步骤计算表面张力：

步骤 1：按第二章的方法计算特性因数 K，若未知液体的沸点，可按第二章的方法估算中平均沸点；

步骤 2：若未知临界温度，按第三章的方法获得假临界温度；

步骤 3：按式(11-3-1)计算表面张力；

此法不适用于煤液化油表面张力的计算。因为式(11-3-1)未提供压力校正项，因此，当压力大于 3.45MPa(a)时，计算值会有较大的误差。

按此法估算的表面张力平均误差为 10.7%。

【例 11-3-3】　已知某原油的 API 度为 43.3，相对分子质量为 252。计算该原油在 15.6℃的表面张力。

解：

（1）由 API 度和相对分子质量，按第二章图 2-1-4 得到中平均沸点是 293℃，特性因数 K 是 12.4。按第三章式 3-4-3 估算假临界温度：

$$S = 141.5 / (API + 131.5) = \frac{141.5}{43.3 + 131.5} = 0.8095$$

$$T_b = 293 + 273.15 = 566.15K$$

$$T_{pc} = 9.5233 \left[\exp(-9.3145 \times 10^{-4} T_b - 0.54444S + 6.4791 \times 10^{-4} T_b S) \right] T_b^{0.81067} S^{0.53691}$$

$$= 9.5233 \left[\exp(-9.3145 \times 10^{-4} \times 566.15 - 0.54444 \times 0.8095 + 6.4791 \times 10^{-4} \times 566.15 \times 0.8095) \right] \times 566.15^{0.81067} \times 0.8095^{0.53691}$$

$$= 740.90K = 467.75℃$$

（2）采用式(11-3-1)，计算原油的表面张力：

$\sigma = 673.7 \times \left[(467.75 - 15.6) / (467.75 + 273.15) \right]^{1.232} / 12.4 = 29.57 \text{dyn/cm}$　实验值为 28.7dyn/cm。

【例 11-3-4】　由例 11-3-2 得到某原油的特性因数为 11.96，假临界温度为 436.61℃。使用式(11-3-1)计算该原油在 38℃下的表面张力。

解：由式(11-3-1)计算该原油的表面张力：

$$\sigma = 673.7 \left[(T_c - T) / (T_c + 273.15) \right]^{1.232} / K$$

$$= 673.7 \left[(436.61 - 38) / (436.61 + 273.15) \right]^{1.232} / 11.96 = 27.7 \text{dyn/cm}$$

计算值与例 11-3-2 接近。

第四节　非烃类的表面张力

一、非烃组分的表面张力

表 11-4-1 给出了可以用图 11-4-1 计算表面张力的非烃化合物的温度范围和坐标[4]。使用此法计算的表面张力平均误差为 1.7%。

【例 11-4-1】　计算 86.1℃下丙酸的表面张力。

解：

（1）查表 11-4-1 可知：86.1℃ 在适用的温度范围内，对应的坐标 X 为 2.40，Y 为 0.68；

（2）查图 11-4-1 可得 86℃对应的表面张力数值 20.1dyn/cm；

实验值为 20.16dyn/cm。

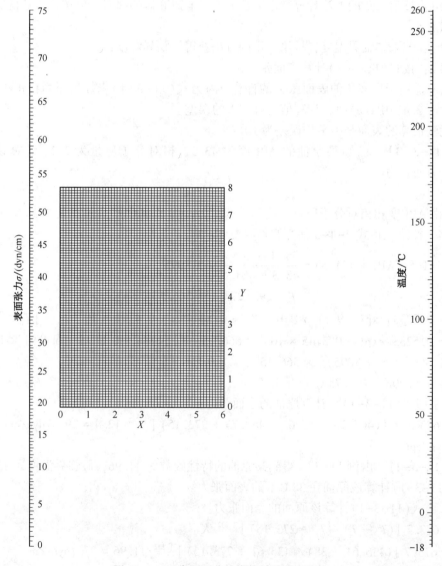

图 11-4-1　常压下非烃类物质的表面张力

表 11-4-1　利用图 11-4-1 计算表面张力的相关参数[4]

物　　质	X	Y	温度范围/℃
硫酸	0.38	6.80	10~50
盐酸	4.75	7.21	0~30
甲酸	2.81	2.43	0~100
乙酸	2.40	0.84	10~90
丙酸	2.40	0.68	10~90
乙酸酐	2.87	1.51	−10~140
甲醇	2.15	0.05	0~100
乙醇	1.82	0.10	0~58.9
正丙醇	1.95	0.29	−5~60
正丁醇	1.95	0.39	0~100
仲丁醇	2.05	0.22	15~30
2-甲基丙醇	1.85	0.14	0~100
酚	2.74	3.01	20~150
邻甲酚	2.63	2.74	10~180
间甲酚	2.35	2.52	10~180
对甲酚	2.27	2.48	20~180
呋喃甲醛	3.27	3.19	20~160
1，2-乙二醇	2.20	4.65	20~150
二乙二醇醚	2.20	4.10	20~140
三乙二醇醚	2.20	4.14	20~140
丙酮	0.0	0.18	0~60
2-丁酮	2.67	0.26	0~75
3-戊酮	3.00	0.30	0~50
β，β'-二氯二乙醚	3.00	2.30	15~86.7
1，2-二溴乙烷	3.26	2.41	10~100
1，2-二氯乙烷	3.29	1.29	10~85
硝基苯	3.15	3.31	0~180
1-辛醇	1.85	1.0	−12.2~70
2-辛醇	1.85	0.75	−12.2~70
二硫化碳	3.90	1.10	20~50
联苯	2.20	3.00	80~200

二、非烃组分的表面张力算图

图 11-4-2~图 11-4-14 分别为非烃组分的表面张力算图。

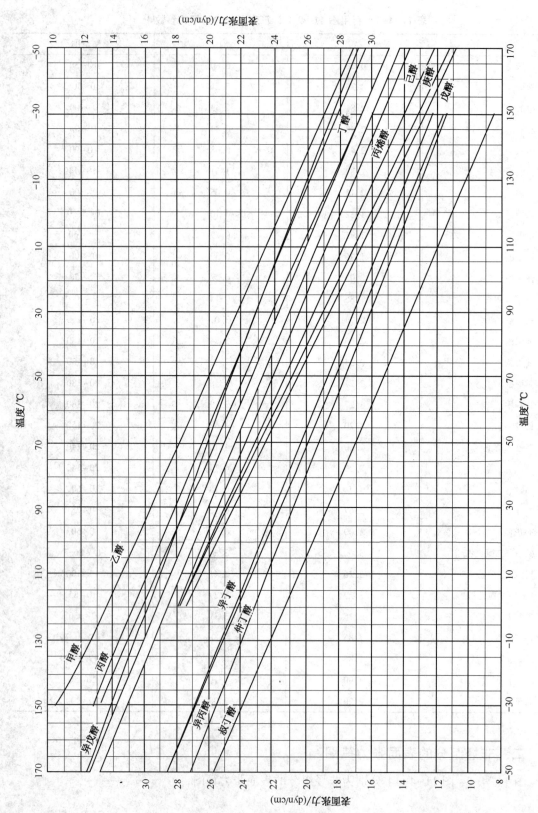

图11-4-2　醇类表面张力 [4]

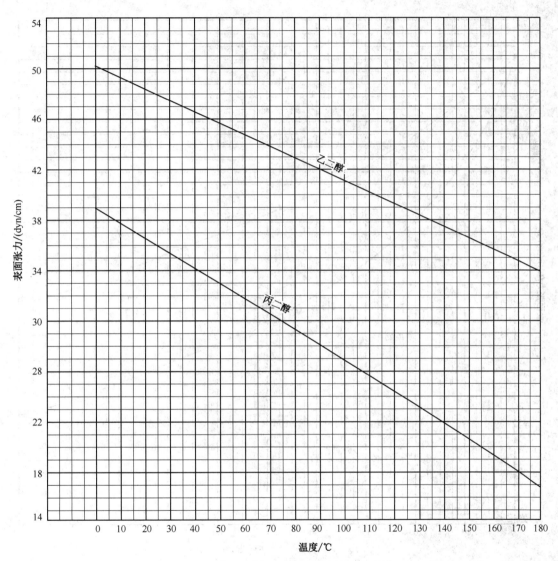

图 11-4-3　二醇类表面张力[4]

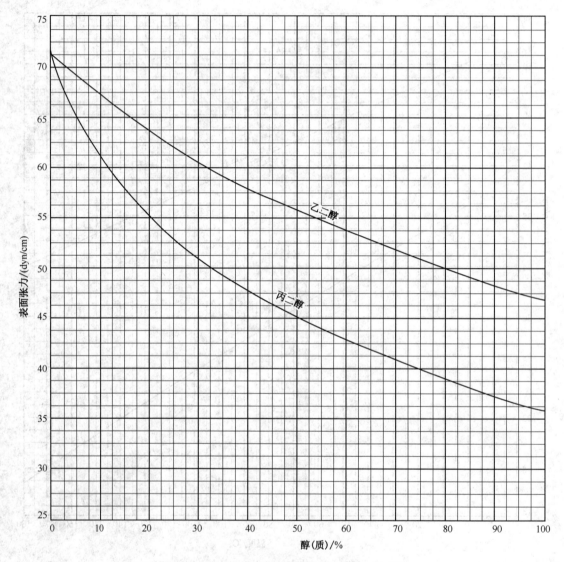

图 11-4-4　25℃下二醇类水溶液表面张力图[4]

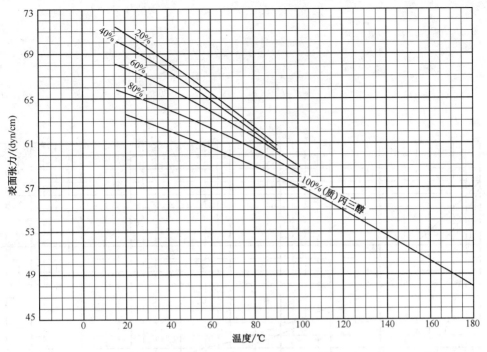

图 11-4-5　丙三醇表面张力图[4]

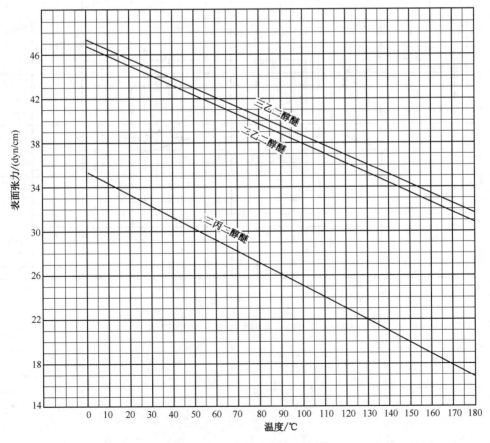

图 11-4-6　醚类表面张力图[4]

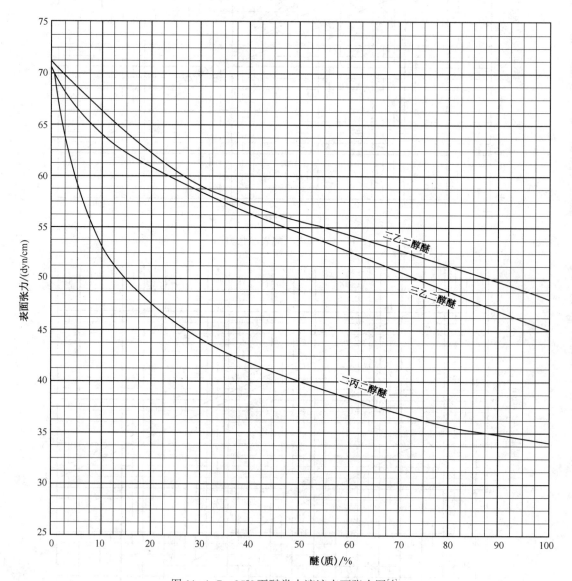

图 11-4-7　25℃下醚类水溶液表面张力图[4]

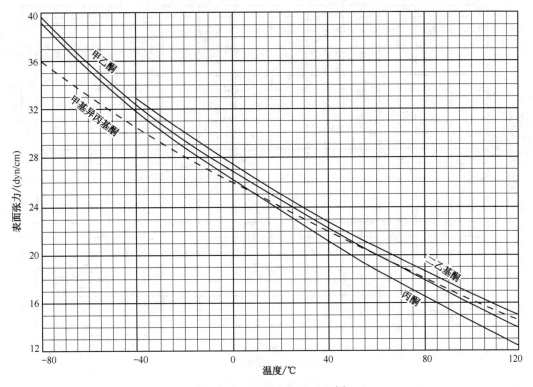

图 11-4-8　酮类表面张力图[4]

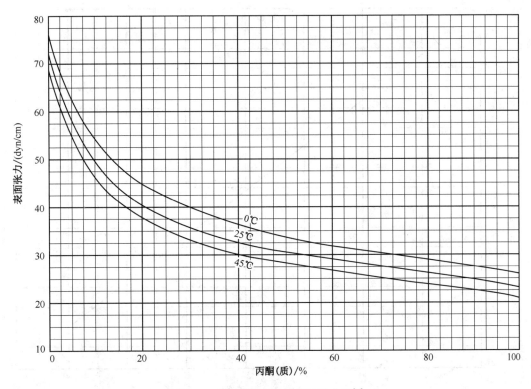

图 11-4-9　丙酮水溶液表面张力图[4]

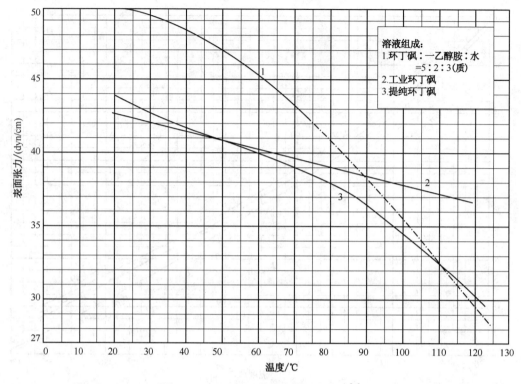

图 11-4-10　环丁砜溶液表面张力图[4]

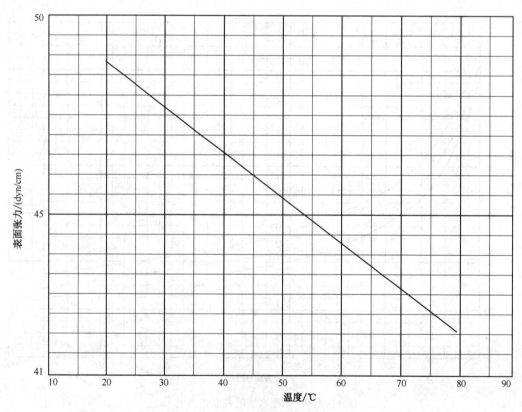

图 11-4-11　一乙醇胺表面张力图[4]

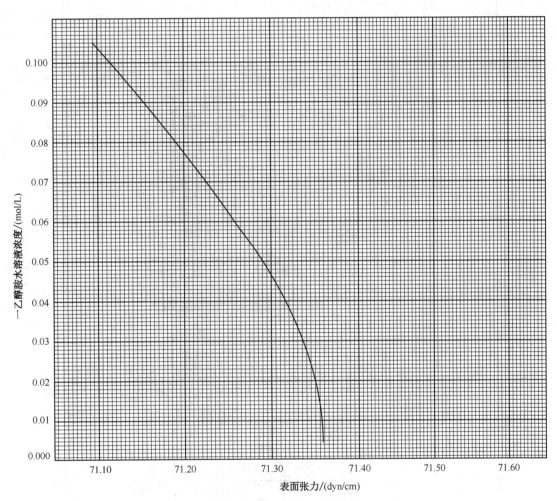

图 11-4-12　25℃下一乙醇胺水溶液表面张力图[4]

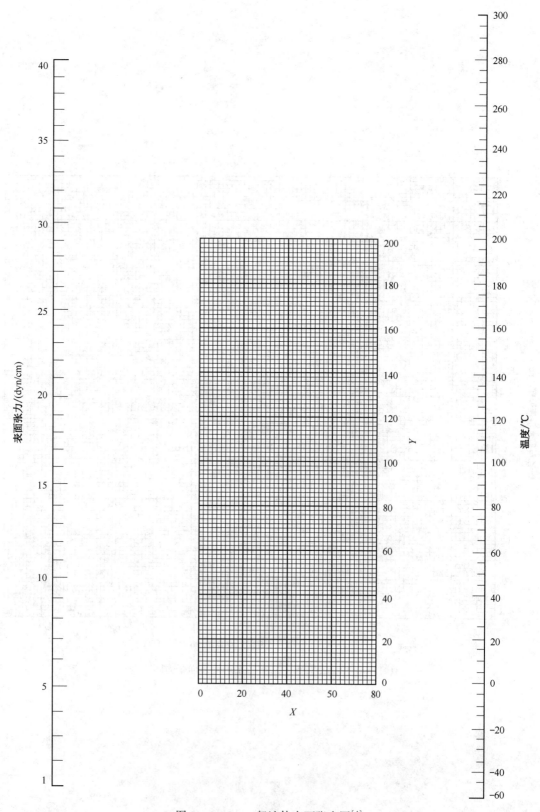

图 11-4-13 一般液体表面张力图[4]

表 11-4-2　图 11-4-13 中各液体的 X、Y 值[4]

序号	名称	X	Y	序号	名称	X	Y
1	环氧乙烷	42	83	48	3-戊酮	20	101
2	乙苯	22	118	49	异戊醇	0	106.5
3	乙胺	11.2	83	50	甲氯化碳	26	104.5
4	乙硫醇	35	81	51	辛烷	17.7	90
5	乙醇	10	97	52	苯	30	110
6	乙醚	27.5	64	53	苯乙酮	18	163
7	乙醛	33	78	54	苯乙醚	20	134.2
8	乙醛肟	23.5	127	55	苯二乙胺	17	142.6
9	乙酸胺	17	192.5	56	苯二甲胺	20	149
10	乙酸乙酸乙酯	21	132	57	苯甲醚	24.4	138.9
11	二乙醇缩乙醛	19	88	58	苯胺	22.9	171.8
12	间二甲苯	20.5	118	59	苯(基)甲胺	25	156
13	对二甲苯	19	117	60	苯酚	20	168
14	二甲胺	16	66	61	氨	56.2	63.5
15	二甲醚	44	37	62	氧化亚氮	62.5	0.5
16	二氯乙烷	32	120	63	氯	45.5	59.2
17	二硫化碳	35.8	117.2	64	氯仿	32	101.3
18	丁酮	23.6	97	65	对氯甲苯	18.7	134
19	丁醇	9.6	107.5	66	氯甲烷	45.8	53.2
20	异丁醇	5	103	67	氯苯	23.5	132.5
21	丁酸	14.5	115	68	吡啶	34	138.2
22	异丁酸	14.8	107.4	69	丙腈	23	108.6
23	丁酸乙酯	17.5	102	70	丁腈	20.3	113
24	丁(异)酸乙酯	20.9	93.7	71	乙腈	33.5	111
25	丁酸甲酯	25	88	72	苯腈	19.5	159
26	三乙胺	20.1	83.9	73	氰化氢	30.6	66
27	1,3,5-三甲苯	17	119.8	74	硫酸二乙酯	19.5	139.5
28	三苯甲烷	12.5	182.7	75	硫酸二甲酯	23.5	158
29	三氯乙醛	30	113	76	硝基乙烷	25.4	126.1
30	三聚乙醛	22.3	103.8	77	硝基甲烷	30	139
31	己烷	22.7	72.2	78	萘	22.5	165
32	甲苯	24	113	79	溴乙烷	31.6	90.2
33	甲胺	42	58	80	溴苯	23.5	145.2
34	间甲酚	13	161.2	81	碘乙烷	28	113.2
35	对甲酚	11.5	160.5	82	(对甲氧基苯)丙烯	13	158.1
36	邻甲酚	20	161	83	醋酸	17.1	116.5
37	甲醇	17	93	84	醋酸甲酯	34	90
38	甲酸甲酯	38.5	88	85	醋酸乙酯	27.5	92.4
39	甲酸乙酯	30.5	88.8	86	醋酸丙酯	23	97
40	甲酸丙酯	24	97	87	醋酸异丁酯	16	97.2
41	丙胺	25.5	87.2	88	醋酸异戊酯	16.4	103.1
42	对丙(异)基甲苯	12.8	121.2	89	醋酸酐	25	129
43	丙酮	28	91	90	噻吩	35	121
44	丙醇	8.2	105.2	91	环己烷	42	86.7
45	丙酸	17	112	92	硝基苯	23	173
46	丙酸乙酯	22.6	97	93	水(查出之数乘2)	12	162
47	丙酸甲酯	29	95				

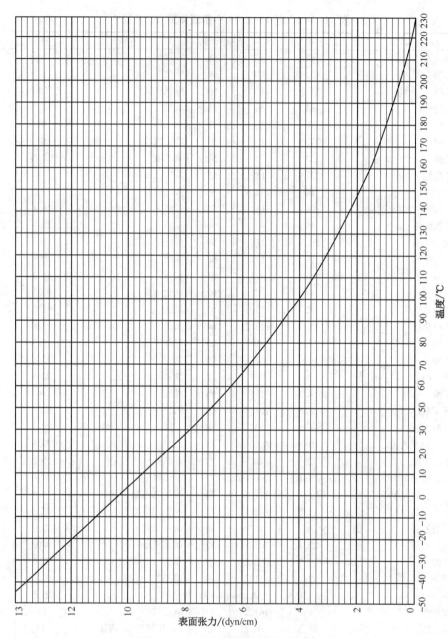

图 11-4-14　氢氟酸表面张力图[4]

三、非烃组分表面张力的计算[8]

对于非极性及非烃化合物可用式(11-4-1)和式(11-4-2)来计算表面张力:

$$Q = 0.1207 \times \left[\left[1 + \frac{T_{br}(\ln P_c - 11.5261)}{1 - T_{br}} \right] - 0.281 \right] \tag{11-4-1}$$

$$\sigma = 4.601 \times 10^{-4} P_c^{2/3} T_c^{1/3} Q (1 - T_r)^{11/9} \tag{11-4-2}$$

式中　σ——液体的表面张力, dyn/cm;

　　　P_c——临界压力或假临界压力, Pa

　　　T_c——临界温度或假临界温度, K;

　T_r——对比温度，T/T_c；

　T_b——正常沸点，K；

　T_{br}——正常沸点的对比温度，T_b/T_c；

按此法估算的表面张力数值误差小于5%。

【例11-4-2】　估算乙硫醇的表面张力。

解：

（1）已知下述物性：

$P_c = 5.49 \times 10^6 Pa$；$T_c = 499.15K$；

$T_b = 308.15K$；$T = 303.15K$。

计算得到：

$T_r = 303.15/499.15 = 0.6073$；

$T_{br} = 308.15/499.15 = 0.6173$；

（2）代入式（11-4-1）和式（11-4-2）计算得到

$$Q = 0.1207 \times \left[1 + \frac{0.6173 \times (\ln(5.49 \times 10^6) - 11.5261)}{1 - 0.6173} \right] - 0.281 = 0.6170$$

$$\sigma = 4.601 \times 10^{-4} \times (5.49 \times 10^6)^{2/3} \times (499.15)^{1/3} \times 0.6170 \times (1 - 0.6073)^{11/9} = 22.36 dyn/cm$$

实验值为22.68dyn/cm，两者基本一致

第五节　烃类-水体系的界面张力

对于两组分体系，为了获得液-液界面，那么这两种化合物必须是部分或完全不能互溶的。在界面上存在着界面张力或者界面自由能，这是由作用于每个液相本体内和穿过界面上的引力和斥力的复杂平衡所导致的。界面上的这些力、分散作用、诱导作用、偶极-偶极的相互作用和氢键作用随着温度、压力、溶解度、分子的尺寸和几何构型的变化而变化。

许多关联式力图由液相本身的性质与液体间交互作用的某些补偿来预测界面张力。然而，很多研究者认为在相界面上每侧均存在着单分子层，从而这个单分子层带来与液相本身截然不同的性质，并支配着界面张力。

许多研究者做了很多关于单分子层的工作，尤其是利用表面活性剂来进行研究。当微量的化合物加入相内时，单分子层的组成发生显著改变，从而使得界面张力发生显著的变化。该领域已在本章的范围之外，在此不作介绍。界面张力的知识对于许多液-液传质操作和提高石油的采收率变得越来越重要。

在纯烃-水体系中，溶解度是很低的。有几个根据液相本身的性质来估算界面张力的公式，其估算结果比较准确。如果大气环境条件下或接近大气环境条件下的界面张力已知，可以采用本节中的第一个方法来估算任何一个烃-水体系的界面张力数值。在这种方法中，液-液相互作用通过每个相内的分散作用力来计算，常假设烃相的分散作用力与表面张力相同，而水相的分散作用力对每个体系必须经过计算获得。

本节中的第二种方法是另外一种估算烃-水体系界面张力的方法，这种方法仅需要用到每种纯液体的表面张力。一般的，只有当无法获得分散常数时，才用这个方法来估算界面张力。

尽管温度和压力都影响两种液体间的界面张力，但是温度对液体的界面张力的影响要比压力显著得多。这是由于当温度改变时，互溶度将发生改变，从而影响（界面层）单分子层的组成，继而改变界面张力。本节中的方法均对温度变化带来的影响进行了补偿，但对压力的影响未做补偿。

一、烃在水中分散常数已知的情况

若烃在水中分散常数已知的情况，可采用式（11-5-1）来可靠地计算液体的界面张力[7]：

$$\sigma_{HW} = \sigma_H + \sigma_W - 2(\sigma_W^d \sigma_H)^{1/2} \tag{11-5-1}$$

式中　σ_{HW}——液体间的界面张力，dyn/cm；

　　　σ_i——纯液体 i 在体系温度和压力下的表面张力，dyn/cm，H 为烃，W 为水；

　　　σ_W^d——液体在水中的分散常数，dyn/cm，可查表 11-5-1 得到。

可通过以下步骤进行计算：

步骤 1：用实验测量值或者第二节中的方法计算烃的表面张力；

步骤 2：查表 11-5-2 得到水的表面张力；

步骤 3：查表 11-5-1 得到 σ_W^d，对于表中无此数据的物质，若在环境的温度和压力下（或附近）的界面张力的数值已知，可按式（11-5-1）来计算 σ_W^d；

步骤 4：用式（11-5-1）计算系统温度和压力下，系统的界面张力。

只有当分散常数已知或可通过环境温度和压力时的数据计算时，才可用本方法计算界面张力。尽管在对比压力高达 40 时，用式（11-5-1）计算的界面张力仍准确，但建议对比压力的适用范围为 $0.65 < P_r < 1.35$。

当常压或较低压力时，按此法估算的表面张力数值的平均误差约为 2.6%；高压体系的平均计算误差为 5.9%。

表 11-5-1　分散常数[7]

烃相	σ_W^d/（dyn/cm）	烃相	σ_W^d/（dyn/cm）
正己烷	22.80	1-十四烯	24.41
正庚烷	21.10	1-十五烯	24.53
正辛烷	21.50	1-十六烯	24.70
2-甲基庚烷	22.83	苯	38.59
2，2，4-三甲基戊烷	22.96	甲苯	37.38
正壬烷	20.89	1，2-二甲苯	37.15
正癸烷	21.00	1，3-二甲苯	35.30
正十一烷	20.50	乙苯	34.73
正十二烷	20.20	正丙苯	33.44
正十四烷	20.00	正丁基苯	37.60
正十六烷	19.70	顺-十氢化萘	21.80
环己烷	22.70	反-十氢化萘	22.68
1-十三烯	22.93		

表 11-5-2 为纯水的表面张力数据。

表 11-5-2　纯水的表面张力[7]

温度/℃	表面张力/(dyn/cm)	温度/℃	表面张力/(dyn/cm)
10	74.36	45	69.18
15	73.62	50	68.45
20	72.88	60	66.97
25	72.14	70	65.49
30	71.40	80	64.01
35	70.66	90	62.54
40	69.92	100	61.06

【例 11-5-1】　计算常压下，80℃温度下，乙苯-水的界面张力，已知乙苯的表面张力是 22.30dyn/cm。

解：

查表 11-5-2 可知水的表面张力是 64.01dyn/cm；查表 11-5-1 可知 σ_W^d 为 34.73dyn/cm；利用式(11-5-1)计算得 σ_{HW}：

$$\sigma_{HW} = 22.30 + 64.01 - 2 \times (34.73 \times 22.30)^{1/2} = 30.65 \text{dyn/cm}$$

实验值为 30.70dyn/cm，两者基本一致。

【例 11-5-2】　计算压力为 35.47MPa(a)，100℃时正癸烷-水的界面张力。

解：

(1) 应用式(11-2-1)计算得上述温度压力下正癸烷的表面张力为 31.10dyn/cm；

(2) 假设压力对水的表面张力影响较小，查表 11-5-2 可知水的表面张力为 61.06dyn/cm，查表 11-5-1 可知 σ_W^d 为 21.00dyn/cm；

(3) 利用式(11-5-1)计算得 σ_{HW}：

$$\sigma_{HW} = 31.10 + 61.06 - 2 \times (21.00 \times 31.10)^{1/2} = 41.05 \text{dyn/cm}$$

实验值为 42.20dyn/cm，两者基本一致。

二、体系的分散系数未知的情况

当体系的分散系数不能取得或不能计算得到时，从而无法用前部分介绍的方法计算界面张力，这时可用式(11-5-2)估算烃—水体系的界面张力[9]：

$$\sigma_{HW} = \sigma_H + \sigma_W - 1.10 (\sigma_H \sigma_W)^{1/2} \tag{11-5-2}$$

式中　σ_{HW}——烃—水体系的界面张力，dyn/cm；

σ_i——纯液体 i 在体系温度和压力下的表面张力，dyn/cm，H 为烃，W 为水；

可通过以下步骤进行计算：

步骤 1：获得每个纯组分的表面张力。从表 11-5-2 查到水的表面张力；可通过文献查找、或前部分介绍的计算方法得到烃类的表面张力；

步骤 2：按式(11-5-2)计算体系的界面张力。

本方法适用于含五个或更多碳原子的饱和烃。尽管当烃类物质的对比压力高达 40 时，按本方法计算的界面张力仍然准确。但是，当烃类物质的对比温度大于 0.53 时，采用本方法计算的界面张力误差迅速增大。

常压下，计算饱和烃-水体系的界面张力时，平均误差在 2%以内；当用于高压体系时，平均误差约为 7%；常压下，用于任意的烃-水体系，平均误差增大至 12%；高压下，用于任意的烃-水体系，则平均误差为 200%。

【例 11-5-3】　计算常压下，80℃时，乙苯-水的界面张力。

解：

（1）已知乙苯的表面张力是 22.30dyn/cm；

（2）查表 11-5-2，可知水的表面张力是 64.01dyn/cm；

（3）利用式（11-5-2）计算 σ_{HW}；

$$\sigma_{HW} = 22.30 + 64.01 - 1.10 \times (22.30 \times 64.01)^{1/2} = 44.75 \text{dyn/cm}$$

实验值为 30.70dyn/cm。

【例 11-5-3】　计算压力为 35.5MPa（绝），100℃时正癸烷-水的界面张力。

解：

（1）采用前部分方法计算得上述温度压力下正癸烷的表面张力为 31.10dyn/cm；

（2）假设压力对水的表面张力影响较小，从表 11-5-2 查得处于系统温度压力时，水的表面张力为 61.06dyn/cm。

（3）利用式（11-5-2）计算 σ_{HW}：

$$\sigma_{HW} = 31.10 + 61.06 - 1.10 \times (31.10 \times 61.06)^{1/2} = 44.23 \text{dyn/cm}$$

实验值为 42.20dyn/cm。

参 考 文 献

[1] Rice O K. The Effect of Pressure on Surface Tension. J Chem Phys, 1947, 15: 333

[2] Slowinski E J, Jr Gates, E E, Waring C E. The Effect of Pressure on the Surface Tensions of Liquids. J Phys Chem, 1957, 61: 808

[3] Giessen J, Schmatz W. Surface tension of Liauid Under Foreign Gas Pressure up to 1000kg/cm². Z Physik Chem (Frankfurt), 1961, 27: 157

[4] 北京石油设计院编. 石油化工工艺计算图表. 北京：烃加工出版社，1985

[5] API Research Project 44. Selected Values of Physical and Thermodynamic Properties of Hydocarbons and Related Compounds. Thermodynamics Research Center, Texas A & M University, College Station, Texas (loose-leaf data sheets extant 1981

[6] Hadden S T. Surface Tension of Hydrocarbons. Hydrocarbon Processing, 1966, 45(10): 161

[7] American Petroleum Institute. API Technical Data Book, Petroleum Refining, 8th Edition. Washington DC, 2010

[8] Perry R H, Green D W. Chemical Engineer's Handbook7th edition. New York: McGraw-Hill Companies Inc, 1997

[9] Good R J, Elbing E. Generalization of Theory for Estimation of Interfacial Energies: Theory of Systems with High Mutual Solubilities and With High Degrees of Polarity. Ind Eng Chem, 1970, 62(3): 54

第十二章 扩 散 系 数

物质的扩散是指在没有宏观的物质流动中，依靠分子传递引起的浓度梯度（或化学位）消失的现象。该过程发生在均匀的气体或液体溶液中。

扩散系数是扩散速率与导致扩散的浓度梯度之间的比例常数，通常以费克（Fick）第一定律表示非湍流系统的单向扩散，见式（12-0-1）。

$$W_1 = -D_{1,2} \frac{dC_1}{dL} \tag{12-0-1}$$

式中　W_1——组分 1 的摩尔流率，$mol/(s \cdot cm^2)$；

　　　$D_{1,2}$——组分 1 在组分 2 中的扩散系数，cm^2/s；

　　　C_1——组分 1 的浓度，mol/cm^3；

　　　L——距离，cm。

依局部组成变化速率对时间微分，可得费克第二定律，见式（12-0-2）。

$$\frac{dC_1}{dt} = D_{1,2} \frac{d^2 C_1}{dL^2} \tag{12-0-2}$$

式中　t——时间，s；

　　　其他同上。

由于实验的扩散系数值（特别是液相）常是不精确的，由此推导出的关系式精度也不高。但仍可适用于一般工程计算。

尽管存在着其他扩散系数的定义，费克扩散系数仍然是扩散趋势最常用的量度。因此，本章主要介绍费克扩散系数的计算方法。

第一节　液体扩散系数

一、非极性液体稀溶液的二元扩散系数

（一）计算公式

非极性液体（例如，烃/四氯化碳溶液、烃/烃溶液等）稀溶液（溶质摩尔分数小于5%）的二元扩散系数采用式（12-1-1）计算。该式还间接用于计算非极性浓溶液或非极性多元溶液[1]。

$$D_{1,2} = 2.7509 \times 10^{-8} \frac{T \overline{R}_2}{\mu \overline{R}_1^{2/3}} \tag{12-1-1}$$

式中　$D_{1,2}$——溶质（组分 1）在溶剂（组分 2）中的扩散系数，cm^2/s；

　　　T——温度，K；

　　　μ——溶液（可考虑为纯溶剂）的黏度，cP；

　　　$\overline{R}_2$——溶剂回转半径，Å；

　　　$\overline{R}_1$——溶质回转半径，Å。

$\overline{R}_1$、$\overline{R}_2$ 从表 12-1-1 查得。

表 12-1-1　部分非极性物质的回转半径[2]

物质名称	回转半径/Å	物质名称	回转半径/Å
烷烃		1-丁烯	2.7458
甲烷	1.1234	顺-2-丁烯	2.7765
乙烷	1.8314	反-2-丁烯	2.7123
丙烷	2.4255	2-甲基丙烯	2.8281
正丁烷	2.8885	1-戊烯	3.1956
2-甲基丙烷	2.8962	顺-2-戊烯	3.2763
正戊烷	3.3850	反-2-戊烯	3.2826
2-甲基丁烷	3.3130	2-甲基-1-丁烯	3.2239
2,2-二甲基丙烷	3.1530	2-甲基-2-丁烯	3.2301
正己烷	3.8120	1-己烯	3.6472
2-甲基戊烷	3.8090	反-2-己烯	3.6964
3-甲基戊烷	3.6797	1-庚烯	4.0971
2,2-二甲基丁烷	3.4846	1-辛烯	4.5342
2,3-二甲基丁烷	3.5209	1-壬烯	4.9687
正庚烷	4.2665	1-癸烯	5.4017
2-甲基己烷	2.2779	1-十一烯	5.8389
3-甲基己烷	4.1454	1-十二烯	6.2966
2,2-二甲基戊烷	4.0001	1-十三烯	6.7514
2,3-二甲基戊烷	3.9210	1-十四烯	7.2244
2,4-二甲基戊烷	3.9634	1-十五烯	7.6969
3,3-二甲基戊烷	3.7952	1-十六烯	8.1872
2,2,3-三甲基丁烷	3.6960	1,2-丁二烯	2.7497
正辛烷	4.6804	2,3-戊二烯	3.0552
2-甲基庚烷	4.7401	乙炔	1.1095
3-甲基庚烷	4.5932	丙炔	1.8864
4-甲基庚烷	4.5581	1-丁炔	2.7130
2,2-二甲基己烷	4.4956	**芳烃**	
2,3-二甲基己烷	4.4084	苯	3.0037
2,4-二甲基己烷	4.3463	甲苯	3.4431
2,5-二甲基己烷	4.5932	乙苯	3.8211
3,3-二甲基己烷	4.3197	1,2-二甲苯	3.7889
3,4-二甲基己烷	4.4000	1,3-二甲苯	3.8966
2,2,3-三甲基戊烷	4.1618	1,4-二甲苯	3.7962
2,2,4-三甲基戊烷	4.1714	异丙基苯	4.1870
2,3,3-三甲基戊烷	4.0859	1-甲基-2-乙基苯	4.1296
2,3,4-三甲基戊烷	4.2052	1-甲基-3-乙基苯	4.2845
正壬烷	5.1263	1-甲基-4-乙基苯	4.1662
2,2,3,3-四甲基戊烷	4.1556	1,2,3-三甲基苯	4.0996
正癸烷	5.5390	1,2,4-三甲基苯	4.1678
正十一烷	5.9867	1,3,5-三甲基苯	4.3408
正十二烷	6.4321	1-甲基-3-异丙基苯	4.5790
正十四烷	7.3578	1-甲基-4-异丙基苯	4.5231
正十五烷	7.8387	1,2,3,4-四甲基苯	4.3779
正十六烷	8.3180	1,2,3,5-四甲基苯	4.4920
环烷烃		1,2,4,5-四甲基苯	4.4512
环己烷	3.2605	**卤化物**	
甲基环己烷	3.7467	三氯甲烷	3.1779
1,1-二甲基环己烷	4.0925	四氯化碳	3.4581
顺-1,2-二甲基环己烷	4.0612	氯乙烷	2.2812
反-1,2-二甲基环己烷	4.1814	1,1-二氯乙烷	2.9945
顺-1,3-二甲基环己烷	4.0549	1,2-二氯乙烷	2.8510
反-1,3-二甲基环己烷	4.1462	1,1,1-三氯乙烷	3.3566
顺-1,4-二甲基环己烷	4.1446	氯乙烯	2.1220
反-1,4-二甲基环己烷	4.1670	顺-1,2-二氯乙烯	3.0132
烯烃		反-1,2-二氯乙烯	3.0132
乙烯	1.5382	三氯乙烯	3.7592
丙烯	2.2283		

应用式(12-1-1)，计算结果与实验数据的平均吻合程度在 16% 以内，其偶然误差可达 30%。Umesi 的研究表明该式对于极性溶质溶解在非极性溶剂中的情况仍然能给出较好的计算结果。

（二）计算示例

【例 12-1-1】 计算 298.15K 的正癸烷和正庚烷溶液中正癸烷的扩散系数。正庚烷在 298.15K 时的黏度为 0.3984cP。

解：从表 12-1-1 查得正庚烷的回转半径为 4.2665Å，正癸烷的回转半径为 5.5390Å。正癸烷的扩散系数为：

$$D_{1,2} = \frac{(2.7512 \times 10^{-8})(298.15)(4.2665)}{(0.3984)(5.5390)^{2/3}} = 2.806 \times 10^{-5} \mathrm{cm^2/s}$$

正癸烷的实验扩散系数为 $3.071 \times 10^{-5} \mathrm{cm^2/s}$，计算值和实验值相比偏差为 8.6%。

二、极性或缔合液体稀溶液的二元扩散系数

（一）计算公式

极性或缔合液体稀溶液（溶质摩尔分数小于 5%）的二元扩散系数采用式(12-1-2)计算。该扩散系数还可从图 12-1-1 查得[3~4]。

$$D_{1,2} = 7.386 \times 10^{-8} \frac{(\phi_2 M_2)^{1/2} T}{\mu (V_1)^{0.6}} \tag{12-1-2}$$

式中　$D_{1,2}$——溶质（组分 1）在溶剂（组分 2）中的扩散系数，$\mathrm{cm^2/s}$；

　　　ϕ_2——溶剂的缔合参数；

　　　M_2——溶剂的相对分子质量；

　　　V_1——正常沸点下溶质的摩尔体积，$V_1 = 0.285 (V_{c1})^{1.048}$，$\mathrm{cm^3/mol}$；

　　　V_c——临界体积，$\mathrm{cm^3/mol}$；

　　　μ——纯溶剂的黏度，cP；

　　　T——温度，K。

ϕ_2 从表 12-1-2 查取。对于大部分非甲醇、乙醇、水的缔合系统，缔合参数根据估计的溶剂缔合度确定。

表 12-1-2　溶剂的缔合参数

顺序号	项目	ϕ_2	备注
1	乙醇	1.5	
2	甲醇	1.9	
3	水	2.6	
4	其他缔合溶剂	1.0~2.6	如烃类

应用式(12-1-2)，计算结果与实验数据的平均吻合程度在 20% 以内，其偶然误差可达 35%。本式不能应用于烃类溶剂体系。当溶质分子较溶剂分子小得多时该式的可靠性较差。当溶液中溶质摩尔分数大于 5% 时，该式计算结果的准确度也较差。

（二）计算示例

【例 12-1-2】 计算 293.15K 下的苯和水溶液中苯的扩散系数。水在 293.15K 时的黏度为 0.95cP。

解：水的相对分子质量为18.015。正常沸点下苯的摩尔体积为96.35cm³/mol，水的缔合参数为2.6。苯的扩散系数为：

$$D_{1,2} = \frac{7.386 \times 10^{-8}(2.6 \times 18.015)^{1/2}(293.15)}{(0.95)(96.35)^{0.6}} = 1.006 \times 10^{-5} \text{cm}^2/\text{s}$$

苯的实验扩散系数为$1.180 \times 10^{-5}\text{cm}^2/\text{s}$，计算值和实验值相比偏差为14.7%。

用图12-1-1计算如下：

$\mu/T = 0.95/293.15 = 0.00324$，$M_2\phi_2 = 18.015 \times 2.6 = 46.8$，$V_1 = 96.35$；

查图得到$D_{1,2} = 36.3 \times 10^{-7}\text{m}^2/\text{h} = 1.008 \times 10^{-5}\text{cm}^2/\text{s}$。

应用图12-1-1，计算结果与实验数据的平均吻合程度在25%以内，其偶然误差可达50%。该图不能应用于烃类溶剂体系。

三、非极性浓溶液的二元扩散系数[6~7]

(一) 计算公式

非极性浓溶液(溶质浓度在5%以上)的二元扩散系数用式(12-1-3)计算。

$$D_{1,m} = x_1 D_{2,1}^{\circ} + (1 - x_1) D_{1,2}^{\circ} \tag{12-1-3}$$

式中　D——扩散系数($D_{1,m}$为浓溶液扩散系数，$D_{2,1}^{\circ}$和$D_{1,2}^{\circ}$均为稀溶液扩散系数)，cm^2/s；

　　　x——摩尔分数。

下标1、2表示两种物质。

该式中没有黏度项，浓溶液的扩散系数与两种物质在彼此中的无限稀释扩散系数和摩尔分数有关。

式(12-1-3)是基于很少数据做出的，几乎是纯经验的。将此式用于含极性或缔合组分的溶液误差会更大。对于烃类体系，该式和式(12-1-1)一起使用，实验数据和计算数据的平均偏差是14%。

(二) 计算示例

【例12-1-3】　计算温度313K、压力101353Pa(绝)条件下甲苯和环己烷溶液的扩散系数，其中，甲苯的摩尔分数为0.40，环己烷的摩尔分数是0.60。

解：在温度为313K下，甲苯在环己烷中稀溶液的扩散系数为$1.89 \times 10^{-5}\text{cm}^2/\text{s}$，环己烷在甲苯中稀溶液的扩散系数为$2.94 \times 10^{-5}\text{cm}^2/\text{s}$。浓溶液的扩散系数根据式(12-1-3)计算：

$$D_{1,m} = [0.40(2.94) + 0.60(1.89)] \times 10^{-5} = 2.31 \times 10^{-5}\text{cm}^2/\text{s}$$

实验的扩散系数为$2.26 \times 10^{-5}\text{cm}^2/\text{s}$，计算值和实验值相比偏差为2.2%。

四、多组分体系的液体扩散系数

(一) 计算公式

多组分非极性体系的液体扩散系数可用式(12-1-4)计算。该式是半经验的，但是用三组非极性体系的少量数据验证过。极性溶液和缔合溶液在使用该式时将产生较大偏差[8]。

$$D_{1,m}\mu_m = (D_{1,2}^{\infty}\mu_2)^{x_2}(D_{1,3}^{\infty}\mu_3)^{x_3}\cdots \tag{12-1-4}$$

式中　$D_{1,m}$——组分1在混合溶液中的扩散系数，cm^2/s；

　　　$D_{1,j}^{\infty}$——组分1在以组分j为溶剂的($j=2,3\cdots$)无限稀释溶液中的扩散系数，cm^2/s；

　　　x_j——组分j在混合物中的摩尔分数；

　　　μ_j——组分j的黏度，cP；

　　　μ_m——混合溶液的黏度，cP。

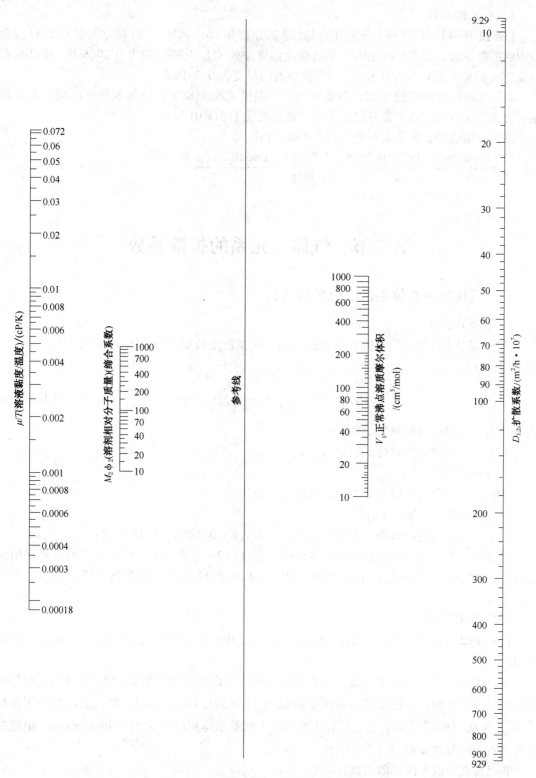

图 12-1-1　液体二元系统扩散系数图[5]

μ—溶液黏度，cP；T—温度，K；M_2—溶剂的相对分子质量；ϕ_2—溶剂的缔合参数；

V_1—正常沸点下溶质的摩尔体积，cm^3/mol；$D_{1,2}$—组分 1 在组分 2 中的扩散系数，cm^2/s

（二）计算示例

【例 12-1-4】 计算甲基苯在正己烷（摩尔分数 0.786）和环己烷（摩尔分数 0.214）混合液中的扩散系数，温度 298.15K。正己烷在温度 298.15K 下的黏度为 0.2985cP，环己烷在温度 298.15K 下的黏度为 0.898cP，混合溶液的黏度为 0.3918cP。

解：无限稀释溶液的二元扩散系数为：在温度 298.15K 下，甲基苯在正己烷中的扩散系数为 $4.59×10^{-5}cm^2/s$，在环己烷中的扩散系数为 $1.31×10^{-5}cm^2/s$。

多组分溶液的扩散系数根据式（12-1-4）计算：

$$D_{1,m} = \frac{[(4.59 \times 10^{-5})(0.2985)]^{0.786}[(1.31 \times 10^{-5})(0.898)]^{0.214}}{0.3918} = 3.38 \times 10^{-5}cm^2/s$$

实验的扩散系数为 $4.10×10^{-5}cm^2/s$。

第二节　气体二元系的扩散系数

一、低压烃—烃体系的二元扩散系数

（一）计算公式

低压（绝压低于 3447.4kPa）烃-烃体系的二元扩散系数如式（12-2-1）所示[9,4]：

$$D_{1,2} = \frac{4.36 \times 10^2 \, T^{1.5}\left(\dfrac{1}{M_1} + \dfrac{1}{M_2}\right)}{P\,(V_1^{1/3} + V_2^{1/3})^2} \tag{12-2-1}$$

式中　M_1——溶质的相对分子质量；

　　　M_2——溶剂的相对分子质量；

　　　T——温度，K；

　　　$D_{1,2}$——组分 1 在组分 2 中的扩散系数，cm^2/s；

　　　P——压力（绝），Pa；

　　　V_i——溶质在正常沸点下的摩尔体积，由式 $V_i = 0.285\,V_{ci}^{1.048}$（$i = 1, 2$），$cm^3/mol$。

与基于气体动力学理论的理论模型不同，式（12-2-1）是一个经验方程，不需要使用碰撞直径。其与实验的烃-烃扩散系数的平均偏差不超过 4%。该式的参数较理论模型的参数更易获得。

（二）计算示例

【例 12-2-1】 计算温度 283.15K、压力 101353Pa（绝）条件下，正己烷在甲烷中的扩散系数。

解：由第一章纯组分性质表得到正己烷的相对分子质量（M_1）为 86.18，甲烷的相对分子质量（M_2）为 16.04；正己烷的临界摩尔体积（V_{c1}）为 371.44cm^3/mol，甲烷的临界摩尔体积为（V_{c2}）为 98.68cm^3/mol；正己烷在正常沸点下的摩尔体积（V_1）为 140.36cm^3/mol，甲烷在正常沸点下的摩尔体积（V_2）为 35.05cm^3/mol。

正己烷在甲烷中的扩散系数：

$$D_{1,2} = \frac{4.36 \times 10^2 (283.15)^{1.5}\left(\dfrac{1}{86.18} + \dfrac{1}{16.04}\right)^{0.5}}{101353\,[(140.63)^{1/3} + (35.05)^{1/3}]^2} = 0.0776cm^2/s$$

该扩散系数的实验值为 $0.0752cm^2/s$。计算值和实验值的偏差为 3.2%。

二、低压空气—烃体系的二元扩散系数

(一) 计算公式

低压(绝压低于 3447.4kPa)空气-烃体系的二元扩散系数如式(12-2-2)所示[10]：

$$D_{1,2} = \frac{1.015 \times 10^2 T^{1.75} \left(\dfrac{1}{M_1} + \dfrac{1}{M_2} \right)^{0.5}}{P \left[\left(\sum_1 \nu_i \right)^{1/3} + \left(\sum_2 \nu_i \right)^{1/3} \right]^2} \qquad (12-2-2)$$

式中 $\sum_j \nu_i$——组分 j 的原子扩散体积之和(参见表 12-2-1~表 12-2-2)；

  T——温度，K；

  P——压力(绝)，Pa；

  $D_{1,2}$——组分 1 在组分 2 中的扩散系数，cm^2/s。

尽管属于经验模型，式(12-2-2)与实验数据的平均偏差不超过9%。原子和结构扩散体积的特性决定了该式能够适用于一个较宽范围的的非烃系统。

表 12-2-1 原子和结构扩散体积增量(ν)

原子类型	数值	原子类型	数值
C	16.5	Cl	(19.5)
H	1.98	S	(17.0)
O	5.48	芳环	-20.2
N	(5.69)	杂环	-20.2

注：( )内的数据所依据的数据点较少。

表 12-2-2 简单分子的扩散体积

分子名称	数值	分子名称	数值
H_2	7.07	CO	18.9
D_2	6.70	CO_2	26.9
He	2.88	N_2O	35.9
N_2	17.9	NH_3	14.9
O_2	16.6	H_2O	12.7
Air	20.1	CCl_2F_2	(114.8)
Ar	16.1	SF_6	(69.7)
Kr	22.8	Cl_2	(37.7)
Xe	(37.9)	Br_2	(67.2)
		SO_2	(41.1)

注：( )内的数据所依据的数据点较少。

(二) 计算示例

【例12-2-2】 计算温度 303.15K、压力 101353Pa(绝)条件下，苯在空气中的扩散系数。

解：由第一章纯组分性质表得到苯的相对分子质量(M_1)为 78.11，空气的相对分子质量

（M_2）为 28.95。根据表 12-2-1 和表 12-2-2，扩散体积为：

$\sum_1 \nu_i(苯) = 6 \times (16.5) + 6 \times (1.98) - 1 \times (20.2) = 90.68$

$\sum_2 \nu_i(空气) = 20.1$

苯在空气中的扩散系数：

$$D_{1,2} = \frac{1.015 \times 10^2 (303.15)^{1.75} \left(\dfrac{1}{78.11} + \dfrac{1}{28.95}\right)^{0.5}}{101353 \left[(90.68)^{1/3} + (20.1)^{1/3}\right]^2} = 0.0923 \, \text{cm}^2/\text{s}$$

该扩散系数的实验值为 0.0921cm²/s。计算值和实验值的偏差为 0.31%。

三、高压气体二元扩散系数

图 12-1-1 用于估计高压（压力高于 3447.4kPa）气体的二元扩散系数。其适用于烃-烃体系和空气-烃体系。没有公开发表的实验数据可供验证该图，估计该图的可靠性为 50%。

图中：

$PD_{1,2}$——压力大于 3447.4kPa（绝）下压力与二元扩散系数的乘积；

$(PD_{1,2})°$——压力小于 3447.4kPa（绝）下压力与二元扩散系数的乘积；

P——体系的压力（绝），Pa；

P_{pc}——混合物的假临界压力（绝），Pa；

T——混合物的温度，K；

T_{pc}——混合物的假临界温度，K；

示例：

计算温度 283.15K、压力 4136854Pa（绝）条件下，正己烷在甲烷中的扩散系数。

解：根据式（12-2-1）的计算示例，温度 283.15K、压力 101353Pa（绝）条件下正己烷在甲烷中的扩散系数为 0.0776cm²/s。甲烷占优势的混合物的临界温度为 190.56K，临界压力为 4598803Pa（绝）。压力与临界压力之比为 0.8995，温度与临界温度之比为 1.486。从图 12-2-1 中查得：

$$\left\{ \frac{(PD_{1,2})}{(PD_{1,2})°} \right\} = 0.854$$

则　　　$D_{1,2} = \dfrac{0.854(PD_{1,2})°}{P} = \dfrac{0.854 \times 101353 \times 0.0776}{4136854} = 0.00162 \, \text{cm}^2/\text{s}$

四、多组分体系的气体扩散系数

（一）计算公式

式（12-2-3）用于根据混合物中组分对的二元扩散系数计算多组分气相系统的扩散系数[13]：

$$D_{1,2,3\cdots n} = \frac{1 - y_1}{\dfrac{y_2}{D_{1,2}} + \dfrac{y_3}{D_{1,3}} + \cdots + \dfrac{y_n}{D_{1,n}}} \tag{12-2-3}$$

式中　$D_{1,2,3\cdots n}$——组分 1 在 n 个组分混合物中的扩散系数，cm²/s；

　　　$D_{1,i}$——组分 1 在组分 i 中的二元扩散系数，cm²/s；

　　　y_i——组分 i 在混合物中的摩尔分数；

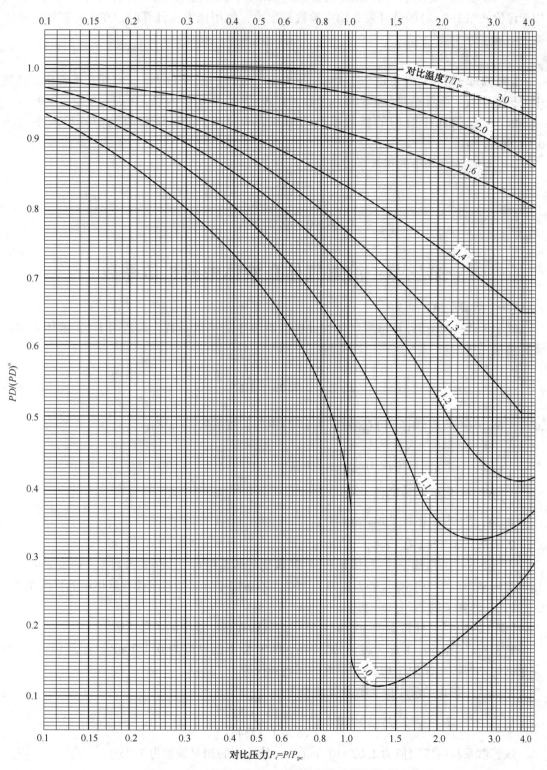

图 12-2-1　高压下气体二元系统扩散系数图[11~12]

式(12-2- 3)是基于气相系统(大部分是非烃类, 通常是氢气)非常有限的实验数据。可用于评价式(12-2-3)的公开发表的实验数据很少, 使用该方程计算时, 在二元扩散系数误差上增加接近5%的误差。

(二) 计算示例

【例12-2-3】 计算温度283.15K、压力101353Pa(绝)条件下, 正己烷在某气相混合物中的扩散系数。该气相混合物的摩尔分数为: 正己烷, 0.01; 丙烷, 0.03; 甲烷, 0.96。

解: 正己烷在甲烷中的扩散系数为0.07769cm²/s, 正己烷在丙烷中的扩散系数为0.04290cm²/s。

正己烷在混合物中的扩散系数计算为:

$$D_{C_6C_3C_1} = \frac{1 - 0.01}{\dfrac{0.03}{0.04290} + \dfrac{0.96}{0.07769}} = 0.07583 \text{cm}^2/\text{s}$$

第三节　溶解气体在液体中的扩散系数

(一) 计算公式

式(12-3-1)用于计算溶解气体在非极性液体中的扩散系数, 其适用于气-液体系和二元稀溶液系统[1]:

$$D_{1,2} = 2.7509 \times 10^{-8} \frac{T \bar{R}_2}{\mu \bar{R}_1^{2/3}} \tag{12-3-1}$$

式中　$D_{1,2}$——溶质(组分1)在溶剂(组分2)中的扩散系数, cm²/s;

　　　　T——温度, K;

　　　　μ——溶液(可考虑为纯溶剂)的黏度, cP;

　　　　$\bar{R}_2$——溶剂回转半径, Å;

　　　　$\bar{R}_1$——溶质回转半径, Å。

$\bar{R}_1$、$\bar{R}_2$从表12-1-1查得。

式(12-3- 1)是基于烃-烃体系和烃-四氯化碳体系相对较少的实验数据。研究表明, 使用该式的平均偏差为16%, 最大偏差为25%。不适用于计算酸性气体在液体中的扩散系数。

(二) 计算示例

【例12-3-1】 计算温度303.15K下甲烷气体在正己烷中的扩散系数。

解: 正己烷溶液(考虑为纯正己烷)在303.15K下的黏度为0.2820cP。从表12-1-1查得正己烷的回转半径为3.812Å, 甲烷的回转半径为1.1234Å。

甲烷气体在正己烷中的扩散系数计算为:

$$D_{1,2} = 2.7512 \times 10^{-8} \frac{(303.15)3.812}{0.282(1.1234)^{2/3}} = 1.04 \times 10^{-4} \text{cm}^2/\text{s}$$

该扩散系数的实验值为1.02×10⁻⁴cm²/s, 计算值的相对偏差为2.23%。

参 考 文 献

[1] Umesi N O, M S Thesis. The Pennsylvaia State University, 1980

［2］ Reid R C, Prausnitz J M, Sherwood T K. The Properties of Gases and Liquids, 3rd ed. New York: McGraw-Hill, 1977

［3］ Wilke C R, Chang P. Correlation of Diffusion Coefficients in Dilute Solutions. AIChE Journal, 1955, 1: 264

［4］ Tyn M T, Calus W F. Estimating Liquid Molar Volumes. Processing, 1975, 21(4): 16

［5］ Kuong J F. Nomograph Gives Diffusion Rate in Dilute Solutions. Chem Eng, 1961, 68(12): 258

［6］ Caldwell C S, Babb A L. Diffusion in the System Methanol-Benzene. J Phys Chem, 1956, 60: 51

［7］ Sanchez V, Clifton M. An Empirical Relationship for Predicting the Variation with Concentration of Diffusion Coefficients in Binary Liquid Mixtures. Ind Eng Chem Fundam, 1977, 16: 318

［8］ Leffler J, Cullllinan H T. Variations of Liquid Diffusion Coefficients with Composition: Ternary Systems. Ind Eng Chem Fundam, 1970, 9: 88

［9］ Gilliland E R. Diffusion Coefficients in Gaseous Systems. Ind Eng Chem, 1934, 26: 681

［10］ Fuller E N, Schettler P D, Giddings J C. A New Method for Prediction of Binary Gas-Phase Diffusion Coefficients. Ind Eng Chem, 1966, 58(5): 19

［11］ Slattery J C, Bird R B. Calculation of the Diffusion Coefficient of Dilute Gases and of the Self-Diffusion Coefficient of Dense Gases. AIChE Jounrnal, 1958, 4: 137

［12］ Bird R B, Stewart W E, Lightfoot E N. Transport Phenomena. New York: John Wiley and Sons Inc, 1960

［13］ Wilke C R. Diffusional Properties of Multicomponent Gases. Chem Eng Progr, 1950, 46: 95

第十三章 吸附平衡

一、气体吸附

(一) 吸附的种类

气体吸附在工业上的应用十分广泛，常用于处理混合气体的分离、提纯和净化等过程。吸附过程分为物理吸附和化学吸附两类。

物理吸附又称为范德华吸附，吸附热较小(与汽化热处于同一数量级)，在加压和降压过程中能很快达到吸附-脱附平衡。与此相比，化学吸附的吸附热较大(与反应热处于同一数量级)，属于高度不可逆过程。实际上，经吸附和脱附过程后，其化学组成已略有差别。

(二) 物理吸附平衡模型

基于不同的原理和方法建立了气体的物理吸附平衡的若干模型，主要如下：

(1) 假设气体在吸附表面形成二维吸附膜，则其吸附过程可用理想气体状态方程、范德华力方程和维里方程等来描述。在这些模型方程中，单位摩尔的气体体积用覆盖每摩尔吸附剂的面积来代替，并且所用的正常的三维压力用二维压力来代替，即分子仅在二维内移动所产生的压力，简称为扩散压。当扩散压无法通过直接测量获得时，可通过[1]程序 15B1.7 由吸附数据计算得到。

(2) 固体吸附剂表面存在吸附势场，气体分子易于受到这种力场而被吸附，但这种力场的作用是长程的，离开表面越远力场就越弱。因此，气体分子在固体表面的吸附就像大气在地球表面周围分布那样，气体的密度因离表面的距离的增大而降低。

(3) 固体表面与气体分子之间的相互作用可看作是分子碰撞固体表面，持续一段时间后就逃逸除表面的动力学。根据这种模型建立了朗格缪尔和 BET 方程。

(4) 针对具有均一孔径的固体吸附剂，开发了一种单纯的统计热力学模型。在这个模型中，假设气体分子吸附在固体孔穴里面而不是吸附在某个固定的位置上，并且吸附质与吸附剂之间的作用力与孔穴中吸附气体的分子数量无关。吸附质与吸附剂在孔穴中的相互作用可用状态方程来描述。

(5) 吸附相可以认为是平衡相，与气-液平衡的液相十分相似。吸附相用二维的扩散压代替三维的压力来表征，并且每摩尔的体积用每摩尔的覆盖面积来代替，这种处理方式可归于吸附的热力学溶液理论。

(三) 物理吸附模型的一般选用原则

虽然每种方法建立的模型具有各自的优点和缺点，但是一般说

(1) 当要关联温度对纯气体在特定固体表面的吸附，或者类似的物质在特定固体表面的吸附的影响时，吸附势场理论(模型 2)是最常用的。

(2) 当要考察固体吸附剂的表面积时，普遍地采用基于模型 3 建立的 BET 方程。

(3) 当要关联和预测气体混合物吸附平衡时，热力学溶液理论(模型 5)已是最成功的。

(四) 物理吸附讨论

吸附相与气相本身之间的吸附平衡还涉及一个变量，即固体吸附剂的面积，那么比气-

液平衡多一个自由度。固体表面的性质是非常复杂并且难于表征，而且收集气体混合物在固体表面的吸附平衡数据也是一项很难的实验工作。因此，在理论发展和技术上，气体吸附均比气液平衡发展落后。

庆幸的是，在中等的温度和压力范围内，收集纯气体等温吸附数据的实验程序相对比较简单。预测气体混合物吸附平衡的最常用方法是应用纯气体等温吸附来描述气体吸附分子与固体吸附剂表面的相互作用。

经常，很难获知固体吸附剂表面的信息，常用的一个参数就是 BET 比表面积。这个表面积结果是通过氮气分子在它的沸点条件下在固体表面单层吸附推算得到，根据分子数目和单个氮气分子的面积相乘即可得 BET 面积。吸附的氮气体积也可以通过 BET 方程(式 13-1-3)得到。虽然这些表面积数据具有一定的随意性，但确实可以比较相似吸附剂的相对吸附能力。假如一种吸附剂的吸附量已知的情况下，可以通过相同类型的两种吸附剂的面积比例来推算另一种吸附剂的吸附量。但当吸附剂的极性和孔结构差异较大时，通过面积的比较推算出的吸附量结果是有待怀疑的。

本章的第一节和第二节将分别介绍纯气体和气体混合物吸附的数据和方法。关于气体吸附应用于气体分离(物理吸附)和推荐用于处理纯气体吸附等温数据和预测多组分吸附平衡的有关程序还可参阅[1]中的有关总结资料。

二、液体吸附

液体吸附是工业生产中很重要的一个过程，在液相色谱分离领域也有广泛的应用。尽管如此，对液相吸附的研究也只是在 20 世纪下半叶才引起广泛的关注。在本章的第三节，将总结一些液固平衡有价值的数据和关联方程。

液固界面的吸附处理与气固界面的存在根本的差别，这是由于对于液体混合物的吸附，其绝对吸附量无法直接测量得到。在实验过程中，可以测得的是液相中的浓度变化，它可以用来计算表面过剩。表面过剩定义为吸附层中吸附剂的量与液体本体的浓度均一地扩展到固体表面处的量的差值。因此，对于液体吸附，描述吸附平衡的有关变量一般为表面过剩而不是实际的吸附量。

对于二元液体体系，因为其浓度的变化可以直接测量，故易于得到等温吸附平衡曲线。虽然也有一些方法，如通过双组分的每个组分的纯蒸气等温线来定量地预测二元液体等温吸附曲线，但这些方法也很少用，因为蒸汽的相关数据也不易于获得。依靠解析式表示二元液体数据便于在关心的范围内进行数据的内插或外推。关联方法有两种：

(1) 假设液体为理想液体，且为单层吸附，则可以将表面过剩进行线性关联；

(2) 基于正规本体溶液和正规已吸附溶液的假定，吸附相摩尔分数与表面过剩更准确的非线性关联。

这些关联式也大概可能用来由二元的液体吸附数据预测多组分的液体吸附平衡的方法中。

第一节 单纯气体的吸附

一、典型的纯气体等温吸附数据图

图 13-1-1～图 13-1-10 图示纯气体在某些吸附剂上的吸附数据。

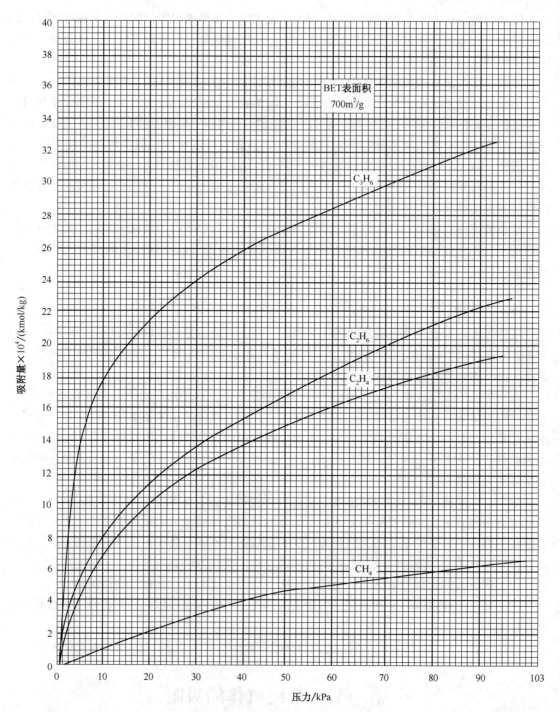

图 13-1-1　烃类在 AC-40 活性炭上的吸附（$T = 20℃$）[1,2]

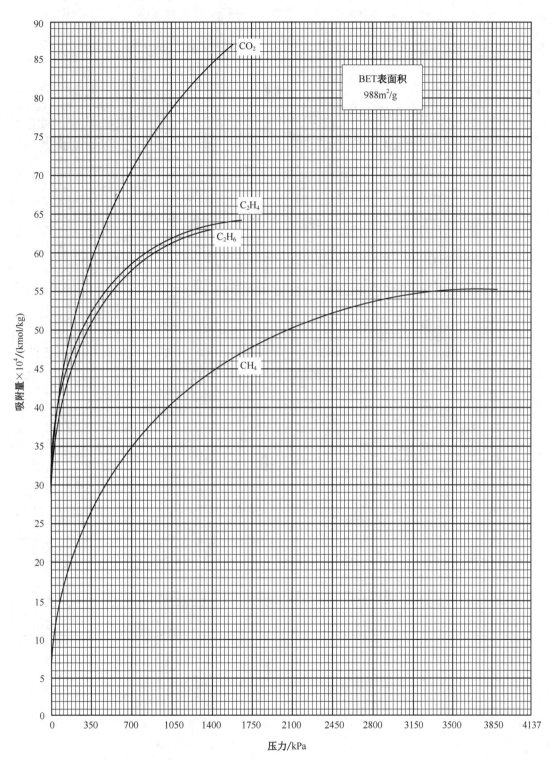

图 13-1-2　烃类和 CO_2 在 BPL 活性炭上的吸附（$T=-12.8℃$）[1,3]

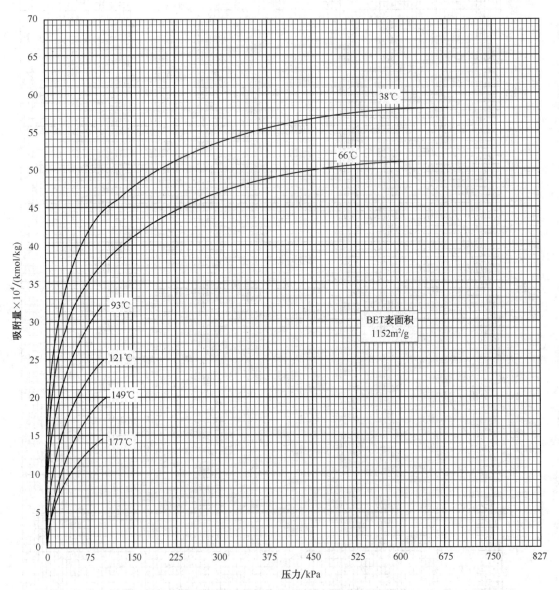

图 13-1-3 丙烷在 Columbia G 活性炭上的吸附[1,4]

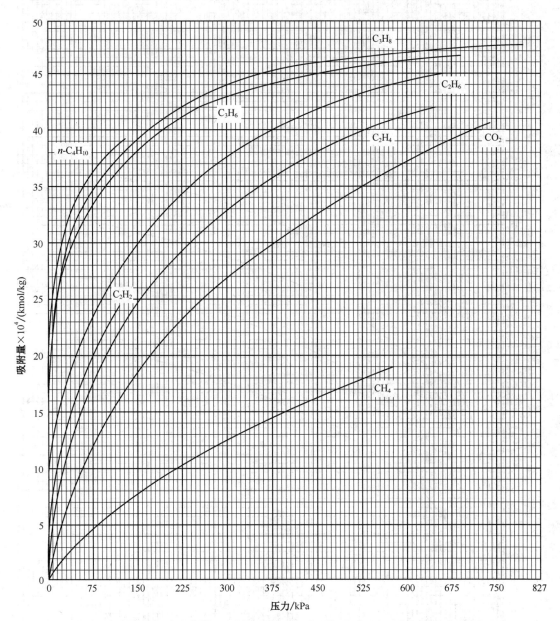

图 13-1-4 烃类和 CO_2 在 Nuxit-AL 活性炭上的吸附（$T = 40℃$）[1,5,6]

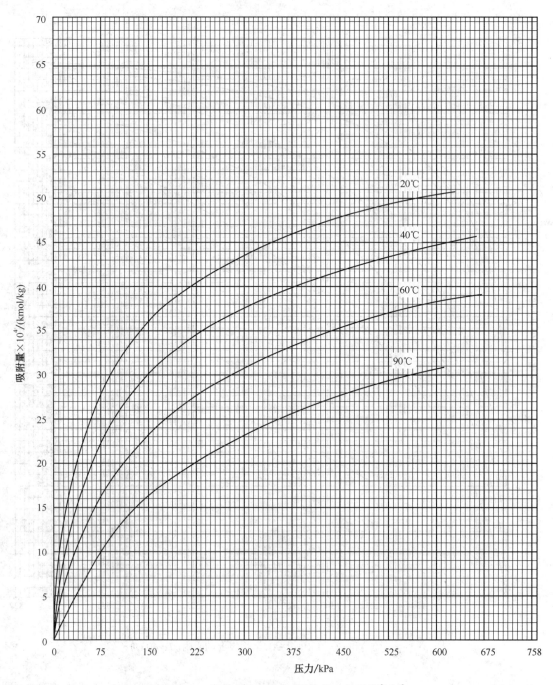

图 13-1-5　乙烷在 Nuxit-AL 活性炭上的吸附[1,5,6]

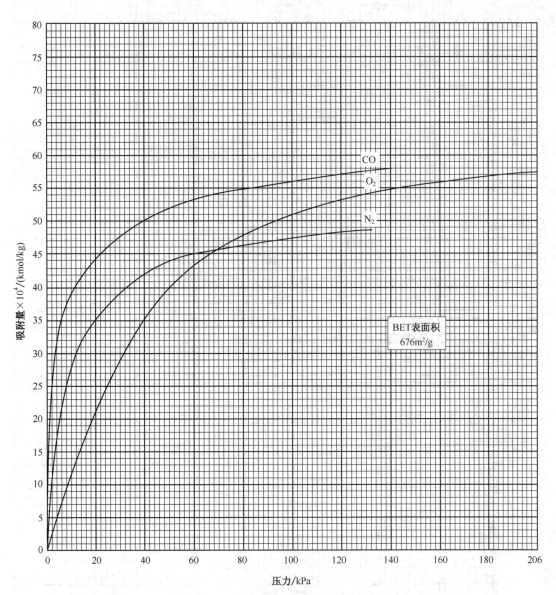

图 13-1-6　氧气、氮气和一氧化碳在 10X 沸石上的吸附（$T = -128.9℃$）$^{[1,7]}$

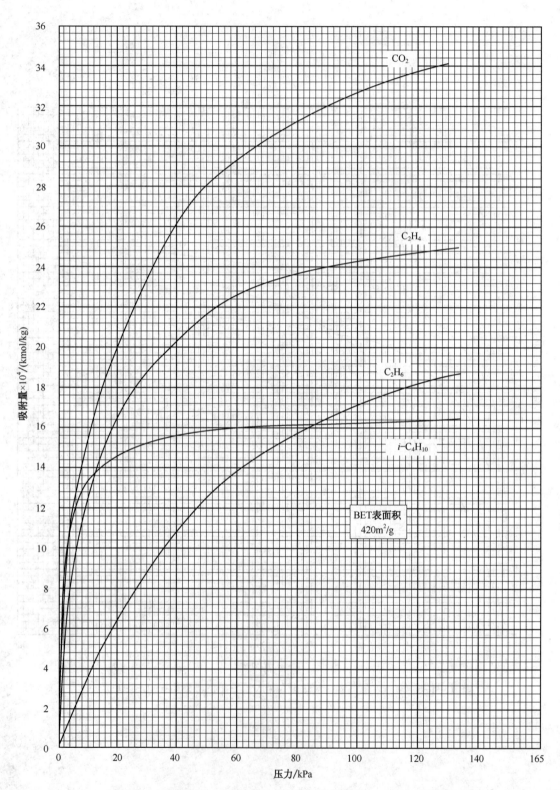

图 13-1-7　烃类和二氧化碳在 13X 沸石上的吸附（$T = 50℃$）[1,8-9]

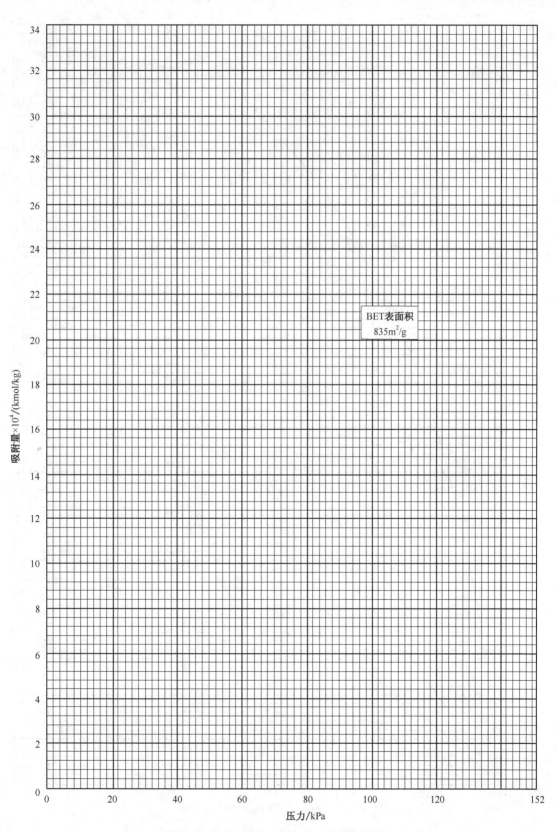

图 13-1-8　乙烯在 13X 沸石上的吸附[1,8,9]

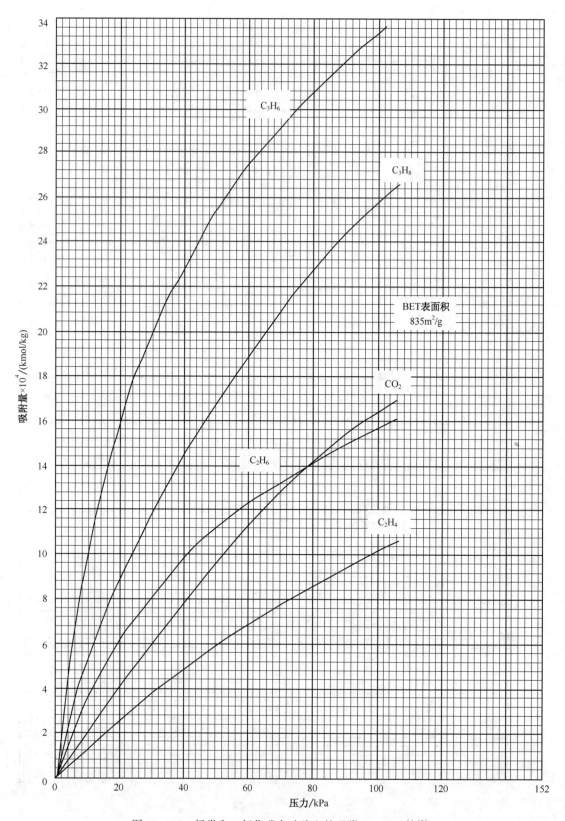

图 13-1-9　烃类和二氧化碳在硅胶上的吸附($T=0℃$)[1,10]

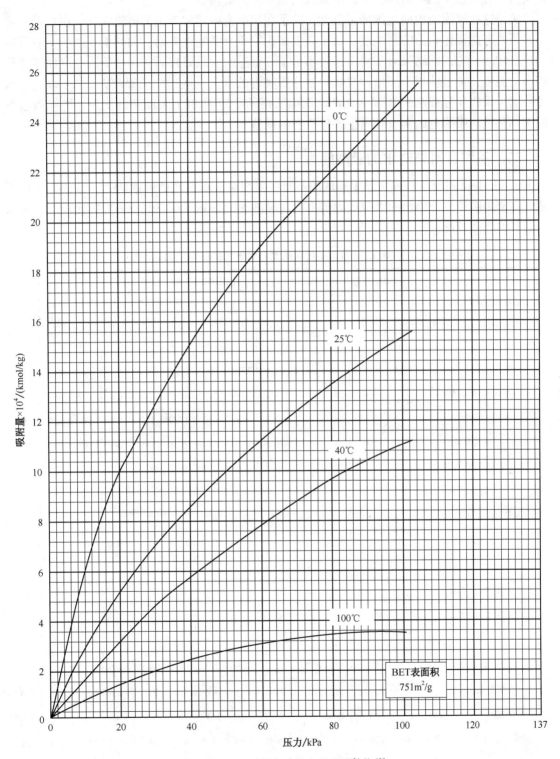

图 13-1-10 丙烷在硅胶上的吸附[1,11~12]

图 13-1-1~图 13-1-10 表示了各种烃类和某些重要的非烃类的纯组分等温吸附的能力，说明对于几种重要的吸附剂，它们的吸附能力是压力的函数。

关于这些吸附能力曲线图的可靠性，除了在相平衡中通常考虑的可靠性外，在吸附平衡中必须要考虑固体表面的再生度。对于高度多孔物质上的物理吸附，如同上述曲线图中所述的这些物质，它们的结果对于再生条件不是十分敏感的，只要将固体在中等真空下加热到足够高的温度，或者使用干燥惰性气吹扫驱除所吸附的水。一般这要求温度在 205℃ 以上。通过吸附量乘以实际样品的 BET 表面积与图中所给的吸附剂 BET 表面积的比值，能够做出不同来源和批次吸附剂的调整和再生条件改变的调整。

二、不同吸附剂对水的吸附能力

表 13-1-1 列出从各种文献中提取的不同吸附剂对于水蒸气的吸附能力。目的为提供水蒸气在常用吸附剂上给出的大致吸附能力。这样的能力是基于从空气或另外的比较不吸附水的载气的吸附情况。

表 13-1-1 不同吸附剂对水蒸气的吸附能力

| 吸附剂[①] | BET 比表面积/(m^2/g) | 温度/℃ | 吸附能力/$(\times 10^4 kmol/kg)$ 相对压力 (P/P^s)[②] | | | | | | | | | 参考文献 |
			0.1	0.2	0.3	0.4	0.5	0.6	0.7	0.8	0.9	
活性炭												
炭 1	530	20	0.2	1.0	13.0	31.1	55.8	69.2	76.0	82.0	89.0	13
木炭 S600H[600]		28.3	0.9	1.8	2.6	5.4	10.7	72.3	130	139	143	14
木炭 S600H[600]		0	0.9	2.2	3.6	5.0	17.9	112	139	146	152	14
脱氧木炭	1190	27.2	0.0	5.6	11.1	33.4	77.8	145	189	217	239	15
脱氧 G60		28.3		0.0	2.2	4.5	9.8	26.8	51.3	58.0	67.4	14
氧化铝												
氧化铝 DC-U[1200]6	7.5	25	6.6	9.3	11.0							17
r-氧化铝	94	22.2	12.0	18.1	22.1	23.9	23.9	40.1	58.0	104	124	18
η-氧化铝[25]12	220	25	20.0	31.9								19
η-氧化铝[740]12	220	25	41.6	52.7								19
η-氧化铝[740]12	220	25	42.2	51.0								20
炭黑												
黑珍珠 I[1200]	767	25			0.0	4.5	13.4	29.0	64.7	89.3	152	21
炭黑 I[1100]	1000	28.3		0.0	0.4	4.6	6.7	20.1	44.6	80.4	109	14
石墨化炭黑 L-2739[400]24	83	17.8	0.01	0.02	0.02	0.03	0.03	0.05	0.07	0.10	0.16	22
灯烟炭黑 T	26	25	4.5	8.0	13.1	17.1	18.8	20.1	21.2	22.4	25.0	21
莫卧儿炭黑[1200]	167	25			0.0	4.5	7.6	12.1	22.3	24.6	29.1	21
片形槽法炭黑 4	129	25	2.2	6.7	11.2	14.3	17.0	18.8	21.0	22.3		21

续表

吸附剂[1]	BET 比表面积/ (m²/g)	温度/ ℃	吸附能力/(×10⁴kmol/kg)									参考文献
			相对压力(P/Pˢ)[2]									
			0.1	0.2	0.3	0.4	0.5	0.6	0.7	0.8	0.9	
片形槽法炭黑 6[1000]	107	25			0.0	1.1	4.0	8.3	10.5	11.2	19.6	21
片形槽法炭黑 6[300]24	114	30	4.3	4.5	14.1	17.5	18.3	19.2	20.9	25.7	30.8	23
片形槽法炭黑 6[1100 氢气处理]	110	28.3	0.4	0.8	0.9	1.3	1.3	3.6	4.5	4.9	5.8	14
氧化物和氧化物胶体												
铝胶[600]4	189	20	29.5	36.3	42.2	47.3						15
氧化铬胶 A[180]2	133	25	27.9	35.5	42.6							17
氧化铬胶 A[345]0	57	25	16.2	20.6	23.7							17
氧化铬胶 C1[250]0	218	25	23.3	33.4	46.5							17
硅胶[600]4	640	20	8.6	20.1	40.3	65.7	101					24
硅胶[25]	358	20	17.4	22.3	28.1	33.9	40.6	50.0	66.1	94.2	141	25
硅胶 Davidson-03[120]	793	35	33.3	66.8	94.3	128	156	178	194	211	228	26
硅胶 Davidson-03[400]	580	35	27.8	55.6	83.4	106	151	161	167	172	176	26
硅胶 Davidson-03[1000]	14	35					0.02	5.6	5.7	11.1	16.7	26
硅胶 Davidson-59[120]	273	35	11.1	27.8	33.3	38.9	44.4	55.6	66.8	77.8	494	26
硅胶 Davidson-59[400]	299	35	11.1	11.2	13.9	16.7	22.1	27.8	33.3	50	106	26
硅胶 Davidson-59[1000]	17	35					0.0	5.6	5.7	22.2		26
硅铝胶 SA-25[600]4	423	20	28.3	35.9	43.4	54.4	68.0					24
硅铝胶 SA-50[600]4	427	20	32.4	41.9	49.6	61.0	71.2					24
硅铝胶 SA-75[600]4	317	20	35.4	43.8	50.9	59.4	70.8					24
硅铝胶 SiAl 20-80	100	25	36.1	43.3	46.1	47.2	48.3	50.1				27
硅铝胶 SiAl 50-50	50	25	30.5	38.9	44.4	46.1	47.2	40.4				27
硅铝胶 SiAl 90-10	400	25	55.5	73.8	86.1	91.6	103	108				27
硅铁氧化物 SiFe 50-50	110	25	30.5	38.9	44.4	46.1	47.2	49.4				27
二氧化硅和硅酸盐												
二氧化硅气凝胶[25]	163	25	6.5	9.1	11.4	14.5	19.2					28
二氧化硅气凝胶[450]	163	25	2.1	4.1	6.5	8.3	10.4					28
二氧化硅气凝胶[1050]	163	25	0.7	1.0	1.3	1.6	1.8	2.1				28
二氧化硅气凝胶 120	189	30	5.3	8.5	11.5	14.2	17.6					29
二氧化硅气凝胶 400	207	27.2	4.1	6.2	8.4	10.4	12.8	16.4				29
二氧化硅气凝胶 700	200	30	1.2	2.0	3.1	4.3	5.7	7.7				29
胶态氧化硅[140]11	67	23.9	4.2	7.8	10.3	12.9	16.2	20.5	26.1	3579	58.9	30

吸附剂[1]	BET 比表面积/(m²/g)	温度/℃	吸附能力/(×10⁴kmol/kg) 相对压力(P/Pˢ)[2]									参考文献
			0.1	0.2	0.3	0.4	0.5	0.6	0.7	0.8	0.9	
胶态氧化硅[900]8	162	23.9	0.7	1.4	2.1	2.9	4.4	7.8	13.2	22.8	57.9	30
胶态氧化硅 M-5	190	10	3.0	4.5	6.1	7.5	10.4	15.2	18.0	30.3		16
Fransil	39	25	1.4	2.1	2.5							32
Hisil233[25]12	90	25	23.6	29.9	32.6	35.3	38.4	44.6				33
Hisil233[110]12	70	25	23.2	29.0	31.3	33.4	35.7	39.2				33
Hisil233[六甲基二硅胺烷处理]	123	0	34.3	38.9	42.6	46.3	50.4	56.5	63.9			35
Hisil233[六甲基二硅胺烷处理]	123	25	22.2	25.0	27.3	28.7	29.6	30.6	31.0			35
Hisil233-700[170]	96	25	5.2	7.7	9.6	11.3	13.0					31
Hisil233-800[180]	104	25	7.4	9.7	11.7	13.8	15.8	18.9	22.7			31
Hisil233	133	10	25.3	31.7	33.8	39.6	40.1	46.4				16
硅酸盐 400	205	27.2	13.8	19.0	22.8	26.7	31.5	36.6	40.8			16
钠硅 650	104	25	7.4	9.6	11.7	13.8	15.8	18.9	22.7			31
多孔硅胶[25下处理]	150	20	13.4	17.4	20.5	23.7	29.0	34.8	45.1	68.3	110	34
沉淀二氧化硅[25]18	156	25	25.9	31.6	34.6	37.2	41.3	46.2	54.0	63.1		30
二氧化硅 A	420	25	8.9	16.1	19.6	25.0	35.2	50.0	67.9	92.9	129	36
二氧化硅 AR CC-7[200]24	307	6.1	11.1	27.8	38.6	55.6	83.2	100.1	133	101	250	37
硅酸盐 AR 100[200]24	655	6.1	38.9	55.6	72.3	88.9	106	122	139	101	223	37
硅酸盐 AR 100(AW)[200]24	312	18.3	33.3	55.4	72.2	88.7	106	122	139	156	206	37
沸石												
KNaX[400]100		22.8	141	150								40
KNaX[400]100		100	130	138	142	145	149	151	154	157		40
NaX[400]100		22.8	158	173								40
NaX[400]100		100	149	157	163	167	171	176	180	182		40
NaX[480]5		22.2	145	157	162	166	170	175	177	180	183	38
13X[350]		37.8	122	129	134	139	141	144	145	146	149	39
13X[350]		204.4	113	123	141	134	139	143	145	148	151	39
5A[350]		37.8	97	100	104	106	108	110	111	112	112	39
5A[350]		204.4	88	95	100	104	106	108	111	112	112	39
4A[350]		37.8	111	116	118	121	122	123	126	128	129	39
4A[350]		204.4	99	107	112	117	119	122	123	126	128	39

① 若存在吸附剂的说明时，则包括脱气温度和脱气时间。形式为：吸附剂名字[脱气温度(℃)脱气时间(h)]。
② P 是水的分压，Pˢ 是在吸附温度下水的饱和蒸气压。

为了使用的可靠性，除了使用可靠的相平衡数据之外，必须要考虑在吸附平衡中固体的再生度。基于这个看法，在可能的情况下，在表中的吸附剂说明中包括了脱气温度和脱气时间。

为了便于使用，水蒸气的饱和蒸气压可以按照下式计算：

$$P^s = 71.6244 - \frac{7.1822 \times 10^3}{T} - 6.9875\ln T + 3.7953 \times 10^{-6} T^2 \qquad (13-1-1)$$

式中　P^s——水的饱和蒸气压，Pa；

　　　T——绝对温度，K。

三、某些轻烃气体和非烃气体的吸附热

表 13-1-2 列出某些气体轻烃和非烃气体在一些吸附剂上的吸附热。

表 13-1-2　不同气体的吸附热

吸附质	温度范围/℃	吸附量/×10⁴kmol/kg	吸附热/（kJ/kmol）						
			活性炭				硅胶	沸石①	
			ASC	BPL	Columbia G	Nuxit-AL		10X	13X
甲烷	-13.3~40	10		18166		17073			
		15		16817		15863			
		20		16282					
	37.8~65.6	10			19515				
		15			17957				
		20			17026				
乙烷	-13.8~40	5					20562		19283
		10				21376			29075
		20		23167		27819			31215
		30		28145		24493			
	25~65.6	10		45915		30075			26633
		20		30889	20492	287-3			28214
		30		33494	30122	28214			
丙烷	0~40	10					26354		
		14				61453			
		40			28307	33867			
	37.8~65.6	20			20050	27865			
		30			29773	30657			
		40			30494	31145			
正丁烷	37.8~65.6	20				30075			
		30				31796			
		35			39728	39054			
异丁烷	25~50	10							45566
		12							34704
		15							46753

吸附质	温度范围/℃	吸附量/×10⁴kmol/kg	吸附热/(kJ/kmol)						
			活性炭				硅胶	沸石[①]	
			ASC	BPL	Columbia G	Nuxit-AL		10X	13X
乙烯	−13.3~40	0.5					24656		
		5					26586		
		10					21213		
		20		234903	19678				
		30		23097	20794				
	25~50	10							38286
		15							39240
		20							32076
	37.8~65.6	10			13584	27028			
		20			15235	25121			
		30			23539	24749			
丙烯	0~40	15					30005		
		21					26051		
		40			25865				
		45			24074				
	37.8~65.6	25		23097	34983	23027			
		30		20422	32936	29657			
		40		25633	31750				
乙炔	37.8~65.6	10		22306		36774			
		20		19050					
		40			29819				
二氧化碳	−13.3~30	8			23283		20608		
		20		29215	19050				
		30		22097					
		40		22306					
	25~65.6	5	28331	16584		20818			
		10	25656	12933		24935			42798
		20			44915	22376			43636
一氧化碳	−45.6~0	5						25191	
		10						20841	
		12						20794	
	37.8~93.3	5			16794				
		10			12281				
		12			12188				

吸附质	温度范围/℃	吸附量/×10⁴kmol/kg	吸附热/（kJ/kmol）						
			活性炭				硅胶	沸石①	
			ASC	BPL	Columbia G	Nuxit-AL		10X	13X
氧气	-45.6~0	1						12142	
		2						12212	
		3						12212	
氮气	-45.6~0	1						11281	
		6						19399	
	30~65.6	1		32029					
		6			15096				
		15			13886				
氢气	65.6~93.3	1			11932				
		2			11328				
		2.5			11165				

① 含有 20% 黏结剂的小球形状。

表 13-1-2 列出的等量吸附热的数值由文献数据计算获得。这些数据可以用作为比较不同气体在最常用吸附剂上的热效应的手段。

等量吸附热，即在恒定吸附量下的吸附热，可以由等温吸附数据通过 Clausius-Clapeyron 方程计算：

$$q_{st} = \left[\frac{-R T_1 T_2}{(T_1 - T_2)} \ln \frac{P_1}{P_2} \right] N^s \qquad (13-1-2)$$

式中　q_{st}——等量吸附热，kJ/kmol；

　　　R——气体常数，8.31446 kJ/（K·kmol）；

　　　T——温度，K；

　　　P——压力，kPa；

　　　N^s——吸附量，kmol/kg 吸附剂。

在吸附热与温度无关的情况下，方程（13-1-2）仅仅在理论上是正确的。T_1 和 T_2 的温度越是接近，就越是接近满足这个要求。但是，当等温温度以合理值分开时，这个方程能用作为等量吸附热的近似值。

在可靠性方面，表 13-1-2 中的数值不是十分精确的，因而应该小心使用。该表的有用性在于当某些变量或参数改变时指出吸附热趋势的能力。尽管在表 13-1-2 所列的数据不是定量地准确，但是在设计计算中可以是有用的。

四、纯组分等温吸附数据的关联

在吸附温度相同条件下，通过改变吸附压力，能获得三个或三个以上的气体吸附量时，则可以通过 BET 方程[41]，利用外推法和内插法就能得到一定测量范围内的吸附数据。

$$\frac{P}{N^s(P^0-P)} = \frac{1}{N^{s,m}C} + \frac{C-1}{N^{s,m}C}\frac{P}{P^0} \qquad (13-1-3)$$

式中　P——平衡吸附压力，kPa；

　　　P^0——在吸附温度下所对应的蒸气压，kPa；

　　　N^s——在任意温度下对应的吸附量，kmol/kg；

　　$N^{s,m}$——饱和吸附量，kmol/kg；

　　　C——常数。

将 $P/[N^s(P^0-P)]$ 与相对压力 P/P^0 作图，即得到等温数据。在相对压力为 $0.05 \sim 0.40$，一般为直线。常数 $N^{s,m}$ 和 C 则可以通过下面的公式计算得到。

$$\text{slope} + \text{intercept} = \frac{C-1}{N^{s,m}C} + \frac{1}{N^{s,m}C} = \frac{1}{N^{s,m}} \qquad (13-1-4)$$

$$C = \frac{1}{1 - (\text{slope})\, N^{s,m}} \qquad (13-1-5)$$

使用步骤：

（1）将 $P/[N^s(P^0-P)]$ 与相对压力 P/P^0 作图；

（2）相对压力 P/P^0 为 $0.05 \sim 0.40$，得到的关联曲线为直线，确定斜率（slope）和截距（intercept）；

（3）根据公式（13-1-4）和式（13-1-5），计算出 $N^{s,m}$ 和 C；

（4）根据公式（13-1-3），则可以通过外推法和内插法得到相对压力 $0.05 \sim 0.40$ 的吸附数据。

在恒温及相对压力（P/P^0）为 $0.005 \sim 0.40$，通过内插法和外推法可以由公式（13-1-3）计算纯组分气体的吸附数据。通过此方法得出的 $N^{s,m}$ 值也可以用于计算吸附剂的比表面积。

通过氮气在正常沸点下的吸附的 $N^{s,m}$ 值计算得出工业吸附剂的表面积即为 BET 比表面积。在此计算中，25℃及 101.325kPa 下 1cm³ 氮气所覆盖的面积为 4.37m²。

对于大多数的吸附体系，当相对压力（P/P^0）在 $0.005 \sim 0.40$ 时，通过公式（13-1-3）绘制的曲线线性较好，但超出该范围时，计算结果与实际值偏差较大。

【例 13-1-1】　通过下表已给出相关的等温吸附数据（30℃下丙烯的饱和蒸气压为 1.2755MPa），求出 30℃下丙烯在一种活性炭上的饱和吸附值 $N^{s,m}$ 和 C 值。

P/kPa	N_a/($\times 10^3$ kmol/kg)	P/P^0	$P/[N_a(P^0-P)]$/(kg/kmol)
43.99	4.304	0.0345	—
69.02	4.661	0.0541	12.27
105.56	5.115	0.0828	17.65
100.66	5.003	0.0789	17.12
21.10	3.570	0.0165	—
38.54	4.127	0.0302	—
64.33	4.640	0.0504	11.44
85.29	4.890	0.0669	14.66
101.63	5.084	0.0797	17.04

在 P/P^0 为 0.05~0.4，通过线性回归得到直线斜率为 191.8，截距为 1.830，因此：

$$N^{s,m} = \frac{1}{slope+intercept} = \frac{1}{191.8+1.83} = 5.164 \times 10^{-3} \text{kmol/kg}$$

$$C = \frac{1}{1-(slope)N^{s,m}} = \frac{1}{1-(191.8)(5.164 \times 10^{-3})} = 104.8$$

（5）气体吸附能力的关联式

基于势场理论，提供一种方法有助于关联和预测单组分的吸附数据的方法[42]。在大部分情况下，这种方法可以将温度和在特定吸附剂上的单层吸附量进行关联，也可以将不同的吸附质（至少属于同一类型）在同一种吸附剂上的吸附数据进行关联。

气体吸附关联式如下：

$$\frac{RT}{V^s}\ln\frac{f^s}{f} = 0.062428(N_aV^s) \tag{13-1-6}$$

式中　R——通用气体常数，8314.46m³·kPa/(kmol·K)；

　　　T——吸附温度，K；

　　　V^s——当吸附压力与蒸气压相等时，在某一温度下吸附的饱和液体体积，m³/(kg·mol)；

　　　f^s——在吸附温度和平衡压力下的逸度，kPa；

　　　f——在吸附温度和吸附压力下的逸度，kPa；

　　　N_a——单位质量吸附剂的气体吸附量，kmol/kg。

该气体吸附关联式的使用步骤如下：

（1）在每一吸附压力下，找出每种吸附质的蒸气压与吸附压力相同时所对应的吸附温度。这需要使用如安托因（Antoine）方程那样进行蒸汽压标绘的包含专门常数的方程、一些通用蒸气压方法（参见第 4 章）。

（2）应用第 5 章所述的图表和方法，找出与（1）中对应温度的每种吸附质的饱和液体体积 V^s。如果这个温度高于吸附剂的临界温度，则需要通过外推法得到饱和液体体积数据。

（3）再此应用饱和蒸气压关系式，找出每种吸附剂在饱和蒸气压下所对应的吸附温度数据。

（4）计算每种吸附剂在吸附温度和蒸气压下的逸度。其中 f^s 根据第 7 章的方法得到。如果温度高于气体的临界温度，则需要外推法得到蒸气压数据。如果更多的近似方法可以接受或蒸气压数值不是很高的话，则可以用蒸气压代替逸度。

（5）使用与（4）相同的方法，计算每种吸附剂在吸附温度和吸附压力下的逸度。

（6）应用试验数据（吸附量作为压力的函数），计算：

$$X = \frac{RT}{V^s}\ln\frac{f^s}{f} \tag{13-1-7}$$

$$Y = N_aV^s \tag{13-1-8}$$

（7）将 Y 与 X 作关联曲线。一般的，如果将 $\lg Y$ 与 X 作图的话将得到直线。

对于不同类型的气体在同一种吸附剂上吸附，本方法将吸附温度与纯气体吸附数据进行关联。如果两者的关联性较好，则该方法可通过内插法和外推法来计算作为温度函数的数据或预测其他类似气体在同一种吸附剂上的吸附能力情况。

目前还未有可靠的准则来确定找到该方法在什么时候将是结果良好的，而必须通过个例来具体分析。通过使用所有有效的数据，力图按照式(13-1-6)进行关联。然后进一步外推或内插的应用范围取决于关联程序的判断和能够接受的近似度。

这个基于势场理论的关联式一般对于不同温度下单一气体在单一吸附剂上的组合的数据是十分成功的。也已发现在许多情况下它也用于关联不同吸附质在同一吸附剂上吸附的数据，尤其是如果吸附质为所有同系物时。此外，与极性吸附剂(如硅胶、沸石)相比，该关联式更适用于非极性的吸附剂(如活性炭)。

【例 13-1-2】 从势场理论关联曲线上找出乙烯在活性炭 Nuxit-Al 上的吸附值。

吸附条件和参数为：$T=40℃$，$P=0.1254MPa(绝)$，$N_a=2.426×10^{-3}kmol/kg$；

安托尼常数可通过 Reid、Prausnitz 和 Sherwood 公式[42a]得到，蒸气压的计算公式如下：

$$\ln P(mmHg) = 15.5368 - \frac{1347.01}{T(K)-18.15}$$

$$P = 0.1254MPa = 940.58mmHg$$

当乙烯的饱和蒸气压等于吸附压力(940.6mmHg)时，温度为 173.15K。

从第一章表 1-1-3 烯烃和二烯烃的主要性质，可查得乙烯的临界压力 P_c 和临界温度 T_c 分别为 5040.11kPa(绝)和 9.19℃。

乙烯临界温度 $T_c = 9.19+273.15 = 282.34K$。

通过第 5 章第二节的饱和液体体积公式计算

$$T_r = \frac{173.15}{282.34} = 0.613$$

$$V^s = \left[\frac{RT_c}{P_c}\right] Z_{RA}^{[1.0+(1.0-T_r)^{2/7}]} = \left[\frac{8.314×282.34}{5031.8}\right] 0.2813^{[1.0+(1.0-0.613)^{2/7}]}$$

$$= 0.0498m^3/kmol$$

这些图表是根据势位理论绘制的纯组分吸附数据，这些数据由公式(13-1-6)计算得到。这些图可以用于读取特定的数据或作为其他势位理论绘制的指导。

图 13-1-11 是势位理论标绘关联温度相关性的能力的一个例子。在这个例子中，可以发现在 20~90℃，乙烯在活性炭(Nuxit-Al)上的吸附有极好的相关性。图 13-1-12 描绘了在一恒定温度下，许多不同吸附质在同一固体吸附剂上的吸附性能。在相对非极性的活性炭上，8 种吸附质的数据很好地得到合理地关联；当吸附压力较低时，得到的数据较为分散。极性较强的吸附剂(如硅胶，沸石)的吸附性能如图 13-1-13~图 13-1-15 所示。不同类别的化合物表现为各自的相关性，此外，吸附性较强的气体与温度的关联变得更加分散。

除了考虑相平衡数据的可靠性外，吸附平衡中也必须考虑固体表面的再生程度。在如以上这些图中所列的高度多孔材料的物理吸附情况下，对于实际的再生条件(如将固体在适度的真空环境中加热到足够的温度，或用干燥的惰性气体来置换吸附的水)结果并不是高度地敏感的。一般而言，这需要温度高于 204.4℃，真空度低于 2.7Pa。根据不同来源、不同批次的吸附剂及不同的再生条件的调整，可以通过由实际样品的 BET 表面积与图中给定吸附剂的 BET 表面积的比乘以吸附量做出。

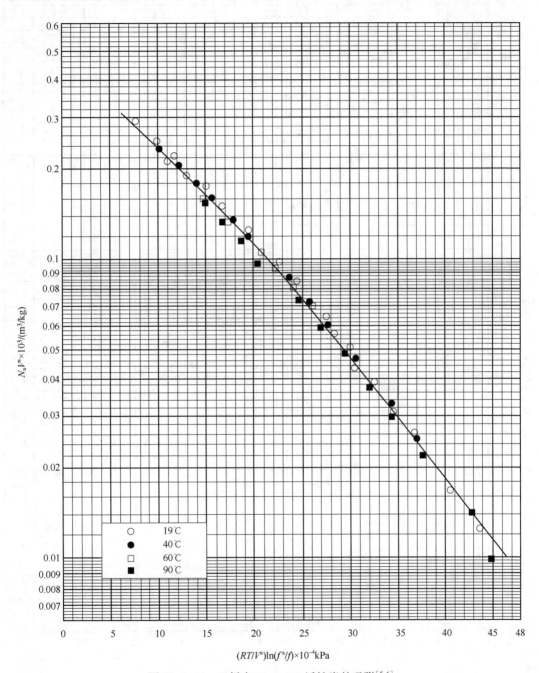

图 13-1-11 乙烯在 Nuxit-AL 活性炭的吸附[5,6]

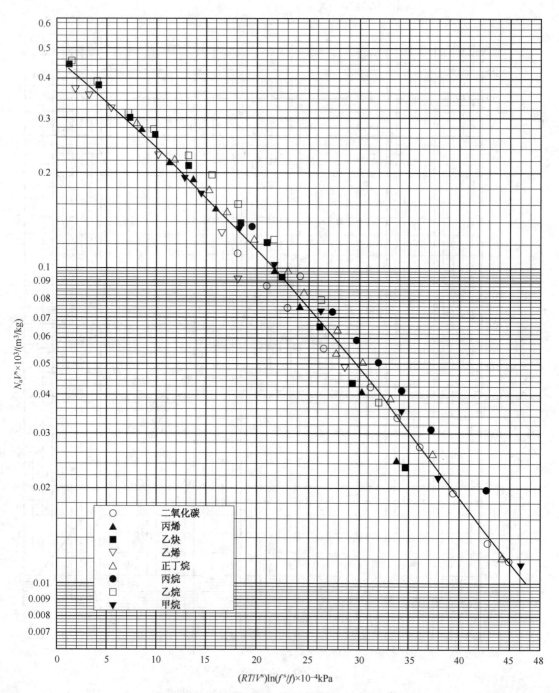

图 13-1-12　烃类和二氧化碳在 Nuxit-AL 活性炭的吸附($T = 20℃$)[5,6]

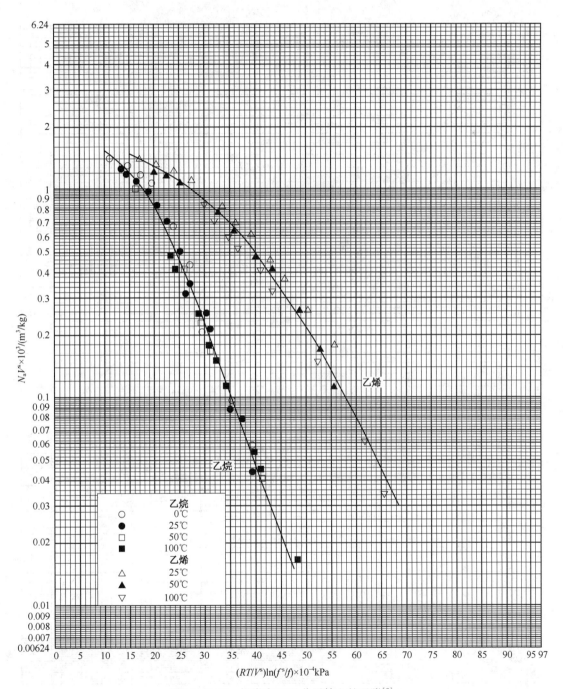

图 13-1-13 烃类在 13X 分子筛上的吸附[9]

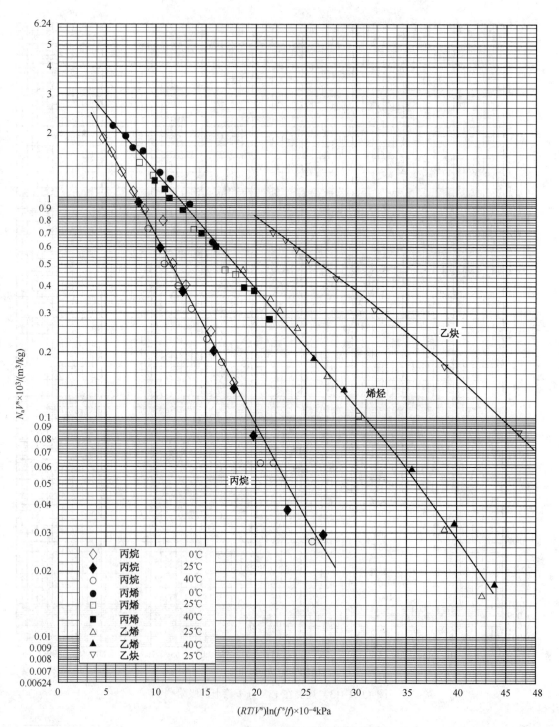

图 13-1-14　烃类在硅胶上的吸附[11,12,43]

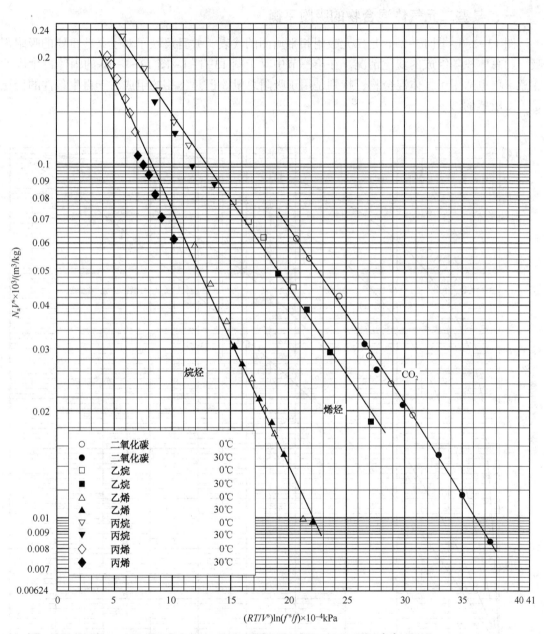

图 13-1-15 烃类和二氧化碳在硅胶上的吸附[10]

第二节　气体混合物的吸附

一、某些二元气体混合物的吸附平衡

图 13-2-1~图 13-2-6 是二元吸附相平衡图的代表，并且反映了对于某些重要的吸附剂吸附的总体积随组成的变化情况。在第一节中对于图 13-1-1~图 13-1-10 的固体再生度的注意事项也适用于气体混合物，特别是用于吸附总量。但是，相的组成对于再生条件的变化是不太敏感的。

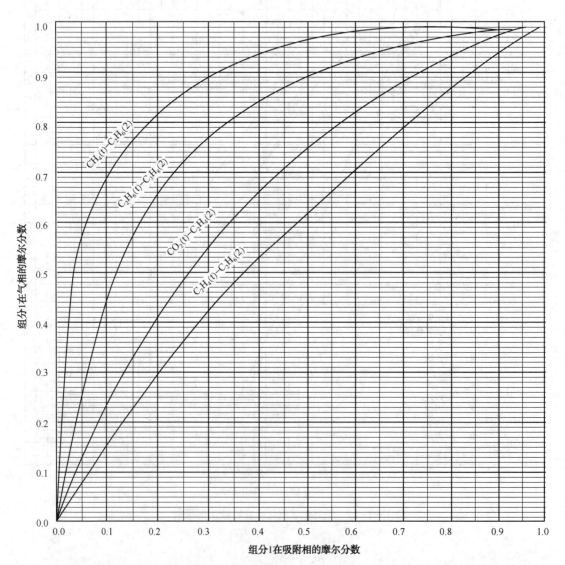

图 13-2-1　烃类混合物在 Nuxit-AL 活性炭上的吸附相图（$T=20℃$，$P=1atm$）[44]

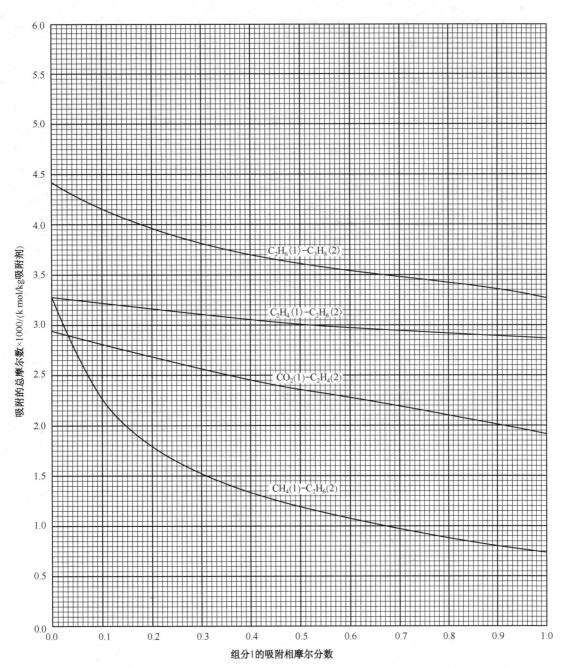

图 13-2-2　烃类混合物在 Nuxit-AL 活性炭上的吸附体积($T=20℃$，$P=1\text{atm}$)[44]

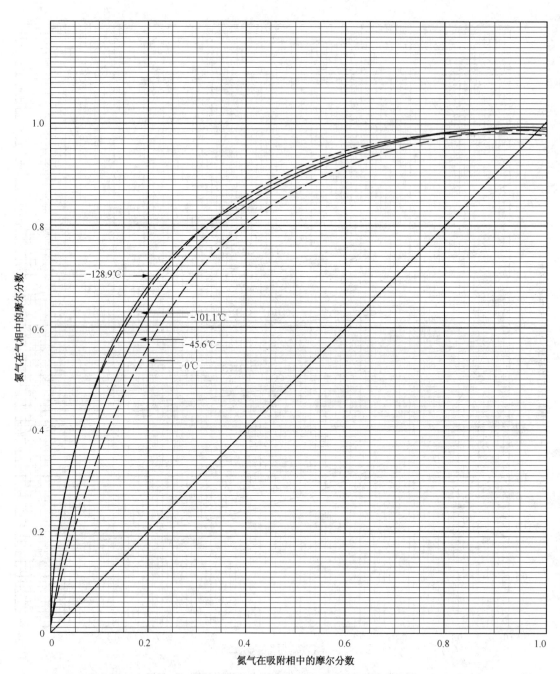

图 13-2-3　氮气和一氧化碳混合物在 10X 分子筛上的吸附相图$[P=14.7\mathrm{psi}(绝)]^{[45]}$

$1\mathrm{psi}=6894.757\mathrm{Pa}$

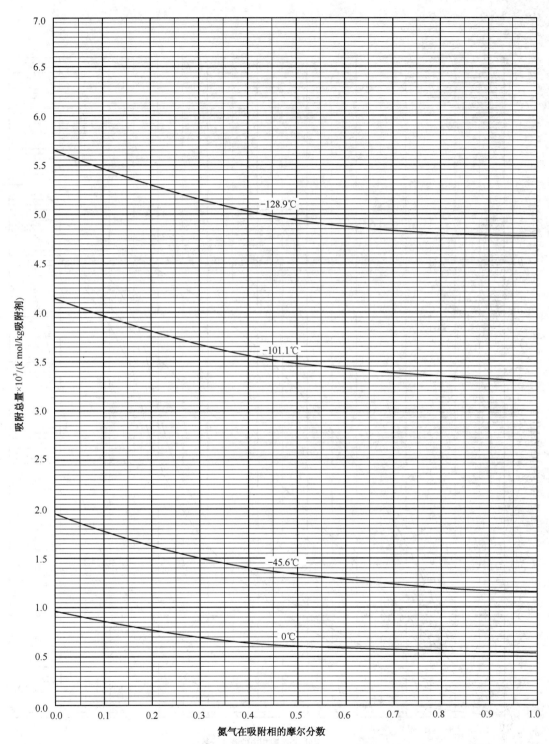

图 13-2-4　氮气和一氧化碳混合物在 10X 分子筛上的吸附体积[$P=14.7\mathrm{psi}($ 绝 $)$][45]

1psi=6894.757Pa

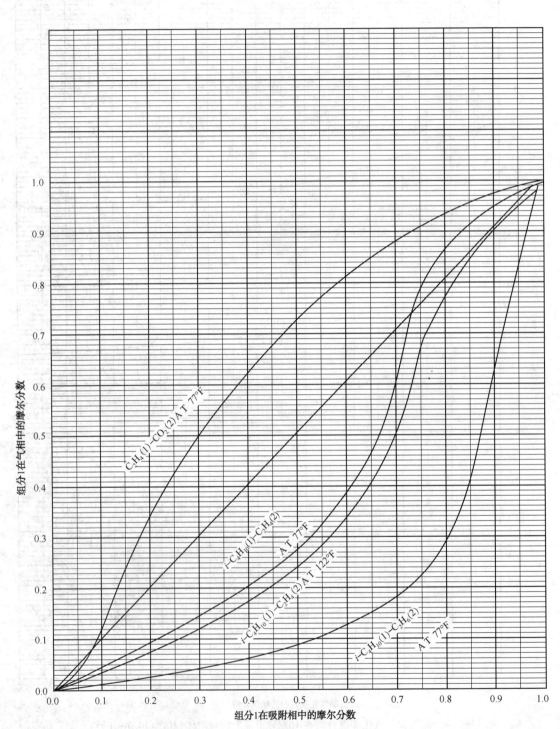

图 13-2-5 烃类混合物在 13X 分子筛上的吸附相图($T=20\,^{\circ}\mathrm{C}$，$P=1\mathrm{atm}$)[9]

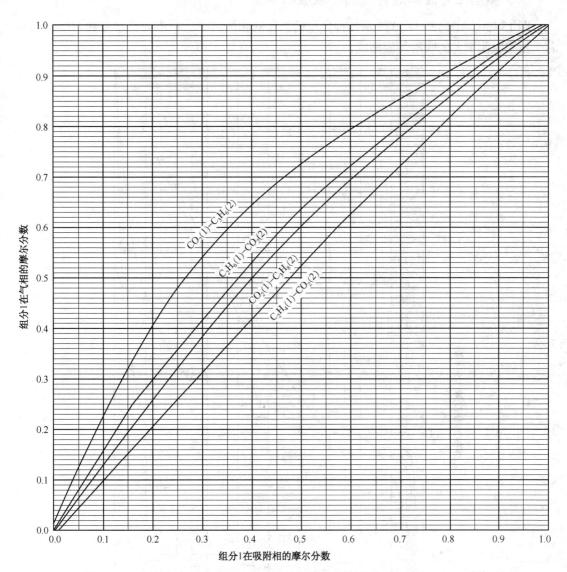

图 13-2-6 烃类-二氧化碳混合物在硅胶上的吸附相图($T=30℃$，$P=1\mathrm{atm}$)[10]

第三节　液体混合物的吸附

一、某些二元液体混合物的等温吸附平衡

图 13-3-1~图 13-3-10 所示几种典型的二元液相体系中，在不同摩尔分数下（液相）在若干重要吸附剂上的吸附等温曲线。

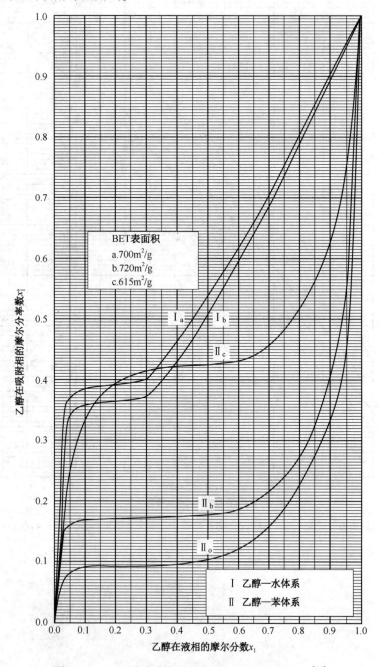

图 13-3-1　乙醇溶液在活性炭上的吸附（$T = 25℃$）[46]

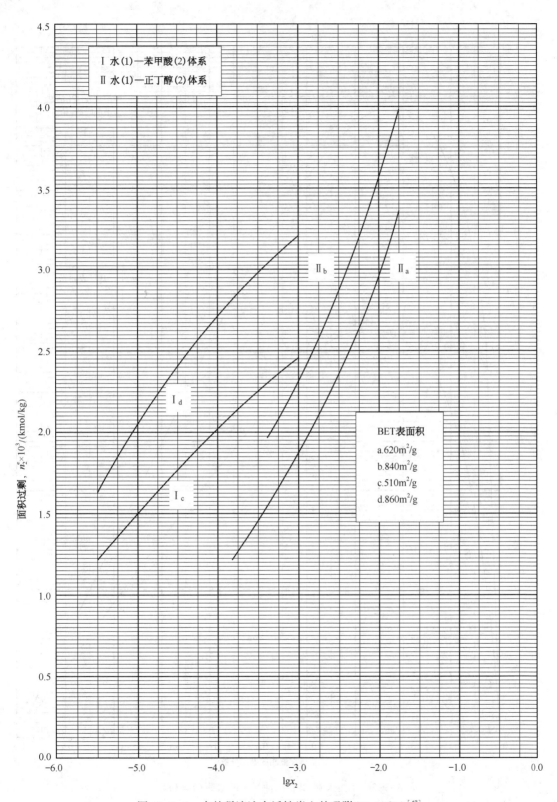

图 13-3-2 水的稀溶液在活性炭上的吸附(T=25℃)[47]

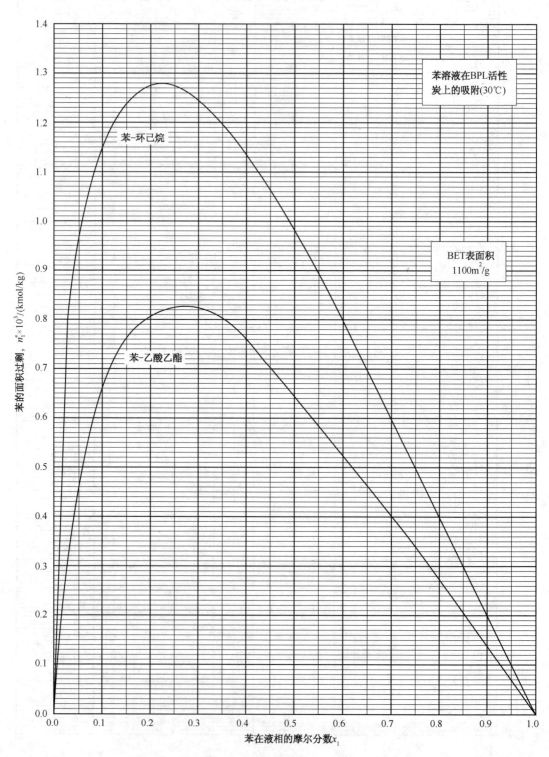

图 13-3-3 苯溶液在 BPL 活性炭上的吸附($T = 30℃$) [48]

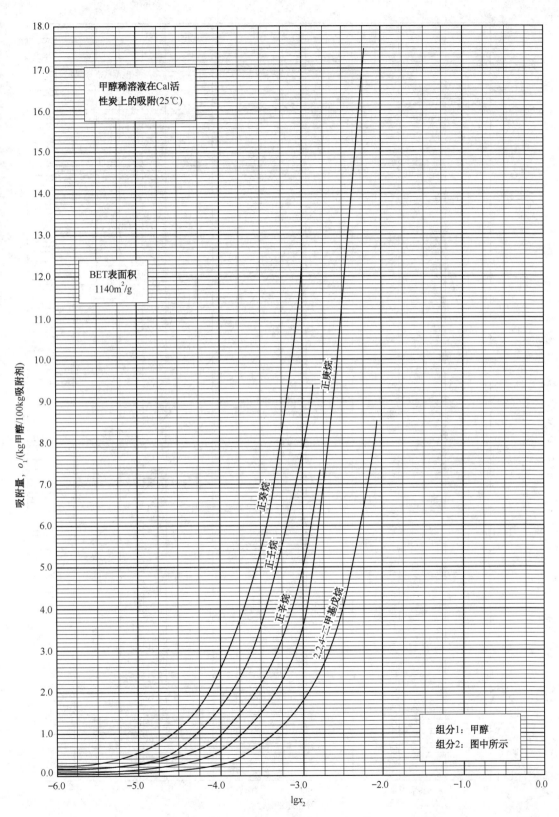

图 13-3-4　甲醇的稀溶液在 Cal 活性炭上的吸附($T=25℃$)[49]

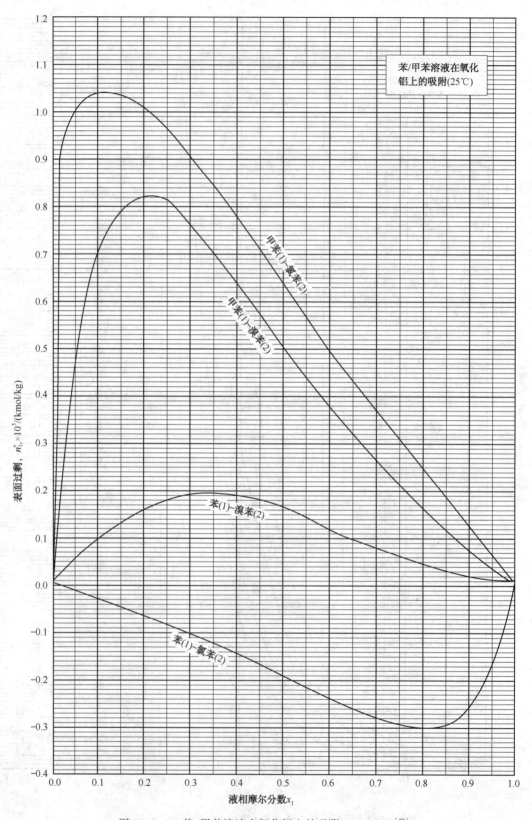

图 13-3-5　苯/甲苯溶液在氧化铝上的吸附（$T = 25℃$）[50]

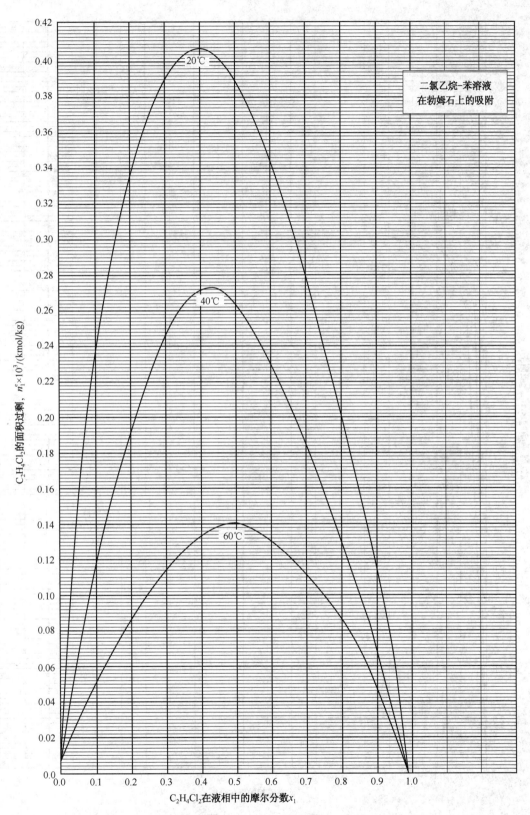

图 13-3-6　二氯乙烷-苯溶液在勃姆石(Al$_2$O$_3$·H$_2$O)上的吸附[51]

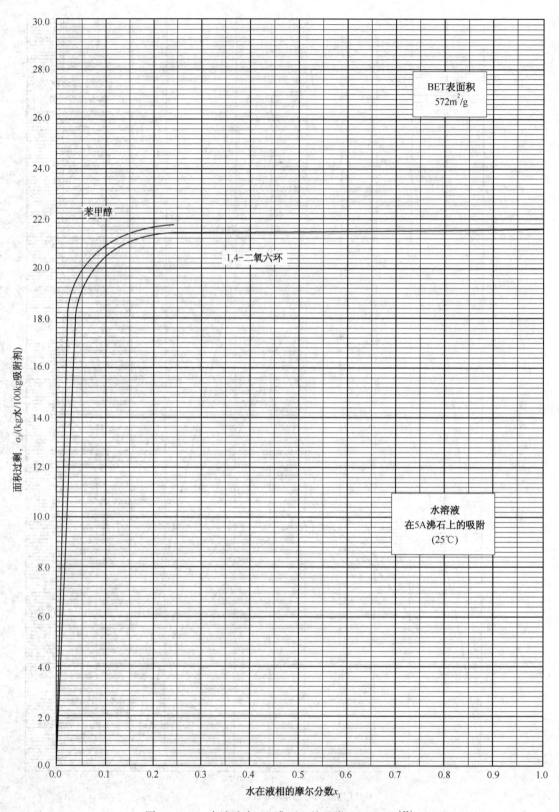

图 13-3-7 水溶液在 5A 沸石上的吸附($T = 25℃$)[52]

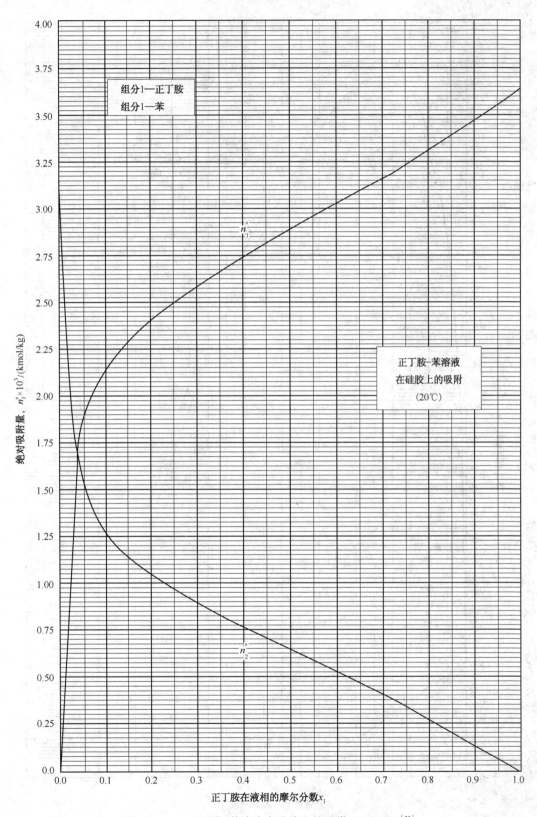

图 13-3-8 正丁胺-苯溶液在硅胶上的吸附($T=20℃$)[53]

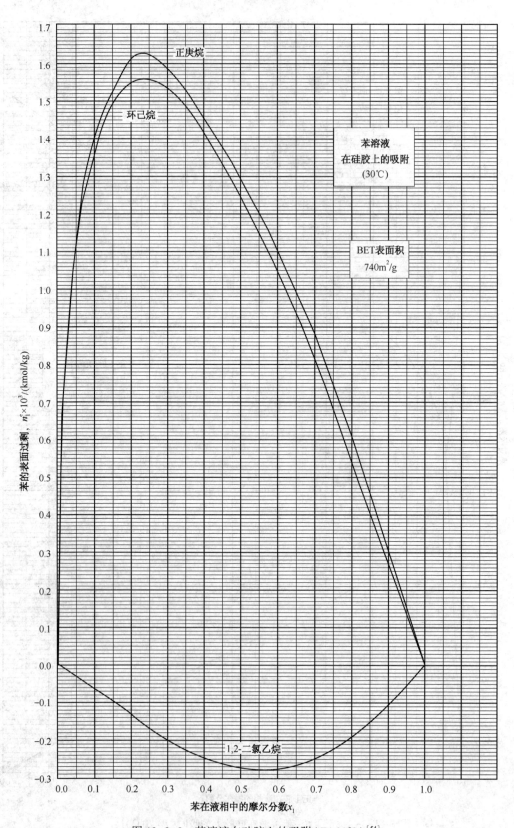

图 13-3-9　苯溶液在硅胶上的吸附（$T = 30℃$）[54]

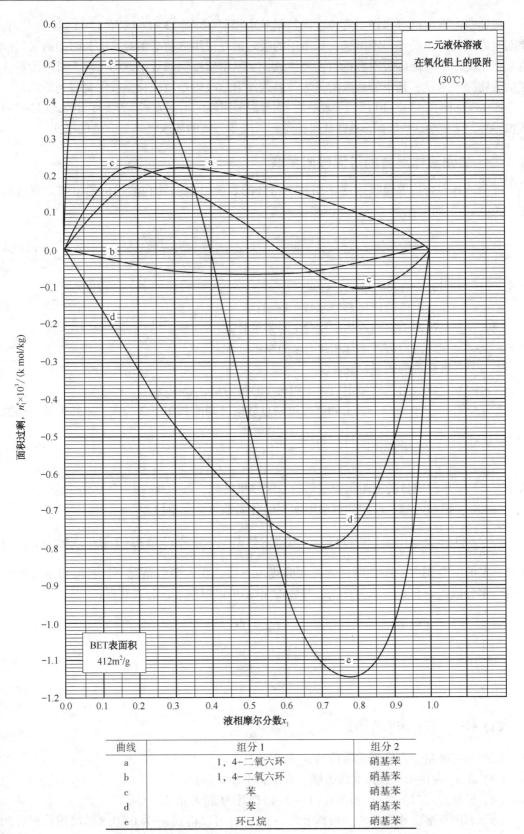

曲线	组分 1	组分 2
a	1，4-二氧六环	硝基苯
b	1，4-二氧六环	硝基苯
c	苯	硝基苯
d	苯	硝基苯
e	环己烷	硝基苯

图 13-3-10　二元液体溶液在氧化铝上的吸附($T = 30℃$)[55]

　　液体吸附数据的可靠性与气体吸附数据基本相似(如图 13-1-1~图 13-1-10)。尽管结果对吸附剂的再生条件很不敏感,但所用的吸附剂在使用之前必需经足够长时间的脱气。在直接使用文献中的液体吸附数据时需要注意,文献中所提供的吸附数据可能为总吸附量,也可能为物理吸附量,其中物理吸附量为等温条件下总吸附量减去化学吸附量得到的结果。

　　图 13-3-1~图 13-3-10 说明了表达液-固等温吸附线的不同方式。若要通过公式(13-3-1),式(13-3-2)来处理这些数据,这些数据首先必须按照公式的要求转换成合适的格式。

二、二元液体混合物等温吸附关联

　　二元液体混合物等温吸附通常用某一组分的表面过剩与其在液相中的摩尔分数进行关联,关联式[56]如下:

$$n_i^e = \frac{n_0(x_{1,0} - x_1)}{m} = n_1^s x_2 - n_2^s x_1 \tag{13-3-1}$$

式中　n_i^e——组分 i 的表面过剩,kmol/kg;

　　　　n_0——在吸附前的液体总摩尔数,kmol;

　　　　$x_{i,0}$——在吸附前溶液本体中组分 i 的摩尔分数;

　　　　x_i——在吸附后溶液本体中组分 i 的摩尔分数;

　　　　m——吸附剂的质量,kg;

　　　　n_i^s——单位吸附剂质量中表面上组分 i 的吸附量,kmol/kg。

　　如果能获得三个或三个以上的表面过剩点数据,则能利用下述公式,来外推或内插数据

$$\frac{x_1 x_2}{n_1^e} = \frac{1}{M}\left(x_1 + \frac{1}{K-1}\right) \tag{13-3-2}$$

式中　M——单位质量的吸附剂能吸附的总摩尔量常数,kmol/kg;

　　　　K——回归常数,反映通过吸附实现的分离系数,无单位。

　　将 $\frac{x_1 x_2}{n_1^e}$ 和 x_1 关联作图,可以得到等温吸附数据。尽管公式 13-3-2 源于理想溶液,但至少在一定的 x_1 范围内,通常所得的关联曲线为直线。在大多数情况下,当液相中所吸附组分的摩尔分数低于 0.8 时均为直线。常数 M 和 K 可以根据下述公式获得:

$$\frac{1}{斜率} = M \tag{13-3-3}$$

$$\frac{斜率}{截距} + 1 = K \tag{13-3-4}$$

　　步骤:

　　(1) 将 $\frac{x_1 x_2}{n_1^e}$ 和 x_1 关联作图;

　　(2) 确定吸附能力最强的物质的 n_1^e 数据;

　　(3) 在 x_1 为 0~0.8,做直线关联。确定斜率和截距;

　　(4) 根据公式(13-3-3)和公式(13-3-4)据算 M 和 K 值;

　　(5) 利用外推法和内插法,根据公式(13-3-2)可以得到 x_1 为 0~0.8 的吸附数据。

　　对于二元液相体系,当已吸附组分的摩尔分数小于或等于 0.8 时,本公式可通过内插法

或外推法得到该二元液相体系的等温吸附数据。

在大多数情况下，当给出不同液相组成下某一个组分的表面过剩值时，可用吸附平衡来表示液相混合物的吸附等温线。然而，许多来源的平衡数据使用其他的形式来表示。一个常用的数据格式就是相对于液相摩尔分数 x_1 的吸附相摩尔分数 x_1^s。如果数据是以这种形式给出的话，或者数据可以转换成这种形式时，则可以采用公式(13-3-5)来计算吸附平衡[1]。如果给出的数据可以用来计算 n_i^e 或 x_1^s 值，公式(13-3-5)仍可以采用，这由于认为该式能更好地反映数据并且能使用在整个液相组成范围。不过公式(13-3-5)中的系数需要对数据回归处理才能获得。

$$x_1^s = \frac{x_1}{k(1-x_1)\exp[q(2x_1-1)]+x_1} \tag{13-3-5}$$

式中　x_1^s——组分1在吸附相的摩尔分数；

　　　x_1——组分1在液相的摩尔分数；

　　　k——回归系数，表示因吸附获得的分离系数，无量纲；

　　　q——回归系数，表示给定温度下组分1和组分2之间的相互作用，无量纲。

对于大多数的液体混合物的吸附体系，当摩尔分数在 0~0.8 时，根据公式(13-3-2)标绘得到的结果表现较好的线性。但当超出此浓度范围，结果偏差较大。

在推荐的浓度范围内，公式(13-3-2)的误差在5%以内；对于非理想系统，偏差可能会更高。

【例13-3-1】：

查找30℃下，硅胶上吸附的苯(组分1)和环己烷(组分2)的 M 和 K 值：

数据如下：

x_1	$n_1^e/(kmol/kg)$	$x_1 x_2/n_i^e/(kg/kmol)$
0.051	1.05	46.9
0.117	1.47	70.28
0.187	1.61	94.43
0.268	1.59	123.38
0.357	1.50	153.03
0.395	1.41	169.49
0.544	1.20	206.72
0.794	0.59	277.23
0.900	0.30	

通过 $x_1<0.8$ 的八组数据线性回归得出，斜率为311.7，截距为36.92。

通过公式(13-3-3)和式(13-3-4)得出 M 和 K 值。

$$\frac{1}{斜率}=M$$

$$M=\frac{1}{3117}=3.21\times10^{-3}kmol/kg$$

$$\frac{斜率}{截距}+1=K$$

$$K=\frac{311.7}{36.92}+1=9.44$$

参 考 文 献

［1］American Petroleum Institute，API Technical Databook，Petroleum Refining，8th Edition. Washington DC

［2］Costa E，Sotelo J L，Calleja G，Marron C. Adsorption of Binany and Ternary Hydrocarbon Gas Mixtures on Activated Carbon：Experimental Determination and Theoretical Prediction of the Ternary Equilibrium Data. AIChE Journal，1981，27：5

［3］Reich R. Adsorption on Activated Carbon of Methane，Ethane and Ethylene and Their Mixtures and Carbon Dioxide at 212K，26－K and 31－K and up to Thirty－five Atmospheres. Ph. D. Thesis，Georgia Institute of Technology，Atlanta，GA，1974

［4］Ray G C，Box E O. Adsorption on Gases on Activated Charcoal. Ind Eng Chem，42：1315

［5］Szepesey L，Ills V. Adsorption of Gases and Gas Mixtures：Ⅰ. Measurement of the Adsorption Isotherms of Gases and Active Carbon up to Pressures of 1—Torr. Acta Chim Hung Tomus，1963，35：37

［6］Szepesey L，Ills V. Adsorption of Gases and Gas Mixtures：Ⅱ. Measurement of the Adsorption Isotherm of Gases on Active Carbon under Pressures of 1 to 7 atm. Acta Chim Hung Tomus，1963，35：53

［7］Danner R P，Wenzel L A. Adsorption of Carbon Monoxide－Nitrogen，Carbon Monoxide－Oxygen and Oxygen－Nitrogen Mixtures on Synthetic Zeolites. AIChE Journal，1969，15：515

［8］Danner R P，Choi E C F. Mixture Adsorption Equilibria of Ethane and Ethylene on 13X Molecular Sieves. Ind Eng Chem Fundarn，1978，17：248

［9］Hyun S H，Danner R P. Equilibrium Adsorption of Ethane，Ethylene，Isobuyane，Carbon Dioxide and Their Binary Mixtures on 13X Molecular Sieves. J Chem Eng Data，1982，27：196

［10］Jelinek R J. Adsorption of Binary Gas Mixtures of Carbon Dioxide and Hydrocarbon. Ph D Thesis. Colubia University，New York，1953

［11］Lewis，W K，Gilliland E R，Chertow B，Bareis D. Vapro－Adsorbate Equilbrium：Ⅲ. The Effect of Temperature on the Binary Systems Ethylene－Propane，Ethylene－Propylene Over Silica Gel. J Am Chem Soc，1950，72：1160

［12］Lewis，W K，Gilliland E R，Chertow B，Hoffman W H. Vapor－Adsorbate Equilibrium：Ⅰ. Propane－Propylene on Activated Carbon and on Silica Gel. J Am Chem Soc，1950，72：1153

［13］Dubinin M M，Zaverina E D，Serpinskii V V. The Sorption of Water Vapor by Active Carbon. J Chem Soc，1760(1955)

［14］Pierce C，Smith R N，Wiley J W. Adsorption of Water by Carbon. J Am Chen Soc，1951，73：4551

［15］McDermot H L，Amell J C. Charcoal Sorption Studies：II The Sorption Water by Hydrogen － Treated Charcoals. J Phys Chem，1954，58：492

［16］Plooster M N，Gitlin S N. Phase Transitions in Water Adsorbed on Silica Surface. J Phys Chem，1971，75：3322

［17］Carruther J D，Payne D A，Sing K S. Specific and Nonspecific Interactions in the Adsorption of Argon，Nitrogen and Water Vapor on Oxides. J Colloid Interface Sci，1971，36：205

［18］Surynowicz Z，Rayss J，PatryKiejew A. The Influence of the Water Content on the Adsorption Properties of γ－Al_2O_3. Chromatographia，1978，11：742

［19］Borello E，Gatta G D，Fubini B. Surface Rehydration of Variously Dehydrated Eta － Alumina. J Catalysis，1974，35：1

［20］Fubini B，Gatta G D，Venturello G. Energetics of Adsorption in the Alumina－Water System. J Colloid Interface Sci，1978，64：470

［21］Anderson R B，Emmett P H. Surface Complexes on Carbon Blacks：II. The Adsorption of NH_3，C_2H_2，C_4H_{10}，CH_3NH_2 and Water Vapor. J Phys Chem，1952，56：756

[22] Young G J, Chessick J J, Healey F H. Thermodynamics of Adsorption of Water on Graphon from Heat of Immersion and Adsorption Data. J Phys Chem, 1954, 58: 313

[23] Millard B, Caswell E G, Leger E E. The Adsorption and Heats of Adsorption of Water on Spheron 6 and Graphon. J Phys Chem, 1955, 59: 976

[24] Morimoto T, Nagao M, Imai J. The Adsorption of Water on SiO_2, Al_2O_3, and SiO_2: Al_2O_3. The Relation between the Amounts of Physisorbed and Chemisorbed Water. Bell Chem Soc Japan, 1971, 44: 1282

[25] Bering B P, Likhacheva O A, Serpinskii V V. Adsorption of Mixtures of Ethylene and Carbon Dioxide on Carbon Black. Izv Akad Nauk SSSR Otd Khim Nauk, 1961, 4: 551

[26] Mikhail R Sh, Shebl F A. Adsorption in Relation to Pore Structures of Silicas: II. Water Vapor Adsorption on Wide-Pore and Microporous Silica Gels. J Colloid Interface Sci, 1970, 34: 65

[27] Pyman M A F, Posner A M. The Surface Areas of Amorphous Mixed Oxides and Their Relation to Potentiometic Titration. J Colloid Interface Sci, 1978, 66: 85

[28] Davydov V Y, Kiselev A V, Lokutsievskii V A. Simultaneous Measurement of Adsorption Isotherm of Water on Aerosil and Determination of infrared Spectra in Overtone Region. Russ J Phys Chem, 1974, 48: 1342

[29] Hockey J A, Pethica B A. Surface Hydration of Silicas. Trans Faraday Soc, 1961, 57: 2247

[30] Barraclough P B, Hall P G. Adsorption of water Vapor by Silica and the Effect of Surface Methylation. J Chem Soc, 1978, 74: 1360

[31] Kiler K, Shen J H, Zettlemoyer A C. Water on Silica and Silicate Surface: I. Partially Hydrophobic Silicas. J Phys Chem, 1973, 77: 1458

[32] Bering B P, Serpinskii V V. The Theory of Adsorption Equilibrium Based on the Thermodynamics of Vacancy Solutions. Izv Akad Nauk SSSR Ser Khim, 1974, 11: 2427

[33] Bassett D R, Boucher E A, Zettlemoyer A C. Adsorption Studies on Hydrated and Dehydrated Silicas. J Colloid Interface Sci, 1968, 27: 649

[34] Naono H, Fujiwara R, Yagi M. Determination of Physisorbed and Chemisorbed Waters on Silica Gel and Porous Silica Glass by Means of Desorption Isotherms of Water Vapor. J Colloid Interface Sci, 1980, 76: 74

[35] Hsing H H, Zettlemoyer A C. Water on Silica and silicate Surface: IV. Silane Treated Silicas. Progy Colloid Polymer Sci, 1976, 61: 54

[36] Young G J. Interaction of water Vapor with Silica Surface. J Colloid Sci, 1958, 13: 67

[37] Morariu V V, Mils R. A Study of Water Adsorbed on Silica by Adsorption: DIA and NMR Techniques I. Z Physik Chem Neue Folge, 1972, 78: 298

[38] Dubinin M M, Isirikyan A A, Rakhmatkariev G U. Differential Adsorption Heats of Water on Powdered Synthetic Zeolite NaX. Izv Akad Nauk SSSR Ser Khim, 1973, 4: 934

[39] Linde Molecular Sieves Adsorbent Data Sheets. Union Carbide Corporation, 27-Park Avenue, New York

[40] Chuikana V K, Kiselev A V, Mineyeva L V. Heats of Adsorption of Water Vapor on NaX and KNaX Zeolites at Different Temperature. J Chem Soc, 1976, 72: 1345

[41] Brunauer S, Emmett P H, Teller E. Adsorption of Gases in Multimolecular Layers. J Am Chem Soc, 1938, 60: 309

[42] Lewis W K, Gilliland E R, Chertow B. AdsorptionEquilibria: PureGasIsotherm. Ind Eng Chem, 1950, 42: 1326

[42a] Reid R C, Prausnitz J M, Sherwood T K. The Properties of Gases and Liquids. 3rd Ed. , McGraw-Hill, New York, 1977

[43] Lewis W K, Gilliland E R, Chertow B, Milliken W. Vapor-Adsorbate Equilibrium: II. Acetylene-Ethylene on Activated Carbon and on SilicaGel. J am Chem Soc, 1950, 72: 1157

[44] Szepesy L, Illds V. Adsorption of Gases and Gas Mixtures: III. Investigation of the Adsorption Equilbrium of

Binary Gas Mixtures. Acta Chim Hung Tomus, 1963, 35: 245

[45] Nolan J T, McKeehan Danner R P. Equilibrium Adsorption of Oxygen, Nitrogen, Carbon Monoxide and Their Binary Mixtures on Molecular Sieve Type 10X. J Am Chem Data, 1981, 26: 112

[46] Nagy L G, Schay G. Adsorption of Binary Liquid Mixtures on Solid Surfaces: Thermodynamical Discussion of the Adsorption Equilibrium, I . Acta Chim Acad Sci Hung, 1963, 39: 365

[47] Schay G, Nagy L G, Foti G. On the Estimation of Adsorption Capacities from L/S Excess Isotherms of Dilute Solutions. Acta Chim Acad Sci Hung, 1978, 100: 289

[48] Minka C, Myers A L. Adsorption From Ternary Liquid Mixtures on Solids. AIChE Journal, 1973, 19: 453

[49] Schenz T W, Manes M. Application of the Polanyi Adsorption Potential Theory to Adsorption from Solution on Activated Carbon: VI. Adsorption of Some Binary Organic Liquid Mixtures. J Phys Chem, 1975, 79: 604

[50] Chopra S L, Handa Y P, Singh P P. Adsorption of Binary Liquid Mixtures on Alumina. J Indian Chem Soc, 1974, 51: 740

[51] Kipling J J, Peakall D B. Adsorption from Binary Liquid Mixtures on Activated Alumina. J Chem Soc (London), 1956: 4828

[52] Jain L K, Gerhardt H M, Kyle B G. Liquid Phase Adsorption Equilibria with Molecular Sieve Adsorbent. J Chem Eng Data, 1965, 10: 202

[53] Kipling J J, Peakail D B. Adsorption by Oxide Gels from Liquid Mixtures Containing Nitrogenous Bases. J Chem Soc, 1958, 184

[54] Sircar S, Myers A L. Statistical Thermodynamics of Adsorption from Liquid Mixtures on Solids: I . Ideal Adsorbed Phase. J Phys Chem, 1970, 74: 2828

[55] Suri S K, Ramakrishna V. Adsorption on Solids from Solutions Containing a Polar Component. Acta Chim Acad Sci Hung, 1970, 63: 301

[56] Everett D H. Thermodynamics of Adsorption from Solution: Part 1. Prefect Systems. Trans Faraday Soc, 1964, 60: 1803

附　录

附录一　水蒸气表

附表 1-1　饱和水和饱和蒸气的热力性质(按温度排列)[1]

温度/	压力/	比体积/(m³/kg)		比焓/(kJ/kg)		汽化热/	比熵/[kJ/(kg·K)]	
℃	MPa	气体	液体	气体	液体	(kJ/kg)	气体	液体
0	0.0006112	0.00100022	206.154	−0.05	2500.51	2500.6	−0.0002	9.1544
0.01	0.0006117	0.00100021	206.012	0.00	2500.53	2500.5	0	9.1541
1	0.0006571	0.00100018	192.464	4.18	2502.35	2498.2	0.0153	9.1278
2	0.0007059	0.00100013	179.787	8.39	2504.19	2495.8	0.0306	9.1014
3	0.0007580	0.00100009	168.041	12.61	2506.03	2493.4	0.0459	9.0752
4	0.0008135	0.00100008	157.151	16.82	2507.87	2491.1	0.0611	9.0493
5	0.0008725	0.00100008	147.048	21.02	2509.71	2488.7	0.0763	9.0236
6	0.0009352	0.00100010	137.670	25.22	2511.55	2486.3	0.0913	8.9982
7	0.0010019	0.00100014	128.961	29.42	2513.39	2484.0	0.1063	8.9730
8	0.0010728	0.00100019	120.868	33.62	2515.23	2481.6	0.1213	8.9480
9	0.0011480	0.00100026	113.342	37.81	2517.06	2479.3	0.1362	8.9233
10	0.0012279	0.00100034	106.341	42.00	2518.90	2476.9	0.1510	8.8988
11	0.0013126	0.00100043	99.825	46.19	2520.74	2474.5	0.1658	8.8745
12	0.0014025	0.00100054	93.756	50.38	2522.57	2472.2	0.1805	8.8504
13	0.0014977	0.00100066	88.101	54.57	2524.41	2469.8	0.1952	8.8265
14	0.0015985	0.00100080	82.828	58.76	2526.24	2467.5	0.2098	8.8029
15	0.0017053	0.00100094	77.910	62.95	2528.07	2465.1	0.2243	8.7794
16	0.0018183	0.00100110	73.320	67.13	2529.90	2462.8	0.2388	8.7562
17	0.0019377	0.00100127	69.034	71.32	2531.72	2460.4	0.2533	8.7331
18	0.0020640	0.00100145	65.029	75.50	2533.55	2458.1	0.2677	8.7103
19	0.0021975	0.00100165	61.287	79.68	2535.37	2455.7	0.2820	8.6877
20	0.0023385	0.00100185	57.786	83.86	2537.20	2453.3	0.2963	8.6652
21	0.0024873	0.00100206	54.511	88.05	2539.02	2451.0	0.3106	8.6430
22	0.0026444	0.00100229	51.445	92.23	2540.84	2448.6	0.3247	8.6210
23	0.0028100	0.00100252	48.574	96.41	2542.66	2446.2	0.3389	8.5991
24	0.0029846	0.00100276	45.884	100.59	2544.47	2443.9	0.3530	8.5774
25	0.0031687	0.00100302	43.362	104.77	2546.29	2441.5	0.3670	8.5560

温度/℃	压力/MPa	比体积/(m³/kg)		比焓/(kJ/kg)		汽化热/(kJ/kg)	比熵/[kJ/(kg·K)]	
		气体	液体	气体	液体		气体	液体
26	0.0033625	40.997	0.00100328	108.95	2548.10	2439.2	0.3810	8.5347
27	0.0035666	38.777	0.00100355	113.13	2549.92	2436.8	0.3950	8.5136
28	0.0037815	36.694	0.00100383	117.32	2551.73	2434.4	0.4089	8.4927
29	0.0040074	34.737	0.00100412	121.50	2553.54	2432.0	0.4228	8.4719
30	0.0042451	32.899	0.00100442	125.68	2555.35	2429.7	0.4366	8.4514
31	0.0044949	31.170	0.00100473	129.86	2557.16	2427.3	0.4503	8.4310
32	0.0047574	29.545	0.00100504	134.04	2558.96	2424.9	0.4641	8.4108
33	0.0050331	28.016	0.00100537	138.22	2560.77	2422.5	0.4777	8.3907
34	0.0053226	26.577	0.00100570	142.41	2562.57	2420.2	0.4914	8.3708
35	0.0056263	25.222	0.00100605	146.59	2564.38	2417.8	0.5050	8.3511
36	0.0059450	23.945	0.00100640	150.77	2566.18	2415.4	0.5185	8.3316
37	0.0062792	22.742	0.00100676	154.96	2567.98	2413.0	0.5320	8.3122
38	0.0066295	21.608	0.00100713	159.14	2569.77	2410.6	0.5455	8.2930
39	0.0069966	20.538	0.00100750	163.32	2571.57	2408.2	0.5589	8.2740
40	0.0073811	19.529	0.00100789	167.50	2573.36	2405.9	0.5723	8.2551
41	0.0077838	18.5762	0.00100828	171.69	2575.15	2403.5	0.5856	8.2364
42	0.0082052	17.6764	0.00100868	175.87	2576.94	2401.1	0.5989	8.2178
43	0.0086462	16.8264	0.00100909	180.05	2578.73	2398.7	0.6122	8.1993
44	0.0091074	16.0230	0.00100951	184.24	2580.52	2396.3	0.6254	8.1811
45	0.0095897	15.2636	0.00100993	188.42	2582.30	2393.9	0.6386	8.1630
46	0.0100938	14.5453	0.00101036	192.60	2584.08	2391.5	0.6517	8.1450
47	0.0106205	13.8657	0.00101080	196.78	2585.86	2389.1	0.6648	8.1271
48	0.0111706	13.2224	0.00101124	200.96	2587.64	2386.7	0.6778	8.1095
49	0.0117450	12.6134	0.00101170	205.15	2589.42	2384.3	0.6908	8.0919
50	0.0123446	12.0365	0.00101216	209.33	2591.19	2381.9	0.7038	8.0745
51	0.012970	11.4899	0.00101262	213.51	2592.96	2379.5	0.7167	8.0573
52	0.013623	10.9718	0.00101309	217.69	2594.73	2377.0	0.7296	8.0401
53	0.014303	10.4805	0.00101357	221.88	2596.50	2374.6	0.7424	8.0232
54	0.015013	10.0145	0.00101406	226.06	2598.26	2372.2	0.7552	8.0063
55	0.015752	9.5723	0.00101455	230.24	2600.02	2369.8	0.7680	7.9896
56	0.016522	9.1526	0.00101506	234.42	2601.78	2367.4	0.7807	7.9730
57	0.017324	8.7541	0.00101556	238.60	2603.54	2364.9	0.7934	7.9566
58	0.018160	8.3755	0.00101608	242.79	2605.29	2362.5	0.8060	7.9402
59	0.019029	8.0158	0.00101660	246.97	2607.04	2360.1	0.8186	7.9240
60	0.019933	7.6740	0.00101713	251.15	2608.79	2357.6	0.8312	7.9080
61	0.020874	7.3489	0.00101766	255.34	2610.53	2355.2	0.8437	7.8920

续表

温度/	压力/	比体积/(m³/kg)		比焓/(kJ/kg)		汽化热/	比熵/[kJ/(kg·K)]	
℃	MPa	气体	液体	气体	液体	(kJ/kg)	气体	液体
62	0.021852	0.00101820	7.0398	259.52	2612.27	2352.8	0.8562	7.8762
63	0.022869	0.00101875	6.7456	263.71	2614.01	2350.3	0.8687	7.8605
64	0.023926	0.00101930	6.4657	267.89	2615.75	2347.9	0.8811	7.8449
65	0.025024	0.00101986	6.1992	272.08	2617.48	2345.4	0.8935	7.8295
66	0.026164	0.00102043	5.9454	276.26	2619.21	2342.9	0.9059	7.8142
67	0.027349	0.00102100	5.7037	280.45	2620.94	2340.5	0.9182	7.7989
68	0.028578	0.00102158	5.4733	284.64	2622.66	2338.0	0.9305	7.7838
69	0.029854	0.00102217	5.2537	288.82	2624.38	2335.6	0.9427	7.7688
70	0.031178	0.00102276	5.0443	293.01	2626.10	2333.1	0.9550	7.7540
71	0.032551	0.00102336	4.8446	297.20	2627.81	2330.6	0.9671	7.7392
72	0.033974	0.00102396	4.6541	301.39	2629.52	2328.1	0.9793	7.7245
73	0.035450	0.00102458	4.4723	305.58	2631.23	2325.6	0.9914	7.7100
74	0.036980	0.00102519	4.2987	309.77	2632.93	2323.2	1.0035	7.6956
75	0.038565	0.00102582	4.1330	313.96	2634.63	2320.7	1.0156	7.6812
76	0.040207	0.00102645	3.9747	318.15	2636.32	2318.2	1.0276	7.6670
77	0.041908	0.00102709	3.8235	322.34	2638.01	2315.7	1.0396	7.6529
78	0.043668	0.00102773	3.6789	326.54	2639.70	2313.2	1.0515	7.6389
79	0.045490	0.00102838	3.5407	330.73	2641.38	2310.7	1.0634	7.6250
80	0.047376	0.00102903	3.4086	334.93	2643.06	2308.1	1.0753	7.6112
81	0.049327	0.00102970	3.2822	339.12	2644.74	2305.6	1.0872	7.5974
82	0.051345	0.00103036	3.1613	343.32	2646.41	2303.1	1.0990	7.5838
83	0.053431	0.00103104	3.0456	347.52	2648.08	2300.6	1.1108	7.5703
84	0.055588	0.00103172	2.9348	351.72	2649.74	2298.0	1.1226	7.5569
85	0.057818	0.00103240	2.8288	355.92	2651.40	2295.5	1.1343	7.5436
86	0.060122	0.00103310	2.7272	360.12	2653.05	2292.9	1.1460	7.5303
87	0.062502	0.00103379	2.6299	364.32	2654.70	2290.4	1.1577	7.5172
88	0.064961	0.00103450	2.5366	368.53	2656.35	2287.8	1.1694	7.5042
89	0.067500	0.00103521	2.4472	372.73	2657.99	2285.3	1.1810	7.4912
90	0.070121	0.00103593	2.3616	376.94	2659.63	2282.7	1.1926	7.4783
91	0.072826	0.00103665	2.2794	381.14	2661.26	2280.1	1.2041	7.4656
92	0.075618	0.00103738	2.2006	385.35	2662.88	2277.5	1.2157	7.4529
93	0.078498	0.00103812	2.1249	389.56	2664.50	2274.9	1.2272	7.4403
94	0.081469	0.00103886	2.0524	393.77	2666.12	2272.3	1.2386	7.4278
95	0.084533	0.00103961	1.9827	397.98	2667.73	2269.7	1.2501	7.4154
96	0.087692	0.00104036	1.9158	402.20	2669.34	2267.1	1.2615	7.4030
97	0.090948	0.00104112	1.8516	406.41	2670.94	2264.5	1.2729	7.3908

续表

温度/ ℃	压力/ MPa	比体积/(m³/kg)		比焓/(kJ/kg)		汽化热/ (kJ/kg)	比熵/[kJ/(kg·K)]	
		气体	液体	气体	液体		气体	液体
98	0.094304	0.00104189	1.7899	410.63	2672.54	2261.9	1.2843	7.3786
99	0.097762	0.00104266	1.7306	414.85	2674.13	2259.3	1.2956	7.3665
100	0.101325	0.00104344	1.6736	419.06	2675.71	2256.6	1.3069	7.3545
101	0.104994	0.00104422	1.6188	423.28	2677.29	2254.0	1.3182	7.3425
102	0.108773	0.00104502	1.5662	427.51	2678.87	2251.4	1.3295	7.3307
103	0.112664	0.00104581	1.5155	431.73	2680.44	2248.7	1.3407	7.3189
104	0.116669	0.00104662	1.4668	435.95	2682.00	2246.0	1.3519	7.3072
105	0.120790	0.00104743	1.4199	440.18	2683.56	2243.4	1.3631	7.2956
106	0.125031	0.00104824	1.3748	444.41	2685.11	2240.7	1.3742	7.2840
107	0.129394	0.00104906	1.3314	448.64	2686.66	2238.0	1.3854	7.2725
108	0.133882	0.00104989	1.2896	452.86	2688.20	2235.3	1.3965	7.2611
109	0.138497	0.00105072	1.2494	457.10	2689.73	2232.6	1.4075	7.2498
110	0.143243	0.00105156	1.2106	461.33	2691.26	2229.9	1.4186	7.2386
111	0.148121	0.00105241	1.17329	465.57	2692.78	2227.2	1.4296	7.2274
112	0.153135	0.00105326	1.13731	469.80	2694.29	2224.5	1.4406	7.2162
113	0.158288	0.00105412	1.10263	474.04	2695.80	2221.8	1.4516	7.2052
114	0.163582	0.00105499	1.06921	478.28	2697.30	2219.0	1.4625	7.1942
115	0.169020	0.00105586	1.03698	482.52	2698.80	2216.3	1.4735	7.1833
116	0.174606	0.00105674	1.00591	486.77	2700.29	2213.5	1.4844	7.1725
117	0.180342	0.00105762	0.97593	491.01	2701.77	2210.8	1.4952	7.1617
118	0.186231	0.00105851	0.94702	495.26	2703.25	2208.0	1.5061	7.1510
119	0.192277	0.00105940	0.91912	499.51	2704.72	2205.2	1.5169	7.1403
120	0.198483	0.00106031	0.89219	503.76	2706.18	2202.4	1.5277	7.1297
121	0.204851	0.00106122	0.86620	508.01	2707.63	2199.6	1.5385	7.1192
122	0.211384	0.00106213	0.84111	512.27	2709.08	2196.8	1.5493	7.1087
123	0.218087	0.00106305	0.81688	516.52	2710.52	2194.0	1.5600	7.0983
124	0.224962	0.00106398	0.79348	520.78	2711.95	2191.2	1.5708	7.0880
125	0.232013	0.00106491	0.77087	525.04	2713.38	2188.3	1.5815	7.0777
126	0.239243	0.00106586	0.74903	529.31	2714.79	2185.5	1.5921	7.0675
127	0.246654	0.00106680	0.72792	533.57	2716.21	2182.6	1.6028	7.0573
128	0.254252	0.00106776	0.70752	537.84	2717.61	2179.8	1.6134	7.0472
129	0.262038	0.00106872	0.68780	542.11	2719.00	2176.9	1.6240	7.0372
130	0.270018	0.00106968	0.66873	546.38	2720.39	2174.0	1.6346	7.0272
131	0.278193	0.00107066	0.65029	550.65	2721.77	2171.1	1.6452	7.0172
132	0.286568	0.00107164	0.63246	554.93	2723.14	2168.2	1.6557	7.0073
133	0.295146	0.00107262	0.61521	559.20	2724.50	2165.3	1.6662	6.9975

续表

温度/	压力/	比体积/(m³/kg)		比焓/(kJ/kg)		汽化热/	比熵/[kJ/(kg·K)]	
℃	MPa	气体	液体	气体	液体	(kJ/kg)	气体	液体
134	0.303931	0.00107362	0.59851	563.48	2725.86	2162.4	1.6767	6.9877
135	0.312926	0.00107462	0.58236	567.77	2727.21	2159.4	1.6872	6.9780
136	0.322135	0.00107562	0.56672	572.05	2728.54	2156.5	1.6977	6.9683
137	0.331563	0.00107664	0.55159	576.34	2729.88	2153.5	1.7081	6.9587
138	0.341212	0.00107766	0.53693	580.63	2731.20	2150.6	1.7185	6.9492
139	0.351086	0.00107869	0.52274	584.92	2732.51	2147.6	1.7289	6.9396
140	0.361190	0.00107972	0.50900	589.21	2733.81	2144.6	1.7393	6.9302
141	0.37153	0.00108076	0.49569	593.51	2735.11	2141.6	1.7497	6.9208
142	0.38210	0.00108181	0.48279	597.80	2736.40	2138.6	1.7600	6.9114
[43	0.39292	0.00108287	0.47029	602.11	2737.67	2135.6	1.7703	6.9021
144	0.40398	0.00108393	0.45818	606.41	2738.94	2132.5	1.7806	6.8928
145	0.41529	0.00108500	0.44643	610.71	2740.20	2129.5	1.7909	6.8835
146	0.42685	0.00108608	0.43505	615.02	2741.45	2126.4	1.8012	6.8744
147	0.43867	0.00108716	0.42402	619.33	2742.69	2123.4	1.8114	6.8652
148	0.45075	0.00108825	0.41331	623.65	2743.92	2120.3	1.8216	6.8561
149	0.46310	0.00108935	0.40293	627.96	2745.14	2117.2	1.8318	6.8471
150	0.47571	0.00109046	0.39286	632.28	2746.35	2114.1	1.8420	6.8381
151	0.48860	0.00109157	0.38309	636.60	2747.56	2111.0	1.8522	6.8291
152	0.50177	0.00109269	0.37362	640.93	2748.75	2107.8	1.8623	6.8202
153	0.51522	0.00109382	0.36442	645.25	2749.93	2104.7	1.8725	6.8113
154	0.52896	0.00109496	0.35549	649.58	2751.10	2101.5	1.8826	6.8025
155	0.54299	0.00109610	0.34682	653.91	2752.26	2098.4	1.8927	6.7937
156	0.55731	0.00109725	0.33840	658.25	2753.42	2095.2	1.9028	6.7849
157	0.57194	0.00109841	0.33023	662.59	2754.56	2092.0	1.9128	6.7762
158	0.58687	0.00109958	0.32229	666.93	2755.69	2088.8	1.9229	6.7675
159	0.60211	0.00110075	0.31458	671.27	2756.81	2085.5	1.9329	6.7588
160	0.61766	0.00110193	0.30709	675.62	2757.92	2082.3	1.9429	6.7502
161	0.63353	0.00110312	0.29982	679.97	2759.02	2079.1	1.9529	6.7417
162	0.64972	0.00110432	0.29275	684.32	2760.11	2075.8	1.9628	6.7331
163	0.66625	0.00110553	0.28588	688.67	2761.19	2072.5	1.9728	6.7246
164	0.68310	0.00110674	0.27920	693.03	2762.25	2069.2	1.9827	6.7162
165	0.70029	0.00110796	0.27270	697.39	2763.31	2065.9	1.9927	6.7077
166	0.71782	0.00110919	0.26639	701.76	2764.35	2062.6	2.0026	6.6994
167	0.73570	0.00111043	0.26025	706.13	2765.39	2059.3	2.0125	6.6910
168	0.75393	0.00111168	0.25428	710.50	2766.41	2055.9	2.0223	6.6827
169	0.77252	0.00111293	0.24848	714.87	2767.42	2052.5	2.0322	6.6744

温度/	压力/	比体积/(m³/kg)		比焓/(kJ/kg)		汽化热/	比熵/[kJ/(kg·K)]	
℃	MPa	气体	液体	气体	液体	(kJ/kg)	气体	液体
170	0.79147	0.00111420	0.24283	719.25	2768.42	2049.2	2.0420	6.6661
171	0.81078	0.00111547	0.23733	723.63	2769.40	2045.8	2.0519	6.6579
172	0.83047	0.00111675	0.23199	728.02	2770.38	2042.4	2.0617	6.6497
173	0.85053	0.00111804	0.22678	732.40	2771.34	2038.9	2.0715	6.6415
174	0.87098	0.00111934	0.22172	736.79	2772.29	2035.5	2.0812	6.6334
175	0.89181	0.00112065	0.21679	741.19	2773.23	2032.0	2.0910	6.6253
176	0.91303	0.00112196	0.21199	745.59	2774.16	2028.6	2.1008	6.6172
177	0.93464	0.00112329	0.20732	749.99	2775.07	2025.1	2.1105	6.6092
178	0.95666	0.00112462	0.20277	754.39	2775.98	2021.6	2.1202	6.6012
179	0.97909	0.00112596	0.19834	758.80	2776.87	2018.1	2.1299	6.5932
180	1.00193	0.00112732	0.19403	763.22	2777.74	2014.5	2.1396	6.5852
181	1.02519	0.00112868	0.18982	767.63	2778.61	2011.0	2.1493	6.5773
182	1.04886	0.00113005	0.18573	772.05	2779.46	2007.4	2.1590	6.5694
183	1.07297	0.00113143	0.18174	776.48	2780.30	2003.8	2.1686	6.5615
184	1.09751	0.00113282	0.17785	780.91	2781.12	2000.2	2.1782	6.5537
185	1.12249	0.00113422	0.17406	785.34	2781.94	1996.6	2.1879	6.5458
186	1.14792	0.00113563	0.17037	789.77	2782.74	1993.0	2.1975	6.5380
187	1.17379	0.00113704	0.16677	794.22	2783.52	1989.3	2.2071	6.5302
188	1.20012	0.00113847	0.16326	798.66	2784.29	1985.6	2.2167	6.5225
189	1.22691	0.00113991	0.15984	803.11	2785.05	1981.9	2.2262	6.5148
190	1.25417	0.00114136	0.15650	807.56	2785.80	1978.2	2.2358	6.5071
191	1.28190	0.00114282	0.15325	812.02	2786.53	1974.5	2.2453	6.4994
192	1.31011	0.00114428	0.15008	816.48	2787.25	1970.8	2.2549	6.4917
193	1.33880	0.00114576	0.14698	820.95	2787.95	1967.0	2.2644	6.4841
194	1.36798	0.00114725	0.14396	825.42	2788.64	1963.2	2.2739	6.4764
195	1.39765	0.00114875	0.14102	829.89	2789.31	1959.4	2.2834	6.4688
196	1.42783	0.00115026	0.13814	834.38	2789.98	1955.6	2.2929	6.4613
197	1.45851	0.00115178	0.13534	838.86	2790.62	1951.8	2.3024	6.4537
198	1.48971	0.00115332	0.13260	843.35	2791.25	1947.9	2.3118	6.4462
199	1.52142	0.00115486	0.12993	847.84	2791.87	1944.0	2.3213	6.4387
200	1.55366	0.00115641	0.12732	852.34	2792.47	1940.1	2.3307	6.4312
201	1.58642	0.00115798	0.12477	856.85	2793.06	1936.2	2.3401	6.4237
202	1.61973	0.00115955	0.12229	861.36	2793.63	1932.3	2.3496	6.4162
203	1.65357	0.00116114	0.11986	865.87	2794.19	1928.3	2.3590	6.4088
204	1.68796	0.00116274	0.11749	870.39	2794.73	1924.3	2.3684	6.4013
205	1.72291	0.00116435	0.11517	874.91	2795.25	1920.3	2.3778	6.3939

续表

温度/	压力/	比体积/(m³/kg)		比焓/(kJ/kg)		汽化热/	比熵/[kJ/(kg·K)]	
℃	MPa	气体	液体	气体	液体	(kJ/kg)	气体	液体
206	1.75842	0.00116597	0.11291	879.45	2795.76	1916.3	2.3871	6.3865
207	1.79449	0.00116761	0.11070	883.98	2796.26	1912.3	2.3965	6.3792
208	1.83114	0.00116925	0.10855	888.52	2796.74	1908.2	2.4059	6.3718
209	1.86836	0.00137091	0.10644	893.07	2797.20	1904.1	2.4152	6.3645
210	1.90617	0.00117258	0.10438	897.62	2797.65	1900.0	2.4245	6.3571
211	1.94457	0.00117427	0.102363	902.18	2798.08	1895.9	2.4339	6.3498
212	1.98357	0.00117596	0.100395	906.74	2798.49	1891.8	2.4432	6.3425
213	2.02318	0.00117767	0.098472	911.31	2798.89	1887.6	2.4525	6.3352
214	2.06339	0.00117939	0.096592	915.89	2799.27	1883.4	2.4618	6.3279
215	2.10422	0.00118113	0.094754	920.47	2799.64	1879.2	2.4711	6.3207
216	2.14567	0.00118288	0.092957	925.05	2799.98	1874.9	2.4804	6.3134
217	2.18775	0.00118464	0.091199	929.65	2800.31	1870.7	2.4897	6.3062
218	2.23046	0.00118641	0.089481	934.24	2800.63	1866.4	2.4989	6.2990
219	2.27382	0.00118820	0.087801	938.85	2800.92	1862.1	2.5082	6.2918
220	2.31783	0.00119000	0.086157	943.46	2801.20	1857.7	2.5175	6.2846
221	2.36249	0.00119182	0.084550	948.08	2801.46	1853.4	2.5267	6.2774
222	2.40782	0.00119365	0.082977	952.71	2801.71	1849.0	2.5360	6.2702
223	2.45381	0.00119549	0.081439	957.34	2801.93	1844.6	2.5452	6.2630
224	2.50048	0.00119735	0.079933	961.98	2802.14	1840.2	2.5544	6.2558
225	2.54783	0.00119922	0.078461	966.62	2802.33	1835.7	2.5636	6.2487
226	2.59587	0.00120111	0.077019	971.27	2802.50	1831.2	2.5729	6.2415
227	2.64461	0.00120301	0.075609	975.93	2802.65	1826.7	2.5821	6.2344
228	2.69405	0.00120493	0.074228	980.60	2802.79	1822.2	2.5913	6.2273
229	2.74419	0.00120687	0.072876	985.27	2802.90	1817.6	2.6005	6.2202
230	2.79505	0.00120882	0.071553	989.95	2803.00	1813.0	2.6096	6.2130
231	2.84664	0.00121078	0.070258	994.64	2803.07	1808.4	2.6188	6.2059
232	2.89896	0.00121276	0.068990	999.34	2803.13	1803.8	2.6280	6.1988
233	2.95201	0.00121476	0.067748	1004.0	2803.17	1779.1	2.6372	6.1917
234	3.00580	0.00121678	0.066533	1008.8	2803.19	1794.4	2.6464	6.1846
235	3.06035	0.00121881	0.065342	1013.5	2803.19	1789.7	2.6555	6.1775
236	3.11565	0.00122086	0.064175	1018.2	2803.17	1785.0	2.6647	6.1705
237	3.17172	0.00122292	0.063033	1022.9	2803.13	1780.2	2.6738	6.1634
238	3.22856	0.00122500	0.061914	1027.7	2803.06	1775.4	2.6830	6.1563
239	3.28618	0.00122711	0.060817	1032.4	2802.98	1770.6	2.6921	6.1492
240	3.34459	0.00122922	0.059743	1037.2	2802.88	1765.7	2.7013	6.1422
241	3.40379	0.00123136	0.058691	1042.0	2802.75	1760.8	2.7104	6.1351

续表

温度/	压力/	比体积/（m³/kg）		比焓/（kJ/kg）		汽化热/	比熵/[kJ/（kg·K）]	
℃	MPa	气体	液体	气体	液体	（kJ/kg）	气体	液体
242	3.46379	0.00123351	0.057660	1046.7	2802.61	1755.9	2.7196	6.1280
243	3.52460	0.00123569	0.056649	1051.5	2802.44	1750.9	2.7287	6.1210
244	3.58622	0.00123788	0.055658	1056.3	2802.25	1745.9	2.7378	6.1139
245	3.64867	0.00124009	0.054687	1061.1	2802.04	1740.9	2.7470	6.1069
246	3.71195	0.00124232	0.053736	1065.9	2801.81	1735.9	2.7561	6.0998
247	3.77606	0.00124458	0.052803	1070.7	2801.56	1730.8	2.7652	6.0927
248	3.84102	0.00124685	0.051888	1075.6	2801.28	1725.7	2.7743	6.0857
249	3.90683	0.00124914	0.050991	1080.4	2800.99	1720.6	2.7834	6.0786
250	3.97351	0.00125145	0.050112	1085.3	2800.66	1715.4	2.7926	6.0716
25	4.04105	0.00125378	0.049250	1090.1	2800.32	1710.2	2.8017	6.0645
252	4.10946	0.00125614	0.048404	1095.0	2799.95	1705.0	2.8108	6.0574
253	4.17876	0.00125852	0.047575	1099.9	2799.56	1699.7	2.8199	6.0504
254	4.24895	0.00126092	0.046762	1104.8	2799.15	1694.4	2.8290	6.0433
255	4.32004	0.00126334	0.045964	1109.7	2798.71	1689.0	2.8382	6.0362
256	4.39203	0.00126578	0.045181	1114.6	2798.24	1683.7	2.8473	6.0291
257	4.46494	0.00126825	0.044413	1119.5	2797.75	1678.3	2.8564	6.0220
258	4.53877	0.00127074	0.043660	1124.4	1797.24	1672.8	2.8655	6.0149
259	4.61353	0.00127325	0.042921	1129.4	2796.70	1667.3	2.8746	6.0078
260	4.68923	0.00127579	0.042195	1134.3	2796.14	1661.8	2.8837	6.0007
261	4.76587	0.00127836	0.041483	1139.3	2795.55	1656.3	2.8929	5.9936
262	4.84347	0.00128095	0.040785	1144.3	2794.94	1650.7	2.9020	5.9865
263	4.92203	0.00128356	0.040099	1149.3	2794.30	1645.0	2.9111	5.9794
264	5.00156	0.00128620	0.039426	1154.3	2793.63	1639.4	2.9202	5.9722
265	5.08207	0.00128887	0.038765	1159.3	2792.93	1633.7	2.9294	5.9651
266	5.16356	0.00129156	0.038116	1164.3	2792.21	1627.9	2.9385	5.9579
267	5.24605	0.00129429	0.037479	1169.3	2791.46	1622.1	2.9476	5.9508
268	5.32954	0.00129704	0.036854	1174.4	2790.69	1616.3	2.9568	5.9436
269	5.41404	0.00129982	0.036240	1179.4	2789.88	1610.4	2.9659	5.9364
270	5.49956	0.00130262	0.035637	1184.5	2789.05	1604.5	2.9751	5.9292
271	5.58611	0.00130546	0.035045	1189.6	2788.19	1598.6	2.9842	5.9220
272	5.67370	0.00130833	0.034463	1194.7	2787.30	1592.6	2.9934	5.9148
273	5.76233	0.00131122	0.033892	1199.8	2786.38	1586.6	3.0025	5.9075
274	5.85201	0.00131415	0.033331	1204.9	2785.43	1580.5	3.0117	5.9003
275	5.94276	0.00131711	0.032780	1210.1	2784.45	1574.4	3.0209	5.8930
276	6.03457	0.00132011	0.032238	1215.2	2783.44	1568.2	3.0300	5.8857
277	6.12747	0.00132313	0.031706	1220.4	2782.39	1562.0	3.0392	5.8784

续表

温度/	压力/	比体积/(m³/kg)		比焓/(kJ/kg)		汽化热/	比熵/[kJ/(kg·K)]	
℃	MPa	气体	液体	气体	液体	(kJ/kg)	气体	液体
278	6. 22146	0. 00132619	0. 031183	1225. 6	2781. 32	1555. 7	3. 0484	5. 8711
279	6. 31654	0. 00132929	0. 030669	1230. 8	2780. 21	1549. 4	3. 0576	5. 8638
280	6. 41273	0. 00133242	0. 030165	1236. 0	2779. 08	1543. 1	3. 0668	5. 8564
281	6. 51003	0. 00133558	0. 029668	1241. 2	2777. 91	1536. 7	3. 0760	5. 8491
282	6. 60846	0. 00133878	0. 029181	1246. 5	2776. 70	1530. 2	3. 0853	5. 8417
283	6. 70802	0. 00134202	0. 028702	1251. 8	2775. 47	1523. 7	3. 0945	5. 8343
284	6. 80872	0. 00134530	0. 028230	1257. 0	2774. 19	1517. 2	3. 1037	5. 8268
285	6. 91058	0. 00134862	0. 027767	1262. 3	2772. 89	1510. 6	3. 1130	5. 8194
286	7. 01360	0. 00135197	0. 027312	1267. 6	2771. 54	1503. 9	3. 1222	5. 8119
287	7. 11778	0. 00135537	0. 026864	1273. 0	2770. 17	1497. 2	3. 1315	5. 8044
288	7. 22315	0. 00135881	0. 026424	1278. 3	2768. 75	1490. 4	3. 1408	5. 7969
289	7. 32970	0. 00136229	0. 025991	1283. 7	2767. 30	1483. 6	3. 1501	5. 7893
290	7. 43746	0. 00136582	0. 025565	1289. 1	2765. 81	1476. 7	3. 1594	5. 7817
291	7. 54642	0. 00136938	0. 025146	1294. 5	2764. 29	1469. 8	3. 1687	5. 7741
292	7. 65660	0. 00137300	0. 024734	1299. 9	2762. 72	1462. 8	3. 1781	5. 7665
293	7. 76801	0. 00137666	0. 024329	1305. 3	2761. 11	1455. 8	3. 1874	5. 7588
294	7. 88065	0. 00138037	0. 023930	1310. 8	2759. 47	1448. 7	3. 1968	5. 7511
295	7. 99454	0. 00138413	0. 023538	1316. 3	2757. 78	1441. 5	3. 2061	5. 7434
296	8. 10970	0. 00138793	0. 023152	1321. 8	2756. 05	1434. 3	3. 2155	5. 7356
297	8. 22611	0. 00139179	0. 022773	1327. 3	2754. 28	1427. 0	3. 2249	5. 7278
298	8. 34381	0. 00139571	0. 022399	1332. 8	2752. 47	1419. 6	3. 2344	5. 7200
299	8. 46279	0. 00139967	0. 022031	1338. 4	2750. 61	1412. 2	3. 2438	5. 7121
300	8. 58308	0. 00140369	0. 021669	1344. 0	2748. 71	1404. 7	3. 2533	5. 7042
301	8. 7047	0. 00140777	0. 021313	1349. 6	2746. 76	1397. 2	3. 2627	5. 6962
302	8. 8276	0. 00141190	0. 020962	1355. 2	2744. 76	1389. 5	3. 2722	5. 6882
303	8. 9518	0. 00141610	0. 020617	1360. 9	2742. 72	1381. 8	3. 2818	5. 6802
304	9. 0774	0. 00142036	0. 020277	1366. 6	2740. 63	1374. 1	3. 2913	5. 6721
305	9. 2043	0. 00142468	0. 019942	1372. 3	2738. 49	1366. 2	3. 3009	5. 6640
306	9. 3326	0. 00142906	0. 019613	1378. 0	2736. 30	1358. 3	3. 3104	5. 6558
307	9. 4623	0. 00143351	0. 019288	1383. 7	2734. 05	1350. 3	3. 3200	5. 6476
308	9. 5934	0. 00143803	0. 018968	1389. 5	2731. 76	1342. 2	3. 3297	5. 6393
309	9. 7258	0. 00144262	0. 018653	1395. 3	2729. 41	1334. 1	3. 3393	5. 6310
310	9. 8597	0. 00144728	0. 018343	1401. 2	2727. 01	1325. 9	3. 3490	5. 6226
311	9. 9950	0. 00145202	0. 018037	1407. 0	2724. 55	1317. 5	3. 3587	5. 6142
312	10. 132	0. 00145684	0. 017736	1412. 9	2722. 04	1309. 1	3. 3685	5. 6057
313	10. 270	0. 00146173	0. 017440	1418. 8	2719. 47	1300. 6	3. 3782	5. 5972

温度/	压力/	比体积/（m³/kg）		比焓/（kJ/kg）		汽化热/	比熵/［kJ/（kg·K）］	
℃	MPa	气体	液体	气体	液体	（kJ/kg）	气体	液体
314	10.409	0.00146671	0.017147	1424.8	2716.83	1292.1	3.3880	5.5886
315	10.550	0.00147177	0.016859	1430.8	2714.14	1283.4	3.3978	5.5799
316	10.693	0.00147691	0.016575	1436.8	2711.39	1274.6	3.4077	5.5712
317	10.837	0.00148215	0.016295	1442.8	2708.57	1265.7	3.4176	5.5624
318	10.983	0.00148749	0.016019	1448.9	2705.69	1256.8	3.4275	5.5535
319	11.130	0.00149291	0.015747	1455.0	2702.74	1247.7	3.4375	5.5446
320	11.278	0.00149844	0.015479	1461.2	2699.72	1238.5	3.4475	5.5356
321	11.428	0.00150407	0.015214	1467.4	2696.63	1229.3	3.4575	5.5265
322	11.580	0.00150981	0.014953	1473.6	2693.46	1219.9	3.4676	5.5173
323	11.733	0.00151566	0.014696	1479.9	2690.23	1210.4	3.4778	5.5081
324	11.888	0.00152162	0.014442	1486.2	2686.91	1200.8	3.4879	5.4988
325	12.045	0.00152770	0.014192	1492.5	2683.52	1191.0	3.4981	5.4893
326	12.203	0.00153391	0.013944	1498.9	2680.05	1181.2	3.5084	5.4798
327	12.362	0.00154025	0.013700	1505.3	2676.49	1171.2	3.5187	5.4702
328	12.524	0.00154672	0.013460	1511.8	2672.85	1161.1	3.5291	5.4605
329	12.687	0.00155333	0.013222	1518.3	2669.12	1150.8	3.5395	5.4507
330	12.851	0.00156008	0.012987	1524.9	2665.30	1140.4	3.5500	5.4408
331	13.018	0.00156699	0.012755	1531.5	2661.38	1129.9	3.5605	5.4307
332	13.186	0.00157406	0.012527	1538.2	2657.37	1119.2	3.5711	5.4206
333	13.356	0.00158129	0.012301	1544.9	2653.26	1108.3	3.5818	5.4103
334	13.527	0.00158870	0.012077	1551.7	2649.04	1097.3	3.5926	5.3999
335	13.700	0.00159628	0.011856	1558.6	2644.72	1086.2	3.6034	5.3894
336	13.875	0.00160406	0.011638	1565.5	2640.28	1074.8	3.6143	5.3787
337	14.052	0.00161204	0.011423	1572.4	2635.72	1063.3	3.6252	5.3679
338	14.231	0.00162023	0.011210	1579.5	2631.05	1051.6	3.6363	5.3569
339	14.411	0.00162864	0.010999	1586.6	2626.25	1039.7	3.6474	5.3458
340	14.593	0.00163728	0.010790	1593.7	2621.32	1027.6	3.6586	5.3345
341	14.777	0.00164617	0.010584	1601.0	2616.26	1015.3	3.6699	5.3231
342	14.963	0.00165532	0.010380	1608.3	2611.05	1002.7	3.6814	5.3114
343	15.151	0.00166475	0.010177	1615.7	2605.69	990.0	3.6929	5.2996
344	15.341	0.00167447	0.009977	1623.2	2600.18	976.9	3.7046	5.2876
345	15.533	0.00168450	0.009779	1630.8	2594.51	963.7	3.7163	5.2753
346	15.726	0.00169485	0.009582	1638.5	2588.67	950.2	3.7282	5.2628
347	15.922	0.00170557	0.009387	1646.3	2582.64	936.3	3.7403	5.2501
348	16.120	0.00171666	0.009194	1654.2	2576.43	922.2	3.7524	5.2371
349	16.319	0.00172815	0.009003	1662.2	2570.01	907.8	3.7648	5.2239

续表

温度/	压力/	比体积/(m³/kg)		比焓/(kJ/kg)		汽化热/	比熵/[kJ/(kg·K)]	
℃	MPa	气体	液体	气体	液体	(kJ/kg)	气体	液体
350	16.521	0.00174008	0.008812	1670.3	2563.39	893.0	3.7773	5.2104
351	16.725	0.00175270	0.008623	1678.7	2556.54	877.8	3.7901	5.1966
352	16.931	0.00176563	0.008435	1687.1	2549.44	862.3	3.8030	5.1824
353	17.139	0.00177911	0.008249	1695.7	2542.11	846.4	3.8161	5.1679
354	17.349	0.00179320	0.008063	1704.4	2534.50	830.1	3.8294	5.1530
355	17.561	0.00180794	0.007878	1713.3	2526.59	813.3	3.8430	5.1377
356	17.776	0.00182340	0.007694	1722.4	2518.35	795.9	3.8568	5.1219
357	17.993	0.00183967	0.007510	1731.7	2509.79	778.1	3.8710	5.1057
358	18.212	0.00185682	0.007326	1741.2	2500.81	759.6	3.8855	5.0889
359	18.433	0.00187497	0.007143	1751.0	2491.52	740.5	3.9003	5.0717
360	18.657	0.00189423	0.006958	1761.1	2481.68	720.6	3.9155	5.0536
361	18.883	0.00191475	0.006774	1771.5	2471.41	699.9	3.9312	5.0350
362	19.111	0.00193672	0.006589	1782.2	2460.57	678.4	3.9475	5.0155
363	19.342	0.00196037	0.006403	1793.4	2449.14	655.8	3.9643	4.9951
364	19.576	0.00198597	0.006214	1805.0	2436.90	631.9	3.9818	4.9736
365	19.812	0.00201391	0.006023	1817.1	2423.94	606.8	4.0001	4.9510
366	20.051	0.00204466	0.005829	1829.9	2410.00	580.1	4.0194	4.9270
367	20.292	0.00207890	0.005629	1843.6	2394.80	551.2	4.0399	4.9010
368	20.536	0.00211758	0.005424	1858.2	2378.24	520.1	4.0619	4.8731
369	20.783	0.00216212	0.005208	1874.0	2359.70	485.6	4.0859	4.8421
370	21.033	0.00221480	0.004982	1891.7	2338.79	447.1	4.1125	4.8076
371	21.286	0.00227969	0.004735	1911.8	2314.11	402.3	4.1429	4.7674
372	21.542	0.00236530	0.004451	1936.1	2282.99	346.9	4.1796	4.7137
373	21.802	0.00249600	0.004087	1968.8	2237.98	269.2	4.2292	4.6458
373.99	22.064	0.003106	0.003106	2085.9	2085.87	0.0	4.4092	4.4092

附表 1-2　饱和水和饱和蒸汽的热力性质(按压力排列)[1]

压力/	温度/	比体积/(m³/kg)		比焓/(kJ/kg)		汽化热/	比熵/[kJ/(kg·K)]	
MPa	℃	气体	液体	气体	液体	(kJ/kg)	气体	液体
0.0010	6.949	0.0010001	129.185	29.21	2513.29	2484.1	0.1056	8.9735
0.0015	12.975	0.0010007	87.957	54.47	2524.36	2469.9	0.1948	8.8256
0.0020	17.540	0.0010014	67.008	73.58	2532.71	2459.1	0.2611	8.7220
0.0025	21.101	0.0010021	54.253	88.47	2539.20	2450.7	0.3120	8.6413
0.0030	24.114	0.0010028	45.666	101.07	2544.68	2443.6	0.3546	8.5758
0.0035	26.671	0.0010035	39.473	111.76	2549.32	2437.6	0.3904	8.5203
0.0040	28.953	0.0010041	34.796	121.30	2553.45	2432.2	0.4221	8.4725

压力/	温度/	比体积/(m³/kg)		比焓/(kJ/kg)		汽化热/	比熵/[kJ/(kg·K)]	
MPa	℃	气体	液体	气体	液体	(kJ/kg)	气体	液体
0.0045	31.053	0.0010047	31.141	130.08	2557.26	2427.2	0.4511	8.4308
0.0050	32.879	0.0010053	28.191	137.72	2560.55	2422.8	0.4761	8.3930
0.0055	34.614	0.0010059	25.770	144.98	2563.68	2418.7	0.4997	8.3594
0.0060	36.166	0.0010065	23.738	151.47	2566.48	2415.0	0.5208	8.3283
0.0065	37.627	0.0010070	22.013	157.58	2569.10	2411.5	0.5405	8.3000
0.0070	38.997	0.0010075	20.528	163.31	2571.56	2408.3	0.5589	8.2737
0.0075	40.275	0.0010080	19.236	168.65	2573.85	2405.2	0.5760	8.2493
0.0080	41.508	0.0010085	18.102	173.81	2576.06	2402.3	0.5924	8.2266
0.0085	42.649	0.0010089	17.097	178.58	2578.10	2399.5	0.6075	8.2052
0.0090	43.790	0.0010094	16.204	183.36	2580.15	2396.8	0.6226	8.1854
0.0095	44.817	0.0010099	15.399	187.65	2581.98	2394.3	0.6362	8.1663
0.010	45.799	0.0010103	14.673	191.76	2583.72	2392.0	0.6490	8.1481
0.011	47.693	0.0010111	13.415	199.68	2587.10	2387.4	0.6738	8.1148
0.012	49.428	0.0010119	12.361	206.94	2590.18	2383.2	0.6964	8.0844
0.013	51.049	0.0010126	11.465	213.71	2593.05	2379.3	0.7173	8.0565
0.014	52.555	0.0010134	10.694	220.01	2595.71	2375.7	0.7367	8.0306
0.015	53.971	0.0010140	10.022	225.93	2598.21	2372.3	0.7548	8.0065
0.016	55.340	0.0010147	9.4334	231.66	2600.62	2369.0	0.7723	7.9843
0.017	56.596	0.0010154	8.9107	236.91	2602.82	2365.9	0.7883	7.9631
0.018	57.805	0.0010160	8.4450	241.97	2604.95	2363.0	0.8036	7.9433
0.019	58.969	0.0010166	8.0272	246.84	2606.99	2360.1	0.8183	7.9246
0.020	60.065	0.0010172	7.6497	251.43	2608.90	2357.5	0.8320	7.9068
0.021	61.138	0.0010177	7.3076	255.91	2610.77	2354.9	0.8455	7.8900
0.022	62.142	0.0010183	6.9952	260.12	2612.52	2352.4	0.8580	7.8739
0.023	63.124	0.0010188	6.7095	264.22	2614.23	2350.0	0.8702	7.8585
0.024	64.060	0.0010193	6.4468	268.14	2615.85	2347.7	0.8819	7.8438
0.025	64.973	0.0010198	6.2047	271.96	2617.43	2345.5	0.8932	7.8298
0.026	65.863	0.0010204	5.9808	275.69	2618.97	2343.3	0.9042	7.8163
0.027	66.707	0.0010208	5.7727	279.22	2620.43	2341.2	0.9146	7.8033
0.028	67.529	0.0010213	5.5791	282.66	2621.85	2339.2	0.9247	7.7908
0.029	68.328	0.0010218	5.3985	286.01	2623.22	2337.2	0.9345	7.7788
0.030	69.104	0.0010222	5.2296	289.26	2624.56	2335.3	0.9440	7.7671
0.032	70.611	0.0010231	4.9229	295.57	2627.15	2331.6	0.9624	7.7451
0.034	72.014	0.0010240	4.6508	301.45	2629.54	2328.1	0.9795	7.7243
0.036	73.361	0.0010248	4.4083	307.09	2631.84	2324.7	0.9958	7.7047
0.038	74.651	0.0010256	4.1906	312.49	2634.03	2321.5	1.0113	7.6863

续表

压力/	温度/	比体积/(m³/kg)		比焓/(kJ/kg)		汽化热/	比熵/[kJ/(kg·K)]	
MPa	℃	气体	液体	气体	液体	(kJ/kg)	气体	液体
0.040	75.872	0.0010264	3.9939	317.61	2636.10	2318.5	1.0260	7.6688
0.045	78.737	0.0010282	3.5769	329.63	2640.94	2311.3	1.0603	7.6287
0.050	81.339	0.0010299	3.2409	340.55	2645.31	2304.8	1.0912	7.5928
0.055	83.736	0.0010315	2.9643	350.61	2649.30	2298.7	1.1195	7.5605
0.060	85.950	0.0010331	2.7324	359.91	2652.97	2293.1	1.1454	7.5310
0.065	88.015	0.0010345	2.5352	368.59	2656.37	2287.8	1.1695	7.5040
0.070	89.956	0.0010359	2.3654	376.75	2659.55	2282.8	1.1921	7.4789
0.075	91.782	0.0010372	2.2175	384.43	2662.53	2278.1	1.2131	7.4557
0.080	93.511	0.0010385	2.0876	391.71	2665.33	2273.6	1.2330	7.4339
0.085	95.149	0.0010397	1.9725	398.61	2667.97	2269.4	1.2518	7.4135
0.090	96.712	0.0010409	1.8698	405.20	2670.48	2265.3	1.2696	7.3943
0.095	98.201	0.0010420	1.7776	411.48	2672.86	2261.4	1.2866	7.3761
0.10	99.634	0.0010432	1.6943	417.52	2675.14	2257.6	1.3028	7.3589
0.11	102.316	0.0010453	1.5498	428.84	2679.36	2250.5	1.3330	7.3269
0.12	104.810	0.0010473	1.4287	439.37	2683.26	2243.9	1.3609	7.2978
0.13	107.138	0.0010492	1.3256	449.22	2686.87	2237.7	1.3869	7.2710
0.14	109.318	0.0010510	1.2368	458.44	2690.22	2231.8	1.4110	7.2462
0.15	111.378	0.0010527	1.15953	467.17	2693.35	2226.2	1.4338	7.2232
0.16	113.326	0.0010544	1.09159	475.42	2696.29	2220.9	1.4552	7.2016
0.17	115.178	0.0010560	1.03139	483.28	2699.07	2215.8	1.4754	7.1814
0.18	116.941	0.0010576	0.97767	490.76	2701.69	2210.9	1.4946	7.1623
0.19	118.625	0.0010591	0.92942	497.92	2704.16	2206.3	1.5129	7.1443
0.20	120.240	0.0010605	0.88585	504.78	2706.53	2201.7	1.5303	7.1272
0.21	121.789	0.0010619	0.84630	511.37	2708.77	2197.4	1.5470	7.1109
0.22	123.281	0.0010633	0.81023	517.72	2710.92	2193.2	1.5631	7.0954
0.23	124.717	0.0010646	0.77719	523.84	2712.97	2189.1	1.5784	7.0806
0.24	126.103	0.0010660	0.74681	529.75	2714.94	2185.2	1.5932	7.0664
0.25	127.444	0.0010672	0.71879	535.47	2716.83	2181.4	1.6075	7.0528
0.26	128.740	0.0010685	0.69285	540.99	2718.64	2177.6	1.6213	7.0398
0.27	129.998	0.0010697	0.66877	546.37	2720.39	2174.0	1.6346	7.0272
0.28	131.218	0.0010709	0.64636	551.58	2722.07	2170.5	1.6475	7.0151
0.29	132.403	0.0010720	0.62544	556.65	2723.69	2167.0	1.6600	7.0034
0.30	133.556	0.0010732	0.60587	561.58	2725.26	2163.7	1.6721	6.9921
0.31	134.677	0.0010743	0.58751	566.38	2726.77	2160.4	1.6838	6.9812
0.32	135.770	0.0010754	0.57027	571.06	2728.24	2157.2	1.6953	6.9706
0.33	136.836	0.0010765	0.55404	575.63	2729.66	2154.0	1.7064	6.9603

续表

压力/MPa	温度/℃	比体积/(m³/kg)		比焓/(kJ/kg)		汽化热/(kJ/kg)	比熵/[kJ/(kg·K)]	
		气体	液体	气体	液体		气体	液体
0.34	137.876	0.0010775	0.53873	580.09	2731.03	2150.9	1.7172	6.9503
0.35	138.891	0.0010786	0.52427	584.45	2732.37	2147.9	1.7278	6.9407
0.36	139.885	0.0010796	0.51058	588.71	2733.66	2144.9	1.7381	6.9313
0.37	140.855	0.0010806	0.49761	592.88	2734.92	2142.0	1.7482	6.9221
0.38	141.803	0.0010816	0.48530	596.96	2736.14	2139.2	1.7580	6.9132
0.39	142.732	0.0010826	0.47359	600.95	2737.33	2136.4	1.7676	6.9045
0.40	143.642	0.0010835	0.46246	604.87	2738.49	2133.6	1.7769	6.8961
0.41	144.535	00010845	045184	608.71	2739.61	2130.9	1.7861	6.8878
0.42	145.411	0.0010854	0.44172	612.48	2740.72	2128.2	1.7951	6.8798
0.43	146.269	0.0010864	0.43205	616.18	2741.78	2125.6	1.8039	6.8719
0.44	147.112	0.0010873	0.42281	619.82	2742.83	2123.0	1.8126	6.8642
0.45	147.939	0.0010882	0.41396	623.38	2743.85	2120.5	1.8210	6.8567
0.46	148.751	0.0010891	0.40548	626.89	2744.84	2118.0	1.8293	6.8493
0.47	149.550	0.0010900	0.39736	630.34	2745.81	2115.5	1.8374	6.8421
0.48	150.336	0.0010908	0.38956	633.73	2746.76	2113.0	1.8454	6.8351
0.49	151.108	0.0010917	0.38207	637.07	2747.69	2110.6	1.8533	6.8281
0.50	151.867	0.0010925	0.37486	640.35	2748.59	2108.2	1.8610	6.8214
0.52	153.350	0.0010942	0.36126	646.77	2750.34	2103.6	1.8760	6.8082
0.54	154.788	0.0010959	0.34863	653.00	2752.02	2099.0	1.8905	6.7955
0.56	156.185	0.0010975	0.33687	659.05	2753.63	2094.6	1.9046	6.7833
0.58	157.543	0.0010990	0.32590	664.95	2755.18	2090.2	1.9183	6.7715
0.60	158.863	0.0011006	0.31563	670.67	2756.66	2086.0	1.9315	6.7600
0.62	160.148	0.0011021	0.30600	676.26	2758.08	2081.8	1.9444	6.7490
0.64	161.402	0.0011036	0.29695	681.72	2759.46	2077.7	1.9569	6.7382
0.66	162.625	0.0011051	0.28843	687.04	2760.78	2073.7	1.9691	6.7278
0.68	163.817	0.0011065	0.28040	692.24	2762.06	2069.8	1.9809	6.7177
0.70	164.983	0.0011079	0.27281	697.32	2763.29	2066.0	1.9925	6.7079
0.72	166.123	0.0011093	0.26563	702.29	2764.48	2062.2	2.0038	6.6983
0.74	167.237	0.0011107	0.25882	707.16	2765.63	2058.5	2.0148	6.6890
0.76	168.328	0.0011121	0.25236	711.93	2766.74	2054.8	2.0256	6.6799
0.78	169.397	0.0011134	0.24622	716.61	2767.82	2051.2	2.0361	6.6711
0.80	170.444	0.0011148	0.24037	721.20	2768.86	2047.7	2.0464	6.6625
0.82	171.471	0.0011161	0.23480	725.69	2769.86	2044.2	2.0565	6.6540
0.84	172.477	0.0011174	0.22948	730.11	2770.84	2040.7	2.0663	6.6458
0.86	173.466	0.0011186	0.22441	734.45	2771.79	2037.3	2.0760	6.6378
0.88	174.436	0.0011199	0.21956	738.71	2772.71	2034.0	2.0855	6.6299

续表

压力/ MPa	温度/ ℃	比体积/(m³/kg)		比焓/(kJ/kg)		汽化热/ (kJ/kg)	比熵/[kJ/(kg·K)]	
		气体	液体	气体	液体		气体	液体
0.90	175.389	0.0011212	0.21491	742.90	2773.59	2030.7	2.0948	6.6222
0.92	176.325	0.0011224	0.21046	747.02	2774.46	2027.4	2.1039	6.6146
0.94	177.245	0.0011236	0.20619	751.07	2775.30	2024.2	2.1129	6.6072
0.96	178.150	0.0011248	0.20210	755.05	2776.11	2021.1	2.1217	6.6000
0.98	179.040	0.0011260	0.19817	758.98	2776.90	2017.9	2.1303	6.5929
1.00	179.916	0.0011272	0.19438	762.84	2777.67	2014.8	2.1388	6.5859
1.05	182.048	0.0011301	0.18554	772.26	2779.50	2007.2	2.1594	6.5690
1.10	184.100	0.0011330	0.17747	781.35	2781.21	1999.9	2.1792	6.5529
1.15	186.081	0.0011357	0.17007	790.14	2782.80	1992.7	2.1983	6.5374
1.20	187.995	0.0011385	0.16328	798.64	2784.29	1985.7	2.2166	6.5225
1.25	189.848	0.0011411	0.15701	806.89	2785.69	1978.8	2.2343	6.5082
1.30	191.644	0.0011438	0.15120	814.89	2786.99	1972.1	2.2515	6.4944
1.35	193.386	0.0011463	0.14581	822.67	2788.22	1965.5	2.2681	6.4811
1.40	195.078	0.0011489	0.14079	830.24	2789.37	1959.1	2.2841	6.4683
1.45	196.725	0.0011514	0.13610	837.62	2790.45	1952.8	2.2997	6.4558
1.50	198.327	0.0011538	0.13172	844.82	2791.46	1946.6	2.3149	6.4437
1.55	199.887	0.0011562	0.12761	851.84	2792.40	1940.6	2.3296	6.4320
1.60	201.410	0.0011586	0.12375	858.69	2793.29	1934.6	2.3440	6.4206
1.65	202.895	0.0011610	0.12011	865.40	2794.13	1928.7	2.3580	6.4096
1.70	204.346	0.0011633	0.11668	871.96	2794.91	1923.0	2.3716	6.3988
1.75	205.764	0.0011656	0.11344	878.38	2795.65	1917.3	2.3849	6.3883
1.80	207.151	0.0011679	0.11037	884.67	2796.33	1911.7	2.3979	6.3781
1.85	208.508	0.0011701	0.10747	890.83	2796.98	1906.1	2.4106	6.3681
1.90	209.838	0.0011723	0.104707	896.88	2797.58	1900.7	2.4230	6.3583
1.95	211.140	0.0011745	0.102085	902.82	2798.14	1895.3	2.4352	6.3488
2.00	212.417	0.0011767	0.099588	908.64	2798.66	1890.0	2.4471	6.3395
2.05	213.669	0.0011788	0.097210	914.37	2799.15	1884.8	2.4587	6.3304
2.10	214.898	0.0011809	0.094940	920.00	2799.60	1879.6	2.4702	6.3214
2.15	216.104	0.0011831	0.092773	925.53	2800.02	1874.5	2.4814	6.3127
2.20	217.288	0.0011851	0.090700	930.97	2800.41	1869.4	2.4924	6.3041
2.25	218.452	0.0011872	0.088716	936.33	2800.76	1864.4	2.5031	6.2957
2.30	219.596	0.0011893	0.086816	941.60	2801.09	1859.5	2.5137	6.2875
2.35	220.722	0.0011913	0.084994	946.80	2801.39	1854.6	2.5241	6.2794
2.40	221.829	0.0011933	0.083244	951.91	2801.67	1849.8	2.5344	6.2714
2.45	222.918	0.0011953	0.081564	956.96	2801.92	1845.0	2.5444	6.2636
2.50	223.990	0.0011973	0.079949	961.93	2802.14	1840.2	2.5543	6.2559

压力/	温度/	比体积/(m³/kg)		比焓/(kJ/kg)		汽化热/	比熵/[kJ/(kg·K)]	
MPa	℃	气体	液体	气体	液体	(kJ/kg)	气体	液体
2.55	225.046	0.0011993	0.078394	966.83	2802.34	1835.5	2.5641	6.2484
2.60	226.085	0.0012013	0.076898	971.67	2802.51	1830.8	2.5736	6.2409
2.65	227.110	0.0012032	0.075456	976.45	2802.67	1826.2	2.5831	6.2336
2.70	228.120	0.0012052	0.074065	981.16	2802.80	1821.6	2.5924	6.2264
2.75	229.115	0.0012071	0.072723	985.81	2802.91	1817.1	2.6015	6.2193
2.80	230.096	0.0012090	0.071427	990.41	2803.01	1812.6	2.6105	6.2123
2.85	231.065	0.0012109	0.070176	994.95	2803.08	1808.1	2.6194	6.2055
2.90	232.020	0.0012128	0.068965	999.43	2803.13	1803.7	2.6282	6.1987
2.95	232.962	0.0012147	0.067795	1003.9	2803.17	1799.3	2.6368	6.1920
3.0	233.893	0.0012166	0.066662	1008.2	2803.19	1794.9	2.6454	6.1854
3.1	235.718	0.0012203	0.064501	1016.9	2803.18	1786.3	2.6621	6.1725
3.2	237.499	0.0012240	0.062471	1025.3	2803.10	1777.8	2.6784	6.1599
3.3	239.238	0.0012276	0.060560	1033.6	2802.96	1769.4	2.6943	6.1476
3.4	240.936	0.0012312	0.058757	1041.6	2802.76	1761.1	2.7098	6.1356
3.5	242.597	0.0012348	0.057054	1049.6	2802.51	1752.9	2.7250	6.1238
3.6	244.222	0.0012384	0.055441	1057.4	2802.21	1744.8	2.7398	6.1124
3.7	245.812	0.0012419	0.053913	1065.0	2801.86	1736.8	2.7544	6.1011
3.8	247.370	0.0012454	0.052462	1072.5	2801.46	1728.9	2.7686	6.0901
3.9	248.897	0.0012489	0.051083	1079.9	2801.02	1721.1	2.7825	6.0793
4.0	250.394	0.0012524	0.049771	1087.2	2800.53	1713.4	2.7962	6.0688
4.1	251.862	0.0012558	0.048520	1094.3	2800.00	1705.7	2.8095	6.0584
4.2	253.304	0.0012592	0.047326	1101.4	2799.44	1698.1	2.8227	6.0482
4.3	254.719	0.0012627	0.046186	1108.3	2798.83	1690.5	2.8356	6.0382
4.4	256.110	0.0012661	0.045096	1115.1	2798.19	1683.1	2.8483	6.0283
4.5	257.477	0.0012694	0.044052	1121.8	2797.51	1675.7	2.8607	6.0187
4.6	258.820	0.0012728	0.043053	1128.5	2796.80	1668.3	2.8730	6.0091
4.7	260.141	0.0012762	0.042094	1135.0	2796.06	1661.0	2.8850	5.9997
4.8	261.441	0.0012795	0.041173	1141.5	2795.28	1653.8	2.8969	5.9905
4.9	262.721	0.0012828	0.040289	1147.9	2794.48	1646.6	2.9086	5.9814
5.0	263.980	0.0012862	0.039439	1154.2	2793.64	1639.5	2.9201	5.9724
5.1	265.221	0.0012895	0.038620	1160.4	2792.78	1632.4	2.9314	5.9635
5.2	266.443	0.0012928	0.037832	1166.5	2791.88	1625.4	2.9425	5.9548
5.3	267.648	0.0012961	0.037073	1172.6	2790.96	1618.4	2.9535	5.9461
5.4	268.835	0.0012994	0.036341	1178.6	2790.02	1611.4	2.9644	5.9376
5.5	270.005	0.0013026	0.035634	1184.5	2789.04	1604.5	2.9751	5.9292
5.6	271.159	0.0013059	0.034952	1190.4	2788.05	1597.6	2.9857	5.9209

压力/ MPa	温度/ ℃	比体积/(m³/kg)		比焓/(kJ/kg)		汽化热/ (kJ/kg)	比熵/[kJ/(kg·K)]	
		气体	液体	气体	液体		气体	液体
5.7	272.298	0.0013092	0.034292	1196.2	2787.03	1590.8	2.9961	5.9126
5.8	273.422	0.0013125	0.033654	1202.0	2785.98	1584.0	3.0064	5.9045
5.9	274.530	0.0013157	0.033037	1207.7	2784.91	1577.2	3.0166	5.8964
6.0	275.625	0.0013190	0.032440	1213.3	2783.82	1570.5	3.0266	5.8885
6.1	276.706	0.0013222	0.031862	1218.9	2782.70	1563.8	3.0365	5.8806
6.2	277.773	0.0013255	0.031301	1224.4	2781.57	1557.2	3.0463	5.8728
6.3	278.827	0.0013287	0.030758	1229.9	2780.41	1550.5	3.0560	5.8651
6.4	279.868	0.0013320	0.030231	1235.3	2779.23	1543.9	3.0656	5.8574
6.5	280.897	0.0013353	0.029719	1240.7	2778.03	1537.3	3.0751	5.8498
6.6	281.914	0.0013385	0.029222	1246.0	2776.81	1530.8	3.0845	5.8423
6.7	282.920	0.0013418	0.028740	1251.3	2775.56	1524.2	3.0938	5.8349
6.8	283.914	0.0013450	0.028271	1256.6	2774.30	1517.7	3.1029	5.8275
6.9	284.897	0.0013483	0.027815	1261.8	2773.02	1511.2	3.1120	5.8201
7.0	285.869	0.0013515	0.027371	1266.9	2771.72	1504.8	3.1210	5.8129
7.1	286.830	0.0013548	0.026940	1272.1	2770.40	1498.3	3.1299	5.8057
7.2	287.781	0.0013581	0.026519	1277.1	2769.07	1491.9	3.1388	5.7985
7.3	288.722	0.0013613	0.026110	1282.2	2767.71	1485.5	3.1475	5.7914
7.4	289.654	0.0013646	0.025712	1287.2	2766.33	1479.1	3.1562	5.7843
7.5	290.575	0.0013679	0.025323	1292.2	2764.94	1472.8	3.1648	5.7773
7.6	291.488	0.0013711	0.024944	1297.1	2763.53	1466.4	3.1733	5.7704
7.7	292.391	0.0013744	0.024575	1302.0	2762.10	1460.1	3.1817	5.7635
7.8	293.285	0.0013777	0.024215	1306.9	2760.65	1453.8	3.1901	5.7566
7.9	294.171	0.0013810	0.023863	1311.7	2759.18	1447.5	3.1984	5.7498
8.0	295.048	0.0013843	0.023520	1316.5	2757.70	1441.2	3.2066	5.7430
8.1	295.916	0.0013876	0.023184	1321.3	2756.20	1434.9	3.2147	5.7362
8.2	296.777	0.0013909	0.022857	1326.1	2754.68	1428.6	3.2228	5.7295
8.3	297.629	0.0013942	0.022537	1330.8	2753.15	1422.4	3.2309	5.7229
8.4	298.474	0.0013976	0.022224	1335.5	2751.59	1416.1	3.2388	5.7162
8.5	299.310	0.0014009	0.021918	1340.1	2750.02	1409.9	3.2467	5.7096
8.6	300.140	0.0014043	0.021619	1344.8	2748.44	1403.7	3.2546	5.7031
8.7	300.962	0.0014076	0.021326	1349.4	2746.83	1397.5	3.2624	5.6965
8.8	301.777	0.0014110	0.021040	1354.0	2745.21	1391.3	3.2701	5.6900
8.9	302.584	0.0014143	0.020760	1358.5	2743.57	1385.1	3.2778	5.6835
9.0	303.385	0.0014177	0.020485	1363.1	2741.92	1378.9	3.2854	5.6771
9.1	304.179	0.0014211	0.020217	1367.6	2740.25	1372.7	3.2930	5.6707
9.2	304.966	0.0014245	0.019953	1372.1	2738.56	1366.5	3.3005	5.6643

压力/	温度/	比体积/(m³/kg)		比焓/(kJ/kg)		汽化热/	比熵/[kJ/(kg·K)]	
MPa	℃	气体	液体	气体	液体	(kJ/kg)	气体	液体
9.3	305.747	0.0014279	0.019696	1376.5	2736.86	1360.3	3.3080	5.6579
9.4	306.521	0.0014314	0.019443	1381.0	2735.14	1354.2	3.3154	5.6515
9.5	307.289	0.0014348	0.019195	1385.4	2733.40	1348.0	3.3228	5.6452
9.6	308.050	0.0014383	0.018952	1389.8	2731.64	1341.8	3.3302	5.6389
9.7	308.806	0.0014417	0.018714	1394.2	2729.87	1335.7	3.3375	5.6326
9.8	309.555	0.0014452	0.018480	1398.6	2728.08	1329.5	3.3447	5.6264
9.9	310.299	0.0014487	0.018251	1402.9	2726.28	1323.4	3.3519	5.6201
10.0	311.037	0.0014522	0.018026	1407.2	2724.46	1317.2	3.3591	5.6139
10.2	312.496	0.0014593	0.017589	1415.8	2720.77	1304.9	3.3733	5.6015
10.4	313.933	0.0014664	0.017167	1424.4	2717.01	1292.6	3.3874	5.5892
10.6	315.348	0.0014736	0.016760	1432.9	2713.19	1280.3	3.4013	5.5769
10.8	316.743	0.0014808	0.016367	1441.3	2709.30	1268.0	3.4151	5.5647
11.0	318.118	0.0014881	0.015987	1449.6	2705.34	1255.7	3.4287	5.5525
11.2	319.474	0.0014955	0.015619	1457.9	2701.31	1243.4	3.4422	5.5403
11.4	320.811	0.0015030	0.015264	1466.2	2697.21	1231.0	3.4556	5.5282
11.6	322.130	0.0015106	0.014920	1474.4	2693.05	1218.6	3.4689	5.5161
11.8	323.431	0.0015182	0.014586	1482.6	2688.81	1206.2	3.4821	5.5041
12.0	324.715	0.0015260	0.014263	1490.7	2684.50	1193.8	3.4952	5.4920
12.2	325.983	0.0015338	0.013949	1498.8	2680.11	1181.3	3.5082	5.4800
12.4	327.234	0.0015417	0.013644	1506.8	2675.65	1168.8	3.5211	5.4680
12.6	328.469	0.0015498	0.013348	1514.9	2671.11	1156.3	3.5340	5.4559
12.8	329.689	0.0015580	0.013060	1522.8	2666.50	1143.7	3.5467	5.4439
13.0	330.894	0.0015662	0.012780	1530.8	2661.80	1131.0	3.5594	5.4318
13.2	332.084	0.0015747	0.012508	1538.8	2657.03	1118.3	3.5720	5.4197
13.4	333.260	0.0015832	0.012242	1546.7	2652.17	1105.5	3.5846	5.4076
13.6	334.422	0.0015919	0.011984	1554.6	2647.23	1092.6	3.5971	5.3955
13.8	335.572	0.0016007	0.011732	1562.5	2642.19	1079.7	3.6096	5.3833
14.0	336.707	0.0016097	0.011486	1570.4	2637.07	1066.7	3.6220	5.3711
14.2	337.829	0.0016188	0.011246	1578.3	2631.86	1053.6	3.6344	5.3588
14.4	338.939	0.0016281	0.011011	1586.1	2626.55	1040.4	3.6467	5.3465
14.6	340.037	0.0016376	0.010783	1594.0	2621.14	1027.1	3.6590	5.3341
14.8	341.122	0.0016473	0.010559	1601.9	2615.63	1013.7	3.6713	5.3217
15.0	342.196	0.0016571	0.010340	1609.8	2610.01	1000.2	3.6836	5.3091
15.2	343.258	0.0016672	0.010126	1617.7	2604.29	986.6	3.6959	5.2965

续表

压力/ MPa	温度/ ℃	比体积/(m³/kg)		比焓/(kJ/kg)		汽化热/ (kJ/kg)	比熵/[kJ/(kg·K)]	
		气体	液体	气体	液体		气体	液体
15.4	344.309	0.0016775	0.009916	1625.6	2598.45	972.9	3.7082	5.2838
15.6	345.349	0.0016881	0.009710	1633.5	2592.49	959.0	3.7205	5.2710
15.8	346.378	0.0016989	0.009509	1641.4	2586.41	945.0	3.7327	5.2581
16.0	347.396	0.0017099	0.009311	1649.4	2580.21	930.8	3.7451	5.2450
16.2	348.404	0.0017212	0.009117	1657.4	2573.86	916.4	3.7574	5.2318
16.4	349.401	0.0017329	0.008926	1665.5	2567.38	901.9	3.7698	5.2185
16.6	350.389	0.0017451	0.008739	1673.6	2560.75	887.1	3.7823	5.2050
16.8	351.366	0.0017574	0.008555	1681.8	2553.98	872.2	3.7948	5.1914
17.0	352.334	0.0017701	0.008373	1690.0	2547.01	857.1	3.8073	5.1776
17.2	353.293	0.0017832	0.008195	1698.2	2539.93	841.7	3.8200	5.1636
17.4	354.242	0.0017967	0.008019	1706.5	2532.62	826.1	3.8327	5.1494
17.6	355.181	0.0018107	0.007845	1714.9	2525.10	810.2	3.8455	5.1349
17.8	356.112	0.0018252	0.007673	1723.4	2517.39	794.0	3.8584	5.1201
18.0	357.034	0.0018402	0.007503	1732.0	2509.45	777.4	3.8715	5.1051
18.2	357.947	0.0018559	0.007336	1740.7	2501.35	760.6	3.8847	5.0899
18.4	358.851	0.0018722	0.007170	1749.6	2492.89	743.3	3.8981	5.0742
18.6	359.747	0.0018892	0.007005	1758.5	2484.21	725.7	3.9116	5.0582
18.8	360.635	0.0019071	0.006842	1767.6	2475.23	707.6	3.9254	5.0419
19.0	361.514	0.0019258	0.006679	1776.9	2465.87	688.9	3.9395	5.0250
19.2	362.385	0.0019456	0.006517	1786.5	2456.22	669.8	3.9539	5.0077
19.4	363.248	0.0019665	0.006356	1796.2	2446.20	650.0	3.9686	4.9899
19.6	364.103	0.0019887	0.006195	1806.2	2435.68	629.5	3.9836	4.9715
19.8	364.950	0.0020124	0.006033	1816.5	2424.62	608.1	3.9992	4.9522
20.0	365.789	0.0020379	0.005870	1827.2	2413.05	585.9	4.0153	4.9322
20.2	366.620	0.0020654	0.005705	1838.3	2400.71	562.4	4.0320	4.9111
20.4	367.444	0.0020954	0.005539	1849.9	2387.66	537.8	4.0495	4.8890
20.6	368.260	0.0021285	0.005369	1862.1	2373.60	511.5	4.0679	4.8653
20.8	369.068	0.0021654	0.005194	1875.2	2358.42	483.2	4.0876	4.8400
21.0	369.868	0.0022073	0.005012	1889.2	2341.67	452.4	4.1088	4.8124
21.2	370.661	0.0022560	0.004821	1904.7	2322.97	418.3	4.1320	4.7818
21.4	371.447	0.0023146	0.004614	1922.0	2301.28	379.3	4.1583	4.7466
21.6	372.224	0.0023891	0.004381	1942.4	2274.83	332.5	4.1891	4.7042
21.8	372.993	0.0024947	0.004090	1968.5	2238.46	270.0	4.2288	4.6466
22.0	373.752	0.0027040	0.003684	2013.0	2084.02	71.0	4.2969	4.4066
22.064	373.99	0.003106	0.003106	2085.9	2085.87	0.0	4.4092	4.4092

附表 1-3　水和过热蒸汽的热力性质[1]

温度/℃	压力 0.001MPa　饱和温度 6.949℃			压力 0.002MPa　饱和温度 17.754℃			压力 0.004MPa　饱和温度 28.953℃		
	v' 0.0010001	h' 29.21	s' 0.1056	v' 0.0010014	h' 73.58	s' 0.2611	v' 0.0010041	h' 121.30	s' 0.4221
	v'' 129.185	h'' 2513.3	s'' 8.9735	v'' 67.007	h'' 2532.7	s'' 8.7220	v'' 34.796	h'' 2553.5	s'' 8.4725
	比体积/ (m³/kg)	比焓/ (kJ/kg)	比熵/ [kJ/(kg·K)]	比体积/ (m³/kg)	比焓/ (kJ/kg)	比熵/ [kJ/(kg·K)]	比体积/ (m³/kg)	比焓/ (kJ/kg)	比熵/ [kJ/(kg·K)]
0	0.0010002	-0.05	-0.0002	0.0010002	-0.05	-0.0002	0.0010002	-0.05	-0.0002
10	130.598	2519.0	89938	0.0010003	42.00	0.1510	0.0010003	42.01	0.1510
20	135.226	2537.7	9.0588	67.578	2537.3	8.7378	0.0010018	83.87	0.2963
30	139.851	2556.4	9.1216	69.896	2556.1	8.8008	34.918	2555.4	8.4790
40	144.475	2575.2	9.1823	72.212	2574.9	8.8617	36.080	2574.3	8.5403
50	149.096	2593.9	9.2412	74.526	2593.7	8.9207	37.241	2593.2	8.5996
60	153.717	2612.7	9.2984	76.839	2612.5	8.9780	38.400	2612.0	8.6571
70	158.337	2631.4	9.3540	79.151	2631.3	9.0337	39.558	2630.9	8.7129
80	162.956	2650.3	9.4080	81.462	2650.1	9.0878	40.716	2649.8	8.7672
90	167.574	2669.1	9.4607	83.773	2669.0	9.1405	41.873	2668.7	8.8200
100	172.192	2688.0	9.5120	86.083	2687.9	9.1918	43.029	2687.7	8.8714
110	176.809	2706.9	9.5621	88.393	2706.8	9.2419	44.185	2706.6	8.9216
120	181.426	2725.9	9.6109	90.703	2725.8	9.2909	45.341	2725.6	8.9706
130	186.044	2744.9	9.6587	93.012	2744.8	9.3386	46.497	2744.7	9.0184
140	190.660	2764.0	9.7054	95.321	2763.9	9.3854	47.652	2763.8	9.0652
150	195.277	2783.1	9.7511	97.630	2783.0	9.4311	48.807	2782.9	9.1109
160	199.893	2802.3	9.7959	99.939	2802.2	9.4759	49.962	2802.1	9.1557
170	204.510	2821.5	9.8397	102.248	2821.4	9.5197	51.117	2821.3	9.1996
180	209.126	2840.7	9.8827	104.556	2840.7	9.5627	52.272	2840.6	9.2426
190	213.742	2860.0	9.9249	106.865	2860.0	9.6049	53.426	2859.9	9.2848
200	218.358	2879.4	9.9662	109.173	2879.4	9.6463	54.581	2879.3	9.3262
210	222.974	2898.8	10.0069	111.481	2898.8	9.6869	55.735	2898.7	9.3669
220	227.590	2918.3	10.0468	113.790	2918.3	9.7268	56.890	2918.2	9.4068
230	232.205	2937.9	10.0860	116.098	2937.8	9.7660	58.044	2937.7	9.4460
240	236.821	2957.5	10.1246	118.406	2957.4	9.8046	59.199	2957.3	9.4846
250	241.437	2977.1	10.1625	120.714	2977.1	9.8425	60.353	2977.0	9.5226
260	246.053	2996.8	10.1998	123.022	2996.8	9.8799	61.507	2996.7	9.5599

温度/ ℃	压力 0.001MPa　饱和温度 6.949℃			压力 0.002MPa　饱和温度 17.754℃			压力 0.004MPa　饱和温度 28.953℃		
	v' 0.0010001	h' 29.21	s' 0.1056	v' 0.0010014	h' 73.58	s' 0.2611	v' 0.0010041	h' 121.30	s' 0.4221
	v'' 129.185	h'' 2513.3	s'' 8.9735	v'' 67.007	h'' 2532.7	s'' 8.7220	v'' 34.796	h'' 2553.5	s'' 8.4725
	比体积/ (m³/kg)	比焓/ (kJ/kg)	比熵/ [kJ/(kg·K)]	比体积/ (m³/kg)	比焓/ (kJ/kg)	比熵/ [kJ/(kg·K)]	比体积/ (m³/kg)	比焓/ (kJ/kg)	比熵/ [kJ/(kg·K)]
270	250.668	3016.6	10.2366	125.330	3016.6	9.9166	62.661	3016.5	9.5966
280	255.284	3036.4	10.2727	127.638	3036.4	9.9528	63.816	3036.3	9.6328
290	259.899	3056.3	10.3083	129.946	3056.3	9.9884	64.970	3056.2	9.6684
300	264.515	3076.2	10.3434	132.254	3076.2	10.0235	66.124	3076.2	9.7035
310	269.130	3096.2	10.3780	134.562	3096.2	10.0581	67.278	3096.2	9.7382
320	273.746	3116.3	10.4122	136.870	3116.3	10.0922	68.432	3116.2	9.7723
330	278.362	3136.4	10.4458	139.178	3136.4	10.1259	69.586	3136.3	9.8059
340	282.977	3156.6	10.4790	141.486	3156.6	10.1590	70.740	3156.5	9.8391
350	287.592	3176.8	10.5117	143.794	3176.8	10.1918	71.894	3176.8	9.8718
360	292.208	3197.1	10.5440	146.102	3197.1	10.2241	73.048	3197.1	9.9041
370	296.823	3217.5	10.5759	148.409	3217.5	10.2560	74.202	3217.4	9.9360
380	301.439	3237.9	10.6074	150.717	3237.9	10.2875	75.356	3237.8	9.9675
390	306.054	3258.4	10.6385	153.025	3258.3	10.3186	76.510	3258.3	9.9987
400	310.669	3278.9	10.6692	155.333	3278.9	10.3493	77.664	3278.8	10.0294
410	315.285	3299.5	10.6996	157.641	3299.5	10.3797	78.818	3299.4	10.0597
420	319.900	3320.1	10.7296	159.948	3320.1	10.4097	79.972	3320.1	10.0898
430	324.516	3340.8	10.7593	162.256	3340.8	10.4393	81.126	3340.8	10.1194
440	329.131	3361.6	10.7886	164.564	3361.6	10.4687	82.280	3361.5	10.1487
450	333.746	3382.4	10.8176	166.872	3382.4	10.4977	83.434	3382.4	10.1777
460	338.362	3403.3	10.8463	169.179	3403.3	10.5264	84.588	3403.3	10.2064
470	342.977	3424.3	10.8747	171.487	3424.2	10.5548	85.742	3424.2	10.2348
480	347.592	3445.3	10.9028	173.795	3445.3	10.5829	86.896	3445.2	10.2629
490	352.208	3466.4	10.9306	176.102	3466.4	30.6107	88.050	3466.3	10.2907
500	356.823	3487.5	10.9581	178.410	3487.5	10.6382	89.204	3487.5	10.3183
510	361.438	3508.7	10.9854	180.718	3508.7	10.6655	90.358	3508.7	10.3456
520	366.054	3530.0	11.0125	183.026	3530.0	10.6925	91.512	3530.0	10.3726
530	370.669	3551.4	11.0392	185.333	3551.4	10.7193	92.665	3551.4	10.3994

续表

温度/℃	压力 0.001MPa　饱和温度 6.949℃			压力 0.002MPa　饱和温度 17.754℃			压力 0.004MPa　饱和温度 28.953℃		
	v' 0.0010001	h' 29.21	s' 0.1056	v' 0.0010014	h' 73.58	s' 0.2611	v' 0.0010041	h' 121.30	s' 0.4221
	v'' 129.185	h'' 2513.3	s'' 8.9735	v'' 67.007	h'' 2532.7	s'' 8.7220	v'' 34.796	h'' 2553.5	s'' 8.4725
	比体积/ (m³/kg)	比焓/ (kJ/kg)	比熵/ [kJ/(kg·K)]	比体积/ (m³/kg)	比焓/ (kJ/kg)	比熵/ [kJ/(kg·K)]	比体积/ (m³/kg)	比焓/ (kJ/kg)	比熵/ [kJ/(kg·K)]
540	375.284	3572.9	11.0658	187.641	3572.9	10.7458	93.819	3572.8	10.4259
550	379.900	3594.4	11.0921	189.949	3594.4	10.7722	94.973	3594.4	10.4523
560	384.515	3616.0	11.1182	192.256	3616.0	10.7983	96.127	3616.0	10.4784
570	389.130	3637.7	11.1441	194.564	3637.7	10.8242	97.281	3637.7	10.5043
580	393.746	3659.6	11.1698	196.872	3659.5	10.8499	98.435	3659.5	10.5300
590	398.361	3681.4	11.1953	199.179	3681.4	10.8754	99.589	3681.4	10.5555
600	402.976	3703.4	11.2206	201.487	3703.4	10.9008	100.743	3703.4	10.5808
620	412.207	3747.7	11.2708	206.102	3747.7	10.9509	103.050	3747.7	10.6310
640	421.437	3792.4	11.3203	210.718	3792.4	11.0004	105.358	3792.4	10.6804
660	430.668	3837.5	11.3691	215.333	3837.5	11.0492	107.666	3837.5	10.7293
680	439.898	3883.0	11.4173	219.948	3883.0	11.0974	109.974	3882.9	10.7775
700	449.129	3928.8	11.4649	224.564	3928.8	11.1451	112.281	3928.8	10.8251
720	458.359	3975.0	11.5120	229.179	3975.0	11.1921	114.589	3975.0	10.8722
740	467.590	4021.6	11.5584	233.794	4021.6	11.2385	116.897	4021.6	10.9186
760	476.820	4068.4	11.6042	238.410	4068.4	11.2843	119.204	4068.4	10.9643
780	486.051	4115.5	11.6493	243.025	4115.5	11.3294	121.512	4115.5	11.0095
800	495.281	4162.8	11.6938	247.640	4162.8	11.3739	123.820	4162.8	11.0540
820	504.521	4210.3	11.7376	252.265	4210.3	11.4177	126.127	4210.3	11.0978
840	513.751	4257.9	11.7808	256.879	4257.9	11.4609	128.435	4257.9	11.1410
860	522.981	4305.7	11.8234	261.494	4305.7	11.5035	130.743	4305.7	11.1835
880	532.211	4353.6	11.8653	266.109	4353.6	11.5454	133.050	4353.6	11.2254
900	541.441	4401.7	11.9066	270.723	4401.7	11.5867	135.358	4401.7	11.2668
920	550.671	4449.9	11.9473	275.338	4449.9	11.6274	137.666	4449.9	11.3075
940	559.901	4498.3	11.9875	279.953	4498.3	11.6676	139.979	4498.3	11.3477
960	569.130	4546.8	12.0273	284.568	4546.8	11.7074	142.286	4546.8	11.3875
980	578.361	4595.6	12.0665	289.182	4595.6	11.7466	144.593	4595.6	11.4267
1000	587.591	4644.7	12.1053	293.797	4644.7	11.7854	146.901	4644.7	11.4655

温度/ ℃	压力 0.006MPa 饱和温度 36.166℃			压力 0.008MPa 饱和温度 41.507℃			压力 0.0010MPa 饱和温度 45.799℃		
	v' 0.0010065	h' 151.47	s' 0.5208	v' 0.0010085	h' 173.81	s' 0.5924	v' 0.0010103	h' 191.76	s' 0.6490
	v'' 23.738	h'' 2566.5	s'' 8.3283	v'' 18.102	h'' 2576.1	s'' 8.2266	v'' 14.673	h'' 2583.7	s'' 8.1481
	比体积/ (m³/kg)	比焓/ (kJ/kg)	比熵/ [kJ/(kg·K)]	比体积/ (m³/kg)	比焓/ (kJ/kg)	比熵/ [kJ/(kg·K)]	比体积/ (m³/kg)	比焓/ (kJ/kg)	比熵/ [kJ/(kg·K)]
0	0.0010002	-0.05	-0.0002	0.0010002	-0.05	-0.0002	0.0010002	-0.04	-0.0002
10	0.0010003	42.01	0.1510	0.0010003	42.01	0.1510	0.0010003	42.01	0.1510
20	0.0010018	83.87	0.2963	0.0010018	83.87	0.2963	0.0010018	83.87	0.2963
30	0.0010044	125.68	0.4366	0.0010044	125.68	0.4366	0.0010044	125.68	0.4366
40	24.036	2573.8	8.3517	0.0010079	167.50	0.5723	0.0010079	167.51	0.5723
50	24.812	2592.7	8.4113	18.598	2592.2	8.2773	14.869	2591.8	8.1732
60	25.587	2611.6	8.4690	19.180	2611.2	8.3353	15.336	2610.8	8.2313
70	26.360	2630.6	8.5250	19.762	2630.2	8.3914	15.802	2629.9	8.2876
80	27.133	2649.5	8.5794	20.342	2649.2	8.4459	16.268	2648.9	8.3422
90	27.906	2668.4	8.6323	20.922	2668.2	8.4989	16.732	2667.9	8.3954
100	28.678	2687.4	8.6838	21.502	2687.2	8.5505	17.196	2686.9	8.4471
110	29.449	2706.4	8.7340	22.081	2706.2	8.6008	17.660	2706.0	8.4974
120	30.220	2725.4	8.7831	22.660	2725.2	8.6499	18.124	2725.1	8.5466
130	30.991	2744.5	8.8310	23.239	2744.3	8.6979	18.587	2744.2	8.5945
140	31.762	2763.6	8.8778	23.817	2763.4	8.7447	19.050	2763.3	8.6414
150	32.533	2782.7	8.9235	24.395	2782.6	8.7905	19.513	2782.5	8.6873
160	33.303	2801.9	8.9684	24.973	2801.8	8.8354	19.976	2801.7	8.7322
170	34.073	2821.2	9.0123	25.551	2821.1	8.8793	20.438	2820.9	8.7761
180	34.843	2840.5	9.0553	26.129	2840.4	8.9224	20.901	2840.2	8.8192
190	35.614	2859.8	9.0975	26.707	2859.7	8.9646	21.363	2859.6	8.8614
200	36.384	2879.2	9.1389	27.285	2879.1	9.0060	21.826	2879.0	8.9029
210	37.153	2898.6	9.1796	27.862	2898.5	9.0467	22.288	2898.5	8.9436
220	37.923	2918.1	9.2195	28.440	2918.0	9.0866	22.750	2918.0	8.9835
230	38.693	2937.7	9.2588	29.017	2937.6	9.1259	23.212	2937.5	9.0228
240	39.463	2957.3	9.2974	29.595	2957.2	9.1645	23.674	2957.1	9.0614
250	40.233	2976.9	9.3353	30.172	2976.9	9.2025	24.136	2976.8	9.0994
260	41.002	2996.7	9.3727	30.750	2996.6	9.2398	24.598	2996.5	9.1367

温度/℃	压力 0.006MPa　饱和温度 36.166℃			压力 0.008MPa　饱和温度 41.507℃			压力 0.0010MPa　饱和温度 45.799℃		
	v' 0.0010065	h' 151.47	s' 0.5208	v' 0.0010085	h' 173.81	s' 0.5924	v' 0.0010103	h' 191.76	s' 0.6490
	v'' 23.738	h'' 2566.5	s'' 8.3283	v'' 18.102	h'' 2576.1	s'' 8.2266	v'' 14.673	h'' 2583.7	s'' 8.1481
	比体积/ (m³/kg)	比焓/ (kJ/kg)	比熵/ [kJ/(kg·K)]	比体积/ (m³/kg)	比焓/ (kJ/kg)	比熵/ [kJ/(kg·K)]	比体积/ (m³/kg)	比焓/ (kJ/kg)	比熵/ [kJ/(kg·K)]
270	41.772	3016.4	9.4094	31.327	3016.4	9.2766	25.060	3016.3	9.1735
280	42.541	3036.3	9.4456	31.904	3036.2	9.3128	25.522	3036.2	9.2097
290	43.311	3056.2	9.4812	32.482	3056.1	9.3484	25.984	3056.1	9.2453
300	44.080	3076.1	9.5164	33.059	3076.1	9.3835	26.446	3076.0	9.2805
310	44.850	3096.1	9.5510	33.636	3096.1	9.4181	26.908	3096.0	9.3151
320	45.619	3116.2	9.5851	34.213	3116.1	9.4523	27.369	3116.1	9.3492
330	46.389	3136.3	9.6187	34.790	3136.3	9.4859	27.831	3136.2	9.3829
340	47.158	3156.5	9.6519	35.368	3156.4	9.5191	28.293	3156.4	9.4161
350	47.928	3176.7	9.6847	35.945	3176.7	9.5518	28.755	3176.6	9.4488
360	48.697	3197.0	9.7170	36.522	3197.0	9.5842	29.216	3197.0	9.4811
370	49.467	3217.4	9.7489	37.099	3217.3	9.6161	29.678	3217.3	9.5130
380	50.236	3237.8	9.7804	37.676	3237.8	9.6476	30.140	3237.7	9.5445
390	51.006	3258.3	9.8115	38.253	3258.2	9.6787	30.602	3258.2	9.5757
400	51.775	3278.8	9.8422	38.830	3278.8	9.7094	31.063	3278.7	9.6064
410	52.544	3299.4	9.8726	39.407	3299.4	9.7398	31.525	3299.3	9.6368
420	53.314	3320.0	9.9026	39.984	3320.0	9.7698	31.987	3320.0	9.6668
430	54.083	3340.8	9.9322	40.561	3340.7	9.7994	32.448	3340.7	9.6964
440	54.852	3361.5	9.9616	41.138	3361.5	9.8288	32.910	3361.5	9.7258
450	55.622	3382.3	9.9906	41.715	3382.3	9.8578	33.372	3382.3	9.7548
460	56.391	3403.2	10.0193	42.292	3403.2	9.8865	33.833	3403.2	9.7835
470	57.160	3424.2	10.0477	42.869	3424.2	9.9149	34.295	3424.1	9.8119
480	57.930	3445.2	10.0758	43.446	3445.2	9.9430	34.757	3445.2	9.8400
490	58.699	3466.3	10.1036	44.023	3466.3	9.9708	35.218	3466.3	9.8678
500	59.468	3487.5	10.1311	44.601	3487.4	9.9983	35.680	3487.4	9.8953
510	60.238	3508.7	10.1584	45.178	3508.7	10.0256	36.141	3508.7	9.9226
520	61.007	3530.0	10.1854	45.755	3530.0	10.0527	36.603	3530.0	9.9496
530	61.776	3551.4	10.2122	46.332	3551.4	10.0794	37.065	3551.3	9.9764

续表

温度/℃	压力 0.006MPa　饱和温度 36.166℃			压力 0.008MPa　饱和温度 41.507℃			压力 0.0010MPa　饱和温度 45.799℃		
	v' 0.0010065	h' 151.47	s' 0.5208	v' 0.0010085	h' 173.81	s' 0.5924	v' 0.0010103	h' 191.76	s' 0.6490
	v'' 23.738	h'' 2566.5	s'' 8.3283	v'' 18.102	h'' 2576.1	s'' 8.2266	v'' 14.673	h'' 2583.7	s'' 8.1481
	比体积/ (m³/kg)	比焓/ (kJ/kg)	比熵/ [kJ/(kg·K)]	比体积/ (m³/kg)	比焓/ (kJ/kg)	比熵/ [kJ/(kg·K)]	比体积/ (m³/kg)	比焓/ (kJ/kg)	比熵/ [kJ/(kg·K)]
540	62.545	3572.8	10.2388	46.908	3572.8	10.1060	37.526	3572.8	10.0030
550	63.315	3594.4	10.2651	47.485	3594.4	10.1323	37.988	3594.3	10.0293
560	64.084	3616.0	10.2932	48.062	3616.0	10.1584	38.450	3616.0	10.0554
570	64.853	3637.7	10.3171	48.639	3637.7	10.1843	38.911	3637.7	10.0813
580	65.623	3659.5	10.3428	49.216	3659.5	10.2100	39.373	3659.5	10.1070
590	66.392	3681.4	10.3684	49.793	3681.4	10.2356	39.834	3681.4	10.1326
600	67.161	3703.4	10.3937	50.370	3703.4	10.2609	40.296	3703.4	10.1579
620	68.700	3747.7	10.4438	51.524	3747.7	10.3110	41.219	3747.6	10.2080
640	70.238	3792.4	10.4933	52.678	3792.3	10.3605	42.142	3792.3	10.2575
660	71.77	3837.4	10.5421	53.832	3837.4	10.4094	43.065	3837.4	10.3064
680	73.315	3882.9	10.5904	54.986	3882.9	10.4576	43.989	3882.9	10.3546
700	74.854	3928.8	10.6380	56.140	3928.8	10.5052	44.912	3928.8	10.4022
720	76.392	3975.0	10.6850	57.294	3975.0	10.5522	45.835	3975.0	10.4492
740	77.931	4021.6	10.7314	58.448	4021.6	10.5986	46.758	4021.6	10.4957
760	79.469	4068.4	10.7772	59.602	4068.4	10.6444	47.681	4068.4	10.5414
780	81.008	4115.5	10.8223	60.755	4115.5	10.6896	48.604	4115.5	10.5866
800	82.546	4162.8	10.8668	61.909	4162.8	10.7341	49.527	4162.8	10.6311
820	84.085	4210.3	10.9107	63.063	4210.3	10.7779	50.450	4210.3	10.6749
840	85.623	4257.9	10.9539	64.217	4257.9	10.8211	51.374	4257.9	10.7181
860	87.162	4305.7	10.9964	65.371	4305.7	10.8636	52.297	4305.7	10.7606
880	88.700	4353.6	11.0383	66.525	4353.6	10.9055	53.220	4353.6	10.8025
900	90.238	4401.7	11.0796	67.679	4401.6	10.9469	54.143	4401.6	10.8439
920	91.777	4449.9	11.1204	68.833	4449.9	10.9876	55.066	4449.8	10.8846
940	93.315	4498.2	11.1606	69.986	4498.2	11.0278	55.989	4498.2	10.9248
960	94.854	4546.8	11.2003	71.140	4546.8	11.0675	56.912	4546.8	10.9645
980	96.392	4595.6	11.2396	72.294	4595.6	11.1068	57.835	4595.6	11.0038
1000	97.931	4644.7	11.2784	73.448	4644.6	11.1456	58.758	4644.6	11.0426

续表

温度/℃	压力 0.02MPa 饱和温度 60.065℃			压力 0.04MPa 饱和温度 75.872℃			压力 0.06MPa 饱和温度 85.950℃		
	v' 0.0010172	h' 251.43	s' 0.8320	v' 0.0010264	h' 317.61	s' 1.0260	v' 0.0010331	h' 359.91	s' 1.1454
	v'' 7.6497	h'' 2608.9	s'' 7.9068	v'' 3.9939	h'' 2636.1	s'' 7.6687	v'' 2.7324	h'' 2653.0	s'' 7.5310
	比体积/ (m³/kg)	比焓/ (kJ/kg)	比熵/ [kJ/(kg·K)]	比体积/ (m³/kg)	比焓/ (kJ/kg)	比熵/ [kJ/(kg·K)]	比体积/ (m³/kg)	比焓/ (kJ/kg)	比熵/ [kJ/(kg·K)]
0	0.0010002	-0.03	-0.0002	0.0010002	-0.01	-0.0002	0.0010002	0.01	-0.0002
10	0.0010003	42.02	0.1510	0.0010003	42.04	0.1510	0.0010003	42.06	0.1510
20	0.0010018	83.88	0.2963	0.0010018	83.90	0.2963	0.0010018	83.92	0.2963
30	0.0010044	125.69	0.4366	0.0010044	125.71	0.4366	0.0010044	125.73	0.4365
40	0.0010079	167.52	0.5723	0.0010079	167.53	0.5723	0.0010079	167.55	0.5723
50	0.0010122	209.34	0.7038	0.0010121	209.35	0.7038	0.0010121	209.37	0.7037
60	0.0010171	251.15	0.8312	0.0010171	251.17	0.8312	0.0010171	251.19	0.8312
70	7.8835	2628.1	7.9636	0.0010228	293.02	0.9550	0.0010227	293.03	0.9549
80	81181	2647.4	8.0189	4.0431	2644.2	7.6919	0.0010290	334.94	1.0753
90	8.3520	2666.6	8.0725	4.1618	2663.8	7.7466	2.7648	2661.1	7.5534
100	8.5855	2685.8	8.1246	4.2799	2683.3	7.7996	2.8446	2680.9	7.6073
110	8.8186	2704.9	8.1754	4.3977	2702.8	7.8511	2.9240	2700.6	7.6595
120	9.0514	2724.1	8.2248	4.5151	2722.2	7.9011	3.0030	2720.3	7.7101
130	9.2840	2743.3	8.2730	4.6323	2741.6	7.9498	3.0817	2739.8	7.7593
140	9.5163	2762.5	8.3201	4.7492	2761.0	7.9973	3.1602	2759.4	7.8072
150	9.7484	2781.8	8.3661	4.8660	2780.3	8.0436	3.2385	2778.9	7.8539
160	9.9804	2801.0	8.4111	4.9826	2799.7	8.0889	3.3167	2798.4	7.8995
170	10.2122	2820.3	8.4552	5.0991	2819.2	8.1332	3.3947	2818.0	7.9441
180	10.4439	2839.7	8.4984	5.2154	2838.6	8.1766	3.4726	2837.5	7.9877
190	10.6756	2859.1	8.5407	5.3317	2858.1	8.2192	3.5504	2857.1	8.0304
200	10.9071	2878.5	8.5822	5.4479	2877.6	8.2608	3.6281	2876.7	8.0722
210	11.1386	2898.0	8.6230	5.5640	2897.1	8.3017	3.7057	2896.3	8.1132
220	11.3700	2917.6	8.6630	5.6800	2916.7	8.3419	3.7833	2915.9	8.1535
230	11.6013	2937.1	8.7023	5.7960	2936.4	8.3813	3.8608	2935.6	8.1930
240	11.8326	2956.8	8.7410	5.9119	2956.1	8.4200	3.9383	2955.4	8.2319
250	12.0639	2976.5	8.7790	6.0278	2975.8	8.4581	4.0157	2975.1	8.2701
260	12.2951	2996.2	8.8164	6.1436	2995.6	8.4956	4.0931	2995.0	8.3076

续表

温度/ ℃	压力 0.02MPa　饱和温度 60.065℃			压力 0.04MPa　饱和温度 75.872℃			压力 0.06MPa　饱和温度 85.950℃		
	v' 0.0010172	h' 251.43	s' 0.8320	v' 0.0010264	h' 317.61	s' 1.0260	v' 0.0010331	h' 359.91	s' 1.1454
	v'' 7.6497	h'' 2608.9	s'' 7.9068	v'' 3.9939	h'' 2636.1	s'' 7.6687	v'' 2.7324	h'' 2653.0	s'' 7.5310
	比体积/ (m³/kg)	比焓/ (kJ/kg)	比熵/ [kJ/(kg·K)]	比体积/ (m³/kg)	比焓/ (kJ/kg)	比熵/ [kJ/(kg·K)]	比体积/ (m³/kg)	比焓/ (kJ/kg)	比熵/ [kJ/(kg·K)]
270	12.5263	3016.0	8.8532	6.2594	3015.4	8.5325	4.1704	3014.8	8.3445
280	12.7575	3035.9	8.8894	6.3752	3035.3	8.5688	4.2477	3034.8	8.3809
290	12.9886	3055.8	8.9251	6.4909	3055.3	8.6045	4.3250	3054.7	8.4167
300	13.2197	3075.8	8.9602	6.6066	3075.3	8.6397	4.4023	3074.8	8.4519
310	13.4507	3095.8	8.9949	6.7223	3095.3	8.6744	4.4795	3094.8	8.4866
320	13.6818	3115.9	9.0290	6.8380	3115.4	8.7086	4.5567	3115.0	8.5209
330	13.9128	3136.0	9.0627	6.9536	3135.6	8.7423	4.6339	3135.1	8.5546
340	14.1438	3156.2	9.0959	7.0693	3155.8	8.7755	4.7111	3155.4	8.5879
350	14.3748	3176.5	9.1287	7.1849	3176.1	8.8083	4.7883	3175.7	8.6207
360	14.6058	3196.8	9.1610	7.3005	3196.4	8.8407	4.8654	3196.0	8.6531
370	14.8368	3217.1	9.1929	7.4161	3216.8	8.8726	4.9425	3216.4	8.6851
380	15.0678	3237.6	9.2244	7.5317	3237.2	8.9042	5.0197	3236.9	8.7166
390	15.2987	3258.0	9.2556	7.6472	3257.7	8.9353	5.0968	3257.4	8.7478
400	15.5296	3278.6	9.2863	7.7628	3278.3	8.9661	5.1739	3278.0	8.7786
410	15.7606	3299.2	9.3167	7.8784	3298.9	8.9965	5.2509	3298.6	8.8090
420	15.9915	3319.8	9.3467	7.9939	3319.6	9.0265	5.3280	3319.3	8.8391
430	16.2224	3340.6	9.3764	8.1094	3340.3	9.0562	5.4051	3340.0	8.8688
440	16.4533	3361.3	9.4057	8.2249	3361.1	9.0855	5.4822	3360.8	8.8981
450	16.6842	3382.2	9.4347	8.3405	3381.9	9.1146	5.5592	3381.7	8.9272
460	16.9151	3403.1	9.4634	8.4560	3402.8	9.1433	5.6363	3402.6	8.9559
470	17.1460	3424.0	9.4918	8.5715	3423.8	9.1717	5.7133	3423.6	8.9843
480	17.3768	3445.1	9.5200	8.6870	3444.8	9.1998	5.7903	3444.6	9.0125
490	17.6077	3466.2	9.5478	8.8025	3465.9	9.2277	5.8674	3465.7	9.0403
500	17.8386	3487.3	9.5753	8.9179	3487.1	9.2552	5.9444	3486.9	9.0679
510	18.0694	3508.5	9.6026	9.0334	3508.3	9.2825	6.0214	3508.1	9.0952
520	18.3003	3529.9	9.6297	9.1489	3529.7	9.3096	6.0984	3529.5	9.1222
530	18.5312	3551.2	9.6564	9.2644	3551.0	9.3364	6.1754	3550.9	9.1491

温度/℃	压力 0.02MPa　饱和温度 60.065℃			压力 0.04MPa　饱和温度 75.872℃			压力 0.06MPa　饱和温度 85.950℃		
	v' 0.0010172	h' 251.43	s' 0.8320	v' 0.0010264	h' 317.61	s' 1.0260	v' 0.0010331	h' 359.91	s' 1.1454
	v'' 7.6497	h'' 2608.9	s'' 7.9068	v'' 3.9939	h'' 2636.1	s'' 7.6687	v'' 2.7324	h'' 2653.0	s'' 7.5310
	比体积/ (m³/kg)	比焓/ (kJ/kg)	比熵/ [kJ/(kg·K)]	比体积/ (m³/kg)	比焓/ (kJ/kg)	比熵/ [kJ/(kg·K)]	比体积/ (m³/kg)	比焓/ (kJ/kg)	比熵/ [kJ/(kg·K)]
540	18.7620	3572.7	9.6830	9.3798	3572.5	9.3629	6.2524	3572.3	9.1756
550	18.9928	3594.2	9.7093	9.4953	3594.1	9.3893	6.3294	3593.9	9.2020
560	19.2237	3615.9	9.7355	9.6108	3615.7	9.4154	6.4064	3615.5	9.2281
570	19.4545	3637.6	9.7614	9.7262	3637.4	9.4413	6.4834	3637.3	9.2540
580	19.6854	3659.4	9.7871	9.8417	3659.2	9.4670	6.5604	3659.1	9.2798
590	19.9162	3681.3	9.8126	9.9571	3681.1	9.4926	6.6374	3681.0	9.3053
600	20.1470	3703.3	9.8379	10.0726	3703.1	9.5179	6.7144	3703.0	9.3306
620	20.6087	3747.6	9.8881	10.3035	3747.4	9.5681	6.8684	3747.3	9.3808
640	21.0703	3792.3	9.9376	10.5343	3792.1	9.6175	7.0224	3792.0	9.4303
660	21.5319	3837.4	9.9864	10.7652	3837.2	9.6664	7.1763	3837.1	9.4792
680	21.9936	3882.8	10.0346	10.9961	3882.7	9.7146	7.3302	3882.6	9.5274
700	22.4552	3928.7	10.0823	11.2269	3928.6	9.7623	7.4842	3928.5	9.5750
720	22.9168	3974.9	10.1293	11.4578	3974.8	9.8093	7.6381	3974.7	9.6221
740	23.3784	4021.5	10.1757	11.6886	4021.4	9.8557	7.7920	4021.3	9.6685
760	23.8400	4068.3	10.2215	11.9195	4068.2	9.9015	7.9460	4068.1	9.7143
780	24.3016	4115.4	10.2666	12.1503	4115.3	9.9467	8.0999	4115.2	9.7595
800	24.7632	4162.7	10.3111	12.3811	4162.6	9.9912	8.2538	4162.6	9.8040
820	25.2248	4210.2	10.3550	12.6120	4210.1	10.0350	8.4077	4210.0	9.8478
840	25.6864	4257.9	10.3982	12.8428	4257.8	10.0782	8.5616	4257.7	9.8910
860	26.1480	4305.6	10.4407	13.0736	4305.6	10.1207	8.7155	4305.5	9.9335
880	26.6095	4353.5	10.4826	13.3044	4353.5	10.1627	8.8694	4353.4	9.9755
900	27.0711	4401.6	10.5239	13.5352	4401.5	10.2040	9.0233	4401.5	10.0168
920	27.5327	4449.8	10.5647	13.7661	4449.7	10.2447	9.1772	4449.7	10.0575
940	27.9942	4498.2	10.6049	13.9969	4498.1	10.2849	9.3311	4498.1	10.0978
960	28.4558	4546.8	10.6446	14.2277	4546.7	10.3247	9.4850	4546.6	10.1375
980	28.9174	4595.6	10.6839	14.4585	4595.5	10.3639	9.6388	4595.4	10.1768
1000	29.3789	4644.6	10.7227	14.6893	4644.6	10.4028	9.7927	4644.5	10.2156

温度/ ℃	压力 0.08MPa　饱和温度 93.511℃			压力 0.1MPa　饱和温度 99.634℃			压力 0.2MPa　饱和温度 120.240℃		
	v' 0.0010385	h' 391.71	s' 1.2330	v' 0.0010431	h' 417.52	s' 1.3028	v' 0.0010605	h' 504.78	s' 1.5303
	v'' 2.0876	h'' 2665.3	s'' 7.4339	v'' 1.6943	h'' 2675.1	s'' 7.3589	v'' 0.8859	h'' 2706.5	s'' 7.1272
	比体积/ (m³/kg)	比焓/ (kJ/kg)	比熵/ [kJ/(kg·K)]	比体积/ (m³/kg)	比焓/ (kJ/kg)	比熵/ [kJ/(kg·K)]	比体积/ (m³/kg)	比焓/ (kJ/kg)	比熵/ [kJ/(kg·K)]
0	0.0010002	0.03	-0.0002	0.0010002	0.05	-0.0002	0.0010001	0.15	-0.0002
10	0.0010003	42.08	0.1510	0.0010003	42.10	0.1510	0.0010002	42.20	0.1510
20	0.0010018	83.94	0.2963	0.0010018	83.96	0.2963	0.0010018	84.05	0.2963
30	0.0010044	125.75	0.4365	0.0010044	125.77	0.4365	0.0010043	125.86	0.4365
40	0.0010079	167.57	0.5723	0.0010078	167.59	0.5723	0.0010078	167.67	0.5722
50	0.0010121	209.39	0.7037	0.0010121	209.40	0.7037	0.0010121	209.49	0.7037
60	0.0010171	251.21	0.8312	0.0010171	251.22	0.8312	0.0010170	251.31	0.8311
70	0.0010227	293.05	0.9549	0.0010227	293.07	0.9549	0.0010227	293.15	0.9549
80	0.0010290	334.95	1.0753	0.0010290	334.97	1.0753	0.0010290	335.05	1.0752
90	0.0010359	376.94	1.1926	0.0010359	376.96	1.1925	0.0010359	377.04	1.1925
100	2.1268	2678.4	7.4693	1.6961	2675.9	7.3609	0.0010434	419.14	1.3068
110	2.1870	2698.4	7.5222	1.7448	2696.2	7.4146	0.0010515	461.37	1.4185
120	2.2468	2718.3	7.5734	1.7931	2716.3	7.4665	0.0010603	503.76	1.5277
130	2.3063	2738.1	7.6231	1.8411	2736.3	7.5167	0.91031	2727.1	7.1789
140	2.3656	2757.8	7.6714	1.8889	2756.2	7.5654	0.93511	2748.0	7.2300
150	2.4247	2777.5	7.7185	1.9364	2776.0	7.6128	0.95968	2768.6	7.2793
160	2.4837	2797.1	7.7644	1.9838	2795.8	7.6590	0.98407	2789.0	7.3271
170	2.5425	2816.8	7.8092	2.0311	2815.6	7.7041	1.00830	2809.4	7.3735
180	2.6011	2836.4	7.8530	2.0783	2835.3	7.7482	1.03241	2829.6	7.4187
190	2.6597	2856.0	7.8959	2.1253	2855.0	7.7912	1.05640	2849.8	7.4628
200	2.7182	2875.7	7.9379	2.1723	2874.8	7.8334	1.08030	2870.0	7.5058
210	2.7766	2895.4	7.9791	2.2191	2894.5	7.8747	1.10413	2890.1	7.5478
220	2.8350	2915.1	8.0195	2.2659	2914.3	7.9152	1.12787	2910.2	7.5890
230	2.8932	2934.9	8.0591	2.3127	2934.1	7.9550	1.15156	2930.2	7.6293
240	2.9515	2954.6	8.0981	2.3594	2953.9	7.9940	1.17520	2950.3	7.6688
250	3.0097	2974.5	8.1363	2.4061	2973.8	8.0324	1.19878	2970.4	7.7076
260	3.0678	2994.3	8.1739	2.4527	2993.7	8.0701	1.22233	2990.5	7.7457

温度/ ℃	压力 0.08MPa　饱和温度 93.511℃			压力 0.1MPa　饱和温度 99.634℃			压力 0.2MPa　饱和温度 120.240℃		
	v' 0.0010385	h' 391.71	s' 1.2330	v' 0.0010431	h' 417.52	s' 1.3028	v' 0.0010605	h' 504.78	s' 1.5303
	v'' 2.0876	h'' 2665.3	s'' 7.4339	v'' 1.6943	h'' 2675.1	s'' 7.3589	v'' 0.8859	h'' 2706.5	s'' 7.1272
	比体积/ (m³/kg)	比焓/ (kJ/kg)	比熵/ [kJ/(kg·K)]	比体积/ (m³/kg)	比焓/ (kJ/kg)	比熵/ [kJ/(kg·K)]	比体积/ (m³/kg)	比焓/ (kJ/kg)	比熵/ [kJ/(kg·K)]
270	3.1259	3014.2	8.2109	2.4992	3013.6	8.1071	1.24584	3010.7	7.7831
280	3.1840	3034.2	8.2473	2.5458	3033.6	8.1436	1.26931	3030.8	7.8199
290	3.2421	3054.2	8.2832	2.5923	3053.7	8.1795	1.29276	3051.0	7.8561
300	3.3001	3074.3	8.3185	2.6388	3073.8	8.2148	1.31617	3071.2	7.8917
310	3.3581	3094.4	8.3533	2.6853	3093.9	8.2497	1.33957	3091.5	7.9267
320	3.4161	3114.5	8.3875	2.7317	3114.1	8.2840	1.36294	3111.8	7.9612
330	3.4741	3134.7	8.4213	2.7781	3134.3	8.3178	1.38629	3132.1	7.9952
340	3.5320	3155.0	8.4546	2.8245	3154.6	8.3511	1.40962	3152.5	8.0288
350	3.5899	3175.3	8.4875	2.8709	3174.9	8.3840	1.43294	3172.9	8.0618
360	3.6478	3195.7	8.5199	2.9173	3195.3	8.4165	1.45624	3193.4	8.0944
370	3.7057	3216.1	8.5519	2.9637	3215.7	8.4485	1.47953	3213.9	8.1265
380	3.7636	3236.5	8.5835	3.0100	3236.2	8.4801	1.50281	3234.5	8.1583
390	3.8215	3257.1	8.6147	3.0564	3256.7	8.5113	1.52607	3255.1	8.1896
400	3.8794	3277.6	8.6455	3.1027	3277.3	8.5422	1.54932	3275.8	8.2205
410	3.9372	3298.3	8.6759	3.1490	3298.0	8.5726	1.57257	3296.5	8.2511
420	3.9951	3319.0	8.7060	3.1953	3318.7	8.6027	1.59580	3317.3	8.2813
430	4.0529	3339.7	8.7357	3.2416	3339.5	8.6324	1.61903	3338.1	8.3111
440	4.1108	3360.5	8.7651	3.2879	3360.3	8.6618	1.64225	3358.9	8.3405
450	4.1686	3381.4	8.7942	3.3342	3381.2	8.6909	1.66546	3379.9	8.3697
460	4.2264	3402.3	8.8229	3.3805	3402.1	8.7197	1.68866	3400.9	8.3985
470	4.2842	3423.3	8.8513	3.4268	3423.1	8.7481	1.71186	3421.9	8.4270
480	4.3420	3444.4	8.8795	3.4730	3444.1	8.7763	1.73505	3443.0	8.4552
490	4.3998	3465.5	8.9073	3.5193	3465.3	8.8041	1.75824	3464.2	8.4831
500	4.4576	3486.7	8.9349	3.5656	3486.5	8.8317	1.78142	3485.4	8.5108
510	4.5154	3507.9	8.9622	3.6118	3507.7	8.8590	1.80459	3506.7	8.5382
520	4.5732	3529.3	8.9893	3.6581	3529.1	8.8861	1.82777	3528.1	8.5653
530	4.6310	3550.7	9.0161	3.7043	3550.5	8.9129	1.85093	3549.5	8.5921

续表

温度/℃	压力 0.08MPa　饱和温度 93.511℃			压力 0.1MPa　饱和温度 99.634℃			压力 0.2MPa　饱和温度 120.240℃		
	v' 0.0010385	h' 391.71	s' 1.2330	v' 0.0010431	h' 417.52	s' 1.3028	v' 0.0010605	h' 504.78	s' 1.5303
	v'' 2.0876	h'' 2665.3	s'' 7.4339	v'' 1.6943	h'' 2675.1	s'' 7.3589	v'' 0.8859	h'' 2706.5	s'' 7.1272
	比体积/ (m³/kg)	比焓/ (kJ/kg)	比熵/ [kJ/(kg·K)]	比体积/ (m³/kg)	比焓/ (kJ/kg)	比熵/ [kJ/(kg·K)]	比体积/ (m³/kg)	比焓/ (kJ/kg)	比熵/ [kJ/(kg·K)]
540	4.6887	3572.1	9.0427	3.7505	3572.0	8.9395	1.87410	3571.0	8.6188
550	4.7465	3593.7	9.0690	3.7968	3593.5	8.9659	1.89726	3592.6	8.6452
560	4.8043	3615.3	9.0952	3.8430	3615.2	8.9920	1.92042	3614.3	8.6713
570	4.8621	3637.1	9.1213	3.8892	3636.9	9.0180	1.94357	3636.1	8.6973
580	4.9198	3658.9	9.1468	3.9355	3658.7	9.0437	1.96672	3657.9	8.7231
590	4.9776	3680.8	9.1724	3.9817	3680.7	9.0692	1.98987	3679.9	8.7486
600	5.0353	3702.8	9.1977	4.0279	3702.7	9.0946	2.01301	3701.9	8.7740
620	5.1509	3747.1	9.2479	4.1203	3747.0	9.1448	2.05929	3746.3	8.8243
640	5.2664	3791.8	9.2974	4.2128	3791.7	9.1943	2.10556	3791.0	8.8738
660	5.3818	3837.0	9.3463	4.3052	3836.8	9.2432	2.15183	3836.2	8.9227
680	5.4973	3882.5	9.3945	4.3976	3882.3	9.2914	2.19808	3881.7	8.9710
700	5.6128	3928.4	9.4422	4.4900	3928.2	9.3391	2.24433	3927.7	9.0187
720	5.7283	3974.6	9.4892	4.5824	3974.5	9.3862	2.29058	3973.9	9.0658
740	5.8437	4021.2	9.5357	4.6748	4021.1	9.4326	2.33681	4020.5	9.1123
760	5.9592	4068.0	9.5815	4.7671	4067.9	9.4784	2.38304	4067.4	9.1581
780	6.0747	4115.1	9.6266	4.8595	4115.0	9.5236	2.42927	4114.6	9.2033
800	6.1901	4162.5	9.6711	4.9519	4162.4	9.5681	2.47549	4161.9	9.2478
820	6.3056	4210.0	9.7150	5.0443	4209.9	9.6119	2.52171	4209.4	9.2917
840	6.4210	4257.6	9.7582	5.1366	4257.5	9.6551	2.56793	4257.1	9.3349
860	6.5364	4305.4	9.8007	5.2290	4305.3	9.6977	2.61414	4304.9	9.3775
880	6.6519	4353.3	9.8426	5.3214	4353.2	9.7396	2.66035	4352.9	9.4194
900	6.7673	4401.4	9.8840	5.4137	4401.3	9.7809	2.70655	4400.9	9.4608
920	6.8827	4449.6	9.9247	5.5061	4449.5	9.8217	2.75275	4449.2	9.5015
940	6.9982	4498.0	9.9649	5.5984	4497.9	9.8619	2.79895	4497.6	9.5418
960	7.1136	4546.6	10.0047	5.6908	4546.5	9.9016	2.84515	4546.2	9.5815
980	7.2290	4595.4	10.0439	5.7831	4595.3	9.9409	2.89135	4595.0	9.6208
1000	7.3444	4644.4	10.0828	5.8755	4644.4	9.9797	2.93754	4644.1	9.6596

温度/ ℃	压力 0.5MPa　饱和温度 151.867℃			压力 1MPa　饱和温度 179.916℃			压力 2MPa　饱和温度 212.417℃		
	v' 0.0010925	h' 640.35	s' 1.8610	v' 0.0011272	h' 762.84	s' 2.1388	v' 0.0011767	h' 908.64	s' 2.4471
	v'' 0.37486	h'' 2748.6	s'' 6.8214	v'' 0.19438	h'' 2777.7	s'' 6.5859	v'' 0.099588	h'' 2798.7	s'' 6.3995
	比体积/ (m³/kg)	比焓/ (kJ/kg)	比熵/ [kJ/(kg·K)]	比体积/ (m³/kg)	比焓/ (kJ/kg)	比熵/ [kJ/(kg·K)]	比体积/ (m³/kg)	比焓/ (kJ/kg)	比熵/ [kJ/(kg·K)]
0	0.0010000	0.46	−0.0001	0.0009997	0.97	−0.0001	0.0009992	1.99	0.0000
10	0.0010001	42.49	0.1510	0.0009999	42.98	0.1509	0.0009994	43.95	0.1508
20	0.0010016	84.33	0.2962	0.0010014	84.80	0.2961	0.0010009	85.74	0.2959
30	0.0010042	126.13	0.4364	0.0010040	126.59	0.4363	0.0010035	127.50	0.4360
40	0.0010077	167.94	0.5721	0.0010074	168.38	0.5719	0.0010070	169.27	0.5715
50	0.0010119	209.75	0.7035	0.0010117	210.18	0.7033	0.0010113	211.04	0.7028
60	0.0010169	251.56	0.8310	0.0010167	251.98	0.8307	0.0010162	252.82	0.8302
70	0.0010225	293.39	0.9547	0.0010223	293.80	0.9544	0.0010219	294.62	0.9538
80	0.0010288	335.29	1.0750	0.0010286	335.69	1.0747	0.0010281	336.48	1.0740
90	0.0010357	377.27	1.1923	0.0010355	377.66	1.1919	0.0010350	378.43	1.1912
100	0.0010432	419.36	1.3066	0.0010430	419.74	1.3062	0.0010425	420.49	1.3054
110	0.0010514	461.59	1.4183	0.0010511	461.95	1.4179	0.0010506	462.68	1.4170
120	0.0010601	503.97	1.5275	0.0010599	504.32	1.5270	0.0010593	505.03	1.5261
130	0.0010695	546.53	1.6344	0.0010692	546.87	1.6339	0.0010687	547.55	1.6329
140	0.0010796	589.30	1.7392	0.0010793	589.62	1.7386	0.0010787	590.27	1.7376
150	0.0010904	632.30	1.8420	0.0010901	632.61	1.8414	0.0010894	633.22	1.8403
160	0.38358	2767.2	6.8647	0.0011017	675.84	1.9424	0.0011009	676.43	1.9412
170	0.39412	2789.6	6.9160	0.0011140	719.36	2.0418	0.0011133	719.91	2.0405
180	0.40450	2811.7	6.9651	0.19443	2777.9	6.5864	0.0011265	763.72	2.1382
190	0.41474	2833.4	7.0126	0.20025	2803.0	6.6412	0.0011407	807.90	2.2347
200	0.42487	2854.9	7.0585	0.20590	2827.3	6.6931	0.0011560	852.52	2.3300
210	0.43490	2876.2	7.1030	0.21143	2851.0	6.7427	0.0011725	897.65	2.4214
220	0.44485	2897.3	7.1462	0.21686	2874.2	6.7903	0.102116	2820.8	6.3847
230	0.45473	2918.3	7.1884	0.22219	2897.1	6.8361	0.105323	2848.7	6.4408
240	0.46455	2939.2	7.2295	0.22745	2919.6	6.8804	0.108415	2875.6	6.4936
250	0.47432	2960.0	7.2697	0.23264	2941.8	6.9233	0.111412	2901.5	6.5436
260	0.48404	2980.8	7.3091	0.23779	2963.8	6.9650	0.114331	2926.7	6.5914

温度/℃	压力 0.5MPa　饱和温度 151.867℃			压力 1MPa　饱和温度 179.916℃			压力 2MPa　饱和温度 212.417℃		
	v' 0.0010925	h' 640.35	s' 1.8610	v' 0.0011272	h' 762.84	s' 2.1388	v' 0.0011767	h' 908.64	s' 2.4471
	v'' 0.37486	h'' 2748.6	s'' 6.8214	v'' 0.19438	h'' 2777.7	s'' 6.5859	v'' 0.099588	h'' 2798.7	s'' 6.3995
	比体积/ (m³/kg)	比焓/ (kJ/kg)	比熵/ [kJ/(kg·K)]	比体积/ (m³/kg)	比焓/ (kJ/kg)	比熵/ [kJ/(kg·K)]	比体积/ (m³/kg)	比焓/ (kJ/kg)	比熵/ [kJ/(kg·K)]
270	0.49372	3001.5	7.3476	0.24288	2985.6	7.0056	0.117185	2951.3	6.6371
280	0.50336	3022.2	7.3853	0.24793	3007.3	7.0451	0.119985	2975.4	6.6811
290	0.51297	3042.9	7.4224	0.25294	3028.9	7.0838	0.122737	2999.2	6.7236
300	0.52255	3063.6	7.4588	0.25793	3050.4	7.1216	0.125449	3022.6	6.7648
310	0.53211	3084.2	7.4945	0.26288	3071.8	7.1587	0.128127	3045.7	6.8048
320	0.54164	3104.9	7.5297	0.26781	3093.2	7.1950	0.130773	3068.6	6.8437
330	0.55115	3125.6	7.5643	0.27272	3114.5	7.2306	0.133393	3091.3	6.8817
340	0.56064	3146.3	7.5983	0.27760	3135.7	7.2656	0.135989	3113.8	6.9188
350	0.57012	3167.0	7.6319	0.28247	3157.0	7.2999	0.138564	3136.2	6.9550
360	0.57958	3187.8	7.6649	0.28732	3178.2	7.3337	0.141120	3158.5	6.9905
370	0.58902	3208.6	7.6974	0.29216	3199.4	7.3670	0.143659	3180.7	7.0253
380	0.59846	3229.4	7.7295	0.29698	3220.7	7.3997	0.146183	3202.8	7.0594
390	0.60788	3250.2	7.7612	0.30179	3241.9	7.4320	0.148693	3224.8	7.0929
400	0.61729	3271.1	7.7924	0.30658	3263.1	7.4638	0.151190	3246.8	7.1258
410	0.62669	3292.0	7.8233	0.31137	3284.4	7.4951	0.153676	3268.8	7.1582
420	0.63608	3312.9	7.8537	0.31615	3305.6	7.5260	0.156151	3290.7	7.1900
430	0.64546	3333.9	7.8838	0.32092	3326.9	7.5565	0.158617	3312.6	7.2214
440	0.65483	3354.9	7.9135	0.32568	3348.2	7.5866	0.161074	3334.5	7.2523
450	0.66420	3376.0	7.9428	0.33043	3369.6	7.6163	0.163523	3356.4	7.2828
460	0.67356	3397.2	7.9719	0.33518	3390.9	7.6456	0.165965	3378.3	7.3129
470	0.68291	3418.3	8.0006	0.33992	3412.3	7.6746	0.168399	3400.2	7.3425
480	0.69226	3439.6	8.0289	0.34465	3433.8	7.7033	0.170828	3422.1	7.3718
490	0.70160	3460.8	8.0570	0.34938	3455.3	7.7317	0.173250	3444.0	7.4007
500	0.71094	3482.2	8.0848	0.35410	3476.8	7.7597	0.175666	3465.9	7.4293
510	0.72027	3503.6	8.1123	0.35882	3498.4	7.7875	0.178078	3487.9	7.4575
520	0.72959	3525.1	8.1396	0.36353	3520.1	7.8140	0.180485	3509.9	7.4854
530	0.73892	3546.6	8.1666	0.36824	3541.8	7.8421	0.182887	3532.0	7.5130

温度/℃	压力 0.5MPa 饱和温度 151.867℃			压力 1MPa 饱和温度 179.916℃			压力 2MPa 饱和温度 212.417℃		
	v' 0.0010925	h' 640.35	s' 1.8610	v' 0.0011272	h' 762.84	s' 2.1388	v' 0.0011767	h' 908.64	s' 2.4471
	v'' 0.37486	h'' 2748.6	s'' 6.8214	v'' 0.19438	h'' 2777.7	s'' 6.5859	v'' 0.099588	h'' 2798.7	s'' 6.3995
	比体积/ (m³/kg)	比焓/ (kJ/kg)	比熵/ [kJ/(kg·K)]	比体积/ (m³/kg)	比焓/ (kJ/kg)	比熵/ [kJ/(kg·K)]	比体积/ (m³/kg)	比焓/ (kJ/kg)	比熵/ [kJ/(kg·K)]
540	0.74824	3568.2	8.1933	0.37294	3563.5	7.8691	0.185285	3554.1	7.5404
550	0.75755	3589.9	8.2198	0.37764	3585.4	7.8958	0.187679	3576.2	7.5675
560	0.76686	3611.7	8.2461	0.38234	3607.3	7.9222	0.190069	3598.4	7.5943
570	0.77617	3633.5	8.2721	0.38703	3629.3	7.9484	0.192456	3620.7	7.6208
580	0.78547	3655.5	8.2980	0.39172	3651.3	7.9744	0.194840	3643.0	7.6472
590	0.79478	3677.5	8.3237	0.39641	3673.5	8.0002	0.197220	3665.4	7.6732
600	0.80408	3699.6	8.3493	0.40109	3695.7	8.0259	0.199598	3687.8	7.6991
620	0.82267	3744.1	8.3995	0.41045	3740.4	8.0765	0.204345	3733.0	7.7503
640	0.84125	3789.0	8.4492	0.41981	3785.5	8.1264	0.209082	3778.5	7.8007
660	0.85982	3834.2	8.4983	0.42915	3830.9	8.1757	0.213811	3824.4	7.8503
680	0.87838	3879.9	8.5467	0.43848	3876.8	8.2242	0.218531	3870.5	7.8993
700	0.89694	3925.9	8.5944	0.44781	3923.0	8.2722	0.223245	3917.0	7.9476
720	0.91549	3972.3	8.6416	0.45713	3969.5	8.3195	0.227952	3963.9	7.9952
740	0.93404	4019.0	8.6882	0.46645	4016.3	8.3662	0.232653	4011.0	8.0422
760	0.95258	4065.9	8.7341	0.47576	4063.4	8.4122	0.237348	4058.3	8.0884
780	0.9711!	4113.1	8.7793	0.48506	4110.7	8.4576	0.242039	4105.9	8.1340
800	0.98965	4160.5	8.8239	0.49436	4158.2	8.5023	0.246726	4153.6	8.1790
820	1.00817	4208.1	8.8678	0.50366	4205.9	8.5463	0.251408	4201.5	8.2232
840	1.02670	4255.8	8.9111	0.51296	4253.8	8.5897	0.256087	4249.6	8.2667
860	1.04522	4303.7	8.9537	0.52225	4301.7	8.6324	0.260762	4297.7	8.3096
880	1.06373	4351.7	8.9957	0.53153	4349.8	8.6744	0.265433	4346.0	8.3518
900	1.08225	4399.8	9.0371	0.54082	4398.0	8.7159	0.270102	4394.3	8.3934
920	1.10076	4448.1	9.0779	0.55010	4446.4	8.7568	0.274769	4442.8	8.4344
940	1.11927	4496.6	9.1182	0.55938	4494.9	8.7971	0.279432	4491.5	8.4749
960	1.13778	4545.2	9.1580	0.56865	4543.6	8.8369	0.284093	4540.4	8.5148
980	1.15628	4594.1	9.1973	0.57793	4592.5	8.8763	0.288752	4589.4	8.5543
1000	1.17478	4643.2	9.2361	0.58720	4641.7	8.9152	0.293409	4638.7	8.5933

续表

温度/℃	压力 3MPa 饱和温度 223.893℃			压力 4MPa 饱和温度 250.394℃			压力 5MPa 饱和温度 263.980℃		
	v' 0.0012166	h' 1008.2	s' 2.6454	v' 0.002524	h' 1087.2	s' 2.7962	v' 0.0012861	h' 1154.2	s' 2.9200
	v'' 0.066662	h'' 2803.2	s'' 6.1854	v'' 0.049771	h'' 2800.5	s'' 6.0688	v'' 0.039439	h'' 2793.6	s'' 5.9724
	比体积/ (m³/kg)	比焓/ (kJ/kg)	比熵/ [kJ/(kg·K)]	比体积/ (m³/kg)	比焓/ (kJ/kg)	比熵/ [kJ/(kg·K)]	比体积/ (m³/kg)	比焓/ (kJ/kg)	比熵/ [kJ/(kg·K)]
0	0.0009987	3.01	0.0000	0.0009982	4.03	0.0001	0.0009977	5.04	0.0002
10	0.0009989	44.92	0.1507	0.0009984	45.89	0.1507	0.0009979	46.87	0.1506
20	0.0010005	86.68	0.2957	0.0010000	87.62	0.2955	0.0009996	88.55	0.2952
30	0.0010031	128.41	0.4357	0.0010026	129.32	0.4353	0.0010022	130.23	0.4350
40	0.0010066	170.15	0.5711	0.0010061	171.04	0.5708	0.0010057	171.92	0.5704
50	0.0010108	211.90	0.7024	0.0010104	212.77	0.7019	0.0010099	213.63	0.7015
60	0.0010158	253.66	0.8296	0.0010153	254.50	0.8293	0.0010149	255.34	0.8286
70	0.0010214	295.44	0.9532	0.0010209	296.26	0.9526	0.0010205	297.07	0.9520
80	0.0010276	337.28	1.0734	0.0010272	338.07	1.0727	0.0010267	338.87	1.0721
90	0.0010345	379.21	1.1905	0.0010340	379.98	1.1897	0.0010335	380.75	1.1890
100	0.0010420	421.24	1.3047	0.0010415	421.99	1.3039	0.0010410	422.75	1.3031
110	0.0010500	463.41	1.4162	0.0010495	464.14	1.4153	0.0010490	464.87	1.4145
120	0.0010587	505.73	1.5252	0.0010582	506.44	1.5243	0.0010576	507.14	1.5234
130	0.0010681	548.23	1.6320	0.0010675	548.91	1.6310	0.0010669	549.59	1.6300
140	0.0010781	590.92	1.7366	0.0010774	591.58	1.7355	0.0010768	592.23	1.7345
150	0.0010888	633.84	1.8392	0.0010881	634.46	1.8381	0.0010874	635.09	1.8370
160	0.0011002	677.01	1.9400	0.0010995	677.60	1.9389	0.0010988	678.19	1.9377
170	0.0011125	720.46	2.0392	0.0011117	721.01	2.0379	0.0011109	721.56	2.0367
180	0.0011256	764.23	2.1369	0.0011248	764.74	2.1355	0.0011240	765.25	2.1342
190	0.0011397	808.36	2.2332	0.0011388	808.83	2.2318	0.0011379	809.29	2.2303
200	0.0011549	852.93	2.3284	0.0011539	853.34	2.3268	0.0011529	853.75	2.3253
210	0.0011714	898.00	2.4227	0.0011702	898.34	2.4210	0.0011691	898.70	2.4193
220	0.0011891	943.65	2.5162	0.0011879	943.93	2.5144	0.0011867	944.21	2.5125
230	0.0012085	989.99	2.6092	0.0012071	990.18	2.6072	0.0012057	990.38	2.6052
240	0.068184	2823.4	6.2250	0.0012282	1037.2	2.6998	0.0012266	1037.3	2.6976
250	0.070564	2854.7	6.2855	0.0012514	1085.3	2.7925	0.0012496	1085.2	2.7901
260	0.072828	2884.4	6.3417	0.051731	2835.4	6.1347	0.0012751	1134.3	2.8829

温度/ ℃	压力 3MPa 饱和温度 223.893℃			压力 4MPa 饱和温度 250.394℃			压力 5MPa 饱和温度 263.980℃		
	v' 0.0012166	h' 1008.2	s' 2.6454	v' 0.002524	h' 1087.2	s' 2.7962	v' 0.0012861	h' 1154.2	s' 2.9200
	v'' 0.066662	h'' 2803.2	s'' 6.1854	v'' 0.049771	h'' 2800.5	s'' 6.0688	v'' 0.039439	h'' 2793.6	s'' 5.9724
	比体积/ (m³/kg)	比焓/ (kJ/kg)	比熵/ [kJ/(kg·K)]	比体积/ (m³/kg)	比焓/ (kJ/kg)	比熵/ [kJ/(kg·K)]	比体积/ (m³/kg)	比焓/ (kJ/kg)	比熵/ [kJ/(kg·K)]
270	0.075002	2912.8	6.3945	0.053639	2869.0	6.1973	0.040532	2818.1	6.0177
280	0.077101	2940.1	6.4443	0.055443	2900.7	6.2550	0.042228	2855.8	6.0864
290	0.079139	2966.6	6.4918	0.057165	2930.7	6.3088	0.043809	2890.6	6.1489
300	0.081126	2992.4	6.5371	0.058821	2959.5	6.3595	0.045301	2923.3	6.2064
310	0.083070	3017.6	6.5808	0.060422	2987.3	6.4076	0.046723	2954.3	6.2601
320	0.084976	3042.3	6.6228	0.061978	3014.3	6.4534	0.048088	2984.0	6.3106
330	0.086851	3066.7	6.6635	0.063495	3040.5	6.4974	0.049406	3012.6	6.3584
340	0.088697	3090.7	6.7030	0.064980	3066.3	6.5397	0.050685	3040.4	6.4040
350	0.090520	3114.4	6.7414	0.066436	3091.5	6.5805	0.051932	3067.4	6.4477
360	0.092320	3137.9	6.7788	0.067867	3116.3	6.6200	0.053149	3093.7	6.4897
370	0.094102	3161.2	6.8152	0.069277	3140.8	6.6584	0.054342	3119.6	6.5302
380	0.095867	3184.3	6.8509	0.070668	3165.0	6.6958	0.055514	3145.0	6.5694
390	0.097616	3207.2	6.8858	0.072042	3189.0	6.7322	0.056667	3170.1	6.6075
400	0.099352	3230.1	6.9199	0.073401	3212.7	6.7677	0.057804	3194.9	6.6446
410	0.101075	3252.8	6.9535	0.074746	3236.3	6.8025	0.058925	3219.3	6.6807
420	0.102787	3275.4	6.9864	0.076079	3259.7	6.8365	0.060033	3243.6	6.7159
430	0.104488	3298.0	7.0187	0.077401	3283.0	6.8698	0.061130	3267.6	6.7503
440	0.106180	3320.5	7.0505	0.078713	3306.2	6.9026	0.062216	3291.5	6.7840
450	0.107864	3343.0	7.0817	0.080016	3329.2	6.9347	0.063291	3315.2	6.8170
460	0.109540	3365.4	7.1125	0.081310	3352.2	6.9663	0.064358	3338.8	6.8494
470	0.111208	3387.8	7.1429	0.082597	3375.1	6.9973	0.065417	3362.3	6.8813
480	0.112870	3410.1	7.1728	0.083877	3398.0	7.0279	0.066469	3385.6	6.9125
490	0.114525	3432.5	7.2023	0.085150	3420.8	7.0580	0.067513	3409.0	6.9433
500	0.116174	3454.9	7.2314	0.086417	3443.6	7.0877	0.068552	3432.2	6.9735
510	0.117819	3477.2	7.2601	0.087678	3466.4	7.1169	0.069584	3455.4	7.0034
520	0.119458	3499.6	7.2885	0.088935	3489.2	7.1458	0.070612	3478.6	7.0328
530	0.121092	3522.0	7.3166	0.090186	3511.9	7.1744	0.071634	3501.7	7.0618

温度/℃	压力 3MPa　饱和温度 223.893℃			压力 4MPa　饱和温度 250.394℃			压力 5MPa　饱和温度 263.980℃		
	v' 0.0012166	h' 1008.2	s' 2.6454	v' 0.002524	h' 1087.2	s' 2.7962	v' 0.0012861	h' 1154.2	s' 2.9200
	v'' 0.066662	h'' 2803.2	s'' 6.1854	v'' 0.049771	h'' 2800.5	s'' 6.0688	v'' 0.039439	h'' 2793.6	s'' 5.9724
	比体积/ (m³/kg)	比焓/ (kJ/kg)	比熵/ [kJ/(kg·K)]	比体积/ (m³/kg)	比焓/ (kJ/kg)	比熵/ [kJ/(kg·K)]	比体积/ (m³/kg)	比焓/ (kJ/kg)	比熵/ [kJ/(kg·K)]
540	0.122723	3544.4	7.3444	0.091433	3534.7	7.2025	0.072651	3524.9	7.0904
550	0.124349	3566.9	7.3718	0.092676	3557.5	7.2304	0.073664	3548.0	7.1187
560	0.125971	3589.4	7.3990	0.093915	3580.3	7.2579	0.074674	3571.1	7.1466
570	0.127590	3612.0	7.4259	0.095150	3603.2	7.2852	0.075679	3594.3	7.1742
580	0.129205	3634.6	7.4525	0.096382	3626.0	7.3122	0.076681	3617.4	7.2015
590	0.130818	3657.2	7.4789	0.097610	3649.0	7.3389	0.077679	3640.6	7.2285
600	0.132427	3679.9	7.5051	0.098836	3671.9	7.3653	0.078675	3663.9	7.2553
620	0.135637	3725.6	7.5568	0.101278	3718.0	7.4176	0.080657	3710.4	7.3081
640	0.138837	3771.5	7.6076	0.103710	3764.4	7.4689	0.082629	3757.2	7.3599
660	0.142028	3817.7	7.6577	0.106134	3811.0	7.5194	0.084592	3804.2	7.4108
680	0.145212	3864.2	7.7070	0.108549	3857.9	7.5691	0.086547	3851.5	7.4609
700	0.148388	3911.1	7.7557	0.110956	3905.3	7.6181	0.088494	3899.0	7.5102
720	0.151557	3958.2	7.8036	0.113357	3952.5	7.6663	0.090435	3946.8	7.5588
740	0.154720	4005.6	7.8509	0.115753	4000.2	7.7139	0.092369	3994.7	7.6066
760	0.157878	4053.2	7.8974	0.118142	4048.1	7.7607	0.094298	4042.9	7.6537
780	0.161031	4101.0	7.9432	0.120527	4096.1	7.8067	0.096222	4091.2	7.7000
800	0.164180	4149.0	7.9884	0.122907	4144.3	7.8521	0.098142	4139.6	7.7456
820	0.167324	4197.1	8.0328	0.125283	4192.7	7.8967	0.100057	4188.2	7.7904
840	0.170465	4245.3	8.0765	0.127654	4241.1	7.9406	0.101968	4236.8	7.8345
860	0.173602	4293.7	8.1195	0.130023	4289.6	7.9838	0.103875	4285.5	7.8779
880	0.176736	4342.1	8.1619	0.132388	4338.2	8.0264	0.105779	4334.3	7.9206
900	0.179867	4390.6	8.2036	0.134750	4386.9	8.0682	0.107680	4383.2	7.9626
920	0.182994	4439.3	8.2448	0.137109	4435.8	8.1095	0.109578	4432.2	8.0040
940	0.186120	4488.1	8.2854	0.139465	4484.8	8.1502	0.111473	4481.3	8.0448
960	0.189243	4537.1	8.3254	0.141819	4533.9	8.1904	0.113366	4530.6	8.0851
980	0.192364	4586.3	8.3650	0.144171	4583.2	8.2301	0.115256	4580.1	8.1249
1000	0.195482	4635.7	8.4041	0.146521	4632.8	8.2693	0.117145	4629.8	8.1643

温度/ ℃	压力 6MPa 饱和温度 275.625℃			压力 7MPa 饱和温度 285.869℃			压力 8MPa 饱和温度 295.048℃		
	v' 0.0013190 v'' 0.032440	h' 1213.3 h'' 2783.8	s' 3.0266 s'' 5.8885	v' 0.0013515 v'' 0.027371	h' 1266.9 h'' 2771.7	s' 3.1210 s'' 5.8129	v' 0.0013843 v'' 0.023520	h' 1316.5 h'' 2757.7	s' 3.2066 s'' 5.7430
	比体积/ (m³/kg)	比焓/ (kJ/kg)	比熵/ [kJ/(kg·K)]	比体积/ (m³/kg)	比焓/ (kJ/kg)	比熵/ [kJ/(kg·K)]	比体积/ (m³/kg)	比焓/ (kJ/kg)	比熵/ [kJ/(kg·K)]
0	0.0009972	6.05	0.0002	0.0009967	7.07	0.0003	0.0009962	8.08	0.0003
10	0.0009975	47.83	0.1505	0.0009970	48.80	0.1504	0.0009965	49.77	0.1502
20	0.0009991	89.49	0.2950	0.0009986	90.42	0.2948	0.0009982	91.36	0.2946
30	0.0010018	131.14	0.4347	0.0010013	132.04	0.4344	0.0010009	132.95	0.4341
40	0.0010052	172.81	0.5700	0.0010048	173.69	0.5696	0.0010044	174.57	0.5692
50	0.0010095	214.49	0.7010	0.0010091	215.35	0.7005	0.0010086	216.21	0.7001
60	0.0010144	256.18	0.8280	0.0010140	257.01	0.8275	0.0010136	257.85	0.8270
70	0.0010200	297.89	0.9514	0.0010196	298.71	0.9508	0.0010191	299.53	0.9502
80	0.0010262	339.67	1.0714	0.0010258	340.46	1.0708	0.0010253	341.26	1.0701
90	0.0010330	381.53	1.1883	0.0010326	382.30	1.1876	0.0010321	383.08	1.1869
100	0.0010404	423.50	1.3023	0.0010399	424.25	1.3016	0.0010395	425.01	1.3008
110	0.0010485	465.60	1.4137	0.0010479	466.33	1.4128	0.0010474	467.06	1.4120
120	0.0010571	507.85	1.5225	0.0010565	508.55	1.5216	0.0010560	509.26	1.5207
130	0.0010663	550.27	1.6291	0.0010657	550.95	1.6281	0.0010652	551.63	1.6272
140	0.0010762	592.88	1.7335	0.0010756	593.54	1.7325	0.0010750	594.19	1.7314
150	0.0010868	635.71	1.8359	0.0010861	636.34	1.8348	0.0010855	636.96	1.8337
160	0.0010981	678.78	1.9365	0.0010974	679.37	1.9353	0.0010967	679.97	1.9342
170	0.0011102	722.12	2.0354	0.0011094	722.67	2.0342	0.0011087	723.23	2.0329
180	0.0011231	765.76	2.1328	0.0011223	766.28	2.1315	0.0011215	766.80	2.1302
190	0.0011370	809.76	2.2289	0.0011361	810.23	2.2274	0.0011352	810.71	2.2260
200	0.0011519	854.17	2.3237	0.0011510	854.59	2.3222	0.0011500	855.02	2.3207
210	0.0011680	899.06	2.4176	0.0011669	899.42	2.4159	0.0011659	899.79	2.4143
220	0.0011854	944.50	2.5107	0.0011842	944.79	2.5089	0.0011830	945.09	2.5071
230	0.0012044	990.59	2.6032	0.0012030	990.81	2.6013	0.0012017	991.03	2.5993
240	0.0012250	1037.5	2.6955	0.0012235	1037.6	2.6933	0.0012220	1037.7	2.6912
250	0.0012478	1085.2	2.7877	0.0012460	1085.2	2.7853	0.0012443	1085.2	2.7829
260	0.0012730	1134.1	2.8802	0.0012710	1134.0	2.8776	0.0012689	1133.8	2.8749

温度/℃	压力 6MPa　饱和温度 275.625℃			压力 7MPa　饱和温度 285.869℃			压力 8MPa　饱和温度 295.048℃		
	v' 0.0013190	h' 1213.3	s' 3.0266	v' 0.0013515	h' 1266.9	s' 3.1210	v' 0.0013843	h' 1316.5	s' 3.2066
	v'' 0.032440	h'' 2783.8	s'' 5.8885	v'' 0.027371	h'' 2771.7	s'' 5.8129	v'' 0.023520	h'' 2757.7	s'' 5.7430
	比体积/ (m³/kg)	比焓/ (kJ/kg)	比熵/ [kJ/(kg·K)]	比体积/ (m³/kg)	比焓/ (kJ/kg)	比熵/ [kJ/(kg·K)]	比体积/ (m³/kg)	比焓/ (kJ/kg)	比熵/ [kJ/(kg·K)]
270	0.0013014	1184.3	2.9735	0.0012989	1184.0	2.9706	0.0012965	1183.7	2.9676
280	0.033171	2803.6	5.9243	0.0013307	1235.7	3.0648	0.0013278	1235.1	3.0614
290	0.034722	2R45.2	5.9989	0.028018	2792.2	5.8494	0.0013638	1288.6	3.1572
300	0.036148	2883.1	6.0656	0.029457	2837.5	5.9291	0.024255	2784.5	5.7900
310	0.037481	2918.2	6.1264	0.030765	2878.2	5.9995	0.025600	2833.0	5.8738
320	0.038740	2951.3	6.1826	0.031975	2915.5	6.0630	0.026808	2876.0	5.9471
330	0.039942	2982.7	6.2352	0.033113	2950.4	6.1214	0.027920	2915.3	6.0127
340	0.041097	3012.8	6.2847	0.034192	2983.4	6.1756	0.028959	2951.8	6.0727
350	0.042213	3041.9	6.3317	0.035225	3014.8	6.2265	0.029940	2986.1	6.1282
360	0.043296	3070.0	6.3765	0.036219	3045.0	6.2745	0.030876	3018.7	6.1801
370	0.044350	3097.4	6.4195	0.037181	3074.2	6.3203	0.031775	3049.9	6.2290
380	0.045381	3124.3	6.4608	0.038116	3102.6	6.3640	0.032643	3080.0	6.2754
390	0.046391	3150.5	6.5008	0.039027	3130.2	6.4060	0.033484	3109.1	6.3197
400	0.047382	3176.4	6.5395	0.039917	3157.3	6.4465	0.034302	3137.5	6.3622
410	0.048357	3201.8	6.5770	0.040791	3183.8	6.4857	0.035101	3165.2	6.4031
420	0.0493]8	3227.0	6.6135	0.041648	3209.9	6.5236	0.035883	3192.4	6.4426
430	0.050266	3251.8	6.6491	0.042491	3235.7	6.5605	0.036650	3219.1	6.4808
440	0.051202	3276.5	6.6839	0.043323	3261.1	6.5964	0.037403	3245.4	6.5179
450	0.052128	3300.9	6.7179	0.044143	3286.2	6.6314	0.038145	3271.3	6.5540
460	0.053045	3325.1	6.7512	0.044953	3311.1	6.6656	0.038876	3296.9	6.5892
470	0.053953	3349.1	6.7838	0.045754	3335.8	6.6990	0.039597	3322.2	6.6235
480	0.054853	3373.1	6.8158	0.046546	3360.3	6.7318	0.040310	3347.3	6.6571
490	0.055746	3396.9	6.8472	0.047332	3384.7	6.7639	0.041015	3372.3	6.6899
500	0.056632	3420.6	6.8781	0.048110	3408.9	6.7954	0.041712	3397.0	6.7221
510	0.057513	3444.3	6.9085	0.048882	3433.0	6.8264	0.042403	3421.6	6.7537
520	0.058388	3467.9	6.9384	0.049649	3457.0	6.8569	0.043089	3446.0	6.7848
530	0.059257	3491.4	6.9679	0.050410	3481.0	6.8869	0.043768	3470.4	6.8153

温度/℃	压力 6MPa　饱和温度 275.625℃			压力 7MPa　饱和温度 285.869℃			压力 8MPa　饱和温度 295.048℃		
	v' 0.0013190	h' 1213.3	s' 3.0266	v' 0.0013515	h' 1266.9	s' 3.1210	v' 0.0013843	h' 1316.5	s' 3.2066
	v'' 0.032440	h'' 2783.8	s'' 5.8885	v'' 0.027371	h'' 2771.7	s'' 5.8129	v'' 0.023520	h'' 2757.7	s'' 5.7430
	比体积/ (m³/kg)	比焓/ (kJ/kg)	比熵/ [kJ/(kg·K)]	比体积/ (m³/kg)	比焓/ (kJ/kg)	比熵/ [kJ/(kg·K)]	比体积/ (m³/kg)	比焓/ (kJ/kg)	比熵/ [kJ/(kg·K)]
540	0.060122	3514.9	6.9970	0.051166	3504.8	6.9164	0.044443	3494.7	6.8453
550	0.060983	3538.4	7.0257	0.051917	3528.7	6.9456	0.045113	3518.8	6.8749
560	0.061839	3561.8	7.0540	0.052664	3552.4	6.9743	0.045778	3543.0	6.9040
570	0.062691	3585.3	7.0820	0.053408	3576.2	7.0026	0.046440	3567.1	6.9328
580	0.063540	3608.7	7.1096	0.054147	3600.0	7.0306	0.047097	3591.1	6.9611
590	0.064386	3632.2	7.1370	0.054884	3623.7	7.0583	0.047752	3615.2	6.9891
600	0.065228	3655.7	7.1640	0.055617	3647.5	7.0857	0.048403	3639.2	7.0168
620	0.066904	3702.8	7.2173	0.057074	3695.0	7.1395	0.049697	3687.2	7.0712
640	0.068570	3750.0	7.2696	0.058521	3742.7	7.1923	0.050980	3735.3	7.1245
660	0.070226	3797.4	7.3210	0.059959	3790.5	7.2441	0.052254	3783.6	7.1767
680	0.071874	3845.1	7.3715	0.061389	3838.5	7.2950	0.053519	3831.9	7.2280
700	0.073515	3892.9	7.4212	0.062811	3886.7	7.3451	0.054778	3880.5	7.2784
720	0.075149	3941.0	7.4701	0.064226	3935.1	7.3943	0.056030	3929.1	7.3279
740	0.076777	3989.2	7.5182	0.065636	3983.6	7.4427	0.057276	3978.0	7.3766
760	0.078400	4037.6	7.5655	0.067040	4032.3	7.4903	0.058516	4026.9	7.4245
780	0.080017	4086.2	7.6121	0.068439	4081.1	7.5371	0.059752	4076.0	7.4715
800	0.081630	4134.9	7.6579	0.069833	4130.1	7.5831	0.060982	4125.2	7.5178
820	0.083238	4183.6	7.7029	0.071222	4179.1	7.6283	0.062209	4174.4	7.5632
840	0.084842	4232.5	7.7472	0.072608	4228.1	7.6728	0.063431	4223.7	7.6079
860	0.086443	4281.4	7.7907	0.073990	4277.3	7.7165	0.064649	4273.0	7.6518
880	0.088040	4330.4	7.8336	0.075368	4326.4	7.7596	0.065863	4322.4	7.6950
900	0.089634	4379.5	7.8758	0.076743	4375.7	7.8019	0.067074	4371.9	7.7375
920	0.091224	4428.6	7.9173	0.078115	4425.0	7.8436	0.068282	4421.4	7.7794
940	0.092812	4477.9	7.9583	0.079483	4474.5	7.8847	0.069486	4471.0	7.8206
960	0.094398	4527.4	7.9987	0.080850	4524.1	7.9253	0.070688	4520.7	7.8613
980	0.095981	4577.0	8.0386	0.082213	4573.8	7.9653	0.071888	4570.6	7.9015
1000	0.097562	4626.8	8.0780	0.083575	4623.8	8.0048	0.073085	4620.7	7.9411

续表

温度/℃	压力 9MPa　饱和温度 303.385℃			压力 10MPa　饱和温度 311.037℃			压力 11MPa　饱和温度 318.118℃		
	v'	h'	s'	v'	h'	s'	v'	h'	s'
	0.0014177	1363.1	3.2854	0.0014522	1407.2	3.3591	0.0014881	1449.6	3.4287
	v''	h''	s''	v''	h''	s''	v''	h''	s''
	0.020485	2741.9	5.6771	0.018026	2724.5	5.6139	0.015987	2705.3	5.5525
	比体积/	比焓/	比熵/	比体积/	比焓/	比熵/	比体积/	比焓/	比熵/
	(m³/kg)	(kJ/kg)	[kJ/(kg·K)]	(m³/kg)	(kJ/kg)	[kJ/(kg·K)]	(m³/kg)	(kJ/kg)	[kJ/(kg·K)]
0	0.0009957	9.08	0.0004	0.0009952	10.09	0.0004	0.0009947	11.10	0.0005
10	0.0009961	50.74	0.1501	0.0009956	51.70	0.1500	0.0009951	52.66	0.1499
20	0.0009977	92.29	0.2944	0.0009973	93.22	0.2942	0.0009969	94.16	0.2939
30	00010004	133.86	0.4338	0.0010000	134.76	0.4335	0.0009996	135.67	0.4332
40	0.0010039	175.46	0.5688	0.0010035	176.34	0.5684	0.0010031	177.22	0.5680
50	0.0010082	217.07	0.6996	0.0010078	217.93	0.6992	0.0010073	218.79	0.6987
60	0.0010131	258.69	0.8265	0.0010127	259.53	0.8259	0.0010122	260.37	0.8254
70	0.0010187	300.34	0.9497	0.0010182	301.16	0.9491	0.0010178	301.98	0.9485
80	0.0010248	342.06	1.0695	0.0010244	342.85	1.0688	0.0010239	343.65	1.0682
90	0.0010316	383.85	1.1862	0.0010311	384.63	1.1855	0.0010307	385.40	1.1848
100	0.0010390	425.76	1.3000	0.0010385	426.51	1.2993	0.0010380	427.27	1.2985
110	0.0010469	467.79	1.4112	0.0010464	468.52	1.4104	0.0010459	469.25	1.4095
120	0.0010554	509.97	1.5199	0.0010549	510.68	1.5190	0.0010544	511.39	1.5181
130	0.0010646	552.31	1.6262	0.0010640	553.00	1.6253	0.0010634	553.68	1.6243
140	0.0010744	594.85	1.7304	0.0010738	595.50	1.7294	0.0010731	596.16	1.7284
150	0.0010848	637.59	1.8327	0.0010842	638.22	1.8316	0.0010835	638.85	1.8305
160	0.0010960	680.56	1.9330	0.0010953	681.16	1.9319	0.0010946	681.76	1.9307
170	0.0011079	723.79	2.0317	0.0011072	724.36	2.0305	0.0011064	724.92	2.0292
180	0.0011207	767.32	2.1288	0.0011199	767.84	2.1275	0.0011191	768.37	2.1262
190	0.0011344	811.19	2.2246	0.0011335	811.67	2.2232	0.0011326	812.15	2.2218
200	0.0011490	855.44	2.3191	0.0011481	855.88	2.3176	0.0011471	856.31	2.3161
210	0.0011648	900.16	2.4126	0.0011638	900.53	2.4110	0.0011627	900.91	2.4094
220	0.0011819	945.40	2.5053	0.0011807	945.71	2.5036	0.0011795	946.02	2.5018
230	0.0012003	991.25	2.5974	0.0011990	991.49	2.5955	0.0011977	991.73	2.5936
240	0.0012205	1037.8	2.6890	0.0012190	1038.0	2.6870	0.0012175	1038.1	2.6849
250	0.0012425	1085.3	2.7806	0.0012408	1085.3	2.7783	0.0012392	1085.4	2.7760
260	0.0012669	1133.7	2.8724	0.0012650	1133.6	2.8698	0.0012631	1133.6	2.8673

续表

温度/℃	压力 9MPa 饱和温度 303.385℃			压力 10MPa 饱和温度 311.037℃			压力 11MPa 饱和温度 318.118℃		
	v' 0.0014177	h' 1363.1	s' 3.2854	v' 0.0014522	h' 1407.2	s' 3.3591	v' 0.0014881	h' 1449.6	s' 3.4287
	v'' 0.020485	h'' 2741.9	s'' 5.6771	v'' 0.018026	h'' 2724.5	s'' 5.6139	v'' 0.015987	h'' 2705.3	s'' 5.5525
	比体积/ (m³/kg)	比焓/ (kJ/kg)	比熵/ [kJ/(kg·K)]	比体积/ (m³/kg)	比焓/ (kJ/kg)	比熵/ [kJ/(kg·K)]	比体积/ (m³/kg)	比焓/ (kJ/kg)	比熵/ [kJ/(kg·K)]
270	0.0012942	1183.4	2.9647	0.0012919	1183.2	2.9618	0.0012896	1182.9	2.9590
280	0.0013249	1234.6	3.0581	0.0013222	1234.2	3.0549	0.0013195	1233.7	3.0517
290	0.0013603	1287.8	3.1533	0.0013569	1287.0	3.1496	0.0013535	1286.3	3.1459
300	0.0014018	1343.5	3.2514	0.0013975	1342.3	3.2469	0.0013932	1341.2	3.2425
310	0.021425	2780.6	5.7438	0.0014465	1400.9	3.3482	0.0014409	1399.2	3.3429
320	0.022682	2831.6	5.8306	0.019248	2780.5	5.7092	0.016261	2719.4	5.5762
330	0.023804	2876.7	5.9059	0.020421	2833.5	5.7978	0.017545	2784.3	5.6847
340	0.024830	2917.5	5.9731	0.02!463	2880.0	5.8743	0.018635	2838.5	5.7738
350	0.025786	2955.3	6.0342	0.022415	2922.1	5.9423	0.019604	2886.0	5.8507
360	0.026687	2990.7	6.0906	0.023299	2960.9	6.00411	0.020487	2928.8	5.9190
370	0.027544	3024.3	6.1432	0.024130	2997.2	6.0610	0.021306	2968.4	5.9809
380	0.028364	3056.3	6.1927	0.024920	3031.5	6.1140	0.022077	30054	6.0380
390	0.029155	3087.2	6.2396	0.025675	3064.3	6.1638	0.022808	3040.3	6.0911
400	0.029921	3117.1	6.2842	0.026402	3095.8	6.2109	0.023508	3073.7	6.1411
410	0.030664	3146.1	6.3270	0.027105	3126.3	6.2558	0.024180	3105.7	6.1883
420	0.031389	3174.4	6.3682	0.027787	3155.8	6.2988	0.024830	3136.7	6.2333
430	0.032098	3202.1	6.4079	0.028451	3184.7	6.3401	0.025460	3166.7	6.2763
440	0.032793	3229.3	6.4463	0.029100	3212.9	6.3799	0.026073	3196.0	6.3176
450	0.033474	3256.0	6.4835	0.029735	3240.5	6.4184	0.026672	3224.6	6.3575
460	0.034144	3282.4	6.5198	0.030357	3267.7	6.4557	0.027257	3252.6	6.3960
470	0.034805	3308.4	6.5550	0.030969	3294.4	6.4920	0.027831	3280.2	6.4333
480	0.035455	3334.2	6.5894	0.031571	3320.9	6.5273	0.028394	3307.3	6.4696
490	0.036098	3359.7	6.6231	0.032165	3347.0	6.5618	0.028948	3334.1	6.5049
500	0.036733	3385.0	6.6560	0.032750	3372.8	6.5954	0.029494	3360.5	6.5393
510	0.037362	3410.0	6.6882	0.033329	3398.4	6.6283	0.030032	3386.6	6.5729
520	0.037984	3435.0	6.7198	0.033900	3423.8	6.6605	0.030563	3412.6	6.6058
530	0.038600	3459.7	6.7509	0.034466	3449.0	6.6921	0.031088	3438.2	6.6380

续表

温度/ ℃	压力 9MPa　饱和温度 303.385℃			压力 10MPa　饱和温度 311.037℃			压力 11MPa　饱和温度 318.118℃		
	v' 0.0014177 v'' 0.020485	h' 1363.1 h'' 2741.9	s' 3.2854 s'' 5.6771	v' 0.0014522 v'' 0.018026	h' 1407.2 h'' 2724.5	s' 3.3591 s'' 5.6139	v' 0.0014881 v'' 0.015987	h' 1449.6 h'' 2705.3	s' 3.4287 s'' 5.5525
	比体积/ （m³/kg）	比焓/ （kJ/kg）	比熵/ [kJ/(kg·K)]	比体积/ （m³/kg）	比焓/ （kJ/kg）	比熵/ [kJ/(kg·K)]	比体积/ （m³/kg）	比焓/ （kJ/kg）	比熵/ [kJ/(kg·K)]
540	0.039211	3484.4	6.7814	0.035027	3474.1	6.7232	0.031607	3463.8	6.6695
550	0.039817	3509.0	6.8114	0.035582	3499.1	6.7537	0.032121	3489.1	6.7005
560	0.040419	3533.5	6.8410	0.036133	3523.9	6.7837	0.032630	3514.3	6.7309
570	0.041017	3557.9	6.8701	0.036679	3548.6	6.8132	0.033134	3539.4	6.7609
580	0.041611	3582.2	6.8988	0.037222	3573.3	6.8423	0.033635	3564.4	6.7903
590	0.042201	3606.5	6.9272	0.037761	3597.9	6.8709	0.034132	3589.3	6.8194
600	0.042789	3630.8	6.9552	0.038297	3622.5	6.8992	0.034626	3614.1	6.8480
620	0.043955	3679.4	7.0101	0.039360	3671.5	6.9548	0.035604	3663.7	6.9041
640	0.045110	3727.9	7.0639	0.040413	3720.5	7.0090	0.036572	3713.1	6958.8
660	0.046256	3776.6	7.1166	0.041457	3769.5	7.0621	0.037531	3762.5	7.0123
680	0.047395	3825.3	7.1682	0.042493	3818.6	7.1141	0.038483	3811.9	7.0647
700	0.048526	3874.1	7.2190	0.043522	3867.7	7.1652	0.039428	3861.3	7.1161
720	0.049651	3923.1	7.2688	0.044545	3917.0	7.2153	0.040367	3910.9	7.1665
740	0.050770	3972.2	7.3177	0.045562	3966.4	7.2646	0.041301	3960.6	7.2160
760	0.051883	4021.5	7.3659	0.046574	4015.9	7.3129	0.042230	4010.3	7.2646
780	0.052992	4070.8	7.4132	0.047582	4065.5	7.3605	0.043154	4060.1	7.3124
800	0.054096	4120.2	7.4596	0.048584	4115.1	7.4072	0.044074	4110.0	7.3593
820	0.055195	4169.7	7.5053	0.049583	4164.8	7.4531	0.044989	4159.9	7.4054
840	0.056291	4219.2	7.5502	0.050577	4214.6	7.4982	0.045901	4209.9	7.4507
860	0.057382	4268.7	7.5943	0.051567	4264.4	7.5425	0.046808	4259.9	7.4952
880	0.058469	4318.3	7.6377	0.052553	4314.2	7.5860	0.047711	4309.9	7.5390
900	0.059553	4368.0	7.6804	0.053535	4364.0	7.6289	0.048611	4360.0	7.5820
920	0.060633	4417.7	7.7224	0.054514	4413.9	7.6711	0.049507	4410.1	7.6244
940	0.061711	4467.5	7.7638	0.055490	4463.9	7.7126	0.050400	4460.3	7.6661
960	0.062785	4517.4	7.8046	0.056462	4514.0	7.7536	0.051289	4510.6	7.7072
980	0.063857	4567.5	7.8449	0.057432	4564.2	7.7940	0.052175	4561.0	7.7477
1000	0.064926	4617.7	7.8846	0.058399	4614.6	7.8339	0.053059	4611.5	7.7877

续表

温度/℃	压力 12MPa 饱和温度 324.715℃			压力 13MPa 饱和温度 330.894℃			压力 14MPa 饱和温度 336.707℃		
	v' 0.0015260	h' 1490.7	s' 3.4952	v' 0.0015662	h' 1530.8	s' 3.5594	v' 0.0016097	h' 1570.4	s' 3.6220
	v'' 0.014263	h'' 2684.5	s'' 5.4920	v'' 0.012780	h'' 2661.8	s'' 5.4318	v'' 0.011486	h'' 2637.1	s'' 5.3711
	比体积/ (m³/kg)	比焓/ (kJ/kg)	比熵/ [kJ/(kg·K)]	比体积/ (m³/kg)	比焓/ (kJ/kg)	比熵/ [kJ/(kg·K)]	比体积/ (m³/kg)	比焓/ (kJ/kg)	比熵/ [kJ/(kg·K)]
0	0.0009942	12.10	0.0005	0.0009937	13.10	0.0005	0.0009933	14.10	0.0005
10	0.0009947	53.63	0.1498	0.0009942	54.59	0.1497	0.0009938	55.55	0.1496
20	0.0009964	95.09	0.2937	0.0009960	96.02	0.2935	0.0009955	96.95	0.2932
30	0.0009991	136.57	0.4329	0.0009987	137.47	0.4325	0.0009983	138.38	0.4322
40	0.0010026	178.10	0.5676	0.0010022	178.98	0.5673	0.0010018	179.86	0.5669
50	0.0010069	219.65	0.6982	0.0010065	220.50	0.6978	0.0010060	221.36	0.6973
60	0.0010118	261.20	0.8249	0.0010114	262.04	0.8244	0.0010109	262.88	0.8239
70	0.0010173	302.80	0.9479	0.0010169	303.61	0.9473	0.0010164	304.43	0.9467
80	0.0010235	344.45	1.0675	0.0010230	345.24	1.0669	0.0010226	346.04	1.0663
90	0.0010302	386.18	1.1841	0.0010297	386.96	1.1834	0.0010292	387.73	1.1827
100	0.0010375	428.02	1.2977	0.0010370	428.78	1.2970	0.0010365	429.53	1.2962
110	0.0010454	469.99	1.4087	0.0010448	470.72	1.4079	0.0010443	471.45	1.4071
120	0.0010538	512.10	1.5172	0.0010533	512.81	1.5163	0.0010527	513.52	1.5155
130	0.0010629	554.37	1.6234	0.0010623	555.05	1.6225	0.0010617	555.74	1.6215
140	0.0010725	596.82	1.7274	0.0010720	597.48	1.7264	0.0010714	598.14	1.7254
150	0.0010829	639.48	1.8294	0.0010823	640.11	1.8284	0.0010816	640.74	1.8273
160	0.0010939	682.36	1.9296	0.0010932	682.96	1.9285	0.0010926	683.56	1.9273
170	0.0011057	725.48	2.0280	0.0011050	726.05	2.0268	0.0011042	726.62	2.0256
180	0.0011183	768.90	2.1249	0.0011175	769.43	2.1236	0.0011167	769.96	2.1223
190	0.0011317	812.63	2.2204	0.0011309	813.12	2.2190	0.0011300	813.61	2.2176
200	0.0011462	856.75	2.3146	0.0011452	857.19	2.3131	0.0011443	857.63	2.3116
210	0.0011617	901.29	2.4078	0.0011606	901.68	2.4062	0.0011596	902.07	2.4046
220	0.0011784	946.34	2.5001	0.0011772	946.67	2.4983	0.0011761	947.00	2.4966
230	0.0011964	991.98	2.5917	0.0011952	992.23	2.5898	0.0011939	992.49	2.5879
240	0.0012161	1038.3	2.6828	0.0012146	1038.5	2.6808	0.0012132	1038.6	2.6788
250	0.0012375	1085.4	2.7738	0.0012359	1085.5	2.7715	0.0012343	1085.6	2.7693
260	0.0012611	1133.5	2.8648	0.0012593	1133.4	2.8623	0.0012574	1133.4	2.8599

续表

温度/ ℃	压力 12MPa 饱和温度 324.715℃			压力 13MPa 饱和温度 330.894℃			压力 14MPa 饱和温度 336.707℃		
	v' 0.0015260	h' 1490.7	s' 3.4952	v' 0.0015662	h' 1530.8	s' 3.5594	v' 0.0016097	h' 1570.4	s' 3.6220
	v'' 0.014263	h'' 2684.5	s'' 5.4920	v'' 0.012780	h'' 2661.8	s'' 5.4318	v'' 0.011486	h'' 2637.1	s'' 5.3711
	比体积/ (m³/kg)	比焓/ (kJ/kg)	比熵/ [kJ/(kg·K)]	比体积/ (m³/kg)	比焓/ (kJ/kg)	比熵/ [kJ/(kg·K)]	比体积/ (m³/kg)	比焓/ (kJ/kg)	比熵/ [kJ/(kg·K)]
270	0.0012874	1182.7	2.9562	0.0012852	1182.5	2.9535	0.0012830	1182.3	2.9507
280	0.0013168	1233.3	3.0485	0.0013142	1232.9	3.0454	0.0013117	1232.5	3.0424
290	0.0013503	1285.6	3.1423	0.0013471	1285.0	3.1387	0.0013441	1284.3	3.1352
300	0.0013892	1340.1	3.2382	0.0013852	1339.1	3.2341	0.0013814	1338.2	3.2300
310	0.0014355	1397.6	3.3377	0.0014303	1396.1	3.3327	0.0014254	1394.7	3.3278
320	0.0014930	1459.4	3.4427	0.0014858	1457.1	3.4363	0.0014790	1455.0	3.4302
330	0.015006	2726.2	5.5614	0.0015585	1524.4	3.5487	0.0015482	1520.9	3.5404
340	0.016192	2791.5	5.6689	0.014013	2737.0	5.5554	0.011985	2670.5	5.4257
350	0.017202	2846.2	5.7574	0.015103	2801.9	5.6604	0.013218	2751.2	5.5564
360	0.018101	2894.2	5.8339	0.016037	2856.5	5.7474	0.014214	2814.9	5.6578
370	0.018921	2937.7	5.9019	0.016870	2904.7	5.8229	0.015076	2869.1	5.7427
380	0.019683	2977.7	5.9637	0.017632	2948.3	5.8903	0.015849	2917.1	5.8168
390	0.020399	3015.1	6.0206	0.018341	2988.7	5.9515	0.016558	2960.7	5.8833
400	0.021079	3050.6	6.0736	0.019008	3026.4	6.0080	0.017218	3001.1	5.9436
410	0.021729	3084.4	6.1235	0.019642	3062.1	6.0607	0.017841	3039.0	5.9995
420	0.022355	3116.8	6.1707	0.020249	3096.2	6.1103	0.018433	3074.9	6.0517
430	0.022958	3148.2	6.2156	0.020832	3129.0	6.1572	0.019000	3109.3	6.1008
440	0.023544	3178.6	6.2586	0.021396	3160.7	6.2020	0.019546	3142.3	6.1475
450	0.024114	3208.2	6.2998	0.021942	3191.4	6.2448	0.020074	3174.2	6.1919
460	0.024670	3237.2	6.3396	0.022474	3221.4	6.2859	0.020586	3205.2	6.2345
470	0.025213	3265.6	6.3781	0.022993	3250.7	6.3256	0.021084	3235.4	6.2754
480	0.025746	3293.5	6.4154	0.023500	3279.4	6.3639	0.021570	3264.9	6.3148
490	0.026268	3320.9	6.4516	0.023997	3307.5	6.4011	0.022046	3293.8	6.3530
500	0.026782	3348.0	6.4868	0.024485	3335.3	6.4372	0.022512	3322.3	6.3900
510	0.027287	3374.7	6.5212	0.024964	3362.6	6.4724	0.022969	3350.3	6.4260
520	0.027785	3401.2	6.5547	0.025435	3389.6	6.5066	0.023418	3377.9	6.4610
530	0.028276	3427.4	6.5875	0.025899	3416.3	6.5401	0.023859	3405.1	6.4952

温度/℃	压力 12MPa 饱和温度 324.715℃			压力 13MPa 饱和温度 330.894℃			压力 14MPa 饱和温度 336.707℃		
	v' 0.0015260	h' 1490.7	s' 3.4952	v' 0.0015662	h' 1530.8	s' 3.5594	v' 0.0016097	h' 1570.4	s' 3.6220
	v'' 0.014263	h'' 2684.5	s'' 5.4920	v'' 0.012780	h'' 2661.8	s'' 5.4318	v'' 0.011486	h'' 2637.1	s'' 5.3711
	比体积/ (m³/kg)	比焓/ (kJ/kg)	比熵/ [kJ/(kg·K)]	比体积/ (m³/kg)	比焓/ (kJ/kg)	比熵/ [kJ/(kg·K)]	比体积/ (m³/kg)	比焓/ (kJ/kg)	比熵/ [kJ/(kg·K)]
540	0.028762	3453.3	6.6196	0.026357	3442.8	6.5728	0.024295	3432.1	6.5285
550	0.029242	3479.1	6.6511	0.026809	3469.0	6.6049	0.024724	3458.7	6.5611
560	0.029716	3504.7	6.6820	0.027255	3495.0	6.6363	0.025147	3485.2	6.5931
570	0.030186	3530.1	6.7124	0.027697	3520.8	6.6671	0.025565	3511.4	6.6244
580	0.030652	3555.5	6.7423	0.028134	3546.5	6.6974	0.025978	3537.5	6.6551
590	0.031114	3580.7	6.7716	0.028567	3572.1	6.7271	0.026387	3563.4	6.6853
600	0.031573	3605.8	6.8006	0.028996	3597.5	6.7564	0.026792	3589.1	6.7149
620	0.032481	3655.8	6.8573	0.029845	3648.1	6.8137	0.027591	3640.3	6.7729
640	0.033377	3705.7	6.9125	0.030682	3698.4	6.8694	0.028378	3691.1	6.8291
660	0.034265	3755.5	6.9664	0.031509	3748.5	6.9237	0.029154	3741.6	6.8839
680	0.035146	3805.2	7.0191	0.032329	3798.6	6.9768	0.029922	3792.0	6.9373
700	0.036020	3855.0	7.0708	0.033142	3848.6	7.0288	0.030683	3842.4	6.9896
720	0.036888	3904.8	7.1215	0.033950	3898.7	7.0797	0.031438	3892.7	7.0408
740	0.037752	3954.7	7.1712	0.034753	3948.8	7.1297	0.032189	3943.1	7.0910
760	0.038610	4004.7	7.2201	0.035552	3999.0	7.1788	0.032935	3993.5	7.1403
780	0.039465	4054.7	7.2680	0.036346	4049.3	7.2269	0.033678	4043.9	7.1886
800	0.040315	4104.8	7.3152	0.037137	4099.6	7.2743	0.034417	4094.4	7.2362
820	0.041162	4155.0	7.3615	0.037924	4150.0	7.3208	0.035152	4145.0	7.2828
840	0.042004	4205.2	7.4070	0.038708	4200.4	7.3665	0.035884	4195.6	7.3287
860	0.042842	4255.4	7.4517	0.039487	4250.8	7.4114	0.036613	4246.3	7.3738
880	0.043677	4305.6	7.4957	0.040263	4301.3	7.4555	0.037338	4296.9	7.4181
900	0.044507	4355.9	7.5389	0.041035	4351.8	7.4990	0.038060	4347.6	7.4617
920	0.045334	4406.2	7.5814	0.041804	4402.3	7.5417	0.038778	4398.4	7.5046
940	0.046158	4456.6	7.6233	0.042568	4452.9	7.5837	0.039493	4449.2	7.5468
960	0.046978	4507.1	7.6646	0.043330	4503.6	7.6251	0.040204	4500.0	7.5884
980	0.047795	4557.7	7.7053	0.044089	4554.3	7.6660	0.040912	4551.0	7.6294
1000	0.048609	4608.4	7.7454	0.044844	4605.2	7.7063	0.041617	4602.1	7.6699

温度/℃	压力 15MPa　饱和温度 342.196℃			压力 16MPa　饱和温度 347.396℃			压力 17MPa　饱和温度 352.334℃		
	v'	h'	s'	v'	h'	s'	v'	h'	s'
	0.0016571	1609.8	3.6836	0.0017099	1649.4	3.7451	0.0017701	1690.0	3.8073
	v''	h''	s''	v''	h''	s''	v''	h''	s''
	0.010340	2610.0	5.3091	0.093108	2580.2	5.2450	0.0083729	2547.0	5.17716
	比体积/(m³/kg)	比焓/(kJ/kg)	比熵/[kJ/(kg·K)]	比体积/(m³/kg)	比焓/(kJ/kg)	比熵/[kJ/(kg·K)]	比体积/(m³/kg)	比焓/(kJ/kg)	比熵/[kJ/(kg·K)]
0	0.0009928	15.10	0.0006	0.0009923	16.10	0.0006	0.0009918	17.10	0.0006
10	0.0009933	56.51	0.1494	0.0009929	57.47	0.1493	0.0009924	58.42	0.1492
20	0.0009951	97.87	0.2930	0.0009946	98.80	0.2928	0.0009942	99.73	0.2926
30	0.0009978	139.28	0.4319	0.0009974	140.18	0.4316	0.0009970	141.08	0.4313
40	0.0010014	180.74	0.5665	0.0010009	181.62	0.5661	0.0010005	182.50	0.5657
50	0.0010056	222.22	0.6969	0.0010052	223.08	0.6964	0.0010048	223.93	0.6959
60	0.0010105	263.72	0.8233	0.0010101	264.55	0.8228	0.0010096	265.39	0.8223
70	0.0010160	305.25	0.9462	0.0010156	306.06	0.9456	0.0010151	306.88	0.9450
80	0.0010221	346.84	1.0656	0.0010217	347.63	1.0650	0.0010212	348.43	1.0644
90	0.0010288	388.51	1.1820	0.0010283	389.28	1.1813	0.0010279	390.06	1.1806
100	0.0010360	430.29	1.2955	0.0010355	431.04	1.2947	0.0010351	431.80	1.2940
110	0.0010438	472.19	1.4063	0.0010433	472.92	1.4055	0.0010428	473.65	1.4047
120	0.0010522	514.23	1.5146	0.0010517	514.94	1.5137	0.0010512	515.65	1.5129
130	0.0010612	556.43	1.6206	0.0010606	557.11	1.6197	0.0010601	557.80	1.6188
140	0.0010708	598.80	1.7244	0.0010702	599.47	1.7234	0.0010696	600.13	1.7225
150	0.0010810	641.37	1.8262	0.0010804	642.01	1.8252	0.0010797	642.65	1.8241
160	0.0010919	684.16	1.9262	0.0010912	684.77	1.9251	0.0010906	685.37	1.9239
170	0.0011035	727.19	2.0244	0.0011028	727.76	2.0232	0.0011021	728.34	2.0220
180	0.0011159	770.49	2.1210	0.0011152	771.03	2.1197	0.0011144	771.57	2.1185
190	0.0011292	814.11	2.2162	0.0011284	814.60	2.2149	0.0011275	815.10	2.2135
200	0.0011434	858.08	2.3102	0.0011425	858.53	2.3087	0.0011416	858.98	2.3072
210	0.0011586	902.47	2.4030	0.0011576	902.86	2.4014	0.0011566	903.27	2.3999
220	0.0011750	947.33	2.4949	0.0011739	947.67	2.4932	0.0011728	948.01	2.4915
230	0.0011927	992.75	2.5861	0.0011914	993.02	2.5843	0.0011902	993.30	2.5824
240	0.0012118	1038.8	2.6767	0.0012104	1039.0	2.6748	0.0012091	1039.2	2.6728
250	0.0012327	1085.6	2.7671	0.0012311	1085.7	2.7649	0.0012296	1085.8	2.7628
260	0.0012556	1133.3	2.8574	0.0012538	1133.3	2.8551	0.0012520	1133.3	2.8527

温度/℃	压力 15MPa 饱和温度 342.196℃			压力 16MPa 饱和温度 347.396℃			压力 17MPa 饱和温度 352.334℃		
	v' 0.0016571	h' 1609.8	s' 3.6836	v' 0.0017099	h' 1649.4	s' 3.7451	v' 0.0017701	h' 1690.0	s' 3.8073
	v'' 0.010340	h'' 2610.0	s'' 5.3091	v'' 0.093108	h'' 2580.2	s'' 5.2450	v'' 0.0083729	h'' 2547.0	s'' 5.17716
	比体积/ (m³/kg)	比焓/ (kJ/kg)	比熵/ [kJ/(kg·K)]	比体积/ (m³/kg)	比焓/ (kJ/kg)	比熵/ [kJ/(kg·K)]	比体积/ (m³/kg)	比焓/ (kJ/kg)	比熵/ [kJ/(kg·K)]
270	0.0012809	1182.1	2.9481	0.0012788	1182.0	2.9454	0.0012768	1181.8	2.9428
280	0.0013092	1232.1	3.0393	0.0013067	1231.8	3.0364	0.0013043	1231.5	3.0334
290	0.0013411	1283.7	3.1318	0.0013381	1283.2	3.1284	0.0013352	1282.6	3.1251
300	0.0013777	1337.3	3.2260	0.0013740	1336.4	3.2221	0.0013705	1335.6	3.2183
310	0.0014206	1393.4	3.3230	0.0014160	1392.1	3.3184	0.0014115	1390.9	3.3139
320	0.0014725	1453.0	3.4243	0.0014664	1451.1	3.4186	0.0014605	1449.3	3.4131
330	0.0015386	1517.7	3.5326	0.0015297	1514.8	3.5252	0.0015214	1512.1	3.5182
340	0.0016307	1591.5	3.6539	0.0016158	1586.5	3.6431	0.0016024	1582.0	3.6331
350	0.011469	2691.2	5.4403	0.0097553	2615.2	5.3012	0.0017269	1666.0	3.7690
360	0.012571	2768.1	5.5628	0.0110515	2714.2	5.4590	0.0095938	2649.3	5.3402
370	0.013481	2830.2	5.6601	0.0120372	2787.2	5.5734	0.0107058	2738.7	5.4804
380	0.014275	2883.6	5.7424	0.0128671	2847.3	5.6662	0.0115900	2807.8	5.5870
390	0.014992	2931.1	5.8147	0.0135998	2899.7	5.7457	0.0123485	2866.0	5.6754
400	0.015652	2974.6	5.8798	0.0142650	2946.7	5.8161	0.0130250	2917.2	5.7520
410	0.016268	3014.9	5.9393	0.0148802	2989.8	5.8797	0.0136432	2963.4	5.8203
420	0.016851	3052.9	5.9944	0.0154568	3029.9	5.9380	0.0142174	3006.1	5.8823
430	0.017405	3088.9	6.0460	0.0160024	3067.8	5.9923	0.0147573	3046.0	5.9394
440	0.017937	3123.3	6.0946	0.0165227	3103.8	6.0431	0.0152693	3083.7	5.9927
450	0.018449	3156.5	6.1408	0.0170220	3138.3	6.0912	0.0157585	3119.7	6.0427
460	0.018944	3188.5	6.1849	0.0175033	3171.5	6.1368	0.0162285	3154.1	6.0901
470	0.019425	3219.7	6.2271	0.0179694	3203.7	6.1804	0.0166821	3187.4	6.1352
480	0.019893	3250.1	6.2677	0.0184220	3235.0	6.2223	0.0171215	3219.7	6.1783
490	0.020350	3279.8	6.3069	0.0188630	3265.6	6.2626	0.0175487	3251.1	6.2197
500	0.020797	3309.0	6.3449	0.0192937	3295.5	6.3015	0.0179651	3281.7	6.2596
510	0.021235	3337.6	6.3811	0.0197151	3324.8	6.3392	0.0183719	3311.7	6.2982
520	0.021665	3365.8	6.4175	0.0201282	3353.6	6.3757	0.0187701	3341.2	6.3356
530	0.022088	3393.7	6.4523	0.0205338	3382.0	6.4113	0.0191606	3370.1	6.3718

续表

温度/℃	压力 15MPa　饱和温度 342.196℃			压力 16MPa　饱和温度 347.396℃			压力 17MPa　饱和温度 352.334℃		
	v'	h'	s'	v'	h'	s'	v'	h'	s'
	0.0016571	1609.8	3.6836	0.0017099	1649.4	3.7451	0.0017701	1690.0	3.8073
	v''	h''	s''	v''	h''	s''	v''	h''	s''
	0.010340	2610.0	5.3091	0.093108	2580.2	5.2450	0.0083729	2547.0	5.17716
	比体积/(m³/kg)	比焓/(kJ/kg)	比熵/[kJ/(kg·K)]	比体积/(m³/kg)	比焓/(kJ/kg)	比熵/[kJ/(kg·K)]	比体积/(m³/kg)	比焓/(kJ/kg)	比熵/[kJ/(kg·K)]
540	0.022504	3421.1	6.4863	0.0209326	3410.0	6.4459	0.0195441	3398.7	6.4072
550	0.022913	3448.3	6.5195	0.0213251	3437.6	6.4797	0.0199213	3426.8	6.4416
560	0.023317	3475.2	6.5520	0.0217119	3465.0	6.5128	0.0202927	3454.7	6.4752
570	0.023715	3501.9	6.5838	0.0220932	3492.1	6.5451	0.0206587	3482.2	6.5080
580	0.024109	3528.3	6.6150	0.0224696	3519.0	6.5768	0.0210198	3509.4	6.5402
590	0.024498	3554.6	6.6456	0.0228414	3545.6	6.6078	0.0213763	3536.5	6.5717
600	0.024882	3580.7	6.6757	0.0232088	3572.1	6.6383	0.0217285	3563.3	6.6025
620	0.025640	3632.4	6.7343	0.0239319	3624.5	6.6977	0.0224210	3616.4	6.6627
640	0.026385	3683.8	6.7912	0.0246409	3676.4	6.7551	0.0230995	3668.9	6.7208
660	0.027118	3734.8	6.8464	0.0253379	3727.9	6.8109	0.0237654	3720.9	6.7772
680	0.027842	3785.6	6.9003	0.0260246	3779.1	6.8652	0.0244206	3772.6	6.8320
700	0.028558	3836.2	6.9529	0.0267028	3830.1	6.9182	0.0250665	3824.0	6.8853
720	0.029268	3886.8	7.0043	0.0273739	3881.0	6.9700	0.0257045	3875.2	6.9374
740	0.029973	3937.4	7.0548	0.0280393	3931.8	7.0206	0.0263359	3926.3	6.9884
760	0.030673	3988.0	7.1042	0.0286999	3982.6	7.0703	0.0269620	3977.4	7.0383
780	0.031370	4038.6	7.1528	0.0293568	4033.5	7.1190	0.0275835	4028.4	7.0872
800	0.032064	4089.3	7.2004	0.0300096	4084.3	7.1669	0.0282013	4079.4	7.1352
820	0.032754	4140.1	7.2473	0.0306600	4135.2	7.2139	0.0288157	4130.5	7.1824
840	0.033441	4190.9	7.2933	0.0313068	4186.2	7.2601	0.0294272	4181.6	7.2287
860	0.034125	4241.7	7.3386	0.0319509	4237.2	7.3055	0.0300359	4232.8	7.2743
880	0.034806	4292.6	7.3831	0.0325921	4288.3	7.3502	0.0306417	4284.0	7.3191
900	0.035483	4343.5	7.4269	0.0332302	4339.3	7.3941	0.0312448	4335.3	7.3631
920	0.036157	4394.4	7.4699	0.0338652	4390.5	7.4373	0.0318450	4386.6	7.4065
940	0.036828	4445.4	7.5123	0.0344972	4441.7	7.4798	0.0324423	4437.9	7.4492
960	0.037495	4496.5	7.5541	0.0351260	4492.9	7.5218	0.0330368	4489.4	7.4913
980	0.038160	4547.6	7.5952	0.0357519	4544.2	7.5630	0.0336284	4540.9	7.5327
1000	0.038821	4598.9	7.6358	0.0363749	4595.7	7.6038	0.0342173	4592.5	7.5736

温度/℃	压力 18MPa　饱和温度 357.034℃			压力 19MPa　饱和温度 361.514℃			压力 20MPa　饱和温度 365.789℃		
	v' 0.0018402	h' 1732.0	s' 3.8715	v' 0.0019258	h' 1776.9	s' 3.9395	v' 0.0020379	h' 1827.2	s' 4.153
	v'' 0.0075033	h'' 2509.5	s'' 5.1051	v'' 0.0066788	h'' 2465.9	s'' 5.0250	v'' 0.0058702	h'' 2413.1	s'' 4.9322
	比体积/ (m³/kg)	比焓/ (kJ/kg)	比熵/ [kJ/(kg·K)]	比体积/ (m³/kg)	比焓/ (kJ/kg)	比熵/ [kJ/(kg·K)]	比体积/ (m³/kg)	比焓/ (kJ/kg)	比熵/ [kJ/(kg·K)]
0	0.0009913	18.09	0.0006	0.0009908	19.08	0.0006	0.0009904	20.08	0.0006
10	0.0009920	59.38	0.1491	0.0009915	60.33	0.1489	0.0009911	61.29	0.1488
20	0.0009938	100.65	0.2923	0.0009933	101.58	0.2921	0.0009929	102.50	0.2919
30	0.0009965	141.98	0.4310	0.0009961	142.88	0.4306	0.0009957	143.78	0.4303
40	0.0010001	183.37	0.5653	0.0009997	184.25	0.5649	0.0009992	185.13	0.5645
50	0.0010043	224.79	0.6955	0.0010039	225.65	0.6950	0.0010035	226.50	0.6946
60	0.0010092	266.23	0.8218	0.0010088	267.06	0.8213	0.0010084	267.90	0.8207
70	0.0010147	307.70	0.9444	0.0010143	308.51	0.9438	0.0010138	309.33	0.9433
80	0.0010208	349.23	1.0637	0.0010203	350.02	1.0631	0.0010199	350.82	1.0624
90	0.0010274	390.84	1.1799	0.0010269	391.61	1.1792	0.0010265	392.39	1.1785
100	0.0010346	432.55	1.2932	0.0010341	433.31	1.2925	0.0010336	434.06	1.2917
110	0.0010423	474.39	1.4039	0.0010418	475.12	1.4031	0.0010413	475.86	1.4023
120	0.0010506	516.36	1.5120	0.0010501	517.08	1.5112	0.0010496	517.79	1.5103
130	0.0010595	558.49	1.6178	0.0010590	559.18	1.6169	0.0010584	559.87	1.6160
140	0.0010690	600.79	1.7215	0.0010684	601.46	1.7205	0.0010679	602.12	1.7195
150	0.0010791	643.28	1.8231	0.0010785	643.92	1.8221	0.0010779	644.56	1.8210
160	0.0010899	685.98	1.9228	0.0010892	686.59	1.9217	0.0010886	687.20	1.9206
170	0.0011014	728.91	2.0208	0.0011007	729.49	2.0196	0.0011000	730.07	2.0185
180	0.0011136	772.11	2.1172	0.0011129	772.65	2.1159	0.0011121	773.19	2.1147
190	0.0011267	815.60	2.2121	0.0011259	816.10	2.2108	0.0011251	816.61	2.2095
200	0.0011407	859.44	2.3058	0.0011398	8.5990	2.3043	0.0011389	860.36	2.3029
210	0.0011556	903.67	2.3983	0.0011546	904.08	2.3968	0.0011537	904.49	2.3952
220	0.0011717	948.36	2.4899	0.0011706	948.71	2.4882	0.0011695	949.07	2.4865
230	0.0011890	993.58	2.5806	0.0011878	993.87	2.5788	0.0011866	994.16	2.5771
240	0.0012077	1039.4	2.6708	0.0012064	1039.6	2.6689	0.0012051	1039.8	2.6670
250	0.0012281	1086.0	2.7606	0.0012266	1086.1	2.7585	0.0012251	1086.2	2.7564
260	0.0012503	1133.3	2.8503	0.0012486	1133.3	2.8480	0.0012469	1133.4	2.8457

温度/℃	压力 18MPa　饱和温度 357.034℃			压力 19MPa　饱和温度 361.514℃			压力 20MPa　饱和温度 365.789℃		
	v'	h'	s'	v'	h'	s'	v'	h'	s'
	0.0018402	1732.0	3.8715	0.0019258	1776.9	3.9395	0.0020379	1827.2	4.153
	v''	h''	s''	v''	h''	s''	v''	h''	s''
	0.0075033	2509.5	5.1051	0.0066788	2465.9	5.0250	0.0058702	2413.1	4.9322
	比体积/(m³/kg)	比焓/(kJ/kg)	比熵/[kJ/(kg·K)]	比体积/(m³/kg)	比焓/(kJ/kg)	比熵/[kJ/(kg·K)]	比体积/(m³/kg)	比焓/(kJ/kg)	比熵/[kJ/(kg·K)]
270	0.0012748	1181.7	2.9402	0.0012728	1181.6	2.9376	0.0012709	1181.5	2.9351
280	0.0013020	1231.2	3.0305	0.0012996	1230.9	3.0277	0.0012974	1230.7	3.0249
290	0.0013324	1282.1	3.1218	0.0013297	1281.7	3.1186	0.0013270	1281.2	3.1154
300	0.0013671	1334.8	3.2145	0.0013638	1334.1	3.2109	0.0013605	1333.4	3.2072
310	0.0014072	1389.7	3.3095	0.0014031	1388.6	3.3052	0.0013990	1387.6	3.3010
320	0.0014549	1447.6	3.4078	0.0014494	1446.0	3.4027	0.0014442	1444.4	3.3977
330	0.0015135	1509.5	3.5114	0.0015061	1507.1	3.5049	0.0014990	1504.9	3.4987
340	0.0015902	1577.9	3.6238	0.0015789	1574.1	3.6151	0.0015685	1570.6	3.6068
350	0.0017028	1658.1	3.7535	0.0016824	1651.3	3.7398	0.0016645	1645.3	3.7275
360	0.0080980	2564.0	5.1915	0.0018725	1754.4	3.9040	0.0018248	1739.6	3.8777
370	0.0094468	2682.6	5.3774	0.0082107	2614.5	5.2578	0.0069052	2523.7	5.1048
380	0.0104141	2764.2	5.5034	0.0093121	2715.1	5.4132	0.0082557	2658.5	5.3130
390	0.0112106	2829.7	5.6030	0.0101637	2790.3	5.5274	0.0091882	2746.9	5.4475
400	0.0119053	2885.9	5.6870	0.0108847	2852.5	5.6206	0.0099458	2816.8	5.5520
410	0.0125309	2935.8	5.7607	0.0115227	2906.7	5.7005	0.0106017	2876.0	5.6393
420	0.0131063	2981.3	5.8268	0.0121026	2955.4	5.7713	0.0111896	2928.3	5.7154
430	0.0136432	3023.5	5.8872	0.0126392	3000.1	5.8353	0.0117284	2975.8	5.7834
440	0.0141495	3063.0	5.9431	0.0131419	3041.7	5.8940	0.0122296	3019.6	5.8453
450	0.0146309	3100.5	5.9953	0.0136176	3080.9	5.9486	0.0127013	3060.7	5.9025
460	0.0150916	3136.3	6.0445	0.0140710	3118.1	5.9997	0.0131490	3099.4	5.9557
470	0.0155349	3170.8	6.0911	0.0145057	3153.8	6.0481	0.0135767	3136.4	6.0058
480	0.0159632	3204.0	6.1356	0.0149246	3188.1	6.0940	0.0139876	3171.9	6.0532
490	0.0163785	3236.3	6.1782	0.0153298	3221.3	6.1378	0.0143841	3206.1	6.0984
500	0.0167825	3267.8	6.2191	0.0157230	3253.6	6.1798	0.0147681	3239.3	6.1415
510	0.0171765	3298.5	6.2586	0.0161059	3285.1	6.2203	0.0151411	3271.5	6.1830
520	0.0175616	3328.6	6.2968	0.0164794	3315.9	6.2593	0.0155046	3303.0	6.2229
530	0.0179387	3358.2	6.3338	0.0168447	3346.0	6.2971	0.0158595	3333.8	6.2615

温度/ ℃	压力 18MPa　饱和温度 357.034℃			压力 19MPa　饱和温度 361.514℃			压力 20MPa　饱和温度 365.789℃		
	v' 0.0018402 v'' 0.0075033	h' 1732.0 h'' 2509.5	s' 3.8715 s'' 5.1051	v' 0.0019258 v'' 0.0066788	h' 1776.9 h'' 2465.9	s' 3.9395 s'' 5.0250	v' 0.0020379 v'' 0.0058702	h' 1827.2 h'' 2413.1	s' 4.153 s'' 4.9322
	比体积/ (m³/kg)	比焓/ (kJ/kg)	比熵/ [kJ/(kg·K)]	比体积/ (m³/kg)	比焓/ (kJ/kg)	比熵/ [kJ/(kg·K)]	比体积/ (m³/kg)	比焓/ (kJ/kg)	比熵/ [kJ/(kg·K)]
540	0.0183087	3387.2	6.3698	0.0172027	3375.7	6.3338	0.0162067	3364.0	6.2989
550	0.0186721	3415.9	6.4049	0.0175539	3404.8	6.3694	0.0165471	3393.7	6.3352
560	0.0190297	3444.2	6.4390	0.0178990	3433.6	6.4042	0.0168811	3422.9	6.3705
570	0.0193818	3472.1	6.4724	0.0182387	3462.0	6.4380	0.0172096	3451.8	6.4049
580	0.0197290	3499.8	6.5050	0.0185733	3490.1	6.4711	0.0175328	3480.3	6.4385
590	0.0200716	3527.2	6.5369	0.0189032	3517.9	6.5035	0.0178514	3508.4	6.4713
600	0.0204099	3554.4	6.5682	0.0192289	3545.4	6.5352	0.0181655	3536.3	6.5035
620	0.0210749	3608.1	6.6291	0.0198685	3599.8	6.5969	0.0187821	3591.4	6.5658
640	0.0217259	3661.2	6.6879	0.0204944	3653.5	6.6563	0.0193848	3645.7	6.6259
660	0.0223645	3713.8	6.7448	0.0211080	3706.6	6.7138	0.0199755	3699.3	6.6840
680	0.0229921	3766.0	6.8001	0.0217108	3759.2	6.7696	0.0205554	3752.4	6.7403
700	0.0236100	3817.8	6.8540	0.0223040	3811.5	6.8239	0.0211259	3805.1	6.7951
720	0.0242196	3869.4	6.9064	0.0228885	3863.5	6.8768	0.0216877	3857.5	6.8483
740	0.0248219	3920.8	6.9577	0.0234654	3915.2	6.9284	0.0222420	3909.6	6.9003
760	0.0254182	3972.1	7.0079	0.0240358	3966.9	6.9789	0.0227894	3961.6	6.9511
780	0.0260093	4023.4	7.0570	0.0246004	4018.4	7.0282	0.0233308	4013.4	7.0007
800	0.0265961	4074.6	7.1052	0.0251602	4069.8	7.0767	0.0238669	4065.1	7.0494
820	0.0271792	4125.9	7.1525	0.0257159	4121.3	7.1242	0.0243985	4116.7	7.0971
840	0.0277591	4177.1	7.1990	0.0262680	4172.7	7.1708	0.0249261	4168.4	7.1439
860	0.0283362	4228.5	7.2447	0.0268170	4224.2	7.2166	0.0254502	4220.0	7.1899
880	0.0289105	4279.8	7.2896	0.0273631	4275.7	7.2617	0.0259713	4271.7	7.2351
900	0.0294821	4331.3	7.3339	0.0279066	4327.3	7.3061	0.0264895	4323.5	7.2796
920	0.0300510	4382.7	7.3774	0.0284474	4378.9	7.3497	0.0270051	4375.2	7.3234
940	0.0306173	4434.3	7.4202	0.0289857	4430.6	7.3927	0.0275183	4427.1	7.3664
960	0.0311809	4485.9	7.4624	0.0295215	4482.4	7.4350	0.0280290	4479.0	7.4089
980	0.0317419	4537.5	7.5040	0.0300548	4534.2	7.4767	0.0285373	4531.0	7.4507
1000	0.0323002	4589.3	7.5450	0.0305857	4586.2	7.5178	0.0290433	4583.1	7.4919

温度/	压力 25MPa			压力 30MPa			压力 35MPa		
	v	h	s	v	h	s	v	h	s
℃	比体积/	比焓/	比熵/	比体积/	比焓/	比熵/	比体积/	比焓/	比熵/
	(m^3/kg)	(kJ/kg)	$[kJ/(kg·K)]$	(m^3/kg)	(kJ/kg)	$[kJ/(kg·K)]$	(m^3/kg)	(kJ/kg)	$[kJ/(kg·K)]$
0	0.0009880	25.01	0.0006	0.0009857	29.92	0.0005	0.0009834	34.78	0.0003
10	0.0009888	66.04	0.1481	0.0009866	70.77	0.1474	0.0009845	75.47	0.1466
20	0.0009908	107.11	0.2907	0.0009887	111.71	0.2895	0.0009866	116.28	0.2882
30	0.0009936	148.27	0.4287	0.0009915	152.74	0.4271	0.0009895	157.20	0.4255
40	0.0009972	189.51	0.5626	0.0009951	193.87	0.5606	0.0009931	198.23	0.5586
50	0.0010014	230.78	0.6923	0.0009993	235.05	0.6900	0.0009973	239.31	0.6878
60	0.0010063	272.08	0.8182	0.0010042	276.25	0.8156	0.0010021	280.41	0.8130
70	0.0010117	313.41	0.9404	0.0010096	317.49	0.9376	0.0010075	321.56	0.9347
80	0.0010177	354.80	1.0593	0.0010155	358.78	1.0562	0.0010134	362.77	1.0531
90	0.0010242	396.27	1.1751	0.0010220	400.16	1.1717	0.0010198	404.05	1.1684
100	0.0010313	437.85	1.2880	0.0010290	441.64	1.2844	0.0010267	445.43	1.2808
110	0.0010389	479.54	1.3983	0.0010365	483.23	1.3944	0.0010341	486.92	1.3905
120	0.0010470	521.36	1.5061	0.0010445	524.95	1.5019	0.0010421	528.54	1.4978
130	0.0010557	563.33	1.6115	0.0010531	566.81	1.6070	0.0010505	570.29	1.6026
140	0.0010650	605.46	1.7147	0.0010622	608.82	1.7100	0.0010595	612.20	1.7053
150	0.0010749	647.77	1.8159	0.0010719	651.00	1.8108	0.0010691	654.26	1.8059
160	0.0010854	690.27	1.9152	0.0010822	693.36	1.9098	0.0010792	696.49	1.9045
170	0.0010965	732.98	2.0126	0.0010932	735.93	2.0069	0.0010899	738.91	2.0014
180	0.0011084	775.94	2.1085	0.0011048	778.72	2.1024	0.0011013	781.55	2.0965
190	0.0011211	819.16	2.2029	0.0011172	821.77	2.1964	0.0011134	824.43	2.1901
200	0.0011345	862.71	2.2959	0.0011303	865.12	2.2890	0.0011263	867.59	2.2823
210	0.0011489	906.60	2.3877	0.0011443	908.79	2.3803	0.0011399	911.05	2.3732
220	0.0011643	950.91	2.4785	0.0011593	952.85	2.4706	0.0011545	954.87	2.4630
230	0.0011808	995.69	2.5683	0.0011753	997.34	2.5599	0.0011700	999.10	2.5518
240	0.0011986	1041.0	2.6575	0.0011925	1042.3	2.6485	0.0011867	1043.8	2.6397
250	0.0012179	1087.0	2.7462	0.0012110	1087.9	2.7364	0.0012046	1089.0	2.7270
260	0.0012387	1133.6	2.8346	0.0012311	1134.1	2.8239	0.0012238	1134.8	2.8137
270	0.0012615	1181.1	2.9229	0.0012528	1181.1	2.9112	0.0012447	1181.3	2.9001
280	0.0012866	1229.6	3.0113	0.0012766	1229.0	2.9985	0.0012673	1228.6	2.9864
290	0.0013143	1279.3	3.1003	0.0013027	1277.8	3.0861	0.0012921	1276.8	3.0728
300	0.0013453	1330.3	3.1901	0.0013317	1327.9	3.1742	0.0013193	1326.1	3.1595
310	0.0013804	1383.0	3.2813	0.0013641	1379.4	3.2633	0.0013495	1376.6	3.2468
320	0.0014208	1437.9	3.3745	0.0014008	1432.7	3.3539	0.0013832	1428.5	3.3351
330	0.0014683	1495.4	3.4707	0.0014430	1488.1	3.4465	0.0014215	1482.2	3.4249
340	0.0015256	1556.6	3.5713	0.0014925	1546.2	3.5421	0.0014654	1538.1	3.5168
350	0.0015981	1623.1	3.6788	0.0015522	1608.0	3.6420	0.0015168	1596.7	3.6116
360	0.0016965	1698.0	3.7981	0.0016269	1674.8	3.7484	0.0015784	1658.9	3.7106
370	0.0018506	1789.5	3.9414	0.0017264	1749.5	3.8654	0.0016547	1725.9	3.8156
380	0.0022221	1936.3	4.1677	0.0018728	1837.7	4.0015	0.0017540	1799.9	3.9297
390	0.0046120	2389.6	4.8563	0.0021353	1955.3	4.1801	0.0018923	1884.8	4.0587

续表

温度/ ℃	压力 25MPa			压力 30MPa			压力 35MPa		
	v	h	s	v	h	s	v	h	s
	比体积/ (m³/kg)	比焓/ (kJ/kg)	比熵/ [kJ/(kg·K)]	比体积/ (m³/kg)	比焓/ (kJ/kg)	比熵/ [kJ/(kg·K)]	比体积/ (m³/kg)	比焓/ (kJ/kg)	比熵/ [kJ/(kg·K)]
400	0.0060014	2578.0	5.1386	0.0027929	2150.6	4.4721	0.0021057	1988.2	4.2134
410	0.0068853	2687.8	5.3006	0.0039667	2392.4	4.8289	0.0024735	2122.9	4.4120
420	0.0075799	2770.3	5.4205	0.0049195	2553.3	5.0628	0.0030724	2289.1	4.6535
430	0.0081700	2838.4	5.5182	0.0056394	2664.2	5.2216	0.0037755	2447.3	4.8801
440	0.0086923	2897.6	5.6017	0.0062284	2750.3	5.3433	0.0044133	2573.1	5.0579
450	0.0091666	2950.5	5.6754	0.0067363	2822.1	5.4433	0.0049596	2672.8	5.1967
460	0.0096048	2998.9	5.7418	0.0071888	2884.6	5.5292	0.0054347	2755.2	5.3099
470	0.0100147	3043.8	5.8026	0.0076009	2940.5	5.6049	0.0058575	2826.0	5.4058
480	0.0104019	3085.9	5.8590	0.0079822	2991.6	5.6732	0.0062410	2888.6	5.4895
490	0.0107703	3125.9	5.9117	0.0083391	3038.9	5.7356	0.0065943	2945.2	5.5641
500	0.0111229	3164.1	5.9614	0.0086761	3083.3	5.7934	0.0069235	2997.1	5.6318
510	0.0114621	3200.7	6.0085	0.0089967	3125.9	5.8474	0.0072333	3045.5	5.6940
520	0.0117897	3236.1	6.0534	0.0093033	3165.4	5.8982	0.0075268	3091.0	5.7517
530	0.0121071	3270.4	6.0964	0.0095981	3203.8	5.9463	0.0078068	3134.1	5.8058
540	0.0124156	3303.8	6.1377	0.0098825	3240.8	5.9921	0.0080750	3175.3	5.8567
550	0.0127161	3336.4	6.1775	0.0101580	3276.6	6.0359	0.0083332	3214.8	5.9050
560	0.0130095	3368.2	6.2160	0.0104254	3311.4	6.0780	0.0085826	3252.9	5.9510
570	0.0132965	3399.5	6.2533	0.0106857	3345.4	6.1185	0.0088243	3289.7	5.9949
580	0.0135778	3430.2	6.2895	0.0109397	3378.5	6.1576	0.0090590	3325.6	6.0372
590	0.0138537	3460.4	6.3248	0.0111880	3411.0	6.1954	0.0092876	3360.5	6.0779
600	0.0141249	3490.2	6.3591	0.0114310	3442.9	6.2321	0.0095106	3394.6	6.1171
620	0.0146543	3548.7	6.4253	0.0119034	3505.1	6.3026	0.0099420	3460.7	6.1920
640	0.0151687	3606.0	6.4888	0.0123597	3565.6	6.3696	0.0103566	3524.6	6.2628
660	0.0156702	3662.3	6.5497	0.0128025	3624.7	6.4337	0.0107571	3586.7	6.3301
680	0.0161606	3717.8	6.6086	0.0132336	3682.7	6.4952	0.0111455	3647.3	6.3943
700	0.0166412	3772.7	6.6655	0.0136544	3739.8	6.5545	0.0115234	3706.7	6.4561
720	0.0171134	3827.0	6.72118	0.0140663	3796.2	6.6118	0.0118922	3765.2	6.5155
740	0.0175780	3880.9	6.7745	0.0144703	3851.9	6.6673	0.0122530	3822.8	6.5729
760	0.0180359	3934.5	6.8269	0.0148672	3907.1	6.7213	0.0126065	3879.7	6.6286
780	0.0184878	3987.8	6.8780	0.0152580	3962.0	6.7739	0.0129537	3936.1	6.6826
800	0.0189343	4040.9	6.9280	0.0156431	4016.4	6.8251	0.0132951	3992.0	6.7352
820	0.0193759	4093.8	6.9768	0.0160232	4070.6	6.8752	0.0136314	4047.5	6.7865
840	0.0198129	4146.6	7.0247	0.0163988	4124.6	6.9241	0.0139630	4102.7	6.8365
860	0.0202458	4199.3	7.0716	0.0167702	4178.4	6.9720	0.0142905	4157.7	6.8854
880	0.0206750	4252.0	7.1177	0.0171379	4232.1	7.0190	0.0146140	4212.4	6.9333
900	0.0211006	4304.6	7.1629	0.0175021	4285.7	7.0651	0.0149341	4266.9	6.9802
920	0.0215230	4357.2	7.2074	0.0178631	4339.2	7.1103	0.0152509	4321.4	7.0262
940	0.0219426	4409.8	7.2511	0.0182212	4392.7	7.1547	0.0155648	4375.7	7.0714
960	0.0223594	4462.5	7.2942	0.0185766	4446.2	7.1985	0.0158760	4430.0	7.1157
980	0.0227737	4515.2	7.3366	0.0189294	4499.6	7.2415	0.0161847	4484.2	7.1594
1000	0.0231858	4567.9	7.3784	0.0192798	4553.1	7.2838	0.0164910	4538.4	7.2023

续表

温度/ ℃	压力 40MPa			压力 45MPa			压力 50MPa		
	v	h	s	v	h	s	v	h	s
	比体积/ (m^3/kg)	比焓/ (kJ/kg)	比熵/ [kJ/(kg·K)]	比体积/ (m^3/kg)	比焓/ (kJ/kg)	比熵/ [kJ/(kg·K)]	比体积/ (m^3/kg)	比焓/ (kJ/kg)	比熵/ [kJ/(kg·K)]
0	0.0009811	39.62	0.0000	0.0009789	44.42	-0.0004	0.0009767	49.19	-0.0008
10	0.0009823	80.15	0.1458	0.0009802	84.81	0.1449	0.0009782	89.44	0.1439
20	0.0009845	120.83	0.2869	0.0009825	125.36	0.2856	0.0009805	129.88	0.2843
30	0.0009875	161.65	0.4238	0.0009855	166.08	0.4222	0.0009835	170.49	0.4205
40	0.0009911	202.57	0.5567	0.0009891	206.91	0.5547	0.0009872	211.23	0.5527
50	0.0009953	243.56	0.6855	0.0009934	247.80	0.6832	0.0009914	252.03	0.6810
60	0.0010001	284.57	0.8105	0.0009981	288.73	0.8080	0.0009962	292.88	0.8055
70	0.0010054	325.63	0.9319	0.0010034	329.70	0.9291	0.0010014	333.76	0.9264
80	0.0010113	366.75	1.0500	0.0010092	370.73	1.0470	0.0010072	374.70	1.0440
90	0.0010176	407.94	1.1651	0.0010155	411.83	1.1618	0.0010134	415.72	1.1585
100	0.0010245	449.23	1.2772	0.0010223	453.03	1.2737	0.0010201	456.83	1.2702
110	0.0010318	490.63	1.3867	0.0010295	494.34	1.3829	0.0010273	498.05	1.3792
120	0.0010396	532.15	1.4937	0.0010373	535.76	1.4897	0.0010349	539.38	1.4857
130	0.0010480	573.80	1.5983	0.0010455	577.31	1.5940	0.0010431	580.83	1.5898
140	0.0010568	615.59	1.7007	0.0010542	618.99	1.6962	0.0010517	622.42	1.6917
150	0.0010662	657.53	1.8010	0.0010635	660.83	1.7962	0.0010608	664.14	1.7915
160	0.0010762	699.64	1.8994	0.0010733	702.81	1.8943	0.0010704	706.01	1.8893
170	0.0010867	741.93	1.9959	0.0010836	744.97	1.9905	0.0010806	748.04	1.9852
180	0.0010979	784.42	2.0907	0.0010946	787.32	2.0850	0.0010914	790.25	2.0794
190	0.0011098	827.14	2.1839	0.0011062	829.88	2.1779	0.0011028	832.66	2.1720
200	0.0011223	870.11	2.2757	0.0011185	872.68	2.2693	0.0011148	875.31	2.2631
210	0.0011357	913.38	2.3662	0.0011315	915.76	2.3594	0.0011276	918.20	2.3528
220	0.0011499	956.97	2.4556	0.0011454	959.15	2.4483	0.0011411	961.39	2.4413
230	0.0011650	1001.0	2.5438	0.0011601	1002.9	2.5361	0.0011554	1004.9	2.5286
240	0.0011811	1045.4	2.6312	0.0011758	1047.0	2.6230	0.0011706	1048.8	2.6150
250	0.0011984	1090.2	2.7179	0.0011925	1091.6	2.7091	0.0011869	1093.1	2.7005
260	0.0012170	1135.7	2.8039	0.0012105	1136.7	2.7945	0.0012042	1137.9	2.7853
270	0.0012370	1181.8	2.8895	0.0012297	1182.4	2.8793	0.0012228	1183.2	2.8695
280	0.0012586	1228.5	2.9749	0.0012505	1228.7	2.9638	0.0012428	1229.1	2.9533
290	0.0012822	1276.1	3.0602	0.0012730	1275.8	3.0482	0.0012643	1275.7	3.0367
300	0.0013079	1324.7	3.1456	0.0012974	1323.7	3.1325	0.0012876	1323.0	3.1201
310	0.0013362	1374.3	3.2314	0.0013241	1372.6	3.2170	0.0013129	1371.2	3.2034
320	0.0013676	1425.2	3.3179	0.0013535	1422.5	3.3019	0.0013406	1420.4	3.2870
330	0.0014027	1477.6	3.4055	0.0013860	1473.7	3.3876	0.0013710	1470.7	3.3711
340	0.0014424	1531.7	3.4945	0.0014224	1526.5	3.4743	0.0014046	1522.2	3.4558
350	0.0014879	1588.0	3.5855	0.0014634	1580.9	3.5624	0.0014422	1575.2	3.5416
360	0.0015409	1646.9	3.6794	0.0015103	1637.5	3.6525	0.0014845	1630.0	3.6287
370	0.0016040	1709.3	3.7771	0.0015647	1696.7	3.7452	0.0015326	1686.8	3.7177
380	0.0016813	1776.1	3.8802	0.0016289	1759.1	3.8414	0.0015880	1746.0	3.8091
390	0.0017793	1849.1	3.9911	0.0017064	1825.5	3.9424	0.0016529	1808.2	3.9036

温度/ ℃	压力 40MPa			压力 45MPa			压力 50MPa		
	v	h	s	v	h	s	v	h	s
	比体积/ （m³/kg）	比焓/ （kJ/kg）	比熵/ ［kJ/(kg·K)］	比体积/ （m³/kg）	比焓/ （kJ/kg）	比熵/ ［kJ/(kg·K)］	比体积/ （m³/kg）	比焓/ （kJ/kg）	比熵/ ［kJ/(kg·K)］
400	0.0019096	1930.7	4.1132	0.0018025	1897.2	4.0496	0.0017301	1874.0	4.0021
410	0.0020925	2024.9	4.2521	0.0019252	1975.7	4.1655	0.0018237	1944.2	4.1057
420	0.0023595	2135.9	4.4133	0.0020863	2063.1	4.2924	0.0019392	2019.9	4.2157
430	0.0027377	2263.0	4.5953	0.0023005	2160.7	4.4322	0.0020838	2101.9	4.3331
440	0.0032043	2393.8	4.7801	0.0025781	2267.3	4.5827	0.0022646	2190.5	4.4582
450	0.0036912	2513.0	4.9462	0.0029123	2377.5	4.7362	0.0024858	2284.6	4.5892
460	0.0041500	2615.3	5.0867	0.0032768	2483.8	4.8821	0.0027440	2381.1	4.7217
470	0.0045680	2702.7	5.2050	0.0036432	2580.8	5.0136	0.0030273	2475.9	4.8502
480	0.0049481	2778.5	5.3065	0.0039943	2667.4	5.1294	0.0033203	2565.6	4.9700
490	0.0052964	2845.8	5.3952	0.0043243	2744.6	5.2313	0.0036109	2648.3	5.0792
500	0.0056188	2906.5	5.4743	0.0046324	2814.0	5.3216	0.0038919	2724.1	5.1778
510	0.0059199	2962.2	5.5458	0.0049213	2877.1	5.4027	0.0041603	2793.4	5.2669
520	0.0062032	3013.8	5.6113	0.0051932	2935.1	5.4763	0.0044156	2857.1	5.3478
530	0.0064718	3062.2	5.6719	0.0054503	2989.0	5.5438	0.0046585	2916.2	5.4218
540	0.0067277	3107.9	5.7285	0.0056947	3039.5	5.6063	0.0048900	2971.3	5.4900
550	0.0069727	3151.4	5.7817	0.0059281	3087.2	5.6646	0.0051112	3023.1	5.5533
560	0.0072084	3193.0	5.8319	0.0061518	3132.5	5.7193	0.0053233	3072.1	5.6125
570	0.0074357	3233.1	5.8797	0.0063671	3175.8	5.7710	0.0055272	3118.7	5.6681
580	0.0076558	3271.7	5.9253	0.0065749	3217.4	5.8201	0.0057238	3163.3	5.7207
590	0.0078693	3309.2	5.9689	0.0067761	3257.6	5.8669	0.0059139	3206.2	5.7706
600	0.0080771	3345.6	6.0109	0.0069713	3296.5	5.9117	0.0060981	3247.5	5.8182
620	0.0084773	3415.9	6.0905	0.0073462	3371.0	5.9960	0.0064511	3326.3	5.9075
640	0.0088601	3483.3	6.1652	0.0077034	3442.0	6.0747	0.0067865	3400.9	5.9901
660	0.0092284	3548.5	6.2357	0.0080459	3510.3	6.1486	0.0071073	3472.3	6.0674
680	0.0095843	3611.8	6.3029	0.0083759	3576.7	6.2186	0.0074157	3541.0	6.1403
700	0.0099295	3673.6	6.3670	0.0086951	3640.5	6.2851	0.0077134	3607.6	6.2095
720	0.0102655	3734.1	6.4286	0.0090050	3703.2	6.3491	0.0080018	3672.4	6.2754
740	0.0105933	3793.7	6.4880	0.0093067	3764.6	6.4103	0.0082822	3735.8	6.3386
760	0.0109138	3852.3	6.5453	0.0096012	3825.0	6.4694	0.0085554	3797.9	6.3993
780	0.0112280	3910.3	6.6009	0.0098893	3884.6	6.5265	0.0088222	3859.1	6.4579
800	0.0115365	3967.6	6.6548	0.0101717	3943.4	6.5818	0.0090834	3919.3	6.5146
820	0.0118397	4024.5	6.7073	0.0104489	4001.5	6.6355	0.0093395	3978.8	6.5695
840	0.0121383	4080.9	6.7585	0.0107215	4059.2	6.6877	0.0095909	4037.6	6.6229
860	0.0124326	4137.0	6.8084	0.0109898	4116.4	6.7387	0.0098382	4096.0	6.6748
880	0.0127231	4192.7	6.8572	0.0112543	4173.2	6.7884	0.0100817	4153.8	6.7254
900	0.0130100	4248.3	6.9049	0.0115153	4229.7	6.8370	0.0103217	4211.3	6.7749
920	0.0132937	4303.6	6.9517	0.0117731	4286.0	6.8845	0.0105586	4268.5	6.8232
940	0.0135744	4358.8	6.9976	0.0120279	4342.0	6.9311	0.0107925	4325.4	6.8705
960	0.0138524	4413.9	7.0426	0.0122800	4397.9	6.9768	0.0110237	4382.0	6.9168
980	0.0141279	4468.S	7.0868	0.0125296	4453.6	7.0216	0.0112524	4438.5	6.9622
1000	0.0144010	4523.7	7.1303	0.0127769	4509.2	7.0656	0.0114789	4494.8	7.0068

温度/℃	压力 60MPa			压力 70MPa			压力 80MPa		
	v	h	s	v	h	s	v	h	s
	比体积/ (m³/kg)	比焓/ (kJ/kg)	比熵/ [kJ/(kg·K)]	比体积/ (m³/kg)	比焓/ (kJ/kg)	比熵/ [kJ/(kg·K)]	比体积/ (m³/kg)	比焓/ (kJ/kg)	比熵/ [kJ/(kg·K)]
0	0.0009725	58.65	-0.0019	0.0009683	67.98	-0.0032	0.0009643	77.21	-0.0048
10	0.0009741	98.64	0.1419	0.0009702	107.75	0.1398	0.0009664	116.78	0.1375
20	0.0009766	138.86	0.2815	0.0009728	147.77	0.2787	0.0009691	156.62	0.2758
30	0.0009797	179.28	0.4171	0.0009759	188.02	0.4137	0.0009723	196.70	0.4102
40	0.0009834	219.84	0.5488	0.0009797	228.41	0.5448	0.0009761	236.94	0.5408
50	0.0009876	260.48	0.6765	0.0009839	268.89	0.6720	0.0009803	277.27	0.6676
60	0.0009923	301.15	0.8005	0.0009886	309.41	0.7955	0.0009850	317.64	0.7906
70	0.0009975	341.88	0.9209	0.0009938	349.98	0.9155	0.0009901	358.06	0.9101
80	0.0010032	382.65	1.0380	0.0009994	390.60	1.0322	0.0009956	398.53	1.0264
90	0.0010093	423.51	1.1521	0.0010054	431.30	1.1458	0.0010015	439.08	1.1396
100	0.0010159	464.45	1.2633	0.0010118	472.08	1.2566	0.0010079	479.71	1.2500
110	0.0010229	505.50	1.3719	0.0010187	512.96	1.3647	0.0010146	520.43	1.3577
120	0.0010304	546.65	1.4779	0.0010260	553.94	1.4703	0.0010218	561.26	1.4629
130	0.0010383	587.91	1.5816	0.0010338	595.03	1.5735	0.0010293	602.18	1.5657
140	0.0010467	629.30	1.6830	0.0010419	636.23	1.6745	0.0010373	643.20	1.6662
150	0.0010556	670.81	1.7823	0.0010505	677.55	1.7733	0.0010457	684.34	1.7646
160	0.0010649	712.46	1.8795	0.0010596	718.99	1.8701	0.0010545	725.58	1.8609
170	0.0010748	754.25	1.9749	0.0010692	760.56	1.9650	0.0010638	766.95	1.9553
180	0.0010852	796.21	2.0686	0.0010792	802.28	2.0581	0.0010736	808.44	2.0479
190	0.0010961	838.34	2.1605	0.0010898	844.15	2.1495	0.0010838	850.08	2.1388
200	0.0011077	880.68	2.2510	0.0011010	886.21	2.2393	0.0010946	891.87	2.2281
210	0.0011199	923.24	2.3400	0.0011127	928.47	2.3277	0.0011059	933.85	2.3159
220	0.0011328	966.06	2.4277	0.0011251	970.95	2.4147	0.0011177	976.03	2.4023
230	0.0011465	1009.2	2.5142	0.0011381	1013.7	2.5005	0.0011302	1018.4	2.4874
240	0.0011609	1052.6	2.5997	0.0011519	1056.7	2.5852	0.0011434	1061.1	2.5714
250	0.0011763	1096.4	2.6842	0.0011665	1100.1	2.6688	0.0011573	1104.0	2.6542
260	0.0011926	1140.6	2.7679	0.0011819	1143.8	2.7516	0.0011720	1147.3	2.7361
270	0.0012100	1185.3	2.8509	0.0011983	1187.9	2.8335	0.0011875	1190.9	2.8171
280	0.0012286	1230.4	2.9333	0.0012157	1232.4	2.9148	0.0012039	1234.9	2.8974
290	0.0012485	1276.2	3.0153	0.0012342	1277.4	2.9954	0.0012213	1279.3	2.9769
300	0.0012698	1322.5	3.0969	0.0012540	1323.0	3.0756	0.0012397	1324.1	3.0559
310	0.0012928	1369.6	3.1783	0.0012752	1369.1	3.1554	0.0012594	1369.5	3.1343
320	0.0013177	1417.4	3.2596	0.0012979	1415.9	3.2349	0.0012804	1415.4	3.2124
330	0.0013448	1466.2	3.3411	0.0013224	1463.4	3.3143	0.0013028	1461.9	3.2901
340	0.0013743	1515.8	3.4228	0.0013488	1511.6	3.3937	0.0013268	1509.0	3.3676
350	0.0014066	1566.6	3.5049	0.0013774	1560.7	3.4732	0.0013526	1556.8	3.4450
360	0.0014423	1618.7	3.5878	0.0014085	1610.8	3.5529	0.0013804	1605.4	3.5223
370	0.0014819	1672.1	3.6715	0.0014426	1661.9	3.6330	0.0014104	1654.8	3.5997
380	0.0015262	1727.1	3.7564	0.0014799	1714.2	3.7136	0.0014429	1705.1	3.6773
390	0.0015761	1784.0	3.8428	0.0015210	1767.7	3.7950	0.0014783	1756.3	3.7551

温度/	压力 60MPa			压力 70MPa			压力 80MPa		
	v	h	s	v	h	s	v	h	s
℃	比体积/	比焓/	比熵/	比体积/	比焓/	比熵/	比体积/	比焓/	比熵/
	(m³/kg)	(kJ/kg)	[kJ/(kg·K)]	(m³/kg)	(kJ/kg)	[kJ/(kg·K)]	(m³/kg)	(kJ/kg)	[kJ/(kg·K)]
400	0.0016328	1842.9	3.9310	0.0015667	1822.7	3.8772	0.0015168	1808.6	3.8333
410	0.0016978	1904.3	4.0215	0.0016174	1879.2	3.9606	0.0015590	1861.9	3.9120
420	0.0017731	1968.4	4.1146	0.0016743	1937.4	4.0451	0.0016052	1916.5	3.9913
430	0.0018608	2035.6	4.2108	0.0017382	1997.5	4.1312	0.0016561	1972.3	4.0712
440	0.0019635	2106.0	4.3104	0.0018103	2059.5	4.2187	0.0017122	2029.4	4.1518
450	0.0020839	2179.9	4.4132	0.0018917	2123.5	4.3079	0.0017740	2087.8	4.2332
460	0.0022238	2256.8	4.5188	0.0019836	2189.5	4.3986	0.0018423	2147.6	4.3153
470	0.0023835	2335.8	4.6259	0.0020868	2257.4	4.4904	0.0019176	2208.6	4.3980
480	0.0025614	2415.7	4.7327	0.0022018	2326.6	4.5830	0.0020002	2270.8	4.4811
490	0.0027536	2494.9	4.8371	0.0023280	2396.6	4.6754	0.0020905	2333.9	4.5643
500	0.0029547	2571.7	4.9371	0.0024645	2466.8	4.7667	0.0021882	2397.5	4.6472
510	0.0031598	2645.3	5.0317	0.0026093	2536.2	4.8559	0.0022930	2461.4	4.7292
520	0.0033646	2714.9	5.1201	0.0027601	2604.2	4.9422	0.0024040	2525.0	4.8099
530	0.0035664	2780.6	5.2024	0.0029147	2670.2	5.0249	0.0025203	2587.8	4.8887
540	0.0037634	2842.5	5.2790	0.0030708	2733.8	5.1036	0.0026405	2649.6	4.9652
550	0.0039548	2900.9	5.3503	0.0032267	2794.8	5.1782	0.0027634	2710.0	5.0389
560	0.0041403	2956.1	5.4170	0.0033812	2853.3	5.2488	0.0028880	2768.6	5.1098
570	0.0043200	3008.5	5.4795	0.0035335	2909.2	5.3155	0.0030131	2825.5	5.1777
580	0.0044939	3058.4	5.5384	0.0036830	2962.8	5.3787	0.0031379	2880.6	5.2426
590	0.0046626	3106.2	5.5941	0.0038293	3014.2	5.4386	0.0032619	2933.8	5.3046
600	0.0048263	3152.1	5.6469	0.0039724	3063.6	5.4955	0.0033846	2985.2	5.3638
620	0.0051402	3239.0	5.7453	0.0042491	3157.1	5.6014	0.0036250	3083.1	5.4747
640	0.0054384	3320.6	5.8357	0.0045136	3244.7	5.6984	0.0038577	3175.1	5.5766
660	0.0057230	3398.0	5.9196	0.0047670	3327.4	5.7880	0.0040825	3262.1	5.6708
680	0.0059961	3472.0	5.9980	0.0050105	3406.2	5.8716	0.0042997	3344.8	5.7586
700	0.0062590	3543.3	6.0720	0.0052452	3481.7	5.9500	0.0045098	3424.0	5.8408
720	0.0065133	3612.2	6.1422	0.0054721	3554.5	6.0241	0.0047133	3500.2	5.9183
740	0.0067598	3679.3	6.2091	0.0056920	3625.1	6.0944	0.0049109	3573.9	5.9917
760	0.0069995	3744.8	6.2731	0.0059057	3693.8	6.1615	0.0051030	3645.4	6.0616
780	0.0072331	3809.0	6.3347	0.0061138	3760.8	6.2258	0.0052902	3715.0	6.1284
800	0.0074614	3872.1	6.3939	0.0063169	3826.5	6.2876	0.0054729	3783.1	6.1924
820	0.0076847	3934.1	6.4513	0.0065155	3891.0	6.3471	0.0056516	3849.8	6.2540
840	0.0079036	3995.3	6.5068	0.0067100	3954.5	6.4047	0.0058265	3915.4	6.3134
860	0.0081185	4055.9	6.5607	0.0069006	4017.1	6.4604	0.0059979	3979.9	6.3709
880	0.0083298	4115.8	6.6131	0.0070879	4078.9	6.5145	0.0061662	4043.6	6.4266
900	0.0085377	4175.2	6.6641	0.0072720	4140.1	6.5671	0.0063316	4106.4	6.4807
920	0.0087425	4234.1	6.7139	0.0074533	4200.7	6.6184	0.0064944	4168.7	6.5332
940	0.0089446	4292.7	6.7626	0.0076318	4260.9	6.6684	0.0066546	4230.3	6.5845
960	0.0091440	4350.9	6.8102	0.0078079	4320.6	6.7172	0.0068126	4291.4	6.6344
980	0.0093410	4408.8	6.8568	0.0079817	4379.9	6.7649	0.0069684	4352.0	6.6832
1000	0.0095359	4466.5	6.9025	0.0081534	4438.9	6.8116	0.0071222	4412.3	6.7309

温度/℃	压力 90MPa			压力 100MPa			压力 150MPa		
	v	h	s	v	h	s	v	h	s
	比体积/ (m^3/kg)	比焓/ (kJ/kg)	比熵/ $[kJ/(kg \cdot K)]$	比体积/ (m^3/kg)	比焓/ (kJ/kg)	比熵/ $[kJ/(kg \cdot K)]$	比体积/ (m^3/kg)	比焓/ (kJ/kg)	比熵/ $[kJ/(kg \cdot K)]$
0	0.0009604	86.35	-0.0066	0.0009567	95.39	-0.0086	0.0009395	139.49	-0.0206
10	0.0009626	125.73	0.1350	0.0009590	134.60	0.1324	0.0009424	178.07	0.1181
20	0.0009654	165.41	0.2727	0.0009619	174.14	0.2696	0.0009456	216.99	0.2532
30	0.0009687	205.34	0.4067	0.0009653	213.92	0.4031	0.0009492	256.20	0.3847
40	0.0009725	245.43	0.5368	0.0009691	253.88	0.5328	0.0009531	295.59	0.5125
50	0.0009768	285.62	0.6631	0.0009733	293.93	0.6587	0.0009573	335.07	0.6366
60	0.0009814	325.85	0.7857	0.0009780	334.03	0.7809	0.0009618	374.60	0.7571
70	0.0009865	366.13	0.9049	0.0009830	374.18	0.8996	0.0009667	414.17	0.8741
80	0.0009919	406.46	1.0207	0.0009884	414.38	1.0151	0.0009718	453.78	0.9879
90	0.0009978	446.86	1.1335	0.0009942	454.64	1.1275	0.0009773	493.46	1.0987
100	0.0010040	487.35	1.2435	0.0010003	494.99	1.2371	0.0009830	533.20	1.2067
110	0.001010	527.92	1.3508	0.0010068	535.42	1.3441	0.0009890	573.01	1.3120
120	0.0010177	568.59	1.4556	0.0010137	575.95	1.4485	0.0009953	612.90	1.4147
130	0.0010251	609.35	1.5580	0.0010209	616.56	1.5505	0.0010019	652.86	1.5151
140	0.0010329	650.22	1.6581	0.0010285	657.26	1.6502	0.0010088	692.89	1.6132
150	0.0010410	691.17	1.7561	0.0010365	698.06	1.7478	0.0010160	732.97	1.7091
160	0.0010496	732.24	1.8520	0.0010449	738.94	1.8433	0.0010235	773.12	1.8028
170	0.0010587	773.41	1.9459	0.0010537	779.93	1.9368	0.0010313	813.33	1.8946
180	0.0010681	814.69	2.0381	0.0010629	821.02	2.0285	0.0010394	853.60	1.9845
190	0.0010780	856.11	2.1285	0.0010725	862.23	2.1185	0.0010479	893.94	2.0725
200	0.0010884	897.66	2.2172	0.0010826	903.56	2.2068	0.0010566	934.35	2.1589
210	0.0010994	939.38	2.3045	0.0010931	945.04	2.2935	0.0010657	974.84	2.2435
220	0.0011108	981.28	2.3903	0.0011042	986.67	2.3788	0.0010752	1015.4	2.3267
230	0.0011228	1023.4	2.4748	0.0011158	1028.5	2.4628	0.0010851	1056.1	2.4083
240	0.0011354	1065.7	2.5581	0.0011279	1070.5	2.5454	0.0010953	1096.9	2.4886
250	0.0011487	1108.3	2.6403	0.0011406	1112.7	2.6270	0.0011059	1137.8	2.5676
260	0.0011627	1151.1	2.7214	0.0011540	1155.2	2.7074	0.0011170	1178.9	2.6454
270	0.0011774	1194.3	2.8016	0.0011680	1198.0	2.7869	0.0011285	1220.1	2.7220
280	0.0011930	1237.8	2.8810	0.0011828	1241.0	2.8654	0.0011405	1261.5	2.7976
290	0.0012094	1281.6	2.9595	0.0011984	1284.4	2.9431	0.0011530	1303.1	2.8721
300	0.0012267	1325.9	3.0374	0.0012148	1328.1	3.0201	0.0011660	1344.9	2.9456
310	0.0012451	1370.6	3.1147	0.0012321	1372.2	3.0964	0.0011796	1386.9	3.0183
320	0.0012646	1415.7	3.1915	0.0012504	1416.8	3.1721	0.0011937	1429.2	3.0901
330	0.0012854	1461.4	3.2678	0.0012697	1461.7	3.2472	0.0012085	1471.6	3.1611
340	0.0013075	1507.6	3.3438	0.0012902	1507.1	3.3218	0.0012239	1514.3	3.2313
350	0.0013311	1554.3	3.4194	0.0013120	1553.0	3.3961	0.0012399	1557.3	3.3009
360	0.0013563	1601.7	3.4949	0.0013351	1599.4	3.4700	0.0012567	1600.6	3.3697
370	0.0013832	1649.8	3.5702	0.0013597	1646.4	3.5436	0.0012742	1644.1	3.4379
380	0.0014122	1698.5	3.6454	0.0013859	1693.9	3.6169	0.0012925	1687.8	3.5054
390	0.0014434	1748.0	3.7206	0.0014139	1742.0	3.6900	0.0013116	1731.9	3.5724

温度/	压力 90MPa			压力 100MPa			压力 150MPa		
	v	h	s	v	h	s	v	h	s
℃	比体积/	比焓/	比熵/	比体积/	比焓/	比熵/	比体积/	比焓/	比熵/
	(m³/kg)	(kJ/kg)	[kJ/(kg·K)]	(m³/kg)	(kJ/kg)	[kJ/(kg·K)]	(m³/kg)	(kJ/kg)	[kJ/(kg·K)]
400	0.0014770	1798.3	3.7959	0.0014439	1790.8	3.7631	0.0013316	1776.3	3.6388
410	0.0015133	1849.4	3.8713	0.0014759	1840.2	3.8360	0.0013525	1820.9	3.7046
420	0.0015526	1901.4	3.9469	0.0015103	1890.4	3.9088	0.0013743	1865.8	3.7699
430	0.0015952	1954.4	4.0227	0.0015471	1941.2	3.9816	0.0013972	1911.0	3.8346
440	0.0016414	2008.2	4.0987	0.0015867	1992.7	4.0543	0.0014210	1956.5	3.8989
450	0.0016916	2063.0	4.1750	0.0016292	2045.0	4.1271	0.0014460	2002.2	3.9625
460	0.0017462	2118.8	4.2516	0.0016749	2097.9	4.1998	0.0014721	2048.8	4.0257
470	0.0018055	2175.5	4.3284	0.0017239	2151.6	4.2725	0.0014993	2094.5	4.0883
480	0.0018698	2233.0	4.4053	0.0017766	2205.9	4.3451	0.0015277	2140.9	4.1504
490	0.0019392	2291.3	4.4822	0.0018330	2260.7	4.4174	0.0015574	2187.6	4.2120
500	0.0020140	2350.1	4.5588	0.0018932	2316.1	4.4895	0.0015883	2234.4	4.2730
510	0.0020940	2409.4	4.6349	0.0019573	2371.8	4.5611	0.0016205	2281.4	4.3334
520	0.0021790	2468.7	4.7102	0.0020253	2427.8	4.6322	0.0016539	2328.6	4.3932
530	0.0022686	2527.9	4.7844	0.0020969	2483.8	4.7024	0.0016887	2375.8	4.4523
540	0.0023623	2586.8	4.8572	0.0021721	2539.8	4.7716	0.0017248	2423.0	4.5108
550	0.0024594	2644.9	4.9282	0.0022504	2595.4	4.8396	0.0017622	2470.3	4.5686
560	0.0025592	2702.1	4.9973	0.0023315	2650.5	4.9061	0.0018008	2517.6	4.6257
570	0.0026610	2758.1	5.0642	0.0024148	2705.0	4.9712	0.0018407	2564.8	4.6820
580	0.0027640	2813.0	5.1288	0.0025001	2758.7	5.0344	0.0018818	2611.9	4.7376
590	0.0028677	2866.4	5.1912	0.0025867	2811.4	5.0959	0.0019240	2658.9	4.7923
600	0.0029715	2918.5	5.2512	0.0026743	2863.2	5.1555	0.0019673	2705.6	4.8461
620	0.0031779	3018.5	5.3644	0.0028509	2963.4	5.2691	0.0020567	2798.3	4.9511
640	0.0033810	3113.2	5.4693	0.0030273	3059.3	5.3753	0.0021495	2889.7	5.0523
660	0.0035794	3203.1	5.5667	0.0032018	3150.9	5.4745	0.0022449	2979.5	5.1495
680	0.0037727	3288.9	5.6576	0.0033734	3238.7	5.5675	0.0023422	3067.5	5.2429
700	0.0039607	3370.9	5.7428	0.0035416	3322.9	5.6550	0.0024407	3153.7	5.3324
720	0.0041437	3449.9	5.8231	0.0037061	3403.9	5.7374	0.0025398	3237.9	5.4180
740	0.0043218	3526.1	5.8992	0.0038669	3482.3	5.8155	0.0026390	3320.2	5.5001
760	0.0044953	3600.1	5.9714	0.0040242	3558.2	5.8898	0.0027380	3400.7	5.5788
780	0.0046647	3672.0	6.0404	0.0041780	3632.1	5.9606	0.0028365	3479.4	5.6542
800	0.0048302	3742.2	6.1064	0.0043285	3704.1	6.0284	0.0029343	3556.4	5.7267
820	0.0049921	3810.9	6.1699	0.0044760	3774.6	6.0934	0.0030312	3631.9	5.7964
840	0.0051506	3878.4	6.2310	0.0046206	3843.7	6.1560	0.0031271	3706.0	5.8636
860	0.0053062	3944.7	6.2900	0.0047625	3911.5	6.2164	0.0032220	3778.8	5.9284
880	0.0054588	4010.0	6.3472	0.0049019	3978.3	6.2749	0.0033159	3850.4	5.9910
900	0.0056089	4074.4	6.4026	0.0050390	4044.1	6.3314	0.0034087	3920.9	6.0517
920	0.0057565	4138.0	6.4564	0.0051739	4109.1	6.3864	0.0035005	3990.5	6.1105
940	0.0059019	4201.0	6.5087	0.0053067	4173.3	6.4398	0.0035912	4059.2	6.1675
960	0.0060451	4263.4	6.5598	0.0054377	4236.9	6.4918	0.0036809	4127.0	6.2230
980	0.0061864	4325.3	6.6095	0.0055669	4299.9	6.5425	0.0037697	4194.2	6.2770
1000	0.0063259	4386.7	6.6582	0.0056943	4362.4	6.5919	0.0038575	4260.6	6.3297

续表

温度/	压力 200MPa			压力 250MPa			压力 300MPa		
	v	h	s	v	h	s	v	h	s
℃	比体积/ (m^3/kg)	比焓/ (kJ/kg)	比熵/ $[kJ/(kg \cdot K)]$	比体积/ (m^3/kg)	比焓/ (kJ/kg)	比熵/ $[kJ/(kg \cdot K)]$	比体积/ (m^3/kg)	比焓/ (kJ/kg)	比熵/ $[kJ/(kg \cdot K)]$
0	0.0009250	182.38	−0.0342	0.0009125	224.72	−0.0474	0.0009016	266.95	−0.0588
10	0.0009279	220.40	0.1025	0.0009153	262.07	0.0869	0.0009041	303.40	0.0723
20	0.0009312	258.82	0.2358	0.0009185	299.95	0.2184	0.0009071	340.62	0.2015
30	0.0009349	297.57	0.3658	0.0009221	338.25	0.3469	0.0009106	378.44	0.3283
40	0.0009388	336.51	0.4922	0.0009260	376.81	0.4720	0.0009144	416.62	0.4522
50	0.0009430	375.55	0.6149	0.0009301	415.48	0.5936	0.0009184	454.96	0.5728
60	0.0009474	414.63	0.7340	0.0009344	454.19	0.7116	0.0009226	493.35	0.6898
70	0.0009521	453.74	0.8497	0.0009390	492.92	0.8261	0.0009270	531.76	0.8034
80	0.0009570	492.88	0.9621	0.0009437	531.68	0.9374	0.0009316	570.20	0.9138
90	0.0009622	532.08	1.0716	0.0009486	570.48	1.0458	0.0009363	608.67	1.0212
100	0.0009676	571.33	1.1782	0.0009538	609.34	1.1513	0.0009412	647.19	1.1258
110	0.0009732	610.65	1.2822	0.0009591	648.25	1.2542	0.0009463	685.76	1.2278
120	0.0009791	650.03	1.3837	0.0009646	687.21	1.3546	0.0009515	724.38	1.3273
130	0.0009852	689.47	1.4827	0.0009703	726.23	1.4526	0.0009569	763.04	1.4245
140	0.0009916	728.96	1.5795	0.0009762	765.28	1.5483	0.0009624	801.73	1.5193
150	0.0009982	768.49	1.6740	0.0009823	804.36	1.6418	0.0009681	840.45	1.6119
160	0.0010050	808.06	1.7664	0.0009886	843.47	1.7331	0.0009740	879.18	1.7023
170	0.0010121	847.67	1.8568	0.0009951	882.60	1.8225	0.0009800	917.92	1.7907
180	0.0010194	887.31	1.9453	0.0010018	921.74	1.9098	0.0009862	956.65	1.8772
190	0.0010269	926.98	2.0319	0.0010087	960.89	1.9953	0.0009926	995.39	1.9617
200	0.0010348	966.69	2.1167	0.0010158	1000.1	2.0789	0.0009991	1034.1	2.0445
210	0.0010428	1006.4	2.1999	0.0010231	1039.2	2.1609	0.0010058	1072.8	2.1255
220	0.0010512	1046.3	2.2814	0.0010306	1078.4	2.2412	0.0010126	1111.6	2.2048
230	0.0010599	1086.1	2.3614	0.0010384	1117.7	2.3199	0.0010197	1150.3	2.2825
240	0.0010688	1126.0	2.4400	0.0010464	1156.9	2.3972	0.0010269	1189.0	2.3588
250	0.0010780	1166.0	2.5172	0.0010546	1196.2	2.4731	0.0010343	1227.8	2.4336
260	0.0010876	1206.1	2.5931	0.0010630	1235.6	2.5476	0.0010419	1266.6	2.5070
270	0.0010974	1246.3	2.6678	0.0010717	1275.0	2.6208	0.0010497	1305.4	2.5791
280	0.0011077	1286.6	2.7413	0.0010807	1314.5	2.6928	0.0010577	1344.2	2.6500
290	0.0011182	1327.0	2.8137	0.0010899	1354.0	2.7637	0.0010659	1383.1	2.7197
300	0.0011291	1367.5	2.8850	0.0010993	1393.6	2.8334	0.0010743	1422.0	2.7882
310	0.0011404	1408.2	2.9554	0.0011091	1433.4	2.9021	0.0010829	1461.0	2.8557
320	0.0011521	1449.0	3.0248	0.0011192	1473.2	2.9698	0.0010918	1500.1	2.9221
330	0.0011642	1490.0	3.0932	0.0011295	1513.1	3.0365	0.0011009	1539.2	2.9875
340	0.0011768	1531.1	3.1608	0.0011401	1553.1	3.1023	0.0011102	1578.4	3.0519
350	0.0011897	1572.3	3.2276	0.0011511	1593.2	3.1672	0.0011197	1617.7	3.1154
360	0.0012031	1613.8	3.2935	0.0011624	1633.4	3.2312	0.0011295	1657.0	3.1780
370	0.0012170	1655.3	3.3587	0.0011740	1673.7	3.2944	0.0011395	1696.4	3.2398
380	0.0012314	1697.1	3.4231	0.0011859	1714.2	3.3568	0.0011498	1735.9	3.3007
390	0.0012462	1739.0	3.4868	0.0011982	1754.7	3.4184	0.0011603	1775.5	3.3609

温度/	压力 200MPa			压力 250MPa			压力 300MPa		
℃	v	h	s	v	h	s	v	h	s
	比体积/	比焓/	比熵/	比体积/	比焓/	比熵/	比体积/	比焓/	比熵/
	(m³/kg)	(kJ/kg)	[kJ/(kg·K)]	(m³/kg)	(kJ/kg)	[kJ/(kg·K)]	(m³/kg)	(kJ/kg)	[kJ/(kg·K)]
400	0.0012616	1781.1	3.5498	0.0012108	1795.3	3.4792	0.0011711	1815.1	3.4202
410	0.0012775	1823.4	3.6121	0.0012238	1836.1	3.5393	0.0011822	1854.8	3.4788
420	0.0012939	1865.8	3.6738	0.0012372	1877.0	3.5987	0.0011935	1894.6	3.5366
430	0.0013109	1908.3	3.7347	0.0012509	1917.9	3.6574	0.0012051	1934.5	3.5936
440	0.0013285	1951.0	3.7951	0.0012650	1959.0	3.7154	0.0012169	1974.4	3.6500
450	0.0013467	1993.9	3.8547	0.0012795	2000.1	3.7726	0.0012291	2014.3	3.7057
460	0.0013655	2036.9	3.9137	0.0012944	2041.3	3.8292	0.0012415	2054.4	3.7606
470	0.0013849	2080.0	3.9721	0.0013096	2082.6	3.8852	0.0012542	2094.4	3.8149
480	0.0014049	2123.2	4.0299	0.0013253	2124.0	3.9405	0.0012671	2134.6	3.8686
490	0.0014255	2166.5	4.0870	0.0013414	2165.4	3.9951	0.0012803	2174.7	3.9215
500	0.0014468	2209.9	4.1435	0.0013578	2206.8	4.0490	0.0012939	2214.9	3.9738
510	0.0014687	2253.3	4.1993	0.0013747	2248.3	4.1023	0.0013076	2255.1	4.0255
520	0.0014913	2296.8	4.2546	0.0013919	2289.8	4.1550	0.0013217	2295.3	4.0765
530	0.0015145	2340.4	4.3091	0.0014096	2331.3	4.2070	0.0013360	2335.5	4.1269
540	0.0015384	2384.0	4.3630	0.0014276	2372.9	4.2584	0.0013507	2375.7	4.1766
550	0.0015629	2427.5	4.4163	0.0014461	2414.4	4.3092	0.0013655	2415.9	4.2257
560	0.0015881	2471.1	4.4689	0.0014649	2455.9	4.3593	0.0013807	2456.0	4.2742
570	0.0016139	2514.6	4.5208	0.0014841	2497.3	4.4088	0.0013961	2496.2	4.3221
580	0.0016403	2558.1	4.5721	0.0015037	2538.8	4.4576	0.0014118	25363	4.3694
590	0.0016674	2601.5	4.6227	0.0015237	2580.1	4.5058	0.0014277	2576.4	4.4161
600	0.0016950	2644.8	4.6726	0.0015440	2621.4	4.5534	0.0014439	2616.4	4.4622
620	0.0017520	2731.1	4.7703	0.0015858	2703.8	4.6467	0.0014769	2696.2	4.5526
640	0.0018111	2816.8	4.8651	0.0016289	2785.8	4.7375	0.0015110	2775.7	4.6406
660	0.0018721	2901.7	4.9572	0.0016733	2867.3	4.8258	0.0015459	2854.9	4.7264
680	0.0019349	2985.9	5.0464	0.0017188	2948.3	4.9116	0.0015816	2933.6	4.8099
700	0.0019990	3069.0	5.1327	0.0017654	3028.7	4.9951	0.0016181	3011.9	4.8912
720	0.0020643	3151.1	5.2162	0.0018130	3108.4	5.0761	0.0016552	3089.7	4.9703
740	0.0021306	3232.1	5.2970	0.0018613	3187.3	5.1549	0.0016931	3167.0	5.0474
760	0.0021975	3312.0	5.3751	0.0019104	3265.6	5.2313	0.0017314	3243.7	5.1224
780	0.0022650	3390.7	5.4506	0.0019600	3343.0	5.3056	0.0017703	3319.9	5.1954
800	0.0023327	3468.3	5.5236	0.0020102	3419.7	5.3777	0.0018097	3395.4	5.2664
820	0.0024005	3544.8	5.5942	0.0020607	3495.6	5.4478	0.0018493	3470.4	5.3356
840	0.0024683	3620.2	5.6625	0.0021114	3570.7	5.5159	0.0018893	3544.7	5.4031
860	0.0025360	3694.6	5.7287	0.0021624	3645.0	5.5820	0.0019296	3618.5	5.4687
880	0.0026034	3767.9	5.7929	0.0022135	3718.5	5.6464	0.0019700	3691.7	5.5327
900	0.0026706	3840.3	5.8552	0.0022646	3791.4	5.7090	0.0020107	3764.2	5.5951
920	0.0027374	3911.9	5.9156	0.0023156	3863.5	5.7699	0.0020514	3836.3	5.6560
940	0.0028038	3982.6	5.9744	0.0023667	3934.9	5.8293	0.0020921	3907.7	5.7154
960	0.0028698	4052.6	6.0316	0.0024176	4005.7	5.8872	0.0021329	3978.6	5.7734
980	0.0029353	4121.9	6.0874	0.0024683	4075.8	5.9436	0.0021737	4049.0	5.8300
1000	0.0030004	4190.5	6.1417	0.0025189	4145.4	5.9987	0.0022145	4119.0	5.8854

温度/	压力 350MPa			压力 400MPa			压力 500MPa		
	v	h	s	v	h	s	v	h	s
℃	比体积/	比焓/	比熵/	比体积/	比焓/	比熵/	比体积/	比焓/	比熵/
	(m³/kg)	(kJ/kg)	[kJ/(kg·K)]	(m³/kg)	(kJ/kg)	[kJ/(kg·K)]	(m³/kg)	(kJ/kg)	[kJ/(kg·K)]
0	0.0008920	309.34	-0.0677	0.0008832	352.11	-0.0736	0.0008676	439.40	-0.0744
10	0.0008940	344.62	0.0591	0.0008847	385.86	0.0477	0.0008678	468.88	0.0315
20	0.0008968	380.97	0.1853	0.0008872	421.08	0.1700	0.0008697	500.66	0.1418
30	0.0009002	418.21	0.3102	0.0008905	457.62	0.2925	0.0008729	535.21	0.2577
40	0.0009039	456.01	0.4329	0.0008942	495.01	0.4139	0.0008766	571.71	0.3762
50	0.0009078	494.06	0.5525	0.0008980	532.80	0.5327	0.0008804	609.13	0.4938
60	0.0009119	532.18	0.6687	0.0009020	570.70	0.6482	0.0008843	646.82	0.6086
70	0.0009161	570.32	0.7814	0.0009061	608.61	0.7603	0.0008882	684.49	0.7200
80	0.0009205	608.47	0.8911	0.0009103	646.53	0.8692	0.0008922	722.08	0.8280
90	0.0009250	646.65	0.9977	0.0009147	684.46	0.9751	0.0008962	759.62	0.9329
100	0.0009297	684.88	1.1015	0.0009191	722.44	1.0783	0.0009003	797.17	1.0349
110	0.0009345	723.16	1.2028	0.0009237	760.46	1.1789	0.0009045	834.75	1.1343
120	0.0009395	761.49	1.3015	0.0009285	798.53	1.2770	0.0009088	872.39	1.2312
130	0.0009446	799.86	1.3979	0.0009333	836.64	1.3727	0.0009132	910.08	1.3259
140	0.0009498	838.25	1.4920	0.0009383	874.78	1.4661	0.0009177	947.80	1.4183
150	0.0009552	876.66	1.5838	0.0009434	912.94	1.5574	0.0009223	985.54	1.5086
160	0.0009607	915.08	1.6736	0.0009486	951.09	1.6465	0.0009270	1023.3	1.5967
170	0.0009663	953.49	1.7612	0.0009539	989.24	1.7336	0.0009318	1061.0	1.6828
180	0.0009721	991.90	1.8469	0.0009593	1027.4	1.8187	0.0009366	1098.7	1.7669
190	0.0009780	1030.3	1.9307	0.0009648	1065.5	1.9018	0.0009416	1136.4	1.8492
200	0.0009841	1068.7	2.0127	0.0009705	1103.5	1.9832	0.0009466	1174.0	1.9295
210	0.0009903	1107.0	2.0929	0.0009762	1141.6	2.0627	0.0009517	1211.6	2.0081
220	0.0009966	1145.3	2.1715	0.0009821	1179.6	2.1406	0.0009568	1249.1	2.0850
230	0.0010031	1183.7	2.2484	0.0009881	1217.6	2.2169	0.0009621	1286.6	2.1603
240	0.0010097	1222.0	2.3238	0.0009943	1255.6	2.2916	0.0009674	1324.0	2.2340
250	0.0010165	1260.3	2.3978	0.0010005	1293.5	2.3649	0.0009729	1361.4	2.3062
260	0.0010234	1298.6	2.4703	0.0010069	1331.5	2.4367	0.0009784	1398.8	2.3769
270	0.0010305	1337.0	2.5415	0.0010134	1369.4	2.5072	0.0009840	1436.2	2.4463
280	0.0010377	1375.3	2.6115	0.0010200	1407.4	2.5765	0.0009897	1473.5	2.5144
290	0.0010451	1413.7	2.6802	0.0010268	1445.3	2.6444	0.0009955	1510.8	2.5813
300	0.0010527	1452.1	2.7478	0.0010337	1483.3	2.7113	0.0010014	1548.1	2.6469
310	0.0010605	1490.5	2.8143	0.0010408	1521.2	2.7769	0.0010074	1585.4	2.7114
320	0.0010684	1529.0	2.8797	0.0010480	1559.2	2.8416	0.0010135	1622.7	2.7748
330	0.0010765	1567.5	2.9441	0.0010553	1597.3	2.9051	0.0010197	1659.9	2.8371
340	0.0010848	1606.0	3.0075	0.0010628	1635.3	2.9677	0.0010260	1697.2	2.8985
350	0.0010933	1644.6	3.0700	0.0010704	1673.4	3.0293	0.0010324	1734.5	2.9588
360	0.0011019	1683.3	3.1315	0.0010782	1711.5	3.0900	0.0010389	1771.9	3.0183
370	0.0011108	1722.0	3.1922	0.0010862	1749.7	3.1498	0.0010455	1809.2	3.0768
380	0.0011199	1760.8	3.2520	0.0010943	1787.9	3.2088	0.0010523	1846.6	3.1344
390	0.0011291	1799.6	3.3110	0.0011026	1826.1	3.2669	0.0010591	1883.9	3.1912

温度/	压力 350MPa			压力 400MPa			压力 500MPa		
	v	h	s	v	h	s	v	h	s
℃	比体积/ (m³/kg)	比焓/ (kJ/kg)	比熵/ [kJ/(kg·K)]	比体积/ (m³/kg)	比焓/ (kJ/kg)	比熵/ [kJ/(kg·K)]	比体积/ (m³/kg)	比焓/ (kJ/kg)	比熵/ [kJ/(kg·K)]
400	0.0011386	183S.5	3.3692	0.0011110	1864.4	3.3241	0.0010660	1921.3	3.2472
410	0.0011482	1877.4	3.4266	0.0011196	1902.7	3.3807	0.0010731	1958.7	3.3023
420	0.0011581	1916.4	3.4832	0.0011283	1941.1	3.4364	0.0010802	1996.2	3.3567
430	0.0011681	1955.4	3.5391	0.0011372	1979.5	3.4914	0.0010875	2033.6	3.4104
440	0.0011784	1994.5	3.5943	0.0011463	2017.9	3.5457	0.0010949	2071.1	3.4633
450	0.0011889	2033.6	3.6488	0.0011555	2056.3	3.5992	0.0011024	2108.6	3.5155
460	0.0011995	2072.8	3.7026	0.0011649	2094.8	3.6521	0.0011100	2146.1	3.5670
470	0.0012104	2112.0	3.7557	0.0011745	2133.3	3.7042	0.0011177	2183.6	3.6178
480	0.0012215	2151.2	3.8081	0.0011842	2171.9	3.7557	0.0011255	2221.2	3.6680
490	0.0012328	2190.4	3.8598	0.0011941	2210.4	3.8066	0.0011335	2258.7	3.7175
500	0.0012443	2229.7	3.9109	0.0012042	2249.0	3.8568	0.0011415	2296.2	3.7664
510	0.0012561	2268.9	3.9614	0.0012144	2287.5	3.9063	0.0011497	2333.8	3.8147
520	0.0012680	2308.2	4.0112	0.0012247	2326.1	3.9552	0.0011579	2371.3	3.8623
530	0.0012801	2347.5	4.0604	0.0012353	2364.7	4.0036	0.0011663	2408.9	3.9093
540	0.0012924	2386.8	4.1090	0.0012460	2403.2	4.0513	0.0011747	2446.4	3.9558
550	0.0013050	2426.0	4.1570	0.0012568	2441.7	4.0984	0.0011833	2483.9	4.0016
560	0.0013177	2465.2	4.2044	0.0012678	2480.3	4.1449	0.0011920	2521.4	4.0469
570	0.0013306	2504.4	4.2512	0.0012789	2518.8	4.1908	0.0012007	2558.9	4.0917
580	0.0013437	2543.6	4.2973	0.0012902	2557.2	4.2362	0.0012096	2596.4	4.1358
590	0.0013570	2582.7	4.3429	0.0013016	2595.7	4.2810	0.0012186	2633.8	4.1794
600	0.0013705	2621.8	4.3880	0.0013132	2634.1	4.3252	0.0012276	2671.2	4.2225
620	0.0013979	2699.8	4.4763	0.0013368	2710.7	4.4120	0.0012460	2745.9	4.3071
640	0.0014261	2777.6	4.5624	0.0013609	2787.1	4.4966	0.0012647	2820.5	4.3897
660	0.0014549	2855.1	4.6463	0.0013855	2863.3	4.5792	0.0012838	2894.8	4.4702
680	0.0014844	2932.2	4.7281	0.0014105	2939.2	4.6597	0.0013032	2969.0	4.5489
700	0.0015144	3009.0	4.8078	0.0014360	3014.8	4.7381	0.0013229	3042.9	4.6256
720	0.0015449	3085.3	4.8855	0.0014620	3090.1	4.8147	0.0013428	3116.6	4.7005
740	0.0015759	3161.3	4.9612	0.0014883	3165.0	4.8894	0.0013630	3189.9	4.7737
760	0.0016074	3236.8	5.0350	0.0015149	3239.5	4.9622	0.0013835	3263.1	4.8452
780	0.0016393	3311.8	5.1070	0.0015419	3313.7	5.0333	0.0014041	3335.9	4.9150
800	0.0016715	3386.4	5.1771	0.0015692	3387.5	5.1027	0.0014250	3408.4	4.9832
820	0.0017040	3460.5	5.2455	0.0015967	3460.8	5.1704	0.0014461	3480.6	5.0499
840	0.0017368	3534.1	5.3123	0.0016245	3533.7	5.2366	0.0014673	3552.5	5.1150
860	0.0017699	3607.2	5.3774	0.0016525	3606.3	5.3011	0.0014887	3624.1	5.1788
880	0.0018032	3679.9	5.4409	0.0016807	3678.4	5.3642	0.0015102	3695.4	5.2411
900	0.0018366	3752.0	5.5030	0.0017090	3750.1	5.4259	0.0015318	3766.3	5.3021
920	0.0018702	3823.7	5.5636	0.0017375	3821.5	5.4862	0.0015536	3837.0	5.3618
940	0.0019039	3895.0	5.6228	0.0017660	3892.4	5.5451	0.0015754	3907.3	5.4203
960	0.0019376	3965.7	5.6806	0.0017947	3962.9	5.6028	0.0015974	3977.3	5.4776
980	0.0019714	4036.1	5.7372	0.0018235	4033.1	5.6593	0.0016194	4047.1	5.5337
1000	0.0020053	4106.0	5.7926	0.0018523	4102.9	5.7145	0.0016414	4116.5	5.5886

注：上角标，'—饱和液体，"–饱和蒸汽。

附表 1-4　临界区水和过热蒸汽的热力性质[1]

温度/℃	压力 21MPa　饱和温度 369.868℃			压力 21.5MPa　饱和温度 371.836℃			压力 22MPa　饱和温度 373.752℃		
	v' 0.0022073	h' 1889.24	s' 4.1088	v' 0.0023492	h' 1931.71	s' 4.1729	v' 0.0027040	h' 2013.05	s' 4.2969
	v'' 0.0050121	h'' 2341.67	s'' 4.8124	v'' 0.0045011	h'' 2288.73	s'' 4.7265	v'' 0.0036840	h'' 2084.02	s'' 4.4066
	比体积/ (m³/kg)	比焓/ (kJ/kg)	比熵/ [kJ/(kg·K)]	比体积/ (m³/kg)	比焓/ (kJ/kg)	比熵/ [kJ/(kg·K)]	比体积/ (m³/kg)	比焓/ (kJ/kg)	比熵/ [kJ/(kg·K)]
350	0.0016486	1639.95	3.7163	0.0016413	1637.49	3.7111	0.0016343	1635.15	3.7060
351	0.0016599	1647.97	3.7292	0.0016517	1645.20	3.7234	0.0016448	1642.92	3.7185
352	0.0016710	1655.88	3.7419	0.0016634	1653.39	3.7366	0.0016546	1650.33	3.7303
353	0.0016834	1664.26	3.7553	0.0016737	1660.94	3.7486	0.0016655	1658.19	3.7429
354	0.0016956	1672.50	3.7684	0.0016866	1669.52	3.7623	0.0016777	1666.54	3.7562
355	0.0017090	1681.16	3.7822	0.0016992	1677.93	3.7757	0.0016896	1674.69	3.7692
356	0.0017237	1690.27	3.7967	0.0017114	1686.06	3.7887	0.0017027	1683.29	3.7829
357	0.0017380	1699.09	3.8107	0.0017265	1695.34	3.8034	0.0017152	1691.57	3.7960
358	0.0017535	1708.33	3.8254	0.0017411	1704.30	3.8176	0.0017289	1700.25	3.8098
359	0.0017704	1718.02	3.8407	0.0017570	1713.70	3.8325	0.0017439	1709.36	3.8242
360	0.0017889	1728.18	3.8568	0.0017744	1723.56	3.8481	0.0017602	1718.92	3.8393
361	0.0018091	1738.86	3.8736	0.0017909	1732.96	3.8629	0.0017781	1728.98	3.8552
362	0.0018313	1750.11	3.8913	0.0018116	1743.83	3.8800	0.0017951	1738.54	3.8703
363	0.0018559	1761.99	3.9100	0.0018315	1754.21	3.8964	0.0018136	1748.58	3.8861
364	0.0018797	1773.42	3.9280	0.0018565	1766.30	3.9153	0.0018371	1760.30	3.9045
365	0.0019097	1786.73	3.9489	0.0018844	1779.16	3.9355	0.0018598	1771.54	3.9221
366	0.0019434	1800.95	3.9711	0.0019118	1791.59	3.9550	0.0018850	1783.48	3.9408
367	0.0019860	1817.61	3.9972	0.0019426	1804.89	3.9758	0.0019134	1796.25	3.9608
368	0.0020353	1835.75	4.0255	0.0019870	1822.17	4.0027	0.0019455	1810.01	3.9822
369	0.0021044	1858.85	4.0615	0.0020285	1838.04	4.0275	0.0019825	1825.01	4.0056
370	0.0050372	2345.15	4.8178	0.0020894	1859.03	4.0601	0.0020318	1843.32	4.0341
371	0.0055908	2410.47	4.9193	0.0021924	1890.37	4.1088	0.0020859	1862.40	4.0637
372	0.0057487	2430.68	4.9506	0.0045834	2300.13	4.7441	0.0021706	1889.12	4.1052
373	0.0060929	2468.50	5.0092	0.0051651	2374.42	4.8592	0.0022952	1924.24	4.1596
374	0.0062675	2488.67	5.0404	0.0055101	2416.28	4.9240	0.0042468	2266.03	4.6879
375	0.0064729	2511.03	5.0749	0.0057229	2442.30	4.9641	0.0047966	2341.43	4.8044
376	0.0066174	2527.39	5.1001	0.0059528	2469.06	5.0054	0.0052190	2394.80	4.8867
377	0.0067685	2543.94	5.1256	0.0062020	2496.61	5.0478	0.0055101	2430.44	4.9416
378	0.0069267	2560.68	5.1513	0.0063345	2512.49	5.0722	0.0057229	2456.36	4.9814
379	0.0070925	2577.62	5.1773	0.0064729	2528.55	5.0969	0.0059528	2483.04	5.0223
380	0.0071784	2587.86	5.1930	0.0066921	2551.24	5.1317	0.0060748	2498.47	5.0460
381	0.0073566	2605.10	5.2194	0.0067685	2561.21	5.1469	0.0062675	2520.16	5.0791
382	0.0074491	2615.46	5.2352	0.0069267	2577.84	5.1723	0.0064030	2536.03	5.1034
383	0.0075439	2625.85	5.2511	0.0070925	2594.67	5.1980	0.0065443	2552.09	5.1279
384	0.0076411	2636.27	5.2670	0.0071784	2604.83	5.2134	0.0066921	2568.33	5.1526
385	0.0077409	2646.72	5.2829	0.0072664	2615.01	5.2289	0.0068467	2584.77	5.1776

	压力 21MPa　饱和温度 369.868℃			压力 21.5MPa　饱和温度 371.836℃			压力 22MPa　饱和温度 373.752℃		
温度/ ℃	v' 0.0022073	h' 1889.24	s' 4.1088	v' 0.0023492	h' 1931.71	s' 4.1729	v' 0.0027040	h' 2013.05	s' 4.2969
	v'' 0.0050121	h'' 2341.67	s'' 4.8124	v'' 0.0045011	h'' 2288.73	s'' 4.7265	v'' 0.0036840	h'' 2084.02	s'' 4.4066
	比体积/ (m^3/kg)	比焓/ (kJ/kg)	比熵/ $[kJ/(kg \cdot K)]$	比体积/ (m^3/kg)	比焓/ (kJ/kg)	比熵/ $[kJ/(kg \cdot K)]$	比体积/ (m^3/kg)	比焓/ (kJ/kg)	比熵/ $[kJ/(kg \cdot K)]$
386	0.0078433	2657.21	5.2988	0.0074491	2632.24	5.2551	0.0069267	2594.73	5.1927
387	0.0079485	2667.74	5.3148	0.0075439	2642.55	5.2707	0.0070925	2611.46	5.2181
388	0.0080566	2678.31	5.3308	0.0076411	2652.89	5.2864	0.0071784	2621.53	5.2334
389	0.0081676	2688.93	5.3468	0.0077409	2663.27	5.3021	0.0072664	2631.64	5.2486
390	0.0082817	2699.59	5.3269	0.0078433	2673.69	5.3178	0.0073566	2641.77	5.2639
391	0.0083400	2706.45	5.3732	0.0079485	2684.15	5.3335	0.0074491	2651.94	5.2792
392	0.0084590	2717.18	5.3894	0.0080022	2690.93	5.3437	0.0075439	2662.15	5.2946
393	0.0085198	2724.04	5.3997	0.0080566	2697.70	5.3539	0.0076411	2672.39	5.3100
394	0.0086440	2734.83	5.4159	0.0081676	2708.22	5.3697	0.0077409	2682.67	5.3254
395	0.0087075	2741.71	5.4262	0.0082817	2718.80	5.3855	0.0078433	2693.00	5.3409

	压力 22.5MPa			压力 23MPa			压力 23.5MPa		
温度/ ℃	v	h	s	v	h	s	v	h	s
	比体积/ (m^3/kg)	比焓/ (kJ/kg)	比熵/ $[kJ/(kg \cdot K)]$	比体积/ (m^3/kg)	比焓/ (kJ/kg)	比熵/ $[kJ/(kg \cdot K)]$	比体积/ (m^3/kg)	比焓/ (kJ/kg)	比熵/ $[kJ/(kg \cdot K)]$
350	0.0016276	1632.91	3.7011	0.0016212	1630.77	3.6964	0.0016151	1628.72	3.6918
351	0.0016379	1640.64	3.7135	0.0016311	1638.35	3.7085	0.0016243	1636.04	3.7035
352	0.0016471	1647.81	3.7250	0.0016409	1645.84	3.7205	0.0016335	1643.31	3.7152
353	0.0016587	1656.04	3.7381	0.0016506	1653.27	3.7324	0.0016440	1651.09	3.7276
354	0.0016688	1663.53	3.7501	0.0016615	1661.16	3.7450	0.0016543	1658.77	3.7398
355	0.0016808	1671.78	3.7632	0.0016721	1668.85	3.7572	0.0016643	1666.25	3.7518
356	0.0016923	1679.77	3.7759	0.0016838	1676.96	3.7701	0.0016754	1674.15	3.7643
357	0.0017059	1688.56	3.7899	0.0016967	1685.53	3.7837	0.0016876	1682.48	3.7776
358	0.0017189	1697.01	3.8033	0.0017090	1693.74	3.7968	0.0016991	1690.46	3.7902
359	0.0017330	1705.87	3.8173	0.0017223	1702.36	3.8104	0.0017118	1698.84	3.8035
360	0.0017485	1715.18	3.8320	0.0017359	1711.96	3.8240	0.0017256	1707.65	3.8174
361	0.0017630	1724.00	3.8460	0.0017506	1719.97	3.8382	0.0017384	1715.93	3.8305
362	0.0017801	1733.75	3.8613	0.0017665	1728.93	3.8523	0.0017536	1725.13	3.8450
363	0.0017989	1744.01	3.8775	0.0017831	1738.87	3.8680	0.0017703	1734.81	3.8602
364	0.0018181	1754.27	3.8936	0.0018010	1748.79	3.8836	0.0017872	1744.45	3.8753
365	0.0018392	1765.12	3.9106	0.0018191	1758.66	3.8990	0.0018026	1753.41	3.8894
366	0.0018627	1776.64	3.9286	0.0018408	1769.75	3.9164	0.0018230	1764.15	3.9062
367	0.0018850	1787.56	3.9457	0.0018632	1780.91	3.9338	0.0018420	1774.22	3.9220
368	0.0019144	1800.73	3.9663	0.0018885	1792.88	3.9525	0.0018654	1785.73	3.9399
369	0.0019482	1815.07	3.9886	0.0019151	1805.09	3.9716	0.0018898	1797.43	3.9582
370	0.0019827	1829.27	4.0107	0.0019461	1818.54	3.9925	0.0019157	1809.45	3.9769
371	0.0020244	1845.36	4.0367	0.0019835	1833.73	4.0161	0.0019442	1822.08	3.9965

续表

温度/	压力 22.5MPa			压力 23MPa			压力 23.5MPa		
	v	h	s	v	h	s	v	h	s
℃	比体积/	比焓/	比熵/	比体积/	比焓/	比熵/	比体积/	比焓/	比熵/
	(m^3/kg)	(kJ/kg)	$[kJ/(kg \cdot K)]$	(m^3/kg)	(kJ/kg)	$[kJ/(kg \cdot K)]$	(m^3/kg)	(kJ/kg)	$[kJ/(kg \cdot K)]$
372	0.0020780	1864.48	4.0654	0.0020184	1847.79	4.0379	0.0019805	1836.99	4.0196
373	0.0021402	1885.32	4.0976	0.0020703	1866.56	4.0670	0.0020190	1852.23	4.0432
374	0.0022464	1916.75	4.1462	0.0021292	1886.67	4.0981	0.0020619	1868.41	4.0682
375	0.0024125	1960.12	4.2132	0.0022159	1913.42	4.1394	0.0021223	1889.11	4.1002
376	0.0038100	2214.14	4.6048	0.0023432	1948.71	4.1938	0.0022010	1913.97	4.1385
377	0.0045050	2315.11	4.7603	0.0027361	2037.36	4.3302	0.0023100	1945.28	4.1867
378	0.0049571	2374.88	4.8521	0.0038100	2224.67	4.6180	0.0024860	1990.06	4.2555
379	0.0052190	2408.86	4.9043	0.0043721	2307.82	4.7456	0.0029328	2084.57	4.4005
380	0.0055101	2444.40	4.9587	0.0047966	2365.73	4.8344	0.0036237	2206.09	4.5867
381	0.0057229	2470.24	4.9983	0.0050414	2398.69	4.8848	0.0042468	2300.90	4.7318
382	0.0058356	2485.25	5.0212	0.0053126	2433.13	4.9374	0.0045050	2339.07	4.7901
383	0.0060748	2512.20	5.0623	0.0055101	2458.18	4.9756	0.0047966	2379.53	4.8518
384	0.0062020	2527.72	5.0859	0.0056145	2472.78	4.9978	0.0050414	2412.42	4.9019
385	0.0063345	2543.42	5.1098	0.0058356	2498.88	5.0375	0.0053126	2446.80	4.9542
386	0.0064729	2559.30	5.1339	0.0059528	2513.98	5.0604	0.0054095	2461.01	4.9757
387	0.0066174	2575.37	5.1583	0.0060748	2529.23	5.0836	0.0056145	2486.32	5.0141
388	0.0066921	2585.15	5.1731	0.0062675	2550.73	5.1161	0.0057787	2506.65	5.0449
389	0.0068467	2601.49	5.1978	0.0064030	2566.44	5.1399	0.0059528	2527.39	5.0762
390	0.0069267	2611.37	5.2127	0.0064729	2576.04	5.1543	0.0060748	2542.59	5.0992
391	0.0070086	2621.27	5.2276	0.0066174	2592.01	5.1784	0.0062020	2557.96	5.1223
392	0.0071784	2638.00	5.2528	0.0066921	2601.70	5.1930	0.0063345	2573.50	5.1457
393	0.0072664	2648.03	5.2678	0.0068467	2617.95	5.2174	0.0064030	2583.00	5.1600
394	0.0073566	2658.09	5.2829	0.0069267	2627.76	5.2321	0.0065443	2598.80	5.1837
395	0.0074491	2668.20	5.2981	0.0070086	2637.59	5.2468	0.0066174	2608.40	5.1980

温度/	压力 24MPa			压力 24.5MPa			压力 25MPa		
	v	h	s	v	h	s	v	h	s
℃	比体积/	比焓/	比熵/	比体积/	比焓/	比熵/	比体积/	比焓/	比熵/
	(m^3/kg)	(kJ/kg)	$[kJ/(kg \cdot K)]$	(m^3/kg)	(kJ/kg)	$[kJ/(kg \cdot K)]$	(m^3/kg)	(kJ/kg)	$[kJ/(kg \cdot K)]$
350	0.0016092	1626.76	3.6873	0.0016036	1624.87	3.6830	0.0015981	1623.06	3.6788
351	0.0016176	1633.73	3.6985	0.0016121	1631.93	3.6943	0.0016065	1630.09	3.6901
352	0.0016274	1641.32	3.7107	0.0016214	1639.32	3.7062	0.0016152	1637.21	3.7015
353	0.0016373	1648.90	3.7228	0.0016308	1646.70	3.7180	0.0016241	1644.42	3.7130
354	0.0016471	1656.37	3.7347	0.0016400	1654.97	3.7296	0.0016334	1651.73	3.7247
355	0.0016566	1663.64	3.7463	0.0016504	1661.71	3.7417	0.0016430	1659.14	3.7365
356	0.0016670	1671.31	3.7585	0.0016604	1669.21	3.7538	0.0016529	1666.66	3.7485
357	0.0016786	1679.43	3.7714	0.0016706	1676.74	3.7658	0.0016632	1674.29	3.7606
358	0.0016904	1687.58	3.7843	0.0016818	1684.69	3.7784	0.0016738	1682.05	3.7729

温度/	压力 24MPa			压力 24.5MPa			压力 25MPa		
℃	v 比体积/ (m³/kg)	h 比焓/ (kJ/kg)	s 比熵/ [kJ/(kg·K)]	v 比体积/ (m³/kg)	h 比焓/ (kJ/kg)	s 比熵/ [kJ/(kg·K)]	v 比体积/ (m³/kg)	h 比焓/ (kJ/kg)	s 比熵/ [kJ/(kg·K)]
359	0.0017024	1695.74	3.7972	0.0016931	1692.63	3.7910	0.0016849	1689.94	3.7854
360	0.0017144	1703.85	3.8101	0.0017056	1700.97	3.8042	0.0016965	1697.97	3.7981
361	0.0017288	1712.86	3.8243	0.0017180	1709.27	3.8173	0.0017086	1706.15	3.8110
362	0.0017420	1721.31	3.8376	0.0017317	1717.99	3.8310	0.0017212	1714.50	3.8241
363	0.0017564	1730.17	3.8515	0.0017454	1726.63	3.8446	0.0017344	1723.03	3.8376
364	0.0017722	1739.51	3.8662	0.0017604	1735.71	3.8588	0.0017483	1731.75	3.8513
365	0.0017897	1749.36	3.8816	0.0017753	1744.68	3.8729	0.0017630	1740.69	3.8653
366	0.0018055	1758.51	3.8960	0.0017918	1754.17	3.8878	0.0017784	1749.86	3.8796
367	0.0018269	1769.59	3.9133	0.0018083	1763.55	3.9024	0.0017948	1759.29	3.8944
368	0.0018469	1779.03	3.9296	0.0018267	1773.56	3.9181	0.0018121	1769.01	3.9095
369	0.0018674	1790.52	3.9459	0.0018477	1784.37	3.9349	0.0018307	1779.05	3.9252
370	0.0018912	1802.00	3.9638	0.0018696	1795.37	3.9520	0.0018506	1789.46	3.9414
371	0.0019170	1814.00	3.9824	0.0018933	1806.81	3.9698	0.0018720	1800.28	3.9582
372	0.0019470	1827.15	4.0028	0.0019204	1819.25	3.9891	0.0018952	1811.57	3.9757
373	0.0019770	1840.08	4.0229	0.0019500	1832.30	4.0093	0.0019206	1823.42	3.9941
374	0.0020173	1855.95	4.0474	0.0019806	1845.41	4.0296	0.0019484	1835.92	4.0134
375	0.0020619	1872.70	4.0733	0.0020173	1860.18	4.0524	0.0019794	1849.20	4.0339
376	0.0021154	1891.52	4.1023	0.0020554	1875.03	4.0753	0.0020142	1863.42	4.0558
377	0.0021863	1914.47	4.1376	0.0021018	1894.94	4.1013	0.0020539	1878.82	4.0795
378	0.0022620	1937.76	4.1734	0.0021717	1914.92	4.1366	0.0021000	1895.74	4.1055
379	0.0023774	1969.71	4.2324	0.0022464	1938.23	4.1724	0.0021548	1914.64	4.1345
380	0.0026051	2024.50	4.3064	0.0023432	1969.07	4.2150	0.0022221	1936.29	4.1677
381	0.0030422	2113.89	4.4431	0.0024860	2003.17	4.2718	0.0023081	1961.91	4.2069
382	0.0036237	2215.69	4.5986	0.0027361	2060.31	4.3591	0.0024242	1993.59	4.2553
383	0.0040165	2278.47	4.6944	0.0031769	2147.12	4.4915	0.0025912	2034.83	4.3182
384	0.0043721	2331.47	4.7751	0.0036237	2225.18	4.6103	0.0028398	2089.71	4.4018
385	0.0046462	2370.76	4.8349	0.0039105	2272.69	4.6826	0.0031760	2156.06	4.5027
386	0.0048756	2402.70	4.8833	0.0042458	2324.27	4.7609	0.0035399	2221.24	4.6016
387	0.0051287	2436.04	4.9339	0.0045050	2362.47	4.8188	0.0038705	2276.27	4.6850
388	0.0053126	2460.29	4.9706	0.0047202	2393.50	4.8658	0.0041542	2321.05	4.7528
389	0.0054095	2474.45	4.9920	0.0049571	2425.87	4.9147	0.0043982	2358.10	4.8088
390	0.0056145	2499.70	5.0301	0.0051287	2449.43	4.9503	0.0046120	2389.57	4.8563
391	0.0057229	2514.32	5.0521	0.0053126	2473.63	4.9867	0.0048027	2416.98	4.8976
392	0.0058356	2529.11	5.0744	0.0054095	2487.73	5.0079	0.0049754	2441.31	4.9342
393	0.0060132	2549.89	5.1056	0.0055618	2507.42	5.0375	0.0051338	2463.25	4.9672
394	0.0061377	2565.10	5.1284	0.0057229	2527.49	5.0676	0.0052806	2483.27	4.9972
395	0.0062020	2574.43	5.1424	0.0058356	2542.22	5.0897	0.0054177	2501.74	5.0249

注：上角标，'—饱和液体，"-饱和蒸汽。

附表 1-5　饱和状态水的传递性质

温度/ ℃	饱和蒸汽动力黏度/ (×10⁻³ Pa·s)	饱和水动力黏度/ (×10⁻³ Pa·s)	饱和蒸汽导热系数/ [W/(m·K)]	饱和水导热系数/ [W/(m·K)]	饱和水表面张力/ (×10⁻³ N/m)
0	0.00922	1.79306	0.01707	0.5605	0.00
0.01	0.00888	1.21647	0.01574	0.5672	77.67
1	0.00924	1.73223	0.01712	0.5624	75.51
2	0.00926	1.67463	0.01718	0.5643	75.37
3	0.00929	1.62003	0.01723	0.5662	75.22
4	0.00931	1.56824	0.01728	0.5681	75.08
5	0.00934	1.51905	0.01734	0.5700	74.94
6	0.00936	1.47229	0.01739	0.5720	74.80
7	0.00938	1.42780	0.01745	0.5739	74.65
8	0.00941	1.38543	0.01751	0.5758	74.51
9	0.00944	1.34504	0.01756	0.5777	74.36
10	0.00946	1.30652	0.01762	0.5796	74.22
11	0.00949	1.26974	0.01768	0.5814	74.07
12	0.00951	1.23460	0.01774	0.5833	73.93
13	0.00954	1.20100	0.01780	0.5852	73.78
14	0.00956	1.16884	0.01786	0.5870	73.63
15	0.00959	1.13806	0.01792	0.5889	73.48
16	0.00962	1.10856	0.01798	0.5907	73.34
17	0.00964	1.08027	0.01804	0.5926	73.19
18	0.00967	1.05313	0.01810	0.5944	73.04
19	0.00970	1.02707	0.01816	0.5962	72.89
20	0.00973	1.00204	0.01823	0.5980	72.73
21	0.00975	0.97798	0.01829	0.5998	72.58
22	0.00978	0.95483	0.01835	0.6015	72.43
23	0.00981	0.93256	0.01842	0.6033	72.28
24	0.00984	0.91112	0.01848	0.6050	72.12
25	0.00987	0.89046	0.01855	0.6067	71.97
26	0.00989	0.87055	0.01862	0.6084	71.82
27	0.00992	0.85135	0.01868	0.6101	71.66
28	0.00995	0.83283	0.01875	0.6117	71.50
29	0.00998	0.81495	0.01882	0.6134	71.35
30	0.01001	0.79769	0.01889	0.6150	71.19
31	0.01004	0.78100	0.01895	0.6166	71.03
32	0.01007	0.76488	0.01902	0.6182	70.88
33	0.01010	0.74929	0.01909	0.6197	70.72
34	0.01013	0.73421	0.01916	0.6213	70.56
35	0.01016	0.71962	0.01923	0.6228	70.40
36	0.01019	0.70549	0.01931	0.6243	70.24

温度/ ℃	饱和蒸汽动力黏度/ (×10⁻³Pa·s)	饱和水动力黏度/ (×10⁻³Pa·s)	饱和蒸汽导热系数/ [W/(m·K)]	饱和水导热系数/ [W/(m·K)]	饱和水表面张力/ (×10⁻³N/m)
37	0.01022	0.69180	0.01938	0.6258	70.08
38	0.01025	0.67855	0.01945	0.6272	69.92
39	0.01028	0.66570	0.01952	0.6287	69.76
40	0.01031	0.65324	0.01960	0.6301	69.59
41	0.01034	0.64116	0.01967	0.6315	69.43
42	0.01037	0.62944	0.01975	0.6328	69.27
43	0.01040	0.61806	0.01982	0.6342	69.10
44	0.01043	0.60702	0.01990	0.6355	68.94
45	0.01046	0.59629	0.01997	0.6368	68.77
46	0.01049	0.58588	0.02005	0.6381	68.61
47	0.01052	0.57575	0.02013	0.6394	68.44
48	0.01055	0.56591	0.02021	0.6406	68.28
49	0.01058	0.55634	0.02028	0.6418	68.11
50	0.01062	0.54704	0.02036	0.6430	67.94
51	0.01065	0.53799	0.02044	0.6442	67.77
52	0.01068	0.52918	0.02052	0.6453	67.60
53	0.01071	0.52061	0.02060	0.6465	67.44
54	0.01074	0.51226	0.02068	0.6476	67.27
55	0.01077	0.50413	0.02077	0.6486	67.10
56	0.01081	0.49622	0.02085	0.6497	66.92
57	0.01084	0.48851	0.02093	0.6507	66.75
58	0.01087	0.48099	0.02102	0.6518	66.58
59	0.01090	0.47366	0.02110	0.6528	66.41
60	0.01093	0.46652	0.02118	0.6537	66.24
61	0.01097	0.45955	0.02127	0.6547	66.06
62	0.01100	0.45276	0.02136	0.6556	65.89
63	0.01103	0.44613	0.02144	0.6566	65.71
64	0.01106	0.43966	0.02153	0.6574	65.54
65	0.01110	0.43335	0.02162	0.6583	65.36
66	0.01113	0.42719	0.02171	0.6592	65.19
67	0.01116	0.42117	0.02179	0.6600	65.01
68	0.01119	0.41530	0.02188	0.6608	64.83
69	0.01123	0.40956	0.02197	0.6616	64.66
70	0.01126	0.40395	0.02207	0.6624	64.48
71	0.01129	0.39847	0.02216	0.6632	64.30
72	0.01133	0.39312	0.02225	0.6639	64.12
73	0.01136	0.38789	0.02234	0.6647	63.94
74	0.01139	0.38277	0.02244	0.6654	63.76

温度/ ℃	饱和蒸汽动力黏度/ (×10⁻³Pa·s)	饱和水动力黏度/ (×10⁻³Pa·s)	饱和蒸汽导热系数/ [W/(m·K)]	饱和水导热系数/ [W/(m·K)]	饱和水表面张力/ (×10⁻³N/m)
75	0.01142	0.37777	0.02253	0.6661	63.58
76	0.01146	0.37288	0.02262	0.6667	63.40
77	0.01149	0.36809	0.02272	0.6674	63.22
78	0.01152	0.36341	0.02281	0.6680	63.04
79	0.01156	0.35883	0.02291	0.6686	62.85
80	0.01159	0.35435	0.02301	0.6692	62.67
81	0.01163	0.34996	0.02311	0.6698	62.49
82	0.01166	0.34567	0.02320	0.6704	62.30
83	0.01169	0.34147	0.02330	0.6710	62.12
84	0.01173	0.33735	0.02340	0.6715	61.93
85	0.01176	0.33332	0.02350	0.6720	61.75
86	0.01179	0.32937	0.02361	0.6725	61.56
87	0.01183	0.32551	0.02371	0.6730	61.38
88	0.01186	0.32172	0.02381	0.6735	61.19
89	0.01189	0.31800	0.02391	0.6740	61.00
90	0.01193	0.31437	0.02402	0.6744	60.81
91	0.01196	0.31080	0.02412	0.6749	60.62
92	0.01200	0.30731	0.02423	0.6753	60.44
93	0.01203	0.30388	0.02433	0.6757	60.25
94	0.01206	0.30052	0.02444	0.6761	60.06
95	0.01210	0.29723	0.02455	0.6765	59.87
96	0.01213	0.29399	0.02465	0.6769	59.68
97	0.01217	0.29083	0.02476	0.6772	59.48
98	0.01220	0.28772	0.02487	0.6776	59.29
99	0.01223	0.28467	0.02498	0.6779	59.10
100	0.01227	0.28167	0.02509	0.6782	58.91
101	0.01230	0.27874	0.02521	0.6785	58.72
102	0.01234	0.27585	0.02532	0.6788	58.52
103	0.01237	0.27303	0.02543	0.6791	58.33
104	0.01241	0.27025	0.02554	0.6794	58.13
105	0.01244	0.26752	0.02566	0.6797	57.94
106	0.01247	0.26484	0.02577	0.6799	57.74
107	0.01251	0.26222	0.02589	0.6802	57.55
108	0.01254	0.25963	0.02601	0.6804	57.35
109	0.01258	0.25710	0.02612	0.6806	57.16
110	0.01261	0.25461	0.02624	0.6808	56.96
111	0.01265	0.25216	0.02636	0.6810	56.76
112	0.01268	0.24976	0.02648	0.6812	56.56

温度/ ℃	饱和蒸汽动力黏度/ (×10⁻³Pa·s)	饱和水动力黏度/ (×10⁻³Pa·s)	饱和蒸汽导热系数/ [W/(m·K)]	饱和水导热系数/ [W/(m·K)]	饱和水表面张力/ (×10⁻³N/m)
113	0.01271	0.24739	0.02660	0.6814	56.36
114	0.01275	0.24507	0.02672	0.6815	56.17
115	0.01278	0.24279	0.02684	0.6817	55.97
116	0.01282	0.24055	0.02697	0.6818	55.77
117	0.01285	0.23834	0.02709	0.6819	55.57
118	0.01289	0.23618	0.02721	0.6821	55.37
119	0.01292	0.23404	0.02734	0.6822	55.17
120	0.01296	0.23195	0.02746	0.6823	54.96
121	0.01299	0.22989	0.02759	0.6824	54.76
122	0.01302	0.22786	0.02772	0.6825	54.56
123	0.01306	0.22587	0.02784	0.6825	54.36
124	0.01309	0.22391	0.02797	0.6826	54.16
125	0.01313	0.22198	0.02810	0.6827	53.95
126	0.01316	0.22008	0.02823	0.6827	53.75
127	0.01320	0.21822	0.02836	0.6827	53.54
128	0.01323	0.21638	0.02850	0.6828	53.34
129	0.01327	0.21457	0.02863	0.6828	53.13
130	0.01330	0.21279	0.02876	0.6828	52.93
131	0.01333	0.21104	0.02890	0.6828	52.72
132	0.01337	0.20932	0.02903	0.6828	52.52
133	0.01340	0.20762	0.02917	0.6828	52.31
134	0.01344	0.20595	0.02930	0.6827	52.10
135	0.01347	0.20430	0.02944	0.6827	51.90
136	0.01351	0.20268	0.02958	0.6827	51.69
137	0.01354	0.20109	0.02972	0.6826	51.48
138	0.01358	0.19952	0.02986	0.6826	51.27
139	0.01361	0.19797	0.03000	0.6825	51.06
140	0.01365	0.19645	0.03014	0.6824	50.85
141	0.01368	0.19494	0.03028	0.6823	50.64
142	0.01371	0.19346	0.03042	0.6822	50.43
143	0.01375	0.19201	0.03056	0.6821	50.22
144	0.01378	0.19057	0.03071	0.6820	50.01
145	0.01382	0.18916	0.03085	0.6819	49.80
146	0.01385	0.18776	0.03100	0.6818	49.59
147	0.01389	0.18639	0.03115	0.6816	49.38
148	0.01392	0.18503	0.03129	0.6815	49.16
149	0.01396	0.18370	0.03144	0.6814	48.95
150	0.01399	0.18238	0.03159	0.6812	48.74

续表

温度/ ℃	饱和蒸汽动力黏度/ (×10⁻³Pa·s)	饱和水动力黏度/ (×10⁻³Pa·s)	饱和蒸汽导热系数/ [W/(m·K)]	饱和水导热系数/ [W/(m·K)]	饱和水表面张力/ (×10⁻³N/m)
151	0.01403	0.18108	0.03174	0.6810	48.52
152	0.01406	0.17980	0.03189	0.6809	48.31
153	0.01409	0.17854	0.03204	0.6807	48.10
154	0.01413	0.17729	0.03220	0.6805	47.88
155	0.01416	0.17607	0.03235	0.6803	47.67
156	0.01420	0.17486	0.03250	0.6801	47.45
157	0.01423	0.17366	0.03266	0.6799	47.24
158	0.01427	0.17248	0.03281	0.6796	47.02
159	0.01430	0.17132	0.03297	0.6794	46.80
160	0.01434	0.17017	0.03313	0.6792	46.59
161	0.01437	0.16904	0.03328	0.6789	46.37
162	0.01440	0.16793	0.03344	0.6787	46.15
163	0.01444	0.16683	0.03360	0.6784	45.93
164	0.01447	0.16574	0.03376	0.6781	45.72
165	0.01451	0.16467	0.03392	0.6778	45.50
166	0.01454	0.16361	0.03409	0.6776	45.28
167	0.01458	0.16256	0.03425	0.6773	45.06
168	0.01461	0.16153	0.03441	0.6770	44.84
169	0.01465	0.16051	0.03458	0.6766	44.62
170	0.01468	0.15951	0.03474	0.6763	44.40
171	0.01471	0.15851	0.03491	0.6760	44.18
172	0.01475	0.15753	0.03508	0.6757	43.96
173	0.01478	0.15656	0.03524	0.6753	43.74
174	0.01482	0.15561	0.03541	0.6750	43.52
175	0.01485	0.15466	0.03558	0.6746	43.30
176	0.01489	0.15373	0.03575	0.6742	43.08
177	0.01492	0.15281	0.03592	0.6738	42.85
178	0.01496	0.15190	0.03610	0.6735	42.63
179	0.01499	0.15100	0.03627	0.6731	42.41
180	0.01502	0.15011	0.03644	0.6727	42.19
181	0.01506	0.14923	0.03662	0.6723	41.96
182	0.01509	0.14837	0.03679	0.6718	41.74
183	0.01513	0.14751	0.03697	0.6714	41.52
184	0.01516	0.14666	0.03715	0.6710	41.29
185	0.01520	0.14582	0.03732	0.6705	41.07
186	0.01523	0.14500	0.03750	0.6701	40.84
187	0.01527	0.14418	0.03768	0.6696	40.62
188	0.01530	0.14337	0.03786	0.6691	40.39

温度/ ℃	饱和蒸汽动力黏度/ (×10⁻³Pa·s)	饱和水动力黏度/ (×10⁻³Pa·s)	饱和蒸汽导热系数/ [W/(m·K)]	饱和水导热系数/ [W/(m·K)]	饱和水表面张力/ (×10⁻³N/m)
189	0.01533	0.14257	0.03805	0.6687	40.17
190	0.01537	0.14178	0.03823	0.6682	39.94
191	0.01540	0.14100	0.03841	0.6677	39.71
192	0.01544	0.14022	0.03860	0.6672	39.49
193	0.01547	0.13946	0.03878	0.6667	39.26
194	0.01551	0.13870	0.03897	0.6661	39.04
195	0.01554	0.13795	0.03916	0.6656	38.81
196	0.01558	0.13721	0.03934	0.6651	38.58
197	0.01561	0.13648	0.03953	0.6645	38.35
198	0.01564	0.13576	0.03972	0.6640	38.13
199	0.01568	0.13504	0.03991	0.6634	37.90
200	0.01571	0.13433	0.04011	0.6628	37.67
201	0.01575	0.13363	0.04030	0.6622	37.44
202	0.01578	0.13294	0.04049	0.6616	37.21
203	0.01582	0.13225	0.04069	0.6610	36.98
204	0.01585	0.13157	0.04088	0.6604	36.75
205	0.01589	0.13090	0.04108	0.6598	36.53
206	0.01592	0.13023	0.04128	0.6592	36.30
207	0.01596	0.12957	0.04148	0.6585	36.07
208	0.01599	0.12892	0.04168	0.6579	35.84
209	0.01603	0.12827	0.04188	0.6572	35.61
210	0.01606	0.12763	0.04208	0.6566	35.38
211	0.01609	0.12700	0.04228	0.6559	35.14
212	0.01613	0.12637	0.04248	0.6552	34.91
213	0.01616	0.12575	0.04269	0.6545	34.68
214	0.01620	0.12514	0.04290	0.6538	34.45
215	0.01623	0.12453	0.04310	0.6531	34.22
216	0.01627	0.12392	0.04331	0.6523	33.99
217	0.01630	0.12333	0.04352	0.6516	33.76
218	0.01634	0.12273	0.04373	0.6508	33.53
219	0.01637	0.12215	0.04394	0.6501	33.29
220	0.01641	0.12156	0.04416	0.6493	33.06
221	0.01644	0.12099	0.04437	0.6485	32.83
222	0.01648	0.12042	0.04459	0.6478	32.60
223	0.01652	0.11985	0.04480	0.6470	32.36
224	0.01655	0.11929	0.04502	0.6461	32.13
225	0.01659	0.11873	0.04524	0.6453	31.90
226	0.01662	0.11818	0.04546	0.6445	31.66

续表

温度/ ℃	饱和蒸汽动力黏度/ (×10⁻³Pa·s)	饱和水动力黏度/ (×10⁻³Pa·s)	饱和蒸汽导热系数/ [W/(m·K)]	饱和水导热系数/ [W/(m·K)]	饱和水表面张力/ (×10⁻³N/m)
227	0.01666	0.11763	0.04568	0.6436	31.43
228	0.01669	0.11709	0.04591	0.6428	31.20
229	0.01673	0.11655	0.04613	0.6419	30.96
230	0.01676	0.11602	0.04636	0.6411	30.73
231	0.01680	0.11549	0.04658	0.6402	30.50
232	0.01683	0.11497	0.04681	0.6393	30.26
233	0.01687	0.11445	0.04704	0.6384	30.03
234	0.01691	0.11393	0.04728	0.6374	29.80
235	0.01694	0.11342	0.04751	0.6365	29.56
236	0.01698	0.11291	0.04774	0.6356	29.33
237	0.01701	0.11241	0.04798	0.6346	29.09
238	0.01705	0.11191	0.04822	0.6336	28.86
239	0.01709	0.11141	0.04846	0.6327	28.62
240	0.01712	0.11092	0.04870	0.6317	28.39
241	0.01716	0.11043	0.04894	0.6307	28.15
242	0.01720	0.10994	0.04919	0.6296	27.92
243	0.01723	0.10946	0.04944	0.6286	27.68
244	0.01727	0.10898	0.04969	0.6276	27.45
245	0.01731	0.10851	0.04994	0.6265	27.21
246	0.01734	0.10804	0.05019	0.6254	26.98
247	0.01738	0.10757	0.05044	0.6244	26.74
248	0.01742	0.10710	0.05070	0.6233	26.51
249	0.01746	0.10664	0.05096	0.6222	26.27
250	0.01749	0.10618	0.05122	0.6211	26.04
251	0.01753	0.10573	0.05149	0.6199	25.80
252	0.01757	0.10527	0.05175	0.6188	25.57
253	0.01761	0.10482	0.05202	0.6176	25.33
254	0.01764	0.10438	0.05229	0.6164	25.10
255	0.01768	0.10393	0.05256	0.6153	24.86
256	0.01772	0.10349	0.05284	0.6141	24.62
257	0.01776	0.10305	0.05312	0.6129	24.39
258	0.01780	0.10262	0.05340	0.6116	24.15
259	0.01784	0.10218	0.05368	0.6104	23.92
260	0.01788	0.10175	0.05397	0.6091	23.68
261	0.01791	0.10132	0.05426	0.6079	23.45
262	0.01795	0.10089	0.05455	0.6066	23.21
263	0.01799	0.10047	0.05485	0.6053	22.98
264	0.01803	0.10005	0.05515	0.6040	22.74

续表

温度/ ℃	饱和蒸汽动力黏度/ (×10⁻³Pa·s)	饱和水动力黏度/ (×10⁻³Pa·s)	饱和蒸汽导热系数/ [W/(m·K)]	饱和水导热系数/ [W/(m·K)]	饱和水表面张力/ (×10⁻³N/m)
265	0.01807	0.09963	0.05545	0.6027	22.51
266	0.01811	0.09921	0.05576	0.6013	22.27
267	0.01815	0.09879	0.05607	0.6000	22.04
268	0.01819	0.09838	0.05638	0.5986	21.80
269	0.01823	0.09797	0.05670	0.5972	21.57
270	0.01828	0.09756	0.05702	0.5958	21.33
271	0.01832	0.09715	0.05734	0.5944	21.10
272	0.01836	0.09675	0.05767	0.5930	20.86
273	0.01840	0.09634	0.05801	0.5915	20.63
274	0.01844	0.09594	0.05835	0.5901	20.39
275	0.01848	0.09554	0.05869	0.5886	20.16
276	0.01853	0.09514	0.05904	0.5871	19.92
277	0.01857	0.09474	0.05939	0.5856	19.69
278	0.01861	0.09435	0.05975	0.5841	19.45
279	0.01865	0.09395	0.06011	0.5826	19.22
280	0.01870	0.09356	0.06048	0.5810	18.99
281	0.01874	0.09317	0.06085	0.5795	18.75
282	0.01879	0.09278	0.06123	0.5779	18.52
283	0.01883	0.09239	0.06162	0.5763	18.29
284	0.01888	0.09200	0.06201	0.5747	18.05
285	0.01892	0.09161	0.06241	0.5731	17.82
286	0.01897	0.09123	0.06282	0.5715	17.59
287	0.01901	0.09084	0.06323	0.5698	17.35
288	0.01906	0.09046	0.06365	0.5681	17.12
289	0.01911	0.09007	0.06408	0.5665	16.89
290	0.01915	0.08969	0.06452	0.5648	16.66
291	0.01920	0.08931	0.06496	0.5631	16.43
292	0.01925	0.08893	0.06541	0.5614	16.20
293	0.01930	0.08855	0.06587	0.5596	15.96
294	0.01935	0.08817	0.06634	0.5579	15.73
295	0.01939	0.08779	0.06682	0.5561	15.50
296	0.01944	0.08742	0.06731	0.5544	15.27
297	0.01949	0.08704	0.06781	0.5526	15.04
298	0.01955	0.08666	0.06832	0.5508	14.81
299	0.01960	0.08629	0.06884	0.5490	14.58
300	0.01965	0.08591	0.06937	0.5472	14.35
301	0.01970	0.08553	0.06992	0.5453	14.12

续表

温度/ ℃	饱和蒸汽动力黏度/ (×10⁻³Pa·s)	饱和水动力黏度/ (×10⁻³Pa·s)	饱和蒸汽导热系数/ [W/(m·K)]	饱和水导热系数/ [W/(m·K)]	饱和水表面张力/ (×10⁻³N/m)
302	0.01975	0.08516	0.07047	0.5435	13.90
303	0.01981	0.08478	0.07104	0.5417	13.67
304	0.01986	0.08441	0.07162	0.5398	13.44
305	0.01992	0.08403	0.07222	0.5379	13.21
306	0.01997	0.08366	0.07283	0.5360	12.99
307	0.02003	0.08328	0.07345	0.5342	12.76
308	0.02009	0.08291	0.07409	0.5323	12.53
309	0.02015	0.08253	0.07475	0.5303	12.31
310	0.02020	0.08216	0.07542	0.5284	12.08
311	0.02026	0.08178	0.07612	0.5265	11.86
312	0.02032	0.08141	0.07683	0.5246	11.63
313	0.02039	0.08103	0.07756	0.5226	11.41
314	0.02045	0.08065	0.07831	0.5207	11.19
315	0.02051	0.08027	0.07908	0.5187	10.96
316	0.02057	0.07990	0.07987	0.5168	10.74
317	0.02064	0.07952	0.08069	0.5148	10.52
318	0.02071	0.07914	0.08154	0.5128	10.30
319	0.02077	0.07876	0.08241	0.5108	10.08
320	0.02084	0.07837	0.08331	0.5089	9.858
321	0.02091	0.07799	0.08424	0.5069	9.639
322	0.02098	0.07761	0.08520	0.5049	9.421
323	0.02105	0.07722	0.08620	0.5029	9.203
324	0.02113	0.07684	0.08723	0.5009	8.985
325	0.02120	0.07645	0.08830	0.4989	8.769
326	0.02128	0.07606	0.08941	0.4969	8.553
327	0.02136	0.07567	0.09057	0.4949	8.338
328	0.02144	0.07527	0.09177	0.4929	8.123
329	0.02152	0.07488	0.09303	0.4908	7.910
330	0.02160	0.07448	0.09433	0.4888	7.697
331	0.02168	0.07408	0.09570	0.4868	7.485
332	0.02177	0.07368	0.09712	0.4848	7.274
333	0.02186	0.07328	0.09861	0.4828	7.064
334	0.02195	0.07287	0.10017	0.4807	6.854
335	0.02204	0.07246	0.10181	0.4787	6.646
336	0.02214	0.07205	0.10352	0.4767	6.439
337	0.02224	0.07164	0.10531	0.4746	6.232
338	0.02234	0.07122	0.10719	0.4726	6.027

续表

温度/℃	饱和蒸汽动力黏度/(×10⁻³Pa·s)	饱和水动力黏度/(×10⁻³Pa·s)	饱和蒸汽导热系数/[W/(m·K)]	饱和水导热系数/[W/(m·K)]	饱和水表面张力/(×10⁻³N/m)
339	0.02244	0.07080	0.10917	0.4705	5.823
340	0.02255	0.07037	0.11070	0.4685	5.620
341	0.02266	0.06994	0.11281	0.4664	5.418
342	0.02277	0.06951	0.11504	0.4643	5.217
343	0.02288	0.06907	0.11736	0.4623	5.018
344	0.02300	0.06862	0.11980	0.4602	4.820
345	0.02313	0.06817	0.12235	0.4581	4.623
346	0.02325	0.06772	0.12502	0.4560	4.427
347	0.02338	0.06726	0.12780	0.4539	4.233
348	0.02352	0.06679	0.13071	0.4519	4.041
349	0.02366	0.06631	0.13374	0.4498	3.850
350	0.02381	0.06584	0.13690	0.4480	3.660
351	0.02396	0.06535	0.13897	0.4462	3.472
352	0.02412	0.06484	0.14200	0.4444	3.286
353	0.02428	0.06433	0.14529	0.4425	3.102
354	0.02446	0.06380	0.14885	0.4407	2.920
355	0.02464	0.06326	0.15268	0.4377	2.740
356	0.02483	0.06270	0.15681	0.4356	2.562
357	0.02503	0.06213	0.16127	0.4335	2.386
358	0.02524	0.06154	0.16609	0.4313	2.212
359	0.02546	0.06094	0.17130	0.4291	2.041
360	0.02569	0.06031	0.17697	0.4269	1.872
361	0.02594	0.05966	0.18317	0.4248	1.707
362	0.02620	0.05899	0.18998	0.4227	1.544
363	0.02649	0.05830	0.19749	0.4207	1.384
364	0.02679	0.05757	0.20591	0.4191	1.228
365	0.02712	0.05682	0.21544	0.4178	1.076
366	0.02748	0.05601	0.22640	0.4171	0.927
367	0.02788	0.05516	0.23927	0.4172	0.783
368	0.02833	0.05424	0.25477	0.4186	0.645
369	0.02883	0.05323	0.27413	0.4218	0.511
370	0.02942	0.05210	0.29962	0.4281	0.385
371	0.03012	0.05079	0.33587	0.4398	0.266
372	0.03101	0.04918	0.39429	0.4626	0.157
373	0.03222	0.03222	0.51063	0.5106	0.0623
373.99	0.02323	0.04927	0.05254	0.3955	0.0085

注：IAPS 程序计算值。

附录二　常用制冷剂及某些气体的热力性质

附表 2-1　氨(R717) 饱和状态下的热性质[2]

| 温度 $t/℃$ | 绝对压力/ kPa | 比热容 | | 比焓 | | 汽化热/ (kJ/kg) | 比熵 | |
		液体/ ($\times 10^{-3}$m³/kg)	气体/ (m³/kg)	液体/ (kJ/kg)	气体/ (kJ/kg)		液体/ [kJ/(kg·K)]	气体/ [kJ/(kg·K)]
-40	71. 591	1. 44898	1. 5551	-62. 325	1327. 640	1389. 973	-2. 16277	3. 79894
-39	75. 513	1. 45154	1. 4794	-57. 992	1329. 249	1387. 171	-2. 14395	3. 78033
-38	79. 610	1. 45412	1. 4080	-53. 507	1330. 836	1384. 344	-2. 12516	3. 76190
-37	83. 886	1. 45671	1. 3407	-49. 081	1332. 410	1381. 491	-2. 10641	3. 74365
-36	88. 348	1. 45933	1. 2772	-44. 643	1333. 969	1378. 612	-2. 08768	3. 72557
-35	93. 002	1. 46195	1. 2173	-40. 193	1335. 515	1375. 708	-2. 06898	3. 70766
-34	97. 853	1. 46460	1. 1607	-35. 731	1337. 046	1372. 777	-2. 05032	3. 68992
-33	102. 91	1. 46726	1. 1072	-31. 258	1338. 563	1369. 821	-2. 03168	3. 67234
-32	108. 17	1. 46994	1. 0566	-26. 773	1340. 064	1366. 838	-2. 01308	3. 65492
-31	113. 65	1. 47263	1. 0088	-22. 277	1341. 551	1363. 829	-1. 99451	3. 63766
-30	119. 36	1. 47534	0. 96349	-17. 770	1343. 023	1360. 793	-1. 97597	3. 62055
-29	125. 29	1. 47807	0. 92063	-13. 251	1344. 479	1357. 731	-1. 95746	3. 60360
-28	131. 46	1. 48082	0. 88004	-8. 722	1345. 920	1354. 642	-1. 93890	3. 58679
-27	137. 87	1. 48359	0. 84157	-4. 182	1347. 345	1351. 527	-1. 92054	3. 57013
-26	144. 53	1. 48637	0. 80511	-0. 369	1348. 754	1348. 385	-1. 90212	3. 55361
-25	151. 45	1. 48917	0. 77052	4. 931	1350. 147	1345. 216	-1. 88375	3. 53723
-24	158. 63	1. 49199	0. 73770	9. 503	1351. 523	1342. 020	-1. 86540	3. 52099
-23	166. 09	1. 49483	0. 70655	14. 085	1352. 883	1338. 798	-1. 84709	3. 50489
-22	173. 82	1. 49769	0. 67697	18. 677	1354. 226	1335. 549	-1. 82882	3. 48892
-21	181. 84	1. 50057	0. 64886	23. 279	1355. 552	1332. 273	-1. 81058	3. 47307
-20	190. 15	1. 50347	0. 62214	27. 891	1356. 861	1328. 970	-1. 79237	3. 45736
-19	198. 76	1. 50638	0. 59673	32. 512	1358. 152	1325. 641	-1. 77421	3. 44177
-18	207. 67	1. 50932	0. 57257	37. 142	1359. 426	1322. 284	-1. 75608	3. 42630
-17	216. 91	1. 51228	0. 54957	41. 781	1360. 682	1318. 901	-1. 73799	3. 41096
-16	226. 47	1. 51526	0. 52768	46. 429	1361. 921	1315. 492	-1. 71993	3. 39573
-15	236. 36	1. 51826	0. 50682	51. 085	1363. 141	1312. 056	-1. 70192	3. 38061
-14	246. 59	1. 52128	0. 48696	55. 749	1364. 342	1308. 593	-1. 68395	3. 36561
-13	257. 16	1. 52432	0. 46802	60. 421	1365. 525	1305. 104	-1. 66601	3. 35072
-12	268. 10	1. 52739	0. 44997	65. 102	1366. 690	1301. 588	-1. 64812	3. 33594

温度 $t/℃$	绝对压力/ kPa	比热容		比焓		汽化热/ (kJ/kg)	比熵	
		液体/ $(×10^{-3} m^3/kg)$	气体/ (m^3/kg)	液体/ (kJ/kg)	气体/ (kJ/kg)		液体/ $[kJ/(kg·K)]$	气体/ $[kJ/(kg·K)]$
−11	279.39	1.53047	0.43275	69.789	1367.835	1298.046	−1.63027	3.32127
−10	291.06	1.53358	0.41632	74.484	1368.962	1294.478	−1.61247	3.30670
−9	303.12	1.53671	0.40063	79.185	1370.069	1290.884	−1.59471	3.29223
−8	315.56	1.53986	0.38565	83.893	1371.157	1287.264	−1.57699	3.27786
−7	328.40	1.54304	0.37135	88.607	1372.225	1283.618	−1.55932	3.26359
−6	341.64	1.54624	0.35768	98.328	1373.274	1279.946	−1.54169	3.24942
−5	355.31	1.54947	0.34461	98.054	1374.302	1276.248	−1.52411	3.23534
−4	369.39	1.55272	0.33212	102.786	1375.311	1272.525	−1.50658	3.22136
−3	383.91	1.55599	0..32017	107.522	1376.299	1268.776	−1.48910	3.20746
−2	398.88	1.55929	0.30874	112.264	1377.266	1265.002	−1.47166	3.19366
−1	414.29	1.56261	0.29779	117.010	1378.213	1261.203	−1.45428	3.17994
0	430.17	1.56596	0.28731	121.761	1379.140	1257.379	−1.43695	3.16631
1	446.52	1.56934	0.27728	126.515	1380.045	1253.530	−1.41967	3.15275
2	463.34	1.57274	0.26766	131.273	1380.929	1249.657	−1.40244	3.13929
3	480.66	1.57617	0.25845	136.034	1381.792	1245.758	−1.38527	3.12590
4	498.47	1.57963	0.24961	140.799	1382.634	1241.836	−1.36815	3.11259
5	516.79	1.58311	0.24114	145.566	1383.454	1237.889	−1.35108	3.09935
6	535.63	1.58663	0.23302	150.335	1384.253	1233.918	−1.33407	3.08619
7	554.99	1.59017	0.22522	155.107	1385.030	1229.923	−1.31712	3.07311
8	574.89	1.59374	0.21774	159.880	1385.784	1225.904	−1.30023	3.06010
9	595.34	1.59734	0.21055	164.655	1386.517	1221.862	−1.28339	3.04715
10	616.35	1.60097	0.20365	169.431	1387.227	1217.796	−1.26661	3.03428
11	637.92	1.60463	0.19702	174.208	1387.915	1213.707	−1.24989	3.02147
12	660.07	1.60832	0.19065	178.986	1388.581	1209.595	−1.23323	3.00873
13	682.80	1.61204	0.18453	183.764	1389.223	1205.460	−1.21663	2.99605
14	706.13	1.61579	0.17864	188.542	1389.843	1201.302	−1.20009	2.98344
15	730.07	1.61958	0.17298	193.320	1390.441	1197.121	−1.18362	2.97089
16	754.62	1.62340	0.16754	198.097	1391.015	1192.918	−1.16721	2.95839
17	779.80	1.62725	0.16230	202.874	1391.566	1188.692	−1.15086	2.94596
18	805.62	1.63114	0.15725	207.649	1392.093	1184.444	−1.13457	2.93359
19	832.09	1.63506	0.15240	212.423	1392.597	1180.174	−1.11035	2.92127

温度 $t/℃$	绝对压力/ kPa	比热容		比焓		汽化热/ （kJ/kg）	比熵	
		液体/ （×$10^{-3}m^3$/kg）	气体/ （m^3/kg）	液体/ （kJ/kg）	气体/ （kJ/kg）		液体/ [kJ/(kg·K)]	气体/ [kJ/(kg·K)]
20	859.22	1.63902	0.14772	217.196	1393.078	1175.882	-1.10219	2.90900
21	887.01	1.64301	0.14322	221.967	1393.535	1171.568	-1.08610	2.89679
22	915.48	1.64704	0.13888	226.736	1393.968	1167.232	-1.07008	2.88463
23	944.65	1.65111	0.13469	231.502	1394.377	1162.875	-1.05412	2.87253
24	974.52	1.65522	0.13066	236.266	1394.762	1158.494	-1.03822	2.86047
25	1005.1	1.65936	0.12678	241.027	1395.123	1154.096	-1.02240	2.84846
26	1036.4	1.66354	0.12303	245.786	1395.460	1149.674	-1.00664	2.83650
27	1068.4	1.66776	0.11941	250.541	1395.772	1145.231	-0.99095	2.82458
28	1101.2	1.67203	0.11592	255.293	1396.060	1140.767	-0.97532	2.81271
29	1134.7	1.67633	0.11256	260.042	1396.323	1136.281	-0.95977	2.80089
30	1169.0	1.68068	0.10930	264.787	1396.562	1131.775	-0.94428	2.78910
31	1204.1	1.68507	0.10617	269.528	1396.775	1127.247	-0.92886	2.77360
32	1240.0	1.68950	0.10313	274.265	1396.963	1122.699	-0.91351	2.76566
33	1276.7	1.69398	0.10021	278.998	1397.127	1118.129	-0.89823	2.75400
34	1314.1	1.69850	0.097376	283.727	1397.265	1113.538	-0.88301	2.74237
35	1352.5	1.70307	0.094641	288.422	1397.377	1108.926	-0.86787	2.73079
36	1391.6	1.70769	0.091998	293.172	1397.464	1104.293	-0.85279	2.71924
37	1431.6	1.71235	0.089442	297.888	1397.526	1099.638	-0.83778	2.70772
38	1472.4	1.71707	0.086970	302.599	1397.561	1094.962	-0.82284	2.69624
39	1514.1	1.72183	0.084580	307.306	1397.571	1090.265	-0.80797	2.68479
40	1556.7	1.72665	0.082266	312.008	1397.554	1085.546	-0.79316	2.67337
41	1600.2	1.73152	0.080028	316.706	1397.511	1080.806	-0.77843	2.66199
42	1644.6	1.73644	0.077861	321.399	1397.442	1076.043	-0.76376	2.65063
43	1689.9	1.74142	0.075764	326.087	1397.347	1071.259	-0.74915	2.63930
44	1736.2	1.74645	0.073733	330.772	1397.224	1066.453	-0.73461	2.62800
45	1783.4	1.75154	0.071766	335.451	1397.075	1061.624	-0.72014	2.61672
46	1831.5	1.75668	0.069860	340.127	1396.898	1056.772	-0.70573	2.60547
47	1880.6	1.76189	0.068014	344.798	1396.695	1051.897	-0.69139	2.59425
48	1930.7	1.76716	0.066225	349.465	1396.464	1046.999	-0.67711	2.58304
49	1981.8	1.77249	0.064491	354.128	1396.205	1042.077	-0.66289	2.57186
50	2033.8	1.77788	0.062809	358.787	1395.918	1037.131	-0.64874	2.56070

附表 2-2　氨(R717)过热状态下的气体性质[2]

温度/ ℃	比体积/ (m³/kg)	比热焓/ (kJ/kg)	比熵/ [kJ/(kg·K)]	温度/ ℃	比体积/ (m³/kg)	比热焓/ (kJ/kg)	比熵/ [kJ/(kg·K)]
P=71.59kPa				*P*=151.45kPa			
-40	1.5550	1327.65	3.799	-30			
-35	1.5910	1338.31	3.844	-25	0.77050	1350.15	3.537
-30	1.6270	1348.93	3.888	-20	0.7884	1361.26	3.582
-25	1.6630	1359.54	3.932	-15	0.8061	1372.34	3.625
-20	1.6990	1370.13	3.974	-10	0.8238	1383.37	3.667
-15	1.7350	1380.71	4.015	-5	0.8413	1394.38	3.709
-10	1.7700	1391.29	4.056	0	0.8587	1405.36	3.749
-5	1.8060	1401.87	4.096	5	0.8760	1416.33	3.789
0	1.8410	1412.46	4.135	10	0.8932	1427.30	3.828
5	1.8760	1423.07	4.173	15	0.9104	1438.26	3.866
10	1.9120	1433.69	4.211	20	0.9275	1449.22	3.904
20	1.9820	1454.99	4.285	30	0.9615	1471.17	3.978
30	2.0520	1476.39	4.357	40	0.9953	1493.17	4.049
40	2.1210	1497.90	4.426				
P=93.0kPa				*P*=190.15kPa			
-40				-20	0.6221	1356.86	3.457
-35	1.21700	1335.52	3.708	-15	0.6366	1368.18	3.502
-30	1.24500	1346.30	3.752	-10	0.6510	1379.45	3.545
-25	1.27400	1357.05	3.796	-5	0.6652	1390.67	3.587
-20	1.30200	1367.78	3.839	0	0.6794	1401.86	3.628
-15	1.32900	1378.49	3.881	10	0.7074	1424.15	3.709
-10	1.35700	1389.19	3.922	15	0.7213	1435.28	3.748
-5	1.38400	1399.88	3.962	20	0.7352	1446.39	3.786
0	1.41200	1410.58	4.002	25	0.7489	1457.50	3.823
5	1.44000	1421.28	4.040	30	0.7626	1468.61	3.860
10	1.46700	1431.99	4.079	40	0.7898	1490.86	3.932
20	1.52100	1453.45	4.153	*P*=236.36kPa			
30	1.57600	1474.99	4.226	-20			
40	1.63000	1496.64	4.296	-15	0.5068	1363.14	3.381
P=119.36kPa				-10	0.5187	1374.70	3.425
-30	0.9635	1343.02	3.620	-5	0.5305	1386.19	3.468
-25	0.9858	1353.96	3.665	0	0.5422	1397.62	3.510
-20	1.0080	1364.86	3.709	5	0.5537	1409.01	3.552
-15	1.0300	1375.73	3.751	10	0.5652	1420.36	3.592
-10	1.0520	1386.53	3.793	15	0.5766	1431.68	3.632
-5	1.0740	1397.41	3.833	20	0.5879	1442.98	3.671
0	1.0960	1408.24	3.873	25	0.5992	1454.26	3.709
5	1.1170	1419.06	3.913	30	0.6104	1465.54	3.746
10	1.1390	1429.88	3.951	40	0.6326	1488.08	3.820
15	1.1600	1440.71	3.989				
20	1.1820	1451.55	4.026				
30.00	1.22400	1473.27	4.099				

温度/	比体积/	比热焓/	比熵/	温度/	比体积/	比热焓/	比熵/
℃	（m³/kg）	（kJ/kg）	[kJ/（kg·K）]	℃	（m³/kg）	（kJ/kg）	[kJ/（kg·K）]
$P=291.06\text{kPa}$				$P=516.79\text{kPa}$			
−10	0.4163	1368.96	3.307	0			
−5	0.4262	1380.78	3.351	5	0.2411	1383.45	3.099
0	0.4359	1392.52	3.394	10	0.2471	1396.28	3.145
5	0.4456	1404.20	3.437	15	0.2530	1408.95	3.189
10	0.4551	1415.81	3.478	20	0.2588	1421.50	3.232
15	0.4646	1427.37	3.519	25	0.2646	1433.94	3.275
20	0.4740	1438.90	3.558	30	0.2702	1446.28	3.316
25	0.4834	1450.39	3.597	35	0.2758	1458.55	3.356
30	0.4926	1461.86	3.635	40	0.2813	1470.75	3.395
35	0.5018	1473.32	3.673	45	0.2868	1482.89	3.434
40	0.5110	1484.76	3.710	50	0.2922	1494.98	3.471
50.	0.5292	1507.62	3.782				
$P=355.31\text{kPa}$				$P=616.35\text{kPa}$			
−10							
−5	0.3446	1374.30	3.235	10	0.2036	1387.23	3.034
0	0.3529	1386.42	3.280	15	0.2088	1400.46	3.080
5	0.3610	1398.44	3.324	20	0.2139	1413.51	3.126
10	0.3691	1410.68	3.366	25	0.2189	1426.41	3.169
15	0.3771	1422.24	3.408	30	0.2238	1439.18	3.212
20	0.3850	1434.04	3.448	35	0.2287	1451.84	3.253
25	0.3928	1445.79	3.488	40	0.2334	1464.40	3.293
30	0.4006	1457.50	3.527	45	0.2382	1476.88	3.333
35	0.4083	1469.18	3.565	50	0.2428	1489.28	3.372
40	0.4160	1480.82	3.603	$P=730.07\text{kPa}$			
50	0.4311	1504.06	3.676	10			
$P=430.17\text{kPa}$				15	0.1730	1390.44	2.971
0	0.2873	1379.14	3.167	20	0.1775	1404.12	3.018
5	0.2943	1391.59	3.211	25	0.18190	1417.59	3.064
10	0.3021	1403.92	3.255	30	0.1862	1430.88	3.108
15	0.3080	1416.15	3.298	35	0.1905	1444.01	3.151
20	0.3148	1428.29	3.340	40	0.1947	1457.00	3.192
25	0.3214	1440.35	3.381	45	0.1988	1469.88	3.233
30	0.3280	1452.34	3.421	500	0.2029	1482.66	3.273
35	0.3345	1464.29	3.460	55	0.2069	1495.34	3.312
40	0.3410	1476.17	3.498	60	0.2109	1507.95	3.350
45	0.3474	1488.05	3.536	70	0.2187	1532.98	3.424
50	0.3538	1499.88	3.572	80	0.2264	1557.81	3.496

温度/℃	比体积/(m³/kg)	比热焓/(kJ/kg)	比熵/[kJ/(kg·K)]	温度/℃	比体积/(m³/kg)	比热焓/(kJ/kg)	比熵/[kJ/(kg·K)]
P = 859.22kPa				*P* = 1169.0kPa			
20	0.14770	1393.08	2.909	90	0.1426	1565.05	3.297
25	0.15170	1407.25	2.957	100	0.1476	1591.26	3.369
30	0.15550	1421.18	3.003	110	0.1525	1617.22	3.437
35	0.15930	1434.89	3.048	120	0.1573	1642.98	3.504
40	0.16300	1448.41	3.092	130	0.1667	1694.11	3.630
45	0.16670	1461.77	3.134	150	0.1714	1719.54	3.691
50	0.17030	1474.99	3.175	*P* = 1352.5kPa			
55	0.17380	1488.09	3.215	35	0.09464	1397.38	2.731
60	0.17730	1501.08	3.255	40	0.09744	1413.35	2.782
65	0.18080	1513.98	3.293	45	0.1002	1428.90	2.831
70	0.18420	1526.79	3.331	50	0.1028	1444.11	2.879
80	0.19090	1552.22	3.404	55	0.1054	1459.01	2.925
90	0.19740	1577.43	3.474	60	0.1079	1473.66	2.969
100	0.20390	1602.28	3.542	65	0.1103	1488.07	3.012
110	0.21030	1627.41	3.608	70	0.1128	1502.28	3.054
120	0.21660	1652.26	3.672	75	0.1151	1516.32	3.094
P = 1005.1kPa				80	0.1174	1530.20	3.134
25	0.1268	1395.12	2.348	90	0.1220	1557.56	3.210
30	0.1303	1409.84	2.897	100	0.1264	1584.50	3.283
35	0.1337	1424.26	2.945	110	0.1308	1611.09	3.354
40	0.1370	1438.43	2.990	120	0.1350	1637.42	3.422
45	0.1403	1452.38	3.034	130	0.1392	1663.54	3.487
50	0.1435	1466.14	3.077	140	0.1433	1689.49	3.551
55	0.1466	1479.73	3.119	150	0.1474	1715.38	3.612
60	0.1497	1493.17	3.160	160	0.1504	1741.06	3.673
65	0.1528	1506.49	3.199	*P* = 1552.7kPa			
70	0.1558	1519.70	3.238	40	0.08227	1397.55	2.673
80	0.1617	1545.82	3.313	45	0.08480	1414.24	2.726
90	0.1674	1571.64	3.385	50	0.08725	1430.44	2.777
100	0.1731	1597.23	3.445	55	0.08962	1446.23	2.825
110	0.1787	1622.64	3.522	60	0.09192	1461.67	2.872
120	0.1841	1647.91	3.587	65	0.09417	1476.80	2.917
130	0.1896	1637.10	3.650	70	0.09637	1491.67	2.961
P = 1169.0kPa				75	0.09852	1506.30	3.003
30	0.1093	1396.56	2.789	80	0.1006	1520.74	3.044
35	0.1124	1411.88	2.839	85	0.1027	1534.99	3.084
40	0.1155	1426.84	2.887	90	0.1047	1549.08	3.123
45	0.1184	1441.51	2.934	100	0.1087	1576.85	3.199
50	0.1213	1455.92	2.979	110	0.1126	1604.18	3.271
55	0.1241	1470.10	3.022	120	0.1164	1631.15	3.340
60	0.1269	1484.09	3.064	130	0.1201	1657.84	3.408
65	0.1296	1497.90	3.106	140	0.1237	1684.30	3.472
70	0.1323	1511.57	3.146	150	0.1273	1710.50	3.535
75	0.1349	1525.10	3.185	160	0.1308	1736.73	3.596
80	0.1375	1538.52	3.223				

附表 2-3　甲烷(R50)饱和液体和气体的热性质[3]

温度/ K	压力/ MPa	气体比体积/ (m³/kg)	液体密度/ (kg/m³)	液体比焓/ (kJ/kg)	气体比焓/ (kJ/kg)	液体比熵/ [kJ/(kg·K)]	气体比熵/ [kJ/(kg·K)]
90.68[①]	0.011719	3.9781	451.23	-357.68	185.75	4.2894	10.2823
92	0.013853	3.4112	449.52	-353.36	188.31	4.3367	10.2244
94	0.017679	2.7268	446.90	-346.76	192.16	4.4075	10.1408
96	0.022314	2.2022	444.26	-340.10	195.97	4.4775	10.0616
98	0.027877	1.7954	441.59	-333.39	199.73	4.5466	9.9866
100	0.034495	1.4769	438.89	-326.63	203.44	4.6147	9.9154
102	0.042302	1.2250	436.15	-319.84	207.10	4.6818	9.8478
104	0.051441	1.0240	433.39	-313.00	210.70	4.7480	9.7835
106	0.062063	0.8622	430.59	-306.13	214.23	4.8132	9.7223
108	0.074324	0.7308	427.76	-299.22	217.70	4.8775	9.6638
110	0.088389	0.6235	424.89	-292.28	221.11	4.9408	9.6080
111.63	0.101325	0.5500	422.53	-286.59	223.83	4.9919	9.5643
112	0.10443	0.5350	422.00	-285.31	224.44	5.0033	9.5546
113	0.11324	0.4967	420.53	-281.81	226.08	5.0342	9.5288
114	0.12261	0.4616	419.06	-278.30	227.69	5.0649	9.5035
115	0.13257	0.4297	417.58	-274.79	229.29	5.0954	9.4787
116	0.14313	0.4005	416.10	-271.26	230.87	5.1257	9.4545
117	0.15432	0.3737	414.60	-267.73	232.43	5.1558	9.4307
118	0.16616	0.3491	413.09	-264.33	233.96	5.1858	9.4073
119	0.17867	0.3265	411.57	-260.71	235.47	5.2155	9.3844
120	0.19189	0.3057	410.05	-257.07	236.97	5.2450	9.3620
121	0.20583	0.2865	408.51	-253.50	238.43	5.2744	9.3399
122	0.22052	0.2688	406.97	-249.92	239.88	5.3035	9.3183
123	0.23599	0.2524	405.41	-246.33	241.30	5.3325	9.2970
124	0.25225	0.2373	403.85	-242.73	242.69	5.3614	9.2760
125	0.26933	0.2233	402.27	-239.12	244.06	5.3900	9.2555
126	0.28727	0.2103	400.69	-235.49	245.41	5.4185	9.2352
127	0.30607	0.1982	399.09	-231.86	246.73	5.4469	9.2153
128	0.32578	0.1870	397.48	-228.21	248.02	5.4751	9.1957
129	0.34641	0.1766	395.86	-224.56	249.28	5.5032	9.1763
130	0.36800	0.1669	394.23	-220.89	250.51	5.5311	9.1572
131	0.39056	0.1578	392.58	-217.20	251.72	5.5589	9.1384
132	0.41413	0.1494	390.93	-213.51	252.90	5.5865	9.1199
133	0.43872	0.1415	389.26	-209.80	254.04	5.6140	9.1016

续表

温度/ K	压力/ MPa	气体比体积/ (m³/kg)	液体密度/ (kg/m³)	液体比焓/ (kJ/kg)	气体比焓/ (kJ/kg)	液体比熵/ [kJ/(kg·K)]	气体比熵/ [kJ/(kg·K)]
134	0.46437	0.1341	387.57	−206.08	255.16	5.6414	9.0835
135	0.49111	0.1272	385.87	−202.34	256.24	5.6687	9.0656
136	0.51895	0.1206	384.16	−198.58	257.29	5.6959	9.0476
137	0.54793	0.1145	382.43	−194.81	258.31	5.7229	9.0304
138	0.57807	0.1088	380.69	−191.03	259.29	5.7499	9.0131
139	0.60941	0.1034	378.93	−187.22	260.24	5.7768	8.9959
140	0.64196	0.09826	377.15	−183.40	261.15	5.8036	8.9789
142	0.71082	0.08893	373.54	−175.70	262.85	5.8569	8.9453
144	0.78488	0.08069	369.85	−167.92	264.41	5.9099	8.9121
146	0.86436	0.07333	366.08	−160.05	265.79	5.9627	8.8794
148	0.94948	0.06674	362.22	−152.09	267.00	6.1520	8.8469
150	1.0405	0.06081	358.26	−144.02	268.02	6.6770	8.8146
152	1.13760	0.05549	354.19	−135.84	268.84	6.1200	8.7824
154	1.24100	0.05068	350.01	−127.54	269.45	6.1724	8.7502
156	1.35100	0.04632	345.69	−119.11	269.83	6.2247	8.7179
158	1.46790	0.04237	341.23	−110.53	269.96	6.2772	8.6854
160	1.59180	0.03877	336.61	−101.79	269.82	6.3299	8.6525
162	1.72300	0.03548	331.82	−92.88	269.40	6.3828	8.6191
164	1.86180	0.03248	326.83	−83.77	268.66	6.4361	8.5851
166	2.00850	0.02972	321.63	−74.45	267.58	6.4898	8.5502
168	2.16330	0.02718	316.19	−64.89	266.11	6.5422	8.5144
170	2.32660	0.02484	310.47	−55.07	264.21	6.5992	8.4773
172	2.49870	0.02267	304.45	−44.94	261.83	6.6552	8.4387
174	2.67990	0.02066	298.06	−34.46	258.91	6.7122	8.3983
176	2.87050	0.01878	291.26	−23.58	255.35	6.7707	8.3555
178	3.07110	0.01701	283.95	−12.22	251.03	6.8310	8.3099
180	3.28200	0.01530	276.00	−0.24	245.79	6.8937	8.2605
182	3.50380	0.01367	267.22	12.52	239.37	6.9597	8.2061
184	3.73700	0.01210	257.26	26.41	231.33	7.3070	8.1444
186	3.98250	0.01057	245.42	42.04	220.81	7.1099	8.0710
188	4.24140	0.00897	229.93	61.08	205.67	7.2059	7.9750
190	5.51550	0.00722	201.54	92.20	175.09	7.3638	7.8000
190.555[2]	4.59500	0.00615	162.20	132.30	132.30	7.5720	7.5720

① 三相点；

② 临界点。

附表 2-4　乙烯(R1150)饱和液体和气体的热性质[3]

温度/ K	压力/ MPa	气体比体积/ (m³/kg)	液体密度/ (kg/m³)	液体比焓/ (kJ/kg)	气体比焓/ (kJ/kg)	液体比熵/ [kJ/(kg · K)]	气体比熵/ [kJ/(kg · K)]
125	0.002521	14.6610	626.87	287.58	828.46	3.4624	7.7895
130	0.004414	8.6963	620.57	299.53	834.22	3.5561	7.6692
135	0.007376	5.3961	614.26	311.45	839.93	3.6460	7.5608
140	0.011823	3.4835	607.88	323.35	845.55	3.7325	7.4627
145	0.018267	2.3288	601.40	335.25	851.09	3.8160	7.3738
150	0.027314	1.6057	594.81	347.16	856.53	3.8967	7.2928
155	0.039665	1.1378	588.09	359.11	861.85	3.9749	7.2189
160	0.056114	0.82615	581.23	371.11	867.05	4.0509	7.1511
165	0.077540	0.61299	574.24	383.15	872.09	4.1248	7.0887
169.41	0.101325	0.47879	567.95	393.83	876.42	4.1884	7.0377
170	0.10490	0.46370	567.10	395.26	876.99	4.1968	7.0311
172	0.11773	0.41677	564.21	400.13	878.89	4.2251	7.0093
174	0.13175	0.37557	561.29	405.00	880.77	4.2531	6.9881
176	0.14702	0.33931	558.35	409.89	882.62	4.2809	6.9676
178	0.16361	0.30728	555.38	414.79	884.44	4.3084	6.9476
180	0.18160	0.27892	552.39	419.70	886.23	4.3357	6.9282
182	0.20107	0.25374	549.38	424.63	887.98	4.3627	6.9093
184	0.22208	0.23131	546.34	429.57	889.70	4.3895	6.8908
186	0.24471	0.21130	543.28	434.53	891.39	4.4161	6.8729
188	0.26905	0.19339	540.20	439.50	893.04	4.4424	6.8554
190	0.29517	0.17732	537.08	444.49	894.65	4.4686	6.8384
192	0.32315	0.16288	533.95	449.50	896.22	4.4945	6.8217
194	0.35308	0.14986	530.78	454.52	897.75	4.5202	6.8054
196	0.38502	0.13811	527.59	459.57	899.23	4.5458	6.7895
198	0.41907	0.12747	524.36	464.63	900.68	4.5712	6.7739
200	0.45531	0.11783	521.11	469.72	902.08	4.5964	6.7586
202	0.49382	0.10907	517.82	474.83	903.43	4.6215	6.7436
204	0.53469	0.10109	514.50	479.97	904.74	4.6464	6.7289
206	0.57800	0.09382	511.15	485.13	905.99	4.6712	6.7145
208	0.62383	0.08717	507.76	490.33	907.19	4.6958	6.7002
210	0.67228	0.08109	504.33	495.55	908.34	4.7203	6.6863
212	0.72343	0.07552	500.86	500.80	909.43	4.7448	6.6725
214	0.77736	0.07040	497.34	506.08	910.46	4.7691	6.6588
216	0.83417	0.06569	493.78	511.41	911.43	4.7933	6.6454

续表

温度/ K	压力/ MPa	气体比体积/ (m³/kg)	液体密度/ (kg/m³)	液体比焓/ (kJ/kg)	气体比焓/ (kJ/kg)	液体比熵/ [kJ/(kg·K)]	气体比熵/ [kJ/(kg·K)]
218	0.89395	0.06135	490.17	516.77	912.34	4.8174	6.6321
220	0.95678	0.05735	486.51	522.17	913.18	4.8415	6.6189
222	1.02280	0.05365	482.79	527.61	913.95	4.8655	6.6058
224	1.09200	0.05023	479.01	533.10	914.64	4.8895	6.5928
226	1.16450	0.04706	475.17	538.64	915.26	4.9134	6.5799
228	1.24050	0.04412	471.26	544.23	915.80	4.9373	6.5670
230	1.31990	0.04139	467.28	549.87	916.25	4.9612	6.5542
232	1.40300	0.03884	463.21	555.58	916.62	4.9852	6.5413
234	1.48980	0.03647	459.07	561.34	916.88	5.0091	6.5285
236	1.5804	0.03426	454.83	567.18	917.05	5.0331	6.5155
238	1.6750	0.03219	450.50	573.09	917.11	5.0572	6.5025
240	1.7735	0.03026	446.06	579.07	917.05	5.0813	6.4894
242	1.8761	0.02845	441.50	585.14	916.88	5.1055	6.4762
244	1.9830	0.02675	436.82	591.30	916.57	5.1298	6.4628
246	2.0942	0.02515	432.01	597.56	916.12	5.1543	6.4492
248	2.2098	0.02365	427.05	603.92	915.52	5.1790	6.4354
250	2.3300	0.02224	421.93	610.39	914.76	5.2039	6.4212
252	2.4549	0.02090	416.63	616.99	913.82	5.2289	6.4068
254	2.5846	0.01964	411.13	623.72	912.68	5.2543	6.3919
256	2.7192	0.01845	405.42	630.60	911.32	5.2800	6.3765
258	2.8589	0.01732	399.46	637.64	909.73	5.3060	6.3606
260	3.0039	0.01624	393.23	644.86	907.87	5.3325	6.3440
262	3.1542	0.01521	386.69	652.29	905.70	5.3595	6.3267
264	3.3100	0.01424	379.80	659.95	903.19	5.3871	6.3084
266	3.4715	0.01330	372.48	667.89	900.28	5.4154	6.2890
268	3.6390	0.01240	364.65	676.14	896.89	5.4446	6.2683
270	3.8126	0.01152	356.21	684.78	892.92	5.4750	6.2458
272	3.9926	0.01067	346.99	693.92	888.23	5.5068	6.2211
274	4.1792	0.009832	336.72	703.70	882.57	5.5406	6.1934
276	4.3728	0.008990	324.94	714.41	975.58	5.5774	6.1613
278	4.5739	0.008119	310.72	726.61	866.47	5.6192	6.1223
280	4.7831	0.007148	291.60	741.79	853.26	5.6711	6.0692
282.343①	5.0401	0.004669	214.20	795.50			

①临界点。

附表 2-5　丙烷(R290)饱和液体和气体的热性质[3]

温度/ K	压力/ MPa	气体比体积/ (m³/kg)	液体密度/ (kg/m³)	液体比焓/ (kJ/kg)	气体比焓/ (kJ/kg)	液体比熵/ [kJ/(kg·K)]	气体比熵/ [kJ/(kg·K)]
85.47①	3.00×10⁻¹⁰	53716674	732.90	124.92	690.02	1.8738	8.3548
90	1.50×10⁻⁹	11180892	728.37	133.56	693.58	1.9723	8.0953
95	7.50×10⁻⁹	2362188	723.37	143.13	697.78	2.0758	7.8413
100	3.20×10⁻⁸	585463	718.36	152.74	702.23	2.1743	7.6163
105	1.20×10⁻⁷	166434	713.34	162.37	706.88	2.2682	7.4163
110	3.90×10⁻⁷	53276	708.32	172.03	711.71	2.3581	7.2377
115	1.10×10⁻⁶	18913	703.29	181.73	716.71	2.4443	7.0778
120	3.10×10⁻⁶	7351.7	698.25	191.46	721.78	2.5271	6.9343
125	7.60×10⁻⁶	3095.9	693.20	201.23	726.98	2.6069	6.8051
130	0.000018	1399.6	688.14	211.03	732.27	2.6838	6.6885
135	0.000038	674.08	683.07	220.88	737.64	2.7581	6.5833
140	0.000077	343.54	677.99	230.77	743.07	2.8300	6.4881
145	0.000149	184.22	672.90	240.70	748.57	2.8997	6.4018
150	0.000274	103.41	667.79	250.67	754.12	2.9374	6.3237
155	0.000484	60.504	662.66	260.70	759.72	3.0331	6.2529
160	0.000882	36.755	657.51	270.78	765.37	3.0971	6.1886
165	0.001347	23.102	652.34	280.91	771.06	3.1594	6.1304
170	0.002139	14.979	647.15	291.10	776.80	3.2202	6.0775
175	0.003297	9.9919	641.93	301.34	782.58	3.2796	6.0296
180	0.004945	6.8399	636.68	311.66	788.40	3.3377	5.9862
185	0.007238	4.7946	631.41	322.03	794.26	3.3946	5.9469
190	0.010354	3.4347	626.09	332.48	800.15	3.4503	5.9114
195	0.014506	2.5100	620.74	343.01	806.08	3.5049	5.8793
200	0.019934	1.8681	615.35	353.61	812.03	3.5586	5.8502
205	0.026912	1.4138	609.91	364.29	818.01	3.6113	5.8241
210	0.035741	1.0867	604.43	375.07	824.01	3.6631	5.8005
215	0.046753	0.84713	598.89	385.94	830.02	3.7142	5.7793
220	0.060307	0.66902	593.29	396.90	836.04	3.7645	5.7603
225	0.076789	0.53470	587.62	407.97	842.06	3.8141	5.7433
230	0.096607	0.43206	581.89	419.16	848.08	3.8631	5.7280
231.07	0.101325	0.41333	580.65	421.57	849.37	3.8735	5.7249
232	0.10556	0.39788	579.58	423.68	850.49	3.8827	5.7224
234	0.11515	0.36698	577.25	428.24	852.89	3.9022	5.7170
236	0.12540	0.33899	574.91	432.83	855.28	3.9217	5.7118
238	0.13634	0.31358	572.55	437.44	857.68	3.9412	5.7069
240	0.14800	0.29049	570.19	442.07	860.07	3.9605	5.7022

续表

温度/ K	压力/ MPa	气体比体积/ (m³/kg)	液体密度/ (kg/m³)	液体比焓/ (kJ/kg)	气体比焓/ (kJ/kg)	液体比熵/ [kJ/(kg·K)]	气体比熵/ [kJ/(kg·K)]
242	0.16041	0.26946	567.80	446.72	862.45	3.9798	5.6977
244	0.17361	0.25028	565.41	451.40	864.83	3.9990	5.6934
246	0.18761	0.23275	562.99	456.10	867.21	4.0182	5.6894
248	0.20246	0.21672	560.57	460.84	869.58	4.0373	5.6855
250	0.21819	0.20202	558.12	465.58	871.94	4.0563	5.6817
252	0.23483	0.18854	555.66	470.36	874.30	4.0753	5.6782
254	0.25242	0.17614	553.18	475.16	876.64	4.0942	5.6748
256	0.27098	0.16474	550.68	479.98	878.98	4.1130	5.6716
258	0.29056	0.15423	548.16	484.82	881.30	4.1318	5.6685
260	0.31118	0.14453	545.62	489.70	883.62	4.1505	5.6656
262	0.33288	0.13557	543.06	494.60	885.93	4.1692	5.6628
264	0.35569	0.12727	540.48	499.52	888.22	4.1878	5.6601
266	0.37966	0.11959	537.88	504.47	890.50	4.2063	5.6576
268	0.40482	0.11247	535.25	509.45	892.77	4.2248	5.6551
270	0.43120	0.10586	532.61	514.45	895.02	4.2433	5.6528
275	0.50276	0.09128	525.87	527.07	900.58	4.2893	5.6475
280	0.58278	0.07905	518.97	539.88	906.03	4.3349	5.6426
285	0.67186	0.06874	511.88	552.87	911.36	4.3804	5.6383
290	0.77063	0.05998	504.58	566.06	916.54	4.4257	5.6343
295	0.87971	0.05250	497.05	579.47	921.57	4.4709	5.6305
300	0.99973	0.04608	489.26	593.11	926.41	4.5160	5.6270
305	1.13140	0.04054	481.17	607.01	931.05	4.5611	5.6235
310	1.27530	0.03574	472.76	621.18	935.45	4.6062	5.6200
315	1.43210	0.03155	463.97	635.66	939.57	4.6562	5.6164
320	1.60270	0.02788	454.74	650.49	943.38	4.6971	5.6164
325	1.78760	0.02465	445.00	665.70	946.81	4.7431	5.6080
330	1.98760	0.02179	434.65	681.37	949.79	4.7896	5.6030
335	2.20360	0.01925	423.56	697.56	952.21	4.8368	5.5969
340	2.43620	0.01696	411.55	714.38	953.92	4.8850	5.5896
345	2.68660	0.01489	398.35	731.96	954.71	4.9346	5.5803
350	2.95560	0.01299	383.54	750.52	954.23	4.9861	5.5681
355	3.24450	0.01121	366.37	770.44	951.90	5.0405	5.5516
360	3.55510	0.009490	345.34	792.50	946.56	5.0997	5.5277
365	3.89020	0.007715	316.22	818.95	935.15	5.1699	5.4883
369.80[2]	4.24200	0.004570	219.00	579.20	879.20		

①三相点；
②临界点。

附表 2-6　丙烯(R1270)饱和液体和气体的热性质

温度/ ℃	温度/ K	压力/ MPa	气体比体积/ (m³/kg)	液体密度/ (kg/m³)	液体比焓/ (kJ/kg)	气体比焓/ (kJ/kg)	液体比熵/ [kJ/(kg·K)]	气体比熵/ [kJ/(kg·K)]
-185.25①	87.9①	1.05 * 10⁻¹⁰	16599163.4	760.40	-336.79	226.31	-7.5730	-1.1668
-183.15	90	2.23E-09	7985944.7	758.38	-332.66	228.50	-7.5266	-1.2914
-178.15	95	1.16E-08	1612045.2	753.55	-322.89	233.72	-7.4210	-1.5619
-173.15	100	5.10E-08	387506.8	748.69	-313.20	238.93	-7.3215	-1.8002
-168.15	105	1.92E-07	108104.6	743.80	-303.57	244.15	-7.2275	-2.0112
-163.15	110	6.34E-07	34270.0	738.87	-293.99	249.37	-7.1384	-2.1988
-158.15	115	1.87E-06	12133.6	733.90	-284.46	254.60	-7.0537	-2.3662
-153.15	120	5.01E-06	4729.9	728.90	-274.97	259.84	-6.9729	-2.5162
-148.15	125	1.23E-05	2005.6	723.86	-265.50	265.09	-6.8956	-2.6509
-143.15	130	2.80E-05	915.80	718.78	-256.06	270.35	-6.8215	-2.7722
-138.15	135	5.97E-05	446.48	713.66	-246.62	275.63	-6.7503	-2.8818
-133.15	140	0.00012	230.70	708.50	-237.19	280.93	-6.6817	-2.9809
-128.15	145	0.000228	125.54	703.29	-227.76	286.25	-6.6155	-3.0706
-123.15	150	0.000414	71.562	698.03	-218.31	291.59	-6.5515	-3.1521
-118.15	155	0.00072	42.526	692.73	-208.84	296.96	-6.4894	-3.2261
-113.15	160	0.001204	26.236	687.38	-199.34	302.37	-6.4290	-3.2933
-108.15	165	0.001945	16.743	681.98	-189.80	307.80	-6.3703	-3.3546
-103.15	170	0.003043	11.017	676.52	-180.22	313.27	-6.3131	-3.4103
-98.15	175	0.004627	7.4532	671.01	-170.57	318.76	-6.2572	-3.4610
-93.15	180	0.006853	5.1710	665.44	-160.87	324.29	-6.2026	-3.5072
-88.15	185	0.009909	3.6709	659.81	-151.09	329.85	-6.1490	-3.5493
-83.15	190	0.014018	2.6610	654.12	-141.23	335.43	-6.0964	-3.5877
-78.15	195	0.019434	1.9660	648.36	-131.28	341.03	-6.0448	-3.6227
-73.15	200	0.02645	1.4781	642.53	-121.23	346.66	-5.9940	-3.6545
-68.15	205	0.035394	1.1291	636.62	-111.07	352.30	-5.9439	-3.6835
-63.15	210	0.046625	0.87513	630.64	-100.81	357.94	-5.8945	-3.7100
-58.15	215	0.06054	0.68740	624.58	-90.42	363.59	-5.8457	-3.7341
-53.15	220	0.077567	0.54658	618.43	-79.90	369.23	-5.7975	-3.7560
-48.15	225	0.098164	0.43950	612.20	-69.24	374.86	-5.7497	-3.7760
-43.15	230	0.122817	0.35704	605.86	-58.43	380.47	-5.7024	-3.7941
-41.15	232	0.133948	0.32941	603.30	-54.06	382.70	-5.6836	-3.8010
-39.15	234	0.145824	0.30440	600.72	-49.67	384.93	-5.6648	-3.8076
-37.15	236	0.158504	0.28168	598.13	-45.25	387.16	-5.6461	-3.8139
-35.15	238	0.17202	0.26100	595.52	-40.81	389.37	-5.6275	-3.8200

续表

温度/ ℃	温度/ K	压力/ MPa	气体比体积/ (m³/kg)	液体密度/ (kg/m³)	液体比焓/ (kJ/kg)	气体比焓/ (kJ/kg)	液体比熵/ [kJ/(kg·K)]	气体比熵/ [kJ/(kg·K)]
-33.15	240	0.186407	0.24217	592.89	-36.34	391.58	-5.6089	-3.8259
-31.15	242	0.201701	0.22498	590.24	-31.84	393.79	-5.5903	-3.8315
-29.15	244	0.217941	0.20926	587.57	-27.31	395.98	-5.5718	-3.8370
-27.15	246	0.235163	0.19487	584.88	-22.75	398.16	-5.5533	-3.8423
-25.15	248	0.253404	0.18168	582.18	-18.16	400.34	-5.5349	-3.8474
-23.15	250	0.272704	0.16957	579.45	-13.55	402.50	-5.5165	-3.8523
-21.15	252	0.293102	0.15843	576.70	-8.90	404.65	-5.4981	-3.8570
-19.15	254	0.314636	0.14818	573.93	-4.22	406.79	-5.4798	-3.8616
-17.15	256	0.337346	0.13873	571.14	0.50	408.92	-5.4615	-3.8661
-15.15	258	0.361273	0.13001	568.32	5.24	411.03	-5.4432	-3.8703
-13.15	260	0.386456	0.12195	565.49	10.02	413.13	-5.4249	-3.8745
-11.15	262	0.412937	0.11448	562.62	14.84	415.21	-5.4066	-3.8785
-9.15	264	0.440756	0.10757	559.74	19.69	417.28	-5.3884	-3.8824
-7.15	266	0.469956	0.10116	556.82	24.58	419.33	-5.3701	-3.8861
-5.15	268	0.500577	0.095208	553.88	29.50	421.36	-5.3519	-3.8898
-3.15	270	0.532661	0.089675	550.91	34.47	423.37	-5.3337	-3.8933
1.85	275	0.619605	0.077444	543.36	47.05	428.30	-5.2881	-3.9018
6.85	280	0.71661	0.067164	535.62	59.89	433.08	-5.2426	-3.9097
11.85	285	0.824386	0.058468	527.66	73.02	437.70	-5.1969	-3.9173
16.85	290	0.94362	0.051067	519.46	86.44	442.13	-5.1510	-3.9245
21.85	295	1.075009	0.044733	511.00	100.19	446.35	-5.1050	-3.9316
26.85	300	1.219254	0.039283	502.25	114.29	450.32	-5.0586	-3.9385
31.85	305	1.377061	0.034570	493.17	128.77	454.01	-5.0119	-3.9455
36.85	310	1.549138	0.030474	483.70	143.67	457.39	-4.9647	-3.9527
41.85	315	1.736192	0.026895	473.80	159.04	460.40	-4.9169	-3.9602
46.85	320	1.938923	0.023753	463.39	174.95	462.99	-4.8683	-3.9682
51.85	325	2.158581	0.020971	452.38	191.45	465.05	-4.8188	-3.9770
56.85	330	2.395132	0.018507	440.63	208.66	466.51	-4.7681	-3.9868
61.85	335	2.649629	0.016305	427.97	226.70	467.24	-4.7159	-3.9979
66.85	340	2.922801	0.014323	414.13	245.77	467.03	-4.6616	-4.0109
71.85	345	3.215339	0.012521	398.69	266.17	465.60	-4.6045	-4.0265
76.85	350	3.527769	0.010861	380.93	288.38	462.48	-4.5434	-4.0459
81.85	355	3.862234	0.009280	359.35	313.32	456.63	-4.4758	-4.0721
86.85	360	4.215463	0.007727	329.82	343.62	446.18	-4.3946	-4.1097

①三相点。

附表 2-7　R22(二氟一氯甲烷)饱和状态下的热性质[2]

温度/ ℃	绝对压力/ kPa	比体积		比焓		气化热/ (kJ/kg)	比熵	
		液体/ (×10⁻³m³/kg)	气体/ (m³/kg)	液体/ (kJ/kg)	气体/ (kJ/kg)		液体/ [kJ/(kg·K)]	气体/ [kJ/(kg·K)]
−40	104.95	0.70936	0.205750	155.413	388.611	233.198	0.82489	1.82505
−39	109.92	0.71082	0.197040	156.474	389.072	232.598	0.82942	1.82274
−38	115.07	0.71230	0.188780	157.537	389.531	231.994	0.83393	1.82046
−37	120.41	0.71379	0.180930	158.602	389.989	231.387	0.83844	1.81822
−36	125.94	0.71529	0.173480	159.671	390.444	230.773	0.84293	1.81600
−35	131.68	0.71680	0.166400	160.742	390.898	230.156	0.84742	1.81381
−34	137.61	0.71832	0.159670	161.816	391.350	229.534	0.85191	1.81165
−33	143.75	0.71985	0.153260	162.893	391.801	228.908	0.85638	1.80952
−32	150.11	0.72139	0.147170	163.972	392.249	228.277	0.86085	1.80742
−31	156.68	0.72295	0.141370	165.054	392.696	227.642	0.86530	1.80535
−30	163.48	0.72452	0.135840	166.139	393.140	227.001	0.86976	1.80330
−29	170.50	0.72610	0.130580	167.227	393.583	226.356	0.87420	1.80127
−28	177.76	0.72769	0.125560	168.317	394.023	225.706	0.87863	1.79928
−27	185.25	0.72930	0.120780	169.411	394.462	225.051	0.88306	1.79731
−26	192.99	0.73092	0.116210	170.507	394.898	224.391	0.88748	1.79536
−25	200.98	0.73255	0.111860	171.606	395.332	223.726	0.89190	1.79343
−24	209.22	0.73420	0.107700	172.707	395.764	223.057	0.89630	1.79153
−23	217.72	0.73585	0.103730	173.812	396.194	222.382	0.90070	1.78966
−22	226.48	0.73753	0.099936	174.919	396.621	221.702	0.90509	1.78780
−21	235.52	0.73921	0.096310	176.029	397.046	221.017	0.90948	1.78597
−20	244.83	0.74091	0.092843	177.142	397.469	220.327	0.91385	1.78416
−19	254.42	0.74263	0.089527	178.258	397.890	219.632	0.91822	1.78237
−18	264.29	0.74436	0.086354	179.376	398.308	218.932	0.92259	1.78060
−17	274.46	0.74610	0.083317	180.497	398.723	218.226	0.92694	1.77885
−16	284.93	0.74786	0.080410	181.621	399.136	217.515	0.93129	1.77712
−15	295.70	0.74964	0.077625	182.748	399.546	216.798	0.93564	1.77541
−14	306.78	0.75143	0.074957	183.878	399.954	216.076	0.93997	1.77372
−13	318.17	0.75324	0.072399	185.011	400.359	215.348	0.94430	1.77205
−12	329.89	0.75506	0.069947	186.147	400.761	214.614	0.94862	1.77040
−11	341.93	0.75690	0.067596	187.285	401.161	213.876	0.95294	1.76876

续表

温度/ ℃	绝对压力/ kPa	比体积		比焓		气化热/ (kJ/kg)	比熵	
		液体/ (×10⁻³m³/kg)	气体/ (m³/kg)	液体/ (kJ/kg)	气体/ (kJ/kg)		液体/ [kJ/(kg·K)]	气体/ [kJ/(kg·K)]
−10	354.30	0.75876	0.065339	188.426	401.558	213.132	0.95725	1.76714
−9	367.01	0.76063	0.063174	189.570	401.952	212.382	0.96155	1.76554
−8	380.06	0.76253	0.061095	190.718	402.343	211.625	0.96585	1.76395
−7	393.47	0.76444	0.059099	191.868	402.731	210.863	0.97014	1.76238
−6	407.23	0.76637	0.057181	193.020	403.117	210.097	0.97442	1.76083
−5	421.35	0.76831	0.055339	194.176	403.499	209.323	0.97870	1.75929
−4	435.84	0.77028	0.053568	195.335	403.878	208.543	0.98297	1.75776
−3	450.70	0.77226	0.051865	196.497	404.254	207.757	0.98724	1.75625
−2	465.94	0.77427	0.050227	197.662	404.627	206.965	0.99150	1.75476
−1	481.57	0.77629	0.048651	198.829	404.997	206.168	0.99575	1.75337
0	497.59	0.77834	0.047135	200.000	405.364	205.364	1.00000	1.75180
1	514.01	0.78041	0.045675	201.174	405.727	204.553	1.00424	1.75035
2	530.83	0.78249	0.044270	202.351	406.087	203.736	1.00848	1.74890
3	548.06	0.78460	0.042916	203.530	406.443	202.913	1.01271	1.74747
4	565.71	0.78673	0.041612	204.713	406.796	202.083	1.01694	1.74605
5	583.78	0.78889	0.040355	205.899	407.145	201.246	1.02116	1.74464
6	602.28	0.79107	0.039144	207.089	407.491	200.402	1.02537	1.74325
7	621.22	0.79327	0.037975	208.281	407.834	199.553	1.02958	1.74186
8	640.59	0.79549	0.036849	209.477	408.172	198.695	1.03379	1.74048
9	660.42	0.79775	0.035762	210.675	408.507	197.832	1.03799	1.73912
10	680.70	0.80002	0.034713	211.877	408.838	196.961	1.04218	1.73776
11	701.44	0.80232	0.033701	213.083	409.165	196.082	1.04637	1.73641
12	722.65	0.80465	0.032723	214.291	409.488	195.197	1.05056	1.73507
13	744.33	0.80701	0.031780	215.503	409.807	194.304	1.05474	1.73374
14	766.50	0.80939	0.030868	216.719	410.122	193.403	1.05892	1.73242
15	789.15	0.81180	0.029987	217.938	410.432	192.494	1.06309	1.73110
16	812.29	0.81424	0.029136	219.160	410.739	191.579	1.06726	1.72979
17	835.93	0.81617	0.028313	220.386	411.041	190.655	1.07142	1.72849
18	860.08	0.81922	0.027517	221.615	411.339	189.724	1.07559	1.72720
19	884.75	0.82175	0.026747	222.848	411.632	188.784	1.07974	1.72591

续表

温度/ ℃	绝对压力/ kPa	比体积		比焓		气化热/ (kJ/kg)	比熵	
		液体/ (×10⁻³m³/kg)	气体/ (m³/kg)	液体/ (kJ/kg)	气体/ (kJ/kg)		液体/ [kJ/(kg·K)]	气体/ [kJ/(kg·K)]
20	909.93	0.82431	0.026003	224.084	411.921	187.837	1.08390	1.72463
21	935.64	0.82691	0.025282	225.325	412.205	186.880	1.08805	1.72335
22	961.89	0.82954	0.024585	226.569	412.484	185.915	1.09220	1.72207
23	988.67	0.83221	0.023910	227.817	412.758	184.941	1.09634	1.72081
24	1016.00	0.83491	0.023257	229.068	413.027	183.959	1.10049	1.71954
25	1043.90	0.83765	0.022624	230.324	413.292	182.968	1.10463	1.71828
26	1072.30	0.84043	0.022011	231.584	413.551	181.967	1.10876	1.71702
27	1101.40	0.84324	0.021416	232.848	413.805	180.957	1.11290	1.71577
28	1130.90	0.84610	0.020841	234.115	414.053	179.938	1.11703	1.71451
29	1161.10	0.84899	0.020282	235.388	414.296	178.908	1.12117	1.71326
30	1191.90	0.85193	0.019741	236.664	414.533	177.869	1.12530	1.71201
31	1223.20	0.85491	0.019216	237.945	414.765	176.820	1.12943	1.71076
32	1255.20	0.85793	0.018707	239.230	414.990	175.760	1.13356	1.70951
33	1287.80	0.86101	0.018213	240.520	415.210	174.690	1.13768	1.70826
34	1321.00	0.86412	0.017734	241.815	415.423	173.608	1.14181	1.70702
35	1354.80	0.86729	0.017268	243.114	415.630	172.516	1.14594	1.70576
36	1389.20	0.87051	0.016816	244.418	415.830	171.412	1.15007	1.70451
37	1424.30	0.87378	0.016377	245.728	416.024	170.296	1.15420	1.70326
38	1460.10	0.87710	0.015951	247.042	416.211	169.169	1.15833	1.70200
39	1496.50	0.88048	0.015537	248.361	416.391	168.030	1.16246	1.70074
40	1533.50	0.88392	0.015135	249.686	416.563	166.877	1.16659	1.69947
41	1571.20	0.88741	0.014743	251.017	416.729	165.712	1.17073	1.69820
42	1609.70	0.89097	0.014363	252.353	416.886	164.533	1.17487	1.69693
43	1648.70	0.89459	0.013993	253.695	417.036	163.341	1.17901	1.69564
44	1688.50	0.89828	0.013634	255.043	417.177	162.134	1.18315	1.69436
45	1729.00	0.90203	0.013284	256.397	417.310	160.913	1.18730	1.69306
46	1770.20	0.90586	0.012943	257.757	417.435	159.678	1.19145	1.69176
47	1812.10	0.90976	0.012612	259.124	417.551	158.427	1.19561	1.69044
48	1854.80	0.91374	0.012289	260.497	417.657	157.160	1.19977	1.68912
49	1898.20	0.91779	0.011975	261.878	417.754	155.876	1.20394	1.68778
50	1942.30	0.92193	0.011669	263.265	417.842	154.577	1.20811	1.68644

附表 2-8　R134a(四氟乙烷)饱和状态下的热性质[2]

温度/ ℃	绝对压力/ kPa	比体积		比焓		气化热/ (kJ/kg)	比熵	
		液体/ (×10⁻³m³/kg)	气体/ (m³/kg)	液体/ (kJ/kg)	气体/ (kJ/kg)		液体/ [kJ/(kg·K)]	气体/ [kJ/(kg·K)]
−40	51.641	0.70548	0.35692	149.981	372.865	222.885	0.80301	1.75898
−39	54.382	0.70691	0.34001	151.157	373.494	222.337	0.80804	1.75759
−38	57.239	0.70835	0.32405	152.338	374.122	221.785	0.81306	1.75622
−37	60.217	0.70980	0.30898	153.522	374.750	221.228	0.81808	1.75489
−36	63.318	0.71126	0.29475	154.710	375.377	220.667	0.82309	1.75358
−35	66.547	0.71273	0.28129	155.902	376.003	220.101	0.82809	1.75231
−34	69.907	0.71421	0.26856	157.098	376.629	219.531	0.83309	1.75106
−33	73.403	0.71570	0.25651	158.298	377.253	218.956	0.83809	1.74984
−32	77.037	0.71721	0.24511	159.501	377.877	218.376	0.84308	1.74864
−31	80.815	0.71872	0.23432	160.709	378.501	217.792	0.84807	1.74748
−30	84.739	0.72024	0.22408	161.920	379.123	217.203	0.85305	1.74633
−29	88.815	0.72178	0.21438	163.135	379.744	216.609	0.85802	1.74522
−28	93.045	0.72332	0.20518	164.354	380.365	216.010	0.86299	1.74413
−27	97.435	0.72488	0.19646	165.577	380.984	215.407	0.86796	1.74306
−26	101.99	0.72645	0.18817	166.804	381.603	214.799	0.87292	1.74202
−25	106.71	0.72803	0.18030	168.034	382.220	214.186	0.87787	1.74100
−24	111.60	0.72963	0.17282	169.268	382.837	213.568	0.88282	1.74001
−23	116.67	0.73123	0.16572	170.506	383.452	212.946	0.88776	1.73904
−22	119.92	0.73285	0.15896	171.748	384.066	212.318	0.89270	1.73809
−21	127.36	0.73448	0.15253	172.993	384.679	211.685	0.89764	1.73716
−20	132.99	0.73612	0.14641	174.242	385.290	211.048	0.90256	1.73625
−19	138.81	0.73778	0.14059	175.495	385.901	210.406	0.90749	1.73537
−18	144.83	0.73945	0.13504	176.752	386.510	209.758	0.91240	1.73450
−17	151.05	0.74114	0.12976	178.012	387.118	209.106	0.91731	1.73366
−16	157.48	0.74283	0.12472	179.276	387.724	208.448	0.92222	1.73283
−15	164.13	0.74454	0.11991	180.544	388.329	207.786	0.92712	1.73203
−14	170.99	0.74627	0.11533	181.815	388.933	207.118	0.93202	1.73124
−13	178.08	0.74801	0.11096	183.090	389.535	206.445	0.93691	1.73047
−12	185.40	0.74977	0.10678	184.369	390.136	205.767	0.94179	1.72972
−11	192.95	0.75154	0.10279	185.652	390.735	205.084	0.94667	1.72899

续表

温度/	绝对压力/	比体积		比焓		气化热/	比熵	
℃	kPa	液体/	气体/	液体/	气体/	(kJ/kg)	液体/	气体/
		(×10⁻³m³/kg)	(m³/kg)	(kJ/kg)	(kJ/kg)		[kJ/(kg·K)]	[kJ/(kg·K)]
−10	200.73	0.75332	0.098985	186.938	391.333	204.395	0.95155	1.72827
−9	208.76	0.75512	0.095344	188.227	391.929	203.702	0.95642	1.72758
−8	217.04	0.75694	0.091864	189.521	392.523	203.003	0.96128	1.72689
−7	225.57	0.75877	0.088535	190.818	393.116	202.298	0.96614	1.72623
−6	234.36	0.76062	0.085351	192.119	393.707	201.589	0.97099	1.72558
−5	243.41	0.76249	0.082303	193.423	394.296	200.873	0.97584	1.72495
−4	252.73	0.76437	0.079385	194.731	394.884	200.153	0.98068	1.72433
−3	262.33	0.76627	0.076591	196.043	395.470	199.427	0.98552	1.72373
−2	272.21	0.76819	0.073915	197.358	396.054	198.695	0.99035	1.72334
−1	282.37	0.77013	0.071350	198.677	396.636	197.958	0.99518	1.72256
0	292.82	0.77208	0.068891	200.000	397.216	197.216	1.00000	1.72200
1	303.57	0.77406	0.066533	201.326	397.794	196.467	1.00482	1.72146
2	314.62	0.77605	0.064272	202.656	398.370	195.713	1.00963	1.72092
3	325.98	0.77806	0.062102	203.990	398.944	194.953	1.01444	1.72040
4	337.65	0.78009	0.060019	205.328	399.515	194.188	1.01924	1.71990
5	349.63	0.78215	0.058019	206.669	400.085	193.416	1.02403	1.71940
6	361.95	0.78422	0.056099	208.014	400.653	192.639	1.02883	1.71892
7	374.59	0.78632	0.054254	209.363	401.218	191.855	1.03361	1.71844
8	387.56	0.78843	0.052481	210.715	401.781	191.066	1.03840	1.71798
9	400.88	0.79057	0.050777	212.071	402.342	190.271	1.04317	1.71753
10	414.55	0.79273	0.049138	213.431	402.900	189.469	1.04795	1.71709
11	428.57	0.79492	0.047562	214.795	403.456	188.661	1.05272	1.71666
12	442.94	0.79713	0.046046	216.163	404.009	187.847	1.05748	1.71624
13	457.68	0.79936	0.044587	217.534	404.560	187.026	1.06224	1.71584
14	472.80	0.80162	0.043183	218.910	405.109	186.199	1.06700	1.71543
15	488.29	0.80390	0.041830	220.289	405.654	185.365	1.07175	1.71504
16	504.16	0.80621	0.040528	221.672	406.197	184.525	1.07650	1.71466
17	520.42	0.80855	0.039273	223.060	406.738	183.678	1.08124	1.71429
18	537.08	0.81091	0.038064	224.451	407.275	182.824	1.08598	1.71392
19	554.14	0.81330	0.036898	225.846	407.810	181.963	1.09072	1.71356

石油炼制工艺基础数据与图表

温度/ ℃	绝对压力/ kPa	比体积		比焓		气化热/ (kJ/kg)	比熵	
		液体/ (×10⁻³m³/kg)	气体/ (m³/kg)	液体/ (kJ/kg)	气体/ (kJ/kg)		液体/ [kJ/(kg·K)]	气体/ [kJ/(kg·K)]
20	571.60	0.81572	0.035775	227.246	408.341	181.096	1.09545	1.71321
21	589.48	0.81817	0.034691	228.649	408.870	180.221	1.10018	1.71286
22	607.78	0.82065	0.033645	230.057	409.395	179.338	1.10491	1.71252
23	626.50	0.82316	0.032637	231.469	409.917	178.449	1.10963	1.71219
24	645.66	0.82570	0.031663	232.885	410.436	177.552	1.11435	1.71187
25	665.26	0.82827	0.030723	234.305	410.952	176.647	1.11907	1.71155
26	685.30	0.83088	0.029816	235.730	411.464	175.735	1.12378	1.71123
27	705.80	0.83352	0.028939	237.159	411.973	174.814	1.12850	1.71092
28	726.75	0.83620	0.028092	238.593	412.479	173.886	1.13321	1.71061
29	748.17	0.83891	0.027274	240.031	412.980	172.949	1.13791	1.71031
30	770.06	0.84166	0.026483	241.474	413.478	172.004	1.14262	1.71001
31	792.43	0.84445	0.025718	242.921	413.972	171.051	1.14733	1.70972
32	815.28	0.84727	0.024978	244.373	414.462	170.089	1.15203	1.70942
33	838.63	0.85014	0.024263	245.830	414.948	169.118	1.15673	1.70913
34	862.47	0.85305	0.023571	247.292	415.430	168.138	1.16143	1.70884
35	886.82	0.85600	0.022901	248.759	415.907	167.148	1.16613	1.70856
36	911.68	0.85899	0.022252	250.231	416.380	166.149	1.17083	1.70827
37	937.07	0.86203	0.021625	251.708	416.849	165.141	1.17553	1.70799
38	962.98	0.86512	0.021017	253.190	417.313	164.122	1.18023	1.70770
39	989.42	0.86825	0.020428	254.678	417.772	163.094	1.18493	1.70742
40	1016.4	0.87144	0.019857	256.171	418.226	162.054	1.18963	1.70713
41	1043.9	0.87467	0.019304	257.670	418.675	161.005	1.19433	1.70684
42	1072.0	0.87796	0.018769	259.174	419.118	159.944	1.19904	1.70655
43	1100.7	0.88131	0.018249	260.684	419.557	158.872	1.20374	1.70626
44	1129.9	0.88471	0.017745	262.200	419.989	157.789	1.20845	1.70597
45	1159.7	0.88817	0.017256	263.723	420.416	156.693	1.21316	1.70567
46	1190.1	0.89169	0.016782	265.251	420.837	155.586	1.21787	1.70537
47	1221.1	0.89527	0.016322	266.786	421.252	154.466	1.22258	1.70506
48	1252.6	0.89892	0.015875	268.327	421.660	153.333	1.22730	1.70475
49	1284.8	0.90263	0.015442	269.875	422.061	152.187	1.23202	1.70443
50	1317.6	0.90642	0.015021	271.429	422.456	151.027	1.23675	1.70411

附表 2-9　氦气(R703) 饱和液体和气体的热性质[3]

温度/ K	压力/ MPa	气体比体积/ (m³/kg)	液体密度/ (kg/m³)	液体比焓/ (kJ/kg)	气体比焓/ (kJ/kg)	液体比熵/ [kJ/(kg · K)]	气体比熵/ [kJ/(kg · K)]
2.18①	0.0049	0.8730	146.24	2.34	25.56	1.4040	12.075
2.2	0.0052	0.8307	146.19	2.48	25.66	1.4682	12.004
2.3	0.0065	0.6783	145.87	2.98	26.05	1.6865	11.717
2.4	0.0081	0.5626	145.46	3.35	26.44	1.8414	11.459
2.5	0.0100	0.4725	144.96	3.66	26.81	1.9607	11.221
2.6	0.0121	0.4011	144.38	3.93	27.17	2.0604	11.001
2.7	0.0145	0.3436	143.72	4.18	27.52	2.1502	10.796
2.8	0.0173	0.2967	143.00	4.44	27.86	2.2356	10.602
2.9	0.0203	0.2581	142.21	4.70	28.19	2.3196	10.420
3.0	0.0237	0.2258	141.34	4.97	28.50	2.4039	10.246
3.1	0.0275	0.1987	140.42	5.26	28.79	2.4894	10.081
3.2	0.0317	0.1757	139.43	5.56	29.07	2.5765	9.9222
3.3	0.0362	0.1561	138.38	5.88	29.33	2.6653	9.7694
3.4	0.0412	0.1393	137.25	6.22	29.57	2.7559	9.6216
3.5	0.0466	0.1247	136.06	6.58	29.79	2.8482	9.4781
3.6	0.0525	0.1120	134.80	6.96	29.98	2.9422	9.3381
3.7	0.0589	0.1008	133.45	7.35	30.16	3.0380	9.2007
3.8	0.0657	0.0910	132.03	7.77	30.31	3.1355	9.0653
3.9	0.0731	0.0823	130.51	8.21	30.43	3.2351	8.9312
4.0	0.0810	0.0746	128.90	8.67	30.52	3.3367	8.7975
4.1	0.0895	0.0677	127.17	9.16	30.57	3.4407	8.6633
4.2	0.0985	0.0614	125.32	9.68	30.59	3.5475	8.5277
4.23②	0.1013	0.0597	124.73	9.84	30.59	3.5806	8.4861
4.3	0.1081	0.0558	123.33	10.22	30.57	3.6577	8.3896
4.4	0.1183	0.0507	121.17	10.80	30.50	3.7719	8.2476
4.5	0.1292	0.0460	118.81	11.42	30.36	3.8912	8.0999
4.6	0.1408	0.0416	116.20	12.09	30.16	4.0171	7.9440
4.7	0.1530	0.0375	113.27	12.83	29.87	4.1517	7.7767
4.8	0.1660	0.0337	109.90	13.64	29.45	4.2986	7.5924
4.9	0.1798	0.0299	105.89	14.57	28.87	4.4641	7.3821
5.0	0.1945	0.0262	100.83	15.69	28.02	4.6615	7.1273
5.1	0.2102	0.0221	93.53	17.20	26.63	4.9283	6.7774
5.20③	0.2275	0.0144	69.64	21.71	21.71		

① 三相点；

② 沸点；

③ 临界点。

附表 2-10　氩气(R740) 饱和液体和气体的热性质[3]

温度/ K	压力/ MPa	气体比体积/ (m³/kg)	液体密度/ (kg/m³)	液体比焓/ (kJ/kg)	气体比焓/ (kJ/kg)	液体比熵/ [kJ/(kg · K)]	气体比熵/ [kJ/(kg · K)]
83.80①	0.0690	0.2465	1417.2	−121.1	42.59	1.3314	3.2841
84	0.0705	0.2415	1416.0	−120.8	42.65	1.3339	3.2803
86	0.0882	0.1967	1404.1	−118.7	43.29	1.3591	3.2426
87.29②	0.1013	0.1731	1396.3	−117.3	43.69	1.3751	3.2193
88	0.1091	0.1617	1392.0	−116.5	43.91	1.3838	3.2069
90	0.1336	0.1342	1379.7	−114.4	44.50	1.4081	3.1730
92	0.1621	0.1123	1367.2	−112.2	45.06	1.4320	3.1408
94	0.1950	0.0947	1354.5	−109.9	45.59	1.4555	3.1100
96	0.2327	0.0805	1341.6	−107.7	46.08	1.4788	3.0807
98	0.2755	0.0688	1328.4	−105.4	46.55	1.5018	3.0526
100	0.3240	0.0591	1315.0	−103.2	46.97	1.5245	3.0257
102	0.3785	0.0511	1301.3	−100.9	47.35	1.5469	2.9998
104	0.4395	0.0445	1287.4	−98.51	47.68	1.5691	2.9748
106	0.5074	0.0388	1273.1	−96.15	47.96	1.5912	2.9507
108	0.5827	0.0340	1258.6	−93.75	48.19	1.6130	2.9272
110	0.6657	0.0300	1243.7	−91.32	48.35	1.6347	2.9044
112	0.7570	0.0265	1228.5	−88.85	48.44	1.6562	2.8821
114	0.8571	0.0235	1212.9	−86.35	48.46	1.6777	2.8602
116	0.9662	0.0209	1196.9	−83.80	48.40	1.6990	2.8387
118	1.0850	0.0186	1180.4	−81.21	48.25	1.7204	2.8174
120	1.2139	0.0166	1163.4	−78.56	48.01	1.7417	2.7964
125	1.5835	0.0126	1118.4	−71.69	46.92	1.7951	2.7440
130	2.0270	0.0096	1068.5	−64.33	45.01	1.8496	2.6907
135	2.5530	0.0074	1011.5	−56.29	41.97	1.9065	2.6344
140	3.1710	0.0056	942.4	−47.15	37.26	1.9684	2.5713
145	3.8929	0.0041	849.1	−35.87	29.57	2.0418	2.4931
150.66③	4.8600	0.0019	530.9	−3.56	−3.56	2.2500	2.2500

①三相点;

②沸点;

③临界点。

附表 2-11　氢气(R702)饱和液体和气体的热性质[3]

温度/ K	压力/ MPa	气体比体积/ (m³/kg)	液体密度/ (kg/m³)	液体比焓/ (kJ/kg)	气体比焓/ (kJ/kg)	液体比熵/ [kJ/(kg·K)]	气体比熵/ [kJ/(kg·K)]
13.95①	0.0078	7.2871	76.90	218.1	667.4	14.082	13.95①
14	0.0080	7.1136	76.86	218.6	667.8	14.108	14
15	0.0133	4.5226	76.02	226.3	676.9	14.610	15
16	0.0211	3.0172	75.12	233.4	685.6	15.075	16
17	0.0320	2.0940	74.18	240.9	693.7	15.530	17
18	0.0466	1.5017	73.20	249.0	701.3	15.984	18
19	0.0658	1.1068	72.18	257.8	708.3	16.441	19
20	0.0902	0.83478	71.11	267.3	714.6	16.904	20
20.39②	0.10132	0.75195	70.67	271.2	716.8	17.086	20.39②
21	0.12072	0.64193	69.96	277.4	720.1	17.374	21
22	0.15816	0.50178	68.73	288.3	724.8	17.852	22
23	0.20336	0.39766	67.41	299.9	728.4	18.340	23
24	0.25717	0.31878	65.98	312.3	731.0	18.840	24
25	0.32045	0.25795	64.43	325.8	732.3	19.351	25
26	0.39404	0.21028	62.75	340.3	732.2	19.877	26
27	0.47879	0.17233	60.91	356.1	730.4	20.421	27
28	0.57555	0.14165	58.87	373.5	726.5	20.989	28
29	0.68516	0.11647	56.55	392.7	720.2	21.596	29
30	0.80844	0.09540	53.76	414.7	710.5	22.267	30
31	0.94620	0.07735	50.17	441.4	696.2	23.059	31
32	1.09930	0.06132	44.89	477.9	674.4	24.112	32
33	1.26840	0.04665	34.38	547.5	640.5	26.097	33
33.19③	1.31520	0.03321	30.11	577.2	577.2	26.962	33.19③

① 三相点;

② 沸点;

③ 临界点。

附表 2-12　氧气(R732)饱和液体和气体的热性质[3]

温度/ K	压力/ MPa	气体比体积/ (m³/kg)	液体密度/ (kg/m³)	液体比焓/ (kJ/kg)	气体比焓/ (kJ/kg)	液体比熵/ [kJ/(kg · K)]	气体比熵/ [kJ/(kg · K)]
54. 36①	0. 00015	96. 543	1306. 1	−193. 61	49. 11	2. 0887	6. 5537
55	0. 00018	79. 987	1303. 5	−192. 55	49. 68	2. 1083	6. 5124
60	0. 00073	21. 462	1282. 0	−184. 19	54. 19	2. 2537	6. 2266
65	0. 00233	7. 2190	1259. 7	−175. 81	58. 66	2. 3878	5. 9950
70	0. 00626	2. 8925	1237. 0	−167. 42	63. 09	2. 5121	5. 8051
75	0. 01455	1. 3293	1213. 9	−159. 02	67. 45	2. 6279	5. 6476
80	0. 03012	0. 6809	1190. 5	−150. 61	71. 69	2. 7363	5. 5151
85	0. 05683	0. 38047	1166. 6	−142. 18	75. 75	2. 8383	5. 4021
90	0. 09935	0. 22794	1142. 1	−133. 69	79. 55	2. 9349	5. 3042
90. 19②	0. 10132	0. 22386	1141. 2	−133. 37	79. 69	2. 9384	5. 3008
95	0. 16308	0. 14450	1116. 9	−125. 12	83. 04	3. 0269	5. 2181
100	0. 25400	0. 09592	1090. 9	−116. 45	86. 16	3. 1150	5. 1411
105	0. 37853	0. 06612	1063. 8	−107. 64	88. 85	3. 1999	5. 0712
110	0. 54340	0. 04699	1035. 5	−98. 64	91. 05	3. 2821	5. 0066
115	0. 75559	0. 03424	1005. 6	−89. 42	92. 72	3. 3623	4. 9460
120	1. 02230	0. 02544	973. 9	−79. 90	93. 75	3. 4409	4. 8881
125	1. 35090	0. 01919	939. 7	−70. 02	94. 06	3. 5188	4. 8314
130	1. 74910	0. 01463	902. 5	−59. 66	93. 47	3. 5967	4. 7746
135	2. 22500	0. 01120	861. 0	−48. 65	91. 74	3. 6757	4. 7157
140	2. 78780	0. 00856	813. 2	−36. 70	88. 47	3. 7577	4. 6518
145	3. 44780	0. 00646	755. 1	−23. 22	82. 83	3. 8464	4. 5777
150	4. 21860	0. 00465	675. 5	−6. 67	72. 56	3. 9512	4. 4794
154. 58③	5. 04300	0. 00229	436. 1	32. 42	32. 42	4. 1974	

① 三相点；

② 沸点；

③ 临界点。

附表 2-13　氮气(R728) 饱和液体和气体的热性质[3]

温度/ K	压力/ MPa	气体比体积/ (m³/kg)	液体密度/ (kg/m³)	液体比焓/ (kJ/kg)	气体比焓/ (kJ/kg)	液体比熵/ [kJ/(kg · K)]	气体比熵/ [kJ/(kg · K)]
63. 15①	0. 012530	1. 4817	867. 78	−150. 45	64. 739	2. 4271	5. 8381
64	0. 014612	1. 2862	864. 59	−148. 78	65. 552	2. 4534	5. 8057
65	0. 017418	1. 0942	860. 78	−146. 79	66. 498	2. 4841	5. 7688
66	0. 020641	0. 93608	856. 90	−144. 79	67. 433	2. 5146	5. 7334
67	0. 024323	0. 80498	852. 96	−142. 77	68. 357	2. 5449	5. 6992
68	0. 028509	0. 69569	848. 96	−140. 75	69. 270	2. 5748	5. 6664
69	0. 033246	0. 60406	844. 90	−138. 71	70. 170	2. 6045	5. 6348
70	0. 038584	0. 52685	840. 77	−136. 67	71. 058	2. 6338	5. 6042
71	0. 044572	0. 46146	836. 58	−134. 62	71. 931	2. 6627	5. 5748
72	0. 051265	0. 40581	832. 33	−132. 57	72. 791	2. 6913	5. 5463
73	0. 058715	0. 35824	828. 02	−130. 51	73. 635	2. 7196	5. 5188
74	0. 066979	0. 31739	823. 65	−128. 45	74. 463	2. 7475	5. 4922
75	0. 076116	0. 28217	819. 22	−126. 39	75. 275	2. 7750	5. 4664
76	0. 086183	0. 25168	814. 74	−124. 32	76. 070	2. 8022	5. 4414
77	0. 097241	0. 22519	810. 20	−122. 25	76. 847	2. 8291	5. 4172
77. 35②	0. 101325	0. 21680	808. 61	−121. 53	77. 113	2. 8384	5. 4090
78	0. 10935	0. 20208	805. 60	−120. 18	77. 606	2. 8557	5. 3937
79	0. 12258	0. 18185	800. 95	−118. 10	78. 345	2. 8819	5. 3708
80	0. 13699	0. 16409	796. 24	−116. 02	79. 065	2. 9078	5. 3486
81	0. 15264	0. 14844	791. 48	−113. 94	79. 763	2. 9334	5. 3269
82	0. 16960	0. 13461	786. 66	−111. 85	80. 440	2. 9588	5. 3058
83	0. 18794	0. 12235	781. 79	−109. 76	81. 095	2. 9839	5. 2852
84	0. 20773	0. 11146	776. 86	−107. 66	81. 726	3. 0087	5. 2651
85	0. 22903	0. 10174	771. 87	−105. 56	82. 334	3. 0333	5. 2455
86	0. 25192	0. 09306	766. 82	−103. 45	82. 917	3. 0576	5. 2263
87	0. 27646	0. 08527	761. 71	−101. 33	83. 474	3. 0818	5. 2074
88	0. 30272	0. 07828	756. 54	−99. 200	84. 005	3. 1057	5. 1890
89	0. 33078	0. 07199	751. 30	−97. 062	84. 508	3. 1294	5. 1709
90	0. 36071	0. 06631	745. 99	−94. 914	84. 982	3. 1530	5. 1531
91	0. 39258	0. 06117	740. 62	−92. 756	85. 428	3. 1763	5. 1356
92	0. 42646	0. 05651	735. 18	−90. 585	85. 842	3. 1996	5. 1183
93	0. 46242	0. 05228	729. 66	−88. 401	86. 225	3. 2226	5. 1014
94	0. 50055	0. 04843	724. 06	−86. 203	86. 575	3. 2456	5. 0846
95	0. 54090	0. 04491	718. 38	−83. 991	86. 890	3. 2684	5. 0680

续表

温度/ K	压力/ MPa	气体比体积/ （m³/kg）	液体密度/ （kg/m³）	液体比焓/ （kJ/kg）	气体比焓/ （kJ/kg）	液体比熵/ [kJ/(kg·K)]	气体比熵/ [kJ/(kg·K)]
96	0.58357	0.04170	712.62	−81.765	87.170	3.2911	5.0516
97	0.62862	0.03876	706.77	−79.517	87.413	3.3137	5.0354
98	0.67614	0.03607	700.83	−77.253	87.616	3.3363	5.0192
99	0.72619	0.03359	694.79	−74.970	87.780	3.3587	5.0032
100	0.77886	0.03132	688.79	−72.666	87.901	3.3811	4.9873
101	0.83422	0.02921	682.40	−70.340	87.977	3.4034	4.9714
102	0.89235	0.02728	676.04	−67.990	88.007	3.4257	4.9555
103	0.95334	0.02548	669.55	−65.616	87.988	3.4480	4.9396
104	1.0173	0.02382	662.94	−63.215	87.917	3.4703	4.9237
105	1.0842	0.02228	656.20	−60.785	87.791	3.4926	4.9078
106	1.1542	0.02085	649.31	−58.324	87.607	3.5149	4.8917
107	1.2275	0.01951	642.26	−55.830	87.361	3.5372	4.8755
108	1.3040	0.01827	635.04	−53.300	87.048	3.5597	4.8592
109	1.3838	0.01711	627.64	−50.731	86.664	3.5822	4.8426
110	1.4671	0.01602	620.04	−48.119	86.203	3.6084	4.8258
111	1.5540	0.01500	612.21	−45.461	85.659	3.6276	4.8087
112	1.6445	0.01405	604.14	−42.751	85.023	3.6506	4.7912
113	1.7388	0.01315	595.80	−39.984	84.288	3.6738	4.7733
114	1.8369	0.01230	587.15	−37.152	83.441	3.6972	4.7549
115	1.9390	0.01150	578.14	−34.247	82.471	3.7211	4.7358
116	2.0452	0.01074	568.72	−31.258	81.360	3.7454	4.7159
117	2.1555	0.01002	558.82	−28.170	80.088	3.7702	4.6952
118	2.2703	0.009331	548.35	−24.967	78.629	3.7957	4.6733
119	2.3895	0.008671	537.17	−21.624	76.948	3.8220	4.6501
120	2.5133	0.008035	525.12	−18.105	74.996	3.8495	4.6251
121	2.6420	0.007417	511.92	−14.362	72.702	3.8785	4.5978
122	2.7757	0.006808	497.15	−10.316	69.957	3.9097	4.5674
123	2.9147	0.006198	480.11	−5.829	66.576	3.9440	4.5324
124	3.0592	0.005566	459.33	−0.627	62.194	3.9836	4.4901
125	3.2099	0.004863	431.03	6.015	55.882	4.0342	4.4331
126.20[3]	3.4000	0.003184	314.00	30.700	30.700	4.2270	4.2270

① 三相点；

② 沸点；

③ 临界点。

附录三　常用材料的主要物理性质

附表 3-1　常用材料的主要物理性质[7]

名　　称	密度/(kg/m³)	导热系数/[W/(m·K)]	比热容/[kJ/(kg·℃)]
天然石材			
花岗岩	2500~2800	3.3	0.92
石灰岩	1700~2400	0.6~1.4	0.92
大理石	2700	3.5	0.92
石灰质凝灰岩	1300	0.52	0.92
散粒材料			
干沙	1500~1700	0.45~0.58	0.80
黏土	1600~1800	0.47~0.53	0.75(-20~20℃)
卵石	1400~1700	0.49	0.84(-20~20℃)
锅炉煤渣	700~1100	0.19~0.30	0.00
石灰砂浆	1600~1800	0.44~0.56	0.84
砖			
普通黏土砖	1600~1900	0.47~0.67	0.92
耐火砖	1840	1.05(800~1100℃)	0.88~1.00
绝缘砖(多孔)	600~1400	0.16~0.37	
硅藻土砖	900~1300	0.22~0.34	0.71
混凝土			
普通混凝土	2000~2400	1.28~1.55	0.84
矿渣混凝土	1000~1700	0.41~0.70	0.75~0.84
钢筋混凝土	2200~2400	1.55	0.84
陶粒混凝土	1400	0.41	
泡沫混凝土	400~1000	0.13~0.29	0.84
木材			
松木	500~600	0.07~0.10	2.72(0~100℃)
柞木	700~900	0.12~0.15	1.09
软木	100~300	0.04~0.06	0.96
树脂木屑板	300	0.12	1.88
胶合板	600	0.17	2.51
金属			
钢	7850	45.4	0.46
铸铁(生铁)	7220	62.8	0.50
铝	2670	203.5	0.92
钛	4510	16.3~18.0	0.52
青铜	8000	65.1	0.38
黄铜	8600	85.5	0.38
铜	8800	383.8	0.38
镍	9000	58.2	0.46
锡	7230	64.0	0.23
汞	13600	8.7	0.14
铅	11400	34.9	0.13

名　　称	密度/(kg/m³)	导热系数/[W/(m·K)]	比热容/[kJ/(kg·℃)]
银	10500	458.2	0.23
锌	7000	116.3	0.39
球墨铸铁	7300		
硬铅	11070		
不锈钢	7900	17.45	0.50
塑料			
酚醛	1250~1300	0.13~0.26	1.26~1.67
脲醛	1400~1500	0.30	1.26~1.67
三聚氰胺甲醛	1400~1550	0.27	1.26~1.67
酚-糠醛	1300~1320	0.16	1.26~1.67
苯胺-甲醛	1220~1250	0.10	1.05~1.26
有机硅聚合物	1260	0.00	1.84
聚氨基甲酸酯	1210	0.31	2.09
聚酰胺	1130	0.31	1.93
聚丙烯	900	0.14	1.93
聚酯	1200	0.19	1.63
聚醋酸乙烯	1200~1600	0.16	1.00
聚甲醛	1420	0.16	1.76
聚氯乙烯	1360~1400	0.16	1.84
聚苯乙烯	1050~1070	0.08	1.34
聚乙烯醇缩甲醛	1260	0.19	1.17
聚甲基丙烯酸甲酯	1180~1300	0.20	1.47
聚三氟氯乙烯	2090~2160	0.26	1.05
低压聚乙烯	940	0.29	2.55
中压聚乙烯	920	0.26	2.22
聚四氟乙烯	2100~2300	0.36	1.05
韧性聚苯乙烯	1080~1100	0.14	1.93
聚碳酸酯	1200	0.16	1.72
其他			
有机玻璃	1180~1190	0.14~0.20	
玻璃	2500	0.74	0.67
石英玻璃	2210		0.84
瓷器	2400	1.04	1.09
石棉水泥瓦和板	1600~1900	0.35	
油毛毡	200~300	0.04~0.06	
耐酸陶制品	2200~2300	0.93~1.05	0.75~0.80
橡胶	1200	0.16	1.38
耐酸砖和板	2100~2400		
耐酸搪瓷	2300~2700	0.99~1.05	0.84~1.26
辉绿岩板	2900~3000	0.99	1.05
电极石墨	1400~1600	116.3~127.9	0.64
不透性石墨	1800~1900	104.7~127.9	
煤			1.30
水	1000	0.6	4.19
冰	900	2.3	2.11

附录四 油品15℃密度与20℃密度和bbl/t的相互换算

附表4-1 20℃密度到15℃密度换算表[4]　　　　kg/m³

20℃密度	15℃密度	20℃密度	15℃密度	20℃密度	15℃密度	20℃密度	15℃密度	20℃密度	15℃密度
610.0	615.0	660.0	664.6	710.0	714.3	760.0	764.0	810.0	813.8
611.0	616.0	661.0	665.6	711.0	715.3	761.0	765.0	811.0	814.8
612.0	617.0	662.0	666.6	712.0	716.3	762.0	766.0	812.0	815.8
613.0	618.0	663.0	667.6	713.0	717.3	763.0	767.0	813.0	816.8
614.0	619.0	664.0	668.6	714.0	718.3	764.0	768.0	814.0	817.8
615.0	620.0	665.0	669.6	715.0	719.3	765.0	769.0	815.0	818.8
616.0	621.0	666.0	670.6	716.0	720.3	766.0	770.0	816.0	819.7
617.0	621.9	667.0	671.6	717.0	721.3	767.0	771.0	817.0	820.7
618.0	622.9	668.0	672.6	718.0	722.3	768.0	772.0	818.0	821.7
619.0	623.9	669.0	673.6	719.0	723.3	769.0	773.0	819.0	822.7
620.0	624.9	670.0	674.6	720.0	724.2	770.0	774.0	820.0	823.7
621.0	625.9	671.0	675.6	721.0	725.2	771.0	775.0	821.0	824.7
622.0	626.9	672.0	676.5	722.0	726.2	772.0	776.0	822.0	825.7
623.0	627.9	673.0	677.5	723.0	727.2	773.0	777.0	823.0	826.7
624.0	628.9	674.0	678.5	724.0	728.2	774.0	778.0	824.0	827.7
625.0	629.9	675.0	679.5	725.0	729.2	775.0	778.9	825.0	828.7
626.0	630.9	676.0	680.5	726.0	730.2	776.0	779.9	826.0	829.7
627.0	631.9	677.0	681.5	727.0	731.2	777.0	780.9	827.0	830.7
628.0	632.9	678.0	682.5	728.0	732.2	778.0	781.9	828.0	831.7
629.0	633.9	679.0	683.5	729.0	733.2	779.0	782.9	829.0	832.7
630.0	634.8	680.0	684.5	730.0	734.2	780.0	783.9	830.0	833.7
631.0	635.8	681.0	685.5	731.0	735.2	781.0	784.9	831.0	834.7
632.0	636.8	682.0	686.5	732.0	736.2	782.0	785.9	832.0	835.7
633.0	637.8	683.0	687.5	733.0	737.2	783.0	786.9	833.0	836.7
634.0	638.8	684.0	688.5	734.0	738.2	784.0	787.9	834.0	837.7
635.0	639.8	685.0	689.5	735.0	739.2	785.0	788.9	835.0	838.7
636.0	640.8	686.0	690.5	736.0	740.2	786.0	789.9	836.0	839.7
637.0	641.8	687.0	691.4	737.0	741.1	787.0	790.9	837.0	840.7
638.0	642.8	688.0	692.4	738.0	742.1	788.0	791.9	838.0	841.7
639.0	643.8	689.0	693.4	739.0	743.1	789.0	792.9	839.0	842.6
640.0	644.8	690.0	694.4	740.0	744.1	790.0	793.9	840.0	843.6
641.0	645.8	691.0	695.4	741.0	745.1	791.0	794.9	841.0	844.6
642.0	646.8	692.0	696.4	742.0	746.1	792.0	795.9	842.0	845.6
643.0	647.7	693.0	697.4	743.0	747.1	793.0	796.9	843.0	846.6
644.0	648.7	694.0	698.4	744.0	748.1	794.0	797.9	844.0	847.6
645.0	649.7	695.0	699.4	745.0	749.1	795.0	798.8	845.0	848.6
646.0	650.7	696.0	700.4	746.0	750.1	796.0	799.8	846.0	849.6
647.0	651.7	697.0	701.4	747.0	751.1	797.0	800.8	847.0	850.6
648.0	652.7	698.0	702.4	748.0	752.1	798.0	801.8	848.0	851.6
649.0	653.7	699.0	703.4	749.0	753.1	799.0	802.8	849.0	852.6
650.0	654.7	700.0	704.4	750.0	754.1	800.0	803.8	850.0	853.6
651.0	655.7	701.0	705.4	751.0	755.1	801.0	804.8	851.0	854.6
652.0	656.7	702.0	706.4	752.0	756.1	802.0	805.8	852.0	855.6
653.0	657.7	703.0	707.3	753.0	757.1	803.0	806.8	853.0	856.6
654.0	658.7	704.0	708.3	754.0	758.1	804.0	807.8	854.0	857.6
655.0	659.7	705.0	709.3	755.0	759.1	805.0	808.8	855.0	858.6
656.0	660.7	706.0	710.3	756.0	760.0	806.0	809.8	856.0	859.6
657.0	661.6	707.0	711.3	757.0	761.0	807.0	810.8	857.0	860.6
658.0	662.6	708.0	712.3	758.0	762.0	808.0	811.8	858.0	861.6
659.0	663.6	709.0	713.3	759.0	763.0	809.0	812.8	859.0	862.6

续表

20℃密度	15℃密度	20℃密度	15℃密度	20℃密度	15℃密度	20℃密度	15℃密度	20℃密度	15℃密度
860.0	863.6	905.0	908.4	950.0	953.2	995.0	998.1	1040.0	1042.9
861.0	864.6	906.0	909.4	951.0	954.2	996.0	999.1	1041.0	1043.9
862.0	865.6	907.0	910.4	952.0	955.2	997.0	1000.1	1042.0	1044.9
863.0	866.5	908.0	911.4	953.0	956.2	998.0	1001.1	1043.0	1045.9
864.0	867.5	909.0	912.4	954.0	957.2	999.0	1002.1	1044.0	1046.9
865.0	868.5	910.0	913.4	955.0	958.2	1000.0	1003.1	1045.0	1047.9
866.0	869.5	911.0	914.4	956.0	959.2	1001.0	1004.1	1046.0	1048.9
867.0	870.5	912.0	915.4	957.0	960.2	1002.0	1005.1	1047.0	1049.9
868.0	871.5	913.0	916.4	958.0	961.2	1003.0	1006.1	1048.0	1050.9
869.0	872.5	914.0	917.3	959.0	962.2	1004.0	1007.1	1049.0	1051.9
870.0	873.5	915.0	918.3	960.0	963.2	1005.0	1008.0	1050.0	1052.9
871.0	874.5	916.0	919.3	961.0	964.2	1006.0	1009.0	1051.0	1053.9
872.0	875.5	917.0	920.3	962.0	965.2	1007.0	1010.0	1052.0	1054.9
873.0	876.5	918.0	921.3	963.0	966.2	1008.0	1011.0	1053.0	1055.9
874.0	877.5	919.0	922.3	964.0	967.2	1009.0	1012.0	1054.0	1056.9
875.0	878.5	920.0	923.3	965.0	968.2	1010.0	1013.0	1055.0	1057.9
876.0	879.5	921.0	924.3	966.0	969.2	1011.0	1014.0	1056.0	1058.9
877.0	880.5	922.0	925.3	967.0	970.2	1012.0	1015.0	1057.0	1059.9
878.0	881.5	923.0	926.3	968.0	971.2	1013.0	1016.0	1058.0	1060.9
879.0	882.5	924.0	927.3	969.0	972.2	1014.0	1017.0	1059.0	1061.9
880.0	883.5	925.0	928.3	970.0	973.2	1015.0	1018.0	1060.0	1062.9
881.0	884.5	926.0	929.3	971.0	974.2	1016.0	1019.0	1061.0	1063.9
882.0	885.5	927.0	930.3	972.0	975.2	1017.0	1020.0	1062.0	1064.9
883.0	886.5	928.0	931.3	973.0	976.1	1018.0	1021.0	1063.0	1065.9
884.0	887.5	929.0	932.3	974.0	977.1	1019.0	1022.0	1064.0	1066.9
885.0	888.5	930.0	933.3	975.0	978.1	1020.0	1023.0	1065.0	1067.9
886.0	889.5	931.0	934.3	976.0	979.1	1021.0	1024.0	1066.0	1068.9
887.0	890.5	932.0	935.3	977.0	980.1	1022.0	1025.0	1067.0	1069.9
888.0	891.4	933.0	936.3	978.0	981.1	1023.0	1026.0	1068.0	1070.9
889.0	892.4	934.0	937.3	979.0	982.1	1024.0	1027.0	1069.0	1071.9
890.0	893.4	935.0	938.3	980.0	983.1	1025.0	1028.0	1070.0	1072.9
891.0	894.4	936.0	939.3	981.0	984.1	1026.0	1029.0	1071.0	1073.9
892.0	895.4	937.0	940.3	982.0	985.1	1027.0	1030.0	1072.0	1074.9
893.0	896.4	938.0	941.3	983.0	986.1	1028.0	1031.0	1073.0	1075.9
894.0	897.4	939.0	942.3	984.0	987.1	1029.0	1032.0	1074.0	1076.9
895.0	898.4	940.0	943.3	985.0	988.1	1030.0	1033.0	1075.0	1077.9
896.0	899.4	941.0	944.3	986.0	989.1	1031.0	1034.0		
897.0	900.4	942.0	945.3	987.0	990.1	1032.0	1035.0		
898.0	901.4	943.0	946.2	988.0	991.1	1033.0	1036.0		
899.0	902.4	944.0	947.2	989.0	992.1	1034.0	1037.0		
900.0	903.4	945.0	948.2	990.0	993.1	1035.0	1038.0		
901.0	904.4	946.0	949.2	991.0	994.1	1036.0	1039.0		
902.0	905.4	947.0	950.2	992.0	995.1	1037.0	1040.0		
903.0	906.4	948.0	951.2	993.0	996.1	1038.0	1041.0		
904.0	907.4	949.0	952.2	994.0	997.1	1039.0	1041.9		

附表 4-2　15℃密度到 20℃密度换算表[4]　　　　　　kg/m³

15℃密度	20℃密度	15℃密度	20℃密度	15℃密度	20℃密度	15℃密度	20℃密度	15℃密度	20℃密度
610.0	605.0	660.0	655.3	710.0	705.7	760.0	756.0	810.0	806.2
611.0	606.0	661.0	656.3	711.0	706.7	761.0	757.0	811.0	807.2
612.0	607.0	662.0	657.4	712.0	707.7	762.0	758.0	812.0	808.2
613.0	608.0	663.0	658.4	713.0	708.7	763.0	759.0	813.0	809.2
614.0	609.0	664.0	659.4	714.0	709.7	764.0	760.0	814.0	810.2
615.0	610.0	665.0	660.4	715.0	710.7	765.0	761.0	815.0	811.2
616.0	611.0	666.0	661.4	716.0	711.7	766.0	762.0	816.0	812.2
617.0	612.0	667.0	662.4	717.0	712.7	767.0	763.0	817.0	813.2
618.0	613.0	668.0	663.4	718.0	713.7	768.0	764.0	818.0	814.2
619.0	614.0	669.0	664.4	719.0	714.7	769.0	765.0	819.0	815.2
620.0	615.0	670.0	665.4	720.0	715.7	770.0	766.0	820.0	816.3
621.0	616.0	671.0	666.4	721.0	716.7	771.0	767.0	821.0	817.3
622.0	617.1	672.0	667.4	722.0	717.7	772.0	768.0	822.0	818.3
623.0	618.1	673.0	668.4	723.0	718.7	773.0	769.0	823.0	819.3
624.0	619.1	674.0	669.4	724.0	719.8	774.0	770.0	824.0	820.3
625.0	620.1	675.0	670.4	725.0	720.8	775.0	771.0	825.0	821.3
626.0	621.1	676.0	671.4	726.0	721.8	776.0	772.0	826.0	822.3
627.0	622.1	677.0	672.5	727.0	722.8	777.0	773.0	827.0	823.3
628.0	623.1	678.0	673.5	728.0	723.8	778.0	774.0	828.0	824.3
629.0	624.1	679.0	674.5	729.0	724.8	779.0	775.1	829.0	825.3
630.0	625.1	680.0	675.5	730.0	725.8	780.0	776.1	830.0	826.3
631.0	626.1	681.0	676.5	731.0	726.8	781.0	777.1	831.0	827.3
632.0	627.1	682.0	677.5	732.0	727.8	782.0	778.1	832.0	828.3
633.0	628.1	683.0	678.5	733.0	728.8	783.0	779.1	833.0	829.3
634.0	629.1	684.0	679.5	734.0	729.8	784.0	780.1	834.0	830.3
635.0	630.2	685.0	680.5	735.0	730.8	785.0	781.1	835.0	831.3
636.0	631.2	686.0	681.5	736.0	731.8	786.0	782.1	836.0	832.3
637.0	632.2	687.0	682.5	737.0	732.8	787.0	783.1	837.0	833.3
638.0	633.2	688.0	683.5	738.0	733.8	788.0	784.1	838.0	834.3
639.0	634.2	689.0	684.5	739.0	734.8	789.0	785.1	839.0	835.3
640.0	635.2	690.0	685.5	740.0	735.8	790.0	786.1	840.0	836.3
641.0	636.2	691.0	686.5	741.0	736.9	791.0	787.1	841.0	837.3
642.0	637.2	692.0	687.6	742.0	737.9	792.0	788.1	842.0	838.3
643.0	638.2	693.0	688.6	743.0	738.9	793.0	789.1	843.0	839.4
644.0	639.2	694.0	689.6	744.0	739.9	794.0	790.1	844.0	840.4
645.0	640.2	695.0	690.6	745.0	740.9	795.0	791.1	845.0	841.4
646.0	641.2	696.0	691.6	746.0	741.9	796.0	792.1	846.0	842.4
647.0	642.2	697.0	692.6	747.0	742.9	797.0	793.1	847.0	843.4
648.0	643.3	698.0	693.6	748.0	743.9	798.0	794.1	848.0	844.4
649.0	644.3	699.0	694.6	749.0	744.9	799.0	795.2	849.0	845.4
650.0	645.3	700.0	695.6	750.0	745.9	800.0	796.2	850.0	846.4
651.0	646.3	701.0	696.6	751.0	746.9	801.0	797.2	851.0	847.4
652.0	647.3	702.0	697.6	752.0	747.9	802.0	798.2	852.0	848.4
653.0	648.3	703.0	698.6	753.0	748.9	803.0	799.2	853.0	849.4
654.0	649.3	704.0	699.6	754.0	749.9	804.0	800.2	854.0	850.4
655.0	650.3	705.0	700.6	755.0	750.9	805.0	801.2	855.0	851.4
656.0	651.3	706.0	701.6	756.0	751.9	806.0	802.2	856.0	852.4
657.0	652.3	707.0	702.6	757.0	752.9	807.0	803.2	857.0	853.4
658.0	653.3	708.0	703.7	758.0	753.9	808.0	804.2	858.0	854.4
659.0	654.3	709.0	704.7	759.0	754.9	809.0	805.2	859.0	855.4

15℃密度	20℃密度	15℃密度	20℃密度	15℃密度	20℃密度	15℃密度	20℃密度	15℃密度	20℃密度
860.0	856.4	905.0	901.6	950.0	946.8	995.0	991.9	1040.0	1037.0
861.0	857.4	906.0	902.6	951.0	947.8	996.0	992.9	1041.0	1038.0
862.0	858.4	907.0	903.6	952.0	948.8	997.0	993.9	1042.0	1039.1
863.0	859.4	908.0	904.6	953.0	949.8	998.0	994.9	1043.0	1040.1
864.0	860.4	909.0	905.6	954.0	950.8	999.0	995.9	1044.0	1041.1
865.0	861.4	910.0	906.6	955.0	951.8	1000.0	996.9	1045.0	1042.1
866.0	862.5	911.0	907.6	956.0	952.8	1001.0	997.9	1046.0	1043.1
867.0	863.5	912.0	908.6	957.0	953.8	1002.0	998.9	1047.0	1044.1
868.0	864.5	913.0	909.6	958.0	954.8	1003.0	999.9	1048.0	1045.1
869.0	865.5	914.0	910.6	959.0	955.8	1004.0	1000.9	1049.0	1046.1
870.0	866.5	915.0	911.6	960.0	956.8	1005.0	1001.9	1050.0	1047.1
871.0	867.5	916.0	912.6	961.0	957.8	1006.0	1002.9	1051.0	1048.1
872.0	868.5	917.0	913.6	962.0	958.8	1007.0	1003.9	1052.0	1049.1
873.0	869.5	918.0	914.7	963.0	959.8	1008.0	1005.0	1053.0	1050.1
874.0	870.5	919.0	915.7	964.0	960.8	1009.0	1006.0	1054.0	1051.1
875.0	871.5	920.0	916.7	965.0	961.8	1010.0	1007.0	1055.0	1052.1
876.0	872.5	921.0	917.7	966.0	962.8	1011.0	1008.0	1056.0	1053.1
877.0	873.5	922.0	918.7	967.0	963.8	1012.0	1009.0	1057.0	1054.1
878.0	874.5	923.0	919.7	968.0	964.8	1013.0	1010.0	1058.0	1055.1
879.0	875.5	924.0	920.7	969.0	965.8	1014.0	1011.0	1059.0	1056.1
880.0	876.5	925.0	921.7	970.0	966.8	1015.0	1012.0	1060.0	1057.1
881.0	877.5	926.0	922.7	971.0	967.8	1016.0	1013.0	1061.0	1058.1
882.0	878.5	927.0	923.7	972.0	968.8	1017.0	1014.0	1062.0	1059.1
883.0	879.5	928.0	924.7	973.0	969.8	1018.0	1015.0	1063.0	1060.1
884.0	880.5	929.0	925.7	974.0	970.8	1019.0	1016.0	1064.0	1061.1
885.0	881.5	930.0	926.7	975.0	971.8	1020.0	1017.0	1065.0	1062.1
886.0	882.5	931.0	927.7	976.0	972.9	1021.0	1018.0	1066.0	1063.1
887.0	883.5	932.0	928.7	977.0	973.9	1022.0	1019.0	1067.0	1064.1
888.0	884.5	933.0	929.7	978.0	974.9	1023.0	1020.0	1068.0	1065.1
889.0	885.5	934.0	930.7	979.0	975.9	1024.0	1021.0	1069.0	1066.1
890.0	886.5	935.0	931.7	980.0	976.9	1025.0	1022.0	1070.0	1067.1
891.0	887.6	936.0	932.7	981.0	977.9	1026.0	1023.0	1071.0	1068.1
892.0	888.6	937.0	933.7	982.0	978.9	1027.0	1024.0	1072.0	1069.1
893.0	889.6	938.0	934.7	983.0	979.9	1028.0	1025.0	1073.0	1070.1
894.0	890.6	939.0	935.7	984.0	980.9	1029.0	1026.0	1074.0	1071.1
895.0	891.6	940.0	936.7	985.0	981.9	1030.0	1027.0	1075.0	1072.1
896.0	892.6	941.0	937.7	986.0	982.9	1031.0	1028.0		
897.0	893.6	942.0	938.7	987.0	983.9	1032.0	1029.0		
898.0	894.6	943.0	939.7	988.0	984.9	1033.0	1030.0		
899.0	895.6	944.0	940.7	989.0	985.9	1034.0	1031.0		
900.0	896.6	945.0	941.7	990.0	986.9	1035.0	1032.0		
901.0	897.6	946.0	942.8	991.0	987.9	1036.0	1033.0		
902.0	898.6	947.0	943.8	992.0	988.9	1037.0	1034.0		
903.0	899.6	948.0	944.8	993.0	989.9	1038.0	1035.0		
904.0	900.6	949.0	945.8	994.0	990.9	1039.0	1036.0		

附表 4-3　15℃密度(kg/m³)到 bbl/t 密度换算表[4]

15℃密度	bbl/t	15℃密度	bbl/t	15℃密度	bbl/t	15℃密度	bbl/t	15℃密度	bbl/t
600.0	10.513	637.0	9.910	674.0	9.355	711.0	8.866	748.0	8.427
601.0	10.496	638.0	9.884	675.0	9.341	712.0	8.854	749.0	8.415
602.0	10.478	639.0	9.869	676.0	9.327	713.0	8.842	750.0	8.404
603.0	10.461	640.0	9.854	677.0	9.313	714.0	8.829	751.0	8.393
604.0	10.443	641.0	9.838	678.0	9.299	715.0	8.817	752.0	8.382
605.0	10.426	642.0	9.823	679.0	9.286	716.0	8.804	753.0	8.370
606.0	10.409	643.0	9.807	680.0	9.272	717.0	8.792	754.0	8.359
607.0	10.391	644.0	9.792	681.0	9.258	718.0	8.780	755.0	8.348
608.0	10.374	645.0	9.777	682.0	9.245	719.0	8.767	756.0	8.337
609.0	10.357	646.0	9.762	683.0	9.231	720.0	8.755	757.0	8.326
610.0	10.340	647.0	9.747	684.0	9.218	721.0	8.743	758.0	8.315
611.0	10.323	648.0	9.731	685.0	9.204	722.0	8.731	759.0	8.304
612.0	10.306	649.0	9.716	686.0	9.191	723.0	8.719	760.0	8.293
613.0	10.289	650.0	9.701	687.0	9.177	724.0	8.707	761.0	8.282
614.0	10.272	651.0	9.686	688.0	9.164	725.0	8.695	762.0	8.271
615.0	10.256	652.0	9.672	689.0	9.150	726.0	8.683	763.0	8.260
616.0	10.239	653.0	9.657	690.0	9.137	727.0	8.671	764.0	8.250
617.0	10.222	654.0	9.642	691.0	9.124	728.0	8.659	765.0	8.239
618.0	10.206	655.0	9.627	692.0	9.111	729.0	8.647	766.0	8.228
619.0	10.189	656.0	9.612	693.0	9.098	730.0	8.635	767.0	8.217
620.0	10.173	657.0	9.598	694.0	9.084	731.0	8.623	768.0	8.206
621.0	10.156	658.0	9.583	695.0	9.071	732.0	8.611	769.0	8.196
622.0	10.140	659.0	9.568	696.0	9.058	733.0	8.600	770.0	8.185
623.0	10.123	660.0	9.554	697.0	9.045	734.0	8.588	771.0	8.174
624.0	10.107	661.0	9.539	698.0	9.032	735.0	8.576	772.0	8.164
625.0	10.091	662.0	9.525	699.0	9.019	736.0	8.564	773.0	8.153
626.0	10.075	663.0	9.511	700.0	9.006	737.0	8.553	774.0	8.143
627.0	10.059	664.0	9.496	701.0	8.993	738.0	8.541	775.0	8.132
628.0	10.043	665.0	9.482	702.0	8.981	739.0	8.530	776.0	8.122
629.0	10.026	666.0	9.468	703.0	8.968	740.0	8.518	777.0	8.111
630.0	10.011	667.0	9.453	704.0	8.955	741.0	8.506	778.0	8.101
631.0	9.995	668.0	9.439	705.0	8.942	742.0	8.495	779.0	8.090
632.0	9.979	669.0	9.425	706.0	8.929	743.0	8.483	780.0	8.080
633.0	9.963	670.0	9.411	707.0	8.917	744.0	8.472	781.0	8.069
634.0	9.947	671.0	9.397	708.0	8.904	745.0	8.461	782.0	8.059
635.0	9.931	672.0	9.383	709.0	8.892	746.0	8.449	783.0	8.049
636.0	9.916	673.0	9.369	710.0	8.879	747.0	8.438	784.0	8.038

15℃密度	bbl/t	15℃密度	bbl/t	15℃密度	bbl/t	15℃密度	bbl/t	15℃密度	bbl/t
785.0	8.028	822.0	7.666	859.0	7.335	896	7.031	933.0	6.752
786.0	8.018	823.0	7.657	860.0	7.326	897	7.024	934.0	6.745
787.0	8.008	824.0	7.647	861.0	7.318	898	7.016	935.0	6.738
788.0	7.998	825.0	7.638	862.0	7.309	899	7.008	936.0	6.730
789.0	7.987	826.0	7.629	863.0	7.301	900	7.000	937.0	6.723
790.0	7.977	827.0	7.619	864.0	7.292	901	6.992	938.0	6.716
791.0	7.967	828.0	7.610	865.0	7.284	902.0	6.985	939.0	6.709
792.0	7.957	829.0	7.601	866.0	7.276	903.0	6.977	940.0	6.702
793.0	7.947	830.0	7.592	867.0	7.267	904.0	6.969	941.0	6.695
794.0	7.937	831.0	7.583	868.0	7.259	905.0	6.961	942.0	6.687
795.0	7.927	832.0	7.574	869.0	7.250	906.0	6.954	943.0	6.680
796.0	7.917	833.0	7.564	870.0	7.242	907.0	6.946	944.0	6.673
797.0	7.907	834.0	7.555	871.0	7.234	908.0	6.938	945.0	6.666
798.0	7.897	835.0	7.546	872.0	7.225	909.0	6.931	946.0	6.659
799.0	7.887	836.0	7.537	873.0	7.217	910.0	6.923	947.0	6.652
800.0	7.877	837.0	7.528	874.0	7.209	911.0	6.915	948.0	6.645
801.0	7.867	838.0	7.519	875.0	7.201	912.0	6.908	949.0	6.638
802.0	7.858	839.0	7.510	876.0	7.192	913.0	6.900	950.0	6.631
803.0	7.848	840.0	7.501	877.0	7.184	914.0	6.893	951.0	6.624
804.0	7.838	841.0	7.492	878.0	7.176	915.0	6.885	952.0	6.617
805.0	7.828	842.0	7.483	879.0	7.168	916.0	6.878	953.0	6.610
806.0	7.818	843.0	7.475	880.0	7.160	917.0	6.870	954.0	6.603
807.0	7.809	844.0	7.466	881.0	7.151	918.0	6.863	955.0	6.596
808.0	7.799	845.0	7.457	882.0	7.143	919.0	6.855	956.0	6.589
809.0	7.789	846.0	7.448	883.0	7.135	920.0	6.848	957.0	6.582
810.0	7.780	847.0	7.439	884.0	7.127	921.0	6.840	958.0	6.576
811.0	7.770	848.0	7.430	885.0	7.119	922.0	6.833	959.0	6.569
812.0	7.760	849.0	7.421	886.0	7.111	923.0	6.825	960.0	6.562
813.0	7.751	850.0	7.413	887.0	7.103	924.0	6.818	961.0	6.555
814.0	7.741	851.0	7.404	888.0	7.095	925.0	6.811	962.0	6.548
815.0	7.732	852.0	7.395	889.0	7.087	926.0	6.803	963.0	6.541
816.0	7.722	853.0	7.387	890.0	7.079	927.0	6.796	964.0	6.535
817.0	7.713	854.0	7.378	891.0	7.071	928.0	6.789	965.0	6.528
818.0	7.703	855.0	7.369	892.0	7.063	929.0	6.781	966.0	6.521
819.0	7.694	856.0	7.361	893.0	7.055	930.0	6.774	967.0	6.514
820.0	7.685	857.0	7.352	894.0	7.047	931.0	6.767	968.0	6.508
821.0	7.675	858.0	7.344	895.0	7.039	932.0	6.759	969.0	6.501

15℃密度	bbl/t	15℃密度	bbl/t	15℃密度	bbl/t	15℃密度	bbl/t	15℃密度	bbl/t
970.0	6.494	997.0	6.318	1024.0	6.151	1051.0	5.993	1078.0	5.842
971.0	6.487	998.0	6.312	1025.0	6.145	1052.0	5.987	1079.0	5.837
972.0	6.481	999.0	6.305	1026.0	6.139	1053.0	5.981	1080.0	5.832
973.0	6.474	1000.0	6.299	1027.0	6.133	1054.0	5.976	1081.0	5.826
974.0	6.467	1001.0	6.293	1028.0	6.127	1055.0	5.970	1082.0	5.821
975.0	6.461	1002.0	6.286	1029.0	6.121	1056.0	5.964	1083.0	5.815
976.0	6.454	1003.0	6.280	1030.0	6.115	1057.0	5.959	1084.0	5.810
977.0	6.448	1004.0	6.274	1031.0	6.109	1058.0	5.953	1085.0	5.805
978.0	6.441	1005.0	6.268	1032.0	6.103	1059.0	5.947	1086.0	5.799
979.0	6.434	1006.0	6.261	1033.0	6.097	1060.0	5.942	1087.0	5.794
980.0	6.428	1007.0	6.255	1034.0	6.091	1061.0	5.936	1088.0	5.789
981.0	6.421	1008.0	6.249	1035.0	6.086	1062.0	5.931	1089.0	5.783
982.0	6.415	1009.0	6.243	1036.0	6.080	1063.0	5.925	1090.0	5.778
983.0	6.408	1010.0	6.236	1037.0	6.074	1064.0	5.919	1091.0	5.773
984.0	6.402	1011.0	6.230	1038.0	6.068	1065.0	5.914	1092.0	5.767
985.0	6.395	1012.0	6.224	1039.0	6.062	1066.0	5.908	1093.0	5.762
986.0	6.389	1013.0	6.218	1040.0	6.056	1067.0	5.903	1094.0	5.757
987.0	6.382	1014.0	6.212	1041.0	6.050	1068.0	5.897	1095.0	5.752
988.0	6.376	1015.0	6.206	1042.0	6.045	1069.0	5.892	1096.0	5.746
989.0	6.369	1016.0	6.200	1043.0	6.039	1070.0	5.886	1097.0	5.741
990.0	6.363	1017.0	6.193	1044.0	6.033	1071.0	5.881	1098.0	5.736
991.0	6.356	1018.0	6.187	1045.0	6.027	1072.0	5.875	1099.0	5.731
992.0	6.350	1019.0	6.181	1046.0	6.021	1073.0	5.870	1100.0	5.725
993.0	6.343	1020.0	6.175	1047.0	6.016	1074.0	5.864		
994.0	6.337	1021.0	6.169	1048.0	6.010	1075.0	5.859		
995.0	6.331	1022.0	6.163	1049.0	6.004	1076.0	5.853		
996.0	6.324	1023.0	6.157	1050.0	5.998	1077.0	5.848		

附录五　常用无因次数群和通用常数

一、常用通用常数

（一）气体常数

$R = 8.314 J/(mol \cdot K)$

$= 8.314 \times 10^3 MPa \cdot m^3/(kmol \cdot K)$

$= 1.987 kcal/(kmol \cdot K)$

$= 82.05 atm \cdot m^3/(mol \cdot K)$

$$= 0.08205 \text{atm} \cdot \text{m}^3/(\text{kmol} \cdot \text{K})$$

$$= 62.36 \text{ mmHg} \cdot \text{L}/(\text{mol} \cdot \text{K})$$

$$= 0.0848 (\text{kg}/\text{m}^2) \cdot \text{m}^3/(\text{kmol} \cdot \text{K})$$

$$= 1.987 \text{ Btu}/(\text{lbmol} \cdot \text{R})$$

$$= 0.0007805 \text{hp} \cdot \text{h}/(\text{lbmol} \cdot \text{R})$$

$$= 0.0005819 \text{kW} \cdot \text{h}/(\text{lbmol} \cdot \text{R})$$

$$= 0.7302 \text{ atm} \cdot \text{ft}^3/(\text{lbmol} \cdot \text{R})$$

$$= 21.85 \text{inHg} \cdot \text{ft}^3/(\text{lbmol} \cdot \text{R})$$

$$= 555.0 \text{mmHg} \cdot \text{ft}^3/(\text{lbmol} \cdot \text{R})$$

$$= 10.73 (\text{lb}/\text{in}^2) \cdot \text{ft}^3/(\text{lbmol} \cdot \text{R})$$

$$= 1545.0 \text{ft} \cdot \text{lb}/(\text{lbmol} \cdot \text{R})$$

（二）重力加速度

以纬度45°平均海平线处重力加速度为准。

$$g = 9.81 \text{m}/\text{s}^2$$

$$= 32.17 \text{ft}/\text{s}^2$$

$$= 4.17 \times 10^8 \text{ft}/\text{h}^2$$

$$= 1.27 \times 10^8 \text{m}/\text{h}^2$$

（三）其他常数

光速（真空中）$c = 2.998 \times 10^8 \text{m}/\text{s}$

$$= 2.997925 \times 10^{10} \text{cm}/\text{s}$$

阿伏加德罗数　$N_A = 6.02252 \times 10^{23}/\text{mol}$

普朗克常数　$h = 6.6256 \times 10^{-27} \text{erg} \cdot \text{s}$

法拉第常数　$F = 96487.0$ 库仑/当量

波尔茨曼常数　$K = R/N_A = 1.3805 \times 10^{-16} \text{ erg}/℃$

圆周率　$\pi = 3.14159$

水冰点的绝对温度　$T = 0℃ = 273.15 \text{K}$

$T = 32 \text{°F} = 491.67 \text{R}$

1mol 理想气在0℃、0 压下的压力体积乘积

$$(PV)_{t=0℃}^{P=0} = 2271.06 \text{ J}/\text{mol}$$

$$= 22.4136 \text{L} \cdot \text{atm}/\text{mol}$$

二、常用无因次数群[5-7]

（一）动量传递方面的无因次数群

1. 雷诺数 Re

雷诺数（Reynolds number）是判别黏性流体流动状态的无因次数群。表达式为：

$$Re = lW\rho/\mu$$

式中　l——几何特征尺寸，m；

　　　W——流体速度，m/s；

　　　ρ——流体密度，kg/m³；

　　　μ——流体黏度，Pa·s。

1883 年，英国物理学家 O. Reynold 观察圆管内的流动状态时提出：由层流向湍流的过渡取决于比值 $dW\rho/\mu$（d 为管子内径），这个比值即为 Re。流态转变时的 Re 值称为临界雷诺数。实验表明，$Re<2100$ 时，流动为层流；当 $Re>4000$ 时，流动为湍流；当 Re 在 2100 与 4000 之间时为过渡流。

依据 Re 值的大小，可以判别流动特征，从而对运动方程作近似处理得出方程的解。此外，在涉及流体流动的热量传递和质量传递中也广泛应用 Re。

2. 弗鲁德数 Fr

弗鲁德数（Froude number）是反映流体流动时重力影响的无因次数群。表达式为：

$$Fr = W^2/gl$$

式中　W——流体的流速，m/s；

　　　g——重力加速度，m/s²；

　　　l——特性尺寸，m。

Fr 数可用惯性力与重力之比来导出。

3. 伽利略数 Ga

伽利略数（Galileo number）是计算自然对流传热系数、液相传质系数、流体中固相粒子沉降速度的准数方程的基本无因次数群之一。表达式为：

$$Ga = l^3\rho^2 g/\mu^2$$

式中　l——系统特性尺寸，m；

　　　ρ——流体密度，kg/m³；

　　　g——重力加速度，m/s²；

　　　μ——流体黏度，Pa·s。

4. 马赫数 Ma

马赫数（Mach number）是一个表征流体惯性力与弹性力之比的无因次数群。表述式为：

$$Ma = W/W_s$$

式中　W——流速，m/s；

　　　W_s——当地音速，m/s（由于音速不是一个固定不变的数值，它与流体的性质和状态有关，故而引入当地音速这一概念，以表示所研究管道内某一截面处的音速）。

Ma 数是影响可压缩流体流动的重要参数。它反映流体的压缩性对流体流动的影响。根据 Ma 数的大小，流动可分为亚音速流动（$Ma<1$）、跨音速流动（$Ma\approx1$）和超音速流动（$Ma>1$）。

5. 欧拉数 Eu

欧拉数（Euler number）是反映流体流动时压力影响的无因次数群。表达式为：

$$Eu = p/\rho W^2$$

式中　p——流体的压力，Pa；

　　　ρ——流体的密度，kg/m³；

　　　W——流体的流速，m/s。

6. Hedstrom 数 He

Hedstrom 数（Hedstrom number）是表征屈服应力、惯性力和粘滞力对流体流动影响的无因次数群。表达式为：

$$He = \rho\tau g l_0^2/(\mu_B)^2$$

式中　ρ——流体密度，kg/m³；

τ——屈服应力，N；

g——重力加速度，m/s^2；

l_0——流体保持为 Bingham 流体流动的代表速度的 W_0 的特征长度；

μ_B——流体的塑性黏度，$Pa \cdot s$。

对于 Bingham 流体的流动，将代表其惯性力的参数群 $\rho W_0^2 / l_0$ 与代表黏滞力的参数群 μ_B μ_0 / l_0^2 相比得到 $\rho W_0 l_0 / \mu_B$；将代表屈服应力的量 $\tau g / l_0$ 与黏滞力的参数群 $\mu_B \mu_0 / l_0^2$ 相比得到 $\tau g l_0 / \mu_B \mu_0$，再相乘即为 He 数。

7. 阿基米德数 Ar

阿基米德数（Archimedes number）是一个因希腊科学家阿基米德而得名的流体力学无因次数，可用来判别因密度差异造成的流体运动。在流态化研究中，表示浮升力对液固系统影响的一个无因次数群。表达式为：

$$Ar = gl^3 \rho (\rho_s - \rho) / \mu^2 = (Re^2 / Fr)(\Delta \rho / \rho)$$

式中　g——重力加速度，m/s^2；

l——特性长度，m；

ρ——密度，kg/m^3；

ρ_s——颗粒密度，kg/m^3；

μ——黏度，$Pa \cdot s$；

$\Delta \rho$——密度差，$\rho_s - \rho$，kg/m^3。

阿基米德数也可表示为格拉斯霍夫数 Gr 和雷诺数 Re 平方的比值，也是浮力及惯性力的比值：

$$Ar = Gr / Re^2$$

在分析液体潜在的混合对流现象时，阿基米德数可用来比较自然对流及强制对流的相对强度，若 $Ar \gg 1$，对流现象中以自然对流为主，若 $Ar \ll 1$，则以强制对流为主。

8. 基里乔夫数 Ki

基里乔夫数（Кирличев number）是在流态化研究中表示气固系统物系特性的一个无因次数群。表达式为：

$$Ki = [(4/3) Ar]^{1/3}$$

9. 李森科数 Ly

李森科数（Ляшенко number）是流态化研究中表示流固物系性质与固相速度关系的无因次数群。表达式为：

$$Ly = Re^3 / Ar = G^3 \rho^2 / \mu g (\rho_s - \rho)$$

式中　G——质量流速，$kg/(m^2 \cdot s)$；

ρ——密度，kg/m^3；

μ——黏度，$Pa \cdot s$；

g——重力加速度，m/s^2；

ρ_s——颗粒密度，kg/m^3。

10. 韦伯数 We

韦伯数（Weber number）是一个流体力学中的无量纲数．当不同的流体之间有交界面时，它用来分析流体运动，尤其在多相流中交界面的曲率较大时．We 是经常应用在精馏分离过程中起泡过程的一个无因次数群。表达式为：

$$We = W^2 \rho l / \sigma$$

式中　W——线速度，m/s；

　　　ρ——密度，kg/m^3；

　　　l——特性长度，m；

　　　σ——表面张力，N/m。

韦伯数代表惯性力和表面张力效应之比，韦伯数愈小代表表面张力愈重要，譬如毛细管现象、肥皂泡、表面张力波等小尺度的问题。一般而言，大尺度的问题，韦伯数远大于1.0，表面张力的作用便可以忽略。

(二) 热量传递方面的无因次数群

1. 普朗特数 Pr

普朗特数(Prandtl number)为传热计算应用的由流体物性组成的一个无因次数群。表达式为：

$$Pr = \mu c_p / \lambda = \nu / a$$

式中　μ——流体的黏度，Pa·s；

　　　c_p——流体的定压比热容，J/(kg·℃)；

　　　λ——流体的导热系数，W/(m·℃)；

　　　ν——流体的运动黏度，m^2/s；

　　　a——流体的热扩散率，m^2/s。

因为 ν 表示流场内动量传递的能力，α 表示温度场内热量传递的能力，所以 Pr 数表示速度场和温度场之间的关系。当 $Pr = 1$ 时，可认为动量与热量传递的速度相等，或认为速度场与温度场类似，这就是雷诺类似的基础。Pr 数由与传热有关的流体物性数据组成，因而对不同的流体在不同的条件下(例如温度、压力)其数值是不同的。空气的 $Pr \approx 0.7$；水在20℃时的 $Pr \approx 7$，在100℃时的 $Pr \approx 1.75$；液态金属的 Pr 数很小，如汞在20℃时的 $Pr = 0.026$。气体 Pr 数无论从理论推导还是实际测定几乎与温度、压力无关(临界点除外)，根据分子运动理论可表示为：

$$Pr = 4[9 - 5(c_v / c_p)]$$

式中 c_v 为定容比热。而流体的 Pr 数则随温度显著变化。

2. 努塞尔数 Nu

努塞尔数(Nusselt number)是反映对流传热强弱的一个无因次数群。表达式为：

$$Nu = \alpha l / \lambda$$

式中　α——对流传热系数，W/(m^2·℃)；

　　　l——特性尺寸，m；

　　　λ——导热系数，W/(m·K)。

3. 格雷茨数 Gz

格雷茨数(Graetz number)是用于层流对流传热的无因次数群。表达式为：

$$Gz = W_m c_p / (\lambda l)$$

式中　W_m——质量流率，kg/s；

　　　c_p——流体的定压比热容，J/(kg·℃)；

　　　λ——导热系数，W/(m·K)；

　　　l——特征尺寸，m。

可见，Gz 表示流体流过时带走的热与热传导热量之比。当流体在内径为 D 的管中流过时，$W_m = (\pi/4)D^2 W\rho$，因而得

$$Gz = (\pi/4)(D/l)(DW\rho/\mu)(c_p\mu/\lambda)$$

式中　μ——流体的黏度，Pa·s；

　$DW\rho/\mu$——Re 数；

　$c_p\mu/\lambda$——Pr 数。

4. 格拉晓夫数 Gr

格拉晓夫数（Grashof number）是表示反映由于温度不同而引起自然对流传热的无因次数群。表达式为：

$$Gr = gl^3\beta\Delta t/\nu^2 = gl^3\rho^2\beta\Delta t/\mu^2$$

式中　g——重力加速度，m/s^2；

　　　l——特征尺寸，m；

　　　μ——流体的黏度，Pa·s；

　　　ν——流体的运动黏度，m^2/s；

　　　Δt——流体与器壁间的温度差，℃；

　　　β——流体的体积膨胀系数，1/K：

　　　ρ——密度，kg/m^3。

Gr 数是用说明重力影响的 Ga 数乘以 $\beta\Delta t$ 而获得的、它表示流体因温度不同产生体积膨胀而形成上升力所引起的对于流体运动的影响。

5. Gukhman 数 Gu

Gukhman 数（Gukhman number）是在物体的自由液面上当液体进行蒸发时与其气相一侧传热有关的无因次数群。表达式为：

$$Gu = (T_a - T_b)/T_a$$

式中　T_a——热空气温度，K；

　　　T_b——物体湿表面温度，即热空气的湿球温度，K。

6. 传热 J 因数 J_h

传热 J 因数是 Chilton 与 Colburn 研究传热、传质与动量传递的类似所提出的无因次群。表达式为：

$$J_h = \alpha Pr^{2/3}/(c_p G) = Nu/(RePr^{1/3})$$

式中　α——对流传热系数，W/(m^2·℃)；

　　　c_p——流体的定压比热容，J/(kg·℃)；

　　　G——质量流速，kg/(m^2·s)；

　　　Pr——普朗特数；

　　　Nu——努塞尔数；

　　　Re——雷诺数。

1933 年，A. P. Colburn 由实验获得 J_h 与流体流动的摩擦因数 f 之间存在着 $J_h = f/2$ 的关系。

7. 柏任克曼数 Br

柏任克曼数（Brinkman number）是考虑黏性流体在管内流动时伴随有热量产生的一个无因次数群。表达式为：

$$Br = \mu W^2/(\lambda\Delta t)$$

式中　μ——流体的黏度，Pa·s；

　　　W——线速度，m/s；

　　　λ——导热系数，W/(m·K)；

　　　Δt——温度差(例如流体主体温度与固体壁间的温度差)，℃。

Br 数的分子表示流体因摩擦产生的热量，分母表示由于导热而传递的热量。

8. 比奥数 Bi

比奥数(Biot number)是在求解不稳态传热微分方程时，用以描述周围介质对物体表面的影响而引出的一个无因次数群。表达式为：

$$Bi = \alpha l / \lambda$$

式中　α——物体表面界膜给热系数，W/(m²·℃)；

　　　l——定性长度，在管中为从中心点到表面的距离，m；

　　　λ——导热系数，W/(m·K)。

l/λ 可看作物体内部的导热热阻，$1/\alpha$ 为外表面的对流给热热阻。故 Bi 数的物理意义是这两个热阻之比。Bi 数的数值大时，表示传热过程中导热热阻起控制作用，因此物体内部存在较大的温度梯度。Bi 数小时，则表示物体内部的热阻很小，对流传热热阻对整个传热过程起控制作用，此时物体内部的温度梯度较小。根据经验，当 $Bi<0.1$ 时，可认为物体内部温度在任一时刻都是均匀的，此时物体温度的变化仅与时间有关。如果 $Bi >0.1$，则物体内部温度既是时间的函数，又是位置的函数。

9. 埃克特数 Ec

埃克特数(Eckert number)是当流体的流速很大而流体与固体壁间的温差很小时，表征摩擦产生的热量对温度场影响的一个无因次数群。表达式为：

$$Ec = W^2 / (c_p \Delta t)$$

式中　W——流速(例如平均流速)，m/s；

　　　Δt——温度差，℃；

　　　c_p——流体的定压比热容，J/(kg·℃)。

一般情况下，Ec 数对对流传热温度场的影响可以忽略。

10. 傅立叶数 Fo

傅立叶数(Fourier number)是不稳定传热用的一个无因次数群。表达式为：

$$Fo = a\theta / l^2$$

式中　a——流体的热扩散率，m²/s；

　　　θ——时间，s；

　　　l——定性长度，m。

11. 路易斯数 Le

路易斯数(Lewis number)是为处理同时有热传递与物质传递时反映物性的无因次数群。表达式为：

$$Le = a/D = \lambda / (c_p \rho D) = Sc/Pr$$

式中　α——热扩散率，m²/s；

　　　D——分子扩散系数，m²/s；

　　　λ——导热系数，W/(m·K)；

　　　c_p——定压比热容，J/(kg·℃)；

ρ——密度，kg/m^3；

Sc——施密特数；

Pr——普朗特数。

12. 留可夫数 Lu

留可夫数(Luikov number)是表述同时进行传热与传质的一个无因次数群。表达式为：

$$Lu = k_c l / a$$

式中　k_c——传质系数，m/s；

l——特征长度，m；

α——热扩散率，$\alpha = \lambda / (c_p \rho)$，m^2/s。

13. 彼克列数 Pe, h

彼克列数(Peclet number)是表达对流传热的一个无因次数群。表达式为：

$$Pe, h = lW / \alpha = Re \cdot Pr$$

式中　l——示性尺奇，对圆管可取管的内径 d，m；

W——流体速度，m/s；

α——热扩散率，m^2/s；

Re——雷诺数；

Pr——普朗特数。

Pe, h 数表示了对流传热中由于流体流动引起的传热和由于热传导引起的传热之比。

14. 瑞利数 Ra

瑞利数(Rayleigh number)是自然对流传热中的一个无因次数群。表达式为：

$$Ra = Gr \cdot Pr = g\beta l^3 \Delta t / (\nu \alpha)$$

式中　Gr——格拉晓夫数；

Pr——普朗特数；

g——重力加速度，m/s^2；

β——流体的体积膨胀系数，1/K；

l——定性长度，m；

Δt——温度差(例如流体主体与固体壁之间的温度差)，℃；

ν——流体的运动黏度，m^2/s；

α——热扩散率，$\alpha = \lambda / (c_p \rho)$，m^2/s。

15. 斯坦顿数 St

斯坦顿数(Stanton number)是强制对流传热中的一个无因次数群。表达式为

$$St = \alpha / (c_p W \rho) = \alpha / (c_p G)$$

式中　α——传热膜系数，W/(m$^2 \cdot$℃)；

c_p——定压比热容，J/(kg$\cdot$℃)；

W——流体速度，m/s；

ρ——密度，kg/m^3；

G——质量流速，kg/(m$^2 \cdot$s)。

St 数是传递热量与流体热容量之比。

(三) 质量传递方面的无因次数群

1. 施米特数 Sc

施米特数(Schmidt number)是描述传质现象的一个无因次数群。表达式为

$$Sc = \mu / (\rho D) = \nu / D$$

式中　μ——流体的黏度，Pa·s；

　　　ρ——密度，kg/m^3；

　　　D——分子扩散系数，m^2/s；

　　　ν——流体的运动黏度，m^2/s。

在无因次化的浓度方程中，Sc 数的地位与温度方程中 Pr 数的地位相当。其在传质过程中所起的作用也与传热过程中 Pr 数所起的作用相同。Sc 数与传质速率进而与传质系数有密切关系，常表示成 $Sh = f(Re, Gr, Sc)$ 的函数关系。Sc 数的数值与流体种类、状态有关。对大多数二元气体混合物，理论和实验都证明 Sc 数的数值几乎都不随组成、温度、压力而变，为 0.2~5。但对于液体，Sc 数的数值则随液体的组成和温度有明显变化，大体上在 $10^3 ~ 10^4$ 数量级范围。

2. 舍伍德数 Sh

舍伍德数(Sherwood number)是包含有效层流膜传质系数 k_c 的无因次数群。表达式为：

$$Sh = k_c l / D$$

式中　k_c——有效层流膜传质系数，m/s；

　　　l——特征尺寸，在湿壁塔中指管内径，在填料塔中指填料的特征直径，m；

　　　D——分子扩散系数，m^2/s。

3. 传质 J 因数 J_m

传质 J 因数是 Chilton 与 Colburn 研究传质、传热与动量传递的类似所提出的无因次数群。表达式为：

$$J_m = k_c Sc^{2/3} / W = Sh / (Re \cdot Sc^{1/3})$$

式中　k_c——膜传质系数，m/s；

　　　Sc——施米特数；

　　　W——流体的平均速度，m/s；

　　　Re——雷诺数；

　　　Sh——舍伍德数。

1934 年 T. H. Chilton 和 A. P. Colburn 由实验获得 J_m 与摩擦因数 f 之间存在关系 $J_m = f/2$。在相当宽的范围内 $J_h = J_m$，因而可由传热膜系数推测传质膜系数，或者由传质来估算传热数据。

4. 彼克列数 Pe, m

彼克列数(Peclet number)是表示总体传质量与扩散传质量关系的一个无因次数群。表达式为：

$$Pe, m = lW / D = Re \cdot Sc$$

式中　l——定性尺寸(对圆管可取内径 d)，m；

　　　W——流体流速，m/s；

　　　D——分子扩散系数，m^2/s；

　　　Re——雷诺数；

　　　Sc——施米特数。

(四) 反应工程等方面的无因次数群

1. 八田数 Ha

八田数(Hatta number)是化学吸收中的无因次数群。表达式为：

$$Ha = \gamma / tanh\gamma$$

$$\gamma = x_{\mathrm{L}}(k_1/D_{\mathrm{L}})^{1/2}$$

式中　x_{L}——有效膜厚，m；

k_1——一级化学反应速率常数，1/s；

D_{L}——溶质在液相中的扩散系数，m^2/s。

　　在溶质 A 与溶剂进行不可逆反应的吸收过程中，若反应较慢而溶剂量较大，溶质 A 扩散穿过液膜之后可因反应的消耗而使浓度下降到零，于是传质速率可用下式表示：

$$Na = Hak_{\mathrm{L}}(C_1 - C)$$

式中　k_{L}——物理吸收条件下的液膜传质系数，m/s；

C_1——界面上溶质 A 的浓度，mol/m^3；

C——液相主体中溶质 A 的浓度，mol/m^3。

　　由该式可知，具有化学反应的液膜吸收系数是无化学反应时的 Ha 倍。无化学反应时，$k_1 = 0$，$\gamma = 0$，则为物理吸收，反应速率愈大，γ 愈大，Ha 也随之增大。若为二级反应，则 γ 计算公式中的 k_1、换为 $k_2 C_{\mathrm{B}}$，k_2 为二级反应速率常数，C_{B} 为液相中反应物 B 的浓度。若用于填料塔，则再乘以考虑重力对液流影响的数群 $(\mu^2/x_{\mathrm{L}}^3 g\rho^2)^{1/3}$ 而成为 $\gamma = (\mu^2/g\rho^2)^{1/3}(k_2 C_{\mathrm{B}}/D_{\mathrm{L}})^{1/2}$，这里的 μ 与 ρ 是液相的黏度与密度，g 是重力加速度。

　　2. 梯尔模数 Φ

　　梯尔模数（Thiele modules）是反映极限反应速率与极限内部传质速率之比的无因次数群。它是研究多孔催化剂中的扩散和化学反应中，进行 n 级不可逆反应时，经常引入的一个无因次数群。普遍化定义为：

$$\Phi = (V_{\mathrm{p}}/S_{\mathrm{p}})(kC_{\mathrm{s}}^{n-1}/D_{\mathrm{c}})$$

式中　V_{p}——单个催化剂颗粒的体积，kg/m^3；.

S_{p}——单个催化剂颗粒的外表面积，m^2/kg；

k——反应速率常数；

C_{s}——催化剂外表面上反应物的浓度，mol/m^3；

D_{c}——催化剂的有效扩散系数，m^2/s；

n——反应级数。

　　将该式适当变形后，不难看出梯尔模数 Φ 的物理意义为：

$$\Phi^2 = 化学反应速率/内扩散速率$$

　　由此可见，Φ 的引入是为了说明催化剂颗粒内扩散速率与化学反应速率的比值。Φ 越大，则内扩散的影响越大。

　　3. 达姆克勒数

　　达姆克勒数（Damkohler number）是化学反应工程方面用的无因次数群。达姆克勒数 I 是化学反应速率与总体质量流率之比：

$$Da_1 = \xi l/(WC_{\mathrm{A}})$$

达姆克勒数 II 是化学反应速率与分子扩散速率之比：

$$Da_2 = \xi l^2/(DC_{\mathrm{A}})$$

达姆克勒数 III 是化学反应热量与本体所容纳热量之比：

$$Da_3 = Q\xi l/(c_{\mathrm{p}}\rho Wt)$$

达姆克勒数 IV 是化学反应热量与传导热量之比：

$$Da_4 = Q\xi l^2/(\lambda t)$$

式中　ξ——化学反应速率，mol/s；

　　　l——特性长度，m；

　　　W——线速度，m/s；

　　　C_A——反应物 A 的浓度，mol/m³；

　　　D——分子扩散系数，m²/s；

　　　Q——单位重量所释放的热量，J/kg；

　　　c_p——定压比热容，J/(kg·℃)；

　　　ρ——密度，kg/m³；

　　　t——温度，℃；

　　　λ——导热系数，W/(m·K)。

（五）化学工程常用无因次数群简表

序号	符号	中文名称	外文名	表达式	物理意义	应用范围
1	Ar	阿基米德数	Archimede	$gl^3\rho(\rho_s-\rho)/\mu^2 = (Re^2/Fr)(\Delta\rho/\rho)$	表示浮升力对液固系统的影响	流态化
2	Bi	比奥数	Biot	$\alpha l/\lambda$	表示物体内部热阻与外表膜热阻的关系	不稳定传热
3	Br	柏任克曼数	Brinkman	$\mu W^2/(\lambda\Delta t)$	热量对黏性流体的影响	流体流动
4	Da_1	达姆克勒数 I	Damkohler I	$\xi l/(WC_A)$	化学反应速率与总体质量流率之比	反应工程
5	Da_2	达姆克勒数 II	Damkohler II	$Da_2 = \xi l^2/(DC_A)$	化学反应速率与分子扩散速率之比	反应工程
6	Da_3	达姆克勒数 III	Damkohler III	$Da_3 = Q\xi l/(c_p\rho Wt)$	反应热量与本体所容纳热量之比	反应工程
7	Da_4	达姆克勒数 IV	Damkohler IV	$Da_4 = Q\xi l^2/(\lambda t)$	反应热量与传导热量之比	反应工程
8	Ec	埃克特数	Eckert	$W^2/(c_p\Delta t)$	摩擦热量对温度场的影响	传热过程
9	Eu	欧拉数	Euler	$p/\rho W^2$	表示压力对流体流动的影响	流体流动过程
10	Fo	傅立叶数	Fourlier	$a\theta/l^2$	传热中的相对时间比值	不稳定传热
11	Fr	弗鲁特数	Froude	W^2/gl	表示重力对流动过程的影响	自然流动
12	Ga	伽利略数	Galileo	$l^3\rho^2 g/\mu^2$	表示重力与黏滞力的影响	自然对流
13	Gr	格拉晓夫数	Grashof	$gl^3\beta\Delta t/\nu^2 = gl^3\rho^2\beta\Delta t/\mu^2$	表示自然对流对给热的影响	对流传热
14	Gu		Gukhman	$(T_a-T_b)/T_a$	表示液体蒸发对传热的影响	传热过程
15	Gz	格雷茨数	Graetz	$(\pi/4)(D/l)(DW\rho/\mu)(c_p\mu/\lambda)$	表征液体热容与传热的关系	层流传热
16	Ha	八田数	Hatta	$\gamma/\tanh\gamma$；$\gamma=x_L(k_1/D_L)^{1/2}$	气液相反应速率与液相扩散速率的关系	伴有化学反应的气体吸收

序号	符号	中文名称	外文名	表达式	物理意义	应用范围
17	He		Hedstrom	$\rho\tau g l_0^2/(\mu_B)^2$	表征屈服应力、惯性力和黏滞力对流体流动过程的影响	流体力学
18	j_h	传热 j 因数		$\alpha Pr^{2/3}/(c_p G)=Nu/(Re*Pr^{1/3})$	流动情况及物性与传热过程的关系	传热过程
19	j_m	传质 j 因数		$kSc^{2/3}/W=Sh/(Re \cdot Sc^{1/3})$	流动情况及物性与传质过程的关系	传质过程
20	Ki	基里乔夫数	Кирличев	$[(4/3)Ar]^{1/3}$	表示气-固系统物系特性	流态化
21	Le	路易斯数	Lewis	$a/D=\lambda/(c_p\rho D)=Sc/Pr$	表示物性对传热和传质的影响	同时传热和传质
22	Lu	留可夫数	Luikov	$Lu=k_c l/\alpha$	表示同时进行传热和传质的关系	同时传热和传质
23	Ly	李森科数	Ляшенко	$Re^3/Ar=G^3\rho^2/\mu g(\rho_s-\rho)$	表示流固物系性质与固相速度的关系	流态化
24	Ma	马赫数	Mach	W/W_s	流体惯性力与弹性力之间的关系	可压缩性流体流动
25	Nu	努塞尔数	Nusselt	$\alpha l/\lambda$	表征对流传热强弱	传热过程
26	Pe, h	传热彼克列数	Pecler, h	$lW/\alpha=Re \cdot Pr$	总传热量与传导热量之比	强制对流传热
27	Pe, m	传质彼克列数	Pecler, m	$lW/D=Re \cdot Sc$	总传质量与扩散传质量之比	传质过程
28	Pr	普朗特数	Prandtl	$\mu c_p/\lambda=\nu/a$	表示流体物性对给热的影响	传热过程
29	Ra	瑞利数	Rayleigh	$Ra=Gr \cdot Pr=g\beta l^3\Delta t/(\nu a)$	自然对流传热	自然对流传热过程
30	Re	雷诺数	Reynolds	$lW\rho/\mu$	惯性力与粘滞力之比	流体力学
31	Sc	施密特数	Schmidt	$\mu/(\rho D)=\nu/D$	表示流体物性对传质的影响	传质过程
32	Sh	舍伍德数	Sherwood	kl/D	表征流体传质程度	传质过程
33	St	斯坦顿数	Stanton	$\alpha/(c_p W\rho)=\alpha/(c_p G)$	传递热量与流体热容量之比	强制对流传热
34	We	韦伯数	Weber	$W^2\rho l/\sigma$	惯性力与表面张力之比	起泡过程
35	φ	梯尔模数	Thiele	$(V_p/S_p)(kC_s^{n-1}/D_c)$	化学反应速率与内扩散速率之比	反应工程

表中符号说明

α——热扩散率，$\alpha=\lambda/(c_p\rho)$，m^2/s；

C_A——反应物 A 的浓度，mol/m^3；

c_p——流体的定压比热容，$J/(kg \cdot ℃)$；

C_s——催化剂外表面上反应物的浓度，mol/m^3；

D——分子扩散系数，m^2/s；

D_c——催化剂的有效扩散系数，m^2/s；

D_L——溶质在液相中的扩散系数，m^2/s；

G——质量流速，$kg/(m^2 \cdot s)$；

g——重力加速度，m/s^2；

k——反应速率常数；

k_1——一级化学反应速率常数，$1/s$；

k_c——传质系数，m/s；

l——几何特征尺寸，m；

l_0——流体保持为 Bingham 流体流动的代表速度的 W_0 的特征长度；

n——反应级数；

p——流体的压力，Pa；

Q——单位重量所释放的热量，J/kg；

S_p——单个催化剂颗粒的外表面积，m^2/kg；

T_a——热空气温度，K；

T_b——物体湿表面温度，K；

t——温度，$℃$；

Δt——温度差，$℃$；

V_p——单个催化剂颗粒的体积，m^3/kg；

W——流体速度，m/s；

W_m——质量流率，kg/s；

W_s——当地音速，m/s

x_L——有效膜厚，m；

α——传热系数，$W/(m^2 \cdot ℃)$；

β——流体的体积膨胀系数，$1/K$：

θ——时间，s；

λ——流体的导热系数，$W/(m \cdot ℃)$；

μ——流体黏度，$Pa \cdot s$；

μ_B——流体的塑性黏度，$Pa \cdot s$；

ν——流体的运动黏度，m^2/s；

ξ——化学反应速率，mol/s；

ρ——流体密度，kg/m^3；

ρ_s——颗粒密度，kg/m^3；

$\Delta\rho$——密度差，$\rho_s - \rho$，kg/m^3；

σ——表面张力，N/m；

τ——屈服应力，N。

附录六　传热污垢热阻和总传热系数参考值

附录六表 6-1 ~ 表 6-7 中所列污垢热阻值[8~10]是大量生产经验的归纳和折衷，不是污垢热阻随运行时间形成的渐近值。所列数值的出发点是尽可能保证获得一个较合理的清洗周期和较好的经济性。其数值不包括腐蚀结垢和生物结垢的影响，也没有考虑传热工艺计算中其他不确定性因素的影响。表 6-7 所列数据是根据 700 多种工业资料统计的管壳式换热器中的平均总污垢热阻值。表 6-8 ~ 表 6-14 中列出各类常用换热器的总传热系数的大致范围[8,11-13]。

附表 6-1　　水的污垢热阻　　　　　　　　　　　$10^{-5} m^2 \cdot ℃/W$

		TEMA 标准(1978 年版)				TEMA1988 年的建议值[①]
使用条件	加热介质温度/℃	≤115		116~205		管侧流速: ≥1.8m/s(对碳钢或铁合金管) ≥1.2m/s(对非铁合金管) 壳侧流速: ≥0.6m/s 加热表面温度≤71℃
	水的温度/℃	≤52		>52		
	水流速/(m/s)	≤1	>1	≤1	>1	
水的来源和种类	海水	8.8	8.8	17.6	17.6	17.6~35(出口温度不超过43℃)
	微咸水	35	17.6	52.8	35	17.6~35(出口温度不超过43℃)
	冷却塔或人工喷淋池　处理过的补给水	17.6	17.6	35	35	17.6~35(出口温度不超过49℃)
	未处理过	52.8	52.8	88	70.4	未列出
	自来水、地下水、湖水	17.6	17.6	35	35	未列出
	河水　最小值	35	17.6	52.8	35.2	35.2~52.8
	平均值	52.8	35.2	70.4	52.8	
	硬水(>257mg/kg)	52.8	52.8	88.0	88.0	未列出
	泥水	52.8	35.2	70.4	52.8	未列出
	发动机夹套水	17.6	17.6	17.6	17.6	17.6
	处理过的闭路循环水					17.6
	蒸馏水或闭路冷凝水	8.8	8.8	8.8	8.8	8.8~17.6
	处理过的锅炉给水	17.6	8.8	17.6	17.6	8.8~17.6
	锅炉排污水	35	8.35	35	35	35~53

①由于地下水、硬水、泥水和未处理水的悬浮物和硬度等的差别很大, 相应的污垢热阻值具有更大的不确定性, 因此未列出建议值。当温度超过表中范围时, 应相应加大其建议值。

附表 6-2　　管壳式换热器中的一些工程流体的建议污垢热阻值　　　　$10^{-5} m^2 \cdot ℃/W$

液体污垢热阻		气体及蒸气污垢热阻	
轻质燃料油[②]	35~88	水蒸气(不带油)	8.8
变压器油[②]	17.6~20.0	废水蒸气(带油)	26.4~35.0
发动机润滑油、汽油、煤油[②]	17.6~20.0	制冷剂蒸汽(带油)	35.0
制冷剂液体	17.6~20.0	工业用有机载热体蒸气	17.6
工业用有机热载体液	17.6~20.0	压缩空气	17.6~35.0
传热用熔盐	8.8	干燥气体(N_2和H_2)[②]	8.8
液氨	17.6	潮湿空气[②]	26.4
液氨(带油)	52.8	常压空气[②]	8.8~17.6
植物油	52.8	氨气	17.6
乙醇胺和二乙醇胺溶液	35.0	二氧化碳	35.0
二甘醇和三甘醇溶液	35.0	工业废气(高炉燃烧气)	35.0~88.0
乙醇[②]	17.6	天然气烟道气	88.0
甲醇及乙醇溶液	35.0	煤燃烧烟道气[①]	176.0
乙二醇溶液	35.0	酸性气体	35.0~53.0
稳定塔侧线及塔底物料	17.6	溶剂蒸汽、氯化烃类蒸气	17.6
轻有机化合物[②]	17.6	乙醇蒸气	0
氯化烃类[②]	17.6~35.0	HCl 气体、带催化剂的气体[②]	52.8

续表

液体污垢热阻		气体及蒸气污垢热阻	
盐酸[②]	0	乙烯、含饱和水蒸气的氢[②]	35.0
苛性碱溶液	35.0~52.8	可聚合蒸汽(带缓聚剂)[②]	52.8
一般稀无机物溶液[①]	88	稳定塔顶馏出物蒸汽	6

① 数值变化范围很大，应慎用。

② 该部分数值取自 GB 151—89 标准，其余均为 TEMA1988 年建议值。

附表 6-3　石油和天然气加工工业流体在管壳式换热器中的建议污垢热阻

$10^{-5} m^2 \cdot ℃/W$

装置	流　体	热阻值	装置	流　体	热阻值
天然气加工	天然气	17.6~35.2	催化重整和加氢脱硫	重整炉进料	26.4
	塔顶蒸汽	17.6~35.2		重整炉出料	26.4
	贫油	35.2		加氢裂化和临氢裂化进出料	35.2[①]
	富油	17.6~35.2		塔顶蒸汽	17.6[②]
	天然汽油和液化石油气	17.6~35.2		循环气	17.6
常减压装置	常压塔顶蒸汽	17.6		液态产品(API 度>50)	17.6
	轻质石脑油蒸汽	17.6		液态产品(API 度 30~50)	35.2
	减压塔顶蒸汽	35.2	润滑油加工[②]	进料	35.2
	汽油	35.2		混合溶剂进料	35.2
	石脑油和轻馏分	35.2~52.8		溶剂	17.6
	重质柴油	52.8~88.1		提取物	52.8
	重质燃料油	88.1~123.2		提余液	17.6
	煤油	35.2~52.8		沥青	88.0
	轻质柴油	35.2~52.8		蜡膏(应防止蜡的沉积)	52.8
	减压渣油	176		精制润滑油	17.6
	常压重油	123.2	温度(℃)	流速(m/s)	脱水原油[②]	含盐原油[②]

			温度(℃)	流速(m/s)	脱水原油[②]	含盐原油[②]
裂化和焦化	塔顶蒸汽	35.2	0~92	<0.6	52.8	52.8
	轻质循环油	35.2~52.8		0.6~1.2	35.2	35.2
	重质循环油	52.8~70.4		>1.2	35.2	35.2
	轻质焦化蜡油	52.8~70.4	93~148	<0.6	52.8	88.0
	重质焦化蜡油	70.4~88.1		0.6~1.2	35.2	70.4
	塔底油浆(最小流速 1.4m/s)	52.8		>1.2	35.2	70.4
	轻质液态产品	35.2	149~259	<0.6	70.4	105.7
轻馏分加工	塔顶蒸汽及气体	17.6		0.6~1.2	52.8	88.0
	液态产品	17.6		>1.2	35.2	70.4
	吸收油	35.2~52.8	>260	<0.6	88.0	123.3
	含微量酸的烷基化物料	35.2		0.6~1.2	70.4	105.7
	再沸器物料	35.2~52.8		>1.2	52.8	88.0

① 数值取决于进料物性及储存期，可能数倍于此值，应慎用。

② 该部分数值取自 GB 151—89 标准，其余均为 TEMA1988 年建议值。

附表 6-4　板式换热器中污垢热阻参考值　　　　$10^{-5} m^2 \cdot ℃/W$

流体名称	热阻值	流体名称	热阻值
软水或蒸馏水	0.9	润滑油	1.7~4.3
工业用水(低硬度)	1.7	植物油	1.7~5.2
工业用水(高硬度)	4.3	有机溶剂	0.9~2.6
处理后的凉水塔循环水	3.5~9.0	水蒸气	0.9
海水(远海~近海)	2.6~4.3	一般工艺流体	0.9~5.2

附表 6-5　翅片管燃料燃烧烟道气污垢热阻参考值　　　　$10^{-5} m^2 \cdot ℃/W$

烟道气中固体物/($\mu g/L$)	燃料或烟气来源	热阻值	最小翅片间距/mm	避免冲蚀的最大流速[3]/(m/s)
<100[2]	天然气	8.8~52.8	1.3~3.0	30.5~36.6
	丙烷	17.6~52.8	1.8	30.5~36.6
	丁烷	17.6~52.8	1.8	30.5~36.6
	燃气透平	17.6		30.5~36.6
100~500	2 号燃料油	35.2~70.4	3.0~3.8	26.0~30.5
	燃气透平	26.4[1]		
	柴油发动机	52.8		
>500	6 号燃料油	52.8~123	4.6~5.8	18.3~22.4
	原油	70.4~264	5.1	
	渣油	88.0~352	5.1	
	煤	88.0~880	5.9~8.6	15.3~21.3

① 当使用 2# 燃料油燃烧时，污垢热阻值可达 $264 \times 10^{-5} m^2 \cdot ℃/W$。

② 这类"清洁"燃料产生的烟道气通常可无需清洗。

③ 为减少沉降结垢，建议的最小流速为 9.1 m/s。

附表 6-6　其他流体在翅片管一侧的污垢热阻推荐值　　　　$10^{-5} m^2 \cdot ℃/W$

流体名称	热阻值	翅片间距/mm	流体名称	热阻值	翅片间距/mm
渣油和重燃料油	176.0	10.2~12.7	纯天然气燃烧烟气	17.6	5.6~4.2
5~6 号燃料油	88.0	8.5	含钠盐蒸汽的废烟道气	528.0	12.7
2~3 号燃料油	53.0	6.4	含催化剂细粉的气体	141.0	12.7

附表 6-7　平均总污垢热阻值(管侧+壳侧)　　　　$10^{-5} m^2 \cdot ℃/W$

壳侧	管侧			壳侧	管侧		
	液体	两相流	蒸气或气体		液体	两相流	蒸气或气体
液体	79	67	51	蒸气或气体	60	51	39
两相流	65	51	48				

附表 6-8　管壳式及套管换热器中常用总传热系数值　　W/(m² · K)

冷侧流体	热侧流体							
	低压气体 (0.1MPa)	高压气体 (2MPa)	工艺用水	低黏度有机液体 ($\mu=1\sim5$)[3]	高黏度液体 ($\mu>100$)[3]	冷凝水蒸汽	烃类蒸气冷凝	带少量惰性气的烃蒸气冷凝[1]
低压气体(0.1MPa)	50	90	100	95	60	105	100	85
高压气体(2MPa)	90	300	430	375	120	530	385	240
处理过的冷却水	100	480	935	710	140	1600	760	345
低黏度有机液体($\mu=1\sim5$)[3]	95	375	600	500	130	815	520	285
高黏度液体($\mu>100$)[3]	65	135	160	150	80	170	155	120
沸腾水	105	465	875	675	140	1430	720	335
沸腾有机液[2] (一般 $\mu<1$)[3]	95	375	600	500	130	815	520	285

① 本栏仅适用于管壳式换热器。

② 适用于如苯、甲苯、乙醇、丙酮、丁酮、汽油和煤油等有机物。

③ 黏度 μ 的单位是 $10^{-3}\text{N} \cdot \text{s}/\text{m}^2$。

附表 6-9　管壳式换热器总传热系数的大致范围

壳侧流体	管侧流体	总传热系数/ [W/(m² · K)]	所包含的总污垢热阻/ (m² · ℃/W)
液体-液体介质			
稀释沥青(溶于馏分油中)	水	57~110	0.0018
植物油、妥尔油等①	水	110~280	0.0007
10%~20%乙醇胺(单乙醇胺或二乙醇胺)	水或单乙醇胺或二乙醇胺	800~1100	0.00054
软化水	水	1700~2800	0.00018
燃料油	水	85~140	0.00120
燃料油	油	57~85	0.00140
汽油	水	340~910	0.00054
重油	重油	45~280	0.00070
重油(热)	水(冷)	60~280	0.00088
富氢重整油	富氢重整油	510~880	0.00035
煤油或蜡油	水	140~280	0.00088
煤油或蜡油	油	110~200	0.00088
煤油或喷气燃料	三氯乙烯	230~280	0.00026
润滑油(低黏度)	水	140~280	0.00035
润滑油	油	60~110	0.00110
石脑油	水	280~400	0.00088
石脑油	油	140~200	0.00088

壳侧流体	管侧流体	总传热系数/ [W/(m²·K)]	所包含的总污垢热阻/ (m²·℃/W)
有机溶剂(热)	盐水(冷)	170~510	0.00054
有机溶剂	有机溶剂	110~340	0.00035
水	10%~30%烧碱溶液	570~1420	0.00054
蜡馏出液	水	85~140	0.00088
蜡馏出液	油	74~130	0.00088
水	水	1100~1420	0.00054
道生油[②]	重油	45~340	
冷凝蒸气-液体介质			
乙醇蒸气	水	570~1100	0.00035
沥青	道生油蒸气	230~340	0.00110
道生油蒸汽	道生油	450~680	0.00026
煤气厂焦油	水蒸气	230~280	0.00097
高沸点烃类(真空)	水	60~170	0.00054
低沸点烃类(常压)	水	460~1100	0.00054
烃类蒸气(分凝器)	油	140~230	0.00070
有机蒸气	水	570~1100	0.00054
有机蒸气(大气压下)	盐水	490~980	
有机蒸气(真空、含少量不凝气)	盐水	240~400	
有机蒸气(传热面塑料衬里)	水	230~900	
有机蒸气(传热面不透性石墨)	水	300~1100	
汽油蒸气	水($u=1~5$)[③]	520	
汽油蒸气	原油($u=0.6$)[③]	110~170	
煤油蒸气	水	170~370	0.00070
煤油或石脑油蒸气	油	110~170	0.00088
石脑油蒸气	水	280~430	0.00088
水蒸气	供给水	2300~5700	0.00088
水蒸气	6号燃料油	85~140	0.00097
水蒸气	2号燃料油	340~510	0.00044
水蒸气	水	1400~4200	
水蒸气	有机溶剂	570~1100	
二氧化碳	水	850~1100	0.00054
水(直立式)	甲醇蒸气	640	
水(直立式)	CCl₄蒸气	360	
水	芳香族蒸气共沸物	230~460	0.00088
糠醛蒸气(含不凝气)	水(直立式)	107~190	

续表

壳侧流体	管侧流体	总传热系数/ [W/(m² · K)]	所包含的总污垢热阻/ (m² · ℃/W)
21%盐酸蒸气(传热面不透性石墨)	水	100~1500	
氨蒸气	水(u=1~1.5)③	750~2000	
气体-液体			
空气、氮气等(压缩)	水或盐水	230~460	0.00088
空气、氮气等(大气压)	水或盐水	57~280	0.00088
水或盐水	空气等(压缩)	110~230	0.00088
水或盐水	空气等(大气压)	30~110	0.00088
水	H₂含天然气混和物	460~710	0.00054
道生油	气体	20~200	
介质沸腾汽化④			
氯或无水氨的气化	水蒸气冷凝	850~1700	0.00026
氯气化	传热用轻油	230~340	0.00026
丙烷、丁烷等气化	水蒸气冷凝	1100~1700	0.00026
水沸腾	水蒸气冷凝	1420~4300	0.00026
有机溶剂气化	水蒸气冷凝	570~1100	
轻油气化	水蒸气冷凝	450~1000	
重油气化(真空)	水蒸气冷凝	140~430	
致冷剂气化	有机溶剂	170~570	

① 妥尔油是亚硫酸盐纸浆制造时产生的一种油状液体。
② 道生油又称导热姆,是二苯醚和联苯或甲基联苯的混合物,作为载热体使用。
③ u 表示流速,单位为 m/s。
④ 本表不包括蒸发器的总传热系数的经验数据。

附表 6-10　套管式换热器总传热系数的大致范围　　　　W/(m² · K)

介质体系	总传热系数	介质体系	总传热系数
水-水冷却	1750~2900	润滑油(u=0.05)-水(u=0.6)	90
水-盐水冷却(u=1.25)①	850~1700	煤油(u=0.15)-水(u=0.6)	230
二氧化碳-水冷却	530	氨蒸汽冷凝-水(u=1.2)	1280~2000
空气-热水加热	140~430	氨蒸汽冷凝-水(u=1.8)	1630~2320
液体-液体	800~1700	氨蒸汽冷凝-水(u=2.4)	1980~2670
20%盐酸-35%盐酸(石墨换热面)	580~1050	水(u=1)-水蒸汽冷凝	2300~4600
丁烷(u=0.6)-水(u=1)	520	水(u=1.2)-氟利昂冷凝	870~990
烃类-热水(管内)	230~500	水(u=1.5)-汽油冷凝	525
油类-液体	105~810	油-水蒸气冷凝	230~1050
原油-原油(u=1.3~2.1)	210~280		

① u 表示流速,单位为 m/s,余同。

附表 6-11　空冷器总传热系数的大致范围[①]　　　　　W/(m²·K)

介质冷凝

介质及条件	总传热系数
水蒸气	800~900
含10%不凝气	580~640
含20%不凝气	550~580
含40%不凝气	410~440
纯轻烃，C_2~C_4	500
C_5~C_6	465
混合轻烃	380~440
轻汽油	465
汽油及汽油-蒸气混合物	350~440
轻汽油-蒸气-30%以下不凝气混合物	350~410
原油常压塔顶气体	350~410
催化裂化塔顶气体	350~410
粗轻汽油 0.4MPa(表)[②]	460
0.07MPa(表)	425
煤油	350~410
芳烃蒸汽	410~465
轻柴油(重整产物)	290~350
中等组分烃类	260~290
中等组分烃类-蒸气	
混合物	320~350
纯有机溶剂蒸气	435~465
加氢裂解气体部分	
冷凝[10~70MPa(表)]	450
炼厂富气冷凝	
(不凝气50%)	230~290
催化重整气体部分	
冷凝[2.5~3.2MPa(表)]	425
加氢精制柴油	
[6.5MPa(表)]	335
加氢精制汽油	
[8.0MPa(表)]	395
乙醇胺塔顶冷凝	
50~80℃[②]	350
80~110℃	520
氨蒸气	580~700

液体冷却

介质及条件	总传热系数
工艺用水	610~730
净化工艺用水	580~800
机器夹套水	680~740
25%盐水	520~640
50%乙二醇溶液	540~700
轻烃类	440~540
汽油	410~440
轻石脑油	350~450
煤油	320~350
柴油	260~320
燃料油	115
低黏度润滑油	116~145
高黏度润滑油	58~87
渣油	
(0.05~1Pa·s)	45~114
焦油	29~35
重油 API 8~14	
150℃(平均)	35~58
200℃(平均)	58~93
油品 API 30	
65℃(平均)	70~134
93℃(平均)	145~200
150℃(平均)	260~320
200℃(平均)	290~350
油品 API 40	
65℃(平均)	145~200
93℃(平均)	290~350
150℃(平均)	320~380
200℃(平均)	350~430
醇类及大多数有机溶剂	410~440
贫碳酸钾溶液	465
环丁砜溶液	
(出口黏度 0.007Pa·s)	395
乙醇胺溶液	
15%~20%	580
20%~25%	535
氨液	580~700

气体冷却

介质	压力(表)/MPa	压力降/MPa	总传热系数
空气及烟道气	0.07	0.007	46~57
	0.07~0.2	0.014	115
	0.35~0.7	0.035	115~170
	4.1~6.9		227~284
	6.9~20.7		284~370
甲烷及天然气	0~0.35	0.007	200
	0.35~1.4	0.02	290
	1.4~10.0	0.007	350
		0.02	405
		0.034	490
		0.070	535
	10.0~17.2	0.048	455~570
乙烯	0.8~9.0		410~465
纯氢	0.07		115~175
	0.35		260~290
	0.70		378~410
	2.10		495~550
	3.50		552~580
氨、轻无机气体及过热蒸气	0.07		58~87
	0.35		87~115
	0.70		145~175
	2.10		260~290
	3.50		290~350
轻烃类	0.07		87~116
	0.35		175~203
	0.70		260~290
	2.10		378~407
	3.50		407~436
中等组分烃类及有机溶剂	0.07		87~116
	0.35		203~232
	0.70		260~290
	2.10		378~407
	3.50		407~436
加氢精制反应出口气体及重整反应出口气体			290~350
合成氨及合成甲醇反应出口气体			465~520
炼厂气			取甲烷类似条件下数值的70%(若含气量超过20%~30%时，可以酌量提高)

① 表中总传热系数均以光管外表面为基准。

② 压力和温度值均表示操作条件。

附表 6-12　水喷淋式换热器的总传热系数的大致范围　　　　W/(m² · K)

介质冷凝	总传热系数	介质冷凝	总传热系数
氨气 喷淋强度 600kg/(m² · h)	1400	蜡油蒸气出口速度 2.5m/s	230
喷淋强度 1200kg/(m² · h)	1860	氯磺酸等蒸气	23
喷淋强度 1800kg/(m² · h)	2300	醋酸等蒸气	67
稳定汽油蒸气　速度:		水溶液	1400~2900
进口 6~10m/s, 出口 0.3~0.5m/s	230~410	50%糖水溶液(玻璃传热面)	285~340
裂化汽油蒸气　速度:		甲醇 喷淋强度 700kg/(m² · h)	490
进口 6~10m/s, 出口 0.3~0.5m/s	200~230		

附表 6-13　浸没盘管换热器的总传热系数　　　　W/(m² · K)

管　内	管　外	清洁表面的系数值		带污垢表面的设计系数值	
		自然对流	强制对流	自然对流	强制对流
被加热时					
蒸气	水溶液加热	1420~1840	1700~3120	570~1140	850~1560
蒸气	轻油加热	280~400	625~790	220~260	340~620
蒸气	轻质润滑油	230~340	570~738	200~230	280~570
蒸气	船用油 C 或 6 号柴油	110~230	400~510	85~170	340~460
蒸气	焦油或沥青	85~200	280~400	85~140	230~340
蒸气	熔融硫	200~260	260~310	110~200	200~260
蒸气	熔融蜡	200~260	260~310	140~200	220~280
蒸气	空气或气体	10~20	28~36	5~17	23~45
蒸气	糖蜜或谷物糖浆	110~220	400~510	85~170	340~460
高温水	水溶液	650~800	1100~1420	400~570	620~910
传热油	焦油或沥青	70~170	260~370	57~110	170~280
道生油	焦油或沥青	85~170	280~340	68~114	170~280
蒸气	植物油			130~160	220~410
被冷却时					
水	植物油				160~410
水	水溶液	620~770	1110~1390	370~540	600~880
水	淬火油	57~85	140~260	40~57	85~140
水	中质润滑油	45~68	110~170	28~45	57~110
水	糖蜜或谷物糖浆	40~57	100~150	23~40	45~85
水	空气或气体	11~23	28~57	6~18	23~46
氟利昂或氨	水溶液	200~260	340~510	110~200	230~340
冷冻盐水	水溶液	570~680	990~1140	280~430	460~710
油	油			6~17	12~58
煤油蒸汽冷凝	水			58~150	
甲醇	水			200	
二氧化碳	水			41	

附表 6-14　螺旋板式换热器总传热系数的大致范围　　　　　W/(m²·K)

换热介质	流动方式	总传热系数	换热介质	流动方式	总传热系数
水-水(速度 1.5m/s)	逆流	1750~2210	焦油中油-水	逆流	270~310
废液-水	逆流	1400~2100	高黏度油-水	逆流	230~350
有机液-有机液	逆流	350~580	油-油(较黏性)	逆流	90~140
粗轻油/水蒸气-焦油中油	逆流	350~580	气-气	逆流	30~47
焦油中油-焦油中油	逆流	160~200	液体-盐水	逆流	940~1800
水-盐水	逆流	1160~1750	废水-清水(速度 0.9m/s)	逆流	1700
水-20%硫酸(铅面)	逆流	815~1400	气-盐水	逆流	35~70
水-含硝硫酸(速度 0.3~0.4m/s)	逆流	465	氨冷凝-水	错流	1500~2260
冷凝水-电解液(30~90℃)	逆流	870~930	水蒸气冷凝-水	错流	1500~1950
冷水-浓碱液	逆流	465~580	有机物蒸气冷凝-水	错流	930~1160
铜液-铜液	逆流	580~760	苯蒸气/水蒸气-水	错流	930~1160
水-润滑油	逆流	140~350	液体-水蒸气		1500~3000

附录七　金属丝编织筛网规格

　　我国在 1985 年颁布工业用金属丝编织方孔筛网的国家标准,并在 2003 年进行了修订。附表 7-1 列出现行标准的结构参数和目数对照。基本尺寸 R10 系列是主要尺寸系列,另两个是补充尺寸系列。

附表 7-1　工业用金属丝编织方孔筛网结构参数及目数对照表[14]

网孔基本尺寸/mm			金属丝直径/mm	筛分面积百分率 A_0/%	单位面积网质量[①]/(kg/m²)				相当英制目数/(目/25.4 mm)
R10 系列	R20 系列	R40/3 系列			低碳钢	黄铜	锡青铜	不锈钢	
16.0	16.0	16.0	3.15	69.8	6.58	7.29	7.40	6.67	1.33
			2.24	76.9	3.49	3.87	3.93	3.54	1.39
			2.00	79.0	2.82	3.13	3.18	2.86	1.41
			1.80	80.8	2.31	2.56	2.60	2.34	1.43
			1.60	82.6	1.85	2.05	2.08	1.87	1.44
	14.0		2.80	69.4	5.93	6.57	6.67	6.00	1.51
			2.24	74.3	3.92	4.35	4.41	3.97	1.56
			1.80	78.5	2.60	2.89	2.93	2.64	1.61
			1.40	82.6	1.62	1.79	1.82	1.64	1.65
		13.2	2.80	68.1	6.22	6.90	7.00	6.30	1.59
12.5	12.5		2.50	69.4	5.29	5.87	5.95	5.36	1.69
			2.24	71.9	4.32	4.79	4.86	4.38	1.72
			2.00	74.3	3.50	3.88	3.94	3.55	1.75
			1.80	76.4	2.88	3.19	3.24	2.91	1.78
			1.60	78.6	2.31	2.56	2.59	2.34	1.80
			1.25	82.6	1.44	1.60	1.62	1.46	1.85

网孔基本尺寸/mm			金属丝直径/mm	筛分面积百分率 A_0/%	单位面积网质量[①]/（kg/m²）				相当英制目数/（目/25.4 mm）
R10 系列	R20 系列	R40/3 系列			低碳钢	黄铜	锡青铜	不锈钢	
	11.2	11.2	2.50	66.8	5.79	6.42	6.52	5.87	1.85
			2.24	69.4	4.74	5.26	5.33	4.80	1.89
			2.00	72.0	3.85	4.27	4.33	3.90	1.92
			1.80	74.2	3.17	3.51	3.56	3.21	1.95
			1.60	76.6	2.54	2.82	2.86	2.57	1.98
			1.12	82.6	1.29	1.43	1.45	1.31	2.06
10.0	10.0		2.50	64.0	6.35	7.04	7.14	6.43	2.03
			2.24	66.7	5.21	5.77	5.86	5.27	2.08
			2.00	69.4	4.23	4.69	4.76	4.29	2.12
			1.80	71.8	3.49	3.87	3.92	3.53	2.15
			1.60	74.3	2.80	3.11	3.15	2.84	2.19
			1.40	76.9	2.18	2.42	2.46	2.21	2.23
			1.12	80.9	1.43	1.59	1.61	1.45	2.28
		9.50	2.24	65.5	5.43	6.02	6.11	5.50	2.16
			2.00	68.2	4.42	4.90	4.97	4.47	2.21
			1.80	70.7	3.64	4.04	4.10	3.69	2.25
			1.60	73.2	2.93	3.25	3.30	2.97	2.29
			1.40	76.0	2.28	2.53	2.57	2.31	2.33
			1.00	81.9	1.21	1.34	1.36	1.23	2.42
	9.00		2.24	64.1	5.67	6.28	6.38	5.74	2.26
			2.00	66.9	4.62	5.12	5.20	4.68	2.31
			1.80	69.4	3.81	4.22	4.29	3.86	2.35
			1.60	72.1	3.07	3.40	3.45	3.11	2.40
			1.40	74.9	2.39	2.65	2.69	2.42	2.44
			1.00	81.0	1.27	1.41	1.43	1.29	2.54
8.00	8.00	8.00	2.24	61.0	6.22	6.90	7.00	6.30	2.48
			2.00	64.0	5.08	5.63	5.72	5.15	2.54
			1.80	66.6	4.20	4.65	4.72	4.25	2.59
			1.60	69.4	3.39	3.75	3.81	3.43	2.65
			1.40	72.4	2.65	2.94	2.98	2.68	2.70
			1.25	74.8	2.15	2.38	2.41	2.17	2.75
			1.00	79.0	1.41	1.56	1.59	1.43	2.82
	7.10		1.80	63.6	4.62	5.12	5.20	4.68	2.85
			1.60	66.6	3.74	4.14	4.20	3.79	2.92
			1.40	69.8	2.93	3.25	3.29	2.97	2.99
			1.25	72.3	2.38	2.63	2.67	2.41	3.04
			1.12	74.6	1.94	2.15	2.18	1.96	3.09

续表

网孔基本尺寸/mm			金属丝直径/mm	筛分面积百分率 A_0/%	单位面积网质量[①]/(kg/m²)				相当英制目数/(目/25.4 mm)
R10 系列	R20 系列	R40/3 系列			低碳钢	黄铜	锡青铜	不锈钢	
			1.80	62.1	4.84	5.37	5.45	4.90	2.99
			1.60	65.2	3.92	4.34	4.41	3.97	3.06
		6.70	1.40	68.4	3.07	3.41	3.46	3.11	3.14
			1.25	71.0	2.50	2.77	2.81	2.53	3.19
			1.12	73.4	2.04	2.26	2.29	2.06	3.25
			1.80	60.5	5.08	5.63	5.72	5.15	3.14
			1.40	66.9	3.23	3.58	3.64	3.27	3.30
6.30	6.30		1.12	72.1	2.15	2.38	2.42	2.17	3.42
			1.00	74.5	1.74	1.93	1.96	1.76	3.48
			0.800	78.7	1.14	1.27	1.29	1.16	3.58
			1.60	60.5	4.52	5.01	5.08	4.57	3.53
			1.40	64.0	3.56	3.94	4.00	3.60	3.63
	5.60	5.60	1.25	66.8	2.90	3.21	3.26	2.93	3.71
			1.12	69.4	2.37	2.63	2.67	2.40	3.78
			0.900	74.2	1.58	1.75	1.78	1.60	3.91
			0.800	76.6	1.27	1.41	1.43	1.29	3.97
			1.60	57.4	4.93	5.46	5.54	4.99	3.85
			1.40	61.0	3.89	4.31	4.38	3.94	3.97
5.00	5.00		1.25	64.0	3.18	3.52	3.57	3.22	4.06
			1.00	69.4	2.12	2.35	2.38	2.14	4.23
			0.900	71.8	1.74	1.93	1.96	1.77	4.31
			1.60	56.0	5.12	5.68	5.76	5.19	4.00
			1.40	59.7	4.05	4.49	4.55	4.10	4.13
		4.75	1.25	62.7	3.31	3.67	3.72	3.35	4.23
			0.900	70.7	1.82	2.02	2.05	1.84	4.50
			1.60	54.4	5.33	5.91	6.00	5.40	4.16
			1.40	58.2	4.22	4.68	4.75	4.27	4.31
			1.12	64.1	2.84	3.14	3.19	2.87	4.52
	4.50		1.00	66.9	2.31	2.56	2.60	2.34	4.62
			0.900	69.4	1.91	2.11	2.14	1.93	4.70
			0.800	72.1	1.53	1.70	1.73	1.55	4.79
			0.630	76.9	0.98	1.09	1.11	1.00	4.95

网孔基本尺寸/mm			金属丝直径/mm	筛分面积百分率 A_0/%	单位面积网质量[①]/（kg/m²）				相当英制目数/（目/25.4 mm）
R10 系列	R20 系列	R40/3 系列			低碳钢	黄铜	锡青铜	不锈钢	
			1.40	54.9	4.61	5.11	5.19	4.67	4.70
			1.25	58.0	3.78	4.19	4.25	3.83	4.84
4.00	4.00	4.00	1.12	61.0	3.11	3.45	3.50	3.15	4.96
			0.900	66.6	2.10	2.33	2.36	2.13	5.18
			0.710	72.1	1.36	1.51	1.53	1.38	5.39
			1.25	54.7	4.13	4.58	4.65	4.19	5.29
			1.00	60.9	2.79	3.09	3.14	2.83	5.58
	3.55		0.900	63.6	2.31	2.56	2.60	2.34	5.71
			0.800	66.6	1.87	2.07	2.10	1.89	5.84
			0.630	72.1	1.21	1.34	1.36	1.22	6.08
			0.560	74.6	0.97	1.07	1.09	0.98	6.18
			1.250	53.0	4.31	4.78	4.85	4.37	5.52
		3.35	0.900	62.1	2.42	2.68	2.72	2.45	5.98
			0.560	73.4	1.02	1.13	1.15	1.03	6.50
			1.25	51.3	4.51	5.00	5.07	4.57	5.77
			1.12	54.4	3.73	4.14	4.20	3.78	5.95
			0.900	60.5	2.54	2.82	2.86	2.57	6.27
3.15	3.15		0.800	63.6	2.06	2.28	2.32	2.08	6.43
			0.710	66.6	1.66	1.84	1.87	1.68	6.58
			0.630	69.4	1.33	1.48	1.50	1.35	6.72
			0.560	72.1	1.07	1.19	1.21	1.09	6.85
			0.500	74.5	0.87	0.96	0.98	0.88	6.96
			1.12	51.0	4.06	4.50	4.57	4.12	6.48
			0.900	57.3	2.78	3.08	3.13	2.82	6.86
			0.800	60.5	2.26	2.50	2.54	2.29	7.06
	2.80	2.80	0.710	63.6	1.82	2.02	2.05	1.85	7.24
			0.630	66.6	1.47	1.63	1.65	1.49	7.41
			0.560	69.4	1.19	1.31	1.33	1.20	7.56
			0.500	72.0	0.96	1.07	1.08	0.97	7.70
			1.00	51.0	3.63	4.02	4.08	3.68	7.26
			0.800	57.4	2.46	2.73	2.77	2.49	7.70
			0.710	60.7	1.99	2.21	2.24	2.02	7.91
2.50	2.50		0.630	63.8	1.61	1.79	1.81	1.63	8.12
			0.560	66.7	1.30	1.44	1.46	1.32	8.30
			0.500	69.4	1.06	1.17	1.19	1.07	8.47
			0.450	71.8	0.87	0.97	0.98	0.88	8.61

网孔基本尺寸/mm			金属丝直径/mm	筛分面积百分率 A_0/%	单位面积网质量[①]/（kg/m²）				相当英制目数/（目/25.4 mm）
R10 系列	R20 系列	R40/3 系列			低碳钢	黄铜	锡青铜	不锈钢	
			1.80	32.2	9.89	10.96	11.13	10.02	6.11
			1.00	49.3	3.78	4.19	4.25	3.83	7.56
			0.800	55.8	2.57	2.85	2.89	2.61	8.04
		2.36	0.710	59.1	2.09	2.31	2.35	2.11	8.27
			0.630	62.3	1.69	1.87	1.90	1.71	8.49
			0.560	65.3	1.36	1.51	1.53	1.38	8.70
			0.500	68.1	1.11	1.23	1.25	1.12	8.88
			0.900	50.9	3.28	3.63	3.69	3.32	8.09
			0.730	57.7	2.17	2.41	2.44	2.20	8.61
			0.630	60.9	1.76	1.95	1.98	1.78	8.85
	2.24		0.560	64.0	1.42	1.58	1.60	1.44	9.07
			0.500	66.8	1.16	1.28	1.30	1.17	9.27
			0.450	69.3	0.96	1.06	1.08	0.97	9.44
			0.400	72.0	0.77	0.85	0.87	0.78	9.62
			0.900	47.6	3.55	3.93	3.99	3.59	8.76
			0.710	54.5	2.36	2.62	2.66	2.39	9.37
			0.630	57.8	1.92	2.12	2.16	1.94	9.66
2.00	2.00	2.00	0.560	61.0	1.56	1.72	1.75	1.58	9.92
			0.500	64.0	1.27	1.41	1.43	1.29	10.16
			0.450	66.6	1.05	1.16	1.18	1.06	10.37
			0.315	74.6	0.54	0.60	0.61	0.55	10.97
			0.800	47.9	3.13	3.47	3.52	3.17	9.77
			0.630	54.9	2.07	2.30	2.33	2.10	10.45
			0.560	58.2	1.69	1.87	1.90	1.71	10.76
	1.80		0.500	61.2	1.38	1.53	1.55	1.40	11.04
			0.450	64.0	1.14	1.27	1.29	1.16	11.29
			0.400	66.9	0.92	1.02	1.04	0.94	11.55
			0.800	46.2	3.25	3.60	3.66	3.29	10.16
			0.630	53.2	2.16	2.40	2.43	2.19	10.90
		1.70	0.500	59.7	1.44	1.60	1.62	1.46	11.55
			0.450	62.5	1.20	1.33	1.35	1.21	11.81
			0.400	65.5	0.97	1.07	1.09	0.98	12.10

续表

网孔基本尺寸/mm			金属丝直径/mm	筛分面积百分率 A_0/%	单位面积网质量[①]/(kg/m²)				相当英制目数/(目/25.4 mm)
R10 系列	R20 系列	R40/3 系列			低碳钢	黄铜	锡青铜	不锈钢	
1.60	1.60		0.800	44.4	3.39	3.75	3.81	3.43	10.58
			0.630	51.5	2.26	2.51	2.54	2.29	11.39
			0.560	54.9	1.84	2.04	2.07	1.87	11.76
			0.500	58.0	1.51	1.68	1.70	1.53	12.10
			0.450	60.9	1.25	1.39	1.41	1.27	12.39
			0.400	64.0	1.02	1.13	1.14	1.03	12.70
			0.355	67.0	0.82	0.91	0.92	0.83	12.99
	1.40	1.40	0.710	44.0	3.03	3.36	3.41	3.07	12.04
			0.560	51.0	2.03	2.25	2.29	2.06	12.96
			0.500	54.3	1.67	1.85	1.88	1.69	13.37
			0.450	57.3	1.39	1.54	1.56	1.41	13.73
			0.400	60.5	1.13	1.25	1.27	1.14	14.11
			0.355	63.6	0.91	1.01	1.03	0.92	14.47
			0.315	66.6	0.73	0.81	0.83	0.74	14.81
1.25	1.25		0.630	44.2	2.68	2.97	3.02	2.72	13.51
			0.560	47.7	2.20	2.44	2.48	2.23	14.03
			0.500	51.0	1.81	2.01	2.04	1.84	14.51
			0.450	54.1	1.51	1.68	1.70	1.53	14.94
			0.400	57.4	1.23	1.37	1.39	1.25	15.39
			0.355	60.7	1.00	1.11	1.12	1.01	15.83
			0.315	63.8	0.81	0.89	0.91	0.82	16.23
			0.280	66.7	0.65	0.72	0.73	0.66	16.60
		1.18	0.630	42.5	2.79	3.09	3.13	2.82	14.03
			0.560	46.0	2.29	2.54	2.58	2.32	14.60
			0.500	49.3	1.89	2.09	2.13	1.91	15.12
			0.450	52.4	1.58	1.75	1.78	1.60	15.58
			0.400	55.8	1.29	1.43	1.45	1.30	16.08
			0.355	59.1	1.04	1.16	1.17	1.06	16.55
			0.315	62.3	0.84	0.93	0.95	0.85	16.99
	1.12		0.560	44.4	2.37	2.63	2.67	2.40	15.12
			0.500	47.8	1.96	2.17	2.20	1.99	15.68
			0.450	50.9	1.64	1.82	1.84	1.66	16.18
			0.400	54.3	1.34	1.48	1.50	1.35	16.71
			0.355	57.7	1.09	1.20	1.22	1.10	17.22
			0.315	60.9	0.88	0.97	0.99	0.89	17.70
			0.250	66.8	0.58	0.64	0.65	0.59	18.54

网孔基本尺寸/mm			金属丝直径/mm	筛分面积百分率A_0/%	单位面积网质量[①]/(kg/m²)				相当英制目数/(目/25.4 mm)
R10 系列	R20 系列	R40/3 系列			低碳钢	黄铜	锡青铜	不锈钢	
1.00	1.00	1.00	0.560	41.1	2.55	2.83	2.87	2.59	16.28
			0.500	44.4	2.12	2.35	2.38	2.14	16.93
			0.450	47.6	1.77	1.97	2.00	1.80	17.52
			0.400	51.0	1.45	1.61	1.63	1.47	18.14
			0.355	54.5	1.18	1.31	1.33	1.20	18.75
			0.315	57.8	0.96	1.06	1.08	0.97	19.32
			0.280	61.0	0.78	0.86	0.88	0.79	19.84
			0.250	64.0	0.64	0.70	0.71	0.64	20.32
	0.900		0.500	41.3	2.27	2.51	2.55	2.30	18.14
			0.450	44.4	1.91	2.11	2.14	1.93	18.81
			0.400	47.9	1.56	1.73	1.76	1.58	19.54
			0.355	51.4	1.28	1.41	1.43	1.29	20.24
			0.315	54.9	1.04	1.15	1.17	1.05	20.91
			0.250	61.2	0.69	0.77	0.78	0.70	22.09
			0.224	64.1	0.57	0.63	0.64	0.57	22.60
		0.850	0.500	39.6	2.35	2.61	2.65	2.38	18.81
			0.450	42.8	1.98	2.19	2.23	2.00	19.54
			0.400	46.2	1.63	1.80	1.83	1.65	20.32
			0.355	49.8	1.33	1.47	1.49	1.35	21.08
			0.315	53.2	1.08	1.20	1.22	1.10	21.80
			0.280	56.6	0.88	0.98	0.99	0.89	22.48
			0.250	59.7	0.72	0.80	0.81	0.73	23.09
			0.224	62.6	0.59	0.66	0.67	0.60	23.65
0.800	0.800		0.450	41.0	2.06	2.28	2.31	2.08	20.32
			0.355	48.0	1.39	1.54	1.56	1.40	21.99
			0.315	51.5	1.13	1.25	1.27	1.14	22.78
			0.280	54.9	0.92	1.02	1.04	0.93	23.52
			0.250	58.0	0.76	0.84	0.85	0.77	24.19
			0.224	61.0	0.62	0.69	0.70	0.63	24.80
			0.200	64.0	0.51	0.56	0.57	0.51	25.40
	0.710	0.710	0.450	37.5	2.22	2.46	2.49	2.25	21.90
			0.355	44.4	1.50	1.67	1.69	1.52	23.85
			0.315	48.0	1.23	1.36	1.38	1.25	24.78
			0.280	51.4	1.01	1.11	1.13	1.02	25.66
			0.250	54.7	0.83	0.92	0.93	0.84	26.46
			0.224	57.8	0.68	0.76	0.77	0.69	27.19
			0.200	60.9	0.56	0.62	0.63	0.57	27.91

网孔基本尺寸/mm			金属丝直径/mm	筛分面积百分率 A_0/%	单位面积网质量[①]/(kg/m²)				相当英制目数/(目/25.4 mm)
R10 系列	R20 系列	R40/3 系列			低碳钢	黄铜	锡青铜	不锈钢	
0.630	0.630		0.400	37.4	1.97	2.19	2.22	2.00	24.66
			0.355	40.9	1.63	1.80	1.83	1.65	25.79
			0.315	44.4	1.33	1.48	1.50	1.35	26.88
			0.280	47.9	1.09	1.21	1.23	1.11	27.91
			0.250	51.3	0.90	1.00	1.01	0.91	28.86
			0.224	54.4	0.75	0.83	0.84	0.76	29.74
			0.200	57.6	0.61	0.68	0.69	0.62	30.60
			0.180	60.5	0.51	0.56	0.57	0.51	31.36
		0.600	0.400	36.0	2.03	2.25	2.29	2.06	25.40
			0.355	39.5	1.68	1.86	1.89	1.70	26.60
			0.315	43.0	1.38	1.53	1.55	1.40	27.76
			0.280	46.5	1.13	1.25	1.27	1.15	28.86
			0.250	49.8	0.93	1.04	1.05	0.95	29.88
			0.224	53.0	0.77	0.86	0.87	0.78	30.83
			0.200	56.3	0.64	0.70	0.71	0.64	31.75
	0.560		0.355	37.5	1.75	1.94	1.97	1.77	27.76
			0.315	41.0	1.44	1.60	1.62	1.46	29.03
			0.280	44.4	1.19	1.31	1.33	1.20	30.24
			0.250	47.8	0.98	1.09	1.10	0.99	31.36
			0.224	51.0	0.81	0.90	0.91	0.82	32.40
			0.200	54.3	0.67	0.74	0.75	0.68	33.42
			0.180	57.3	0.56	0.62	0.63	0.56	34.32
			0.160	60.5	0.45	0.50	0.51	0.46	35.28
0.500	0.500	0.500	0.315	37.6	1.55	1.71	1.74	1.57	31.17
			0.280	41.1	1.28	1.41	1.44	1.29	32.56
			0.250	44.4	1.06	1.17	1.19	1.07	33.87
			0.224	47.7	0.88	0.98	0.99	0.89	35.08
			0.200	51.0	0.73	0.80	0.82	0.74	36.29
			0.180	54.1	0.61	0.67	0.68	0.61	37.35
			0.160	57.4	0.49	0.55	0.55	0.50	38.48
	0.450		0.280	38.0	1.36	1.51	1.53	1.38	34.79
			0.250	41.3	1.13	1.26	1.28	1.15	36.29
			0.224	44.6	0.95	1.05	1.06	0.96	37.69
			0.200	47.9	0.78	0.87	0.88	0.79	39.08
			0.180	51.0	0.65	0.72	0.73	0.66	40.32
			0.160	54.4	0.53	0.59	0.60	0.54	41.64
			0.140	58.2	0.42	0.47	0.47	0.43	43.05

续表

网孔基本尺寸/mm			金属丝直径/mm	筛分面积百分率 A_0/%	单位面积网质量[①]/(kg/m²)				相当英制目数/(目/25.4 mm)
R10 系列	R20 系列	R40/3 系列			低碳钢	黄铜	锡青铜	不锈钢	
		0.425	0.280	36.3	1.41	1.57	1.59	1.43	36.03
			0.224	42.9	0.98	1.09	1.10	0.99	39.14
			0.200	46.2	0.81	0.90	0.91	0.82	40.64
			0.180	49.3	0.68	0.75	0.77	0.69	41.98
			0.160	52.8	0.56	0.62	0.63	0.56	43.42
			0.140	56.6	0.44	0.49	0.50	0.45	44.96
0.400	0.400		0.250	37.9	1.22	1.35	1.37	1.24	39.08
			0.224	41.1	1.02	1.13	1.15	1.03	40.71
			0.200	44.4	0.85	0.94	0.95	0.86	42.33
			0.180	47.6	0.71	0.79	0.80	0.72	43.79
			0.160	51.0	0.58	0.64	0.65	0.59	45.36
			0.140	54.9	0.46	0.51	0.52	0.47	47.04
			0.125	58.0	0.38	0.42	0.43	0.38	48.38
0.355	0.355	0.355	0.224	37.6	1.10	1.22	1.24	1.11	43.87
			0.200	40.9	0.92	1.01	1.03	0.93	45.77
			0.180	44.0	0.77	0.85	0.87	0.78	47.48
			0.140	51.4	0.50	0.56	0.57	0.51	51.31
			0.125	54.7	0.41	0.46	0.47	0.42	52.92
0.315	0.315		0.200	37.4	0.99	1.09	1.11	1.00	49.32
			0.180	40.5	0.83	0.92	0.94	0.84	51.31
			0.160	44.0	0.68	0.76	0.77	0.69	53.47
			0.140	47.9	0.55	0.61	0.62	0.55	55.82
			0.125	51.3	0.45	0.50	0.51	0.46	57.73
		0.300	0.200	36.0	1.02	1.13	1.14	1.03	50.80
			0.180	39.1	0.86	0.95	0.96	0.87	52.92
			0.160	42.5	0.71	0.78	0.80	0.72	55.22
			0.140	46.5	0.57	0.63	0.64	0.57	57.73
			0.125	49.8	0.47	0.52	0.53	0.47	59.76
			0.112	53.0	0.39	0.43	0.44	0.39	61.65
	0.280		0.180	37.1	0.89	0.99	1.01	0.91	55.22
			0.160	40.5	0.74	0.82	0.83	0.75	57.73
			0.140	44.4	0.59	0.66	0.67	0.60	60.48
			0.125	47.8	0.49	0.54	0.55	0.50	62.72
			0.112	51.0	0.41	0.45	0.46	0.41	64.80

续表

网孔基本尺寸/mm			金属丝直径/mm	筛分面积百分率 A_0/%	单位面积网质量[①]/(kg/m²)				相当英制目数/(目/25.4 mm)
R10 系列	R20 系列	R40/3 系列			低碳钢	黄铜	锡青铜	不锈钢	
0.250	0.250	0.250	0.180	33.8	0.96	1.06	1.08	0.97	59.07
			0.160	37.2	0.79	0.88	0.89	0.80	61.95
			0.140	41.1	0.64	0.71	0.72	0.65	65.13
			0.125	44.4	0.53	0.59	0.60	0.54	67.73
			0.112	47.7	0.44	0.49	0.50	0.45	70.17
			0.100	51.0	0.36	0.40	0.41	0.37	72.57
	0.224		0.160	34.0		0.94	0.95	0.86	66.15
			0.140	37.9		0.76	0.77	0.69	69.78
			0.125	41.2		0.63	0.64	0.58	72.78
			0.112	44.4		0.53	0.53	0.48	75.60
			0.100	47.8		0.43	0.44	0.40	78.40
			0.090	50.9		0.36	0.37	0.33	80.89
		0.212	0.140	36.3		0.78	0.80	0.72	72.16
			0.125	39.6		0.65	0.66	0.60	75.37
			0.112	42.8		0.55	0.55	0.50	78.40
			0.100	46.2		0.45	0.46	0.41	81.41
			0.090	49.3		0.38	0.38	0.35	84.11
0.200	0.200		0.140	34.6		0.81	0.82	0.74	74.71
			0.125	37.9		0.68	0.69	0.62	78.15
			0.112	41.1		0.57	0.57	0.52	81.41
			0.090	47.6		0.39	0.40	0.36	87.59
			0.080	51.0		0.32	0.33	0.29	90.71
0.180	0.180	0.180	0.125	34.8		0.72	0.73	0.66	83.28
			0.112	38.0		0.60	0.61	0.55	86.99
			0.100	41.3		0.50	0.51	0.46	90.71
			0.090	44.4		0.42	0.43	0.39	94.07
			0.080	47.9		0.35	0.35	0.32	97.69
			0.071	51.4		0.28	0.29	0.26	101.20
0.160	0.160		0.112	34.6		0.65	0.66	0.59	93.38
			0.100	37.9		0.54	0.55	0.49	97.69
			0.090	41.0		0.46	0.46	0.42	101.60
			0.080	44.4		0.38	0.38	0.34	105.83
			0.071	48.0		0.31	0.31	0.28	109.96
			0.063	51.5		0.25	0.25	0.23	113.90

网孔基本尺寸/mm			金属丝直径/mm	筛分面积百分率A_0/%	单位面积网质量[①]/(kg/m²)				相当英制目数/(目/25.4 mm)
R10 系列	R20 系列	R40/3 系列			低碳钢	黄铜	锡青铜	不锈钢	
			0.100	36.0		0.56	0.57	0.51	101.60
			0.090	39.1		0.48	0.48	0.43	105.83
		0.150	0.080	42.5		0.39	0.40	0.36	110.43
			0.071	46.1		0.32	0.33	0.29	114.93
			0.063	49.6		0.26	0.27	0.24	119.25
			0.100	34.0		0.59	0.60	0.54	105.83
			0.090	37.1		0.50	0.50	0.45	110.43
	0.140		0.071	44.0		0.34	0.34	0.31	120.38
			0.063	47.6		0.28	0.28	0.25	125.12
			0.056	51.0		0.23	0.23	0.21	129.59
			0.090	33.8		0.53	0.54	0.48	118.14
			0.080	37.2		0.44	0.45	0.40	123.90
0.125	0.125	0.125	0.071	40.7		0.36	0.37	0.33	129.59
			0.063	44.2		0.30	0.30	0.27	135.11
			0.056	47.7		0.24	0.25	0.22	140.33
			0.050	51.0			0.20	0.18	145.14
			0.080	34.0		0.47	0.48	0.43	132.29
			0.071	37.5		0.39	0.39	0.35	138.80
	0.112		0.063	41.0		0.32	0.32	0.29	145.14
			0.056	44.4		0.26	0.27	0.24	151.19
			0.050	47.8			0.22	0.20	156.79
			0.080	32.5		0.48	0.49	0.44	136.56
			0.071	35.9		0.40	0.41	0.37	143.50
		0.106	0.063	39.3		0.33	0.34	0.30	150.30
			0.056	42.8		0.27	0.28	0.25	156.79
			0.050	46.2			0.23	0.21	162.82
			0.080	30.9		0.50	0.51	0.46	141.11
			0.071	34.2		0.42	0.42	0.38	148.54
0.100	0.100		0.063	37.6		0.34	0.35	0.31	155.83
			0.056	41.1		0.28	0.29	0.26	162.82
			0.050	44.4			0.24	0.21	169.33
			0.071	31.2		0.44	0.45	0.40	157.76
			0.063	34.6		0.37	0.37	0.33	166.01
	0.090	0.090	0.056	38.0		0.30	0.31	0.28	173.97
			0.050						
			0.045	44.4			0.21	0.19	188.15

续表

网孔基本尺寸/mm			金属丝直径/mm	筛分面积百分率 A_0/%	单位面积网质量[①]/(kg/m²)				相当英制目数/(目/25.4 mm)
R10 系列	R20 系列	R40/3 系列			低碳钢	黄铜	锡青铜	不锈钢	
0.080	0.080		0.063	31.3		0.39	0.40	0.36	177.62
			0.056	34.6		0.32	0.33	0.30	186.76
			0.050	37.9			0.27	0.25	195.38
			0.045	41.0			0.23	0.21	203.20
			0.040	44.4			0.19	0.17	211.67
		0.075	0.056	32.8		0.34	0.34	0.31	193.89
			0.050	36.0			0.29	0.26	203.20
			0.045	39.1			0.24	0.22	211.67
			0.040	42.5			0.20	0.18	220.87
			0.036	45.7			0.17	0.15	228.83
	0.071		0.056	31.3		0.35	0.35	0.32	200.00
			0.050	34.4			0.30	0.27	209.92
			0.045	37.5			0.25	0.22	218.97
			0.040	40.9			0.21	0.19	228.83
			0.036	44.0			0.17	0.16	237.38
0.063	0.063	0.063	0.050	31.1			0.32	0.28	224.78
			0.045	34.0			0.27	0.24	235.19
			0.040	37.4			0.22	0.20	246.60
			0.036	40.5			0.19	0.17	256.57
	0.056		0.045	30.7			0.29	0.26	251.49
			0.040	34.0			0.24	0.21	264.58
			0.036	37.1			0.20	0.18	276.09
			0.032	40.5			0.17	0.15	288.64
			0.030	42.4			0.15	0.13	295.35
		0.053	0.040	32.5			0.25	0.22	273.12
			0.036	35.5			0.21	0.19	285.39
			0.032	38.9			0.17	0.15	298.82
0.050	0.050		0.040	30.9			0.25	0.23	282.22
			0.036	33.8			0.22	0.19	295.35
			0.032	37.2			0.18	0.16	309.76
			0.030	39.1			0.16	0.14	317.50
			0.028	41.1			0.14	0.13	325.64
	0.045	0.045	0.036	30.9			0.23	0.21	313.58
			0.032	34.2			0.19	0.17	329.87
			0.030	36.0			0.17	0.15	338.67
			0.028	38.0			0.15	0.14	347.95

续表

网孔基本尺寸/mm			金属丝 直径/ mm	筛分面积 百分率 A_0/%	单位面积网质量①/(kg/m²)				相当英制 目数/(目/ 25.4 mm)
R10 系列	R20 系列	R40/3 系列			低碳钢	黄铜	锡青铜	不锈钢	
0.040	0.040		0.036	27.7			0.24	0.22	334.21
			0.032	30.9			0.20	0.18	352.78
			0.030	32.7			0.18	0.17	362.86
			0.028	34.6			0.16	0.15	373.53
			0.025	37.9			0.14	0.12	390.77
		0.038	0.032	29.5			0.21	0.19	362.86
			0.030	31.2			0.19	0.17	373.53
			0.028	33.1			0.17	0.15	384.85
			0.025	36.4			0.14	0.13	403.17
	0.036		0.030	29.8			0.19	0.18	384.85
			0.028	31.6			0.18	0.16	396.88
			0.025	34.8			0.15	0.13	416.39
0.032	0.032	0.032	0.028	28.4			0.19	0.17	423.33
			0.025	31.5			0.16	0.14	445.61
			0.022	35.1			0.13	0.13	470.37
	0.028		0.025	27.9			0.17	0.15	479.25
			0.022	31.4			0.14	0.12	508.00
	0.025		0.025	25.0			0.18	0.16	508.00
			0.022	28.3			0.15	0.13	540.43
0.020	0.020		0.020	25.0			0.14	0.13	635.00

① 网质量即网重。

附录八　单位换算[7,15]

附表 8-1　长度(一)

(SI)米/m	厘米/cm	毫米/mm	英尺/ft	英寸/in	码/yd	市尺
1	1×10^2	1×10^3	3.28084	3.93701×10	1.09361	3.00000
1×10^{-2}	1	1×10	3.28084×10^{-2}	3.93701×10^{-1}	1.09361×10^{-2}	3.00000×10^{-2}
1×10^{-3}	1×10^{-1}	1	3.28084×10^{-3}	3.93701×10^{-2}	1.09361×10^{-3}	3.00000×10^{-3}
3.04800×10^{-1}	3.04800×10	3.04800×10^2	1	1.20000×10	3.33333×10^{-1}	0.91440
2.54000×10^{-2}	2.54000	2.54400×10	8.33333×10^{-2}	1	2.77778×10^{-2}	7.62000×10^{-2}
9.14400×10^{-1}	9.14400×10	9.14400×10^2	3.00000	3.60000×10	1	2.74320
0.33333	33.33333	3.33333×10^2	1.0936	13.123	0.3645	1

附表 8-2　长度(二)

英寸/in	毫米/mm	英寸/in	毫米/mm	英寸/in	毫米/mm	英寸/in	毫米/mm
1/2	12.70000	5/8	15.87500	7/16	11.11250	1/32	0.79375
1/4	6.35000	7/8	22.22500	9/16	14.28750	11/32	8.73125
3/4	19.05000	1/16	1.58750	11/16	17.46250	21/32	16.33875
1/8	3.17500	3/16	4.76250	13/16	20.63750	31/32	24.60625
3/8	9.52500	5/16	7.93750	15/16	23.81250	1/64	0.39688

附表 8-3　面积

(SI) 平方米/m^2	平方厘米/cm^2	平方毫米/mm^2	平方英尺/ft^2	平方英寸/in^2	公顷/ha	英亩/acre	市亩
1	1×10^4	1×10^6	1.07649×10	1.55000×10^3	1×10^{-4}	2.47105×10^{-4}	1.5×10^{-3}
1×10^{-4}	1	1×10^2	1.07649×10^{-3}	1.55000×10^{-1}	1×10^{-8}	2.47105×10^{-8}	1.5×10^{-7}
1×10^{-6}	1×10^{-2}	1	1.07649×10^{-5}	1.55000×10^{-3}	1×10^{-10}	2.47105×10^{-10}	1.5×10^{-9}
9.29030×10^{-2}	9.29030×10^2	9.29030×10^4	1	1.44000×10^2	9.29030×10^{-6}	2.29568×10^{-5}	1.3935×10^{-4}
6.45160×10^{-4}	6.45160	6.45160×10^2	6.94444×10^{-3}	1	6.45160×10^{-8}	1.59422×10^{-7}	9.6774×10^{-7}
1×10^4	1×10^8	1×10^{10}	1.07639×10^5	1.55000×10^7	1	2.47105	15
4.04686×10^3	4.04686×10^7	4.04686×10^9	4.35601×10^4	6.27265×10^6	0.40469	1	6.07029
6.66667×10^2	6.66667×10^6	6.66667×10^8	7.1760×10^3	1.0333×10^6	6.66667×10^{-2}	0.16474	1

附表 8-4　体积

(SI) 立方米/m^3	立方分米[①]/dm^3	立方厘米[②]/cm^3	立方英尺/ft^3	立方英寸/in^3	加仑(美)/gal	加仑(英)/gal	石油桶(美)/bbl	石油桶(英)/bbl
1	1000	1×10^6	35.31472	61023.7	264.172	219.969	6.28982	6.28496
0.001	1	1000	0.0353147	61.0237	0.264172	0.219969	6.28982×10^{-3}	6.28496×10^{-3}
1×10^{-6}	0.001	1	3.53147×10^{-5}	0.0610237	2.64172×10^{-4}	2.19969×10^{-4}	6.28982×10^{-6}	6.28496×10^{-6}
0.0283168	28.3168	28316.8	1	1728	7.48052	6.22883	0.17811	0.17797
1.63871×10^{-5}	1.63871×10^{-2}	16.3871	5.78704×10^{-4}	1	4.32900×10^{-3}	3.64065×10^{-3}	1.03071×10^{-4}	1.02992×10^{-4}
3.78541×10^{-3}	3.78541	3785.41	0.133681	231	1	0.832674	0.0238095	0.0237912
4.54609×10^{-3}	4.54609	4546.09	0.160544	277.420	1.20095	1	0.0285941	0.0285720
0.158987	158.987	1.58987×10^5	5.61458	9701.96	42	34.97225	1	0.99923
0.15911	159.11	1.5911×10^5	5.61893	9709.47	42.03244	35	1.00077	1

①即为升/L；②即为毫升/mL。

附表 8-5　质量(重量)

(SI) 千克/kg	克/g	毫克/mg	磅/lb	英两/oz	英厘/grain	吨/t	吨(英)/ long t	吨(美)/ short t
1	1000	1×10^6	2.20462	35.274	15432.4	0.001	9.84206×10^{-4}	1.10231×10^{-3}
0.001	1	1000	0.00220462	0.035274	15.4324	1×10^{-6}	9.84206×10^{-7}	1.10231×10^{-6}
1×10^{-6}	0.001	1	2.20462×10^{-6}	3.5274×10^{-5}	0.015432	1×10^{-9}	9.84206×10^{-10}	1.10231×10^{-9}
0.453592	453.592	4.53592×10^5	1	16	7000	4.53592×10^{-4}	4.46428×10^{-4}	5.0×10^{-4}
0.02835	28.35	2.835×10^4	0.0625	1	437.500	2.83495×10^{-5}	2.79018×10^{-5}	3.125×10^{-5}
6.47989×10^{-5}	0.0647989	64.7989	1.42866×10^{-4}	2.28572×10^{-3}	1	6.47989×10^{-8}	6.37714×10^{-8}	7.14286×10^{-8}
1000	1×10^6	1×10^9	2204.62	3.52740×10^4	1.54324×10^7	1	0.98421	1.10231
1016.05	1.01605×10^6	1.01605×10^9	2240	3.58400×10^4	1.56800×10^7	1.01605	1	1.12000
907.185	9.07185×10^5	9.07185×10^8	2000	3.20000×10^4	1.40000×10^7	0.907185	0.892857	1

附表 8-6　密度

(SI) 公斤/立方米① kg/m^3	克/立方厘米② g/cm^3	吨/立方米 t/m^3	磅/立方英尺 lb/ft^3	磅/立方英寸 lb/in^3	磅/加仑(美) lb/gal	磅/加仑(英) lb/gal
1	0.001	0.001	0.062428	3.61273×10^{-5}	8.34540×10^{-3}	1.00224×10^{-2}
1000	1	1	62.428	0.0361273	8.34540	10.0224
1000	1	1	62.428	0.0361273	8.34540	10.0224
16.0185	0.0160185	0.0160185	1	5.78704×10^{-4}	0.13368	0.16054
2.76799×10^4	27.6799	27.6799	1.728×10^3	1	231	277.420
119.826	0.119826	0.119826	7.4807	4.32900×10^{-3}	1	1.20095
99.7763	0.0997763	0.0997763	6.2290	3.60465×10^{-3}	0.832674	1

①相同于克/升/(g/L)；②相同于克/毫升/(g/mL)。

附表 8-7　比体积(比容积)

(SI) 立方米/公斤 m^3/kg	立方厘米/克① cm^3/g	立方英尺/磅 ft^3/lb	立方英寸/磅 in^3/lb	立方英尺/吨(英) $ft^3/long\ t$	加仑(英)/磅 $UK\ gal/lb$
1	1000	16.0185	2.76799×10^4	3.58814×10^4	99.7763
1×10^{-3}	1	0.0160185	27.6799	35.8814	0.099779
0.0624280	62.4280	1	1728	2240	6.22883
3.61273×10^{-5}	0.0361273	5.78704×10^{-4}	1	1.29630	3.60465×10^{-3}
2.78696×10^{-5}	0.0278696	4.46429×10^{-4}	0.771429	1	2.78073×10^{-3}
0.0100224	10.0224	0.160544	277.420	359.618	1

①相同于升/公斤(L/kg)和立方米/吨(m^3/t)。

附表 8-8　压力，应力

(SI) 帕斯卡/Pa	达因/平方厘米 dyn/cm²	公斤力/平方厘米① kgf/cm²	大气压② atm	磅力/平方英尺 lbf/ft²	磅力/平方英寸 lbf/in²	毫米汞柱③ mmHg	英寸汞柱 inHg	米水柱 mH₂O	英寸水柱 inH₂O	巴 bar	美吨力/平方英寸 Short tf/in²
1	10	1.01972×10^{-5}	9.86923×10^{-6}	0.0208854	1.45038×10^{-4}	7.50062×10^{-3}	2.95300×10^{-4}	1.01972×10^{-4}	4.01463×10^{-3}	1×10^{-5}	7.25189×10^{-8}
0.1	1	1.01972×10^{-6}	9.86923×10^{-7}	2.08854×10^{-3}	1.45038×10^{-5}	7.50062×10^{-4}	2.95300×10^{-5}	1.01972×10^{-5}	4.01463×10^{-4}	1×10^{-6}	7.25189×10^{-9}
9.80665×10^{4}	9.80665×10^{5}	1	0.967841	2.04816×10^{3}	14.2233	735.559	28.9590	10	393.701	0.980665	7.11168×10^{-3}
1.01325×10^{5}	1.01325×10^{6}	1.03323	1	2.11621×10^{3}	14.6959	760	29.9213	10.3323	406.794	1.01325	7.34798×10^{-3}
47.8803	478.803	4.88243×10^{-4}	4.72542×10^{-4}	1	6.94444×10^{-3}	0.359131	0.0141390	4.88243×10^{-3}	0.192222	4.78803×10^{-4}	3.4722×10^{-6}
6.89476×10^{3}	6.89476×10^{4}	0.0703070	0.0680460	144	1	51.7149	2.03602	0.703070	27.6799	0.0689476	5.0000×10^{-4}
133.322	1333.22	1.360×10^{-3}	1.316×10^{-3}	2.78450	0.0193368	1	0.0393701	0.0135951	0.535240	1.33322×10^{-3}	9.66837×10^{-6}
3386.39	3.38639×10^{4}	0.0345316	0.03342	70.7262	0.491154	25.40	1	0.345316	13.5951	0.0338639	2.45577×10^{-4}
9806.65	9806.65	0.1	0.0967841	204.816	1.42233	73.5561	2.89590	1	39.3712	0.0980665	7.11168×10^{-4}
249.082	2490.82	2.53993×10^{-3}	2.45825×10^{-3}	5.20233	0.0361273	1.86832	0.0735559	0.0253993	1	2.49089×10^{-3}	1.80637×10^{-5}
1×10^{5}	1×10^{6}	1.01972	0.986923	2088.54	14.5037	75.01	29.5300	10.1972	401.474	1	7.25189×10^{-3}
1.37895×10^{7}	1.37895×10^{8}	140.614	136.092	2.87999×10^{5}	2000	1.03430×10^{5}	4.07204×10^{3}	1.40614×10^{3}	5.53613×10^{4}	137.895	1

① 即工程大气压，at；
② 即标准大气压；
③ 即托，torr。

附表 8-9　热量、功、能

焦耳/J (SI)	千卡 kcal	英热单位 Btu	千瓦·时 kW·h	马力·时 hp·h	公斤力·米 kgf·m	英尺·磅 ft·lb	升·大气压 L·atm	英尺·磅达 ft·pdl	摄氏度热单位 CHU	尔格 erg
1	2.38846×10^{-4}	9.47816×10^{-4}	2.77778×10^{-7}	3.72506×10^{-7}	0.101972	0.737562	9.86923×10^{-3}	23.7304	5.26563×10^{-4}	1×10^{7}
4186.8	1	3.96832	1.163×10^{-3}	1.55961×10^{-3}	426.94	3088.03	41.3205	9.9354×10^{4}	2.20461	4.1868×10^{10}
1055.06	0.2520	1	2.93072×10^{-4}	3.93015×10^{-4}	107.587	778.169	10.4126	2.50369×10^{4}	0.555556	1.05506×10^{10}
3.60000×10^{6}	859.845	3412.14	1	1.34102	3.67098×10^{5}	2.65522×10^{6}	3.55292×10^{4}	8.54293×10^{7}	1.89563×10^{3}	3.6×10^{13}
2.68452×10^{6}	641.186	2544.43	0.745700	1	2.73745×10^{5}	1.98×10^{6}	2.64941×10^{4}	6.37046×10^{7}	1.41357×10^{3}	2.68452×10^{13}
9.80665	2.34228×10^{-3}	9.29491×10^{-3}	2.72407×10^{-6}	3.65304×10^{-6}	1	7.23301	0.0967839	232.715	5.16382×10^{-3}	9.80665×10^{7}
1.35582	3.23832×10^{-4}	1.28507×10^{-3}	3.76617×10^{-7}	5.05051×10^{-7}	0.138255	1	0.0133809	32.1740	7.13924×10^{-4}	1.35582×10^{7}
101.325	0.0242011	0.096037	2.81459×10^{-5}	3.77442×10^{-6}	10.3323	74.7335	1	2404.48	0.0533540	1.01325×10^{9}
0.0421400	1.0065×10^{-5}	3.99408×10^{-5}	1.17056×10^{-8}	1.56974×10^{-8}	4.2971×10^{-3}	0.031081	4.15890×10^{-4}	1	2.21894×10^{-5}	4.2140×10^{5}
1899.11	0.453595	1.80000	5.27528×10^{-4}	7.07426×10^{-4}	193.656	1.40071×10^{3}	18.7428	4.50666×10^{4}	1	1.89911×10^{10}
1×10^{-7}	2.38846×10^{-11}	9.47817×10^{-11}	2.77778×10^{-14}	3.72506×10^{-14}	1.01972×10^{-8}	7.37562×10^{-8}	9.86923×10^{-10}	2.37304×10^{-6}	5.26563×10^{-11}	1

附表 8-10 速度

(SI)米/秒 m/s	米/分 m/min	公里/时 km/h	英尺/秒 ft/s	英尺/分 ft/min	英里/时 mile/h	海里/时① kt
1	60	3.6	3.28084	196.850	2.23694	1.94384
0.0166667	1	0.06	0.0546807	3.28084	0.0372824	0.0323974
0.277778	16.6667	1	0.911345	54.6807	0.621371	0.539957
0.30480	18.2880	1.09728	1	60	0.0681818	0.592484
0.0050800	0.3048	0.018288	0.0166667	1	0.0113636	0.00987473
0.44704	26.8224	1.60934	1.46667	88	1	0.868976
0.514444	30.8666	1.852	1.68781	101.269	1.15078	1

① 即为节，kt 或 knot，kn。

附表 8-11 体积流率

(SI) 立方米/秒 m³/s	升/秒 L/s	立方米/时 m³/h	立方英尺/时 ft³/h	立方英尺/秒 ft³/s	加仑(英)/分 gal/min	加仑(英)/秒 gal/s	加仑(美)/分 gal/min	加仑(美)/秒 gal/s
1	1000	3600	127133	35.3147	13198.1	219.969	1.58503×10^4	264.172
0.001	1	3.6	127.133	0.0353147	13.1981	0.219969	15.8503	0.264172
2.77778×10^{-4}	0.277778	1	35.3147	9.80963×10^{-3}	3.66615	0.0611025	4.40287	0.0733812
7.86579×10^{-6}	7.86579×10^{-3}	0.0283168	1	0.277778×10^{-3}	0.103814	1.73023×10^{-3}	0.124675	2.07779×10^{-3}
0.0283168	28.3168	101.941	3600	1	373.730	6.22883	448.830	7.48051
7.57682×10^{-5}	0.0757682	0.272766	9.63262	2.67573×10^{-3}	1	0.0166667	1.20095	0.0200159
4.54609×10^{-3}	4.54609	16.3659	577.957	0.160544	60	1	72.0570	1.20095
6.30902×10^{-5}	0.0630902	0.227125	8.02085	2.22801×10^{-3}	0.832671	0.0138779	1	0.0166667
3.78541×10^{-3}	3.78541	13.6275	481.251	0.133681	49.9602	0.832672	60	1

附表 8-12 质量流率

(SI) 千克/秒 kg/s	千克/时 kg/h	磅/秒 lb/s	磅/时 lb/h	磅/日 lb/d	吨/时 t/h	吨/日 t/d	吨/年① t/a
1	3600	2.20462	7936.65	1.90480×10^5	3.6	86.4	30240
2.77778×10^{-4}	1	6.12396×10^{-4}	2.20462	52.9110	0.001	0.024	8.4
0.453592	1632.93	1	3600	86400	1.63293	39.1903	1.37166×10^4
1.25998×10^{-4}	0.453592	2.77778×10^{-4}	1	24	4.53592×10^{-4}	0.0108862	3.81017
5.24991×10^{-5}	0.0188997	1.15741×10^{-5}	0.0416667	1	1.88997×10^{-5}	4.53592×10^{-4}	0.158757
0.277778	1000	0.612396	2204.62	5.29110×10^4	1	24	8400
0.0115741	41.6667	0.0255165	91.8594	2204.62	0.0416667	1	350
3.30688×10^{-5}	0.119048	7.29042×10^{-5}	0.262455	6.29893	1.19048×10^{-4}	2.85714×10^{-3}	1

① 每年按 8400 工作小时计。

附表 8-13　单位面积质量流率

(SI) 千克/(平方米·秒) kg/(m² · s)	千克/(平方米·时) kg/(m² · h)	磅/(平方英尺·时) lb/(ft² · h)	磅/(平方英尺·秒) lb/(ft² · s)
1	3600	737. 338	0. 204816
2. 77778×10⁻⁴	1	0. 204816	5. 68934×10⁻⁵
1. 35623×10⁻³	4. 88242	1	2. 77778×10⁻⁴
4. 88242	1. 75767×10⁴	3600	1

附表 8-14　力

(SI) 牛顿/N	达因/ dyn	克力/ g	千克力/ kg	格令力/ grain	磅达力/ pdl	磅力/ lb	英吨力/ long ton	美吨力/ short ton
1	1×10⁵	101. 972	0. 101972	1. 57367×10³	7. 23301	0. 224809	1. 00361×10⁻⁴	1. 12404×10⁻⁴
1×10⁻⁵	1	1. 01972×10⁻³	1. 01972×10⁻⁶	0. 0157367	7. 23301×10⁻⁵	2. 24809×10⁻⁶	1. 00361×10⁻⁹	1. 12404×10⁻⁹
9. 80665×10⁻³	980. 665	1	0. 001	15. 4324	0. 0709316	2. 20462×10⁻³	9. 84207×10⁻⁷	1. 10231×10⁻⁶
9. 80665	9. 80665×10⁵	1000	1	1. 54324×10⁴	70. 9316	2. 20462	9. 84207×10⁻⁴	1. 10231×10⁻³
6. 35460×10⁻⁴	63. 5460	0. 0647989	6. 47989×10⁻⁵	1	4. 59629×10⁻³	1. 4286×10⁻⁴	6. 37755×10⁻⁸	7. 14285×10⁻⁸
0. 138255	1. 38255×10⁴	14. 0981	0. 0140981	217. 567	1	0. 0310810	1. 38754×10⁻⁵	1. 55405×10⁻⁵
4. 44822	4. 4482×10⁵	4. 53594×10²	0. 453594	7000. 01	32. 1740	1	4. 46429×10⁻⁴	5×10⁻⁴
9. 96402×10³	9. 94602×10⁸	1. 01605×10⁶	1016. 05	1. 56800×10⁷	7. 20699×10⁴	2240	1	1. 12000
8. 89645×10³	8. 89645×10⁸	9. 07185×10⁵	907. 185	1. 4×10⁷	6. 43480×10⁴	2000	0. 892857	1

附表 8-15　力矩

(SI) 牛顿·米/N · m	千克力·米 kg · m	磅达·英尺 pdl · ft	磅力·英尺 lb · ft	磅力·英寸 lb · in
1	0. 101972	23. 7304	0. 737562	8. 85075
9. 80665	1	232. 715	7. 23301	86. 7962
0. 0421401	4. 29710×10⁻³	1	0. 0310810	0. 372971
1. 35582	0. 138255	32. 1740	1	12
0. 112985	0. 0115212	2. 68117	0. 0833333	1

附表 8-16　比能

(SI) 焦耳/千克 J/kg	千卡/千克 kcal/kg	英热单位/磅 BTU/lb	英尺·磅力/磅 ft · lb/lb	千克力·米/千克 kg · m/kg
1	0. 238846×10⁻³	0. 429923×10⁻³	0. 334553	0. 101972
4186. 8	1	1. 8	1400. 70	426. 935
2326	0. 555556	1	778. 169	237. 186
2. 98907	7. 13926×10⁻⁴	1. 28507×10⁻³	1	0. 304800
9. 80665	2. 34228×10⁻³	4. 21610×10⁻³	3. 28084	1

附表 8-17 比热容

(SI) 焦耳/(千克·K) J/(kg·K)	千卡/(千克·K) kcal/(kg·K)	英热单位/(磅·℉) BTU/(lb·℉)	英尺·磅力/(磅·℉) ft·lb/(lb·℉)	千克力·米/(千克·K) kg·m/(kg·K)
1	$0.238846×10^{-3}$	$0.238846×10^{-3}$	0.185863	0.101972
4186.8	1	1	778.169	426.935
4186.8	1	1	778.169	426.935
5.38032	$1.28507×10^{-3}$	$1.28507×10^{-3}$	1	0.548640
9.80665	$2.34228×10^{-3}$	$2.34228×10^{-3}$	1.82269	1

附表 8-18 功率

(SI) 瓦/W	千克·米/秒 kg·m/s	英尺·磅力/秒 ft·lb/s	马力 HP	卡/秒 cal/s	千卡/时 kcal/h	英热单位/时 BTU/h	尔格/秒 erg/s
1	0.101972	0.737562	$1.34102×10^{-3}$	0.238846	0.859845	3.41214	$1×10^8$
9.80665	1	7.23301	0.0131509	2.34228	8.43220	33.4617	$9.80665×10^8$
1.35582	0.138255	1	$1.81818×10^{-3}$	0.323832	1.16579	4.62624	$1.35582×10^8$
745.700	76.0402	550	1	178.107	641.186	2544.43	$7.45700×10^{10}$
4.1868	0.426935	3.08803	$5.61459×10^{-3}$	1	3.6	14.2860	$4.1868×10^8$
1.163	0.118593	0.857785	$1.55961×10^{-3}$	0.277778	1	3.96832	$1.163×10^8$
0.293071	0.0298849	0.216158	$3.93015×10^{-4}$	0.0699988	0.251996	1	$2.93071×10^7$
$1×10^{-8}$	$1.01972×10^{-9}$	$7.37561×10^{-9}$	$1.34102×10^{-11}$	$2.38846×10^{-9}$	$8.59845×10^{-9}$	$3.41214×10^{-8}$	1

附表 8-19 动力黏度

(SI) 帕斯卡·秒[①] Pa·s	泊[②] P	厘泊 cP	千克/ (米·时) kg/(m·h)	磅/ (英尺·秒) lb/(ft·s)	磅/ (英尺·时) lb/(ft·h)	千克力·秒/ 米² kg·s/m²	磅力·秒/ 英尺² lb·s/ft²	磅力·时/ 英尺² lb·h/ft²
1	10	1000	3600	0.67197	2419.09	0.101972	0.0208854	$5.8015×10^{-6}$
0.1	1	100	360	0.067197	241.09	0.0101972	$2.08854×10^{-3}$	$5.8015×10^{-7}$
0.001	0.01	1	3.6	$6.7197×10^{-4}$	2.41909	$1.01972×10^{-4}$	$2.08854×10^{-5}$	$5.8015×10^{-9}$
$2.7778×10^{-4}$	$2.7778×10^{-3}$	0.27778	1	$1.8666×10^{-4}$	0.67198	$2.8325×10^{-5}$	$5.8016×10^{-6}$	$1.6116×10^{-9}$
1.48816	14.8816	1488.16	5357.37	1	3600	0.15175	0.031081	$8.6336×10^{-6}$
$4.13379×10^{-4}$	$4.13379×10^{-3}$	0.413379	1.48816	$2.7778×10^{-4}$	1	$4.2152×10^{-5}$	$8.6334×10^{-6}$	$2.3980×10^{-9}$
9.80665	98.0665	9806.65	$3.53039×10^4$	6.58978	$2.3723×10^4$	1	0.204816	$5.6893×10^{-5}$
47.8803	478.803	$4.78803×10^4$	$1.72368×10^5$	32.1741	$1.15827×10^5$	4.88243	1	$2.7778×10^{-4}$
$1.72369×10^5$	$1.72369×10^6$	$1.72369×10^8$	$6.20525×10^8$	$1.15827×10^5$	$4.1698×10^8$	$1.7577×10^4$	3600	1

①相同于千克/米·秒，kg/(m·s)；②相同于达因·秒/平方厘米，dyn·s/cm²。

附表 8-20 运动黏度

(SI) 平方米/秒 m^2/s	厘泡 cst	平方英寸/秒 in^2/s	平方英尺/秒 ft^2/s	平方英寸/时 in^2/h	平方英尺/时 ft^2/h	平方米/时 m^2/h
1	$1×10^6$	1550. 00	10. 7639	$5.58001×10^6$	$3.87501×10^4$	3600
$1×10^{-6}$	1	$1.55000×10^{-3}$	$1.07639×10^{-5}$	5. 58001	$3.87501×10^{-2}$	0. 0036
$6.4516×10^{-4}$	645. 16	1	$6.94444×10^{-3}$	3600	25	2. 32258
0. 0929030	92903. 0	144	1	518400	3600	334. 451
$1.79211×10^{-7}$	0. 179211	$2.77778×10^{-4}$	$1.92901×10^{-6}$	1	$6.94444×10^{-3}$	$6.4516×10^{-4}$
$2.58064×10^{-5}$	25. 8064	0. 04	$2.77778×10^{-4}$	144	1	0. 0929030
$2.77778×10^{-4}$	277. 778	0. 430556	$2.98998×10^{-3}$	1550. 00	10. 7639	1

附表 8-21 传热系数

(SI) 瓦/(米²·℃) $W/(m^2·℃)$	千卡/(米²·时·℃) $kcal/(m^2·h·℃)$	卡/(厘米²·秒·℃) $cal/(cm^2·s·℃)$	英热单位/ (英尺²·时·℉) $BTU/(ft^2·h·℉)$	英热单位/ (英寸²·时·℉) $BTU/(in^2·h·℉)$
1	0. 859845	$0.238846×10^{-4}$	0. 176110	$1.22299×10^{-3}$
1. 163	1	$2.77778×10^{-5}$	0. 204816	$1.42233×10^{-3}$
41868	36000	1	7373. 38	51. 2040
5. 67826	4. 88243	$1.35623×10^{-4}$	1	$6.94444×10^{-3}$
817. 669	703. 070	0. 0195297	144	1

附表 8-22 导热系数

(SI) 瓦/(米·℃) $W/(m·℃)$	千卡/(米·时·℃) $kcal/(m·h·℃)$	卡/(厘米·秒·℃) $cal/(cm·s·℃)$	英热单位/ (英尺·时·℉) $Btu/(ft·h·℉)$	英热单位/ (英寸·时·℉) $Btu/(in·h·℉)$
1	0. 859845	$2.38846×10^{-3}$	0. 577789	0. 0481491
1. 163	1	$2.77778×10^{-3}$	0. 671969	0. 0559974
418. 68	360	1	241. 909	20. 1591
1. 73073	1. 48816	$4.13379×10^{-3}$	1	0. 0833333
20. 7688	17. 8579	0. 0496055	12	1

附表 8-23 扩散系数

(SI) 平方米/秒 m^2/s	平方厘米/秒 cm^2/s	平方米/时 m^2/h	平方英尺/秒 ft^2/s	平方英尺/时 ft^2/h	平方英寸/秒 in^2/s	平方英寸/时 in^2/h
1	$1×10^4$	3600	10. 7639	$3.87501×10^4$	1550. 00	$5.58001×10^6$
$1×10^{-4}$	1	0. 36	$1.07639×10^{-3}$	3. 87501	0. 155000	558. 001
$2.77778×10^{-4}$	2. 77778	1	$2.98998×10^{-3}$	10. 7639	0. 430556	1550. 00
0. 0929030	929. 030	334. 451	1	3600	144	$5.1840×10^5$
$2.58064×10^{-5}$	0. 258064	0. 092030	$2.77778×10^{-4}$	1	0. 04	144
$6.45160×10^{-4}$	6. 4516	2. 32258	$6.94444×10^{-3}$	25	1	3600
$1.79211×10^{-7}$	$1.79211×10^{-3}$	$6.4516×10^{-4}$	$1.92901×10^{-6}$	$6.94444×10^{-3}$	$2.77778×10^{-4}$	1

附表 8-24　表面张力

（SI）牛顿/米 N/m	达因/厘米 dyn/cn	千克力/米 kg/m	磅力/英尺 lb/ft	磅力/英寸 lb/in
1	1000	0.101972	0.0685218	5.71015×10^{-3}
0.001	1	1.01972×10^{-4}	6.85218×10^{-5}	5.71015×10^{-6}
9.80665	9806.65	1	0.671969	0.0559974
14.5939	1.45939×10^{4}	1.48816	1	0.0833333
175.127	1.75127×10^{5}	17.8580	12	1

附表 8-25　耗油量

（SI）升/千米 L/km	加仑（英）/英里 gal/mile	加仑（美）/英里 gal/mile
1	0.354006	0.425144
2.82481	1	1.20095
2.35215	0.832674	1

附表 8-26　角度

（SI）弧度 rad	度 °	分 ′	秒 ″
1	57.2958	3437.75	2.06265×10^{5}
0.0174533	1	60	3600
2.90888×10^{-4}	0.0166667	1	60
4.84814×10^{-6}	2.77778×10^{-4}	0.0166667	1

附表 8-27　温度

四种温度值的换算公式：

$$T = \theta + 273.15 = (5/9)(t + 459.67) = (5/9)r$$
$$\theta = T - 273.15 = (5/9)(t - 32) = (5/9)(r - 491.67)$$
$$t = (9/5)T - 459.67 = (9/5)\theta + 32 = r - 459.67$$
$$r = (9/5)T = (9/5)\theta + 491.67 = t + 459.67$$

式中　T——以开尔文为单位的温度，K；

　　　θ——以摄氏度为单位的温度，℃；

　　　t——以华氏度为单位的温度，℉；

　　　r——以兰氏度（degree Rankine）为单位的温度，°R；

　　下表为摄氏度（℃）与华氏度（℉）之间的互换表。每档中间的温度数值为需要换算的 t℉ 或 θ℃。假如从华氏度换成℃，则在 θ℃ 行读出对应的换算值；若从摄氏度换成℉，则在 t℉ 行读出对应的换算值。0~100 度是每度有读数，其余任意温度换算时，可使用内插因数插值获得准确的数值。

t℉	内插因数	θ℃	t℉	内插因数	θ℃
1.80	1	0.56	10.80	6	3.33
3.60	2	1.11	12.60	7	3.89
5.40	3	1.67	14.40	8	4.44
7.20	4	2.22	16.20	9	5.00
9.00	5	2.78	18.00	10	5.56

续表

t°F	θ°C		t°F		θ°C	t°F		θ°C	t°F		θ°C	t°F		θ°C
-459.67	-273.15		33.8	1	-17.22	123.8	51	10.56	230	110	43.3	1130	610	321.1
-450	-267.78		35.6	2	-16.67	125.6	52	11.11	248	120	48.9	1148	620	326.7
-440	-262.22		37.4	3	-16.11	127.4	53	11.67	266	130	54.4	1166	630	332.2
-430	-256.67		39.2	4	-15.56	129.2	54	12.22	284	140	60.0	1184	640	337.8
-420	-251.11		41.0	5	-15.00	131.0	55	12.78	302	150	65.6	1202	650	343.3
-410	-245.56		42.8	6	-14.44	132.8	56	13.33	320	160	71.1	1220	660	348.9
-400	-240.00		44.6	7	-13.89	134.6	57	13.89	338	170	76.7	1238	670	354.4
-390	-234.44		46.4	8	-13.33	136.4	58	14.44	356	180	82.2	1256	680	360.0
-380	-228.89		48.2	9	-12.78	138.2	59	15.00	374	190	87.8	1274	690	365.6
-370	-223.33		50.0	10	-12.22	140.0	60	15.56	392	200	93.3	1292	700	371.1
-360	-217.78		51.8	11	-11.67	141.8	61	16.11	410	210	98.9	1310	710	376.7
-350	-212.22		53.6	12	-11.11	143.6	62	16.67	428	220	104.4	1328	720	382.2
-340	-206.67		55.4	13	-10.56	145.4	63	17.22	446	230	110.0	1346	730	387.8
-330	-201.11		57.2	14	-10.00	147.2	64	17.78	464	240	115.6	1364	740	393.3
-320	-195.56		59.0	15	-9.44	149.0	65	18.33	482	250	121.1	1382	750	398.9
-310	-190.00		60.8	16	-8.89	150.8	66	18.89	500	260	126.7	1400	760	404.4
-300	-184.44		62.6	17	-8.33	152.6	67	19.44	518	270	132.2	1418	770	410.0
-290	-178.89		64.4	18	-7.78	154.4	68	20.00	536	280	137.8	1436	780	415.6
-280	-173.33		66.2	19	-7.22	156.2	69	20.56	554	290	143.3	1454	790	421.1
-459.7	-273.15	-169.53	68.0	20	-6.67	158.0	70	21.11	572	300	148.9	1472	800	426.7
-454.0	-270	-167.78	69.8	21	-6.11	159.8	71	21.67	590	310	154.4	1490	810	432.2
-436.0	-260	-162.22	71.6	22	-5.56	161.6	72	22.22	608	320	160.0	1508	820	437.8
-418.0	-250	-156.67	73.4	23	-5.00	163.4	73	22.78	626	330	165.6	1526	830	443.3
-400.0	-240	-151.11	75.2	24	-4.44	165.2	74	23.33	644	340	171.1	1544	840	448.9
-382.0	-230	-145.56	77.0	25	-3.89	167.0	75	23.89	662	350	176.7	1562	850	454.4
-364.0	-220	-140.00	78.8	26	-3.33	168.8	76	24.44	680	360	182.2	1580	860	460.0
-346.0	-210	-134.44	80.6	27	-2.78	170.6	77	25.00	698	370	187.8	1598	870	465.6
-328.0	-200	-128.89	82.4	28	-2.22	172.4	78	25.56	716	380	193.3	1616	880	471.1
-310.0	-190	-123.33	84.2	29	-1.67	174.2	79	26.11	734	390	198.9	1634	890	476.7
-292.0	-180	-117.78	86.0	30	-1.11	176.0	80	26.67	752	400	204.4	1652	900	482.2
-274.0	-170	-112.22	87.8	31	-0.56	177.8	81	27.22	770	410	210.0	1670	910	487.8
-256.0	-160	-106.67	89.6	32	0.00	179.6	82	27.78	788	420	215.6	1688	920	493.3
-238.0	-150	-101.11	91.4	33	0.56	181.4	83	28.33	806	430	221.1	1706	930	498.9
-220.0	-140	-95.56	93.2	34	1.11	183.2	84	28.89	824	440	226.7	1724	940	504.4
-202.0	-130	-90.00	95.0	35	1.67	185.0	85	29.44	842	450	232.2	1742	950	510.0
-184.0	-120	-84.44	96.8	36	2.22	186.8	86	30.00	860	460	237.8	1760	960	515.6
-166.0	-110	-78.89	98.6	37	2.78	188.6	87	30.56	878	470	243.3	1778	970	521.1
-148.0	-100	-73.33	100.4	38	3.33	190.4	88	31.11	896	480	248.9	1796	980	526.7
-130.0	-90	-67.78	102.2	39	3.89	192.2	89	31.67	914	490	254.4	1814	990	532.2
-112.0	-80	-62.22	104.0	40	4.44	194.0	90	32.22	932	500	260.0	1832	1000	537.8
-94.0	-70	-56.67	105.8	41	5.00	195.8	91	32.78	950	510	265.6	1850	1010	543.3
-76.0	-60	-51.11	107.6	42	5.56	197.6	92	33.33	968	520	271.1	1868	1020	548.9
-58.0	-50	-45.56	109.4	43	6.11	199.4	93	33.89	986	530	276.7	1886	1030	554.4
-40.0	-40	-40.00	111.2	44	6.67	201.2	94	34.44	1004	540	282.2	1904	1040	560.0
-22.0	-30	-34.44	113.0	45	7.22	203.0	95	35.00	1022	550	287.8	1922	1050	565.6
-4.0	-20	-28.89	114.8	46	7.78	204.8	96	35.56	1040	560	293.3	1940	1060	571.1
14.0	-10	-23.33	116.6	47	8.33	206.6	97	36.11	1058	570	298.9	1958	1070	576.7
32.0	0	-17.78	118.4	48	8.89	208.4	98	36.67	1076	580	304.4	1976	1080	582.2
			120.2	49	9.44	210.2	99	37.22	1094	590	310.0	1994	1090	587.8
			122.0	50	10.00	212.0	100	37.78	1112	600	315.6	2012	1100	593.3

$t\,°F$		$\theta\,°C$	$t\,°F$		$\theta\,°C$	$t\,°F$		$\theta\,°C$	$t\,°F$		$\theta\,°C$
2030	1110	598.9	2930	1610	876.7	3830	2110	1154.4	4730	2610	1432.2
2048	1120	604.4	2948	1620	882.2	3848	2120	1160.0	4748	2620	1437.8
2066	1130	610.0	2966	1630	887.8	3866	2130	1165.6	4766	2630	1443.3
2084	1140	615.6	2984	1640	893.3	3884	2140	1171.1	4784	2640	1448.9
2102	1150	621.1	3002	1650	898.9	3902	2150	1176.7	4802	2650	1454.4
2120	1160	626.7	3020	1660	904.4	3920	2160	1182.2	4820	2660	1460.0
2138	1170	632.2	3038	1670	910.0	3938	2170	1187.8	4838	2670	1465.6
2156	1180	637.8	3056	1680	915.6	3956	2180	1193.3	4856	2680	1471.1
2174	1190	643.3	3074	1690	921.1	3974	2190	1198.9	4874	2690	1476.7
2192	1200	648.9	3092	1700	926.7	3992	2200	1204.4	4892	2700	1482.2
2210	1210	654.4	3110	1710	932.2	4010	2210	1210.0	4910	2710	1487.8
2228	1220	660.0	3128	1720	937.8	4028	2220	1215.6	4928	2720	1493.3
2246	1230	665.6	3146	1730	943.3	4046	2230	1221.1	4946	2730	1498.9
2264	1240	671.1	3164	1740	948.9	4064	2240	1226.7	4964	2740	1504.4
2282	1250	676.7	3182	1750	954.4	4082	2250	1232.2	4982	2750	1510.0
2300	1260	682.2	3200	1760	960.0	4100	2260	1237.8	5000	2760	1515.6
2318	1270	687.8	3218	1770	965.6	4118	2270	1243.3	5018	2770	1521.1
2336	1280	693.3	3236	1780	971.1	4136	2280	1248.9	5036	2780	1526.7
2354	1290	698.9	3254	1790	976.7	4154	2290	1254.4	5054	2790	1532.2
2372	1300	704.4	3272	1800	982.2	4172	2300	1260.0	5072	2800	1537.8
2390	1310	710.0	3290	1810	987.8	4190	2310	1265.6	5090	2810	1543.3
2408	1320	715.6	3308	1820	993.3	4208	2320	1271.1	5108	2820	1548.9
2426	1330	721.1	3326	1830	998.9	4226	2330	1276.7	5126	2830	1554.4
2444	1340	726.7	3344	1840	1004.4	4244	2340	1282.2	5144	2840	1560.0
2462	1350	732.2	3362	1850	1010.0	4262	2350	1287.8	5162	2850	1565.6
2480	1360	737.8	3380	1860	1015.6	4280	2360	1293.3	5180	2860	1571.1
2498	1370	743.3	3398	1870	1021.1	4298	2370	1298.9	5198	2870	1576.7
2516	1380	748.9	3416	1880	1026.7	4316	2380	1304.4	5216	2880	1582.2
2534	1390	754.4	3434	1890	1032.2	4334	2390	1310.0	5234	2890	1587.8
2552	1400	760.0	3452	1900	1037.8	4352	2400	1315.6	5252	2900	1593.3
2570	1410	765.6	3470	1910	1043.3	4370	2410	1321.1	5270	2910	1598.9
2588	1420	771.1	3488	1920	1048.9	4388	2420	1326.7	5288	2920	1604.4
2606	1430	776.7	3506	1930	1054.4	4406	2430	1332.2	5306	2930	1610.0
2624	1440	782.2	3524	1940	1060.0	4424	2440	1337.8	5324	2940	1615.6
2642	1450	787.8	3542	1950	1065.6	4442	2450	1343.3	5342	2950	1621.1
2660	1460	793.3	3560	1960	1071.1	4460	2460	1348.9	5360	2960	1626.7
2678	1470	798.9	3578	1970	1076.7	4478	2470	1354.4	5378	2970	1632.2
2696	1480	804.4	3596	1980	1082.2	4496	2480	1360.0	5396	2980	1637.8
2714	1490	810.0	3614	1990	1087.8	4514	2490	1365.6	5414	2990	1643.3
2732	1500	815.6	3632	2000	1093.3	4532	2500	1371.1	5432	3000	1648.9
2750	1510	821.1	3650	2010	1098.9	4550	2510	1376.7	5450	3010	1654.4
2768	1520	826.7	3668	2020	1104.4	4568	2520	1382.2	5468	3020	1660.0
2786	1530	832.2	3686	2030	1110.0	4586	2530	1387.8	5486	3030	1665.6
2804	1540	837.8	3704	2040	1115.6	4604	2540	1393.3	5504	3040	1671.1
2822	1550	843.3	3722	2050	1121.1	4622	2550	1398.9	5522	3050	1676.7
2840	1560	848.9	3740	2060	1126.7	4640	2560	1404.4	5540	3060	1682.2
2858	1570	854.4	3758	2070	1132.2	4658	2570	1410.0	5558	3070	1687.8
2876	1580	860.0	3776	2080	1137.8	4676	2580	1415.6	5576	3080	1693.3
2894	1590	865.6	3794	2090	1143.3	4694	2590	1421.1	5594	3090	1698.9
2912	1600	871.1	3812	2100	1148.9	4712	2600	1426.7	5612	3100	1704.4

附表 8-28　SI 单位制的词头

因数	词头名称			符号	因数	词头名称			符号
	原文（法）	中文				原文（法）	中文		
		A	B				A	B	
10^{18}	exa（艾可萨）	穰	艾	E	10^{-1}	déci	分		d
10^{15}	peta（拍它）	秭	拍	P	10^{-2}	centi	厘		c
10^{12}	téra（太拉）	垓	太	T	10^{-3}	milli	毫		m
10^{9}	giga（吉咖）	京	吉	G	10^{-6}	micro	微		μ
10^{6}	méga	兆		M	10^{-9}	nano（纳诺）	纤	纳	n
10^{3}	kilo	千		K	10^{-12}	pico（皮可）	沙	皮	p
10^{2}	hecto	百		H	10^{-15}	femto（飞母托）	尘	飞	f
10^{1}	déci	十		da	10^{-18}	atto（阿托）	渺	阿	a

注：在《中华人民共和国计量单位名称与符号方案（试行）》（1981）中，规定了兆～微的中文名称。而 10^{18}～10^{9} 和 10^{-9}～10^{-18} 因数的中文名称提出了两种方案，即 A 为大小数方案和 B 为音译方案。两个方案保持至今，没有变化。

附录九　常见几何图形计算公式及弓形面积数据表

附表 9-1　常见几何图形计算公式

名称及图形	符　　号	计算公式 （面积 F，侧面积 M，总面积 Q，体积 V）
三角形	a—底边 h—高 b，c—斜边 $p=\dfrac{a+b+c}{2}$	$F=\dfrac{1}{2}ah=\dfrac{1}{2}ac\sin\beta$ $=\sqrt{p(p-c)(p-b)(p-c)}$
直角三角形	a，b—直角边 c—斜边	$c^2=a^2+b^2$ $F=\dfrac{1}{2}ab$ $=\dfrac{1}{4}c^2\sin2\alpha$
菱形	a—边 γ—角 D—长对角线 d—短对角线	$F=a^2\sin\gamma=\dfrac{1}{2}Dd$ $D=2a\cos\dfrac{\gamma}{2}$ $d=2a\sin\dfrac{\gamma}{2}$
平行四边形	b—底边 h—高 d_1，d_2—对角线 α—对角线夹角（锐角）	$F=bh=\dfrac{1}{2}d_1d_2\sin\alpha$
梯形	a，b—两平行底边 h—高 m—中线（不平行两边 中点的连线）	$F=mh=\dfrac{1}{2}(a+b)h$

名称及图形	符　　号	计算公式 （面积 F，侧面积 M，总面积 Q，体积 V）
 不规则四边形	a—边 d_1，d_2—对角线 α—对角线夹角（d 边的对角） h_1，h_2—对角线 d_2 上的高	$F = \dfrac{1}{2} d_1 d_2 \sin\alpha$ $= \dfrac{d_2}{2}(h_1 + h_2)$
 圆	r—半径 d—直径	$F = \pi r^2$ $= \dfrac{\pi d^2}{4} = 0.785\, d^2$
 扇形	b—弧长 r—半径 α—中心角	$F = \dfrac{1}{2} br = \dfrac{\alpha}{360}\pi\, r^2$ $b = \dfrac{\alpha}{180}\pi r$
 弓形	r—半径 b—弦长 h—高 α—中心角	$b = 2r\sin(\alpha/2)$ $h = r - \sqrt{r^2 - (b/2)^2}$ $F = \dfrac{1}{2}\left[r^2\alpha - b(r-h)\right]$
 椭圆形	D—长轴 d—短轴	$F = \dfrac{\pi}{4} dD$
 圆柱体	r—底圆半径 h—高	$M = 2\pi rh$ $Q = 2\pi r(r+h)$ $V = \pi r^2 h$
 锥体	r—底圆半径 h—高 c—斜边	$M = \pi r\sqrt{h^2 + r^2}$ $Q = M + \pi r^2$ $V = \dfrac{1}{3}\pi r^2 h$ $c = \sqrt{r^2 + h^2}$

名称及图形	符　号	计算公式 (面积 F, 侧面积 M, 总面积 Q, 体积 V)
圆台	r, R—上和下底圆半径 h—高 c—母线	$c = \sqrt{(R-r)^2 + h^2}$ $M = \pi c(R+r)$ $Q = M + \pi(R^2 + r^2)$ $V = \dfrac{\pi h}{3}(R^2 + r^2 + Rr)$
球体	r—半径 d—直径	$Q = 4\pi r^2 = \pi d^2$ $V = \dfrac{4}{3}\pi r^3 = \dfrac{1}{6}\pi d^3$ $= 0.5263\, d^3$
球冠(球缺)	h—高 r—球半径 a—底圆半径	$M = 2\pi rh$ $V = \dfrac{1}{6}h(3r^2 + h^2)$ $= \pi h^2\left(r - \dfrac{1}{3}h\right)$
球台	h—高 r—球半径 a_1, a_2—上和下底圆半径	$M = 2\pi rh$ $Q = \pi(2\pi rh + a_1^2 + a_2^2)$ $V = \dfrac{1}{6}\pi h(3(r_1^2 + r_2^2) + h^2)$
圆柱体的环	R—半径 D—直径 r—断面半径 d—断面直径	$Q = 4\pi^2 rR \approx 39.478Rr$ $Q = \pi^2 Dd = 9.870Dd$ $V = 2\pi^2 Rr^2 \approx 19.74Rr^2$ $V = \dfrac{\pi}{4}D\, d^2 \approx 2.467D\, d^2$
桶体(圆鼓)	D—中部断面直径 d—底面直径 h—高	圆形通板: $V \approx \dfrac{1}{12}\pi h(2D^2 + d^2)$ 抛物线桶板: $V \approx \dfrac{1}{15}\pi h\left(2D^2 + Dd + \dfrac{3}{4}d^2\right)$

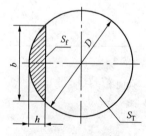

附图 9-1　弓形

h—拱高, b—弦长, D—直径, S_f—弓形面积, S_T—全圆面积

附表 9-2　弓形的拱高 h、弦长 b 和面积 S

h/D	b/D	S_f/S_T	h/D	b/D	S_f/S_T	h/D	b/D	S_f/S_T
0.0400	0.3919	0.0134	0.1000	0.6000	0.0520	0.1600	0.7332	0.1033
0.0410	0.3966	0.0139	0.1010	0.6027	0.0528	0.1610	0.7351	0.1042
0.0420	0.4012	0.0144	0.1020	0.6053	0.0536	0.1620	0.7369	0.1051
0.0430	0.4057	0.0149	0.1030	0.6079	0.0544	0.1630	0.7387	0.1061
0.0440	0.4102	0.0155	0.1040	0.6105	0.0551	0.1640	0.7406	0.1070
0.0450	0.4146	0.0160	0.1050	0.6131	0.0559	0.1650	0.7424	0.1080
0.0460	0.4190	0.0165	0.1060	0.6157	0.0567	0.1660	0.7442	0.1089
0.0470	0.4233	0.0171	0.1070	0.6182	0.0575	0.1670	0.7460	0.1099
0.0480	0.4275	0.0176	0.1080	0.6208	0.0583	0.1680	0.7477	0.1108
0.0490	0.4317	0.0181	0.1090	0.6233	0.0591	0.1690	0.7495	0.1118
0.0500	0.4359	0.0187	0.1100	0.6258	0.0598	0.1700	0.7513	0.1127
0.0510	0.4400	0.0193	0.1110	0.6283	0.0606	0.1710	0.7530	0.1137
0.0520	0.4441	0.0198	0.1120	0.6307	0.0614	0.1720	0.7548	0.1146
0.0530	0.4481	0.0204	0.1130	0.6332	0.0623	0.1730	0.7565	0.1156
0.0540	0.4520	0.0210	0.1140	0.6356	0.0631	0.1740	0.7582	0.1166
0.0550	0.4560	0.0215	0.1150	0.6380	0.0639	0.1750	0.7599	0.1175
0.0560	0.4598	0.0221	0.1160	0.6404	0.0647	0.1760	0.7616	0.1185
0.0570	0.4637	0.0227	0.1170	0.6428	0.0655	0.1770	0.7633	0.1195
0.0580	0.4675	0.0233	0.1180	0.6452	0.0663	0.1780	0.7650	0.1204
0.0590	0.4712	0.0239	0.1190	0.6476	0.0671	0.1790	0.7667	0.1214
0.0600	0.4750	0.0245	0.1200	0.6499	0.0680	0.1800	0.7684	0.1224
0.0610	0.4787	0.0251	0.1210	0.6523	0.0688	0.1810	0.7700	0.1234
0.0620	0.4823	0.0257	0.1220	0.6546	0.0696	0.1820	0.7717	0.1244
0.0630	0.4859	0.0263	0.1230	0.6569	0.0705	0.1830	0.7733	0.1253
0.0640	0.4895	0.0270	0.1240	0.6592	0.0713	0.1840	0.7750	0.1263
0.0650	0.4931	0.0276	0.1250	0.6614	0.0721	0.1850	0.7766	0.1273
0.0660	0.4966	0.0282	0.1260	0.6637	0.0730	0.1860	0.7782	0.1283
0.0670	0.5000	0.0288	0.1270	0.6659	0.0738	0.1870	0.7798	0.1293
0.0680	0.5035	0.0295	0.1280	0.6682	0.0747	0.1880	0.7814	0.1303
0.0690	0.5069	0.0301	0.1290	0.6704	0.0755	0.1890	0.7830	0.1313
0.0700	0.5103	0.0308	0.1300	0.6726	0.0764	0.1900	0.7846	0.1323
0.0710	0.5136	0.0314	0.1310	0.6748	0.0773	0.1910	0.7862	0.1333
0.0720	0.5170	0.0321	0.1320	0.6770	0.0781	0.1920	0.7877	0.1343
0.0730	0.5203	0.0327	0.1330	0.6791	0.0790	0.1930	0.7893	0.1353
0.0740	0.5235	0.0334	0.1340	0.6813	0.0798	0.1940	0.7909	0.1363
0.0750	0.5268	0.0341	0.1350	0.6834	0.0807	0.1950	0.7924	0.1373
0.0760	0.5300	0.0347	0.1360	0.6856	0.0816	0.1960	0.7939	0.1383
0.0770	0.5332	0.0354	0.1370	0.6877	0.0825	0.1970	0.7955	0.1393
0.0780	0.5363	0.0361	0.1380	0.6898	0.0833	0.1980	0.7970	0.1403
0.0790	0.5395	0.0368	0.1390	0.6919	0.0842	0.1990	0.7985	0.1414
0.0800	0.5426	0.0375	0.1400	0.6940	0.0851	0.2000	0.8000	0.1424
0.0810	0.5457	0.0382	0.1410	0.6960	0.0860	0.2010	0.8015	0.1434
0.0820	0.5487	0.0389	0.1420	0.6981	0.0869	0.2020	0.8030	0.1444
0.0830	0.5518	0.0396	0.1430	0.7001	0.0878	0.2030	0.8045	0.1454
0.0840	0.5548	0.0403	0.1440	0.7022	0.0886	0.2040	0.8059	0.1465
0.0850	0.5578	0.0410	0.1450	0.7042	0.0895	0.2050	0.8074	0.1475
0.0860	0.5607	0.0417	0.1460	0.7062	0.0904	0.2060	0.8089	0.1485
0.0870	0.5637	0.0424	0.1470	0.7082	0.0913	0.2070	0.8103	0.1496
0.0880	0.5666	0.0431	0.1480	0.7102	0.0922	0.2080	0.8118	0.1506
0.0890	0.5695	0.0439	0.1490	0.7122	0.0932	0.2090	0.8132	0.1516
0.0900	0.5724	0.0446	0.1500	0.7141	0.0941	0.2100	0.8146	0.1527
0.0910	0.5752	0.0453	0.1510	0.7161	0.0950	0.2110	0.8160	0.1537
0.0920	0.5781	0.0460	0.1520	0.7180	0.0959	0.2120	0.8174	0.1547
0.0930	0.5809	0.0468	0.1530	0.7200	0.0968	0.2130	0.8189	0.1558
0.0940	0.5837	0.0475	0.1540	0.7219	0.0977	0.2140	0.8203	0.1568
0.0950	0.5864	0.0483	0.1550	0.7238	0.0986	0.2150	0.8216	0.1579
0.0960	0.5892	0.0490	0.1560	0.7257	0.0996	0.2160	0.8230	0.1589
0.0970	0.5919	0.0498	0.1570	0.7276	0.1005	0.2170	0.8244	0.1600
0.0980	0.5946	0.0505	0.1580	0.7295	0.1014	0.2180	0.8258	0.1610
0.0990	0.5973	0.0513	0.1590	0.7314	0.1023	0.2190	0.8271	0.1621

h/D	b/D	S_f/S_T	h/D	b/D	S_f/S_T	h/D	b/D	S_f/S_T
0.2200	0.8285	0.1631	0.2800	0.8980	0.2292	0.3400	0.9474	0.2998
0.2210	0.8298	0.1642	0.2810	0.8990	0.2304	0.3410	0.9481	0.3010
0.2220	0.8312	0.1652	0.2820	0.8999	0.2315	0.3420	0.9488	0.3022
0.2230	0.8325	0.1663	0.2830	0.9009	0.2326	0.3430	0.9494	0.3034
0.2240	0.8338	0.1674	0.2840	0.9019	0.2338	0.3440	0.9501	0.3046
0.2250	0.8352	0.1684	0.2850	0.9028	0.2349	0.3450	0.9507	0.3059
0.2260	0.8365	0.1695	0.2860	0.9038	0.2361	0.3460	0.9514	0.3071
0.2270	0.8378	0.1705	0.2870	0.9047	0.2372	0.3470	0.9520	0.3083
0.2280	0.8391	0.1716	0.2880	0.9057	0.2384	0.3480	0.9527	0.3095
0.2290	0.8404	0.1727	0.2890	0.9066	0.2395	0.3490	0.9533	0.3107
0.2300	0.8417	0.1738	0.2900	0.9075	0.2407	0.3500	0.9539	0.3119
0.2310	0.8429	0.1748	0.2910	0.9084	0.2419	0.3510	0.9546	0.3131
0.2320	0.8442	0.1759	0.2920	0.9094	0.2430	0.3520	0.9552	0.3143
0.2330	0.8455	0.1770	0.2930	0.9103	0.2442	0.3530	0.9558	0.3156
0.2340	0.8467	0.1781	0.2940	0.9112	0.2453	0.3540	0.9564	0.3168
0.2350	0.8480	0.1791	0.2950	0.9121	0.2465	0.3550	0.9570	0.3180
0.2360	0.8492	0.1802	0.2960	0.9130	0.2477	0.3560	0.9576	0.3192
0.2370	0.8505	0.1813	0.2970	0.9139	0.2488	0.3570	0.9582	0.3204
0.2380	0.8517	0.1824	0.2980	0.9148	0.2500	0.3580	0.9588	0.3217
0.2390	0.8529	0.1835	0.2990	0.9156	0.2511	0.3590	0.9594	0.3229
0.2400	0.8542	0.1845	0.3000	0.9165	0.2523	0.3600	0.9600	0.3241
0.2410	0.8554	0.1856	0.3010	0.9174	0.2535	0.3610	0.9606	0.3253
0.2420	0.8566	0.1867	0.3020	0.9183	0.2547	0.3620	0.9612	0.3265
0.2430	0.8578	0.1878	0.3030	0.9191	0.2558	0.3630	0.9617	0.3278
0.2440	0.8590	0.1889	0.3040	0.9200	0.2570	0.3640	0.9623	0.3290
0.2450	0.8602	0.1900	0.3050	0.9208	0.2582	0.3650	0.9629	0.3302
0.2460	0.8614	0.1911	0.3060	0.9217	0.2593	0.3660	0.9634	0.3315
0.2470	0.8625	0.1922	0.3070	0.9225	0.2605	0.3670	0.9640	0.3327
0.2480	0.8637	0.1933	0.3080	0.9233	0.2617	0.3680	0.9645	0.3339
0.2490	0.8649	0.1944	0.3090	0.9242	0.2629	0.3690	0.9651	0.3351
0.2500	0.8660	0.1955	0.3100	0.9250	0.2640	0.3700	0.9656	0.3364
0.2510	0.8672	0.1966	0.3110	0.9258	0.2652	0.3710	0.9661	0.3376
0.2520	0.8683	0.1977	0.3120	0.9266	0.2664	0.3720	0.9667	0.3388
0.2530	0.8695	0.1988	0.3130	0.9274	0.2676	0.3730	0.9672	0.3401
0.2540	0.8706	0.1999	0.3140	0.9282	0.2688	0.3740	0.9677	0.3413
0.2550	0.8717	0.2010	0.3150	0.9290	0.2699	0.3750	0.9682	0.3425
0.2560	0.8728	0.2021	0.3160	0.9298	0.2711	0.3760	0.9688	0.3438
0.2570	0.8740	0.2033	0.3170	0.9306	0.2723	0.3770	0.9693	0.3450
0.2580	0.8751	0.2044	0.3180	0.9314	0.2735	0.3780	0.9698	0.3462
0.2590	0.8762	0.2055	0.3190	0.9322	0.2747	0.3790	0.9703	0.3475
0.2600	0.8773	0.2066	0.3200	0.9330	0.2759	0.3800	0.9708	0.3487
0.2610	0.8784	0.2077	0.3210	0.9337	0.2771	0.3810	0.9713	0.3499
0.2620	0.8794	0.2088	0.3220	0.9345	0.2782	0.3820	0.9718	0.3512
0.2630	0.8805	0.2100	0.3230	0.9352	0.2794	0.3830	0.9722	0.3524
0.2640	0.8816	0.2111	0.3240	0.9360	0.2806	0.3840	0.9727	0.3536
0.2650	0.8827	0.2122	0.3250	0.9367	0.2818	0.3850	0.9732	0.3549
0.2660	0.8837	0.2133	0.3260	0.9375	0.2830	0.3860	0.9737	0.3561
0.2670	0.8848	0.2145	0.3270	0.9382	0.2842	0.3870	0.9741	0.3574
0.2680	0.8858	0.2156	0.3280	0.9390	0.2854	0.3880	0.9746	0.3586
0.2690	0.8869	0.2167	0.3290	0.9397	0.2866	0.3890	0.9750	0.3598
0.2700	0.8879	0.2178	0.3300	0.9404	0.2878	0.3900	0.9755	0.3611
0.2710	0.8890	0.2190	0.3310	0.9411	0.2890	0.3910	0.9759	0.3623
0.2720	0.8900	0.2201	0.3320	0.9419	0.2902	0.3920	0.9764	0.3636
0.2730	0.8910	0.2212	0.3330	0.9426	0.2914	0.3930	0.9768	0.3648
0.2740	0.8920	0.2224	0.3340	0.9433	0.2926	0.3940	0.9773	0.3661
0.2750	0.8930	0.2235	0.3350	0.9440	0.2938	0.3950	0.9777	0.3673
0.2760	0.8940	0.2246	0.3360	0.9447	0.2950	0.3960	0.9781	0.3685
0.2770	0.8950	0.2258	0.3370	0.9454	0.2962	0.3970	0.9786	0.3698
0.2780	0.8960	0.2269	0.3380	0.9461	0.2974	0.3980	0.9790	0.3710
0.2790	0.8970	0.2281	0.3390	0.9467	0.2986	0.3990	0.9794	0.3723

附录十　技术图纸幅面和格式

技术制图的图纸幅面和格式按照[16]标准执行。绘图时，应优先采用附表 10-1 所规定的基本幅面。必要时，也允许选用附表 10-2 和附表 10-3 所规定的加长幅面。加长幅面的尺寸是由基本幅面的短边成整数倍增加后得出。

附表 10-1　技术图纸的基本幅面(第一选择)

幅面代号	尺寸/mm
A0	841×1189
A1	594×841
A2	420×591
A3	297×420
A4	210×297

附表 10-2　技术图纸的加长幅面(第二选择)

幅面代号	尺寸/mm
A3×3	420×891
A3×4	420×1189
A4×3	297×630
A4×4	297×841
A4×5	297×1051

附表 10-3　技术图纸的加长幅面(第三选择)

幅面代号	尺寸/mm
A0×2	1189×1682
A0×3	1189×2523
A1×3	841×1783
A1×4	841×2378
A2×3	594×1261
A2×4	594×1682
A2×5	594×2102
A3×5	420×1486
A3×6	420×1783
A3×7	420×2080
A4×6	297×1261
A4×7	297×1471
A4×8	297×1682
A4×9	297×1892

　　在图纸上必须使用粗实线画出图框，它的格式分为不留装订边（附图 10-1 的 a 和 b）和留有装订边的两类。图框的尺寸按附表 10-4 的规定执行。加长幅面的图框尺寸，按照所选用的基本幅面大一号的图框尺寸确定。如 A2×3 的图框尺寸，按 A1 的图框尺寸确定，即 e 为 20（或 c 为 10），而 A3×4 的图框尺寸，按 A2 的图框尺寸确定，即 e 为 10（或 c 为10）。

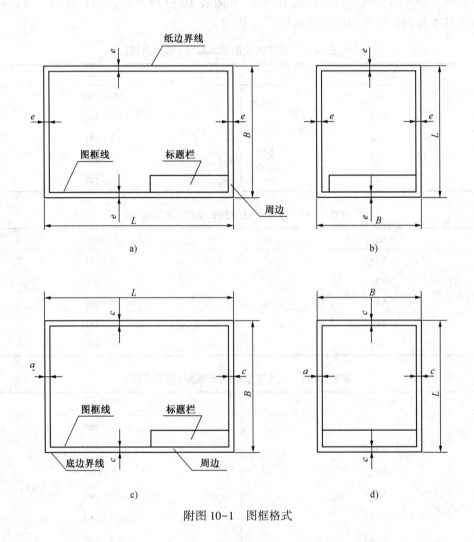

附图 10-1　图框格式

附表 10-4　图框尺寸

幅面代号	A0	A1	A2	A3	A4
$B×L$	841×1189	594×841	420×594	294×420	210×297
e	20			10	
c	10			5	
a	25				

附录十一　我国主要城市常用气象参数表[1][17]

省份（区、直辖市）	站名	区站号	台站位置 北纬	台站位置 东经	海拔高度/m	室外计算温度/℃ 冬季采暖	室外计算温度/℃ 冬季通风	室外计算温度/℃ 夏季通风	大气压力/hPa 冬季	大气压力/hPa 夏季	气温/℃ 极端最高	气温/℃ 极端最低	气温/℃ 最热月月平均	气温/℃ 最热月月平均最高	气温/℃ 最冷月月平均	气温/℃ 最冷月月平均最低	气温/℃ 年平均	夏季每年不保证五天的日平均干球温度/℃	夏季每年不保证50h的日平均湿球温度/℃	最热月平均相对湿度/%	风速[2]/(m/s) 全年	风速[2]/(m/s) 夏季	风速[2]/(m/s) 冬季	最大冻土深度[2]/cm	统计年份
		1	2	3	4	5	6	7	8	9	10	11	12	13	14	15	16	17	18	19	20	21	22	23	
黑龙江	嫩江	50557	49°10′	125°14′	242.2	-29.6	-24.1	25.4	991.5	977.0	37.6	-43.7	21.0	23.4	-24.3	-29.9	4.0	24.0	18.5	78	3.8	3.8	2.5	252	1971—2000
	齐齐哈尔	50745	47°23′	123°55′	145.9	-22.9	-18.6	26.7	1005.0	987.9	40.1	-36.4	23.3	25.2	-18.8	-24.0	3.9	26.4	20.1	73	3.5	3.2	2.9	225	1971—2000
	安达	50845	46°23′	125°19′	149.3	-23.7	-19.2	27.0	1004.3	987.4	38.3	-39.3	23.1	25.1	-19.4	-25.6	3.7	26.0	20.0	74	4.0	3.5	3.6		1971—2000
	哈尔滨	50953	45°45′	126°46′	142.3	-23.2	-18.3	26.8	1005.1	988.5	36.7	-37.7	23.1	25.2	-18.4	-24.7	4.2	25.8	20.2	77			3.6	205	1971—2000
	牡丹江	54094	44°34′	129°36′	241.4	-21.5	-17.3	26.9	992.2	978.9	38.4	-35.1	22.5	25.3	-17.4	-23.6	4.3	25.3	19.6	75			3.5		1971—2000
吉林	吉林	54172	43°57′	126°28′	183.4	-23.4	-17.3	26.6	1001.7	984.8	35.7	-40.3	22.9	24.8	-17.5	-22.4	4.7	25.6	20.6	79	4.3	3.5	4.2	169	1971—1995
	长春	54161	43°54′	125°13′	236.8	-20.5	-15.1	26.6	994.4	978.3	35.7	-33.0	23.2	25.3	-15.1	-20.2	5.6	25.9	20.2	78	3.3	2.8	3.0	148	1971—2000
	四平	54157	43°11′	124°20′	164.2	-19.0	-13.5	27.2	1004.3	986.6	37.3	-32.3	23.8	26.0	-13.5	-18.2	6.7	26.2	21.1	78	3.3	2.8	3.0		1971—2000
辽宁	章党	54351	41°55′	124°05′	118.5	-19.2	-13.4	27.8	1011.0	992.3	37.7	-35.9	23.7	25.8	-13.5	-18.2	6.8	26.1	21.4	81	3.2	2.9	3.0	148	1971—2000
	沈阳	54342	41°44′	123°27′	44.7	-16.1	-11.0	28.2	1019.9	1000.1	36.1	-29.4	24.7	26.7	-11.0	-15.7	8.4	26.9	22.0	78	3.2	2.9	3.0		1971—2000
	丹东	54497	40°03′	124°20′	13.8	-12.4	-7.4	26.8	1023.9	1005.6	35.3	-25.8	23.6	25.2	-7.5	-12.4	8.9	25.5	22.3	86	3.1	2.5	3.7	88	1971—2000
	大连	54662	38°54′	121°38′	91.5	-9.2	-3.9	26.3	1013.7	995.0	35.3	-18.8	24.2	26.0	-4.0	-8.0	10.9	26.1	22.1	81	5.1	4.3	5.6	93	1971—2000
	营口	54471	40°40′	122°16′	3.3	-13.3	-8.5	27.7	1026.1	1005.5	34.7	-28.4	25.1	27.1	-8.5	-13.5	9.5	27.1	22.7	78	3.9	3.5	3.5	111	1971—2000
内蒙	呼和浩特	53463	40°49′	111°41′	1063.0	-16.2	-11.6	26.6	901.2	889.6	38.5	-30.5	22.6	25.0	-11.7	-16.2	6.7	25.5	17.6	61	1.8	1.6	1.6	156	1971—2000
	通辽	54135	43°36′	122°16′	178.5	-17.9	-13.5	28.2	1002.6	984.4	38.9	-31.6	24.2	26.7	-13.6	-18.4	6.6	26.8	20.7	73					1971—2000
	赤峰	54218	42°16′	118°56′	568.0	-15.5	-10.7	28.0	955.3	941.3	40.4	-28.8	23.7	27.2	-10.8	-15.4	7.5	26.8	19.1	65	2.5	2.1	2.4	201	1971—2000
	东胜	53543	39°50′	109°59′	1460.4	-15.9	-10.5	24.8	856.7	849.5	35.3	-28.4	21.0	23.2	-10.7	-15.9	6.1	24.1	15.4	57					1971—2000

续表

省份(区、直辖市)	站名	区站号	台站位置 北纬	台站位置 东经	海拔高度/m	冬季采暖	冬季通风	夏季通风	大气压力/hPa 冬季	大气压力/hPa 夏季	极端最高	极端最低	最热月月平均	最热月月平均最高	最冷月月平均	最冷月月平均最低	年平均	夏季每年不保证五天的日平均干球温度/℃	夏季每年不保证50h的日平均湿球温度/℃	最热月平均相对湿度/%	风速 全年	风速 夏季	风速 冬季	最大冻土深度/cm	统计年份
		1	2	3	4	5	6	7	8	9	10	11	12	13	14	15	16	17	18	19	20	21	22	23	
新疆	乌鲁木齐	51463	43°47'	87°39'	935.0	-18.7	-12.6	27.5	917.1	904.8	40.5	-32.8	24.2	28.2	-13.5	-19.2	6.9	27.8	15.8	43	2.5	3.0	1.7	139	1971—2000
	克拉玛依	51243	45°37'	84°51'	449.5	-21.4	-15.4	30.6	976.6	955.6	42.7	-34.3	28.2	30.3	-16.2	-22.7	8.6	31.8	17.3	30	3.6	5.0	1.5	197	1971—2000
甘肃	酒泉	52533	39°46'	98°29'	1477.2	-14.0	-8.9	26.3	856.2	847.2	36.6	-29.8	21.7	23.9	-9.4	-12.9	7.5	24.4	15.1	53				103	1971—2000
	兰州	52889	36°03'	103°53'	1517.2	-8.4	-5.3	26.5	851.5	843.2	39.8	-19.7	22.5	26.0	-5.5	-8.6	9.8	25.8	17.0	59	1.0	1.3	0.5		1971—2000
	天水	57006	34°35'	105°45'	1141.7	-5.3	-2.0	26.9	892.0	880.9	38.2	-17.4	26.2	26.2	-2.2	-4.7	11.0	25.6	19.1	70	1.3	1.2	1.3	61	1971—2000
	玉门	52436	40°16'	97°02'	1526.0	-14.8	-9.8	26.3	850.5	841.9	36.0	-35.1	21.7	24.0	-10.3	-13.6	7.1	24.5	14.5	47	1.8	1.7	1.7	88	1971—2000
宁夏	银川	53614	38°29'	106°13'	1111.4	-12.2	-7.9	27.6	896.1	883.9	38.7	-27.7	23.5	25.7	-8.0	-11.9	9.0	26.0	18.2	63	1.8	1.7	1.7	80	1971—2000
	中宁	53705	37°29'	105°40'	1183.3	-11.1	-6.8	27.9	888.0	876.1	37.7	-26.9	23.5	26.1	-7.0	-11.1	9.5	26.8	18.0	61	2.9	2.9	2.9		1971—2000
青海	西宁	52886	36°43'	101°45'	2295.2	-10.9	-7.4	21.9	771.7	770.4	36.5	-24.9	17.4	19.7	-7.7	-10.1	6.1	20.5	13.3	65	2.0	1.9	1.7	134	1971—2000
	格尔木	52818	36°25'	94°54'	2807.6	-12.5	-9.1	21.6	723.5	724.0	35.5	-26.9	18.1	20.6	-9.3	-12.3	5.3	21.1	9.5	37	3.1	3.5	2.5	88	1971—2000
陕西	西安	57036	34°18'	108°56'	397.5	-3.1	-0.1	30.7	979.1	959.8	41.8	-16.0	26.8	29.1	-0.2	-4.0	13.7	30.1	22.1	71	1.9	2.1	1.7	45	1971—2000
	延安	53845	36°36'	109°30'	958.8	-9.6	-5.5	28.1	913.8	900.7	38.3	-23.0	23.1	25.2	-5.7	-8.5	9.9	25.8	19.5	70	1.9	1.6	2.1	79	1971—2000
	汉中	57127	33°04'	107°02'	509.5	0.1	2.4	28.5	964.3	947.9	38.3	-10.0	25.6	27.4	2.3	0.7	14.3	28.2	22.6	81					1971—1995
	宝鸡	57016	34°21'	107°08'	612.4	-3.2	0.1	29.5	953.6	936.8	41.6	-16.1	25.7	27.7	0	-3.8	13.2	28.7	21.4	69					1971—2000
北京	北京	54511	39°48'	116°28'	31.3	-6.8	-3.7	29.7	1023.4	1001.5	41.9	-18.3	26.3	29.6	-3.7	-7.6	12.3	28.7	23.1	75	2.5	1.9	2.8	85	1971—2000
河北	石家庄	53698	38°02'	114°25'	81.0	-5.6	-2.2	30.8	1017.2	995.8	41.5	-19.3	26.9	29.6	-2.3	-6.0	13.4	29.6	23.7	74	1.8	1.6	1.8	56	1971—2000
	沧州	54616	38°20'	116°50'	9.6	-6.5	-3.0	30.1	1026.3	1004.0	40.5	-19.5	26.6	28.5	-3.0	-6.3	12.9	29.5	23.6	77	3.3	3.1	3.2	52	1971—1995
天津	天津	54527	39°05'	117°04'	2.5	-6.5	-3.5	29.9	1027.1	1005.2	40.5	-17.8	26.6	28.8	-3.5	-6.5	12.6	29.1	23.6	76	2.9	2.5	2.9	69	1971—2000
	塘沽	54623	39°03'	117°43'	4.8	-6.4	-3.2	28.8	1025.9	1004.2	40.9	-15.4	26.7	29.1	-3.3	-6.4	12.6	29.1	24.0	77	2.9	2.5	2.9		1971—2000

续表

省份(区、直辖市)	站名	区站号	台站位置 北纬	台站位置 东经	海拔高度/m	室外计算温度/℃ 冬季采暖	室外计算温度/℃ 冬季通风	室外计算温度/℃ 夏季通风	大气压力/hPa 冬季	大气压力/hPa 夏季	气温/℃ 极端最高	气温/℃ 极端最低	气温/℃ 最热月月平均	气温/℃ 最热月月平均最高	气温/℃ 最冷月月平均	气温/℃ 最冷月月平均最低	气温/℃ 年平均	夏季每年不保证五天的日平均干球温度/℃	夏季每年不保证50h的日平均湿球温度/℃	最热月平均相对湿度/%	风速/(m/s) 全年	风速/(m/s) 夏季	风速/(m/s) 冬季	最大冻土深度/cm	统计年份
		1	2	3	4	5	6	7	8	9	10	11	12	13	14	15	16	17	18	19	20	21	22	23	
山西	太原	53772	37°47'	112°33'	778.3	-9.4	-5.5	27.8	933.5	919.7	37.4	-22.7	23.5	25.1	-5.6	-8.8	10.0	25.8	19.7	73	2.4	2.0	2.4	77	1971-2000
山西	大同	53487	40°06'	113°20'	1067.2	-15.6	-10.6	26.4	899.9	889.1	37.2	-27.2	22.0	24.2	-10.8	-15.4	7.0	24.9	17.1	64	2.9	2.4	3.0	186	1971-2000
山西	阳泉	53782	37°51'	113°33'	741.9	-7.6	-3.4	28.2	937.1	923.7	40.2	-16.2	24.1	26.1	-3.5	-8.1	11.2	27.1	20.4	70					1971-2000
山东	济南	54823	36°36'	117°03'	170.3	-4.7	-0.4	30.9	1020.0	998.6	40.5	-14.9	27.7	30.4	-0.4	-3.6	14.7	30.8	24.0	72	3.2	2.8	3.1	44	1971-2000
山东	青岛	54857	36°04'	120°20'	76.0	-4.5	-0.5	27.3	1017.6	1000.5	37.4	-14.3	25.4	26.7	-0.5	-3.7	12.6	26.9	23.7	82	5.4	4.9	5.6	31	1971-2000
山东	淄博	54830	36°50'	118°00'	34.0	-6.7	-2.3	30.9	1023.3	1001.4	40.7	-23.0	26.9	29.3	-2.4	-6.0	13.2	29.7	23.5	76					1971-1994
山东	德州	54724	37°26'	116°19'	21.2	-5.9	-2.4	30.5	1024.9	1002.8	39.4	-20.1	26.8	28.7	-2.4	-5.6	13.2	29.4	23.8	77					1971-1994
江苏	徐州	58027	34°17	117°09'	41.2	-3.3	0.4	30.5	1022.1	1000.8	40.6	-15.8	27.3	29.4	0.4	-2.4	14.5	30.2	24.9	80	2.7	2.6	3.0	9	1971-1998
江苏	南通	58259	31°59'	120°53'	6.1	-0.6	3.1	30.5	1025.5	1005.0	38.5	-9.6	27.6	30.0	3.0	0.2	15.3	29.9	25.8	85					1971-2000
江苏	常州	58343	31°53'	119°59'	18.7	-0.7	3.1	31.3	1026.0	1005.2	39.4	-12.8	28.4	31.2	3.1	-0.4	15.8	31.1	26.0	81					1971-2000
江苏	南京	58238	32°00'	118°18'	7.1	-1.2	2.4	31.2	1026.1	1004.8	39.7	-13.1	28.1	30.5	2.3	-1.1	15.4	30.8	25.8	81					1971-2000
上海	上海	58367	31°10'	121°26'	2.6	0.3	4.2	31.2	1025.3	1005.4	39.4	-10.1	28.3	30.4	4.0	1.3	16.1	30.5	26.2	81	3.1	3.2	3.0	8	1971-2000
安徽	安庆	58424	30°32	117°03'	19.8	0.2	4.0	31.8	1023.9	1002.9	39.5	-9.0	29.0	31.1	3.9	-0.1	16.7	31.7	26.1	78	2.5	2.3	2.5		1971-2000
安徽	蚌埠	58221	32°57'	117°23'	18.7	-2.0	1.8	31.4	1023.5	1002.1	40.3	-13.0	28.1	30.7	1.7	-1.2	15.4	31.2	25.7	79	2.7	2.7	2.6	15	1971-2000
安徽	合肥	58321	31°52'	117°14'	27.9	-1.1	2.6	31.4	1022.2	1001.0	39.1	-13.5	28.4	30.5	2.5	-0.9	15.8	31.4	25.9	80	2.2	2.2	2.3	11	1971-2000
浙江	杭州	58457	30°14'	120°10'	41.7	0.5	4.3	32.3	1021.1	1000.9	39.9	-8.6	28.6	31.0	4.1	0	16.5	31.2	25.3	78	2.1	2.1	2.1		1971-2000
浙江	温州	58659	28°02'	120°39'	28.3	4.0	8.0	31.5	1021.4	1005.0	39.6	-3.9	28.3	29.6	7.6	4.9	18.1	29.6	26.2	84					1971-2000
浙江	宁波	58562	29°52'	121°34'	4.8	1.0	4.9	31.9	1025.6	1005.9	39.5	-8.5	28.4	30.4	4.7	1.7	16.5	30.3	25.9	81				5	1971-2000

续表

省份(区,直辖市)	站名	区站号	北纬	东经	海拔高度/m	冬季采暖	冬季通风	夏季通风	冬季	夏季	极端最高	极端最低	最热月月平均	最热月月平均最高	最冷月月平均	最冷月月平均最低	年平均	夏季每年不保证五天的日平均干球温度/℃	夏季每年不保证50h的日平均湿球温度/℃	最热月平均相对湿度/%	全年	夏季	冬季	最大冻土深度/cm	统计年份
		1	2	3	4	5	6	7	8	9	10	11	12	13	14	15	16	17	18	19	20	21	22	23	
福建	福州	58847	26°05′	119°17′	84.0	6.7	10.9	33.1	1012.9	996.6	39.9	-1.7	29.0	30.2	10.3	8.4	19.8	30.5	25.4	77	2.8	2.9	2.6		1971—2000
	厦门	59134	24°29′	118°04′	139.4	8.6	12.4	31.3	1003.6	991.8	37.1	1.5	28.2	29.5	12.1	10.4	20.4	29.4	25.7	82	1.6	1.6	1.6		1971—2000
	漳州	59126	24°30′	117°39′	28.9	9.3	13.2	32.6	1018.1	1003.0	38.6	-0.1	28.9	29.9	12.8	10.8	21.2	30.6	26.1	78					1971—2000
河南	信阳	57297	32°08′	111°03′	114.5	-1.7	2.2	30.7	1012.9	992.1	40.0	-16.6	27.5	29.9	2.1	-0.9	15.3	30.6	25.1	80					1971—2000
	开封	57091	34°46′	111°23′	72.5	-3.4	0	30.7	1018.2	996.8	42.5	-16.0	27.0	28.7	-0.1	-3.3	14.2	29.7	24.6	80					1971—2000
	安阳	53898	36°07′	111°22′	75.5	-4.3	-0.9	31.0	1017.9	996.6	41.5	-17.3	27.1	29.4	-0.9	-4.0	14.1	29.9	24.1	77					1971—2000
	郑州	57083	34°43′	113°39′	110.4	-3.4	0.1	30.9	1013.3	992.2	42.3	-17.9	27.1	29.1	0.1	-3.2	14.3	29.9	24.0	78	3.0	2.6	3.4	27	1971—2000
湖北	武汉	57494	30°37′	111°08′	23.1	0.2	3.7	32.0	1023.5	1002.1	39.3	-18.1	28.9	31.1	3.6	0.1	16.6	31.7	26.3	79	2.6	2.5	2.6	10	1971—2000
	宜昌	57461	30°42′	111°18′	133.1	1.4	4.8	31.8	1010.0	989.9	40.4	-9.8	28.0	30.4	4.7	1.5	16.8	30.8	25.2	80					1971—2000
湖南	长沙	57687	28°13′	112°55′	68.0	1.2	4.9	32.1	1017.4	997.2	39.0	-10.3	28.8	30.2	4.9	3.5	17.1	31.6	25.9	78	2.6	2.6	2.7	5	1987—2000
	常德	57662	29°03′	111°41′	35.0	1.0	4.7	31.9	1022.3	1000.9	40.1	-13.2	28.8	31.0	4.5	1.6	16.9	31.8	26.1	79					1971—2000
	岳阳	57584	29°23′	113°05′	53.0	0.8	4.7	31.0	1019.6	998.7	39.3	-11.4	29.1	31.3	4.7	1.2	17.2	31.9	25.9	76					1971—2000
	衡阳	57872	26°54′	112°36′	104.9	1.4	5.8	33.2	1012.8	992.8	40.0	-7.9	29.8	31.3	5.6	1.6	18.0	32.2	25.9	72					1971—2000
江西	南昌	58606	28°36′	115°55′	46.7	1.2	5.3	32.7	1019.6	999.7	40.1	-9.7	29.5	31.6	5.1	0.9	17.6	31.8	26.5	77	3.3	2.6	3.6		1971—2000
广西	桂林	57957	25°19′	110°18′	164.4	3.6	7.9	31.7	1003.0	986.1	38.5	-3.6	28.4	29.5	7.5	3.5	18.8	30.2	25.2	79	2.6	1.6	3.3		1971—2000
	南宁	59431	22°38′	108°13′	121.6	8.1	12.8	31.9	1005.1	989.9	39.0	-1.9	28.7	30.4	12.2	8.3	21.8	30.4	26.4	82	1.7	1.9	1.7		1971—2000
	百色	59211	23°54′	106°36′	173.5	9.2	13.3	32.6	998.7	983.6	42.2	0.1	28.7	30.2	12.8	9.5	22.0	31.1	26.0	80	1.2	1.1	1.1		1971—2000
	柳州	59046	24°21′	109°24′	96.8	5.7	10.4	32.4	1009.8	993.2	39.1	-1.3	29.3	30.7	9.9	5.8	20.7	31.1	26.0	76					1971—2000
	梧州	59265	23°29′	111°18′	114.8	6.4	11.9	32.5	1007.2	991.9	39.7	-1.5	28.4	29.8	11.4	7.6	21.0	30.3	26.1	81	1.6	1.5	1.7		1971—2000

续表

省份(区、直辖市)	站名	台站位置				室外计算温度/℃			大气压力/hPa		气温/℃							夏季每年不保证五天的日平均干球温度/℃	夏季每年不保证50h的日平均湿球温度/℃	最热月平均相对湿度/%	风速[②]/(m/s)			最大冻土深度[②]/cm	统计年份
		区站号	北纬	东经	海拔高度/m	冬季采暖	冬季通风	夏季通风	冬季	夏季	极端最高	极端最低	最热月月平均	最热月月平均最高	最冷月月平均	最冷月月平均最低	年平均				全年	夏季	冬季		
		1	2	3	4	5	6	7	8	9	10	11	12	13	14	15	16	17	18	19	20	21	22	23	
广东	广州	59287	23°10'	113°20'	41.0	8.3	13.6	31.8	1015.4	1000.6	38.1	0	28.8	30.2	13.1	10.3	22.0	30.4	26.5	82	2.0	1.8	2.2		1971—2000
	汕头	59316	23°24'	116°41'	2.9	9.8	13.7	30.9	1019.9	1005.5	38.6	0.3	28.4	29.6	13.3	11.1	21.5	29.7	25.9	83	2.7	2.5	2.9		1971—2000
	深圳	59493	22°33'	114°06'	18.2	9.5	14.9	31.2	1015.3	1001.1	38.7	1.7	28.7	29.8	14.3	11.6	22.5	30.2	26.3	80					1971—2000
	湛江	59658	21°13'	110°24'	25.3	10.5	15.9	31.4	1015.6	1001.4	38.1	2.8	29.1	30.0	15.2	12.5	23.3	30.6	26.9	81					1971—2000
	阳江	59663	21°52'	111°58'	23.3	9.7	15.1	30.7	1016.7	1002.5	37.5	2.2	28.4	29.4	14.4	11.9	22.5	29.6	26.7	84					1971—2000
四川	成都	56294	30°40'	104°01'	506.1	3.0	5.6	28.5	963.6	948.0	36.7	-5.9	25.5	27.2	5.4	3.1	16.1	27.7	23.6	86	1.1	1.1	0.9		1971—2000
	宜宾	56492	28°48'	104°36'	340.8	4.9	7.8	30.2	982.4	965.4	39.5	-1.7	27.1	29.1	7.5	4.9	17.8	29.8	24.7	82					1971—2000
	内江	57504	29°35'	105°03'	347.1	4.4	7.2	30.4	981.0	963.9	40.1	-2.7	27.4	29.9	7.0	4.5	17.6	30.4	24.8	79	1.7	1.7	1.4		1971—2000
重庆	重庆	57516	29°35'	106°28'	259.1	5.2	7.8	32.3	991.7	973.7	41.9	-1.7	29.0	30.9	7.6	5.2	18.2	32.0	25.3	73	1.3	1.4	1.2		1971—2000
云南	昆明	56778	25°01'	102°41'	1892.4	4.3	8.1	23.0	811.6	807.9	30.4	-7.8	20.2	21.6	7.6	4.9	14.9	22.1	17.8	78	2.2	1.9	2.5		1971—2000
	蒙自	56985	23°23'	103°23'	1300.7	7.3	12.3	26.8	871.2	864.8	35.9	-3.9	23.4	24.8	11.5	9.0	18.6	25.6	20.1	74					1971—2000
贵州	贵阳	57816	26°35'	106°44'	1223.8	0.2	5.1	27.1	898.0	888.3	35.1	-7.3	24.2	25.7	4.6	0.7	15.3	26.2	20.9	76	2.1	2.0	2.2		1971—2000
	遵义	57713	27°42'	106°53'	843.9	0.8	4.5	28.8	924.0	911.8	37.4	-7.1	25.4	27.1	4.3	1.0	15.3	27.6	22.3	76					1971—2000
西藏	拉萨	55591	29°40'	91°08'	3648.7	-4.8	-1.6	19.8	650.8	653.1	29.9	-16.5	16.4	18.2	-2.1	-5.2	8.0	18.8	11.5	51	2.1	1.8	2.2	26	1971—2000
海南	海口	59758	20°02'	110°21'	13.9	13.0	17.7	32.2	1016.1	1002.4	38.7	4.9	28.8	29.8	17.3	14.5	24.1	30.2	26.3	82	3.1	2.8	3.3		1971—2000
	三亚	59948	18°14'	109°31'	5.9	18.3	21.6	31.3	1016.1	1005.6	35.9	5.1	28.9	30.2	21.1	19.5	25.8	30.0	27.0	82	2.9	2.3	2.9		1971—2000

①我国主要城市石油化工常用气象资料是由中国气象局2005年所提供。
②数据取自[18]。

参 考 文 献

[1] 严家騄，余晓福，王永青. 水和水蒸气热力性质图表(第二版). 北京：高等教育出版社，2004

[2] 丁云飞，陈晓，吴佐莲. 冷热源工程. 北京：化学工业出版社，2009

[3] 顾安忠，鲁雪生，林文胜. 工业气体集输新技术. 北京：化学工业出版社，2007

[4] 石油静态和轻烃计量标准化技术归口单位. 石油计量表. 北京：中国标准出版社，1999

[5] 余国琮，化学工程辞典. 北京：化学工业出版社，1992

[6] 王福安，化工数据导引. 北京：化学工业出版社，1995

[7] 北京石油设计院，石油化工工艺计算图表. 北京：烃加工出版社，1985

[8] 王松汉，石油化工设计手册第3卷. 北京：化学工业出版社，2002

[9] Somerscales E F C. Heat Transfer Eng, 1990, 11(1)：19~36

[10] Stehlik P. Heat Transfer Eng, 1995, 16(1)：19~28

[11] 时钧，汪家鼎，余国琮，陈敏恒主编. 化学工程手册，上卷，传热及传热设备(第二版). 北京：化学工业出版社，1996

[12] 国家医药管理局上海设计院主编，化学工艺设计手册，上、下册(第二版). 北京：化学工业出版社，1997

[13] Hewitt G F. Process Heat Transfer. CRC Press，1994

[14] GB/T 5330—2003 工业用金属丝网编织方孔筛网，2003

[15] 杜荷聪，陈维新，张振威. 计量单位及其换算. 北京：计量出版社，1981

[16] GB/T 14689—2008 技术图纸图纸幅面和格式，2008

[17] 刘家明，赖周平，张迎恺，蒋荣兴. 石油化工设备设计手册(上册). 北京：中国石化出版社，2013

[18] GB 50178—93 建筑气候区划标准，1993